电力工程建设监理实务

（附光盘）

《电力工程建设监理实务》编委会　编著

中国水利水电出版社
www.waterpub.com.cn
·北京·

内 容 提 要

本书是根据国家工程建设现行法律、法规、标准和电力行业监理相关的标准、规程和规范，以及发电工程和送变电工程施工的实际方案、施工经验和工程总结等编写而成的必备专业工具书。本书以工程实例为主，分两大部分。第一部分为发电工程监理实务，内容包括：水电站、火电站（150MW、300MW、600MW 和 1000MW 级）和风电场的监理规划和监理实施细则。第二部分为送变电工程监理务实，内容包括：交流输电线路、直流输电线路、电力电缆线路、变电站和换流站（110kV、220kV、330kV、500kV 或±500kV、±800kV 和 1000kV 级）的监理规划和监理实施细则。

本书主要供从事电力工程建设监理工作的技术人员在编制工程建设监理规划和监理实施细则时借鉴参考、使用，也可供电力工程建设单位、设计单位和施工单位的专业人员参考、使用。

图书在版编目（CIP）数据

电力工程建设监理实务 / 《电力工程建设监理实务》编委会编著. -- 北京 : 中国水利水电出版社, 2017.1
ISBN 978-7-5170-5050-6

Ⅰ. ①电… Ⅱ. ①电… Ⅲ. ①电力工程－监督管理 Ⅳ. ①TM7

中国版本图书馆CIP数据核字(2016)第313371号

书　名	**电力工程建设监理实务（附光盘）** DIANLI GONGCHENG JIANSHE JIANLI SHIWU
作　者	《电力工程建设监理实务》编委会　编著
出版发行	中国水利水电出版社 （北京市海淀区玉渊潭南路 1 号 D 座　100038） 网址：www.waterpub.com.cn E-mail：sales@waterpub.com.cn 电话：（010）68367658（营销中心）
经　售	北京科水图书销售中心（零售） 电话：（010）88383994、63202643、68545874 全国各地新华书店和相关出版物销售网点
排　版	中国水利水电出版社微机排版中心
印　刷	北京瑞斯通印务发展有限公司
规　格	210mm×285mm　16 开本　43.75 印张 2156 千字（所附光盘含 7601 千字）
版　次	2017 年 1 月第 1 版　2017 年 1 月第 1 次印刷
定　价	**790.00** 元（附光盘 1 张）

凡购买我社图书，如有缺页、倒页、脱页的，本社营销中心负责调换

《电力工程建设监理实务》
编委会名单

《电力工程建设监理实务》
编审单位名单

主 编 单 位：西北电力建设工程监理有限责任公司
山东诚信工程建设监理有限公司
西北电力工程监理有限公司
中国水利水电建设工程咨询西北公司
河南豫电电力建设监理有限公司
北京中达联监理咨询有限公司西安分公司

副主编单位：陕西达华设计咨询有限责任公司
西安热电有限责任公司
西安市热力总公司

主 审 单 位：西北勘测设计研究院
西北电力工程监理有限公司
北京中达联监理咨询有限公司

前 言

电力工程建设监理是具有一定资质的监理单位受电力工程建设单位委托，依照工程法律、法规、规章、设计文件和各类工程合同，对工程建设活动和有关主体进行的监督管理。实践证明，电力工程实行工程建设监理，有利于加强电力工程建设管理，有利于提高电力工程建设的投资效益，是电力工程建设领域速度和效益、数量和质量有机结合的重要途径。

电力工程建设监理行业是为电力工程建设提供技术管理服务的人才密集型咨询服务行业。电力建设工程监理人员的素质和业务能力直接决定建设工程的监理工作水平。自电力建设工程实行建设监理制度以来，经过广大电力建设监理工作者的辛勤努力，我国电力工程建设监理事业取得了长足的进步，管理法规不断完善，监理工作水平不断提高，电力建设工程监理队伍也有了很大的发展。近年来，国家电力主管部门出台了一系列有关电力建设的基建管理制度，为了落实国家电力主管部门“三抓一创”的工作思路、规范电力建设工程监理工作，加强电力建设工程监理企业的基础业务建设，努力提高电力建设工程监理人员业务水平，我们组织编写了这本《电力工程建设监理实务》。本书以实例为主，汇集了多年来电力工程建设监理工作中管理和监理的实践经验。

本书分两大部分。第一部分为发电工程监理实务，内容包括：水电站、火电站（150MW、300MW、600MW和1000MW级）和风电场的监理规划和监理实施细则。第二部分为送变电工程监理务实，内容包括：交流输电线路、直流输电线路、电力电缆线路、变电站和换流站（110kV、220kV、330kV、500kV或±500kV、±800kV和1000kV级）的监理规划和监理实施细则。

本书由《电力工程建设监理实务》编委员会组织编写。参加编审的主要单位有：山东诚信工程建设监理有限公司、西北电力建设工程监理有限责任公司、西北电力工程监理有限公司、西北勘测设计研究院、中国水利水电建设工程咨询西北公司、河南豫电电力建设监理有限公司、北京中达联监理咨询有限公司西安分公司和陕西达华设计咨询有限责任公司等。本书在编写过程中，得到上述单位领导和编者的大力支持，在此表示衷心的感谢。

本书主要供从事电力建设工程监理工作的技术人员在编制监理规划和监理实施细则时借鉴与参考，也可供电力工程建设单位、设计单位和施工单位的专业人员，以及大专院校有关专业师生参考。

作 者

2016年12月

《电力工程建设监理实务》

篇章目录

《电力工程建设监理实务》

所附光盘篇章目录

所附光盘目录

第 4 篇 火电工程 600MW 机组工程施工监理范例

第5篇 火电工程1000MW机组工程施工监理范例

第 6 篇 水电站工程施工监理范例

第2章 华能陕西靖边风电场四期工程49.5MW监理实施细则 ……1601

第 8 篇 220kV 输电线路工程施工监理范例

第10篇　±800kV和1000kV输电线路工程施工监理范例

第 11 篇 220kV 变电站工程施工监理范例

第12篇 330kV变电站工程施工监理范例

第13篇 500kV变电站工程施工监理范例

第14篇 1000kV变电站工程施工监理范例

第1篇

电力建设工程监理概论

魏安稳　等　编著

第 1 章　建设工程和电力建设工程监理发展史

电力建设工程包括火力发电厂、水力发电厂、核发电厂、风电厂、垃圾电厂、秸秆电厂、太阳能电厂、变电站、送电线路等工程。本书以火力发电厂为案例介绍电力建设工程监理概况。

1978 年，党的十一届三中全会作出了实行改革开放的重大决策。实行改革开放政策以后，国人开始了解发达国家的建设工程管理，接受新的管理理念，引进先进管理体系和方法，建设工程监理制在此背景下酝酿。

1988 年 7 月，建设部发布《关于开展建设工程监理工作的通知》，标志着我国建设工程监理的开始。

1989 年 7 月 28 日，建设部发布《建设监理试行规定》并开始实施。

1991 年，武汉阳逻电厂一期开始电力建设工程监理试点。

1995 年 12 月 15 日，建设部和国家计委修改完善了《建设工程监理规定》，于 1996 年 1 月 1 日起实施。

1997 年，《建筑法》颁布实施，确立了建设工程监理制度法律地位。

1999 年，国家电力公司颁发了国电火（1999）688 号文件《国家电力公司建设工程监理管理办法》。

2000 年 12 月 7 日，国家质量技术监督局和建设部联合发布了国家标准《建设工程监理规范》（GB 50319—2000），2001 年 5 月 1 日实施。

2009 年 7 月 22 日，中华人民共和国国家能源局颁布《电力建设工程监理规范》（DL/T 5434—2009），2009 年 12 月 1 日实施。

2013 年，《建设工程监理规范》（GB 50319—2013）发布。

学者们将中国监理工作的发展概括为三个阶段：1988 年至 1993 年，工程监理试点阶段；1993—1995 年，工程监理工作推行阶段；1996 年以后，工程监理全面发展阶段。

有学者从更广义的角度出发，即从监理的本质（管理）出发，从新中国成立的 1949 年开始，给中国监理工作划分了三个大阶段：第一大阶段，1949—1979 年，计划经济年代，政府部门宏观监督和施工单位自我监督；第二大阶段，20 世纪 80 年代，改革初期，政府质监部门有计划的监督、检查和施工单位的自检形成两大质检体系，1983 年，成立了各级质检站，开始实施招标制度，施工单位向独立的商品生产者转变，明确了建设工程为经济活动，强调经济效益，取缔无证施工；第三大阶段，20 世纪 80 年代中后期，借鉴国际管理经验，建设工程监理开始酝酿并通过监理制的实施发展壮大。这样的阶段划分更全面，更具历史感。第三大阶段具体的“监理阶段”，又分为三个阶段，即前文提到的三个阶段。

建设工程监理阶段，其实质是建设工程管理水平逐级进步的阶段；建设工程监理的发展史，其实质是建设工程管理水平进步的发展史。总之，改革开放以前，中国建设工程的管理模式是“自筹自管”“工程指挥部”“建设公司”模式。其缺点是：行政命令、临时性、非专业；企政不分；管理人员非专业化，临时机构无归属感；只有教训，没有经验积累；建设管理效率低，科学性差甚至违背科学等。这种管理模式导致投资失控、进度失控、质量失控、安全失控、决策失控，企业效益和社会效益低下，浪费社会资源。改革开放以后，特别是实施监理制后，建设工程管理逐步走向市场化、竞争化、科学化、制度化、程序化、规范化、标准化、专业化、集约化。这些现代化的管理要素促进管理高效，使投资、进度、质量、安全、决策得到有效控制，企业效益和社会效率显著提高。

比较国际发达国家，中国建设工程监理制开始的时间晚了许多；比较国际发达国家，中国建设工程监理工作进步飞快。一旦觉悟，只争朝夕。

第2章 电力建设工程监理、监理企业、监理人员的定义及解释

2.1 电力建设工程监理定义

具有某种等级的电力建设工程监理资质的企业，在资质范围内，接受建设单位的委托，依据相关标准和监理服务合同，代表建设单位对承包单位的电力建设行为进行的专业化监督管理。

2.2 电力建设工程监理定义解释

2.2.1 监理企业

具有法人资格并具有中华人民共和国建设行政主管部门颁发的建设工程监理资质等级证书的企业。

监理企业资质的定义、等级划分及具体管理见《国家电力公司电力工程建设监理单位资质管理办法》和建设部《工程监理企业资质管理规定》(2007年6月26日建设部第158号令)。

2.2.2 建设单位

企业或者个人投资人成立的对建设工程进行全面管理的组织，这个组织以企业的形式出现，具有法人资格。

2.2.3 承包单位

由建设单位通过招投标程序或者其他合法程序采购并委托的、承包全部或者部分建设工程项目建设任务的企业，具有法人资格。

2.2.4 电力建设行为

这里指承包单位依据合同和相关标准，实施全部或者部分电力建设工程项目的行为，这些项目包括建议书的编制、可行性研究及报告的编写、设计、建筑施工、设备制造、安装、单体和系统调试、质量与性能检测、评估等行为。

电力建设工程建设单位的管理行为、监理单位的监理工作等也属电力建设行为。

2.2.5 专业化管理

一般指针对建设工程的组织、协调、技术管理、质量管理、进度管理、安全管理、造价管理、资料管理、合同管理等。

2.2.6 其他相关解释

监理工作的主体是监理企业，具体建设工程项目的监理工作由监理派驻企业现场的项目监理机构（项目监理部）实施，并实行总监负责制。

监理的对象是“承包单位”，可能包括电力建设工程项目建议书的编制单位、可行性研究单位、设计单位、建筑施工单位、设备安装单位、调试单位、质量与性能检测单位、设备制造单位、试生产运行单位等。

监理单位与被监理单位关系的建立由监理服务合同和“承包”合同确定。国家实行监理制二十五年来，建设工程承包单位对监理工作有了深入的了解，基本接受了监理的管理。

从监理定义上分析，监理企业不对建设单位的建设管理行为负责，但一般情况下，监理服务合同中，建设单位均要求监理单位向建设单位提出合理化建议；从国家法律、法规、规章条文上看，监理企业不直接对建设单位的管理行为负监理责任，但当业主不遵守、执行相关法律、法规、规章、规程、规范、标准时，监理不得不阻止业主的这种行为，以保证工程安全与质量。作为专业化建设工程管理服务企业，建设工程管理经验较多，监理企业应该积极向建设单位的管理提出合理化建议。

2.3 监 理 人 员

《电力建设工程监理规范》将监理人员分为四类：总监理工程师、总监理工程师代表、专业监理工程师、监理员。总监理工程师分一级、二级两个级别。

2.3.1 总监理工程师定义

取得电力行业总监理工程师岗位证书，由监理单位法定代表人书面授权，全面负责建设工程委托监理合同履行、主持项目监理机构工作的监理工程师。

2.3.2 总监理工程师代表

取得电力行业监理工程师岗位证书，经监理单位法定代表人同意，由总监理工程师书面授权，行使总监理工程师授予权力的项目监理机构中的监理工程师。

一般情况下，总监理工程师将一部分权力授予副总监理工程师，该副总监理工程师就是总监理工程师代表。当然，总监理工程师代表其他条件满足法定要求。总监理工程师代表可能有好几位，即现场项目监理部中可能有好几位位副总监。

2.3.3 专业监理工程师

取得电力行业监理工程师岗位证书，根据项目监理机构岗位分工和总监理工程师的指令，负责实施某一专业或者某一方面的监理工作，具有相应监理文件签发权的监理人员。

2.3.4 监理员

经过电力建设工程监理业务培训取得电力行业监理员岗位证书，在专业监理工程师的指导下从事监理工作的监理人员。监理员没有签订监理技术文件的权利。

2.3.5 监理人员的管理

全国监理人员的管理办法见《注册监理工程师管理规定》(2006年4月1日实施-建设部2005年12月31日147号令)、《电力建设工程监理从业人员管理规定》（中国电力企业联合会-中电联，中国电力建设企业协会编制-中电协，2010年6月1日实施）、《全国电力行业监理工程师和总监理工程师管理办法》(2005版，中电联、中电协编制)。

电力建设工程监理人员的管理办法借鉴建设部《注册监理工程师管理规定》并结合电力建设工程特点编制。

2.3.6 监理准则、监理守则

《电力建设工程监理规范》中确定的监理准则是“守法、诚信、公平、科学”。

监理守则由监理企业制定，不同的企业制定的守则不尽有

同，但基本接近。本文整理如下，供参考。

监理人员工作守则

一、监理人员作为国家公民，必须遵守国家法律、法规、规章，必须遵守社会公德。

二、监理人员必须全面学习掌握监理依据

必须学习并贯彻国家和地方有关建设法规、规范、标准及建设监理的政策和规定。

必须学习并执行国家和行业现行规程、规范、标准。

必须学习并执行监理公司和监理部的有关制度和规定，接受总监理师的领导，自觉完成职责所规定的各项任务。

必须学习并贯彻、执行所在工程项目管理制度，按照项目管理程序实施监理。

必须学习并履行《监理合同》所规定的权利和义务。

必须学习施工承包合同，依据承包合同实施对承包单位的监理。

三、坚守职业道德，廉洁自律，严禁以权谋私。

四、遵守“守法、诚信、公平、科学”监理工作准则。

五、按照“严格监理、热情服务”的工作态度实施监理。

六、服务宗旨：为社会负责、为业主负责、为施工单位负责、为监理企业负责、为工程项目负责。

七、尊重业主，尊重其他承建单位；服从业主管理，及时处理承包单位提出的问题；保护业主利益，不伤害承包单位利益。

八、服从组织管理，顾全团队大局，端正工作态度，积极发挥个人主观能动作用。

九、发挥团队精神，团结协作，共同完成监理合同规定的义务。

十、虚心听取业主及工程建设有关方面的建议和意见，总结经验教训，不断改进和提高监理工作的质量和水平。

十一、积极向监理企业、工程项目管理者提出意见和建议，促进企业和项目管理水平的提高。

十二、认真学习、总结提高；努力工作，提高技能。

十三、光明磊落，合理竞争，不得伤害、诽谤、诬陷竞争人。

十四、保守项目商业秘密、保守项目科技秘密。

十五、学习民俗、了解民俗、尊重民俗，入乡随俗。

第3章　监理性质和法律责任

3.1　监 理 性 质

分析、归纳监理的性质有：服务性、科学性、独立性、公正性、规范性、目的性。

3.1.1　服务性

监理企业是为建设单位提供建设工程管理服务的，这一点决定了监理的服务性性质。

从市场角度而言，在价格公平的情况下，服务质量越好，市场需求量越大。

监理企业是专业化服务企业，理论扎实、经验丰富，能为建设单位提供高效的管理、创造巨大的价值，所以建设单位乐意接受监理的服务以避免自身经验不足产生的管理问题。

监理企业要稳定并提升市场占有率，必须不断提高服务质量，这就需要不断学习、摸索、总结、改进质量管理、进度管理、造价管理、安全管理体系，改进管理体系、管理方法和管理措施。

监理企业是技术管理型服务企业，所以既要掌握先进的建设工程管理知识，还要掌握建设工程科学技术。

由于是服务型企业，必须加强职工服务意识教育。服务于别人，意味着满足别人的需要，而不是自己的需求，业主唯一承认的是监理的费用需求——通过监理服务而获得的监理报酬。

这种服务是受合同约束的，是受国家法律保护的。

对于施工监理而言，服务的形式是依据服务合同和监理规范对建设工程进度、质量、造价、安全进行控制，对施工合同和施工资料进行管理，对施工关系进行协调。控制的形式是编制计划、审查计划、审查计划的执行情况，对问题提出管理要求，根据实际情况对计划进行调整，对问题责任单位进行处置或者提出处置建议和意见。

目前，很少有建设单位将电力建设工程项目的全部管理权力委托给监理，也很少有这种资质（能力）的监理企业，所以，监理的管理与技术服务不能完全取代建设单位的管理活动，监理只是在合同授权范围内进行管理与技术服务。

监理企业依靠自身的管理知识、专业技术、工作经验、掌握的相关信息为建设单位提供管理服务。这种管理服务技术含量较大，所以也称作技术与管理服务。

从市场观点出发，服务性是监理最根本的内在性质之一。

3.1.2　科学性

监理企业是为建设工程提供技术和管理服务的。技术与管理服务具有较高的科技含量。所以，监理的内在性质之一是科学性。

监理科学性表现在：监理企业具有现代企业的管理体系，包含健全的管理组织体系、健全的管理制度、健全的工作程序、健全的工作标准、健全的现代化手段、健全的管理技术、健全的专业技术、严格的职责道德与准则；长期积累的管理实践经验；管理与技术服务的专业性；通过学习、研究而掌握的最前沿的理论、方法、数据、信息；创造性工作；稳定的职工队伍和人才贮备；掌握着建设工程设计和施工内在的规律性等。

电力建设工程监理科学性的最大差异性表现在于监理企业掌握了电力建设工程设计和施工的内在规律并依据其内在规律进行建设工程设计与施工管理。电力建设工程涉及的技术专业多、技术含量高、工程量大、建构筑物体积高大、体量大、工序交接多、交叉施工多，涉及高温、高压蒸汽、高压电流、高转速的机构，设计和施工过程比较复杂，这就导致了电力建设工程设计和施工的复杂性，导致其内在规律的复杂性，导致了组织管理的复杂性。因此，没有长期的经验积累和研究，是不能掌握电力建设工程设计和施工内在规律的。而电力监理企业经过了几十年的经验积累和研究后，是掌握其内在规律最多的企业。这正是电力建设监理企业的核心竞争力。

监理企业要搞好服务，占领市场，获取更大的企业利益，必须不断摸索、学习、研究、积累监理企业的科学要素，不断提高自身的科技含量，掌握最先进的建设工程管理知识、科学技术，掌握最前沿的建设工程设计和施工的内在规律性。

监理的科学性提高了建设工程结果的科学性。具体的表现在于，提高了建设工程投资决策科学化水平，避免或者降低了决策性重大失误；规范了所有参建单位建设行为，使其目标一致、标准一致、行动一致、措施一致、和谐配合，从而提高了工程建设速度和质量，使企业效益和社会效益最大化；监理的制度化和科学性促进了社会管理水平的提高，减少了社会资源浪费。

监理实践的科学性决定了监理企业服务性的优劣。

3.1.3　独立性

从法理角度讲，监理企业的独立性表现在监理企业独立的法人地位和市场主体地位——这一点普遍存在于其他企业，并不特别；与建设单位和被监理单位没有行政关系上的经济关系——这一点是监理“独立性”的核心，即经济独立性；监理企业独有的工作机制和管理体系；监理企业特有的工作依据；监理企业独有的资质条件等。

从监理工作角度讲，监理企业必须拒绝与被监理单位建立市场经济来往；监理企业必须杜绝利用监理职权为企业或者个人谋取非法利益。

最敏感的问题是，监理企业不能接受建设单位不合理要求，从而保证监理工作的独立性、科学性、公正性。由于市场的关系，专家、学者和监理企业对于这一点较少正式论及。实际上，建设单位的认识在不断提高，建设单位完全能够接受这一点，监理企业不会因为不接受建设单位的不合理要求而失去监理市场，甚至相反，因为坚持原则，而获得建设单位的信任，从而获得更多的市场份额。当然不能否认，监理企业一方面需要建设单位接受监理企业以便将监理服务委托给自己，另一方面监理企业却要独立于业主而“独立”、“公正”地实施监理工作，这种情况多少会使建设单位感觉不适。如何解决此问题，值得政府、社会、建设单位、监理单位和承包单位深入思考。

强调监理的独立性，最根本意义在于强调监理必须独立于建设单位（的意志）进行监理工作，尽管监理工作是受建设单位委托进行的，建设单位是监理企业的衣食父母。

监理企业的独立性是监理企业的工作性质决定的，没有独立性，就没有监理的公正性，而没有公正性，监理企业就没有存在的理由。

独立性是公正性的前提，唯有独立性，才有公正性。独立性还是科学性的前提，没有独立性，很难保持科学性。

3.1.4　公正性

监理企业受建设单位委托，监督管理承包单位的建设行为，其上，要保护建设单位的利益，其下，不能损害承包单位的利益，必须在建设单位与承包单位之间保持二者利益平衡，这就需要监理工作必须公正。所以，公正性是由监理工作的内在性质决定的。

监理工作的公正性，从客观上讲，取决于法律、法规、规章、规程、规范、标准的约束，取决于市场管理和市场制衡；从主观上讲，取决于监理企业的管理，取决于监理企业和监理人员的素质高低，取决于职责道德约束。

监理企业受制于法律、法规、规章、规范、规范、标准，而不得不公正的实施监理；监理工作的公正性影响监理企业市场地位，所以，监理企业为了生存与发展，必须严格管理企业和人员，保证监理工作的公正性；监理企业在选择人才方面，不能仅仅考量其技术能力，还必须考量其人格品质；监理企业必须对监理人员进行职业道德教育培训，保持职工的公正性。

对于施工阶段的监理，监理工作的公正性表现在其工作的各个方面：

质量监理的公正性：一般而言，工程施工质量要求达到施工合同要求的质量标准；达到行业标准要求的质量标准；当建设单位提高工程质量标准时，要做到优质优价；而对于施工单位造成的质量差距，应该做到劣质低价；要防止质量过剩和质量事故，避免企业和社会资源浪费。

进度监理的公正性：一般而言，监理要制定合理的工期进度计划，防止一味压缩工期，增加承包单位负担而不增加由于进度压缩导致的成本负担；同时，更要加强对施工单位的进度管理，完成合理的工期计划，防止工期延误造成建设单位的损失。近几年，由于设备供应慢、资金供应不上、项目得不到“核准”的影响，导致许多项目发生严重的工程延期，给建设单位、监理单位、设计单位、调试单位等参建单位造成了重大损失，由于责任在于建设单位，因此，其他参建单位向建设单位提出了索赔要求。监理企业如何处理这种索赔，对于监理工作的公正性提出了极大的挑战。

安全监理的公正性：一般而言，合同费用中包含了安全管理费用。施工单位为了节省工程成本，有降低安全管理标准的潜在和现实问题，其中，降低安全设施标准是最大的潜在和现实问题。对此，监理必须加强管理。由于监理工作不到位，施工单位安全投入不到位而发生安全事故，这是对建设单位和社会的不公正，也是对施工单位的不公正。

造价监理的公正性：这是最敏感“公正性”问题。一般而言，公正性表现在：执行国家定额，执行合同条款，及时地、实事求是地签证工程量，及时进行公平的预算，实事求是地签订预算外费用，及时处理结算问题并及时结算等。最为考验监理“公正”的问题是，承包单位的索赔处理、预算外签证处理、合同争议条款处理等。

合同的公正性：最主要防范的是“霸王”条款和工程范围争议。

施工关系协调的公正性：施工关系协调是监理的一大任务。其公正性表现在：按照合同条件协调；按照工程管理制度协调；按照安全条件协调—谁施工最安全谁承担争议项目的施工；按照费用最小原则协调—谁施工费用最小谁承担争议项目的施工；按照方便原则协调—谁方便施工谁承担争议项目的施工；强化巡视检查，及时了解掌握现场情况及变化，最大限度地了解问题根本原因，做出公平的对问题的协调意见和建议。

3.1.5　规范性

建设工程监理具有严格的行为规范，其表现为：依据《电力建设工程监理规范》实施监理工作；依据国家法律、法规、规章、规程、规范、标准实施监理工作；依据业主工程管理制度实施监理工作；对于“四控、两管、一协调”工作制定严格的监理工作制度和工作程序；监理人员有严格的准入门槛；监理人员必须遵守职业道德，遵守监理行为准则；对于监理企业和监理人员的失职行为，有明确的法律处置条文等。

依据监理的规范性，监理企业应该制定监理行为规范，规范监理各种工作行为，提交工作效率、提高服务质量、降低工作成本、提高企业和社会效益等。

监理的规范性体现监理企业和项目监理机构的素质。

3.1.6　目的性

监理工作具有明确的目的。监理工作目的性体现在：监理企业有企业的管理目标；项目监理机构有监理机构的管理目标，即质量管理目标、安健环管理目标、进度管理目标、造价管理目标、资料管理目标、合同管理目标；追求利润是监理企业明确的目标等。

监理企业针对企业管理目标建立健全管理体系时，并制定相应的工作制度、工作程序和工作措施。

项目监理机构制定监理工作计划时，首先要明确建设工程项目的管理目标并分解其目标，针对目标制定工作方案和工作措施。

为了实现监理企业的目的，监理企业必须满足市场的需求。监理企业的目的性，有利于提出监理服务水平，有利于提高管理水平，有利于建设单位综合效益和社会综合效益。

3.2　监理的法律责任

概括地讲，监理企业的法律责任就是全面执行国家相关法律、法规、规章，规范、规程、规范、标准。为了加强监理企业和监理人员的法律意识，本文摘抄关系密切的几个法律、法规、规章中的法律条文。监理企业及监理人员必须认真学习法律知识，执行法律，避免责任。

3.2.1　《中华人民共和国建筑法》关于监理法律责任的描述

第四章　建筑工程监理

第三十条　国家推行建筑工程监理制度。

国务院可以规定实行强制监理的建筑工程的范围。

第三十一条　实行监理的建筑工程，由建设单位委托具有相应资质条件的工程监理单位监理。建设单位与其委托的工程监理单位应当订立书面委托监理合同。

第三十二条　建筑工程监理应当依照法律、行政法规及有关的技术标准、设计文件和建筑工程承包合同，对承包单位在施工质量、建设工期和建设资金使用等方面，代表建设单位实施监督。

工程监理人员认为工程施工不符合工程设计要求、施工技术标准和合同约定的，有权要求建筑施工企业改正。

工程监理人员发现工程设计不符合建筑工程质量标准或者合同约定的质量要求的，应当报告建设单位要求设计单位改正。

第三十三条　实施建筑工程监理前，建设单位应当将委托的工程监理单位、监理的内容及监理权限，书面通知被监理的建筑施工企业。

第三十四条　工程监理单位应当在其资质等级许可的监理范围内，承担工程监理业务。

工程监理单位应当根据建设单位的委托，客观、公正地执行监理任务。

工程监理单位与被监理工程的承包单位以及建筑材料、建筑构配件和设备供应单位不得有隶属关系或者其他利害关系。

工程监理单位不得转让工程监理业务。

第六十九条　工程监理单位与建设单位或者建筑施工企业串通，弄虚作假、降低工程质量的，责令改正，处以罚款，降低资质等级或者吊销资质证书；有违法所得的，予以没收；造成损失的，承担连带赔偿责任；构成犯罪的，依法追究刑事责任。

工程监理单位转让监理业务的，责令改正，没收违法所得，可以责令停业整顿，降低资质等级；情节严重的，吊销资质证书。

3.2.2 《中华人民共和国安全生产法》关于监理法律责任的描述

该法律文件针对生产经营单位和安全生产管理部门及其人员编写，没有单独针对监理企业和监理人的条款，但是，监理企业作为生产经营单位，作为对其他生产经营单位实施安全监理的单位，必须学习、领会该法，一方面认真工作，不违法，另一方面，按照此法监理承包单位。

3.2.3 《建设工程质量管理条例》关于监理企业法律责任的描述

第三十四条　工程监理单位应当依法取得相应等级的资质证书，并在其资质等级许可的范围内承担工程监理业务。

禁止工程监理单位超越本单位资质等级许可的范围或者以其他工程监理单位的名义承担工程监理业务。禁止工程监理单位允许其他单位或者个人以本单位的名义承担工程监理业务。

工程监理单位不得转让工程监理业务。

第三十五条　工程监理单位与被监理工程的施工承包单位以及建筑材料、建筑构配件和设备供应单位有隶属关系或者其他利害关系的，不得承担该项建设工程的监理业务。

第三十六条　工程监理单位应当依照法律、法规以及有关技术标准、设计文件和建设工程承包合同，代表建设单位对施工质量实施监理，并对施工质量承担监理责任。

第三十七条　工程监理单位应当选派具备相应资格的总监理工程师和监理工程师进驻施工现场。

未经监理工程师签字，建筑材料、建筑构配件和设备不得在工程上使用或者安装，施工单位不得进行下一道工序的施工。未经总监理工程师签字，建设单位不拨付工程款，不进行竣工验收。

第三十八条　监理工程师应当按照工程监理规范的要求，采取旁站、巡视和平行检验等形式，对建设工程实施监理。

第六十条　违反本条例规定，勘察、设计、施工、工程监理单位超越本单位资质等级承揽工程的，责令停止违法行为，对勘察、设计单位或者工程监理单位处合同约定的勘察费、设计费或者监理酬金1倍以上2倍以下的罚款；对施工单位处工程合同价款百分之二以上百分之四以下的罚款，可以责令停业整顿，降低资质等级；情节严重的，吊销资质证书；有违法所得的，予以没收。

未取得资质证书承揽工程的，予以取缔，依照前款规定处以罚款；有违法所得的，予以没收。

以欺骗手段取得资质证书承揽工程的，吊销资质证书，依照本条第一款规定处以罚款；有违法所得的，予以没收。

第六十一条　违反本条例规定，勘察、设计、施工、工程监理单位允许其他单位或者个人以本单位名义承揽工程的，责令改正，没收违法所得，对勘察、设计单位和工程监理单位处合同约定的勘察费、设计费和监理酬金1倍以上2倍以下的罚款；对施工单位处工程合同价款百分之二以上百分之四以下的罚款；可以责令停业整顿，降低资质等级；情节严重的，吊销资质证书。

第六十二条　工程监理单位转让工程监理业务的，责令改正，没收违法所得，处合同约定的监理酬金百分之二十五以上百分之五十以下的罚款；可以责令停业整顿，降低资质等级；情节严重的，吊销资质证书。

第六十七条　工程监理单位有下列行为之一的，责令改正，处50万元以上100万元以下的罚款，降低资质等级或者吊销资质证书；有违法所得的，予以没收；造成损失的，承担连带赔偿责任：

（一）与建设单位或者施工单位串通，弄虚作假、降低工程质量的；

（二）将不合格的建设工程、建筑材料、建筑构配件和设备按照合格签字的。

第六十八条　违反本条例规定，工程监理单位与被监理工程的施工承包单位以及建筑材料、建筑构配件和设备供应单位有隶属关系或者其他利害关系承担该项建设工程的监理业务的，责令改正，处5万元以上10万元以下的罚款，降低资质等级或者吊销资质证书；有违法所得的，予以没收。

第七十条　发生重大工程质量事故隐瞒不报、谎报或者拖延报告期限的，对直接负责的主管人员和其他责任人员依法给予行政处分。

第七十二条　违反本条例规定，注册建筑师、注册结构工程师、监理工程师等注册执业人员因过错造成质量事故的，责令停止执业1年；造成重大质量事故的，吊销执业资格证书，5年以内不予注册；情节特别恶劣的，终身不予注册。

第七十三条　依照本条例规定，给予单位罚款处罚的，对单位直接负责的主管人员和其他直接责任人员处单位罚款数额百分之五以上百分之十以下的罚款。

第七十四条　建设单位、设计单位、施工单位、工程监理单位违反国家规定，降低工程质量标准，造成重大安全事故，构成犯罪的，对直接责任人员依法追究刑事责任。

第七十七条　建设、勘察、设计、施工、工程监理单位的工作人员因调动工作、退休等原因离开该单位后，被发现在该单位工作期间违反国家有关建设工程质量管理规定，造成重大工程质量事故的，仍应当依法追究法律责任。

3.2.4 《建设工程安全生产管理条例》中关于监理的法律责任描述

第十四条　工程监理单位应当审查施工组织设计中的安全技术措施或者专项施工方案是否符合工程建设强制性标准。

工程监理单位在实施监理过程中，发现存在安全事故隐患的，应当要求施工单位整改；情况严重的，应当要求施工单位暂时停止施工，并及时报告建设单位。施工单位拒不整改或者不停止施工的，工程监理单位应当及时向有关主管部门报告。

工程监理单位和监理工程师应当按照法律、法规和工程建设强制性标准实施监理，并对建设工程安全生产承担监理责任。

第五十七条　违反本条例的规定，工程监理单位有下列行为之一的，责令限期改正；逾期未改正的，责令停业整顿，并处10万元以上30万元以下的罚款；情节严重的，降低资质等级，直至吊销资质证书；造成重大安全事故，构成犯罪的，对直接责任人员，依照刑法有关规定追究刑事责任；造成损失的，

依法承担赔偿责任:

（一）未对施工组织设计中的安全技术措施或者专项施工方案进行审查的;

（二）发现安全事故隐患未及时要求施工单位整改或者暂时停止施工的;

（三）施工单位拒不整改或者不停止施工，未及时向有关主管部门报告的;

（四）未依照法律、法规和工程建设强制性标准实施监理的。

3.2.5 《特种设备安全监察条例》法律责任描述

特种设备使用单位有下列情形之一的，由特种设备安全监督管理部门责令限期改正；逾期未改正的，处 2000 元以上 2 万元以下罚款；情节严重的，责令停止使用或者停产停业整顿。

1. 特种设备投入使用前或者使用后三十日内，未向特种设备监督管理部门登记，擅自将其投入使用的。

2. 未依照条例第二十六条的规定，建立特种设备安全技术档案的。

3. 未依照条例第二十七条的规定，对在用特种设备进行经常性日常维护保养和定期自行检查的，或者对在用特务设备的安全附件、安全保护装置、测量调控装置及有关附和仪器仪表进行定期校验、检修、作出记录的。

4. 未按照安全技术规范的定期检验要求，在安全检验合格有效期届前一个同特种设备检验检测机构提出检验要求的。

5. 使用未经定期检验或者检验不合格的特种设备的。

6. 特种设备出现故障或者发生异常情况，未对其进行全面检查、消除事故隐患，继续投入使用的。

7. 未制定特定特种设备的事故应应急措施和救援预案的。

8. 示依照条例第三十二条第二款的规定，对电梯进行清洁、润滑、调整和检查的。

监理虽然不使用特种设备，但对承包单位使用特种设备进行安全监理工作，应该了解上述法律责任条款。

第4章　监理阶段划分与监理范围

监理阶段及划分与建设工程基建程序密切关联。

4.1　电力建设工程基建程序

常规火力发电厂的建设程序：项目立项阶段—编制项目建议书；可行性研究阶段—编制可行性研究报告；项目勘察设计阶段—地质勘察，图纸设计；施工准备阶段—征租地、设备材料采取、监理采购、施工队伍采购等；施工阶段—建筑施工、设备安装；系统调试阶段—设备调试；生产准备阶段—招聘运行人员并培训、编制运行系统图、编制运行规程等，为运行做准备；性能考核验收阶段—试运行、考核机组性能、检测机组性能等；交付使用阶段及后评估阶段—投入运行并对项目前期工作、项目实施、项目运营情况进行综合性评价；保修阶段—后期质量缺陷修复或者返工。

第一阶段：编制项目建议书。

这个阶段的工作一般由建设单位委托专业队伍完成。

这个阶段的主要任务是编制初步可研报告，为项目建设书的审查提供依据。以“项目建议书”得到批准为止。如果未获得批准，要么继续完善项目建议书及初步可研报告，要么停止项目运作。

第二阶段：进行可行性研究。

这个阶段的工作一般由建设单位委托专业队伍完成。

这个阶段的主要任务是进行可行性研究，编制可行性研究报告，以“可行性研究报告”得到批准为止。如果未获得批准，要么继续完善可行性研究报告，要么停止项目运作。

第三阶段：勘察设计阶段（简称设计阶段）。

这个阶段的工作由业主委托专业阶段完成。

火力发电厂建设工程系统庞大，设计阶段一般分为地质勘察、初步设计（概念设计）、施工图纸设计（又分司令图设计和施工图设计两个小阶段）三个阶段。最后，设计单位还得进行竣工图编制。

第四阶段：施工准备阶段。

一般情况下，这个阶段的一部分准备工作由建设单位自行完成，一部分准备工作由专业队伍完成。或者建设单位与专业队伍配合完成。

这个阶段的主要任务是建设用地的征租及三通一平工作、设备和材料采购、施工采购、监理采购等。

第五阶段：施工阶段。

这个阶段的主要任务是进行建筑施工、设备安装等。由建筑承包单位和安装承包单位完成。

第六阶段：调试阶段。

调试阶段的工作由调试单位、施工、生产运行部门共同完成。设计单位、设备供应单位参与。

调试阶段的主要任务是分部试运和整套启动试运。

第七阶段：生产准备阶段。

这个阶段的工作一般由建设单位实施。近几年，运行模式发生着一些改变，有的建设单位将部分运行外委。外委运行的生产准备工作，被委托单位实施。

这个阶段的主要任务是培训运行人员、完善运行组织、编制运行制度、职责运行职责、编制运行系统图、运行人员参与调试工作等。

第八阶段：性能考验及验收阶段

这个阶段执行《火力发电厂达标投产验收规程》。

性能考验通过试生产运行及性能检测完成。试生产由建设单位和被委托的生产单位完成；性能检查委托专业阶段完成。

这个阶段的主要任务是评价电厂运行性能。

第九阶段：后评估阶段

这个阶段由建设单位或者建设单位委托专业公司进行。

这个阶段的主要任务是对项目前期、项目实施和电厂营运进行综合性评估。

第十阶段：保修阶段。

此阶段的任务是处理电厂投入运行后发现的施工质量问题。

火力发电厂建设工程阶段是由专业或者学者总结而成的，不同的人总体的不完成相同，但大致一样。

从第一阶段开始到第二阶段结束，这两个阶段的全部过程，叫“项目决策阶段”；从第三阶段到第十阶段结束，除第七阶段（生产准备阶段）和第九阶段（后评估阶段）外的六个阶段的全过程，叫“项目实施阶段”。

第一阶段完成，即项目建议书获得国家或者地方批准后，建设单位方可进行后续建设程序。第一阶段完成，就是平常所说的“拿到了路条”。

批准项目建议书和批准项目建设有三个等级：重大项目由国家发改委审批；大中型项目，由省、直辖市、自治区行业归口管理部门审批，报国家发改委备案；小型规模的项目，按照项目隶属关系由部门或地方主管部门审批。

可行性研究阶段，建设单位要完成“八大报告”编制并全部获得国家、地方行政主管部门批准。“八大报告”批准后，国家、地方行政主管部门方可批准项目建设同意书。此即通常所说的“核准”。

“八大报告”分别是：可行性研究报告、节能评估报告、安全预评价报告、环境影响评估报告、水土保持评估报告、水资源评估报告、土地资源评估报告、社会稳定风险评估报告。八大报告均委托给有资质的企业调研、编制。八大报告均需要按照主管部门的管理规定进行审核、审批。

4.2　监理阶段划分

结合电力建设工程基建程序的阶段划分，对于监理阶段进行如下说明：

对第一阶段到第十阶段（除过第七阶段和第九阶段）的全过程实施监理，叫“全过程监理”。全过程监理还包括设备监造。全过程监理由一家还是由多家监理公司实施，由建设单位决策。目前，尚没有一家监理公司进行过一个项目的全过程监理案例，甚至没有一家监理公司有全过程监理的资质。

对第一阶段和第二阶段的监理叫做决策阶段监理。目前，决策阶段的监理以“咨询”的名义出现，尚在起步阶段。

对第三阶段，即对设计阶段的监理，叫做“设计阶段监理”。设计阶段监理逐渐展开，比例尚小。大多数业主在委托施工阶段监理时，将部分设计监理内容加入施工阶段监理的工作范围，如参加初步设计、司令图纸设计审查等。但这不能够代替设计监理。

施工准备阶段、施工阶段、调试阶段、验收阶段、保修阶段的监理叫“施工阶段监理”。施工阶段监理不仅仅对应于建设项目基建程序的“施工阶段”；另外，施工阶段监理还包括部分施工准备阶段工作的监理，如参加招标、合同谈判等工作。

目前，没有单独对施工准备阶段、调试阶段、验收阶段、保修阶段实施监理的案例。

顺便指出，电力建设工程基建程序的“施工准备阶段”与《电力建设工程监理规范》中提到的“施工准备阶段的监理工作”中的“施工准备阶段”概念不同。两者的工作层次不同，工作内容不同。

建设单位普遍将招标采购工作委托给专业公司。

生产准备阶段和后评估阶段没有实施监理的案例。

工程监理实践中，第八阶段，即性能考验及验收阶段和第十阶段，即保修阶段的监理工作量很小。

在电力建设工程中，设备制造占工程质量、工程费用、工程时间很大比重，十分重要。设备监造与施工阶段一样，其监理工作已普遍存在，叫做设备监造。设备监造由有相应资质的单位负责，不是建设工程施工阶段监理单位的业务范畴。

4.3　监理范围的描述

监理范围在监理服务合同中明确，用两层意思描述。第一层采用监理阶段描述，如，设计阶段监理或者施工阶段监理；第二层采用工程项目范围，如“电厂全部正式工程项目及业主临建，但不包括送出线路工程、矿山工程、铁路工程”。目前，多数监理合同就叫做监理服务合同，不明确阶段。此类监理合同主要内容针对施工阶段，但包括了一部分设计监理阶段的内容。

第5章 监理工作的前提和监理工作依据

5.1 监理工作的提前

1988年7月，建设部发布《关于开展建设工程监理工作的通知》；1989年7月28日，建设部发布《建设监理试行规定》；1995年12月15日，建设部和国家计委修改完善了《建设工程监理规定》并于1996年1月1日起实施；1997年，《建筑法》颁布实施；1999年，国家电力公司颁发了国电火（1999）688号文件《国家电力公司建设工程监理管理办法》。

以上国家和部门文件强行推行建设工程监理，特别是《建筑法》将建设工程监理提升到了法律高度，建设单位不得不对建设工程实施监理。

客观上，这些文件成为了监理工作的提前。

国家实行项目法人责任制后，明确了建设单位的主体责任单位，建设单位为了规避建设风险，从内心产生了对建设工程监理的需要。从市场经济角度讲，这种建设单位内在需要其实是监理工作真正的提前。

同时，工程招投标制、合同管理制、资本金制的实行，更加规范了建设工程建设行为。

总之，项目法人责任制、合同管理制、工程招投标制、监理制和资本金制完善了国家层面上的建设工程管理体系。所以国家建立健全建设工程管理体系是监理制的提前。

当市场体会、意识到监理制为建设工程创造的价值时，市场从被迫接受到自觉接受监理水到渠成。应该说，从国家强制推动建设工程监理制，到市场接受监理所用的时间很短，这是监理单位能为建设单位创造价值的必须结果。

市场需要建设工程监理是监理工作真正的提前。

5.2 监理工作的依据

《电力建设工程监理规范》中明确，“监理规划”的编制依据有：与电力建设工程有关的法律、法规、规章、规范和工程建设强制性条文；与电力建设工程项目有关的项目审批文件、设计文件和技术资料；监理大纲、委托的监理合同以及与电力建设工程项目相关的合同文件；与工程相关的建设单位的管理文件。

上述所列的“监理规划”依据，基本上包括了监理工作依据。

对于项目监理部而言，其工作依据可整理为下列几个层次：

第一层次，与电力建设工程有关的法律、法规、规章。如《建筑法》《安全生产法》《建设工程安全生产管理条例》等。

第二层次，与电力建设工程有关的规程、规范、标准，包括工程建设强制性条文。如《电力建设施工质量验收及评定规程》系列、《监理规范》《建设工程强制性条文》《钢筋混凝土工程验收规程》等。

第三层次，与建设项目相关的国家、地方行政或者技术部门审批文件、资料。如关于土地、水源、燃料等批复文件，可行性研究报告等。

第四层次，与建设项目相关的设计文件、资料，最主要的是施工图纸，经审批的初步设计图纸，司令图等。当然，包括初步设计文件。

第五层次，建设单位工程管理文件，如管理制度，创优规划，安健环管理规划等。

第六层次，监理企业管理文件，如企业管理制度、管理标准、管理体系文件、有效文件清单、标准化文件范本、监理大纲等。

对于监理人员而言，其监理工作依据进一步包括下列层次：

第七层次，项目监理部内部管理及技术文件，如监理工作制度、监理规划、监理实施细则等。具体如单位工程实施细则，专业实施细则，创优实施细则等。

监理工作的依据，同时也是对监理工作的约束，监理人员必须学习、掌握。

必须强调《建筑法》《安全生产法》《建设工程安全管理条例》《建设工程质量管理条例》是监理工作的依据。法律、法规、规章作为监理的工作依据，彰显了监理工作的高度、重大意义和重大作用。

第6章 监理工作内容

目前，最普遍、也相对比较成熟的是施工阶段的监理，设计监理才逐渐展开，决策阶段监理尚在起步阶段。因此，着重介绍施工阶段的监理工作内容，简要介绍其他阶段的监理内容。

依据《电力建设工程监理规范》，施工实施阶段监理的工作内容可以归纳为“质量控制、进度控制、安健环控制、造价控制、合同管理、资料管理、施工协调”，概括为“四控、两管、一协调”。

6.1 质量控制

工程质量体现在其适用性、耐久性、安全性、可靠性、经济性、美观性、环境协调性等方面。

工程质量取决于设计质量，设备、材料质量，施工（技术）质量，调试质量。为了管理好这些质量要素，必须建立健全质量保证体系和质量检验体系。因此，作为以质量控制为核心的项目监理部要对设计质量、设备质量、材料质量、施工质量、调试质量、质量保证体系和质量检验体系进行管理控制。监理如何管理这些质量要素，必须通过监理技术文件体现。

6.1.1 监理技术文件

工程施工开工前，监理必须完成下列技术文件的编制工作：监理规划；监理实施细则；强条实施细则；创优实施细则；安全监理实施细则；成品保护实施细则等。监理规划由监理企业审批、业主审批；监理细则由总监批准，报业主备案。这些技术文件设计了监理的组织机构、管理体系、岗位及职责、制度及程序、目标与标准、方法与措施等。

6.1.2 设计质量控制

对于设计质量的管理与控制，最好委托设计监理单位具体实施；对于施工阶段的监理而言，设计质量控制主要是：参加初步设计审查、司令图审查、组织施工图纸交底和会检、审查设计变更和变更设计、参加设计优化会议等。目前，多数建设单位不独立采购设计阶段的监理，仅仅采购施工阶段监理，但，在施工阶段监理服务合同之中，增加一部分设计阶段监理的工作内容。

6.1.3 设备质量控制

对于设备质量管理与控制，一般业主委托有资质的单位进行设备监造；对于施工阶段的监理而言，参与现场设备缺陷处理、即参与处理方案讨论并进行必要的审查、批复工作；参加设备开箱检查；负责设备现场管理质量检查；负责设备安装质量检验；设备调试质量的检验收等。

6.1.4 材料质量控制

对于每一批进厂材料，检查其生产许可证、出厂合格证、材料质量证明；监督施工单位按照规程、规范对每一批材料进行进厂复试并进行见证取样、甚至参加送样，审查复试报告；对于重要的、关键的材料进行平行检验；对于不合格材料监督施工单位清理出场或者按照程序进行降级使用；监督施工单位对材料进行标识，防止混用等。

6.1.5 施工质量控制

对于施工质量的监理，是施工阶段监理的最主要的质量控制工作。质量控制主要工作环节及工作内容有：

协助业主建立健全全现场总的质量保证体系和质量检验体系；

审查业主管理文件，如施工组织总体设计、创优规划、管理制度等；

审查承包单位及分包单位资质；

审查承包单位组织机构、质量保证体系和质量检查体系及其运行质量；

审查单位工程或者较大的相对独立的分部工程开工报告以控制质量条件；

审查承包单位标段组织总体设计、单位工程施工方案，分项工作作业指导书及其他质量、技术措施性文件；

检查验收施工单位工程技术资料；

按照前述方法审查材料质量；

检查验收每一个检验批和隐蔽工程施工质量；

组织、主持或者参加技术质量例会、专题会议并编写纪要；

组织单位工程预验收，参加业主组织的竣工验收等。

对于质量问题普遍处理形式是发出监理工程师单，向施工单位提出整改要求，并监督检查施工单位整改闭合。

6.1.6 调试质量控制

调试监理工作主要有：

审查调试大纲和调试方案；

检查单机试转条件并检查验收单机调试结果；

组织分部试运条件检查，验收分部试运结果并签证；

组织代保管条件检查并签证；

整理调试过程中的问题并组织、监督、签证承包单位整改；

组织或者参加调试过程中技术问题方案讨论，提出建议和意见；

参加整套启动条件检查，验收整套启动试运结果并签证；

整理后期尾工和质量缺陷，组织、监督、签证承包单位整改等。

火力发电厂参与施工的单位较多，较大标段一般有五个左右；小标段甚至有几十个；一个火力电厂土建单位工程有 100 个左右，安装单位工程有 70 个左右；除了建筑施工、设备安装工程外，还有大量的调试工作；整个建筑施工、设备安装、工程调试紧张地贯穿于整个施工过程。由此可以看出项目监理部的监理工作量是十分巨大的。

除上述工作处，监理还有一些其他方面的施工质量控制工作，如参加现场工程站质量活动，对省中心站的监检项目进行预监检，组织或参加独立的现场监检；参加达标投产验收工作；参与或者组织创优工作；保修期的监理工作等。

6.2 进度控制

监理进度控制工作按照“计划、实施、检查、调整、处置”的原理进行，或者说进度控制工作的实践符合此原理。质量控制、造价控制、安全控制也符合此原理，只是从表现形式上分析，进度控制对这一原理体现得比较完整，更容易理解。

6.2.1 进度计划的编审批

进度计划的编审批有下列工作：

协助业主编制及调整目标进度计划和里程碑进度计划，业主上级批准；

编制及调整一级进度计划，业主批准；

审批施工单位二级进度计划，必须符合一级进度计划；

审批施工单位年度和季度计划，为业主提供年度和季度工作依据；

审批或者审查施工单位编制的单位工程进度计划（包括在施工方案中）；

审批、整合所有施工单位月度进度计划成综合月度进度计划，发放实施；

审批、整合所有施工单位周进度计划成综合周进度计划，发放实施；

可能需要审批施工单位编制的日进行计划；

审批施工单位消缺计划；

协助业主编制及调整并审查辅机设备交付进度计划；

协助业主编制及调整并审查设计进度计划等。

进度计划的分级并未统一：有的地方、有的人将里程碑进度计划叫做一级进度计划，有的地方、有的人将里程碑进度计划就叫做里程碑进度计划，而将里程碑进度计划的下一层次此的进度计划叫做一级进度计划，本文即如此。三级和以下级别的进度计划，概念更乱。

6.2.2 进度计划的实施

进度计划的实施责任和监理控制工作如下：

业主或者业主委托的第三方实施设备、甲供材料计划；监理监督并提出建议和意见；

设计院实施施工图交付计划，监理协助业主监督；

监理及时组织施工图交底和会检会议；

监理及时审查施工单位申请的开工报告，主要审查开工条件；

监理及时协调施工过程中的影响因素，保证施工顺利进行等；

监量推动承包单位“人、机、料、法、环”，满足进度计划要求等。

6.2.3 进度计划的审查、分析及问题整改

监理、业主、施工单位分层次通过生产例会、专题会议分析周计划实施情况，分析月度计划实施情况，找出问题根本原因，提出管理建立和意见，制定管理措施并监督责任单位的整改情况；监理对于重大问题及时向业主汇报，与业主共同管控施工单位。

实际进度滞后计划进度的原因有三类：进度计划不科学，无论如何完成了不；客观因素影响，如雨天等；组织与管理责任。组织与管理责任又分为下列几类：

业主未按照计划供应设备和材料；

业主水、电、路等资源却失；

业主工程款未及时支付或者少付；

设计院未按照计划交付施工图纸；未及时处理设计问题；

施工单位管理问题、劳动力不足或者组织不力问题、技术方案问题、乙供材料未及时采购或者断货问题、施工机具不足或者性能不足问题、外协队伍罢工或者劳动力流失问题（主要由资金引起）等；

监理未及时审查或者审批技术文件；未及时组织图纸交底和会检；未及时审查开工报告等。

分析出问题后，针对问题，制定各层次整改措施和各单位整改责任。

从管理上讲，业主监督监理整改闭合、监理监督承包单位整改闭合、总承包方监督其分包商整改闭合；分包商可以向总包方提出管理意见和建议，总包方可以向监理提出管理意见和建议；监理可以向业主提出意见和建议。从此段话中可以看出，现场没有监督业主单位的机构，所以，当业主管理不到位时，不良后果将十分严重。

6.2.4 进度计划调整

进度计划是进度管理的依据性文件，没有进度计划或者进度计划不符合实际情况，将导致施工秩序混乱，所以，当进度计划脱离实际时，必须及时调整。

进度计划调整与审批的责任同进度计划编制程序一致。典型的周计划、月计划的调整是自然而然的，在编制、审批周计划和月计划时自然而然地完成了调整。但是，一级进度计划、里程碑进度计划和目标进度计划的调整不能随意地进行。因此，当周计划和月计划滞后时，必须采取措施，加快施工进度，修复进度计划，争取保证一级进度计划、里程碑计划和目标进度计划。

6.2.5 进度责任处置

进度计划虽然是动态的，但从管理角度讲，更是严肃的，不能随意更改。所以，必须对责任单位进行处置，向其施加压力，从而保证目标进度。

处置的方式主要有：提出批评及整改要求；罚款并提出整改要求；通报承包单位领导并提出整改要求；切割责任单位工程项目给有能力的承包单位以减轻进度压力；更换能力差的管理人员并提出整改要求；解除施工合同防止更大的问题等。

当业主发生问题导致工程进度滞后时，业主自然地承受了进度滞后所导致的损失；同时，施工单位有权利按照合格、国家法律文件提出索赔要求，业主应该承担赔偿责任。

处置责任单位是一种手段，其意义在于给予责任单位必要的压力，如果推动此意义、甚至造成承包单位反感，宁可不采取此手段。所以，必须掌握处置的“度”。

6.2.6 质量统计

质量统计是质量管理的一项重要工作，根据统计数据可以分析质量重点、难点，从而有目的地对重点、难点部位、项目、施工单位进行管理。质量统计格式符合相关规范、标准要求。业主、监理、施工单位均有各自的质量统计范围及职责。

6.2.7 其他

这些年，由于“抢跑”，导致许多电厂中途停工或者停滞不前的现象较多；由于设备供应问题甚至仅仅由于大件设备运输问题导致进度滞后的现象比比皆是；由于工程款不能及时支付或者支付不足导致施工队伍无以为继，进而导致工程进度滞后的现象时有发生。

进度滞后导致业主与承包单位之间的经济纠纷增多，建设单位和承包单位甚至监理单位均受到严重损失。

国家意识到“抢跑”问题后，加大了管理力度；市场意识到国家的严格管理后，“抢跑”现象正在减少。

6.3 安全控制

安全控制包括安全、职业健康、环境保护、文明施工四类工作内容。但施工阶段的环境保护监理范围、内容不同于、也不能代替“环境保护”专业监理，具有施工阶段监理资质的企业不一定具有“环境保护”监理资质，事实上，施工阶段监理企业很少有“环境保护”监理资质。没有资质，为什么又提及环境保护监理工作？施工监理环境保护的主要任务是控制施工过程对环境的污染，范围狭隘，而专业的环境保护监理，工作

范围更大，监理更具深度，包括了对环境保护设计的监理。下面，系统而概括地介绍安全监理工作。

6.3.1　建立健全项目监理部安全管理体系

主要内容如下：

建立健全项目监理部安全管理组织体系、安全保障体系、安全监察体系；

配备安全专职人员，数量和素质满足安全监理工作需要；

明确各部门（各专业组）和各级人员（总监、副总监、组长、组员）安全职责；

建立健全安全监理工作制度及程序；

建立项目监理部内部从上到下的安全工作监督体系，保证所有人员履行安全监理职责；

建立健全项目监理部安全监理操作文件，如安全监理实施细则；

建立健全安全生产例会和专题会议制度，并组织、主持、编写纪要、监督检查施工单位落实情况；

建立健全安全检查制度，定期不定期地组织安全检查，排查安全隐患，纠正安全隐患；

建立健全安全监督制度，实施对参建单位、主要是承包单位的安全监督、管理，促进参建单位安全管理工作；

建立健全安全管理台账，明确安全监理各项工作并保存工作记录文件等。

6.3.2　建立健全现场安全管理体系

主要内容如下：

协助业主建立健全现场安全管理组织体系（安全生产管理委员会，简称安委会）并明确岗位及职责；

协助业主建立健全安全管理目标并制定管理、监理措施；

协助业主建立健全安全管理制度及程序，包括安委会例会制度；

协助业主编制、并审查安全管理规划；

协助业主组织安委员例会；

监督检查施工单位安全管理体系（安全保障体系和安全监察体系）是否建立健全，安全管理目标及目标分解是否明确、正确、全面，岗位设置及岗位职责是否全面、正确，安全管理体系运作是否正常，安全管理制度是否建立健全、安全管理制度执行是否良好，安全专项资金是否落实、是否专款专用等；

监督检查各级安全管理体系及运作是否有机融合等。

6.3.3　安全设施控制

火力发电厂建设工程是一个庞大的系统工程，有约 100 个建筑单位工程，约 70 个安装单位工程，一般在 2 年左右时间完成建筑施工与设备安装及机组调试，施工场地集中、施工项目密集、交叉施工多、高空作业多、有高大的烟塔、有高温的设备运行、有高速的转动设备、有强大的电流等，施工过程需要大量的安全设施。安全设施需要大量的资金投入，而施工单位为了节省工程成本，有降低安全设施的心理倾向，所以，安全设施控制是安全控制的一项重要工作。

典型的安全设施有：安全网、安全栏杆、安全绳、孔洞盖板、安全作业平台、垂直运输设备安全装置、安全通道、安全警示、安全宣传等，还有特别的交叉施工安全防护等。

安全设施控制工作的任务就是监督、检查、控制施工单位及时搭设安全设施，使用合格的、标准的安全设施，合理拆除安全设施等。

这种监督、检查、控制工作贯穿于整个施工过程。

安全设施的控制，还要特别检查、整改、杜绝装置性违章。

安全设施控制的具体工作是，监理专职人员每日巡视检查，及时发现并纠正问题；监理其他人员在职责范围内履行安全职责；要求施工单位建立健全施工单位内部的安全设施管理、监督、检查、纠错体系并正常运转。

安全设施的控制工作量大、困难多，监理人员必须高度重视、强化管控意识，制订严格的措施，保证施工单位按照相关规程、标准及时安装安全设施。

6.3.4　人员安全行为控制

人员安全行为不规范是导致安全事故的主要原因，所以必须强化人员安全行为管理，减少、杜绝安全行为违章。

人员安全行为违章一般分三类：违章指挥、违章操作、违反劳动纪律。

对于人员安全行为的控制，首先是进行安全意识教育，然后是安全操作技能教育，再者进行监督、检查、处罚违章行为。

教育即三级教育，即对每一个参建人员进行入司教育、项目部教育、班组教育。所有参建单位均应对自己的参建职责进行三级教育。检查即各级、各单位专职或者兼职安监人员每日巡视检查，及时发现并纠正问题；各单位必须配置相应数量的专职安全监察人员，履行各级安全监督人员的旁站监督、检查；各级、各单位的安全管理有机结合，行成现场总体的安全管理网络。

每个人都有懒惰的天性，大量的人员行为违章就是为了省事而发生的，所以，人员安全行为控制并不是容易的工作，甚至是困难的工作，必须严格管理，严格执行处罚制度。对于工程项目的安全控制，处罚也许是最有效的办法。

6.3.5　职业健康控制

职业健康控制的主要任务，一是按照《劳动保护法》要求，监督、检查施工单位，保证施工单位对参建人员的职业健康保护到位；二是教育、监督、检查作业人员正确佩戴安全防护用品、用具。对于不正确佩戴劳动保护用品、不正确使用劳动保护用具的人员必须及时处置，这是对职工的强烈教育和深层爱护。饮食安全管理是职业健康管理的重点内容之一，饮食安全管理必须纳入安全管理。

典型的劳动保护用品、用具有：安全帽、安全带、安全鞋、安全手套、安全面罩（焊接面罩、防毒面罩）、安全服等。

6.3.6　环境保护控制

施工阶段产生的废品、污染品种类多、数量大、时间密集，环境保护控制工作就是控制这些废品、污染物的产生与处理。

施工阶段的环境保护主要任务是：

减少或者杜绝扬尘污染，及时处理扬尘；

减少或者杜绝噪声污染；

减少或者杜绝光污染；

减少或者杜绝固体废物、气体废物、液体废物对环境的污染，正确处理“三废”；

减少或者杜绝平面污染，及时清理、整治建筑材料、施工器具、废品废料等。

对于废物的最典型处理方法是：建立废品集中堆放场；责任单位安排专人及时清理；废品及时外运到城市或者地方政府指定的垃圾场。

施工阶段每天都产生大量的废品，清理工作量大，需要不少的费用，施工单位为了节省工程施工成本，很难自觉自愿地及时、完全、标准地处理废品，所以，管理控制工作量大，困难大。对此，监理必须有清醒的认识，加强教育，严格管理。

6.3.7　文明工地控制

文明工地对于现场环境十分重要，与环境控制工作类似。

文明工地管理重点是：场地平整；场地洁净；物资堆放定置定量并规范围护。

文明工地是一个体系工程，从施工准备阶段开始规划、实施。如场地平整，必须在正式工程开工前完成；规划设备、材料堆场、建立主干道并专门维护；合理的场地划分等。否则，很难做到文明工地。

保持文明工地需要施工单位甚至业主单位每天进行大量的清洁工作，增加工程成本，占用劳动力，占用工作时间等，所以，文明工地控制相当困难，甚至难度很大。对此，监理必须有清醒的认识，加强教育，严格管理。

6.3.8 施工机具安全控制

火力发电厂建设工程施工需要大量的施工机械、器具，并且需要大量的大型起重机械。大型起重机械的安装与拆除过程是安全事故多发过程，所以，施工机具的安全控制是整个安全控制的重点之一。

施工机具控制主要有下列几个环节：

进场时检查机具的合格性，包括生产许可证，出厂合格证，租赁证等合格性证明材料；

安装时必须编制安装作业指导书并经监理批准；并按照作业指导书进行安装；

安装完、使用前必须进行荷载试验，并经地方政府技术部门验收登记、签发准用证方可使用；

运行时按照规划进行维护保养；正确操作并对使用进行记录；

拆除时必须编制拆除作业指导书并经监理批准；并按照作业指导书进行拆除。

对于大型机械的拆除，监理必须进行旁站监理。

对于大型机械的管理，一般地，监理专门建立其他管理台账。

6.3.9 特种作业控制

火力发电厂建设工程涉及的专业多，涉及的特种作业多。特种作业意味着安全和质量风险大，所以，特种作业安全控制是全部安全控制的重点之一。

对于特种作业人员的安全控制工作，主要有下列几个环节：

检查特种作业人员的上岗证，保证证件有效；

对于有些特种作业人员，实施进场考试制度，考试合格方可上岗；

施工过程中，定期或者不定期对特种作业人员进行抽查，检查是否持证上岗；

对于未持证、或者持证不合格的人员，禁止其进行特种作业。

典型的特种工种有：焊接；脚手架搭设；设备运行操作；施工机械操作；检验、试验；电气操作；化学操作；起重指挥等。

6.3.10 装置性违章控制

装置性违章指工作现场的环境、设备、设施及工器具不符合国家、行业、企业有关规定，不符合反事故措施，不符合保证人身安全的各项规定及技术措施的要求，不能保证人身和设备安全的一切不安全状态。

监理控制装置性违章的基本方法是：每日检查，发现问题，及时提出整改要求并监理责任单及时整改。

6.3.11 重大危险源安全控制

全现场各级管理机构，包括业主、监理、施工单位等，必须定期和不定期进行重大危险源分析，确定重大危险源、判定危害级别、制定预防方案。

施工现场重大危险源随着工程的进展，发生着变化，所以必须连续进行重大危险源分析，"定期"和"不定期"即此含意。

重大危险源预防具体落脚到防火、防电、防水、防洪、防毒、防高空（坠人、坠物）、防坍塌、防机械伤害、防化学伤害、防食物中毒、防大面积污染等方面。

重大危险源分析可以由安全专职人中进行，可以由集体会议进行，可以由参建单位自己进行，可以由多家单位联合进行。业主单位自己进行，并组织全场所有单位进行；监理自己进行，并组织所有施工单位进行；施工单位自己进行，并组织其所有外协队伍和分包队伍进行。

分析出重大危险源后，必须判定其危险级别，制定对应预防方案，明确各级、各单位、各部门、各人员责任，明确措施，明确监督、管理责任，保证闭合。

监理监督检查所有施工单位重大危险源管理情况，及时发现问题，提出整改要求，监督整改闭合。

重大危险源并不是安全隐患，安全隐患必须立即整改解除；重大危险源必须制定可靠的预防方案。

6.3.12 安全隐患排查

除了安全专职人员、兼职人员自己每天巡视检查外，对于安全隐患，还必须进行有组织、有计划的全方位排查。对于火力发电厂施工现场，安全隐患排查一般有下列几种：

各级安全专职和兼职人员履行管理、监理职责，每天进行全现场巡视检查；

监理单位（安监组）每周（惯例）组织所有施工单位联检；

业主单位（安监部）每月组织所有参建单位全方位检查；

安委员每三个月组织所有委员单位和委员进行全面检查；

施工单位、监理单位、业主单位组织的专项检查，如施工用电专项检查、大型机具安全专项检查，深坑深基专项安全检查、专项防火检查等；

上级单位、政府部门安排的安全全面检查和专项检查；

季节性安全检查等。

对于检查出的安全隐患，以会议纪要的形式或者以安全整改通知单的形式提出，同时明确整改要求，监督施工单位整改，如期完成闭合。对于不履行职责的单位和个人进行处置，保证安全管理秩序。

6.3.13 安全统计工作

从大的方面讲，建设单位、监理单位、施工单位必须按照国家、企业、上级单位管理要求进行安全统计，填写统计报表，上报有关单位；从小的方面讲，安全管理系统要建立统计制度，分析现场安全特点、重点，从而有目的地对重点部位或者项目或者单位强化管理。

6.3.14 监理安全控制管理台账

安全管理台账基本反映了安全管理工作内容。

附件：火力发电厂建设工程施工阶段项目监理部安全管理台账

火力发电厂建设工程施工阶段项目监理部安全管理台账

1 安全会议记录台账
2 安全检查记录台账
3 监理通知单（通报、报告）台账
4 安全整改通知、反馈单（验证）台账
5 安全奖惩记录台账
6 安全教育培训记录台账
7 安全考试登记台账
8 安全人员建档登记台账

9　安全收发文记录台账
10　安全责任考核记录台账
11　上级安全文件台账
12　安全信息（通报、简报）台账
13　安全计划总结、汇报材料台账
14　安全报表台账
15　安全文件及制度台账
15.1《中华人民共和国安全生产法》
15.2《中华人民共和国劳动法》
15.3《中华人民共和国消防法》
15.4《中华人民共和国道路交通安全法》
15.5《中华人民共和国刑法》
15.6《中华人民共和国职业病防治法》
15.7《中华人民共和国行政许可法》
15.8《中华人民共和国行政处罚法》
15.9《中华人民共和国劳动合同法》
15.10《中华人民共和国突发事件应对法》
15.11《中华人民共和国建筑法》
15.12《生产安全事故报告和调查处理条例》
15.13《建设工程安全生产管理条例》
15.14《安全生产许可证条例》
15.15《工伤保险条例》
15.16《危险化学品安全管理条例》
15.17《特种设备安全监察条例》
15.18《电力建设安全工作规程　第1部分：火力发电厂》
15.19　建设单位及其上级单位安全管理制度
15.20　监理单位企业安全管理制度
16　工伤档案及事故报表台账
17　安全合同文件，责任状台账
18　分包工程安全资质审查档案台账
18.1　分包单位营业执照、安全生产许可证
18.2　项目经理、专职安全管理人员资质证件
18.3　特殊工种人员资质证件
18.4　单位施工简历及近三年安全施工记录
18.5　安全文明施工组织机构、安全保证体系和监督体系
18.6　安全文明施工规划及实施细则
19　大型起重机械管理台账
20　危险源辨识与预控台账
21　安全隐患统计分析台账
22　应急预案、演练管理台账
22.1　事故应急预案
22.2　触电人身伤亡事故应急预案
22.3　生活饮用水污染事件应急预案
22.4　大型机械防风防碰撞应急预案
22.5　大型脚手架防倒塌应急预案
22.6　大型起重机械防倒塌应急预案
22.7　放射性物质泄漏事故应急预案
22.8　高边坡、深基、深坑防垮塌应急预案
22.9　高温中暑人身事故应急预案
22.10　防火灾与防爆炸事故应急预案
22.11　化学危险品伤害人身事故应急预案
22.12　抗洪减灾应急预案
22.13　全厂对外停电应急预案
22.14　全厂施工水源中断应急预案
22.15　预防山体滑坡事故应急预案
22.16　隧洞塌方、冒顶事故应急预案
22.17　突发大风事故应急预案
22.18　突发降温应急预案
22.19　烟囱乘人电梯冒顶、坠落事故应急预案
22.20　重大环境污染事故应急预案
22.21　主体设备损坏应急预案
22.22　交通人身伤亡事故应急预案
22.23　恶性食物中毒事故应急预案
23　安监部整改通知、反馈单台账

6.4　造价控制

建设工程造价包括建设单位管理费用，可研费用、勘察、设计费用，征、租建费用，设备制造、运输、保管费用，材料采购、运输、保管费用，建筑施工、设备安装费用，工程调试费用，性能检测、质量检测费用，各阶段监理费用，设备监造费用等。每个阶段的费用都比较大，每个阶段都可以通过优化、细化管理而节省工程费用。本文主要概括介绍设计阶段和施工阶段的监理费用控制工作。

工程监理的每一个环节甚至每一项工作都涉及工程费用，所以，监理人员应该有强烈的费用控制意识，每一项工作都应该进行费用分析，而不仅仅考虑其质量、进度、安全问题。

6.4.1　施工准备阶段费用控制

6.4.1.1　施工准备阶段费用控制主要做好下列工作：通过招标投标，用合理的价格采购设计单位、监理单位、设备监造单位、施工单位、质量和性能检测单位、设备、材料。

6.4.1.2　设计科学高效的建设单位管理机构，节省管理费用。

6.4.1.3　选择建设模式，采取节省费用的建设模式。

6.4.1.4　创造一切有利于施工的条件，包括三通一平工作，保证施工速度等。

6.4.1.5　认真编写施工组织总体设计。

施工组织总体设计涉及的内容很多，每章节的合理与否都涉及工程费用，可以说，施工组织设计的好与坏决定了施工阶段费用多与少。

总之，施工准备阶段的各个环节都值得认真仔细的工作，减少建设各环节费用。

6.4.2　设计阶段费用控制

设计阶段费用控制主要是要做好下列几个环节的工作：

6.4.2.1　采购设计监理，要求设计监理深入参与设计、了解设计，从而提出更多、更深刻的问题，并协助设计单位解决问题。由于设计人员大都比较年轻，缺少经验，设计保守问题普遍存在。在这种情况下，设计监理能发挥更大的费用控制作用。

6.4.2.2　根据国家对设计的管理要求，利用初步设计审查的机会，认真组织专家审查初步设计。这个环节对于施工费用的控制是决定性的。对于初步设计审查，应该多请有名的工程专家、设计专家；应该安排充足的时间；应该集思广益，充分论证各个系统，既保证工程设计质量，又不造成设计浪费。

6.4.2.3　对于司令图的审查，就像对待初步设计一样，进行认真的审查。

6.4.2.4　向设计院提出建设单位的建议和意见，提出优化设计的要求，必要时，组织专家对施工图设计进行设计优化，包括总平面设计优化。

初步设计审查、司令图审查往往是通过一次大型审查会议完成，时间短，工作量大，为了深度审查，建设单位必须认真

组织，给专家足够的讨论、计算、分析时间。

6.4.3 施工阶段费用控制

施工阶段费用控制需要做好下列工作：

6.4.3.1 组织现场专家，审查电厂总平面，争取更合理的平面布置，节省用地、减少管线、线路、道路长度。

6.4.3.2 认真组织图纸交底和会检，对每一份施工图纸进行认真审查，提出所有质疑，并要求设计院充分论证，不放过任何一点节省工程费用的机会，同时减少返工现象。

6.4.3.3 认真审查设计变更和变更设计。设计变更和变更设计也许有多种方案，应该充分论证多种方案，选择最优方案，节省费用，方便施工。

6.4.3.4 认真审查工程联系单，特别是关于技术问题处理的工程联系单。任何一个技术问题，都可能涉及一定数量的工程费用。原则上，采取技术可靠，费用最省的技术方案。

6.4.3.5 认真对待材料代换变更。由于工期紧，许多时候，以大代小，不计成本。以大代小不是绝对不可以，关键是必须值得，避免不必要的以大代小，减少不必要的浪费。

6.4.3.6 认真对待每一份预算外签证单。预算外签证超报现象比较普遍，虽然可以理解，但不能接受。预算外签证原则是符合合同条件，实事求是。

6.4.3.7 通过阅读，及时发现图纸问题，在未施工前处理好设计问题。尽管图纸会检过，但现场情况千变万化，也许现场情况的变化会导致必要的设计变更，对于这种情况，监理工程师必须高度敏感，遇到问题，深入分析，及时处理。

6.4.3.8 防止窝工索赔和工程延期索赔。火力发电厂施工过程中，局部、短期窝工现象是比较普遍的，对于局部、短期窝工，施工单位一般不会提出索赔要求。但是，要尽量避免这种窝工现象，一方面减少施工单位的损失，一方面，防止超过“局部、短期”概念，给施工单位提供窝工索赔要求的机会。极端情况是，在未取得“路条”，甚至未取得“核准”情况下，不要开工，即不要“抢跑”。由于“抢跑”导致的窝工现象太严重了，给业主和施工单位、包括监理单位、设计单位、设备供应单位造成了巨大损失。设备供应、施工图纸供应也常常引起窝工，这种现象比较普遍，由于设备制造、图纸设计距离现场较远，建设单位或者监理单位往往疏于管理，建设单位重视此问题。

6.4.4 调试阶段的费用控制

调试阶段时间长则耗水、耗电、耗油、耗气、耗热、耗工、耗材；整套试运时间长，更耗油（如果启动用油）、耗煤等。总之，建筑施工、设备安装时加强质量管理与控制，有利于减少试运时间。认真审查调试方案，调试方案和调试措施的科学性越强，试运时间越短。

调试阶段费用控制，监理要做好下列工作：

6.4.4.1 认真审查调试大纲、各系统调试方案及调试措施，促使其更科学、合理。方案中涉及大量的试运费用，应该选择质量可靠并节省费用的方案和措施。

6.4.4.2 认真组织试运条件检查，保证试运条件，防止试运中途停止而反复。

6.4.4.3 监督、检查分部试运质量，保证分部试运时间、保证系统试运完成，不留死角，从而保证整套试运顺利进行。

6.4.4.4 认真组织代管理检查，保证代保证条件，防止在系统不完备的情况下运行而造成事故。

6.4.4.5 及时组织消缺，促进试运顺利进行，缩短试运时间。试运过程中难免发生技术、质量问题，监理积极参与甚至组织专题会议解决技术、质量问题，监督施工单位尽快实施并满足质量要求。

6.4.4.6 监督、检查整套试运质量，保证移交后稳定运行，减少运行成本。

6.4.4.7 加强安全控制，防止发生安全事件甚至事故，影响试运，延长试运时间。

6.4.5 试运行阶段和达标投产阶段费用控制

达标投产阶段，监理参与一定的工作。首先，监理是被检单位之一，所以，监理首先做好监理分内工作并完整记录、保存资料，保证监理工作满足达标投产验收的合格条件；再者，监理监督、检查、验收责任单位及时完成达标投产验收中提出的问题整改并签证。

6.4.6 保修阶段的费用控制

工程监理实践中，监理很少参与保修阶段的工作。按照《电力建设工程监理规范》，监理应该做好下列几项工作：按照合同约定和相关规定，明确保修开始日期；如果必要，与业主、施工单位商量保修延期时间；检查、验收保修质量，合格并到期后，签证保修责任终止证书；保修期间，工程质量发生问题，分析原因，如果属于施工原因，监理及时组织施工单位修复；如果非施工原因，同样要组织施工单位修复，同时进行费用审查、签证、控制；保修期满，但仍存在工程施工质量，可以与业主、施工单位商量，从质量保证金中扣除合理的费用，然后终止保修责任，由业主另行安排质量问题的处理。

6.5 合同管理

合同管理的任务首先需要按照合同签订程序做好合同编制、合同审议、合同谈判、合同签订等工作。

严格意义上讲，监理的所有管理控制工作都是合同管理内容。将合同管理专门提出来，主要是针对下列特别情况。

6.5.1 工程暂停及复工

6.5.1.1 工程暂停原因

工程暂停施工的原因有许多种，归纳为：①开工手续不全，政府强迫停工；②发生安全事故或者存在重大安全隐患，暂停施工，进行整改；③发生重大质量问题或者存在重大质量隐患，暂停施工，进行整改；④承包单位不服从管理，为了维护施工秩序，总监下发暂停施工令，进行整改；⑤工程施工受到阻挡，不得不停工；⑥可能的其他原因。

6.5.1.2 工程暂停及复工程序

根据《电力建设工程监理规范》，任何原因的停工，其暂停施工的基本程序是，总监签发工程暂停令，建设单位批准后实施；具备复工条件时，施工单位进行复工申请，总监审核，建设单位批准后，恢复施工。

工程实践中，工程暂停普遍存在，但停工程序不尽相同。

当施工单位由于某种原因提出工程暂停时，一般会按照规范规定的程序，先报监理；当业主原因导致工程暂停和复工时，往往是口头通知而已。对于业主口头停工通知和复工通知的情况，监理单位应该及时安排停工和复工时段的质量控制与安全控制工作（停工及停工期间的质量保护和安全检查及问题处理；复工前的质量和安全检查及问题处理）。

按照程序停工和复工，监理会及时、科学地安排停工和复工时的安全和质量控制工作，而不按照程序停工和复工，安全和质量控制工作很可能不够严谨，从而留下安全和质量隐患。

6.5.1.3 工程暂停责任处理

监理对于工程暂停施工，应该及时分析原因，分清责任，并收集资料，为费用索赔准备审查依据。

原则上，由于施工单位造成的工程暂停，由施工单位承担停工导致的工程费用；建设单位依据合同条款提出索赔；相反，由于业主原因造成工程暂停，业主的损失由业主承担，施工单位依据合同条款向业主提出索赔。

根据《电力建设工程监理规范》，业主与施工单位之间的索赔，如果业主委托，则监理按照程序处理，如果业主不委托监理，监理协助业主处理索赔事宜。

火力发电厂建设工程施工实践中，对于短期停工，业主和施工单位很少提出索赔要求。短期是指偶尔的停水、停电、道路阻塞、设备和材料偶尔滞后、短期的外界阻挡等。长期的停工，发生的费用较大，一般是由于业主的原因造成的，施工单位施工成本大幅提高，承受不起，才向业主提出索赔。也有由于施工单位能力不足而造成的工期延误，对此情况，业主一般与施工单位协商，从工程款中扣除一定的费用补偿业主。

6.5.2　工程变更管理

工程变更定义：在工程项目实施过程中，按照合同约定的程序对部分或全部工程在材料、结构、工艺、功能、尺寸、技术指标、工程量等方面做出的改变。

对于工程变更的管理，核心是按照工程变更程序审批并实施工程变更。不同业主建立的变更程序有所差异，并可能与《电力工程建设监理规范》不完全相同，但基本原则一致，即，设计院进行变更设计，监理工程师审查，总监审核，业主批准，承包单位实施，监理检查验收闭合。

当工程变更涉及消防、安全、环境保护等内容时，按照国家、地方管理规定报政府主管部门审批。

工程变更的审查、审核、审批不仅针对技术可靠性、功能适应性、结构和使用安全性、操作方便性、美观性、耐久性，还必须考虑其经济性。工程变更常常因为费用太大而得不到批准。

工程变更意味着费用变更，业主同意工程变更意味着同意费用变更，此时，业主对于工程变更导致的费用变更是一个估算。一旦工程变更获得批准，监理应该及时进行精确的费用计算，并按照约定程序和职责范围进行工程费用处理。

6.5.3　工程延期及工期延误处理

工程延期指由于业主或者客观原因导致施工单位不能按照合同工期完成时，由施工单位提出工程延期。

工期延误指由于施工单位的原因导致工期滞后于合同约定的工期。

监理根据合同条款，分析实际情况，对于施工单位提出的工程延期申请进行审查，总监签认后报业主。

施工单位由于工程延期而提出索赔时，监理按照既定程序进行处理。

发生工期延误时，监理应该核实，计算费用，从工程款中扣除以补偿业主。

6.5.4　费用索赔处理

承包单位向业主单位的费用索赔一般有工程变更索赔、工程延期索赔、工程停工索赔。业主向承包单位提出的索赔，一般有工期延误索赔、设备损坏索赔和材料丢失索赔、工程质量索赔、承包单位工作失误导致的业主的综合损失索赔。

索赔的处理依据有国家法律、法规、规章、规程、规范、标准、定额；施工合同文件；索赔事件凭证等。

索赔的条件：索赔事件造成了索赔方直接经济损失；索赔事件是由于非索赔方的责任发生的；索赔方按照承包合同约定的期限和程序提出索赔申请并附有索赔凭证材料。

对于承包单位提出的索赔，《电力建设工程监理规范》中规定的处理程序是：①承包单位按照承包合同的约定向监理单位提交索赔意向书。②总监指定专业监理工程师收集相关资料。③承包单位在规定的时间内向监理提交索赔申请表和证明材料。④总监初步审查索赔申请，符合条件时接受。⑤总监初步审查索赔费用，确定一个额度与承包单位和业主商量。⑥总监在规定的时间内签署索赔申请表。

当建设单位向承包单位提出索赔要求时，其程序基本相同。

工程实践中，索赔程序并非完全如此，许多项目上，业主直接与承包单位商谈索赔事宜，或者仅仅要求监理参与商谈。但是，索赔工作的实质内容是一致的。

按照规范程序进行处理，比较科学，一方面，监理更了解真实情况，能做出实事求是的处理意见和建议；另一方面，监理承担审核责任，减轻业主的负担。

6.5.5　合同争议处理

工程实践中，合同争议在施工过程中，时有发生，如工程款支付比例、工程款支付的时间性、工程材料费用价差、关于窝工及索赔概念、关于人工费用调整、关于工程延期、关于工期延误、关于变更费用等等。

这些合同争议问题，施工单位一般以工程联系单的形式报监理，监理工程师审查、总监审核并签证后报业主审批。

对于较大的合同争议，许多时候，施工单位会以更正式的形式（如“报告”、“涵”红头文件）直接报业主，抄报监理。

根据《电力建设工程监理规范》，“在总监理工程师签署合同争议处理意见后，建设单位或承包单位在承包合同规定的时期内未对合同争议处理决定提出异议，在符合承包合同的前提下，此意见应成为最后的决定，双方必须执行。”工程实施中，并非如下。通常的情况是，重大的合同争议，由业主与施工单位直接商定，有时候，监理参与双方的讨论。

6.5.6　合同解除

工程实践中，合同的异常解除（非合同双方义务全部完成后自动解除的情况）发生的较少，但绝非没有。合同异常解除时，必须符合法律程序。监理的主要工作是协助业主做好善后事务处理，进行费用协调、签证。

以上合同管理内容是《电力建设工程监理规范》中所列内容。下列条款也应该给予重视。

6.5.7　优质优价、创优费用

大量电力建设工程开始时，业主会提出“创优”目标。“创优”工作需要提高一些质量标准，增加工程费用，而施工合同中就“创优”费用不明确，或者“创优”责任条款不仔细，导致业主和施工单位为了工程费用而争执不下，影响“创优”。如，“创优”工程一般会要求一些结构混凝土达到“清水混凝土”标准，而要实现“清水混凝土”标准，需要较好的模板，其模板费用较高，当施工单位提出增加费用时，业主不同意，而业主不同意增加费用，施工单位就不用好的模板，不用好的模板，就很难达到“清水混凝土”标准。对于“创优”工程而言，类似的问题有许多，这些问题，需要在合同中明确。明确“创优”标准及相应工作条款，不仅避免了双方的争议，也为监理控制施工质量提供了依据。

这一点，监理应该向业主提出明确的建议，或者参与评标、参与合同谈判时，明确提出。

6.5.8　安全目标管理费用

与“创优”工作类同，如果安全管理目标是“创省级文明工地”或者“创样板工程”时，应该在合同中明确相应责任条款。

6.5.9 工程范围

工程实践中，建设单位和施工单位常常因为对承包单位的承包范围理解不一致而导致较大争议，影响工程建设施工顺利进行。对此，监理单位在参与合同编写和合同谈判时，应该高度重视，并向业主提出建议和意见。

6.6 资 料 管 理

资料管理不同于档案管理，但资料必须符合档案管理规定，所以，资料管理人员必须掌握档案管理规定。如果说工程资料管理由监理负责，那么，工程档案管理由业主负责。

监理资料管理的主要内容如下：

建立健全资料格式，即对工程施工过程中生产的所有技术、质量文件进行格式设计，格式满足档案管理要求和相关规范、标准要求，并以电子文档的形式发给相关单位执行；有些业主制定了资料格式，那么采用业主提供的资料格式。

工程施工过程接收资料时，监督、检查施工单位的工程资料是否符合格式，不符合，视为资料不合格而要求返工；

工程施工过程资料签证时，监督、检查施工单位的工程资料是否及时、准确、工整，如果达不到此要求，视为资料不合格而要求整改；

工程施工过程中，定期不定期检查施工单位工程资料管理情况，发现问题，提出整改要求并监督闭合；

工程施工过程中，解决施工单位提出的关于工程资料的问题；

工程后期，监督、检查施工单位按照业主档案管理要求及时对资料进行归档，并组织施工单位向为主移交档案；

负责项目监理部工程技术、质量资料的管理，及时归档，及时移交业主。

工程资料的类别在《电力建设工程监理规范》、《电力建设施工质量验收及评定规程》、业主“档案管理规定”中有明确的列表。

6.7 施 工 协 调

施工协调的正规叫法是“生产关系协调”。原则上，业主负责外部关系协调，监理负责内部关系协调。所谓“外部关系”系指与当地政府的关系、与当地村民的关系、与管理工程建设的相关政府职能部门的关系等；所谓“内部关系”系指，与业主签订承包合同的所有承包单位之间的关系，包括承包单位与业主之间的关系。

当监理无力协调一些重大的“生产关系”时，报告业主，业主协调，如大型机具的借用、机组之间的设备借用、涉及较大费用事项、工程范围协调等。

施工期间主要内部协调工作有：建安交接问题协调、交叉施工关系协调、机组之间施工工艺标准协调、施工单位安全管理责任区划分协调、安全设施借用协调、施工机具借用协调、机组之间设备借用协调、场地交互使用协调、道路交互使用协调、安全（协议）关系协调、工程范围协调、施工用电关系协调、施工用水关系协调、资料格式（统一性）协调、相互协作费用协调等。

总之，任何一家施工单位提出生产需要的协调事项时，业主或者监理有责任及时处理；监理不足以协调时，及时汇报业主协调。

监理基于管理规范、管理制度做出的协调决策，承包单位必须执行，否则视为不服从监理正常管理而处罚承包单位。

6.8 设计阶段监理内容简介

设计阶段监理的主要内容是：审查勘察单位编制的初步勘察和详细勘察方案；检查勘察人员岗位证书、勘察设备仪器具、原位测试和土工试验资料；审查勘察方案实施情况，必要时对定测及取芯过程实施旁站监理；审查勘察报告；编写监理评估报告等。

6.9 设备监造内容简介

设备监造的主要内容是：编制监造规划；编制监理实施细则；审查设备制造单位资质、特种人员上岗资格证；检查验收工艺过程；检查验收设备制造质量；审查设备工程款；审查设备运输方案；参加设备现场开箱检查；进度管理控制；向现场提供设备生产和供应信息；编写监造报告等。如果将设备制造过程比作工程施工过程，则设备监造的工作与施工监理的内容类同。

第7章　监理方式、方法、手段、措施

监理制实施二十多年来，监理方法、措施、手段等得到了长足的发展。

7.1　监理方式、方法

7.1.1　审查、审批、编制内部文件

总监组织项目监理部，在现场编制监理规划、监理细则等技术、质量、安健环、造价文件，作为监理具体工作的依据。

7.1.2　审查、审批、签证外部（承包单位）文件

对于外部专业技术文件，如施工方案，作业指导书，材料、设备施工质量证明文件等，由施工单位按照既定的格式报项目监理部，项目监理部按照内部分工和流程进行阅读审查或者审批、书面批复。

7.1.3　巡视检查

定期、不定期巡视现场，观察、测量、分析施工质量、施工工艺、施工安健环、施工人员数量等。监理工程师几乎每天上午、下午、甚至晚上进行巡视检查。

7.1.4　检验批验收

对于检验批，划分H、W、R点进行质量验收。按照标准要求，检验批检查前48小时，承包单位书面通知监理工程师。对于火力发电厂建设工程而言，由于单位工程较多，检验批量大，工程实践中，很少真正提前48小时书面通知，而是临时电话通知。由于监理工程师常驻现场，坚守岗位，临时通知一般不影响检验批检查。H、W、R点分别是停工待检点、现场见证点和资料见证点，由监理工程师设计并形成书面记录。

7.1.5　旁站监督、检查

将重要和关键工序，设置成S点，进行旁站监督、检查。所谓的S点就是旁站，当一个工序或者几个连续工序需要旁站检查时，设置成S点。S点由监理工程师设计并形成书面记录。

7.1.6　见证取样、送样

对于材料现场复试进行见证取样；对于重要材料，监督送样。对于火力发电厂建设工程施工监理而言，由于材料复试数理庞大，监理工程师很难做到对每批试件进行送样，所以，只能对重要材料进行送样。

7.1.7　平行检验

对于特别重要、关键的材料和施工质量，进行平行检验-监理独立取样、送样检验。监理工程师事先设计平行检验项目并形成书面记录。

7.1.8　监理会议

制定会议制度和程序，通过专业例会、专题会议对“四控、两管、一协调”工作进行布置、检查、分析、调整、责任处置、提出管理要求等。

对于火力发电厂建设工程施工阶段监理而方，惯例上，每周一次生产例会、一次技术质量例会、一次安全例会；重大问题、复杂问题随时安排专题会议。

周生产例会是进度管理、施工关系协调的典型例会，发布进度管理信息、布置进度管理任务、宣布进度计划、检查分析进度问题、处置进度管理责任单位等。对于进度管理，一般地还要进行月度计划分析会议，可以由监理主持，也可能由业主主持。

周技术质量例会是技术质量管理的典型例会，发布技术质量管理信息、布置技术质量管理任务、宣布技术质量管理要求、检查分析技术质量管理问题、处置技术质量管理责任单位等。

周安全例会是安全管理的典型例会，发布安健环管理信息、布置安健环管理任务、宣布安健管理要求、检查分析安健环管理问题、处置安健环管理责任单位等。

周例会全部由监理组织、主持。主持人可能是总监、副总监。

专题会议针对质量、安全、进度、造价、资料等所有管理内容，大都由监理提出并组织主持、业主利用专题会议解决其关注的问题。

7.1.9　监理工作联系单

监理工作联系单是监理与相关单位进行工作联系的一种主要方式，如以监理工作联系单的形式向承包单位发布一级进度计划并提出编制二级进度计划的要求等。监理发布管理要求的方式有许多，承载大量管理信息的是例会纪要，然后是专题会纪要。监理工作联系单承载的信息量并不很多，但比较重要，时效较长。

7.1.10　口头通知

对于轻微、一般的安健环、质量等问题，口头通知责任单位整改。口头通知是很重要的管理方式，是使用最多的方式。口头通知管理方式基于管理者与被管理者之间的信任、诚信；口头通知的整改事项通过监督、检查落实。

7.1.11　监理工程师通知单

对于重要技术、质量问题，以监理工程师通知单的形式向责任单位提出整改要求。监理工程师通知单就是监理工程师的技术、质量问题整改通知单。施工单位必须按期完成通知要求的整改项目并申报检验、合格后书面闭环。

7.1.12　安全整改通知单

对于安健环隐患，通过安全整改通知单的形式向责任单位提出整改要求。施工单位必须按期完成通知要求的整改项目并申报检验、合格后书面闭环。

7.1.13　专家诊断

对于比较复杂的重大质量、安全问题、“四新技术”等，组织专家进行会议论证、文件审查、现场检查等，并根据专家确定的方案进行施工或处理问题。

7.1.14　约谈承包商

对于重大问题，总监约谈承包单位项目经理，提出整改措施；对于特别重大问题，参与业主与承包单位本部领导约谈。重大问题和特别重大问题并没有严格的定义及界限，取决于业主和总监对问题的认识。

7.1.15　计算机工具

使用计算机，采用合适软件，辅助监理工作。

7.2　控 制 手 段

控制手段也可以包含在监理方法或者措施内，但有其特点，专门列出。

7.2.1 口头批评

对于轻微、一般问题的责任（进度、质量、安健环、造价、资料、协调等方面的责任，下同）单位及个人，进行口头批评教育。

7.2.2 通报批评

对于较大问题的责任单位及个人，进行通报批评。

7.2.3 罚款

对于责任单位及个人，按照相关制度进行罚款。

7.2.4 通报责任单位本部

对于有较严重问题的承包单位项目经理部，通报该承包单位本部领导并要求对现场问题采取措施进行整改。遇到这样的项目经理部，监理一般通知业主，由业主向其本部发出通知。

7.2.5 暂停施工

发生了安全或者质量事故，或者发现重大安全、质量隐患时，总监理工程师签发暂停施工令，整改合格后按照程序复工。暂停施工原则上要经过业主同意。

7.2.6 停止支付

对于不服从管理的承包单位，总监停止对其工程款的签证，采取措施并解决问题后，再签证。

7.2.7 更换问题人员

承包单位个别主要管理人员不服从管理而影响重大时，监理可以向业主提出更换此人的建议。

7.2.8 切割问题单位工程项目

对于进度、质量、安健环等方面管理能力不足或者操作能力不足的承包单位，为了减少损失，依据合同条件，切割该单位部分工程项目，分解给有能力的单位承建。对此，监理提出建议，由业主决策。

7.2.9 解除合同

对于没有能力完成承包任务的单位，依据合同条件，解除承包合同。对此，监理提出建议，由业主决策。

7.3 主要监理工作措施

具体到工程建设管理，方法与方式难以拆开解释，而措施、手段也是方法的一部分，可是，专门提及措施时，方式、方法、手段也可能是措施的一部分。

7.3.1 完善合同条款

监理要争取机会，参加施工、设备、材料招投标、评标工作、合同谈判工作，根据工程管理实践经验，完善合同关键条款，防止建设过程中业主与承包单位之间发生质量、安健环、进度、造价意见分歧。完善合同条款，主要任务是详尽承包范围及边界条件、明确并合理化各项工程管理目标的责任、符合市场条件与现状、符合国家及行业管理要求、符合国家惯例或者国际惯例、谨防霸王条件等。

7.3.2 建立健全现场管理体系

现场管理体系是由所有参建单位的管理体系有机结合而成了。为了完善现场管理体系，监理首先要完善监理内部的管理体系；监理可以向业主提出合理化建议以改进业主管理体系；监理必须监督、检查承包单位的管理体系，及时发现问题并监督、整改到位，否则采取控制手段进行强迫整改。

现场管理体系的好坏、运作的正常与否，决定了工程项目进度、质量、安全、造价、资料的结果；承包单位管理体系的好坏，决定了该单位进度、质量、安全、造价、资料的结果；个别承包单位管理体系不健全，将影响全部工程目标管理，所以，要采取一系列措施保证每一个承包单位管理体系完善并运作正常。

管理体系包括技术管理体系、质量管理体系、安健环管理体系、进度管理体系、造价管理体系、资料管理体系、合同管理体系、施工协调体系、所有参建单位管理体系等。一般地，管理体系包括保证体系和监督、检查体系。

7.3.3 制定工作计划

首先制定监理工作计划。监理工作计划包括质量控制、安健环控制、进度计划、造价控制、资料管理、合同管理、施工协调工作计划。这些计划以监理规划、监理实施细则体系，反过来，监理单位要通过监理规划和监理实施细则完成监理工作计划。

监督所有参建单位，包括建设单位制定各自的工作计划。

所有参建单位必须要强烈的计划意识，没有计划的工作，将不会是系统的、完善的工作，建设过程中，不是这里出问题，就是那里有问题。

计划要系统、完整；所以参建单位认真、积极履行职责，按照计划工作；计划实施过程中要进行检查、分析，不断改进。

7.3.4 建立工程管理制度并严格执行

工程开始前，监理要协助业主建立健全工程管理制度。

制度是最大的人情，如果因为个人狭隘的感情而违背制度，不是真正的人情，是别有用心。严格执行制度，才能维护施工秩序，才能保证工程质量、安全、进度、造价、资料管理目标。当然，对于工程管理制度要进行大力宣传，使其深入人心。

7.3.5 宣传监理工作依据、工作程序和工作标准

监理工作依据是明确的，监理要做的事不仅仅是按照监理工作依据进行监理工作，还要向所有参建单位宣传这些依据，让相关人员知道这些依据的存在。只有这样，参建者才能全面理解监理的工作并支持、服从。

监理工作程序、监理工作标准也一样要进行宣传。

7.3.6 明确管理界限

施工期间，业主的管理工作与监理的管理工作都针对工程建设质量、安健环、进度、造价。管理的对象相同，管理权限与责任就应该分清楚。工程实践中，监理与业主的管理分工界限，一般是双方经过磨合后达到默契。但是，仅仅达到默契是不够的，双方应该以书面的形式明确双方的管理界限，这样才不会发生管理死角，也不会发生重复管理、甚至管理相左的问题。目前，国家、行业并没有对业主与监理的管理界限进行具体的界定，这需要双方商量讨论。管理界限分工，其实就是权力界限分工和责任界限分工，谨防只看到权力，而看不到责任。双方分工原则是“责权一致；发挥各自优势，扬长避短。”

监理服务合同中规定的监理范围与监理工作内容不能代表业主与监理的分工。

7.3.7 强化沟通

感情用事一般为贬义，但感情用事却是人之常情，就算依照制度、程序、标准办事，也需要感情的润滑。如果说制度、程序、标准是环环相扣的齿轮，那么感情就是其润滑油。感情的建立需要沟通，通过沟通达到相互理解，相互理解才能相互支持、相互帮助。所以，要管理好工程建设，沟通十分重要，管理者必须重视沟通。沟通的内容包括工程管理的全部内容，甚至更多。工程实践中，承包方更愿意主动与监理、业主沟通；

监理更愿意主动与业主沟通；业主也愿意与各方沟通，了解自己想了解的情况，但主动性较差。对于所有管理者而言，必须培训沟通意识，并应该主动与相关方沟通。沟通的方式方法途径很多，所谓正式的沟通大多是以会议的形式进行，但会议的形式，往往就事论事、公事公办，深入度不足，了解到的情况不足；相比之下，饭桌沟通比会议沟通更能了解详情；而朋友式的沟通，才能了解到最根本的情况。沟通各方应该相互尊重、话语权平等，谨防官样沟通、单向沟通、批评式沟通。如果监理主动与承包单位沟通、业主主动与监理和承包单位沟通，并且平等沟通，效果会更好。沟通的目的是了解事物的实情，从而做出正确的建设工程管理决策。

许多时候，因为沟通不到位而发生管理混乱，所以，管理者应该强化沟通，将沟通制度化、程序化、责任化，甚至标准化，不应该想沟通才沟通，不想沟通就不沟通。

7.3.8　合理采用控制手段

建立健全控制手段是一项重要措施。控制手段一般会伤害承包单位及其个人，有反作用或者说消极作用，所以要慎用。控制手段不是万能的。不能情绪化采取管理手段，管理者不能独裁式的采用管理手段。过分采用控制手段，将会导致承包单位反感而失去其作用，甚至产生反作用。

7.3.9　合理使用建议权

业主因为精力有限或者意识到自己管理经验的不足，才聘请监理，监理必须利用自己的丰富经验帮助业主管理工程。当业主的管理行为不当时，应该抱着积极的心态、采取适当的方式方法纠正。最常用的方法就是向业主提出管理建议。向业主提出管理建议是监理的权力，更是监理的责任。

7.3.10　重视所有监理方式、方法、手段、措施

重视所有监理方式、方法、手段、措施，其实就是重视所有监理工作，重视每个监理工作环节。为此，监理应该努力将其监理方式、方法、手段、措施制度化、程序化、标准化。

第8章 监理工作制度

经过25年的监理实践，监理企业积累了大量的监理工作经验，逐步建立健全了监理工作制度。监理工作制度是规范监理工作行为的，它不是工程管理制度，但与工程管理制度有交集。目前，可列出下列监理工作制度。

8.1 工作报告制度

核心内容：监理工程师及时向专业组长报告工程情况；组长及时向主管副总或者总监报告工程情况；副总监及时向总监报告工程情况；重大情况，总监及时向监理企业报告；项目监理部及时向业主报告工程情况，必要时，向中心站和当地政府技术质量监督部门报告。

8.2 监理工作日记制度

核心内容：所有技术专工、安全专职人员必须编写监理工作日记；规范日记内容、格式、审查等；对于日记中记录的问题，要有闭合记录。

8.3 监理日志制度

项目监理部必须安排专人编写工程大事记，其他部门和人员提供资料、数据、信息等；规范日志内容、格式、审查等。

8.4 监理工程师质量台账制度

监理工程师必须编写下列质量台账：

（1）施工技术质量文件编写台账：自己编写的技术文件台账。

（2）施工技术、质量文件审查，审批台账：自己审查，审批的文件台账。

（3）混凝土浇筑令记录台账：自己批准的混凝土浇筑令台账。

（4）检验批、分项工程、分部工程、单位工程检查验收及签证台账：自己检验的项目台账。

（5）材料、半成品、成品进厂检查台账：自己检验的项目台账。

（6）材料、半成品、成品进厂复试见证取样台账：自己见证取样项目台账。

（7）设备开箱检验台账：自己参加设备开箱检验的项目台账。

（8）旁站及旁站记录台账：自己旁站的项目台账。

（9）监理工作联系单及闭合台账：自己编写并发出的监理工作联系单及闭合台账。

（10）监理工程师通知单及闭合台账：自己编写并发出的监理工程师通知单及闭合台账。

（11）监理工程师暂订及复工单台账：自己审核的工程暂停项目台账。

（12）平行检验台长：自己进行的平行检验项目台账。

（13）例外放行台账：自己审核的例外放行项目台账。

（14）紧急放行台账：自己审核的紧急放行项目台账。

监理工程师台账是个人的，根据档案管理要求，整合相关台账后归档并移交业主。

8.5 监理巡视检查制度

核心内容：监理工程师必须每天上午、下午、晚上进行必要的巡视检查并将检查情况记录于监理日记中。

8.6 监理检查验收制度

核心内容：对自己分管项目的检验批，事先制定检查验收计划（H、W、R、S点），以监理细则的形式出现；严格执行。

8.7 材料进厂复试见证取样制度

核心内容：用于自己分管工程的材料，必须进行进厂复试见证。

8.8 平行检验制度

核心内容：对于重要的、关键的、不放心的工序和工程材料，监理工程师制定平行检验计划并执行。

8.9 紧急放行制度

核心内容：紧急放行必须按照程序进行，获得总监和业主批准。所谓紧急放行，指监理工程师同意“紧急”使用未完成质量检验程序的材料、设备；紧急放行是有条件的；紧急放行后，继续完成质量检验。

8.10 例外放行制度

核心内容：例外放行必须按照程序进行，获得总监和业主批准。上一道工序经监理工程师检验合格后，其下道工序方可施工。所谓例外放行，是指上一道工序未经监理工程师检验而同意进行其下道工序。例外放行是有条件的。例外放行后，继续完成上一道工序质量检验。

8.11 监理规范和监理细则编制制度

核心内容：总监必须组织编写项目监理规划；监理规范的内容、格式规范等；监理工程师必须对自己分管的工程项目编制监理实施细；监理实施细则的内容、格式规范等。

8.12 职工例会制度和司务会制度

核心内容：总监理工程师必须定期召开监理部职工例会，统一思想、统一目标、统一标准、统一措施、统一行动；相互交流，互通信息，增进友谊；宣传教育，培训后进，相互学习；总监、副总监、组长向下级布置重点工作任务；学习监理企业文件等。

考虑职工例会一周一次，会议相隔时间较短，可代替司务会制度。

司务会制度核心内容：重大问题集体决策。

8.13　图纸会检制度

核心内容：监理工程师根据职责组织图纸会检；详细阅读图纸，理解图纸，在此基础上提出问题；按照程序组织会议；编写会议纪要；监督会议纪律；保证开工前完成图纸会检和交底工作；收集业主、施工、监理全部问题，提交设计院等。

8.14　技术资料审查制度

核心内容：总监或者副总监组织施工组织设计审查；监理工程师组织单位工程施工方案、作业指导书审查；安全专职人员审查施工单位技术文件中的安全方案与措施；书面提出问题，技术文件不完善、不正确、有遗漏等不得通过审查或者审批；所有技术文件，按照分工进行审批。

8.15　监理工程师每日工作内容制度

核心内容：监理工程师每天进行下列日常作业但不限于下列清单上的作业：

全面审视分工工程项目，制订日工作计划，编写在监理日志上。基本工作内容：巡视检查，并制订巡视检查计划；对于检查出的问题即时处理：现场口头通知责任单位整改，较大问题，当天完成监理工程师通知单的编写，最迟第二天早上发出；当天完成监理日记；当天完成报告；当天完成质量台账；按期完成监理月报编写；形成重要工程照片等。

8.16　学 习 制 度

核心内容：监理工程师必须学习初步设计文件，熟悉分管部分工程的初步设计要求，并以此为依据之一审查施工图纸；阅读理解分管工程施工图，图集，按照图纸要求实施质量监理；学习业主工程管理文件、监理企业文件、项目监理部文件、监理合同、施工合同、各种会议纪要等，掌握需要的信息。

8.17　施工关系协调

核心内容：协调不仅仅是总监、副总监、组长的职责，也是每一位专工职责；对于自己协调不了的问题，向上级报告，取得上级的支持。

8.18　工作配合制度

核心内容：监理各专业配合工作，是监理工作内在需要，每一位专业监理工程师必须积极配合其他专业监理工程师的工作。

8.19　监理例会和专题会议制度

核心内容：明确周生产例会、周技术质量例会、周安全例会、专题会议；明确会议基本内容及程序；会议组织、主持、纪要编写责任；会议纪律等。

8.20　监理月重点工作计划编制制度

核心内容：总监组织编制项目监理部每月重点工作计划，明确各项工作的责任部门及个人。

8.21　项目监理部岗位及分工清单编制制度

核心内容：项目监理部安排专人负责编制项目监理部月度岗位及人员分工表并提供相关单位。

8.22　进度管理监理工作制度

核心内容：项目监理部必须建立进度管理程序，并与业主、施工、设计、设备各方有机配合，认真履行监理进度控制职责；项目监理部建立健全各级进度控制职责，从总监到副总监、从组长到专工必须履行进度控制职责。

8.23　技术质量监理工作制度

核心内容：项目监理部必须建立质量管理程序，并与业主、施工、设计、设备各方有机配合，认真履行监理质量控制职责；项目监理部建立健全各级质量控制职责，从总监到副总监、从组长到专工必须履行质量控制职责。

8.24　安全控制制度

核心内容：项目监理部必须建立安全管理程序，并与业主、施工、设计、设备各方有机配合，认真履行监理安全控制职责；项目监理部建立健全各级安全控制职责，从总监到副总监、从组长到专工必须履行安全控制职责。

8.25　造价控制制度

核心内容：项目监理部必须建立造价管理程序，并与业主、施工、设计、设备各方有机配合，认真履行监理造价控制职责；项目监理部建立健全各级造价控制职责，从总监到副总监、从组长到专工必须履行造价控制职责。

8.26　资料管理制度

核心内容：建立健全项目监理部各级人员资料管理职责。

8.27　合同管理制度

核心内容：建立健全项目监理部各级人员合同管理职责。

8.28　项目监理部内部事务管理制度

核心内容：建立健全项目监理部内部事务管理办法或者制度，包括办公纪律；车辆使用；考勤管理；奖励管理；差旅管理；采购管理；资产（办公用品）管理；生活安全管理；现场安全管理；团队团结合作，职工例会，工作协作等。

监理工作制度包括但不限于上述所列，随着管理细化，监理企业和项目监理部可根据需要补充完善。监理工作制度涉及工程管理制度时，必须与工程管理相关内容一致。

第9章 现阶段建设工程监理存在的问题及解决方案

通过二十多年的实践，建设工程监理水平有了长足的发展，为企业和社会做出了重大贡献。在总结经验、肯定成绩的同时，必须汲取教训、查找不足，针对问题制定改进方案，继续前进。

9.1 监理人才问题

电力建设工程在建项目监理机构的总监理工程师有多少真正具备“总监理工程师”资质？在建项目监理机构中，具备“专业监理工程师”资质的又有多少人？电力行业每年培训监理员，监理企业重视培训，尽管如此，监理机构许多所谓的专业监理工程师甚至没有监理员资质。以某监理企业为例，现场监理机构约600人，而企业通过建设部“监理工程师”资格考试的却不足40人，而这40人中，许多人还不能到现场从事一线监理工作。从这一系列简单的数据中可以看出，监理人才严重短缺。有些人说，监理成了“监工”，不正是因为监理人员的水平仅仅是监工的不平吗？

导致监理人才严重短缺的基础原因是，建设工程发展太快，而人才培养速度跟不上；监理工作现场离家远，生活损失大而收入低，甚至不及普通工人，大量有才能的人不愿意从事监理工作。具体原因：通过考试的人员不在监理企业，只是将证件挂靠在监理企业；通过考试的一部分人员进入领导岗位，甚至换了公司，不能到一线从事监理工作；还有一部通过考试的人员，没有工程实践经验，没有能力从事一线监理工作；随着时间的推移，早期通过考试的人员因为身体原因不能从事一线监理工作。

解决人才问题，从政府管理角度讲，是大力实施培训教育，引导有基础理论知识的人员掌握、掌握监理知识；从行业管理角度讲，就是吸引社会人才从事监理工作，其最有效的办法就是解决收入低、生活条件差的问题。

解决工资低的问题，必须从两个层面入手，第一个层面是，市场提高监理费用；第二个层面是，监理企业提高一线监理人员收入。第一个层面是第二个层而的基础。具体地说，远离城市而从事监理工作的人员应该比在城市工作的工程师工资高，高出的部分就是远离城市生活的生活损失补偿，目前，所谓的现场津贴比较贴近，但还不能完全代替生活损失补偿。但是，问题的解决绝不仅仅这么简单：一方面，市场提高监理服务费用，需要监理企业证明其服务值更高的价钱；另一方面，在没有解决人才问题前，监理的服务水平及价值不会有质的提高。这两个方面的矛盾对立而统一，只能是循环提高，所谓螺旋式提高。所以，不能寄希望市场突然提高监理费用，也不能寄希望监理服务质量突然提升。从国家层面考虑，为了推动监理发展与进步，可以从政策方面引导监理费用的提高；从企业层面考虑，为了获取较高的费用，就应该先提高服务质量，先解决一部分人才问题。至于先提高市场费用呢，还是先提高监理服务质量，肯定会仁者见仁，智者见智。

总之，人才问题是监理发展的瓶颈，是监理企业发展的瓶颈，是监理服务水平发展的瓶颈。

9.2 建设工程各阶段监理发展不平衡

从监理角度讲，对建设工程监理可划分为三个阶段。第一个阶段，即决策阶段，包括项目建议书阶段和可研阶段；第二个阶段为设计阶段，包括初步设计、司令图设计和施工图设计；第三个阶段为施工阶段，包括施工准备阶段、施工阶段、调试阶段、达标投产验收阶段和保修阶段。

施工阶段监理普遍存在，其监理队伍独立并持续稳定壮大、人才队伍独立并持续稳定发展，监理模式、合同模式趋于稳定成熟，监理范围和监理内容趋于稳定。这一切表明，施工阶段的监理水平有了长足的发展。

设计阶段监理尚未普遍，甚至处于起步阶段。造成这种现象的原因，一是《建筑法》和“监理制”似乎未约束建设单位必须进行设计阶段的监理，建设单位在施工阶段的监理内容中加入部分设计阶段的监理内容就可代替设计监理从而逃避《建筑法》和“监理制”的约束；二是市场未认识到设计监理的价值；三是监理企业未向市场充分证明其价值。

决策阶段的监理以咨询的形式表现，处于起步阶段。

总之，目前，施工阶段监理普遍存在，设计阶段监理占在建项目比例很小，决策阶段监理刚刚起步。因此说，建设工程监理尚不健全，存在缺陷。

解决这一问题需要综合考虑，首先，国家应该从政策上进行引导、从制度上进行强制，正像当初建立“建设工程监理制”一样，应该对“监理制”进行细化，明确建设工程的监理阶段，明确各阶段“监理制”。其次，有条件的企业应该学习、掌握各阶段监理能力，特别是决策阶段和设计阶段的监理能力，做好准备，迎接市场的需求。

对于一个国家的发展而言，二十多年的时间并不长，建设工程各阶段监理发展不平衡，与其将其视为问题，不如将其视为机会——监理企业的发展机会、建设工程管理改进的机会、创造社会财富的机会。

9.3 监理阶段概念问题、监理范围问题

建设工程项目基建程序是工程实践者及学者总结的，监理阶段也是工程实践者和学者总结的，国家、行业并没有明确其概念。正因为概念不清楚，许多建设单位在实际仅采购施工阶段监理的情况下，却增加了设计阶段的监理内容，甚至从心理认为包含了设计阶段监理的全部内容。而实际情况下，大多数施工阶段监理企业并不具备设计阶段监理能力；监理合同费用也仅包括施工阶段监理费用。一上节，即9.1节说过，国家应该进一步细化“监理制”，通过细化“监理制”，可以明确监理阶段的概念。也许行业主管及行业协会更有责任和义务定义监理阶段的概念，并在规范监理费用时与监理阶段相结合。

就监理范围而言，有些施工阶段监理的内容甚至包括了水土监理、环境监理、铁路监理、矿下作业监理，监理企业为了中标不得不接受这些“霸王”条款，而实际上，水土监理、环境监理、铁路监理、矿下作业监理等，有其独立的专业性，电

力建设施工阶段监理企业没有这些内容的监理资质。这个问题是建设单位的认识问题，同时也是国家法制建设问题。

此类问题也需要国家政策和行业管理解决，国家政策和行业管理解决此类问题就是解决市场不规范问题。

9.4　监理与建设单位管理界限问题

这个问题在相关章节中已经描述，其最好的解决办法也许是国家法律和行业规范。如果国家法律和行业规范不对建设单位和监理企业进行规范，问题将永远不会有答案，全凭建设单位和监理企业协商，而所谓协商，必然被建设单位主导，其结果的合理性很难保证。而建设单位与监理单位管理界限不合理时，会导致责权利不平衡问题，进而导致管理混乱。这个问题的解决也许可以通过不同阶段监理合同范本解决。

9.5　监理会员单位与非会员单位问题

加入监理协会的监理企业就是会员单位，未加入监理协会的监理企业就是非会员单位。为什么会有非会员单位呢？监理企业的资质是怎么管理的？非会员单位也具备监理资质吗？不加入监理协会也可以具备监理企业资质吗？非会员单位会不会对市场造成较大的干扰？国家及行业管理协会是不是应该取消非会员单位，通过改造目前的非会员单位而将其全部纳入协会管理，从而统一监理标准、监理措施、监理费用？这些问题需要国家、行业管理单位思考、解决。

9.6　监理服务人月数问题

投标时所报的监理服务人月数与实际监理时的监理服务人月数出入较大。这个问题的原因是，一方面，业主招标文件规定了人月单价，监理企业投标时，不能超过，否则违标；另一方面，如果按照实际人月计算投标报价，监理费用达不到基本要求（协会规定和企业成本）。为了解决此问题，监理企业在投标报价时，只好增加监理人月数量，一方面满足招标文件的人月单价，一方面满足监理费用的基本要求。如果业主以监理企业投标时承诺的监理服务人月数控制监理企业，这个问题对于监理企业是致命的。工程实践中，业主均理解监理企业的难处，很少发生这种现象。

9.7　监理人员名单问题

投标时所报监理人员名单与实施监理时的人员名单基本不一样。

监理企业一般有数十个项目监理点甚至更多，所有监理人员分布在各项目监理部，某一个项目监理部需要人员时，另一个项目监理部正好可以撤离人员，监理企业人力资源部掌握着这些信息，并依次进行人员调配。这是目前监理企业人力资源管理的一种客观存在。由于投标时间紧张，投标时很难确定具体的监理人员，而招标书却要求监理企业在投标时明确监理具体人员，使得监理企业在具体人员上不得不做假。所以，监理投标时所报人员名单不可能全部真实，大部分做不到真实。

9.8　施工阶段监理实践存在的问题

施工阶段监理工作高度概括为“四控、两管、一协调”，即质量控制、进度控制、安全控制、造价控制、资料管理、合同管理、施工协调。

监理实践中，监理企业和项目监理机构的大部分精力放在质量控制上，在人力、制度及程序等方面也以质量控制为重点，相对于质量控制，技术专工的其他“三控、两管、一协调”意识比较薄弱。这是施工阶段监理的宏观问题。作为概论，具体问题描述起来，文章太长，仅说明几点突出问题。

第一个突出问题是造价控制深度不足、覆盖面太小。普遍而言，项目监理机构的造价控制工作可以描述为工程量审查、工程款审查、预算外签证审查、参与结算工作。实际情况是，大部分项目监理机构没有能力进行施工图预算，根本原因是预算人员少，没有精力进行预算，甚至大部分项目监理机构不配备预算软件，不进行具体预算，控制费用的工作就徒有虚名。这种现象已经成为普遍现象，而普遍现象又被市场默认而成了正常现象。于是，建设单位不得不找第三方企业专门进行施工图预算，通过第三方的施工图预算结果，控制施工单位工程款。为什么监理机构不进行施工图预算呢？建设单位聘请了含有“造价控制”工作内容的监理单位，为什么还有聘请第三方进行施工图预算？监理企业为了减少成本，自然寻找各种理由拒绝施工图预算；建设单位为什么不让监理企业进行施工图预算而委托第三方？答案可能是，接受了监理不进行施工图预算的这个普遍现象。其实，完全可以适当提高监理费用而将施工图预算的工作交给监理企业。总之，监理费用偏低是导致这一问题的根本，监理企业缺少这方面的人才是表面现象。监理企业甚至可以成立自己的预算部门而争取市场份额。

第二个突出问题是合同管理问题。合同管理在《电力建设工程监理规范》中被定义为工程变更的管理、工程延期的管理、工期延误的管理、工程索赔的管理、合同争议的管理、合同非正常解除管理。工程实践中，监理机构对于工程变更发挥了审查作用，而对其他几项内容的管理，监理机构参与很少甚至不参与，或者说，监理的工作没有被业主很好地接受，或者说业主不认可监理这方面的工作，总之，工程实践中，这些工作主要由建设单位和施工单位双方协商解决，主动权掌握在建设单位一方。在火力发电厂施工过程中，工程延期、工程索赔 、合同争议普遍存在而且频次很高，而监理又很少能参与管理，作为具有“独立性”的监理，就不能完全发挥其“公正性、科学性”的作用。

建设单位不让监理参与问题的协调并不违背《电力建设工程监理规范》；建设单位与承包单位，双方直接协商时，主动权掌握在建设单位一方，所以，协商结果的公平性难以保证，同时，处理过程慢长；问题处理过程慢长，导致承包单位施工积极性下降，甚至导致承包单位罢工，发生工期延误或者导致工期延误加剧。近几年，这种现象发生的频次较高，大量增加了建设单位、承包工程单位、监理单位、甚至设计单位的成本负担，同时，浪费社会资源。

分析监理的合同管理问题，发现根本问题还是建设单位管理行为的规范问题，所以解决这一问题，仍然需要政策引导与规范。

第10章 监理的发展趋势

10.1 加强法制建设，完善监理市场管理

建筑法明确了建设工程监理地位，监理制使监理有了市场。但正像第 9 章节中描述的目前监理工作存的问题一样，监理市场尚不完善，其市场管理尚需要国家政策引导和行业规范。市场不规范表现归纳为：监理阶段概念无明确定义；监理内容由业主人为确定，没有约束业主行为的规范；会员单位与非会员单位监理企业竞争约束不相同；仅仅通过市场机制，约束了监理费用的提高，影响监理人才数量，影响监理发展；对业主的管理行为约束力不够，如业主不履行《监理规范》中提出的职责、业主的监理采购招标文件不符合市场条件等。对于业主行为市场不规范现象，应该借鉴国际上管理发达、市场发达国家的做法，由国家及行业部门逐步建立健全法制而解决。

建设工程监理发展需要健全的法制，通过法制建立健全建设工程监理的市场机制、竞争规则等。

10.2 以市场需要为导向，努力实施全方位、全过程监理

目前，决策阶段的监理尚处在起步阶段，设计阶段监理发展势头弱小，仅仅施工阶段监理有所发展，却并不完善。造成这种状况的原因前面也说过，一方面是市场未认识到决策阶段和设计阶段监理的价值，另一方面是监理企业未向市场证明其价值。随着建设单位认识的提升，随着监理企业的市场攻略，可以理性判断，决策阶段的监理必将发展，设计阶段的监理必将全面覆盖市场。概括地说，全方位、全过程的监理是必然过程，全方位、全过程监理是必然发展趋势。当前，监理企业应该培养各层次、各阶段人才，不断寻求机会扩大市场，即扩大监理阶段，扩大监理内容。做得多了，建设单位才能理解其价值，市场才能不断扩大，然后才能走向全方位、全过程（全阶段）监理之路。正所谓，路是人走出来的，走的人多了，就成了路。全方位、全过程监理能更好地发挥监理作用，能创造更大的企业和社会效益。

10.3 适应市场需求，优化监理企业结构

市场有大型项目，有中型项目，有小型项目，有综合型项目，有专业型项目，所以，市场需要大型监理企业，需要中型监理企业，需要小型监理企业，需要综合性监理企业，需要专业性监理企业。

监理企业应该根据自己的资源情况及发展潜力，对自己进行定位，根据定位寻求合适的监理市场。

大型、中型、小型、综合型、专业型监理企业应该相互配合、相互支持，满足市场需求；大型、中型、小型、综合型、专业型监理企业的结构必将趋于成熟稳定。

国家和行业管理部门应该分析到这种趋势，从政策、管理上引导监理企业，使监理企业结构趋于合理。

10.4 强化监理人才培养，满足市场需求

对于监理人才短缺的现象及原因已进行了具体的描述。解决监理人才问题，国家应该从政策层面给予帮助；行业管理部门应该从管理制度上给予帮助；市场（建设单位）应该分析并认识监理的价值，进而了解监理人才问题，放宽监理费用；有条件的监理企业应该分析并认识市场潜力，先投入人才培训费用，再通过人才从市场上赚取费用。

10.5 与国际接轨，走向世界

相互学习、相互理解、相互借鉴、互通有无、取长补短是世界各国之间的发展趋势，监理也不例外。国外监理必然会走向中国，中国监理也应该努力走出国门，走向世界，寻求发展。走向世界是监理的发展趋势之一。

走向世界，首先要迈开步子，走出去，不能寄希望于在国内完全了解、掌握国际行情以后再走出去，所谓“摸着石头过河”。只有置身于国际市场，才能真正了解、掌握国际市场规律。

当然，走出去前，也要先进行理性分析，做一些能够想象得到的行动准备，如语言学习、习俗了解、资源价格了解等。

第11章　监　理　大　纲

监理大纲是监理企业的投标技术文件，是对投标项目的监理工作策划。监理大纲由监理企业技术部门编制，企业负责人审批。

宏观上讲，监理大纲的内容与监理规划的内容大致相同，因为都是对项目监理工作的计划，只是，监理大纲内容更为概括，监理规划的内容比大纲的内容更为具体。监理大纲内容必须满足招标文件要求，即响应招标要求。监理大纲内容包括监理企业对项目监理的管理内容，而监理规划不会编写监理企业本部的管理内容，只是将监理企业的管理文件当做编制监理规划的依据。

监理大纲的具体内容：其目录与监理规划的目录基本相同，在此基础上，增加“对项目的建议”、“针对项目的具体措施”两节；监理大纲与监理规划的编制依据不完全相对。

第12章 监 理 规 划

以施工阶段监理为例，对监理规划进行简单说明。

监理规划是对具体项目实施监理的总体计划。监理规划由总监组织编制，监理企业技术部门审查，监理企业技术负责人审批。

在符合所有监理工作依据的前提下，监理规划体现的是总监的管理思路。如果总监有经验，有自己的思路，定会编制出生动的、有个性的监理规划；如果总监经验不足，没有自己的思路，没有自己的意志，也能学着编写出普通的、没有个性的监理规划。

依据《电力建设工程监理规范》，监理大纲一般包括下列内容：

12.1 编制依据

监理规划的编制依据前文提到过，其实也是监理的依据。总监应该对这些依据深入了解，否则不会履行好总监职责。

12.2 工程项目概况

工程项目概况与施工组织总体设计介绍的工程项目概况可以说完全相同，介绍工程的宏观情况，其内容包括工程性质、容量、地址；投资背景、投资方、控股方、投资量、融资方式；建设单位、设计单位、施工单位、监理单位、监造单位清单；施工组织模式；地质条件、水文条件、气候条件；设计概况等。

12.3 监理工作范围

监理工作范围在监理合同中明确。用两种方式描述，第一种方式指监理阶段，第二种方式指系统名称及工程名称。

对于火力发电厂建设工程监理而言，大多数业主仅在施工阶段委托监理，但包括一部分设计阶段的工作内容。

12.4 监理工作内容

对于施工阶段监理，监理工作内容可以用“四控、两管、一协调”高度概括，比较确切。前文已详细介绍。

12.5 监理工作目标

监理工作的目标首先要完全遵守业主规划的工程管理目标。一般在制定监理目标时，首先分解工程管理目标，根据监理服务合同范围及监理工作内容，将与监理工作有关的分解目标独立出来，就是监理的工作目标。监理工作目标要体现监理工作特点，要进一步分解到可操作的程序。监理工作总的目标在监理规划中编写，专业及单位工程监理目标在监理实施细则中编制。

12.6 项目监理机构组织形式

项目监理机构是监理企业派驻现场履行监理合同职责的工作团队，一般叫做项目监理部。项目监理部的组织形式有多少，视所监工程大小有所不同。一般地，对于大中型火力发电厂建设工程监理而言，项目监理部的组织形式有三种。

第一种，专业部室模式。即，总监——副总监（可能多名）——工程部、计划部、安监部、物资部（如果包含物资管理工作）、综合办。此模式下，资料室放在工程部；机、炉、电、热、土、焊、调所有专业的技术、质量监理工作由工程部负责。

第二种，大专业组模式。即总监——副总监（可能多名）——安装组、土建组、综合组、安全组、资料室、后勤组。此模式下，计划、信息监理工作职责包含在综合组中；焊接包括在安装组中。

第三种，专业组模式。即总监——副总监（可能多名）——汽机组、锅炉组、电气组、热工组、土建组、焊接组、调试组、安全组、计划组、资料组、后勤组。

对于大中型火力发电厂建设施工阶段的监理，目前，采用专业组模式的较多。

12.7 项目监理机构人员配备计划

项目的大小决定了监理人员数量的多少，监理企业均基本掌握了其规律，有的监理企业对不同规模的电厂制定了监理人员数量标准。具体实施过程中，监理人员数量根据业主的管理要求、项目特点、总监的认识有所调整。

总监理工程师依据工程总体进度计划编制监理人员进点计划。该人员计划不能确定具体人名，只能确定专业人数。

监理人员数量的多少取决于监理工作量大小。为了所谓的合理报价，监理企业投标时，所报的监理服务人月数比较大，而实践中，实际投入人月数小于投标时所报人月数。——如果按照投标时投入监理服务人月数，监理企业将无法存活，这是目前招投标的一个问题。

由于监理企业管理特点和火力发电厂施工阶段监理特点，监理进入现场前，能确定具体人员的岗位一般是总监，土建副总监，和第一批常驻现场的几名监理人员（一名资料人员、一名安全员、两名左右的土建监理工程师、一名后勤管理人员），其他副总监和专业组人员基本上不能确定。一般情况下，每一个岗位的监理人员计划到岗前一个月左右时间，项目总监通知监理企业人力资源部，人力资源部再从其他项目点上调配。

总理工程师依据工程总体进度计划编制监理人员进点计划；施工进度计划调整后，监理人员进点计划相应调整。

12.8 监理人员岗位职责

在《电力建设工程监理规范》中，对总监理工程师、总监理工程师代表、专业监理工程师、监理员的岗位职责进行了规范，但并不全面，譬如未编写安全监理人员的职责，未编写信息管理人员和资料管理人员的岗位职责等。对此，总监在监理规范编制时，应该补充完善；同时，总监理工程师在设计技术专业监理人员的岗位职责时，应对其进度控制、安全控制、造价控制、资料管理、合同管理、施工协调方面的职责补充完善。

规范中对于总监的职责列出了十三条，这十三条是总监理工程师作为项目总监，必须为此项目而做的工作。但是，从企业管理角度讲，作为总监理工程师，这些具体的工作条款尚远远不够，总监理工程师应该有更广义的职责，如建立健全项目监理机构、保证监理机构正常、高效运作；带领项目监理团队，采取各项措施增加团队凝聚力，高效运作；发挥领导模范带头作用；巩固业主对监理企业的信任，开拓新市场；教育培训年轻及新进监理行业的监理人员；监督检查各级监理人员履职情况，减少或者避免错误；搞好与业主所有人员的关系；减少企业成本等。总监理工程师不要仅仅将自己看做是项目总监，还应将自己看做是监理企业的重要人才，为监理企业创造更大的效益。

12.9　监理工作程序

《电力建设工程监理规范》（以下可简称《规范》）中明确了"监理工作总程序"：签订委托监理合同——组建项目监理机构、任命总监理工程师——编制监理规划，编制各专业监理实施细则——施工准备阶段监理——施工实施阶段监理——调试阶段监理——启动验收与移交阶段监理——审核工程竣工结算——编写监理工程总结、监理文件归档、移交。另外，《规范》明确了 9 项具体的监理程序框图：施工阶段工程质量监理程序、施工阶段工程进度监理程序、施工阶段工程造价监理程序、施工阶段工程安全监理程序、施工阶段合同管理程序、施工阶段工程信息管理程序、设备监造工作程序、施工图设计阶段设计监理程序、调试阶段监理程序。《规范》确定的程序，就是监理工程师进行监理工作时应该遵守的程序，这些程序应该对监理工作起约束作用，是对监理工程师监理工作的指导。

《规范》中指明的程序是监理工作大程序，在这些大程序下，还有许多小的程序，如图纸会检程序、技术方案编审程序、检验批验收程序、材料质量检验程序、材料进厂复试程序等等。这些程序一般包含在工程监理制度中。工程管理制度一般由业主编制，监理协助业主审查。有的业主可能委托监理编制工程管理程序。这些工程管理程序也是监理工作必须遵守的程序，甚至可以将其归纳在监理工作程序之中。

工程监理过程中，监理工程师必须有强烈的程序意识，监理工作必须按照程序进行，否则会对引起工程管理混乱。

12.10　监理工作方法和措施

前面的章节对于施工阶段的监理工作方法和措施进行了总结。明确监理工作方法和措施，并教育全体监理人员，对提高监理工作效率和监理工作质量十分重要。

12.11　监 理 设 施

监理设施是监理工作成本的一部分，监理企业一般会对项目监理设施制定管理制度，制定采购措施，项目监理部必须遵守监理企业管理制度。总监理工程师在编制监理规划时，应该与各专业人进行商定，做出全面的计划，以便监理企业审查、审批。最核心的监理设施是监理工作需要的办公设施、办公软件、测量仪器具等。

监理规划虽然体现总监理工程师的个人思路和意志，作为监理企业，为了规范总监行为，对监理规划提出管理要求也是必需的，此管理要求完全可以通过监理规划标准化实现。所谓标准化，是动态的，不是固定不变的，总监理工程师的思路和意志体现在动态方面。编制监理规划有许多依据，这些依据同时也是对监理规划编制的约束，所以，监理规划必须符合依据，在符合依据的前提下，体现总监理工程师的思路与意志。

第13章 监理实施细则

以施工阶段为例，对监理实施细则进行简单说明。

监理实施细则是监理工程师对具体工程项目实施具体监理的工作计划。监理实施细则由监理工程师编制，专业副总监审查，总监审批。

13.1 监理实施细则的内容

依据《电力建设工程监理规范》，监理实施细则一般包括下列内容。

13.1.1 编制依据

监理细则的编制依据包括监理规划，所以，监理规划中提到的依据可以不再重复。监理细则编制依据，也是监理工程师对项目实施具体监理的依据，最具体的是施工图纸、施工方案（在施工单位未编制施工方案前，进行了解，或者根据经验判断）和工程管理制度。

13.1.2 专业工程特点、难点及薄弱环节

这里所谓的“专业”是指编制监理实施细则的对象，可能是一个单位工程，可能是一个系统，可能是某一个独立的作业，“专业”特点就是这个“对象”的特点，包括设计特点、施工特点、质量特点、进度特点、安全特点、地质特点、施工条件如气候特点等。这些特点可能导致薄弱环节和难点。工程实践中，有些监理细则案例中，将专业特点写成了电厂特点，这是不正确的。

专业特点实质就是需要监理工程师特别注意的事项，掌握专业特点，才能写出更全面、更准确、更具有针对性的监理实施细则。

13.1.3 专业监理工作重点

监理实施细则包括质量控制方面的、进度控制方面的、安全控制方面的、造价控制方面的、合同管理方面的、资料管理方面的、甚至包括施工协调方面的。编制进度控制实施细则，就写进度控制方面的重点工作，编制质量控制实施细则，就写质量控制重点。重点就是对控制目标影响比较大的工作。对于目标影响较大的工作，监理工程师必须给予特别重视，措施要到位，针对性要强，要多检查、多监督等。监理实施细则尽量面面俱到，因为是细则，正因为面面俱到，所以有主次之分，主要的，就是重点。

不同“专业”有不同的重点，对于不同的电厂项目而言，有些“专业”的重点相同或者说大同小异，对此，从管理角度讲，可以进行标准化编制，减少不必要重复劳动；对于不同的电厂项目而言，同类项目（专业）的重点有可能一样，编写监理细则时可以互想借鉴。

13.1.4 监理工作流程

《电力建设工程监理规范》中明确了监理的总流程，并编制了九个“专业”监理工作流程。对于监理实施细则而言，应该将这些流程细化，使其更具“专业”针对性，更具指导性。在《规范》明确的流程基础上，针对“专业”特点，再增加一些更具体的流程，监理实施细则会更饱满。

13.1.5 监理工作控制目标、要点

这里的控制目标，是指“专业”目标，即监理实施细则所描述的对象的管理控制目标，可能是进度目标，质量目标，安全目标，造价目标等。所有目标不一定数据化，也可以是定性的。

要点是针对目标的，抓住要点，才能保证目标。理解了这句话，就理解了什么是要点。如进度控制，抓施工图纸交付可能是要点之一，抓施工单位劳动力组织可能是要点之一，抓主要设备按时交付可能是要点之一；而质量控制，抓材料质量可能是要点之一，抓施工方案可能是要点之一；造价控制方面，抓设计变更可能是要点之一，抓预算外签证可以是要点之一。

作为监理工程师，必须了解到“专业控制目标及其要点”，否则，工作没有目的性，搞不好监理工作。

13.1.6 监理工作方法和措施

前文对监理工作方法和措施进行了较为全面的描述，针对具体“专业”的监理实施细则，这些方法和措施是通用的。但是，对于具体的“专业”，方法和措施可以进一步具体化、细化，使其针对性更强，操作性更强，指导性更强。如质量控制方法，可以具体到材料质量控制方法、施工工艺质量控制方法等。

13.2 监理实施细则涉及的内容

《建设工程监理规范》要求监理项目机构对重要单位工程编制监理实施细则，如果项目很小，内容不是太多，可以在监理规划中完成监理实施细则的编制。《电力建设工程监理规范》要求在各专业开工前完成监理实施细则的编制。通常，火力发电厂有汽机、锅炉、电气、热控、土建、焊接、调试七大专业，但是，监理细则不仅仅针对这七大专业，还应该包括安全、进度、技经、资料、合同、协调方面的内容。随着监理工作的开展进步，监理工作越来越细化，监理实施细则针对性越来越强。所谓细则，内容比较详细，所以，每个专业并非编写一份监理细则，必要时，编制多份以便包含全部内容。本文列出一套监理实施细则清单，供参考：

达标创优监理实施细则；

“强条”监理实施细则；

成品保护监理实施细则；

绿色工程监理实施细则；

施工测量控制监理实施细则；

全厂沉降观测控制监理实施细则；

全厂各类地基处理（包括桩基、换填地基等）工程监理实施细则；

回填土工程监理实施细则；

烟囱工程监理实施细则；

烟塔合一工程监理实施细则；

主厂房结构工程监理实施细则；

汽机基座工程监理实施细则；

空冷柱工程监理实施细则；

烟库结构工程监理实施细则；

输煤系统结构工程监理实施细则；

全厂辅助建筑结构工程监理实施细则；

全厂建筑装饰工程监理实施细则；

全厂屋面防止工程监理实施细则；
全厂建筑安装工程监理实施细则；
全厂地下管网工程监理实施细则；
汽机本体安装工程监理实施细则；
空冷设备安装工程监理实施细则；
锅炉本体工程监理实施细则；
锅炉、汽机辅机安装工程监理实施细则；
锅炉、汽机管道安装工程监理实施细则；
全厂保温、油漆工程监理实施细则；
输煤系统设备安装工程监理实施细则；
电气工程监理实施细则；
热控工程监理实施细则；
焊接工程监理实施细则；
脱硫系统设备安装工程监理实施细则；
脱硝系统设备安装工程监理实施细则；
调试工程监理实施细则；
进度控制监理实施细则；
安健环控制监理实施细则；
造价控制监理实施细则；
合同管理监理实施细则；
资料管理监理实施细则；
施工协调监理实施细则。

第2篇

火电工程600MW和1000MW机组设计监理范例

程文良　阮少明　等　编著

第 1 章　贵州华电桐梓发电有限公司 2×600MW 机组工程设计监理规划

1.1 概　述

本设计监理规划为贵州华电桐梓发电有限公司 2×600MW 机组工程而编制的，中达联公司在该工程监理投标并中标后，立即投入设计监理工作，并指派中达联西安分公司作为设计监理单位。为了做好设计监理工作，特编制本设计监理规划，主要阐述监理范围、目标、措施、方法、程序、确认标识、总结和报告等。

1.2 编 制 依 据

（1）设计合同，设计监理监理合同。

（2）初步设计文件及审查意见，司令图及审查意见等。

1.3 工 程 概 况

1.3.1 厂址地理位置

桐梓县位于遵义市北面，离遵义市 70km，距省会贵阳 226km，北至重庆 264km，东临绥阳县、正安县，西连仁怀县、习水县，遵渝高速公路、G210 国道和电气化铁路南北贯穿桐梓县。

桐梓电厂位于桐梓县城东南侧，距县城公路距离约 3.3km。

1.3.2 厂址及灰场地形地貌

厂址区为构造溶丘谷地貌，场地可见溶蚀残丘及溶蚀洼地，略有起伏，东北高，西南低，场地高程为 926～966m。厂址区为桐梓县城规划边界外，与城镇发展无冲突。

杨家湾灰场位于电厂东侧，距电厂约 1.5km，属溶丘谷地地貌，为 V 形沟谷灰场，主沟二侧有树枝状支沟，海拔高程 945～975m，沟谷底部宽约 15～50m，相对平稳。

1.3.3 工程地质

1.3.3.1 岩土构成

厂址地层岩土主要由第四系人工填土、第四系冲洪积、残坡积淤泥等；基岩为白云岩、泥质白云岩及泥岩，白云岩广泛分布。厂址覆盖层厚度以 2～5m 为主。100m 深度范围内不存在大型厅堂式的大型溶洞。

1.3.3.2 场地类别

厂区场地中部为Ⅰ类建筑场地（基岩出露），西部低洼沟谷区为Ⅱ类建筑场地（基岩埋深 5～8m），南部低洼沟谷区为Ⅲ类建筑场地（基岩埋深 6～13m）。

1.3.3.3 地下水条件

地下水对混凝土及钢筋混凝土中钢筋无腐蚀性，对钢结构有弱腐蚀性。

1.3.3.4 地质地震

厂址区地震稳定。

根据《中国地震动峰值加速度区划图》、《中国地震动反应谱特征周期区划图》，场区地震动峰值加速度值为 0.05*g*，场地地震反应谱周期为 0.35s，地震基本烈度为Ⅵ度。

1.3.4 水文气象

1.3.4.1 厂址设计洪水位

厂址附近百年一遇设计洪水位最高为 93.72m。

1.3.4.2 气象条件

桐梓县气象站有较好的代表性，其累年基本气象要素统计值见表 1-3-1。

表 1-3-1　桐梓县气象站累年基本气象要素统计值表

项目	单位	数值	发生日期/（年.月.日）
平均气压	hPa	905.1	
平均气温	℃	14.7	
极端最高气温	℃	37.5	1952.7.3
极端最低气温	℃	−6.9	1977.1.30
平均相对湿度	%	79	
最小相对湿度	%	8	1963.2.27
年平均降水量	mm	1035.8	
最大一日降水量	mm	173.2	1972.5.27
最大 1h 降水量	mm	64.4	1985.7.1
最大 10min 降水量	mm	28.2	1983.7.14
平均风速	m/s	1.8	
2min 定时最大风速	m/s	27	1980.5.13
最大积雪深度	cm	8	
最大冻土深度	cm	无	
平均雷暴日数	d	48.9	
平均日照时数	h	1091.6	

1.3.5 供水水源

电厂取自天门河水库，采用带自然通风冷却塔的循环供水系统，循环水量为 16.932m^3/s，2×600MW 机组年平均补给水量 0.587m^3/s（含脱硫）。

1.3.6 燃料及石灰石

采用桐梓无烟煤，2×600MW 机组年耗煤量 310 万 t/a，为桐梓电厂配套的规划 11 个煤矿井生产能力 960 万 t/a。采用汽车运输方式。

二套脱硫装置的石灰石耗量 35.31t/h。

煤质资料及灰成分见表 1-3-2。

表 1-3-2　　煤质资料及灰成分

项目	符号	单位	设计煤种	校核煤
1. 工业分析				
收到基全水分	Mar	%	8.0	10.0
干燥基水分	Mad	%	2.45	2.16
收到基灰分	Aar	%	27.86	31.85
干燥基挥发分	Vdaf	%	9.61	8.62
收到基低位发热量	Qnet.v.ar	kJ/kg	21553	19281
2. 哈氏可磨度	KHGI		75	75
3. 元素分析				
收到基碳	Car	%	57.75	52.85
收到基氢	Har	%	2.21	1.52
收到基氧	Oar	%	1.02	0.39
收到基氮	Nar	%	0.85	0.53
收到基硫	Sar	%	2.31	2.86
4. 灰熔化温度				
灰变形温度	DT（T_1）	℃	1240	1140
灰软化温度	ST（T_2）	℃	1310	1210
灰熔化温度	FT（T_3）	℃	1360	1260
5. 灰分析资料				
二氧化硅	SiO_2	%	46.77	44.80
三氧化二铝	Al_2O_3	%	26.27	20.35
三氧化二铁	Fe_2O_3	%	15.55	19.87
氧化钙	CaO	%	4.85	8.69
氧化镁	MgO	%	1.24	1.05
氧化钾	K_2O	%	1.29	0.61
氧化钠	Na_2O	%	0.96	1.85
三氧化硫	SO_3	%	0.48	0.70
二氧化钛	TiO_2	%	2.42	1.91
6. 灰比电阻				
测试温度 18℃		Ω·cm	4.10×10^{9}	4.02×10^{9}
测试温度 80℃		Ω·cm	3.10×10^{10}	3.01×10^{10}
测试温度 100℃		Ω·cm	2.50×10^{11}	2.40×10^{11}
测试温度 120℃		Ω·cm	9.45×10^{11}	9.33×10^{11}
测试温度 150℃		Ω·cm	2.16×10^{12}	2.06×10^{12}
测试温度 180℃		Ω·cm	8.75×10^{11}	8.66×10^{11}

1.3.7　各专业设计主要原则

1.3.7.1　机组情况

本工程建设 2×600MW 国产超临界燃煤发电机组，同步建设烟气脱硫设施。本工程锅炉由东方锅炉（集团）股份有限公司供货，汽轮机拟由哈尔滨汽轮机厂有限责任公司供货，发电机拟由哈尔滨电机厂有限责任公司供货。

1.3.7.2　交通运输

本工程年耗煤量约 310×10^4t，燃煤全部采用汽车运输，所需燃煤经地方新建运煤公路、S303 省道和电厂运煤道路运输进厂，运距 10～50km。

本工程运煤和石灰石主干道路由地方规划建设。

本工程运灰渣和石膏道路需从厂区煤场东南侧出厂接至新 S303 省道，再向东分岔至杨家湾灰场。设计院在初设收口前应补充运灰道路设计图纸。

本工程新建进厂道路（兼运煤路用）拟由厂区西南向、新 S303 省道引接，长约 1.0km，混凝土路面宽为 12m。

1.3.7.3　厂区总平面布置

厂区总平面按 2×600MW 和扩建 2×600MW 机组统一规划，本工程按 2×600MW 机组建设。

厂区自东北至西南依次为屋外配电装置、主厂房及脱硫区，贮煤场及卸煤设施布置在主厂房区西南侧，主厂房固定端朝西北，向东南扩建，部分生产辅助、附属建筑物及本期冷却塔布置在主厂房固定端西北侧格局。但对厂区总平面（如厂前建筑布置、输煤综合楼、燃油泵房和制氢站等）要做进一步的优化。

本工程厂区场地自然地面标高在 926.00～966.00m（1956 黄海高程，下同）之间。

厂区竖向设计采用阶梯式布置方案，即厂区场地分为 2 个阶梯，主厂房区、煤场区、冷却塔区室外场地零米标高为 933.30～934.10m；500kV 屋外配电装置零米标高为 940.60～942.70m。百年一遇洪水位为 930.72m，厂区各场地设计标高高于百年一遇洪水位。

本工程厂区管线的布置方案采用地上综合架空管架为主和地下敷设相结合。综合架空管架尽量采用钢筋混凝土低支架。

厂区道路采用城市型，主厂房周围路面宽 7m，其他路段路面宽 4m。

厂区的主入口设在厂区西北侧，运煤道路入口设在贮煤场西南角，运灰道路由厂区贮煤场南侧引出。

由于电厂厂址四面环山，本工程需设置防山洪的截洪沟。

1.3.7.4　热机部分

本工程锅炉为超临界参数变压运行直流炉，采用 W 型火焰燃烧方式，Π 型布置。BMCR 工况主蒸汽参数为 1900t/h、25.4MPa（g）/571℃。汽轮机拟为超临界参数、一次中间再热、三缸四排汽、凝汽式汽轮机，额定功率 600MW，额定主蒸汽参数为 1657.66t/h、24.2MPa（a）/566℃，额定背压 5.8kPa（a）。

本工程锅炉燃用的设计煤种和校核煤种均为本地无烟煤。

制粉系统采用双进双出钢球磨煤机正压冷一次风机直吹式制粉系统，每炉配置 6 台 BBD4360 型或相当的双进双出钢球磨煤机。

送风机和一次风机采用动叶可调轴流式风机，送风机的风量裕量不小于 5%，风压裕量不小于 10%。一次风机的风量裕量改为 35%，风压裕量改为 30%。机组额定工况时送风机和一次风机运行点应处于高效区。

引风机采用静叶可调轴流式风机，引风机的风量裕量改为 10%，风压裕量改为 20%。

烟气脱硝预留方案，脱硝装置布置在电除尘器前烟道支架上方，烟道支架及基础、空气预热器按设置 SCR 脱硝装置设计，引风机选型按通过更换风机叶片即可满足将来设置 SCR 脱硝装置后所增加的阻力要求考虑，引风机电动机容量按设置 SCR 装置选择。

每台机组设置 2 台双室静电除尘器，除尘器效率应满足环保排放要求。

炉后水平主烟道设计应考虑烟气脱硫时承受引风机选型压力的耐压要求。

设置2座点火助燃轻油罐，油罐容量暂定为1000m^3。

每台机组的给水系统设置 2×50%容量的汽动给水泵＋1×30%容量的电动给水泵。电动给水泵由调速启动/备用泵改为定速启动泵。

汽机旁路采用高、低压两级串联简化旁路系统，容量暂定为40%BMCR，最终容量根据机炉协调配合结果确定。

主蒸汽管道和热段再热蒸汽管道采用 ASTM A335P91 材料；冷段再热管道采用 ASTM A672B70CL32 和 ASTM A691Cr2-1/4CL22 材料；高压给水管道采用 15NiCuMoNb5-6-4 材料。

凝结水系统采用2×100%容量的凝结水泵。为了节能降耗，2台凝结水泵采用1套变频装置，1台变频运行，1台工频备用。

主厂房四列式布置方案及其优化措施。但对下列工作要优化：研究降低除氧器层标高的可行性；进一步优化压缩控制楼占地面积和体积；补充引风机纵向布置方案，并与横向布置方案进行比较；研究通过扩大煤斗水平尺寸降低输煤皮带层标高的可行性；研究简化 D-K$_1$ 框架的可能性。

2台机组设置1座全厂压缩空气气源中心，为热机、热控、化学、除灰、脱硫等设备提供压缩空气。气源中心设置 6 台 60Nm^3/min 螺杆式空压机及后处理设备，4运2备。

本工程设置1台50t/h燃油启动锅炉。

1.3.7.5　厂内除灰渣部分

本工程厂内除灰渣系统按灰渣分除、干灰干排、粗细分排的原则设计，厂外灰渣输送采用汽车外运至综合利用用户或灰场。

除渣系统采用湿式刮板捞渣机配渣仓方案。但对国内燃用类似煤质的W型火焰锅炉的结焦情况，炉底渣系统是否采用碎渣机，以及改用二级机械输送至渣仓方案去相关电厂进行调研，优化除渣系统配置。

电除尘器飞灰采用正压浓相气力除灰系统集中至灰库方案，每台炉除灰系统出力按单台炉 BMCR 工况燃用设计煤种时排灰量 150%设计，具体型式通过招标确定。除灰管道直管段管材采用普通钢管。

设 3 座灰库（2 粗 1 细），灰库有效容积由 3300m^3 改为 2800m^3；每座灰库下部设2台湿式搅拌机、1台干灰散装机。

厂外灰渣和脱硫石膏运输车辆按15辆17t自卸车配置。

1.3.7.6　电气部分

本工程2台机组以500kV电压等级接入系统，出线2回，接入500kV鸭溪变。

本工程 2×600MW 机组以发电机—变压器单元接线接入 500kV 升压站，500kV 配电装置采用 3/2 断路器接线。本工程不设发电机断路器。

本工程起动/备用电源由 500kV 配电装置采用架空方式引接。

本工程主变压器采用单相变压器组，变压器容量采用3台 240MVA 单相式主变压器。本工程不设置备用相。

500kV 断路器及电流互感器采用 SF_6 式。500kV 设备开断电流为 50kA，动稳定电流为 125kA。

本工程高压厂用电电压采用 6kV 一级。因工艺专业负荷变化较大，设计院应根据审查后的负荷情况对厂用电系统接线进行方案比选，收口时审定。

请项目法人配合设计院落实灰场电源由就地引接的可行性，收口时审定。

低压厂用电接线设计方案，设计院宜根据厂家资料研究电除尘变压器由2运1备优化为2台变压器互为备用的可行性。

厂用电 6kV 系统中性点采用低电阻接地方式，低压厂用电系统中性点采用直接接地方式。

本工程 6kV 开断设备采用真空开关柜和 F-C 柜结合的方案。西南院应核算 6kV 开关柜额定开断电流及动稳定水平。

厂用配电装置布置方案，即 6kV 工作段布置在汽机房 7.80m 层，汽机 PC、照明 PC 布置在 7.80m 层；锅炉 PC、公用 PC 及检修 PC 段布置在集控楼 6.90m 层。

事故保安电源设计方案，按每台机组设 1 台 1000kW 柴油发电机组。

每台机组设1套 2×50kVA 的交流不停电电源（UPS）。

由于场地限制，500kV 配电装置采用屋外三列式布置，本工程 500kV 出线布置在电厂固定端。二期工程出线如与本工程出线交叉，可考虑将本工程和二期工程出线换线处理。根据贵州电网公司意见，西南院应提供便于改造的措施，项目法人应与贵州电网公司配合，承担改造相应所需费用。

直流系统的设计方案，按每台机组设 1 组动力用 220V 1600Ah 蓄电池和2组控制用 110V 600Ah 蓄电池；网络继电器室设2组 110V 400Ah 蓄电池；充电装置采用高频开关电源，每组蓄电池配1套充电装置，采用模块备用。

本工程单元机组电气设备控制纳入机组DCS系统，参与联锁和控制的重要信号采用硬接线方式与DCS连接，其他重要监视信号可采用通信方式。

本工程 500kV 电气设备控制采用网络微机监控系统（NCS），NCS功能包括远动的数据采集、微机五防闭锁等功能。

输煤系统控制采用PLC程控方式，相应设置工业电视监视系统。

本工程元件保护设计方案，发变组和起动/备用变的主保护和后备保护按双套配置，非电量保护按单套配置。

设计院应补充降低接地电阻的方案和措施，并核实投资概算。

本工程生产管理通信系统采用数字程控交换机，容量改为300线，生产调度通信与系统调度通信合设1套100线数字程控交换机。输煤系统设置1套40线调度呼叫交换机。

本工程主厂房、易燃、易爆场所动力及控制电缆采用C类阻燃电缆，其他场所采用普通电缆，脱硫岛电缆不采用阻燃电缆。

1.3.7.7　热工自动化部分（含MIS）

本工程采用炉、机、电单元集中监控方式，2台机组合设1个集中控制室。

汽机电子设备间布置于汽机房6.90m层。原则同意锅炉及公用的机柜布置于集中控制室后部的电子设备间。设计院应对集中控制室的位置、锅炉及公用电子设备间的布置做进一步优化，尽量压缩集控楼的体积。

本工程每台机组设1套分散控制系统（DCS），DCS的主要功能包括数据采集（DAS）、模拟量控制（MCS）、顺序控制（SCS）、锅炉炉膛安全监控（FSSS）和旁路控制。

设置DCS公用网，通过单元机组DCS软闭锁确保仅有1台机组的操作员站发出有效操作指令。

本工程 DCS 按控制站和操作员站的负荷率不超过 40%的原则进行招标，每台机组可设置5套DCS操作员站。

本工程机组集中控制室内布置锅炉火焰工业电视、闭路工业电视监视器和少量数码显示表，本工程不设置常规报警光字牌。操作台上设置少量独立于DCS的后备硬手操，以备在DCS发生全局性或重大故障时，确保机组、设备的紧急安全停运。

本工程顺序控制系统按照功能组级、子功能组级和驱动级

3 级设计。

给水泵汽轮机控制系统（MEH）的硬件尽可能与机组 DCS 一致。

本工程设置锅炉炉管泄漏检测装置、飞灰含碳量测量装置、汽机振动分析和故障诊断系统。

本工程在主机温度测点相对集中的区域采用远程 I/O，燃油泵房和空压站采用远程 I/O（站）的方式纳入机组 DCS 公用网。本工程循环水泵为扩大单元制运行，其控制宜纳入机组 DCS 公用网。

本工程辅助车间（系统）的监控采用可编程序控制器（PLC）。本工程设置水系统、灰渣系统和输煤系统 3 个相对集中的就地监控点，并设置全厂辅助车间集中监控网络。条件具备时，在集中控制室辅助车间操作员站上对其进行监控。

水系统控制点的监控范围包括锅炉补给水系统、凝结水精处理系统、化学取样和加药系统、综合水泵房、废水处理系统、循环水处理系统、制氢站和机组排水槽等，灰渣系统控制点的监控范围包括除灰、除渣和电除尘。

本工程热工自动化试验室按照不承担检修任务设计。根据《火力发电厂热工自动化试验室设计标准》（DL/T 5004—2004）的要求，本工程热工试验室面积按 250m^2 计列。

全厂工业电视监视系统采用图像宽带网、模拟摄像头加数字化传输的方案，监视点的数量按不超 120 点（不含输煤）设计。

本工程厂级监控信息系统（SIS）的设计和实施应参照中国华电集团公司关于信息化总体规划原则和有关规定进行。SIS 主要功能包括实时数据采集与监控、厂级性能计算和分析。SIS 的实时数据库按 5 万点标签量配置。

电厂管理信息系统（MIS），本工程 MIS 的设计和实施应参照中国华电集团公司关于信息化总体规划原则和有关规定进行。本工程基建 MIS 应采用中国华电集团公司统一规划实施的 PMIS。生产 MIS 系统主服务器按双小型机热备配置，主干网采用千兆以太网，到桌面为百兆以太网；本工程电厂标识系统的编制原则，设计院应在下阶段的设备招标和工程设计中按照中国华电集团公司《火电企业 KKS 标识系统编码原则》的规定执行。设计院应核减汽车衡的信息点数量，取消制氢站设置的信息点。

1.3.7.8 系统二次部分

一、系统继电保护及安全稳定控制装置

本工程至鸭溪变的两回 500kV 线路，每回线路均配置 2 套分相电流差动保护，每套分相电流差动保护均具有完整的后备保护功能，配 2 个 2Mbit/s 的通信接口，采用光纤通道。

本工程 500kV 母线保护、断路器保护及短引线保护配置方案。

本工程配置 1 面 500kV 系统故障录波器屏和 1 套 500kV 线路专用双端故障测距装置。

本工程配置 1 套保护和故障信息管理子站，同意设计院推荐的配置方案。

本工程配置 1 套功角监测装置，同意设计配置方案。

根据设计院的稳定计算结果，本工程接入系统后，复杂故障时系统存在稳定问题。本工程安全稳定控制装置的研究纳入“电厂送出工程系统安全稳定控制系统专题研究”中统一考虑，本工程预留安全稳定控制装置设备费用及专题研究费用。

二、系统调度自动化

本工程远动信息直送南方总调和贵州省调，信息传输分别采用调度数据网络和远动专线。

本工程远动与监控系统统一考虑，远动工作站双重化配置。本工程应参加电网调度自动发电控制（AGC）和自动电压控制（AVC）。AGC 命令通过远动工作站下达给网络监控系统，采用硬节点方式与 DCS 连接，直接控制到机组。本工程暂列 1 套 AVC 站端装置。

在本工程 500kV 出线侧、电厂机组出口侧、厂用变高压侧配置关口表，按主/校表配置。本工程配置 1 套电能量采集装置，电能量信息传输采用数据网和电话拨号方式上传至贵州省调，同时单独传送至中国华电集团公司。

本工程配置 1 套调度数据专网接入设备，并根据电网二次系统安全防护要求配置安全防护设备。

本工程暂列 1 套发电厂报价辅助决策系统。

三、系统通信

本工程至鸭溪变双回 500kV 线路上架设 1 根 24 芯 OPGW 光缆，线路长度约 66km。建设电厂—鸭溪变双光纤通信电路，电路采用 SDH 制式，传输速率均为 622Mbit/s，采用 1+0 传输配置方式。

在电厂—盘龙 110kV 变 35kV 施工电源线路上架设 1 根 24 芯 ADSS 光缆，线路长度约 8km。建设电厂—盘龙—桐梓—海龙—鸭溪双光纤通信电路，电路采用 SDH 制式，传输速率均为 155Mbit/s，采用 1+0 传输配置方式。

本工程至南方总调和贵州省调的调度自动化、调度电话通道的组织方案，以及本工程至鸭溪变间的保护通道组织方案。

本工程配置 2 套 622Mbit/s（1+0）光传输设备，在鸭溪变现有设备上增加光接口板。

本工程至南方总调和贵州省调各配置 1 个 PCM 通道。

本工程至鸭溪变的双回 500kV 线路上均不开设 PLC 通道，线路两端均不加装线路阻波器。

本工程系统调度交换机与厂内生产调度交换机统一考虑。

本工程配置 1 套贵州电力综合数据网络接入设备。

本工程配置 2 套 48V/300A 高频开关电源和 2 组 600Ah 免维护蓄电池组。

本工程配置 1 套通信环境监测系统，该系统与 NCS 互联，采集信息传送至贵州省调。

1.3.7.9 土建及岩土工程部分

一、建筑结构部分

本工程地震基本烈度为小于 6 度，抗震设防烈度为 6 度。

本工程建筑装修标准按中国华电集团公司《火力发电工程设计导则》的有关规定执行。

主厂房采用现浇钢筋混凝土框、排架承重结构，除氧煤仓间各层楼（屋）面采用钢次梁现浇钢筋混凝土板组合结构，汽机房屋盖采用钢屋架和以压型钢板作底模的现浇混凝土结构。若本工程采用取消除氧间布置，建议采用钢网架结构。

本工程采用 2 炉合用 1 座烟囱，现浇钢筋混凝土外筒、双钢内筒结构方案。

本工程汽动给水泵采用弹簧减振基础，磨煤机采用大块式钢筋混凝土基础，引风机检修支架采用钢筋混凝土结构。

干煤棚采用跨度 106m、钢网架、单层压型钢板封闭结构。

单层辅助建筑尽量采用砖混结构。

本工程生产行政综合办公楼（含试验室、食堂、夜班宿舍）建筑面积为 3920m^2，材料库为 2000m^2，检修间为 1000m^2。职工周转房面积请中国华电集团公司研究确定。

二、岩土工程部分

本工程厂址的地震动峰值加速度为小于 0.05g，相应的地震基本烈度为小于 6 度。

厂区地貌单元为溶蚀残丘、溶蚀洼地和河漫滩等，地层主要为第四系冲洪积、坡残积的黏土、淤泥质土、卵石和寒武系白云岩等。地下水为第四系孔隙潜水及基岩裂隙水，孔隙潜水位较浅且水量较大，基岩裂隙水分布不均匀；地下水对混凝土结构无腐蚀性，对钢结构为弱腐蚀性。厂区岩溶发育微弱，未发现大型溶洞。

主厂房区域位于挖方区，主厂房、烟囱、锅炉和 500kV 屋外配电装置等主要生产建（构）筑物直接利用基岩作为天然地基。

冷却塔地段分布厚度为 1～5m 的软土，冷却塔地基处理采用超挖换填碎石土方案。

煤场区域位于填方区，回填厚度 5m，部分地段分布厚度约 5m 的淤泥土，干煤棚和斗轮机基础等地基处理采用灌注桩方案。关于煤场区域软基加固预处理方案，设计院应根据煤场区域淤泥土的分布情况和大面积碎石土施工回填的特点，对搅拌桩法和塑料排水板进行技术经济比较，具体方案收口时审定。

1.3.7.10　水工部分

本工程 2×600MW 机组采用循环冷却供水系统，夏季最大补给水量为 2598m^3/h，耗水指标为 0.602m^3/（s·GW）。本工程水量平衡设计方案中，下阶段应根据各系统用水量的变化情况，修改本工程水量平衡图。

建议本工程取水采用泵船升压取水方案。泵船内按 4 台水泵布置，本工程安装 3 台，2 运 1 备，预留 1 台安装位置。设计院应研究采用立式泵、水轮机和变频装置等节能措施，收口时审定。

天门河水库至本工程的补给水管线长约 1.5km，厂外补给水管道采用 2 根钢管，管径按本工程补给水量考虑，预留再扩建 1 条位置。

本工程净水站按本工程 2×600MW 机组容量所需补给水量设计，设置 2×1800m^3/h 沉淀池和 3×80m^3/h 重力无阀滤罐。

本工程采用扩大单元制循环供水系统，每台机组配 1 座逆流式自然通风冷却塔，2 台循环水泵，1 条压力进水总管和 1 条压力回水总管，2 台机组合建 1 座循环水泵房并布置在冷却塔附近。通过对循环水系统的优化，每台机组冷却塔淋水面积采用 8000m^2，凝汽器冷却面积采用 38800m^2，夏季冷却倍率采用 55 倍，循环水总管采用 DN3000 钢管。

生活污水处理采用二级生物接触氧化法工艺，并进行消毒处理，处理能力按 2×10m^3/h 设计。含煤处理采用沉淀过滤处理工艺，处理能力按 2×15m^3/h 设计。

杨家湾灰场初期灰场设在灰场尾部，即在东北侧最狭窄沟谷处，初期灰场按 5 年征地，占地约 27ha，灰场内灰渣和脱硫石膏应分区堆放。

同灰场摊铺碾压设备按推土机、振动式压路机和轮式装载机均按 2 台计列，建议以上设备分阶段购置。手扶式振动式压路机和洒水车由 2 台核减为 1 台。

1.3.7.11　消防部分

本工程水消防系统设计原则，厂区设置独立的消防给水系统，消火栓给水系统和自动喷水给水系统合并设置，设 100%容量的电动机驱动消防泵和柴油机驱动消防泵各 1 台，并设消防稳压泵 2 台和气压罐装置 1 台。

设置 2×900m^3 化学、消防水池，设计中应采取确保消防水池储量的措施。

气体灭火系统设计原则，在经常有人值班的防护区域采用七氟丙烷（FM200）洁净灭火气体，经常无人值班防护区域采用低压二氧化碳（CO_2）灭火系统。按国家标准《火力发电厂和与变电站设计防火规范》（GB 50229—2006）要求执行。

燃油库区低倍数空泡沫灭火系统设计原则。

本工程火灾报警及控制系统的设计方案，本工程集中报警和联动控制盘设置于集中控制室内。

本工程按配置水罐消防车和干粉泡沫联用消防车各 1 辆及相应的消防车库计列投资。建议交由当地公安消防部门统一调度管理，具体事宜请项目法人与当地政府和公安消防部门协商确定。

主厂房区、贮煤场区四周及生产辅助、附属建筑各组合分区均布置有消防通道，各建（构）筑物的布置应满足现行消防规范的要求。

主厂房建筑、结构各构件按二级耐火等级所选用的建筑材料。

1.3.7.12　运煤部分

本工程厂内运煤系统按本工程 2×600MW 和扩建 2×600MW 机组容量进行规划，本工程的燃煤全部按汽车运输进厂考虑，除卸煤和贮煤设施分期建设外，其他设施在本工程一次建成。西南院应对二期工程厂外运煤带式输送机接入厂内运煤系统的位置进行优化，收口时审定。

本工程汽车卸煤设施采用贯通式汽车卸煤沟，按 20t 自卸车考虑。卸煤沟宜按 15 个车位设计，前 10 个车位柱距 5m，后 5 个车位柱距 7m，卸煤沟两端的检修间按 9m 设计。

本工程设置 1 座斗轮堆取料机煤场，煤场总容量按 2×600MW 机组 13.5d 设计，其中干煤棚容量为 3.5d 耗煤量。煤场配置 1 台堆取料出力均为 1500t/h、悬臂长度 35m 的折返式斗轮堆取料机。汽车卸煤沟兼作斗轮机上煤的备用设施。

厂内运煤系统全部采用 B=1400mm、V=2.5m/s、Q=1500t/h 的双路带式输送机。本工程输煤栈桥主要采用露天布置，带式输送机上加装防雨罩，需要封闭的输煤栈桥的净空宜为 2.8m。

采用 2 台出力 1500t/h 的梳式摆动筛和 2 台环式碎煤机，环式碎煤机的出力宜为 1000t/h。西南院应优化碎煤机室的布置，建议取消匀料装置，以降低碎煤机室的层高，节省工程投资。

设计院应优化煤仓间转运站的布置，适当降低层高，以节省工程投资。

本工程煤仓间卸料方式采用犁式卸料器。

汽车衡按 4 重 2 空设置，重车衡按 80t 考虑，空车衡按 50t 考虑。采用 4 台汽车入厂煤采样机。

设计院应优化输煤综合楼、浓缩机和推煤机检修库的位置，以便留出斗轮堆取料机的检修场地。

1.3.7.13　化学部分

锅炉补给水处理采用多介质过滤＋超滤＋反渗透＋一级除盐＋混床的设计方案，设 2×60t/h 反渗透装置和 2 列一级除盐＋混床；按上限流速条件，每列离子交换设备应能处理全部反渗透出水。预留锅炉补给水处理车间扩建场地。

考虑到地表水冬季水温低，为保证超滤反渗透运行效果，应设置生水加热器。

水处理酸、碱贮存罐由原设计各 1×8m^3 改为各 2×10m^3。

本工程中压凝结水精处理系统设计，每台机组设置 2×50%除铁过滤器＋3×50%高速混床；2 台机组共用 1 套树脂再生装置；精处理酸、碱贮存罐由各 1×20m^3 改为各 2×10m^3。

本工程循环冷却水系统采用加酸、加稳定剂处理。根据遵义电厂运行经验，循环水杀菌处理由设置二氧化氯发生器改为投加外购成品消毒剂处理，具体方案需通过进一步调研确定。

给水及凝结水化学加药系统的设计，正常工况为加氧加氨联合处理，给水水质未达到加氧要求时采用全挥发碱性处理，2台机共用1套加药系统。

本工程水汽取样分析系统的设计，每台机组设1套，取样分析信号送入凝结水精处理控制系统，设置凝汽器检漏装置。

设置1台绝缘油真空滤油机，并设1台移动式绝缘油贮存罐。

启动锅炉化学部分的设计。

化验室与环境监测站布置于锅炉补给水处理车间，设置水、油、进厂煤、入炉煤、环境空气等化验室。

本工程设置2×5Nm^3/h的水电解制氢装置及配套的氢气干燥装置，4台20m^{3}贮氢罐。

1.3.7.14 暖通部分

汽机房采用自然进风、屋顶通风器排风，辅以除氧间屋顶风机排风、诱导风机扰动的设计方案。除氧间屋顶风机增加4台。取消汽机房A列电动百叶窗，进风采用建筑窗。设计院应相应核实主厂房屋顶通风器长度，并保证汽机房A列进风面积满足自然通风的要求。

集控楼设置集中制冷站的设计方案。制冷站的服务范围应包括汽机房、集控楼区域内所有空调系统和需设置降温房间所需冷源，取消该区域内蓄电池室、直流屏及UPS电源室、化水仪表盘间等房间的分体空调装置。冷水机组容量收口时审定。

锅炉及公用电子设备间、汽机电子设备间和集中控制室按功能划分空调系统，空调机组按2×100%的原则配置。设计院应进一步优化各集中空调系统的冷负荷及风量，以达到节能和室内风速符合卫生标准的要求。

汽机房、集控楼、电除尘控制楼内6kV、380/220V电气配电间采用进风经过滤正压通风的设计方案。设计院应根据高压配电盘散热量0.5kW/面，低压配电盘散热量0.1kW/面，以及干式变压器散发的余热量，核实通风系统负荷及风量，并据此选择通风设备容量，收口时审定。

蓄电池室应采用直流式降温系统，保证室内空气不再循环，事故通风机兼顾直流式降温通风系统的排风。

由于循环水泵冷却方式采用水冷，设计院应核减循环水泵房通风设备的容量。

输煤系统#1、#2转运站和碎煤机室采用湿式除尘器，煤仓间转运站和原煤斗采用高压静电除尘器的设计方案。每个原煤斗的静电除尘器由2台改为1台，每台风量为8000m^3/h。汽车卸煤沟应设除尘装置，选型应通过调研，收口时审定。本工程锅炉房及煤仓间设置负压吸尘系统。

设计院应对生产综合办公楼的采暖和空调系统一考虑。根据当地气象条件，采暖和空调系统可采用风冷热泵型多联机空调方式，满足冬季采暖和夏季空调的要求。取消其采暖系统、采暖加热站及分体空调装置。

1.4 设计监理范围和目标

1.4.1 设计监理范围

1.4.1.1 设计监理概述

本设计监理主要是针对设计方提出的设计文件、设计图纸等进行审核或核查，从规程、规范、标准、设计内容深度出发，在安全满发的前提下，使设计得到最佳的优化，以达到降低投资节约成本的目的。

1.4.1.2 设计监理的具体范围

（1）初步设计阶段，审查其设计原则、技术方案、优化措施、经济指标等，并提出监理意见。

（2）施工图设计阶段，核查其设计文件（有疑问或必要时可对主要计算书或计算资料进行核查）和一、二级施工图分册，并提出设计监理意见。

（3）复查和审核环保设计、水土保持设计、防火、防爆等劳动安全、工业卫生设计，并提出设计监理意见。

（4）根据项目法人要求，参与设计的招标、评标等工作。

（5）核查设计人施工图交付进度，并进行督促、协调、落实。

（6）协助项目法人复查设计人的资质，质量保证体系的运转情况。

（7）协助项目法人督促竣工图的编制，参加竣工图审查会。

（8）协助项目法人督促设计人回复“设计监理确认单”的执行情况。

（9）审核设计的概、预算文件，并提出监理意见。

（10）其他由项目法人授予的职责。

1.4.2 设计监理目标

1.4.2.1 设计质量目标

初步设计——初设方案论证充分、结论正确、设计技术、经济指标达到目前我国同类型机组先进水平，做到安全、可靠、经济、美观和今后的经济运行；初步设计进行优化，并在优化设计中贯彻和执行业主的意见。

施工图设计——按初设审批文件，审查施工图设计文件，审查施工图设计文件，使其满足设计规程、标准、规范，设计深度满足施工要求；施工图设计进行优化，在优化设计中贯彻和执行了业主的意见。

从工程的整体目标优质工程为出发点，要创建优质设计监理的质量目标。

1.4.2.2 设计进度目标

（1）督促设计单位按设计合同的规定或按合理设计工期交付设计文件；

（2）在施工工期紧迫的情况下，应按建设阶段进度的要求，分期交付设计，满足现场施工进度的要求；

（3）确保建设项目的总工期要求。

1.4.2.3 设计投资目标

初步设计——按可行性估算，正确编制概算，总投资控制在同类型机组先进水平，当有特殊性时，应进行合理性的探讨和确认。

施工图设计——控制在批准的核算之内，按定额设计进行控制。

施工阶段——控制设计变更，使设计变更费用控制在规定范围内。

1.4.2.4 设计监理的安全目标

（1）设计文件满足国家对火电厂的安全要求和电力行业标准《火力发电厂劳动安全与工业卫生设计规范》的要求；

（2）施工图设计满足可行性研究报告和初步设计审批文件中对安全、消防的可靠要求；

（3）设计文件必须符合国家发布的“工程建设标准强制性条文”对安全生产的要求。

1.5 设计监理措施及方法

1.5.1 设计监理措施

1.5.1.1 组织措施

（1）按照效率原则做好组织设计，选择和任用设计经验丰富、具有行业总监资格的高级工程师，任该工程的总监理工程师。

（2）按照责权一致的原则，在设计监理工作中，实行总监负责制，明确总监、专业工程师的职责。

（3）项目法人应将监理单位以及监理工程师的授权和职责通知设计单位，以取得设计配合，为监理工作提供方便条件。

（4）按照集权和分权相统一的原则，安排具有同类型机组设计经验的工程师以上职称人员作为专业监理工程师，形成专业齐全、人员素质高的专业监理队伍。

（5）按照专业分工与协作统一的原则，规定专业监理工程师的职责和权利，总监理工程师和专业监理工程师实行面对面领导，缩小管理跨度，密切相间，提高服务效率。

1.5.1.2　技术措施

（1）建立完整的监理质量管理体系，根据公司的质量手册和有关程序文件，编制适应本工程设计监理的程序文件，保证监理工作有序的进行，并与项目法人和设计单位的有关人员经常沟通、联系配合。

（2）总监理工程师将依据“设计监理合同”，编制“设计监理规划”，报送公司批准，业主单位备案，监理规划由总监理工程师组织实施。

（3）组织专业监理工程师依据“设计监理规划”，编制“监理细则”，经总监审定后实施。

（4）建立对设计过程的控制方法和汇报制度，以保证业主能及时掌握设计过程中的情况，并及时协调、及时解决存在问题。

（5）根据设计的各阶段，集中人力进行设计复核，提出监理意见经设计反馈予以确认。

1.5.1.3　合同措施

（1）按照“公正、独立、自主”的原则，开展设计监理工作，维护项目法人和设计单位的合法权益。

（2）按照设计监理合同规定的工作范围、工程范围以及监理职责、义务，搞好监理服务，遵守监理合同中规定的法规条款。

（3）监理单位不转让设计监理任务，不与设备供货商和施工承包单位等合伙经营。

（4）保守项目法人和设计单位的机密。

（5）完善信息搜集和传递制度，做好信息沟通及信息共享。

1.5.1.4　监理质量控制

1.5.1.4.1　设计监理人员在熟悉和掌握本工程概况特点和业主对该工程设计的期望，依据业主期望，开展对设计的主要方案、设计成品、设计概、预算的确认工作，并提出意见和建议。

1.5.1.4.2　对初步设计的复核和确认内容：

（1）设计方案的合理性、符合性、安全性总的要求。

合理性：工艺系统的选择，布置是否合理，各专业系统选择和规模是否匹配等。

符合性：设计是否符合“火力发电厂设计规程”和相关的设计规程、规定。布置是否符合生产运行及设备检修的要求，是否能满足稳定满发。

安全性：高温高压设备管件安全性、各工艺系统之间和专业间的匹配的安全可靠性，系统控制的安全性，各专业对防火、抗震以及土建结构体系的安全性等。

（2）设计方案的经济性。各专业系统设计方案选择、建筑结构方案、设备材料选择、生产运行组织、环境保护措施等的经济性。

（3）设计标准的适宜性。各专业设计的建设标准是否符合目前300MW供热机组的建设水平，主要包括热工控制标准、建筑结构标准、设备材料标准、安全卫生标准、环保措施标准等。

（4）设计文件内容、深度和专业接口的满足性。各专业卷册设计内容和深度是否满足规定的标准。专业之间的设计接口以及与外部设计单位之间的设计接口是否明确。

（5）设计概算编制的内容深度是否满足本阶段设计要求。包括概算的编制原则、定额依据、取费标准、价格水平、投资分摊和投资回报等是否满足相关规定和要求。

1.5.1.4.3　对施工图设计的复核和确认：

（1）设计内容和设计标准的符合性。设计内容和设计标准是否符合初步设计审批的意见。包括建设标准、各专业系统选择的方式、各系统设备布置、建筑结构的形式和面积等。

（2）设计引用数据的正确性。各专业对各系统中所选用的系统方式、设备材料、厂家提供的设备参数是否符合各主系统原则的要求。

（3）各专业之间和专业内部各分册接口设计的正确性。专业之间与本专业分册之间以及与其他设计单位的设计接口，其分工、输入、输出资料的符合性和正确性的复核。

（4）设计安全性的复核。对各专业应采取的安全措施必须执行国家和行业规范中强制性条文，如温度压力、防火消防、安全通道、控制保护、防毒防腐、安全运行、设备安全等。

（5）设计深度的复核。施工图各分册的设计深度是否满足行业规定的要求，设计图表达内容是否完整。

1.5.1.5　设计投资的控制

（1）初步设计阶段的投资按照本规划中设计概算确定的内容进行控制。以设计单位编制的概算为依据，复核其编制原则、项目内容、经济指标、取费标准、各系统费用、总费用等提出意见和建议，并与编制负责人和设总沟通交流，在达成共识（含保留）的前提下，监理向项目法人汇报监理意见和建议，并以书面形式输出汇报文件。

（2）施工图阶段的投资控制。施工图设计阶段主要是对各单项工程的工程量、建筑面积、建设标准、主要结构形成、建筑材料、设备选择等，是否符合初步设计审批文件的原则和工程量、标准等进行复核。

（3）施工中的投资控制。设计监理主要对施工中发生的重大设计变更进行投资增减的复核。

1.5.1.6　设计进度的控制

设计进度应以设计合同规定的进度以及因工程实施中的需要，由项目法人与设计单位协商确定的进度计划，作为设计监理进度控制的依据。对影响设计进度的外部因素和内部因素，及时向项目法人和主管院长汇报，并共同研究采取相应措施。

1.5.2　设计监理方法

1.5.2.1　监理地点

在设计阶段的监理工作地点，主要设在西安市中达联西安分公司内。可随时参加工地施工、安装过程中发生重大设计变更的处理和确认。

1.5.2.2　监理时间

初步设计阶段，在设计原则确定后，进行设计成品的复核和监理。

施工图设计阶段，根据设计单位安排的进度，设计监理将分批、集中地对其设计成品进行复核确认，组织专业监理工程师进行审查，提出确认单。

1.5.2.3 设计监理意见地表达方法

以施工图分册为单位，设计监理专业工程师提出意见或建议后，以“北京中达联监理咨询有限责任公司设计监理确认单”的方式，提交给设计单位和项目法人，设计单位对设计监理意见的执行情况要反馈给项目法人、现场监理方及本公司。

1.6 设计监理程序及确认标识

1.6.1 设计监理程序

1.6.1.1 成立设计监理项目部

设计监理委托合同签订后，将成立设计副总监或设计总监代表、专业监理师等组成的本项目设计监理部，报告给项目法人。在项目法人授权后，监理部及时编制“设计监理规划”，监理规划经公司本部批准后，同时报项目法人备案，监理部应组织贯彻实施。

必要时可成立现场设计监理项目部。

项目法人应及时将设计监理部组织机构及监理人员名单通报相关单位。

设计监理单位在保障国家利益不受侵害的前提下，独立、公正、科学地行使监理权利并受法律保护。项目法人在监理合同规定的监理范围内对工程的有关决定需书面通知监理部。

被监理单位必须接受监理单位的监理。为开展工作方便，被监理单位提供施工图设计图纸目录及各分册预计出图时间表。

项目法人应免费提供工程概、预算书，工程详勘资料，施工图设计以及设计合同，设备订货合同（复印件），技术协议书（复印件）等它能够获得的并与服务有关资料。

1.6.1.2 施工图设计监理具体工作程序

施工图分册到本部后，登记造册，立即分发到设计专业监理工程师，提出设计监理意见，填写设计监理确认单，由本部分批分期将确认单投送至设计院，及现场或项目法人，设计院应将确认单的执行情况反馈至项目法人、现场及本部。

应项目法人邀请，单项的设计技术问题可随时派专业人员参加。

1.6.2 设计成品的确认标识

1.6.2.1 初步设计成品确认标识

初步设计成品的确认标识，设计监理在监理后将各专业的监理意见汇编成册并加盖公司公章后报项目法人。

1.6.2.2 施工图设计成品确认标识

各专业监理工程师对施工图设计成品，以分册为单位，提出设计监理意见及签署，并以正式打印的设计监理确认单作为正式监理意见报项目法人或现场总监及设计单位，设计单位应提出处理意见返回项目法人及设计监理部。

对于急需施工的图纸，凡是设计单位确认为正式出版的设计图纸，加盖确认章作为标识。

1.6.2.3 监理各类总结和发文的标识

（1）监理发送各类总结，除由编制人、校核人及批准人签字外，另加盖项目监理部公章。

（2）监理部发文由总监理工程师签发后，加盖项目监理部公章。

（3）发送的传真，由总监理工程师或公司经理签发。

1.7 设计监理报告及总结

1.7.1 设计监理报告

1.7.1.1 监理报告

有工作报告、监理汇报（月报）、监理日志。

1.7.1.2 专题报告

指专业问题或必须请示的问题所编写的报告。

1.7.1.3 工作报告

指阶段性的工作或向公司请示听编写的报告。

1.7.1.4 监理汇报（月报）

指汇报上个月完成的监理工作、技术问题、设计进度、出图情况、存在问题的定期报告。月报分发为项目法人、设计单位、公司本部。具体发放范围与份数由现场总监与项目法人协商决定。

1.7.2 设计监理总结

监理总结应根据工程实际情况，分阶段性的总结、专业性的总结、年度的总结或工程完成的最终总结。

1.7.2.1 阶段性的总结

以工程实际情况，在阶段工作完成后进行编制。

1.7.2.2 专业性的总结

由专业监理工程师主持编制，总监理工程师签发。总结本专业情况。也可能是专业某一特别重要问题的总结。

1.7.2.3 年度总结或工程完成的最终总结

全年工作完成后的工作总结，或工程完成的最终总结，包括处理和解决问题，存在问题和建议。由设计副总监执笔完成，提交业主及现场总监。

1.7.2.4 监理经验总结

由各专业工程师执笔论述专业监理工作情况，总监理工程汇总报公司审批，以公司名义报项目法人单位。

1.7.2.5 监理总结的分发

各类总结均应报公司归档，要送项目法人及设计院，发放份数由总监理工程师确定。

1.8 设计监理资料及归档

1.8.1 监理所需的资料，是全过程使用的各类资料和文件，由设计单位提供给监理一份，供监理使用，不再返回设计单位。

监理过程中形成的监理复核意见单和各类监理报告等，除及时通知项目法人，还要整理形成本工程的监理文档，按阶段顺序整理装订成册，待工程完成后，移交给项目法人。

1.8.2 归档工作：归档内容是监理的工作过程，自身形成的文件和资料：包括监理大纲（投标时用）、监理合同、监理规划、监理意见、监理报告等。对监理资源投入部分也应整理归档。对上述文件和资料，按要求进行分门别类整理，装订成册归档。

1.9 设计监理组织及岗位责任

1.9.1 监理部组织机构

1.9.1.1 公司设立贵州桐梓电厂 2×600MW 工程设计监理部，代表公司履行合同中设计监理内容，并承担本工程的设计监理工作，隶属于现场总监的领导，并对中达联总公司负责。

1.9.1.2 设计监理部组织机构。

合同签订后即成立“设计监理部”，为我公司的派出机构；

委派具有30年设计经验，担任本工程监理部的副总监，代表我公司全面负责本工程项目的设计监理工作，全面履行与项目法人签订的监理合同中的设计监理工作。设计监理部组织机构如图1-9-1所示。

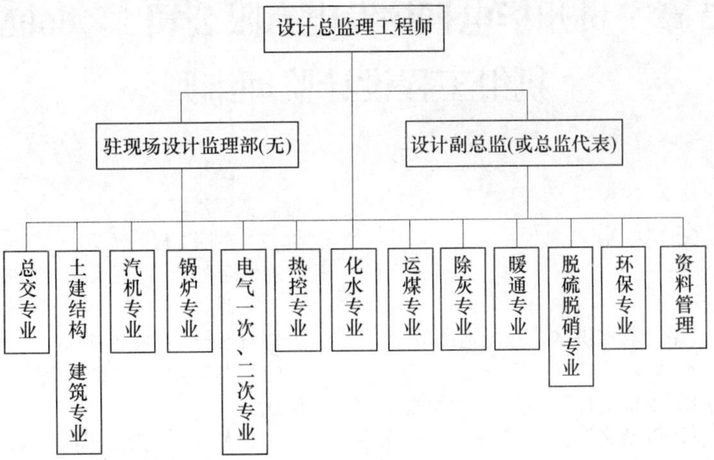

图1-9-1　设计监理部组织机构图

1.9.2　设计监理部人员配备

中达联西安分公司参加贵州桐梓电厂设计监理人员名单表（表人员名单略）见表1-9-1。

表1-9-1　　设计监理人员名单表

序号	姓名	职称	专业	原工作单位	原单位职务	该项目任职
1						
2						

监理人员联系方式（略）。

1.9.3　岗位职责

1.9.3.1　设计副总监理工程师

（1）全面负责设计监理部的工作，确定项目监理机构人员分工及岗位职责，分配和协调人员的工作；

（2）主持编写“监理规划”，审批各专业“监理实施细则”；

（3）根据工程情况调配监理人员，对不称职的监理人员予以调换；

（4）签发重要的监理文件和指令。协助项目法人主持专业监理工程师对施工图一、二级图进行确认工作；

（5）组织编写监理月报、工作报告、设计评审报告。

1.9.3.2　设计副总监理工程师（总监代表）

（1）协助总监管理设计监理部的工作，可行使总监授权的部分职责和权利。

（2）负责副总监（总监代表）分管的工作。

（3）完成总监交给的各项工作。

1.9.3.3　驻设计院设计监理代表

根据工程情况可设或不设。

（1）负责设计总监理工程师指定或交办的监理工作。

（2）催交设计院的施工图分册，划分一、二级图纸分册，并送寄给设计监理公司，以便审核施工图。

（3）催交设计院反馈意见，即对设计监理提出的确认单中执行情况的反馈。

1.9.3.4　各设计专业监理工程师

（1）编制专业“监理实施细则”。

（2）对提交给设计监理的优化项目提出意见，应项目法人要求可参加设计优化，提出评价意见。

（3）参见设计评审和中间检查。

（4）对一、二级图纸进行复核，提出专业设计监理确认单。

1.9.3.5　信息资料员职责

（1）收集汇总专业监理信息，整理加工后交总监。

（2）收集汇总项目法人文件，负责递送传阅。

（3）协助编制监理月报（初稿）。

（4）负责文件部门档案资料的管理，分册图纸的管理。

第2章 贵州华电桐梓发电有限公司2×660MW机组工程设计监理细则

2.1 总交专业

一、设计监理的主要内容

主要内容包括厂区、厂外铁路、取水供水、灰场道路等。

二、设计的主要依据

（1）初步设计，为可行性研究审批文件；

（2）施工图设计，为初步设计审批文件；

（3）本工程的总体规划和环境条件；

（4）专业设计规程和电力工程设计规程；

（5）本期工程的设计图纸；

（6）本期工程对水、煤的需要量及废水等的排放量；

（7）项目业主提出的其他要求。

三、设计确认的内容

1. 设计安全性的确认

（1）总布置中涉及的建筑等级、防火等级、防火间距及消防通道等的安全间隔。

（2）竖向布置中的地质条件的利用及避免沟道交叉、防火阻隔的安全性。

（3）总体规划图中的交通布置的安全性。

（4）其他相关的铁路安全。

（5）跨道路、管道净空是否满足规范要求并有明显的安全标识。

2. 设计符合性的确认

（1）是否符合各专业提出的建设内容，设计的工程项目要求内容。

（2）本期工程是否布置在本期的占地上。

（3）各不同项目间的设计之间是否符合合理的工艺流程。

（4）各建构筑物的布置是否符合相互之间的管沟和道路最为捷径。

（5）生产管理、生活设施内容是否满足本期规模的需要，区域布置是否为功能分开，布局合理。

（6）施工场地是否满足土建施工和设备安装的运输、材料堆放、设备组合、施工管理等的需要。

（7）原材料进场、给水进厂、废水处理及排放是否满足本期规模和净化环境的要求。

（8）总平面布置中的坐标，高程确定是否合理，并与前期一致，场地土石方量是否基本平衡。

（9）总平面的各项目指标与同类型机组工程相比较是否先进。

（10）本专业设计的内容和深度是否满足有关规定，有无漏项或重列。

3. 设计标准的确认

（1）本期工程总平面设计的指标是否合理。

（2）道路标准、绿化标准、建筑密度等是否过高或过低。

（3）地下管沟、井的建设标准是否合理。

4. 设计接口的确认

（1）与分包设计单位（含厂外各系统）的接口（含铁路、水管、灰管线路）。

（2）本期工程的接口，包括与各专业设计的项目内容，地下沟管井的坐标高程、断面尺寸、铁路公路、厂内交通、绿化景点等。

（3）设计内部各专业会签。

5. 设计经济性的确认

（1）各项指标与同类型机组工程相比较，在合理范围内是否优化。

（2）各建构筑物的面积标准是否在规定的范围之内。

6. 设计水平评价

（1）总平面设计的总体布局水平。

（2）设计图纸组织内容、深度。

（3）设计接口水平。

（4）设计标准的把握和经济性的评价。

2.2 建筑专业

一、初步设计阶段

重点对本期工程与前期工程的衔接，包括建筑布置、建筑风格、建筑标准及建设内容。

二、施工图阶段

与前期工程的合理接口，本期工程各建构筑物内容和高程坐标，建筑布置与各专业相一致，对建筑物布置在符合功能要求的基础上，必须符合安全消防，交通畅通、空间合理，装饰标准适宜等原则上进行复核。

施工图阶段的复核确认的主要内容。

1. 设计安全复核确认

（1）根据建筑防火等级要求，检查防火消防布置及措施是否符合规定。

（2）根据建筑等级要求，对抗震设施，沉降和抗震构造进行复核。

（3）根据地区气象，对建筑沉降、伸缩缝设置进行复核。

2. 设计符合性的复核

（1）建筑功能符合性的复核，包括建筑面积、剖面设计、功能区域、检修维护平面布置等是否满足功能要求。

（2）对生产人员工作环境以及设备检修的符合性。

（3）对屋面防水保温，地下结构防水防渗，高温安全作业，防风、防雨、防侵害、采光、通风是否满足生产运行要求。

（4）消防通道、排烟排毒、安全通道警示等。

（5）生产建筑的室内排水、地面结构是否能满足设备运行和检修要求。

（6）图纸组织及设计内容深度的符合性。

（7）设计内容会签。

3. 设计经济性复核

（1）建筑面积、装饰标准、使用材料是否控制合理。

（2）建筑造价是否控制在概、预算的范围内。

4. 设计接口的复核

（1）建筑坐标、高程、沟道出口位置是否与总平面设计一致。

（2）室内布置是否与工艺设计要求相吻合。

（3）建筑留孔埋件，高空防护，孔洞防水，接地坡度等提出的资料是否正确，相关图纸是否落实。

5. 设计水平的评价

对建筑设计的整体水平，图纸组织，设计接口，设计表达深度等提出综合评价。

2.3 结构专业

一、初步设计阶段监理的主要内容和范围

针对工程特点提出主要建构筑物的结构体系选型以及主要的结构布置和措施等提出意见和建议。

二、施工图设计阶段确认的主要内容

复核是否按初步设计审定的原则进行结构设计。

1. 施工设计安全的复核确认

（1）结构体系的设计安全，包括结构选型，结构计算，荷载取值，计算软件，抗震措施，地基处理方案等，对结构安全影响的因素进行控制。

（2）建筑场地等级和结构设计体系，建筑等级是否能相对应，地基处理方案和措施能否保证上部结构的安全。

（3）有防火、防爆要求的结构，其布置、构造能否满足防火防爆要求。

（4）运转层、检修地面、平面等是否有荷载区域划分并有明显标识。

（5）主厂房起吊设施是否标明起吊高度、重量，并有安全警示标志。

（6）结构自身的防水、防渗能力，其使用的材料、比例，构造能否保证其防水、防渗能力。

2. 设计符合性复核确认

（1）地基处理方案措施与地质报告所述的条件是否吻合。

（2）结构方式与建筑布置、工艺布置所要求的轴线尺寸、层高、标高是否符合。

（3）分册图纸套用的条件是否符合本工程情况。

（4）结构构造，包括抗震构造、地基处理、是否符合设计规程，材料标号是否符合计算设定。

3. 设计接口的复核确认

（1）结构布置、留孔、埋件是否与其他专业提出的要求相一致。

（2）结构布置的坐标和标高与总交专业、建筑专业、设备布置是否一致。

（3）地下沟道、隧道、竖井与设备布置、基础等是否有相碰。

（4）对有高空防护、沟道井、楼面留孔的安全防护是否与其他专业要求一致。

（5）图纸是否已会签。

4. 设计经济性的复核确认

（1）选择的结构形式是否在安全和适应环境的基础上是最经济的。

（2）选择建筑材料标准是否适宜。

（3）地下结构防水措施的经济性。

5. 设计内容及深度的复核确认

（1）结构专业卷册目录内容是否能全面反映结构专业所包括的设计内容。

（2）各分册设计中有无漏项、重复、设计深度能否满足施工要求。

（3）结构所用材料及其规格，是否由当地能供给的，需要特殊加工的材料是否已落实。

（4）施工单位提出的施工方案中对设计有特殊要求时，设计的内容和深度是否能满足。

6. 设计水平的评价

工程设计完成后，对整套图纸的设计提出初步评价，报总监汇总。

2.4 暖通专业

一、初步设计

对全厂的采暖、通风、空调、除尘等系统的选择，相应选用设备的容量和布置进行复核，主要从满足功能需要，安全运行，经济合理，技术可靠性等方面进行。

二、施工图设计确认的主要内容

1. 确认的工程项目内容

（1）主厂房及各辅助附属厂房的采暖。

（2）主厂房及地下输通风、蓄电池、制氢站的通风。

（3）主厂房机炉集控室的空调。

（4）主厂房及输煤系统桥廊及地下煤沟的煤粉尘的除尘系统。

2. 确认的依据

（1）本专业设计规程，本工程的环境条件。

（2）可行性研究、初步设计的阶段的审批文件。

（3）设备技术条件、生产人员工作环境的基本要求。

3. 确认内容

（1）设计安全的确认，对选择的工艺系统、工艺布置，设备选型能否安全可靠地运行。

（2）设计符合性的确认，对设计所采用的系统和布置等，能否达到设计目的，以满足生产环境、人员健康和设备运行环境条件，是否保障空气质量、环境温度、湿度的要求，重要建筑物环境温度、湿度，空气质量的可控性是否满足要求，同时，设计系统布置是否满足本专业设计规程规范的要求。设备清册和说明是否符合图纸要求。

（3）设计接口的确认，本专业与相关的工艺专业和土建专业，总交专业在设计接口上的布置、管网设置、埋件、留孔等是否一致，图纸是否会签。

（4）设计经济性的确认，本专业在设计系统原理设备布置、设备选择、运行消耗、适应环境是否在满足要求的情况下，能达到最佳的经济效果，与同类型机组工程的造价水平是否相适应。

（5）设计完整性的确认，本专业的设计内容是否完整，各分册设计内容是否完善，卷册内容，分册设计中有无漏项或重复，设备材料有无短缺或重复等，与设备厂家的设计分工是否明确和资料交换是否符合规定程序并正确无误。

（6）设计标准的确认，在设备选择，系统选择方面的标准是否符合初步设计审批的原则或建设标准的高低，采用设备及主材标准是否与本工程标准相适应。整体价格水平面是否能控制在概、预算范围之内。

（7）设计水平的评价，对本工程的采暖通风、输煤除灰的设计水平，图纸组织和表达水平，设计接口及经济水平提出评价。

2.5 汽机专业

一、初步设计

对汽水系统及布置，设备选择，主要系统计算，效率，参数进行全面复核。

二、施工图设计

1. 汽机安全性确认

（1）对汽机各系统的布置、方式、设备选择等的安全性确认。

（2）由汽机设计提出的荷载是否能保证安全运行。

（3）管道系统支吊架的设置，温度伸缩处理方式是否能在高温、高压的情况下正常运行。

（4）各管道阀门、油箱油管的布置和防护措施是否符合防火、防暴要求。

（5）各种安全防护是否符合规程规定。

2. 设计符合性复核确认

（1）设计原则和要求是否符合各阶段审批文件要求。

（2）选择设备的技术参数是否符合计算结果。

（3）主要材料规格是否符合计算结果。

（4）与相关专业的设计接口是否符合本专业设计要求。

（5）设备清册、说明书是否符合图纸（或已订货）要求。

3. 设计接口的复核确认

（1）与锅炉、土建、电气、输煤、除灰、化水、热控、水工等专业，对各技术参数，管道接口，坐标高程，留孔埋件，维护检修，安全防护等是否一致。

（2）图纸会签是否齐全。

4. 设计经济性的复核确认

设计的系统方式，设备管道布置，技术参数，设备选择是否能在保证安全满发的基础上经济运行，选择的设备材料是否经济合理。

5. 设计内容及深度的复核确认

（1）本专业的图纸组织，各分册内容是否表达完整，不漏项或重复。

（2）对设备运行，检修维护，人身安全防护是否全面完善。

（3）与相关设备厂家的设计分工及资料交换是否明确和及时。

6. 设计水平的评价

对系统布置，设备选择是否超标准，低标准或国内能生产而选用进口设备等。

运行消耗的指标是否与同类型机组先进水平相适应。

对设计专业图纸设计的总体评价，包括设计总体经验，设计质量，设备选型水平，设计接口质量等进行综合评价。

7. 其他复核和确认

上述确认的内容，均应针对本专业各项目，选择的主要控制点，如汽机系统图的高低压给水、疏放水系统，主汽系统，凝结水系统，润滑油系统等的工艺流程是否合理、安全。

汽机布置图，各相关设备，管道布置的坐标、高程、特别是接口。

管道布置图，管道的走向、管径及固定方式等。

荷载复核，提出的设计荷载有无遗漏，偏大、偏小或重复。

设备清册，有无遗漏，型号规格是否正确，有否重复。

说明书，内容是否完整，说明与图纸是否一致。

图纸组织，本专业设计有无漏项或重复，分册内设计内容是否完整。

2.6 锅炉专业

一、初步设计

对初设中锅炉选型、布置，烟、风、粉计算及空气动力学计算，燃烧计算等进行全面复核。

二、施工图设计确认的主要内容

1. 设计安全性确认

（1）对锅炉系统的布置形式，设备选择是否满足安全要求。

（2）锅炉提出的设计荷载是否符合计算确定或规程规定。

（3）锅炉系统的管道、检修设施的布置是否安全有效，对温度伸缩考虑的防变形措施是否满足要求。

（4）各阀门、油箱、疏、放水箱设置是否保证安全运行。

（5）锅炉钢架基础连接是否可靠，各转动机械的技术参数能否适应温度、压力、流量的要求和有规定的安全系数。

（6）高空防护的安全设施，交通布置是否能满足安全运行和消防要求。

2. 符合性确认

（1）设计原则和要求是否能满足各阶段设计审查的要求。

（2）选择设备的技术参数是否符合计算结果。

（3）各管材、烟、风道的断面、材料、油漆保温是否满足计算结果。

（4）设备清册、说明书与图纸的符合性。

3. 设计接口的确认

（1）与汽机、土建、输煤、除灰、电气、热控、化水、总交等专业设计接口，本专业各分册的设计接口，在技术参数、材料管径、坐标高程、留孔埋件，维护检修、安全防护等是否保持一致性。

（2）图纸是否会签。

4. 设计经济性的确认

（1）设计标准是否合适，包括系统方式，设备选择，工作环境，检修条件是否标准适宜。避免过高或过低。

（2）输煤系统的总体价格水平是否在适宜的范围内。

5. 设计水平的评价

（1）设计组织，图纸表达，设计深度的水平。

（2）工程设计方案，设备选择的水平。

（3）上述内容，应根据本专业的具体项目，选择主要控制点。

2.7 输煤专业

一、初步设计

输煤系统，对煤场、卸煤、输煤的合理性确认。

输煤布置：对占地利用地形、坐标高程，设备布置，运行检修通道，检修方式等的正确性。

二、施工图设计确认的主要内容

1. 输煤系统安全性的复核

（1）荷载复核：提出的荷载资料是否齐全正确。

（2）布置的安全：是否符合安全通道、运行安全的布置和措施。

2. 设计接口复核

本专业要求的高程坐标、高程，埋件留孔，设备管道接口，输煤量等，本专业与总交、土建、电气、暖通、输煤程控的接口，及维护检修，安全防护的复核。

设备清册，是否完整齐全，规格型号一致。

说明书，内容与图纸表达是否一致。

图纸组织，是否完全整齐，不漏项。

2.8 除灰专业

一、初步设计

对系统选择相关的计算，设备选择及布置经行复核。

各设计阶段审查的文件及前期除灰工程。

本专业的设计规程、规范、设备资料及材料标准。

二、施工图设计确认的主要内容

1. 设计安全性确认

（1）设计选择的除灰方案是否能保证运行安全的要求。

（2）设计的人员环境、人员安全能否在正常的情况下进行。

（3）提出来的设计荷载是否安全可靠。

2. 设计符合性的确认

（1）设计的除灰、渣总量与选择的系统、设备、规模是否相适应。

（2）提出的接口资料是否完善，并符合本专业的要求。

（3）设备材料的选择是否符合设计计算及相应的参数。

（4）设备清册、说明书是否与图纸相一致。

3. 设计接口的确认

（1）热机专业提供的灰渣总量的确认。

（2）本专业与机务、土建、电气、暖通、总交、热控的设计接口中，提供的荷载、埋件留孔、坐标高程、维护检修、安全防护等的复核。

（3）图纸会签。

4. 设计经济性的确认

（1）系统方式的经济比较。

（2）设备材料的价格比较。

（3）运行费用的比较。

5. 设计完整性的确认

（1）设计内容和深度的满足性。

（2）有无漏项或重复。

（3）设备材料的规格、型号、数量等有无短缺或重复。

（4）与相关厂家的设计分工及资料交换。

6. 设计标准的确认

（1）系统方式的标准是否合理、经济。

（2）设备标准的选择。

（3）整体价格水平与同类型机组比较。

7. 设计水平评价

对本专业在设计系统方式、设计接口，图纸表达，价格水平等方面进行综合评价。

2.9 化水专业

一、初步设计

对化学水处理系统的拟定、计算，设备选型，化水车间布置取样系统，除盐系统等进行全面复核，并确认以下依据。

（1）设计各阶段的审批文件。

（2）专业的设计规程规范。

（3）设备资料。

（4）设计图纸。

二、施工图设计确认的主要内容

1. 设计安全性确认

（1）对废水处理的环境影响。

（2）水处理系统的安全保护。

（3）制氢站的安全。

2. 设计符合性的确认

（1）净水处理，废水处理，制氢系统的规模是否符合本工程的生产规模。

（2）提出的接口资料是否完善，是否符合专业要求。

（3）系统方式，设备材料选择是否符合计算结果。

（4）设备清册、说明书与图纸是否一致。

3. 设计接口的确认

（1）净水量、废水量的确认。

（2）本专业与相关专业的设计接口中，本专业提供的有关资料是否正确并已落实。

（3）图纸会签。

4. 设计经济性的确认

（1）系统方式的经济比较。

（2）设备材料价格比较。

（3）运行费用的比较。

5. 设计完整性的确认

（1）设计内容和深度的满足性。

（2）有无漏项或重复。

（3）设备材料的规格、型号、数量有无短缺或重复。

（4）相关厂家的设计分工和资料交换。

6. 设计标准的确认

（1）系统方式的标准量是否合理、经济。

（2）设备标准的选择。

（3）整体价格水平与同类型机组比较。

7. 设计水平评价

本专业在系统方式，设计接口，图纸表达，设计标准，价格水平，设计管理等方面进行评价。

2.10 电气专业（包括一次、二次和厂用电）

一、初步设计

对电气一、二次和厂用系统的拟定及计算，布置等进行全面复核，并确认以下依据。

（1）各阶段的审批文件中有关电气的批复。

（2）本专业的规程、规范。

（3）设备图纸及技术要求，材料标准。

（4）设计提供的图纸。

（5）设计内容和深度的规定。

二、施工图确认的主要内容

1. 设计安全性确认

（1）各系统方式，保护的安全性，包括配电装置，厂用电，发电机出线，二次控制和保护的全部内容。

（2）全厂电气设备布置的安全性，包括防火、防爆、防雷击和抗震要求。

（3）全厂电气设备选择能否保证供电负荷，控制保护的安全要求。

（4）配电装置出线与系统接入的安全保护。

（5）电力电缆的布置是否安全。

（6）全厂启动设备供电的保护切换和闭锁切换的可靠性，警示系统的灵敏性。

（7）电气设备的安全防护和人身安全保护。高空作业保护等是否符合规定。

2. 设计符合性的确认

（1）各系统方式的原理是否符合正常运行要求。

（2）各电气设备的选择是否符合计算的确定。

（3）各系统的电气保护是否符合设计规程及运行规程。

（4）各转动机械的供电参数是否符合设备要求。

（5）卷册设计内容深度是否符合规定。

（6）发电机的出线保护是否符合。

（7）设备合同、说明书与图纸是否一致。

3. 设计接口的确认

（1）本专业提供的电气结线与接口是否相符。

（2）本专业给相关专业提供的资料和给本专业的资料接口是否正确。

（3）对提出的设计荷载，留孔埋件，设备位置，管线通道，空间尺寸等是否正确，并已落实。

（4）本专业的设备管线布置与其他专业的布置是否碰撞或相互影响。或影响以后的检查、维修。

（5）与其他设计单位的接口。

（6）图纸会签。

4. 设计经济性的确认

（1）系统方式及布置的经济比较。

（2）设备及材料选择的价格比较。

（3）运行费用的分析比较。

5. 设计完整性的确认

（1）设计内容和深度的满足性以及设计图纸组织的完整性。

（2）有无遗漏或重复。

（3）设备材料的数量、规格、型号等有无短缺或重复。

（4）设备厂家技术资料是否正确完善，内容能否满足要求。

6. 设计标准的确认

（1）系统方式是否符合目前的建设标准和运行水平。

（2）设备标准是否符合同类机组的水平。

（3）整体价格水平与同类型机组的比较。

7. 设计水平评价

本专业在选择的系统方式，设计接口、图纸表达，设计标准、价格水平，设计管理等进行综合评价。

2.11 热控专业

一、初步设计

对各控制系统的拟定、计算，选择条件进行全面复核，并确认以下依据。

（1）各阶段的审批文件与专业相关的设计原则。

（2）设计规程规范。

（3）设备图纸及相应的技术要求和材料标准。

（4）设计图纸。

（5）设计内容深度的有关规定。

二、施工图确认的主要内容

1. 设计安全性确认

（1）确定控制方式，对设备运行安全的保障和可靠性。

（2）选择的控制设备是否安全、有效。

（3）控制设备的布置，管线走廊布置和通道是否符合防火消防规定。

（4）控制系统的各类显示、警示、切换的灵敏性和可靠性。

（5）控制系统的电源供给的可靠性。

2. 设计符合性的确认

（1）控制方式是否适应机组以及电厂运行管理水平。

（2）设备选择是否符合计算确定的要求。

（3）控制测点布置和采集的内容是否满足运行需要。

（4）控制的数据处理及处理过程、结果、记录是否适应和满足运行要求。

（5）控制项目与相关专业是否符合。

（6）专业卷册目录和分册设计内容是否符合设计规定和工程内容。

（7）厂家提供的设备是否符合本工程要求。

3. 设计接口的确认

（1）设计内容与各专业设计的接口是否一致。

（2）相关专业提供的设备布置，建筑布置与本专业是否一致。

（3）本专业提出的相关资料是否正确，相关专业是否落实。

（4）设备厂家提供的资料，其接口和分工是否明确。

（5）图纸会签。

4. 设计完整性的确认

（1）设计内容和深度是否完整。

（2）有无遗漏或重复。

（3）设备材料规格、型号、数量有无遗漏或重复。

（4）设备厂家资料是否完整和满足要求。

（5）设备清册、说明书与图纸一致。

5. 设备经济性的确认

（1）控制系统方式选择的经济性比较。

（2）设备材料的选择及布置形式是否经济、合理。

（3）运行中的人力投入和消耗的比较。

三、设计标准的确认

（1）本设计的控制系统，其建设标准与同类型机组相比较，是否偏低或偏高。

（2）系统的局部标准与整体建设标准是否相适应。

（3）整体价格水平与同类机组价格水平比较。

四、设计水平的评价

（1）控制系统选择的整体水平。

（2）控制系统中各项设计是否能达到整体水平的要求。

（3）图纸组织，表达水平以专业管理等综合水平。

（4）专业的投资水平。

2.12 供水专业

一、初步设计

对拟定的供水系统，冷却方式，主要建筑物布置等进行全面复核，并对以下系统进行确认。

本专业设计由水源至厂区的供水系统，厂内冷却循环水系统，生产生活给水及排水系统，消防水系统，排洪排涝系统等的设计。

同时确认以下依据：

（1）各阶段审批文件和经确认的工程原始资料。

（2）专业的设计规程、规范。

（3）设备资料。

（4）项目法人提出的要求。

二、施工图设计确认的主要内容

1. 设计安全性确认

（1）厂外供水系统的布置、走向，设备管道的选择是否满足需要。

（2）厂区防洪排涝系统能否保证汛期的安全。

（3）生产及生活供水系统方式能否保证安全、正常。

（4）消防系统方式是否能保证全厂的消防需要。

（5）冷却水系统的冷凝面积能否满足汽机的正常安全运行。

2. 设计符合性的确认

（1）各供水、排水、防洪排涝、消防系统方式选择规模布置等是否符合工程要求。

（2）各系统容量、材料规格的选择能否符合计算要求。

（3）各计算选择数据是否符合工程原始资料数据。

（4）专业设计内容、项目是否与工程相吻合。

（5）各系统的布置是否与总图一致。

（6）各系统运到管理要求与项目法人要求是否相吻合。

（7）专业设计内容是否满足工程要求。

（8）设计卷册目录和分册设计是否符合工程设计的有关规定。

（9）设备清册、说明书与图纸是否一致。

3. 设计接口的确认

（1）专业设计规模与相关专业设计是否一致。

（2）与相关专业的设计接口是否一致。

（3）供水系统与设备厂家提供资料和设计分工的接口。

（4）设计会签。

4. 设计经济性的确认

（1）各系统方式的选择中，在技术合理的基础上，其建设投资和运到经济性是否合理。

（2）设备选择，在满足设备技术参数的情况下，设备价格的合理性。

（3）供水系统运行的人力投入及各种消耗等。

5. 设计完整性的确认

（1）设计内容和深度的满足性。

（2）有无遗漏或重复。

（3）设备材料的规格、型号、数量有无短缺或重复。

（4）设备厂家的技术资料是否完整、内容能否满足要求。

（5）设备图纸组织的完整性。

6. 设计标准的确认

（1）系统方式是否符合目前的建设标准和水平。

（2）设备材料标准是否符合目前的标准。

（3）价格水平与同类机组比较。

7. 设计水平评价

专业在选择的系统方式、设计接口、图纸表达、设计标准、价格水平、设计管理等方面进行评价。

2.13 水工结构专业

一、初步设计

对主要水工建（构）筑物的布置方案、计算进行全面复核，同时确认以下依据。

（1）各设计阶段的审批文件。

（2）本专业的设计规程、规范。

（3）设计单位提供的图纸。

（4）国家颁布的材料标准。

（5）相关的原始资料。

二、施工图设计确认的主要内容

1. 设计安全性的确认

（1）对结构设计安全的确认。

（2）对防渗、防水、防腐、防冻、抗风等设计安全的确认。

（3）对地下结构、井坑等的安全防护的确认。

（4）对原始资料和数据参与结构安全计算的确认。

（5）对采用材料的型号、规格、种类进行安全性确认。

（6）地基处理方案是否安全可靠。

2. 设计符合性的确认

（1）设计与供水专业及规定设计范围是否符合。

（2）设计计算，材料选用是否与原始资料和材料标准相符。

（3）设计计算内容和结果是否与相关规定符合。

（4）图纸卷册内容，分册设计内容和深度是否符合相关规定。

（5）地基处理方案是否与地质条件相符。

（6）设计会签。

3. 设计接口的确认

（1）设计坐标标高，建筑平台，沟道及井、坑断面，沟、管交叉等与供水、总平面布置专业的接口。

（2）选择的材料标准与国家标准的接口。

（3）与厂外设计的接口。

4. 设计经济性的确认

（1）本专业各建构筑物、沟道、井、坑的设计方案在满足工艺要求和自然条件下是否经济、合理。

（2）选用的材料是否经济。

（3）结构施工是否满足降低成本和有利于施工方案的实施。

（4）地基处理的合理和经济性。

5. 设计标准的确认

（1）设计标准包括建构筑物的面积、容积、材料选择是否偏高或偏低。

（2）专业费用组合与同类型机组比较。

6. 设计水平评价

对本专业设计方案的选择，图纸组织与表达，设计标准，设计管理，设计接口等进行评价。

2.14 脱硫脱硝专业

主要为外委专业公司进行设计施工，设计监理确认主要内容。

一、设计安全性确认

（1）脱硫吸收剂制备系统、脱硫废水处理的环境影响。

（2）吸收塔、脱硫烟道、脱硝烟道的安全保护。

（3）液氨储存的安全及防护措施。

（4）防腐烟道的安全，尤其是烟囱与烟道的接口处、烟道膨胀节处的防腐。

二、设计符合性的确认

（1）吸收剂制备系统出力、石膏脱水系统出力、脱硫废水处理，吸收塔的规模是否符合本工程的生产规模或脱硫效率。

（2）液氨储存、蒸发配置、催化剂的配备是否符合本工程的生产规模或脱硝效率。

（3）提出的接口资料是否完善，是否符合专业要求。

（4）系统方式，设备材料选择是否符合计算结果。

（5）设备清册、说明书与图纸是否一致。

三、设计接口的确认

（1）脱硫岛的坐标、道路与总交的接口。

（2）液氨储存场围堰坐标与总交的接口。

（3）与脱硫进出口烟道的接口。

（4）上下水管道与脱硝、脱硫岛的接口。

（5）压缩空气管道与脱硝、脱硫岛的接口。

（6）蒸汽管道与脱硝、脱硫岛的接口。

（7）脱硝烟道与省煤器、空气预热器烟道的接口。

（8）进水量、废水量的确认。

（9）本专业与相关专业的设计接口中，本专业提供的有关资料是否正确并已落实。

（10）图纸会签。

四、设计经济性的确认

（1）系统方式的经济比较。

（2）设备材料价格比较。

（3）运行费用的比较。

五、设计完整性的确认

（1）设计内容和深度的满足性。

（2）有无漏项或重复。
（3）设备材料的规格、型号、数量有无短缺或重复。
（4）相关厂家的设计分工和资料交换。

六、设计标准的确认

（1）系统方式的标准量是否合理、经济。
（2）设备标准的选择。
（3）整体价格水平与同类型机组比较。

七、设计水平评价

本专业在系统方式，设计接口，图纸表达，设计标准，价格水平，设计管理等方面进行评价。

2.15 技经专业

一、设计范围

设计范围包括初步设计和施工图设计的概、预算进行复核和确认。

二、设计复核确认的依据

1. 初步设计阶段

（1）可能性研究报告的审批文件。
（2）设计的工程项目和内容。
（3）本期规模和相应的概算措施。
（4）地区价格水平和设备询价水平。

2. 施工图设计阶段

（1）已批准的工程概算。
（2）施工图设计的工程量和涉及的地材价格，取费标准，预算定额。

3. 复核确认的原则

预算不突破概算，各专业工程是以定额设计为控制点。

4. 设计复核确认的主要内容

（1）工程项目内容。
（2）工程量。
（3）概预算拨标。
（4）计算结果。
（5）投资水平（点水平和专业水平）。
（6）主设备价位比较，贷款利息及偿还年限。
（7）静态、动态投资水平与分析。
（8）效益分析（着重资本金回收及回收年限）。
（9）重大设计变更费用。

第 3 章　江苏新海发电有限公司 2×1000MW 机组“上大压小”工程设计监理规划

为本公司全面履行《江苏新海发电有限公司 2×1000MW 机组“上大压小”工程设计监理合同》，有效的指导设计监理工作，为业主提供优质服务，使设计监理与设计、施工监理等各相关单位相互协调，密切配合，全面实现本工程建设的各项目标，特编制本监理规划。

本规划为江苏新海发电有限公司 2×1000MW 机组“上大压小”工程的监理规划，对该工程设计全过程的监督和管理进行了说明，明确了本公司的监理范围、监理服务目标和工作内容，并提出了为实现本工程建设的质量、进度、投资及安全控制目标将要采取的措施。

本规划符合 GB 50319—2000《建设工程监理规范》和 DL/T 5434—2009《电力建设工程监理规范》的要求，适用于江苏新海发电有限公司 2×1000MW 机组“上大压小”工程设计阶段（初步设计、施工图设计、竣工图设计）的监理工作。

3.1　工程项目概况

江苏新海发电有限公司 2×1000MW 机组“上大压小”工程是在拆除 2×220MW 机组之后，在原场地建设 2×1000MW 级燃煤超超临界机组，同时配套建设烟气脱硫、脱硝以及煤场等设施。主要设备锅炉、汽轮机和发电机全部由上海电气集团股份有限公司制造供货。

本工程建设地点在江苏省连云港市海州区，计划 2010 年 9 月开工，2012 年#1 机组建成投产；#2 机组顺延 8～12 个月。本工程项目静态总投资 720919 万元，动态总投资 806870 万元。质量目标是达标投产，确保行业或省部级优质工程，争创“鲁班奖”。

江苏新海发电有限公司 2×1000MW 机组“上大压小”工程的可研报告于 2009 年 1 月由华东电力设计院完成，2009 年 2 月通过审查；初步设计由江苏省电力设计院于 2009 年 6 月完成，2009 年 7 月通过了预审查；司令图由江苏省电力设计院 2010 年 3 月完成；2010 年 3 月通过了业主方和江苏电力设计院的评审。

本工程是江苏省电力设计院首次设计的百万机组项目；全部土建和#1 机组安装由江苏省电力建设第一工程公司负责，#2 机组安装由上海电力建设有限公司负责施工；相关的脱硫工程由中环（中国）工程有限公司总承包；脱硝工程由上海电气集团股份有限公司总承包。全部工程项目由江苏兴源电力建设监理有限公司进行施工监理。

3.2　监理工作范围

设计监理工作范围是江苏新海发电有限公司 2×1000MW 机组“上大压小”工程（铁路专用线及送出线路工程除外）从初步设计、施工图设计到竣工图阶段的全面监理工作，包括因工程建设需要的系统改接工程、初步设计审查、施工图设计审查、工程概算等内容。

设计监理的工作任务主要包括：

（1）对设计成果质量进行控制。依据国家和行业的有关规范、规程、法规，减少设计中的错误和遗漏，提高设计质量。

（2）对设计工作进度进行控制。督促设计单位按设计合同规定提供有关设计文件和图纸，满足工程进度要求。

（3）协调业主与设计单位的关系。按照公平、公正、独立、自主的原则，以事实为依据，以法律、法规及设计合同文件为准绳，协调、处理好双方可能发生的矛盾和纠纷。

设计监理最主要的任务是设计成果质量控制和设计工作进度控制。

3.3　监理工作内容

设计监理工作主要是依据国家法律、法规及本工程勘察设计合同（协议），在业主授权范围内，对设计过程和成品进行以质量控制，使其符合相关标准规范和勘察设计合同要求。工程投资控制在批准预算之内，设计文件的交付和设计服务满足工程建设进度的需要。

设计监理工作的深度、质量应满足国家和行业颁布的监理规范的要求。监理工作按照设计质量控制、设计进度控制、降低工程造价、设计合同管理及协调相关单位工作关系的原则进行。监理的具体工作应满足“四控、两管、一协调”的全部工程管理内容和要求，包括但不限于如下具体工作：

（1）督促设计单位编制设计策划文件，要求各专业主要设计人编制“专业设计计划规划”，及“卷册设计任务书”。审查设计的质量计划、技术组织措施、优化设计措施。检查设计单位的质保体系，提出监理意见，并报项目业主审定。检查设计单位人员投入情况，包括人员素质、数量等。当设计人员不能满足需要时，及时建议甲方要求设计方增加或更换设计人员。

（2）审核技术方案、经济指标的合理性和投产后运行的可靠性，以及设计单位的设计原则，提出监理意见。

（3）协助业主，配合设计方收集设计所需的设计基础资料。复查和审核工程勘测文件，监督设计是否准确使用勘测资料。

（4）负责督促设计单位及设备、材料厂商按甲方规定的交付进度按期交付设计图纸、文件以及辅机招标技术规范书以满足工程施工总进度要求，并负责以上文件交付进度的核查、协调。对不能按时、按要求提交设计进度计划报审或者不能按要求修改进度计划的设计单位，提出处理意见。

（5）参加或协助业主组织对初步设计和施工图（司令图）设计进行评审，提出合理建议，并对设计单位的优化设计方案提出监理意见。按业主要求组织和主持设计评审和各种专题洽商会，检查设计评审意见的落实情况。施工图设计阶段参加施工图总图（司令图）的设计评审和设计单位进行的以安全和综合技术为重点的中间质量大检查，并提出监理意见。

（6）负责标书的审查工作，参与设备的招标、评标、合同谈判、技术协议签订工作，并提出监理意见。对设备的技术规范书进行审查，并提出审查意见，协助项目业主进行主要辅机设备调研，协助项目业主进行进口设备范围的确定，协助项目业主对参加设备、材料投标的厂商进行资格审查。

（7）检查各专业的设计输入，以便落实开工条件，特别是各种外部接口资料、项目业主的特殊要求、资料缺口的处理、应吸收的反馈信息等。监督检查工程设计的过程控制，协助解决设计中存在的重大技术与质量问题。核查设计中采用新技术、新材料、新设备、新工艺和新结构是否可行，是否经过技术鉴定，并报业主审批。

（8）施工图设计过程中，组织各专业集中设计监理，就专业间配合接口及与设备制造厂商（含进口设备）的图纸、接口配合进行核查，提出监理报告，督促设计单位完善设计。督促总体设计单位对项目业主外委设计项目进行接口配合工作。督促设计单位执行有关的初步设计和施工图设计的深度规定，设计应满足设备材料订货的要求，满足施工需要，满足项目业主进行项目管理的要求。要求设计方编制发电厂标识系统文件提交业主。

（9）应邀参加国内设计联络会。对设计单位提交的施工设计技术文件和施工图纸进行审核确认，必要时应审查重要项目的计算资料和设计计算书，填写成品确认单和审核记录单，未经监理工程师确认的图纸不能用于施工。主要审核设计深度是否满足现行有关标准；是否符合已批准的设计任务书、初设审查意见；单项建、构筑物及工艺系统是否优化；是否保证安全生产，方便施工，各专业之间是否有错、漏、碰、撞等。

（10）审核概算（包括初设概算和执行概算）编制原则、内容和深度，对工程的概（预）算准确性和合理性进行具体审核并提出审核意见，对工程造价控制向项目单位提出监理审查意见。监理单位应按业主要求及时只对各方有争议的项目预算进行审核并提出审核意见，包括但不限于任何金额的预算审核工作。

（11）参与审核施工组织设计规划和施工组织总设计。

（12）复查和审核环保设计及措施，提出监理意见。

（13）审查防火、防爆、防尘、防毒、防化学伤害、防暑、防寒、防潮、防噪音、防振动、防雷的设计方案以及劳动卫生、工业卫生的措施，提出监理意见。

（14）参与施工图会审和交底审查会，对发现的问题督促设计方立即解决，对设计变更及变更设计进行审核。

（15）参与工程建设过程中重大技术、质量、安全问题的研究及工程质量与安全事故的分析处理，从工程设计角度提出监理意见。参与设计事故的分析处理。

（16）对设计合同跟踪管理，检查执行合同的情况；协助处理与本工程设计有关的合同纠纷事宜。

（17）定期编制设计监理月报，向项目业主书面报告设计进度、质量、投资控制分析、监理工作情况、存在问题等，分析原因及应对措施建议。不定期提出有关工程优化设计的建议。重大问题及时向项目业主进行专题报告。设计监理总结报告内容范围及深度应达到国家或行业有关部门的要求及规定。及时提交业主要求提交的其他工作报告。

（18）作好设计监理记录与信息反馈，编制整理监理工作的各种文件、资料、记录等，最终同时以电子版（光盘）及书面两种形式向项目业主提交全部设计监理资料。

（19）协助业主对设计合同的执行情况进行管理，发现问题及时向业主提出建议。

（20）织协调监理项目部内部各专业之间以及项目业主和被监理单位之间等各方面的关系。秉公办事，协调疏解矛盾，高效实现工程建设目标。

3.4 监理工作目标

设计监理工作的总体目标是在保证安全可靠的前提下，努力促使设计单位改进、提高设计质量，优化设计方案，降低工程造价，为达标投产、竞价上网奠定良好基础。

设计监理将把业主方提出的机组按规定工期达标投产。确保建成行业或省部级优质工程，争创国家优质工程奖或“鲁班奖”。投资控制符合审批概算静态控制、动态管理要求。安全实现人身死亡事故“零”目标的总体要求贯穿于整个设计监理工作过程之中。

3.4.1 质量控制目标

3.4.1.1 执行国家和行业有关建设标准及强制性条文的要求，督使设计文件满足国家和行业现行有关规范、规程及技术规定的要求，符合设计审批文件。

3.4.1.2 督使设计单位充分听取业主和专家的意见，对初步设计和施工图设计进行优化。

3.4.1.3 设计方案满足方便施工安装，便于运行维护，实现机组安全、经济、满发和达标投产创优质工程的要求。

3.4.1.4 设计技术经济指标达到或超过国内同类型机组的先进水平。

3.4.1.5 施工图确认和设计变更审核100%；监理审图本身差错小于1%。

3.4.2 进度控制目标

3.4.2.1 监督设计方按设计合同的规定工期交付设计文件。

3.4.2.2 施工紧迫的特殊情况下，通过协商和协调，促使设计方满足现场施工需要，分部交付设计图纸。

3.4.2.3 设计文件确认工作满足现场需要。

3.4.3 投资控制目标

3.4.3.1 初步设计概算控制在批准的可行性研究报告所列投资估算以内。

3.4.3.2 施工图总预算控制在批准概算以内。

3.4.3.3 施工中设计变更的费用（不包括工程变更），控制在总概算3%以内。

3.4.3.4 限额设计分配基本正确。

3.4.4 安全控制目标

3.4.4.1 设计文件符合“工程建设标准强制性条文”要求。

3.4.4.2 设计文件满足国家对火电厂的安全要求和电力行业标准《火力发电厂劳动安全与工业卫生设计规程》的要求。

3.4.4.3 施工图设计满足可行性研究报告和初步设计审批文件中对安全、消防和环保的各项要求。

3.5 监理工作依据

3.5.1 合同依据

3.5.1.1 江苏新海发电有限公司2×1000MW机组“上大压小”工程设计监理合同及业主授权书。

3.5.1.2 本工程业主与设计单位签订的勘察设计合同或协议。

3.5.2 技术依据

3.5.2.1 业主提供的可行性研究、初步设计、司令图等相关设计文件。

3.5.2.2 业主方提供的各设备技术协议及与本工程相关设备厂家提交的有关有效资料。

3.5.2.3 各项专题研究报告。

3.5.3　法规依据

3.5.3.1　国家政府和各级主管部门和本工程建设的批复性文件。

3.5.3.2　江苏省和连云港市地方有关建设行政法规。

3.5.3.3　国家和行业对工程建设监理的规范和管理规定。

3.5.3.4　任何设计文件应最低限度遵守国家现行有关法令、法规、政策及有关设计规程、规范及规定。如本工程项目建设期间，国内的规范、技术标准或规定作了重大修改或颁行新的国家规范标准，应遵守新颁标准和规定。

3.5.4　业主相关管理制度

3.5.5　本公司（同全资控股人西北电力设计院）的管理体系文件

3.5.5.1　《质量管理手册》（ES-A-08-QM-1001）。

3.5.5.2　《环境和职业健康安全管理手册》（ES-A-08-HE-1001）。

3.5.5.3　质量管理体系中有关的程序文件。

3.6　项目监理机构的组织形式

本公司设立“西北电力工程监理公司新海发电有限公司“上大压小”工程设计监理部”，实行总监负责制，代表公司全面履行监理合同。监理部在行政和业务上受西北电力工程监理公司直接领导，在连云港、南京、西安三处分别派驻监理人员。

总监常驻现场，与项目业主和有关单位随时沟通，全面组织实施设计监理工作，及时传递工程相关信息，处理现场各项设计监理事宜，做好设计监理服务。

监理部委派设计监理代表常驻江苏院，接受总监指令，传递设计文件，检查落实并报告设计院在本工程项目上的投入、进度、质量及待解决问题等情况。

专业监理工程师主要在西安审查设计成品，填写设计成品确认单和设计文件审核记录单，审核设计变更。必要时按业主和总监要求，到设计院或现场参见设计专题会议、关键图纸集中交底和会审，进行竣工图审查。

西北电力工程监理公司江苏新海发电有限公司 2×1000MW 机组设计监理项目部机构组织图如图 3-6-1 所示。

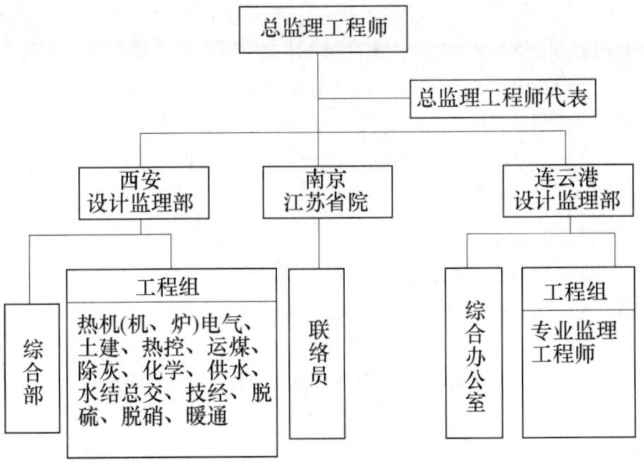

图 3-6-1　设计监理项目部机构组织图

3.7　项目监理机构的人员配备计划

江苏新海发电有限公司 2×1000MW 机组设计监理项目部将根据工程进度需要，按监理合同适时妥善调配人员。将根据工作的需要，积极整合主持设计过邹县、铜陵等百万机组项目的专家，以及参加过本项目设计投标工作的专家，为业主提供监理服务。

3.7.1　项目部主要设计监理人员名单

项目部主要设计监理人员名单见表 3-7-1。

表 3-7-1　　项目部主要设计监理人员名单

序号	姓名	年龄	职务/专业	职称
1	荣永华	63	总监	高级工程师
2	马积章	68	副总监	教授级高级工程师
3	宋金成	48	副总监	高级工程师
4	牛聚秦	65	顾问（热机）	教授级高级工程师
5	张立衡	69	汽机监理工程师	教授级高级工程师
6	史翠琴	69	锅炉监理工程师	教授级高级工程师
7	张惠英	65	电气监理工程师	高级工程师
8	施月芳	65	电气监理工程师	教授级高级工程师
9	于淑文	69	热控监理工程师	教授级高级工程师
10	阎国钧	68	土建监理工程师	教授级高级工程师
11	朱子文	71	土建监理工程师	高级工程师
12	唐荣昌	72	供水监理工程师	教授级高级工程师
13	张西焕	70	除灰监理工程师	高级工程师
14	褚风英	59	暖通监理工程师	高级工程师
15	马文濂	72	运煤监理工程师	教授级高级工程师
16	宋金成	48	化水监理工程师	高级工程师
17	陈开如	67	技经监理工程师	教授级高级工程师
18	刘明娣	69	环保脱硫监理工程师	教授级高级工程师
19	刘仕君	72	总图监理工程师	教授级高级工程师
20	田　新	66	水工结构监理工程师	高级工程师
21	余正元	69	岩土监理工程师	教授级高级工程师

3.7.2　设计监理人员投入计划

参见本公司设计监理投标文件第 36 页。

3.7.3　监理人员守则

3.7.3.1　按照“守法、诚信、公正、科学”的准则执业。

3.7.3.2　执行国家和部有关法令、法规、规范、标准和制度，忠实履行监理合同。

3.7.3.3　努力学习专业技术，提高监理水平，坚持科学态度和实事求是原则。

3.7.3.4　要有良好的职业道德，公正廉洁、作风严谨、谦虚谨慎、尽职尽责，和建设单位、质监单位、设计单位协作共事，平等待人，对施工单位要热情帮助，科学公正。

3.7.3.5　不为所监理的项目指定承包商。

3.7.3.6　不收受被监理单位的任何礼金。

3.7.3.7　不泄露监理单位和被监理单位以及建设单位认为保密的事项。

3.7.3.8　按照“公正、独立、自主”的原则开展监理工作，公平维护业主和被监理单位的合法权益。

3.7.4　监理人员工作纪律

3.7.4.1　不以个人名义承揽监理业务，不准同时在两个单位兼职。

3.7.4.2　不得在政府部门和施工、材料设备供应单位兼职，更不能合伙经营。

3.7.4.3 严谨与承包单位串通，为承包单位谋取非法利益，给建设单位造成损失。

3.7.4.4 认真履行监理合同所承诺的义务和责任。

3.7.4.5 作风严谨、平易待人，避免正面冲撞，严谨吵闹斗殴。

3.7.4.6 服从总监领导，执行总监决定。接收部门领导监督和考察，离开现场要经总监批准，有人顶岗后方准离岗。

3.7.4.7 处理问题不拖延，按照规定的时间完成指定的任务，只要现场监理需要，应不计昼夜和假日进行现场服务。

3.7.4.8 不漏审和误审，该说的一定要说到，说到的就要做到，做到的必须记到。

3.8 项目监理机构的人员岗位职责

3.8.1 总监理工程师

3.8.1.1 全面负责监理部的工作，确定项目监理机构人员分工及岗位职责，分配和协调人员的工作。

3.8.1.2 主持编写“监理规划”，审批各专业“监理实施细则”。

3.8.1.3 根据工程情况调配专业监理人员，对不称职的监理人员予以调换。

3.8.1.4 签发重要的监理文件和指令。签发重大设计变更。

3.8.1.5 处理合同争议。

3.8.1.6 负责内外工作的协调。参加有关的协调会、联络会。

3.8.1.7 参加工程竣工验收。

3.8.2 总监理工程师代表（副总监理工程师）

3.8.2.1 负责总监理工程师指定或交办的工作。

3.8.2.2 按照总监的授权，行使总监的职责和权利。

3.8.2.3 组织编写监理简报、工作报告、设计评审报告。

3.8.2.4 组织设计图纸交底及图纸会审。

3.8.2.5 对监理人员进行考核，并向总监报告。

3.8.2.6 签发设计变更。

3.8.3 专业监理工程师职责

3.8.3.1 编制专业“监理实施细则”。

3.8.3.2 搜集设计基础资料，并核查设计输入的文件和专业指导性文件。

3.8.3.3 对设计优化项目提出监理意见，参加设计优化，提出评价意见。

3.8.3.4 参加设计的中间检查和评审。

3.8.3.5 复核设计文件（包括可能有的升版图），填写设计成品确认单（格式见附件 A）。

3.8.3.6 复核和督促设计过程中正确使用原始资料和设备资料。

3.8.3.7 复核专业间的协调配合和接口资料，防止缺、漏、碰、撞的发生。

3.8.3.8 参加设计交底及图纸会审。

3.8.3.9 负责专业设计协调，编制专题报告和专业设计监理总结。

3.8.3.10 审查设计变更。

3.8.3.11 审核竣工图。

3.8.4 技经专业监理工程师的职责

3.8.4.1 审核概算（包括初设概算和执行概算）编制原则、内容和深度。

3.8.4.2 对工程的概（预）算准确性和合理性进行具体审核并提出审核意见。

3.8.4.3 对工程造价控制向项目单位提出监理审查意见。

3.8.4.4 按业主要求及时对各方有争议的项目预算进行审核并提出审核意见，包括但不限于任何金额的预算审核工作。

3.8.5 质量及信息管理工程师职责

3.8.5.1 负责建立本项目的质量管理和质量保证体系。

3.8.5.2 编制设计监理年度质量计划和质量总结报告。

3.8.5.3 对设计监理的质量管理进行过程控制，对项目实施过程中出现的不合格品和不合格项及时纠正。

3.8.5.4 对适用于本项目的法律、法规及设计规程、规范和标准进行管理，避免使用失效版本。

3.8.5.5 协助总监理工程师在进行设计监理过程中，严格执行《工程建设标准强制性条文》。

3.8.5.6 对设计监理实施过程中出现的质量问题，定期进行质量剖析，提出改进措施。

3.8.5.7 接收总监指令，收集汇总专业监理工程师的信息，并进行整理加工、分类、传递和归档。

3.8.5.8 收集汇总项目业主文件、设计单位、施工监理等相关单位的信息，并负责递送传阅。

3.8.5.9 提供供编制监理工作报告所用信息，编制监理简报（初稿），交总监审查后签发。向总监和专业监理工程师提出信息，供监理决策使用。

3.8.5.10 对监理部文件施行闭环管理，负责监理文档资料的整理/管理和移交。

3.8.6 驻主体设计单位代表

3.8.6.1 督促设计单位按商定的交图计划交付施工图。

3.8.6.2 了解设计单位内专业间资料交换和设计单位与设备提供商之间资料交换中存在的问题。

3.8.6.3 根据总监理工程师的授权，代表设计监理部与设计单位进行信息沟通，跟踪设计单位对勘察设计合同的履行情况。

3.8.6.4 及时传递设计文件。

3.9 监理工作程序

监理工作程序原则上遵循业主方编制的工程建设管理规章制度。在施工图交底会审和决定重大设计变更前，业主方应保证设计监理审查设计文件所需要的时间，通常为 5 个工作日。

设计阶段专业监理工作程序、施工图设计确认及图纸会审程序、设计变更和工程变更控制流程、设计阶段质量控制流程分别参见附图。

3.9.1 设计评审工作程序参见业主方编制的《设计确认和施工图审阅管理制度》。

3.9.2 设计交底会审及图纸会审工作程序参见业主方编制的《施工图设计交底及会审管理制度》。

3.9.3 设计变更工作程序参见业主方编制的《设计变更管理制度》。

3.10 监理工作方法及措施

3.10.1 监理工作方法

监理采用分阶段方式进行工作：初步设计阶段对设计成品进行监理；施工图设计阶段对设计过程及设计成品进行监理。竣工图设计阶段对设计过程及设计成品进行监理。

3.10.1.1 熟悉各有关审批文件、设计监理合同、勘察设计合同和江苏省地方法规。

3.10.1.2 收集各类工程信息（包括设计文件、设备文件、审批文件、标准、规程规范、最新技术动态、设计进度、施工进度等），及时进行通报。

3.10.1.3　按业主要求检查监督设计院在本项目的资源投入和设计进度完成情况。

3.10.1.4　参加工程例会（协调会）。应邀参加有关设计联络会。

3.10.1.5　组织设计交底和图纸会审并参与图纸会审纪要的编制。

3.10.1.6　阅审设计文件，填写设计成品确认单，并追踪问题，进行闭环管理。

3.10.1.7　必要时组织设计专题讨论。

3.10.1.8　定期或不定期向业主报告设计监理工作。多方式与业主、设计单位、施工监理等及时沟通，相互理解，密切配合。

3.10.1.9　要求被监理单位每月提交设计工作报告。

3.10.2　设计监理的组织措施

3.10.2.1　按照效率原则做好项目监理部组织的组建，选用具有国家规定资质和丰富经验并具有高级职称的监理工程师任本工程总监理工程师。

3.10.2.2　按照责权一致的原则，在设计监理工作中实行总监负责制，以总监为主体进行监理作业的运作。

3.10.2.3　按照集权和分权相统一的原则，配备专业齐全的技术人才，组织具有丰富设计经验和监理工作实践经验的高级工程师担任本工程的专业监理工程师。按需要聘请我院主持设计过百万机组项目的专家以及参加过本项目设计投标工作的专家介入部分监理工作。

3.10.2.4　按照专业分工与协作统一的原则，明确岗位责任，规定专业监理工程师的职责和权利，总监理工程师和专业监理工程师实行面对面领导，缩小管理跨度，提高服务效率。业主不满意的不胜任工作的监理工程师，将按业主要求更换。

3.10.2.5　业主应将监理机构及监理工程师的授权和职责通知设计单位，取得设计单位的配合，为监理工作的顺利进行提供方便条件。

3.10.3　设计监理的技术管理措施

3.10.3.1　建立完整的监理质量管理体系，根据本公司的质量手册和有关程序文件，开展设计监理活动。

3.10.3.2　总监理工程师按要求认真编制“监理规划”，经公司技术负责人签字后报送项目业主。

3.10.3.3　组织专业监理工程师依据“监理规划”编制本工程各专业的“监理细则”，“监理细则”经总监审定后实施。

3.10.3.4　不断学习掌握，实时更新，严格执行国家有关法规、标准、规程、规范，特别重视对设计文件符合2006年版《工程建设标准强制性条文》（电力工程部分）的审查。

3.10.3.5　对监理工程师事进行有关合同条款的培训，使每个监理工程师都能充分了解合同内容并熟悉与自己监理范围有关的合同条款，以合同为依据开展监理工作。

3.10.3.6　遵循业主方相关技术管理制度。

3.10.4　设计监理的质量控制措施

3.10.4.1　全面准确地掌握业主和有关审批文件的要求。

3.10.4.2　督促设计单位收集并落实设计所需的设计基础资料，落实项目的内外部条件（包括各类协议、城市规划接口以及三大主机的配合资料、厂区勘测资料、主辅机设计接口资料等）以及施工单位对设计文件编制的要求。

3.10.4.3　督促设计单位编制事前指导文件，要求设计方提交按该设计单位的质量体系文件编制的“设计计划大纲”和“专业设计计划大纲”。

3.10.4.4　全面检查各专业的设计输入，落实开工条件，特别是各种外部接口资料、项目业主的特殊要求、资料缺口的处理、应吸取的反馈信息等。

3.10.4.5　要求设计单位执行施工图设计的内容深度规定，消防、安全、工业卫生、节能节水全面进行了论述。设计文件满足设备、材料订货和施工需要，满足项目业主进行项目管理的要求。

3.10.4.6　初步设计阶段评审重点：

（1）符合国家和行业标准、规程和规范。

（2）设计方案论据充分、可行，结论正确，进行了全面、合理的优化，有实践依据。

（3）建筑标准适当，符合安全、经济、可靠的原则，符合工程总造价的要求。

（4）设计工艺流程、设备选型先进适用、优质高效、经济合理。

（5）技术参数先进合理，与环境相协调，并满足环境保护的要求。

（6）采用的新技术、新工艺、新设备、新材料，均已通过鉴定，做到安全可靠、经济合理。

（7）所依据的勘察资料和设计基础资料齐全，结论正确。

3.10.4.7　施工图设计成品核查的重点：

（1）符合国家和行业标准、规程和规范。

（2）符合有关部门对初步设计的审批要求，符合外部评审的意见。

（3）设计深度满足施工的要求，施工方案简便易行。

（4）满足使用功能，运行方式正确、合理。

（5）专业衔接正确，设计单位各专业间，设计单位和设备厂家间资料交换无遗漏，接口配合已相互确认。

（6）复核设备材料清册是否满足订货要求，各专业是按要求实施了KKS编码。

（7）设计文件应注明主机寿命及工程的合理适用年限。

3.10.4.8　竣工图设计成品核查的重点：

（1）符合电力行业标准《电力工程竣工图文件编制规定》（DL/T 5229—2005）。

（2）竣工图编制应包括设计、施工、调试及试运行的全部过程。

（3）竣工图内容应与施工图设计、设计变更、施工验收记录、调试记录等相吻合，应真实反映工程竣工验收时的实际情况。各专业均应编制竣工图，专业之间应相互协调，相互配合。

（4）对于隐蔽工程的竣工图，不仅要依据设计工地代表的设计变更通知单、工程联系单，还要依据施工单位、监理单位的施工、监理记录。

3.10.4.9　依据电力设计驻工地代表制度，督促设计单位做好施工现场的设计服务工作，按要求及时派出设计代表。

3.10.5　设计监理投资控制措施

3.10.5.1　设计阶段的投资控制主体是设计单位，施工图设计要以批准的工程概算为限额，不得突破。

3.10.5.2　要求设计方对概算进行分析找出控制重点，各专业必须严格执行初步设计审查意见；按审定方案进行施工图设计。要求设计单位将控制投资额按专业按系统进行分解，落实到专业，施工图设计的限额尽可能落实到分册，由卷册负责人通过控制工程量的办法达到控制投资的目的。

3.10.5.3　合理确定概、预算的编制原则，正确选用概算定额、材料价格、取费标准及相应的调整系数，认真摸清施工现场情况。

3.10.5.4　对需要进行限额设计的重点项目和薄弱环节，要求设计采用优化的方法降低投资。

3.10.5.5　初步设计概算审核重点：

（1）工程设计概算的编制依据。

（2）设计概算的取费标准。

（3）子项划分内容。

（4）工程量清单。

（5）定额选用。

（6）限额设计控制指标，要求概算控制在可行性研究投资估算费用以内。

3.10.5.6 若方案变更应报原审批单位另行审批，使设计变更的费用控制在总概算3%以内。

3.10.6 设计监理的进度控制措施

设计进度管理的依据是本工程的里程碑计划及一级网络计划，设计进度必须满足工程总体进度的要求，并根据工程进展情况和实际需要随时调整，做到进度控制动态管理。当进度与质量发生矛盾时，以质量为主，妥善处理，力求两者兼顾。

3.10.6.1 总监理师掌握工程总体设计进度情况，每周、每月对设计进度进行检查，及时发现问题，分析原因，及时通报有关各方采取措施。发现实际进度与计划进度发生差异，影响工程进度时，及时召开专门会议，从技术、组织、经济和其他方面研究解决措施，避免影响工程进度。

3.10.6.2 参加工程协调会议，及时报告设计进度完成情况、存在问题和解决办法。

3.10.6.3 根据本项目里程碑进度和设计合同中规定的设计文件交付进度要求，督促设计单位提出保证进度的计划措施，要求设计单位在设计指导文件中提出施工图卷册总目录，落实卷册设计人员和出手计划进度。

3.10.6.4 在设计单位所在地设专人督促检查设计进度计划，每周对照出图计划检查施工图的完成情况。及时向本项目设计总工程师了解影响设计进度的原因，提出处理方案，并报告总监理工程师。此专人每周和每月向业主提交施工图完成情况报告。

3.10.6.5 协助设计单位解决影响设计进度的外部因素。

3.10.6.6 在设计分批交付施工图的进度仍低于施工进度要求时，要求设计单位提出赶工措施，包括组织管理措施、技术措施、经济措施、合同措施等。

3.10.7 设计监理的安全控制措施

3.10.7.1 初步设计和施工图设计，要根据批准的可行性研究报告中所要求采取的劳动安全与工业卫生措施进行设计，各专业监理工程师在全面复查设计时予以落实。

3.10.7.2 要求设计单位在设备选型中使用成熟的设备，提高电厂运行的可靠性和安全性。

3.10.7.3 经鉴定的新技术，在本工程中首次使用时，必须有可靠的措施。

3.10.7.4 设计所采用的设计软件要采用鉴定后的程序。

3.10.7.5 施工图设计中对主体建筑、重要钢结构、大型动力设备基础、框架及排架结构。压力容器结构强度、设备及管道荷载都要经过认真计算，必要时可抽查计算书。

3.10.7.6 重点审查消防设计，抗震设计、防爆设施、防洪设施、防雷设施、生产安全运行和人身安全的设计等，使之符合国家和行业标准。国家发布的工程建设标准强制性条款，必须严格执行不能疏漏。

3.10.7.7 套用的图纸，在设计条件发生变化时，应进行认真核算和修改。

3.10.8 设计监理的信息管理

3.10.8.1 设置专岗负责有关信息的收集、汇总、整理加工、分类、传递、反馈和储存。

3.10.8.2 对设计监理部的文件实行闭环管理。要求设计单位应对设计监理所提出的意见（包括确认单）及时回复；专业监理工程师对不同于监理确认意见的回复进行核签。

3.10.8.3 配合业主建立《工程现场信息管理制度》，符合业主规定的各种信息的收集、整理，处置方式和传递时限。

3.10.8.4 用计算机进行信息管理。

3.10.8.5 向业主提供的主要信息资料：设计监理月报（格式见附件B）、设计监理主持的会议纪要、设计文件成品确认单、设计监理通知单，设计监理过程进展中的不定期报告，设计监理工作总结。

3.11 监理工作制度

项目监理部将遵循本公司的各项工作制度。这些制度若有不符合业主方相关制度规定之处，将按业主的要求进行修改和调整，以满足现场工作的需要。

3.11.1 监理部组织机构、职责及岗位责任制度。

3.11.2 监理部文件资料管理规定。

3.11.3 监理部野外作业劳动保护管理办法。

3.11.4 监理部固定资产管理制度。

3.11.5 监理部监理总结报告制度。

3.11.6 项目监理部质量记录内容规定。

3.11.7 监理部监理作业程序及作业表式。

3.11.8 监理部专业监理细则编制办法。

3.11.9 设计交底及施工图会审制度。

3.11.10 施工图设计确认制度。

3.11.11 设计变更管理办法。

3.12 监理设施

3.12.1 设计监理所需有关法规、标准、规程、规范等一般自备，必要时请业主和相关单位协助解决。

3.12.2 现场生活用房监理部自行解决，办公用房业主安排。

3.12.3 现场交通车辆监理部自行解决。

3.12.4 办公用设备计算机、传真机、复印机等监理部自行解决；电话机业主提供，话费按原约定业主承担市话，监理部承担长话。

3.12.5 短期到现场的监理人员，业主方提供食宿方便。

3.13 附加说明

江苏新海发电有限公司2×1000MW机组“上大压小”工程的可研报告于2009年1月由华东电力设计院完成，2009年2月通过了可研审查意见；初步设计于2009年由江苏省电力设计院完成，2009年7月通过了初设预审查；司令图于2009年由江苏省电力设计院完成，2010年3月通过了业主方和江苏电力设计院的评审。

我们充分尊重相关设计院已进行过的各项工作，尊重各有关单位的评审意见。鉴于上述情况，除应业主要求我们将对初设文件和司令图做进一步核查外，其他已完成的设计过程和设计成品文件（除业主和设计监理确认必要）一般不再进行核查。

故在具体设计监理过程中，本规划所涉及的部分内容将可能有少量未实施，工作程序也可能有少许变动，特此说明。

设计监理部的工作重点，将主要放在施工图的质量和施工图交付进度的控制。

为保证设计监理工作的有序进行，我公司建议所有升版图均按国际惯例对修改部分在册首页予以说明，并在施工图中用“云彩图”标记修改部分，注明版本号。

我们将竭力做好设计监理服务，协同各方为实现本工程的建设目标贡献力量。

3.14　附　录

附件 A

江苏新海发电有限公司 2×1000MW 机组“上大压小”

工程设计文件图纸评审意见及回复单

编号：　　　　　　　　　　　　　　　　　　　　　　　　　　　　　第　页　共　页

<table>
<tr><td>文件名称</td><td colspan="3"></td><td>卷册号</td><td></td><td>图纸张数</td><td></td></tr>
<tr><td>文件类别</td><td colspan="7">可研☐　初步设计☐　司令图设计☐　施工图☑　标书☐　其他☐</td></tr>
<tr><td>设计单位</td><td colspan="7">江苏省电力设计院</td></tr>
<tr><td colspan="5">评　审　意　见</td><td colspan="3">回复意见</td></tr>
<tr><td colspan="5"></td><td colspan="3"></td></tr>
<tr><td>评审人</td><td></td><td>日期</td><td></td><td>回复人</td><td colspan="3"></td></tr>
<tr><td>审核人</td><td></td><td>日期</td><td></td><td>日期</td><td colspan="3"></td></tr>
<tr><td colspan="8">备注：</td></tr>
</table>

注　1．本表中评审意见，由设计监理填写（可多页）；设计单位逐条填写回复意见，三个工作日内回复。

2．凡需作出设计修改，由设计单位另出设计变更通知单。

3．本表一式三份，由设计监理分发，建设和设计单位、设计监理各一份，复印送施工单位和施工监理。

附件 B

江苏新海发电有限公司 1000MW 机组“上大压小”工程

设计监理月报

新海发电工程设计监理项目部主办××××年××月××日　第×××期

工程形象进度

图纸审核进度与设计监理的主要工作

存在问题与建议

编写：荣永华
核审：马积章
签发：荣永华
主送：业主、西北电力工程监理公司
抄送：江苏省电力设计院、中环（中国）工程有限公司、上海电气石川岛电站环保工程有限公司

项目部地址：江苏省连云港市新建西路 66 号
项目部电话：0518-85283450
项目部传真：0518-85283450
报送：西北电力设计院

附图一、设计阶段专业监理工作程序
设计阶段专业监理工作程序如图 3-14-1 所示。
附图二、施工图设计确认及图纸会审程序图
施工图设计确认及图纸会审程序图如图 3-14-2 所示。
附图三、设计变更和工程变更控制流程图
设计变更和工程变更控制流程图如图 3-14-3 所示。
附图四、设计阶段质量控制流程图
设计阶段质量控制流程图如图 3-14-4 所示。

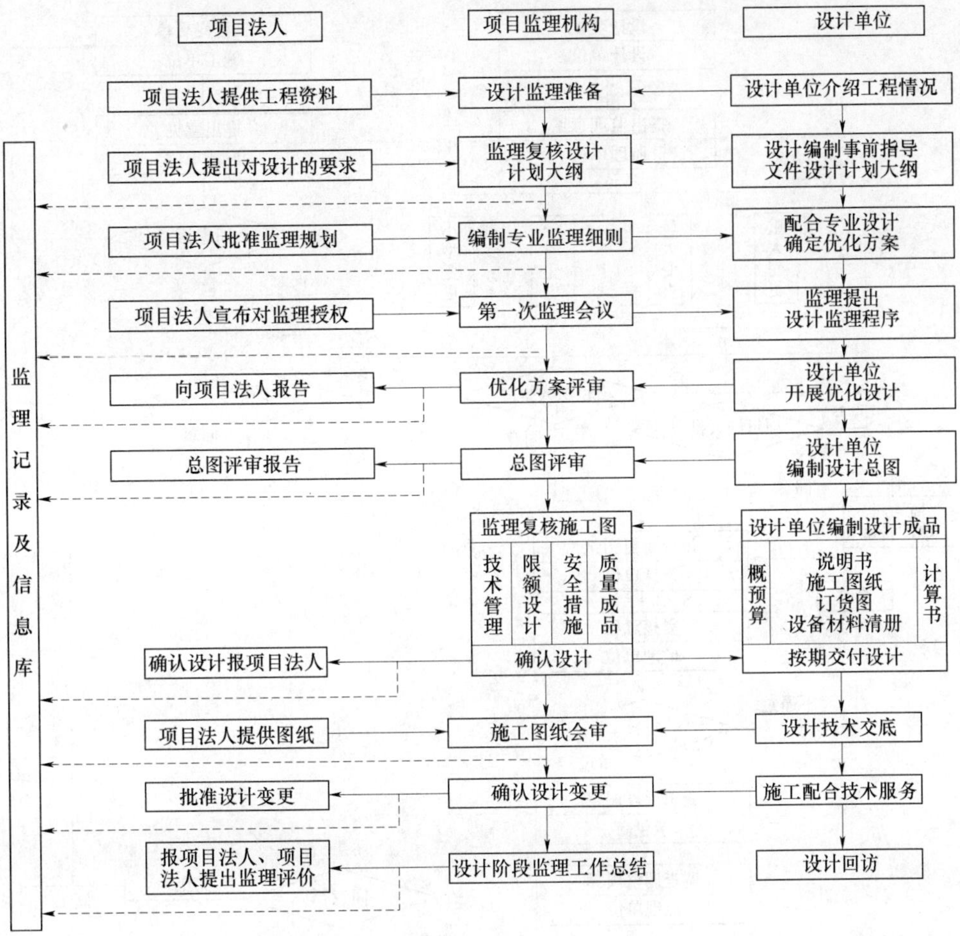

图3-14-1　设计阶段专业监理工作程序

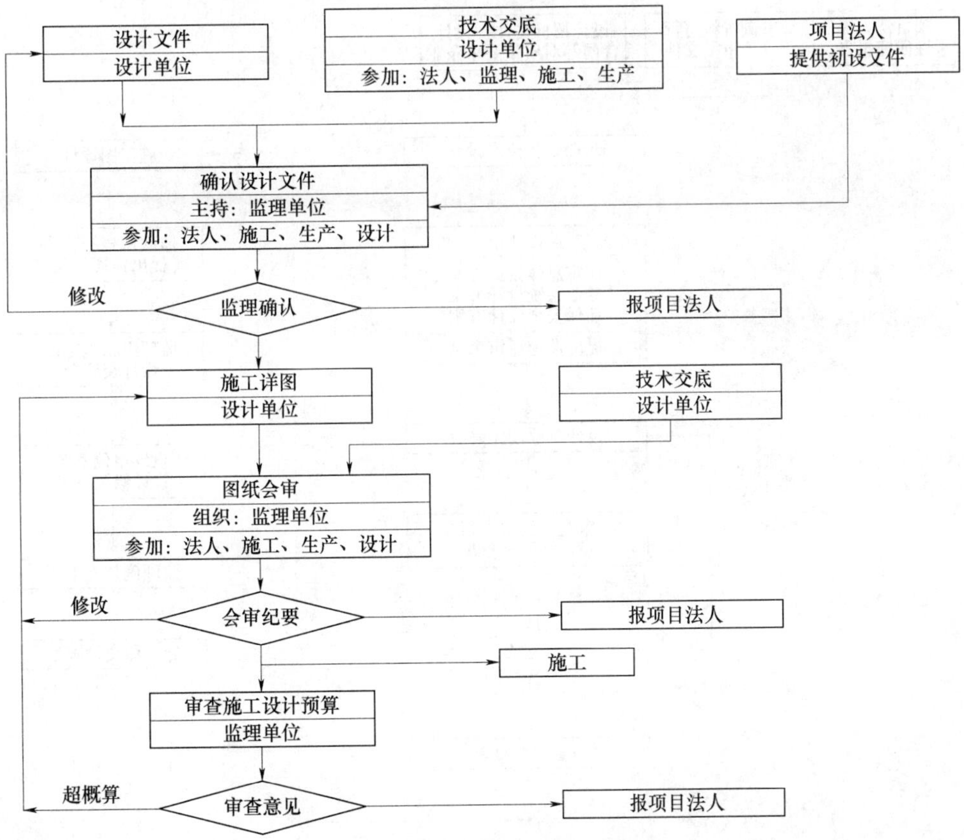

图3-14-2　施工图设计确认及图纸会审程序图

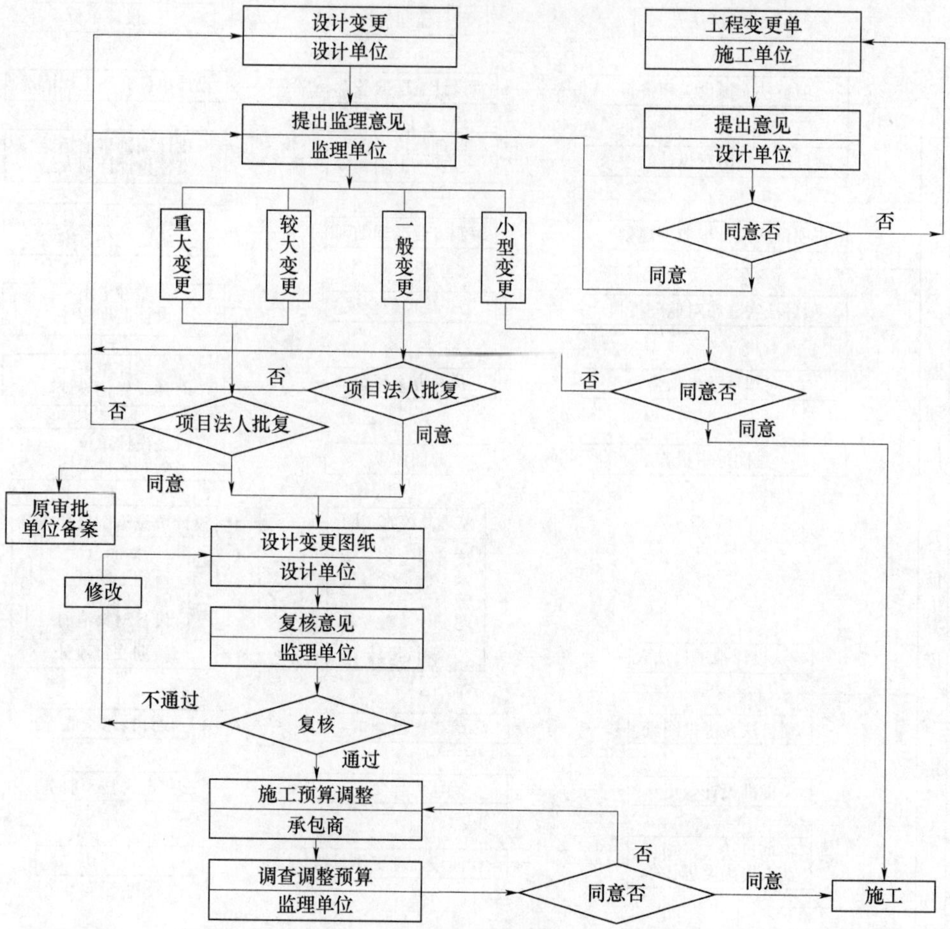

图 3-14-3　设计变更和工程变更控制流程图

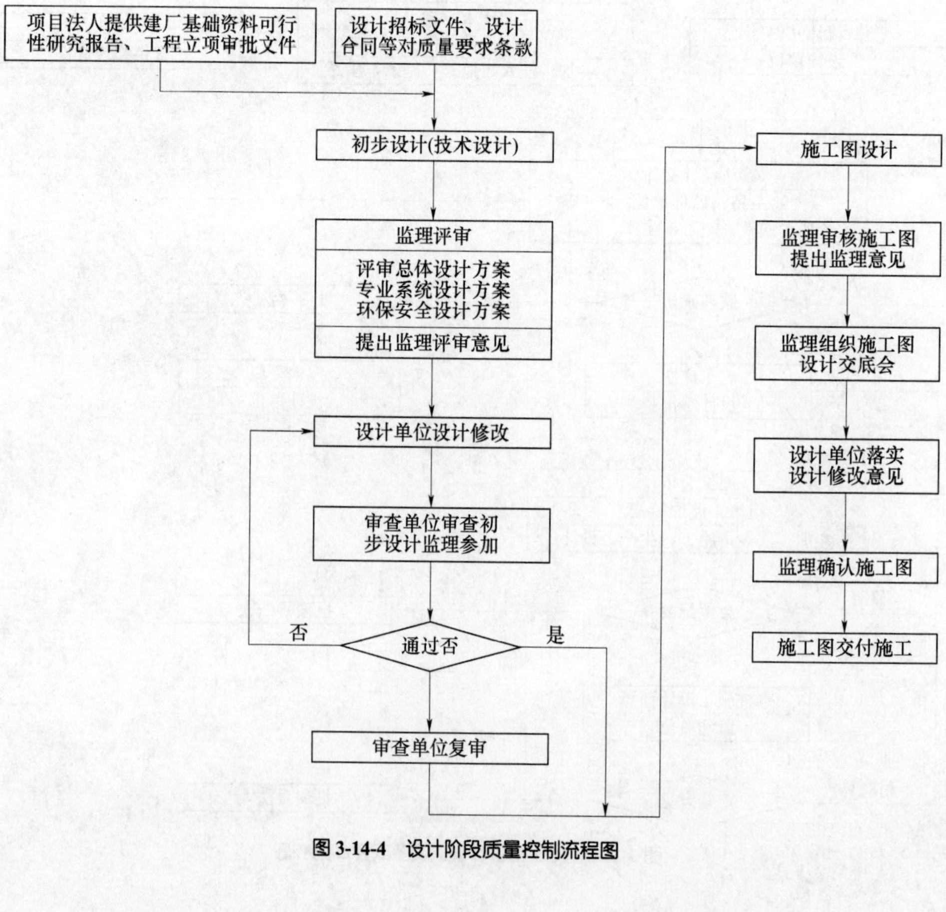

图 3-14-4　设计阶段质量控制流程图

第 4 章　江苏新海发电有限公司 2×1000MW 机组“上大压小”工程设计监理实施细则

4.1 序　言

4.1.1 工程概况

4.1.1.1 工程名称：江苏新海发电有限公司 2×1000MW 机组“上大压小”工程。

4.1.1.2 工程建设地点：江苏省连云港市海州区。

4.1.1.3 工程建设规模：2×1000MW 超超临界燃煤发电机。

4.1.1.4 工程建设时间：2010 年 9 月开工建设，2012 年 9 月#1 机组建成投产，#2 机组顺延 8～12 个月。

4.1.1.5 工程概算：静态总投资 720919 万元，动态总投资 806870 万元。

4.1.1.6 工程项目业主单位：江苏新海发电有限公司。

4.1.1.7 工程主体设计单位：江苏省电力设计院。

4.1.1.8 烟气脱硫总承包：中环（中国）工程有限公司。

4.1.1.9 烟气脱硝总承包：上海电气集团股份有限公司。

4.1.1.10 项目施工单位：全部土建和#1 机组安装由江苏省电力建设第一工程公司负责，#2 机组安装由上海电力建设有限公司负责施工。

4.1.1.11 设计监理单位：西北电力工程监理公司。

4.1.1.12 施工监理单位：江苏兴源电力建设监理有限公司。

4.1.1.13 工程质量目标：达标投产，确保或省部级优质工程，争创“鲁班奖”。

4.1.1.14 三大主机：上海电气集团股份有限公司制造并供货。

4.1.1.15 建厂条件概况。

（1）煤源：陕西省煤炭运销集团公司和山西统配煤矿综合经营公司。

（2）水源：循环供水系统为二次循环单元制供水系统，补给水水源采用蔷薇河河水和利用老厂各类排水。

（3）铁路：陕西省煤炭运销集团公司外运线路为萧家村路线（彬长大佛寺煤矿）经咸铜线至咸阳经陇海线到徐州经东陇海线到连云港站接入电厂专用线。山西统配煤矿综合经营公司铁路通道由介西线南经南同蒲线，经侯月线到徐州。省内运输通道为：经徐州车站沿东陇海干线至连云港站，本期的 2×1000MW 机组扩建的铁路专用线在连云港站接轨的磷矿铁路专用线 LK0＋727 处接轨。

（4）地震：厂址区 50 年超越概率 10%的地震动峰值加速度为 0.10g，相应的地震基本烈度为Ⅶ度，厂址区的地震反应谱特征周期为 0.45s。

（5）脱硫脱硝：建设烟气脱硫脱硝装置。安装高效静电除尘、脱硫、脱硝和在线连续监测装置，预留进一步提高脱硝效率空间。

（6）灰场：本工程采用干式除灰，汽车运输。浦南灰场北侧改造为干灰场，大浦灰场改为脱硫石膏及炉渣堆放场地。灰渣场底部采用土工膜防渗。

2010 年 7 月公司与工程项目业主单位签订了《设计监理合同》，并于 2010 年 8 月编制了《设计监理规划》，随即组建了“西北电力工程监理公司新海发电有限公司“上大压小”工程设计监理部”，开展设计监理工作。

4.1.2 设计监理依据

4.1.2.1 合同依据

4.1.2.1.1 《江苏新海发电有限公司 2×1000MW 机组“上大压小”工程设计监理合同》。

4.1.2.1.2 本工程项目业主与设计单位签订的《勘察设计合同》。

4.1.2.1.3 与业主签订的本工程的设计、施工等有关合同。

4.1.2.2 技术依据

4.1.2.2.1 业主提供的可行性研究、初步设计、司令图等相关设计文件。

4.1.2.2.2 业主方提供的各设备技术协议及与本工程相关设备厂家提交的有关有效资料。

4.1.2.2.3 各项专题研究报告。

4.1.2.3 法规依据

4.1.2.3.1 本工程建设前期由各级主管部门和政府部门批准的文件。

4.1.2.3.2 国家和行业的相关技术标准、设计规范、规程、规定。

4.1.3 设计监理范围

江苏新海发电有限公司 2×1000MW 机组“上大压小”工程（铁路专用线及送出线路工程除外）从初步设计、施工图设计到竣工图阶段的全面监理工作，含因工程建设需要的系统改接工程，包括初步设计审查、施工图设计审查、工程概算等内容的全部监理工作。

4.1.4 专业监理工程师职责

4.1.4.1 编制专业“监理实施细则”，并根据实际情况对细则进行补充和完善。

4.1.4.2 搜集设计基础资料，并核查设计输入的文件和专业指导性文件。

4.1.4.3 对设计优化项目提出监理意见，参加设计优化，提出评价意见。

4.1.4.4 参加设计的中间检查和评审。

4.1.4.5 复核设计文件（包括可能有的升版图），填写设计成品确认单。

4.1.4.6 复核和督促设计过程中正确使用原始资料和设备资料。

4.1.4.7 复核专业间的协调配合和接口资料，防止缺、漏、碰、撞的发生。

4.1.4.8 参加设计交底及图纸会审。

4.1.4.9 负责专业设计协调，编制专题报告和专业设计监理总结。

4.1.4.10 审查设计变更。

4.1.4.11 审核竣工图。

4.1.4.12 设计阶段专业监理工程师工作程序，如图 4-1-1 所示（供参考）。

图 4-1-1　设计阶段专业监理工程师工作程序

4.2　各专业设计监理细则

4.2.1　总图运输专业设计监理实施细则

4.2.1.1　目的

为保证江苏新海发电有限公司 2×1000MW 机组“上大压小”工程总图运输专业设计质量，使其设计达到因地制宜、技术先进、流程及功能区分合理、经济适用、安全可靠、节约用地的要求，符合火电厂设计规程和有关技术规定，确保投产后实现高效、低成本，从而获得较好的投资效益，因此必须对设计过程进行有效控制，以便达到对设计成品的控制，为此，特编制本实施细则。

4.2.1.2　适用范围

本细则适用于江苏新海发电有限公司 2×1000MW 机组“上大压小”工程总图运输专业的监理工作。

4.2.1.3　引用标准

（1）国务院令第 279 号《建设工程质量管理条例》。

（2）国务院令第 393 号《建设工程安全生产管理条例》。

（3）GB 50319《电力建设工程监理规范》。

（4）建设部〔1999〕16 号《关于加强勘察设计质量工作的通知》。

（5）电力工业部 机械工业部〔1994〕139 号《关于进一步加强火电建设工程优化工作的通知》。

（6）国家电力公司国电火〔1999〕688 号《国家电力公司工程建设监理管理办法》。

（7）建设部建标〔2006〕102 号《建设部关于发布 2006 年版“工程建设标准强制性条文”（电力工程部分）的通知》。

（8）中国电力建设企业协会《电力工程达标投产管理办法》（2006 年版）。

（9）DL/T 5229《电力工程竣工图文件编制规定》。

4.2.1.4　内容与要求

4.2.1.4.1　设计阶段监理工作范围及监理目标

4.2.1.4.1.1　设计阶段监理工作及服务范围

一、设计监理工作范围

范围包括：厂区竖向布置、厂区平面主厂区、脱硫、脱硝布置。电厂出线、卸煤设施、厂区取水设施、厂区出入口、厂区地下设施等。

二、设计监理服务范围

（1）审查设计的质量计划及技术组织措施，配合进行方案设计和初步设计，关注脱硫脱硝项目设计与主体设计的配合协调。

（2）对施工图设计文件进行阅审确认，并按设计确认和施工图审阅管理制度要求，施工图会审前提出监理意见，填写设计文件评审意见。

（3）对设计文件存在的重大技术问题，向业主提出监理意见。

（4）参加设计交底、复核设计变更和变更设计，并签署意见。

（5）参加竣工图审核，并予以确认。

4.2.1.4.1.2 监理工作目标

设计质量目标：设计文件符合上级审批文件和国家、行业有关标准。初步设计方案论证充分，结论正确。建设标准符合政策、标准、积极谨慎地采用新技术，设计技术经济指标达到同类型先进水平。施工图设计进行了优化，卷册设计满足施工要求和达标投产创优质工程的要求，无重大错、漏、碰现象。

设计进度目标：按设计合同规定的进度交付图纸。

设计投资目标：配合技经专业，开展限额设计，将专业投资限定在建设单位要求范围内。

4.2.1.4.2 建设单位应提供的资料

4.2.1.4.2.1 提供工程审批文件和工程相关文件

（1）主管上级的审批文件。

（2）燃煤运输协议。

（3）新增的货运出口道路协议。

（4）与城镇规划的协议。

（5）与附近工业企业的协议。

（6）电厂出线走廊协议。

（7）厂区防、排洪及排水口协议。

（8）电厂建设用地协议。

（9）电厂建设取、弃土协议。

（10）地形图。

4.2.1.4.2.2 提供外委项目设计单位资料

（1）电厂厂区总平面等相关图纸。

（2）外委设计项目厂内、外设计分界衔接点资料（包括平面、竖向及其他资料）。

（3）电厂配电装置出线构架座标。

（4）电厂防洪设计有关资料（包括蔷薇河及玉带河防洪堤、排洪沟等设施布置要求等）。

4.2.1.4.2.3 提供设计单位有关资料

（1）本专业设计质量计划及技术组织措施。

（2）重要项目计算书（根据需要）。

（3）施工图设计文件。

4.2.1.4.3 监理应遵循的主要技术标准

（1）GB 50187《工业企业总平面设计规范》。

（2）GB 50012《工业企业标准轨距铁路路设计规范》。

（3）GBJ 22《厂矿道路设计规范》。

（4）GB 50201《防洪标准》。

（5）GB 50260《电力设施抗震设计规范》。

（6）GB 50074《石油库设计规范》。

（7）GB 50229《火力发电厂与变电所设计防火规范》。

（8）GB 50016《建筑设计防火规范》。

（9）DL 5000《火力发电厂设计技术规程》。

（10）DL/T 5032《火力发电厂总图运输设计技术规程》。

（11）DL 5027《电力设备典型消防规程》。

（12）DL 5053《火力发电厂劳动安全和工业卫生设计规程》。

（13）GBJ 87《工业企业噪声控制设计规范》。

（14）电力部1997年10月颁发的《火电厂实行新管理办法若干设计问题的规定》。

（15）国家电力公司1998年4月颁发的《火力发电厂劳动定员标准》。

（16）GB 50330《边坡设计技术规范》。

4.2.1.4.4 设计阶段监理工作程序

（1）学习上级审批文件，听取项目业主对设计的要求。

（2）熟悉工程情况，收集设计基础资料；依据“监理规划”编制本专业监理实施细则。

（3）施工图设计阶段核查本专业是否对初步设计审定的方案及要求进一步研究的方案进行了优化，参与业主单位组织的设计评审，提出监理意见。

（4）审查施工图设计成品的内容深度，核查图纸质量，核查专业配合，检查和设备厂家的接口资料。

（5）根据监理须要定期报告设计监理情况。

（6）参加施工图技术交底、设计会审会。

（7）确认设计变更。

（8）审查并确认竣工图。

（9）提交设计阶段监理工作小结交总监理工程师。

4.2.1.4.5 施工图设计文件的审查要点及对设计成品的控制措施

（1）主要设计原则符合上级审批文件和项目建设单位的要求。

（2）总体规划充分利用了外部建厂的有利条件，安全运行、降低造价效果好。

（3）对施工图的总图进行审查，必要时抽查重要项目计算书（如挡土墙计算书），做到设计原则正确、技术先进、经济合理、因地制宜、创新布置。

（4）检查套用图纸是否符合套用条件，设计条件改变后是否进行了修改。

（5）检查设计成品是否符合有关设计深度的规定，满足施工要求。

（6）专业间图纸会签是否进行，出院成品签署是否完整。

（7）检查设计过程中的遗留问题和假定问题，应全部得到解决和落实。

（8）设计深度满足规定要求，对因地制宜利用地形、合理组织工艺流程及交通运输、节约用地、土石方平衡、厂区规划等进行了全面复检。

（9）应按下列要求核查施工图设计阶段成果，对施工图进行确认，并提出监理意见。

（10）核查的重点如下。

1）符合有关部门对初步设计的审批要求，符合外部评审的意见；

2）符合国家和行业标准、规程和规范；

3）设计方案进行了全面、合理的优化；

4）安全可靠、经济合理，建筑标准适当，并符合工程总造价的要求；

5）设计深度满足施工的要求，施工方案简便易行；

6）满足使用功能，运行方式正确、合理；

7）地下设施设计标高与厂区场地竖向布置协调；

8）厂区道路设计标高与厂区竖向布置协调。

（11）专业施工图设计说明要求尽量详尽：

1）说明电厂建构筑物定位座标系统换算关系，建构筑物座标的计算应正确无误；

2）说明采用的高程系统与另一系统的换算关系；

3）对竖向布置局部标高的特殊处理做法；

4）对特殊地区场地的处理措施（如自重湿陷性黄土、高地下水地区等）；

5）地下沟道的防、排水措施、排水点选择标高；

6）厂区地下设施交叉未出放大图、剖面图的做法及要求；

7）厂区布置充分考虑了地区特点和适用环境；

8）厂区道路网设计标高、坡度、建设标准说明；

9）对场地排水的说明；

10）对道路、沟道等材料标准，及配的要求；

11）主要工程量列表说明。

（12）核查施工图设计成品的质量通病（常见病、多发病）的消除情况，核查的重点是：

1）本专业各分册间的座标、标高、建构筑物尺寸、方位等是否相互配合一致；

2）地下设施与竖向布置标高的配合；

3）道路设计标高、坡度与竖向布置是否一致；

4）专业间和施工图卷册间的衔接情况，是否有设计漏项，应提醒现场在施工前进行落实；

5）地下设施的交叉是否与有关专业协调；

6）汽机房A排柱外管廊、主厂房固定端管廊地下设施的座标、标高是否与廊内地面构筑物相碰（如天桥柱、独立避雷针、架构等）；

7）专业间、分册间的衔接情况，是否有设计漏项；

8）专业监理工程师应在施工图设计结束时或施工图会审后，写出设计阶段监理工作小结，报总监理工程师。

（13）参加施工图设计交底或图纸会审，会审前专业监理工程师提出监理意见，会审后设计方发出设计变更通知应经设计监理确认签证。

（14）设计阶段专业监理小结的重点是：

1）工程概况和监理工作概况；

2）设计中贯彻质量过程控制文件和执行技术管理制度的情况；

3）对施工图进行确认的情况，设计单位对确认单的执行情况；

4）施工图会审意见及设计变更情况；

5）对设计质量的评价。

4.2.1.4.6 竣工图阶段监理要点及对成品的质量控制措施

竣工图监理要点按《电力工程竣工图文件编制规定》要求如下：

（1）督促施工单位和调试单位提供施工和调试过程中设计变更情况（经设计单位会签同意的联系单）交由建设单位转送竣工图编制单位。

（2）督促建设单位提供经上级审批同意的重大设计变更方案。

（3）督促设计单位应在合同要求的时间内编制完成本专业竣工图，全部竣工图最晚应在竣工验收前完成。

（4）竣工图审查要点如下：

1）施工图修改过的卷册应重新出竣工图，图标仍按施工图图标，设计阶段改为“竣工图阶段”，由设计人（修改人）、校核人和批准人签署，图纸编号不变，设计阶段代字由S改为Z，未修改的卷册应加盖“竣工图”图章，设计代号由“S”改为“Z”。红色印泥盖在图标上方。

2）应编制本专业“竣工图编制总说明”和竣工图分册说明，总说明的专业代字为“A”，说明修改内容、原因和提供单位。

3）竣工图的编制范围为所有施工图。

4）按卷册编制竣工图图纸目录。

5）审查竣工图的依据资料是否齐全，施工中是否已经执行，特别是对隐蔽工程的修改所依据的施工单位的施工记录是否齐全准确。

6）本专业修改若涉及其他专业，应对专业相互协调问题进行追踪、检查、落实。各相关图纸的变更表示应相互一致。

7）设计图纸修改引起的修改计算书不包括在竣工图编制范围内，修改计算书应在设计单位内予以归档。

4.2.1.4.7 专业监理工程师应向总监理工程师的报告和信息

4.2.1.4.7.1 向总监理工程师的报告文件

（1）总图运输专业施工图设计阶段监理实施细则。

（2）总图运输专业施工图评审报告。

（3）总图运输专业设计阶段监理小结。

4.2.1.4.7.2 向总监理工程师提供的信息

（1）对项目建设单位提供的资料审验意见。

（2）设计文件成品质量审查单。

（3）设计单位对设计监理审查意见反馈意见的答复。

4.2.2 热机专业设计监理实施细则

4.2.2.1 目的

为保证江苏新海发电有限公司2×1000MW机组“上大压小”工程热机专业设计质量，使其设计达到技术先进、经济合理、安全适用的要求，符合火电厂设计规程、有关技术规定和工程建设标准强制性条文要求，确保电站投产后实现高效、低成本，从而获得较好的投资效益，必须对设计成品进行有效控制，特编制本实施细则。

4.2.2.2 适用范围

本细则适用于江苏新海发电有限公司 2×1000MW 机组“上大压小”工程热机专业的监理工作。

4.2.2.3 引用标准

（1）国务院令第279号《建设工程质量管理条例》。

（2）国务院令第393号《建设工程安全生产管理条例》。

（3）建设部DL/T 5034—2009《电力建设工程监理规范》。

（4）建设部〔1999〕16号《关于加强勘察设计质量工作的通知》。

（5）电力工业部 机械工业部〔1994〕139 号 《关于进一步加强火电建设工程优化工作的通知》。

（6）国家电力公司国电火〔1999〕688 号《国家电力公司工程建设监理管理办法》。

（7）建设部建标〔2006〕102号《建设部关于发布2006年版“工程建设标准强制性条文”（电力工程部分）的通知》。

（8）中国电力建设企业协会《电力工程达标投产管理办法》（2006年版）。

（9）DL/T 5229—2005《电力工程竣工图文件编制规定》。

4.2.2.4 内容与要求

4.2.2.4.1 设计阶段监理工作范围及监理目标

4.2.2.4.1.1 设计阶段监理工作及服务范围

一、监理工程范围

（1）锅炉专业设计阶段监理工程范围：锅炉本体及其辅属设备选型及安装设计、锅炉房附属机械选型及安装设计、锅炉房烟、风、煤、粉管道安装设计、锅炉四大汽水管道与燃油管道安装设计。

（2）汽机专业监理工作范围：汽机本体及其辅属设备选型及安装设计、汽机房附属机械选型及安装设计、主厂房汽水管道安装设计、全厂管道安装设计。

（3）热机专业所属辅助设施设计，包括空气压缩机室及泵房等设计、厂区管道的设计。

二、设计监理服务范围

（1）审查设计的质量计划及技术组织措施。

（2）对施工图设计文件进行阅审确认，并按设计确认和施工图审阅管理制度要求，施工图会审前提出监理意见，填写设计成品确认单。

（3）对设计文件存在的重大技术问题，向业主提出监理意见。

（4）参加设计交底、复核设计变更和变更设计，并签署意见。

（5）对专业配合和设备接口进行核查，参加主机设计联络会。

（6）参加竣工图审核，并予以确认。

4.2.2.4.1.2　监理工作目标

设计质量目标：设计文件符合国家、行业有关标准。符合初步设计上级审批文件和总图设计评审纪要的要求。建设标准符合政策、标准、积极谨慎地采用新技术，设计技术经济指标达到同类型先进水平。施工图设计进行了优化，卷册设计满足施工要求和达标投产创优质工程的要求，优良率90%以上，施工中无重大错、漏、碰现象。

设计进度目标：按设计合同规定的进度交付图纸。

设计投资目标：配合技经专业，开展限额设计，将专业投资限定在合同约定的范围内。

4.2.2.4.2　业主应提供的资料

4.2.2.4.2.1　提供工程审批文件和工程相关文件

（1）主管上级的审批文件和评审会纪要。

（2）煤、灰成分分析资料。

（3）厂区自然条件、气象资料。

（4）点火油质资料。

（5）与老电厂的运行情况、系统和布置相衔接的有关资料。

4.2.2.4.2.2　提供厂家设备资料

（1）机、炉本体有关图纸资料、说明书及技术协议书。

（2）燃烧、制粉系统有关设备（风机、磨煤机、给煤机等）有关图纸资料、说明书及技术协议书。

（3）电除尘器有关图纸资料、说明书及技术协议书。

（4）热力系统有关设备（除氧器、高加、低加、凝泵、给水泵等）图级资料、说明书及技术协议书。

（5）脱硫、脱销装置有关设备图纸资料及说明书。

4.2.2.4.2.3　提供设计单位有关资料

（1）本专业设计质量计划及技术组织措施。

（2）重要项目计算书（根据需要）。

（3）施工图设计文件。

4.2.2.4.3　监理应遵循的主要技术标准

（1）DL 5000《火力发电厂设计技术规程》。

（2）DL/T 5121《火力发电厂烟风煤粉管道设计技术规程》。

（3）DL/T 5145《火力发电厂制粉系统设计计算技术规定》。

（4）DL 435《火电厂煤粉锅炉燃烧室防爆规程》。

（5）DL/T 831《大容量煤粉燃烧锅炉炉膛选型导则》。

（6）GB 50041《锅炉房设计规范》。

（7）DL/T 466《电站磨煤机及制粉系统选型导则》。

（8）DL/T 5154《火力发电厂制粉系统设计计算技术规定》。

（9）DL/T 5054《火力发电厂汽水管道设计技术规定》。

（10）DL/T 5072《火力发电厂保温油漆设计规程》。

（11）能源部、机械电子部能源安保［1991］709号《电站压力式除氧器安全技术规定》。

（12）DL 5053《火力发电厂劳动安全和工业卫生设计规程》。

（13）电规院（90）电规技字第44号《火力发电厂汽水管道应力计算技术规定》。

（14）DL/T 834《火力发电厂汽轮机防进水和冷蒸汽导则》。

（15）国家电力公司（2001）《防止电力生产重大事故的二十五项重点要求》。

（16）DL/T 5204《火力发电厂油气管道设计规程》。

4.2.2.4.4　设计阶段监理工作程序

（1）学习上级审批文件，听取项目业主对设计的要求。

（2）熟悉工程情况，收集设计基础资料。依据“监理规划”编制本专业监理实施细则。

（3）施工图设计阶段核查本专业是否对初步设计审定的方案及要求进一步研究的方案进行了优化，参与业主单位组织的设计评审，提出监理意见。

（4）审查施工图设计成品的内容深度，核查图纸质量，核查专业配合，检查和设备厂家的接口资料。

（5）定期报告设计监理情况。

（6）参加施工图技术交底、设计会审会。

（7）确认设计变更。

（8）审查并确认竣工图。

（9）提交设计阶段监理工作小结交总监理工程师。

4.2.2.4.5　施工图设计文件的审查要点及对设计成品的控制措施

（1）主要设计原则符合上级对初步设计的审批文件和项目业主的要求。

（2）应按下列要求核查设计阶段成果，并对施工图设计文件进行确认，并提出监理意见。核查的重点如下：

1）符合有关部门对初步设计的审批要求，符合外部评审的意见；

2）符合国家和行业标准、规程和规范；

3）设计方案进行了全面、合理的优化；

4）安全可靠、经济合理，建设标准适当，并符合工程总造价的要求；

5）设计深度满足施工的要求，施工方案简便易行；

6）满足使用功能，运行方式正确、合理；

7）专业衔接正确，设计单位各专业间执行了专业会签制度，设计单位和设备厂家间资料交换无遗漏，采用了厂家提供的最终版资料，接口配合已相互确认；

8）设计文件符合国家发布的“工程建设标准强制性条文”的要求；

9）新技术、新工艺、新设备、新材料均已通过鉴定，采取了可靠措施；

10）所依据的设计基础资料齐全，结论正确；

11）复核设备材料清册是否满足订货要求。

（3）采用新工艺、新技术的项目，要求有鉴定批准证明，必要时，专业监理工程师可进行现场考察，要求技术可靠，设备落实。

（4）专业施工图设计说明要求尽量详尽：

1）对未出图的小管道的现场布线（将由安装单位二次设计）以及对支吊架设置等提出了具体要求；

2）对恒吊和一般弹簧吊架的安装调整提出了要求；

3）说明管道冷紧施工注意事项；

4）说明安装裕度和焊缝设置原则；

5）某些管路和设施的特殊安装方法；

6）说明主机合理寿命及使用年限。

（5）热力系统的设计，要求阀门配置恰当，安全可靠，系统切换灵活，操作方便，便于隔离检修。

（6）燃烧制粉系统的设计和油气管道设计，要求符合规程、规定，风门、挡板设置恰当，有可靠的防爆措施，操作灵活方便，考虑了冷炉制粉的必要措施。

（7）各类工艺系统设计要求充分考虑机组各种运行方式的要求，专业监理工程师核查其系统连接、电动机及阀门的联动条件、阀门选型应能充分适应启动、运行和事故停运的要求。

（8）主厂房布置设计，要求前期、本期和再扩建衔接合理，设备布置符合工艺流程，运行和检修方便，检查起吊设施安排合理，留有发电机抽转子、加热器抽芯子的位置，汽水管道和烟风道布置定位合理，各层标高及运行通道均做了安排，各专业在主厂房的设施均做了合理布置和表示。

（9）附属机械及辅助设备安装设计，要求定位尺寸明确，对未订货的设备或未提供最终资料的设备，要予以跟踪解决。

（10）烟风煤粉管道安装设计，要求运行和检修拆装方便，风门执行机构安排合理。烟道及煤粉管道布置应避免积煤、积粉、积灰，管道及其附件表达应清楚，锅炉露天设施要可行可靠。

（11）汽水管道设计，对重要管道要求进行管径和壁厚计算，要求支吊架选型正确，生根结构的焊缝安全可靠，主要管道的布置应通过三维设计防止和土建梁柱、电缆桥架的碰撞，对高压管道应标明冷紧的位置及冷紧值，主汽、给水、再热及主要抽汽管道图纸上应有应力计算表、管道推力表及设备接口允许推力表，设备允许推力已取得厂家书面同意文件。

（12）点火油系统及设备安装设计，要求有完整的计算，应有防火防爆和消除静电措施，油管道应布置有吹扫的接口，油库应有隔离措施和污油处理及加热措施，油泵房的布置要充分考虑运行检修方便和良好的通风采光设施以及便于清扫污油的措施。

（13）各卷册图纸审查中，要求系统连接和布置符合总系统图和总布置图的要求，设计界线和接口来往标注清楚，并列参见图号，材料表开列齐全，小管道和和支吊架材料无遗漏，数量估列恰当。

（14）对六道和管道所采用的非标准件加工制作，套用图是否正确，新出图的加工件总装图应认真核对。

（15）核查施工图设计成品的质量通病（常见病、多发病）的消除情况，核查的重点是：

1）专业间和施工图卷册间的衔接情况，是否有设计漏项，应提醒现场施工前进行落实；

2）本专业的设备遗留问题和暂定资料的封闭情况；

3）套用的图纸是否和使用条件相一致，是否套用了实践证明是优秀的设计图纸；

4）容易引起振动的烟风道，其加固筋是否设置的合理，是否有防震措施；

5）未出布置图的小管道是否出了系统图，其材料和支吊架是否已经估列在材料表中，材料量估列是否合适；

6）保温油漆工作量是否已经包括全厂安装工程的需要量；

7）支吊架的选型及生根结构型式是否和土建结构相配合；

8）由于设计变更引起的专业间设计修改，是否均进行了修正，有无东改西不改（修改不统一、不一致）的情况；

9）管道布置和电动传动装置是否相协调一致；

10）与安全和设计功能关系重大的设计特点是否已标注在设计文件上。

（16）参加施工图设计交底或图纸会审，会审前专业监理工程师提出监理意见，会审后设计方发出设计变更通知应经设计监理确认签证。

（17）专业监理工程师应在施工图设计结束时或施工图会审后，写出设计阶段监理工作小结，报总监理工程师。

设计阶段专业监理小结的重点是：

1）工程概况和监理工作概况；

2）设计中贯彻质量过程控制文件和执行技术管理制度的情况；

3）对施工图图进行确认的情况，设计单位对确认单的执行情况；

4）施工图会审意见及设计变更情况；

5）对设计质量的评价。

4.2.2.4.6 竣工图阶段监理要点及对成品的质量控制措施

竣工图监理要点按《电力工程竣工图文件编制规定》要求如下：

（1）督促施工单位和调试单位提供施工和调试过程中设计变更情况（经设计单位会签同意的联系单）交由建设单位转送竣工图编制单位。

（2）督促建设单位提供经上级审批同意的重大设计变更方案。

（3）督促设计单位应在合同要求的时间内编制完成本专业竣工图，全部竣工图最晚应在竣工验收前完成。

（4）竣工图审查要点如下：

1）施工图修改过的卷册应重新出竣工图，图标仍按施工图图标，设计阶段改为“竣工图阶段”，由设计人（修改人）、校核人和批准人签署，图纸编号不变，设计阶段代字由S改为Z，未修改的卷册应加盖“竣工图”图章，设计代号由“S”改为“Z”。红色印泥盖在图标上方；

2）应编制本专业“竣工图编制总说明”和竣工图分册说明，总说明的专业代字为“A”，说明修改内容、原因和提供单位；

3）竣工图的编制范围为所有施工图；

4）按卷册编制竣工图图纸目录；

5）审查竣工图的依据资料是否齐全，施工中是否已经执行，特别是对隐蔽工程的修改所依据的施工单位的施工记录是否齐全准确；

6）本专业修改若涉及其他专业，应对专业相互协调问题进行追踪、检查、落实。各相关图纸的变更表示应相互一致；

7）设计图纸修改引起的修改计算书不包括在竣工图编制范围内，修改计算书应在设计单位内予以归档。

4.2.2.4.7 专业监理工程师应向总监理工程师的报告和信息

4.2.2.4.7.1 向总监理工程师的报告文件

（1）热机专业设计阶段监理实施细则。

（2）热机专业施工图评审有关问题的报告。

（3）热机专业设计阶段监理小结。

4.2.2.4.7.2 向总监理工程师提供的信息

（1）对项目建设单位提供的资料审验意见。

（2）设计文件成品质量审查单。

（3）设计单位对设计监理审查意见反馈意见的答复。

4.2.3 电气专业设计阶段监理实施细则

4.2.3.1 目的

为保证江苏新海发电有限公司2×1000MW机组“上大压小”工程电气专业设计质量，使其设计达到技术先进、经济合理、安全适用的要求，符合火电厂设计规程、有关技术规定和工程建设标准强制性条文要求，确保电站投产后实现高效、低成本，从而获得较好的投资效益，必须对设计成品进行有效控制，特编制本实施细则。

4.2.3.2 适用范围

本细则适用于江苏新海发电有限公司 2×1000MW 机组“上大压小”工程的电气专业的监理工作。

4.2.3.3 引用标准

（1）国务院令第279号《建设工程质量管理条例》。

（2）国务院令第393号《建设工程安全生产管理条例》。

（3）建设部DL/T 5034—2009《电力建设工程监理规范》。

（4）建设部［1999］16号《关于加强勘察设计质量工作的通知》。

（5）电力工业部、机械工业部［1994］139号《关于进一步加强火电建设工程优化工作的通知》。

（6）国家电力公司：国电火［1999］688号《国家电力公司工程建设监理管理办法》。

（7）建设部建标［2006］102号《建设部关于发布2006年版“工程建设标准强制性条文”（电力工程部分）的通知》。

（8）中国电力建设企业协会《电力工程达标投产管理办法》（2006年版）。

（9）国电电源［2002］99号《电力建设安全健康与环境管理工作规定》。

（10）DL 5053—1996《火力发电厂劳动安全和工业卫生设计规程》。

（11）DL/T 5229—2005《电力工程竣工图文件编制规定》。

4.2.3.4 内容与要求

4.2.3.4.1 设计阶段监理工作范围及监理目标

4.2.3.4.1.1 设计阶段监理工作及服务范围

一、设计监理工作范围

电气专业监理工作范围包括：主厂房部分、升压站、辅助厂房、循环水泵房以及脱硫岛、脱硝部分的电气工程安装设计和订货设计。

二、设计监理服务范围

（1）审查设计的质量计划及技术组织措施。

（2）对施工图设计文件进行阅审确认，并按设计确认和施工图审阅管理制度要求，施工图会审前提出监理意见，填写设计成品确认单。

（3）对设计文件存在的重大技术问题，向业主提出监理意见。

（4）参加设计交底、复核设计变更和变更设计，并签署意见。

（5）对专业配合和设备接口进行核查，参加主机设计联络会。

（6）参加竣工图审核，并予以确认。

4.2.3.4.1.2 监理工作目标

设计质量目标：设计文件符合上级审批文件和国家、行业有关标准。初步设计方案论证充分，结论正确。建设标准符合政策、标准、积极谨慎地采用新技术，设计技术经济指标达到同类型先进水平。施工图设计进行了优化，卷册设计满足施工要求和达标投产创优质工程的要求，优良率90%以上，无重大错、漏、碰现象。

设计进度目标：按设计合同规定的进度交付图纸。

设计投资目标：配合技经专业，开展限额设计，将专业投资限定在业主要求范围内。

4.2.3.4.2 业主应提供的资料

4.2.3.4.2.1 提供工程审批文件和工程相关文件

（1）主管上级的审批文件。

（2）设备订货的有关技术协议和订货合同。

（3）厂区环境资料、污秽等级及土壤电阻率的资料。

（4）相关的各种外部协议、合同以及和城市规划相衔接的接口资料。

（5）与老电厂的运行情况、系统和布置相衔接的有关资料。

4.2.3.4.2.2 提供厂家设备资料

（1）发电机、主变压器、高低压厂用变压器的有关图纸资料。

（2）封闭母线的有关图纸资料。

（3）高低压断路器及隔离开关和高低压开关柜（屏）的有关图纸资料。

（4）电气单元控制室、继电通信楼二次设备以及直流电源设备和UPS的有关图纸资料。

（5）消防及火灾报警电气设备的有关图纸资料。

（6）高压电动机及重要低压电动机的有关图纸资料。

（7）电除尘、化学、输煤、程控的有关图纸资料。

（8）厂外电气设备及其控制、保护及二次接线有关图纸资料。

（9）电缆、电缆防火、照明器材及一些未经招标采用的电器设备的图纸资料和必要的厂家资质证明。

4.2.3.4.2.3 提供设计单位有关资料

（1）本专业设计质量计划及技术组织措施。

（2）重要项目计算书（根据需要）。

（3）施工图设计文件。

4.2.3.4.3 监理应遵循的主要技术标准

（1）DL 5000《火力发电厂设计技术规程》。

（2）GB/T 16434《高压架空线路和发电厂、变电所环境污区分级及外绝缘选择标准》。

（3）GB 311.1《高压输变电设备的绝缘配合》。

（4）DL/T 620《交流电气装置的过电压保护和绝缘配合》。

（5）DL/T 621《交流电器装置的接地》。

（6）GB 50260《电力设施抗震设计规范》。

（7）DL/T 5352《高压配电装置设计技术规程》。

（8）DL/T 5153《火力发电厂厂用电设计技术规定》。

（9）GB 50217《电力工程电缆设计规范》。

（10）SDJ 26《发电厂、变电所电缆选择与敷设设计规程》。

（11）NDGJ 8《火力发电厂、变电所二次接线设计技术规定》。

（12）DL/T 5039《火力发电厂和变电所照明设计技术规定》。

（13）DL/T 5041《火力发电厂厂内通讯设计技术规定》。

（14）GB 14285《继电保护和安全自动装置技术规程》。

（15）GB 50062《电力装置的继电保护和自动装置设计规范》。

（16）SDJ 9《电测量仪表装置设计技术规程》。

（17）GB 50229《火力发电厂与变电所设计防火规范》。

（18）DL 5053《火力发电厂劳动安全和工业卫生设计规程》。

（19）GB 50060《3～110KV高压配电装置设计技术规定》。

（20）DL/T 5222《导体和电器选择设计技术规定》。

（21）DL/T 5044《火力发电厂、变电所直流系统设计技术规定》。

（22）DL/T 684《大型发电机变压器继电保护整定计算导则》。

（23）DL 5003《电力系统调度自动化设计技术规程》。

（24）GB 50057《建筑物防雷设计规范》。

（25）DL 5002《地区电网调度自动化设计技术规定》。

（26）GB 50058《爆炸和火灾危险环境电力装置设计规范》。

（27）GB 50116《火灾自动报警系统设计规范》。

（28）电力部调1992年66号文《电网调度自动化信息传输规定》。

（29）电力部调1991年100号文《电力调度系统计算机网络规划大纲》。

（30）DL/T 667《远动设备及系统　第5部分　传输规约　第103篇　继电保护设备信息接口配套标准》。

（31）DL/T 5189《电力线载波通信设计技术规定》。

（32）DL 5025《电力系统微波通信工程设计技术规定》。

（33）GB/T 14430《单边带电力线载波系统设计导则》。

（34）SD l3l《电力系统技术导则》。

（35）DL 5033《送电线路对电信线路危险影响设计规程》。

（36）DL/T 5062《微波电路传输继电保护信息设计技术规定》。

（37）DLGJ 129《电缆扎带设计技术规定》。

（38）SDJ 8《电力设备接地设计技术规程》。

4.2.3.4.4　设计阶段监理工作程序

（1）学习上级审批文件，听取项目业主对设计的要求。

（2）熟悉工程情况，收集设计基础资料。依据“监理规划”编制本专业监理实施细则。

（3）施工图设计阶段核查本专业是否对初步设计审定的方案及要求进一步研究的方案进行了优化，参与业主单位组织的设计评审，提出监理意见。

（4）审查施工图设计成品的内容深度，核查图纸质量，核查专业配合，检查和设备厂家的接口资料。

（5）定期报告设计监理情况。

（6）参加施工图技术交底、设计会审会。

（7）确认设计变更。

（8）审查并确认竣工图。

（9）提交设计阶段监理工作小结交总监理工程师。

4.2.3.4.5　施工图设计文件的审查要点及对设计成品的控制措施

（1）主要设计原则符合上级审批的初步设计文件文件和项目业主的要求。

（2）对施工图进行审核，填写设计成品确认单提出监理意见，参加施工图会审，形成会审纪要，跟踪检查设计方会审纪要中提出设计修改要求的落实。

（3）对设计单位提出的施工图设计文件进行确认。核查的重点如下：

1）符合有关部门对初步设计的审批要求，符合外部评审的意见；

2）符合国家和行业标准、规程和规范；

3）设计方案进行了全面、合理的优化；

4）安全可靠、经济合理，建筑标准适当，并符合工程总造价的要求；

5）设计深度满足施工的要求，施工方案简便易行；

6）满足使用功能，运行方式正确、合理，检修方便；

7）专业衔接正确。设计单位各专业间执行了专业会签制度，设计单位和设备厂家间资料交换无遗漏，采用了厂家提供的最终版资料；

8）设计文件符合国家发布的“工程建设标准强制性条文”的要求；

9）新技术、新工艺、新设备、新材料均已通过鉴定，采取了可靠措施；

10）所依据的设计基础资料齐全，结论正确；

11）复核设备材料清册是否满足订货要求，电缆清册有无错漏。

（4）审核设计变更，并对修改初步设计原则和违反合同要求的设计变更进行初审签署意见并报业主方。

（5）对承包商负责的施工图设计中存在的重大技术问题向业主提出监理意见。

（6）卷册图纸审查要求，电气接线和布置符合电气主结线及厂用结线和总布置的要求，检查二次线与一次线是否配合，设计界限标注清楚。

（7）主要设备的安装尺寸定位明确，各安装尺寸正确，电缆敷设设施有无漏埋管、管经错、桥架层数不妥。

（8）审查专业会签是否完整。

（9）审查电气专业与系统各专业的分工配合及接口工作。

（10）审查电气专业与热控专业的设计配合及接口工作。

（11）检查图标拦内各项是否按规定填写，签名是否齐全，相关专业是否会签。

（12）专业施工图设计说明要求尽量详尽：

1）对组合导线、母线及设备安装提出具体安装要求；

2）对设备安装后的调试要求作出说明；

3）对未出图的小型设备安装及布线提出具体说明；

4）主要设备设计使用寿命；

5）施工注意事项说明清楚；

6）设备选型考虑了地区特点和适用环境。

（13）核查施工图设计成品的质量通病（常见病、多发病）的消除情况，核查的重点是：

1）专业间和施工图卷册间的衔接情况，是否有设计漏项；

2）设备遗留问题和暂定资料的关闭情况；

3）套用的图纸是否和使用条件相一致，是否套用了实践证明优秀的设计图纸；

4)与安全和设计功能关系重大的设计特性是否已标注在设计文件上；

5）由于设计原始资料和厂家资料的变更，设计图纸是否均进行了修正，有无东改西不改（修改不统一、不一致）的情况，修正后的图纸是否经有关专业会签；

6）电气设备布置与其他工艺设备布置会签是否完整。

（14）参加施工图设计技术交底或施工图设计会审前，会审前专业监理工程师提出监理意见，会审后设计方发出的设计变更通知单应经设计监理确认签证。

(15)专业监理工程师应在施工图设计结束时或施工图会审后，写出设计阶段监理工作小结，报总监理工程师。

（16）设计阶段专业监理小结的重点是：

1）工程概况和监理工作概况；

2）设计中贯彻质量过程控制文件和执行技术管理制度的情况；

3）对施工图进行确认的情况，设计单位对确认单的执行情况；

4）施工图会审意见及设计变更情况；

5）对设计质量的评价。

4.2.3.4.6　竣工图阶段监理要点及对成品的质量控制措施

竣工图监理要点按《电力工程竣工图文件编制规定》要求如下：

（1）督促施工单位和调试单位提供施工和调试过程中设计变更情况（经设计单位会签同意的联系单）交由建设单位转送竣工图编制单位。

（2）督促建设单位提供经上级审批同意的重大设计变更方案。

（3）督促设计单位应在合同要求的时间内编制完成本专业竣工图，全部竣工图最晚应在竣工验收前完成。

（4）竣工图审查要点如下：

1）施工图修改过的卷册应重新出竣工图，图标仍按施工图图标，设计阶段改为“竣工图阶段”，由设计人（修改人）、校核人和批准人签署，图纸编号不变，设计阶段代字由 S 改为 Z，未修改的卷册应加盖“竣工图”图章，设计代号由“S”改为“Z”。红色印泥盖在图标上方；

2）应编制本专业“竣工图编制总说明”和竣工图分册说明，总说明的专业代字为“A”，说明修改内容、原因和提供单位；

3）竣工图的编制范围为所有施工图；

4）按卷册编制竣工图图纸目录；

5）审查竣工图的依据资料是否齐全，施工中是否已经执行，特别是对隐蔽工程的修改所依据的施工单位的施工记录是否齐全准确；

6）本专业修改若涉及其他专业，应对专业相互协调问题进行追踪、检查、落实。各相关图纸的变更表示应相互一致；

7）设计图纸修改引起的修改计算书不包括在竣工图编制范围内，修改计算书应在设计单位内予以归档。

4.2.3.4.7　专业监理工程师应向总监理工程师的报告和信息

4.2.3.4.7.1　向总监理工程师的报告文件

（1）电气专业设计阶段监理实施细则。

（2）电气专业施工图评审报告。

（3）电气专业设计阶段监理小结。

4.2.3.4.7.2　向总监理工程师提供的信息

（1）对项目建设单位提供的资料审验意见。

（2）设计文件成品质量审查单。

（3）设计单位对设计监理审查意见反馈意见的答复。

4.2.4　土建专业设计监理实施细则

4.2.4.1　目的

为保证江苏新海发电有限公司 2×1000MW 机组“上大压小”工程土建专业设计质量，使其设计达到技术先进、经济合理、安全适用的要求，符合火电厂设计规程、有关技术规定和工程建设标准强制性条文要求，确保电站投产后实现高效、低成本，从而获得较好的投资效益，必须对设计成品进行有效控制，特编制本实施细则。

4.2.4.2　适用范围

本细则适用于江苏新海发电有限公司 2×1000MW 机组“上大压小”工程土建专业的监理工作。

4.2.4.3　引用标准

（1）国务院令第 279 号《建设工程质量管理条例》。

（2）国务院令第 393 号《建设工程安全生产管理条例》。

（3）GB 50319《电力建设工程监理规范》。

（4）建设部［1999］16 号《关于加强勘察设计质量工作的通知》。

（5）电力工业部 机械工业部［1994］139 号《关于进一步加强火电建设工程优化工作的通知》。

（6）国家电力公司：国电火［1999］688 号《国家电力公司工程建设监理管理办法》。

（7）建设部建标［2006］102 号《建设部关于发布 2006 年版“工程建设标准强制性条文”（电力工程部分）的通知》。

（8）中国电力建设企业协会《电力工程达标投产管理办法》（2006 年版）。

（9）DL/T 5229《电力工程竣工图文件编制规定》。

4.2.4.4　内容与要求

4.2.4.4.1　设计阶段监理工作范围及监理目标

4.2.4.4.1.1　设计阶段监理工作及服务范围

一、设计监理监理工作范围

包括主厂房至烟囱区域、电气设施、输煤系统、除灰及除尘设施、脱硫脱硝系统、化学水系统及老厂改造、辅助（附属）生产建（构）筑物的结构设计。

二、设计监理服务范围

（1）审查本专业设计的质量计划及技术组织措施。

（2）对施工图设计文件进行阅审确认，并按设计确认和施工图审阅管理制度要求，施工图会审前提出监理意见，填写设计成品确认单。

（3）对设计文件存在的重大技术问题，向业主提出监理意见。

（4）参加设计交底、复核设计变更和变更设计，并签署意见。

（5）对专业配合和设备接口进行核查。

（6）参加竣工图审核。

4.2.4.4.1.2　监理工作目标

设计质量目标：设计文件符合上级审批文件和国家、行业有关标准。建设标准符合政策、标准、积极谨慎地采用新技术，设计技术经济指标达到同类型先进水平。施工图设计进行了优化，卷册设计满足施工要求和达标投产创优质工程的要求。无重大错、漏、碰现象。

设计进度目标：按设计合同规定的进度交付图纸。

设计投资目标：配合技经专业，开展限额设计，将专业投资限定在建设单位要求范围内。

4.2.4.4.2　业主应提供的资料

4.2.4.4.2.1　提供工程审批文件和工程相关文件

（1）主管上级的审批文件。

（2）厂区环境资料。

（3）有关协议。

（4）工程前期的设计图纸、说明书。

（5）工程地质勘测资料，包括地质、水文、气象资料和结论报告，测量图纸。

（6）地方材料的供给资料：对砌体材料、砂、石、水泥及预制能力和材料质地资料。

（7）生活用水水质报告。

（8）其他。

4.2.4.4.2.2　提供的设备资料

主要提供建筑设备建筑如给排水、风机、照明、采暖空调、建筑电气、电梯等的资料及技术协议书。

4.2.4.4.2.3　提供设计单位有关资料

（1）本专业设计质量计划及技术组织措施。

（2）重要项目计算书（若需要）。

（3）施工图设计文件。

4.2.4.4.3　设计监理应遵循的主要技术标准

一、土建的综合部分

（1）DL 5000《火力发电厂设计技术规程》。

（2）DL 5022《火力发电厂土建结构设计技术规定》。

（3）NDGJ 96《变电所建筑结构设计技术规定》。

（4）DL/T 5218《220kV～500kV 变电所设计技术规程》。

（5）GB 50229《火力发电厂与变电所设计防火规范》。

（6）GB 50016《建筑设计防火规范》。

（7）DL 5053《火力发电厂劳动安全和工业卫生设计规程》。

（8）GB 50289《城市工程管线综合规划规范》。

（9）《中华人民共和国工程建设标准强制性条文——房屋

建筑部分》。

（10）GB 50135《工程结构可靠度设计统一标准》。

（11）GBJ 144《工业厂房可靠性鉴定标准》。

（12）GBJ 68《建筑结构设计统一标准》。

二、建筑专业

（1）DL/T 5094《火力发电厂建筑设计规程》。

（2）DL/T 5043《火力发电厂电气试验室设计标准》。

（3）GBJ 6《厂房建筑模数协调标准》。

（4）GBJ 101《建筑楼梯模数协调标准》。

（5）DL/T 5029《火力发电厂建筑装饰设计标准》。

（6）GB 50108《地下工程防水技术规范》。

（7）GB 50174《电子计算机房技术规范》。

（8）GB 50037《建筑地面设计规范》。

（9）GB 50140《建筑灭火器配置设计规范》。

（10）GB 50207《屋面工程质量验收规范》。

（11）GB 500414《工业企业采光设计标准》。

（12）GB 50222《建筑内部装修设计防火规范》。

三、土建结构

1. 地基基础

（1）DL/T 5024《电力工程地基处理技术规范》。

（2）JGJ 118《冻土地区建筑地基基础设计规范》。

（3）GBJ 112《膨胀土地区建筑技术规定》。

（4）GB 50007《建筑地基基础设计规范》。

（5）DLGJ 125《电力岩土工程监理技术规定》。

（6）JGJ 79《建筑地基处理技术规范》。

2. 建筑载荷

（1）GB 50009《建筑结构载荷规范》。

（2）DL/T 5095《火力发电厂主厂房载荷设计技术规程》。

3. 抗震

（1）GB 50011《建筑抗震设计规范》。

（2）GB 50191《构筑物抗震设计规范》。

（3）GB 50260《电力设施抗震设计规范》。

（4）DL 5073《水工建筑物抗震设计规范》。

（5）GB 117《工业构筑物抗震鉴定标准》。

（6）GB 50023《建筑抗震设计分类标准》。

（7）GJG 68《多孔砖（KP1 型）建筑抗震设计与施工规程》。

（8）GB 50190《多层厂房搂盖抗微震设计规范》。

（9）JGJ/T 13《设置钢筋混凝土构造柱多层砖房抗震技术规程》。

4. 特殊结构

（1）GB 50051《烟囱设计规范》。

（2）GB 50040《动力机器基础设计规范》。

（3）GB 50077《钢筋混凝土筒仓设计规范》。

5. 混凝土结构及砌体结构

（1）GB 50010《混凝土结构设计规范》。

（2）CECS 26《钢筋混凝土结构设计与施工规程》。

（3）CECS 28《钢管混凝土结构设计与施工规程》。

（4）GBJ 130《钢筋混凝土升板结构技术规范》。

（5）DL/T 5085《钢-混凝土组合结构设计规程》。

（6）GB 50010《混凝土结构设计规范》。

（7）GBJ 3《砌体结构设计规范》。

（8）JGJ 55《普通混凝土配合比设计规程》。

（9）JGJ/T 98《砌筑砂浆配合比设计规程》。

（10）JGJ 95《冷扎带肋钢筋混凝土结构技术规程》。

（11）JGJ 115《冷扎钮钢筋混凝土构件技术规程》。

（12）GB 16726《钢筋混凝土开间梁、进深梁》。

（13）JGJ 19《冷拔钢丝预应力混凝土构件设计与施工规程》。

（14）JGJ/T 114《钢筋焊接网混凝土结构技术规程》。

（15）GB 50010《混凝土结构耐久性设计规范》。

6. 钢结构

（1）GB 50017《钢结构设计规范》。

（2）JGJ 81《建筑钢结构焊接技术规程》。

（3）JGJ 82《钢结构高强螺栓联结的设计、施工与验收规程》。

（4）GB 50018《冷弯薄型钢结构技术规范》。

7. 辅助及附属车间

GB 50041《锅炉房设计规范》。

4.2.4.4.4 设计阶段监理工作程序

（1）学习上级审批文件，听取项目业主对设计的要求。

（2）熟悉工程情况，收集设计基础资料。依据“监理规划”编制本专业监理实施细则。

（3）核查设计是否符合初步设计的审定意见，是否对要求进一步研究的方案进行了优化，参与业主单位组织的设计评审，提出监理意见。

（4）审查施工图设计成品的内容深度，核查图纸质量，核查专业配合，检查和设备厂家的接口资料，提交设计文件成品确认单（设计监理对设计成品的确认不改变原设计人承担的责任）。

（5）定期报告本专业设计监理情况。

（6）参加施工图技术交底、设计会审会。

（7）确认设计变更。

（8）审查并确认竣工图。

（9）提交设计阶段监理工作小结交总监理工程师。

4.2.4.4.5 施工图设计文件的审查要点及对设计成品的控制措施

（1）主要设计原则符合上级对初步设计审批文件和项目业主的要求。

（2）符合国家和行业标准、规程和规范。

（3）设计文件符合国家发布的“工程建设标准强制性条文”的要求。

（4）设计方案进行了全面、合理的优化。

（5）安全可靠、经济合理，建筑标准适当，并符合工程总造价的要求。

（6）设计深度满足《建筑工程设计文件编制深度规定》（2003 年版）及合同的要求，施工方案简便易行。

（7）专业衔接正确，和设备厂家间资料交换无遗漏，接口配合已相互确认。

（8）采用的新结构、新材料均已通过鉴定，采取了可靠措施。

（9）所依据的设计基础资料齐全，结论正确。

（10）专业监理工程师在确认建筑专业施工图时应重点控制的项目：

1）建筑柱网、轴线符合统一模数制的要求；

2）建筑标准合适；

3）防火、人防、抗震符合规范要求；

4）门窗布置、选型合理，通道顺畅符合人流物流需要；

5）选用材料恰当、选用新材料落实；

6）符合国家颁发的强制性标准的要求。

（11）专业监理工程师在确认结构专业施工图设计文件时应重点控制的项目：

1）基础型式选择恰当、地基基础强度、稳定和沉降满足规范要求，充分考虑了地震的影响；

2）桩长及基础埋深选择恰当，与地质资料相符，桩承载力或地基允许承载力选用恰当，桩型及接桩方式选择恰当；

3）地下设施的设计已充分考虑了施工机械及荷载的影响；

4）建筑物结构布置和选型经济合理，安全可靠，满足抗震要求，结构断面和配筋满足强度、刚度、抗震度要求；

5）筒仓结构的仓体几何特性计算、荷载计算公式、压密系统的选择符合要求，群仓的基础设计应考虑空仓与满仓的不利组合。

（12）在确认施工图时，根据需要可以抽查施工图计算书，重点抽查的项目是：

1）主厂房地基与基础、框架、排架、吊车梁以及烟囱结构；

2）大型动力设备基础（汽轮发电机基座）；

3）煤仓、筒仓结构；

4）建筑物的屋盖结构。

（13）在确认施工图时，根据需要通过业主复查专业间交换资料，对遗留的问题应全面关闭。重点复查的资料如下：

1）复查主厂房布置图及荷重图；

2）复查汽轮发电机基础资料；

3）复查锅炉基础资料任务书；

4）复查重要辅机资料（假定资料应已关闭或做了处理）；

5）复查提供工艺专业的建筑平、剖面图，结构布置图。

（14）应核查施工图设计成品的质量通病（常见病、多发病）的消除情况，核查的重点是建筑专业质量通病：

1）建筑、结构配合不协调，节点不合理；

2）楼梯、平台和楼层关系不配合，楼梯碰撞、电梯各层平台、天桥和周围建筑或设备碰撞；

3）平、立、剖图面不配合；

4）集控室、主控楼保温、防噪、防水、防震、防火、防尘处理不当；

5）门窗选用标准不当，非标钢窗缺乏节点和详图；

6）重要生产场所无卫生间，卫生间地漏和排水坡度未表示；

7）有腐蚀介质的设备间，其防酸碱、排水、通风措施处理不当。

还有结构专业质量通病：

1）总图与详图不协调、外形图与配筋图不协调、布置图与连接图不协调，基础插筋与上部结构不协调、桩位图与基础图不协调，图面内容与计算结果不一致，钢筋数量及规格与计算书不符，套用图纸与本工程条件不符；

2）对主厂房桩基的沉降要求及停锤标准（若采用打入桩）、基础挖土及排水要求、基坑验收及施工程序的要求不明确，不合理；

3）沟道布置未考虑温度伸缩和不均匀沉降影响；

4）主厂房地下设施排水措施不可靠不畅通；

5）排放酸性工业废水的沟道未采取耐腐蚀的措施；

6）图面尺寸、标高、轴线编号、与相邻结构的相关尺寸、相互不衔接；

7）工艺留孔、埋件与工艺资料不符合。

（15）施工图设计说明书要求尽量详尽。重点复核的问题如下：

1）引用的原始数据和资料是否齐全、正确；

2）重要结构方案论证充分完整；

3）与工艺专业的有关部分及相衔接的问题做了说明；

4）关键部分的施工方案和要求做详尽的说明；

5）说明书与计算书及图纸相一致；

6）对施工机械的要求提出建议；

7）建筑物设计合理寿命和使用年限。

（16）参加施工图设计交底或图纸会审，会审前专业监理工程师提出监理意见，会审后设计方发出设计变更通知应经设计监理确认签证。

（17）专业监理工程师应在施工图设计结束时或施工图会审后，写出设计阶段监理工作小结，报总监理工程师。

设计阶段专业监理小结的重点是：

1）工程概况和监理工作概况；

2）设计中贯彻质量过程控制文件和执行技术管理制度的情况；

3）对施工图进行确认的情况，设计单位对确认单的执行情况；

4）施工图会审意见及设计变更情况；

5）对设计质量的评价。

4.2.4.4.6　竣工图阶段监理要点及对成品的质量控制措施

竣工图监理要点按《电力工程竣工图文件编制规定》要求如下：

（1）督促施工单位和调试单位提供施工和调试过程中设计变更情况（经设计单位会签同意的联系单）交由建设单位转送竣工图编制单位。

（2）督促建设单位提供经上级审批同意的重大设计变更方案。

（3）督促设计单位应在合同要求的时间内编制完成本专业竣工图，全部竣工图最晚应在竣工验收前完成。

（4）竣工图审查要点如下：

1）施工图修改过的卷册应重新出竣工图，图标仍按施工图图标，设计阶段改为“竣工图阶段”，由设计人（修改人）、校核人和批准人签署，图纸编号不变，设计阶段代字由S改为Z，未修改的卷册应加盖“竣工图”图章，设计代号由“S”改为“Z”。红色印泥盖在图标上方；

2）应编制本专业“竣工图编制总说明”和竣工图分册说明，总说明的专业代字为“A”，说明修改内容、原因和提供单位；

3）竣工图的编制范围是否符合相关标准及业主要求；

4）按卷册编制竣工图图纸目录；

5）审查竣工图的依据资料是否齐全，施工中是否已经执行，特别是对隐蔽工程的修改所依据的施工单位的施工记录是否齐全准确；

6）本专业修改若涉及其他专业，应对专业相互协调问题进行追踪、检查、落实。各相关图纸的变更表示应相互一致；

7）设计图纸修改引起的修改计算书不包括在竣工图编制范围内，修改计算书应在设计单位内予以归档。

4.2.4.4.7　专业监理工程师应向总监理工程师的报告和信息

4.2.4.4.7.1　向总监理工程师的报告文件

（1）土建专业设计监理实施细则。

（2）土建专业施工图审评报告。

（3）土建专业设计阶段监理总结（按建筑、结构）。

4.2.4.4.7.2　向总监理工程师提供的信息

（1）对项目建设单位提供的资料进行审验意见或建议。

（2）设计文件成品质量检验单。

（3）设计单位对设计监理审查意见反馈意见的答复。

4.2.5　热控专业设计监理实施细则

4.2.5.1　目的

为保证江苏新海发电有限公司2×1000MW机组“上大压

小”工程热控专业设计质量，使其设计达到技术先进、经济合理、安全适用的要求，符合火电厂设计规程、有关技术规定和工程建设标准强制性条文要求，确保电站投产后实现高效、低成本，从而获得较好的投资效益，必须对设计成品进行有效控制，特编制本实施细则。

4.2.5.2 适用范围

本细则适用于江苏新海发电有限公司 2×1000MW 机组“上大压小”工程热控专业的监理工作。

4.2.5.3 引用标准

（1）国务院令第 279 号《建设工程质量管理条例》。

（2）国务院令第 393 号《建设工程安全生产管理条例》。

（3）建设部 DL/T 5034—2009《电力建设工程监理规范》。

（4）建设部［1999］16 号《关于加强勘察设计质量工作的通知》。

（5）电力工业部机械工业部［1994］139 号《关于进一步加强火电建设工程优化工作的通知》。

（6）国家电力公司：国电火［1999］688 号《国家电力公司工程建设监理管理办法》。

（7）建设部建标［2006］102 号《建设部关于发布 2006 年版“工程建设标准强制性条文”（电力工程部分）的通知》。

（8）中国电力建设企业协会《电力工程达标投产管理办法》（2006 年版）。

（9）国电电源［2002］99 号《电力建设安全健康与环境管理工作规定》。

（10）DL 5053—1996《火力发电厂劳动安全和工业卫生设计规程》。

（11）DL/T 5229—2005《电力工程竣工图文件编制规定》。

4.2.5.4 内容与要求

4.2.5.4.1 设计阶段监理工作范围及监理目标

4.2.5.4.1.1 设计阶段监理工作及服务范围

一、监理工作范围

热力控制专业监理工程范围由以下部分组成：

（1）主厂房内锅炉、汽机发电机及其辅机系统的仪表和控制。

（2）电厂本期辅助车间系统：凝结水精处理系统、化学加药系统、汽水取样系统、废水处理系统、循环水加药系统、综合泵房和净水站、循环水系统、除灰系统、除渣系统、空压机系统、电除尘系统、烟气脱硫系统、脱硝系统、暖通系统等的仪表和控制。

（3）老厂锅炉补给水、燃油泵房、补给水泵房、制氢站控制系统和输煤火灾报警的改造和扩容。

（4）灾检测报警与消防控制系统。

（5）闭路电视监视系统。

（6）门禁及电子巡更系统。

（7）对原有厂级实时监控系统（SIS）、管理信息系统（MIS）的扩容和升级。

（8）热工自动化试验室

二、设计监理服务范围

（1）审查设计的质量计划及技术组织措施。

（2）对施工图设计文件进行阅审确认，并按设计确认和施工图审阅管理制度要求，施工图会审前提出监理意见，填写设计成品确认单。

（3）对设计文件存在的重大技术问题，向业主提出监理意见。

（4）参加设计交底、复核设计变更和变更设计，并签署意见。

（5）对专业配合和设备接口进行核查，参加主机设计联络会。

（6）参加竣工图审核，并予以确认。

4.2.5.4.1.2 监理工作目标

设计质量目标：设计文件符合国家、行业有关标准。符合初步设计上级审批文件和总图设计评审纪要的要求：建设标准符合政策、标准、积极谨慎地采用新技术，设计技术经济指标达到同类型先进水平。施工图设计进行了优化，卷册设计满足施工要求和达标投产创优质工程的要求，优良率 90%以上，施工中无重大错、漏、碰现象。

设计进度目标：按设计合同规定的进度交付图纸。

设计投资目标：配合技经专业，开展限额设计，将专业投资限定在建设单位要求范围内。

4.2.5.4.2 业主应提供的资料

4.2.5.4.2.1 提供工程审批文件

（1）可行性研究审批文件。

（2）主机、辅机招标技术规范书。

（3）订货合同及技术协议。

4.2.5.4.2.2 提供厂家设备资料

（1）锅炉、汽机本体使用维护说明书、测点图及安装调试工程热控相关资料。

（2）汽机厂成套供应的 DCS MEH TSI 等设备资料及技术协议书。

（3）分散热控系统硬件配置，系统连接及相关设备协调资料及技术协议书。

（4）锅炉补给水处理程控系统设计文件。

（5）凝结水精处理程控系统设计文件。

（6）循环水处理程控装置设计文件。

（7）火灾报警系统设计文件。

（8）信息管理系统设计文件。

4.2.5.4.2.3 提供设计单位有关资料

（1）本专业设计质量计划及技术组织措施。

（2）重要项目计算书（根据需要）。

（3）施工图设计文件。

4.2.5.4.3 监理应遵循的设计标准

（1）DL 5000《火力发电厂设计技术规程》。

（2）DL/T 5175《火力发电厂热工控制系统设计技术规定》。

（3）电力规划设计院电规发［1996］214 号《单元机组分散控制系统设计若干技术问题规定》。

（4）ND 091《火力发电厂电力网络计算机监控系统设计技术规定》。

（5）DLGJ 116《火力发电厂炉膛安全监控设计技术规定》。

（6）GB 5011《火灾自动报警设计规范》。

4.2.5.4.4 设计阶段监理工作程序

（1）学习上级审批文件，听取项目业主对设计的要求。

（2）熟悉工程情况，收集设计基础资料。依据“监理规划”编制本专业监理实施细则。

（3）施工图设计阶段核查本专业是否对初步设计审定的方案及要求进一步研究的方案进行了优化，参与业主单位组织的设计评审，提出监理意见。

（4）审查施工图设计成品的内容深度，核查图纸质量，核查专业配合，检查和设备厂家的接口资料。

（5）定期报告设计监理情况。

（6）参加施工图技术交底、设计会审会。

（7）确认设计变更。

（8）审查并确认竣工图。

（9）提交设计阶段监理工作小结交总监理工程师。

4.2.5.4.5　施工图设计文件的审查要点及设计成品的控制措施

（1）主要设计原则符合上级审批文件和项目业主的要求。

（2）检查机组安全保护系统的完整性，测点的选择应具有代表性，保护元件（仪表）的选择应安全，可靠，保证机组的安全。

（3）程控（顺控）系统的设计检查控制逻辑完整、可靠，硬件设备配置完善可靠。

（4）所有热工检测，控制系统的设计，设备选择等，均应满足规划院组织编写的标准规范书的要求。

（5）专业衔接正确，设计单位各专业间，设计单位和设备厂家间资料交换无遗漏，接口配合已相互确认。

（6）督促设计院外商施工图的确认工作。

（7）全面核查设计中采用的安全措施是否妥善和落实。

核查的重点如下：

1）向土建专业提出的荷载资料是否正确，有无遗漏。

2）易燃易爆场所的热工设备选择是否考虑了防爆产品，电缆通道是否考虑了防护措施。

3）火灾自动报警系统和自动消防系统设计是否满足防火规范的要求。

4）国家发布的强制性条文是否得到贯彻。

5）新技术新材料是否经过了鉴定。

（8）项目监理机构应按下列要求核查施工图阶段成果，对施工图进行确认，并提出监理意见。

核查的重点如下：

1）符合有关部门对初步设计的审批要求，符合外部评审的意见。

2）符合国家和行业标准、规程和规范。

3）设计方案进行了全面、合理的优化。

4）安全可靠、经济合理，建筑标准适当，并符合工程总造价的要求。

5）设计深度满足施工的要求，施工方案简便易行。

6）使用功能满足要求，运行方式正确、合理。

7）专业衔接正确无误，设计单位各专业间，设计单位和设备厂家间资料交换无遗漏。

8）设计文件符合国家发布的“工程建设标准强制性条文”的要求。

9）新技术、新设备、新材料均已通过鉴定，采取了可靠措施。

10）所依据的设计基础资料齐全，结论正确。

11）复核设备材料清册是否满足订货要求。

（9）专业施工图设计说明要求尽量详尽，对自动化系统的主要功能，随主辅提供的成套控制装置，程控装置采用情况，新技术新设备的采用，施工安装应该注意的事项及施工图设计尚未解决，留待工代处理的事项和问题都要描述清楚。

（10）对热工自动化设备的安装设计，要求采用设备厂家的最终版资料，定位尺寸明确，对未订货的设备，要求设计单位跟踪解决，予以关闭。

（11）对电缆导管主通道走向设计要求定位尺寸，各层标高，电缆桥架尺寸齐全，必要时有断面图，防止与机务管道、土建梁柱发生碰撞。

（12）对材料清册，要求开列齐全，各类安装材料分门别类开列，数量估列恰当。

（13）全面复查专业间交换资料情况，遗留问题全部关闭。

复查的重点：

1）向土建专业提供的荷载、埋件、留孔是否有遗漏。

2）向各专业提供的资料有无变更。

3）接受其他专业的资料是否已经配合，有无碰撞。

4）主厂房的热工自动化专业电缆主通道轴向是否与电气进行了协调和核实。

（14）核查施工图设计成品的质量通病的消除情况，核查的重点是：

1）专业间和施工图卷册间以及与供货厂商间的衔接情况，是否有设计漏项。

2）设备遗留问题和暂定资料的关闭情况。

3）套用的图纸是否和使用条件相一致。

4）与安全和设计功能关系重大的设计特性是否已标注在设计文件上。

5）由于设计原始资料和厂家资料的变更，在专业交换资料中是否均进行了修正，有无修改不统一、不一致的情况。

（15）施工图设计交底或施工图会审前，专业监理工程师提出监理意见，会审后设计方发出的设计变更通知单应经设计监理确认签证。

（16）专业监理工程师应在施工图设计结束时或施工图会审后，写出设计阶段监理工作小结，报总监理工程师。

设计阶段专业监理小结的重点是：

1）工程概况和监理工作概况。

2）设计中贯彻质量过程控制文件和执行技术管理制度的情况。

3）对施工图进行确认的情况，设计单位对确认意见的执行情况。

4）施工图会审意见及设计变更情况。

5）对设计质量的评价。

4.2.5.4.6　竣工图阶段监理要点及对成品的质量控制措施

（1）督促施工单位和调试单位提供施工和调试过程中设计变更情况（经设计单位会签同意的联系单）。

（2）督促建设单位提供经上级审批同意的重大设计变更方案。

（3）督促设计单位应在合同要求的时间内编制完成本专业竣工图，全部竣工图最晚应在竣工验收前完成。

（4）竣工图审查要点如下：

1）施工图修改过的卷册应重新出竣工图，未修改的卷册应加盖“竣工图”图章，设计代号由“S”改为“Z”。

2）应编制本专业“竣工图编制总说明”，说明修改内容、原因和提供单位。

3）竣工图的编制范围为所有施工图。

4）审查竣工图的依据资料是否齐全，施工中是否已经执行，特别是对隐蔽工程的修改所依据的施工单位的施工记录是否齐全准确。

5）本专业修改若涉及其他专业，应对专业相互协调问题进行追踪、检查、落实。

4.2.5.4.7　专业监理工程师应向总监理工程师的报告和信息

4.2.5.4.7.1　向总监理工程师的报告文件

（1）热力控制专业设计阶段监理实施细则。

（2）热力控制专业设计阶段监理小结。

4.2.5.4.7.2　向总监理工程师提供的信息

（1）对项目建设单位提供的资料审验意见。

（2）设计文件成品质量审查单。

（3）设计单位对设计监理审查意见的答复。

4.2.6 运煤专业设计监理实施细则

4.2.6.1 目的

为保证江苏新海发电有限公司 2×1000MW 机组“上大压小”工程运煤专业设计质量，使其设计达到技术先进、经济合理、安全适用的要求，符合火电厂设计规程、有关技术规定和工程建设标准强制性条文要求，确保电站投产后实现高效、低成本，从而获得较好的投资效益，必须对设计成品进行有效控制，特编制本实施细则。

4.2.6.2 适用范围

本细则适用于江苏新海发电有限公司 2×1000MW 机组“上大压小”工程运煤专业的监理工作。

4.2.6.3 引用标准

（1）国务院令第 279 号《建设工程质量管理条例》。

（2）GB 50319《电力建设工程监理规范》。

（3）建设部［1999］16 号《关于加强勘察设计质量工作的通知》。

（4）电力工业部 机械工业部［1994］139 号《关于进一步加强火电建设工程优化工作的通知》。

（5）国家电力公司：国电火［1999］688 号《国家电力公司工程建设监理管理办法》。

（6）建设部建标［2006］102 号《建设部关于发布 2006 年版“工程建设标准强制性条文”（电力工程部分）的通知》。

（7）中国电力建设企业协会《电力工程达标投产管理办法》（2006 年版）。

（8）DL/T 5229《电力工程竣工图文件编制规定》。

4.2.6.4 内容与要求

4.2.6.4.1 设计阶段监理工作范围及监理目标

4.2.6.4.1.1 设计阶段监理工作范围

一、设计监理工作范围

本期 2×1000MW 机组和老厂 2×330MW 机组共用一套上煤系统卸煤系统，本期仍采用电厂原有单车翻车机卸煤设备，同时泄煤沟延长 259m。拆除原有卸煤沟下皮带机及叶轮给煤机，更换输煤皮带机，仍为双路布置。新增 6 台桥式叶轮给煤机。同时新建一座#3 煤场（圆型煤场）。

二、设计监理服务范围

（1）审查设计的质量计划及技术组织措施。

（2）对施工图设计文件进行阅审确认，并按设计确认和施工图审阅管理制度要求，施工图会审前提出监理意见，填写设计成品确认单。

（3）对设计文件存在的重大技术问题，向业主提出监理意见。

（4）参加设计交底、复核设计变更和变更设计，并签署意见。

（5）对专业配合和设备接口进行核查，参加主机设计联络会。

（6）参加竣工图审核，并予以确认。

4.2.6.4.1.2 监理工作目标

设计质量目标：设计文件符合上级审批文件和国家、行业有关标准。初步设计方案论证充分，结论正确。建设标准符合政策、标准、积极谨慎地采用新技术，设计技术经济指标达到同类型先进水平。施工图设计进行了优化，卷册设计满足施工要求和达标投产创优质工程的要求，优良率 90%以上，无重大错、漏、碰现象。

设计进度目标：按设计合同规定的进度交付图纸。

设计投资目标：配合技经专业，开展限额设计，将专业投资限定在建设单位要求范围内。

4.2.6.4.2 建设单位应提供的资料

4.2.6.4.2.1 提供工程审批文件和工程相关文件

（1）主管上级的审批文件。

（2）供煤协议及运输协议。

（3）煤质分析资料。

（4）厂区自然条件、气象资料。

（5）外委设计合同。

（6）连云港站至电厂区段运煤设计资料。

（7）与电厂的运行情况、系统和布置相衔接的有关资料。

4.2.6.4.2.2 提供厂家设备资料

（1）燃料输送设备的厂家资料：带式输送机的说明书、图纸及技术协议书。

（2）圆形料场堆取料机、门架式斗轮堆取料机、悬臂式斗轮堆取料机、螺旋卸车机、叶轮给煤机等设备的厂家说明书、图纸及技术协议书。

4.2.6.4.2.3 提供设计单位有关资料

（1）本专业设计质量计划及技术组织措施。

（2）重要项目计算书（根据需要）。

（3）施工图设计文件。

4.2.6.4.3 监理应遵循的主要技术标准

（1）DL 5000《火力发电厂设计技术规程》。

（2）DL 5053《火力发电厂劳动安全和工业卫生设计规程》。

（3）DL/T 5187《火力发电厂运煤设计技术规程》。

（4）DL 612《电力工业锅炉压力容器监察规程》。

（5）DL 5027《电力设备典型消防规程》。

4.2.6.4.4 设计阶段监理工作程序

（1）学习上级审批文件，听取项目业主对设计的要求。

（2）熟悉工程情况，收集设计基础资料。依据“监理规划”编制本专业监理实施细则。

（3）施工图设计阶段核查本专业是否对初步设计审定的方案及要求进一步研究的方案进行了优化，参与业主单位组织的设计评审，提出监理意见。

（4）审查施工图设计成品的内容深度，核查图纸质量，核查专业配合，检查和设备厂家的接口资料。

（5）定期报告设计监理情况。

（6）参加施工图技术交底、设计会审会议。

（7）确认设计变更。

（8）审查并确认竣工图。

（9）提交设计阶段监理工作小结交总监理工程师。

4.2.6.4.5 施工图设计文件的审查要点及对设计成品的控制措施

（1）主要设计原则符合上级审批文件和项目建设单位的要求。

（2）运煤系统中设备布置应充分考虑运行和检修的要求，考虑施工方便、考虑节省材料，审查各层标高、运行通道、检修场地、皮带机倾斜角度和皮带速度是否合理，和其他专业的设备以及有关的管道、电缆有无碰撞；各相关尺寸是否表示清楚。

（3）环保要求、劳动安全和工业卫生是否符合有关规程的要求。

（4）按下列要求核查设计阶段文件，并提出监理意见。

核查的重点如下：

1）符合有关部门对初步设计的审批要求，符合外部评审的意见；

2）符合国家和行业标准、规程和规范，执行了建设标准强制性条文；

3）设计方案进行了全面、合理的优化；

4）安全可靠、经济合理，建筑标准适当，并符合工程总造价的要求；

5）设计深度满足施工的要求，施工方案简便易行；

6）满足使用功能，运行方式正确、合理；

7）新技术、新工艺、新设备、新材料均已通过鉴定；

8）所依据的设计基础资料齐全，结论正确。

（5）施工图专业说明书应陈述详尽：

1）说明书应阐述运煤系统在启动、运行、事故停运等情况下的运行方式；

2）安装及运行方式应详细说明；

3）施工注意事项、专业衔接、特殊施工要求应具体说明；

4）厂家对设备的安装要求等要说明清楚；

5）运煤设施设计使用寿命应予以说明；

6）系统和设备选型考虑了地区特点和适用环境。

（6）采用新工艺、新技术的项目，要求有鉴定批准证明，应技术可靠，设备落实；

（7）检查设计过程中的遗留问题和假定问题，应全部得到解决和落实；

（8）核查施工图设计成品的质量通病（常见病、多发病）的消除情况，核查重点是：

1）输煤总图的朝向应与厂区总平面布置系统一致，各单位的纵横断面、结构尺寸，标高要完整、正确，设备安装位置表示清楚，定位尺寸要正确，电气箱柜和辅助设备亦应按比例表示清楚；

2）设备安装图与总图相符合，运行检修方便，安装定位尺寸要标注完整，尺寸比例正确合理，设备布置安装方法要求符合安全文明生产要求；

3）图中设备明细表中、设备规范、台数、生产厂家等标注齐全和设备清册一致；技术规范技术要求说明等要完整准确；

4）布置图中设备与土建结构梁、柱等应标注清楚，其他工艺专业设备管线应无碰撞，材料表内容如名称、规范、数量、重量等应标注准确；

5）对非标部件加工制造图及设备制造图其技术参数，性能指标符合设计要求；结构设计合理、用材正确、加工精度及公差配合恰当、零部件要求拆装方便，视图表示清楚，尺寸标注完整、正确，满足订货加工的需要；

6）图标栏内容各项是否按规定填写，签名是否齐全，相关专业是否会签；

7）套用的图纸是否和使用条件相一致，是否套用了实践证明是优秀的设计图纸；

8）容易引起振动的设备是否有防震措施；

9）水冲洗和防尘治理设计中小管道是否出了系统图，其材料和支吊架是否已经估列在材料表中，材料量估列是否合适；

10）与安全和设计功能关系重大的设计特性是否已标注在设计文件上。

（9）施工图设计交底或图纸会审前专业监理工程师提出监理意见，会审后设计方发出设计变更通知应经设计监理确认签证。

（10）专业监理工程师应在施工图设计结束时或施工图会审后，写出设计阶段监理工作小结，报总监理工程师。

设计阶段专业监理小结的重点是：

1）工程概况和监理工作概况；

2）设计中贯彻质量过程控制文件和执行技术管理制度的情况；

3）对施工图进行确认的情况；

4）施工图会审意见及设计变更情况；

5）对设计质量的评价。

4.2.6.4.6　竣工图阶段建立要点及对成品的质量控制措施

竣工图监理要点按《电力工程竣工图文件编制规定》要求如下：

（1）督促施工单位和调试单位提供施工和调试过程中设计变更情况（经设计单位会签同意的联系单）交由建设单位转送竣工图编制单位。

（2）督促建设单位提供经上级审批同意的重大设计变更方案。

（3）督促设计单位应在合同要求的时间内编制完成本专业竣工图，全部竣工图最晚应在竣工验收前完成。

（4）竣工图审查要点如下：

1）施工图修改过的卷册应重新出竣工图，图标仍按施工图图标，设计阶段改为“竣工图阶段”，由设计人（修改人）、校核人和批准人签署，图纸编号不变，设计阶段代字由S改为Z，未修改的卷册应加盖“竣工图”图章，设计代号由“S”改为“Z”。红色印泥盖在图标上方。

2）应编制本专业“竣工图编制总说明”和竣工图分册说明，总说明的专业代字为“A”，说明修改内容、原因和提供单位。

3）竣工图的编制范围为所有施工图。

4）按卷册编制竣工图图纸目录。

5）审查竣工图的依据资料是否齐全，施工中是否已经执行，特别是对隐蔽工程的修改所依据的施工单位的施工记录是否齐全准确。

6）本专业修改若涉及其他专业，应对专业相互协调问题进行追踪、检查、落实。各相关图纸的变更表示应相互一致。

7）设计图纸修改引起的修改计算书不包括在竣工图编制范围内，修改计算书应在设计单位内予以归档。

4.2.6.4.7　专业监理工程师应向总监理工程师的报告和信息

4.2.6.4.7.1　向总监理工程师的报告文件

（1）运煤专业设计阶段监理实施细则。

（2）运煤专业施工图评审报告。

（3）运煤专业设计阶段监理小结。

4.2.6.4.7.2　向总监理工程师提供的信息

（1）对项目建设单位提供的资料审验意见。

（2）设计文件成品质量审查单。

（3）设计单位对设计监理审查意见反馈意见的答复。

4.2.7　供水专业设计监理实施细则

4.2.7.1　目的

为保证江苏新海发电有限公司2×1000MW机组“上大压小”工程供水专业设计质量，使其设计达到技术先进、经济合理、安全适用的要求，符合火电厂设计规程、有关技术规定和工程建设标准强制性条文要求，确保电站投产后实现高效、低成本，从而获得较好的投资效益，必须对设计成品进行有效控制，特编制本实施细则。

4.2.7.2　适用范围

本细则适用于江苏新海发电有限公司 2×1000MW 机组“上大压小”工程供水专业的监理工作。

4.2.7.3　引用标准

（1）国务院令第279号《建设工程质量管理条例》。

（2）国务院令第393号《建设工程安全生产管理条例》。

（3）GB 50319《电力建设工程监理规范》。

（4）建设部［1999］16号《关于加强勘察设计质量工作的通知》。

（5）电力工业部、机械工业部［1994］139号《关于进一步加强火电建设工程优化工作的通知》。

（6）国家电力公司：国电火［1999］688号《国家电力公司工程建设监理管理办法》。

（7）建设部建标［2006］102号《建设部关于发布2006年版“工程建设标准强制性条文”（电力工程部分）的通知》。

（8）中国电力建设企业协会《电力工程达标投产管理办法》（2006年版）。

（9）国电电源［2002］99号《电力建设安全健康与环境管理工作规定》。

（10）DL 5053《火力发电厂劳动安全和工业卫生设计规程》。

（11）DL/T 5229《电力工程竣工图文件编制规定》。

4.2.7.4 内容与要求

4.2.7.4.1 设计阶段监理工作范围及监理目标

4.2.7.4.1.1 设计阶段监理工作及服务范围

一、设计监理的工作范围

电厂供水专业监理工程范围：循环供水系统、全厂水务管理及水量平衡、补给水系统及补给水泵房、生活、生产给排水、生活污水处理系统、雨水排水系统、净水站。

二、设计监理服务范围

（1）审查设计的质量计划及技术组织措施。

（2）对施工图设计文件进行阅审确认，并按设计确认和施工图审阅管理制度要求，施工图会审前提出监理意见，填写设计成品确认单。

（3）对设计文件存在的重大技术问题，向业主提出监理意见。

（4）参加设计交底、复核设计变更和变更设计，并签署意见。

（5）对专业配合和设备接口进行核查，参加主机设计联络会。

（6）参加竣工图审核，并予以确认。

4.2.7.4.1.2 监理工作目标

设计质量目标：设计文件符合上级审批文件和国家、行业有关标准。初步设计方案论证充分，结论正确。建设标准符合政策、标准、积极谨慎地采用新技术，设计技术经济指标达到同类型先进水平。施工图设计进行了优化，卷册设计满足施工要求和达标投产创优质工程的要求，优良率90%以上，无重大错、漏、碰现象。

设计进度目标：按设计合同规定的进度交付图纸。

设计投资目标：配合技经专业，开展限额设计，将专业投资限定在业主要求范围内。

4.2.7.4.2 业主应提供的资料

4.2.7.4.2.1 提供工程审批文件和工程相关文件

（1）主管上级的审批文件。

（2）水源资料、原水水质资料及工程水文资料。

（3）电厂的规划容量及机组类型。

（4）厂址的地形、自然条件、工程地质资料，取水区域测量资料。

（5）厂址地区的气象条件。

（6）供水和除灰管线路径走廊地形资料及城建部门同意文件，如穿越铁路或公路河渠也需取得有关单位文件。

（7）同意取水和排水的协议文件。

4.2.7.4.2.2 应提供的厂家资料

（1）取水、排水口闸板、滤网、泵房设备（泵、电机）等有关设备资料及技术协议书。

（2）净水站设备资料（图纸及说明书）及技术协议书。

（3）生活污水处理及含油、煤废水处理设备资料及技术协议书。

（4）消防系统设备资料（包括水及气体消防、消火栓、箱）。

（5）冷却塔内配水构件装置资料（图纸及说明书）。

4.2.7.4.3 监理应遵循的主要技术标准

4.2.7.4.3.1 设计技术标准

（1）DL 5000《火力发电厂设计技术规程》。

（2）NDGJ 5《火力发电厂水工设计技术规定》。

（3）GB 50229《火力发电厂与变电所设计防火规范》。

（4）DLGJ 24《火力发电厂生活、消防给水和排水设计技术规定》。

（5）GB 50050《工业循环冷却水设计规范》。

（6）NDGJ 88《冷却塔塑料淋水填料技术规定》。

（7）GB 50163《卤代烷1301灭火系统设计规范》。

（8）GB 50196《高倍数、中倍数泡沫灭火系统设计规范》。

（9）GB 50014《室外排水设计规范》。

（10）GB 50013《室外给水设计规范》。

（11）GB 50015《建筑给水排水设计规范》。

（12）GB/T 50106《给水排水制图标准》。

（13）GB 50219《水喷雾灭火系统设计规范》。

（14）DL/T 5054《火力发电厂汽水管道设计技术规定》。

（15）GLGJ 128《火力发电厂水工设计基础资料及其深度规定》。

（16）DL/T 5046《火力发电厂废水治理设计技术规程》。

4.2.7.4.3.2 施工验收相关标准及管理规定

（1）GB 50268《给水排水管道工程施工及验收规范》。

（2）GB 50261《自动喷水灭火系统施工及验收规范》。

（3）SYJ 0447《埋地钢质管道环氧煤沥青防腐层技术标准（试行）》。

（4）DL 5027《电力设备典型消防规程》。

（5）DL 5031《电力建设施工及验收技术规范》（管道篇）。

（6）GB/T 50265《泵站设计规范》。

（7）GB 50016《建筑设计防火规范及条文说明》。

（8）DL 5007《电力建设施工及验收技术规范》（火力发电厂焊接篇）。

4.2.7.4.4 设计阶段监理工作程序

（1）学习上级审批文件，听取项目业主对设计的要求。

（2）熟悉工程情况，收集设计基础资料。依据“监理规划”编制本专业监理实施细则。

（3）施工图设计阶段核查本专业是否对初步设计审定的方案及要求进一步研究的方案进行了优化，参与业主单位组织的设计评审，提出监理意见。

（4）审查施工图设计成品的内容深度，核查图纸质量，核查专业配合，检查和设备厂家的接口资料。

（5）定期报告设计监理情况。

（6）参加施工图技术交底、设计会审会。

（7）确认设计变更。

（8）审查并确认竣工图。

（9）提交设计阶段监理工作小结交总监理工程师。

4.2.7.4.5　施工图设计文件的审查要点及设计成品的控制措施

（1）主要设计原则符合上级审批文件和项目业主的要求。

（2）取水建筑物、水泵房、水处理设施等满足工艺专业的要求；建筑符合防火措施和消防通道的要求；取排水设施应和地区城市规划相协调。

（3）按下列要求核查设计阶段成果，并对施工图进行确认，提出监理意见。

核查的重点如下：

1）符合有关部门对初步设计的审批要求，符合外部评审的意见；

2）符合国家和行业标准、规程和规范；

3）设计方案进行了全面、合理的优化；

4）安全可靠、经济合理、建筑标准适当，并符合工程总造价的要求；

5）设计深度满足施工的要求，施工方案简便易行；

6）供水设施满足使用功能，布置合理，和城市区域规划相协调；

7）新技术、新工艺、新设备、新材料均已通过鉴定，采取了可靠措施；

8）所依据的设计基础资料齐全，结论正确。

（4）在确认建筑专业施工图时应重点控制的项目：

1）地基处理选择正确；坝体边坡稳定，抗渗设施有效；

2）基础型式、地基强度、稳定、沉降、抗震满足规范要求，正确考虑了地震、风压的影响；

3）桩长及基础埋深选择恰当，与地质资料相符。桩的承载力或地基允许承载力选用恰当。桩型及接桩方式选择恰当；

4）建筑结构布置和选型合理安全，满足抗震要求。结构断面和配筋满足强度、刚度、抗震等要求；

5）符合国家颁发的强制性标准的要求。

（5）在确认结构专业施工图时根据需要可以复查计算书，复查的重点项目是：取水建筑物、水泵房、建筑物屋盖等。

（6）核查施工图设计成品的质量通病（常见病、多发病）的消除情况，核查的重点是：

1）平、立、剖面不配合；

2）建筑、结构不协调；

3）总图与详图不协调，结构图与配筋图不协调；基础图与上部结构不协调；

4）专业间和施工图卷册间的衔接情况，是否有设计漏项，应提醒现场施工前进行落实；

5）套用图纸与本工程条件不符合；

6）排放酸性工业废水沟道未采取防腐蚀措施；地下水有腐蚀性时的防护措施不落实。

（7）专业施工图设计说明书要求详尽。重点复核的问题如下：

1）引用的原始数据和资料是否齐全、正确；

2）重要结构方案的论证充分完整；

3）与工艺专业有关部分及相衔接的问题说明；

4）施工方案与施工注意事项作详尽的说明；

5）说明书与图纸相一致；

6）对施工机械的要求提出建议。

（8）参加施工图设计交底或图纸会审，会审前专业监理工程师提出监理意见，会审后设计方发出设计变更通知应经设计监理确认签证。

（9）专业监理工程师应在核查施工图设计结束时，或施工图会审后，写出设计阶段监理工作小结，报总监理工程师。

（10）设计阶段专业监理小结的重点是：

1）工程概况和监理工作概况；

2）设计中贯彻质量过程控制文件和执行技术管理制度的情况；

3）对施工图确认的情况；

4）施工图会审意见及设计变更情况；

5）对设计质量的评价。

4.2.7.4.6　竣工图阶段监理要点及对成品的控制措施

竣工图监理要点按《电力工程竣工图文件编制规定》要求如下：

（1）督促施工单位和调试单位提供施工和调试过程中设计变更情况（经设计单位会签同意的联系单）交由建设单位转送竣工图编制单位。

（2）督促建设单位提供经上级审批同意的重大设计变更方案。

（3）督促设计单位应在合同要求的时间内编制完成本专业竣工图，全部竣工图最晚应在竣工验收前完成。

（4）竣工图审查要点如下：

1）施工图修改过的卷册应重新出竣工图，图标仍按施工图图标，设计阶段改为“竣工图阶段”，由设计人（修改人）、校核人和批准人签署，图纸编号不变，设计阶段代字由S改为Z，未修改的卷册应加盖“竣工图”图章，设计代号由“S”改为“Z”。红色印泥盖在图标上方。

2）应编制本专业“竣工图编制总说明”和竣工图分册说明，总说明的专业代字为“A”，说明修改内容、原因和提供单位。

3）竣工图的编制范围为所有施工图。

4）按卷册编制竣工图图纸目录。

5）审查竣工图的依据资料是否齐全，施工中是否已经执行，特别是对隐蔽工程的修改所依据的施工单位的施工记录是否齐全准确。

6）本专业修改若涉及其他专业，应对专业相互协调问题进行追踪、检查、落实。各相关图纸的变更表示应相互一致。

7）设计图纸修改引起的修改计算书不包括在竣工图编制范围内，修改计算书应在设计单位内予以归档。

4.2.7.4.7　专业监理工程师应向总监理工程师的报告和信息

4.2.7.4.7.1　向总监理工程师的报告文件

（1）供水专业设计阶段监理实施细则。

（2）供水专业施工图评审报告。

（3）供水专业设计阶段监理小结。

4.2.7.4.7.2　向总监理工程师提供的信息

（1）对项目业主提供的资料审验意见。

（2）设计文件成品质量检验单。

（3）设计单位对设计监理审查意见反馈意见的答复。

4.2.8　水工结构专业设计监理实施细则

4.2.8.1　目的

为保证江苏新海发电有限公司2×1000MW机组“上大压小”工程工程结构专业设计质量，使其设计达到技术先进、经济合理、安全适用的要求，符合火电厂设计规程、有关技术规定和工程建设标准强制性条文要求，确保电站投产后实现高效、低成本，从而获得较好的投资效益，必须对设计成品进行有效控制，特编制本实施细则。

4.2.8.2　适用范围

本细则适用于江苏新海发电有限公司 2×1000MW 机组

"上大压小"工程水工结构的监理工作。

4.2.8.3 引用标准

（1）国务院令第279号《建设工程质量管理条例》。

（2）国务院令第393号《建设工程安全生产管理条例》。

（3）GB 50319《电力建设工程监理规范》。

（4）建设部［1999］16号《关于加强勘察设计质量工作的通知》。

（5）电力工业部 机械工业部［1994］139号《关于进一步加强火电建设工程优化工作的通知》。

（6）国家电力公司：国电火［1999］688号《国家电力公司工程建设监理管理办法》。

（7）建设部建标［2006］102号《建设部关于发布2006年版"工程建设标准强制性条文"（电力工程部分）的通知》。

（8）中国电力建设企业协会《电力工程达标投产管理办法》（2006年版）。

（9）国电电源［2002］99号《电力建设安全健康与环境管理工作规定》。

（10）DL 5053《火力发电厂劳动安全和工业卫生设计规程》。

（11）DL/T 5229《电力工程竣工图文件编制规定》。

4.2.8.4 内容与要求

4.2.8.4.1 设计阶段监理工作范围及监理目标

4.2.8.4.1.1 设计阶段监理工作及服务范围

一、设计监理工作范围

冷却塔、循环水泵房、输水管路、净化设施、污水处理、排水设施、灰管线的各类建筑物、构筑物。

二、设计监理服务范围

（1）审查设计的质量计划及技术组织措施。

（2）对施工图设计文件进行阅审确认，并按设计确认和施工图审阅管理制度要求，施工图会审前提出监理意见，填写设计成品确认单。

（3）对设计文件存在的重大技术问题，向业主提出监理意见。

（4）参加设计交底、复核设计变更和变更设计，并签署意见。

（5）对专业配合和设备接口进行核查，参加主机设计联络会。

（6）参加竣工图审核，并予以确认。

4.2.8.4.1.2 监理工作目标

设计质量目标：设计文件符合上级审批文件和国家、行业的有关规范规程和标准。初步设计方案论证充分，结论正确。建设标准符合政策、标准、积极谨慎地采用新技术，设计技术经济指标达到同类型先进水平。施工图设计进行了优化，卷册设计满足施工要求和达标投产创优质工程的要求，无重大错、漏、碰现象。

设计进度目标：按设计合同规定的进度交付设计文件、图纸。

设计投资目标：配合技经专业，开展限额设计，将专业投资限定在业主要求范围内。

4.2.8.4.2 业主应提供的资料

4.2.8.4.2.1 提供工程审批文件和工程相关文件

（1）主管上级的审批文件。

（2）厂区环境资料：城市规划、河道治理规划、排水管网、地下水位、水质等。

（3）有关协议：征地及施工用地协议；水源、电源协议。

4.2.8.4.2.2 工程技术需用的资料及设计基础资料

（1）工程前期的设计图纸、说明书。

（2）工程地质勘测资料，包括厂区工程地质、水文地质、气象、水文资料及报告，潮位，测量图纸。

（3）其他。

4.2.8.4.2.3 提供设计单位有关资料

（1）本专业设计质量计划及技术组织措施。

（2）重要项目计算书（根据需要）。

（3）施工图设计文件。

4.2.8.4.3 设计监理应遵循的主要技术标准

本章其余内容见光盘。

第3篇

火电工程200MW和300MW机组工程施工监理范例

魏安稳　高仁洲　李显民　等　编著

第1章　新疆阿克苏电厂200MW机组工程施工阶段监理规划

监理工作标准如下：

（1）质量方针：科学规范，严格监理，热情服务，创造一流。

（2）质量目标：履行监理合同，提供满意服务；监理单位工程合格率100%；建筑单位工程优良率90%以上；安装单位工程优良率96%以上；主体单位工程优良；受检焊口无损探伤一次合格率98%以上；机组启动一次成功，并达标投产。

（3）安全方针：安全第一，预防为主，综合治理。

（4）安全目标：无人身死亡、重伤事故；无责任性重大机械、设备、火灾事故，争创无事故工程。

（5）工作准则：守法，诚信，公正，科学。

（6）工作方式：严格，热情，到位，认真。

1.1　名词定义

1.1.1　工程监理：受项目法人委托对工程建设项目进行监督管理。

1.1.2　四控制：质量控制、进度控制、造价控制、安全控制。

1.1.3　二管理：信息管理、合同管理。

1.1.4　一协调：对参加工程建设有关单位之间工作配合关系的协调。

1.1.5　监理服务：指监理单位依据《监理合同》所履行的服务。

1.1.6　项目法人：指委托监理单位的一方及其合法继承人和允许受让人。

1.1.7　监理单位：指具有相应资质、受项目法人委托履行监理服务的一方及其合法继承人和允许受让人。

1.1.8　承包单位：指承包工程设计、施工、调试单位和供应商。

1.2　监理规划编制依据

1.2.1　《建设工程监理规范》（GB 50319—2000）。

1.2.2　原国家电力公司工程建设监理管理办法［国电文（1999）688号］。

1.2.3　国家和原电力部现行施工及验收规范、标准、质量验评标准、概预算的编制与管理规定。

1.2.4　国家电力公司《火电机组达标投产考核标准（2006年版）及其相关规定》。

1.2.5　审定的初步设计资料、施工图纸和有关设计文件。

1.2.6　设备制造厂家提供的正式图纸和技术文件。

1.2.7　项目法人与设计单位、供货单位、施工单位、调试单位等签订的合同、协议及附件。

1.2.8　西北电力建设工程监理有限责任公司质量管理体系文件。

1.2.9　国家施工规范标准、电力行业和建筑工程行业施工规范标准。

1.3　工程项目概况

1.3.1　工程名称：徐矿集团新疆阿克苏热电2×200MW新建工程。

1.3.2　项目法人：徐矿集团新疆阿克苏热电有限公司。

1.3.3　工程规模：本期建设规模为400MW，安装2台200MW超高压双抽凝汽式燃煤供热汽轮发电机组+2×670t/h超高压煤粉炉。

1.3.4　建设工期：本工程两台机组拟定建设总工期为20个月，开工日期为2010年3月10日，#1机组计划于2011年7月31日完成168h试运投产发电；#2机组计划于2011年10月31日完成168h试运投产发电。

1.3.5　工程地点：新疆阿克苏市西工业园区东南部，位于工业园武汉路、沈阳路、昆明路和苏州路之间区域，地处东经86°9.8′，北纬41°4.7′，距阿克苏市区西南约10km。

1.3.6　水文气象条件：电厂场地位于阿克苏市附近，阿克苏地区位于欧亚大陆深处，远离海洋，属于暖温带干旱气候，具有大陆性气候特点：气候干燥、蒸发量大、降水稀少，且年、季变化大、晴天多、日照长、热量资源丰富、气候变化剧烈、冬寒夏暑、昼热夜冷、全年平均风速小。

主要气象特征参数（资料年代1952—2006年）如下：

历年平均气压：897.6mbar。

历年平均气温：10.2℃。

历年极端最高气温：40.7℃。

历年极端最低气温：−27.6℃。

历年年最大降水量：137.7mm。

历年一日最大降水量：48.6mm。

历年最大积雪厚度：14cm。

历年最大冻土深度：80cm。

历年平均雷暴日数：33.1d。

历年最多雷暴日数：55d。

年最多沙暴日数：22d。

年平均浮尘日数：60.5d。

阿克苏全年主导风向：N。

阿克苏冬季主导风向：N。

阿克苏夏季主导风向：NW。

50年一遇10m高处10min平均最大风速：30m/s。

100年一遇10m高处10min平均最大风速：32m/s。

1.3.7　工程投资：静态投资17亿元人民币，动态投资18亿元人民币。

1.3.8　工程参建单位。

1.3.8.1　建设管理：徐矿集团新疆阿克苏热电有限公司。

1.3.8.2　设计单位：新疆电力设计院。

1.3.8.3　监理单位：西北电力建设工程监理有限责任公司。

1.3.8.4　施工单位及分工如下：

新疆维吾尔自治区第三建筑工程公司——负责#1、#2机组土建建筑施工。

新疆电力建设公司——负责#1、#2机组安装施工。

河南省第二建设工程有限责任公司——负责烟囱、冷却塔施工。

武汉凯迪公司——负责脱硫（EPC）建筑安装施工。

其他承包单位及分工待随后招标确定。

1.3.9　主要设备及供货厂家。

1.3.9.1　锅炉。

厂家：华西能源工业股份有限公司。

型式：燃煤、超高压、自然循环、单汽包、单炉膛、四角切圆燃烧、一次中间再热、平衡通风、紧身封闭、全钢构架（主副双钢架）、固态排渣、煤粉炉。

燃烧器：四角切向布置，摆动式，喷嘴固定式直流、低氮燃烧器。

空气预热器型式：管箱式预热器。

汽温调节方式：过热蒸汽，两级喷水减温；再热蒸汽，烟气挡板作为主要调温手段，辅以再热器事故喷水和备用喷水。

锅炉性能表见表 1-3-1。

表 1-3-1　　锅炉性能表

序号	名　称	单　位	锅炉出力
			B-MCR670t/h
1	过热器出口蒸汽压力	MPa（g）	13.73
2	过热器出口额定蒸汽温度	℃	540
3	再热蒸汽流量	t/h	496.916
4	再热器进口蒸汽压力	MPa（g）	2.489
5	再热器出口蒸汽压力	MPa（g）	2.309
6	再热器进口蒸汽温度	℃	318.4
7	再热器出口蒸汽温度	℃	540
8	给水温度	℃	252
9	预热器入口一次风温	℃	28
10	预热器入口二次风温	℃	23
11	预热器出口一次风温	℃	303
12	预热器出口二次风温	℃	319
13	锅炉排烟温度	℃	122
14	锅炉效率（按低位热值）	%	92.5
15	NO_x 排放值	Nm^3	400
16	不投油最低稳燃负荷	%	35

1.3.9.2　汽轮机。

厂家：东方电气集团东方汽轮机有限公司。

型号：CC200/167/-12.75/1.0/0.35/535/535。

型式：超高压、中间再热、单轴、双缸双排汽、双抽汽凝汽式、湿冷。

额定功率：200MW。

主汽门前蒸汽压力：12.75MPa（a）。

主汽门前蒸汽温度：535℃。

中压主汽门前蒸汽压力：2.356MPa（a）。

中压主汽门前蒸汽温度：535℃。

额定进汽量（THA 工况）：582.2t/h。

额定排汽压力：4.9kPa（a）。

满发背压（能力工况）：11.8kPa（a）。

最高允许背压：19.7kPa（a）。

额定采暖供热压力：0.35MPa(a)[调节范围 0.3～0.6MPa(a)]。

额定采暖供热温度：273.2℃。

额定采暖供热抽汽量：140t/h。

最大采暖抽汽量：400t/h。

额定工业供热压力：1.0MPa(a)[调节范围 0.8～1.2MPa(a)]。

额定工业供热温度：420℃。

额定工业抽汽量：50t/h。

最大工业抽汽量：100t/h。

额定转速：3000r/min。

旋转方向：从机头往电机端看为顺时针。

给水回热级数：7 级（2 高加＋1 除氧＋4 低加），低加疏水采用逐级回流，除氧器滑压运行。

1.3.9.3　发电机。

厂家：东方电气集团东方电机股份有限公司。

型号：QFSN-200-2-15.75。

型式：三相两极同步发电机，采用水氢氢冷却方式，励磁方式自并励静止励磁系统。

最大出力：225.658MW。

额定容量：235.3MVA。

额定有功功率：200MW。

额定电压：15.75kV。

额定功率因素：0.85（滞后）。

额定频率：50Hz。

额定转速：3000r/min。

相数：3。

定子线圈接法：YY（出线端数目 6 个）。

冷却方式：水氢氢冷。

绝缘等级：F 级（温升按 B 级考核）。

短路比（保证值）：≥0.5。

1.3.10　主要工艺系统概述。

1.3.10.1　热力系统。

热力系统中的主蒸汽，再热蒸汽，主给水系统均采用单元制，每台机组设置高、低压辅助蒸汽联箱，两台机组的辅助蒸汽联箱用母管连接，启动用汽来自 2 台 15t/h 启动锅炉。闭式水系统采用母管制。

1.3.10.1.1　主蒸汽、再热蒸汽及旁路系统。

主蒸汽管道采用 2-2 制方式，即从锅炉过热器出口两个接口接出，分别到汽轮机高压缸左右侧主汽门。主蒸汽管道采用德国成熟的钢种 10CRMO910。

冷再热蒸汽管道采用 2-2 制方式，即汽轮机高压缸排汽口为两根管道，到锅炉处分别接到锅炉再热器入口联箱的两个接口。冷再热蒸汽管道采用 ST45.8/III。

热再热蒸汽管道采用 2-2 制方式，即从锅炉再热器出口联箱的两个接口接出到汽机处，再分别接到汽轮机中压缸左右侧再热汽门。热再热蒸汽管道采用 10CRMO910。旁路系统：采用高低压二级串联简化旁路系统，其容量满足启动要求选择。容量为锅炉 BMCR 的 40%。机炉协调及空冷器确定后选择合理的旁路系统及容量。

旁路系统采用 30%B-MCR 容量的二级串联简化型电动旁路系统，并带有三级减温减压器。

1.3.10.1.2　主给水系统。

给水系统采用单元制。本工程采用电动调速给水泵，每台机组配两台 100%容量的电动调速给水泵，一台运行，一台备用。主给水管道材质采用 ST45.8/III。两台立式高压加热器采用电动三通大旁路保护系统，本工程除氧器选用无头式除氧器。电动给水泵由液力偶合器进行调速，以满足机组启动和各种工况的需要。

1.3.10.1.3　凝结水系统。

凝结水泵设置三台 55%容量的立式筒型凝结水泵，其中两台为变频调节。夏季工况时两台运行，一台备用，在冬季供热排汽量减少时，可以一台运行。

1.3.10.1.4 加热器疏水及放气系统。

高压加热器疏水采用逐级串联疏水方式，即从较高压力的加热器排到较低压力的加热器，直至排到除氧器。各级高加疏水均设一事故疏水旁路去汽轮机本体疏水扩容器，最终排到凝汽器。低加疏水亦逐级自流，#7 低加疏水通过两台疏水泵（一运一备）将其疏水打入本级加热器出口凝结水管路。#8 低加疏水自流至凝汽器。

1.3.10.1.5 冷却水系统。

本工程为湿冷机组，专设有循环冷却水塔。因循环水采用污水处理厂来的城市中水，故本工程辅机冷却水采用大闭式系统，即本专业所有需冷却的辅助设备都采用闭式冷却水冷却。每台机设两台 100%容量的板式闭式冷却器，由开式循环冷却水系统提供的冷却水进行冷却，每台机的真空泵也由开式循环冷却水冷却。

1.3.10.2 燃烧制粉系统。

本工程制粉系统按中速磨正压直吹式冷一次风机制粉系统设计。每台锅炉配置 4 台中速磨煤机，3 台运行、1 台备用即可满足设计煤种锅炉 BMCR 所需的燃料消耗量。每台锅炉配置 2 台密封风机，密封风机采用就地吸风。每台锅炉配置 4 台电子称重式全封闭给煤机。分别对应 4 台磨煤机。每台炉用 4 座钢制大原煤仓。

1.3.10.3 运煤系统。

铁路电厂站布置为重车线、空车线及机车走行线各一条，各线有效长均为 850m，预留 1050m。厂区南侧有工业园规划道路，为保证电厂卸煤时不影响道路通行，经本工程建设方与当地规划局协商，电厂站布置于道路南侧。专用线主要技术标准为：工业企业Ⅰ级，单线。

本工程卸煤设施采用一套 C 型单车翻车机系统，主要设备为翻车机，配空、重车调车设备、迁车台、控制系统、抑尘系统等设备。翻车机为单车折返式，并考虑重车调车机与火车采制样装置联锁，作业循环时间 2～3min，卸煤能力 20～25 节/h。

为保证翻车机能够及时维修，翻车机的关键部件考虑有一套备品备件，同时空车线一侧留有长 50m 的硬化地面区域，作为临时人工卸煤场地。

贮煤场采用斗轮机煤场，煤场设备为一台悬臂长 30m 的斗轮堆取料机，堆料能力与翻车机卸煤能力匹配，为 1750t/h，取料能力与厂内上煤系统匹配，为 300t/h。煤场贮煤量 6.5 万 t，约为本期机组 20d 的燃煤量。为防治煤尘污染，煤场四周设防风抑尘网，高 15m，并设煤场喷洒水装置定期喷洒。

1.3.10.4 除灰渣系统。

除灰系统采用正压气力输送系统，省煤器留有灰斗，不配套输灰设备。灰库设二座，二台机组共用，一座粗灰库、一座细灰库，内径 12m，每座库有效容积 700m^3。二座灰库可贮存 2×200MW 机组燃用设计煤种满负荷运行时约 48h 的排灰量。设立输灰用压缩空气系统，设置空压机房一座。

除渣系统每台炉设 1 套独立的系统。锅炉排出的渣经渣井、关断门落入风冷式排渣机内，由风冷式输渣机连续捞出，经碎渣机破碎后排至位于输渣机头部的斗式提升机，由斗式提升机将渣提升输送至渣库储存，用运渣自卸汽车定期运至灰场或综合利用用户。石子煤系统拟采用活动石子煤斗加电瓶叉车转运方案。即：在每台磨煤机下设一个固定石子煤斗与一个活动石子煤斗。

1.3.10.5 脱硫系统。

烟气脱硫采用石灰石/石膏湿法脱硫工艺，脱硫效率不低于 95%；脱硫剂石灰石采用石灰石块，粒径在 20mm 左右，设两台湿磨；本工程设置旁路挡板门，不设 GGH；本工程两台锅炉公设一座吸收塔，并配置相应的辅助设备；脱水系统设置两台真空脱水皮带，并设置脱硫废水处理系统；按规范要求在吸收塔前后设置 CEMS 系统，其输出数据应于主体工程及当地环境保护部门连接；脱硫岛用气由厂区空压机站供给。

1.3.10.6 供水系统。

本期电厂水源采用"阿克苏市污水处理厂"处理达标的城市中水；备用水源采用阿克苏"西西湖水库"地表水；生活用水采用园区市政自来水。在市污水处理厂水厂出水口附近设置升压泵房 1 座，升压泵房至厂区间布置 DN500 压力管 1 根。泵房距离厂区管线长约 13km。事故备用水源采用西西湖地表水源。在西西湖南侧距电厂较近处拟建取水点，位于本期电厂北侧，直线距离约 2.5km。该系统设有升压泵房、厂区外补给水管道及其构筑物。岸边泵房至厂区间布置 DN500 压力钢管 1 根，泵房距离厂区管道长约 2.5km。

本期 2×200MW 机组配两座 3000m^2 钢筋混凝双曲线逆流式自然通风冷却塔，冷却塔配水系统采用管式压力配水。冷却塔为双曲线钢筋混凝土自然通风塔，冷却塔塔顶标高为 85.00m，塔顶直径为 39.58m。冷却塔塔筒基础采用倒环板基础，人字柱、塔筒为现浇钢筋混凝土结构。

本期工程厂区内补充水系统由厂区内中水补给水管道、厂区内地表水补给水管道（备用）、厂区内生活用补给水管道及其阀门井、厂区内地表水净化站和中水深度处理站构成。中水深度处理站处理规模 1100m^3/h。厂区内设净化站 1 座，原水净化能力为 1050m^3/h，设计最大进水含砂量 20kg/m^3。净化站系统内设 3 座 350m^3/h 高效澄清池、过滤加药间及泥水沉淀池等建构筑物。

生活给水本期工程在厂区内设置 1000m^3 蓄水池 2 座，可切换运行；蓄水池平面尺寸 2×16m×16m，深 4.0m，为钢筋混凝土结构，设综合水泵房 1 座。

消防给水根据《火力发电厂及变电站设计防火规范》应采用独立消防给水系统。本期 2×200MW 机组工程消防对象主要有主厂房、栈桥，引风机室、油罐区以及输煤集控室、电除尘配电间其他辅助生产建筑、主变压器等。

1.3.10.7 热工控制系统。

（1）热工自动化设计以"安全、可靠、经济、适用、符合国情"要求为原则，结合工程情况和机组特点，在不违背技术政策前提条件下提高自动化水平。

（2）SIS 建设中对于以上功能应依照统一规划、分步实施的原则进行，在基建期建设 SIS，在功能定位上应趋于实用化。

MIS 系统根据实施阶段划分为基建期和运行期。通过全面的规划和设计，实现基建期向运行期的平滑过渡，并设计 MIS 与其他系统的接口。

（3）采用炉、机、电单元集中控制方式，在两炉间设置两台机组合用的辅机控制楼，电气网络控制终端设置在单元控制室内。两台单元机组炉、机、电控制均集中在单元控制室内控制。

（4）单元机组控制采用分散控制系统（DCS）。

1）DCS 功能包括数据采集及处理（DAS）、模拟量控制（MCS）、锅炉炉膛安全监控系统（FSSS）和锅炉汽机辅机顺序控制 SCS。

2）发电机、变压器和厂用低压电源纳入分散控制系统（DCS）控制。厂房内公用 6kV 和 380V 电源开关也采用 DCS 控制，公用设备可通过人工设定由二台机组之一的 DCS 管理，以便其中一台机组大修时也能控制。炉、机、电以安全、稳妥、成熟设计为原则，根据设计规定，考虑极少量的后备备用手操。

3）MCS 协调控制系统中根据电网调度要求设置自动发电控制（AGC）接口。

4）锅炉和汽机的金属管壁温度、发电机线圈铁芯温度、变压器温度、简单单冲量闭环系统以及少量次要顺序控制及单个控制对象等测量控制拟采用DCS远程I/O站方式送入DCS系统。

5）下列控制装置由主机厂家配供，做好与 DCS 系统的接口的配合工作：

a．汽轮机数字电液控制系统（DEH）。

b．汽轮机监测仪表（TSI）。

c．汽轮机紧急跳闸系统（ETS）。

d．给水泵汽轮机数字电液控制系统（MEH）。

e．给水泵汽轮机监测仪表（TSI）。

f．给水泵汽轮机紧急跳闸系统（ETS）。

g．汽机瞬态故障诊断系统（TDM）。

h．FSSS 炉前设备。

i．烟温探针。

j．炉膛火焰及汽包水位工业电视。

（5）汽轮机旁路控制采用 30%电动简易旁路方案考虑。

（6）主厂房闭环控制系统均采用进口执行机构，执行机构根据控制对象的控制要求分别采用电动或气动执行器。

（7）选用智能变送器。

（8）重要控制用执行机构和单元机组保护用开关类仪表采用进口产品，高温高压仪表阀门及其附件也采用进口产品。

（9）辅助系统考虑就地车间控制室控制，水、煤、灰辅助系统分别考虑集中控制，以便减少控制点和值班员，提高管理水平。全厂辅助车间值班点为 3 个，具有程控条件的系统均采用 PLC 或 DCS 控制，PLC 选型统一，实现全 LCD 监控，并设置辅助系统控制网。

（10）汽水分析站及炉水加药整体控制，并与凝结水共用就地值班室，必要的信号送至单元机组 DCS。本期工程新增的化学补水系统单独设置一套补水处理程控系统，净水系统、废水系统、凝结水精处理系统、循环水加氯系统也采用 PLC 或 DCS 进行监控，并与本期建成的化学补水系统程控联网，由水系统值班人员通过设在化水控制室的操作站对这些系统进行统一监控，届时这些系统的控制室将无人值班。

（11）循环水系统：循环水泵房系统控制以远程控制站方式纳入 DCS 监控。

（12）燃油泵房、取水泵房以远程控制站方式纳入 DCS 监控。

（13）主厂房、燃油泵房、输煤系统的电缆根据使用地点采用阻燃、耐火、或耐高温型电缆。主厂房内电缆以架空敷设为主。

（14）设置一套消防报警监控系统，采用进口设备，并按要求实施与灭火系统的联动控制。

（15）设置一套烟气连续监测装置。环保专业施工图中开列 CEMS 设备。

（16）单元机组 DCS 系统设置与脱硫系统必要的联系信号。

1.3.10.8 电气系统。

（1）电气主接线：两台发电机以发电机—双绕组主变压器组方式接入 220kV 系统。每台 200MW 机组设一台高压厂用分裂变压器，主变压器均采用三相强油风冷双绕组变压器。

（2）220kV 配电装置接线：220kV 为双母线接线方式，规划出线 6 回，本期建设 4 回，分别至阿克苏城北 220kV 变 2 回、阿克苏 220kV 变 1 回、至金鹿 220kV 变 1 回。

电厂 220kV 采用双母线结线方式。220kV 配电装置为屋外分相中型布置，采用软母线，采用支柱式 SF_6 断路器。

（3）每台 200MW 机组设一台高压厂用分裂变压器，两台机组共设一台启动/备用变压器，容量为 40MVA。

（4）启动/备用变压器电源从本期 220kV 母线引接。

（5）各系统采用的接地方式。发电机中性点采用经二次侧接电阻（带中间抽头，二次电阻 $R=0.50\Omega$，二次抽头 $R=0.33\Omega$）的单相变压器接地。主变压器中性点采用经隔离开关接地方式。高压起动/备用变压器高压侧中性点经隔离开关接地方式（根据新疆电网公司要求）。

1.3.11 主要建筑。

1.3.11.1 主要建筑布置尺寸。

主要建筑布置尺寸见表 1-3-2。

表 1-3-2　　主要建筑布置尺寸

项目	名　称	单位	数据	备注
主厂房	主厂房柱距	m	9	
	运转层标高	m	10	
	汽机房纵向总长度	m	145.2	
	横向总长度（A 列至烟囱中心线）	m	151.7	
	厂房总长度（A 列至 F 列）	m	103.6	
汽机房	汽机房跨度	m	27	
	汽机房纵向长度	m	145.2	
	汽机中心到 A 列中心距	m	11.5	
	汽机房屋架下弦标高	m	24.3	
	汽机房轨顶标高	m	20.5	
	两机凝汽器中心距	m	73.2	
	除氧层标高	m	21.3	
煤仓间	煤仓间跨度	m	11.5	
	煤仓间纵向长度	m	145.2	
	给煤机层标高	m	12.6	
	皮带层标高	m	31	
	屋面层标高	m	37	
锅炉间	锅炉间横向长度（C 列至 F 列）	m	65.1	
	炉前宽度（D 列至 K1 柱）	m	1.5	
	锅炉封闭型式		紧身封闭、 炉前低封	
	两炉中心距离	m	73.2	
	锅炉宽度	m	36	
炉后	F 列柱至烟囱中心距	m	69.6	
吸风机室	吸风机室宽度	m	10.5	
	吸风机室长度	m	45	
	吸风机室屋架下弦标高	m	13.8	
	吸风机数量	台	2	
热网站	热网站位置		汽机房内布置	
	热网站面积	m×m	0m：18×19.5 10m：18×27	
	热网站运转层标高	m	10	
	热网站屋架下弦标高	m	19	

本期主厂房按二机二炉燃煤机组进行设计，装机容量 2×200MW，主厂房布局为汽机房—除氧煤仓间—锅炉房，经过优化后，汽机房跨度为27.00m，煤仓间跨度为11.50m，纵向柱距为9.00m，汽机房纵向长度 145.20m，除氧煤仓间纵向长度 145.20m，主厂房体积11.613 万 m^3（含汽机房，煤仓间框架）。主厂房纵向机组单元中间设置变形缝，双柱双屋架。从汽机房立面看，左为主厂房固定端，右为扩建端，即本工程主厂房为右扩建型式。

1.3.11.2　主厂房布置。

（1）主厂房横向采用由汽机房外侧柱—汽机房屋盖—主厂房双框架组成的现浇钢筋混凝土双框架—排架结构。纵向A排为框架—钢支撑结构体系；B、C、D排为框架—抗震板墙结构体系。

（2）集控楼纵横向均为现浇钢筋砼框架结构体系，柱下独立基础。

（3）汽机房屋面采用27m单坡钢屋架—加钢支撑的有檩屋盖体系，由于本地区处于8度地震区，屋面采用压型钢板做底模的钢檩条——钢筋混凝土板结构。

（4）运转层以上，固定端墙、扩建端墙采用三角形钢桁架——保温压型钢板轻型结构，除氧煤仓间各层楼板采用现浇钢筋混凝土梁板结构；锅炉运转层平台采用钢梁—钢筋混凝土楼板组合结构（设栓钉或剪力钉）。

（5）汽机房加热器平台采用钢筋混凝土框架、钢次梁——钢筋混凝土楼板组合结构（设栓钉或剪力钉）。柱下独立基础。

（6）汽机机座、电动给水泵基础为现浇钢筋混凝土框架结构，底板为整体板块结构，四周设变形缝与周围结构分开。

（7）吊车梁采用钢吊车梁。

（8）煤斗为支承式钢煤斗，锥斗部分设不锈钢内衬。

（9）固扩建端为钢结构体系。山墙柱上下端分别与屋架和联络平台柱铰接，传递水平荷载至运转层平台及屋架下弦，并通过屋盖垂直支撑传递至平面刚度较大的屋盖，且避免了影响吊车运行，使山墙结构的计算简单清晰，设计更为安全可靠。

1.3.11.3　锅炉布置。

锅炉为独立岛式布置，炉架为钢结构，由锅炉厂设计并供货（包括运转层主次钢梁，炉顶小室）；锅炉紧身封闭及锅炉顶盖均采用彩色带保温的金属压型钢板。

1.3.11.4　炉后建筑布置。

（1）烟囱两台炉配置一座套筒式烟囱，基础为钢筋混凝土环板式基础。

钢筋混凝土烟筒考虑高湿烟气的抗渗措施。采用钢内筒式钢筋砼烟囱。钢套筒内衬采用JNS耐酸钢。

（2）一次风机房采用钢筋混凝土结构，现浇钢筋混凝土基础，屋面采用现浇钢筋混凝土楼板。

1）引风机、增压风机为联合建筑，采用现浇钢筋混凝土纵、横向框架结构体系，基础均为独立基础。各风机本体均为大块式现浇钢筋混凝土基础。

2）烟道支架采用钢筋混凝土结构，基础均为独立基础。

（3）电除尘器支架为钢结构，由设备厂家设计与供货，支架基础采用钢筋混凝土独立基础，基础间设连梁加强整体刚度，抵抗水平力。

1.3.12　热网。

热网加热蒸汽来自#1、#2汽轮机的5段调整抽汽，每台机抽出的蒸汽经两根蒸汽管道合并成一根管道送至热网首站蒸汽母管，然后再分别供给各热网加热器。热网回水经热网循环水泵升压后，送入布置在首站内的热网加热器，被加热后进入供热管网供给热用户，系统内设置4台容量为35%的带液力偶合器的调速型热网循环水泵，3台运行，1台备用。热网系统的补水经两台 100%容量的变频控制热网补水泵（两泵配一套变频调速器，一运一备）进入热网循环泵入口的热网回水管道中。工业抽汽的补水直接进入凝汽器。热网加热器的疏水经疏水箱、疏水泵分别送回两台机组的除氧器，系统内设3台容量50%的变频调速疏水泵（其中2台运行，1台备用，3台泵设两台变频调速装置）及1台热网加热器事故疏水扩容器。

根据机组的抽汽量及供热负荷，本次设计拟采用3台热网加热器，并预留1台加热器的安装位置。在最大热负荷时，3台热网加热器同时运行，将热网循环水从70℃加热到130℃；当1台热网加热器停运时，剩余加热器仍可满足约75%的热负荷，满足规程要求。

热网首站布置在主厂房固定端侧。首站分三层布置，一层±0.00m层设置四台热网循环水泵、三台热网疏水泵、两台热网补充水泵；二层7.80m层设置热网疏水罐以及热网除氧器，运转层设置三台热网加热器。

1.3.13　工程建设组织机构设置。

徐矿集团新疆阿克苏热电有限公司（以下简称“业主方”）是阿克苏电厂工程的项目法人，负责该工程的融资还贷、设备订货、工程建设及生产经营等各项管理。

受业主方委托，项目的设计单位是新疆电力设计院。

西北电力建设工程监理有限责任公司对本工程进行全过程建设监理。

#1、#2机组土建工程由新疆三建公司承建。

#1、#2机组安装工程由新疆电建公司承建。

烟囱、冷水塔工程由河南二建公司承建。

脱硫（EPC）工程由武汉凯迪公司承建。

其他工程施工单位待招标确定。

工程建设的组织机构如图1-3-1所示。

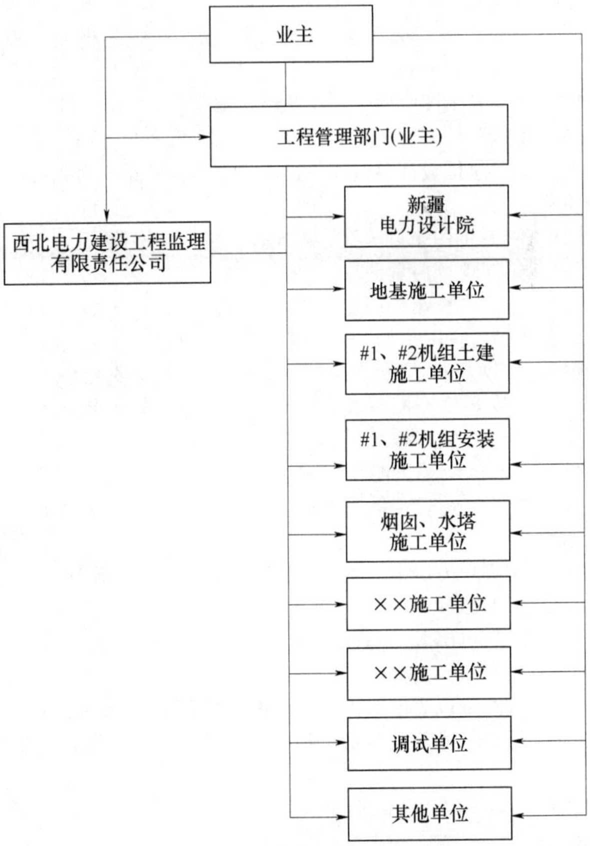

图1-3-1　工程建设的组织机构图

1.4 监理工作范围

1.4.1 监理阶段：施工、调试阶段。

1.4.2 监理范围：徐矿集团新疆阿克苏热电（2×200MW）新建工程的建筑工程（含地基处理）、安装工程（含调试施工）、脱硫岛施工及调试至移交生产等全过程监理工作。

1.5 监理工作内容

监理工作按照四控制（质量、进度、造价、安全）、两管理（信息管理、合同管理）、一协调（有关单位间的工作关系）的原则进行。项目监理部要制定本工程的监理规划报项目法人批准后实施。总监理师要组织各专业制定监理实施细则报项目法人工程部备案，各专业按实施细则进行监理。主要工作服务内容如下：

1.5.1 参与初步设计阶段的设计方案讨论，核查是否符合已批准的可行性研究报告及有关设计批准文件和国家、行业有关标准。重点是技术方案、经济指标的合理性和投产后的运行可靠性。

1.5.2 参加主要辅机设备的招标、评标、合同谈判工作。

1.5.3 核查设计单位提出的设计文件（如有必要时，也可对主要计算资料和计算书进行核查）及施工图纸，是否符合已批准的可行性研究报告、初步设计审批文件及有关规程、规范、标准。

1.5.4 核查施工图方案是否进行优化。

1.5.5 参与对承包商的招标、评标，负责会审有关招标文件并参加合同谈判工作。

1.5.6 审查承包商选择的分包单位、试验单位的资质并提出意见。

1.5.7 参与施工图交底，组织图纸会审。

1.5.8 审核确认设计变更。

1.5.9 督促总体设计单位对各设计分包单位图纸、接口配合确认工作。

1.5.10 对施工图交付进度进行核查、督促、协调。

1.5.11 组织现场协调会。

1.5.12 主持审查承包商提交的施工组织设计，审核施工技术方案、施工质量保证措施、安全文明施工措施。

1.5.13 协助招标人监督检查承包商建立健全安全生产责任制和执行安全生产的有关规定与措施。监督检查承包商建立健全劳动安全生产教育培训制度，加强对职工安全生产的教育培训。参加由甲方组织的安全大检查，监督安全文明施工状况。遇到威胁安全的重大问题时，有权发出“暂停施工”的通知。

1.5.14 根据甲方制定的里程碑计划编制一级网络计划，核查承包商编制的二级网络计划，并监督实施。审核承包商编制的年、月度施工进度计划，并监督实施。

1.5.15 审批承包商单位工程、分部工程开工申请报告。

1.5.16 审查承包商质保体系文件和质保手册并监督实施。

1.5.17 检查现场施工人员中特殊工种持证上岗情况，并监督实施。

1.5.18 主持分项、分部工程、关键工序和隐蔽工程的质量检查和验评。

1.5.19 参与工程施工进度和接口的协调。

1.5.20 负责审查承包商编制的“施工质量检验项目划分表”并督促实施。

1.5.21 检查施工现场原材料、构配件的质量和采购入库、保管、领用等管理制度及其执行情况，并对原材料、构配件的供应商资质进行审核、确认。

1.5.22 制定并实施重点部位的见证点（W 点）、停工待检点（H 点）、旁站点（S 点）的工程质量监理计划，乙方人员要按作业程序即时跟班到位进行监督检查。停工待检点必须经监理工程师签字才能进入下一道工序。

1.5.23 参加主要设备的现场开箱验收。检查设备保管办法，并监督实施。

1.5.24 审查承包商工程结算书，工程付款必须有总监理工程师签字。审查承包商的签证、变更费用，杜绝不合理的费用，严格控制工程造价。

1.5.25 监督承包合同的履行。

1.5.26 建立以网络为支撑的管理信息系统（MIS），进行质量、安全、投资、进度、合同等方面的信息管理。运用 P3 软件等先进的管理手段加强对工程进度、投资的控制。

1.5.27 主持审查调试计划、调试方案、调试措施。

1.5.28 严格执行分部试运验收制度；分部试运不合格不准进入整套启动试运。

1.5.29 参与协调工程的分系统试运行和整套试运行工作。

1.5.30 主持审查调试报告。

1.5.31 作为本工程的主体监理单位负责与其他分项监理单位的组织协调工作。

1.6 工程监理目标

1.6.1 进度控制目标

按业主制定的里程碑计划及审定的一级网络进度计划，制定工期控制目标，采用动态控制原理严格控制工期，保证工程按期投产发电。

1.6.2 质量控制目标

履行监理合同，提供满意服务。监理范围内的建筑、安装分项工程验收项目全部合格，建筑单位工程优良率≥90%，安装单位工程优良率≥96%，质量总评“优良”，受检焊口无损探伤一次合格率≥98%。同时监督设计、物资供应及施工单位满足合同规定的质量要求及部颁《火电机组移交生产达标考核标准》、《火力发电厂基本建设工程启动及竣工验收规程》的各项要求。

1.6.3 造价控制目标

将工程造价控制在经审定的初设概算以内。

1.6.4 安全控制目标

无人身死亡、重伤事故；无责任性重大机械、设备、火灾事故，争创无事故工程。

1.7 监理工作依据

1.7.1 工程建设方面的法律、法规、规范、标准。

1.7.2 委托监理合同。

1.7.3 其他工程建设合同。

1.7.4 监理大纲。

1.7.5 《建设工程监理规范》（GB 50319—2000）。

1.7.6 建设工程质量管理条例。

1.7.7 设计文件。

1.8　项目监理部的组织形式和职能

1.8.1　项目监理部组织机构框图

项目监理部组织机构图如图 1-8-1 所示。

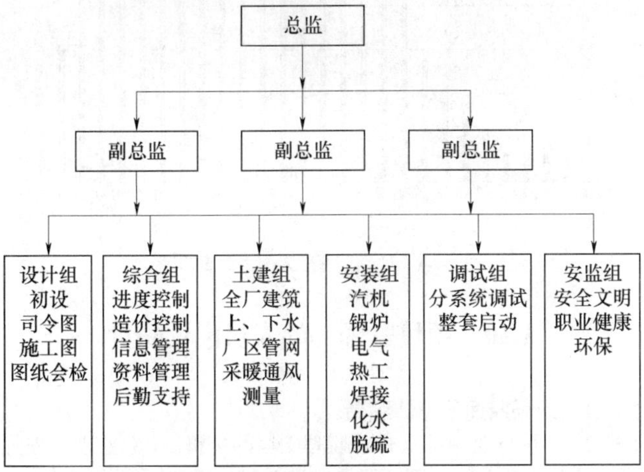

图 1-8-1　项目监理部组织机构图

1.8.2　项目监理部各专业组职能

1.8.2.1　质量、安全控制组（土建组、安装组、调试组、安监组）。

1.8.2.1.1　编制通用或单位工程的监理实施细则。

1.8.2.1.2　掌握和熟悉质量控制的技术依据。

1.8.2.1.3　施工场地的质量检验验收。

1.8.2.1.4　施工队伍资质审查，特别是分包队伍的资质审查。

1.8.2.1.5　工程所需材料、半成品、构配件的质量控制。

1.8.2.1.6　安装设备的质量检查。

1.8.2.1.7　施工机械的质量、安全控制。

1.8.2.1.8　审查施工单位提交的施工组织设计、方案、调试大纲及调试方案、措施及安全措施。

1.8.2.1.9　施工环境及安全文明施工的控制。

1.8.2.1.10　协助施工单位完善质量保证工作体系。

1.8.2.1.11　审核施工单位的检验及试验方法或方案。

1.8.2.1.12　审核施工单位试验室的资质。

1.8.2.1.13　审核特殊工种人员资质。

1.8.2.1.14　制定质量及安全控制的 W、H、S 点。

1.8.2.1.15　施工工艺过程质量控制。

1.8.2.1.16　工序交接检查。

1.8.2.1.17　工程变更处理。

1.8.2.1.18　工程质量事故处理。

1.8.2.1.19　行使质量监督权，行使安全、质量否决权，下达经总监批准的停工令。

1.8.2.1.20　建立质量、安全监理日志。

1.8.2.1.21　定期向总监理工程师、业主报告有关工程质量动态。

1.8.2.1.22　参加单位、单项工程竣工验收，对单位、分部、分项工程的质量等级评定。

1.8.2.1.23　安全文明施工检查监督。

1.8.2.1.24　协助业主制定施工现场安全管理制度，组建现场“安全生产委员会”，建立健全安全保证体系。

1.8.2.1.25　监督检查施工单位是否建立健全了安全生产责任制以及安全生产责任的贯彻实情况。

1.8.2.1.26　监督检查施工单位是否建立健全了安全生产教育培训制度，加强对职工安全生产意识的教育培训。

1.8.2.1.27　合理安排交叉施工作业，协助业主和工程管理单位抓好各施工单位之间交叉作业场所的安全文明施工。

1.8.2.1.28　现场巡视或检查，及时发现工作环境或安全防护设施不当，并将危及人身或设备安全时，有权通知停工整改。

1.8.2.1.29　协助业主组织安全文明施工检查，主持召开安全工作例会。提供安全、文明施工方面的信息。

1.8.2.1.30　审核竣工图及其他技术文件资料。

1.8.2.1.31　整理工程技术文件资料并编目建档。

1.8.2.2　进度控制组（综合组、土建组、安装组、调试组，以综合组为主）。

1.8.2.2.1　根据业主提出的工程建设里程碑进度计划，编制一级施工网络计划。

1.8.2.2.2　审核确认施工单位、设计单位、设备供应单位编制二级网络计划。

1.8.2.2.3　对一级网络计划进行日常控制，监督二级网络计划的实施，确保工程里程碑计划的实现。

1.8.2.2.4　根据 P3 管理软件的要求建立工程代码体系，并根据已确定的里程碑进度计划编制一级网络计划，提出二级网络计划的关键节点。

1.8.2.2.5　根据业主批准的一级网络计划，确定施工图交付二级网络计划的符合性及可行性，提出监理改进意见并监控实施情况。

1.8.2.2.6　根据一级网络进度计划，确定供应商编制的设备交付二级网络计划的符合性及可行性，提出监理改进意见并监控实施情况。

1.8.2.2.7　根据一级网络进度计划，确定施工二级网络计划及调试网络计划的符合性及合理性并监控实施情况。

1.8.2.2.8　审核施工、调试方案中保证工期及充分利用时间的技术组织措施的可行性、合理性。

1.8.2.2.9　建立反映工程进度的监理日志。

1.8.2.2.10　及时发现影响工程进度的内、外、人为和自然的各种因素。

1.8.2.2.11　审核施工单位提交的工程进度报告。

1.8.2.2.12　工程进度的动态管理。

1.8.2.2.13　主持工程进度协调会。

1.8.2.2.14　定期向总监理工程师、业主报告有关工程进度情况。

1.8.2.2.15　制定保证总工期不突破的对策措施（包括技术、组织、经济和其他配套措施）。

1.8.2.3　造价、合同控制组（综合组、土建组、安装组、调试组，以综合组为主）。

1.8.2.3.1　分析合同价构成因素，明确工程费用最易突破环节，明确控制的重点。

1.8.2.3.2　按合同要求如期提交施工现场，按期、保质、保量地供应由业主负责的材料、设备。

1.8.2.3.3　对于工程变更、设计修改进行技术经济合理性分析，并提出监理意见。

1.8.2.3.4　严格审查经费签证。

1.8.2.3.5　按合同规定及时签署进度款。

1.8.2.3.6　严格按照施工图纸及时对已完工程进行计量。

1.8.2.3.7　完善价格信息制度，及时掌握国家调价的范围和幅度。

1.8.2.3.8　定期、不定期地进行工程费用超支分析，并提出控制工程费用突破的方案和措施。

1.8.2.3.9　审核施工单位提交的工程结算书。

1.8.2.3.10 公正地处理施工单位提出的索赔。

1.8.2.3.11 监督合同双方履行合同规定的权利和义务。

1.8.2.3.12 公证调解合同纠纷。

1.8.2.3.13 认真研究合同文本，及时发现和解决合同执行过程中存在的问题，维护业主和施工单位的合法益，避免给业主带来不必要的损失。

1.8.2.3.14 协助收集整理反索赔资料。

1.8.2.4 信息控制组（综合组）。

1.8.2.4.1 协助业主或工程管理单位建立《工程现场信息管理制度》，规定各种信息的收集、整理，处置方式和传递时限。

1.8.2.4.2 协助业主或工程管理单位建立工程信息统一编码系统，以便检索和查阅。

1.8.2.4.3 检查各参建单位的信息管理制度，并监督其实施情况，建立畅通的联络渠道。

1.8.2.4.4 严格遵守业主批准或发布的《工程现场信息管理制度》，按规定通过报表、报告、会议等方式提供资料。

1.8.2.4.5 向业主提供监理月报，监理主持的会议纪要，审查（核）通知单、联系单，监理过程进展中的不定期报告，监理检查验收签证单，监理工作总结。

1.9 项目监理部人员配备计划

1.9.1 监理组织机构

根据监理有关文件的规定与要求和承接的工程监理范围，西北电力建设监理有限公司在现场设立徐矿集团新疆阿克苏热电 2×200MW 新建工程项目监理部，监理部设总监理工程师 1 名、副总监理工程师 3 名，组成监理部的领导层，负责监理部的工作。监理部员工，工程高峰期为 30 人。

项目监理部下设设计组、土建组、安装组、调试组、安监组、综合组，对监理合同范围内的工程进行进度控制、质量控制、投资控制、安全控制、合同管理、信息管理、组织协调。

1.9.2 人员构成

根据 2×200MW 机组工程建设的目标和监理工作的要求，监理部选用的监理人员是从事火电工程建设战线上工作年限较长，具有丰富经验的现场施工管理和技术管理人员组成。考虑施工作业的高度及立体交叉作业多，采用了老中青三结合，且各专业配备齐全。凡参加本工程监理工作的人员都参加过监理工程师的岗位培训，并取得了监理工程师资格证书。

1.9.3 项目监理部人员配备计划及进驻直方图

根据工程的实际需要，配备足够胜任监理工作的监理工程师，实际派遣监理人员数量不局限表 1-9-1 的配备计划。

表 1-9-1　　项目监理部人员配备计划

序号	人员类别	人员数量	序号	人员类别	人员数量
1	总监理师	1	10	热控监理师	2
2	土建副总监	1	11	焊接监理师	1～2
3	安装副总监	1	12	技经监理师	2
4	调试副总监	1	13	信息监理师	1
5	设计监理师	1	14	安全监理师	2
6	土建监理师	5	15	工程协调监理师	1
7	锅炉监理师	3	16	资料员	2
8	汽机监理师	3	17	综合管理员	1
9	电气监理师	2	合计		30

项目监理部人员进点直方图如图 1-9-1 所示。

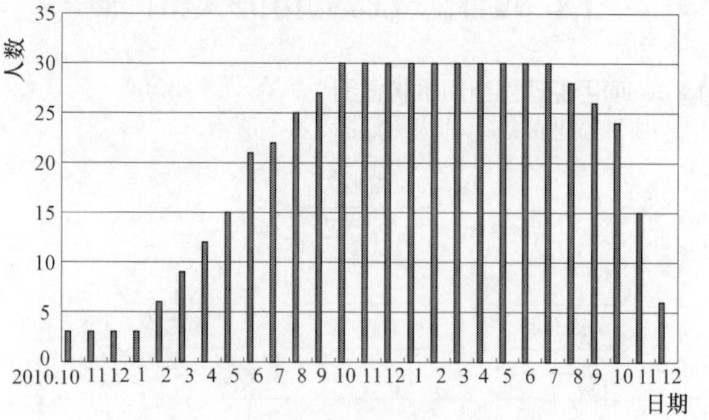

图 1-9-1　项目监理部人员进点直方图

1.10 项目监理部的人员岗位职责

1.10.1 现场监理部总体职责

1.10.1.1 现场监理部实行总监理工程师负责制，总监理工程师应保持与委托单位的密切联系，熟悉其要求和愿望，并受监理公司的委托全面履行监理合同。

1.10.1.2 根据监理合同要求并参照项目法人与承建单位的承包合同，确定工程建设中相互配合的问题及需提供的有关资料。

1.10.1.3 熟悉并掌握与本工程有关的国家政策、法规；熟悉并掌握本工程的有关设计、设备资料及现场运作规则等。

1.10.1.4 编写《监理规划》和实施细则，经委托单位认可后，据此具体执行监理任务。

1.10.1.5 编制本工程的监理表格、监理制度，经与项目法人和承建单位明确后组织实施。

1.10.1.6 负责全面贯彻监理公司的《质量保证手册》规定的质量职责和相关的程序文件。

1.10.2 总监理工程师岗位职责

1.10.2.1 代表监理公司全面履行《监理合同》中所规定的各项条款，在行政管理和项目监理的所有工作上对西北电力建设工程监理有限责任公司负责，在监理业务上对业主负责；保持与业主的密切联系，负责监理业务实施过程中的综合协调工作，定期向公司汇报项目监理部的工作。

1.10.2.2 主持编写项目监理规划、审批项目监理实施细则；负责管理项目监理部的日常工作，检查监督监理人员的工作，根据工程进展情况调配人员。

1.10.2.3 主持监理工作会议，签发项目监理部的报表、文件、指令。

1.10.2.4 主持编制监理部的管理制度，经项目法人批准发布实施。

1.10.2.5 签署工程开工令的监理部意见及重大质量问题的紧急停工令。

1.10.2.6 审核签署承包单位的申请、支付证书、竣工结算；审查和处理工程变更。

1.10.2.7 负责处理和协调安全、质量、进度和投资控制中发生的重大问题，主持召开现场工程调度会，并负责现场调度会议纪要的编写。

1.10.2.8 处理合同履行中的重大争议与纠纷，处理索赔、审批工程延期。

1.10.2.9 组织编写并签发监理月报、监理工作阶段报告、专题报告和项目监理工作总结。

1.10.2.10　主持整理工程项目的监理资料；审核签认分部工程的质量检验评定资料，审查承包单位的竣工申请，组织监理人员对待验收的工程项目进行质量检查，参与竣工验收和移交工作。

1.10.2.11　审查承包单位的资质，并提出审查意见。

1.10.2.12　主持或参与工程质量事故的调查。

1.10.2.13　负责全面贯彻监理公司的《质量保证手册》规定的质量职责和相关的程序文件。

1.10.3　副总监理师岗位职责

1.10.3.1　协助总监理师全面贯彻《监理合同》，在总监理师不在现场期间，按总监理师委托代理总监理师的工作。

1.10.3.2　领导各分管专业监理工程师，在总监领导下，按照监理公司相关的质量体系文件和管理制度开展工作，圆满完成监理任务。

1.10.3.3　参与制定监理部的各项管理制度；组织编制本专业监理实施细则，并报总监理工程师批准后交本专业监理人员实施，编写本专业的有关专题报告和总结。

1.10.3.4　审定施工质量检验项目划分表及 W、H、S 点设置，监理人员编制的监理工作计划。

1.10.3.5　领导监理人员建立和完善项目监理的信息系统。

1.10.3.6　按照总监理师的授权签发有关文件，协助总监理师协调外部关系。

1.10.3.7　审核工程开工令、停工令、复工令，并提出意见。

1.10.3.8　检查主要施工材料、设备的现场验收工作。

1.10.3.9　组织有关监理人员共同参与处理工程中发生的重大质量事故、安全事故，提出监理意见，交由有关监理工程师监督处理。

1.10.3.10　督促有关部门做好单项工程、分期交工工程和项目的竣工验收，并对相应的质量监理报告和验收报告提出意见。

1.10.3.11　审核工程付款凭证，参与处理重大的索赔事宜。

1.10.3.12　审查、汇总分管专业各监理工程师上报的监理周报和监理月报，按时向总监理工程师提供本专业的专业监理周报和专业监理月报。

1.10.3.13　组织审核施工承包单位提供的施工组织设计和施工方案。

1.10.3.14　参加设计图纸技术交底，组织设计图纸会审会议，协助监理工程师处理本专业设计变更。

1.10.3.15　审核并签署项目竣工资料。

1.10.3.16　协助总监理工程师编制监理月报；参与编写监理工作报告。

1.10.3.17　完成总监理工程师交办的其他工作。

1.10.4　专业组组长职责

专业组长除履行专业监理工程师的职责外，还应履行下列职责：

1.10.4.1　确定本专业人员分工，组织编制本专业的监理实施细则。

1.10.4.2　参加施工图交底；组织图纸会审，提出监理意见，负责审查承包商编制的"施工质量检验项目划分表"，并督促实施。

1.10.4.3　组织、指导、检查监督本专业监理工程师、监理员的工作，当人员需要调整时，向总监理工程师提出建议。

1.10.4.4　审查承包单位提交的本专业的计划、方案、申请、变更，并向总监理工程师提出报告。

1.10.4.5　负责本专业分项工程验收及隐蔽工程验收。

1.10.4.6　定期向总监理工程师提交本专业监理工作实施情况报告，对重大问题及时向总监理工程师汇报和请示。

1.10.4.7　根据本专业监理工作实施情况做好监理日志。

1.10.4.8　负责本专业监理资料的收集、汇总及整理，参与编写监理月报。

1.10.4.9　核查进场材料、设备、构配件的原始凭证、检测报告等质量证明文件及其质量情况，根据实际情况认为有必要时对进场材料、设备、构配件进行平行检验，合格时予以签认。

1.10.4.10　定期检查专业人员各种施工记录、台账、监理日志等。

1.10.5　监理工程师岗位职责

1.10.5.1　负责编制本专业的监理实施细则，负责本专业监理工作的具体实施。

1.10.5.2　审查承包单位提交的涉及本专业的计划、方案、申请、变更、索赔及违约等事宜，并向总监理工程师提出建议。

1.10.5.3　负责本专业分项工程验收及隐蔽工程验收。

1.10.5.4　对影响质量、进度、安全和造价的重大问题，提出监理意见，并及时向总监理工程师汇报和请示。定期向总监理工程师提交本专业监理工作实施情况报告。

1.10.5.5　深入现场，跟踪监督现场施工工作，按监理实施细则规定的工程控制点实施检查验收、巡回检查和旁站监理。严格执行有关工程规程、规范、标准及设计要求，发现问题及时处理或报告分管的副总监理工程师处理。

1.10.5.6　参加重大质量事故的调查，对处理方案提出监理意见。

1.10.5.7　负责本专业的工程计量工作，审核工程计量的数据和原始凭证。

1.10.5.8　审签承包单位的月度进度统计报表、对审签工程付款凭证提出监理意见。

1.10.5.9　核查进场材料、设备、构配件的原始凭证、检测报告等质量证明文件及其质量情况，根据实际情况认为有必要时对进场材料、设备、构配件进行平行检查，合格时予以签认。

1.10.5.10　根据本专业监理工作实施情况做好监理日记；负责本专业监理资料的收集、汇总及整理，参与编写监理月报。

1.10.5.11　协助整理与专业有关合同文件及技术档案资料。

1.10.5.12　参加工程竣工验收，提出监理小结。

1.10.5.13　搞好本专业的基础工作，配合信息管理人员做好本专业信息管理系统。

1.10.5.14　认真完成监理部领导临时交办的任务。

1.10.6　监理员岗位职责

1.10.6.1　在专业监理工程师的指导下开展现场的监理工作；

1.10.6.2　检查承包单位投入工程项目的人力、材料、主要设备及其使用、运行状况，并做好检查记录。

1.10.6.3　复核或从施工现场直接获取工程计量的有关数据并签署原始凭证。

1.10.6.4　按设计图纸及有关标准，对承包单位的工艺过程或施工工序进行检查和记录，对加工制作及工序施工质量检查进行记录。

1.10.6.5　担任旁站工作，发现问题及时指出并向专业监理工程师报告。

1.10.6.6　做好监理日记和有关的监理记录。

1.10.7　资料员岗位职责

1.10.7.1　负责管理项目监理部全过程形成的各种性质的监理文件、资料和记录。

1.10.7.2　负责监理文件、资料和纪录的收发并根据收发的监理文件、资料和纪录的性质，分类登记（文件资料分类登记表）存放，登记的内容应包括收发时间、收发单位、文件号、文件或资料名称、专业、编号等。

1.10.7.3　负责监理文件、图纸、资料和记录的验证、传递、催收、保管、借阅和查询；负责对受控文件资料的标识、更换和回收，对失效版本文件资料的清理、撤销、标识和隔离。

1.10.7.4 负责定期清理没有存档价值和存查必要的监理文件，其处理清单需经总监理工程师批准后方可办理。

1.10.7.5 负责在机组 168h 完成后一个半月内向业主档案室移交资料，参与机组达标投产。

1.10.7.6 遵守有关保密规定。

1.10.8 安全监理工程师职责

1.10.8.1 贯彻执行“安全第一，预防为主”的方针及国家、大唐集团公司现行的有关安全生产的法律、法规性文件的规定，协助业主搞好施工现场安全管理。

1.10.8.2 根据有关安全管理规定，检查承包商的安全施工组织保证体系、安全监督网络、安全生产责任制、安全施工教育情况。

1.10.8.3 审查施工承包商施工组织设计、重大技术方案及现场总平面布置所涉及的安全文明施工和环境保护措施。审批单位工程开工报告。

1.10.8.4 监督承包商贯彻执行安全规章制度和安全措施的实施。对承包商的安全文明施工措施进行审查，在实施监理过程中，发现存在安全事故隐患的，要求承包商及时整改；情况严重的，要求承包商暂时停止施工，并及时报告建设单位。

1.10.8.5 参加业主组织的安全检查和安全例会，对施工现场的安全文明施工情况提出监理意见，协助业主督促施工单位落实整改措施。

1.10.8.6 审查重大项目、重要工序、危险性作业和特殊作业的安全施工措施，并监督实施。

1.10.8.7 审查施工承包商大、中型起重机械安全准用证、安装（拆除）资质证、操作许可证，监督检查施工机械安装、拆除、使用、维修过程中的安全技术状况，发现问题及时督促整改。

1.10.8.8 严格控制土建交付安装、安装交付调试以及整套启动、移交生产所具备的安全文明施工条件。凡未经安全监理签证的工序不得进入下道工序施工。协调解决各施工承包商交叉作业和工序交接中存在的影响安全文明施工的问题，对重大问题，应跟踪控制。

1.10.8.9 参加人身重伤以上事故和重大机械、火灾事故以及重大厂内交通事故的调查处理工作。协助业主监督检查施工现场的消防工作，冬季防寒、夏季防暑、文明施工和卫生防疫等工作。

1.10.8.10 定期向总监理工程师提交施工现场安全监理工作情况报告，做好监理日志，参与编写监理月报。

1.11 监理工作程序

1.11.1 火力发电工程建设及项目监理工作程序

火力发电工程建设及项目监理工作程序如图 1-11-1 所示。

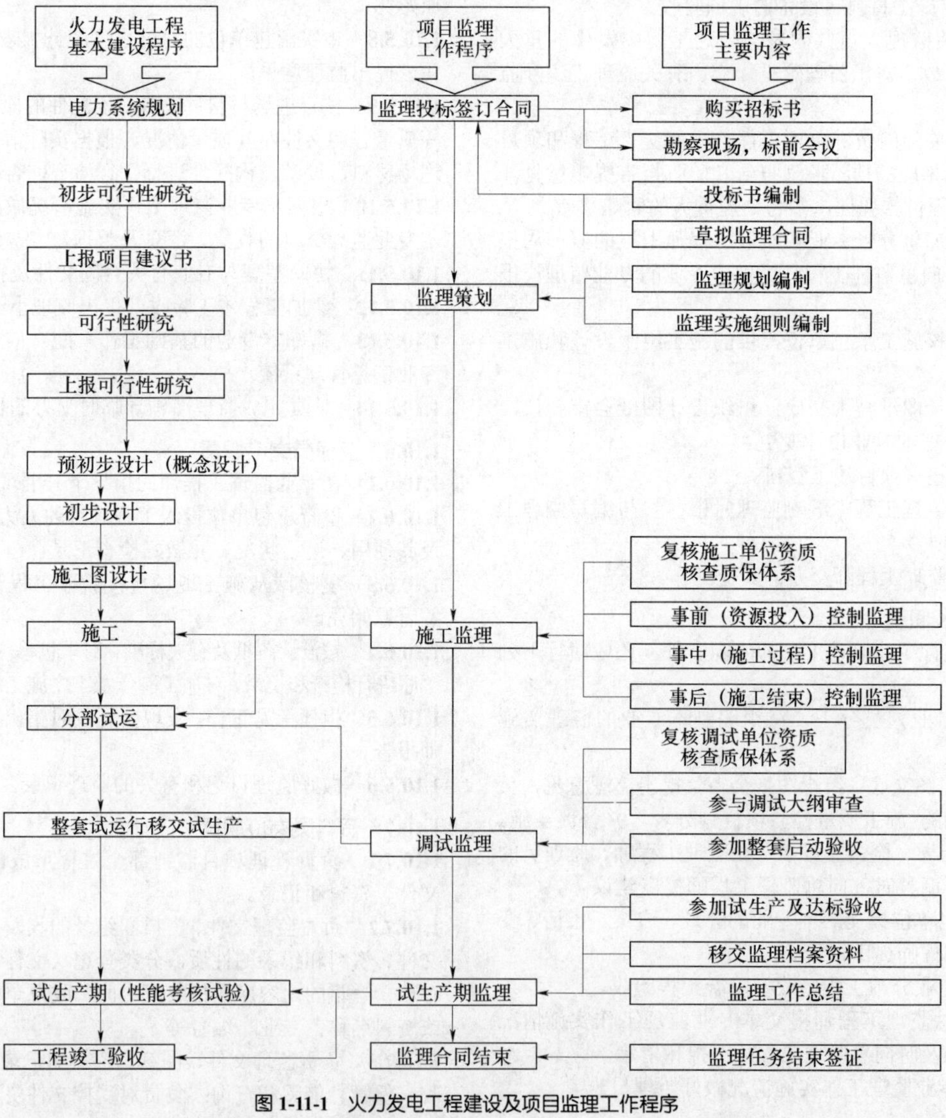

图 1-11-1 火力发电工程建设及项目监理工作程序

1.11.2　火力发电工程建设项目施工监理工作流程

火力发电工程建设项目施工监理工作流程如图 1-11-2 所示。

1.11.3　火力发电工程建设项目调试监理工作流程

火力发电工程建设项目调试监理工作流程如图 1-11-3 所示。

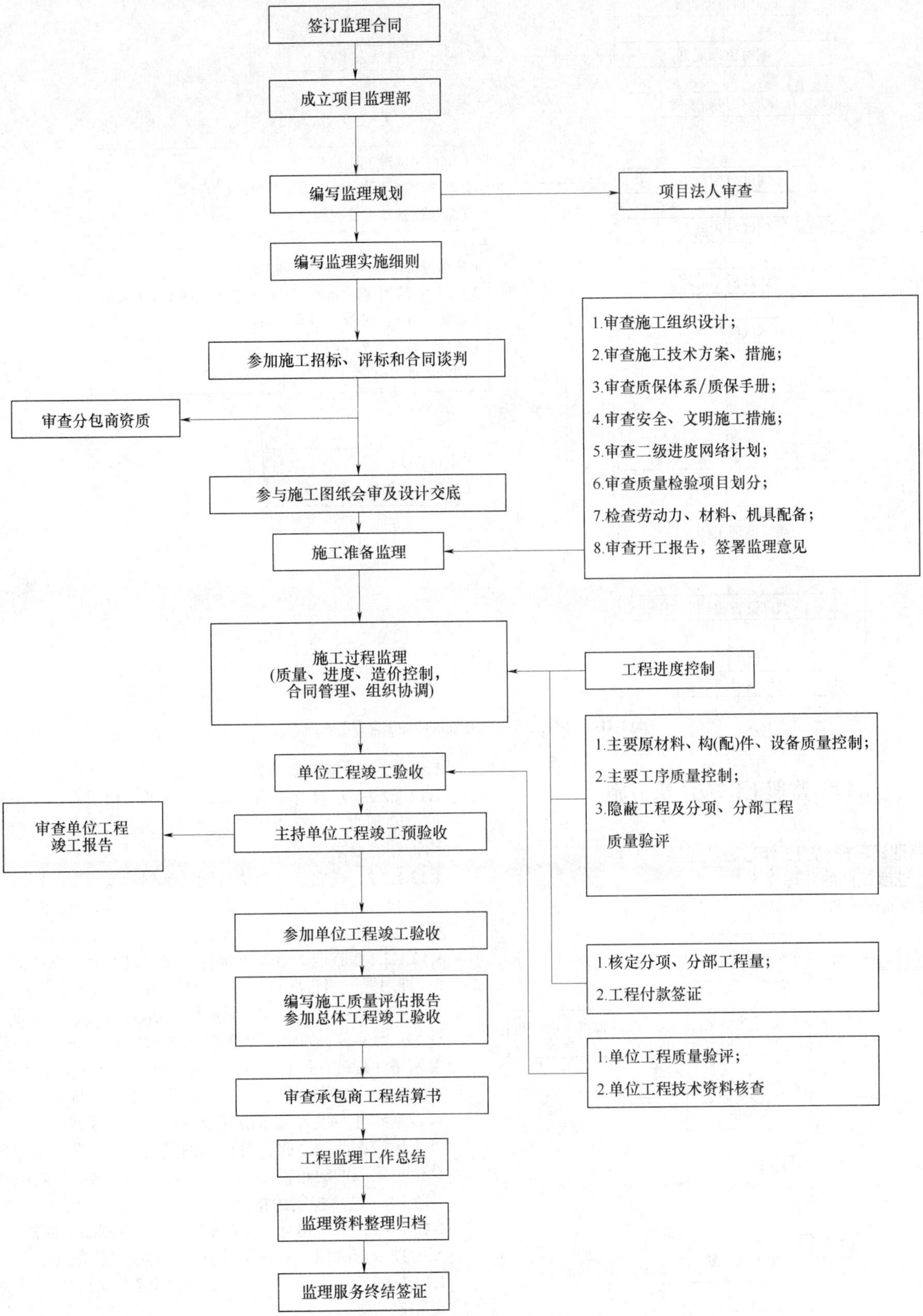

图 1-11-2　火力发电工程建设项目施工监理工作流程

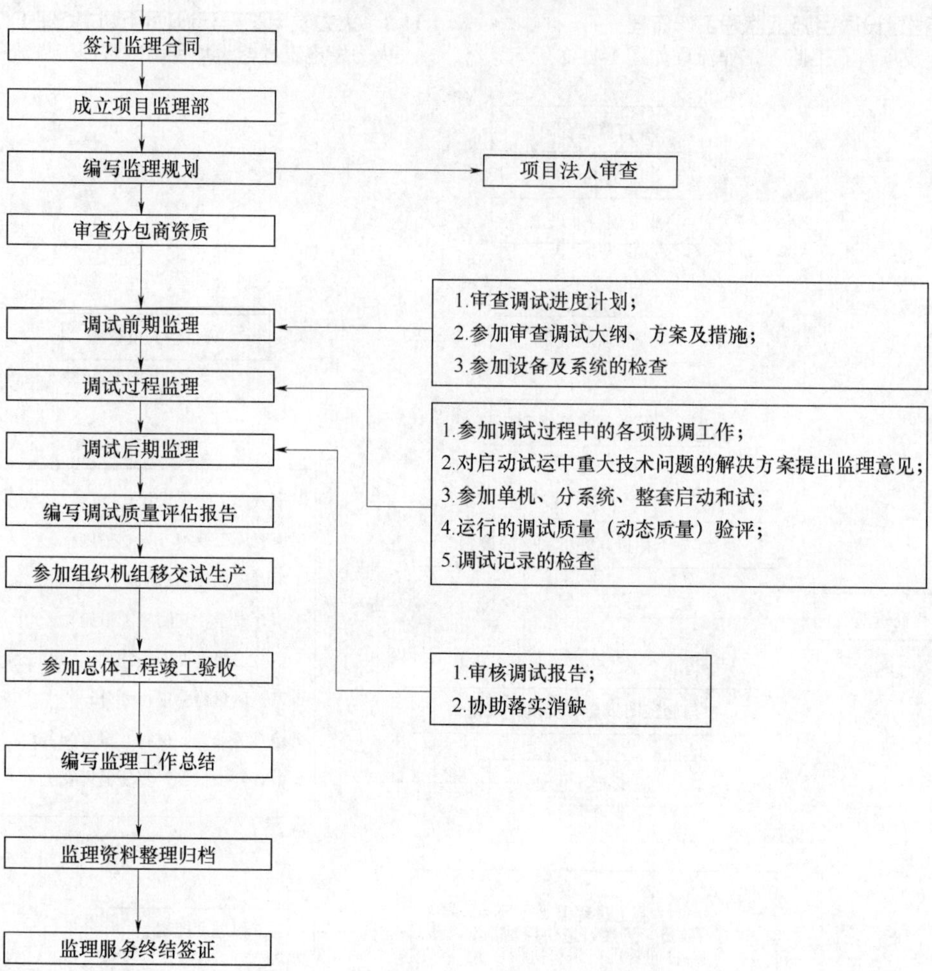

图 1-11-3　火力发电工程建设项目调试监理工作流程

1.12　监理工作方法及措施

1.12.1　监理进度控制的工作方法及措施

1.12.1.1　进度控制的监理程序

进度控制的监理程序如图 1-12-1 所示。

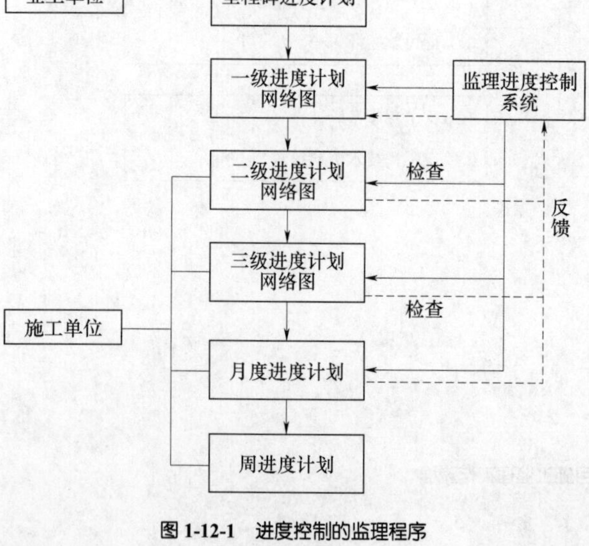

图 1-12-1　进度控制的监理程序

1.12.1.2　进度控制的方法

1.12.1.2.1　项目开工前，监理应对照一级进度网络图审核施工单位编制的二、三级网络计划，确认各级网络计划符合一级网络计划的要求。

1.12.1.2.2　在施工单位执行网络计划的过程中，监理应及时检查计划的执行情况，发现偏差应在每周的调度会议上提出警示，要求施工单位及时予以调整，保证计划的正点实施。

1.12.1.2.3　监理审查施工单位上报的月度计划完成情况统计表时，要对照一级进度计划网络图找出偏差，对施工单位提出警示，要求施工单位对二级和三级网络计划进行调整，以保证一级网络计划正点实施；如施工单位二级网络计划出现偏差，应对一级进度网络计划进行调整，以保证里程碑进度计划的正点完成。

1.12.1.2.4　如因材料影响、图纸供应影响、施工单位组织不力等因素致使月度计划未能完成时，除对三级网络计划进行调整外，还应在监理月报上分析工期拖延原因，并明确监理和施工单位拟采取的纠正措施。

1.12.1.3　进度控制的措施

1.12.1.3.1　技术措施：建立施工作业计划体系；缩短工艺时间、减少技术间歇期、实行平行流水立体交叉作业等。

1.12.1.3.2　组织措施：如增加作业队数、增加工作人数、增加工作班次等。

1.12.1.3.3　经济措施：对由于施工单位的原因拖延工期者进行必要的经济处罚；对工期提前者实行奖励及实行包干奖金、提高计件单价及奖金水平等。

1.12.1.3.4　合同措施：按合同要求及时协调有关各方的进度，以确保项目形象进度的要求。

1.12.1.3.5　其他配套措施：如改善外部配合条件、改善劳动条件、实施强力调度等。

1.12.2　监理质量控制的工作方法及措施

1.12.2.1　施工质量控制的监理程序

施工质量控制的监理程序如图 1-12-2 所示。

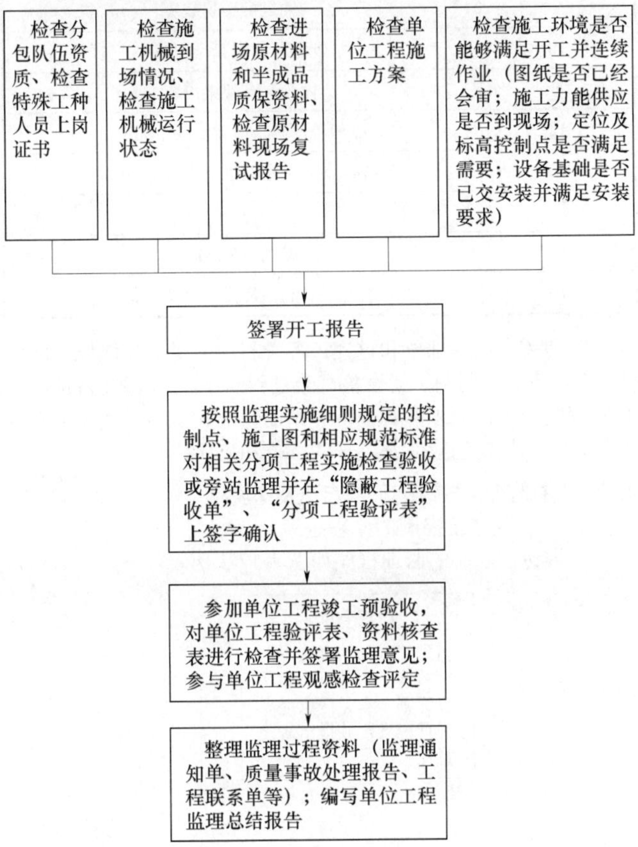

图 1-12-2　施工质量控制的监理程序

1.12.2.2　质量控制的方法

1.12.2.2.1　停工待检：工序到达 H 点，施工单位应首先经班组自检、工地（处）专职检查、公司质检科检查并签字认可后，于 24h 前通知监理到场检查验收。监理工程师应按时到达现场参加验收。如监理工程师因故未能按约定时间到场，应在书面通知上注明不能到场的原因并重新约定检查验收时间。未经监理工程师检查认可，该工序不能转序。

1.12.2.2.2　质量见证：工序到达 W 点，施工单位应在施工前 24 小时书面通知监理工程师到场见证。监理工程师监督检查该工序全过程施工后在“施工跟踪档案”上签字认可。如监理工程师虽收到书面通知但未能按时到场见证，应视为监理工程师已对该点质量认可，随后应在质量验收文件上补签。

1.12.2.2.3　旁站监理：工序到达 S 点，为规范施工工艺，严格工艺参数，监理工程师应监督施工的全过程，并及时进行监测和检查，发现问题立即现场纠正。旁站监理的工序名称、施工时间、操作班组、技术负责人姓名、所发现问题性质和处理结果，监理工程师应填写旁站记录表并在监理日志中反映。

1.12.2.3　质量控制的措施

1.12.2.3.1　组织措施：建立健全监理组织，完善职责分工及有关质量监督制度，落实质量控制的责任。

1.12.2.3.2　技术措施：严格事前、事中和事后质量控制措施。

1.12.2.3.3　经济措施及合同措施：严格质量检验和验收，不符合合同规定的质量要求拒付工程款。

1.12.2.3.4　主要旁站点设置。

汽机专业旁站项目表见表 1-12-1。

表 1-12-1　汽机专业旁站项目表

序　号	工 程 项 目 名 称
1	中轴承座清理检查及扣盖
2	后轴承座清理检查及扣盖
3	低压缸扣盖
4	前轴承座清理检查及扣盖
5	高中压缸扣盖前检查及扣盖
6	穿转子
7	发电机 T 侧端盖封闭
8	发电机 G 侧端盖封闭
9	储油箱清理封闭
10	主油箱清理封闭
11	给水泵汽轮机扣盖
12	给水泵汽轮机油箱清理、封闭
13	蒸汽管清洗后恢复

锅炉专业旁站项目表见表 1-12-2。

表 1-12-2　锅炉专业旁站项目表

序　号	工 程 项 目 名 称
1	柱底板二次灌浆
2	大板梁吊装
3	汽包吊装
4	锅炉整体水压试验
5	制粉系统风压试验
6	电除尘器空负荷升压试验
7	锅炉整体风压试验
8	燃油管道水压试验
9	客货两用电梯试运
10	联箱手孔封堵
11	压力容器人孔封闭
12	管子通球
13	冷却水室严密性试验
14	冷油器严密性试验
15	辅机分部试运
16	加热器保温外壳工艺

电气专业旁站项目表见表 1-12-3。

表 1-12-3　电气专业旁站项目表

序　号	工 程 项 目 名 称
1	发电机启动试运
2	主变压器带电试运
3	×××kV 配电装置带电试运
4	×××kV 封闭式组合电器带电试运

续表

序　号	工程项目名称
5	变压器检查
6	厂用高压工作变压器带电试运
7	厂用高压工作变压器带电试运
8	电动机带电试运
9	电动机带电试运
10	厂用电系统设备带电试运
11	事故保安电源带电试运
12	输煤系统电动机带电试运
13	输煤系统配电装置带电试运
14	除尘除灰系统电动机带电试运
15	除尘除灰系统配电装置带电试运
16	化学水处理系统电动机带电试运
17	化学水处理系统配电装置带电试运
18	供水系统电动机带电试运
19	供水系统带电试运
20	燃油泵房电气设备带电试运
21	消防泵房电气设备带电试运
22	制氢站电气设备带电试运
23	空压机站电气设备带电试运
24	油处理站电气设备带电试运
25	污水处理站电气设备带电试运
26	附属生产系统电动机带电试运
27	起重机电动机带电试运
28	起重机电气设备带电试运
29	脱硫装置电动机带电试运
30	脱硫装置带电试运

热控专业旁站项目表见表 1-12-4。

表 1-12-4　　　热控专业旁站项目表

序　号	工程项目名称
1	锅炉汽水液位取源部件安装
2	锅炉炉膛火焰监视探头安装
3	锅炉机械量传感器安装
4	汽机汽缸及轴瓦金属测温元件安装
5	汽轮发电机组机械量传感器安装
6	汽机管路严密性试验
7	除氧给水管路严密性试验
8	给水泵机构量传感器安装

建筑专业旁站项目表见表 1-12-5。

表 1-12-5　　　建筑专业旁站项目表

序　号	工程项目名称
1	主厂房基础、框架混凝土浇筑
2	主厂房、设备基础回填
3	汽机基础、基座混凝土浇筑
4	汽机基座二次灌浆

续表

序　号	工程项目名称
5	锅炉基础回填
6	锅炉钢架基础二次灌浆
7	汽机房屋架吊装
8	钢煤斗、除氧水箱吊装
9	输煤桁架吊装
10	烟囱环基混凝土浇筑
11	内筒、支架梁吊装
12	冷却塔基础、环梁混凝土浇筑
13	冷却塔人字柱混凝土浇筑、吊装
14	冷却塔基芯回填
15	碎煤机楼基础施工
16	水池、油池、浆液池混凝土浇筑

其他需旁站的部位和过程：各种材料的见证和取样；新技术、新工艺、新材料、新设备试验过程；隐蔽工程的隐蔽过程；合同规定和设计要求的其他应旁站的部位和工序；建设工程委托监理合同规定的应旁站监理的部位和工序。

1.12.3　监理造价控制的工作方法及措施

1.12.3.1　工程造价控制的监理程序

工程造价控制的监理程序如图 1-12-3 所示。

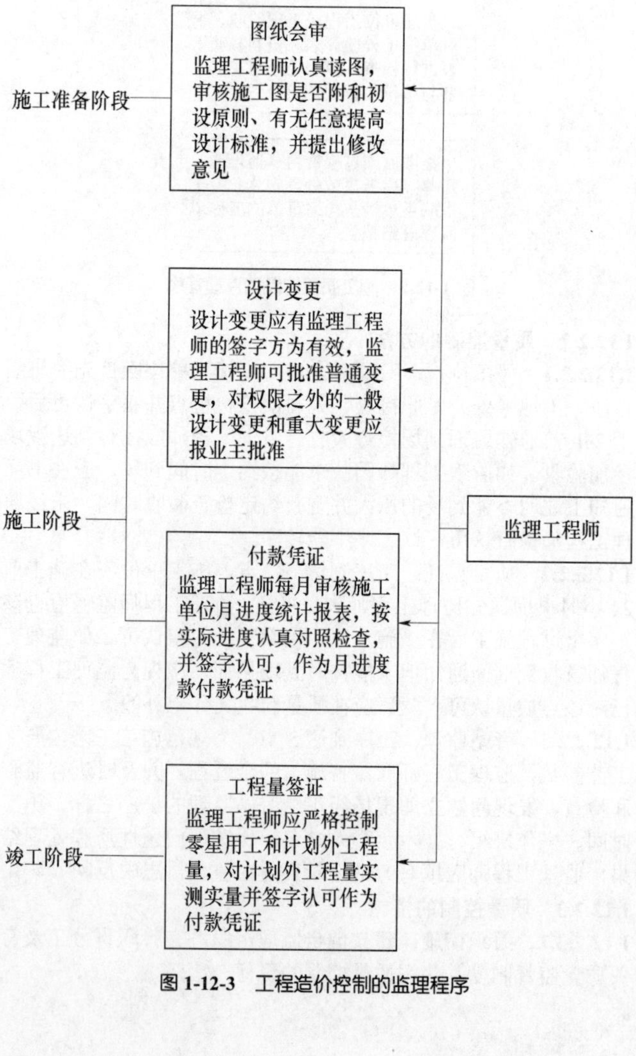

图 1-12-3　工程造价控制的监理程序

1.12.3.2　造价控制的方法

根据本工程的管理模式和监理委托合同的要求，本工程的造价控制应着重于三个阶段（施工准备阶段、施工阶段、竣工阶段）、四项工作（图纸会审、设计变更、月付款凭证、工程量签证）。

1.12.3.2.1　图纸会审：监理工程师除从技术角度审核施工图是否有误、是否便于施工外，还应重点审核施工图是否与批准的初步设计原则有出入，是否会增加费用。设计中是否有提高设计标准的现象，如有，应向设计单位指出并提出改正要求或报原审批部门处理。

1.12.3.2.2　施工中监理工程师应严格控制设计变更，按项目法人授权范围对不增加费用的普通设计变更可签字批准；对发生费用调增的一般设计变更和费用调增较大、已改变原设计结构的重大设计变更，监理应提出处理意见，报项目法人或业主方代表处理。

1.12.3.2.3　监理工程师在审核施工单位月进度统计报表时，必须深入现场，逐项对照各分项工程实际施工进度。核准后才可签字认可。

1.12.3.2.4　对计划外的工程，必须要有项目法人或项目法人授权的代表出具的书面委托，监理工程师才可受理。监理工程师应对受理的计划外工程实测实量，以确定其实际工作量，并签字认可。

当现场出现类似交叉配合、清理垃圾等不属承包商工作范围的少量用工时，监理工程师可在项目法人授权的前提下按实际发生的工作量签证作为付款凭证。

1.12.3.3　造价控制的措施

1.12.3.3.1　组织措施：建立健全监理组织，完善职责分工及有关制度，落实造价控制的责任。

1.12.3.3.2　技术措施：审核施工组织设计和施工方案，合理开支施工措施费，以及按合理工期组织施工，避免不必要的赶工费。

1.12.3.3.3　经济措施：及时进行计划费用与实际开支费用的比较。

1.12.3.3.4　合同措施：按合同条款支付工程款，防止过早、过量的现金支付，全面履约，减少对方提出索赔的条件和机会，正确处理索赔等。

1.13　监理工作制度及监理表式

1.13.1　工程建设监理人员工作守则

1.13.1.1　监理人员必须执行监理部的有关规定，接受总监理师的领导，团结协作、密切配合，完成《监理合同》所规定的各项任务。

1.13.1.2　监理人员要认真学习和贯彻国家和地方有关建设法规、规范、标准及建设监理的政策和规定，独立、公正、科学、可靠地工作，维护国家、顾客和承包商的利益。

1.13.1.3　监理人员要牢记公司质量方针，严格按国家和行业现行规程、规范、标准，结合本工程的具体情况实施监理工作，坚持原则，秉公办事，一丝不苟。

1.13.1.4　监理人员必须具有良好的职业道德，认真履行《监理合同》所规定的权利和义务；为达到公司的质量目标，严格遵照“秉公执法、严格监理、遵纪勤学、热情服务”的原则谨慎而认真地开展工作。

1.13.1.5　监理工作要为工程着想，急工程所急，从监理角度做好工程服务。

1.13.1.6　监理人员要自觉执行国家对党政机关、国有大中型企业廉政建设的有关规定，自觉抵制不正之风，不得与其他有关的单位在该工程项目中发生经济关系，不得参与可能与合同中规定的顾客利益相冲突的任何活动，不得从事《监理合同》规定权限外的活动。

1.13.1.7　坚持科学态度，对工程要以科学数据为认定质量依据，不凭主管臆断。

1.13.1.8　尊重客观事实，准确反映建设监理情况，及时妥善处理问题。

1.13.1.9　监理人员要尽职尽责发挥监理的作用为工程建设服务，充分尊重顾客单位对工程的统一指挥。监理人员要按照各自的岗位责任制开展工作，严格执行监理程序，重要的监理意见必须以书面形式按行文程序发出。

1.13.1.10　监理人员要从工程建设的整体需要出发，服从领导，服从工作分配与调动，积极承担监理工作任务。

1.13.1.11　虚心听取顾客及工程建设有关方面的意见，接受监理主管部门的领导，总结经验教训，不断改进和提高监理工作的质量和水平。

1.13.1.12　积极努力工作，对改进监理工作和有利于工程建设的各类问题提出建议与意见。

1.13.2　监理工作日志制度

1.13.2.1　监理工程师的《监理日志》是监理信息管理的重要依据之一，是对工程实行质量、进度、安全及投资监控的重要原始资料。因此监理部的全体监理人员必须每天按期、如实地填写日志。

1.13.2.2　监理日志应填写的内容：

（1）对监理范围内的工程情况及监理意见或建议；

（2）纪录本专业当天发生的质量、进度、投资、合同、信息等问题，以及监理工程师对发现的问题所采取的措施和处理意见；

（3）本专业所审签或核查的文件名称及主要内容；

（4）对外发出的文件、函电名称及主要内容；

（5）主持、参加图纸会审、专业、专题及各种会议的主要内容；

（6）专业配合中的问题及处理意见；

（7）领导交办的有关事宜及完成情况；

（8）其他监理范围内的事项。

1.13.2.3　《监理日志》填写要简明扼要，文理通顺，字迹清楚，一律用墨水笔或签字笔填写，便于存档。

1.13.2.4　技经人员和其他管理人员结合专业特点和工作性质参照 1.13.2.2 执行。

1.13.2.5　监理部总监理工程师或副总监理工程师应执行公司质量手册（Q/JL-20101—2001）中《服务评价控制程序》，定期或不定期抽查监理工程师日志。

1.13.2.6　《监理日志》作为考核监理工程师业绩的评定依据之一。

1.13.3　监理通知、联系单签发制度

1.13.3.1　根据“监理合同”的服务要求，监理工程师按“四控制、两管理、一协调”的监理深度，在监理过程中发现重大问题时，必须正式行文通知有关单位外，一般问题可以以监理通知单的形式提出问题和改进措施，主送设计、施工单位执行并报送项目法人。

1.13.3.2　对并不一定是设计或施工造成的问题，但作为监理工程师对施工中一些情况的看法，或提请施工单位注意，或只是

作为建议供有关方面参考，可以以监理联系单的形式，主送有关单位。

1.13.3.3 监理通知单一般由监理工程师填写、打印，由分管的副总监理工程师校核并编号签发；重大问题由分管的副总监理工程师校核编号、总监理工程师签发。

1.13.3.4 监理工作联系单由监理工程师填写、打印，由分管的副总监理工程师校核并编号签发。

1.13.3.5 监理通知单、联系单和其他监理单位产生的文件的编号，原则上按不同专业流水编号。

例：由监理方出版的工程联系单编号如下：

```
XBJL—GL—C01—001
 │    │   │    └── 联系单流水号（用000-999标识）
 │    │   └─────── 工程表格表号（见工程监理表格）
 │    └─────────── 专业代码（锅炉专业）
 └──────────────── 单位代码（西北电建监理）
```

主要专业编号如下：

土建专业——TJ

汽机专业——QJ

锅炉专业——GL

电气专业——DQ

热控专业——RK

焊接专业——HJ

化学专业——HS

安监专业——AQ

其余专业代码同监理表格说明中规定。

调试各相关专业在专业标识后加（T）字。

1.13.3.6 通知单、联系单一式两份，统一由资料员登记并存档一份，发放一份；接受单位要签收，并注明收到日期。当主送单位不止一个时，文件原件可按实际需要份数制作。

1.13.3.7 通知单、联系单作为工程管理文件，工程竣工验收时与其他监理资料一起统一移交项目法人，并归档至公司质量技术部资料室。

1.13.4 监理月报编写规定

根据监理合同及有关制度的规定，监理部应定期向上级、项目法人及有关单位报送监理月报，为使月报的内容规范化和及时报出，特制订如下编制要求。

1.13.4.1 月报的内容

1.13.4.1.1 本月工程概况：重要的会议情况、项目法人、承包商等单位的重要活动、上级领导来现场指导工作等。

1.13.4.1.2 本月工程形象进度：说明工程主要形象进度完成的情况。如工程达到的部位或阶段，完成的实物工程量、工作量或百分率等。

1.13.4.1.3 工程进度：

（1）本月实际完成情况与计划进度比较；

（2）对进度完成情况及采取措施效果的分析。

1.13.4.1.4 工程质量：

（1）本月工程质量情况分析；

（2）本月采取的工程质量措施及效果；

（3）本月优良品率、及存在的质量问题（需统计发生多少项质量问题），其中重要的质量问题要逐项说明。

1.13.4.1.5 工程计量与工程造价控制工作：

（1）工程量审核情况；

（2）工程月进度付款的审批情况；

（3）工程变更情况。

1.13.4.1.6 本月监理工作总结：

（1）对本月进度、质量、造价控制情况的综合评价；

（2）本月监理工作（组织会议、审核方案、发现问题、发出通知、处理事故、审核变更份数统计及质量验收、验评情况）；

（3）本月项目建设中存在问题及建议；

（4）下月工作重点。

1.13.4.2 监理工程师职责

1.13.4.2.1 每月25日前提出本人负责范围内的书面月报，交主管副总监理师审阅。

1.13.4.2.2 月报一律按本制度规定的月报内容为提纲，要求语言通顺，引用的数据事例要可靠。

1.13.4.2.3 每位监理工程师的月报皆归类存档，并作为工作考核的依据。

1.13.4.2.4 主管副总监负责汇编本组监理月报，并及时报送总监理工程师。

1.13.4.2.5 总监理工程师负责编辑项目监理部监理月报。

1.13.4.2.6 信息监理工程师负责出版、派送、上报、归档。

1.13.5 监理部文件、资料管理制度

本章其余内容见光盘。

第2章　新疆阿克苏电厂200MW机组工程施工阶段监理实施细则

2.1　土建专业监理实施细则

2.1.1　工程概况

2.1.1.1　建设单位：徐矿集团新疆阿克苏热电有限责任公司。

2.1.1.2　建设地点：位于新疆维吾尔自治区阿克苏市西工业园区，距阿克苏市中心11km（直线距离），地处东经86°9.8′，北纬41°4.7′，东北距阿克苏市中心约11km，厂址北约2km为西大桥水电站、西西湖水库和农一师电厂，东南方向2.0km为南疆铁路和G314国道，三角地火车站位于厂址东南约3.0km。厂址地势平坦开阔，东北高西南低，地面自然坡度约1%，厂址地面高程为1115m。

2.1.1.3　建设规模：本期建设2×200MW超高压双抽凝汽供热发电机组，配2×670t/h超高压煤粉炉，同步配套建设脱硫装置，预留脱硝，并留有扩建条件。

2.1.2　土建工程简介

2.1.2.1　总平面概况

2.1.2.1.1　厂区采用三列式布局，依次为220kV屋外配电装置，主厂房区及煤场区。

2.1.2.1.2　冷却塔布置在主厂房固定端外，紧邻主厂房布置，冷却塔区北侧及南侧为水工设施区，主要布置化学水，补给水，废水等处理设施。

2.1.2.1.3　输煤系统采用斗轮机加翻车机形式。

2.1.2.1.4　灰库等布置于炉后。

2.1.2.1.5　电厂燃油系统、制氢站布置在冷却塔南侧。

2.1.2.1.6　厂前区布置于厂区北围墙，侧入式进厂；厂区占地南北长600m，东西宽345m，占地17.35m^2。

2.1.2.2　各区域建（构）筑物简介

2.1.2.2.1　主厂房区域建（构）筑物：主厂房（集控室）、除尘器基础、锅炉基础、尾部烟道支架、引风机房、烟囱及烟道等。

主厂房结构设计：主厂房为模块化设计，采用钢筋混凝土结构；主厂房横向采用由汽机房外侧柱—汽机房屋盖—主厂房双框架组成的现浇钢筋混凝土双框架—排架结构。纵向A排为框架—钢支撑结构体系；B、C、D排为框架—抗震板墙结构体系。

汽机房屋面采用27m单坡钢屋架—加钢支撑的有檩屋盖体系，由于本地区处于8度地震区，同时地处寒冷气候分区，屋面采用压型钢板做底模的钢檩条——钢筋混凝土板结构，以增加空间刚度和满足寒冷情况下的屋面的耐久性。吊车梁：采用钢吊车梁。

汽轮发电机基座为钢筋砼框架结构，整板式基础，四周设变形缝与周围结构分开。汽机房固定端及扩建端在运转层以下，采用钢筋砼结构，作为汽机房加热器平台整体的一部分。运转层以上，固定端墙、扩建端墙采用三角形钢桁架——保温压型钢板轻型结构，汽机房加热器平台采用钢筋混凝土框架、钢次梁——钢筋混凝土楼板组合结构（设栓钉或剪力钉）；除氧煤仓间各层楼板采用现浇钢筋混凝土梁板结构；锅炉运转层平台采用钢梁—钢筋混凝土楼板组合结构（设栓钉或剪力钉）。煤斗为支承式钢煤斗。炉前封闭与锅炉炉架用双柱脱开布置。锅炉为独立岛式布置，炉架为钢结构，由锅炉厂设计并供货（包括运转层主次钢梁，炉顶小室）；锅炉紧身封闭及锅炉顶盖均采用彩色带保温的金属压型钢板。钢筋混凝土结构构件尺寸表见表2-1-1。

表2-1-1　　钢筋混凝土结构构件尺寸表

名称	构件编号	矩形断面尺寸/（mm×mm）	混凝土强度等级
汽机房	A排柱	600×1200	C30～C40
	A排纵梁	300×900	C30～C40
	汽机联络平台梁柱	700×700	C40
	汽机房屋面	钢屋架	钢梁Q235
除氧煤仓间	B排柱	700×1400	C30～C40
	C排柱	700×1400	C30～C40
	D排柱	700×900	C30～C40
	煤斗梁层	500×1800	C30～C40
	其余各层横梁	600×（1200～2200）	C30～C40
	纵梁	300×900	C30～C40
集控楼	框架柱	700×700	C30～C40
	框架横梁	600×1200	C30～C40
	框架纵梁	300×900	C30～C40

烟囱两台炉配置一座套筒式烟囱，基础为钢筋混凝土环板式基础。

烟囱结构型式为钢筋混凝土外筒＋钢套筒。钢套筒考虑采用悬挂结构以减少钢材用量，内衬防腐材料推荐采用耐硫酸露点钢套筒＋高温防腐涂料（或国产优质泡沫玻璃砖）。

一次风机房采用钢筋混凝土结构，现浇钢筋混凝土基础，屋面采用现浇钢筋混凝土楼板。

引风机、增压风机为联合建筑，采用现浇钢筋混凝土纵、横向框架结构体系，基础均为独立基础。各风机本体均为大块式现浇钢筋混凝土基础。

烟道支架采用钢筋混凝土结构，基础均为独立基础。

电除尘器支架为钢结构，由设备厂家设计与供货，支架基础采用钢筋混凝土独立基础，基础间设连梁加强整体刚度，抵抗水平力。

2.1.2.2.2　电气建（构）筑物：主要有220kV配电装置、变压器基础、网络继电器室、除灰、除尘配电室。

主变压器、备用变压器、高压厂用变压器基础采用钢筋混凝土基础；事故油池为地下箱形结构。

220kV架构及支架采用人字形离心混凝土管柱，横梁采用三角形钢桁架；钢结构均采用聚氨酯涂料防腐。基础为独立钢筋混凝土杯口基础。

网络继电通讯间采用钢筋混凝土框架，柱基础采用钢筋混凝土独立基础，部分墙基采用素混凝土条形基础。

2.1.2.2.3 输煤建（构）筑物：翻车机室、地下煤斗及输煤廊道、转运站、碎煤机楼、输煤栈桥、斗轮机基础、推煤机库、输煤综合楼等。

翻车机室上部结构采用框排结构，下部结构采用钢筋混凝土箱形结构，地下煤廊及煤斗采用钢筋混凝土箱形结构。

碎煤机室采用现浇钢筋混凝土框架结构，基础采用钢筋混凝土独立基础。碎煤机基础采用独岛式布置。

转运站地下部分采用钢筋混凝土箱形结构，地上部分采用现浇钢筋混凝土框架结构，框架基础采用钢筋混凝土独立基础。

输煤栈桥采用钢桁架＋混凝土支架柱结构体系，跨度较大时，支架采用钢筋混凝土框架—钢支撑，考虑在低端布置抗震支撑或剪力墙，支架采用独立基础。

输煤综合楼、推煤机库为现浇钢筋混凝土框架结构，屋面为现浇钢筋混凝土屋面板，基础采用钢筋混凝土独立基础。

斗轮机基础：斗轮机基础采用钢筋混凝土条形基础。

煤厂围护，根据环评报告，采用防风抑尘网。

2.1.2.2.4 除灰建（构）筑物：主要有灰库、空压机房、渣仓基础、除灰管道支架等。

干灰库两座，内直径 10m，高度 25m。灰库采用现浇钢筋混凝土结构，基础采用环板基础。

空压机房及除尘配电间为现浇钢筋混凝土框架结构，基础采用钢筋混凝土独立基础。

渣仓为钢结构，钢架，围护及设备均由厂家供货，基础采用钢筋混凝土独立基础。

灰管线采用钢结构，基础采用钢筋混凝土独立基础。

2.1.2.2.5 水工建（构）筑物：冷却塔、锅炉补给水处理室、锅炉补给水室外建构筑物、化验楼、水箱间、中水深度处理建筑、酸碱储存间及中和水池、制氢站等。

冷却塔为双曲线钢筋混凝土自然通风塔，塔高 85.0m，人字柱底部中心线处直径为 68.978m，40 对人字柱，人字柱圆形断面，断面直径 0.6m；进风口高度 5.8m；冷却塔喉部标高为 68.0m，喉部直径为 35.8m；冷却塔塔顶标高为 85.00m，塔顶直径为 39.58m。冷却塔塔筒基础拟采用倒环板基础，人字柱、塔筒为现浇钢筋混凝土结构。淋水装置为装配式结构，淋水装置主水槽、柱梁构件为预制钢筋混凝土结构，可现场预制，构件间用预埋铁件焊接联结，淋水装置柱基础为杯形独立基础。冷却塔中心轴线处设 3 座 ø1.8m 的钢筋混凝土圆形竖井。填料托架采用铸铁或玻璃钢托架支撑，塔内隔风板采用玻璃钢结构。

化水处理室车间横向为现浇框架结构，基础采用钢筋混凝土独立基础。

化验楼采用现浇框架结构，基础采用钢筋混凝土条形基础。

中和水泵房上部为现浇钢筋混凝土框架结构，下部为钢筋混凝土水池兼做上部结构的箱型基础。

制氢站用现浇钢筋混凝土框架结构，屋面为现浇钢筋混凝土板，侧墙 1.2m 以上采用保温压型钢板围护，基础采用钢筋混凝土独立基础。

酸洗废水池均为钢筋混凝土地下水池。

2.1.2.2.6 辅助生产建（构）筑物：启动锅炉房、柴油发电机房、油罐区及泵房、综合管架等。

启动锅炉采用纵向框架结构，柱距 6m；横向为排架结构，跨度为 15m；屋面采用大型屋面梁，板；基础为钢筋混凝土独立基础。

燃油泵房采用砖混结构，屋面为现浇钢筋混凝土板，基础为素混凝土条形基础。

厂区综合管架以低位布置为主，架空部分采用钢管架柱、工字钢或热轧 H 型钢横梁、纵向采用钢管桁架或工字形梁，基础采用独立钢筋混凝土基础。

2.1.2.2.7 附属建（构）筑物：综合生产办公楼、生活综合楼、材料库、检修间、车库等。

综合生产办公楼、生活综合楼采用框架结构；材料库、检修间采用框—排架结构，基础采用钢筋混凝土基础。

2.1.3 监理程序

2.1.3.1 部分监理程序

部分监理程序见《监理规划》。

2.1.3.2 单位工程开工程序

组织施工图纸会审及设计交底→审查施工技术方案措施→审查质保体系/质保手册→审查安全文明施工措施→审查分包商资质→审查二级进度网络计划→审查质量检验项目划分→检查劳动力、材料、机具配备→审查开工报告、签署监理意见。

2.1.3.3 质量验收程序

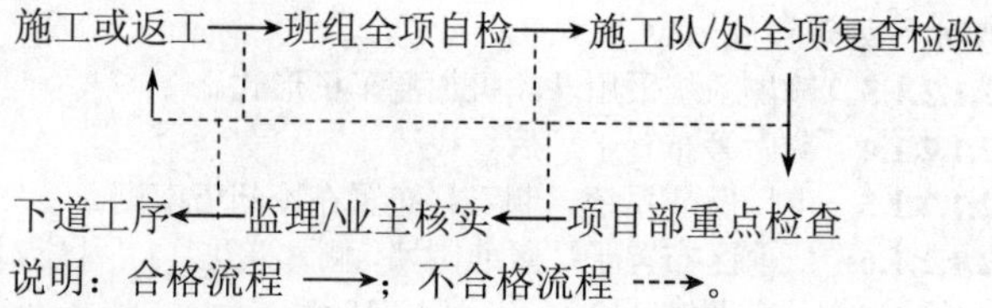

说明：合格流程 ⟶；不合格流程 ---→。

2.1.3.4 材料报验程序

材料进厂→见证取样→材料报验→投入使用。

2.1.4 职责范围

2.1.4.1 监理职责范围和监理工作制度

参见《监理规划》。

2.1.4.2 土建施工过程控制重点

土建施工过程控制重点见表 2-1-2。

表 2-1-2 土建施工过程控制重点

序号	工 程 项 目	质 量 控 制 要 点	控 制 手 段
1	定位放线	轴线、高程	测量、复核
2	土石方工程	开挖范围及边线	测量
		高程	测量
		地质	地质现场检查
3	基础工程	位置	测量
		外形尺寸	量测
		与柱连接钢筋型号、直径、数量	现场检查

续表

序号	工 程 项 目	质 量 控 制 要 点	控 制 手 段
		混凝土强度	审核配合比、现场取样制作试件、审核试验报告
		地下管线预留孔道及预埋	现场检查、量测
		挖孔桩：地质.深度.垂直度.嵌入度	检查、量测
		填方：分层、密实度	检查、试验
4	现浇钢筋混凝土	轴线、高程及垂直度	测量
	结构主体工程	断面尺寸	量测
		钢筋：数量、直径、位置、接头	现场检查、测量
		施工缝处理	检查
		混凝土强度：配合比、坍落度、强度	现场制作试件、审核试验报告
		预埋件：型号、位置、数量、锚固筋	现场检查、量测
		焊接接头	检查、试验
		吊装：强度、锚固、焊接、位置	检查、量测
		吊车梁：制作、安装	检查、测量
5	砌砖工程	砖标号砂浆的强度等级	砂浆配合比
		灰缝、错缝	检查
		门、窗、孔位置	量测
		预埋件及埋设管线	现场检查、量测
6	钢结构制作工程	材料	检查、试验
		焊接连接或高强度螺栓连接	检查、试验
		制孔	量测
		变形	量测
7	防腐工程	材料	检查、试验
		接缝、厚度、平整度、灰缝饱满度	量测
8	室内初装修	材料配合比	试验
		室内抹灰厚度、平整度、垂直度、阴阳角	量测、要求作样板间
		室内地坪厚度、平整度	量测、要求作样板间
9	门、窗工程	木门窗：位置、尺寸	检查、量测
		铝合金门窗：嵌填、定位、安装开关等	检查、量测
10	屋面防水	找平层：厚度、坡度、平整度、防裂纹	观察、量测
		保温层：厚度、平整度	观察、量测
		防水面层：填嵌、黏结、平整	检查
		落水管：位置、垂直度	检查
11	二次灌浆	配合比	检查
		密实度	旁站
12	室内给水、排水管道工程	管阀连接位置、接头	观察、量测
		水压试验	旁站
		水表、消防栓、卫生洁具、器件	观察、量测
		自动喷洒、水幕、位置、间距、方向	观察、量测
		排水系统闭水试验	旁站
13	通风空调系统安装工程	冷冻机组安装：位置、标高	观察、量测
		风管、风机盘管：位置、标高、坡向、坡度、接头	观察、量测

续表

序号	工程项目	质量控制要点	控制手段
		风管、制冷管道保温措施	观察、量测
		管道穿过墙或楼板套管，缝隙嵌填严密	观察
		阀门安装位置、方向	观察
14	高级装饰工程	饰面板材表面、接缝、几何尺寸	观察、测量
		骨架位置、安装	观察、测量
		壁纸、墙布黏结	观察
		美术喷投：花点分布、质感、色泽、接头	观察
		清漆工程：木纹、光亮	观察
		喷砂、喷投：黏结	观察

表2-1-2中列出的“控制手段”说明如下：

观察指的是“目视”，“目测”进行的检查监督；

现场检查、旁站（指现场巡视、观察及量测等方式进行的检查监督）；

量测指用简单的手持式量尺、量具、量器（表）进行的检查监督；

试验指通过试件、取样进行的试验检查或通水、通电、通气进行的试验等；

测量指借助于测量仪器、设备进行的检查；

样板间指某项工作先施工小部分用语确定标准，施工工艺等，经过验收后才能大面积施工。

2.1.5 土建旁站点

2.1.5.1 旁站监理制度

见《监理规划》中旁站监理制度。

2.1.5.2 土建监理旁站主要内容

大体积混凝土施工，施工方法和工艺，施工组织人员。施工交接，紧急情况处理，施工存在问题及处理等。

2.1.5.3 旁站点

2.1.5.3.1 除氧煤仓间框架混凝土浇筑。

2.1.5.3.2 汽机基础混凝土。

2.1.5.3.3 汽机基座二次灌浆。

2.1.5.3.4 锅炉钢架基础二次灌浆。

2.1.5.3.5 水塔环基混凝土浇筑。

2.1.5.3.6 水塔人支柱混凝土浇筑。

2.1.5.3.7 冷却塔环梁混凝土浇筑。

2.1.5.3.8 输煤桁架吊装。

2.1.5.3.9 汽机房屋架吊装。

2.1.6 土建常用监理依据

2.1.6.1 见《监理规划》。

2.1.6.2 《电力建设施工及验收技术规范（建筑工程篇）》。

2.1.6.3 《火电施工质量检验及评定标准（第一篇　土建工程篇）》。

2.1.6.4 《建筑地基基础施工质量验收规范》（GB 50204—2002）。

2.1.6.5 《砌体工程施工质量验收规范》（GB 50203—2002）。

2.1.6.6 《钢结构工程施工质量验收规范》（GB 50205—2001）。

2.1.6.7 《屋面工程质量验收规范》（GB 50207—2002）。

2.1.6.8 《地下防水工程质量验收规范》（GB 50208—2002）。

2.1.6.9 《建筑防腐蚀工程施工及验收规范》（GB 20212—91）。

2.1.6.10 《钢筋焊接及验收规范》（JGJ 18—96）。

2.1.6.11 《建筑给排水及采暖、卫生工程施工质量验收规范》（GB 50204—2002）。

2.1.6.12 《通风与空调工程施工质量验收规范》（GB 50243—2002）。

2.1.6.13 《混凝土强度检验评定标准》（GBJ 107—87）。

2.1.6.14 《火力发电厂工程测量技术规程》（DL 5001—2004）。

2.1.6.15 《烟囱工程施工及验收规范》（GB 50078—2008）。

2.1.6.16 《钢结构工程施工验收规范》（GB 50205—2001）。

2.1.6.17 《建筑工程质量管理条例》。

2.1.6.18 《建设工程监理规范》（GB 50319—2000）。

2.2 强制性条文土建专业监理实施细则

2.2.1 工程概况

（1）工程名称：徐矿集团新疆阿克苏热电（2×200MW）新建工程。

（2）建设单位：徐矿集团新疆阿克苏热电有限公司。

（3）设计单位：新疆电力设计院。

（4）监理单位：西北电力建设工程监理有限公司。

（5）施工单位：新疆三建、新疆电建、河南二建等。

徐矿集团新疆阿克苏热电（2×200MW）新建工程位于新疆阿克苏市境内。本工程建设规模为2×200WM国产超高压燃煤供热机组，并留有扩建的余地。

2.2.2 目的及适用范围

2.2.2.1 目的

为了全面落实《中华人民共和国工程建设标准强制性条文（2006年版）》中有关土建工程标准强制性条文在监理验收工作中的项目和参数；同时加强《工程建设标准强制性条文》的实施工作，结合徐矿阿电工程实际情况，制定《土建专业强制性条文实施细则》，认真组织有关的管理人员和工程技术人员学习和掌握“强制性条文”的内容，确保工程技术人员熟悉和掌握“强制性条文”的相关内容，并在建设活动中自觉地严格执行和进行有效的监督。

2.2.2.2 适用范围

本细则适用徐矿阿电新建工程 2×200MW 机组土建专业的工程监理工作。

2.2.3 编制依据

编制依据《中华人民共和国工程建设标准强制性条文》（电力工程部分，2006年版）。

2.2.4 强制性条文执行要求

2.2.4.1 按“强制性条文”的要求，在日常的工作中注意过程检查，发现问题及时指出并按要求整改。

2.2.4.2 每月进行一次定期检查，填写《工程建设标准强制性条文》执行情况检查记录表。每半年对执行情况进行一次总结。

2.2.4.3 根据工程质量监督阶段性检查，对执行强制性条文的实施情况进行阶段性检查。填写《工程建设标准强制性条文》执行情况检查记录表。

2.2.4.4 在工程结束后，针对工程的“强制性条文”执行情况进行总结。

2.2.4.5 根据培训计划定期进行教育培训。

2.2.5 引用标准及检查项目

2.2.5.1 引用标准

《建筑工程施工质量验收统一标准》(GB 50300—2001)。

2.2.5.1.1 第3.0.3条 在验收时，应进行下列检查项目：

一、建筑工程施工质量应符合本标准和相关专业验收规范的规定。

二、建筑工程施工应符合工程勘察、设计文件的要求。

三、参加工程施工质量验收的各方人员应具备规定的资格。

四、工程质量的验收均应在施工单位自行检查评定的基础上进行。

五、隐蔽工程在隐蔽前应由施工单位通知有关单位进行验收，并应形成验收文件。

六、涉及结构安全的试块，试件以及有关材料，应按规定进行见证取样检测。

七、检验批的质量应按主控项目和一般项目验收。

八、对涉及结构安全和使用功能的重要分部工程应进行抽样检测。

九、承担见证取样检测及有关结构安全检测的单位应具有相应资质。

十、工程的观感质量应由验收人员通过现场检查，并应共同确认。

2.2.5.1.2 第5.0.4条 在验收时，应进行下列检查项目：

一、单位（子单位）工程所含分部（子分部）工程的质量均应验收合格。

二、质量控制资料应完整。

三、单位（子单位）工程所含分部工程有关安全和功能的检测资料应完整。

四、主要功能项目的抽查结果应符合相关专业质量验收规范的规定。

五、观感质量验收应符合要求。

2.2.5.1.3 第5.0.7条 在验收时，应进行下列检查项目：

通过返修或加固处理仍不能满足安全使用要求的分部工程、单位（子单位）工程，严禁验收。

2.2.5.1.4 第6.0.3条 在验收时，应进行下列检查项目：

单位工程完工后，施工单位应自行组织有关人员进行检查评定，并向建设单位提交工程验收报告。

2.2.5.1.5 第6.0.4条 在验收时，应进行下列检查项目：

建设单位收到工程验收报告后，应由建设单位（项目）负责人组织施工（含分包单位）、设计、监理等单位（项目）负责人进行单位（子单位）工程验收。

2.2.5.1.6 第6.0.7条 在验收时，应进行下列检查项目：

单位工程质量验收合格后，建设单位应在规定时间内将工程竣工验收报告和有关文件，报建设行政管理部门备案。

2.2.5.2 引用标准

《建筑地基基础工程施工质量验收规范》(GB 50202—2002)。

2.2.5.2.1 第7.1.3条 在验收时，应进行下列检查项目：

土方开挖的顺序、方法必须与设计工况相一致，并遵循“开槽支撑，先撑后挖，分层开挖，严禁超挖”的原则。

2.2.5.2.2 第7.1.7条 在验收时，应进行下列检查项目：

基坑（槽）、管沟土方工程验收必须确保支护结构安全和周围环境安全为前提。当设计有指标时，以设计要求为依据，如无设计指标时应按表2-2-1的规定执行。

表2-2-1 基坑变形监控值 单位：cm

基坑类别	围护结构墙顶位移监控值	围护结构墙体最大位移监控值	地面最大沉降监控值
一级基坑	3	5	3
二级基坑	6	8	6
三级基坑	8	10	10

注 1. 符合下列情况之一，为一级基坑：

（1）重要工程或支护结构做主体结构的一部分；

（2）开挖深度大于10m；

（3）与邻近建筑物，重要设施的距离在开挖深度以内的基坑；

（4）基坑范围内有历史文物、近代优秀建筑、重要管线等需严加保护的基坑。

2. 三级基坑为开挖深度小于7m，且周围环境无特别要求时的基坑。

3. 除一级和三级外的基坑属二级基坑。

4. 当周围已有的设施有特殊要求时，尚应符合这些要求。

2.2.5.3 引用标准

《建筑基坑支护技术规程》(JGJ 120—99)。

2.2.5.3.1 第3.7.2条 在验收时，应进行下列检查项目：

基坑边界周围地面应设排水沟，对坡顶、坡面、坡脚采取降排水措施。

2.2.5.3.2 第3.7.3条 在验收时，应进行下列检查项目：

基坑周边严禁超堆荷载

2.2.5.3.3 第3.7.3条 在验收时，应进行下列检查项目：

基坑开挖过程中，应采取措施防止碰撞支护结构、工程桩或扰动基底原状土。

2.2.5.4 引用标准

《建筑边坡工程技术规范》(GB 50330—2002)。

第15.1.2条 在验收时，应进行下列检查项目：

对土石方开挖后不稳定或欠稳定的边坡，应根据边坡的地质特征和可能发生的破坏等情况，采取自上而下、分段跳槽、及时支护的逆作法或部分逆作法施工。严禁无序大开挖、大爆破作业。

2.2.5.5 引用标准

《混凝土结构工程施工质量验收规范》(GB 50204—2002)。

2.2.5.5.1 第4.1.1条 在验收时，应进行下列检查项目：

模板及其支架应根据工程结构形式，荷载大小、地基土类别、施工设备和材料供应等条件进行设计。模板及其支架应具有足够的承载能力、刚度和稳定性，能可靠地承受浇筑混凝土的重量、侧压力以及施工荷载。

2.2.5.5.2 第4.1.3条 在验收时，应进行下列检查项目：

模板及其支架拆除的顺序及安全措施应按施工技术方案执行。

2.2.5.5.3 第5.1.1条 在验收时，应进行下列检查项目：

当钢筋的品种、级别或规格需作变更时，应办理设计变更文件。

2.2.5.5.4 第 5.2.1 条 在验收时，应进行下列检查项目：

钢筋进场时，应按现行国家标准《钢筋混凝土用热轧带肋钢筋》（GB 1499）等的规定抽取试件作力学性能检验，其质量必须符合有关标准的规定。

2.2.5.5.5 第 5.2.2 条 在验收时，应进行下列检查项目：

对有抗震设防要求的框架结构，其纵向受力钢筋的强度应满足设计要求；当设计无具体要求时，对一、二级抗震等级，检验所得的强度实测值应符合下列规定：

一、钢筋的抗拉强度实测值与屈服强度实测值的比值不应小于 1.25；

二、钢筋的屈服强度实测值与强度标准值的比值不应大于 1.3。

2.2.5.5.6 第 5.5.1 条 在验收时，应进行下列检查项目：

钢筋安装时，受力钢筋的品种、级别、规格和数量必须符合设计要求。

2.2.5.5.7 第 6.2.1 条 在验收时，应进行下列检查项目：

预应力筋进场时，应按规定抽取试件作力学性能检验，其质量必须符合有关标准的规定。

2.2.5.5.8 第 6.3.1 条 在验收时，应进行下列检查项目：

预应力筋安装时，其品种、级别、规格、数量必须符合设计要求。

2.2.5.5.9 第 6.4.4 条 在验收时，应进行下列检查项目：

张拉过程中应避免预应力筋断裂或滑脱；当发生断裂或滑脱时必须符合下列规定：

一、对后张法预应力结构构件，断裂或滑脱的数量严禁超过同一截面预应力筋总根数的 3%，且每束钢丝不得超过一根；对多跨双向连续板，其同一截面应按每跨计算；

二、对先张法预应力构件，在浇筑混凝土前发生断裂或滑脱的预应力筋必须予以更换。

2.2.5.5.10 第 7.2.1 条 在验收时，应进行下列检查项目：

一、水泥进场时应对其品种、级别、包装或散装仓号、出厂日期等进行检查，并应对其强度、安定性及其他必要的性能指标进行复验，其质量必须符合现行国家标准《硅酸盐水泥、普通硅酸盐水泥》（GB 175）等的规定。

二、当在使用中对水泥质量有怀疑或水泥出厂超过三个月（快硬硅酸盐水泥超过一个月）时，应进行复验，并按复验结果使用。

三、钢筋混凝土结构、预应力混凝土结构中，严禁使用含氯化物的水泥。

2.2.5.5.11 第 7.2.2 条 在验收时，应进行下列检查项目：

一、混凝土中掺用外加剂的质量及应用技术应符合现行国家标准《混凝土外加剂》（GB 8076）、《混凝土外加剂应用技术规范》（GB 50119）等和有关环境保护的规定。

二、预应力混凝土结构中，严禁使用含氯化物的外加剂。钢筋混凝土结构中，当使用含氯化物的外加剂时，混凝土中氯化物的总含量应符合现行国家标准《混凝土质量控制标准》（GB 50164）的规定。

2.2.5.5.12 第 7.4.1 条 在验收时，应进行下列检查项目：

混凝土的强度等级必须符合设计要求。用于检查结构构件混凝土强度的试件，应在混凝土的浇筑地点随机抽取。取样与试件留置应符合下列规定：

一、每拌制 100 盘且不超过 $100m^3$ 的同配合比的混凝土，取样不得少于一次；

二、每工作班拌制的同一配合比的混凝土不足 100 盘时，取样不得少于一次；

三、当一次连续浇筑超过 $1000m^3$ 时，同一配合比的混凝土每 $200m^3$ 取样不得少于一次；

四、每一楼层，同一配合比的混凝土，取样不得少于一次；

五、每次取样应至少留置一组标准养护试件，同条件养护试件的留置组数应根据实际需要确定。

2.2.5.5.13 第 8.2.1 条 在验收时，应进行下列检查项目：

现浇结构的外观质量不应有严重缺陷。

2.2.5.5.14 第 8.3.1 条 在验收时，应进行下列检查项目：

现浇结构不应有影响结构性能和使用功能的尺寸偏差。混凝土设备基础不应有影响结构性能和设备安装的尺寸偏差。

2.2.5.5.15 第 9.1.1 条 在验收时，应进行下列检查项目：

预制构件应进行结构性能检验。结构性能检验不合格的预制构件不得用于混凝土结构。

2.2.5.6 引用标准

《普通混凝土用砂质量标准及检验方法》（JGJ 52—92）。

2.2.5.6.1 第 3.0.7 条 在验收时，应进行下列检查项目：

对重要工程混凝土使用的砂，应采用化学法和砂浆长度法进行集料的碱活性检验。

2.2.5.6.2 第 3.0.8 条 在验收时，应进行下列检查项目：

采用海砂配制混凝土时，其氯离子含量应符合下列规定：

2.2.5.6.3 第 3.0.8.2 条 在验收时，应进行下列检查项目：

对钢筋混凝土，海砂中氯离子含量不应大于 0.060%（以干砂重的百分率计）。

2.2.5.6.4 第 3.0.8.3 条 在验收时，应进行下列检查项目：

对预应力混凝土若必须使用海砂时，则应经淡水冲洗，其氯离子含量不得大于 0.02%。

2.2.5.7 引用标准

《普通混凝土用碎石和卵石质量标准及检验方法》（JGJ 53—92）。

第 3.0.8 条 在验收时，应进行下列检查项目：

对重要工程的混凝土所使用的碎石或卵石应进行碱活性检验。

2.2.5.8 引用标准

《混凝土外加剂应用技术规范》（GBJ 119—88）。

2.2.5.8.1 第 4.2.1 条 在验收时，应进行下列检查项目：

抗冻融性要求高的混凝土，必须掺用引气剂或引气减水剂，其掺量应根据混凝土的含气量要求，通过试验确定。

2.2.5.8.2 第 7.1.6 条 在验收时，应进行下列检查项目：

含有六价铬盐、亚硝酸盐等有毒防冻剂，严禁用于饮水工程及与食品接触的部位。

2.2.5.9 引用标准

《普通混凝土配合比设计规程》（JGJ 55—2000）。

2.2.5.9.1 第 7.1.4 条 在验收时，应进行下列检查项目：

进行抗渗混凝土配合比设计时，尚应增加抗渗性能试验。

2.2.5.9.2 第 7.2.3 条 在验收时，应进行下列检查项目：

进行抗冻混凝土配合比设计时，尚应增加抗冻融性能试验。

2.2.5.10 引用标准

《滚轧直螺纹钢筋连接接头》（JG 163—2004）。

第 7.2.3 条 在验收时，应进行下列检查项目：

型式检验试验方法应符合 JGJ 107 的有关规定。接头的性能必须全部符合相应性能等级的要求。有一项不符合要求时应降级使用。

2.2.5.11 引用标准

《钢结构工程施工质量验收规范》（GB 50205—2001）。

2.2.5.11.1 第 4.2.1 条 在验收时，应进行下列检查项目：

钢材、钢铸件的品种、规格，性能等应符合现行国家产品标准和设计要求，进口钢材产品的质量应符合设计和合同规定标准的要求。

2.2.5.11.2 第4.3.1条　在验收时，应进行下列检查项目：焊接材料的品种、规格、性能等应符合现行国家产品标准和设计要求。

2.2.5.11.3 第5.2.2条　在验收时，应进行下列检查项目：

焊工必须经考试合格并取得合格证书。持证焊工必须在其考试合格项目及其认可范围内施焊。

2.2.5.11.4 第14.2.2条　在验收时，应进行下列检查项目：

涂料、涂装遍数、涂层厚度均应符合设计要求。当设计对涂层厚度无要求时，涂层干漆膜总厚度：室外应为150μm，室内应为125μm，其允许偏差为－25μm。每遍涂层于漆膜厚度的允许偏差为－5μm。

2.2.5.11.5 第14.3.3条　在验收时，应进行下列检查项目：

薄涂型防火涂料的涂层厚度应符合有关耐火极限的设计要求。厚涂型防火涂料涂层的厚度，80%及以上面积应符合有关耐火极限的设计要求，且最薄处厚度不应低于设计要求的85%。

2.2.5.12　引用标准

《建筑钢结构焊接技术规程》（JGJ 81—2002）。

第3.0.1条　在验收时，应进行下列检查项目：

建筑钢结构用钢材及焊接填充材料的选用应符合设计图的要求，并应具有钢厂和焊接材料厂出具的质量证明书或检验报告；其化学成分，力学性能和其他质量要求必须符合国家现行标准规定。当采用其他钢材和焊接材料替代设计选用的材料时，必须经原设计单位同意。

2.2.5.13　引用标准

《砌体工程施工质量验收规范》（GB 50203—2002）。

2.2.5.13.1 第4.0.1条　在验收时，应进行下列检查项目：

一、水泥进场使用前，应分批对其强度、安定性进行复验。检验批应以同一生产厂家、同一编号为一批。

二、当在使用中对水泥质量有怀疑或水泥出厂超过三个月（快硬硅酸盐水泥超过一个月）时，应复查试验，并按其结果使用。

三、不同品种的水泥，不得混合使用。

2.2.5.13.2 第4.0.8条　在验收时，应进行下列检查项目：

凡在砂浆中掺入有机塑化剂、早强剂，缓凝剂、防冻剂等，应经检验和试配符合要求后，方可使用。有机塑化剂应有砌体强度的型式检验报告。

2.2.5.13.3 第5.2.1条　在验收时，应进行下列检查项目：

砖和砂浆的强度等级必须符合设计要求。

2.2.5.13.4 第5.2.3条　在验收时，应进行下列检查项目：

砖砌体的转角处和交接处应同时砌筑，严禁无可靠措施的内外墙分砌施工，对不能同时砌筑而又必须留置的临时间断处应砌成斜搓，斜搓水平投影长度不应小于高度的2/3。

2.2.5.13.5 第6.1.2条　在验收时，应进行下列检查项目：

施工时所用的小砌块的产品龄期不应小于28d。

2.2.5.13.6 第6.1.7条　在验收时，应进行下列检查项目：

承重墙体严禁使用断裂小砌块。

2.2.5.13.7 第6.1.9条　在验收时，应进行下列检查项目：

小砌块应底面朝上反砌于墙上。

2.2.5.13.8 第6.2.1条　在验收时，应进行下列检查项目：

小砌块和砂浆的强度等级必须符合设计要求。

2.2.5.13.9 第6.2.3条　在验收时，应进行下列检查项目：

墙体转角处和纵横墙交接处应同时砌筑。临时间断处应砌成斜搓，斜搓水平投影长度不应小于高度的2/3。

2.2.5.13.10 第7.1.9条　在验收时，应进行下列检查项目：

挡土墙的泄水孔当设计无规定时，施工应符合下列规定：

①泄水孔应均匀设置，在每米高度上间隔2m左右设置一个泄水孔；②泄水孔与土体间铺设长宽各为300mm、厚200mm的卵石或碎石作疏水层。

2.2.5.13.11 第7.2.1条　在验收时，应进行下列检查项目：

石材及砂浆强度等级必须符合设计要求。

2.2.5.13.12 第8.2.1条　在验收时，应进行下列检查项目：

钢筋的品种、规格和数量应符合设计要求。

2.2.5.13.13 第8.2.2条　在验收时，应进行下列检查项目：

构造柱、芯柱、组合砌体构件、配筋砌体剪力墙构件的混凝土或砂浆的强度等级应符合设计要求。

2.2.5.13.14 第10.0.4条　在验收时，应进行下列检查项目：

冬期施工所用材料应符合下列规定：

一、石灰膏、电石膏等应防止受冻，如遭冻结，应经融化后使用；

二、拌制砂浆用砂，不得含有冰块和大于10mm的冻结块；

三、砌体用砖或其他块材不得遭水浸冻。

2.2.5.14　引用标准

《砌筑砂浆配合比设计规程》（JGJ 98—2000）。

2.2.5.14.1 第3.0.3条　在验收时，应进行下列检查项目：

掺加料应符合下列规定：

严禁使用脱水硬化的石灰膏。

2.2.5.14.2 第4.0.3条　在验收时，应进行下列检查项目：

砌筑砂浆稠度、分层度、试配抗压强度必须同时符合要求。

2.2.5.14.3 第4.0.5条　在验收时，应进行下列检查项目：

砌筑砂浆的分层度不得大于30mm。

2.2.5.15　引用标准

《屋面工程质量验收规范》（GB 50207—2002）。

2.2.5.15.1 第3.0.6条　在验收时，应进行下列检查项目：

屋面工程所采用的防水、保温隔热材料应有产品合格证书和性能检测报告，材料的品种、规格、性能等应符合现行国家产品标准和设计要求。

2.2.5.15.2 第4.1.8条　在验收时，应进行下列检查项目：

屋面（含天沟、檐沟）找平层的排水坡度，必须符合设计要求。

2.2.5.15.3 第4.2.9条　在验收时，应进行下列检查项目：

保温层的含水率必须符合设计要求。

2.2.5.15.4 第4.3.16条　在验收时，应进行下列检查项目：

卷材防水层不得有渗漏或积水现象。

2.2.5.15.5 第5.3.10条　在验收时，应进行下列检查项目：

涂膜防水层不得有渗漏或积水现象。

2.2.5.15.6 第6.1.8条　在验收时，应进行下列检查项目：

细石混凝土防水层不得有渗漏或积水现象。

2.2.5.15.7 第6.2.7条　在验收时，应进行下列检查项目：

密封材料嵌填必须密实。连续。饱满，黏结牢固，无气泡、开裂，脱落等缺陷。

2.2.5.15.8 第7.1.5条　在验收时，应进行下列检查项目：

平瓦必须铺置牢固。地震设防地区或坡度大于50%的屋面，应采取固定加强措施。

2.2.5.15.9 第7.3.6条　在验收时，应进行下列检查项目：

金属板材的连接和密封处理必须符合设计要求，不得有渗漏现象。

2.2.5.15.10 第8.1.4条　在验收时，应进行下列检查项目：

架空隔热制品的质量必须符合设计要求，严禁有断裂和露筋等缺陷。

2.2.5.15.11 第 9.0.11 条 在验收时，应进行下列检查项目：

天沟、檐沟、檐口、水落口、泛水、变形缝和伸出屋面管道的防水构造，必须符合设计要求。

2.2.5.15.12 第 3.0.6 条 在验收时，应进行下列检查项目：

地下防水工程所使用的防水材料，应有产品的合格证书和性能检测报告，材料的品种、规格、性能等应符合现行国家产品标准和设计要求。不合格的材料不得在工程中使用。

2.2.5.15.13 第 4.1.8 条 在验收时，应进行下列检查项目：

防水混凝土的抗压强度和抗渗压力必须符合设计要求。

2.2.5.15.14 第 4.1.9 条 在验收时，应进行下列检查项目：

防水混凝土的变形缝、施工缝、后浇带、穿墙管道、埋设件等设置和构造，均须符合设计要求，严禁有渗漏。

2.2.5.15.15 第 4.2.8 条 在验收时，应进行下列检查项目：

水泥砂浆防水层各层之间必须结合牢固，无空鼓现象。

2.2.5.16 应用标准

《建筑地面工程施工质量验收规范》(CB 50209—2002)。

2.2.5.16.1 第 3.0.3 条 在验收时，应进行下列检查项目：

建筑地面工程采用的材料应按设计要求和本规范的规定选用，并应符合国家标准的规定；进场材料应有中文质量合格证明文件、规格、型号及性能检测报告，对重要材料应有复验报告。

2.2.5.16.2 第 3.0.6 条 在验收时，应进行下列检查项目：

厕浴间和有防滑要求的建筑地面的板块材料应符合设计要求。

2.2.5.16.3 第 3.0.15 条 在验收时，应进行下列检查项目：

厕浴间、厨房和有排水（或其他液体）要求的建筑地面面层与相连接各类面层的标高差应符合设计要求。

2.2.5.16.4 第 4.9.3 条 在验收时，应进行下列检查项目：

有防水要求的建筑地面工程，铺设前必须对立管、套管和地漏与楼板节点之间进行密封处理；排水坡度应符合设计要求。

2.2.5.16.5 第 4.10.8 条 在验收时，应进行下列检查项目：

厕浴间和有防水要求的建筑地面必须设置防水隔离层。楼层结构必须采用现浇混凝土或整块预制混凝土板，混凝土强度等级不应小于 C20；楼板四周除门洞外，应做混凝土翻边，其高度不应小于 120mm。施工时结构层标高和预留孔洞位置应准确，严禁乱凿洞。

2.2.5.16.6 第 4.10.10 条 在验收时，应进行下列检查项目：

防水隔离层严禁渗漏，坡向应正确、排水通畅。

2.2.5.16.7 第 5.7.4 条 在验收时，应进行下列检查项目：

不发火（防爆的）面层采用的碎石应选用大理石、白云石或其他石料加工而成，并以金属或石料撞击时不发生火花为合格；砂应质地坚硬、表面粗糙，其粒径宜为 0.15～5mm，含泥量不应大于 3%，有机物含量不应大于 0.5%；水泥应采用普通硅酸盐水泥，其强度等级不应小于 32.5；面层分格的嵌条应采用不发生火花的材料配制。配制时应随时检查，不得混入金属或其他易发生火花的杂质。

2.2.5.17 应用标准

《建筑装饰装修工程质量验收规范》(GB 50210—2001)。

2.2.5.17.1 第 3.1.1 条 在验收时，应进行下列检查项目：

建筑装饰装修工程必须进行设计，并出具完整的施工图设计文件。

2.2.5.17.2 第 3.1.5 条 在验收时，应进行下列检查项目：

建筑装饰装修工程设计必须保证建筑物的结构安全和主要使用功能。当涉及主体和承重结构改动或增加荷载时，必须由原结构设计单位或具备相应资质的设计单位核查有关原始资料，对既有建筑结构的安全性进行核验、确认。

2.2.5.17.3 第 3.2.3 条 在验收时，应进行下列检查项目：

建筑装饰装修工程所用材料应符合国家有关建筑装饰装修材料有害物质限量标准的规定。

2.2.5.17.4 第 3.2.9 条 在验收时，应进行下列检查项目：

建筑装饰装修工程所使用的材料应按设计要求进行防火、防腐和防虫处理。

2.2.5.17.5 第 3.3.4 条 在验收时，应进行下列检查项目：

建筑装饰装修工程施工中，严禁违反设计文件擅自改动建筑主体、承重结构或主要使用功能；严禁未经设计确认和有关部门批准擅自拆改水、暖、电、燃气、通信等配套设施。

2.2.5.17.6 第 3.3.5 条 在验收时，应进行下列检查项目：

施工单位应遵守有关环境保护的法律法规，并应采取有效措施控制施工现场的各种粉尘、废气、废弃物、噪声、振动等对周围环境造成的污染和危害。

2.2.5.17.7 第 4.1.12 条 在验收时，应进行下列检查项目：

外墙和顶棚的抹灰层与基层之间及各抹灰层之间必须黏结牢固。

2.2.5.17.8 第 5.1.11 条 在验收时，应进行下列检查项目：

建筑外门窗的安装必须牢固。在砌体上安装门窗严禁用射钉固定。

2.2.5.17.9 第 6.1.12 条 在验收时，应进行下列检查项目：

重型灯具、电扇及其他重型设备严禁安装在吊顶工程的龙骨上。

2.2.5.17.10 第 8.2.4 条 在验收时，应进行下列检查项目：

饰面板安装工程的预埋件（或后置埋件）、连接件的数量、规格、位置、连接方法和防腐处理必须符合设计要求，后置埋件的现场拉拔强度必须符合设计要求。饰面板安装必须牢固。

2.2.5.17.11 第 8.3.4 条 在验收时，应进行下列检查项目：

饰面砖粘贴必须牢固。

2.2.5.17.12 第 9.1.8 条 在验收时，应进行下列检查项目：

隐框、半隐框幕墙所采用的结构黏结材料必须是中性硅酮结构密封胶，其性能必须符合《建筑用硅酮结构密封胶》(GB 16776) 的规定；硅酮结构密封胶必须在有效期内使用。

2.2.5.17.13 第 9.1.13 条 在验收时，应进行下列检查项目：

主体结构与幕墙连接的各种预埋件，其数量、规格、位置和防腐处理必须符合设计要求。

2.2.5.17.14 第 9.1.14 条 在验收时，应进行下列检查项目：

幕墙的金属框架与主体结构预埋件的连接、立柱与横梁的连接及幕墙面板的安装必须合设计要求，安装必须牢固。

2.2.5.17.15 第 12.5.6 条 在验收时，应进行下列检查项目：

护栏高度，栏杆间距、安装位置必须符合设计要求，护栏安装必须牢固。

2.2.5.18 《中华人民共和国工程建设标准强制性条文“电力工程部分”2006 年版》

2.2.6 监理工作目标

2.2.6.1 土建工程“强制性条文”实施率 100%，单位工程优良率≥100%，分部工程合格率 100%，分项工程合格率 100%。

2.2.6.2 按照“土建工程质量检验及评定规程”进行验收，全部落实强制性条文标准，分部、分项工程项目全部合格。单位工程优良率全部 100%。

2.2.7 工作内容及要求

2.2.7.1 分部、分项工程验收签证时，必须符“强制性条文”

执行签证项目表，确保“强制性条文”实施。

2.2.7.2 土建工程施工中，根据“强制性条文”标准逐条检查落实，确保不漏项。

2.2.7.3 施工中，根据“强制性条文”标准，做好中间检查验收工作，随时发现问题，随时通知整改，并定期、定时组织检查，落实“强制性条文”执行情况，并及时通报。

2.3 土建设计监理细则

2.3.1 总则

徐矿集团新疆阿克苏热电 2×200MW 新建工程采取设计监理方式，对设计的质量、投资进行控制。为此，设计监理依据国家建设法规、技术法规，对设计成品进行复审工作，保证工程设计的安全、可靠。

本工程设计监理的主要任务是依据监理服务合同规定的工作范围、内容，对新疆电力设计院的初步设计提出建议，对施工图提出设计监理建议和意见。

经设计监理形成的意见和建议，将通过设计监理确认单、监理月报等形式，递送给电厂工程管理部，同时报送设计单位进行设计改进。

2.3.2 工程概况

2.3.2.1 工程规模：2×200MW 热电机组。

2.3.2.2 工程地点：新疆阿克苏地区。

2.3.2.3 建设单位：徐矿集团新疆阿克苏热电有限公司。

2.3.2.4 投资单位：徐州矿务集团有限公司。

2.3.2.5 设计单位：新疆电力设计院。

2.3.2.6 监理单位：西北电力建设工程监理有限责任公司。

2.3.2.7 主要参建单位：

2.3.2.7.1 新疆建工集团第三建设工程有限责任公司。

2.3.2.7.2 河南第二建筑工程有限责任公司。

2.3.2.7.3 新疆电力建设公司。

2.3.3 土建设计监理范围和内容

2.3.3.1 工程范围

（1）由新疆电力设计院设计的范围，包括厂区全部工程项目。

（2）电厂外部的取水、灰场工程。

（3）EPC 承包形式的脱硫工程。

2.3.3.2 工作范围

土建专业的建筑、结构及采暖通风系统等。

2.3.3.3 工作内容

（1）参与初设审查，对各专业初设图纸提出设计监理建议。

（2）参与施工图阶段的司令图审查会，提出设计监理建议。

（3）全面复核施工图，提出复核意见。

（4）编制监理月报和设计监理总结。

（5）参与工程较大质量事故处理，提出设计监理的建议。

2.3.4 土建专业遵循的主要设计规程及规定

2.3.4.1 建筑专业

（1）火力发电厂土建结构设计技术规定。

（2）建筑结构可靠度设计统一标准。

（3）建筑结构荷载规范。

（4）火力发电厂主厂房荷载设计技术规定。

（5）混凝土结构设计规范。

（6）砌体结构设计规范。

（7）钢结构设计规范。

（8）动力器基础设计规范。

（9）烟囱设计规范。

（10）网架结构设计与施工规范。

（11）钢筋混凝土筒仓设计规范。

（12）高丛结构设计规范。

（13）灰土桩挤密地基设计施工规程。

（14）建筑地基基础设计规范。

（15）高层建筑箱形与筏形基础技术规范。

（16）湿陷性黄土地区建筑规范。

（17）膨胀土地区建筑技术规定。

（18）冻土地区建筑地基基础设计规范。

（19）火力发电厂地基基础技术规定。

（20）砌体结构设计规范。

（21）火力发电厂建筑设计规范。

（22）厂房建筑模板协调标准。

（23）钢筋混凝土高层建筑结构设计与施工规程。

（24）钢筋混凝土结构设计与施工规程。

（25）钢—混组合结构设计规程。

（26）燃油库设计规范。

（27）氢氧站设计规范。

（28）氧气站设计规范。

（29）乙炔站设计规范。

（30）建筑钢结构焊接规程。

（31）电力建设施工及验收技术规范（建筑工程篇）。

2.3.4.2 供水专业

（1）火力发电厂水工设计技术规程。

（2）火力发电厂生活、消防给水和排水设计技术规程。

（3）工业循环冷却水设计规程。

（4）高倍数、中倍数泡沫灭火系统设计规范。

（5）室外排水设计规范。

（6）室外给水设计规范。

（7）建筑给排水设计规程。

（8）火力发电厂废水治理设计技术规程。

（9）水喷雾灭火系统设计规范。

（10）火力发电厂水工设计基础资料及其深度规定。

2.3.4.3 水工结构

（1）地下工程防水技术规范。

（2）水工建筑物抗震设计规范。

（3）火力发电厂水工设计技术规定。

（4）水工钢筋混凝土结构设计规范。

（5）土坝坝体灌浆技术规范。

（6）水工隧道设计规范。

（7）火力发电厂灰渣筑坝技术规程。

（8）水工建筑物抗冰冻设计规范。

（9）砌石坝设计规范。

（10）水工金属结构防腐蚀规范。

（11）冷却塔塑料淋水填料技术规定。

（12）给水排水工程结构设计规范及说明。

（13）其他参照土建部分的设计规程。

2.3.4.4 暖通专业

（1）火力发电厂采暖通风与空调设计技术规定。

（2）火力发电厂劳动安全和工业卫生设计规程。

（3）火力发电厂输煤系统煤尘治理设计技术暂行规定。

（4）工业设备及管道绝热工程设计规程。

2.3.5 土建设计监理目标、职责

2.3.5.1 质量目标

本工程设计质量能达到电力行业同类机组的较先进水平，设计的安全能符合电力行业的要求，设计的方案能做到最大优化，设计出图深度、广度符合行业规定。

2.3.5.2 投资目标

设计范围和内容以及批准后的收口概算为控制目标，力争无特殊情况下，决算不超概算。

2.3.5.3 进度目标

设计单位应根据工程总进度，提供适应的出图计划。设计进度安排主要是由设计单位自行控制和安排。设计监理原则上不予控制设计进度的安排和交付。

2.3.5.4 职责

2.3.5.4.1 现场设计联络人的职责

（1）了解工程现场的施工进度，参与设计图纸现场技术交底、图纸会审，传递设计复核确认单。

（2）负责传递总监理工程师要求设计监理的事务和委办事务。

（3）记录和汇编设计监理的文件。

（4）负责工程图纸与设计监理部的传递、整理工作。

2.3.5.4.2 专业设计监理人员的职责

（1）严格履行初设审批文件、技术法规、电力行业设计规定审理和复核设计图纸。

（2）严格按设计监理的作业程序，整理和提出本专业的复核和确认意见。

（3）严格把好设计安全关，最大化的优化工作。

2.3.6 土建设计监理复审重点内容

2.3.6.1 建筑专业

土建专业分岩土工程、结构、建筑三部分组成。

2.3.6.1.1 应熟悉资料

（1）工程地质、水文勘察、工程气象、厂区地形、场地类别、地震烈度等资料。

（2）工程前期的可研、初设等阶段的图纸和相关合法性的文件。

（3）厂址区域的交通、铁路、水域布置。

（4）业主的工程期望和相关建设标准的要求。

（5）设计单位简况。

（6）总平面图和主设备概况。

2.3.6.1.2 复核重点

一、岩土工程

（1）依据勘察报告、试桩或试压报告，对设计确定的地基处理方式，即开挖换土碾压的处理深度、换土碾压要求提出建议。

（2）对设计图纸的深度、内容提出建议。

二、结构专业

1. 主厂房及炉后结构设计

（1）结构形式、结构材料方面是否符合初设规定，包括主厂房A列、框架、锅炉运转层、煤斗、扩建端、固定端、主楼梯、电除尘、引风机室、烟道等是否能满足抗震、结构构造、断面选择等，并绝对保证结构安全。

（2）建筑基础设备基础的结构形式，地基处理的方法合理性、结构的安全性。

（3）主厂房及炉后地下设施布置，形式的合理性，重点交叉接口。

（4）抗震设防烈度和抗震计算、构造的安全性、可靠性。

（5）烟囱高度、出口直径、烟囱形式、地基处理及基础筒身结构的合理性、安全性。

（6）全部设计图纸内容完整、深度的满足性。

2. 输煤系统

（1）对输煤系统的布置总图的标高、坐标的复核。

（2）对各建构筑的地基处理，基础形式、防腐防渗的合理性。

（3）对深层的地下构筑物的安全疏散、安全消防、防潮防水、照明通风等方面的合理性、可靠性。

（4）上部结构形式、构造设计、结构安全的确认，并对振动设备基础的隔振设计的方式、选材的合理性、有效性进行认可。

（5）对输煤栈桥的复核，包括尺寸、标高、桁架造型、结构安全、排水通风采暖与其他专业配合等设计的可靠性、正确性、安全性的确认。

3. 除灰系统结构设计

（1）渣库、灰库的结构安全可靠性确认，包括地基处理、基础设计、筒身结构、筒顶、底楼板等的确认。

（2）空压机室、捞渣设施、负压风机房等的结构安全、布置及建构筑物坐标、高程、设备基础定位等的确认。

4. 电气系统结构设计

（1）各控制楼、集控室的结构选型，地基与基础的安全性、符合性。

（2）配电装置的布置（含屋内、屋外）的正确性、架构结构安全、地基处理、基础布置、坐标里程、场地排水、沟道布置的合理性、正确性的确认。

5. 化水系统结构设计

（1）化水处理室布置、结构选型、结构安全（含地下、地上结构）的合理性。

（2）化水系统的室内沟道、防腐设计、防渗防水的可靠性、正确性。

（3）箱罐基础布置、形式的合理性。

（4）制氢站的防火防爆安全性。

6. 辅助附属建筑的结构设计

（1）各辅助附属的面积是否符合初设规定。

（2）结构形式含地基处理、基础形式、上部结构的安全性、合理性。

三、建筑专业

（1）主厂房以及各系统的建筑物，对建筑布置的各平面图、剖面图、立面图等进行符合性的确认，包括0.00m标高、坐标、剖面标高、符合工艺布置的要求、主要通道尺寸、安全疏散、火灾消防材料使用，符合安全消防规定。

（2）建筑标准的确认：依据初设（或可行性研究）确定的建设标准，逐册检查建筑标准的符合性，包括建筑面积、建筑层数、标高、装修标准、门窗类别、墙地装修、环境装饰等。

（3）生产维修、方便管理的确认：对于建筑布置中，必须遵循以生产安全、便于维护、得于管理、方便运行以人为本的指导思想进行复核。

2.3.6.2 采暖通风专业

采暖通风专业是提供全厂各生产、生活、管理区域清洁空气、适应温度的专业。设计项目和内容是全厂各室内区域采暖、通风、空调。需要与土建、机务、电气、运煤、热控、除灰等专业配合。

2.3.6.2.1 初步设计阶段

（1）全面了解工程规模、工程地点、气象资料、全厂总平

面布置等资料。

（2）了解设计单位对本专业设计的整体方案和原则。

（3）采暖方式以及采暖热源的了解，对其采暖布置和热源供给量需要进行复核，对采暖系统的设备选择，布置进行确认。

（4）通风设计重点在汽机房，各配电装置室、制氢站、蓄电池室、电气控制室、机炉控制室等，对气流组织、通风量、进排风口布置和选择的设备容量、方式等进行确认。

（5）依据生产环境和人员、设备要求，对集控室、电气控制室等，所设置的空调系统、布置，设备选择，主管道布置等进行确认。

（6）对输煤系统的地下输煤道的通风布置，风量计算，设备选择进行确认。

（7）对输煤系统中除尘装置的设置位置、除尘方式、布置以及粉尘集散方式进行确认，确保环保要求。

（8）对设计中采用空调装置的使用的地点、空调设备的容量、数量、单机容量选择等进行确认。当采取制冷站供冷时，对其机组选型，机组能源供给（燃油、电力、蒸汽）方案的合理性，经济性进行比较确认。

2.3.6.2.2　施工图设计阶段

（1）对采暖、通风、空调系统总图、设备选择、容量选择是否符合初步设计审批意见的要求；

（2）对本专业图纸卷册设计中有无漏、重卷册和卷册中设计内容的漏、重情况。

（3）设备、材料清册中，其主要的设备型号、材料数量与各卷册设计图中所设定的是否相一致，避免发生漏设、重复的数量差异。

（4）对采暖系统、布置、采暖方式、热源介质的流量，压力等进行复核，并对各建构筑的采暖进出管道布置、管径以及与土建专业、总交专业设计接口的复核，对采暖热源的供给换热站的布置，设备选择等进行确认。

（5）对全厂通风（主厂房、配电室、变压器、制氢站、化水等）方式（自然风、机械送、排风）、设备选择、动力电源的复核，并且与土建、电气的设计接口的复核。

（6）对空调机组、空调机的设备选择、布置、管道、保温等进行可靠性、安全性复核，同时必须符合防火规范的要求。

（7）施工图的专业会签的提示性的复查。

2.3.7　监理程序

（1）设计监理复核图纸的主要程序是：由设计将设计成品发送工地→设计监理接收图纸→各专业复核提出意见，打印监理确认单→交业主工程部、新疆电力设计院→新疆电力设计院出变更或修改图纸→施工单位施工→施工监理依据山东院变更或修改图纸进行验收检查。

（2）月报：设计监理每月编制监理复核情况和工作情况报告，交监理部汇总，连同施工监理情况，编制本工程的监理月报，交业主单位。

（3）设计监理总结报告：工程结束阶段，由设计监理编制总结报告，与施工监理总结联合出版。

（4）平时工作汇报（以电话或文件联络）的记录

（5）因工程施工安装阶段中，发生重大设计原则变更的设计监理确认或因发生重大质量问题所处理的文件，由主持方形成的文件为准，也作为监理参与方的文件之一。

2.3.8　监理成品

2.3.8.1　参加设计会议形成的纪要文件（由主办方整理发布）。

2.3.8.2　本工程设计监理确认单（格式见附件1）。

2.3.8.3　设计监理总结：工程结束阶段所专项编制的“设计监理总结”。

2.3.8.4　文函及备忘录：对专项事务的函告及备忘。

2.3.9　资料与归档

2.3.9.1　设计监理资料

（1）前期文件，包括业主提供的工程前期的环境资料，资源资料、设备资料、立项资料等，将依据供方提供给设计监理使用的，将按文件类别、时间进行登记、归类、存取使用。

（2）设计图纸：主要是初设文件（电子版），施工图（纸质），依据专业编号整理、登记、分发、使用、收回保管，统一移交原则。

（3）设计监理自身形成的文件：监理确认单、会议纪要、月报、总结等类别进行编序登记，发送登记，保管登记，统一移交。

2.3.9.2　资料移交

工程结束后，设计监理将全部资料，除留用备查一份外，全部移交给监理公司，监理公司按合同规定，统一处置。

2.3.9.3　登记格式

见附件。

附件1：设计监理确认单格式见表2-3-1。

表2-3-1　徐矿集团新疆阿克苏热电（2×200MW）新建工程设计监理确认单

表号：XKAD-B-07

编号：

<table>
<tr><td>工程名称</td><td>徐矿新疆阿克苏2×200MW新建工程</td><td>设计阶段</td><td>施工图</td></tr>
<tr><td>卷册名称</td><td></td><td>卷册编号</td><td></td></tr>
<tr><td colspan="4">致：徐矿阿电工程部
现将贵公司2×200MW机组工程的设计图纸经设计监理复核意见提供给贵方，同时请设计单位进行改进。
专业设计监理师：
注：抄送新疆电力设计院　　年　月　日</td></tr>
<tr><td colspan="3">复核意见</td><td>设计院改进意见</td></tr>
<tr><td colspan="3"></td><td></td></tr>
</table>

注　本表由设计监理填写，业主、设计、监理各存一份。

2.4 锅炉专业施工监理实施细则

2.4.1 编制目的

徐矿集团新疆阿克苏热电有限公司（2×200MW）新建工程由西北电力建设工程监理有限责任公司进行施工监理。为了使锅炉专业安装工程达到监理合同规定的各项目标。本着“诚心、守法、公证、科学”的原则，根据建设部《建设工程监理规范》、《监理合同》、《监理规划》等文件，特制定本实施细则。本细则适用于徐矿集团新疆阿克苏热电有限公司（2×200MW）新建工程锅炉安装全过程的监理工作。锅炉监理工程师将在本工程锅炉专业监理活动中实施、贯彻和坚持“独立、公正、科学、可靠、以优质的服务赢得顾客”的方针，与参加工程建设的各单位、各专业协作共同实现机组按期达标投产、创建优质工程的目标。

2.4.2 工程概况及专业特点

2.4.2.1 概述

徐矿集团新疆阿克苏热电有限公司（2×200MW）新建工程配备2台华西能源工业股份有限公司生产的670t/h超高压自然循环煤粉锅炉。新疆电力设计院为设计单位；#1、#2机组锅炉安装工程由新疆电力建设公司承建。

2.4.2.2 锅炉主要参数、基本尺寸及性能、结构、工程特点

2.4.2.2.1 锅炉主要参数及基本尺寸

锅炉主要技术参数见表2-4-1。

表2-4-1 锅炉主要技术参数表
（以最终的汽机热平衡图为准）

名　称	单　位	BMCR
过热蒸汽流量	t/h	670
过热蒸汽压力	MPa（g）	13.73
过热蒸汽温度	℃	540
再热蒸汽流量	t/h	560
（冷段）再热蒸汽进口压力	MPa（g）	2.44
（冷段）再热蒸汽进口温度	℃	320
（热段）再热蒸汽出口压力	MPa（g）	2.26
（热段）再热蒸汽出口温度	℃	540
省煤器进口水温	℃	252

锅炉基本尺寸见表2-4-2。

表2-4-2 锅炉基本尺寸表

名　称	尺寸/mm
炉膛宽度（左右侧水冷壁中心线距离）	12400
炉膛深度（前后水冷壁中心线距离）	12080
锅筒中心标高	54000
锅炉最高点标高	65100
锅炉宽度（主柱中心线之间）	18000
锅炉宽度（副柱中心线之间）	36000
锅炉深度（F～M）	47200
顶板主梁上标高	60700
锅炉运转层标高	10000
顶棚管标高	50000
水冷壁下集箱标高	6200
水平烟道深度	3400
尾部竖井深度	8800

2.4.2.2.2 结构特点

徐矿集团新疆阿克苏热电有限公司（2×200MW）新建工程，锅炉由华西能源工业股份有限公司设计制造型号为HX670/13.73-Ⅱ型超高压自然循环炉，单炉膛四角切圆燃烧、一次中间再热、平衡通风、单汽包、紧身封闭、全钢构架（主副双钢架）、固态排渣煤粉炉，空气预热器采用管箱式预热器。本工程设置四台中速磨，一次风燃烧器设置为6层，燃烧器为低氮直流燃烧器。燃烧器采用四角切圆布置方案。锅炉尾部竖井烟道内再热器侧和过热器侧的烟气流量可通过烟气挡板调节，下部布置省煤器。

2.4.2.2.3 锅炉专业工程特点

（1）锅炉专业设备安装工期长，高空、交叉作业多，露天作业面广，钢材种类繁多，要求质量、安全技术措施能保证施工的需要。

（2）锅炉专业大部分设备承受高温、高压，是发电厂的主要设备，安装质量直接关系到电厂的安全经济运行。

（3）为确保电厂的经济运行，保证内在质量，杜绝漏气、漏水、漏油、漏风、漏烟、漏煤、漏粉等八漏。

（4）做好管道及联箱内部的清洁和通球工作，并做好记录，通球所用球必须进行编号，每次领用时进行登记，用完后按编号归还，严禁将球遗留在受热管子内。

（5）因锅炉专业高温高压设备较多，对钢材的使用要求严，合金材料及设备应经光谱分析确认后方可进行安装。

（6）锅炉面积较大，受热面的膨胀是锅炉安全运行关的健。对此按图纸施工外，点炉后的经常巡视也是一个有力措施。

（7）锅炉专业施工面广、区域分散、施工人员活动范围大，输煤、除灰、除渣、燃油等分散在厂区外围，质检人员、监理人员难以时时处处跟踪到位，因此监理人员除规定旁站外，其余施工项目进行日常的巡检和随机抽查工作。

（8）由于锅炉专业在露天作业较多，安装时受到气候的影响，锅炉的水压试验、钢结构高强螺栓紧固、保温、防腐等工作不能在雨天进行。

2.4.3 监理范围

2.4.3.1 锅炉本体安装。

2.4.3.2 锅炉机组除尘装置安装。

2.4.3.3 锅炉整体风压试验。

2.4.3.4 锅炉燃油设备及管道安装。

2.4.3.5 锅炉辅助机械安装。

2.4.3.6 输煤设备安装。

2.4.3.7 脱硫设备安装。

2.4.3.8 烟气脱硝装置安装（本工程预留脱硝位置，暂不安装）。

2.4.3.9 锅炉炉墙砌筑。

2.4.3.10 全厂热力设备和管道保温。

2.4.3.11　全厂热力设备和管道油漆。

2.4.3.12　启动锅炉安装。

2.4.4　编制依据

2.4.4.1　徐矿集团新疆阿克苏热电有限公司（2×200MW）新建工程建设监理合同和监理规划。

2.4.4.2　国家电力公司工程建设监理管理办法。

2.4.4.3　徐矿集团新疆阿克苏热电有限公司（2×200MW）新建工程业主与施工承包商签订的合同文件。

2.4.4.4　经批准的施工组织总设计、专业施工组织设计（作业指导书）；项目施工技术措施及启动调试措施。

2.4.4.5　设备厂家提供的技术文件及安装标准。

2.4.4.6　《电力建设施工质量验收及评价规程——第2部分锅炉机组》（DL/T 5210.2—2009）。

2.4.4.7　危险源辨识、风险评价和控制措施及环境因素识别、评价和控制。

2.4.4.8　电力建设工程质量监督规定及相关管理办法。

2.4.4.9　电力工程建设监理工程师手册。

2.4.4.10　火电建设工程竣工技术资料编制指南。

2.4.4.11　创建电力优质工程策划与控制。

2.4.4.12　电力职业健康安全技术手册。

2.4.4.13　管理制度及工作程序汇编。

2.4.4.14　《钢结构工程施工质量验收规范》（GB 50205—2001。

2.4.4.15　《火力发电建设工程启动试运及验收规程——1996年版》。

2.4.4.16　《电力建设安全工作规程（第一部分：火力发电厂）》（DL 5009.1—2002）。

2.4.4.17　《火电厂烟气脱硫工程调整试运及质量验收评定规程》（DL/T 5403—2007）。

2.4.4.18　《建设工程监理规范》（GB 50319—2000）。

2.4.4.19　《工程建设标准强制性条文——电力工程部分（2006版）》。

2.4.4.20　新疆电力设计院提供的设计文件及施工图纸。

2.4.4.21　建设单位与施工单位签订的工程承包合同。

2.4.5　监理方法

为确保监理目标顺利实现，利用各种监理手段实施“四控”，尤其要严格控制工程质量、将事前预控，过程控制、事后把关三者有机结合，重点实施预控和主动控制，尽可能将质量问题消除在萌芽中，具体为：

2.4.5.1　努力学习国家相关法律法规、规程规范和有关合同，遇到问题及时利用上述依据坚持公平、公正、科学、自主的原则，秉公办事，一丝不苟，热情服务，严格监理，不主观臆断。

2.4.5.2　充分利用一切时间熟悉设备图纸、设计图纸及技术文件，领会设计意图，不断学习新的规范、标准及新技术，提高自身专业水平，不断提高服务质量和工程质量。

2.4.5.3　采用巡视和平行检验方法，随时掌握工程动态，适时予以纠偏。

2.4.5.4　据工程情况及时组织专业专题会议，解决施工中遇到的各种专项问题。

2.4.5.5　检查施工技术记录，质量自检验评记录和有关试验记录。

2.4.5.6　对重要工序或重要部位设置W点（见证点）、H点（停工待检点），对关键工序或关键部位设置S点（旁站点）。

2.4.5.7　及时协调解决施工、设计及设备供货中出现的问题，不留隐患。

2.4.6　监理工作流程

监理工作流程图如图2-4-1所示。

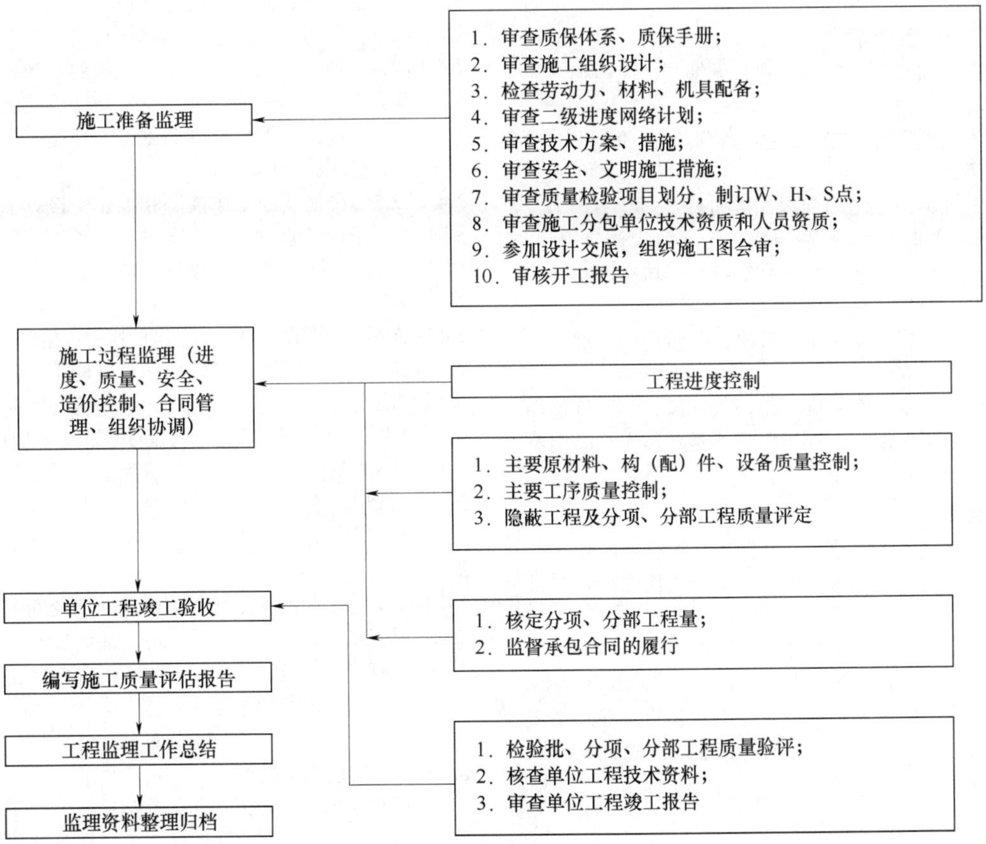

图2-4-1　监理工作流程图

2.4.7 监理目标

2.4.7.1 进度目标

依据业主与供货、施工方签订的合同约定和里程碑及二级网络计划要求，进行跟踪监理并适时纠偏；合理交叉搭接工序，最大限度减少人为失误，争取按期竣工。

2.4.7.2 质量目标

工程验收合格率为100%，优良率95%，质量总评“优良”，机组启动一次成功。

2.4.7.3 造价目标

配合计经监理严格履行造价控制职责，认真审核月度结算工程量并力求准确，在确保工程功能的前提下合理降低工程造价。

2.4.7.4 安全目标

努力营造安全文明施工环境，杜绝重大人身伤亡事故、重大质量事故和重大设备损坏事故。

2.4.8 质量控制目标

2.4.8.1 高水平达标投产，创行业优质工程，争创国家优质工程。

2.4.8.2 本工程施工质量全部达到《电力建设施工及验收技术规范》的要求和《火电施工质量检验及评定标》中的优良等级。

2.4.8.3 主要质量控制指标：

（1）安装工程项目一次验收合格率100%。

（2）单位工程优良率≥95%。

（3）锅炉受监焊口无损检验率100%，水压试验焊口泄漏率为0。

（4）空预器漏风系数≤厂家保证值。

（5）电除尘器除尘率：达到厂家设计值。

（6）实现锅炉水压试验、锅炉风压试验、锅炉点火一次成功。

（7）锅炉炉顶密封良好，炉本体及热力管道保温表面温度≤50℃。

2.4.8.4 安装工程分项质量标准

（1）油漆施工漆面光亮，色调一致、无邹层、无留痕、无漏刷和潜膜脱落现象；

（2）小管安装走向合理，坡度正确，排列整齐，间距均匀，膨胀自如，固定牢靠；

（3）支吊架生根牢固，间距合理，排列整齐，受力均匀，吊耳方向一致，吊杆垂直平行，弹簧调整规范，膨胀、滑动自如；

（4）保温层及外护面用料优良，砌筑缝小，填充严实，表面光滑，密封良好，外形美观；

（5）平台、栅格、栏杆安装拼接齐平，踏步均匀，坡度合理，栏杆平直，光滑美观；

（6）防八漏（油、水、汽、煤、粉、灰、风、烟）管道焊缝不渗漏，法兰、接头无渗滴，烟风煤管不跑冒，人孔风门不漏风，转动机械不漏油。

2.4.9 监理控制要点

2.4.9.1 认真审核施工作业指导书，并提出监理意见，使作业指导书具有可操作性，指导施工。经监理确认的作业指导书目录（见附件一）。

2.4.9.2 根据工程特点对技术要求高、施工难度大的环节和重要工序或重要部位合理设置质量控制点（W、H点）实施监控；对一些过程复杂多变、实施难度大、容易出问题的关键工序或关键部位实行全过程跟踪旁站（S点）。各控制点的设置见锅炉专业质量验收划分表。

2.4.10 监理措施

严格履行“四控制、两管理、一协调”之职责，把“四控制”从“人、机、料、法、环”五方面具体为事前控制（预控）、事中控制（过程控制）、事后控制（严格把关），具体控制措施如下：

2.4.10.1 质量事前控制

2.4.10.1.1 审查施工方组织机构的质量管理体系、技术管理体系及质量保证体系。

2.4.10.1.2 审查施工组织总设计、专业施工组织设计。

2.4.10.1.3 检查人力资源、材料、大型机械、工器具配备。

2.4.10.1.4 审查施工进度网络计划。

2.4.10.1.5 审查重要项目作业指导书或措施。

2.4.10.1.6 审查安全、文明施工措施，要求编写作业指导书时必须结合工程特点、现场实际编制有针对性且切实可行的安全、文明施工措施，并严格按其执行。

2.4.10.1.7 审查质量检验项目划分，制订W、H、S质量控制点。

2.4.10.1.8 审查施工分包单位技术资质和特殊工种人员资质。

2.4.10.1.9 参与设计交底及时组织图纸会审。

2.4.10.1.10 审核开工报告，签署监理意见。

2.4.10.1.11 审查三级质检网络、安全网络设置是否健全，要求特殊工种（质检员、测量工、安全员、架子工、司起）人员持证及时到岗。

2.4.10.1.12 审查计量器具检验及复检台账。

2.4.10.2 质量事中控制

2.4.10.2.1 严格核查施工方采购的原材料，对材料合格证、质量证明书（含试验报告）进行认真复核并不定期随机抽查原材料，凡未经监理确认和不合格材料不得用于工程，并限期清退不合格材料离现场。

2.4.10.2.2 加强特殊材料（如保温材料）的监控。订制专用管理制度强化其管理。采用现场联合随机见证取样，并派专人随样送检，全程跟踪监督，确保其质量。

2.4.10.2.3 参与设备开箱，认真检查设备质量缺陷。

2.4.10.2.4 勤于现场巡视，及时发现问题解决问题。积极主动配合施工方，做到热情监理。不定期抽查施工方是否做到按设计文件、按规范、按已批准的施工方案施工、是否履行自检、复检、专检职责。

2.4.10.2.5 严格实施工序控制和工序交接。监督施工方真正做到上道工序未经验收合格不准进行下道工序施工；土建、安装未进行工序交接不得进行设备安装；隐蔽工程未经监理检查不得隐蔽。

2.4.10.2.6 审查设计变更，监督设备缺陷处理。

2.4.10.2.7 依据进度网络计划和月度施工计划结合设备到货、图纸交底及施工进度，适时对计划进度与实际进度进行对比，分析进度滞后的原因，提出对策和建议，及时纠偏，确保进度。

2.4.10.2.8 坚持安全第一、预防为主，要求施工方建立健全安全组织机构，责任到人，确保投入；健全设施、科学组织、合理工序、减少交叉；做到环境文明、施工文明、工完料净场地清，从源头控制减少安全隐患。

2.4.10.2.9 在巡视中发现违反安规、危及安全施工的隐患，不文明的做法，及时予以制止纠正，并通报施工方的安监人员。

2.4.10.2.10 专业监理视工程进展至不同阶段所具有不同的施工特点（锅炉安装的特殊性）结合季节、天气变化适时提出安全导向和监理意见，尽力确保安全。

2.4.10.3 质量事后控制

及时参加四级验收及质量控制点的监督见证，并主持其评定。对二、三级验收项目坚持不定期随机抽查，以提高二、三级验收项目的质量。在验收时坚持高标准严要求、严格执行规范和标准，不达优良不放行。

2.4.11　监理质量验收工作流程

监理质量验收工作流程图如图2-4-2所示。

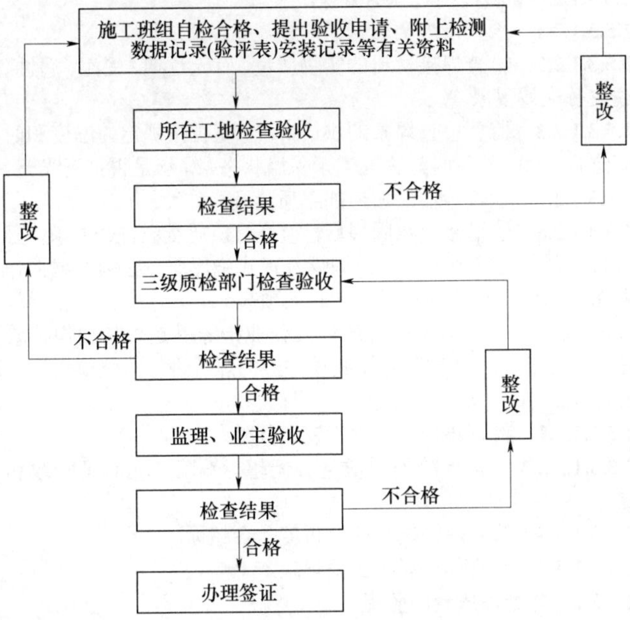

图2-4-2　监理质量验收工作流程图

2.4.12　附件

附件一：施工单位应报审并提交监理的重要项目作业指导书。

（1）锅炉专业施工组织设计。

（2）锅炉钢结构安装。

（3）顶板梁吊装。

（4）汽包安装。

（5）燃烧器安装。

（6）水冷壁及包墙过热器安装。

（7）过热器安装。

（8）再热器安装。

（9）尾部受热面安装。

（10）锅炉附属管道（高压疏水、定期排污）安装。

（11）燃油系统安装。

（12）斗轮机安装。

（13）输煤皮带安装。

（14）辅助机械安装（分为引风机、送风机、一次风机、磨煤机等）。

（15）启动锅炉安装。

（16）锅炉整体水压试验。

（17）空气预热器安装。

（18）电除尘器安装。

（19）锅炉整体风压试验。

（20）锅炉保温，油漆。

（21）炉墙砌筑。

（22）脱硫系统作业指导书（分为吸收塔、增压风机、浆液循环泵、石膏脱水系统等）。

（23）锅炉客货两用电梯安装。

（24）锅炉化学清洗。

（25）锅炉点火冲管。

（26）安全阀整定。

2.5　焊接、金属专业监理实施细则

2.5.1　工程概况

徐矿集团新疆阿克苏热电有限公司（2×200MW）新建工程配备2台华西能源工业股份有限公司生产的670t/h超高压自然循环煤粉锅炉。新疆电力设计院为设计单位；#1、#2机组锅炉安装工程由新疆电力建设公司承建。

2.5.1.1　质量方针

竭诚敬业，守法履约，公正科学，为业主提供满意服务。

2.5.1.2　质量目标

（1）工程总体目标：确保实现锅炉水压、电气受电、锅炉点火冲管、汽机首次冲转定速、机组整套启动一次成功，确保工程施工质量全面达到国家和部颁标准，达到优质工程；确保达标投产，创建“省部级整体优质工程”，争创“天山奖”。

（2）本工程焊接质量目标：严格控制一般质量通病（咬边、夹渣、气孔等），实现锅炉压力容器管道受监焊口一次合格率≥98%，焊口无泄漏。

2.5.1.3　焊接监理工作要点

在业主的领导下，建立焊接质量完善的质量管理检控体系，明确各层次，各岗位职责，在焊接工程实施过程中，监理工作严谨、细致、及时，做到以文件、见证、审核、巡视、旁站、平行检验等为手段，严格控制焊接质量，确保本工程实现工程总体目标。

2.5.1.4　本工程焊接特点

与其他机组相比，本工程有以下特点：

（1）预计本工程涉及的钢材种类，主要有T45.8/Ⅲ、12Cr1MoVG、15CrMoG、10CrMo910、Q345、Q235、20、20G等。焊接工艺复杂，增加了焊接难度，对于合金含量较多的钢种，必须进行重点监控，严肃工艺纪律，严格控制工艺参数。

（2）异种钢焊口数量多，尤其高合金异种钢的特殊工艺对现场焊接提出了较高要求、也增大了金属检验光谱分析工作量。

（3）焊口的母材外径增大和壁厚加厚，导致焊接和热处理工作量及难度大大增加。

（4）由于钢种繁多且异种钢焊口比例较大，使用的焊接材料种类多，焊接技术管理的难度增大。

（5）焊接困难位置多，末级再热器和末级过热器焊口数量大且焊接位置困难，对焊工技能要求明显增高。

2.5.1.5　主要工程量

主要工程量见《焊接工程一览表》（附录一）。

2.5.2　本工程应执行的法规、标准及规范

2.5.2.1　法律、法规

2.5.2.1.1　国家现行法律、法规、条例和建设监理的规定。

2.5.2.1.2　国家和行业制定的施工及验收技术规程、规范和质量评定标准。

2.5.2.2　图纸

2.5.2.2.1　设备厂家图纸。

2.5.2.2.2　设计院施工图纸。

2.5.2.3　评定标准

2.5.2.3.1《电力建设施工质量验收及评价规程》（DL/T 52103—2009）。

2.5.2.3.2《火力发电厂焊接技术规程》（DL/T 869—2004）。

2.5.2.3.3《电力建设施工质量验收及评价规程》（DL/T 52103—2009）。

2.5.2.3.4 《电力建设施工质量验收及评价规程》(DL/T 52103—2009)。

2.5.2.3.5 《火力发电厂金属技术监督规程》(DL 438—2000)。

2.5.2.3.6 《钢制承压管道对接焊接接头射线检验技术规程》(DL/T 821—2002)。

2.5.2.3.7 《管道焊接接头超声波检验技术规程》。

2.5.2.3.8 《压力容器无损检测》(JB 4730—94)。

2.5.2.4 施工及验收规范

2.5.2.4.1 《电力建设施工质量验收及评价规程》(DL/T 52103—2009)。

2.5.2.4.2 《电力建设施工及验收技术规范(火力发电厂焊接篇)》。

2.5.2.4.3 《电力建设施工质量验收及评价规程》(DL/T 52103—2009)。

2.5.2.4.4 《钢结构工程施工质量验收规范》(GB 50205—2001)。

2.5.2.4.5 《蒸汽锅炉安全监察规程》(劳人部)。

2.5.2.4.6 《焊接工艺评定规程》(DL/T 8687—2004)。

2.5.2.4.7 《电力工业锅炉监察规程》(SD/67—85)。

2.5.2.4.8 《火力发电厂焊接热处理技术规程》(DL/T 819—2002)。

2.5.2.5 执行标准(主要)

2.5.2.5.1 《焊工技术考核规程》。

2.5.2.5.2 《焊接工艺评定规程》(DL/T 8687—2004)。

2.5.2.5.3 《火力发电厂焊接技术规程》(DL/T 869—2004)。

2.5.2.5.4 《火电施工质量检验及评定标准》(管道)(DL/T 5210.5—2009)。

2.5.2.5.5 《钢制承压管道对接接头射线检验技术规程》(DL/T 821—2002)。

2.5.2.5.6 《管道焊接接头超声波检验技术规程》(DL/T 820—2002)。

2.5.2.5.7 《压力容器无损检测》(JB 4730—2005)。

2.5.2.5.8 《火力发电厂金属技术监督规程》(DL 438—2000)。

2.5.2.5.9 《钢熔化焊对接接头射线照明和质量分级》(GB 3323—87)。

2.5.3 监理内容及范围

焊接专业的监理,实际上包括了焊接、焊后热处理和焊接接头检验三个部分的监理,而且是在主要部位焊接质量的基础上,侧重于重要管道(如:主蒸汽、主给水、再热、锅炉受热面、汽机导汽等)焊接的监理工作。对重要管道(俗称高压管道)按焊接,热处理、无损检验三道工序进行监理。

2.5.3.1 焊接质量的监理

2.5.3.1.1 管子焊前的监理

2.5.3.1.1.1 核验焊接施工组织设计和有关的技术措施。

2.5.3.1.1.2 核查焊工的考试合格证书的考试项目类别、规格、施焊工作范围及合格证书的有效期限。

2.5.3.1.1.3 核查焊接材料(焊条、焊丝等)出厂合格证书。

2.5.3.1.1.4 审查焊接工艺评定书和焊接作业指导书。

2.5.3.1.1.5 审查各种焊接记录图表(如焊接记录图、焊接数据表、焊接工程施工进度网络等)。

2.5.3.1.1.6 审查被焊管道的出厂合格证,核检被焊金属管道的材质证明是否符合质量标准。

2.5.3.1.2 管道焊接过程的监理

2.5.3.1.2.1 检查待焊金属管道的外观质量。

2.5.3.1.2.2 检查焊接材料的实物质量,有无过期、受潮、腐蚀、脱皮等失效现象。

2.5.3.1.2.3 监督检查焊条的烘焙情况,是否按规定的温度和时间进行干燥,使用时是否处于于保温状态,焊丝是否打磨光亮。

2.5.3.1.2.4 检查管端的坡口加工质量及清洁度。

2.5.3.1.2.5 管道接口点固焊后,检查对口质量应符合要求,必须进行预热的管道焊口,点固焊及正式施焊前,必须按焊接作业指导书所要求的预热温度和时间预热。

2.5.3.1.2.6 审核焊工所持的焊接作业指导书是否与被焊接管道的规定相符,并按其对正式施焊过的焊缝进行监督检查。

2.5.3.1.3 管道焊后的监理

2.5.3.1.3.1 检查该焊后的焊工钢印代号。

2.5.3.1.3.2 检查焊缝外观质量有无超标缺陷(尤其是咬边和错口)。

2.5.3.1.3.3 检查焊接接头的弯折度是否超标。

2.5.3.1.3.4 审查焊工焊接自检记录。

2.5.3.2 热处理质量的监理

管道焊接接头焊后热处理的目的是:改善金相组织,提高所需性能和消除残余应力,因此,对合金钢管及碳素钢大径管在施焊后必须按规定进行焊后热处理,这是焊接监理人员重点检查的一项主要工序。

2.5.3.2.1 热处理前的监理

2.5.3.2.1.1 审查热处理作业指导书(包括工艺流程)。

2.5.3.2.1.2 审查热处理记录表格的准备。

2.5.3.2.1.3 审查热处理工的合格资质证书。

2.5.3.2.1.4 审查热处理机构及人员配置。

2.5.3.2.1.5 检查热处理设备及加热装置的完整性、可靠性。

2.5.3.2.1.6 检查热电偶、补偿导线、补偿装置的有效性。

2.5.3.2.2 热处理过程的监理

2.5.3.2.2.1 检查热电偶的正确置放及绑扎的牢靠。

2.5.3.2.2.2 检查保温材料覆盖的宽度和厚度。

2.5.3.2.2.3 检查热电偶与控制设备内组件的接线是否正确。

2.5.3.2.2.4 检查加热装置正确的选择和置放恰当。

2.5.3.2.2.5 检查仪器、表针、自动记录仪的指示是否灵活,准确。

2.5.3.2.2.6 核实焊接提供的管道系统图。

2.5.3.2.3 热处理后的监理

2.5.3.2.3.1 每道大径和几道小径管道焊接接头一起热处理后,要核实热处理记录及热处理曲线图。

2.5.3.2.3.2 监督、检查硬度试验及结果,并作记录。

2.5.3.2.3.3 硬度试验结果不合格时,应协助找出原因,采取措施解决。

2.5.3.3 焊接接头检验的监理

本章其余内容见光盘。

第3章 陕西府谷清水川低热值燃料电厂2×300MW机组工程监理规划

3.1 编制依据

3.1.1 法律法规及合同类文件

（1）国家、建设部颁布的有关基本建设的政策和法规、规范。

（2）《建设工程监理规范》（GB 50319—2000）。

（3）中国电力建设企业协会《电力工程达标投产管理办法》（2006年版）。

（4）建设部《建设工程旁站监理管理规定》。

（5）《关于建设行政主管部门对工程监理企业履行质量责任加强监督的若干意见》。

（6）《中华人民共和国招标投标法》。

（7）陕西新元洁能公司府谷清水川低热值燃料资源综合利用项目2×300MW电厂工程《建设监理合同》。

3.1.2 规程、规范、标准类

3.1.2.1 建筑工程施工与验收、技术规范、规程、标准

（1）GSJ 69—87《电力建设施工及验收技术规范》（建筑工程篇）。

（2）GSJ 280—90《电力建设施工及验收技术规范》（水工结构工程篇）。

（3）《电力建设施工质量验收及评定规程 第1部分：土建工程》（DL/T 5210.1—2005）、《火力发电厂焊接技术规程》（DL/T 869—2004）。

（4）国家标准《建筑工程及建筑设备安装施工及验收规范》共十二篇。

（5）GB 12219—89《钢筋气压焊》。

（6）JGJ 18—2003《钢筋焊接及验收规程》。

（7）GB 50164—92《混凝土质量控制标准》。

（8）GBJ 107—87《混凝土强度检验评定标准》。

（9）有关建筑试验的其他规范及检验标准。

（10）地面、防水、防腐、采暖、通风、卫生、生活、消防水、雨水、污水、排水等规程及验收规范。

（11）GB 50212—2002《建筑防腐蚀工程施工及验收规范》。

3.1.2.2 安装工程施工及验收规程、规范

（1）《电力建设施工及验收技术规范》各有关篇。

（2）《火电施工质量检验及评定标准》各有关篇。

（3）《电气装置安装工程施工及验收规范》。

（4）《电气装置设备交接试验标准》。

（5）其他有关国家及行业标准和规范。

3.2 工程概况及特点

3.2.1 工程概况

3.2.1.1 工程建设单位：陕西新元洁能有限公司。

3.2.1.2 工程监理单位：西北电力建设工程监理有限责任公司。

3.2.1.3 工程设计单位：中国电力工程顾问集团西北电力设计院。

3.2.1.4 工程名称：府谷清水川低热值燃料资源综合利用项目2×300MW电厂工程。

3.2.1.5 工程计划工期：本工程计划2011年11月1日主厂房基坑开挖，2012年3月1日主厂房结构浇筑第一罐混凝土，2012年5月1日锅炉钢架开吊，2012年10月31日烟囱到顶，2013年9月第一台机组建成投产，2013年12月第二台机组建成投产。

3.2.1.6 工程质量等级：优良。

3.2.2 基本情况

3.2.2.1 工程位置

本工程位于陕西省榆林市府谷县境内，属府谷县清水乡，距现有冯家塔煤矿直线距离约4.5km，距府谷县城约22km。工程场地处在府谷规划的清水川工业集中区能。东近温家峁村，西靠府准公路，交通较便利。

3.2.2.2 工程自然条件

地处陕北黄土高原东北部梁、峁区，毛乌素沙漠的南缘地带。厂区原始地貌主要为黄土低山丘陵，冲沟较为发育，地形较破碎，高低起伏较大，最大高差约为50m，冲沟沟壁一般可见基岩出露。地形总体上呈东高西低之势，倾向府准公路。厂区梁、峁顶部及山坡上均为黄土（Q_3^{eol}），局部基岩出露，大部分为荒山，少部分开辟为耕地。场地已被整平为阶梯状的三级平台，其中主要建筑物及其辅助建筑物均厂布置在二级平台上，该平台的整平高程为940～944m，一级平台紧邻府准公路。厂址区附近基岩崩塌、崩滑以及滑坡等不良地质作用较多，另外三级平台挖方形成的边坡呈现出多处崩塌及崩滑。厂区南北两端原为深沟，现场地整平后，未留排水通道，即人为的堵死了排水通道，遇强雨时易形成洪流对厂区有一定的影响。

3.2.2.3 工程气象条件

清水川处于府谷县北部与内蒙古准格尔旗的接壤地带，位于陕西省东北端中低纬度内陆区域，属于中温带干旱半干旱大陆性季风区，该地区气候特点表现为冬季寒冷，时间长；夏季炎热，干燥多风，时间短；冬春干旱少雨雪，温差大。由于深居内陆，流域降水受东南沿海季风影响弱，故降水量少，且年内和年际变化均较大，年内降水主要集中在7—9月，占总量的69%，尤其以8月最多，并多以暴雨形式出现，易造成洪灾。

基本气象要素特征值统计表见表3-2-1。

表3-2-1 基本气象要素特征值统计表

项 目	数 值	备 注
平均气压/hPa	905.4	
平均气温/℃	9.3	
平均最高气温/℃	15.1	
平均最低气温/℃	3.9	

续表

项　目	数　值	备　注
极端最高气温/℃	38.9	1966年6月21日
极端最低气温/℃	−24.3	1998年1月18日
最热月平均气温/℃	24.0	
最冷月平均气温/℃	−8.1	
平均水汽压/hPa	7.2	
最大水汽压/hPa	28.8	
平均相对湿度/%	49	
最小相对湿度/%	0	
年降水量/mm	409.3	
一日最大降水/mm	181.8	1995年7月29日
年平均蒸发量/mm	2446.5	
平均风速/(m/s)	2.4	
最大积雪深度/cm	13	1993年1月9日
最大冻土深度/cm	142	1977年3月4日
平均雷暴日数/d	40.4	
最多雷暴日数/d	56	
平均大风日数/d	29.4	
最多大风日数/d	54	
平均雾日数/d	11.4	
最多雾日数/d	32	
全年主导风向	SSW	
夏季主导风向	SSW	
冬季主导风向	SSW	

3.2.2.4　地基承载力特征值

各层地基土的地基承载力特征值见表3-2-2。

表3-2-2　各层地基土的地基承载力特征值

层号	岩性	地基承载力特征值f_{ak}/kPa
①	素填土	100～160
②	黄土	130～150
③	粉土	100～130
④	粉细砂	120～160
⑤1	强风化砂质泥岩或者泥质砂岩	280～330
	中等风化砂质泥岩或者泥质砂岩	＞400
⑤2	强风化砂岩	300～350
	中风化砂岩	＞600

3.2.2.5　设计标准列表

建筑物安全等级、抗震设防类别及抗震等级见表3-2-3。

表3-2-3　建筑物安全等级、抗震设防类别及抗震等级

序号	建（构）筑物名称	建筑结构安全等级	地基安全等级	抗震设计				备注
				抗震设防烈度	抗震措施设防烈度	建筑物类别	结构抗震等级	
1	主厂房框架	二	一	6	7	乙	二	
2	汽机基座	二	一	6	7	乙	—	
3	集控楼	二	一	6	7	乙	二	
4	风机室	二	二	6	6	丙	三	
5	电除尘支架	二	二	6	6	丙	—	
6	烟囱	一	一	6	7	乙	—	
7	粗、细碎机室	二	二	6	7	乙	三	
8	转运站	二	二	6	7	乙	三	
9	栈桥	二	二	6	7	乙	三	
10	隧道	二	二	6	6	丙	—	
11	推煤机库	二	三	6	6	丙	四	
12	化学水处理建（构）筑物	二	二	6	6	丙	四	
13	空压机室	二	二	6	6	丙	四	

注　除表中所列建构筑物外，其余均按《土规》第9.1.4条采用。

3.2.2.6　工程性质

本工程系新建电厂，是利用冯家塔煤矿选煤厂洗出的煤矸石、煤泥和原煤发电，设计煤种和校核煤种由原煤、矸石和煤泥按比例混烧，是低热值燃料资源综合利用项目坑口电厂。

3.2.2.7　机组容量与特点

建设规模2×300MW亚临界空冷机组，循环流化床锅炉。本工程采用东方锅炉厂、上海汽轮机厂和上海发电机厂的三大主机设备。采用矸石、煤泥和原煤的混煤作为设计煤种和校核煤种。点火方式为床上和床下联合点火，采用0号轻柴油。采用石灰石作为脱硫吸收剂（炉内掺烧脱硫）。

3.2.2.8　工程系统特点

（1）主机的型式和参数。锅炉为循环流化床、亚临界参数，一次中间再热自然循环汽包炉、紧身封闭、平衡通风、固态排渣、全钢架悬吊结构、炉顶设轻型金属屋盖。

（2）汽轮机型式及主要参数。汽轮机型式：亚临界、一次中间再热、双缸双排汽、直接空冷、凝汽式汽轮发电机组。

（3）主机采用直接空冷方式。

（4）厂区采用四列式布置格局，由西向东依次为330kV升压站、空冷器平台、主厂房、筒仓。330kV升压站布置在府准公路东侧场地一级平台上，筒仓布置在厂区的东侧。主厂房固定端朝南，汽机房朝西，出线向西经出线走廊接入附近330kV变电站。厂区主入口自厂区西南侧府准二级公路引接，主入口朝西，采用端入式进厂。

3.3　监理工作范围

本工程项目的范围为：包括本工程的全部工程勘测设计、设备材料采购、施工准备、地基处理、建筑工程施工、安装工程施工、调试、性能监测、达标投产的组织与验收直至移交生产、竣工验收和保修期间的全过程监理。

监理工作范围包括本工程围墙以内（含热力系统、燃料供应系统、除灰渣系统、化学水处理系统、供水系统、电气系统、热工控制系统、附属生产工程）的所有工程和厂外道路工程、厂外取、供水工程、厂外防洪工程、储灰场工程等全部工程。

3.3.1　设备材料采购监理

包括采购过程和设备、材料现场监理。监理单位主要负责以下工作。

（1）审查总承包单位提交的物资供应计划，并督促总承包单位按计划组织实施。

（2）审查确认总承包单位提供的设备、材料、构件供应分包商的资质、业绩。

（3）根据业主与总总承包单位签订的承包合同中规定的监理单位和业主的权利，依据总承包合同技术规范书、最低性能要求和批准的设计文件，审查总承包单位编制的设备、材料采购的招标文件和技术规范书，参加总承包单位或业主组织的设备及主要材料的招标、评标、合同谈判工作，并提出监理意见。

（4）审查总承包单位与供应分包商签订的设备、材料采购合同及其技术协议，并提出监理意见。

（5）审查设备、材料到货计划，督促、检查设备、材料及时到货。

（6）组织检查和验收进入施工现场的全部设备、材料、构件，并督促及时收缴相关技术资料和证件，对检查、验收结果提出监理意见，督促总承包单位及时将不合格的设备、材料、构件清理出场。

（7）及时督促总承包单位按有关政策法规组织实施专项监督、检查。

（8）组织审查设备、材料的现场入库、保管、领用、跟踪等管理办法，监督检查现场设备、材料的管理状况，提出监理意见，并督促实施。

（9）对检验发现的设备、材料缺陷及施工中发现或产生的缺陷提出处理意见，督促总承包单位进行处理。

3.3.2　施工及调试监理

包括施工、调试全过程监理，监理单位主要负责以下工作。

（1）审查总承包单位提交的施工组织设计、关键工序的技术方案、施工质量保证措施、安全、健康、环保、文明施工措施，提出监理意见，并督促实施。

（2）协助业主编制项目年、季、月度资金使用计划。

（3）审查总承包单位选择的建筑安装工程分包商、调试单位的资质和业绩并提出监理意见。

（4）根据业主与总承包单位签订的承包合同中规定的监理单位和业主的权利，审查总承包单位编制的建筑安装工程和调试等分包项目的招标文件，参加总承包单位或业主组织的设备及主要材料的招标、评标、合同谈判工作，并提出监理意见。

（5）审查总承包单位与分包商签订的施工、调试合同，并提出监理意见。

（6）根据业主与总承包单位签订的总承包合同约定的工期目标，协助业主组织编制工程一级网络计划，审查并确认总承包单位编制的二级网络计划与月、季、年度施工计划，并监督实施。

（7）对总承包单位未按时完成一级网络进度计划，向业主提出控制工期的整改措施和对总承包单位的处罚意见。

（8）组织并主持分项、分部工程的关键工序和隐蔽工程的质量检查和验评，参加业主或政府部门组织的质量检查活动。组织土建工程交付安装、设备系统启动条件、系统代保管条件的检查验收，并督促落实。

（9）监督、检查总承包单位建立健全环境保护、劳动安全、职业教育及培训等制度，参加业主或政府部门组织的相关检查。

（10）参与施工现场的安全文明管理，参与制定施工现场安全文明施工管理目标并监督实施，监督检查总承包单位建立健全安全文明生产责任制和执行安全文明生产有关规定的措施，遇到威胁安全的重大问题时，有权发出“暂停施工”的通知。

（11）按月组织召开安全、质量、进度专题会，总结分析上月工程安全、质量、进度实施状况，提出改进措施并监督实施；向业主提出对总承包单位和分包商的奖罚建议，明确当月工程计划目标及主要措施。参与有关设备、材料、图纸和其他外部条件与工程进度、交叉施工等方面的协调工作；协助业主协调工程建设中出现的需要解决的问题，提出监理意见并监督实施。

（12）审查总承包单位单位工程开工申请报告。

（13）审查总承包单位质保体系文件和质量保证手册，并监督实施。

（14）检查现场施工人员中特殊工种持证上岗情况，检查现场施工机械安全、精度、证件等状况，并监督实施。

（15）审查总承包单位编制的“单位工程、分部、分项工程项目划分表”，并督促实施

（16）负责编制“施工质量检验项目划分表”，明确重点部位的见证点（W 点）、停工待检点（H 点）、旁站点（S 点）的工程质量监理计划，并按作业程序即时跟班到位进行监督检查。

（17）将总承包单位在工程中的不合格项按处理、停工处理、紧急处理三种方式，以提出、受理、处理、验收四个程序实行闭环管理，对不合格项跟踪检查并落实。

（18）审查调试计划、调试方案、调试措施、调试报告。组织设备、系统调试前条件确认；对调试过程全程监督、确认、签证；组织调试过程中相关问题分析专题会、临时应急分析会，提出处理方案；对调试的各项性能、指标进行严格把关、确认、签证等。

（19）审查总承包单位的单位工程、单项工程验收申请报告和总承包单位提交的竣工图和其他竣工资料，协助业主组织单位、单项工程竣工验收，参加工程总体验收。

3.3.3　造价与付款监理

负责以下投资和工程款支付的控制工作。

（1）审查确认本工程的设计变更引起的工程量变化及变更预算。

（2）审查本工程有关总承包单位提交的施工图预算。

（3）根据业主与总承包单位签订的承包合同，提出有利于降低业主建设投资或运营成本的合理化建议和优化设计方案。

（4）审查第三方对业主提出的各类索赔事项，对与业主有合同关系的任何第三方的违约行为，代表业主及时提出反索赔意见，协助业主处理各类索赔反索赔事宜。

（5）审查总承包单位编制的竣工结算书，提出审查意见。

（6）按业主与总承包单位签订的承包合同规定，及时参加验工计价，核实总承包单位提交的月、季、年度工程量和工作

量报表，审核总承包单位的工程款和设备款申请，提出审查意见。

（7）对总承包单位提出的保留金支付申请，提出审查意见。

3.3.4 其他监理业务

（1）监督总承包单位履行承包合同的情况，维护业主的正当权益。

（2）负责实施达标投产的监督检查工作。

（3）负责本工程在保修期间保修事项认定、处理和结算工作。

（4）监理合同生效后在初步设计审定后，组织编写监理规划，报业主审查批准后，在专业工程开工14d前按专业分类编制监理实施细则报业主备案。

（5）建立本工程在质量、安全、投资、进度、合同等方面的信息和管理网络，在业主、总承包单位等单位的配合下，收集、发送和反馈工程信息，形成信息共享。

（6）负责业主批准的监理实施细则中规定的其他监理业务。

（7）依据合同约定或业主委托，拟定本工程奖励金使用实施细则及工程管理过程中对施工单位的奖罚意见。

（8）定期向业主报送监理月报、季报、年度总结，详细分析评价工程安全、质量、进度、造价等状况。

（9）参加业主组织的检查评比等活动。

（10）受业主委托，参加建设过程中的有关专项调研，并提交调研报告。

（11）编写本项目监理工作总结报告，编制整理监理工作的各种文件、通知、记录、检测资料、图纸等，合同完成或终止时交付业主。

3.4 监理工作目标

高水平达标投产，争创省级文明工地、集团公司样板工地和电力行业优质工程。

为实现以上目标，我公司承诺监理服务做到：质量控制——严格化；进度控制——目标化；造价控制——合理化；安全控制——绝对化；合同管理——法制化；信息管理——网络化；组织协调——高效化；达标投产——高标准化。

3.4.1 质量控制目标

工程质量总评价优良，各项质量、技术指标满足高水平达标投产和电力行业优质工程的要求；整体工程质量和各项技术指标达到或超过国内300MW同类型机组建设的先进水平。不发生重大及以上质量事故，确保工程实现机组达标投产，力争获得国家“优质工程奖”。

工程质量具体目标如下：

（1）建筑单位工程优良率＞85%，安装单位工程优良率＞95%。

（2）建筑、安装分项工程验收合格率100%。

（3）受监焊口一次检验合格率≥95%。

（4）锅炉水压试验、厂用受电、锅炉点火、汽机扣盖、汽机冲转定速、发电机组并网、168h整套试运一次成功。

（5）168h试运中自动投入率100%、保护投入率100%、动作正确率100%、测点投入正确率100%，汽机轴振、漏氢量、真空达到验标优良标准，各项试运指标达到国内同类型机组最好水平。

（6）主厂房、汽轮机基座，锅炉基础，集控室、烟囱等土建质量达到优良。

（7）根据《电力工程达标投产管理办法》2006版（火电工程达标投产考核标准）实现达标投产。

（8）钢结构制作安装（含焊接）质量达到优良。

（9）整套试运行总评达优良，建设项目总评质量总分数率＞90%。

（10）杜绝重大质量事故，并消除施工中的质量隐患。

（11）竣工资料齐全、正确、规范、真实，符合档案管理规定，并做到与机组同步移交。

3.4.2 进度控制目标

按项目2013年9月第一台机组投产，2013年12月第二台机组投产的里程碑计划；分阶段制定工期控制目标，采用动态控制原理严格控制工期，确保里程碑计划按期实现。

3.4.3 造价控制目标

年度计划编制及时、准确，资金利用率控制在合理水平；未发生影响工程建设或造成费用较大增加的设计变更和索赔事项；工程项目竣工并移交生产，经审计的建安工程静态投资的竣工决算未超过执行概算的控制目标。

3.4.4 安全控制目标

施工场地布置合理，设备材料堆放整齐，施工环境文明整洁，生活卫生设施齐全，安全警示标志规范，施工道路硬化畅通，争创省级文明工地。

杜绝工程建设过程中重大人身伤亡事故、设备及重大机械事故、交通和责任性火灾事故的发生，减少一般事故的发生。具体控制指标如下：

（1）重伤及以上人身伤亡事故为“0”。

（2）重大机械、设备、交通、火灾事故为“0”。

（3）大面积传染病和突发性急性中毒事件为“0”。

（4）放射性事故为“0”。

（5）轻伤负伤率降低到1.5‰以下。

（6）争创省级安全文明施工工地。

3.4.5 环境管理目标/控制目标

（1）杜绝引起社会反响的污染环境事故，不损坏林木、植被。

（2）工业废水达标排放，施工油剂回收率100%。

（3）生活区及施工区做到卫生、干净、整洁。

（4）无环境污染（粉尘、噪声、毒物）事件。

（5）噪声排放：≤75dB。

（6）粉尘排放：目测无扬尘。

（7）固体废弃物：集中管理达80%以上。

（8）三材节约率：2%以上。

3.4.6 合同管理目标

建立完善的合同管理体系，保证合同的可操作性和执行的严密性，通过合同管理实现工程实施阶段的进度、质量、投资、安全总目标。

3.4.7 信息管理目标

建立指标发布、传递体系，及时提供可靠、准确、完整的工程和监理信息，为业主和参建各方正确解决工程中出现的各种问题提供有效帮助。在工程建设中做到“凡事有章可循，凡事有据可查，凡事留下记录，凡事得出结论”，为工程留下完整的历史记录。

3.4.8 工程协调目标

以安全、质量、进度顺序为原则，参加协调处理三方之间在工作中存在的问题，实现机组高质量达标，按期移交生产。

3.5 监理工作依据

3.5.1 国家现行的法律、法规、条例和建设监理的有关规定。

3.5.2 国家和行业制定的施工及验收技术规程、规范和质量评定标准。

3.5.3 国家和主管上级下达的计划、通知、决定。

3.5.4 国家批准的工程项目建设文件、初步设计和经过会审的施工图纸与签证的设计变更。

3.5.5 设备制造厂提供的图纸和技术文件。

3.5.6 本工程监理合同和业主依法对外签订的与监理范围有关的承包合同。

3.5.7 项目法人按国家及行业规定制定的有关工程建设的管理制度等。

3.6 项目监理机构的组织形式及职能

项目监理机构的组织形式及职能如图3-6-1所示。

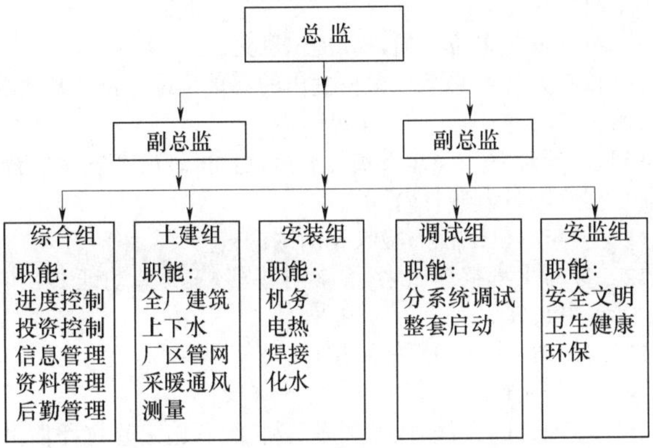

图3-6-1　项目监理机构的组织形式及职能

3.7 项目监理机构的人员配备计划

3.7.1 监理组织机构。根据监理有关文件的规定与要求和承接的工程监理范围，西北电力建设监理有限公司在现场设立工程项目监理部，监理部设总监理工程师1名、副总监理工程师2名，组成监理部的领导层，负责监理部的工作。监理部月平均数为23人，工程高峰期达到36人。

项目监理部下设综合组、土建组、安装组、调试组、安监组，对监理合同范围内的工程进行进度控制、质量控制、投资控制、安全控制、合同管理、信息管理、组织协调。

3.7.2 人员构成。根据2×300MW机组工程建设的目标和监理工作的要求，监理部选用的监理人员是从事火电工程建设战线上工作年限较长，具有丰富经验的现场施工管理和技术管理人员组成。考虑施工作业的高度及立体交叉作业多，采用了老中青三结合，且各专业配备齐全。凡参加本工程监理工作的人员都参加过监理工程师的岗位培训，并取得了监理工程师资格证书。

3.8 项目监理机构的人员岗位职责

3.8.1 总监理工程师

3.8.1.1 确定项目监理机构人员的分工和岗位职责。

3.8.1.2 主持编写项目施工监理规划、审批项目监理实施细则，并负责管理项目监理机构的日常工作。

3.8.1.3 审查承包单位的资质，并提出审查意见。

3.8.1.4 检查和监督监理人员的工作，根据工程项目的进展情况可进行人员调配，调换不称职人员的工作。

3.8.1.5 主持监理工作会议，签发项目监理机构的文件和指令。

3.8.1.6 签署单位工程的开工报告、停（复）工令。

3.8.1.7 审定总承包单位提交的施工组织设计、技术方案、进度计划。

3.8.1.8 审核、签署承包单位的申请、支付证书和竣工结算。

3.8.1.9 审查和处理工程变更。

3.8.1.10 主持或参与工程质量事故的调查。

3.8.1.11 调解建设单位和承包单位的合同争议、处理索赔、工程延期。

3.8.1.12 组织编写并签发监理月报、监理工作阶段报告、专题报告和监理工作总结。

3.8.1.13 审核签认单位工程的质量检验评定资料，审查承包单位的竣工申请，组织监理人员对待验收的工程项目进行质量检查，参与工程项目的竣工验收。

3.8.1.14 主持整理工程项目的监理资料。

3.8.2 副总监理工程师

3.8.2.1 协助总监理师全面贯彻《监理合同》，在总监理师不在现场期间，可受总监理师委托代理总监理师的工作。

3.8.2.2 领导分管专业监理工程师，在总监领导下，按照监理公司相关的质量体系文件和管理制度开展工作，圆满完成监理任务。

3.8.2.3 参与制定监理部的各项管理制度；审核本专业各监理工程师编制的监理实施细则，编写本专业的有关专题报告和总结。

3.8.2.4 组织/参加施工组织设计、施工方案、安全文明施工措施审查会。

3.8.2.5 审定施工质量检验项目划分表及W、H、S点设置。

3.8.2.6 参加设计图纸技术交底与会审会议。

3.8.2.7 审查、汇总分管专业各监理工程师上报的监理周报和监理月报，按时向总监理师提供本专业的专业监理周报和专业监理月报。

3.8.2.8 指导监理工程师处理本专业设计变更。

3.8.2.9 监督主要施工材料、设备的现场验收工作。

3.8.2.10 按照总监理师的授权签发有关文件。

3.8.2.11 按规定时限审查监督分管专业监理工程师的监理日志。

3.8.2.12 完成总监理师交办的其他工作。

3.8.3 专业组长（专业监理工程师）职责

3.8.3.1 确定本专业人员分工，组织编制本专业的监理实施细则。

3.8.3.2 负责本专业监理工作具体实施。

3.8.3.3 组织、指导、检查监督本专业监理员的工作，当人员需要调整时，向总监理工程师提出建议。

3.8.3.4 审查承包单位提交的本专业的计划、方案、申请、变更，并向总监理工程师提出报告。

3.8.3.5 负责本专业分项工程验收及隐蔽工程验收。

3.8.3.6 定期向总监理工程师提交本专业监理工作实施情况报告，对重大问题及时向总监理工程师汇报和请示。

3.8.3.7 根据本专业监理工作实施情况做好监理日志。

3.8.3.8 负责本专业监理资料的收集、汇总及整理，参与编写监理月报。

3.8.3.9　核查进场材料、设备、构配件的原始凭证、检测报告等质量证明文件及其质量情况，根据实际情况认为有必要时对进场材料、设备、构配件进行平行检验，合格时予以签认。

3.8.3.10　负责本专业的计量工作，审核工程计量的数据和原始凭证。

3.8.4　综合组组长职责

3.8.4.1　负责编制本专业的监理实施细则。

3.8.4.2　负责本组监理工作的具体实施，有关安全、管理进度控制、静态投资控制，以及合同、信息管理等工作的合理分工。

3.8.4.3　积极配合业主做好进度的控制工作。

3.8.4.4　在专业工程师核对工程量后，签署工程付款单和工程结算单。

3.8.4.5　监督总承包单位合同的履行。

3.8.4.6　负责信息管理、档案、资料的各种报表的接收、发送、催交工作。

3.8.4.7　负责办公机具的使用和维护，为工程监理做好文件、报表等的打印、出版工作。

3.8.4.8　负责生活、行政管理、收发文件、考勤并上报监理公司。

3.8.4.9　起草或审核监理部对外发出的文件、报表、报告、工作总结、监理月报工作。

3.8.4.10　负责文具、劳保用品等的计划、采购、保管、发放工作。

3.8.4.11　负责起草监理部各种管理制度。

3.8.4.12　做好监理工作大事记，保证对外通讯联络畅通。

3.8.5　安全监理工程师职责

3.8.5.1　贯彻执行“安全第一，预防为主”的方针及国家电力部的现行安全生产的法律、法规、建设行政主管部门安全生产规章和标准。

3.8.5.2　协助业主根据有关安全管理规定，检查总承包单位的安全生产组织保证体系、安全生产责任制、安全生产教育情况及分部、分项工程的安全技术交底情况。

3.8.5.3　审查施工组织设计中的安全技术措施及专项施工方案是否符合工程建设强制性标准。

3.8.5.4　积极协助业主监督和督促总承包单位贯彻执行安全规章制度和安全措施的实施。对总承包单位的安全文明施工措施进行审查，提出监理意见。遇到威胁安全的重大问题时，有权提出“暂停施工”的通知。

3.8.5.5　参加业主组织的安全综合检查和安全例会，对施工现场的安全文明施工情况提出监理意见，协助业主督促落实整改措施。

3.8.5.6　发现违章作业，要责令其停止作业。发现隐患要责令其停工整改。

3.8.5.7　协助业主监督检查施工现场的消防工作，冬季防寒、夏季防暑、文明施工和卫生防疫等各项工作。

3.8.5.8　定期向总监提交施工现场安全工作实施情况报告，作好监理日志，参与编写监理月报。

3.8.6　监理员职责

3.8.6.1　在监理工程师的指导下开展现场监理工作。

3.8.6.2　检查总承包单位投入工程项目的人力、材料、主要设备及其使用、运行状况，并做好检查记录。

3.8.6.3　复核或从现场直接获取工程计量的有关数据并签署原始凭证。

3.8.6.4　按设计图纸及有关标准，对总承包单位的工艺过程或施工工序进行检查和记录，对加工制作及工序施工质量检查进行记录。

3.8.6.5　担任旁站工作，发现问题及时指出并向专业监理工程师报告。

3.8.6.6　做好监理日记和有关的监理记录。

3.9　监理工作程序

3.9.1　监理单位及时组建项目监理部，并按合同规定时间进驻施工现场。

3.9.2　监理部进驻工地后，将其组织机构、分工、监理范围及总监理工程师职责范围、监理程序、监理报表等书面报告业主，并由业主通知总承包单位及有关单位。

3.9.3　业主提供工程有关资料及图纸。

3.9.4　在具备条件后编制监理规划及监理实施细则。

3.9.5　参加由建设单位组织召开的第一次工地会议。

3.9.6　进行施工现场调查，参加设计交底和组织图纸会审并进行质疑。

3.9.7　参加业主组织的施工组织总设计审查会议和参加审查专业施工组织设计。

3.9.8　审查分包单位资质，并提出意见。

3.9.9　核查并签发总承包单位提出的《单位或分部工程开工报审表》。

3.9.10　监理部对工程建设实行质量、造价、进度和安全四控制；督促工程合同各方履行合同。

3.9.11　参与单位工程的验收和调试。

3.9.12　参与工程整套试运行，参与签发《工程启动证书》和《移交生产证书》。

3.9.13　参与试生产和性能测试。

3.9.14　参与生产达标考核

3.9.15　整理合同文件、技术档案资料，编写施工验收评估报告。

3.9.16　参与业主组织的竣工验收。

3.9.17　做好监理工作总结。

3.10　监理工作方法和措施

监理部对工程项目的四控制二管理一协调工作采用动态控制的管理方法。即把四控制工作分成事前预控、事中检查跟踪和事后严格把关，以实现监理工作目标。在监理工作中根据工程情况采用技术、组织、经济、合同措施来保证监理目标的实施。

3.10.1　工程质量控制的方法和措施

3.10.1.1　事前控制的方法和措施

3.10.1.1.1　监理部建立健全质量预控体系，在开工前审查总承包单位质量管理体系、技术管理体系和质量保证体系，并监督其体系的运行。

3.10.1.1.2　对分包商的资质进行审核。在监理过程中如发现进入施工现场的施工队伍实际能力与申报的资质不符合，有权要求总总承包单位调整或更换。

3.10.1.1.3　审查拟进厂的原材料、半成品、预制件、加工件和外购件的质量证明资料，按规范要求需要进行复试的，监理人员进行见证取样，或委托更权威的机构进行检验，对不合格的材料、构配件进行封存，并签发监理通知单，限期撤出现场。未经监理工程师签证的材料，严禁在工程中使用。

3.10.1.1.4　工程中使用的新材料、新工艺、新技术应具备完整的技术鉴定证明和试验报告，必要时首先进行试验，合格后方可使用。

3.10.1.1.5　检查分包商在工程中使用的仪器和试验用仪器、仪表的精度、配备情况、计量器具和计量证件是否符合要求并满足工程的需要。

3.10.1.1.6　对分包商的试验室的资质进行验资，检查其资质等级和试验范围，检查设备计量检验证明，对试验人员和管理人员的资格进行验证，检查试验室的管理制度是否健全。

3.10.1.1.7　审查总承包单位的施工组织设计、专业施工组织设计、重要的施工方案和施工措施及安全文明施工措施，提出监理意见，由总监理工程师签认后报业主。

3.10.1.1.8　参加施工图纸交底、图纸会审会，未经会审的图纸不允许在工程中使用。

3.10.1.1.9　检查重要项目开工的准备工作，审查总承包单位提出的开工申请报告，及时与业主及总承包单位共同对开工各项工作的准备情况进行检查，商定开工日期，业主同意后签发开工通知书。

3.10.1.1.10　参加主要设备的开箱检验，对发现的设备缺陷要求责任方进行处理，并由缺陷责任方提交处理过程及结果报告，经专业监理师确认符合质量标准时，方可使用。检查设备的存放、保管情况，发现问题要求保管部门及时整改。

3.10.1.1.11　审查总承包单位编制的工程项目质量验评划分表，确定 W（见证点）、S（旁站点）、H（停工待检点）以及监理验评项目。

3.10.1.1.12　审查总承包单位制定的成品保护措施、方法。

3.10.1.2　事中控制的方法和措施

3.10.1.2.1　在施工过程中，监理人员要按照监理部制定的检查、巡视制度，深入现场收集工程质量信息，处理解决施工中的有关问题。

3.10.1.2.2　专业监理师主持对隐蔽工程的质量验评，隐蔽工程作为停工待检点（H 点），未经监理验收和签证，不得覆盖。

3.10.1.2.3　监理人员按施工程序到位进行监督检查，坚持上道工序未经检验，不得进行下道工序的施工。

3.10.1.2.4　由总承包单位三级检查验收的工程项目，监理工程师负责进行抽查，如发现存在质量问题则通知总承包单位进行整改，如不整改，将停止进行下道工序的施工。

3.10.1.2.5　监理工程师可行使质量否决权，对重大质量问题与业主联系，征得同意后，由总监理工程师下达停工整改命令或工程暂停令，待质量缺陷消除，经专业监理师复查合格后，由总监理工程师签发工程复工报审表。当出现下列情况之一时，专业监理师报告总监理工程师指令总承包单位立即停工整改：

（1）对停工待检点（H 点）未经检验签证擅自进行下道工序。

（2）工程质量下降，经指出后未采取有效整改措施，或虽已采取措施，但效果不好，继续施工。

（3）特殊工种无证操作，致使质量不能保证。

（4）擅自采用未经监理批准认可的材料。

（5）擅自变更设计图纸的要求而未向监理报告，或报告后未经监理批准的。

（6）擅自将工程转包而未经业主同意，或虽经业主同意，但未经监理验资。

（7）采用的施工方案未经监理批准而贸然施工，已出现质量下降或不安全倾向。

3.10.1.2.6　施工过程中发生的不合格项分为处理、停工处理、紧急处理三种，并严格按提出、受理、处理、验收四个程序实行闭环管理，监理人员对不合格项必须跟踪检查并落实。

3.10.1.2.7　总承包单位提出工程变更，由专业监理师审查，经设计确认后，总监签认并报业主。当涉及安全、环保等内容时按规定报有关部门审定，总监签认前，工程变更不得实施。如变更费用或工期超出监理职权以外，仅提出监理意见，报业主审批。

3.10.1.2.8　发生质量事故后，专业监理师首先报告总监，由总监发出停工令和质量事故通知单报告业主，责令总承包单位报送质量事故调查报告和经设计单位等相关单位认可的处理方案，专业监理师参加质量事故的调查分析并提出意见，审查处理方案，事故处理后进行验收签证，总监写出“质量事故处理报告”报业主。

3.10.1.2.9　建立定期质量分析会议制度，通报工程质量情况，研究存在的质量问题及处理、纠正的措施，形成会议纪要发送有关单位。

3.10.1.2.10　监理工程师在现场检查巡视中如发现工作环境影响工程的质量，或安全防护设施不健全，危及人身安全，则通知总承包单位停止施工，按“安全文明施工管理制度”进行整改，完成后方可复工。

3.10.1.2.11　参加质监站和质量监督中心站主持进行的重要阶段性监督检查，按电力规程进行预检，提出情况报告，发出整改通知，在确定整改合格后，参加和配合正式检查。

3.10.1.2.12　实施调试监理工作，审查各专业调试方案和措施，参与审查调试网络计划，严格执行分部调试的试验制度，对分部试运不合格的项目，参与研究原因分析，未经签证的项目不准进入整套启动试验。

3.10.1.2.13　参与启动前的检查，包括单体试运、分部试运和整套试运行，按照“启动验收规程”和“启动调试工作规定”，参与试运全过程。协助业主做好启动前全面检查、落实各项准备工作，保证机组顺利完成整套试运工作。

3.10.1.2.14　在启动试运行过程中，对验收检查出的质量缺陷，督促责任方及时消除，经检查验收合格，提出签证单。

3.10.1.2.15　监理工程师在施工现场发现和处理的问题应按信息分类进行归纳，记入监理日志，重要的问题要记入监理大事记。

3.10.1.3　事后控制的方法和措施

3.10.1.3.1　对已完成的分部、分项工程、隐蔽工程、重要施工工序，监理工程师应按国家行业制定的施工技术规范和验评标准进行检查验收和评定。

3.10.1.3.2　坚持质量验评分级管理和分级验收，总承包单位在完工后应进行三级检验，验收合格后，将二份分项工程验评资料于 24h 前报监理部。监理工程师审核报验单和验收记录后，会同总承包单位专业质检人员到现场进行抽查，经过现场测量、查验符合规范要求后签署意见。经监理检查发现质量达不到合格标准，则责成总承包单位进行整改修复后申请监理复验。复验时要求总承包单位质量检验部门的负责人和总工程师参加，复验合格后监理签署复验意见。

3.10.1.3.3　建筑工程完工验收后，由监理组织交安验收，并签认交安手续后，才能进行设备安装工作。

3.10.1.3.4　工程整体完成后，督促总承包单位按规定及时全面整理工程质量记录、技术资料、验评记录、缺陷事故处理、设计图纸及工程变更单、设备图纸等，做好单位工程交付验收或工程整套试运行前验收的资料准备工作。

3.10.1.3.5　各专业监理师配合技经专业监理师审查总承包单位月进度报表，对质量存在缺陷的项目应拒付工程款。工程项目竣工验收未经有关各方签证确认，监理不予签署工程结算支付意见，不结算工程款。在启动委员会的领导下，完成168h试运后，组织审查调试技术总结、调试报告，参加机组调试质量评定，协助业主办理移交签证。

3.10.1.3.6 参与签署"启动验收证书"，对整套启动过程中发生的问题，提出监理意见。

3.10.1.3.7 参加对保修期内出现的问题进行原因分析和措施的研究，督促总承包单位进行消缺处理，协助业主处理保修期内出现的质量问题，最后达到设计要求的各项技术、经济指标。

3.10.2 工程进度控制的方法和措施

3.10.2.1 事前控制的方法和措施

3.10.2.1.1 按照业主编制的一级网络进度计划，审查总承包单位编制的二级网络计划和进度横道图，满足总工期的要求。

3.10.2.1.2 根据审定的一级网络计划，总监审批总承包单位报送的施工总进度计划和年、季、月度施工进度计划。

3.10.2.1.3 依据一、二级网络进度计划，参加审定施工图纸、设备的交付计划，及时提出存在的问题，对工程进度可能产生影响的各种因素，提出监理意见。

3.10.2.1.4 及时安排设计图纸会审及审查总承包单位提出的设计变更。

3.10.2.1.5 检查主要工程项目的施工准备情况，审查开工申请，征得业主同意，及时签发开工报告。

3.10.2.2 事中控制的方法和措施

3.10.2.2.1 及时了解工程进度、设备到场、主材进点、外围加工等情况，掌握工程计划的执行情况，参加施工现场的协调会；专业监理师根据需要及时召开专题会议，解决专项问题。

3.10.2.2.2 实行进度的动态管理，当进度发生偏离时，分析原因、及时调整。当属于总承包单位原因时，监理及时协助总承包单位采取措施，进行调整。当属于业主方或外部原因时，监理及时会同业主研究对策或依据合同进行处理。当实际进度严重滞后于计划进度，影响关键路线的实现，由总监会同业主商定具体解决方案。

3.10.2.2.3 总监严格对"工程暂停和复工"进行管理，签发暂停令时要根据暂停工程的影响范围和程度，签发前应就工期和费用问题与总承包单位进行协商，当具备复工条件时应及时签发复工报审表。

3.10.2.2.4 总监严格对工程变更和设计变更进行管理，对其引起的工期变化进行评估，与总承包单位和业主进行协调。

3.10.2.2.5 审查总承包单位的分部试运计划和调试单位的调试计划。

3.10.2.3 事后控制的方法和措施

3.10.2.3.1 分析实际进度与计划进度发生差异的原因，对不利条件分别给以调控。

3.10.2.3.2 机组通过启动试运行后，督促总包单位落实缺陷处理进度，对调试未完项目和设备性能试验，要求总包方按合同要求的进度完成。

3.10.3 投资控制的方法和措施

3.10.3.1 事前控制的方法和措施

3.10.3.1.1 审核施工组织设计及施工措施方案，协助业主做好施工图预算的审查，确保工程造价得到有效控制。

3.10.3.1.2 熟悉设计图纸、设计要求，分析合同价构成要素，明确工程费用最易突破的部分和环节，从而明确投资控制的重点。

3.10.3.1.3 预测工程风险，制定防范对策，减少索赔的发生。

3.10.3.1.4 协助业主按合同规定的条件，如期提交施工场地，使其能如期开工、正常、连续施工，避免违约造成索赔条件。

3.10.3.1.5 审核总承包单位月进度计划。

3.10.3.2 事中控制的方法和措施

3.10.3.2.1 参与预（决）算审核，提出监理意见。

3.10.3.2.2 做好设计变更和变更设计的管理工作，在审核设计变更时，应从造价、项目的功能要求、质量要求等方面审查变更方案，严格控制费用的增加，使工程投资控制在批准的限额内。

3.10.3.2.3 协助业主按工期组织、协调施工，避免不必要的赶工费。

3.10.3.2.4 协助业主核实总承包单位报送的月度完成实物工程量，根据工程量核签月度工程付款凭证，防止过早、过量支付工程款。

3.10.3.2.5 未经监理人员验收合格的工程量，或不符合施工合同规定的工程量，应拒绝工程款支付申请。

3.10.3.2.6 对主要单项工程的开工实行报批制度，按照计划控制单项工程的开工。

3.10.3.2.7 参加业主定期召开的投资使用情况分析会，对存在的问题提出监理意见。

3.10.3.3 事后控制的方法和措施

3.10.3.3.1 审查总承包单位提交的工程结算书，工程付款必须有总监理工程师签字。

3.10.3.3.2 及时收集、整理有关的施工和监理资料，公正、合理地处理索赔问题。

3.10.4 安全控制的方法和措施

3.10.4.1 事前控制的方法和措施

3.10.4.1.1 监理部设置安全监理工程师，对施工组织设计、安全施工技术措施、现场安全管理制度、安全教育、安全机构、目标、措施及各级责任制进行审查和监控。各专业监理工程师负责各自专业范围内的安全工作，并配合安全监理工程师的工作。

3.10.4.1.2 审查总承包单位的安全保障体系和近期的安全施工记录，落实建立各级安全责任制度，监督其安全体系的运行。定期向业主报告安全体系的运行情况，及时处理影响安全体系运行的有关问题。

3.10.4.1.3 专业监理工程师审查专业技术方案、措施时，一定要审查安全施工技术措施，无安全施工技术措施的方案不得批准。安全施工技术措施包括：重要施工工序、关键部位施工作业、特殊作业、危险性操作、季节性施工方案、重要的和大型施工临时设施、交叉作业等。对大件起吊、运输作业、特殊高空作业及带电作业等危险性作业，要有可靠的措施。

3.10.4.1.4 监理对安全措施审核的重点是场地隔离、交通、防火、力能保护、高空保护、设备保护、安全保卫、危险作业、防止工伤事故、杜绝重大伤亡事故、防止中毒和改善劳动条件等具体措施。

3.10.4.1.5 对危及环境或周围施工人员安全的施工项目，要求总承包单位采用可靠的防护措施。

3.10.4.1.6 检查特殊工种上岗证，无证不准上岗。

3.10.4.2 事中控制的方法和措施

3.10.4.2.1 在现场巡视检查中，重点检查施工人员是否按"安规"和安全技术措施进行施工，有无习惯性违章，发现问题立即通知总承包单位限期整改，情节严重的要下"暂停施工令"，直至整改后方可复工。

3.10.4.2.2　按时参加安全例会，参加对施工现场进行的安全文明施工检查，对现场的安全文明施工情况提出意见，协助业主督促落实整改措施。

3.10.4.3　事后控制的方法和措施

3.10.4.3.1　参加事故调查、原因分析和处理措施的审核，并按确定的措施督促实施，对处理后的效果提出监理评价意见。

3.10.4.3.2　参加达标投产的验评，对安全管理和施工工艺文明生产进行检查。

3.10.5　合同管理的方法和措施

3.10.5.1　协助业主签订有关的工程合同。

3.10.5.2　对合同执行情况进行跟踪管理，准确、及时地记录工程变更、工程暂停和复工、质量缺陷和事故工程延期及延误、合同争议及调解，协调合同之间的接口，预测合同风险，及时协调处理。

3.10.5.3　在履行合同过程中，遇到争议时，依照公平、公正的原则进行协调。

3.10.5.4　及时收集在进度、质量、安全和投资各方面的信息，对合同执行过程中形成的补充合同、文函、协议、记录、签证等及时整理，工程结束时移交。

3.10.5.5　检查合同履行情况，提出监理意见。

3.10.6　信息管理的方法和措施

3.10.6.1　在业主的统一组织下尽可能形成计算机网络，收集、分类、存储、传递、反馈工程信息，形成信息资源共享。

3.10.6.2　监理部与业主、总承包单位等各方通过建立的报表、报告、会议记录、联系单、资料等，形成全过程的工程信息网络。

3.10.6.3　及时整理工程有关的文件、各种会议纪要、重大事项记录，建立分类档案。

3.10.6.4　按监理部内部的分工和制度编写《监理月报》、《工程质量例会纪要》及专题会议纪要，并按有关规定发放。

3.10.6.5　工程竣工后，总监理工程师组织编写《监理工作总结》，整理汇总本工程监理档案资料，按有关规定向业主、监理公司移交。

3.10.7　组织协调的方法和措施

3.10.7.1　参加每周一次的生产协调会，在会上向各参建单位通报工程进度、质量、安全等情况和存在的问题，协助业主解决施工过程中的相互协调、配合问题。

3.10.7.2　根据施工总平面布置，协助业主解决场地划分与公用设施的利用等工作，协调工程衔接和阶段成品保护责任。

3.10.7.3　检查每周的工程进度，确定薄弱环节，部署赶工任务。

3.10.7.4　对于工程中出现的突发变故，及时向业主汇报，督促有关单位采取应急措施，维护工程的正常秩序。

3.10.7.5　对不能履行合同，施工中存在质量、安全隐患不能及时消除，工程进度因自身原因不能满足一级网络进度要求等问题，监理部将根据总承包合同，建议业主进行考核。

3.11　旁站监理点

根据现场实际情况，结合关键的、重要的和薄弱的环节决定实行全过程跟班作业检查，以确保使用的材料、施工工艺及施工质量符合规范、标准和施工技术方案、安全质量措施，本工程确定如下旁站监理点：

3.11.1　土建专业

（1）主厂房定位方格网复测。

（2）除氧煤仓间框架浇注。

（3）汽机、钢架基础二次灌浆。

（4）汽轮发电机机座砼浇筑。

（5）烟囱基础混凝土浇筑。

3.11.2　锅炉专业

（1）锅炉基础划线及柱底板安装。

（2）炉顶大板梁安装。

（3）汽包吊装。

（4）锅炉整体水压试验。

（5）电除尘器升压试验。

（6）主要辅机试转（含送风机、引风机、一次风机、堆取料机）。

（7）锅炉酸洗。

（8）蒸汽管道吹扫。

3.11.3　汽机专业

（1）汽轮机转子找中心。

（2）低压缸扣盖，高中压缸扣盖。

（3）发电机定子水压试验。

（4）高压加热器水压试验。

（5）主要辅机试转（给水泵、凝结水泵、真空泵）。

（6）中轴承座清理检查及扣盖。

（7）轴承座清理检查及扣盖。

（8）前轴承座清理及扣盖。

（9）高压导汽管与高压缸对接。

（10）中压导汽管与中压缸对接。

（11）发电机穿转子。

（12）发电机两侧端盖封闭。

（13）给水泵汽轮机扣盖。

（14）主汽、冷段、热段吹洗后恢复。

（15）低压导气管与中压缸对接。

3.11.4　电气专业

（1）发电机耐压试验及线圈冷却水流量试验。

（2）主变压器器身检查。

（3）启备变器身检查。

（4）厂高变器身检查。

（5）厂用电系统受电。

（6）电除尘器空载升压。

（7）发电机、高压电动机、变压器、配电装置、高压电缆、电动给水泵、三大风机、碎煤机等主要辅机交、直流耐压试验带电试运。

3.12　监理工作流程图

工程建设项目施工监理服务程序如图3-12-1所示。

安全控制监理服务程序如图3-12-2所示。

质量控制监理服务程序如图3-12-3所示。

进度控制监理服务程序如图3-12-4所示。

投资控制监理服务程序如图3-12-5所示。

信息管理监理服务程序如图3-12-6所示。

单位工程验收监理服务程序如图3-12-7所示。

工程停、复工发布监理服务程序如图3-12-8所示。

质量事故处理监理服务程序如图3-12-9所示。

合同管理监理服务程序如图3-12-10所示。

工程建设项目调试监理服务程序如图3-12-11所示。

项目工程竣工验收监理服务程序如图3-12-12所示。

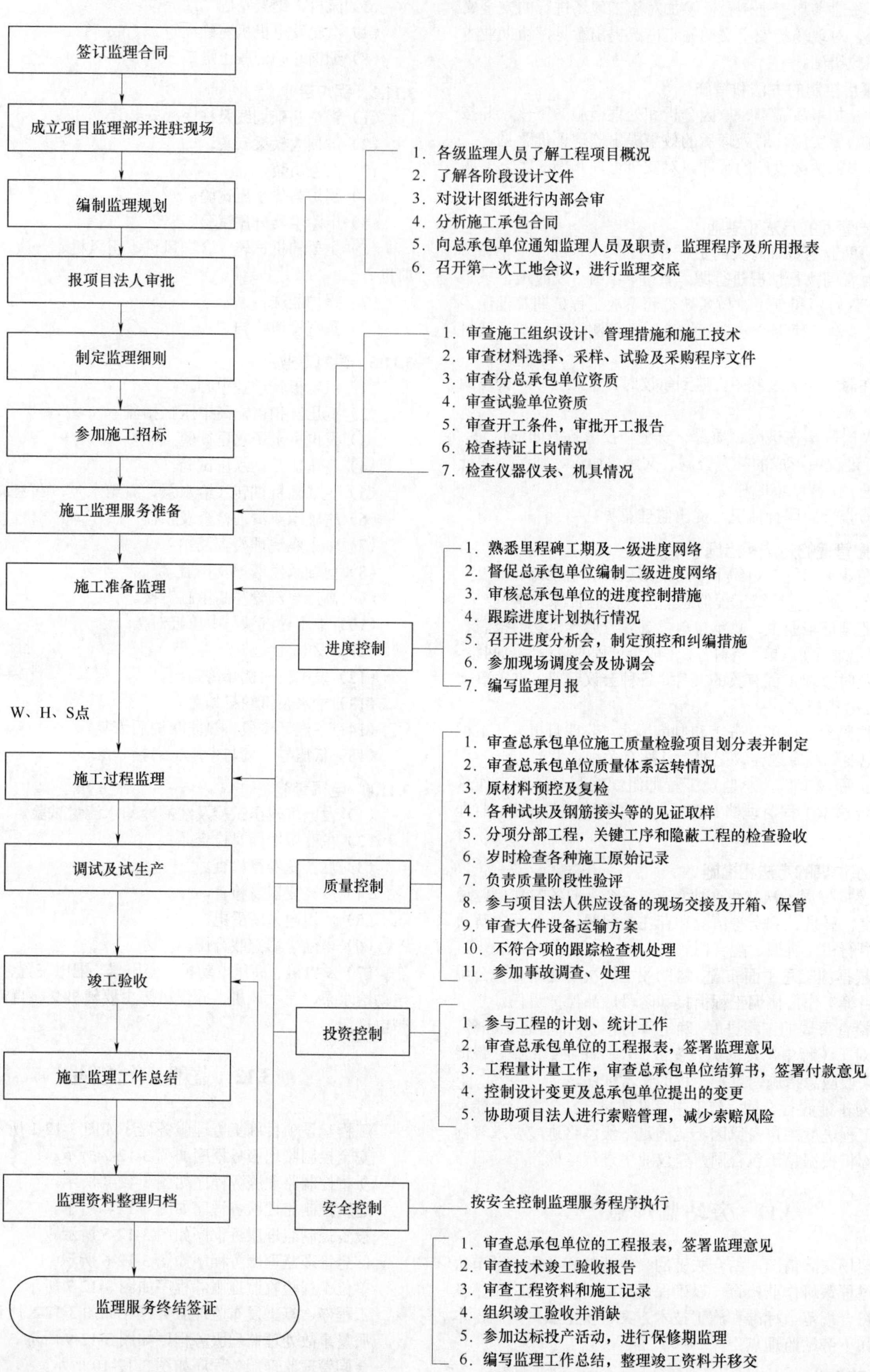
签订监理合同
成立项目监理部并进驻现场
编制监理规划
报项目法人审批
制定监理细则
参加施工招标
施工监理服务准备
施工准备监理
W、H、S点
施工过程监理
调试及试生产
竣工验收
施工监理工作总结
监理资料整理归档
监理服务终结签证
1. 各级监理人员了解工程项目概况
2. 了解各阶段设计文件
3. 对设计图纸进行内部会审
4. 分析施工承包合同
5. 向总承包单位通知监理人员及职责，监理程序及所用报表
6. 召开第一次工地会议，进行监理交底
1. 审查施工组织设计、管理措施和施工技术
2. 审查材料选择、采样、试验及采购程序文件
3. 审查分总承包单位资质
4. 审查试验单位资质
5. 审查开工条件，审批开工报告
6. 检查持证上岗情况
7. 检查仪器仪表、机具情况
进度控制
1. 熟悉里程碑工期及一级进度网络
2. 督促总承包单位编制二级进度网络
3. 审核总承包单位的进度控制措施
4. 跟踪进度计划执行情况
5. 召开进度分析会，制定预控和纠编措施
6. 参加现场调度会及协调会
7. 编写监理月报
质量控制
1. 审查总承包单位施工质量检验项目划分表并制定
2. 审查总承包单位质量体系运转情况
3. 原材料预控及复检
4. 各种试块及钢筋接头等的见证取样
5. 分项分部工程，关键工序和隐蔽工程的检查验收
6. 岁时检查各种施工原始记录
7. 负责质量阶段性验评
8. 参与项目法人供应设备的现场交接及开箱、保管
9. 审查大件设备运输方案
10. 不符合项的跟踪检查机处理
11. 参加事故调查、处理
投资控制
1. 参与工程的计划、统计工作
2. 审查总承包单位的工程报表，签署监理意见
3. 工程量计量工作，审查总承包单位结算书，签署付款意见
4. 控制设计变更及总承包单位提出的变更
5. 协助项目法人进行索赔管理，减少索赔风险
安全控制
按安全控制监理服务程序执行
1. 审查总承包单位的工程报表，签署监理意见
2. 审查技术竣工验收报告
3. 审查工程资料和施工记录
4. 组织竣工验收并消缺
5. 参加达标投产活动，进行保修期监理
6. 编写监理工作总结，整理竣工资料并移交

图 3-12-1　工程建设项目施工监理服务程序

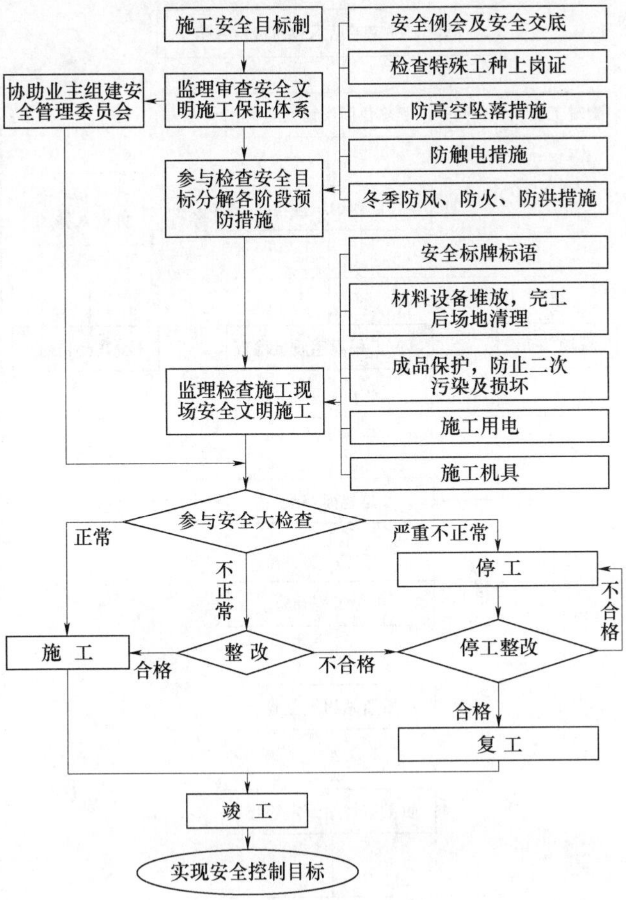

图 3-12-2　安全控制监理服务程序

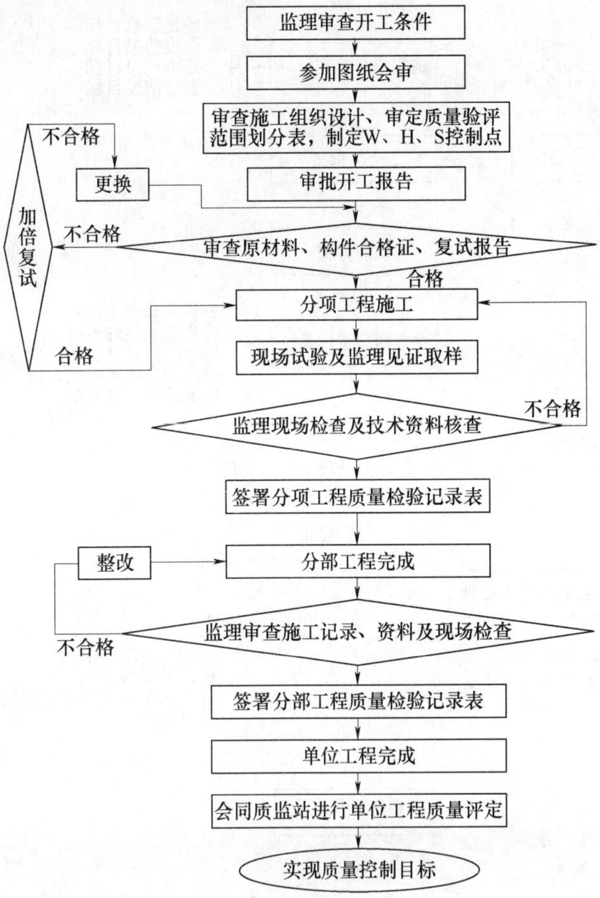

图 3-12-3　质量控制监理服务程序

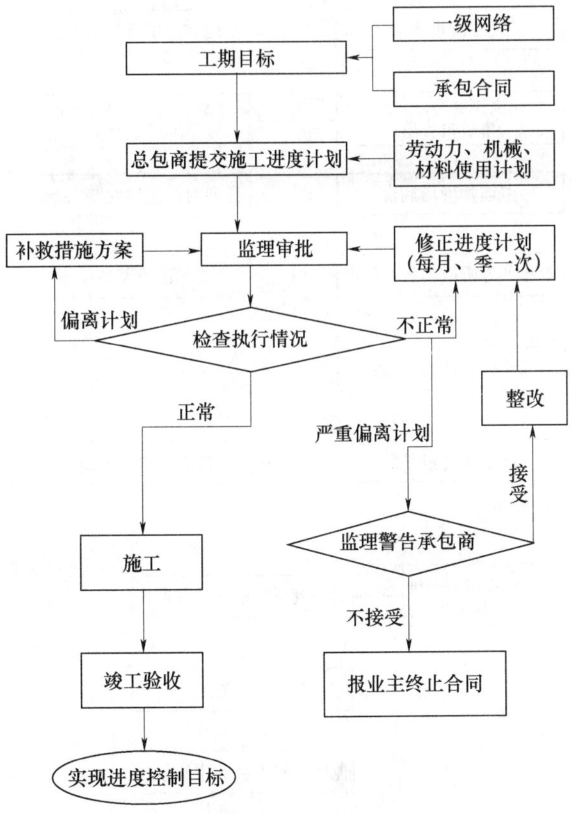

图 3-12-4　进度控制监理服务程序

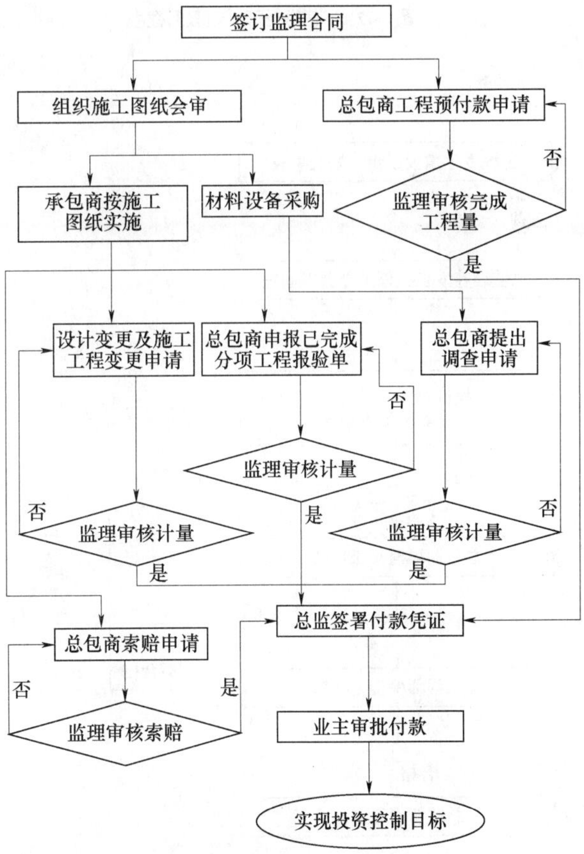

图 3-12-5　投资控制监理服务程序

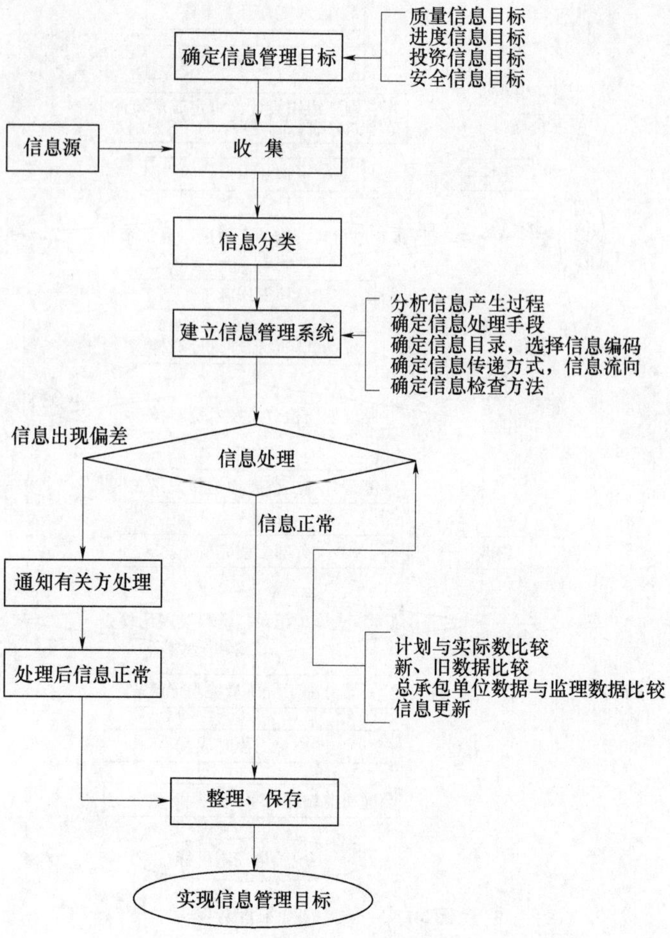

图 3-12-6　信息管理监理服务程序

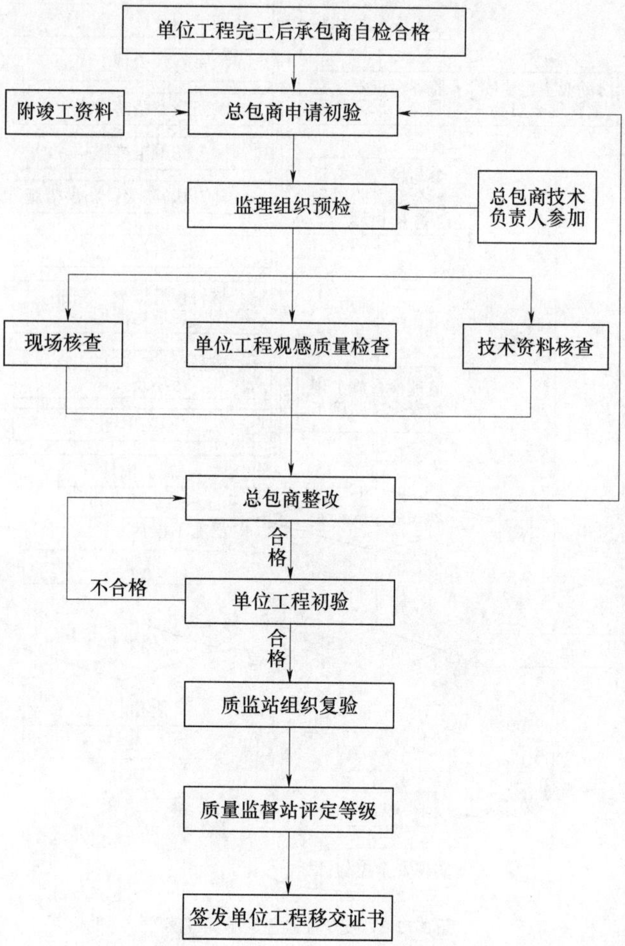

图 3-12-7　单位工程验收监理服务程序

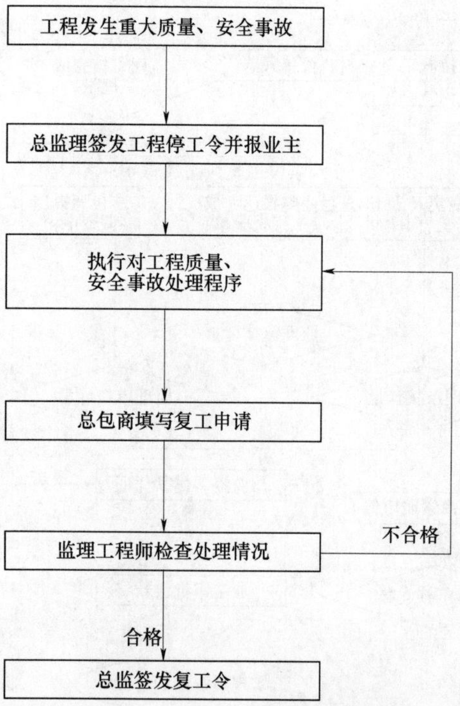

图 3-12-8　工程停、复工发布监理服务程序

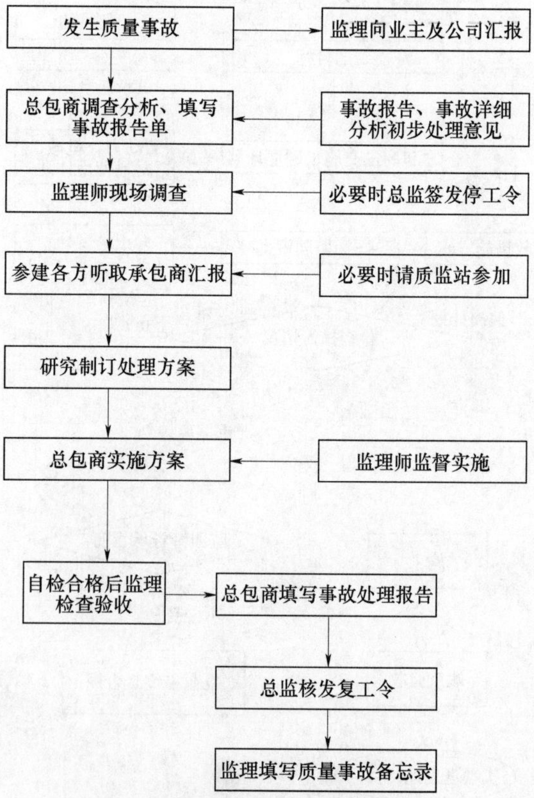

图 3-12-9　质量事故处理监理服务程序

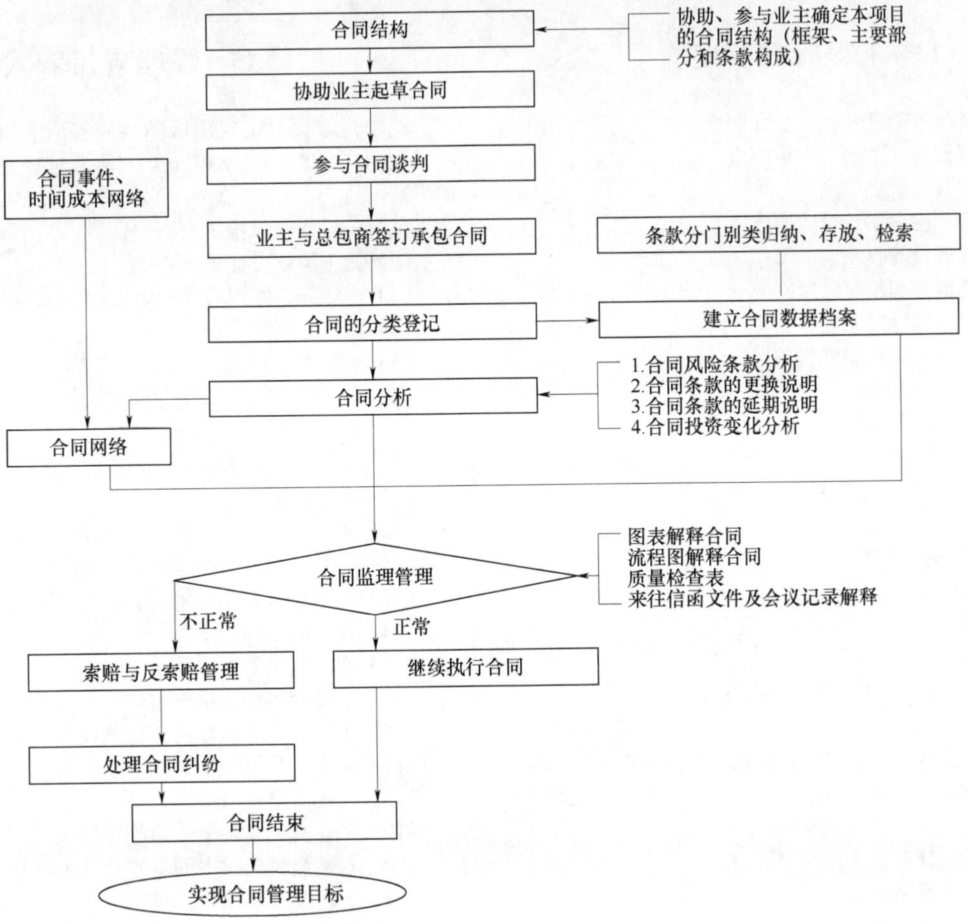

图 3-12-10　合同管理监理服务程序

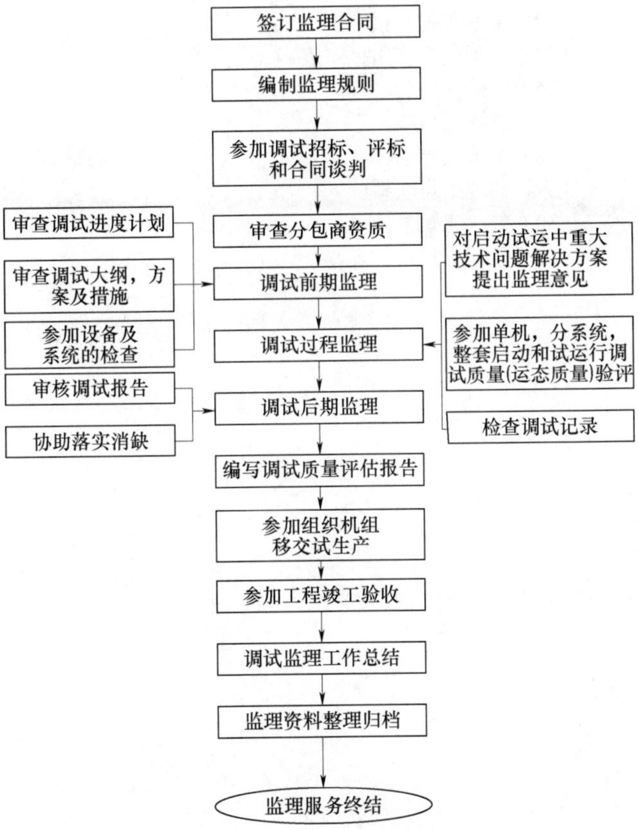

图 3-12-11　工程建设项目调试监理服务程序

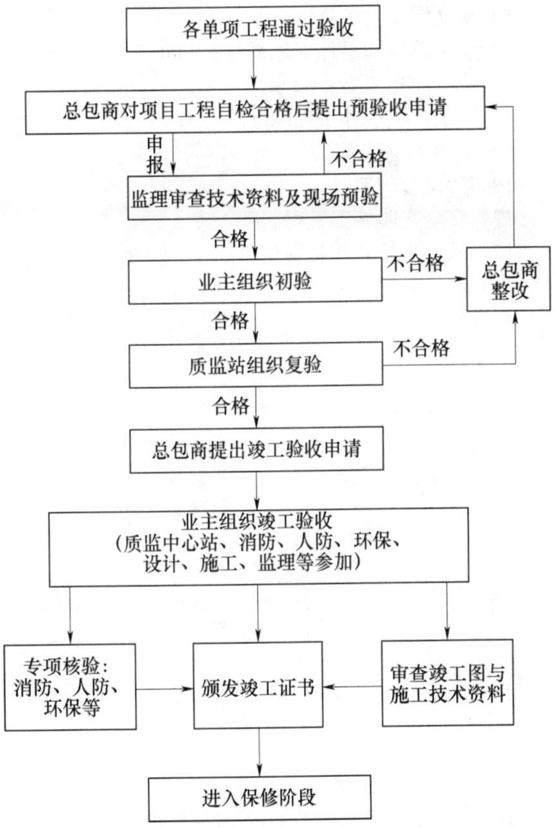

图 3-12-12　项目工程竣工验收监理服务程序

3.13 工程管理制度

（1）施工图纸会审制度及设计交底制度。
（2）施工组织设计（方案）会审制度。
（3）单位工程开工审批制度。
（4）工程设备、材料质量检验制度。
（5）隐蔽工程质量验收制度。
（6）工程质量检查和验收制度。
（7）工程施工进度管理制度。
（8）单位工程竣工验收制度。
（9）设计变更管理制度。
（10）施工现场管理制度。
（11）质量事故处理制度。
（12）施工现场总平面管理制度。
（13）工程款结算审核制度。
（14）机组分部试运管理制度。
（15）机组整套启动试运管理制度。
（16）安全文明施工管理规定。

3.14 监理制度

此项内容详见正式出版的《府谷清水川低热值燃料资源综合利用项目 2×300MW 电厂工程监理制度》，现仅列出监理制度目录如下：

（1）施工总平面管理规定。
（2）工程调度管理制度。
（3）工程开工、停工及复工管理制度。
（4）工程联系单管理制度。
（5）交叉施工管理规定。
（6）承包单位质量保证体系检查制度。
（7）分包商资质审查制度。
（8）施工组织设计审查制度。
（9）工程变更监理制度。
（10）旁站监理制度。
（11）安全文明施工管理制度。
（12）质量事故和质量管理事故报告制度。
（13）信息管理制度。

3.15 监理应用表式

此项内容详见正式出版的《府谷清水川低热值燃料资源综合利用项目 2×300MW 电厂工程监理表式》，现仅列出目录如下：

（1）分包商资质报审表。
（2）施工组织设计报审表。
（3）专业施工组织设计报审表/重大施工技术方案报审表。
（4）调试方案报审表。
（5）重要工程开工报告。
（6）施工/调试进度计划报审表。
（7）施工进度计划报审表。
（8）变更工期申请表。
（9）复工申请表。
（10）主要材料及构（配）件供货商资质报审表。
（11）主要工程材料报审表。
（12）主要设备开箱申请表。
（13）设备缺陷通知单。
（14）设备缺陷处理报验单。
（15）工程控制网测量报验单。
（16）主要施工计量器具、检测仪表检验统计表。
（17）施工质量检验项目划分报审表。
（18）工程质量报验单。
（19）土建交付安装中间验收交接表。
（20）安装交付调试中间验收交接表。
（21）工程质量事故报告单。
（22）质量事故处理方案报审表。
（23）质量处理事故结果报验单。
（24）工程月付款报审表。
（25）工程变更费用报审表。
（26）索赔报审表。
（27）工程联系单。
（28）整改报验单。
（29）监理工作联系单。
（30）整改通知单。
（31）停工通知单。

第 4 章　陕西府谷清水川低热值燃料电厂 2×300MW 机组工程监理实施细则

4.1　主厂房建筑施工监理实施细则

4.1.1　编制依据

4.1.1.1　设计文件。施工图纸（主厂房框架结构图、汽机房 A 排外侧柱结构图、汽机大平台图纸、锅炉基础图）、地质勘探报告、设计院施工说明、设计变更等、图纸会审纪要等。

4.1.1.2　业主和监理编审的工程管理性文件。如《工程管理制度汇编》、《施工组织总体设计》、《创优策划》、《创省级文明工地规划》、《质量考核办法及细则》、有效的“会议纪要”、有关的质量标准文件等。

4.1.1.3　本监理段《工程建设监理合同》及招投标文件。

4.1.1.4　监理部编制的监理文件（包括监理规划、管理制度等）。

4.1.1.5　西北电建监理公司《质量、环境及职业健康安全体系管理手册》（2009-05-30）。

4.1.1.6　西北电建监理公司《质量保证手册》（Q/JL 20101—2001）。

4.1.1.7　西北电建监理公司《项目监理部工作手册》（火电工程，2009.7）。

4.1.1.8　本细则适用于西北电力建设工程监理有限责任公司所承担工程建设监理项目的本专业监理工作。

4.1.2　专业工程特点

4.1.2.1　设计特点

4.1.2.1.1　排列

本工程结构排列顺序为 A 列、B 列、C 列、K1 列—K6 列。A 列—B 列为汽机房，B 列—C 列为除氧煤仓间，K1—K6 为锅炉间。主厂房内未设独立的除氧间。汽机房、除氧煤仓间为钢筋混凝土框架结构，基础坐落在岩土地基上。锅炉支（吊）架为钢架结构。

4.1.2.1.2　结构及主要建筑设计

A 列—B 列跨距 25m，B 列—C 列跨距为 10.5m。汽机房、除氧煤仓间基础、墙板、基础梁混凝土强度等级为 C30；A 排柱 12.5m 以上为 C45、梁混凝土强度等级为 C40，B、C 列柱、混凝土强度等级为 C45；锅炉房基础及短柱混凝土强度等级为 C30，基础梁混凝土强度等级为 C30；汽机基座底板、上部结构混凝土强度等级均为 C30。汽机房基础、煤仓间基础、锅炉基础均为独立式基础，1 号汽机房结构基础、煤仓间结构基础、锅炉房基础埋深均为－5m；汽机基础底板埋深为－6.7m。基坑用 C15、300 厚素混凝土封闭，－3m 以下沙砾石回填，－3m 以上素土回填。2 号机汽机房，煤仓间基础埋深为－7m，锅炉基础埋深为－5m，－1.5 以下为砂砾石回填，－1，5m 以上为素土回填。主厂房外围采用压型钢板封闭，内部采用砖砌体封闭。主厂房采用普通铝合金窗体。

4.1.2.1.3　图纸中对施工的要求

4.1.2.1.3.1　施工缝留设及处理依据相关规程、规范和标准。

4.1.2.1.3.2　混凝土最大水灰比为 0.55，最小水泥用量为 $275kg/m^3$，最低强度等级为 C45，最大离子含量为 0.2%，最大碱含量为 3%。一级钢筋为 HPB235 钢，二级钢筋为 HRB335 钢。三级钢 HPB400 钢。

4.1.2.1.3.3　钢材使用 Q335。

4.1.2.1.3.4　地基处理完成经检测合格后方可施工。

4.1.2.1.3.5　施工期间应按规范进行了沉降观测，并满足《建筑地基基础设计规划规范》。

4.1.2.2　施工特点

4.1.2.2.1　主厂房建筑施工进度为关键线路，进度紧。

4.1.2.2.2　项目交叉施工多，交叉施工方案对于进度控制比较重要。

4.1.2.2.3　地基处理必须经过检测试验证明合格后方可施工主厂房建筑结构，因此地基处理进度必须严格控制，保持平衡。

4.1.2.3　监理工作特点

4.1.2.3.1　主厂房建筑工程涉及的项目比较多，监理工程师之间必须加强配合，有机结合，共同监理工程，要防止漏监。

4.1.2.3.2　由于项目比较多，监理实施细则较长，涉及主厂房监理的监理工程师必须全面仔细阅读、理解监理实施细则，对于分管项目部分的内容要更加认真学习并执行。

4.1.2.4　主厂房建筑工程监理包括汽机房、煤仓间、锅炉房、集控楼全部土建结构工程、楼地面工程、屋面工程及建筑装饰工程等。

4.1.3　监理工作流程

监理工作流程有许多，监理实施细则针对单项工程质量，因此，本细则仅编制主要质量控制流程。本流程是依据西北电建监理公司编制的“项目监理部工作手册”，结合本工程管理特点设计而成。监理工作其他流程见《监理规划》、《工程管理制度》汇编等文件。

4.1.3.1　单项工程（单位工程或分部工程）施工流程和监理质量检验流程

单项工程施工质量控制流程图如图 4-1-1 所示。

4.1.3.2　设备、材料质量控制流程

设备、材料质量控制流程图如图 4-1-2 所示。

4.1.3.3　施工工序质量控制流程

施工工序质量控制流程图如图 4-1-3 所示。

4.1.3.4　图纸会检流程

施工图纸会检流程图表如图 4-1-4 所示。

4.1.3.5　具体质量控制监理工作流程

主厂房土建工程项目较多，主要有：A 排柱，BCD 框架，汽机基座、汽机房运转层平台、锅炉基础、锅炉运转层平台、地下设施（设备基础、沟道）、楼地面、基坑回填、砌体、压型钢板墙体、建筑装饰、建筑安装、屋面工程等。基坑回填、屋面防水、大体积混凝土温度裂缝控制等编制了专门的监理实施细则。主厂房结构均为钢筋混凝土结构，因此，总体而言，主要控制项目仍然是模板、钢筋、混凝土，另外，主厂房封闭采用压型钢板，注意观感质量控制。具体的控制流程如下：

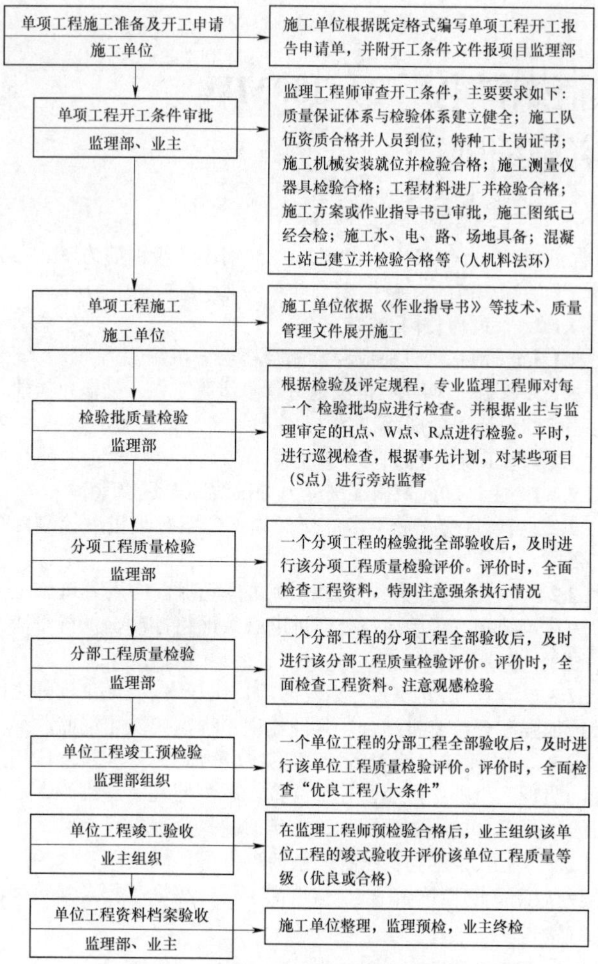

图 4-1-1　单项工程施工质量控制流程图

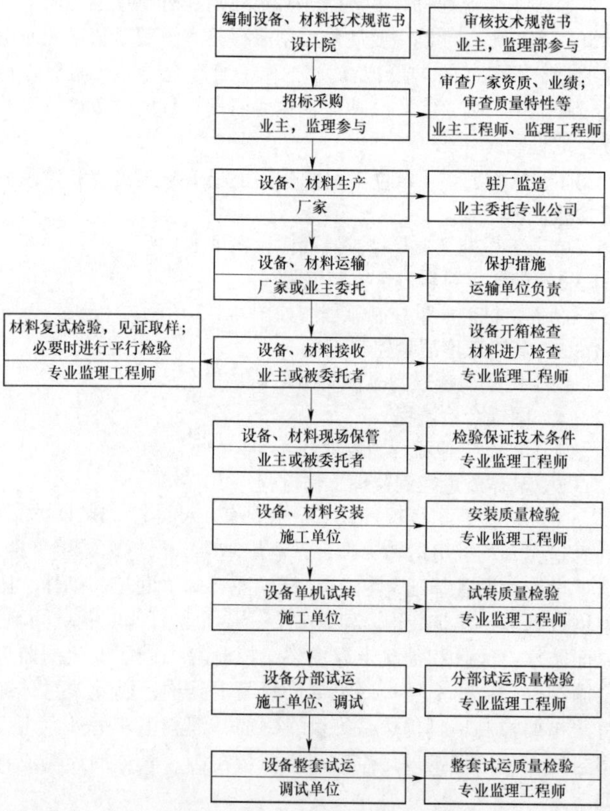

图 4-1-2　设备、材料质量控制流程图

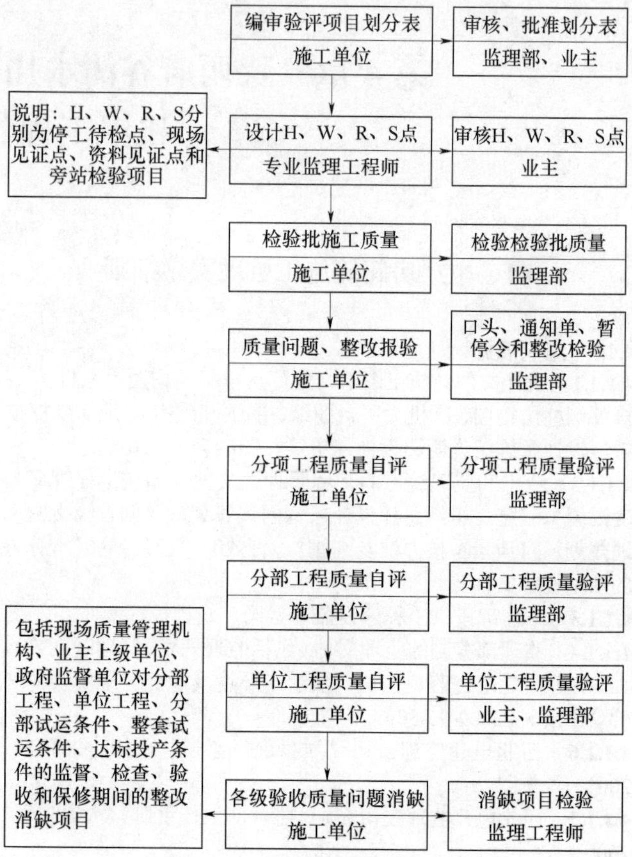

图 4-1-3　施工工序质量控制流程图

说明：质量检验单位可能涉及业主、勘察设计单位、单位工程设计单位、监理单位，表中省略部分单位，强调监理。施工质量检验不合格，回到前一工序。

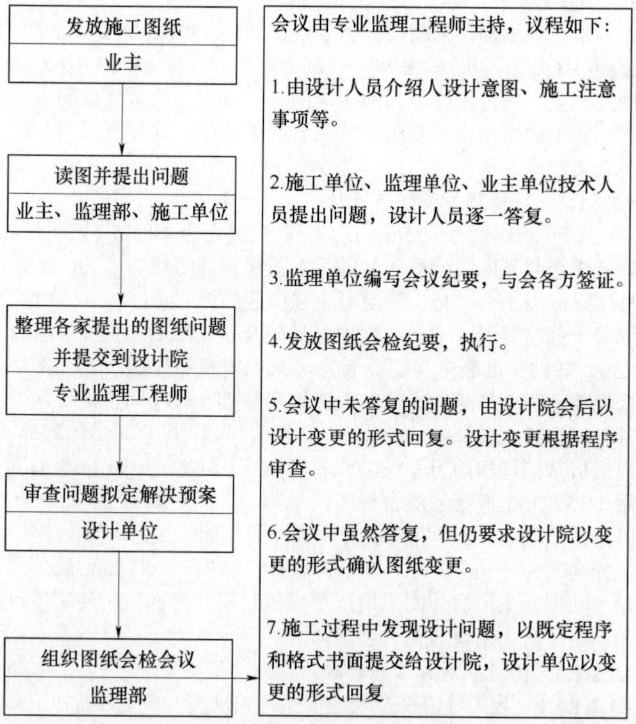

图 4-1-4　施工图纸会检流程图

4.1.3.5.1 定位放线

主厂房土建工程定位放线相对比较重要，要求事先通过测量设置主轴线控制桩。所谓主轴线就是A排柱、BCD框架柱纵横轴线和汽机基座发电机中心线等。确定了主轴线后，其他定位可以通过钢尺测量确定。为了保证主厂房定位放线的准确性，要求施工单位事先复测业主提供的二级测量控制桩的正确性与精度，符合后方可测量放线定位主厂房位置。监理工程师必须进行施工单位的放线成果进行复测检验。质量控制流程如下：施工单位复测二级控制桩，精度满足要求后，测量定位主厂房位置与标高；施工单位将测量成果报监理工程师审查，监理工程师同时现场检查三级控制桩设置质量。合格后进入下道工序。

4.1.3.5.2 模板工程质量控制

主厂房结构柱、梁，汽机基座结构混凝土要求为清水混凝土，根据清水混凝土标准进行质量控制。清水混凝土对于模板的要求较高，要求事先确定模板方案，如确定模板品牌、使用次数、表面是否张贴PVC板等；要求大模板地面组装，吊装安装等；根据采用抱箍的形式固定，避免采用对拉螺杆等。埋件必须采取螺栓固定工艺，不允许点焊于钢筋上，不允许用钢钉钉在模板上。模板质量控制流程：检验模板本身质量；检验模板加工质量；检验模板安装质量及支撑质量。合格后进入下道工序。

4.1.3.5.3 钢筋工程

钢筋采取螺栓式机械连接，要全面检查套筒质量，对接直线度等。由于钢筋较粗，安装困难，所以要特别控制钢筋安装位置，只有准确，才能保证钢筋的排距和保护层。钢筋质量控制流程：检验钢材材质质量，检验加工质量和连接质量，检验安装质量和连接质量，这个过程中，检验焊工上岗证、检查套筒质量等。合格后进入下道工序。

4.1.3.5.4 混凝土工程

汽机基座底板为大体积混凝土，采取大体积混凝土温度裂缝控制措施；结构混凝土配合比和原材料必须前后一致，不同结构及部位的配合比与原材料一致，从而保证整个主厂房清水混凝土色泽一致。混凝土质量控制流程：检验配合比设计，检验后台生产准备，检验冬季措施资源准备等，符合要求后，签发"混凝土浇筑令"，浇筑过程中，如果必要，旁站监督浇筑质量，检查养护质量，检验混凝土外观，检验混凝土强度等。

4.1.3.5.5 层面防水工程

见专门的监理实施细则。

4.1.3.5.6 回填土工程

见专门的监理实施细则。

4.1.3.5.7 楼地面工程

主厂房楼地面形式较多，有普通砂浆楼面和地面、有水磨石地面、有耐磨砂浆楼面、有地面砖楼地面、有塑胶板地面等。不同的地面，其施工工艺不同，要求不同的地面事先制定针对性工艺措施，保证楼地面质量，观感质量十分重要。楼地面质量流程：检验基层质量，检验材料质量，检查配合比设计，检验砌筑质量或打磨质量，监督成品保护质量等。

4.1.3.5.8 压型钢板外墙工程

要求施工单位单独编写压型钢板外墙作业指导书，监理严格审查其质量控制措施并在施工过程中跟踪检验。质量控制流程：检验材料质量，检验安装支架质量，检验安装质量等。

4.1.4 监理工作要点及目标

4.1.4.1 专业监理工作必须执行的规范、标准

4.1.4.1.1 《中华人民共和国建筑法》。

4.1.4.1.2 《建筑工程质量管理条例》。

4.1.4.1.3 《陕西省建设工程质量和安全生产管理条例》。

4.1.4.1.4 《电力监管条例》（国务院令第432号）。

4.1.4.1.5 《电力建设工程质量监督检查大纲》（火电、送变电部分，2005版）。

4.1.4.1.6 《建设工程勘察设计管理条例》（国务院令第293号）。

4.1.4.1.7 《实施工程建设强制性标准监督规定》（建设部令第81号，2000.8.25）。

4.1.4.1.8 《工程建设标准强制性条文》（电力工程部分 火电2006 建筑工程2009年版）。

4.1.4.1.9 《建设工程强制性条文执行表格》（电力工程部分，含建筑工程）。

4.1.4.1.10 《电力建设工程监理规范》（DL/T 5434—2009）。

4.1.4.1.11 《电力工程达标投产管理办法》（中国电力建设企业协会，2006年版）。

4.1.4.1.12 《电力建设施工质量验收及评定规程》第一部分，土建工程篇。

4.1.4.1.13 《混凝土质量控制标准》（GB 50164—94）。

4.1.4.1.14 《普通混凝土结构设计规范》（GBJ 10—89）。

4.1.4.1.15 《混凝土结构工程施工质量验收规范》（GB 50204—2002）。

4.1.4.1.16 混凝土结构施工及验收技术规范》（DL 5007—92）。

4.1.4.1.17 《普通混凝土配合比设计规程》（JGJ 55—2000J64—2000）。

4.1.4.1.18 《混凝土强度检验评定标准》（JBJ 107）。

4.1.4.1.19 《建筑工程冬期施工规程》（JGJ 104—97）。

4.1.4.1.20 《火力发电厂工程测量技术规程》（DL/T 5001—2004）。

4.1.4.1.21 《建筑变形测量规范》（JGJ 8—2007）。

4.1.4.1.22 《工程测量规范》（GB 50026—2007）。

4.1.4.1.23 《钢筋焊接及验收规程》（JGJ 18—2003）。

4.1.4.1.24 《钢筋混凝土施工质量验收规范》（GB 50204—2002）。

4.1.4.1.25 《钢结构工程施工质量验收规范》（GB 50205—2001）。

4.1.4.1.26 《建筑钢结构焊接技术规程》（JGJ 81—2002）。

4.1.4.1.27 《电梯工程施工质量验收规范》（GB 50310—2002）。

4.1.4.1.28 《建筑地基基础工程施工质量验收规范》（GB 50202—2002）。

4.1.4.1.29 《屋面工程质量验收规范》（GB 50207—2002）。

4.1.4.1.30 《建筑地面工程施工质量验收规范》（GB 50209—2002）。

4.1.4.1.31 《建筑装饰装修工程质量验收规范》（GB 50210—2001）。

4.1.4.1.32 《建筑防腐蚀工程施工及验收规范》（GB 50212—91）。

4.1.4.1.33 《砌体工程施工质量验收规范》（GB 50203—2002）。

4.1.4.1.34 《地下防水工程质量验收规范》（GB 50208—2002）。

4.1.4.1.35 《建筑电气安装工程施工质量验收规范》（GB 50303—2002）。

4.1.4.1.36 《建筑给水排水及采暖工程施工质量验收规范》（GB 50242—2002）。

4.1.4.2 主厂房框架结构梁柱、汽机基座上部结构梁柱主要质量目标

主要目标为清水混凝土。控制要点：模板刚度大、表面光

洁；模板地面加工，吊装安装；防止模板污染；安装支撑牢固等。总之，事先制定详细的模板质量控制要求和措施。对于混凝土，主要控制配合比和原材料的一致性、混凝土振捣质量和防漏措施；大体积混凝土采取防止温度裂缝措施（见专门的“大体积混凝土温度裂缝控制监理实施细则”）等。必要时，要求施工单位建立样板标准—在现场做质量样板，监理工程师根据质量样板检验。

4.1.4.3　防止屋面漏水

控制要点：基层坚实、洁净；防水材料符合设计要求并进行性能检测；铺设工艺合格，接缝严密，压展铺实；进行灌水试验。见专门的“屋面防水工程施工监理实施细则”。

4.1.4.4　回填土施工质量合格

控制要点：分层夯实，逐层检查虚铺厚度，逐层取样检测压实度。旁站监督。

4.1.4.5　附属设计基础面层处理观感良好

控制要点：与业主、施工单位事先制定方案；施工时严格检查基层清洁度；严格监督施工工艺，必要时进行旁站监督检查。

4.1.4.6　结构跨度符合设计和规范、标准要求

控制要点：全面测量检验柱子间距和柱体模板垂直度和模板支撑牢固性。

4.1.4.7　汽机房行车梁标高符合设计要求和规范、标准要求

控制要点：全面测量检验牛腿模板标高，混凝土浇筑后，检查牛腿混凝土顶面标高，如有误差，进行处理。

4.1.4.8　两台机组之间测量结构一致性

控制要点：要求两个施工单位对测量成果进行互检；如果后一台施工时间滞后，无法互检，则要求后期施工单位将测量成果与先期施工结果进行对比，一致时则施工，不一致，则找出原因，制定措施。一致性包括纵横轴线、标高。对于清水混凝土质量、建筑观感质量等，两家施工单位两样存在统一性问题，需要监理工程师进行协调与管控。

4.1.5　监理工作方法及措施

项目监理部针对工程质量进行事前、事中、事后控制。对于不同的单元工程（独立施工的工程，可能是单位工程，也可能是较大的分部工程，甚至是一个较大的分项工程），其事前、事中、事后质量控制有其共性，4.1.5.1 节、4.1.5.2 节、4.1.5.3 节即为其共性的方法和措施，4.1.5.4 节为针对具体项目的具体方法及措施。

本章中，除了编写监理方法及措施外，还编写了许多施工方法和质量指标以及施工应该注意事项，以方便监理工程师控制。监理工程师工作的重点在于采取措施，控制质量，保证合格。

4.1.5.1　事前控制方法及措施

4.1.5.1.1　工程建设质量保证体系和质量检验体系建立健全：包括业主单位、监理单位、施工单位、物资管理单位和设计单位等组织的有机的工程建设组织体系建立健全，工程质量检验体系建立健全。

4.1.5.1.2　工程管理制度建立健全并完成编审程序，质量控制有法可依。

4.1.5.1.3　工程管理策划性文件，如施工组织总体设计、标段施工组织设计、工程创优规划等完成编审程序。这些文件中，明确了质量管理目标，制定了主要管理措施和操作措施等。

4.1.5.1.4　监理规划完成编审程序：监理工作制度及主要程序、监理工作总体流程、监理工作主要方法及措施已经确定等。

4.1.5.1.5　重要单位工程监理实施细则编审完成。确定了分项工程的检验形式，即制定了 H 点、W 点和 R 点；确定了旁站检查点，即 S 点。

4.1.5.1.6　通过审查开工报告审查下列质量要素：施工图纸已经审查，设计问题已完成变更设计；施工单位质量保证体系和质量检验体系建立健全，组织人员到位；施工劳力准备到位；特种作业人员上岗证齐全有效；工程材料、设备准备就绪；施工机械准备就绪并检验合格；检测仪器具准备就绪并检验合格；单位工程施工方案和作业指导书已经通过监理审批，重要单位工程或重要作业的施工方案和作业指导书尚需经过业主审批；单位工程施工质量验评项目划分表已经审批；“强条”计划完成编审程序；施工环境，如水、电、路、作业面等准备就绪等。

4.1.5.1.7　控制措施：原则上，上述六条内容未完成，单项工程不得开工。

4.1.5.2　事中控制方法及措施

4.1.5.2.1　针对每一个分项工程，监督检查施工单位是否按照既定的技术方案进行施工。如果违背既定施工技术方案，监理工程师以监理工程师通知单的形式向施工单位提出整改要求，限期整改。

4.1.5.2.2　针对每一个分项工程，根据既定的检验形式和旁站计划进行质量检验。对于不合格项目以口头或监理工程师通知单的形式向施工单位提出整改要求，限期整改。

4.1.5.2.3　检验施工质量时，每一个分项工程（检验批）检验资料必须同时完成，并监督施工单位及时整理、归档。工程资料未完成，视为分项工程（检验批）未完成，监理工程师不予以验收。监理工程师主要控制检验批验评资料和“强条”执行记录资料，抽查施工记录。工程资料合格的标准是准确、齐全、工整。

4.1.5.2.4　每一个分项工程施工完成后，监理工程师及时组织分项工程质量验评，同时全面检查分项工程验评资料和“强条”执行记录资料。

4.1.5.2.5　每一个分部工程完成后，监理工程师及时组织分部工程质量验评，同时全面检查分部工程验评资料。

4.1.5.2.6　每一个分部工程完成后，监理工程师编审“强条”执行检查表。

对于重大质量技术的决策，一般通过技术质量专题会议研究确定。专题会议有大有小，视问题大小而定，参加人员视问题的专业及性质而定。

4.1.5.2.7　对于专项技术质量管理要求，监理部以监理工作联系单的形式通知施工单位、告知业主；对于小的质量问题，以口头通知的形式向责任提出整改要求，较大质量问题以监理工程师通知单的形式向责任单位提出整改要求；重大质量问题和重大质量隐患以“暂停工程令”的形式向责任单位提出整改要求。

4.1.5.2.8　施工单位不服从管理，强行（野蛮）施工，监理工程师采取控制措施。控制措施大致有：口头批评、通报批评、通告施工单位本部、罚款、暂停施工、暂停工程款支付签证、清理责任人或施工单位等。

4.1.5.3　事后控制方法及措施

4.1.5.3.1　一个分项工程的所有检验批施工完毕并进行质量验收后，监理工程师对分项工程施工质量进行验收评价。

4.1.5.3.2　一个分部工程的所有分项工程施工完毕并进行质量验评后，监理工程师对分部工程施工质量进行验收评价。注意，分部工程有观感难评。

4.1.5.3.3　单位工程完成后，监理公司组织对单位工程进行预验收，全面检查单位工程的施工质量、观感质量和工程资料质量，提出整改要求限期整改。

4.1.5.3.4　单位工程预验收合格后，施工单位以既定方式向业主提出竣工验收申请，业主组织验收，监理参加。对于竣工验收中提出的整改项目，监理部监督检查施工单位整改，并参与验收。

4.1.5.3.5　对于质量事故，按照《质量管理条例》规定的程序进行处理。质量事故处理坚持“四不放过”原则，即事故原因未分析清楚不放过；事故处理方案未编审不放过；事故责任人未受到处理不放过；项目部相关领导及人员未受到教育不放过。质量事故严重程度不同，处理事故的组织不相同，监理部参与事故处理。

4.1.5.3.6　每个系统进行分部试运前，全面检查试运条件的符合性，可能对该单项工程提出整改项目。监理部监督施工单位整改并验收整改质量。

4.1.5.3.7　整套启动试运前，全面检查启动条件的符合性，可能对该单项工程提出整改项目。监理部监督施工单位整改并验收整改质量。

4.1.5.3.8　机组完成整套启动试运后，业主或监理将组织对全部工程项目进行尾项和消缺项检查，可能对该单项工程提出整改项目。对于这些整改项目，施工单位按照管理决定进行消缺，监理部检查消缺质量并签证。

4.1.5.3.9　电厂移交前，政府质量监督部门组织检查验收，同样会提出整改项目，整改项目同样可能存在于该单项工程中。对于这些整改项目，施工单位按照管理决定进行消缺，监理部检查消缺质量并签证。

4.1.5.3.10　机组达标投产过程中，有自检、预检和终检三个阶段，这三个阶段都会提出一些整改项目，整改项目可能存在于该单项工程中。对于这些消缺项目，施工单位按照管理决定进行消缺，监理部检查消缺质量并签证。

4.1.5.3.11　如果机组创优，创优检查组检验时，会提出一些整改项目。这些整改项目可能存在于该单项工程中。对于这些消缺项目，施工单位按照管理决定进行消缺，监理部检查消缺质量并签证。

4.1.5.3.12　对于不服从监理管理的施工单位或个人，采取相应的控制措施。如口头批评、通报批评、罚款、通知其上级管理部门或单位、暂停支付工程款、暂停施工、建议业主将问题人员清理出现场等。

质量监督、检验方法概括地总结为：节点检查、巡视检查、测量检查、旁站检查、见证和见证取样、平行检验、执行制度程序、例会、专题会、文件审核、指令性文件（监理工作联系单、监理工程师通知单、停工整改单等）、暂停支付工程款、暂停施工、约见承包商等。以上监督、检验方法用于工程材料检验、施工工序检验、技术质量文件审核、质量管理体系及动作检验、特种工上岗检验、管理、技术、质量问题处理等，视情况针对性应用。

4.1.5.4　具体施工项目控制方法及措施

4.1.5.4.1　施工测量放线

4.1.5.4.1.1　业主明确工程一级控制桩，建立二级控制桩。成果由业主工程师或监理管理，及时发送施工单位。

施工单位首先对业主设置的全厂测量控制桩进行复测，合格后方可使用。监理审查施工单位对二级控制桩的复核成果，确保符合。

4.1.5.4.1.2　施工单位根据全厂控制桩测量定位单位工程平面位置和高程，设计定位和高程控制桩；同时将测量定位成果以书面形式提出监理工程师检验；监理工程师根据既定的检验形式和方法检验测量成果的正确性，合格后签证并允许进入下道工序。对于主厂房工程，监理工程师对施工单位定位测量成果必须进行复测检验。为了保证测量放线的准确性，要求#1机组与#2机组两家施工单位互为检验。

4.1.5.4.1.3　复测时使用更高一级的测量仪器。

4.1.5.4.1.4　要求施工单位编制测量方案或作业指导书并报监理审批，监理审批后实施。考虑到主厂房工程的重要性，要求施工单位设置主厂房纵横两个方向的轴线控制桩和发电机纵向中心线控制桩。

各层建筑轴线控制则通过楼层设置垂直控制孔，由0m逐层向上投测，然后向上投测点连线，放出控制轴线，再放出结构边框线。

4.1.5.4.1.5　测量质量标准为：层间工测量偏差不应超过3mm，建筑全高垂直测量偏差不应超过$3H/10000$（H为建筑总高度；且不应大于10mm，$30\text{m}<H\leqslant 60\text{m}$）。

4.1.5.4.1.6　按图纸要求和相关规范，检查施工单位沉降标的施工、沉降的测量；如不满足，立即按程序进行处理。

4.1.5.4.1.7　项目监理部专门编制“工程测量监理实施细则”，全面管理测量质量。

4.1.5.4.2　模板工程质量控制方法及措施

4.1.5.4.2.1　对于大型模板工程，施工单位必须编制模板工程安装方案，方案中应有必要的强度和安全计算。模板工程控制重点是：模板及支架应保证工程结构各部位形式尺寸和相互位置的正确，必须经过计算具有足够的承载力，刚度和稳定性，能承受混凝土自生、侧压力及施工负荷；接缝不漏浆。

4.1.5.4.2.2　跨度≥4m的梁、板，模板应起拱跨长的1/1000～3/1000。专业监理工程师必须依据进行检查控制。

4.1.5.4.2.3　承重模板的拆模强度应符合现行标准《混凝土结构工程施工及验收规范》中的规定。同时层间及多支架支模还应考虑上层荷载力对下层混凝土的受力影响，并且模板支架应传力明确，位置要设置在同一竖向中心线上。项目监理部专业监理工程师和安全监理工程师必须根据此要求对大型模板工程支架进行全面检查，确保模板安全。

4.1.5.4.2.4　固定在模板上的预埋件和预留孔洞不得遗漏，安装必须牢固、位置正确，其允许偏差。监理工程师在进行检验批检查验收时，必须对照图纸，逐一检查。其质量标准为：

预埋钢板中心线位置3mm；

预埋管、预留孔中心线位置2mm，外露长度＋10mm。

4.1.5.4.2.5　现浇结构的模板及支架拆除时的砼强度应符合设计要求，当无设计要求时，应符合如下规定：侧模拆除时混凝土强度应能保证其表面不黏结，其棱角不因拆模过早而损坏。针对这一要求，施工单位拆队模板前必须书面向监理部报告，专业监理工程师审查并符合本条件时，签证同意拆除模板，否则，施工单位不得拆除模板。

底模拆除时的混凝土强度要达到表4-1-1所示强度标准。

表4-1-1　底模拆除时混凝土强度要求

结构类型	结构跨度/m	达到混凝土设计强度标准值的百分率/%
混凝土板	≤2	50
	>2，≤8	75
	>8	100
梁	≤8	75
	>8	100
悬壁构件	≤2	75
	>2	100

梁板底模拆除应经过试验并做计算。拆除后即做无能为力柱顶撑，特别是主梁须经过计算做足够的顶撑，以支撑结构及上层施工荷载。

4.1.5.4.2.6 为了保证清水混凝土表面工艺，监理部将清水混凝土模板设为停工待检点（H 点）。

4.1.5.4.2.7 对于主厂房而言，模板控制重点在于主厂房结构模板。如果将主厂房结构混凝土工程质量定为清水混凝土标准，则对于模板的控制必需措施严格的措施。内容包括模板的品质，模板的使用次数，模板拼缝的规定以及多家施工单位统一，模板的固定等。这些措施可能以措施文件发布，也以可以专题会议纪要发布。

4.1.5.4.3 钢筋工程质量控制方法及措施

4.1.5.4.3.1 钢材进入工地必须持有钢材出厂质量证明书及出厂合格证、试验报告单，并要会同监理工程师分批抽样进行进厂复试，试验合格后方能使用；上述质保单、试验报告应提交监理工程师确认。

4.1.5.4.3.2 凡用于本工程钢筋种类、规格、数量必须符合设计要求，若要代换时，必须按变更设计程序获得批准，然后按规范要求标准执行。

4.1.5.4.3.3 钢筋加工的形状、尺寸必须符合设计要求，钢筋的表面应无损伤。钢筋表面的油渍、漆污、铁锈等应在使用前清除干净，锈蚀严重者不得使用或报知监理工程师经确认后降级使用。

4.1.5.4.3.4 钢筋弯钩或弯折应符合设计或规范要求，钢筋加工时允许偏差如下：受力钢筋顺长度净尺寸的允许偏差为±10mm，弯起钢筋弯折位置允许偏差值为±20mm。

4.1.5.4.3.5 柱、墙纵向ϕ16 以上受力钢筋接长宜采用电渣压力焊，同一柱筋截面接头要按搭接倍数相互错开，同截面内的接头应少于受力筋总数的 50%。接头应顺直，不得错位，焊头应形成周边均匀的蘑菇状。如果设计明确了头形式，必须按照设计要求进行钢筋连接。

4.1.5.4.3.6 受力钢筋之间的绑扎接头应相互错开，从任一绑扎接头中心至搭接长度的 1.3 倍区段范围内有绑扎接头的受力钢筋截面占受力钢筋总截面右分率应符合下列规定：

受拉区不得超过 25%；

受压区不得超过 50%。

4.1.5.4.3.7 钢筋的绑扎接头不宜位于构件的最大弯矩处，搭接长度的末端距钢筋弯折处不得小于钢筋直径的 10 倍，钢筋搭接处，应在中心荷载两端用大于 18 号的铁丝绑扎牢固。

4.1.5.4.3.8 板、梁钢筋网绑扎允许偏差如下：网眼长、宽，网眼尺寸±20mm，箍筋间距±5mm，受力筋间距±10mm，排距±5mm，绑扎骨架筋±20mm，焊接骨架±10mm，预埋件中心位置 5mm，水平高差＋3mm，依据层按设计要求。

4.1.5.4.3.9 电渣压力焊接或柱钢筋竖向筋焊接前，应先校正好基础预埋的柱筋位置，校正位置的弯度不得超过柱筋间距的 1/6。

4.1.5.4.3.10 上面许多条款说明的钢筋加工、施工要求，监理工程师在分项工程验收时，必须逐条检查。

4.1.5.4.3.11 检查钢筋绑扎质量时，要检查钢筋规格、型号，钢筋排距、钢筋间距、保护层、绑扎牢固性等。特别强调，钢筋排距的符合性比钢筋间距更重要。

4.1.5.4.4 混凝土工程质量控制

4.1.5.4.4.1 水泥进场必须有出厂合格证，按照规范对进场水泥进行复试，要有复试合格报告。对水泥品种、标号、出厂日期等进行验收合格，方可使用。施工单位因故要做水泥更换须向监理工程师报告，同时提交更换水泥的上述合格文件，经监理工程师验收合格并签证确认后方可使用。

4.1.5.4.4.2 拌和混凝土粗（细）骨料要符合国家现行有关标准规定，且必须符合设计图纸的要求。

4.1.5.4.4.3 混凝土的配制应严格按照实验室给出配比进行，不得任意改变。施工单位应派专人负责计量监测。监理人员可随机抽查计量情况，混凝土试块的制作应由实验室专业人员制作，其他人员不得替代，更不得弄虚作假。

4.1.5.4.4.4 要求所有施工单位采用集中搅拌或商品混凝土供应的形式，以保证混凝土质量的有效控制。

4.1.5.4.4.5 控制混凝土出料到入模时间：在气温低于 25℃时，为 90min，气温不低于 25℃时为 60min；允许间隙时间：气温低于 25℃时，为 180min，气温不低于 25℃时，为 150min。

4.1.5.4.4.6 混凝土浇筑前应编制混凝土施工作业指导书，并有详细的作业工艺要求。属大体积混凝土浇筑时应有大体积混凝土保温散热措施。同时，要求大体积混凝土尽量采用低热水泥，主厂房大体积混凝土有汽机基座底板和运转层结构。如果监理部有“大体积混凝土温度裂缝控制措施”，则按照此措施进行控制。

4.1.5.4.4.7 加强混凝土养护工作：浇筑好混凝土架构件，必须进行覆盖浇水养护，使混凝土始终处于湿润状态（气温低于 5℃时可不浇水）养护周期不得低于 14d，有条件时可持续半个月以上。

4.1.5.4.4.8 混凝土拆模后如砼有缺陷，施工单位不得擅自修补，应由施工单位提出修补措施方案及需要修补的部位，缺陷的大小是否影响构件使用功能等报监理部审批。经监理部审批认可后，并在专业监理工程师全过程监督下修补施工。

4.1.5.4.4.9 对于重要部位的混凝土，规定由监理工程师签发“混凝土浇筑令”后方可浇筑。

4.1.5.4.4.10 混凝土施工完成后，专业监理工程师均要认真检查，发现不足，提出整改意见，不断改进。

4.1.5.4.4.11 二次灌浆浇注前，要求施工单位认真清理基层并进行 24h 浇水湿润；二次灌浆料按设计要求或按强度等级选用合适的品种；严格按照灌浆材料使用说明书进行搅拌。

4.1.5.4.5 主厂房混凝土工程工序的验收

4.1.5.4.5.1 施工单位应根据电力建设工程《施工验收及质量验评标准》结合本工程的具体情况制定工程项目质量评验范围，质量检验评定项目划分表，报监理方核定。作为各单位、分部、分项工程及各道工序间的质量控制验收评定的依据。

4.1.5.4.5.2 每一层宜分柱、梁板（或梁、板）一次（或二次）进行隐蔽工程验收，工艺专业预埋管线、铁件、预留洞孔等应紧密配合验收。只有在上道工序验收合格后，才能进行下道工序的施工；验收时，施工单位项目负责人、质检员及工种施工员必须在场，否则监理方和业主代表拒绝验收。

检查验收程序：按照《电力建设施工质量验收及评定规程》第一部分，土建工程篇相关程序进行验收。

4.1.5.4.5.3 对验收发现的问题，监理工程师可通过口头、备忘录、整改通知等形式，通知施工承包方整改，施工承包方必须认真进行整改。

4.1.5.4.6 混凝土结构工程验收

4.1.5.4.6.1 混凝土结构工程验收时，施工承包方应提供下列文件和记录。

4.1.5.4.6.1.1 设计变更和钢材代用证明文件。

4.1.5.4.6.1.2 原材料（钢材、水泥、砂、石等）质量合格证明。

4.1.5.4.6.1.3 钢筋及焊接接头的试验报告。

4.1.5.4.6.1.4 混凝土施工记录。

4.1.5.4.6.1.5 混凝土试验报告。

4.1.5.4.6.1.6　大体积混凝土测温控制保养记录。
4.1.5.4.6.1.7　混凝土试块实验报告。
4.1.5.4.6.1.8　隐蔽工程验收记录。
4.1.5.4.6.1.9　分项工程质量检验评主记录。
4.1.5.4.6.1.10　工程不合格项处理记录。
4.1.5.4.6.1.11　竣工图及其他相关文件、记录。
4.1.5.4.6.2　选择部位进行实测实量，并作签证记录。
4.1.5.4.6.3　进行外观评定，有条件的部位进行抽检。
4.1.5.4.6.4　当提供文件、记录及外观检查的结果符合有关国家标准的要求时，方可进行验收。
4.1.5.4.7　主厂房砌体工程质量控制
4.1.5.4.7.1　砌块进厂时应同时具备质保书，材料合格证及必要的复试报告。经监理工程师复核批准后，才有使用。
4.1.5.4.7.2　建筑砌块不得干砌，应按有关的规定要求进行砌筑。
4.1.5.4.7.3　砌筑用的砂浆或粘合材料必须按要求做相关试验。
4.1.5.4.7.4　砌筑砂浆按规范规定的频度进行抽检，并可随时抽检。
4.1.5.4.7.5　砌体灰缝必须饱满，水平灰缝饱满度必须达到 90%以上。
4.1.5.4.7.6　砌体与混凝土结构连接的预留连接筋必须顺直，砌浆饱满，长度需符合设计要求。
4.1.5.4.7.7　砌体允许偏差值按下述值控制。
4.1.5.4.7.7.1　轴线位移≤10mm。
4.1.5.4.7.7.2　砌体顶面标高±10mm。
4.1.5.4.7.7.3　砌体垂直度：全高≤10m 时，10mm；全高＞10m 时，≤20mm。
4.1.5.4.7.7.4　表面平直度≤mm8，标准靠尺和楔形尺检查。
4.1.5.4.7.7.5　门窗洞口偏差：宽度±≤5mm，高度±10mm。
4.1.5.4.7.7.6　外观上下窗口位移≤20mm。
4.1.5.4.8　装饰工程质量控制
4.1.5.4.8.1　对于装饰工程，施工单位必须编制作业指导书，编制详细的工艺措施，并经监理工程师批准后方可施工。承包人必须向施工人员进行工艺技术、质量交底。要求明确，符合设计要求。
4.1.5.4.8.2　重要的装饰工程，如铝合金幕墙、铝合金门窗及吊顶、花岗石等楼地面、洗手间装饰、外墙面砖等，必须由有丰富操作经验的技术工人施工。
4.1.5.4.8.3　装饰材料的选用，采购须向监理报告，并附有合格证及材料出厂合格证明，征得监理工程师同意后，方可批量采购。承包人必须向驻地监理工程师提交相应的质保资料，提请核验，经审核批准后方可用于工程。
4.1.5.4.8.4　墙面抹灰：抹灰施工前应先对墙面进行整体面（程）冲筋找平，以确定抹灰遍数，对大角阳台、窗台、阴阳角必须采用挂线控制，必须保证垂直度和墙面平整度，按标准规范要求施工。
4.1.5.4.8.5　抹灰不得一次成活，应分多次做成，抹灰 12h 后，应洒水养护，以免干缩开裂。
4.1.5.4.8.6　抹灰用砂浆应随拌随用，停放时间不得超过 180min。
4.1.5.4.8.7　基层表面应平整而又粗糙，光滑的表面应进行凿毛处理或涂刷黏结剂处理。
4.1.5.4.8.8　大面积施工饰面砖（板）工程，应事先做好样板，经与监理、业主满意后确认合格方可大面积施工。
4.1.5.4.8.9　墙体石砖在镶贴前应先对砖进行清理，放入水中浸泡，浸泡到不冒水泡为止，一般不应小于 2h。
4.1.5.4.8.10　镶贴前，应测量出地面标高位置线，根据标高线定出砖层水平线和竖向分格线。在墙面上每隔 1.5m 左右粘贴一块粹贴面砖作为墙面平整度的控制点。
4.1.5.4.8.11　饰面砖在镶钻前应预排，同一墙面上的横竖排列，均不应有一行以上的非整砖：非整砖应排列在次要部位或阴角处，排砖时一般要求水平缝应与窗台等齐平，竖向要求阳角及窗口处都应排列整砖；与角镶贴应切割 45°角镶贴，基层表面如遇有突出的管线、灯具、卫生设备的支撑等，应用整砖套割吻合，不得用非整砖拼凑镶贴。
4.1.5.4.8.12　镶贴饰面砖的顺序应自下而上。
4.1.5.4.8.13　镶贴面砖宜采用 1∶2 水泥砂浆贴制。砂浆厚度为 6～10mm，按线就位，用手轻压，再用橡皮锤轻轻敲打，使砖与基层紧贴，并注意确保砖的四周砂浆饱满，每块用靠尺找平，做到表面平整后再勾缝擦面成活。
4.1.5.4.8.14　镶贴陶瓷锦砖时，先在已处理好的基层表面浇水湿润，调制素水泥砂浆加黏结剂，其厚度为 2～3mm；然后用湿布将陶瓷锦砖麻面擦干净，再洒水湿润，在砖的背后抹一道调制好的白色黏结剂厚 2mm，砖缝要饱满溢挤出白色浆。拍实粘牢即可，镶贴时一定要掌握好时间，黏结层砂浆不能干结收水，否则会造成黏结不牢，容易脱落物现象。
4.1.5.4.8.15　陶瓷锦砖贴好后，要用硬木做成的很平直的尺条靠实敲击硬木使墙面得以平整，洒水湿润接下纸封后仔细察看砖缝，对翘角等不符合要求的砖块进行拨正调直或起去从贴。
4.1.5.4.8.16　镶贴好后经质量自检合格后，再进行勾缝或擦面成活，再进行下一段镶贴切。
4.1.5.4.8.17　安装饰面板用的铁制锚固件、连接件应镀锌或经防锈处理，镜面和光面的大理石、花岗石饰面板，应用铜或不锈钢制的连接件。
4.1.5.4.8.18　饰面板安装就位后，应采取临时固定措施，以防灌注砂浆时移动，对固定后的板埠，应用靠尺板、水平尺检查并调整板面平整，阴阳角方正。应用 1∶2∶5 水泥砂浆灌注，施工缝留在饰面板的水平接缝以下 50～100mm 处。饰面板接缝应填嵌密实、平直、宽窄均匀、颜色一致。饰面板装贴不宜冬季施工，夏季施工时应防止暴晒，冬季施工应采取一定的防冻措施。
4.1.5.4.8.19　涂料饰面工程。
4.1.5.4.8.19.1　施涂前，基层应：

清洗基层表面的尘埃、油渍；清除附着砂浆或混凝土，以及基层表面的酥、脱皮等缺陷；墙面如有旧涂层必须清除干净，不要留痕迹。

基层的含水率：混凝土和抹灰表面施涂容剂型涂料时，含水率不得大于 8%，施涂水性和乳液涂料时，含水率不得大于 10%，木料制品含水率不得大于 12%；必要时可施涂一层密封材料。

施涂前，应先填补基层缝隙、局部刮腻子，并用砂纸磨平，内墙涂饰工程还须再满刮腻子，并用砂纸打磨平整光滑。

基层的平整度及接合处的错位应在允许范围内。

4.1.5.4.8.19.2　必须按规定的配合比和加料顺序配制涂料。也可购买色泽符合成分的涂料，要特别注意产品生产日期和产品的有效使用期。一般涂料易产生分层沉淀，故在施涂时必充分搅拌均匀，以免出现涂膜厚薄不一，色泽不匀的现象。
4.1.5.4.8.19.3　为使涂料在施涂时不流坠、不刷纹，施工中必须控制涂料的工作黏度和稠度，通常应根据各种涂料的产品说明调整其工作黏度或稠度，不得在过程中任意稀释。
4.1.5.4.8.19.4　人工施涂必须按有关工艺要求保证施涂遍数，机械喷涂可不受施涂遍数的限制，以达到质量要求为准。

4.1.5.4.8.19.5 机械喷涂时，喷斗要把握平稳，出料口应与墙面垂直，不得斜喷，喷涂时按一定的运行规律均匀平移，因故停顿时喷嘴即移开别处，喷嘴距墙面的距离以 40～50cm 为宜，避免在大风和高温等不利气候条件下施工。

4.1.5.4.8.19.6 施涂后的表面应颜色一致，不显刷纹，不显接茬，无漏涂、透底、流坠和起泡。

4.1.5.4.8.20 玻璃工程。

4.1.5.4.8.20.1 玻璃应按设计要求采购，宜集中裁配，裁割边缘不得有缺口、裂缝和斜曲现象。冬季施工，从寒冷中运到暖和处的玻璃，应待其缓缓后方可进行裁割，以防整件破碎或割制整块破碎。

4.1.5.4.8.20.2 安装玻璃前，应将裁口内的污垢清除干净，并沿裁口全长涂抹底油灰，玻璃安装应平整、牢固，不得有松动现象。油灰应刮成八字形，要求表面不得有裂缝麻面和皱皮。

4.1.5.4.8.20.3 大玻璃安装时，要与边框留有空隙，以适应玻璃热胀冷缩的尺寸，空隙一般为 5mm。安装玻璃隔断时，隔断上框的顶面应留有适量缝隙，以防止结构变形，损坏玻璃。

4.1.5.4.8.20.4 安装磨砂玻璃和压花玻璃时，磨砂玻璃的磨砂面应向室内，压花玻璃的花纹宜向室外。

4.1.5.4.8.20.5 对于玻璃砖工程，每砌完一层玻璃砖即用湿布擦去砖面沾着的黏结物；勾缝先勾水平缝，再勾竖缝，要求缝内平滑、深浅一致，并保持砖面整洁。

4.1.5.4.8.20.6 采用橡胶封条封闭玻璃时，玻璃与槽口的接触应紧密，封条不得露在槽口外面。拼接彩色玻璃、压花玻璃的接缝应吻合，颜色、图案应符合设计要求。完工后的玻璃工程表面应平齐洁净，观感效果适宜。

4.1.5.4.9 钢结构安装的质量控制

4.1.5.4.9.1 钢结构工程施工前必须有以下质保资料，并经监理工程师审核同意。

4.1.5.4.9.1.1 钢结构构件出厂合格证。

4.1.5.4.9.1.2 焊接材料质量证明书。

4.1.5.4.9.1.3 高强螺栓的质量证明书，及其预拉力或扭矩系统复验报告。

4.1.5.4.9.1.4 高强螺栓连接摩擦面抗滑移系统试验报告。

4.1.5.4.9.1.5 防锈蚀材料质量证明书或复验报告。

4.1.5.4.9.2 钢结构的安装

4.1.5.4.9.2.1 钢结构安装开工前，施工单位须提交施工技术组织措施及工艺作业指导书，并经监理工程师批准。

4.1.5.4.9.2.2 施工单位必须组织技术人员向施工班组进行技术交底。

4.1.5.4.9.2.3 构件安装前应按构件明细表核对进场的构件与设计图及变更单是否相符。检查质量、数量及几何尺寸是否相符，需现场试组装时应根据设计到现场装配并做好装配记录。构件在现场进行制孔、组装、焊接和铆接以及防腐等的质量要求均应符合规范的有关规定。

4.1.5.4.9.2.4 构件的装卸、运输和堆存均不得损坏构件和防止变形。堆放应旋转在垫木上，对被损坏的涂层及安装连接处及产生变形的构件应预矫正，并重新检验。

4.1.5.4.9.2.5 对确定几何位置的主要构件应吊装在设计位置上，在松开吊钩前应作初步校正并固牢。

4.1.5.4.9.2.6 多层框架的构件安装，每完成一个层间的柱后，必须按规定校正；继续安装上一个层间时，应考虑上一个层间安装的偏差值。

4.1.5.4.9.2.7 设计要求贴紧的接点，相接触的两个平面必须保证有 80%及以上的紧贴，各类构件的连接接头必须经过检查合格后方可紧固或焊接。

4.1.5.4.9.2.8 垫铁规格，与柱底面和基础表面接触紧贴平稳，点焊牢固。坐浆垫铁的砂浆强度须符合规定。

4.1.5.4.9.2.9 构件中心和基础标高点标记完备清楚。结构安装的允许偏差应符合规范的规定。

4.1.5.4.9.3 钢结构的焊接

4.1.5.4.9.3.1 焊接人员：焊接技术人员、焊接质量检查人员、焊接检验人员、焊工操作人员必须按 DL/T 869—2004 标准要求持证上岗。

4.1.5.4.9.3.2 钢材及焊接材料：钢材必须符合国家标准，进口钢材符合该国国家标准或合同规定的技术条件。焊接前必须查明所焊材料钢号，电厂常用钢材的化学成分、机械性能和参考数据。焊接材料的质量（焊条等）应符合国家标准。钢材、焊条、焊丝等均应有制造厂家的质量合格证。凡无合格证或对其质量有怀疑时，应按批号抽查试验，合格者方可使用。

4.1.5.4.9.3.3 焊条、焊丝的选用应根据母材的化学成分、机械性能和焊接接头的抗裂性、碳扩散、焊前预热、焊后热处理及使用条件综合考虑。

4.1.5.4.9.3.4 同种钢材焊接时，焊条、焊丝的选用一般应符合如下要求：焊缝金属性能和化学成分与母材相当；工艺性能良好。

4.1.5.4.9.3.5 钢结构的焊接作业应按作业指导书的规定进行，且应符合 DL/T 869—2004 施工技术规范的要求。

4.1.5.4.9.4 钢结构螺栓连接

4.1.5.4.9.4.1 高强螺栓试验确定扭矩系统或复验螺栓预拉力，对连接接触面即摩擦面进行处理，处理后的摩擦系数应在符合设计要求后方可安装。

4.1.5.4.9.4.2 安装高强度螺栓时，构件的摩擦面应清洗干净。应顺畅穿入孔内，不得强行敲打。穿入方向宜一致，紧固须经初拧和终拧两步进行，拧固的顺序应从节点中心向边缘施拧，其外露丝扣不得少于 2 扣。

4.1.5.4.9.4.3 永久性的普通螺栓连接应符合：①每个螺栓不得垫两个以上的垫圈，或用大螺母代替垫圈，螺栓拧紧后，外露丝扣应不少于 2～3 扣并应防止螺母松动；②任何安装孔均不得随意用气割护孔。

4.1.5.4.9.5 钢结构的制作

4.1.5.4.9.5.1 用于钢结构制作的钢材必须符合设计规范的要求且有出厂质量合格证书，确认质量合格方可使用。

4.1.5.4.9.5.2 认真熟悉设计图纸，核对放线下料几何尺寸无误后，再行裁割。切割前应将钢材表面切割区域内的铁锈、油污等清除干净；钢材表面锈蚀、麻点或划痕的深度不得大于该钢材厚度负偏差值的 50%；断口处如有夹层缺陷，应会同有关单位研究处理。

4.1.5.4.9.5.3 切割的断口上不得有裂纹和大于 1.0mm 的缺棱少角，应打磨清理边缘上的熔瘤和飞溅物等。

4.1.5.4.9.5.4 切割后的杆件须经矫正，加工后的钢材表面不应有明显的凹面和损伤，表面划痕深度不宜大于 0.5mm，其弯曲度和边缘加工应符合施工规范规定。

4.1.5.4.9.5.5 磨光顶紧接触的部分应有 75%的面积紧贴。

4.1.5.4.9.5.6 精制螺栓孔的直径应与螺栓公称直径相等，孔应具有上 H2 的精度。高强度螺栓、铆钉孔的直径应比螺栓杆、钉杆公称直径大 1.0～0.5mm，螺栓孔应具有 H1 的精度。

4.1.5.4.9.5.7 板件上所有螺栓孔、铆钉孔均应采用量规检查，其通过率应满足有关规范的要求。钢构杆件制作允许偏差必须符合规范的规定。

4.1.5.4.10 地面与楼面工程质量控制

4.1.5.4.10.1 基土、垫层、构造层、工程质量控制

4.1.5.4.10.1.1 基土

（1）土必须均匀密实，如有损坏，应予处理。对于某些软弱土质或有机质含量大的土质基层，须按设计要求加以更换或加固。

（2）填土的压实，宜控制在最优含水量的情况下分层施工，以保证填土质量密度满足设计要求。过干的土在压实前应加以湿润，过湿的土应加以晾干。

（3）如基土为非湿陷性的土层，所填砂土可浇水至饱和后加以夯实或振实。

（4）如在基土上需铺设有坡度的地面，则应修整基土来达到所需的坡度。

4.1.5.4.10.1.2 垫层

（1）各种类型垫层所用的材料及配合比均须符合设计和规范要求。

（2）灰土垫层应铺设在不受地下水浸湿的基土上，其厚度一般不小于100mm。

（3）砂石垫层必须摊铺均匀，不得有粗细颗粒分离现象。用碾压机碾压时，应适当洒水使砂石表面保持湿润，一般碾压不应少于三遍，并压至不松动为止。

（4）碎（卵）石垫层必须摊铺均匀，表面空隙应以粒径为5～25mm的细石子填缝。

（5）炉渣垫层拌和料必须拌和均匀，严格控制加水量，使铺设时表面不致呈现沁水现象。

（6）混凝土垫层应按设计图纸要求进行施工，不同材料的基面要按不同的要求去做不同的处理，如土基面浇筑要洒水湿润，楼层基面必须做清理、冲洗，镜面基面须做凿毛处理等；混凝土垫层施工应根据构筑物而设计变形缝，注意设计要求的预留孔洞，铁件及下道工序需要设置的铁件、木桩、木砖等。

（7）炉渣垫层和混凝土垫层在按规范规定的平整度要求进行，施工完毕后，应注意养护，待其有一定强度后方可进行下一道工序的施工。

4.1.5.4.10.1.3 构造层（保温层、防水层、找平层、结合层）

（1）铺设找平层前，应将下一层表面清理干净。采用水泥砂浆或混凝土做找平层时，其下层应预湿润。铺设时，先刷以水灰比为0.4～0.5的水泥浆一遍，并随刷随铺。如其表面光滑还应凿毛。在预制钢筋混凝土板上铺设找平层前，须做好板缝间填嵌和板端间的防裂构造装置，符合设计要求后方可继续施工。

（2）防水（潮）层必须符合设计要求和地下防水工程的有关规范规定，并与墙体、地漏、管道、门口等处结合严密，无渗漏。防水（潮）层材料必须符合设计要求。

（3）铺设保温层，其下一层表面应平整、洁净、干燥、对掺有水泥拌和物的表面，还必须坚实，不得有起砂现象。

（4）铺贴卷材必须及时压实，须在下层表面做底油一道，要求涂刷均匀，色泽一致，不漏刷，接茬处压茬80～100mm，卷材铺设黏结剂涂刷要均匀，必须及时压实，挤出的黏结剂要刮去多余，并不得有皱折、空鼓、翘边和封口不严等缺陷。

4.1.5.4.10.2 整体楼、地面工程质量控制

4.1.5.4.10.2.1 各类面层在铺设前，其基层表面应符合下列规定：

（1）用掺有水泥的拌和料铺设面层结合层时，其垫层和找平层应具有粗糙、洁净和湿润的表面；如表面光滑应凿毛。清洗需提前一天冲洗干净，铺设应涂刷素水泥浆，并随刷随铺。水磨石面层铺设前，尚应在基层上按设计要求的分隔或做图案分隔，用水泥泥浆预埋牢固，镶嵌埋条的顶高即楼地面的净标高；

（2）铺设混凝土预制砖面层或耐酸砖面层：基层处理用黏结料须用耐酸砂浆铺设。黏结料如是防腐耐酸热黏材料，其基层处理找平层均应使用耐酸水泥砂浆找平后贴铺。

4.1.5.4.10.2.2 按设计和规范要求的材料、强度（配合比）和密实度等进行施工：

（1）混凝土面层应级配适当，其粒径不应大于15mm和面层厚度的2/3cm。混凝土坍落度不应大于3cm，振捣密实。初凝前应完成抹平工作，终凝前完成压光工作，并按规定养护；

（2）水泥砂浆面层的水泥砂浆配合比不宜低于1∶2，必须拌和均匀，颜色一致；并应随铺随拍实，用2m刮尺抹平，初凝压光，终凝收光，按规定养护。

（3）沥青砂浆和沥青混凝土面层的配合比应通过试验确定，其粉状填充料应采用磨细的石料、砂或炉灰、粉煤灰、页岩灰和其他粉状的矿物质材料。拌和料须拌和均匀，并宜采用机械搅拌；拌和料铺平后，应用有加热设备的碾压机具压实。沥青和沥青混凝土在施工间歇后继续铺设前，应将已压实的面层边缘加热，施工缝处应碾压至看不出接缝为止。

（4）水磨石面层所用石料应坚硬、洁净无杂物；拌和均匀，平整铺设在结合层上，并滚筒滚压密实，面层应用磨石机分次磨光（普通水磨石面层磨光遍数不应小于三遍），开磨前应先试磨，以表面石粒不松动方可开磨，面层表面所呈现的细小孔隙和凹痕，应用同色水泥砂浆涂抹，适当养护后再磨。直至磨光平整无孔隙为度。

（5）菱苦土面层拌和料应通过试验或参照规范确定。凡与菱苦土面层接触的金属构件和连接件应涂以沥青漆，或抹一层厚度不小于30mm的硅酸盐水泥或普通硅酸盐水泥拌制的水泥砂浆，以防氯化镁的侵蚀作用。菱苦土面层不宜在雨天施工。面层涂油应在菱苦土完全晾干后进行，待涂油层全部干燥后上蜡。

4.1.5.4.10.2.3 用小锤轻击检查面层与基层的结合效果，其必须牢固无空鼓。

4.1.5.4.10.2.4 有坡度要求的面层须按设计要求的坡度施工，不倒泛水，无渗漏，无积水，与地漏（管道）结合处严密平顺。

4.1.5.4.10.2.5 各种面层邻接处的镶边用料及尺寸应符合设计要求和施工规范规定；边角整齐光滑不同颜色的邻接处不混色。

4.1.5.4.10.2.6 楼梯踏步和台阶应齿角整齐，防滑条顺直。

4.1.5.4.10.2.7 面层表面平整度、踢脚线上口平直、缝格平直的允许偏差应符合规范的规定。

4.1.5.4.10.3 板块楼地面工程质量控制

4.1.5.4.10.3.1 板块应按照颜色和花纹分类，有裂缝、掉角和表面上有缺陷的板块，应予剔出，标号和品种不同的板块不得混杂使用。

4.1.5.4.10.3.2 在结合层上铺设板块面层，在铺设前必须把基层用砂浆刮平，板块应分段落时铺贴。铺贴时不应采用挤浆法。板块间，板块与结合层间用橡皮锤敲击，压实黏结浆饱满无空鼓声。表面平整，缝间内黏结浆满溢墙角，镶边和靠墙处均应紧密结合，符合工艺要求。

4.1.5.4.10.3.3 在沥青胶结料结合层上铺设面板砖，应在摊铺热沥青胶结料后随即进行，并挤浆法铺砌，铺砌前应在板、砖背面和四周涂刷同类材料的冷底子油一遍，并保护干燥洁净。

4.1.5.4.10.3.4 板块的铺砌工作，应在砂浆凝结前或沥青胶结料脂硬化前完成，铺砌时，要求板块平整、板块之间高差宜控制在0.5～1.0mm之间缝间对齐，缝隙应控制在1.0～2.0mm。

4.1.5.4.10.3.5 在水泥砂浆结合层上铺砌石板砖，宜在铺砌后12h后用稀水泥砂浆填缝并清擦干净。

4.1.5.4.10.3.6 大理石面层铺设前，应先按图案纹理试拼编号；铺砌时，应按房间取中拉十字线，铺好分块标准块，并应使其表面平整密实；铺砌后，其表面应加以保护，待结合层水泥砂浆强度达到70%以上，方可打蜡达到光滑洁亮。

4.1.5.4.10.3.7 铺设塑料板面层，胶粘剂的选用应根据基层所铺材料和面层使用要求，通过试验后确定。面层铺设前，应根据设计要求，在基层表面上进行弹线、分格、定位并距墙面留出200～300mm以作镶边。

4.1.5.4.10.3.8 塑料板在试铺前，应进行处理，软质聚氯乙烯板应作预热处理。试铺后加以编号。铺贴时，应将基层表面清扫洁净，涂刷一层薄而匀的底子胶，待其干燥后即按弹线位置沿轴线由中央向四面铺贴。

4.1.5.4.10.3.9 铺设地漆布面层，地漆布应紧贴在洁净干燥的基层上。粘贴地漆布时在相接处应沿边缘迭接10mm，并各留约100mm的宽度暂不粘接；在迭接处沿直尺用刀将两块地漆布同时切断，然后除去所切断的地漆布条，再将地漆布粘贴在基层上。接头处不应有缝隙。

4.1.5.4.10.3.10 各种板块面层与基喜忧参半的结合（粘接）必须牢固、无空鼓（脱胶）。板块面层应表面洁净、图案清晰、色泽一致、接缝均匀，周边顺直，板块列裂缝掉角缺棱现象。

4.1.5.4.10.3.11 地漏和供排水使用或排除液体用的地沟，带有坡度的面层，应符合设计要求，不倒泛水，无积水，与地漏（管道）结合处严密牢固，无渗漏。

4.1.5.4.10.3.12 踢脚线的铺贴应接缝平整均匀，高度一致，结合牢固，出墙厚度适宜，楼梯踏步的铺贴庆接缝平整均匀，缝隙对直宽度一致，相邻两上高差不超过10mm。防滑条顺直，面层邻接处的镶边用料尺寸符合设计要求和施工规范。

4.1.5.4.11 屋面保温层

4.1.5.4.11.1 松散保温材料应分层铺设压实，每层虚铺厚度与压实应事先根据设计要求经确定，其表面应夹带，找坡应正确。

4.1.5.4.11.2 平铺的板状保温材料应挤边角缝，并应铺平。粘贴的板状保温材料应贴严、铺平。分层铺设的板块上下层接缝应相互错开，板间缝隙应填嵌密实。

4.1.5.4.11.3 拌和性整体施工的保温材料应配比计量正确。搅拌均匀铺设，压这表面平整，坡度正确。

4.1.5.4.11.4 架空屋面隔热保温层的施工及变形缝的留设应符合设计和规范的要求。

4.1.5.4.11.5 铺设架空板时，应将灰浆刮平，砌好架空板墩座，清扫检查防水层是否完好无损。支撑底宜采取加强保护措施。铺设应平整、牢固，缝隙宜用水泥砂浆勾填密实。

4.1.5.4.11.6 卷材防水屋面与防水层黏结必须牢固，无松动现象，铺设前须清找干净，施工方法须严格按设计要求及施工说明要求进行，铺设好的防水层严禁有渗漏现象，其表面平整度应符合排水要求，无积水现象，卷材粘贴牢固，无滑移、翘边、起鼓、皱折等缺陷。

4.1.5.4.12 细石混凝土屋面

4.1.5.4.12.1 细石混凝土屋面必须分格进行，分格缝应设置在装配式结构屋面板的支承端、屋面转角处、防水层与空出屋面结构的交接处，并应与屋面板缝对齐，其纵横向间距不宜大于6m，分格缝可用油膏嵌封。在一个分格缝内混凝土必须一次浇筑完成，不得留施工缝。

4.1.5.4.12.2 防水层与基层间宜设置隔离层。

4.1.5.4.12.3 细石混凝土防水层的厚度不宜小于40mm，并应配置Φ4间距为100～200mm的双向钢筋网。网片在分格缝处应断开，其保护导厚度不应小于10mm。屋面泛水与屋面必须一次做成，泛水坡度应根据设计要求设置。

4.1.5.4.12.4 细石砼屋面江筑时应用滚筒来回滚动直至表面泛浆后抹平，收水初凝后即抹压收光。及时养护，保持湿润，补偿收缩混凝土防水层宜采用蓄水养护，养护时间不得少于12d。

4.1.5.4.12.5 混凝土防水层不得在负温度和烈日暴晒下施工。其厚度应根据设计，均匀一致，表面平整，无裂缝，起砂等缺陷。

4.1.5.4.13 压形钢板屋面

4.1.5.4.13.1 铺设波形薄钢板屋面时，相邻薄钢板应顺当地的主导风向搭接，搭接宽度不得少于一个波形，上排波形薄钢板搭盖在下排波形薄钢板上的长度应根据屋面坡度而定，但不应少于100mm。

4.1.5.4.13.2 上下排波形薄钢板的搭接茬必须在檩条上搭接，并应用带防水圈的镀锌弯钩螺栓或镀锌螺钉固定，固定点应设在波峰顶端，且应横竖成形，螺栓数量每一搭接边不少于三个。

4.1.5.4.13.3 山墙高出屋面时，应将波形薄钢板伸出山墙封檐板部分对齐。

4.1.5.4.13.4 屋脊、斜脊、天沟和屋面与突出屋面结构连接处的泛水，均应用薄钢板制作，其与波形薄钢板的接茬接不宜小于150mm。薄钢板的搭接缝和其他可能浸水的部位，应用铅油麻丝或油灰封固。

4.1.5.4.14 门窗工程质量控制

4.1.5.4.14.1 铝合金门窗安装质量控制：框与墙体间缝隙填塞前，应仔细检查预埋件或固定件的数量、位置、埋设连接方法及防腐处理是否符合设计要求，框与埋件连接是否牢固，并填写隐蔽记录。

4.1.5.4.14.2 门窗框与墙体间隙填嵌的材料和方法须符合设计要求，塞缝施工时不得损坏铝门窗防腐层。当塞缝材料为水泥砂浆时，可在铝材与砂浆接触面范围内涂沥青胶或满贴厚度大于1mm的三元乙丙橡胶软质胶带。

4.1.5.4.14.3 门窗的附件须按设计要求的规格、品种、数量安装齐全，位置适宜，牢固，满足使用功能，且端正美观，无缺陷。

4.1.5.4.14.4 在安装与门窗套装饰的过程中，须保护门窗的外观质量，精心操作，达到表面洁净，无划痕，碰伤及腐蚀，涂胶或涂膜无损坏。

4.1.5.4.14.5 安装的允许偏差和限值应符合验评标准的规定。

4.1.5.5 主厂房土建工程W、H、S点的设置

根据《火电施工质量检验及评定标准》质量验评表中的要求，结合施工单位提交的施工质量检验计划设置。主厂房土建工程W、H、S点设置一览表见表4-1-2。

表4-1-2　　主厂房土建工程W、H、S点设置一览表

工程编号			工程名称	结构分层分段	见证点	停工待检点	旁站点	见证部位	质量验评标准编号
单位工程	分部工程	分项工程			W	H	S		
01			主厂房地下结构						
	1		土（石）方工程						

续表

工程编号			工程名称	结构分层分段	见证点	停工待检点	旁站点	见证部位	质量验评标准编号
单位工程	分部工程	分项工程			W	H	S		
01	1	1	定位及高程控制		√	√			
		2	挖方						
		3	填方						
	2		基础工程						
			定位及高程控制		√	√		垫层	建3.1.1表
		1	基础垫层		√				
		2	基础钢筋		√	√		原材料取样	建表4.5.1
		3	基础模板		√				
		4	基础混凝土		√		√	混凝土取样及施工缝	建表4.5.3
		5	连梁钢筋		√	√		材料取样检验	建表4.5.1
		6	连梁模板		√				
		7	连梁混凝土		√		√	混凝土取样及施工缝	建表4.5.3
		8	柱子钢筋			√		材料取样检验	
		9	柱子模板		√				
		10	柱子混凝土		√		√	混凝土取样	
02			上部结构						
	1		框架结构						
		1	框架钢筋		√	√		材料取样检验	建3.6.2表
		2	框架模板		√				建3.6.3表
		3	框架混凝土		√		√	混凝土取样	
	2		各层楼板结构						
		1	××m层、梁、板钢筋			√		材料取样检验	
		2	××m层梁、板模板		√				
		3	××m层梁、板混凝土		√		√		
	3		各层平台结构						
		1	各层平台钢筋		√	√			
		2	各层平台模板		√				
		3	各层平台混凝土			√	√		
		4	各层平台钢梯、栏杆制作		√				
		5	各层平台钢梯、栏杆安装		√				
		6	各层平台钢梯、栏杆油漆		√				
	4		围护结构						
		1	墙体砌筑		√	√			
		2	钢结构制作		√				
		3	钢结构安装		√	√			
		4	钢结构油漆		√	√			
		5	柱间支撑制作安装		√				
		6	柱间支撑油漆		√	√	√		
		7	墙板吊装						
	5		吊车梁结构			√	√		
		1	吊车梁制作		√	√			
		2	吊车梁安装		√	√			

续表

工程编号			工程名称	结构分层分段	见证点	停工待检点	旁站点	见证部位	质量验评标准编号
单位工程	分部工程	分项工程			W	H	S		
02	5	3	吊车梁油漆						
		4	吊车梁轨道安装		√	√			
			煤斗结构						
	6	1	钢煤斗制作		√	√			
		2	钢煤斗安装			√			
		3	钢煤斗油漆		√				
		4	钢煤斗防磨层			√			
03			屋顶结构						
		1	球形网架安装			√			
		2	屋面板模板		√				
		3	屋面板钢筋		√	√			
		4	屋面板混凝土			√	√		
04			主厂房建筑工程						
	1		楼、地面工程						
		1	整体面层		√	√		混凝土或砂浆取样	建 3.8.2 表
		2	块（板）料面层		√	√		材料取样检验	建 3.8.3 表
	2		室外散水		√				
	3		门窗工程						
		1	门窗制作、安装		√	√			
	4		装饰工程						
		1	外墙面装修		√	√		材料取样见证	建 3.10.3 表
		2	内墙面装修		√	√		材料取样见证	建 3.10.3 表
		3	门窗玻璃		√				
		4	门窗油漆		√				
	5		屋面工程						
		1	保温层		√	√			
		2	找平层		√				
		3	防水层		√	√		材料取样见证	建 3.11.3～5 表
		4	屋面水落管		√				
05			主厂房建筑设备安装工作						
	1		给排水工程		√	√			
		1	给水管安装		√	√		水压试验	建 3.14.1～4 表
		2	排水管安装		√	√		注水试验	建 3.14.1～4 表
		3	管道附件及卫生设备安装		√	√			
	2		通风、空调工程						
		1	风管及部件制作		√				
		2	风管及部件安装		√	√			
		3	通风机安装		√	√			
		4	制冷管道安装		√	√		原材料检验	
		5	空气处理和调节室部件安装		√	√		原材料检验	建 3.17.3 表

续表

工程编号			工程名称	结构分层分段	见证点	停工待检点	旁站点	见证部位	质量验评标准编号
单位工程	分部工程	分项工程			W	H	S		
05	3		照明工程						建 3.16.6 表
		1	配线工程		√	√		原材料检验	
		2	照明器具及照明配电箱安装			√			

注　H、W、R、S 分别为停工待检点、现场见证点、资料见证点和旁站检验项目。

4.2　烟囱施工监理实施细则

为保证新元节能电厂烟囱工程质量，完成监理合同约定的监理工作、贯彻和执行监理规划所规定的监理内容和要求，达到质量要求，使监理工作达到预期目的，保证建设工程目标的实现而编写此实施细则。

4.2.1　编制依据

4.2.1.1　设计文件。

4.2.1.1.1　《烟囱基础图》(60-F9451S-T0402)、《砖套筒式钢筋混凝土烟囱筒身图》(60-F9451S-T0404)（烟囱内筒图纸未到）。

4.2.1.1.2　地质勘探报告、设计院施工说明、设计变更等、图纸会审纪要等。

4.2.1.2　业主和监理编审的工程管理性文件，《工程管理制度汇编》、《施工组织总体设计》、《创优策划》、《创省级文明工地规划》、《质量考核办法及细则》、有效的“会议纪要”、有关的质量标准文件等。

4.2.1.3　本监理段《工程建设监理合同》及监理招投标文件。

4.2.1.4　监理部编制的监理文件（包括监理规划、管理制度等）。

4.2.1.5　西北电建监理公司《质量、环境及职业健康安全体系管理手册》(2009-05-30)。

4.2.1.6　西北电建监理公司《质量保证手册》(Q/JL-20101—2001)。

4.2.1.7　西北电建监理公司《项目监理部工作手册》（火电工程，2009.7）（该手册还有变电工程和送电工程部分，均为 2009 年 7 月编制）。

4.2.1.8　本细则适用于西北电力建设工程监理有限责任公司所承担工程建设监理项目的本专业监理工作。

4.2.2　专业工程特点

烟囱钢筋混凝土基础、钢筋混凝土外筒壁、砖内筒及梯子平台工程特点主要归纳为下列几个方面。

4.2.2.1　本工程基础底板为大体积混凝土，必须进行温度裂缝控制。

4.2.2.2　内外筒壁均较高，施工过程对周边安全影响较大，历时又长，所以必须加大安全控制力度。

4.2.2.3　烟囱工程为电厂标志性构筑物，对外观工艺要求高。所以施工过程必须加强观感质量控制。

4.2.2.4　混凝土外筒壁和砖内筒施工施用专用提升架，专用提升加的安全十分重要，必须加强管理。

4.2.2.5　内、外筒壁较高，质量检验工作量大，同时比较难，因而容易疏漏，监理工程师必须做好检验计划，防止疏漏。

4.2.2.6　冬季施工保温措施较难实施，所以应尽量避免冬季施工；但不得不冬季施工时，必须采取防冻措施并应该加强监理。

4.2.2.7　砖内筒材料比较特殊，对于砌筑工艺要求较高。

4.2.3　监理工作流程

监理工作流程有许多，监理实施细则针对单项工程质量，因此，本细则仅编制主要质量控制流程。本流程是依据西北电建监理公司编制的“项目监理部工作手册”，结合本工程管理特点设计而成。监理工作其他流程见《监理规划》、《工程管理制度》汇编等文件。

4.2.3.1　单项工程（单位工程或分部工程）施工流程和监理质量检验流程

单项工程施工质量控制流程图如图 4-2-1 所示。

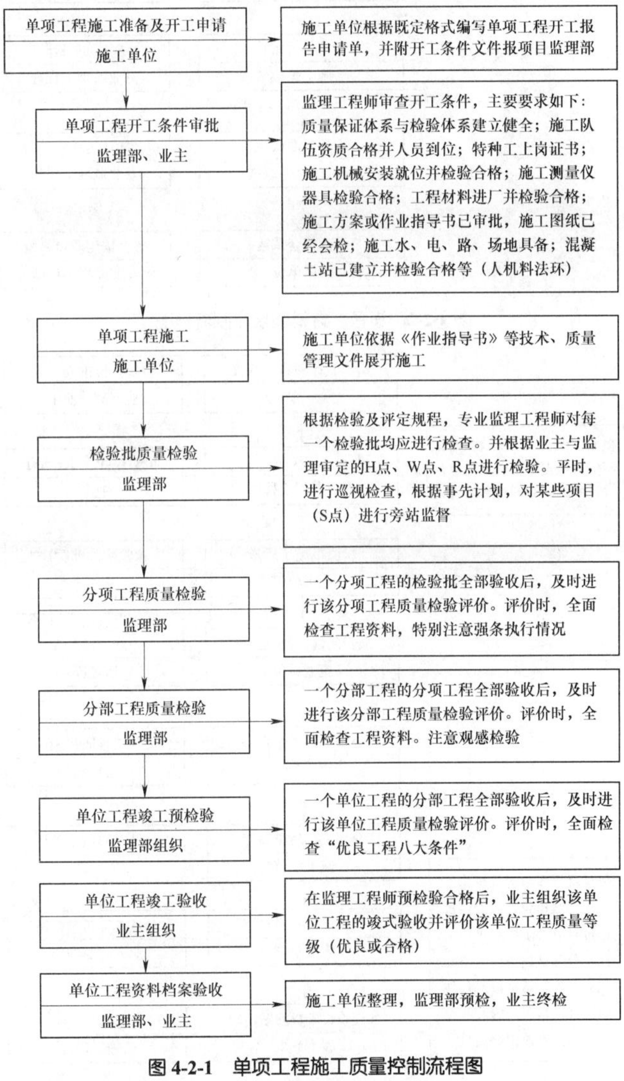

图 4-2-1　单项工程施工质量控制流程图

4.2.3.2　设备、材料质量控制流程

设备、材料质量控制流程图如图 4-2-2 所示。

4.2.3.3　施工工序质量控制流程

施工工序质量控制流程如图 4-2-3 所示。

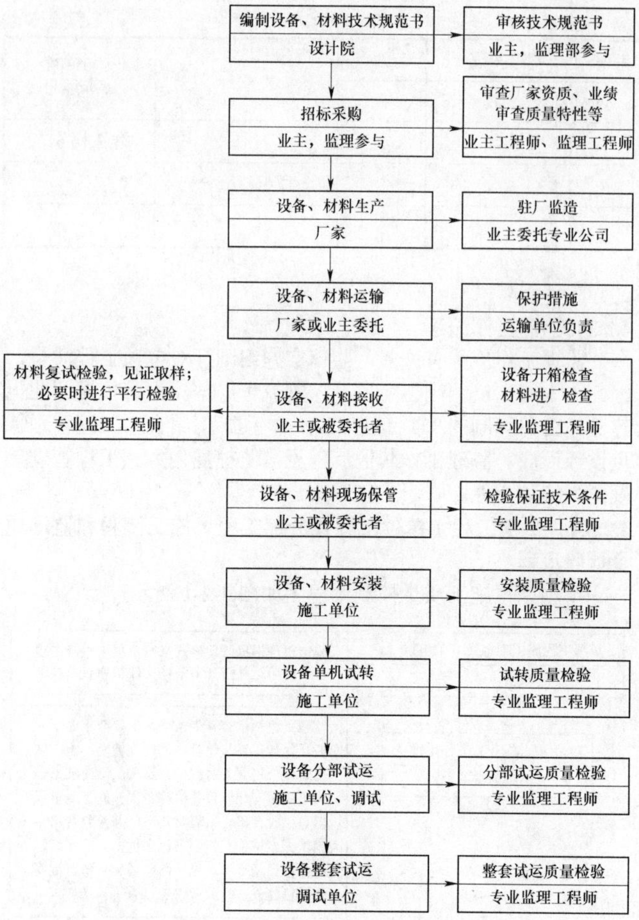

图 4-2-2　设备、材料质量控制流程图

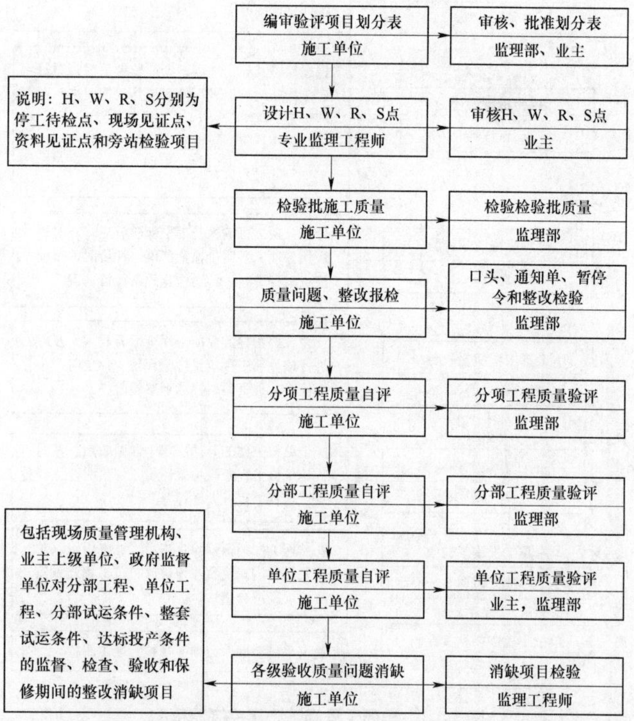

图 4-2-3　施工工序质量控制流程图

说明：质量检验单位可能涉及业主、勘察设计单位、单位工程设计单位、监理单位，表中省略部分单位，强调监理。施工质量检验不合格，回到前一工序。

4.2.3.4　图纸会检流程

施工图纸会检流程图表如图 4-2-4 所示。

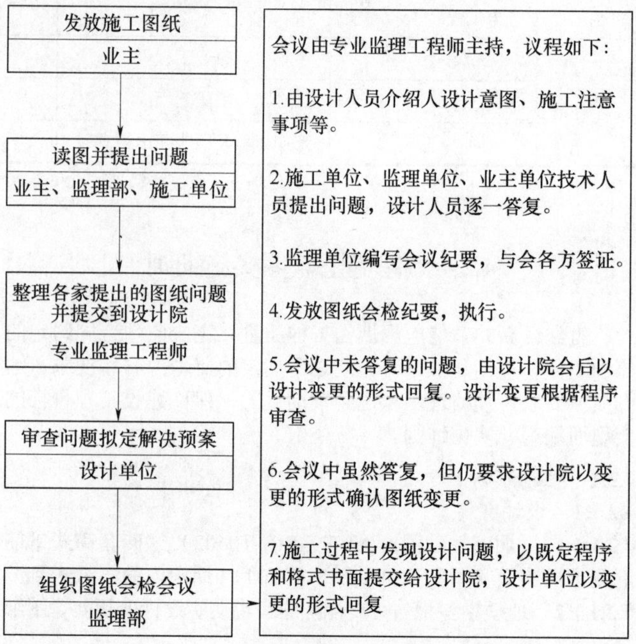

图 4-2-4　施工图纸会检流程图

烟囱工程具体施工工序流程与质量控制监理工作流程如下：

4.2.3.5　烟囱基础施工工序流程与监理流程

4.2.3.5.1　施工单位进行基础施工前各项工作，认为具备开工条件后，向监理申请开工。监理审查开工报告，批准后，开工。

4.2.3.5.2　施工单位进行垫层施工放线，报监理验收，验收合格后进入下道工序，即准备浇筑基础垫层。

4.2.3.5.3　垫层检查混凝土施工前，监理检查混凝土施工条件，合格后签发“垫层混凝土浇筑令”，施工单位浇筑混凝土。

4.2.3.5.4　监理验收垫层，合格后，施工单位进行基础放线，报监理验收，验收合格后，施工砖墙外模。

4.2.3.5.5　砖模完成后，开始基础钢筋绑扎，钢筋绑扎完成后，报监理验收，验收合格后，进入下道工序，即准备浇筑基础混凝土。

4.2.3.5.6　对于基础混凝土，监理对混凝土浇筑条件进行全面检查，检查合格后，签发“混凝土浇筑令”，施工单位方可浇筑混凝土。

4.2.3.5.7　混凝土浇筑过程中，监理进行旁站监理，检查验收大体积混凝土浇筑过程质量。

4.2.3.5.8　混凝土浇筑完成后，施工单位对基础进行保温等措施，防止发生大体积混凝土温度裂缝。

4.2.3.6　烟囱混凝土外筒身施工监理工作流程

4.2.3.6.1　电动提升装置组装前烟囱外筒壁施工

电动升模提升装置在烟道口标高处安装并向上使用。烟道口标高以下钢筋混凝土外筒壁施工采用普通施工方法，即人工搭设脚手管模板支架，而不是电动升模支架。逐节施工。其工艺流程是：搭设脚手管支架→绑扎钢筋→安装模板→浇筑混凝土，如此循环进行，直到施工到烟道口以上。监理工作流程对应工序流程，即：验收脚手架（安全性能）→验收钢筋→验收模板→验收混凝土。此段外筒壁施工前，应满足以下条件：避雷接地线桩铺设完毕，筒身外圈填土夯填到设计标高－0.3m，并取样做试验。

4.2.3.6.2 电动爬升系统的安装和调试

外筒壁施工到烟道口以上标高后，施工单位安装电动升模装置及操作平台。

电动升模装置及操作平台安装完成后，监理对其安全性能进行检查验收。

电动提升系统安装工艺如下：当筒身施工至标高12m时，进行电动提升系统安装和调试，该系统由提升平台及小井架、爬升结构、模板系统，电气系统，起重系统五大部分组成，组装前在筒体上固定好2节轨道模并均布于筒体四周，采用50t汽车吊进行组装。其组装顺序为：操作架→提升架→中心鼓圈→提升平台→提升井架→扒杆→内吊架→内衬施工小平台→起重系统→电气系统→调试→荷载试验→验收使用。

组装时，爬升结构的操作架、提升架通过轨道连接附着在筒壁上，且各组操作架环向连成一个整体，使之具有统一提升、调节施工高度的作用。提升平台的辐射梁的单元数与操作架提升架的组数相对应，提升井架依附在提升平台下的中心鼓圈之中，顶部通过大斜杆与提升平台形成一个整体，另外要注意井架防雷，在井架顶帽两对角安设两个长4m的避雷针、用两根$50mm^2$的电焊线引至地面，与烟囱永久防雷接地极相接，安装后必须经电气试验合格，提升平台要单片组装，用50t吊车吊装就位，组装时架板不得有疖疤和朽烂，组装顺序为：①铺长幅射梁；②铺环梁；③上连接螺栓；④钉幅射梁方木；⑤铺架板随着烟囱高度的增高，直径逐步减小，而提升平台是根据筒身半径设计的，当施工到90m左右，即可将第一道钢圈以外的辐射梁和架板拆除。以减小平台面积保证稳定。拆除步骤：①拆除栏杆和围网移至里圈，插栏杆的$\phi 22\times 200$支撑杆必须与钢圈焊接牢固。②拆除的架板用小扒杆吊运到地面。

起重系统主要包括：乘人电梯、混凝土吊笼以及钢筋模板等构件垂直运输所配套的卷扬机、天地轮、导向滑轮、导索、钢丝绳等，施工前根据施工平面布置事先将卷扬机就位，并将筒体零米中央电梯井施工好，把钢丝绳铺设好。

电气系统：根据电动提升结构之特点采用集中控制，分设上、下控制盘，0m控制主要负责乘人电梯、混凝土吊笼，0m照明及总电源；施工平台控制盘主要负责乘人电梯、混凝土吊笼、同步减速机、扒杆卷扬机及施工照明。平台照明采用36V低电压，可设40个电压36V功率100W的白炽灯。

4.2.3.6.3 电动提升系统之模板系统

施工单位在电动升模装置及平台安装完成并检验合格后，组装模板系统并进行符合性检查。监理在每节混凝土浇筑前对模板工程进行全面检查。

整个电动提模系统安装完后，施工单位工程部、安监部、机械管理及有关部门对各系统进行验收，各项工作指标均符合设计、施工要求及电力建设安全管理规定，经会签后批准后方可报监理部检查验收。项目监理部检查验收的重点是其安全性。

电动提升系统的施工程序为：松导索→提升操作架（同时整个平台及井架随之升高）→系统调整平衡→紧导索→拆除筒体内、外模板（修整、刷油）→钢筋绑扎→内外模板安装H→外轨道安装→支撑加固→验收H→浇筑筒体混凝土S→内衬施工→竖向钢筋→混凝土养护。对于这种流程，监理检查的重点是钢筋工程、模板工程、混凝土工程。

4.2.3.6.4 钢筋混凝土筒壁施工

其施工工序流程为：钢筋绑扎→模板安装→混凝土浇筑。监理工作流程对应工序流程，即：钢筋验收→模板验收→混凝土验收。

4.2.3.7　砖内筒施工监理工作流程

4.2.3.7.1 施工单位进行砖内筒施工前各项工作，认为具备开工条件后，向监理部申请开工。监理部审查开工报告，批准后，开工。

4.2.3.7.2 砖内筒筒身施工工序流程和监理工作流程

材料进厂→材料复检→内筒砌筑→防腐→保温→竣工验收。

对应地，监理工序流程如下：

验收原材料质量→砖内筒砌筑质量→验收防腐保温质量→验收砖内筒提升装置安装性能→竣工验收。

4.2.3.8　其他工序流程和监理工作流程

4.2.3.8.1 避雷装置安装：验收材料及设备质量→验收安装质量→性能试验检查。

4.2.3.8.2 航标漆施工质量：验收航标漆质量→验收施工平台安全性能→验收基层除尘质量→验收油漆涂刷质量。

4.2.3.8.3 梯子平台施工质量：验收材料质量→验收安装质量→验收除锈质量→验收防腐漆涂刷质量。

4.2.4　监理控制要点及目标

4.2.4.1　专业监理工作必须执行的规范、标准

4.2.4.1.1 《中华人民共和国建筑法》。

4.2.4.1.2 《建筑工程质量管理条例》。

4.2.4.1.3 《陕西省建设工程质量和安全生产管理条例》。

4.2.4.1.4 《电力监管条例》（国务院令第432号）。

4.2.4.1.5 《电力建设工程质量监督检查大纲》（火电、送变电部分，2005版）。

4.2.4.1.6 《建设工程勘察设计管理条例》（国务院令第293号）。

4.2.4.1.7 《实施工程建设强制性标准监督规定》（建设部令81号，2000.8.25）。

4.2.4.1.8 《工程建设标准强制性条文》（电力工程部分　火电2006建筑工程，2009年版）。

4.2.4.1.9 《建设工程强制性条文执行表格》（电力工程部分，含建筑工程）。

4.2.4.1.10 《电力建设工程监理规范》（DL/T 5434—2009）。

4.2.4.1.11 《电力工程达标投产管理办法》（中国电力建设企业协会，2006年版）。

4.2.4.1.12 《电力建设施工质量验收及评定规程》第一部分，土建工程篇。

4.2.4.1.13 《混凝土质量控制标准》（GB 50164—94）。

4.2.4.1.14 《普通混凝土结构设计规范》（GBJ 10—89）。

4.2.4.1.15 《混凝土结构工程施工质量验收规范》（GB 50204—2002）。

4.2.4.1.16 《混凝土结构施工及验收技术规范》（DL 5007—92）。

4.2.4.1.17 《普通混凝土配合比设计规程》（JGJ 55—2000）。

4.2.4.1.18 《混凝土强度检验评定标准》（JBJ 107）。

4.2.4.1.19 《建筑工程冬期施工规程》（JGJ 104—97）。

4.2.4.1.20 《火力发电厂工程测量技术规程》（DL/T 5001—2004）。

4.2.4.1.21 《建筑变形测量规范》（JGJ 8—2007）。

4.2.4.1.22 《工程测量规范》（GB 50026—2007）。

4.2.4.1.23 《钢筋焊接及验收规程》（JGJ 18—2003）。

4.2.4.1.24 《钢筋混凝土施工质量验收规范》（GB 50204—2002）。

4.2.4.1.25 《钢结构工程施工质量验收规范》（GB 50205—2001）。

4.2.4.1.26 《建筑钢结构焊接技术规程》(JGJ 81—2002)。

4.2.4.1.27 《烟囱工程施工及验收规范》(GBJ 78—2008)。

4.2.4.2 质量控制要点及目标

4.2.4.2.1 轴线及标高控制要点及目标

要求施工单位向监理部提供烟囱定位测量成果，监理工程师按照设计及规范要求，对施工单位定位成果进行审查并对轴线进行复核，无误后方可开始施工。目标，定位误差不超过相关施工质量标准要求。

4.2.4.2.2 基坑开挖控制要点及目标

4.2.4.2.2.1 施工单位根据定位测量成果进行基础开挖放线，监理验收合格后开挖。

4.2.4.2.2.2 开挖至设计标高后，业主组织监理单位、设计单位、施工单位进行地基验收，确保地基与地质报告一致。

4.2.4.2.3 钢筋工程控制要点及目标

4.2.4.2.3.1 准备工作：建立钢筋生产车间，完善各项设施，具备安全条件和钢筋生产条件。

4.2.4.2.3.2 对于钢筋放样，要求施工单位根据施工图中的钢筋规格、尺寸、数量，结合施工规范和现场实际设专人进行，做到准确无误，翻样时要结合钢筋的长度考虑工程的经济性，翻样表必须经施工单位技术部门审批完后方可下料。监理工程师重点检查钢筋规格、型号、长度、箍筋尺寸等。

4.2.4.2.3.3 对于到场的所有材料，监理工程师必须检查其合格证和材质证明检查施工单位复试报告；检查钢筋追溯性程序与记录；检查钢筋品种、质量、规格、数量是否满足施工要求，是否符合设计要求。要求施工单位钢筋领用由专人负责，认真做好钢筋领用记录。

4.2.4.2.3.4 要求施工单位焊前作好焊接机械的调试工作，配置考试合格的焊工进行同条件试焊，委托检测中心做钢筋碰焊接头抗弯、抗拉试验。焊工必须持证上岗，并对所焊接头逐个检查，按焊接规程进行抽头试验。监理工程师重点检查焊工上岗证，检查相关试验报告。

4.2.4.2.3.5 准备绑扎用的铁丝、绑扎工具、绑扎架及控制混凝土保护层用的混凝土预制垫块、大理石垫块和塑料垫块。没有准备好前，监理不进行相关验收。

4.2.4.2.3.6 要求施工单位将钢筋在钢筋场集中连接、调直。按翻样及现场实际情况进行下料，并标识明确。负责加工的钢筋班长应和现场施工、负责人经常联系，加工要有先后，根据需要加工，避免造成过多成品料的堆放造成锈蚀。

4.2.4.2.3.7 要求施工单位在钢筋制作完毕后对其进行编号挂牌，分类放置，放置时下部要用道木垫起，必要时进行覆盖，以防止污染和雨淋。

4.2.4.2.3.8 制作完成的钢筋使用时用拖拉机或长板车运至现场使用，运输时不得破坏钢筋标志。暂时不使用的钢筋不允许运到现场。

4.2.4.2.3.9 钢筋绑扎前，要求施工单位核对成品钢筋的型号、规格、直径、尺寸和数量是否与料单料牌相符，如有错漏应纠正增补。钢筋表面应平直、洁净，不得有损伤，带有油渍、片状老锈和麻点的钢筋严禁使用。焊接钢筋同心度、平直度要满足规范要求。

4.2.4.2.3.10 钢筋接头：大于 $\phi 16$ 以上竖向钢筋均采用套筒直螺纹连接，其他钢筋采用焊接或绑扎接头。对此，监理工程师以设计要求为依据进行检查。

采用套筒直螺纹连接的钢筋接头，套筒应有厂家提供有效的原材报告和检验报告；接头的现场检验按批验收进行，同一施工条件下采用同一批材料的接头，以 500 个为一验收批进行检验与验收，不足 500 个也作为一个验收批。每一规格钢筋试件取 3 根，取样应经监理现场见证，随即抽样。

采用机械连接的接头，设置在同一构件内的连接接头应相互错开。在任一连接接头中心至长度为钢筋直径 d 的 35 倍且不小于 500mm 的区段内，同一根钢筋不得有两个接头。在该区段内有接头的受力钢筋截面面积占受力钢筋截面面积的百分率，受拉区不宜超过 50%，受压区不限制。

4.2.4.2.4 模板工程控制要点及目标

4.2.4.2.4.1 烟囱基础底板施工用砖外模，筒座模板全部采用 15mm 厚的木胶板（用前验收），外钉 50mm×100mm 木方子组合成定型大模板。所有模板均使用新模板。施工宜采用的大模板每张规格为 1.22m×2.44m（$2.98m^2$），采用木工厂组装成型，经验收后用平板车或拖拉机运送至施工现场，然后进行组装安装。

配制木模板前，要对木模板和木方子进行外观检查：木模板表面要光滑，凸凹不平的不得使用，木模板边角必须顺直、不缺边掉角，木方子必须顺直，弯曲幅度大的不得投入使用。木模板、木方子必须按要求堆放整齐且未使用前用苫布盖住，防止雨水淋湿晾干后变形。

当木胶板模板在进行平面或转角拼接时，为了确保其密闭性能，采用直口对接后在接口处用 50mm×100mm 方木加固。

对拉螺栓应沿基础高度和水平方向等间距均匀排列，上下对齐。所有的对拉螺栓两头采用专门加工制作的塑料堵头进行封堵，为防止漏浆在塑料头上加橡胶密封圈。

4.2.4.2.4.2 筒体模板一律采用组合钢模板，模板使用前，要严格验收模板平整度、光洁度和模板连接孔中心尺寸、大小及连接螺栓大小、模板卡子的质量，组装时凡是影响模板拼缝超过 1mm 的配件一律不得在本工程使用。

上下节模板施工时，模板拼缝处必须采用钢丝刷或钢丝轮进行清理干净，上下模板之间的连接采用 M12×30 螺栓进行连接加固，模板拼缝不得大于 1mm。

内外模板拆除时应先松螺帽，后拆钢管围檩和连接的 U 形卡，拆除不得硬撬、硬砸以防止损坏混凝土表面和模板，将卸下的模板、物件等用绳挂钩钩住，提升到上层架板待用，轨道模由 2 人提至上层架板上。

模板暗榫铁件等埋件涂红油漆做好标记，以便拆模后显而易见。

对拉螺栓安装简图和配件如图 4-2-5、图 4-2-6 所示。

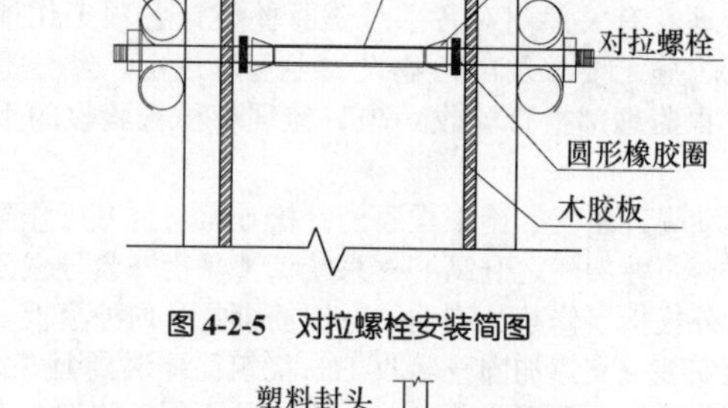

图 4-2-5 对拉螺栓安装简图

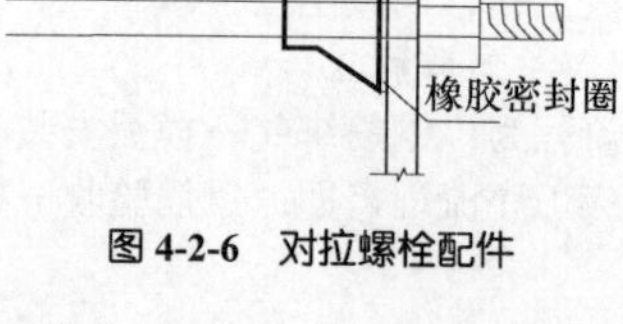

图 4-2-6 对拉螺栓配件

4.2.4.2.5　混凝土工程控制要点目标

4.2.4.2.5.1　混凝土浇筑前应对以下工序进行检查并验收合格后方可进行下一道工序，检查工序包括：

4.2.4.2.5.1.1　钢筋工程。

4.2.4.2.5.1.1.1　钢筋质量符合设计及施工要求。

4.2.4.2.5.1.1.2　钢筋的接头形式与其对应的比例要求符合设计要求。

4.2.4.2.5.1.1.3　钢筋焊接符合施工要求。

4.2.4.2.5.1.1.4　钢筋规格、数量、位置符合设计要求及施工要求。

4.2.4.2.5.1.1.5　钢筋表面平整、洁净、无损伤，无锈、麻点等。

4.2.4.2.5.1.1.6　钢筋骨架宽度和高度偏差±5mm。

4.2.4.2.5.1.1.7　骨架及受力筋长度偏差±10mm。

4.2.4.2.5.1.1.8　受力筋间距偏差±10mm。

4.2.4.2.5.1.1.9　受力筋排距偏差±5mm。

4.2.4.2.5.1.1.10　箍筋和副筋的间距偏差≤±20mm。

4.2.4.2.5.1.1.11　主筋保护层偏差：梁、柱≤±5mm；墙、板≤±3mm。

4.2.4.2.5.1.2　模板工程

4.2.4.2.5.1.2.1　模板安装及安装支撑结构具有足够的强度、刚度和稳定性。

4.2.4.2.5.1.2.2　模板拼缝宽度小于 1mm，无海绵密封条外露

4.2.4.2.5.1.2.3　模板隔离剂涂刷均匀，涂刷的隔离剂的品种采用色拉油

4.2.4.2.5.1.2.4　模板内部清理干净无杂物

4.2.4.2.5.1.2.5　允许偏差范围：轴线位移≤5mm、标高≤±5mm、截面尺寸偏差≤±5mm、全高垂直偏差≤±5mm、相邻两模板高低偏差≤0.2mm。

4.2.4.2.5.2　混凝土浇筑

4.2.4.2.5.2.1　混凝土浇筑采用现场搅拌站集中搅拌，罐车运输，泵车浇筑的方法。由于基础底板为大体积混凝土，生产必须提前试配，为减少水化热在保证强度的前提下尽量减少水泥用量，试验室出具的配合比通知单必须经过试配合格，才能交搅拌站生产，搅拌站生产混凝土必须同时做出有代表性的试件，评定生产水平。在现场浇筑过程中，也要做出混凝土试件，对现场使用的混凝土做等级评定。

混凝土运输由罐车运输，要控制运输时间即混凝土从搅拌机卸出后至入模时间，气温≤25℃时，时间不得超过 120min，气温>25℃时，时间不超过 90min；保证混凝土运到现场的质量，保证混凝土和易性，同时做到混凝土坍落度控制在 100～140mm 之内，保证现场施工。

基础底板混凝土浇筑时，使用两台汽车泵，一台备用泵，配合 4 辆混凝土罐车，每小时浇筑速度控制在 $60m^3$ 左右。混凝土采用插入式振捣棒，振捣分层进行，每一层振捣棒要插入下一层 50mm，振捣人员要由有丰富的混凝土施工经验的专业人员操作，防止漏振、过振，让气泡充分排出，保证混凝土的施工质量，做到内实外光，保证振捣质量。

为保证混凝土外表美观，浇筑时不允许出现施工缝，一是浇筑要按顺序连续进行，防止接茬部位过多造成人为冷缝；二是要准备好发电机以防止搅拌站发生故障或电力中断造成混凝土浇筑中断形成施工缝，意外情况下和施工原因留置的施工缝需做处理，需注意以下几点：①预留插筋：方法是插ϕ12 的钢筋，钢筋长 600mm，插入混凝土内 300mm，外露 300mm，钢筋纵横间距均为 200mm。在下一次混凝土浇筑前，进行凿毛处理后用清水冲洗涂刷掺有胶结剂的水泥净浆。②模板处理：由于混凝土凝固后会收缩，造成混凝土与模板之间产生缝隙，因此待混凝土终凝后或安装上部模板前必须把接茬部位的对拉螺栓重新紧固，使模板紧贴混凝土面。③接茬部位上部模板的第一道对拉螺栓距接茬处的距离不得大于 100mm，以增加模板根部的受力。混凝土浇筑时间应尽量选择在气温比较低时候开始浇注。

上部外筒壁混凝土结构施工时，12m 以下采用泵车配备两台罐车，12m 以上采用两台罐车运至现场，电梯运送到作业面层。混凝土采用插入式振捣棒，振捣分层进行，每一层振捣棒要插入下一层 50mm，振捣人员要由有丰富的混凝土施工经验的专业人员操作，防止漏振、过振，让气泡充分排出，保证混凝土的施工质量，做到内实外光，保证振捣质量。

4.2.4.2.5.2.2　基础大体积混凝土温度裂缝控制措施（见大体积混凝土温度裂缝控制监理实施细则，此外仅编制部分内容，这部分内容可删去）。

为保证烟囱基础混凝土质量，防止因内外温差过大，导致基础表面产生裂缝，要求施工单位采取下列措施：

4.2.4.2.5.2.2.1　原材料选材措施

因为其水化热较大，不得使用带“R”的早强水泥；尽量使用粉煤灰；对砂石采取防晒措施，尽量降低其入机温度；采用地下水，尽量降低其入机温度；使用减水剂，从而减少水泥用量等。

4.2.4.2.5.2.2.2　配合比措施

尽量减小水灰比；尽量少用水泥。

4.2.4.2.5.2.2.3　温度控制措施

根据规范规定，大体积混凝土内外温差超过 25℃时，将产生温度裂缝。因而只有将混凝土内外温差测量准确，才能采取是否覆盖保温被措施。测温工作包括人员配备、测温孔布置。测温人员要责任心强，采取“三班制”值班。测温工作开始前，由建立参加对测温人员进行技术交底。

采用玻棒温度计测温，养护期间前 3d 每 2h 测温一次，第 4d 以后每 4h 测温一次，当混凝土内外温差小于 10℃时停止测温。在测温的同时，做好测温记录，在测温工程中，如发现异常情况及时汇报，当混凝土内外温差大于 25℃时，应根据本施工措施制定的养护方案进行覆盖保温，将温差控制在 25℃以内。

测温孔的布置要有代表性，基础布置四组测温孔，测温孔深度宜在垫层以上 30cm 为宜。每组测温孔应在底部、中部、上部各放置一个，上部的应深入基础 30cm。测温孔可通过预埋薄壁钢管来设置。

测温过程中，检查温度曲线，一旦发现基础内外温差变化趋势超过 25℃时，加强保温。

4.2.4.2.5.2.2.4　浇筑措施

本章其余内容见光盘。

第5章　黄陵矿业集团2×300MW低热值资源综合利用电厂工程施工阶段监理规划

5.1　编制依据

5.1.1　黄陵矿业集团有限责任公司2×300MW低热值资源综合利用电厂工程“建设监理合同”（项目法人：黄陵矿业集团有限责任公司；监理单位：西北电力建设工程监理有限责任公司。2009年11月26日）。

5.1.2　黄陵矿业集团有限责任公司2×300MW低热值资源综合利用电厂工程“监理招标文件”（黄陵矿业集团有限责任公司，2009年10月）。

5.1.3　黄陵矿业集团有限责任公司2×300MW低热值资源综合利用电厂工程《施工组织设计总体规划》（讨论稿。黄陵矿业煤矸石发电公司筹建处，2009年9月）和其他业主工程管理文件。

5.1.4　黄陵矿业集团有限责任公司2×300MW煤矸石电厂工程“施工组织大纲”（初步设计阶段，施工组织大纲部分/说明书，陕西省电力设计院，2009年8月）。

5.1.5　《建设工程监理规范》（GB 50319—2000）（《电力建设工程监理规范》为协会编写，目前参考使用）。

5.1.6　原国家电力公司工程建设监理管理办法［国电文（1999）688号］。

5.1.7　《火力发电工程施工组织设计导则》（国家电力公司电源建设部，2002年11月20日）。

5.1.8　西北电力建设工程监理有限责任公司《质量、环境及职业健康安全体系管理手册》和其他质量管理体系文件。

5.1.9　投标文件及其《监理大纲》（西北电建监理有限责任公司）。

5.1.10　设计院设计文件和设备厂家设备文件。

5.1.11　国家、行业、地相关工程施工规程、规范、标准等有效文件。

5.2　工程概况

5.2.1　工程性质、规模和特点

黄陵矿业集团有限责任公司2×300MW低热值资源综合利用电厂工程是黄陵矿业集团有限责任公司（简称黄陵矿业集团）利用循环流化床锅炉技术，燃烧煤矸石、煤泥和中煤而投资建设的发电工程。建设规模为2×300MW，配上海电气集团生产的亚临界直接空冷汽轮发电机组和东方锅炉股份有限公司生产的1058t/h循环流化床锅炉。锅炉燃用黄陵矿业集团公司1号、2号煤矿的煤矸石、2号煤矿的煤泥和中煤，凝汽冷却方式采用直接空冷。厂区围墙内规划用地约32hm^2，其中施工生产、生活用地约10hm^2。不考虑扩建条件。动态投资29亿元人民币。本工程属坑口、低热值煤利用、新建电厂。

5.2.2　工程建设组织概况

5.2.2.1　工程名称：黄陵矿业集团有限责任公司2×300MW低热值资源综合利用电厂工程。

5.2.2.2　项目法人：黄陵矿业集团有限责任公司。

5.2.2.3　工程规模：本期建设规模为2×300MW，安装2台300MW国产亚临界直接空冷燃煤发电机组。未留扩建余地，不再扩建。

5.2.2.4　计划建设工期：监理合同中对工期的描述如下：本工程2009年10月五通一平，力争2009年11月30日开工，2011年8月30日第一台机组投产发电，2009年10月30日第二台机组投产发电（具体以批准的一级网络进度图为主）。

5.2.2.5　工程地点：陕西省黄陵县双龙沟镇。

5.2.2.6　工程投资：动态投资29亿元人民币。

5.2.2.7　工程参建单位。

5.2.2.7.1　建设管理单位：黄陵矿业煤矸石发电公司筹建处。

5.2.2.7.2　主体设计单位：陕西省电力设计院。

5.2.2.7.3　主体监理单位：西北电力建设工程监理有限责任公司。

5.2.2.7.4　主要施工单位

一标段：#1主厂房土建工程和全厂地基处理，化学水土建和安装工程：中建三局；

二标段：#2主厂房土建工程：中建三局；

三标段：#1机组安装工程：西北电建第一工程公司；

四标段：#2机组安装工程：四川火电二公司；

五标段：烟囱（含地基处理）和空冷柱结构（不含地基处理）：西北电建第四工程公司；

六标段：输煤土建工程和安装工程：九冶建设公司；

七标段：全厂地下设施、水工建筑工程、特殊消防工程等：山东迪尔安装集团有限公司；

脱硫工程：待定；

其他零星工程：业主临时招标。

5.2.2.7.5　工程建设组织机构如图5-2-1所示。

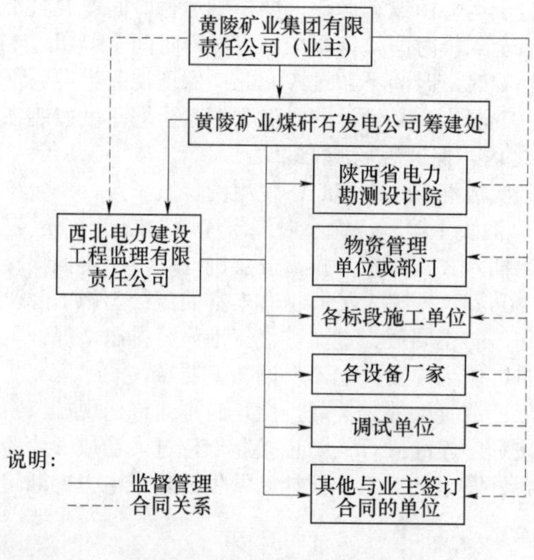

图5-2-1　工程建设组织机构图

5.2.3　交通运输

5.2.3.1　铁路

黄陵地区国铁有：包（头）至西（安）铁路的西（安）延

（安）段自南向北通过，还有地方铁路：秦七线和矿区专线横贯矿区，并与国铁连接。为矿井生产和煤炭运输及当地经济发展，以及电厂建设创造了良好铁路运输条件。

秦七线由西延铁路秦家川站接轨至七里镇，全长30.1km。1号矿井专用线，由七里镇接轨至店头镇，全长3.32km。2号矿井专用线，由店头镇接轨至2号矿，全长14.46km（两站中心14.25km）。

电厂大件及外埠设备材料通过铁路经2号井专用线，运至黄陵矿业集团有限责任公司2号井专用线电厂区卸车，然后经厂区公路转运至厂内。

5.2.3.2 公路

黄陵交通发达，县境内有以铜黄高速公路和210国道为主的9条主干公路通过，全长达218km，并与十多条支线相连。西—延铁路从县境东部横贯县境南北通过，秦七运煤专线铁路年运量可达500×10^4t。

电厂东距店头镇约25km，距黄陵县城约55km，北距延安约226km，南距铜川约104km，距西安约226km。电厂专用道路拟由黄畛公路引接，交通方便。

5.2.3.3 电厂专用道路

电厂进厂道路、燃料及灰渣运输道路，拟就近由黄畛公路引接。道路宽分别为12m、9m、9m。均为汽-20级郊区型混凝土路面。其中厂外运灰道路至灰场段，为泥结石路面。

5.2.4 厂址自然条件

5.2.4.1 厂址

黄陵矿业集团有限责任公司2×300MW低热值资源综合利用电厂位于陕西省黄陵县双龙镇西峪村，距黄陵县城以西偏北约30km，与黄陵矿业集团二号煤矿相邻。

5.2.4.2 水文条件

黄陵矿业集团有限责任公司2×300MW低热值资源综合利用电厂位于沮河流域川道内，沮河为北洛河第二大支流，发源于陕甘边界的子午岭上的柏树庄，自西向东横贯黄陵县全境，于龙首镇境内注入北洛河，全长140km，河道平均比降0.3%，流域面积2488km^2。沮河是黄陵县最重要的水源河流之一，常年流水，含沙量小，水质较好。沮河流量补给以大气降水为主，其次是泉水，汛期洪水暴涨暴落。根据沮河黄陵水文站（位于黄陵县县城城关，1966年建站至今）多年资料统计，多年年平均流量3.7m^3/s，多年平均含沙量为4.7kg/m^3，最大流量607m^3/s（1976年8月），百年一遇流量297m^3/s。

5.2.4.3 电厂水源

本工程供水水源主要利用黄陵矿业集团2号煤矿矿井疏干水，备用水源利用上畛子水源地的供水。

5.2.4.3.1 黄陵2号矿井矿坑疏干水

本工程选用黄陵2号矿井疏干水作为电厂生产用水的主要水源。

根据黄陵2号矿井初步设计文件，疏干水正常涌水量320m^3/h，最大涌水量400m^3/h。

黄陵2号矿井可开采储量644.39Mt，每年批准开采7Mt/a，服务年限约70.81年，满足电厂设计年限内用水的需求。

黄陵矿井的疏干水由黄陵矿业公司按不同用途统一考虑分配，并同意电厂240m^3/h补给水由矿区疏干水供给。

5.2.4.3.2 上畛子水源地地下水

黄陵矿业集团有限责任公司2×300MW低热值资源综合利用电厂布置在上畛子水源地至1号矿井的供水管线沿线，选用上畛子水源地地下水作为备用水源及生活用水。

上畛子水源地设计深井28座，其中强富水区布置有三座井，单井涌水量$Q>1500$m^3/d，富水区布置有六座井，单井涌水量$Q=1000\sim1500$m^3/d，中等富水区布置有十九座井，单井涌水量$Q=500\sim1000$m^3/d。

根据水源的资料，水源地向矿区供水20000m^3/d，除去矿区生产、生活用水、井下消防洒水及洗煤补充用水共计4823.83m^3/d，还剩余水量15176.17m^3/d，完全能满足本工程作为补给水备用水源的要求。

5.2.5 气象条件

黄陵矿业集团有限责任公司2×300MW低热值资源综合利用电厂位于黄陵县气象站以西偏北30～35km，沮河川道内，基本气象要素直接采用黄陵县气象站的基本要素资料进行统计。

5.2.5.1 黄陵县气象站位置

黄陵县气象站站址设在县城东南5km处的候庄乡黄渠，北纬35°33′，东经109°19′，观测场海拔高度1082.8m。

5.2.5.2 黄陵县气候概况

黄陵县位于延安的最南部，属于渭北黄土高原沟壑区，北靠富县，东连洛川，南与宜君、铜川旬邑接壤，西与甘肃省的正宁县毗邻，总面积为2275.39km^2，海拔在740～1762m之间。由于黄陵县介于关中与陕北的过渡地区，在气候上属于中温带大陆性季风气候，全年四季分明，光照充足；降水不均，旱涝易现；炎热季节短，寒冷期长。春季多风，有寒潮、霜冻出现，危害农作物生长；夏季雨量多而且集中，有局部地区性雷暴雨、冰雹和7级以上阵风出现；秋季容易出现连阴雨天气，中秋至深秋，降温加快，霜冻来临；冬季降水极少，日照充足，寒冷干燥。

5.2.5.3 基本气象要素

通过统计计算，各基本气象要素值如下：

多年平均气压	894.7hPa
多年平均气温	9.3℃
极端最高气温	39.4℃
极端最低气温	－22.4℃
平均最高气温	15.3℃
平均最低气温	4.2℃
平均水汽压	9.1hPa
最大水汽压	28.9hPa
平均相对湿度	72%
最小相对湿度	2%
平均雷暴日数	28.9d
平均雾日数	45.2d
实测最大风速	22.0m/s
平均风速	3.0m/s
主导风向	NW、SSE
多年平均降水量	596.3mm
一日最大降水量	176.9mm
多年平均蒸发量	1416.0mm
最大冻土深度	69cm
最大积雪深度	20cm

5.2.5.4 设计风速

根据实测资料统计计算，黄陵县气象站50年一遇距地10m高10min平均最大风速设计值为：26.1m/s，相应的风压为：0.43kN/m^2。

5.2.5.5 主导风向

厂址处的风向受地形，沮河川道影响较大，风向频率暂以用黄陵气象站多年风向统计资料作为参考。根据黄陵县气象站观测的各风向频率资料统计，全年主导风向为NW与SSE，次主导风向为NNW与SE，夏季主导风向为SSE，次主导风向为SE。

5.2.6 工程地质条件

5.2.6.1 区域地质构造及地震

5.2.6.1.1 区域地质构造

黄陵县在大地构造环境中位于中朝准地台鄂尔多斯地块内部。近场区位于鄂尔多斯地块的东南部，在地质构造上属向西缓倾的单斜构造。此范围涉及的主要地质构造单元有鄂尔多斯地块、渭河断陷盆地带和山西断陷盆地带。

鄂尔多斯地块是华北地台的一部分，在中生代以前，地质发展与华北地台是同升降共沉浮。中生代时期，鄂尔多斯地块逐渐沉降成为一大型凹陷盆地，其中主要接受内陆河湖相沉积，构成一个大的沉积旋回。鄂尔多斯为一稳定的地块，尽管在中生代发生了印支运动和燕山运动，鄂尔多斯地块仍以整体升降运动为主，振荡幅度小，地块内部没有明显分化；新生代时期，鄂尔多斯地块转变为以整体性隆升运动为主。因而地质构造简单，无大型剧烈的褶皱和断层，长期以来是一个比较稳定的地区。

厂址和灰场及其周边（1～2km 范围内）无活动性断裂分布，厂址及灰场相对稳定，适宜建厂。

5.2.6.1.2 地震

以拟建场地为中心的150km范围内，涉及的地震带主要是汾渭地震带。

汾渭地震带位于大华北地块中部，是其主要强震带之一。汾渭带内的地震记载可追溯到公元前1200年，至今记到$4\frac{3}{4}$级以上地震158次，其中5～5.9级73次，6～6.9级21次，7～7.9级8次，1556年华县$8\frac{1}{4}$级地震和1303年洪洞8级地震是带内最大的地震，这些地震主要分布在忻定盆地、临汾盆地和渭河盆地东部地区。对工程场地的最大影响为1556年的华县$8\frac{1}{4}$级地震，影响烈度为7度。

渭河地震亚带是以渭河断陷盆地为单元划分的，它位于汾渭地震带的西南端。渭河断陷盆地是陕西省地震活动最强烈的地区。若以6级为活跃期标志的下限震级，则渭河地震亚带的地震活动分期表现有700～800年时间间隔；按这种间隔，目前该带处于非6级以上地震活动时段。因此发生6级以上地震可能性较小。

根据《中国地震动峰值加速度区划图》（GB 18306—2001 图A1），该场地地震动峰值加速度为0.05*g*，对应的地区地震基本烈度为6度；据《中国地震动反应谱特征周期区划图》（GB 18306—2001 图B1），该场地地震动反应谱特征周期为0.45s。拟选厂址场地土类型可按中软～中硬土考虑，属抗震有利地段，建筑场地类别可按Ⅱ类考虑。

5.2.6.2 厂址区工程地质条件

5.2.6.2.1 地形地貌

厂址地处沮河河谷地带，地貌上属于沮河河漫滩滩地，主要由沮河河床及两侧漫滩组成，整个场地勘察期间已经过初步平整，开阔平缓，总体上北高南低，微向沮河河床微倾。本次勘察未发现严重不良地质作用。

5.2.6.2.2 地基土的构成

根据陕西省电力设计院（简称省院）初设阶段勘察结果及西北电力设计院可行性研究阶段《黄陵矿业集团有限责任公司2×300MW CFB低热值资源综合利用电厂工程岩土工程勘察报告书》，主厂房及空冷岛地段的地层岩性主要为：上部为第四系冲积成因的黄土状粉质黏土、砾石（Q_4^{al}），下伏侏罗系（J）泥岩及砂岩。现将其分布特征分述如下：

①黄土状粉质黏土：褐黄色，稍湿～饱和，可塑，水位附近时呈软塑，土质不均，可见针状孔隙，该层底部0.5～2.0m段一般混有少量砾石，砾石含量10%～15%。该层在整个场地内均有分布，具有自重湿陷性，层厚0.7～3.1m，平均厚度2.72m，层底标高1007.08～1008.56m。

①-1填土：褐色，土质不均，以黏性土为主，混植物根系及砾石等。仅分布于局部建筑物地段。该层层厚0.5～2.7m，平均层厚0.93m，层底标高1007.15～1008.08m。

②圆砾：杂色，饱和，稍密～中密，母岩成分以砂岩为主，泥岩次之，粒径一般5～20mm，混少量卵石，呈亚圆状，局部磨圆较差，呈棱角～次棱角状，粉质黏土（含量约占总重的15%～20%）及砾砂充填，局部夹有粗砂或透镜体状饱和粉土团块或薄层，土质不均。该层在整个场地均有分布，层厚4.3～6.5m，平均层厚5.10m，层底标高1002.28～1003.96m。

③泥岩：紫红色～灰绿色，强风化，岩芯呈薄片状、碎块状，结构破碎，裂隙发育，遇水易软化。该层层厚约2.2～5.6m，层底标高996.19～1002.95m。

③-1泥岩：紫红色～灰绿色，中等风化，岩芯较完整，呈短—长柱状，铁质胶结，遇水易软化。该层未揭穿，揭露层层厚约0.6～2.1m，层底标高996.98～1000.33m。

④砂岩：紫红色～灰绿色，中等风化，块状结构，一般与泥岩呈互层状分布。厚度0.3～0.7m。

说明：②层圆砾在个别钻孔出露有饱和软塑状粉质黏土②-1及细砂层②-2。详见剖面图。

①层物理力学指标见表5-2-1。

表5-2-1　①层物理力学指标

指标类型	值别	
	范围值	平均值
天然含水量 w/%	16.0～30.3	22.3
天然重度 γ/（kN/m³）	15.3～15.9	17.6
干重度 γ_d/（kN/m³）	13.2～15.8	14.5
孔隙比 e	0.706～2.052	0.856
黏聚力 c/kPa	7.65～57.49	25.7
内摩擦角 φ/（°）	18.6～33.0	27.3
湿陷系数 δ_s	0.002～0.061	0.011
自重湿陷系数 δ_{zs}	0.001～0.061	0.008
压缩系数 a_{1-2}/MPa^{-1}	0.331～0.869	0.608
压缩模量 E_{s1-2}/MPa	2.19～5.17	3.47

注　表中 c、φ 值为标准值；①-1层为填土，未提供指标。

②层物理力学指标见表5-2-2。

表5-2-2　②层物理力学指标

层号	天然重度 γ/（kN/m³）	内摩擦角 φ/（°）	重型动力触探平均值 $N_{63.5}$/击	压缩模量 E_{s1-2}/MPa	承载力特征 f_{ak}/kPa
②	19.0～20.0	30～35	6.3～7.4	30～35	250～300

③、④层物理力学性质指标见表5-2-3。

表5-2-3　　③、④层物理力学性质指标

指　标	层　号	
	③层	④层
饱和重度/（g/cm³）	2.46～2.52	2.52～2.56
干重度/（g/cm³）	2.39～2.43	2.42～2.49
饱和抗压强度/MPa	10.2～18.8	22.0～33.9
软化系数	0.55～0.58	0.64～0.70

注　③-1层指标可参考③层取值。

根据收集资料及原位测试结果，提供地基土承载力特征值见表5-2-4。

表5-2-4　　地基土承载力特征值表

地　层	①	②	③	③-1	④
承载力特征值 f/kPa	90～130	250～300	250～350	300～450	400～500

5.2.6.2.3　地基湿陷性评价

根据可研阶段勘察结果，本场地的湿陷类型为自重湿陷性场地，地基湿陷等级为Ⅱ级，湿陷下限为地下水位埋深处。

5.2.6.2.4　砂土液化

无饱和粉土和砂土层，应判为场地土不存在液化问题。

5.2.6.2.5　设计采用的主要数据

基本风压值　　　0.43kN/m²

基本雪压值　　　0.25kN/m²

抗震设防烈度　　6度

场地土类别　　　中硬场地土，建筑场地类别为Ⅱ类

对主要建筑物在不考虑地面整平的条件下可考虑采用碎石垫层或桩基础。

5.2.7　主机选型及供应厂商

5.2.7.1　锅炉

本工程锅炉采用东方锅炉股份有限公司生产的1058t/h循环流化床锅炉，型号为DG1057/17.5-Ⅱ1型为单炉膛、一次再热、旋风气固分离器、平衡通风、露天布置、固态排渣、全钢构架、全悬吊结构Π型锅炉。主要参数如下。

锅炉型式：亚临界自然循环一次再热流化床锅炉。

最大连续蒸发量：1058t/h。

过热器出口蒸汽压力：17.5MPa（a）。

过热器出口蒸汽温度：540℃。

再热蒸汽流量：867t/h。

再热器进口/出口蒸汽温度：330/540℃。

给水温度：278℃。

通风方式：平衡通风。

5.2.7.2　汽轮机

本工程汽轮机采用上海电气集团生产的直接空冷式汽轮机。

汽轮机型式：亚临界参数、中间一次再热、单轴、双缸、双排汽、直接空冷凝汽式汽轮发电机组。

功率：300MW。

主蒸汽流量：937t/h。

主汽门前蒸汽压力：16.7MPa（a）。

主汽门前蒸汽温度：537℃。

再热蒸汽流量：775t/h。

再热汽门前蒸汽压力：3.299MPa（a）。

再热汽门前蒸汽温度：537℃。

排汽流量：646t/h。

排汽压力：16kPa（a）。

热耗值：8174kJ/（kWh）。

5.2.7.3　发电机

本工程采用上海电气集团生产的水氢氢冷却发电机，其主要参数如下：

型式：三相交流同步发电机。

额定容量：353MVA。

额定功率：300MW。

最大连续输出功率：330MW。

额定功率因数：0.85（滞后）。

转速：3000r/min。

额定电压：20kV。

冷却方式：水氢氢。

励磁方式：机端自并励静止励磁。

5.2.8　系统简述

5.2.8.1　电气部分

本期工程安装2×300MW机组，均以发电机—变压器组接入330kV母线，以330kV电压等级接入电力系统，本期330kV出线2回。330kV主接线采用双母线接线。

发电机出口不装设断路器，发电机引出线与主变的联结采用全连式离相封闭母线。

本期工程起动/备用电源由330kV母线引接。高压厂用工作电源由发电机出口引接，每台机组设一台高压厂用变压器。高压厂用电压为6.3kV，低压厂用电压为380/220V。

330kV配电装置拟采用屋外GIS配电装置。

主变压器，工作厂高变、起/备变布置在汽机房A排外空冷器平台下。

高压厂用设备及机、炉低压厂用设备布置在主厂房内。辅助厂房厂用设备布置在相应的辅助厂房内。

5.2.8.2　输煤系统

电厂的燃煤由黄陵矿业公司二号矿井的选煤厂供应。选煤厂年工作330d，每天工作16h，每天两班生产，一班检修。电厂燃用煤矸石、煤泥和中煤。由于上述各种煤质发热量和灰分相差很大需要混煤，设计煤矸石：煤泥：中煤比例为0.45：0.2：0.35。

两台炉设计煤质每小时耗煤量489.6t/h，年耗煤量约为269.28×10⁴t（其中煤矸石123.86×10⁴t/a；煤泥43.12×10⁴t/a和中煤102.3×10⁴t/a）。

注：（1）日利用小时按20h计。

（2）年利用小时按5500h计。

5.2.8.3　卸煤系统

黄陵矿业公司2号矿的选煤厂洗出的中煤（中煤、煤矸石）考虑采用带式输送机运输到电厂的斗轮堆取料机煤场。

2号煤矿的煤矸石用量不足时，由一号煤矿的煤矸石来补充，将大块矸石破碎到小于50mm以下采用自卸载重汽车运输至电厂的煤场。

5.2.8.4　贮煤系统

储煤场按2个条形煤场设置。堆煤高度按12m设计，总贮煤量约为10×10⁴t，可满足电厂2×300MW机组锅炉最大连续蒸发量时10d的耗煤量。

储煤场作业机械采用1台DQL800/1000.30悬臂式通过式

斗轮堆取料机，堆煤能力 1000t/h；取煤能力为 800t/h，悬臂长度为 30m。

煤场配备 2 台推煤机和 1 台铲车，作为煤场的辅助设备。

在煤场迎风面设挡风抑尘网。

本工程还设有一个煤泥库，面积为 1044m^2，约存煤泥 1740t，可满足电厂一天的耗煤泥量，煤泥库内有地下煤斗，采用推煤机给料，并通过煤斗下的螺旋给煤机、带式输送机向煤泥泵房供煤泥。

5.2.8.5 混煤

本工程电厂的输煤系统的输送量为 450t/h，中煤和（煤泥、煤矸石）需要混煤，按照 0.35∶0.65 的比例进行混煤，系统中除中煤、矸石混合前、煤场、煤斗下以及输送煤泥的带式输送机为单路布置外其余全部为双路布置，一路运行，一路备用。

由 2 号矿中煤仓和矸石仓同时给料，通过调节中煤仓、矸石仓下的给煤机出力，按煤矸石和中煤 45%∶35%的比例混合后向主厂房供煤或堆至煤场，达到锅炉中煤、矸石混煤的要求。

当 2 号矿无煤矸石时，采用中煤仓和地下煤斗（供矸石）同时给料，通过调节中煤仓、地下煤斗下的给煤机出力，按煤矸石和中煤 45%∶35%的比例混合后向主厂房供煤，达到锅炉中煤、矸石混煤的要求。

5.2.8.6 厂内输送系统

汽车来煤可通过汽车卸煤沟经过碎煤机至主厂房，也可经过斗轮堆取料机煤场通过碎煤机至主厂房。

本工程输送系统采用带式输送机。从 2 号矿中煤仓、矸石仓接出的 1 号、2 号带式输送机的主要技术参数分别为：B=1000mm，V=2.0m/s，Q=550t/h、B=1000mm，V=2.0m/s，Q=450t/h；从中煤、矸石混合后至煤场的带式输送机主要技术参数为：B=1000mm，V=2.5m/s，Q=1000t/h；煤场后至主厂房的带式输送机主要技术参数为：B=1000mm，V=2.0m/s，Q=800t/h；输送煤泥的带式输送机主要技术参数为：B=800mm，V=2.0m/s，Q=200t/h。并有双路同时运行的可能。输煤系统的控制方式采用程序控制，LCD 显示。其控制室设在输煤综合楼内，在控制室和就地均能控制设备起停。斗轮堆取料机采用单独的程序控制，并与输煤程控室有信号和通讯联系。

5.2.8.7 筛碎系统

本工程输煤系统筛碎设备采用单级双路布置。由于本电厂采用流化床锅炉，来煤由黄陵矿业集团二号煤矿洗煤厂供煤，输煤系统拟采用双筛双破，破碎系统采用 2 台，1 台运行，1 台备用。其出力为 Q=800t/h，出料粒度≤8mm。

5.2.8.8 辅助设施

输煤系统设有三级除铁。

系统中设有汽车入厂煤、胶带入厂煤采样装置、入炉煤采样装置。

系统中两处设有电子皮带秤作为带式输送机入厂煤、入炉煤的计量，并装有链码校验装置。

系统中设有两台汽车衡分别作为重车、空车的计量设备。

系统中所有胶带输送机上装有以下带式输送机保护装置：

（1）双向拉绳开关，在胶带机的运行和检修通道两侧均设有双向拉绳开关。

（2）跑偏开关，用于检测跑偏量，可实现自动报警和停机。

（3）带速检测装置，可对胶带输送机各种不同的带速进行打滑检测及带速显示。

（4）料流信号检测器，可监视胶带上的载煤情况。

（5）溜槽堵塞检测器，在转运站三通管下易堵煤部位，设有该信号装置，并与防闭塞装置连锁，若发生堵煤，启动防闭塞装置予以消除。

（6）在每个原煤仓顶部装有料位计，能测出每个原煤仓的任意煤位高度，并发出低煤位报警信号；同时每仓装有两个射频导纳高料位开关，发出高料位报警信号。

为便于设备的安装、检修，在各个转运站、碎煤机室、主厂房煤仓间内设有检修起吊设施。

5.2.8.9 除灰系统与贮灰场

5.2.8.9.1 锅炉排灰渣量

锅炉灰渣量分配比为：灰 60%；渣 40%。

根据燃煤量和灰渣分配比例，计算灰渣量见表 5-2-5。

表 5-2-5　灰渣量计算

煤种	锅炉容量/（t/h）	小时灰渣量/（t/h）			日灰渣总量/（t/h）			年灰渣量/（×10^{4}t/h）		
		灰渣	灰	渣	灰渣	灰	渣	灰渣	灰	渣
设计	1×1058	122.77	72.95	48.71	2435.47	1459.09	974.19	66.98	40.12	26.79
	2×1058	243.55	145.91	97.42	4870.94	2918.18	1948.38	133.95	80.25	53.58
校核	1×1058	123.77	74.15	49.51	2475.49	1483.07	990.20	68.08	40.78	27.23
	2×1058	247.55	148.31	99.02	4950.99	2966.14	1980.40	136.15	82.57	54.46

注　日利用小时为 20h，年利用小时为 5500h。

5.2.8.9.2 除灰渣系统

结合目前我国的环保政策及近年来对大型燃煤电厂除灰系统的优化配置，按照力求系统简单，安全可靠，节约用水，并为灰渣综合利用创造条件的原则，本工程拟采用灰渣分除、灰渣分储，干灰干排、粗细分储，机械干式除渣系统、正压气力除灰和厂外汽车转运方式。

5.2.8.9.3 除渣系统

锅炉采用机械除渣系统，每台炉为一个干式处理单元，处理量为 150t/h，满足 BMCR 工况下 250%以上的处理要求。

每台锅炉设 6 台水冷式滚筒冷渣机：排渣温度≤150℃，连续排放。冷渣机，正常工况下 3 运 3 备，6 台冷渣器可同时运行。

6 台滚筒式冷渣机出口分别跨接在两条全封闭链斗输送机上（1 运 1 备），把冷却后的渣送出锅炉房，再由斗式提升机装入炉侧布置的中转渣仓中。中转渣仓为全钢结构，总容积 530m^3，其下部卸料分两路，一路为处理量 200t/h 的散装机，直接外运；另一路接处理量为 90t/h，口径为 250mm 的管状皮带机（可达到 BMCR 工况下最大排渣量 150%以上的处理能力）。1#炉管状皮带机总长约 271m、升高 35，转弯半径 110m；2#炉管状皮带机总长约 165m、升高 35m。

两台炉的管带机，最终汇合在炉后煤场东侧设置的大渣仓上，大渣仓同样为全钢结构直径 15m、高 38.5m，总容积 3100m^3，可满足两台炉 MCR 工况下最大排渣量贮存 24h 的需求。大渣仓卸料分干、湿两路：分别设有处理量为的200t/h散装机和双轴加湿搅拌机。

5.2.8.9.4　除灰系统

本工程采用正压浓相除灰系统，每个空预器及电除尘器灰斗下均设有1台仓泵，每台炉为一个输送单元，处理量不小于120t/h，可满足按设计煤种计算BMCR工况下最大排渣量的150%的要求。

每台炉空预器下4台2.0m^{3}仓泵，用一根管道输送至中转渣仓。

每台炉电除尘器下：一电场8台3.0m^{3}仓泵，每4台泵串联成1根管道（共2根）；二电场8台3.0m^{3}仓泵串联成1根管道；三电场8台2.0m^{3}仓泵与四、五电场共16台0.5m^{3}仓泵合并用一根管道。每台炉电除尘器共4根管道将灰接引至灰库。

全厂两台锅炉共设三座混凝土结构灰库，输灰管道设用切换阀，可以选择将管道中的灰装入任意一座灰库。灰库：直径15m、高32m，每座灰库总容积近3500m^3，可满足贮存两台炉MCR工况下系统最大排灰量近30h。

每座灰库卸料分为干、湿两路，分别设有处理量为的200t/h散装机和双轴加湿搅拌机各两台，一运一备。

5.2.8.10　贮灰场工程设想

本工程除灰方案为干除灰。用汽车将综合利用后剩余的灰渣运送到贮灰场，采用推土机推铺摊平，再用压路机逐层碾压堆筑。为便于装卸和防止扬灰，在厂内对灰渣先行加水调湿，再运往灰场。所以干除灰贮灰场的运行实际上是一常年摊铺、碾压调湿灰的施工过程。在灰渣摊碾、堆筑过程中，按实际需要，采用洒水车洒水，防止飞灰。

工程初期先开发利用焦沟贮灰场，在沟口处筑初期堆石坝。坝高约5m，坝长约26m，顶宽取3.0m。下游坡采用干砌块石护坡，上游坡铺设聚乙烯土工膜，与沟底防渗土工膜连成整体。初期坝形成一定的库容，滞留雨洪，并防止灰场内灰渣流失，同时起着稳固库内灰渣堆筑坝体坡趾的作用。

拟在焦沟灰场设一灰场管理站，管理站占地2000m^2。

贮灰场主要碾压设备：T140履带式推土机2台，14t自行式压路机2台。

5.2.9　给排水系统

本工程汽轮机推荐采用机械通风直接空冷系统（ACC），辅机冷却水采用带机力通风冷却塔的再循环供水系统。

5.2.9.1　辅机冷却水系统

本工程2×300MW机组辅机冷却水量约5000m^3/h。按两个单元配三段冷却塔和三台辅机冷却循环水泵，以满足各辅机对冷却水量、水温及水压的要求。机械通风冷却塔和辅机冷却水泵房布置在主厂房附近。

5.2.9.2　消防系统

本期工程不设专用的消防蓄水池，以厂区2个1500m^{3}生水消防蓄水池作为消防用水水源。该系统由消防泵、稳压装置、室内外消火栓、室内外消防给水管网及必要的管段隔绝阀等组成。本工程设有2台消防泵，其中1台为电动消防泵，另1台为柴油消防泵，柴油消防泵设水喷雾灭火设施，2台消防泵1用1备；并采用1套稳压装置（包括气压罐和稳压泵），用于稳定消火栓系统管网的流量和压力。电动消防泵在集中控制楼设置紧急启动按钮。

（1）消防泵规格如下：

流量：Q=470m^3/h。

扬程：H=110m。

电动机及柴油机功率：N=185kW（200kW）。

电动机电压：V=380V。

（2）消防系统稳压装置规格如下：

气压罐调节容积：V=450L。

稳压泵的流量：Q=5L/s。

扬程：H=110m。

电动机功率：N=15kW。

电动机电压：V=380V。

设独立的消防给水管网，在主厂房、煤场及油罐区周围形成环状管网，并由阀门分成若干独立段，当某管段或消火栓事故检修时，停止使用的消火栓数量不超过5个。室外消火栓布置间距在主厂房及煤场周围不大于80m，在油库区周围不大于30m，在其他建筑物周围不大于120m。主厂房内消防水管布置成环状，且有2条进水管与室外管网连接。

本工程主厂房、转运站、碎煤机室、输煤综合楼、化学试验楼、材料库、生产办公楼、生活服务综合楼等均设有室内消火栓系统。主厂房及各辅助、附属建筑的室内消火栓均采用减压稳压型，以保证消火栓使用压力不大于0.5MPa。

5.2.9.3　生产、生活给水

电厂生活给水系统主要用水点包括主厂房、化水试验楼、生产办公楼、生活服务综合楼、输煤综合楼等，高峰用水量约为40m^3/h，因此为了满足电厂的生活用水，在厂区设1座100m^{3}生活蓄水池，在综合水泵房内设1套全自动变频恒压给水装置（含2台生活泵、1台气压罐）及2套二氧化氯消毒装置，经生活水管网输送至各生活用水点，其设备参数如下。

全自动变频恒压给水装置：

流量：Q=40m^3/h。

扬程：H=70m。

功率：N=20kW。

共1套，其中生活泵2台，1运1备。

二氧化氯消毒装置：

加药量：Q=1000g/h。

功率：N=12.5kW。

共2套，1运1备。

5.2.9.4　排水系统

电厂排水系统采用分流制，主要包括生活污水排水系统、工业废水排水系统、含煤废水排水系统及雨水排水系统等。

5.2.9.4.1　生活污水排水

电厂生活污水排水系统主要排水点包括主厂房、化水试验楼、生产办公楼、生活服务综合楼、输煤综合楼等，最高日平均排水量约为4m^3/h。生活污水排水经管网自流至生活污水调节池。

5.2.9.4.2　工业废水排水

电厂工业废水排水系统主要排水点包括主厂房地面冲洗、过滤器反冲洗排水等，最高日平均排水量约为14m^3/h。工业废水排水经管网自流至工业废水调节池。

5.2.9.4.3　含煤废水排水

电厂含煤废水排水系统主要排水点包括各转运站、碎煤机室、栈桥及主厂房输煤系统的冲洗排水等，最高日平均排水量约为10m^3/h。含煤废水排水为有压排放，经管网至含煤废水调节池。

5.2.9.4.4　雨水排水

电厂雨水排水系统主要负责收集厂区的雨水，雨水经雨水管网自流至雨水调节池，经雨水泵加压排放至沮河。煤场雨水排至1座2000m^{3}煤场雨水调节池（兼锅炉酸洗废液池），自然沉淀后回用。

厂区占地面积共约 22hm^2，按照设计重现期 2.5 年计，厂区雨水流量共 6252m^3/h。

5.2.9.4.5 雨水泵房

本工程设 1 座雨水泵房，内设 3 台雨水泵，其中 1 台大雨水泵，2 台小雨水泵。其参数如下。

大雨水泵：

流量：Q=3200m^3/h。

扬程：H=12m。

功率：N=132kW。

小雨水泵：

流量：Q=1600m^3/h。

扬程：H=12m。

功率：N=90kW。

5.2.9.5 污废水处理

5.2.9.5.1 生活污水处理

本工程生活污水处理系统采用二级生物接触氧化法进行处理。

生活污水经地埋式生活污水处理装置处理后作为电厂的生水消防蓄水池补水，处理能力为 2×5m^3/h。

生活污水处理流程为：生活污水→调节池→提升泵→初沉池→生物接触氧化池→二沉池→消毒池→回用。

5.2.9.5.2 工业废水处理

本工程工业废水采用集中处理方式，设工业废水处理站，处理范围为主厂房地面冲洗、过滤器反冲洗排水及含油污水处理设施出水等一般废水。工业废水处理能力为 2×20m^3/h。

工业废水处理站中设置污水泵房及调节池、澄清池、气浮沉淀池、过滤池、消毒装置、清水泵房及清水池，以及溶气泵房、加药间等。来自工业废水排水系统的废水经提升泵与添加的药剂一同进入澄清池絮凝沉淀，其上清液进入气浮池。在气浮池内废水中的油粒凝聚成较大的油膜，漂浮在池面上，利用浮油收集装置将废油收集后排至废油池。气浮池处理后的工业废水进入滤池过滤，最后进入消毒池消毒后回用至生水消防蓄水池。

5.2.9.5.3 含煤废水处理

含煤废水是输煤系统的冲洗排水，煤水经过初始沉淀，然后由煤水提升泵提升至煤水处理设备，经加药、混凝、沉淀、澄清、过滤处理后进入清水池内，再经回水泵升压后作为输煤系统冲洗用水及输煤系统除尘喷洒用水等。煤水处理系统处理能力约 2×10m^3/h。

5.3 监理服务工作时间、监理范围及相关服务规划

5.3.1 监理服务工期

全面接受监理合同中关于监理服务时间的规定。

监理合同中监理服务工期时间段描述如下：本工程 2009 年 10 月五通一平，力争 2009 年 11 月 30 日开工，2011 年 8 月 30 日第一台机组投产发电，2009 年 10 月 30 日第二台机组投产发电（具体以批准的一级网络进度图为主）。

确保工程施工的开、竣工时间和工程阶段性里程碑进度计划按时完成。

五通一平及施工准备：2 个月。

主厂房开工至#1 机组投产：21 个月，2009 年 11 月 30 日至 2011 年 8 月 30 日。

#1 机组投产至#2 机组投产：2 个月，2011 年 8 月 30 日至 10 月 30 日。

监理服务工期：30 个月（不含试生产期的监理服务工期）。

控制工期：20 个月（从第一台主机挖土方开始至 2011 年 10 月 30 日）。

说明：首批监理人员进点时间为 2009 年 12 月 9 日，两名土建工程师，主要工作是沮河改造监理；三座桥梁施工监理（当时正在打桩）；边坡治理监理；业主办公临建监理；一条水管道改造监（可能但不一定）；临时道路监理（如果有）。现场基本平整，根据业主说法，不专门进行场坪招标，即不专门进行场平施工。监理进点以前，沮河改造基本完成，桥梁桩基刚开始施工，边坡治理刚开始施工，业主办公临建刚开始施工；场地基本平整。

5.3.2 监理范围

全面接受监理合同中关于监理范围的规定。

监理合同中监理服务范围描述如下：本监理范围为黄陵矿业集团有限责任公司 2×300MW 低热值资源综合利用电厂工程的土建施工、设备安装及调试的全过程建设监理，总体监理范围与项目法人发包范围相适应，包括厂区范围内的主厂房、辅助、附属生产设施全套工程（含施工临设）；沮河改道和桥梁、黄陵矿业煤矸石发电公司煤泥系统工程；厂区范围外的贮灰场工程、输煤工程、供水管线工程、运灰道路工程等本工程设计、改造的所有工程（不含厂外线路工程）。

5.3.3 监理人员配备及其素质

完全接受监理合同中关于监理人员素质的要求。监理合同中对监理人员的要求如下：

5.3.3.1 总监理工程师

监理单位设总监理师 1 人，须持有建设部颁发的全国注册监理工程师资格证书，并具有 300MW 及以上等级机组主体总监业绩。副总监理师 2～3 人，要求具有电力行业总监理资格证书。总监理师、副总监理师须年富力强，身体健康，作风正派，廉洁自律，具有组织协调能力，能胜任大型电厂建设项目管理的工作。

5.3.3.2 监理工程师

5.3.3.2.1 资质与业绩。

监理工程师应持有建设部或电力行业监理工程师资格证书，各专业负责人应有参加过 300MW 及以上等级机组工程全过程相应专业设计或施工监理的业绩。专职安监人员应持有上级安全监察部门颁发的资格证书。

5.3.3.2.2 人员配备。

监理单位人员的配备应保证施工、调试阶段各专业均有足够的数量，且人员年龄结构合理，工作经验丰富；除非项目法人提出，监理单位不得撤换投标文件中确定的总监、副总监与主要监理人员。

5.3.3.2.3 在相关专业监理人员人数不能满足施工要求时，甲方有权提出增加相关专业监理人员，监理单位应无条件接受。

5.3.3.2.4 监理人员拒不履行监理义务，工作疏忽大意不能胜任其工作时，甲方有权提出更换。

5.3.3.2.5 对常驻现场人员数量的基本要求

在施工期间，总监、副总监应常驻现场，且不允许有短期同时离开施工现场的情况。总监、副总监、组长短期离开现场必须向项目法人代表请假。

5.3.4 说明

以上是监理合同中关于监理服务工期、监理范围及对监理

人员素质的明文规定，项目监理部完全接受。对于延期服务、额外服务，项目监理部按照“先接受，再协商费用”的原则处理，先做好各项监理工作，保证工程顺利进行，在此基础上，再与业主协商服务费用问题。

5.4 监理工作内容

完全接受监理合同中关于监理工作内容的规定。

监理合同中监理工作描述如下：

监理工作按照四控制（质量、进度、投资、安全）、两管理（合同管理、信息管理）、一协调（有关单位间的工作关系）的原则进行。主要工作服务内容如下：

5.4.1 施工监理

5.4.1.1 参加司令图会审和主持施工图交底、审查。

5.4.1.2 负责分项、分部、单位工程以及关键工序和隐蔽工程的质量检查和验收。

5.4.1.3 参与主要设备的招标与评标、合同谈判工作并提出监理意见。

5.4.1.4 审查防火、防爆、防尘、防毒、防化学伤害、防暑、防寒、防潮、防噪音、防振动、防雷等劳动安全、工业卫生措施在设计方案中的落实情况。

5.4.1.5 核查主要设备、材料生产厂家资料。

5.4.1.6 核查工程设计变更及变更设计，并签署意见。

5.4.1.7 审核设计概、预算编制原则、内容和深度，对工程的概（预）算进行审核，提出监理意见并报项目法人。

5.4.1.8 对在施工监理过程中发现的设计、施工问题以及不符合国家、行业提出的强制性条文提出监理意见。

5.4.1.9 对在试生产期中出现的设计、施工问题提出监理意见。

5.4.1.10 参与对承包商的招标、评标、合同谈判工作。

5.4.1.11 审查承包商选择的分包单位、试验单位的资质并认可。

5.4.1.12 审查承包商提交的施工组织设计、施工技术方案、施工质量保证措施、安全文明施工措施、进度计划等。按设计图及有关标准，对承包商的工艺过程或施工工序进行检查和记录，对加工制作及工序施工质量检查结果进行记录。

5.4.1.13 编制一级网络计划。核查二级、三级、四级网络计划，并组织协调实施。编写监理规划、程序、细则（细则要详细具体、具有可操作性）并确保实施。

5.4.1.14 审查承包商单位工程开工申请报告，审查和处理工程变更、工程联系单。

5.4.1.15 审查承包商质保体系和质保手册并监督实施。

5.4.1.16 检查现场施工人员中特殊工种持证上岗情况。

5.4.1.17 负责审查承包商编制的“施工质量检验项目划分”并督促实施。

5.4.1.18 检查施工现场原材料、构件的采购、入库、保管、领用等管理制度及其执行情况，并对材料转运及保管情况向项目法人提出监理意见。

5.4.1.19 参加设备的现场验收。检查设备保管办法，对设备保管提出监理意见。对检验发现的设备、材料缺陷及施工中发现或产生的缺陷提出处理意见报项目法人并协助处理。

5.4.1.20 制定并实施重点部位的见证点（W点）、停工待检点（H点）、旁站点（S点）的工程质量监理计划，监理人员要按作业程序即时跟班到位进行监督检查。停工待检点必须经监理工程师签字才能进入下道工序。

5.4.1.21 遇到威胁安全的重大问题时，有权提出“暂停施工”的通知，并通报项目法人，协助项目法人制定施工现场安全文明施工管理目标并监督实施。主持或参与工程质量的事故调查。

5.4.1.22 审查承包商工程结算书、材料计划。工程付款必须有监理工程师签字。

5.4.1.23 监督施工合同的履行，维护项目法人和承包商的正当权益。

5.4.1.24 负责正常服务范围内项目法人要求对关键和重要的原材料、构配件、设备的检测、试验等的配合工作，以及对提供相关设备、材料的生产厂家进行考察等工作。

5.4.1.25 检查承包商投入工程项目的人力、材料、机具、主要设备及其使用、运行状况，并做好记录。

5.4.1.26 工程项目开工前，参加由项目法人主持召开的第一次工地会议，并主持以后施工过程中的工地调度例会。会议纪要应由监理负责起草，并经与会各方代表会签后次日下发。

5.4.1.27 审查承包商报送的工程开工报审表及相关资料，具备开工条件时报项目法人。

5.4.1.28 协助项目法人完成有关设备、材料、图纸和其他外部条件以及工程进度、交叉施工等的协调工作，根据需要及时组织专题会议，解决施工过程中的各种专项问题。确保工程质量、造价、进度，直至竣工。

5.4.1.29 提出月度施工计划，报项目法人批准后下发施工单位；月底提出对施工单位考核意见。

5.4.1.30 主持召开质量、安全、进度例会。

5.4.1.31 组织安全大检查，提出整改措施，并监督落实。

5.4.1.32 其他国家或行业规定的监理应尽的义务或职责。

5.4.2 调试监理

5.4.2.1 参与对调试单位的招标、评标、合同谈判工作，提出监理意见，并督促其合同的履行，维护项目法人及承包商的合法权益。

5.4.2.2 审查调试计划、调试方案、调试措施及调试报告。

5.4.2.3 协调工程的分部、分系统试运行工作。

5.4.2.4 参与工程整套试运行。

5.4.3 试生产期监理

协助项目法人做好生产前的准备工作，并对在试生产期中出现的设计问题、设备质量问题、施工问题提出监理意见。

5.4.4 达标投产监理

协助项目法人完成达标投产工作。

5.4.5 监理资料

5.4.5.1 编制监理月报。

5.4.5.2 编制整理监理工作的各种文件、通知、记录、检测资料、图纸等，合同完成或终止时交给项目法人。

5.4.6 竣工图监理

审核设计编制的竣工图。

5.4.7 竣工验收监理

参与或受项目法人委托组织工程竣工验收。

5.4.8 说明

以上是监理合同中关于监理工作内容的明文规定，项目监理部完全接受。另外，项目监理部将全面实施监理规范中规定的监理工作。对于额外服务，项目监理部按照“先接受，再协商费用”的原则处理：先做好各项监理工作，保证工程顺利进行；在此基础上，再与业主协商服务费用事宜。

监理对工程的监理任务概括为“四控、两管、一协调”（安全控制、质量控制、进度控制、造价控制、合同管理、资料管理、施工协调），同时，业主必然对工程进行全方位管理，包括“四控、两管、一协调”内容。这就必然引起业主管理与项目监理部管理的界限分工问题，对此，我们愿意接受业主的分工，如果业主要求，项目监理部将编写分工界限供业主参考或审批。

5.5 监理工作目标

监理工作目标参考文件有：监理合同，招标书、监理大纲、业主的施工组织总体设计、集团公司/监理公司文件。工程建设过程中，根据业主和工程管理的需求，可能对下列有些目标进行修改。

5.5.1 进度控制目标及进度管理工作目标

5.5.1.1 监理进度控制目标即业主确定的目标计划。里程碑计划、业主批准的一级网络进度计划、二级网络进度计划、三级进度计划、月计划、周计划等作为日标计划的分解计划，过程全面控制。（说明：目前，进度计划的级别分类并不统一。大多数工程的进度级别分类为：目标计划，里程碑计划，一级、二级进度计划，月计划，周计划，单项作业计划，盘点工作的日计划。有些地方将里程碑计划叫做一级进度计划，那么，原一级、二级进度计划就分别变为二级、三级进度计划。本文中，里程碑计划就是里程碑计划，不叫一级进度计划，监理编制的总体计划叫做一级进度计划，施工单位编制的最大的进度计划叫做二级进度计划。这个规定还应该在业主的施工组织总体设计中明确，以统一全现场对进度计划级别的分类。）

根据监理合同，本工程工期目标计划为：2009 年 10 月五通一平开始施工，11 月底完成；力争 2009 年 11 月 30 日正式开工，2011 年 8 月 30 日第一台机组投产发电，2009 年 10 月 30 日第二台机组投产发电（具体以批准的一级网络进度图为主）（说明：这是监理合同中的说法，我本人对“投产发电”的理解是完成 168h 满负荷试运）。里程碑计划、一级网络进度计划待编审。（上述进度目标也是招标文件、投标文件中的目标）。

项目监理部拟采取下列主要手段和措施实施进度目标计划：

5.5.1.2 努力使用 P3 管理软件，体现科学、高效的进度管理。

5.5.1.3 随时盘点一级网络计划，每三个月调整并出版一级网络进度计划；设备、设计或其他情况明显改变进度目标、里程碑计划和一级网络进度计划时，即时调整。

5.5.1.4 每月组织、主持召开一次月度计划分析例会；每周组织、主持召开生产周例会；重要的、关键的工程项目，根据需要组织、主持召开进度专题会议；对里程碑节点、重要节点，必要时，组织主持召开盘点会议；机组完成 168h 试运后，即时组织、主持召开消缺会议；工程高峰期，根据需要，组织、主持召开或三天、或两天、甚至每天一次的协调碰头会。

5.5.1.5 对于组织不力的施工单位，采取各种手段进行控制，保证施工单位“人、机、料、法、环、资”的及时、有效投入。

5.5.2 质量控制目标

5.5.2.1 努力落实黄陵电厂工程管理总体目标。

落实业主各种文件中提出的管理目标，主要提法如下：以黄陵矿业集团公司的文化理念，打造一流的煤矸石发电企业，建设一流的电源工程，造就一流的员工队伍，构筑延长产业链最可靠的电源支撑，塑造黄矿品牌。要求具体做到：“设计与施工质量满足国家及行业设计与施工验收规范、标准及质量检验评定标准要求，创一流标准。安装单位工程优良率≥95%，土建单位工程优良率≥90%，确保省优，争创国家优质工程（鲁班奖），按期达标投产。”和“无重大设计与施工质量事故发生。”

设计先进、设备优良、工程优质、造价合理、运行可靠、指标先进、管理一流、符合国家环境保护要求。

高水平达标投产，实现行业优质工程，争创鲁班奖，实现省级文明地工和集团公司文明工地称号，实现“三个零”（基建痕迹为零，基建过程非文明施工状态为零，安全故事为零）移交。

5.5.2.2 项目监理全面履行监理合同，业主满意度≥95%。

5.5.2.3 监督设计、物资供应、调试单位和施工单位工作质量满足合同规定的质量要求及部颁《火电机组移交生产达标考核标准》、《火力发电厂基本建设工程启动及竣工验收规程》的各项要求，无重大设计和施工质量事故。

5.5.2.4 全面落实“强条”。

5.5.2.5 推广“绿色工程”施工，努力做到“四节一保”，即节约土地、节约水源、节约材料、节约能源，保护环境。

5.5.2.6 全厂观感质量优良。

5.5.2.7 建筑、安装工程施工质量目标。

5.5.2.7.1 建筑单位工程合格率 100%，优良品率≥90%；单位工程观感质量得分率≥90%。

5.5.2.7.2 对钢材材质及焊接工艺进行跟踪管理，各验收批焊接合格率 100%，焊接检验一次合格率大于≥98%。

5.5.2.7.3 各验收批混凝土强度评定合格率为 100%；混凝土生产水平统计优良率不小于 90%；混凝土几何尺寸准确，内实外光，表面平整，棱角顺直，埋件定位准确、平整；所有外露混凝土达到“清水混凝土”标准（项目监理部将编写“清水混凝土标准”）。

5.5.2.7.4 直埋螺栓各项允许偏差合格率 100%，且最大偏差不影响上部设备安装。

5.5.2.7.5 建筑物墙面、地面平整，无裂缝、积水；屋面无渗漏；地下室（沟、池、坑）无渗漏、无积水；沟洞盖板平整、齐全无破损；道路平整、排水通畅。

5.5.2.7.6 地基处理可靠，建、构筑物沉降量小且均匀，符合设计和相关标准。

5.5.2.7.7 回填土质量评定合格率 100%。

5.5.2.7.8 全面消除质量通病。

5.5.2.7.9 安装单位工程合格率 100%；优良品率≥95%。

5.5.2.7.10 安装工程项目一次验收合格率 100%。

5.5.2.7.11 杜绝八漏（烟、风、煤、粉、灰、汽、水、油）。

5.5.2.7.12 受监焊口一次合格率≥98%。

5.5.2.7.13 炉受监焊口无损探伤检验率 100%，水压试验焊口泄漏率为 0。

5.5.2.7.14 主要系统分部试运启动一次成功率 100%。

5.5.2.7.15 汽水品质达优良标准。汽水系统清洁，锅炉集箱用内窥镜检查。

5.5.2.7.16 空预器漏风系数≤厂家保证值。

5.5.2.7.17 电除尘除尘效率达到设计标准。

5.5.2.7.18 汽机润滑油系统清洁度达 MOOG4（G3）级，抗燃油系统清洁度达到 MOOG2 级。（这是业主《施工组织设计大纲》（讨论稿）中制定的标准，新规程标准为：汽机润滑（密封）油系统清洁度符合制造厂要求，般不低于 NAS7 级，符合 GB/T 7596 规定的泊质指标；抗燃油符合制造厂要求，应达到 NAS5 级以上，参见《电力建设施工质量验收及评定规程［第三部分（汽轮发电机组）》附录 B］。

5.5.2.7.19 调节保安系统动作灵活、无卡涩。

5.5.2.7.20 炉顶密封优良。

5.5.2.7.21 炉本体及热力管道保温表面温度（相对环境温度）≤45℃（环境温度 25℃）。主厂房室温不超标。

5.5.2.7.22　汽轮发电机轴振≤0.076mm。

5.5.2.7.23　发电机漏氢量≤$10Nm^3$。

5.5.2.7.24　真空严密性≤0.3kPa/min。

5.5.2.7.25　机组168h试运中，机组保护投入率100%，监测仪表投入率100%，热控自动投入率≥95%，程控投入率100%（电气保护投入率100%），电气自动入率100%，消防自动投入率≥95%。

5.5.2.7.26　各项技术指标均达到或优于《火电机组达标考核标准》（2006年版）规定。

5.5.2.7.27　设备运行噪声及厂区内环境噪声小于规定值。

5.5.2.7.28　工程外观优良。

5.5.2.7.29　空冷系统严密性≤0.2kPa/min。

5.5.2.7.30　建筑工程分项质量目标。

5.5.2.7.30.1　汽机基础、主变防火板墙、主要设备基础、主厂房上部框架等外露混凝土结构达到"清水混凝土"水平。

5.5.2.7.30.2　预埋管、件、螺栓固定牢固，表面平整，横平竖直，成排管、件纵横顺直，中心线及标高误差满足规范或安装精度要求。

5.5.2.7.30.3　装饰工程：表面平整、色泽一致，阴阳角线棱角分明、顺直，块材粘贴、安装牢固、合理，美观。

5.5.2.7.30.4　建筑物外墙、楼地面、屋面及门窗防渗防漏：不漏、不渗，排水顺畅，无积水，细部节点处理合理、美观。

5.5.2.7.30.5　各类沟道顺直，盖板平整，接缝均匀、紧密。

5.5.2.7.30.6　钢结构楼梯、栏杆安装横平竖直，工艺美观，接头平直、光滑，弯头圆滑。

5.5.2.7.30.7　建筑工程做到几何尺寸准确，外形美观，混凝土结构内实外光，棱角平直、埋件正确、接头平直，标号和强度符合设计要求。

5.5.2.7.30.8　建筑物的大角和横竖线角顺直度不超过2cm。

5.5.2.7.30.9　屋面、地下室、沟道和隧道无渗漏，排水畅通。

5.5.2.7.30.10　墙面平直、色泽均匀、线条平直，阴阳角方正、地面平整、无裂纹、无积水、盖板平整、周遍顺直。

5.5.2.7.30.11　块材要求色泽一致、尺寸准确，表面无裂缝和缺棱、掉角、翘曲等现象。

5.5.2.7.30.12　建、构筑物工程在机组整套启动前达到移交代保管水平，厂房内达到生产环境标准，做到清洁、整齐、无尾工、无垃圾、无杂物。

5.5.2.7.30.13　严格按照"档案资料管理办法"规定的要求进行竣工资料的准备，做到标准化、规范化、微机化、机组168h后45d移交竣工资料。

5.5.2.7.31　安装工程分项质量目标。

5.5.2.7.31.1　确保各部套、系统的安装符合图纸设计，保证锅炉热态膨胀自如。

5.5.2.7.31.2　锅炉六道制作所有焊缝100%通过渗油试验，外观工艺美观。

5.5.2.7.31.3　消除管道安装中常见的"卡涩、泄漏、堵塞、脏乱"等质量通病。

5.5.2.7.31.4　油漆施工漆面光亮，色调一致，无皱层、无留痕、无漏刷和漆膜脱落现象。

5.5.2.7.31.5　小管安装走向合理，坡度正确，排列整齐，间距均匀，膨胀自如，固定牢靠。

5.5.2.7.31.6　支吊架生根牢固，间距合理，排列整齐，受力均匀，吊耳方向一致，吊杆垂直平行，弹簧调整规范，膨胀、滑动自如。

5.5.2.7.31.7　电缆敷设走向合理，槽位准确，标识清楚，排列美观，弯弧一致，绑扎牢固。

5.5.2.7.31.8　保温层及外护面用材优良，砌筑缝小，填充严实，固定可靠，表面光滑，密封良好，外形美观。

5.5.2.7.31.9　平台、格栅、栏杆安装拼接齐平，踏步均匀，坡度合理，栏杆平直，光滑美观。

5.5.2.8　调试质量控制目标

力争做到分部试运缺陷不带到整套试运，整套试运缺陷不带到168h试运，168h试运后做到无缺陷移交，达到调试验评标准的优良级，符合《电力工程达标投产管理办法（2006年版）》的要求，实现本工程两台机组的高水平达标投产的目标。

5.5.2.8.1　做到"十二个一次成功"。

5.5.2.8.1.1　化学制水一次成功。

5.5.2.8.1.2　锅炉水压试验一次成功。

5.5.2.8.1.3　锅炉风压一次成功。

5.5.2.8.1.4　汽机扣盖一次成功。

5.5.2.8.1.5　厂用受电一次成功。

5.5.2.8.1.6　锅炉酸洗一次成功。

5.5.2.8.1.7　电除尘升压一次成功。

5.5.2.8.1.8　锅炉点火一次成功。

5.5.2.8.1.9　汽机冲转一次成功。

5.5.2.8.1.10　机组主要试验一次成功。

5.5.2.8.1.11　机组并网一次成功。

5.5.2.8.1.12　168h满负荷试验一次成功。

5.5.2.8.2　实现机组"18项重要指标"。

5.5.2.8.2.1　保护投入率100%。

5.5.2.8.2.2　自动投入率100%。

5.5.2.8.2.3　仪表投入率100%。

5.5.2.8.2.4　辅机程控投入率100%。

5.5.2.8.2.5　辅机连锁保护投入率100%。

5.5.2.8.2.6　机组真空严密性<0.3kPa/min。

5.5.2.8.2.7　发电机漏氢量<$10Nm^3/d$。

5.5.2.8.2.8　汽轮发电机组最大轴振（双振幅）<0.076mm。

5.5.2.8.2.9　首次点火到168h结束实现零耗油。

5.5.2.8.2.10　不投油最低稳燃负荷率（B-MCR）30%。

5.5.2.8.2.11　进入168h之前汽水品质100%合格。

5.5.2.8.2.12　点火吹管至168h满负荷试运完成天数<40d。

5.5.2.8.2.13　完成168h满负荷试运次数<3次。

5.5.2.8.2.14　厂用电率、供电煤耗、机组补给水率、主汽温度、压力、再热汽温等指标达到设计要求或达到国优要求（取优值），168h试运结束后能够安全、稳定、经济运行。

5.5.2.8.2.15　RB、一次调频、PSS投入完好，AGC在商业运行前投入完好。

5.5.2.8.2.16　试运机组高标准达标投产，实现行业优质工程，争创国家优质工程。

5.5.2.8.2.17　机组移交后无调试遗留项目。

5.5.2.8.2.18　机组试运期间零排放。

5.5.2.8.3　坚持"九不启动原则"。

5.5.2.8.3.1　安全保护设施不完善不启动。

5.5.2.8.3.2　设备冷态实验数据不合格不启动。

5.5.2.8.3.3　设备缺陷消除不完不启动。

5.5.2.8.3.4　所有辅助系统未达到生产运行管理条件不启动。

5.5.2.8.3.5　设备疑点不排除不启动。

5.5.2.8.3.6　等离子点火系统不具备投运条件不启动。

5.5.2.8.3.7　不满足带满负荷条件不启动。

5.5.2.8.3.8　DCS系统未正常投入运行不启动。

5.5.2.8.3.9 基建痕迹不消除、文明生产验收不合格不启动。

5.5.2.8.4 坚持“三个同时”。

5.5.2.8.4.1 碱洗时同时具备酸洗条件。

5.5.2.8.4.2 酸洗的同时具备冲管条件。

5.5.2.8.4.3 冲管的同时具备整套启动条件。

5.5.2.8.5 坚持“五方签证卡”制度。

安装进入调试的条件检查时，业主单位、监理单位、调试单位、设备厂家、施工单位全面检查，五个单位认为满足条件并签证后，才能开始调试。

调试交代保管时，同时由上述五个单位检查试运结果，五个单位同时认为调试结果满足相关标准并签证后，方可交代保管。

试运完成后，五方签证证明试运合格。

“五方签证卡”制度是控制调试质量的关键手段。

5.5.2.8.6 整套启动移交生产的目标（从上列目标中摘出的对应的目标）。

5.5.2.8.6.1 整套启动及进入168h各项条件具备，且做到文件闭环。

5.5.2.8.6.2 按《启规》等规程要求全面完成整套启动试运项目，优良率为100%。

5.5.2.8.6.3 汽轮发电机轴振达部颁优良标准。

5.5.2.8.6.4 空冷系统严密真空，下降≤0.03kPa/min，发电机漏氢量≤$10Nm^3/d$。

5.5.2.8.6.5 机组168h试运期间，燃烧设计煤种，断油、投高加，168h连续运行平均负荷率≥95%，其中满负荷连续运行时间>96h。汽机调速系统稳定可靠，汽机、锅炉发电机、主变等保护装置齐全可靠。

5.5.2.8.6.6 机组168h试运中，保护投入率100%，仪表投入率100%，自动装置投入率≥95%，程控投入率100%。

5.5.2.8.6.7 各项技术指标均达到或优于“火电机组达标考核标准（2006年版）”规定的考核标准。

5.5.3 造价控制目标

招标文件中关于“投资控制目标”为：工程建成后的最终投资控制符合审批概算中静态控制、动态管理的要求，力求优化设计、施工，节约工程投资。力争在审定的投资概算的基础上降低7个百分点。

5.5.3.1 确保工程建设总费用不突破概算，单价工程合同费用不超工程项目施工图预算；总价工程合同不突破总费用限额。

5.5.3.2 经审计的工程竣工决算不超过执行概算。

5.5.3.3 工程建成后的最终投资控制符合审批概算中静态控制、动态管理的要求。力争在审定的投资概算的基础上降低百分点。

5.5.3.4 按期完成工程结算。

5.5.3.5 投资计划编制及时、准确，全面完成投资计划。

5.5.3.6 严格控制资金成本，资金利用率大于90%。

5.5.4 安、健、环控制目标

5.5.4.1 安全、职业健康、环境保护、文明施工方针

以人为本，遵规守法，控制风险，预防事故，保护环境，预防污染，持续改进，不断提高。

（这是业主《施工组织设计大纲》（讨论稿）中制定的方针。目前多见的安全方针：安全第一，预防为主，以人为本，综合治理。）

5.5.4.2 安全目标

5.5.4.2.1 人身重伤、死亡事故为零。

5.5.4.2.2 重大机械、设备事故为零。

5.5.4.2.3 重大火灾、压力容器爆炸等灾害事故为零。

5.5.4.2.4 负同等及以上责任的重大交通事故为零。

5.5.4.2.5 重大坍陷、水浸及环境污染事故为零。

5.5.4.2.6 年度人身伤害事故率≤3‰。

5.5.4.3 文明施工目标

施工场地布置合理，设备材料堆放整齐，施工环境文明整洁，生活卫生设施齐全，安全警示标志规范，施工道路硬化畅通，创建国内一流火电施工现场，创集团公司样板工地，创建省级文明工地。具体符合以下要求。

5.5.4.3.1 施工场区：场地平整，排水沟渠通畅，无淤泥积水，无垃圾、废料堆积；材料、设备定点放置，堆放有序；力能管线布置整齐合理，危险处所防护设施齐全、规范，安全标志明显美观。

5.5.4.3.2 现场道路：规划合理，平坦畅通，无材料、设备堆积、堵塞现象，交通要道铺筑砂石或水泥，消除泥泞不堪或尘土飞扬的现象。

5.5.4.3.3 现场工机具：布置整齐，外表清洁，铭牌及安全操作规程齐全，有专人管理，坚持定期检查维护保养，确保性能良好。

5.5.4.3.4 已装设备及管道：设备、管道表面清洁无污渍，外表光洁完好，运行设备及各种管路无漏煤、漏灰、漏烟、漏风、漏气、漏氢、漏水、漏油等八漏现象。

5.5.4.3.5 工程竣工后若业主没有特殊要求，45d内撤离施工现场，消除基建痕迹。

5.5.4.3.6 在整个建设和半年试生产期间非文明状态为零。

5.5.4.4 职业健康管理目标

5.5.4.4.1 办公、生活、生产区域清洁卫生。

5.5.4.4.2 不发生职业病；不发生员工集体中毒事件。

5.5.4.4.3 不发生大面积传染病。

5.5.4.5 环境管理目标

合理处置废弃杂物，有效控制污染排放，节能降耗除尘降噪，实施现场绿色工程，实现基建全过程环境零投诉。（环境保护设施实现“三同时”，气、水、声、渣、尘达标排放。）具体符合以下要求。

5.5.4.5.1 对工程建设活动和服务中涉及的包括物资供应、周边组织及居民在内的相关方施加环境影响，改善相关方对本工程建设活动和服务的环境质量的影响。

5.5.4.5.2 在监理细则中根据环境管理的规定，编制环境控制措施，在监理过程中贯彻执行。审查施工单位施工方案、作业指导书和技术措施时，审查环境保护方案。

5.5.4.5.3 厂房内和主要场所设垃圾桶，设备包装物和施工废料送回收场，对垃圾、施工废料等固体废弃物进行分类存放及处理。生活垃圾、建筑垃圾、土方转运采用封闭的运输方式运送至业主指定的处理场所。危险固体废弃物送有资质的单位进行处理。

5.5.4.5.4 控制施工机械的噪声，采取安装防噪声罩壳的控制措施，布置时远离居民区，并尽量安排在昼间使用。对锅炉冲管采用消音器降低噪声，夜间（22点后）作业实行审批制度。

5.5.4.5.5 定期检测现场噪声，发现超标时及时采取纠正措施。

5.5.4.5.6 在机械车辆、设备的维修、解体检修处设废油箱，收集工程中的废油。砂浆搅拌站和现场含泥浆水的抽水处，设澄清池。不在现场焚烧垃圾等产生烟尘和恶臭气体的物质，对可能产生粉尘、废气、废水、固体废弃物及噪声振动对环境有污染和危害的设备及场所，采取相应的控制措施。对现场道路每天洒水降尘。

5.5.4.5.7　在工程中尽量采用绿色环保的材料，不使用石棉制品的建筑材料和保温材料。

5.5.4.5.8　主要道路采用混凝土道路，其他道路进行硬化处理，控制车辆在厂内的行驶速度在 15km/h 以下，对施工道路采用洒水车或专人洒水，减少扬尘。

5.5.4.5.9　土方开挖作业，在厂内运输时，控制装车容量，做到运输时不抛洒、不扬尘。

5.5.4.5.10　在施工人员集中位置，设立水冲洗厕所和化粪池，派专人清扫，做好保洁工作。

5.5.4.5.11　施工中产生的酸性或碱性液体，经集中中和、满足污水综合排放标准要求后再行排放。

5.5.4.5.12　油漆、稀释剂密封完好，集中存放，工程建设中优先采用环保型油漆。

5.5.4.5.13　采用罐装水泥，维护好装卸、运输、使用的相关设备，防止扬尘；袋装水泥在运输、使用过程中要采用封盖措施，装卸时轻拿轻放，并采取必要的挡风防尘措施。

5.5.4.5.14　存放可溶性物品或废渣的场所，采取防水、防渗漏等措施；贮存过油类或有毒污染物的车辆或容器，不得在水体清洗，以减少对水体的污染；制定环境应急预案，其演练、评价和完善，符合总体应急救援预案的要求。

5.5.4.6　调试安、健、环目标

5.5.4.6.1　因调试原因引起的重大设备损坏事故：0 起。

5.5.4.6.2　因调试原因引起的重大人身伤亡事故：0 起。

5.5.4.6.3　因调试原因引起的重大人身重伤事故：0 起。

5.5.4.6.4　因调试原因引起的重大环境污染事故：0 起。

5.5.4.6.5　因调试原因引起的人身轻伤事故：0 起。

5.5.5　合同管理目标

监理工作以合同为依据，以《监理规范》为依据，以国家、行业、地方规程、规范、标准为依据，以业主制定或批准的工程管理制度、标准为依据，有理有节，科学规范。

合同条款严谨、权利义务明确、支付控制严密，合同执行严格，建立风险控制和索赔管理机制，与合同履行和变更有关的文件、资料和证据收集、反馈及时。具体做好下列监理工作。

5.5.5.1　根据合同处理工程延期、合同争议、工程签证、设计变更、变更设计、工程变更等特殊事件。

5.5.5.2　协助业主明确零星工程委托管理办法，使零星委托符合合同程序。

5.5.5.3　科学、严谨管理进度，使项目工期符合合同要求。

5.5.5.4　科学、严谨管理质量，使工程质量符合合同要求。

5.5.5.5　科学、严谨管理安、健、环，使安、健、环管理符合合同要求。

5.5.5.6　科学、严谨进行施工协调，保证现场和谐有序、文明施工。

5.5.6　施工协调目标

正确、及时协调各单位之间的施工关系，维持全现场施工秩序，保持全现场和谐施工、文明施工。

5.5.7　技经管理目标

项目划分清晰，造价控制有力，资金使用高效；计划统筹协调，控制调整及时，执行严格准确；统计指标完善，报表及时可靠，分析决策科学。工程同比造价不高于国内同类机组水平，技术经济指标达到或超过国内先进水平。

5.5.8　技术管理目标

管理制度规范完善，管理手段先进高效，程序执行严格有序，技术保障及时严谨。工程技术资料管理应做到：记录规范、审批严格，收集完整、分类清晰、装帧精美、归档及时、保存可靠、查询方便。

5.5.9　总平面管理目标

统一规划、尽量合理、动态调配、高效使用场地；保证施工现场的力能供应及交通运输流向合理、交通运输便捷通畅；建立良好施工环境，保证工程顺利进行。

5.5.10　设备和材料管理目标

制造精良、检验严格、交付及时、防护可靠、贮存规范，摆放定置、配件齐全、库存合理、工完料尽、台账齐全、信息准确。

根据合同，监理不负责设备和材料的全部管理工作。但是，监理从工程管理某些管理环节控制设备和材料质量，协调有关部门控制设备和材料到货时间。

5.5.11　信息档案管理目标

工程开始之初，明确工程资料格式，防止工程资料大量返工；过程管理中，强调工程资料与工程同步；工程资料及档案准确、齐全、工整；竣工资料归档并移交在机组完成 168h 满负荷试运后 30d 内完成；机组达标投产复查“工程档案”部分得分不低于 90 分。

全面应用计算机网络进行工程信息管理，应用业主建立的工程建设管理 MIS 系统，并在图纸和文件资料管理、造价控制和资金管理、计划和统计管理、进度控制、质量管理、安全管理、设备和材料管理等方面全面应用计算机软件进行管理，建立完整的计算机信息存储、整理、查询、分析和发布体系，为工程建设管理提供可靠、高效的手段和准确、及时的信息。

5.6　监理工作依据

同本文件编制依据。

5.7　项目监理部组织机构及分工界限

5.7.1　项目监理部组织机构框图

项目监理部组织机构图如图 5-7-1 所示。

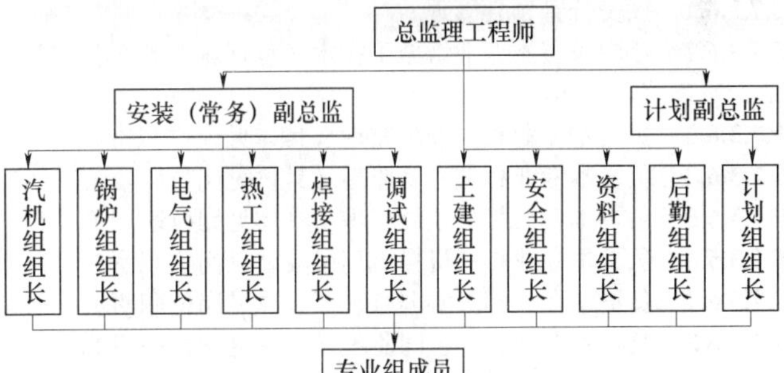

图 5-7-1　项目监理部组织机构图

5.7.2　机构设置说明

5.7.2.1　总监对土建工程比较专业，所以主管土建组；副总监，亦为常务副总监，对安装工程比较专业，所以主管各安装组和调试组；计划副总监对工程预算比较专业。

5.7.2.2　视工程管理情况，组织机构有可能调整，从而更符合管理需要。

5.7.3　机构各层次原则性分工

5.7.3.1　总监原则性分工

5.7.3.1.1　全面负责项目监理部行政事务，向监理公司负责。

5.7.3.1.2 带领项目监理部全面执行落实项目监理合同中监理公司承诺的所有监理工作，向监理公司和业主负责。

5.7.3.1.3 根据自己熟知的专业或擅长的专业，必要时，负责某专业工程技术、施工质量，管理一个或多个专业组。

5.7.3.1.4 负责副总监之间的工作分工及协调。

5.7.3.1.5 完成管理公司安排的其他工作任务。

5.7.3.2 土建副总监

5.7.3.2.1 全面负责监理工作之土建施工技术(包括相关的安全技术)、土建施工质量。

5.7.3.2.2 负责管理土建组专业工作。

5.7.3.2.3 安排生产的同时安排安全施工工作;协助安全副总监理做好安监工作。

5.7.3.2.4 完成总监安排的其他工作。

5.7.3.3 安装副总监

5.7.3.3.1 全面负责监理工作之安装施工技术(包括相关的安全技术)、安装施工质量。

5.7.3.3.2 负责管理安装各组专业工作。

5.7.3.3.3 安排生产的同时安排安全施工工作;协助安全副总监理做好安监工作。

5.7.3.3.4 完成总监安排的其他工作。

5.7.3.4 调试副总监

5.7.3.4.1 全面负责监理工作之调试技术（包括相关的安全技术)、调试质量。

5.7.3.4.2 负责管理调试组专业工作。

5.7.3.4.3 安排调试工作的同时安排安全施工工作;协助安全副总监理做好安监工作。

5.7.3.4.4 完成总监安排的其他工作。

5.7.3.5 综合副总监

5.7.3.5.1 全面负责监理工作之安全监理、工程计划、工程经营。

5.7.3.5.2 负责项目监理部经营。

5.7.3.5.3 负责管理综合组专业工作。

5.7.3.5.4 完成总监安排的其他工作。

5.7.3.6 安装各组、土建组（统称技术专业组或技术组）原则性分工

5.7.3.6.1 接受分管领导管理。

5.7.3.6.2 全面负责本专业组施工技术（包括施工安全技术)、施工质量监理工作。

5.7.3.6.3 负责本专业相关安全监理（具体见岗位职责)。

5.7.3.6.4 负责本专业相关进度监理（具体见岗位职责)。

5.7.3.6.5 负责本专业相关技经监理（具体见岗位职责)。

5.7.3.6.6 负责本专业相关资料监理（具体见岗位职责)。

5.7.3.6.7 负责本专业相关协调监理（具体见岗位职责)。

5.7.3.6.8 负责本专业相关合同监理（具体见岗位职责)。

5.7.3.6.9 完成分管领导安排的其他监理工作。

5.7.3.7 安监组

5.7.3.7.1 接受分管领导管理。

5.7.3.7.2 负责现场安全施工、文明施工、职业健康、环境保护监理。

5.7.3.7.3 负责施工机械安全使用监理。

5.7.3.7.4 负责施工总平面管理之监理。

5.7.3.7.5 完成分管领导安排的其他监理。

5.7.3.8 技经组

5.7.3.8.1 接受分管领导管理。

5.7.3.8.2 负责工程技经监理。

5.7.3.8.3 负责工程施工进度计划监理。

5.7.3.8.4 负责项目监理部经营。

5.7.3.8.5 完成分管领导安排的其他监理工作。

5.7.3.9 资料组

5.7.3.9.1 接受分管领导管理。

5.7.3.9.2 负责工程资料之监理。

5.7.3.9.3 负责工程信息监理。

5.7.3.9.4 负责项目监理部内部资料管理。

5.7.3.9.5 完成分管领导安排的其他监理工作。

5.7.3.10 后勤组

5.7.3.10.1 接受分管领导管理。

5.7.3.10.2 负责项目监理部食堂、劳保、办公、生活等采购及管理。

5.7.3.10.3 负责项目监理生活、办公后勤管理。

5.7.3.10.4 负责项目监理部车辆管理。

5.7.3.10.5 完成分管领导安排的其他工作。

5.7.4 专业组原则性界面分工

5.7.4.1 根据总监负责制原则，总监理工程师的工作是带领全体项目监理部职工全面完成监理合同工作，总监理工程师向业主负责，向监理公司负责（监理公司向集团公司负责)。

5.7.4.2 副总监带领分管专业组全面完成专业组分工，向总监负责。

5.7.4.3 专业组长带领专业组成员全面完成专业组工作，向主管总监或副总监负责。

5.7.4.4 职工个人全面完成个人分管工作，向组长负责。

5.7.4.5 副总监之间的工作配合由知情人主动向未知情人传达配合要求，相互配合，如对配合工作（内容、深度、分工、程序、方式、文法等）意见分歧，由总监协调。“知情人”概念：某副总监在处理分管专业工作时，需要另一个副总监的配合，则“某副总监”主动向“另一个副总监”提出配合要求，“某副总监”为知情人。

5.7.4.6 组与组之间的工作配合由知情人向未知情人传达配合要求，相互配合，如意见分歧，报告分管副总监，由副总监协调。

5.7.4.7 专工与专工之间的工作配合由知情人向未知情人传达配合要求，相互配合，如意见分歧，报告组长，组长协调。

5.7.4.8 “知情人”未主动提出配合要求，导致的工作责任由“知情人”负责。

5.7.4.9 调试专业组代表项目监理部参加调试会议，调试会议上分配给项目监理部各专业组的工作，由调试组人员直接通知相关专业组长，相关专业组长积极处理；相关专业组长对会议分工有不同意见和建议时，向主管专业副总监报告，专业副总监及时处理。报告及处理过程不得影响工程顺利进行。调试专业组全面检查调试会议，其他技术组根据会议性质选择性参加，由领导视情况安排。

5.7.4.10 机、炉、电、热专业组负责单机调试条件检查及签证和试运验收及签证；分部试运和整套启动条件检查及调试质量验收的“五方签证”由调试组负责组织，包括组织其他单位和项目监理部其他专业组。对于项目监理部的调试监理工作，由调试专业组负责组织项目监理部其他相关专业组进行分部试运和整套启动条件检查，并集合、整理各专业组意见和建议，实施条件签证；调试专业组负责组织项目监理部其他相关专业组进行分部试运和整套启动验收，并集合、整理各专业组意见和建议，实施验收签证。

5.7.4.11 副总监工作忙而工作时间不足时，分解一部分工作由总监承担，如分担调试监理的组织工作、分担管理某一个或多个安装专业组等。

5.7.4.12 正确与错误不是绝对的，每个人的理解不一样，项目监理部各级领导人、各组之间分工不分家，所以，必须执行“上级服从下级”的组织原则；所有部门、人员必须积极完成上级领导安排的其他工作，服从上级领导的协调决定。

5.7.4.13 总监负责书面制定总监、副总监原则性分工；总监、副总监休假期间的工作代理办法由总监与副总监协商确定，形成书面分工。

5.7.4.14 根据监理规范，除下列工作签证外，总监可将其他工作委托给副总监。总监根据其专业特点、副总监专业特点及工作量大小，进行书面委托。

必须由总监理工程师签证的项目：主持编写监理规划，审批监理实施细则；签发工程开工/复工报审表、工程暂停令、工程支付证书、工程竣工报验单、工程中间交接证书；审核签认竣工结算；调解建设单位与承包单位的合同争议、处理索赔、审批工程延期；根据工程项目的进展情况进行监行人员的调配，调换不称职的监理人员。

5.7.4.15 土建工序向安装移交时，项目监理部的组织工作由土建组带头，联系相关安装组共同检查移交条件；安装工序向土建移交时，项目监理部的组织工作由安装组带头，联系土建组共同检查移交条件。两组之间对移交条件意见不一致时，按照第5.6.2.6条和第5.6.2.7条执行。

5.7.4.16 当一个工作（如单位工程验收、系统试运条件检查等）必须由多个专业组共同实施时，主专业组负责组织其他专业组，其他专业组不得拒绝主专业组的组织工作。主专业组概念：带电条件检查和质量验收，则电气组为主专业组；输煤系统检查，锅炉组为主专业组；土建单位工程验收检查，土建组为主专业组；锅炉水压、酸洗条件检查、质量验收，锅炉组为主专业组；汽机冲管条件检查及质量验收时，汽机组为主专业组等等。当无法明显判断主专业组时，由总监或副总监临时确定。

5.7.4.17 项目监理部专业组之间的工程范围分工必须以书面形式表示，尽量细化。强调指出：项目监理部专业组分工原则是按照工程专业性质分工。注意下列特点：施工图纸上有专业性质的表示，项目监理部可以根据图纸对专业性质的表示进行图纸分配，也就是工程范围分工。电建施工及验收规程中对工程范围的专业性质分工明确，这也是项目监理部专业分工的依据。考虑到专业签证，项目监理部专业分工不因为下列特殊情况而进行调整：电厂专业分工（不是严格按照图纸和电建规程进行分工的，特别是电气与热工之间常有变化）；有些施工单位单位将烟道安装分配给安装工地（工区），但按照图纸和电建规程，这是土建工程范围，所以必须要求施工单位按照土建规程施工并签写验收评定资料等，而不应该按照安装（锅炉专业）形式签证；特殊消防工程原则上是土建专业范围，但热工技术含量较高，项目监理部必须让热工专业组配合土建组完成自动控制部分的检查验收。

5.7.4.18 施工机具安装、拆卸技术、安全监理工作划分给安监组，重点控制安全。

5.7.4.19 设备质量开箱检查验收，对应专业负责。如果设置物资专业组，则组织工作由物资专业负责，如果不设置物资专业组，组织工作由安装副总监负责。

5.7.4.20 图纸催交工作由对应专业组负责，综合图纸催交，由安装副总监负责组织；设备催交分工类似。

5.7.4.21 项目监理部与业主之间的管理分工，视业主管理而定，服从业主管理，特别是施工协调、力能管理方面的工作，项目监理部必须尽快观察业主的意向，主动提出分工界线，并尽量多的承担各方面工作。

5.8 项目监理部人员配备计划

5.8.1 项目监理部人员配备原则

5.8.1.1 满足工程监理需求；业主满意。

5.8.1.2 满足项目监理部内部管理需求。

5.8.1.3 人员素质满足监理工作需求，在此基础上，根据管理公司安排，培养新人。

5.8.2 人员计划

根据工程实际开始时间和进度计划，项目监理部拟定人月计划表。此表作于2010年1月，以实际情况分析，2010年3月1日开始主厂房土方开挖。最终开始时间还可能调整，建议项目监理部人员计划相应调整。

5.8.3 人员来源

5.8.3.1 首先使用正式职工，其次使用代理职工，然后使用借调、返聘职工。

5.8.3.2 尽量使用正在从事监理工作的人员。这些人员刚从其他项目撤离，有经验。

5.8.3.3 尽量让公司安排，一方面能满足8.3.1条，另一方面，有利于监理公司对人员的管理工作（有利于实现培养计划，有利于解决监理公司人员压力）。

5.8.3.4 管理公司供给不能满足项目监理工作时，总监自行寻找合适人员。但必须服从监理公司管理，办理相关工作手续。

5.8.4 说明

5.8.4.1 项目部人员的进点时间、撤离时间、人员多少、人员素质必须满足工程监理需要，这是原则。本人员计划是根据以往工程经验编制而成，经监理公司同意，总监可根据工程实际监理情况进行调整。如果业主对人员提出建议，努力满足业主要求。

5.8.4.2 顾问是监理公司的顾问，该人员在监理公司工作，需要时，临时去现场。顾问有指导项目监理部的职责与权利。因此，将顾问列于在该人员计划表中。

5.9 岗 位 职 责

5.9.1 机、炉、电、热、土、焊、调专业组（统称技术组）监理工程师岗位职责

5.9.1.1 施工技术管理职责

技术组监理工程师对于施工技术文件的管理、控制可以分为两种情况，一种是编写技术文件，由主管领导审查；另一种是审查其他参加单位、特别是施工单位的技术文件。编写的形式有两种，一种是个人编写，另一种是联合编写。

5.9.1.1.1 参与编写监理规划。

5.9.1.1.2 主持编写本专业监理细则。

5.9.1.1.3 编写监理部技术措施文件（如“冬季施工主要工程和关键工程监理控制措施”、“混凝土质量监理控制措施”、“建筑装饰原则性质量控制要求”、“小管道二次设计监理控制措施”等）。

5.9.1.1.4 组织、主持本专业“单元工程”技术质量专业会议，落实施工单位保证措施，确定监理控制措施。本会议要求施工单位操作一线主要人员参加，使他们亲自感觉业主和监理对施工技术、质量的管理要求，提高他们技术管理及施工质量意识。

5.9.1.1.5 对于重大、较大技术管理问题，编写监理工程师通知单、监理工作联系单、停工整改单等监理文件。

5.9.1.1.6 组织、主持施工图纸会审会议并出纪要，建立专业图纸会审台账。

5.9.1.1.7 主持或参加各专业联合图纸会审会议，并编写纪要。

5.9.1.1.8 审查设计变更和变更设计并建立专业图纸变更、变更设计台账。

5.9.1.1.9 参加业主编写的“施工组织总体设计”审查会。

5.9.1.1.10 参加施工单位“施工组织设计”和“专业施工组织设计”审查会。如果业主要求，项目监理部组织、主持此会议。

5.9.1.1.11 审查施工单位，包括调试单位的施工方案、作业指导书、施工技术措施等技术文件，包括设备、材料技术文件，设备、材料保管方案及措施等。

5.9.1.1.12 审查施工单位关于施工技术的工作联系单和其他施工技术文件。

5.9.1.1.13 参加初设审查、司令图审查会议。

5.9.1.1.14 参加设计联络会议。

5.9.1.1.15 参加工程创优规划的编写与审查。如果业主要求，项目监理部总监或副总监主持编写创优规划。

5.9.1.1.16 参加技术质量例会并负责本专业技术质量例会工作，如通报施工单位施工技术应用方面存在的问题并提出对问题的整改意见和建议，提出施工技术管理要求等。根据领导安排编写技术质量例会纪要。

5.9.1.1.17 根据领导安排，参加所有业主主持的施工技术会议。

5.9.1.1.18 审查施工单位施工技术组织机构及人员配备、管理文件。

5.9.1.1.19 为了搞好以上工作，必须全面仔细阅读工程的图纸；掌握国家、地方、行业相关规程、规范、标准、办法、条例；掌握现场管理文件，如制度、标准、业主及上级单位管理文件；掌握监理公司、项目部管理制度、办法、程序等。

5.9.1.1.20 在施工技术管理过程中，及时向主管领导汇报存在问题或者问题倾向并提出预防方案，以便主管领导解决问题，引导现场技术管理的正确方向。

5.9.1.1.21 审核施工单位检验和试验资质，检验人员上岗资质、检验方案或方法。

5.9.1.1.22 审核竣工图及其他设计院技术文件资料。

5.9.1.2 工序质量管理职责

5.9.1.2.1 工序质量检查验收

5.9.1.2.1.1 编写或审查单位工程项目验收评定划分表。必须时，编写或审查分项工程的质量控制点：H 停工待检点；S 现场见证点；W 资料见证点。

5.9.1.2.1.2 根据项目验收评定划分表，对四级验收项目（四级验收项目即监理验收项目）进行专项检查并签证。

5.9.1.2.1.3 对三级及三级以下验评项目进行巡视检查。

5.9.1.2.1.4 审查施工单位三级验收组织及施工质量检查验收文件。

5.9.1.2.1.5 对审查、验收、检查时发现的问题，提出整改意见和建议，必要时编写并发放监理工程师通知单位，甚至停工整改单。

5.9.1.2.1.6 对于怀疑的工序，进行剥离检查。

5.9.1.2.1.7 对于不合格工序，按照国家规程、规范、标准和项目管理制度、程序以及“四不放过原则”进行处理。（四不放过原则：质量问题原因分析不清楚不放过；整改措施未编写或不合格不放过；责任人未受教育及处罚处理不放过；职工干部未经教育而不能汲取教训不放过。）

5.9.1.2.1.8 检查验收隐蔽工程并签证。

5.9.1.2.1.9 组织或参加分部工程、单位工程观感评定打分。

5.9.1.2.1.10 组织或参加分项工程、分部工程、单位工程验收评定，包括对工程资料的检查验收评定。

5.9.1.2.1.11 审核施工单位检验和试验资质，检验人员上岗资质、检验方案或方法（重复但保留）。

5.9.1.2.1.12 检查验收施工工艺质量，控制施工工艺符合既定要求，保证全现场观感质量。

5.9.1.2.1.13 检查单机、分部试运、整套启动试运条件，验收并签证试运结果。（与设备管理内容重复）。

5.9.1.2.1.14 分部试运和整套启动试运后，检查消缺项目，并提出整改意见和建议，监督施工单位、设备供应单位、设计单位等责任单位整改并进行闭合签证。

5.9.1.2.2 设备和材料质量控制职责

5.9.1.2.2.1 如果业主要求，审查设计院编制的设备技术规范书，审查技术招标技术文件。

5.9.1.2.2.2 如果业主要求，参加设备、材料招标，选择优秀设备和材料生产企业并控制设备技术及质量参数。

5.9.1.2.2.3 如果业主要求，审查设备运输、装卸方案，防止此过程损坏设备。

5.9.1.2.2.4 如果业主要求，审查设备保管技术措施；审查材料保管技术措施。

5.9.1.2.2.5 参加设备进厂开箱检查并对检查结果进行记录。

5.9.1.2.2.6 审查单机试运条件并对单机试验进行质量检查验收签证。

5.9.1.2.2.7 服从试运指挥部指挥，及时组织或参加并高质量地检查分部试运、整套试运条件并签证。

5.9.1.2.2.8 对验收、检查项目发现的问题，提出整改意见和建议，必要时编写并发放监理工程师通知单、停工整改单。

5.9.1.2.2.9 对于材料，审查材料合格证明，材质证明；监督施工单位对材料进行进厂复试并见证取样；必要时参加送样；审查复试报告的符合性。

5.9.1.2.2.10 对于重要的，关键的、怀疑的材料进行平行检查：监理部自行取样、送样，并选择不同的、有资质的检测单位。费用由业主承担。

5.9.1.2.2.11 按照国家规程、规范、标准和工程项目管理制度及工程管理程序处理设备、材料质量问题。

5.9.1.2.2.12 对于各种材料的性能试验进行监督，防止试验项目漏项或检验子目漏项，确保按照国家规程、规范、标准进行相关试验并合格。

5.9.1.2.2.13 对于钢材焊接、机械连接性能试验等，监督到位，按照规程、规范、标准进行相关试验并合格。

5.9.1.3 安全管理职责

5.9.1.3.1 审查施工单位施工方案或作业指导书中的安全技术（因为专业性较强，安监组无法审查），不合格不通过。（同时，安监组检查安安措施及安全内容的全面性。）

5.9.1.3.2 四级项目检查验收和隐蔽工程检查验收时，检查施工作业范围内的安全条件（安全设施）。安全条件不合格，视为分项工程（检验批）不合格，不同意进入下道工序。

5.9.1.3.3 巡视检查（包括对四级验收项目的过程检查，三级以下验收项目的各种检查）时，如果发现安全问题，向施工单位提出整改要求，施工单位不执行，报告监理部安监组；重大安全问题，立即通知安监组，必要时，口头要求停工，并进入处理程序。

5.9.1.3.4 根据安监组要求，协助安监组处理专业性较强的安全问题。

5.9.1.3.5 根据领导安排，参加安全联合大检查，重点检查专业范围内安全隐患并提出专业整改方案。

5.9.1.3.6 每一个技术组专工均为兼职安全员，履行上述安全职责。必要时，代替专业安监员履行安监员职责。

5.9.1.3.7 检查试运条件时，同时检查试运安全条件并提出整改要求，监督施工单位整改闭环。

5.9.1.3.8 试运过程和整套试运完成后，组织或参与、监督、检查施工单位消缺。

5.9.1.4 进度控制职责

5.9.1.4.1 根据领导安排，编制分管工程项目的进度计划，或单独使用，或作为整体计划的一部分使用。根据计划组要求，配合计划组编制进度计划。审查施工单位各级进度计划，使其符合一级进度计划。

5.9.1.4.2 了解分管工程项目的进度计划，当发现实际进度落后于计划进度时，分析原因并向主管副总监汇报（普通专工向组长汇报，组长向主管总监或副总监汇报，普通专工也可以直接向主管总监或副总监汇报）。当主管领导（组长、副总监，总监）问及分管工程项目进度时，有责任及时、正确回答。从“人、机、料、法、环、资、管”等几个方面及环节分析进度滞后原因并提出整改意见和建议报告主管领导。

5.9.1.4.3 根据施工进度计划审查设备、图纸进度计划，提出设备和图纸交付时间要求，提出问题和解决方案，向责任单位提出监理的管理要求。

5.9.1.4.4 及时组织图纸会审，及时进行工程质量验收，及时处理技术、质量问题，及时协调影响施工进度的问题等，为施工单位顺利施工创造条件。不得因自己的监理工作未及时完成而影响施工进度，否则就是失职。

5.9.1.4.5 完成以上进度职责的情况下，监理工程师不对工程进度滞后负责。同时，不得牺牲工程质量和施工安全而抢工程进度。

5.9.1.5 资料管理职责

5.9.1.5.1 及时完成监理文件的编写，满足工程管理的时间要求。

5.9.1.5.2 按照管理要求的既定格式和要求编写监理文件。

5.9.1.5.3 审查施工单位或其他单位的文件时，除审查内容的正确性、完整性、工整性外，审查其格式，格式不正确，视为文件不合格，向责任单位提出整改要求。

5.9.1.5.4 按照管理要求，在规定的时间内审查施工单位或其他单位工程文件，及时送往资料室。

5.9.1.5.5 对于来文及时回复，不允许压放项目监理部和其他单位的工程文件。

5.9.1.5.6 对于传阅资料，及时阅读，及时延续传递。

5.9.1.5.7 管理好专业组工程资料（如各种台账等），有条有理，方便查阅。

5.9.1.6 合同管理及造价控制职责

5.9.1.6.1 每个职工必须阅读监理合同文件；必须阅读施工合同和相关合同。

5.9.1.6.2 按照合同条款履行监理职责。特别是预算外工程签证，不符合合同条件，不签证。但是，专业组监理工程师签证并不意味着签证的工程量就是预算外工程量，技术专业组签证后，进一步由计划组根据合同条件审查是否符合预算外合同条件，不符合，不签证，则该工程量签证不作为预算外工程量支付。

5.9.1.6.3 根据合同条件审查工程延期、工程变更、设计变更和变更设计文件、费用索赔等特别事件，并按照合同程序进行审批。

5.9.1.6.4 按照合同要求实施进度控制、技术控制、质量控制、安全控制、资料管理、施工协调。合同是项目监理部所有工作的依据。

5.9.1.6.5 签证工程量时，必须在第一时间内进行现场检查，防止过期检查时，工程量发生较大变更而无法证明，进而导致不合理签证。

5.9.1.6.6 认真记录特别工程项目的设计、设备、场地交付、施工机械、施工人员数量、施工时间，以便真实签证施工单位可能的索赔。每个专工要有这个意识，平时不注意，不记录，施工单位提出相关索赔时，就无法顺利解决问题。

5.9.1.6.7 履行对管理公司的工作合同。

5.9.1.7 施工协调职责

5.9.1.7.1 负责分管工程项目施工协调工作，争取自己解决问题。并向主管领导汇报协调结论。

5.9.1.7.2 如果解决不了分管工程项目的施工协调问题，及时向主管领导汇报，根据主管领导的要求实施施工协调。

5.9.1.7.3 土建工程向安装工程移交时，土建组组织并主持两个单位之间不同工序之间的工序交接，安装组配合检查；安装工程向土建工程移交时，安装组组织并主持两单位之间不同工序之间的工序交接，土建组配合参加。两个或多个专业意见不合时，由组织者向主管领导汇报。组织工序移交工作包括组织多单位，移交单位和接受单位检查移交条件，监理人员协调两个单位之间的不同意见和建议等。

5.9.1.7.4 要求专业工程师理性地站在监理部立场上进行施工协调，不得感情用事。

5.9.1.7.5 合理安排交叉施工作业。

5.9.1.8 调试职责

5.9.1.8.1 负责单机试运条件检查及问题整改。根据计划对单机试运进行旁站监督检查并进行合格签证。

5.9.1.8.2 组织或参加分部试运联系检查（目前流行“五方签证”，监理调试组负责组织施工单位、调试、设备、业主、监理相关专业组五方检查并签证）并监督检查责任单位整改。根据试运指挥部分工或自行安排对重要项目进行旁站、过程检查并进行合格签证。

5.9.1.8.3 组织或参加整套启动试运条件联系检查并监督责任单位整改问题。根据试运指挥部分工或自行安排对重要项目进行旁站、过程检查并进行合格性签证。

5.9.1.8.4 根据领导安排参加试运值班并做好值班记录。

5.9.1.8.5 根据领导安排，收集、整理试运过程中的问题并按程序完成审查，发相关单位整改并检查整改完成情况，向试运指挥部汇报。进行这项工作的人员叫消缺值长，全过程值班。

5.9.1.8.6 组织或参加专业问题专题讨论会议，提出处理方案或建议。

5.9.1.9 其他职责

本章其余内容见光盘。

第6章　黄陵矿业集团2×300MW低热值资源综合利用电厂工程施工阶段监理实施细则

6.1 《工程建设标准强制性条文》监理实施细则

6.1.1 编制依据

6.1.1.1 《建设工程监理规范》(GB 50319—2000)。

6.1.1.2 本工程监理合同。

6.1.1.3 业主招标文件。

6.1.1.4 监理公司投标文件。

6.1.1.5 业主发布的《施工组织设计大纲》。

6.1.1.6 西北电建监理公司《质量、环境及职业健康安全体系管理手册》(2009-05-30)。

6.1.1.7 西北电建监理公司《质量保证手册》(Q/JL20101—2001)。

6.1.1.8 本工程监理大纲。

6.1.1.9 本工程监理规划。

6.1.1.10 下列国家规程、规范、标准、条例、办法:

(1)《建设工程质量管理条例》(国务院令第279号)。

(2)《建设工程安全生产管理条例》(国务院令第393号)。

(3)《建设工程勘察设计管理条例》(国务院令第293号)。

(4)《电力监管条例》(国务院令第432号)。

(5)《生产安全事故报告和调查处理条例》(国务院令第493号)。

(6)《特种设备安全监察条例》(国务院令第373号)。

(7)《关于开展电力工程建设标准强制性条文实施情况检查的通知》[国家电监会办公厅、建设部办公厅电输(2006)8号]。

(8)《电力建设工程质量监督检查大纲(火电、送变电部分,2005版)。

(9)《实施工程建设强制性标准监督规定》(建设部令第81号,2000.8.25)。

(10)《电力建设安全工作规程》(第一部分:火力发电厂DL 5009.1—2002)。

(11)《电力工程达标投产管理办法》(中国电力建设企业协会,2006年版)。

(12)《工程建设标准强制性条文》(电力工程2006年版,建筑工程2009年版)。

(13)《建设工程强制性条文执行表格》(电力工程部分,含建筑工程)。

(14)其他国家及行业有关电力工程建设的技术与管理方面的规范、规程、标准。

6.1.2 监理工作流程

执行"强条"的工作流程:

第一步,项目监理部组织施工单位学习"强条"并讨论落实"强条"措施,使施工单位管理层及相关管理人员了解掌握"强条",掌握落实"强条"的方式方法,了解监理的控制措施等。

第二步,项目监理部编制"强条"监理实施细则并报业主审批;施工单位编写"强条"实施计划(依据并参照《建设工程强制性条文执行表格》(电力工程部分,含建筑工程),简称"强条表格")并报项目监理部审批。

第三步,施工单位根据"强条"实施计划在工程施工单位过程中实施"强条",项目监理部根据"强条"实施细则开展"强条"监理工作。

第四步,施工过程中,对于"强条"实施过程中存在问题,项目监理组织各方讨论商定,确定解决方案并实施;对于施工单位的问题,项目监理部提出整改要求并闭合;项目监理部接受业主和上及单位的检查并整改问题。

第五步,工程施工过程中和工程竣工后,根据业主要求,项目监理部编制"强条"实施报告。

第六步,工程施工过程中和工程结束后,总结"强条"实施经验与教训,持续改进。

6.1.3 监理工作控制要点及目标

6.1.3.1 "强条"监理工作标准化

按照中国电力企业联合会制定的《建设工程强制性条文执行表》建立的工作体系落实《建设工程标准强制性条文》,使该工作有组织、有计划、有步骤地进行,保证《建设工程标准强制性条文》的全面实施。

监理目标为:《建设工程强制性条文》"执行计划"在工程开始前完成并通过审批;《建设工程强制性条文》"记录表"与每一个分项工程验评同时完成;《建设工程强制性条件》"检查表"与每一个分部工程验评同时完成。

同时,在严格遵守《建设工程标准强制性条文执行表》编号的同时,项目监理部对每一类"表格"建立工程识别编号。

6.1.3.2 监理工作全面化

在监理过程中,全面执行下列国家和行业管理条例,避免将《建设工程标准强制性条文》孤立起来,使监理工作体系化、全面化。

国家和行业主要"管理条例"有:

(1)《建设工程质量管理条例》(国务院令第279号)。

(2)《建设工程安全生产管理条例》(国务院令第393号)。

(3)《建设工程勘察设计管理条例》(国务院令第293号)。

(4)《电力监管条例》(国务院令第432号)。

(5)《特种设备安全监察条例》(国务院令第373号)。

(6)《电力建设工程质量监督检查大纲(火电、送变电部分,2005版)。

(7)《实施工程建设强制性标准监督规定》(建设部令第81号,2000.8.25)。

(8)《电力建设安全工作规程》(第一部分:火力发电厂DL 5009.1—2002)。

(9)《电力工程达标投产管理办法》(中国电力建设企业协会,2006年版)。

(10)《工程建设标准强制性条文》(电力工程2006年版,建筑工程2009年版)。

6.1.3.3 保证"强条"执行效果

通过教育,使每一位监理工程师均能够按照"强条"执行体系认真监理，坚决反对形式主义，保证每一款“强条”的实施与记录。特别强调，坚决杜绝过程中不作为，工程结束时，急急忙忙补资料的现象。

6.1.4　监理工作方法及措施

6.1.4.1　成立项目监理部实施“强条”领导小组

6.1.4.1.1　组织机构。

建立项目监理部“强条”实施领导小组如下：

组长：总监理工程师魏安稳。

常务副组长：安装副总监理工程师游天栋。

执行组长：各专业组长（包括安监组、汽机组、锅炉组、电气组、热工组、土建组、焊接组、线路组—如果线路由我们监理、资料组）；成员：各专业组全部成员。

6.1.4.1.2　职责。

组长：建立“强条”实施领导小组；全面领导项目监理部“强条”监理工作；组织编写“强条”监理实施细则；建立“强条”实施措施；推动施工单位有效实施“强条”；指导、检查土建组、资料组、安监组“强条”监理实施工作；组织项目监理部全体技术专工学习、掌握“强条”；与业主建立互为补充的对施工单位实施“强条”的管理体系；落实业主对项目监理部的管理要求；对施工单位“强条”实施情况进行阶段性检查（土建分部工程“强条”实施检查）。

常务副组长：负责对项目监理部和施工单位日常“强条”实施的管理工作；检查、指导各安装组“强条”监理实施工作；对施工单位“强条”实施情况进行阶段性检查（安装分部工程“强条”实施检查）；总结项目监理部“强条”监理经验与教训，编写“强条”监理工作报告。

执行组长：全面负责专业组监理范围内施工单位“强条”实施情况的监督员、检查；分项工程检查验收的同时检查验收“强条”实施情况并对问题进行整改控制；建立“强条”检查、整改台账。

成员：对主管工程项目的“强条”实施情况进行检查，并对问题进行整改控制；完成执行组长安排的其他工作。

6.1.4.1.3　业主建立“强条实施领导小组”时，可将本组织机构作为一个层次纳入其“强条实施领导小组”之中并付与其职责。

6.1.4.2　事先控制

6.1.4.2.1　通过会议组织施工单位学习“强条”知识，并做好会议纪要。会议纪要形成对监理部和施工单位的约束，监理和施工单位共同遵守，保持并维护“强条”实施秩序。

6.1.4.2.2　编写“强条”监理实施细则并组织学习，规范监理工程师行为，规范监理活动。

6.1.4.2.3　要求施工单位依据并参照“执行表格”编写“强条执行计划”并对标准的文件格式报项目监理部审批。项目监理部将依据“执行表格”和工程特点进行审批并提出意见和建议。通过后，报业主备案，过程中落实。

6.1.4.2.4　图纸会审时，要求设计院针对设计“强条”针对性交底，使监理工程师和施工单位技术、质量管理人员了解设计“强条”，促进施工过程中落实“强条”。

6.1.4.2.5　对于工程设备和材料质量，进行事前检查，注重“强条”检查，合格后方可开工，防止不合格设备和材料用于工程之中。

6.1.4.2.6　根据《建设工程质量管理条例》，审查施工单位资质及其分包商资质，审查分包范围等，对于违反《条例》事件，提出整改要求并进行控制。

6.1.4.2.7　要求施工单位编制的“作业指导书”中编写“强条”落实措施，其中包括技术、质量措施和安全措施。

6.1.4.2.8　“6.1.4.1.3～6.1.4.1.7”是项目监理部审批施工单位开工申请报告的必备条件。对于使用大型起重机具的工程项目，审批开工报告时，还必须审查大型起重机具的安全条件。

6.1.4.2.9　对于业主关于“强条”的管理要求，制定计划，全面落实。

总之，项目监理部将依据国家、行业相关文件（主要为本文编制依据中所列文件）审查开工条件，对不符合项提出整改要求，否则不同意开工。

6.1.4.3　事中控制

6.1.4.3.1　事前控制中关于设备和材料的控制，也是事中控制工作内容。特别是材料，许多情况下是施工过程中陆续进料，所以必须过程控制，不合格不得使用。

6.1.4.3.2　验收评定每一个分项工程质量时，施工单位必须填写好“强条记录表”，与分项工程检验评定表同时提交监理。否则，监理工作师可以拒绝验收。

6.1.4.3.3　监理工程师对于分项工程（或其检验批）必须逐条全面检查，并突出“强条”，不符合“强条”标准，坚决不允许进入下道工序。

6.1.4.3.4　日常巡视检查过程中，监理工程师要及时检查、监督分项工程（或其检验批）质量及“强条”执行情况，及时发现问题苗头，以便施工单位整改，防止积重难返。同时缩短节点验收过程，有利于工程进度。

6.1.4.3.5　对于过程中发生的较大问题，监理工程师及时以“强制性条文不符合项监理工程师通知单”的形式向施工单位提出整改要求，限期整改并进行闭合检查。

6.1.4.3.6　过程中注意“强条”资料的管理与控制，要求与工程同步完成。

6.1.4.4　事后控制

6.1.4.4.1　每一个分部工程完工后，施工单位必须填写“强条检查表”，总监或副总监组织对该分部工程“强条”执行情况的检查，合格后签证。对于不合格项目，项目监理部以“监理工程师通知单”的形式提出整改要求，限期整改并进行闭合检查，整改合格后签证。

6.1.4.4.2　监理过程中，项目监理部将阶段性总结“强条”执行情况，总结经验教训，不断提出监理水平，持续改进监理方式方法。

6.1.4.4.3　工程竣工后，项目监理部全面总结“强条”执行情况，总结经验教训，编写“强条”执行报告并报业主。

6.1.4.4.4　对于不服从管理的施工单位按照“工程项目管理处罚办法”进行处罚教育；对于不符合事件按照“工程项目管理处罚办法”进行处罚教育。本处罚不能代替政府管理部门按照《工程建设质量管理条件》对施工单位实施的处罚。

6.1.4.5　加强“强条”知识学习，掌握实施“强条”方式、方法

电厂工程的特点之一是，施工单位不是同时进厂，更不是同时开始施工，因此，项目监理部组织施工单位学习“强条”将根据施工单位进点时间分多次进行；同时，执行“强条”过程中，将对问题进行针对性学习。所以，项目监理部组织施工单位学习“强条”的工作是长期，持续的。虽然政府推行“强条”已有十年历史，但有些施工单位在执行“强条”方面还普遍存在不足，所以，学习是必要的。项目监理部除自身组织施工单位学习外，还要求施工单位有计划的组织学习并做好记录。总之，项目监理部通过持续地组织学习“强条”、监督施工单位组织学习“强条”，使现场相关管理人员熟悉“强条”、掌握“强条”、熟练实施“强条”并进行记录。

6.1.4.6 加强“强条”实施记录标准化管理

要求施工单位依据并参照中国电力企业联合会编制的“强条表格”编制“强条”实施计划、制定“强条”执行记录表和“强条”检查表。同时，项目监理部在遵从“强条表格”的前提下，增加项目识别编号，要求施工单位一并实施。通过对“执行表格”的监理控制，促进工程施工实施“强条”，并使“强条”在本工程项目上有计划、有条理，全面、科学地实施。

6.1.4.7 注重过程监理，做好阶段性检查

几乎每一个分项工程（或其检验批）中均包括“强条”内容，所以，项目监理部必须注重过程监督、检查。具体地讲，在监督、检查、验收每一个分项工程（或其检验批）时，必须同时监督、检查、验收“强条”实施情况并及时整改问题。在过程监督员、检查、验收的基础上，每一个分部工程完工后，针对此分部工程的“强条”执行情况进行阶段性性检查。阶段性检查是对“强条”执行过程中可能存在的问题进行检查并整改处理，同时，是对“强条”执行过程的总结性检查，总结经验与教训，以利持续提高。

“强条”包含在对分项工程（或其检验批）的验收标准之中，要求监理工程师在对分项工程的质量检查中突出“强条”检查，但不能忽略非“强条”条目的检查。

6.1.4.8 注意总结经验教训

“强条”可能是建设工程法律条例的过度，十分重要并具有特殊意义。黄陵电厂项目监理部将注意总结经验教训，不断提高“强条”方面的监理水平，持续改进监理工作方式方法，争取为业主和社会做出最好的监理服务，同时为企业在市场竞争中提供有力支撑。黄陵项目监理将组织编制强制性条文的培训计划，并申报两万元的培训经费，在过程中进行专业的强制性条文培训，提高监理水平。

6.1.5 附件

6.1.5.1 强制性条文执行表格填写说明。

6.1.5.2 黄陵矿业集团有限责任公司（2×300MW）低热值资源综合利用电厂工程强制性条文执行表格编号编制规定。

6.1.5.3 强制性条文执行计划报审表。

6.1.5.4 强制性条文整改通知单。

6.1.5.5 强制性条文整改通知回复单。

附件 1

强制性条文执行表格填写说明

（1）火力发电工程建设标准强制性条文执行表格共有四种表格，即：（施工单位编制）强制性条文执行计划表、强制性条文执行记录表、强制性条文执行检查表、（业主单位编制）强制性条文执行内容执行验收汇总表。

（2）强制性条文执行计划表向监理报审，报审形式类似于验评项目划分报审，根据工程实际情况可进行增减。

（3）强制性条文执行记录表由施工单位质检员根据计划表中需检查的分项工程项目及时填写，专业监理工程师负责检查签证。

（4）强制性条文执行检查表：在分部工程验收时，由总监理工程师（副总监理工程师）对该分部工程强条执行情况组织检查，项目总工对检查结果进行签认。

（5）强制性条文执行汇总表由建设单位组织，按照单位（子单位）工程分别填写，其中执行情况按照分部工程中各分项工程应执行的强制性条文个数进行汇总；应验收项目按照质量验评范围表中单位（子单位）工程中监理验收的项目汇总。

附件 2

黄陵矿业集团有限责任公司（2×300MW）低热值资源综合利用电厂工程强制性条文执行表格编号编制规定

为满足本工程各施工单位在工程建设过程中强制性条文执行表格编制的需要，做好工程强制性条文文件的审核验收等工作，特制定如下具体办法：

（1）编号形式。

1）专业代号编码如下：

TJ——土建；GL——锅炉；QJ——汽机；DQ——电气；SJ——设计；GD——管道；HS——水处理及制氢；HJ——焊接。

2）工程编号编制形式如下（其中：X——代表字母，N——代表数码）：

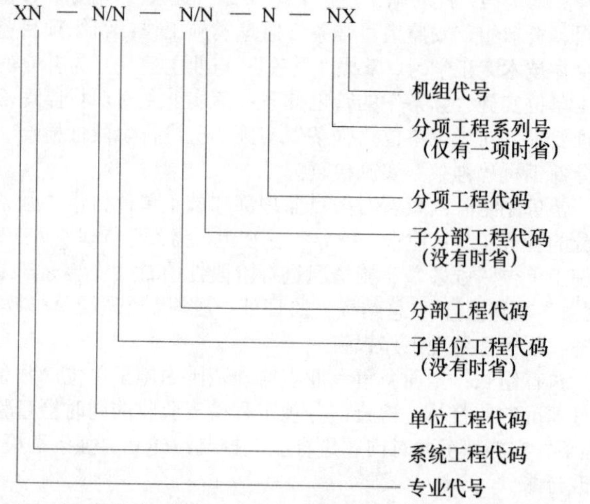

3）机组代号表示如下：A——#1 机组；B——#2 机组；X——公用系统。

（2）为防止造成误解，对工程进行编号时，单位工程至检验批部分按照“略小不略大”的原则进行，即：当以代码表示单位工程时仅用“XN—NX”表示；当表示分部工程时以“XN—N/N—NX”表示。最后一个代码总是字母以表明所属机组。

附件 3

强制性条文执行计划报审表见表 6-1-1。

表 6-1-1　　强制性条文执行计划报审表

表号：HMD-A-19 续 QT

编号：

工程名称		工程编号	
主　送		抄　送	
我单位已完成＿＿＿＿＿＿＿＿工程强制性条文执行计划表，现报上，请审定。审定后，我单位将正式出版。 附件：《强制性条文执行计划表》 承包商（章）： 负责人：　　经办人：　　年　月　日			

续表

工程名称		工程编号	
主　送		抄　送	
监理部审查意见： 监理部（章）： 总监理工程师：　　监理工程师：　　年　月　日			
业主审查意见： （章）： 负责人：　　经办人：　　年　月　日			

注　本表由承包商填报，一式 5 份，自存 3 份，业主、监理部各存 1 份。

附件 4

强制性条文整改通知单见表 6-1-2。

表 6-1-2　　强制性条文整改通知单

表号：HMD-A-29 续 QT

编号：

工程名称		工程编号	
主　送		抄　送	
整改内容： 监理部（章）： 总监理工程师：　　监理工程师：　　年　月　日			

注　本表由监理部填写，一式 5 份，自存 3 份，业主、承包商各存 1 份。

附件 5

强制性条文整改通知回复单见表 6-1-3。

表 6-1-3　　强制性条文整改通知回复单

表号：HMD-B-04 续 QT

编号：

工程名称		合同编号	
主　送		抄　送	
致： 我单位收到________号强制性条文整改通知单后，已按要求整改完毕，请予复查。 附件：整改情况 整改单位（章）： 项目负责人：　　经办人：　　年　月　日			
监理部复查意见： 监理部（章）： 负责人：　　年　月　日			

注　本表由承包商填报，一式 4 份，自存 3 份，监理部存 1 份。

6.2　主厂房结构工程监理实施细则

6.2.1　编制依据

6.2.1.1　黄陵矿业 2×300MW 电厂工程烟囱设计图纸和变更单和其他相关的设计文件。

6.2.1.2　电力建设施工质量验收及评定规程。

6.2.1.3　《建筑工程施工质量验收统一标准》（GB 50300—2001）。

6.2.1.4　《电力建设工程施工质量验收及评定规程》（DL/T 5210.1—2002）。

6.2.1.5　《混凝土强度检验评定标准》（JBJ 107）。

6.2.1.6　《建设工程监理规范》（GB 50319—2000）。

6.2.1.7　《钢筋焊接及验收规程》（JGJ 18—2003）。

6.2.1.8　《工程测量规范》（GB 50026—93）。

6.2.1.9　《混凝土质量控制标准》（GB 50164—94）。

6.2.1.10　《钢筋混凝土施工质量验收规范》（GB 50204—2002）。

6.2.1.11　《建设工程监理规范》（GB 5019—2000）。

6.2.1.12　《钢结构工程施工质量验收规范》（GB 50205—2001）。

6.2.1.13　《建筑钢结构焊接技术规程》（JGJ 81—2002）。

6.2.1.14　《建筑工程冬期施工规程》（JGJ 104—97）。

6.2.1.15　《建筑施工现场环境与卫生标准》（JGJ 146—2004）。

6.2.1.16　《电力建设安全施工管理规定》（电建［1995］671 号）。

6.2.1.17　《建筑施工高处作业安全技术规程》（JGJ 80—91）。

6.2.1.18　《建筑机械使用安全技术规程》（JGJ 33—2001）。

6.2.1.19　《电梯工程施工质量验收规范》（GB 50310—2002）。

6.2.1.20　本工程监理合同。

6.2.1.21　业主招标文件。

6.2.1.22　监理公司投标文件。

6.2.1.23　业主发布的《施工组织设计大纲》。

6.2.1.24　西北电建监理公司《质量、环境及职业健康安全体系管理手册（2009-05-30）》。

6.2.1.25　西北电建监理公司《质量保证手册（Q/JL20101—2001）》。

6.2.1.26　本工程监理大纲。

6.2.1.27　本工程监理规划。

6.2.2　专业工程特点

主厂房基础及上部结构工程特点主要归纳为下列几个方面：

6.2.2.1　本工程 BC 框架为条形基础梁；锅炉基础为筏板式基础，汽机底板为板筏式基础，混凝土一次性用量较大。必须进行温度裂缝控制。

6.2.2.2　上部结构较高，施工过程对周边安全影响较大，历时又长，所以必须加大安全控制力度。

6.2.2.3　主体结构施工周期较长，质量检验工作量大，同时比较难，因而容易疏漏，监理工程师必须做好检验计划，防止疏漏。

6.2.2.4　冬季施工保温措施较难实施，所以应尽量避免冬季施工；但不得不冬季施工时，必须采取防冻措施并应该加强监理。

6.2.2.5　主厂房上部结构 A 排位排架结构，BC 框架、加热器平台及汽机平台为框架结构。

6.2.2.6　因主厂房工程为电厂核心建筑物，故对外观工艺要求高。所以施工过程中应严格控制混凝土配合比、结构几何尺寸及施工缝，以保证达到上部结构混凝土外光内实，接缝顺直。

6.2.3　监理工作流程

基础施工监理工序流程图如图 6-2-1 所示。

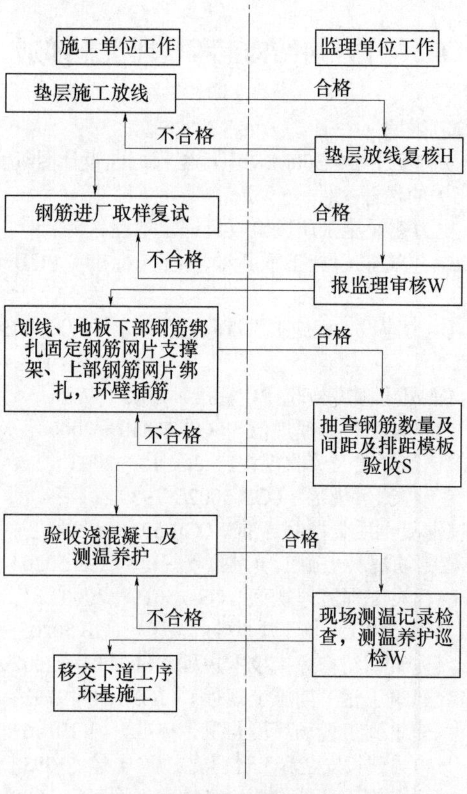

图 6-2-1　基础施工监理工序流程图

图中说明：

（1）左边为施工单位工作内容，右边为监理单位工作内容。

（2）H 点为停工待检点；W 点为质量见证点；S 点为旁站点。

主厂房上部结构结构施工监理工作流程

上部结构施工监理工序流程图如图 6-2-2 所示。

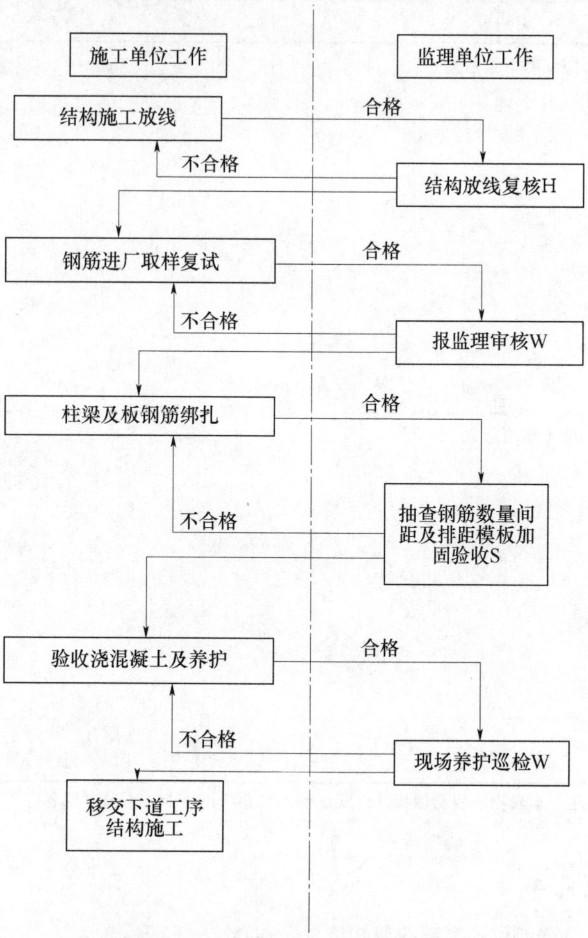

图 6-2-2　上部结构施工监理工序流程图

6.2.4　监理工作控制要点及目标

6.2.4.1　质量控制要点及目标

6.2.4.1.1　按照设计及规范要求，对轴线及垫层标高进行校核，无误后方可要求施工单位钢筋绑扎。

6.2.4.1.2　钢筋工程。

6.2.4.1.2.1　准备工作。

6.2.4.1.2.2　钢筋翻样施工单位要根据施工图中的钢筋规格、尺寸、数量，结合施工规范和现场实际进行设专人进行，做到准确无误，翻样时要结合钢筋的长度考虑工程的经济性，翻样表必须经施工单位技术部门审批完后方可下料。

6.2.4.1.2.3　到场的所有材料必须有合格证和试验报告。检查钢材等材料的出厂合格证及钢筋抗拉试验报告单，并保证材料的可追溯性。钢筋领用由专人负责，认真做好钢筋领用记录。检查钢筋品种、质量、规格、数量是否满足施工要求，是否符合设计要求。监理单位不定期进行抽查。

6.2.4.1.2.4　焊前作好焊接机械的调试工作，配置考试合格的焊工进行同条件试焊，委托检测中心做钢筋碰焊接头抗弯、抗拉试验。焊工必须持证上岗，并对所焊接头逐个检查，按焊接规程进行抽头试验。

6.2.4.1.2.5　准备绑扎用的铁丝、绑扎工具、绑扎架及控制混凝土保护层用的混凝土预制垫块、大理石垫块和塑料垫块。

6.2.4.1.2.6　钢筋在钢筋场集中连接、调直。按翻样及现场实际情况进行下料，并标识明确。负责加工的钢筋班长应和现场施工、负责人经常联系，加工要有先后，根据需要加工，避免造成过多成品料的堆放造成锈蚀。

6.2.4.1.2.7　钢筋制作完毕后进行编号挂牌，分类放置，放置时下部要用道木垫起，以防止污染。

6.2.4.1.2.8　制作完成的钢筋使用时用拖拉机或长板车运至现场使用，运输时不得破坏钢筋标志。暂时不使用的钢筋不允许运到现场。

6.2.4.1.2.9　钢筋绑扎前，要核对成品钢筋的型号、规格、直径、尺寸和数量是否与料单料牌相符，如有错漏应纠正增补。钢筋表面应平直、洁净，不得有损伤，带有油渍、片状老锈和麻点的钢筋严禁使用。焊接钢筋同心度、平直度要满足规范要求。

6.2.4.1.2.10　钢筋绑扎：采用 20#镀锌铁丝绑制。上皮筋绑扎前先用脚手管搭支架，支架间距 2m，生根于底垫层上并加斜支撑，钢筋绑扎成型后做钢筋支架代替脚手管支架，钢筋支架用螺纹钢筋制作，横杆用ϕ20 钢筋，支腿用ϕ25 钢筋，斜支撑用ϕ20 钢筋焊制成稳定支架。支架布置见附图一。

6.2.4.1.2.11　钢筋接头：大于ϕ16 以上竖向钢筋均采用套筒直螺纹连接，其他钢筋采用焊接或绑扎接头。

采用套筒直螺纹连接的钢筋接头，套筒应有厂家提供有效的原材报告和检验报告；接头的现场检验按批验收进行，同一施工条件下采用同一批材料的接头，以 500 个为一验收批进行检验与验收，不足 500 个也作为一个验收批。每一规格钢筋试件取 3 根，取样应经监理现场见证，随即抽样。

采用机械连接的接头，设置在同一构件内的连接接头应相互错开。在任一连接接头中心至长度为钢筋直径 d 的 35 倍且不小于 500mm 的区段内，同一根钢筋不得有两个接头。在该区段内有接头的受力钢筋截面面积占受力钢筋截面面积的百分率，受拉区不宜超过 50%，受压区不限制。

6.2.4.1.3　模板施工。

6.2.4.1.3.1　模板配制。

主厂房基础全部采用 15mm 厚的木胶板（用前验收），外钉 50mm×100mm 木方子组合成定型大模板。所有模板均使用新模板。本次施工采用的大模板每张规格为 1.22m×2.44m（2.98m²），采用木工厂组装成型，经验收后用平板车或拖拉机运送至施工现场，然后进行组装安装。

配制木模板前，要对木模板和木方子进行外观检查：木模板表面要光滑，凸凹不平的不得使用，木模板边角必须顺直、不缺边掉角，木方子必须顺直，弯曲幅度大的不得投入使用。木模板、木方子必须按要求堆放整齐且未使用前用苫布盖住，防止雨水淋湿晾干后变形。

当木胶板模板在进行平面或转角拼接时，为了确保其密闭性能，采用直口对接后在接口处用 50mm×100mm 方木加固。

对拉螺栓应沿基础高度和水平方向等间距均匀排列，上下对齐。所有的对拉螺栓两头采用专门加工制作的塑料堵头进行封堵，为防止漏浆在塑料头上加橡胶密封圈。

上部结构模板一律镜面胶合板，模板使用前，要严格验收模板表面的光洁度和模板拼缝，凡是模板拼缝超过 1mm 的一律不得使用，应重新拼制，直到达到要求后方可。

上部结构柱模板全部采用镜面竹胶合板，方木及钢管背档，槽钢包箍，外侧设置拉杆。

6.2.4.1.3.1.1　角线。

所有上述“范围”内结构柱使用统一角线。

角线搭接要求：能通长全部通长，不得在没有梁、牛腿的情况下用非通长角线搭接；梁、牛腿影响通长时截断。中建三局角线订货长度必须相同。

高度范围：柱顶标高。

6.2.4.1.3.1.2　模板要求。

模板材料：全部使用新模板，两面各用一次，不得重复使用。模板表面涂膜质量必须优良，采购模板时特别注意。

模板大小及接缝：柱体四个面的模板接缝要求在同一个水平线上。#1、#2 机模板接缝位置（标高）相同。

拼缝：上下模板接缝平整，不使用工艺线条；必须有防止漏浆措施。

模板固定：不允许在混凝土内使用对拉螺杆，使用外置拉杆进行加固模板。

6.2.4.1.3.1.3　拆模。

拆模要求三天以后拆除。拆模后立即用塑料薄膜包裹，不允许有使混凝土柱暴露在外的缝隙等，避免污染。拆模时不得碰角。

6.2.4.1.3.1.4　成品保护。

柱四角要求包裹 1.8m 以上，用木板围护并涂上警示标志。今后施工过程中要加强保护。对拉螺栓安装与配件如图 6-2-3、图 6-2-4 所示。

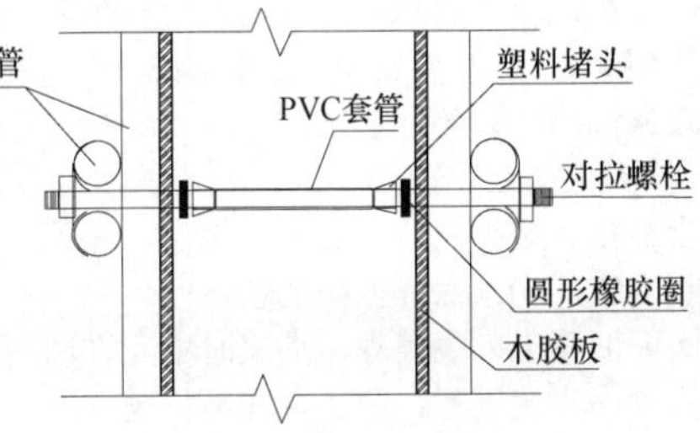

图 6-2-3　对拉螺栓安装简图

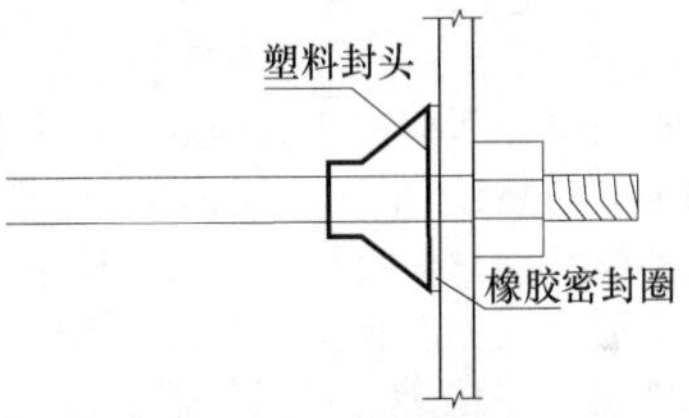

图 6-2-4　对拉螺栓配件

6.2.4.1.4　混凝土工程。

混凝土浇筑前应对以下工序进行检查并验收合格后方可进行下一道工序，检查工序包括：

一、钢筋工程

（1）钢筋质量符合设计及施工要求。

（2）钢筋的接头形式与其对应的比例要求符合设计要求。

（3）钢筋焊接符合施工要求。

（4）钢筋规格、数量、位置符合设计要求及施工要求。

（5）钢筋表面平整、洁净、无损伤，无锈、麻点等。

（6）钢筋骨架宽度和高度偏差±5mm。

（7）骨架及受力筋长度偏差±10mm。

（8）受力筋间距偏差±10mm。

（9）受力筋排距偏差±5mm。

（10）箍筋和副筋的间距偏差≤±20mm。

（11）主筋保护层偏差：梁、柱≤±5mm，墙、板≤±3mm。

二、模板工程

（1）模板安装及安装支撑结构具有足够的强度、刚度和稳定性。

（2）模板拼缝宽度小于1mm，无海绵密封条外露。

（3）模板隔离剂涂刷均匀，涂刷的隔离剂的品种采用色拉油。

（4）模板内部清理干净无杂物。

（5）允许偏差范围：轴线位移≤5mm、标高≤±5mm、截面尺寸偏差≤±5mm、全高垂直偏差≤±5mm、相邻两模板高低偏差≤0.2mm。

混凝土浇筑采用现场搅拌站集中搅拌，罐车运输，泵车浇筑的方法。由于基础底板为大体积混凝土，生产必须提前试配，为减少水化热在保证强度的前提下尽量减少水泥用量，试验室出具的配合比通知单必须经过试配合格，才能交搅拌站生产，搅拌站生产混凝土必须同时做出有代表性的试件，评定生产水平。在现场浇筑过程中，也要做出混凝土试件，对现场使用的混凝土做等级评定。

混凝土运输由罐车运输，要控制运输时间即混凝土从搅拌机卸出后至入模时间，气温≤25℃时，时间不得超过120min，气温＞25℃时，时间不超过90min；保证混凝土运到现场的质量，保证混凝土和易性，同时做到混凝土坍落度控制在100～140mm之内，保证现场施工。

基础底板混凝土浇筑时，使用两台汽车泵一台备用泵配合6辆混凝土罐车，每小时浇筑速度控制在60m^{3}左右。混凝土采用插入式振捣棒，振捣分层进行，每一层振捣棒要插入下一层50mm，振捣人员要由有丰富的混凝土施工经验的专业人员操作，防止漏振、过振，让气泡充分排出，保证混凝土的施工质量，做到内实外光，保证振捣质量。

为保证混凝土外表美观，浇筑时不允许出现施工缝，一是浇筑要按顺序连续进行，防止接茬部位过多造成人为冷缝；二是要准备好发电机以防止搅拌站发生故障或电力中断造成混凝土浇筑中断形成施工缝，意外情况下和施工原因留置的施工缝需做处理，需注意以下几点：①预留插筋，方法是插ϕ12的钢筋，钢筋长600mm，插入混凝土内300mm，外露300mm，钢筋纵横间距均为200mm。在下一次混凝土浇筑前，进行凿毛处理后用清水冲洗涂刷掺有胶结剂的水泥净浆。②模板处理，由于混凝土凝固后会收缩，造成混凝土与模板之间产生缝隙，因此待混凝土终凝后或安装上部模板前必须把接茬部位的对拉螺栓重新紧固，使模板紧贴混凝土面。③接茬部位上部模板的第一道对拉螺栓距接茬处的距离不得大于100mm，以增加模板根部的受力。

混凝土浇筑时间应尽量选择在气温比较低时候开始浇注。

养护方式：基础为大体积混凝土，必须采取防止产生温度裂缝措施，根据实际情况计划采取保温保湿的养护方法。养护采用内盖塑料薄膜保水，外盖两层棉被保温，养护时间不少于14d，在顶面施工时，要按测温布点图及在四周设置好四组测温孔，每一处测温孔分上中下三层设置。测温工作设专人负责，并做好测温记录，养护期间前3d每2h测温一次，第4d以后每4h测温一次，当混凝土内外温差＜10℃时停止测温。在测温的同时，做好测温记录，当混凝土内外温差＞25℃时，应根据预先设计的方案采取适当的措施，将温差控制在25℃。

上部结构施工时，30m以下采用一台汽车泵配备4台罐车，30m以上采用地泵一台配备4台罐车。混凝土采用插入式振捣棒，振捣分层进行，每一层振捣棒要插入下一层50mm，振捣人员要由有丰富的混凝土施工经验的专业人员操作，防止漏振、过振，让气泡充分排出，保证混凝土的施工质量，做到内实外光，保证振捣质量。

6.2.4.2　进度控制目标

6.2.4.2.1　主厂房基础进度控制目标：2010年8月31日完成，具备回填土方条件，以便进行下道工序上部结构施工。

6.2.4.2.2　主厂房上部进度控制目标：2010年9月1日开始到2010年12月31日主体封顶。

6.2.4.2.3　进度控制要点：检查施工单位“人、机、料、法、环、资金”等资源情况，发现问题提出整改要求并控制施工单位实施。详细的见监理控制措施和方法一节。

6.2.4.3　安全控制目标

6.2.4.3.1　安全目标

6.2.4.3.1.1　人身重伤、死亡事故为零。

6.2.4.3.1.2　重大机械、设备事故为零。

6.2.4.3.1.3　重大火灾、压力容器爆炸等灾害事故为零。

6.2.4.3.1.4　负同等及以上责任的重大交通事故为零。

6.2.4.3.1.5　重大坍陷、水浸及环境污染事故为零。

6.2.4.3.1.6　年度人身伤害事故率≤3‰。

6.2.4.3.2　文明施工目标

施工场地布置合理，设备材料堆放整齐，施工环境文明整洁，生活卫生设施齐全，安全警示标志规范，施工道路硬化畅通，创建国内一流火电施工现场，创集团公司样板工地，创建省级文明工地。具体符合以下要求。

6.2.4.3.3　职业健康管理目标

6.2.4.3.3.1　办公、生活、生产区域清洁卫生。

6.2.4.3.3.2　不发生职业病；不发生员工集体中毒事件。

6.2.4.3.3.3　不发生大面积传染病。

6.2.4.3.4　环境管理目标

合理处置废弃杂物，有效控制污染排放，节能降耗除尘降噪，实施现场绿色工程，实现基建全过程环境零投诉。（环境保护设施实现“三同时”，气、水、声、渣、尘达标排放。）具体符合以下要求。

6.2.4.3.5　安全控制要点

监理单位每天旁站检查；要求施工单位安全员全天候旁站检查；施工人员必须正确戴安全帽；采取防止高空掉物伤人措施；烟囱周围按规范要求设置安全警戒线；要求施工单位采取施工用电安全措施并进行监督控制。

6.2.4.3.6　环境控制要点

6.2.4.3.6.1　噪声：昼间小于70dB，夜间小于55dB。

6.2.4.3.6.2　粉尘：现场目视无扬尘，主要运输道路硬化率达到100%。

6.2.4.3.6.3　施工现场主要道路及时洒水。

6.2.4.3.6.4　建筑垃圾分类堆放，及时清运，清运时适量洒水降低扬尘。

6.2.4.3.7　职业健康安全控制要点

6.2.4.3.7.1　在主厂房入口通道搭设隔离棚，隔离棚架子应牢固，顶层用二层竹架板，两层架板间铺一层2mm厚钢板，侧面封闭。

6.2.4.3.7.2　在危险区的通道出入口设置警告牌，非施工人员严禁进入施工区，设警戒区，拉警戒绳，夜间施工要有警示。

6.2.4.3.7.3　材料及半成品宜堆放在危险区以外，水泵、电盘在危险区内，要搭设防护棚。电源、电器使用要符合安全要求和规范规定。

6.2.4.3.7.4　在平台的下方应挂满安全网，安全用品为合格厂家产品。安全网要牢固，并应每班检查一次，网与网的拼接要牢固，要密封或密缠，不得有漏洞，及时清理网内杂物、更换不合格安全网。

6.2.4.3.7.5　各电气或机械设备附近要挂上该设备的安全操作规程，明确责任人，并组织有关人员经常学习与检修。

6.2.4.3.7.6　起重工器具，电动工器具，安全防护装置，设施等设专人管理，检查合格，建立明细台账，每日使用前进行检查登记并及时消除隐患。

6.2.4.3.7.7　夜间施工时，现场办公室及工作场地均需设有足够照明，平台上需采用低电压电源，另外设专业电工进行监护。

6.2.4.3.7.8　高空作业使用的电源、振动器、照明信号等，应经常检查线路，线路必须用软橡皮电缆并装有触电保护器，不得有破损现象。

6.2.4.3.7.9　每班要设固定电工负责电气部分。

6.2.4.3.7.10　主体结构施工时，在塔吊与作业面层之间必须安设指示灯作为联系信号。

6.2.4.3.7.11　信号规定：一响为停，二响为上，三响为下，并交底于每个施工人员。

6.2.4.3.7.12　为便于上下工作联系，在塔吊及作业面层上和下部配备对讲机两套，保证上下联系方便。

6.2.4.3.7.13　夜间施工时，照明设备充足，如使用碘钨灯时要有专业电工在场，采取绝缘措施，保证用电安全。

6.2.4.3.8　文明施工控制要点

施工现场要求硬化处理，严禁材料堆放混乱，同时要做到每日工完、料净、场地清。

6.2.4.4　资料控制目标

6.2.4.4.1　工程资料与工程进度同步；工程资料准确、齐全、工整、统一。

6.2.4.4.2　资料控制要点：资料不符合要求，不进行分项工程（检验）批验收，不进行阶段性验收，不准进行下道工序。

6.2.5　监理工作方法及措施

6.2.5.1　工程质量控制工作方法及措施

6.2.5.1.1　事先控制

6.2.5.1.1.1　项目监理部安排专人组织检查施工单位资质文件，要求证件齐全、有效。不符合，要求施工单位补充。施工单位资质不具体，不允许施工，并报告给业主处理。

6.2.5.1.1.2　检查施工单位质量保证体系和质量检验体系，检查内容包括组织机构设置、人员配备及上岗证明、管理制度等文件。对于检查出的问题，提出整改措施。对于问题严重的单位，不允许开工，直到整改合格。

6.2.5.1.1.3　检查图纸会审是否进行。以图纸会审纪要为准。同时，对于会审时提出的问题，必须见到设计院明确的答复，具备施工条件。图纸会审由监理组织，业主、施工单位和设计人员参加。施工单位可能提出图纸会审申请以便为工程开工创造条件。图纸会审内容是：设计院讲解设计意图；业主、监理和施工单位提出施工中可能遇到的问题，设计院答复；

6.2.5.1.1.4　检查施工方案、作业指导书和相关措施等技术质量文件是否齐全、正确。事前，施工单位向监理部报审这些技术文件。这些文件必须由监理审批通过。监理审查这些技术文件内容的完整性、正确性、针对性等。施工期为寸季，要求施工单位编写雨季施工措施。

6.2.5.1.1.5　检查施工单位是否编审了“施工质量验评项目划分表”，同时，必须报监理审批，从而确定验收责任；同时，项目监理部要确定停工待检点（H点），旁站检查点（S点）和现场见证点（W点）。主厂房土建工程W、H、S点设置一览表见表6-2-1。

表6-2-1　　**主厂房土建工程W、H、S点设置一览表**

工程编号			工程名称	结构分层分段	见证点	停工待检点	旁站点	见证部位	质量验评标准编号
单位工程	分部工程	分项工程			W	H	S		
01			主厂房地下结构						
	1		土（石）方工程						
		1	定位及高程控制		√	√			
		2	挖方						
		3	填方						
	2		基础工程						
			定位及高程控制		√	√		垫层	建表3.1.1
		1	基础垫层		√				
		2	基础钢筋		√	√		原材料取样	建表4.5.1
		3	基础模板		√				
		4	基础混凝土		√		√	混凝土取样及施工缝	建表4.5.3
		5	连梁钢筋		√	√		材料取样检验	建表4.5.1
		6	连梁模板		√				
		7	连梁混凝土		√		√	混凝土取样及施工缝	建表4.5.3
		8	柱子钢筋			√		材料取样检验	
		9	柱子模板		√				
		10	柱子混凝土		√		√	混凝土取样	
02			上部结构						

续表

工程编号			工程名称	结构分层分段	见证点	停工待检点	旁站点	见证部位	质量验评标准编号
单位工程	分部工程	分项工程			W	H	S		
02	1		框架结构						
		1	框架钢筋		√	√		材料取样检验	建表 3.6.2
		2	框架模板		√				建表 3.6.3
		3	框架混凝土		√		√	混凝土取样	
	2		各层楼板结构						
		1	××m 层、梁、板钢筋			√		材料取样检验	
		2	××m 层梁、板模板		√				
		3	××m 层梁、板混凝土		√		√		
	3		各层平台结构						
		1	各层平台钢筋		√	√			
		2	各层平台模板		√				
		3	各层平台混凝土			√	√		
		4	各层平台钢梯、栏杆制作		√				
		5	各层平台钢梯、栏杆安装		√				
		6	各层平台钢梯、栏杆油漆		√				
	4		围护结构						
		1	墙体砌筑		√	√			
		2	钢结构制作		√				
		3	钢结构安装		√	√			
		4	钢结构油漆		√	√			
		5	柱间支撑制作安装		√				
		6	柱间支撑油漆		√	√	√		
		7	墙板吊装						
	5		吊车梁结构			√	√		
		1	吊车梁制作		√	√			
		2	吊车梁安装		√	√			
		3	吊车梁油漆						
		4	吊车梁轨道安装		√	√			
	6		煤斗结构						
		1	钢煤斗制作		√	√			
		2	钢煤斗安装			√			
		3	钢煤斗油漆		√				
		4	钢煤斗防磨层			√			
03			屋顶结构						
		1	球形网架安装			√			
		2	屋面板模板		√				
		3	屋面板钢筋		√	√			
		4	屋面板混凝土			√	√		
04			主厂房建筑工程						

续表

工程编号			工程名称	结构分层分段	见证点 W	停工待检点 H	旁站点 S	见证部位	质量验评标准编号
单位工程	分部工程	分项工程							
04	1		楼、地面工程						
		1	整体面层		√	√		混凝土或砂浆取样	建表3.8.2
		2	块（板）料面层		√	√		材料取样检验	建表3.8.3
	2		室外散水		√				
	3		门窗工程						
		1	门窗制作、安装		√	√			
	4		装饰工程						
		1	外墙面装修		√	√		材料取样见证	建表3.10.3
		2	内墙面装修		√	√		材料取样见证	建表3.10.3
		3	门窗玻璃		√				
		4	门窗油漆		√				
	5		屋面工程						
		1	保温层		√	√			
		2	找平层		√				
		3	防水层		√	√		材料取样见证	建表3.11.3～5
		4	屋面水落管		√				
05			主厂房建筑设备安装工作						
	1		给排水工程		√	√			
		1	给水管安装		√	√		水压试验	建表3.14.1～4
		2	排水管安装		√	√		注水试验	建表3.14.1～4
		3	管道附件及卫生设备安装		√	√			
	2		通风、空调工程						
		1	风管及部件制作		√				
		2	风管及部件安装		√	√			
		3	通风机安装		√	√			
		4	制冷管道安装		√	√		原材料检验	
		5	空气处理和调节室部件安装		√	√		原材料检验	建表3.17.3
	3		照明工程						建表3.16.6
		1	配线工程		√	√		原材料检验	
		2	照明器具及照明配电箱安装			√			

6.2.5.1.1.6 检查施工机械是否到位；检查施工检测用仪器具是否到位并符合精度和时间有效性等效。检查实体及合格证明材料。

6.2.5.1.1.7 检查材料是否准备好，是否合格。检查实体和材料合格证明，包括进厂复试合格证明资料。

6.2.5.1.1.8 检查施工环境是否对施工质量有影响。主要检查水、电、路、平面等施工环境及条件，保证满足使用条件，不影响工程质量。

6.2.5.1.1.9 检查特征工上岗证明。检查上岗证件。必要时，对特种人员进行现场考试。

6.2.5.1.1.10 最后审查开工报告。施工单位向监理呈报开工报告申请，监理审查，上述条件全部具备后，同意开工并签证。开工报告审批后，进入事中控制阶段。

6.2.5.1.1.11 主要控制措施：上述任一条件不具备，不允许开工；向施工单位提出明确的整改建议和意见，限期整改。

6.2.5.1.2 事中控制

6.2.5.1.2.1 施工放线检查：施工单位绘制测量结果图表，向监理单位申请放线检查。监理工程师进行检查：对于主要工程项目，使用与放线时所用测量仪器不同的测量仪器；同时检查施工单位所有测量仪器是否满足精度要求、是否在有效期内。

6.2.5.1.2.2 主厂房结构施工检查：施工单位根据施工图纸设计及施工方案工序认为本分项施工完成，填写分项工程（检验批）验评表，报监理检查验收。监理单位根据图图纸要求和施工规范逐条检查验收。检查的内容有钢筋模板及原材料试验及施工缝处理，柱垂直度偏差及轴网件尺寸偏差符合规范及图纸设计要求则合格，否则视具体情况进行进一步处理；其他检查验收项目由监理部采用钢尺实测实量。控制措施：第一，任何检查项目不符合规范和图纸要求，均视为不合格，不得进入下道工序，并向施工单位提出整改要求，整改完成后，施工单位再申请验收，直至合格。第二，在原材实验报告不合格或未进行复试的情况下，不得进行隐蔽验收。以保证主厂房结构质量满足图纸设计及规范要求。

6.2.5.1.2.3 对于设计变更，严格审查，在保证工程质量的情况下，防止增加工程费用，延长施工工期。

6.2.5.1.2.4 施工过程中，监理每周组织一次技术质量例会，全面管理施工技术质量，提出管理要求，施工单位落实。施工单位在技术质量例会上提出技术质量方面需要协调的问题，监理组织解决。对于专业问题，项目监理部可能以专题会议的形式讨论解决。

6.2.5.1.3 事后控制

6.2.5.1.3.1 协助业主组织烟囱工程的竣工验收，并督促检查施工单位移交技术资料。

6.2.5.1.3.2 完整的竣工图。

6.2.5.1.3.3 设计变更和材料代用证明。

6.2.5.1.3.4 原材料、半成品的出厂合格证及检验报告单。

6.2.5.1.3.5 混凝土的强度试验报告。

6.2.5.1.3.6 钢筋焊接接头的试验报告。

6.2.5.1.3.7 隐蔽工程验收记录和分项、分部工程质量检验评定表。

6.2.5.1.3.8 工程测量成果，包括降观测记录。

6.2.5.1.3.9 施工过程中，监理发现问题时，视问题严重程度以口头形式或书面形式向施工单位提出整改要求并监督施工单位整改闭合。施工单位不服从，采取进一步控制手段，如罚款、甚至停工等。

6.2.5.2 施工安全监理方法和措施

6.2.5.2.1 事前控制

6.2.5.2.1.1 审查施工单位施工资质，合格后方可开工。

6.2.5.2.1.2 审查施工单位安全保护体系和安全监察体系，合格后方可开工。

6.2.5.2.1.3 检查专职安全员，数量满足，资质满足（上岗证）。

6.2.5.2.1.4 检查塔吊和运输司机上岗证，要求所有塔吊和运输司机持证上岗。

6.2.5.2.1.5 要求施工单位在施工作业指导书中编写安全管理措施，其内容符合监理安全管理要求方可审查通过。安全措施不合格，视作业指导书不合格。作业指导书不合格，不具备开工条件。安全措施内容见监理安全管理相关文件。安全措施由监理部安监组审查。

6.2.5.2.2 事中控制

6.2.5.2.2.1 检查施工单位专职安全员上岗情况，要求专职安全员全天候现场旁站监督。

6.2.5.2.2.2 监理部安监专工每天全天候巡视检查施工现场安全情况，发现问题后，视其严重程度以口头、书面形式向施工单位提出整改要求，限期整改。否则采取其他控制手段。

6.2.5.2.2.3 施工过程中，视具体情况，对施工机械进行专项检查，保证施工机械（塔吊、卷扬机等）健康运作。

6.2.5.2.2.4 每周召开安全例会，全面检查上周安全管理情况，布置本周安全重点工作。

6.2.5.2.2.5 每月进行一次安全大检查，全面检查安全隐患，全面整改。

6.2.5.2.3 事后控制

6.2.5.2.3.1 发生安全事故后，进行停工整改。

6.2.5.2.3.2 安全事故以“四不放过原则”进行处理，即安全事故原因分析不清楚不放过；安全整改措施不完善不通过；安全责任员未受到教育不通过；施工单位职工未受到汲取经验教训教育不通过。安全事故分析、整改措施、职工教育由事故责任单位组织实施，监理审查。

6.2.5.2.3.3 安全事故按照上述四不放过原则处理完成后，施工单位报监理审查并申请恢复施工，监理审查通过后，方可恢复施工。

6.2.5.2.4 其他措施

6.2.5.2.4.1 任何工程项目的安全管理均受现场安全管理委员会的安全管理，施工单位全面落实安委会安全工作精神，执行安全方针，落实所有安全措施。本监理细则未全面编写安委员管理精神和管理要求，这些管理精神和管理要求将以其他形式向施工单位发布。本细则仅对主厂房工程施工特点提出了一些具体的安全管理要求。

6.2.5.2.4.2 对于安全问题，监理部将根据具体管理办法进行通报批评、罚款、停工处理。

6.2.5.3 进度控制监理主要工作方法和措施

6.2.5.3.1 事前控制

6.2.5.3.1.1 编制单项工程进度计划并适时调整。单项工程开工前，施工单位在施工方案中必须制定工程施工进度计划，监理审查施工方案时，审查进度计划的符合性，审查依据是业主编制的里程碑进度计划和主要节点进度计划，监理单位编制的一级网络进度计划，施工单位编制的二级网络进度计划和专业进度计划。

6.2.5.3.1.2 编制月度进度计划和周进度计划。单项工程进度计划将转化为月度进度计划和周进度计划以便管理控制。月度进度计划和周进度计划由施工单位编写报业主和监理，业主和监理审查、调整改后，由业主或监理单位发放施工单位作为正式月度进度计划和周进度计划，施工单位实施。

6.2.5.3.1.3 检查施工单位劳动力组织情况、施工机械准备情况、施工材料准备情况、施工方法、施工环境、工程资金等保证情况。如果认为这些资源不能满足进度要求，监理单位向施工单位提出整改要求，并报业主。这种要求在周生产会议和月度计划分析会上提出，也可能以其他书面形式提出，更多的是口头提醒，推动施工单位改进。本条同时是事中控制监理工作及措施之一。

6.2.5.3.1.4 根据计划，检查设计图纸交付情况，如果不能满足进度要求，监理部向业主和设计院提出要求。

6.2.5.3.1.5 安装工程时，监理部将根据安装进度计划检查设备供应情况，发现问题，向业主设备管理部门提出要求。

6.2.5.3.1.6 施工用水、用电、施工道路已全面准备好，满足施工单位主厂房结构施工要求。但施工道路存在局部问题，这些问题在施工过程中具体解决。

6.2.5.3.1.7 解决附近村民阻挡施工问题。对于有组织的阻挡，由业主方协调解决；对于个别人员的个人行为，由施工单位解决更有效。

6.2.5.3.2 事中控制

6.2.5.3.2.1 根据周进度计划，计算每天工作量。监理单位巡视检查每天工作情况，发现问题，向施工单位提出整改意见和建议。影响进度的因素不外乎劳动力、施工机械、施工材料、施工方法、施工环境和工程资金。所以，分析进度滞后原因是，也就从这几方面分析。

6.2.5.3.2.2 每周开始一次周生产例会，分析周进度计划完成情况及滞后原因，提出整改措施，施工单位实施。

6.2.5.3.2.3 每月召开一次月度计划分析例会，分析月度计划完成情况及滞后原因，提出整改措施，施工单位实施。

6.2.5.3.2.4 施工过程中，由于施工单位的原因导致工程进度滞后，项目监理部采取控制手段。一般常用的手段是罚款。本工程项目监理部将采取罚款的手段：第周分析，根据分析结果，如果工程进度滞后是由于施工单位组织不力造成的，根据罚款细则进行罚款。罚款从工程款中扣除，由业主操作。

6.2.5.3.2.5 对于进度滞后问题，项目监理部可能召开专题会议分析原因，提出整改措施。这些原因可能是业主、监理管理方面的问题，可能是施工单位组织问题，也可能是气候原因。谁的问题谁整改。一般的，施工单位的问题会比较突出。

6.2.5.3.3 事后控制

6.2.5.3.3.1 如果进度计划失真，则影响工程管理，所以，工程施工实际进度滞后计划进度后，必须及时调整进度计划。这项工作在各级进度计划的调整中完成。

6.2.5.3.3.2 对于实际进度滞后进度计划的情况，全面分析（事中控制中描述的周生产会议，月度计划分析会议工作内容之一），对责任单位进行处罚。

6.2.5.3.3.3 进度控制之事前控制，事中控制、事后控制有一些重复的内容，这是进度管理的特点之一。

6.2.5.3.4 其他措施

6.2.5.3.4.1 加强工程协调，及时解决施工过程出现的水、电、路、场地、交叉施工、村民阻挡、设备供应、材料供应、施工机械借用等问题。每周一次的生产例会，每月一次的月度计划分析例会内容之一就是工程协调，由施工单位提出需要协调的问题，业主和监理答复。对于重大问题，业主或监理组织专题会议进行研究讨论解决。必要时，增加碰头会议，每三天或每两天甚至每天召开一次，也可能即时组织会议及时解决问题。碰头会议视工程进展需要安排。

6.2.5.3.4.2 主厂房基础施工时，要求设计院将上部结构图纸提供到位，以便施工单位提前做好施工准备，从而保证工期计划不受图纸影响。

6.2.5.3.4.3 主厂房工程存在设备问题，施工前应提前提出，以不影响工程正常施工，特殊情况需要制定解决方案或措施。

6.2.5.3.4.4 材料供应问题。由于主材均由业主物资部门供应，故施工单位应提前做好材料供应到场需求计划，以便物资部门提前按计划要求做好备料。

6.2.5.4 费用控制监理主要工作和措施

6.2.5.4.1 主要审查月度工程量，审查工程量费用预算并报业主审批。

6.2.5.4.2 图纸会审时，必须考虑工程费用。监理单位组织的图纸会审，一般地不会因为工程费用问题而提出变更申请，但监理工程师应该有这个意识，也许就会提出合理化建议。

6.2.5.4.3 控制预算外签证。预算外签证的程序在监理规划中已明确，预算外签证必须根据既定程序进行。

6.2.5.4.4 审查施工单位的施工方案时，审查方案的经济性，对于问题提出意见和建议。

6.2.5.5 资料管理监理工作及措施

6.2.5.5.1 工程资料格式控制及控制措施见监理规划。总之，项目监理部已向施工单位提供了标准格式，要求施工单位执行；施工单位不执行，监理单位不签证。

6.2.5.5.2 主厂房工程资料在质量控制一节中已经提及，总之，工程资料包括施工方案、作业指导书、相关措施、施工记录、验评资料、工程联系单及回复、监理通知单及回复等；要求工程资料与工程进度同时，工程资料不合格，视为工程质量不合格，不进行下道工序。

6.2.5.5.3 工程资料格式必须满足业主档案管理要求。

6.2.5.5.4 监理各工作节点所应签署或留存的质量记录

质量记录清单表见表6-2-2。

表6-2-2　质量记录清单表

序号	监理阶段	监理工作内容	质量记录	备注
1	监理事前控制阶段	检查承包单位的资质（包括材料试验室）	检查人、日期、资质证书编号、营业证书编号、承包业绩等内容	记录在监理日志中
2		检查承包单位的质量、安全体系组成及其运行	质量体系、安全体系组织形式、组成人员、运行模式	记录在监理日志中
3		特殊岗位工作人员资格	检查对象岗位资格证书编号、安全操作证书编号、上岗前技术考核资料	记录在监理日志中
4		施工机具检查	进场机具数量、型号、状况、进场日期等情况	记录在监理日志中
5		进场原材料	各种原材料复试报告和材质单等	记录在监理日志中
6		施工方案审查、施工图会审	施工方案审查纪要、施工图会审纪要	存档并记录在监理日志中
7		检查测量放线基准	按业主提供的基准点资料复核施工单位成果并签字确认	交施工单位存档并记录在监理日志中
8		与施工单位研究确定检查检验点	会议纪要或联系单	与施工单位沟通后下监理通知确认
9		签署开工报告	总监理师签章	交施工单位存档
10	监理事中控制阶段	复核检查基础及施工桩放线记录	合格签署技术复核	交施工单位存档
11		校核烟囱控制半径	日期、偏差及偏差的处理	交施工单位存档并记录在监理日志中
12		主厂房施工按层检查模板接缝是否顺直，严密	检查验收记录	记录在监理日志中
13		检查钢筋绑扎、模板支设加固及施工缝处理混凝土配合比	检查验收记录、试验记录（符合设计要求签字认可）	交施工单位存档并记录在监理日志中
14		质量事故处理等特殊过程	电子录像资料	

续表

序号	监理阶段	监理工作内容	质量记录	备注
15	监理事后控制阶段	工程量验收和签证	工程量签证单（在权限内实测验收无误后签字认可）	交施工单位结算
16		工程质量事故的分析及处理	监理通知单、工程联系单（质量整改通知单或停工整改通知单）质量事故分析及处理方案讨论会纪要、重新检验记录等	交施工单位存档同时留存一份在监理项目部
17		监理工作报告	各专业和项目部工作报告	存项目部作为监理档案
18	其他	过程信息存查	各种会议纪要、上级发文、业主指令、合同文本、往来工程联系单、设计变更同知单、上级的各种报表和文件	存项目部作为监理档案

6.2.5.6　工程协调监理工作及措施

在进度控制措施中已说明。

6.2.5.7　合同管理监理工作及措施

监理的“四控两管一协调”工作均为监理合同中规定的监理工作内容。强调合同，主要强调监理单位对于施工单位的工程延期、预算外签证、工程变更、工程范围的管理。这些工作内容，在监理规范中或监理相关文件中均制定了相关的程序，问题发生后，项目监理部将严格按照程序进行处理。

6.3　主厂房、空冷、烟囱基坑土方回填监理实施细则

6.3.1　编制依据

6.3.1.1　黄陵矿业2×300MW电厂机组土方开挖施工图。

6.3.1.2　电力建设施工质量验收及评定规程。

6.3.1.3　《建筑工程施工质量验收统一标准》（GB 50300－2001）。

6.3.1.4　《建筑地基基础工程施工质量验收规范》（GB 50202—2002）。

6.3.1.5　《建筑地基处理技术规范》（JGJ 79—2002）。

6.3.1.6　黄陵矿业集团有限责任公司2×300MW煤矸石电厂工程岩土工程勘察报告书（卷册编号F122C-G-01）。

6.3.1.7　《建设工程监理规范》（GB 50319—2000）。

6.3.1.8　本工程监理合同。

6.3.1.9　业主招标文件。

6.3.1.10　监理公司投标文件。

6.3.1.11　业主发布的《施工组织设计大纲》。

6.3.1.12　西北电建监理公司《质量、环境及职业健康安全体系管理手册》（2009-05-30）。

6.3.1.13　西北电建监理公司《质量保证手册》（Q/JL 20101—2001）。

6.3.1.14　本工程监理大纲。

6.3.1.15　本工程监理规划。

6.3.2　专业工程特点

土方回填工程特点主要归纳为下列几个方面：

6.3.2.1　本工程重要地质特点

本工程主要地质特征是：土层分布从地表面向下分别为：①层黄土状粉质黏土、②层圆砾、③层泥岩。

6.3.2.2　土方回填地基设计特点

主厂房（包括汽机房、除氧煤仓间和锅炉房）、空冷岛和烟囱等主要结构土方回填形式。重要设计特点如下：

6.3.2.2.1　主厂房、烟囱及空冷岛0m以下结构混凝土及主要设备基础施工完成后即开始进行土方回填，土方回填设计要求采用②层圆砾层土质回填。

6.3.2.2.2　土方回填标高烟囱由－5.9m开始回填，主厂房及空冷岛由－5.4m开始，第一次回填到－2～－3m，待附属设备基础施工完成后在回填到地坪下。

土方回填的压实系数不小于0.95，虚铺厚度控制在300mm以下，主厂房、空冷柱和烟囱土方回填后的地基承载力满足设计要求附属设备基础承载力要求；土方回填前应在现场取回填用土送实验室作击实施验报告，以便现场回填取样后计算压实系数。

6.3.2.3　土方回填施工特点

6.3.2.3.1　本工程土方回填采用②层圆砾层土，所以施工时应严格控制。

6.3.2.3.2　由于现场开挖堆土混乱，所以施工时要严格区分，严禁将①层黄土状粉质黏土用于回填之中。

6.3.2.3.3　压实度要求为不小于0.95，标准高，施工难度大。

6.3.2.3.4　检验工作量大，且比较零散，现场每层跟踪取样检测，每100m^{2}抽取一件试样，根据击实实验报告最佳干密度及现场取样计算的干密度，计算试样点压实系数，实验结果满足设计及规范要求后方才允许进行下一层回填施工。

6.3.2.3.5　设计要求土方分层夯实每层虚铺厚度不大于300mm，机械采用压路机，碾压完成后厚度250mm，施工时，必须采取措施进行控制，主要控制防止虚铺厚度超标，影响土方回填质量。如果采用蛙式打夯机，虚铺厚度不得超过250mm。

6.3.3　监理工作流程

土方回填监理工序流程图如图6-3-1所示。

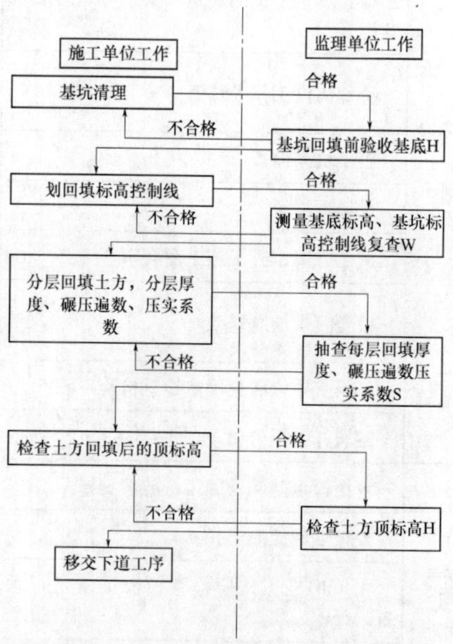

图6-3-1　土方回填监理工序流程图

图中说明：

（1）左边为施工单位工作内容，右边为监理单位工作内容。

（2）H点为停工待检点；W点为质量见证点；S点为旁站点。

6.3.4 监理工作控制要点及目标

6.3.4.1 质量控制要点及目标

6.3.4.1.1 按照设计及规范要求，对每层土方进行压实度（以压实系数表示）检测。检测取样时由监理现场见证。每100m^{2}选取一点进行压实度检测。如压实度达不到设计要求，不允许进行下层回填。所有土方回填的压实度要求不小于95%。

6.3.4.1.2 土方回填完成后，进行标高检查。高出部分要求铲除，不足部分用垫层或者粗地坪混凝土补齐。

6.3.4.1.3 土方回填工程质量达到“合格”，方可进入下道工序。

6.3.4.1.4 检验标准应符合表6-3-1的规定。

表6-3-1 检验标准要求

项	序	检查项目	允许偏差或允许值					检查方法
			桩基基坑基槽	场地平整		管沟	地（路）面基础层	
				人工	机械			
主控项目	1	标高/mm	−50	±30	±50	−50	−50	水准仪
	2	分层压实系数	满足相关规范及上述技术要求					按规定方法
一般项目	1	回填石料	满足相关规范及上述技术要求					取样检查或直观鉴别
	2	分层厚度及含水量	现场试验确定					水准仪及抽样检查
	3	表面平整度/mm	20	20	30	20	20	用靠尺或水准仪

6.3.4.2 进度控制目标

6.3.4.2.1 锅炉房进度控制目标：#1锅炉2010年8月20日完成，#2锅炉2010年9月20日完成；以便#1锅炉9月15日钢架吊装开始。

6.3.4.2.2 汽机房和除氧煤仓间进度控制目标：#1主厂房2010年8月31日，#2主厂房2010年10月31日具备施工粗地坪条件。

6.3.4.2.3 空冷基础回填进度控制目标：#1空冷岛2010年8月25日，#2空冷岛2010年9月25日回填到A排外建筑物基础底标高。

6.3.4.2.4 进度控制要点：检查施工单位和试验单位“人、机、料、法、环、资金”等资源情况，发现问题提出整改要求并控制施工单位实施。详细的见监理控制措施和方法一节。

6.3.4.3 安全控制目标

6.3.4.3.1 安全目标

6.3.4.3.1.1 人身重伤、死亡事故为零。

6.3.4.3.1.2 重大机械、设备事故为零。

6.3.4.3.1.3 重大火灾、压力容器爆炸等灾害事故为零。

6.3.4.3.1.4 负同等及以上责任的重大交通事故为零。

6.3.4.3.1.5 重大坍陷、水浸及环境污染事故为零。

6.3.4.3.1.6 年度人身伤害事故率≤3‰。

6.3.4.3.2 文明施工目标

施工场地布置合理，设备材料堆放整齐，施工环境文明整洁，生活卫生设施齐全，安全警示标志规范，施工道路硬化畅通，创建国内一流火电施工现场，创集团公司样板工地，创建省级文明工地。具体符合以下要求。

6.3.4.3.3 职业健康管理目标

6.3.4.3.3.1 办公、生活、生产区域清洁卫生。

6.3.4.3.3.2 不发生职业病；不发生员工集体中毒事件。

6.3.4.3.3.3 不发生大面积传染病。

6.3.4.3.4 环境管理目标

合理处置废弃杂物，有效控制污染排放，节能降耗除尘降噪，实施现场绿色工程，实现基建全过程环境零投诉。（环境保护设施实现“三同时”，气、水、声、渣、尘达标排放。）具体符合以下要求。

6.3.4.3.5 安全控制要点

监理单位每天旁站检查；要求施工单位安全员全天候旁站检查；施工人员必须正确戴安全帽；采取防止施工设备相互碰撞措施；采取防止施工人员被设备伤害措施；要求施工单位采取施工用电安全措施并进行监督控制。

6.3.4.3.6 环境控制要点

6.3.4.3.6.1 噪声：昼间小于70dB，夜间小于55dB。

6.3.4.3.6.2 粉尘：现场目视无扬尘，主要运输道路硬化率达到100%。

6.3.4.3.6.3 现场主要道路及时洒水，厂区内覆盖易扬尘地面。

6.3.4.3.6.4 成立文明施工保洁队，配备洒水车，做好压尘、降尘工作。

6.3.4.3.6.5 建筑垃圾分类堆放，及时清运，清运时适量洒水降低扬尘。

6.3.4.3.7 职业健康安全控制要点

夜间施工时，照明设备充足，如使用碘钨灯是，要有专业电工在场，采取绝缘措施，保证用电安全。

6.3.4.3.8 文明施工控制要点

施工土方回填车辆进出道路要求硬化处理，严禁土料内混杂泥土及杂物，同时要做到每日工完、料净、场地清。

6.3.4.4 资料控制目标

6.3.4.4.1 工程资料与工程进度同步；工程资料准确、齐全、工整、统一。

6.3.4.4.2 资料控制要点：资料不符合要求，不进行分项工程（检验）批验收，不进行阶段性验收，不准进行下道工序。

6.3.5 监理工作方法及措施

6.3.5.1 工程质量控制工作方法及措施

6.3.5.1.1 事先控制

6.3.5.1.1.1 项目监理部安排专人组织检查施工单位资质文件，要求证件齐全、有效。不符合，要求施工单位补充。施工单位资质不具体，不允许施工，并报告给业主处理。

6.3.5.1.1.2 检查施工单位质量保证体系和质量检验体系，检查内容包括组织机构设置、人员配备及上岗证明、管理制度等文件。对于检查出的问题，提出整改措施。对于问题严重的单位，不允许开工，直到整改合格。

6.3.5.1.1.3 检查图纸会审是否进行。以图纸会审纪要为准。同时，对于会审时提出的问题，必须见到设计院明确的答复，具备施工条件。图纸会审由监理组织，业主、施工单位和设计人员参加。施工单位可能提出图纸会审申请以便为工程开工创造条件。图纸会审内容是：设计院讲解设计意图；业主、监理和施工单位提出施工中可能遇到的问题，设计院答复。

6.3.5.1.1.4 检查施工方案、作业指导书和相关措施等技术质量文件是否齐全、正确。事前，施工单位向监理部报审这些技术文件。这些文件必须由监理审批通过。监理审查这些技术文件内容的完整性、正确性、针对性等。施工期为寸季，要求施工单位编写雨季施工措施。

6.3.5.1.1.5 检查施工单位是否编审了“施工质量验评项目划分表”，同时，必须报监理审批，从而确定验收责任；同时，项目监理部要确定停工待检点（H点），旁站检查点（S点）和现场见证点（W点）。土方回填工程W、H、S点设置一览表见表6-3-2。

表6-3-2　土方回填工程W、H、S点设置一览表

序号	控制分项及其子目	控制点类型	质量控制点	控制手段
1	回填土（②层圆砾）原材料	H	含水率、含泥率	现场取样检测试验
2	回填土虚铺厚度	H	厚度	测量
3	碾压机械或人工夯实	W	规格型号	检查设备资料
4	回填土碾压	S	碾压遍数	旁站
5	回填土检测	H	压实系数	现场取样检测试验
6	回填土接茬处理	S	搭接范围	旁站

6.3.5.1.1.6　检查施工机械是否到位；检查施工检测用仪器具是否到位并符合精度和时间有效性等效。检查实体及合格证明材料。

6.3.5.1.1.7　检查材料是否准备好，是否合格。检查实体和材料合格证明，包括进厂复试合格证明资料。

6.3.5.1.1.8　检查施工环境是否对施工质量有影响。主要检查水、电、路、平面等施工环境及条件，保证满足使用条件，不影响工程质量。

6.3.5.1.1.9　检查特种工上岗证明。检查上岗证件。必要时，对特种人员进行现场考试。

6.3.5.1.1.10　最后审查开工报告。施工单位向监理呈报开工报告申请，监理审查，上述条件全部具备后，同意开工并签证。开工报告审批后，进入事中控制阶段。

6.3.5.1.1.11　主要控制措施：上述任一条件不具备，不允许开工；向施工单位提出明确的整改建议和意见，限期整改。

6.3.5.1.2　事中控制

6.3.5.1.2.1　基坑基底检查：施工单位根据施工图纸认为回填范围内结构已完成施工，填写隐蔽验收检查记录，报监理检查验收。监理单位根据图图纸要求和施工规范逐条检查验收。基坑检查的内容有标高检查、位置检查等。回填用土必须符合图纸设计要求，其他项目由监理检查验收。合格后进入下道工序。控制措施：第一，任何检查项目不符合规范和图纸要求，均视为不合格，不得进入下道工序，并向施工单位提出整改要求，整改完成后，施工单位再申请验收，直至合格。第二，在土方回填试验数据未出或已出但不合格的情况下，不能进行下道工序施工，并且施工单位做好其他施工准备后，再将土方回填至设计标高并立即开始进行混凝土粗地坪或者垫层施工。

6.3.5.1.2.2　土方回填质量控制方法及措施：要求施工单位在土场取土运至基坑；项目监理部检查土质是否符合图纸设计要求，土质由肉眼观察。主要措施：旁站检查，发现问题彻底整改；问题严重停工整改；用钢尺检查虚铺厚度，超标则处理；对于压实过程，现场检查压实设备的符合性，旁站检查压实扁数，符合设计和既定遍数后，进行压实度检查；压实度检测点根据设计和规范要求确定，检测点由监理随机选取；压实度检查，合格后进行上一层铺设。

6.3.5.1.2.3　土方回填施工过程中，要求施工单位测量记录每层虚铺厚度和压实厚度；要求施工单位根据规范做好记录。

6.3.5.1.2.4　土方回填施工过程中，遇到下雨天，则分析雨水对土层质量的影响并进行处理。

6.3.5.1.2.5　土方回填施工过程中，应该每天观察检查土料情况，如果不能保证连续施工，向施工单位提出整改措施并监督施工单位实施，否则采取批评、罚款等措施。

6.3.5.1.2.6　对于设计变更，严格审查，在保证工程质量的情况下，防止增加工程费用，延长施工工期。

6.3.5.1.2.7　施工过程中，监理每周组织一次技术质量例会，全面管理施工技术质量，提出管理要求，施工单位落实。施工单位在技术质量例会上提出技术质量方面需要协调的问题，监理组织解决。对于专业问题，项目监理部可能以专题会议的形式讨论解决。

6.3.5.1.3　事后控制

6.3.5.1.3.1　土方回填施工完成后（或分片施工完成后），对此分项工程进行质量评定，然后移交下道工序（上部附属设备基础、沟道、地坪等施工）。

6.3.5.1.3.2　如果回填试验不合格，则与设计院、业主专题会议分析原因，研究处理方案。

6.3.5.1.3.3　回填试验合格后，交付后续工序。此时，施工单位进行“工完料净场地清”的清理工作，保证原土方堆场平整、洁净。

6.3.5.1.3.4　主厂房、空冷区域将要多次分片施工，因此必然发生土方回填层接茬现象。对于接茬的处理，按照设计要求和规范规定进行处理。对此，项目监理部将进行旁站检查，控制接茬质量。同时，对于接茬处的土方回填，如果监理表示怀疑，则将要求第三方实验室进行取样。

6.3.5.1.4　其他方法及措施

6.3.5.1.4.1　土方回填施工过程中，基坑中间需设置降水明沟。以便下雨天及时排水，从而保证回填土不受浸泡及雨后可连续施工。

6.3.5.1.4.2　施工过程中，监理发现问题时，视问题严重程度以口头形式或书面形式向施工单位提出整改要求并监督施工单位整改闭合。施工单位不服从，采取进一步控制手段，如罚款、甚至停工等。

6.3.5.2　施工安全监理方法和措施

6.3.5.2.1　事前控制

6.3.5.2.1.1　审查施工单位施工资质，合格后方可开工。

6.3.5.2.1.2　审查施工单位安全保护体系和安全监察体系，合格后方可开工。

6.3.5.2.1.3　检查专职安全员，数量满足，资质满足（上岗证）。

6.3.5.2.1.4　检查装载机、运输司机和压路机司机上岗证，要求所有装载机和运输司机持证上岗。

6.3.5.2.1.5　要求施工单位在施工作业指导书中编写安全管理措施，其内容符合监理安全管理要求方可审查通过。安全措施不合格，视作业指导书不合格。作业指导书不合格，不具备开工条件。安全措施内容见监理安全管理相关文件。安全措施由监理部安监组审查。

6.3.5.2.2　事中控制

6.3.5.2.2.1　检查施工单位专职安全员上岗情况，要求专职安全员全天候现场旁站监督。

6.3.5.2.2.2　监理部安监专工每天全天候巡视检查施工现场安全情况，发现问题后，视其严重程度以口头、书面形式向施工单位提出整改要求，限期整改。否则采取其他控制手段。

6.3.5.2.2.3　施工过程中，视具体情况，对施工机械进行专项检查，保证施工机械（挖机、装载机、运输汽车、压路机等）健康运作。

6.3.5.2.2.4 每周召开安全例会，全面检查上周安全管理情况，布置本周安全重点工作。

6.3.5.2.2.5 每月进行一次安全大检查，全面检查安全隐患，全面整改。

6.3.5.2.3 事后控制

6.3.5.2.3.1 发生安全事故后，进行停工整改。

6.3.5.2.3.2 安全事故以“四不放过原则”进行处理，即安全事故原因分析不清楚不放过；安全整改措施不完善不通过；安全责任员未受到教育不通过；施工单位职工未受到经验教训教育不放过。安全事故分析、整改措施、职工教育由事故责任单位组织实施，监理审查。

6.3.5.2.3.3 安全事故按照上述四不放过原则处理完成后，施工单位报监理审查并申请恢复施工，监理审查通过后，方可恢复施工。

6.3.5.2.4 其他措施

6.3.5.2.4.1 任何工程项目的安全管理均受现场安全管理委员会的安全管理，施工单位全面落实安委会安全工作精神，执行安全方针，落实所有安全措施。本监理细则未全面编写安委员管理精神和管理要求，这些管理精神和管理要求将以其他形式向施工单位发布。本细则仅对土方回填工程施工特点提出了一些具体的安全管理要求。

6.3.5.2.4.2 对于安全问题，监理部将根据具体管理办法进行通报批评、罚款、停工处理。

6.3.5.3 进度控制监理主要工作方法和措施

6.3.5.3.1 事前控制

6.3.5.3.1.1 编制单项工程进度计划并适时调整。单项工程开工前，施工单位在施工方案中必须制定工程施工进度计划，监理审查施工方案时，审查进度计划的符合性，审查依据是业主编制的里程碑进度计划和主要节点进度计划，监理单位编制的一级网络进度计划，施工单位编制的二级网络进度计划和专业进度计划。

6.3.5.3.1.2 编制月度进度计划和周进度计划。单项工程进度计划将转化为月度进度计划和周进度计划以便管理控制。月度进度计划和周进度计划由施工单位编写报业主和监理，业主和监理审查、调整改后，由业主或监理单位发放施工单位作为正式月度进度计划和周进度计划，施工单位实施。

6.3.5.3.1.3 检查施工单位劳动力组织情况、施工机械准备情况、施工材料准备情况、施工方法、施工环境、工程资金等保证情况。如果认为这些资源不能满足进度要求，监理单位向施工单位提出整改要求，并报业主。这种要求在周生产会议和月度计划分析会上提出，也可能以其他书面形式提出，更多的是口头提醒，推动施工单位改进。本条同时是事中控制监理工作及措施之一。

6.3.5.3.1.4 根据计划，检查设计图纸交付情况，如果不能满足进度要求，监理部向业主和设计院提出要求。

6.3.5.3.1.5 土方回填工程不存在工程设备问题，安装工程时，监理部将根据安装进度计划检查设备供应情况，发现问题，向业主设备管理部门提出要求。

6.3.5.3.1.6 施工用水、用电、施工道路已全面准备好，满足施工单位土方回填施工要求。但施工道路存在局部问题，这些问题在施工过程中具体解决。

6.3.5.3.2 事中控制

6.3.5.3.2.1 根据周进度计划，计算每天工作量。监理单位巡视检查每天工作情况，发现问题，向施工单位提出整改意见和建议。影响进度的因素不外乎劳动力、施工机械、施工方法、施工环境和工程资金。所以，分析进度滞后原因是，也就从这几方面分析。

6.3.5.3.2.2 每周开始一次周生产例会，分析周进度计划完成情况及滞后原因，提出整改措施，施工单位实施。

6.3.5.3.2.3 每月召开一次月度计划分析例会，分析月度计划完成情况及滞后原因，提出整改措施，施工单位实施。

6.3.5.3.2.4 施工过程中，由于施工单位的原因导致工程进度滞后，项目监理部采取控制手段。一般常用的手段是罚款。本工程项目监理部将采取罚款的手段：分析进度滞后原因，根据分析结果，如果工程进度滞后是由于施工单位组织不力造成的，根据罚款细则进行罚款。罚款从工程款中扣除，由业主操作。

6.3.5.3.2.5 对于进度滞后问题，项目监理部可能召开专题会议分析原因，提出整改措施。这些原因可能是业主、监理管理方面的问题，可能是施工单位组织问题，也可能是气候原因。谁的问题谁整改。一般的，施工单位的问题会比较突出。

6.3.5.3.3 事后控制

6.3.5.3.3.1 如果进度计划失真，则影响工程管理，所以，工程施工实际进度滞后计划进度后，必须及时调整进度计划。这项工作在各级进度计划的调整中完成。

6.3.5.3.3.2 对于实际进度滞后进度计划的情况，全面分析（事中控制中描述的周生产会议，月度计划分析会议工作内容之一），对责任单位进行处罚。

6.3.5.3.3.3 进度控制之事前控制，事中控制、事后控制有一些重复的内容，这是进度管理的特点之一。

6.3.5.3.4 其他措施

6.3.5.3.4.1 加强工程协调，及时解决施工过程出现的水、电、路、场地、交叉施工、村民阻挡、设备供应、材料供应、施工机械借用等问题。每周一次的生产例会，每月一次的月度计划分析例会内容之一就是工程协调，由施工单位提出需要协调的问题，业主和监理答复。对于重大问题，业主或监理组织专题会议进行研究讨论解决。必要时，增加碰头会议，每三天或每两天甚至每天召开一次，也可能即时组织会议及时解决问题。碰头会议视工程进展需要安排。

6.3.5.3.4.2 土方回填工程不存在设备问题。安装工程可能存在设备问题，需要制定解决方案或措施。

6.3.5.3.4.3 压实系数测量控制措施

6.3.5.3.4.3.1 每层土方压实之后，进行压实度检验。对于土方，采用“环刀”测量压实度。监理确定取样点，旁站监理取样。

6.3.5.3.4.3.2 每 $100m^2$ 取样一组，但单体建筑每层均不少于3组。取样部位在每层压实后的上部。监理旁站检查。

6.3.5.3.4.3.3 压实度检测合格率应大于95%，其余5%的最低值与设计值之差，不能大于 $0.08t/m^3$，且不应集中。过程中监理询问检查，最后，监理检查试验报告。

6.3.5.4 费用控制监理主要工作和措施

本章其余内容见光盘。

第4篇

火电工程600MW机组工程施工监理范例

魏安稳　赵宪忠　常　鹏　等　编著

第 1 章　大唐彬长发电厂 2×600MW 新建工程施工阶段监理规划

1.1　工程项目概况

1.1.1　工程名称：大唐彬长发电厂 2×600MW 新建工程。

1.1.2　项目法人：中国大唐集团公司彬长煤电水一体化项目筹建处。

1.1.3　工程规模：本期建设规模为 1200MW，安装 2 台 600MW 国产超临界直接空冷燃煤发电机组。

1.1.4　建设工期：2007 年 7 月 1 日开工，1 号机组 2008 年 12 月 31 日完成 168h 试运并投产；2 号机组 2009 年 2 月 28 日完成 168h 试运并投产。

1.1.5　工程地点：陕西省咸阳市长武县冉店乡马屋村。

1.1.6　气象条件：长武县位于陕西省关中西北部，地处大陆腹地，远离海洋，在气候上属于温暖带半湿润大陆性季风气候区。一年四季冷暖干湿分明，光照充足，温度适宜。冬季受西伯利亚气团控制，寒冷干燥，雨雪稀少；春季常会受到冷暖空气交替影响，气温日差变化较大，最大气温日差为 28.8℃；夏季主要受副热带高压影响，高温多雨，但雨量的分配很不均匀，时常造成当地洪涝、干旱灾害的发生。根据多年平均逐月降水量统计，5—10 月的降水量占全年降水量的 82%，7—9 月的降水量占全年降水量的 53.7%。根据地区的气温分析，长武县冬季是属于寒冷气候区。

长武气象站是 1959 年 9 月设站至今，地理位置为北纬 35°12′、东经 107°48′，海拔 1206.5m。该气象站位于长武塬上，已有较长的各种实测气象要素，具有一定的代表性，电厂厂址位于泾河川道之中，距气象站直线距离在 20km 以内。因此，采用长武气象站资料，可以满足厂址的常规气象设计要求，也符合规范规定。

电厂厂址多年主要气象要素如下：

多年平均气压	881.4hPa	
多年平均气温	9.2℃	
极端最高气温	37.6℃	（1997 年 7 月 21 日）
极端最低气温	−25.2℃	（1991 年 12 月 28 日）
平均水汽压	9.4hPa	
平均相对湿度	69%	
多年平均降水量	566.3mm	
一日最大降水量	102.2mm	（1992 年 8 月 12 日）
多年平均蒸发量	1358.1mm	
最大风速	17.3m/s	（1983 年 3 月 5 日）
平均风速	2.2m/s	
全年主导风向	SE	
最大积雪深度	20cm	（1993 年）
最大冻土深度	68cm	（1980 年 2 月 4 日）
平均雷暴日数	23.4d	
平均大风日数	2.7d	
平均雾日数	34.4d	
冻融循环次数	109	

1.1.7　工程投资：静态投资 42.59 亿元人民币，动态投资××亿元人民币。

1.1.8　工程参建单位。

1.1.8.1　建设管理：中国大唐集团公司彬长煤电水一体化项目筹建处。

1.1.8.2　设计单位：西北电力设计研究院。

1.1.8.3　监理单位：西北电力建设工程监理有限责任公司。

1.1.8.4　施工单位：天津电力建设工程公司、西北电力建设第一工程公司、北京电力建设工程公司、中铁第十九工程局一公司。

1.1.9　主要设备。

1.1.9.1　锅炉。

为上海电气集团股份有限公司生产的超临界变压运行直流炉、一次中间再热、单炉膛、平衡通风、配等离子点火、固态排渣、全钢悬吊结构、半封闭半露天布置、全悬吊结构 Π 型燃煤锅炉。锅炉主要参数如下。

过热蒸汽：最大连续蒸发量（B-MCR）	2084t/h
额定蒸发量（BRL）	1930t/h
额定蒸汽压力	25.4MPa（g）
额定蒸汽温度	571℃
再热蒸汽：蒸汽流量（B-MCR/BRL）	1700/1624t/h
进口/出口蒸汽压力（B-MCR）	4.8/4.6MPa（g）
进口/出口蒸汽压力（BRL）	4.35/4.16MPa（g）
进口/出口蒸汽温度（B-MCR）	327/569℃
进口/出口蒸汽温度（BRL）	312/569℃
给水温度（B-MCR/BRL）	291℃

1.1.9.2　汽轮机。

东方汽轮机有限公司生产的超临界、中间再热、直接空冷凝汽式汽轮机。型号：TC4F-26（24.2MPa/566℃/566℃）。汽轮机主要参数见表 1-1-1。

表 1-1-1　　汽轮机主要参数表

序号	项　目	单　位	数　据
1	机组型式		超临界、中间再热、直接空冷凝汽式
2	汽轮机型号		TC4F-26（24.2MPa/566℃/566℃）
3	额定出力（THA）	MW	600
4	铭牌出力（TRL）	MW	600
5	最大连续出力（TMCR）	MW	641
6	最大出力（VWO）	MW	679
7	额定主蒸汽压力	MPa（a）	24.2
8	额定主蒸汽温度	℃	566
9	额定再热蒸汽进口温度	℃	566
10	主蒸汽额定进汽量	t/h	1800.2
11	主蒸汽最大进汽量（VWO 工况）	t/h	2084.1
12	阻塞背压	kPa（a）	5.49
13	配汽方式		喷嘴＋节流
14	额定给水温度	℃	282.4

续表

序号	项　目	单　位	数　据
15	额定工况热耗（THA）	kJ/（kW•h）	7972
16	低压末级叶片长度	mm	661
17	汽缸数量	个	3
18	汽轮机总内效率	%	91.53
	高压缸效率	%	86.37
	中压缸效率	%	92.22
	低压缸效率	%	92.3
19	通流级数	级	38
	高压缸	级	Ⅰ+7
	中压缸	级	6
	低压缸	级	2×2×6
20	临界转速（分轴系、轴段的试验值一阶、二阶）		
	高中压转子	r/min	1650/4778
	A 低压转子	r/min	1650/4178
	B 低压转子	r/min	1656/4266
21	低压缸排汽喷水量	kg/h	60000
22	调节装置 DEH 制造厂		东汽
23	安全检测（TSI）制造厂		东汽
24	数据管理系统（DM2000）制造厂		买方自行采购
25	机组外形尺寸	m×m×m	26.75×7.5×6.344
26	最大件起吊高度（带横担时）	m	9.5
27	冷态启动从汽机冲转到带满负荷所需时间	min	215
28	变压运行负荷范围	%	40～90
29	定压、变压负荷变化率	%/min	3、5
30	轴振动最大值	mm	0.076
31	临界转速时轴承振动最大值	mm	0.15
32	最高允许背压值（额定负荷）	kPa（a）	
33	报警背压	kPa（a）	65
34	跳闸背压	kPa（a）	80
35	最高允许排汽温度（额定负荷）	℃	90
36	排汽报警温度	℃	90
37	排汽跳闸温度	℃	121
38	噪声水平	dB（A）	85
39	盘车转速	r/min	1.5
40	油系统装油量	kg	30660
	主油箱容量	m^3	35
	油冷却器型式		管式
	顶轴油泵制造厂		进口
41	抗燃油牌号		46SJ
	抗燃油泵制造厂		美国 VICKERS
42	抗燃油系统装油量	kg	1000
	抗燃油箱容量	m^3	1.4
	抗燃油冷却器型式		卧式 U 形管式
43	机组总重	t	1150
	汽轮机本体	t	930
	主汽门、调节阀等	t	148
	润滑油系统	t	36

1.1.9.3　发电机。

为东方电机股份有限公司生产，型号 QFSN-600-2-20D，发电机采用水氢氢冷式自并励静态励磁系统。

1.1.10　主要工艺系统概述。

1.1.10.1　热力系统：热力系统及主要辅助设备是以电厂安全、经济、满发并力求简单、灵活为原则。本工程热力系统除辅助蒸汽系统采用母管制外，其余系统均采用单元制。

1.1.10.1.1　主蒸汽、再热蒸汽及旁路系统。

主蒸汽系统、再热冷段和再热热段管道，按 2-1-2 连接方式考虑，锅炉和汽机接口均为 2 个。主蒸汽、再热冷段按 A335P91 管材设计；再热冷段按 A672-B70-CL32 管材设计。

旁路系统：采用高低压二级串联简化旁路系统，其容量满足启动要求选择。容量为锅炉 BMCR 的 40%。机炉协调及空冷器确定后选择合理的旁路系统及容量。

1.1.10.1.2　主给水系统。

本工程设置二台 50%BMCR 容量的汽动给水泵和一台 30%BMCR 容量的电动给水泵（启动备用），两台运行，一台备用。配有三台 100%BMCR 容量的高压加热器。

1.1.10.1.3　凝结水系统。

系统设两台 100%BMCR 容量的立式凝结水泵，三级低压加热器。凝结水采用中压精处理装置。

1.1.10.1.4　高、低加热器疏水系统。

高、低加热器疏水采用逐级串联疏水方式。每台高、低加设有单独至疏水扩容器的疏水管路。

1.1.10.1.5　冷却水系统。

系统主厂房内所有需要冷却的设备提供冷却水，冷却水来自辅机冷却水塔的冷却水泵。冷却水系统的设备排水均为压力排水，排至辅机冷却水塔。

本系统采用开、闭式循环冷却水系统。

1.1.10.2　燃烧制粉系统。

本工程制粉系统采用中速磨煤机冷一次风正压直吹式制粉系统。每台炉采用 6 台中速磨煤机。5 台运行，1 台备用。每台锅炉配 6 台钢制原煤仓，6 台电子称重皮带给煤机。

1.1.10.3　燃料运输系统。

本工程为坑口电厂，电厂用煤直接通过输煤皮带运至煤场。

1.1.10.4　除灰系统。

除灰系统采用正压浓相气力输送系统。在每个省煤器灰斗和电除尘器灰斗下各安装一台压力输送罐，灰斗内的灰落至压力输送罐内，然后用压缩空气作为动力通过管道将灰输送至灰库贮存，每台炉设 2 套输送系统，在灰库顶部设有排气过滤器，灰库内的空气经排气过滤器过滤后直接排向大气。

本工程除灰渣采用干除灰方式，电厂所排出的灰、渣及脱硫产生的石膏在综合利用出现剩余时运至贮灰场堆放。

1.1.10.5　脱硫系统。

本期工程同步进行烟气脱硫。大唐彬长发电厂位于国家划定的二氧化硫控制区，根据环保要求，本期工程脱硫效率不得低于 90%，脱硫工艺采用石灰石—石膏湿法烟气脱硫，从系统成熟可靠、全厂工艺统一、吸收剂价廉易得、来源单一、副产品能够综合利用等方面考虑，本期工程采用石灰石—石膏湿法脱硫工艺。石灰石—石膏湿法脱硫工艺主要由石灰石制备系统、SO_2 吸收系统、烟气系统、石膏脱水系统、浆液排空及回收系统、工艺水系统、压缩空气等系统组成。

1.1.10.6　供水系统。

根据本工程水源的具体条件，结合节约用水的精神，设计按照直接空冷系统方案进行设计。本厂采用机械通风直接空冷系统（ACC）。

空冷凝汽器布置在主厂房 A 排外 45m 的高架平台上，56 个冷却段排成 8 列，每列由 5 个顺流冷却段和 2 个逆流冷却段组成。

1.1.10.7　热工控制系统。

采用炉、机、电、网及辅助车间集中控制方式。两台机组合设一个集中控制室，不单独设电气网络控制室及辅助车间系统的控制室。

热工自动化系统的配置如下：

（1）采用分散控制系统（DCS）及辅助车间监控网络。

（2）DCS 及本期辅网的信息送至厂级监控信息系统（SIS）。

（3）发—变组、厂用电源、UPS 及直流系统纳入 DCS 监视及控制。

（4）DCS 包括如下功能组：

1）数据采集系统（DAS）。

2）模拟量控制系统（MCS）。

3）顺序控制系统（SCS）。

4）锅炉炉膛安全监控系统（FSSS）。

（5）汽机数字电液控制（DEH）、给水泵汽机控制（MEH）和汽机旁路控制（BPS），独立于 DCS 系统，在条件许可的情况下纳入 DCS。

（6）汽机监视系统（TSI）、汽机紧急跳闸系统（ETS）、给水泵汽机监视系统（MTSI）和给水泵汽机紧急跳闸系统（METS）随主辅机成套提供。DCS、ETS 及 METS 信号通过硬接线连接。

（7）吹灰控制系统采用独立的 PLC 控制系统，通过通讯口与 DCS 系统进行通讯，在 DCS 操作员站上统一监控。

（8）采用 DCS 后，设置少量独立于 DCS 的后备操作开关（按钮），当 DCS 故障时确保机组安全停机。

（9）设置全厂闭路电视系统，对监视区域点进行实时摄像，并连成网络，在集中控制室进行监视。

（10）火灾报警及空调控制系统。

火灾报警系统由一个布置在集中控制室的中央监控盘、电源装置、报警触发装置（手动和自动两种）及探测元件等组成。

1.1.10.8　电气系统。

1.1.10.8.1　电气主接线。

电厂接入系统电压为 750kV。主接线按 2 机 1 变 1 线扩大单元接线和 2 机 2 变 1 线联合单元接线两个方案。

1.1.10.8.2　厂用电接线。

本期工程厂用电压高压采用 6kV，其中性点采用中性电阻接地方式。

1.1.10.8.3　起动/备用电源。

从厂内 110kV 母线直接引接。2 台机组设置 1 台起动/备用变压器。起动/备用变压器中性点采用直接接地方式。

1.1.10.8.4　发电机及励磁系统。

本期工程 2 台发电机采用凝汽式汽轮发电机组，发电机励磁采用静态自并励励磁系统。

1.1.11　主要建筑。

1.1.11.1　主厂房布置主要尺寸。

主厂房布置主要尺寸见表 1-1-2。

表 1-1-2　　主厂房布置主要尺寸

名　　称	项　　目	尺寸/m	备　　注
汽机房	挡数	17	
	跨度	34	
	本期长度	171.5	
	中间层标高	6.90	
	运转层标高	14.70	
煤仓框架	跨　度	13.50	
	运转层标高	14.70	
	皮带层标高	42.00	
锅炉部分	炉前跨度	8.00	
	运转层标高	14.70	
	汽包标高		

本期主厂房按汽机房、煤仓框架和锅炉岛的顺序排列，汽轮发电机按纵向顺列布置，汽机头部朝向扩建端，汽机房运转层采用大平台布置，其标高为 14.7m。锅炉为半露天布置，其运转层标高为 14.7m，运转层以下封闭。

1.1.11.2　汽机房布置。

汽机房分三层：底层（0m）、中间层（6.90m）、运转层（14.7m）。

汽机房底层在两台机之间设有零米检修场。

空冷凝汽器布置在汽机房 A 排外，低压缸排汽管排至厂外空冷器。

1.1.11.3　煤仓框架布置。

底层布置磨煤机及辅助设备，运转层布置给煤机，输煤皮带布置在皮带层。

1.1.11.4　锅炉布置。

锅炉构架采用钢结构，半露天布置，炉顶设轻型钢屋盖，每炉设一台电梯布置在锅炉内侧。

送风机和一次风机为室内布置，入口均设有消音器。二台机组合用一个集控楼，布置在两炉之间。集控楼后部与炉后道路之间布置有两炉共用的机组排水槽，浓缩池等。

1.1.11.5　锅炉尾部布置。

按工艺流程炉后设备依次布置有电气除尘器、吸风机、烟囱。

引风机为室外布置，烟囱入口总烟道采用混凝土砖烟道。总烟道上设有烟气脱硫进出接口及不脱硫的旁路风门，与烟囱后面的脱硫设备相连接。

两炉共用一座钢筋砼结构钢制双内筒烟囱，高度 210m。

1.1.11.6　主要建筑布置。

汽机房跨度 34m，汽机房下弦标高 31.7m，钢屋架，煤仓间跨度 13.5m，输煤皮带层高 42m。主厂房柱距 10m 共 17 档，双柱插入距 1.5m，主厂房总长 171.5m，运转层标高 14.7m；炉架为钢结构。

1.1.12 工程建设组织机构设置。

中国大唐集团公司彬长煤电水一体化项目筹建处（以下简称“业主方”）是彬长电厂工程的项目法人，负责该工程的融资还贷、设备订货、工程建设及生产经营等各项管理。

受业主方委托，项目的设计单位是西北电力设计院。

采取直接承发包模式进行工程建设，由业主方进行工程建设的全面管理。

由西北电力建设工程监理有限责任公司对本工程进行全过程建设监理。

工程建设组织机构图如图 1-1-1 所示。

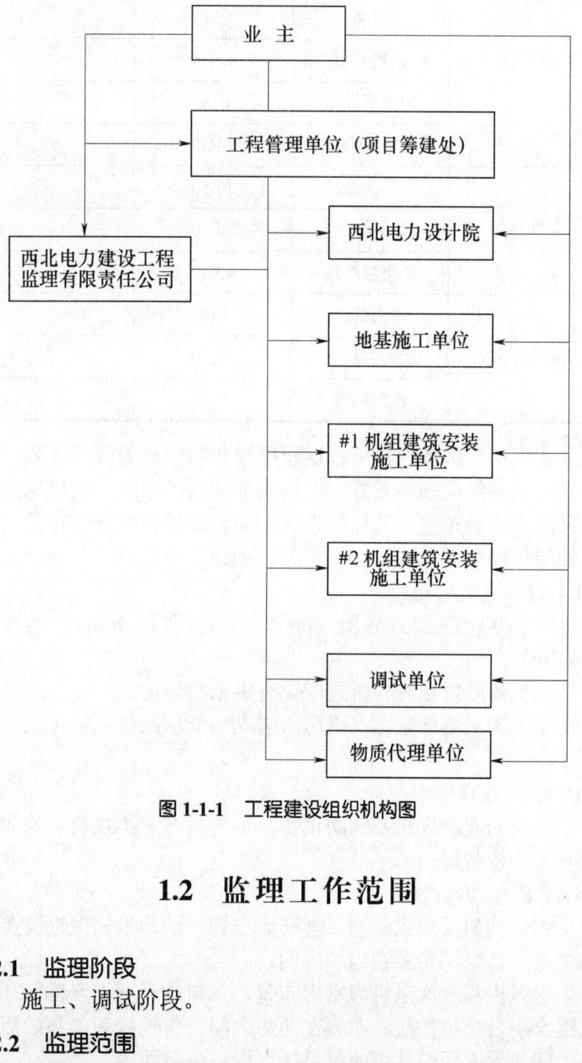

图 1-1-1 工程建设组织机构图

1.2 监理工作范围

1.2.1 监理阶段

施工、调试阶段。

1.2.2 监理范围

大唐彬长发电厂（2×600MW）新建工程施工准备、地基处理、土建施工、安装施工、调试至移交生产全过程的监理工作。

1.3 监理工作内容

本监理范围为：大唐彬长发电厂（2×600MW）新建工程的建筑工程、安装工程、脱硫岛施工及调试等厂区围墙范围内工程的全过程监理。监理工作按照四控制（质量、进度、投资、安全）、两管理（信息管理、合同管理）、一协调（施工协调）的原则进行。项目监理部要制定本工程的监理规划报甲方批准后实施。总监理师要组织各专业制定监理实施细则报甲方工程部审核后备案，各专业按实施细则进行监理。主要工作服务内容如下：

1.3.1 参与初步设计阶段的设计方案讨论，核查是否符合已批准的可行性研究报告及有关设计批准文件和国家、行业有关标准。重点是技术方案、经济指标的合理性和投产后的运行可靠性。

1.3.2 参加主要辅机设备的招标、评标、合同谈判工作。

1.3.3 核查设计单位提出的设计文件及施工图纸，是否符合已批准的可行性研究报告、初步设计审批文件及有关规程、规范、标准。

1.3.4 参与审查施工图方案是否进行优化。

1.3.5 参与对承包商等单位有关招标文件的编制、招标、评标和合同谈判工作。

1.3.6 审查承包商选择的分包单位、试验单位的资质并提出意见。

1.3.7 参与施工图交底、组织图纸会审，并提出监理意见。

1.3.8 负责审核、确认设计变更、工程签证等的管理和费用审核工作。设计变更、工程签证单份的费用大于 10 万元时，应按月及时向甲方上报。

1.3.9 督促总体设计单位对各设计分包单位图纸、接口配合确认工作。

1.3.10 督促对施工图交付进度进行核查、协调。

1.3.11 组织现场协调会。

1.3.12 协助甲方主持审查承包商提交的施工组织设计，审核施工技术方案、施工质量保证措施、安全文明施工措施。

1.3.13 协助甲方监督检查承包商建立健全安全生产责任制和执行安全生产的有关规定与措施。监督检查承包商建立健全劳动安全生产教育培训制度，加强对职工安全生产的教育培训。参加由甲方组织的安全大检查，监督安全文明施工状况。遇到威胁安全的重大问题时，有权发出“暂停施工”的通知。

1.3.14 根据甲方制定的里程碑计划编制一级网络计划（含网络节点付款计划），核查承包商编制的二级及三级网络计划（含网络节点付款计划），审核承包商编制的年、季、月度施工进度计划和报表，并监督实施。

1.3.15 审批承包商单位工程、分部工程开工申请报告，主持各施工单位之间的中间交接工作。

1.3.16 审查承包商质保体系文件和质保手册并监督实施。

1.3.17 检查现场施工人员中特殊工种持证上岗情况，并监督实施。

1.3.18 主持分项、分部工程、关键工序和隐蔽工程的质量检查和验评等工程质量管理工作。工程质量必须经监理工程师检验并签字，未经监理工程师的签字，主要材料、设备和构配件不准在工程上使用或安装，不准进入下一道工序的施工，不准拨付工程进度款，不准进行工程验收。应将承包商在工程中的不合格项分为处理、停工处理、紧急处理三种，并严格按提出、受理、处理、验收四个程序实行闭环管理，监理人员对不合格项必须跟踪检查并落实。

1.3.19 参与工程施工进度和接口的协调。协助甲方完成有关设备、材料、图纸和其他外部条件以及工程进度、交叉施工等的协调工作；定期召开质量分析会，通报质量现状提出改进措施并监督实施；盘点工程进度，分析质量进度趋势，提出分析报告及改进要求、建议，报送甲方并监督实施。协助甲方协调工程建设中出现的需要解决的问题，提出监理意见并监督实施。对于需要处理的有关协调、技术等的工程联系单，乙方必须提出明确的处理意见，在意见不确定或需要商定的情况下，必须提出两种以上方案，由甲方最后确定。

1.3.20 负责审查承包商编制的“施工质量检验项目划分表”并督促实施。

1.3.21 检查施工现场原材料、构配件的质量和采购入库、保管、领用等管理制度及其执行情况，并对原材料、构配件的供应商资质进行审核、确认。

1.3.22 制定并实施重点部位的见证点（W 点）、停工待检点（H 点）、旁站点（S 点）的工程质量监理计划，监理人员要按作业程序即时跟班到位进行监督检查。停工待检点必须经监理工程师签字才能进入下一道工序。

1.3.23 按验收标准检查主要材料、设备质量，参加设备和材料的现场开箱验收，对检查发现的设备、材料缺陷及施工中发现或产生的缺陷提出有关验收问题的监理意见并协助甲方处理。检查设备保管办法，并监督实施。

1.3.24 协助甲方核实工程量，审查承包商工程结算书，其静态部分必须控制在执行概算以内（按扩大单位工程控制），工程付款必须有总监理工程师签字。

1.3.25 监督承包合同的履行，维护甲方的正当权益。

1.3.26 建立以网络（招标单位建设）为支撑的管理信息系统（MIS），进行质量、安全、投资、进度、合同等方面的信息管理，在甲方、设计、设备、施工、调试等单位的配合下，收集、发送、反馈监理单位的工程信息，形成信息共享。运用 P3 软件等先进的管理手段加强对工程进度、投资的控制。检查、监督各承包商 MIS 和 P3 规范使用。

1.3.27 主持审查调试计划、调试方案、调试措施。

1.3.28 严格执行分部试运验收制度；分部试运不合格不准进入整套启动试运。

1.3.29 协调工程的分系统试运行和整套试运行工作。

1.3.30 主持审查调试报告。

1.3.31 协助甲方进行工程竣工决算、材料核销，完成达标投产和机组性能考核试验的监理工作。

1.3.32 对在试生产期中出现的设计问题、设备质量问题、施工问题提出监理意见。

1.3.33 审查工程概预算，提出监理意见。

1.3.34 按照《国家重点建设项目文件归档要求与档案整理规范》的要求，组织审查承包商的工程竣工文件。编制监理工作的各种文件、通知、记录、监测资料、图纸等竣工技术档案资料，在机组移交试生产后一个半月内交给甲方。

1.3.35 对施工现场内总平面管理、施工调度、安全文明施工等承担组织、协调和控制工作。

1.4 工程监理目标

1.4.1 进度控制目标

按业主制定的里程碑计划及审定的一级网络进度计划，制定工期控制目标，采用动态控制原理严格控制工期，保证工程按期投产发电。

1.4.2 质量控制目标

履行监理合同，提供满意服务。监理范围内的单位工程验收项目全部达到合格，优良率土建分部工程达到 90%以上；安装单位工程达到 95%以上；质量总评“优良”；受检焊口无损探伤一次合格率 96%以上。同时监督设计、物资供应及施工单位满足合同规定的质量要求及部颁《火电机组移交生产达标考核标准》、《火力发电厂基本建设工程启动及竣工验收规程》的各项要求。

1.4.3 造价控制目标

将工程造价控制在经审定的初设概算以内。

1.4.4 安全控制目标

杜绝重大人身伤亡事故、设备及重大机械事故和火灾事故的发生，减少一般事故的发生。

1.5 监理工作依据

1.5.1 工程建设方面的法律、法规、规范、标准。

1.5.2 委托监理合同。

1.5.3 其他工程建设合同。

1.5.4 监理大纲。

1.5.5 《建设工程监理规范》（GB 50319—2000）。

1.5.6 建设工程质量管理条例。

1.5.7 设计文件。

1.6 项目监理部的组织形式和职能

1.6.1 项目监理部组织机构框图

项目监理部组织机构图如图 1-6-1 所示。

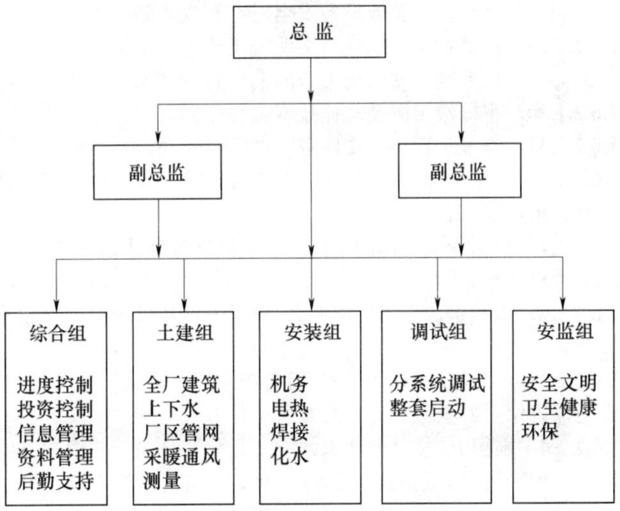

图 1-6-1　项目监理部组织机构图

1.6.2 项目监理部各专业组职能

1.6.2.1 质量、安全控制组（土建监理组、安装监理组、安全监理组）。

1.6.2.1.1 编制通用或单位工程的监理实施细则。

1.6.2.1.2 掌握和熟悉质量控制的技术依据。

1.6.2.1.3 施工场地的质量检验验收。

1.6.2.1.4 施工队伍资质审查，特别是分包队伍的资质审查。

1.6.2.1.5 工程所需材料、半成品、构配件的质量控制。

1.6.2.1.6 安装设备的质量检查。

1.6.2.1.7 施工机械的质量、安全控制。

1.6.2.1.8 审查施工单位提交的施工组织设计、方案、调试大纲及调方案、措施及安全措施。

1.6.2.1.9 施工环境及安全文明施工的控制。

1.6.2.1.10 协助施工单位完善质量保证工作体系。

1.6.2.1.11 审核施工单位的检验及试验方法或方案。

1.6.2.1.12 审核施工单位试验室的资质。

1.6.2.1.13 审核特殊工种人员资质。

1.6.2.1.14 制定质量及安全控制的 W、H、S 点。

1.6.2.1.15 施工工艺过程质量控制。

1.6.2.1.16 工序交接检查。

1.6.2.1.17 工程变更处理。

1.6.2.1.18 工程质量事故处理。

1.6.2.1.19 行使质量监督权，行使安全、质量否决权，下达经总监批准的停工令。

1.6.2.1.20 建立质量、安全监理日志。

1.6.2.1.21 定期向总监、业主报告有关工程质量动态。

1.6.2.1.22 参加单位、单项工程竣工验收，对单位、分部、分项工程的质量等级评定。

1.6.2.1.23 安全文明施工检查监督。

1.6.2.1.24 协助业主制定施工现场安全管理制度，组建现场"安全生产委员会"，建立健全安全保证体系。

1.6.2.1.25 监督检查施工单位是否建立健全了安全生产责任制以及安全生产责任的贯彻落实情况。

1.6.2.1.26 监督检查施工单位是否建立健全了安全生产教育培训制度，加强对职工安全生产意识的教育培训。

1.6.2.1.27 合理安排交叉施工作业，协助业主和工程管理单位抓好各施工单位之间交叉作业场所的安全文明施工。

1.6.2.1.28 现场巡视或检查，及时发现工作环境或安全防护设施不当，并将危及人身或设备安全时，有权通知停工整改。

1.6.2.1.29 协助业主组织安全文明施工检查，主持召开安全工作例会。提供安全、文明施工方面的信息。

1.6.2.1.30 审核竣工图及其他技术文件资料。

1.6.2.1.31 整理工程技术文件资料并编目建档。

1.6.2.2 进度控制组（综合组、土建监理组、安装监理组、调试监理组，以综合组为主）。

1.6.2.2.1 根据业主提出的工程建设里程碑进度计划，编制一级施工网络计划。

1.6.2.2.2 审核确认施工单位、设计单位、设备供应单位编制二级网络。

1.6.2.2.3 对一级网络计划进行日常控制，监督二级网络计划的实施，确保工程里程碑计划的实现。

1.6.2.2.4 根据 P3 软件的要求建立工程代码体系，并根据已确定的里程碑进度计划编制一级网络计划，提出二级网络计划的关键节点。

1.6.2.2.5 根据业主的一级网络计划，确定施工图交付二级网络计划的符合性及可行性，提出监理改进意见并监控实施情况。

1.6.2.2.6 根据一级网络计划计划，确定供应商编制的设备交付二级网络计划的符合性及可行性，提出监理改进意见并监控实施情况。

1.6.2.2.7 根据一级网络进度计划，确定施工二级网络计划及调试网络计划的符合性及合理性并监控实施情况。

1.6.2.2.8 审核施工、调试方案中保证工期及充分利用时间的技术组织措施的可行性、合理性。

1.6.2.2.9 建立反映工程进度的监理日志。

1.6.2.2.10 及时发现影响工程进度的内、外、人为和自然的各种因素。

1.6.2.2.11 审核施工单位提交的工程进度报告。

1.6.2.2.12 工程进度的动态管理。

1.6.2.2.13 参加工程进度协调会。

1.6.2.2.14 定期向总监、业主报告有关工程进度情况。

1.6.2.2.15 制定保证总工期不突破的对策措施（包括技术、组织、经济和其他配套措施）。

1.6.2.3 造价、合同控制组（综合组、土建监理组、安装监理组、调试监理组，以综合组为主）。

1.6.2.3.1 分析合同价构成因素，明确工程费用最易突破环节，明确控制的重点。

1.6.2.3.2 按合同要求如期提交施工现场，按期、保质、保量地供应由业主负责的材料、设备。

1.6.2.3.3 对于工程变更、设计修改进行技术经济合理性分析，并提出监理意见。

1.6.2.3.4 严格审查经费签证。

1.6.2.3.5 按合同规定及时签署进度款。

1.6.2.3.6 严格按照施工图纸及时对已完工程进行计量。

1.6.2.3.7 完善价格信息制度，及时掌握国家调价的范围和幅度。

1.6.2.3.8 定期、不定期地进行工程费用超支分析，并提出控制工程费用突破的方案和措施。

1.6.2.3.9 审核施工单位提交的工程结算书。

1.6.2.3.10 公正地处理施工单位提出的索赔。

1.6.2.3.11 监督合同双方履行合同规定的权利和义务。

1.6.2.3.12 公证调解合同纠纷。

1.6.2.3.13 认真研究合同文本，及时发现和解决合同执行过程中存在的问题，维护业主和施工单位的合法益，避免给业主带来不必要的损失。

1.6.2.3.14 协助收集整理反索赔资料。

1.6.2.4 信息控制组（综合组）。

1.6.2.4.1 协助业主或工程管理单位建立《工程现场信息管理制度》，规定各种信息的收集、整理，处置方式和传递时限。

1.6.2.4.2 协助业主或工程管理单位建立工程信息统一编码系统，以便检索和查阅。

1.6.2.4.3 检查各参建单位的信息管理制度，并监督其实施情况，建立畅通的联络渠道。

1.6.2.4.4 严格遵守业主批准或发布的《工程现场信息管理制度》，按规定通过报表、报告、会议等方式提供资料。

1.6.2.4.4 向业主提供监理月报，监理主持的会议纪要，审查（核）通知单，联系单，监理过程进展中的不定期报告，监理检查验收签证单，监理工作总结。

1.7 项目监理部人员配备计划

1.7.1 监理组织机构

根据监理有关文件的规定与要求和承接的工程监理范围，西北电力建设监理有限公司在现场设立大唐彬长发电厂 2×600MW 新建工程项目监理部，监理部设总监理工程师 1 名、总监顾问 1 名、副总监理工程师 2 名，组成监理部的领导层，负责监理部的工作。监理部月平均数为 28 人，工程高峰期达到 40 人。

项目监理部下设土建组、安装组、调试组、安监组、综合组，对监理合同范围内的工程进行进度控制、质量控制、投资控制、安全控制、合同管理、信息管理、组织协调。

1.7.2 人员构成

根据 2×600MW 机组工程建设的目标和监理工作的要求，监理部选用的监理人员是从事火电工程建设战线上工作年限较长，具有丰富经验的现场施工管理和技术管理人员组成。考虑施工作业的高度及立体交叉作业多，采用了老中青三结合，且各专业配备齐全。凡参加本工程监理工作的人员都参加过监理工程师的岗位培训，并取得了监理工程师资格证书。

1.7.3 项目监理部人员进驻计划及直方图

根据工程的实际需要，配备足够胜任监理工作的监理工程师，实际派遣监理人员数量不局限下列配备计划。

项目监理部人员配备计划见表1-7-1。

表1-7-1 项目监理部人员配备计划

序 号	人 员 类 别	人 员 数 量
1	总监理师	1
2	总监顾问	1
3	土建副总监	1
4	安装副总监	1
5	综合副总监	1
6	土建监理师	6
7	锅炉监理师	4

续表

序 号	人 员 类 别	人 员 数 量
8	汽机监理师	4
9	电气监理师	3
10	热控监理师	3
11	焊接监理师	2
12	技经监理师	3
13	安全监理师	3
14	信息监理师	1
15	工程协调监理	2
16	资料员	2
17	后勤保障	2
合计		40

彬长电厂项目西北电建监理人员计划如图1-7-1所示。

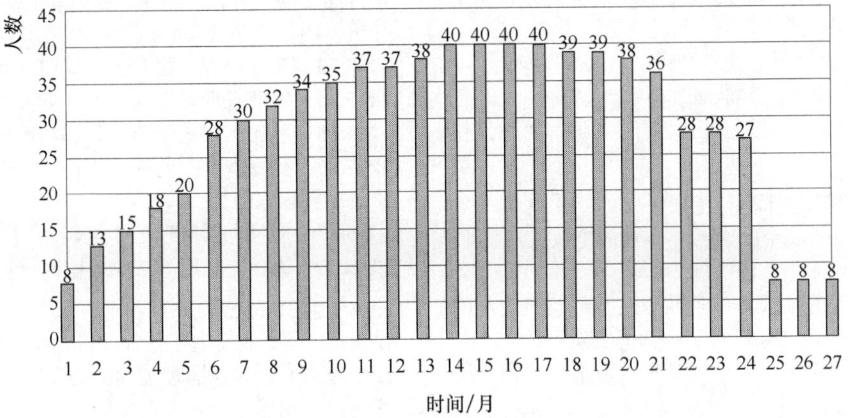

图1-7-1 彬长电厂项目西北电建监理人员计划

1.8 项目监理部的人员岗位职责

1.8.1 现场监理部总体职责

1.8.1.1 现场监理部实行总监理工程师负责制，总监理师应保持与委托单位的密切联系，熟悉其要求和愿望，并受监理公司的委托全面履行监理合同。

1.8.1.2 根据监理合同要求并参照项目法人与承建单位的承包合同，确定工程建设中相互配合的问题及需提供的有关资料。

1.8.1.3 熟悉并掌握与本工程有关的国家政策、法规；熟悉并掌握本工程的有关设计、设备资料及现场运作规则等。

1.8.1.4 编写《监理规划》和实施细则，经委托单位认可后，据此具体执行监理任务。

1.8.1.5 编制本工程的监理表格、监理制度，经与项目法人和承建单位明确后组织实施。

1.8.1.6 负责全面贯彻监理公司的《质量保证手册》规定的质量职责和相关的程序文件。

1.8.2 总监理师岗位职责

1.8.2.1 代表监理公司全面履行《监理合同》中所规定的各项条款，负责制定监理工作计划。

1.8.2.2 负责监理部的全面工作，在行政管理和项目监理的质量活动上对西北电力建设工程监理有限责任公司负责，在业务上对项目法人负责。

1.8.2.3 保持与项目法人的密切联系，负责监理业务实施过程中的综合协调工作，定期向上级汇报，重大问题的请示，签发监理部的报表、监理文件。

1.8.2.4 主持制定监理部的管理制度；编制现场各项管理制度并经项目法人批准发布实施。

1.8.2.5 签署工程开工令的监理部意见及重大质量问题的紧急停工令。

1.8.2.6 签署工程款的付款凭证。

1.8.2.7 主持召开现场工程调度会，负责处理和协调现场出现的重大质量、进度和费用等方面的问题，并负责现场调度会议纪要的编写。

1.8.2.8 处理合同履行中的重大争议与纠纷。

1.8.2.9 负责向项目法人提交项目实施的情况报告。

1.8.2.10 负责督促项目竣工资料的编制；参与竣工验收和移交工作。

1.8.2.11 主持编写监理月报和监理工作总结报告。

1.8.2.12 负责全面贯彻监理公司的《质量保证手册》规定的质量职责和相关的程序文件。

1.8.3 副总监理师岗位职责

1.8.3.1 协助总监理师全面贯彻《监理合同》，在总监理师不在现场期间，按总监理师指令代理总监理师的工作。

1.8.3.2 领导各专业监理工程师，在总监领导下，按照监理公司相关的质量体系文件开展工作，圆满完成监理任务。

1.8.3.3 组织编制本专业监理实施细则，并报总监理工程师批准后交本专业监理人员实施。

1.8.3.4 审核监理人员编制的监理工作计划。

1.8.3.5 领导监理人员建立和完善项目监理的信息系统。

1.8.3.6 协助总监理师协调外部关系。

1.8.3.7 审核工程开工令、停工令、复工令，并提出意见。

1.8.3.8 审核工程付款凭证。

1.8.3.9 组织有关监理人员共同参与处理工程中发生的重大质量事故、安全事故，提出监理意见，交由有关监理工程师监督处理。

1.8.3.10 督促有关部门做好单项工程、分期交工工程和项目的竣工验收，并对相应的质量监理报告和验收报告提出意见。

1.8.3.11 参与处理重大的索赔事宜。

1.8.3.12 每月度编写项目实施情况报表和报告，提供监理月报素材。

1.8.3.13 组织审核施工承包单位提供的施工组织设计和施工方案。

1.8.3.14 组织监理人员参加设计图纸会审。

1.8.3.15 审核并签署项目竣工资料。

1.8.3.16 协助总监理工程师编制监理月报；参与编写监理工作报告。

1.8.4 专业组长（专业监理工程师）职责

1.8.4.1 确定本专业人员分工，组织编制本专业的监理实施细则。

1.8.4.2 负责本专业监理工作具体实施。

1.8.4.3 组织、指导、检查监督本专业监理工程师、监理员的工作，当人员需要调整时，向总监理工程师提出建议。

1.8.4.4 审查承包单位提交的本专业的计划、方案、申请、变更，并向总监理工程师提出报告。

1.8.4.5 负责本专业分项工程验收及隐蔽工程验收。

1.8.4.6 定期向总监理工程师提交本专业监理工作实施情况报告，对重大问题及时向总监理工程师汇报和请示。

1.8.4.7 根据本专业监理工作实施情况做好监理日志。

1.8.4.8 负责本专业监理资料的收集、汇总及整理，参与编写监理月报。

1.8.4.9 核查进场材料、设备、构配件的原始凭证、检测报告等质量证明文件及其质量情况，根据实际情况认为有必要时对进场材料、设备、构配件进行平行检验，合格时予以签认。

1.8.4.10 负责本专业的计量工作，审核工程计量的数据和原始凭证。

1.8.5 监理工程师岗位职责

1.8.5.1 认真学习、贯彻国家和上级颁发的各项技术政策、法令和技术管理制度，熟悉和执行有关技术标准、规程、规范、有关的合同法规和监理公司的质量体系文件，为做好监理服务创造必要的条件。

1.8.5.2 认真贯彻“监理合同”的各项要求，有效地完成《监理规划》及实施细则中确定的监理工作，并将监理工作情况逐日记录在“监理日志”中。

1.8.5.3 全面了解工程情况，组织施工图会审。

1.8.5.4 对本专业工程项目的开工条件和施工方案提出监理意见；并核查月、季度承建单位的工程量与进度；对合同争议问题提出调解意见。

1.8.5.5 对设计修改和施工质量检验以及各种检验和检测报告进行确认；对影响投资较大的问题，需报请原审批单位批准的项目，提出监理意见。

1.8.5.6 跟踪监督现场施工，重点工程和隐蔽工程项目要特别予以关注。对影响质量、进度和投资的问题，及时提出监理意见。

1.8.5.7 按《监理合同》规定，监督承建单位严格履行承包合同、复核施工质量、按“验标”参加四级验收项目和隐蔽工程的质量检查及验收，并在验收报告上签署意见。坚持深入现场，跟踪监督现场施工工作，按监理实施细则规定的工程控制点实施检查验收、巡回检查和旁站监理。严格执行有关工程规程、规范、标准及设计要求，发现问题及时处理或报告分管的副总监理师处理。

1.8.5.8 参加对重大事故的调查，对处理方案提出监理意见。

1.8.5.9 对月、季度承建单位完成的投资计划进行复核签署。

1.8.5.10 审签承建单位的月、季度进度统计报表、对审签工程付款凭证提出监理意见。

1.8.5.11 参加结合工程进行的科研、新技术方案讨论及成果鉴定。

1.8.5.12 参加重要设备、材料、构件的施工现场验收，核定其是否满足规范和设计要求；参加审定调试方案，提出监理意见，并予以确认分部及整套试运行结果，签署意见。

1.8.5.13 参与处理工程变更、索赔及违约等事宜。

1.8.5.14 协助整理与专业有关合同文件及技术档案资料。

1.8.5.15 参加工程竣工验收，提出监理小结。

1.8.5.16 搞好本专业的基础工作，配合信息管理人员做好本专业信息管理系统。

1.8.5.17 按月提出监理工作报表。

1.8.5.18 认真完成监理部领导临时交办的任务。

1.8.6 监理员岗位职责

1.8.6.1 受专业监理工程师安排，做好分管范围内的监督工作。要求做到服从专业监理工程师委派并对监理工程师负责；在分管范围内积极主动、深入实际、及时准确解决监理问题。

1.8.6.2 在监理员分管工作范围内，主动听取项目法人意见，认真配合承建单位工作，及时做好记录，平等对待承建单位职工，科学地、公正地处理好监督工作中的矛盾。

1.8.6.3 坚持深入现场，跟踪监督现场施工工作，严格执行有关工程规程、规范、标准及设计要求，发现问题及时处理或报告。

1.8.6.4 检查承包商投入工程项目的人力、材料、主要设备及其使用、运行状况，并做好检查记录。

1.8.6.5 复核或从现场直接获取工程计量的有关数据并签署原始凭证。

1.8.6.6 按设计图纸及有关标准，对施工单位的工艺过程或施工工序进行检查和记录，对加工制作及工序施工质量检查进行记录。

1.8.6.7 担任旁站工作，发现问题及时指出并向专业监理工程师报告。

1.8.6.8 做好监理日记和有关的监理记录。

1.8.7 资料员岗位职责

1.8.7.1 负责管理项目监理部全过程形成的各种性质的监理文件、资料和记录。

1.8.7.2 负责监理文件、资料和纪录的收发并根据收发的监理文件、资料和纪录的性质，分类登记（文件资料分类登记表）存放，登记的内容应包括收发时间、收发单位、文件号、文件或资料名称、专业、编号等。

1.8.7.3 负责监理文件、图纸、资料和记录的验证、传递、催收、保管、借阅和查询；负责对受控文件资料的标识、更换和回收，对失效版本文件资料的清理、撤销、标识和隔离。

1.8.7.4　负责定期清理没有存档价值和存查必要的监理文件，其处理清单需经总监理师批准后方可办理。

1.8.7.5　负责在机组 168h 完成后一个半月内向业主档案室移交资料，参与机组达标投产。

1.8.7.6　遵守有关保密规定。

1.8.8　安全监理工程师职责

1.8.8.1　贯彻执行“安全第一，预防为主”的方针及国家、大唐集团公司现行的有关安全生产的法律、法规性文件的规定，协助业主搞好施工现场安全管理。

1.8.8.2　根据有关安全管理规定，检查承包商的安全施工组织保证体系、安全监督网络、安全生产责任制、安全施工教育情况。

1.8.8.3　审查施工承包商施工组织设计、重大技术方案及现场总平面布置所涉及的安全文明施工和环境保护措施。审批单位工程开工报告。

1.8.8.4　监督承包商贯彻执行安全规章制度和安全措施的实施。对承包商的安全文明施工措施进行审查，在实施监理过程中，发现存在安全事故隐患的，要求承包商及时整改；情况严重的，要求承包商暂时停止施工，并及时报告建设单位。

1.8.8.5　参加业主组织的安全检查和安全例会，对施工现场的安全文明施工情况提出监理意见，协助业主督促施工单位落实整改措施。

1.8.8.6　审查重大项目、重要工序、危险性作业和特殊作业的安全施工措施，并监督实施。

1.8.8.7　审查施工承包商大、中型起重机械安全准用证、安装（拆除）资质证、操作许可证，监督检查施工机械安装、拆除、使用、维修过程中的安全技术状况，发现问题及时督促整改。

1.8.8.8　严格控制土建交付安装、安装交付调试以及整套启动、移交生产所具备的安全文明施工条件。凡未经安全监理签证的工序不得进入下道工序施工。协调解决各施工承包商交叉作业和工序交接中存在的影响安全文明施工的问题，对重大问题，应跟踪控制。

1.8.8.9　参加人身重伤以上事故和重大机械、火灾事故以及重大厂内交通事故的调查处理工作。协助业主监督检查施工现场的消防工作，冬季防寒、夏季防暑、文明施工和卫生防疫等工作。

1.8.8.10　定期向总监理工程师提交施工现场安全监理工作情况报告，做好监理日志，参与编写监理月报。

1.9　监理工作程序

1.9.1　火力发电工程建设及项目监理工作程序

火力发电工程建设及项目监理工作程序如图 1-9-1 所示。

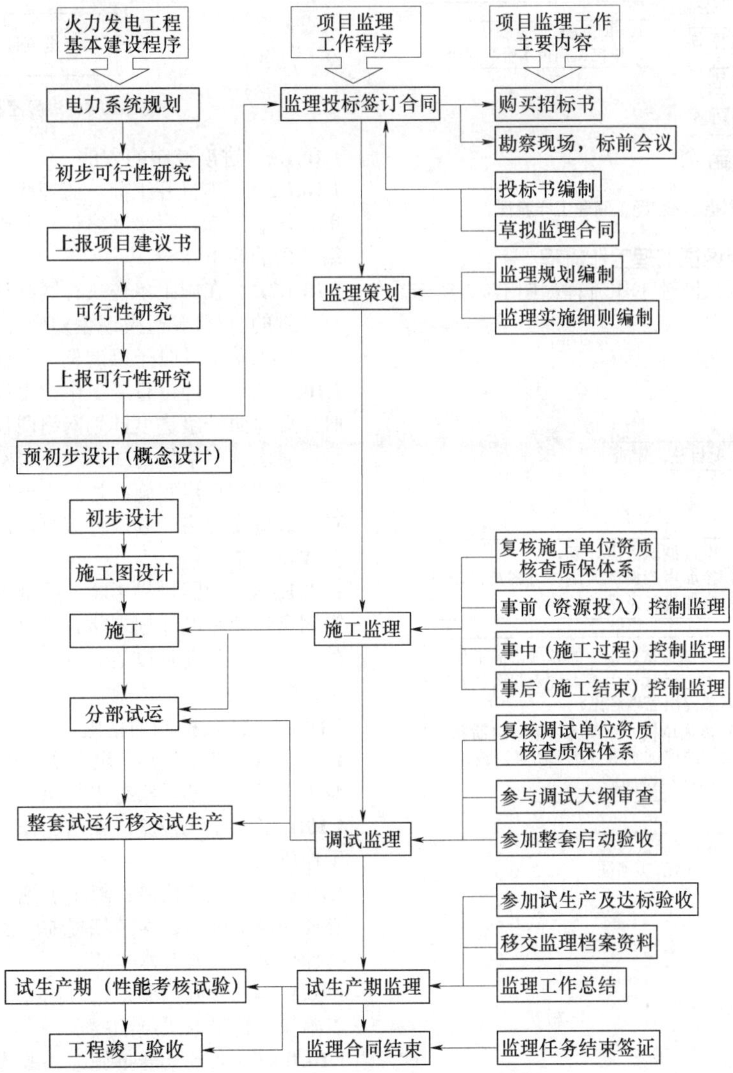

图 1-9-1　火力发电工程建设及项目监理工作程序

1.9.2 火力发电工程建设项目施工监理工作流程

火力发电工程建设项目施工监理工作流程如图1-9-2所示。

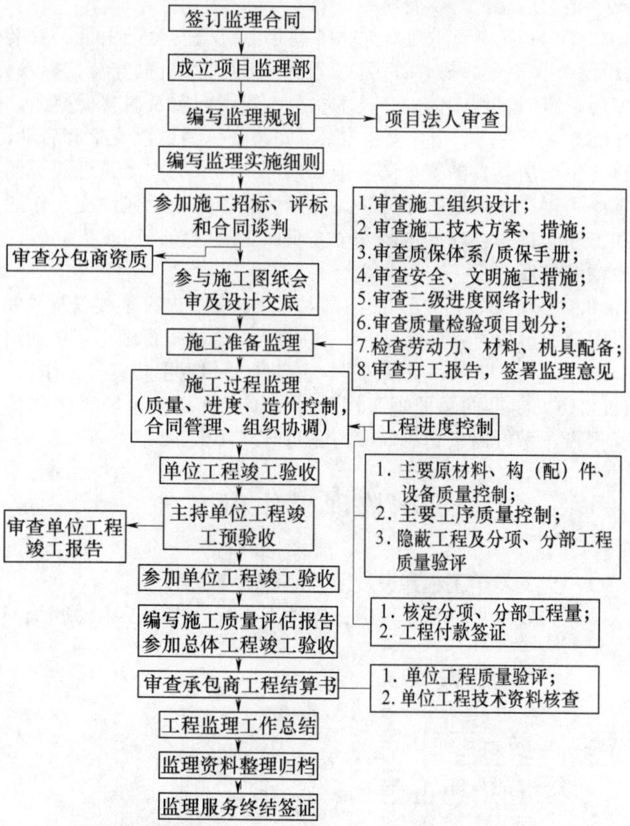

图1-9-2 火力发电工程建设项目施工监理工作流程

1.9.3 火力发电工程建设项目调试监理工作流程

火力发电工程建设项目调试监理工作流程如图1-9-3所示。

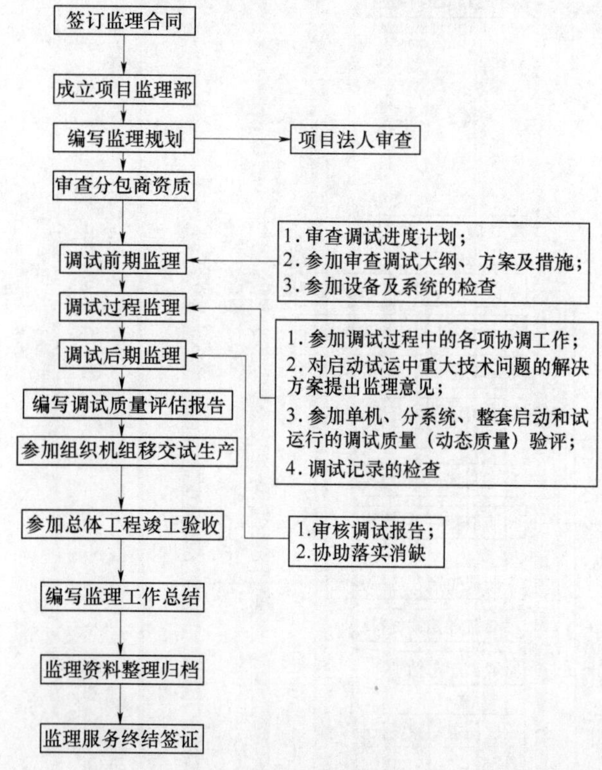

图1-9-3 火力发电工程建设项目调试监理工作流程

1.10 监理工作方法及措施

1.10.1 监理进度控制的工作方法及措施

1.10.1.1 进度控制的监理程序

进度控制的监理程序如图1-10-1所示。

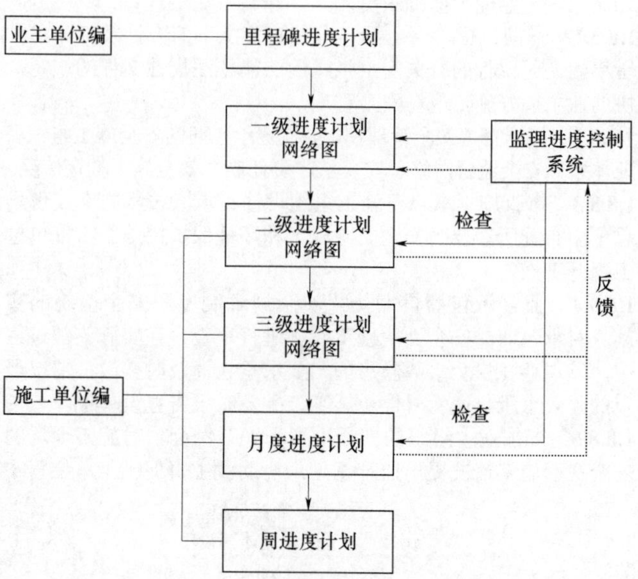

图1-10-1 进度控制的监理程序

1.10.1.2 进度控制的方法

1.10.1.2.1 项目开工前，监理应对照一级进度网络图审核施工单位编制的二、三级网络计划，确认各级网络计划符合一级网络计划的要求。

1.10.1.2.2 在施工单位执行网络计划的过程中，监理应及时检查计划的执行情况，发现偏差应在每周的调度会议上提出警示，要求施工单位及时予以调整，保证计划的正点实施。

1.10.1.2.3 监理审查施工单位上报的月度计划完成情况统计表时，要对照一级进度计划网络图找出偏差，对施工单位提出警示，要求施工单位对二级和三级网络计划进行调整，以保证二级网络计划正点实施；如施工单位二级网络计划出现偏差，应对一级进度网络计划进行调整，以保证里程碑进度计划的正点完成。

1.10.1.2.4 如因材料影响、图纸供应影响、施工单位组织不力等因素致使月度计划未能完成时，除对三级网络计划进行调整外，还应在监理月报上分析工期拖延原因，并明确监理和施工单位拟采取的纠正措施。

1.10.1.3 进度控制的措施

1.10.1.3.1 技术措施：建立施工作业计划体系；缩短工艺时间、减少技术间歇期、实行平行流水立体交叉作业等。

1.10.1.3.2 组织措施：如增加作业队数、增加工作人数、增加工作班次等。

1.10.1.3.3 经济措施：对由于施工单位的原因拖延工期者进行必要的经济处罚；对工期提前者实行奖励及实行包干奖金、提高计件单价及奖金水平等。

1.10.1.3.4 合同措施：按合同要求及时协调有关各方的进度，以确保项目形象进度的要求。

1.10.1.3.5 其他配套措施：如改善外部配合条件、改善劳动条件、实施强力调度等。

1.10.2　监理质量控制的工作方法及措施

1.10.2.1　施工质量控制的监理程序

施工质量控制的监理程序如图 1-10-2 所示。

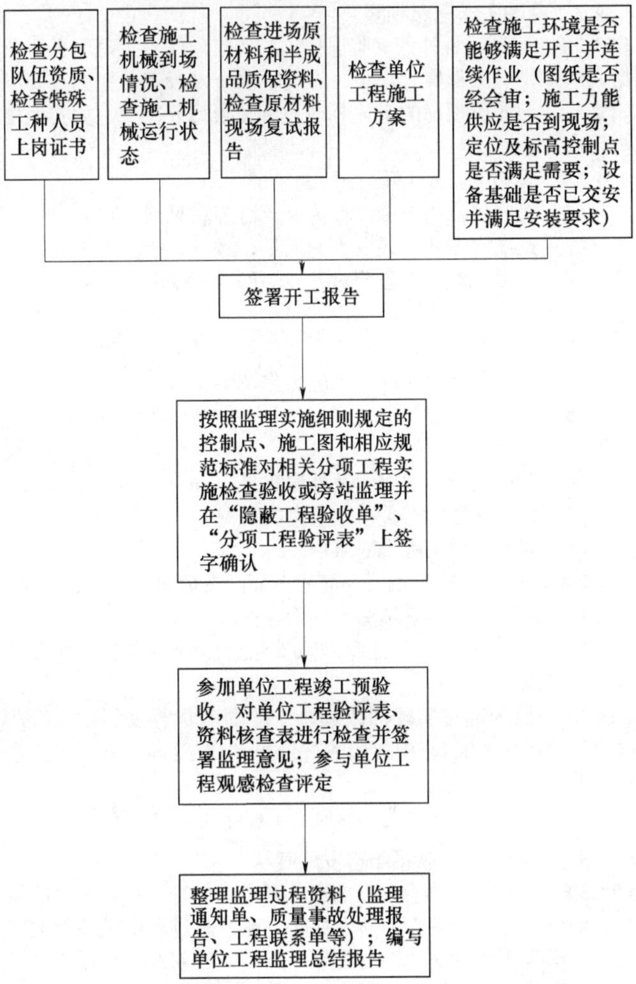

图 1-10-2　施工质量控制的监理程序

1.10.2.2　质量控制的方法

1.10.2.2.1　停工待检：工序到达 H 点，施工单位应首先经班组自检、工地（处）专职检查、公司质检科检查并签字认可后，于 24h 前通知监理到场检查验收。监理工程师应按时到达现场参加验收。如监理工程师因故未能按约定时间到场，应在书面通知上注明不能到场的原因并重新约定检查验收时间。未经监理工程师检查认可，改工序不能转序。

1.10.2.2.2　质量见证：工序到达 W 点，施工单位应在施工前 24 小时书面通知监理工程师到场见证。监理工程师监督检查该工序全过程施工后在“施工跟踪档案”上签字认可。如监理工程师虽收到书面通知但未能按时到场见证，应视为监理工程师已对该点质量认可，随后应在质量验收文件上前补签。

1.10.2.2.3　旁站监理：工序到达 S 点，为规范施工工艺，严格工艺参数，监理工程师应监督施工的全过程，并及时进行监测和检查，发现问题立即现场纠正。旁站监理的工序名称、施工时间、操作班组、技术负责人姓名、所发现问题性质和处理结果监理工程师应在监理日志中反映。

1.10.2.3　质量控制的措施

1.10.2.3.1　组织措施：建立健全监理组织，完善职责分工及有关质量监督制度，落实质量控制的责任。

1.10.2.3.2　技术措施：严格事前、事中和事后质量控制措施。

1.10.2.3.3　经济措施及合同措施：严格质量检验和验收，不符合合同规定的质量要求拒付工程款。

1.10.3　监理造价控制的工作方法及措施

1.10.3.1　工程造价控制的监理程序

工程造价控制的监理程序如图 1-10-3 所示。

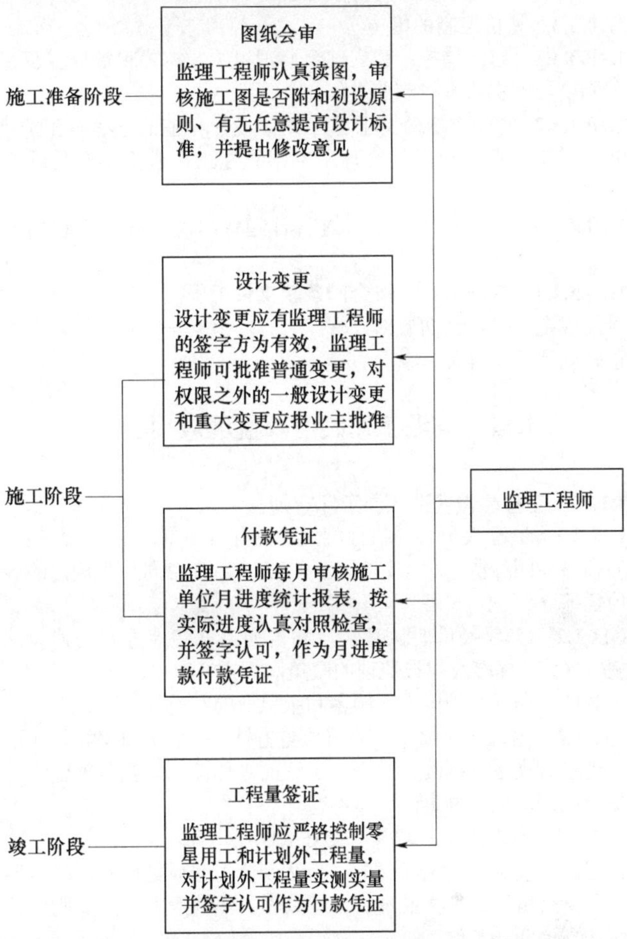

图 1-10-3　工程造价控制的监理程序

1.10.3.2　造价控制的方法

根据本工程的管理模式和监理委托合同的要求，本工程的造价控制应着重于三个阶段、四项工作，即：施工准备阶段、施工阶段、竣工阶段；图纸会审、设计变更、月付款凭证、工程量签证。

1.10.3.2.1　图纸会审：监理工程师除从技术角度审核施工图是否有误、是否便于施工外，还应重点审核施工图是否与批准的初步设计原则有出入，是否会增加费用。设计中是否有提高设计标准的现象，如有，应向设计单位指出并提出改正要求或报原审批部门处理。

1.10.3.2.2　施工中监理工程师应严格控制设计变更，按项目法人授权范围对不增加费用的普通设计变更可签字批准；对发生费用调增的一般设计变更和费用调增较大、已改变原设计结构的重大设计变更，监理应提出处理意见，报项目法人或业主方代表处理。

1.10.3.2.3　监理工程师在审核施工单位月进度统计报表时，必须深入现场，逐项对照各分项工程实际施工进度。核准后才可签字认可。

1.10.3.2.4 对计划外的工程，必须要有项目法人或项目法人授权的代表出具的书面委托，监理工程师才可受理。监理工程师应对受理的计划外工程实测实量，以确定其实际工作量，并签字认可。

当现场出现类似交叉配合、清理垃圾等不属承包商工作范围的少量用工时，监理工程师可在项目法人授权的前提下按实际发生的工作量签证作为付款凭证。

1.10.3.3 造价控制的措施

1.10.3.3.1 组织措施：建立健全监理组织，完善职责分工及有关制度，落实造价控制的责任。

1.10.3.3.2 技术措施：审核施工组织设计和施工方案，合理开支施工措施费，以及按合理工期组织施工，避免不必要的赶工费。

1.10.3.3.3 经济措施：及时进行计划费用与实际开支费用的比较。

1.10.3.3.4 合同措施：按合同条款支付工程款，防止过早、过量的现金支付，全面履约，减少对方提出索赔的条件和机会，正确处理索赔等。

1.11 监理工作制度及监理应用表式

1.11.1 工程建设监理人员工作守则

1.11.1.1 监理人员必须执行监理部的有关规定，接受总监理师的领导，团结协作、密切配合，完成《监理合同》所规定的各项任务。

1.11.1.2 监理人员要认真学习和贯彻国家和地方有关建设法规、规范、标准及建设监理的政策和规定，独立、公正、科学、可靠地工作，维护国家、顾客和承包商的利益。

1.11.1.3 监理人员要牢记公司质量方针，严格按国家和行业现行规程、规范、标准，结合本工程的具体情况实施监理工作，坚持原则，秉公办事，一丝不苟。

1.11.1.4 监理人员必须具有良好的职业道德，认真履行《监理合同》所规定的权利和义务；为达到公司的质量目标，严格遵照“秉公执法、严格监理、遵纪勤学、热情服务”的原则谨慎而认真地开展工作。

1.11.1.5 监理工作要为工程着想，急工程所急，从监理角度做好工程服务。

1.11.1.6 监理人员要自觉执行国家对党政机关、国有大中型企业廉政建设的有关规定，自觉抵制不正之风，不得与其他有关的单位在该工程项目中发生经济关系，不得参与可能与合同中规定的顾客利益相冲突的任何活动，不得从事《监理合同》规定权限外的活动。

1.11.1.7 坚持科学态度，对工程要以科学数据为认定质量依据，不凭主管臆断。

1.11.1.8 尊重客观事实，准确反映建设监理情况，及时妥善处理问题。

1.11.1.9 监理人员要尽职尽责发挥监理的作用为工程建设服务，充分尊重顾客单位对工程的统一指挥。监理人员要按照各自的岗位责任制开展工作，严格执行监理程序，重要的监理意见必须以书面形式按行文程序发出。

1.11.1.10 监理人员要从工程建设的整体需要出发，服从领导，服从工作分配与调动，积极承担监理工作任务。

1.11.1.11 虚心听取顾客及工程建设有关方面的意见，接受监理主管部门的领导，总结经验教训，不断改进和提高监理工作的质量和水平。

1.11.1.12 积极努力工作，对改进监理工作和有利于工程建设的各类问题提出建议与意见。

1.11.2 监理工作日志制度

1.11.2.1 监理工程师的《监理日志》是监理信息管理的重要依据之一，是对工程实行质量、进度、安全及投资监控的重要原始资料。因此监理部的全体监理人员必须每天按期、如实地填写日志。

1.11.2.2 监理日志应填写的内容：

（1）对监理范围内的工程情况及监理意见或建议。

（2）纪录本专业当天发生的质量、进度、投资、合同、信息等问题，以及监理工程师对发现的问题所采取的措施和处理意见。

（3）本专业所审签或核查的文件名称及主要内容。

（4）对外发出的文件、函电名称及主要内容。

（5）主持、参加图纸会审、专业、专题及各种会议的主要内容。

（6）专业配合中的问题及处理意见。

（7）领导交办的有关事宜及完成情况。

（8）其他监理范围内的事项。

1.11.2.3 《监理日志》填写要简明扼要，文理通顺，字迹清楚，一律用墨水笔或签字笔填写，便于存档。

1.11.2.4 技经人员和其他管理人员结合专业特点和工作性质参照第二条执行。

1.11.2.5 监理部总监理师或副总监理师应执行公司质量手册（Q/JL-20101—2001）中《服务评价控制程序》，定期或不定期抽阅监理工程师日志。

1.11.2.6 《监理日志》作为考核监理工程师业绩的评定依据之一。

1.11.3 监理通知、联系单签发制度

1.11.3.1 根据“监理合同”的服务要求，监理工程师按“四控制、两管理、一协调”的监理深度，在监理过程中发现重大问题时，必须正式行文通知有关单位外，一般问题可以以监理通知单的形式提出问题和改进措施，主送设计、施工单位执行并报送项目法人。

1.11.3.2 对并不一定是设计或施工造成的问题，但作为监理工程师对施工中一些情况的看法，或提请施工单位注意，或只是作为建议供有关方面参考，可以以监理联系单的形式，主送有关单位。

1.11.3.3 监理通知单一般由监理工程师填写、打印，由分管的副总监理师校核并编号签发；重大问题，由分管的副总监理师校核编号、总监理师签发。

1.11.3.4 监理工作联系单由监理工程师填写、打印，由分管的副总监理师校核并编号签发。

1.11.3.5 监理通知单、联系单和其他监理单位产生的文件的编号，原则上按不同专业流水编号：

×字×××号

流水号

专业标识

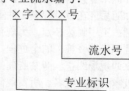

专业标识规定为：

总——总监理师

土——土建专业

机——汽机专业

炉——锅炉专业
电——电气专业
热——热控专业
焊——焊接专业
化——化学专业
调试各相关专业在专业标识后加“调”字。

1.11.3.6 通知单、联系单一式两份，统一由资料员登记并存档一份，发放一份；接受单位要签收，并注明收到日期。当主送单位不止一个时，文件原件可按实际需要份数制作。

1.11.3.7 通知单、联系单作为工程管理文件，工程竣工验收时与其他监理资料一起统一移交项目法人，并归档至公司质量技术部资料室。

1.11.4 监理月报编写规定

根据监理合同及有关制度的规定，监理部应定期向上级、项目法人及有关单位报送监理月报，为使月报的内容规范化和及时报出，特制订如下编制要求。

1.11.4.1 月报的内容

1.11.4.1.1 本月工程概况（重要的会议情况、项目法人、承包商等单位的重要活动、上级领导来现场指导工作等）。

1.11.4.1.2 本月工程形象进度：说明工程主要形象进度完成的情况。如工程达到的部位或阶段，完成的实物工程量、工作量或百分率等。

1.11.4.1.3 工程进度：

（1）本月实际完成情况与计划进度比较。

（2）对进度完成情况及采取措施效果的分析。

1.11.4.1.4 工程质量：

（1）本月工程质量情况分析。

（2）本月采取的工程质量措施及效果。

（3）本月优良品率、及存在的质量问题（需统计发生多少项质量问题），其中重要的质量问题要逐项说明。

1.11.4.1.5 工程计量与工程造价控制工作：

（1）工程量审核情况。

（2）工程月进度付款的审批情况。

（3）工程变更情况。

1.11.4.1.6 本月监理工作总结：

（1）对本月进度、质量、造价控制情况的综合评价。

（2）本月监理工作（组织会议、审核方案、发现问题、发出通知、处理事故、审核变更份数统计及质量验收、验评情况）。

（3）本月项目建设中存在问题及建议。

（4）下月工作重点。

1.11.4.2 监理工程师职责

1.11.4.2.1 每月25日前提出本人负责范围内的书面月报，交主管副总监理师审阅。

1.11.4.2.2 月报一律按本制度规定的月报内容为提纲，要求语言通顺，引用的数据事例要可靠。

1.11.4.2.3 每位监理工程师的月报皆归类存档。并作为工作考核的依据。

1.11.4.2.4 主管副总监负责汇编本组监理月报，并及时报送总监理工程师。

1.11.4.2.5 总监理工程师负责编辑项目监理部监理月报。

1.11.4.2.6 信息监理工程师负责出版、派送、上报、归档。

1.11.5 监理部文件、资料管理制度

1.11.5.1 文件、资料的类别与范围

（1）各级党政机关来文。

（2）上级主管部门来文、信件、传真、电报等。

（3）监理资料（目录见“监理规范”1.7.1）。

（4）监理工作制度和内部管理制度。

（5）监理过程中产生的手稿、电子邮件、传真和电报底稿等。

1.11.5.2 文档管理人员职责

（1）本监理项目部文件、资料管理由信息监理工程师负责。

（2）根据收发文件、档案资料性质，分门别类建立案卷，详细登记。

（3）建立文件资料保管、传阅、借阅制度，并严格执行。

（4）各类文件应严格遵守保密规定，需销毁的必须履行有关手续后执行。

（5）为减少文件资料的运输量，除必须以文字形式交项目法人的资料外，其他文件资料尽量采用电子文档，管理人员应按文件性质分类存入计算机并刻录成光盘，在封套上标明目录。

1.11.5.3 来文运行程序

（1）文档管理人员对文件登记、填写传阅单。

（2）送总监理师批示。

（3）按总监批示，送有关人员传阅或阅办。

（4）传阅或阅办完后送文档管理部门，需复印时由总监批示，借阅时办理手续。

（5）整理归档。

1.11.5.4 发文运行程序

（1）文件由经办人拟稿打印后送主管副总监审核并编号，再送总监签发，由资料监理师登记、存档、复印、分发。

（2）资料监理师将文件原件一份存档，其余发送各有关单位，不足的份数可复印发放；但主送单位应尽量保证能够得到一份原件。

（3）接受方必须在发文记录上签名并注明收到日期。

1.11.5.5 技术资料运行程序

（1）技术资料由资料监理师统一签字、收取、登记。

（2）资料监理师按专业分发给各监理人员使用，各监理人员均以借阅形式使用，用完即归还。

1.11.6 施工阶段监理工作和项目部内部管理的基本表式

1.11.6.1 A类表（承包单位用表）

A01-2007工程开工/复工报审表，见表1-11-1。
A02-2007施工组织设计（方案）报审表，见表1-11-2。
A03-2007分包单位资格报审表，见表1-11-3。
A04-2007工程款支付申请表，见表1-11-4。
A05-2007监理工程师通知回复单，见表1-11-5。
A06-2007工程临时延期申请表，见表1-11-6。
A07-2007费用索赔申请表，见表1-11-7。
A08-2007工程材料/构配件/设备报审表，见表1-11-8。
A09-2007工程竣工报验单，见表1-11-9。

1.11.6.2 B类表（监理单位用表）

B01-2007监理通知单，见表1-11-10。
B02-2007工程暂停令，见表1-11-11。
B03-2007工程款支付证书，见表1-11-12。
B04-2007工程临时延期审批表，见表1-11-13。
B05-2007工程最终延期审批表，见表1-11-14。
B06-2007费用索赔审批表，见表1-11-15。

1.11.6.3 C类表（各方通用表）

C01-2007工程联系单，见表1-11-16。

表 1-11-1　A01-2007 工程开工/复工报审表

工程名称：　　　　　　　　　　　　　　　　　　　编号：

致：________________（监理单位）

我方承担的________________工程，已完成了以下各项工作，具备了开工/复工条件，特此申请施工，请核查并签发开工/复工指令。

附：1．开工报告

2．（证明文件）

承包单位（章）__________

项目经理__________

日　期__________

审查意见：

项目监理机构__________

总/专业监理工程师__________

日　期__________

表 1-11-2　A02-2007 施工组织设计（方案）报审表

工程名称：　　　　　　　　　　　　　　　　　　　编号：

致：________________（监理单位）

我方已根据施工合同的有关规定完成了________________工程施工组织设计（方案）的编制，并经我单位上级技术负责人审查批准，请予以审查。

附：施工组织设计（方案）

承包单位（章）__________

项目经理__________

日　期__________

专业监理工程师审查意见：

专业监理工程师__________

日　期__________

总监理工程师审核意见：

项目监理机构__________

总监理工程师__________

日　期__________

表 1-11-3　A03-2007 分包单位资格报审表

工程名称：　　　　　　　　　　　　　　　　　　　编号：

致：________________（监理单位）

经考察，我方认为拟选择的________________（分包单位）具有承担下列工程的施工资质和施工能力，可以保证本工程项目按合同的规定进行施工。分包后，我方仍承担总包单位的全部责任。请予以审查和批准。

附：1．分包单位资质材料

2．分包单位业绩材料

分包工程名称（部位）	工程数量	拟分包工程合同额	分包工程占全部工程
合　计			

承包单位（章）__________

项目经理__________

日　期__________

专业监理工程师审查意见：

专业监理工程师__________

日　期__________

总监理工程师审核意见：

项目监理机构__________

总监理工程师__________

日　期__________

表 1-11-4　A04-2007 工程款支付申请表

工程名称：　　　　　　　　　　　　　　　　　　　编号：

致：________________（监理单位）

我方已完成了____工作，按施工合同的规定，建设单位应在____年____月____日前支付该工程款共（大写）__________（小写：________），现报上______________工程付款申请表，请予以审查并开具工程款支付证书。

附件：1．工程量清单

2．计算方法

承包单位（章）__________

项目经理__________

日　期__________

表 1-11-5　A05-2007 监理工程师通知回复单

工程名称：　　　　　　　　　　　　　　　　编号：

致：__________（监理单位） 我方接到编号为__________的监理工程师通知后，已按要求完成了__________工作，现报上，请予以复查。 详细内容： 承包单位（章）__________ 项目经理__________ 日　期__________
复查意见： 项目监理机构__________ 总/专业监理工程师__________ 日　期__________

表 1-11-6　A06-2007 工程临时延期申请表

工程名称：　　　　　　　　　　　　　　　　编号：

致：__________（监理单位） 根据施工合同条款__________条的规定，由于__________原因，我方申请工程延期，请予以批准。 附件： 1．工程延期的依据及工期计算 合同竣工日期： 申请延长竣工日期： 2．证明材料 承包单位__________ 项目经理__________ 日　期__________

表 1-11-7　A07-2007 费用索赔申请表

工程名称：　　　　　　　　　　　　　　　　编号：

致：__________（监理单位） 根据施工合同条款__________条的规定，由于__________原因，我方要求索赔金额（大写）__________，请予以批准。 索赔的详细理由及经过： 索赔金额的计算 附：证明材料 承包单位__________ 项目经理__________ 日　期__________

表 1-11-8　A08-2007 工程材料/构配件/设备报审表

工程名称：　　　　　　　　　　　　　　　　编号：

致：__________（监理单位） 我方于____年____月____日进场的工程材料/构配件/设备数量如下（见附表）。现将质量证明文件及自检结果报上，拟用于下述部位： __________ __________， 请予以审核。 附件：1．数量清单 2．质量证明文件 3．自检结果 承包单位（章）__________ 项目经理__________ 日　期__________
审查意见： 经检查上述工程材料/构配件/设备，符合/不符合设计文件和规范的要求，准许/不准许进场，同意/不同意使用于拟定部位。 项目监理机构__________ 总/专业监理工程师__________ 日　期__________

表 1-11-9　　A09-2007 工程竣工报验单

工程名称：　　　　　　　　　　　　　　　　　编号：

致：________________（监理单位）

我方已按合同要求完成了________________工程，经自检合格，请予以检查和验收。

附：

承包单位（章）__________
项目经理__________
日　期__________

审查意见：

经初步验收，该工程

1. 符合/不符合我国现行法律、法规要求；
2. 符合/不符合我国现行工程建设标准；
3. 符合/不符合设计文件要求；
4. 符合/不符合施工合同要求；

综上所述，该工程初步验收合格/不合格，可以/不可以组织正式验收。

项目监理机构__________
总/专业监理工程师__________
日　期__________

表 1-11-10　　B01-2007 监理通知单

工程名称：大唐彬长发电厂 2×600MW 新建工程

西北电建彬长电厂监理部

日　期		编　号	
主送：			
抄送：			
监理工程师		总监（副总监）	
接受单位签字			
备　注			

表 1-11-11　　B02-2007 工程暂停令

工程名称：　　　　　　　　　　　　　　　　　编号：

致：________________（承包单位）

由于：________________________________原因，现通知你方必须于____年____月____日时起，对本工程的__________部门（工序）实施暂停施工，并按下述要求做好各项工作：

项目监理机构__________
总/专业监理工程师__________
日　期__________

表 1-11-12　　B03-2007 工程款支付证书

工程名称：　　　　　　　　　　　　　　　　　编号：

致：________________（建设单位）

根据施工合同的规定，经审核承包单位的付款申请和报表，并扣除有关款项，同意本期支付工程款共（大写）________________（小写：）________________。请按合同规定及时付款。

其中：

1. 承包单位申报款为：
2. 经审核承包单位应得款为：
3. 本期应扣款为：
4. 本期应付款为：

附件：1. 承包单位的工程付款申请表及附件
　　　2. 项目监理机构审查记录

项目监理机构__________
总/专业监理工程师__________
日　期__________

表 1-11-13　B04-2007 工程临时延期审批表

工程名称：　　　　　　　　　　　　　　编号：

致：＿＿＿＿＿＿＿＿（承包单位） 根据施工合同条款＿＿＿＿＿＿＿＿条的规定，我方对你方提出的＿＿＿＿＿＿＿＿工程延期申请（第＿＿号）要求延长工期＿＿日历天的要求，经过审核评估： □ 暂时同意工期延长＿＿日历天。使竣工日期（包括已指令延长的工期）从原来的＿＿年＿＿月＿＿日延迟到＿＿年＿＿月＿＿日。请你方执行。 □ 不同意延长工期，请按约定竣工日期组织施工。 说明： 项目监理机构＿＿＿＿＿＿ 总/专业监理工程师＿＿＿＿＿＿ 日　期＿＿＿＿＿＿

表 1-11-14　B05-2007 工程最终延期审批表

工程名称：　　　　　　　　　　　　　　编号：

致：＿＿＿＿＿＿＿＿（承包单位） 根据施工合同条款＿＿＿＿＿＿＿＿条的规定，我方对你方提出的＿＿＿＿＿＿＿＿工程延期申请（第＿＿号）要求延长工期＿＿＿＿日历天的要求，经过审核评估： □ 最终同意工期延长＿＿日历天。使竣工日期（包括已指令延长的工期）从原来的＿＿年＿＿月＿＿日延迟到＿＿年＿＿月＿＿日。请你方执行。 □ 不同意延长工期，请按约定竣工日期组织施工。 说明： 项目监理机构＿＿＿＿＿＿ 总/专业监理工程师＿＿＿＿＿＿ 日　期＿＿＿＿＿＿

表 1-11-15　B06-2007 费用索赔审批表

工程名称：　　　　　　　　　　　　　　编号：

致：＿＿＿＿＿＿＿＿（承包单位） 根据施工合同条款＿＿＿＿＿＿＿＿条的规定，你方提出的＿＿＿＿＿＿＿＿费用索赔申请（第＿＿号），索赔（大写）＿＿＿＿＿＿，经过审核评估： □ 不同意此项索赔。 □ 同意此项索赔，金额为（大写）＿＿＿＿＿＿。 同意/不同意索赔的理由： 索赔金额的计算： 项目监理机构＿＿＿＿＿＿ 总/专业监理工程师＿＿＿＿＿＿ 日　期＿＿＿＿＿＿

表 1-11-16　C01-2007 工程联系单

项目名称：	专业编号：
主送：	抄送：
联系事由：	
内容： 审核：　　年　月　日　　经办：　　年　月　日	
主办单位回复意见： 	
主送单位回复意见： 批准：　　年　月　日　　经办：　　年　月　日	

说明：主送与主办单位意见应在收到本单 2 日内签单。

1.12 监 理 设 施

监理设施情况见表 1-12-1。

表 1-12-1　　监 理 设 施 情 况

序号	设施名称	单位	配备数量	进场时间	备　注
1	台式计算机	台	10	与专业人员到场时间同步	
2	笔记本电脑	台	2	总监和副总监携带	
3	打印机	台	2	随计算机进场	彩色喷墨、激光各一台
4	数码相机	台	2	总监携带	
5	传真电话	台	1	总监携带	
6	复印机	台	1		
7	汽车	台	2		
8	活动硬盘	块	5	按需要	
9	刻录机	台	1	与第一台计算机同时	可考虑在第一台计算机上安装
10	P3 软件（单机版）计算机软件	套	1	与计算机同时	中文操作系统、翻译软件、OFFICE、Aotu CAD、ACDsee、杀毒软件等
11	监理法律法规和技术资料	套	1	各专业准备	刻成光盘携带，目录各专业副总监定
12	3m、5m、50m 盒尺	只	20	专业监理师自带	

第2章 大唐彬长发电厂2×600MW新建工程施工阶段监理细则

2.1 建筑工程监理实施细则

2.1.1 厂址简述

大唐彬长发电厂位于陕西省长武县冉店乡马屋村，西靠山塬，东临泾河，西北距长武县城15km，系彬长矿区煤、电、水综合性项目之一。

本期容量2×600MW，远期规划扩建6×1000MW。该电厂为坑口电厂，所需燃煤由彬长矿区供给。电厂生产用水正常情况下优先使用矿井疏干水，不足部分由鸭儿沟水库水补充，同时鸭儿沟水库也作为电厂的备用水源。循环水采用直接空气冷却系统，水力除渣，脱硫采用湿法脱硫方式。

2.1.1.1 厂址与自然条件

2.1.1.1.1 厂址地理位置和地质条件

厂址位于陕西省长武县与彬县交界处，属长武县冉店乡管辖，距长武县东南约15km的泾河西岸，场地开阔，平坦，厂区地形狭长，西北高东南低，自然地面标高为854.2～881.8m（1956年黄海高程系，下同），低于泾河百年一遇洪水位。厂址受洪水威胁，需修筑防洪设施。

2.1.1.1.2 工程地质条件

（1）厂址区的区域稳定性良好，适宜建厂。

（2）厂址区的地震基本烈度为6度，地震动峰值加速度为0.072g，地震动反应谱特征周期为0.47s，属建筑抗震有利地段。依据本次波速测试结果，场地覆盖层厚度为13～18m左右，场地土类型为中硬场地土，建筑场地类别为Ⅱ类。

（3）马屋厂址邱渠沟灰场地下水对混凝土结构、钢筋混凝土结构中的钢筋无腐蚀性，对钢结构具弱腐蚀性；净化站可以不考虑地下水的影响。

（4）马屋厂址邱渠沟灰场、净化站的地基土对混凝土结构、钢筋混凝土结构中的钢筋均无腐蚀性，按pH值评价对钢结构无腐蚀性。

（5）马屋厂址可按非自重湿陷性黄土、湿陷等级Ⅰ级考虑；邱渠沟灰场可按自重湿陷性黄土，湿陷等级为Ⅳ（很严重）级考虑；净化站可按自重湿陷性黄土、湿陷等级为Ⅳ（很严重）级考虑；灰场和净化站实际湿陷性有待在下阶段工作中进一步的试验分析确认。

（6）马屋厂址可不考虑地基土的液化和地基土震陷问题。

（7）马屋厂址的地基方案可考虑采用降水大开挖换填和短桩方案，邱渠沟灰场应考虑采用干贮灰的方式，在进行工程量估算时应考虑坝基处的软土和附近的小型塌滑体的清除量。净化站可考虑采用整片垫层、强夯等方法进行处理。

（8）彬长地区的标准冻结深度为0.60m。

2.1.1.2 技术经济条件（交通运输）

2.1.1.2.1 铁路

彬县及长武县目前尚无铁路，为开发彬长煤田，铁道部第一勘测设计院于2005年7月完成了《新建铁路西安至平凉线预可行性研究报告》，并于2005年11月通过铁道部组织的审查。同年12月，铁道部向国家发展和改革委员会上报了《西平铁路项目建议书》，中国国际工程咨询公司于2006年3月对该项目进行了评估。西平铁路由陇海线茂陵站引出，沿途经过陕西兴平、礼泉、乾县、永寿、彬县、长武六县及甘肃泾川、平凉两县市，接轨于宝中铁路平凉南站。正线全长275.5km，其中引入枢纽正线及配套工程15.76km，陕西境内156.24km，甘肃境内103.5km。西平铁路穿过彬长矿区，并在矿区设彬县东、彬县、大佛寺、上孟4处车站。

规划铁路沿所选彬长电厂厂址东侧通过。

本工程不设运煤铁路专用线，燃煤通过皮带或汽车运输进厂。

电厂大件设备通过铁路运至平凉南站卸车，然后经过西—兰公路运输进厂。

2.1.1.2.2 公路

彬长地区对外交通以公路为主。西兰公路（312国道）由东南向西北横穿彬长地区。西兰公路为二级公路。

彬县目前的对外交通以公路为主，西兰公路（国道312号）从南塬下塬至县城后再转西纵贯全城，为县城由南向西的主要出入口，县城距西安市公路里程为138km。彬县至曹家店公路向东4.5km跨泾河，泾河桥建于1976年，桥长220m，9孔20m钢筋混凝土双曲拱桥，转向北即达彬县所辖的7个乡及旬邑、淳化县，为县城东北方向的唯一出入口，彬县至水口公路为勾通南塬的两个乡及联系西兰公路的南向次要出口，彬县至新民公路在火石嘴设跨泾河公路桥，桥面宽9m，其中两侧人行道各1.0m，钢筋混凝土结构，泥结碎石路面，为县城的北向出口，从县城到东北方向、南向、北向、西向、西南向都有较为方便的交通联系，成为本地区的交通中心。

长武县对外交通以公路为主，西兰公路（国道312号）从亭口镇入境由东北向西北横贯全县，长武县城距西安公路里程为176km，西兰公路为长武县交通运输的主要出入口。境内南向有新西兰公路，长武至枣元公路和亭口至巨家公路，北向有长武至芋元公路，冉店至相公塬公路正在修建之中，并计划修建亭口至马屋、孟村至马屋两条公路专线。

平凉至长武县公路里程约115km，其间无隧道；桥涵共36座，其中50m长以上1座，10m长以上13座，10m长以下22座。咸阳至长武县公路里程约135km，其间有永坪及太峪二座隧道；桥涵共23座，其中50m长以上2座，10m长以上17座，10m长以下4座。

银（川）福（州）高速公路陕甘界至永寿段陕西省公路勘察设计院于2004年12月完成两阶段初步设计，该公路在马屋厂址电厂煤场北面的煤炭工业场地立井边高架通过。

银福高速公路已于2004年年底开工建设，计划于2008年年底建成通车。

长武县马屋厂址目前尚无公路，仅有从塬上到厂址的农用道路，且坡大弯急，路面狭窄，晴通雨阻，交通十分不便。

西兰公路在距马屋厂址西面约2.5km塬上通过。

电厂进厂公路从西兰公路亭口镇引接，沿塬底与泾河西岸之间而上，从厂区扩建端进入厂区，长约2.5km。

2.1.1.3 水文、地质条件及气象资料

2.1.1.3.1 地质概况

（1）厂址区的区域稳定性良好，适宜建厂。

（2）厂址区的地震基本烈度为6度，地震动峰值加速度为

0.072*g*，地震动反应谱特征周期为 0.47s，属建筑抗震有利地段。依据本次波速测试结果，场地覆盖层厚度为 13～18m 左右，场地土类型为中硬场地土，建筑场地类别为Ⅱ类。

（3）马屋厂址邱渠沟灰场地下水对混凝土结构、钢筋混凝土结构中的钢筋无腐蚀性，对钢结构具弱腐蚀性；净化站可以不考虑地下水的影响。

（4）马屋厂址邱渠沟灰场、净化站的地基土对混凝土结构、钢筋混凝土结构中的钢筋均无腐蚀性，按 pH 值评价对钢结构无腐蚀性。

（5）马屋厂址可按非自重湿陷性黄土、湿陷等级Ⅰ级考虑；邱渠沟灰场可按自重湿陷性黄土，湿陷等级为Ⅳ（很严重）级考虑；净化站可按自重湿陷性黄土、湿陷等级为Ⅳ（很严重）级考虑；灰场和净化站实际湿陷性有待在下阶段工作中进一步的试验分析确认。

（6）马屋厂址可不考虑地基土的液化和地基土震陷问题。

（7）马屋厂址的地基方案可考虑采用降水大开挖换填和短桩方案，邱渠沟灰场应考虑采用干贮灰的方式，在进行工程量估算时应考虑坝基处的软土和附近的小型塌滑体的清除量。净化站可考虑采用整片垫层、强夯等方法进行处理。

（8）彬长地区的标准冻结深度为 0.60m。

2.1.1.3.2　水文地质条件

地下水类型属第四系松散层孔隙潜水。地下水位埋深为 3.3～5.1m，其标高为 556.6～560.7m，水位年变化幅度一般不超过 1m。地下水主要接受泾河水补给及大气降水补给。

由于场地地下水位较浅，需考虑施工降水问题。

2.1.1.3.3　地震基本烈度

厂址区的地震基本烈度为 6 度，地震动峰值加速度为 0.072*g*，地震动反应谱特征周期为 0.47s，属建筑抗震有利地段。

2.1.1.3.4　建筑场地类别

依据本次波速测试结果，场地覆盖层厚度为 13～18m 左右，场地土类型为中硬场地土，建筑场地类别为Ⅱ类。

2.1.1.3.5　地形、地貌

厂区附近未发现滑坡、危岩和崩塌、泥石流、采空区等不良地质作用。

2.1.1.3.6　地层结构及特征

本场区勘察深度 60m 深度范围内，地基土自上而下共分为 10 大层，在大层中根据其力学性质的差异，又分出 6 个亚层。

2.1.1.3.7　当地气象资料

一、气候概况

长武县位于陕西省关中西北部，地处大陆腹地，远离海洋，在气候上属于暖温带半湿润大陆性季风气候区。一年四季冷暖干湿分明，光照充足，温度适宜。冬季受西伯利亚冷气团控制，寒冷干燥，雨雪稀少；春季常会受到冷暖空气交替影响，气温日较差变化较大，最大气温日较差为 28.8℃；夏季主要受副热带高压影响，高温多雨，但雨量的年际年内分配很不均匀，时常造成当地洪涝、干旱灾害的发生，如 1964 年年降水量就达到 813.2mm，而 1979 年全年降水量只有 369.5mm；根据多年平均逐月降水量统计，5—10 月的降水量占全年降水量的 82%，7—9 月降水量占全年降水量的 53.7%。根据地区的气温分析，长武县冬季是属于寒冷气候区。

长武气象站是 1956 年 9 月设站至今，地理位置为北纬：35º12′，东经：107º48′，观测场海拔高度为 1206.5m。该气象站处于长武塬上，已有较长系列的各种实测气象要素，资料精度可靠，具有一定的代表性，马屋厂址位于泾河川道之中，距气象站直线距离在 20km 以内。因此，可行性研究阶段采用长武县气象站气象资料，可以满足厂址的常规气象设计条件要求，也符合规范规定。

二、常规气象条件的统计计算

根据长武气象站从建站以来的实测气象要素统计计算，得各种常规气象数据见表 2-1-1。

表 2-1-1　　长武气象站常规气象要素统计表

名　称	单　位	数　据	备　注
多年平均气压	hPa	881.4	
多年平均气温	℃	9.2	
极端最高气温	℃	37.6	1997 年 7 月 21 日
极端最低气温	℃	−25.2	1991 年 12 月 28 日
平均水汽压	hPa	9.4	
平均相对湿度	%	69	
多年平均降水量	mm	566.3	
一日最大降水量	mm	102.2	1992 年 8 月 12 日
多年平均蒸发量	mm	1358.1	
最大积雪深度	cm	20	1993 年
最大冻土深度	cm	68	1980 年 2 月 4 日
最大风速	m/s	17.3	1983 年 3 月 5 日
多年平均风速	m/s	2.2	
主导风向		SE	
平均大风日数	d	2.7	
最多大风日数	d	22	
最多雨凇日数	d	11	
平均雷暴日数	d	23.4	
最多雷暴日数	d	38	
平均雾日数	d	34.4	
冻融循环次数	次	109	

2.1.2　工程概况

2.1.2.1　工程规模

本期容量 2×600MW，远期扩建 6×1000MW 条件。

2.1.2.2　结构体系

（1）横向抗侧力体系：汽机房外侧柱—汽机房屋盖—煤仓间框架组成的现浇钢筋砼框排架结构。汽机房屋架与 A、B 排铰接，其他混凝土梁柱之间均为刚性连接。

（2）纵向抗侧力体系：纵向 A 排采用框架—钢支撑结构体系。B—C 排均为纯框架结构体系。

（3）锅炉为独立岛式布置。炉架、炉顶盖均由锅炉厂设计与供货。与煤仓间框架相连的炉前平台钢梁搁置在炉架并采用滑动连接。

（4）输煤栈桥与主厂房的连接为滑动支座。

（5）两炉间集中控制楼为钢筋混凝土框架结构。

（6）汽机房屋盖系统采用由实腹钢梁及型钢檩条组成的有檩屋面系统。屋面板采用自保温自防水轻型屋面。

（7）煤仓间屋面及各层楼板采用 H 型钢梁—现浇钢筋混凝土楼板组合结构，局部采用钢格栅或花纹钢板。

（8）汽机房大平台为 H 型钢梁—现浇钢筋混凝土楼板组合结构。

（9）锅炉运转层采用钢梁支撑的钢筋混凝土楼板（钢梁由锅炉厂设计与供货）。

（10）汽机房吊车梁为钢梁。

（11）煤斗为圆柱形筒仓，下部圆锥形漏斗，采用钢板焊接结构。不锈钢内衬。

（12）汽轮发电机基础采用现浇钢筋混凝土框架式结构，四周用变形缝与周围建筑分开。

（13）电梯井结构采用钢结构，通过水平支撑与锅炉钢架连接。

（14）一次风机、送引风机均为大块式现浇钢筋砼基础。其余风机基础均为现浇钢筋混凝土基础或素混凝土基础。

（15）汽动给水泵采用弹簧隔震基础，直接布置在运转层上。磨煤机基础采用砂垫层隔震基础。

2.1.3　建筑工程主要施工方案及特点

本工程主厂房设计布置柱距为 10m，主厂房为右扩建，两机组合用一个集中控制楼。集中控制楼布置在两炉之间。主厂房为钢筋混凝土结构，锅炉构架为钢结构。按汽机房、煤仓框架和锅炉房的顺序排列。输煤皮带通过栈桥从主厂房固定端进入煤仓框架。为此，针对以上特点，我公司采取如下针对性措施：

2.1.3.1　主厂房控制桩施工方案

主厂房施工控制桩布设为矩形网，采用对面布置，其他建（构）筑物一般按十字型布设 4 个控制桩。

水准网通常按二等施测，其中 SG3、BM01 和 BM02 三点为水准基点。

要求在控制点的混凝土台外侧周围 0.5m 处，用临时维护栏杆保护，并刷上红白相间的油漆标志。

2.1.3.2　主厂房基础施工方案

主厂房区域（包括：汽机房、煤仓间、锅炉间）零米以下的基础均为钢筋混凝土独立基础，埋深－5.0～－6.0m，基座－7.9m。

计划要求采用脚手管、扣件、木模板支模的方法，混凝土由搅拌站根据试验室提供的配合比集中搅拌，混凝土由罐车运输，混凝土泵车进行浇筑。基础施工原则是：先深后浅、先大后小，考虑混凝土施工的运输和浇筑，施工时分区域浇筑混凝土，基本上做到不重复开挖。基础施工时，钢筋采用钢筋加工场制作，现场绑扎成形的施工方案。

模板制作前要对模板进行选料，选择同一厚度的模板控制拼缝的严密度和平整度。支设时在模板缝内加海棉条，防止漏浆、跑浆。

混凝土浇筑前，必须先清理模板内的杂物，并对模板、钢筋工程进行检查，并经四级验收合格后方可浇筑混凝土。混凝土浇筑完毕后，为避免混凝土表面出现裂缝，要对基础各承台面和基础顶面进行覆盖塑料膜保水并加盖岩棉被养护，养护时间不少于 7d。

本工程汽机基座基础、磨煤机基础等均为大体积混凝土。其结构厚、形体大、钢筋密、混凝土数量大。施工时应控制温度变形裂缝的发生和发展。

一、控制温度和收缩裂缝的措施

为了有效地控制裂缝的出现和发展，必须控制混凝土水化热的升温、延缓降温速率、减小混凝土的收缩、提高混凝土的限拉伸强度、改善约束条件，可采取以下措施。

1. 降低水泥水化热

根据试验掺加部分粉煤灰，代替部分水泥。

使用的粗骨料，选用粒径较大，级配良好的粗骨料。

2. 提高混凝土的极限拉伸强度

选择良好级配的粗骨料，严格控制其含泥量，加强混凝土的振捣，提高混凝土的密实度和抗拉强度，减小收缩变形，保证施工质量。

采取二次投料法，二次振捣法，浇筑后及时排除表面积水，加强早期养护，提高混凝土早期或相应龄期的抗拉强度和弹性模量。

在基础内设置必要的温度配筋，在截面突变和转折处，底、顶板与墙角转折处，增加斜向构造配筋，以改善应力集中，防止裂缝出现。

二、大体积混凝土的浇筑

应确保大体积混凝土基础的整体性，连续浇筑混凝土。施工时分层浇筑、分层振捣，但又必须保证上下层混凝土在初凝之前结合良好，不致形成施工缝。

选用分段分层的浇筑方案混凝土从底层开始浇筑，进行一定距离后回来浇筑第二层，如此依次向前浇筑各层，如图 2-1-1 所示。

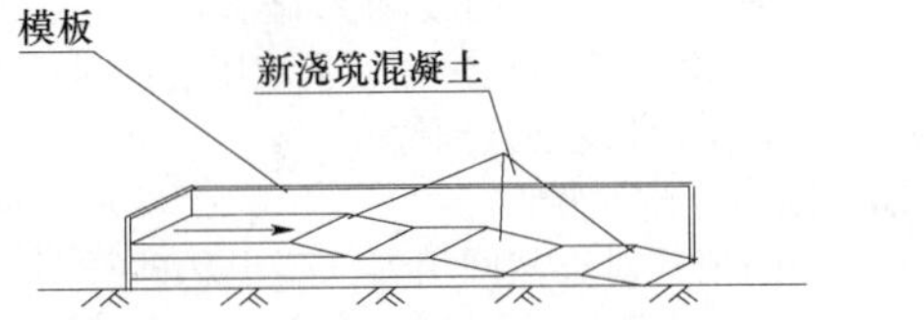

图 2-1-1　混凝土分层分段浇筑示意图

三、大体积混凝土的养护

大体积混凝土的养护主要是为了保证混凝土有一定温度和湿度，养护主要通过浇水和覆盖相结合的办法。混凝土终凝后在其上浇水养护，在基础表面及模板侧面覆盖草帘或塑料布保水保湿，用苯板保温，防止风干。在养护期间，定人定时进行测定混凝土温度。以保证混凝土内外温差不超过 25℃，而采取相应的措施。确保混凝土内部不出现温度裂缝。

大体积混凝土基础拆模，除应满足混凝土强度要求外，还应考虑温度裂缝的可能性，且混凝土中心温度与气温之差小于 25℃，方可拆除模板。

四、大体积混凝土测温

测温采用电子测温仪进行，混凝土浇灌前埋设测温导线，把测温线引入，利用电子测温仪读取温度数据。养护期间前 3d 每 2h 测温一次，第 4d 以后每 4h 测温一次，当混凝土内外温差小于 10℃时停止测温。当混凝土内外温差大于 25℃时，作好记录。增加覆盖厚度防止测混凝土因温差过大而产生裂缝。

2.1.3.3　清水混凝土

为了提高清水混凝土外观工艺，计划要求本工程的所有混凝土结构采用大模板支设，模板加固通过计算采用 50mm×100mm 木方作为背楞。采用大模板进行支模，以便减少混凝土表面模板拼缝，确保表面光洁。

施工过程中的混凝土，通过对原材料的检验、外加剂的掺入、配合比的试配及对混凝土生产、浇筑、养护过程中的控制，达到业主所要求的清水混凝土的效果。

本工程主厂房上部结构、汽机基座上部结构、空冷岛混凝土均为清水混凝土，因此清水混凝土的施工是本工程的一大特点。为外露混凝土均力求达到清水的效果。要求本工程建筑混凝土施工上结合多年的施工经验及当今混凝土施工的先进水平，做好充分的准备，从施工管理到施工方案上均定制了一系列措施。

在钢筋混凝土施工中，建立质量保证体系，从监理专工到施工队项目部、专业公司到施工班组均设专职质量管理人员及施工技术人员，并要求在施工前组织各专业的技术培训，使施工每位职工均能达到要求的技术水平。作业前对于关键部位关键工序强调施工技术、安全交底工作，使参加作业的每位作业人员均能掌握施工的要点。

2.1.3.4　回填土施工要求方案

2.1.3.4.1　回填料源一般有两种，一种是挖山土，为素土（俗称黄土），距回填区域很近。该土土质均匀，含杂质很少，是很好的回填土源；另一种是场地开挖土（建筑物地基处理时挖出的土），这种土为含泥量较大的砂砾石土，压实后具有很大的承载能力，也是很好的回填土。

2.1.3.4.2　#1、#2 汽机房和锅炉房地基处理标高为－6m，#1、#2 汽机基座地基处理标高为－8m，集控楼地基处理标高为－5m，炉后地基处理标高为－4m，空冷地基处理标高为－6m。这些标高以上至地平以下为回填土部分，是本监理细则的控制对象。其他项目地基处理标高尚未设计，根据经验，一般为－3～－5m 之间。

2.1.3.4.3　该部分回填土施工是在基础施工完成后进行，面积少，机械碾压不能完全到位，需要人工压实；同时边界较多，压实时需要仔细，监理必须到位。

2.1.3.4.4　回填土技术要求。

2.1.3.4.4.1　回填前对天然回填料（素土和砂砾土）进行压实试验，确定施工参数：含水率、含泥量、虚铺厚度、使用的机械、碾压遍数等。施工参数试验在回填区域进行，合格后不再清除。

2.1.3.4.4.2　严格按照试验确定的参数进行施工。

2.1.3.4.4.3　回填土的压实系数不低于 0.95。

2.1.3.4.4.4　素土回填料中，最大粒径不得大于 50mm；砂砾石回填料中，最大粒径不得大于 50mm。

2.1.3.4.5　土方回填过程控制措施。

2.1.3.4.5.1　要求施工单位编制合理的回填土施工作业指导书，监理认真审查。

2.1.3.4.5.2　回填时注意排水设施的布置，以便雨时及时排水，必要时用塑料覆盖回填土，保护回填成果。

2.1.3.4.5.3　回填土与结构施工交叉施工时，加强安全监督、检查。

2.1.3.4.5.4　素土回填料含水率控制：回填前进行检测，符合要求方可铺设；土源发生变化时，重新检测；雨后重新检测。砂砾石含泥、含水率控制：料源发生变化时重新检测；雨后重新检测。每次检测，一般取三组试样。

2.1.3.4.5.5　虚铺厚度借助水准仪测量控制：测量底层标高，计算出虚铺厚度；虚铺厚度的标高进行适当的标识指导施工。

2.1.3.4.5.6　最大粒径用眼睛观察；很少时捡出；最大粒径如果过多，进行过筛处理。

2.1.3.4.5.7　每层回填完进行后压实度检测，检测合格后方可进行上层铺土。

2.1.3.4.5.8　发生不合格，按不符合项程序进行返工。

2.1.3.4.6　压实度测量及回填质量检验。

2.1.3.4.6.1　每层夯实或压实之后，对每层回填土进行压实度检验。对于素土，一般采用环刀法取样测定土的干密度；对于砂砾石，一般采用“罐水法”测量压实度。

2.1.3.4.6.2　基坑和室内填土，每层按 150m^2 取样一组；场地平整填方，每层 300m^2 取样一组，但每层均不少于一组；基坑和管道回填每 20～50m 取样一组，但每层均不少于一组。取样部位在每层压实后的下半部。

2.1.3.4.6.3　填土压实后的干密度检测点应有 95%以上的合格率，其余 5%的最低值与设计值之差，不能大于 0.08t/m^3，且不应集中。

2.1.3.4.6.4　检验标准应符合表 2-1-2 的规定。

表 2-1-2　　检验标准

项目	序号	检查项目	允许偏差或允许值/mm					检查方法
			基坑基槽	场地平整		管沟	地（路）面基础层	
				人工	机械			
主控项目	1	标高	－50	±30	±50	－50	－50	水准仪
	2	分层压实系数	满足相关规范及上述技术要求					按规定方法
一般项目	1	回填土料	满足相关规范及上述技术要求					取样检查或直观鉴别
	2	分层厚度及含水量	现场试验确定					水准仪及抽样检查
	3	表面平整度	20	20	30	20	20	用靠尺或水准仪

2.1.3.5　冬期混凝土施工配合比使用的规定

2.1.3.5.1　冬期混凝土施工前一定要调试好冬期混凝土施工的配合比。会议决定冬期混凝土施工配合比由天津电建试验室给出，并包括冬期混凝土施工掺加防冻剂的配合比。

2.1.3.5.2　防冻剂由天津电建负责统一购买，并须明确防冻剂厂家铭牌。

2.1.3.5.3　根据当地历年冬期气温的变化，要求防冻剂能够在－15℃气温情况下能够起到抗寒作用，不影响混凝土工程，保证混凝土施工的正常进行。

2.1.3.5.4　原材料的冬期施工措施。

2.1.3.5.4.1　各单位搅拌站应在入冬前储备足够的冬期混凝土施工所需砂、石材料，且材料质量必须合格。

2.1.3.5.4.2　各单位砂、石材料堆放场地应充分硬化，并用砖砌墙将砂、石材料分开堆放。

2.1.3.5.4.3　在石料堆放顶部覆盖双层彩条布或其他材料，起到保温和预防雨、雪水分渗入石料中产生冻块的作用。

2.1.3.5.4.4　在砂子堆放场地上应搭设暖棚，同时暖棚内设若干煤炉，确保砂棚内温度在 5℃以上。

2.1.3.5.4.5　各单位的钢筋及其他钢材均应离开地面 25cm 整齐堆放，同时用彩条布覆盖以防雨、雪对材质的侵蚀。

2.1.3.5.4.6　钢筋闪光焊接头接头以及其他焊接接头均应采用石棉布进行包裹保温。

2.1.3.5.5　搅拌站冬期施工措施。

2.1.3.5.5.1　各搅拌站必须设有对水加热的措施，设 2.5m^3 铁水箱一个，用煤火加热，水温保持在 65℃以上。

2.1.3.5.5.2　输送砂、石的输送皮带应加盖保温。首先将沙、石和热水送入搅拌机内进行拌和，待搅拌机内温度在 45℃时将水泥和防冻剂加入并充分搅拌，从此时开始计算搅拌时间，规定为 90s。

2.1.3.5.5.3　混凝土出机温度为 20℃，混凝土入模温度应保证在 8℃左右。

2.1.3.5.5.4　混凝土泵车及罐车应采取冬期施工的机械保温措施，以防运输和机车本身受寒而造成混凝土施工、运输的中断。要求罐车筒身用保温材料进行包裹；泵车上的泵管也需要要用保温材料包裹。若使用拖车泵（地泵）时，输送混凝土的管道也应用保温材料进行包裹，以确保混凝土的正常输送，防止受冻堵管。

2.1.3.5.6　现场各主要工程冬期施工的保温措施。

2.1.3.5.6.1　主厂房 A、B、C 框架工程、集中控制楼工程、空冷塔工程、化水工程、干灰库工程，均应采用彩条布从上至下进行系统封密，力求达到阻挡冷空气流通的标准。

2.1.3.5.6.2　要求#1、#2 汽机基座混凝土工程应搭设暖棚，高度应在汽机基座顶部 2m 处，暖棚应严格封密防止冷空气进入，暖棚顶部应设泵管进出口。暖棚内应设若干无烟火炉或电炉，以确保暖棚内温度为 10℃以上。

2.1.3.5.6.3　主厂 B、C 框架、集控楼以及化水系统的梁、柱均采用电热毯、棉被加防雨布进行包裹保温，具体做法为将电热毯与棉被联合为一体，再用防雨布把他们包裹起来，防止电热毯和棉被受潮，然后将电热毯一面紧靠模板并固定牢后通电保温。

2.1.3.5.6.4　要求混凝土浇捣前将柱四周，梁两侧和梁底预先把电热毯包裹好，混凝土浇筑结束后及时用电热毯覆盖梁面进行保温。柱顶面混凝土用双层棉被保温。

2.1.3.5.6.5　主厂房 B、C 框架工程、集控楼工程以及化水系统工程中的混凝土现浇板处均采用以下措施保温：现浇板下方用彩条布四面封严，根据面积大小内生无烟火炉若干，确保棚内温度 10℃以上。板面在混凝土浇筑完第一层抹面后，首先在混凝土板面上覆盖一层塑料布，再在上面铺盖两层棉被，确保板面温度在 5℃以上。

2.1.3.5.6.6　空冷塔工程、干灰库工程冬期施工措施，除执行 2.1.4.1 条外，还应在塔壁和筒壁模板上包裹电热毯，具体做法为：将电热毯与棉被联合为一体，再用防雨布把他们包裹起来，防止电热毯和棉被受湿，然后将电热毯一面紧靠塔壁或筒壁模板上，并固定牢靠后通电保温。要求再混凝土浇筑前就固定好塔壁和筒壁顶面混凝土用双层棉被保温。

2.1.3.5.6.7　塔壁和筒壁上方中间应用彩条布封密，根据面积生火炉若干，确保内部温度在 10℃以上。

2.1.3.5.7　烟囱筒壁冬期混凝土施工必须严格执行的保温措施

2.1.3.5.7.1　冬期混凝土施工配合比使用的规定。

2.1.3.5.7.2　原材料的冬期施工措施同 2.1.3.1、2.1.3.2、2.1.3.3 条的各项规定。

2.1.3.5.7.3　烟囱筒壁保温面积为两节模板高度，具体做法为：将电热毯与棉被联合为一体，再用防雨布把他们包裹起来，防止电热毯和棉被受湿，然后将电热毯一面紧靠筒壁模板上，并固定牢靠。同时在筒壁混凝土浇筑前应开启电热毯预热。

2.1.3.5.7.4　混凝土上料兜处也应做保温，混凝土罐车卸料温度保持在 15℃。混凝土入模温度保持在 8℃，最低布能低于 5℃。

2.1.3.5.7.5　要求做好每层筒壁混凝土同条件试块，筒壁混凝土模板在翻模时，该层筒壁混凝土强度必须达到 9MPa 后方可翻模。

2.1.3.5.7.6　筒壁提升平台及筒壁环形走道处均应根据面积摆放足够的灭火器，但每层数量应不少于 25 瓶。

2.1.3.5.7.7　烟囱工程冬期施工方案经监理部审核后，必须严格执行。

2.1.3.6　空冷方案

空冷支架柱为钢筋混凝土独立结构，共 2×16 个，位于 A 列（外）以南，南北向轴线为 AG、AE、AC、AA，间距为 22.4m，基础 AA 与主厂房 A 列相距 15.9m，东西向以主厂房 5 轴，14 轴为对称，分为#1、#2 机，轴线为 A2、A4、A6、A8、A11、A13、A15、A17，间距为 22.4m。基础底面标高为－6.000m，柱顶面标高为 38.000m，±0.00m 相当于绝对高程 862.50m，基础为台阶式承台，上部为空心形圆柱，外直径为 4m，壁厚为 400cm。

2.1.3.6.1　施工方案。

按照设计要求，基础底板一次浇筑完毕，内部不设施工缝，柱段为第二段施工。

基础施工时，要求内外侧模板选用 P2015 钢模板。安装时基础承台采用脚手管、对拉螺栓内顶外拉的施工方案进行固定。

2.1.3.6.2　施工工艺流程。

完善施工环境→方格网控制点的设置→基础垫层施工→基础放线→基础底板钢筋制作、绑扎→基础模板支设→基础承台网片筋绑扎→基础底板混凝土浇筑（－6.00～－3.30m）→环形柱放线→环形柱（－3.30～0.50m）钢筋绑扎→环形柱（－3.30～0.50m）模板支设→环形柱（－3.30～－0.30m）混凝土浇筑→基础模板拆除→C15 混凝土填柱心→基础土方回填→支架柱施工→平台钢架施工。

2.1.3.6.3　空冷平台混凝土强度等级基础承台为 C40，柱段为 C50。钢筋采用 ΦHPB235 级，ΦHRB335 级，HRB400 级。

2.1.3.6.4　空冷支架柱为独立空心圆柱，电厂建成后直接裸露在主厂房 A 列前面，不再进行装饰，且设计布置排列有序，所以，混凝土的外表工艺质量直接体现着整体电厂施工工艺的全貌，所以空冷柱施工技术水平必须提高，特别要求外观工艺质量必须达到清水混凝土标准。

2.1.3.6.5　工程质量检验项目及方法。

2.1.3.6.5.1　测量放线。

必须以设计给出的控制网来确定，并要求两单位复核。由专职测量监理工程师进行复核。

2.1.3.6.5.2　原材料控制。

（1）钢材要对照出厂合格证与设计图纸及设计变更通知，观察检查和用钢尺、游标卡尺、卡钳等量测检查。

（2）水泥为甲供材料，要求统一采购祁连山牌 42.5R（早强型）水泥；要求同时向两家施工单位供货。两家施工单位对第一批水泥留样，将第二次以后供应的水泥与留样对比，颜色相同时留用，否则退回或用于其他工程项目。观察检查。

（3）石子要求两家施工单位统一使用破口石灰石；石子直径为 5～31.5mm，连续级配，表面发亮，严禁使用表面发灰发暗的石子，尺量及观察检查。

（4）砂要求中粗砂；两家施工单位统一使用杨凌砂；同时要求对含泥量和含杂质量进行检测，满足规范要求。要求两家施工单位严格检查每车砂子，对不合格品必须清退出场，观察检查。

（5）粉煤灰要求两家施工单位统一使用平凉粉煤灰厂产品。观察检查。

（6）外加剂品种、型号统一使用天津正在使用的液状外加剂，中途不的私自更换，检查生产日期及型号。

（7）混凝土拌合用水统一使用筹建处施工水源供应的水。严禁私自打井取水。巡视检查。

2.1.3.6.5.3　钢筋工程。

（1）检查钢筋加工的品种、规格、形式，直螺纹的丝扣及保护，尺量及观察检查。

（2）钢筋安装要符合设计及规范，检查品种、规格、数量、间距、接头形式及位置，对照图纸检查且用尺量。

（3）直螺纹接头连接时，钢筋规格和套筒的规格必须一致，接头丝扣最多外露 1～2 扣，尺及卡规量检查。

2.1.3.6.5.4　模板工程。

（1）模板加工，承台可采用木工板拼装成型，柱段采用定型组合钢模板，柱段外模必须加工为三段即 120°圆弧（3 块形成圆），3000mm 高。要求两个单位分别加工 16 组合套（每组合套为施工一根柱子需要的模板数量）。根据一般施工工艺，每组合套需要两节六块模板；钢模板平滑光亮，无凹凸不平，面板平整度要求≤2mm；模板边框面必须车床铣平，平整度要求≤1mm，刚度满足施工要求，不得设置对拉螺杆，现场拼装检查。

（2）模板安装前必须彻底清理干清，并均匀涂上色拉油，再用“抹布”擦干净，并且要及时保护，观察检查。

（3）模板安装，竖缝控制：有三条竖缝，要求竖缝通长，不得错开；要求其中一条竖缝正对 A 排柱（通过该条竖缝的直径线与 A 列轴线垂直），水平缝标高控制：从空冷塔顶部向下排列模板，由此而成的水平缝位置，即为水平缝控制位置。两家施工单位均采用海绵密封条封堵模板缝。观察检查并用手仔细摸。

（4）拆模时注意，防止将混凝土表面碰伤。要求施工单位拆模时安排专人指导、监控，现场检查。

2.1.3.6.5 混凝土工程。

（1）混凝土浇筑之前，应做好交底工作，并做好气象资料的收集工作，落实搅拌站的原材料的准备、机具准备等情况，观察检查。

（2）混凝土施工中一定要按方案执行，浇筑厚度不超过 1.25 倍振捣有效半径，下料点应分散布置，连续进行浇筑，振捣棒的移动间距不大于振棒作用的 1.5 倍，每一振点延续时间以表面不再出现浮浆和不再沉落为度，观察检查。

（3）每一节筒壁浇筑完混凝土后，在初凝前，必须对筒壁顶面外侧约 15mm 宽度范围内的混凝土进行认真、仔细地“收平”；拆模时小心仔细，不得碰坏筒壁顶面边角。通过上述两个步骤，保证水平施工缝为“一条线”。观察检查。

2.1.3.6.6 原材料复检见证取样。

2.1.3.6.6.1 钢筋原材料复检，钢筋母材进厂后必须配有相应的出厂证明书和试验报告单，钢筋表面或每捆（盘）钢筋均应有标识，抽样标准以同一牌号、同一规格、同一批号、同一交货状态，按 60t 为一批（不足者按一批计），从不同捆（盘）中（取样时钢筋两端 500mm 不能作试样）取 4 根钢筋。

2.1.3.6.6.2 砂石复检，应以 400m^3 或 600t 为一批次。

2.1.3.6.6.3 水泥复检，按同一生产厂机家、同一等级、同一品种、同一批号且连续进场的水泥，袋装不超过 200t 为一批，散装不超过 500t 为一批，每批抽样不少于一次。

2.1.3.6.6.4 混凝土检测，应在浇筑地点随机抽取，每拌制 100 盘且不超过 100m^3 的同配合比的混凝土，取样不得少于一次，每工作班拌制的同一配合比的混凝土不足 100 盘时，取样不得少于一次，当一次连续浇筑超过 1000m^3 时，同一配合比的混凝土每 200m^3 取样不得少于一次，每一层、同一配合比的混凝土，取样不得少于一次，每次取样应至少留置一组标样试件，同条件养护试件的留置组数应根据实际需要确定。

2.1.3.6.6.5 钢筋接头复检，接头按同一验收批次 300 个头为一批，现场抽取。

2.1.3.6.7 施工过程质量控制措施及标准。

2.1.3.6.7.1 要求施工单位编制合理的施工作业指导书，监理认真审查。

2.1.3.6.7.2 按照要求认真检查每一个施工环节，坚持每个工作段的巡查，发现问题，及时指出，把问题消化在萌芽状态。

2.1.3.6.7.3 及时组织问题研究，总结经验，讨论推广，为业主着想，服务好施工单位。

2.1.3.6.7.4 重点控制混凝土部分，严格控制坍落度和连续浇筑时间，力保空冷支架柱的外观质量，必要时其他的浇筑应暂停施工。

2.1.3.6.7.5 混凝土浇筑厚度严格控制，振捣到位，控制振捣时间，不得漏振、少振或过振，防止发生混凝土表面气孔、麻面。要求选用责任心强、有经验的振捣工，并要求对振捣工实行“挂牌制”以提高其责任心。

2.1.3.6.7.6 冬季施工时，外侧模板保温采用“电热毯保温法”；内侧模板采用“普通包裹保温法”；空冷柱内部采取加热措施，保证环境温度保持在 5℃。保温对控制混凝土颜色十分重要，请施工单位严格按照上述要求实施。

2.1.3.6.7.7 混凝土在凝结时发生收缩，“上一节”筒壁混凝土浇筑前，必须处理“下一节”筒壁混凝土与模板之间的“收缩缝”缝隙，防止“上一节”筒壁浇筑混凝土时浆水下流，污染“下一节”混凝土表面质量。“收缩缝”的处理分两步，第一步，紧固“下一节”模板；第二步，采用纯水泥浆封堵“收缩缝”，也可以用胶带封贴住“收缩缝”，但要处理好胶带，防止胶带变成污染物。

2.1.3.6.7.8 外侧模板安装前通知监理检查，监理检查模板清理是否符合要求，脱模剂涂刷是否符合要求；外侧模板毯安装完成后通知监理检查，检查拼缝质量，不符合标准，不得施工。此环节检查包括两方面内容：一是模板紧向拼缝的平整度；二是“下一节”模板与混凝土之间的“收缩缝”是否按要求进行了处理。

2.1.3.6.7.9 检验标准应符合表 2-1-3 的规定。

表 2-1-3　空冷柱工艺、质量标准

序号	主 要 项 目	工艺、质量标准	备　注
1	轴线位移	＜5mm	
2	垂直度偏差	≤20mm	全高程范围
3	顶面标高偏差	0～－10mm	
4	半径偏差	≤20mm	
5	壁厚偏差	≤10mm	
6	预埋件平整度	≤3mm	
7	预埋件中心偏差	≤10mm	
8	直埋螺栓中心偏差	≤3mm	
9	直埋螺栓标高偏差	0～10mm	
10	外表观感	平整、光洁、色泽一致	
11	细部工艺	无气孔、夹砂、麻面、黑斑	
12	施工工艺	模板排列有规律	
13	成品保护	不受损坏、不受污染	

2.1.3.7 汽轮发电机基座底板和烟囱基础、大体积混凝土温度裂缝控制监理细则

为了保证汽轮发电机基座底板和烟囱基础混凝土质量，防止发生冷缝、裂缝、混凝土强度不足等质量问题，监理部根据现场实际情况和混凝土浇筑过程中的常见问题，要求施工单位做好充分的准备工作，并计划在混凝土浇筑过程中进行全过程旁站监理，对施工的整个过程进行监督检查。

汽轮发电机基座底板和烟囱基础属于大体积混凝土，其混凝土结构厚、体积大，在硬化过程中，水泥水化放出的大量水

化热所产生的混凝土温度变化，加之混凝土硬化过程中自身的收缩，以及外部条件的共同作用，会产生较大的温度应力。这种温度应力可能导致混凝土产生有害裂缝。本细则的主目的就是为了控制混凝土温度应力，防止混凝土结构产生有害裂缝。

2.1.3.7.1 混凝土温度控制。

混凝土升温越高，产生温度裂缝的几率越高，因此，首先应该尽量降低混凝土升温。常用措施如下。

2.1.3.7.1.1 原材料要求及配合比。

建议选用水化热较低的矿渣硅酸盐水泥；选用中粗砂，其含泥量不大于 3%；选择级配较好的碎石，其含泥量不大于 1%；在满足强度的前提下，尽量多加粉煤灰；使用减水剂，以便在水灰比不变的前提下尽量少用水泥；水灰比不得大于 0.5。

2.1.3.7.1.2 混凝土搅拌。

混凝土由现场搅拌站供应，配制混凝土时要求各种材料计量准确，严格按照配合比进行配料，计量用分布料机完成。混凝土坍落度控制在（18±2）cm，搅拌时间应不小于 90s。整个搅拌过程应做好搅拌记录。

混凝土材料的计量满足下列要求：

水泥允许偏差：±2%。

粗细骨料允许偏差：±3%。

水、外加剂允许偏差：±2%。

2.1.3.7.1.3 温度测定。

要求测量混凝土出机温度、混凝土入模温度和气温；养护时测量内部温度、表面温度和气温。要求每 2h 测量一次，每昼夜不小于 12 次，做好记录。混凝土内部温度与混凝土表面温差应始终小于 25℃。如果超过此值，应立即采取措施（加强保温）。

混凝土内部测温方法，要求施工单位进度设计，监理审查批准后实施。

2.1.3.7.1.4 加冷却水管。

由施工单位设计、计算，经监理审查批准后实施。

2.1.3.7.2 混凝土浇筑方法。

混凝土浇筑，由基础一侧向另一侧进行，斜面式分层推进，分层厚度为 300mm。为防止混凝土施工过程中发生冷缝，必须保证混凝土的连续供应，保证混凝土层间覆盖时间不超过初凝时间。对此，施工单位要经过计算确定混凝土的生产能力、运输能力、浇注能力和震动棒的个数及分布（含备用棒两台）等。

2.1.3.7.3 混凝土表面处理。

大体积混凝土，其表面水泥浆较厚，必须认真处理。要求用木刮尺刮平并进行四遍压实收光。

2.1.3.7.4 保湿、保温措施。

控制混凝土升温的同时，要采取保温措施以防止混凝土表面降温过快；同时，为了防止混凝土表面失水太快而发生表面龟裂，要求对混凝土进行保湿；保湿后，混凝土表面不必浇水，有利于控制混凝土内外温度差。保湿采用两层塑料膜覆盖混凝土表面；保温采用棉被，棉被层数根据测温结果确定—当内外温差将大于 25℃时，立即增加棉被。为了防止雨天对混凝土温度裂缝控制的影响，要求在基础上方搭设防雨棚。

总之，施工单位应该根据计算确定保温方法，保证混凝土内外温差不超过 25℃。

2.1.3.7.5 除控制以上重点外，还应做好下列工作。

2.1.3.7.5.1 由于混凝土浇筑量大，所有的砂、石及水泥等材料要有足够的贮备，防止材料出现供不应求的现象。

2.1.3.7.5.2 混凝土开盘前，技术专责及安监员应对所有施工人员进行书面技术及安全规程交底。

2.1.3.7.5.3 施工单位应安排好工作人员换班工作，防止换班失控造成漏振或振捣时间不足而导致混凝土出现蜂窝、麻面及冷缝等现象。

2.1.3.7.5.4 混凝土浇筑过程中，机械维修人员必须在场，一旦出现机械故障，立即修理，保证施工的顺利进行。同时要求两台以上的备用振动器；要求做好搅拌站、运输车等发生故障时的应急预案。

2.1.3.7.5.5 混凝土浇筑前必须认真检查模板的稳定性。混凝土浇筑过程中，应派多名木工专职监护，发现问题及时修补，以防止发生跑模和漏浆现象。

2.1.3.7.5.6 设专人确保现场施工用水、用电的连续使用。

2.1.3.7.5.7 夜间施工必须有充足的照明，专职电工应在施工中全过程值班。

2.1.3.7.5.8 安监员应跟班监护，施工人员应时刻注意安全，杜绝不安全行为。

2.1.3.7.5.9 施工单位必须做好混凝土浇筑施工记录。

2.1.3.7.5.10 设专人监控、记录天气预报及天气变化情况，若有变化随时向现场施工总负责人报告。

2.1.3.7.5.11 保障后勤供应，确保施工人员的吃饭、休息，有充沛的体力和精力投入工作。

2.1.3.7.6 监理。

监理将对大体积混凝土浇筑全过程进行旁站监理并记录有关施工参数。主要参数为混凝土入模温度、内部温度、表面温度、混凝土坍落度等。

2.1.3.8 屋面工程监理方案

本工程的所有屋面，分为非上人屋面和上人屋面。非上人屋面系刚性卷材防水屋面，其使用材料为：水泥焦渣找坡，珍珠岩憎水保温板，1∶2.5 水泥砂浆找平，氯化聚乙烯防水卷材，铝基反光涂膜等。上人屋面，亦系刚性卷材防水层屋面，其构造同非上人屋面构造，不同处为最顶面为防水细石混凝土加双向配筋。

2.1.3.8.1 监理工作流程。

监理工作流程图如图 2-1-2 所示。

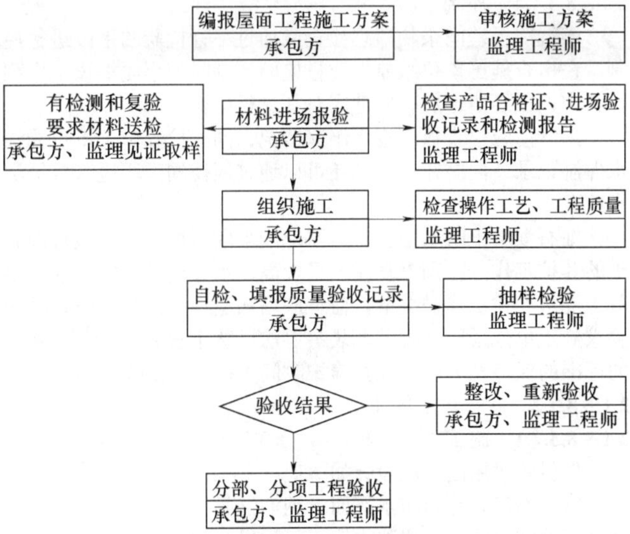

图 2-1-2 监理工作流程图

2.1.3.8.2 屋面防水工程细分。

按照《屋面工程施工质量验收规范》（GB 50207—2002）第 4 节卷材防水屋面工程有关条文执行。

不上人屋面工程的施工顺序：楼板清理→水泥焦渣找平层

→憎水珍珠岩保温隔热板→水泥砂浆找平层→防水卷材→聚乙烯薄膜→铝基反光涂膜。

上人屋面防水工程的施工顺序：楼板清理→水泥焦渣找平层→憎水珍珠岩保温板→水泥砂浆找平层→防水卷材→细石混凝土加钢筋收面抹光。

2.1.3.8.3 防水屋面。

2.1.3.8.3.1 刚性防水屋面。

2.1.3.8.3.1.1 施工工序流程。

刚性防水屋面一般设计为结构层（现浇或预制钢筋混凝土板）、隔离层（水泥砂浆找平层）、保温层、铺设钢筋网片、浇筑细石混凝土防水层、细石混凝土防水层的养护工作、分格缝嵌油膏。

预制板钢筋混凝土防水屋面，在浇筑隔离层前应检查预制板的清理情况，灌缝前应要求施工单位浇水充分湿润，如板缝较宽时应要求施工单位在板缝间适当布置一些分布钢筋；由屋内伸出屋面以外的水管必须在防水层施工前施工结束。

2.1.3.8.3.1.2 监理控制的重点。

为预制板缝灌缝前的检查，在事先的质量检验计划中应设置为停工待检点（即 H 点）；保温板铺设后的检查应设置为停工待检点（即 H 点）；分格缝处钢筋网片必须断开；一个分格缝内混凝土必须一次浇筑完成，不允许留置施工缝；细石混凝土防水层的养护工作。

分格缝及分络缝两边 20cm 以内水泥浮浆、残余物和杂物在嵌油膏前必须清理干净，嵌油膏前混凝土表面应先均匀涂刷冷底子油，凡已刷冷底子油的分格缝都应于当天灌嵌结束，不得隔天灌嵌。雾天、混凝土表面有冰冻或有霜露时不得进行作业施工。

檐口、泛水、分格缝和处理的好坏也是保证屋面不渗水的关缝，监理应按规范要求认真进行检查。

2.1.3.8.3.1.3 控制因素及目标值。

灌缝工作中，预制板缝间可能有的杂物清理及灌缝前浇水湿润为该影响该工序的主要因素，板缝清理应干净无砂浆；灌缝前充分浇水湿润 24h。

2.1.3.8.3.1.4 控制措施。

灌缝前板缝间杂物清理检查应通过平行检验的手段进行控制，在审查施工单位编制的质量检验计划时应事先把该工序列入其中，板缝清理后、监理应对其进行检查。

灌缝前应检查板缝浇水湿润情况，同时检查施工单位的浇水保湿记录，同时在过程中还可以通过巡视的手段检查板缝浇水情况。

细石混凝土防水层浇筑后监理应采取巡视的办法检查混凝土的养护工作，特别是夏季气温较高，水分极易蒸发，细石混凝土浇水养护工作是关缝，监理应增加巡视的次数。必要时应要求施工单位采取如覆盖草袋等办法以防止水分的蒸发。浇水的标准的保持充分的湿润，养护时间不得少于 14d。

2.1.3.8.3.2 卷材防水屋面。

2.1.3.8.3.2.1 施工工序流程。

卷材防水屋面一般设计如下：

（1）不保温卷材防水屋面。钢筋混凝土承重层、找平层、冷底子油结合层、卷材防水层、保护层。

（2）保温卷材防水屋面。钢筋混凝土承重层、隔气层、保温层、找平层、冷底子油结合层、卷材防水层、保护层。

2.1.3.8.3.2.2 控制因素及目标值。

施工作业队伍、防水材料的技术性能、黏结材料技术性能、屋面节点细部处理、屋面的清理。

2.1.3.8.3.2.3 控制措施。

防水层施工应安排专业队伍施工，监理在施工单位进场前应要求施工单位提供防水施工资质证书。

防水层施工前监理应检查防水材料合格证、进场试验报告，看是否同设计文件相符。有时是一字之差，而且防水材料新品种较多。

钢筋混凝土承重层的平整情况、及坡度直接关系到后续的找平层的施工质量，如系预制楼板，监理应事先检查楼板做浆层的平整及坡度，找平层施工结束后应再次检查屋面的排水坡度的，不符合要求的应要求施工单位进行处理。条件许可应安排一次浇水试验以检查排水坡度。

预制板缝的灌缝质量控制参见刚性防水层面的有关检查要点。

涂刷冷底油前应检查找平层是否平整、干净和干燥，不得起砂，冷底子油的涂刷要薄而均匀，不得有空白、麻点、气泡。

防水材料铺设应注意检查铺贴方向(一般平行于屋脊方向，视屋面的坡度而定)、搭接长度（长边搭接长度不小于 7cm，短边不小于 10cm；坡屋面长边搭接长度不小于 10cm，短边不小于 15cm)、搭接顺序（平行于屋脊的搭接缝应顺流水方向，垂直于屋脊的搭接缝应顺主导风向）。

屋面防水材料铺设好后应注意检查防水材料材料有无皱折、翘边现象。

注意检查屋面拐角、天沟、水落口、屋脊、油毡搭接、收头等节点部位，必须铺平、压实、收头可靠，在屋面拐角、天沟、水落口、屋脊处应加铺卷材附加层，水落口加雨水口后应是天沟沟的最低部位，以免水落口处积水。

注意检查雨水口的雨水罩是否完整，有无缺失情况。

注意检查屋面是否已清理干净，有无碎砖头、钢筋头、木块等杂物。

注意检查防水材料保护层的完好情况，保护层的质量对卷材屋面的使用年限有很大的影响。

有条件的就安排浇水试验，或在大雨过后的几小时检查屋面的积水情况及渗水情况。

2.1.3.8.4 监理工作控制要点及目标值。

2.1.3.8.4.1 屋面找平层。

2.1.3.8.4.1.1 找平层的材料质量及配合比必须符合设计要求，找平层的厚度和设计要求应符合表 2-1-4 规定。

表 2-1-4　找平层厚度和设计要求

类 别	基 层 种 类	厚度/mm	技 术 要 求
水泥砂浆找平层	整体混凝土	15～20	1∶25～1∶3（水泥砂体积比，水泥强度等级不低于 32.5 级
	整体或板状材料保温层	20～25	
	松散材料保温层	20～30	
细石混凝土找平层	整体混凝土	30～35	混凝土强度等级不低于 C20
沥青砂浆找平层	装配式混凝土板整体或板状材料保温层	15～20	1∶8（沥青砂）质量比
		20～25	

2.1.3.8.4.1.2 屋面（含天沟、檐沟）找平层的排水坡度必须符合设计要求。

2.1.3.8.4.1.3 基层与突出屋面结构的交接处和基层的转角处，找平层均应做成圆弧形且整齐平顺，圆弧形半径应符合表 2-1-5 规定。

表 2-1-5　　　　圆弧形半径要求

卷材种类	圆形半径/mm
沥青防水卷材	100～150
高级物改性沥青防水卷材	50
合成高分子防水卷材	20

2.1.3.8.4.1.4　找平层分格缝的位置和间距应符合设计要求。找平层宜设分格缝，并嵌填密封材料，分格缝应留设在板端缝处，其纵横的最大间距：水泥砂浆或细石混凝土找平层不宜大于6m；沥青砂浆找平层不宜大于4m。

2.1.3.8.4.1.5　水泥砂浆、细石混凝土找平层应平整压光，不得有酥松、起砂、起皮现象；沥青砂浆找平层不得有拌和不匀、蜂窝现象。

2.1.3.8.4.1.6　目标值：找平层表面平整度的允许偏差为5mm。

2.1.3.8.4.2　屋面保温层：

2.1.3.8.4.2.1　保温材料的堆积密度或表现密度，导热系数以及板材的强度、吸水率，必须符合设计要求。

2.1.3.8.4.2.2　保温层的含水率必须符合设计要求。

2.1.3.8.4.2.3　板状材料保温层施工铺设应符合下列要求：

（1）板状材料保温层的基层应平整、干燥和干净。

（2）板状材料保温层应紧靠需保温的基层表面上，并应铺平填稳，拼缝严实。板缝间的如有缝隙应采用同类材料嵌填密实。

2.1.3.8.4.2.4　目标值：保温层的允许偏差：板状保温材料为±5%，且不得大于4mm。

2.1.3.8.5　卷材防水层及刚性防水屋面详细做法与要求。

2.1.3.8.5.1　卷材防水层

2.1.3.8.5.1.1　卷材防水层所用卷材及其配套材料，必须符合设计要求。

2.1.3.8.5.1.2　卷材防水层不得有渗漏或积水现象，卷材防水层在天沟、檐沟、檐口、水落口、泛水、变形缝和伸出屋面管道的防水构造，必须符合设计要求。如设计无要求时，安规范和立面卷材收头的端部应截齐，塞入预留凹槽内，用金属压条钉压固定，最大钉距不大于900mm，并用密封材料嵌填封严。

2.1.3.8.5.1.3　热熔法铺贴卷材应符合下列规定：

（1）火焰加热器卷材应均匀，不得过分加热或浇穿卷材。

（2）卷材表面热熔后应立即滚铺卷材、卷材下面的空气应排尽，并辊压黏结牢固，不得空鼓。

（3）卷材接缝部位必须溢出热熔的改性沥青胶。

（4）铺贴的卷材应平整顺直，搭接尺寸准确，不得扭曲、皱折。

注：改性沥青防水卷材搭接宽度，满粘法短边和长边均为80mm。

（5）接缝口应用密封材料封严，密度不小于10mm。

2.1.3.8.5.1.4　防水层的手头应与基层黏结并固定牢固，缝口封严，不得翻边。卷材防水层上水泥砂浆、细石砼保护层与卷材防水层间应设置间隔层；刚性保护层的分格缝留置应符合设计要求。

2.1.3.8.5.1.5　目标值：卷材的铺贴方向应正确，卷材搭接宽度的允许偏差为－10mm。

2.1.3.8.5.2　刚性防水屋面工程

2.1.3.8.5.2.1　细石混凝土防水层

（1）细石混凝土的原材料及配合比必须符合设计要求。细石混凝土不得使用火山灰质水泥，水灰比不应大于0.55，水泥用量不得少于330kg，强度等级不应低于C20。

（2）细石混凝土防水层不得有渗漏或积水现象。表面应平整，压实抹光，不得有裂缝、起壳、起砂等缺陷。

（3）细石混凝土防水层在天沟、檐沟、水落口、泛水、变形缝和伸出屋面管道的防水构造，必须符合设计要求。细石混凝土分格缝的位置和间距应符合设计要求。

（4）细石混凝土防水层的厚度和钢筋位置应符合设计要求。

（5）目标值：细石混凝土防水层表面平整度的允许偏差为5mm，用2m靠尺和楔形塞尺检查。

2.1.3.8.5.2.2　密封材料嵌缝：

（1）密封防水部位的基层应牢固，表面应平整、密实，不得有蜂窝、麻面、起皮和起砂现象。嵌填密封材料的基层应干净、干燥。

（2）密封防水处理连接部位的基层，应涂刷与密封材料相配套的基础处理剂。接缝处的密封材料底部应填放背衬材料。外露的密封材料上应设置保护层，其宽度不应小于200mm。

（3）密封材料的质量必须符合设计要求。

（4）密封材料嵌填必须密实、连续、饱满、黏结牢固、无起泡、开裂、脱落等缺陷。

（5）目标值：密封防水接缝宽度的允许偏差为±10%，接缝深度为宽度的0.5～0.7倍。嵌填的密封材料表面应平滑，缝边应顺直，无凹凸不平现象。

2.1.3.8.6　细部构造。

2.1.3.8.6.1　用于细部构造处理的防水涂料和密封材料的质量，均应符合本规范有关的规定要求。

2.1.3.8.6.2　卷材防水层在天沟、檐沟与屋面交接处，泛水、阴阳角等部位，应增加卷材附加层。

2.1.3.8.6.3　天沟、檐沟的防水构造应符合下列要求：

2.1.3.8.6.3.1　沟内附加层在天沟、檐沟与屋面交接处宜空铺，空铺的宽度不宜小于200mm；

2.1.3.8.6.3.2　卷材防水层应由沟底翻上至沟外檐顶部，卷材收头应用水泥钉固定，并用密封材料封严；

2.1.3.8.6.3.3　在天沟、檐沟与细石砼防水层的交接处应留凹槽，并用密封材料嵌填严密。

2.1.3.8.6.4　檐口的防水构造应符合下列要求：

2.1.3.8.6.4.1　铺贴檐口800mm范围内的卷材应采取满粘法。

2.1.3.8.6.4.2　卷材收头应压入凹槽，采用金属压条钉压，并用密封材料封口。

2.1.3.8.6.4.3　檐口下端应抹出鹰嘴和滴水槽。

2.1.3.8.6.5　水落口的防水构造应符合下列要求：

2.1.3.8.6.5.1　水落口杯上口的标高应设置在沟底的最低处。

2.1.3.8.6.5.2　防水层贴入水落口杯内不应小于50mm。

2.1.3.8.6.5.3　水落口周围直径500mm范围内的坡度不小于5%，并采用防水涂料或密封材料涂料，其厚度不小于2mm。

2.1.3.8.6.5.4　水落口杯与基层接触处应留宽2mm，深20mm凹槽，并嵌填密封材料。

2.1.3.8.6.6　伸出屋面管道的防水构造应符合下列要求：

2.1.3.8.6.6.1　管道根部直径500mm范围内，找平层应抹出高度不小于30mm的圆台。

2.1.3.8.6.6.2　管道周围与找平层或细石混凝土防水层之间，应预留20mm×20mm的凹槽，并用密封材料嵌填严密。

2.1.3.8.6.6.3　管道根部四周应增设附加层，宽度和高度均不应小于300mm。

2.1.3.8.6.6.4　管道上的防水层收头处应用金属箍紧固，并用密封材料封严。

2.1.3.8.6.7 天沟、檐沟的排水坡度必须符合设计要求。

2.1.3.8.6.8 天沟、檐沟、檐口、水落口、变形缝和伸出屋面管道的防水构造，必须符合设计要求。

2.1.3.8.7 监理工作方法及措施：

2.1.3.8.7.1 熟悉、学习屋面工程施工图纸。

2.1.3.8.7.2 审查屋面工程专业分包单位的资质，人员素质、技术装备、业绩、信誉、施工能力、组织机构、专职管理人员和特殊工种的资格证、上岗证，特别是质量管理体系和技术管理体系方面的质量保证制度。

2.1.3.8.7.3 审查承包方编报的屋面工程施工方案。

2.1.3.8.7.4 按规定审查进场材料，并对需进行检测复验的材料见证取样送检；检查产品合格证书、性能检测报告、进场验收记录和复验检测报告。

2.1.3.8.7.5 对隐蔽的工程项目。按规范进行验收，检查隐蔽工程验收记录和施工记录。

2.1.3.8.7.6 按规范规定的检验方法和允许偏差，对现场的施工质量进行检验和验收，对不符合要求的项目，签发监理工程师通知单，承包方整改后，重新检验和验收。

2.1.4 监理工作的控制要点及目标值

电厂建筑工程是一个庞大复杂的过程，归纳起来，影响工程质量的主要有人、材料、机械、方法环境等五大方面。因此，监理工作的控制要点也就是这五大方面。

2.1.4.1 监理工作的控制要点

2.1.4.1.1 对人的控制

2.1.4.1.1.1 领导及管理人员素质

事实证明，领导层的整体素质是提高本单位人员工作质量和工程质量的关键。所以监理人员对项目经理、项目总工、施工技术、质量管理和检验试验、机械等主要管理人员的能力和实际工作水平、责任心等情况进行评估，对不合格人员有权建议撤销或建议业主解除合同，促进承包商领导提高各层人员素质和提高管理水平。

2.1.4.1.1.2 主要施工人员的技术水平

对焊接、测量、钢筋加工、混凝土浇筑、主要木模工、起吊等重要工种人员的技术水平和验证等级进行考证、验证，确保合格人员上岗。

2.1.4.1.1.3 施工人员的违章、违纪行为

施工人员由于组织纪律性差，工作责任心不强或其他心理因素的影响发生玩忽职守、有意无意违章、粗心大意等错误，造成质量事故或隐患，监理应要求对重要岗位的人员从思想素质、业务素质、身体素质等方面进行有效控制。

2.1.4.1.2 材料、配（构）件的质量控制

材料构（配）件质量是工程的基础，材料构（配）件的质量不符合要求，工程质量也不可能符合标准。针对工地的情况主要做好以下几点：

2.1.4.1.2.1 对于防水材料、钢材、水泥及订购的构（配）件，进场时必须有正式的出厂合格证（材料化验单）、质量保证书。

2.1.4.1.2.2 材料进场后施工单位必须按批量进行抽样检验，并经监理见证。首先检验不合格时，加倍检验。不合格的材料、构（配）件立即退货并做记录。

2.1.4.1.2.3 对于地材，除了首选时进行检验外，以后每批量进场时，也必须取样进行检验，并经监理见证，保证地材合格，满足设计要求。

2.1.4.1.2.4 新材料必须通过权威部门的试验和鉴定才能用于工程上；代用材料必须通过验证，施工单位不得随意选用。

监理工程师要经常性地检查施工单位材料检验（试验）体系的有效性、检验成果，不得发生漏检、误检、错检。

2.1.4.1.3 方法的控制

这里所讲的方法指技术方案、工艺流程、组织措施、检测手段、组织设计等。监理工程师审核、审查施工方案时，必须结合工程实际和本工程的总体方案，从技术、经济、组织管理、工艺、操作等方面综合进行考虑，力求方案可行。经济合理、工艺先进、措施得力、操作方便、安全可靠，有利提高质量保证和工程进度，降低或维持成本。

2.1.4.1.4 施工机械设备选用的质量控制

施工机械设备是实现机械化施工的重要物质基础，是现代化工程建设中必不可少的设施，对工程项目的施工进度和工程质量均有直接的影响。在施工阶段，监理工程师必须综合考虑施工现场条件、建筑结构形式、设备性能、施工工艺和方法、施工组织与管理等方面对施工单位的施工机械设备进行评审：装备合理、性能可靠、规格满足要求、计量准确、安全运行，不仅设备机械满足要求，使用机械设备的人员是配套的，人员不合格再好的机械设备也不能发挥作用。

2.1.4.1.5 环境因素的控制

影响工程质量的环境因素较多，有工程技术环境（水文、地质、气象）、工程管理环境（质保体系、质量管理制度等）、劳动环境（劳动组织、劳动工具、工作面的情况等）。监理工程师必须对这些情况进行了解、归纳、分析、评估随时向施工单位提出控制措施或制定有针对性地技术措施和方案，避免蛮干，不按措施施工。

2.1.4.2 目标值

（1）分项工程验收合格率 100%。

（2）土建单位工程优良率≥90%。

（3）钢筋焊接一次合格率 100%。

（4）主厂区 0m 以上混凝土达到清水混凝土标准。

（5）单位工程观感打分得分率超过二级（得分率 90%以上）。

（6）竣工资料齐全、装订工整、数据准确。

2.1.5 监理工作方法及措施

监理工程师对质量、进度、投资和安全的控制按不同专业采用不同的方法，分述如下：

2.1.5.1 监理工作方法

2.1.5.1.1 工程质量控制

2.1.5.1.1.1 旁站监督

对重要的隐蔽工程和技术性较强，可能发生潜在质量隐患的工序、作业，监理工程师（监理员）在现场监督、观察直到工序作业完成为止。

本工程主要需要旁站的项目有：主厂房桩基工程、汽机基座底板、上部大梁混凝土浇筑、水塔环基后浇带混凝土浇筑、几个大型水池施工缝处理、压力水管的压力试验，水池的渗水试验。

2.1.5.1.1.2 巡视

经常性地巡视本监理工程师所负责的施工区域和各项作业活动，观察、检查、了解、发现施工人员的作业程序、操作方法、工艺流程及使用的材料、机械设备是否符合规程、规范及施工技术方案的规定和要求，是否有不安全行为等，发现问题及时制止，并要求整改，并对工程质量趋势、进度做出评估、判断，重要的及时向总监报告。

2.1.5.1.1.3 实测实量

对基本完成或已完成的建筑产品或工序的几何尺寸、轴线、标高等进行实测实量，发现超标的偏差及时纠正或要求返工，

直至合格，如支模板、钢筋绑扎成型、平台标高、定位放线都可在施工过程中或工序完后进行实测实量检查，正在施工的要求改正，工序已完成的要求返工。该工作最好在工作过程中多查，使失误和偏差消除在施工过程中。

2.1.5.1.1.4　试验、实验

对一些用尺量、观察方法无法验证其质量情况的项目，监理可利用试验、实验的方法进行验证。由施工单位试验室检验，试验的有砂浆、砖和混凝土强度，回填土压实情况以及砂、石子的质量情况、防水材料的性能等。压力水管、蓄水池由监理监督进行压力试验和渗水试验。对某些预制构件强度有怀疑时，可用实物进行负荷实验。

2.1.5.1.1.5　利用发“通知单”、“停工指令”手段，强制要求施工单位进行整改

对施工中发现承包商不按规程、规范、标准、设计文件和施工方案施工的行为，对不符合要求的工序、产品以及管理工作中的薄弱环节在监理口头通知无效时，可采用发“通知单”，下达“停工指令”的方式，强制要求施工单位进行整改。

2.1.5.1.1.6　设置质量控制点

针对本工程特点，为了使监理工作做到心中有数，把问题消除在萌芽状态，实施超前预控，监理必须在各个工程上对一些关键工序、要害部位、易发生问题的环节设置质量预控点。对质量预控点监理工程师可采用停工检查、见证检查、旁站检查的方式进行监督。这些点标注在“工程质量检验项目划分表”上，也发给施工单位，使双方都清楚。（详见划分表）

2.1.5.1.2　进度控制方法

2.1.5.1.2.1　根据筹建处批准的一级网络计划，审查各标段的二级网络计划和年、季、月度进度计划。

2.1.5.1.2.2　现场查看各项目的进度，与月计划对比，在调度会讲评。每月盘点一次，对月计划进行评比，对施工单位提出奖罚意见，每季度盘点一次，与一级网络对照，确实赶不上时，建议修改一级网络计划。

2.1.5.1.2.3　每天巡视现场，对进度情况、施工单位施工情况做到心中有数，分析评估进度发展趋势，及时提出进度控制意见。

2.1.5.1.2.4　利用核实工程量的机会，实事求是地核签工程量，督促施工单位保质保量地完成施工任务。

2.1.5.1.3　投资控制

2.1.5.1.3.1　对承包商提出的变更设计，根据必要性、可能性原则实事求是地核签。

2.1.5.1.3.2　如实核签工程量，并保证在质量合格的条件下才能核签。

2.1.5.1.4　安全控制

2.1.5.1.4.1　检查承包商的安全保证体系及运行情况。

2.1.5.1.4.2　审查承包商的施工安全技术措施。

2.1.5.1.4.3　参加业主组织的安全大检查，对安全设施不完善，发现的违章行为提出批评并限期改正。

2.1.5.1.5　合同管理

2.1.5.1.5.1　根据业主的意见，参加合同谈判提出监理意见。

2.1.5.1.5.2　在公正、公平、公开的原则下，对承包商提出的索赔发表监理意见。

2.1.5.1.5.3　检查合同履行情况，在履行合同过程中遇到争议时，依照公平、公正、公开的原则提出监理意见。

2.1.5.1.6　信息管理

把质量、进度、投资、安全等方面的信息，报监理部信息员汇总发布。

2.1.5.2　监理措施

2.1.5.2.1　工程质量控制

2.1.5.2.1.1　事前控制

事前控制就是工程开工前的控制措施，监理主要采取以下措施：

2.1.5.2.1.1.1　监理部建立健全质量预控体系，在开工前审查承包商质量管理体系、技术管理体系和质量保证体系并监督其体系的运行。

2.1.5.2.1.1.2　对承包商的资质进行审核，在监理过程中发现进入施工现场的施工队伍实际能力与申报的资质不符合，有权要求承包商调整或更换。

2.1.5.2.1.1.3　审查拟进厂的原材料、半成品预制件、加工件和外购件的质量证明资料，按规范要求需要进行复试时的，监理人员进行见证取样，或委托更权威的机构进行检验，对不符合材料、构配件进行封存，并签发通知单，限期撤出现场。未经监理工程师签证的材料，严禁在工程中使用。

2.1.5.2.1.1.4　审查承包商的开工报告（附开工条件），并商定开工日期，只有下列条件具备后才能批准开工，并报业主审定。

（1）施工图纸已设计交底和图纸会审。

（2）施工技术措施（方案或作业指导书）已编写并经承包商内部和监理、业主审核、批准。

（3）施工场地安排布置已完成，道路、水、电、通讯、消防设施完善并正常运行。

（4）施工机具设备已进入现场并安装调试完，形成生产能力。

（5）用于所开工项目的各种原材料构（配件）已全部或部分进入现场并复检（复验）合格，满足连续施工的需要。

（6）质量、安全培训工作已进行（含特殊工种持证上岗培训）。

（7）测量定位放线工作已完成并经复检合格。

（8）技术管理体系、质量检验体系、材料供应体系、技术检验（试验）体系的机构、人员制度已建立健全。

（9）安全文明施工管理体系的人员、机构制度建立健全、安全设施到位。

2.1.5.2.1.1.5　审查承包商划分的“工程质量检验评定项目划分表”，凡四级验收项目、隐蔽验收工程为监理工程师主持验收签字确认的项目（验收项目另附）。

2.1.5.2.1.1.6　根据本工程的情况设置质量控制点，即停工待检点（H），现场或资料见证点（W），现场旁站点（S）。

2.1.5.2.1.1.7　工程中使用的新材料、新工艺、新技术应具备完事的技术鉴定证明和试验报告，必要时首件进行试验，合格后方可使用。

2.1.5.2.1.1.8　检查承包商在工程中使用的仪器和试验用仪器、仪表的精度、配备情况和计量证件是否符合要求并满足工程的需要。

2.1.5.2.1.1.9　对承包商试验室的资质进行验资，检查其资质等级和试验范围，检查设备计量检定证明，对试验人员和管理人员的资格进行验证，检查试验室的管理制度是否健全并落实。

2.1.5.2.1.1.10　审查承包商的施工组织设计、专业施工组织设计、重要的施工方案和施工技术措施及安全文明施工措施，提出监理意见，由总监理师签认后报业主。

2.1.5.2.1.1.11　参加施工图纸设计交底，组织图纸会审，未经会审的图纸不允许在工程中使用。

2.1.5.2.1.1.12　审查承包商制定的成品保护方法措施。

2.1.5.2.1.2　事中控制

2.1.5.2.1.2.1　按事前划分的四级验收项，在承包商三级自检验

收合格的基础上，提前 48h 向监理提出四级验收申请或隐蔽工程验收申请，由监理工程师主持进行四级验收、隐蔽工程验收，验收合格后方能进行下一道工序。

2.1.5.2.1.2.2 按事前划分的质量控制点（H、W、S），监理工程师按划分性质进行控制活动：

H 点：一道工序完之后，承包商停止施工、申请监理工程师检查，检查合格监理工程师签证后才能进入下一道工序。停工检查的工序有定位高程控制、地基处理、地基封底、混凝土结构、钢筋、水管隐蔽、管道水压试验、房屋防水、回填土、钢结构制作安装、钢筋混凝土结构吊装、通风、采暖、照明工程的安装等。

W 点：一道工序完工后，承包商通知监理现场检查，监理可现场抽查，或参加三级验收，或检查承包商的有关资料，以确定其质量性质。在确认质量合格，承包商可进入下一道工序。进行现场或抽查验证的有：混凝土质量控制（混凝土配合比、计量）、重要部位：构件、打桩、蓄水池施工缝处理、室内装饰吊顶、二次灌浆、挖方、内衬、平台钢筋、混凝土、墙体砌筑、门窗安装、防腐处理等。

S 点：对于一些工序，必须保证按工艺流程施工，又无法事前检查的，施工过程中，监理人员必须到现场观察施工队的全过程，直到该工序完工且合格为止。旁站的项目有：管道水压试验、行车负荷试验、水池灌水试验、水塔环基后浇带混凝土浇筑、汽轮发电机基座底板、上部大梁混凝土浇筑等。

H、W、S 点划分另见附件。

2.1.5.2.1.2.3 经常巡视现场，查看施工项目的施工情况，就质量情况、施工工艺、措施的执行、材料、半成品加工等情况进行了解，发现不符合要求的作业程序、操作行为及时制止。

2.1.5.2.1.2.4 定期或阶段性地对原材料管理、搅拌站、试验室、计量器具等的各方面情况进行检查。

2.1.5.2.1.2.5 定期对承包商的质保体系的健全情况及运行情况进行检查，发现问题及时提出整改要求。

2.1.5.2.1.2.6 发现质量问题及时提出整改要求。构成质量事故的及时向业主报告，并参加原因分析，参加制定补救措施并督促实施。

2.1.5.2.1.2.7 对土建工程质量通病，特别是基础处理重要的回填土、混凝土工程、屋面防水的质量通病重点进行控制、防范。质量通病预防项目另附。

2.1.5.2.1.2.8 由承包商三级检查验收的工程项目，监理工程师负责抽查，如发现存在质量问题则通知承包商进行整改，如不整改，将停止进行下道工序的施工。

2.1.5.2.1.2.9 监理工程师可行使质量否决权，对重大质量问题与业主联系，征得同意后，由总监理师签发停工整改命令或工程暂停令，待质量缺陷消缺，经专业监理师复查合格后，由总监理师签发工程复工报审表；当出现下列情况之一时，专业监理师报告总监理师指令承包商立即停工整改。

（1）对停工待检点（H 点）未经检验签证擅自进行下道工序者。

（2）工程质量下降，经指出后未采取有效整改措施，或虽已采取措施但效果不好，而继续施工者。

（3）特殊工种无证操作，致使质量不能保证者。

（4）擅自使用未经监理认可的材料。

（5）擅自变更设计图纸的要求而未向监理报告，或报告后未经监理批准的。

（6）擅自将工程转包未经业主同意，或虽经业主同意，但未经监理验资。

（7）采用的施工方案未经监理批准而擅自施工，已出现质量下降或不安全倾向。

2.1.5.2.1.2.10 施工过程中发生的不合格项，分为处理、停工处理、紧急处理三种，并严格按提出、受理、处理、验收四个程序实行闭环管理，监理人员对不合格项必须跟踪检查并落实。

2.1.5.2.1.2.11 承包商提出工程变更，由专业监理师审查，总监签认，并报业主。当涉及安全、环保等内容时，按规定报有关部门审定，总监签认前，工程变更不得实施，如变更费用或工期超出监理职权以外，仅提出监理意见，报业主审批。

2.1.5.2.1.2.12 发生质量事故后，专业监理师首先报告总监，由总监发出停工令和质量事故通知单报告业主，责令承包商报送质量事故调查报告和经设计单位等相关单位认可的处理方案，专业监理师参加质量事故的调查分析，并提出意见，审查处理方案，事故处理后进行验收签证，总监写出“质量事故处理报告”报业主。

2.1.5.2.1.2.13 建立定期质量分析会议制度，通报工程质量情况，研究存在的质量问题及处理、纠正的措施，形成会议纪要发送有关单位。

2.1.5.2.1.2.14 参加质监站和质量监督中心站主持进行的重要阶段性监督检查，按典型大纲进行预检，提出情况报告，发出整改通知，在确定整改合格后，参加和配合正式检查。

2.1.5.2.1.2.15 参与启动前的检查，按照“启动验收规程”和“启动调试工作规定”参与试运全过程。协助业主做好启动前全面检查、落实各项准备工作，保证机组顺利完成整套试运工作。

2.1.5.2.1.2.16 在启动试运过程中，对验收检查的质量缺陷，督促责任方及时消除，经检查验收合格，提出签证单。

2.1.5.2.1.2.17 监理工程师在施工现场发现和处理的问题应按信息分类进行归纳，记入监理日记，重要的问题要记入监理大事记。

2.1.5.2.1.3 事后控制措施

2.1.5.2.1.3.1 对已完成的分部、分项工程、隐蔽工程、重要施工工序，监理工程师应按国家、行业制定的施工技术规范和验评标准进行检查验收和评定。

2.1.5.2.1.3.2 坚持质量验评分级管理和分级验收，承包商在完工后应进行三级检验，验收合格后，将二份分项工程验评资料于 48h 前报监理部。监理工程师审核报验单和验收记录后，会同承包商专业质检人员到现场进行抽查，经过现场测量、查验符合规范要求后签署意见。经监理检查发现质量达不到合格标准，则责成承包商进行整改修复后申请监理复验。复验时要求承包商质量检验部门的负责人和总工程师参加，复验合格后监理签署复验意见。如果承包商填写报验单送达监理部 48 小时内监理工程师未提出理由又不到现场检验，则承包商可认为监理工程师已确认合格。

2.1.5.2.1.3.3 建筑工程完工验收后，需办理建筑项目交安手续，才能进行设备安装工作。

2.1.5.2.1.3.4 工程整体完成后，督促承包商按规定及时全面整理工程质量记录、技术资料、验评记录、缺陷事故处理、设计图纸及工程变更单、设备图纸等，做好单位工程交付验收或工程整套试运行前验收的资料准备工作。

2.1.5.2.1.3.5 各专业监理师审查承包商月进度报表中的工程量，对质量存在缺陷的项目应拒核工程量。工程项目竣工验收未经有关各方签证确认，监理不予签署工程结算支付意见，不结算工程款。在启动委员会的领导下，完成 168h 试运后，组织审查调试技术总结、调试报告，参加机组调试质量评定，协助业主办理移交签证。

2.1.5.2.1.3.6　参加对保修内出现的问题进行原因分析和措施的研究，督促承包商进行消缺处理，协助业主处理保修期内出现的质量问题，最后达到设计要求的各项技术、经济指标。

2.1.5.2.2　进度控制措施

2.1.5.2.2.1　参加制定进度控制奖罚制度和进度控制措施。

2.1.5.2.2.2　根据已批准的一级网络计划审查月度进度计划，掌握周计划的完成情况。

2.1.5.2.2.3　每月对进度计划进行盘点，对照一级网络计划，提出评估报告，在有关会议上提出或向有关领导报告。

2.1.5.2.2.4　审核承包商编制的二级网络计划，检查网络计划的执行情况，对不能完成周计划的提出批评和改进意见，对不能完成月度计划的提出处罚意见。

2.1.5.2.2.5　视情况向业主提出网络计划修改意见。

2.1.5.2.2.6　对单项工程的开工日期发出预警。

2.1.5.2.2.7　对可能延误工期发出预警，并提出赶工意见。

2.1.5.2.3　投资控制措施

2.1.5.2.3.1　参加重大设计变更的审查，就变更的必要性、可能性、合理性发表监理意见。

2.1.5.2.3.2　对承包商提出的变更设计申请按必要性、可能性、合理性原则进行审查把关。

2.1.5.2.3.3　严格审查承包商的月度工程量报表，为控制付款提供监理依据，凡未完成或质量不合格或质量有可能发生问题的不予签字。

2.1.5.2.3.4　安全文明施工控制措施

（1）协助业主制定针对本工程的安全文明施工管理制度和奖罚措施；

（2）审查施工技术措施、方案、作业指导书时，同时审查安全文明施工措施；

（3）参加由业主方组织的安全文明施工大检查活动，积极发表监理意见；

（4）安全监理工程师和其他专业监理工程师在现场工作中发现安全设施不完善、违章作业人员时应立即制止或向承包商反映，要求加以改正。对施工组织设计（方案、作业指导书）中的安全技术措施进行严格审查，提出监理意见。

2.1.6　土建旁站点

2.1.6.1　旁站监理制度见《监理规划》中旁站监理制度。

2.1.6.2　土建监理旁站主要内容：大体积混凝土施工，施工方法和工艺，施工组织人员。施工交接，紧急情况处理，施工存在问题及处理等。

2.1.6.3　旁站点。

2.1.6.3.1　除氧煤仓间框架混凝土浇筑。

2.1.6.3.2　汽机基础混凝土。

2.1.6.3.3　汽机基座二次灌浆。

2.1.6.3.4　锅炉钢架基础二次灌浆。

2.1.6.3.5　烟囱环基混凝土浇筑。

2.1.6.3.6　空冷支柱混凝土浇筑。

2.1.6.3.7　辅机冷却水泵房前池混凝土浇筑。

2.1.6.3.8　输煤桁架吊装。

2.1.6.3.9　汽机房屋架吊装。

2.1.7　土建常用监理依据

2.1.7.1　部分见《监理规划》。

2.1.7.2　《电力建设施工及验收技术规范（水工结构工程篇）》（SDJ 280—90）。

2.1.7.3　《电力建设施工及验收技术规范（建筑工程篇）》。

2.1.7.4　《火电施工质量检验及评定标准（第一篇　土建工程篇）》建质〔1994〕114 号。

2.1.7.5　《建筑地基基础施工质量验收规范》（GB 50204—2002）。

2.1.7.6　《土方及爆破工程施工及验收规范》（GBJ 201—83）。

2.1.7.7　《砌体工程施工质量验收规范》（GB 50203—2002）。

2.1.7.8　《钢结构工程施工质量验收规范》（GB 50205—2001）。

2.1.7.9　《屋面工程质量验收规范》（GB 50207—2002）。

2.1.7.10　《地下防水工程质量验收规范》（GB 50208—2002）。

2.1.7.11　《建筑防腐蚀工程施工及验收规范》（GB 20212—91）。

2.1.7.12　《钢筋焊接及验收规范》（JGB 18—96）。

2.1.7.13　《建筑给排水及采暖、卫生工程施工质量验收规范》（GB 50204—2002）。

2.1.7.14　《通风与空调工程施工质量验收规范》（GB 50243—2002）。

2.1.7.15　《混凝土强度检验评定标准》（GBJ 107—87）。

2.1.7.16　《火力发电厂工程测量技术规程》（DL 5001—91）。

2.1.7.17　《烟囱工程施工及验收规范》（GBJ 78—85）。

2.1.7.18　《钢结构工程施工验收规范》（GB 50205—2001）。

2.1.7.19　《建筑工程质量管理条例》国务院〔2000〕第 279 号。

2.1.7.20　《建设工程监理规范》（GB 50319—2000）。

2.1.8　土建专业施工质量检验项目划分表

略。

2.2　主厂房建筑结构工程监理实施细则

2.2.1　工程概况

本工程结构排列顺序为 A 列、B 列、C 列、K1 列—K6 列。A 列—B 列为汽机房，B 列—C 列为除氧煤仓间，K1—K6 为锅炉间。主厂房内未设独立的除氧间。汽机房、除氧煤仓间为钢筋混凝土框架结构，基础坐落在砂砾石地基上。锅炉支（吊）架为钢架结构。

2.2.1.1　结构设计

A 列—B 列跨距 34m，B 列—C 列跨距为 12m，柱间距均为 10m。汽机房、除氧煤仓间基础、墙板、基础梁混凝土强度等级为 C30；A 排柱、梁混凝强度等级为 C45，B、C 列柱、混凝土强度等级为 C50；锅炉房基础及短柱混凝土强度等级为 C40，基础梁混凝土强度等级为 C30；汽机基座底板、上部结构混凝土强度等级均为 C30。汽机房基础、煤仓间基础、锅炉基础均为独立式基础，基础之间不设连梁；A 列锅炉 K1、K6 列基础处设剪力墙。汽机房结构基础、煤仓间结构基础、锅炉房基础埋深均为－6m；汽机基础底板埋深为－8m。基坑用素土、灰土回填。地下设施坐落在灰土回填层上。

2.2.1.2　图纸中对施工的要求

2.2.1.2.1　施工缝留设及处理依据相关规程、规范和标准。

2.2.1.2.2　混凝土最大水灰比为 0.55，最小水泥用量为 275kg/m^3，最低强度等级为 C30，最大离子含量为 0.2%，最大碱含量为 3%。一级钢筋为 HPB235 钢，二级钢筋为 HRB335 钢。

2.2.1.2.3　钢材使用 Q235。

2.2.1.2.4　地基处理完成经检测合格后方可施工。

2.2.1.2.5　施工期间应按规范进行了沉降观测，并满足《建筑地基基础设计规划规范》。

2.2.2　监理范围

汽机房、煤仓间、锅炉房、集控楼全部土建工程、屋面及建筑施工。

2.2.3 监理重点

确保工程质量和施工安全，以质量和安全促进施工进度；结构内在质量优良，外在美观。

2.2.4 主要监控目标

主厂房土建工程质量创优质工程，进度满足安装及里程碑计划要求。

2.2.5 监理依据

2.2.5.1 本工程项目建设监理合同。

2.2.5.2 施工图及有关设计图纸技术说明及变更通知等。

2.2.5.3 本工程项目的招投标文书。

2.2.5.4 业主与施工单位签订的有效工程承包合同。

2.2.5.5 相关的施工及验收规范、标准和规定。

2.2.5.6 国家、地方和行业有关的工程安全文明施工规定等。

2.2.5.7 国家、地方和行业有关工程建设监理的规定。

2.2.5.8 主管部门发布的有关技术管理文件。

2.2.5.9 主厂房土建工程遵循的主要技术标准、规程、规范。

2.2.5.9.1 《火力发电厂设计规程》(DL 5000—2000)。

2.2.5.9.2 《混凝土结构设计规范》(GBJ 10—89)。

2.2.5.9.3 《电力建设施工及验收技术规范（土建工程篇）》(DJS 69—87)。

2.2.5.9.4 《地基与基础工程施工及验收规范》(GBJ 11—96)。

2.2.5.9.5 《钢筋焊接及验收规范》(GBJ 18—96)。

2.2.5.9.6 《火电施工质量检验及评定标准（土建工程篇）》(DL/T 5210.1—2005)。

2.2.5.9.7 《混凝土结构施工及验收技术规范》(DL 5007—92)。

2.2.5.9.8 《钢结构工程施工及验收规范》(GB 50205—2001)。

2.2.5.9.9 其他有关国家、行业和地方规范、规程等。

2.2.6 监理程序和方法

2.2.6.1 施工准备阶段的监理。

2.2.6.1.1 确认施工单位获得的图纸及有关资料的准确性和有效性。

2.2.6.1.2 认真阅读图纸，领导设计要求，组织设计交底和图纸会审。

2.2.6.1.3 认真审查施工单位提交的施工组织设计和工程进度计划（包括网络计划），报总监批准后报业主，经批准后认真执行。

2.2.6.1.4 通过对施工单位质检人员素质及其施工、试验设备的了解，以及对施工单位质保大纲的审核来审查承包人的质量自检系统；审查施工单位的安全文明施工管理体系。

2.2.6.1.5 通过对施工单位合同（包括施工协议书及与本工程相关并经业主、监理确认的其他文件）承诺的施工机械、劳动力配置等的到场情况进行检查核对。

2.2.6.1.6 检查施工单位拟用建筑材料样品和进场材料的质量。

2.2.6.1.7 根据施工单位提供的工程放样数据及图表，依据设计文件及规范要求进行核对，复核施工单位的定位放样成果。

2.2.6.1.8 检查施工单位其他施工准备情况。

2.2.6.1.9 就各项目施工单位施工准备情况核查结果报告总监，并接受施工单位开工申请。

2.2.6.1.10 按照业主发出的开工指令，由总监理工程师向施工单位签发工程形式令。

2.2.6.2 原材料及半成品构件质量控制程序及方法。

2.2.6.2.1 材料质量控制程序。

2.2.6.2.1.1 采购材料订货前，施工单位必须向监理工程师报送材料名称、产地、规格，拟采购数量、使用部位及材料各项物理力学指标，并可能地附材料样品或会同监理工程师至材料商处共同看样，经批准后方可采购使用。

2.2.6.2.1.2 施工单位在半成品构件订货前，必须向监理工程师报磅拟采购物名称、规格，有关厂家规模和信誉及性能资料，并尽可能的附样品，征求监理意见。

2.2.6.2.1.3 批量材料及半成品件进场后，施工单位应以规定的标准为依据进行抽样检查、检验，合格后方可在本工程使用。样品抽取时，施工单位应通知监理工程师到场。

2.2.6.2.1.4 监理工程师在材料质量控制中，必要时，须会同业主、设计及有关代表共同参加；

2.2.6.2.2 材料质量控制的常规方法。

2.2.6.2.2.1 所有用于工程的主要材料进场时，必须具备正式的出厂合格证和材质检验单或质量保证书，若不具备或监理工程师对检验有疑问时，施工单位应补做检验，所有材料合格证明文件必须在材料到场并在使用关报经监理工程师验证并批准备查；水泥及钢材应特别注意检查其储备条件及使用前性能降低现象。

2.2.6.2.2.2 监理工程师在接到承包人材料到场报告后，应按商定时间及时对材料合格文件及实物进行对应验核，发现施工单位的合格证明文件（包括复试报告）之间及与实际到场材料严重不符的，监理工程师有权要求且必须要求承包人予以解释或澄清，如已影响工程全部或部分质量，由监理工程师报告总监、业主或业主代表共同进行处理；由于运输、安装等问题出现的质量问题，经分析后，由监理工程师报告业主决定废弃或经处理后使用。

2.2.6.2.2.3 所有用于工程的材料、半成品构件等物项之出厂合格证或质量保证书或复试报告等合格证明文件，施工单位因商务原因等问题不能及时提交监理验证审核的，应向监理工程师报告上述文件暂存处，以务监理工程师检查并于材料使用前补报；如不能于使用前补报，应提前向监理工程师报告，由监理工程师向代表报告共同确认材料的使用性及时效。

2.2.6.2.2.4 用于工程的所有材料，因为复试周期等原因，其有关质量证明资料不能于使用前按照提交检验的，施工单位必须于事前报告监理工程师，报告总监，报告业主并会商确认时效后方可使用。

2.2.6.2.2.5 所有上述报告及确认程序应以书面形式进行，如因故采用口头方式，事后相关各方应以书面形式确认。

2.2.6.3 施工草率无坚不摧程序及方法。

2.2.6.3.1 各单项工程开工前就本项目工程特点，依据有关规范制订工艺见证点或设置质量控制点，并向监理工程师报告，监理工程师接收报告后应在项目开工前向总监理及业主代表报告并共同检查验收。

2.2.6.3.2 监理工程师必须督促施工单位严格执行经批准的施工组织方案和施工作业指导书中明确的施工工艺及工程质量控制方法和安全、文明施工措施。

2.2.6.3.3 监理工程师对施工单位更改施工工艺可能或已经影响施工质量或工期的，应及时提出慌并要求承包人整改或恢复原施工工艺。

2.2.6.3.4 督促并检查施工单位对施工质量按照有关质量规范规定的测试项目、方法和频率进行控制测试，并对测试检查结果予以及时确认或提出质疑。对质疑项，要求施工解释、澄清或重做试验，对不符合项有权提出返工重做。

2.2.6.3.5 对施工单位使用的混凝土、砂浆等材料，采用现场检查其配比、计量或现场随机取样试验以、控制其质量。

2.2.6.3.6 经常性督促检查施工单位执行其质量保体系规定的各项程序，自检制度的落实情况。

2.2.6.3.7　通过日常巡检查阅工艺流程及工序作业的正确无误，监督施工单位对施工质量及工艺、标准、规范标准的执行情况；对关键工序采用全过程旁站，以监控其施工质量。

2.2.6.3.8　严格工序、分项工程检查程序，对重要工序质量及时进行检查验收并确认或指出不符合项，要求整改、处理或返工。

2.2.6.3.9　严格隐蔽工程检查程序，隐蔽工程验收必须由施工单位提前24h向监理工程师提出申请；并详细说明指定时间将隐蔽的项目、内容、工程数量；隐蔽工程检查时，施工单位必须完成自检验收且自检合格，并向驻地监理工程师提交相关的检查记录资料。监理工程师在接受检查申请后，必须按时到达现场予以检查验收，验收合格后签署隐检合格文件；任何隐蔽工程只有在隐蔽验收合格后，才能进行隐蔽施工。

2.2.6.3.10　监理工程师确实因工作原因无法按指定时间到达现场验收时，应提前通知施工单位并商定改期或委托其他工程师代为检查。

2.2.6.3.11　加强工序质量因素控制，实行材料跟踪管理，严控工艺流程及工艺方法；检查施工操作人员尤其是特种作业人员的岗位资格、水平；及时对施工单位的不合格工序过程或施工成果提出整改意见，并督促改正。对现场发成的口头指令事后以书面形式确认。

2.2.6.3.12　监理工程师在基础开挖前，审定基础开挖施工方案，并熟悉工程地质勘探资料，并会同设计、业主等单位代表共同对地基开挖的基槽的地质情况进行联合验收后，方可进行基础结构施工。

2.2.6.3.13　对涉及其他专业埋件、孔、洞等，施工单位必须以书面形式向监理工程师提出会检申请，各专业监理工程师应及时进行会检并会签验收文件。

2.2.6.3.14　跟踪复核施工单位自检情况，及时审签分部、分项工程验收意见，核定分部分项工程质量等级。

2.2.6.3.15　督促施工单位对施工阶段性的施工技术资料的收集整理情况，进行定期或不定期检查，督促施工单位及时、真实、完整、规范的收集整理工程技术资料。

2.2.6.3.16　参加工程阶段性检查及工程结构中间验收，并提出监理意见。

2.2.6.3.17　协助做好工程安全、文明施工管理工作。

2.2.6.4　设计变更、变更设计管理规定，见大唐彬长发电厂亲建工程《施工管理制度汇编》之《设计变更、变更设计管理制度》

2.2.6.5　质量事故的处理程序见大唐彬长电厂（2×600MW）新建工程中的有关管理制度。

2.2.6.5.1　任何分部、分项工程的任何结构质量不能满足设计和规范要求或不能使用功能，必须进行处理或返工，造成工期及经济损失的，均应按质量事故处理。

2.2.6.5.2　发生质量事故后，施工单位必须及时如实向监理工程师报告事故发生的时间、项目（含分部、分项名称）工程量、经济损失和工期影响的初步估算及事故发生的原因分析，施工单位不得以任何形式掩盖真相或隐瞒不报。

2.2.6.5.3　监理工程师在接到报告后，必须及时向总监和业主报告，会同业主代表及有关主管部门盈亏事故进行调查分析，重大质量事故应有总监参加事故的调查、研究、分析、并提出处理意见；经有关上级主管部门批准后，监理工程师应据以监督执行，并将执行结果报告业主代表和总监。

2.2.6.5.4　督促施工单位按“三不放过”原则协助各有关部门调查、分析，制定事故再次发生相应措施，检查其落实情况。

2.2.6.5.5　发生特大质量事故，监理部协助业主按有关规定如实向上级部门报告。

2.2.6.6　竣工验收程序及方法。

2.2.6.6.1　督促检查施工单位承包商整理移交技术资料，文件必须完整，形式内容符合有关标准规定，并给以签证认可。

2.2.6.6.2　协助业主及上级质监部门组织工程竣工验收并做出会签，及会签意见。

2.2.7　监理工作的主要内容和工作方法

严格按照《电力基本建设工程重点项目质量监督检查典型大纲》的要求和部颁《火电施工质量检验及评定标准》设计图纸和技术说明及合同规定的有关施工、验收技术规范、规定等，对工程的施工质量进行认真的检查和有效的控制。

2.2.7.1　测量定位、放线控制、沉降测量

2.2.7.1.1　据施工总平面布置给出的测量平面控制网各坐标点进行复核无误后，准确地测出纵横两个方向上建筑轴线，并设稳固的桩位做出标记，各层建筑轴线控制则通过楼层设置垂直控制孔，由零米逐层向上投测，然后向上投测点连线在放出控制轴线，再放出结构边框线。

2.2.7.1.2　层间工测量偏差不应超过3mm，建筑全高垂直测量偏差不应超过$3H/10000$（H为建筑总高度；且不应大于10mm，$30m<H\leqslant 60m$）

2.2.7.1.3　各喜忧参半放线后需经监理工程师复核满足上述要求后方可进行下道工序，为了保证测量放线的准确性，要求#1机组与#2机组两家施工单位互为检验。

2.2.7.1.4　按图纸要求和相关规范检查施工单位沉降标的施工、沉降的测量；对照《建筑地基基础设计规范》；如不满足，立即按程序进行处理。

2.2.7.2　模板工程质量控制

2.2.7.2.1　模板及支架应保证工程结构各部位形式尺寸和相互位置的正确，必须经过计算具有足够的承载力，刚度和稳定性，能承受混凝土自生、侧压力及施工负荷；接缝不漏浆。

2.2.7.2.2　跨度≥4m的梁、板，模板应起拱跨长的1/1000～3/1000。

2.2.7.2.3　承重模板的拆模强度应符合现行标准《混凝土结构工程施工及验收规范》中的规定。同时层间及多支架支模进还应考虑上层荷载力对下层混凝土的受力影响，并且模板支架应传力明确，位置要设置在同一竖向中心线上。

2.2.7.2.4　固定在模板上的预埋件和预留孔洞不得遗漏，安装必须牢固、位置正确，其允许偏差：

预埋钢板中心线位置3mm。

预埋管、预留孔中心线位置2mm，外露长度10mm。

2.2.7.2.5　现浇结构的模板及支架拆除时的混凝土强度应符合设计要求，当无设计要求时，应符合如下规定：侧模拆除时混凝土强度应能保证其表面不黏结，其棱角不因拆模过早而损坏。底模拆除时的混凝土强度要达到表2-2-1所示强度标准。

表2-2-1　底模拆除时的混凝土强度标准

结构类型	结构跨度/m	达到混凝土设计强度标准值的百分率/%
混凝土板	≤2	50
	>2，≤8	75
	>8	100
梁	≤8	75
	>8	100
悬壁构件	≤2	75
	>2	100

梁板底模拆除应经过试验并做计算。拆除后即做无能为力柱顶撑，特别是主梁须经过计算做足够的顶撑，以支撑结构及上层施工荷载。

2.2.7.2.6 为了保证清水混凝土表面工艺，将清水混凝土模板设为停工待检点（H 点）

2.2.7.3 钢筋工程质量控制

2.2.7.3.1 钢材进入工地必须持有钢材出厂质量证明书及出厂合格证、试验报告单，并要会同监理工程师分批抽样进行钢材力学性能试验，试验合格后方能使用；上述质保单、试验报告应提交监理工程师确认并将复印件提交监理方备案。

2.2.7.3.2 凡用于本工程钢筋种类、规格、数量必须符合设计要求，若要代换时，必须按变更设计程序获得批准，然后按规范要求标准执行。

2.2.7.3.3 钢筋加工的形状、尺寸必须符合设计要求，钢筋的表面应沅，无损伤、油渍、漆污、铁锈等应在使用前清除干净，锈蚀严重者不得是用或报知监理工程师经确认后可降级使用。

2.2.7.3.4 钢筋弯钩或弯折应符合设计或规范要求，钢筋加工时允许偏差如下：受力钢筋顺长度净尺寸的允许偏差为±10mm，弯起钢筋弯折位置允许偏差值为±20mm。

2.2.7.3.5 柱、墙纵向φ16 以上受力钢筋接长宜采用电渣压力焊，同一柱筋截面接头要按搭接倍数相互错开，同截面内的接头应少于受力筋总数的 50%。接头应顺直，不得错位，焊头应形成周边均匀的蘑菇状。

2.2.7.3.6 受力钢筋之间的绑扎接头应相互错开，从任一绑扎接头中心至搭接长度的 1.3 倍区段范围内有绑扎接头的受力钢筋截面占受力钢筋总截面右分率应符合下列规定：

受拉区不得超过 25%。

受压区不得超过 50%。

2.2.7.3.7 钢筋的绑扎接头不宜位于构件的最大弯矩处，搭接长度的末端距钢筋弯折处不得小于钢筋直径的10倍，钢筋搭接处，应在中心荷载两端用大于 18 号的铁丝绑扎牢固。

2.2.7.3.8 板、梁钢筋网绑扎允许偏差如下：网眼长、宽，网眼尺寸±20mm，箍筋间距±5mm，受力筋间距±10mm，排距±5mm，绑扎骨架筋±20mm，焊接骨架±10mm，预埋件中心位置 5mm，水平高差＋3mm，依据层按设计要求。

2.2.7.3.9 电渣压力焊接或柱钢筋竖向筋焊接前，应先校正好基础预埋的柱筋位置，校正位置的弯度不得超过柱筋间距的 1/6。

2.2.7.4 混凝土工程质量控制

2.2.7.4.1 水泥进场必须有出厂合格证，按照规范对进场水泥进行复试，要有复试合格复试报告。对水泥品种、标号、出厂日期等进行验收合格，方可使用。施工单位因故要做水泥更换须向监理工程师报告，同时提交更换水泥的上述合格文件，经监理工程师验收合格并签出确认后方可使用，以上水泥的合格证件的复印件应提交监理方备案。

2.2.7.4.2 拌和混凝土粗（细）骨料要符合国家现行有关标准规定，且必须符合设计图纸的要求。

2.2.7.4.3 混凝土的配制应严格按照实验室给出的混凝土给配单要求的配比计量，必须正确，不得任意调配。施工单位应派专人负责计量监测。监理人员可随机抽查计量情况，混凝土试块的制作应由实验室专业人员制作，其他人员不得替代，更不得弄虚作假。

2.2.7.4.4 要求所有施工单位采用集中搅拌或商品混凝土供应的形式，以保证混凝土质量的有效控制。

2.2.7.4.5 控制混凝土出料到入模时间：在气温低于 25℃时，为 90min，气温高于或等于 25℃时为 60min；允许间隙时间：气温低于 25℃时，为 180min，气温高于或等于 25℃时，为 150min。

2.2.7.4.6 混凝土浇筑前应编制混凝土施工作业指导书，并有详细的作业工艺要求。属大体积混凝土浇筑时应有大的混凝土保温散热措施。同时，要求大体积混凝土尽量采用低热水泥，主厂房大体积混凝土有汽机基座两座，汽机运转平台也需要仔细控制。

2.2.7.4.7 加强混凝土强度期养护工作：浇筑好混凝土架构件，必须进行覆盖浇水养护，使混凝土始终处于湿润状态（气温低于 5℃时可不浇水）养护周期不得低于 7d，有条件时可持续半个月以上。

2.2.7.4.8 混凝土：拆模后如混凝土有缺陷，施工单位不得擅自修补，应由施工单位提出修补措施方案及需要修补的部位，缺陷的大小是否影响构件使用功能等经监理方认可，并由监理方全过程监督修补施工。

2.2.7.4.9 #1 机组与#2 机组由两家施工单位施工，为了混凝土颜色一致，要求两家使用的水泥、外加剂、粉煤灰等产品为同一厂家，同样配合比。

2.2.7.4.10 对于重要部位的混凝土，规定由监理工程师签发“混凝土浇筑令”后方可浇筑。

2.2.7.4.11 为了保证混凝土表面工艺，要求两家主体施工单位（天津电建承建#1 号机组，西北电建一公司承建#2 号机组）在上部柱施工前做出“样板柱”以确定标准。

2.2.7.4.12 每个单位工程的第一个分项工程施工完成后，监理工程师要认真检查，发现不足，提出整改意见，不断改进。（对所有分项工程均要求监理工程师做到这一点）

2.2.7.4.13 二次灌浆浇注前，要求施工单位认真清理基层并进行 24h 浇水湿润；二次灌浆料按设计要求或按强度等级选用合适的品种；严格按照灌浆材料使用说明书进行搅拌。

2.2.7.5 主厂房混凝土工程各道工序的验收

2.2.7.5.1 施工单位应根据电力建设工程《施工验收及质量验评标准》结合本工程的具体情况制定工程项目质量评验范围，质量检验评定项目划分表，报监理方核定。作为各单位、分部、分项工程及各道工序间的质量控制验收评定的依据。

2.2.7.5.2 每一层宜分柱、梁板（或梁、板）一次（或二次）进行隐蔽工程验收，工艺专业预埋管线、铁件、预留洞孔等应紧密配合验收。吸有在上道工序验收合格后，才能进行下道工序的施工；验收时，施工单位项目负责人、质检员及工种施工员必须在场，否则监理方和业主代表拒绝验收。

检查验收程序：工程自检—专职质检—整改—监理检查验收—整改—复查验收

2.2.7.5.3 对验收发现的问题监理工程师可通过口头、备忘录、整改通知等形式，通知施工承包方整改，施工承包方必须认真进行整改。赖监理工程师拒绝在验收单上签字。未经监理工程师签字不得进行混凝土浇筑。

2.2.7.6 混凝土结构工程验收

本章其余内容见光盘。

第3章　国电哈密大南湖煤电一体化2×660MW电厂施工阶段监理规划

3.1 监理依据

3.1.1 编制依据

3.1.1.1 中华人民共和国《建筑法》《合同法》《建设工程质量管理条例》及有关工程建设和质量监督的法律法规。

3.1.1.2 国家及行业现行的法律、法规、规程、规范、标准等。

3.1.1.3 国家及行业有关设计、施工及验收规范、质量检验与评定标准。

3.1.1.4 《建设工程安全生产管理条例》、原国家电力公司《电力建设安全健康与环境管理工作规定》《电力建设安全工作规程》（火力发电厂部分）。

3.1.1.5 《建设工程监理规范》（GB 50319—2000）、《电力建设工程监理规范》（DL/T 5434—2009）。

3.1.1.6 建设部《房屋建筑工程施工旁站监理管理办法》（试行）、建设令第81号实施工程建设强制性生产标准监督规定；火电工程首次质量监督检查典型大纲（TM-652.3/0517）。

3.1.1.7 电厂二期扩建（2×660MW）工程监理合同及招投标文件。

3.1.1.8 中国电力投资集团公司《监理管理手册》。

3.1.1.9 《火力发电建设工程启动试运及验收规程》（DL/T 5437—2009）、中国电建企协《电力工程"达标投产"管理办法（2006版）》及中国电力投资集团公司最新版《火电工程达标投产考核办法》。

3.1.1.10 中电投《安全生产文明施工管理手册》。

3.1.1.11 中电投《安全文明施工图册》。

3.1.1.12 山东诚信监理公司QHSE管理（质量、职业健康安全、环境）体系文件。

3.1.2 监理工作依据

任何施工文件、施工和完成本项工程应能最低限度遵守中国（对进口设备而言，则为国际）现行认可的规范、技术标准、建筑、施工和环保规定有关类似容量、范围及性质的发电厂的规定。如果在合同签署后，国内的规范、技术标准或规定作了重大修改或颁布新的国家规范标准，则应遵守新的规定。

应遵守的主要技术规范、规程、标准如下，但不限于这些规范、规程、标准。

3.1.2.1 工程质量检查、验收

3.1.2.1.1 国家及部颁的现行规程、规范、标准及有关实施细则。

3.1.2.1.2 有效的设计文件、施工图纸及经过批准的设计变更。

3.1.2.1.3 制造厂家提供的设备图纸、技术说明书中的技术标准和要求。

3.1.2.1.4 经论证同意采用的技术措施、合理化建议、先进经验及新技术成果。

3.1.2.1.5 有关的会议纪要文件等。

3.1.2.2 建筑工程施工与验收技术规程、规范、标准

3.1.2.2.1 《电力建设施工质量验收及评定规程（土建工程）》（DL/T 5210.1—2005）。

3.1.2.2.2 《电力建设施工及验收技术规范（水工结构工程篇）》（SDJ 280—90）。

3.1.2.2.3 《建筑地基基础工程施工质量验收规范（附条文说明）》（GB 50202—2002）。

3.1.2.2.4 《电力建设施工及验收技术规范（建筑工程篇）》（SDJ 69—87）。

3.1.2.2.5 《电力建设施工质量验收及评定规程（焊接工程篇）》（DL/T 5210.7—2009）。

3.1.2.2.6 国家标准《建筑工程及建筑设备安装施工及验收规范》共12篇。

3.1.2.2.7 《烟囱工程施工及验收规范》（GB 50078—2008）。

3.1.2.2.8 《钢结构高强度螺栓连接的设计施工验收规范》（JGJ 82—1991）。

3.1.2.2.9 《建筑钢结构焊接规程》（JGJ 81—2002）。

3.1.2.2.10 《钢筋焊接及验收规程》（JGJ 18—2003）。

3.1.2.2.11 《混凝土质量控制标准》（GB 50164—2011）。

3.1.2.2.12 《混凝土强度检验评定标准》（GB 107—2002）。

3.1.2.2.13 《砌体工程施工及验收规范》（GB 50203—2002）。

3.1.2.2.14 《混凝土结构工程施工质量验收规范》（GB 50204—2002）。

3.1.2.2.15 《钢结构工程施工质量验收规范》（GB 50205—2001）。

3.1.2.2.16 《木结构工程施工质量验收规范》（GB 50206—2002）。

3.1.2.2.17 《屋面工程质量验收规范》（GB 50207—2002）。

3.1.2.3 安装工程施工及验收规程、规范

3.1.2.3.1 《电力建设施工质量验收及评价规程（第8部分：加工配制）》（DL/T 5210.8—2009）。

3.1.2.3.2 《钢结构工程施工质量验收规范》（GB 50205—2001）。

3.1.2.3.3 《电力建设施工质量验收及评定规程（汽轮发电机组篇）》（DL/T 5210.3—2009）。

3.1.2.3.4 《电力建设施工质量验收及评定规程（管道及系统）》（DL/T 5210—2009）。

3.1.2.3.5 《电力建设施工质量验收及评定规程（水处理及制氢设备和系统）》（DL/T 5210.6—2009）。

3.1.2.3.6 《电力建设施工及验收技术规范（第5部分：热工仪表及控制装置）》（DL/T 5190.5—2009）。

3.1.2.3.7 《火力发电厂焊接技术规程》（DL 869—2004）。

3.1.2.3.8 《钢制承压管道对接焊接接头射线检验技术规程》（DL/T 821—2002）。

3.1.2.3.9 《管道焊接接头超声检验技术规程》（DL/T 820—2002）。

3.1.2.3.10 《火力发电厂金属技术监督规程》（DL 438—2000）。

3.1.2.3.11 《电气装置安装工程高压电器施工及验收规范》（GB 50147—2010）。

3.1.2.3.12 《电气装置安装工程电力变压器、油浸电抗器、互感器施工验收规范》（GB 50148—2010）。

3.1.2.3.13 《电力建设施工质量验收及评价规程（第2部分：锅炉机组）》（DL/T 5210.2—2009）。

3.1.2.3.14 《电力建设施工质量验收及评价规程（第5部分：管道及系统）》（DL/T 5210.5—2009）。

3.1.2.3.15 《电气装置安装工程　接地装置施工及验收规范》(GB 50169—2006)。

3.1.2.3.16 《电气装置安装工程　旋转电机施工及验收规范》(GB 50170—2006)。

3.1.2.3.17 《电气装置安装工程　母线装置施工及验收规范》(GB 50149—2006)。

3.1.2.3.18 《电气装置安装工程　电力变压器、油侵电抗器、互感器施工施工及验收规范》(GB 50148—2006)。

3.1.2.3.19 《电气装置安装工程　电气设备交接试验标准》(GB 50150—2006)。

3.1.2.3.20 《电气装置安装工程　电缆线路施工及验收规范》(GB 50168—2006)。

3.1.2.3.21 《电气装置安装工程　盘柜及二次回路接地施工及验收规范》(GB 50171—1992)。

3.1.2.3.22 《电气装置安装工程　蓄电池施工及验收规程》(GB 50172—1992)。

3.1.2.3.23 《电气装置安装工程　高压电器施工及验收规程》(GB 50147—2010)。

3.1.2.3.24 《电气装置安装工程　低压电器施工及验收规程》(GB 50254—1996)。

3.1.2.3.25 《起重机电气装置施工及验收规范》(GB 50256—1996)。

3.1.2.3.26《电气装置安装工程　爆炸和火灾危险环境电气装置施工及验收规程》(GB 50257—1996)。

3.1.2.3.27 《电气装置安装工程　电气照明装置施工及验收规程》(GB 50259—1996)。

3.1.2.3.28 《电气装置安装工程质量检验及评定规程》(DL/T 5161.1—15761.17—2002)。

3.1.2.3.29 《火电工程调整试运质量检验及评定标准》(1996版)。

3.1.2.4　安全生产、文明施工

3.1.2.4.1 《建设工程安全生产管理条例》。

3.1.2.4.2 《电力建设安全工作规程》(第一部分：火力发电厂)(DL 5009.1—2002)。

3.1.2.4.3 《电力建设安全健康与环境管理工作规定》(国家电力公司发布) 2002-01-21。

3.1.2.4.4 《建筑施工安全检查标准》(JGJ 59—2011)。

3.1.2.4.5 《施工现场临时用电安全技术规范》(JGJ—2005)。

3.1.2.4.6 《建筑施工扣件式钢管脚手架安全技术规范》(JGJ 130—2001)。

3.1.2.4.7 《建筑施工高处作业安全技术规范》(JGJ 80—1991)。

3.1.2.4.8　其他有关国家及行业标准和规范。

3.1.2.5　强制性标准及达标创优有关规定

3.1.2.5.1《工程建设标准强制性条文》(房屋建筑部分 2009 版)。

3.1.2.5.2　本工程建设合同等所约定的标准。

3.1.2.5.3　工程达标投产及创优有关文件。

3.1.2.5.4 《电力工程达标投产管理办法》(2006 版)。

3.1.2.5.5 《电力工程达标投产管理办法》(2006 版)(中电建协工［2006］6 号)。

3.1.2.5.6 《中国建筑工程鲁班奖(国家优质工程)评选办法》。

3.1.2.5.7　本工程建设参建单位承诺的更高标准等。

3.2　工程概况

项目名称：电厂二期扩建工程。

建设地点：×××。

建设单位：×××。

工程管理单位：×××。

建设规模：2×660MW 超超临界燃煤火力发电机组。

投资来源：投资方注册资本金及银行贷款。

工期要求：计划于 2012 年 4 月主厂房开始施工，2012 年 5 月 18 日正式开工，2013 年 10 月第一台机组 168 小时试运结束，总工期为 17 个月；第二台机组完工时间为第一台机组完工后 3 个月以内，即总工期 20 个月。

工程投资单位：×××。

工程设计单位：×××。

施工单位：×××。

本工程采用黄海高程系统，测量坐标为北京坐标系，总平面布置采用自设建筑坐标系统，厂区地坪绝对标高为黄海高程 22.110m 至 22.640m。主厂房±0.000m 地坪的绝对标高为 23.100m，室内外高差为 300mm。

3.2.1　工程目标

(1) 以“安全可靠、经济适用、减少备用、简化系统、高效环保、成熟先进”为原则，技术创新，优化设计，努力打造一个高质量、低运行成本的优秀工程。

(2) 二期工程拟建设 2×660MW 国产超超临界燃煤发电机组，同步建设石灰石—石膏湿法烟气脱硫和 SCR 烟气脱硝装置。

(3) 严格执行现行的有关法规、规程、规定要求，对有突破的内容进行专题论证，满足最新的环保标准要求。

(4) 按照相关主管部门的批复意见，贯彻节约用地、节约用水、节约能源的原则，执行环境保护、水土保持、防洪排涝、劳动安全和职业卫生等政策意见，充分考虑综合利用。

(5) 充分考虑利用一期工程已有和预留的设施与场地，充分考虑本期已实施的部分工程因素，做到布置紧凑，按功能要求优化与合理归并建构筑物平面和结构，土方综合平衡，地基处理方案合理，工艺路径短捷，有利于运行和维护管理。

(6) 实现十一个一次成功：即厂用电受电、DCS 受电、锅炉本体水压、锅炉酸洗、汽机扣盖、锅炉点火、汽机冲转、电除尘投入、脱硫系统投入、脱硝系统投入、并网发电十一个一次成功。

提高全厂综合自动化水平，尽可能减少控制点，达到减人增效之目的。

通过技术创新、优化，努力建设一个高效、经济、环保、主要运行指标先进的 660MW 超超临界机组示范工程。

3.2.2　规划布置

3.2.2.1　锅炉

锅炉为上海锅炉厂有限公司生产的超超临界参数变压运行螺旋管圈直流炉、单炉膛、一次再热、采用四角切圆燃烧方式、平衡通风、露天布置、固态排渣、全钢构架、全悬吊结构 Π 型锅炉。

3.2.2.2　汽轮机

汽轮机为上海汽轮机有限公司生产的超超临界、一次中间再热、单轴、四缸四排汽、凝汽式汽轮机(型号：N660-27/600/620)。

3.2.2.3　发电机

发电机为上海汽轮发电机有限公司生产的水氢氢冷却、静态励磁汽轮发电机。

3.2.2.4　汽机房

汽机房跨度为 30.6m，汽轮发电机机组中心距 A 列柱

13.9m。汽轮发电机组为纵向顺列布置，汽机机头朝向固定端，汽机房运转层采用大平台布置，两机之间设有中间检修场地。汽机房分三层：底层（0.000m），中间层（6.40m），运转层（13.70m）。汽轮发电机基座为岛式布置，给水泵汽轮机采用弹簧基座。

3.2.2.5　除氧间

除氧间跨距为10.50m。除氧间设有0.00m层、6.40m层、13.70m层、26.00m层、36.00m层。

3.2.2.6　煤仓间

煤仓间跨度为12.00m，柱距为9.00/10.00m，主厂房纵向总长度为159.50m。煤仓间内设有0.00m层、17.00m层和42.00m层。42.00m层布置输煤皮带机，17.00m层布置给煤机，42.00m层和17.00m层之间布置钢制原煤仓。0.00m层每台炉顺列布置6台中速磨煤机及其附属设备。

3.2.2.7　锅炉房

考虑风道布置和设备运输的需要，锅炉本体与煤仓间D列柱之间留有6.50m的前距离，用以布置风道和保证炉前通道。锅炉为半露天布置，每台炉设电梯一部。

锅炉钢架尺寸深度方向为49.60m；宽度方向为43.00m，两炉中心线距离85.50m。

锅炉房0.00m布置有钢带冷渣机、密封风机、疏水扩容器及启动疏水回收泵等。

3.3　监理范围内容和目标

监理工作主要是依据国家相关的法律、法规和对施工监理的有关规定以及本合同业主与各工程建设合作对象所签订的合同，在本工程项目建设过程中协助业主进行以控制投资、进度、质量和安全为核心的监督、管理、协调等服务，使本工程项目全面地实现投资目标、进度目标、质量目标和安全目标。

本监理工程范围为电厂二期扩建项目（除铁路专用线外）的全部建设工作，包括施工准备、图纸会审、土建施工、安装施工、调试、启动试运、工程移交、达标投产、创优质工程、工程监理总结、资料归档管理、竣工验收、质量保修等全方位、全过程的监理服务内容。监理的具体工作包括但不限于如下范围：

3.3.1　总的要求

3.3.1.1　监理规划应在签订委托监理合同后开始编制，并在召开第一次工地会议前报送业主评审，监理实施细则应在相应工程施工开始前编制并送业主评审完成。

3.3.1.2　建立工程项目在质量、安全、投资、进度、合同等方面的监理管理网络，在业主、设计、设备、施工、调试单位的配合下，收集、发送和反馈工程信息，形成监理工作月报和下月监理工作计划，范围应覆盖安全、质量、进度、造价以及工程建设其他方面的全部监理工作。监理工作月报和下月监理工作计划应抄报工程公司项目部。

3.3.1.3　协助业主完成有关设备、材料、图纸和其他外部条件以及工程进度、交叉施工等的协调工作，根据需要及时组织专题会议，解决施工过程中的各种专项问题。

3.3.1.4　主持施工过程中的工程协调例会。

3.3.1.5　参与监理合同签订后的业主尚未完成的施工招标、评标、编制有关的招标文件及合同谈判工作并提出监理意见。

3.3.1.6　审查施工承包商选择的分包单位、试验单位的资质，确认项目特种作业人员的资质、技能培训、岗位证书有效性，对各种违规情况进行处理，督促责任单位及时纠正。

3.3.1.7　参加并接受外部审核和监督检查（包括政府行政管理部门组织的质量、安全、消防、环境、卫生防疫等方面的监督检查）。

3.3.1.8　接受参加项目管理体系的外部审核（包括第三方审核机构、业主和业主组织的第二方审核）。

3.3.1.9　编制整理监理工作的各种文件、通知、记录、检测资料等，合同完成或终止时按有关规定交给业主。

3.3.1.10　参加工程创优领导小组，配合工程进行达标创优工作，负责在工程过程中按照达标创优的要求对各参建单位进行督查。

3.3.1.11　完成单项工程质量评价。单台机组及整体工程质量评价由业主另行委托。

3.3.2　施工过程的监理

3.3.2.1　安全管理

3.3.2.1.1　安全监理工作

3.3.2.1.1.1　按照中华人民共和国国务院令第393号文第十四条和《中国电力投资集团公司火电建设工程安全管理手册》，全面做好建设工程安全生产管理工作。

与业主签订安全生产责任书。全面贯彻执行国家有关工程建设安全管理的方针、政策、法律、法规和集团公司有关建设工程安全管理的理念、制度和规定。严格按照《电力建设安全健康与环境管理工作规定》和所签订的安全生产责任书中规定的监理单位有关安全、文明施工以及环境保护等相关内容履行管理职责。

协助业主成立项目安委会。总监理工程师、安全副总监理工程师，作为项目安委会成员，全面负责工程项目日常安全、文明施工以及环境保护等管理工作。

负责制定监理安全管理工作规划和实施细则，经业主审核、确认后执行。负责组织相关承包商全面细化业主制定的工程项目安全管理目标和年度安全目标，制定有针对性的控制、检查措施，全面负责工程项目日常安全不符合项的管理工作。

监督、检查承包商贯彻执行国家有关工程建设安全生产的方针政策、法律法规和工程建设强制性标准，履行《电力建设安全健康与环境管理工作规定》和与业主所签订的安全生产责任书中的有关职责，负责对承包商安全管理体系、保证体系和监督体系进行检查，督促其安全管理人员的实质性到位。

对承包商制定的重大危险源辨识、重大危险作业控制措施、重大环境因素的控制计划、应急预案、重大施工方案和特殊措施等，组织相关单位进行会审，审查后提出监理意见，切实做好分层分级管理。负责监督、检查各承包商对以上计划、预案、措施、方案的执行、落实情况，并形成必要的记录。

3.3.2.1.1.2　工程监理单位应当对各承包商专业施工组织设计、专业施工技术方案及现场总平面布置方案中涉及安全、文明施工、环境保护措施进行审查。要求承包商制订有针对性的安全措施，重点落实各级安全责任制、班组安全建设和分包管理等，还需同时审查施工组织设计中的安全技术措施或者专项施工方案是否符合工程建设强制性标准。

3.3.2.1.1.3　工程监理单位在实施监理过程中，发现存在安全事故隐患的，应当要求施工单位整改；情况严重的，应当要求施工单位暂时停止施工，并及时报告业主。施工单位拒不整改或者不停止施工的，工程监理单位应当及时向有关主管部门报告。

3.3.2.1.1.4 工程监理单位和监理工程师应当按照法律、法规和工程建设强制性标准实施监理，并对建设工程安全生产承担监理责任。

3.3.2.1.1.5 安全监理要求：

（1）本监理合同应包括安全监理内容。

（2）安全监理人员必须经安全管理业务教育培训，考核合格，持证上岗。

（3）监理单位编制的项目监理规划应包含安全监理方案，并明确安全监理内容、工作程序和制度措施。编制的监理实施细则应包含安全监理的具体措施。

（4）安全监理人员应在监理日记中记录当天施工现场安全生产和安全监理工作情况，记录发现和处理的安全施工问题。总监应定期审阅并签署意见。

（5）项目监理机构应增编安全监理月报表。

（6）项目监理机构应将安全考核情况每月进行通报。

（7）实行安全监理制，不能够免除施工承包单位的建设工程施工安全的法律主体责任。监理单位和安全监理人员依法对建设工程施工安全承担监理责任。

3.3.2.1.2 应配备主管安全的专职安全副总监(省级安监局颁发的上岗证、两个项目以上的电力工程安全监理经验)，具体组织实施工程项目的日常安全管理工作。

3.3.2.1.3 应配备专职安全监理工程师(省级安监局颁发的上岗证、一个项目以上的电力工程安全监理经验）及专职安全管理人员，要求每日对施工现场的安全和文明施工进行巡查（包括人身、机具、交通、环境、消防、保卫、职业健康、后勤卫生、环境保护等方面)，对项目建设全过程的安全进行监测，根据发现安全问题的性质发出口头批评或整改通知单，有必要时可以发“暂停施工”令。

3.3.2.1.4 负责承包商危险作业控制措施、重大危险源、重大环境因素的控制计划、应急响应预案、交叉作业方案及措施的审核，负责指导、监督、检查各施工承包商对以上措施、方案的执行、落实情况，并对指导、监督检查情况形成必要的记录。

3.3.2.1.5 对危险性生产区域、关键施工部位等，在施工前应组织进行专门的安全（技术）交底；对涉及多个施工承包商的交叉作业，负责主持、督促、检查各施工承包商之间的安全（技术）交底；检查各承包商日常的安全（技术）交底工作，并形成必要的记录。

3.3.2.1.6 参加项目安全和环境事故、事件及纠正预防措施的验证，负责施工承包商不符合项及纠正预防措施的评审以及实施的监督工作，并参加/配合各类事故、事件的调查处理工作。

3.3.2.1.7 负责厂内交通安全、消防安全管理工作的监督和检查，监督各承包商按有关法律法规要求对危险化学品采购、运输、贮存、使用和废弃化学品的处置，负责监督施工承包商对现场粉尘、尘毒作业、射源安全、废水、废气、固体废弃物和噪声的管理。

3.3.2.1.8 遇到威胁安全的重大问题时,安全监理工程师有权提出“暂停施工”的通知，并通报业主。

3.3.2.1.9 检查、督促承包商在现场必须按照施工技术措施和有关规程规范的要求，设置必要的安全防护设施。对于需业主协调、解决的安全防护设施应及时报告业主，并按相关处理意见监督、检查和验收整改结果。

3.3.2.1.10 负责对承包商施工机械的监督管理，对承包商大型施工机械的安装、拆卸及其他危险性较大的施工作业，安全监理工程师应到现场监控，并形成必要的记录。

3.3.2.1.11 负责组织每月的监理安全检查,负责组织安全例会、月度安全会，每月以安全文明施工报告等形式上报有关单位；参加业主组织的每季度安委会会议、安全检查等活动。

3.3.2.1.12 参加或配合各类事故的调查、处理工作。负责督促责任单位在法定期限内，处理、统计、上报事故，并采取有效措施，杜绝类似事故重复发生。

3.3.2.1.13 文明施工管理。

3.3.2.1.13.1 负责组织评审施工承包商文明施工实施细则。

3.3.2.1.13.2 负责编制文明施工检查计划，组织文明施工、成品保护的日常监督检查、专项检查和文明施工阶段性大检查，提出对施工承包商安全文明施工奖励和处罚意见，并对施工承包商整改情况的跟踪和整改结果的验证。

3.3.2.1.13.3 负责文明施工接口协调的管理。

3.3.2.1.13.4 负责定期组织召开文明施工例会，协调文明施工有关情况。

3.3.2.1.13.5 负责洁净化施工或绿色施工的管理。

3.3.2.2 质量管理

3.3.2.2.1 全面负责工程项目日常的质量管理,应对施工过程中对质量有影响的人员、设备、材料、施工机具、施工方法及施工工艺、施工环境等因素进行全面监督和检查，对发现的质量问题及时通报责任单位，采取措施加以整改，并及时把结果以书面形式上报业主。

建立、健全有效的监理质量保证、管理体系，并持续有效运行。坚持对施工全过程、全方位的质量监理，坚持事前检查和过程工序的严格控制，形成有效的闭环管理。

细化、分解业主制定的工程项目质量总目标、年度质量目标。根据工程的实际情况，制定项目质量管理计划、质量管理规章制度，运用科学的管理手段和方法，加强现场的质量监督、检查。

3.3.2.2.2 按照《电力建设施工质量验收及评定规程》（DL/T 5210）的要求，负责组织检验批、分项、分部、子单位、单位工程、关键工序和隐蔽工程的质量检查和验收并签署验收结论；负责组织工序交接；协助、参加工程阶段验收、工程竣工验收、达标投产考核等。

3.3.2.2.3 在工程开工前，重点审查承包商编制的“施工质量检验项目划分报审表”，提出监理意见，并明确相应的 W 点、H 点、S 点以及相应的验收权限；协助业主组织评审，以最终确认的“施工质量检验项目划分表”作为工程质量检查、验收的依据；制定并实施重点部位的见证点（W 点)、停工待检点（H 点)、旁站点（S 点）的工程质量监理控制点计划，要按作业程序即时跟班到位进行监督检查。

3.3.2.2.4 负责对承包商质量管理体系、保证体系进行检查，督促其质量管理人员的实质性到位。负责对施工承包商的质量策划文件（质检计划、试验计划、质量措施等）进行审核、确认其完整性和准确性。

负责对承包商的施工组织设计、新设备、新材料、新技术、新工艺专项施工方案、重大施工方案和特殊措施进行审查，协助业主组织评审，并对交底工作和具体实施进行监督。组织审查承包商编制的专业施工组织设计、施工技术方案、施工作业指导书、施工质量保证措施、冬雨季施工方案等。对施工中可能出现的问题提出预防性的措施，做好防止质量通病的预控工作。

3.3.2.2.5 负责对承包商监视和测量装置、人员、试验室等在工程建设过程中的监督检查和管理，应审核和确认装置的适用性、准确性和可靠性；对其测量人员、试验人员等特种作业人应持证上岗人员的资质、技能培训、岗位证书有效性、健康状况等方面进行核查、确认；并对承包商试验室进行审验。

3.3.2.2.6　当施工承包商发生严重违章作业及发生可能给工程建设质量留下重大隐患，有权提出“暂停施工”的通知，并上报业主。

3.3.2.2.7　负责监督施工承包商工程现场材料质量的管理，负责对施工过程中见证取样材料复验和材料的抽样检验，以及材料代用的审批，对检验发现的设备、材料缺陷及施工中发现或产生的缺陷提出处理意见，报业主并协助处理。

3.3.2.2.8　对工程中发生的质量不合格，负责组织或配合相关单位分析原因，追查责任，对应采取的措施进行评审，并参与工程质量事故的调查。

3.3.2.2.9　协助进行技术监督的日常管理，参加项目技术监督网和技术监督领导小组，负责组织审核项目技术监督服务单位编制的“技术监督管理策划书”。

3.3.2.2.10　负责项目施工测量和沉降观测工作的监督管理，审核单位工程沉降观测技术方案，负责单位工程主轴线及二级高程控制的复测，验收施工承包商的沉降观测记录成果，并负责施工测量记录资料、验收资料及竣工资料的复核、签证。

3.3.2.2.11　负责对承包商的标识和可追溯性实施情况进行监督和指导，并作好检查记录。

3.3.2.2.12　协助业主配合行业质量监督机构（电力工程质量监督中心站）成立本项目“工程质量监督站”，接受相关的监督检查；参加对工程各承包商的质保体系建立、实施等情况进行的监督、检查，并作好监检前的监理检查、验收工作；配合工程质量监督站、工程质量监督中心站作好相关的质量监督、检查，负责有关监督检查意见、建议的整改、落实等相关的闭环管理工作。负责审查施工、调试单位制定的达标投产、创优规划，提出监理意见，报业主批准后，负责监督实施。并做好相关的监理记录。

3.3.2.2.13　负责对承包商的施工记录、验评资料的检查，确保其真实、同步。

3.3.2.2.14　主持或参与工程质量事故的调查。

3.3.2.2.15　负责定期组织召开工程质量例会。

3.3.2.2.16　配备至少一名具有超超临界机组焊接管理经验的监理工程师。

3.3.2.2.17　负责落实强制性条文实施管理的原则性要求；

3.3.2.2.18　负责落实质量通病防止管理的原则性要求。

3.3.2.3　进度管理

3.3.2.3.1　协助业主编制、调整一、二级进度计划，审核施工承包商的三级进度计划，并确认施工承包商进度计划的正确性、实时性和完整性，对造成工程进度滞后的原因进行分析，及时提出改进、调整进度计划的意见与建议。

负责对不影响一级网络进度计划的二级网络进度计划变更提出监理意见，报业主批准后，负责监督实施。

3.3.2.3.2　负责审核单位工程开工报告，单位工程开工前应对所有开工条件进行确认。

3.3.2.3.3　负责审核停工令建议，负责复工条件的确认和审核。

3.3.2.3.4　负责审核施工承包商提出的停工报告申请，负责复工条件的确认及审核。

3.3.2.3.5　负责进行每周的工程进度盘点，协助进行每月的工程进度盘点，及时发现影响进度的原因及潜在因素，提出相应的纠偏措施，向业主报告。

3.3.2.4　造价管理

3.3.2.4.1　监督设计、施工合同的履行，维护业主和承包商的正当权益。

3.3.2.4.2　负责审核承包商月度完成的工程量和费用审核，经总监批准后填写工程款支付凭证报业主。

3.3.2.4.3　审查承包商工程预（结）算文件，协助业主做好工程结算和竣工决算（配合工程审计工作）。

3.3.2.4.4　认真审核各类设计变更、现场签证、材料代用等，核算工程量及相关费用，严格控制变更费用，报业主批准后执行。

3.3.2.4.5　制定有效措施，确保工程造价控制在设计、施工合同约定的范围内。

3.3.2.4.6　做好各类造价资料的收集管理工作，及时提供业主和业主所需的有关资料。

3.3.2.5　设备物资管理

3.3.2.5.1　参加设备运输的管理，参与运输现场和路线的勘察，负责运输方案的审核，并负责对特种设备的装卸进行旁站检查。

3.3.2.5.2　检查施工承包商进场原材料、设备、构件的采购、入库、保管、领用等管理制度及其执行情况。

3.3.2.5.3　参加设备的开箱检验，按验收标准核查主要安装用材料、设备质量，提出有关验收问题的监理意见。负责检查施工承包商的设备、物资现场贮存、防护、保养情况，负责设备领用申请的确认和备品、备件及专用工具借用申请的审核。

3.3.2.5.4　负责施工、调试过程产品防护的日常监督，负责审核施工承包商编制的防护措施，监督、检查施工承包商防护措施的落实、执行情况，并及时将问题向业主反馈，敦促责任单位及时整改。

3.3.2.5.5　负责应业主要求对关键和重要的原材料、构配件、设备的检测、试验等工作，以及对提供相关设备、材料的生产厂家进行考察等工作。

3.3.2.6　技术管理

3.3.2.6.1　参与设计管理工作，包括以下内容：

3.3.2.6.1.1　参与施工总图（司令图）的设计评审，对总平面布置方案等提出监理意见。

3.3.2.6.1.2　组织施工图综合会审和图纸交底审查会，从施工质量及进度保障上提出监理意见。

3.3.2.6.1.3　参与核查施工图方案的优化、施工图设计变更审核，并对图纸中存在的问题向设计单位提出书面意见和建议，对技术交底会议纪要进行签认。审核设计变更联系单和设计变更通知单，确认费用与工作量。

3.3.2.6.1.4　负责核查设计单位《施工图交付进度》，确保该计划能满足施工现场施工网络进度计划的要求，检查计划执行情况。

3.3.2.6.1.5　参与审查防火、防爆、防尘、防毒、防化学伤害、防暑、防寒、防潮、防噪声、防振动、防雷等劳动安全、工业卫生措施在设计方案中的落实情况。

3.3.2.6.1.6　参与核查主要设备、材料生产厂家资料。

3.3.2.6.1.7　参与督促设计人员对各承包商图纸、接口配合予以确认。

3.3.2.6.1.8　负责工程竣工图审查，并及时就施工变更等提交监理意见。

3.3.2.6.2　参加项目技术管理网络，负责提供有效的、需设计承包商和现场施工承包商遵守的工程技术规程、规范清单，要求各施工承包商执行。

3.3.2.6.3　审查承包商提交的施工组织设计、专业施工组织设计、施工技术方案、施工质量保证措施、安全文明施工措施、进度计划、现场二次设计等。负责组织对施工过渡方案、重大施工方案和措施的评审、系统接口设计的技术、安全交底，按设计图及有关标准，对承包商的工艺过程或施工工序进行检查和记录，对加工制作及工序施工质量检查结果进行记录。

3.3.2.6.4 负责主持各施工承包商之间的交接，检查各承包商的各项交接工作。

3.3.2.6.5 应对在施工监理过程中发现的设计问题提出监理意见。

3.3.2.6.6 参与制定《项目竣工档案管理实施细则》，定期对参建单位工程文件的产生和收集以及档案编制工作进行指导、检查，负责对各承包商提交竣工档案的完整、准确、系统情况和案卷质量进行审查，直至通过档案专项检查、验收。

3.3.2.7 施工总平面的管理

3.3.2.7.1 负责对施工单位的施工平面布置规划进行审核，并对施工总平面的变更进行监督和落实。

3.3.2.7.2 负责审核控制网施测方案，监督、检查控制网的建立、复测、移交和维护，并对控制测量成果和复测成果进行验收签证。

3.3.2.7.3 负责审核施工承包商能力需求计划和力能供应管线、系统的布置规划，审核施工承包商的能力变更申请，并对实施过程进行监督、检查。

3.3.2.7.4 负责审核施工承包商施工场地及施工临时设施布置的规划及变更申请，并对实施过程进行监督、检查。

3.3.2.7.5 负责督促施工承包商按计划完成大型施工机械的配置、进出场，对各标段的大型施工机械布置进行协调。

3.3.2.7.6 负责现场厂区道路等管理的监督和检查，审核施工承包商有关道路开沟及阻断的申请，组织重大件进场前对厂内临时铁路和卸货栈台的专项检查。

3.3.2.7.7 监理单位自行设置的各类标志应满足业主的统一要求。

3.3.3 调试过程的监理

3.3.3.1 主持审查调试大纲、计划、调试方案、调试措施及调试报告，主持机组调试工作技术专题会议。负责检查现场调试人员的资质，确认调试设备能满足其投标文件、合同的约定和工程安全、进度、质量等要求。

3.3.3.2 按照 DL/T 5437《火力发电建设工程启动试运及验收规程》的要求组织分部和整套启动调试项目的质量验收与签证，检查和确认机组进入整套启动试运条件，督促工程各参加单位按机组达标的要求完成整套启动各项工作。

3.3.3.3 组织设备代保管的移交和协调工作。

3.3.3.4 对整套启动过程中的质量、安全、进度进行监督管理，保证机组调试的质量管理在受控状态。

3.3.4 试运行后的监理

3.3.4.1 负责组织提出工程遗留尾工及消缺项目清单，明确处理意见，跟踪和验收工程遗留尾工及消缺项目。

3.3.4.2 负责跟踪机组交付后的不合格及潜在不合格的处理。

3.3.4.3 参与机组竣工验收、建筑工程竣工验收和工程竣工验收，负责竣工验收中应提供的工程质量监督与监理文件。

3.3.4.4 参与、配合机组性能考核试验的验收与签证。

3.3.5 监理服务目标体系及目标分解

公司安排经验丰富的监理人员组建项目监理机构，在总监理工程师的领导下，按业主的要求适时进入现场开展监理工作，尽快完成自身和施工承包商开工前的准备工作，确保工程按计划开工。在“监理规划”批准后，由专业监理工程师编制“监理实施细则”报业主审批，并在监理实施过程中认真执行。

在工程建设的全过程中，根据我公司以往工程监理经验，我们对施工每个环节进行预测，加强事前控制的管理工作力度，对施工重点、难点提前采取防范措施，有效地降低成本，优化工期，防止质量事故的发生。同时，围绕公司对业主的服务承诺，充分认识自身的责任，扎实而勤奋地开展工作，确保工程安全、质量、进度、投资、环境保护、档案管理、监理服务目标的实现！

3.3.5.1 监理服务目标

为确保实现公司“监理合同、服务承诺、监理大纲履行率100%；优质服务，实现监理服务零投诉”的服务质量目标。监理部将对合同中约定的监理职责逐一分解，细化现场监理具体工作目标，并通过制定和严格实施有关的监理工作制度与程序，切实履行监理合同规定的义务；定期进行总结分析，不断持续改进，实现预定的工程目标。

3.3.5.2 管理目标

（1）合同履行率 100%。

（2）服务产品合格率 100%。

（3）顾客满意度 95%以上。

3.3.5.2.1 建立一套工作界面合理、职责明晰，且符合国家、行业及中电投集团公司标准、规范和要求的监理管理模式，切实履行“四控制、两管理、一协调”的职责，充分发挥监理方在项目管理中的作用。

3.3.5.2.2 协助建立、运行、维护 PAP 系统。通过 PAP 系统进行以“四控、两管、一协调”为核心的全过程、全方位的监理工作。全面实现工程管理信息的共享，提高工程管理效率。

3.3.5.2.3 协助在 PAP 系统上建立由工程各有关单位组成的工程信息网络，明确信息传递的内容、流向、时限、方法等，使工程信息传递快捷、畅达和有效。

3.3.5.2.4 督促承包商在规定的日期按时编报各种报表，严格执行工程定期报表制度，使工程信息的管理程序化和制度化。

3.3.5.2.5 及时编制“监理周报”“监理月报”和“监理工作年报”，定期汇报工程和监理工作情况；适时提交“专题分析报告”，就工程实施中安全、质量、进度和投资的重要事项及时向业主专题汇报并提出监理意见和建议。

3.3.5.3 质量控制目标

本项目质量要求为优良等级，并符合中国电力投资集团公司 2008 年 41 号文《火电工程达标投产考核办法》的达标投产条件，创同期、同类型、同地区工程建设先进水平，创“省部级优质工程”，争创“鲁班奖”。

（1）机组投产后主要性能指标全面达到设计值。

（2）确保工程达标投产，创“省部级行业优质工程”，争创“鲁班奖”。

（3）不发生质量事故，单位工程优良率：土建 90%以上，安装 95%以上，受检焊口无损探伤一次合格率 98%以上，机组调试的质量检验分项合格率 100%。

（4）实现十一个一次成功：即厂用电受电、DCS 受电、锅炉本体水压、锅炉酸洗、汽机扣盖、锅炉点火、汽机冲转、电除尘投入、脱硫系统投入、脱硝系统投入、并网发电十一个一次成功。

（5）整套启动次数不超过 2 次/台机组，力争 168h 连续满负荷试运一次成功。

（6）机组移交后第一年平均等效可用系数≥90%，实现长周期商业运行。

（7）建设工程质量、主要技术经济指标、机组试生产期可靠性指标创国内同类型、同地区、同时期的先进水平。工程满足国家、行业现行的施工验收规范、标准及质量检验评定标准要求。

本项目质量要求为优良等级，并符合中国电力投资集团公司2008年41号文《火电工程达标投产考核办法》的达标投产条件，创同期、同类型、同地区工程建设先进水平，创“省部级优质工程”，争创“鲁班奖”。

3.3.5.3.1　建筑工程

3.3.5.3.1.1　质量验评

（1）单位工程优良率：土建90%，安装95%，受检焊口无损探伤一次合格率98%以上，机组调试的质量检验分项合格率100%。

（2）分部工程验收合格率100%。

（3）分项工程验收合格率100%。

（4）验收批钢筋焊接检验合格率100%。

（5）验收批混凝土强度评定合格率100%。

3.3.5.3.1.2　主要项目质量控制目标

（1）地基处理可靠，沉降观测记录规范。

（2）钢筋材质及焊接实行全过程控制管理。

（3）混凝土进行全过程质量控制，生产质量水平达到优良。

（4）直埋螺栓各项允许偏差合格率100%，且最大偏差不影响上部设备安装。

3.3.5.3.1.3　消灭质量通病，施工工艺质量达到优良

（1）混凝土结构几何尺寸准确，内实外光、外形美观、棱角平直、埋件正确、接头平整、标号和强度达到设计要求。

（2）构筑物砼结构平整光滑、无污染、无破损、无麻面、无裂纹，色泽均匀一致；钢结构无明显变形、无锈蚀，螺栓安装符合设计和规程要求。

（3）屋面、地下室、沟、坑，无渗漏，且排水畅通。

（4）墙面平整、色泽均匀、线条平直，阴阳角方正、垂直。

（5）地面、楼面、路面，平整、无裂缝、无积水。

（6）沟道盖板平整、齐全、稳定、周边顺直。

（7）地基处理可靠，建、构筑物沉降量符合设计要求且均匀，回填质量合格率100%。

3.3.5.3.2　安装工程

3.3.5.3.2.1　受监焊口检验

（1）受监焊口无损检验率100%。

（2）受监焊口检验一次合格率≥98%，且焊缝美观。

3.3.5.3.2.2　质量验评

（1）单位工程优良率：土建90%，安装95%，受检焊口无损探伤一次合格率98%以上。

（2）分部工程合格率100%。

（3）分项工程合格率100%。

3.3.5.3.2.3　润滑油、抗燃油清洁度

（1）润滑油清洁度MOOG4级。

（2）抗燃油清洁度MOOG2级。

（3）油系统冲洗后清洁度达到制造商或有关规范标准；不发生部件、轴颈划痕、磨损和系统卡涩现象。

3.3.5.3.2.4　制定可行措施并在施工过程中落实到位，保证设备的内在质量，努力消除设备的“九漏”（漏煤、漏风、漏汽、漏水、漏油、漏粉、漏灰、漏烟、漏气）。

3.3.5.3.2.5　小径管布置合理、规范、整齐、美观。

3.3.5.3.2.6　各类标识的材质、规格统一、齐全正确，醒目、规范、牢固。

3.3.5.3.2.7　油漆着色规范、色泽均匀一致，符合设计要求，无流痕、无褶皱、无气泡、无脱落、无污染、不返锈。

3.3.5.3.2.8　设备管道的保温平整光滑、完整无裂缝，保温外护板规范牢固、搭口良好；保温外护板温度符合规程、规范要求。

3.3.5.3.2.9　主要辅机的振动、轴承温度符合规程规范要求。

3.3.5.3.2.10　KKS编码应用准确、齐全。

3.3.5.3.3　调整试验目标

3.3.5.3.3.1　按《火力发电厂基本建设工程启动及竣工规程（2009版）及相关规程》（以下简称“启规”）要求，完成全部分部试运和整套启试运项目，各分部、整套试运项目质量评定均达到《火电工程调整试运质量检验及评定标准》（2006年版）的“优良”标准。

3.3.5.3.3.2　调试质量评定：

（1）单体调试合格率100%。

（2）单机试运优良率100%。

（3）辅机全部达到验评标准优良级。

（4）分系统试运一次合格率100%。

3.3.5.3.3.3　实现十一个一次成功：

（1）锅炉水压试验一次成功。

（2）汽轮机扣盖一次成功。

（3）厂用电系统受电一次成功。

（4）锅炉酸洗一次成功。

（5）脱硫系统投入一次成功。

（6）脱硝系统投入一次成功。

（7）锅炉点火冲管一次成功。

（8）汽机冲转一次成功。

（9）机组整套启动一次成功。

（10）机组并网发电一次成功。

（11）机组168h满负荷试运一次成功。

3.3.5.3.3.4　汽机轴振、漏氢量、真空达到验标优良标准；各项试运指标达到国内同类型机组最好水平。

3.3.5.3.3.5　实现100%目标及优良要求：

（1）机组调整试验项目实施率100%。

（2）机组分部试运的质量检验优良率100%。

（3）机组整套试运的质量检验优良率100%。

（4）高标准通过满负荷试运。

（5）自动投入率100%。

（6）保护投入率100%。

（7）仪表投入率100%。

（8）汽水品质合格率100%。

（9）电除尘投入率100%。

（10）高加投入率100%。

（11）断油全燃煤运行。

（12）机组真空严密性≤0.3kPa/min。

（13）发电机漏氢≤7Nm^3/d。

（14）汽轮发电机最大振动≤76μm。

（15）主要辅机试运指标达到验评标准优良级。

（16）汽轮机润滑油、密封油、顶轴油系统以及主要转动机械设备油系统清洁度，达到规程、规范或制造厂规定的优良指标。

3.3.5.3.3.6　有效控制质量通病，观感质量和施工工艺达到国内先进水平。

3.3.5.4　进度控制目标

本项目拟定2012年5月18日开工，2014年01月18日#4机组试运结束，进入商业化运行。计划总工期为（17+3）个月。

本项目工期进度应达到业主规定计划进度要求，保证机组按期投产；要以“进度服从质量”为原则，能够根据需要

适时调整施工进度，并采取相应有力措施，确保各项工程按期完成。

3.3.5.4.1 确保工程按时开工，加强工程进度动态管理，实施年、季、月计划审核及季度盘点，及时纠正进度偏差，促进工程按计划均衡有序推进，工程项目达到合同规定进度要求，保证一、二级网络计划按时完成，确保工程总体进度目标的实现，并努力创造全国先进工期水平，按期实现达标投产。

3.3.5.4.2 协助业主加强现场的设备催交力度，确保现场的设备交付进度满足现场安装、调试进度的要求。

电厂二期 2×660MW 机组工程工期目标定为（17+3）个月。工程开工日期为 2012 年 5 月 18 日（主厂房浇筑第一罐混凝土）。#3 机组投产日期为 2013 年 10 月；#4 机组投产日期为 2014 年 1 月。

#3、#4 机组控制工期计划见表 3-3-1。

表 3-3-1　　#3、#4 机组控制工期计划

序号	里程碑节点名称	#3 机组控制工期	#4 机组控制工期
1	主厂房基坑开挖	2012.04.01	
2	主厂房浇第一罐砼	2012.05.18	
3	锅炉钢架开吊	2012.07.18	2012.10.18
4	汽机房基础出零米	2012.07.30	
5	烟囱外筒到顶	2012.10.15	
6	主厂房行车通车	2013.01.08	
7	主厂房止水	2013.01.28	
8	大板梁吊装	2012.11.15	2013.02.15
9	台板就位	2013.01.28	2013.04.30
10	厂用电受电完成	2013.05.15	2013.08.15
11	锅炉水压试验完成	2013.05.15	2013.08.15
12	汽机扣盖完成	2013.05.28	2013.08.28
13	锅炉化学清洗完成	2013.07.15	2013.10.15
14	锅炉点火冲管完成	2013.08.08	2013.11.08
15	机组首次并网	2013.08.30	2013.11.30
16	完成 168 小时试运转	2013.10.18	2014.01.18
总工期		17月	20月

3.3.5.5　投资控制目标

本项目工程总投资 430000 万元（可研静态投资），其中建安工程投资约 140000 万元。

项目工程造价应控制在执行概算投资内，控制管理水平保持在国内同类型机组、同类地区的先进水平。

3.3.5.5.1 根据业主授权，认真做好项目分解工作，实现投资的静态控制、动态管理，将费用控制在承包合同范围内。

3.3.5.5.2 加强工程进度款审核、索赔和反索赔管理工作，避免合同外费用的发生，力争将索赔减少到最低程度。

3.3.5.5.3 严格控制设计变更、变更设计费用，及时严格按合同要求作好现场签证工作。

3.3.5.5.4 加强施工承包合同的结算管理，总投资控制在业主确定的工程造价限额以内。

3.3.5.5.5 项目工程造价控制在执行概算内；项目工程造价管理水平保持在国内同类型机组、同类型地区的先进水平。

3.3.5.6　安健环管理目标

贯彻“安全第一、预防为主、综合治理”的方针，和“一切事故都是可以避免”的安全文化理念，落实安全生产责任制，实施工程建设全过程、全方位的安全管理，实现人身死亡事故“零目标”，杜绝：人身伤亡事故；重大施工机械、设备损坏事故；重大火灾事故；重大责任交通事故；重大环境污染事故和重大垮（坍）塌事故。避免和严格控制一般安全事故。

3.3.5.6.1 安全目标

3.3.5.6.1.1 不发生重伤及以上生产性责任人身事故及群伤事故。

3.3.5.6.1.2 不发生重大设备事故。

3.3.5.6.1.3 不发生重大火灾事故。

3.3.5.6.1.4 不发生重大脚手架和起重设施倒塌事故。

3.3.5.6.1.5 不发生重大环境污染事故。

3.3.5.6.1.6 不发生半责以上重大交通事故。

3.3.5.6.1.7 不发生群体卫生健康事故。

3.3.5.6.1.8 不发生重大土方坍塌事故。

3.3.5.6.2 职业健康目标

3.3.5.6.2.1 不发生职业病。

3.3.5.6.2.2 不发生员工集体中毒事件。

3.3.5.6.2.3 不发生大面积流行性疾病。

3.3.5.6.3 环保目标

3.3.5.6.3.1 在活动、产品和服务中，合理利用能源，对环境、生态的影响符合法律法规要求。

3.3.5.6.3.2 不发生重大环境污染事故，施工期间生活、建筑垃圾集中存放、妥善处理。

3.3.5.6.3.3 环保设施与主设备同时设计、同时施工、同时验收投入使用，实现“三同时”。

3.3.5.6.3.4 水土保持工作按照批准的水土保持方案和审查意见全部实施。

3.3.5.6.3.5 实现废水达标排放，争取零排放。

3.3.5.6.3.6 厂界噪声符合国家标准，主设备和主要辅助（汽轮发电机组、循环水泵、凝结水泵、送风机、一次风机、引风机、磨煤机等）设备噪声达到国家标准。

3.3.5.6.3.7 废气排放达到国家规定的工程所在地区的标准（氮氧化物、一氧化碳、烟尘、二氧化硫）。

3.3.5.6.3.8 实现灰渣、脱硫、脱硝等副产品的再利用，使其达到当地灰渣再利用的先进水平。

3.3.5.6.3.9 168h 试运结束，生产环境安健环硬件设施达到 NOSA 三星级标准。

3.3.5.6.3.10 生产用电梯、全厂起吊设施、全厂特殊消防系统在机组整套启动前由地方主管部门完成验收工作，取得检验合格证书或允许启动书面文件。

3.3.5.7　设备物资管理目标

3.3.5.7.1 认真检查落实用于工程的设备、材料的采购进货情况，严格控制工程设备、材料的质量，通过对设备、材料的现场检查验收，使缺陷处理控制在施工或安装之前，确保用于工程的设备、材料质量满足设计要求。

3.3.5.7.2 参加包括三大主机、主要辅机、进口设备等主要设备以及业主认为必要的设备和材料的现场验收、检查设备保管办法、对设备的保管提出监理意见。协助业主对装箱设备、物资以及随箱专用工具、备品备件进行清点、检查；检查施工现场建筑工程所用的原材料、构配件的质量，不合格的原材料与构配件不得在工程中使用。

3.3.5.7.3 检查材料的采购、保管、领用等管理制度并监督执行。

核查现场的保管条件，督促施工单位建立物质储备库。

3.3.5.8 合同管理目标

监理单位的合同管理就是以业主与承包商、供货商、调试单位等订立的合同以及合同条件为依据，在合同执行过程中站在第三方的立场上，公平、公正地维护合同双方的权益而进行的监督管理。以合同管理为中心，实现合同履约率 100%，将合同索赔事项控制在最低水平。

3.3.5.8.1 设置专门的合同管理机构和人员。负责收集工程中有关合同，组织项目监理机构有关人员学习和熟悉相关合同文件、合同条款，建立与现场实际相符的合同管理工作程序、制度，规范监理过程的合同管理工作，使合同管理工作有序、协调地进行。

3.3.5.8.2 负责将合同管理按照工期管理、质量管理、工程进度款审核、索赔和反索赔等进行有针对性的分解，协助业主实施有效的合同监督、管理。重点是保证参建各方的各项工作严格按照合同的约定进行，切实加强分包管理。

3.3.5.8.3 依照施工合同的有关条款，审核工程量变更费用、合同价款调整费用，做好合同变更的管理工作。

3.3.5.8.4 对本工程有关的合同执行情况进行分析与跟踪管理，解决有关合同履行中的问题，公正维护合同双方的合法权益。对违约事件的处理提出监理意见。

3.3.5.8.5 建立合同管理台账，记录合同执行状况，公正处理费用索赔、工程延期及工程延误等问题。

3.3.5.9 信息管理目标

信息是工程建设的重要资源，是监理实施有效控制的基础，是协调各方关系的纽带，同时也是筹建处及业主决策的依据。管理科学，集中存储，保证信息资料的真实性、系统性、时效性，将信息完整地传递给使用单位和人员，使项目实现最优控制，为进行合理决策提供有力保障。

3.3.5.9.1 与业主一起建立、运行、维护 PAP 系统。通过 PAP 系统进行以“四控、两管、一协调”为核心的全过程、全方位的监理工作。全面实现工程管理信息的共享。

3.3.5.9.2 协助业主在 PAP 系统上建立由工程各有关单位组成的工程信息网络，明确信息传递的内容、流向、时限、方法等，使工程信息传递快捷、畅达和有效。

3.3.5.9.3 负责 PAP 系统中的监理安全管理、质量管理子系统（模块）的数据录入、更新和日常维护等管理工作；负责对进度管理子系统、物资管理子系统、工程资料管理子系统有关数据的录入及对数据的有效性进行确认；负责督促参建单位按照规定通过 PAP 信息平台及时报送数据，负责核对数据的准确性，确保工程信息传递的及时、可靠。

3.3.5.9.4 督促承包商在规定的日期按时编报各种报表，严格执行工程定期报表制度，使工程信息的管理程序化和制度化。

3.3.5.9.5 及时准确编制“监理周报”“监理月报”和“监理工作年报”，定期向业主、筹建处汇报工程和监理工作情况；适时提交“监理工作专题报告”，就工程实施中安全、质量、进度和投资的重要事项及时向业主专题汇报并提出监理意见和建议。

3.3.5.9.6 监理人员每日认真填写监理日志。其中总监理工程师、副总监理工程师、各专业监理组、安全监理工程师的监理日志应作为监理文件包的资料归档。

3.3.5.9.7 以文字、照片、光盘、录像等作为信息载体，提供及时、可靠、准确、完整的工程管理和监理工作的信息，为工程留下完整的记录，为业主及时、正确解决工程中出现的各种问题提供有效的帮助。

3.3.5.9.8 督促承包商加强工程施工记录的管理，督促承包商建立规范的工程文件、原始记录和报表，确保信息同步、准确和规范。

3.3.5.9.9 加强对工程信息分析、整理和有效利用，为优化控制、合理决策以及安全、质量的评估提供用力的支撑和服务。

3.3.5.9.10 工程竣工移交后一个月内，向业主移交项目监理文件包。

3.3.5.10 工程组织协调目标

充分发挥工程建设监理协调权，以安全为中心、质量为保障，建设和谐工地文化，实现参建各方共赢目标；及时协调处理参建各方提出的制约工程建设的关键问题，落实各方责任，使参建各方保持良好的协作关系；加强施工界面管理，协调处理好各施工标段接口的工序关系，确保工程顺利进展。

3.4 监理组织机构

3.4.1 组织机构及人员配置

3.4.1.1 为了确保全面履行监理合同，满足工程建设的需要，对工程建设项目实施全方位全过程优质高效的监理，我公司将选派技术精良、业务熟练、工作认真、专业齐备的专业监理工程师及其他所需的管理工作人员组建项目监理部。

3.4.1.2 项目监理机构将按监理合同的约定进场工作，接受建设单位的监督、协调和考核，在完成监理合同约定的全部工作后方可撤离施工现场。

3.4.1.3 项目监理机构的监理人员包括总监理工程师 1 人、副总监理工程师 4 人。监理工程师、监理员专业配套，数量、资历、年龄结构等将完全保证建设工程设计、施工、调试等阶段“四控、两管、一协调”的监理工作需要。

3.4.1.4 项目监理机构配备了一名专职的安全副总监理工程师和 2 名专职安全监理工程师，并兼职安全档案管理；并配备专职人员从事信息管理、合同管理和进度协调管理工作。

3.4.1.5 项目总监理工程师由公司总经理任命并书面授权，是公司派驻项目工程的全权代表；在公司电源建设部的监督与指导下，主持项目监理部的工作，全面负责委托监理合同的履行。根据工作需要，经公司总经理和分管副总经理等领导的同意，总监理工程师任命并书面授权 4 名副总监理工程师，代表总监理工程师行使其部分职责和权力。

3.4.1.6 副总监理工程师在总监理工程师的领导下协助总监理工程师工作，组织和管理项目监理部的日常工作，负责项目监理部质量体系的建立和执行，监督检查质量体系的运行情况。在总监理工程师不在现场期间，根据授权代表总监理工程师主持项目监理部的工作，完成总监理工程师交办的各项任务。指导并监督各监理师、监理员及其他工作人员做好现场有关监理工作。

3.4.1.7 专业监理工程师在总监理工程师的统一领导下，负责本专业的监理工作。指导并监督监理员做好现场有关监理工作。

3.4.1.8 监理员在专业监理工程师的指导下开展现场监理工作。

3.4.2 项目监理部组织机构图

项目监理部组织机构图如图 3-4-1 所示。

3.4.3 项目监理部人员派遣计划

3.4.3.1 项目监理部人员派遣计划。

3.4.3.2 项目监理组人员。

项目监理组人员见表 3-4-1。

总监理师情况见表 3-4-2。

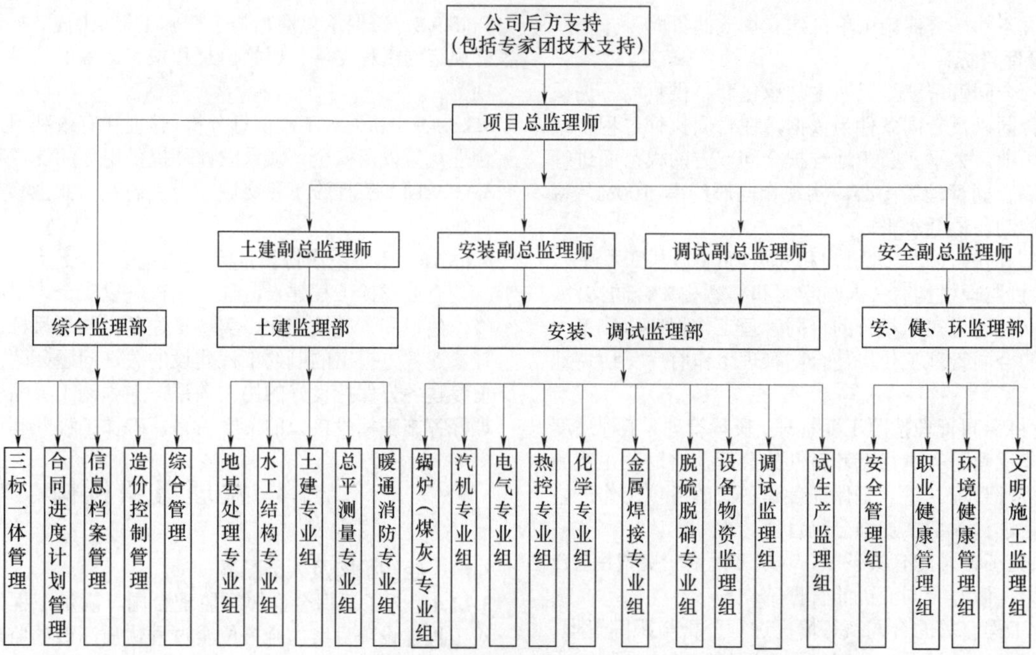

图 3-4-1　项目监理部组织机构图

表 3-4-1　　项目监理组人员

总人数	57	总监理师数	5	专业监理工程师数	38
监理员数	14	管理人员数	0	其　他	0

表 3-4-2　　总 监 理 师 情 况

姓名	年龄	职称	在监理单位从事工作年限	监 理 业 绩 简 介
	39	高工	14	临沂电厂 2×125MW 工程及热网工程，热机专业监理师；日照电厂 2×350MW 工程，热机专业监理师；黄岛发电厂 2×660MW 工程，任总监；日照电厂 2×670MW 工程，任总监理师
	40	工程师	10	华能榆社发电厂 2×300MW 机组工程，任土建专业负责人；青岛发电厂 2×300MW 机组工程，任副总监理师；华润菏泽发电厂 2×600MW 机组工程，任副总监理师

续表

姓名	年龄	职称	在监理单位从事工作年限	监 理 业 绩 简 介
	54	工程师	7	云南滇东煤电一期 4×600MW 工程，任热控监理负责人；云南滇东煤电雨汪 2×600MW 机组工程，任副总监理师。华润电力菏泽 2×600MW 工程，任调试副总监理师
	54	工程师	16	济宁运河电厂 2×135MW 工程，任安全监理师；黄岛发电厂 2×600MW 工程，任安全监理师；华电国际莱州电厂一期工程 2×1000MW 超超临界机组工程，任安全副总监理师；华能黄台电厂 2×300MW 工程，任安全副总监理师
	41	高工	12	山东黄岛发电厂 2×660MW 扩建工程，任调试监理师；华电滕州发电有限公司二期 2×315MW 工程，任副总监理师；华润电力菏泽电厂一期工程（2×600MW 机组），任总监理师

3.4.4　项目监理部人员岗位职责

项目监理部人员岗位职责见表 3-4-3。

表 3-4-3　　项目监理部人员岗位职责

序号	岗位名称	岗　位　职　责
4.1	总监理工程师职责	（1）项目总监理工程师由公司总经理任命并书面授权，是公司派驻项目工程的全权代表；在公司电源建设部的监督与指导下，主持项目监理部的工作，全面负责委托监理合同的履行。根据工作需要，经公司总经理和电源建设部主任同意，总监理工程师任命并书面授权 4 副总监理工程师，代表总监理工程师行使其部分职责和权力。 （2）项目监理部进驻现场后，认真收集工程有关资料，组织编写工程项目监理规划，报电源建设部审核，公司总工程师批准交业主审批后，报业主最终评审并实施。 （3）根据监理合同的约定及有关规定，指派专人负责，及时收集并整理好监理工作依据参考性资料和文件，如国家或行业现行的规程、规范、标准、设计图纸、工程建设承建合同等，并进行必要的评审与确认工作。 （4）组织项目监理部全体工作人员认真学习项目监理合同（包括项目工程建设监理大纲）、工程建设承建合同等，明确监理工作分工和岗位职责；进行监理工作交底，宣布工作分工，并及时进行书面授权，明确监理工作目标。 （5）审批根据项目监理规划编写的各专业监理实施细则、旁站监理实施细则，报业主评审后监督实施。 （6）组织复核承建单位资质，审查承建单位现场项目管理机构的质量管理体系、技术管理体系、质量保证体系和安全管理体系，审查分包单位的资质，并提出审查意见。 （7）组织并主持监理工作交底会（第一次工地会议），确定工程现场参建各方的联络方式，检查工程开工前各项准备工作的准备情况，明确监理工作程序。

续表

序号	岗位名称	岗 位 职 责
4.1	总监理工程师职责	（8）组织审定承建单位提交的施工组织设计、开工报告、技术方案、进度计划、资金使用计划等。 （9）检查和监督监理人员的工作，根据工程项目的进展情况和实际需要及时进行人员的调配工作。 （10）承担项目监理机构安全、质量第一责任人的职责。组织设计交底和图纸会审；组织对承包商的施工组织设计、重大施工方案和特殊措施、重大危险源和危险作业控制措施的审查，协助业主组织评审；负责组织相关的交底工作。 （11）组织检查、督促承包商切实做好现场质量控制及安全文明施工的管理，主持或参与工程安全、质量事故的调查。 （12）组织并主持现场协调会，做好会议纪要的签发工作。 （13）主持或参与工程质量事故的调查工作。 （14）协调业主与承建单位的合同争议，处理索赔，审批工程延期，并负责监理过程中的其他协调工作。 （15）组织编写并签发监理月报、监理工作阶段报告、专题报告和项目监理工作总结。 （16）组织审核并签认分部工程和单位工程的质量检验评定资料，组织审查承建单位的竣工申请，组织监理人员对待验收的工程项目进行质量检查，参加工程项目的竣工验收。 （17）组织审核并签署承建单位工程款的申请、支付证书和竣工结算。 （18）组织工程项目监理资料的整理工作。 （19）完成部门和公司交办的其他工作。 （20）以下工作，总监理工程师不能委托： 1）主持编写项目监理规划。 2）审批项目监理实施细则。 3）签发工程开工/复工报审表、工程暂停令、工程款支付证书、工程竣工报验单。 4）审核签认竣工结算；调解业主与承包单位的合同争议，处理索赔和审批工程延期。 5）根据工程项目的进展情况进行监理人员的调配，调换不称职的监理人员
4.2	副总监理工程师职责	（1）在总监理工程师的领导下，组织和管理项目监理部的日常工作，负责项目监理部的质量体系的建立和执行，监督检查质量体系的运行情况。 （2）在项目监理部成立后，协助总监理工程师按照合同要求及时编写《工程建设监理规划》，组织各专业监理工程师编写本专业的《监理实施细则》。 （3）协助总监理工程师工作，根据分工要求，重点做好分管范围内的工作。 （4）在总监理工程师不在现场期间，代表总监理工程师主持项目监理部的工作，完成总监理工程师交办的各项任务
4.3	专职安全副总监理师及安全监理工程师职责	在项目安全生产委员会（以下简称“安委会”）的领导下，认真贯彻“安全第一，预防为主”的方针，全面落实《安全生产法》、《建设工程安全生产管理条例》、集团公司“一切事故都是可以避免”的安全管理理念和有关安全生产的规章、制度、标准。具体负责施工现场的日常安全监督、检查和安全不符合项管理工作。 （1）建立健全项目监理部内部以安全责任制为中心的安全监理体制和运行机制。 （2）在编制项目“监理大纲”、“监理规划”时要明确安全监理目标、制定安全监理措施、计划和安全监理工作程序。 （3）负责编制“安全监理实施细则”，落实安全监理目标。 （4）审查施工承包商提交的施工组织设计、重大技术方案和现场总平面布置所涉及的安全文明施工和环境保护、水土保持措施。 （5）审查施工承包商的现场安全管理体系，监督其运行情况，定期检查施工现场的安全文明施工情况，发现问题及时督促整改。 （6）审查施工承包商编制的现场安全和健康管理程序。 （7）监督检查分项工程、单位工程的开工条件，审批单位工程开工报告。 （8）审查重大项目、重要工序、危险作业和特殊作业的专项安全技术措施，监督检查措施的执行情况。 （9）协调解决现场各施工承包商交叉作业和工序交接中存在的影响安全文明施工的问题，对重大安全问题进行跟踪控制。 （10）严格控制土建交付安装、安装交付调试以及机组整套启动、移交试生产所具备的安全生产条件。凡未经安全监理签证的工序不得进入下道工序施工。 （11）积极配合上级主管部门组织的一切有关“安全生产”的活动，协助业主组织现场安全大检查，并督促落实整改措施。 （12）参加重大人身和机械安全事故的调查和处理工作。 （13）检查并督促承包商按照施工安全技术标准和规范的要求设置、维护安全防护设施。 （14）监督检查施工现场的消防工作，冬季防寒、夏季防暑、防台（风）防汛、环境保护和卫生防疫等各项工作。 （15）定期向总监理工程师提交施工现场安全工作实施情况报告，做好安全监理日记，参与编写监理月报。 （16）安全监理工程师应在安全副总监理工程师的组织、指导下具体做好上述工作
4.4	专业监理工程师职责	（1）在总监理工程师的统一领导下，负责本专业的监理工作。 （2）协助总监理工程师根据项目工程建设监理合同的约定及有关规定，收集并整理好监理工作依据及参考性资料和文件，如工程建设承建合同、设备资料、设计图纸等，并进行必要的评审与确认工作。 （3）认真学习研究项目工程建设监理合同（包括项目工程建设监理大纲）、工程建设承建合同等，明确各自监理工作分工和岗位职责，明确各自监理工作目标。 （4）参加总监理工程师组织编写的工程项目监理规划。 （5）根据批准的工程项目监理规划编写本专业监理实施细则，经总监理工程师批准后组织实施。 （6）按照总监理工程师的要求复核承建单位资质，审查承建单位现场项目管理机构的质量管理体系、技术管理体系、质量保证体系和安全管理体系，审查分包单位的资质，提出监理意见。 （7）协助总监理工程师审定承建单位提交的开工报告、施工组织设计、技术方案、进度计划等。组织审查承建单位提交的涉及本专业的开工条件、作业计划、技术方案、变更申请，并向总监理工程师提出报告。 （8）组织或参加本专业施工图的技术交底与图纸会审工作。 （9）核查涉及本专业的进场材料、设备、构配件的原始凭证、检验报告等质量证明文件及其质量情况，根据实际情况认为有必要时对进场材料、设备、构配件进行平行检验，合格时予以签认。

续表

序号	岗位名称	岗 位 职 责
4.4	专业监理工程师职责	（10）负责本专业分项工程验收及隐蔽工程验收。 （11）定期或不定期向总监理工程师提交本专业监理工作实施情况报告，对重大问题及时向总监理工程师汇报和请示。 （12）制定本专业的旁站监理项目，对重要项目和关键工序实施旁站监理，并根据本专业监理工作实施情况做好监理日记及旁站记录。 （13）负责本专业监理资料的收集、汇总及整理，参与编写监理月报。 （14）协助总监理工程师审核分部工程和单位工程的质量检验评定资料，审查承建单位的竣工申请及工程项目的竣工验收。 （15）负责本专业的工程计量工作，审核工程计量的数据和原始凭证。 （16）组织、指导、检查和监督本专业监理员的工作，当人员需要调整时，向总监理工程师提出建议。 （17）做好监理日记和有关的监理记录。 （18）完成总监理工程师交办的其他工作
4.5	合同技经监理人员职责	（1）在监理合同签订后，协助发包人编写施工招标文件，参加对施工承包商的招标、评标和合同签订等工作。 （2）监督设计、施工合同的履行，维护业主和承包商的正当权益。当发包人与承包人在执行承包合同过程中发生争议时，由总监理师协调解决，经协调仍有不同意见时，可按合同约定的方式解决。 （3）负责审核承包商月度完成的工程量和费用审核，经总监批准后填写工程款支付凭证报业主。 （4）审查承包商工程预（结）算文件，协助业主做好工程结算和竣工决算。 （5）认真审核各类设计变更、现场签证、材料代用等，核算工程量及相关费用，严格控制变更费用。 （6）依照施工合同的有关条款，审核工程量变更费用、合同价款调整费用，做好合同变更的管理工作。 （7）负责将合同管理按照工期管理、质量管理、工程进度款审核、索赔和反索赔等进行有针对性的分解，协助建设单位实施有效的合同监督、管理。重点是保证参建各方的各项工作严格按照合同的约定进行，切实加强分包管理。 （8）协助业主制定有效措施，确保工程造价控制在设计、施工合同约定的范围内。 （9）做好各类造价资料的收集管理工作，及时提供业主所需的有关资料。 （10）建立与发包人的管理信息系统（MIS）相兼容的以网络为支撑的MIS，进行投资合同等方面信息管理。与发包人和承包人可以交换信息，也可按授权范围共享数据库资源，使用先进的管理手段加强对工程投资进行控制。 （11）检查合同履行过程中施工承包商可能发生和已经发生的违约情况，预防对方违约，并对违约事件提出索赔；参加合同纠纷的处理，提出适当对策，保护本企业权益不受损失。 （12）对本工程有关的合同执行情况进行分析与跟踪管理，解决有关合同履行中的问题，公正维护合同双方的合法权益。对违约事件的处理提出监理意见。 （13）定期和不定期地总结合同履行的全面情况，提炼成功的经验，汲取教训，提出改进合同管理工作的建议。 （14）建立合同管理台账，记录合同执行状况，公正处理费用索赔、工程延期及工程延误等问题
4.6	信息管理人员职责	（1）协助总监建立项目部信息管理体系。 （2）负责项目部各种文件资料的归档、管理、移交工作。 （3）负责业主、监理、有关承包商之间的文件资料的传递、接收及整理归档工作。 （4）负责监理文件的打印、分发（传真）和复印工作。 （5）协助总监做好项目监理部各种管理规定、监理工作总结、监理简报、有关发言等书面文件（月报）的编制工作。 （6）负责项目部的物品管理工作。 （7）协助总监做好项目部的后勤服务工作。 （8）负责计算机的日常使用、管理及保养。 （9）完成总监交办的其他工作
4.7	监理工程师守则	（1）监理工程师必须遵守国家法律、法规，维护国家和社会的公共利益，正确执行国家、行业、省及地方政府关于工程建设法规、规范、规程和标准。 （2）严格履行与业主签订的监理合同，遵守合同条款，承担合同约定的义务和职责，行使合同赋予的权利，尽职尽责的完成监理合同约定的监理任务，公正、公平地维护各方的权利和利益。 （3）不得参与和本监理项目有关的承包单位、设备制造单位、材料供应、试验检测等部门的经营活动，不接受以上单位或部门的宴请，不得在以上单位或部门任职和兼职。严禁收取各有关方的以各种名义提供的补贴、分成、额外津贴和奖金等。 （4）不允许泄露与监理项目有关的各项经济技术指标和需要保密的事项，若发表涉及所监理项目有关的资料或论文时，应征得业主的同意。 （5）自觉接受建设行政主管部门的监督和管理，严格按照建设监理程序工作，定期向有关部门和业主汇报所监理项目的工程动态；在监理工作中，因监理方过错造成的重大事故及损失，应由监理工程师本人承担一定的行政责任，并根据责任大小给予适当的经济处罚。 （6）在处理各方争议时应坚持公平、公正的立场。 （7）不允许以个人名义在任何报刊上登载承担监理业务的广告，不允许发表贬低同行、吹嘘自己的文字和讲话。 （8）坚持科学的工作态度，对自己的建议、意见和判断负责，不唯业主和上级意图是从。当自己的建议、意见和判断被业主和上级否定时，应向其充分说明可能产生的后果
4.8	监理员职责	（1）在专业监理工程师的指导下开展现场监理工作。 （2）检查承包商投入工程项目的人力、材料、主要设备及其使用、运行状况，并做好检查记录。 （3）复核或从施工现场直接获取工程计量的有关数据并签署原始凭证。 （4）按设计图及有关标准，对承包商的工艺过程或施工工序进行检查和记录，对现场加工制作质量及工序的检查结果进行记录。 （5）担任旁站监理工作，发现问题及时指出并向监理工程师报告。 （6）做好监理日记和有关的监理记录

续表

序号	岗位名称	岗 位 职 责
4.9	安全监理员职责	（1）在专职安全副总监及安全监理工程师的领导下开展安全监理工作。 （2）负责安全方案的初步审查工作。 （3）负责参加重大专项安全方案论证工作。 （4）负责参加安全监理实施细则编制工作。 （5）负责巡视工地现场，填写安全巡视记录。 （6）负责纠正违章作业，处理或报告安全隐患，填写监理指令。 （7）负责文明施工和环境保护管理。 （8）参加安全施工调查工作。 （9）负责收集、整理、汇总安全资料。 （10）完成专职安全副总监及安全监理工程师交派的其他工作

3.5　施工监理方案

我们本着监督、管理、协调的监理原则，按照监理合同的要求，与业主一起协调各参建单位共同努力，为业主建设精品优质工程。

监理单位进驻现场后，根据国家计委建设［1997］352号文件《国家计委关于基本建设大中型项目开工条件的规定》和国电建［1998］551号《国家电力公司关于基本建设大中型项目开工条件的规定》及中国电力投资集团公司有关规定等的要求，与业主一起协调各参建单位共同完成施工准备阶段的各项管理工作，以保证本工程达到高标准开工条件。

3.5.1　监理工作程序及流程

规范的监理服务包括两个方面：一是监理人员行为的规范；二是监理业务的规范。监理人员行为的规范就是要求监理人员的行为要遵纪守法、诚信、公正、科学、严谨、竭诚敬业、服务到位。监理业务规范就是在进行监理活动时每项监理活动都有依据，每项监理活动都有程序，每项监理活动都有标准。监理人员行为规范和业务规范都要通过程序和标准这两个要素来实现。

3.5.1.1　监理工作程序

程序是对操作或事务处理流程的一种描述、计划和规定。它包含着工作内容、行为主体、考核标准、工作时限。把监理人员活动行为准则、工作内容、要达到的标准、工作时限等要求用程序予以明确，然后严格执行，定期考核，起到了规范监理人员行为的作用。对工程监理的各项任务，依据监理合同和施工合同的规定对进度控制、投资控制、质量控制、合同管理、信息管理、现场协调及安全生产的控制都编制工作程序，并严格执行。不但有利于监理单位工作规范化、制度化，也有利于业主、承包单位及其他相关单位与监理单位之间配合协调，保证监理规范化的实现。

进行程序化控制，首先要编制程序，我公司在邹县发电厂四期工程、上海漕泾电厂等多个大型火电机组的监理实践中，总结制定了一套行之有效的监理工作程序，对“四控二管一协调”各项工作的事前、事中、事后所涉及的各方面工作编制监理工作流程。这套程序应用现有的管理与控制理论、建设监理经验，程序的形式可采用流程图及图表并结合文字说明的形式，按照监理工作开展的先后顺序，明确每个程序中的工作内容、行为主体、工作时限和考核（检查）标准，特别是充分体现出事前控制和主动控制，加强对工程开工前各种条件的准备，从“人、机、料、法、环”五个方面进行有效控制，为工程的顺利开展打下良好基础。在实际应用中，现场监理部将结合本工程的特点，进行进一步深化、细化。

3.5.1.2　监理工作程序流程图

监理部针对本工程的具体特点，编制了详细的监理工作流程图，内容涵盖了监理工作的全过程，能够有效的指导现场的监理工作，流程图目录见表3-5-1（具体内容见附件）。

表3-5-1　　流 程 图 目 录

序号	名　　称	备　　注
1	监理工作总程序	
1.1	施工监理工作流程	
1.2	调试监理工作流程	
2	施工阶段各项控制与监理工作具体程序	
2.1	施工组织设计、主要方案审查与执行监督程序	
2.2	对承包商三个管理体系建立与运行监督程序	
2.3	实验室资质审查与考核程序	
2.4	原材料构配件采购、订货配置程序	
2.5	原材料进场检验与监督程序	
2.6	工程测量监理工作流程	
2.7	原材料见证取样检验工作程序	
2.8	工序（检验批）质量检查验收程序	
2.9	分项、分部工程质量检查验收程序	
2.10	单位工程质量检查验收程序	
2.11	设备开箱检验及缺陷处理程序	
2.12	计量监督程序	
2.13	竣工验收程序	
2.14	质量事故（问题）处理程序	
2.15	设计变更管理	
2.16	旁站监理工作程序	
2.17	隐蔽工程监理工作程序	
3	进度控制与施工组织协调程序	
3.1	单位工程开工条件监理程序	
3.2	停工、复工管理程序	
3.3	施工计划编审及调整管理程序	
4	投资控制与合同管理程序	
4.1	投资控制监理工作程序	

续表

序号	名　称	备　注
4.2	分包单位资质审查监理程序	
4.3	工程款支付监理工作程序	
4.4	工期延期及工程延误处理监理工作程序	
4.5	合同争议处理监理工作程序	
4.6	施工索赔处理监理工作程序	
4.7	预算外签证监理工作程序	
5	安全文明施工及环保监理程序	
5.1	特种作业人员管理程序	
5.2	重大危险作业与专项安全方案监理程序	
6	综合性管理工作程序	
6.1	工程（作）联系单运行程序	
6.2	档案资料审查与管理程序	
6.3	不符合项管理程序	

3.5.2　工程安全监理措施

控制思路：按照工程建设达标创优要求，认真贯彻执行“安全第一，预防为主，综合治理”的方针，落实国家有关安全生产的法律、法规、规章和标准，杜绝发生死亡事故、恶性人身、机械、设备等事故，“任何风险都可以控制，任何违章都可以预防，任何事故都可以避免”的安全文明理念，切实保证二期扩建工程全过程、全方位安全管理，实现人身死亡事故“零目标”。

主要做法：做好工程安全总策划，配备足够的安全监理人员，满足工程建设需要，做好重大危险源的辨识与评价，做好安全预控工作，确保工程建设安全环保有序推进。

3.5.2.1　安全监理主要工作

3.5.2.1.1　协助工程管理公司成立本工程安全委员会，做好职业健康安全管理制度的制定。

3.5.2.1.2　检查施工单位安全生产保证体系和安全生产监督体系的运转情况及建立健全情况。

3.5.2.1.3　审查施工单位职业健康安全、环境保护技术方案及分项工程专项方案是否符合建设工程安全管理的要求。

3.5.2.1.4　监督施工单位的职业健康安全培训工作，以及总包单位对分包单位的安全培训和管理，检查培训记录。

3.5.2.1.5　监督施工单位对施工人员的安全技术交底工作。

3.5.2.1.6　审查施工单位安全措施费的使用，确保施工现场安全硬件投入满足工程建设要求。

3.5.2.1.7　定期组织开展施工现场各类专项安全检查活动。检查施工单位国家法律法规、标准、工程合同、安全协议、管理制度的执行情况，工程重要作业项目和关键部位的安全防护措施落实等。

3.5.2.1.8　监督施工单位做好现场的消防、防风、防汛、防寒、防暑、文明施工、环境保护、卫生防疫等工作。

3.5.2.1.9　开展现场安全评价工作，对查出的安全问题，要求施工单位限期整改，及时消除安全隐患。

3.5.2.2　建立安全监理管理体系

3.5.2.2.1　总监理工程师作为项目监理部的安全第一负责人，组织建立项目监理部安全保证体系。

3.5.2.2.2　安全监理工程师负责项目工地的安全监理工作，包括监理内部安全管理和组织监理人员安全学习。

3.5.2.2.3　各专业监理工程师对所管辖区域安全监理工作负责，协助安全监理工程师对工程施工过程中的不安全因素进行控制。

3.5.2.2.4　安全监理工程师定期对分管的安全监理工作进行自检，定期向总监理工程师汇报。

3.5.2.2.5　对工程项目准备阶段及施工过程中的危险因素进行全面的管理，督促施工单位的安全生产保证体系和安全责任制落实到位。

3.5.2.2.6　安全生产贯穿于工程建设的全过程，安全监理实行过程监管，采用“事前预控，事中监督，事后总结”的工作方法。

3.5.2.2.7　按照《建设工程安全生产管理条例》规定，各参建单位须承担各自范围内的安全生产责任，并支持和配合监理单位做好安全监理工作。

3.5.2.3　工程安全监理措施

项目监理部安全保证体系图如图 3-5-1 所示。

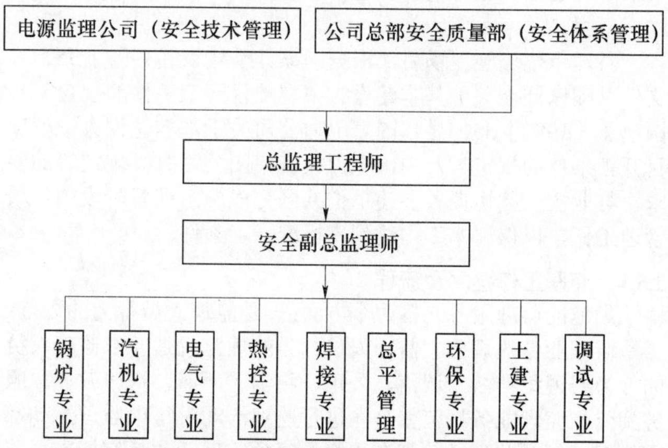

图 3-5-1　项目监理部安全保证体系图

3.5.2.3.1　工程施工准备阶段

（1）监理依据《工程建设安全工作规定》、《监理合同》、《施工合同》等要求，做好安全监理工作策划，编制《安全监理实施细则》，包括机械监理实施细则，危险性较大的分部分项工程监理实施细则、施工用电、脚手架等专业性较强的监理实施细则，指导安全监理人员开展工作。

（2）审查《施工组织设计》中的安全技术措施和危险性较大工程安全专项施工方案是否符合规程、规范要求。

（3）检查施工单位安全管理体系的建立。包括：安全管理机构、安全管理程序、安全管理制度、安全生产责任制、专职安全管理人员的配备等。

（4）审查施工单位资质和安全生产许可证是否合法有效，审查施工单位项目经理和专职安全生产管理人员是否具备合法资格，是否与投标文件相一致。

（5）审核特种作业人员的资格证书是否合法有效。

（6）检查施工单位安全培训情况，抽查各类人员培训记录。

3.5.2.3.2　施工阶段

（1）监督施工单位安全管理体系运转情况，发现问题督促整改。

（2）监督施工单位按照施工组织设计中的安全技术措施和专项施工方案组织施工，及时制止违规作业。

（3）检查施工单位的安全生产责任制和安全管理制度的落实情况。

（4）抽查特种作业人员资格。包括电工、焊工、架子工、起重机械工、塔吊司机及指挥、垂直运输机械操作工、安装拆卸工、爆破工等。

（5）参与危险性较大工程作业的旁站监督。

（6）核查施工现场起重机械、整体提升脚手架、模板等自升式架设设施和安全设施的验收手续。

（7）检查施工现场安全标识和防护措施是否符合工程建设标准强制性条文要求，检查安全措施费的使用情况。

（8）检查施工单位现场专职安全管理人员是否满足现场施工需要。

（9）监督施工单位做好安全施工自检工作，并检查施工单位的安全检查记录表、脚手架搭设验收单、特殊脚手架搭设验收单、模板支撑系统验收单、井架与龙门架搭设验收单、施工升降机安装验收单、落地操作平台搭设验收单、悬挂式钢平台验收单、施工现场临时用电验收单、接地电阻测验记录、移动手持电动工具定期绝缘电阻测验记录、电工巡视维修工作记录、施工机具验收单等。

（10）检查施工单位安全设施的使用情况，确保安全防护用品、材料及设备合格有效。

（11）加强对分包单位的安全管理，检查总包单位对分包单位的施工安全管理情况。

（12）检查施工单位安全技术交底及各类记录。包括：总包单位对分包单位进场的安全技术总交底、对作业人员的安全操作规程交底、对施工作业的安全技术交底、安全防护设施交接验收记录、动火许可证、模板拆除申请表等。

（13）检查从事危险作业人员办理意外伤害保险工作的落实情况，检查施工人员劳动保护情况，要求施工单位加强对施工人员劳动防护用品的发放使用管理，做好生活区的卫生管理。

（14）监督施工单位内业管理资料的建立健全情况。

（15）监督检查各单位管理制度的实施情况。

（16）监督各单位危险源辨识及措施执行情况。

（17）编制和发布工程重大风险作业与环境因素清单。

（18）协调各单位之间的交叉作业事宜。

3.5.2.3.3　分部试运、整套启动阶段

（1）督促调试单位建立试运安全组织机构，协助业主制定试运安全管理办法。

（2）要求调试单位编制危险点（源）的辨识清单与控制方案，监理审查。

（3）要求调试单位做好调试人员的安全培训工作，且留存培训记录。

（4）审核调试大纲、调试方案中的安全措施，参加调试单位组织的安全技术交底，要求调试单位做好安全技术交底记录，重要调试项目的安全技术交底须报安全监理备案。

（5）监督调试单位填写《调试操作检查卡》，确保调试现场和调试程序满足安全要求。

（6）要求调试单位在进行重大项目调试前24小时，通知项目监理部。

（7）监督参建单位认真执行“两票三制”，确保调试、操作和消缺工作符合安全管理程序。

（8）做好机组试运消缺的安全管理工作，并将闭环情况及时统计汇报试运指挥部。

（9）监督相关单位按照《电力建设安全工作规程》的要求，检查机组安全、环保、消防等方面条件，满足总启动要求。

（10）监督参建单位认真执行工程安委会下发的《工程现场消防管理规定》，加强现场消防管理，预防调试和消缺工作过程中重大火灾事故发生。

（11）监督参建单位加强调试和消缺过程防烫伤和防暑降温管理，落实高温作业安全管理制度和应急管理预案，确保调试和消缺人员的健康和安全。

（12）会同业主和有关单位制定《单体试运、分系统运行和整套启动试运安全管理规定》，明确相关单位安全责任，并监督其落实到位。

（13）督促调试单位编制调试应急预案，报监理审核备案，必要时进行相关的演练。

（14）督促参建单位执行试运指挥部有关重点管理区域（6kV、400V、电子间、集控室和工程师站等）特别通行证管理制度和限制无线通讯管理制度。

3.5.2.4　安全监理专项措施

3.5.2.4.1　工程总平面管理

现场总平面布置示意如图3-5-2所示。

图3-5-2　现场总平面布置示意图

（1）监理做好工程总平面管理策划，协助业主制定总平面管理制度。

（2）监理组织参建各方审核总平面管理方案，组织召开总平面管理会议，明确各自的职责和分工界限。

（3）监理定期组织施工现场安全检查，总结现场总平面管理的经验，对存在的问题限期关闭。

（4）监督施工单位按照施工组织设计的规定构建临时建筑设施，做到按图用地，布置得当，搭设合理，环境整洁，对违规私建、多占土地者，按考核规定限期整改。

（5）厂区主干道要有明显的交通限速标识，且有人负责道路的管理，疏通车辆、洒水降尘。

（6）监督施工单位按施工组织总设计规定排放污水，确保污水排放符合环保要求。

（7）要求施工单位按照现场管理规定摆放材料设备，做好工程废料的临时存放和清理工作，对废料处理违反现场有关规定者，进行严肃处理。

（8）厂区文明施工标志、重点防火部位及紧急救护标志须醒目齐全。

（9）要求施工单位在汽机房、锅炉钢架各层平台设置垃圾箱，专人负责清理垃圾，做到工完料净场地清。

（10）要求施工单位在现场设置水冲式或干式厕所，并有专人每天清扫。

（11）要求施工单位做好现场成品保护，对违规者进行严厉考核。

（12）要求施工单位按规定配好消防器材，并安排专人负责。

3.5.2.4.2 施工用电控制

（1）审查临时施工用电方案，主要监控以下几点：施工用电负荷是否满足现场高峰期用电需要，施工用电场内电缆布置是否合理，施工用电前应经有关部门批准。

（2）监督施工用电管理制度执行情况，要求责任单位明确责任方和维护方，各自的责任界定清楚。

（3）监理定期组织参建各方召开施工用电安全专题会，总结施工用电过程中存在的问题，提出改进目标和整改建议。

（4）定期组织现场施工用电的安全检查活动，发现安全隐患，限定时间整改完成。

（5）监督施工单位在埋在地下的临时电缆上方地面上做好标识，防止地面开挖时损伤电缆，造成断电、触电事故。厂区过道的架空电须缆，设有警示牌，其高度要符合安规要求。

（6）监督施工单位安排持证电工负责施工用电维护，禁止他人私拉、私接施工用电，露天临时电源盘须安装雨棚，接地须符合安规要求。

（7）监督施工单位将临时用电装置布置在远离易燃、易爆物品的场所，特殊情况下用电作业，要办理工作票，并采取安全、可靠的隔离措施。

（8）监督施工单位在特殊条件下作业的施工用电情况，如容器内焊接、深基坑下的施工照明，须按照规范使用安全电压。

（9）督促施工单位做好对施工用电的检查维护，如雨季、冬季前的检查，台风、暴雨、冰雹等恶劣天气后的检查，工地放假开工前的检查等，并有详细的检查记录。

3.5.2.4.3 现场脚手架控制

（1）脚手架搭设（拆除）前，监理组织施工单位召开安全预控会议，重点强调其安全要求。

（2）监理审查脚手架搭设（拆除）作业措施，对特殊的脚手架（挑式脚手架、外伸式脚手架、移动式脚手架、悬吊式脚手架）、大型的排架的搭设和拆除方案应组织专题论证。

（3）监理审查脚手架搭设（拆除）人员特殊工种上岗证和安全培训记录。

（4）要求施工单位搭设脚手架前，先搭设样板脚手架，监理组织相关单位对样板脚手架进行检查，确认其安全性。

（5）要求搭设的脚手架符合安规要求，进行挂牌使用。

（6）要求施工单位严格控制脚手架搭设材料的质量，认真检查钢管、扣件、架板、接头等是否符合安规要求，监理对施工单位脚手架材料进行抽查。

（7）对于现场搭设的脚手架，监理重点检查以下项目：脚手架的符合性、扣件的紧固力、高大脚手架的接地、脚手架是否作为电焊机的二次线、架板的绑扎及架板上临时材料或设备的堆放，严禁超负荷。

（8）监理监督施工单位对特殊情况的脚手架进行安全检查，并做好自检记录，鉴定合格后方可使用。如：某单位使用其他单位搭设的脚手架时，须对脚手架的安全性进行检查。脚手架在大风、暴雨后及解冻后须加强检查。长期停用的脚手架在恢复使用前应进行检查。架子受到较大外力撞击，对脚手架的稳定性进行检查。

脚手架搭设示例如图 3-5-3 所示。

图 3-5-3 脚手架搭设示例

（9）要求施工单位建立脚手架搭设（拆除）台账，明确搭设负责人、安全检查人。

（10）监理监督脚手架拆除作业，禁止施工单位违规拆除脚手架，将杆件直接下抛，要求施工区周围拉设围栏或张贴警告标志并安排专人监护作业。

3.5.2.4.4 现场防火（防爆）安全控制

（1）监理协助业主成立现场防火消防安全组织机构。

（2）建立现场消防安全管理办法，明确各标段消防工作分工。

（3）按照安全文明施工标准化的要求，挂设消防安全标识牌，并建立消防安全曝光牌，消防标志示例如图 3-5-4 所示。

图 3-5-4　消防标志示例

（4）按照消防安全规定，按标准配置满足施工现场防火工作需要的消防器材，且消防器材有效。

（5）督促施工单位做好消防演练工作。

（6）对易燃、易爆、有毒等物品，按消防安全要求做好安全隔离。

（7）不定期的组织现场消防安全大检查，发现问题进行考核，总结现场消防安全工作经验，不断改进提高消防安全工作水平。

（8）协助地方消防局做好现场的消防安全工作，发现问题及时整改。

3.5.2.4.5　施工现场交通控制

（1）监理做好现场交通管理策划，协助业主制定施工现场交通管理规定。

（2）监理组织参建单位召开施工现场交通管理会议，提出有关道路、车辆安全管理的要求。

（3）要求施工单位加强现场保安力量，做好对施工现场车辆、外来车辆的登记工作，发放车辆临时通行证，禁止非工作人员及车辆进入现场。

（4）施工现场道路要有明显的限速标志，在大门出入口及主干道交叉口处安装探头，对违反施工现场道路交通规定者，进行处罚。

（5）规定物资设备运输车辆在施工现场装货、卸货停留时间，防止造成场地拥挤，交通堵塞，影响施工正常进行。

（6）在现场要规划机动车辆临时停放场地。

3.5.2.4.6　施工机械管理

施工机械示例如图 3-5-5 所示。

图 3-5-5　施工机械示例

（1）监理做好施工机械管理策划，检查施工单位机械管理有关规定，要求对机械管理有专人负责。

（2）要求施工单位对机械操作者进行安全培训，且有培训记录，监理抽查培训情况。

（3）监督施工单位将租赁的施工机械与自有机械统一管理，对操作人员进行上岗前培训，持证上岗。

（4）定期开展对施工现场机械的安全检查，检查操作人员的持证上岗及机械性能，发现问题责令施工单位限期整改。

（5）要求施工单位按设备说明书对机械进行保养、维护，监理抽查保养、维护记录。

（6）重大吊装作业前，监理要求施工单位提前做好对设备的安全检查工作，消除设备安全隐患。

（7）要求施工单位对起重机及起重工具进行检验，监理抽查检验记录。

（8）要求施工单位对小型卷扬机、导链、绳索、吊钩和滑轮进行日常维护，监理检查维护记录。

（9）审查特殊环境起吊作业的吊装措施，要求施工单位办理施工安全作业票，并应有施工技术负责人在场指导，监理旁站。

（10）督促施工单位按照《电力建设安全工作规程》对固定扒杆的缆风绳、地锚进行检查，发现问题要求施工单位限期整改。

（11）监理检查施工电梯的接地保护和避雷装置，做好检查记录。

3.5.2.4.7　特殊环境作业

本章其余内容见光盘。

第4章　国电哈密大南湖煤电一体化2×660MW电厂工程施工阶段实施细则

4.1　土建专业监理实施细则

4.1.1　编制依据

4.1.1.1　建设工程相关法律法规、强制性标准

4.1.1.1.1《中华人民共和国建筑法》。

4.1.1.1.2《建设工程质量管理条例》。

4.1.1.1.3《中华人民共和国环境保护法》。

4.1.1.1.4《中华人民共和国大气污染防治法》。

4.1.1.1.5《中华人民共和国环境影响评价法》。

4.1.1.1.6《中华人民共和国水污染防治法》。

4.1.1.1.7《中华人民共和国档案法》。

4.1.1.1.8《中华人民共和国安全生产法》。

4.1.1.1.9《中华人民共和国合同法》。

4.1.1.1.10《工程建设强制性标准条文》(房屋建筑部分)。

4.1.1.2　与建设工程项目相关的标准、技术资料、合同

4.1.1.2.1　华东电力设计院提供的初步设计、岩土工程勘测报告、施工图纸等设计文件。

4.1.1.2.2《电力工程建设监理管理办法》(国家电力公司)。

4.1.1.2.3《建设工程监理管理办法》(建设部)。

4.1.1.2.4《建设工程监理规范》(GB 50319—2000 建设部)。

4.1.1.2.5　公司质量体系文件。

4.1.1.2.6《电力建设施工质量验收及评定规程》(土建工程)(DL/T 5210.1—2005)。

4.1.1.2.7《建筑工程施工质量验收统一标准》(GB 50300—2001)。

4.1.1.2.8《地基与基础工程施工及验收规范》(GB 50202—2002)。

4.1.1.2.9《混凝土结构工程施工质量验收规范》[GB 50204—2002(2011版)]。

4.1.1.2.10《钢结构工程施工质量验收规范》(GB 50205—2001)。

4.1.1.2.11《地下防水工程施工质量验收规范》(GB 50208—2002)。

4.1.1.2.12《建筑地面的工程施工及验收规范》(GB 50209—2010)。

4.1.1.2.13《建筑装饰工程施工及验收规范》(GB 50210—2001)。

4.1.1.2.14《钢筋焊接及验收规程》(JGJ 18—2003)。

4.1.1.2.15《混凝土外加剂应用技术规范》(GB 50119—2003)。

4.1.1.2.16《火力发电厂烟囱(烟道)内衬防腐材料》(DL/T 901—2004)。

4.1.1.2.17《屋面工程技术规范》(GB 50345—2004)。

4.1.1.2.18《电力建设安全工作规程》(第一部分:火力发电厂)(DL 5009.1—2002)。

4.1.2　工程概况及工程特点

4.1.2.1　厂址条件

4.1.2.2　工程地质条件

根据《电厂工程场地地震安全性评价报告》(2004.1),区域和近场内的历史地震对场地造成的最大影响烈度为7~8度,工程场地在探测范围内未发现隐伏断裂存在迹象。不同超越概率条件下基岩面水平峰值加速度:在50年超越概率分别为63%、10%和3%的条件下,工程场地基岩面水平峰值加速度分别为19gal、74gal和112gal。场地地表地震动参数:在50年超越概率分别为63%、10%和3%的条件下,工程场地地表水平峰值加速度分别为29gal、91gal和132gal。工程场地平均卓越周期为0.30s。工程场地的地震基本烈度值为7度。

4.1.2.3　气候条件

气象要素特征值(淮南市气象站)如下:

4.1.2.3.1　历年平均气压:1013.3hPa。

4.1.2.3.2　气温(℃)。

历年平均气温:15.5℃。

极端最高气温:41.2℃。

极端最低气温:−22.2℃。

历年平均最高气温:20.4℃。

历年平均最低气温:11.4℃。

最热月(7月)平均最高气温:32.5℃。

最冷月(1月)平均最低气温:6.3℃。

4.1.2.3.3　湿度。

历年平均水汽压:14.9hPa。

历年最大水汽压:40.2hPa。

历年最小水汽压:0hPa。

历年平均相对湿度:72%。

历年最小相对湿度:2%。

4.1.2.3.4　降水量。

年最大降水量:1567.5mm。

年最小降水量:471.0mm。

历年平均降水量:928.5mm。

历年最大日降水量:218.7mm。

4.1.2.3.5　蒸发量。

历年平均蒸发量:1600.3mm。

最大年蒸发量:2008.1mm。

4.1.2.3.6　风速及风向。

历年平均风速:2.7m/s。

历年最大风速:19.0m/s。

五十年一遇离地10m,10分钟平均最大风速:23.7m/s。

五十年一遇平均最大风速23.7m/s时相应基本风压:0.35kN/m^2。

历年主导风向:E。

历年夏季主导风向:E。

历年冬季主导风向:E、ESE。

4.1.2.3.7　日照(1996—1999年无资料)。

历年平均日照百分率:51%。

年平均日照时数:2218.7h。

4.1.2.3.8　其他气象要素。

历年平均大风日数(d):7.5。

历年平均雷暴日数(d):26.6。

历年平均降水日数(d):105.9。

历年平均雾日数(d):17.3。

历年最大积雪深度：35cm。

历年最大冻土深度：13cm。

地面平均温度：17.5℃。

地面最高温度：79.8℃。

地面最低温度：−23.6℃。

4.1.2.3.9　湿球温度。

根据淮南气象台 1999 年、2000 年、2001 年、2002 年、2003 年等 5 年最热月时期（6—8 月）逐日日平均湿球温度、日平均干球温度、相对湿度、平均气压、平均风速等实测资料，统计得累计频率 10%湿球温度为 27.3℃。

4.1.2.4　工程测量

4.1.2.4.1　本工程采用黄海高程系统。

4.1.2.4.2　本工程测量坐标为北京坐标系，总平面布置采用自设建筑坐标系统，建筑坐标与测量坐标的转换关系见总图专业有关图纸。

4.1.2.4.3　本工程厂区地坪绝对标高为黄海高程 22.110m 至 22.640m。主厂房±0.000m 地坪的绝对标高为 23.100m，室内外高差为 300mm。

4.1.2.5　规划布置

4.1.2.5.1　锅炉

锅炉为上海锅炉厂有限公司生产的超超临界参数变压运行螺旋管圈直流炉、单炉膛、一次再热、采用四角切圆燃烧方式、平衡通风、露天布置、固态排渣、全钢构架、全悬吊结构 Π 型锅炉。

4.1.2.5.2　汽轮机

汽轮机为上海汽轮机有限公司生产的超超临界、一次中间再热、单轴、四缸四排汽、凝汽式汽轮机（型号：N660-27/600/620）。

4.1.2.5.3　发电机

发电机为上海汽轮发电机有限公司生产的水氢氢冷却、静态励磁汽轮发电机。

4.1.2.5.4　汽机房

汽机房跨度为 30.6m，汽轮发电机机组中心距 A 列柱 13.9m。汽轮发电机组为纵向顺列布置，汽机机头朝向固定端，汽机房运转层采用大平台布置，两机之间设有中间检修场地。汽机房分三层：底层（0.000m）、中间层（6.40m）、运转层（13.70m）。汽轮发电机基座为岛式布置，给水泵汽轮机采用弹簧基座。

4.1.2.5.5　除氧间

除氧间跨距为 10.50m（同一期）。根据给水泵和除氧器布置位置不同有两个方案。除氧间设有 0.00m 层、6.40m 层、13.70m 层、26.00m 层、36.00m 层。

4.1.2.5.6　煤仓间

煤仓间跨度为 12.00m，柱距为 9.00/10.00m，主厂房纵向总长度为 159.50m。煤仓间内设有 42.00m 层、17.00m 层和 0.00m 层。42.00m 层布置输煤皮带机，17.00m 层布置给煤机，42.00m 层和 17.00m 层之间布置钢制原煤仓。0.00m 层每台炉顺列布置 6 台中速磨煤机及其附属设备。

4.1.2.5.7　锅炉房

考虑风道布置和设备运输的需要，锅炉本体与煤仓间 D 列柱之间留有 6.50m 的前距离，用以布置风道和保证炉前通道。

锅炉钢架尺寸深度方向为 49.60m；宽度方向为 43.00m，两炉中心线距离 85.50m。

锅炉房 0.00m 布置有钢带冷渣机、密封风机、疏水扩容器及启动疏水回收泵等。

本期工程计划 2012 年 4 月开工，2013 年 10 月和 2014 年 1 月#3、#4 机组分别投产发电。

4.1.3　监理服务范围

按照监理委托合同所规定的监理工作为电厂扩建工程所进行的全部工程建设工作，包括施工准备、土建施工、安装工程、调试直至试生产的全过程监理工作，监理服务包括上述工程范围内的设备采购、厂内土建、施工管理、设备安装调试、可靠性试运、性能试验、移交生产、竣工验收等内容。

4.1.4　监理目标

4.1.4.1　质量控制目标：监理范围内的土建工程验收项目全部达到合格，优良率达到 95%以上，力争实现双百。

4.1.4.2　进度控制目标：确保 2013 年 10 月 18 日#3 机组正式移交试生产，2014 年 1 月 18 日#4 机组正式移交试生产。

4.1.4.3　投资控制目标：建安工程总费用控制在承包合同规定的合理调整范围内，确保不突破工程初步设计批准的概算。

4.1.4.4　安全控制目标：杜绝重大人身伤亡事故，杜绝重大设备事故及其他事故，满足国家电力行业有关考核标准要求，满足国家环境保护的有关规定要求。

4.1.4.5　合同管理目标：建立完善的合同管理体系，保证合同的可操作性和执行的严肃性，合同履约率 100%。

4.1.4.6　信息管理目标：及时、准确地向项目法人提供工程建设信息，为项目法人解决工程中出现的各种问题提供优质服务。

4.1.4.7　工程协调：根据工程现场实际情况，及时协调处理工程参建单位在工作中存在的问题，分清责任，理顺关系。

4.1.5　监理工作的主要方法

4.1.5.1　纵向—全过程的控制

4.1.5.1.1　事前控制

审查承包单位提出的开工报告。对分部、分项工程的开工条件（如施工作业指导书是否编写完毕并经过审批），经确认后及时报项目总监签发开工报告，并报项目法人。

建立健全质量预控系统，审核并监督承包单位的质量管理体系健全情况。

参与审查施工承包单位选择的分包单位、材料试验等单位的营业执照、企业资质等级证书。审查特殊行业施工许可证书，审查专业技术人员和特种作业人员的资格证和持证上岗情况。发现与申报不符者，提出更换或调整要求。

对工程上所使用的原材料、半成品、预制件、加工件和外购件必须具备完整的的材质合格证件和技术文件，经监理工程师审查确认后方能在工程中使用。

对工程中使用的新材料、新工艺、新结构、新技术必须具备完整的技术鉴定证明和试验报告，经监理工程师审查确认后方可在工程中使用。

审查承包单位编制的施工组织设计、施工技术方案、施工作业指导书（施工措施）、施工质量计划、施工质量保证措施、季节性施工措施、安全文明施工措施。落实“W、H、S”点的设置。参加重要项目施工方案和施工措施讨论和制定，参加四级验收项目的技术交底并监督实施。

组织施工图的图纸会审和设计交底，检查承包单位是否按照有效的最新控制版本进行施工，未经会审及图纸内容达不到强制性标准条文要求和无效版本的施工图不得在工程中使用。

检查承包单位专职测量人员的岗位证书及测量设备检定证书，复核控制桩的成果、控制桩的保护措施以及平面控制网、高程控制网和临时水准点的测量成果。对承包单位报送的测量放线成果及保护措施进行检查，符合要求在《报验申请表》上签字认可。

4.1.5.1.2　事中控制

项目开工后，各监理人员要按照监理部制定的巡视检查制度和各专业的监理实施细则，深入现场对每一开工的项目进行检查验收，及时监督检查和解决施工中的有关问题。

审核承包单位的质量计划，规定工序交接检验方法及隐蔽工程检查方法，参与确定“W”点和“H”点，编制旁站监理项目计划，确定“S”点，对重要的施工项目、隐蔽工程的隐蔽过程，下道工序施工完成后难以检查的重点部位进行跟踪检查和旁站。

在现场检查中，重点检查施工人员是否按照规程、规范、技术标准、设计图纸、施工作业指导书和施工工艺进行操作，同时重点落实工程建设标准强制性条文的执行情况，对于达不到强制性条文要求的部位必须进行返工处理，同时禁止下道工序施工。

检查施工过程中的重要原始记录和自检记录，隐蔽工程项目未经监理工程师检查合格不能进行覆盖封闭。

对于重要工序（如焊接），要重点检查特殊工种人员的上岗证，是否存在无证上岗情况。

对发生设计变更的部位，检查是否按照已批准的变更文件进行施工。在质量事故处理过程中，检查是否按照批准的处理措施进行处理。

在现场巡视检查过程中，如发现工作环境影响工程质量或安全防护不健全，危及施工人员安全时，要及时通知施工单位暂停施工，并报总监和建设单位。

对施工现场不按规程、规范作业的现象和安全违章苗头，通过口头、工作联系单、整改通知单直至停工令等方式监督其整改。

4.1.5.1.3　事后控制

对施工完成的分部、分项和隐蔽工程，要按照国家及行业制定的施工验收规范和验评标准进行验收评定和合格工程量的计量。

土建工程完工后需进行设备安装的工程项目，必须按规定办理土建移交安装手续，其内容与竣工验收相同。

审查施工承包单位提交的竣工资料，监督施工单位竣工资料的移交。

工程项目竣工验收未经有关各方签证确认，监理工程师不予签署工程结算支付意见，施工阶段不予结算工程款。

4.1.5.2　横向—全方位控制

4.1.5.2.1　对施工人员的控制

审查承包单位选择的分包单位的资质。

验证特殊工种作业人员的上岗资格证件。

抽查现场从事施工的作业人员、监督承包方的管理人员，其实际技能水平和效绩应能达到相应的岗位要求，对不称职人员及时提出撤换通知。

4.1.5.2.2　对施工材料的控制

检查施工单位使用的原材料、半成品、成品及构（配）件的质量证明书和实物质量。

监督施工单位按照见证取样制度对材料进行质量检测，材料双证均合格后方能用于工程。

监督施工单位的材料和设备在保管、搬运的过程应有合格的防护，检验状态标识正确有效。

4.1.5.2.3　对施工工艺的控制

审查施工单位的作业文件，应能满足图纸、规程要求。

检查监督施工单位按照批准的作业文件组织施工。

4.1.5.2.4　对机械设备的控制

检查施工使用的设施、机具，其技术性能和安全性能等应符合规程规定，满足施工要求。

检查计量器具、测试设备应有合格有效的鉴定标识。

4.1.5.2.5　对施工环境的控制

检查监督施工现场的成品养护、防冻、防洪、防晒措施，保护防止损伤措施的落实情况。

检查监督施工现场安全生产防护设施的落实情况。

检查监督施工现场环境保护和文明施工措施的落实情况。

4.1.5.2.6　对文件的控制

保持本专业监理工作所必需的规程规范、合同、质量管理体系文件、设计图纸等工作依据性文件的完整性和有效性。

对业主和各承包商提供的各种文件及时登记，及时分发给有关单位及人员，并做好文件的签署、分类组卷等工作。

及时跟踪办理过程中的内、外部文件，保证办理结果圆满关闭。

4.1.6　各分项工程质量通病的原因分析及预防措施

4.1.6.1　地基处理

土方开挖前，首先要参加工程水准点、坐标和高程的交接和验收，审查施工单位绘制的测量放线图纸（测量方格网）是否与设计要求相一致，检查施工单位的测量仪器有无计量器具年检证书，测量人员是否持证上岗；在放线过程中进行严格的监督检查，并按照设计要求进行验收，合格后在验收记录上签字确认。未经监理工程师签字验收不得进行下一道工序的施工。

4.1.6.2　基础工程

主厂房基础埋深 4.5m 采用预应力管桩地基。A、B、C 列及锅炉采用独立基础，汽机房平台采用独立基础，汽轮发电机基座采用筏形基础，主要辅机如磨煤机、汽动及电动给水泵、风机等为钢筋混凝土独立基础。烟囱圆形基础。斗轮机基础及尾部传动站采用混凝土条形基础。

4.1.6.2.1　基础施工监理主要工作

检查定位放线的准确性。

检查钢筋、水泥等原材料的质量证书和试验报告。

检查钢筋的规格、形状、尺寸、数量、间距、锚固长度、接头位置。

检查螺栓孔洞、预埋件的准确性及预埋件固定措施。

核查混凝土配合比、混凝土外加剂的选用、原材料计量、搅拌、养护和施工缝的留设及处理是否符合规范规定。

4.1.6.3　钢筋工程

4.1.6.3.1　质量控制要点

熟悉设计图纸，明确各结构部位设计钢筋的品种、规格、绑扎或焊接要求，特别注意结构某些部位配筋的特殊处理，对有关配筋变化的图纸会审记录和设计变更通知单，应及时标注在相应的结构施工图上，避免遗忘，造成失误。

把好原材料的进场检验关，按原材料监理工作流程控制。

钢筋的下料、加工应要求承包方的技术人员根据图纸及规范进行钢筋翻样，并对钢筋工进行详细的技术交底，熟悉钢筋配料单。监理工程师应随时深入钢筋加工现场进行检查，并对加工成形的钢筋制品进行检查。

对钢筋焊接，监理工程师首先检查焊接工人的上岗证书。在正式焊接前必须监督焊工根据现场施工条件进行试焊，试焊件经检测合格后，方可批准上岗。

监理工程师验收时，应对照结构施工图，检查所成形钢筋的规格、数量、间距、锚固长度、接头位置是否符合图纸要求。

4.1.6.3.2　重点检查的构造措施

框架节点箍筋加密区的箍筋、梁上有集中荷载作用处的附加吊筋或箍筋，检查不应漏放。

具有双层配筋的厚板和墙板，检查是否按要求设置了撑筋和拉钩。

检查钢筋保护层垫块的强度、厚度、位置是否符合规范要求。

预埋件、预留孔洞位置应正确，固定可靠，孔洞周边钢筋加固应符合设计。

钢筋不得随意替代，如要替代，必须经设计人员同意，办理钢筋替代手续。

4.1.6.3.3　钢筋工程质量通病的防治

4.1.6.3.3.1　钢筋材质不符合要求

一、原因分析

（1）机械性能检验不合格。

（2）外观质量不符合要求。

（3）钢筋品种类别不清楚，或有质量疑问的钢筋随便使用。

二、预防措施

（1）进场的钢筋必须认真检验，钢筋不得有裂纹、结疤、折叠、局部缩径和机械损伤等缺陷。

（2）进场的钢筋除具有炉罐（批）号、直径和出厂合格证明文件外，还必须按现行的钢筋材质标准和检验要求分别进行力学性能的抽样检验和冷弯试验，当符合标准规定时方可使用。

（3）钢筋应存放在仓库或料棚内，并应垫离地面 200mm 以上，还要保持地面干燥；在工地临时存放钢筋时，应选择地势较高、地面干燥的漏天场地，场地四周应有排水措施；堆放期应尽量缩短，存放的钢筋应及时使用，存放期间严防产生重锈，用时钢筋表面必须清洁。

4.1.6.3.3.2　箍筋分布不当和弯钩不符合要求

在抗震设防地区，钢筋箍筋不按规定进行加密；受扭杆件箍筋弯钩角度不符合要求。

一、原因分析

（1）不按规定设置箍筋。

（2）有抗震要求的钢筋混凝土箍筋不进行加密，影响钢筋混凝土结构杆件的抗剪性能，满足不了工程的抗震需要。

（3）对有抗震要求的工程或者受扭结构杆件的箍筋弯钩，制作角度不是 135 度、平直长度小于箍筋直径的 10 倍，达不到抗震要求的规定。

二、预防措施

（1）认真搞好图纸会审和技术交底。

（2）技术交底中应明确现行规范和图纸对箍筋设置的要求。

4.1.6.3.3.3　钢筋保护层垫块不合格：

柱子钢筋组装时，主筋上不设置保护层垫块；混凝土圈梁，框架结构的梁、板、柱等露主筋。

一、原因分析

（1）柱子钢筋组装不设置混凝土保护层垫块，在浇筑混凝土或受施工荷载冲击时，会导致柱子钢筋位移。

（2）混凝土圈梁、框架结构的梁、板、柱等主筋上没有按规定设置混凝土保护层垫块，或垫块组装不牢固，由于垫块产生位移，导致混凝土结构杆件露主筋，或受力钢筋的混凝土保护层厚度小于规定。

（3）受力钢筋的混凝土保护层垫块制作强度偏低，垫后压碎，或垫块制作厚度不符合规范要求。

（4）个别工程施工不制作垫块，随意用小石子代替。

二、预防措施

（1）受力钢筋混凝土保护层厚度应符合设计要求，如设计无具体要求时，不应小于受力钢筋直径，并符合现行的混凝土质量验收规范的规定。

（2）对成型的垫块应认真养护，确保垫块强度达到要求。

（3）用水泥砂浆制作的试块，按 1m 左右的间距放置，绑扎在受力钢筋上。在抗渗混凝土施工中，要采取相应的技术措施，以免渗漏。

（4）混凝土保护层垫块的组装。混凝土保护层垫块组装应布置适宜，距离不得过大，必须与钢筋骨架主筋绑扎牢固，严禁松动、位移和脱落。竖向钢筋采用预埋有铁丝的垫块，绑在钢筋骨架外侧的主筋上，其垫块的厚度必须满足混凝土保护层厚度的要求，并要控制好构件成型后的几何尺寸。振捣混凝土时，严防振动器碰击钢筋，导致绑扣松动和垫块位移。

4.1.6.4　模板工程

4.1.6.4.1　审核模板工程的施工方案

能否保证工程结构和构件各部分形状尺寸和相关位置正确。

是否具有足够的承载能力、刚度、稳定性。

模板接缝处理方案是否保证不漏浆。

是否构造简单、拆装方便，是否便于钢筋绑扎、安装、杂物清理和混凝土浇筑、养护。

4.1.6.4.2　施工质量控制要点

为防止胀模、错位造成结构断面尺寸超差、位置偏离、漏浆、混凝土不密实或蜂窝麻面，柱模卡箍间距应适当，不得松扣。

为防止柱身偏位和扭曲，在支柱模前，应先在底部弹出中线，将柱子位置找方找正，校正钢筋位置，柱子模板应牢固可靠。

墙模板的对拉螺栓间距、横箍间距要适当，不得松扣。

预埋件、预留孔洞的位置、标高、尺寸应复核，预埋件固定应可靠，防止其移位。

模板在下列情况下要留浇注口：

（1）一次支模过高，浇捣困难。

（2）有大的预留孔洞，洞口以下难以浇捣。

（3）有暗梁或梁穿过。

（4）钢筋密集，下部不易浇捣。

4.1.6.5　混凝土工程

4.1.6.5.1　浇筑前的质量控制要点

对混凝土的浇筑方案进行审批。

对混凝土生产设备及施工机具进行检查。

模板、钢筋应做好预检和隐检，确保模板位置、标高、截面尺寸与设计相符。

审查混凝土配合比（大雨过后要及时调整施工配合比）。

签署混凝土浇筑令。

4.1.6.5.2　浇筑过程中的质量控制要点

对混凝土的搅拌制度进行检查：原材料称量及加水量控制应准确，加料顺序及搅拌时间应符合规范规定，按照规定定时测量混凝土的坍落度。严格按照规范规定在浇筑地点随机制作混凝土试块，作为混凝土质量评定的重要依据。

浇筑中加强旁站监理，严格控制混凝土的浇筑质量。

检查混凝土的振捣情况，不能漏振、过振，注意模板、钢筋的位置和牢固程度，特别注意混凝土浇筑中施工缝、沉降缝处混凝土的浇筑处理。

检查和督促承包单位做好混凝土的养护工作，防止混凝土因失养（特别是早期失养）而出现裂缝。

如果混凝土工程质量出现缺陷，承包单位要及时提出书面修补方案，经监理工程师批准后进行修补。

4.1.6.5.3 混凝土拌制和浇筑质量通病的防治

4.1.6.5.3.1 混凝土强度等级不符合设计要求

一、原因分析

（1）配制混凝土所用原材料的材质不符合国家技术标准的规定。

（2）拌制混凝土时没有法定检测单位提供的配合比试验报告，或操作中配合比有误。

（3）拌制混凝土时投料不按重量计量。

（4）混凝土运输、浇筑、养护不符合规范要求。

二、预防措施

混凝土的质量应严格按照现行《混凝土质量控制标准》进行控制。

（1）拌制混凝土所用水泥、粗（细）骨料和外加剂等均须符合有关技术标准规定。使用前必须严格审核所选用材料出厂合格证和试验报告，合格后方可使用；不同种类的水泥不准混用；胶结材料和粗（细）骨料中有害物质含量及粒径必须符合国家有关技术标准和规范的规定。

（2）按照法定检测单位出具的混凝土配合比试验报告并经现场调整后，方可进行配制。

由于混凝土质量与配料计量的准确性关系密切，尤其是混凝土强度值对水灰比的要求十分敏感，因此，施工中每一工作班至少要检查两次配比的精度。水泥和外加剂及外掺混合材料的计量误差为±2%；粗骨料的计量误差为±3%。

（3）混凝土拌和必须采用机械搅拌，投料顺序为粗骨料（碎石）—水泥—细骨料（砂子）—水；严格控制搅拌时间。搅拌时间视混凝土的坍落度、搅拌机的机型和容积大小而定，一般情况下搅拌1～2min。

（4）控制拌制好的混凝土运输时间。因为运输时间的长短对混凝土的浇筑及浇筑后凝结的快慢有直接影响，因此，必须严格控制。正常情况下，混凝土从搅拌机卸出到浇筑完毕的延续时间应该是：

C30及以下的混凝土，气温低于25℃时为120min，气温高于25℃时为90min。

C30以上的混凝土，气温低于25℃时为90min，气温高于25℃时为60min。

如有离析现象，必须在浇筑前进行二次搅拌。

（5）控制好混凝土浇筑和振捣质量。

1）准备工作。浇筑混凝土前，在对模板位置、尺寸、垂直度以及支撑系统进行检查的同时，应把模板的缝隙和孔洞堵塞严密。如果是钢筋混凝土还要核对钢筋的种类、规格、数量、位置、接头以及预埋件的数量，确认准确无误后，把模板上的垃圾、泥土等杂物以及钢筋上的油污等清干净。

浇筑混凝土时，应重点控制浇灌的自由高度、分层浇灌、间歇时间和施工缝的留置四个环节。

2）自由高度。浇筑时，为避免混凝土发生离析现象，混凝土自卸料口倾落入模的高度，也就是自由下落的高度不应超过2m。

3）分层浇筑。为了使混凝土能够振捣密实，浇筑时对大体积混凝土应分层进行。每层浇筑厚度取决于捣固方法。当采用插入式振捣时，浇筑层厚度为振捣器作用部分长度的1.25倍；当采用表面振动时，浇筑层最大厚度为200mm。

在竖向结构中，当浇筑高度超过3m时，应根据施工规范采取串筒、溜管等措施。浇筑混凝土前，应先填以50～100mm厚与混凝土成分相同的水泥砂浆。

4）间歇时间。正常情况下浇筑混凝土应连续进行。然而在实际施工中，难免会出现间歇现象。间歇的最长时间应按所用的水泥品种、混凝土强度、凝结条件确定：

混凝土强度等级为C30及以下时，气温低于25℃为210min，高于25℃为180min；

混凝土强度等级高于C30时，气温低于25℃为180min，高于25℃为150min。

5）严格按规范要求设置施工缝。

6）严格按操作规程振捣。

（6）做好浇筑完毕的混凝土养护。混凝土浇筑完毕后，应将其外露的表面加以覆盖并进行保护，通常可在浇筑完毕12h以内加以覆盖并浇水。浇水的养护日期一般情况下不得少于7d。掺有缓凝外加剂以及有抗渗要求的混凝土，不得少于14d。最好能蓄水养护。每天的浇水次数以能保持混凝土具有足够的湿润状态为准。

4.1.6.5.3.2 构件断面、轴线尺寸不符合设计要求

构件断面、轴线尺寸不符合设计要求，易在现浇混凝土梁、柱节点处产生缩径和轴线位移。

一、原因分析

（1）没有按施工图进行施工放线。

（2）模板的刚度、强度不足，稳定性差，使模具产生变形和失稳，导致混凝土构件变形。

二、预防措施

（1）施工前必须按施工图放线，确保构件断面几何尺寸和轴线定位线准确无误。

（2）模板及其支架应做好施工设计，必须具有足够的承载力、刚度和稳定性，确保模具加荷载后不变形、不失稳、不跑模。

（3）在浇捣混凝土前后均应坚持自检，发现问题及时纠正。

4.1.6.5.3.3 蜂窝、孔洞

混凝土构件浇筑成型后，其表面产生蜂窝、孔洞。

一、原因分析

（1）模板表面不光滑，粘有干硬的水泥浆块等杂物。

（2）木模板在混凝土入模之前没有充分湿润。

（3）钢模板脱模剂涂刷不均匀。

（4）模具拼缝不严，浇筑的混凝土跑浆。

（5）混凝土拌和物中的粗细骨料级配不当，以及混凝土配合比失控，水灰比过大，造成混凝土离析。

（6）振捣不当。

（7）浇筑高度超过规定。

二、预防措施

（1）混凝土配合比要准确，严格控制水灰比，投料要准，搅拌要匀，和易性要好，入模后振捣密实。

（2）模板表面应平整光滑、洁净，不得粘有干硬的水泥浆等杂物；模板拼缝要严密，木模板在浇筑混凝土前应充分湿润；钢模板应用水性脱模剂，涂刷均匀。

（3）钢筋过密部位应采用同强度等级的细石混凝土分层浇筑，并应精心操作，认真振捣，确保成型后的混凝土表面光滑密实。

（4）拆模应严格控制混凝土的强度，严禁过早拆模。

4.1.6.5.3.4 混凝土露主筋和缝隙夹渣

浇筑的混凝土成型后出现露主筋；梁与柱节点处有缝隙夹渣层。

一、原因分析

（1）混凝土成型后的结构构件露主筋。

竖向结构的浇筑高度不合适，又未采取相应措施。

钢筋成型组装未设置保护层垫块，或垫块设置的数量少、与主筋绑扎不牢固、松动，导致主筋失去保护层。

混凝土入模后，由于振捣操作失误，钢筋产生位移。

（2）梁与柱节点处存在缝隙夹渣层。

节点处二次浇筑混凝土时，未留清扫口或没有认真进行清扫。

二次浇筑的节点处，不先铺同成分砂浆便直接浇筑混凝土，而且振捣不密实，混凝土离析，粗骨料集中。

施工缝处夹有杂物。

二、预防措施

（1）混凝土结构构件露主筋。

保护层垫块一般每隔 1m 设置 1 块，且应与主筋固定牢固，严防松动和位移。

浇筑混凝土时的高度应控制在 2m 左右，超过时设串筒或加设低于 2m 的浇筑孔等。

浇筑混凝土入模后，必须认真振捣，振捣的操作要点是：上下垂直、布点均匀、层层扣搭；严防碰撞钢筋，以免钢筋位移而破坏保护层。

（2）梁与柱节点缝隙夹渣。

在浇筑混凝土之前必须认真清理施工缝，并将杂物通过清扫口清理干净。

在已硬化的混凝土表面上浇筑混凝土前，应除掉表面的水泥膜和松动的粗、细骨料，并应充分冲洗洁净。

浇筑混凝土前应充分湿润已硬化的混凝土表面，并在施工缝处事先铺设与母体混凝土成分相同的水泥砂浆。

浇筑混凝土必须分层，细心振捣，确保混凝土密实。

4.1.6.5.3.5　混凝土施工缝位置留置不正确：

一、原因分析

未做施工技术交底，操作人员对施工缝缺乏认识，对施工中出现的突发情况无准备。

二、预防措施

（1）认真做好施工技术交底。

（2）加强操作人员对正确留置施工缝重要性的认识。

（3）认真搞好施工组织工作，提高对突发情况的应变能力。

4.1.6.6　砌砖工程

砌砖工程总的质量要求是：横平竖直、灰浆饱满、上下错缝、内外搭接。

4.1.6.6.1　砌砖工程施工质量预控

熟悉施工图纸。对砌体强度等级、砂浆强度等级要搞清，对各部位砌体配筋、预留洞、预埋件、预埋木砖的位置做到心中有数，便于巡视时检查。

审核承包单位施工技术方案，检查其对墙体垂直度、平整度、标高控制措施，并督促其进行技术交底。

审查承包单位提供的砖出厂质量合格证书、试验报告，符合规范要求允许使用，否则，禁止用于工程上。

对砌筑砂浆使用的原材料进行检查，对配合比进行控制。

4.1.6.6.2　砌砖工程施工质量控制要点

一、监理工程师加强对砌筑砂浆的质量检查

（1）对砂浆拌和的检查。

（2）检查、督促承包单位按规范规定制作砂浆试块，作为砌体质量评定的重要依据。

二、检查砌砖现场准备及施工工作

（1）检查和复核承包单位测设的墙体平面尺寸和标高。

（2）核对门口、窗口等与砖缝的对应情况。

（3）检查工人砌墙的砌筑形式和砌筑方法是否符合规范要求。

（4）随时检查砌体的水平灰缝厚度、竖向灰缝厚度、砂浆饱满度等，严禁出现瞎缝、直缝、暗通缝等质量弊病。

（5）检查砌体预埋件、预留洞以及配筋是否符合规范及设计要求。

（6）督促承包单位合理组织施工，内、外墙同步砌筑，尽量不留槎，必须留槎时，一定按规范进行。

（7）注意室外大角垂直度，控制“允许偏差项目”，保证砌体质量。

4.1.6.6.3　砌砖工程质量通病防治

4.1.6.6.3.1　砌体组砌方法不正确

一、原因分析

（1）撂底排砖不正确。

（2）混水墙，忽视组砌方法。

（3）半头砖集中砌筑造成通缝。

（4）砖柱砌筑采用的是包心砖柱砌法。

（5）没有按设置的皮数杆控制砌砖层数，而造成砖墙错层。

（6）砌体留槎错误。

二、预防措施

（1）控制好摆砖撂底，在保证砌砖灰缝 8～12mm 的前提下，考虑到砖垛处、窗间墙、柱边缘处用砖的合理模数。

（2）混水墙的砌筑，要加强对操作人员的质量意识教育，砌筑时要认真操作，墙体中砖缝搭接不得少于 1/4 砖长；墙体的组砌形式，应根据砌筑部位的受力性质而定。

（3）半头砖要求分散砌筑，不得集中使用，一砖或半砖厚的墙体严禁使用碎砖头。

（4）确定标高，立好皮数杆，第一皮砖的标高必须控制好，与砖层必须吻合。

（5）构造柱部位必须留马牙槎，要求先退后进，进退均为五皮砖。临时间断处留槎必须顺直，不得偏轴线。

（6）施工洞口留置应在距纵（横）墙 500mm 之外留置阳槎，并应放置拉结筋和过梁。

4.1.6.6.3.2　水平或竖向灰缝砂浆饱满度不合格

一、原因分析

（1）砌筑砂浆的和易性差，直接影响砌体灰缝的密实和饱满度。

（2）干砖上墙和砌筑操作方法错误，不按“三一”砌砖法砌筑。

（3）水平灰缝缩口太大。

二、预防措施

（1）改善砂浆的和易性，如果砂浆出现泌水现象，应及时调整砂浆的稠度，确保灰缝的砂浆饱满度和提高砌体的粘结强度。

（2）砌筑用的烧结普通砖必须提前 1～2d 浇水湿润，含水率在 10%～15%之间，严防干砖上墙使砌筑砂浆早期脱水而降低强度。

（3）砌筑时宜采用“三一”砌砖法。严禁铺长灰而使底灰产生空穴，造成砂浆不饱满。

（4）砌筑过程中要求铺满口灰，然后进行刮缝。

4.1.6.6.3.3　墙体渗水

一、原因分析

（1）砌体的砌筑砂浆不饱满、灰缝空缝，出现毛细通道形成虹吸作用；室内装饰面的材料质地松散，易将毛细孔中的水分散发；外墙饰面抹灰厚度不均匀，导致收水快慢不均，抹灰易发生裂纹和脱壳，分格条底灰不密实，有砂眼，造成墙身渗水。

（2）门窗口与墙连接密封不严，窗口天棚未设鹰嘴或滴水线，室外窗台板高于室内台板。室外窗台板未做顺水坡，导致倒水现象。

（3）后塞口窗框与墙体之间没有认真堵塞和嵌抹密封膏，或窗框保护带没清净，导致渗水。

（4）脚手眼及其他孔洞堵塞不当。

二、预防措施

（1）组砌方法要正确，砂浆强度符合设计要求，坚持“三一”砌砖法。

（2）对组砌中形成的空头缝，应在装饰抹灰前将空头缝采用勾缝方法修整。

（3）饰面层应分层抹灰，分格条应在初凝后取出，注意压灰要严密，严防有砂眼和龟裂。

（4）门窗口与墙体的缝隙，应采用加有麻刀的砂浆自上而下塞灰压紧；勾灰缝时要压实，防止有砂眼和毛细孔而导致虹吸作用。若为铝合金和塑料窗应填塞保温材料，缝隙封堵防水密封胶。

（5）门窗口的天棚应设置鹰嘴或滴水线；室外窗台板必须低于室内窗台板，并应做成坡度以利顺水。

（6）脚手眼及其他孔洞，应用原设计的砌体材料按砌筑要求堵填密实。

4.1.6.7　楼、地面工程

4.1.6.7.1　楼、地面工程施工质量预控

使用的原材料及半成品应有出厂质量合格证书、试验报告，符合规范要求允许使用，否则，禁止用于工程上。

对楼面、地面基层进行质量验收，对基层标高、坡度、平整度、表面清理、清扫、均应对照设计图纸及已施工部位的相对关系进行校验，并通过承包单位做好必要的处理。这一工作做不到位，不准进入楼、地面工程的装饰施工。

贯彻“样板开路制”。楼、地面工程大面积施工前，先做样板间，经各方验收合格后，才能进行大面积施工。

对施工管理人员、操作工人进行安全及技术交底，审核施工方案及技术交底，确保施工质量。

4.1.6.7.2　楼、地面工程施工质量控制要点

监理工程师针对本分部工程质量通病（楼、地面不平整、空鼓、裂纹、渗漏等）监督承包单位严格操作规程，消除质量通病。

4.1.6.7.2.1　基层质量控制要点

地面工程要核查土质，测定土质最佳干密度；施工时要控制在最佳含水量下施工，要控制虚铺厚度，确保分层压实，严禁用大于 50mm 粒径的土块及冻土做回填。监理工程师应加强巡视，抽检和分层隐检。

灰土基层要注意生石灰的消解、过筛，摊铺前应严格按比例拌和灰土，在最佳含水量下摊铺，虚铺厚度应控制在 150～250mm 以内，且分层压实。

素混凝土基层（垫层、找平层），施工前应控制配合比，施工时应留置试块，铺筑后要做好养护（至少 3d）。

4.1.6.7.2.2　面层质量控制要点

一、现浇水磨石面层

（1）水磨石的石料应采用坚硬可磨的岩石，如白云石、大理石等，石料应洁净无杂物，其粒径一般为 6～14mm。水泥强度等级不应低于 32.5 级，彩色水磨石应掺入耐碱的矿物颜料，掺入量宜为水泥用量的 3%～6%。

（2）监理工程师应进行防止空鼓的质量监督检查。

（3）为了达到磨石表面无砂眼和磨纹，表面光滑，监理工程师应坚持要求承包单位按“三磨二浆”工艺要求做，即三次打磨，三次成活，打磨过程中二次补浆（补浆不是刷浆，必须擦浆）。磨石规格由粗到细，应齐全，最后打磨应用油石。

（4）为了防止彩色水磨石地面颜色深浅不一，彩色石子分布不均，监理工程师应注意检查并督促承包单位使用同一厂、同一批号的材料，且应一次全部进场，固定专人配料。

二、板块面层

（1）面层所用板块（预制水磨石、大理石、花岗岩、釉面砖等）的品种、花色、质量应符合设计要求和国家有关验收规范。板块质量也应符合现行国家产品标准。

（2）督促承包单位组织人力，在铺设前，按设计要求，根据板块的颜色、花纹、图案、纹理试拼，并编号；剔除有裂缝、掉角、翘曲、拱背或表面上有缺陷的板块。品种不同的板块不应混合使用。

（3）为防止空鼓，基层应清理干净，充分湿润，在表面稍晾干后再进行铺设；铺设应用干硬性砂浆，水泥与砂子的配比为 1∶2（体积比）；相应的砂浆强度为 2.0MPa，砂浆稠度 25～35mm。铺设前应在基层刷一层素浆（严禁一次铺砌成活）。

（4）为防止接缝不平，特别是在门口与楼道相接处出现接缝不平，监理工程师在图纸会审时就应审查和调整好标高。

带地漏的地面，铺设时应以地漏为中心，向四周找好坡度，以防止倒泛水（安装地漏宁低勿高）。

4.1.6.7.3　楼、地面工程质量通病防治

4.1.6.7.3.1　板块楼、地面空鼓

一、原因分析

（1）基层表面清理不干净或浇水湿润不够，涂刷水泥浆结合层不均匀或涂刷时间过长，水泥浆风干结硬，不起黏结作用，造成板块空鼓。

（2）板块面层铺设前，背面浮灰没有刷净和浸水湿润，直接将干燥的板块进行铺贴，水泥砂浆中的水分很快被板块吸收，造成砂浆脱水而影响其凝结硬化，降低了砂浆强度，影响砂浆与基层、砂浆与板块的黏结。

（3）铺设砂浆应为干硬性砂浆，如果加水较多或砂浆不振实、不平整，易造成板块空鼓。

二、预防措施

（1）基层表面必须清扫干净，并浇水湿润不得有积水，以保证垫层与基层结合良好。基层表面应均匀涂刷水泥浆，并做到随刷随铺水泥砂浆结合层。

（2）板块面层在铺设前，浸水湿润，并将板背面浮灰杂物清扫干净。

（3）结合层为干硬性水泥砂浆，配合比为 1∶2～1∶3（水泥∶砂），水泥采用不低于 32.5 级普通硅酸盐水泥，砂应采用粗中砂，含泥量不大于 3%，过筛筛出有机杂物，水泥砂浆坍落度以 20～40mm 为宜。干硬性水泥砂浆虚铺厚度要控制好（一般为 25～30mm）。板块试铺时，放在铺贴位置上的板块对好纵、横缝后，用皮锤（或木锤）轻轻敲击板块中间，使砂浆振实，锤到铺贴高度。板块试铺合格后，搬起板块，检查板块结合层是否平整、密实。增补砂浆，浇一层水灰比为 0.5 左右的纯水泥浆后，再铺放原板，四角同时落下，用小皮锤轻敲、水平尺找平。

（4）板块铺贴后第二天对板块缝进行灌缝。灌缝前，应将地面清扫干净，并将缝内松散砂浆清掉，灌缝应分几次进行，用刮板往缝内刮水泥干粉，再用同色水泥浆擦缝，然后用软布

擦干净粘滴在板块上的砂浆，并做好保护、养护工作。养护期间不准上人行走或使用。

4.1.6.8 门窗工程

4.1.6.8.1 门窗（以铝合金门窗为例）安装质量控制要点

4.1.6.8.1.1 安装组合不平不正：铝合金门窗如采用单件组合时应注意拼装质量，拼头处应平整，不应劈棱窜角、出台。

4.1.6.8.1.2 地弹簧及拉手安装不规矩、尺寸不准：应提前检查预先剔洞及预留孔眼尺寸是否准确，如有问题，应处理后再进行安装。

4.1.6.8.1.3 面层污染咬色：施工时应注意成品保护，如造成污染应及时清理。

4.1.6.8.1.4 表面划痕：施工及清理过程要认真，不能用硬物磨划。门窗清洗前应进行交底，规定使用的溶剂及工具。

4.1.6.8.1.5 漏装披水：首先检查设计是否漏掉披水，其次要检查是否按设计要求装设披水，以免影响使用。

4.1.6.8.1.6 外表面花感颜色不一：应认真验收产品质量，注意外门窗色差不要太大；应加强成品保护，施工时不要损坏或污染，清理面层不要使其受损或处理不当，形成花感。

4.1.6.8.2 门窗工程质量通病防治

4.1.6.8.2.1 铝合金门窗安装后出现晃动、整体刚度差。

一、原因分析

（1）铝合金门窗设计无力学计算，尤其是组合条窗，拼装节点构造不合理，连接不牢固，受力后变形摇动。

（2）型材选择不当，断面小，壁厚达不到规定要求。

二、预防措施

（1）铝合金门窗应按洞口尺寸及安装高度等不同使用条件，选择型材截面。一般平开窗不应小于55系列；推拉窗不应小于75系列。窗框型材的壁厚应符合设计要求，一般窗型材壁厚不应小于1.4mm，门的型材壁厚不应小于2.0mm。

（2）组合条窗的拼装应经力学计算，合理布置中梃中档，确保拼接杆件及门窗的整体刚度。连接螺丝、铆钉的规格、间距应符合要求，并连接紧密。

4.1.6.8.2.2 铝合金门窗渗漏

一、原因分析

（1）铝合金窗框直接埋入墙体，经撞击或温度影响，铝合金型材同砂浆接触界面产生裂缝，形成渗水通道。

（2）门窗框与墙体连接处内外未注密封胶，或注胶不当。

（3）组合门窗的组合杆件，未采用套插或搭接连接，且无密封措施。

（4）外露的连接螺丝未做密封处理。

（5）窗下框未开设排水孔，或排水孔堵塞，槽口内积水不能及时排出。

二、预防措施

（1）铝合金门窗框与墙体应作弹性连接，框外侧应留设5mm×8mm的槽口，防止水泥砂浆同铝合金窗框直接接触。槽口内注密封胶至槽口平齐。注胶前应仔细清除砂浆颗粒、木屑及浮灰，保证密封胶黏结牢固，注胶应自上而下连续进行。注胶后应检查是否有遗漏、脱胶、黏结不牢等情况。

（2）组合门窗的竖向或横向杆件，不得采用平面与平面的组合做法，应采用套搭搭接形成曲面结合，搭接长度应大于10mm，连接处应用密封胶作可靠的密封处理。

（3）尽量减少外露的连接螺钉，如有外露的连接螺钉时，应用密封材料掩埋密封。

（4）铝合金推拉窗下滑槽距两端头约80mm处开设排水孔，排水孔尺寸宜为4mm×30mm，间距为500～600mm。安装时应检查排水孔有无杂物堵塞，确保排水畅通。

4.1.6.9 装饰装修工程

4.1.6.9.1 装饰装修工程施工质量控制要点

建筑装饰装修工程，是创“优质工程”的关键，监理工程师应该做到：

4.1.6.9.1.1 协助建设单位选择施工分包单位，并审查其资质和业绩。

4.1.6.9.1.2 审查施工承包单位编制的施工技术措施；审查装饰装修所用材料的质量，包括原材料出厂合格证书、检验证明、包装质量等。

4.1.6.9.1.3 贯彻“样板开路制”，要求施工承包单位在正式进行大面积的装饰装修前，首先进行技术交底并做好一个样板间，经各方检查合格后，方能大面积进行装饰工程的施工。

4.1.6.9.1.4 施工过程中现场监理人员经常深入现场，进行随时抽检；发现不合格的部位立即以监理文件通知施工单位限期整改，对影响工程质量比较严重的部位，监理人员应立即下达“暂停施工”令，并通报建设单位。

4.1.6.9.1.5 对于镶贴面砖墙面和铺设地面，铺设前检查基层是否平整，铺设后检查墙、地面是否平整密实，有无空鼓现象，出现问题立即返工处理。

4.1.6.9.2 装饰装修工程质量通病防治

4.1.6.9.2.1 外墙抹灰表面观感质量差

一、原因分析

（1）罩面灰压光的操作方法不当造成抹纹。

（2）墙面没有分格或分格过大，造成无法在分格缝处留槎；虽有分格但不在分格处留槎等造成接槎明显。

（3）砂浆使用的原材料不一致，没有统一配料，基层浇水不匀。

二、预防措施

（1）外墙抹灰宜做成毛面（刷成竖向布纹），不宜抹光。

（2）接槎位置应留在分格条处、腰线处、阴阳角处或水落管等处，阳角处抹灰应用反贴八字尺的操作方法。

（3）外墙抹灰的面层灰，使用的原材料应一致，水泥应同品种、同强度等级、同批量。黄砂亦应同产地、同批量。水泥和黄砂均应留有余量，且须专人统一配料。

4.1.6.9.2.2 内墙抹灰层空鼓、裂纹

一、原因分析

（1）基层没处理好，清扫不干净，没按不同基层情况浇水。

（2）墙面不平，偏差较大，一次找平过厚。

（3）砂浆和易性、保水性差，硬化收缩大，黏结强度低。

（4）各抹灰层砂浆配合比强度相差大。

（5）操作不当，没有分层抹灰。

（6）施工过人洞处接槎开裂。

（7）电气线路暗敷管埋设过浅，且暗管未作固定，嵌填砂浆一次与砖墙面找平，导致预埋管开裂。

二、预防措施

（1）基层太光滑，应进行界面处理。基层表面污垢、隔离剂等必须清理干净。

（2）基层抹灰前要先浇水湿润，砖基层应浇水两遍以上；抹灰前对凹凸不平的墙面必须剔凿平整，凹处用1：3水泥砂浆分层填实找平。墙面脚手眼和其他洞，也应在抹灰前填堵抹平。

（3）砂浆和易性、保水性差时，可掺入适量的石灰膏或外加剂，调整好配合比。

（4）水泥砂浆、混合砂浆、石灰膏等不能前后交叉涂抹。

（5）应分层抹灰，层间间隔时间应符合有关规定。

（6）不同基层材料的交汇处宜铺设钢丝网，每边搭接长度100～150mm。

（7）过人洞必须分层抹灰，且留在洞口的大面抹灰应留接槎，宽度不小于50mm。

（8）电气线路暗敷管埋设深度必须保证管面离墙面 10～15mm，暗管要做好固定，不得松动，用1∶3水泥砂浆分层嵌实，认真养护。大面积抹灰前应检查是否存在空鼓，否则不得进行下一工序的施工。

4.1.6.10　屋面工程

4.1.6.10.1　屋面工程施工质量控制要点

4.1.6.10.1.1　对承包单位资质进行审查和认定，对操作工人进行考核，审核施工方案和技术交底文件。

4.1.6.10.1.2　对屋面工程使用的主要材料、辅助材料进行质量预控，检查出厂质量合格证书、试验报告或质量鉴定文件。

4.1.6.10.1.3　进入施工现场的防水材料要进行具有出厂质量合格证书，还要进行材质试验及外观检查；对要进行防水的部位基层，进行质量验收。对基层的标高、坡度、表面平整度、表面处理、清扫，均应对照图纸及已施工部位的相对关系进行校验，并通过施工单位进行校正处理。

4.1.6.10.1.4　屋面防水材料施工时，检查承包单位严格按照施工工艺标准和施工规范要求、施工工艺流程进行，铺贴方向、卷材之间的搭接宽度与长度，均应符合规范要求。

4.1.6.10.2　屋面工程质量通病防治

4.1.6.10.2.1　卷材防水屋面渗漏

一、原因分析

（1）原材料质量不符合设计要求和规范、标准的有关规定。

（2）卷材铺贴在含水率较大的基层上，又未采取相应的技术措施。

（3）胶结材料没有充分脱水，或质量达不到要求。

（4）卷材表面存有浮性的滑石粉或有灰尘。

（5）因温度变化，屋面板产生胀缩，引起板端翘曲。卷材质量差、老化或在低温条件下产生冷脆，而降低韧性和延伸度。

（6）搭接长度太小，卷材收缩后接头开裂、翘曲；或因卷材老化龟裂、起泡破裂，使卷材开裂，而导致屋面防水层渗漏。

（7）防水层未做保护层或保护层处理不当，以致卷材与胶结材料发生龟裂、变脆甚至破坏。

二、预防措施

（1）防水层所选用的卷材质量必须符合现行技术标准和相应技术规范的有关规定。

（2）各种防水卷材的施工温度应符合现行技术标准和相应技术规范的要求。

（3）灌板缝：屋面结构层为装配式楼板时，应将板缝清理干净并洒水湿润后，用C20细石混凝土浇灌板缝，振捣密实。基层必须干净、干燥，采用水泥砂浆找平层时，水泥砂浆抹平收水后应二次压实，使表面压实平整，排水坡度符合要求，并充分养护，不得有酥松、起砂、起皮现象。并在一定温度下洒水养护，直到满足上述要求为止。

（4）目前屋面找平层多采用水泥砂浆，要达到干燥不容易。可采用排气屋面的施工方法。

（5）基层与突出屋面的结构（女儿墙、立墙、天窗壁、变形缝、烟囱等）的连接处，以及基层的转折处（水落口、檐口天沟、檐沟、屋脊等），均应做成圆弧，内排水的水落口周围应做成略低的凹坑。

（6）铺设屋面隔气层和防水层前，基层必须洁净、干燥。

（7）卷材铺设技术应符合现行技术标准和相应技术规范的要求。

4.1.7　工程质量控制措施及主要内容

4.1.7.1　工程开工前准备阶段质量控制

4.1.7.1.1　审查工程项目部提交的《重要工程开工报审表》及相关资料，并经项目监理部或项目法人批准。

（1）随《重要工程开工报审表》报审的资料应包括：

施工组织设计及《施工组织设计报审表》；

施工进度计划及《施工进度计划报审表》；

专业施工组织设计或作业指导书及《专业施工组织设计/重大施工技术方案报审表》；

《主要材料及构（配）件供货商资质报审表及资质材料；

《主要工程材料报审表》，包括但不限于：钢材、水泥、砖出厂合格证和试验报告；电焊条出厂合格证；砂、石试验报告；砂浆、混凝土配合比报告；

《特殊工种作业人员统计表》；

《主要测量、计量器具检验统计表》；

《施工质量检验项目划分报审表》；

《工程控制网测量报验单》；

施工机具配置一览表及施工机械安全检查资料。

（2）对工程项目开工报审资料的审查要点：

工程项目部组织机构健全、管理人员（包括行政、技术、质量、安全、计划、材料）到位；

工程管理办法切实可行，各级管理人员的管理职责明确，各项管理制度健全；

施工进度计划满足项目法人里程碑工期要求；

施工方案（措施）可靠、合理，能保证施工质量和安全；

主要材料的质量能满足工程质量要求，材料准备能满足连续施工要求；

特殊工种的培训和持证上岗情况；

主要测量、计量器具应经定检合格，具有定检合格证和检验文件，且在定检周期范围内，规范、图集已备齐；

设计单位已向项目法人移交坐标点成果资料及坐标桩，项目法人、监理、施工单位对厂区坐标点成果进行复核且满足测量精度要求；

施工质量检验项目划分应涵盖承包工程的全部内容，不得遗漏和重复；

施工机具配置应满足连续施工和工期要求。

4.1.7.1.2　单位工程开工应具备的条件

施工组织设计或施工方案（措施）已通过审查；

设计交底及图纸会审已完成；

工程施工进度计划编制完成并通过审查；

主要劳力、材料、机具、设备已到位并满足计划需要；

供货商资质及主要材料质量均经审查检验；

资金已到位；

施工现场已满足开工条件。

4.1.7.1.3　单位工程开工报告的批准

开工报告由项目监理部根据上述审查要点组织审查，当满足上述要求时，工程即具备正式开工条件，经总监审查合格并报项目法人最终审定同意后，由项目总监发布开工令。

4.1.7.1.4　设计交底及图纸会审

一、设计交底及图纸会审议程

设计交底会议由项目建设单位，设计、监理、施工等单位参加，图纸会审会议由项目监理部组织，建设单位、设计、施工等单位参加。

设计单位对图纸设计原则进行交底，交底内容包括设计意图、工程特点、施工要求、技术措施和有关施工注意事项等。

建设单位、监理、施工等单位对图纸中不明确的问题或疑问向设计单位提出，由设计单位进行答复或讨论，最后统一意见后形成会审记录并有各方签字，对图纸能否投入使用给予确认。

形成图纸会审会议纪要，参加会审的各方各持一份。

二、施工图纸会审要点

地质资料、设计图纸是否齐全，图纸表达深度是否满足现场施工的需要。

各专业之间设计配合是否协调。

各专业施工图之间、总图与分图之间的尺寸有无差错和相互矛盾。

能否满足生产运行的安全经济的要求和运行维护及检修的合理需要。

与国家电力公司颁发的规定、反事故措施及其他规定有无矛盾。

4.1.7.2　工程设计修改程序及设计单位现场服务

一、小型及一般工程设计修改程序

项目法人、施工、监理等单位提出的小型及一般设计修改按下列程序执行：

申请设计修改的单位提出设计修改意向，并填写《申请设计修改联系单》，送设计工代或设计单位确定是否进行修改。

设计工代或设计单位对《申请设计修改联系单》审查同意后，提出工程设计修改通知单。

设计工代或设计单位填写《设计修改通知单报审表》报项目监理部审查同意后，该设计修改通知单即为有效的设计修改。

项目监理部向工程有关单位发送设计修改通知单，施工单位即可按照修改的设计组织施工。

二、重大设计修改

凡属于以下设计修改，均属于重大设计修改：

改变设计原则的修改；

变更系统方案和主要结构，修改主要尺寸、标高；

主要原材料和设备代用项目；

变更后单项费用增加 10 万元以上修改项目；

对施工进度产生较大影响的变更项目。

三、重大设计修改程序

申请修改设计的单位提出重大设计修改的原因并提交《申请设计修改联系单》，由设计单位提出设计修改通知单；

设计单位填写《设计修改通知单报审表》报项目监理部审查同意；

项目监理部将设计修改资料报项目法人审查批准；

项目监理部通知设计单位和施工单位，确认重大设计修改的有效性，即可按照设计修改组织施工。

四、设计单位的现场服务

根据施工进度分阶段选派不同专业设计工代现场服务；

按照施工图纸交付情况分阶段进行设计交底和参加图纸会审；

当施工图有必要进行修改时，应及时按程序进行设计修改；

当施工图发生修改较多时，应重新提供正式图纸。

4.1.7.3　工程施工过程中质量控制

4.1.7.3.1　质量控制的原则

（1）质量控制应以工序控制为主，工序控制应既为操作者控制工序质量创造条件，又能使操作作业处于受控状态。

（2）抓住影响施工质量的关键工序进行控制。

（3）工序质量所涉及的技术、材料、机具、试验、检验各方面应协调行动，应加强对工程项目部工序协调控制的检查。

4.1.7.3.2　项目监理部在质量控制中责任

（1）适时向工程项目部发布项目监理部关于 W、H、S 点的设置清单。

（2）对需旁站监理的工程施工进行旁站监理，检查现场施工方案、技术措施、安全措施与报审技术文件是否一致，检查施工质量，对不符合规范的行为予以纠正，或采取必要措施，施工结束后对符合验评标准的工程进行监理签证。

（3）隐蔽工程验收应经施工单位三级自检合格，在隐蔽前 24h 或 48h 将《工程质量报验单》报项目监理部，经监理验收合格签证后方可隐蔽。未经监理验收或验收不合格而擅自隐蔽，由此引起的后果由工程项目部承担。

（4）隐蔽工程验收包括：①工程建设工序中间环节半成品的验收。如建筑工程中的钢筋工程，验收内容有钢筋的品种、规格、数量、位置、形状、焊接尺寸、接头位置、预埋件的数量和位置，以及材料代用情况。②埋入地下的基础工程，验收内容有地基开挖土质情况、标高尺寸、基础断面尺寸、桩基中桩的位置、数量、制作质量、入土深度等。③埋入地下的管道工程，验收管道垫层、坐标、接口、焊缝、水压试验等。④全厂接地网及计算机系统接地装置，验收坐标、焊缝搭接尺寸、焊口防腐处理以及按设计要求的降阻剂、接地电阻等。⑤埋入结构或土中的防水工程，如屋面、地下室、水下结构的防水层、防水处理措施、防腐处理等的施工质量。

（5）在施工现场重点检查操作人员是否按照规程、规范、技术标准、设计图纸、作业指导书和施工工艺进行操作。

（6）在施工过程中现场检查特殊工种人员持证上岗情况。

（7）检查是否按照已批准的设计或设计变更文件进行施工。

（8）在工程质量事故处理过程中，检查是否按照批准的处理方案进行施工。

（9）对施工现场不按设计、规范施工的现象和不安全因素，通过现场巡视检查、发监理工作联系单、整改通知单、停工通知单等方式督促其整改。

4.1.7.3.3　监理应定期或不定期地检查工程项目部技术（安全）交底记录

必要时参加施工单位重要工程或主要分部、分项工程技术（安全）交底会议。工程项目部应向监理提供技术交底记录、施工技术措施或作业指导书以及质量体系程序文件。

（1）检查施工交底是否符合设计、规范的规定，是否满足施工需要，是否能指导施工。

（2）检查是否按已审定的施工技术措施和施工方案进行了技术交底，交底人、接受人是否签字。

4.1.7.3.4　与参建单位间的日常工作联系及整改、停工和复工处理程序

（1）项目监理部与参建单位的工作联系及在日常巡视过程中发现的问题应以书面方式提出，由项目监理部以《监理工作联系单》的形式发给有关单位，凡是需要反馈处理的应针对提出的问题以《工程联系单》的形式予以回复，形成闭环。

（2）发生下列情况之一时，由项目监理部填写《整改通知单》，总监理工程师签发，责令工程项目部组织整改：

1）不按经审查的设计图纸或修改的设计组织施工。

2）重大项目无施工技术措施和技术交底。

3）特殊工种操作人员无证上岗。

4）发现使用不合格的原材料、半成品、构配件或主要施工机具设备、仪器、计量器具存在质量或安全问题。

5）发现施工过程不符合规范要求或工程质量存在缺陷。

6）擅自将工程转包或未经同意的分包单位进场作业。

7）隐蔽工程未经监理验收或验收不合格而擅自隐蔽。

8）没有可靠的质量保证措施，工程质量已出现下降征兆。

9）发现严重违反施工安全规程的施工行为。

（3）工程项目部按照要求进行整改后填写《整改报验单》报项目监理部进行检验确认，确认合格后项目监理部签署意见予以认可，形成闭环。

（4）发生下列情况之一时，在征得项目法人同意后由总监理师签署《停工通知单》，视现场存在问题的严重程度采取全部或部分工程项目停工措施。如发生特别紧急的情况，总监理师可先下达停工令并随后向项目法人汇报：

1）项目监理部已签发《整改通知单》，工程项目部对提出的问题整改不力或整改无效。

2）已发生重大质量、安全事故或如不停工将要导致重大质量、安全事故的发生。

3）施工条件发生较大变化而导致必须停工。

4）应项目法人的要求。

（5）令其停工或部分停工的工程项目整改完毕需要复工时，由工程项目部填写《复工申请表》，经项目监理部及项目法人检查合格后下达复工令方可复工。

4.1.7.4　分部、分项工程、隐蔽工程及单位工程验评程序

4.1.7.4.1　验收应具备的条件

（1）对施工完成的分部、分项和隐蔽工程，要按照国家及行业制定的施工验收规范和验评标准进行验收评定，并经施工单位三级（班组、项目部、公司）验收合格。

（2）技术文件、施工记录、试验报告、三级质检记录资料齐全，工程项目部已将《工程质量报验单》报项目监理部。

（3）工程项目部应按照下列要求进行工程质量报验：一般分部分项工程、隐蔽工程在验收前 24h、重大分项工程、隐蔽工程在验收前 48h 将《工程质量报验单》报项目监理部。

4.1.7.4.2　土建分项、分部、单位工程具备移交设备安装施工前土建专业填写《土建交付安装中间验收交接表》

报项目监理部，由工程项目部组织土建（即交付单位）及安装（即接受单位）专业进行交接验收，项目监理部予以现场见证。在验收过程中发现的质量缺陷在交接中应有记录并限期整改。

4.1.7.4.3　分部分项工程、单位工程的质量验评

（1）按照经项目监理部审查的土建工程施工质量检验项目划分表所列的分项、分部、单位工程进行质量验评，分项工程、分部工程、单位工程的质量分为“合格”和“不合格”两个等级。

（2）通过对分项工程所含检验结果来评定该分项工程的质量等级；分部工程的质量等级按其所含分项工程的质量等级来评定；单位工程的质量等级按其所含分部工程等级来评定。

（3）分部分项工程、隐蔽工程须经监理验收合格后方可进入下道工序施工或隐蔽，如未经监理验收或验收不合格而擅自进入下道工序施工或隐蔽的，由此而引起的后果由工程项目部负责。

4.1.7.5　工程竣工验收

一、工程竣工验收应具备的条件

（1）工程项目部承建的工程施工已全部完成，并经施工单位三级验收合格。

（2）技术文件、施工记录、施工试验记录、设计修改资料、竣工图等资料齐全、真实、规范，整理完毕列出清单。

二、工程竣工验收程序

（1）工程项目部于验收前 7d 填写《工程质量报验单》并随同有关资料报项目监理部，项目监理部对工程进行竣工预验收，工程项目部对提出的缺陷应及时整改，经项目监理部审查后向项目法人提交工程竣工验收申请。

（2）由项目法人组织启动验收委员会或验收专业组提出验收方案并组织验收，项目监理部协助进行工程竣工验收，工程项目部针对提出的缺陷认真组织消缺整改，由启动验收委员会进行复查。

（3）工程项目竣工验收资料未经有关验收各方签证确认，监理工程师不予办理工程竣工结算支付。

4.1.7.6　工程质量事故处理程序

（1）发生质量事故（问题）后，工程项目部应如实填报《工程质量事故报告单》报项目监理部。项目监理部接到报告单后应立即以书面形式报送有关单位，并组织或参与有关单位对质量事故的调查分析。

（2）工程质量事故处理方案由工程项目部提出并填写《质量事故方案报审表》，在征得设计单位同意并签证后报项目监理部审查。

（3）工程质量事故处理方案应满足使用功能、不留隐患、技术可行、经济合理、施工方便的要求。

（4）工程项目部根据批准的处理方案制定可行的事故处理技术措施，在处理中严格按照施工技术措施施工并加强自检和专检，认真做好原始记录。

（5）项目监理部严格按照处理方案和事故处理技术措施，监督工程项目部实施并做好原始记录。

（6）工程质量事故处理完毕，工程项目部填报《质量事故处理结果报验表》报项目监理部，项目监理部应组织验收并签署意见。

4.1.8　工程进度控制措施及主要内容

4.1.8.1　工程开工前期施工进度控制

（1）项目监理部按照项目法人批准的河曲发电厂工程里程碑工期要求，编制或协助项目法人编制施工进度一级网络图计划，报项目法人批准后生效。根据一级网络图计划应确定以下工作：确定关键线路、满足关键线路的保证措施、非关键线路的时差分析。

（2）根据一级进度网络图计划，施工单位参照施工组织设计并结合本单位的技术、劳力、设备、材料供应等情况，编制满足一级网络图计划要求的二级进度网络图计划，报项目监理部、项目法人批准后生效。

（3）工程项目部应根据二级进度网络图计划编制出单位工程、分部、分项工程的建设进度横道图，并制定切实可行的保证措施以保证工期目标的顺利实现。

4.1.8.2　施工过程中进度控制

（1）工程项目部应定期将各种资源要素配置如劳力、设备、机具、物资供应等情况报监理部，项目监理部应根据施工形象进度并与施工进度计划进行比较，找出偏差原因，制定措施予以纠正。

（2）项目监理部应利用协调会、联系单等形式对施工进度进行动态管理，重点考核工程形象进度是否满足项目法人里程碑工期要求，对工作不利的施工队伍、失控的施工进度及时处理。

4.1.9　工程投资控制措施及主要内容

工程投资控制是一项系统性的工作，涉及建设、设计、施工、调试、设备材料采购供应、工程管理等等环节的协调配合。

（1）工程项目部按照施工合同约定的付款周期申请工程进度款的拨付，填写《工程月付款报审表》并附工程统计报表报项目监理部，监理部复核已完成工程量并进行计量计价，审核无误总监签字同意后报项目法人作为付款依据。

（2）项目监理部在工程计量时应根据施工图、有效的设计修改通知单计算，对施工质量达到合同要求的工程量予以计量，对超出图纸范围及工程质量不合格、未经验收擅自隐蔽的工程量以及自身原因返工的工程量不予计量。

（3）设计单位的设计修改需进行计量计价，未经项目监理部审查的设计修改不予计量。

（4）项目监理部督促各方认真履行合同，避免或减少索赔事件的发生。

4.1.10　工程安全控制措施、危险点预测及预控措施

（1）工程开工前，施工单位应建立健全安全管理体系并保证其正常运转，项目监理部在审查工程项目部施工措施的同时审查安全措施，工程项目部在向施工人员进行技术交底的同时进行安全交底。

（2）施工人员上岗前应进行安全教育和安全考试，施工中应定期进行安全学习和安全检查，项目监理部应定期或不定期检查安全学习记录。

（3）施工前应有切实可行和有效的安全设施，安全设施不全者不准进行施工。

（4）安全用具应有产品合格证和试验报告，并按规定进行检查试验，试验应有试验报告，检查应有记录，凡不合格的安全用具应进行明显标识和单独保管，不得使用。

（5）高空作业人员应定期进行体检，体检不合格者不得进行高空作业。所有施工人员应按规范要求佩戴劳保用品。

（6）二期工程危险点预测及预控措施见表 4-1-1。

表 4-1-1　　危险点预测及预控措施

序号	作业活动	危险点/危险源	危害后果	预控措施
1	建筑施工			
1.1	土建开工前的危险点控制（必备条件）			
	开工前	资质不合格	人身伤害、设备事故	参加火电工程建设的施工单位，必须经资格审查合格，并持有安全资质证
		安全网络不健全	人身伤害、设备事故	应按规定设置安全监察管理机构和配备足够的安全监察人员
		安全措施不全	人身伤害	应有经审批后的“安全措施”方案。各类施工设施及人员齐备就绪，制定安全制度，明确安全责任
		作业人员不符合上岗条件	人身伤害	参加施工的作业人员，应经体格检查合格
		缺乏安全知识	人身伤害、设备事故	工程施工前，全体施工作业人员必须经过“安规”培训学习，且应考试合格，持证上岗
		作业人员着装不正确	人身伤害	必须每人配备合格的安全帽。按规定使用劳保用品，做到正确着装
1.2	土方施工			
1.2.1	土方开挖	坍塌	人身伤害事故	1．挖土前根据挖土深度、土质情况、环境情况、地下物和地下水情况，做好边坡放坡和支护工作。 2．挖土时应自上而下进行，严禁掏底的挖法。 3．坑槽边 1m 内不得堆放材料、停放车辆、设备或堆土。坑边 1m 外堆土高度不超过 1.5m，坑边有大型设备停放时或有作业时要采取加固措施。如发现坑槽裂缝、土质疏松、要立即补救。 4．雨季施工时要注意基坑周围的排水，以防积水冲垮护坡。 5．采取措施预防挖孔、扩孔作业塌孔。深孔内要做好通风、照明，以确保孔下人员安全。 6．在有地下构筑物附近挖土时，其周围必须加固。在靠近建筑物处挖掘基坑时，应采取有效的防塌措施
1.2.2	机械开挖	违规作业	人身伤害、设备事故	1．采用大型机械挖土时，应对机械的停放、行走、运土方法及挖土分层深度制定出具体施工方案。 2．挖土机行走或工作时，严禁任何人在伸臂及挖斗下面通过或逗留。 3．严禁人员进入斗内，不得利用挖斗递送物件。 4．严禁在挖土机的回转半径内进行其他各种作业
1.3	焊接作业			
1.3.1	电焊作业	1．措施不全 2．违章作业	人身伤害	1．电焊机机壳要有良好接地保护，防护罩齐全，不漏电。接地电阻不得超过 4Ω。 2．电焊钳、电焊导线的绝缘必须良好。发现破损应及时处理。各电路对机壳热态绝缘电阻不得低于 0.4Ω。 3．在容器内作业，或在狭小场地及金属构件上作业时，人与焊件要绝缘，不骑靠在焊件上。 4．焊工要使用防护面罩。戴好电焊手套，且手套干燥完好。穿耐火防烫的棉制工作服，防止衣服潮湿时触电。衣着不得敞领卷袖。穿橡胶底的绝缘防护鞋
1.3.2	气焊作业	违章作业	人身伤害、设备事故	1．氧气瓶及乙炔罐安装减压器，搬运时要装好瓶帽，不用金属敲击，不用火焰加热，它们与明火距离不小于 10m，两容器相距不小于 10m。 2．乙炔发生器要有防爆及防回火装置。电石要防潮存放。乙炔发生器附近禁止吸烟。 3．气焊或切割容器和管道时，残存的气液要预先清理干净。 4．电石库应采用防爆型电气设备，照明应采用防爆型灯具。库内严禁烟火

续表

序号	作业活动	危险点/危险源	危害后果	预控措施
1.3.3	钢构件制作	违章作业	人身伤害、设备事故	1．各种下料切割机械应经检测合格后方能使用。机械设备的电气部分绝缘应良好。 2．进行切割与热处理工作时，应有防止触电、防止金属飞溅引起火灾的措施，并应防止灼伤。 3．凡患有严重的呼吸系统性疾病，心血管疾病和明显的肝、肾疾病的人员，不宜参加切割与热处理工作
1.4				脚手架
1.4.1	脚手架搭设材料	搭设的脚手架不符合要求	人身伤害	1．支搭脚手架的材料应符合规范规定。立杆应垂直，钢管立杆应设置金属底座或垫木。竹、木立杆应埋入地下30～50cm，杆坑底部应夯实并垫砖石。脚手架的两端、转角处以及每隔6～7根立杆，应设支杆及剪刀撑，支杆和剪刀撑与地面的夹角不得大于60度。不倾斜、不摇晃、不变形。 2．脚手架的承受荷载：一般多立杆式脚手架不得超过2.7kN/m^2。对外装修脚手架使用荷载不得超过2kN/m^2。脚手架搭设后应检验合格并挂牌后方可使用. 3.非架子工不得搭设脚手架。钢管脚手架应用外径48～51mm，壁厚3～3.5mm的钢管。立杆、大横杆的接头应错开，搭设长度不得小于50cm.承插式的管接头不得小于8cm。凡弯曲、压扁、有裂纹或已严重锈蚀的钢管严禁使用。 4．竹、木立杆和大横杆应错开搭接，搭接长度不得小于1.5m。绑扎小头应压在大头上，绑扣不得少于三道
1.4.2	脚手架作业人员	1．作业人员无证上岗 2．违章作业	人身伤害	
1.4.3	脚手架超载	违章作业	人身伤害、设备事故	
1.4.4	脚手板铺设	1．材料不合要求 2．脚手板未铺满 3．脚手板未绑扎	人身伤害	1.脚手板应铺满，不得有空隙和探头板。脚手板与墙面的间距不得大于20cm。在架子转弯处，脚手板应交错搭设，脚手板应铺设平稳并绑牢。 2．脚手板的搭设长度不得小于 20cm。对头搭接处应设双排小横杆，双排小横杆的间距不得大于20cm。 3．在架子上翻脚手板时，应有两人从里向外按顺序进行。工作时必须挂好安全带，下方应设安全网
1.4.5	脚手架的拆除	违章作业	人身伤害	1.拆除脚手架应自上而下顺序进行，严禁上下同时作业或将脚手架整体推到。 2．拆除作业区周围应设围栏或警告标志，并由专人值班，严禁无关人员入内。 3．任何物品一律不得随意抛掷
1.4.6	特殊形式脚手架	1．无措施或措施不全 2．违章作业	1．人身伤害 2．设备事故	1．脚手架的承力点、支撑点应选择牢固可靠的建（构）筑物上。严禁超负荷使用。在工作中，对其结构、挂钩及钢丝绳应指定专人每天进行检查及维护。 2．特殊脚手架搭设好后，技术负责人要会同搭设和使用人共同交接验收。 3．悬挂式钢管吊架除立杆与横杆的扣件必须牢固外，立杆的上下两端还应加设一道保险扣件。立杆两端伸出横杆的长度不得少于20。 4．移动式脚手架工作时应与建筑物绑牢。移动前应将架子上的材料、工具等清除干净，应有防止倾倒的措施
1.4.7	脚手架搭设	违章作业	人身伤害	1．脚手架的外侧、斜道和平台应设1.05m高的栏杆和18cm高的挡脚板或设防护立网。搭设脚手架时，作业人员应挂好安全带。 2．斜道板、跳板的坡度不得大于 1∶3，宽度不得小于1.5m，并钉防滑条，防滑条的间距不得大于30cm。 3．高度3m以上的脚手架，每层外侧应绑二道护身栏杆
1.5				坑、洞、井、沟道及平台
1.5.1	坑、洞、井、沟道	设施不规范	人身伤害	1．20～150cm宽的坑、井、洞、沟道应满铺盖板；超过150cm的周围应设置安全栏杆。 2．坑洞及临边的防护不得任意拆除，缺因工作需要拆除的，工作完毕后必须及时恢复
1.5.2	平台、楼梯、通道、栏杆	设施不规范	人身伤害	1．所有平台、楼梯、通道及升降口均应设置防护栏杆，栏杆高度为1.2m的双层栏杆，栏杆刷红白相间油漆，并挂好警示牌。 2．栏杆搭设牢固可靠，任何人不得随意拆除
1.6				高出作业及交叉作业
1.6.1	高出作业	违反安规	人身伤害	1．凡参加高处作业的人员应经体检合格。经医生诊断患有不宜从事高处作业病症的人员不得参加高处作业。 2．高处作业必须系好安全带，戴好安全帽。安全带应挂在上方的牢固可靠处。夜间作业应有足够的照明。 3．高处作业人员应衣着灵便，衣袖、裤脚应扎紧、穿软底鞋。凡饮酒后、精神不振者，禁止攀高作业。 4．高处作业人员应佩戴工具袋，较大的工具应系保险绳。传递物品时，严禁抛掷，防止高处坠物。 5．高处作业平台、走道、斜道等应装设1.05m高的防护栏杆和18cm高的挡脚板，或设防护立网。高度超过4m以上的空挡作业时，应增设水平安全网。 6．特殊高处作业的危险区应设围栏并挂“严禁靠近”的警告牌，危险区域内严禁人员逗留和通行

续表

序号	作业活动	危险点/危险源	危害后果	预控措施
1.6.2	交叉作业	1. 隔离措施不当 2. 管理协调不力	人身伤害	1. 施工负责人应事先组织交叉作业各方，商定各方的施工范围安全注意事项。各工序应密切配合，施工场地尽量错开，以减少干扰，无法错开的交叉作业，层间必须搭设严密、牢固的防护隔离设施。 2. 交叉作业的通道应保持畅通，有危险的出入口应设围栏并挂警告牌。 3. 工具、材料、边角余料等严禁上下抛掷，应用工具袋、箩筐或吊笼等吊运，严禁在吊物下方接料或逗留。 4. 在生产运行区进行交叉作业时，必须办理工作票，做好隔离设施，必要时派人监护
1.7	施工用电	1. 人员无证作业 2. 设备材料不合格 3. 管理措施不完善 4. 违章作业	人身伤害	1. 施工电源应按规定搭设，使用完毕后应及时拆除。所有施工电缆应绝缘良好。中间接头绝缘包扎应符合“安规”要求，严禁使用不防水的黑胶布包扎。 2. 配电室、开关柜及配电箱应加锁并挂警告标志。室外照明线路应使用双层绝缘的电线，严禁使用单层绝缘的绞织线 3. 所有电气设备外壳应可靠接地，且接地电阻符合要求。电气设备应使用经试验合格的漏电保护器或自动空气开关。电工应持证上岗
1.8	烟囱施工			
1.8.1	场地设施	1. 违章作业 2. 管理措施不完善	人身伤害	1. 参加施工的人员应经体格检查合格并发给“高处作业证”，在烟囱内上下凭证通行 2. 筒身施工时应划定危险区并设置围栏，悬挂警告牌。当烟囱高度在100m以上时，其周围30m以内为危险区，危险区的进出口应设专人值班。 3. 烟囱入口通道的上方必须搭设防护隔离层，其宽度不得小于3m，高度以3～5m为宜，隔离层应采用铺钢板的双层搭设，夜间应有足够的照明。 4. 平台上多余的钢筋、模板等杂物必须每班清理干净。严禁向下抛扔。 5. 烟囱进行上部施工，其周围作业区应搭设水平隔离防护棚。 6. 施工区域内应设灭火装置。易燃品应妥善保管。在平台上进行电焊和气割工作时，应选择适当位置并采取防火措施。 7. 夏季应做好高温中暑。雷雨季节应注意防雷击。 8. 电源供电应采用“三相五线制”。电源电压应保证在380V正负5%以内。 9. 信号或通信控制系统不得少于3套，即必须配备无线、有线及声光联络信号，并经常检查维护，保证绝对可靠
1.8.2	滑模施工	1. 违章作业 2. 管理措施不完善	人身伤害	1. 经常调整水平和垂直偏差，防止平台扭转和漂移。爬杆弯曲应及时调整加固。 2. 每班的施工进度必须控制，尤其在冬季低温情况下，严防发生筒臂混凝土塌落、平台倾斜或翻落等事故。 3. 吊笼上下信号必须一致，除音响信号外应设灯光信号。吊笼应由专人操作，操作时必须集中精力。 4. 吊物与乘人的吊笼必须分开，严禁人货混载。乘人吊笼两侧宜设保险钢丝绳。钢丝绳的安全系数要足够大。吊笼乘人严禁超载。上下时，人体及物件不得伸出笼外。 5. 吊笼应使用双筒卷扬机或两台同型号的卷扬机。制动器必须可靠，除电磁制动器外，还应有手动制动器。井架上部必须设限位开关，且不得小于两道，吊笼底部应装设缓冲装置或自动停止装置。 6. 作业平台周围应设封闭式内外安全立网，立网下端应反卷兜底固定
1.8.3	烟囱色标涂刷	1. 设施不符合要求 2. 气候环境恶劣 3. 违章作业	人身伤害	1. 吊笼的主吊绳应满足安全系数的要求，每班作业前必须对各结点、滑轮、滑车进行详细的检查，无误后方可作业。 2. 吊笼使用前必须经过详细的技术交底和荷载试验，安全可靠后方可进行下道工序的作业。 3. 当风过大或顶风作业不利于作业时，应停止施工。 4. 必须设专人指挥，要求上下通信、信号联络畅通。 5. 作业时应设安全保护绳，作业人员的安全带均应挂在保护绳上，确保作业者的安全
1.8.4	平台及井架拆除	1. 措施不完善或无措施 2. 违章作业	人身伤害	1. 拆除工作应统一指挥，分工明确。拆除人员应系安全带并固定在可靠的地方。 2. 拆除的部件应随时吊下，小型零件应用接料桶吊运，严禁抛扔。吊下的物件应及时转运，严防高处落物，上下通信应保持良好。 3. 应先将平台平稳地放置在烟囱筒臂上再进行拆除。拆除所用的绳扣、钢丝绳、链条葫芦及其他机具均应检查合格
1.9	主厂房施工			
1.9.1	混凝土的浇捣	防范措施不完善	人身伤害	1. 汽机基座、煤斗等浇灌混凝土时应加强通风，上下应有联系信号。 2. 电动振动器应用绝缘良好的四芯橡皮软线并应接地良好，开关及插座应完整、良好。严禁直接将电线插入插座。 3. 由高处向结构内浇灌混凝土时，应使用溜槽或串筒，串筒之间应连接牢固。严禁攀登串筒疏通混凝土

续表

序号	作业活动	危险点/危险源	危害后果	预控措施
1.9.2	模板安装	违章作业	人身伤害	1．模板安装应按工序进行。支柱和拉杆应随模板的铺设及时固定，拉杆不得钉在不稳固的物件上。模板未固定前不得进行下道工序。 2．模板顶撑应垂直，底端应平整并加垫木，木楔应钉牢，支撑必须用横杆和剪刀撑固定，支撑处必须坚实。 3．模板支撑不得使用腐朽、扭裂的材料。在高处装模必须遵守高处作业的相关规定。严禁在高处独木或悬吊试模板上行走。 4．钢模板安装应自下而上进行。模板就位后应及时连接固定。支持应与模板面垂直，斜撑角度不得小于60度。 5．桁排架支模应确定安全网搭设部位和层数。安全网的外挑高度不得小于2m。 6．安装牛腿模板时，应搭设临时脚手架。用绳索捆扎、吊运模板时，应检查绳扣的牢固程度
1.9.3	模板拆除	违章作业	人身伤害	1．拆模工作应有安全技术交底，应经安全技术负责人同意。 2．高处拆模应划定警戒范围。拆模场所附近及设在模板上的临时电线、管道等应通知拆除后，方可拆模。 3．拆除模板时应选择稳妥可靠的立足点。高处拆模时必须系好安全带。 4．拆除薄腹梁、吊车梁、桁架等易失稳预制构件的模板应随拆随顶，防止构件倾倒
1.9.4	钢筋施工	1．劳保用品不完善 2．措施不全 3．违章作业	人身伤害	1．钢筋应按规格、品种分类堆放整齐，制作场地平整，工作台稳固，照明灯具应加设网罩。在工作台上弯钢筋时应防止铁屑飞溅人眼。 2．室内进行钢筋焊接时，其顶棚、墙面应为防火材料，并应配灭火装置。焊机外壳必须接地良好，严禁带电调整电流。电源设备安全可靠，并有防触电措施。 3．冷拉设备应试拉合格并经验收后方可使用。冷拉卷扬机的前面应设防护挡板，否则应将卷扬机与冷拉方向成90°布置，并用封闭式导向滑轮。 4．冷拉时，沿线两侧各2m为特别危险区，严禁一切人员和车辆通行
1.9.5	钢筋安装	违章作业	人身伤害	1．在高处或深坑内绑扎钢筋应搭设架子和马道。绑扎高处构件钢筋时，应搭设架子或安全网，并系好安全带。 2．主厂房框架、煤斗、汽机基础、除氧框架梁等大型梁、板钢筋绑扎，应搭设架子。 3．搬运钢筋时与电气设备应保持安全距离，严防碰撞。施工中严防钢筋与任何带电体接触
1.9.6	混凝土搅拌站	1．安全设施不全 2．违章作业	人身伤害	1．控制室（柜、箱）内各种电源开关应挂标志牌，操作联系应采用灯光或音响信号。 2．开车前应检查各系统是否良好。下班后应切断电源，电源箱应上锁。清理闸门及搅拌器应切断电源后进行。 3．运行中严禁用铁铲深入滚筒内扒料，也不能将异物伸入传动部分，发现故障应停车检修，在送料斗提升中严禁在斗下敲击斗身或从斗下通过
1.9.7	预制混凝土吊装	1．无措施或措施不完善 2．违章作业	人身伤害	1．预制构件吊装前强度必须达到设计要求并经验收合格，根据构件的最大重量确定相应的起吊工具，并指定专业作业人员。 2．构件应绑扎平稳\牢固。构件吊起作水平移动时，其底部应高处所跨障碍物50cm以上
1.9.8	钢结构吊装	1．无措施或措施不完善 2．违章作业	人身伤害	1．制定吊装方案及安全措施，经批准后方可进行。加强作业人员安全意识教育，杜绝习惯性违章。 2．完善现场安全设施。钢架立柱吊装前在地面搭设简易脚手架，横梁拉设安全绳。每吊一层钢架即形成一层完善的可移动式安全网。 3．吊装钢柱、钢梁前应仔细对钢丝绳、吊勾、吊车进行检查，确认安全可靠，并派专人指挥方可起吊。 4．上下钢架立柱必须挂设防坠器（速差自控式人体防坠器）
1.9.9	压型钢底模板安装	违章作业	人身伤害	1．应有完整的安全作业措施。钢架梁上应铺设临时的、牢固的、防滑的跳板。在钢架梁下挂好可移动的水平安全网或防护栏杆。作业人员应系好安全带。 2．不宜从事高处作业人员不得参加，夜间施工应有充足的照明。 3．所有电动工具应有可靠的接地，并装有漏电保安器
1.9.10	砖石砌体、粉刷施工			
（1）	砖石砌体作业	违章作业	人身伤害	1．严禁站在墙身上进行砌墙、勾缝、检查大角垂直度等工作或在墙身上行走。 2．采用内脚手架砌砖时，必须搭设外侧防护安全网。墙身每砌高4m，防护安全网即应随墙身提高。 3．在高处砍砖时，应注意下方是否有人，不得向墙外砍砖。化灰池的四周应设围栏，其高度不得小于1.05m。 4．采用井子架、门式架起吊灰、砖时，应明确升降联络信号。吊笼进出口应设带插销的活动栏杆，吊笼到位后应采取防止坠落的安全措施。 5．山墙砌完后应立即安装桁条或加临时支撑

续表

序号	作业活动	危险点/危险源	危害后果	预控措施
（2）	粉刷作业	违章作业	人身伤害	1．室内抹灰使用的木凳、金属支架应搭设稳固，脚手板跨度不得大于2m。严禁站在窗台上进行粉刷作业。 2．进行磨石作业时应防止草酸中毒。使用磨石机应戴绝缘手套，穿胶鞋。在调制胶泥和铺设耐酸瓷砖时应保持通风良好，并戴耐酸手套。 3．机械喷浆、喷涂时，操作人员应佩戴防护用品。压力表、安全阀应灵敏可靠
1.9.11	屋面、油漆、玻璃作业			
（1）	屋面作业	1．违章作业 2．无安全措施	人身伤害	1．屋面作业时，靠近屋面边缘处应有安全措施.作业人员应系好安全带。 2．作业物品、材料应防止跌落
（2）	油漆作业	违章作业	人身伤害	1．各类油漆及其他易燃、有毒材料应存放在专用库房内，不得与其他材料混放。库房必须通风良好并设置消防器材和“严禁烟火”的明显标志。 2．沾有油漆的棉纱、破布及油纸等易燃废物，应收集存放在有盖的金属容器内并及时处理。 3．油漆外开外窗扇时必须将安全带挂在牢固的地方。油漆封檐板、水落管等应搭设脚手架或吊架。在坡度大于25°的地方作业时，应设置活动板梯、防护栏杆和安全网。 4．压力喷砂除锈作业时必须配备密封的防护面罩、戴长手套。穿专用工作服。 5．使用汽油、煤油、松香水、丙酮等稀释剂和进行喷漆作业时，必须空气流通，戴好防毒口罩并严禁吸烟。在密闭容器内作业，必须在容器外有人监护。 6．在地下室、池臂、基础、管道、容器内进行有毒有害涂料的防水防腐作业时，应通风良好，使用防护用品，并不得少于2人施工
（3）	玻璃作业	违章作业	人身伤害	1．在高处危险部位安装玻璃时，应铺设脚手板、挂好安全带。应将玻璃安置平稳，垂直下方严禁有人作业或通行，应采取适当的防护隔离措施。 2．切割玻璃应在指定的场所进行，搬运玻璃时应戴好防护手套
1.10	脱硫建筑施工危险点及预控措施包含于以上内容中			

4.1.11　工程合同管理、信息管理及工程协调

4.1.11.1　工程合同管理

（1）合同管理围绕施工进度、质量、投资、安全管理进行，进行跟踪管理，检查各方执行合同的情况，督促各方认真履约，对影响工程建设的质量、进度、投资和安全的情况提出监理意见。

（2）监理以独立、公正的第三方立场，参与处理与工程项目有关的合同纠纷，维护合同各方的合法权益。

4.1.11.2　工程信息管理

（1）信息管理的范围应覆盖工程建设全过程和与工程建设有关的全部信息的收集和利用。

（2）信息处理可采用送达、电话、传真、邮递等形式，并有记录，具有可追溯性。

4.1.11.3　工程协调方法

（1）对工程参建单位工作关系的协调可采用工作联系单、工程协调会、专题会、座谈会等形式进行。

（2）工程协调会原则上每周召开一次，由总监理师主持，项目法人、设计、施工等有关单位参加。主要内容为检查工程进度、工程质量、安全管理、投资完成情况、工程中存在问题及解决办法。

（3）工程专题会视工程情况随时召开，由专业监理人员组织。内容为针对设计、施工中的一个或几个专业问题进行讨论，重大问题应报项目法人审定。

4.1.12　施工阶段监理工作要点及质量标准

4.1.12.1　地基施工阶段

（1）工程开工前，首先对设计单位坐标点交桩情况及施工单位对坐标点成果资料的复核进行审查，检查施工单位的测量仪器是否经过定检，是否在定检周期内，测量人员是否持证上岗。

（2）单位工程定位放线前，审查施工单位的厂区施工测量方格网的施测情况，是否与设计单位提供的坐标点成果资料相符，是否满足现场施工需要。

（3）土方开挖的顺序、方法必须与设计工况相一致，并遵循“开槽支撑，先撑后挖，分层开挖，严禁超挖”的原则。

控制措施：审核施工单位申报的施工方案，严格按施工方案控制施工，做好现场巡视，检查、落实。

（4）基坑边界周围地面应设排水沟，对坡顶、坡面、坡角采取降排水措施。基坑周边严禁超堆荷载。控制措施：加强现场检查，对不符合要求的，督促整改落实。

（5）基坑开挖过程中，应采取措施防止碰撞支护结构、工程桩及扰动基底原状土。控制措施：现场监督检查，随时抽测基地标高。

（6）对开挖的基槽会同项目法人、设计等单位进行地质检验，对地槽的标高、轴线等进行复核，检查定位放线的准确性，并在验槽记录上签字确认，未经监理工程师签字验收不得进行下一道工序的施工。

土方开挖质量标准：标高偏差0～－50mm，由设计中心线向两边量长度、宽度偏差＋200～－50mm，表面平整度≤20mm。

（7）对灰土地基、砂和砂石地基、土工合成材料地基、粉煤灰地基、注浆地基、预压地基，其竣工后的结果（地基强度或承载力）必须达到设计的标准。检查数量，每单位工程不应少于3点，1000m^2以上工程，每100m^2应至少有1点，3000m^2以上工程，每300m^2应至少有1点。每一独立基础下应有1点，基槽每20m应有一点。控制措施：通过试验测算承载力，无实验禁止进行下道工序施工。

4.1.12.2　钢筋混凝土施工阶段

本章其余内容见光盘。

第5篇

火电工程1000MW机组工程施工监理范例

张 虹 刘 建 李显民 杜兴龙 王 平 等 编著

第1章　陕西府谷清水川煤电一体化项目电厂二期（2×1000MW）工程监理规划

1.1　监理范围及监理目标

1.1.1　编制依据及工程概况

1.1.1.1　陕西府谷清水川煤电一体化项目电厂二期（2×1000MW）工程监理合同。

1.1.1.2　GB/T 19001—2000、GB/T 24001—2004 及 GB/T 28001—2001 等设计、开发、生产、安装和服务的质量保证模式标准。

1.1.1.3　中华人民共和国国家标准《建设工程监理规范》（GB 50319—2000）。

1.1.1.4　原国家电力公司发国电火〔1999〕688号文关于颁发《国家电力公司工程建设监理工作管理办法》。

1.1.1.5　西北电力工程建设监理有限责任公司质量体系文件。

1.1.1.6　中华人民共和国电力行业标准《电力建设工程监理规范》（DL/T 5434—2009）。

1.1.1.7　陕西府谷清水川煤电一体化（2×1000MW）扩建工程监理大纲。

1.1.1.8　西北电力设计院陕西府谷清水川煤电一体化项目电厂二期（2×1000MW）工程初步设计。

1.1.1.9　国家和原电力部现行的施工及验收规范，质量验收评定标准，安全生产管理规定，有关会议纪要文件。

1.1.1.10　有效的设计文件，制造厂家的设备图纸，技术说明中的技术指标和要求。

1.1.1.11　陕西府谷清水川煤电一体化项目电厂二期（2×1000MW）工程位于陕西省府谷县北约20km处，二期工程在一期工程东南侧的预留场地上扩建，二期工程拟装设2台1000MW国产燃煤空冷超超临界发电机组，电厂规划容量2600MW。

1.1.1.12　一期工程2×300MW国产燃煤空冷发电机组，#1、#2机组已于2005年11月开工建设，并分别于2008年4月11日、4月29日投入运行。

1.1.1.13　本工程二期2×1000MW的扩建基础条件好，项目启动快，具有较大的优越性。本工程的建设对陕西省内用电局面、改善电网电源结构、提高供电质量，发挥巨大作用及西电东送提供电力保证，该电厂对促进陕西煤炭资源的开发、全国能源资源的优化配置、榆林能源重化工基地的建设及工农业迅速发展用电需求是十分必要的，具有十分重要的意义。

1.1.1.14　本工程拟建设（2×1000MW）直接空冷国产机组，同步建设脱硫、脱硝装置，高效、环保，符合国家产业政策。整个工程计划于2011年5月开工；第一台1000MW机组计划于2013年6月30日建成投产，第二台1000MW机组计划于2013年10月30日建成投产。

1.1.1.15　交通运输。本工程厂址区域已形成四通八达的交通道路，可充分利用现有的交通资源。有府新公路（府谷—内蒙古新街）、神府公路（神木—府谷）、野大三级公路（野芦沟—大昌汗），规划的公路有府墙沿黄三级公路（府谷—墙头）、府白沿黄公路（府谷—白庙乡）府谷三级公路（府谷—古城乡）。

进厂公路从府准二级公路引接，跨清水川河进入厂区，采用汽－20级郊区型7.0m宽混凝土路面。

1.1.1.16　主要设备。本工程2×1000MW机组的锅炉、汽轮机、发电机分别由上海锅炉厂有限公司、东方电气集团东方汽轮机有限公司和东方电气集团东方发电机有限公司供货。

1.1.1.16.1　锅炉主要技术规范见表1-1-1。

表1-1-1　锅炉主要技术规范（BMCR）

序号	名　称	单位	数值
1	锅炉最大连续蒸发量	t/h	3192
2	过热器出口蒸汽压力	MPa（a）	27.56
3	过热器出口蒸汽温度	℃	605
4	再热蒸汽流量	t/h	2580
5	再热器出口蒸汽温度	℃	603
6	省煤器进口给水温度	℃	305
7	锅炉保证热效率（按低位发热量）（BRL）	%	≥94.0
8	排烟温度（修正后）	℃	125

1.1.1.16.2　汽轮机主要技术规范见表1-1-2。

表1-1-2　汽轮机主要技术规范

序号	名　称	单位	数值
1	额定功率	MW	1000
2	高压主汽阀前主蒸汽压力	MPa（a）	26.25
3	高压主汽阀前主蒸汽温度	℃	600
4	主蒸汽流量（TMCR工况）	t/h	3098.4
5	主蒸汽流量（THA工况）	t/h	2775.8
6	中压主汽阀前再热蒸汽温度	℃	600
7	凝汽器额定背压	kPa（a）	13
8	转速	r/min	3000
9	给水加热级数		7级

1.1.1.16.3　发电机主要技术规范见表1-1-3。

发电机的冷却方式为水、氢、氢。发电机的励磁型式为自并励静止励磁或无刷励磁系统。

表1-1-3　发电机主要技术规范

序号	名　称	单位	数值
1	铭牌容量	MVA	1120
2	铭牌功率	MW	1000
3	额定功率因数		0.9（滞后）
4	定子额定电压	kV	27
5	定子额定电流	A	23759
6	额定频率	Hz	50
7	额定转速	r/min	3000

1.1.2 设计概况

1.1.2.1 厂区总平面布置及竖向布置

1.1.2.1.1 厂区总平面布置

本期在原预留的场地上扩建，一期工程已整平，地形较平坦，地势开阔，东西长约360m，南北宽约440m，可利用面积约16.00hm^2。

厂区北侧是一期的输煤栈桥及一期已形成的高边坡，西侧是一期主厂房，南侧是地方新建公路及清水川，东侧是护坡，厂区布置四面受限。根据机组容量参数，空冷的技术条件，本阶段提出布置方案，现叙述如下：本次厂区总平面规划布置，按照电厂区域规划、夏季风玫瑰图、电厂规划容量、来煤条件、工艺要求，厂址场地地形及外部条件、工程量大小，投资等进行厂区总平面布置。

本期主厂房与一期主厂房脱开133.00m，A排较一期向西南伸出19.00m。

总平面布置采用三列式布置，厂区由西南向东北，依次为750kV GIS、空冷器支架、主厂房及炉后设施（含脱硫装置场地)。主厂房固定端朝西北，向东南扩建。主厂房布置在厂区中部；750kV GIS布置在主厂房的西南侧；空冷器支架布置在主厂房与升压站之间；辅机冷却水泵房及机械通风冷却塔布置在空冷器支架的西北侧。主厂房长度204.80m，A排至烟囱中心为220.80m。

机组排水槽、集控楼布置在两台炉之间；渣仓布置在两锅炉房外侧；机务空压机室及电气试验楼、除灰空压机室及电除尘器配电室布置在烟囱的后方。

主变、厂高变、启备变、继电器室和空冷器配电室依次布置在A排外侧，空冷器支架下。

蓄水池在原预留的场地上扩建。

锅炉补给水处理车间布置主厂房的固定端。

灰库、汽化风机房、脱硫辅助设施布置在电除尘器的西北侧。

制氢站布置在750kV GIS的西北侧。

检修间、氨区等布置利用一期空地。

输煤综合楼布置在输煤栈桥的下方。

厂区用地面积16.00hm^2。

厂区地表雨水排水，采用场地、路面散流的排水方式，将雨水散流排至厂外排洪沟。

1.1.2.1.2 厂区竖向布置

根据场地地形特点，厂区竖向布置仍按一期的设计原则，采用台阶式布置；在炉后设一纵贯厂区纵轴方向高2.0m的挡土墙，将厂区分为两个台阶：即电除尘器前、锅炉房、主厂房、空冷器支架、升压站，标高在859.80～864.20m之间，其中纵向坡度为3‰，横向坡度为4‰；烟囱、脱硫设施、灰库、为一个台阶，标高在863.20～864.80m之间，纵向坡度为3‰，横向坡度为4‰。主厂房零米标高暂定为862.00m。

本期工程主厂房按2×1000MW机组布置。

1.1.2.2 主厂房布置

1.1.2.2.1 主厂房布置原则

主厂房按2×1000MW机组布置，并考虑扩建条件。从汽机房向锅炉房看为右扩建，输煤由二期从扩建端接入上煤。在锅炉房K6轴至K8轴之间、空预器上方布置脱硝装置。主厂房、锅炉构架均为钢结构。

主厂房区域采用常规四列式布置方案，按汽机房、除氧框架、煤仓框架和锅炉岛的顺序排列，两台机组之间布置一个零米检修场。汽机头部朝向扩建端。

主厂房为钢筋混凝土结构。

锅炉构架为钢结构。

主厂房布置的主要尺寸见表1-1-4。

表1-1-4　　主厂房布置的主要尺寸

名　称	项　目	数值/m
汽机房	柱距	10、12
	挡数	21
	跨度	30
	双柱间柱距（1个双柱）	1.4
	本期总长度	215.2
	中间层标高	EL＋8.6
	运转层标高	EL＋17
	行车轨顶标高	EL＋30.2（暂定）
除氧框架	柱距	10、12
	挡数	20
	跨度	10.5
	总长度	204.8
	加热器层	EL＋8.6、EL＋25
	运转层标高	EL＋17
	除氧器层标高	EL＋32
	除氧器层轻型屋面标高	EL＋44.88
煤仓间	柱距	10、12
	挡数	20
	跨度	13.5
	总长度	204.8
	运转层（给煤机）标高	EL＋17
	皮带层标高	EL＋45.3
锅炉部分	运转层标高	EL＋17
	炉前跨度	8
	锅炉宽度	70
	锅炉深度	74.8
炉K1柱中心线至烟囱中心线间距		158.8
汽机房A排柱中心线至烟囱中心线间距		220.8
烟囱出口标高		210.0

1.1.2.2.2 汽机房布置

汽轮机为纵向顺列布置，机头朝向固定端，两台机组之间布置一个零米检修场。汽机房分三层：底层（0.00m），中间层（8.60m），运转层（17.00m)。

底层零米为设备层；布置排汽装置，排汽管道从低压缸接出后引到A排外空冷岛。在发电机侧靠B排柱布置三台凝结水泵。发电机尾部布置有凝结水精处理装置和400V厂用配电装置。发电机端布置发电机定子冷却水供水装置、氢气控制站、密封油供油装置等。零米汽轮机机头侧布置有开式水电动滤网、闭式循环冷却水热交换器、主汽轮机润滑油箱、冷油器、油净化装置、顶轴油泵、抗燃油装置等设备。在排汽装置内部布置两台汽机本体疏水扩容器。在两台机组之间设安装检修场，供起吊重物或大件使用。三台机械真空泵布置在A排外空冷岛下方的空冷配电室0m。

中间层（8.6m）为管道层；布置的设备有汽封加热器、发电机引出的封闭母线及励磁设备。机尾发电机侧为10kV工作段配电室。

运转层大平台为17m。

1.1.2.2.3 除氧框架跨距为10.5m，设为四层：0m、8.60m、17.00m、25m、32m层。

底层0m为转动设备层；设有闭式循环水泵、电动给水泵组给水泵、凝结水输送泵及补水泵等，靠近B排侧留有运行维护通道。

8.6m中间层为加热器及管道层，布置有2A、2B高加和6号低加及其管道，靠B排侧留有运行维护通道。

17m运转层为加热器及管道层，布置有1A、1B高加和5号低加及其管道，靠B排侧留有运行维护通道。

25m层布置有3A、3B高加和闭式水膨胀水箱及其管道，靠B排侧留有运行维护通道。

32m层为除氧器层。

1.1.2.2.4 煤仓框架布置

煤仓间跨距为14m，设为三层。

底层（0.00m）为磨煤机层。

运转层（17m）为给煤机层，每台磨煤机配一台给煤机。

运煤皮带层暂定为45.3m，17m至45.3m层间布置有6台煤斗。

1.1.2.2.5 锅炉布置及其尾部布置

锅炉构架采用钢结构，紧身封闭，一次风机和送风机布置在锅炉房0m副跨内。

锅炉采用紧身封闭布置。在锅炉钢构架范围17m运转层设混凝土大平台，炉前设置有低封。两炉中间布置集控楼。脱硝装置布置在锅炉构架内预热器的上方。

锅炉0m布置有两台磨煤机密封风机、干式排渣机等。两台送风机及两台一次风机对称布置在锅炉钢架副跨，3号炉固定端侧及4号炉扩建端侧各布置有两个渣仓，3号炉固定端和4号炉固定端各布置一台排污扩容器。

炉后沿烟气流向依次露天布置两台三室四电场静电除尘器及两台吸风机。吸风机横向室内布置。总烟道采用钢结构型式，不设旁路烟道。

本工程两台机组合用一座高210m的双管钢内筒，单孔出口直径约8.5m的烟囱。

1.1.2.3 电气部分

1.1.2.3.1 电气主接线

本工程本期为扩建2×1000MW汽轮发电机组，最终清水川电厂装机容量为2×300+2×1000MW。

本工程的电气主接线如下：

府谷清水川电厂二期2×1000MW机组考虑以750kV一级电压接入系统，电厂出两回750kV线路接入拟建的神木750kV变电所。

厂内750kV方案采用一个半接线方式，由于场地受限，厂内750kV方案配电装置可采用屋外750kV GIS配电装置。750kV配电装置不堵死扩建的可能。

本期工程2×1000MW机组均以发电机—变压器组单元接线形式接入厂内750kV配电装置，发电机出口不装设断路器，每台机组设三台单相380MVA主变压器。

本期两台机设两台有载调压起动/备用变压器，容量为63/45-45MVA。高压起动/备变电源直接从一期330kV配电装置引接。

330kV配电装置一期已经建成，采用一个半断路器接线方式。由于两台起动/备用变压器在330kV配电装置组成一个完整串，本期330kV配电装置扩建一个完整串。330kV配电装置与两台起动/备用变压器之间经过架空线连接。

本期每台机设置两台容量为63/45-45VA的高压厂用工作变压器（采用分裂绕组）。本期每台机设四段10kV工作母线，机组负荷接在10kV工作母线，公用负荷平均分配在两台机组的10kV工作母线上。

主变中性点直接接地，起动/备用变中性点直接接地。

高压厂用电采用10kV电压等级，采用中性点经电阻接地方式。

低压厂用电系统采用380/220V。主厂房及辅助厂房低压系统均采用中性点直接接地方式。

1.1.2.3.2 电工构筑物布置

主变压器、厂用高压工作变压器、起动/备用变压器及其中性设备等布置在主厂房A排外空冷器平台下。

主变和发电机通过离相封闭母线连接。厂高工作、公用变高压侧分支封闭母线从发电机主回路封闭母线上“T”接，低压侧通过共箱母线与10kV厂用开关柜连接。

主变与750kV配电装置以架空线连接，起/备变与330kV配电装置以架空线连接。起/备变低压侧通过共箱母线与10kV厂用开关柜连接。

1.1.2.3.3 主设备选型

发电机技术规范如下：

型式：三相交流同步发电机。

额定功率：1000MW。

额定功率因数：0.9（滞相）。

额定电压：24～28kV。

额定频率：50Hz。

额定转速：3000r/min。

冷却方式：水氢氢。

额定效率：≥98%。

短路比：≥0.48。

绝缘等级：F（按B级温升使用）。

励磁方式：静态励磁。

主变型号：三台单相强迫油循环风冷变压器3×380MVA。

厂用电率：8.8%。

1.1.2.4 热力系统

本工程热力系统除辅助蒸汽系统采用母管制外，其余系统均采用单元制。

1.1.2.4.1 主蒸汽、再热蒸汽系统及旁路系统

主蒸汽系统：主蒸汽管道从过热器出口集箱接出两根后，两路主蒸汽管道在汽轮机机头分成四路分别接入布置在汽轮机机头的四个主汽门，在靠近主汽门的两路主蒸汽主管道上设有相互之间的压力平衡连通管。

再热蒸汽系统：再热冷段管道由高压缸排汽口以双管接出，合并成单管后直至锅炉前分为两路进入再热器入口联箱。再热热段管道，由锅炉再热器出口联箱接出两根后，两路分别接入汽轮机左右侧中压联合汽门，在靠近中压联合汽门的两路管道上设有相互之间的压力平衡连通管。

旁路系统暂按高低压二级串联旁路，高旁容量暂定为30%～40%BMCR。旁路系统的形式及容量将根据汽轮机的启动方式及空冷器防冻要求考虑，经机、炉、空冷岛协调后最终确定。

主蒸汽、再热蒸汽及旁路系统管道材料的选择如下：

主蒸汽管道和高旁进口管道：A335P92。

高温再热蒸汽管道和低旁进口管道：A335P92。

再热蒸汽冷段管道和高旁出口管道：A672B70CL32。

1.1.2.4.2 抽汽系统

汽轮机具有七级非调整抽汽。一、二、三级抽汽分别向三级高压加热器供汽，每级高加由两个50%容量的高压加热器组成。四级抽汽除供除氧器外，还向辅助蒸汽系统供汽。二级抽汽还作为辅助蒸汽系统和给水泵汽轮机的备用汽源。五至七级抽汽分别向三台低压加热器供汽。正常运行时，暖风器汽源由五段抽汽提供。

为防止汽轮机超速和进水，除七级抽汽管道外，其余抽汽管道上均设有气动止回阀和电动隔离阀。前者作为防止汽轮机超速的一级保护，同时也作为防止汽轮机进水的辅助保护措施；后者是作为防止汽轮机进水的隔离措施。在四级抽汽管道上所接设备较多，且有的设备还接有其他辅助汽源，为防止汽轮机甩负荷或除氧器满水等事故状态时水或蒸汽倒流进入汽机，故多加一个气动止回阀，且在四段抽汽各用汽点的管道上均设置了一个电动隔离阀和止回阀。由于是双列50%容量的高加，为实现单列切除的工况，在一、二、三段抽汽管道至每个高加的支管上均设置了一个电动隔离阀和止回阀。

按ASME标准为防止汽轮机进水，本系统设计有完善的疏水系统。

1.1.2.4.3 给水系统

给水系统采用单元制，每台机组配置三台35%容量的电动调速给水泵组。在3号高加入口、1号高加出口设有电动三通阀，并设有25%BMCR容量的启动旁路，在旁路管道上装有气动控制阀。

本工程给水系统设置双列、三级、六台高压加热器，每列高压加热器均各自采用大旁路系统。系统运行维护方便。

给水管道按工作压力划分，从除氧器水箱出口到前置泵进口管道，称为低压给水管道；从前置泵出口到锅炉给水泵入口管道，称为中压给水管道；从给水泵出口到锅炉省煤器的管道，称为高压给水管道。

1.1.2.4.4 凝结水系统

凝结水系统设三台50%容量的凝结水泵，两台变频装置，三台低压加热器，一台轴封冷却器，一台内置式除氧器，一台500m^{3}凝结水贮水箱，一台凝结水输送水泵，两台凝结水补充水泵，凝结水精处理采用中压系统。

除氧器水箱有效容积为300m^3，相当于约5分钟的锅炉最大给水量。

轴封冷却器出口凝结水管道上设有最小流量再循环系统至凝汽器。最小流量再循环取凝泵和轴封冷却器要求的最小流量较大者。以冷却机组启动及低负荷时轴封漏汽和门杆漏汽，满足凝结水泵低负荷运行的要求。

1.1.2.4.5 辅助蒸汽系统

本工程辅助蒸汽系统为母管制的公用蒸汽系统，该系统每台机设一根中压辅汽联箱。其中两台机组的辅汽联箱通过母管连接，之间设隔离门，以便实现各机之间的辅汽互用。

本系统主要汽源来自再热冷段、汽机四级抽汽及老厂来汽。机组正常运行时，辅助蒸汽联箱由四级抽汽供汽。

本期工程为扩建，第一台机组启动蒸汽由一期辅汽母管供给。

1.1.2.4.6 加热器疏水系统

加热器疏水在正常运行时采用逐级串联疏水方式，最后一级高加疏水至除氧器，最后一级低加疏水至排汽装置，不设低加疏水泵。每台加热器均设有单独事故疏水管道，事故疏水分别接至排汽装置。

1.1.2.4.7 低压缸排汽系统

低压缸排汽从两个低压缸分别接出，通过～DN8000的两根排汽管道接入空冷塔进行冷却。

1.1.2.4.8 开式循环冷却水系统

开式冷却水系统主要为冷油器、发电机氢气冷却器、定子冷却器、密封油冷却器、闭式水热交换器、机械真空泵、电泵的润滑油、工作油冷却器电泵电机冷却器等设备提供冷却水。冷却水来自供水专业辅机冷却水系统，经设备吸热后排至机力通风塔冷却。主厂房内冷却水系统不设升压泵，该系统设有电动旋转滤网。

1.1.2.4.9 闭式循环冷却水系统

对于辅机轴承的冷却，采用闭式水（除盐水）。系统设置有两台100%容量闭式水泵、两台65%容量的板式换热器、一台10m^{3}的闭式水箱。闭式泵出口的水经板式换热器冷却后，主要供凝结水泵电机、电泵前置泵机械密封冷却器、磨煤机电机及油站、空预器轴承冷却器、一次风机和送风机轴承及电机冷却器等设备冷却用。

1.1.2.5 燃烧系统

1.1.2.5.1 制粉系统选择

本工程煤的磨损指数K_e值为0.93～1.03，按《电站磨煤机及制粉系统选型导则》（DL 466—2004），本工程推荐选用中速磨煤机冷一次风机正压直吹式系统设计，每台炉配备六台中速磨煤机，磨煤机配备动态分离器，五台磨煤机运行能满足锅炉最大连续出力时对燃煤量的要求，六台磨煤机中任何一台均可作为备用。

1.1.2.5.2 烟风系统选择

烟风系统按平衡通风设计。空气预热器采用容克式三分仓，分成一次风、二次风和烟气系统三个部分。

1.1.2.5.2.1 一次风系统

该系统主要供给磨煤机干燥燃煤和输送煤粉所需的热风、磨煤机调温风（冷风）。系统内设两台50%容量的动叶可调轴流式一次风机，其进口装有消声器。为使两台一次风机出口风压平衡，并可以单台风机运行，在风机出口设有联络风道。空预器出口的热一次风和调温用冷一次风均设有母管。

1.1.2.5.2.2 二次风系统

该系统供给燃烧所需的空气。设有两台50%容量的动叶可调轴流送风机，其进口装有消声器。为使两台送风机出口风压平衡，在其出口风门后设有联络风管。

1.1.2.5.2.3 火焰检测冷却风系统

火焰检测冷却风系统设两台火焰检测冷却风机，为火焰检测探头提供冷却风。

1.1.2.5.2.4 烟气系统

该系统是将炉膛中的烟气抽出，经过尾部受热面、脱硝装置、空气预热器、静电除尘器、脱硫装置和烟囱排向大气。在除尘器后设有两台50%容量的脱硫、引风合二为一动叶可调风机。为使单台引风机故障时，除尘器不退出运行，在两台除尘器出口烟道上设有联络管和电动隔离门。正常运行时，联络管也起平衡烟气压力的作用。两台炉合用一座210m高的双内筒烟囱，在吸风机出口装有严密的挡板风门，作隔离用。

脱硝装置布置在锅炉尾部烟道省煤器出口和空气预热器的入口之间。

脱硝装置按采用氨触媒法方案考虑。在B-MCR工况下，脱硝装置的设计效率，按≥50%设计，并预留有效率达到≥70%的空间。

随着国家环保要求及烟气脱硫系统运行水平的提高，要求在机组正常运行时烟气脱硫系统须正常投运，本工程不设置烟气脱硫系统烟气旁路。

1.1.2.5.2.5 密封风系统

该系统供磨煤机的密封风。每炉设置 2×100%容量增压密封风机，风源取自一次风机出口冷风系统。密封风机由磨煤机制造厂家配套提供。

1.1.2.5.2.6 锅炉尾部防腐蚀措施

电厂所处冬季地区环境温度较低，为避免空气预热器冷端腐蚀，一次风、送风系统均采用暖风器。同时，鉴于脱硝装置的同步建设，冷端传热元件的材料采用搪瓷材料元件，以防止预热器低温腐蚀和铵盐的腐蚀及堵塞。

1.1.2.6 燃料运输系统

一期工程输煤系统按 2×300MW＋2×600MW 机组容量规划设计，本期工程扩建 2×1000MW 机组，一期所建输煤系统已不能满足本期工程扩建要求，本期从矿区工业站接口，新建一套输煤系统。

1.1.2.6.1 机组耗煤量

机组耗煤量见表 1-1-5。

表 1-1-5 机 组 耗 煤 量

项 目	一期工程（2×300MW）		二期工程（2×1000MW）		一、二期工程（2×300MW＋2×1000MW）	
	设计煤种	校核煤种	设计煤种	校核煤种	设计煤种	校核煤种
小时耗煤量/（t/h）	294.6	329.6	878.75	983.23	1173.35	1312.83
日耗煤量/（t/d）	5892	6592	17575.08	19664.57	23467.08	26256.57
年耗煤量/（$\times10^4$t/a）	162.03	181.28	483.31	540.78	645.34	722.06

注 日利用小时按 20h 计，年利用小时按 5500h 计。

1.1.2.6.2 一期工程输煤系统概况

一期工程燃煤的筛分破碎车间、储煤场、外来煤卸煤、上煤设施设在矿区工业站。电厂输煤系统从煤矿工业站 M2 号转运站接口，已经过破碎，粒度小于 30mm 的燃煤通过双路管状带式输送机直接运输至电厂内 D1 号转运站，运距约 1.258km。管状带式输送机的规格为管径ϕ400mm，带速 V=4m/s，额定出力 Q=1200t/h，最大出力 Q=1500t/h。

电厂厂区上煤系统的带式输送机采用双路布置，一路运行，一路备用，并具备双路同时运行的条件，其规格为带宽 B=1200mm，带速 V=2.8m/s，出力 Q=1350t/h，主厂房扩建端接入，煤仓层采用可变槽角电动犁式卸料器卸料。

输煤系统的控制采用可编程序控制和就地操作两种方式。

1.1.2.6.3 储煤场及煤场设施

一期工程在煤矿工业站筛分破碎车间后建有两个条形煤场，总贮煤量约 10 万 t，可满足一、二期工程 2×300MW＋2×1000MW 机组锅炉最大连续蒸发量时燃用 4.26d（设计煤种）。配置有 2 台悬臂斗轮式堆取料机，取料最大能力为 1200t/h，臂长 35m。

一期煤矿工业站筛分破碎车间前的外来煤储煤场储量约为 5 万 t。

本阶段电厂厂区内按设煤场考虑。

1.1.2.6.4 筛碎系统

一期工程煤矿工业站建有筛分破碎车间，电厂来煤粒度小于 30mm，电厂厂区内不另设筛分破碎系统。

1.1.2.6.5 厂内上煤系统

一期工程厂内已建上煤系统已不能满足二期工程扩建要求，本期拟另建一套上煤系统。带式输送机规格为：带宽 B=1400mm，带速 V=2.5m/s，出力 Q=1500t/h。双路布置，一路运行，一路备用，并具备双路同时运行的能力。

主厂房扩建端上煤，本期煤仓层采用可变槽角电动犁式卸料器卸料。

采用可编程序控制和就地操作两种方式。本期期上煤系统日运行小时数为 11.7h。

1.1.2.6.6 辅助设施

本期输煤系统（电厂设计范围内）新建输煤综合楼一座，并设有电子皮带秤、入炉煤采样装置、动态链码校验装置、除铁器以及带式输送机各类保护装置、原煤仓高、低煤位计等设备。各转运站、煤仓层必要的起吊设施。厂内输煤系统采用水力清扫。

1.1.2.7 除灰渣系统

结合目前我国的环保政策及近年来对大型燃煤电厂除灰系统的优化配置，按照力求系统简单，安全可靠，节约用水，为综合利用创造条件的原则，本阶段拟采用灰渣分除、粗细分储、风冷式机械除渣除渣、正压气力除灰、汽车运输方式。

1.1.2.7.1 除渣系统

除渣系统拟采用风冷式除渣系统方案，锅炉排出的渣经干式风冷式排渣机冷却、碎渣机破碎后，由斗式提升机输送至渣仓储存，渣仓的渣由卸渣设备卸至汽车，再输送至灰场或综合利用用户。

每台炉设 1 台干式风冷式排渣机及 2 台斗式提升机，容量保证不低于锅炉 MCR 工况下的最大排渣量，并留有 150%的余量。排渣机正常出力为 22t/h，最大出力为 55t/h，可连续运行也可定期运行。干式排渣机与锅炉出渣口用渣斗相连，采用机械密封，渣斗独立支撑，渣斗容积可满足锅炉 MCR 工况下 4h 排量。渣斗底部设有液压关断门，允许干式排渣机故障停运 4h 而不影响锅炉的安全运行。为了冷却传送带上的炉底渣并使其继续燃尽，在传送带下和排渣机头部设有进风口，利用炉内负压就地吸入冷风，进风量约为锅炉总燃烧风量 1%左右，回收了渣的热量，提高了锅炉效率，同时将 850℃的炉渣在传送中冷却，温度降到 150℃左右。在风冷式排渣机出口设有一级碎渣机，经破碎后的干渣粒径小于 20mm。

每台炉设一座钢结构渣仓，直径为ϕ12m，有效容积为 670m^3，能满足锅炉 MCR 工况燃用设计煤种条件下储存 1 台炉 30h 渣量及省煤器灰量，燃用校核煤种 22h 的渣量及省煤器灰量。每座渣仓的底部设有 2 个排出口，其中 1 路接至湿式搅拌机，加水搅拌后的渣含水率为 15%～25%，由自卸汽车运至灰场，湿式搅拌机设备出力为 100t/h。另 1 路接至干灰散装机，直接装密封罐车运至综合利用用户，设备出力为 100t/h。

1.1.2.7.2 除石子煤系统

本期工程的石子煤处理系统拟采用活动石子煤斗－电瓶叉车－汽车转运方案。

每台炉共 6 台中速磨煤机，5 运 1 备，每台磨煤机配 1 个固定石子煤斗，磨煤机排出的石子煤储存在固定石子煤斗中，采用活动石子煤斗、汽车转运方式处理石子煤。中速磨煤机排出的石子煤进入布置于磨煤机旁边的固定石子煤斗中暂时储存，每个斗通过一个上部气动闸门与磨煤机相连。每个石子煤斗的容积约为 1.0m^3，6 个石子煤斗能储存每台磨煤机约设计煤种 8h 的石子煤排放量。正常情况下，上部闸门打开，石子煤通过管道排入石子煤斗。当石子煤斗装满需要排放时，上部闸门关闭，下部气动阀打开，将石子煤排入活动石子煤斗中，然后用叉车将活动石子煤斗叉起，卸至自卸汽车运至灰场堆放。该系统的运行时间可根据实际石子煤量的多少来确定。

1.1.2.7.3 除灰系统

除灰系统采用正压浓相气力输灰系统。每台炉为一个独立除灰单元，设 1 套气力输送系统。输送空压机、灰斗气化风系统及灰库区反吹空压机系统为二台炉一个单元。

每台炉的输灰系统包括 48 个电除尘器灰斗和 8 个省煤器灰斗的飞灰输送。每 1 套系统设计出力约为 150t/h，为每台锅炉设计煤种飞灰量的 160%、校核煤种飞灰量的 120%。每 1 套系统拟设 7 根输灰管道（暂定，应以最后招标确定），粗细分排，3 根粗灰管，3 根细灰管，1 根省煤器灰管，通过库顶的切换阀，可以将干灰输送至粗灰库或细灰库。整个系统采用程序控制，既可连续运行，也可定期运行。

两台炉共设 6 台输灰空压机，选择 $Q=60\text{m}^3/\text{min}$ 级，$P=0.7\text{MPa}$ 的螺杆式空压机。4～5 台运行，1～2 台公共备用。

本期每台炉设 3 座灰库，2 座粗灰库，1 座细灰库，每座灰库直径为 $\phi 15\text{m}$，高 30m，有效容积约 3000m^3。电除尘器一电场及省煤器排出的粗灰将储存于粗灰库，两座粗灰库能够贮存 2 台炉设计煤种 BMCR 时 30h 的粗灰，校核煤种 BMCR 时 22h 的粗灰；1 座细灰库能够贮存 2 台炉设计煤种 60h 的细灰，校核煤种 BMCR 时约 44h 的细灰。

粗、细灰库均采用混凝土结构。灰库内设有气化装置，使灰库内干灰流态化，以保证卸灰的均匀和畅通；每座灰库库顶设 2 台排气过滤器，以净化库内排气，达到排放要求；同时为保证灰库的安全运行，每座灰库库顶设有 1 只真空压力释放阀；灰库内设有高、高高及连续料位信号装置。粗灰库库底设有 2 台出力为 200t/h 的干灰散装机和 2 台出力为 200t/h 湿式搅拌机；细灰库库底设有 2 台出力为 200t/h 的干灰散装机和 2 台出力为 200t/h 湿式搅拌机。干灰散装机将干灰直接装入罐车，运至综合利用用户；湿式搅拌机将灰加水混合成为含水 25%左右的湿灰直接装入自卸汽车，运至灰场碾压堆放。

两台炉灰库系统中仪表用气、排气过滤器的脉冲反吹用气接自专用螺杆式反吹空压机及空气干燥器，共设 2 套，1 套运行，1 套备用。

为保证电除尘灰斗和灰库内灰的流动性，保证卸灰的通畅和均匀，每 3 座灰库设 4 台灰库气化风机 3 台运行，1 台备用，提供灰库库底气化装置用气。2 台炉设 3 台灰斗气化风机提供除尘器灰斗气化装置用气，2 台运行，1 台备用。气化风经电加热器加热至 176℃，进入气化板和气化槽。

每座灰库下部 3m 层设有装车操作室，操作室内设有操作台，灰库零米设有汽车通道。

1.1.2.7.4 除灰渣系统的供排水系统

由于本期工程除渣系统采用风冷式除渣系统，除灰系统采用正压浓相气力除灰系统，所以除灰渣系统达到了很好的节水要求。空压机等辅机冷却用水由辅机冷却水系统供给可回收使用。

除灰渣系统中干灰干渣需加湿外运，调湿灰的含水率约在 25%左右，加湿用水来自供水专业处理后的废水。

1.1.2.8 贮灰场

本工程除灰渣拟采用干除灰方式，电厂所排出的灰、渣及石膏拟通过汽车运输至贮灰场碾压堆放，其中石膏在灰场中部单独存放。

1.1.2.8.1 概述

干灰场继续使用丁家沟灰场，灰场沿用原设计排洪设施，随灰面增高而增加竖井高度。

调湿灰由汽车运至灰场，在库内分层碾压堆放，灰渣摊铺坡度 1∶30，坡向排水竖井，分层碾压堆筑。堆灰始终保持边坡区灰面高于库区灰面。随堆灰面升高，压实灰体形成的外边坡初拟 1∶3.5，每隔 10m 设一宽 2.5m 的马道，永久性外边坡采用 300mm 厚干砌石护面。如灰场不再加高，其顶面覆耕土 500mm 厚以还田。

随着灰面的堆高，在堆灰至黄海高程 944m 时，灰坝右坝肩高度不能满足碾压灰体边坡区的堆灰要求，需要先对灰坝右坝肩进行处理以形成灰场，在右坝肩上设一道围堤，最大堤高约 6m，用土堆筑而成，上下游边坡 1∶2，表面用块石砌护，起稳定干灰堆灰边坡的作用。

灰场管理站及灰场碾压设备沿用一期工程已设置的设施。

灰场运灰道路一期工程中已设计完成，本期工程继续用该公路。

1.1.2.8.2 灰场防渗

根据环保要求，贮灰场需设置防渗层。一期工程灰场设计中已采用土工膜防渗，防渗在灰场底部已一次形成。本期仅在随堆灰作业在岸坡逐渐形成防渗层，防渗层采用土工膜上覆 0.3m 厚土构成。

1.1.2.8.3 环保措施

灰场对环境的影响，一为飞灰污染，二为地下水污染。

对于飞灰污染，及时碾压保持灰面平整，对裸露的灰面及时洒水，洒水是抑制飞灰的重要工程措施。对灰场暂不堆灰的灰渣表面，要定时洒水。洒水周期和水量应根据季节和天气，适时洒水，避免因风吹而扬灰。例如干燥多风季节应勤洒多洒，阴雨天气可以少洒或不洒。一般情况下，建议每天洒一遍水，每遍洒水深度 7mm。在贮灰运行过程中应经常了解天气预报，避免飞灰污染。对于长时间不堆灰的区域可临时覆盖一层薄土与灰一起碾压以防止起尘。

对于地下水污染，水为载体，如能防止雨水下渗，将能防止灰渣中有害成分对地下水的污染。根据环保要求，灰场拟采用土工膜防渗，在随堆灰作业在岸坡逐渐形成防渗层，防渗层采用土工膜及其支持层和保护层构成。

为防止灰尘污染运灰道路，灰场管理站内设有洗车池，当运灰车辆从灰场作业区卸灰后返回前经灰场管理站进行清洗。运灰道路应每班多次洒水，并定期清扫，保证路面清洁，有利于文明生产。

1.1.2.9 供水系统

1.1.2.9.1 补给水系统

1.1.2.9.1.1 厂外补给水系统

本工程生产用水等主水源为清水川工业集中区污水处理厂处理后的再生水和配套煤矿（冯家塔煤矿）的矿井排水，补充及备用水源为清水川水源地的岩溶水。清水川工业集中区污水处理厂处理后的再生水在污水处理厂进行深度处理，处理后达到污水再生利用水水质标准后由污水处理厂通过管道送至电厂围墙外 2m。冯家塔煤矿的矿井排水在煤矿污水处理厂进行深度处理，处理后达到污水再生利用水水质标准后由污水处理厂通过管道送至电厂围墙外 2m。清水川水源地距离电厂约 6km，本期拟设一根 DN500mm 的厂外补给水管道。

补给水管沿清水川河滩地覆设。补给水管长约 8km，管道埋深根据冻土深度及河道冲刷深度确定，平均为 2.5～3.5m。

1.1.2.9.1.2 厂内补给水系统

厂外来水一部分作为辅机冷却水系统补充水直接补充至机力塔的集水池内，另一部分进入工业蓄水池。一期已建2座$1000m^3$工业、消防水蓄水池，1座$200m^3$生活蓄水池。本期新建1座$1000m^3$工业蓄水池。

1.1.2.9.2 主机空冷系统

本期工程主机采用与一期相同的机械通风直接空冷系统。

一、本工程1×1000MW主机直接空冷系统配置

（1）冷却单元数量：每台机组配10列冷却单元组，每列由8个冷却单元组成，每台机组共计10×8＝80个冷却单元。

（2）空冷凝汽器总散热面积：220万～230万m^2。

（3）迎风面风速：2.1～2.2m/s。

（4）空冷平台高度：50m。

（5）每列空冷凝汽器顶部配汽管直径：DN1600～DN3000。

（6）风机型式：轴流风机，变频调速。

（7）风机直径：9.14m。

（8）风机功率：132kW。

（9）每台机组平面面积：11300～12100m^2。

二、空冷系统的主要参数

（1）设计空气干球温度：14℃。

（2）设计背压（汽轮机排汽装置出口处）：13kPa。

（3）夏季空气干球温度：30℃。

（4）夏季TRL工况设计背压（汽轮机排汽装置出口处）：33kPa。

1.1.2.9.3 辅机循环冷却水系统

本期工程辅机冷却水采用带机械通风冷却塔的循环供水系统，二台机组配三段机械通风冷却塔，三台冷却水泵，冷却后的水由水泵升压后送至主厂房及除灰系统供辅机冷却，升温后返回机械通风冷却塔冷却，再循环使用。

辅机冷却水系统顺水流布置为进水前池→辅机冷却水泵→冷却水压力进水管→辅机冷却器→冷却水压力回水管→机力冷却塔→滤网→前池。

一、机械通风冷却塔性能参数

型式：逆流式机械通风冷却塔。

冷却流量：$3200m^3/h$。

冷却面积：$225m^2$。

平面尺寸：15×15m。

水池深度：2m。

塔总高：约17.4m。

冷却塔风筒材料：玻璃钢。

风机直径：ϕ8530mm。

功率：132kW。

二、辅机循环水泵

二台机组设三台辅机冷却水泵，其性能参数如下：

流量：$Q=3200m^3/h$。

扬程：$H=55m$。

功率：$N=630kW$。

每台机循环水管径：DN900。

1.1.2.9.4 生产、生活给排水

一、给水系统

电厂生产、生活给水包括生活、消防、工业及除灰用水等系统。

1. 生产给水系统

主厂房内工业用水主要由辅机冷却水系统供给。厂区工业水系统主要供给主厂房外的各项工业用水。

除灰系统空压机冷却水水源为辅机冷却水。

2. 生活给水系统

本期生活用水由电厂一期统一供给，本期仅需将一期生活水管网延伸至本期即可。

二、排水系统

厂区排水系统采用分流制，设有生活污水排水系统，工业废水排水系统，化水废水集中水处理站的排水。

1.1.2.9.5 生活污水处理、工业废水处理

一、生活污水处理

一期生活污水处理按$2×10m^3/h$容量设计，采用接触氧化法。本期生活污水经管道收集后排至本期新增生活污水泵间，经水泵提升后排入一期生活污水处理系统。

二、工业废水处理

本期工业废水经管道收集后排至本期新增工业废水泵间，经水泵提升后进入本期新增工业废水处理系统处理后回收利用。

1.1.2.9.6 灰场防尘

本期工程灰场配置洒水车用于灰面喷淋防尘。

1.1.2.9.7 消防系统

一、本期工程采用下列消防系统

（1）室内外消火栓系统。

（2）自动喷水灭火及水喷雾灭火系统。

（3）洁净气体灭火系统。

（4）移动式灭火器。

（5）火灾探测及报警系统。

二、消防给水和灭火设施

电厂一期设有完整的消防系统，包括消防蓄水池、常规消防水系统及自动喷水消防水系统。经核算，原消防水泵容量及扬程不能满足本期消防系统的要求，故本期需对一期消防水泵进行更换。

厂区设室内外消火栓系统，在主变、厂高变、主厂房内重要油设备、燃油装置和油管路密集区域和煤仓层等，设固定式自动水消防系统，集控楼内工程师室等重要房间设洁净气体灭火系统。

1.1.2.10 化学水处理系统

1.1.2.10.1 水源及水质

水源：冯家塔煤矿二期工程及附近煤矿矿井疏干水、清水川工业集中区和黄甫川工业集中区污水处理厂的中水作为工业水水源，天桥岩溶水作为锅炉补充水、生活水水源及中水的备用水源。在满足电厂的供水水质要求后，送至电厂围墙外2m处。水质资料暂缺。

1.1.2.10.2 锅炉补给水处理系统

由于电厂水源为疏干水，用做锅炉补给水处理水源需先经超滤、反渗透预脱盐处理。由于机组等级提高，且考虑一期水处理室扩建场地不满足本期扩建要求，故本期工程水处理室完全新建。

一、超滤、反渗透预脱盐系统

超滤、反渗透预脱盐系统工艺流程如下：

供水来生水→生水箱→超滤给水泵→双介质过滤器→超滤保安过滤器→超滤装置→超滤水箱→升压泵→保安过滤器→高压水泵→反渗透膜组件→淡水箱→淡水泵→锅炉补给水处理系统。

本期扩建2套75t/h出力的反渗透装置，2套110t/h出力的超滤装置。

二、锅炉补给水处理系统

锅炉补给水处理系统按一级除盐加混床系统设计，一级除

盐设备及混床分设有2套，1套备用设备。每套出力为150t/h，室外除盐水箱为3×3000m^3。

锅炉补给水处理工艺流程如下：反渗透预脱盐系统来水→阳离子交换器交换器→除碳器→中间水泵→阴离子交换器交换器→混合离子交换器交换器→除盐水箱→热力系统。

锅炉补给水处理设备再生废水中和后排放，排放水质满足国家废水排放一级标准。

三、系统的连接方式及运行方式

超滤装置采用并联连接方式，保安过滤器、高压泵和反渗透采用串联连接方式，一级除盐设备及混床采用并连接方式。

四、系统的布置

锅炉补给水处理车间为一个独立的建筑区域，锅炉补给水处理车间包括过滤除盐间、附属设备间、配电控制室、室外水箱、酸碱贮存间及废水中和池等。

五、化验室主要仪器设备的配置

本期化验楼不扩建，利用老厂设施，适当增补化验仪器。

1.1.2.10.3 辅机循环水处理系统

本工程为空冷机组，由于循环水量较小，可不考虑过高的浓缩倍率，循环水系统仅采用加稳定剂处理即可。杀菌剂可根据需要，临时性加入，不设置固定加药设备。

1.1.2.10.4 凝结水精处理系统

直接空冷机组中的凝结水不存在循环冷却水泄漏的污染，但由于空冷机组的空冷器冷却表面十分庞大，水系统中不可避免地存在大量铁的腐蚀产物，加之空气漏入的可能性加大，水中可能溶入CO_2等溶解杂质，另外超临界机组的给水标准要求很高，必须采用一套既能高效除铁，又能保证高品质出水水质的精处理设备。

每台机组设4×33%粉末树脂过滤器，3运1备；设4×33%精处理混床，3运1备。凝结水精处理过滤和混床系统与热力系统连接采用单元制，即每台机组对应设一套精处理过滤和混床系统，两台机共用一套再生装置。

凝结水精处理设备均采用自动程序控制。

1.1.2.10.5 化学加药系统

本工程化学加药系统两台机组设一套加药装置，其中包括凝结水、给水加氨；凝结水、给水、闭式水加联氨；凝结水、给水加氧。

两台机组化学加药装置集中布置于一室，位于两炉之间集控楼的化学加药间内。

1.1.2.10.6 汽水取样监测系统

每台机组设置一套水汽取样分析装置，共2套。该装置能制备代表性水汽样品并自动分析，包括自动水汽取样分析仪表和人工取样点，以监测水汽系统和机组的运行工况。

两台机组汽水取样装置集中布置于一室，位于两炉之间集控楼的汽水取样间内。

1.1.2.10.7 化学废水集中处理系统

一期锅炉补给水处理系统再生废液排就地中和处理后达标排放；凝结水处理系统设备再生废水、锅炉酸洗排水、空气预热器冲洗排水等排入化学废水处理站集中处理。经pH调整、氧化、凝聚澄清最终中和排放等工艺处理后废水水质达到国家污水综合排放标准要求的一级标准。一期建有废水贮存池：V=1000m^3 4台，处理系统出力为120m^3/h。本期工程化学废水集中处理系统不扩建，均利用一期系统。二期工程的废水处理设施仅增加炉后的机组排水槽及相应的废水输送设备。二期工程的凝结水的再生废水进入到机组排水槽内，直接输送到一期化学废水处理系统内；锅炉酸洗废水进入到机组排水槽中，然后输送到一期的化学废水处理系统处理达标排放。空气预热器的清洗水、锅炉启动排水等杂用水进入到机组回收槽中，排入循环水系统回收。

1.1.2.10.8 制氢系统

制氢站一期设有2套产氢量5Nm^3/h中压水电解制氢装置，4台V=13.9m^{3}氢贮罐，1台V=8m^{3}压缩空气贮罐。本期再扩建1套产氢量5Nm^3/h中压水电解制氢装置，3台V=13.9m^{3}氢贮罐。

1.1.2.10.9 脱硝还原剂贮存供给系统

本工程脱硝工艺采用SCR法。脱硝效率按不小于50%设计。还原剂为无水液氨。

氨贮存罐布置在顶棚敞开式房间，氨气制备设备布置在室内，在氨贮存区设有排放及自动事故喷水消防系统。

1.1.2.11 热力控制

发电厂热工自动化水平是通过控制方式、热工自动化系统的配置与功能、运行组织、控制室布置及主辅设备可控性等多个方面综合体现。

1.1.2.11.1 控制方式

（1）本工程采用炉（含脱硝SCR）、机、电、网及辅助车间集中控制方式。两台机组合设一集中控制室，不单独设电气网络控制室及辅助车间的控制室。

（2）本工程运行组织按单元机组设岗，单元机组设2名运行人员，在就地人员的巡回检查和配合下，实现以LCD/键盘和大屏幕为中心的集中监视和控制，在值班人员少量干预下自动完成机组的启动、停止，正常运行的监视控制和异常工况处理。

（3）根据目前国内外DCS功能和应用经验，本工程将采用远程I/O技术，在部分系统考虑采用现场总线方式，减少电缆和桥架数量及其相应的现场安装费用。

1.1.2.11.2 控制系统的配置与功能

本工程控制系统由厂级监控信息系统（SIS）、分散控制系统（DCS）以及辅助车间控制系统组成的控制网络组成。实现控制功能分散，信息集中管理的设计原则。

一、厂级监控信息系统SIS

本工程设置厂级监控信息系统SIS作为面向生产过程的信息系统。与一期SIS联网，同时将与新增各控制系统联网，实现数据信息共享。与本期SIS联网的控制系统包括单元机组分散控制系统（DCS）、网络计算机监控系统（NCS）、辅助车间监控网、汽机振动分析及故障诊断系统（TDM）、锅炉炉管泄漏检测系统等全厂各生产环节的实时监控系统。同时，SIS为厂级管理信息系统（MIS）提供所需的生产过程信息。

SIS主要功能包括生产过程信息监测、统计和分析功能，厂级性能计算和分析功能；全厂负荷调度分配；机组寿命管理功能等。

二、单元机组分散控制系统

本工程锅炉（含脱硝SCR）汽机及空冷凝汽器、发电机一变压器组及厂用电（包括起停/公用变）、直接空冷系统和烟气脱硫控制的监视、控制和保护将以分散控制系统（DCS）为主，辅以少量的其他控制系统和设备完成。由于本期工程烟气脱硫系统不设脱硫旁路、增压风机，这相当脱硫系统是单元机组（锅炉）的不可分割一部分，即烟气脱硫系统故障导致该系统停运必然要停锅炉。烟气脱硫控制系统应纳入机组DCS，控制点设在集控室，监控采用单元机组DCS的LCD操作员站上完成，单元机组DCS可考虑设五台LCD操作员站，其中1台LCD操作员站用于烟气脱硫监控。

机组控制系统主要由以下系统或装置构成：

（1）分散控制系统DCS的功能包括数据采集系统（DAS）、模拟量控制系统（MCS）、顺序控制系统（SCS）、锅炉炉膛安全监控系统（FSSS）。汽机旁路控制系统（BPS）可根据旁路系统配置情况最终确定采用专用装置（通过通讯接口或硬接线与DCS系统相连）或采用与DCS相同的硬件。DCS设置公用网络，辅机冷却水，烟气脱硫石灰石浆液制备、石膏脱水系统和厂用电公用部分等辅助公用系统纳入公用网络监控，可分别由各单元机组DCS操作员站进行监控并且互相闭锁。

（2）汽机数字电液控制系统（DEH）、汽机监视系统（TSI）（进口）、汽机紧急跳闸系统（ETS）随主机成套提供。DEH采用与DCS相同硬件，紧急跳闸系统（ETS）尽可能采用与DCS相同硬件。

（3）吹灰控制系统纳入DCS，由DCS统一监控。

（4）采用DCS后，设置少量独立于DCS的后备操作手段，当DCS故障时确保机组安全停机。

三、辅助系统和辅助车间自动化系统

辅助车间工艺系统的控制均采用可编程序控制器（PLC）系统，并采用远程I/O技术，各辅助车间的控制系统（水控、灰控、煤等各系统）通过计算机网络进行联网，实现集中控制室集中监控。在集中控制室里，运行人员可通过辅助车间监控网LCD操作员站对网络内各辅助车间的工艺过程进行监控。

考虑到输煤系统的复杂性和独立性，本工程设置了专门的输煤控制室并配以监控上位机，在电厂建成投产初期可在输煤控制室监视和控制，待积累了成熟的运行经验后，也可将控制权移至集中控制室。总之，输煤系统是否设运行值班员可由电厂的管理模式灵活确定。

在其他工艺系统比较复杂，需要监视和操作的内容较多的辅助车间（系统）设置辅助控制点，即在就地控制设备间内设置现场LCD操作站，在机组调试、启动和网络故障情况下，可在就地LCD上进行监控。正常情况下以集控室监控为主。

四、全厂闭路电视系统

本工程在重要工艺位置设闭路电视摄像机，对监视区域点进行实时摄像，并连成网络，通过单元控制室闭路电视显示器可监视设备运行情况的图像。

五、火灾报警及空调控制系统

火灾报警系统由布置在集中控制室的中央监控盘、电源装置、报警触发装置（手动和自动两种）及探测元件等组成。

空调控制系统由布置在集中控制室内的集中空调监控器和现场仪表设备组成。

1.1.2.11.3　控制室布置

一、集中控制室布置

本工程两台机组合设一个单元控制室。控制室布置在两机之间的集中控制楼内。在单元控制室内布置有单元机组操作员站，电气网络监视和控制操作员站，主要辅助车间如：煤、灰、水等辅助厂房的操作员站，全厂的火灾报警主控盘、空调控制及消防监控站、全厂闭路电视系统等。在单元控制室附近布置有工程师室和SIS机房等。

二、电子设备间

（1）机、炉电子设备间布置。

本方案单元控制室同层设置两台机组的电子设备间。控制室和电子设备间下相应位置设置电缆夹层。

（2）辅助车间电子设备间布置。

各辅助车间电子设备间布置在各车间内，在主要辅助车间如：煤、灰、水的电子间内分别布置有LCD，作辅助监控用。

1.1.2.11.4　主要热控设备选型原则

（1）DCS选用在电站有成熟运行经验性能价格比合理的优质产品。

（2）分析仪表、TSI监测仪表、火检、料位计、变送器、执行器、逻辑开关、高温高压仪表阀门等重要的仪表及控制设备选用进口的成熟产品。

1.1.2.11.5　热工试验室

热工试验室面积及设备按扩建2×1000MW机组不承担大修任务配置，同时满足《火力发电厂热工自动化实验室设计标准》的要求。

1.1.2.12　烟气脱硫系统

本工程烟气脱硫系统采用石灰石—石膏湿法脱硫，按锅炉BMCR工况全烟气量脱硫，根据环保要求，脱硫装置脱硫效率不低于90%，脱硫系统可用率≥95%。脱硫工程与2×1000MW机组同步建设，二氧化硫吸收系统采用单元制，每炉配备1套FGD，共2套。脱硫系统关键设备国外进口，其余设备国内配套。

本工程石灰石—石膏湿法烟气脱硫工艺由烟气系统、SO_2吸收氧化系统、石灰石浆液制备系统、石膏脱水系统、排空系统、工艺水系统、仪用压缩空气系统等组成。

本工程烟气脱硫系统不设置烟气换热器GGH。

1.1.2.13　烟气脱硝

本工程脱硝系统采用选择性催化还原脱硝（SCR）法，来自省煤器出口烟道的烟气在反应器进口烟道上，通过氨喷射装置将经过空气稀释的氨气喷入炉烟中，然后从上部进入反应器，向下流动，流经填装在反应器各层托板上的催化元件模块，烟气通过这些催化元件时即产生催化反应而达到将NO_x分解成水蒸气（H_2O）和氮气（N_2），从而达到脱硝的目的。

SCR工艺系统主要包括：SCR催化反应器及催化组件，氨制备、存储系统，氨喷射及稀释空气系统、脱硝公用系统等。水位水力控制阀，以节约用水。

1.1.3　监理服务范围及内容

1.1.3.1　监理范围

本合同所确定的监理范围为陕西府谷清水川煤电一体化项目电厂二期（2×1000MW）工程（含脱硫、脱硝）初设、施工图设计、施工准备、地基处理、建筑工程施工、安装工程施工、调试、性能监测、竣工验收、达标投产、直至移交生产的全过程监理及部分管理职能。

监理工作按照工程项目业主负责制，“小业主、大监理”和四控制（质量、进度、投资、安全）、两管理（信息管理、合同管理）、一协调（有关单位间的工作关系）的原则进行。

合同所确定的监理单位为本项目设计、施工监理工作的总负责单位，监理单位应通过行使业主授予的权利，履行监理职责和义务使本工程承包商履行与业主签订的承包合同，按照承包合同约定的期限和质量标准安全、文明、高效地完成建设任务，并使承包价格得到有效控制。

1.1.3.2　监理服务内容

1.1.3.2.1　设计监理

包括初设、施工图设计、竣工图编制阶段的设计监理，监理单位主要负责以下工作：

1.1.3.2.1.1　参与初步设计阶段的设计方案讨论，核查是否符合已批准的可行性研究报告及有关设计批准文件和国家、行业有关标准。重点是技术方案、经济指标的合理性和投产后的运行可靠性。

1.1.3.2.1.2　协助业主组织初步设计评审；参加初步设计审查；

1.1.3.2.1.3 参加或组织司令图设计评审工作；评审施工图，核查设计单位提出的设计文件（如有必要时，也可对主要计算资料和计算书进行核查）及施工图纸，是否符合已批准的可行性研究报告、初步设计审批文件及有关规程、规范、标准；核查施工图设计方案是否进行优化，是否方便施工、安装，便于运行维护。

1.1.3.2.1.4 对施工图交付进度进行核查、督促、协调；负责施工图等工程文件的催交工作。

1.1.3.2.1.5 负责组织设计联络会；督促、协调总体设计单位与其他设计单位的接口配合工作。

1.1.3.2.1.6 参加施工图纸会检，督促设计单位进行设计交底并根据会检意见对图纸进行完善。

1.1.3.2.1.7 参加重大施工方案的技术讨论，监督工程变更管理程序的完善履行。

1.1.3.2.1.8 督促设计单位提供并完善施工现场工地代表服务，及时解决现场发现的有关设计质量问题。

1.1.3.2.2 施工调试监理服务内容

1.1.3.2.2.1 进度控制主要工作服务内容

1.1.3.2.2.1.1 负责与设计单位商定设计图纸和文件在满足工程施工总进度要求前提下施工图纸提交的时间表，并负责检查、督促工作。

1.1.3.2.2.1.2 负责施工进度和接口的协调。编制施工阶段进度控制的相关管理制度。

1.1.3.2.2.1.3 参与编制施工里程碑计划，负责编制一级网络计划，检查各承包商编制的二级及以下的网络计划并监督实施。

1.1.3.2.2.1.4 审核施工承包商上报的现行计划及施工承包商提出的修改目标计划要求。随时盘点施工进度，对造成工程进度滞后的原因进行分析，提出改进意见和建议，报送业主并监督实施。

1.1.3.2.2.1.5 审查承包商单位工程、分部工程开工申请报告。根据业主的授权范围，签发单位工程开工令、工程暂停令。

1.1.3.2.2.1.6 在各施工单位上报的年、季、月、周计划的基础上，负责编制工程施工综合计划。

1.1.3.2.2.1.7 负责监督承包商实施工程进度计划。

1.1.3.2.2.1.8 组织和主持现场调度会、每周例会并编写会议纪要。

1.1.3.2.2.1.9 协助审查工程进度价款。

1.1.3.2.2.1.10 负责审查单项工程延期申请。

1.1.3.2.2.1.11 每月向业主提供进度报告。

1.1.3.2.2.1.12 督促承包商整理技术资料。

1.1.3.2.2.1.13 负责审核单项工程竣工申请报告，并组织竣工验收。

1.1.3.2.2.1.14 负责处理争议和索赔，并报业主同意。

1.1.3.2.2.1.15 整理工程进度资料。

1.1.3.2.2.1.16 督促承包商办理工程移交手续。在工程移交后的保修期内，要处理验收后质量问题的原因及责任等争议问题，并督促责任单位及时处理。

1.1.3.2.2.1.17 对不能按时、按要求提交施工进度计划报审或者不能按要求修改进度计划的承包商提出处理意见，直至签发工程暂停令。

1.1.3.2.2.1.18 及时处理承包商提交的各种工程技术报表，及时回答承包商提出的各类与监理业务有关的问题，不可因此而影响工程进度。

1.1.3.2.2.2 质量控制主要工作服务内容

1.1.3.2.2.2.1 质量的事前控制工作。

（1）确定质量标准，明确质量要求。

（2）建立本项目的质量监理控制体系。

（3）负责施工场地的质监验收。

（4）参加对承包商的招标、评标，审查有关的招标文件，并参加合同谈判工作。

（5）审查承包商及其选择的些协作单位，试验单位的资质并提出意见。

（6）组织施工图交底，组织图纸会审，并提出监理意见。

（7）受质量监督部门委托，负责主持和协助做好工程建设各个阶段的工程质量监督活动。

（8）督促承包商建立并完善质量保证体系。审查承包商质保体系文件和质保手册，并监督实施。

（9）负责审查承包商编制的“施工质量检验项目划分表”。

（10）负责编制、细化四级验收项目的范围、验收细则；主持分项、分部工程、关键工序和隐蔽工程的质量检查和验评。

（11）主持审查施工单位提交的施工组织设计或施工方案。重点审查施工技术方案、施工质量保证措施、安全文明施工措施。审查承包商须报业主的重要工序的作业指导书。

（12）检查施工现场工程所用的原材料、构配件的质量，不合格的原材料与构配件不得在工程中使用。检查材料的采购、保管、领用等管理制度并监督执行。对材料检验与试件采样设专人进行见证取样。未经监理工程师的签字，主要材料、设备和构配件不准在工程上使用和安装，不准进入下一道工序的施工。

（13）参加设备的现场开箱验收，对照装箱清单对设备及随机备品、配件、技术资料等进行登记、分配、签收。审查承包商制定的设备保管办法，并监督实施。

（14）查验重要施工机械、起吊设施经检验的有效合格证件；检查承包商实验室及其试验人员的资质与持证上岗情况；查验其检验、测量与试验设备的有效合格证件。检查现场施工人员中特殊工种持证上岗情况，并监督实施。

（15）审查调试计划、调试方案、调试措施。

1.1.3.2.2.2.2 质量的事中控制工作

（1）施工工艺过程质量控制：现场检查、旁站、测量、试验。负责制定并实施重点部分的见证点（W 点）、停工待检点（H 点）、旁站点（S 点）的工程质量管理（监理）计划，管理人员要按作业程序即时跟班到位进行监督检查。安装工程配备一定数量的旁站监理人员以保证对工程按计划进行有效的旁站监督。

（2）工序交接检查：坚持上道工序不经检查验收不准进行下道工序的原则，停工待检点必须经监理工程师签字后才能进入下一道工序。

（3）主持分项、分部工程、关键工序和隐蔽工程的质量检查与验评，代表业主进行第四级验收。定期召开质量分析会，通报质量状况，分析质量趋势，提出改进措施并监督实施。

（4）做好设计变更及技术核定的处理工作。核查设计变更并跟踪检查是否按以批准的变更文件进行施工。

（5）工程质量事故处理：分析质量事故的原因、责任；审核、签认处理工程质量事故的技术措施或方案，同时报业主同意；检查处理措施的效果。项目部可将承包商在工程中的不合格项分为处理、停工处理、紧急处理三种，并严格按提出、受理、处理、验收四个程序进行闭环管理，管理人员对不合格项必须跟踪检查并落实。

（6）监督实施承包商编制的“施工质量检验项目划分表”。行使质量督权，下达工程暂停令。

1.1.3.2.2.2.3 质量的事后控制

（1）组织单位、单项工程竣工验收。

（2）组织对工程项目进行质量评定。

（3）审核竣工图及其他技术文件资料。

（4）整理工程技术文件资料并编目建档。

（5）审查调试报告。

1.1.3.2.2.2.4　保修阶段质量控制的任务

（1）审核承建商的《质量保修证书》。

（2）检查、鉴定工程质量状况和工程使用状况。

（3）对出现的质量缺陷，确认责任者，负责组织、协调、督促工程遗留问题的处理、缺陷消除及各项完善工作。

（4）督促承建商修复质量缺陷。

（5）在保修期结束后，检查工程保修状况，移交保修资料。

1.1.3.2.2.3　投资控制主要工作服务内容

1.1.3.2.2.3.1　设备招标阶段，根据业主的要求参与设备招评标工作，提出意见。

1.1.3.2.2.3.2　在施工招标阶段，根据业主的要求，参与编制招标文件；参与评审投标书，提出评标意见；参与合同谈判，协助业主与承包商签订承包合同。

1.1.3.2.2.3.3　协助业主编制项目的年度资金计划并定期检查落实其实施情况。

1.1.3.2.2.3.4　审查承包商的工程进度款。

1.1.3.2.2.3.5　根据项目单位的要求，参与主要辅机招标文件的评审，评标与合同谈判。

1.1.3.2.2.3.6　认真做好索赔的取证工作和有关的事实核查，为业主提供完整可靠的处置依据。

1.1.3.2.2.4　安全文明施工控制方面的主要工作服务内容

1.1.3.2.2.4.1　协助业主与承包商根据国家《安全生产法》等法律法规，签订安全生产协议，明确双方责任，并监督承包商执行。

1.1.3.2.2.4.2　负责根据国家基本建设安全管理的法律、法规和国电集团公司有关电力工程建设安全文明管理规范和规定以及业主制定的安全文明施工管理规划，进行现场安全文明施工管理。

1.1.3.2.2.4.3　制定工程安全文明施工的各项管理制度，报业主批准后实施。

1.1.3.2.2.4.4　监督承包商执行国家、行业相关法律、法规及业主制定的安全文明施工管理规划、安全文明施工标准及相关制度，督促各施工单位制定安全文明施工措施。

1.1.3.2.2.4.5　监督检查承包商建立健全安全生产责任制和劳动安全教育培训制度，加强对职工的安全教育培训。

1.1.3.2.2.4.6　监督检查承包商对其分包单位的安全文明施工管理与教育。

1.1.3.2.2.4.7　巡视检查施工现场，及时发现安全隐患，监督承包商采取纠正与预防措施，遇到威胁安全的重大问题时，有权发出“暂停施工”的通知。

1.1.3.2.2.4.8　按照业主的授权定期组织安全大检查，并根据现场具体情况随时组织有针对性的检查活动。

1.1.3.2.2.4.9　组织召开安全工作例会，发布施工周报、月报。

1.1.3.2.2.4.10　执行安全文明施工的考评与奖罚。

1.1.3.2.2.5　物资管理的主要服务内容

1.1.3.2.2.5.1　负责组织建立健全物资管理体系及制度。

1.1.3.2.2.5.2　参与审核设备材料库房及堆放场地的规划。

1.1.3.2.2.5.3　参与物资采购招标和合同谈判。

1.1.3.2.2.5.4　监督承包商物资采购招标工作。

1.1.3.2.2.5.5　审核承包商选定的合格供货商资质。

1.1.3.2.2.5.6　负责设备监理单位及运输单位的归口管理工作。

1.1.3.2.2.5.7　参与督促、审核承包商提交设备材料需用计划。

1.1.3.2.2.5.8　审核、监督、检查设备材料到货卸车、验收、仓储管理工作。

1.1.3.2.2.5.9　监督检查甲供设备材料入库和出库工作管理。

1.1.3.2.2.5.10　督促承包商及时将不合格的设备材料、构件清理出场。

1.1.3.2.2.5.11　参与甲供设备材料开箱检验时缺陷的认定。

1.1.3.2.2.5.12　负责供货商现场服务管理工作。

1.1.3.2.2.5.13　建立物资信息台账，及时发布物资信息。组织召开物资协调会，督促、检查和协调设备材料及时到货。

1.1.3.2.2.6　合同及信息管理和协调等方面的主要工作服务内容。

1.1.3.2.2.6.1　依法对各类合同进行监管，监督承包商合同的履行，业主与承包商在执行工程承包合同过程中发生争议，由项目经理协调解决，经协调仍有不同意见，可按合同约定的方式解决。

1.1.3.2.2.6.2　在业主主持下协助建立工程项目在质量、安全、投资、进度、合同等方面的信息管理网络及平台，在业主、设计、设备、施工、调试等单位的配合下，收集、整理、发送和反馈工程信息，实现信息畅通、资源共享。

1.1.3.2.2.6.3　负责与管理有关的工程技术文件的收集、登记、分配、保管及整理工作，使之符合工程达标及档案管理规范的要求。工程结束后，向业主提交完整、齐全、规范的工程管理档案。

1.1.3.2.2.6.4　负责各承包商形成的档案资料的检查监督工作，使之符合工程达标及档案管理规范的要求。工程结束后，组织各承包商向业主提交完整、齐全、规范的工程档案。

1.1.3.2.2.6.5　业主单位将建设工程建设期计算机信息管理系统，采用计算机网络管理系统对工程进行信息化管理，运用 P3 等软件对工程进度计划和质量进行计算机管理，实现办公自动化，网络接口送到工程建设各有关单位（包括监理、施工、设计和厂家驻现场代表处等）。监理建立与之相适应的计算机网络系统，实现工程和监理信息的网络共享。

1.1.3.2.2.6.6　监理应定期向业主书面报告管理（监理）情况，包括每周调度会的周报，管理（监理）月、季、年报。监理还要就工程建设的重要阶段提出管理（监理）报告，重大问题应及时向业主专题报告。

1.1.3.2.2.6.7　主持工程调度会和受业主委托的其他协调会，就有关材料采购、图纸交付进度和其他外部条件以及施工总平面管理、安全文明施工、交叉施工等问题进行协调和落实，协助业主及时处理工程建设中出现的需要解决的问题。

1.1.3.2.2.6.8　编制整理工程管理及工作的各种文件、通知、记录、检测资料、图纸等，使之符合工程达标及档案管理规范的要求，合同完成或终止时移交业主。

1.1.3.2.2.7　除上述工作内容以外，在项目正式开工以前，对项目前期工作进行有关咨询服务，协助业主作好工程综合进度协调、设备招标、施工招标等工作。

1.1.4　本工程项目监理目标

1.1.4.1　工程建设目标总体目标

高标准达标投产，创建中国电力优质工程，争创国家级优质工程。

1.1.4.2　分项目标

1.1.4.2.1　工程进度

项目总工期 30 个月，其中：第一台机组 26 个月投产，第二台机组间隔 4 个月投产。

1.1.4.2.2　工程质量

（1）建筑工程：单位工程优良率≥95%。

（2）安装工程：单位工程优良率≥98%。

（3）实现“十个一次成功”：锅炉水压、汽机扣盖、厂用电受电、机组化学清洗、锅炉点火、空冷系统投运、汽机冲转、发电机并网、脱硫脱硝系统投运、机组 168h 试运等十个一次成功。

1.1.4.2.3 安全文明环境目标

1.1.4.2.3.1 安全目标

（1）“六不发生”、“两减少”、“一控制”。

（2）“六不发生”：不发生人身死亡事故；不发生一般及以上机械设备损坏事故；不发生一般及以上火灾事故；不发生负同等及以上责任的重大交通事故；不发生环境污染事故和垮（坍）塌事故；不发生大面积传染病和集体食物中毒事故。

（3）“两减少”：减少交通事故；减少人为责任事故。

（4）“一控制”：轻伤、负伤率不大于 3‰。

1.1.4.2.3.2 文明施工

（1）实现“八化”、“一目标”。

（2）“八化”：施工总平面模块化；现场设施标准化；施工区域责任化；物资堆放定置化；作业行为规范化；工程施工程序化；环境卫生经常化；作业人员着装统一化。

（3）“一目标”：获得省级文明工地称号。

1.1.4.2.3.3 环境保护

（1）杜绝建设过程对环境的污染和破坏。

（2）噪声控制及粉尘、有毒有害气体、污水排放达到国家环保标准。

（3）固体废弃物分类处置。

（4）不使用国家明令禁止的对环境产生较大污染的建筑材料。

（5）提倡节能、降耗和废物利用。

（6）企业员工的环境保护意识和行为符合现行法律规范要求。

1.1.4.2.4 工程造价

实施“静态控制、动态管理”，工程造价控制在项目概算之内。

1.1.4.2.5 工程档案资料

（1）机组完成 168h 满负荷试运后 40 天内移交竣工资料。

（2）竣工资料移交的完整率、合格率均达到 100%。

（3）机组达标投产复查“工程档案”部分得分不低于 92 分。

（4）国家档案局组织的档案验收得分不低于 90 分。

1.2 监理措施与方法

1.2.1 设计阶段的监理措施

1.2.1.1 设计监理总的指导方针和要点

1.2.1.1.1 设计要符合建设法规，技术规范要求，要严格执行最新版本的“工程建设标准强制性条文”的要求，并有执行措施和实施细则，突破规范时有充分论证和上级批准文件。

1.2.1.1.2 设计中要严格执行有关部门的审批意见和业主对设计的合理要求。

1.2.1.1.3 设计方案经过优化，选择最优方案，论证充分、可行，结论正确，有实践依据。在保证电厂的安全可靠运行的前提下实现经济性、合理性和先进性，最大限度地降低工程造价，降低能耗和运行成本，体现以经济效益为中心的思想。

1.2.1.1.4 建设标准符合安全、经济、可靠的原则，减少不必要的备用量。

1.2.1.1.5 布置合理，符合工艺流程。设备选型先进适用、优质高效、经济合理。

1.2.1.1.6 技术参数先进合理，与环境相协调，并满足环境保护的要求。

1.2.1.1.7 设计深度满足规定要求，消防、安全、工业卫生、节能节水全面进行论述。

1.2.1.1.8 采用的新技术、新工艺、新设备、新材料，做到安全可靠、经济合理。

1.2.1.1.9 坚持质量预控制的思想，要求设计单位在开工前从人员素质、设计计算工具、各种基础资料、设计方法和手段及设计环境等方面做好充分准备，要求设总编制设计指导文件——设计计划大纲，设计总监理工程师编制设计监理规划。

1.2.1.1.10 各专业监理工程师在监理规划的指导下，根据本专业和本工程的特点，编制专业监理实施细则，重点提出对设计优化的专题、进行监理的措施和目标，并要求专业主设人编制本专业设计指导文件。

1.2.1.1.11 重视设计评审的环节，参与并督促设计单位开展设计内部评审和外部评审，在评审中专业监理工程师认真核查设计过程中所采用的基础资料，核查设计优化的方法，核查设计优化的结论，必要时可抽查计算书，审查输入是否正确。在评审中提出监理意见，报总监理工程师。

1.2.1.1.12 在专业配合中，专业监理工程师要密切关注各专业之间资料交换、特别是系统的配置、自动化水平的要求，各厂房布置方案、水的综合利用，节约能源和原材料以及各专业向技经专业提供的工程量资料等，专业监理工程师认为有必要的话，对上述专业交换资料予以核查。

1.2.1.1.13 合理选择对比工程，并且准确确定各项技术经济指标，作为可比指标，可选择已投产的同类型工程项目。

1.2.1.1.14 在进行设计评审时应吸收生产运行和检修以及施工的专家参加。当建设单位可以提供或指定专家人选时，项目监理机构原则上聘用这些人员参加评审，当建设单位未能提供时，由我监理公司选派人员参加评审，对涉及环保、消防安全等方面的问题，还应执行报批手续。

1.2.1.1.15 要求设计单位的专业分工要适应 1000MW 机组电站设计的要求，特别是热控和各专业的分工包括和电气专业的分工要适应整体设计的要求。

1.2.1.1.16 要求设计单位的设计范围和图纸组成适应 1000MW 机组电厂设计的要求，例如增加电厂 SIS 和 MIS 系统等内容。

1.2.1.1.17 要求设计单位在设计理念上适应“厂网分开，竞价上网”的新形势，设计的成品满足市场经济的需要。

1.2.1.1.18 设计监理的质量控制、进度控制、投资控制、安全控制要满足业主的要求，设计方案应满足方便施工安装和运行维护，实现机组安全、经济、满发和达标投产创优质工程的要求。在施工工期紧迫的特殊情况下，当合同工期低于施工工期的情况下，通过协商、协调，促使设计方按建设阶段进度的要求，分期交付设计图纸。投资概算符合“安全可靠，经济实用，符合国情”的电力建设方针，初设投资概算不超过批准的可行性研究报告所列投资估算。设计文件满足国家对火电厂的安全要求和电力行业标准《火力发电厂劳动安全与工业卫生设计规程》的要求，施工图设计满足可行性研究报告和初步设计审批文件中对安全、消防和环境保护的各项要求以及符合国家发布的“工程建设标准强制性条文”要求。

1.2.1.2 设计优化的监理（贯穿到设计的全过程）

下面提出的各专业的优化方案和理念是结合本工程提出的，不限于以下的内容。

1.2.1.2.1　厂区总平面布置优化的设计监理

1.2.1.2.1.1　优化的目的

设计监理的任务就是要协助设计单位在工程特定的条件下因地制宜地通过多方案比选，选择占地面积小，流程合理的总布置方案，以便使项目业主获得最大效益。

1.2.1.2.1.2　优化专题选择

厂区方位及厂区总平面布置优化（厂前区建筑按功能集中原则，采取综合建筑；主厂房区的定位要考虑厂区地基处理；地沟与管架方案，厂区综合管架的选型；按工艺流程合理布置各建、构筑物；设备选型优化等。）

厂区竖向布置优化

1.2.1.2.1.3　设计监理专业评审要点

（1）厂区占地面积及厂区布置的技术经济指标的计算要科学和实事求是。

（2）正确贯彻按功能集中的原则，厂区按功能分区明确，生产流程合理。

（3）地沟和管架进行了全面的技术经济比较。

（4）厂区建筑的工程量，特别是地下管线和电缆沟道已减少最低限。

（5）采取了按功能合并布置和重叠设计的原则。

1.2.1.2.2　主厂房布置及其工艺系统优化的设计监理

1.2.1.2.2.1　优化的目的设计监理的任务就是要协助设计单位，在工程的特定条件下，使主厂房布置优选出最佳设计方案，以便使项目业主获得最大投资效益。

1.2.1.2.2.2　优化专题选择

主厂房布置优化（包括主厂房模块布置方案；主厂房局部布置方案；主厂房主要尺寸的选用，包括各模块的柱距、楼层等，对机炉距离和对 A 柱至烟囱距离的控制以及建筑体积的控制等）各系统的优化（热力系统优化专题；制粉系统选型比选分析专题；烟风系统及辅助设备型式专题；汽轮机旁路系统专题等）设备选型优化（包括给水泵、磨煤机、热力系统设备、制粉系统设备、空冷设备等）节约能源和原材料，提高电厂运行效率，改善工作环境专题（包括采用节能型和环保型设备，降低污染排放量，改善环境质量等）

1.2.1.2.2.3　设计监理专业评审要点

（1）布置方案和工艺系统要征求生产运行的意见，特别是对事故处理时的影响，要求设计单位在方案优化时应对生产运行条件加以说明。

（2）布置方案要征求施工专家的意见，以便对施工周期和施工机具、场地做出准确评价。

（3）布置方案的优化要对检修适应性问题进行专题研究，主厂房不能就地检修的设备应有可行的起吊和运输通道。

（4）布置方案的优越性不但体现在占地省、布置紧凑和建筑体积小，主要体现在节省四大管道、电缆和土建工程量，要求设计单位做出准确的量化分析。

（5）布置方案的紧凑将会导致管道应力补偿的困难，设计单位应有可靠的措施和计算成果。

（6）工艺系统的优化不应违反设计规程，特别不应违反《工程建设标准强制性条文》，对属于一般性可选择条文，要求设计单位提出专题论证，进行专题评审。

（7）除氧器能采用低位布置时应保证给水泵安全运行，内置除氧成熟时可以压缩除氧间的净空。

（8）辅机的设备选择和布置要和主机性能相协调，例如汽机房旁路的方案要和机、炉性能相协调。

（9）锅炉送粉管道布置要和燃烧器布置相协调，对四角布置方式送粉管道保持对称。

（10）方案比较的条件要对等，优化时要确保生产运行和检修条件。优化结果要科学地实事求是地分析工程量和投资、生产成本费和技术条件等。

1.2.1.2.3　仪表控制系统优化的设计监理

1.2.1.2.3.1　优化的目的

设计监理的任务就是要协助设计单位在满足工艺流程和系统功能的条件下，提供完善的网络控制自动化的方案，以便使项目业主获得最佳运行工况和达到减人增效的目的。

1.2.1.2.3.2　优化专题选择

（1）全厂自动化网络配置优化。

（2）集中控制室设计优化。

（3）脱硫系统监控方案研究优化。

1.2.1.2.3.3　设计监理专业评审要点

（1）自动化水平提高及费用增加的分析。

（2）功能分散与物理分散布置及费用节省的分析。

（3）仪表控制系统的优化与减人增效的分析。

（4）实现机、炉、电、网一体化，取消网控楼，进行统一管理，评审运行人员值班的适应性。

（5）辅助公用系统监控纳入 DCS 与减人增效分析。

（6）当电气控制（发变组及厂用电控制）纳入 DCS 系统设计时，专业监理工程师复查电气专业提供的控制要求和技术配合资料，包括 I/O 清单，功能要求，控制逻辑图。

（7）辅助车间实现集中控制原则，车间布置有 CRT，仅在故障和调试时使用。

（8）电子间分散布置方式，要以节约电缆为原则。

（9）辅机车间电子间分散布置，可考虑远程 I/O 机柜，通过通信与 DCS 构成一体。

（10）建立厂级控制信息系统（SIS），充分发挥 DCS 功能，实现系统共享。应保证控制系统可靠性。

（11）主要控制设备可靠性指标应先进合理。

（12）现场仪表和控制设备的选型原则是保证机组的安全、经济、稳定运行、性能良好、质量可靠。

（13）合理确定试验室的面积。

1.2.1.2.4　主厂房区及厂区建筑结构与地基处理优化的设计监理

1.2.1.2.4.1　优化设计的目的

设计监理的任务就是要协助设计单位，在优化主厂房区和厂区布置的基础上优化主厂房区和辅助车间的结构，大量降低工程量，缩短施工周期。

1.2.1.2.4.2　优化专题选择

主厂房结构形式优化（包括主厂房结构尺寸的确定；主厂房结构方案的比选；主厂房框架采用三维空间结构的计算；采用不等柱距的结构计算；汽机房屋面采用抽空式网架机构；主厂房荷载分配与组合等）烟囱形式及防腐蚀措施论证地基处理优化（根据勘测资料，论证主厂房、辅助厂房地基处理方案）。

1.2.1.2.4.3　设计监理专业评审要点

（1）主厂房结构尺寸的确定仍应遵照土建模数的有关规定。

（2）主厂房土建设计应严格符合国家颁发的《工程建设标准强制性条文》。

（3）核查三维空间结构计算，防止进行过多的假设而变成两维计算。

（4）对地基处理要核查地质勘察报告的准确性。

（5）对辅助建筑面积的核查。

（6）对重要结构的动态物模测验评审。

1.2.1.2.5　电气设施优化的设计监理

1.2.1.2.5.1　优化的目的

设计监理的任务就是要协助设计单位在满足安全生产的条件下，简化电气系统的接线和布置，以达到降低造价的目的。

1.2.1.2.5.2　优化专题选择

（1）750kV 升压站主接线、运行方式、设备选型及布置优化。

（2）发电机出口是否安装断路器及起/备电源引接优化。

（3）设备选型优化（包括变压器、330kV 配电和 750kV GIS 设备、封闭母线、共箱母线、厂用电设备、二次设备等）。

（4）厂用电电压等级的选择。

（5）电气系统控制优化。

（6）全厂实施节能环保节电措施。

1.2.1.2.5.3　设计监理专业评审要点

（1）厂用电接线应有充分的可靠性，简化接线不应降低可靠性。

（2）厂用电布置中应充分考虑主厂房模块化布置的要求。

（3）网络计算机监控系统功能应齐全可行，贯彻了信息共享的原则。

（4）网络计算机硬件和软件配置要得当。

（5）网络计算机布置位置合理，技术指标先进，体现功能分散布置相对集中的原则。

1.2.1.2.6　水务管理优化的设计监理

1.2.1.2.6.1　优化的目的

设计监理的任务就是要协助设计单位根据工程的特点，通过水量平衡制定水务管理要求，以便使工程耗水量降低到最低限额。

1.2.1.2.6.2　优化的专题选

（1）全厂水量平衡及节水措施。

（2）全厂废水处理及回收利用优化。

1.2.1.2.6.3　设计监理专业评审要点

（1）审查水量平衡图，流程是否合理。

（2）生活、工业污水系统应按成分进行了合理的分类处理、回收。

（3）对重复利用的水是否满足使用要求。

1.2.1.2.7　施工组织设计的优化

1.2.1.2.7.1　优化的目的

设计监理的任务就是要协助设计单位，对优化后的设计方案进行施工可行性和经济性的研究，做出能否缩短工期的评价，提出合理的施工组织设计大纲文件。

1.2.1.2.7.2　优化的专题选择

单机 1000MW 机组施工组织的优化（包括安装专用线的取舍；组合场布置的优化；建筑安装施工总平面的交叉和综合利用；施工机具的确定和布置；力能需量要优化；生产、生活施工临建的布置优化和占地指标；施工程序和项目管理优化等）。

1.2.1.2.7.3　设计监理专业评审要点

（1）施工方案的可行性和合理性。

（2）施工平面的可行性和合理性。

（3）施工机具选择正确、施工范围满足要求。

（4）作业面充分得到了利用。

（5）网络图施工程序及逻辑清晰、合理、关键路线表达准确。

（6）施工周期计算正确。

1.2.1.2.8　电厂管理信息系统（MIS）

1.2.1.2.8.1　编制的要求和目的

电厂通过提高全厂综合自动化水平，实现全厂监控和管理信息系统完善化，以便实现电厂管理体系现代化、科学化。

1.2.1.2.8.2　MIS 部分的编制内容

实现经营电价管理考虑成本核算和成本控制；实现生产运行管理；实现检修维护工作的项目管理，考虑面向状态的预防性维修；实现燃料、物资、生产技术、安全监督、科技环保、财务、人力资源、文档、行政办公、综合统计和计划实时数据管理等。

1.2.1.2.8.3　专业评审要点

（1）要求引用数据仓库原理，数据设计独立于应用，具有较强的应变能力。

（2）方案完整，网络结构机设备配置及设备物理位置明确，合理，功能需求明确，重点突出，接口合理。

（3）系统安全分析全面，方案完善。

（4）设计有经营管理模块。

（5）MIS 系统于 DCS 系统总体做了合理明确的协调。

（6）建立了厂级监控信息系统（SIS）。

（7）建立了设备专家管理系统。

（8）可以在线检测电厂大型机械设备的稳态和瞬态运行状态，对异常变化进行了早期诊断。

1.2.1.2.9　概（预）算的编制

1.2.1.2.9.1　编制的要求和目的

要求设计单位技经人员在设计优化中协助设计人员合理确定优化目标，密切配合设计人员进行不同方案技术经济比较，以便确定最佳设计方案，达到投资效益最好的目的。

1.2.1.2.9.2　设计监理专业评审要点

对概（预）算的监理工作除按照常规设计监理工作的要求进行投资控制外，尚应遵守如下要求：

（1）工程设计开工前选择好对比工程并列出它的工程特性值和技术经济指标，以便综合判断和评价本工程的方案的优劣。

（2）各专业设计优化中，应由技经人员提供本优化专题的对比工程的技术经济指标，给专业设计人员提供对比值和目标值。

（3）限额设计是设计优化的重要方面，是控制投资的重要措施，要求设计技经人员在设计开工前将工程总投资进行分解，初步设计应分解到单位工程，施工图设计应分解到分部工程和分册。

（4）专业监理工程师应认真复查各专业向技经专业提供的工程量，并和技经专业提出的目标值进行对比分析，提出评审意见。

（5）专业监理工程师参与设计优化评审，对设计优化的计算值的合理性和准确性，进行评审，对设计优化的结论意见的评价正确性提出监理意见。

1.2.1.2.9.3　初步设计阶段的监理要点

（1）符合国家和行业标准、规程规范和技术规定。

（2）设计方案进行了全面、合理优化。

（3）安全可靠、经济合理，建筑标准适当并符合工程总造价的要求。

（4）所依据的勘察资料和设计基础资料齐全，结论正确。

（5）设计文件符合国家发布的“工程建设标准强制性条文”的要求。

（6）新技术、新工艺、新设备、新材料均已通过鉴定，采取了可靠措施。

（7）脱硫装置应满足环境评价批复意见。

（8）督促设计单位重点要落实项目的外部条件，包括各类协议、城市规划接口以及三大主机的配合资料等。

（9）协助设计单位合理确定概算的编制原则，正确选用定额、材料价格、取费标准及相应的调整系数。

（10）初步设计阶段，如设计合同有限额外设计要求，则监理工程师要督促设计单位建立并完善推行限额设计的计划和措施，并分阶段进行检查；在有条件时，要求设计单位将控制投资额按专业和系统进行分解，落实到专业。

（11）初步设计对概算审核重点：工程设计概算的编制依据；设计概算的取费标准；项目划分是否正确，有无重漏；主要工程量是否与设计一致；定额选用是否正确；设备、材料价格是否合适；限额设计核查，要求概算控制在投资估算费用以内。

1.2.1.2.9.4　施工图设计阶段的监理要点

（1）符合有关部门对初步设计的审批要求，符合外部评审的意见。

（2）设计深度满足施工的要求。

（3）满足使用功能，运行方式正确、合理。

（4）专业衔接正确，设计各专业间以及设计单位和设备厂家间资料交换无遗漏，接口配合已相互确认。

（5）复核设备材料清册是否满足订货要求。

（6）设计文件应注明主机寿命及工程的设计使用年限。结构分册还应注明安全等级。

（7）重点项目的施工图设计的限额尽可能落实到设计分册，卷册负责人通过控制工程量达到控制投资的目的。

（8）设计单位所采用的设计软件必须是经过鉴定并推广使用的。

（9）施工图设计中对主体建筑、重要钢结构、大型动力设备基础、框架及排架结构。压力容器结构强度、设备及管道荷载都要经过认真计算，必要时可抽查计算书。

（10）重点审查消防设计，抗震设计、防爆设施、防洪设施、防雷设施、生产安全运行和人身安全的设计等，使之符合国家和行业标准。国家发布的工程建设标准强制性条款，必须严格执行不能疏漏。有无违反强条现象。

（11）套活用图纸时，在设计条件发生变化时，应进行认真的核算和修改。

（12）要求设计单位在设备选型中使用成熟的设备，提高电厂运行的可靠性和安全性。

（13）对主要辅机设备规范书或技术招标文件要进行认真审查。

1.2.2　施工阶段的质量控制

1.2.2.1　总则

工程质量控制是工程建设监理的核心内容，也是业主方关注的重点。我们将充分发挥自己的协调作用，与业主方、设计单位和施工承包商对工程质量控制方面达成共识，确定“达标投产、创优质工程”的共同目标。通过建立健全质量管理体系和科学运作，确保工程质量目标的实现。总的控制措施原则是：体制科学，全员参与；系统控制、过程管理；主动监理，预防为主。

1.2.2.1.1　质量体系的建立与管理

1.2.2.1.1.1　建立健全的质量保证体系

（1）质量管理组织机制健全，职责明确。

（2）施工队伍技术管理人员、施工人员素质符合投标文件的要求，确保承包单位履行合同承诺。

（3）三级自检体系，专职质检员和质检手段齐全到位，做到严格把关，记录真实、准确，资料完整。

（4）质量保证大纲、施工标准、规范和作业指导书、工艺流程等文件，满足工程施工的质量要求，并得到贯彻实施。

（5）按 ISO9000 标准建立质量管理和质量保证体系，并切实在施工过程中保持有效运作。

（6）工程监理机构对施工承包商的指导监督作用在签订承包合同中得到明确体现。

1.2.2.1.1.2　建立项目监理部自身质量保证体系

（1）在监理公司质保体系支持下建立以总监、副总监、质量工程师、专业监理工程师和监理员组成的监理部质量管理、检查、监督网络体系，确保工程质量控制有效展开。

（2）按照公司《质量手册》、《程序文件》和《作业指导书》，制订监理规划和各专业的监理实施细则，设置明确的质量控制点（H、W 点），采用旁站、巡视、见证、平行检验等手段严格把关，实现对工程质量的控制。

（3）由公司质管部、监理部加强对现场项目监理部的检查，确保项目监理部质量认证体系高效运作和全面实现工程质量控制目标。

（4）根据项目法人授权，积极协调设计单位、承包单位、质监站和上级主管部门的关系，形成齐抓共管和良好的全员质量意识，共同搞好工程质量。

1.2.2.1.2　明确本项目的监理工作流程，严格按照程序办事

监理工作坚持“先审核后实施，先验收后施工”的基础原则，按业主方在监理合同中授予的权限，制订本项目的各项监理规章制度，监理工作标准和监理工作程序、方法，使工程建设各方明确执行，形成良好的工作秩序，科学规范地搞好工程施工监理。

1.2.2.1.3　严格执行国家和行业电力建设的现行法律、法规和标准规范

严格执行国家和地方的有关工程建设的法律、国家和行业的现行验收规范、技术标准、定额及有关规程规定。严格执行国家关于工程建设的强制性标准、电力行业标准。对上述技术标准文件分阶段，按实用工程，按专业对全体监理人员进行考试，达到全员普及。

1.2.2.1.4　事前控制

本章其余内容见光盘。

第 2 章　陕西府谷清水川煤电一体化项目电厂二期（2×1000MW）工程施工阶段监理实施细则

2.1　造价与付款监理细则

2.1.1　总则

陕西府谷清水川煤电一体化项目电厂二期（2×1000MW）工程建设的造价与付款监理实施细则，是整个工程建设过程工程控制投资、支付工程款的指导性文件。

2.1.2　监理工作范围

本工程监理招标范围为：陕西府谷清水川煤电一体化项目电厂二期（2×1000MW）工程（含脱硫、脱硝）设计、施工监理，包括本工程的初设、施工图设计、施工准备、地基处理、建筑工程施工、安装工程施工、调试、性能监测、竣工验收、达标投产，直至移交生产的全过程监理及部分管理职能。监理工作按照工程项目业主负责制、"小业主、大监理"和四控制（质量、进度、投资、安全）、两管理（信息管理、合同管理）、一协调（有关单位间的工作关系）的原则进行。

2.1.3　监理依据

2.1.3.1　《监理合同》。

2.1.3.2　业主与承包商签订的《施工合同》及其附件。

2.1.3.3　国家、行业、地方政府有关法律、法规。

2.1.4　工程概况和管理目标

2.1.4.1　工程概况

2.1.4.1.1　陕西府谷清水川煤电一体化项目电厂二期（2×1000MW）工程。

2.1.4.1.2　工程地点：陕西府谷县黄甫镇。

2.1.4.1.3　工程规模：扩建 2×1000MW 超超临界燃煤空冷发电机组。

2.1.4.2　工程管理目标

工程切实贯彻"安全第一，预防为主"的安全生产方针，做到"设施标准、环境整洁、行为规范、施工有序、安全文明"，创建全国火电建设安全文明施工一流现场，树立安全文明施工品牌形象工程；实现事故零目标（不发生死亡事故、不发生较大及以上设备损坏事故、不发生较大及以上火灾事故、不发生较大及以上施工机械事故、不发生重大及以上交通事故、不发生环境污染事件和重大垮（坍）塌事故、不发生重大质量事故）；按照国家和行业的有关标准规定按期建成，高标准达标投产，创建中国电力优质工程，争创国家级优质工程。

2.1.5　监理单位与各相关单位的关系

2.1.5.1　与业主的关系

2.1.5.1.1　业主与监理单位是委托与被委托的关系。业主要在工程承包合同中明确授予监理单位的职权范围。监理单位根据合同所授予的权利，行使职责。

2.1.5.1.2　监理单位应定期向业主报告工作情况。

2.1.5.1.3　业主应无保留的将授权范围内的工程有关工程信息及时通告监理单位。

2.1.5.1.4　监理人员应积极参与同工程建设有关的活动，向业主提出建议和意见。

2.1.5.2　与承包商的关系

2.1.5.2.1　监理单位与承包商是监理与被监理关系。承包商必须接受监理单位的监督和检查。

2.1.5.2.2　承包商应向监理单位提供为其开展工作的必要条件，积极支持配合监理工作（包括提供监理确认所需的各种记录、资料计算数据）。

2.1.5.2.3　理单位要为承包商创造条件，按时、按计划作好监理工作。有关工程建设过程的工程变更预算、施工图预算、付款、索赔等均应由承包商办理审核程序。

2.1.6　监理工作内容

2.1.6.1　审查本工程施工图工程量与清单工程量变化及其引起的合同价款的调整。

2.1.6.2　审查按合同约定的设计变更引起的工程量变化及变更预算。

2.1.6.3　审查乙供钢材价差的数量、合同价格、承包商采购市场价格、价差、及合价。

2.1.6.4　审查装修标准重大调整的施工图预算。

2.1.6.5　审查单位工程主体结构准重大调整的施工图预算。

2.1.6.6　审查单位工程、分部工程核减引起的合同价款变化。

2.1.6.7　查并核减招标清单中未注明的随设备供应的装置性材料的数量，价格、及合价。

2.1.6.8　审查并核减超额领用的甲供装置性材料的数量，价格、及合价。

2.1.6.9　审查本工程过程有关承包商提交的零星委托、零星签证等其他施工图预算。

2.1.6.10　根据业主与承包商签订的承包合同，提出有利于降低建设投资或运营本的合理化建议和优化设计方案。

2.1.6.11　审查第三方对业主提出的各类索赔事项，对于业主有合同关系的任何第三方的违约行为，代表业主及时提出反索赔意见，协助业主处理各类索赔反索赔事宜。

2.1.6.12　审查承包商编制的竣工决算书，并提出审查意见。

2.1.6.13　根据业主与承包商签订的承包合同的规定，及时参加验工计价，核实承包商提交的月、季、年工程量和工作量报表，审核承包商的工程款和设备申请，提出审查意见。

2.1.6.14　对承包商提出的提留金申请，提出审查意见。

2.1.6.15　监督承包商履行合同的情况。维护业主的正当利益。

2.1.6.16　本工程保修期间保修事项的结算工作。

2.1.7　施工图预算监理细则

2.1.7.1　审查编制人是否具有编制资格。

2.1.7.2　审查编制的施工图预算是否是合同约定单位工程；编制用的图纸，是否是本工程委托的设计单位设计的施工图；是否是最新版本；是否含设计变更内容；设计图纸是否经过会审；会审资料是否齐全。

2.1.7.3　审查编制说明是否与合同约定相一致，如有差异，差异部分是否经过业主确认，确认文件或其副本应作为附件。

2.1.7.4　审查编制的施工图预算，是否按合同约定的编制原则编制；套用的费用标准是否与定额相配套。

2.1.7.5　审查工程量的计算，是否按定额规定的计算规则计算；计算公式是否正确；计算数据是否准确；汇总数据是否准确；是否有重算、多算、估算或漏算。

2.1.7.6　审查预算定额单价套用是否准确；换算的定额单价，定额内是否允许换；换算的计算过程是否正确；换算的计算数据是否准确。

2.1.7.7　审查合价汇总是否准确。

2.1.7.8　审查取费是否按合同约定的程序、基数计算；计算是否准确。

2.1.7.9　审查价差是否按照合同约定的范围、单价计算；计算过程、计算数据是否准确；审查价差单价的取定依据。

2.1.7.10　审查营业税取费税率是否是国家、地方税务部门发布的税率，计算基数，计算数据是否准确。

2.1.7.11　审查施工图预算编制部门是否经过审核，编制单位负责人是否签字、批准。

2.1.7.12　审查完毕，根据审查情况，编制监理意见（草稿）。

2.1.7.13　将被审查过的施工图预算和监理意见（草稿）报总监理师批准。

2.1.7.14　按照总监理师的批示，整理、定稿并出具正式的监理意见；由技经监理正式整理一式 4 份，签名后，报总监理师签字。

2.1.7.15　将正式的监理意见送办公室盖章，交业主批准。

2.1.8　设计变更预算监理细则

2.1.8.1　审查编制人是否具有编制资格。

2.1.8.2　审查编制的变更预算的依据文件，是否在合同约定的"调整合同价格"变更范围内、依据文件是否按合同约定程序，经监理单位、业主规定的代表确认。

2.1.8.3　审查编制的变更预算，是否是合同约定单位工程；编制用的变更依据文件、配套的设计原图纸是否是业主委托的设计单位设计的施工图；是否是最新版本；设计图纸是否经过会审；会审资料是否齐全。

2.1.8.4　审查编制说明是否与合同约定相一致，如有差异，差异部分是否经过业主确认，确认文件或其副本应作为附件。

2.1.8.5　审查编制的变更预算是否按合同约定的编制原则编制；套用的费用标准是否与定额相配套。

2.1.8.6　用原来的设计图纸，结合设计变更文件，审查工程量的计算，是否按定额规定的计算规则计算；计算公式是否正确；计算数据是否正确；汇总数据是否正确；是否有重算、多算、估算或漏算。

2.1.8.7　审查变更预算的定额单价套用，是否准确；换算的定额单价，定额内是否允许换；换算的计算过程是否正确；换算的计算数据是否准确。

2.1.8.8　审查合价汇总是否准确。

2.1.8.9　审查取费是否按合同约定的程序、基数计算；计算是否准确。

2.1.8.10　审查价差是否按照合同约定的范围、单价计算；计算过程、数据是否准确；审查价差单价的取定依据。

2.1.8.11　审查营业税取费税率是否是国家、地方税务部门发布的税率，计算基数，计算数据是否准确。

2.1.8.12　审查施工图预算编制部门是否经过审核，编制单位负责人是否签字、批准。

2.1.8.13　审查完毕，根据审查情况，编制监理意见（草稿）。

2.1.8.14　将被审查过的施工图预算和监理意见（草稿）报总监理师批准。

2.1.8.15　按照总监理师的批示整理、定稿并出具正式的监理意见；由技经监理正式整理一式 4 份，签名后，报总监理师签字。

2.1.8.16　将正式的监理意见送办公室打印、盖章，交业主批准。

2.1.9　索赔事宜监理细则

2.1.9.1　第三方索赔事宜监理细则。

2.1.9.1.1　范围：对于第三方因本工程建设而向业主提出索赔事件，索赔文件经业主交监理单位，理单位将予以审查。

2.1.9.1.2　与业主有合同关系的第三方提出的索赔的审查监理细则。

2.1.9.1.2.1　索赔事件合同中有约定的：

（1）根据合同的约定程序，由专业监理工程师、总监理工程师、业主有关专工、部门负责人、业主代表确认索赔事件的存在；并将该文件（或文件副本）交监理单位。

（2）根据合同的约定，审查索赔事件的数量。

（3）根据合同的约定，审查索赔事件的单位价格；并计算出索赔价值；并出具监理意见（初稿），交总监理工程师审批。

（4）按照总监理师的批示整理、定稿并出具正式的监理意见。

（5）将正式的监理意见送办公室打印、盖章，交业主批准。

2.1.9.1.2.2　合同没有约定的索赔事件：

（1）由专业监理工程师、总监理工程师、业主有关专工、部门负责人、业主代表确认索赔事件的存在；并将该文件（或文件副本）交监理单位。

（2）由监理单位参与，业主、承包商双方协商索赔事件解决的原则意见，并形成书面文件，作为合同的附件。

（3）监理按照双方达成解决该索赔事件的文件约定，审查第三方提出的索赔请求；并计算出索赔价值；并出具监理意见（初稿），交总监理工程师审批。

（4）按照总监理师的批示，整理、定稿并出具正式的监理意见；由技经监理正式整理一式 4 份，签名后，报总监理师签字。

（5）将正式的监理意见送办公室打印、盖章，交业主批准。

2.1.9.1.3　与业主没有合同关系的第三方（以下简称"索赔事件当事人"）提出的索赔的审查监理细则。

2.1.9.1.3.1　由专业监理工程师、总监理工程师、业主有关专工、部门负责人、业主代表确认索赔事件当事人索赔事件的存在；并将该文件（或文件副本）交监理单位。

2.1.9.1.3.2　由监理单位参与，业主、索赔事件当事人双方协商索赔事件解决的原则意见，并形成书面文件。

2.1.9.1.3.3　监理按照双方达成解决该索赔事件的文件约定，审查第三方提出的索赔请求；并计算出索赔价值；并出具监理意见（初稿），交总监理工程师审批。

2.1.9.1.3.4　按照总监理师的批示，整理、定稿并出具正式的监理意见；由技经监理正式抄写一式 4 份，签名后，报总监理师签字。

2.1.9.1.3.5　将正式的监理意见送办公室打印、盖章，交业主批准。

2.1.9.2　对于业主有合同关系的任何第三方的违约行为，代表业主及时提出反索赔意见的监理细则。

2.1.9.2.1　按照合同约定，监督与业主缔约方履约责任的执行情况。

2.1.9.2.2　出现缔约方有违约事件时，及时向业主报告，并按照合同约定提出反索赔建议。

2.1.9.2.3　经的业主书面同意后，按照合同约定，编制反索赔意见书及监理意见（初稿），交总监理工程师审批。

2.1.9.2.4 按照总监理师的批示，整理、定稿并出具正式的监理意见；由技经监理正式抄写一式 4 份，签名后，报总监理师签字。

2.1.9.2.5 将正式的监理意见送办公室打印、盖章，交业主批准。

2.1.10 审核承包商的工程款申请的监理细则

2.1.10.1 资料室收到统计报表后，首先交技经监理工程师对的封面进行审核，审查编制人签字、编制部门负责人签字、编制单位负责人签字、加盖公章等事项，如有缺项，应退回补齐再报送。

2.1.10.2 各专业监理工程师根据现场实际完成进度，分别对承包商编制的进度报告中就建筑、安装、调试、试运等情况的形象进度进行审核，并签署监理意见。

2.1.10.3 技经监理工程师审核。

（1）合同约定的“合同价格”栏中的单位、数量、单价、合价是否与清单价或经业主批准的施工图预算相同。

（2）审核“截至上月累计完成”数量栏的数量，是否为上上月本栏数量与上月“业主批准栏”“数量”栏数量之和。

（3）〈合价〉栏是否为上上月本栏数量与上月“业主批准栏”“合价”栏数量之和。

（4）取费部分的计算逻辑关系是否有差异。

（5）审核“合同价格表”表二、表一“截至上月累计完成”栏的数量，是否为上上月本栏数字与上月“业主批准栏”相应栏数量之和；如有差异，退回承包商改正后重报。

2.1.10.4 技经监理根据各专业监理工程师审核的形象进度，计算、审核土建、安装工程费“本月申报”栏的工程量，填写在监理审核栏数量栏，根据监理审核栏的数量和合同价格栏的单价，计算监理审核栏的合价。

2.1.10.5 按照监理审核栏的合价，汇总表二、表一。

2.1.10.6 审核各表格按各有关规定汇总是否正确。

2.1.10.7 技经监理将初步审核的统计报表报总监理师批准。

2.1.10.8 按照总监理师的批示整理、定稿并出具正式的监理意见，由技经监理正式整理一式份，签名后，报总监理师签字。

2.1.10.9 经总监理师签字的统计报表，交办公室加盖公章后，由资料室报送业主。

2.1.11 竣工结算书审查监理细则

2.1.11.1 进入竣工结算书所有文件应当为经过监理审查、业主批准的文件，未经监理审查、业主批准的文件，不得进入竣工决算书编制审查程序。

2.1.11.2 竣工结算书应包含的文件目录。

2.1.11.2.1 竣工结算书的封面。

2.1.11.2.2 竣工结算书的编制说明。

2.1.11.2.3 中标通知书。

2.1.11.2.4 投标书。

2.1.11.2.5 合同价格书（或施工图预算）。

2.1.11.2.6 经监理审查及业主批准的《合同价格调整书》。

（1）经监理审查及业主批准的《工程量确认单》。

（2）经监理审查及业主批准的设计变更结算书及其附件。

（3）经监理审查及业主批准的《乙供钢材价差费用调整表》及其附件。

（4）经监理审查及业主批准的《装修标准重大调整结算书》及其附件。

（5）经监理审查及业主批准的《单位工程主体结构重大调整结算书》及其附件。

（6）经监理审查及业主批准的《甲供材料超领扣款结算书》及其附件。

（7）经监理审查及业主批准的《设备厂供乙供材料扣款结算书》及其附件。

（8）经承包商、监理业主确认的《承包商未履行的义务目录表》详细内容。

（9）经承包商、监理业主确认的《承包商未履行的义务费用结算书》。

2.1.11.2.7 经业主批准的零星委托结算书。

2.1.11.2.8 经业主批准的零星签证结算书。

2.1.11.2.9 奖励及罚金汇总书（及其附件）。

2.1.11.2.10 索赔文件（包括业主索赔文件和承包商索赔文件）及汇总书。

2.1.11.2.11 单位工程开、竣工报告汇总表。

2.1.11.2.12 单位工程保修证书及汇总表。

2.1.11.2.13 建设项目开、竣工报告。

2.1.11.2.14 单位工程竣工验收质量评定书汇总表。

2.1.11.2.15 性能试验报告书。

2.1.11.2.16 达标投产完成报告书。

2.1.11.2.17 期中付款报告书汇总表。

2.1.11.2.18 竣工结算书价值汇总表。

2.1.11.3 竣工结算书送审日期：按照合同相关条款约定。

2.1.11.4 监理审查竣工结算书的程序。

2.1.11.4.1 审查竣工结算书的封面。

2.1.11.4.1.1 由技经监理审查承包商是否按照业主规定的竣工结算书封面编制。

2.1.11.4.1.2 由技经监理审查承包商编制人是否签字；审查编制部门负责人是否签字；审查承包商法人代表或承包商代表（经授权）是否签字。

2.1.11.4.1.3 由技经监理审查承包商是否加盖公章。

2.1.11.4.1.4 如有缺项，应退回补齐再报送。

2.1.11.4.2 审查竣工结算书的编制说明：由各专业监理审查编制的有关说明与合同有差异；关于总体情况的说明与实际情况是否有差异；有关各专业的实际建设情况与合同是否有差异。

2.1.11.4.3 由技经监理审查竣工结算书各组成文件的是否符合11.1 条的规定；如有差异；应完成监理审查、业主批准的程序后再报送。

2.1.11.4.4 由技经监理审查竣工结算书价值汇总表计算是否准确。

2.1.11.4.5 由技经监理根据审查情况，编制并出具监理意见（初稿），交总监理工程师审批。

2.1.11.4.6 按照总监理师的批示整理、定稿并出具正式的监理意见；由技经监理正式整理一式 4 份，签名后，报总监理师签字。

2.1.11.4.7 经总监理师签字的监理意见，交办公室加盖公章后，由资料室报送业主。

2.1.12 工程保修期间保修事项结算的监理细则

2.1.12.1 保修期根据合同约定计算。

2.1.12.2 保修期的保修范围和保修内容，按照承包商提交给业主的经过监理工程师确认的《保修证书》保修范围和保修内容。

2.1.12.3 承包商（或承包商委托的保修单位）保修的费用结算，监理不与审查，由承包商自行结算。

2.1.12.4 承包商接到保修通知后，出现未能及时修复缺陷和损伤，按合同约定，业主或业主委托第三者完成该项保修工作，业主或业主委托第三者完成该项保修工作的保修费用结算，由监理审查。

2.1.12.5　工程保修期间保修事项结算审查程序。

2.1.12.5.1　由专业监理工程师确认保修事件的存在。

2.1.12.5.2　由专业监理工程师审查、确认保修事件保修各分项，属于《保修证书》约定保修范围和保修内容。

2.1.12.5.3　由专业监理工程师审查、确认保修事件的保修方案是合适的、保修事件已经完成、并经验收合格。

2.1.12.5.4　由技经监理根据专业监理工程师审查，确认保修人在保修事件按保修方案保修的保修人工费：审查、确认人工数量、单价及合价。

2.1.12.5.5　由技经监理根据专业监理工程师审查，确认保险人在保修事件按保修方案保修费用的材料费：审查、确认装置性材料、消耗性材料、配件、成品、半成品的品种、材质、规格、数量、单价及合价。

2.1.12.5.6　由技经监理根据专业监理工程师审查，确认保险人在保修事件按保修方案保修机械费：审查、确认使用的机械品种、规格、数量、单价、合价。

2.1.12.5.7　由技经监理审查保修费用的有关费用：包括但不限于：现场经费（或车间管理费）、夜间施工费、工具用具使用费、规费、安全措施费、有关实验、试验检验费、调试费、试车费、合理的利润、税金等费用。

2.1.12.5.8　由技经监理根据审查情况，编制并出具监理意见（初稿），交总监理工程师审批。

2.1.12.5.9　经总监理师批准的保修费用结算书监理意见，交技经监理正式整理一式4份，签名后，报总监理师签字。

2.1.12.5.10　经总监理师签字的保修费用结算书，交办公室加盖公章后，由资料室送业主。

2.1.13　对承包商提出的支付提留金申请审查监理细则

2.1.13.1　承包商提交支付提留金申请书的日期：不早于合同条款约定的日期。

2.1.13.2　审查承包商提出申请的数据是否与业主扣除的保留金数据相一致。

2.1.13.3　应支付保留金＝扣除保留金－安全保证金－质量保证金（合同结算金额×5%）。

2.1.13.4　由技经监理根据审查情况，编制并出具监理意见（初稿），交总监理工程师审批。

2.1.13.5　经总监理师批准的支付保留金申请书监理意见，交技经监理正式整理一式4份，签名后，报总监理师签字。

2.1.13.6　经总监理师签字的保修费用结算书监理意见，交办公室加盖公章后，由资料室送业主。

2.2　210m烟囱土建监理实施细则

2.2.1　工程概况

本工程建设的烟囱设计高度为210m，多管式钢筋混凝土外筒，内置两个排烟钢内筒。烟囱使用年限为50年，结构安全等级为一级，抗震设防烈度6度，抗震措施7度。

烟囱设计中心坐标 A＝722、01，B＝1116.30，0.00m标高为绝对标高864.10m。

筒身混凝土30.0m以下为C40，30m以上为C35。在钢筋混凝土外筒外0.5m标高和202.5m标高处分别设四个间隔相等的沉降倾斜标。共设检修维护平台7层，7号平台以上内外表面及顶面涂刷2mm厚的耐酸防腐涂料。

烟囱35.80m处有烟道口2个宽7500mm，高15000mm，各层窗洞口1200mm×900mm共计30个。照明窗孔和航空障碍标志灯窗口孔各设2处，通风百叶采光窗1处。

2.2.2　监理依据的规范和标准

工程中所使用所有规程、规范需动态管理，随着规范的更新及时使用在本工程中，并且对规范局部修改的条文及时添加并应用。

2.2.2.1　烟囱基础图F628S-TO331-01。

2.2.2.2　《混凝土结构工程验收规范》（GB 50202—2002）。

2.2.2.3　《电力建设施工质量验收及评定规程》（DL/T 5210.1—2005）。

2.2.2.4　《工程建设标准强制性条文》2002版及2006版。

2.2.2.5　《电力建设安全工作规程》（DL 5009.1—2002）。

2.2.2.6　《烟囱工程质量及验收规范》（GB 50078—2008）。

2.2.2.7　《混凝土质量控制标准》（GB 50164—92）。

2.2.2.8　《混凝土强度检验评定标准》（GBJ 107—87）。

2.2.2.9　《钢筋焊接及验收规程》（JGJ 18—2003）。

2.2.2.10　《龙门架及井架构材提升和安全技术规范》（GBJ 88—92）。

2.2.2.11　《房屋建筑施工旁站监理管理办法的通知》一市建〔2002〕号文件。

2.2.2.12　《建筑地基基础工程施工质量验收规范》（GB 50202—2002）。

2.2.2.13　《工程测量规范》（GB 50026—2007）。

2.2.2.14　《混凝土外加剂应用技术规范》（GBJ 119—2003）。

2.2.2.15　《大体积混凝土施工及验收规范》（GB 50496—2009）。

2.2.2.16　《清水混凝土应用技术规程》（JGJ 169—2009）。

2.2.2.17　《烟囱设计规范》（GB 50051—2002）。

2.2.2.18　《钛—钢复合板》（GB 8547—87）。

2.2.3　监理工作的具体内容

烟囱属于甲类高大构筑物的单位工程，施工之前和施工过程中应做到：

2.2.3.1　参加设计意图交底会议并组织施工单位的相关人员对设计图纸进行会检，明确了解设计意图，同时对图纸中的疑点提请设计人员解答，做到完整、全面地掌握设计目的，清楚设计中的重点和要求，为控制工程质量奠定基础。

2.2.3.2　对设计变更和变更设计的文件，要认真分析理解，尤其是变更设计的文件必须有设计人员认可签字才可执行。

2.2.3.3　对单位工程的施工组织设计和分部工程的作业指导书要认真审核，重点要看工艺流程是否合理、质量控制是否到位，工程进度计划是否能满足网络进度的节点要求，使用的新材料、新工艺是否符合规范要求，安全措施目标是否明确。

2.2.3.4　审核特殊工种资质证件是否齐全有效，对参加烟囱施工的测量人员、起重工、架子工、焊工等资质证件要进行审核备案，并要求持证上岗。

2.2.3.5　审查土建实验室资质、实验器具、试验人员的资质并备案。

2.2.3.6　测量仪器、测量器具等是否效验有效。

2.2.3.7　原材料、成品、半成品、构配件等按照规范要求，现场实地检查、抽样、核查、送样试验检查等。具体流程见附件一（图2-2-1）。

2.2.3.8　施工过程中对检验批、分项工程、隐蔽检查的检查验收。具体流程见附件二（图2-2-2）。

2.2.3.9　提升装置的检查认证。烟囱施工一般情况，烟囱上口混凝土施工完毕，开始安装提升装置。筒体大部分工程依靠提升装置载运工程用料，搭乘施工人员乘直上下来完成。提升装置分为电动提升、液压提升附着式。本工程采用内置一部垂直电梯提升装置，三板翻模、上部搭操作平桥、平台施工工艺进行施工。因此提升装置的安全功能和各项技术参做的检测是验评范围之外的必检项目。具体流程见附件三（图2-2-3）。

附件一　建筑、安装材料、购配件、成品、半成品认证程序

附件二　检验批、隐蔽工程、分项工程质量检验程序

附件三　提升装置检查验收程序

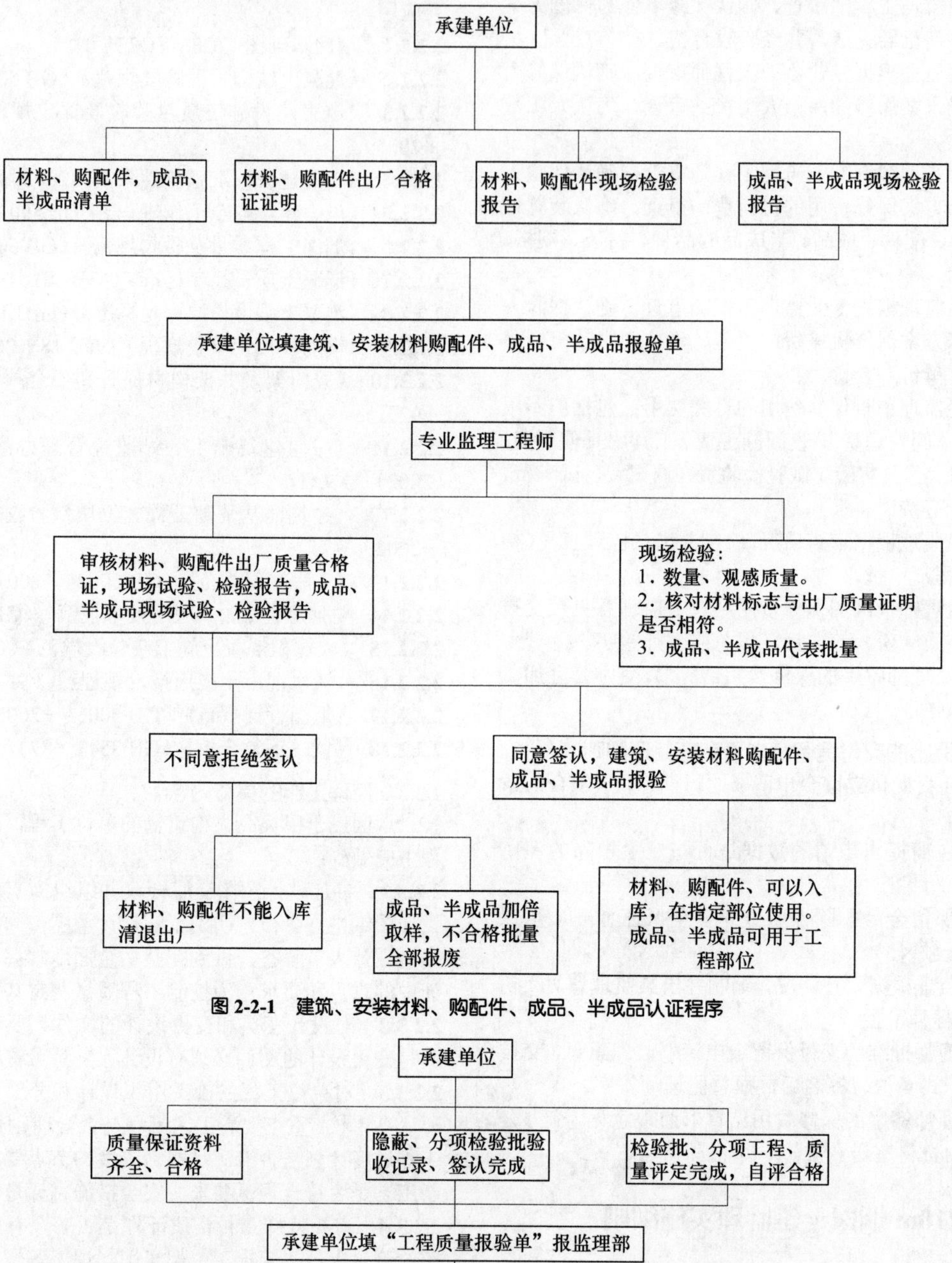

图 2-2-1　建筑、安装材料、购配件、成品、半成品认证程序

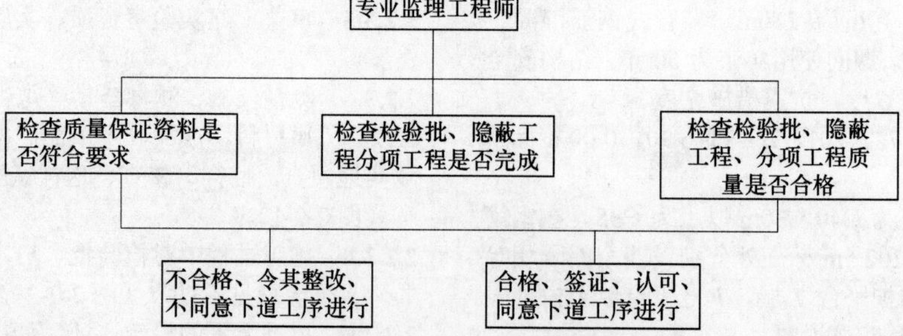

图 2-2-2　检验批、隐蔽工程、分项工程质量检验程序

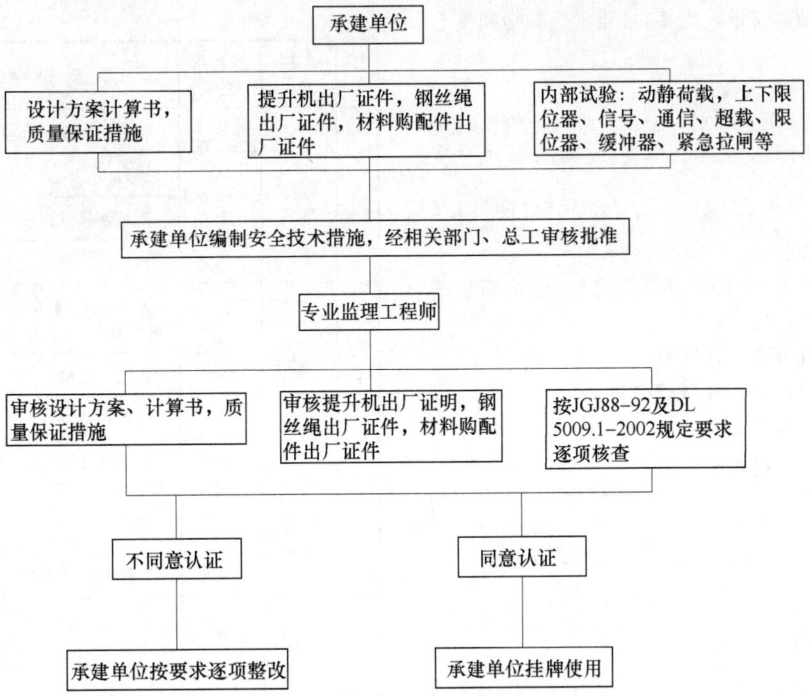

图 2-2-3　提升装置检查验收程序

2.2.4　监理工作的目标

2.2.4.1　质量控制目标

2.2.4.1.1　检验批一次验收合格率100%，分项工程合格率100%，单位工程达优良，创精品。

2.2.4.1.2　质量控制的重点：零米以上烟囱施工的技术参数，应满足设计图纸和规范要求；筒身外观质量、线条顺直平滑、表面清洁、色泽一致，不得有挂浆、漏浆、露筋、倒挂牛腿等工艺缺陷；预埋件平直、方正、位置准确；混凝土保护层满足设计，规范要求；钢内筒焊接、隔热、防腐的标准应满足设计要求，施工工艺除满足设计要求外，还应满足相关规范的要求，达到隔绝湿烟气水平渗透的目的。

2.2.4.1.3　质量控制重点的标准

2.2.4.1.3.1　筒身外观尺寸偏差：

（1）外观质量：不应有严重缺陷。

（2）尺寸偏差：不应有影响结构性能和使用功能的尺寸偏差。

（3）高度偏差：210m，≤130mm。

（4）筒壁厚度偏差：±20mm。

（5）任何截面上的半径偏差：±25mm。

（6）内外表面平整度：≤25mm。

（7）烟道口中心偏差：≤15mm。

（8）烟道口标高偏差：±20mm。

（9）烟道口高、宽偏差：±20mm。

（10）预留洞口高宽偏差：±20mm。

2.2.4.1.3.2　钢内筒工程：

（1）钢内筒的类型、规格、质量、材质，必须符合设计要求。

（2）对口错边量≤1mm。

（3）相邻两段的纵焊缝错开≥150mm。

（4）筒体中心偏差≤H/2000且≤30mm。

（5）筒体直线度≤1mm。

（6）表面平整度≤1.5mm。

2.2.4.1.3.3　焊接质量的控制：

（1）合理组织焊接顺序，施焊时按照先焊纵缝，后焊环缝；先焊外缝，后焊内缝的顺序施工。

（2）保证正面焊接质量，控制线能量在要求范围之内，反面清根深度适中以及环缝用卡具防止角变形。

2.2.4.1.3.4　预埋件尺寸偏差：

（1）预埋件中心位移：≤3mm。

（2）预埋件与模板的间隙：紧贴。

（3）相邻埋件高差：≤4mm。

（4）预埋件水平偏差：≤2mm。

（5）埋件标高偏差：+2～10mm。

（6）钢内筒焊接质量控制见（焊接监理实施细则）。

2.2.4.1.3.5　进度控制目标。确保工程进度按综合网络计划（里程碑要求的工期，满足安装要求按时交付安装和投产要求）。

2.2.4.1.3.6　安全控制目标。贯彻“安全第一，预防为主”的方针；杜绝重伤及以上人身事故；杜绝群体性伤亡事故；杜绝重大机械、设备、交通、火灾事故；一般事故频率控制在2‰以内。

安全控制重点：高空坠落、物体打击、提升装置的上下限位器、紧急刹车、电器通信、地锚、卷扬机、接地、滑轮、天轮。

2.2.5　监理工作的控制重点

2.2.5.1　烟囱单位工程的控制项目

2.2.5.1.1　定位高程控制：坐标、标高。

2.2.5.1.2　土方开挖控制：基槽底标高、基底土质的隐蔽验收。

2.2.5.1.3　基础工程控制：模板安装拆除，钢筋加工安装；混凝土原材料及配合比；混凝土外观尺寸、外观质量；浇注混凝土入模、振捣方法及标养和同条件养护试块。

2.2.5.1.4　筒壁工程控制：施工技术参数；模板安装、拆除；钢筋加工、安装；混凝土原材料及比配合比；筒身外观尺寸、外观质量；浇注混凝土入模，振捣方法及标养和同条件养护试块。

2.2.5.1.5　烟囱附件：控制材质、几何尺寸、焊口、焊缝质量。

2.2.5.1.6　航空标志：控制基层面清洁、干燥、色泽均匀、红白相错高度一致。

2.2.5.1.7 避雷设施：材质、接地、焊接。（质量控制细则见电气监理实施细则）

2.2.5.2 烟囱重点检验材料、设备

砂、碎石、水泥、外加剂、钢筋、型钢、焊条、模板的几何尺寸、刚度、钢固件的刚度、强度，航空涂料材质，提升装置的各种设备。

2.2.5.3 烟囱重点审阅

2.2.5.3.1 烟囱的施工组织设计。

2.2.5.3.2 土方开挖、基础工程、浇筑混凝土筒身、钢内筒制作安装、附属设施的作业指导书。

2.2.5.3.3 提升装置的设计方案、计算书。

2.2.5.4 钢筋混凝土烟囱W、S、H验收项目。

施工工艺过程质量控制见表2-2-1。

表2-2-1 施工工艺过程质量控制

序号	工程项目	控制点类型	质量控制点	控制手段
1	工程放线	W	坐标、标高、轴线、边线	测量
2	土方工程	H	开挖范围、边线、高程	测量
		H	外形尺寸	测量
3	地基处理	W	位置（轴线及高度）	测量
		W	外形尺寸	测量
		H	垫层（换填）	审核配比（现场取样）
		H	钢筋（规格、型号、数量	现场检查
		H	混凝土	审核配比、取样
4	基础工程	W	位置（轴线及高程）	测量
		W	外形尺寸	测量
		H	结构钢筋型号、直径数量	现场检查
		H	混凝土强度	审查配合比、现场取样
		H	地下管线预留孔道及予埋	现场检查、测量
5	现浇钢筋混凝土结构	W	轴线、高程及垂直度	测量
		W	断面尺寸	量测
		H	钢筋：数量、直径、位置、接头	现场检查、量测
		H	混凝土强度：配合比、坍落度、强度	现场制作试块、审核试验报告
		W	施工缝处理	现场检查
		H	预埋件：型号、位置、数量、锚固	现场检查、量测
6	钢结构焊接及安装	W	外形尺寸	量测
		W	垂度量、轴线、标高	测量
		W	焊缝高度、宽度	量测
7	混凝土预制构件制作	W	断面尺寸	量测
		H	钢筋型号、数量、直径、位置、接头	现场检查、量测
		W	混凝土配合比、坍落度、强度	现场制作试块、审核试验报告
		H	埋铁、埋件	现场检查、量测

续表

序号	工程项目	控制点类型	质量控制点	控制手段
8	混凝土构件吊装	W	位置、轴线、高程	测量
		W	垂直度	测量
		H	安装连接（焊接）	现场检查
		S	构件二次灌浆	旁站
9	砌体工程	W	砌体的耐酸胶泥强度等级（配合比）	耐酸胶泥配合比试验
		W	灰缝、错缝	测量
		W	门窗孔位置	量测
		H	预埋件及埋设管线	现场检查、量测
10	防腐工程	W	规格、性能，材料配合比	试验、审核试验报告
		W	涂涮厚度、遍数、	现场检查
11	门窗工程	W	定位、安装、嵌填、关闭、开关	检查、量测
12	航标漆涂刷工程	W	涂料的规格、型号	检查证件、试验、检查复试报告
		W	涂涮厚度、遍数	现场检查
		H		

2.2.6 监理工作方法及措施

监理质量控制方法采用动态管理，做到事前控制、过程控制、事后控制，即施工前预先控制、施工中巡检、跟踪旁站监理，每道工序完毕认真检查。

监理采用的措施：拒绝验收；签发监理工程师通知单；拒绝签证；对违反施工建设强制性标准行为，危急工程质量，安全规程的生产活动，请示总监后下达停工令。

2.2.6.1 事先控制

2.2.6.1.1 审查承包单位针对本工程建立的质量体系是否健全完整，能否满足工程需要。审查内容包括：质量管理、技术管理、质量保证的组织机构及制度的建立健全情况，以及专职管理人员和特种作业人员的资质证、上岗证。

2.2.6.1.2 审查施工单位编制的施工组织设计是否全面、科学、合理、安全、经济、可行。审查内容主要包括：主要工程量；工程综合进度表；施工总平面布置；主要施工方案和施工措施选定；施工组织机构设置和劳动力计划；施工技术及物资供应计划；安全文明施工规划等。

2.2.6.1.3 对施工使用的计量器具和检测仪表、仪器进行审查，并建立准用台账。

2.2.6.1.4 对施工单位选用材料供货商资质进行审查，以确保工程材料满足要求；业主指定厂家的必须按照业主要求实施，经资质证件审查后，方可供应货源、满足现场施工要求。

2.2.6.1.5 对于施工单位用于本工程的大小型施工机械，工器具进行审查，审查内容包括：技术监督局检测证书、机械数量、机械规格、出厂合格证等、操作人员上岗证、机构性能及状态，以确保工程进度、质量、安全控制目标的实现。

2.2.6.1.6 用于本工程的所有进场材料进行检验。检验内容包括材料的材质证明，产品合格证，施工单位自检记录，并进行外观检查。对水泥、钢筋、型材、砂子、碎石等见证取样、复检，坚决杜绝不合格的材料进入现场。

2.2.6.1.7　施工之前组织施工单位会审图纸。要求施工单位编制烟囱单位工程施工组织设计，分部工程编制作业指导书，烟囱0m以上筒身施工，编制施工技术参数，并认真审核。要求施工单位认真落实"自检、互检、质检"的三级验收制度。

2.2.6.2　事中控制

2.2.6.2.1　加强现场的巡检工，保证每天巡检不少于6h。对于巡检过程中发现的质量问题及时通知施工单位或下发监理通知单及时进行整改，对于经通知不整改的按照管理制度要求，进行考核或下发暂停令，责令进行整改。

2.2.6.2.2　对钢筋工序实施停工待检，按设计图纸认真核对，发现问题及时处理，避免较大返工；同时以模板及基础中心线进行检验。(中心线验收时，协同测量专业专工进行定期或不定期复检，以确保烟囱中心点的精度、准确性)。

2.2.6.2.3　当浇筑混凝土时，实施旁站监理，筒壁混凝浇筑按照建立手册要求不定期地进行抽检，严格控制配合比、坍落度，当不满足要求时，及时进行调整。且随时到搅拌站进行巡视，抽查混凝土的出机温度及入模温度。

2.2.6.2.4　检查施工单位的安全保证体系的运行情况及安全防护措施是否可靠，做到安全文明施工。

2.2.6.2.5　督促检查施工单位的质量保证体系的运行情况，并建立质量分析会议制度，定期和不定期的组织召开质量专题会；在施工期间检查施工单位的技术方案、措施及强制性条文的实施情况。

2.2.6.2.6　工程进度控制：每道工序都需按已审核的横道计划图按期完成。对施工中的人员、机械、材料、环境、逐日记录，对影响工程进度的每一环节及时协调解决，确保施工进度按计划实施。

2.2.6.2.7　按照"电力建设施工质量验收及评定规程，土建工程"烟囱施工质量划分表进行工程资料、质量的控制。

2.2.6.3　事后控制

做好工程验收及质量评定工作，严把工程资料移交工作，确保工程建设资料的规范、齐全、完整。每道工序完毕认真检查，不合格不允许下道工序施工。

2.2.6.4　原材料的控制

2.2.6.4.1　水泥应选用证件齐全、同品种、同标号、同厂家，质量稳定的水泥。水泥到现场后核对合格证件，并抽样复检（依据标准：GB 175—1999、GB 1344—1999、GB 12958—1999进行取样复检，取样数量为：①同一生产厂家、同一等级、同一品种、同一批号且连续进场的水泥，袋装不超过200t为一批，散装不超过500t为一批，不足也为一批。②取样应有代表性、可连续性，可从20个以上不同部位等量取样总重至少12kg。③水泥进场必须有出厂合格证或进场试验报告，并规定对其品种、强度等级、包装或散装仓号、出厂日期等检查验收。④当对水泥质量或水泥出厂超过三个月（快硬硅酸盐水泥超过一个月）时，应复查试验，并按试验结果使用）。

2.2.6.4.2　砂、碎石应依据标准：GB/T 14684—2001、GB/T 14685—2001进行取样复检。

应按照规定：①按同产地、同分类、同规格分批验收。②用大型工具运输的（汽车），以600t为一验收批，不足者以一批论。③每验收批取样，在料堆上取样时，取样部位应均匀分布，取样时先将表面铲除后由各部位抽取大致相等的样品：砂共8份50kg组成一样品，石子15份（取5个点，每点分别从上、中、下取）最大粒径10～25mm取150～200kg；31.5～400mm取250～300kg样品。并按试验结果使用。碎石如设计无要求时，应用石灰石。

2.2.6.4.3　外加剂应用同一厂家，同一品牌且进场必须复检，复检合格后适用于本工程中。

2.2.6.4.4　钢筋进场时，应核对品种、规格、批号、牌号、重量、出厂合格证件，并依据标准GB 1499.2—2007、GB 13013—1991、GB/T 701—1997、GB 50204—2002进行抽样复检。

应按照规定：①钢筋应有出厂质量证明书或试验报告单，钢筋表面每捆（盘）钢筋均应有标志，作力学试验合格后方可使用。②热轧钢筋以同一牌号，同一炉罐号，同一规格，同一交货状态，重量60t为一批，不足者也为一批。③拉伸试验2根（圆盘条试验为1根）、冷弯试样2根。④取样时，钢筋两端的500mm不能作试样。

2.2.6.5　混凝土工程

2.2.6.5.1　混凝土施工时，严格控制配合比，重点振捣时间控制在20～30s，不得过振、少振、露振，每层厚度为250～300mm，不得用赶浆分层。

2.2.6.5.2　为改善混凝土的性能所采用的其他外加剂，应符合国家现行有关标准；复检合格后方可在本工程中使用。

2.2.6.5.3　气温在10℃以上时，混凝土浇筑12h后应洒水养护，表面保持湿润，拆模后表面层涂刷混凝土养护液，以保证混凝土强度增长时必需的水分。烟道上口每9m取混凝土块一组。每模都做同条件试块一至二组。

2.2.6.5.4　区施工缝控制

施工缝处理：支模前清除顶部进行凿毛处理、清理表面浮浆，松动碎石，冲洗干净，再铺20～30mm的1∶2水泥砂浆(水泥应用同品种、同厂家、同批次)。

2.2.6.6　烟囱中心点的控制

烟囱找中，可用线锤或激光找正。每次中心点偏差控制规范要求范围内。

2.2.6.7　钢筋加工、安装工程的控制

2.2.6.7.1　采用绑扎时，钢筋搭接长度按图纸要求应为50倍，并用铁丝在接头的中间和两端绑扎。采用焊接接头时，钢筋接头的构造和技术要求应符合国家现行有关规范的规定；当竖向钢筋≥16mm时采用直螺纹或电渣压力焊连接，直径<ϕ16mm时采用绑扎搭接焊，环向钢筋接头采用搭接，搭接长度50d(d为钢筋直径)，并用铁丝在接头中间和两端绑扎牢固，钢筋接头应相互错开，同一位置处钢筋接头至少相隔三排钢筋，接头间隔不少于1m。竖向钢筋按图纸要求进行配置，并且竖向钢筋接头为该截面总数的25%。

2.2.6.7.2　钢筋接头应交错布置，在同一连接区段内绑扎接头的根数不应多于钢筋总数的25%，焊接接头的根数不应多余钢筋总数的50%。

2.2.6.7.3　纵向钢筋应沿筒壁圆周均匀布置，在辐射梁分布处，钢筋间距可适当增大、但钢筋根数不能减少；环向钢筋配置按图纸要求放在纵向钢筋外侧，其间距的允许偏差为20mm。

2.2.6.7.4　变换纵向钢筋的直径或根数时，按照筒壁的全圆周内均布的进行。

2.2.6.7.5　钢筋保护层的厚度，用钢支撑或水泥砂浆垫块等来保持，若采用水泥垫块时筒壁外侧垫块颜色不能和外筒壁有较大的色差，以免给外观质量造成很大的色差，影响外观质量。并且其偏差不得超过＋100mm和－5mm。

2.2.6.7.6　每节高出模版的纵向钢筋需按照要求予以临时固定，每层混凝土浇筑后，在其上面至少至少保持有一道绑扎好的环向钢筋。

2.2.6.7.7　插入环壁内的筒壁竖向钢筋，须按设计要求进行分组，并与基础钢筋绑扎或焊接牢固，同时进行固定牢固防止钢筋以为，造成不必要的返工。固定措施必须科学有效。

2.2.6.7.8 电渣压力焊检验

2.2.6.7.8.1 外观检查

接头应逐个进行外观检查，检查结果应符合下列要求：

（1）四周焊包凸出钢筋表面的高度不应小于 4mm。

（2）钢筋表面无烧伤缺陷。

（3）接头处弯折角不得大于 4°。

（4）接头处的轴线偏移不得大于钢筋直径的 0.1 倍，且不得大于 2mm。对外观检查不合格的接头，应切除重焊。

2.2.6.7.8.2 力学性能的实验

（1）取样。从每批接头中任意切取 3 个试件做拉伸试验。应以 300 个同级别钢筋接头作为一批，不足 300 个接头仍作为一批。

（2）评定。接头的拉伸试验结果中，三个接头的抗拉强度均不得低于该级别钢筋规定的抗拉强度值。若有一个试件的强度低于规定值，则应再取 6 个试件进行复检；复检结果若仍有一个试件的抗拉强度低于规定值，则应确认该批接头不合格，必须全部切除重新施焊，施焊完成后，另行按照要求取样复检。

2.2.6.8 模板安装质量控制

烟囱零米以上应选用刚度能满足要求的新钢模板，模数选用 p3015、p2015。模板之间的水平缝，竖缝用海绵条粘贴，每节中的收分模板采用镜面板及木方配置而成进行安装。为防止混凝土施工过程中跑浆、漏浆、挂浆。模板拼装采用∪型环结合螺栓连接方式安装确保拼缝严密无渗漏；模板与混凝土的接触面应涂刷隔离剂，隔离剂不得污染钢筋表面。

模板每次周转时，表面应清除干净并涂刷隔离剂，每层模板施工高度、平整度、围圆半径、水平缝、竖缝必须满足验评要求。钢围栏的根数，刚度应经过计算；同时内外模板安装必须支定牢固，防止变形。

浇筑混凝土前，模板内的杂物应清理干净。浇筑后的筒壁上表面混凝土工须科学的对施工缝进行处理，宜采用木方或直径较大的钢筋进行压槽、凿毛处理，确保上下层混凝土结合良好。

2.2.6.9 航空标志漆的涂刷

2.2.6.9.1 涂刷前必须把基层表面的污垢、挂浆处理干净，表面干燥，表面不干不得施工。雨天或拆模后不能施工，待表面风干后在施工。

2.2.6.9.2 施工应用板刷进行施工，同时要求施工人员做好涂刷模板工艺，色带环向水平线条平直，且涂刷均匀。

2.2.6.10 烟囱钢梯平台、钢内筒质量控制

2.2.6.10.1 根据《钢结构工程施工质量验收规范》（GB 50205—2001）要求，钢结构工程施工，凡涉及安全、功能的原材料及成品，应进行进场验收。采用的原材料及成品进行复检。

2.2.6.10.1.1 采用标准

（1）《碳素结构钢》（GB 700—88）。

（2）《钢材力学及工艺性能试验取样规定》（GB 2975—82）。

（3）《金属拉力试验方法》（GB 228—2002）。

（4）《金属材料弯曲试验方法》（GB 232—1999）。

（5）《钢的化学分析用试样取样法及成品化学成分允许偏差》（GB 222—84）。

2.2.6.10.1.2 组批规则

钢材应成批验收，每批由同一牌号、同一炉罐号、同一等级、同一尺寸、同一交货状态组成，每批重量不得大于 60t。

2.2.6.10.1.3 抽样数量

每批钢材应取拉伸试件 1 个，冷弯试件 1 个，冲击试样 3 个，化学分析试件 1 个。

2.2.6.10.1.4 抽样方法

（1）样坯应在外观尺寸合格的钢材上切取。

（2）切取样坯时，应防止因受热、加工硬化及变形而影响其力学及工艺性能。

（3）用烧割法切取样坯时，从样坯切割线至试样边缘必须留有足够的加工余量，一般应不小于钢材的厚度和直径，但最小不得少于 20mm。对厚度或直径大于 60mm 的钢材，其加工余量可根据双方协议适当减小。

（4）冷剪样坯所留有的加工余量可按表 2-2-2 选取。

表 2-2-2　　冷剪样坯加工余量表

厚度或直径/mm	加工余量/mm
≤4	4
＞4～10	厚度或直径
＞10～20	10
＞20～35	15
＞35	20

2.2.6.10.1.5 样坯切取位置及方向

（1）应从工字钢和槽钢腰高四分之一处沿轧制方向切取矩形拉力、弯曲样坯。拉力、弯曲试样的厚度应是钢材厚度。

（2）应从角钢和乙字钢腿长以及 T 形钢和球扁钢腰高三分之一处切取矩形拉力、弯曲样坯。

（3）应从扁钢端部轧制方向在距边缘为宽度三分之一处切取拉力、弯曲试样坯。

（4）型钢尺寸如不能满足上述要求时，可使样坯中心线向中部移动或以其全截面进行试验。

（5）应在钢板端部垂直于轧制方向切取拉力、弯曲样坯。对纵轧钢板，应在距边缘为板宽四分之一处切取样坯。对横轧钢板，则可在宽度的任意位置切取样坯。

（6）从厚度小于或等于 25mm 的钢板及扁钢上取下的样坯应加工成保留原表面层的矩形拉力试样。当试验条件不能满足要求时，应加工成保留一个表面层的矩形试样。厚度大于 25mm 时，应根据钢材厚度，加工成 GB 228 中相应的圆形比例试样，试样中心线尽可能接近钢材表面，即在头部保留不大显著的氧化皮。

钢板及扁钢小于或等于 30mm 时，弯曲样坯厚度应为钢材厚度；大于 30mm 时，样坯应加工成厚度为 20mm 的试样，并保留一个表面层。

2.2.6.10.1.6 检验项目

屈服强度、抗拉强度、伸长率、冷弯、冲击性能、硬度、化学分析。

2.2.6.10.1.7 结果判定

（1）钢材的试验结果符合标准的规定则为合格。

（2）如有某一项试验结果不符合标准要求，则从同一批中再任取双倍数量的试样进行该不合格项目的复验。复验结果（包括该项试验所要求的任一指标）即使有一个指标不合格，则该批钢材判为不合格的原则进行复检。

2.2.6.10.1.8 加工制作

（1）为确保其各部位连接为等强度连接，需检查所供焊材原材、出厂合格证等资料（有疑义时可取样进行复检），证实其性能是否与母材的焊接要求相符。若焊材与母材不匹配的坚决取缔施工。

（2）各层钢平台梁、扶梯及其平台、栏杆等焊接内在质量须符合规范要求，外观质量达到外形均匀、成型好，焊道与焊道、焊道与基本金属间过渡平滑，焊渣和飞溅物基本清理干净，感观良好（各层平台主梁腹板与翼缘板连接处要熔透焊者Ⅰ级焊缝，其他焊缝等级均为Ⅲ级来控制。）。

（3）钢梯、平台加工过程中重点控制其几何尺寸是否符合图纸要求，对加工完成后的钢梯、平台重点控制钢结构的除锈工作，钢平台梁采用喷砂方法，对扶梯、直爬梯及其平台、栏杆等采用酸洗除锈，除锈不彻底，坚决不可进行下道工序。

（4）钢结构表面的油漆涂刷着重控制油漆的规格型号是否与图纸相符，若与图纸要求不符坚决取缔使用。涂刷时要控制油漆涂刷的遍数和厚度，必须按照设计文件执行，油漆施工时金属表面喷砂或用砂布打磨干净、无锈蚀，涂刷应均匀一致，无明显刷痕、流坠、反锈等缺陷。在安装之前需用测厚仪进行检测，检测合格后方可进行安装工作。

（5）安装时必须确保各层平台、扶梯栏杆的标高、平整度。必须符合实际文件要求。

（6）从事钢内筒制作、加工、安装的焊工必须经过培训，取得合格证的并经现场班前考试合格的焊工担任钢内筒的施工项目。

（7）焊工施焊的材质、采用的焊接方法、位置及焊接接头形式应与焊工合格证的核准相符。

（8）在产品施焊过程中，要求焊工必须严格遵守焊接工艺。

（9）钢内筒加工下料尽量采用机械方法，采用火焰切割时，要力求钛复合层北向火焰，复合板离地面应有足够的距离、高度。切口的氧化层焊接前必须清除。

（10）钛—钢复合板的运输、卷制和安装过程中应采用有效措施注意钛复合层的保护，避免出现划痕、补焊点破损和污染等状况。

（11）钛—钢复合板吊装施工时必须采取临时加固措施防止筒体扭曲变形。

（12）钛复合板连接焊接形式、排烟内筒与内烟道连接处的角接接头焊缝，钛复合管与排烟内筒的角接连接焊缝，以及排烟内筒的不同厚度板的对接接头、焊缝严格遵照设计文件要求，按照《钛制焊接容器》（JB/T 4745—2002）、《钛—钢复合板》（GB 8547—2006）、《钛及钛合金复合钢板焊接技术条件》（GB/T 13149—2009）中的相关规定执行。

2.3　电气安装监理实施细则

2.3.1　工程概况

2.3.1.1　工程概况及特点

陕西府谷清水川煤电一体化项目电厂二期（2×1000MW）工程采用“煤电一体化”建设模式，投资方为陕西省投资（集团）公司。厂址位于陕西省府谷县清水川，位于陕西省府谷县北约20km处。

本期在清水川电厂一期工程2×300MW国产燃煤空冷发电机组东南侧的场地上建设2×1000MW国产燃煤直接空冷超超临界发电机组，同步建设烟气脱硫及脱硝设备。中国电力工程顾问集团西北电力设计院为电厂工程的总体设计院，西北电力建设工程监理有限责任公司为施工监理单位，本期工程#3机组、#4机组施工工程的参建单位有上海电建、西电三建。

本期工程#3、#4机组部分锅炉、汽轮机、发电机分别由上海锅炉厂有限公司、东方电气集团，东方汽轮机有限公司供货。锅炉型式为超超临界压力燃煤直流塔式锅炉、一次中间再热、平衡通风、固态排渣、紧身封闭全钢悬吊结构；汽轮机型式为超超临界、一次中间再热、四缸四排气、单轴、直接空冷凝汽式汽轮机；发电机的冷却方式为水、氢、氢。发电机的励磁型式为自并励静止励磁。

府谷清水川电厂二期2×1000MW机组均以发电机—变压器组单元接线形式接入厂内750kV配电装置，750kV配电装置采用户外GIS，本期750kV进线2回，2回出线，每回出线带出线电抗器。

每台机组设三台单相400MVA主变，发电机和主变通过离相封闭母线连接，发电机出口不装设断路器，主变与厂内750kV配电装置以GIS气管连接。厂内750kV配电装置采用屋外750kV GIS，四角形接线方式，二期工程以750kV一级电压、两回750kV线路接入拟建的神木750kV变电所。

二期两台机组设两台容量为70/40-40MVA的有载调压启/备变。启动/备变电源直接从一期330kV配电装置经过架空线引接，启/备变低压侧通过共箱母线与10kV厂用开关柜连接。一期330kV配电装置采用两个断路器接线方式，二期两台启/备变在330kV配电装置组成一个不完整串，330kV配电装置需扩建一个不完整串。

高压厂用电采用10kV电压等级。二期每台机组设置两台容量为70/40-40MVA的分裂绕组厂高变，厂高变高压侧分支封闭母线从发电机主回路封闭母线上“T”接，低压侧通过共箱母线与10kV厂用开关柜连接，每台机设四段10kV工作母线，机组厂用负荷接在10kV工作母线，公共负荷平均分配在两台机组的10kV工作母线上。

主变压器、厂高变、启/备变及其中性点设备布置在主厂房A排外空冷器下。

主变压器选型采用三台400MVA、750kV单相主压器，其变比暂定800+2×2.5%/27kV，接线组为Ynd11阻抗暂定为$U_d=17\%$。

主变、启/备变采用中性点直接接地，厂用变采用中性点经电阻接地方式。

低压厂用电系统采用380/220V电压，主厂房及辅助厂房低压系统均采用中性点直接接地方式。

（1）低压厂用系统接线：低压厂用电系统电压采用380V和380/220V。本工程主厂房低压工作厂用电系统包括汽机段、锅炉段、公用段、保安段、照明段、空冷段、电除尘段、其母线电压380/220V。辅助车间根据负荷分布情况设置380/220V动力中心。

（2）厂用设备选择：高压开关柜采用金属铠装抽出式开关柜，1000kW及以下的电动机、1000kVA及以下的变压器采用“F+C”回路供电，1000kW及以下的电动机、1000kVA及以下的变压器采用真空断路器供电。低压开关柜PC和MCC均采用金属封闭抽屉式开关柜。75kW及以上电动机采用框架式断路器，75kW及以下电动机采用塑壳断路器。全厂的屋内布置的低压变压器均选用干式变压器。

（3）电气控制系统：本工程采用现场总线技术，设ECMS系统（厂用电管理系统）。

（4）主厂房直流系统：每台机组装设三台蓄电池，其中一组220V蓄电池组，两组110V蓄电池组。110V蓄电池组采用单母线分段接线；220V蓄电池组采用单母线接线，两台机组的220V蓄电池组经过电缆和联络开关相互联络。110V直流系统设二组1000Ah蓄电池组及二组相应的高频电源装置。高频电源模块采用N+2冗余配置。220V直流系统设一组2000Ah蓄电池组，两台机设两组高频电源装置。高频电源模块采用N+2

冗余装置。

（5）网控直流系统：本工程不设网控楼，仅在升压站设继电器室。网控设置两组蓄电池组，采用110V电压等级。110V蓄电池组采用单母线分段接线。110V直流系统设二组600Ah蓄电池组及二组相应的高频电源装置。高频电源模块采用N+2冗余装置。

（6）脱硫直流系统：本期脱硫内不设10kV柜，低压设备控制采用交流。脱硫DCS所用UPS采用自带蓄电池供电。事故照明采用保安电源。

（7）事故保安电源接线及设备选择：每台机组设置一台快速启动的柴油发电机组，作为本机组的事故保安电源，柴油发电机组中性点直接接地。脱硫不设单独柴油发电机组。每台机组设置两段380V交流事故保安动力配电中心，两段事故保安动力中心正常由主厂房锅炉380V动力配电中心供电，事故时由柴油发电机组供电。保安电源同时供电给脱硫保安负荷。

（8）保安电源的设备布置：两台机组的保安动力中心布置在集控楼8.6m层。两台机组的柴油发电机室布置在集控楼零米柴油发电机室。

（9）交流不停电电源：每台机组设一套双机并联交流不停电电源（UPS），本系统包括整流器、逆变器、静态转换开关、旁路变压器、手动旁路开关、交流配电屏等。两套主机共用一套旁路系统，包括旁路隔离变压器柜、旁路稳压柜，一套馈线柜。采用双机并联方式，UPS系统的可靠性大大提高，对机组的安全运行有很大的帮助。

2.3.1.2　适用范围

本细则仅适用陕西府谷清水川煤电一体化项目电厂二期工程（2×1000MW）机组电气专业20个单位工程监理工作。

2.3.2　本工程监理标准及依据

陕西清水川能源股份有限公司编制的《陕西府谷清水川煤电一体化项目电厂二期工程2×100万kW超超临界空冷电气专业监理实施细则》。

2.3.2.1　建设单位提供的施工图纸及有关工程资料，包括有关设计图纸，技术说明及变更通知单等。

2.3.2.2　本项目招标书和投标书。

2.3.2.3　建设单位和施工单位鉴定的施工承包合同。

2.3.2.4　国家、行业有关的施工规范、标准和规定（包括火电工程施工质量及评定标准）以及国家、地方、行业及业主、监理下发的有关（工程）质量、安全文明施工管理等规定。

2.3.2.5《火电厂工程施工组织设计导则》国电电源〔2002〕849号。

2.3.2.6《电力建设工程施工技术管理导则》国家电网工〔2003〕153号。

2.3.2.7《电力建设安全工作规程》（火力发电厂）（DL 5009.1—2002）。

2.3.2.8《电力工程达标投产管理办法》（2006版）。

2.3.2.9　建标〔2011〕102号《工程建设强制性条文》（电力工程部分）。

2.3.2.10《建设工程安全生产管理条例》国务院令〔2003〕第393号。

2.3.2.11《火电机组达标投产考核标准》（2006版）。

2.3.2.12《电气装置安装工程电气设备交接试验标准》（GB/50150—2006）。

2.3.2.13《电力建设安全健康与环境管理工作规定》国家电网〔2004〕488号。

2.3.2.14　设备合同及招、投标文件和已提供的设备资料。

2.3.2.15　工程施工合同及招、投标文件和签约的工程有关的协议。

2.3.2.16《防止电力生产重大事故的二十五项重点要求》（国电发〔2000〕589号）。

2.3.2.17　本工程施工招投标文件。

2.3.2.18　清水川二期2×1000MW机组扩建工程承包服务合同（#3机组安装工程（C标段）施工、#4机组安装工程（D标段）施工）。

2.3.2.19　制造厂有关的图纸、资料。

2.3.2.20　西北电力设计院有关的电气专业图纸、资料。

2.3.3　监理主要工作内容及范围

2.3.3.1　监理主要工作内容

2.3.3.1.1　组织图纸会审，提出监理意见，确认图纸、变更文件等。

2.3.3.1.2　核查施工单位提出的施工组织设计和专业施工组织设计及重要项目的施工技术措施（或作业指导书）等，并督促其贯彻实施。

2.3.3.1.3　检查督促施工单位质量保证体系和技术管理制度等的建立、人员的配置及三级验收制度的健全和实施。审查施工单位工程开工报告及工程款支付签审，并提出监理意见。

2.3.3.1.4　严格按照《电力基本建设工程重点项目质量监督检查典型大纲》部颁“验标”、设计院和制造厂的图纸和技术说明及合同规定的有关施工、验收技术规范、规定等的要求对工程的施工质量进行认真检查和有效的控制。

2.3.3.1.5　对W、S、H控制点及隐蔽、四级验收项目进行验收和签证。

2.3.3.1.6　参加工程阶段性验收，核定工程质量等级，参与工程总体质量评价。

2.3.3.1.7　参加主要设备到货开箱检查，见证设备缺陷状况，审查厂家或施工承包单位提出的消缺意见，并见证、验收消缺结果。

2.3.3.1.8　审查工程事故的处理方案、事故报告，监督检查施工单位实施事故处理方案，对事故处理的结果进行验收签证。

2.3.3.1.9　核查有关的施工技术记录、隐蔽工程验收记录、主要原材料和半成品的合格证、验收报告等。

2.3.3.1.10　核查有关新材料、新工艺、新技术的应用情况及资料。

2.3.3.1.11　审定单体调试方案。

2.3.3.1.12　组织单机试运行前对电气设备及系统的静态检查。

2.3.3.1.13　参与分系统试运，配合整套启动试运和竣工验收工作，对电气设备投运情况进行签证。

2.3.3.1.14　督促施工单位严格遵守国家、地方和上级部门颁发的有关安全、文明生产的定，进行安全文明施工，确保工程顺利进行。

2.3.3.1.15　填写监理小结、总结，提供施工质量、安全、进度、工程量等方面的资料。

2.3.3.2　监理范围

本监理实施细则适应于电气设备安装及单体试运间段。始终以质量、安全、进度、投资四大控制为核心，坚持百年大计、质量第一的原则，与建设单位和施工承包单位密切配合，在保证安全、质量、文明施工的前提下，降低工程造价，缩短安装工期，提高投资效益。在施工过程中，以强化过程质量控制、创建过程精品、达到实现精品工程的目标，确保工程总体建设目标的实现。

根据清水川项目工程部编制的《陕西府谷清水川煤电一体化项目电厂二期（2×1000MW）工程（C标段、D标段）施工组织设计》中划分的电气安装主要工程为：

2.3.3.2.1　发电机电气与出线间：按单元机组划分，#3、#4机组发电机电气设备安装。

2.3.3.2.2　发电机引出线：按单元机组划分，#3、#4机组发电机主回路封闭母线，三角连接回路封闭母线，分支回路封闭母线，中性点回路封闭母线，交、直流励磁共箱母线，微正压装置的等安装。

2.3.3.2.3　主变压器系统。

2.3.3.2.4　主变压器：按单元机组划分，#3、#4机组主变压器，铝锰合金管，支柱绝缘子的安装。

2.3.3.2.5　厂用高压变压器：#3、机组厂用变压器，两台330kV启/备变压器、电压（电流）互感器、避雷器，中性点电阻箱等的安装。

2.3.3.2.6　主控及直流系统。

2.3.3.2.7　单元控制室：按单元机组划分的#3机组保护及控制屏台安装，以及#3、#4机组公用的保护及控制屏台安装。

2.3.3.2.8　直流系统：主厂房直流系统按单元机组划分#3、#4机组范围，包括：110V、220V蓄电池，110V、220V蓄电池充、放电装置，直流配电柜安装等。

2.3.3.2.9　厂用电系统。

2.3.3.2.9.1　主厂房厂用电系统。

（1）高压配电装置：按单元机组划分，#3、#4机组范围10kV高压成套配电装置，10kV共箱母线等的安装。

（2）低压成套配电装置：按单元机组划分，#3、#4机组低压成套配电装置，以及主厂房内#3机组公用的低压成套配电装置安装。

（3）低压厂用变压器：按单元机组划分，#3、#4机组低压厂用变压器，以及主厂房内#3机组公用的低压厂用变压器安装。

（4）机炉车间电气设备：主厂房固定端与主厂房纵向中心线间机炉车间电气设备的安装。

（5）电气除尘器设备：按单元机组划分包括：#3、#4机组整流变压器（高压微机控制柜、高压隔离开关柜、控制台、端子箱），低压变压器、低压成套配电装置（PC柜、MCC柜）等设备的安装。

2.3.3.2.9.2　主厂房外厂用电及控制。

（1）除灰系统厂用电及控制：除灰系统控制中心（MCC）开关柜，车间专用屏（负荷开关箱）等的安装。

（2）空冷系统厂用电及控制：按单元机组划分的#3机组空冷低压干式变压器，低压成套配电装置，空冷变频柜、车间专用屏（负荷开关箱）等的安装。

（3）事故保安电源装置：按单元机组划分#3、#4机组事故保安电源装置的安装。

（4）不停电电源装置：按单元机组划分，主厂房内#3、#4机组不停电电源装置的安装。

（5）全厂行车滑线：本工程范围内的滑线安装。

（6）设备及构筑物照明：按单元机组划分，#3、#4机组锅炉本体、汽机本体、空冷、电除尘照明，包括灯具、照明配电箱、接线盒安装、保护管敷设、管内配线、支架制作、电缆敷设等。

2.3.3.2.10　全厂电缆及接地。

2.3.3.2.10.1　全厂电缆：本工程范围内的电力电缆、控制电缆、电缆辅助设施、电缆防火设施等的安装。

2.3.3.2.10.2　全厂接地：本工程范围内的全厂接地系统的施工。

2.3.3.2.11　通信系统。

2.3.3.2.11.1　厂内行政通信系统：全厂行政通信系统的安装，包括设备、保护管、布线、接线盒等安装。

2.3.3.2.11.2　光纤通信：全厂光纤通信的安装，包括光端机、PCM基群设备、综合配线架、光缆敷设（包括各建（构）筑物间MIS、SIS光纤）、光缆头制作等安装工作。

2.3.3.2.12　脱硫系统电气工作。

按单元机组划分的#3机组脱硫系统电气设施，#3、#4机组脱硫系统公用的电气设施的安装。包括低压干式变压器，低压成套配电装置，车间专用屏，直流设施、电力电缆、控制电缆、电缆辅助设施、电缆防火等的安装。

2.3.3.2.13　脱硝系统电气工作。

按单元机组划分的#3机组脱硝系统电气设施，#3、#4机组脱硝系统公用的电气设施的安装。包括低压成套配电装置，不停电电源设施、电力电缆、控制电缆、电缆辅助设施、电缆防火等的安装。

2.3.4　电气系统主要工程量和监理目标

2.3.4.1　主要工程量见表2-3-1。

表2-3-1　　电气系统主要工程量表

1	发电机电气与引出线		
1.1	发电机电气与出线间		
	AVR柜	套	1
	硅整流柜（含整流辅助柜）	块	1
	灭磁柜	块	1
	励磁变3×3300MVA	台	1
	电压互感器、避雷器柜	台	3
	发电机中性点电阻柜	块	1
	封闭测温装置	套	1
	漏氢检测装置	套	1
	短路试验装置	套	1
	无线电频率监测仪	套	1
	绝缘过热监测仪	套	1
	氢、油、水系统	套	3
	CT端子箱	只	2
	PT端子箱	只	1
1.2	发电机引出线		
	发电机主回路封闭母线	三相米	130
	三角连接回路封闭母线	三相米	45.5
	分支回路封闭母线	三相米	48
	中性点回路封闭母线	三相米	3.33
	励磁交流共箱母线　3.6kV	m	28
	励磁直流共箱母线　3.6kV	m	45
	微正压装置	套	1
2	主变压器系统		
2.1	主变压器		

续表

	主变压器安装　3 单相、强迫油循环风冷变压器 380MVA	台	3
	铝锰合金管φ110/100	m	60
	通风控制柜	台	3
	主变压器　DFP-380000/750	台	3
	主变端子箱	只	1
2.2	厂用高压变压器		
	厂用变压器安装 70000/40000/27	台	2
	330kV 高压启备变压器	台	2
	330kV 电压互感器	台	6
	330kV 氧化锌避雷器	组	4
	中性点电阻箱	只	4
	端子箱	只	3
4	主控及直流系统		
4.2	单元控制室		
	发变组保护屏	块	5
	启备变保护屏	块	6
	发变组故障录波器屏	块	1
	启备变组故障录波器屏	块	1
	电气变送器柜　PK-10/800	块	1
	电度表柜　PK-10/800	块	1
	自动准同期屏	块	1
	辅助继电器屏	块	1
	厂用快切屏	块	2
	电抗器保护	块	2
	厂用电数据采集系统	套	1
4.3	输煤集中控制		
	输煤程控设备安装	套	
	包括：远程 I/O 站、电源柜、可编程控制器		
4.6	直流系统		
4.6.1	主厂房直流		
	充电装置		
	110V 直流配电柜　PED 型	台	8
	220V 直流配电柜　PED 型	台	4
	110V 蓄电池充电装置	套	2
	220V 蓄电池充电装置	台	1
	110V 密封免维护铅酸蓄电池安装 1000AH	只	104
	220V 密封免维护铅酸蓄电池安装 2000AH	只	103
5	厂用电系统		
5.1	主厂房厂用电系统		
5.1.1	高压配电装置		
	10kV 开关柜　2500A　40kA	块	95
	凝结水泵变频器柜　1850kW	套	2

续表

	共箱母线	m	1040
5.1.2	低压成套配电装置		
	主厂房动力中心（PC）柜	块	88
	主厂房控制中心　（MCC）	块	70
	400V　PC 母线桥	套	4
5.1.3	低压厂用变压器	台	8
5.1.4	机炉车间电气设备		
	负荷开关箱 XRGM3	块	13
	另星设备	套	1
5.1.5	电气除尘器设备		
	低压变压器安装 SC-2500/10	台	3
	动力中心　（PC）安装　3000A、50KA	块	8
	控制中心（MCC）安装	块	3
	400V　PC 母线桥	套	1
	电气除尘器电气设备	套	30
5.2	主厂房外车间厂用电及控制		
5.2.1	输煤系统厂用电及控制		
5.2.2	除灰系统厂用电及控制		
	控制中心（MCC）安装	块	10
	车间专用屏安装	块	8
	负荷开关箱　XRGM3	块	8
5.2.3	水处理系统厂用电及控制		
5.2.4	供水系统厂用电及控制		
5.2.5	空冷系统厂用电及控制		
	低压变压器安装　SC-2500/10	台	6
	动力中心（PC）安装	块	18
	空冷变频器柜	块	80
	车间专用屏安装	块	1
	负荷开关箱　XRGM3	块	1
	母线桥	套	1
5.4	事故保安电源装置		
	柴油发电机组安装	套	1
	柴油发电机组　1800kW	套	1
5.5	不停电电源装置		
	主厂房 UPS：		
	交流不停电电源装置安装 80kVA，50Hz	套	2
5.6	行车滑线		
	安全滑线	m	1168
5.8	设备及构筑物照明		665
6	电缆及接地		
6.1	电缆		
6.1.1	电力电缆	km	201.3
6.1.2	控制电缆	km	171.25
6.1.3	电缆辅助设施		

续表

	电缆保护管	t	62.2
	铝合金桥架	t	47.5
	镀锌钢桥架	t	137
	普通钢桥架	t	57
	镀锌钢支架（桥架安装用型钢）	t	46
	镀锌钢支架（电缆沟用型钢）	t	5
	PVC管	m	855
	金属软管	m	8650
6.1.4	全厂电缆防火		
	无机防火堵料	t	57.7
	有机防火堵料	t	44.55
	防火涂料	t	2.835
	防火包	套	428
	耐火槽盒	套	500
	耐火隔板	$100m^2$	8.55
6.2	全厂接地		
	户外接地扁钢60×8	m	28000
	户内接地扁钢40×4	m	11400
	裸铜绞线120mm	m	800
	裸铜绞线50mm	m	400
	多股铜绞线大于4mm	m	500
	裸铜绞线不小于25mm	m	1000
	铜排 $40\times4mm^2$	m	300
	阴极保护		
	包括：		
	锌包钢接地棒 ZSR48-2.5 $\phi60\times6$ 长2500mm	套	600
	锌包钢接地棒 ZSR48-2.5 $\phi60\times6$ 长2501mm	套	160
	锌合金阳极 CPZD-4 （65＋75）×65×1000，D带包料、3m VV-1kV/1×$10mm^2$	套	40
	测试桩 CPC-G2 直径108、高1500	套	7
	参比电极 CPCC-M	套	7
	10#沥青	kg	500
7	通信系统		
7.1	厂内行政通信系统		
	一期程控交换机加板扩容 500门，满配置机架	块	2
	调度交换机 新上，160门	套	1
	播叫系统新上，60门	套	1
	分线盒	个	30
	防尘电话机	个	140
	抗噪音电话机	个	100
	自动电话机	个	50

续表

	扩音电话	个	50
	传真机	个	2
	通信电缆	m	28000
7.3	光纤通信		
	SDH622Mbit/s光电传输设备	套	1
	本地维护终端	套	1
	PCM基群设备	套	1
	综合配线架	套	1
	仪器仪表	套	1
	光缆头制作	个	6
	光缆24芯	m	1000

2.3.4.2 电气系统主要监理目标。

实现厂用受电，并网发电及168h一次成功。

电气保护、自动、仪表投入率100%。

杜绝发生由于安装引起的各类质量事故。

确保电缆敷设及二次接线排列整齐美观，成为亮点工程：确保电缆保护管及照明管线敷设做到横平竖直，成为亮点工程。确保电气盘柜安装规范整齐；确保接地电阻测试一次达到设计要求。

2.3.5 重点监理项目及措施

除监理已批准的四级验收项目外，监理将对以下项目进行重点监督、检查，主要措施为：认真审查施工单位的施工技术措施和作业指导书，监理人员将按照监理程序进行现场全过程监理，监督施工单位严格按照编制的施工措施、作业指导书进行施工，以确保下达关键工序的施工质量。同时按照原电力部《电力基建工程厂用电受电前质量监督检查典型大纲》要求，对受电前应具备的基本技术条件逐条进行认真的检查。带电前应提供完整的技术文件、资料和和安装记录，各项均应达到技术大纲的要求。

2.3.5.1 变压器附件安装及抽真空注油。

2.3.5.2 变压器绝缘电阻、直阻及油介质微水含量测试。

2.3.5.3 发电机定子检查（穿转子前）。

2.3.5.4 发电机转子检查（穿转子前）。

2.3.5.5 发电机出线绝缘保扎。

2.3.5.6 发电机绝缘电阻吸收比例测试。

2.3.5.7 发电机直流耐压试验。

2.3.5.8 750kV配电装置一次设备耐压试验。

2.3.5.9 330kV配电装置一次设备耐压试验。

2.3.5.10 SF_6断路器的气体压力、泄漏量和微水含量的检查。

2.3.5.11 除尘的空载升压试验。

2.3.5.12 柴油发电机启动试验和保安电源带电试验。

2.3.5.13 主控和网络继电器楼直流系统、中央信号及主要设备的控制、保护回路绝缘试验。

2.3.5.14 主要设备的继电保护回路的一次通电试验。

2.3.5.15 主要设备的控制、保护、信号、传动试验及其带负荷试验。

2.3.5.16 主要设备的继电保护定值整定。

2.3.5.17 直流蓄电池的安装和充放电容量测定及带电试运行。

2.3.5.18 750kV、主变、进出线间隔安装带电试运行。

2.3.5.19 330kV、启/备变、母线间隔安装带电试运行。

2.3.5.20 10kV 配电室电气设备带电试运行。

2.3.5.21 400V 低压变压器带电试运行。

2.3.5.22 厂高变带电试运行。

2.3.5.23 励磁变安装带电试运行。

2.3.5.24 发电机组启动试运行。

2.3.5.25 化水、输煤、脱硫等系统带电试运行。

2.3.5.26 除尘系统带电试运行。

实验的结果要记录在报告纸上。主变压器主要试验如下：

（1）变比试验。

（2）连接组别检查（矢量组）。

（3）绝缘试验。

（4）套管检查：器身和升高座套管连接处的检查。

（5）电流互感器的特性检查。

（6）温度计的检查。

（7）油的试验。

（8）变压器投运前要进行外观检查和进行一些必要的设备检查。

（9）根据需要进行局放试验。

（10）变压器绕组变形试验。

发电机主回路封闭母线主要规范如下：

额定电流：28000A。

额定电压：27kV。

基本绝缘水平（BIL）：185kV。

额定短时工频耐受电压（有效值 kV）：100kV。

动稳定电流：500kA（峰值）。

热稳定电流：200kA（有效值）/2s。

厂用分支封闭母线主要规范如下：

额定电流：3150A。

额定电压：27kV。

基本绝缘水平（BIL）：185kV。

额定短时工频耐受电压（有效值 kV）：100kV。

动稳定电流：800kA（峰值）。

热稳定电流：315kA（有效值）/2s。

2.3.6 高压配电装置的本体试验

（1）测量三相分合闸的同期性。

（2）测量每相导电回路直流电阻。

（3）测量开关分合闸时间及动作电压。

（4）二次控制试验：按原理接线图要求，用手动方式及电气方式操动断路器。

（5）绝缘试验，在试运行前，要进行对地电阻试验，工频绝缘试验前应拆除所有的电压互感器、避雷器、电容器的连接导线，耐压值按照交接试验标准，见表 2-3-2。

表 2-3-2 电缆耐压值

电缆类型和敷设特征		支（吊）架	桥架
控制电缆		120	200
电力电缆	10kV 及以下（除 6～10kV 交联聚乙烯绝缘外）	150～200	250
	6～10kV 交联聚乙烯绝缘	200～250	300
	35kV 单芯	200～250	300
	35kV 三芯 110kV 及以上，每层多于 1 根	300	350
	110kV 及以上，每层 1 根	250	300
电缆敷设于槽盒内		h+80	h+100

2.3.7 监理主要方法和监理程序

2.3.7.1 主要方法

为使监理目标顺利实现，监理人员将充分运用各种监理手段严格控制质量、工期进度，做好事前和过程的质量控制，将质量问题消灭在萌芽之中，具体主要方法如下：

2.3.7.1.1 认真听取施工单位对工程质量情况的汇报。

2.3.7.1.2 核查施工单位技术资料、施工记录、有关试验（记录）资料和质量及验评记录。

2.3.7.1.3 随机抽查并复验施工单位自行验收项目。

2.3.7.1.4 对重要工序、施工项目的关键部位进行全过程跟踪监理，必要时跟班作业监督检查。

2.3.7.1.5 努力协调好建设单位和施工单位之间的关系，发现质量问题及时与有关方面联系处理，不留隐患。

2.3.7.1.6 本细则在施工中的实施状况，应连续记入监理日志中。

2.3.7.2 主要监理程序

2.3.7.2.1 事前控制

2.3.7.2.1.1 确认工程施工图纸及技术文件合法有效。

2.3.7.2.1.2 掌握和熟悉质量控制的技术依据。

2.3.7.2.1.3 组织设计交底和图纸会审，并提出监理意见。

2.3.7.2.1.4 审查施工承包单位编制的施工组织设计、重要的施工方案和技术措施、工程进度计划，并将审查结果报业主批准。

2.3.7.2.1.5 审查承包单位的施工设施选型及试验室建设是否适当，能否满足质量、进度要求，是否适合现场施工条件。劳动力配备是否满足施工需要。施工承包单位所准备的施工设施是否与监理工程师认可的施工组织设计所列相一致，是否处于良好状态。

2.3.7.2.1.6 检查各施工承包单位建立健全质量、安全、文明施工保证体系，审核施工承包单位质量、安全、文明施工管理体系，充分了解各单位技术力量、管理水平、施工经历等情况。

2.3.7.2.1.7 检查施工承包单位特殊作业人员是否持证上岗及其证件有效和限定的工作范围。审核质检人员、试验人员及其他专业人员的上岗资格证明。

2.3.7.2.1.8 检查工程所用材料样品，对进场材料进行见证取样。参加主要设备的开箱检查，凡有缺陷的设备不得在工程中使用；对设备的保管进行检查，发现问题要求有关单位及时整改。

2.3.7.2.1.9 检查重要项目的开工条件，审查施工承包单位的开工报告，符合开工条件时方批准开工。

2.3.7.2.1.10 由施工承包单位采购的原材料、半成品及购置件进场后，对报审的出厂证明及相应资料进行核查，并见证抽取样品，按有关规范和标准进行检验和复试，否则监理不予认可。对于复检不合格的材料，坚决予以清除现场。

2.3.7.2.1.11 监理工程师如发现进场材料与质量证明或检验报告不符的，有权要求施工承包单位予以解释和澄清，如影响工程的应向业主报告共同处理。

2.3.7.2.2 事中控制

2.3.7.2.2.1 针对施工班组和施工人员的不同现状开展不同方式的帮助和指导；对持证上岗人员检查其实际工作是否在规定工作范围内。

2.3.7.2.2.2 经常性检查施工承包单位使用的计量器具和试验仪器是否按规定进行校验、检测。

2.3.7.2.2.3 监督检查施工承包单位严格按批准的施工方案实施执行。

2.3.7.2.2.4 经常深入现场巡视质量、安全文明施工情况，处理协调有关问题，对重要工序、隐蔽工程要按四级验收项目划分表和质量控制点划分表（H、W、S 点划分表）分别参加检查、验收和旁站监督，对不合格项目及时要求整改。

2.3.7.2.2.5　对施工承包单位的分项工程质量情况及时审核、汇总；对分部工程签署验收意见，并核定其质量等级。

2.3.7.2.2.6　定期或不定期检查施工技术资料、施工记录、有关试验资料、自检和验评记录的准确性和完整性。

2.3.7.2.2.7　参加工程阶段性检查及诸如厂用带电、发电机转子吊装、全厂电缆、接地及整套启动等重要检查项目实施前的检查确认，并提出监理意见。

2.3.7.2.2.8　对大型及重要电机试转、盘柜、系统带电前的条件进行检查，并见证试转过程，办理签证手续。

2.3.7.2.2.9　在现场发现有影响工程质量、人身安全的紧急情况时，及时下达停工通知或汇报有关领导，消除隐患后方能施工。

2.3.7.2.2.10　参加施工过程中可能发生的质量、安全事故的调查和处理，并提出监理意见。

2.3.7.2.2.11　协助安全监理工程师做好施工过程的安全文明施工管理工作。

2.3.7.2.3　事后控制

2.3.7.2.3.1　监理工程师确认该单位工程安装工作已全部完成，且顺利通过带电、试运或剩余工作量极少并不影响系统的正常使用功能和安全运行。

2.3.7.2.3.2　监理工程师确认工程技术资料已收集完成，无主要缺项，资料规格、形式、内容符合有关规定标准。

2.3.7.2.3.3　施工承包单位提出书面验收申请并被监理工程师接受。

2.3.7.2.3.4　在商定的时间分别请现场质量监督站、自治区质量监督总站对工程实物质量和技术资料进行核查，确认工程质量和资料符合“验标”和设计规定。对核查中发现的问题，监理工程师对施工承包单位整改结果进行确认。

2.3.7.2.3.5　配合分系统及整改启动试运工作，对试运过程中出现的各类问题提出处理意见、监督、检查所暴露的设计、设备及施工等缺陷的消除结果。

#3、#4 机组电气专业作业指导书目录见表 2-3-3。

表 2-3-3　#3、#4 机组电气专业作业指导书目录

序号	编号	作业指导书名称	计划出版时间	送审级别
1	电-01	电气专业施工组织设计	2012.6	重大
2	电-02	电缆保护管配置	2012.10	一般
3	电-03	全厂接地	2011.9	重大
4	电-04	全厂照明施工（设备照明）	2012.11	一般
5	电-05	主厂房电缆桥架制作安装	2012.8	一般
6	电-06	主厂房厂用高压配电装置安装	2012.9	重大
7	电-07	主厂房厂用低压配电装置安装	2012.9	重大
8	电-08	主厂房电缆敷设及接线	2012.11	一般
9	电-09	全厂起重机电气设备安装	2013.2	一般
10	电-10	大型电动机检查接线	2012.12	一般
11	电-11	发电机检查及引出线安装	2012.10	一般
12	电-12	主变压器安装	2012.9	重大
13	电-13	启备变、高压厂变安装	2012.9	一般
14	电-14	大型电动机试运转	2013.4	一般
15	电-15	直流系统设备安装调试	2012.11	一般

续表

序号	编号	作业指导书名称	计划出版时间	送审级别
16	电-16	电除尘空升	2012.12	重大
17	电-17	厂用电受电	2013.4	重大
18	电-18	发电机耐压试验	2012.12	重大
19	电-19	变压器本体试验	2013.2	重大
20	电-20	互感器本体试验	2013.2	一般
21	电-21	电动机本体试验	2012.12	重大
22	电-22	电力电缆本体试验	2012.12	重大
23	电-23	套管本体试验	2012.11	一般

2.3.8　安全健康环境管理、文明施工及绿色施工

在本工程施工中，严格遵守国家、行业颁发的职业健康安全和环境保护的法律、法规和规程、规定以及其他要求，始终坚持“安全第一、预防为主”的安全生产方针和“预防为主，防治结合，综合治理”环境保护的原则，并按 GB/T 24001—1996 idt ISO 14001：1996《环境管理体系规范及使用指南》和 GB/T 28001—2001《职业健康安全管理体系规范》，建立与本工程施工内容相适应的职业健康安全和环境管理体系及工作程序、施工管理规定并严格执行；同时依据工程建设规范 DGJ 08—903—2003 建立施工现场安全生产保证体系，努力提高安全、环保管理水平，使本工程的职业健康安全和环境管理的全过程处于受控状态，确保施工及相关方和公众方人员的安全和健康，以及施工区域的文明、整洁，努力实现本工程的安全、环境事故“零”目标。

2.3.8.1　职业健康安全和环境方针、目标

2.3.8.1.1　职业健康安全生产和环境方针

在电力建设以及一切经营活动中，将遵守国家“安全第一、预防为主”的安全生产方针和“预防为主、防治结合、综合治理”的环境保护原则。

遵纪守法，承担社会责任：预防为主，致力持续改进；以人为本，倡导安全文化。

在电力建设工程施工中，以高处作业、明火作业、带电作业、起重作业中的危险源和施工中产生的噪声、废料、资源利用等环境因素为主要管理重点，以杜绝重大事故、杜绝死亡事故、控制一般事故，控制施工噪声和废料排放、合理利用资源，实现安全文明施工为总体目标。

本方针将以多种形式传达至全体员工，明确职责，予以实施。也可为相关方所获取。并通过定期评审，确保其适宜性。

2.3.8.1.2　目标和指标

2.3.8.1.2.1　职业健康安全目标和指标

（1）杜绝重大人身事故：伤亡事故为零。

（2）杜绝重大设备事故：重大机械设备事故为零。

（3）杜绝重大火灾事故：重大火灾事故为零。

（4）杜绝死亡事故：重大交通事故为零。

（5）职业病发生率：为零。

（6）一般人身事故：为零。

2.3.8.1.2.2　环境管理目标和指标

（1）控制施工噪声：小于 65dB（A）。

（2）控制施工垃圾：集中处理≥90%。

本工程 C、D 标段的安装亮点工程总共 26 项，其中电气专业创优项目见表 2-3-4。

表 2-3-4　　电气专业创优项目亮点标准

序号	项目名称	亮点标准	备注
1	电缆敷设及防火封堵	（1）敷设路径合理，符合设计。 （2）电缆标志牌齐全，字迹清晰，挂装牢固，规格统一。 （3）固定点位置：水平敷设：电缆首末两端及转弯接头两端；垂直敷设：电缆每个支持点。 （4）防火封堵齐全、可靠、美观。 （5）电缆的固定、弯曲半径、有关距离符合规范要求。 （6）电缆在支架上的敷设层数不超过规范规定	
2	电缆接线工艺	（1）电缆头包扎整齐、美观、不漏。 （2）芯线表面无氧化层、伤痕。 （3）导线弯曲弧度保持一致	
3	设备二次接地	（1）接地线的连接采用焊接，焊接必须牢固无虚焊。 （2）接地线的焊接采用搭接焊。 （3）每个电气设备的接地应以单独的接地线与接地干线相连接，重要设备和设备构架应有两根接地引下线与主地网不同的两点连接。 （4）明敷接地线，应在导体全长度或区间及每个边接部位附近的表面，涂以用 15～100mm 宽度相等的黄、绿相间的条纹标识。中性线宜涂淡蓝色标志。 （5）就地控制箱、盘、柜外壳保护接地可采用螺栓硬连接或铜辫子线软连接，标识清晰	
4	盘柜安装	（1）盘柜垂直误差≤1.5H/1000（H一盘柜高度）。 （2）相邻两盘柜顶部＜2mm，成列盘柜顶部＜5mm。 （3）盘柜间接缝间隙＜1.5mm。 （4）柜内电器排列整齐，固定牢固，密封良好。 （5）盘柜外观横平竖直，连接牢固，盘面整洁，漆层完成、无损伤	
5	电缆桥架安装	（1）型号规格符合设计，镀层完好，外形无扭曲、变形。 （2）桥架盖板安装牢固、便于拆卸。 （3）竖井垂直偏差不应大于其长度的 2‰。 （4）桥架、竖井连接附件正确、齐全	
6	标识及挂牌	（1）标识及挂牌齐全，无缺漏。 （2）统一排列方向、方位、高度。 （3）编码、名称一致、正确，朝向正确，反光良好。 （4）安装符合"横平竖直"的要求，采用铆接、抱箍、粘贴、用专用固定卡子固定于螺母上等方式系挂牢固	

2.3.9　强制性条文

2.3.9.1　监理工作

监理过程中必须落实强制性条文，主要做好下列工作。

2.3.9.1.1　在作业指导书或施工措施编制依据中必须体现《工程建设标准强制性条文》2011 年版（电力工程部分）标准。在作业指导书编制中，应严格执行《工程建设标准强制性条文》，将强制性条文的相关要求细化到作业程序中，对强制性条文的要点进行交底。

2.3.9.1.2　对重点、关键部位的日常检查：在施工过程中进行日常检查，检查发现的问题（不符合项）应采取措施及时整改。

2.3.9.1.3　专项检查：每月安排一次强制性条文执行情况的专项检查。

2.3.9.1.4　阶段性自查：本工程段各次质量监督检查前 15d 内进行阶段性自查。

2.3.9.1.5　有关工程技术人员、质量检查人员、施工人员是否熟悉、掌握强制性标准。

2.3.9.1.6　施工、验收等是否符合强制性标准的规定。

2.3.9.1.7　工程项目采用的材料、设备是否符合强制性标准的规定。

2.3.9.1.8　工程项目的安全、质量是否符合强制性标准的规定。

2.3.9.1.9　单位工程竣工验收时应同时汇总强条检验项目检查记录。

2.3.9.1.10　单位工程强制性条文执行情况检查记录表。

2.3.9.1.11　强制性条文实施台账（执行情况汇总统计表）。

2.3.9.2　强制性条件检查记录

工程现场强条执行情况检查表（见表 2-3-5）。

表 2-3-5　电气专业强制性条文执行情况检查表汇总清单

序号	单位工程名称	分部工程名称	检查表式
1	发电机电气与引出线安装	发电机电气及出线设备安装	表 DQ-01
		发电机引出线安装	表 DQ-02
2	主变压器系统设备安装	主变压器（A 相）安装	表 DQ-03
		主变压器（B 相）安装	表 DQ-03
		主变压器（C 相）安装	表 DQ-03
3	控制及直流系统设备安装	控制室设备安装	表 DQ-08
		直流系统设备安装（110VA）	表 DQ-09
		直流系统设备安装（110VB）	表 DQ-09
		直流系统设备安装（220V）	表 DQ-09
4	厂用高压变压器安装	A 厂用高压工作变压器安装	表 DQ-03
		B 厂用高压工作变压器安装	表 DQ-03
		机组厂用高压启动/备用变压器安装	表 DQ-03
5	主厂房厂用电系统设备安装	A 厂用高压工作配电装置安装	表 DQ-10
		B 厂用高压工作配电装置安装	表 DQ-10
		汽机 PC 低压工作配电装置安装	表 DQ-11
		锅炉 PC 低压工作配电装置安装	表 DQ-11
		检修 PC 低压工作配电装置安装	表 DQ-11
		照明 PC 低压工作配电装置安装	表 DQ-11
		公用 PC 低压工作配电装置安装	表 DQ-11
		汽机间就地电气设备安装	表 DQ-12
		锅炉间就地电气设备安装	表 DQ-12
6	事故保安电源设备安装	不停电电源装置安装	表 DQ-11
		保安 PC 低压工作配电装置安装	表 DQ-11
7	除尘除灰系统电气设备安装	除尘除灰系统控制设备安装	表 DQ-08
		除尘除灰系统高压电气设备安装	表 DQ-10
		除尘系统低压电气设备安装	表 DQ-11
		除灰系统电气设备安装	表 DQ-12
		空压机站电气设备安装	表 DQ-12
8	供水系统电气设备安装	循泵 PC 低压配电装置安装	表 DQ-11
		循环水系统电气设备安装	表 DQ-12
		雨水泵房系统电气设备安装	表 DQ-12

续表

序号	单位工程名称	分部工程名称	检查表式
9	附属生产系统电气设备安装	空压机站电气设备安装	表DQ-12
		淡水PC（动力中心）盘安装	表DQ-11
10	全厂起重机电气设备安装	汽机间起重机电气设备安装	表DQ-13
		锅炉间起重机电气设备安装	表DQ-13
		辅助车间起重机电气设备安装	表DQ-13
11	设备及构筑物照明安装	锅炉本体照明安装	表DQ-14
		电除尘本体照明安装	表DQ-14
		煤场照明安装	表DQ-14
12	全厂电缆线路施工	电缆架安装	表DQ-15
13	全厂接地装置安装	屋外接地装置安装	表DQ-16
14	脱硫装置安装	高压配电装置安装	表DQ-10
		低压配电装置安装	表DQ-11
		就地电气设备安装	表DQ-07
		脱硝电气设备安装	表DQ-12
15	通信系统设备安装	全厂通信电气设备安装	表DQ-12
		控制及直流系统设备安装	表DQ-08

注　本细则编制图纸、资料尚未到齐，缺少或改动部分将在施工图到大现场后逐步补充完善。

2.3.9.3　执行情况的考核与奖罚

对违反强制性标准的行为，根据《工程质量处罚条例》予以处罚。

2.3.9.4　整改闭环管理

凡是在各种监督检查中确定为不符合《工程建设强制性条文》规定的问题，都属于必须整改的问题；检查单位出具《工程建设强制性条文》不符合整改通知单。由责任单位或部门负责整改落实，由检查单位负责整改验收与评定，实现闭环管理。

2.3.10　工程质量验评项目划分

略。

2.4　资料管理实施细则

2.4.1　总则

2.4.1.1　监理资料管理细则规定了工程监理资料的管理职责和资料编制、验收和竣工移交的程序和方法。

2.4.1.2　监理资料管理细则适用于府谷清水川煤电一体化二期（2×1000MW）机组工程监理资料的收集、编制、验收、移交工作及二期工程业主资料室管理工作。

2.4.1.3　监理项目资料的范围系指在工程项目建设监理工作过程中形成的具有保存价值的工程管理、工程检查和工程总结资料、工程声像资料以及电子文件。上述内容以下简称为资料。

2.4.2　编制依据

2.4.2.1　《建设工程文件归档整理规范》（GB/T 50328—2001）。

2.4.2.2　《建设工程监理规范》（GB 50319—2000）。

2.4.2.3　火电企业档案分类表（6-9大类）（国电总文档〔2002〕29号）。

2.4.2.4　《关于加强工程监理资料管理与归档的通知》（上先监技〔2006〕02号）。

2.4.2.5《科技技术档案案卷构成的一般要求》(GB/T 11822—89)。

2.4.2.6　府谷清水川煤电一体化二期工程（2×1000MW）机组工程监理合同。

2.4.2.7　府谷清水川煤电一体化二期工程监理大纲。

2.4.2.8　府谷清水川煤电一体化二期工程监理规划。

2.4.2.9　府谷清水川煤电一体化二期工程质量管理制度。

2.4.2.10　西北电力建设项目监理部工作手册。

2.4.3　资料管理职责及要求

2.4.3.1　资料管理工作按照“统一领导、分级管理”的原则进行网络化管理。

2.4.3.2　项目总监理工程师（以下简称总监）对本细则进行审核，并根据各项规定实施监理项目资料归档工作进行业务上的指导工作；对资料的完整性、合格性与准确性进行验收检查。

2.4.3.3　监理单位由总监安排专人全面负责二期工程资料室管理工作，负责二期工程图纸、技术资料的收发、分类登记，整理归档等工作。

2.4.3.4　在监理工作实施过程中，作为资料管理人员，必须熟悉各项监理业务，通过分析研究监理资料的特点和规律，对其进行系统、科学的管理，使图纸、资料、在建设工程监理工作中得到充分利用。坚决杜绝资料滞留在资料室窗口从而影响工程进度或质量。

2.4.3.4.1　西北设计院图纸及设备图纸的管理要求。项目监理部由专人全面负责图纸交接工作，对其收到图纸的数量和质量进行检查，发现问题及时与发出单位联系，及时更正，核对后登记在册，并及时录入计算机管理，利用计算机进行各类图纸的查询，提高工作效率。

2.4.3.4.1.1　西北院发出正式施工图纸20套，电子版2套。根据工程需要设计图纸二期资料室存档4套，（按专业分类存档）电子版一套，其余由资料员填写图纸签发记录单后，经建设单位项目分管领导主签意见后，发放并做好图纸签发记录。发往项目监理部的图纸2套，由资料员核对后登记在册，并及时录入计算机管理，相关专工与监理部资料室各一份。图纸如有变更，资料管理人员必须将变更移植在蓝图上，并将变更单附蓝图中。设计院如发出图纸升级版，新版图纸应录入计算机并注明所代替图纸的编号，将按照图纸发放程序执行则原图必须收回加盖作废章，资料室保存1～2套备查。

2.4.3.4.1.2　设备图纸从设备厂家发出15套，二期资料室存档2套，其余由资料员填写图纸签发记录单后，经建设单位项目分管领导主签意见后，发放并做好图纸签发记录。发往监理部设备图纸2套，由资料员核对后登记在册，并及时录入计算机管理网络，相关专工与监理部资料室各一份。

2.4.3.4.2　在施工过程中监理项目部由专人负责监理部对外文件的收发和登录工作，负责对收到资料是否符合工程管理制度中《工程技术资料管理制度》的规定；并做好文件的二次发放工作，对所发放的工程技术资料都应做好登记和汇总，以便查阅。

一般流程：收到相关单位资料（按单位、名称）登记→填处理单由主管领导批示→专工处理回复（盖章）→建设单位负责人→返回监理部→下发相关施工单位→存档（按单位、类别、专业分类）。

2.4.3.4.3 监理部内部发出文件由专业监理工程师（拟稿、编码、打印、签字）完交总监理师（审查、盖章）或分管总监理师（审查、签发）然后送交资料室，由资料室人员对其进行统一整理分类，扫描成PDF格式录入信息网络共享文档，纸质归档保存，同时由资料室根据总监理工程师或其授权监理工程师的指令和监理工作的需要，分别将资料发放到相关单位。

一般流程：专业监理工程师（拟稿、签字）→总监理师/分管总监理师（审核、签发）→资料员（复印、登记、发放）→扫描（PDF）→录入信息网络→存档

所有资料传递完成时，二期工程资料室应确保业主单位、监理单位各存有一份，并使相关人员知悉。

2.4.3.4.4 资料室负责工程图纸、技术图书信息的提供，利用业务；因工作需要员工要查阅、借阅本工程范围内资料，资料管理人员必须做好登记，借阅人用完后应立即归还。归还时，资料管理人员应检查图纸、资料的完整性，经查明无问题后，再注销借阅记录。（见附表一）。

2.4.3.5 在工程项目完成后，在通过竣工验收后一个半月内，由总监负责检查资料的完整性，并按本细则的要求整理装订成册，验收核准后，移交建设单位档案室并交公司质技部资料管理人员存档。

2.4.4 项目资料的编制

2.4.4.1 编制内容

2.4.4.1.1 监理项目资料的编制内容及分卷要求应按“火电企业（6-9大类）”执行。

2.4.4.1.2 一般监理项目的资料可按如下内容及分卷要求进行编制（项目建设方如另有约定，可按有关行业标准执行），如案例一。

案例一 某项目监理部资料编制内容及分类

1 监理策划
1.1 监理规划（附项目部管理制度）
1.2 监理实施细则（包括各专业）
1.3 监理部管理文件
1.4 项目监理进度控制计划
1.5 旁站监理方案
1.6 监理创优规划、细则
2 监理月报
3 会议纪要
3.1 工程协调会
3.2 其他专题会议纪要（包括监理组织的各类会议纪要）
4 进度控制
4.1 工程暂停令/复工报告
5 质量控制
5.1 图纸会检纪要
5.2 旁站监理记录及汇总表
5.3 工程质量事故（问题）报告单
5.4 工程质量事故处理方案报审
6 安全控制
6.1 安委会文件
7 监理通知
7.1 监理工作联系单
7.2 监理工程师通知/回复单
8 监理日志
8.1 监理大事记
8.2 各主要专业监理日志
9 监理工作总结
9.1 监理工作总结
9.2 监理业务手册
10 声像、电子档案
10.1 电子档案（光盘）

2.4.4.1.3 资料必须真实、准确地反映工程建设过程中监理工作的实际情况，并按监理工作程序进行分类、整理和编目，要求做到完整、准确和责任各方签证完备。

2.4.4.1.4 资料应字迹清楚、图样清晰、图表整洁和签字盖章手续完备。

2.4.4.1.5 资料应使用原件，并且应按公司对受控文件的要求经检验为合格的文件资料。如确需使用复印件的应加盖项目部章，并注明原件存放处。

2.4.4.2 资料编制规定

2.4.4.2.1 文件资料的排列与组卷

（1）按先批复后请示，先报审后文件，先正文后附件，先文字材料后附图的要求组卷。

（2）监理工作管理性文件资料按时间顺序组卷。

（3）监理工作过程性文件资料按编号顺序组卷，复杂大型工程可按单位工程分别组卷。

（4）监理工作总结性文件资料按时间顺序组卷。

2.4.4.2.2 文件资料的规格尺寸

文件资料的幅面规格尺寸为4号图纸（297mm×210mm），同一卷内要求同样规格；纸张应采用能够长期保存的有韧力且耐久性强的纸张。文件左边与上边靠齐，文件的左边应留有2.5cm的装订距离。

2.4.4.2.3 文件资料的立卷及装订

（1）文件资料立卷厚度不得超过40mm，立卷时要标明页号（正面标在右下角，背面标在左下角，案卷封面、卷内目录、卷内备考表和空白页不标页号）。每卷单独编号，页号从“1”开始；

（2）文件资料必须用线（或用热胶）装订（卷面的上边与左侧为齐整部位），装订时应去除金属物，并装入档案盒；

（3）装订应采用线绳三孔左侧装订法，要整齐、牢固、便于保管和利用。

2.4.4.2.4 案卷、案卷号、编制说明以及索引目录的编写要求（所有内容的填写均使用黑色碳素墨水笔）

每个案卷必须按标准化、规范化的要求填写卷内目录、案卷封面、备考表及档案盒封面（见表2-4-1、表2-4-2、表2-4-3）。

2.4.4.3 声像资料的编制

本章其余内容见光盘。

第3章　上海漕泾电厂一期2×1000MW工程施工阶段监理规划

3.1　编制依据

3.1.1　电厂（2×1000MW）工程施工监理招标文件、《监理合同》、《监理大纲》等。

3.1.2　中国电力投资集团公司《监理管理手册》。

3.1.3　建设部《建设工程监理规范》（GB 50319—2000）、原国家电力公司《电力建设工程监理规定》。

3.1.4　中华人民共和国《建筑法》《合同法》《建设工程质量管理条例》及有关工程建设和质量监督的法律法规。

3.1.5　原国家电力公司《火力发电厂基本建设工程启动验收规程》、中国电建企协《电力工程“达标投产”管理办法（2006版）》及《火电工程达标投产考核办法》。

3.1.6　《工程建设强制性条文　房屋建筑部分》（2002）、《工程建设强制性条文　电力工程部分》（2006）、《工程建设标准强制性条文　工业建筑部分》（2001）、《工程建设标准强制性条文　水利工程部分》（2000）。

3.1.7　电力建设工程质量监督规定及《电力建设工程质量监督检查典型大纲（火电、送变电部分）增补版》2005版。

3.1.8　国家及行业现行的标准、规程、规范、法律、法规等。

3.1.9　中华人民共和国《建设工程安全生产管理条例》（中华人民共和国国务院令第393号），原国家电力公司《电力建设安全健康与环境管理工作规定》（国家电力公司文件国电电源〔2002〕49号）、《电力建设安全工作规程》火力发电厂部分（2002版）。

3.1.10　中电投《安全生产文明施工管理手册》（CPIPEC-CJ72001020000-2007）。

3.1.11　中电投《安全文明施工图册》。

3.1.12　山东诚信监理公司QHSE管理（质量、职业健康安全、环境）体系文件。

3.2　监理工作依据

（1）上海市地方性法律法规。

（2）《监理合同》。

（3）《施工承包合同》等。

（4）任何施工文件、施工和完成本项工程应能最低限度遵守中国（对进口设备而言，则为国际）现行认可的规范、技术标准、建筑、施工和环保规定有关类似容量、范围及性质的发电厂的规定。如果在合同签署后，国家或行业规程规范、法律法规、技术标准作了重大修改及新颁布的国家及行业规范标准，则应及时遵守新发布的法律法规的规定。

（5）应遵守的主要技术规范、规程、标准如下，但不限于这些规范、规程、标准。

3.2.1　工程质量检查、验收

3.2.1.1　国家及行业现行的规范、规程、标准及有关实施细则。

3.2.1.2　有效的设计文件、施工图纸及经过批准的设计变更。

3.2.1.3　制造厂家提供的设备图纸、技术说明书中的技术标准和要求。

3.2.1.4　有效的技术措施、合理化建议、先进经验及新技术成果。

3.2.1.5　有关的会议纪要文件等。

3.2.2　建筑工程施工与验收技术规范、规程、标准

3.2.2.1　DL/T 5210.1—2005《电力建设施工质量验收及评定规程（土建工程）》。

3.2.2.2　SDJ 280—1990（2005复审）《电力建设施工及验收技术规范》（水工结构工程篇）。

3.2.2.3　GB 50202—2002《建筑地基基础工程施工质量验收规范》（附条文说明）。

3.2.2.4　SDJ69—87《电力建设施工及验收技术规范》（建筑工程篇）。

3.2.2.5　《火电施工质量检验及评定标准》（土建工程篇）（焊接工程篇）。

3.2.2.6　国家标准《建筑工程及建筑设备安装施工及验收规范》共十二篇。

3.2.2.7　GB 50078—2008《烟囱工程施工及验收规范》。

3.2.2.8　JGJ 82—91《钢结构高强度螺栓连接的设计、施工及验收规范》。

3.2.2.9　JGJ 81—91《建筑钢结构焊接规程》。

3.2.2.10　GB 12219—89《钢筋气压焊规程》。

3.2.2.11　JGJ 18—2003《钢筋焊接及验收规程》。

3.2.2.12　GB 50164—92《混凝土质量控制标准》。

3.2.2.13　GB 107—2002《混凝土强度检验评定标准》。

3.2.2.14　GB 50203—2002《砌体工程施工及验收规范》。

3.2.2.15　GB 50204—2002《混凝土结构工程施工质量验收规范》。

3.2.2.16　GB 50205—2001《钢结构工程施工质量验收规范》。

3.2.2.17　GB 50206—2002《木结构工程施工质量验收规范》。

3.2.2.18　GB 50207—2002《屋面工程质量验收规范》。

3.2.2.19　GB 50208—2002《地下防水工程质量验收规范》。

3.2.2.20　GB 50209—2002《建筑地面工程施工质量验收规范》。

3.2.2.21　GB 50210—2001《建筑装饰装修工程质量验收规范》。

3.2.2.22　GB 50222—1995《建筑内部装修设计防火规范》。

3.2.2.23　GB 50242—2002《建筑给水排水及采暖工程施工质量验收规范》。

3.2.2.24　GB 50243—2002《通风与空调工程施工质量验收规范》。

3.2.2.25　GB 50300—2001《建筑工程施工质量验收统一标准》。

3.2.2.26　GB 50212—2002《建筑防腐蚀工程施工及验收规范》。

3.2.2.27　有关建筑试验的其他规范及检验标准。

3.2.2.28　地面、防水、防腐、采暖、通风、卫生、生活、消防水、雨水、污水、排水等规程及验收规范。

3.2.2.29　公路、桥梁、工民建等规范、规程、标准。

3.2.3　安装工程施工及验收规程、规范

3.2.3.1　《电力建设施工及验收技术规范》（锅炉机组篇）（DL/T 5047—95）。

3.2.3.2　《钢结构工程施工质量验收规范》（GB 50205—2001）。

3.2.3.3　《电力建设施工及验收技术规范》（汽轮机机组篇）（DL 5011—92）。

3.2.3.4　《电力建设施工及验收技术规范》（管道篇）（DL 5031—94）。

3.2.3.5　《电力建设施工及验收技术规范》第4部分：电厂化学

（DL/T 5190.4—2004）。

3.2.3.6 《电力建设施工及验收技术规范》第5部分：热工仪表及控制装置（DL/T 5190.5－2004）。

3.2.3.7 《火力发电厂焊接技术规程》（DL869—2004）。

3.2.3.8《钢制承压管道对接焊接接头射线检验技术规程》(DL/T 821—2002）。

3.2.3.9 《管道焊接接头超声检验技术规程》（DL/T 820—2002）。

3.2.3.10 《火力发电厂金属技术监督规程》（DL438—2000）。

3.2.3.11 《电气装置安装工程 高压电器施工及验收规范》（GBJ 147—90）。

3.2.3.12 《电气装置安装工程电力变压器、油浸电抗器、互感器施工及验收规范》（GBJ 148—90）。

3.2.3.13 《电气装置安装工程 母线装置施工及验收规范》（GBJ 149—1990）。

3.2.3.14 《电气装置安装工程 电缆线路施工及验收规范》（GB 50168—2006）。

3.2.3.15 《电气装置安装工程 接地装置施工及验收规范》（GB 50169—2006）。

3.2.3.16 《电气装置安装工程 旋转电机施工及验收规范》（GB 50170—2006）。

3.2.3.17 《电气装置安装工程 盘、柜及二次线路接线施工及验收规范》（GB 50171—1992）。

3.2.3.18 《电气装置安装工程 蓄电池施工及验收规范》（GB 50172—1992）。

3.2.3.19 《电气装置安装工程 低压电器施工及验收规范》（GB 50254—1996）。

3.2.3.20 《电气装置安装工程 电力变流设备施工及验收规范》（GB 50255—1996）。

3.2.3.21 《电气装置安装工程 起重机电气装置施工及验收规范》（GB 50256—1996）。

3.2.3.22 《电气装置安装工程 爆炸和火灾危险环境电气装置施工及验收规范》（GB 50257—1996）。

3.2.3.23 《建筑电气工程施工质量验收规范》（GB 50303—2002）。

3.2.3.24 《火电施工质量检验及评定标准（锅炉篇）》（建质〔1996〕111号）。

3.2.3.25 《火电施工质量检验及评定标准（汽机篇）》（电综〔1998〕145号）。

3.2.3.26 《火电施工质量检验及评定标准（管道篇）》（国电电源〔2001〕116号）。

3.2.3.27 《火电施工质量检验及评定标准（水处理及制氢装置篇）》（国电电源〔2001〕210号）。

3.2.3.28 《火电施工质量检验及评定标准（焊接篇）》（建质〔1996〕111号）。

3.2.3.29 《电气装置安装工程质量检验及评定规程》（DL/T 5161.1～5161.17—2002）。

3.2.3.30 《火电施工质量检验及评定标准（热工仪表及控制装置篇）》（电综〔1998〕145号）。

3.2.3.31《火电施工质量检验及评定标准(加工配制篇)》(〔83〕水电基火字137号)。

3.2.3.32 《火电工程调整试运质量检验及评定标准》（建质〔1996〕111号）。

3.2.3.33 设备供货商在设计文件中规定的各种标准和规范、规程。

3.2.3.34 《电气装置安装工程电气设备交接试验标准》（GB 50150—2006）。

3.2.3.35 《火力发电厂基本建设工程启动及竣工验收规程》（电建〔1996〕159号文）。

3.2.3.36 《火电工程启动调试工作规定》（建质〔1996〕40号）。

3.2.4 安全生产、文明施工

3.2.4.1 《建设工程安全生产管理条例》。

3.2.4.2《电力建设安全工作规程》(第一部分：火力发电厂)(DL 5009.1—2002）。

3.2.4.3 《电力建设安全健康与环境管理工作规定》（国家电力公司发布）（国电电源〔2002〕49号）。

3.2.4.4 《建筑施工安全检查标准》（JGJ 59—99）。

3.2.4.5 《施工现场临时用电安全技术规范》（JGJ 46—2005）。

3.2.4.6 《建筑施工扣件式钢管脚手架安全技术规范》（JGJ130—2001）。

3.2.4.7 《建筑施工高处作业安全技术规范》（JGJ 80—91）。

3.2.4.8 其他有关国家及行业标准和规范。

3.2.5 强制性标准及达标创优有关规定

3.2.5.1 《工程建设标准强制性条文-房屋建筑部分》（2002）。

3.2.5.2 《工程建设标准强制性条文-电力工程部分》（2006）。

3.2.5.3 《工程建设标准强制性条文-工业建筑部分》（2001）。

3.2.5.4 《工程建设标准强制性条文-水利工程部分》（2000）。

3.2.5.5 《建设工程质量管理条例》中华人民共和国国务院令第279号。

3.2.5.6 《电力监管条例》第432号国务院令。

3.2.5.7 《建设工程安全生产管理条例》中华人民共和国国务院令第393号。

3.2.5.8 《建设工程勘察设计管理条例》。

3.2.5.9 本工程建设合同等所约定的规程规范、法律法规、技术标准。

3.2.5.10 工程达标投产及创电力行业优质工程有关文件。

3.2.5.11 《电力工程达标投产管理办法（2006版）》中电建协工〔2006〕6号。

3.2.5.12 《中国建筑工程鲁班奖（国家优质工程）评选办法》（2008版）。

3.2.5.13 本工程建设参建单位承诺的更高标准等。

3.3 工程概况及特点

本工程建设2×1000MW机组，配套建设烟气脱硫装置和SCR脱硝装置，并留有扩建余地。本工程第一台机组计划于2009年投产，第二台机组计划于2010年投产。

3.3.1 工程地质条件

本工程所在场地地貌单元属潮坪或滨海平原交替区，地势较低且平坦。厂址区域属围海吹填形成的陆地，新大堤已筑成，目前场地地面自然高程在3.5m左右。

根据工程勘察报告，本场地地层分布自上至下描述如下：

①围海填土：由围海筑堤充填而形成，主要成分是粉粒和粘粒，该层土下部主要为灰色砂质粉土夹有灰色淤泥质粉质黏土并混有少量淤泥，上部主要为灰色或灰黄色的淤泥质粉质黏土，含有半腐烂的芦苇草根，本次钻探揭露该层厚度为1.1～3.4m，一般厚度为2.1m。

②1 灰黄色砂质粉土：湿～很湿，稍密，夹淤泥质粉质黏土薄层，含有腐殖质及贝壳碎片及少量云母，局部为粉砂或夹粉砂，本次钻探揭露该层土厚度为0.6～3.5m，一般厚度为2.01m，层顶标高为0.69～3.05m，场地均有分布。工程性质一

般，属中等压缩性土。

③1 灰色淤泥质粉质黏土：很湿，流塑，夹粉土或粉砂薄层，局部为黏土，本次钻探揭露该层土厚度为 6.9～9.0m，一般厚度为 8.35m，层顶标高为–1.10～0.67m。工程性质较差，属高压缩性土。

④1 灰色淤泥质粉质黏土：很湿，流塑～软塑，含有机质及腐殖质及少许贝壳，该层土下部局部分布有灰色淤泥质粉质黏土，夹粉土或粉砂薄层。本次钻探揭露该层土厚度为 8.7～11.6m，一般厚度为 9.71m，层顶标高为–8.00～–8.91m。工程性质较差，属高压缩性土。

⑤1 灰色粉质黏土：湿～很湿，软塑，含云母，夹黏性土、粉砂薄层和少量贝壳，局部表现为粉土，本次钻探揭露该层厚度为为 1.4～4.3m，一般厚度为 3.03m，层顶标高为–17.12～–19.78m。

⑥ 暗绿色粉质黏土：稍湿，硬塑，局部为灰黄色，含铁锰质及氧化铁，局部含钙质结核，本次钻探揭露厚度为 1.7～3.0m，一般厚度为 2.21m，层顶标高为–20.05～–21.76m。属中压缩性土，工程性质较好，可作桩基持力层。

⑦1 灰色～灰黄色砂质粉土：湿～很湿，稍密～中密，含云母，局部夹粉砂和黏性土薄层，本次钻探揭露厚度为 5.1～9.3m，一般厚度为 7.19m，层顶标高为–22.65～–24.22m。属中低压缩性土，可作桩基持力层。

⑦2 灰色粉细砂：饱和，中密～密实，含云母、贝壳，局部夹薄层粉性土，该层下部逐渐变为细砂，本次钻探揭露厚度大于 17m，层顶标高为–28.13～–32.71m，场地均有分布。属低压缩性土，可作桩基持力层。

⑧1 灰绿色～深灰色粉质黏土：稍湿，可塑～硬塑，局部含钙质结核，夹粉性土或粉砂薄层，局部层理发育，本次钻探揭露层顶标高为–46.94～–54.74m，场地均有分布。工程性质较好，属中低压缩性土。

⑧2 灰色黏质粉土：湿，中密～密实，含云母，夹粉质黏土薄层，局部含钙质结核，层理发育，本次钻探揭露层顶标高为–53.91～–54.55m，场地局部分布。工程性质良好，属低压缩性土。

根据岩土报告显示，场地浅层地下水属潜水类型，主要受大气降水和地表水的补给，地下水位随季节和地形而变化，地下水埋深一般在 0.50～1.00m 之间。在Ⅲ类环境中场地地下水、土对混凝土无腐蚀，对钢结构有中等腐蚀。

3.3.2　工程气象

一、潮位

金山嘴海洋水文站实测统计资料如下：

历年最高潮位：6.57m（1951—2005 年）。

历年最低潮位：–1.72m（1951—2005 年）。

历年高潮平均潮位：3.76m（1951—2000 年）。

历年低潮平均潮位：–0.24m（1951—2000 年）。

历年最大潮差：6.5m（1951—2000 年）。

历年最小潮差：0.8m（1951—2000 年）。

历年平均潮差：4m（1951—2000 年）。

二、波浪

金山石化水文站月平均波高、平均周期、最大波高统计表见表 3-3-1。

表 3-3-1　　金山石化水文站月平均波高、平均周期、最大波高统计表

月份	1	2	3	4	5	6	7	8	9	10	11	12
平均波高/m	0.3	0.3	0.3	0.4	0.5	0.5	0.6	0.5	0.5	0.4	0.3	0.4
平均周期/s	3.2	3.1	3.1	3.3	3.3	3.0	3.4	3.5	3.1	3.1	3.4	2.9
最大波高/m	1.8	3.0	2.2	2.5	2.8	3.9	3.6	2.9	2.6	1.7	1.9	1.7

三、水温

金山嘴海洋水文站历年（1997—2005 年）实测水温资料统计表见表 3-3-2。

表 3-3-2　　金山嘴海洋水文站历年（1997—2005 年）实测水温资料统计表　　单位：℃

月份	1	2	3	4	5	6	7	8	9	10	11	12	年
历年平均水温	6.4	6.6	9.3	14.4	19.7	23.8	27.7	28.4	25.2	20.6	15.4	9.7	17.3
历年最高水温	11.6	12.3	13.6	19.4	23.7	28.5	30.7	32.3	29.5	26.3	20.8	15.2	32.3
历年平均最高水温	9.0	8.9	12.3	17.7	22.6	26.4	29.8	30.0	28.0	23.9	18.8	13.5	20.1
历年最低水温	2.3	2.2	4.6	8.6	14.8	20.7	22.5	24.1	19.0	16.3	8.6	1.9	1.9
历年平均最低水温	4.1	4.5	6.6	11.2	16.7	21.3	25.2	26.1	22.1	17.3	11.0	4.9	14.3

四、气象

历年平均气压：1015.8hPa。

历年冬季平均气压：1025.1hPa。

历年夏季平均气压：1005.1hPa。

历年平均气温：15.6℃。

历年极端最高气温：37.9℃。

历年极端最低气温：–10.1℃。

最冷月（1 月）平均气温：3.6℃。

最热月（7、8 月）平均气温：27.4℃。

最冷月平均最低气温：0.4℃。

最热月平均最高气温：30.9℃。

历年平均水汽压：16.7hPa。

历年最大水汽压：42.8hPa（1981.8.8）。

历年最小水汽压：1.2hPa（1963.1.21）。

历年平均相对湿度：82%。

夏季（6、7、8 月）平均相对湿度：86%。

冬季（12、1、2 月）平均相对湿度：78%。

历年最小相对湿度：11%（1965.3.16）。

年最大降雨量：1547.7mm。

年最小降雨量：738.1mm。

历年平均降雨量：1100.7mm。

历年最大日降雨量：144.8mm（1963.9.13）。

一小时最大降雨量：55.9mm。

历年平均风速：3.4m/s。

历年最大风速：20.7m/s（定时观测值，时距 2min）。

五十年一遇离地十米十分钟平均最大风速：31m/s，相应基本风压：0.6kN/m^2。

历年主导风向：ESE（10%）SSE（10%）。

历年夏季主导风向：SSE （14%）。

历年冬季主导风向：NW（14%）NNW（14%）。

历年平均雾日数：35.9d。

五十年一遇最大雪压：20.1kg/m^2。

五十年一遇最大积雪深度：13.4cm。

历年最大积雪深度：17cm。

历年平均蒸发量：1314.2mm。

历年平均日照百分率：45%。

历年平均大风日数：13.8d。

历年平均雷暴日数：26.9d。

历年最大冻土深度：8cm。

最冷月地温（地面）：4.3℃。

最热月地温（地面）：32.2℃。

3.3.3 现场条件

本工程前沿已建有围海大堤，该堤按一级堤防工程设计，为二级消浪平台的土石结构斜坡堤，防洪标准为 200 年一遇高潮位加十二级风力，防浪墙顶高程 10.6m，堤顶高程 9.4m，堤顶宽 9.5m。其防洪标准已满足《火力发电厂设计技术规程》中当规划容量＞2400MW 时的电厂防洪标准要求。

厂址区域属围海吹填形成的陆地，厂址百年一遇内涝水位为 3.80m。厂址周边区域的雨水排放由上海化学工业区统一考虑，厂区规划范围内的雨水设置一座雨水泵房排至循环水排水沟后直接排入杭州湾。

3.3.4 三大主机设备的型号和参数

本工程选用国产超超临界凝汽式燃煤发电机组，上海锅炉厂有限责任公司、上海汽轮机有限公司、上海汽轮发电机有限公司分别为三大主机设备的设计制造厂和供应商。

3.3.4.1 锅炉

锅炉型式：超超临界参数变压运行螺旋管圈水冷壁直流炉，单炉膛、一次中间再热、采用四角切圆燃烧方式、平衡通风、固态排渣、全钢悬吊结构、塔式、露天布置燃煤锅炉。锅炉主要参数见表 3-3-3。

表 3-3-3 锅炉主要参数

过热蒸汽	最大连续蒸发量（B-MCR）	2955.6t/h
	额定蒸发量（BECR）	2865.1t/h
	出口蒸汽压力	27.56MPa（a）
	出口蒸汽温度	605℃
再热蒸汽	蒸汽流量（B-MCR/BRL）	2447.9/2377.4t/h
	进口/出口蒸汽压力（B-MCR）	6.20/6.00MPa（a）
	进口/出口蒸汽压力（BRL）	6.02/5.84MPa（a）
	进口/出口蒸汽温度（B-MCR）	377/603℃
	进口/出口蒸汽温度（BRL）	371/603℃

续表

再热蒸汽	给水温度（B-MCR）	297℃
	锅炉效率	＞93.72%
空气预热器	型式	三分仓回转式空气预热器
	一次风出口风温（BRL）	328℃
	二次风出口风温（BRL）	338℃
	排烟温度（修正前，BRL）	130℃
	排烟温度（修正后，BRL）	124℃

3.3.4.2 汽轮机

汽轮机型式：超超临界、一次中间再热、单轴、四缸四排汽、凝汽式汽轮机。

汽轮机主要参数见表 3-3-4。

表 3-3-4 汽轮机主要参数

额定功率（THA 工况）	1000MW
最大功率（VWO 工况）	1031.223MW
额定工况（THA 工况）参数	
主蒸汽压力	26.25MPa（a）
主蒸汽温度	600℃
给水温度	295.6℃
额定转速	3000r/min
加热器（包括除氧器）级数	共 8 级

3.3.4.3 发电机

发电机型式：水氢氢冷却、无刷励磁汽轮发电机。

发电机主要参数见表 3-3-5。

表 3-3-5 发电机主要参数

额定功率	1000MW
最大连续输出能力（对应 VWO 工况）	1031.233MW
额定电压	27kV
额定电流	23788A
额定功率因数	0.9（滞后）
额定频率	50Hz
额定转速	3000r/min
相数	3
极数	2
冷却方式	水、氢、氢
效率	98.98%
漏氢量（保证值）	≤10Nm^3/24h
励磁方式	无刷旋转励磁系统

3.3.5 各主要系统介绍

3.3.5.1 设计总平面布置

全厂总平面布置格局自南向北依次为码头→循环水取排水区→贮煤场区→石灰石磨制区、石膏脱水区、灰渣处理区及脱硫区→主厂房区→500kV 配电装置区（向北 2 回 500kV 出线）；主厂房固定端朝西，向东扩建，主厂房固定端及脱硫区东侧布置循环水取排水区、石灰石磨制区、石膏脱水区及油罐区、脱硝制氨区、水处理区等厂区生产辅助建筑区，其自南向北依次为：循环水取排水区→石灰石磨制、石膏脱水区、灰渣处理区、油罐区及脱硝制氨区→废水处理区→净水区→化水处理区→全厂行政管理及公共建筑区（含材料库及检修维护区），其他诸如循环水加药间、贮氢站等厂区生产辅助建筑区按就近服务主体布置原则分别布置在其间；全厂行政管理及公共建筑区则布置在厂区西北角，500kV 配电装置区的西侧。

主厂房布置方式：主厂房布置采用四列式布置，布置顺序依次为汽机房→除氧间→煤仓间→锅炉房，主厂房柱距 10m，总长 202.4m，A 排至烟囱 228m。

主厂房采用钢结构。主厂房的扩建方向为左扩建（从汽机房向锅炉房看）。输煤栈桥设在固定端。

3.3.5.2　机务专业

一、热力系统

按锅炉汽机单元制设计。汽轮机采用超超临界、一次中间再热、单轴、四缸四排汽。具有八级回热加热系统，供三组双列高压加热器、一台除氧器、四台低压加热器使用。设高、低压二级串联旁路，高旁容量约为 100%BMCR。设二台 50% BMCR 容量汽动给水泵。每列高加给水采用大旁路，除氧器水箱采用高位布置。配备三台 50%容量凝结水泵。凝汽器为单流程，双背压，采用钛管。汽机房内设 2 台 235t/130t/25t/32.5m 的行车。

二、锅炉制粉系统

采用中速磨煤机冷一次风正压直吹式系统，烟风系统按平衡通风双烟道设计。每台锅炉设 6 台中速磨煤机，配 2 台 50%容量的动叶可调轴流式一次风机，配 2 台 50%容量的动叶可调轴流送风机和 2 台 50%容量的动叶可调或静叶可调轴流式引风机。空气预热器采用三分仓回转式预热器。空气预热器的低温防腐蚀采用热风再循环。每台炉设二台三室四电场电气除尘器。锅炉点火采用轻油点煤粉的二级点火方式。两台炉合用一座双钢内筒（内衬防腐材料）集束烟囱，单筒内径为 7.5m，烟囱高度为 210m。

脱硫采用石灰石－石膏湿法脱硫系统，一炉一塔。吸收区设备为单元制，公用系统按一期和二期四台机组为一个单元设计。脱硝装置与主体工程同步建设，采用选择性催化还原法（SCR）。

3.3.5.3　电气专业

电气主接线：本工程扩建 2×1000MW 汽轮发电机组，2 台机组均采用发变组单元接线，以 500kV 电源接入系统。主接线采用 3/2 断路器接线方式，拟建 500kV 屋内 GIS。主变压器采用单相变，容量约为 380MVA，发电机引出线采用离相封闭母线。二台机组共用 1 台停机、检修变。

3.3.5.4　热控专业

机、电、炉集中控制，两炉间设集中控制室；机组控制采用微机分散控制系统（DCS），以 LCD、键盘作为机组主要监视和控制手段，其主要功能有数据采集及处理系统（DAS）、模拟量控制系统（MCS）、锅炉炉膛安全监控系统（FSSS）、锅炉汽机辅机顺序控制系统（SCS）；随设备成套有汽机电液控制系统（DEH）、汽机监测仪表（TSI）、汽机紧急跳闸系统（ETS）、给水泵汽机电液控制系统（MEH）、给水泵汽机监测仪表（TSI）、给水泵汽机紧急跳闸系统（ETS）等。

3.3.5.5　运煤专业

本期工程卸煤码头按建设 1 个 3.5 万 t（兼靠 5 万 t）级泊位考虑，当电厂容量达 4×1000MW 时，再建设 1 个 3.5 万 t（兼靠 5 万 t）级泊位。每个泊位配置两台桥式卸船机，每台额定出力为 1500t/h。引桥按设置双路皮带机设计，本期建设一路预留一路，皮带机参数为 B=1800mm，V=3.50m/s，Q=3600t/h。上煤系统皮带机按双路布置，一路运行，一路备用，皮带机参数为 B=1400mm，V=2.5m/s，Q=1500t/h。

3.3.5.6　除灰专业

本期工程采用灰渣分除方案。除渣系统每台炉底设置一台刮板捞渣机，捞出的渣经刮板捞渣机输送至布置于锅炉房旁的渣仓内，然后装车外运综合利用或至灰场堆放。灰则采用正压气力输送系统，每台炉为一个系统，省煤器及电除尘器灰斗收集的飞灰用压缩空气送至贮运灰库，然后经过二级输送至综合码头灰库，经调湿后用移动皮带机装船运至灰场；也可在厂区内灰库用干灰散装机装车供综合利用。两台炉厂内共设置三座灰库。

3.3.5.7　水工专业

电厂建设循环水系统，采用扩大单元制直流供水系统。新建循环水泵房一座，每台机组配置二台循环水泵，每台机组设一根 DN4200 的自流引水管和一根 DN3800 的循环水压力进水管。排水沟为双孔 4000mm×3600mm 排水沟。

净水系统按 4×1000MW 机组规划，预留再扩建 2×1000MW 机组需增设净水设备的场地，本期处理能力本期为 1200m^3/h。本期建设一座综合泵房，2 座 600m^3/h 反应沉淀池、2 座 240m^3/h 空气擦洗滤池、1 座 1000m^3 工业水池、1 座 500m^3 工业水池、1 座 1000m^3 回用水池、1 座 500 m^3 回用水池、2 座 500m^3 消防水池、1 座 700m^3 化学水池，1 座 300m^3 化学水池生活水池；生活污水系统和雨水系统采用分流制。

3.3.5.8　化水专业

电厂的锅炉补给水处理系统考虑采用二级反渗透——混床。设置凝结水精处理系统（前置过滤器＋高速混床），前置过滤器出力为 2×50%，不设备用，高速混床出力为 4×33%，并设置一套再生系统。废水处理系统按 2×1000MW 容量规划设计。

3.4　监理服务范围

我公司在本工程项目建设过程中进行以控制安全、质量、进度和投资为核心的监督、管理、协调等监理服务，使本工程项目全面地实现安全目标、质量目标、进度目标和投资目标。

本工程监理范围为全部建设工作（不包括码头部分），包括施工准备、地基处理、土建施工、安装施工、调试直至竣工验收、质量保修等全过程的监理工作。监理服务包括上述工程范围内的设备材料检验、厂内外土建、施工管理、设备安装、单体调试、系统试运、机组 168h 试运行、性能试验、达标移交生产、竣工验收的服务等内容。具体内容如下。

3.4.1　总的要求

3.4.1.1　监理实施细则应在相应工程施工开始前编制完成，并送工程公司评审。

3.4.1.2　建立工程项目在安全、质量、投资、进度、合同、信息等方面的监理管理网络，在业主、工程公司、设计、设备、施工、调试单位的配合下，收集、发送和反馈工程信息，形成监理工作月报和下月监理工作计划，范围覆盖安全、质量、进度、投资以及工程建设其他方面的全部监理工作。监理工作月报和下月监理工作计划抄报筹建处和工程公司。

3.4.1.3　协助工程公司完成有关设备、材料、图纸和其他外部条件以及工程进度、交叉施工等的协调工作，根据需要及时组织专题会议，解决施工过程中的各种专项问题。

3.4.1.4 主持施工过程中的工程周协调例会，参与月度协调会。

3.4.1.5 参与招标人尚未完成的施工招标、评标、编制有关的招标文件及合同谈判工作并提出监理意见。

3.4.1.6 审查施工承包商选择的分包单位、试验单位的资质，确认项目特种作业人员的资质、技能培训、岗位证书有效性，对各种违规情况进行处理，督促责任单位及时纠正。

3.4.1.7 参加并接受外部审核和监督检查（包括政府行政管理部门组织的质量、安全、消防、环境、卫生防疫等方面的监督检查）。

3.4.1.8 参加项目管理体系的外部审核（包括第三方审核机构、工程公司和工程公司组织的第二方审核）。

3.4.1.9 编制整理监理工作的各种文件、通知、记录、检测资料等，合同完成或终止时交给工程公司。

3.4.1.10 参加工程创优领导小组，配合工程进行达标创优工作，负责在工程过程中按照达标创优的要求对各参建单位进行督查。

3.4.2 工程开工前的监理

组织机构：

3.4.2.1 督促建设单位组织成立以筹建处主要领导为组长的“工程建设安全管理领导小组”（总监理工程师任副组长）。职能：总体负责工程建设各阶段的安全管理工作。

3.4.2.2 督促建设单位组织成立以筹建处主要领导为组长的“工程建设质量监督领导小组”（总监理工程师任副站长）。职能：受质量监督中心站委托，代表政府对工程建设进行质量监督。

3.4.2.3 督促建设单位组织成立以筹建处主要领导为组长的“工程建设进度控制领导小组”（总监理工程师任副组长）。职能：总体控制工程建设里程碑节点及一级网络计划。

3.4.2.4 督促建设单位组织成立以筹建处主要领导为组长的“工程建设创优领导小组”（总监理工程师任副组长）。职能：切实做好对工程建设过程中各阶段质量监督中心站活动、机组达标投产、争创电力行业优质工程、争创中国建设鲁班奖的迎检及检查出缺陷的整改工作。

3.4.2.5 督促建设单位组织成立以筹建处主要领导为组长的“工程建设水土保持领导小组”（总监理工程师任副组长）。职能：总体控制工程建设水土保持工作。

3.4.2.6 督促建设单位组织成立以筹建处主要领导为组长的“工程建设节能环保领导小组”（总监理工程师任副组长）。职能：总体控制工程建设环保、节能工作。

3.4.2.7 督促建设单位组织成立以筹建处主要领导为组长的“工程建设设备、物资催交领导小组”（总监理工程师任副组长）。职能：总体控制工程建设三大主机、锅炉及汽机辅机、四大管道等设备物资的到货工作。

3.4.2.8 督促建设单位组织成立以筹建处主要领导为组长的“工程建设强制性标准实施领导小组”（总监理工程师任副组长）。职能：对工程建设过程中各施工单位强制性标准、强制性条文实施情况进行监督。

3.4.2.9 督促建设单位组织成立以筹建处主要领导为组长的“工程建设对标管理领导小组”（总监理工程师任副组长）。职能：在工程建设前期及建设过程中寻找最佳案例和标准并进行对比，提高对工程建设的内部管理。

3.4.2.10 调试阶段，协助建设单位成立以筹建处主任为组长的“试运指挥部”总监理工程师任副总指挥。职能：负责机组调试期间的所有指挥事宜。

3.4.3 施工过程的监理

3.4.3.1 安全管理

（1）配备主管安全的专职安全副总监，并成立安全管理小组，具体实施工程项目的日常安全管理工作。

（2）配备专职安全监理工程师，并配备专职安全员，所配备的专职安全管理人员不少于 4 人，每日对施工现场的安全和文明施工进行巡查（包括人身、机具、交通、环境、消防、保卫、职业健康、后勤卫生、环境保护等方面），对项目建设全过程的安全进行监测，根据发现安全问题的性质发出口头批评或“不符合项报告”，有必要时经项目公司同意发“暂停施工令”。

（3）负责承包商危险作业控制措施、重大危险源、重大环境因素的控制计划、应急响应预案、交叉作业方案及措施的审核，负责指导、监督、检查各施工承包商对以上措施、方案的执行、落实情况，并对指导、监督检查情况形成必要的记录。

（4）主持或参加各施工承包商之间的安全、质量及技术交底，检查各承包商的各项交底工作的完成情况。

（5）参加项目安全和环境事故、事件及纠正预防措施的控制，负责施工承包商事故、事件及纠正预防措施的评审以及实施的监督工作，并参加/配合各类事故、事件的调查处理工作。

（6）负责厂内交通安全、消防安全管理工作的监督和检查，监督各承包商按有关法律法规要求对危险化学品采购、运输、贮存、使用和废弃化学品的处置，负责监督施工承包商对现场粉尘、尘毒作业、射源安全、废水、废气、固体废弃物和噪声的管理。

（7）遇到威胁安全的重大问题时，安全监理工程师有权提出“暂停施工”的通知，并通报工程公司、项目公司。

（8）负责对施工承包商施工机械的监督管理，对承包商施工机械的安装拆卸及其他危险性较大的起重作业安全监理工程师应到现场监控。

（9）文明施工管理。

1）负责组织评审施工承包商安全文明施工实施细则。

2）负责编制文明施工检查计划，组织文明施工的日常监督检查、专项检查和文明施工阶段性大检查，提出对施工承包商安全文明施工奖励和处罚意见，并对施工承包商整改情况的跟踪和整改结果的验证。

3）负责文明施工接口协调的管理。

4）负责定期组织召开文明施工例会，沟通文明施工有关情况。

3.4.3.2 质量管理

（1）全面负责工程项目日常的质量管理，对施工过程中对质量有影响的人员、设备、材料、施工机具、施工方法及施工工艺、施工环境等因素进行全面监督和检查，对发现的质量问题及时通报责任单位，采取措施加以整改，并及时把结果以书面形式上报工程公司。

（2）负责组织或参与分项、分部、单位工程、关键工序和隐蔽工程的质量检查和验收。

（3）制定并实施工程质量监理计划，设置监理见证点（W 点）、停工待检点（H 点）、旁站点（S 点）的，按作业程序即时跟班到位进行监督检查。

（4）负责对施工承包商的质量策划文件（质检计划、试验计划、质量措施等）进行审核、确认其完整性和准确性。

（5）负责监督、检查施工承包商监视和测量装置的管理，审核和确认装置的适用性、准确性和可靠性，并对其单位、测量人员、试验室等资质予以验审。

（6）当施工承包商发生严重违章作业及发生可能给工程建设质量留下重大隐患，有权提出“暂停施工”的通知，并上报工程公司、项目公司。

（7）负责监督施工承包商工程现场材料质量的管理，负责施工过程中材料质量的复验和材料的抽样检验，以及材料代用的审批，对检验发现的设备、材料缺陷及施工中发现或产生的缺陷提出处理意见，报工程公司并协助处理。

（8）对工程中发生的质量不合格，负责组织或配合相关单位分析原因，追查责任，对应采取的措施进行审批，认真总结，杜绝类似情况再次发生。并参与工程质量事故的调查。

（9）协助工程公司进行技术监督的日常管理，参加项目技术监督网络和技术监督领导小组，负责组织审核项目技术监督服务单位编制的“技术监督管理策划书”。

（10）负责项目施工测量和沉降观测工作的管理，审核单位工程沉降观测技术方案，负责单位工程主轴线及二级高程控制的复测，验收施工承包商的沉降观测记录成果，并负责施工测量记录资料、验收资料及竣工资料的复核、签证。

（11)负责对承包商的标识和可追溯性实施情况进行监督和指导，并作好检查记录。

（12）负责定期组织召开工程质量例会。

3.4.3.3　进度管理

（1）协助工程公司编制、调整一、二级进度计划，审核施工承包商的三级进度计划，并确认施工承包商 P3 进度数据的准确性、实时性和完整性，对造成工程进度滞后的原因进行分析，及时提出改进、调整进度计划的意见与建议。

（2）负责审核单位工程开工报告，单位工程开工前应对所有开工条件进行确认后报工程公司、项目公司批准。

（3）负责审核停工令建议，负责复工条件的初步审核后报工程公司、项目公司最终确认。

3.4.3.4　造价管理

（1）监督施工合同的履行，维护筹建处、工程公司和承包商的正当权益。

（2）负责审核承包商月度完成的工程量和费用审核，经总监批准后填写工程款支付凭证报工程公司。

（3）审查承包商工程预（结）算文件，协助业主和工程公司做好工程结算和竣工决算.

（4）认真审核各类设计变更、现场签证、材料代用等，核算工程量及相关费用，严格控制变更费用。

（5）制定有效措施，确保工程造价控制在设计、施工合同约定的范围内。

（6）做好各类造价资料的收集管理工作，及时提供业主和工程公司所需的有关资料。

3.4.3.5　设备物资管理

（1）参加设备运输的管理，参与运输现场和路线的勘察，负责运输方案的审核，　并负责对特种设备的装卸进行旁站检查。

（2）检查施工承包商进场原材料、设备、构件的采购、入库、保管、领用等管理制度及其执行情况。

（3）参加设备的开箱检验，按验收标准核查主要安装用材料、设备质量，提出有关验收问题的监理意见。负责检查施工承包商的设备、物资现场贮存、防护、保养情况，负责设备领用申请的确认和备品、备件及专用工具借用申请的审核。

（4）负责施工、调试过程产品防护的日常监督，负责审核施工承包商编制的防护措施，监督、检查施工承包商防护措施的落实、执行情况，并及时将问题向工程公司反馈，敦促责任单位及时整改。

（5）负责对关键和重要的原材料、构配件、参与设备的检测、试验等工作，以及对提供相关设备、材料的生产厂家进行考察等工作。

3.4.3.6　技术管理

（1）参与设计管理工作，包括以下：（本工程不包括设计监理内容）

1）参与施工总图的设计评审，对总平面布置方案等提出监理意见。

2）参与施工图综合会审和图纸交底审查会，从施工质量及进度保障上提出监理意见。

3）参与核查施工图方案是否进行优化，参与施工图设计变更审核，并对图纸中存在的问题向设计单位提出书面意见和建议，对技术交底会议纪要进行签认。审核设计变更联系单和设计变更通知单，确认费用与工作量。

4）参与审查防火、防爆、防尘、防毒、防化学伤害、防暑、防寒、防潮、防噪音、防振动、防雷等劳动安全、工业卫生措施在设计方案中的落实情况。

5）参与核查主要设备、材料生产厂家资料。

6）参与督促设计人员对各承包商图纸、接口配合予以确认。

7）参加工程竣工图审查，并及时就施工变更等提交监理意见。

（2）参加项目技术管理网络，负责提供有效的、需设计承包商和现场施工承包商遵守的工程技术规程、规范清单，要求各施工承包商执行。

（3）审查承包商提交的施工组织设计、专业施工组织设计、施工技术方案、施工质量保证措施、安全文明施工措施、进度计划、现场二次设计等。负责组织对施工过渡方案、重大施工方案和措施的评审、系统接口设计的技术、安全交底，按设计图及有关标准，对承包商的工艺过程或施工工序进行检查和记录，对加工制作及工序施工质量检查结果进行记录。

（4）负责主持各施工承包商之间的交接，检查各承包商的各项交接工作。

（5）应对在施工监理过程中发现的设计问题提出监理意见。

（6）参与制定《项目竣工档案管理实施细则》，定期对参建单位工程文件的产生和收集以及档案编制工作进行指导、检查，负责对各承包商提交竣工档案的完整、准确、系统性和案卷质量进行审查，直至通过档案专项检查、验收。

3.4.3.7　施工总平面的管理

（1）负责对施工单位的施工平面布置规划进行审核，并对施工总平面的变更进行监督和落实。

（2）负责审核控制网施测方案，监督、检查控制网的建立、复测、移交和维护，并对控制测量成果和复测成果进行验收签证。

（3）负责审核施工承包商能力需求计划和力能供应管线、系统的布置规划，审核施工承包商的能力变更申请，并对实施过程进行监督、检查。

（4）负责审核施工承包商施工场地及施工临时设施布置的规划及变更申请，并对实施过程进行监督、检查。

（5)负责督促施工承包商按计划完成大型施工机械的配置、进出场，对各标段的大型施工机械布置进行协调。

（6）负责现场厂区道路等管理的监督和检查，审核施工承包商有关道路开沟及阻断的申请，参与组织重大件进场前对厂内临时铁路和卸货栈台的专项检查。

（7）对监理单位自行设置的各类标志应满足工程公司的统一要求。

3.4.4　调试过程的监理

3.4.4.1　主持审查调试大纲、计划、调试方案、调试措施及调试报告，主持机组调试工作技术专题会议。负责检查现场调试人员的资质，确认调试设备能满足其投标文件、合同的约定和工程安全、进度、质量等要求。

3.4.4.2 组织分部和整套启动调试项目的质量验收与签证，检查和确认机组进入整套启动试运条件，督促工程各参加单位按机组达标的要求完成整套启动各项工作。

3.4.4.3 参加设备代保管的移交和协调工作。

3.4.4.4 对整套启动过程中的质量、安全、进度进行监督管理，保证机组调试的质量管理在受控状态。

3.4.5 试运行后的监理

3.4.5.1 负责组织提出工程遗留尾工及其处理意见，参与工程遗留尾工的处理，参与、配合机组性能考核试验。

3.4.5.2 负责组织机组交付后的不合格及潜在不合格的处理。督促施工单位完成机组移交整套试运后缺陷的消除，并对消缺情况进行检查验收。

3.4.5.3 由总监理工程师组织预验收，参与机组竣工验收、建筑工程竣工验收和工程竣工验收，负责竣工验收中应提供的工程质量评估报告并移交监理竣工资料。

3.4.5.4 参与机组性能试验项目的验收与签证。

3.5 监理服务目标体系及目标分解

在工程建设的全过程中，对施工每个环节进行预测，加强事前控制的管理工作力度，对施工重点、难点提前采取防范措施，有效地降低成本，优化工期，防止安全环保、质量事故的发生。同时，围绕公司对业主的服务承诺，充分认识自身的责任，扎实而勤奋地开展工作，确保工程职业健康安全、质量、进度、投资、环境、合同管理、信息管理等监理服务目标的实现！

3.5.1 监理服务目标

为确保实现公司“监理合同、服务承诺、监理大纲履行率100%；优质服务，让业主满意；实现监理服务零投诉”的服务质量目标。

3.5.2 管理目标

合同履行率100%；服务产品合格率100%；顾客满意度95%以上。

3.5.3 质量控制目标

工程满足国家、行业现行的施工验收规范、标准及质量检验评定标准要求。

不发生质量事故；工程合格率 100%，单位工程优良品率100%；工程达标投产、零缺陷移交，实现工程基建和生产的无缝衔接；工程质量（含工艺水平）和主要技术经济指标达设计值，确保机组高标准达标投产，创建中电投集团公司百万千瓦等级燃煤机组示范工程，创上海市优质工程单项奖和中国电力行业优质工程奖，争创中国建设工程“鲁班奖”。

3.5.3.1 建筑工程

3.5.3.1.1 质量验评

（1）分部、分项工程合格率 100%，单位工程优良率 100%。

（2）观感质量好，总体得分率＞90%。

（3）分部工程、分项工程、检验批工程验收合格率 100%。

（4）验收批钢筋焊接检验一次合格率 100%。

（5）验收批混凝土强度评定合格率 100%。

3.5.3.1.2 主要项目质量控制目标

（1）地基处理可靠，沉降观测记录规范。

（2）钢筋材质及焊接实行全过程控制管理。

（3）混凝土进行全过程质量控制；混凝土生产质量水平达到优良，各验收批次混凝土强度评定合格率为 100%。

（4）直埋螺栓各项允许偏差合格率 100%，且最大偏差不影响上部设备安装。

3.5.3.2 安装工程

3.5.3.2.1 受监焊口检验

（1）受监焊口无损检验率 100%。

（2）受监焊口检验一次合格率≥95%，且焊缝美观。

3.5.3.2.2 质量验评

（1）单位工程优良率 100%。

（2）分部工程优良率 100%。

（3）分项工程优良率 100%。

3.5.3.3 调整试验目标

按原电力部《火力发电厂基本建设工程启动及竣工规程（1996 版）及相关规程》（以下简称“启规”）要求，完成全部分部试运和整套启试运项目，各分部、整套试运项目质量评定均达到《火电工程调整试运质量检验及评定标准》的“优良”标准。

3.5.4 进度控制目标

确保工程按时开工，加强工程进度动态管理，实施年、季、月计划审核及季度盘点，及时纠正进度偏差，促进工程按计划均衡有序推进，保证一、二级网络计划按时完成，确保工程总体进度目标的实现，并努力创造全国先进工期水平，按期实现达标投产。

3.5.5 投资控制目标

根据工程公司授权，认真做好项目分解工作，实现投资的静态控制、动态管理，将费用控制在业主确定的工程投资预算以内。

3.5.6 安健环管理目标

贯彻“安全第一、预防为主、综合治理”的方针，和“任何风险都可以控制、任何违章都可以预防、任何事故都可以避免”的安全文化理念，落实安全生产责任制，实施工程建设全过程、全方位的安全管理。杜绝重大人身伤亡事故；杜绝重大施工机械、设备损坏事故；杜绝重大火灾事故；杜绝主要责任重大交通事故；杜绝重大环境污染事故和重大垮（坍）塌事故，严格控制一般安全事故的发生。

3.5.7 设备物资管理目标

3.5.7.1 认真检查落实用于工程的设备、材料的采购进货情况，严格控制工程设备、材料的质量，通过对设备、材料的现场检查验收，使缺陷处理控制在施工或安装之前，确保用于工程的设备、材料质量满足设计要求。

3.5.7.2 参加包括三大主机、主要辅机、进口设备等主要设备以及工程公司认为必要的设备和材料的现场验收、检查设备保管办法、对设备的保管提出监理意见。协助工程公司对装箱设备、物资以及随箱专用工具、备品备件进行清点、检查；检查施工现场建筑工程所用的原材料、构配件的质量，不合格的原材料与构配件不得在工程中使用。

3.5.7.3 检查材料的采购、保管、领用等管理制度并监督执行。核查现场的保管条件，督促施工单位建立物质储备库.

3.5.8 合同管理目标

监理单位的合同管理就是以业主与承包商、供货商、调试单位等订立的合同以及合同条件为依据，在合同执行过程中站在第三方的立场上，公平、公正地维护合同双方的权益而进行的监督管理。以合同管理为中心，实现合同履约率 100%，将合同索赔事项控制在最低水平。

3.5.9　信息管理目标

管理科学，集中存储，保证信息资料的真实性、系统性、时效性，将信息完整地传递给使用单位和人员，使项目实现最优控制，为进行合理决策提供有力保障。

我们在本工程建设监理过程中全面采用 P3 管理软件及 PAP 系统，并配备足够的富有经验的 P3 管理软件及 PAP 系统管理人员与工程公司一起建立、运行、维护 P3 管理软件及 PAP 系统。

3.5.10　工程组织协调目标

充分发挥工程建设监理协调权，建设和谐工地文化，实现参建各方共赢目标；及时协调处理参建各方提出的制约工程建设的关键问题，落实各方责任，使参建各方保持良好的协作关系；加强施工界面管理，协调处理好各施工标段接口的工序关系，确保工程顺利进展。

3.6　监理服务措施

为确保上述工程监理目标的实现，协助工程公司进行全面的工程管理，形成具有特色的百万千瓦级工程建设监理服务程序，高效优质地建好电厂（2×1000MW）工程，我们利用我公司多年来在大型火电机组建设监理过程中积累的成功经验，通过以下的方法及途径，保证监理服务工作质量， 实现工程建设目标。

3.6.1　工程监理服务理念

监理单位的位置不是仅仅局限于常规的“四控、两管、一协调”，监理人员要想筹建处、工程公司之所想，协助筹建处、工程公司全面统筹和规划工程的各个方面，成为真正意义上的专业化的工程项目管理建设者。对于本工程我们的监理服务理念为：“项目利益高于一切”、“业主永远是对的”、“以服务业主为宗旨，以安全、优质、高效为目标，以严格监理为核心，以程序化、规范化、标准化、精细化管理为手段，营造百万机组和谐文化”。

3.6.2　组织机构及人员配置

3.6.2.1　项目监理部组织机构

3.6.2.1.1　为了确保全面履行监理合同，满足工程建设的需要，对工程建设项目实施全方位全过程优质高效的监理，我公司将选派技术精良、业务熟练、工作认真、专业齐备的专业监理工程师及其他所需的管理工作人员组建项目监理部。

3.6.2.1.2　项目监理机构将按监理合同的约定进场工作，接受建设单位的监督、协调和考核，在完成监理合同约定的全部工作后方可撤离施工现场。

3.6.2.1.3　项目监理机构的监理人员包括总监理工程师 1 人、副总监理工程师 4 人。监理工程师、监理员专业配套，数量、资历、年龄结构等将完全保证建设工程设计、施工、调试等阶段“四控、两管、一协调”的监理工作需要。

3.6.2.1.4　项目监理机构配备了 1 名专职的安全副总监理师和 4 名专职安全监理工程师；并配备专职人员从事信息管理、合同管理和进度协调管理工作。

3.6.2.1.5　项目总监理工程师由公司总经理任命并书面授权，是公司派驻项目工程的全权代表；在公司电源建设部的监督与指导下，主持项目监理部的工作，全面负责委托监理合同的履行。根据工作需要，经公司总经理和分管副总经理等领导的同意，总监理工程师任命并书面授权 4 名副总监理工程师，代表总监理工程师行使其部分职责和权力。

3.6.2.1.6　副总监理工程师协助总监理工程师开展各项监理工作，组织和管理项目监理部的日常工作，负责项目监理部质量体系的建立和执行，监督检查质量体系的运行情况。在总监理工程师不在现场期间，根据授权代表总监理工程师主持项目监理部的工作，完成总监理工程师交办的各项任务。指导并监督各监理师、监理员及其他工作人员做好现场有关监理工作。

3.6.2.1.7　专业监理工程师在总监理工程师的统一领导下，负责本专业的监理工作。指导并监督监理员做好现场有关监理工作。

3.6.2.1.8　监理员在专业监理工程师的指导下开展现场监理工作。

3.6.2.2　项目监理部组织机构图

项目监理部组织机构图如图 3-6-1 所示。

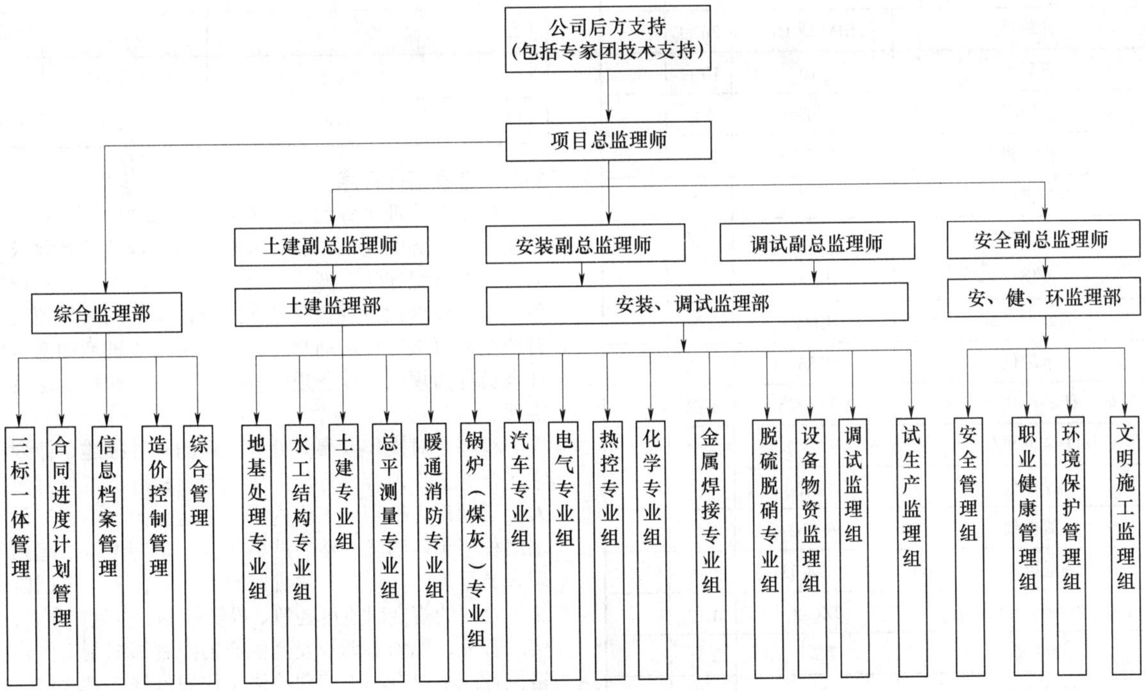

图 3-6-1　项目监理部组织机构图

3.6.2.3 项目监理部人员派遣计划

项目监理部人员派遣计划见表 3-6-1。

表 3-6-1　　项目监理部人员派遣计划

	总监	副总监	土建	锅炉	汽机	电气	热控	焊接	安全	技经	合同	计划	综合	总人数
2007 年 6 月	1	2	4	0	0	0	0	0	1	0	1	1	1	11
2007 年 8 月	1	2	6	0	1	1	2	1	2	1	1	1	2	21
2007 年 12 月	1	3	8	2	2	2	3	2	2	1	1	1	2	30
2008 年 2 月	1	3	8	4	3	3	3	4	4	1	1	2	4	41
2008 年 5 月	1	3	8	6	3	3	3	4	4	1	1	2	6	45
2008 年 8 月	1	3	8	6	4	2	3	4	6	1	1	2	6	47
2008 年 10 月	1	3	8	6	5	2	3	4	6	1	1	2	6	48
2008 年 12 月	1	3	8	6	5	3	3	5	6	1	1	2	6	50
2009 年 2 月	1	3	8	6	5	3	3	5	6	1	1	2	6	50
2009 年 5 月	1	3	8	6	5	3	4	5	6	1	1	2	6	51
2009 年 8 月	1	3	6	6	5	3	4	5	4	1	1	2	4	45
2009 年 10 月	1	3	6	6	5	3	4	4	4	2	1	2	4	45
2009 年 12 月	1	3	6	6	5	3	4	3	3	2	1	2	2	41
2010 年 2 月	1	3	4	3	3	2	3	3	2	2	1	1	2	30
2010 年 4 月	1	3	4	3	3	2	3	2	2	2	1	1	1	28

3.6.2.4 项目监理部人员岗位职责

3.6.3 项目监理部物资配备

先进的检测设备和现代化的办公设施是实现工程建设目标的重要手段，是获取准确的基础数据、公正科学计量工程量，核定工程质量的基础。为此我公司将在本工程建设中配备表 3-6-2 中的检测设备和办公设施。

表 3-6-2　　项目监理部物资配备

序号	设备、设施名称	规格型号	数量	备注
1	计算机	IBM 或 HP	20 台	
2	打印机	HP	10 台	
3	复印机	佳能	2 台	
4	传真机	佳能 L250	2 台	
5	扫描仪	惠普	1 台	
6	照相机		3 架	
7	投影仪	松下	1 台	
8	笔计本电脑	IBM	2 台	
9	水准仪	DS3	1 架	
10	砼、砖、砂浆回弹仪	HT—225	1 架	
11	DN4 测厚仪	HCC-18	1 个	
12	经纬仪	TDJ6	1 台	
13	测振仪	VM-63	1 台	
14	测温风速仪	AVM-03	1 台	
15	100-1500mm 内径千分尺	JZC-8	1 台	
16	绝缘摇表	ZC-7	2 只	
17	管形测力计	LTZ-10	2 只	
18	检测工具	JZC-8	2 套	
19	钢卷尺（50m/20m）	50m/20m	4 把	
20	钢卷尺（5m）	5m	20 把	
21	力矩扳手	NB-180B	2 把	
22	焊接检测尺	JZC-8	2 把	
23	游标卡尺	200mm	2 套	
24	交通车	福特全顺等	3 辆	
25	对讲机	健伍	10 对	

3.6.4 监理工作程序

规范的监理服务包括两个方面：一是监理人员行为的规范；二是监理业务的规范。监理人员行为的规范就是要求监理人员的行为要遵纪守法、诚信、公正、科学、严谨、竭诚敬业、服务到位。监理业务规范就是在进行监理活动时每项监理活动都有依据，每项监理活动都有程序，每项监理活动都有标准。监理人员行为规范和业务规范都要通过程序和标准这两个要素来实现。

程序是对操作或事务处理流程的一种描述、计划和规定。它包含着工作内容、行为主体、考核标准、工作时限。把监理人员活动行为准则、工作内容、要达到的标准、工作时限等要求用程序予以明确，然后严格执行，定期考核，起到了规范监理人员行为的作用。对工程监理的各项任务，依据监理合同和施工合同的规定对进度控制、投资控制、质量控制、合同管理、信息管理、现场协调及安全生产的控制都编制工作程序，并严格执行。不但有利于监理单位工作规范化、制度化，也有利于工程公司、承包单位及其他相关单位与监理单位之间配合协调，保证监理规范化的实现。

进行程序化控制，首先要编制程序，我公司在监理实践中，总结制定了一套行之有效的监理工作程序，对“四控二管一协调”各项工作的事前、事中、事后所涉及的各方面工作编制监理工作流程。这套程序应用现有的管理与控制理论、建设监理经验，程序的形式可采用流程图及图表并结合文字说明的形式，按照监理工作开展的先后顺序，明确每个程序中的工作内容、行为主体、工作时限和考核（检查）标准，特别是充分体现出事前控制和主动控制，加强对工程开工前各种条件的准备，从“人、机、料、法、环”五个方面的进行有效控制，为工程的顺利开展打下良好基础。在实际应用中，现场监理部将结合本工程的特点，进行进一步深化、细化。

3.6.4.1　监理工作程序流程图

监理部针对本工程的具体特点，编制了详细的监理工作流程图，内容涵盖了监理工作的全过程，能够有效的指导现场的监理工作，流程图目录见表 3-6-3（具体内容见附件）。

表 3-6-3　　　　监理工作流程图目录

序号	名　　称	备注
1	监理工作总程序	
1.1	施工监理工作流程	
1.2	调试监理工作流程	
2	施工阶段各项控制与监理工作具体程序	
2.1	施工组织设计、主要方案审查与执行监督程序	
2.2	对承包商三个管理体系建立与运行监督程序	
2.3	实验室资质审查与考核程序	
2.4	原材料构配件采购、订货配置程序	
2.5	原材料进场检验与监督程序	
2.6	工程测量监理工作流程	
2.7	原材料见证取样检验工作程序	
2.8	工序（检验批）质量检查验收程序	
2.9	分项、分部工程质量检查验收程序	
2.10	单位工程质量检查验收程序	
2.11	设备开箱检验及缺陷处理程序	
2.12	计量监督程序	
2.13	竣工验收程序	
2.14	质量事故（问题）处理程序	
2.15	旁站监理工作程序	
2.16	隐蔽工程监理工作程序	
3	进度控制与施工组织协调程序	
3.1	单位工程开工条件监理程序	
3.2	停工、复工管理程序	
4	投资控制与合同管理程序	
4.1	投资控制监理工作程序	
4.2	分包单位资质审查监理程序	
4.3	工程款支付监理工作程序	
4.4	工期延期及工程延误处理监理工作程序	
4.5	合同争议处理监理工作程序	

续表

序号	名　　称	备注
4.6	施工索赔处理监理工作程序	
4.7	预算外签证监理工作程序	
5	综合性管理工作程序	
5.1	工程（作）联系单运行程序	
5.2	档案资料审查与管理程序	
5.3	不符合项管理程序	

3.6.4.2　监理工作制度

监理部按照招标文件、监理大纲、监理合同及技术资料的要求，针对本工程编制了监理工程师守则、各岗位职责以及指导监理部工作的管理制度，我们按照工程公司的具体要求，对监理部的管理制度进行完善和提高，具体目录见表 3-6-4。

表 3-6-4　　　　监理工作制度目录

序号	名　　称	备注
1	监理工程师守则	
2	总监理工程师职责	
3	副总监理工程师职责	
4	专业监理工程师职责	
5	现场监理员职责	
6	专职安全副总监及安全监理工程师职责	
7	合同、技经监理人员职责	
8	安全监理员岗位职责	
9	信息管理员岗位职责	
10	施工安全、环保控制管理制度	
11	工程质量控制管理制度	
12	工程进度控制管理制度	
13	工程调试监理工作制度	
14	工程投资控制管理制度	
15	合同管理制度	
16	信息管理制度	
17	工程组织协调管理制度	
18	首问负责制度	
19	现场协调会及会议纪要签发制度	
20	开工条件审查制度	
21	分承包商资质审查制度	
22	承包质量保证体系检查制度	
23	施工质量验收管理制度	
24	施工组织设计审核规定	
25	特殊工种持证上岗制度	
26	承包采购的材料、设备质量控制制度	
27	建设管理单位供应的设备材料管理制度	
28	施工计量器具和工机具检查制度	
29	承包商选择的试验单位资质认可制度	

续表

序号	名　　称	备注
30	施工图纸会审及设计交底	
31	费用索赔管理规定	
32	工程变更监理制度	
33	监理月报和报告制度	
34	监理规划、实施细则编写规定	
35	现场巡视管理规定	
36	监理交底制度	
37	旁站监理制度	
38	工序交接签认制度	
39	施工质量检查项目划分审查制度	
40	施工记录检查制度	
41	安全大检查制度	
42	计划统计报表编制制度	
43	隐蔽工程、分部工程验评制度	
44	工程竣工监理预验收制度	
45	工程总结和评比管理制度	
46	达标投产的预（复）检制度	
47	保修期监理跟踪及回访制度	
48	项目监理部工作例会制度	
49	检查卡制度	
50	项目监理部文件资料管理规定	
51	监理工作日志填写规定	
52	项目监理部自查办法	
53	办公管理工作规定	
54	项目监理部安全检查规定	
55	监理安全培训制度	
56	安全、质量事故报告制度	
57	工程分包、劳务分报和临时用工审查制度	
58	工程整改通知及复验制度	
59	安全会议规定	
60	工程现场安全、文明施工管理制度	
61	监理安全技术交底制度	
62	施工安全审查、备案制度	
63	工程款支付签审管理制度	
64	重大施工措施（方案）审查制度	
65	监理工程师休假管理制度	
66	24 小时服务管理制度	
67	监理工程师 A、B 角管理制度	
68	分工负责与补位制度	
69	对标管理制度	
70	全厂总平管理工作制度	
71	生活区安全、环境管理制度	

3.6.5　监理工作技术文件

完善、齐全的监理工作技术文件，是我们规范开展现场监理工作的依据和保证，我们结合多年的监理实践经验和公司贯彻ISO 9001-2000质量体系标准文件制定了记录表式操作程序，及贯标文件执行制度作为现场通用的技术准则。针对工程特点编写操作性强的监理细则、现场工作服务程序、监理管理制度、“W”、“S”和“H”点设置计划等。

3.6.5.1　监理细则编写计划

在编写监理细则上，各专业除进行综合性质的监理细则编制外，还将对本项目中技术复杂的、专业性较强的工程项目结合本工程的专业特点编制了专项监理实施细则。

本工程监理实施细则的编制以重要的子分部工程、分项工程为主，力求做到详细、具体和具有可操作性。

3.6.6　监理工作手段

在工程监理过程中，为保证工程安全、质量、进度和投资目标的实现，要靠参建各方的密切配合，团结协作。在这个过程中监理发挥着监督、管理、控制、检查的作用。在施工过程中，监理单位如何对承包单位的某些不规范行为进行监督、管理，使工程的各个方面均处于受控状态，向着既定的各项目标发展，是筹建处和工程公司所希望的。我们在以往工程监理的实践中，逐步总结出以下手段，将对承包单位形成有效监督、管理，包括：

3.6.6.1　加强现场巡视：在工程实施过程中，我们要求每个专业监理人员每天保证一定的现场巡视时间，了解现场工程进展情况，对于巡视时发现影响工程进度、质量、安全的问题及时解决，将各类问题隐患消灭在萌芽状态，避免积重难返，造成不必要的损失。

3.6.6.2　实施关键部位、重要工序的旁站监理：各专业对于隐蔽工程、关键部位、重要工序，在工程开始之前列出详细的旁站计划，上报工程公司、质监机构，并通知施工单位，在这些部位施工过程中，监理人员进行现场旁站监理，在控制质量与安全的同时，还可给予施工单位一定的技术指导。

3.6.6.3　健全制度，奖罚并重：建立现场安全、质量大检查制度和相应的奖罚制度，建议业主设立一定额度的奖励基金，制定相应的评分标准，实施过程做到重点检查与突击抽查相结合，从宣传和经济政策上鼓励先进，充分调动施工单位的积极性和荣誉感，此外加强处罚力度，扼制一切不利于质量、安全、进度的苗头和现象。

3.6.6.4　充分发挥现场调度会的作用：按照严格的调度会制度，严肃调度会纪律，扩大调度会的参与范围，请工程公司工程、质检、设备物资供应等部门、承包单位、主设备厂家、设计单位、调试单位都参加调度会，会上对于各单位提出的影响工程的各类问题都给予协调，明确各类问题解决的时间、责任人，会后及时跟踪处理结果，在下一次调度会上对于没有按期解决的问题，追究责任人，并进行一定的处罚。

3.6.6.5　完善的验收体系：加强验收控制，监理部将在工程开工前认真审核施工单位的质量检验计划，对于控制难度大、中间验收环节少的项目，可扩大四级验收范围，完善现场的四级验收体系。施工单位未进行三级验收的，监理人员不进行四级验收。加强验收力度和工序交接控制，未经监理验收、检查认可，坚决不能进入下道工序施工。

3.6.6.6　监理指令文件的应用：对于现场一些违规行为，监理人员区别问题的严重程度，分别用监理口头通知、工程联系单、监理工程师通知单、质量/安全问题整改通知单、罚款单、停工令等监理指令及时通知并督促施工承包单位进行整改，并在整改完毕后进行复验，做到 100%闭环。

3.6.6.7 必要的经济手段：在所有制约手段中，最有效、直接的还是经济手段。对于施工承包单位不进行整改或以各种理由为名拖延整改的，监理人员可在月度工程款支付审核时，对不合要求的工程量不予计量，并建议工程公司对此不支付工程款，并在工程款支付对滞纳的罚款等予以扣除。对于给工程公司已造成损失的，严格执行索赔程序，要求施工单位给予补偿。

3.7 监理工作方法及措施

我们以邹电四期等工程总结的监理经验为依托，本着监督、管理、协调的监理原则，按照监理合同的要求，与工程公司一起协调个参建单位共同努力，为业主建设精品优质工程。

监理单位进驻现场后，根据国家计委建设［1997］352 号文件《国家计委关于基本建设大中型项目开工条件的规定》和国电建［1998］551 号《国家电力公司关于基本建设大中型项目开工条件的规定》及中国电力投资集团公司有关规定等的要求，与工程公司一起协调各参建单位共同完成施工准备阶段的各项管理工作，以保证本工程达到高标准开工条件。

3.7.1 项目监理工作支持系统与公司质量系统的关系

3.7.2 开工前准备阶段

3.7.2.1 相应工程施工开始前，按照监理规划的要求分专业编制监理实施细则。监理实施细则应符合监理规划的要求，并结合工程项目的专业特点，做到内容翔实、具有可操作性。监理实施细则将在工程公司组织专业人员审查的基础上，修正后由总监理工程师批准执行。监理实施细则在监理工作实施过程中，将根据实际情况进行补充、修改和完善。监理实施细则的主要内容包括：

3.7.2.1.1 工程项目的专业特点。

3.7.2.1.2 监理工作的流程。

3.7.2.1.3 监理工作的控制重点、难点及目标值，确定旁站监理的项目。

3.7.2.1.4 监理工作的方法及措施。

3.7.2.2 在实施监理过程中建立必要的监理服务程序。程序应包括表 3-7-1 的内容。

表 3-7-1　　监理服务程序

类别	程序名称	备注
一级监理服务程序	监理服务总程序	见附件
二级监理服务程序	施工、调试三个阶段的监理服务程序	
三级监理服务程序	“四控、两管、一协调”的监理服务程序	
四级监理服务程序	单位工程监理服务程序及各专用监理服务程序（如进度款支付、索赔管理、事故处理等）	
五级监理服务程序	各工序、工种、隐蔽工程等监理服务程序	

3.7.2.3 在工程施工招标过程中，配合工程公司审查施工招标文件，根据工程公司的要求，参加施工评标和合同谈判。

3.7.2.4 协助工程公司做好五通一平施工准备工作。协助工程公司组织编制整个工程的施工组织总设计，制定工程施工和施工管理总体策划。

3.7.2.5 协助工程公司完成有关设备、材料、图纸、外部条件以及工程进度、总平面管理等方面的协调工作。

3.7.2.6 工程项目开工前，由总监理工程师组织审查承包商报送的施工组织设计，提出监理意见；协助工程公司组织评审，并负责监督实施。

3.7.2.7 员工程项目开工前，由总监理工程师组织审查承包商现场项目管理机构的安全、质量保证体系，安全、质量管理体系，技术管理体系等。重点审核的主要内容应包括：

3.7.2.7.1 审查承包商的安全、质量保证体系，安全、质量管理体系，技术管理体系的现场组织机构是否建立、健全并能够持续运行且充分发挥其管理的功能。重点是决策层、管理层、执行层的职责和权限是否明确，管理跨度是否与需要管理协调的工作量、管理人员的能力和素质相匹配，部门划分是否满足既有分工又有配合的要求等。

3.7.2.7.2 审查施工单位专职管理人员和特种作业人员的结构、数量、资历是否满足工程需求等。

3.7.2.7.3 审查施工单位安全、质量管理制度，技术管理制度和其他管理制度等是否结合了现场实际、具有针对性。

3.7.2.8 分包工程开工前，由总监理工程师组织对承包商的分包工作进行审查。确认其分包范围、分包单位等符合有关规定后，由总监理工程师予以签认并报工程公司批准。分包单位资质审核的主要内容应包括：

3.7.2.8.1 分包单位有效的营业执照、企业资质等级证书、特殊行业施工许可证等。

3.7.2.8.2 分包单位的安全、质量年检证书。

3.7.2.8.3 分包单位的同类施工业绩。

3.7.2.8.4 拟分包工程的内容和范围。

3.7.2.8.5 专职管理人员和特种作业人员有效的资格证、上岗证等。

3.7.2.8.6 符合国家和集团公司有关规定的分包合同。

3.7.2.9 工程项目开工前，监理工程师对承包商报送的测量、放线控制成果及保护措施进行核算检查、现场复测、验收签证。重点检查的内容应包括：

3.7.2.9.1 检查承包商专职测量人员的岗位证书及测量设备检定证书。

3.7.2.9.2 检查控制桩是否与施工平面布置规划冲突，保护措施是否完善。

3.7.2.9.3 复核控制桩的校核成果以及平面控制网、高程控制网和临时水准点的测量成果等。

3.7.2.10 工程项目开工前，监理工程师审查承包商报送的工程开工报审表及相关资料，具备开工条件时，由总监理工程师审核，并报工程公司批准。开工的主要条件应包括：

3.7.2.10.1 施工许可证已获政府主管部门批准。

3.7.2.10.2 征地拆迁工作能满足工程进度的需要。

3.7.2.10.3 施工组织设计已报批。

3.7.2.10.4 现场“五通一平”基本完成。进场道路及水、电、通讯等已满足开工要求。

3.7.2.10.5 承包商现场管理人员已到位，机具、施工人员已进场。

3.7.2.10.6 主要工程材料已落实，主要施工生产线已形成生产能力。

3.7.2.10.7 开工阶段的施工图已经到达，后续图纸可满足连续施工的需要。

3.7.2.11 工程项目开工前，监理人员将参加由工程公司主持召开的第一次工地会议。向与会各方介绍驻现场的监理组织机构、人员及分工，并介绍监理规划主要内容、监理工作程序，对施工单位的施工准备工作提出意见及要求等。第一次工地会议纪要由项目监理机构负责起草，并经与会各方代表会签。

3.7.2.11.1 第一次工地会议的主要内容应包括：

（1）工程公司、监理单位和承包商分别介绍各自驻现场的组织机构、人员及其分工。

（2）工程公司根据委托监理合同宣布对总监理工程师的授权。

（3）工程公司介绍工程开工准备情况。

（4）承包商介绍施工准备情况。

（5）工程公司和总监理工程师对施工准备情况提出要求和意见。

（6）总监理工程师介绍监理规划的主要内容，并对施工单位进行监理工作交底。

（7)研究确定各方在施工过程中参加工地例会的主要人员，召开工地例会的周期、地点、时间及主要议题等。

3.7.2.11.2 监理工作交底的主要内容：

（1）建设单位对监理单位的授权

（2）监理单位现场的组织机构、人员及其分工。

（3）监理工作程序、监理工作制度。

（4）向施工单位提供监理程序用表，明确施工用表格式。

（5）监理工作纪律要求。

（6）明确例会制度、时间、地点、参加对象，以及请假、处罚制度。

（7）工序报验制度，明确停工条件及经济处罚制度。

3.7.3 设备物资的管理措施

3.7.3.1 设备物资的采购管理

3.7.3.1.1 按验收标准核查主要安装用材料、设备质量，提出有关验收问题的监理意见。

3.7.3.1.2 对检验发现的设备、材料缺陷及施工中发现或产生的缺陷提出处理意见报工程公司并协助处理。

3.7.3.1.3 协助工程公司完成有关设备、材料、图纸和其他外部条件以及工程进度、交叉施工等的协调工作(包括设备的催交)。

3.7.3.1.4 审核施工单位的物资需求计划，分析该计划是否与物资供应单位的供应计划相一致；施工单位编制的物资需求计划必须经过监理工程师审核，并得到认可后方可执行，审核的主要内容包括：

（1）供应计划是否能按工程项目进度计划的需要及时供应材料和设备。

（2）有关由于物资供应紧张或不足而易产生的施工拖延现象。

（3）施工单位的物资需求计划是否过于提前，物资的库存量是否安排合理。

（4）是否在时间上和数量上作出较合理的物资采购安排以及库存安排。

（5）是否产生对项目施工进度计划执行的不利影响。

3.7.3.1.5 掌握物资供应计划的实施情况

（1）掌握物资供应全过程的情况，从材料设备订货到达现场整个过程进行监测，制定设备供应滚动计划，进行风险分析，实现动态控制。

（2）对可能导致工程项目拖期的急需设备采取有效措施，促使及时运到施工现场。

（3）审查和签署物资供应单位的材料设备供应情况分析报告。

（4）协调各有关单位的关系，进行有关计划的修正。

3.7.3.1.6 设备、材料供货商和复检单位或性能考核单位的资质必须满足合同要求；所提供的设备、材料必须技术先进、成熟可靠；复检单位或性能考核单位试验仪器性能优良，数据可靠。

3.7.3.1.7 对到达现场设备、材料进行外观检查，依据相关规定进行检验；到达现场的设备及主要原材料必须符合国家标准和合同要求，满足供货合同所规定的参数、质量标准和技术条件。

3.7.3.2 设备物资的现场监理

3.7.3.2.1 参加包括三大主机、主要辅机、进口设备等主要设备以及工程公司认为必要的设备和材料的施工现场的验收、检查设备保管办法、对设备的保管提出监理意见。协助工程公司对装箱设备、物资以及随箱专用工具、备品备件进行清点、检查；检查施工现场建筑工程所用的原材料、构配件的质量，不合格的原材料与构配件不得在工程中使用。

3.7.3.2.2 检查材料的采购、保管、领用等管理制度并监督执行。核查施工单位用于工程的主要材料、物资是否按照规程、规范进行采购，对进场材料进行检验的原始性文件进行核查，对材料检验与试件采样设专人进行见证取样。设备必须得到监理工程师的认可后，方可在工程上使用。

3.7.3.2.3 核查现场的保管条件，督促施工单位建立物质储备库；按物质的保管要求划分出 A、B、C 类物质进行保管（即：A 类物质—对环境、温度、防尘有严格要求，室内保管物质。B 类物质—对防雨有要求的室内保管物质。C 类物质—属露天存放物质），对现场的保管条件提出监理意见。

3.7.4 施工阶段质量控制措施

质量控制主要以动态控制为主，动态控制是监理工程师开展监理活动时采用的基本方法，动态控制工作贯穿于工程项目的整个监理过程中。动态控制就是通过对过程、目标和活动的跟踪，全面、及时、准确地掌握工程信息，定期将实际目标值与计划目标值进行对比，如果发现或预测出实际目标偏离计划目标，就采取措施加以纠正，以达到计划目标。

监理将根据本工程的具体特点，本着“诚信、公正、科学、服务”的原则，采取“现场巡视、平行检查、核查文件、项目旁站”的监理方式，对“四控两管一协调”（质量控制、进度控制、投资控制、安全控制、信息管理、合同管理、工程协调）工作采用动态控制的管理方法，把“四控”工作分为事前控制、事中检查、事后把关三个阶段，制定明确的监理目标，采取必要的技术、经济、组织、合同措施，针对工程的特点，配备技术精湛人员充足监理队伍，加大现场巡视检查力度，加强过程控制，对重要部位和关键工序实施旁站监理，根据工程实际情况不定期召开质量分析会，及时分析总结施工过程中存在的质量问题。

3.7.4.1 质量控制的方法

本章其余内容见光盘。

第4章　上海漕泾电厂一期2×1000MW工程施工阶段监理实施细则

4.1　主厂房、集控楼基础监理实施细则

4.1.1　工程概况

4.1.1.1　电厂概况

4.1.1.2　厂址地质概况

4.1.1.3　主厂房概况

主厂房是全厂最主要的建筑，也是整个发电厂的心脏。主厂房分为汽机房、除氧煤仓间、锅炉房及集控楼，本监理实施细则的内容主要涉及汽机房、除氧煤仓间及集控楼的基础施工。汽机房及除氧煤仓间0～21轴217.4m，A～D排58m。汽机房、除氧间、煤仓间纵向柱距为10.000m，#1、#2机之间的插入柱距为1.400m的伸缩缝跨；汽机房设三层，除±0.000 m层及运转层17.000m外，还设有8.600m层夹层；除氧间跨度10.000m，高34.500m，共设四层，34.500m层的除氧器层；煤仓间跨度为14.000m，皮带层屋面标高51.500m，最高处为65.400m；集控楼位于#1锅炉和#2锅炉之间区域。基础底标高为-4.00m。集控楼基础共计24个独立基础，12个柱在主厂房煤仓间内，其中1/c～1/d轴交1/12轴、1/10轴6个短柱作用在主厂房C、D轴4个承台上。为增加基础整体刚度，独立基础用基础梁连接，基础上部共有32个短柱，短柱基础内预埋地脚螺栓。集控楼基础支撑在92根PHC-AB110直径ϕ600的预应力混凝土管桩上。

4.1.2　编制依据

4.1.2.1　工程监理合同；业主对监理工作授权委托书；工程施工承包合同；项目建设监理规划。

4.1.2.2　国家现行的法律、法规、政策、条例和工程建设的有关规定。

4.1.2.3　中国电力投资集团公司质量体系文件。

4.1.2.4　《电力建设施工及验收技术规范》。

4.1.2.5　《火电施工质量检验及评定标准》。

4.1.2.6　《建筑地基基础工程质量验收规范》。

4.1.2.7　《混凝土结构工程施工质量验收规范》。

4.1.2.8　《混凝土强度检验评定标准》。

4.1.2.9　《钢结构工程施工质量验收规范》。

4.1.2.10　《建筑施工手册》。

4.1.2.11　《电力建筑安全工作规程》。

4.1.2.12　《电力建设安全施工管理办法》。

4.1.2.13　《电力建设施工规定及考核办法》。

4.1.2.14　《国家建设强制性条文（电力建设部分）》。

4.1.2.15　业主提供的施工图纸、计算书及有关资料（包括设计说明、产品样本变更通知单）。

4.1.2.16　国家、地方和行业有关的工程安全文明施工规定。

4.1.2.17　国家、地方和行业有关工程建设监理规定办法。

4.1.2.18　主管部门办法的有关技术管理文件。

4.1.3　监理范围及目标

4.1.3.1　监理范围

按工程监理合同，建筑项目监理规划规定的监理范围，对主厂房及集控楼基础工程的施工及相关项目进行全过程施工监理工作。

4.1.3.2　监理目标

通过对主厂房及集控楼土建工程全过程的监理工作，使单位工程一次验收合格率100%；单位工程优良率90%以上；分部工程一次验收合格率100%；分项工程一次验收合格率≥95%。确保实现工程零缺陷移交、达标投产，建设集团公司百万级火电燃煤机组示范工程，确保上海市优质工程，争创“鲁班奖”。

4.1.3.2.1　质量目标

根据监理合同、设计图纸及验收技术规范的要求，通过监理实施，使主厂房及集控楼土建工程监理范围内的工程验收项目全部达到验收质量及检验评定标准，实现优质工程。

（1）单位工程合格率100%，优良品率＞85%。

（2）分部工程一次验收合格率100%。

（3）分项工程一次验收合格率≥95%。

（4）验收批高强螺栓检验一次合格率100%。

4.1.3.2.2　进度目标

确保工程按时开工，加强工程进度动态管理，审核主厂房及集控楼土建工程施工进度计划，及时纠正进度偏差，促进工程按计划均衡有序推进，100%的工程项目达到合同规定进度要求，在计划工期内完成本工主厂房及集控楼土建工程所有的项目，在保证主厂房及集控楼土建工程质量的前提下确保工期，满足工程的要求。

4.1.3.2.3　安健环管理目标

贯彻“安全第一、预防为主”的方针，和“一切事故都是可以避免”的安全文化理念，落实安全生产责任制，实施工程建设全过程、全方位的安全管理。

4.1.3.2.3.1　安全目标

（1）不发生一般及以上人身伤亡事故，轻伤事故频率≤3‰。

（2）杜绝人身死亡事故。

（3）杜绝恶性未遂事故。

（4）杜绝重大机械、设备损坏事故。

（5）杜绝火灾事故。

4.1.3.2.3.2　职业健康目标

（1）不发生职业病。

（2）不发生员工集体中毒事件。

（3）不发生大面积流行性疾病。

4.1.3.2.3.3　环保目标

在工程施工过程中，合理利用能源，对环境、生态的影响符合法律法规要求。

4.1.3.2.4　投资目标

根据投资控制的总体目标，认真做好主厂房及集控楼土建工程投资控制目标分解工作，实现本工程投资的静态控制、动态管理，将费用控制在主厂房、集控楼土建工程投资控制目标范围内。

4.1.3.2.5　合同管理目标

（1）监理单位的合同管理就是以合同条件为依据，在合同执行过程中站在第三方的立场上，公平、公正地维护合同各方的权益而进行的监督管理。以合同管理为中心，实现合同履约率100%，将合同索赔事项控制在最低水平。

（2）设置专门的合同管理机构和人员，负责本工程合同的管理工作，组织项目监理部参加主厂房、集控楼土建工程监理工作的监理人员学习和熟悉与本工程有关合同文件、合同条款，建立与现场实际相符的合同管理工作程序、制度，规范监理过程的合同管理工作，使合同管理工作有序、协调进行。

（3）负责将合同管理按照工期管理、质量管理、工程进度款审核、索赔和反索赔等进行有针对性的分解，协助筹建处、工程公司实施有效的合同监督、管理，重点是保证参建各方的各项工作严格按照合同的约定进行，切实加强分包管理。

4.1.3.2.6 信息管理目标

信息是工程建设的重要资源，是监理实施有效控制的基础，是协调各方关系的纽带，同时也是筹建处及工程公司决策的依据。管理科学，集中存储，保证信息资料的真实性、系统性、时效性，将信息完整地传递给使用单位和人员，使项目实现最优控制，为进行合理决策提供有力保障。

我们在本工程建设监理过程中全面采用 P3 管理软件及 PAP 系统，并配备足够的富有经验的 P3 管理软件及 PAP 系统管理监理人员与筹建处、工程公司一起建立、运行、维护 P3 管理软件及 PAP 系统。

4.1.3.2.7 工程组织协调目标

充分发挥工程建设监理协调权，以主厂房、集控楼土建工程的安全管理为中心、质量为保障，建设和谐工地文化，实现参建各方共赢目标；及时协调处理参建各方提出的制约工程建设的关键问题，落实各方责任，使参建各方保持良好的协作关系；加强施工界面管理，协调处理好各施工接口的工序关系，确保主厂房、集控土建工程施工顺利进展。

4.1.4 监理主要工作内容和职责

4.1.4.1 监理主要内容

4.1.4.1.1 了解承包合同条款内容，监督承包合同执行，维护项目法人及承包商的合法权益。

4.1.4.1.2 审核承包商质保体系和质保手册并监督实施。

4.1.4.1.3 审查承包方特种作业人员资质，检查特种作业人员上岗证。

4.1.4.1.4 审查承包商编制的三级网络计划、满足一、二级网络计划进度要求。

4.1.4.1.5 审查施工单位提出的主厂房及集控楼基础施工组织设计，并督促实施。

4.1.4.1.6 检查试验人员资质、试验仪器、计量器具，是否满足部门检测要求，并在有效期内。

4.1.4.1.7 复验及抽查施工材料的出厂合格证、材质单、材料复验单、砂石料的级配，钢筋规格、型号等是否符合规范及设计要求。

4.1.4.1.8 审查采用的原始资料是否正确，包括水文、气象、地质、地震的方面的资料，必要时抽查工艺资料和厂家资料。

4.1.4.1.9 参与审查设计方案、结构形式、材料的选用，是否符合电厂安全运行要求和国家及行业标准。

4.1.4.1.10 按工程施工准备、开工、施工、竣工、验收等阶段对工程施工质量实施全过程控制，使工程施工质量始终处于受控状态。

4.1.4.1.11 按施工验收的有关规定进行四级验收。在进行四级验收前，须经三级质量验收签证，并提供完整的施工技术记录等资料，提前一天向监理提交质量报验单，经验收合格及时签证。

4.1.4.1.12 督促施工单位全面贯彻质管体系以及技术管理制度等方面的建立，机构的设置、人员的配备及一、二、三级验收制度的健全和实施。严格执行《电力基本建设工程重点项目质量监督检查典型大纲》有关土建专业质量监督大纲和部颁发验评标准。

4.1.4.1.13 核查新材料、新工艺、新技术的应用及相关资料。

4.1.4.1.14 督促施工单位按国家和行业颁发的安全生产文明施工的有关规定认真执行。

4.1.4.1.15 审查分包单位的技术资质，以确保施工单位和队伍具有完成工程施工任务的能力并确保其具有足够的技术能力和管理水平。

4.1.4.1.16 对施工中使用的计量设备、仪器及管理制度和管理措施定期检查，随时抽查；未经检测的测量仪器和检测期已过的测量仪器禁止使用。

4.1.4.1.17 审查施工单位施工准备和相关情况，并签署开工申请报告，发布开工令。

4.1.4.1.18 认真执行隐蔽工程验收程序，现场见证查验后签署隐蔽工程签证单。

4.1.4.1.19 运用现场巡视、旁站、随机抽查等手段对主厂房及集控楼基础施工实施现场监理，发现不合格项及时签署“工程联系单”和“不符合项报告”限期整改、整改结束后提交“不符合项报告回复单”，经复验签署意见后关闭（重大整改项目应提交整改方案批复后实施）。

4.1.4.1.20 参加施工图会审，对图纸存在的问题，需要解决的技术问题，经与业主、承包方、设计监理、设计方，研究协商，拟订解决方法，对图纸会审纪要中的问题要求设计方限期答复。

4.1.4.1.21 投资控制：审定工作量，核查工作进度，为工程结算提供依据。

4.1.4.1.22 核查工程设计变更，提出监理意见，杜绝不合理变更发生。

4.1.4.1.23 参与重大技术方案的制定，协助业主及工程公司选择最佳方案以节省投资。

4.1.4.1.24 安全控制：负责主厂房及集控楼区域施工范围内的安全生产管理，按照监理部编制的“安全管理实施细则”进行安全控制。在审查施工方案和作业指导书同时，审查安全技术措施，经审定后，允许实施重大施工项目技术交底，专业监理工程师必须参加，并在技术交底签证单上签字；在施工现场有权制止“三违”责令违章人员改正，对技术性违章要发“整改通知单”，限期改正，并检查改正结果。

4.1.4.1.25 按规定的质量评定标准和评定办法对已完成的分项、分部、单位工程进行组织检查验收，审核施工单位提供的检验报告及有关资料；配合安装工作，督促检查施工单位整理本单位工程项目质量文件，建立档案。

4.1.4.1.26 做好信息管理工作，及时提供准确可靠的施工监理信息，为上级、工程公司、业主、施工方及时正确解决出现的问题，提供有效帮助。

4.1.4.1.27 在所辖的工程监理范围内做到凡事有据可查，为工程留下完整可靠的原始资料，并协助施工方和业主办理竣工资料移交。

4.1.4.1.28 认真填写监理日记，重大问题详细记录时间、地点、当事人和事情经过。

4.1.4.1.29 按时填报《监理月报》、《监理周报》，及时报告工程进度、质量检验存在的问题、监理业绩，并就监理工作和工程管理方面提出意见和建议。

4.1.4.1.30 围绕工程投资、质量、进度、安全方面出现的问题及时协调业主和各方面的关系，使之能相互配合，密切合作，明确责任，理顺关系，使本工程保质按期交工投产。

4.1.4.2　监理职责

4.1.4.2.1　监理工程师职责

4.1.4.2.1.1　在总监理工程师的统一领导下，负责本专业的监理工作。

4.1.4.2.1.2　协助总监理工程师根据项目工程建设监理合同的约定及有关规定，收集并整理好监理工作依据及参考性资料和文件，如工程建设承建合同、设备资料、设计图纸等，并进行必要的评审与确认工作。

4.1.4.2.1.3　认真学习研究项目工程建设监理合同（包括项目工程建设监理大纲）、工程建设承建合同等，明确各自监理工作分工和岗位职责，明确各自监理工作目标。

4.1.4.2.1.4　参加总监理工程师组织编写的工程项目监理规划。

4.1.4.2.1.5　根据批准的工程项目监理规划编写本专业监理实施细则，经总监理工程师批准后组织实施。

4.1.4.2.1.6　按照总监理工程师的要求复核承建单位资质，审查承建单位现场项目管理机构的质量管理体系、技术管理体系、质量保证体系和安全管理体系，审查分包单位的资质，提出监理意见。

4.1.4.2.1.7　协助总监理工程师审定承建单位提交的开工报告、施工组织设计、技术方案、进度计划等。组织审查承建单位提交的涉及本专业的开工条件、作业计划、技术方案、变更申请，并向总监理工程师提出报告。

4.1.4.2.1.8　组织或参加本专业施工图的技术交底与图纸会审工作。

4.1.4.2.1.9　核查涉及本专业的进场材料、设备、构配件的原始凭证、检验报告等质量证明文件及其质量情况，根据实际情况认为有必要时对进场材料、设备、构配件进行平行检验，合格时予以签认。

4.1.4.2.1.10　负责本专业分项工程验收及隐蔽工程验收。

4.1.4.2.1.11　定期或不定期向总监理工程师提交本专业监理工作实施情况报告，对重大问题及时向总监理工程师汇报和请示。

4.1.4.2.1.12　制定本专业的旁站监理项目，对重要项目和关键工序实施旁站监理，并根据本专业监理工作实施情况做好监理日记及旁站记录。

4.1.4.2.1.13　负责本专业监理资料的收集、汇总及整理，参与编写监理月报。

4.1.4.2.1.14　协助总监理工程师审核分部工程和单位工程的质量检验评定资料，审查承建单位的竣工申请及工程项目的竣工验收。

4.1.4.2.1.15　负责本专业的工程计量工作，审核工程计量的数据和原始凭证。

4.1.4.2.1.16　组织、指导、检查和监督本专业监理员的工作，当人员需要调整时，向总监理工程师提出建议。

4.1.4.2.1.17　做好监理日记和有关的监理记录。

4.1.4.2.1.18　完成总监理工程师交办的其他工作

4.1.4.2.2　监理工程师守则

4.1.4.2.2.1　监理工程师必须遵守国家法律、法规，维护国家和社会的公共利益，正确执行国家、行业、省及地方政府关于工程建设法规、规范、规程和标准。

4.1.4.2.2.2　严格履行与业主签订的监理合同，遵守合同条款，承担合同约定的义务和职责，行使合同赋予的权利，尽职尽责的完成监理合同约定的监理任务，公正、公平地维护各方的权利和利益。

4.1.4.2.2.3　不得参与和本监理项目有关的承包单位、设备制造单位、材料供应、试验检测等部门的经营活动，不接受以上单位或部门的宴请，不得在以上单位或部门任职和兼职。严禁收取各有关方的以各种名义提供的补贴、分成、额外津贴和奖金等。

4.1.4.2.2.4　不允许泄露与监理项目有关的各项经济技术指标和需要保密的事项，若发表涉及所监理项目有关的资料或论文时，应征得工程公司的同意。

4.1.4.2.2.5　自觉接受建设行政主管部门的监督和管理，严格按照建设监理程序工作，定期向有关部门和工程公司汇报所监理项目的工程动态；在监理工作中，因监理方过错造成的重大事故及损失，应由监理工程师本人承担一定的行政责任，并根据责任大小给予适当的经济处罚。

4.1.4.2.2.6　在处理各方争议时应坚持公平、公正的立场。

4.1.4.2.2.7　不允许以个人名义在任何报刊上登载承担监理业务的广告，不允许发表贬低同行、吹嘘自己的文字和讲话。

4.1.4.2.2.8　坚持科学的工作态度，对自己的建议、意见和判断负责，不唯工程公司和上级意图是从。当自己的建议、意见和判断被工程公司和上级否定时，应向其充分说明可能产生的后果。

4.1.5　监理工作措施和方法

4.1.5.1　监理工作措施

根据本专业的具体特点，本着“公正、公平、科学、服务”的原则，采取“现场巡视、核查文件、跟踪检查、现场旁站”的监理方式，对质量、进度、安全、投资文明施工采取动态管理方法，即把“四控”工作分为事前预控、事中检查、事后整改，三个阶段采取必要的技术、经济、合同措施，作为施工监理的保证，及时总结施工过程中存在的问题。

4.1.5.1.1　事前预控

4.1.5.1.1.1　主厂房及集控楼施工开工前审查开工报告、检查施工方案、材料、设备到货、机械、劳动力组织、承包商资质和人员情况，施工现场是否具备开工条件，相关图纸是否经过会审等，并对施工中可能出现的问题提出预防性措施，签署监理意见后，有项目总监签发开工报告，并报工程公司及业主。

4.1.5.1.1.2　编制主厂房及集控楼基础工程监理实施细则、明确监理工作程序、监理目标和旁站计划，确定W点、H点和S点。

4.1.5.1.1.3　检查施工中所用的主要材料、加工件是否符合要求，并具备完整的合格证和技术文件，经复验监理检查确认后才能使用。

4.1.5.1.1.4　审查冬雨季施工措施，并提出监理意见。

4.1.5.1.1.5　审查防台、防汛紧急预案，并提出监理意见

4.1.5.1.1.6　建立施工图会审，施工技术措施审查和施工技术措施交底签证制度，参与图纸会审提出监理意见。协助解决施工图中存在的技术问题，检查、督促、协调设计图纸交付进度，满足工程总体进度要求。检查施工方是否使用有效图纸。

4.1.5.1.2　事中检查

4.1.5.1.2.1　项目开工后，按监理巡视制度，深入现场巡视检查及时解决施工中存在的问题。

4.1.5.1.2.2　参与重要项目施工方案和措施的制定并监督实施。

4.1.5.1.2.3　审核承包方质量计划，对重要项目、关键部位和工序，进行跟踪检查和旁站监理，发现问题及时解决。

4.1.5.1.2.4　在施工现场，重点检查施工人员是否按规范、标准、图纸、作业指导书和施工工艺进行施工。

4.1.5.1.2.5　审查重要项目措施，参与试验前的检查验收、监督试验进行，确认试验结果。

4.1.5.1.2.6　检查施工过程中的重要原始记录和自检记录。

4.1.5.1.2.7 检查设计变更落实情况。

4.1.5.1.2.8 现场巡视过程中发现危及设备和人身安全情况时，应发“整改通知单”，必要时发“停工通知单”，并上报建设方，杜绝重大设备损坏，人身伤亡事故。

4.1.5.1.2.9 监督施工方认真做好内部三级质量验收，未经三级验收合格，无自检记录或记录不全，不予验收。

4.1.5.1.2.10 经检查实际进度与计划进度有差异时，及时分析原因，制定对策。

4.1.5.1.3 事后把关

4.1.5.1.3.1 对施工完的分项或隐蔽工程及时按验收规范和质量验评标准进行验收。

4.1.5.1.3.2 配合质量检查部门做好工程质量质量的监督检查。

4.1.5.1.3.3 审查施工方提出的月度工程量，签署确认意见。

4.1.5.1.3.4 制定工程质量事故处理程序，对施工中出现的重大质量问题按程序处理，参与一般事故的分析和处理、审查事故处理措施，提出监理意见，并监督实施，对处理后的质量进行检查评定。

4.1.5.1.3.5 严格审查并签署施工技术资料。

4.1.5.2 监理工作方法

4.1.5.2.1 根据主厂房及集控楼基础工程的具体特点采取“现场巡视（即：监理人员每天除正常的验收工作外，每天至少到自己分管的施工点巡视一到两次。在巡视检查中，应重点检查以下几方面：

4.1.5.2.1.1 作业施工人员是否按规范标准、图纸、工艺等施工。

4.1.5.2.1.2 主厂房地下结构、地下设施布置复杂，施工时是否遵循先深后浅，先地下后地上的原则。特别是大型动力设备基础等施工，是否按施工方案的措施进行。

4.1.5.2.1.3 施工的原材料、预制件、加工件、外购件等是否与图纸和技术合同的要求相符。巡视过程中发现以上情况不符合要求时，监理工程师先口头说服制止，令其改正。否则，签发整改通知单或停工令。监理人员现场巡视和旁站监理结束后，要及时将所发现的情况记入监理日志、旁站记录，重要问题还应及时向专业组长或总监汇报。）”“核查文件（即：在进行下一道工序施工之前，施工单位首先进行三级验收，验收合格后，上报工程质量报验单，经监理工程师签证验收合格后方可进行下一道工序的施工。监理工程师要严格遵守签证验收的制度，对施工单位的上报的文件要认真核查，审批。）”“跟踪检查（即：监理人员经常深入现场，全面检查施工质量状况，发现施工过程中出现质量问题要及时给予建议与意见，掌握“人、机、料、法、环”动态，对关键施工工序进行跟踪。）” “现场旁站（即：监理工程师要对施工过程中的关键程序及部位进行旁站监理）”监理，对工程采取动态控制。

4.1.5.2.2 对施工全过程实行“四控”“两管”“一协调”的管理方法。即：工程质量控制、施工进度控制、建设投资控制、施工安全控制；工程信息管理、施工合同管理；对所辖工程进行协调。

4.1.5.2.3 确定“W、H、S”点。重点部位见证点签字证实；停工待检点经验收合格签字后方可进入下道工序；旁站点对重要程序及关键部位进行旁站监理。

4.1.6 监理工作流程

4.1.6.1 监理工作程序控制措施

主要监理工作程序见表 4-1-1。

表 4-1-1　　主要监理工作程序

序号	监理工程师职责	监理工作程序
1	组织（或参加）施工图会审、参与施工图交底	《施工图交底程序》《施工图会审程序》
2	主持分项、分部工程、关键工序和隐蔽工程的质量检查和验收，停工待检点必须经监理工程师签字才能进入下一道工序	《质量验收及评定程序》《工程整改程序》《见证取样检验程序》《不合格品监理控制程序》《工程控制网测量报验程序》《工程质量事故处理程序》
3	审查承包商选择的试验单位和资质并认可	《分包单位资质审查程序》《材料及构（配）件供货商资质审查程序》
4	主持审查承包商提交的施工组织设计、施工技术方案、施工质量保证措施、安全文明施工措施。	《施工组织设计（含专业施工组织设计）审查程序》《施工措施/重大施工技术方案审查程序》
5	根据项目法人制定的里程碑计划编制一级网络计划，核查承包商编制的二级网络计划，并组织协调实施	《年、季、月工程施工计划审核程序》《季度劳动力计划审核程序》《物资需求计划审核程序》
6	审批承包商单位工程、分部工程开工申请报告	《工程开工/复工审查程序》
7	审查承包商质保体系和质保手册并监督实施	《承包单位质量体系审查程序》
8	检查现场施工人员中特殊工种持证上岗情况，并监督实施	《施工计量器具和检测仪表审查程序》《焊接人员资质审查程序》
9	负责审查承包商编制的“施工质量检验项目划分表”并督促实施	《施工质量检验项目划分审查程序》
10	检查施工现场原材料、构件的入库、保管、领用等管理制度及其执行情况	《主要工程材料跟踪管理审查程序》《工程材料/构配件检验程序》
11	参加设备的现场开箱检查，检查设备保管办法，并监督实施	《设备开箱检验程序》《设备、材料保管及领用审查程序》《设备缺陷见证程序》
12	遇到威胁安全的重大问题时，有权提“暂停施工”的通知，并通报项目法人，协助项目法人制定施工现场安全文明施工管理目标规划及措施，并监督实施	《工程停工及复工程序》
13	审查承包商工程结算书，工程进度付款必须有监理工程师签字	《年度投资（工作量）计划审核程序》《月度投资实际完成统计报表审核程序》
14	监督施工合同的履行，维护项目法人和承包商的正当权益	《费用索赔处理程序》
15	审核确认设计变更和变更设计	《工程变更审查程序》
16	主持工程协调会，负责其他标段与本标段接口的协调工作	《现场协调会工作程序》《专题工地会议程序》
17	工作联系	《工程联系单收发程序》《监理口头处理程序》

4.1.6.2　主要监理工作流程图

4.1.6.2.1　施工组织设计、主要方案审查与执行监督程序

施工组织设计、主要方案审查与执行监督程序如图 4-1-1 所示。

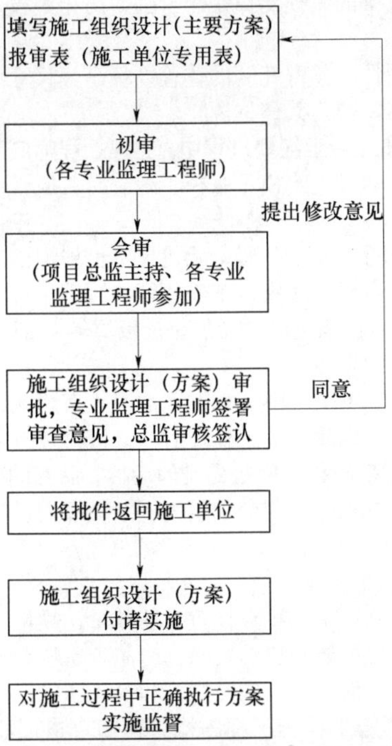

图 4-1-1　施工组织设计、主要方案审查与执行监督程序

4.1.6.2.2　对承包商三个管理体系建立与运行监督程序

对承包商三个管理体系建立与运行监督程序如图 4-1-2 所示。

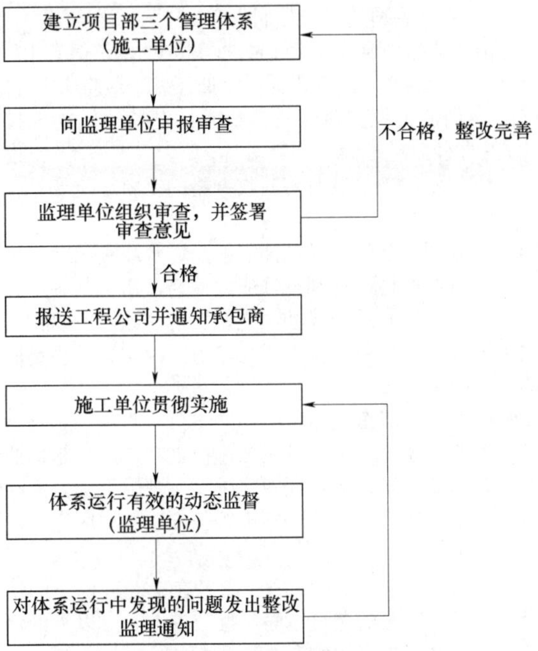

图 4-1-2　对承包商三个管理体系建立与运行监督程序

4.1.6.2.3　原材料进场检验与监督程序

原材料进场检验与监督程序如图 4-1-3 所示。

4.1.6.2.4　工序（检验批）质量检查验收程序

工序质量检查验收程序如图 4-1-4 所示。

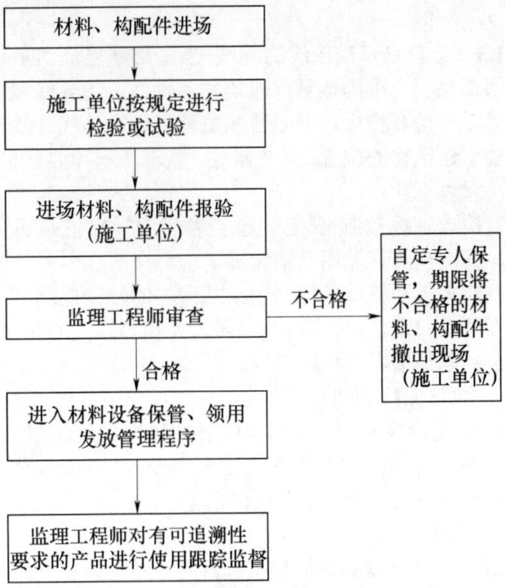

图 4-1-3　原材料进场检验与监督程序

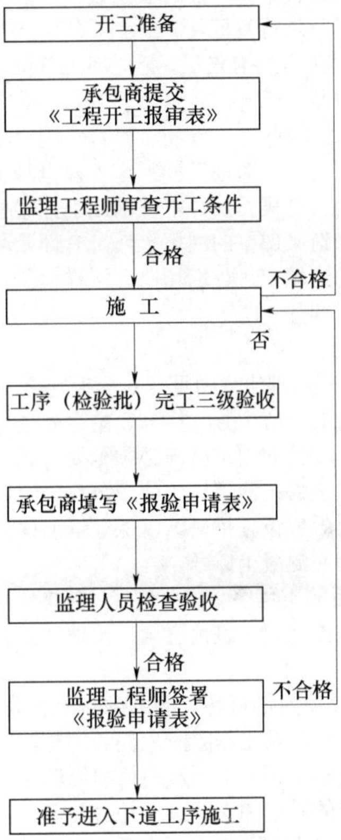

图 4-1-4　工序质量检查验收程序

4.1.7　质量管理及控制

4.1.7.1　基础工程质量控制

4.1.7.1.1　全场定位放线监理质量控制

4.1.7.1.1.1　首先审查承包单位提供的场地方格网测设方案，然后，在承包单位控制网测定、自检合格后，报请复核测量定位方格网及各方格点高程资料。

4.1.7.1.1.2　建筑物定位放线的验线　在承包单位根据建筑物各轴线桩或控制桩，按基础图撒好基槽灰线，自检合格后，报请监理工程师验线。验线时，监理工程师首先检查定位依据的正确性和定位条件的几何尺寸，再检查建筑物控制网及各轴线间距，最后要检查各轴线，特别是主轴线的控制桩位是否准确和

稳定。

4.1.7.1.1.3 建筑物基础放线的验线 当基础垫层浇筑后，承包单位必须在垫层上准确地测定建筑物各轴线、边界线墙宽线和桩位线等。自检合格后，书面通知监理工程师验线。基础放线是具体确定建筑物的位置，至关重要，监理工程师要严格把关。主要应注意以下几点：

（1）检查轴线控制网 首先检查各轴线控制桩是否被碰动或位移，其次检查有无用错轴线桩。

（2）四大脚和轴线的检测根据基槽边的轴线控制桩，用经纬仪检查基础的定位，再实地检测四大脚和各轴线的相对位置，防止整个基础基槽内在移动错位。

（3）检查垫层顶面的标高。

（4）基础验线的允许偏差为：长度 $L<30\text{m}$，允许偏差±5mm；$30\text{m}<L<60\text{m}$，允许偏差±10mm；$60\text{m}<L<90\text{m}$，允许偏差±15mm；$90\text{m}<L$，允许偏差±20mm。

4.1.7.1.2 基坑工程

4.1.7.1.2.1 基坑开挖后，监理工程师重点检查基槽内的浮土、积水、淤泥、杂物是否清除干净，地基土质是否符合设计要求。当基坑开挖至设计标高时，及时会同设计、勘测方进行地基验槽，并对验槽质量进行签证。

4.1.7.1.2.2 地基经验槽合格后，督促施工单位及时浇筑混凝土垫层，以保护地基。

4.1.7.1.3 回填土工程

回填土工程施工，监理工程师重点检查舖土厚度和碾压遍数，落实其是否符合规范及经审核的施工方案要求，抽查干密度检测报告。当对某部位的回填土质量有怀疑时，应要求施工单位对该部位的回填土进行现场监证取样检测，并及时将检测结果报送监理工程师。

4.1.7.1.4 模板工程

模板工程中，监理工程师重点对模板定位及刚度、预留孔、预埋螺栓及套管的中心位置、标高、垂直度进行检查；孔洞模板、预埋螺栓及套管的固定措施必须稳妥可靠，严防在混凝土浇灌过程中发生位移；侧摸封闭前应重点检查施工缝清理是否满足要求；模板中应设置垫块，以保证钢筋保护层要求，垫块强度不应低于相应混凝土标号。

4.1.7.1.4.1 模板施工程序 模板选择（包括平整钢模板）→模板涂隔离剂→支撑地面平整预留洞、预埋件安装→处理板缝和支撑加固→拆模。

4.1.7.1.4.2 模板质量的好坏，直接影响到混凝土成型后的质量。监理工程师对此项工程的监理任务，是根据主体工程的结构体系、荷载大小、合同工期及模板的周转等情况，综合考虑承包单位所选择的模板和支撑系统是否合理，提出审核意见。

4.1.7.1.4.3 监理工程师要督促承包单位向工人进行技术交底，并把有关质量标准，交代给工人，以便于他们自检与互检。必要时，监理工程师可以参加交底会，适时地给予指导。

4.1.7.1.4.4 在施工中的监理内容如下：

（1）认真检查柱模卡箍间距是否适当，是否扣紧，如若炸模会造成断面尺寸鼓出，漏浆混凝土不密实或蜂窝麻面。

（2）为防止柱身偏位或扭曲，指导承包单位在支柱模前，应先在底部弹出中线，将柱子位置兜方找中，校正钢筋位置；在柱底部焊外包框；柱子的支撑应牢固。

（3）检查墙模板的对拉螺栓间距、横箍间距要适当，阴角及阳角处横箍应交圈，不得松扣。

（4）对墙与柱封模前，必须彻底清理底部的杂物，模板下口的缝隙必须堵实。

（5）认真检查模板开门子洞的情况。如一次支模过高、浇捣困难的，有大的预留孔洞、洞口下难以浇捣，有暗梁或梁穿过、钢筋密集、下部不易浇捣等，都要开门子洞。

（6）检查梁、板底模是否按规范要求来起拱。

（7）检查梁的侧模支撑是否牢固，防止跑模、胀膜，造成漏浆。

（8）预埋件、预留孔洞的位置、标高、尺寸应复核；预埋件固定应可靠，防止其移位。

4.1.7.1.4.5 在混凝土浇捣过程中，监理工程师应督促承包单位派专人检查，如发现跑模、胀模、漏浆时，应及时采取补救的措施。

4.1.7.1.4.6 对于侧模的拆除，承包单位可根据混凝土强度增长情况来决定。而对于底模，则需要征得监理工程师同意后，才可以拆除，以防止承包单位为加速模板周转，而过早拆除底模，造成质量事故的发生。

4.1.7.1.4.7 在拆模过程中，如发现混凝土有影响结构安全质量问题时，应暂停拆除。经过处理后，方可继续拆除。

4.1.7.1.4.8 拆模的程序应是先支的后拆，后支的先拆，先拆除侧模部分，后拆除底模部分。重大复杂模板的拆除，事前应制定拆模方案。

4.1.7.1.5 钢筋工程施工

钢筋工程施工中，重点检查钢筋数量、规格、间距是否符合图纸或设计变更通知单的要求。对施工单位容易忽略的钢筋接头部位、接头形式等应依照规范和设计图纸仔细检查。

4.1.7.1.5.1 钢筋工程施工程序检验钢筋合格证和试验报告→合理堆放钢筋并按不同型号挂牌→除锈→钢筋下料成型→检查脚手架→检查焊工有关证件→现场绑扎、安装和焊接→验收。

4.1.7.1.5.2 钢筋工程是钢筋混凝土结构的筋骨。监理工程师的任务，就是监督承包单位用于所建工程的钢筋，从材料质量、钢筋加工到绑扎均要符合设计图纸和施工规范的要求。

4.1.7.1.5.3 钢筋备料的质量控制内容如下：

（1）钢筋的品种要符合设计要求，进场的钢筋应有出厂质量证明书或试验报告单，钢筋表面或每捆（盘）钢筋均应有标志。

（2）钢筋的性能要符合规范要求。进场的钢筋应按炉罐（批）号及直径分批检验。

（3）督促承包单位及时将验收合格的钢材运进场地，堆放整齐，挂上标签。

（4）热处理钢筋的抗腐蚀性能差，遇水或潮湿就易生锈，各类钢筋均有此特性。特别是预应力钢筋，由于其强度高、塑性低，遇湿或腐蚀介质的侵蚀，更易发生锈蚀。所以钢筋应堆放在地势较高并有遮盖的棚内或仓库内，距腐蚀介质场所要有一定的安全距离。

4.1.7.1.5.4 钢筋的除锈与调查：

（1）钢筋除锈工作可通过三个途径来完成，一是钢筋通过冷拉或用钢筋调直机调直过程中除锈；二是用手工方法除锈；三是用喷砂或酸洗方法除锈。不论哪种方法，均应避免损伤钢筋截面。

（2）钢筋在下料前必须调直，直径在 12mm 以下的钢筋一般要经过放盘、冷拉的调直工序。直径在 12mm 以上的钢筋，可通过平锤与人工平直的结合办法调直。

4.1.7.1.5.5 钢筋的下料、加工，应要求承包单位的技术人员根据图纸及规范进行。为避免返工，监理工程师应深入钢筋加工场地，对成型的钢筋进行检查，发现问题后及时通知承包单位改正。

4.1.7.1.5.6 钢筋的焊接，监理工程师首先检查焊工的各种证件（包括特种工作施工证、焊工考试合格证），在正式焊接前，必须监督焊工根据现场施工条件进行试焊，检验合格后才准上岗。钢筋焊接接头应符合规格要求，并根据《钢筋焊接接头试验方法标准》（JGJ/T 27—2001）的有关规定，抽取焊接接头试样进行检验。

4.1.7.1.5.7　钢筋绑扎过程中，监理工程师应到现场巡视，发现问题应及时指出，令其纠正。钢筋绑扎完毕，承包单位自检合格后填报钢筋工程隐蔽验收单。

4.1.7.1.5.8　监理工程师验收时，应对照结构施工图，检查所绑扎钢筋的规格、数量、间距、长度、锚固长度、接头设置等，是否符合设计要求。此外，还应着重检查如下构造措施：

（1）框架节点箍筋加密区的箍筋及梁上有集中载荷作用处的附加吊筋或箍筋，不得漏放。

（2）具有双层配筋的厚板和墙板，应要求设置撑筋和拉钩。

（3）控制钢筋保护层的垫块强度、厚度、位置应符合规范要求。

（4）预埋件、预留孔沿的位置应正确，固定可靠，孔洞周边钢筋加固，应符合设计要求。

4.1.7.1.5.9　钢筋不得任意代用，若要代用，必须经设计部门同意，出变更手续，监理工程师据此验收钢筋。钢筋检验标准见表 4-1-2。

表 4-1-2　　**钢筋检验标准**

主要项目	质量标准	检验及认可		
		检验频率	检验方法	认可程序
热轧钢筋	《钢筋混凝土用钢筋》（GB1499）	同一炉号，重量不大于 60t，作为一批，任选二根	（1）外观检查： 用卡尺量 （2）力学性能： 每根取二个试样分别进行拉力和冷弯试验，如有一项结果不符合标准规定的数值，则另取双倍数量的试样重做	监理工程师到现场监督取样，并根据试验结果批准钢材进场或拒收这批钢材
冷拉钢筋	《冷拉钢筋》（GBJ204）	同级别、同直径，重量不大于 20t 作为一批。每批任选二根	（1）外观检查： 用卡尺量 （2）力学性能： 每根取二个试样分别进行拉力和冷弯试验，如有一项结果不合格，则另取双倍试件重做	
冷拔低碳钢丝	《冷拔低碳钢丝》（GBJ204）	甲级：逐盘检查，从每盘任一端取二个试样做拉力和反复弯曲试验。 乙级：同直径 5t 为一批，从中选取 3 盘，每盘取 2 根试样，分别做拉力和反复弯曲试验	（1）外观检查： 用卡尺量 （2）力学性能： 在试验机上做拉力和冷弯试验	
钢筋的品种、质量	钢筋的品种和质量必须符合设计要求和有关标准的规定	—	检查出厂质量证明书和试验报告	
冷拉冷拔钢筋的机械性能	冷拉冷拔钢筋的力学性能必须符合设计要求和施工规范的规定	—	检查出厂质量证明书、试验报告和冷拉记录	
钢筋外表	钢筋的表面应保护清洁，带有颗粒状或片状老锈经除锈后仍留有麻点的钢筋严禁按原规格使用	—	观察检查	
钢筋加工	钢筋的规格、形状、尺寸、数量、锚固长度和接头位置必须符合设计要求和施工规范规定	—	观察和尺量检查	
焊条、焊剂	焊条、焊剂的牌号、性能以及接头中使用的钢板或型钢均须符合设计要求和有关标准的规定	—	检查出厂质量证明书和试验报告	
焊接接头、焊接制品	钢筋焊接接头、焊接制品的力学性能试验结果必须符合钢筋焊接及验收的专门规定	—	检查焊接试件试验报告	
钢筋绑扎	缺扣、松扣的数量不超过应绑扣数的 20%，且不应集中	按梁，柱和独立基础的件数各抽查 10%，但均不应少于 3 件；带形基础、圈梁每 30～50m 抽查 1 处（每处 3～5m），但均不应少于 3 处，墙和板按有代表性的自然间抽查 10%（礼堂、厂房等大间可以按轴线划分间），墙每 3m 左右高为一个检查层，每面 1 处，板每间为 1 处，但均不应少于 3 处	观察和手板检查	承包单位自检合格后，监理工程师检查，签字认可
钢筋弯钩、接头	搭接长度均不小于规定值的 95%		观察和尺量检查	
用 I 级钢筋或冷拔低碳钢丝制作的箍筋弯钩、接头	数量符合设计要求，弯钩角度和平直长度基本符合施工规范规定			
钢筋网和骨架焊接	骨架无漏焊、开焊。钢筋网片漏焊、开焊不超过焊点数的 4%，且不应集中；板伸入支座范围内的焊点无漏焊、开焊		观察和手板检查	

续表

主要项目	质量标准	检验及认可		
		检验频率	检验方法	认可程序
点焊焊点	无裂纹、多孔性缺陷及明显示烧伤。焊点压入深度符合钢筋焊接及验收的专门规定	点焊网片、骨架按同一类型制品抽查5%，梁、柱桁架等重要制品抽查10%，但均不应少于3件；对焊接头抽查0%，但不少于10个接头；电弧焊、电渣压力焊接头应逐个检查；埋弧压力焊接头抽查10%，但不少于5件	用小锤、放大镜钢板尺和焊缝量规检查	承包单位自检合格后，由监理工程师检查，并签字认可
对焊接头	接头处弯折不大于4°；钢筋轴线位移不大于$0.1d_0$且不大于2mm。无横向裂纹。Ⅰ、Ⅱ、Ⅲ级钢筋无明显示烧伤；Ⅳ级钢筋无烧伤。低温对焊时，Ⅱ、Ⅲ级钢筋均无烧伤			
电弧焊接头	绑条沿接头中心线的纵向位移不大于$0.5d_0$，接头处弯折不大于4°；钢筋轴线位移不大于$0.1d_0$，且不大于3mm；焊缝厚度不小于$0.05d_0$，宽度不小于$0.1d_0$，长度不小于$0.5d_0$。无较大的凹陷、焊瘤。接头处无裂缝。咬边深度不大于0.5mm（低温焊接咬边深度不大于0.2mm）。帮条焊、搭接焊在长度$2d_0$的焊缝表面上；坡口焊、熔槽帮条焊在全部焊缝上气孔及夹渣均不多于2处，且每处面积不大于6mm²，预埋件和钢筋焊接处，直径大于1.5mm的气孔或夹渣，每件不超过3个			
电渣压力焊接头	接头处弯折不大于4°；钢筋轴线位移不大于$0.1d_0$，且不大于2mm。无裂纹及明焊烧伤	点焊网片、滑架按同一类型制品抽查5%，梁、柱、桁架等重要制品抽查10%，但均不应少于3件；对焊接头抽查10%，但不少于10个接头；电弧焊、电渣压力焊接头应逐个检查；埋弧压力焊接头抽查10%，但不少于5件	用小锤、放大镜、钢板尺和焊缝量规检查	承包单位自检合格后，由监理工程师检查，并签字认可
埋弧压力焊接头	钢筋无明显烧伤。咬边深度不超过0.5mm。钢板无焊穿、凹陷			

各部件允许偏差与检验方法见表4-1-3。

表4-1-3　各部件允许偏差与检验方法

主要项目		允许偏差/mm	检验及认可		
			检验频率	检验方法	认可程序
网的长度、宽度		±10	按梁、柱和独立基础的件数各抽查10%，但均不应少于3件；带形基础、圈梁每30～50m抽查1处（每处3～5m），但均不应少于3处，墙和板按有代表性的自然间抽查10%（礼堂、厂房等大间可以按轴线划分间），墙第4m左右高为一个检查层，每面1处，板每间为1处，但均不应少于3处	尺量检查	承包单位自检合格后，由监理工程师检查，并签字认可
网眼尺寸		±20		尺量连续三档取其最大值	
骨架的宽度、高度		±5		尺量检查	
骨架的长度		±10		尺量两端中间各一点取其最大值	
受力钢筋	间距	±10			
	排距	±5			
箍筋、构造筋间距		±20	按梁、柱和独立基础的件数各抽查10%，但均不应少于3件；带形基础、圈梁每30～50m抽查1处（每处3～5m），但均不应少于3处，墙和板按有代表性的自然间抽查10%（礼堂、厂房等大间可以按轴线划分间），墙第4m左右高为一个检查层，每面1处，板每间为1处，但均不应少于3处	尺量连续三档取其最大值	承包单位自检合格后，由监理工程师检查，并签字认可
钢筋弯起点位移		20		尺量检查	
焊接预埋件	中心线位移	5			
	水平高差	+3 −0			
焊接预埋件	基础	±10			
	梁、柱	±5			
受力钢筋保护	墙板	±3			

4.1.7.1.6 混凝土工程

4.1.7.1.6.1 混凝土工程施工程序 搅拌、运输设备进场、安装→材料进场→搅拌混凝土→运输（水平运输和垂直运输）→浇筑→振捣成型→养护。

4.1.7.1.6.2 混凝土是以胶凝材料、水、粗细骨料，有时掺入化学外加剂和矿物质混合材料，按适当比例配合，经过均匀拌制、密实成型及养护硬化而成的人工石材。监理工程师的任务是督促承包单位按照设计要求和施工规范规定的条件，认真组织混凝土的施工，确保混凝土工程的质量。

4.1.7.1.6.3 混凝土工程施工前的监理：

（1）首先要熟悉建筑总平面图和土建施工图，根据工程的特点和现场的条件，审查施工组织设计有关混凝土工程所采取的措施是否合理。

（2）如在施工现场拌制混凝土，应对混凝土搅拌站、水泥库、砂石堆场的布置要全面考虑，砂石堆场应分隔，不能混杂，并有一定的储备量，能保证混凝土的连续生产。

（3）若使用商品混凝土应选择运距不太远、有生产许可证的商品混凝土站，根据施工要求，提出在卸车地点的混凝土质量要求。

（4）认真对混凝土生产设备及施工机具进行检查：搅拌机的配备应能满足混凝土浇筑时的需要，且应有备用搅拌机；搅拌机的加水系统应准确可靠；混凝土的水平运输工具和垂直运输机械应满足混凝土浇筑数量的要求，运行可靠；振动器（棒）性能可靠。

（5）有关水泥、砂浆、外加剂、石、混凝土配合比及拌制的质量标准、检验方法、认可程序均必须按混凝土施工操作规范执行。散装水泥要按品种分仓储存、袋装水泥要存放在离地面子 300mm 以上的木板上，按品种分批存放，入库、出库均要有详细记录。

（6）监理工程师在钢筋工程、模板工程、水电暖通专业以及混凝土浇筑准备验收认可后，方可同意承包单位开机搅拌、浇筑混凝土。重要工程在混凝土开机前应签署砼浇筑申报单。

4.1.7.1.6.4 混凝土施工过程中的质量监理及检验方法：

（1）监理工程师对拌制的混凝土不定期地抽查，检查原材料称量及加水量控制是否准确，检查加料顺序及搅拌时间是否符合要求。

（2）混凝土从搅拌机中卸出到浇筑完毕的延续时间，不得超过规范的规定。

（3）检查用搅拌输送车的商品混凝土，是否在运输过程中受时间和温度因素影响。

（4）检查混凝土的浇筑、接槎、振捣是否按照混凝土施工操作规程施工。

（5）检查施工缝的留置位置是否合适，已浇筑的混凝土抗压强度是否已达到标准，并仔细检查施工缝外凿毛、清理、接浆情况。

（6）监理工程师要督促承包单位高度重视对混凝土的养护，派专人从事这项工作。

（7）混凝土质量的检查和缺陷的修整。拆模后的混凝土结构，要检查其偏差是否超过规范要求。并根据试块强度，判定浇筑混凝土是否达到设计要求的强度。当发现混凝土结构存在蜂窝、麻面、露筋甚至孔洞时，承包单位不得自行修整，而要做好记录，报请监理工程师检查，然后根据具体情况区别对待，进行修整，对于影响结构性能的大缺陷，必须会同设计部门共同研究处理。

4.1.7.1.7 钢结构

4.1.7.1.7.1 钢结构焊接工程

（1）监理工程师督促承包单位，保证以下项目符合设计要求及施工规范的规定。

1）认真观察检查焊条、焊剂、焊丝和施焊用的保护气体等，必须符合设计要求和钢结构焊接的专门规定。

2）认真检查和考核已取得相应施焊条件合格证的焊工的实际操作水平。

3）承受拉力或压力，且要求与母材等强度的焊缝必须经超声波、X 射线探伤检验，其结果必须符合设计要求，施工规范和钢结构焊接的专门规定。

4）焊缝表面严禁有裂纹，夹渣、焊瘤、烧穿、弧坑、针状气孔和熔合性飞溅等缺陷，气孔、咬边必须符合施工规范规定。检验方法：观察和用焊缝量规及钢尺检查，必要时采用渗透探伤检查。

（2）焊缝外观质量的规定：焊波较均匀，明显处的焊渣和飞溅物清除干净等为合格；焊波均匀，焊渣和飞溅物清除干净等为优良。检查数量：按焊缝数量抽查 5%，每条焊缝检查 1 处，但不少于 5 处。

（3）焊缝尺寸的允许偏差和检验方法见表 4-1-4。

表 4-1-4 焊缝尺寸的允许偏差和检验方法

顺序	主要项目			允许偏差/mm			检验方法
				一级	二级	三级	
1	对接焊接	焊缝余高/mm	$b<20$	0.5～2	0.5～2.5	0.5～3.5	用焊缝量规检查
			$b\geqslant 20$	0.5～3	0.5～3.5	0.5～4	
		焊缝错边		<0.10 且不大于 2	<0.10 且不大于 2	<0.10 且不大于 3	
2	贴角焊缝	焊缝余高/mm	$K\leqslant 6$	0～+1.5			用焊缝量规检查
			$K>6$	0～+3			
		焊角宽度/mm	$K\leqslant 6$	0～+1.5			
			$K>6$	0～+3			
3	T 形接头要求焊透的 K 型焊缝/mm		$K=1/2\delta$	0～+1.5			用焊缝量规检查

4.1.7.1.7.2 钢结构螺栓连接工程

（1）高强螺栓必须经试验确定扭矩系数或复验螺栓预拉力。

（2）高强度螺栓连接，必须对构件摩擦面进行加工处理，处理后的摩擦系数应符合设计要求。

（3）处理好摩擦面的构件，应有保护摩擦面的措施，并不得刷油漆或污损。

（4）高强度螺栓板面接触应平整。

（5）采用高强螺栓连接时，安装前应逐组复验试件的摩擦系数，合格后才可安装。

（6）安装高强螺栓时，构件的摩擦面应保持干燥。

（7）高强螺栓应顺畅穿入孔内，不得强行敲打。穿入方向宜一致，便于操作，并不得作临时安装螺栓用。

（8）安装高强螺栓须分两次拧紧，每组螺栓的拧紧顺序应从节点中心向边缘拖拧，其外露丝扣不得少于 2 扣。

（9）永久性的普通螺栓连接应符合：

1）每个螺栓连接时不得垫 2 个以上的垫圈，或用大螺母代替垫圈，螺栓拧紧后，外露丝拉应不少于 2～3 扣并应防止螺栓松动。

2）任何安装孔均不得随意用气割扩孔。

（10）承包单位向监理工程师提供螺栓合格证、隐蔽工程中间验收记录、高强螺栓检查记录、质量评定记录等。

4.1.7.1.7.3　钢结构制作工程

（1）切割前应将钢材表面切割区域内的铁锈、油污等清除干净；钢材表面锈蚀、麻点或划痕的深度不得大于该钢材厚度负偏差值的一半，断口处如有分层缺陷，应会同有关单位研究处理。

（2）切割后，断口上不得有裂纹和大于 1.0mm 的缺棱，并应清除边缘上的熔瘤和飞溅物等。

（3）剪切和冲孔时应注意工作地点的温度。

（4）矫正、弯曲和边缘加工应符合施工规范的要求。

（5）加工后的钢材表面不应有明显示的凹面和损伤，表面划痕深度不宜大于 0.5mm。

（6）磨光顶紧接触的部位应有 75%的面积紧贴。

（7）精制螺栓孔的直径应与螺栓公称直径相等，孔应具有 H12 的精度。高强度螺栓、半圆头铆钉等孔的直径应比螺栓杆、钉杆公称直径大 1.0～3.0mm，螺栓孔应具有 H14 的精度。

（8）板面上所有螺栓孔、铆钉孔，均应采用量规检查，其通过率应满足有关规范的要求。

（9）制作的允许偏差必须符合规范的规定。

（10）承包单位应向监理工程师提供出厂合格证明及试验报告、材料代用通知单、焊接试验记录、施工记录、梯子、栏杆强度检验记录、质量评定记录等。

4.1.7.1.7.4　钢结构安装工程

（1）安装前须取得基础验收的合格资料，复核各项数据，复核定位应使用轴线控制点和测量标高的基准点。

（2）构件在工地制作、组装、焊接以及涂层等质量要求均应符合规范的有关规定。

（3）构件在运输和安装过程中，被破坏的涂层部分以及安装连接处，应按照有关规定补涂。

（4）装卸、运输和堆放，均不得损坏构件和防止变形。堆放应放置在垫木上，已变形的构件应予矫正，并重新检验。

（5）确定几何位置的主要构件应吊装在设计位置上，在松开吊钩前应作初步校正并固牢。

（6）多层框架构件的安装，每完成一个层间的柱安装后，必须按规定校正；继续安装上一个层间时，应考虑下一个层间安装的偏差值。

（7）设计要求顶紧的节点，相接触的两个平面必须保证有 75%紧贴。

（8）各类构件的连接接头，必须经过检查合格后，才可紧固和焊接。

（9）垫铁规格、位置正确，与柱底面和基础接触紧贴平稳，点焊牢固。坐浆垫铁的砂浆强度须符合规定。

（10）栏杆安装后须作强度检验。构件中心和标高基准点等标记完备清楚。

（11）结构表面干净，无焊疤、油污和泥沙。结构安装的允许偏差应符合设计规定的规定。

（12）承包单位应向监理工程师提供连接材料合格证及试验报告、设计更改通知、测量记录、施工记录、自检记录及质量评定记录等。

4.1.7.1.8　地面与楼面工程

4.4.7.1.8.1　地面与楼面工程质量监理工作程序如图 4-1-5 所示。

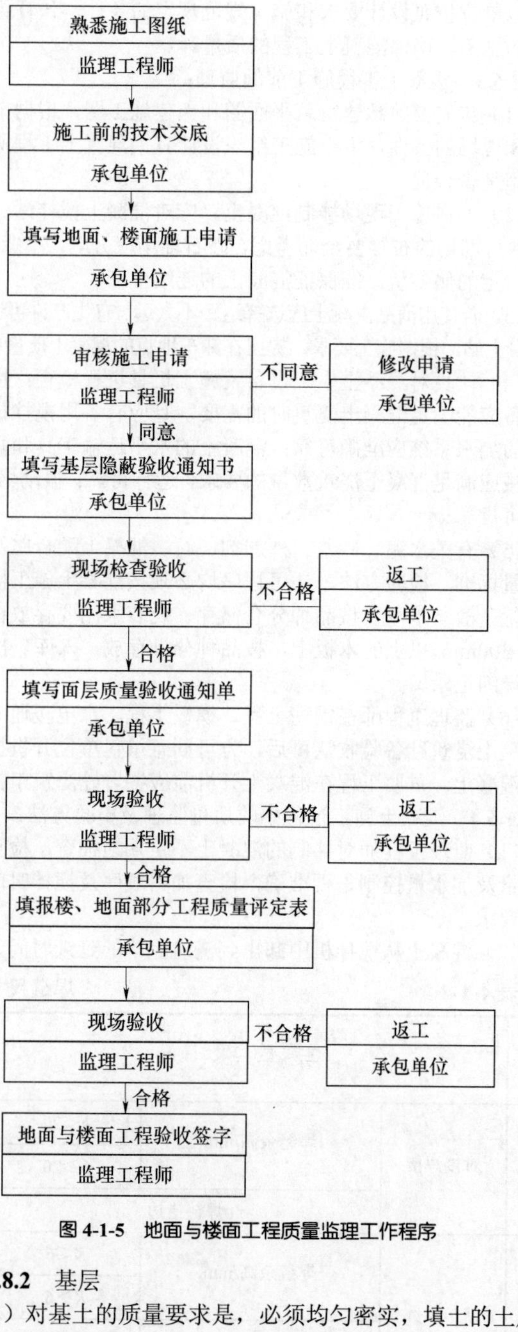

图 4-1-5　地面与楼面工程质量监理工作程序

4.1.7.1.8.2　基层

（1）对基土的质量要求是，必须均匀密实，填土的土质、干土重力密度必须符合设计要求和施工规范的规定，以免基土沉陷引起地面下沉、开裂。

（2）监理工程师应通过观察检查、试验记录，对隐蔽工程进行验收。

（3）对垫层、找平层的质量要求是：其材质、强度（配合比）、密实度以及厚度、坡度等，必须符合设计要求和施工规范规定。还应检查材料出厂合格证和试验记录。

（4）基层表面的允许偏差和检验方法见表 4-1-5。

表4-1-5　　**基层表面的允许偏差和检验方法**

主要项目	质量标准	允许偏差/mm								检验及认可		
										检验方法	检验频率	认可程序
		基土	垫层				找平层					
					毛地板							
表面平整度	设计图和施工验收规范要求	土	砂、砂石、碎（卵）石、碎砖	灰土、三合土、炉渣、混凝土	地漆布、拼花木板面层	其他种类面层	用沥青玛蹄脂做结合层、铺设地漆布、拼花木地板，板块、硬质纤维板面层	用水泥砂浆做结合层，铺设板块面层及防水层	用胶粘剂做结合层铺设拼花木板、硬质纤维板面层	用2m靠尺和楔形塞尺检查	按有代表性的自然间抽查10%，其中过道按10延长米，礼堂、厂房等大间按两轴线为1间，但不少于3间	基土、垫层、找平层分别进行隐蔽工程验收
		15	15	10	3	5	3	5	2			
标高	同上	+0 −50	±20	±10	±5	±8	±5	±8	±4	用水准仪检查		
坡度	同上	不大于房间相应尺寸的2/1000，且不大于30								用坡度尺检查		
厚度	同上	在个别地方不大于设计厚度的1/10										

4.1.7.1.8.3　整体楼、地面面层

（1）混凝土面层施工工艺流程　清理基层→弹面层水平线→洒水湿润→刷素水泥浆→铺设混凝土→振捣→三遍压实抹光→养护。

监理工程师应从以下几方面进行监督：

1）严把材料关。使中砂或粗砂，含泥量≤15mm和面层厚度的2/5。水泥宜用硅酸盐水泥或普通硅酸水泥，强度等级不低于32.5级，安定性好，严禁使用过期水泥。

2）防止地面空鼓。要监督承包单位严格处理好底层，使底层具有清洁、湿润、粗糙的表面并在铺设面层时，刷素水泥浆，随刷随铺。

3）严格养护制度。水泥地面压光后，一般在12h后进行洒水养护，连续养护的时间不少于168h。

（2）水磨石面层施工工艺流程　清扫基层→弹分格线→镶嵌分格条→养护→清理→湿润基层→涂刷素水泥浆结合层→铺水泥石料浆→清边后实→滚压密实→用铁抹子再次拍实抹平→养护→试磨→头遍粗磨→第二遍细磨→第三磨光→清洗晾干→擦草酸→打蜡养护。

监理工程师应从如下几方面进行监督：

1）面层的材质、强度（配合比）、密实度必须符合设计要求和施工规范的规定。

2）面层与基层的结合必须牢固、无空鼓。

3）面层的表面应光滑、无裂纹、砂眼和磨纹，石粒密实，显露均匀；颜色图案一致，不混色，分格木条应牢固、顺直和清晰。

（3）楼、地面面层材料、强度必须符合要求，认真检查试验报告及测试记录，有疑问时要复试。

（4）整体楼、地面工程表面质量等级评定，按《建筑工程质量检验评定标准》第九章第二中有关规定执行。

（5）整体楼、地面工程质量监理汇总，见表4-2-10-2。

4.1.7.1.8.4　板块楼地面

（1）板块楼地面工程施工工艺流程。

大理石、花岗岩及预制水磨石面层施工工艺流程：基层清理→弹线→试排→试拼→扫浆→铺水泥砂浆结合层→铺板→灌缝→擦缝→养护。

缸砖地面面层施工工艺流程：基层清理→贴灰饼→标筋→铺结合层砂浆（底层）→弹线→铺砖→压平拔缝→嵌缝→养护。

监理工程师督促承包单位严格按施工验收规范和操作规程施工。特别注意以下几点：

1）严格按国家有关标准去验收大理石、花岗岩及地砖等。

2）督促承包单位在铺设前，根据板块的颜色、花纹、图案、纹理试拼编号，对有裂缝，掉角、翘曲、拱背或表面上有缺陷的板块予以剔除。

3）基层清理好，充分湿润，表面稍晾干后再进行铺设，防止地面空鼓。

4）大理石、花岗岩地面往往在门口与楼道相接处出现接缝不平。监理工程师在图纸会审前，就应考虑到楼、地面标高的统一（厨房、厕所、阳台应低于其他房间10～15mm），并根据各房间楼、地面面层不同，建议调整各房间的楼、地面的结构标高。

（2）塑料卷材地板铺贴施工工艺流程。

基层清理→松卷→弹线→预铺→刮胶→粘贴→接缝弹线→接缝切割→接缝粘贴压平。

监理工程师对塑料卷材地板铺贴质量监理要点：

1）卷材的品种、质量必须符合设计要求。

2）胶粘剂的选用应根据基层材料和面层使用要求，通过试贴后确定。

3）防止面层空鼓，要求基层表面坚硬、光滑、平整、无油脂及其他杂物，不得有起砂、起壳现象。可用小锤轻击和观察检查。

（3）对地漏、踢脚板、楼梯踏步等的质量要求：

1）踢脚线的铺设应接缝平整均匀，高度一致，山墙厚度适宜，与墙结合牢固。

2）楼梯踏步和台阶的铺贴应缝隙宽度一致。相邻两步高差为：对整体面层不超过10～20mm，对块料面层不超过10～15mm、防滑条顺直。

3）楼、地面镶边应符合以下规定：面层邻接处的镶边用料及尺寸符合设计要求和施工规范规定；对块体的楼、地面镶边、边角应整齐。

4.1.7.1.9　门窗工程

4.1.7.1.9.1　门窗工程质量监理工作程序如图4-1-6所示。

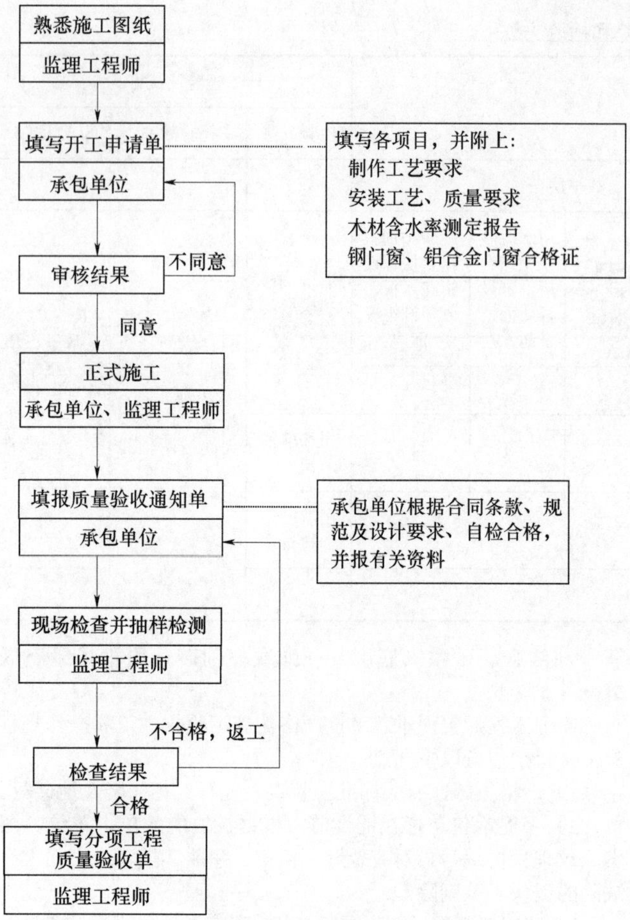

图 4-1-6　门窗工程质量监理工作程序

4.1.7.1.9.2　钢门窗安装工程

（1）钢门窗安装的施工工艺流程　整理和开凿放置铁脚的孔洞→安放钢门窗→校正→固定→安装铁脚→隐蔽验收→铁脚孔洞中浇筑混凝土→附件安装。

（2）钢门窗多由专业厂生产，其产品质量优劣，直接影响安装质量。钢门窗进场时，监理工程师应根据设计图纸和钢门窗购销合同的有关质量条款，首先检查产品出厂合格证，再检查钢门窗的规格、数量和质量，经检验合格后，方可用于工程。

（3）钢门窗的安装应注意以下几点：

1）同一高度的窗，必须在同一水平线上。

2）各层上下对直的窗，必须在同一垂直线上。

3）在同一墙面的门窗框，必须与墙面保持同一距离。

（4）钢门窗的安装质量应符合设计图纸和施工规划的要求。

钢门窗允许偏差与检验方法见表 4-1-6。

4.1.7.1.9.3　铝合金门窗安装工程

（1）铝合金门窗安装施工工艺流程　弹线→安放铝合金门窗→临时固定→校正→固定→预埋件隐蔽验收→贴保护胶纸→填缝→门、窗扇安装（在室内外粉刷工程施工结束后）。

（2）铝合金门窗系由专业厂生产。铝合金门窗进场 时，监理工程师应根据设计图纸和铝合金门窗购销合同的有关质量条款，首先检查产品出厂合格证，再检查其规格、数量和质量，经检验合格后，才可用于施工。

（3）铝合金门窗安装工作应在室内粉刷和室外粉刷找平、刮糙等作业完毕后进行。

（4）铝合金门窗安装前，应检查预留洞口尺寸是否符合设计要求，其允许偏差：宽度±5mm，高度±15mm。当设计无具体规定时，门窗框与墙体结构之间的间隙，应要求不同的饰面材料而定。铝合金门窗检验及认可标准见表 4-1-7。

表 4-1-6　　钢门窗允许偏差与检验方法

主要项目		质量标准	允许偏差/mm	检验及认可		
				检验方法	检验频率	认可程序
钢门窗安装		（1）钢门窗及其附件质量必须符合设计要求和有关标准的规定		按不同门窗类型的樘数，各抽查 5%，但均不少于 3 樘	观察检查和检查出厂合格证、产品验收凭证	由承包单位填报质量验收通知单，经监理工程师抽样检查，签署书面验收意见
		（2）钢门窗安装的位置、开启方向，必须符合设计要求			观察检查	
		（3）钢门窗安装必须牢固，预埋铁件的数量、位置、埋设连接方法必须符合设计要求			观察和手板检查，并检查隐蔽记录	
		（4）钢门窗安装应关闭严密、开关灵活，无阻滞，回弹和倒翘			观察和开闭检查	
		（5）钢门窗附件安装应齐全、牢固，位置正确，启闭灵活适用			观察和手板检查	
		（6）钢门窗框与墙体间缝隙填嵌应饱满密实，表面平整；嵌填材料和方法应符合设计要求			观察检查	
门窗框两对角线长度差	＜2000mm		5	按不同门窗类型的樘数，各抽查 5%，但均不少于 3 樘	用钢卷尺检查，量里角	由承包单位填报质量验收通知单，经监理工程师抽样检查，签署书面验收意见
	＞2000mm		6			
窗框扇配合间隙的限值	铰链面		＜2		用 1.5×50 塞片检查，量框大面	
	执手面		＜1.5			
窗框扇搭接量的限值	实腹窗		＞2		用钢针划线和深度尺检查	
	空腹窗		＞4			
门窗框（含拼樘料）正、侧面的垂直度			3		用 1m 托线板检查	

续表

主要项目	质量标准	允许偏差/mm	检验及认可		
			检验方法	检验频率	认可程序
门窗框（含拼樘料）的水平度		3	按不同门窗类型的樘数，各抽查 5%，但均不少于 3 樘	用 1m 水平尺和楔形尺检查	由承包单位填报质量验收通知单，经监理工程师抽样检查，签署书面验收意见
门无下槛时，内门扇与地面留缝限度		4～8		用楔形塞尺检查	
双层门窗内外框、梃（含拼樘料）的中心距		5		用钢板尺检查	

表 4-1-7　　铝合金门窗检验及认可标准

主要项目	质量标准	检验及认可		
		检验方法	检验频率	认可程序
	（1）铝合金门窗及其附件质量必须符合设计要求和有关标准要求	按不同门窗类型的樘数，各抽查 5%，但均不少于 3 樘	观察检查和检查出厂合格证、产品验收凭证	由承包单位填报质量验收通知单，经监理工程师抽样检查，签署书面验收意见
	（2）安装的位置、开启方向，必须符合设计要求		观察检查	
	（3）安装必须牢固；预埋件的数量、位置、埋设连接方法及防腐处理必须符合设计要求		观察和手扳检查，并检查隐蔽记录	
	（4）平开门窗扇应关闭严密，间隙均匀，开关灵活		观察和开闭检查	
	（5）推拉门窗扇应关闭严密，间隙均匀，框与扇搭接量应符合设计要求		观察和深度尺检查	
	（6）弹簧门扇应自动定位准确，开启角度为 90°±1.5°，关闭时间在 6～10s 范围之内		用秒表、角度尺检查	
	（7）附件安装应齐全，位置正确、牢固、灵活知用，达到各自的功能、端正美观		观察、手板和尺量检查	
	（8）铝合金门窗框与墙体间缝隙的填嵌应饱满密实，表面平整、光滑；填塞材料、方法符合设计要求		观察检查	
	（9）铝合金门窗表面应洁净、无划痕、碰伤、无锈蚀；涂胶表面光滑、平整，厚度均匀，无气孔		观察检查	

4.1.7.1.10　屋面工程

4.1.7.1.10.1　屋面工程质量监理工作程序（如图 4-1-7 所示）

4.1.7.1.10.2　屋面找平层

（1）检查材料。

1）水泥砂浆找平层。水泥强度等级不低于 32.5 级，具有合格证书，不过期；水泥砂浆按设计要求。当基层为预掉板时，应按设计规定分仓缝，缝宽 20mm，嵌填密封材料。施工完毕后应无胶皮和起砂等缺陷。

2）沥青砂浆找平层。沥青用 60 甲、60 乙道路沥青，或 75 号普通石油沥青；沥青砂浆应拌和均匀，找平层表面密实，无蜂窝缺陷。

屋面找平层检验及认可标准见表 4-1-8。

（2）找平层施工质量监理需注意以下几点：

1）基层表面清扫干净。

2）分隔缝宽度及间距按设计或施工规范验收。

3）突出屋面部分及预留孔周围等特殊部位应做成弧形，并有利于铺设防水材料及泄水通畅。

4）水泥砂浆的养护，要求 3d 内保持表面湿润。

（3）找平层施工完毕，量测验收满足设计和验收规范要求，由监理工程师在承包单位填写的报表上签认后承包单位才能进行下一道工序的施工。

4.1.7.1.10.3　层面保温（隔热）层

（1）保温（隔热）层施工质量监理注意以下几点：

1）铺设的保温层的基层，应干燥、平整、清扫干净，并经检查验收合格。

2）对松散粒状保温层应分段分层铺设，应控制其适当的密实性；每层铺设厚度不宜大于 150mm，压实程度及厚度应根据设计和试验确定。

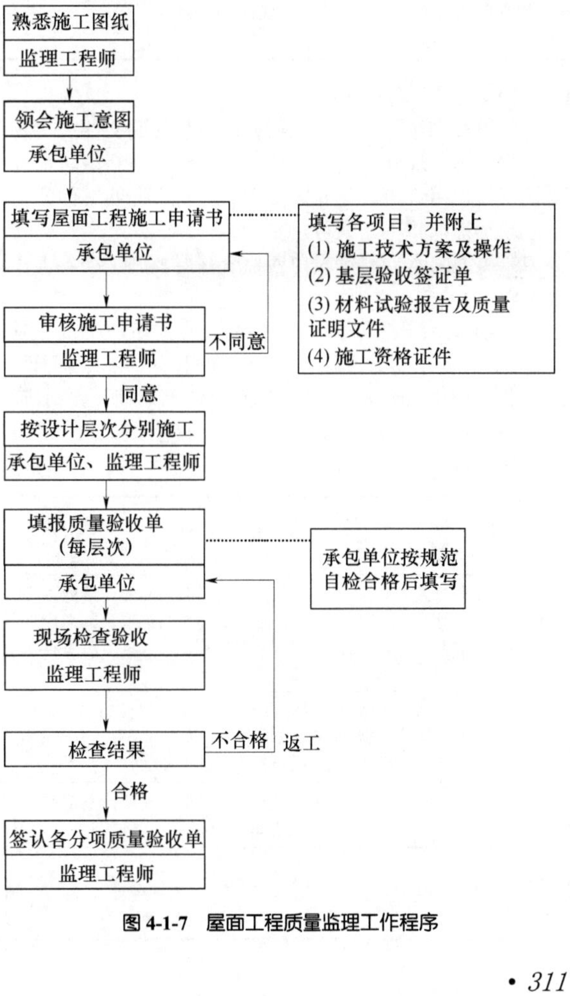

图 4-1-7　屋面工程质量监理工作程序

表 4-1-8　屋面找平层检验及认可标准

主要项目	质量标准	检验及认可		
		检验方法	检验频率	认可程序
水泥	强度等级不低于 325 号，具有合格证书，不过期	施工前、施工中，各检查一次	检查质保文件	承包单位向监理方提供材料许可申请单，由监理工程师签证认查后使用
水泥砂浆	比例按设计要求，或用 1∶3		检查实物与配比是否一致	
沥青	用 60 甲、60 乙道路 道路沥青，或 75 号普通石油沥青，GB 494—75		检查质保文件	
沥青砂浆	沥青：砂＋粉料，应为 1∶8 拌和均匀，铺设的找平层表面密实，无蜂窝缺陷		观察检查	如做成的找平层达不到质量标准，监理工程师要求承包单位调整操作，直至满足要求为止

3）用板块铺设的保温层，应使其密实贴基层，缝隙贴稳，铺平垫稳；分层铺设的板块，上下两层的接缝应错开。

4）确定是否需要设置排水气槽。

5）铺设完的保温层在防水层施工前应加以保护，防止雨淋，这对封闭式保温层尤为重要。

（2）保温层上有找平层时，该找平层应做拓气槽，并应与保温层上的排气槽对应。找平层施工毕，要检查排气槽，必须使之顺畅。

屋面保温层检验及认可标准见表 4-1-9。

表 4-1-9　屋面保温层检验及认可标准

主要项目	质量标准	允许误差	检验及认可		
			检验频率	检验方法	认可程序
厚度坡度 架空高度	按设计要求	厚度：＋0.1 厚（松散材料），－0.05 厚（板块）	目测普查，按层面 1%的面积实测一处	插入层，用尺量	监理人员随时检查，发现不符合要求，立即通知承包单位处置
平整度	平整、无凸出和凹陷 隔层拼缝无明显高低差	2m 靠尺下，空隙不超过 5mm（上无找平层）、7mm（上有找平层）及 3mm（隔热层高低差）	目测普查，按层面 1%的面积实测一处	用 2m 靠尺量测、目测	监理人员随时检查，发现不符合要求，立即通知承包单位处置
排气槽设置	封闭型保温层必须设置。槽口尺寸、间距按设计，或按不大于 6m 间距设置	在保温排气顺畅的前提下，排气槽的设置可作适当变更	普查一遍	观察、尺量	

4.1.7.1.10.4　屋面卷材防水层

（1）检查到场的卷材防水材料的质量证明文件，实物应与承包单位在施工通知单所列的样品相一致。对新型防水卷材还需要核查其使用许可证等有关文件。对缺少证明文件的防水材料，监理工程师将不予认可。

（2）屋面防水卷材铺设前应检查基层及施工准备工作，包括以下内容：

1）基层必须干净、平整、牢固、干燥。检查方法：目测无杂物、碴粒；用防水卷材覆盖基层 1m^2 面积，3～4h 后揭开，被覆盖部分未见水印，或与其余部分颜色基本一致说明已经干燥。

2）卷材防水材料在女儿墙或其他垂直于屋面的墙面上收口的处置，必须可行可靠。

3）内排水落水口配件及其他预埋件，应安置稳妥，并作除锈、防锈处理。

4）排气槽与大气连通的排气孔应设置稳固，排气通畅。

5）穿过屋面与防水层的管道、设备或预埋件，应在防水层施工前安排好，并做好防水措施。

6）卷材铺贴前，应将卷材上的云母片或滑石粉清刷干净。

（3）在防水卷材的铺设过程中，监理人员应监督承包人严格执行施工技术方案中的施工程序、措施及操作，并跟踪检查。

屋面卷材防水层检验及认可标准见表 4-1-10。

表 4-1-10　层面卷材防水检验及认可标准

主要项目	质量标准	检验及认可		
		检验方法	检验频率	认可程序
细部 构造的处置	檐口、斜沟、屋面和突出屋面结构的连接处以及水落口四周，均应加铺 1 层卷材附加层；天沟应加 1～2 层；内排水的水落口四周，再加铺一层卷材或油膏附加层，嵌填应严密	跟踪检查	目测	监理人员跟踪检查中，发现承包单位未执行施工方案和操作要求的，必须立即通知其予以纠正
卷材铺贴、搭接及封口	铺贴方法和搭接顺序应符合相应的卷材施工规定，搭接宽度应准确，接缝必须严密，表面应平整，不得有皱折、鼓泡和翘边。卷材收头应固定。密封严密	跟踪检查	目测、尺量	监理人员跟踪检查中，发现承包单位未执行施工方案和操作要求的，必须立即通知其予以纠正
卷材与 基层的黏结	除排气孔处外屋面全部被卷材所封闭，不起鼓，不起褶，无起泡、空洞、翘边等	普查	目测	
卷材屋面防水效果	无渗、漏水、无积水	施工完毕检验一次	雨天后观察检查，可采取蓄水检查，蓄水后，持续 2h 后进行检查	蓄水工作由承包单位承担，由监理方、承包单位在场进行检查，结果未出现渗漏及水屋面积水，由监理工程师签认

4.1.7.1.11　装饰工程

4.1.7.1.11.1　装饰工程质量监理工作程序（如图4-1-8所示）

4.1.7.1.11.2　一般抹灰工程

（1）一般抹灰工程分为普通、中级、高级三个质量等级。

普通抹灰的施工工艺流程：分层赶平→修整→表面压光。

中级抹灰的施工工艺流程阳角找方→设置标筋→分层赶平、修整→表面压光。

高抹灰的施工工艺流程：阴角找方→设置标筋→分层赶平、修整→表面压光。

（2）抹灰工程的基层结构工程须经检查验收、核定合格后方可进行抹灰工程施工。

（3）抹灰工程施工前，应检查以下内容：

1）检查抹灰基层大面的表面是否平整，并检查垂直度，对局部凸出或凹进处应提前处理。

2）检查钢、木门窗框位置是否正确，校正门窗框平面，使与抹灰面层一致并与墙连接牢固。

3）抹灰工程应告诫上下水、煤气等管道安装后进行，抹灰前必须将管道穿越的墙洞、脚手眼及支模孔等，用1∶3水泥砂浆或C15细石混凝土填嵌密实。

（4）按照设计图纸检查所用材料的品种、规格、色泽、质量等是否符合设计要求，检查产品出厂合格证，经检查合格后方可用于工程。

（5）一般抹灰工程的施工质量应符合施工规范要求，见表4-1-11。

4.1.7.1.11.3　装饰抹灰工程

（1）装饰抹灰工程的主要施工工程流程　基层处理→抹底层砂浆→设置标筋→抹中层砂浆→表面成型。

（2）按自上而下的施工程序施工。先完成檐头、檐口顶棚、天棚等抹灰工作，然后再自上而下进行墙体抹灰，防止交叉污染。

（3）施工前应按设计要求的材料、图案、颜色及面层厚度做进样板，供有关人员选定。

（4）按照设计图纸检查所用材料的品种、规格、色泽、质量等是否符合设计要求，检查产品出厂合格证，经检验合格后才可用于工程。

（5）装饰抹灰面层施工完成后严禁开凿和修补，以保证装饰面的完整。

装饰抹灰工程检验及认可标准见表4-1-12。

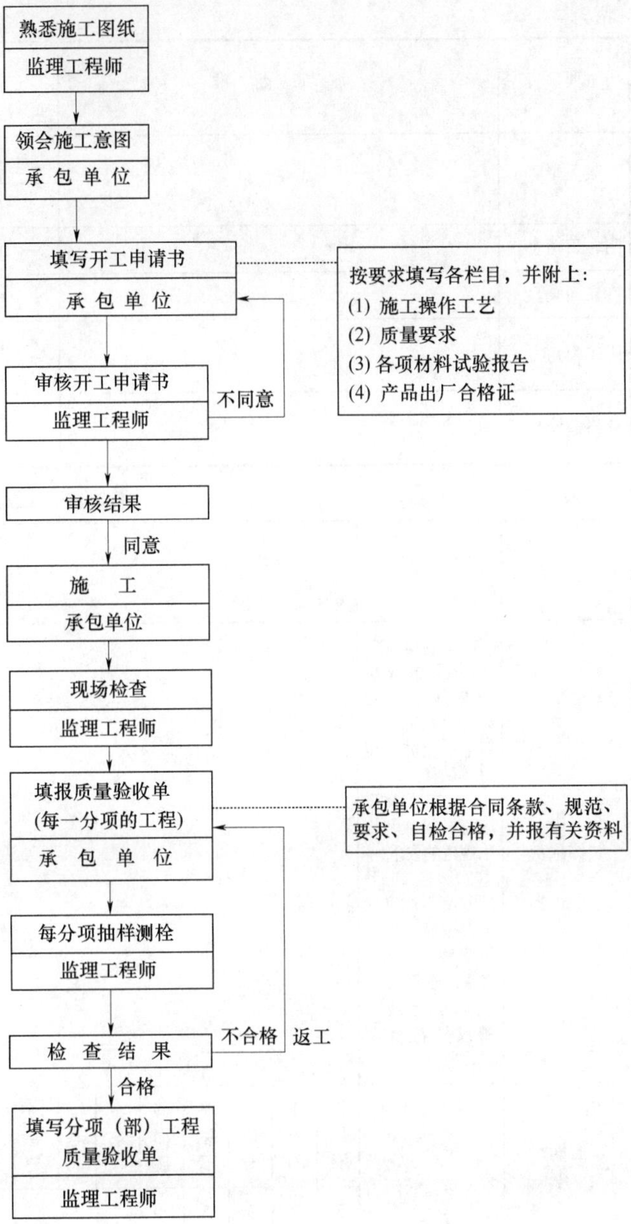

图4-1-8　装饰工程质量监理工作程序

表4-1-11　一般抹灰工程检验及认可标准

主要项目	质量标准	允许误差/mm	检验及认可		
			检验频率	检验方法	认可程序
一般抹灰	（1）各抹灰层之间与基体之间必须黏结牢固，无脱层、空鼓和裂缝等缺陷 （2）表面： 普通秣灰表面应光滑、洁净，接搓平整 中级抹灰表面应光滑、洁净，接搓平整，灰线清晰顺直，阳角方正 高级抹灰表面应光滑、洁净，颜色均匀、无抹纹、灰线平直方正、清晰美观、阴阳角方正 （3）孔洞、槽、盒和管道后面的抹灰表面应尺寸正确、边缘整齐、光滑，管道后面平整 （4）分格条（缝）的宽度、深度均匀，平整光滑，棱角整齐，横平竖直通顺 （5）滴水线、槽尺寸符合规定、整齐一致		室外： 4m左右高为一检查层，每20m长抽查1处（每处3延长米），不少于3处 室内： 按有代表性的自然间抽查10%，过道按10延长米，礼堂、厂房等大间按两轴线为1间，不少于3间	用小锤轻击和观察检查 观察和手摸检查 观察检查 观察或尺量检查	由承包单位填报质量验收通知单，经监理工程师抽样检查，签署书面意见

续表

主要项目	质量标准	允许误差/mm			检验及认可		
					检验频率	检验方法	认可程序
表面平整		普通	中级	高级	室外： 4m 左右高为一检查层，每 20m 长抽查 1 处（每处 3 延长米）3 处 室内： 按有代表性的自然间抽查 10%，过道按 10 延长米，礼堂、厂房等大间按两轴线为 1 间，不少于 3 间	用 2m 靠尺和楔形塞尺检查	由承包单位填报质量验收通知单，经监理工程师抽样检查，签署书面验收意见
		5	4	2			
阴、阳角垂直		—	4	2		用 2m 托线板检查	
立面垂直		—	5	3			
阴、阳角方正		—	4	2		用方尺和楔形塞尺检查	
分格条缝平直		—	3			拉 5m 线和尺量检查	

表 4-1-12 **装饰抹灰工程检验及认可标准**

主要项目	质量标准	允许误差/mm													检验及认可		
															检验频率	检验方法	认可程序
装饰抹灰	（1）各抹灰层之间及抹灰层与基体之间必须黏结牢固，无脱层、空鼓和裂缝等缺陷 （2）表面质量应符合设计和施工规范的要求 （3）分格条（缝）的宽度、深度均匀、平整光滑，棱角整齐，横平竖直，通顺 （4）滴水线、槽尺寸符合规定、整齐一致														室外： 4m 左右高为一检查层，每 20m 长抽查 1 处（每处 3 延长米），不少于 3 处 室内： 按有代表性的自然间抽查 10%，过道按 10 延长米，礼堂、厂房等大间按两轴线为 1 间，不少于 3 间	用小锤轻击和观察检查 观察和手摸检查 观察检查 观察或尺量检查	由承包单位填报质量验收通知单，经监理工程师抽样检查，签署书面意见
表面平整		水刷石	水磨石	斩假石	干粘石	假面砖	拉条灰	拉毛灰	洒毛灰	喷砂	喷涂	滚涂	弹涂	仿色石抹彩灰	室外： 4m 左右高为一检查层，每 20m 长抽查 1 处（每处 3 延长米），不少于 3 处 室内： 按有代表性的自然间抽查 10%，过道按 10 延长米，礼堂、厂房等大间按两轴线为 1 间，不少于 3 间	用 2m 靠尺和楔形塞尺检查	由承包单位填报质量验收通知单，经监理工程师抽样检查，签署书面意见
		3	2	3	5	4		4		5		4		3			
阴、阳角垂直		4	2	3	4	—		4		4		4		3		用 2m 托线板检查	
立面垂直		5	3	4	5	5		5		5		5		4			
阴、阳角方正		3	2	3	4	4		4		3		4		3		用方尺和楔形塞尺检查	
墙裙、勒脚上口平直		3	3	3	—	—		—		—		—		3			
分格条（缝）平直		3	2	3	3	3		—		3		3		3		拉 5m 线和尺量检查	

4.1.7.1.11.4 油漆工程

本章其余内容见光盘。

第6篇

水电站工程施工监理范例

韩建东　方　伟　刘增峰　张家华　钟贤五　王艳芳　艾德军
杨晓鹏　张志文　李　康　韩卓刚　张　毅　编著

第 1 章　四川省雅砻江两河口水电站工程建设监理规划

1.1　工 程 概 况

两河口水电站位于四川省甘孜州雅江县境内的雅砻江干流上，坝址位于雅砻江干流与支流鲜水河的汇合口下游约 1.8km 处，控制流域面积约 65857km^2，坝址处多年平均流量 670m^3/s，水库正常蓄水位 2865.00m，相应库容 101.54 亿 m^3，调节库容 65.6 亿 m^3，具有多年调节能力。枢组建筑物由砾石土心墙堆石坝、溢洪道、泄洪洞、放空洞、地下厂房等建筑物组成。砾石土心墙堆石坝最大坝高 295m，电站装机容量 300 万 kW，多年平均发电量 114.91 亿 kW・h。

两河口水电站地处青藏高原东侧边缘地带，海拔 2620～2880m。流域内地形起伏较大，气候具有明显的地域差异和垂直分布的变化。总体上看，气温随海拔高程增加而降低，河谷冬暖夏凉，高山寒冷。属川西高原气候区，主要受高空西风环流和西南季风影响。干、湿季分明，多年平均气温为 10.9℃，极端最高气温 35.9℃；极端最低气温－15.9℃；区域多年平均降水量为 705.2mm，雨季（5—10 月）降水量为 661.1mm，约占全年的 93.7%，雨日占全年的 80%左右；空气相对湿度小，多年平均值为 54%，最小仅 0%；风大，年平均风速 1.7m/s，全年最大风日数 30～602m/h。流域内冬季少雨干燥，日照多，日温差大，可达 20 余摄氏度；夏季气候湿润，降雨集中，常形成暴雨，易引发地质灾害。

大坝为砾石土直心墙堆石坝，坝顶高程 2875.00m，河床部位心墙底高程 2580.00m，最大坝高 295.0m，坝顶长 668.70m，高宽比约 0.44；坝顶宽 16m，上游坝坡 1:2.0，在 2790m 高程处设 5m 马道，下游坝坡 1:1.9，在 2815.00m、2755.00m、2655.00m 处分别设 5m 宽马道。围堰顶高程时，大坝顺水流方向长度约 1050m。

心墙防渗料采用天然土料掺和砂砾石形成的砾石土，防渗心墙顶宽 6.00m，顶高程 2875.00m，心墙上、下游坡均为 1:0.2，河床心墙底基座顶高程 2582.00m，顺河向宽度为 124.00m。心墙与两岸坝肩接触部位的岸坡基岩表面设厚度为 1m 的混凝土盖板，盖板与心墙连接处铺设水平厚度 4m 的接触性黏土，心墙下帷幕灌浆最大深度 160m，帷幕底高程为 2420.00m。心墙上游高程 2775.00m 以上设置两层水平厚度为 4m 反滤层、高程 2775.00m 以下设一层水平厚度 8m 的反滤层，下游设两层水平厚度为 6m 的反滤层，上、下游坡均为 1:0.2。上、下游反滤料与坝壳堆石料之间均设有过渡层，过渡层顶高程 2865.00m，顶宽 6.5m，上、下游坡均为 1:0.4。

上游高程 2658.00m 以上设置堆石Ⅰ区，高程 2658.00m 以下设置堆石Ⅱ区；下游坝壳内部高程 2630.00～2804.13m 之间设置为堆石Ⅲ区，其外坝壳采用堆石Ⅰ区料填筑。上游坝坡高程 2775.00m（死水位 2785.00m 以下 10m）以上设置垂直厚 1m 的干砌块石护坡，下游坝坡全坡设置垂直厚 1m 的大块石护坡。在高程 2820.00m 至坝顶高程范围内的反滤、过渡及坝壳料内铺设水平钢筋，上、下游坡面设置混凝土框格梁，以提高坝体上部的抗震性能。

坝肩左、右岸分别在 2573.00m、2640.00m、2700.00m、2760.00m、2820.00m 和 2875.00m 高程设置 6 层灌浆平洞，右岸坝肩灌浆平洞与地下厂房灌浆平洞连接。

两河口心墙堆石坝大坝填筑总量 4091 万 m^3（不含压重），其中，上游坝壳料 1509.4 万 m^3，下游坝壳料 1439.8 万 m^3，上游过渡料 235.3 万 m^3，下游过渡料 234.4 万 m^3，上游反滤料 78.8 万 m^3，下游反滤料 111.5 万 m^3，心墙料 429.4 万 m^3，接触黏土料 16.4 万 m^3，上游干砌石护坡 13.2 万 m^3，下游大块石护坡 22.9 万 m^3。上游压重 105.4 万 m^3。

洞式溢洪道布置在左岸，由引渠段、闸室段、泄槽段和出口段组成。引渠段在平面上为不对称的曲线喇叭形，底板高程为 2820.00m，最小宽度为 15.0m；闸室段堰型为 WES 型实用堰，堰顶高程为 2845.00m，开敞式闸门孔口尺寸为 15m×20m（宽×高），闸顶高程与坝顶高程相同；泄槽段由无压洞段和明槽段组成，无压洞段采用城门洞型，洞身尺寸为 15m×（20～21）m（宽×高），明槽段尺寸为 15m×（10～15.5）m（宽×高）；出口段采用挑流消能，挑坎顶高程为 2690.00m。

左岸深孔泄洪洞进口为短有压岸塔式，洞身为无压洞型式。深孔泄洪洞闸室弧形闸门孔口尺寸为 8.0m×12.0m（宽×高），进口底高程为 2785.00m；无压洞洞身长 1526.0m，洞身断面尺寸为 11.0m×16.5m（宽×高），出口明渠段断面尺寸为 11.0m×12.5m（宽×高），出口采用挑流消能，挑坎顶高程为 2630.00m。

“漩流竖井”非常泄洪洞利用左岸#3 导流洞后期改建。非常泄洪洞进口为短有压岸塔式，洞身为无压洞型式。“漩流竖井”非常泄洪洞闸室弧形闸门孔口尺寸为 8.0m×6.0m（宽×高），进口底高程为 2825.00m；上平段无压洞长 170.0m，洞身断面尺寸为 8.0m×11.5m（宽×高），下平段无压洞长 907.61m，与#3 导流洞完全结合，出口采用挑流消能，挑坎顶高程为 2625.00m。

放空洞与#4 导流洞完全结合，进口为短有压岸塔式，洞身为无压洞型式。放空洞闸室弧形闸门孔口尺寸为 7.0m×11.5m（宽×高），进口底高程为 2745.00m；无压洞洞身长 1355.0m，洞身断面尺寸为 10.0m×14.0m（宽×高），出口采用挑流消能，挑坎顶高程为 2630.00m。

泄水建筑物为 1 级建设物，设计洪水标准为 1000 年一遇，相应流量为 7090m^3/s；按最大可能洪水（PMF）校核，相应流量为 10400m^3/s。泄水建筑物设计最大泄洪能力为 8467m^3/s，最大流速达 50m/s。下游水能建筑物级别为 3 级建筑物，设计洪水标准为 100 年一遇，相应流量为 5680m^3/s。导流建筑物（含庆大河工程）级别为Ⅲ级，采用设计洪水标准为 50 年一遇，相应流量为 5240m^3/s。

引水发电建筑物由进水口、压力管道、主厂房、副厂房、主变室、开关站、尾水调压室、尾水洞等组成，采用“单机单管”的引水型式和“三机一室一洞”的尾水系统布置格局。进水塔前缘 6 台机组进水口呈“一”字型并排布置，其进水口前缘宽度为 181.00m，塔体厚度 30.00m，内设拦污栅、检修闸门、工作闸门及通气孔，进水口底板高程为 2765.00m。压力管道采用单机单管供水，压力管道由上平段、上弯段、竖井段、下弯段及下平段组成，管道长度为 383.46m，管径 7.3m。地下厂房全长 276.2m，其中主机间长 190.2m，安装间长 55.0m，副厂房长 31.0m，主厂房上部跨度 28.5m，下部跨度 24.5m。尾水调压室尺寸为195.0m×21.5m×65.5m（长×宽×高）。尾水洞有两条，采用城门洞型，洞长分别为661.1m和490.47m，其断面尺寸为12m×15m（长×宽），尾水平台高程为2633.50m，尾水闸门尺寸为12m×15m（长×宽），闸室底板高程为2584.00m。

1.2 工程分标及监理范围

1.2.1 工程分标情况

本监理标段为四川省雅砻江××水电站主体工程施工监理Ⅰ标（合同编号：LHKA-201129）。

1.2.2 监理工作范围

监理的工作范围包括××水电站开挖工程Ⅰ、Ⅱ标、大坝工程标、泄洪系统标，以及与上述项目相关配套的安全监测、物探检测、科研试验等项目。其中开挖工程Ⅰ、Ⅱ标、大坝工程标、泄洪系统标的初拟施工范围如下：

（1）开挖工程Ⅰ、Ⅱ标。

1）左右岸2615m高程以上坝肩边坡开挖与支护；

2）左右岸2615m高程以上灌浆平洞进口段50m开挖及支护；

3）左岸泄洪建筑物（包括洞式溢洪道、深孔泄洪洞、放空洞、#3导流洞、#5导流洞，下同）进口边坡开挖与支护工程；

4）左岸泄洪建筑物出口2625m高程以上边坡开挖与支护工程；

5）电站进水口开挖和支护工程；

6）开关站开挖与支护工程；

7）上下游分流挡渣堤堰工程施工；

8）开挖开口线外的自然边坡危险源（危岩体、冲沟堆积物等）治理；

9）泄洪建筑物出口雾化区边坡处理；

10）与永久安全监测项目和物探检测项目承包人的协调配合；

11）相关临时道路建设和相关道路维护；

12）临时工程及临时设施的建设、管理及完工的拆除等辅助工程；

13）与之相关的水保环保项目和渣场防护、运行管理。

（2）大坝工程标。

1）河道截流、上下游围堰填筑；

2）施工期围堰运行维护、基坑水流控制；

3）基坑开挖与支护；

4）基础处理；

5）#403路、#2公路Ⅱ期工程、401-A和401-B路工程；

6）大坝填筑；

7）料场开采支线路，料场揭顶、剥离；

8）土料与石料开采、运输，料场边坡防护工程；

9）心墙料掺和场建安与运行；

10）左右岸灌浆平洞开挖、支护和灌浆工程；

11）瓦支沟反滤料加工系统建设与运行管理；

12）与安全监测项目和物探检测项目承包人的协调配合；

13）有关施工道路的运行维护；

14）临时工程及临时设施的建设、管理及完工的拆除等辅助工程；

15）与之相关的水保环保项目和渣场防护、运行管理。

（3）泄水建筑物工程标。

1）泄水建筑物（含#3导流洞、#5导流洞，下同）进口群混凝土浇筑及金结与启闭设备安装；

2）泄水建筑物洞身工程；

3）泄水建筑物出口群混凝土浇筑；

4）#5导流洞下闸与封堵；

5）#3、#4导流洞下闸，#3导流洞后期改造；

6）瓦支沟混凝土系统建安与运行管理，下游低线混凝土系统第2台拌和楼建设与安装（暂定2014年上半年）及全系统的后期运行管理，瓦支沟砂石系统建设安装与运行管理；

7）下游岸坡防护与雾化边坡处理，左岸低线公路封堵；

8）与安全监测项目和物探检测项目承包人的协调配合；

9）有关施工道路的运行维护；

10）临时工程及临时设施的建设、管理及完工的拆除等辅助工程；

11）与之相关的水保环保项目和渣场防护、运行管理。

上述工程项目的施工范围是根据目前招标规划初步确定的范围，实际施工和监理过程中可能略有调整。

监理中心将对发包人开展的下列科研项目予以配合：施工质量实时监控与数字大坝系统技术，并建立工程施工测量数据库系统和工程施工期安全监测信息管理与分析研究系统，对大坝填筑施工全过程进行精细化、全天候的实时监控；对工程质量、安全监测、施工进度等信息进行动态集成管理，构建大坝综合数字信息平台；为堆石坝建设过程的质量监控、运行期坝体的安全分析提供支撑平台；以提高工程质量，打造优质精品工程。包括料源料场及上坝运输监控系统、大坝碾压质量GPS监控系统、大坝施工质量PDA采集系统、施工进度数字化信息系统、安全监测数字化信息系统等功能模块。

1.3 监理工作依据、内容及指导思想

1.3.1 监理工作依据

（1）国家有关工程建设的法律、法规、技术标准和规程规范。

（2）国家批准的工程建设文件。

（3）《水电建设工程质量管理办法（试行）》（国家电力公司国电水〔2000〕83号）。

（4）《水电站基本建设工程验收规程》（DL/T 5123—2000）。

（5）《水电工程验收管理暂行规定》（国家经贸委国经贸电力〔1999〕72号）。

（6）《水电水利工程建设监理规范》（DL/T 5111—2000）。

（7）工程建设合同、勘测设计合同及监理合同。

（8）上级有关主管部门对本项工程的有关指示文件或批件。

（9）设计文件、技术要求及图纸。

（10）发包人制定的适用于雅砻江××水电站工程的有关制度、办法和规定。

1.3.2 监理工作内容

本项目监理服务内容是（不限于）：全面负责监理工程现场的施工管理，对所监理工程的进度、质量、造价进行有效的控制和管理与协调；监督管理工程实施过程中的施工安全、环保水保和文明施工；承担质保期的监理工作以及为完成上述工作所必需的其他工作。

一、设计方面

（1）协助业主与勘测设计单位签订施工图纸供应协议，并根据各项目节点工期要求和承包人的施工组织设计情况，按季、月编报施工图纸供应计划，并跟踪落实施工图纸供应计划执行情况。

（2）协助业主管理与设计单位签订的有关合同、协议，协助业主督促设计单位按合同和协议要求及时供应合格的设计

文件。

（3）熟悉设计文件内容，检查设计文件（包括：设计说明、施工图纸、施工措施、技术要求、操作规程、设计修改通知等）是否符合现场的实际情况。

（4）审查设计文件和各项设计变更，提出意见。

（5）收到设计文件7日内及时向工程施工承包人签发，发现问题及时与设计单位联系，重大问题应及时向业主报告。

（6）组织设计单位进行现场设计交底。

（7）协助业主会同设计单位对重大技术问题和优化设计进行专题讨论并参加设计联络会。

（8）审核承包人对设计文件的意见和建议，会同设计单位进行研究，并督促设计单位尽快给予答复。

（9）审核按施工合同文件规定应由承包人提交的设计文件。

（10）保管所有设计文件及过程资料，监理服务期限届满或本合同终止时移交给业主。

（11）其他相关业务。

二、采购方面

（1）协助业主进行主要材料、施工设备、工程设备等的采购招标与发包工作（若有）：

1）依据监理工程项目的施工进度协助编制主要材料的年、季、月计划；审核承包人需要业主提供材料的年、季、月计划。

2）协助业主编制提供的设备招标采购和设备到货计划。

3）协助业主编制采购招标文件，参加采购招标中投标人资格审查、评标及合同谈判等工作。

（2）协助管理采购合同，对材料、设备到货进度进行检查，及时提请订货单位催促制造厂交付有可能影响施工进度或已到交货期的材料、设备，必要时提出到货进度的调整意见。组织或参加材料到场后的数量与质量验收。

（3）协助业主进行甲供、协供物资的现场管理工作。投标人需配备专职物资管理人员（物资监理），协助业主开展业主甲供物资（袋装水泥、钢筋、外加剂等）、协供物资（火工材料、油料等）的供应计划、材料到场验收计量、材料仓储、材料领用、材料核销以及材料质量管理的相关工作；并按业主要求及时提供上述工作有关的各类报表、单据等相关资料。

（4）协助或参加设备的出厂验收工作。

（5）协助或参加设备到货后的开箱检查验收。

（6）整理和记录安装调试中发现的设备制造方面的问题与缺陷，并协助与设备制造厂谈判交涉。

三、施工方面

（1）协助业主进行工程招标、评标、合同谈判和签订工程施工合同工作。

（2）全面负责施工合同的执行，对施工承包人实行安全、进度、质量及造价的“四控制”；合同和信息的“两管理”；施工现场的“一协调”。并对施工承包人选择的分包商资格及分包项目进行审查。

（3）督促业主按施工合同的规定，落实必须提供的施工条件。检查施工承包人开工准备工作，并在检查与审查合格后签发施工合同工程项目开工令。

（4）审批施工承包人提交的施工组织设计、施工进度计划、施工技术措施计划、作业规程、工艺试验成果、临建工程设计、施工详图、使用的原材料及试验成果等，签发补充的设计文件、技术规范或技术要求等，答复施工承包人提出的建议和意见，并督促承包人严格按照批准的文件执行。

（5）依据施工合同核查施工承包人进场施工设备的数量、种类、规格型号、设备状况是否与投标文件一致，是否能满足施工需要；核查劳动力进场情况及物资材料进场情况；对施工承包人的组织状况、派驻现场的主要管理人员的资质和管理能力等作出评价。对上述各项中不符合施工合同要求、不能满足施工要求者，应及时要求施工承包人采取措施限期解决，并报告业主。

（6）工程进度控制。工程进度控制主要应从进度计划的编制及各控制性目标的确定、进度计划实施的检查监督与协调、进度的统计分析与进度计划的调整等几方面采取措施进行控制。采用进度软件系统进行工程计划管理。内容包括（但不限于）：

1）协助业主编制工程总进度计划。

2）编制监理工程项目的施工控制性进度计划：

依据经审查的工程控制性总进度计划和施工合同规定的主要关键项目（或节点）的施工控制工期，编制工程项目的控制性总进度计划，并由此确定进度控制关键线路、控制性施工项目及其工期、阶段性控制目标，以及监理工程项目的各合同控制性目标，作为监理工程项目总体的进度控制依据。

依据监理工程项目的施工控制性总进度计划编制各月度、季度、年度施工控制性进度计划，其内容包括准备工程进度、计划施工部位和项目、计划完成工程量及应达到的工程形象、实现进度计划的措施以及相应的施工图纸供应计划、资金的使用计划等内容，并以此作为工程实施的阶段性进度控制的依据。

3）以监理工程项目控制性总进度计划及其阶段性的（年、季度）控制性进度计划为基础，在合同规定的期限内对施工承包人提交的实施进度计划（年、季、月）进行审核批准。

4）逐日监督、检查、记录进度计划的实施，及时发出进度措施的指令，督促施工承包人采取措施保证进度计划的实现。

5）对工程实际进度（施工部位及项目、完成的工程量及形象面貌）进行逐日的检查监督，对施工承包人投入的资源进行逐日的检查监督，并做好工程进度的记录和统计工作，进行经常性（周）和阶段性（月、季、年）的工程实际进度与计划进度的对比分析，检查进度偏差的程度和产生的原因，分析预测进度偏差对后续施工工序和项目的影响程度，提出解决措施，并付诸实施。

6）当工程实施进度与计划进度相比发生较大偏差而有可能影响合同工期目标的实现时，应提出进度计划的调整意见和措施，并指导施工承包人相应调整实施性进度计划，落实相关措施，保证合同工期目标的实现。进度计划的重大调整应书面报业主批准。

7）当因各种原因造成施工合同工期变动时，监理单位应分清施工合同双方责任，及时公正的审核施工合同工期，公正合理地处理好施工承包人的工期索赔要求，报业主批准。

8）检查督促施工承包人按施工规程规范施工、文明安全施工，防止出现质量安全事故及环保问题，避免因任何原因影响工程施工进度。

9）定期组织召开进度计划会，定期（月、周）向业主报告工程项目施工进度控制情况，并编制年、季、月、周完成工程量以及工程施工进度统计表。

（7）施工质量控制。施工质量控制的目标是：所监理的工程质量应符合设计和规范要求，合格率达100%，并监督承包人按其在投标时提出的质量目标进行质量控制。

施工质量控制应依据施工合同文件、设计文件、技术规范与质量检验标准，以单元工程和工序过程为基础，通过巡视、检查、旁站、试验和验收等有效的措施和手段，对工程质量实行全面全过程监督和控制。内容包括（但不限于）：

1）对监理工程项目的构成进行划分（单元工程、分部工程、单位工程等），并按施工程序明确质量控制工作流程，分析和确定质量控制重点及其应采取的监理措施，制订质量控制的各项实施细则、规定及其他管理制度。

2）核实并签发施工必须遵循的设计要求、采用的技术标准、技术规程规范等质量文件；审核签发施工图纸。

3）审查施工承包人的质量管理体系文件和措施，督促施工承包人质量管理体系的正常运作。

4）组织向施工承包人移交与施工合同有关的测量控制网点；审查承包人提交的测量实施报告，其内容应包括测量人员资质、测量仪器及其他设备配备、测量工作规程、合同项目施测方案、测点保护等；审查施工承包人引申的测量控制网点测量成果及关键部位施工测量放样成果，并进行必要的复测。

5）审查施工承包人自建的实验室或委托试验的实验室，审查内容主要有资质、设备和仪器的计量认证文件、检验检测设备及其他设备的配备，实验室人员的构成及素质、实验室的工作规程规章制度等。

6）审查批准施工承包人按施工合同规定进行的材料试验和混凝土骨料级配试验及配合比试验、工艺试验及确定各项施工参数试验；审查批准经各项试验提出的施工质量控制措施；审查批准有关施工质量的各项试验检测成果，并进行抽样检查试验，抽样频率不低于施工承包人抽样数量的1/10。

7）审查进场工程材料的质量证明文件及施工承包人按有关规定进行的试验检测结果。监理单位应进行抽样检查试验，抽样频率不低于施工承包人抽样数量的1/10。不符合施工合同及国家有关规定的材料及其半成品不得投入施工、且应限期清理出场。业主也将进行抽样检查试验，抽样频率不低于监理单位抽样数量的1/10。

8）检查施工前的其他各项准备工作是否完备（如图纸供应、水电供应、道路、场地、施工组织、施工设备以及其他环境影响因素），尽力避免可能影响施工质量的问题发生。

9）对施工质量进行全过程全面的监督管理，在加强现场管理工作的前提下对关键部位、关键施工工序、特殊工序、关键施工时段（如建基面的清理，混凝土浇筑，灌浆工作中的压水试验、浆液制备、施灌、封孔，锚杆插杆和注浆，预应力锚束施工，安全监测仪器的安装及埋设等）必须实行旁站监理，对发现的可能影响施工质量的问题及时指令承包人采取措施解决，必要时发出停工、返工的指令。

10）充分运用监理的质量检查签证的控制手段，对工程项目及时进行逐层次、逐项的（按单元工程、分部工程、单位工程等）施工质量认证和质量评定工作。及时组织进行隐蔽工程、重要部位、重要工序的质量检查验收和签证工作以及分部工程的检查验收工作。

11）做好监理日志，随时记录施工中有关质量方面的问题，并对发生质量问题的施工现场及时拍照或录像。

12）组织并主持定期或不定期的质量检查和质量分析会，分析、通报施工质量情况，协调有关单位间的施工活动以消除影响质量的各种外部干扰因素。

13）组织进行中间验收、分部工程验收，监理单位应做好验收前的各项具体准备工作。

14）审查施工承包人提交的质量事故报告；对质量事故进行调查、提出处理意见，并监督事故的处理。

15）对工程质量进行经常性的分析，并定期提出工程质量报告和按规定格式编制工程质量统计报表（年、季、月）报业主。

（8）工程造价控制。监理单位应配备专职的造价控制监理工程师，对施工合同费用、工程造价进行有效的控制。内容包括（但不限于）：

1）协助业主编制投资控制目标和分年度投资计划。编制监理工程项目以及各合同项目的投资控制目标，各年度、季度和月份的合理投资计划。审查承包人提交的资金流计划。

2）对工程计量进行审核，实现对工程量总量的控制和阶段性的控制。

3）审核承包人上报的申请结算工程量及工程费用等，并签发支付凭证。

4）为控制和减少索赔事件的发生，监理单位应对施工合同的实施进行检查监督和经常性分析，及时发现和预测可能引起索赔的条件及事项，并采取措施尽力避免索赔事件的发生；对工程实施情况做好记录以备索赔要求提出后核查分析；索赔事件发生后应采取有效措施，尽力避免索赔事件的扩大和延伸；受理并公正处理索赔，提出处理意见，组织施工合同双方进行协商，做好调解协调工作。

5）审核工程实施过程中新增合同项目单价和合价，在合理的范围内参考类似项目的单价或合价或参照施工合同文件中相关报价编制原则，提出新增合同项目单价和合价审核意见，并提供必要的依据。协助业主与承包人就合适的单价或合价达成协议。

6）在业主授权范围内审核各类工程变更（包括设计修改、设计变更等），批准执行并报业主备案（业主保留修改权利）；超出业主授权范围的各类工程变更（包括设计修改、设计变更等），提出处理意见，报业主批准后执行。

7）对施工合同费用支付与已完工程量、工程形象进行综合分析，编制每月、季、年施工合同的工程量和投资统计报表报业主。按工程进展情况和资金到位的可能情况，进行经常性的工程费用分析，必要时提出投资计划调整、修改和采取相应处理措施的意见上报业主。

8）协助业主作好工程一切险、生产设备和施工设备的保险等出险时的理赔工作。

（9）施工安全监督。坚持“安全第一，预防为主”的方针，通过对施工生产中各种不安全因素的分析和预控制，避免安全事故的发生。内容包括（但不限于）：

1）建立健全安全监管体系和安全监管制度，切实履行法规和合同职责，落实各级各类监理中心员的安全职责。

2）配备有安全监督资质的安全副总监和专职安全监理工程师进行施工安全监督工作。

3）检查督促施工承包人建立健全安全管理制度，督促施工承包人认真执行国家及有关部门颁发的安全生产法规、规定和施工合同对安全生产的规定。

4）认真审批和督促落实承包人的安全施工措施、方案，加强对承包人安全措施费用使用的监督管理。

5）对施工生产及安全设施进行经常性的检查监督（定期与不定期），对违反安全生产规定的施工及时指令整改。

6）协助业主组织检查防洪度汛工作，检查施工承包人的工程防汛措施并监督实施。

7）定期组织安全生产检查活动，按周召开监理安全例会。做好监理合同内工程建设项目的安全生产协调工作，协助业主做好各施工合同间的安全生产协调工作。

8）参加安全事故的调查分析，审查施工承包人的安全事故报告及安全报表，监督施工承包人对安全事故的报告和处理。

9）定期（每月）向业主报告安全生产情况，并按规定编制监理工程项目的安全生产统计报表。对重大安全事故的处理必须及时向业主报告。

（10）环境保护与水土保持监督。检查督促施工承包人按照施工合同规定和国家标准规定做好施工现场的环境保护及水土保持工作，通过督促指导承包人制定合理的环保水保专项措施方案，严控施工过程中的各类环境破坏与污染行为，督促监督承包人落实施工过程中的各项环境影响减免行为：

1）建立符合监理管理要求的水环保管理体系，切实履行国家法律、法规和合同监理职责，落实各级各类监理中心员的环保职责。

2）督促承包人建立符合项目特点的水环保管理体系，明确人员责任，制定符合项目实际的环水保专项措施方案，落实合同约定的各项环水保措施。

3）审批承包人上报的各项环水保专项措施、方案，加强专项措施方案的落实检查，确保专项环水保费用的有效使用。

4）配合管理局安全环保部、环水保中心开展对所监理项目的日常检查、监督，及时处理检查中发现的问题，并进行书面回复。

5）定期组织召开环水保管理工作会议，及时检查通报工程施工过程中的环境污染、水土流失与生态破坏行为，编制定期（月、季、年）监理报告，反映施工过程环保水保措施及行为。

6）做好所监理项目的专项环保水保工程的监督管理，督促承包人落实弃渣及渣场的维护管理。

7）参与业主组织的环保水保事故（件）调查。

8）参与或组织环保水保专项竣工验收，并提出监理单位的验收意见。

两河口水电站目前已招标引进了前期工程环保水保监理，监理服务范围为××水电站“三通一平”等前期工程施工区建设有关的环保水保项目。工程建设期招标人拟引进专业环保水保监理，负责相关环保水保工程的监理工作，并以招标人名义组建环保水保管理中心，协助招标人进行电站环保水保的管理工作。工程监理和专业环保水保监理的工作职责界面划分见表1-3-1。

表1-3-1 环保水保工作职责界面划分

工程项目类别	环保水保工作职责	
	环保监理	工程监理
Ⅰ类项目——工程监理负责监理的工程项目（主要环保水保内容包括主体工程中包含的具有环保水保功能的设施，以及主体工程施工过程中应采取的废（污）水处理、水环境保护、环境空气保护、声环境保护、生活垃圾处理、人群健康保护、生态环境保护、水土流失防治等环保水保措施）	负责该类项目环保水保工作落实情况的日常巡视，对其环保水保工作效果进行监管，具体工作职责包括： 配合管理局参与招标文件中环保、水保相关条款的审核； 协助工程监理审查承包商上报的施工组织设计、施工工艺等涉及的环保水保内容； 协助、指导承包人严格按照设计要求、已审核施工方案实施各项目环保水保措施； 定期不定期对环保水保工作实施进度与效果进行检查，现场发现的问题可以环保中心的名义直接要求承包商整改或起草环保中心文件要求工程监理督促承包商进行整改； 定期对环保水保工作信息进行统计、分析、汇总； 参加或组织项目环保水保的阶段验收和完（竣）工验收	合同文件中明确的工程监理单位，负责该类项目包括环保水保工作在内的全过程监管，具体工作职责包括： 审批承包商上报的环保水保方案及相关文件； 项目实施过程中，全过程督促承包商按照合同文件及现场相关环保水保管理要求落实各项环保水保措施； 项目实施过程中环保水保工作的“三控两管一协调”； 督促承包商落实环保中心提出的相关环保水保整改要求，并对承包商整改落实情况进行核查与反馈； 对承包商报送的环保水保月报、工作总结等相关工作报告进行收集与审核，并按期报送至管理局； 参加项目的阶段验收和完（竣）工验收，完成项目验收相关监理环保水保工作资料
Ⅱ类项目——环保监理负责监理的环保水保项目（如施工区生活垃圾统一收运、环境监测和水土保持监测项目等）	负责该类项目“三控两管一协调”的全过程监管	协调所辖承包商配合开展施工区生活垃圾统一收运、环境监测和水土保持监测等相关工作
Ⅲ类项目——环保水保专项设施运行项目（主要包括营地污水处理系统、砂石生产废水处理系统、拌和系统生产废水处理设施、渣场挡护设施运行管理项目等）	督促环保水保专项设施运行管理单位完备运行管理制定，填报运行报表； 督促环保水保专项设施运行管理单位正常开展环保水保专项设施运行维护工作； 对环保水保专项设施运行情况及运行效果进行巡视检查，对存在的问题提出专业处理意见； 定期对环保水保专项设施运行报表进行统计与分析； 负责排污费测算	对负责监理项目中包含的环保水保设施（如砂石骨料加工系统工程中的生产废水处理设施、混凝土拌和系统工程中的生产废水处理设施）运行维护工作进行全过程监理，负责该类项目中环保水保设施运行工作的“三控两管一协调”；配合或落实环保水保中心相关管理工作

（11）组织协调。通过沟通、协调与监理工程项目建设直接有关的各方关系，使工程项目建设各方及其建设活动协调一致，以实现施工合同预定的目标。内容包括（但不限于）：

1）以实现总进度计划和施工合同工期为目标，做好各施工合同项目间的进度协调。

2）以监理工程项目的施工总布置为依据，控制协调好各工程施工合同项目的施工布置，控制协调好各施工承包人对施工场地、施工道路的使用。

3）以施工合同为依据，在突出保证关键项目施工的同时，协调好施工用水、用电的供应与分配，组织协调好施工材料及永久设备的供应，协调好共用大型施工设备的调配安排与使用。

4）组织与主持定期与不定期的工地协调会议，编写各有关问题的协调处理意见及各种协调会议的纪要。

（12）施工材料和专用设备的监理（若有）。

1）配备专门的材料监理及施工专用设备监理，对进场材料进行质量监控；对施工专用设备的安装、运行和维护进行监理，确保设备的正常安全使用。

2）负责业主提供的施工专用设备大修计划审核，对可能出现的事故进行分析。

（13）信息管理。做好施工现场监理记录与信息反馈。按要求编制监理月、年报，对工程监理文件及档案按期进行整编和管理，并在工程竣工验收或监理服务期结束后移交业主。所有监理档案均同时具有纸质及电子版本，并服从业主信息化管理的有关规定。

业主正在建设工程管理信息系统，监理中心应承担以下职责：负责提出及确认建设工程项目管理相关业务需求；参与建设工程项目管理相关业务系统的设计、开发和实施工作；负责监理单位的数据录入及所监理工程项目的数据审核工作，并督促所监理项目承包人的数据及时准确录入；负责系统在本单位的试运行及推广工作。

（14）协助业主按有关规定进行工程各阶段验收、单位工程验收及竣工验收，提交相应的工程监理档案，审核设计单位施工文图及设计文件，督促检查施工承包人编制的竣工图纸和资料。

（15）配合参加国家有关部门对工程质量安全鉴定工作，并提供相关资料。

（16）其他相关工作。

四、咨询方面

（1）配合业主聘请的咨询专家工作并提供有关资料。

（2）对监理合同项目有关的咨询专家建议、意见进行分析研究，并提出相应的书面意见和建议。

五、派驻业主单位人员

派驻业主单位人员工作职责、内容及管理办法具体详见招标文件第五章5.2.3附件三监理单位派驻业主单位人员的协议书。

六、监理单位应向业主提供的信息文件

（1）定期信息文件包括（但不限于）：

1）工程及承建合同概况。

2）工程进展情况。

3）施工质量情况。

4）进场施工机械设备及劳动力动态。

5）合同变更和工程变更情况。

6）施工安全与环境保护情况。

7）工程款支付情况。

8）监理中心的资源投入情况。

9）监理中心的人员配备情况。

10）监理工作情况。

11）工程建设大事记。

12）其他。

（2）不定期的信息文件包括（但不限于）：

1）关于工程优化设计、变更或施工进展的建议。

2）资金、资源投入及合理配置的建议。

3）工程进展预测分析报告。

4）业主要求提交的其他报告。

5）工程阶段验收、竣工验收监理工作报告。

（3）监理过程文件包括（但不限于）：

1）施工组织设计批复文件。

2）施工措施计划批复文件。

3）施工进度调整批复文件。

4）监理协调会议纪要。

5）施工质量事故处理文件。

6）施工安全事故处理文件。

7）监理对所监理项目的质量抽检资料。

8）其他按合同文件规定应报送的文件。

（4）监理单位提交的监理文件份数和时间要求：监理中心向业主提交的监理文件一式6份（并附电子版文件1份），其中监理周报、月报、年报一式10份（并附电子版文件1份）。提交文件的时间要求：周报为每下周一，月报为当月28日，年报为每年年末。

1.3.3 监理工作指导思想

始终遵循“守法、诚信、公正、科学”的准则；在监理合同履行中，认真贯彻“监督、管理、公正、协调、服务、廉洁”的工作方针，按照“公正、独立、自主”的监理原则，竭诚为业主服务，公平的维护业主和承包商的合法权益；严格按监理程序和实施细则开展建设监理工作，确保本工程建设总目标——质量目标、进度目标、投资目标、安全目标、环保目标的顺利实现，促使本工程建设全面达到优质、快速、造价低的目的。

1.4 监理管理目标

1.4.1 质量目标

工程质量控制至关重要，必须严格按施工监理程序和实施细则进行监理，做好工程质量的预控和过程控制，控制好关键技术环节和每一道工序，保证施工质量满足合同和技术规范的要求，具体目标如下：

（1）监理服务符合法律、法规、标准和业主要求，确保业主满意。

（2）做好工程建设过程的控制和服务，创建本工程先进建设单位。

（3）不断完善质量管理体系文件，持续改进质量管理体系的适宜性、充分性和有效性。

（4）工程项目施工质量应达到设计文件、规程规范所要求的合格标准，单元工程合格率100%，在单元工程合格的基础上提高优良率，各项目优良率满足施工合同专用条款要求。

（5）施工过程中发生的质量缺陷经过认真处理后不给工程留下隐患，杜绝所监理工程项目发生重大的工程质量事故。

（6）施工过程中施工过程中所提供的技术文件和质量文件（含详细的施工记录）可以满足今后用户对工程项目运行、维修的要求。

（7）确保本合同的所有工程项目建成后运行正常、安全可靠。

1.4.2 安全生产目标

严格遵守《中华人民共和国安全生产法》《建设工程安全生产管理条例》和业主的相关安全管理等规定，认真执行工程建设强制性标准，组织开展安全生产专项检查、综合检查、日常巡查等工程建设监理活动对工程施工安全加强预防和管理，做到施工安全、文明施工。

（1）防止和避免发生监理中心员及所监理项目的施工人员发生人身伤亡事故，杜绝较大以上安全事故发生。

（2）防止和避免所监理工程项目发生直接经济损失达10万元以上的机械设备、交通和火灾事故，杜绝较大以上安全事故的发生。

（3）杜绝所监理工程项目发生重大环境污染事故、人员中毒事故和重大垮塌事故。

（4）杜绝所监理工程项目发生重大的工程质量事故。

（5）杜绝所监理工程项目发生性质恶劣、影响较大的公共安全责任事故。

（6）按照雅砻江公司或管理局下达的年度安全控制目标进行严格的安全监督管理，加强安全管理措施，保障责任区不发生人身死亡事故、不发生一般机械损坏事故、不发生一般火灾和交通事故、不发生重伤事故，防洪度汛无大的险情。

1.4.3 进度目标

达到工程建设合同的总工期要求，减少或消除工期索赔事件的发生。

在确保工程质量及投资目标的前提下，通过对工程建设内、外部环境、对施工各工序的实际施工影响的科学分析，始终以关键线路为主线，统筹兼顾，合理指导施工计划安排和施工方案的实施，以尽可能地优化施工程序，最有效地利用施工有效时间，消除工期延误的隐患，严格监控承包商按批准的施工总进度计划进行施工，保证各单位工程、分部分项工程、单元工程的施工进度按时开展并顺利实施，及时发现并妥善处理影响工期的因素，确保工程施工按发包人与承包商签订的建设合同工期目标完成，并尽可能加快进度，争取工期提前。具体的控制性进度目标如下。

一、开挖工程Ⅰ标控制性进度目标

1. 上游分流挡渣堤工程

（1）开工日期：2013年10月1日。

（2）完工日期：2013年12月31日。

2. 右岸枢纽区自然边坡危险源治理工程

完工日期：2014年3月31日。

3. 电站进水口和开关站边坡开挖及支护工程

（1）2875.00m以上开挖及支护完成日期：2014年10月31日。

（2）全部开挖及支护完工日期：2015年10月31日。

（3）项目完工日期：2015年11月30日。

4. 右坝肩2615.00m高程以上开挖及支护工程

（1）2875.00m 高程以上边坡开挖及支护完成日期：2014年10月31日。

（2）2615.00m 高程以上边坡开挖及支护完成日期：2015年10月31日。

（3）项目完工日期：2015年11月30日。

二、开挖工程Ⅱ标控制性进度目标

1. 下游分流挡渣堤工程

（1）开工日期：2013年10月1日。

（2）完工日期：2013年12月31日。

2. 左岸枢纽区自然边坡危险源治理工程

完工日期：2014年12月31日。

3. 左坝肩2615.00m高程以上开挖及支护工程

（1）2875.00m 高程以上边坡开挖及支护完成日期：2014年10月31日。

（2）2615.00m 高程以上边坡开挖及支护完成日期：2015年10月31日。

4. 泄水建筑物进口边坡开挖及支护工程

（1）洞式溢洪道、放空洞、竖井漩流泄洪洞、深孔泄洪洞进口2875.00m以上边坡开挖及支护完成日期：2015年4月30日。

（2）洞式溢洪道、放空洞、竖井漩流泄洪洞、深孔泄洪洞进口边坡开挖及支护全部完成日期：2015年10月31日。

（3）#5 导流洞进口边坡开挖及支护完成日期：2016年3月20日。

（4）完工日期：2016年4月20日。

5. 泄水建筑物出口边坡（含雾化边坡处理工程）开挖及支护工程

（1）2700.00m 高程以上边坡开挖及支护完成日期：2015年6月30日。

（2）2625.00m 高程以上边坡开挖及支护完成日期：2016年9月30日。

（3）完工日期：2016年10月31日。

三、大坝工程标控制性进度目标

根据招标文件确定。

四、泄洪建筑物工程标控制性进度目标

根据招标文件确定。

1.4.4　造价控制目标

本工程以发包人最后确定的概算和施工承建合同价为合同支付控制目标。通过配备专业造价工程师，专业部室相配合，对工程建设合同费用、工程造价进行有效管理和控制，按月做好施工工程量的审核和设计图纸量的复核工作，保证月支付的准确性，同时建立详细的工程量支付台账，建立合同价款的支付信息档案。

对承包商提出的可能引起合同变更的技术方案和施工措施，进行合理的技术经济比较论证，提出监理建议，力求使技术可行，投资最省，保证质量。在工程实施过程中，客观的记录施工情况，做好工程量签认和原始凭证的归档工作，为可能的工程索赔的评审提供有力的监理支持材料；做好因国家宏观经济调整和各种可能的外界因素对工程造价影响的预测和分析工作，提出监理应对预案，协助业主解决合同问题。

1.5　监理管理组织机构

1.5.1　组织机构设置原则

根据监理合同文件规定，西北公司组建四川省雅砻江两河口水电站主体工程施工监理Ⅰ标建设监理中心（以下简称“监理部”或“监理中心”）派驻工程施工现场。监理中心是西北公司的派出机构，代表西北公司全面履行工程建设监理合同。

（1）以用户至上作为监理中心设置的基本准则。

保证满足业主要求是贯穿我们所有监理工作的核心要求。我们将依据国家现行的有关工程建设法律、法规、行业规范、规程和标准，对本工程施工的质量、进度、安全、造价、环保、水保、合同及信息进行有效控制和管理，协调各施工标段之间的关系，协助业主使工程施工按合同目标顺利进行，组建以实现工程建设的质量控制目标、进度控制目标、造价控制目标、安全控制目标、环保及水保控制目标为基本原则的监理中心。

（2）合理确定监理中心的管理层次和管理跨度，保证监理工作的整体效率原则。

两河口水电站规模巨大、涉及专业众多，在开挖工程Ⅰ、Ⅱ标、大坝工程、及泄水建筑物工程标段内，主要包含了边坡开挖支护、洞室开挖支护、混凝土浇筑、围堰填筑、大坝填筑、基础处理等众多项目。

根据本工程的特点，设置适合本工程监理工作的监理中心，根据不同的施工阶段建立合理的管理层次和管理跨度，做到既分工明确又有一定的灵活性，保证工作效率高效。

（3）保证合理的监理中心员结构和职责分工原则。

为××水电站主体工程施工监理Ⅰ标监理项目实施配置的监理中心员应结构合理，既需要拥有大量工程实践经验的工程技术人员，也需要大量的技术经济和管理人才，更需要同时具有这两种知识的复合型人才。在监理过程中既需要有丰富经验的高中级监理工程师，也需要责任心强的监理员；既需要有丰富阅历的老专家，也需要一大批年富力强的中青年骨干。在监理中心的组织中还要考虑到人员岗位分工既要责权一致，又能体现分工和协作，具有一定的灵活性的原则。

（4）保证监理工作的连续性原则。

我们将按照监理合同及业主的要求，充分利用西北院和西北公司的人员优势，保持现场监理队伍的整体稳定，保证各项监理工作有序连续，提高工作效率。

1.5.2　监理组织机构设置

监理部拟采取矩阵式组织机构模式，下设4个职能部门，3

个项目部和1个专业部门（金结机电部）详见组织机构框图。职能管理部门和工程项目部为监理中心的二级监理机构，其组成介绍如下。

一、总监班子

总监理工程师——×××（全面主持监理中心工作，分管合同部、总监工作部）。

副总监理工程师——×××（分管技术质量部）。

副总监理工程师——×××（分管开挖工程部、大坝工程部）。

副总监理工程师——×××（分管安全环保部）。

副总监理工程师——×××（分管泄水工程部）。

副总监理工程师——×××（分管金结机电部）。

由总监负责全面工作，其他每位副总监分管一个部门。

二、总监工作部

负责监理中心信息管理、档案管理、财务管理、后勤管理等工作，与业主归口部门为综合部。

主任——×××。

三、合同部

负责两河口水电工程造价控制、合同管理、物资核销、保险理赔等工作，与业主归口部门为计划合同部。

主任——×××。

四、技术质量部

负责两河口水电工程工程测量、工程地质、试验检测、安全监测、设备管理、系统运行等工作；与业主归口部门为工程技术一部。

主任——×××。

五、安全环保部

负责两河口水电工程安全管理、环保水保、文明施工、防洪度汛等工作，与业主归口部门为安环部。

主任——×××。

六、坝肩开挖项目部

负责两河口水电工程开挖Ⅰ标、开挖Ⅱ标具体监理工作，与业主归口部门为工程技术一部。

主任——×××。

副主任——×××。

七、大坝工程部

负责两河口水电工程围堰与基坑、大坝填筑、GPS管控、基础处理等监理工作，与业主归口部门为工程技术一部。

主任——×××。

八、泄水工程部

负责两河口水电工程泄洪道开挖支护、混凝土浇筑、基础处理等监理工作，与业主归口部门为工程技术一部。

主任——×××。

九、金结机电部

负责两河口水电工程金结安装监理工作，与业主归口部门为工程技术一部。

主任——×××。

咨询西北公司四川省雅砻江××水电站主体工程施工监理Ⅰ标组织机构框图如图1-5-1所示。在实际监理工作中，根据业主的要求及工程情况的变化，对监理机构及现场人员进行动态管理，以便最大限度地满足本工程施工监理的需要。

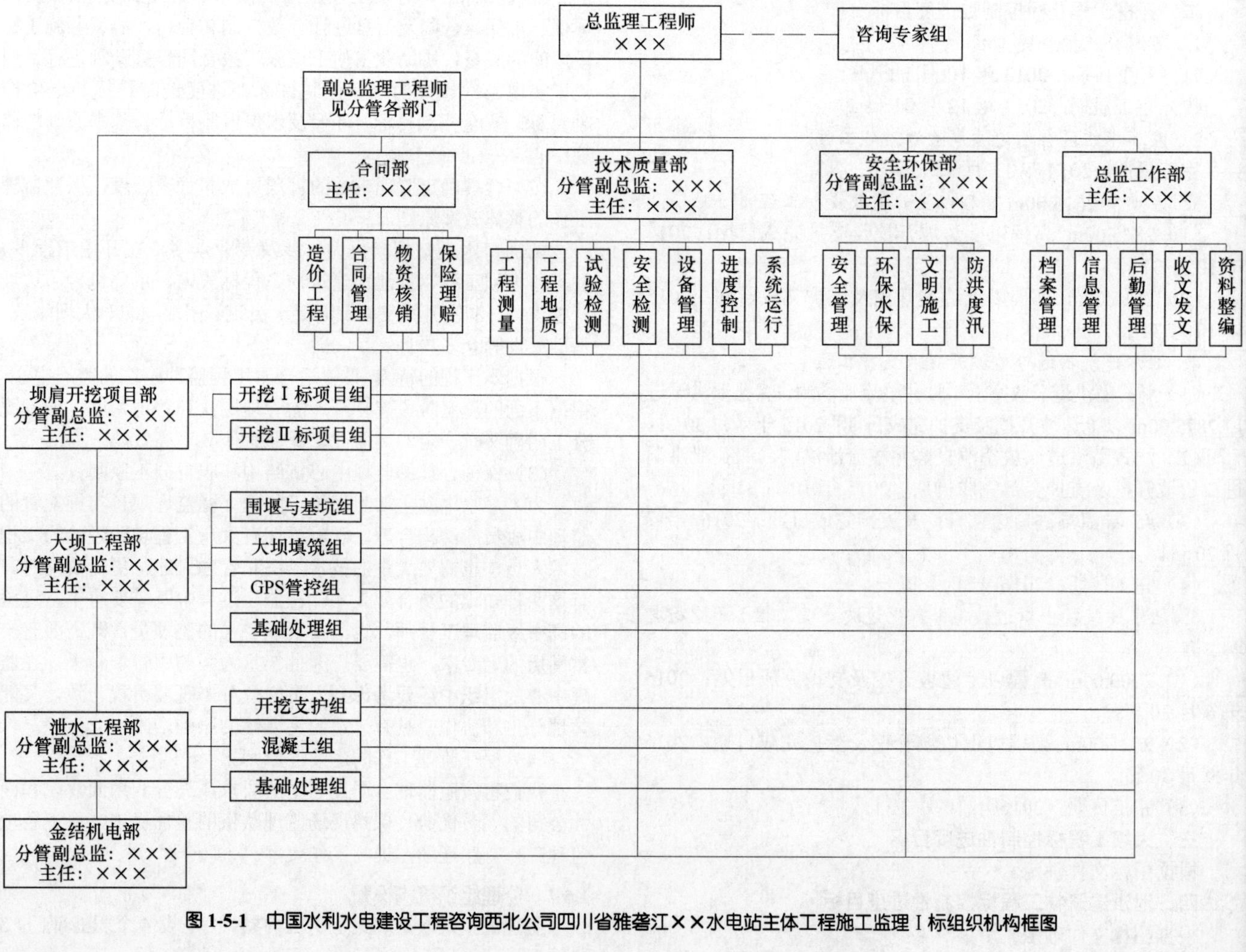

图1-5-1　中国水利水电建设工程咨询西北公司四川省雅砻江××水电站主体工程施工监理Ⅰ标组织机构框图

1.5.3　拟派驻现场的主要监理人员情况清单

拟派驻现场的主要监理人员情况清单见表 1-5-1。

表 1-5-1　　拟派驻现场的主要监理人员情况清单

序号	姓名	年龄	毕业院校和专业	职称	资格证书编号	注册证书编号	曾任职务	拟任职务	社保缴纳期限	备注
1	×××	48	武汉水院农田水利专业	教高	ZJ01086	Zh2K00538	副总兼总监	总监理工程师	1996 年 1 月至今	
2	×××	53	葛洲坝水院水工建筑专业	教高	JLZ2007080060	A0002007084051	副总监兼总工	副总监兼总工	1996 年 1 月至今	
3	×××	43	湘潭大学机械焊接专业	高工	ZJ03013	00141962	副总监	副总监理工程师	2004 年 1 月至今	
4	×××	35	武汉水院水工建筑专业	高工	JLZ2010610001	A0002007084005	总监	副总监理工程师	1999 年 7 月至今	
5	×××	34	武汉水院水工建筑专业	高工	JLZ2011010061	A0002010084200	常务副总监	副总监理工程师	2000 年 7 月至今	
6	×××	50	陕西广电大学工民建专业	高工	ZJ03010	10100098799	安全副总监	专职安全副总监	2006 年 1 月至今	
7	×××	32	武汉水院工程管理专业	工程师	07260157	076100157	合同部主任	合同管理部主任	2004 年 4 月至今	
8	×××	38	西安电子科大财会专业	高工	JG020322	Zh030509	技术部副主任	技术质量部主任	2007 年 5 月至今	
9	×××	47	陕西机械学院水工建筑	高工	0136630	00291853	技术部副主任	技术质量部副主任	1996 年 1 月至今	
10	×××	46	重庆大学土木工程专业	工程师	0132861	10110116380	安环部主任	安全环保部主任	2005 年 9 月至今	
11	×××	47	葛洲坝水院水电施工专业	高工	JLG2009088223	A0002011084208	项目副总工	开挖工程部主任	2010 年 3 月至今	
12	×××	37	陕西广电大学机械制造专业	高工	JLG2006610133	A0002007084034	技术部副主任	开挖工程部副主任	2005 年 1 月至今	
13	×××	33	武汉水院水电工程专业	工程师	JLG2009350074	A0002011084201	项目总监	大坝工程部主任	2003 年 7 月至今	
14	×××	32	黄河水利学院工程监理专业	工程师	JLG2010530029	A0002011084243	总监助理	大坝工程部副主任	2009 年 12 月至今	
15	×××	49	陕西广电大学计算机应用专业	高工	JLG2005082058	A0002007107009	部门副主任	大坝工程部副主任	2009 年 4 月至今	
16	×××	30	华北水院土木工程专业	工程师	JLG2010530044	A0002011084251	总监助理	泄水工程部主任	2004 年 7 月至今	
17	×××	45	葛洲坝职工大学水电施工专业	工程师	JG010207	Zh020201	项目副总监	泄水工程部副主任	2005 年 7 月至今	
18	×××	52	陕西机械学院水电工程专业	高工	JG020413	ZH030489	部门副主任	泄水工程部副主任	2000 年 1 月至今	
19	×××	46	西安公路学院设备专业	高工	JLG2006610256	A0002007084031	机电部主任	金结机电部主任	2008 年 1 月至今	
20	×××	52	华北水院水文工程地质专业	高工	JG020361	Zh030510	项目副总工	地质专业工程师	1996 年 1 月至今	
21	×××	43	桂林工学院工程地质专业	高工	0094914	61000082	主任工程师	地质专业工程师	2011 年 1 月至今	
22	×××	48	吉林广电大学劳动经济管理专业	工程师	0042924	10070031083	安全工程师	注册安全工程师	2007 年 7 月至今	
23	×××	31	三峡大学水利水电工程专业	工程师	JLG2010610041	0B002011084259	安全工程师	注册安全工程师	2008 年 1 月至今	
24	×××	28	杨凌技术学院水工建筑专业	工程师	ZJG2009610021	SL090360046	专业工程师	保险理赔工程师	2011 年 1 月至今	
25	×××	36	武汉水利电力大学水电工程	高工	0123753	00213812	主任工程师	保险理赔工程师	1999 年 7 月至今	
26	×××	41	长安大学工程管理专业	高工	0123721	00287927	专业工程师	物资核销工程师	2011 年 5 月至今	
27	×××	44	中央广电大学工民建专业	高工	0108381	00305949	专业工程师	物资核销工程师	2008 年 3 月至今	
28	×××	52	西安科技学院对外经济管理	工程师	JLG2009088102	A0002011084174	监测工程师	监测专业工程师	1996 年 1 月至今	
29	×××	48	葛洲坝职工大学水电施工专业	高工	JG010853	Zh020785	试验工程师	试验专业工程师	2004 年 1 月至今	
30	×××	28	黄河水利学院工程测量专业	工程师	JLG2010610020	A0002011084249	测量工程师	测量专业工程师	2010 年 1 月至今	
31	×××	39	四川联合大学机电专业	高工	0010234	01009720	专业工程师	设备管理工程师	2007 年 4 月至今	
32	×××	44	葛洲坝水电工程学院机械专业	高工	JLG2007610103	A0002008084066	造价专业工程师	造价专业工程师	2004 年 3 月至今	
33	×××	34	三峡大学工程管理专业	经济师	ZJG2009610011	SL090360036	造价专业工程师	造价专业工程师	2009 年 1 月至今	
34	×××	34	北京科技大学计算机及应用	工程师	06260150	076100168	造价专业工程师	造价专业工程师	2006 年 6 月至今	
35	×××	40	兰州高专电气技术专业	工程师	0063811	00234705	信息管理工程师	档案信息工程师	2008 年 6 月至今	
36	×××	35	陕西理工学院机电专业	工程师	JLG2009350015	A0C02011084183	金结机电工程师	金结机电工程师	2002 年 7 月至今	

1.5.4 监理拟投入的设施、设备及仪器

监理拟投入的设施、设备及仪器清单见表1-5-2。

表1-5-2 监理拟投入的设施、设备及仪器清单

序号	名称	规格型号	单位	数量	提供时间	备注
1	办公设备					
1.1	监理人员					
1.1.1	台式计算机	Lenovo	台	30	2012—2014年	
1.1.2	打印机	HP	台	9	2012—2014年	
1.1.3	复印机	Canon	台	4	2012—2014年	
1.1.4	照相机	Sony	台	14	2012—2014年	
1.1.5	摄像机	Sony	台	2	2012—2014年	
1.1.6	计算器	Casio	个	90	2012—2014年	
1.1.7	扫描仪	紫光	台	4	2012—2014年	
1.1.8	便携式计算机	Sony	台	50	2012—2014年	
1.1.9	办公桌椅		套	152	2012—2014年	
1.1.10	资料柜		个	152	2012—2014年	
1.2	派驻业主单位人员					
1.2.1	便携式计算机	Lenovo	台	15	2012年	
1.2.2	照相机	Sony	台	15	2012年	
1.2.3	摄像机	Sony	台	1	2012年	
1.2.4	计算器	Casio	个	15	2012年	
1.2.5	对讲机	Moto	对	3	2012年	
2	测量仪器设备					
2.1	全站仪	徕卡 TCR802	台	3	2012—2014年	
2.2	测量电子手簿		套	6	2012—2014年	
3	通讯设备					
3.1	电话	TCL	台	40	2012—2014年	
3.2	传真机	National	台	3	2012—2014年	
3.3	对讲机	Moto	对	10	2012—2014年	
4	交通设备					
4.1	越野车		辆	9	2012—2018年	
4.2	面包车		辆	4	2012—2016年	
4.3	皮卡车		辆	2	2012—2013年	
5	生活设备设施					
5.1	生活用品		套	152	2012—2014年	
5.2	电视机	TCL	台	59	2012—2014年	
5.3	洗衣机	海尔	台	10	2012—2014年	
5.4	空调	格力	台	59	2012—2014年	
5.5	生活家具		套	152	2012—2014年	
6	检测试验仪器设备					
6.1	混凝土坍落度桶		套	20	2012—2014年	
6.2	混凝土回弹仪		台	10	2012—2014年	
6.3	锚杆抗拔力检测器		台	6	2012—2014年	

续表

序号	名称	规格型号	单位	数量	提供时间	备注
6.4	锚杆无损检测仪		套	1	2012—2014年	
6.5	砂浆试模		组	40	2012—2014年	
6.6	抗压试模		组	45	2012—2014年	
6.7	抗渗试模		组	8	2012—2014年	
6.8	水泥留样桶		个	20	2012—2014年	
6.9	温度计		支	40	2012—2014年	
6.10	红外线测温仪		台	10	2012—2014年	

注 提供时间仅供参考，各项设备、设施根据实际工作需要分阶段提供。

1.6 各部门管理职责分工

1.6.1 总监工作部职责

负责监理中心信息管理、后勤管理、档案管理、文件收发等工作，并对其工作质量负责。

（1）按业主有关档案管理的规定，制定本标监理档案管理办法，并负责监督、检查本监理范围承包人的档案工作，以保证工程档案的真实、准确、全面、齐备，符合国家规定。

（2）负责计算机项目管理系统的管理及计算机网络的管理，按业主对合同工程信息和档案管理系统的要求，录入监理中心应提交业主的所有信息和文件。

（3）做好文、录、表、单的日常管理，对合同工程建设监理服务过程中的所有文函、记录、资料、图片或录像资料进行收集、分类、整理、录入和保管，使之能在施工期间的任何合理时间内查阅并为监理中心的所有人员提供查阅服务。

（4）定期（一般每年末提交，但涉及工程安全、生产安全、质量事故的照片、音像及资料等应及时提交）或按照阶段将与工程建设有关的照片、资料、报告及音像制品等资料归类、整理后向业主提交。

（5）每个单项合同工程完工后，将经过整理的工程技术档案资料按照相关的规定进行整理并移交给业主。

（6）协助做好施工现场监理记录与信息反馈。

（7）保证规定信息传递的时效性、保密性及完整性。

（8）负责汇总、整理或编写监理中心应向业主提供的信息和文件，包括：定期信息文件；按期编制监理周报、月报和年报；工程质量分析专题报告（季、半年、年度）；工程进度分析专题报告（季、半年、年度）；投资分析报告（季、半年、年度）；统供材料分析报告（月、季、年度）；工程质量统计报表（月、季、年度）；施工安全专题报告（月、季、年度）；施工安全统计报表（月、季、年度）；关于工程优化设计或施工进展的建议；资金、资源投入及合理配置的建议；工程进度及工程进展预测分析报告；工程质量状况及其分析的专题报告（分项的和总体的）；业主要求的其他报告。

（9）负责制定监理中心收文管理工作流程，并按照工作流程做好各类外来文件的签收、记录、分类、发放、处理进程监督管理等收文管理工作。

（10）负责制定监理中心发文管理工作流程，并按照工作流程做好监理中心各类外发文件的分类、编号、记录、发文程序符合性检查、盖章外发等管理工作。

（11）负责制定监理中心各项后勤管理工作制度，并按照制度做好食堂、宿舍、劳保用品发放、办公用品发放、员工考

勤、交通车辆管理、防火、防盗等后勤管理工作。

1.6.2 合同管理部职责

负责监理服务合同中规定的合同管理、统供材料物资核销、工程保险理赔、计量及造价控制方面的工作，对总监理工程师负责。合同管理部主任作为合同管理部的责任人，根据总监理工程师的授权，负责合同管理部的日常工作，并对各部门有关合同方面的工作进行指导、检查和督促。

一、合同商务管理组

合同商务管理组具体负责履行监理服务合同中规定的合同管理方面的职责，承担下述任务，并对其工作质量负责。

（1）协助业主进行工程招标、评标、合同谈判和签订工程施工合同工作。主要有：

1）参加招标设计审查工作。

2）参与审查监理工程项目的发包计划和各招标项目的招标工作进度计划。

3）参与审查招标文件并会同业主与招标文件编制单位商讨修改招标文件。

4）参加投标单位资格预审。

5）协助业主组织投标单位现场踏勘、答疑及其他开标前的有关工作。

6）参加评标和合同谈判。

7）其他应协助业主进行的招标工作。

（2）依据施工合同牵头组织施工合同履约检查，核查施工承包人进场施工设备的数量、种类、规格型号、设备状况是否与投标文件一致，是否能满足施工需要；核查劳动力进场情况及物资材料进场情况；对施工承包人的组织状况、派驻现场的主要管理人员的资质和管理能力等作出评价。对上述各项中不符合施工合同要求、不能满足施工要求者，应及时要求施工承包人采取措施限期解决，并报告业主。

（3）全面管理工程建设合同，审查承包人选择的分包单位资格及分包项目，按规定报业主批准。定期检查和清理承包人非法分包的项目及分包单位，制止工程转包行为。

（4）当因各种原因造成施工合同工期变动时，分清施工合同双方责任，及时公正的审核施工合同工期，公正合理地处理好施工承包人的工期索赔要求，报业主批准。

（5）为控制和减少索赔事件的发生，对施工合同的实施进行检查监督和经常性分析，及时发现和预测可能引起索赔的条件及事项，并采取措施尽力避免索赔事件的发生；对工程实施情况做好记录以备索赔要求提出后核查分析；索赔事件发生后应采取有效措施，尽力避免索赔事件的扩大和延伸；受理并公正处理索赔，提出处理意见，组织施工合同双方进行协商，做好调解协调工作。

（6）协助业主与勘测设计单位签订施工图纸供应协议，并根据各项目节点工期要求和承包人的施工组织设计情况，按季、月编报施工图纸供应计划，并跟踪落实施工图纸供应计划执行情况。

（7）协助业主管理与设计单位签订的有关合同、协议，协助业主督促设计单位按合同和协议要求及时供应合格的设计文件。

（8）定期组织进行农民工工资发放检查监督管理工作，采取有效措施督促承包商按时足额发放农民工工资。

二、投资造价控制组

具体负责履行监理合同中规定的计量及工程造价控制方面的职责，承担下述任务，并对其工作质量负责：

（1）协助业主编制投资控制目标和分年度投资计划。编制监理工程项目以及各合同项目的投资控制目标，各年度、季度和月份的合理投资计划。审查承包人提交的资金流计划。

（2）对工程计量进行审核，建立工程量台账和工作量台账，进行投资控制分析，按阶段进行工程量、工作量的清算，实现对工程量总量的控制和阶段性的控制。

（3）审核承包人上报的申请结算工程量及工程费用等，并签发支付凭证。

（4）审核工程实施过程中新增合同项目单价和合价，在合理的范围内参考类似项目的单价或合价或参照施工合同文件中并提供必要的依据。协助业主与承包人就合适的单价或合价达成协议。

（5）对施工合同费用支付与已完工程量、工程形象进行综合分析，编制每月、季、年施工合同的工程量和投资统计报表报业主。按工程进展情况和资金到位的可能情况，进行经常性的工程费用分析，必要时提出投资计划调整、修改和采取相应处理措施的意见上报业主。

（6）定期进行投资分析，形成投资分析报告报业主。

三、物资管理与核销组

（1）协助业主编制采购招标文件，参加采购招标中投标人资格审查、评标及合同谈判等工作。

（2）制定监理中心统供材料物资管理制度及工作流程。

（3）依据监理工程项目的施工进度协助编制主要材料的年、季、月计划；审核承包人需要业主提供材料的年、季、月计划。

（4）协助管理采购合同，对材料到货进度进行检查，及时提请订货单位催促制造厂交付有可能影响施工进度或已到交货期的材料，必要时提出到货进度的调整意见。组织或参加材料到场后的数量与质量验收。

（5）依据承包合同，协助发包人编制半成品材料供应统计、领用量、核销量、采购价、核销价差等相关记录及台账。审查承包人报送的物资核销统计报表等文件，重点审查“核销量”，完成后报业主机电物资部。

（6）按照制度、流程定期组织进行各合同段统供材料物资核销工作，编写统供材料物资核销报告报业主。

四、保险理赔组

（1）严格执行发包人的有关工程保险理赔的相关规定。

（2）协助发包人健全和完善工程保险索赔程序、制度及工程风险管理体系。

（3）协助发包人进行保险知识的宣传、报验、查勘、理算、索赔等相关工作。

（4）与监理中心安全环保部门研究制订安全风险防范和事故控制措施，并定期联合安全环保部门对施工边坡、道路、用电、住房等主要安全隐患部位进行排查。

（5）如工程延期，配合发包人督促承包人延长各类保险的投保责任期。

（6）协助业主作好工程一切险、生产设备和施工设备的保险等出险时的理赔工作。

（7）做好保险理赔相关工作记录、台账。

1.6.3 安全环保部职责

（1）贯彻宣传国家安全生产、环水保法律法规及业主、咨询公司安全生产管理规定；在总监领导下，全面做好所监理工程项目的安全生产及环水保监督管理工作，对安全生产及环水保负直接监督管理责任；牢固树立“预防为主、安全第一”“安全为了生产、生产服从安全”的思想。

（2）建立完善岗位安全责任制及各项安全生产及环水保规

章制度，监督落实安全生产工作方针、目标；制定安全、环水保培训计划，组织开展对监理中心员进行安全培训，不断提高监理中心员安全生产知识及管理技能。

（3）监督检查承包商建立健全安全生产管理体系，安全生产各项管理制度及安全生产教育培训制度，根据施工具体特点制定安全生产操作规程，针对施工现场存在的问题督促整改落实。

（4）组织开展安全、环水保日常巡检、专项检查、综合检查，对存在的问题及时下发整改通知单，督促承包商整改落实，对于情节严重的应及时报告总监理工程师，采取有效措施。

（5）监督检查承包商主要负责人、项目负责人、专职安全管理人员持证上岗情况，监督检查承包商特种作业人员是否培训合格并持有效证件上岗，对于存在不符合项，限期整改落实。

（6）负责安全生产费用、环水保费用的立项审批及投入使用监督管理工作，保证措施费的有效投入。

（7）检查督促承包商对于危险性较大的分部分项工程报送专项施工方案，审查专项施工方案的编制、审核、批准签署是否齐全有效；专项施工方案的内容是否符合工程建设强制性标准。

（8）监督检查承包商的特种设备、安全操作规程、养护和维修记录是否齐全，设备是否处于安全工作状态，并监督承包商定期进行检验检测。

（9）会同各部门做好安全生产、环水保宣传工作，协助、参与、配合安全生产事故调查处理；督促检查承包商做好安全、环水保教育培训，安全交底，班前会议，入场三级教育工作。

（10）监督检查承包商的道路交通安全、森林防火安全、消防安全是否正常开展，若发现存在的问题，应限期督促整改落实。

（11）参与卫生防疫及治安管理工作，协调爆破安全警戒及爆破指挥所的管理，监督检查承包商机械设备的管理、应急管理、职业健康管理、安全生产标准化管理是否落实到位，若发现存在问题，应书面通知限期整改落实。

（12）负责组织召开安全环水保例会，分析总结安全环保工作，编制上报安全生产、环水保月报及季度、年度安全生产总结和规划。

（13）完成领导交办的其他工作任务。

1.6.4 技术质量部职责

工作职责：负责西北监理中心全面质量管理工作。主要负责为现场的监理工作提供及时、充分的技术支持和施工技术保障，承担合同中规定的工程测量、工程地质、试验检测、安全监测、设备管理、进度控制、系统运行及质量管理等方面的监理管理工作。负责编辑上报监测月报、质量月报、试验月报、测量月报等相关信息材料。

一、质量管理

工作职责：负责监理中心全面质量管理及配合各部门对所管辖的各标段的质量监督落实及整改，并统一整理落实质量管理文件，主持开展每月质量检查活动并主持召开质量月例会。

（1）对于承包人的质量管理体系进行监督检查，发现问题及时督促整改落实。

（2）对于承包人的质量管理制度进行监督检查，发现问题及时督促整改落实。

（3）对于承包人的质量计划牵头组织进行审查批复工作，督促承包人落实各项质量控制措施、保证施工质量满足合同及规程、规范等质量标准的要求。

（4）负责制定监理中心各项质量管理制度，按照制度牵头组织施工质量日常巡查活动及月、季质量大检查活动，发现问题及时督促承包商整改落实，并做到闭环管理。

（5）按照业主发布的质量管理办法，主持召开质量管理月例会，并对于各标段进行质量管理考核评比工作。

（6）牵头组织进行工程建设强制性条文执行情况监督检查管理工作，发现问题及时督促相关单位整改落实。

（7）按照业主发布的达标投产管理办法，牵头组织进行达标投产监督检查工作，发现问题及时督促相关单位整改落实。

二、工程测量监理

工作职责：负责所监理的各标段施工测量监理方面的工作。测量专业工程师为责任人，负责本组的日常工作，并对测量工程师和监理员的工作进行指导、监督和检查。工程测量组承担下述工作任务，并对其工作质量负责。

（1）组织向承包人移交与工程项目有关的测量控制网点。

（2）审查承包人提交的测量实施报告，其内容应包括测量人员资质、测量仪器及其他设备配备、测量工作规程、工程项目施测方案、测点保护等。

（3）审查承包人引申的测量控制网点测量成果及关键部位施工测量放样放点成果，并进行必要的复测。

（4）对承包人的计量测量、放样复核测量等进行监督，确认测量数据，审查测量及其计算成果。

（5）对工程量进行复核或抽查，工程开工前组织对原始地面线进行全面复核，并对工程计量进行审核，建立工程量台账和工作量台账。

三、工程地质监理

负责整个合同工程的地质预测、地质鉴定、土石比鉴定、地质超挖鉴定、基础验收等与地质有关的监理管理工作。地质专业工程师为责任人，负责本组的日常工作，并对地质工程师和监理员的工作进行指导、监督和检查。具体工作职责包括但不限于：

（1）负责检查、指导地质工程师和监理员的监理工作，并及时向部门负责人汇报。

（2）熟悉并掌握监理工程项目的工程地质及水文地质原始资料，负责了解本工程的施工地质状况、特点与异常情况，全面负责工程施工地质监理工作。

（3）根据施工揭示的工程地质情况，及时发现和预测不良地段的地质情况，对工程安全的影响作出判断和分析，并提出处理意见及时报告总监。

（4）根据设计单位提供的最终设计文件的处理意见，审查承包人提出不良地质地段的施工方法、施工计划和事故报告、应处理的工程量、处理措施报告，经总监审查批准后及时监督实施。草拟工程施工中有关地质方面的监理文件和现场联系工作。

（5）负责永久地基的地质处理（如断层破碎带刻槽、混凝土置换、布置随机锚杆）和地基验收工作，参加隐蔽工程覆盖前的检查验收工作。

（6）负责开挖过程中超欠挖是否属地质原因的鉴定和签认工作。

（7）负责开挖土石比的鉴定和签认工作。

（8）草拟施工中的有关地质问题方面的现场通知书，编写地质专业监理日志，起草地质专业的监理月报、监理年报、其他报告中的地质专业内容。

（9）参与研究与地质有关的设计修改和合理化建议。

四、试验检测监理

工作职责：负责所有应检原材料、中间产品、成品的现场取样、见证取样、送样和成果分析，对试验结果做最终质量评定。具体工作职责包括但不限于：

（1）审查施工承包人自建的实验室或委托试验的实验室，审查内容主要有资质、设备和仪器的计量认证文件、检验检测设备及其他设备的配备，实验室人员的构成及素质、实验室的工作规程、规章制度等。审查批准施工承包人按施工合同规定进行的材料试验和混凝土骨料级配试验及配合比试验、工艺试验及确定各项施工参数试验。

（2）审查批准经各项试验提出的施工质量控制措施；审查批准有关施工质量的各项试验检测成果，并进行抽样检查试验，抽样频率不低于施工承包人抽样数量的1/10。

（3）审查进场工程材料的质量证明文件及施工承包人按有关规定进行的试验检测结果，并进行抽样试验复核，抽样频率不低于施工承包人抽样数量的1/10。经抽样复核确认不符合施工合同及国家有关规定的材料及其半成品，责令承包人不得投入施工，并限期清理出场。

（4）督促承包人对业主统（专）供材料、设备及承包人自供材料、设备的数量验收和质量检验，并按规定进行一定比例的抽检，并参加进场统（专）供材料的验收。

（5）参加混凝土工程、灌浆等项目的检查验收工作，并就试验方面提出检查意见。

五、安全监测监理

（1）负责安全监测设计协调管理工作，包括施工图审查发放，组织设计交底，参加设计联络会，协调解决施工中的设计问题。

（2）负责审查批准承包人上报的安全监测仪器采购、率定、进场检验、安装、埋设措施、计划等相关技术文件。

（3）协调安全监测施工和管理中的相关问题。

（4）负责监督安全监测工作的实施，对工程质量、进度、安全、投资等进行控制管理，负责安全监测工程计量审核。

（5）督促承包人做好安全监测信息和资料的整理和管理。

（6）参与安全监测工作的咨询、技术评审与资料分析工作。

（7）做好安全监测承包人与土建承包人之间在仪器埋设施工进度计划、埋设施工协调配合、已埋设仪器设备和保护等方面的协调与管理等。

六、设备管理

（1）协助发包人进行工程设备、施工设备等的采购招标与发包工作：

1）协助编制发包人提供的设备招标采购和设备到货计划；

2）协助发包人编制采购招标文件，参加采购招标中投标人资格审查、评标及合同谈判等工作。

（2）对施工专用设备的安装、运行和维护进行监理，确保设备的正常安全使用。

（3）负责发包人提供的施工专用设备大修计划审核，对可能出现的事故进行分析。

（4）协助管理采购合同，对设备到货进度进行检查，及时提请订货单位催促制造厂交付有可能影响施工进度或已到交货期的材料、设备，必要时提出到货进度的调整意见。

（5）负责发包人对进场永久工程设备进行质量检验与到货后组织开箱验收。

（6）应发包人要求，参加发包人采购本工程永久设备的相关设计联络会、工厂试验和出场验收。

（7）协助管理采购合同，对设备到货进度进行检查，及时提请订货单位催促制造厂交付有可能影响施工进度或已到交货期的设备，必要时提出到货进度的调整意见。

（8）整理和记录安装调试中发现的设备制造方面的问题与缺陷，并协助与设备制造厂谈判交涉。

七、进度控制

（1）编制监理合同工程项目的控制性进度计划。

（2）依据经审查批准的合同工程控制性总进度计划和工程建设合同，编制监理工程项目的控制性的总进度计划，并由此确定进度控制的关键线路、控制性施工项目及其工期、阶段性控制工期目标，以及合同工程的各单项工程控制性进度目标，作为监理工程项目总体的进度控制依据。

（3）依据监理工程项目的施工总进度计划审批承包人编制的各月度施工进度计划，审核承包人编制的季度、年度的施工进度计划，审核的内容应当包括准备工作进度、计划施工部位和项目、计划完成工程量及应达到的工程形象、实现进度计划的措施以及相应施工图供图计划、材料设备的采购供应计划、资金的使用计划等项内容，并以此作为工程实施的阶段性进度控制依据。

（4）当工程实际进度与计划进度相比发生较大偏差而有可能影响合同工期目标的实现时，提出进度计划的调整意见报业主批准，并指导承包人相应调整实施性进度计划。进度计划的重大调整书面报业主批准。

（5）定期组织召开进度计划会，定期（月、周）向业主报告工程项目施工进度控制情况，并编制年、季、月、周完成工程量以及工程施工进度统计表。

八、系砂石骨料生产及混凝土拌和系统运行管理

（1）负责监督承包商建立健全砂石骨料生产及混凝土拌和系统运行管理体系，确保按计划生产供应、确保供应的原材料、拌和物满足质量标准的要求。

（2）负责监督检查承包商制定的各项运行管理规章制度，确保制度完善、有效运行。

（3）负责监督检查承包商制定的各级生产运行管理人员责任制，确保分工负责、责任到人。

（4）负责监督检查承包商制定的各项运行管理操作规程，确保操作规范、安全可靠。

（5）负责督促承包人定期或在必要的时候对于系统进行检查、维护、维修、保养、大修，确保系统的正常运转。

（6）配备负责对于产出的砂石骨料、混凝土拌和物的质量进行监督控制，督促承包商按照规程、规范规定的频次，每班对于产出品的各项物理力学性能进行抽样试验，发现问题及时督促承包人整改，确保只有合格的产品用于工程建设，不合格品做废料处理。（本部分必须配备专业试验工程师进行管理）。

（7）负责对于系统各类产品进行抽样复核、见证取样、见证试验，发现问题及时督促承包人整改落实。（本部分必须由专业试验工程师进行管理）。

（8）督促运行单位定期对于各类产品的试验成果进行统计分析汇总，定期对于原材料及中间产品进行质量评定，并通过质量评定督促承包人不断提高生产控制水平。

（9）负责要料计划及生产供应计划的审批工作，并在生产过程中加强协调管理。

1.6.5　开挖工程项目部职责

负责开挖工程Ⅰ标和开挖工程Ⅱ标所有项目的质量控制、进度控制、工程计量控制、安全生产控制、环保和水保控制、文明施工管理、工程验收和竣工资料的整编以及协调各相关单位的配合等工作；配合合同部做好合同管理及投资控制工作；配合技术质量部作好质量管理工作；配合总监工作部做好信息管理工作。部门分管项目范围如下：

（1）左右岸 2615m 高程以上坝肩边坡开挖与支护。

（2）左右岸 2615m 高程以上灌浆平洞进口段 50m 开挖及支护。

（3）左岸泄洪建筑物（包括洞式溢洪道、深孔泄洪洞、放空洞、#3 导流洞、#5 导流洞）进口边坡开挖与支护工程。

（4）左岸泄洪建筑物出口 2625m 高程以上边坡开挖与支护工程。

（5）电站进水口开挖与支护工程。

（6）开关站开挖与支护工程。

（7）上下游分流挡渣堤堰工程施工。

（8）开挖开口线外的自然边坡危险源（危岩体、冲沟堆积物等）治理。

（9）泄洪建筑物出口雾化区边坡处理。

（10）与永久安全监测项目和物探监测项目承包人的协调配合。

（11）相关临时道路建设和相关道路维护。

（12）临时工程及临时设施的建设、管理及完工的拆除等辅助工程。

（13）与之相关的水保环保项目和渣场防护、运行管理。

1.6.6 大坝工程项目部职责

大坝工程项目部负责大坝工程标所有项目的技术管理、质量控制、进度控制、工程计量控制、安全环保控制、文明施工管理、工程验收和竣工资料整编等工作；在监理中心的领导下，对内加强本部门与监理中心各部门之间的协作配合：配合总监工作部作好信息管理及档案管理工作，配合合同部作好合同管理及投资控制工作，配合技术质量部作好质量管理工作，配合开挖工程项目部做好交面工作，对外与业主单位、承包人、设计单位以及业主组建的试验检测中心、工程测量中心、环保水保中心、安全监测单位做好对口协调工作。

大坝工程项目部下设四个工程组，各组主要分管项目范围如下。

一、围堰与基坑组

（1）主河道截流、上下游围堰填筑。

（2）施工期围堰运行维护、基坑水流控制。

（3）基坑开挖与支护。

二、大坝填筑组

（1）#403 路、#2 公路Ⅱ期工程、401-A 和 401-B 路工程。

（2）大坝填筑。

（3）料场开采支线路，料场揭顶、剥离。

（4）土料与石料开采、运输，料场边坡防护工程。

（5）心墙料掺和场建安与运行。

（6）左右岸灌浆平洞开挖、支护工程。

（7）瓦支沟反滤料加工系统建设与运行管理。

（8）有关施工道路的运行维护。

（9）临时工程及临时设施的建设、管理及完工的拆除等辅助工程。

（10）与之相关的水保环保项目和渣场防护、运行管理。

三、GPS 管控组

对数字大坝 GPS 分控站进行全过程全时段管理监控，并对实时监控所反映的问题及时与大坝填筑组通报。收集整理归档填筑过程中系统各模块生成的各指标资料。

四、基础处理组

本标段所有项目的基础处理工作。

1.6.7 泄水工程项目部职责

工作职责：负责泄水建筑物工程标的质量控制、进度控制、工程计量控制、安全环保控制、文明施工管理工作及工程验收和竣工资料整编工作；配合总监工作部作好信息管理及档案管理工作。配合合同部作好合同管理及投资控制工作。配合技术质量部作好质量管理工作。配合开挖工程项目部和金结项目部做好交面和反交面工作。和发包人、承包人、设计单位、业主组建的试验检测中心、工程测量中心、环保水保中心、安全监测单位做好对口协调工作。主要监理工程项目如下：

（1）泄水建筑物（含#3 导流洞、#5 导流洞，下同）进口群混凝土浇筑及金结与启闭设备安装。

（2）泄水建筑物洞身工程。

（3）泄水建筑物出口群混凝土浇筑。

（4）#5 导流洞下闸与封堵。

（5）#3、#4 导流洞下闸，#3 导流洞后期改造。

（6）瓦支沟混凝土系统建安与运行管理和下游低线混凝土系统后期第 2 台拌和楼建设与安装及后期运行管理，瓦支沟砂石系统建设安装与运行管理。

（7）下游岸坡防护与雾化边坡处理，左岸低线公路封堵。

（8）与安全监测项目和物探检测项目承包人的协调配合。

（9）有关施工道路的运行维护。

（10）临时工程及临时设施的建设、管理及完工的拆除等辅助工程。

（11）与之相关的水保环保项目和渣场防护、运行管理。

1.6.8 金结机电项目部职责

工作职责：根据总监理工程师的委托或授权，负责本工程的各种金属结构及其电气设备安装的现场监督检查及进度控制工作。金结安装部主任为项目责任人，负责项目部的日常工作，并对值班工程师和监理员的工作进行指导、监督和检查。主要内容包括：

（1）审查和控制分管专业在施工过程中的工程进度、施工技术措施、工程质量和设备安装调试等。

（2）审查分管专业专项安全措施，管控施工过程中工程和人员安全，接受安全专职部门的监督，督促整改落实安全问题。

（3）参加业主组织的金结机电设备厂内试验和出厂验收，代表业主组织进场设备的质量检测及到货设备交接验收。

（4）依据施工总进度计划，协助业主编制金结机电设备采购招标进度计划。

（5）核查金结机电设备实际到货进度是否符合采购合同要求和工程进度要求，必要时，应向业主提出金结机电设备到货进度的调整意见。

（6）注重解决施工过程中所出现的技术与经济问题，对金结机电设备因制造或运输过程中产生的缺陷进行研究和分析，提出具体处理方案，经总监批准执行。

（7）审查承包人提交的关于金结机电设备的具体施工措施。

（8）审查承包人的工程自检报告、安装调试记录、施工记录表格，主持复检工作，并签署施工合格证书。

（9）记录和整理安装调试中发现的金结机电设备制造缺陷和质量问题，提出处理建议，协助业主与供货单位谈判交涉。

（10）审查承包人报送的月进度计划、工程完成情况、统计报表及计量申请等，提出具体意见提交总监理工程师或分管副总监理工程师核定。

（11）施工过程中收集变更、索赔基础材料，审查变更、索赔报告，交由总监理工程师签发。

（12）组织协调金结机电设备供货人现场代表与承包人

之间的工作关系。

1.7　各主要岗位职责分工

1.7.1　总监理工程师岗位职责

在工程监理过程中实行总监负责制，由总监理工程师负责全面履行监理合同中所约定的监理单位的职责。具体职责如下：

（1）主持编制监理规划，制定监理中心规章制度，审批监理实施细则；签发监理中心的文件。

（2）确定监理中心各部门职责分工及各级监理中心员的权限，协调监理中心内部工作。

（3）指导监理中心内部人员开展工作，负责监理中心员的工作考核，调换不称职的监理中心人员；根据工程进展情况，调整监理中心人员。

（4）主持审核承包人提出的分包项目和分包人，报发包人批准。

（5）审批承包人提交的施工组织设计、施工措施计划、施工进度计划和资金流计划。

（6）组织或授权监理工程师组织设计交底；签发施工图纸。

（7）主持第一次工地会议，主持或授权监理工程师主持监理例会和监理专题会议。

（8）签发进场通知、合同项目开工令、分部工程开工通知、暂停施工通知和复工通知等重要文件。

（9）组织审核付款申请，签发各类付款证书。

（10）主持处理合同违约、变更和索赔等事宜，签发变更和索赔的有关文件。

（11）主持施工合同实施中的协调工作，调解合同争议，必要时对施工合同条款作出解释。

（12）要求承包人撤换不称职或不宜在本工程工作的现场施工人员或技术、管理人员。

（13）审核质量保证体系文件并监督其实施；审批工程质量缺陷的处理方案；参与或协助发包人组织处理工程质量及安全事故。

（14）组织或协助发包人组织工程项目的分部工程验收、单位工程完工验收、合同项目完工验收，参加阶段验收、单位工程投入使用验收和工程竣工验收。

（15）签发工程移交证书和保修责任终止证书。

（16）检查或组织检查监理日志；组织编写并签发监理月报、监理专题报告、监理工作报告；组织整理监理合同文件和档案资料。

（17）审核安全生产、文明施工、环保水保保证体系文件并监督其实施；审批专项安全措施方案；参与或协助发包人组织处理安全事故。

（18）每季度至少组织一次安全环水保检查，主持一次安全环水保工作例会，协调解决施工中安全问题，部署下阶段安全环水保工作控制重点。

1.7.2　副总监理工程师岗位职责

1.7.2.1　专职安全管理副总监理工程师职责

（1）负责总监理工程师指定或交办的监理工作。

（2）按总监理工程师的授权，行使总监理工程师的部分职责和权力。

（3）组织编制项目年度安全生产、环保水保工作计划，制定年度安全生产、环保水保工作目标、应急方案以及紧急救护措施。

（4）组织实施与安全生产、环保水保、职业健康有关的监理活动、服务过程、监理中心员的劳动保护、生活区环境卫生、饮食安全等措施。

（5）审查承包人编制的施工组织设计中的安全技术措施和危险性较大的分部分项工程安全专项施工方案是否符合工程建设强制性标准要求。

（6）审核并监督检查承包人在工程项目上的安全生产规章制度和安全生产保证体系的建立、健全及专职安全生产管理人员配备情况，督促承包人检查各分包单位的安全生产规章制度的建立情况。

（7）审核承包人应急救援预案和安全防护措施费用使用计划。

（8）对施工现场安全生产、环境保护情况进行巡视检查，对存在的问题，及时督促承包人整改落实。

（9）负责对监理中心员的劳动保护措施落实、入场安全教育、安全交底等。

（10）定期向总监理工程师报告各标段的安全生产情况，对施工安全生产和监理安全监控事项提出建议。

（11）定期组织各监理项目部和承包单位对各工地进行安全生产大检查，对重点工程和关键工序进行不定期检查，检查结果留有记录，发现问题通知承包单位立即整改，对整改情况进行核实。

（12）主持召开安全生产月例会，签发相关会议纪要。

（13）按照业主发布的工程安全生产管理办法，负责组织对各承包人的安全生产、文明施工、环保水保工作进行考核、评比。

（14）组织编写安全生产、文明施工、环保水保监理实施细则，并经总监理工程师批准后实施。

（15）分管监理中心安全环保部，负责签发安全环保部的有关文件。

（16）负责组织、协调安全环保部及其内部人员，切实履行安全生产、文明施工、环保水保等监督管理职责，做好监理中心所监理标段的安全生产、文明施工、环保水保监督管理工作。

1.7.2.2　专职质量管理副总监理工程师职责

（1）负责总监理工程师指定或交办的监理工作。

（2）按总监理工程师的授权，行使总监理工程师的部分职责和权力。

（3）作为专职质量副总监协助总监工作，分管技术质量部，负责监理中心宏观质量管理工作，负责审查签发技术质量部各类文件。

（4）负责组织技术质量部全面履行各标段的试验、物探检测、测量、地质监理工作。

（5）负责组织技术质量部全面履行坝壳区填筑料及掺砾土料碾压试验咨询工作。

（6）负责组织各标段月、季质量检查及评比工作，主持召开监理中心质量月例会。

（7）代表监理中心对监理中心各项目部的质量控制工作进行检查监督，对发生的质量问题监督其整改闭合。

（8）按监理中心规定，组织并督促技术质量部做好信息管理工作。

（9）负责组织技术质量部做好单元工程、分部工程、单位工程竣工资料的整编与归档工作。

（10）负责监理中心达标创优管理协调工作。

（11）负责完成总监交办的其他工作。

1.7.2.3　各部门分管副总监理工程师职责

（1）负责总监理工程师指定或交办的监理工作。

（2）按总监理工程师的授权，行使总监理工程师的部分职责和权力。

（3）负责组织、协调各分管部门及其内部人员，切实履行各部门的监督管理职责，做好各分管项目的质量控制、进度控制、计量控制、合同管理、信息管理、组织协调、安全生产、文明施工、环保水保等监督管理工作。

（4）配合专职安全副总监及安全环保部的工作，切实做好分管项目的安全生产、文明施工、环保水保等监督管理工作。

（5）配合专职质量副总监及技术质量部的工作，切实做好分管项目的质量控制、达标创优的监督管理工作。

（6）配合合同管理副总监及合同部的工作，切实做好分管项目的合同管理、变更索赔、计量控制、工程量台账动态管理、工程分包管理、农民工工资发放检查等监督管理工作。

（7）配合总监工作部的工作，切实做好分管项目的信息管理、档案管理等监督管理工作。

（8）组织分管项目的设计交底，签发分管项目的施工图纸。

（9）审核承包人提交的施工组织设计、施工措施计划、施工进度计划，并提出审查意见报总监理工程师批准。

（10）审查并核实单位工程、分部分项工程、暂停工项目的开工或复工条件，并提出审核意见报总监理工程师签发开工令或复工令。

（11）负责对于分管部门及其内部人员的现场监理工作和内业进行检查、指导、考核。

（12）对于分管项目的施工现场进行日常巡视检查，发现质量、安全问题，及时督促承包商及分管部门整改落实。

（13）负责对于分管项目的实施进度进行跟踪管理，发现问题及时督促承包商整改落实。

（14）负责组织、协调分管部门的信息记录、收集、整编、储存、保管和归档工作，及时向总监理工程师提供和报告有关信息。

（15）组织、协调分管部门做好工程量控制台账和计量支付台账的动态管理工作；依据上述台账和承包商工程完成情况，组织、协调有关人员做好各期支付报表的审核计量工作，并对各期计量签证审核把关。

（16）组织、协调分管部门做好监理日志、旁站记录，并负责检查监督管理，确保记录详细、齐全、准确、规范。

（17）组织、协调分管部门通过监理日志、旁站记录为索赔和反索赔提供有效的证据资料。

（18）负责督促承包单位和监理中心人员针对工程实际编制重点工程和关键工序质量和安全方面的预防及纠正措施，监督实施。

（19）参与工程质量事故、安全事故的调查分析，并提出分析意见。

（20）负责组织隐蔽工程、工程的重要部位等的联合验收。

（21）负责组织分管项目的土石比鉴定、地质超挖鉴定工作。

（22）负责组织分部工程的检查验收。

（23）负责组织报验工程量的现场核实工作。

（24）参与审核工程竣工资料，参加项目竣工初验。

（25）完成总监委托的其他事项。

（26）副总监协助总监工作，除履行上述部分职责外，当总监不在现场期间，现场监理工作由指定的副总监全权负责。

1.7.3 总工程师岗位职责

（1）在总监理工程师领导下，负责技术把关，分管项目部管理工作。

（2）审核施工组织设计、技术方案及施工措施计划，以及月、季、年及总进度计划。

（3）审核、签发设计文件，并组织设计交底。

（4）负责各项目技术指导工作，现场巡视检查落实情况。

（5）审核专题技术报告、质量巡检报告等。

（6）负责并组织项目工程、分部工程、重要隐蔽工程验收工作。

（7）负责监理中心的技术培训工作。

1.7.4 各部门主任、副主任岗位职责

1.7.4.1 总监工作部主任、副主任职责

一、主任岗位职责

（1）全面负责本部门的工作计划、安全及质量的检查落实工作，并对部门职责执行情况负责。

（2）对工作部各岗位人员工作进度、质量及任务完成情况负有监督、检查及指导责任。

（3）负责本部门或中心领导赋予的有关岗位职责、规章制度、本部门工作总结的拟写工作。

（4）负责所有档案归档工作的指导、布置、检查、汇总移交工作。

（5）负责档案归档工作中的对外联系及协调工作。

（6）负责大件办公用品的审查、调研、购买工作。

（7）负责监理中心工作职责之内的对外联系工作。

（8）完成中心领导交办的其他工作。

二、副主任岗位职责

（1）负责中心信息材料，包括信息资料收集，定期信息材料在内的编写、上报工作。

（2）负责领导交办的临时性材料的编写及其他工作上报工作。

（3）协助主任工作，主任不在时履行主任岗位工作职责。

1.7.4.2 合同部主任职责

本章其余内容见光盘。

第 2 章　四川省雅砻江两河口水电站施工阶段监理细则

2.1　磨子沟堆渣及排水防护工程监理实施细则

2.1.1　总则

2.1.1.1　目的

为了加强浆砌石工程施工工程序化、规范化、标准化管理，指导现场监理工作，并严格按照设计及规范要求标准执行，确保浆砌石工程施工质量满足设计、规范及合同要求，制定本细则。

2.1.1.2　编制依据

（1）《磨子沟沟口堆渣排水及防护工程设计通知》（两河施设〔2013〕05 号总 206 号）。

（2）《水利工程建设项目施工监理规范》（SL 288—2003）。

（3）《水电水利工程施工监理规范》（DL/T 5111—2008）。

（4）《水利水电建设工程验收规程》（SL 223—2000）。

（5）《水利水电工程施工质量检验与评定规程》（SL 176—2007）。

（6）《工程建设标准强制性条文　水利工程部分》（2010 年版）。

（7）《砌体工程施工质量验收规范》（GB 50203—2011）。

（8）《水电站基本建设工程验收工程》（DL/T 5123—2000）。

（9）《水电站基本建设工程单元工程质量等级评定等级评定标准》（DL/T 5113.1—2005）。

2.1.1.3　适用范围

本细则适用于适用雅砻江两河口水电站工程工地水泥砂浆浆砌石护坡、挡墙等的施工。

2.1.2　工程项目内容及监理工作流程

2.1.2.1　工程项目内容

护坡、挡土墙工程主要包括：挡墙基础开挖、混凝土挡墙、浆砌石护坡、截排水沟等项目的施工。

2.1.2.2　监理工作流程

监理工作流程如图 2-1-1 所示。

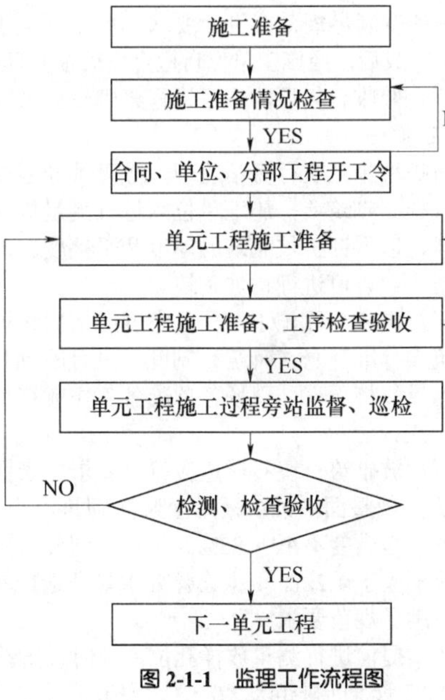

图 2-1-1　监理工作流程图

2.1.3　监理工作控制要点及质量目标

2.1.3.1　监理工作控制要点

（1）进度。施工措施方案、进度计划合理、资源投入满足要求，确保按期完工。

（2）质量。

1）加强测量控制，确保工程体型满足设计要求。

2）基础开挖，确保开挖尺寸、地基承载力满足设计要求。

3）加强原材料检测、监督，确保原材料质量。

4）严格控制砂浆及混凝土配合比，确保砂浆及混凝土质量。

5）重视排水孔安装，特别是土工布包扎，控制好间排距。

6）重视伸缩缝施工质量。

7）加强护坡坡比检测，确保坡度不大于设计坡度（1:1.75），并保证边坡的平整度。

8）砂砾石垫层施工厚度均匀，并满足设计 20cm 厚的要求。

9）加强浆砌石护坡砌筑及挡墙混凝土浇筑过程的旁站监督，保证其施工质量。

10）截排水沟开挖、砌筑尺寸须满足设计要求，不超过规范允许误差。

（3）安全文明施工。加强坑槽开挖过程坑壁边坡坍塌、削坡过程滚石的安全防护。

（4）水保环保。防止施工中灰尘污染、废弃渣物倒至指定地点，做到工完场清。

2.1.3.2　质量目标

单元工程质量全部合格，优良率不低于 85%。

2.1.4　监理工作方法及质量控制

2.1.4.1　施工准备

2.1.4.1.1　技术准备

（1）有关监理项目负责人组织业主、设计、监理及施工方进行设计技术交底，明确设计意图及要求、掌握施工难点、重点及关键部位和关键项目，如施工放样、基槽开挖深度、断面尺寸、承载力检测、砂浆标号及配合比等。

（2）浆砌石工程施工前 28d，承包单位报应将浆砌石工程施工组织设计（包括施工准备、材料供应、资源投入、施工方法、施工质量保证体系和质量保证措施、进度计划、安全文明施工、工完场清说明等）。

（3）原材料检测报告，水泥砂浆、混凝土配合比设计报告报监理中心审核批复。

（4）承包单位应对施工部位地形进行测绘或复测，监理或测量中心进行联合或独立复核测量，测量成果须经监理中心和测量中心审核确认。

（5）承包单位申报项目及单元工程划分情况，经监理审核并经业主批准后实施。

2.1.4.1.2　现场施工准备

（1）承包单位在砌石工程开工前，应根据合同及批复的施工组织设计组织设备进场布置就位，监理工程师应检查施工设备是否满足该工程施工工期、施工强度和工程质量要求，未经监理工程师检查批准的施工设备不得在工程中使用。施工用材料、工器具到位，技术及劳动力人员准备充分。

（2）砌石工程开工前，承包单位应对拟采用的原材料水泥、砂、块石、施工用水进行检测或分批次检测，监理进行联检或独立抽检，检测报告报监理中心审核，同时监理工程师须检查水泥出厂检验报告和厂家生产许可证，并对检测试验单位的资质、资格进行复核。未经监理工程师签证批准的材料、砂浆及混凝土配合比不得在工程中使用。

（3）现场已测量放样并经测量监理复核无误。

2.1.4.1.3 工程开工

施工准备完成后，经承包单位申请，监理检查满足开工要求后，监理中心方签发合同工程、单位工程、分部工程开工令；单元工程开工申请由现场监理工程师审核签发。

2.1.4.2 施工过程监理

2.1.4.2.1 工序质量控制

（1）在浆砌石工程施工过程，监理工程师严格要求承包单位按照批准的施工技术方案和施工合同规定按章作业，严格执行工序质量“三检”制度，上道工序未经监理工程师检验合格，下道工序不得开工。

（2）监理工程师对作业工序进行巡检、跟踪、检查和记录，发现违反设计要求和施工规范的现象，及时给予警告，并指令纠正或返工处理至合格。

（3）实行巡视、旁站监督制度，对重点部位、隐蔽工程和关键工序实行旁站监理，如混凝土浇筑、护坡及排水沟浆砌石砌筑等。

2.1.4.2.2 原材料及半成品质量控制

（1）块石。必须选用新鲜、表面无污染、最小边尺寸大于15cm、质地坚硬（抗压强度大于 Mu30）的块石，用于砌体表面的石料必须有一个平整面。承包单位应对石材进行材质检验，必要时监理工程师应进行见证取样或抽检。未经监理工程师检验批准的块石料不得进场使用。

（2）水泥。所选用的水泥品种及其强度等级应符合设计要求。每批进场的水泥必须有产品出厂合格证、检验报告单，并按规范要求进行抽样检测，水泥报验单须报监理工程师审签后，才能用于工程。水泥保存须采取隔潮、防雨措施；结块水泥不得使用，保存过期水泥应重新进行检测，并按检测的强度使用且须报经监理工程师同意。

（3）水。必须满足《混凝土拌和物用水标准》的规定。

（4）砂、碎石骨料。应符合设计及规范要求，承包人应按规范要求的频次进行检测。

（5）砂浆、混凝土。应符合本工程的设计要求，严格按批复的配合比拌制，原材料计量误差须符合规范要求，砌筑砂浆强度为 M7.5，混凝土强度为 C15，承包人应按规范要求的频次进行检测。

（6）监理工程师须对原材料及半成品质量进行抽检，检测频次须满足合同及规范要求。

2.1.4.2.3 基础开挖及基础面处理

（1）测量放样。基础开挖前施工单位先进行平面尺寸及高程放样，测量监理工程师复核无误后方允许开挖。

（2）基础开挖到位后，监理工程师组织业主、设计、监理、施工四方进行联合验收，基岩或地基承载力满足设计要求，开挖坑槽尺寸及高程偏差需满足规范要求，超挖不大于 20cm，欠挖不小于 10cm。基岩建基面应无松动岩石、松渣，并冲洗干净无积水，软基建基面应无松土，地基无扰动、无积水。开挖坑槽验收合格后方可进入下一道工序施工。

（3）软基处理，对地基承载力不满足要求的建基面，需继续下挖，直至检测基地承载力满足设计要求。

2.1.4.2.4 混凝土挡墙浇筑

（1）混凝土挡墙浇筑实行旁站监理，分管领导巡视检查。

（2）施工单位进行模板放样、立模加固、测量监理工程师对模板进行复核，平面位置、模板偏差须满足设计及测量规范要求。

（3）混凝土浇筑实行准浇证制度，建基面及施工缝清理、模板、预埋件等工序验收合格，施工准备（包括混凝土配料单及拌料准备、运输车辆、入仓手段、浇筑器具、仓号设计、人员配置等）就绪，方签发开仓证。

（4）施工缝处理。混凝土挡墙分两仓（基础及墙体）浇筑时，第一仓施工缝应留置成反坡，坡比 1:5，第二仓浇筑前表面须凿毛，冲洗干净。

（5）排水管。按设计要求预埋ϕ100 PVC 排水管，排水管进口包裹土工布（300g/m^2），包裹应牢靠，防止施工过程中脱落。排水管排距为 2.0m（水平）×（1.3～2.0）m（竖向），梅花形布置，排水管外斜坡度为 5%。

（6）混凝土浇筑，混凝土入仓下料高度不大于 2m，浇筑铺层不得超过 50cm，不得漏振、欠振和过振；因故出现初凝现象时，暂停浇筑，按施工缝处理，表面凿毛、清理冲洗干净后，铺设砂浆，重新开始混凝土浇筑。挡墙顶面须收抹平整，采用原浆收面，防止表面脱落，平整度应满足规范要求。

（7）混凝土养护。混凝土浇筑完成初凝后或模板拆除后及时进行洒水养护，养护不少于 28d。

（8）混凝土缺陷处理。拆除模板后对混凝土出现的缺陷如：蜂窝、麻面、狗洞及浅层裂缝等，应报告监理工程师后，按要求的方法和措施进行处理，完工后需经监理工程师验收合格，并做好记录。

（9）施工缝。挡渣墙每 10m 设一道施工缝，缝宽 2cm，用沥青木板填充，沥青木板需提前浸泡制作。

2.1.4.2.5 削坡及垫层

（1）首先根据设计坡度进行测量放样，确定削坡的位置、范围、厚度、高程。削坡坡度不陡于设计坡度，坡面平整度应满足规范或设计要求。削坡堆渣应按批复的施工组织设计挖运至指定位置。削坡完成后监理组织四方联合验收，合格后方可进行砂砾石垫层铺设。

（2）垫层，砂砾石垫层砾石质量、级配需满足设计要求，超逊径含量满足规范要求。铺设垫层时，应从低处向高处铺设，不得从高处顺坡倾倒，以防止骨料分离。垫层铺设厚度偏差不大于±10%，平整度满足规范或设计要求，坡度不陡于设计坡度。砂砾石垫层完成后，经施工单位自检合格后报监理工程师，监理组织四方联合验收合格后，方可进行浆砌石护坡施工。

2.1.4.2.6 浆砌石护坡

（1）浆砌石护坡施工实行旁站监理，分管领导巡视检查。

（2）测量放样。砌筑前，施工单位须进行测量放样，确定水平及坡向样线，以保证护坡砌筑的厚度和平整度。测量监理工程师复核无误后，方可进行护坡砌筑。

（3）浆砌石护坡应分段施工，分段宽度应依据设计或规范要求。护坡砌筑实行准开仓（砌筑）制度，只有砂砾垫层施工验收合格后，测量复核无误，现场各项准备工作就绪后，方可签发准开（砌）证。

（4）浆砌石护坡砌筑，块石质量应符合要求，表面干净湿润，应错缝砌筑，规整面向外；采用坐浆法砌筑，小石镶缝，砂浆应填充饱满，饱满度不小于 85%。基本做到分层砌筑，同一段内砌筑高差不大于 1.2m。根据设计要求勾凸缝或平缝，护坡表面平整度应满足规范要求。

（5）排水孔，提前进行测量放样孔位，及时设置排水孔，排水孔为ϕ100 PVC 管，间排距为 2.0m（水平）×（1.3～2.0）m

（竖向），梅花形布置；排水管进口包裹土工布（300g/m²），外斜坡度为 5%。

2.1.4.2.7　浆砌石挡墙

（1）浆砌石挡墙施工实行旁站监理，分管领导巡视检查。

（2）测量放样，测量监理工程师检查复核施工单位放样尺寸、位置、高程及边界样线，是否符合设计及规范要求，合格后方可进行挡墙砌筑。以保证挡墙的位置、尺寸符合设计要求。

（3）浆砌石挡墙应分段施工，分段长度依据设计或规范要求。挡墙砌筑实行准开仓（砌）制度，只有在建基面验收合格、测量放样复核无误、现场各项准备工作就绪后，方可签发准开（砌）证。

（4）挡墙砌筑。

1）块石质量应符合设计要求，表面干净湿润；砂浆配比及质量符合设计要求。

2）采用坐浆法砌筑，应先在建基面铺设 3～5cm 砂浆；块石应分层卧砌，大面朝下，上下错缝，内外搭砌；每层砌筑完后再灌砂浆，小石镶缝，然后再铺砂浆砌筑下一层，所有块石均应放在新抹的砂浆上，砂浆应填充饱满，饱满度不小于 85%。块石之间不得直接紧靠，不得先摆石后塞砂浆或干填碎石，不允许外面侧立块石，中间填心的方法砌石。

3）灰缝宽度一般为 20～30mm，较大的空隙应用碎石填塞，但不得在底座上或石块下面用高于砂浆层的小石块支垫，应用砂浆填充密实。砌相邻工作段的高差不应大于 1.2m，每层应大体找平；分段位置应尽量设在沉降缝或伸缩缝处。

4）施工过程中，应始终固定好水平、坡向样线，确保砌体的结构尺寸、位置、外观和表面平整度，必须符合设计规定。

5）砌缝应填灰饱满，勾缝自然，无裂缝、脱皮现象，匀称美观，块石形态不突出，表面平整。砌体外露面溅染的砂浆应清理干净。

（5）砌体外露面应在砌筑后 12h 左右，安排专人及时洒水养护，养护时间 14d，并经常保持外露面湿润。

（6）浆砌石质量检查。在施工过程中，承包单位应对各工序质量进行自检，合格后报监理工程师现场检验签证。检验内容包括：砂浆配合比、强度及拌制方法；面石用料、砌筑方法，砂浆饱和度、勾缝质量、养护情况；砌石的结构尺寸、表面平整度等。未经监理工程师签证的浆砌石工程不得进行计量支付。

（7）在砌石过程中，现场监理人员旁站监督，督促承包单位质检负责人、质检员、施工员加强现场质量管理，做好质量检查工作。监理人员应对前款检查内容进行抽查，发现问题及时向承包单位指出，并督促其处理。

（8）对监理工程师要求返工处理的部位，承包单位须按要求返工处理到位，并复验合格。对于返工整改通知或监理工程师口头指令下达后，承包单位不认真执行的，监理工程师应及时向总监工程师报告，请示签发停工整改令。

2.1.4.2.8　截排水沟

（1）截排水沟施工实行旁站监理，分管领导巡视检查。

（2）测量放样。测量监理工程师检查复核施工单位放样尺寸、位置、高程是否正确。

（3）截排水沟开挖验收。截排水沟开挖尺寸应满足设计要求，尺寸、位置偏差应满足规范要求。

（4）截排水沟可分段施工，不设置施工缝，实行准开仓（砌）制度。按设计要求设置消能坎。施工质量控制参见 4.2.6 浆砌石护坡施工。

2.1.5　工程质量检查验收与评定

2.1.5.1　单元工程质量评定

（1）每一个单元工程施工结束后，承建单位应及时对该单元工程质量进行评定，并报监理工程师核定。

（2）已按设计要求完成，并报经监理工程师质量检验合格，且按合同规定应予以支付的工程量才进行计量支付。

2.1.5.2　完工验收

（1）工程完工后，监理工程师应督促单位按合同规定和要求编制含工程竣工图在内的工程验收资料。工程验收资料中应附有全部质量检查文件及工程缺陷处理成果资料。

（2）本合同工程划分为一个分部工程，即磨子沟沟口堆渣排水及防护工程，根据《水利水电建设工程验收规程》（SL 223—2000）规定，本合同工程和分部工程可合并一次验收。

2.1.5.3　其他

本细则未列之其他施工技术要求、检验标准，按合同及有关技术规程、规范和质量评定标准执行。

2.1.6　附表

2.1.6.1　基础开挖单元工程验收资料清单见表 2-1-1。

2.1.6.2　混凝土挡墙单元工程验收资料清单见表 2-1-4。

2.1.6.3　水泥砂浆砌石截排水沟单元工程验收资料清单见表 2-1-16。

2.1.6.4　水泥砂浆砌石护坡单元工程验收资料清单见表 2-1-22。

2.1.6.5　水泥砂浆砌石挡墙单元工程验收资料清单见表 2-1-28。

2.1.6.6　砂砾石垫层单元工程验收资料清单见表 2-1-33。

2.1.6.7　削坡单元工程验收资料清单见表 2-1-36。

2.1.6.8　挡墙基础隐蔽工程现场四方联合验收签证单见表 2-1-39。

2.1.6.9　基坑开挖工程现场施工质量检查表见表 2-1-40。

表 2-1-1　　基础开挖单元工程验收资料清单

承建单位：　　　　　　　　　　　　　　　　　　合同编号：

监理单位：　　　　　　　　　　　　　　　　　　单元编号：

单位工程名称		分部工程名称		
单元工程名称		起止桩号		
		起止高程		
单元工程量		施工时段	年　月　日至　　年 月 日	
施工依据	（填写主要施工图纸、设计通知的名称和编号）			

序号	资　料　名　称	页数	备注
1	表 2-1-2　软基开挖单元工程质量评定表		
2	表 2-1-3　岩石地基开挖单元工程质量评定表		

续表

序号	资 料 名 称		页数	备注
附件资料	含测量、试验、检测成果，地质描述、大样图等相关附件资料（其他备查资料可单独整理归档）	1．测量放样资料		
		2．基坑开挖工程现场施工质量检查表		
		3．测量验收资料		

施工质量负责人：　　　　　　　　　　　　　　　　监理单位审核人：

年　月　日　　　　　　　　　　　　　　　　　　　　年　月　日

表 2-1-2　　　　软基开挖单元工程质量评定表

承建单位：　　　　　　　　　　　　　　　　　　　　合同编号：

监理单位：　　　　　　　　　　　　　　　　　　　　单元编号：

单位工程名称					分部工程名称								
单元工程名称					起止桩号								
					起止高程								
单元工程量					施工时段		年　月　日至　年　月　日						
施工依据	（填写主要施工图纸、设计通知的名称和编号）												
项次	主控项目			质量标准			检查记录						
							承包人自检				监理机构检查		
1	地基承载力			符合设计要求									
2	建基面清理			符合设计要求									
3	建基面保护			符合设计要求									
项次	一般项目			设计值	允许偏差/cm	承包人实测记录				监理抽检记录			
						实测最大值	实测最小值	实测总点数	合格点数	实测最大值	实测最小值	实测总点数	合格点数
1	无结构要求或无配筋预埋件等	坑（槽）长或宽	5m 以内		+20　−10								
			5～10m		+30　−20								
			10～15m		+40　−30								
			15m 以上		+50　−30								
		坑（槽）底部标高			+20　−10								
		垂直或斜面平整度			20								
2	有结构要求或无配筋预埋件等	坑（槽）长或宽	5m 以内		+20　0								
			5～10m		+30　0								
			10～15m		+40　0								
		坑（槽）底部标高			+20　0								
		垂直或斜面平整度			15								
承包人检测结果	共检测　点，其中合格　点，合格率　%。					监理机构检测结果		共检测　点，其中合格　点，合格率　%。					

续表

单位	评定意见	单元质量等级	签名
承包人	主控项目全部符合质量标准。一般项目　　；检查项目实测点合格率　　%。		评定人： 年　月　日
监理机构	主控项目全部符合质量标准。一般项目　　；检查项目实测点合格率　　%。	□优良 □合格 □不合格	监理机构： 认证人： 年　月　日

注　1．“＋”为超挖，“－”为欠挖。

2．本表填写一式三份，承建单位二份，监理单位一份。

表 2-1-3　　岩石地基开挖单元工程质量评定表

承建单位：　　　　　　　　　　　　　　　　　　合同编号：

监理单位：　　　　　　　　　　　　　　　　　　单元编号：

单位工程名称		分部工程名称	
单元工程名称		起止桩号	
		起止高程	
单元工程量		施工时段	年　月　日至　年　月　日
施工依据	（填写主要施工图纸、设计通知的名称和编号）		

项次	主控项目	质量标准	检查记录：承包人自检	检查记录：监理机构检查
1	保护层开挖	浅孔、密孔、少药量、控制爆破		
2	建基面	无松动岩块、无明显爆破裂隙		
3	不良地质处理	按设计要求处理		

项次	一般项目			设计值	允许偏差/cm	承包人实测记录：实测最大值	实测最小值	实测总点数	合格点数	监理抽检记录：实测最大值	实测最小值	实测总点数	合格点数
1	基坑（槽）无结构要求或无配筋预埋件等	坑（槽）长或宽	5m 以内		−10　+20								
			5～10m		−20　+30								
			10～15m		−30　+40								
			15m 以上		−30　+50								
		坑（槽）底部标高			−10　+20								
		垂直或斜面不平整度			20								
2	基坑（槽）有结构要求或有配筋预埋件等	坑（槽）长或宽	5m 以内		0　+10								
			5～10m		0　+20								
			10～15m		0　+30								
			15m 以上		0　+40								
		坑（槽）底部标高			0　+20								
		垂直或斜面不平整度			15								
3	孔、洞（井）或洞穴			按设计要求处理									
4	岩石超声波检测			声波降低率小于 10%，或达到设计要求声波值以上									

承包人检测结果	共检测　　点，其中合格　　点，合格率　　%。	监理机构检测结果	共检测　　点，其中合格　　点，合格率　　%。

单位	评定意见	单元质量等级	签名
承包人	主控项目全部符合质量标准。一般项目　　；检查项目实测点合格率　　%。		评定人： 年　月　日
监理机构	主控项目全部符合质量标准。一般项目　　；检查项目实测点合格率　　%。	□优良 □合格 □不合格	监理机构： 认证人： 年　月　日

注　1．“＋”为超挖，“－”为欠挖。

2．本表填写一式三份，承建单位二份，监理单位一份。

表 2-1-4 **混凝土挡墙单元工程验收资料清单**

承建单位： 合同编号：

监理单位： 单元编号：

单位工程名称		分部工程名称	
单元工程名称		起止桩号	
		起止高程	
单元工程量		施工时段	年 月 日至 年 月 日
施工依据	（填写主要施工图纸、设计通知的名称和编号）		

序号	资料名称		页数	备注
1	表 2-1-5 混凝土挡墙单元工程质量评定表			
2	表 2-1-6 基础面或混凝土施工缝工序质量评定表			
3	表 2-1-7 混凝土模板工序质量评定表			
4	表 2-1-8 混凝土钢筋工序质量评定表			
5	表 2-1-9 钢筋检查记录表			
6	表 2-1-10 伸缩缝材料安装工序质量评定表			
7	表 2-1-11 预埋件工序质量评定表			
8	表 2-1-12 混凝土仓面浇筑工艺设计图表			
9	表 2-1-13 混凝土开仓准浇证			
10	表 2-1-14 混凝土浇筑工序质量等级评定表			
11	表 2-1-15 混凝土外观工序质量评定表			
附件资料	含测量、试验、检测成果，地质描述、大样图等相关附件资料（其他备查资料可单独整理归档）	1．测量放样资料		
		2．测量成果资料		
		3．混凝土取样检测报告		

施工质量负责人： 监理单位审核人：

年 月 日 年 月 日

表 2-1-5

混凝土挡墙单元工程质量评定表

承建单位：　　　　　　　　　　　　　　　　　　　　　　　　合同编号：
监理单位：　　　　　　　　　　　　　　　　　　　　　　　　单元编号：

单位工程名称		分部工程名称	
单元工程名称		起止桩号	
		起止高程	
单元工程量		施工时段	年　月　日至　年　月　日
施工依据			
检查项目		质量等级	
1	基础面或混凝土施工缝		
2	模板		
3	混凝土钢筋		
4	预埋件		
5	混凝土浇筑		
6	混凝土外观		
备注			
检验结果	主控工序：钢筋、混凝土浇筑工序达到质量标准		
	一般工序：工序达到优良质量标准		
单元工程等级评定	承建单位： 年　月　日	单元工程质量等级	
	监理单位： 年　月　日	单元工程质量等级	

注　1．当混凝土物理力学性能指标不符合设计要求时应予重新评定。
2．本表填写一式三份，承建单位二份，监理单位一份。

表 2-1-6

基础面或混凝土施工缝工序质量评定表

承建单位：　　　　　　　　　　　　　　　　　　　　　　　　合同编号：
监理单位：　　　　　　　　　　　　　　　　　　　　　　　　单元编号：

单位工程名称				分部工程名称		
单元工程名称				起止桩号		
				起止高程		
单元工程量				施工时段	年　月　日至　年　月　日	
施工依据						
项类	检查项目			质量标准	检验记录	质量评定
主控项目	1	基础岩面	建基面	无松动岩块		
			地表水和地下水	妥善引排或封堵		
	2	软基面	建基面	预留保护层已挖除，地质符合设计要求		
	3	混凝土施工缝	表面处理	无乳皮、成毛面、微露粗砂		
一般项目	1	基础岩面	岩面清洗	清洗洁净、无积水、无积渣杂物		
	2	软基面	垫层铺填	符合设计要求		
			基础面清理	无乱石、杂物，坑洞分层回填夯实		
	3	混凝土施工缝		清洗洁净、无积水、无积渣杂物		
备注						

承建单位	自检结果	主控项目：	监理单位	检查结果	主控项目：
		一般项目：			一般项目：
	质量等级			质量等级	
	质量负责人	初检： 复检： 终检： 年　月　日		监理工程师	年　月　日

注　本表填写一式三份，承建单位二份，监理单位一份。

表 2-1-7　　**混凝土模板工序质量评定表**

承建单位：　　　　　　　　　　　　　　　　　　　　　　　　合同编号：

监理单位：　　　　　　　　　　　　　　　　　　　　　　　　单元编号：

单位工程名称		分部工程名称	
单元工程名称		起止桩号	
		起止高程	
单元工程量		施工时段	年　月　日至　年　月　日
施工依据			

项类	检查项目			质量标准/mm		质量评定		
				外露表面	隐蔽内面	总检查点数	合格点数	合格率/%
主控项目	1	稳定性、刚度和强度		符合模板设计要求				
	2	结构物边线与设计边线	外模板	0 −10	15			
			内模板	+10 0				
	3	结构物水平截面内部尺寸		±20				
	4	承重模板标高		+5 0				
一般项目	1	模板平整度	相邻两板面高差	2	5			
			局部不平（用 2m 直尺检查）	5	10			
	2	板面缝隙		2	2			
	3	模板外观		规格符合设计要求，表面光洁、无污物				
	4	脱模剂		质量符合标准要求，涂抹均匀				
	5	预留孔洞	中心线位置	5				
			截面内部尺寸	+10 0				
备注								

承建单位	自检结果	主控项目：	监理单位	检查结果	主控项目：
		一般项目：			一般项目：
	质量等级			质量等级	
	质量负责人	初检： 复检： 终检： 年　月　日		监理工程师	年　月　日

1．外露表面、隐蔽内面系指相应模板的混凝土结构物表面最终所处的位置。
2．高速水流区、流态复杂部位、钢模台车、机电设备安装部位的模板，除参照上表要求外，还须符合专项设计的要求。

注　本表填写一式三份，承建单位二份，监理单位一份。

表 2-1-8

混凝土钢筋工序质量评定表

承建单位：　　　　　　　　　　　　　　　　　　　　　　　　合同编号：

监理单位：　　　　　　　　　　　　　　　　　　　　　　　　单元编号：

单位工程名称		分部工程名称	
单元工程名称		起止桩号	
		起止高程	
单元工程量		施工时段	年 月 日至 年 月 日
施工依据			

项类		检查项目	质量标准	质量评定
主控项目	1	钢筋的材质、数量、规格尺寸、安装位置	符合产品质量标准和设计要求	
	2	钢筋接头的机械性能	符合施工规范及设计要求	
	3	焊接接头和焊缝外观	不允许有裂缝，表面平顺，没有明显的咬边、凹陷、气孔等，钢筋不得有明显烧伤	
	4	套筒的材质及规格尺寸	符合质量标准和设计要求，外观无裂纹或其他肉眼可见缺陷，挤压以后套筒不得有裂纹	
	5	钢筋接头丝头	符合规范及设计要求，保护良好，外观无锈蚀和油污，牙形光滑	
	6	接头分布	满足规范及设计要求	
	7	螺纹匹配	丝头螺纹与套筒螺纹满足连接要求，螺纹结合紧密，无明显松动，以及相应处理方法得当	
	8	冷挤压连接接头挤压道数	符合型式检验确定的道数	

项类		检查项目				允许偏差	质量评定		
							总检查点数	合格点数	合格率/%
一般项目	1	闪光对焊	接头处的弯折角			≤4°			
			轴线偏移			≤0.10d 且≤2mm			
	2	搭接焊或帮条焊	帮条对焊接头中心的纵向偏移			≤0.50d			
			接头处钢筋轴线曲折			≤4°			
			焊缝	长度		−0.50d			
				高度		−0.05d			
				宽度		−0.10d			
				咬边深度		≤0.05d，≤1mm			
				表面气孔和夹渣	在2d长度上的数量	≤2个			
					气孔、夹渣的直径	≤3mm			
	3	熔槽焊	焊缝余高			≤3mm			
			接头处钢筋中心线的位移			≤0.10d			
	4	窄间隙焊	横向咬边深度			≤0.5mm			
			接头处钢筋中心线的位移			≤0.10d，且≤2mm			
			接头处弯折角			≤4°			
	5	机械连接	带肋钢筋套筒冷挤压接头	压痕处套筒外形尺寸		挤压后套筒长度应为原套筒长度的 1.10～1.15 倍，或压痕处套筒的外径波动范围为原套筒外径的 0.8～0.9 倍			
				接头弯折		≤4°			
			直螺纹接头	外露丝扣		无1扣以上完整丝扣外露			
			锥螺纹接头	拧紧力矩值		应符合 DL/T 5169 的要求			
				接头丝扣		无1扣以上完整丝扣外露			

续表

项类	检查项目			允许偏差	质量评定		
					总检查点数	合格点数	合格率/%
一般项目	6	绑扎	搭接长度	应符合 DL/T 5169 的要求			
	7	钢筋长度方向的偏差		±1/2 净保护层厚			
	8	同一排受力钢筋间距的局部偏差	柱及梁中	±0.5d			
			板及墙中	±0.1 倍间距			
	9	同一排中分布钢筋间距的偏差		±0.1 倍间距			
	10	双排钢筋，其排与排间距的局部偏差		±0.1 倍排距			
	11	梁与柱中钢筋间距偏差		0.1 倍箍筋间距			
	12	保护层厚度的局部偏差		±1/4 净保护层厚			
备注	d 为钢筋直径						

承建单位			监理单位		
承建单位	自检结果	主控项目：	监理单位	检查结果	主控项目：
		一般项目：			一般项目：
	质量等级			质量等级	
	质量负责人	初检： 复检： 终检： 年　月　日		监理工程师	年　月　日

注　本表填写一式三份，承建单位二份，监理单位一份。

表 2-1-9　　　　**钢筋检查记录表**

承建单位：　　　　　　　　　　　　　　　　　　　　　　合同编号：

监理单位：　　　　　　　　　　　　　　　　　　　　　　制表编号：

单位工程名称		分部工程名称	
单元工程名称		起止桩号	
		起止高程	
单元工程量		施工时段	年　月　日至　年　月　日
施工依据			

编号	形状	设计		施工		备注
		直径/mm	根数	直径/mm	根数	

承建单位		监理单位	
承建单位	初检： 复检： 终检： 年　月　日	监理单位	监理工程师： 年　月　日

注　本表填写一式三份，承建单位二份，监理单位一份。

表 2-1-10

伸缩缝材料安装工序质量评定表

承建单位：　　　　　　　　　　　　　　　　　　　　　　　　合同编号：
监理单位：　　　　　　　　　　　　　　　　　　　　　　　　单元编号：

<table>
<tr><td>单位工程名称</td><td colspan="3"></td><td>分部工程名称</td><td colspan="3"></td></tr>
<tr><td rowspan="2">单元工程名称</td><td colspan="3" rowspan="2"></td><td>起止桩号</td><td colspan="3"></td></tr>
<tr><td>起止高程</td><td colspan="3"></td></tr>
<tr><td>单元工程量</td><td colspan="3"></td><td>施工时段</td><td colspan="3">年　月　日至　年　月　日</td></tr>
<tr><td>施工依据</td><td colspan="7"></td></tr>
<tr><td>项类</td><td colspan="2">检查项目</td><td colspan="2">质量标准</td><td colspan="3">质量评定</td></tr>
<tr><td rowspan="2">主控项目</td><td>1</td><td>伸缩缝缝面</td><td colspan="2">平整、洁净、干燥，外露铁件应割除；其高度不得低于混凝土收仓高度</td><td colspan="3"></td></tr>
<tr><td>2</td><td>铺设材料质量</td><td colspan="2">符合设计要求</td><td colspan="3"></td></tr>
<tr><td rowspan="3">一般项目</td><td>1</td><td>涂敷沥青料</td><td colspan="2">涂刷均匀平整、与混凝土黏接紧密，无气泡及隆起现象</td><td colspan="3"></td></tr>
<tr><td>2</td><td>粘贴沥青油毛毡等嵌缝材料</td><td colspan="2">铺设厚度均匀平整，牢固、拼装紧密</td><td colspan="3"></td></tr>
<tr><td>3</td><td>铺设预制油毡板或其他材料</td><td colspan="2">铺设厚度均匀平整、牢固，相邻块安装紧密平整，无破损</td><td colspan="3"></td></tr>
<tr><td>备注</td><td colspan="7"></td></tr>
<tr><td rowspan="4">承建单位</td><td rowspan="2">自检结果</td><td colspan="2">主控项目：</td><td rowspan="4">监理单位</td><td rowspan="2">检查结果</td><td colspan="2">主控项目：</td></tr>
<tr><td colspan="2">一般项目：</td><td colspan="2">一般项目：</td></tr>
<tr><td>质量等级</td><td colspan="2"></td><td>质量等级</td><td colspan="2"></td></tr>
<tr><td>质量负责人</td><td colspan="2">初检：
复检：
终检：
年　月　日</td><td>监理工程师</td><td colspan="2">年　月　日</td></tr>
</table>

注　本表填写一式三份，承建单位二份，监理单位一份。

表 2-1-11

预埋件工序质量评定表

承建单位：　　　　　　　　　　　　　　　　　　　　　　　　合同编号：
监理单位：　　　　　　　　　　　　　　　　　　　　　　　　制表编号：

<table>
<tr><td>单位工程名称</td><td colspan="2"></td><td>分部工程名称</td><td colspan="2"></td></tr>
<tr><td rowspan="2">单元工程名称</td><td colspan="2" rowspan="2"></td><td>起止桩号</td><td colspan="2"></td></tr>
<tr><td>起止高程</td><td colspan="2"></td></tr>
<tr><td>单元工程量</td><td colspan="2"></td><td>施工时段</td><td colspan="2">年　月　日至 年　月　日</td></tr>
<tr><td>施工依据</td><td colspan="5"></td></tr>
<tr><td>序号</td><td colspan="2">检　查　项　目</td><td colspan="3">质　量　评　定</td></tr>
<tr><td>1</td><td colspan="2">止水片（带）</td><td colspan="3"></td></tr>
<tr><td>2</td><td colspan="2">伸缩缝材料</td><td colspan="3"></td></tr>
<tr><td>3</td><td colspan="2">排水设施</td><td colspan="3"></td></tr>
<tr><td>4</td><td colspan="2">冷却及接缝灌浆管路</td><td colspan="3"></td></tr>
<tr><td>5</td><td colspan="2">铁件</td><td colspan="3"></td></tr>
<tr><td>6</td><td colspan="2">内部观测仪器</td><td colspan="3"></td></tr>
<tr><td>备注</td><td colspan="5"></td></tr>
<tr><td rowspan="4">承建单位</td><td rowspan="2">自检结果</td><td>项　评为合格</td><td rowspan="4">监理单位</td><td rowspan="2">检查结果</td><td>项　评为合格</td></tr>
<tr><td>项　评为优良</td><td>项　评为优良</td></tr>
<tr><td>工序质量等级</td><td></td><td>工序质量等级</td><td></td></tr>
<tr><td>质量负责人</td><td>初检：
复检：
终检：
年　月　日</td><td>监理工程师</td><td>年　月　日</td></tr>
</table>

注　本表填写一式三份，承建单位二份，监理单位一份。

表 2-1-12　　混凝土仓面浇筑工艺设计图表

承建单位：　　　　　　　　　　　　　　　　　　合同编号：

监理单位：　　　　　　　　　　　　　　　　　　制表编号：

单位工程名称		分部工程名称	
单元工程名称		起止桩号	
		起止高程	
单元工程量		检验时间	年　月　日
施工依据			

混凝土特性	分区	混凝土强度等级	坍落度/cm	方量/m^3	拌和楼
	1				
	2				
	3				
	4				

预计开仓时间	预计收仓时间	预计浇筑历时	预计入仓强度/（m^3/h）

入仓手段	缆机	铺料机	门机	自卸汽车	混凝土泵车	人工入仓

仓面设备及设施	平仓手段	振捣设备		防御保温		积水及骨料分离处理		其他	
		ϕ130		降温机		水泵		温度计	
		ϕ100		保温被		水桶			
		$\phi\leqslant$80		防雨布		水勺			
		软轴棒				铁锹			

仓面人数	仓面指挥	质检人员	温控人员	技术员	浇筑工	模板工	辅助人员	其他

浇筑方法	平浇法		台阶法	
	层次	层厚	台阶宽度	层厚

温度控制/℃	出机口温度	入仓温度	浇筑温度	混凝土内部允许最高温升

注意事项	1. 2. 3. 4.

（浇筑分区、分层、平面示意图）

施工单位签名				监理单位签名			
技术员		初检		终检		验收监理		旁站监理	

注　本表填写一式三份，承建单位二份，监理单位一份。

表 2-1-13

混凝土开仓准浇证

承建单位：　　　　　　　　　　　　　　　　　　　　合同编号：

监理单位：　　　　　　　　　　　　　　　　　　　　单元编号：

<table>
<tr><td colspan="2">单位工程名称</td><td colspan="3"></td><td colspan="2">分部工程名称</td><td colspan="2"></td></tr>
<tr><td colspan="2" rowspan="2">单元工程名称</td><td colspan="3" rowspan="2"></td><td colspan="2">起止桩号</td><td colspan="2"></td></tr>
<tr><td colspan="2">起止高程</td><td colspan="2"></td></tr>
<tr><td colspan="2">单元工程量</td><td colspan="3"></td><td colspan="2">施工时段</td><td colspan="2">年　月　日至　年　月　日</td></tr>
<tr><td colspan="2">施工依据</td><td colspan="7"></td></tr>
<tr><td>供料系统</td><td colspan="2"></td><td colspan="2">出机口温度</td><td></td><td>浇筑手段</td><td colspan="2"></td></tr>
<tr><td colspan="2">混凝土标号（级配）</td><td>抗冻</td><td colspan="2">抗渗</td><td>坍落度</td><td colspan="3">浇筑方量</td></tr>
<tr><td colspan="2"></td><td></td><td colspan="2"></td><td></td><td colspan="3"></td></tr>
<tr><td colspan="2"></td><td></td><td colspan="2"></td><td></td><td colspan="3"></td></tr>
<tr><td colspan="2"></td><td></td><td colspan="2"></td><td></td><td colspan="3"></td></tr>
<tr><td colspan="2"></td><td></td><td colspan="2"></td><td></td><td colspan="3"></td></tr>
<tr><td colspan="4">浇筑时段（开仓、收仓时间）</td><td colspan="5"></td></tr>
<tr><td colspan="9">说明（要求对浇筑准备详细记录，如设备、人员投入）：</td></tr>
<tr><td colspan="9">混凝土开仓前工序验收情况检查：
□基础面或混凝土施工缝面。　□止水片（带）、防水布。
□混凝土钢筋。　□伸缩缝材料。
□模板。　□冷却及接触灌浆管路。
□铁件。　□排水设施。
□浇筑仓面工艺设计。</td></tr>
<tr><td>承建单位</td><td colspan="3">终检意见：
终检：
年　月　日</td><td>监理单位</td><td colspan="4">检查意见：
监理工程师：
年　月　日</td></tr>
</table>

注　1．签证起 24h 内生效。

2．本表填写一式三份，承建单位二份，监理单位一份。

表 2-1-14　　　　**混凝土浇筑工序质量等级评定表**

承建单位：　　　　　　　　　　　　　　　　合同编号：

监理单位：　　　　　　　　　　　　　　　　单元编号：

单位工程名称		分部工程名称	
单元工程名称		起止桩号	
		起止高程	
单元工程量		施工时段	年　月　日至　年　月　日
施工依据			

项类	检查项目		质量标准		质量评定
			优良	合格	
主控项目	1	入仓混凝土料（含原材料、拌和物及硬化混凝土）	无不合格料入仓	少量不合格料入仓，经处理满足设计及规范要求	
	2	平仓分层	厚度不大于振捣棒有效长度的 90%，铺设均匀，分层清楚，无骨料集中现象	局部稍差	
	3	混凝土振捣	垂直插入下层 5cm，有次序，间距、留振时间合理，无漏振、无超振	无漏振、无超振	
	4	铺料间歇时间	符合要求，无初凝现象	上游迎水面 15m 以内无初凝现象，其他部位初凝累计面积不超过 1%，并经处理合格	
	5	混凝土养护	混凝土表面保持湿润，连续养护时间符合设计要求	混凝土表面保持湿润，但局部短时间有时干时湿现象，连续养护时间基本满足设计要求	
一般项目	1	砂浆铺筑	厚度不大于 3cm、均匀平整，无漏铺	厚度不大于 3cm，局部稍差	
	2	积水和泌水	无外部水流入，泌水排除及时	无外部水流入，有少量泌水，且排除不够及时	
	3	插筋、管路等埋设件以及模板保护	保护好，符合要求	有少量位移，及时处理，符合设计要求	
	4	混凝土浇筑温度	满足设计要求	80%以上的测点满足设计要求，且单点超温不大于 3℃	
	5	混凝土表面保护	保护时间、保温材料质量符合设计要求，保护严密	保护时间与保温材料质量均符合设计要求，保护基本严密	
备注					

承建单位	自检结果	主控项目：	监理单位	检查结果	主控项目：
		一般项目：			一般项目：
	质量等级			质量等级	
	质量负责人	初检： 复检： 终检： 年　月　日		监理工程师	年　月　日

注　本表填写一式三份，承建单位二份，监理单位一份。

表 2-1-15

混凝土外观工序质量评定表

承建单位： 合同编号：

监理单位： 单元编号：

<table>
<tr><td colspan="3">单位工程名称</td><td colspan="2"></td><td colspan="2">分部工程名称</td><td colspan="3"></td></tr>
<tr><td colspan="3" rowspan="2">单元工程名称</td><td colspan="2" rowspan="2"></td><td colspan="2">起止桩号</td><td colspan="3"></td></tr>
<tr><td colspan="2">起止高程</td><td colspan="3"></td></tr>
<tr><td colspan="3">单元工程量</td><td colspan="2"></td><td colspan="2">施工时段</td><td colspan="3">年 月 日至 年 月 日</td></tr>
<tr><td colspan="3">施工依据</td><td colspan="7"></td></tr>
<tr><td rowspan="2">项类</td><td colspan="2" rowspan="2">检查项目</td><td colspan="5">质量标准</td><td colspan="2" rowspan="2">质量评定</td></tr>
<tr><td colspan="2">优良</td><td colspan="3">合格</td></tr>
<tr><td rowspan="3">主控项目</td><td>1</td><td>型体尺寸及表面平整度</td><td colspan="2">符合设计要求</td><td colspan="3">局部稍超出规定，但累计面积不超过 0.5%，经处理符合设计要求</td><td colspan="2"></td></tr>
<tr><td>2</td><td>露筋</td><td colspan="2">无</td><td colspan="3">无主筋外露，箍、副筋个别微露，经处理符合设计要求</td><td colspan="2"></td></tr>
<tr><td>3</td><td>深层及贯穿裂缝</td><td colspan="2">无</td><td colspan="3">经处理符合设计要求</td><td colspan="2"></td></tr>
<tr><td rowspan="4">一般项目</td><td>1</td><td>麻面</td><td colspan="2">无</td><td colspan="3">有少量麻面，但累计面积不超过 0.5%，经处理符合设计要求</td><td colspan="2"></td></tr>
<tr><td>2</td><td>蜂窝空洞</td><td colspan="2">无</td><td colspan="3">轻微、少量、不连续，单个面积不超过 0.1m^2，深度不超过骨料最大粒径，经处理符合设计要求</td><td colspan="2"></td></tr>
<tr><td>3</td><td>碰损掉角</td><td colspan="2">无</td><td colspan="3">重要部位不允许，其他部位轻微少量，经处理符合设计要求</td><td colspan="2"></td></tr>
<tr><td>4</td><td>表面裂缝</td><td colspan="2">无</td><td colspan="3">有短小、不跨层的表面裂缝，经处理符合设计要求</td><td colspan="2"></td></tr>
<tr><td>备注</td><td colspan="9"></td></tr>
<tr><td rowspan="4">承建单位</td><td rowspan="2">自检结果</td><td colspan="3">主控项目：</td><td rowspan="4">监理单位</td><td rowspan="2">检查结果</td><td colspan="3">主控项目：</td></tr>
<tr><td colspan="3">一般项目：</td><td colspan="3">一般项目：</td></tr>
<tr><td>质量等级</td><td colspan="3"></td><td>质量等级</td><td colspan="3"></td></tr>
<tr><td>质量负责人</td><td colspan="3">初检：
复检：
终检：
年 月 日</td><td>监理工程师</td><td colspan="3">年 月 日</td></tr>
</table>

注 本表填写一式三份，承建单位二份，监理单位一份。

表 2-1-16　　水泥砂浆砌石截排水沟单元工程验收资料清单

承建单位：　　　　　　　　　　　　　　　　　　　　合同编号：

监理单位：　　　　　　　　　　　　　　　　　　　　单元编号：

<table>
<tr><td>单位工程名称</td><td colspan="2"></td><td>分部工程名称</td><td colspan="2"></td></tr>
<tr><td rowspan="2">单元工程名称</td><td colspan="2" rowspan="2"></td><td>起止桩号</td><td colspan="2"></td></tr>
<tr><td>起止高程</td><td colspan="2"></td></tr>
<tr><td>单元工程量</td><td colspan="2"></td><td>施工时段</td><td colspan="2">年　月　日至　年 月 日</td></tr>
<tr><td>施工依据</td><td colspan="5">（填写主要施工图纸、设计通知的名称和编号）</td></tr>
<tr><td>序号</td><td colspan="3">资　料　名　称</td><td>页数</td><td>备注</td></tr>
<tr><td>1</td><td colspan="3">表 2-1-17　水泥砂浆砌石截排水沟单元工程质量评定表</td><td></td><td></td></tr>
<tr><td>2</td><td colspan="3">表 2-1-18　水泥砂浆砌石基础面工序验收及质量评定表</td><td></td><td></td></tr>
<tr><td>3</td><td colspan="3">表 2-1-19　水泥砂浆砌石砌筑开仓证</td><td></td><td></td></tr>
<tr><td>4</td><td colspan="3">表 2-1-20　水泥砂浆砌石体层面处理工序质量评定表</td><td></td><td></td></tr>
<tr><td>5</td><td colspan="3">表 2-1-21　水泥砂浆砌石体砌筑工序质量评定表</td><td></td><td></td></tr>
<tr><td></td><td colspan="3"></td><td></td><td></td></tr>
<tr><td></td><td colspan="3"></td><td></td><td></td></tr>
<tr><td></td><td colspan="3"></td><td></td><td></td></tr>
<tr><td></td><td colspan="3"></td><td></td><td></td></tr>
<tr><td></td><td colspan="3"></td><td></td><td></td></tr>
<tr><td></td><td colspan="3"></td><td></td><td></td></tr>
<tr><td></td><td colspan="3"></td><td></td><td></td></tr>
<tr><td></td><td colspan="3"></td><td></td><td></td></tr>
<tr><td></td><td colspan="3"></td><td></td><td></td></tr>
<tr><td rowspan="5">附件资料</td><td rowspan="5">含测量、试验、检测成果，地质描述、大样图等相关附件资料（其他备查资料可单独整理归档）</td><td colspan="2">1．测量放样资料</td><td></td><td></td></tr>
<tr><td colspan="2">2．测量成果资料</td><td></td><td></td></tr>
<tr><td colspan="2">3．砂浆取样检测报告</td><td></td><td></td></tr>
<tr><td colspan="2"></td><td></td><td></td></tr>
<tr><td colspan="2"></td><td></td><td></td></tr>
</table>

施工质量负责人：　　　　　　　　　　　　　　　　监理单位审核人：

年　月　日　　　　　　　　　　　　　　　　　　年　月　日

本章其余内容见光盘。

第7篇

风电场工程施工监理范例

郭　升　彭海涛　等　编著

第1章　华能陕西靖边龙洲风电场四期49.5MW工程监理规划

1.1　工程项目概况

1.1.1　工程概述

华能陕西靖边风电场四期工程场址位于陕西靖边县城东南约12km的乔沟湾乡和张家畔镇，场址海拔高度在1550～1700m之间，为黄土高原北部的黄土丘陵沟壑区梁茆地貌单元，地势起伏大。本期工程安装风机25台，其中24台2MW，1台1.5MW，装机规模49.5MW。桩基混凝土强度等级C30，方量约7405.3m^3；承台混凝土强度等级C35，混凝土方量约8825m^3。单台风机塔筒4节总重160t，主机重量87t，风机高度80m，桨叶回转直径102m；集电线路长度约22.6km，铁塔117基，其中直线塔65基，耐张塔52基，导线采用LG-120/25、LG-185/25、LG-240/25，地线采用G-50，光缆采用ADSS8芯；升压站区域扩建主变1台，110kV 1个间隔，SVC室一套。

1.1.2　参建单位

建设单位：华能陕西靖边电力有限公司。

建设单位管理单位：华能陕西靖边电力有限公司工程建设部。

监理单位：西北电力建设工程监理有限责任公司。

设计单位：中国水电顾问集团西北勘测设计研究院。

施工单位：陕西榆林源邦建筑工程公司（榆林源邦），西北电力建设第一公司（电建一公司），西安中勘工程有限公司（西安中勘），中铁建电气化局北方工程有限公司（北方工程）。

主要设备供货单位：风机机组——重庆海装风电有限公司，主变——保定天威集团特变电气有限公司，高压开关柜——江苏华冠电器集团有限公司，无功补偿——山东泰开电力电子有限公司，箱变——山东泰开电力电子有限公司。

建设工期：2013年6月至2013年12月（总工期7个月）。

1.2　监理服务范围

本监理范围为华能陕西靖边龙洲风电场四期49.5MW工程监理工作按照四控制（质量、进度、投资、安全）、两管理（信息管理、合同管理）、一协调（有关单位间的工作关系）的原则进行。项目施工阶段的质量、进度、费用控制管理和安全、合同、信息等方面协调管理服务，以及基础工程安装、调试、试运行期等阶段的相关工程服务。项目监理部要制定本工程的监理规划报项目法人批准后实施。总监理师要组织各专业制定监理实施细则报项目法人工程部备案，各专业按实施细则进行监理。

1.3　监理工作内容

1.3.1　审查承包商选择的分包单位、试验单位的资质并提出意见。

1.3.2　参与施工图交底，组织图纸会审。

1.3.3　审核确认设计变更。

1.3.4　对施工图交付进度进行核查、督促、协调。

1.3.5　组织召开现场协调会。

1.3.6　主持审查承包商提交的施工组织设计，审核施工技术方案、施工质量保证措施、安全文明施工措施。

1.3.7　协助招标人监督检查承包商建立健全安全生产责任制和执行安全生产的有关规定与措施。监督检查承包商建立健全劳动安全生产教育培训制度，加强对职工安全生产的教育培训。

1.3.8　参加由招标人组织的安全大检查，制定文明施工措施，监督安全文明施工状况。遇到威胁安全的重大问题时，有权发出“暂停施工”的通知。

1.3.9　根据招标人制定的里程碑计划编制一级网络计划，核查承包商编制的网络计划，并监督实施。审核承包商编制的年、月度施工进度计划，并监督实施。

1.3.10　审批承包商单位工程、分部工程开工申请报告。

1.3.11　审查承包商质保体系文件和质保手册并监督实施。

1.3.12　检查现场施工人员中特殊工种持证上岗情况，并监督实施。

1.3.13　主持分部、分项工程、关键工序和隐蔽工程的质量检查和验评。

1.3.14　主持工程施工进度和接口的协调，负责现场施工调度。

1.3.15　负责审查承包商编制的“施工质量检验项目划分表”并督促实施。

1.3.16　检查施工现场原材料、构配件的质量和采购入库、保管、领用等管理制度及其执行情况，并对原材料、构配件的供应商资质进行审核、确认。

1.3.17　制定并实施重点部位的见证点（W点）、停工待检点（H点）、旁站点（S点）的工程质量监理计划，监理人员要按作业程序即时跟班到位进行监督检查。停工待检点必须经监理工程师签字才能进入下一道工序。

1.3.18　参加主要设备的现场开箱验收。检查设备保管办法，并监督实施。

1.3.19　审查承包商工程结算书，工程付款必须有总监理工程师签字。

1.3.20　监督承包合同的履行。

1.3.21　主持审查调试计划、调试方案、调试措施。

1.3.22　严格执行调试验收制度；接入系统调试、风机预调试不合格的不准投入运行。

1.3.23　参与协调接入系统调试、投运和风机试运行工作。

1.4　监理工作目标

针对项目法人提出的工程建设监理主要目标：“达标投产、争创优质工程”，我公司承诺监理服务做到：“科学管理、规范服务、严格监理、精益求精，合同履约率100%，顾客满意率100%”。

具体监理目标如下。

1.4.1　安全目标

现场安全文明施工状况良好，达到中国华能集团公司工程建设安全文明样板工地考核达到优良及以上标准，实现人身死亡事故“零目标”，确保不发生以下事故：

1.4.1.1 人身伤亡事故。

1.4.1.2 重要设备、材料损毁事故。

1.4.1.3 重大设备火灾事故。

1.4.1.4 负主要责任的交通事故。

1.4.1.5 环境污染事故和垮塌事故。

1.4.2 质量目标

1.4.2.1 不发生重大及以上质量事故，工程质量为优良等级并符合达标投产要求。

1.4.2.2 有效控制建设工程质量通病，观感质量及施工工艺达到国内先进水平。

1.4.2.3 工程建设质量达到合同约定的质量标准，工程项目的分项工程质量检验合格率为100%，建筑工程优良品率≥90%，设备安装工程优良品率≥95%。

1.4.3 进度目标

1.4.3.1 2013年5月15日场地平整开工。

1.4.3.2 第一台风机桩基于2013年6月6日开工，于2013年8月15日完成所有桩基施工。

1.4.3.3 首台风机基础2013年7月5日浇筑，2013年10月15日完成所有承台浇筑。

1.4.3.4 2013年12月1日风机首台机组并网发电。

1.4.3.5 25台风机于2013年12月31日完成240h试运行。

1.4.4 投资控制目标

1.4.4.1 投资计划编制及时、准确，在年内全面完成投资计划。

1.4.4.2 严格控制资金成本，资金利用率>90%。

1.4.4.3 不发生影响工程建设或造成费用较大增加的设计变更。

1.4.4.4 不发生重大合同变更和索赔事项。

1.4.4.5 经审计的工程竣工决算不超过执行概算控制目标。

1.4.5 信息管理目标

1.4.5.1 定期编制监理月报，及时通报工程质量、进度、投资、安全等有关信息。

1.4.5.2 建立完整的监理信息档案，及时整理监理的各种文件、资料、记录、监测资料、图纸等，做好日常监理日志，编制工程项目监理总结交付项目法人。

1.4.5.3 实行计算机联网管理，确保信息渠道畅通，提高工程监理的服务质量。

1.4.5.4 组织并督促设计、施工、调试、设备材料等单位按规定提供移交竣工资料，且依据档案管理要求进行整理造册。

1.4.5.5 监理单位提供工程管理服务文件资料计划

监理单位提供工程管理服务文件资料计划见表1-4-1。

表1-4-1 监理单位提供工程管理服务文件资料计划

序号	文件资料名称	完成时间	备　注
1	监理规划	开工前	监理单位编写
2	监理细则 （土建、安装、安全）	根据图纸供应情况	重点、难点及办法
3	监理月报	次月5日前	监理单位编写
4	会议纪要	会后第二天	监理单位编写
5	监理工作总结 及其他监理资料	工程竣工投产后一月内	监理单位编写

1.4.6 合同管理目标

监理单位应认真管理好合同，站在公正的立场上积极、及时协调各方，保证各方对合同的履约。当发生索赔事宜时，监理应核定索赔的依据和索赔的费用，并提出监理意见。

1.4.7 工程协调目标

监理单位依据工程监理的服务范围，根据工程建设的需要主动协调各参建单位的关系，确保工程建设各节点按期完成。

1.5 监理工作主要依据

监理主要依据除国家法律、法规外，相关规范、标准和文件主要有：

1.5.1 《工程建设标准强制性条文》（房屋建筑部分）（2009年版）。

1.5.2 《工程建设标准强制性条文》（电力工程部分）（中电联2011年版）。

1.5.3 《电力建设工程监理规范》（DL/T 5434—2009）。

1.5.4 《建设工程项目管理规范》（GB/T 50326—2006）。

1.5.5 《电力建设施工质量验收及评价规程（第一部分　土建工程）》（DL/T 5210.1—2012）。

1.5.6 《房屋建筑工程和市政基础设施工程实行见证取样和送检的规定》（建建〔2000〕211号）。

1.5.7 《风力发电场项目建设工程验收规程》（DL/T 5191—2004）。

1.5.8 《风力发电机组装配和安装规范》（GB/T 19568—2004）。

1.5.9 《风力发电机组验收规范》（GB/T 20319—2006）。

1.5.10 《风力发电工程施工组织设计规范》（DL/T 5384—2007）。

1.5.11 《风电厂接入电力系统技术规定》（GB/Z 19963—2005）。

1.5.12 《国家电网风电场接入电网技术规定》（Q/GDW 392—2009）。

1.5.13 《风电场噪音限值及测量方法》（DL/T 1084—2008）。

1.5.14 《建筑工程冬期施工规程》（JGJ/T 104—2011）。

1.5.15 《建筑工程施工质量验收统一标准》（GB 50300—2001）。

1.5.16 《大体积混凝土施工规范》（GB 50496—2009）。

1.5.17 《大直径扩底灌注桩技术规程》（JGJ/T 225—2010）。

1.5.18 《建筑地基基础工程施工质量验收规程》（GB 50202—2002）。

1.5.19 《混凝土结构工程施工规范》（GB 50666—2011）。

1.5.20 《混凝土结构工程施工质量验收规范》（GB 50204—2002）（2011版）。

1.5.21 《建筑电气工程施工质量验收规范》（GB 50303—2002）。

1.5.22 《建筑电气照明装置施工与验收规范》（GB 50617—2010）。

1.5.23 《铝合金结构工程施工质量验收规范》（GB 50576—2010）。

1.5.24 《砌体结构工程施工质量验收规范》（GB 50203—2011）。

1.5.25 《木结构工程施工质量验收规范》（GB 50206—2002）。

1.5.26 《建筑装饰装修工程质量验收规范》（GB 50210—2001）。

1.5.27 《给水排水构筑物工程施工及验收规范》（GB 50141—2008）。

1.5.28 《建筑物防雷工程施工与质量验收规范》（GB 50601—2010）。

1.5.29 《给水排水管道工程施工及验收规范》（GB 50268—2008）。

1.5.30 《屋面工程质量验收规范》（GB 50207—2002）。

1.5.31 《建筑地面工程施工质量验收规范》（GB 50209—2010）。

1.5.32 《通风与空调工程施工质量验收规范》（GB 50243—2002）。

1.5.33 《钢筋焊接及验收规程》（JGJ 18—2003）。

1.5.34 《钢筋焊接接头试验方法标准》（JGJ/T 27—2001）。

1.5.35 《钢筋机械连接通用技术规程》（JGJ 107—2010）。

1.5.36 《钢筋混凝土用热轧光圆钢筋》（GB 1400.1—2008）。

1.5.37 《钢筋混凝土用热轧带肋钢筋》（GB 1499.2—2007）。

1.5.38 《混凝土强度检验评定标准》（GB 50107—2010）。

1.5.39 《普通混凝土力学性能试验方法标准》（GB/T 50081—

2002）。
1.5.40 《混凝土质量控制标准》（GB 50164—2011）。
1.5.41 《混凝土外加剂》（GB 8076—2008）。
1.5.42 《混凝土外加剂应用技术规范》（GB 50119—2003）。
1.5.43 《用于水泥和混凝土中的粉煤灰》（GB/T 1596—2005）。
1.5.44 《通用硅酸盐水泥》（GB 175—2007）。
1.5.45 《建筑用卵石、碎石》（GB/T 14685—2011）。
1.5.46 《普通混凝土用砂、石质量及检验方法标准》（JGJ 52—2006）。
1.5.47 《建筑用砂》（GB/T 14684—2011）。
1.5.48 《混凝土用水标准》（JGJ 63—2006）。
1.5.49 《聚氯乙烯防水卷材》（GB/T 12952—2003）。
1.5.50 《水工建筑物止水带技术规范》（DL/T 5215—2005）。
1.5.51 《火灾自动报警系统施工及验收规范》（GB 50166—2007）。
1.5.52 《钢结构高强螺栓连接技术规程》（JGJ82—2011）。
1.5.53 《钢结构用高强度大六角头螺栓》（GB/T 1228—2006）。
1.5.54 《钢结构用高强度大六角头螺母》（GB/T 1229—2006）。
1.5.55 《钢结构用高强度垫圈》（GB/T 1230—2006）。
1.5.56 《电站钢结构焊接通用技术条件》（DL/T 678—99）。
1.5.57 《电气装置安装工程低压电器施工及验收规范》（GB 50254—96）。
1.5.58 《电气装置安装工程高压电器施工及验收规范》（GB 50147— 2010）。
1.5.59 《电气装置安装工程电力变压器、油浸电抗器、互感器施工及验收规范》（GB 50148—2010）。
1.5.60 《电气装置安装工程母线装置施工及验收规范》（GB 50149—2010）。
1.5.61 《电气装置安装工程电气设备交接实验标准》（GB 50150—2006）。
1.5.62 《电气装置安装工程电缆线路施工及验收规范》（GB 50168—2006）。
1.5.63 《电气装置安装工程接地施工及验收规范》（GB 50169—2006）。
1.5.64 《电气装置安装工程盘、柜及二次回路接线施工及验收规范》（GB 50171—92）。
1.5.65 《110～500kV 架空送电线路施工及验收规范》（GB 50233—2005）。
1.5.66 《110kV 及以上送变电工程启动及竣工验收规程》（DL/T 782—2001）。
1.5.67 《110～500kV 架空电力线路工程施工质量检验及评定规程》（DL/T 5168—2002）。
1.5.68 《起重设备安装工程施工及验收规范》（GB 50278—2010）。
1.5.69 《电力建设安全工作规程》（火力发电厂部分）（DL 5009.1—2002）。
1.5.70 《电力建设安全工作规程》（架空电力线路部分）（DL 5009.2—2004）。
1.5.71 《电力建设安全工作规程》（变电所部分）（DL 5009.3—2002）。
1.5.72 《建设工程施工现场供用电安全规范》（GB 50194—93）。
1.5.73 《施工现场临时用电安全技术规范》（JGJ 46—2005）。
1.5.74 《建筑施工工具式脚手架安全技术规范》（JGJ 202—2010）。
1.5.75 《建筑施工扣件钢管脚手架安全技术规范》（JGJ 130—2011）。
1.5.76 本工程建设监理合同、施工承包合同。
1.5.77 经审批的本工程设计文件，施工图纸、设计变更及工程洽商。
1.5.78 建设单位依法对外签订的与监理工作有关的设计、设备采购、材料供应合同、协议。
1.5.79 设备制造厂家提供的设备图纸、技术文件。
1.5.80 华能陕西靖边电力有限公司颁发的关于工程建设项目管理的有关文件。

1.6　项目监理部的组织形式

为确保华能陕西靖边龙洲风电场四期 49.5MW 工程的监理任务，公司成立“华能陕西靖边龙洲风电场四期工程项目监理部”，实行总监理工程师负责制。为满足监理工作需要，公司将选派土建、安全、电气、调试等专业的监理人员进场开展工作。

项目监理部组织机构框图如图 1-6-1 所示。

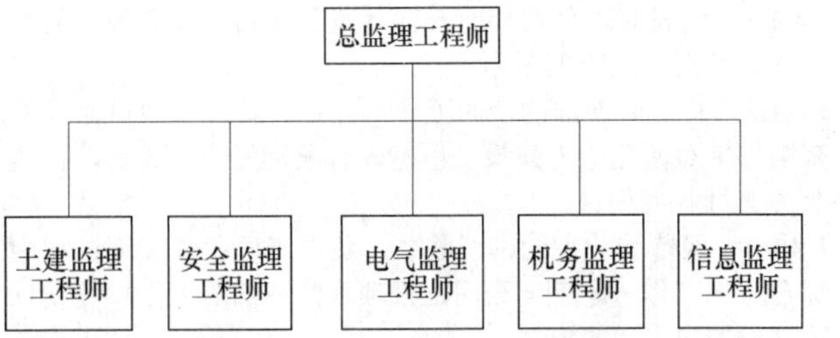

图 1-6-1　项目监理部组织机构框图

1.7　项目监理部的人员配备计划及设施

项目监理部人员配备计划见表 1-7-1。

表 1-7-1　　项目监理部人员配备计划

专业	人员	职务	工作范围	到位时间
送变电	郭升	总监理工程师	对监理规范规定及合同授权范围内的监理部工作负责	工程开工前
安全	李朋	监理工程师	全场安全、文明施工控制监理、吊装	工程开工前
土建	曾西平	监理工程师	土建工程施工	工程开工前
土建	王鹏飞	监理工程师	土建工程施工	工程开工前
电气	韩震	监理工程师	电气施工	电气开工前
线路	刘晓荣	监理工程师	线路施工	线路开工前
信息	施露	资料员	资料收集和检索	工程开工前

拟投入监理设施见表 1-7-2。

表 1-7-2　　拟投入监理设施

序号	名称	单位	数量	备注
1	台式电脑	台	2	
2	激光打印机	台	1	
3	彩色喷墨打印机	台	1	
4	数码照相机	部	1	
5	经纬仪	台	1	
6	钢卷尺	把	10	5～50m
7	游标卡尺	把	5	

续表

序号	名称	单位	数量	备注
8	接地电阻测试仪	台	1	
9	力矩扳手	把	2	
10	望远镜	个	1	
11	混凝土回弹仪	台	1	
12	越野汽车	辆	1	
13				

1.8 项目监理部的人员岗位职责

1.8.1 总监理师岗位职责

1.8.1.1 代表监理公司全面履行《监理合同》中所规定的各项条款，负责制定监理规划。

1.8.1.2 负责监理部的全面工作，在行政管理和项目监理的所有工作上对西北电力建设工程监理有限责任公司负责，在监理业务上对业主负责。

1.8.1.3 保持与业主的密切联系，负责监理业务实施过程中的综合协调工作，定期向公司汇报项目监理部的工作。签发项目监理部的报表、函电。

1.8.1.4 签署工程开工报告及重大质量问题的紧急停工令。

1.8.1.5 签署工程款的付款凭证。

1.8.1.6 负责处理和协调安全、质量、进度和投资控制中发生的重大问题。

1.8.1.7 处理合同履行中的重大争议与纠纷。

1.8.1.8 负责向业主提交项目实施的情况报告。

1.8.1.9 负责督促项目竣工资料的编制；参与竣工验收和移交工作。

1.8.1.10 主持编写监理月报和监理工作总结报告。

1.8.1.11 负责全面贯彻监理公司《质量保证手册》规定的质量职责和相关的程序文件。

1.8.1.12 项目常务副总监理师受项目总监理师委托，可履行上述职责。

1.8.2 副总监理工程师职责

1.8.2.1 协助总监理师全面贯彻《监理合同》，在总监理师不在现场期间，可受总监理师委托代理总监理师的工作。

1.8.2.2 领导分管专业监理工程师，在总监领导下，按照监理公司相关的质量体系文件和管理制度开展工作，圆满完成监理任务。

1.8.2.3 参与制定监理部的各项管理制度；审核本专业各监理工程师编制的监理实施细则，编写本专业的有关专题报告和总结。

1.8.2.4 组织/参加施工组织设计、施工方案、安全文明施工措施审查会。

1.8.2.5 受总监理师的委托，审查批准本专业各单位工程开工报告。

1.8.2.6 审定施工质量检验项目划分表及 W、H、S 点设置。

1.8.2.7 参加设计图纸技术交底与会审会议。

1.8.2.8 审查、汇总分管专业各监理工程师上报的监理周报和监理月报，按时向总监师提供本专业的专业监理周报和专业监理月报。

1.8.2.9 协助监理工程师处理本专业设计变更。

1.8.2.10 检查主要施工材料、设备的现场验收工作。

1.8.2.11 按照总监理师的授权签发有关文件。

1.8.2.12 按规定时限审查监督分管专业监理工程师的监理日志。

1.8.2.13 完成总监理师交办的其他工作。

1.8.3 专业监理工程师岗位职责

1.8.3.1 认真学习、贯彻国家和上级颁发的各项技术政策、法令和技术管理制度，熟悉和执行有关技术标准、规程、规范、有关的合同法规和监理公司的质量体系文件，为做好监理服务创造必要的条件。

1.8.3.2 认真贯彻“监理合同”的各项要求，按照《监理规划》编制本专业监理实施细则，并经主管副总监理工程师批准后实施。全面了解工程情况，将监理工作情况逐日记录在《监理日志》中。

1.8.3.3 参加施工图会审；跟踪监督现场施工，重点工程项目和隐蔽工程项目要特别予以关注。对影响质量、进度和投资的问题，及时提出监理意见，报送分管的副总监理师。

1.8.3.4 对设计修改和施工质量检验以及各种检验和检测报告进行确认；对影响投资较大的问题，需报请原审批单位批准的项目，提出监理意见。

1.8.3.5 对本专业工程项目的开工条件和施工方案提出监理意见；并核查月、季度承建单位的工程量与进度；对合同争议问题提出调解意见。

1.8.3.6 按《监理合同》规定，监督承建单位严格履行承包合同；按既定的质量控制点复核施工质量；按“验标”参加四级验收项目和隐蔽工程的质量检查及验收，并在验收报告上签署意见。

1.8.3.7 参加对重大事故的调查，对处理方案提出监理意见。

1.8.3.8 参加结合工程进行的科研、新技术方案讨论及成果鉴定。

1.8.3.9 参加重要设备、材料、构件的施工现场验收，核定其是否满足规范和设计要求；参加审定调试方案，提出监理意见，并予以确认分部及整套试运行结果，签署意见。

1.8.3.10 参与处理工程变更、索赔及违约等事宜。

1.8.3.11 协助整理与专业有关合同文件及技术档案资料。

1.8.3.12 参加工程竣工验收，提出监理小结。

1.8.3.13 搞好本专业的基础工作，配合信息管理人员做好本专业信息管理系统的采样。

1.8.3.14 按规定时限提交专业监理周报和专业监理月报。

1.8.3.15 认真完成监理部领导临时交办的任务。

1.8.4 安全监理工程师岗位职责

1.8.4.1 在总监理师领导下，负责工程监理安全控制的管理工作。

1.8.4.2 根据监理规划及现场实际情况，编制安全监理实施细则，经总监理师审批后实施。

1.8.4.3 审查分包单位的安全资质。

1.8.4.4 核查大中型起重机具安全准用证、操作许可证，检查吊装时的作业票。

1.8.4.5 对施工组织设计的安全文明部分进行审核。

1.8.4.6 监督检查承包商工程现场安全管理和安全文明施工情况。

1.8.4.7 参加业主组织的安全大检查、安全例会、安全事故调查。

1.8.4.8 组织施工承包单位安全人员进行定期安全检查。

1.8.4.9 经常深入施工现场巡视检查，发现不安全因素、安全隐患，及时提出整改要求；有权制止违章作业、违章指挥，必要时提出暂停施工。

1.8.4.10 严格控制土建交付安装、安装交付调试及整套启动移交生产等工序交接安全文明条件，上道工序未经监理检查签证不得实施下道工序。

1.8.4.11 编写安全例会会议纪要、安全简报、安全文明施工监理总结。

1.8.5 技经专业监理工程师岗位职责

1.8.5.1 在总监理工程师的领导下，完成本专业的各项监理工作。

1.8.5.2 熟悉掌握并贯彻执行行业颁发的有关技术经济方面的法律、规范，标准、定额、公司与业主签订的监理合同，本工程项目的监理规划，有关程序文件和工作制度及监理人员守则。

1.8.5.3 组织、制订、实施本专业监理细则及工作计划。

1.8.5.4 根据业主授权审查监理项目的概、预算，提出审查意见。

1.8.5.5 根据业主授权核验设计变更，工程洽商涉及的工程费用增减预算，提出审核意见。

1.8.5.6 根据业主授权审查工程价款结算申请，提出审查意见。

1.8.5.7 根据业主授权审查承包价款总结算申请，提出审查意见。

1.8.5.8 根据业主授权监督合同履行、提出协调处理合同争议和纠纷的意见。

1.8.5.9 负责记录技经专业有关大事记，定期提出技经动态分析报告。

1.8.5.10 完成总监师交办的其他工作。

1.8.6 监理员岗位职责

1.8.6.1 接受专业监理工程师安排，做好分管范围内的监督工作。要求做到服从专业监理工程师委派并对监理工程师负责；在分管范围内按照监理实施细则的规定积极主动、深入实际、及时准确了解工程项目施工过程中产生的问题，并及时反映给本专业监理工程师。

1.8.6.2 在监理员分管工作范围内，主动听取业主意见，认真配合承建单位工作，及时做好记录，平等对待承建单位职工，科学公正地处理好监督工作中的矛盾。

1.8.6.3 按照监理实施细则的规定，坚持深入现场，实施跟踪监督、验收检查、旁站监理等现场服务工作，严格执行有关规程、规范、标准及设计要求，发现问题及时处理或报告。

1.8.6.4 复核或从施工现场直接获取工程计量的有关数据并签署原始凭证。

1.8.7 综合管理岗位职责

1.8.7.1 在总监的领导下，完成分管及交办的具体工作。

1.8.7.2 负责监理部来往文件收发、打印、存档和监理资料、图纸的管理工作。

1.8.7.3 负责办公室应填写的监理工作记录和资源台账。

1.8.7.4 负责管理项目监理部所有固定资产和行政事务工作。

1.8.7.5 认真执行公司及监理部的工作制度，严守监理人员守则及监理工作纪律。

1.8.8 信息管理岗位职责

1.8.8.1 认真做好全项目部的文件收发、登记、编目、存档等工作。

1.8.8.2 严格按照本规划“项目监理部工作制度和程序”中《文件和资料管理制度及操作程序》的规定程序，传递和管理项目部文件资料。

1.8.8.3 按照项目部各专业要求提供并管理各种规范、规程、标准等技术资料，项目部没有要及时与公司本部联系、提供计划购买。

1.8.8.4 按照总监理工程师的指示，对文件资料进行复印、销毁、Internet网上传、下载、E-mail收发、电子文档保管、刻录等操作，并对所有操作留有文字记录。

1.8.8.5 执行和指导项目部文件资料编码规则，在发放和登记的过程中作最后一遍检查，发现问题及时指出错误，以保证项目部出版的文件在编码和签证上的完整性。

1.8.8.6 项目竣工，应将监理档案编排装订，经总监理工程师审核批准后造表移交业主方，需要上报电子文档的，还应将电子文档刻录成光盘一并移交；所有上交业主的文档资料，都必须复制副本交公司资料室保存备查。

1.9 监理工作程序

1.9.1 施工阶段进度监理程序

工程进度涉及业主和承包商双方的重大利益。监理工程师促使计划进度和实际进度相吻合，是控制工程进度的关键。工程进度管理的原则是：依据合同文件有关条款，在工程实施中密切注意工程实际进度与计划进度间出现的差异，及时督促承包商调整工程进度，确保承包商按计划完成工程。

1.9.1.1 进度计划的编制

1.9.1.1.1 进度计划的编制原则与要求：承包商在编制时，首先应符合合同工期的要求和业主批准的一级网络计划，并应遵照工程实际情况，制定出科学合理的计划。同时要留有余地，采用的图表应清楚、明了，便于管理；并能表达出施工中的全部活动及各项工程的相互关系与衔接；反映施工组织及施工方法；充分使用人、材料和设备，注意施工的连续性、平衡性，讲求经济效益。

1.9.1.1.2 进度计划的编制依据：

1.9.1.1.2.1 合同中规定的总工期，开竣工日期。

1.9.1.1.2.2 投标文件中已被确认的工程进度计划及施工方案。

1.9.1.1.2.3 主要材料和设备的采购及供应计划应满足总工期要求。

1.9.1.1.2.4 工程现场的特殊环境及气候条件。

1.9.1.1.2.5 施工人员的技术素质及设备能力，承包人的组织条件等。

1.9.1.1.3 进度计划的提交：承包商应根据项目实施的不同阶段，向监理工程师提交总体进度计划及年、月（季）进度计划，对于某些起控制作用的重点工程项目或复杂项目还应编制并提交单位工程或单项工程详细的进度计划，以及年度现金估算计划及月（季）度现金支付估算，供监理工程师审批。

1.9.1.1.4 总体进度计划应包括以下内容：

1.9.1.1.4.1 工程项目的总工期，即合同工期或指令工期。

1.9.1.1.4.2 各分项、分部及单位工程开工竣工日期及完成的工程累计现金支付估计。

1.9.1.1.4.3 各分项、分部及单位工程所需要的人力、材料和设备数量。

1.9.1.1.4.4 各分项、分部及单位工程的施工方案及施工组织设计。

1.9.1.1.5 年度进度计划的内容：

1.9.1.1.5.1 本年度计划完成的工程项目内容、工程数量及现金支付估计。

1.9.1.1.5.2 施工所需人力、材料及主要设备的使用计划。

1.9.1.1.5.3 不同季节及气候条件下各项工程的施工组织及技术措施。

1.9.1.1.5.4 在总体计划下对各单项工程计划进行局部调整的详细说明等。

1.9.1.1.6 月（季）进度计划的内容：

1.9.1.1.6.1 月（季）计划完成的分项工程内容及顺序安排。

1.9.1.1.6.2 完成的分项工程的工程数量及现金支付估算。

1.9.1.1.6.3 完成各分项工程的人力、材料、设备使用计划。

1.9.1.1.6.4 在年度计划下对各单位工程或分项工程进行局部调整的详细说明等。

1.9.1.1.7 承包商提交的单位工程进度计划的内容：

1.9.1.1.7.1 本项目的施工方案或施工组织技术措施、安全措施。

1.9.1.1.7.2 本项目的总体进度计划及各工序的控制时间。

1.9.1.1.7.3 本项目的现金支付计划。

1.9.1.1.7.4 本项目各施工阶段的人力、材料、设备的使用计划。

1.9.1.1.7.5 本项目的施工准备及竣工清场的计划。

1.9.1.1.7.6 对总体工程计划及其他相关工程的制约及相互依赖关系和说明等。

1.9.1.1.8 承包商提交的进度计划（总体进度计划及单位工程进度计划）可采用横条图或进度—里程斜杠图或工程进度图等方式表示；若合同有规定或监理工程师认为必要时采用网络图表示；年度、月（季）度进度计划可采用横条图或图表表示。

1.9.1.2 计划进度的审批

1.9.1.2.1 各项目监理工程师对承包商提交的各项进度计划进行审批，应在合同规定的时间内审查完毕。审批按下列程序进行：

1.9.1.2.1.1 根据合同文件的要求，审查计划是否存在问题。

1.9.1.2.1.2 将发现的问题与承包商进行讨论或澄清。

1.9.1.2.1.3 对需要调整、修改的部分进行分析，向承包商提出必要的修改意见。

1.9.1.2.1.4 审批承包商修改后的进度计划。

1.9.1.2.2 监理工程师对承包商的进度计划的审查内容：

1.9.1.2.2.1 施工总工期的安排应符合合同工期。

1.9.1.2.2.2 各施工阶段或单位工程（包括分部、分项工程）的施工顺序和时间安排与工、料、机的进场计划相协调。

1.9.1.2.2.3 易受冰冻、低温、大风、炎热雨季等气候影响的工程应尽量安排在合适的时期施工，否则应采用有效的防护措施。

1.9.1.2.2.4 在计算有效工期时，对进（退）场、清场、节假日及气候等影响因素，应适当考虑。

1.9.1.2.2.5 主要材料和设备的运购计划的可靠性。

1.9.1.2.2.6 主要工程人员及施工队伍进场计划是否已落实。

1.9.1.2.2.7 工程测量及材料检验、试验计划。

1.9.1.2.2.8 临建工程、电、水、道路等的实施计划。

1.9.1.2.2.9 各阶段或单位计划完成的工程量及现金支付计划。

1.9.1.2.2.10 各项施工方案和施工方法应与承包商的施工经验和技术水平相适应。

1.9.1.2.2.11 是否优先安排满足关键线路工程所需的工、料、机。

1.9.1.2.2.12 是否按合同规定给监理工程师的各项工作留足时间。

1.9.1.2.3 监理工程师批准的计划进度，承包商及项目法人应视为合同文件的一部分，是处理承包人提出的工程延期、费用索赔等诸多事宜的重要依据。

1.9.1.3 计划进度管理

1.9.1.3.1 计划进度的管理分为二级，即：监理工程师及总监理工程师。监理工程师通过对单项工程的进度控制达到进度管理的目的，总监理工程师通过月报的综合评价分析进度、管理工作。

1.9.1.3.2 在工程开工后，监理工程师将建立分项工程的月、旬进度形象图，及时统计绘制，随时掌握各分项工程的实际进度与计划进度间的差异。当差异出现时，监理工程师应及时提请承包人注意，要求承包人采取措施，调整进度。同时，将进度差异情况向总监理工程师报告。便于其对整个工程实际进展情况进行综合评价。

1.9.1.3.3 承包商每月按实际完成的工程进度并根据合同要求向监理工程师提供支付金额图表：①工程现金支付计划图（附有已付款项曲线）；②工程实施计划图（附有已完工程条形图）。由监理工程师详细审查，向项目法人报告。当有月进度报表反映的实际进度拖后于计划时，监理工程师及承包人应对这种拖后进行详细的分析，结合现场记录和各分项所控制的进度以及实际情况进行综合性评价。如果监理工程师根据评价的结果，认为工程或工程的任何部分进度过缓，于计划进度严重不符时，应立即通知承包人并要求承包商采取必要措施加快进度，以确保工程按计划完成。

1.9.1.4 进度计划的调整

当工程实际进度的拖后已造成关键路线上的工程项目完成实际时间的推迟或使非关键线路项目的进行时间超出自由时差，而使非关键项目变成关键线路时，而且这种拖后完全由承包商原因造成时，则监理工程师必须要求承包商：

1.9.1.4.1 对以后的关键线路的工程加快进度，缩短施工时间，以弥补前面已推迟的时间。

1.9.1.4.2 对非关键线路变为关键线路的情况，则要求承包商采取相应的措施，缩短非关键线路上某些项目的施工工期，以保证总体计划按期完成。

当这种拖后并非承包商原因造成时，则监理工程师应按有关工程延期的合同条款及有关程序，对承包商的工程延期给予恰当的评估，以维护承包商的利益。

1.9.2 施工阶段投资监理程序

工程款项的支付，原则上应以发、承包双方签订的合同为依据，为加强资金支付的管理，提高资金使用的效率，以达到有效的投资控制，特制订本签审工作程序：

1.9.2.1 承包商将以实际工程进度及对应控制点的款项支付通知单，报送监理部审查后报项目法人。支付通知单内容应包括对应控制点的编号、名称、已完成工程量、质量验评记录、应付金额、合同完工日期、计划完工日期、实际完工日期及拟支付的分包费用清单等。

1.9.2.2 由监理工程师在合同规定的时间内对承包商支付通知单具体内容进行核查，提出意见确认符合要求后，填写表DC/FK14-1中内容，然后交主管副总监理师及总监理师签署意见提交项目法人。

1.9.2.3 项目法人在合同规定的时间内开列工程付款凭据，并审查单项工程累计进度款是否受控于合同价，预付款是否已经扣减，质保金是否留足等，审查完后批准付款。

1.9.2.4 对工程量、工程质量或应付款项各方面的意见有较大出入时，应事先通过协商解决。

1.9.2.5 凡涉及调整概算或调整合同价格的问题，应召开专门会议处理解决。

1.9.2.6 施工图预算和工程结算的审查方式、参照工程设计图纸会审方式，通过各有关单位事先准备，提出书面意见，由项目法人组织和主持会议，经过有关单位会审。如有修正，按会议审查意见修改之后予以确认批准。

1.9.2.7 为了保证工程质量和工程进度，总承包商应根据项目监理部和项目法人的审批意见及时支付给分包商工程费用，如果总承包商不能按时支付分包费用而造成工程延误或拖期，项目监理部将建议项目法人在支付总承包商工程款的同时将应付给分包商的工程款给予扣减。

1.9.3　施工阶段质量监理程序

施工阶段质量监理程序如图 1-9-1 所示。

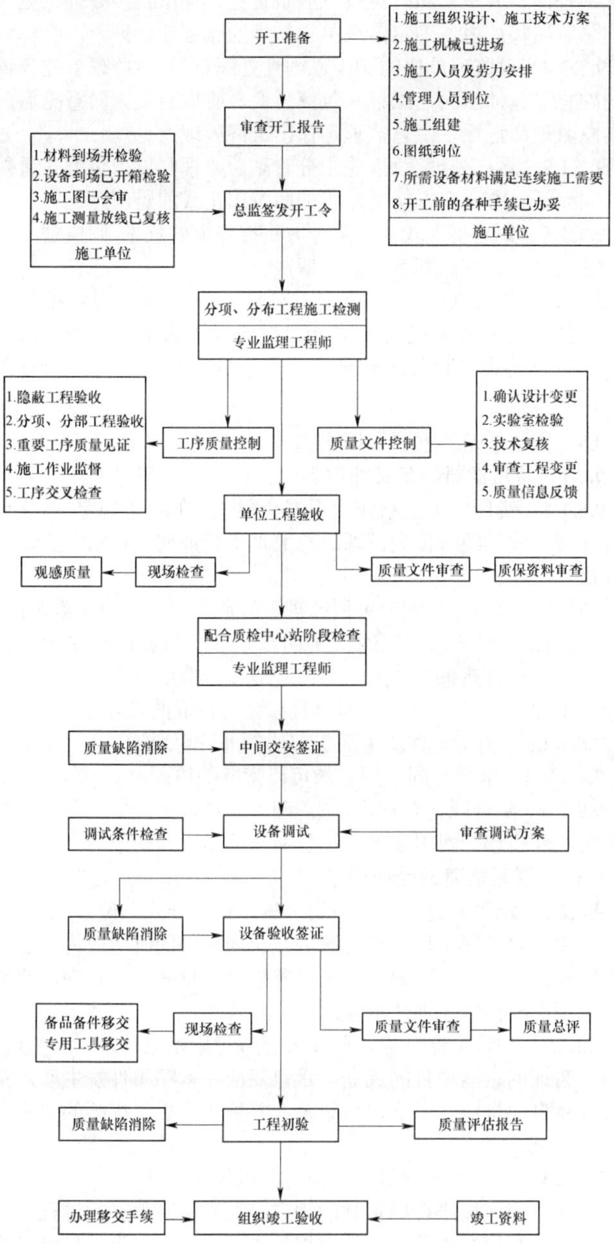

图 1-9-1　施工阶段质量监理程序

1.9.4　施工阶段安全监理程序

1.9.4.1　目的

为了给工程施工单位创造一个良好施工环境，确保工程顺利进行，工程建设中各单位都要切实贯彻"安全第一，预防为主"的安全生产方针，努力创造出一个"设备干净、工地整洁、规范严明、秩序井然、安全文明"的工作环境，为实现安全施工和文明生产特制定本程序。

1.9.4.2　适用范围

本程序适用于参加工程建设所有单位和人员。

1.9.4.3　程序内容

1.9.4.3.1　在电厂工程建设全过程中必须严格执行《电力建设安全工作规程》、《电力建设安全施工管理规定》《关于加强电力建设包工队、临时工安全管理若干规定》《安全、文明施工创水平达标实施细则（试行）》"的要求，遵守国家电力公司、省公司和地方政府有关安全工作的规定。

1.9.4.3.2　凡参加本工程建设的所有单位，必须认真贯彻执行国家有关安全生产的方针、政策、法令、法规和本规定。各施工公司进入电厂施工应严格遵守国家、部颁的有关安全规程，应严格遵守电厂工程建设现场的各项安全施工规定及电厂安全生产的有关要求。

在安全、文明施工管理上做到思想到位、组织到位、责任到位、措施到位（简称四到位），遵循电力建设的客观规律，严格按施工程序组织施工。

1.9.4.3.3　"安全施工、文明生产，人人有责"，应不断强化以各级安全第一责任人为核心的安全文明施工责任制并贯彻落实，各安全职能部门应对各自主管业务范围内安全、文明施工负责，并接受上级主管部门、安全监察部门的监督和指导。

1.9.4.3.4　各单位必须贯彻"管生产必须管安全"的原则。工程总承包商的项目经理负责成立安全、文明生产管理委员会组织机构。各单位主要负责人均应是安全的第一安全责任人，做到管工程必须管安全，要使安全工作日常化。

在总承包商领导下成立的工程安全、文明生产管理委员会。人员由总承包商有关职能部门负责人、各分包商专职（兼职）安全员组成。

除按计划组织季节性、专业性检查外，安全、文明生产管理委员会每月组织安全、文明生产大检查，及时消除隐患，消除施工现场的脏、乱、差现象。对不合格项目下达整改通知，被要求整改单位应在限期内予以改正。

总承包商和施工分包商主管消防与保卫工作的专职人员要及时对现场消防和保卫工作中存在的问题下达整改通知，存在问题的单位应制定有关措施，及时予以改正。

1.9.4.3.5　参加电厂工程建设的单位均应各自成立安全管理部门，配备专职安全员，安全员必须由具有施工现场管理经验、较高的业务素质和文化水平、工作认真、作风正派、忠于职守的人员担任，各分包商的班组均应配备兼职安全员。

总承包商和各施工分包单位应按有关文明施工管理的要求建立各种文明施工机构（可与安全管理机构合署办公），制订计划，全面开展有关工作。文明施工机构在业务上接受总承包商文明施工机构及上级主管文明施工机构的双重领导。

总承包商和各施工分包单位均应建立专门的消防保卫组织，制定严格管理制度，编制消防保卫工作计划，全面开展有关消防、保卫工作。

1.9.4.3.6　工程总承包商对下属各分包商的安全文明施工负有监督和指导责任，必须将分包商的安全、文明施工列入总承包商的重要议事日程，严禁以包代管、以罚代管。

1.9.4.3.7　在总承包商统一组织领导下，各施工分包单位都应完善安全组织和安全制度。总承包商的专职部门严格审查各参建单位的安全施工资质、安全管理体系是否建全；未经安全资质审查或经检查不合格的分包商，不得参与工程施工。凡是参加工程建设的任何施工单位，必须领取电力系统颁发的"安全许可证"，方可参加投标。监理单位将不定期检查各参建单位的安全施工资质、安全管理体系及其运作情况以及特殊人员的持证上岗情况。

1.9.4.3.8　工程施工必须编制安全施工措施，大型项目和特殊作业、季节性施工还需编制施工组织设计和专门的安全技术措施，并组织工程技术及安监部门进行审查，交监理单位审查合格后方可执行。

1.9.4.3.9　各分包单位安全部门应按年度制定安全活动计划，按期开展安全活动。

1.9.4.3.10 总承包商和分包单位安全生产人员有权对施工中不安全问题提出监督意见，被监督单位应立即采取措施予以改进。

1.9.4.3.11 监理单位负有监督和检查承包商及其分包单位的安全管理。对安全施工、文明施工严重失控的施工单位，有权责令其停工整顿。

1.9.4.3.12 各级安全生产人员，应对同级施工组织设计项目任务书及作业指导书安全部分进行审核。各级技术负责人应对同级施工组织设计项目任务书及作业指导书安全技术部分进行审核。

1.9.4.3.13 各分包单位发生重大安全事故及设备事故时，应及时通报总承包商、监理单位和项目法人。总承包商应在规定的时间内及时报告有关上级单位。

1.9.5 调试阶段监理工作程序

1.9.5.1 组织专业监理工程师审查调试计划、调试方案和措施，并报业主审批。

1.9.5.2 专业监理工程师调试过程监理。

1.9.5.3 监理部审核调试报告、主持预验收。

1.9.5.4 参加工程启动和试运行。

1.9.5.5 编制调试过程监理工作总结。

1.9.6 机组移交试生产后的工作程序

下面的各项工作不分先后顺序，基本是平行进行。

1.9.6.1 审查工程设计竣工图。

1.9.6.2 审查施工单位准备移交给电厂的竣工资料；审查施工单位的竣工结算书。

1.9.6.3 根据业主要求及合同规定积极参与竣工验收和竣工决算。

1.9.6.4 各专业监理工程师编写个人总结、专业总结，总监理师编写对整个工程的评价及对整个工程的总结。

1.9.6.5 整理归档资料，满足业主方档案管理的要求，满足达标投产的要求，包含监理工作的重要资料和文件。

1.9.7 工程建设合同管理工作程序

为了保证工程建设的顺利进行，确保工程建设合同的顺利实施，明确监理单位在工程建设合同实施过程中的地位和任务，协助项目法人实现合同既定目标，公正地维护工程参建各方的合法权益，促进工程建设优质高效，特制定本程序。

1.9.7.1 承、发包合同管理的主要内容

1.9.7.1.1 合同执行情况的监理：监督有关方面严格执行合同条款，正确行使权利（权力）和切实履行义务。

1.9.7.1.2 调解和处理合同纠纷。

1.9.7.2 承、发包合同管理的主要措施

1.9.7.2.1 监理工程师应认真学习和掌握与工程建设合同有关的法律、法规、政策；熟悉和掌握工程实际情况。

1.9.7.2.2 监理工程师应认真分析和研究合同，掌握合同原则，清楚有关方面的权利（权力）、义务界限划分。

1.9.7.2.3 监理工程师应随时了解和掌握履约过程中执行情况，收集、分析、整理、归类，及时发现问题和提出解决问题的措施、方案，并及时报告。

1.9.7.2.4 及时调解和处理合同纠纷。

1.9.7.2.5 定期分析、研究合同执行情况，并及时向项目法人汇报，对存在的问题提出处理意见和建议。

1.9.7.3 合同纠纷的调解原则和程序

1.9.7.3.1 合同纠纷的调解：在充分吃透原订承包合同的前提下，必须注重符合客观实际的证据和分析事件发生的全过程，并根据“合同法”的有关规定，客观公正地进行。

1.9.7.3.2 提出合同纠纷一方必须有书面的正式要求，并附以必要的依据、证明材料。

1.9.7.3.3 有关专业监理工程师根据纠纷一方所提材料进行情况调查，弄清事实和有关双方应负责任，提出初步处理意见，向总监理师汇报，确定监理单位初步的原则性意见。

1.9.7.3.4 对监理单位的初步原则性处理意见，由监理单位分管的副总监理师出面与工程承包商协商，听取有关方面意见后，向总监理师汇报，由总监理师作出最终处理意见。

1.9.7.3.5 最终处理意见，先由分管副总监理师以口头方式通知合同纠纷双方，双方接受后再书面发出正式的监理意见。

1.9.7.3.6 如当事人双方或某一方不接受调解意见，则监理单位与其上级主管部门联系，协商解决。

1.9.7.3.7 如与其上级主管部门协商后仍不能解决时，由当事人任何一方向仲裁机关申请仲裁或向人民法院提出诉讼；监理单位则将调解意见上报业主，并由业主按规定向上级有关部门报告。

1.9.8 费用索赔的管理工作程序

1.9.8.1 费用索赔的定义和内容

1.9.8.1.1 费用索赔是承包商根据合同条款的有关规定，对非自身原因造成其经济损失，通过总监理工程师向项目法人索取的补偿。

1.9.8.1.2 总监理工程师可以授理下列原因引起的费用索赔：

1.9.8.1.2.1 由于出现了有经验的承包商在投标时无法预见和防范的不利自然条件和人为障碍造成施工费用的增加。

1.9.8.1.2.2 由于并非承包商自身原因所造成的额外投入。

1.9.8.1.2.3 由于工程变更而引起的额外费用增加。

1.9.8.1.2.4 承包合同中规定的可以索赔的原因。

1.9.8.1.3 除合同另有规定，总监理工程师是不能接受因特殊的恶劣气候引起的费用索赔，承包商只能提出延期申请。

1.9.8.2 费用索赔的受理程序

1.9.8.2.1 承包商提交索赔意向（索赔意向一式三份）。

索赔事件发生后，承包商应在合同规定的时间内将自己的索赔意向书面通知监理工程师，并抄送项目法人。否则，监理工程师有权拒绝受理此项索赔。

1.9.8.2.2 收集索赔证据，同步做好各种原始记录。

为证明索赔项目的成立，承包商应在索赔事件发生后，及时收集有关资料，做好现场记录，并按照监理工程师的要求完善和补充资料。

1.9.8.2.3 提交索赔项目的详细情况报告。

承包商应按照合同条款的规定，在索赔事件进行过程中向监理工程师提交索赔事件的详细报告，说明索赔事件目前已达到的索赔款额和提出索赔费用的依据。

1.9.8.2.4 提交最终的索赔申请报告。

索赔事件结束后，承包商必须在合同规定的时间内向监理工程师提交最终的详细报告，并将副本送交项目法人。否则，监理工程师不予考虑费用索赔。

1.9.8.2.4.1 索赔申请报告的内容：

1.9.8.2.4.1.1 索赔申请依据的合同条款。

1.9.8.2.4.1.2 索赔费用的金额。

1.9.8.2.4.1.3 各项费用清单。

1.9.8.2.4.1.4 费用清单说明。

1.9.8.2.4.1.5 与索赔事件有关的文件、证明资料。

1.9.8.2.4.2 索赔申请报告表格：

1.9.8.2.4.2.1 索赔申请报告（一式三份）。

1.9.8.2.4.2.2 各项费用清单一览表。

1.9.8.2.4.2.3 费用测算。

1.9.8.2.5　监理工程师初审。

承包商必须将一份完整的索赔申请报告交给监理工程师，监理工程师对索赔项目现场情况作出公证，对承包商所提出的索赔数量给予审评，并检查索赔项目是否符合合同条款，承包商是否按索赔程序进行，有关记录是否真实可靠，若无问题交总监理工程师审批。

1.9.8.2.6　总监理工程师根据他所任命的索赔评估小组的意见最终审批索赔费用。索赔评估小组将对索赔项目进行考察，对索赔费用进行评估。

1.9.8.3　索赔费用计算原则

1.9.8.3.1　数量。

1.9.8.3.1.1　根据项目监理工程师的记录。

1.9.8.3.1.2　核实后的由承包商供索赔资料。

1.9.8.3.1.3　合同规定的计算原则。

1.9.8.3.1.4　如果监理工程师提出过必要的、正确合理的措施，而承包商未执行，该措施所涉及的索赔数量不予考虑。

1.9.8.3.2　定价。

1.9.8.3.2.1　采用工程量清单中相同或类似的项目单价。

1.9.8.3.2.2　协商定价，不能统一时以监理工程师确定的为准。

1.9.8.3.2.3　采用正式现行的完整的取费标准定价格。

1.9.8.3.2.4　按真实有效票据或按财务规定的合法有效票据计算定价。

1.9.8.3.2.5　按照合同规定的原则定价。

1.9.8.4　费用索赔评估报告

1.9.8.4.1　索赔评估报告中最终的费用由监理工程师公正、合理地审定。

1.9.8.4.2　索赔评估报告由项目法人、监理工程师、承包商三方签订认可。

1.9.8.4.3　承包商根据评估报告中的索赔金额按有关程序办理支付手续。

1.9.9　工程文件管理工作程序

工程文件管理工程程序汇编

1　总则

1.1　本工作程序依据工程承建合同文件、国家和行业行政规章制度以及工程建设管理文件有关规定制订。

1.2　本程序适用于业主单位、监理单位（监理机构）及承包商之间所有工程文件的传递与管理。

1.3　工程文件分类及其组成。

1.3.1　设计文件。指由设计单位通过项目法人提供，或由项目法人提供，或按承建合同规定由承包商提供可用于工程实施的施工图纸、设计说明书、技术要求、技术标准以及其相应的设计修改通知，或按合同规定可由监理工程师签署的变更批示等文件。

1.3.2　施工文件。指承包商根据工程承建合同规定或根据监理文件要求必须报送监理单位的施工组织设计、施工技术措施、施工计划、材料供应计划、工程项目开工申请、工程检测试验报告、合同支付报表、合同索赔与合同商务文件、各种工程施工问题请示以及与工程实施、竣工、维护等一切工程承建活动有关的各种图纸、报告、图片和原始记录、报表、材料与资料等。所有反映工程承建合同过程与工程承建活动的文件。

其中由分包施工单位盖章并由承包商授权签发的施工文件属于二级施工文件。

1.3.3　监理文件。指监理工程师在项目法人授权和按工程承建合同规定开展监理工作所编制发布的文件，以及有关工程建设活动的批复、简报、通报、通知、规定、签证以及协调会议纪要等，所有反映工程承包与建设监理合同履行过程和建设监理过程的文件。

1.3.4　项目法人指示。指经项目法人或项目法人有关部门依照工程承建合同和建设监理文件规定签发、下达、批转的与工程建设活动有关的纪要、简报、通报、通知、规定、批复、批转，以及与此有关的各种文图、函件等。

1.4　具有合同效力的一切工程文件，均以书面文件为准。特殊情况下可先口头或电话通知，并即补发书面文件。

1.5　除非项目法人另有指示或工程承建合同文件另有规定，否则不符合文件传递程序的文件，可能被视为非正式文件或无效文件而不具有合同所赋予的效力。由此所造成的工程延误与合同责任，由责任方承担。

2　设计文件管理

2.1　项目法人提供用于工程实施的设计文件，监理审核备查及监理工作留存外，其余依照工程承建合同文件规定通过监理部审核后批转承包商执行。

2.2　设计文件应根据项目法人与设计单位签订的供图协议或供图计划，于项目开工前个月提供项目法人。监理部于收到项目法人核转设计文件后天内完成审核工作。对于需要修改的设计文件，提出修改意见，通过项目法人转达回设计单位研究处理；审核合格图纸，即时签发承包商执行。

2.3　承包商对收到的设计文件应进行仔细阅读和检查（包括核对所有的尺寸、高程和数量），对发现的或在作业实施过程中发现设计文件中存在的缺陷或错误，应在____天内以书面通知监理单位，供监理工程师在施工前或该项作业实施前作出修改和补充，避免由此引起返工和造成损失。

2.4　未经项目法人或监理单位批准而签发的任何设计文件不能作为正式施工的依据。监理单位也不对未经有效签发的设计文件与施工变更实施的工程进行合同支付签证。

2.5　施工过程中，若地形、地质或其他自然条件发生了与设计文件不符的重大变化，承包商应及时书面通知监理单位，并提出处理或变更建议报监理工程师审批。

2.6　施工期间，监理部依据工程承建合同文件规定的项目法人授权所签发的施工变更指示，承包商应予执行，也不得以此为理由要求解除或改变其合同责任与义务。

2.7　除非合同文件另有规定，或监理文件另有要求，否则经监理批准的设计文件（包括监理部签发的施工变更指示），在送达承包商 6 小时后生效。

2.8　承包商可根据施工需要自行复制所需数量的设计文件，也可通过监理部向项目法人申请追加提供图纸份数，并为此支付其费用。

2.9　由项目法人或监理部所提供的设计文件，未经监理部许可，承包商不得用于本合同项目范围以外或转给第三方。

3　施工文件管理

3.1　承包商应依照工程承建合同规定和监理文件要求，报送或递交工程活动全过程的施工文件。施工文件的报送期限、内容、格式和细节应符合项目法人和监理部的要求。

3.2　对于已经批准的施工文件，若因自然条件或施工条件发生重大变化，或必须对施工文件作实质性的变更，承包商仍应按上述要求及时提出书面文件重新报请项目法人或监理部审批。

3.3　合同文件规定由承包商负责设计的工程项目，承包商必须于开工天以前，一式四份报监理工程师审批。

3.4 承包商（含二级单位）编制的施工文件均应一式四份递交监理部，并由监理部资料员负责签收。经项目法人审批的施工文件或其审签意见单也由承包商指定的资料员向监理部资料员领取。

3.5 对于应报送审批并业已送达的施工文件，监理部将在合同规定期限内完成审批工作，审批意见包括“照此执行”“按意见修改后执行”“修改后重新报送”或“已审阅”四种。返回承包商的施工文件审签或批复意见若为“修改后重新报送”。承包商必须按有关规定和要求修改后重新报送，并承担由此所造成施工延误及经济损失等的合同责任。

3.6 施工文件的报送期限以监理部或指定签收人的签收日期为准。该报送期限按合同文件规定执行。若合同文件未明确规定时，按有关监理实施细则或监理工作规程的要求执行。

3.7 监理部超过审批期限仍未完成对施工文件的审批，可认为该报审文件已经得到监理工程师同意。事后，监理仍有权对该报审文件提出异议和批复，承包商应予执行。

4 项目法人指示或向项目法人单位报送的文件

4.1 除非项目法人中有指示或合同文件另有规定，否则承包商向项目法人报送的施工文件都必须主送监理部，并经监理部审核和转达。

4.2 除非项目法人另有指示或合同文件另有规定，否则项目法人关于工程项目施工的主要意见和决策，都将通过监理部向承包商下达实施。

5 监理文件管理

5.1 监理文件的送达时间以承包商授权部门与机构负责人或指定签收人的签收时间为准。

5.2 承包商对收到的监理文件有异议，可于接到该监理文件的3天内或合同规定时限内，向监理部提出确认或要求变更的申请。监理部在7天内或合同规定时限内对承建单位提出的确认或变更要求作出书面回复，逾期未予回复表示监理部对原指令予以确认。

5.3 承包商如对监理文件或监理部的确认意见有异议，可于该文件或确认意见送达后的3天内向业主单位申请复议，并承担由此而产生的一切费用与损失。

5.4 若承包商对监理文件（包括监理的确认意见）或项目法人的指示（包括其复议意见）有异议，应首先在总监理工程师的协调下，通过友好协商寻求全面解决。

若经协商仍未能取得一致意见，项目法人和承包商任何一方均可依据合同规定进行仲裁或提交法律程序，但应事先将此意向通报监理单位。

5.5 除非监理部或项目法人复议指示或合同争议评审组或通过仲裁程序对监理文件已作出撤销、变更或修改，否则在复议、评审或仲裁期间，原已送达的监理文件继续有效。

1.9.10 单位工程竣工验收工作程序

1.9.10.1 单位工程竣工验收必须执行国电公司、建设部颁发的工程的施工验收规范和施工质量检验及评定标准。

1.9.10.2 根据“火电施工质量检验及评定标准”的规定要求，并结合本工程具体情况，划分各专业的单位工程项目。

1.9.10.3 鉴定和验收单位工程质量前必须按“验标”规定，事先鉴定和验收组成该单位工程的分项工程和分部工程质量。

1.9.10.4 单位工程的验收目的，是为了使已经形成生产能力或使用条件的土建、安装工程，交付项目法人保管使用；为工程整体形成生产能力奠定基础。

1.9.10.5 单位工程验收时，必须具备下列三个条件：

1.9.10.5.1 主体工程的工程量已全部完成，原则上不存在交付生产后仍需基建的情况。

1.9.10.5.2 必须移交的文件、记录资料完整、齐全。

1.9.10.5.3 单位工程的验评工作已完成，并已通过。

1.9.10.6 单位工程验收文件，一般应包括下列内容：

1.9.10.6.1 单位工程竣工验收登记表及签证书，内容包括验收时间、保管责任、未完工项目、处理意见及完成日期。详见附表T14-1。

1.9.10.6.2 单位工程竣工图纸。

1.9.10.6.3 建筑工程按电力部颁发验评标准中规定的“单位工程质量验评主要技术资料核查表”中有关技术资料。

1.9.10.6.4 制造厂家设备图和说明书。

1.9.10.6.5 设备开箱及缺陷处理记录。

1.9.10.6.6 隐蔽工程验收记录。

1.9.10.6.7 安装试验及记录。

1.9.10.6.8 单位工程分部试运或整套启动记录（包括永久性水准点）。

1.9.10.6.9 单位工程备品、备件清单，制造厂提供的工器具清单。

1.9.10.7 单位工程竣工验收一般分预验收和正式验收二次进行。

1.9.10.7.1 单位工程竣工预验收前，施工承包商必须正确完成竣工验收移交资料，填写竣工验收申请书，交业主。由项目法人组织有监理单位、施工承包商有关人员进行预验收，审查合格后提交给验收小组进行正式验收。

1.9.10.7.2 单位工程竣工正式验收，由现场工程质监站组织，有监理单位、施工承包商、调试单位、基建主管单位、项目法人和生产部门等有关人员参加；必要时邀请上级单位、设计单位及有关制造厂授权驻工地代表参加，验收结果由单位工程验收小组批准。

1.9.10.8 正式验收程序。

1.9.10.8.1 公布验收日期。

1.9.10.8.2 公布验收领导小组名单。

1.9.10.8.3 通过观感项目及打分标准。

1.9.10.8.4 审阅验收文件及记录。

1.9.10.8.5 审阅预验收的对已完工程评分记录及验评分。

1.9.10.8.6 验收小组对观感进行打分。

1.9.10.8.7 根据验收得分和观感得分计算本单位工程最终得分，计算公式为：

单位工程得分=观感得分×40%+验评得分×60%。

1.9.10.8.8 验收小组审阅未完工项目表及具体处理计划。

1.9.10.8.9 填写验收总评意见，并决定工程等级。

1.9.10.8.10 验收小组签字。

1.9.10.9 单位工程竣工验收中有关资金问题，应按承包合同有关条款另行结算。

1.9.10.10 单位工程一经正式验收完毕，即办理移交手续，移交给项目法人保管和使用。

1.9.11 分部、分项工程验收工作程序

1.9.11.1 编制依据

（1）《电力工业技术管理法规》。

（2）《风力工程验收规程》（DL/T 5191—2004）。

（3）《电力建设施工技术管理导则》。

（4）《电力建设施工质量验收及评定规程 第Ⅰ部分：土建工程》（DL/T 5210.1—2005）。

（5）《电力建设施工及验收技术规范》（建筑工程篇）》（SDJ 69—87）。

（6）《火电施工质量检验及评定标准（土建工程篇）》（建质〔1994〕114号）。

（7）《建筑工程施工质量验收统一标准》（GB 50300—2001）。

（8）《建筑地基基础施工质量验收规范》（GB 50202—2002）。

（9）《砌体工程施工质量验收规范》（GB 50203—2002）。

（10）《混凝土结构工程施工质量验收规范》（GB 50204—2002）。

（11）《屋面工程施工质量验收规范》（GB 50207）。

（12）《建筑地面工程施工质量验收规范》（GB 50209—2002）。

（13）《建筑装饰装修工程施工质量验收规范》（GB 50210—2002）。

（14）《建筑给水排水及采暖工程施工质量验收规范》（GB 50242—2002）。

（15）《通风与空调工程施工质量验收规范》（GB 50243—2002）。

（16）《建筑电器安装工程施工质量验收规范》（GB 50303—2002）。

（17）《建筑工程冬期施工规程》（JGJ 104—97）。

（18）《建筑桩基技术规范》（JGJ 94—94）。

（19）《建筑防腐工程施工及验收规范》（GB 50212—91）。

（20）《混凝土质量控制标准》（GB 50164—2011）。

（21）《工程测量规范》（GB 50026—93）。

（22）《土方与爆破工程施工及验收规范》（GB 201—83）。

（23）《钢筋焊接及验收规范》（JGJ 18—2003）。

（24）《电力建设施工及验收及技术规范》（SDJ 69—87）。

（25）《采暖及卫生工程施工及验收规范》（GBJ 242—82）。

（26）《建设工程文件归档整理规范》（GB/T 50328—2000）。

1.9.11.2 目的、要求

1.9.11.2.1 分部分项工程验收的目的，就是要从工序开始层层抓质量。从程序上、文件记录上为建成优质单位工程奠定基础。

1.9.11.2.2 分部分项工程验收，必须在工序过程中进行。按验评质量计划属于停工待检点（H点）的工序，必须停工待检。

1.9.11.2.3 工序验收记录文件，必须在工序验收中填写，不得事后补记。

1.9.11.3 程序内容

1.9.11.3.1 分部分项工程验收，分两次进行，首先进行分项工程验收，而后进行分部工程验收。

1.9.11.3.2 分项工程验收的主要内容如下：

1.9.11.3.2.1 分项工程验收，一般按验评标准划分等级（一般待检、停工待检）进行。

1.9.11.3.2.2 鉴于有些分项工程验评标准中划分较大，一个分项工程常常分几次施工，而每次施工的验收文件记录和评分记录必须正确予以反映，为此要求施工一次验评一次，并作好完善记录，使验评工程正确反映工程实际情况。

1.9.11.3.2.3 分项工程验收后，有时填写两种文件，一种是验收的隐蔽工程文件，详见“隐蔽工程质量验收制度”；另一种是质量评定文件。前者作为验收文件性记录，后者才作为评定的记录。

1.9.11.3.3 分部工程验收主要内容如下：

1.9.11.3.3.1 分部工程验收应在分项工程完工后，并在有关分项工程质量检验报告结论出来后进行（如混凝土强度、抗渗强度、金属一般强度、疲劳强度、焊缝的无损检验和热处理）；

1.9.11.3.3.2 分部工程验收以文件记录验收为主，现场实物调查为辅；

1.9.11.3.3.3 分部工程验收项目及验评等级划分按火电施工质量验评标准，并按“程序管理”中附表进行。

1.9.11.4 相关联系

1.9.11.4.1 分部分项工程的验评工作，是单位工程验收的基础，单位工程验收，参见“单位工程验收制度”。

1.9.11.4.2 分部分项工程验评中，有关上下的接口联系详见原电力工业部火电验评项目划分规范。

1.9.12 工程量清单管理工作程序

1.9.12.1 定义及说明

工程量清单是承包商所承接并实施的全部工程项目数量及价格的一览表。是工程投标阶段的报价和工程实施过程中计量支付的依据。其中所列项目及单价均为招标阶段即已确定，原则上不得变动；而工程数量则是根据设计图纸计算或给定的数量，只能用于计量支付的参考，实际支付数量则以监理工程师确认的工程量为准。

工程量清单已经形成并经项目法人及承包商的审阅澄清之后，该清单即被认为涵盖了其所代表工程的全部工作项目及内容，未明确列出的工程项目则视为其费用已含在其他项目的价格之中，概不承认清单漏项。

1.9.12.2 清单管理程序及要求

1.9.12.2.1 清单单价说明

工程量清单所列工程项目是所有实际项目的归纳。该计量项目与实际工程内容相吻合，使已完工程及时得到计量，承包商应按照工程量清单中的项目，逐一列出该项目所包含的工程细目、单价构成和详细说明。

工程量清单中有些项目用时较长，容易造成施工承包商资金滞留，周转发生困难，为缓解这一矛盾，承包商应根据上述类型的工程，在该项工程开工之前一个月内，将其支付比例的划分建议，报送监理工程师审核确定。

1.9.12.2.2 清单的核定

1.9.12.2.2.1 项目。

监理工程师将对工程量清单所列项目进行全面的分析、归纳，并会同承包商所报送的上述资料对清单项目进行综合评定，明确清单中每一项目所包含的工程内容。便于工程计量与工程款支付控制工作的进行。

1.9.12.2.2.2 工程量。

在监理工程师对工程量进行核算的同时，承包商也应对工程量清单中有疑问的数量进行测算，如有问题应及时向监理工程师反映，以便取得确认，及时修正。

对清单项目的工程量核定原则如下：

（1）清单项目无误的，按照清单所列项目、数量进行最终计量支付。

（2）清单项目有误的。

1）与设计图纸数量不符的，以审核无误的图纸数量（以净值计）为控制数量。

2）与满足设计、施工规范要求的实际工程数量不符的，以监理工程师签认的（中间交工证书或工程量现场确认报告单）实际数量为控制数量。

1.9.12.2.3 清单的变动

1.9.12.2.3.1 补充清单。

依据合同有关规定及工程实际情况，监理工程师可根据项目法人正式发布的文件（包括工程项目、数量及单位），向承包商发送补充清单（对补充清单项目数量的审核仍采用本文第2条第2款的核定原则）。承包商应据此对原工程量清单进行补充，以调整后的清单为最终计量、支付依据。

1.9.12.2.3.2 工程变更。

1.9.12.2.3.2.1 工程变更必须以监理工程师发布的工程变更清单为依据，未经监理单位批准的变更工程，一律不予计量。

监理工程师通过发送变更清单的形式，向承包商说明该变更工程的项目名称、数量及单价。承包商应将此视为原清单的增补清单，对原清单中相应的工程项目及数量进行补充或调整，并以此控制变更工程的计量与支付。

变更清单项目按以下几种原则确定，或以合同规定为准：

（1）减少或取消时，直接从原清单内扣除实际减少或取消的部分。

（2）增加时，其净增值部分纳入变更清单。

1.9.12.2.3.2.2 原清单项目、数量均不变，单价变化的：取原清单中所列该工程项目，将其纳入变更清单。

1.9.12.2.3.2.3 原清单项目内容发生变化，数量、单价随之改变的：取消或减少原清单中相应的工程项目或数量，在变更清单中列明增补后的工程项目及其数量、单价。

1.9.12.2.3.2.4 新增工程项目：直接在变更清单中列明。

1.9.12.2.4 额外费用

额外费用是指由于某种原因发生索赔或项目法人指令造成承包商发生额外支付费用。在项目法人、承包商、监理工程师三方签认后，监理工程师以补充清单的形式发送至承包商，在额外费用清单中列支。

1.9.12.2.5 清单的使用

1.9.12.2.5.1 有具体工程单位的清单栏目。

1.9.12.2.5.1.1 按工程量清单中标明的单价和监理工程师签认的符合图纸要求的实际完成数量办理支付。

1.9.12.2.5.1.2 实际计量的工程数量与清单给定的数量相比，自然增减幅度在合同规定范围内，按“1.9.12.2.5.1.1”项办理。

1.9.12.2.5.1.3 工程数量自然增减幅度超出合同规定范围，则按合同的有关规定调整价格，并通过工程变更办理支付。

1.9.12.2.5.2 以项目为单位的清单栏目：根据工程完成的部位及事先由监理工程师确定的支付比例办理。

1.9.12.2.5.3 暂估数量的清单栏目：监理工程师必须严格控制工程数量。

1.9.12.2.5.4 以时间为单位的清单栏目：根据工程实施的具体情况使用。

1.9.13 工程延期的管理工作程序

1.9.13.1 工程延期的定义和内容

1.9.13.1.1 工程延期是由其他并非承包商的原因造成的，经监理工程师书面批准将竣工期限合理延长。它不包括由于承包商自身原因造成的工期延误。

1.9.13.1.2 监理工程师将对下列原因造成的工期延期提出监理意见经项目法人同意后给予补偿：

1.9.13.1.2.1 任何形式的额外或附加工程。

1.9.13.1.2.2 合同条款所涉及的任何延期理由；如图纸延迟发出、工程暂停、延迟提供土地等。

1.9.13.1.2.3 天气情况异常恶劣。

1.9.13.1.2.4 任何其他的特别情况，例如：罢工、非承包商或项目法人所能控制而导致的延误。

1.9.13.1.2.5 由于项目法人的其他原因造成的任何延误、干扰或阻碍。

1.9.13.2 工程延期的申报、审批程序

1.9.13.2.1 申报工程延期意向。

承包商必须在发生延期后，在合同规定的时间内，向监理工程师提交工程延期意向书，经总监理师审批后抄报项目法人。

1.9.13.2.2 详细记录、资料。

延期事件发生后，承包商应及时做好详细记录，并认真收集资料。

1.9.13.2.3 申报临时详情报告。

1.9.13.2.4 延期意向成立，监理工程师根据工期情况下达临时延期决定，否则退回意向。

1.9.13.2.5 申报最终的工程延期申请报告。

延期事件终止后，承包商必须在合同规定的时间内，向项目监理部提交延期申请报告及延期详细资料。

1.9.13.2.6 项目监理工程师初审，并根据自己的记录进行合理延期时间的计算。

1.9.13.2.7 总监理工程师根据以下三个原则对承包商的申请进行审批，并向项目法人汇报。

1.9.13.2.7.1 延期事件的真实性。

1.9.13.2.7.2 必须符合合同条款。

1.9.13.2.7.3 延误必须发生在被批准的网络计划的关键线路上。

1.9.13.2.8 最终合理工期的确定。

最终合理工期为原合同所规定的完工期加上监理工程师批准的工程延期时间。

1.9.13.3 工程延期申请报告的内容和表格

1.9.13.3.1 内容

1.9.13.3.1.1 工程延期申请报告。

1.9.13.3.1.2 延期的合同依据。

1.9.13.3.1.3 延期事件描述。

1.9.13.3.1.4 申请延期时间。

1.9.13.3.1.5 申请延期时间的计算资料。

1.9.13.3.1.6 有关延期的其他资料、文件、记录。

1.9.13.3.2 表格

1.9.13.3.2.1 工程延期意向书（一式三份）。

1.9.13.3.2.2 工程延期申请报告（一式三份）。

1.9.13.3.2.3 延期初审报告（项目监理工程师填写）。

1.9.13.3.2.4 延期审批书（总监理工程师填写）。

1.9.14 质量事故处理程序

在工程实施过程中，当承包商由于施工工艺违反施工技术规范要求，擅自改变被批准的施工方案或由于其他失误使工程无法进行或造成恶劣后果者，应视为发生质量事故。所谓的质量事故，不仅仅是对成品造成不良后果，任何违反规范程序的行为，导致工程受到严重影响或造成恶劣后果者，都称为质量事故。

凡因施工的工程质量不符合规定标准和设计要求，致使工程遭受损害或产生不可弥补的本质缺陷，影响结构安全和降低使用功能，以及由于质量不符合规定而造成的返工、加固处理等，可视为一般质量事故。

凡属下列情况之一者，可视为重大质量事故：

（1）大型构造物倾斜倒塌，主要构件强度严重不足，基础严重下沉，结构严重偏离设计位置等。

（2）造成不可挽回的严重缺陷。

（3）因质量不好而造成重大人身伤亡或设备损毁。

为确保合同管理项目工程的质量，使施工过程中发生的质量问题都得到及时处理，避免在工程中留存质量隐患，通过正确的办法和措施弥补各种质量缺陷，监理工程师通过质量事故管理办法进行质量事故的监理工作。

1.9.14.1 监理指令单

1.9.14.1.1 监理工程师在工程实施过程中如发现承包商违反施

工技术规范要求，并影响工程质量时，无论大小，均应根据现场情况明确提出监理意见，并签发指令单。

1.9.14.1.2　承包商在施工过程中遇到特殊情况，致使工程不能继续进行或有可能造成恶劣后果时，应立即暂停该项目的施工，并采取有效措施把损失减至最小，同时迅速通知有关监理工程师到场核查情况，监理工程师应及时签发指令单，提出监理意见。

1.9.14.1.3　对于现场不能立即解决与改善、或已造成不符合设计要求和质量检验标准及其他性质比较严重的质量问题时，监理人员应通过指令单明确要求承包商正式向项目监理部报送质量事故报告单。

1.9.14.1.4　监理指令单一经签发，无论承包商是否签收，立即生效。所有指令单都必须进行登记备案。

1.9.14.2　质量事故报告单

凡监理指令单中明确要求承包商填报质量事故报告的，必须在指令单签发后三日内（或监理认可的期限内），向项目监理部报送正式的质量事故报告。

质量事故报告应如实说明事故发生的原因，分析现场采取的临时措施，并由承包商提出拟采取的处理、补救方案。报告内容应详细、清晰，必要时附图说明，承包商技术负责人签字后报送监理单位。

1.9.14.3　质量事故处理单

项目监理部收到项目监理审核签名认可的质量事故报告单后，即着手安排质量事故的处理，必要时安排有关单位进行现场考查。承包商负责质量事故的全过程处理，及时完成监理要求进行的工作，并就有关事宜提供积极的配合。

在确定质量事故处理方案后，由监理工程师签发质量事故处理单（根据具体情况在必要时请有关单位会签），作为对承包商报送的质量事故报告单的最终批复。承包商必须按照批复意见认真执行，并接受监理工程师的现场监督。

1.9.14.4　涉及质量事故的工程计量

项目监理部将建立质量事故台账，对所有质量事故做跟踪记录，并根据质量事故的处理结果，验收资料及有关报表，进行计量工作。

1.9.14.4.1　对于质量事故得到妥善处理，经检测已完全达到设计要求的工程，在承包商报送全部有关资料后，按原清单数量给予合理计量。

1.9.14.4.2　对于发生质量事故，虽经返工仍不能达到设计标准，且不影响工程使用功能者，经项目法人和建设单位同意，在认真审评承包商报送的有关资料后，监理工程师视其具体情况对该工程进行“按质论价”。

1.9.14.4.3　对于发生质量事故后，不按本规定的要求办理手续，或不按批复的处理方案进行处理，或在工作完成后不报送有关检测资料，造成监理工程师无法对其质量作出准确评价的工程，一律不予计量、支付工程款。

1.9.14.5　其他

1.9.14.5.1　凡因质量事故造成的工程额外费用，工期延误、其他损失或风险均由承包商自理。如果造成事故的原因不全属承包商，监理工程师将根据有关规定及项目法人指令，对其费用做出评估。

1.9.14.5.2　本办法规定的质量事故处理程序不免除承包商履行其他部门有关规定的责任。

1.9.15　隐蔽工程质量验收工作程序

为了加强对隐蔽工程的施工质量的监督检查，特制定本程序。

1.9.15.1　隐蔽工程质量验收的目的，在于使工程项目质量控制做到工序控制，将质量保证体系贯穿到每个操作工人的工序中，从工程建设内部层层把关，使工程项目整体质量得到保证，给业主一个质量上可信任的工程。

1.9.15.2　隐蔽工程是指那些在施工过程中一道工序的工作结束，被下一道工序所掩盖，正常情况无法进行复查的部位。其主要范围除有特殊要求外，一般验收项目如下：

1.9.15.2.1　指工程建设工序进行中间环节半成品的验收，如建筑工程中的钢筋工程，验收内容有钢筋的品种、规格、数量、位置、形状、焊接质量、接头位置、预埋件的数量及位置，以及材料使用情况。

1.9.15.2.2　指埋入地下的基础工程，验收内容有地基开挖土质情况，标高尺寸、基础断面尺寸等。

1.9.15.2.3　指埋入结构或土中的机务、水工等压力管道、电气接地、电缆埋管、防水工程，如屋面、地下室、水工结构的防水层、防水处理措施、防腐处理等的施工质量。

1.9.15.3　隐蔽工程验收，通过通用的“隐蔽工程质量检查记录表”和建筑工程专用“隐蔽工程验收记录”的形式记录、验收成果，验收后，需请各方代表签署。

1.9.15.4　隐蔽工程验收，施工承包商应在自检合格后提前 24 小时通知设计代表、项目法人和监理部，经各方共同检查合格后方能进行下道工序。具体执行，可能会出现下列情况，其处理原则如下：

1.9.15.4.1　项目法人和监理部未按时派员到场验收，施工承包商已自行隐蔽，项目法人和监理部有权提出重新开挖检查，施工承包商应按要求开挖；复查后，如质量合格，其检查费用由提出复查单位负责；如若质量不合格，其检查费用和施工修改费统由施工承包商自行负责。

1.9.15.4.2　施工承包商未通知项目法人和监理部，或经检查发现问题后不按要求进行返工和处理时，有权通知施工承包商停工，停工损失由施工承包商自己负责。

1.9.15.5　主要隐蔽工程验收工作参加人员：设计单位驻工地代表、项目法人代表、监理工程师；施工承包商施工分项负责人，质检员和分管该项目技术负责人。

1.9.15.6　隐蔽工程验收前，施工承包商工地施工班组应先填写“隐蔽工程质量检查记录表”（包括检查内容），提供给参加验收人员检查。检查后各方作出评价并签署明确意见。

1.9.15.7　隐蔽工程验收是单位工程验收的基础，隐蔽工程验收应与验评工作同时进行，以利进行分项、分部和单位工程验收。

1.9.15.8　隐蔽工程质量验收记录由施工承包商和监理部分头管理，并作为工程文件长期保存。

1.9.16　设计变更管理程序

为了加强对设计施工图的管理，本着一切为工程着想的原则，特制定本程序。本程序主要适用于对设计院的设计所进行的变更。凡涉及工程承包合同内容变化的设计变更应按工程承包合同中有关合同变更的条款进行。

1.9.16.1　设计变更原因

（1）设计图纸有差错。

（2）设计与实际情况不符合或设计条件有变化。

（3）现场条件所限，采用的材料规格、品种、质量不能完全符合设计要求。

（4）上级机构的正式批件。

（5）技术改进和合理化建议。

（6）施工差错并由有关方面提出意见。

1.9.16.2　设计变更分类

1.9.16.2.1　一般设计变更：不改变设计原则，不影响工程质量和安全运行、不涉及初步设计已审定的原则。

1.9.16.2.2 重大设计变更：涉及原初步设计审定的设计规模、设计原则、工艺系统与主要结构布置的修改、工程量的改变、进口范围的变化等。

1.9.16.3 设计变更程序及其他

本工程的所有设计变更必须经过监理单位确认后方能实施。

1.9.16.3.1 对一般设计变更，由要求设计变更的单位提出《工程变更联系单》，由设计单位根据《工程变更联系单》提出“设计技术联系单”或“设计更改通知单”，后报监理单位审签确认。

1.9.16.3.2 对重大变更设计，由要求设计变更的单位正式行文提出，由设计单位核签，并由监理单位核签后交项目法人审签，并在必要时报请原审批单位批准。

1.9.16.3.3 由有关部门提出的设计变更：

1.9.16.3.3.1 设计变更由变更提出单位填写“设计变更申请单”并经变更提出单位主管审签后，报项目监理部审核。监理部审核后通知设计院，由设计院根据设计情况决定是否需要变更。

1.9.16.3.3.2 对设计院同意变更的申请由设计院按设计变更程序出“设计变更通知单”。凡未按设计变更程序审签和签证不全的设计变更一律拒绝接受、不得实施。

1.9.16.3.3.3 由设计院签发的手续齐全的“设计变更通知单”由项目监理部确认后发至各有关单位该项设计变更，各单位自行整理归档。

1.9.16.3.3.4 对设计院不同意的变更申请，由设计院填写明白原因，反馈项目监理部确认。

1.9.16.3.4 由监理工程师提出的修改。

各专业监理工程师在核查设计图纸或在施工现场跟踪监理时发现的设计或施工问题，经核实并由该监理工程师与有关单位共协商后，用“设计成品确认单”或“监理工作联系单”通知有关单位并提出修改建议。

如有关方同意监理意见，则由监理工程师与设计代表及施工单位代表协商，由设计代表提出更改通知单或设计变更联系单，监理单位审核后下发；当意见不一致时，由监理工程师报分管副总监理师，必要时报总监理师再与有关单位研究裁决；重大问题的修改程序与第3.2条相同。

1.9.16.3.5 设计技术联系单待项目法人、监理单位签后由设计单位组织分发有关单位。

1.9.16.3.6 设计变更项目应在完成上述审批手续之后才允许施工，不得先进行施工而补办设计变更手续。

1.9.16.3.7 设计变更文件格式可沿用设计单位原有文件格式。设计变更资料作为设计文件组成部分应予妥善保管，工程竣工后统一归档。

1.9.16.3.8 国外设计部分的变更另行商定。

1.9.16.3.9 发送次序：设计单位→监理单位→业主单位→工程承包商。

1.9.17 监理工作联系单、通知单签发制度

1.9.17.1 在工程建设期间，根据“监理合同”的要求，监理工程师要对设计单位提出的一、二类施工图纸进行确认；对建筑、安装工程的施工质量进行跟踪检查与复核，监督承包商按规程、规范施工，参加阶段性和隐蔽工程质量检查及验收，在工作中除发现重大问题必须正式行文通知有关单位外，一般问题可以以监理通知单的形式提出问题和改进措施，主送项目法人并送有关设计、承包商执行。

1.9.17.2 对并不一定是设计或施工问题，但作为监理工程师对施工中一些情况的看法，或提请承包商注意，或作为建议供有关方面参考，可以以监理联系单的形式，主送有关单位。

1.9.17.3 单一般情况由监理工程师填写，由分管的副总监理工程师签发；较大问题，由总监理工程师签发。

1.9.17.4 通知、联系单发出前，先由监理部登记；接受单位要签收并注明日期。

1.9.17.5 通知、联系单作为工程文件之一，工程竣工验收后交项目法人统一归档。

1.9.18 测量工作管理程序

本工程内容包括三个方面：基准点、基准高程的复测、施工放样测量和路基填、挖前地面线测量。

1.9.18.1 基准点、基准高程的复测

1.9.18.1.1 现场交桩与提供文字资料

根据合同规定，在监理工程师批准的开工之日前 14d，项目法人或设计单位在监理工程师在场的情况下，向承包商进行现场交桩，并提供现场的文字资料。上述过程应填写交桩记录，并由有关各方代表签字。

1.9.18.1.2 承包商复测

承包商在现场接桩和收到书面测量资料后，应对主要的原始基准点（包括点桩、水准标点）进行认真复测。在交桩后 7d 内将《复测报告》一式二份报送监理工程师审核确认。

《复测报告》及应附的《水准点复测结果表》《导地线复测成果表》样式附后。

承包人在复测过程中如误差超过允许范围，则应重新测，直到准确无误。再进行上报。

1.9.18.1.3 监理工程师复核确认

监理工程师对承包商报送的《复测报告》进行审核，无误后对基准点位和文字资料予以确认，并通知承包人，以作为承包商施工定位和放样的依据。

如承包商复测误差未超过允许范围，并经监理工程师复核确认时，复测结果与项目法人、设计单位提供的文字资料不符，应提交项目法人、设计单位对文字资料进行核对，并根据核对结果情况，确定是否需要重新进行交桩。

1.9.18.1.4 桩点的保护

承包商应对监理工程师确认的基准点进行保护（其桩点及保护措施应得到监理工程师认可），直至工程全部结束。

1.9.18.2 施工放样测量

1.9.18.2.1 承包商应根据设计图纸和项目法人（设计单位或监理工程师）书面提供的数据在各项工程开工之前进行计算、复测并确定施工中需要的任何中线点、标高、位置和尺寸等数据，并保证其准确无误，然后将上述资料报监理工程师备查。

1.9.18.2.2 承包商的施工测量放样工作应在上述基础上进行。在准确放样后，将放样数据及图表随分项工程开工申请单上报监理工程师备查，工作中应给监理工程师留出足够的时间进行抽查复核测量。承包商应提供监理工程师复核测量工作的便利。

1.9.18.3 填、挖方前地面线测量

1.9.18.3.1 本项测量的目的是为准确计量填、挖方工程数量。

1.9.18.3.2 本项测量的地面线应为：

1.9.18.3.2.1 所指地面应为耕地经过清表后的地面。

1.9.18.3.2.2 填方经过碾压或夯实后达到规范规定的密实度。

1.9.18.3.2.3 填方段如有软弱基底，应予以处理达到以基底要求后。

1.9.18.3.3 对上述测量所用仪器的精度及操作方法应符合勘测设计要求，地面线横断进行实地测量，报监理工程师审批。

1.9.18.3.4 经监理工程师批准后的工程填、挖方横断面图将作

为工程土石方工程计量的依据。

1.9.18.4　监理工程师对承包商任何放样或任何线形、标高、尺寸的核查与批准，不免除承包商对其准确性承担的责任。

1.9.19　工程设备管理工作程序

1.9.19.1　目的

为了加强对到场工程设备的控制、管理，把好设备开箱检验、仓储保管的质量，特制定本管理程序。

1.9.19.2　适用范围

本管理制度适用于电厂工程建设施工阶段的设备开箱验收、设备缺陷处理、采购、仓储及备品配件、专用工具的领用的管理。

1.9.19.3　职责

监理公司负责监督设备订货和安装单位复查物资供应商向电厂提供的已订货设备清单是否符合设计要求，对主要设备开箱检验进行监控及见证；对现场设备的管理进行监督检查，并提出监理意见。负责组织建立健全物资管理体系及制度，物资库房、堆放场地的规划工作。建立物资信息台账，及时发布物资信息。

1.9.19.4　设备的开箱验收管理规定

1.9.19.4.1　物资供应商在设备到货一个月内书面通知设备验收各方参加验收的时间和地点。主要设备（监理公司确认）的开箱须先填写“主要设备开箱申请表”经监理公司批准后再发通知验收设备。

1.9.19.4.1.1　开箱前对包装质量先进行验收。

1.9.19.4.1.2　开箱清点设备及附件应与装箱单相符，装箱单应与合同相符。

1.9.19.4.1.3　装箱资料要齐全，一般包括：

（1）设备装箱清单。

（2）设备总图。

（3）基础外形图与荷载图。

（4）性能曲线。

（5）安装说明书。

（6）产品合格证和有关试验报告。

（7）使用维护说明书。

1.9.19.4.1.4　验收时由主持单位做好记录。对存在缺件和缺陷问题，应经过共同研究后做出纪要，明确责任，落实处理方法、费用和时间要求。

1.9.19.4.1.5　当有关各方在验收时对设备缺件、缺陷、质量、技术标准、处理方法意见不一致时，由物资供应商主持，组织各有关方面进行协商解决。当工期紧迫时，电厂有权请某单位先行处理，其发生的费用由责任方承担。

1.9.19.4.1.6　设备开箱验收完毕要做出开箱签证书，由参加单位签字生效。

1.9.19.4.2　设备随机备品、配件、专用工具经验收签证后，交业主保管。

1.9.19.4.3　除随机装箱单由施工单位保管外，剩余资料均交业主文件管理部门按有关规定分发、保管，合同有规定的资料要按合同执行。

1.9.19.4.4　设备移交施工单位后，施工单位要按设备厂家提供的产品控制程序贮存、维护好设备。

1.9.19.4.5　未经验收通过的设备不准安装使用。

1.9.20　工程材料管理工作程序

1.9.20.1　工程材料使用前的准备工作

承包商根据合同条款，设计图纸等有关文件确定用于永久性工程需要的各种工程材料（包括锚具等）数量，依据工程对材料规格和质量要求及施工安排等编制采购计划，料场由承包商自行选定。工程材料购运前，材料使用单位应将选定的工程材料质量检验资料和质量评定文件编制“工程材料申请使用单”报送监理单位审批。

1.9.20.2　工程材料申请使用报告的格式与内容

1.9.20.2.1　原材料质量试验资料，试验项目依据规范与有关文件进行确定。

1.9.20.2.2　各种混合料（水泥混凝土、沥清混凝土、防水胶泥、水泥砂浆）配合比设计试验结果资料。

1.9.20.2.3　其他材料质量证明文件，如出厂合格证、材质检验单等。

1.9.20.2.4　“工程申请使用单”和封皮见附件。

1.9.20.3　工程材料申请使用报告编制方法

1.9.20.3.1　永久性工程所用的工程材料，均应在使用前申报，批准后方可使用。

1.9.20.3.2　各种原材料如水泥、钢材、地材（砾石、砂料等），均应根据不同的生产厂家和不同的材料规格分别进行申请。

1.9.20.3.3　同一生产厂（场）家，生产不同规格的材料（如钢筋ϕ20、ϕ25，砾石 0.5～3.2cm，0.5～2.0cm 等）可在同一工程材料使用申请报告中一并申报。不同的工程材料（如水泥、砂子等）须分别进行工程材料使用申报工作。

1.9.20.3.4　水泥混凝土配合比设计使用申请报告中，只附配比设计，混凝土强度试验结果和水泥、外加剂出厂合格证与自检结果，水泥混凝土使用的原材料（砾石、砂子等）单独进行使用申报。

1.9.20.3.5　“工程材料申请使用单”编制一式三份，用 A4 规格纸。

1.9.20.4　工程材料的审批程序

1.9.20.4.1　各种材料在使用前 14d 或更早的时间内，承包商向监理工程师报送工程材料使用申请报告。

1.9.20.4.2　监理工程师对承包商报送的工程材料使用申请报告和样品进行审查，必要时对进料场（厂）进行考察，监理工程师自接到申请报告在一般情况下 7d 内确定申请使用材料是否批准使用。

1.9.20.4.3　没有获得批准的工程材料申请报告，承包商应按监理工程师审批意见，进行修改、完善后重报，直至获得批准。

1.9.20.5　工程材料的管理工作

1.9.20.5.1　监理工程师对材料的批准应视为对申请报告及试验样品的批准，工程进行中，若发现使用的工程材料与被批准材料不符时，则该批准将自动无效。

1.9.20.5.2　承包商在施工中应对工程材料质量进行有效的控制，按规范规定的检验频率进行试验或检验，确保用于工程的材料符合质量要求。

1.9.20.5.3　承包商在施工中应对工程材料质量进行有效的监控。以保证材料不受污染不变质。

1.9.20.5.4　使用未经批准的材料完成的工程，监理工程师将不予以验收，必要时将要求承包商将所完成的工程拆除。

1.9.20.5.5　已被监理工程师批准使用的材料如在使用过程中，发生生产的工艺、配比、品种、规格变动时，承包人应重新办理审批手续，而原批准同时作废。

1.9.20.5.6　对分包工程的材料使用与管理亦按本程序进行。

1.9.21　单位工程开工申请工作程序

为了加强对单位工程的管理，因此对现场的开工条件要进行认真严格的审查，使其达到单位工程开工所具备的条件，特制定本程序。

1.9.21.1　按照科学管理、合理组织施工的原则，要求施工单位在单位工程开工之前，必须有完善的开工条件。开工条件，也就是开工前施工准备的内容，从质量管理上讲，也就是工程开工前应具备的工序质量保证。

1.9.21.2 衡量开工条件是否完善和具备，应对开工条件进行考核。

1.9.21.3 考核表由施工单位按考核项目逐项填写初评意见，报项目法人工程部与项目监理部联合核查。负责核查人员为工程部主管工程师，监理部为主管专业监理工程师。

1.9.21.4 考核栏中对考核结果分合格、基本合格和不合格三级。合格指被考核项目工作已经完成，基本合格指被考核工作已做，但尚未完成，可在限期内完成，不合格指被考核项目工作，或工作质量不符合要求的项目。

1.9.21.5 重要工程开工申请报告表，由负责该单位工程的施工单位填写，并在开工前送项目法人和项目监理部审批。考核项目须全部合格或基本合格才能批准开工（单位工程开工申请表见附录）。

1.9.21.6 对较小的或简单的工程，可只填写开工申请报告表，开工条件考核表可免报。

1.9.22 施工现场管理程序

为了给施工单位创造一个良好工作环境，以确保工程顺利进行，施工现场管理必须协调统一、科学有序，做到文明施工、为实现施工安全和工程优质高效创造必要条件。

1.9.22.1 施工总平面管理

1.9.22.1.1 施工总平面布置是施工组织总设计文件的重要组成部分，其主要任务是完成施工场地的划分，交通运输的组织，各种临建、施工设施、力能装置和器材堆放等方面的布设，场地的竖向布置，施工管线的规划，并满足防洪、排水、防火、防风等各方面的要求，确保整个施工场地布置紧凑合理，符合流程，方便施工，节省用地，文明整齐。施工组织总设计及其施工总平面布置图一经项目法人和有关部门批准，作为工程建设的纲领性文件，各承包商都必须严格执行。

1.9.22.1.2 承包商进入施工现场前，应根据合同所规定承建的工程范围，按照本工程施工组织总设计的要求，根据施工总平面布置所划定的用地范围，结合工程实际情况和所承担工程项目的施工组织设计（或施工方案）的要求，绘制施工总平面。该施工总平面随同施工组织设计（或施工方案）报项目法人和项目监理部批准后实施。

1.9.22.1.3 承包商在其所给定的施工场地内按照施工组织总设计和施工总平面布置建造临时建筑。不得在其给定的施工场地之外私建、乱建临时建筑和设施，或堆放设备、材料，更不允许占用道路作为施工场地。

1.9.22.1.4 施工场地随着施工阶段的变化和承包商的实际需要，项目法人（或项目监理部）可根据情况统筹安排，重新调配使用。

1.9.22.1.5 各承包商要对其所占用的施工场地范围内的安全、防火、道路和排水系统的畅通以及良好的施工环境负责。对建筑垃圾、生活垃圾及各种污水排放都要妥善处理，不得随意乱放、乱排。

1.9.22.1.6 各施工承包商在施工时需要开挖已有道路，中断交通；或需要中断水源、电源时，必须提前 3d 提出书面申请，经建设单位批准后执行。承包商必须在批准的时间内完成任务并予恢复；如不能按时完成并影响其他各施工承包商施工时，其后果由当事承包商负责赔偿损失或承担必要的罚款。

1.9.22.1.7 各类履带式机械、重型压路机械及超重件运输机械进厂路线，施工单位必须按批准的、指定的路线通行，否则对道路及地下设施造成的破坏由承包商负责修复或赔偿损失。

1.9.22.1.8 承包商使用建设单位提供的水源、电源时，应事先提出申请，经批准后按指定地点和容量连接并应按承包合同的规定向项目法人交纳相应费用。

1.9.22.1.9 项目法人按计划需要停电、停水时，应事先提前 2d 通知承包商，作好施工安排。意外发生断水、断电事件时，承包商与项目法人研究，采取必要措施，在短期内尽快予以恢复。

1.9.22.1.10 承包商在厂区内取土和弃土，要按照施工总平面的布置有组织的进行，不得随意取土或弃土，更不得以商品转卖其他单位。施工中挖掘的多余土方，应及时运到项目法人指定的地点，不得乱堆弃土，堵塞道路及排水系统。

1.9.22.1.11 设置在施工现场的永久测量标志，各施工单位应予保护，不得损坏和移动。

1.9.22.1.12 施工承包商对所承担的工程项目施工完毕并经验收后，应迅速撤离施工现场，其所建临时建筑和各项设施应在三个月内拆除或由项目法人按规定合理调配给其他承包商使用，不得借故拖延或私自处理。

1.9.22.1.13 项目法人(或项目监理部)设专人管理施工总平面，各施工承包商对有关施工场地的使用、临时设施的建设、现场道路及各种力能管线布置，安全、防火、排水等措施的实施，必须接受项目法人主管工程师的监督与管理。监理工程师协助业主单位主管工程师做好施工总平面的监督与管理。

1.9.22.2 施工现场管理

1.9.22.2.1 项目法人设立专门机构，负责工程现场范围内的施工组织与指挥。

1.9.22.2.2 工程项目监理部，受项目法人委托，对施工现场实行监督与管理。

1.9.22.2.3 由监理单位主持，定期召开工程各承包单位（含设计、施工、设备厂商）驻现场负责人参加的工程协调会议，各承包单位应按时参加，由项目监理部写出会议纪要，会后各方应共同执行协调会有关决议。监理单位负责督促与检查。

1.9.22.2.4 项目法人（或项目监理部）对现场各施工承包商之间，现场力能及机械互相协作借用，总平面管理，交通堵断等问题有权经过协商后作必要的调度，各施工承包商应予协助，有关费用按双方的分包合同或协议执行。

1.9.22.3 现场力能主干线管理

1.9.22.3.1 现场给水、排水、蒸汽、电、通讯等主要力能干线由施工承包商自行管理，并进行检查和维修。

1.9.22.3.2 各施工分包商使用上述主干线时应事先提出申请，经施工承包商批准，办理有关手续后，由施工承包商下达任务给有关部门进行连接，各分包商如不办理手续乱接，施工承包商有权拆除并按规定对有关单位进行罚款处理。

1.9.22.3.3 施工承包商主干线停止使用时，应事先通知有关各分承包商进行必要的准备（事故除外）。

1.9.22.4 进入电厂生产区域的作业管理

承包商进入电厂生产区域作业，应按电厂有关规程办理安全生产工作票并按照电厂安全生产规程和要求进行施工作业。在指定的时间、地点按照批准的作业指导书或施工方案进行作业。工作完工后应工完料清，并按工作票要求办理作业终止手续。

1.9.22.5 现场安全生产管理

本章其余内容见光盘。

第 2 章　华能陕西靖边风电场四期工程 49.5MW 监理实施细则

2.1　土建专业监理实施细则

2.1.1　工程概况

2.1.1.1　工程规模：本期工程为四期工程，总装机容量为 49.5MW，单机容量为 2000kW。

2.1.1.2　地理位置：华能陕西靖边风电场四期工程场址位于陕西靖边县城东南约 12km 的乔沟湾乡和张家畔镇。场址海拔高度在 1550～1700m 之间，为黄土高原北部的黄土丘陵沟壑区梁茆地貌单元，场地开阔，地势起伏不大。

2.1.1.3　施工工序多、施工点多面广：华能陕西靖边风电场四期工程重要施工工序如：道路开挖、风机基础开挖浇筑、风机变电设备附属设备的运输、吊装、安装、电气盘柜的运输吊装安装、分部调试、试运到整套启动，加之风电的特点，25 个机位比较分散，加上集控中心、变电站等近 27 个施工点，这些都给安全管理增加了难度，安全控制相对增多。

2.1.2　编写依据

（1）施工图（风机基础施工图、箱变施工图等）。

（2）《建设工程委托监理合同》及《建设工程施工合同》，经审核的《监理规划》《施工组织设计》。

（3）《电力建设工程监理规范》（DL/T 5434—2009）。

（4）《风力发电场项目建设工程验收规程》（DL/T 5191—2004）。

（5）《混凝土结构工程施工及验收规范》（GB 50204—2002）（2011 版）。

（6）《中国水电顾问集团西北勘测设计研究院 35kV 架空线路施工图纸》。

（7）《电力建设施工质量验收及评定规程》（第 1 部分：土建）（DL/T 5210.1—2012）。

（8）《建筑地基基础施工质量验收规范》（GB 50202—2002）。

（9）《混凝土质量控制标准》（GB 50164—2011）。

（10）《建筑工程施工质量验收统一标准》（GB 50300—2001）。

（11）《电力建设施工及验收技术规范》（DL/T 5190.4—2004）。

2.1.3　工程目标

2.1.3.1　工程总体目标

确保达标投产，争创优质工程。

2.1.3.2　工程总体质量目标

本工程土建部分：分项工程合格率 100%；单位工程优良率 100%；观感得分率≥90%。

2.1.3.3　工程安全目标

不发生人身轻伤事故；不发生一般质量事故；不发生有人员责任的施工机械设备损坏事故；不发生一般火灾事故；不发生倒杆事故；不发生因施工责任造成的停电和社会影响比较严重的事故；减少习惯性违章；争创无事故工程。

2.1.3.4　工程环境目标

控制施工及生活污水排放；施工废料集中分类存放，废物集中处理，杜绝任意扔弃；施工结束做到工完、料尽、场地清，恢复周围原来植被，保护自然环境。

2.1.4　本工程土建工程质量控制项目

土建工程质量控制项目明细表见表 2-1-1。

表 2-1-1　　土建工程质量控制项目明细表

工程项目	包含内容	工程部位
土方工程	土方开挖、土方回填	风机基础、主（箱）变基础、10kV 线路基坑基础
钢筋工程	钢筋加工、钢筋安装（工艺）	风机基础
模板工程	模板安装（工艺）	所区内所有混凝土结构
混凝土工程	混凝土配合比、混凝土原材料、混凝土外观质量	风机基础、主变基础等
道路工程	基层工序质量（工艺）	风机道路路面
35kV 线路工程	基坑开挖、杆位组立、线路架设	风机 35kV 线路
建筑电气工程	材料、设备、安装质量（工艺）	风机、主变、35kV 线路
接地工程	接地网材料、制作、焊接（安装工艺）	风机、箱变接地网、设备接地、35kV 线路接地

2.1.5　土建工程质量控制实施细则

风机、主（箱）变土建工程质量控制点明细表见表 2-1-2。

表 2-1-2　　风机、主（箱）变土建工程质量控制点明细表

序号	项目名称	质量控制方式			控制要点
		停工待检（H）	现场见证（W）	旁站监理（S）	
1	测量定位放线		√	√	
2	挖方	√			验槽：土质、标高、槽宽
3	填方		√		密实性
4	模板		√		尺寸、支撑
5	钢筋	√			直径、根数、钢号、间距、接头、保护层
6	混凝土			√	材料、配合比、强度
7	砌石		√	√	材料、强度
8	地基处理				

续表

序号	项目名称		质量控制方式			控制要点
			停工待检（H）	现场见证（W）	旁站监理（S）	
	主变压器架构					
1	基础	模板		√		尺寸、支撑
2		钢筋	√			直径、根数、钢号、间距、接头、保护层
3		混凝土			√	材料、配合比、强度
4	架构安装			√		构配件、位置、标高
	事故油坑、油池排油管					
1	油坑、油池	模板		√		尺寸、位置
2		钢筋	√			直径、根数、钢号、间距、接头、保护层
3		混凝土			√	材料、配合比、强度
4	排油管安装			√		材料、标高
	屋外配电装置					
	地基工程					
1	地基处理			√		符合性
2	定位及高程控制			√		坐标、高程符合设计
3	挖方		√			土质、标高、位置
4	填方			√		密实性
	设备及支架					
1	基础	模板		√		尺寸、位置
2		钢筋	√			直径、根数、钢号、间距、接头、保护层
3		混凝土			√	材料、配合比、强度
4	支架吊装			√		焊接
	构架					
	基础	模板		√		尺寸、位置
		钢筋	√			直径、根数、钢号、间距、接头、保护层
		混凝土			√	材料、配合比、强度
	道路					
1	路基			√		铲除深度、密实度
2	面层				√	材料、配合比、厚度、工艺、无裂缝、平整
	室外沟道、管道、井室					
1	挖方		√			验槽：标高、尺寸
2	混凝土				√	材料、配合比、强度

2.1.5.1 土方工程施工质量监理实施细则

2.1.5.1.1 土方开挖

（1）临时性挖方的边坡值应符合表 2-1-3 的规定。

表 2-1-3 临时性挖方边坡值（GB 50202—2002 规范表 6.2.3）

土的类别		边坡值（高：宽）
砂土（不包括细砂、粉砂）		1：1.25～1：1.50
一般性黏土	坚硬	1：0.75～1：1.00
	硬塑	1：1.00～1：1.25

续表

土的类别		边坡值（高：宽）
一般性黏土	软	1：1.50 或更缓
碎石类土	充填坚硬、硬塑黏性土	1：0.50～1：1.00
	充填砂土	1：1.00～1：1.50

注 1. 设计有要求时，应符合设计标准。
2. 如采用降水或其他加固措施，可不受本表限制，但应计算复核。
3. 开挖深度，对软土不应超过 4m，对硬土不应超过 8m。

（2）土方开挖工程质量检验标准应符合表 2-1-4 的规定。

表 2-1-4　　土方开挖工程质量检验标准（GB 50202—2002 规范表 6.2.4）　　单位：mm

项目	序号	检查项目	允许偏差或允许值					检验方法
			柱基基坑基槽	挖方场地平整		管沟	地（路）面基层	
				人工	机械			
主控项目	1	标高	−50	±30	±50	−50	−50	水准仪
	2	长度、宽度（由设计中心线向两边量）	+200 −50	+300 −100	+500 −150	+100	—	经纬仪，用钢尺量
	3	边坡	设计要求					观察或用坡度尺检查
一般项目	1	表面平整度	20	20	50	20	20	用 2m 靠尺和楔形塞尺检查
	2	基底土性	设计要求					观察或土样分析

注　地（路）面基层的偏差只适用于直接在挖、填方上做地（路）面的基层。

2.1.5.1.2　土方回填

（1）填方施工过程中应检查排水措施，每层填筑厚度、含水量控制、压实程度。填筑厚度及压实遍数应根据土质，压实系数及所用机具确定。如无试验依据，应符合表 2-1-5 的规定。

（2）填方施工结束后，应检查标高、边坡坡度、压实程度等，检验标准应符合表 2-1-6 的规定。

表 2-1-5　　填土施工时的分层厚度及压实遍数（GB 50202—2002 规范表 6.3.3）

压实机具	分层厚度/mm	每层压实遍数
平碾	250～300	6～8
振动压实机	250～350	3～4
柴油打夯机	200～250	3～4
人工打夯	<200	3～4

2.1.5.1.3　土方工程质量控制内容

2.1.5.1.3.1　组织现场勘查，掌握熟悉图纸。

表 2-1-6　　填土工程质量检验标准（GB 50202—2002 规范表 6.3.4）　　单位：mm

项目	序号	检查项目	允许偏差或允许值					检查方法
			桩基基坑基槽	场地平整		管沟	地（路）面基础层	
				人工	机械			
主控项目	1	标高	−50	±30	±50	−50	−50	水准仪
	2	分层压实系数	设计要求					按规定方法
一般项目	1	回填土料	设计要求					取样检查或直观鉴别
	2	分层厚度及含水量	设计要求					水准仪及抽样检查
	3	表面平整度	20	20	30	20	20	用靠尺或水准仪

2.1.5.1.3.2　了解现场地形、地貌、水文、地质、地下埋设物、地上障碍物和临建。

2.1.5.1.3.3　了解水、电供应、市政排水管网和运输道路情况。

2.1.5.1.3.4　核算土石方工程量。

2.1.5.1.3.5　审定施工方案及土石方调配计划的合理性。

（1）土石方作业方式。根据土质情况，宜采用机械挖槽。（根据现场实际情况改动）

（2）场地排水、降水。施工区域应做临时排水系统。临时排水系统应与原排水系统相适应，应尽量与永久性排水设施相配合，但应注意在使用中不得因淤泥沉积等降低永久性排水设施效率。

排水系统，如设计无要求时，场地应向排水沟方向作成不小于 2‰的坡度，临时排水沟的纵向坡度一般不小于 3‰（平坦地区不应小于 1‰）。出水口应远离建筑物或构筑物，应设置在低洼地点，保证排水畅通。

2.1.5.1.3.6　检查施工区域“三通一平”的情况。

基础施工前应对施工区域进行全面清理，对于妨碍施工的道路、沟渠、管线、树干、土堆、垃圾等进行妥善处理。对于施工机械进入现场所经过的道路、桥梁和卸车设施应事先做好加宽、加固工作，修筑好施工临时道路及供水、供电临时设施。按方案完成了现场排水和降水设施。

2.1.5.1.3.7　定位放线的验收。

根据规划部门给定的建筑红线，按设计要求坐标和标高确定单体建筑的实际轴线位置（中心线），并应在轴线延长线外设置半永久或永久的控制桩，以便上层施工及各层复核检查时使用。

按设计的基础大样图的底宽加上放坡及操作位置尺寸，计算出基槽开挖宽度。按这些尺寸放线，同时将这些尺寸、标高一一标志地设于附近的建筑物上的龙门桩上（龙门桩是土方、基础施工的重要设施，操作中要注意保护以保证施工和检查验收的需要）。

基槽开挖的验收标准为：主轴线交角误差±20″，建筑物各个轴线距离相对误差 1/2000，轴线投测误差±5mm，标高投测误差±5mm。

2.1.5.1.4 土方工程施工质量监理要点

2.1.5.1.4.1 不允许扰动老土

土方开挖的顺序，方法必须与设计工况相一致，并遵循“开槽支撑，先撑后挖，分层开挖，严禁超挖”的原则。基槽开挖中绝不允许超挖后再撒土找平，发现超挖的基槽应取得设计单位的同意，按照规范规定采取加深基础或夯实的补救措施。为防止扰动老土，工人开挖应在边坡设置标高桩，控制基槽底的平整，机械开挖应留出最后 200～300mm，改用人工铲平；基坑挖好后，最好能及时做基础或垫层时再临时铲去。这些预防措施对于软土更为重要。

基础作业前如发现基槽被雨雪或地下水浸软，必须将浸软的土挖去后满超挖处理。

2.1.5.1.4.2 槽底部要平整

常见通病是基底不清理有浮土等，或基底为萝卜坑，致使地基造成应力集中，降低地基的承载能力。补救措施是进行二次清理。

2.1.5.1.4.3 开挖断面验收

为实测项目，验收规范规定允许偏差值为－20mm，即地坪宽度，长度不得小于设计基础底边尺寸。对于基槽上限验评标准没作规定；考虑施工方便，基槽底部宽度应设计基底宽度、工作面宽度与四周支撑宽度之和。四周支撑一般每边宽 100mm，工作面宽度，钢筋混凝土每边为 300mm，大面积开挖（地下室）每边 1m 左右。在保证满足宽度的前提下，应尽量减少基槽开挖宽度。实际验收要先用经纬仪重新复核中心线，基槽端面尺寸，要从轴线向两边量。

2.1.5.1.4.4 开挖标高验收

为实测项目，验评标准规定允许偏差为＋0mm，－50mm，验收以水准控制点为标准，用水准仪直接检查，验收中应结合检查基底是否平整。

2.1.5.1.4.5 地基复查记录

基槽开挖好后，应汇同勘测单位对地基土进行全面、详细、审慎的检验，要对照设计或地质资料复核土层分布情况和走向，复核地耐力，要观察土的颜色是否均匀一致、有否局部过松，要沿基底行走一周，注意行走是否有颤动感觉，观察有无局部含水量异常现象，分析土层走向或土质变化，判断基底是否到老土。要探明基底土质是否均匀，基底有无空洞、枯井及其他对建筑物不利的情况存在，并做好记录。

2.1.5.1.4.6 基槽隐蔽工程记录（验槽记录）

要全面记录基槽施工检查情况，包括平面位置、开挖断面尺寸、基底标高边坡坡度、地耐力复查结论，基槽底下异常地质处理施工情况、设计变更或扰动原土基底处理情况、排水、降水施工措施等。

2.1.5.1.4.7 回填土控制及验收

土方施工中回填质量往往被忽视，轻则造成室内管沟积水，室内地面、室外散水空鼓下沉，台阶、花台沉陷开裂；重则可能回填土挤动墙体，回填土透水使基础耐久性减弱或引起地基下沉，甚至地基结构迅速破坏导致结构下沉、开裂以致破坏，因此必须十分注意回填的质量要求。

一、回填土质要求

回填土料应符合设计要求，如设计无要求时，表层以下可采用碎石类土、砂土（粗砂、中砂），表层或基槽室外回填应用含水量符合压实要求的 3∶7 的灰土。不得采用有机质含量大于 6%的土、石膏或水溶性硫酸盐含量大于 2%的土、膨胀土、淤泥质土、冻结土等。回填土的干土颗粒不用较大，较多，否则受水浸湿、沉陷大。回填土应尽量采用同类土填筑。如采用不同土料填筑时，应将透水性较大的土置于下层。不宜将各种土混在一起作用。

二、基槽清理

回填前应将基槽中的木屑、建筑垃圾、松土等杂物清理干净，排除积水、淤泥并防止地面水流入。

三、基础保护

回填应在基础具有一定强度下进行，并在两侧同时夯填，高差不应超过 300mm，以免挤动基础造成基础松散和轴线位移，影响基础结构受力性能。如遇暖气沟室内外回填土高差较大的外墙等单侧夯填土时，应将不回填一侧同步加侧支撑。

四、夯填要求

回填要求分层夯实，采用动力打夯机械，虚铺厚度不大于 300mm，每层压实遍数，采用平碾时为 6～8 遍，采用蛙式打夯机时为 3～4 遍。人工夯实不大于 200mm，夯打要求一夯压半夯，每层夯打 3～4 遍。采用碎石类土作回填石料时，为保证打夯，最大粒径不得超过铺田厚度的 2/3。

五、黏性土的最优含水量

回填黏性土或排水不良的砂土，含水量过小时，土料由于颗粒之间的摩阻力减小，从而易被压实，这个适当的含水量成为最优含水量。一般为 12%～23%，可由实验室或凭经验选定，也可查地质勘察报告中土工实验所提供的物理性质指标数据，找出塑限 *WP*（%），则最优含水量 *WY*=*WP*＋2。超过最优含水量，回填土过湿成为弹簧土（也叫橡皮土），夯压时颤动，体积不能压缩，受夯击处下陷而四周鼓起形成软塑状态。因此，施工规范要求：“施工含水量与最优含水量之差可控制在－4～＋2%范围内”，填土前因应检查含水量，“如含水量偏高，可采用翻松、晾晒，均匀掺入干土或吸水性填料等措施，如含水量偏低，可采用预先洒水润湿，增加压实遍数等措施”。

2.1.5.1.5 土方工程基坑（基槽）质量通病

2.1.5.1.5.1 边坡塌方

（1）未根据土质按规定放坡或加支撑。

（2）坑槽上口无挡水措施，地表水浸泡坑邦、基底。

（3）防水措施不当，地下水浸泡坑邦、基底。

（4）边坡顶部活荷载过大，或堆荷距坑边太近。

（5）地下管线渗漏；下雨灌水，突发性泻入基坑。

（6）放坡不够或槽底挖偏、挖小，在无防塌方措施的情况下随意掏挖坑邦。

2.1.5.1.5.2 基坑（槽）超（欠）挖，基底土扰动

（1）测量不准，机械开挖与人工清底配合不好。

（2）机械开挖预留量过小而超挖。

（3）施工运输机具直接进入坑底持力层，基底扰动。

（4）坑底暴露时间过长，受雨、雪及地面水、地下水浸泡。

2.1.5.1.6 土方回填质量通病

2.1.5.1.6.1 素土回填（包括房心填土）不符合要求：

（1）回填前基底未清，草皮树根、淤泥、耕土等未除，软弱土层未清至要求深度、范围。

（2）地下水、地表水未排除。

（3）土质不合格，用淤泥、耕土、冻土、垃圾、膨胀土等回填。

（4）回填土颗粒太大。

（5）不分层夯填，或分层太厚，夯填机具的影响深度达不到要求，夯填遍数不够，边角漏夯。

（6）用推土机回填及碾压，分层不清，数据不准，难达密实度要求，或回填后用水沉。

（7）不按规范留槎。

（8）夯填密度达不到要求；未经设计、实验室确定密实度要求；未在各层取点试验或平面取点太少；数据不真实。

（9）边回填边取点，取点代表范围不清，无严格认可手续制度。

（10）环刀取样部位不对，未在该层厚度2/3处取样。

（11）含水量较大，未采取吸水措施，夯成橡皮土，未采用翻晒晾干再夯或换土措施；含水量太小，未适当洒水。

（12）肥槽回填不认真，造成室内地面及室外散水下陷。

（13）未考虑基础两侧对称回填，造成基础挤扁。

2.1.5.1.6.2　砂土回填通病：

（1）不随浇水随振捣，或取样数量不符合要求。

（2）不分层夯填，或分层太厚，夯填机具的影响深度达不到要求，夯填遍数不够，边角漏夯。

（3）夯填密度达不到要求；未经设计、实验室确定密实度要求；未在各层取点试验或平面取点太少；数据不真实。

（4）边回填边取点，取点代表范围不清，无严格认可手续制度。

（5）用推土机回填及碾压，分层不清，数据不准，难达密实度要求。

2.1.5.2　钢筋工程施工质量监理实施细则

2.1.5.2.1　原材料

原材料检查数量和检验方法见表2-1-7。

2.1.5.2.2　钢筋加工

钢筋加工检查数量和检验方法见表2-1-8。

2.1.5.2.3　钢筋连接

钢筋连接检查数量和检验方法见表2-1-9。

表2-1-7　　**原材料检查数量和检验方法**

项目	项次	内　　容	检查数量	检验方法
主控项目	1	钢筋进场时，应按现行国家标准《钢筋混凝土用热轧带肋钢筋》（GB 1499）等的规定抽取试件作力学性能检验，其质量必须符合有关标准的规定	按进场的批次和产品的抽样检验方案确定	检查产品合格证、出厂检验报告和进场复验报告
	2	对有抗震设防要求的框架结构，其纵向受力钢筋的强度应满足设计要求；当设计无具体要求时，对一、二级抗震等级，检验所得的强度实测值应符合下列规定： （1）钢筋的抗拉强度实测值与屈服强度实测值的比值不应小于1.25； （2）钢筋的屈服强度实测值与强度标准值的比值不应大于1.3	按进场的批次和产品的抽样检验方案确定	检查进场复验报告
	3	当发现钢筋脆断、焊接性能不良或力学性能显著不正常等现象时，应对该批钢筋进行化学成分检验或其他专项检验	—	检查化学成分等专项检验报告
一般项目		钢筋应平直、无损伤，表面不得有裂纹、油污、颗粒状或片状老锈	进场时和使用前全数检查	观察

表2-1-8　　**钢筋加工检查数量和检验方法**

项目	项次	内　　容	检查数量	检验方法
主控项目	1	受力钢筋的弯钩和弯折应符合下列规定： （1）HPB235级钢筋末端应作180°弯钩，其弯弧内直径不应小于钢筋直径的2.5倍，弯钩的弯后平直部分长度应满足有关标准的要求； （2）当设计要求钢筋末端需作135°弯钩时，HRB335级、HRB400级钢筋的弯弧内直径不应小于钢筋直径的4倍，弯钩的弯后平直部分长度应符合设计要求； （3）钢筋作不大于90°的弯折时，弯折处的弯弧内直径不应小于钢筋直径的5倍	按每工作班同一类型钢筋、同一加工设备抽查不应少于3件	钢尺检查
	2	除焊接封闭环式箍筋外，箍筋的末端应作弯钩，弯钩形式应符合设计要求；当设计无具体要求时，应符合下列规定： （1）箍筋弯钩的弯弧内径除应满足第1项的规定外，尚应不小于受力钢筋直径； （2）箍筋弯钩的弯折角度：对一般结构，不应小于90°；对有抗震等要求的结构，应为135°； （3）箍筋弯后平直部分长度：对一般结构，不宜小于箍筋直径的5倍；对有抗震等要求的结构，不应小于箍筋直径的10倍	按每工作班同一类型钢筋、同一加工设备抽查不应少于3件	钢尺检查
一般项目	1	钢筋调直宜采用机械方法，也可采用冷拉方法。当采用冷拉方法调直钢筋时，HPB235级钢筋的冷拉率不宜大于1%	按每工作班同一类型钢筋、同一加工设备抽查不应少于3件	观察，钢尺检查
	2	钢筋加工的形状、尺寸应符合设计要求，其偏差应符合下表的规定（GB 50204—2002规范表5.3.4） 项目 ／ 允许偏差/mm 受力钢筋顺长度方向全长的净尺寸 ／ ±10 弯起钢筋的弯折位置 ／ ±20 箍筋内净尺寸 ／ ±5	按每工作班同一类型钢筋、同一加工设备抽查不应少于3件	钢尺检查

表 2-1-9　　　　　　　　　　钢筋连接检查数量和检验方法

<table>
<tr><th>项目</th><th>项次</th><th>内　　容</th><th>检查数量</th><th>检验方法</th></tr>
<tr><td rowspan="2">主控项目</td><td>1</td><td>纵向受力钢筋的连接方式应符合设计要求</td><td>全数检查</td><td>观察</td></tr>
<tr><td>2</td><td>在施工现场，应按国家现行标准《钢筋机械连接通用技术规程》（JGJ 107）、《钢筋焊接及验收规程》（JGJ 18）的规定抽取钢筋机械连接接头、焊接接头试件作力学性能检验，其质量应符合有关规程的规定</td><td>按有关规程确定</td><td>检查产品合格证、接头力学性能试验报告</td></tr>
<tr><td rowspan="5">一般项目</td><td>1</td><td>钢筋的接头宜设置在受力较小处。同一纵向受力钢筋不宜设置两个或两个以上接头。接头末端至钢筋弯起点的距离不应小于钢筋直径的 10 倍</td><td>全数检查</td><td>观察，钢尺检查</td></tr>
<tr><td>2</td><td>在施工现场，应按国家现行标准《钢筋机械连接通用技术规程》（JGJ 107）、《钢筋焊接及验收规程》（JGJ 18）的规定对钢筋机械连接接头、焊接接头的外观进行检查，其质量应符合有关规程的规定</td><td>全数检查</td><td>观察</td></tr>
<tr><td>3</td><td>当受力钢筋采用机械连接接头或焊接接头时，设置在同一构件内的接头宜相互错开。
纵向受力钢筋机械连接接头及焊接接头连接区段的长度为 35 倍 d（d 为纵向受力钢筋的较大直径）且不小于 500mm，凡接头中点位于该连接区段长度内的接头均属于同一连接区段。同一连接区段内，纵向受力钢筋机械连接及焊接的接头面积百分率为该区段内有接头的纵向受力钢筋截面面积与全部纵向受力钢筋截面面积的比值。
同一连接区段内，纵向受力钢筋的接头面积百分率应符合设计要求；当设计无具体要求时，应符合下列规定：
（1）在受拉区不宜大于 50%。
（2）接头不宜设置在有抗震设防要求的框架梁端、柱端的箍筋加密区；当无法避开时，对等强度高质量机械连接接头，不应大于 50%。
（3）直接承受动力荷载的结构构件中，不宜采用焊接接头；当采用机械连接接头时，不应大于 50%</td><td rowspan="3">在同一检验批内，对梁、柱和独立基础，应抽查构件数量的 10%，且不少于 3 件；对墙和板，应按有代表性的自然间抽查 10%，且不少于 3 间；对大窨结构，墙可按相邻轴线间高度 5m 左右划分检查面，板可按纵横轴划分检查面，抽查 10%，且均不少于 3 面</td><td rowspan="2">观察，钢尺检查</td></tr>
<tr><td>4</td><td>同一构件中相邻纵向受力钢筋的绑扎搭接接头宜相互错开。绑扎搭接接头中钢筋的横向净距不应小于钢筋直径，且不应小于 25mm。
钢筋绑扎搭接接头连接区段的长度为 1.3L_l（L_l 为搭接长度），凡搭接接头终点位于该连接区段长度内的搭接接头均属于同一连接区段。同一连接区段内，纵向钢筋搭接接头面积百分率为该区段内有搭接接头的纵向受力钢筋截面面积与全部纵向受力钢筋截面面积的比值
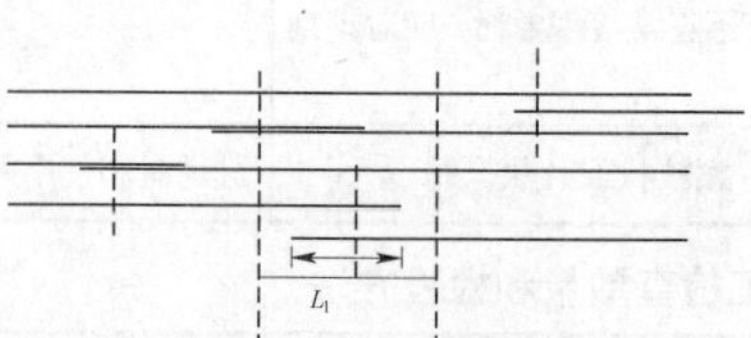

注：图中所示搭接接头同一连接区内的搭接钢筋为两根，当各钢筋直径相同时，接头面积百分率为 50%。
同一连接区段内，纵向受拉钢筋搭接接头面积百分率应符合设计要求；当设计无具体要求时，应符合下列规定：
（1）对梁类、板类及墙类构件，不宜大于 25%；
（2）对柱类构件，不宜大于 50%；
（3）当工程中确有必要增大接头面积百分率时，对梁类构件，不应大于 50%；对其他构件，可根据实际情况放宽。
纵向受力钢筋绑扎搭接接头的最小搭接长度应符合 GB 50204—2002 规范中附录 B 的规定</td></tr>
<tr><td>5</td><td>在梁、柱类构件的纵向受力钢筋搭接长度范围内，应按设计要求配置箍筋。当设计无具体要求时，应符合下列规定：
（1）箍筋直径不应小于搭接钢筋较大直径的 0.25 倍；
（2）受拉搭接区段的箍筋间距不应大于搭接钢筋较小直径的 5 倍，且不应大于 100mm；
（3）受压搭接区段的箍筋间距应大于搭接钢筋较小直径的 10 倍，且不应大于 200mm；
（4）当柱中纵向钢筋直径大于 25mm 时，应在搭接接头两个端面外 100mm 范围内各设置两个箍筋，其间距宜为 50mm</td><td>钢尺检查</td></tr>
</table>

2.1.5.2.4　钢筋安装

钢筋安装检查数量和检验方法见表 2-1-10。

表 2-1-10　　　　　　　　　　钢筋安装检查数量和检验方法

项目	项次	内　　容	检查数量	检验方法
主控项目	1	钢筋安装时，受力钢筋的品种、级别、规格的数量必须符合设计要求	全数检查	观察，钢尺检查

续表

项目	项次	内容				检查数量	检验方法
一般项目	1	钢筋安装位置的偏差应符合下表规定（GB 50204—2002 规范表 5.5.2）				在同一检验批内，对梁、柱和独立基础，应抽查构件数量的 10%，且不少于 3 件；对墙和板，应按有代表性的自然间抽查 10%，且不少于 3 间；对大窨结构，墙可按相邻轴线间高度 5m 左右划分检查面，板可按纵横轴划分检查面，抽查 10%，且均不少于 3 面	—
		项目			允许偏差/mm		—
		绑扎钢筋网	长、宽		±10		钢尺检查
			网眼尺寸		±20		钢尺量连续三档，取大值
		绑扎钢筋骨架	长		±10		钢尺检查
			宽、高		±5		钢尺检查
		受力钢筋	间距		±10		钢尺量两端、中间各一点，取最大值
			排距		±5		
			保护层厚度	基础	±10		钢尺检查
				柱、梁	±5		钢尺检查
				板、墙、壳	±3		钢尺检查
		绑扎箍筋、横向钢筋间距			±20		钢尺量连续三挡，取最大值
		钢筋弯起点位置			20		钢尺检查
		预埋件	中心线位置		5		钢尺检查
			水平高差		±3		钢尺和塞尺检查

注　1．检查预埋件中心线位置时，应沿纵、横两个方向量测，并取其中的较大值；

2．表中梁类、板类构件上部纵向受力钢筋保护层厚度的合格点率应达到 90%及以上，且不得有超过表中数值 1.5 倍的尺寸偏差。

2.1.5.2.5　钢筋工程质量控制内容

2.1.5.2.5.1　钢筋

（1）钢筋应有出厂质量证明书或试验报告单。

（2）钢筋进入工地后应进行外观检查，按批量（一般为≤60t，冷拉钢筋为≤20t）进行复试，未经复试或复试不合格的钢筋，不能用于工程。外观检查要求见表 2-1-11。

表 2-1-11　外观检查要求

钢筋种类	外观要求
热轧钢筋	表面无裂缝、结疤和折叠，如有凸块不得超边螺纹的高度，其他缺陷的高度和深度不得大于所在部位的允许偏差
热处理钢筋	表面无肉眼可见裂纹，结疤、折叠。如有凸块不得超边横肋的高度表面不得沾有油污
冷拉钢筋	钢筋表面不得有裂纹和局部缩颈
冷拔低碳钢丝	表面不得有裂纹和机械损伤

（3）钢筋用钢一般不作化学分析，但如钢筋在加工过程中，发现脆断、焊接性能不良或力学性能显著不正常等现象时，或者无出厂证明，钢种钢号不明时，或者是有焊接要求的进口钢筋时，仍应时进行化学成分检验。

（4）集中加工的钢筋，应由加工厂单位出具出厂证明及钢筋同厂合格证或钢筋试验单批件（复印件），但须加盖加工单位印章。

（5）钢筋复试结果应接钢筋种类进行检查。

2.1.5.2.5.2　钢筋绑扎与安装

（1）钢筋的交叉点应采用铁丝扎牢。

（2）钢筋搭接处，应在中心和两端用铁丝扎牢。

（3）板和墙的钢筋网，除靠近外围两行钢筋的相交点全部扎牢外，中间部分交叉点可间隔交错绑扎，但必须保证受力钢筋不宜位移，双向受力的钢筋，必须全部扎牢。

（4）梁和柱的箍筋，除设计有特殊要求外，应与受力钢筋垂直设置。

（5）钢筋机械连接接头应按有关规定要求进行取样试验，并及时出具试验报告。

2.1.5.2.6　钢筋工程施工质量监理要点

2.1.5.2.6.1　必须熟读设计图纸，明确各结构部位设计钢筋的品种、规格、绑扎或焊接要求，特别应注意结构某些部位配筋的特殊处理，对有关配筋变化的图纸会审记录和设计变更通知单，应及时标注在相应的结构施工图上，避免遗忘，造成失误。要掌握《混凝土结构设计规范》《建筑抗震设计规范》和《钢筋混凝土高层建筑结构设计与施工规程》中有关钢构造措施的规定。

2.1.5.2.6.2　监理工程遇应要求承包单位对钢筋的下料、加工进行详细的技术交底。要求技术人员根据图纸和规范进行钢筋翻样，且应亲自到加工场，对成型的钢筋进行检查，发现问题及时通知承包单位改正。钢筋焊接、挤压连接均应按规定批量进行机械性能试验，并对外观进行检验。

2.1.5.2.6.3　在钢筋绑扎过程中，监理工程师应到现场巡视，发现问题，及时通知承包单位改正。巡视应特别注意钢筋的品种、规格、数量、箍筋加密范围，钢筋除锈情况等问题的监视。

2.1.5.2.6.4　在承包单位质检人员自检合格的基础上，对承包单位报验的部位进行隐蔽工程验收。验收时应质量验评标准，对照结构施工图，确认所绑扎的钢筋的规格、数量、间距、长度、锚固长度、接头设置等是否符合规范、规程要求，经过修整达到要求时，才正式签发认可书。

2.1.5.2.6.5　以下几点构造措施应加强检查：

（1）框架节点箍筋加密区的箍筋及梁上有集中荷载处的附

加吊筋或箍筋，不得漏放；柱根部第一道箍筋和墙体第一道水平筋应放在离结构结合部边缘 50mm 以内；主次梁节点部位主梁箍筋应按加密要求通长布置。加密箍筋区长度不应小于 500mm。

（2）钢筋保护层的垫块强度、厚度、位置应符合设计及规范要求。

（3）预埋件、预留孔洞的位置应正确、符合设计要求。固定可靠，孔洞周边用钢筋加固。

（4）钢筋不能任意代用，若要代用，必须经设计单位书面同意。

（5）浇注混凝土前，监理工程师应督促承包单位修整钢筋。

2.1.5.2.7 钢筋绑扎工程通病

2.1.5.2.7.1 材质检验与保管不符合规定：

（1）无出厂合格证或抄件不符要求。

（2）无进场复试。

（3）批量不清、超批量、漏检。

（4）化学成分不合格或加工中发生脆断、焊接性能不良或机械性能显著不正常，未作化学成分检验。

（5）机构性能不合格无交代，无加倍复试。

（6）运输、储存中钢筋标牌丢失、堆放分类不清。

2.1.5.2.7.2 锈蚀与污染：

（1）露天堆放、保管不善、严重锈蚀、不鉴定即使用。

（2）中途停工，裸露钢筋未加保护，绑扣也锈断。

（3）钢筋上沾混凝土及油污不及时清理；浮锈也未清除。

（4）刷脱模剂漏渍污染钢筋。

2.1.5.2.7.3 代换不当：

（1）钢筋代换未满足强度要求或裂缝控制。

（2）Ⅲ级钢代Ⅱ级钢用，仍采用搭接焊。

（3）只考虑强度代换，未考虑最小配筋率，最大钢筋间距、墙柱弱塑性较要求，不同钢筋等级成型半径不同及可焊性等要求。

（4）未通过设计出洽商手续。

2.1.5.2.7.4 加工成型差：

（1）未统一下料，下料不准。

（2）对复杂节点未综合空间相交叉的关系放样。

（3）尺寸、角度差，不直不顺，弯点不准，弯钩偏短。

（4）不同等级钢筋及进口筋，不注意不同弯曲成型半径要求。

（5）运输堆放被折、变形未作修正。

2.1.5.2.7.5 不符图纸或规范构造规定：

（1）主梁与次梁受力筋上下关系不对（主梁主筋应在下）。

（2）梁柱相交受力筋里外关系不对（柱主筋应在外）。

（3）门窗洞口遗漏加强筋。

（4）钢筋过密，未事先放样，未考虑浇注混凝土的可能性及保证混凝土握裹力的最低要求。

2.1.5.2.7.6 头错误（注意新旧设计、施工规范的差别）：

（1）接头绑、焊型式采用不当。

（2）搭接长度不足。

（3）错开接头的百分比不符规范。

（4）接头位置不当，未避开受力较大处或接头末端距弯点不大于 10*d*。

（5）梁柱筋搭接接头处箍筋未加密（受力接头箍筋距应≥5*d*，受压≥10*d*）。

2.1.5.2.7.7 锚固错误

（1）锚固长度不足。

（2）锚固形式不对。

2.1.5.2.7.8 不符抗震规定

（1）框架柱加密范围：柱两端高度范围，选下述三者中最大的：矩形截面尺寸或圆柱截面直径，柱净高的 1/6，500mm 三者中的最大范围内，在底层刚性地坪上、下各 500mm 范围内，在柱净高与截面长边尺寸之比小于 4 的柱全高范围内，在框架角柱全高范围内。

（2）加密区箍筋间距及直径不符合抗震要求。

（3）框架梁端加密箍筋不足，一级抗震（8 度以上）在梁端 2 倍梁高范围内，二～四级抗震在梁端 1.5 倍梁高范围，且不应小于 500mm 范围内。第一个箍筋应设置在距离节点边缘 50mm 以内。

（4）框架梁、柱箍筋直径小于抗震规定。

（5）箍筋未作 135°弯钩，钩头直段长度不足（柱应≥10*d*，梁应≥6*d*）；条件无法满足时按 10*d* 焊接。

（6）框架梁柱锚筋长度不足。

2.1.5.2.7.9 绑扎错误

（1）主筋未绑到位（四角主筋不贴箍筋角，中间主筋不贴箍筋）。

（2）主筋位置放反（受拉受压颠倒，特别注意悬挑梁板）。

（3）不设定位箍筋，主筋跑位严重。

（4）板筋绑扎，花扣不符规范，缺扣、松扣。

（5）接头未绑三道扣。

（6）弯点位置不准。

（7）箍筋不垂直主筋，箍筋间距不匀，绑扎不牢，不贴主筋。

（8）柱主筋的弯钩和板主筋弯钩朝向不对。

（9）箍筋接头不错开。

2.1.5.2.7.10 保护层支撑不符要求

（1）无垫块或垫块厚度不符规定（特别是主筋无垫块，不得用钢筋做垫块）。

（2）楼板钢筋网片，上筋支撑不足，钢筋被踩下。

（3）悬挑梁板，雨篷筋被踩下。

（4）墙内双层网片间距缺顶撑定距措施，顶撑端头不做防腐。

2.1.5.3 模板工程施工质量监理实施细则

混凝土在浇筑时呈可塑状态，模板与混凝土直接接触，使混凝土具有设计所要求的形状；支架系统起支撑模板，保持其位置正确并承受模板、混凝土以及施工荷载的作用。模板及其支架系统的质量，将直接影响到混凝土成型后的质量。

2.1.5.3.1 模板安装

模板安装检查数量和检验方法见表 2-1-12。

表 2-1-12　　模板安装检查数量和检验方法

项目	项次	内　　容	检查数量	检验方法
主控项目	1	安装现浇结构的上层模板及其支架时，下层楼板应具有承受上层荷载能力，或加设支架；上、下层支架的立柱应对准，并铺设垫板	全数检查	对照模板设计文件和施工技术方案观察
	2	在涂刷模板隔离剂时，不得沾污钢筋和混凝土接槎处	全数检查	观察

续表

<table>
<tr><th>项目</th><th>项次</th><th colspan="3">内　　容</th><th>检查数量</th><th>检验方法</th></tr>
<tr><td rowspan="31">一般项目</td><td>1</td><td colspan="3">模板安装应满足下列要求：
（1）模板的接缝不应漏浆；在浇筑混凝土前，木模板应浇水湿润，但模板内不应有积水。
（2）模板与混凝土的接触面应清理干净并涂刷隔离剂，但不得采用影响结构性能或妨碍装饰工程施工的隔离剂。
（3）浇筑混凝土前，模板内的杂物应清理干净。
（4）对清水混凝土工程及装饰混凝土工程，应使用能达到设计效果的模板</td><td>全数检查</td><td>观察</td></tr>
<tr><td>2</td><td colspan="3">用作模板的地坪、胎模等应平整光洁，不得产生影响构件质量的下沉、裂缝、起砂或起鼓</td><td>全数检查</td><td>观察</td></tr>
<tr><td>3</td><td colspan="3">对跨度不小于4m的现浇钢筋混凝土梁、板，其模板应按设计要求起拱；当设计无具体要求时，起拱高度宜为跨度的1/1000～3/1000</td><td>在同一检验批内，对梁，应抽查构件数量的10%，且不少于3件；对板，应按有代表性的自然间抽查10%，且不少于3间；对大空间结构，板可按纵、横轴线划分检查面，抽查10%，且不少于面</td><td>水准仪或拉线、钢尺检查</td></tr>
<tr><td rowspan="11">4</td><td colspan="3">固定在模板上的预埋件、预留孔和预留洞均不得遗漏，且应安装牢固，其偏差应符合下表的规定（GB 50204—2002规范表4.2.6）</td><td rowspan="10">在同一检验批内，对梁、柱和独立基础，应抽查构件数量的10%，且不少于3件；对墙和板，应按有代表性的自然间抽查10%，且不少于3间；对大空间结构，墙可按相邻轴线间高度5m左右划分检查面，板可按纵横轴线划分检查面，抽查10%，且均不少于3面</td><td rowspan="10">钢尺检查</td></tr>
<tr><td colspan="2">项目</td><td>允许偏差/mm</td></tr>
<tr><td colspan="2">预埋钢板中心线位置</td><td>3</td></tr>
<tr><td colspan="2">预埋管、预埋孔中心线位置</td><td>3</td></tr>
<tr><td rowspan="2">插筋</td><td>中心线位置</td><td>5</td></tr>
<tr><td>外露长度</td><td>+10，0</td></tr>
<tr><td rowspan="2">预埋螺栓</td><td>中心线位置</td><td>2</td></tr>
<tr><td>外露长度</td><td>+10，0</td></tr>
<tr><td rowspan="2">预留洞</td><td>中心线位置</td><td>10</td></tr>
<tr><td>尺寸</td><td>+10，0</td></tr>
<tr><td colspan="5">注：检查中心线位置时，应沿纵、横两个方向量测，并取其中的较大值</td></tr>
<tr><td rowspan="11">5</td><td colspan="3">现浇结构模板安装的偏差应符合下表的规定（GB 50204—2002规范表4.2.7）</td><td rowspan="10">在同一检验批内，对梁、柱和独立基础，应抽查构件数量的10%，且不少于3件；对墙和板，应按有代表性的自然间抽查10%，且不少于3间；对大空间结构，墙可按相邻轴线间高度5m左右划分检查面，板可按纵、横轴线划分检查面，抽查10%，且不少于3面</td><td rowspan="2"></td></tr>
<tr><td colspan="2">项目</td><td>允许偏差/mm</td></tr>
<tr><td colspan="2">轴线位置</td><td>5</td><td>钢尺检查</td></tr>
<tr><td colspan="2">底模上表面标高</td><td>±5</td><td>水准仪或拉线、钢尺检查</td></tr>
<tr><td rowspan="2">截面内部尺寸</td><td>基础</td><td>±10</td><td>钢尺检查</td></tr>
<tr><td>柱、墙、梁</td><td>+4，−5</td><td>钢尺检查</td></tr>
<tr><td rowspan="2">层高垂直度</td><td>不大于5m</td><td>6</td><td>经纬仪或吊线、钢尺检查</td></tr>
<tr><td>大于5m</td><td>8</td><td>经纬仪或吊线、钢尺检查</td></tr>
<tr><td colspan="2">相邻两板表面高低差</td><td>2</td><td>钢尺检查</td></tr>
<tr><td colspan="2">表面平整度</td><td>5</td><td>2m靠尺和塞尺检查</td></tr>
<tr><td colspan="5">注：检查轴线位置时，应沿纵、横两个方向量测，并取其中较大值</td></tr>
<tr><td rowspan="6">6</td><td colspan="3">预制构件模板安装的偏差应符合下表的规定（GB 50204—2002规范表4.2.8）</td><td rowspan="6">首次使用及大修后的模板应全数检查；使用中的模板应定期检查，并根据使用情况不定期抽查</td><td></td></tr>
<tr><td colspan="2">项目</td><td>允许偏差</td><td></td></tr>
<tr><td rowspan="4">长度</td><td>板、梁</td><td>±5</td><td rowspan="4">钢尺量两角边，取其中较大值</td></tr>
<tr><td>薄腹梁、桁架</td><td>±10</td></tr>
<tr><td>柱</td><td>0，−10</td></tr>
<tr><td>墙板</td><td>0，−5</td></tr>
</table>

续表

项目	项次	内容			检查数量	检验方法
一般项目	6	宽度	板、墙板	0，−5	首次使用及大修后的模板应全数检查；使用中的模板应定期检查，并根据使用情况不定期抽查	钢尺量一端及中部，取其中较大值
			梁、薄腹梁、桁架、柱	+2，−5		
		高（厚）度	板	+2，−3		钢尺量一端及中部，取其中较大值
			墙板	0，−5		
			梁、薄腹梁、桁架、柱	+2，−5		
		侧向弯曲	梁、板、柱	l/1000 且≤15		拉线、钢尺量最大弯曲处
			墙板、薄腹梁、桁架	l/1500 且≤15		
		板的表面平整度		3		2m 靠尺和塞尺检查
		相邻两板表面高低差		1		钢尺检查
		对角线差	板	7		钢尺量两个对角线
			墙板	5		
		翘曲	板、墙板	l/1500		调平尺在两端量测
		设计起拱	薄腹梁、桁架、梁	±3		拉线、钢尺量跨中
		注：l 为构件长度（mm）				

2.1.5.3.2 模板拆除

模板拆除检查数量和检验方法见表 2-1-13。

表 2-1-13　模板拆除检查数量和检验方法

项目	项次	内容			检查数量	检验方法
主控项目	1	底模及其支架拆除时的混凝土强度应符合设计要求；当设计无具体要求时，混凝土强度应符合下表的规定（GB 50204—2002 规范表 4.3.1）			全数检查	检查同条养护试件强度试验报告
		构件类型	构件跨度/m	达到设计的混凝土立方体抗压强度标准值的百分率/%		
		板	≤2	≥50		
			>2，≤8	≥75		
			>8	≥100		
		梁、拱壳	≤8	≥75		
			>8	≥100		
		悬臂构件	—	≥100		
	2	对后张法预应力混凝土结构构件，侧模宜在预应力张拉前拆除；底模支架的拆除应按施工技术方案执行，当无具体要求时，不应在结构构件建立预应力前拆除			全数检查	观察
	3	后浇带模板的拆除和支顶应按施工技术方案执行			全数检查	观察
一般项目	1	侧模拆除时的混凝土强度应能保证其表面及棱角不受损伤			全数检查	观察
	2	模板拆除时，不应对楼层形成冲击荷载。拆除的模板和支架宜分散堆放并及时清运			全数检查	观察

2.1.5.3.3 模板工程的质量控制内容

2.1.5.3.3.1 审核模板工程的结构体系、荷载大小、合同工期及模板的周转情况等，综合考虑承包单位所选择的模板和支撑系统是否合理，提出审核意见。审核中要重点审定：

（1）能否保证工程结构和构件各部分形状尺寸和相关位置的正确，对结构节点及异型部位模板设计是够合理（是否采用专用模板）。

（2）是否具有足够的承载力、刚度和稳定性，能否可靠地承受新混凝土的自重和侧压力，以及在施工过程中所产生的荷载。

（3）模板接缝处理方案能否保证不漏浆。

（4）模板及支架系统构造是否简单、装拆方便，并便于钢筋的绑扎、安装清理和混凝土的浇注、养护。

2.1.5.3.3.2 对进场模板规格、质量进行检查

目前施工中常用钢模板，木模板、胶合板模板等。监理工程师应对模板质量（包括重复使用条件下的模板），外型尺寸、平整度、板面的清洁程度以及相关的附件（角模、连接附件），以及支承系统都应进行检查，并确定是否可用于工程，提出修改意见。重要部位应要求承包单位按要求预拼装。

对承包单位采用的模板螺栓应在加工前提出预控意见，确保加工质量，确保模板连接后的牢固。

2.1.5.3.3.3 隔离剂（脱模剂）

选用质地优良和价格适宜的隔离剂是提高混凝土结构、构件表面质量和降低模板工程费用的重要措施。各种隔离剂都有

一定的应用范围和应用条件。在审批时应注意：

（1）注意脱模剂对模板的适用性。如脱模剂用于金属模板时，应具有防锈、阻锈性能；用于木模板时，要求它渗入木材一定深度，但不致全部吸收掉，并能提高木材的防水性能。

（2）要注意施工时的气温和环境条件。在雨季施工时，要选用耐雨水冲刷的脱模剂；在冬期施工时，要选用冻结点低于最低气温的脱模剂。

2.1.5.3.4　模板工程施工中的质量监理要点

（1）梁、柱支模前应先在基底弹线，以弹线校正钢筋位置，并为合模检查位置提供准确依据。

（2）为防止胀模、跑模、错位造成结构端面尺寸超差、位置偏离、漏浆造成蜂窝麻面，模板支撑应符合模板设计要求。

（3）柱模应有斜支撑或拉杆，柱模拉杆每边宜设两根，固定在事先埋入楼板内的钢筋环上。用花篮螺栓调节校正模板垂直度。拉杆与地面夹角为 45°，预埋钢筋环与柱距离宜为 3/4 柱高。

（4）柱模板对拉螺栓规格和间距应符合模板设计。一般对拉螺栓应用ϕ12 以上的钢筋制作，间距一般不大于 60cm。

（5）梁模板一般情况下采用双支柱，间距以 60～100cm 为宜。支柱上面垫 10cm×10cm 方木，支柱中间或下边加剪力撑和水平拉杆。梁侧模板竖龙骨一般情况下宜为 75cm，梁模板上口应用卡子固定，当梁高超过 60cm 时，加穿梁螺栓加固。

（6）楼板模板一般情况下支柱间距为 80～120cm，大龙骨间距 60～120cm 小龙骨间距为 40～60cm。

（7）对模板拼缝、节点位置模板支搭情况及加固情况，应认真检查、防止漏浆及缩颈现象。

（8）梁、板底模当跨度大于 4m 时应起拱，设计无要求时，一般起拱高度宜为 1/1000～3/1000。

（9）预埋件、预留孔洞的位置、标高、尺寸应复核；预埋件固定方法应可靠，防止位移。

（10）模板在下列情况下要开洞：一次支模过高，浇捣困难；有大的预留洞口，洞口下难以浇注；有暗梁或梁穿过；钢筋密集，下步不易浇注。

（11）合模前钢筋隐检已合格，模内已清扫干净，应剔除部位已剔凿合格；合模后核验模板位置、尺寸及钢筋位置，垫块位置与数量，符合要求才能浇注混凝土。

（12）模板涂刷隔离剂时首先应清除模板表面的尘土和混凝土残留物，在涂刷，应均匀，不得漏刷或沾污钢筋。

（13）混凝土整体结构的拆模原则。

（14）底模混凝土强度已达到设计要求，一般均应达到设计强度等级的 75%以上（混凝土强度应以同条件养护的试块抗压强度为准，一般也参照混凝土强度增长率推算表估算）；结构跨度大于 8m 的梁、板、拱壳和大于 2m 的悬臂构件应达到 100%。

（15）侧模混凝土强度能保证其表面及棱角不因拆模而损坏。

（16）在拆除模板过程中，如发现混凝土有影响结构安全的质量问题，应暂时拆除，经过处理后方可继续。

2.1.5.3.5　模板工程通病

2.1.5.3.5.1　强度、刚度和稳定性不能保证；重要的、较高、较复杂的现浇混凝土结构无模板设计；整体性、密闭性、精确度差造成大量剔凿；未按验评标准对模板工程做同步验评。

2.1.5.3.5.2　轴线位移。

（1）轴线定位错误。

（2）柱模根部和顶部无固定措施，发生偏差后不作认真校正造成累积误差。

（3）不拉水平和竖向通线；无竖向总重直度控制措施。

（4）支模刚度差，拉杆太稀；间距不规则。

（5）不对称浇灌混凝土，挤偏模板。

（6）螺栓、顶撑、木楔使用不当或松动，用铁丝拉结捆绑，变形大。

（7）模板与脚手架拉结。

2.1.5.3.5.3　变形。

（1）支撑及模板带、楞太稀，断面小，刚度差，支点位置不当，支撑不可靠。

（2）组合小钢模时，连接件未按规定布置，连接件不齐，模板整体性差，变形漏浆，小刚模支点太远，超规定，钢模呈久变形。

（3）梁、柱模板无对拉螺栓及模内缺顶撑。

（4）承重模板垂直支撑体系刚度不足、拉杆大、稀，垂直立撑压曲。

（5）支撑体系缺余撑或十字拉杆，直角不方（包括在门洞门口易变形），系统变形甚至失稳。

（6）角部模板水平楞支撑悬挑，而不采取有效措施，造成刚度差，变形大。

（7）模板在边坡上支点太软，易松动变形。

（8）竖向承重支撑地基本夯实，不垫板，也无排水措施，造成支点下沉。

（9）不对称浇灌混凝土，模板被挤偏（如门口，洞口及圆形模等）；浇梁、柱混凝土时，不设混凝土卸料平台，或混凝土太稀，浇灌速度过快，一次浇灌混凝土太厚，振捣过分，造成模板变形。

2.1.5.3.5.4　接缝不严，接头不规则。

（1）模板制作安装周期过长，造成干缩缝过大；浇混凝土前不提前浇水湿润胀开；模板木料含水率过大，木模制作不符合要求，粗糙，拼缝不严。

（2）钢模变形不修理。

（3）钢模接头非整拼时，模板接缝处堵板马虎。

（4）堵缝措施不当（如用油毡条、塑料条、水泥袋纸、泡沫塑料等堵模板缝，难以拆净，影响结构和装饰）。

（5）梁柱交接部位、楼梯间、大模板接头尺寸不准；错台；不交圈。

2.1.5.3.5.5　脱模剂涂刷不符合要求。

（1）拆模后不清理残灰即刷脱模剂。

（2）脱模剂涂刷不匀或漏涂，或涂刷过多。

（3）油性脱模剂使用不当，油污钢筋、混凝土（特别是楼板模、预制板钢模）。

（4）脱模剂选用不当，影响混凝土表面装饰工程质量。

2.1.5.3.5.6　模内清理不符合要求。

（1）柱根部的拐角或堵头，梁、柱接头最低点不留清扫口，或所留位置无法有效清扫。

（2）合模之前未做第一道清扫。

（3）钢筋已绑，模内未用压缩空气或压力水清除。

2.1.5.3.5.7　封闭的或竖向的模板无排气口，浇捣口。

（1）杯形基础杯斗模底等未设排气口，对称下混凝土时易产生气囊，使混凝土不实。

（2）高柱侧面无浇捣口，又无有效措施，造成混凝土灌注自由落距太大，易离析，无法保证浇捣质量。

2.1.5.3.5.8　拆模使混凝土受损。

（1）支模不当影响拆模。

（2）拆侧模过早，破坏混凝土棱角。

（3）杯斗起模过早，混凝土坍落，杯斗起模过晚无法起出。

（4）承重底模未按规范规定强度拆模（GB 50204—2002，4.3.1 条）。

2.1.5.3.5.9 其他支模错误。

（1）不按规定起拱（如现浇梁≥4m 跨时应起拱 1/1000～3/1000）。

（2）支模中遗漏预埋件、预留孔。

（3）合模前与钢筋及各专业未协调配合。

（4）圆形模箍、紧箍器间距不规则，造成箍模力不匀。

2.1.5.4 混凝土分项工程施工质量监理实施细则

2.1.5.4.1 原材料

原材料检查数量和检验方法见表 2-1-14。

2.1.5.4.2 混凝土施工

混凝土施工检查数量和检验方法见表 2-1-15。

表 2-1-14　原材料检查数量和检验方法

项目	项次	内　容	检查数量	检验方法
主控项目	1	（1）水泥进场时应对其品种、级别、包装或散装仓号、出厂日期等进行检查，并应对其强度、安定性及其他必要的性能指标进行复验，其质量必须符合现行国家标准《硅酸盐水泥、普通硅酸盐水泥》（GB 175）等的规定。 （2）当在使用中对水泥质量有怀疑或水泥出厂超过三个月（快硬硅酸盐水泥超过一个月）时，应进行复验，并按复验结果使用。 （3）钢筋混凝土结构、预应力混凝土结构中，严禁使用含氯化物的水泥	按同一生产厂家、同一等级、同一批号的水泥，袋装不超过 200t 为一批，散装不超过 500t 为一批，每批抽样不少于一次	检查产品合格证、出厂检验报告和进场复验报告
	2	（1）混凝土中掺用外加剂的质量及应用技术应符合现行国家标准《混凝土外加剂》（GB 8076）、《混凝土外加剂应用技术规范》（GB 50119）等和有关环境保护的规定。 （2）预应力混凝土结构中，严禁使用含氯化物的外加剂。钢筋混凝土结构中，当使用含氯化物的外加剂时，混凝土中氯化物的总含量应符合现行国家标准《混凝土质量控制标准》（GB 50164）的规定	按进场的批次和产品的抽样检验方案确定	检查产品合格证、出厂检验报告和进场复验报告
	3	混凝土中氯化物和碱的总含量应符合现行国家标准《混凝土结构设计规范》（GB 50010）和设计的要求	—	检查原材料试验报告和氯化物、碱的总含量计算书
一般项目	1	混凝土中掺用矿物掺合料的质量应符合现行国家标准《用于水泥和混凝土中的粉煤灰》（GB 1596）等的规定。矿物掺合料的掺量应通过试验确定	按进场的批次和产品的抽样检验方案确定	检查出厂合格证和进场复验报告
	2	普通混凝土所用的粗、细骨料的质量应符合国家现行标准《普通混凝土用碎石或卵石质量标准及检验方法》（JGJ 153）、《普通混凝土用砂质量标准及检验方法》（JGJ 52）的规定。 注：1．混凝土用的粗骨料，其最大颗粒粒径不得超过构件截面最小尺寸的 1/4，且不得超过钢筋最小净间距的 3/4。 2．对混凝土实心板，骨料的最大粒径不宜超过板厚的 1/3，且不得超过 40mm	按进场的批次和产品的抽样检验方案确定	检查进场复验报告
	3	拌制混凝土宜采用饮用水；当采用其他水源时，水质应符合国家现行标准《混凝土拌合用水标准》（JGJ 63）的规定	同一水源检查不应少于一次	检查水质试验报告

表 2-1-15　混凝土施工检查数量和检验方法

项目	项次	内　容	检查数量	检验方法
主控项目	1	结构混凝土的强度等级必须符合设计要求。用于检查结构构件混凝土强度的试件，应在混凝土的浇筑地点随机抽取。取样与试件留置应符合下列规定： （1）每拌制 100 盘且不超过 $100m^3$ 的同配合比的混凝土，取样不少于一次； （2）每工作班拌制同一配合比的混凝土不足 100 盘时，取样不少于一次； （3）当一次连续浇筑超过 $1000m^3$ 时，同一配合比的混凝土每 $200m^3$ 取样不得少于一次； （4）每次取样应至少留置一组标准养护试件，同条件养护试件的留置组数应根据实际需要确定		检查施工记录及试件强度试验报告
	2	对有抗渗要求的混凝土结构，其混凝土试件应在浇筑地点随机取样。同一工程、同一配合比的混凝土，取样不应少于一次，留置组数可根据实际需要确定		检查试件抗渗试验报告
	3	混凝土原材料每盘称量的偏差应符合下表的规定： 原材料每盘称量的允许偏差 材料名称 / 允许偏差 水泥、掺合料 / ±2% 粗、细骨料 / ±3% 水、外加剂 / ±2% 注：1．各种衡器应定期核验，每次使用前进行零点校核，保持计量准确； 2．当遇雨天或含水率有显著变化时，应增加含水率检测次数，并及时调整水和骨料的用量	每工作班抽查不应少于一次	复称

续表

项目	项次	内　　容	检查数量	检验方法
主控项目	4	混凝土运输、浇筑及间歇的全部时间不应超过混凝土的初凝之前将上一层混凝土浇筑完毕	全数检查	观察，检查施工记录
一般项目	1	施工缝的位置应在混凝土浇筑前按设计要求和施工技术方案确定。施工缝的处理应按施工技术方案执行	全数检查	观察，检查施工记录
	2	后浇带的留置位置应按设计要求和施工技术方案确定。后浇带混凝土浇筑应按施工技术方案进行	全数检查	观察，检查施工记录
	3	混凝土浇筑完毕后，应按施工技术方案及时采取有效的养护措施，并应符合下列规定： （1）应在浇筑完毕后的 12h 以内对混凝土加以覆盖并保湿养护。 （2）混凝土浇水养护的时间：对采用硅酸盐水泥、普通硅酸盐水泥或矿渣硅酸盐水泥拌制的混凝土，不得少于 7d；对掺用缓凝型外加剂或有抗渗要求的混凝土，不得少于 14d。 （3）浇水次数应能保持混凝土处于湿润状态；混凝土养护用水应与拌制用水相同。 （4）采用塑料布覆盖养护的混凝土，其敞露的全部表面应覆盖严密，并应保持塑料布内有凝结水。 注：（1）当日平均气温低于 5℃时，不得浇水。 （2）对大体积混凝土的养护，应根据气候条件按施工技术方案采取控温措施	全数检查	观察，检查施工记录

2.1.5.4.3　混凝土组成材料的控制

2.1.5.4.3.1　水泥

（1）水泥进场时，必须有质量证明书，并应对其品种、标号、包装（散装仓号）、出厂日期等进行检查验收。

（2）复试项目：抗压强度、抗折强度和安定性，必要时加试凝结时间等（根据需要可采用水泥快速检验方法预测 28d 强度）。

（3）凡水泥强度低于水泥标号规定的指标，或水泥的四项指标（细度、凝结时间、烧失量和混合材料掺加量）中任一项不符合国家标准规定时，称为不合格产品。

（4）水泥厂应在水泥发出日起 11d 内，寄发水泥品质试验报告。试验报告中应包括除 28d 强度以外的各项试验结查，28d 强度数值应在水泥发出日期起 32d 内补报。

2.1.5.4.3.2　骨料

（1）对骨料（砂、石等）的总的要求是高质量、高强度、物理化学性能稳定、不含有机杂质及盐类的粗、细骨料。骨料分普通骨料及轻质骨料。

（2）砂、石使用前应按产地、品牌、规格、批量取样试验。内容包括颗粒级配、密度（比重）、表观密度（容重）、含泥量等。

（3）用于配制有特殊要求的混凝土时，还需做相应的项目试验。

（4）混凝土用的粗骨料，最大粒径不得大于结构截面最小尺寸的 1/4，同时不得大于钢筋间距最小净距的 3/4。对混凝土实心板，可允许采用一部分最大粒径为 1/2 板厚的骨料，但最大粒径不得超过 50mm。

（5）砂子应为中砂，通过 0.315mm 筛子的量应不少于 15%。

2.1.5.4.4　混凝土工程施工质量监理要点

2.1.5.4.4.1　浇注前的监理工作要点

（1）对混凝土浇筑方案时行审批：要根据浇筑面积、浇筑工程量，劳力组织、施工设备、泵车位置、浇筑顺序、后浇带或施工缝的位置、混凝土原材料供应、保障混凝土浇筑的连续性以及停电的应急措施等问题进行认真的综合研究并落实，确保万无一失。

（2）模板、钢筋应作好预检和隐检，在浇注混凝土前应再次检查，确保模板位置、标高、截面尺寸与设计相符，且支撑牢固，拼缝严密，模板内杂物已清除干净。钢筋位置固定正确，变形的钢筋已矫正，关键部位应再次查验钢筋品种、数量、规格、插筋、锚固情况；检查机具准备工作：搅拌机、运输车、料斗、串筒、振捣器等要准备充足，对可能出现的故障已有所准备。必要时应进行试运转。

（3）混凝土浇灌申请书已办妥。

（4）对天气预报已做了解和必要的雨田施工准备。

（5）水电照明等现场条件已做好，且应有保证。

2.1.5.4.4.2　常规混凝土浇筑过程中的监理要点

（1）对浇筑的混凝土应坚持开盘鉴定制度开盘鉴定表原则上每天都应根据料源情况进行调整。

（2）混凝土浇筑中，要加强旁站监理，严格控制浇注质量，检查混凝土坍落度，严禁在已搅拌好的混凝土中注水，不合格混凝土不得使用。

（3）检查振捣情况不能漏震、过震。注视模板、钢筋的位置和牢固度，有跑模和钢筋位移情况时及时处理，特别注意混凝土浇筑中施工缝的浇筑处理。

（4）对结点中位不同等级或不同种类混凝土的浇注，要严格检查、防止混凝土混用。

（5）根据混凝土浇筑情况，在监理工程师指定的时间和部位，留置监理工程师亲自监制的试块，并在标养后亲自送到监理试验室在监理人员监督之下做试验，以验证承包单位的试验结果。

（6）要检查和督促承包单位适时做好成型压光和覆盖浇水养护、防止混凝土出现裂缝。

（7）承包单位拆模要事先向监理工程师提出要注，经监理工程师依拆模条件判断确认后方可进行。

2.1.5.4.4.3　混凝土的质量评定

（1）应以现场取样试验结果作为鉴定混凝土强度的依据。

（2）混凝土强度检验应以 GBJ 107—87 为准。

（3）当对结构强度或对混凝土试件强度的代表性有怀疑时，可采用非破损检验方法或从结、构件中钻取芯样方法，按有关标准的规定，对结构、构件中的混凝土强度进行推定，作为是否应进行处理的依据。

2.1.5.4.4.4　混凝土工程缺陷修补的监理要点

（1）混凝土工程的质量缺陷，必须按有关标准加以认定，并经有关方面研究，由承包单位提出书面修补方案后，经监理工程师批准方可进行修补。

（2）需修补部位必须认真剔凿，用高压水及钢线刷将基层冲洗干净。

（3）修补用水泥品牌应与原混凝土的一致，强度等级一般高于原混凝土等级，并适量掺加微膨胀剂。

（4）修补部位，应略高于原混凝土表面，待达到构件设计强度后，再将外面凿平。

2.1.5.4.5 混凝土工程质量通病

2.1.5.4.5.1 材质与试验不符合要求。

（1）水泥无出厂合格证或试验报告，或出厂合格证内容项目及手续不全，批量不符合规定。

（2）砂石级配不合格，含泥量超过规定，或其他指标不符合规定，现场砂、石、泥土混杂，不采取处理措施（应委托试验室提出补偿办法；或组织加工处理、予以更换）；试验批量不符合要求。

（3）外加剂无法定单位鉴定，无许可证。结块不处理，变质或不能均匀掺入混凝土。

（4）水泥选用不当，砂石品种规格选用不当，现场不管理不善，料证不符；中途变更材料未及时重做试验，或不同品种材料混用水泥库不随清随用。

2.1.5.4.5.2 搅拌、计量、配合比与试块不符合要求。

（1）无试验室试配，或不经过试验室，乱用经验配合比。

（2）试配与材料、试块不一致、不交圈。

（3）计量不准；无专人管理，无开盘鉴定。

（4）搅拌不匀（时间太短），搅拌不当（加引气型外加剂搅拌时间过长、过短均不宜）。

（5）试块留置数量不符合规定。

（6）试块养护不标准（标养箱，20℃±3℃水中）。

（7）试块强度不符合设计、规范、验收要求，无处理措施、无设计签认意见。

2.1.5.4.5.3 施工缝留置与处理不符合要求。

（1）施工方案考虑不周，出现不应有的施工缝。

（2）无合理安排浇注混凝土停歇时间而出现施工缝。

（3）施工缝位置不合规定。

（4）施工缝留法错误。

（5）施工缝处继续浇筑混凝土时不符合要求。

2.1.5.4.5.4 混凝土一次浇筑过厚。

（1）浇筑混凝土无卸料平台（尤其是梁、柱混凝土）混凝土用吊斗直接入模造成卸料分层过厚、振捣失控、不匀、漏振、模板变形、跑浆。

（2）浇筑混凝土不分层，或分层不清造成漏振、重振、易出不应有的施工缝。

2.1.5.4.5.5 接槎如未铺设同混凝土配合比无石子砂浆。

（1）混凝土接槎不用同混凝土配合比的无石子砂浆。

（2）接槎砂浆不与混凝土浇筑同期；接槎砂浆厚度失控。

（3）不对称浇筑混凝土，将模板挤偏造成结构变形。

（4）混凝土浇后不按规定养护。

（5）对钢筋密集处，无相应措施。

（6）未采用相应粒径的粗骨料混凝土。

（7）未采取模内外振捣或采用分段支浇捣办法。

（8）未事先与设计洽谈商适当改变钢筋排列、直径、接头等。

2.1.5.5 砌体工程施工质量监理实施细则

2.1.5.5.1 基本规定

（1）砌体工程所用的材料应有产品的合格证书、产品性能检测报告。块材、水泥、外加剂等尚应有材料主要性能的进场复验报告。严禁使用国家明令淘汰的材料。

（2）砌筑基础前，应校核放线尺寸。

（3）分项工程的验收应在检验批验收合格的基础上进行。检验批的确定可根据施工段划分。

（4）砌体工程检验批验收时，其主控项目应全部符合本规范的规定；一般项目应有80%及以上的抽检处符合本规范的规定，或偏差值在允许偏差范围以内。

2.1.5.5.2 砌筑砂浆

（1）水泥进场使用前，应分批对其强度、安定性进行复验。检验批应以同一生产厂家、同一编号为一批。

（2）砂浆用砂不得含有有害杂物。

（3）拌制砂浆用水，水质应符合国家现行标准《混凝土拌合用水标准》（JGJ 63）的规定。

（4）砌筑砂浆应通过试配确定配合比。当砌筑砂浆的组成材料有变更时，其配合比应重新确定。

（5）砂浆现场拌制时，各组分材料应采用重量计量。

（6）砌筑砂浆应采用机械搅拌，自投料完算起，水泥砂浆和水泥混合砂浆搅拌时间应不得少于2min。

（7）砂浆应随拌随用，水泥砂浆和水泥混合砂浆应分别在3h和4h内使用完毕；当施工期间最高气温超过30℃时，应分别在拌成后2h和3h内使用完毕。

（8）砌筑砂浆试块强度验收时其强度合格标准必须符合以下规定：

1）同一验收批砂浆试块抗压强度平均值必须大于或等于设计强度等级所对应的立方体抗压强度；同一验收批砂浆试块抗压强度的最小一组平均值必须大于或等于设计强度等级所对应的立方体抗压强度的0.75倍。

2）抽检数量：每一检验批且不超过250m^{3}砌体的各种类型及强度等级的砌筑砂浆，每台搅拌机应至少抽检一次。

3）检验方法：在砂浆搅拌机出料口随机取样制作砂浆试块（同盘砂浆只应制作一组试块），最后检查试块强度试验报告单。

2.1.5.5.3 砌体工程质量监理控制工作内容

（1）认真研究施工图纸，搞清不同楼层、不同部位对砌体和砂浆的强度等级要求，对各部位砌体的配筋、预留洞、预埋件、预埋木砖的位置，做到心中有数，便于巡视时检查。

（2）审核承包单位的施工技术方案，特别应检查其对墙体垂直度、平整度、标高的控制措施并督促其进行技术交底。

（3）检查承包单位的原材料、运输、砂浆拌和机的准备情况。

2.1.5.5.4 浆砌体工程施工质量监理要点

2.1.5.5.4.1 监理工程师应加强对砌筑砂浆督促控制。

（1）对拌和的检查。

（2）砌筑砂浆试块强度验收时，同一验收批砂浆试块抗压强度平均值必须大于或等于设计强度等级所对应的立方体抗压强度。

（3）同一验收批砂浆试块抗压强度的最小一组平均值必须大于或等于设计强度等级所对应的立方体抗压强度的0.75倍。

（4）砂浆应随伴随用，水泥砂浆和水泥混合砂浆应分别在3h内和4h内使用完毕；如气温超过30℃，相应缩短1h。灰槽中的砂浆应及时清理干净，隔日的砂浆不能再使用。

2.1.5.5.4.2 检查砌体的现场准备工作。

（1）检查和复核承包单位测设的基底平面尺寸和标高，以及放线杆设立情况。

（2）检查基底的清理情况，砂浆、杂物等要清除干净。

2.1.5.5.4.3 砌筑过程中监理工程师应加强巡视。

（1）检查工人的砌筑形式是否符合规范要求，内外砌体应相互咬槎，不允许出现竖向通缝。

（2）检查砌体的灰缝，砌筑砂浆必须饱满。

2.2 风机基础及箱变基础监理实施细则

根据监理规划和风机基础、箱变基础施工的专业特点及监理工程师在各分项、分部工程中的具体要求，做法和签证手续等工作内容，编写监理实施细则且对其不断的细化与丰富，为工程上的顺利实施提供服务。

2.2.1 概况

2.2.1.1 工程名称

华能陕西靖边风电场四期工程风机基础、箱变基础工程。

2.2.1.2 工程概况

华能陕西靖边风电场四期工程场址位于陕西靖边县城东南约 12km 的乔沟湾乡和张家畔镇，场址海拔高度在 1550～1700m 之间，为黄土高原北部的黄土丘陵沟壑区梁茆地貌单元，地势起伏大。本期工程安装风机 25 台，其中 24 台 2 MW，1 台 1.5MW，装机规模 49.5MW。桩基混凝土强度等级 C30，方量约 7405.3m^3；承台混凝土强度等级 C35，混凝土方量约 8825m^3。

2.2.1.3 工程实施项目

本工程实施项目包括施工平台和风机基础及箱式变压器基础永久工程。

2.2.1.3.1 风机基础工程

本工程有实体重力式独立基础。基础由上、中、下三部分组成：上部为圆形台柱，台柱直径为 6.40m，台柱高度为 1m；中部为截头圆锥体，截头圆锥体的上部直径为 6.4m、下部直径为 16.0m，圆锥体高 1m；下部结构为圆柱体，高 0.8m，直径 16.0m。

灌注桩采用机械洛阳铲钻孔灌注桩，桩径 800mm，主筋混凝土保护层厚度 75mm，钢筋采用 HPB235、HRB335 级，浇筑混凝土前，清空沉渣厚度应小于等于 50mm，混凝土灌注充盈系数大于 1。

2.2.1.3.2 箱变基础永久工程

每台风机配置一台 35kV 变压器 1 台，箱式变压器基础埋深约 1.95m，基坑采用三七灰土和 0.2mC20 混凝土垫层，基础形式为矩形底板与上部井字型直立墙连为整体的钢筋混凝土结构。

2.2.1.4 工程质量等级

优良等级。

2.2.1.5 参加单位

承建单位：西安中勘工程有限公司；建设单位：华能陕西靖边电力有限公司；设计单位：西北勘察设计院；监理单位：西北电建监理公司。

2.2.2 编制依据

2.2.2.1 《建筑工程质量统一验收标准》（GB 50300—2001）。

2.2.2.2 《电力建设土建工程施工技术检验若干规定》[建质（1995）13 号]。

2.2.2.3 《工程建设标准强制性条文》（土建部分）（2006 版）。

2.2.2.4 《混凝土质量控制标准》（GB 50164—2011）。

2.2.2.5 《建筑地基基础工程施工质量验收规范》（GB 50202—2002）。

2.2.2.6 《混凝土工程施工质量验收规范》（GB 50204—2002）（2011 版）。

2.2.2.7 《建筑电气工程施工质量验收规范》（GB50303—2011）。

2.2.2.8 《电力建设施工质量验收及评定规程》（第一部分：土建工程）（DL/T 5210.1—2012）的有关规定。

2.2.2.9 《施工合同》。

2.2.2.10 风机基础施工图纸。

2.2.2.11 华能陕西靖边风电场四期工程监理规划。

2.2.2.12 华能陕西靖边风电场四期工程施工单位施工组织设计文件。

2.2.2.13 重庆海装风电公司的有关技术标准。

2.2.3 管理目标

2.2.3.1 安全文明施工管理目标

2.2.3.1.1 不发生人身轻伤及以上事故（本公司员工），不发生人身重伤及以上事故（参建单位）。

2.2.3.1.2 不发生一般及以上设备事故。

2.2.3.1.3 不发生一般及以上火灾、爆炸事故。

2.2.3.1.4 不发生重大及以上交通责任事故。

2.2.3.1.5 不发生重大垮（坍）塌事故。

2.2.3.1.6 投产风机设备年平均可利用率：＞95%。

2.2.3.1.7 一般设备事故率：＜0.1 次/台年。

2.2.3.1.8 发生非计划停运率：＜0.5 次/台年。

2.2.3.1.9 不发生各类误操作事故。

2.2.3.1.10 不发生计算机网络及监控系统瘫痪造成的事故。

2.2.3.2 环境保护管理目标

（1）保护生态环境，不超标排放，不发生环境污染事故，落实环保措施。

（2）废弃物处理符合规定，力争减少施工场地和周边环境植被的破坏，不发生水土流失事件、环境污染事件。

（3）建设过程中环保水保措施执行到位，工程环保、水保验收合格率 100%。

2.2.3.3 工程质量管理目标

2.2.3.3.1 符合设计要求，满足现行国家及行业施工验收规范、标准及质量检验评定标准的优良级要求。其中，建筑工程：单位工程优良率为 100%，观感得分率≥95%；安装工程：单位工程优良率为 100%。

2.2.3.3.2 在施工、安装和服务质量管理上，符合《ISO 9001—2000 质量管理体系》标准的要求。

2.2.3.3.3 所有风机均通过 240h 试运，保护装置、自动装置及监测仪表投入率 100%。

2.2.3.3.4 不发生一般及以上质量事故，工程无永久性缺陷。

2.2.3.3.5 档案资料合格率 100%，归档率 100%。

2.2.3.3.6 投产后风电场的可利用率、利用小时及发电量满足设计要求。

2.2.3.3.7 确保建设项目高分达标投产，争创国家优质工程。

2.2.4 工序特点及要求

2.2.4.1 本工程中原材料要求

混凝土：基础（承台）采用 C35 混凝土，桩身采用 C30，基础垫层采用 C20 混凝土；钢筋：一级 HPB235 级钢筋，二级 HRB335 级钢筋，三级 HRB400 级钢筋，型钢及预埋件用钢材为 Q235B；水泥：采用硅酸盐水泥，强度等级不低于 42.5；骨料：骨料采用连续级配，粗骨料可采用卵石或碎石，最大粒径应小于 25mm，细骨料选用干净的中粗砂，不采用海砂；凡符合国家标准的饮用水均可用于拌和与养护混凝土，采用地表水，地下水和其他类型水在首次用于拌和与养护混凝土时，须按照现行的有关标准，经检验合格后方可使用。

2.2.4.2 施工技术要求

钢筋混凝土最小保护层厚度，基础（承台）底面为 100mm；

基础（承台）顶面、侧面，台柱顶面、侧面为 50mm；保护层厚度的施工允许误差为 0～＋10mm。

同一根钢筋长度小于原料长度时，不应设置接头；钢筋长度大于原料长度时，应尽量少设接头；钢筋连接应采用机械连接。

基坑开挖过程中应采取有效措施组织好基坑降、排水，并防止地面雨水的流入。基坑开挖应均衡分层进行，高差不应超过 1m。挖出的土方不得堆置在基坑附近，机械挖土时坑底应保留 200～300mm 土层用人工开挖，坑底不应长时间暴露，基坑开挖完后应及时进行基础施工。

场地回填土不应采用冻胀性土、腐蚀性的、非液化的，压实性好的回填料进行回填，分层夯实。

沉降观测在承台顶面四周设 4 个永久性沉降观测点，位置距离基础中心 6.0m 左右，应妥善保护，作为沉降观测用。在风机基础四周适当的位置设置 2 个沉降观测专用水准点，水准点设置以保证其稳定可靠为原则，位置应靠近风机基础，但必须在基础所产生的压力影响范围以外。沉降观测应从风机吊装时开始观测，施工期间观测次数为 6 次。

大体积混凝土施工，应采用有效措施防止温度应力引起裂缝，要控制混凝土的入模时的气温，不宜大于 25℃；混凝土入模后的内部最高温度不高于 70℃，内部与表层温差不大于 20℃。拆模时间除考虑拆模时的混凝土强度外，还应考虑到拆模时的混凝土温度不能过高，温差不大于 15～20℃，混凝土潮湿养护的时间应不少于 21d，潮湿养护后仍应保湿养护一段时间。

基础（承台）混凝土中应掺入适量抗裂纤维、高效减水剂等减少混凝土裂纹的外加剂，外加剂应符合现行国家标准《混凝土外加剂应用技术规范》的规定，掺量应通过试验确定，严禁使用氯盐类外加剂，外加剂使用应专门测定外加剂之间及外加剂与水泥之间的相容性。

混凝土浇筑后基础表面应压平收光，基础表面必须密实，施工中在基础混凝土表面出现的裂缝必须立即处理。混凝土应一次浇筑成型，不得留设施工缝，至少应在冰冻季节前一个月完成施工。布置预埋管时钢筋允许在小范围内移动，但不允许截断钢筋，钢筋间缝大于等于 200mm 时，用直径 16mm 的钢筋补强。

灌注桩采用泥浆护壁钻孔灌注桩，桩径 800mm，要求必须进行试桩，试桩应采用基础 4 根桩，本工程试桩均作为工程桩使用，不得压坏。基桩竖向抗压极限承载力标准值 3060kN，竖向抗拔极限承载力标准值 1000kN，水平极限承载力标准值 110kN，单桩水平静载试验中水平位移允许值为 10mm，锚桩的上拔力必须控制在 625kN 以内。

钻孔灌注桩施工前，必须试成孔，数量不少于 2 个，以便核对地质资料。桩身采用 C30，采用不宜收缩和徐变以及低水化热的混凝土，严禁使用含氯盐类外加剂。钢筋采用 HPB235、HRB335 级，桩身内螺旋钢筋应与主筋焊牢，纵向主筋沿桩身周边均匀布置，采用通长钢筋，要减少钢筋接头，要求采用机械连接，且同一截面内接头不得多于钢筋总数的 50%，所有箍筋均为螺旋式，钢筋笼长度方向每隔 1.5m 在主筋内侧增设一道焊接加筋箍筋，加筋箍筋直径为三级螺纹 18 的钢筋。

灌注桩主筋混凝土保护层厚度 75mm，主筋应全部伸入承台内 50 倍主筋直径。钢筋笼搬运要求采取合理的搬运措施。清孔要求，浇筑混凝土前，孔底沉渣厚度小于等于 50mm。

混凝土灌注：检查成孔后应尽快灌注混凝土，混凝土的灌注充盈系数大于 1。

2.2.5 监理工作流程

2.2.5.1 质量控制流程图

质量控制流程如图 2-2-1 所示。

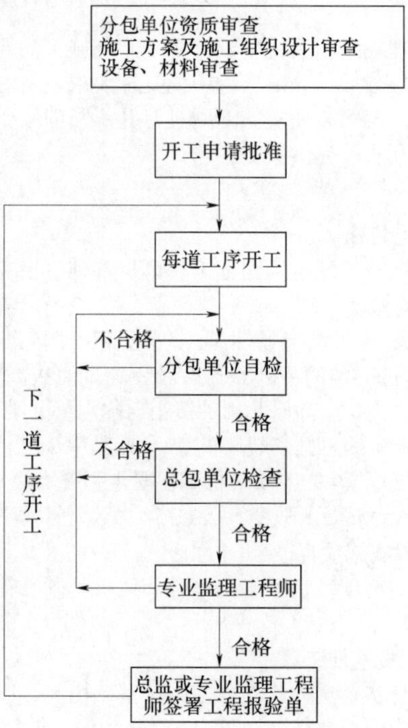

图 2-2-1 质量控制流程

2.2.5.2 钢筋工程质量监理工作流程

钢筋工程质量监理工作流程如图 2-2-2 所示。

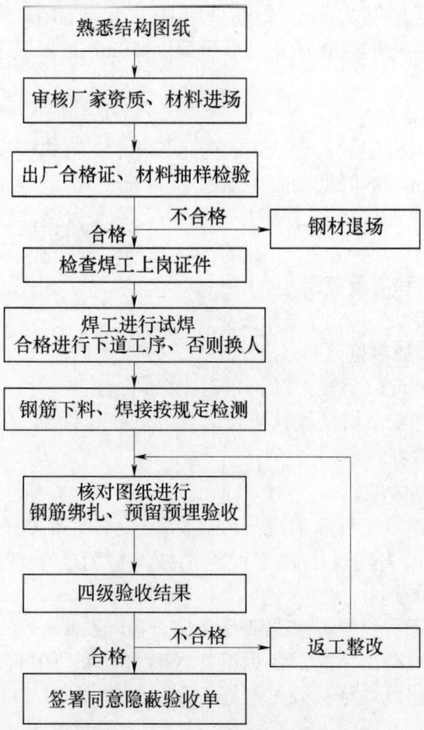

图 2-2-2 钢筋工程质量监理工作流程

2.2.5.3 模板工程质量监理工作流程

本章其余内容见光盘。

第8篇

220kV输电线路工程施工监理范例

赵晓军　等　编著

第1章　某220kV输电线路工程监理规划

1.1　工程项目概况

1.1.1　工程概况

××××输电线路工程包括线路及变电两部分，线路为新建××至××变220kV线路，××至××变220kV线路，路径总长度38.8km。变电部分为：220kV××变电新建2个220kV出现间隔。

1.1.2　工程建设目标

工程建设目标见表1-1-1。

表1-1-1　　工程建设目标

工程质量目标	工程质量满足国家及行业施工验收规范、标准及质量检验评定标准的要求。建筑工程：分项工程合格率100%，分项目工程优良率≥98%，单位工程优良率为100%，观感得分率≥95%；安装工程：分项及分部工程合格率100%，单位工程优良率为100%。建筑工程外观及电气安装工艺优良。不发生一般施工质量事故。工程无永久性质量缺陷。工程带负荷一次启动成功。 工程确保达到《国家电网公司输变电工程达标投产考核办法》《国家电网公司输变电工程优质工程评选办法》《全国电力行业优质工程评选办法》标准要求，创建《××××省电力公司质量示范工地》，最终建成达标投产工程和确保创国家电网优质工程
工程进度目标	坚持以“工程进度服从质量”为原则，保证按照工期安排开工、竣工，施工过程中保证根据需要适时调整施工进度，积极采取相应措施，按时完成工程阶段性里程碑进度计划和验收工作
工程安全目标	不发生人员重伤及以上事故、造成较大影响的人员群体轻伤事件。 不发生因工程建设引起的电网及设备事故。 不发生一般施工机械设备损坏事故。 不发生火灾事故。 不发生环境污染事件。 不发生负主要责任的一般交通事故。 不发生对公司造成影响的安全事件
工程环境目标	满足相关政府主管部门的管理要求及验收标准，不发生环境污染事故，污水深沉排放合格率100%
文明施工目标	设施标准，行为规范，施工有序，环境整洁，争创国家电网公司系统输电线路工程安全文明施工品牌形象
工程造价目标	工程建成后的最终投资控制，符合审批概算中静态、动态投资控制管理的要求，力求优化设计、施工，节约工程投资

1.1.3　参建单位

略。

1.2　监理工作范围

本工程监理范围为：本输变电工程初步设计（施工图设计）审定范围内所有工程量的监理。包括工程建设施工阶段的进度控制、质量控制、安全控制、投资控制，强化合同管理和信息档案管理，协调有关单位间的工作关系，提供优质的“四控制、两管理、一协调”的监理服务工作。时间为从工程施工准备至工程办理竣工验收、竣工决算完成，且工程达标投产评优结束之日。

1.3　监理工作内容

监理工作内容见表1-3-1。

表1-3-1　　监理工作内容

阶段			监理工作内容
施工阶段	施工准备阶段		（1）在设计交底前，总监理工程师组织监理人员熟悉设计文件并对图纸中存在的问题通过建设单位向设计单位提出书面意见和建议
			（2）项目监理人员参加由建设单位组织的设计技术交底会，总监理工程师对设计技术交底会议纪要进行签认
			（3）工程项目开工前，总监理工程师组织专业监理工程师审查承包单位报送的项目管理实施规划（施工组织设计）报审表，提出审查意见，经总监理工程师审核签认并报建设单位审批后实施
			（4）工程项目开工前，总监理工程师审查承包单位现场项目管理机构的质量管理体系、技术管理体系和质量保证体系，确定能满足工程项目施工质量要求时予以签认。对质量管理体系、技术管理体系和质量保证体系主要审核以下内容： 1）质量管理技术管理和质量保证的组织机构。 2）质量管理技术管理制度。 3）专职管理人员和特种作业人员的资格证、上岗证
			（5）分包工程开工前，专业监理工程师审查承包单位报送的分包单位资格报审表和分包单位有关资质资料，符合有关规定后由总监理工程师予以签认
			（6）对分包单位资格审核以下内容： 1）分包单位的营业执照企业资质等级证书特殊行业施工许可证国外境外企业在国内承包工程许可证。 2）分包单位的业绩。 3）拟分包工程的内容和范围。 4）专职管理人员和特种作业人员的资格证、上岗证

续表

阶段			监理工作内容
施工阶段	施工准备阶段		（7）专业监理工程师按以下要求对承包单位报送的测量控制成果及保护措施进行检查、核实，符合要求时专业监理工程师对承包单位报送的施工测量成果报验申请表予以签认。 1）检查承包单位专职测量人员的岗位证书及测量设备检定证书。 2）审核施工项目部报审的《线路复测报审表》，是否符合设计及规范要求、数据记录是否准确，符合要求后予以签批
			（8） 专业监理工程师审查承包单位报送的工程开工报审表及相关资料，具备以下开工条件时，由总监理工程师签发并报建设单位： 1）施工许可证已获政府主管部门批准。 2）征地拆迁工作能满足工程进度的需要。 3）施工组织设计已获总监理工程师批准。 4）承包单位现场管理人员已到位、机具、施工人员已进场、主要工程材料已落实。 5）进场道路及水电通讯等已满足开工要求
			（9）工程项目开工前监理人员参加由建设单位主持召开的第一次工地会议
			（10）第一次工地会议应包括以下主要内容： 1）建设单位、承包单位和监理单位分别介绍各自驻现场的组织机构人员及其分工。 2）建设单位根据委托监理合同宣布对总监理工程师的授权。 3）建设单位介绍工程开工准备情况。 4）承包单位介绍施工准备情况。 5）建设单位和总监理工程师对施工准备情况提出意见和要求。 6）总监理工程师介绍监理规划的主要内容。 7）研究确定各方在施工过程中参加工地例会的主要人员、召开工地例会周期、地点及主要议题
			（11）第一次工地会议纪要应由项目监理机构负责起草并经与会各方代表会签
	工地例会		（1）在施工过程中，总监理工程师定期主持召开工地例会，会议纪要由项目监理机构负责起草并经与会各方代表会签
			（2）工地例会包括以下主要内容： 1）检查上次例会议定事项的落实情况，分析未完事项原因。 2）检查分析工程项目进度计划完成情况，提出下一阶段进度目标及其落实措施。 3）检查分析工程项目质量状况，针对存在的质量问题提出改进措施。 4）检查工程量核定及工程款支付情况。 5）解决需要协调的有关事项。 6）其他有关事宜
			（3）总监理工程师或专业监理工程师根据需要及时组织专题会议，解决施工过程中的各种专项问题
	工程质量控制工作		（1）在施工过程中，当承包单位对已批准的项目管理实施规划（施工组织设计）进行调整补充或变动时，经专业监理工程师审查并由总监理工程师签认
			（2）专业监理工程师应要求承包单位报送重点部位关键工序的施工工艺和确保工程质量的措施，审核同意后予以签认
			（3）当承包单位采用新材料新工艺新技术新设备时，专业监理工程师应要求承包单位报送相应的施工工艺措施和证明材料，组织专题论证并经审定后予以签认
			（4）项目监理机构对承包单位在施工过程中报送的施工测量成果进行复验和确认
			（5）专业监理工程师从以下方面对承包单位报验试验室进行考核： 1）试验室的资质等级及其试验范围。 2）法定计量部门对试验设备出具的计量检定证明。 3）试验室的管理制度。 4）试验人员的资格证书。 5）本工程的试验项目及其要求
			（6）专业监理工程师对承包单位报送的拟进场工程材料/构配件/设备报审表及其质量证明资料进行审核，并对进场的实物按照委托监理合同约定或有关工程质量管理文件规定的比例，采用平行检验或见证取样方式进行抽检。 对未经监理人员验收或验收不合格的工程材料/构配件/设备，监理人员拒绝签认并签发监理工程师通知单，书面通知承包单位限期将不合格的工程材料/构配件/设备撤出现场
			（7）项目监理机构定期检查承包单位的直接影响工程质量的计量设备的技术状况
			（8）总监理工程师安排监理人员对施工过程进行巡视和检查，对隐蔽工程的隐蔽过程、下道工序施工完成后难以检查的重点部位，专业监理工程师安排监理员进行旁站监理
			（9）专业监理工程师根据承包单位报送的隐蔽工程报验申请表和自检结果进行现场检查，符合要求时予以签认。 对未经监理人员验收或验收不合格的工序，监理人员有权拒绝签认并要求承包单位严禁进行下一道工序的施工
			（10）专业监理工程师对承包单位报送的分项工程质量验评资料进行审核，符合要求后予以签认。总监理工程师组织监理人员对承包单位报送的分部工程和单位工程质量验评资料进行审核和现场检查，符合要求后予以签认
			（11）对施工过程中出现的质量缺陷，专业监理工程师应及时下达监理工程师通知，要求承包单位整改并检查整改结果

续表

阶段			监理工作内容
施工阶段	工程质量控制工作		（12）监理人员发现施工存在重大质量隐患，可能造成质量事故或已经造成质量事故，应通过总监理工程师及时下达工程暂停令，要求承包单位停工整改，整改完毕并经监理人员复查符合规定要求后，总监理工程师及时签署工程复工报审表，总监理工程师下达工程暂停令和签署工程复工报审表，宜事先向建设单位报告
			（13）对需要返工处理或加固补强的质量事故，总监理工程师应责令承包单位报送质量事故调查报告和经设计单位等相关单位认可的处理方案，项目监理机构对质量事故的处理过程和处理结果进行跟踪检查和验收
	工程安全控制工作		（1）协助委托人根据国家电网公司有关安全管理规定，进行安全管理
			（2）监督检查承包商建立健全安全生产责任制和执行安全生产的有关规定与措施
			（3）监督检查承包商建立健全劳动安全生产教育培训制度，加强对职工安全生产的教育培训
			（4）参加由委托人组织的安全大检查，监督安全文明施工状况
			（5）遇到威胁安全的重大问题时，有权发出“暂停施工”的通知，并通报委托人
			（6）协助委托人制定施工现场安全文明施工管理目标并监督实施
			（7）检查现场施工单位员工中特殊工种和技术工人持证上岗情况，并监督实施
	工程造价控制工作		（1）项目监理机构按下列程序进行工程计量和工程款支付工作： 1）承包单位统计经专业监理工程师质量验收合格的工程量，按施工合同的约定填报工程量清单和工程款支付申请表。 2）专业监理工程师进行现场计量，按施工合同的约定审核工程量清单和工程款支付申请表，并报总监理工程师审定。 3）总监理工程师签署工程款支付证书，并报建设单位审批
			（2）项目监理机构按下列程序进行竣工结算： 1）承包单位按施工合同规定填报竣工结算报表。 2）专业监理工程师审核承包单位报送的竣工结算报表。 3）总监理工程师审定竣工结算报表，与建设单位、承包单位协商一致后，签发竣工结算文件和最终的工程款支付证书报建设单位
			（3）项目监理机构依据施工合同有关条款和施工图，对工程项目造价目标进行风险分析并应制定防范性对策
			（4）总监理工程师应从造价项目的功能要求、质量和工期等方面审查工程变更的方案，并宜在工程变更实施前与建设单位、承包单位协商确定工程变更的价款
			（5）项目监理机构按施工合同约定的工程量计算规则和支付条款进行工程量计量和工程款支付
			（6）专业监理工程师及时建立月完成工程量和工作量统计表，对实际完成量与计划完成量进行比较分析，制定调整措施并在监理月报中向建设单位报告
			（7）专业监理工程师及时收集整理有关的施工和监理资料，为处理费用索赔提供证据
			（8）项目监理机构及时按施工合同的有关规定进行竣工结算，并对竣工结算的价款总额与建设单位和承包单位进行协商
			（9）未经监理人员质量验收合格的工程量或不符合施工合同规定的工程量，监理人员拒绝计量和该部分的工程款支付申请
	工程进度控制工作		（1）项目监理机构按下列程序进行工程进度控制： 1）总监理工程师审批承包单位报送的施工总进度计划。 2）总监理工程师审批承包单位编制的年、季、月度施工进度计划。 3）专业监理工程师对进度计划实施情况检查分析。 4）当实际进度符合计划进度时，要求承包单位编制下一期进度计划；当实际进度滞后于计划进度时，专业监理工程师书面通知承包单位采取纠偏措施并监督实施
			（2）专业监理工程师依据施工合同有关条款、施工图及经过批准的项目管理实施规划（施工组织设计）制定进度控制方案，对进度目标进行风险分析、制定防范性对策，经总监理工程师审定后报送建设单位
			（3）专业监理工程师检查进度计划的实施并记录实际进度及其相关情况，当发现实际进度滞后于计划进度时签发监理工程师通知单，指令承包单位采取调整措施；当实际进度严重滞后于计划进度时，及时报总监理工程师，由总监理工程师与建设单位商定采取进一步措施
			（4）总监理工程师在监理月报中向建设单位报告工程进度和所采取进度控制措施的执行情况，并提出合理预防由建设单位原因导致的工程延期及其相关费用索赔的建议。 总监理工程师及时向建设单位及本监理单位提交有关质量事故的书面报告，并将完整的质量事故处理记录整理归档
	信息与档案管理		（1）协助建设管理单位按照国家有关工程档案管理的规定，编制工程档案资料整理手册，明确移交档案目录清单、责任单位，细化档案资料的质量要求
			（2）组织参建单位共同对工程拟形成的声像资料进行策划，按照国家电网公司《关于利用数码照片资料加强输变电工程安全质量过程控制的通知》，编制实施方案，根据工程特点，按照单位、分部、分项、单元工程划分情况，详细列出各部位声像资料清单和质量要求
			（3）监理部制订监理文件质量保证措施，对履行监理职责过程中形成的监理文件的质量提出具体要求，并定期自查验收。 1）监理部在保证监理档案的完整性、准确性、系统性上下工夫，消除以往监理档案中常见的问题，保证工程监理档案的质量。 2）正确处理监理过程中发生的问题，《监理工作联系单》《监理工程师通知单》《停工通知单》内容准确，标识、签署齐全，提出的问题有反馈、复检、关闭

续表

阶段			监理工作内容
施工阶段	信息与档案管理		（4）在规范化管理的基础上，监督施工单位与工程建设进度同步形成工程施工档案资料。监理部在进行各项审查和验收中，同时验收工程资料的质量，做好工程资料的动态立卷建档，使工程资料充分反映工程的过程和成果
			（5）组织参建单位及时进行工程总结，并按要求进行声像资料整理，充分展示工程的过程和成效
	施工合同管理的其他工作	工程暂停及复工	（1）总监理工程师在签发工程暂停令时，根据暂停工程的影响范围和影响程度，按照施工合同和委托监理合同的约定签发
			（2）在发生下列情况之一时，总监理工程师可签发工程暂停令： 1）建设单位要求暂停施工且工程需要暂停施工。 2）为了保证工程质量而需要进行停工处理。 3）施工出现了安全隐患总监理工程师认为有必要停工以消除隐患。 4）发生了必须暂时停止施工的紧急事件。 5）承包单位未经许可擅自施工或拒绝项目监理机构管理
			（3）总监理工程师在签发工程暂停令时，应根据停工原因的影响范围和影响程度，确定工程项目的停工范围和时间
			（4）由于非承包单位且非（2）条中2～5款原因时，总监理工程师在签发工程暂停令之前，应就有关工期和费用等事宜与承包单位进行协商
			（5）由于建设单位原因或其他非承包单位原因导致工程暂停时，项目监理机构应如实记录所发生的实际情况，总监理工程师在施工暂停原因消失且具备复工条件时，及时签署工程复工报审表，指令承包单位继续施工
			（6）由于承包单位原因导致工程暂停并在具备恢复施工条件时，项目监理机构审查承包单位报送的复工申请及有关材料，同意后由总监理工程师签署工程复工报审表，指令承包单位继续施工
			（7）总监理工程师在签发工程暂停令到签发工程复工报审表之间的时间内，宜会同有关各方按照施工合同的约定，处理因工程暂停引起的与工期费用等有关问题
		工程变更的管理	（1）项目监理机构按下列程序处理工程变更： 1）设计单位对原设计存在的缺陷提出的工程变更应编制设计变更文件，建设单位或承包单位提出的工程变更应提交总监理工程师，由总监理工程师组织专业监理工程师审查，审查同意后由建设单位转交原设计单位编制设计变更；当工程变更涉及安全环保等内容时应按规定经有关部门审定。 2）项目监理机构应了解实际情况和收集与工程变更有关的资料。 3）总监理工程师必须根据实际情况、设计变更文件和其他有关资料，按照施工合同的有关条款，在指定专业监理工程师完成下列工作后对工程变更的费用和工期作出评估： ①确定工程变更项目与原工程项目之间的类似程度和难易程度。 ②确定工程变更项目的工程量。 ③确定工程变更的单价或总价。 ④总监理工程师就工程变更费用及工期的评估情况，与承包单位和建设单位进行协调。 ⑤总监理工程师签发工程变更单。工程变更单包括工程变更要求、工程变更说明、工程变更费用和工期及必要的附件等内容，有设计变更文件的工程变更附设计变更文件。 ⑥项目监理机构根据工程变更单监督承包单位实施
			（2）项目监理机构处理工程变更应符合下列要求： 1）项目监理机构在工程变更的质量费用和工期方面取得建设单位授权后，总监理工程师按施工合同规定与承包单位进行协商，经协商达成一致后，总监理工程师将协商结果向建设单位报告，并由建设单位与承包单位在变更文件上签字。 2）在项目监理机构未能就工程变更的质量、费用和工期方面取得建设单位授权时，总监理工程师协助建设单位和承包单位进行协商并达成一致。 3）在建设单位和承包单位未能就工程变更的费用等方面达成协议时，项目监理机构应提出一个暂定的价格作为临时支付工程进度款的依据，该项工程款最终结算时应以建设单位和承包单位达成的协议为依据
			（3）在总监理工程师未签发工程变更单之前，承包单位不得实施工程变更
			（4）未经总监理工程师审查同意而实施的工程变更项目，监理机构不予以计量
		费用索赔的处理	（1）项目监理机构处理费用索赔依据下列内容： 1）国家有关的法律法规和工程项目所在地的地方法规。 2）本工程的施工合同文件。 3）国家部门和地方有关的标准规范和定额。 4）施工合同履行过程中与索赔事件有关的凭证
			（2）当承包单位提出费用索赔的理由同时满足以下条件时，项目监理机构应予以受理： 1）索赔事件造成了承包单位直接经济损失。 2）索赔事件是由于非承包单位的责任发生的。 3）承包单位已按照施工合同规定的期限和程序，提出费用索赔申请表并附有索赔凭证材料
			（3）承包单位向建设单位提出费用索赔，项目监理机构按下列程序处理： 1）承包单位在施工合同规定的期限内，向项目监理机构提交对建设单位的费用索赔意向通知书。 2）总监理工程师指定专业监理工程师收集与索赔有关的资料。 3）承包单位在承包合同规定的期限内，向项目监理机构提交对建设单位的费用索赔申请表。 4）总监理工程师初步审查费用索赔申请表符合本规范第（2）条所规定的条件时予以受理。 5）总监理工程师进行费用索赔审查并在初步确定一个额度后，与承包单位和建设单位进行协商。 6）总监理工程师在施工合同规定的期限内签署费用索赔审批表，或在施工合同规定的期限内，发出要求承包单位提交有关索赔报告的进一步详细资料的通知，待收到承包单位提交的详细资料后按本条的第4～6款的程序进行

续表

阶段			监理工作内容
施工阶段	施工合同管理的其他工作	费用索赔的处理	（4）当承包单位的费用索赔要求与工程延期要求相关联时，总监理工程师在作出费用索赔的批准决定时，应与工程延期的批准联系起来，综合作出费用索赔和工程延期的决定
			（5）由于承包单位的原因造成建设单位的额外损失，建设单位向承包单位提出费用索赔时，总监理工程师在审查索赔报告后应公正地与建设单位和承包单位进行协商并及时作出答复
		工程延期及工程延误的处理	（1）当承包单位提出工程延期要求符合施工合同文件的规定条件时，项目监理机构应予以受理
			（2）当影响工期事件具有持续性时，项目监理机构可在收到承包单位提交的阶段性工程延期申请表并经过审查后，先由总监理工程师签署工程临时延期审批表并报告建设单位；当承包单位提交最终的工程延期申请表后，项目监理机构复查工程延期及临时延期情况，并由总监理工程师签署工程最终延期审批表
			（3）项目监理机构在作出临时工程延期批准或最终的工程延期批准之前，均应与建设单位和承包单位进行协商
			（4）项目监理机构在审查工程延期时，依下列情况确定批准工程延期的时间： 1）施工合同中有关工程延期的约定。 2）工期拖延和影响工期事件的事实和程度。 3）影响工期事件对工期影响的量化程度
			（5）工程延期造成承包单位提出费用索赔时，项目监理机构按《费用索赔的处理》的规定进行处理
			（6）当承包单位未能按照施工合同要求的工期竣工交付造成工期延误时，项目监理机构按施工合同规定从承包单位应得款项中扣除误期损害赔偿费
		合同争议的调解	（1）项目监理机构接到合同争议的调解要求后进行以下工作： 1）及时了解合同争议的全部情况包括进行调查和取证。 2）及时与合同争议的双方进行磋商。 3）在项目监理机构提出调解方案后由总监理工程师进行争议调解。 4）当调解未能达成一致时，总监理工程师在施工合同规定的期限内提出处理该合同争议的意见。 5）在争议调解过程中，除已达到施工合同规定的暂停履行合同的条件之外，项目监理机构应要求施工合同的双方继续履行施工合同
			（2）在总监理工程师签发合同争议处理意见后，建设单位或承包单位在施工合同规定的期限内未对合同争议处理决定提出异议，在符合施工合同的前提下此意见成为最后的决定，双方必须执行
			（3）在合同争议的仲裁或诉讼过程中，项目监理机构接到仲裁机关或法院要求提供有关证据的通知后，应公正地向仲裁机关或法院提供与争议有关的证据
		合同的解除	（1）施工合同的解除必须符合法律程序
			（2）当建设单位违约导致施工合同最终解除时，项目监理机构应就承包单位按施工合同规定应得到的款项与建设单位和承包单位进行协商，并按施工合同的规定从下列应得的款项中确定承包单位应得到的全部款项，并书面通知建设单位和承包单位： 1）承包单位已完成的工程量表中所列的各项工作所应得的款项。 2）按批准的采购计划订购工程材料设备构配件的款项。 3）承包单位撤离施工设备至原基地或其他目的地的合理费用。 4）承包单位所有人员的合理遣返费用。 5）合理的利润补偿。 6）施工合同规定的建设单位应支付的违约金
			（3）由于承包单位违约导致施工合同终止后，项目监理机构按下列程序清理承包单位的应得款项或偿还建设单位的相关款项，并书面通知建设单位和承包单位： 1）施工合同终止时，清理承包单位已按施工合同规定实际完成的工作所应得的款项和已经得到支付的款项。 2）施工现场余留的材料设备及临时工程的价值。 3）对已完工程进行检查和验收移交工程资料，该部分工程的清理、质量缺陷修复等所需的费用。 4）施工合同规定的承包单位应支付的违约金。 5）总监理工程师按照施工合同的规定在与建设单位和承包单位协商后，书面提交承包单位应得款项或偿还建设单位款项的证明
			（4）由于不可抗力或非建设单位、承包单位原因导致施工合同终止时，项目监理机构按施工合同规定处理合同解除后的有关事宜
	环保水保		（1）审查施工单位的环保与水保文件和措施，并监督执行
			（2）加强施工环保与水保的监督检查，采取有效措施减少临时占地，严格按照设计施工，避免大开挖，采取表土剥离单独堆放，工完料尽场地清，不发生环境二次污染
			（3）线路基础开挖等，在有水土流失的地方施工时，督促施工单位按照“先防护后施工”的原则进行施工
			（4）协助业主项目部，配合环保与水保的专项验收
	组织协调		（1）参加业主项目部组织的第一次工地会议，总监理工程师介绍监理规划的内容并进行监理工作程序的交底，对施工准备情况提出意见和要求
			（2）参加业主项目部组织召开的月度协调会或专题会，提出监理意见和建议，对需要监理项目部落实处理的问题进行闭环管理
			（3）主持召开工地例会每月不少于一次，就工程安全、质量、进度、投资等工作进行协调，提出要求，并负责会议纪要的编制和分发，对会议纪要的执行情况进行监督检查

续表

阶段		监理工作内容
施工阶段	组织协调	（4）及时处理、传递施工项目部提出的需要协调的问题
	竣工验收	（1）总监理工程师组织专业监理工程师，依据有关法律、法规、工程建设强制性标准、设计文件及施工合同，对承包单位报送的竣工资料进行审查，并对工程质量进行竣工初验收，对存在的问题及时要求承包单位整改，整改完毕由总监理工程师签署工程竣工报验单，并在此基础上提出工程质量评估报告，工程质量评估报告经公司技术负责人签字批准
		（2）项目监理机构参加由建设单位组织的竣工验收并提供相关监理资料，对验收中提出的整改问题项目监理机构要求承包单位进行整改，工程质量符合要求时，由总监理工程师会同参加验收的各方签署竣工验收报告
	工程质量保修期的监理工作	（1）监理单位依据委托监理合同约定的工程质量保修期及监理工作的时间范围和内容开展工作
		（2）承担质量保修期监理工作时，监理单位安排监理人员对建设单位提出的工程质量缺陷进行检查和记录，对承包单位进行修复的工程质量进行验收，合格后予以签认
		（3）监理人员对工程质量缺陷原因进行调查分析并确定责任归属，对非承包单位原因造成的工程质量缺陷，监理人员应核实修复工程的费用，签署工程款支付证书并报建设单位审批

1.4 监理工作目标

公司的总方针：质量为本，诚信务实，顾客满意；污染预防，节能降耗，绿色环保；安全健康，遵守法规，持续改进。

总目标：监理合同履行率 100%；顾客满意率≥95%，逐年递增；监理到位率 100%，及时率＞80%（每拖后 2h 及时率降 1%）；监理工程合格率 100%；工程监理质量责任零事故。

1.4.1 质量目标

1.4.1.1 工程质量满足国家电网公司《输变电优质工程考核评定标准》（2012 版）及《国家电网公司输变电工程达标投产考核办法》（2011 版）的要求。

1.4.1.2 工程质量满足国家及行业施工验收规范，一次验收合格率 100%，分部、分项工程优良率 100%。

1.4.1.3 确保达标投产、国家电网优质工程，争创国家优质工程。

1.4.1.4 保证贯彻和顺利实施工程主要设计技术原则。

1.4.1.5 不发生重大施工质量事故和重大质量管理事故。

1.4.2 进度目标

1.4.2.1 认真管理和执行工程施工进度计划，确保工程施工的开、竣工时间和工程阶段性里程碑进度计划的按时完成。

1.4.2.2 本工程计划开工日期：2012 年 9 月。

1.4.2.3 本工程计划竣工日期：2013 年 9 月。

1.4.2.4 以“工程进度服从质量”为原则，当工程受到干扰或影响使工期延长时，根据项目法人的要求，监理单位应积极采取措施，提出调整施工进度计划的建议，经项目法人批准后负责实施，根据需要适时调整施工进度，并采取相应措施。

1.4.2.5 当需要提前竣工时，监理单位应积极采取措施，提出调整施工进度计划的建议，批准后负责落实，使工程按要求提前竣工。工程进度必须服从质量、安全目标，工期控制在合同工期内。

1.4.3 投资目标

1.4.3.1 工程建成后的最终投资控制符合审批概算中静态控制、动态管理的要求，力求优化设计、施工，节约工程投资。

1.4.3.2 认真做好监理工作，严格管理施工承包合同规定范围内的承包总费用。监理范围内的工程，工程总投资控制在批准的概算范围之内。

1.4.4 职业健康安全目标

1.4.4.1 把职业安全健康的方针目标纳入到安全管理工作中，杜绝死亡事故。一般伤亡事故为零。

1.4.4.2 重大交通事故为零；重大火灾事故为零；工程监理安全责任零事故。

1.4.5 环境目标

1.4.5.1 工程监理环境责任零事故；控制施工噪音符合 GB 12523 标准；控制固体废弃物达到 100%清理。

1.4.5.2 节约资源，人走灯灭、水龙头用完及时关闭、纸张尽量双面打印。

1.4.5.3 加强文明施工与环境保护工作，实现建设“绿色输电线路”。

1.5 监理工作依据

1.5.1 国家法律、标准、规范

（1）《中华人民共和国环境保护法》（中华人民共和国主席令第 23 号）；

（2）《中华人民共和国安全生产法》（中华人民共和国主席令第 70 号）；

（3）《中华人民共和国建筑法》（中华人民共和国主席令第 91 号）；

（4）《建设工程质量管理条例》（中华人民共和国国务院令第 279 号）；

（5）《建设工程安全生产管理条例》（中华人民共和国国务院令第 393 号）；

（6）《建设工程监理规范》（GB 50319—2000）；

（7）《建筑用卵石、碎石》（GB/T 14685—2011）；

（8）《建筑工程施工质量验收统一标准》（GB 50300—2001）；

（9）《普通混凝土力学性能试验方法标准》（GB 50081—2002）；

（10）《110～500kV 架空送电线路施工及验收规范》（GB 50233—2005）；

（11）《通用硅酸盐水泥》（GB 175—2007）；

（12）《钢筋混凝土用钢　第 2 部分：热轧带肋钢筋》（GB 1499.2—2007）。

1.5.2 行业、企业、国网公司规程规范

（1）《建筑工程冬期施工规程》（JGJ 104—2011）；

（2）《普通混凝土配合比设计规程》（JGJ 55—2011）；

（3）《钢筋焊接及验收规范》（JGJ 18—2003）；

（4）《建筑桩基检测技术规范》（JGJ 106—2003）；

（5）《电力建设安全工作规程第 2 部分：架空电力线路部分》（DL 5009.2—2004）；

（6）《国家电网公司输变电工程施工危险点辨识及预控措

施》（国家电网基建安全〔2005〕50 号）；

（7）《国家电网公司输变电工程施工工艺示范手册》（中国电力出版社 2011 版）；

（8）《普通混凝土用砂、石质量及检验方法标准》（JGJ 52—2006）；

（9）《混凝土用水标准》（JGJ 63—2006）；

（10）《国家电网公司输变电工程建设监理管理办法》（国家电网基建〔2012〕1588 号）；

（11）《关于利用数码照片资料加强输变电工程安全质量过程控制的通知》（国家电网基建安全〔2010〕322 号）；

（12）《关于印发〈国家电网公司输变电工程建设创优规划编制纲要〉等 7 个指导性文件的通知》（基建质量〔2007〕89 号）；

（13）《输变电工程建设标准强制性条文实施管理规程》（Q/GDW 248—2008）；

（14）《国家电网公司输变电优质工程评选办法》（国家电网基建〔2012 版〕）；

（15）《国家电网公司基建安全管理规定》（国家电网基建〔2011〕1753 号）；

（16）《电力工程建设监理规范》（DL/T 5434—2009）；

（17）《关于印发〈国家电网公司输变电工程质量通病防治工作要求及技术措施〉的通知》（国家电网基建〔2010〕19 号）。

1.5.3　本工程业主项目部下发的文件

（1）《项目建设管理纲要》；

（2）《工程建设创优规划》；

（3）《工程现场安全文明施工总体策划》；

（4）《工程建设强制性条文实施策划》。

1.5.4　本工程有关合同、设计文件及技术资料

（1）××××监理公司与建设单位签订的监理合同；

（2）建设单位与施工单位签订的施工合同；

（3）建设单位及上级单位对本工程所发放的有关文件；

（4）工程设计文件，施工图会审、交底会议纪要；

（5）制造厂提供的产品说明书、质量证明文件及安装工作指导书；

（6）建设单位和上级单位对本工程提出的其他要求。

1.5.5　本工程施工项目部文件资料

（1）施工组织设计；

（2）创优施工实施细则；

（3）安全施工实施细则；

（4）作业指导书、安全、质量保证措施、方案等；

（5）施工项目部各项管理制度、工作程序、三级自检方案等。

1.5.6　本工程监理项目部文件资料

（1）监理规划；

（2）创优监理实施细则；

（3）安全监理实施细则；

（4）专业监理实施细则；

（5）监理项目部各项管理制度、工作程序、验收办法等。

1.6　项目监理机构的组织形式

监理项目部组织机构如图 1-6-1 所示。

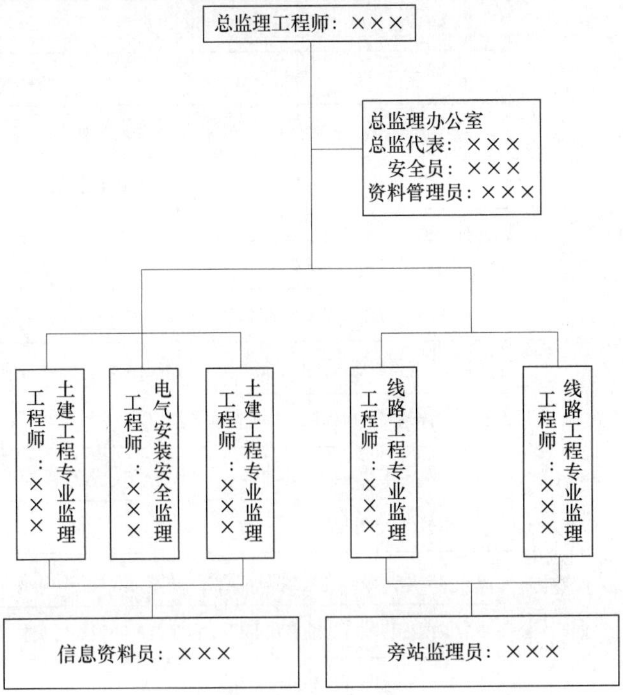

图 1-6-1　监理项目部组织机构

1.7　项目监理机构的人员配备计划

根据本工程委托监理合同的要求和工程实际情况，结合国家和行业监理规范的要求，本工程按中标标段设立监理项目部，2012 年 9 月 10 日由××××监理公司正式发文任命×××同志为总监理工程师，同日发文组建成立监理项目部并报建设单位备案。监理项目部于 2012 年 9 月 11 日报送监理人员岗前培训计划，并于 2012 年 9 月 15 日至 2012 年 9 月 17 日，对拟参加本工程的监理人员进行培训考核。接到建设单位进场通知后，于 2015 年 9 月 21 日完成监理项目部的现场派驻工作。

1.8　项目监理机构的人员岗位职责

项目监理机构的人员岗位职责见表 1-8-1。

表 1-8-1　　项目监理机构的人员岗位职责

岗位	岗　位　职　责
总监理工程师	总监理工程师代表监理单位全面负责监理项目部的各项管理工作、组织与协调，是安全、质量管理的第一责任人
	（1）确定监理项目部人员的分工和岗位职责；检查和监督监理人员的工作，根据工程项目的进展情况进行监理人员调配，对不称职的监理人员进行调换
	（2）熟悉和掌握国家电网公司电力工程建设的标准和规定，组织监理项目部学习并贯彻执行
	（3）主持编写项目监理规划、审批项目监理实施细则，并负责管理监理项目部的日常工作

续表

岗位	岗 位 职 责
总监理工程师	（4）审查分包单位的资质，并提出审查意见
	（5）主持监理工作会议，签发监理项目部的文件和指令
	（6）审核签署施工项目部的付款申请和竣工结算
	（7）审查和处理工程变更
	（8）参与工程安全、质量事故的调查
	（9）调解建设单位与施工单位的合同争议、处理索赔、审核工程延期
	（10）组织编写并签发监理月报、监理工作阶段报告、专题报告和项目监理工作总结
	（11）审核签认分部工程和单位工程的质量检验评定资料，审查施工项目部的竣工申请，组织监理人员对待验收的工程项目进行质量检查，参与工程项目的竣工验收
	（12）主持整理工程项目的监理文件
总监理工程师代表或副总监理工程师	（1）负责总监理工程师指定或交办的监理工作。但总监理工程师不得将下列工作委托给总监理工程师代表/副总监理工程师
	1）主持编写监理规划、审批监理实施细则
	2）签发工程开工/复工报审表、工程暂停令、工程款支付申请表、工程竣工报验单
	3）审核签认竣工结算
	4）调解建设单位与施工单位的合同争议、处理索赔、审批工程延期
	5）根据工程项目的进展情况进行监理人员的调配，调换不称职的监理人员
	6）审查分包项目及分包单位资质
	（2）按总监理工程师的授权，行使总监理工程师的部分职责和权力
专业监理工程师	在总监理工程师的领导下负责工程建设项目相关专业的监理工作
	（1）负责编制本专业的监理实施细则
	（2）负责本专业监理工作的具体实施
	（3）组织、指导、检查和监督本专业监理员的工作，当监理人员需要调整时，向总监理工程师提出建议
	（4）审查施工项目部提交的涉及本专业的计划、方案、申请、变更，并向总监理工程师提出报告
	（5）负责本专业分项工程验收及隐蔽工程验收
	（6）定期向总监理工程师提交本专业监理工作实施情况报告，对重大问题及时向总监理工程师汇报和请示
	（7）根据本专业监理工作实施情况做好监理日记
	（8）负责本专业监理资料的收集、汇总及整理，参与编写监理月报
	（9）参加见证取样工作，核查进场材料、设备、构配件的原始凭证、检测报告等质量证明文件及其质量情况，必要时对进场材料、设备、构配件进行平行检验，合格时予以签认
	（10）负责本专业的工程计量工作，审核工程计量的数据和原始凭证
	（11）检查本专业质量、安全、进度、节能减排、水土保持、强制性标准执行等情况，及时监督处理事故隐患，必要时向总监理工程师报告
安全监理工程师	在总监理工程师的领导下，负责工程建设项目安全监理的日常工作
	（1）做好风险管理的策划工作，编写监理规划中的安全监理管理内容和安全监理工作方案
	（2）参加施工组织设计中安全措施和施工过程中重大安全技术方案的审查

续表

岗位	岗 位 职 责
安全监理工程师	（3）对危险性较大的工程安全施工方案或施工项目部提出的安全技术措施的实施进行监督检查
	（4）审查施工项目部、分包单位的安全资质和项目经理、专职安全管理人员、特殊作业人员的上岗资格，并在过程中检查其持证上岗情况
	（5）组织或参与安全例会和安全检查，参与重大施工的安全技术交底，对施工过程进行安全监督和检查，做好各类检查记录和监理日志。对不合格项或安全隐患提出整改要求，并督促整改闭环
	（6）审查施工单位安全管理组织机构、安全规章制度和专项安全措施。重点审查施工项目部危险源、环境因素辨识及其控制措施的适宜性、充分性、有效性，督促做好危险作业预控工作
	（7）组织安全学习。配合总监理工程师组织本项目监理人员的安全学习，督促施工项目部开展三级安全教育等安全培训工作
	（8）深入现场掌握安全生产动态，收集安全管理信息。发现重大安全事故隐患及时制止并向总监理工程师报告
	（9）检查安全文明施工措施补助费的安措费的使用情况。协调不同单位之间的交叉作业和工序交接中的安全文明施工措施的落实
	（10）负责做好安全管理台账及安全监理工作资料的收集和整理
	（11）配合或参与安全事故调查
造价工程师	（1）负责项目建设过程中的投资控制工作；严格执行国家、行业标准和企业标准，贯彻落实建设单位有关投资控制的要求
	（2）参加施工图会检和设计交底，参加建设单位组织阶段性的投资控制会议
	（3）协助项目总监理工程师处理工程变更，根据规定报上级单位批准
	（4）协助项目总监理工程师审核上报工程进度款支付申请和月度用款计划
	（5）参与建设单位组织的工程竣工结算审查工作会议
	（6）负责收集、整理投资控制的基础资料，并按要求归档
监理员	主要从事现场检查、计量等工作
	（1）在专业监理工程师的指导下开展现场监理工作
	（2）检查施工项目部投入工程项目的人力、材料、主要设备及其使用、运行状况，并做好检查记录
	（3）复核或从施工现场直接获取工程计量的有关数据并签署原始凭证
	（4）按设计图及有关标准，对施工项目部工艺过程或施工工序进行检查和记录，对加工制作及工序施工质量检查结果进行记录
	（5）担任旁站监理工作，核查特种作业人员的上岗证；检查、监督工程现场的施工质量、安全、节能减排、水土保持等状况及措施的落实情况，发现问题及时指出、予以纠正并向专业监理工程师报告
	（6）做好监理日记和有关的监理记录
信息资料员	（1）负责对工程各类文件资料进行收发登记；分类整理，建立资料台账，并做好工程资料的储存、保管工作
	（2）熟悉国家电网公司输变电工程建设标准化工作要求，负责基建工程管控模块的信息录入
	（3）负责工程文件资料在监理项目部内得到及时流转
	（4）对工程监理资料进行统一编号
	（5）负责对工程建设标准文本进行保管和借阅管理
	（6）协助总监理工程师对受控文件进行管理，保证使用该文件人员及时得到最新版本
	（7）负责工程监理资料的整理和归档工作

1.9 监理工作程序

1.9.1 监理工作总体策划

1.9.1.1 依据签订的监理合同，在规定的时间内组建监理项目部，配备能够满足工程需要的各项设施。任命总监理工程师、专业监理工程师、安全监理工程师报送业主项目部审核备案，建立并完善监理工作制度，组织监理项目部人员进行工作分工及质量、技术、安全管理等交底和培训工作。

1.9.1.2 依据监理大纲、业主项目部《建设管理纲要》及设计图纸等有关标准、文件要求，以及确定的工程目标，编制《输电线路工程监理规划》，并在第一次工地会议前报业主项目部审批。

1.9.1.3 工程开工前，审查施工项目部《项目管理实施规划》《项目管理制度》《输电线路工程施工强制性条文执行计划》、管理体系文件等，并报业主项目部审批；审批《施工管理人员资格报审表》，并上报业主项目部备案。

1.9.1.4 督促检查施工项目部策划文件的执行情况和管理体系的运行情况，对于现场发生的问题及时签发《监理工程师通知单》《监理工作联系单》，要求施工项目部进行整改，并跟踪整改落实情况，做到闭环管理。

1.9.2 监理工作流程

监理各工作流程图如图 1-9-1～图 1-9-11 所示。

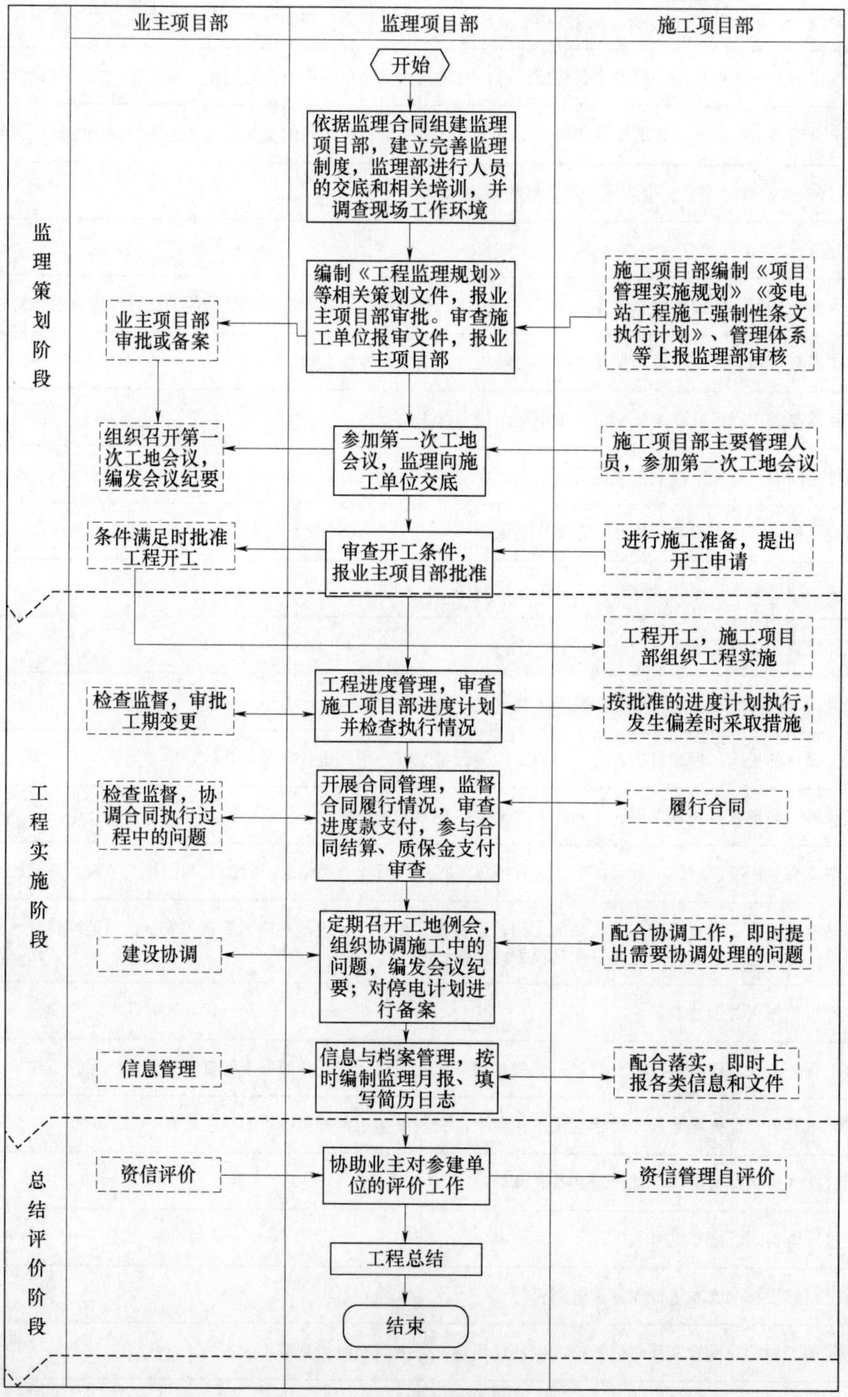

业主项目部
监理项目部
施工项目部
开始
依据监理合同组建监理项目部，建立完善监理制度，监理部进行人员的交底和相关培训，并调查现场工作环境
监理策划阶段
编制《工程监理规划》等相关策划文件，报业主项目部审批。审查施工单位报审文件，报业主项目部
施工项目部编制《项目管理实施规划》《变电站工程施工强制性条文执行计划》、管理体系等上报监理部审核
业主项目部审批或备案
组织召开第一次工地会议，编发会议纪要
参加第一次工地会议，监理向施工单位交底
施工项目部主要管理人员，参加第一次工地会议
条件满足时批准工程开工
审查开工条件，报业主项目部批准
进行施工准备，提出开工申请
工程开工，施工项目部组织工程实施
检查监督，审批工期变更
工程进度管理，审查施工项目部进度计划并检查执行情况
按批准的进度计划执行，发生偏差时采取措施
工程实施阶段
检查监督，协调合同执行过程中的问题
开展合同管理，监督合同履行情况，审查进度款支付，参与合同结算、质保金支付审查
履行合同
建设协调
定期召开工地例会，组织协调施工中的问题，编发会议纪要；对停电计划进行备案
配合协调工作，即时提出需要协调处理的问题
信息管理
信息与档案管理，按时编制监理月报、填写简历日志
配合落实，即时上报各类信息和文件
总结评价阶段
资信评价
协助业主对参建单位的评价工作
资信管理自评价
工程总结
结束

图 1-9-1 监理服务工作总流程

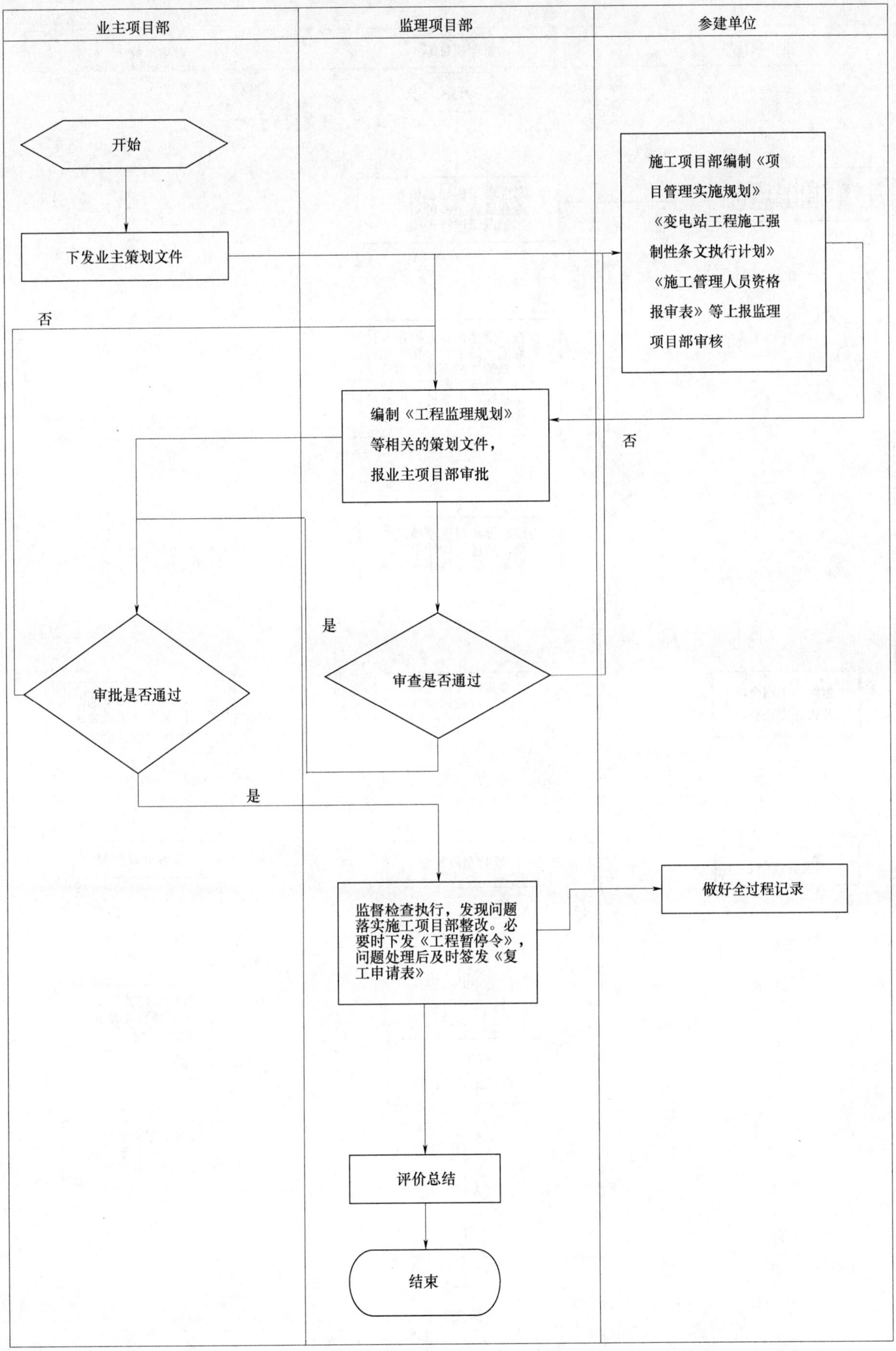

图 1-9-2　监理服务工作策划流程

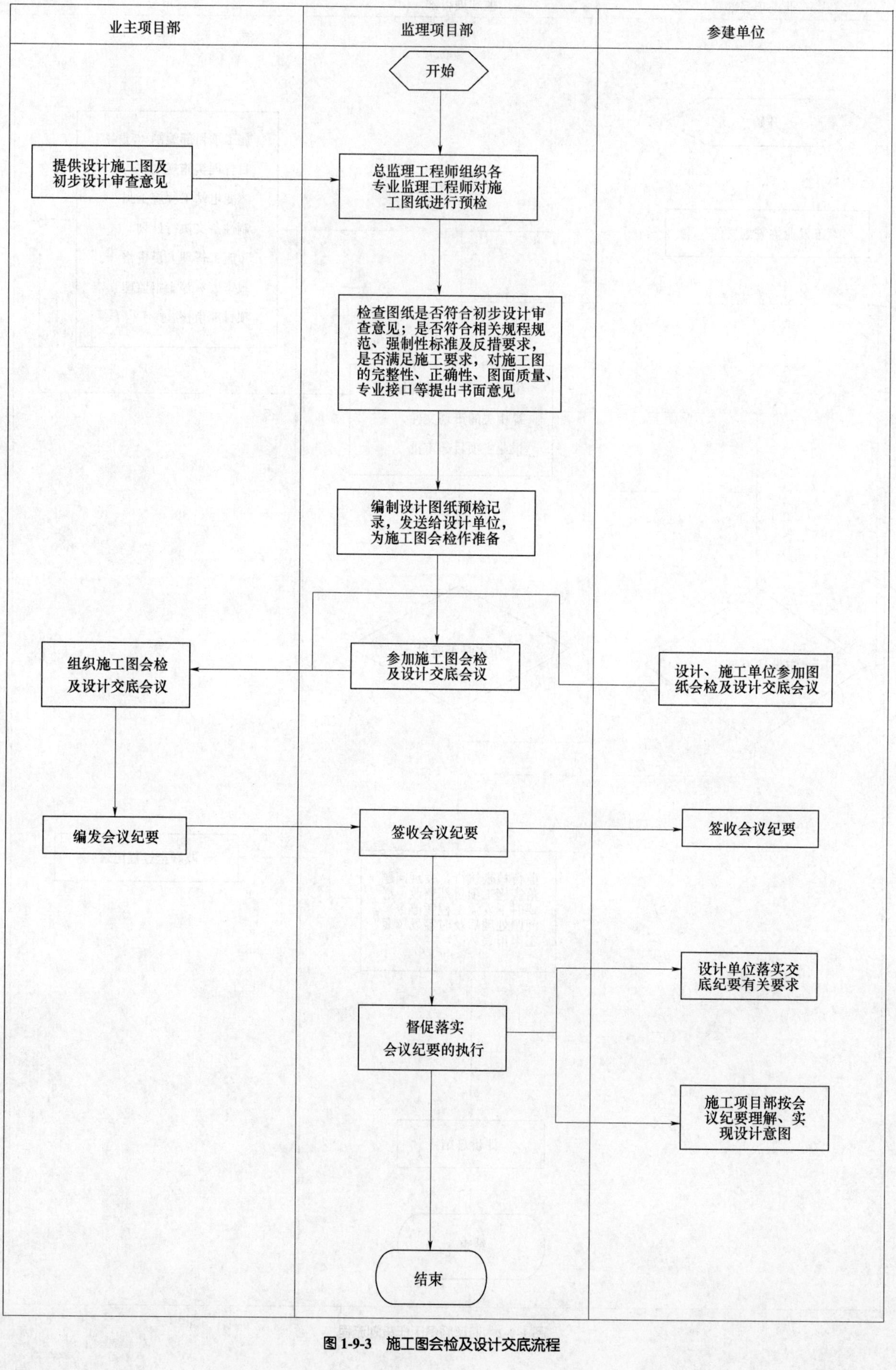

图 1-9-3 施工图会检及设计交底流程

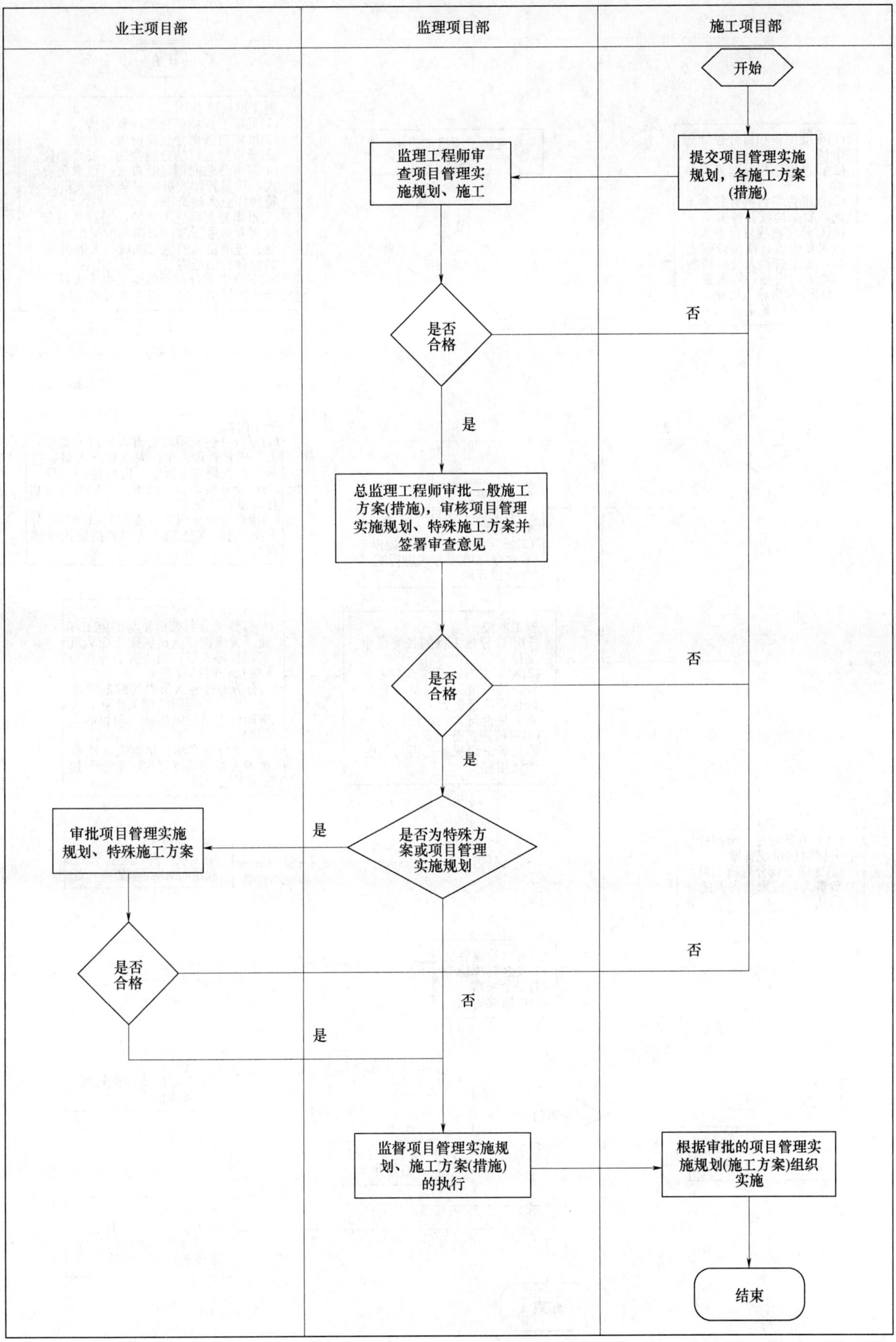

图 1-9-4　项目管理实施规划

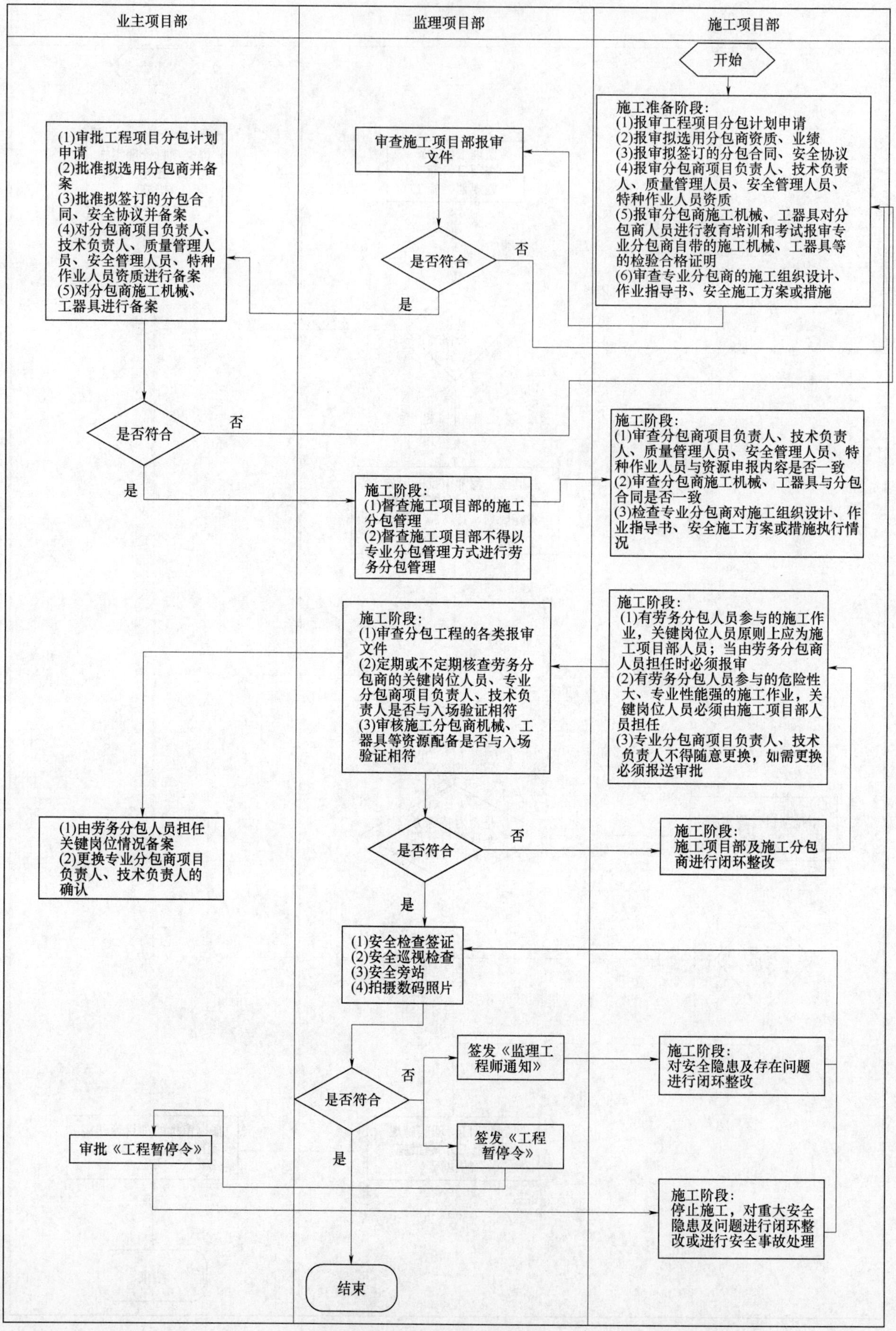

图 1-9-5　分包安全管理流程

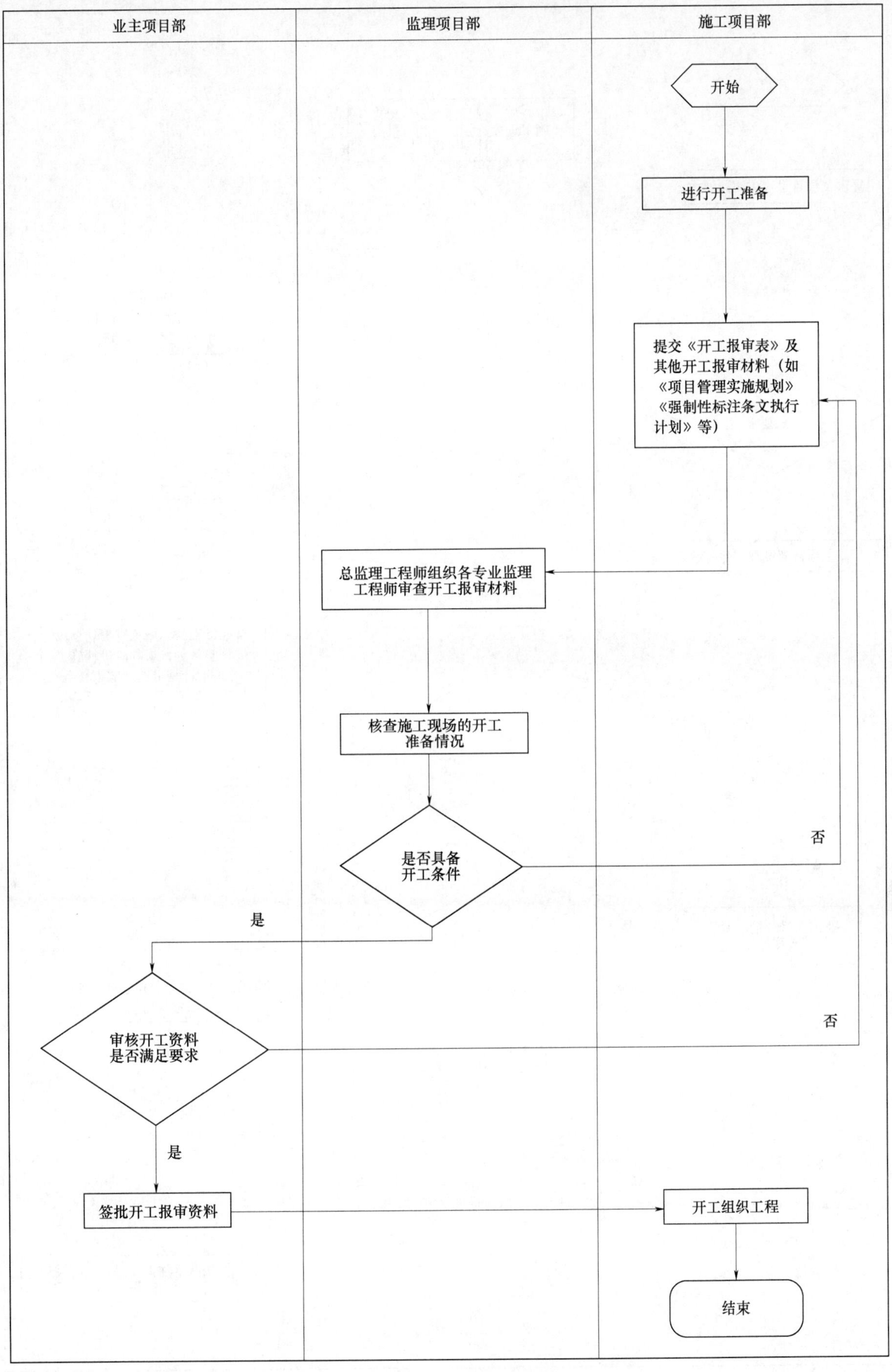

图1-9-6 开工条件审查流程

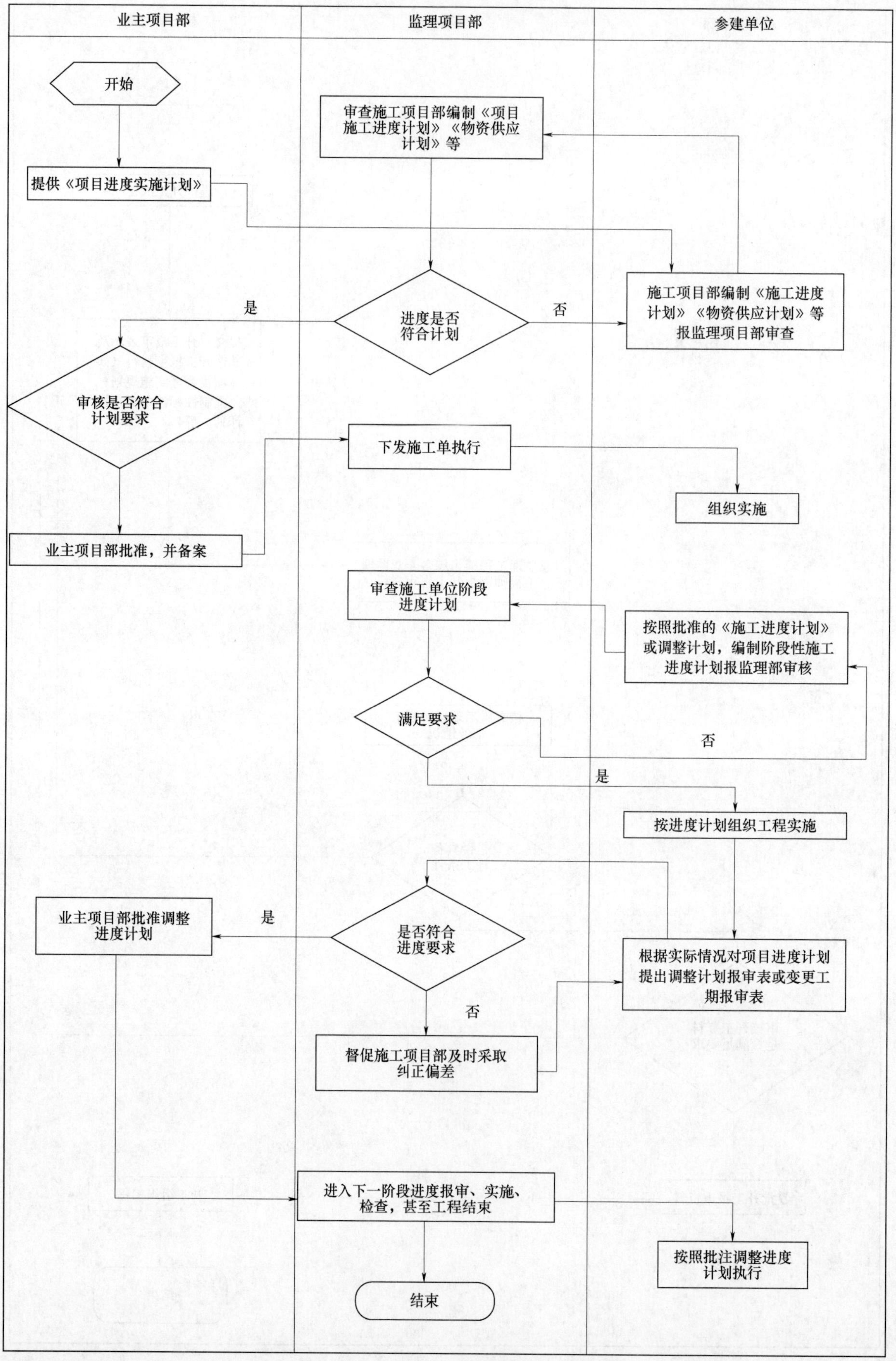
业主项目部
监理项目部
参建单位
开始
审查施工项目部编制《项目施工进度计划》《物资供应计划》等
提供《项目进度实施计划》
施工项目部编制《施工进度计划》《物资供应计划》等报监理项目部审查
是
进度是否符合计划
否
审核是否符合计划要求
下发施工单执行
组织实施
业主项目部批准，并备案
审查施工单位阶段进度计划
按照批准的《施工进度计划》或调整计划，编制阶段性施工进度计划报监理部审核
满足要求
否
是
按进度计划组织工程实施
业主项目部批准调整进度计划
是
是否符合进度要求
根据实际情况对项目进度计划提出调整计划报审表或变更工期报审表
否
督促施工项目部及时采取纠正偏差
进入下一阶段进度报审、实施、检查，甚至工程结束
按照批注调整进度计划执行
结束

图 1-9-7　进度管理流程

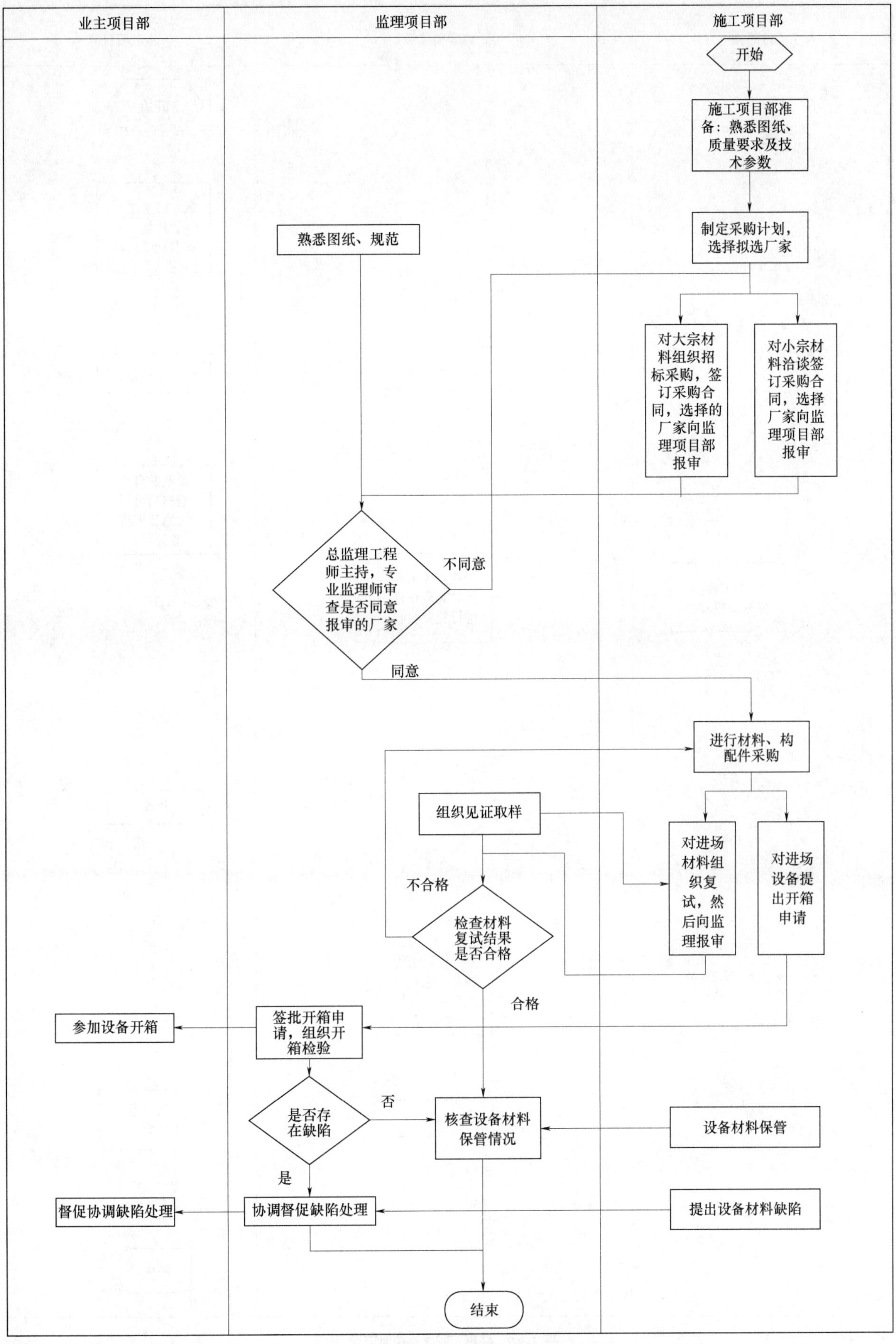

图 1-9-8　材料、构配件及设备质量管理流程

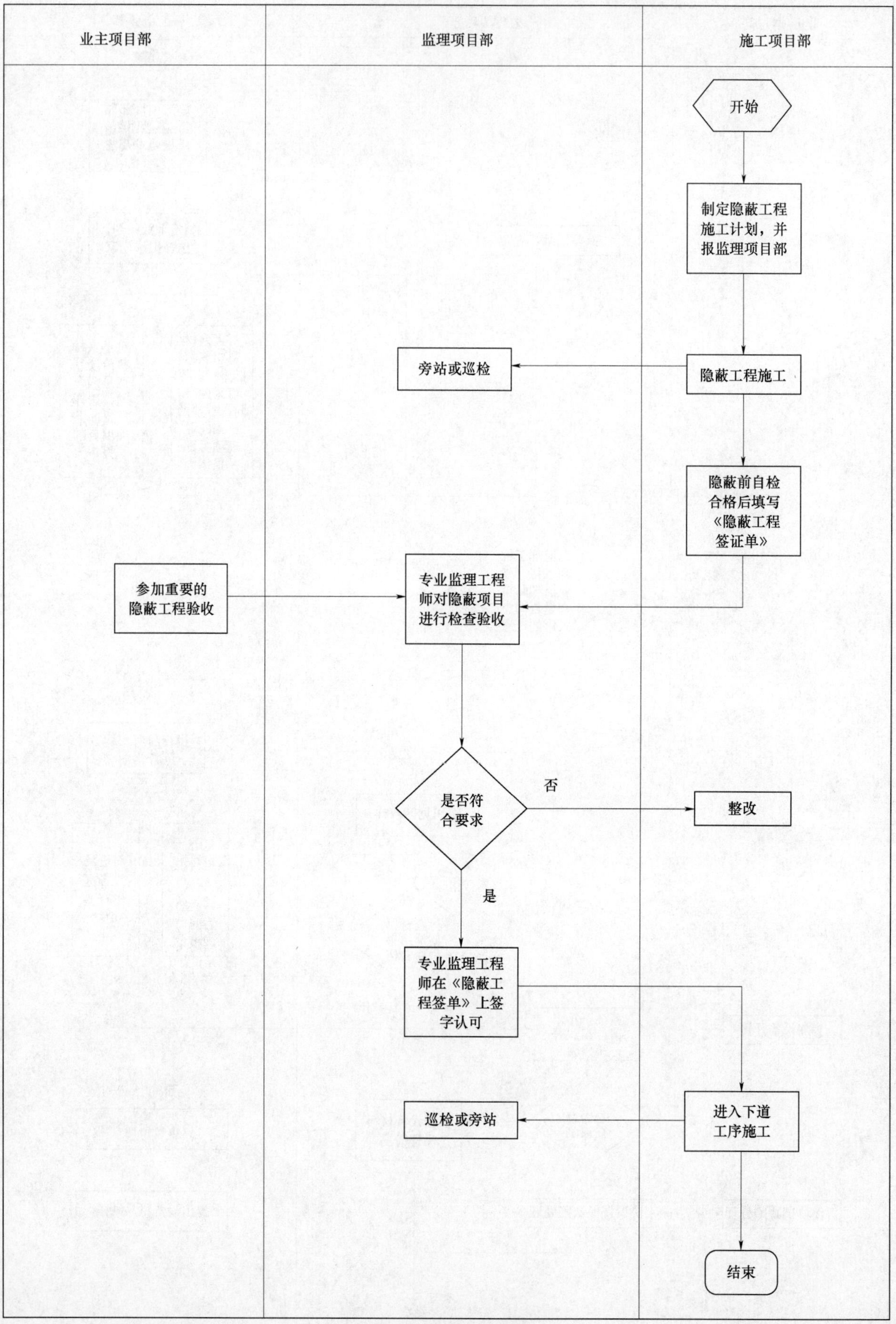

图 1-9-9　隐蔽工程质量控制流程

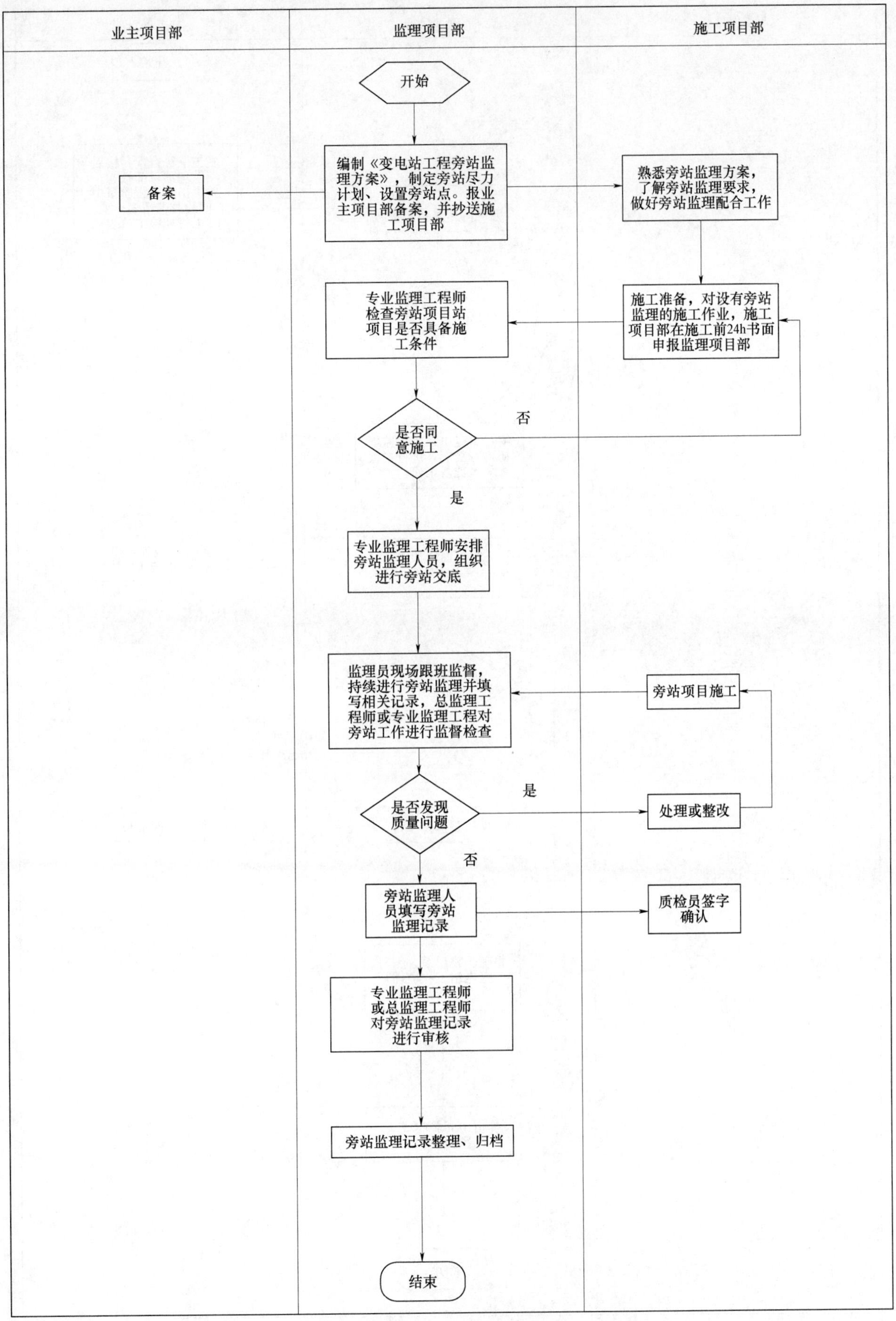

图 1-9-10　旁站监理工作流程

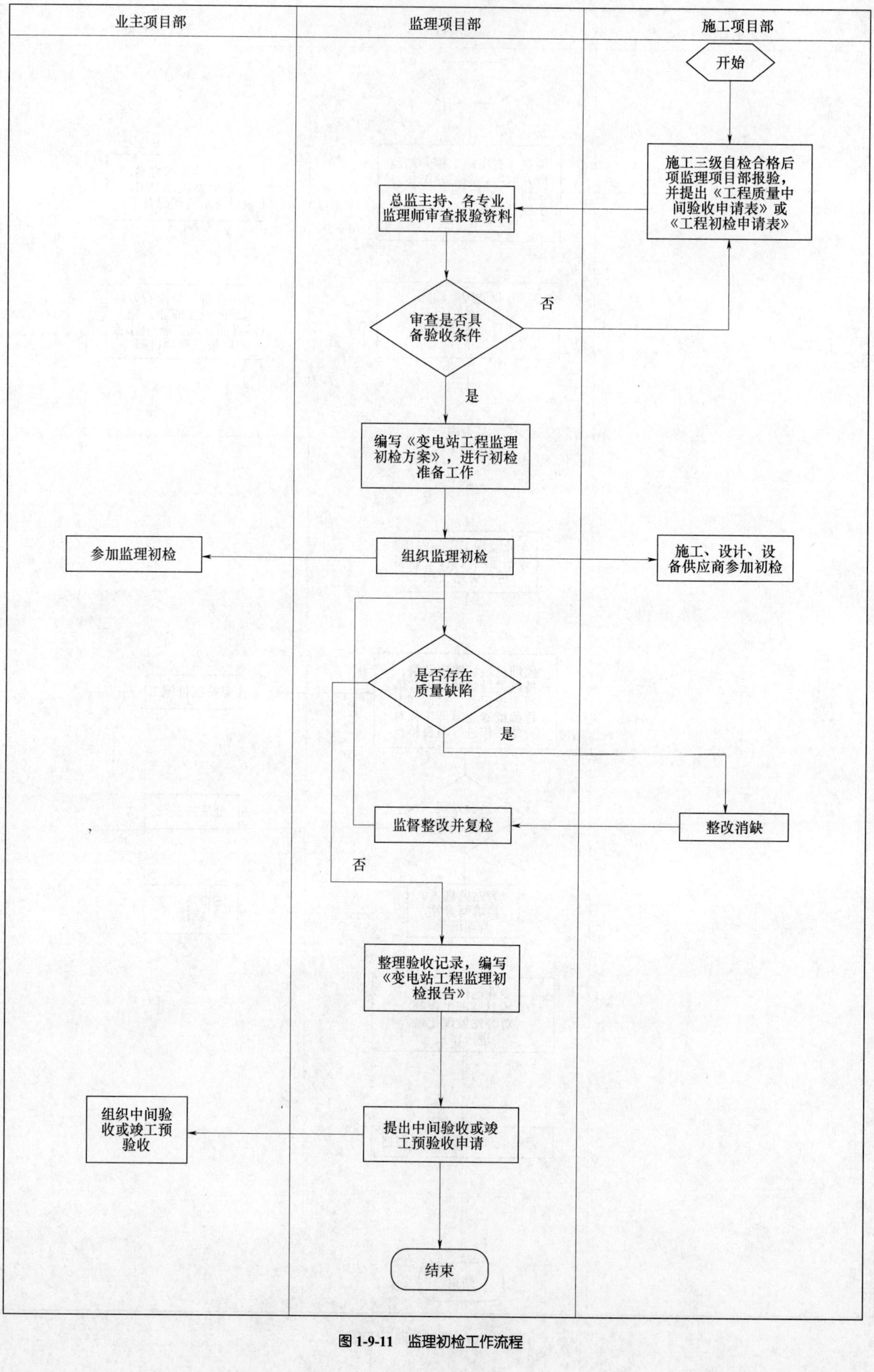

图 1-9-11　监理初检工作流程

1.10　监理工作方法及措施

1.10.1　监理工作内容与方法

1.10.1.1　质量管理工作内容与方法

质量管理工作内容与方法见表1-10-1。

表1-10-1　质量管理工作内容与方法

管理职责		工作内容与方法
施工准备阶段	质量监理工作策划	（1）对创优的工程项目，根据业主项目部下发的《输电线路工程建设创优规划》，总监组织编写《输电线路工程创优监理实施细则》，向业主项目部报审
		（2）由专业监理工程师编制《输电线路工程专业监理实施细则》《输电线路工程监理旁站方案》等相关监理文件，经总监理工程师批准后报业主项目部备案
		（3）审查施工项目部报送的《工程创优施工实施细则》，主要审查是否全面落实业主项目部的创优思想、是否确定施工的创新点和亮点、创优措施是否具体、有效、有针对性等内容，由监理项目部审查后报业主项目部审批
		（4）审查施工项目部报送的《一般施工方案（措施）报审表》，主要审查内容的完整性、工艺的合理性、方法的先进性、保证措施的针对性
		（5）审核施工项目部编报的关键项目或关键工序的《特殊施工技术方案（措施）报审表》主要审核特殊施工方案内容的完整性、工艺的合理性、方法的先进性、保证措施的针对性，并向业主项目部报审。参加专题会审并监督实施，落实《输电线路工程建设标准强制性条文执行检查及汇总表》
		（6）审查试验（检测）单位的资质，主要审查试验单位是否满足资质、是否通过计量认证等内容
		（7）审核施工项目部报审的《施工质量验收及评定范围划分表》，主要审查划分内容是否准确合理、是否有利于控制工程施工质量等内容，符合要求后向业主项目部报审
		（8）审核施工项目部报审的《主要测量计量器具/试验设备检验报审表》，主要审查机械/器具规格、型号、数量是否满足施工需要、证明文件是否合格等内容
		（9）审查施工项目部提交的《工程质量通病防治措施报审表》，主要审查质量通病防治措施是否全面、措施是否具体、有效、有针对性等内容，提出具体要求和防治控制措施，并列入《输电线路工程专业监理实施细则》
	图纸会检	（1）熟悉施工图纸，总监理工程师组织监理项目部人员对施工图进行预检，并形成预检意见
		（2）参加由业主项目部组织的施工图会检及施工图设计交底，并负责有关工作的落实
	测量成果复核	（1）审核施工项目部报审的《线路复测报审表》，是否符合设计及规范要求、数据记录是否准确，符合要求后予以签批
		（2）对测量成果及保护措施进行检查核实
施工阶段	材料构配件检查	（1）审核施工项目部报审的《主要材料及构配件供货商资质报审表》，审查施工项目部选择的供应商的资质，符合要求后予以签认
		（2）审核施工项目部报审的《工程材料/构配件/设备进场报审表》，主要审查进场材料质量证明文件是否满足要求，符合要求后予以签认
		（3）对拟进场使用的工程材料、构配件的实物质量进行检查，对规定要进行现场见证取样检验的材料，进行见证取样送检，并对检（试）验报告进行审核，符合要求后批准进场
		（4）检查进场使用的材料、构配件、半成品质量状况及保管条件，不符合要求时，要求施工项目部立即将不合格产品清出工地现场
		（5）若发现材料缺陷，由施工项目部报《工程材料/构配件/设备缺陷通知单》；待缺陷处理后，监理项目部会同各方确认
	施工过程质量控制	（1）对施工项目部报审资料进行现场核查，主要检查现场实际情况是否与报审资料一致、是否满足工程实际需要
		（2）监理项目部应结合工程例会，定期对工程质量状况进行分析，提出改进质量工作的意见，对存在的质量薄弱环节和问题，提出整改要求，并落实上一次会议提出质量问题的整改结果
		（3）根据需要及时组织召开质量专题会议，解决施工过程中出现的各种质量问题
		（4）检查现场质量管理人员、特殊工种/特殊作业人员持证上岗情况，对资质不符合要求的人员，通知施工项目部予以调整
		（5）检查用于工程的主要测量器具、计量器具、施工机具的实际状况，确保检验有效、状态完好、满足要求
		（6）对施工过程中的测量、定位结果进行复验和确认
		（7）运用工序检查、见证、旁站、巡视、平行检验等质量控制手段，对工程施工质量进行检查、控制。按照《输电线路工程旁站监理方案》对重点部位、关键工序进行旁站监理，及时填写《旁站监理记录表》。根据施工进展，对施工现场进行巡视，重点检查施工质量管理是否到位、施工作业是否满足规范和设计要求，发现问题及时纠正。监理人员应及时填写《质量监理巡视情况周报表》，按照有关要求做好平行检验工作。工程开工、工序交接及隐蔽工程隐蔽前，监理项目部应进行检查、确认
		（8）对施工过程中出现的质量缺陷，应及时下达《监理工作联系单》或《监理工程师通知单》，要求责任单位限期整改，完成整改后监理项目部复检

续表

管理职责		工作内容与方法
施工阶段	施工过程质量控制	（9）审核施工项目部报审的《试品/试件试验报告报验表》，主要审查试验结果是否合格或满足设计要求等内容
		（10）配合质量监督机构完成各阶段质监工作和有关质量问题的整改闭环
		（11）配合工程设计变更工作，复核现场实际变更工程量
		（12）应用基建管控模块，做好质量信息管理工作
		（13）督促施工项目部质量通病防治的方案和措施的实施。工程完工后，应编写《工程质量通病防治工作评估报告》
		（14）督促施工项目部落实强制性条文执行计划，对强制性条文执行情况检查确认
		（15）按照《国家电网公司输变电工程施工工艺标准》《国家电网公司输变电工程施工工艺示范手册》的要求，督促施工项目部在施工过程中应用实施，提高施工工艺水平
	质量事故调查处理	（1）当发现施工中存在重大质量隐患时，监理项目部首先口头指令暂停施工，其次在报业主项目部同意后，及时签发《工程暂停令》，要求施工项目部停工整改，整改完毕后填报《工程复工申请表》，并经监理人员复查，符合规定要求后，监理项目部及时报业主项目部同意后签署《工程复工申请表》，批准复工
		（2）对一般质量事故，监理项目部应责令施工项目部报送《工程安全/质量事故报告表》和《工程安全/质量事故处理方案报审表》，监理项目部报告业主项目部后，组织相关单位对事故处理方案进行审查、认可后，由施工项目部进行处理，完成后由施工项目部向监理、业主项目部报送《工程安全/质量事故处理结果报验表》。监理项目部应对质量事故的处理过程和处理结果进行跟踪、检查和验收，及时向业主项目部提交有关质量事故的书面报告，并将完整的质量事故处理记录整理归档
		（3）在重、特大质量事故发生后，事故责任单位应立即向监理项目部和建设管理单位报告。监理项目部应督促事故责任单位立即采取措施，防止事故扩大，并参加有关部门组织的质量事故调查，提出监理处理建议，并监督事故处理方案的实施
	中间验收	（1）审查施工项目部工程质量中间验收自检结果，组织监理初检，出具《输电线路工程监理初检报告》，并报请业主项目部组织中间验收
		（2）参加由业主项目部组织的中间验收。对验收中发现的问题，属施工项目部责任的由其制定整改措施并实施，整改完毕后监理项目部组织复查；属监理项目部责任的由其自行整改，完毕后报业主项目部审查
	工程质量验评	（1）对施工项目部报送的工程质量验评资料进行审核，组织（参与）验评工作
		（2）收到分项工程质量报验申请后，由专业监理工程师依据审查要点进行检查并填写意见，同时进行分项工程质量验评工作
		（3）收到分部工程质量报验申请后，由总监理工程师主持，专业监理工程师、施工项目部的项目负责人和技术、质量负责人参加验收。总监理工程师和专业监理工程师应填写相应验收意见，同时进行分部工程质量验评工作
		（4）收到单位工程质量报验申请后，监理项目部复核单位工程质量验收条件，具备后报请业主项目部组织验收。单位工程质量验收由业主项目部组织，施工（含分包单位）、设计、监理等单位项目负责人参加。监理项目部及业主项目部应填写审查意见，同时进行单位工程质量验评工作
工程竣工验收阶段	工程质量验收	（1）在收到施工项目部《初检验收申请表》后，对报送的竣工资料进行审查，编制《输电线路工程监理初检方案》，组织监理初检工作。对发现的问题，由施工项目部制定整改措施并实施，整改完毕后由监理项目部组织复查
		（2）监理初检合格后，由监理项目部提出《工程竣工预验收申请表》，附《输电线路工程监理初检报告》和施工单位质量专检报告报请业主项目部审批
		（3）参加由业主项目部组织的竣工预验收，对预验收中提出的问题和缺陷，督促施工项目部进行整改后复检
		（4）参加由启委会组织的竣工验收，对验收中提出的问题和缺陷，督促责任单位进行整改后复检；参加工程启动会议，提供汇报资料
		（5）参加工程项目系统调试、启动、试运行
	工程质量验评	在监理初检的同时进行整体工程质量验评汇总工作，完成后填写《工程验评记录统计报审表》，并形成《输电线路工程质量评估报告》上报业主项目部审批
	竣工资料	（1）整理、移交监理档案资料、声像资料
		（2）督促施工项目部及时编制完整、准确的竣工草图，对竣工草图或竣工图进行审核、签认
总结评价阶段	质量保修	依据委托监理合同的约定，对工程质量保修期内出现的质量问题进行检查、分析，参与责任认定，对修复的工程质量进行验收，合格后予以签认
	质量监理总结	总结质量监理工作经验，对工程监理工作进行评价，并按要求完成《输电线路工程监理工作总结》质量部分的编写
	达标投产创优	（1）参加工程总结、达标投产、创优工作
		（2）参加相关单位组织的总结评价工作

1.10.1.2 安全管理工作内容与方法

本章其余内容见光盘。

第 2 章　某 220kV 输电线路工程专业监理实施细则

2.1　工程概况及特点

（1）工程概况。

×××输电线路工程包括线路及变电两部分，线路为新建××至××变 220kV 线路，××至××变 220kV 线路，路径总长度 38.8km。变电部分为：220kV××变电新建 2 个 220kV 出现间隔。

（2）工程参建单位。

略。

（3）工程特点。

线路通过区域属伏牛山余脉向豫东平原过渡地带。地势平坦，开阔，微向东南倾斜，区内河流，主要有三条。沿线地基土为第四系粉细砂或砂砾石孔隙含水层，岩性总体以粉质黏土粉砾土为主。地理位置为××市区、××县、××区、××区，村镇交通便利，施工运输方便。

2.2　编　制　依　据

2.2.1　国家法律、标准、规范

（1）《中华人民共和国环境保护法》（中华人民共和国主席令第 23 号）；

（2）《中华人民共和国安全生产法》（中华人民共和国主席令第 70 号）；

（3）《中华人民共和国建筑法》（中华人民共和国主席令第 91 号）；

（4）《建设工程质量管理条例》（中华人民共和国国务院令第 279 号）；

（5）《建设工程安全生产管理条例》（中华人民共和国国务院令第 393 号）；

（6）《建设工程监理规范》（GB 50319—2000）；

（7）《建筑用卵石、碎石》（GB/T 14685—2011）；

（8）《建筑工程施工质量验收统一标准》（GB 50300— 2001）；

（9）《普通混凝土力学性能试验方法标准》（GB 50081—2002）；

（10）《110～500kV 架空送电线路施工及验收规范》（GB 50233—2005）；

（11）《通用硅酸盐水泥》（GB 175—2007）；

（12）《钢筋混凝土用钢　第 2 部分：热轧带肋钢筋》（GB 1499.2—2007）。

2.2.2　行业、企业、国网公司规程规范

（1）《建筑工程冬期施工规程》（JGJ 104—2011）；

（2）《普通混凝土配合比设计规程》（JGJ 55—2011）；

（3）《钢筋焊接及验收规范》（JGJ 18—2012）；

（4）《建筑桩基检测技术规范》（JGJ 106—2003）；

（5）《电力建设安全工作规程　第 2 部分：架空电力线路部分》（DL 5009.2—2004）；

（6）《国家电网公司输变电工程施工危险点辨识及预控措施》（国家电网基建安全〔2005〕50 号）；

（7）《国家电网公司输变电工程施工工艺示范手册》（中国电力出版社 2011 版）；

（8）《普通混凝土用砂、石质量及检验方法标准》（JGJ 52—2006）；

（9）《混凝土用水标准》（JGJ 63—2006）；

（10）《国家电网公司电力建设工程施工安全监理管理办法》（国家电网基建〔2007〕302 号）；

（11）《关于利用数码照片资料加强输变电工程安全质量过程控制的通知》（国家电网基建安全〔2010〕322 号）；

（12）《关于印发〈国家电网公司输变电工程建设创优规划编制纲要〉等 7 个指导性文件的通知》（基建质量〔2007〕89 号）；

（13）《输变电工程建设标准强制性条文实施管理规程》（Q/GDW 248—2008）；

（14）《国家电网公司输变电优质工程评选办法》（国家电网基建〔2012 版〕）；

（15）《国家电网公司基建安全管理规定》（国家电网基建〔2011〕1753 号）；

（16）《电力工程建设监理规范》（DL/T 5434—2009）；

（17）《关于印发〈国家电网公司输变电工程质量通病防治工作要求及技术措施〉的通知》（国家电网基建〔2010〕19 号）。

2.2.3　本工程业主项目部下发的文件

（1）《项目建设管理纲要》；

（2）《工程建设创优规划》；

（3）《工程现场安全文明施工总体策划》；

（4）《工程建设强制性条文实施策划》。

2.2.4　本工程有关合同、设计文件及技术资料

（1）与建设单位签订的“石武高铁党湾牵引站供电工程（Ⅱ汇英输电线路工程）建设监理合同”；

（2）建设单位与施工单位签订的“石武高铁党湾牵引站供电工程（Ⅱ汇英输电线路工程）建设施工合同”；

（3）建设单位及上级单位对本工程所发放的有关文件；

（4）工程设计文件，施工图会审、交底会议纪要；

（5）制造厂提供的产品说明书、质量证明文件及安装工作指导书；

（6）建设单位和上级单位对本工程提出的其他要求。

2.2.5　本工程施工项目部文件资料

（1）施工组织设计；

（2）石武高铁党湾牵引站供电工程（Ⅱ汇英输电线路工程）创优施工实施细则；

（3）石武高铁党湾牵引站供电工程（Ⅱ汇英输电线路工程）安全施工实施细则；

（4）作业指导书、安全、质量保证措施、方案等；

（5）施工项目部各项管理制度、工作程序、三级自检方案等。

2.2.6　本工程监理项目部文件资料

（1）监理规划；

（2）创优监理实施细则；

（3）安全监理实施细则；

（4）专业监理实施细则；

（5）监理项目部各项管理制度、工作程序、验收办法等。

2.3 监 理 目 标

为了实现工程建设管理单位在本工程“建设创优规划”中提出的“工程零缺陷移交、确保达标投产、确保国家电网公司优质工程，争创国家优质工程”的创优目标，充分发挥监理在工程创优中的作用，在施工监理过程中，我们将以高起点、高标准、严要求为核心。实现以下目标：

（1）工程质量满足国家电网公司《输变电优质工程考核评定标准》及《国家电网公司输变电工程达标投产考核办法》（2011版）的要求。

（2）工程质量满足国家及行业施工验收规范，一次验收合格率100%，分项工程优良品率100%。

（3）确保达标投产、争创国家优质工程。

（4）保证贯彻和顺利实施工程主要设计技术原则。

（5）不发生重大施工质量事故和重大质量管理事故。杜绝设备事故和其他重大事故。

2.3.1 质量控制目标

保证贯彻和顺利实施工程设计技术原则，满足国家施工验收规范和质量评定规程优良级标准的要求，确保工程零缺陷移交、确保达标投产、创建国家电网公司优质工程（达到创优规模的工程）。同时确保实现：分项及分部工程竣工验收合格率100%，单位工程优良率100%，杜绝一般及以上质量事故和质量管理事故的发生。

2.3.1.1 单元工程质量达到优良级

（1）关键项目100%达到规程的优良级标准。

（2）重要项目、一般项目和外观项目必须 100%地达到本规程的合格级标准；全部检查项目中有90%及以上达到优良级标准。

2.3.1.2 分项工程优良级

分项工程中单元工程 100%达到合格级标准，且检查（检验）项目优良级数达到该分项工程中检查（检验）项目总数的90%及以上。

2.3.1.3 分部工程优良级

分部工程中分项工程 100%合格，并有 90%及以上分项工程达到优良级，且分部工程中的检查（检验）项目优良数目达到该分部工程中检查（检验）项目总数的90%及以上。

2.3.2 进度控制目标

（1）确保工程2012年6月开工。

（2）确保工程里程碑节点计划的实现。

（3）确保工程2013年9月竣工。

（4）工程协调及时率100%，责任落实率100%，问题关闭率100%。

2.3.3 造价控制目标

（1）工程最终投资控制符合审批概算中静态控制、动态管理的要求，力求优化设计、施工，节约工程投资。

（2）严格管理施工承包合同规定范围内的承包总费用，监理范围内的工程，工程总投资控制在批准的概算范围之内。

（3）在工程建设过程中本着主人翁意识和责任感，按照合同规定的程序和原则履行好投资控制职责，积极配合设计、施工单位进行技术优化工作，并及时主动反映、协调有可能对工程投资造成影响的任何事宜。

2.4 监理工作流程及重点工作

2.4.1 质量控制的流程及重点工作

监理工作审核“施工质量验收项目划分表”、质量事故的处理、质量分析会、质量与进度的关系。

（1）审查施工项目部编写的“施工质量验收项目划分表”明确W、H、S点。

（2）对原材料需经见证（W）并检验合格，否则不得进入施工现场。对重点部位、关键工序需经检查（H），否则不得进入下一道工序施工。

（3）发生质量事故，要求施工项目部按“四不放过”的原则及时处理。并检查施工项目部是否按批准的方案执行，否则令其停工。检查事故处理结果，签证处理记录。

（4）定期召开质量分析会。

（5）当质量与进度发生矛盾时进度应服从质量的要求。

2.4.2 质量控制的重点工作

（1）审核施工单位的施工计划与工程工期目标是否一致。

（2）加大现场协调工作力度。

（3）当实际进度与计划进度不一致时，分析原因，提出下阶段的调整要求。

（4）本工程因水位较高，基础施工时施工单位应编写具体的施工方案，确保基础施工质量。

2.4.3 造价控制及合同管理

（1）材料供应及运输。

（2）地质变化。

（3）设计的护坡工程量与实际工程量是否相符。

2.5 监理工作内容、措施、方法

2.5.1 作业人员及资格的控制

（1）检查特种作业人员的资格证。

（2）检查施工人员到位及状态情况。

（3）检查现场作业人员数量符合施工组织要求。

2.5.2 装置性材料的控制

2.5.2.1 地方材料的质量，到位情况

一、钢筋检查

（1）钢筋规格和各部尺寸符合设计图纸要求。

（2）有生产厂、材质证明、试验报告、加工合格证明。

（3）钢筋采用搭接焊接。

二、水泥检查

水泥必须有生产厂家提供的产品合格证及质量检验资料，包括生产日期、批号、初凝时间、商品标号等具体指标，并符合下列标准：

（1）水泥使用的基本原则：先到先用，但保管不善时，必须补做标号试验，并按试验后的实际标号使用。

（2）监理要检查水泥生产厂家、出厂日期、品种、标号是否符合工程要求。

三、用砂检查

对运到桩位的砂子，进行外观检查其粒径和含泥量并做好记录。

四、石子检查

运往桩号的石料应与经过检验合格的石粒相同，并做好相应的检查记录。

五、混凝土用水检查

凡一般能饮用的自来水或洁净的天然水均可使用。

2.5.2.2 杆塔、导地线、金具等到货数量及质量

（1）杆塔、导地线、金具、OPGW 光缆必须有生产厂家提供的产品合格证及质量检验资料，包括生产日期、技术参数、执行标准等。

（2）抽查到货数量是否与清单相符。

（3）检查杆塔、导地线、金具、OPGW 光缆的质量是否符合工程要求。

2.5.3 施工机具、检测、计量器具的控制

（1）检查施工机具到位及状态情况。

（2）测量仪器应进行校验并有相应的证明文件，且最小读数不得大于 1′。

（3）检测仪器应进行校验并有相应的证明文件。

2.5.4 作业方案（措施）的控制

（1）审查施工技术方案（措施）。

（2）检查安全、环保、文明施工措施执行情况。

（3）《施工保证措施》或《作业指导书》，经监理审核通过后，对全体施工人员进行技术交底，并做好交底记录，否则不得开工。

（4）隐蔽工程施工实行《隐蔽工程签证记录》申请制度。

2.5.5 作业过程的控制

基础施工阶段实行旁站、巡视、平行检查相结合的原则，实行全过程监控。设立相应的质量监控点（W、H、S 点）及填写记录。

2.5.5.1 线路复测分坑

（1）复测以耐张段为单位。

（2）检查复测记录。

（3）线路复测允许误差标准。

2.5.5.2 一般基面平整及基坑开挖

（1）基面开挖时，应保留塔位中心桩或将中心桩引出，以便核实塔位中心桩至基础立柱中心面的高差和基础埋深。

（2）基础坑深允许偏差为＋100mm、−50mm。

（3）对直线转角塔、转角塔及终端塔，其坑深应考虑受压基坑比受拉腿基坑高出Δh 的预偏参考值。

（4）当基坑开挖超过基础设计埋深时，所超过部分，按规范、设计要求进行处理。

2.5.5.3 掏挖式基础施工要求

（1）应在采取防雨不冲刷基坑措施的前提下，先开挖主柱部分基坑。

（2）人工挖掘，坑壁周边松动或开裂为限。

（3）施工、监理双方代表对基坑进行检查。

（4）混凝土的浇筑。

2.5.5.4 斜柱基础施工要求

略。

2.5.5.5 基础混凝土浇筑

（1）钢筋绑扎。

（2）支模。

（3）基础浇制过程中检查项目：

1）配合比：每班日不少于 2 次，并做好检查记录。

2）坍落度检查：每班日检查 3～4 次，并做好检查记录。

3）混凝土检查：搅拌均匀、颜色一致。

4）混凝土振捣。

5）试块制作及养护。

6）下料。

7）养护。

8）拆模。

（4）基础浇制的旁站监理：

1）检查施工技术措施的完整性、科学性、可行性和施工安全、技术交底记录。

2）检查现场：检查施工人员（安全、质量、技术）到位情况，检查浇制现场施工秩序。

3）检查确认无误后填写基础检查记录表。

（5）基础回填：

1）水坑回填。

2）流沙、淤泥坑回填。

3）基础回填的夯实情况，并做好检查记录。

2.5.5.6 基础的灰土垫层施工

略。

2.5.5.7 基础的防腐处理措施

（1）强腐蚀地区。

（2）中等腐蚀地区。

2.5.5.8 冬期施工

（1）冬期钢筋焊接。

（2）配制冬季施工的混凝土。

（3）冬期拌制混凝土。

1）水泥不应直接加热，混凝土拌和物的入模温度不得低于 5℃。

2）冬期施工不得在已冻结的基坑底面浇制混凝土，已开挖的基坑底面应有防冻措施。

3）拌制混凝土的最短时间应符合相关规定。

（4）冬期混凝土养护。

（5）掺用防冻剂混凝土养护的规定。

（6）冬期施工混凝土基础拆模检查合格后，应立即回填。

2.5.5.9 接地埋设

（1）接地焊接。

（2）接地沟的开挖。

（3）接地体的敷设。

（4）接地沟的回填。

（5）接地电阻测量。

2.5.5.10 排水沟的设置与要求

（1）凡上山坡方向有较大的雨水流向基面时，都要求开挖排水沟。

（2）排水沟的长度，以保证上部来水冲刷不到基面为准，由施工单位根据地形而定。

（3）排水沟采用水泥砂浆抹面。

（4）采用水泥砂浆砌石。

2.5.5.11 基础护坡与挡土墙

基础上山坡的削坡值大于表设计值时，应砌护坡；《基础配置表》中要求砌筑的挡土墙应在土石方开挖以前砌筑，根据可能开挖的土石方量确定挡土墙砌筑位置，以便能更好地防止水土流失。

2.5.5.12 杆塔组立及架线工程

杆塔组立前监理人员应做的工作：确认基础强度已达设计值。分解组塔时为设计强度的 70%，整体组塔时为设计强度的 100%，施工承包商间已做完工序移交手续。施工承包商的杆塔施工措施已经其主管领导审批，并送到监理部经总监理师审阅批准执行，监理人员人手一册。

雷雨季节组塔时必须同时做好接地。

检查运到塔位的塔料外观，吊装时防止钢绳磨塔料损坏锌层。

检查组塔工器具、钢丝绳的完整、可靠性。

一、自立式铁塔组立监理

组立过程中监理人员可采用巡视、抽检的方法进行监理活动。待其组立到一定规模时进行全面检查，对发现的问题由施工承包商一次性处理完毕。

监理人员在巡视组塔过程中首先要强调安全施工，高空作业人员必须扣好安全带、全部现场人员戴好安全帽。严禁高空抛物、构件、工具的传送必须以绳索运送。

如发现变形，尺寸差异的角钢应停止使用，经处理合格后再用，如发现缺主要受力构件如主材、大斜材时应停止组装。当发现组装工作进展不利，组装困难时，应责其停止工作，查找原因，重点检查根开、对角线及角钢规格，严禁使用角钢带内应力就位。当发现地脚螺栓与塔底角板不配时，对底角板的处理应经设计承包商复核出图后处理。最后强调螺栓的紧固及配合。

铁塔组立后，在进行阶段性的全面检查时应认真地从下至上，查看所有的构件、节点板及螺栓。同一节点板，同一接头上的螺栓尾部应在一个平面上。按设计图纸说明书检查特种螺栓的配置及防松打冲的部位及质量。检查铁塔正、侧面的倾斜，超标时进行调整至合格止。

送电线路架线施工前的监理准备工作如下：

监理人员要检查钢芯铝绞线、镀锌钢绞线厂家的试验报告，现场的钢芯铝绞线、钢绞线外观进行抽查。

监理人员要查验工程所用的绝缘子的出厂报告，各项性能必须符合国家标准。对运至现场的绝缘子进行外观检查，发现有瓷裙损坏、钢帽裂纹者及时清除。

导地线的连接要有专人进行，无论是爆压或液压，每人都应做三组试件并送专业试验部门进行拉力试验，全部合格者方可进行导、地线的连接工作。每个人都要有钢印号。

监理人员要督促施工负责人检查重要交叉跨越处跨越架的高度、排数、稳固程度，对带电体的安全距离，保证跨越安全施工。

督促施工人员检查直线及耐张绝缘子串的片数，并进行适当的抽查。

二、导、地线的展放施工监理

监理人员要巡视、抽查导、地线的展放情况，各跨越架处必须有专人看管跨越架的工作状态及导、地线对跨越物的距离，保证导、地线不被外力破坏。

监理人员要提醒施工负责人注意展放中导、地线避免磨损的措施并责成施工人员执行。监理人员对可能造成导、地线磨损的地域要进行巡视，检查施工承包商所采取的措施，抽查导、地线的实际情况。

监理人员对已被磨损导线的处理情况要进行检查，重点放在修补管及压接管处。对施工人员认为可不处理的损伤处，监理人员要进行察看并提出监理意见，有分歧报总监理师解决。

导线有下列情况之一者定为严重损伤，应锯掉损伤部分，以接续管重接：

（1）强度损失超过计算拉断力的 8.5%。

（2）截面损失超过导电部分截面积的 12.5%。

（3）损伤的范围超过一个补修管长度。

（4）钢芯断股。

（5）金钩、破股已使钢芯或内层线股形成无法修补的永久变形。

导线有下列情况时可不予修补：

（1）铝或铝合金单股损伤深度小于直径的 1/2.

（2）导线截面积的损伤在导电部分截面积的 5%及以下，强度损失小于 4%。

（3）单金属绞线损伤截面为 4%及以下。

三、导地线紧线施工监理

导地线紧线前所有压接管、修补管、缠绕补修都经检查合格。

紧线时各交叉跨越处，有闲杂人员及孩童出没处必须有施工人员监守，随时向紧线指挥者报告情况。

紧线时全档通讯畅通、旗号分明监理人员要掌握经换算的当日导地线架线弛度。

紧线前监理人员应提醒施工技术负责人注意核算在主要跨越挡不许导线有压接管；不允许有压接管的档内，一根导地线上不允许 2 个及以上的压接管。

配合施工人员检查张、牵场地的布置及耐张塔的临时拉线情况，保证耐张塔在紧线过程中的正常工况。

监理人员通知施工技术人员计算耐张塔过牵引的允许值，从而在紧线中限制过牵引量，在满足金具安装的条件下控制到最小值。

导、地线紧线作业应在 5 级风以下进行。

导、地线弛度观测好后，应静停 10～20min，以使各档线中应力平衡，无误后施工人员方可登塔划印。

紧线作业完成，耐张绝缘子串安装完毕后，应尽快进行附件安装工作，以避免导、地线在线夹中的磨损。

监理人员对附件安装情况应逐基检查，重点放在跳线的连接及对塔距离的检查、开口销及弹簧销的检查，弹簧销应弹性良好，开口销尾部开口 40°～60°。

架线工作完成后，监理人员要配合施工承包商检查导线的对地距离，要满足设计及规程要求。

2.5.5.13　对质量事故不合格项的处理

（1）发生质量事故后，督促施工单位提出详细的工程质量事故报告，并及时组织有关单位对事故进行分析，确定处理方案，立即实施，并做好文字记录整理归档备查。

（2）在发生下列情况之一，且经监理工程师通知施工单位，整改无效时，总监理工程师可签发《工程暂停令》。

1）不按经审查的设计图纸施工。

2）特殊工种人员无证操作。

3）发生重大质量、安全事故。

（3）对令其停工的工程，需要复工时，施工单位应填报《工程复工申请表》，经监理复查认可，并经总监理工程师批准后方可复工。

2.5.6　作业环境的控制

（1）检查场地是否符合施工条件。

（2）检查安全、环保、文明施工措施执行情况。

（3）基础施工过程中应采取必要的环保措施。

1）大开挖基础坑开挖时坑壁放坡。掏挖式基础应严格按基础施工图操作。

2）材料、设备的放置，防止破坏原始地面植被。

3）土方的放置地点，基坑的回填。

4）小运道路的选择，破坏山坡植被。

5）石灰的堆放。

（4）检查施工环境是否具备连续作业的条件。

2.6　质量防治专项措施通病

（1）针对工程特点，制定质量通病的专项监控措施，审查、批准施工单位提交的相关工作文件，提出详细的监理要求。

（2）认真做好隐蔽工程和工序质量的验收，上道工序不合格时，不允许进入下一道工序施工。

（3）利用检测仪器加强对工程质量的平行检验，发现问题及时处理。

（4）工程完工后，认真编写《质量通病防治工作评估报告》，以利工作的持续改进。

（5）下列质量通病将作为本工程的控制重点，在相应的专业监理实施细则中制定特殊控制措施：

1）土方工程开挖边坡塌陷。

2）混凝土表面粗糙、麻面。

3）螺栓混用。

4）保护帽工艺差。

5）接地体焊接不规范。

6）塔材结合不紧密、变形。

7）接地引下线工艺差。

8）引流线工艺差。

（6）根据主要质量通病的原因分析，制定相应的防治措施，并对施工过程对照检查。

土方开挖、填方、边坡塌陷的原因主要有：开挖时，边坡坡度太陡；边坡填土未按要求分层回填夯实；坡顶坡脚未做防水设施，由于水的渗入，而导致大面积塌方；上质松软，开挖次序方法不当而引起塌方；坡顶堆载过大，土体失稳而导致塌方。预防措施主要有：

1）编制施工方案时，应按图纸要求或者应考虑当地土质情况放坡。

2）施工单位挖方时，应按图纸或方案放坡，决不能出现陡坡现象。

3）坡顶上弃土、堆载，远离挖方上边缘 3～5m。

4）技术人员应做好厂内排水设施，避免雨水集中在基坑边而导致边坡坍塌。

永久性填方的边坡坡度应根据填方高度、土的种类和工程重要性按设计规定放坡。

2.7　质量控制标准及验评

2.7.1　质量控制标准

（1）对施工项目部报审资料进行现场核查，主要检查现场实际情况是否与报审资料一致、是否满足工程实际需要。

（2）监理项目部应结合工程例会，定期对工程质量状况进行分析，提出改进质量工作的意见，对存在的质量薄弱环节和问题，提出整改要求，并落实上一次会议提出质量问题的整改结果。

（3）根据需要及时组织召开质量专题会议，解决施工过程中出现的各种质量问题。

（4）检查现场质量管理人员、特殊工种/特殊作业人员持证上岗情况，对资质不符合要求的人员，通知施工项目部予以调整。

（5）检查用于工程的主要测量器具、计量器具、施工机具的实际状况，确保检验有效、状态完好、满足要求。

（6）对施工过程中的测量、定位结果进行复验和确认。

（7）运用工序检查、见证、旁站、巡视、平行检验等质量控制手段，对工程施工质量进行检查、控制。按照《输电线路工程旁站监理方案》对重点部位、关键工序进行旁站监理，及时填写《旁站监理记录表》。根据施工进展，对施工现场进行巡视，重点检查施工质量管理是否到位、施工作业是否满足规范和设计要求，发现问题及时纠正。监理人员应及时填写《质量监理巡视情况周报表》，按照有关要求做好平行检验工作。工程开工、工序交接及隐蔽工程隐蔽前，监理项目部应进行检查、确认。

（8）对施工过程中出现的质量缺陷，应及时下达《监理工作联系单》或《监理工程师通知单》，要求责任单位限期整改，完成整改后监理项目部复检。

（9）审核施工项目部报审的《试品/试件试验报告报验表》，主要审查试验结果是否合格或满足设计要求等内容。

（10）配合质量监督机构完成各阶段质监工作和有关质量问题的整改闭环。

（11）配合工程设计变更工作，复核现场实际变更工程量。

（12）应用基建管控模块，做好质量信息管理工作。

（13）督促施工项目部质量通病防治的方案和措施的实施。工程完工后，应编写《工程质量通病防治工作评估报告》。

（14）督促施工项目部落实强制性条文执行计划，对强制性条文执行情况检查确认。

（15）按照《国家电网公司输变电工程施工工艺标准库》《国家电网公司输变电工程施工工艺示范手册》的要求，督促施工项目部在施工过程中应用实施，提高施工工艺水平。

2.7.2　质量验评

（1）对施工项目部报送的工程质量验评资料进行审核，组织（参与）验评工作。

（2）收到分项工程质量报验申请后，由专业监理工程师审查要点并填写意见，同时进行分项工程质量验评工作。

（3）收到分部工程质量报验申请后，由总监理工程师主持，专业监理工程师、施工项目部的项目负责人和技术、质量负责人参加验收。总监理工程师和专业监理工程师应填写相应验收意见，同时进行分部工程质量验评工作。

（4）收到单位工程质量报验申请后，监理项目部复核单位工程质量验收条件，具备后报请业主项目部组织验收。单位工程质量验收由业主项目部组织，施工（含分包单位）、设计、监理等单位项目负责人参加。监理项目部及业主项目部应填写审查意见，同时进行单位工程质量验评工作。

第9篇

500kV 输电线路工程施工监理范例

彭海涛　付拥军　闫方贞　景年峰　弥兆凯　范晓明　等　编著

第 1 章　国华乌拉特后旗 500kV 送出线路工程监理规划

1.1　工 程 概 况

1.1.1　工程概况

1.1.1.1　工程名称及规模。神华国华乌拉特后旗风电场至临河北 220kV（500kV）送电线路工程。

该工程包含三部分：第一部分拟建乌拉特后旗 220kV 开闭站—查干陶勒盖 J3 段单回路 13.98km；第二部分查干陶勒盖 J3—临河北段同塔双回 51.37km；第三部分 J36—临河北 220kV 构架段单回路 0.72km。

1.1.1.2　线路路径。线路经过地区非居民区，由乌拉特后旗 220kV 开闭站附近向西南方向偏转至 J2，然后折向正南，避开华能新能源乌力吉风电场、大唐河北乌力吉#2 风电场、哈达图硅石矿至查干陶勒盖 J3 处。从查干陶勒盖 J3 处偏向西南，避开调幅广播收音台、获各琦铜矿至 J6，线路由 J6 继续向南行进，期间部分路径依托获各琦铜矿至水源地砂石公路东侧布置，在 J19 处依托“获青公路”向东南方向行进至杨贵口开始进入平原，避开硫铁矿选矿厂、公墓、沿工业园规划走廊几经转折进入临河北 500kV 变电站附近 J35 处。地形划分见表 1-1-1。

表 1-1-1　　线路路径地形划分情况

要素		220kV 开闭站—查干陶勒盖 J3 段	查干陶勒盖 J3—临河北段	J36—临河北 220kV 构架段
路径长度/km		14	52	1
地形比例/%	平地	50	15	100
	丘陵	50	13	—
	山地	—	46	—
	高山	—	18	—
	峻岭	—	8	—

1.1.1.3　气象区划分。

Ⅰ级气象区：神华国华乌拉特后旗风电场—拟建乌拉特后旗 220kV 开闭站（含临河北进线）段，该段线路长度约 39.85km，最大设计风速 30m/s（10m 高，30 年一遇）或 32m/s（15m 高，30 年一遇）。

Ⅱ级气象区：拟建乌拉特后旗 220kV 开闭站—临河北段，该段线路长度约 65.35km，最大设计风速 31.5m/s（10m 高，50 年一遇）或 35m/s（20m 高，50 年一遇）。全线气象组合条件一览表见表 1-1-2。

表 1-1-2　　全线气象组合条件一览表

气象条件		Ⅰ级气象区	Ⅱ级气象区
气温/℃	最高气温	40	40
	最低气温	−35	−35
	复冰	−5	−5
	大风	−5	−5
	安装	−15	−15
	年平均气温	0	0
	外过电压	15	15
	内过电压	0	0
风速/(m/s)	大风	10m 高 30.0（15m 高 32.0）	10m 高 31.5（20m 高 35.0）
	复冰	10	10
	安装	10	10
	外过电压	10	15
	内过电压	16	18
复冰厚度/mm		10（地线 15）	10（地线 15）
年雷暴日数/(日/年)		35	

1.1.1.4　全线主要道路为“获青公路”和局部乡间道路，平丘地区交通较方便，山区交通困难。

1.1.1.5　导线采用 4×LGJ-400/35 钢芯铝绞线；本工程线路两根地线都采用架空复合光缆（英文缩写 OPGW）。

1.1.1.6　线路曲折系数 1.3。

1.1.2　基础

本工程的基础设计为直柱式钢筋混凝土现浇基础。

1.1.3　开竣工时间

本工程计划开工时间为 2012 年 4 月 5 日，竣工时间为 2012 年 11 月 30 日。

1.1.4　参建单位

项目业主：国华（乌拉特后旗）风电有限公司。

建设管理单位：国华（乌拉特后旗）风电有限公司工程部，设立 500kV 乌拉特后旗送出线路工程业主项目部。

质量监督机构：内蒙古电力建设质量监督中心站。

设计单位：内蒙古电力勘测设计院。

监理单位：西北电力建设工程监理有限责任公司。

施工承包商：第Ⅰ标段：乌力吉汇集站国华 500kV 出线 J1～J3 段，天津市光宇电力工程安装有限责任公司。

第Ⅱ标段：J4—临河北变段，内蒙古送变电有限责任公司。

1.2　监 理 依 据

1.2.1　国华风电有限公司《乌拉特后旗 500kV 送出线路工程建设管理大纲》。

1.2.2　本监理标段监理大纲及服务承诺。

1.2.3　本监理标段中标通知书及监理合同。

1.2.4　本工程项目法人与其他承包商、供货商（包括设计、施工、材料设备供应等）签订的工程建设合同。

1.2.5　本工程批准的设计文件及政府批准的工程建设文件。

1.2.6　国家和地方政府有关工程建设方面的法律、法规及政策规定等。

1.2.7　制造厂提供的产品说明书及安装工作指导书。

1.2.8　施工过程中设计承包商、项目法人及上级单位对本工程所发布的有关文件（包括设计修改通知单、施工图会审、交底纪要及项目法人和上级单位对工程提出的要求)。

1.2.9 国家及国家电网公司颁发的现行技术标准、技术规程、验收规范、验评标准以及有关送变电工程建设管理规定等(包括达标投产考核指标)。

1.2.10 本工程初步设计及审批文件、施工阶段图纸文件、主要材料设计技术标准及制造工艺标准、制造厂商提供的产品说明书及安装作业指导书。

1.2.11 西北电力建设工程监理有限责任公司管理体系文件。

1.3 监理范围

根据与国华(乌拉特后旗)风电有限公司签订的监理合同及服务承诺,对乌拉特后旗500kV送出线路工程建设提供业主工程师兼建设监理全部服务。包括工程施工、竣工验收及移交、质量保修、资料归档、达标投产、工程决算等施工阶段全过程、全方位的质量、安全、进度、投资控制和工程建设合同管理、信息管理以及协调各方关系,即“四控制、两管理、一协调”。

1.4 监理内容

提供监理管理单位兼建设监理的全部服务,服务范围包括但不限于:

1.4.1 工程建设管理方面

1.4.1.1 协助办理为了工程开工而规定需由项目法人和委托单位办理的一切手续。

1.4.1.2 制定工程施工和施工管理整体规划,清楚说明但不限于:

(1)对本工程目标进行目标分解。

(2)按照业主制定的里程碑计划,编制本工程一级网络计划(附后),并采用P3软件建立、修改工序关系,确定关键路线。适时调整各分部、分项工程进度,确保网络计划最迟完成日期控制在竣工日期之前。

(3)依据建设管理单位对本工程工期要求,制定本工程里程碑工期。

(4)制订本工程项目资源使用计划。

(5)采用合同管理软件EXP监督控制监理与项目法人和委托单位、施工承包商与项目法人和委托单位合同管理的实施。

(6)质量控制、进度控制、成本控制、安全控制、合同管理、信息管理及组织协调模式。

1.4.2 设计方面

1.4.2.1 监督设计合同执行,检查设计进度,督促设计按时提交设计图纸及资料。

1.4.2.2 核查施工图完整性及质量,处理设计变更,协调解决施工中发现的设计问题。对设计变更认真审查,签注意见后交施工承包商执行,对重大设计变更组织各方实地勘察,共同讨论,由设计出具修改方案,报委托管理单位及业主批准后实施。

1.4.2.3 参加由业主组织的设计技术交底及施工图会审。

1.4.2.4 协调设计与施工承包单位之间关系,使设计与施工进度紧密配合,督促设计及时派工代进驻现场,并做好现场服务。

1.4.2.5 核查竣工图和竣工资料。

1.4.3 开工前监理准备工作

1.4.3.1 调研收资。

1.4.3.2 掌握设计进度及存在问题。

1.4.3.3 进行现场调查。

1.4.3.4 了解材料招标及供货情况。

1.4.3.5 了解建设方现场组织、管理模式、主要管理程序以及具体要求。

1.4.3.6 组建现场监理部。

1.4.3.7 制定准备工作计划并组织实施。

1.4.3.8 制定工程监理实施细则,明确重要部位的见证点(W点)、停工待检点(H点)、旁站点(S点)。

1.4.3.9 组织项目部监理人员进行安全教育、质量规程、规范、工程目标等学习、培训。

1.4.4 施工准备阶段

1.4.4.1 协助办理为了工程开工而规定需由项目法人和委托单位办理的一切开工手续。

1.4.4.2 制定施工本工程总体规划。

(1)工程目标及目标分解(主要包括:进度、里程碑工期、质量目标、安全环保目标、投资控制、达标投产目标)。

(2)施工承包商应根据业主的工程进度计划,编制本工程所属标段工程施工二级网络计划,并采用P3软件,适时调整控制关键路线,确保网络计划与业主的工程进度计划相一致。

(3)工程资金使用计划的评审。

(4)质量控制、安全控制、进度控制、投资控制、信息管理、组织协调等计划措施。

1.4.4.3 督促施工承包商建立完善安全保证体系、安全监督体系、质量保证体系和质量监督体系。

1.4.4.4 审查施工承包商提供的施工组织、施工管理和施工技术文件,主要包括施工组织设计、施工技术方案、质量保证措施、各工序的施工作业指导书、安全文明施工及环保措施及有关支持性文件和达标投产措施、创优细则等。

1.4.4.5 审查施工承包商选择的试验单位资质并提出意见。

1.4.4.6 审查施工承包商编制的“施工质量检验项目划分表”。

1.4.4.7 审查设备材料供应商到货计划。

1.4.4.8 审查承包商自购材料选择和采样,试验及采购控制程序文件并认可,必要时可做抽样复检。

1.4.4.9 组织或参加工程材料的现场交接,负责监督、抽查以及现场准入。

1.4.4.10 审查施工承包商选择的分包商(当允许时)及分包管理程序文件并认可。

1.4.4.11 检查施工人员上岗前培训情况,检查专业人员和特殊工种持证上岗情况,对不符合要求者,有权提出更换。

1.4.4.12 审查用于本工程的机具、仪器仪表的配备、检验报告和标识、数量、质量等是否满足施工需要。

1.4.4.13 核查承包商(包括后续工序开工)开工条件(包括组织、物资、技术资料、设计交底、现场情况等),批准工程开工报告。

1.4.5 施工阶段

1.4.5.1 在业主方授权范围内(即本服务范围内)代表业主方执行施工等工程相关合同,进行合同管理,协调有关各方关系。

1.4.5.2 检查施工承包商现场项目部组织是否健全,管理人员是否到位,责任是否落实,各项技术管理措施是否认真执行,质量、安全保证体系运转是否正常,施工力量是否满足施工需要等,发现问题及时通知施工承包商整改,重要问题及时向项目法人和委托单位报告。

1.4.5.3 组织分项、分部工程、关键工序和隐蔽工程的质量检查,参加及相关方案、细则的编制,对隐蔽工程实行旁站监理并建立和执行相应制度,确保工程质量目标。

1.4.5.4 检查施工记录及质量自检验评记录。

1.4.5.5　监督承包商编制、执行、调整、控制施工进度计划并提供服务，掌握工程实际进度，采取必要措施保证工程按期建成。

1.4.5.6　协助编制财务计划及资金使用计划，协助项目法人和委托单位编制固定资产清册。

1.4.5.7　审查承包商工程报表，编制监理报表并报发包方。

1.4.5.8　审查承包商工程结算书，签署付款意见。

1.4.5.9　进行一般事故调查，审查并在授权范围内批准承包商的事故处理方案，监督事故处理过程，检查事故处理结果。

1.4.5.10　参加有关部门组织的重大事故调查，提出整改要求和处理意见。

1.4.5.11　对不符合项进行跟踪检查，按程序管理，按性质处理。

1.4.5.12　遇到威胁人身安全和工程质量的重大问题时，及时提出"暂停施工"通知，提供服务，在解决问题后及时下达"复工令"。

1.4.5.13　协调监理合同范围内各承包商的关系，特别是安排好接口处的衔接，接受上一层次的协调，并组织贯彻落实。

1.4.5.14　协助、督促承包商处理好施工过程中的地方关系及有关协议落实。

1.4.5.15　全面推行电力建设工程安全健康与环境评价工作，不断完善安全健康管理，开展施工现场危险源预测、预控活动，确保本工程安全顺利施工。

1.4.5.16　组织施工协调会等及与工程相关的其他会议。

1.4.5.17　协助并参与质量监督活动及其他的质量评定工作。

1.4.5.18　建立信息流程网，按档案管理有关要求，及时整理文件资料，分类建档。

1.4.5.19　在施工过程中加强对环境保护的监理力度，确保实现本工程的环境保护目标。

1.4.6　分部工程中间验收、竣工验收、移交及其他后期工作

1.4.6.1　审查施工承包商提出的分部工程中间验收申请，并组织监理初验收，提出监理初验收报告及检查记录。监督施工承包商消缺、整改并复查。

1.4.6.2　审查施工承包商提出的竣工验收报告，组织预验收，根据预验情况向项目法人和委托单位提出监理意见。

1.4.6.3　参加竣工验收、监督消缺并复检。

1.4.6.4　审查施工承包商移交的工程竣工资料及竣工图。

1.4.6.5　整理竣工资料，编写监理报告。

1.4.6.6　参加启动运行。

1.4.6.7　审查工程结算，参与工程决算。

1.4.6.8　参加达标投产、创国家优质工程和精神文明建设等项活动，参与保修期内设计、施工、材料等缺陷的监督处理。

1.4.7　其他

1.4.7.1　提供作为一个成熟监理单位应该了解的与上述服务范围相关而未详细列写的其他一切服务。

1.4.7.2　在履行服务时严格遵守项目法人和委托单位与施工承包商签订的施工合同中与监理工程师履行职责有关的各项条款。

1.4.7.3　在工程施工中，严格按照监理公司"以人为本、精细管理、规范服务、公信和谐、持续提高、同业一流"方针，公正、守法、诚信、科学地开展工作，严格履行监理职责，依法监理、信守合同、严格控制工程安全质量、严格控制工期、严格控制工程投资，做到全过程、全方位的服务。

1.5　工程控制目标

1.5.1　质量管理目标

工程质量确保达到《国家电网公司输变电工程达标投产考核办法（2005年版）》《国家电网公司输变电工程优质工程评选办法（2008年版）》《全国电力行业优质工程评选办法》标准要求。工程质量总体评定为优良，并满足：分项工程合格率100%，分部工程优良率100%，单位工程优良率100%，实现零缺陷移交。最终建成达标投产工程和确保创国网优质工程、争创国家级优质工程。

1.5.2　安全管理目标

安全管理总体目标努力实现安全"零事故"。具体目标：不发生人身重伤事故；不发生重大施工机械设备损坏事故；不发生重大火灾事故；不发生负主要责任的重大交通事故；不发生环境污染事故和重大垮（坍）塌事故；不发生因工程建设而造成的大面积停电或电网解裂事故。

1.5.3　文明施工和环保管理目标

（1）施工现场在视觉效果、安全管理、安全设施、现场布置、机料摆放、作业行为、环境影像等方面达到《国家电网公司输变电工程安全文明施工标准》（Q/GDW 250—2009）要求，创建"文明施工示范工地"，树立国家电网公司输变电工程安全文明品牌形象："设施标准、行为规范、施工有序、环境整洁"。

（2）推行"绿色环保型"和"清洁素养型"施工，努力做到工程建设对环境造成的影响降到最低，工完、料尽、场地清。

环保、水土保持、安全、劳动卫生等各项工作应满足相关政府主管部门的管理要求及验收标准。不发生环境污染事故，污染按规定排放；施工噪声不超标，垃圾处理符合规定，减少施工场地和周边环境植被的破坏，减少水土流失；力争做到车辆、设备尾气排放符合大气污染的综合排放标准；合同规定的环保要求完成率100%；施工生产对环境的保护措施完成率100%。

（3）职业健康目标：不发生职业病；不发生员工集体中毒事件；不发生大面积传染病。

1.5.4　工期和投资管理目标（工程里程碑进度计划）

（1）2012年4月开工建设。

（2）2012年8月基础施工完成。

（3）2012年9月底铁塔组立完成。

（4）2012年11月中旬架线及附件安装完成。

（5）2012年11月底竣工验收全部完成，具备带电条件。

1.5.5　投资配合目标

受托方将在建设过程中本着高度负责的主人翁意识和责任感，按照合同规定的程序和原则履行好投资控制工作，积极配合设计、施工承包商进行技术优化工作，并及时主动反映、协调有可能对工程投资造成影响的任何事宜，并承担因此造成的投资浪费的相应责任。最终工程投资控制符合已批准的概算控制指标及动态管理的要求，力求优化设计、精心施工、节约投资，工程造价合理。

1.6　监理措施

1.6.1　质量控制措施

1.6.1.1　设计方面

1.6.1.1.1　对设计监督管理是工程建设的龙头，是搞好工程质量的首要条件和决定性环节，因此我们要尽全力协助设计优化设计方案，力争设计达到示范工程的标准。

1.6.1.1.2　充分了解并掌握设计思想、原则、意图、思路以及施工可能性，难易程度，运行维修的安全可靠性，收集信息及时提出监理意见。

1.6.1.1.3　督促检查设计单位落实其质量保证体系，特别是质量

责任制、会签制。

1.6.1.1.4 建立监理、设计联系制度，参加设计过程中间检查，及时了解掌握设计情况、交换意见。

1.6.1.1.5 组织专业监理工程师认真审查施工图，对其深度、完整性、图纸质量、套用图纸适用性、专业接口正确性以及与法规、规范、标准的符合性，特别是强制性国家标准，结合现场实际进行详细核查及时提出监理意见。

1.6.1.1.6 对采用的新材料、新工艺、新标准要对其设计依据、受力计算、试验条件、过程及结论、安全评估等进行全面核查。

1.6.1.1.7 参加或组织设计技术交底及施工图会审，对存在的问题及涉及施工图中的技术难点，协助设计及施工承包商提出解决措施，对不完善部分，督促设计及时优化、完善。

1.6.1.1.8 认真审核设计变更，重点是技术可行性、适用性、经济性以及程序有效性，并提出监理意见，涉及重大质量问题的设计变更事前与项目法人和委托单位沟通签署监理意见报项目法人和委托单位审定并监督实施。

1.6.1.2 原材料、工器具方面

1.6.1.2.1 检查督促施工承包商制订材料、机具管理制度，审查原材料选点、取样、检验控制程序。

1.6.1.2.2 参加原材料到货现场检查验收，核查质量保证资料（包括合格证、检验报告、材质证明、复试报告），核对实物质量，对不符合要求和有质量问题者不许使用。

1.6.1.2.3 检查现场原材料入库、保管、领用等管理制度及其执行情况，发现问题通知施工承包商及时整改。

1.6.1.2.4 严格执行见证取样制度，派专人负责并做好见证取样记录。

1.6.1.2.5 在本工程中，已经建设、设计等单位审批同意使用的新技术、新材料要严格监督其使用条件、使用过程。

1.6.1.2.6 检查施工承包商在工程施工中使用主要工器具和检测用仪器仪表，标牌是否齐全，状态是否良好，检验手续是否齐全，数量及技术性能是否满足施工需要等做好检查记录。

1.6.1.3 施工管理方面

1.6.1.3.1 严格执行单位工程、分部工程开工条件审查制度和施工技术交底制度。

1.6.1.3.2 审查施工承包商编写的施工组织设计，对其质量计划、质量保证体系、质量保证措施提出监理意见。

1.6.1.3.3 对施工承包商选用的劳务分包单位的资质进行审查确认。未经监理进行资质审查确认或不合格的分包单位，不得进入施工现场。

1.6.1.3.4 督促施工承包商选择相应资质的试验单位，并审查确认。

1.6.1.3.5 检查施工承包商项目部有关管理人员、特殊工种、测量人员的资质证件，不符合要求的人员清离现场。

1.6.1.3.6 审查重要的技术方案和施工措施（包括作业指导书）是否符合现场实际，有无针对性，以及确保质量的整体要求和措施，参加交底和监督实施。

1.6.1.3.7 审查施工承包商编制的“施工质量检验项目划分表”，明确 W、H、S 点。

1.6.1.3.8 根据《110～500kV 架空电力线路施工及验收规范》（GB 50233—2005）、《工程建设标准强制性条文　电力工程部分》（建标〔2006〕102 号）督促施工承包商制定消除质量通病。

1.6.1.3.9 检查工作人员的上岗前的技术培训情况。

1.6.1.3.10 制定 W、H、S 点的监督实施细则，对重点部位、关键工序进行全过程跟踪监理，对隐蔽工程进行旁站监理，验收签证。未经监理人员检查、签证，不得进行下道工序施工，W、H、S 点设置（详见附表），现浇刚性台阶基础逐基核查，严格控制，并作为本段基础施工质量控制重点之一。

1.6.1.3.11 监督施工承包商严格执行三级质量检查制度。发现贯彻不力，通知施工承包商整改。情节严重的下工程暂停令。

1.6.1.3.12 检查施工记录，督促施工承包商及时申报工程项目验评资料，及时进行审查。

1.6.1.3.13 检查施工承包商是否按照规范标准、图纸、标准化手册进行施工，未经会审的图纸不准在工程中使用。

1.6.1.3.14 检查施工中所用原材料是否与设计规格、型号相符。发现问题查明原因，通知施工承包商整改，情节严重的下工程暂停令。

1.6.1.3.15 对分包单位进行动态管理，对实际能力与申报的资质不符，通报项目法人和委托单位，并责令施工承包商将其清除出现场。

1.6.1.3.16 检查特殊工种持证上岗情况。发现持证人员与其从事的作业资质不符，通知施工承包商停止其作业，调换合格人员。

1.6.1.3.17 督促并检查施工承包商严格按审批的技术方案、措施作业。

1.6.1.3.18 对于基础浇制、铁塔组立、张力放线等施工项目必须先行试点，总结经验，统一施工方法及标准，再全面推开。

1.6.1.3.19 对发生有设计变更的部位，检查是否按已批准的变更文件进行施工。如发现有异，通知施工承包商整改，否则则令其停工。

1.6.1.3.20 发生质量事故要求施工承包商按“四不放过”的原则及时处理，并检查施工承包商是否按批准的方案执行，否则则令其停工，检查事故处理结果，签证处理记录。

1.6.1.3.21 定期召开质量分析会议。会议由总监理工程师主持，项目法人和委托单位、施工承包商及有关单位代表参加。会议主要内容是通报工程质量情况，研究解决存在的质量问题，预测质量发展的趋势，制定质量预控措施。会议形成纪要，发送有关单位。

1.6.1.3.22 要求施工承包商在保证施工质量的前提下，处理好施工进度和质量的关系，在质量与进度发生矛盾时，进度应服从质量的需要。

1.6.1.3.23 当工作环境影响工程质量时，监理人员立即通知施工承包商停止施工，并协助施工承包商采取切实可行的措施后方许复工。

1.6.1.3.24 对完成的单位、分部、分项工程按国家及电力行业制定的施工验收规范和验评标准及时进行验收和评定，并严格执行工序交接制度，上道工序未经中间验收，不允许进入下道工序。

1.6.1.3.25 督促施工承包商按达标投产要求组织施工，严格检查施工工艺符合达标投产的考核标准。

1.6.1.4 竣工验收及移交

1.6.1.4.1 严格执行监理初验收办法，及时组织监理初验收，提出消缺清单并逐一验证，并做好验证记录。

1.6.1.4.2 按档案法的规定及输变电工程达标投产的要求审查施工承包单位提供的工程竣工资料，提出书面整改并督促整改。

1.6.1.4.3 核查施工承包单位提供的竣工图纸的准确性和有效性并签章认可。

1.6.1.4.4 审查施工承包单位提出的竣工验收申请报告单，签署监理意见，报项目法人和委托单位批准，并参加项目法人和委托单位组织的有关验收工作。

1.6.1.4.5 督促施工承包单位消缺、复验，整理复验资料。

1.6.1.5 保修阶段的管理

1.6.1.5.1 工程保修期间发现的质量问题在分清责任后，督促有关单位及时处理并复检。

1.6.1.5.2 参加达标投产的预验收和验收工作。

1.6.1.5.3 按达标投产要求，督促施工承包单位整理完善资料。

1.6.1.5.4 整理完整的达标投产监理资料。

1.6.2 安全控制措施

1.6.2.1 认真贯彻国家、国家电网公司、项目法人和委托单位有关安全的方针、政策和规程规定等。正确处理进度与安全的关系，认真贯彻“安全第一、预防为主、综合治理”的方针，将以人为本作为安全监理工作的核心，贯彻施工全过程，认真开展安全监理工作。

1.6.2.2 监督施工承包商认真贯彻执行电力建设安全规程。

1.6.2.3 涉及对施工安全有较大影响的项目时，督促施工承包商编制有针对性的施工组织方案。

1.6.2.4 审核施工图是否满足“反措”要求。

1.6.2.5 检查施工承包商的安全资质、安全目标以及安全文明施工的组织落实情况。

1.6.2.6 审查施工承包商安全保证体系、安全保证措施，安全体系不完善，安全保证措施不完整，缺乏针对性，不能保证安全施工，监理单位有权制止作业，并提出整改要求。

1.6.2.7 督促施工承包商建立安全设施管理及检查制度。

1.6.2.8 检查承施工包商进场的安全设施及施工机械。

1.6.2.9 督促施工承包商制订防止高空坠落、土方塌方、石方爆破、倒塌、跑线和触电的安全措施，并监督实施。

1.6.2.10 对劳务分包商的安全资质、安全组织、安全管理人员资质、安全管理制度进行审查，不满足要求不准进入现场施工。

1.6.2.11 督促施工承包商建立健全劳动安全生产教育培训制度。

1.6.2.12 督促施工承包商进行上岗前培训，特别是对农民工要视其作业范围，进行有针对性的安全教育。

1.6.2.13 参加“工程安全委员会”及安全大检查，提出改进意见。

1.6.2.14 对施工承包商编制的施工组织措施、安全措施和对安全措施交底、安全工作及持证上岗执行情况进行监督和检查。

1.6.2.15 监理人员发现违章作业或安全体系不完善，不能保证安全施工以及危及人身安全的不安全因素，及时责令“停工”，按要求整改合格后方可复工。

1.6.2.16 对于特殊施工，督促施工承包单位及时编制切实可行有针对性的详细的技术安全措施，并审查认可。

1.6.2.17 对违章指挥、违章作业及时制止，做好记录并通知施工承包商。

1.6.2.18 对重大和危险性大的作业，监理人员到现场监督。

1.6.2.19 督促施工承包商按“四不放过的原则”及时处理安全事故：

1.6.2.19.1 参加事故调查；

1.6.2.19.2 提出事故处理意见和整改要求；

1.6.2.19.3 在授权范围内批准施工承包商事故处理方案；

1.6.2.19.4 监督事故处理过程，检查事故处理结果，签证处理记录。

1.6.2.20 监理项目部设专职安全监理工程师，从组织上保证安全工作的落实。

1.6.3 环境保护措施

1.6.3.1 全面履行《建设监理合同》文本中有关向委托方做的落实环境保护目标的承诺。

1.6.3.2 要求监理自身办公、生活垃圾处理，施工承包商生活、施工垃圾处理符合规定。

1.6.3.3 严禁随意倾倒污水、废油，严禁不按设计要求弃土弃渣。

1.6.3.4 督促施工承包商力争减少对植被环境的破坏。

1.6.3.5 督促施工承包商按设计文件要求落实熟、生土分别堆放措施的落实和按设计要求处理弃土弃渣。

1.6.3.6 督促施工承包商在全部撤离现场前应恢复施工便道耕作或植被复生的生态功能。

1.6.3.7 监督并闭环控制施工承包商车辆，施工机械尾气排放始终在大气污染物综合排放标准以内。(禁止未经交通部年检的车辆在本工程中使用)

1.6.3.8 必要时配合水土保持监理单位有关工作。积极参加新增水土保持工程的专项竣工验收。

1.6.4 进度控制监理措施

影响施工进度及工期的主要因素有以下几个方面：

（1）设计进度必须满足施工进度及材料招标的时间要求。

（2）材料供应必须满足施工进度需要。

（3）投放的施工力量及机械要合理，安排应周密。

（4）要切实协调好地方关系，保证工程顺利开工且施工过程中不受大的阻碍。

（5）气候条件，要充分掌握利用季节条件兴利除弊，安排施工，对此监理拟采取以下主要措施。

1.6.4.1 依据设计合同要求，设计单位提供切合实际的进度计划，并督促设计单位按时提供施工图，如设计时间确实紧张，可在不影响材料招标及施工情况下设计与施工承包商协商可分期提交施工图。

1.6.4.2 及时召开有关各方参加的设计协调会，保证设计、材料加工按时供应，确保施工顺利进行。

1.6.4.3 督促设计单位及时派驻现场工代，及时解决现场发生的设计问题。

1.6.4.4 配合业主及时领发、审查施工图纸，参加施工图技术交底及会审，编写施工图纸会审纪要。

1.6.4.5 制定工程施工网络图和横道图。

1.6.4.6 审核承包商工程施工网络图，根据工程监理环境特点、地质情况、季节变化、地方资源等情况，提出监理意见。

1.6.4.7 监理工程师在开工前协助办理开工手续，保证工程施工按时开工。

1.6.4.8 督促施工承包商做好施工准备工作，及时报验开工报告，适时组织检查开工条件，审批开工报告。

1.6.4.9 督促施工承包商依据网络计划，编制月度计划，并对进度进行跟踪检查，与网络图、横道图进行对比分析，发现问题及时分析原因采取措施，对网络图、横道图进行动态管理及时修正、调整，采取有力措施，保证对关键路线时间进行有效控制。

1.6.4.10 定期组织召开施工现场协调会议，检查合同有关工期条款执行情况，解决影响工程进度有关问题，特别注重协调设计、材料供应、重要工序的衔接与交接。

1.6.4.11 督促设计、材料供应等单位及时配合施工，解决存在的问题，保证施工顺利进行。

1.6.4.12 在实施一级网络计划时，由于非施工原因导致工程滞后时，应及时制定相应补救措施，并报告委托管理单位及业主单位处理。

1.6.4.13 主动协助施工承包单位与地方政府取得密切联系，争取地方政府支持，督促施工承包商搞好文明施工，主动搞好与地方群众关系，协助施工承包商处理与当地纠纷，力争在施工过程中不发生大的阻碍。

1.6.5 投资控制监理措施

1.6.5.1 设计是投资控制的关键，应协助设计在施工图设计阶段切实贯彻初设审查意见，使本工程施工图预算控制在已批准的工程概算之内。

1.6.5.2 认真做好施工图会审，尽量避免在施工过程中因设计原因造成重大设计变更。

1.6.5.3 严格执行设计变更程序，认真审查变更内容。对重大设计变更，设计必须提供相关技经资料，经监理认真审查后，提出监理意见，报委托管理单位和业主批准后执行。

1.6.5.4 依据施工合同和批准的施工组织设计，制定工程资金使用计划，按合同约定审核工程预付款，核查施工承包商报送的月度完成工程量及施工质量，核签月度工程付款申报表。

1.6.5.5 认真履行合同中的业主工程师义务，及时协调解决施工过程中影响施工的外部条件，尽量避免非施工承包方原因而造成的停工与窝工。

1.6.5.6 如遇索赔事件，认真做好记录，及时处理有关问题，并向建设方报告。

1.6.6 合同管理

1.6.6.1 在业主授权范围内协助委托管理单位签订工程建设合同，对其合法性、规范性、完整性及有效性提出监理意见。

1.6.6.2 在业主授权范围内代委托管理单位执行工程建设合同，对合同进行分析和跟踪过程管理，定期检查履约情况，发现问题及时协调纠正偏差，处理纠纷，保障工程有关各方合同履约，达到工程建设的预期目标。

1.6.6.3 建立合同管理索赔体系，防止索赔事件发生，以合同为依据，以数量为基础，以事实为依据，深入实际，细致工作，充分了解承包商的资源投入情况，并及时做出分析评估，对其未按合同条款履约部分及时提出监理意见，令其整改。对承包商可能提出索赔要求事件要迅速反应，查明事实，提出监理意见，并向项目法人和委托单位报告。

1.6.6.4 对设计和材料供应商除监督其严格按合同履约外，督促其提供完善的售后服务，设计单位应派驻现场代表，材料供应商应做到发现问题随时到达现场解决问题。

1.6.7 信息管理

工程信息传递示意框图如图 1-6-1 所示。

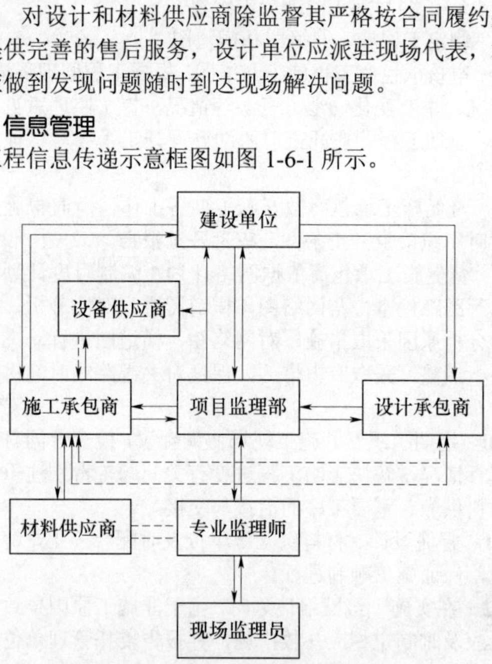

图 1-6-1 工程信息传递示意框图

1.6.7.1 认真贯彻国华风电有限公司《信息管理办法（暂行）》。

1.6.7.2 建立信息管理系统。

监理信息管理系统见表 1-6-1。

表 1-6-1 监理信息管理系统

信息系统	
信息种类	指令、进度、质量、安全、投资、其他
输入	提供者时间、表达方式如电话、电传、电子邮件、信函
处理	分析、归类、浓缩式细化
传递	监理部确定传送目标、传送方式、执行信息指令
输出	接受者日期、输出方式
反馈	日期、传送方式、完成循环
结论	

1.6.7.3 信息管理内容。

信息管理应覆盖工程施工全过程及与工程建设有关的监理服务范围内的各类数据、报表、音像资料、文档资料等所有信息。具体内容主要有：

1.6.7.3.1 工程各种文件、资料、记录、监理检查检验报告。

1.6.7.3.2 监理日志、监理月报及需要向项目法人和委托单位提供的各种报表、报告。

1.6.7.3.3 监理与项目法人和委托单位、设计单位、施工承包商、材料供应商的往来信函、电子邮件。

1.6.7.4 制定信息管理制度，明确责任，确保工程信息采集、处理、传递的准确性、及时性和可追溯性，并按照《企业档案管理规定》及《国家重大建设项目文件归档要求与档案整理规范》（DA/T 28—2002）的要求，搞好归档工作。

1.6.7.5 建立计算机信息管理系统，提高信息传递质量和速度，确保上报信息的真实性，满足信息管理需要。

1.6.7.6 国华乌拉特后旗 500kV 送出线路工程业主项目部的要求，按期、保质、保量的向相关单位报送工程进度、工程质量、安全报表、计划统计报表、材料供应、开箱检查等信息。

1.6.8 协调工作措施

搞好协助工作是保证工程建设顺利进行的重要条件，为了搞好工程协调工作，采取以下措施：

1.6.8.1 建立与各参建单位的联络机制，密切各单位之间关系，做到互通情况，主动提供监理服务。及时、准确地了解掌握工程情况，为协调工作提供事实依据。

1.6.8.2 建立工程例会制度，定期或不定期的召开由委托业主单位、管理单位、设计、施工、监理、质监、运行、材料供应等单位参加的工程协调会，通报交流情况，提出问题，依据合同和业主单位指令，研究解决问题的办法及措施，疏通各方关系，使参加各方能够认识统一、配合密切、步调一致。

1.6.8.3 在工程开工前应对现场进行调查，熟悉情况，建立必要联系，协助参建各方协调与地方政府有关部门、地方群众的关系及可能发生的问题，创造良好的环境条件。

1.6.8.4 熟悉工程情况，学习掌握相关法律、法规、政策，做到处理问题事实清楚、证据有力、说理充分、讲究策略、处理得当。重要、重大问题及时向项目法人和委托单位报告，并由其协调解决。

1.6.8.5 在协调地方关系时，既要充分遵守和依靠地方政府，又要充分利用法律保护项目法人和委托单位和工程承包商的合法利益不受侵害。

1.6.9　工程后期服务

1.6.9.1　参与启动验收员委会工作，督促有关单位配合试运行工作，对试运行中出现的质量问题提出监理意见，并督促相关单位进行处理。

1.6.9.2　认真执行《工程竣工验收办法》，组织和参加工程预验收和竣工验收，督促消缺，参加复检，做好资料审核及归档。

1.6.9.3　协助项目法人和委托单位编制达标投产预检办法，参与预检工作。

1.7　工程建设“创一流”措施

1.7.1　监理部成立“创一流”领导小组，邀请委托管理单位代表、施工承包商、设计共同参加，把“创一流”工作贯彻到工程建设过程的始终。

1.7.2　定期召开“创一流”协调会，研究讨论“创一流”措施，检查“创一流”工作开展情况。

1.7.3　“一流工程要有一流的管理，一流的设计，一流的设备，一流的施工水平，一流的工艺和质量水平，一流的精神文明建设和一流的环境”，为此监理要从以下几个方面做好监理工作。

1.7.3.1　协助设计做好设计优化，达到技术先进，经济合理，质量优良。

1.7.3.2　要求承包商按照《国家电网公司输变电工程施工示范手册〈送电工程分册〉》精心施工，按照国家输变电工程“创一流”政策评定标准，编制施工工艺及保证质量措施。

1.7.3.3　督促施工承包商认真贯彻“《国家电网公司输变电工程建设创优编制纲要》等七个指导文件”的各项要求，加强现场安全文明施工管理，健全管理体系，落实责任。

1.7.3.4　加强材料的监理力度，严格材料的进场检验、检查，做好监理记录，确保使用的材料符合设计要求，符合质量、工艺标准。坚决杜绝不合格材料进入现场。

1.7.3.5　按“创一流”要求完善安全、质量、进度、投资措施，监督贯彻执行。

1.7.3.6　按“创一流”标准规定要求在施工阶段收集和整理相关资料，为“创一流”工程评定提供文字依据。

1.8　监 理 组 织 机 构

1.8.1　组织机构设置原则

本工程是乌拉特后旗较大的输电线路工程，起点高、技术新、要求严，具有很强的战略性，为了能全面完成监理工作任务，保证实现本监理标段工程总体目标，机构设置的原则是人力配置充足，职能健全，职责分明，决策迅速，应变能力强，便于集中统一领导的高效办事机构。

1.8.2　项目监理部组织机构框图

工程项目监理部组织机构详见图 1-8-1～图 1-8-3。

1.8.3　项目监理部管理组职责

1.8.3.1　安全、文明施工管理组职责

1.8.3.1.1　认真贯彻执行《电力建设安全健康与环境管理工作规定》的安全施工管理规定和上级有关安全工作的指示，在项目总监（副总监）的领导下负责本监理标段施工阶段的安全、文明施工管理与控制工作。

1.8.3.1.2　负责对承包单位安全、文明报审资料的审核，签注意见，报总监（副总监）审批。

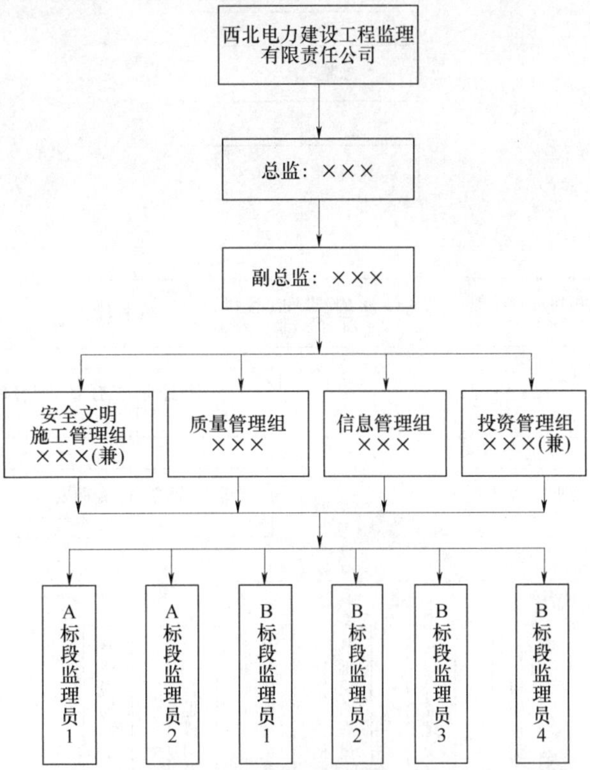

图 1-8-1　工程项目监理部组织机构

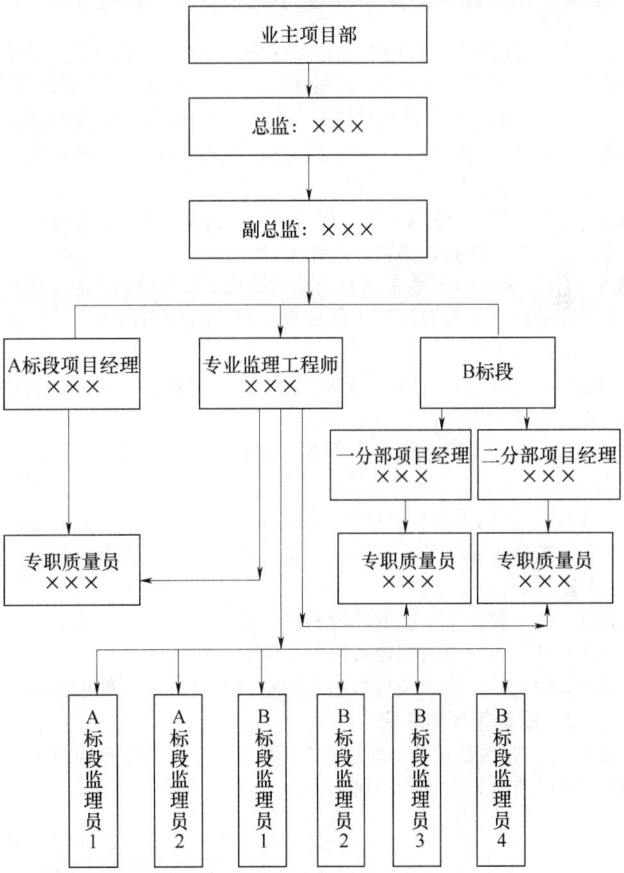

图 1-8-2　国华乌拉特后旗 500kV 送出线路工程工程项目监理质量管理框图

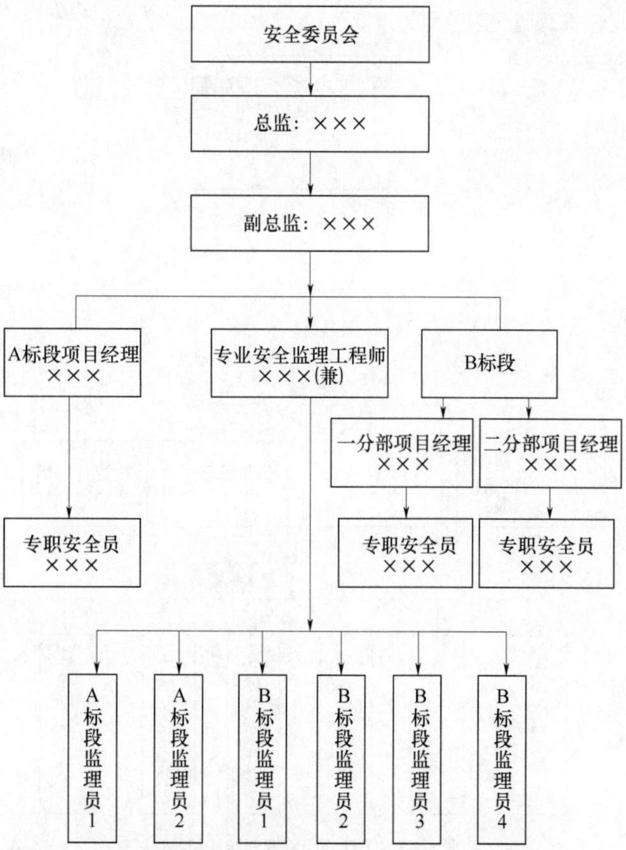

图 1-8-3　国华乌拉特后旗 500kV 送出线路工程项目监理安全管理框图

1.8.3.1.3　经常深入现场检查施工现场的安全、文明情况，负责收集、汇总和整理与安全、文明施工有关资料，编写监理月报。

1.8.3.1.4　及时采取措施协助有关方处理一般安全、文明施工问题，对重大安全、文明施工问题应及时向总监（副总监）报告。

1.8.3.1.5　参加安全例会和工程协调会，协助总监（副总监）做好计划，布置检查、考核、总结安全工作。

1.8.3.1.6　及时检查承包商安全技术交底、安全培训考试、特种作业人员持证上岗及现场人员安全工具正确使用情况，并监督安全措施实施。

1.8.3.1.7　督促承包商做好劳动保护用品、用具和重要工具的定期试验、鉴定工作。

1.8.3.1.8　按“四不放过”的原则，督促承包商做好各类事故的调查处理工作。

1.8.3.1.9　协助总监（副总监）开展每周安全日活动，做好监理人员的安全思想宣传教育工作，督促监理人员做好自身安全防范工作。

1.8.3.1.10　做好本工程的环境保护工作。

1.8.3.1.11　积极协调配合其他专业组的工作。

1.8.3.1.12　负责完成项目总监（副总监）交办的其他工作。

1.8.3.2　质量管理组职责

1.8.3.2.1　在项目总监（副总监）领导下，全面负责本监理标段施工阶段质量、管理与控制工作。

1.8.3.2.2　依据监理规划和监理细则的要求，严格贯彻执行有关质量各项管理制度，严格遵守各项工作程序，严格要求、严肃认真、全面完成质量监理工作。

1.8.3.2.3　负责对承包单位质量报审资料的审核、签注意见，报总监（副总监）审批。

1.8.3.2.4　负责组织施工阶段质量中间验收，竣工初验收及参加竣工验收。

1.8.3.2.5　负责对进场材料质量的抽检，认真执行准入制度。

1.8.3.2.6　经常检查现场施工质量情况，收集整理有关资料，汇总编写监理月报。

1.8.3.2.7　及时采取措施，协助有关方面处理一般质量问题，对重大质量问题应及时向总监（副总监）报告。

1.8.3.2.8　负责对承包商质量体系进行检查，并督促其有效进行，重要问题应向总监（副总监）报告，并协助总监（副总监）尽快处理。

1.8.3.2.9　负责对现场监理员工作的检查、督导。

1.8.3.2.10　积极协助配合其他专业组的工作。

1.8.3.2.11　负责总监交办的其他工作。

1.8.3.3　合同信息管理职责

1.8.3.3.1　在项目总监（副总监）的领导下，全面负责本监理标段的投资、合同、信息管理与培训工作。

1.8.3.3.2　负责对承包商提交的投资、合同、信息报审资料审核、签注意见，报总监（副总监）签认。

1.8.3.3.3　负责对承包商支付凭证的审核，并提出审查意见，交项目总监（副总监）签认。

1.8.3.3.4　负责编制工程一级网络计划和工程资金使用计划。

1.8.3.3.5　经常深入现场，负责收集、汇总和整理有关投资、合同、信息等监理资料。

1.8.3.3.6　协助项目总监（副总监）调解发包方与承包方合同争议。对承包方提出的费用索赔、工期索赔进行详细调查，提出审核意见，报总监（副总监）审批。

1.8.3.3.7　协助项目所在地与项目有关的外部条件的协调工作，协助办理需发包方办理的有关手续。

1.8.3.3.8　参加工程协调会，协助总监（副总监）做好计划、布置、总结投资、合同、信息工作。

1.8.3.3.9　积极配合其他专业组的工作。

1.8.3.3.10　负责完成项目总监（副总监）交办的其他工作。

1.8.3.4　综合管理组职责

1.8.3.4.1　负责项目监理部的日常事务、后勤保障及生活安排。

1.8.3.4.2　负责各专业组资料的打字、出版。

1.8.3.4.3　负责项目监理部所用的车辆、工器具等的计划、配置和调配。

1.8.3.4.4　负责本工程的影像资料的制作和汇总整理。

1.8.3.4.5　对膳食、饮用水等生活卫生、环境卫生和现场医疗救护工作进行安排和检查。

1.8.3.4.6　做好防暑降温、食物中毒、用电安全的防护工作。

1.8.3.4.7　做好驾驶员安全教育工作，杜绝发生重大责任事故。

1.8.3.4.8　负责项目总监（副总监）交办的其他工作。

1.8.4　监理工程师职业道德守则

本章其余内容见光盘。

第 2 章　乌拉特后旗 500kV 送出线路工程监理实施细则

2.1　基础与接地工程部分

2.1.1　工程概况

2.1.1.1　工程概况

2.1.1.1.1　工程概况。

国华乌拉特后旗 500kV 送出线路线路经过地区非居民区，由乌拉特后旗 220kV 开闭站附近向西南方向偏转至 J2，然后折向正南，避开华能新能源乌力吉风电场、大唐河北乌力吉 2#风电场、哈达图硅石矿至查干陶勒盖 J3 处。从查干陶勒盖 J3 处偏向西南，避开调幅广播收音台、获各琦铜矿至 J6，线路由 J6 继续向南行进，期间部分路径依托获各琦铜矿至水源地砂石公路东侧布置，在 J19 处依托“获青公路”向东南方向行进至杨贵口开始进入平原，避开硫铁矿选矿厂、公墓、沿工业园规划走廊几经转折进入临河北 500kV 变电站附近 J35 处。

该线路包含三部分：第一部分拟建乌拉特后旗 220kV 开闭站—查干陶勒盖 J3 段单回路 13.98km；第二部分查干陶勒盖 J3—临河北 J37-500kV 构架段同塔双回 51.37km；第三部分 J36—临河北 220kV 构架段单回路 0.72km。共有铁塔 165 基，其中直线塔 125 基，耐张塔 40 基；线路曲折系数 1.3。

导线采用 4×LGJ-400/35 钢芯铝绞线；本工程线路两根地线都采用架空复合光缆（英文缩写 OPGW）。

全线主要道路为“获青公路”和局部乡间道路，平丘地区交通较方便，山区交通困难。交叉跨越及障碍设施较多，主要跨越物有 10kV 电力线 14 次、35kV 电力线 4 次、110kV 电力线 3 次、220kV 电力线 4 次、公路 15 次、河流 25 次。

2.1.1.1.2　工程规模。

同塔双回路 500kV 输电线路 51.37km；单回路 14.7km。

2.1.1.1.3　基础。

本监理标段内基础设计有以下几种形式：

（1）直柱台阶基础。

（2）掏挖装基础。

（3）钻孔灌注桩基础。

2.1.1.1.4　开竣工时间。

本工程计划开工时间为 2012 年 4 月 5 日，竣工时间为 2012 年 11 月 30 日。

2.1.1.1.5　参建单位。

项目法人：国华（乌拉特后旗）风电有限公司。

建设管理单位：国华（乌拉特后旗）风电有限公司工程项目部。

设计单位：内蒙古电力勘测设计院。

监理单位：西北电力建设监理有限责任公司。

施工单位：天津光宇电力安装有限公司（A 标段），内蒙古送变电工程公司（B 标段）。

2.1.1.2　基础工程概况

基础工程概况见表 2-1-1。

表 2-1-1　　基 础 工 程 概 况

名称	单位	内蒙古送变电	天津光宇	合计
一、基础型式				
直柱式基础	基	115	38	153
掏挖式基础	基	7	0	7
灌注桩基础	基	5	0	5
二、连接方式				
地脚螺栓	基	127	38	165
三、主要工程量				
基础混凝土	m^3	15899.37	1181.1	17080.47
基础钢材	t	1619.82	130.23	1750.05

2.1.2　监理工作依据

（1）《500kV 架空送电线路施工及验收规范》（GB 50233—2005）。

（2）《500kV 架空送电线路工程施工质量检验及评定规程》（DL/T 5168—2002）。

（3）《普通混凝土配合比设计技术规定》（JGJ 55—2011）。

（4）《地基与基础施工及验收规范》（GB 50202—2002）。

（5）《混凝土强度检验评定标准》（GB/T 50107—2010）。

（6）《建筑工程监理规范》（GB 50319—2000）。

（7）《建筑桩基技术规范》（JGJ 94—2008）。

（8）《混凝土结构工程施工质量验收规范》（GB 50204—2002）。

（9）《建筑地基基础工程施工质量验收规范》（GB 50202—2009）。

（10）《硅酸盐水泥、普通硅酸盐水泥》（GB 17510—2007）。

（11）《普通混凝土用砂质量标准及检验方法》（JGJ 52—2006）。

（12）《普通混凝土用碎石和卵石质量标准及检验方法》（JGJ 52—2006）。

（13）《钢筋焊接及验收规范》（JGJ 18—2012）。

（14）《电力建设安全健康与环境工作规定》（国家电网工〔2004〕488 号）。

（15）本工程有关合同、文件及技术资料。

（16）经审批的工程施工图及技术说明文件（设计修改通知单、施工图交底会审纪要、工程技术联系单、工程作业指导书等）。

2.1.3　基础及接地工程现场监理工作流程图

基础及接地工程现场监理工作流程图如图 2-1-1 所示。

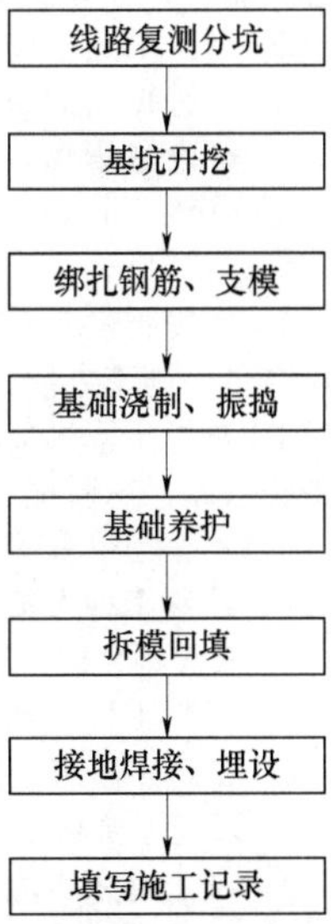

图 2-1-1　基础及接地工程现场监理工作流程图

2.1.4　质量控制工作内容

（1）检查项目部组织机构及质量保证体系。

（2）审查基础工程施工技术方案

及质量保证措施。

（3）检查施工人员上岗到位及工作状态。

（4）检查施工机具到位及状态情况。

（5）检查施工现场原材料（钢筋、水泥、砂、石、水）堆集到位及质量状况。

（6）检查施工场地是否符合施工条件。

（7）对混凝土浇制全过程实施监控。

（8）检查安全、环保、文明施工措施执行情况。

2.1.5 质量控制措施

（1）要求施工单位在开工前编写好基础工程的“施工技术措施”或“作业指导书”，经监理审核通过后，对全体施工人员进行技术交底，并做好交底记录，否则不得开工。

（2）基础施工阶段实行旁站与中间抽检相结合的原则，实行全过程监理。设立相应的质量监控点（S、H、W点）见附表一《工程项目质量检查项目表》。

（3）基础工程开工前，施工单位完成工程开工前的各项准备工作后，填写工程开工报审表，经监理人员复查确认无误后，方可进行开工。

（4）特殊工种施工人员必须持证上岗。

（5）检查原材料质量、数量、规格、来源是否与报审材料一致，若有不符，立即清除出场。

（6）检查施工机具的完好状况，要求施工现场必须配有足够的备品备件及易损件。

（7）材料不允许代用，特殊情况需代用时，施工单位必须填写《工程材料/构配件/报审表》经现场监理及设计工代签证同意后方可代用。

（8）检查施工环境是否具备连续作业的条件。

（9）施工单位必须严格按照设计图纸进行施工，如遇到涉及设计修改时，首先以《工作联系单》方式，将详细情况报监理。监理会同设计、施工到现场取证，经三方讨论达成一致后，由设计出具《设计变更通知单报审表》方式报建设单位（发包方）审批。

（10）对质量事故及不合格项的处理：

1）发生质量事故后，督促施工单位提出详细的工程质量事故报告，并及时组织有关单位对事故进行分析，确定处理方案，立即实施，并做好文字记录整理归档备查。

2）对施工过程中不符合设计文件及施工规范的，以《监理工程师通知单》书面形式通知施工单位立即进行整改，施工方整改完毕后，以《监理工程师通知回复单》形式反馈到监理部，监理进行复查后，签署意见，过程资料必须闭环。

3）事故处理措施应符合质量规范、技术要求、尽可能做到经济合理、施工方便。

4）在发生下列情况之一，且经监理工程师通知施工单位，整改无效时，总监理工程师可签发《工程暂停令》。

a．不按经审查的设计图纸施工。

b．特殊工种人员无证操作。

c．发现不合格材料、半成品、构配件及机具设备存在问题。

d．隐蔽工程未经验收签证。

e．上道工序未经验收签证，便进入下道工序施工。

f．发现不合格项存在质量问题且整改不力。

g．发生重大质量、安全事故。

5）对令其停工的工程，需要复工时，施工单位应填报《工程复工报审表》，经专业监理工程师复查认可，并经总监理工程师批准后方可复工。

2.1.6 质量控制要求

一、线路复测分坑

（1）线路复测使用的仪器应进行校验。仪器应有检查合格证且符合有效使用期。仪器精度应符合规范要求。

（2）复测以耐张段为单位，同一耐张段内的测量操作，应由同一人负责，不得更换。如一个耐张段内由两个以上的施工队施工时，对交界处复测必须互相测过对方施工段的两基以上桩号，以保证中心桩在同一直线上。在一耐张段复测完毕后，方可对该段内的铁塔基础进行基面作业和基坑开挖。

（3）检查复测记录是否齐全，有无超出设计及规范要求的内容，对丢失的塔位桩，施工用辅助方向桩是否补钉，现场桩位是否符合设计，转角度数、标高、风偏影响点、基础保护范围、交叉跨越位置等记录是否清楚。转角塔基础施工时应妥善保护好各延长线桩和角分线桩，以备检查时用。

（4）线路复测允许误差见表2-1-2。

表2-1-2 线路复测允许误差

项目／序号	误差数别	允许误差
1	横线路方向位移	50mm
2	相邻塔位间挡距	±1%
3	实测转角度数与设计值的误差	1′30″
4	塔位高程	0.5m
5	重点桩位（跨越点）地形凸起点及被跨越物的标高	0.5m

二、基面平整及基础施工

（1）基面开挖时，应保留塔位中心桩或将中心桩引出，以便核实塔位中心桩至基础立柱中心面的高差和基础埋深。

（2）施工开挖的基础要有一定的排水坡度，以便于排水。

（3）基础坑底中心，相对于塔位中心桩的位置应符合设计要求，坑位应准确无偏差，相互几何尺寸应符合设计要求。

（4）基础坑底应平整，同基基础坑深在允许偏差范围内按最深一坑操平，基础坑深允许偏差合格级为＋100、－50，优良为＋100、0。

（5）为保证施工人员的安全，挖坑时应根据不同地质情况留有足够的安全坡度，坑下作业应有人监护，上下应有梯子。

（6）对直线转角塔、转角塔及终端塔，采用地脚螺栓的塔型预偏时，应将四个基础顶面抹成同向、同角度的斜面，以保证塔脚板与基础顶面接触紧密，具体预偏值可参考设计提供的数值或施工单位根据施工经验确定。

（7）大开挖基础弃土必须运至坑口1.5m以外的安全地带，并应按设计要求用彩条布进行铺垫。掏挖基坑开挖时其坑口在底盘半径范围内严禁堆放弃土或其他杂物。在掏挖基坑过程中或基坑开挖已经完成，下班后应用塑料蒙盖以防晚上雨水流进入出现坑壁坍塌。坑筒采用混凝土护壁、护笼等安全设施，以防坑壁坍塌，确保坑下人员安全。

（8）灌注桩基础的施工准备：

1）根据设计图纸结合现场实际情况。基桩轴线的控制点和水准点应设在不影响施工的地方，开工前，复核后妥善保护，以便施工中经常复测。

2）桩基施工用的临时设施，必须在开工前准备就绪，施工场地应进行平整处理，以保证施工机械正常作业。

3）确定成孔机械、配套设备及合理施工工艺的相关资料，成桩机械必须经鉴定合格，不合格机械不得进场使用；采用泥浆护壁成孔时，标明泥浆制备设施及循环系统；泥浆护壁灌注桩必须要有泥浆处理措施。废弃的泥浆、渣按环境保护的有关规定处理。

4）桩基施工时，对安全、劳动保护、防火、防台风、爆炸作业、文物、环境保护等方面应按有关规定执行。

5）灌注桩基础检查重点是：

a．查成孔及清孔。

b．查坑钢筋笼制作及安放。

c．查混凝土搅制及灌桩。

6）泥浆护壁应符合下列规定。

a．施工期间护筒内的泥浆面应高出地下水位 1.0m 以上，在受水位涨落影响时，泥浆面应高于水位 1.5m 以上。

b．在清空过程中，应不断置换泥浆，直至浇注水下混凝土。

c．浇筑混凝土前，孔底 500mm 内的泥浆比重应不小于 1.25；含沙率小于或等于 8%，黏度小于或等于 28s。

d．在容易产生泥浆渗漏的土层中应采取维持孔壁稳定的措施。

对检查的结果做好原始记录。

（9）基础浇制用原材料的检查：

1）钢筋检查。钢筋规格和各部尺寸符合设计图纸要求。

采用的钢筋必须符合现行国家标准的规定，并有生产厂家提供的产品合格证、材质试验报告及加工合格证明，证明材料应加盖公章（一式四份）。

钢筋制作的允许偏差应符合表 2-1-3 的规定。

表 2-1-3　　钢筋制作的允许偏差

项　　目	允许偏差/mm
受力钢筋长度方向全长净尺寸	±10

钢筋采用搭接焊接，焊缝宽不小于 $0.7d$，焊高不小于 $0.25d$，灌注桩主筋应点焊成笼，主筋采用搭接，搭接长度大于 $10d$，双面施焊，焊条采用 E50 型，接头间的位置应相互错开，距高大于 700。搭接长度应满足表 2-1-4 的要求。

表 2-1-4　　搭 接 长 度 要 求

搭　接　方　式	不小于
双面施焊	$6d$
单面施焊	$12d$
灌注桩主筋焊接（双面施焊）	$10d$

2）水泥检查。水泥必须有生产厂家提供的产品合格证、化验合格证及质量检验资料，包括生产日期、批号、初终凝时间、商品标号等具体指标，并符合下列标准：《硅酸盐水泥》《普通硅酸盐水泥》（GB 175—2007）。

水泥使用的基本原则：先到先用，不同厂家、不同型号、不同品种的水泥不得在同一基础中混合使用，应按品种、批号、出厂日期等分别堆放，水泥出厂超过 3 个月，或虽未超过 3 个月，但保管不善时，必须补做标号试验，并按试验后的实际标号使用。

监理要检查水泥生产厂家、出厂日期、品种、标号是否符合工程要求。

3）用砂检查。混凝土用砂应符合《普通混凝土用砂质量标准及检验方法》（JGJ 52—2006）的有关规定。

粗砂：平均粒径不小于 0.5mm，细度模数 3.7～3.1。

中砂：平均粒径为 0.35～0.5mm，细度模数 3.0～2.3。

细砂：平均粒径为 0.25～0.35mm，细度模数 2.2～1.6。

普通混凝土用砂的粒径应不小于 0.25mm，以使用中砂较好。

混凝土用砂应颗粒清洁，其含泥量应符合表 2-1-5 的规定。

表 2-1-5　　含 泥 量 要 求

混凝土强度等级	≥C30	<C30	≤C10
含泥量（按质量计）/%	≤3.0	≤5.0	可放宽

对运到桩位的砂子，进行外观检查其粒径和含泥量并做好记录。

4）石子检查。混凝土基础工程使用的碎石或卵石应符合《普通混凝土碎石和卵石质量标准及检验方法》（GB/T 14685—2011）的有关规定。

按其粒径可分为：

细石：粒径 5～20mm。

中石：粒径 20～40mm。

粗石：粒径 40～100mm。

混凝土用石子其最大粒径不得超过结构最小尺寸的 1/4，且不得超过钢筋最小净距的 3/4，本线路基础施工中，不允许向混凝土中掺入毛石。

石料要经有国家二级以上计量合格证的检验单位出具检验合格报告。

运往桩号的石料应与经过检验合格的石粒相同，并做好相应的检查记录。

5）水。本工程的浇制用水应经检验合格后方可使用。

（10）基础浇制。运到塔位的钢筋质量、品种、规格、数量应符合设计图纸。基础钢筋的绑扎应结实牢固，间距应均匀，节头分开布置，底板钢筋应用与基础混凝土标号相同的混凝土垫块支垫，确保满足设计保护层要求。

立柱倾斜的角度大小应严格控制在设计要求的范围内。

对钢筋的外观检查，大块的锈斑应清除，绑扎好钢筋后必须清除钢筋上的污物。

主钢筋的绑扎应均匀分布，符合设计图纸要求。主筋、箍筋间距的允许误差如下：

1）主筋间距允许误差为±5mm。

2）箍筋间距允许误差为±20mm。

3）立柱中心与底板中心的偏移不超过 10mm。

并做好检查记录。

模板应表面平整、光滑、清洁，每次组装前应在钢模内侧均匀涂刷脱模剂。

对于斜柱式基础，应按设计斜度要求加工成异形模板。模板支撑必须牢固，模板连接处应严密，不得漏浆。钢模板与坑壁之间应采用足够强度的材料进行支撑。

钢筋与坑底面、钢筋与模板之间的保护层需要支垫的部位应用与基础混凝土标号相同的预制混凝土块支垫，保护层厚度要符合设计图纸及规范要求。

基础浇制前，应填写《基础隐蔽工程质量检查记录表》。

基础浇制过程中，混凝土必须采用机械搅拌。检查：

1）查混凝土配合比，对砂、石子、水泥、水的用量，现场称量，每班日不少于 3 次，并做好检查记录。

2）坍落度检查，每班日或每个基础腿应检查两次或以上，并做好检查记录。

3）试块制作：应在浇制点随机取样制作，其养护条件应与基础相同，试块制作数量应符合下列规定。

a．转角耐张、终端、换位塔及直线转角塔基础每基应取一组。

b．一般直线塔基础、同一施工队每5基或不满5基应取一组，单基或连续浇制混凝土量超过100m^{3}时亦应取一组。

c．灌注桩基础每根桩柱取一组，每基四组。

d．当需要做其他强度鉴定时，试块的组数应由项目经理部自定。

4）浇灌。搅拌好的混凝土应立即进行浇制，浇制应先从一处开始，逐渐延向四周。

混凝土倒入模板时，其自由倾落高度不超过2m，超过2m时应设置溜槽成串桶下料。

混凝土应分层浇灌，每层厚度为200mm，每个基础的混凝土应一次连续浇成，不得中断。如因故中断不得超过30min。

采用机械振捣，在浇制捣固过程中，要随时观察模板及支撑是否变形、下沉、移位、发现问题应立即处理。

每个基础混凝土浇制到立柱顶面时，在初凝前进行收浆抹面，要求光滑平整（对于转角塔，按铁塔预偏要求抹成斜面）。

基础浇制过程中应填写好《隐蔽工程基础混凝土浇制过程（旁站）记录表》。

5）拆模。基础拆模后，不得有露筋、蜂窝、狗洞、夹渣、疏松、裂缝等现象，基础表明平整，不得有缺棱掸角、翘曲不平、飞边凸肋等现象，应减少基础表面麻面、掉皮、起砂、沾污等缺陷。

混凝土基础拆模强度要达到设计要求，保证基础表面和棱角不被损坏。

基础拆模时，施工单位应对基础表面质量及结构尺寸进行检查，检查结果应符合表2-1-6的规定。

表2-1-6　　拆模检查允许误差

项　目	允许误差
保护层厚度	－5mm
同组地脚螺栓中心对立柱中心偏移	10mm
基础底板底面标高	＋100mm　－50mm
基础立柱顶面高、差	5mm
立柱及各底座断面尺寸	－1%
地脚螺栓露出混凝土面高度	＋10mm　－5mm
整基基础中心与中心桩之间的位移	横、顺线路各30mm
整基基础的扭转	10′

拆模时对外观尺寸进行检查，做好记录，填写好《基础隐蔽工程质量检查记录表》。

6）养护。浇制好的混凝土基础应按规范要求作好养护（一般在浇制后应在12h内开始浇水养护，炎热或有风天气应在3h内进行浇水养护）。

混凝土养护应满足以下规定：养护用水应与搅拌用水相同。普通硅酸盐和矿渣硅酸盐水泥拌制的混凝土浇水养护日期，一般塔基础不得少于3～5d（根据气温变化可适当延长）。基础拆模经表面质量检查合格后，套上塑料薄膜后，应立即回填。日平均气温低于5℃，禁止浇水养护。

（11）基础浇制的监理。检查施工技术措施的完整性科学性、可行性和施工安全、技术交底记录。

检查现场：

1）检查施工人员（安全、质量、技术）到位情况。

2）检查浇制现场施工秩序。

3）检查施工单位在浇制过程中是否有专人校验模板和校核各部尺寸。

4）检查施工现场是否配有经计量认证的原材料计量器具，严格控制混凝土配合比。

5）检查现场坍落度试验、试块制作情况。

6）随机抽查施工单位的混凝土试块的制作养护。

7）检查基础拆模后基础立柱有无"鼓肚"，以及立柱与底板结合部有无"烂脖子"现象。

8）检查浇制过程是否符合规范及作业指导书要求。

9）检查地脚螺栓固定是否可靠。

10）检查作业班用料检查记录。

11）检查浇制过程中的模板校验记录。

12）检查确认无误后填写基础检查记录表。

（12）基础回填。

1）回填时每300mm夯实一次，回填、夯实必须由中心桩延对角线方向由近到远依次进行。

2）回填土可掺石块，但不得含有树根、杂草及其他不易夯实的杂质。

3）岩石坑回填土可按石与土比例为3:1均匀掺合夯实。

4）水坑回填时应排除坑内积水或冰雪。

5）流沙、淤泥等难以夯实的坑回填时，应按设计要求作特殊处理。

6）回填土在地面以上应筑有自然坡度的防沉层，其顶部尺寸不得小于坑口尺寸，一般防沉层应高出地面300～500mm，防沉层埋设应采取相应的成品保护措施。

严禁在设计要求的边坡范围内取土。回填后剩余土处理要符合环保要求。监理人员检查回填土夯实情况。

三、接地工程

接地体的材料及埋设位置、长度必须符合设计要求。

位于耕地时埋深不得小于0.8m。

位于非耕地埋深度不小于0.6m或按设计要求埋设。

选择接地体的槽位，应尽量避开道路、地下管道及电缆等，在倾斜的地形宜沿等高线敷设，防止接地沟受到山洪冲刷而引起接地体外露。

采用降阻剂的接地装置，必须按照降阻剂施工要求严格执行。

接地装置的连接应可靠，除设计规定的断开点可用螺栓连接外，均应采用搭接焊接，连接前应清除连接部位的铁锈等附着物。

当采用搭接焊接时，圆钢的搭接长度应为其直径的6倍，并应双面施焊，扁钢的焊接长度应为其宽度的2倍，并应四面施焊。

接地引下线与铁塔的连接应接触良好，并便于运行测量和检修。当引下线直接从架空地线引下时，引下线应紧靠塔身，并应每隔一定距离与塔身固定一次。

接地电阻的测量可采用接地摇表，所测的接地电阻值应不大于设计工频接地电阻值。

接地槽回填前，应检查填写《隐蔽工程接地埋设质量检查记录表》，见附表：表2-1-7～表2-1-12。

表 2-1-7　　**500kV乌拉特后旗送出线路工程基础工程质量检查（W、H、S）表**

工程编号			工程名称	见证点W	停工待检点H	旁站点S	检验单位				备注
分部工程	分项工程	检查项目					班组	项目部	公司	监理公司	
1			基础施工							√	
	1		线路施工复测	√			√	√		√	
	2		基坑开挖		√		√	√		√	
	3	1	钢筋绑扎		√		√	√		√	
		2	模板		√		√	√		√	
		3	混凝土浇制								
		（1）	配比、搅拌、振捣			√	√			√	
		（2）	养护	√			√			√	
		（3）	试块强度	√			√	√	√	√	
		4	拆模检查		√		√	√		√	
		5	回填土	√			√	√		√	

施工负责人：　　　　　　　　　　　　　　　　　　　　　　　　监理工程师：

表 2-1-8　　**基础隐蔽工程质量检查记录表（浇制前）**

工程名称：500kV乌拉特后旗送出线路工程　　　　　　　　　　　　________项目部

塔号		基础型		转角度数	设计值		施工基面		完成日期		施工编号：B▲C A D	
					实测值				检查日期			
序号	检查项目	性质	质量标准 合格	质量标准 优良	设计值				实测值（检验结果）			
1	地质情况	重要										
2	水泥	关键	符合GBJ 233—1990第2.0.6条规定									
3	砂、石	关键	砂：含泥≤5%　石：杂质2%									
4	水	关键	符合GBJ 233—1990第2.0.7条规定									
5	基础埋深/mm	重要	＋100，－50	＋100，0	A：	B：	C：	D：	A：	B：	C：	D：
6	底板断面尺寸/mm	关键	－1.0%	－0.8%	上：				A：	B：	C：	D：
					下：				A：	B：	C：	D：
7	底板钢筋规格、数量	关键			上：				A：	B：	C：	D：
					下：				A：	B：	C：	D：
	钢筋间距/mm				上：				A：	B：	C：	D：
					下：				A：	B：	C：	D：
8	底板钢筋保护层/mm	重要	－5		上：				A：	B：	C：	D：
					下：				A：	B：	C：	D：
9	底板半根开/mm	一般	±2‰	±1.6‰	AX： AY：	BX： BY：	CX： CY：	DX： DY：	AX： AY：	BX： BY：	CX： CY：	DX： DY：
10	底板半对角线	一般	±2‰	±1.6‰	AO：	CO：	BO：	DO：	AO：	CO：	BO：	DO：
11	地脚螺栓规格、数量/插入式角钢规格	关键							A：	B：	C：	D：
12	立柱主筋规格数量	关键							A：	B：	C：	D：
	立柱主筋间距/mm								A：	B：	C：	D：
13	钢筋焊接		符合规范要求									
14	立柱钢筋保护层/mm	重要	－5						A：	B：	C：	D：
15	立柱倾斜/mm	重要			A：H L	B：H L	C：H L	D：H L	A：H L	B：H L	C：H L	D：H L

续表

序号	检查项目	性质	质量标准		设计值				实测值（检验结果）				
			合格	优良									
16	模板顶面高差/mm	一般							板顶	A:	B:	C:	D:
17	模板		符合规范要求										
注：*X*指横线路，*Y*指顺线路，*L*指立柱倾斜值，*H*指立柱高。此记录表由旁站监理人员填写，项目合格打“√”，全部项检查完，填写监理意见并签名。													
监理意见： 监理员： 年　月　日													

施工负责人：　　　　　　　　　　　　　　　　　　　　　　监理工程师：

表 2-1-9　　　　　　　　　基础隐蔽工程质量检查记录表（回填前）

工程名称：500kV 乌拉特后旗送出线路工程　　　　　　　　　　　　　　　　＿＿＿＿＿＿项目部

桩号			基础型	A		B		C		D		完成日期 检查日期		
序号	检查项目		性质	质量标准		设计值				实测值				
				合格	优良									
1	立柱顶面或主角钢操平印记间相对高差/mm									浇后	A:	B:	C:	D:
										拆模	A:	B:	C:	D:
2	基础顶面半根开/mm	地脚螺栓式	一般	±0.16%	±0.13%	AX:	BX:	CX:	DX:	浇完	AX:	BX:	CX:	DX:
		主角钢插入式	一般	±0.08%	±0.07%	AY:	BY:	CY:	DY:	拆模	AY:	BY:	CY:	DY:
3	基础对角线半根开/mm	地脚螺栓式	一般	±0.16%	±0.13%	A0:	B0:	C0:	D0:	浇完	A0:		B0:	
		主角钢插入式	一般	±0.08%	±0.13%					拆模	C0:		D0:	
4	立柱断面尺寸/mm		重要	−1%	+0.07%					拆模	A:	B:	C:	D:
5	底脚螺栓间距/mm					A:	B:	C:	D:					
6	底脚螺栓露高/mm			+10	−5						A:	B:	C:	D:
7	同组地脚螺栓与立柱中心偏移/mm		一般	10	8						A:	B:	C:	D:
8	整基基础中心位移/mm	顺线路	重要	30	24									
		横线路		30	24									
9	整基基础扭转（一般塔）		重要	10′	8′									
10	基础表面质量		重要	符合 Q/GDW115 第 7.2.18 条规定	表面平整									
11	回填土		重要	符合 Q/GDW115 第 6.7～6.10 条规定	无沉陷防沉层整齐美观									
注：*X*指横线路，*Y*指顺线路，*L*指立柱倾斜值，*H*指立柱高。此记录表由旁站监理人员填写，并逐项检查，项目合格打“√”，全部项检查完，填写监理意见并签名。														
监理意见： 监理员： 年　月　日														

施工负责人：　　　　　　　　　　　　　　　　　　　　　　监理工程师：

表 2-1-10　　　　**灌注桩基础隐蔽工程质量检查记录表**

工程名称：500kV 乌拉特后旗送出线路工程　　　　＿＿＿＿＿＿项目部

桩号		基础型式		浇制日期		年　月　日	基础编号：B A ↑ C D		
序号	性质	检查项目		质量标准		检 验 结 果			
				合格	优良	A	B	C	D
1	关键	地脚螺栓及钢筋规格、数量		符合设计	制作工艺良好				
2	关键	水泥		符合 GBJ 233—1990 第 2.0.6 条规定	保管完好无结块				
3	关键	砂、石		符合 GBJ 233—1990 第 2.0.4、2.0.5 条规定	未混入杂质				
4	关键	水		符合 GBJ 233—1990 第 2.0.7 条规定	未见污物和油污				
5	关键	混凝土强度		C25					
6	关键	桩深		不小于设计值					
7	关键	桩体整体性		符合设计，无断桩					
8	关键	充盈系数		一般土不小于 1，软土不小于 1.1	一般土不小于 1.1，软土不小于 1.2				
9	关键	清孔		符合设计要求					
10	重要	桩径及桩垂直度		符合建筑桩基技术规范 JGJ 94 第 6.25 条规定					
11	重要	连梁（承台）标高		符合设计					
12	重要	连梁断面尺寸/%		−1	−0.8				
13	重要	桩钢筋保护层厚度/mm	水下	−20	−16				
			非水下	−10	−8				
14	重要	连梁（承台）钢筋保护层厚度/mm		−5					
15	重要	整基基础中心位移/mm	顺线路	30	24				
			横线路	30	24				
16	重要	整基基础扭砖	一般塔	10′	8′				
			高塔	5′	4′				
17	一般	桩顶清淤		符合二次浇筑要求	清淤彻底				
18	一般	基础根开及对角线尺寸/%	地脚螺栓	±0.16	±0.13				
			高塔	±0.07	±0.06				
监理意见： 监理员： 年　月　日									

施工负责人：　　　　　　　　　　　　　　　　　　监理工程师：

表 2-1-11　　　　**隐蔽工程接地埋设质量检查记录表**

工程名称：500kV 乌拉特后旗送出线路工程　　　　＿＿＿＿＿＿项目部

桩号		接地形式		完成日期	年　月　日
序号	性质	检查（检验）项目	评级标准（允许偏差）		检查结果
			合格	优良	
1	关键	接地体规格、数量	符合设计		
2	关键	接地电阻值	符合设计	比设计值小 5%	
3	关键	接地体连接	符合 Q/GDW 115 地 10.5 条规定		
4	重要	接地体防腐	符合设计		
5	重要	接地体敷设	符合 Q/GDW 115　第 10.3 条规定	不易冲刷	

续表

桩号		接地形式		完成日期	年 月 日
序号	性质	检查（检验）项目	评级标准（允许偏差）		检查结果
			合格	优良	
6	重要	接地体埋深及埋设长度	符合设计		
7	重要	回填土	符合 Q/GDW 115 第 6.11 条规定	无沉陷、防沉层整齐美观	
8	外观	接地引下线安装	符合设计	牢固、整齐、美观	
接地线埋设示意图		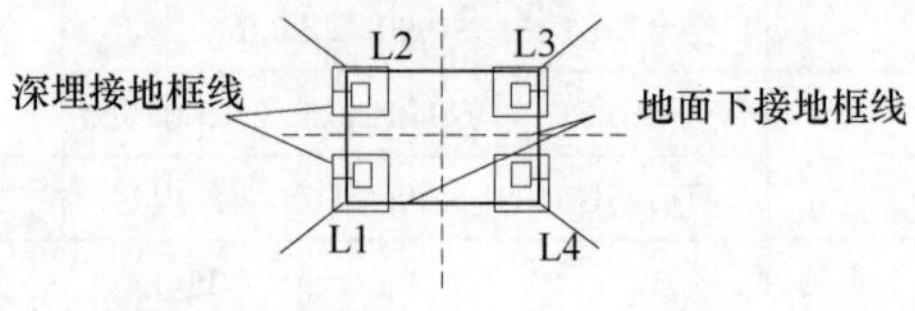			
监理意见： 监理员： 年 月 日					

施工负责人： 监理工程师：

表 2-1-12　　隐蔽工程基础浇制过程（旁站）记录表

工程名称：500kV 乌拉特后旗送出线路工程 ________项目部

桩号			基础型号	A: B: C: D:		混凝土标号		施工日期		
序号	主要检查项目		检查内容							
1	开始浇灌工作前一般例行检查		①安全质量措施是否落实；②人员组织是否齐备、分工是否明确；③机具是否就位，布置是否合理；④计量、检验工具是否齐全；⑤环保措施是否落实；⑥各种公示牌、警告牌是否到位							
2	原材料现场检查		1．水泥：出厂日期、标号、有无结块、批次、数量、厂家、名牌（标准符合，保质期未超过 3 个月） 2．石：粒径、杂质含量 3．砂：含泥量（含泥量≤5%） 4．水：油污、杂质							
3	现场温度/℃		最高气温				最低气温			
4	浇灌过程中检查	配合比	试验单位出具配合比： 水： 水泥： 砂： 石：							
			每 50kg 水泥所需要的水、砂、石用量							
			水泥： kg 水： kg 砂： kg 石： kg							
		配合比检查	水/kg	水泥/kg	砂/kg	石/kg	水/kg	水泥/kg	砂/kg	石/kg
		坍落度检查	设计值：							
			1	2	3	4	5	6	7	
			8	9	10	11	12	13	14	
		模板	在浇灌过程中要经常检查，发现问题及时处理							
		坑口检查	在浇灌过程中要经常观察，防止坍落及向坑内落土							
		几何尺寸检查	分阶段进行复查，发现偏差及时纠正							
		搅拌								
		下料								
		振捣								
		试块编号	A:	B:	C:	D:				
	1．符合规定打“√”。2．发现问题即采取措施在本栏中注明。									

施工单位现场负责人： 监理工程师：

2.2 铁塔组立部分

2.2.1 工程概况

2.2.1.1 工程概况。

国华乌拉特后旗 500kV 送出线路线路经过地区非居民区，由乌拉特后旗 220kV 开闭站附近向西南方向偏转至 J2，然后折向正南，避开华能新能源乌力吉风电场、大唐河北乌力吉 2#风电场、哈达图硅石矿至查干陶勒盖 J3 处。从查干陶勒盖 J3 处偏向西南，避开调幅广播收音台、获各琦铜矿至 J6，线路由 J6 继续向南行进，期间部分路径依托获各琦铜矿至水源地砂石公路东侧布置，在 J19 处依托“获青公路”向东南方向行进至杨贵口开始进入平原，避开硫铁矿选矿厂、公墓、沿工业园规划走廊几经转折进入临河北 500kV 变电站附近 J35 处。

该线路包含三部分：第一部分拟建乌拉特后旗 220kV 开闭站—查干陶勒盖 J3 段单回路 13.98km；第二部分查干陶勒盖 J3—临河北 J37-500kV 构架段同塔双回 51.37km；第三部分 J36—临河北 220kV 构架段单回路 0.72km。共有铁塔 165 基，其中直线塔 125 基，耐张塔 40 基；线路曲折系数 1.3。

导线采用 4×LGJ-400/35 钢芯铝绞线；本工程线路两根地线都采用架空复合光缆（英文缩写 OPGW）。

全线主要道路为“获青公路”和局部乡间道路，平丘地区交通较方便，山区交通困难。交叉跨越及障碍设施较多，主要跨越物有电信线 2 次、10kV 电力线 14 次、35kV 电力线 4 次、110kV 电力线 3 次、220kV 电力线 4 次、公路 15 次、河流 25 次、其他 5 次。

2.2.1.2 工程规模：同塔双回路 500kV 输电线路 51.37km；单回路 14.7km。

2.2.1.3 开竣工时间：本工程计划开工时间为 2012 年 4 月 5 日，竣工时间为 2012 年 11 月 30 日。

2.2.1.4 参建单位。

项目法人：国华（乌拉特后旗）风电有限公司。

建设管理单位：国华（乌拉特后旗）风电有限公司工程项目部。

设计单位：内蒙古电力勘测设计院。

监理单位：西北电力建设监理有限责任公司。

施工单位：天津光宇电力安装有限公司（A 标段），内蒙古送变电工程公司（B 标段）。

2.2.1.5 塔型分布。

塔型分布见表 2-2-1。

表 2-2-1　　塔　型　分　布

序号	类别	塔型	单位	数量				小计	
				内蒙古项目部	小计	天津光宇项目部	小计		
1	直线塔	SZC1	基	29	87		35	29	122
2		SZC2	基	24				24	
3		SZC3	基	22				22	
4		SZC4	基	8				8	
5		SZCK	基	4				4	
6		ZVC1	基			28		28	
7	直线塔	ZVC2	基			7		7	
8	耐张塔	SJC1	基	11	40		3	11	43
9		SJC2	基	6				6	
10		SJC3	基	2				2	
11		SJC4	基	1				1	
12		SJT1	基	6				6	
13		SJT2	基	8				8	
14		SDJ	基	3				3	
15		JGJ2	基			1		1	
16		DJ	基			2		2	
17		DJG3	基	3				3	
合计			基	127	127	38	38	165	165

2.2.2 监理依据

（1）《110～500kV 架空电力线路施工及验收规范》（GB 50233—2005）。

（2）《750kV 架空送电线路施工及验收规范》（GB 50389—2006）。

（3）《110～750kV 架空输电线路设计技术规定》（QGDW 179—2008）。

（4）《110～500kV 架空送电线路工程施工质量检验及评定标准》（DL/T 5168—2002）。

（5）《750kV 架空送电线路铁塔组立施工工艺导则》（DL/T 5342—2006）。

（6）《国家电网公司输变电工程达标投产考核办法》（2005 版）。

（7）《国家电网公司输变电工程施工工艺示范手册》送变电工程分册。

（8）电力建设工程质量监督检查典型大纲（送变电部分）》。

（9）国华乌拉特后旗 500kV 送出线路工程施工图纸，本工程设计技术交底及施工图会审纪要。

2.2.3 监理范围

2.2.3.1 根据神华国华风电有限公司公司签订的合同及服务承诺，对国华乌拉特后旗 500kV 送出线路工程建设提供业主工程师兼建设监理全部服务。在铁塔组立和接地分部工程施工过程中，对施工质量、安全、进度、投资控制及环境保护等方面进行全面控制和工程建设合同管理、信息管理以及协调各方关系，即“五控制、两管理、一协调”。

2.2.3.2 铁塔组立工程监理工作流程图如图 2-2-1 所示。

2.2.4 监理目标

2.2.4.1 安全控制目标

确保工程建设中安全文明施工，并采取积极的安全措施，不发生人身死亡事故，不发生重大施工机械设备损坏事故；不发生重大火灾事故；不发生负主要责任的重大交通事故；不发生环境污染事故和重大垮（坍）塌事故；不发生重伤事故，轻伤负伤率≤6‰；不发生因工程建设而造成的电网大面积停电或电网解裂事故；不发生高处坠落、触电、土石方坍塌、淹溺、倒抱杆、倒塔、倒越线架、跑线事故。

图 2-2-1　铁塔组立工程监理工作流程图

2.2.4.2　质量控制目标

保证贯彻和顺利实施工程设计技术原则，满足国家施工验收规范和质量评定规程优良级标准的要求，确保工程零缺陷移交，达标投产和国家电网公司优质工程，争创国家优质工程。同时确保实现：单元工程合格率 100%；分部、分项工程优良率 100%；杜绝重大质量事故和质量管理事故的发生。

2.2.4.3　进度控制目标

保证按照工期安排开工、竣工，施工过程中保证根据需要适时调整施工进度，积极采取相应措施，按时完成工程阶段性里程碑进度计划和验收工作。本工程计划于 2012 年 8 月 10 日开工，2012 年 12 月 20 日竣工。

2.2.4.4　环境保护控制目标

认真落实环保方案和措施，不发生重大环境污染事故，力争减少施工场地及周边环境植被的破坏，减少水土流失，力争做到车辆、设备尾气排放符合大气污染物的综合排放标准。

2.2.4.5　投资控制目标

单位工程总投资控制在已审批的投资金额范围之内。

2.2.5　安全保证体系

国华乌拉特后旗 500kV 送出线路工程安全保证体系图如图 2-2-2 所示。

2.2.6　质量保证体系

500kV 乌拉特后旗线路工程监理质量保证体系图如图 2-2-3 所示。

2.2.7　质量控制工作内容

2.2.7.1　审查承包商报审的铁塔组立作业指导书、安全技术措施、环境保护措施等资料。

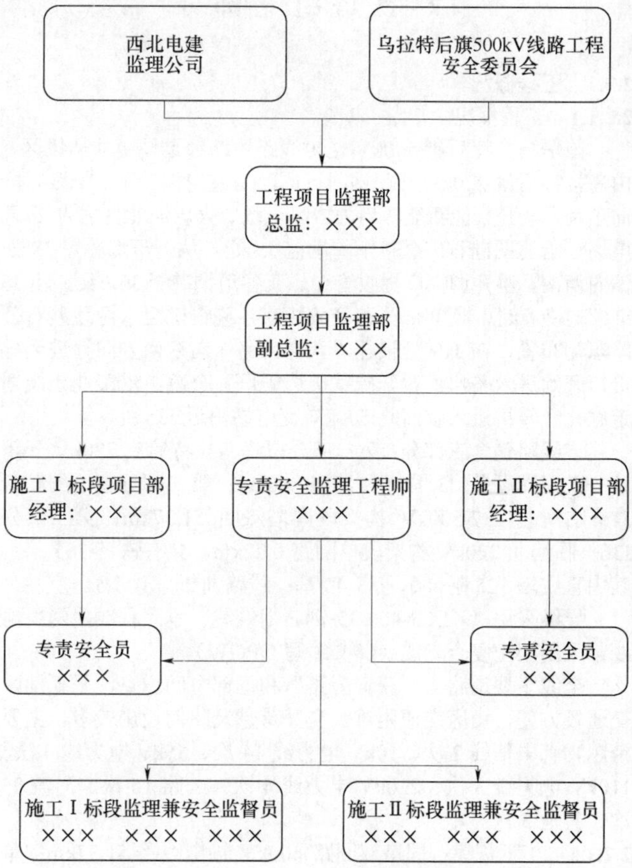

图 2-2-2　国华乌拉特后旗 500kV 送出线路工程安全保证体系图

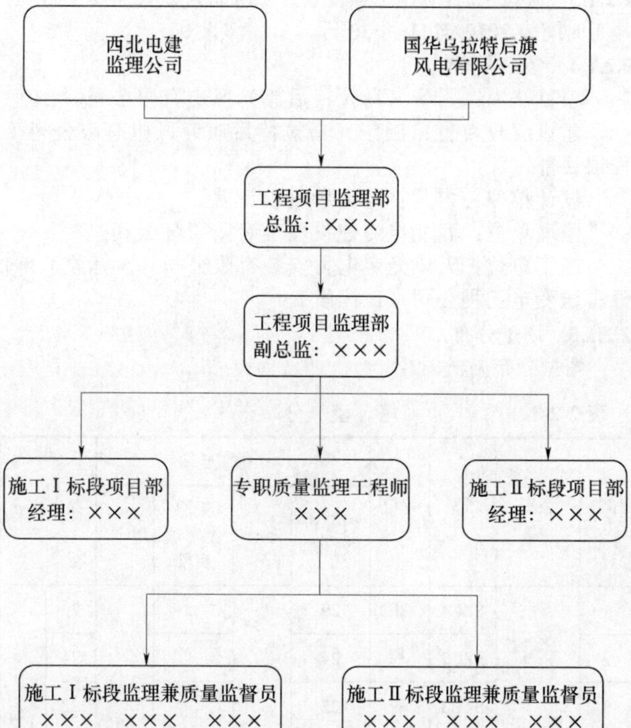

图 2-2-3　500kV 乌拉特后旗线路工程监理质量保证体系图

2.2.7.2　检查施工人员到位及状态情况。

2.2.7.3　检查施工机具到位及状态情况。

2.2.7.4　检查原材料（塔材、防盗螺栓、接地引下线）到位及状态情况。

2.2.7.5　检查场地布置是否满足施工条件。

2.2.7.6　检查安全、环保、文明施工措施执行情况。

2.2.7.7　对铁塔组立施工实施全过程监理。

2.2.8　质量监理控制措施

2.2.8.1　质量控制措施

2.2.8.1.1　要求施工单位在铁塔组立开工前，编写铁塔组立施工"技术措施"或"作业指导书"，经监理审核批准后，对全体施工人员进行技术交底，并做好交底记录，否则不得开工。

2.2.8.1.2　铁塔组立施工阶段实行旁站及巡检相结合的原则，实行全过程监理。

2.2.8.1.3　检查施工人员上岗前的技术培训工作，特殊工种人员必须持证上岗。发现持证人员与其从事的作业资质不符，通知承包商，停止其作业，调换合格人员。

2.2.8.1.4　审查承包商编写的"施工质量检验项目划分表"明确 W、H、S 点。

2.2.8.1.5　制定 W、H、S 点的监理实施细则，对重点部位、关键工序进行全过程跟踪监理。铁塔组立 W、H、S 点设置表见表 2-2-2。

表 2-2-2　　铁塔组立 W、H、S 点设置表

单位工程	分部工程	分项工程	检　查　项　目	见证点（W）	停工待检点（H）	旁站点（S）	备注
输电线路工程	杆塔工程	自立式杆塔组立	1．部件及紧固件材质证明、合格证	√			
			2．部件规格、数量及外观质量	√			
			3．节点间主材弯曲	√			
			4．转角、终端塔向受力反侧倾斜		√		架线前检查
			5．直线杆塔结构倾斜		√		架线前检查
			6．螺栓与构件面接触及出扣情况	√			
			7．螺栓防松、防盗	√			
			8．螺栓紧固	√			
			9．螺栓穿向	√			
			10．保护帽			√	

2.2.8.1.6　督促并检查承包商严格按审批的技术方案、措施或作业指导书作业。

2.2.8.1.7　铁塔组立工程施工必须先做首例试点。对施工方法、工器具的配置、人员安排和操作方法进行总结，统一施工方法及标准，再全面推开。

2.2.8.1.8　发生质量事故，要求承包商按"四不放过"的原则及时处理。并检查承包商是否按批准的方案执行，否则令其停工。检查事故处理结果，签证处理记录。

2.2.8.1.9　定期召开质量分析会，会议由总监理工程师主持，建设单位、承包商及有关单位代表参加。会议主要内容是通报质量情况，研究解决存在的质量问题，预测质量发展的趋势，制定质量预控措施，会议形成纪要，发送有关单位。

2.2.8.1.10　要求承包商在保证施工质量的前提下，处理好施工进度和质量的关系，在质量与进度发生矛盾时进度应服从质量的要求。

2.2.8.2　铁塔组立工程施工质量控制措施

2.2.8.2.1　参加塔材到货现场质量检查，核查质量保证资料（合格证、检查报告、材质证明、复试报告）核对实物质量，对不符合要求和有问题的材质不许使用，材料检查无问题后方可向施工现场装运。按表 2-2-3 内容检查。

表 2-2-3　　塔材检验标准及检查方法

序号	检查（检验）项目	检验标准（允许偏差）	检查方法	备注
1	塔材材质	符合国家标准	检查检验报告	制造厂、供货单位提供
2	塔材规格数量	符合设计要求	与设计图纸核对	
3	镀锌质量	符合国家标准	检查试验报告	制造厂提供
4	眼孔数量位置	符合设计要求	试组装	
5	构件长度/mm	±3	钢尺测量	
6	构件切角	符合设计要求	试组装	
7	构件火曲	符合设计要求	试组装	
8	焊接质量	符合国家标准	外观检查	

2.2.8.2.2　对轻度变形，但不影响使用的塔材应在材料站处理好后，再运往施工现场。

2.2.8.2.3　对变形较重，修复后也难保证质量，锌皮脱落或漏镀锌较重时不得运往现场，不符合设计及规范要求的塔材、配件不得用于本工程。

2.2.8.2.4　检查塔材、螺栓、垫片（块）的规格、数量、型号是否与设计规格、型号相符，发现问题查明原因，通知承包商整改，情节严重的下工程暂停令。

2.2.8.2.5　发现塔材组装困难时，不得强行安装，应详细查阅图纸，查明原因，予以解决。

2.2.8.2.6　塔材吊装时，必须使用施工用孔、抱杆临时拉线、承托绳、固定腰环绳等与铁塔的连接，不得使用绑扎绳套的方式施工。

2.2.8.2.7　铁塔全高按照最长腿进行计标，铁塔组立具体采用哪种抱杆吊塔，可根据各承包商的习惯选用，但必须编写切实可行便于操作的施工方案，经监理同意后，方可使用。

2.2.8.2.8 铁塔组装中，交叉材接头处间隙可以为10mm，如发现有加工尺寸与设计不符时，应及时汇报监理，会同塔厂驻现场代表协商解决。

2.2.8.2.9 在铁塔组装中，所有本体连接塔腿斜材的连接板不能使用多孔板，同时应按设计要求使用螺栓，同一节点处的螺栓露出长度应统一，不得出现参差不齐现象。

2.2.8.2.10 所有塔形的接地安装孔A、C腿在侧面，B、D腿在正面。接地孔安装高度设计为450mm。

2.2.8.2.11 铁塔螺栓的安装穿向应符合《110～500kV架空送电线路施工及验收规范》（GB 50233—2005）要求。

（1）铁塔螺栓的穿向：

1）对立体结构：水平方向由内向外（塔身、横担）；垂直方向由下向上（塔身横隔面、横担）。

2）对平面结构：顺线路方向，由平凉变侧穿入；横线路方向，两侧由内向外，中间由左向右（指面向乾县变侧，下同）；垂直地面方向者由下向上；横线路方向呈倾斜平面时，由平凉变侧穿入或由下向上；顺线路方向呈倾斜平面时，由下向上。

注：个别螺栓不易安装时，穿入方向允许变更处理。

（2）铁塔螺栓的紧固质量满足《110～500kV架空送电线路施工及验收规范》的要求。

（3）铁塔有长短时，以最短腿为地面准计标高度，地面以上8m范围内安装防盗螺栓，防盗螺栓型式采用双帽防盗。若在8m处遇有节点板或接头时，其上所有螺栓均使用防盗螺栓。8m以上除双帽螺栓外均采取扣紧螺母防松，不再考虑其他防松措施。位于防盗范围的脚钉按防盗考虑。

（4）所有螺栓（包括防盗螺栓）热镀锌后的强度等级为6.8级，脚钉为6.8级，防盗螺栓和防盗脚钉安装时开槽槽口方向或销钉穿入位置为右下45°角处。

（5）螺栓的配置标准——普通螺栓：配一母一垫一防松扣紧螺母；普通脚钉配双帽一垫一防松扣紧螺母；双帽螺栓配双帽一垫。

2.2.8.2.12 铁塔脚钉安装：

（1）脚钉一般从离地面1.5m处开始向上装设，间距400～450mm，加工放样时可适当调整脚钉的位置，但斜材、辅助材与主材各排心线交点处的螺栓不能用脚钉来代替。

（2）脚钉采用防滑带直钩形式，非防盗脚钉采取扣紧螺母防松。

（3）对于同塔双回线路工程按运行规程要求需装设2套脚钉，直线塔、转角塔装在B、D腿上，换位塔以设计图纸为准。

（4）脚钉弯钩朝向为顺主材向上，脚钉垫片安装在主材的里面，弯钩侧丝扣与螺帽平齐。

2.2.8.2.13 铁塔接地引下线：

（1）因本工程各种塔型的接地眼孔距离基础顶面较近，接地引下线的安装和施工工艺受到影响，应使用专用工具进行折弯，不得伤及表层镀锌和混凝土表面及棱角。应与主材、保护帽及基础表面结合紧密，平直、工艺美观。

（2）接地引下线在通过保护帽的部分要求打在保护帽内，且该部分钢筋外套上直径为16mm的普通白色塑料软管，该塑料软管两端露出长度要求为5～10mm。

2.2.8.2.14 铁塔保护帽制作：

在铁塔组立中间验收后，可在旁站监理下按下列规定制作保护帽。保护帽形状为四棱柱加四棱锥。四棱柱的底面边长按设计要求进行施工，高度为200mm；四棱锥的底边长同四棱柱的底面边长，锥体斜面的坡度应在20°～30°之间。整个保护帽要求一次成型，且应棱角分明，表面平整、光滑，不应有龟裂。

2.2.8.2.15 雷雨季节组塔必须同时安装好接地，以防雷击事故发生。

2.2.8.2.16 铁塔组立后，进行全面检查，查看所有构件、节点板及螺栓。同一节点板，同一接头上的螺栓尾部应在一个平面上。按设计图纸及说明书检查特种螺栓的配置，防盗螺帽安装高度等。检查铁塔正、侧面的倾斜，超标时应进行调整，至合格为止。

2.2.8.2.17 对完成的铁塔和接地工程要进行质量检查，满足设计及规范要求后，填写施工记录。

2.2.8.2.18 工程监理质量控制要点。

2.2.8.3 实现安全目标的监理措施

认真贯彻国家电网公司、西北电网有限公司和西安项目部有关安全的方针、政策和规范、规定等。正确处理进度与安全的关系。认真贯彻“安全第一、预防为主”的方针，将以人为本，作为监理工作的核心，贯彻全施工过程，据此开展安全工作。内容见另册《监理实施细则（安全文明施工、环境保护部分）》。

2.2.8.4 进度控制监理措施

影响施工进度及工期的主要因素是：

（1）设计进度必须满足施工进度及材料招标的时间要求。

（2）塔材供应必须满足施工进度要求。

（3）投入的施工力量应满足施工需求，安排应周密。

（4）切实协调好地方关系，尊重少数民族生活习俗，保证工程顺利开展。

（5）要充分利用晴好天气，合理安排工作。

2.2.8.4.1 要求设计单位，依据设计合同要求结合工程进度，提供图纸。

2.2.8.4.2 督促设计单位及时派驻现场工代，及时解决现场发生的设计问题。

2.2.8.4.3 督促承包商依据网络计划，编制月度计划，并认真执行。对进度进行跟踪检查，发现问题及时分析原因，采取措施，保证对关键路线时间进行有效控制。

2.2.8.4.4 及时领发施工图纸，协助建设单位组织或参加技术设计交底及施工图会审。

2.2.8.4.5 定期召开施工现场例会，解决影响工程进度的有关问题，特别注重协调设计、材料供应、重要工序的衔接与交接，督促承包商搞好文明施工、环境保护工作，协助承包商处理与当地纠纷，避免在施工过程中发生冲突。

2.2.8.5 投资控制监理措施

2.2.8.5.1 认真做好施工图会审，尽量避免在施工过程中因设计原因造成重大设计变更。

2.2.8.5.2 严格执行设计变更程序，认真审查变更内容，对重大设计变更，设计必须提供相关技经资料，经监理认真审查后，提出监理意见，报建设单位批准后执行。

2.2.8.5.3 依据施工合同和批准的施工组织设计制定工程资金使用计划，按合同约定审核工程进度款。

2.2.8.6 合同管理

2.2.8.6.1 在业主授权范围内，协助建设单位签订工程建设合同，对其合法性、规范性、完整性及有效性提出监理意见。

2.2.8.6.2 定期检查履约情况，发现问题及时协调纠正偏差，处理纠纷，保证工程有关各方履约合同，达到工程建设的预期目标。

2.2.8.6.3　对承包商可能提出索赔要求事件要迅速反应，查明事实，提出监理意见，并向建设单位报告。

2.2.8.6.4　设计和材料供应商，除严格按合同履约外，督促其提供完善的售后服务，设计单位应派驻现场代表，材料供应商应做到发现问题随时到达现场解决问题。

2.2.8.7　信息管理

认真做好本工程的档案管理工作。

2.2.9　工程建设“创一流”措施

2.2.9.1　项目监理部成立“创一流”领导小组，邀请建设单位、施工单位、设计单位的代表共同参加，把“创一流”工作贯穿到工程建设的始终。

2.2.9.2　定期召开“创一流”协调会，研究讨论“创一流”措施，检查“创一流”工作开展情况。

2.2.9.3　“一流工程要有一流的管理，一流的设计，一流的设备，一流的施工水平，一流的工艺和质量水平，一流的精神文明建设和一流的环境。”根据“创一流”的标准搞好本工程的监理工作。

2.2.10　铁塔组立工程施工中监理工作注意事项

2.2.10.1　一般要求

2.2.10.1.1　确认基础强度已达到设计值 70%以上方可立塔。

2.2.10.1.2　施工承包商编写的《铁塔组立工程施工作业指导书》《铁塔组立安全保证措施》《铁塔组立文明施工及环境保护措施》及《铁塔组立质量保证措施》等已经过监理审批。

2.2.10.1.3　雷雨季节组塔必须安装好接地，并做好对施工人员防雷的教育工作。

2.2.10.1.4　检查运到塔位的塔材外观质量，吊装时要加强衬垫，防止钢绳磨损塔材。

2.2.10.1.5　认真审查承包商编写的铁塔组立受力分析，工器具选择及塔材吊装平面布置。

2.2.10.1.6　检查组塔工器具、钢丝绳的完整性、可靠性。

2.2.10.1.7　检查运到塔位的引下线的规格、数量及外观质量。

2.2.10.2　自立式铁塔组立监理

2.2.10.2.1　组立过程中，监理人员可采用旁站或巡检的办法进行监理活动，以巡检为主，待其组立到一定规模时，进行全面检查，对发现的问题由施工承包商一次处理完毕。

2.2.10.2.2　监理人员在巡视组塔过程中，首先要强调安全施工，高空作业人员必须系好安全带，进入现场人员必须戴好安全帽，严禁高空抛物，构件工器具的传递必须以绳索传递，在组立过程中防止有空头铁和浮铁，严禁超负荷起吊。

2.2.10.2.3　发现变形、尺寸有差异的角钢、联板应停止使用，经处理合格后再用，当发现缺主要受力构件，如主材、大斜材、主要联板时应停止组装。当发现铁塔组装有困难时应责其停止组塔工作，查找原因，重点检查基础根开、对角线及接腿长度、角铁规格是否与设计图纸相符，严禁强行安装。当发现地脚螺栓与塔脚板不配时，对塔脚板的处理应经设计复核后，出变更图，按监理审批同意的方案处理。

2.2.10.2.4　铁塔组立后，施工承包商应进行三级质量检查，在进行阶段性的全面检查时，应认真地从下至上查看所有的构件，节点板及螺栓，同一节点板及同一节头上的螺栓尾部应在同一平面上，螺栓出扣长度应统一。

2.2.10.2.5　检查铁塔正、侧面的倾斜，超标时应进行调整，并做好施工记录。

2.2.10.2.6　铁塔组立后，其允许偏差应符合表 2-2-4。

表 2-2-4　　铁塔组立的允许偏差

偏差项目	100～500kV	
	一般铁塔	高塔
直线塔结构倾斜	3‰	1.5‰
直线塔结构中心与中心桩间横线路方向位移	50mm	—
转角塔结构中心与中心桩间横、顺线路方向位移	50mm	—

2.2.10.2.7　转角塔、终端塔应组立在倾斜平面的基础上，向受力反方向产生预倾斜，预倾斜值应视铁塔的刚度及受力大小由设计确定。架线挠曲后，塔顶端仍不应超过铅垂线而偏向受力侧。当架线后铁塔的挠曲度超过设计规定时，应会同设计单位处理。

2.2.10.2.8　塔材的弯曲应按现行国家标准《输电线路铁塔制造技术条件》(GB/T 2694—2010) 的规定验收。对运至桩位的个别角钢，当弯曲度超过长度的 2‰，但未超过表 2-2-5 的变形限度时，可采用冷矫正法进行矫正，但矫正的角钢不得出现裂纹和锌层脱落。

表 2-2-5　　采用冷矫正法的角钢变形限度

角钢宽度/mm	变形限度/%	角钢宽度/mm	变形限度/%
40	35	90	15
45	31	100	14
50	28	110	12.7
56	25	125	11
63	22	140	10
70	20	160	9
75	19	180	8
80	17	200	7

2.2.10.2.9　关于角钢及钢板的螺栓间距、边距；双帽螺栓规格，螺栓、脚钉、垫圈规格及角钢基准线、螺栓准线等，见表 2-2-6～表 2-2-9。

表 2-2-6　　角钢及钢板的螺栓间距、边距　　单位：mm

螺栓规格	孔径	孔距		边距		
		单排孔	双排孔	端边	轧制边	切角边
M16	ϕ17.5	50	80	25	≥21	≥23
M20	ϕ21.5	60	100	30	≥26	≥28
M24	ϕ25.5	80	120	40	≥31	≥33

表 2-2-7　　双帽螺栓规格表（螺栓长度考虑了扣紧螺母和垫圈的厚度）

序号	名称	规格	符号	无扣长/mm	通过厚度/mm	每个重量/kg	钢种或强度
1	螺栓（带双帽、一垫、一扣紧螺母）	M16×50	○	7	8～12	0.192	6.8 级
2		M16×60	○	12	13～22	0.208	

续表

序号	名称	规格	符号	无扣长/mm	通过厚度/mm	每个重量/kg	钢种或强度
3		M16×70	○	22	23～32	0.224	
4		M16×80	○	32	33～42	0.238	
5		M20×60	○	9	10～15	0.367	
6	螺栓（带双帽、一垫、一扣紧螺母）	M20×70	○	15	16～25	0.387	6.8 级
7		M20×80	○	25	26～35	0.412	
8		M20×90	○	35	36～45	0.437	
9		M20×100	○	45	46～55	0.461	
10		M20×110	○	55	56～65	0.486	

表 2-2-8　　螺栓、脚钉、垫圈规格表（螺栓长度考虑了扣紧螺母和垫圈的厚度）

序号	名称	规格	符号	无扣长/mm	通过厚度/mm	每个重量/kg	钢种或强度
1		M16×40		7	8～12	0.146	
2		M16×50		12	13～22	0.160	
3		M16×60		22	23～32	0.176	
4		M16×70		32	33～42	0.192	
5		M20×45	○	9	10～15	0.268	
6		M20×55		15	16～25	0.288	
7	螺栓（带一帽、一垫、一扣紧螺母）	M20×65		25	26～35	0.313	6.8 级
8		M20×75		35	36～45	0.338	
9		M20×85		45	46～55	0.362	
10		M20×95		55	56～65	0.387	
11		M24×55		15	16～20	0.468	
12		M24×65		20	21～30	0.498	
13		M24×75		30	31～40	0.533	
14		M24×85		40	41～50	0.569	
15		M24×95		50	51～60	0.604	
16	U 形螺栓	UJ-2080	丝扣长 80mm		34～42	1.1	GB 2329—85 6.8 级
17		UJ-2280	丝扣长 80mm		34～42	1.4	
18		M16×180		120		0.3840	
19	脚钉（双帽一垫一扣紧螺母）	M20×200		120		0.6796	6.8 级
20		M24×240		120		1.1823	
21		−3		d_1=16.5	d_2=32	0.014	
22	垫圈	−4	规格×个数	d_1=21	d_2=38	0.025	0.235
23		−4		d_1=25	d_2=45	0.035	

表 2-2-9　　　　**角钢基准线、螺栓准线表**　　　　单位：mm

序号	角钢肢宽	基准线距	螺栓准线距			排列间距 ε	最大可使用孔径 ϕ	备注
			单排	双排				
			a_0	a_1	a_2			
1	40	20	20				17.5	
2	45	24	24					
3	50	28	28					
4	56	32	32					
5	63	36	36				21.5	
6	70～80	40	40					
7	90	50	50					
8	100	50	50	40	70	30		双排时只能用 M16
9	110	60	60	45	75	30		
10	125	60	60	45	75	30		
11	140	70	70	55	90	35	25.5	
12	160	80	80	60	95	35		
13	180	90	90	60	100	40		
14	200	100	100	70	110	40		

2.2.11　附表

本章其余内容见光盘。

第3章　莱州—光州500kV线路工程监理规划

3.1　工程项目概况

3.1.1　工程概况

3.1.1.1　工程名称

500kV送电工程。

3.1.1.2　工程建设规模

（1）本工程为500kV线路工程，新建线路全长50km，全线同塔双回路，全线均位于莱州市境内。

（2）全线海滨占1.6%；平地占52.4%；丘陵占42%；山区占4%。平丘段交通情况良好，山区段交通条件一般。全线海拔高度不超过200m。

（3）全线新建双回路铁塔118基，其中耐张塔35基，直线塔83基。

（4）导线全线均采用JL/LB20A-630/45型铝包钢芯铝绞线，每相4分裂，分裂间距500mm；两根地线均为OPGW光缆。

（5）本线路工程共使用双回路铁塔21型，分别为SZ611、SZ612、SZ613、SZK611、SZC613、SZ621、SZ622、SZ623、SZK621、SJ611、SJ612、SJ613、SJ613A、SJ614、SJK61、SJ621、SJ622、SJ623、SJ624、SDJ611、SDG622。

（6）本工程共采用6种现浇基础型式，分别为斜柱板式基础、直柱板式基础、直柱台阶式基础、直柱掏挖式基础、岩石嵌固基础和灌注桩基础。

（7）莱州电厂～#24（J12）段设计基本风速31m/s（离地10m），10mm轻冰区，导线设计覆冰厚度取10mm，相应风速为10m/s，地线设计覆冰厚度15mm。

#24（J12）～500kV光州站段设计基本风速27m/s（离地10m），10mm轻冰区，导线设计覆冰厚度10mm，相应风速为10m/s，地线设计覆冰厚度15mm。

（8）莱州电厂～#45和#91～#95段按e级污区配备绝缘，爬电比距3.4cm/kV，其余段按d级污区配备绝缘，爬电比距3.2cm/kV。

3.1.1.3　工期要求

按项目建设单位给定的工程项目里程碑计划，本工程自2011年2月19日开工，2011年10月30日竣工。

3.1.2　工程建设目标

工程管理理念：标准化开工，标准化施工，标准化管理。

安全管理理念：安全第一，预防为主，以人为本，综合治理。

质量管理理念：一次成优，零缺陷移交。

文明施工理念：以人为本，和谐友好。

环境管理理念：绿色和谐，资源节约。

工程总体目标：争创国家电网公司输变电工程项目管理流动红旗，确保达标投产和国家电网公司输变电优质工程，争创中国电力优质工程奖及国家优质工程。

3.1.2.1　质量目标

争创国家电网公司输变电工程质量管理流动红旗；工程建设期间不发生一般及以上工程质量事故；工程投产后一年内不发生因施工、设计质量原因引发的电网事故、设备事故和一类障碍；30项重点整治质量通病防治措施执行率100%；标准工艺应用率100%；确保工程达标投产和国家电网公司输变电优质工程，争创中国电力优质工程奖及国家优质工程。

3.1.2.2　安全目标

争创国家电网公司输变电工程安全管理流动红旗；不发生人身伤亡事故；不发生因工程建设引起的电网及设备事故；不发生一般施工机械设备损坏事故；不发生火灾事故；不发生环境污染事件；不发生负主要责任的较大交通事故。不发生杆塔倾覆事故；不发生跨越架垮塌倾倒事故；确保施工现场安全稳定。

3.1.2.3　安全施工和环保目标

严格遵守“安全管理制度化、安全设施标准化、现场布置条理化、机料摆放定置化、作业行为规范化、环境影响最小化”要求，确保文明施工，创建绿色施工示范工程。积极采用“新技术、新材料、新设备、新工艺”，落实“四节一环保”，节约资源，减少能源消耗，降低施工活动对环境造成的不利影响，提高施工人员的职业健康安全水平。

3.1.2.4　工期管理目标

2011年2月19日开工，2011年10月30日竣工。

3.1.2.5　投资管理目标

投资管理：工程造价不超过批准概算。

3.1.2.6　信息管理目标

利用现代信息技术为工程服务，开发、运用输变电工程信息管理系统，建立统一的信息化管理平台，保证信息的及时收集，准确汇总，快速传递，充分发挥信息的指导作用。实现本工程管理信息化、决策实时化，全面提高工程管理的效率和质量。

3.1.2.7　工程档案管理目标

坚持前期策划、过程控制、网络化管理、符合工程档案验收规范要求，一次通过省级档案管理部门验收。

3.1.3　参建单位

×××。

3.2　监理工作范围

本工程建设自施工图设计审查起至工程竣工投运后保修期满为止的工程设计、施工、保修等各个阶段进行安全、质量、进度、投资、环境保护为控制内容的全过程监理，并进行工程建设的合同管理、信息管理，协调各有关建设单位间的工作关系。

3.3　监理工作内容

3.3.1　施工准备阶段的监理工作

3.3.1.1　总监理工程师组织监理人员熟悉设计文件，并参加建设单位组织的施工图纸会检工作，对图纸会检纪要进行签认，对发现的设计问题或提出的工程变更，督促办理设计变更手续。

3.3.1.2　参加建设单位组织的设计交底会。

3.3.1.3　工程项目开工前，总监理工程师组织审核承包单位现场施工项目部的质量管理体系、职业健康安全与环境管理体系，满足要求时予以确认。对质量管理体系、职业健康安全与环境管理体系应审核以下内容：

（1）质量管理体系。

1）组织机构。

2）质量管理、技术管理制度。

3）专职质量管理人员的资格证、上岗证。

（2）职业健康安全与环境管理体系。

1）组织机构。

2）职业健康安全与环境管理制度和程序。

3）项目负责人、专职安全生产管理人员、特种作业人员资格、上岗证。

4）危险源辨识、风险评价和应急预案及演练方案。

5）环境因素识别、环境因素评价、应急准备和响应措施及演练方案。

3.3.1.4　工程开工前，总监理工程师组织专业监理工程师审查承包单位报送的施工组织设计，提出审查意见，并经总监理工程师审核、签认后报建设单位。

3.3.1.5　监理项目部组织专业监理工程师审核承包单位报送的分包单位有关资质资料，符合规定，由总监理工程师签认，报建设单位批准后，分包工程予以开工。对电力建设工程分包单位资格应审核以下内容：

（1）分包单位的营业执照、企业资质等级证书、特殊行业施工许可证。

（2）法人代表证明书、法人代表授权委托书。

（3）拟分包工程的范围和内容。

（4）安全施工许可证，分包单位的业绩和近三年安全施工记录。

（5）职业健康安全与环境管理组织机构及其人员配备。

（6）施工管理人员、安全管理人员及特种作业人员的资格证、上岗证。

（7）保证安全施工的机械（含起重机械安全准用证）、工器具及安全防护设施、用具的配备。

（8）有关管理制度。

3.3.1.6　组织专业监理工程师参加设计交桩及施工项目部的线路复测工作。

3.3.1.7　工程项目开工前，监理项目部参加或主持第一次工地会议，起草第一次工地会议纪要，并经与会各方代表会签。第一次工地会议应包括以下主要内容：

（1）建设单位、监理单位、设计单位和承包单位分别介绍各自驻现场的组织机构、人员及其分工。

（2）建设单位根据委托监理合同宣布对总监理工程师的授权。

（3）建设单位介绍工程开工准备情况。

（4）设计单位介绍施工图纸交付计划及工程重点和难点。

（5）承包单位介绍施工准备情况。

（6）建设单位和总监理工程师对施工准备情况提出意见和要求。

（7）总监理工程师进行监理规划交底。

（8）研究确定各方在施工过程中参加工地例会的主要人员、召开工地例会周期、地点及主要议题。

3.3.1.8　监理项目部组织专业监理工程师对承包单位报送的工程开工报审资料进行审查，具备以下开工条件时，由总监理工程师签发，报建设单位：

（1）本单位组织的工程施工图会检已进行。

（2）本单位工程相关的作业指导书已制定并审查合格。

（3）施工技术交底已进行。

（4）本单位工程的施工人力和机械已进场，施工组织已落实到位。

（5）物资、材料准备能满足本单位工程连续施工的需要。

（6）本单位工程使用的计量器具、仪表经法定单位检验合格。

（7）本单位工程的特殊工种作业人员能满足施工需要。

（8）现场具备安全文明施工条件。

（9）上道工序已完工并验收合格。

3.3.2　施工实施阶段的监理工作

3.3.2.1　工程质量控制

3.3.2.1.1　在施工过程中，承包单位对已批准的施工组织设计、施工方案进行调整、补充或变动，应报专业监理工程师审核、总监理工程师签认。

3.3.2.1.2　监理项目部应审查承包单位编制的质量计划和施工质量验收及评定范围划分表，提出监理意见，报建设单位批准后监督实施。

3.3.2.1.3　监理项目部组织专业监理工程师审查承包单位报送的重点部位、关键工序的施工工艺方案和工程质量保证措施，审核同意后签认。

3.3.2.1.4　承包单位采用新材料、新工艺、新技术、新设备，应组织专题论证，并向监理项目部报送相应的施工工艺措施和证明材料，监理项目部审核同意后签认。

3.3.2.1.5　专业监理工程师应对现场试验室（含外委试验单位）进行以下方面的考察：

（1）试验室的资质等级及其试验范围。

（2）试验设备的检定或校准证书。

（3）试验人员的资格证书。

（4）试验室管理制度。

（5）本工程的试验项目及其要求。

3.3.2.1.6　审核承包单位报送的主要工程材料、半成品、构配件生产厂商的资质，符合后予以签认。

3.3.2.1.7　审查承包单位报送的拟进场工程材料、半成品和构配件的质量证明文件进行审核，并按有关规定进行抽样验收。对有复试要求的，经监理人员现场见证取样后送检，复试报告应报送监理项目部查验。未经监理项目部验收或验收不合格的工程材料、半成品和构配件，不得用于本工程，并书面通知承包单位限期撤出施工现场。

3.3.2.1.8　监理项目部组织参与主要设备开箱验收，对开箱验收中发现的设备质量缺陷，督促相关单位进行处理。

3.3.2.1.9　监理项目部组织监理人员对施工过程进行巡视和检查，对工程项目的关键部位、关键工序的施工过程进行旁站监理。

3.3.2.1.10　对承包单位报送的隐蔽工程报验申请表和自检记录，专业监理工程师应进行现场检查，符合要求予以签认后，承包单位方可隐蔽并进行下一道工序的施工。对未经监理人员验收或验收不合格的工序，监理人员应拒绝签认，并严禁承包单位进行下一道工序的施工。

3.3.2.1.11　专业监理工程师应对承包单位报送的分项工程质量报验资料进行审核，符合要求予以签认；总监理工程师应组织专业监理工程师对承包单位报送的分部工程和单位工程质量验评资料进行审核和现场检查，符合要求予以签认。

3.3.2.1.12　对施工过程中出现的质量缺陷，专业监理工程师及时下达书面通知，要求承包单位整改，并检查确认整改结果。

3.3.2.1.13　监理人员发现施工过程中存在重大质量隐患，可能造成质量事故或已经造成质量事故时，应通过总监理工程师报告建设单位后下达工程暂停令，要求承包单位停工整改。整改完毕报监理人员进行复查，符合要求后，经总监理工程师确认，报建设单位批准复工。

3.3.2.1.14 对需要返工处理或加固补强以及设备安装质量事故，总监理工程师应责令承包单位报送质量事故调查报告和经设计等相关单位认可的处理方案。监理项目部应对质量事故的处理过程和处理结果进行跟踪检查和验收。

3.3.2.1.15 总监理工程师应及时向建设单位和监理单位提交有关质量事故的书面报告，并将完整的质量事故处理记录整理归档。

3.3.2.1.16 专业监理工程师应根据消缺清单对承包单位的消缺方案进行审核，符合要求后予以签认，并根据承包单位报送的消缺报验申请表和自检记录进行检查验收。

3.3.2.1.17 组织工程阶段性和竣工监理初检，对发现的缺陷督促承包单位整改，并复查。

3.3.2.1.18 监理项目部配合由工程质量监督机构组织的工程质量监检工作。

3.3.2.2 工程进度控制

3.3.2.2.1 协助建设单位编制总体工程施工里程碑进度计划，并根据建设单位的里程碑进度计划，编制一级网络进度计划。

3.3.2.2.2 总监理工程师组织审查施工图交付计划、设备材料供应计划、施工进度计划。

3.3.2.2.3 专业监理工程师依据承包合同有关条款、设计文件及经过批准的施工组织设计制定施工进度控制方案，对进度目标进行风险分析，制定防范性对策。

3.3.2.2.4 对工程进度的实施情况进行跟踪检查和分析，当发现偏差时，应督促责任单位采取纠正措施。

3.3.2.2.5 专业监理工程师在进度控制过程中，发现实际进度严重滞后于计划进度，并涉及对合同工期控制目标的调整或合同商务条件的变化时，应及时报总监理工程师，由总监理工程师与建设单位、承包单位研究解决方案，制定相应措施，并经建设单位批准后执行。

3.3.2.2.6 当工程必须延长工期时，承包单位应报监理项目部。总监理工程师应依据承包合同约定，与建设单位共同签认，承包单位应重新调整施工进度计划。

3.3.2.3 工程造价控制

3.3.2.3.1 监理项目部依据承包合同有关条款、设计及施工文件，对工程项目造价目标进行风险分析，并向建设单位提出防范性对策和建议。

3.3.2.3.2 监理项目部依据承包合同约定进行工程预付款审核和签认。

3.3.2.3.3 监理项目部按下列程序进行工程计量和工程款支付的审核签认工作：

（1）承包单位按承包合同的约定填报经专业监理工程师验收质量合格的工程量清单和工程款支付申请表。

（2）专业监理工程师进行现场计量，按承包合同的约定审核工程量清单和工程款支付申请表，报总监理工程师。

（3）总监理工程师审核、签认，报建设单位。

3.3.2.3.4 未经监理项目部质量验收合格的工程量或不符合承包合同约定的工程量，监理项目部应拒绝计量和拒签该部分的工程款支付申请。

3.3.2.3.5 监理项目部从质量、安全、造价、项目的功能要求、和工期等方面审查工程变更方案，并宜在工程变更实施前与建设单位、承包单位协商确定工程变更的价款。

3.3.2.3.6 监理项目部依据授权和承包合同约定的条款处理工程变更等所引起的工程费用增减、合同费用索赔、合同价格调整事宜。

3.3.2.3.7 监理项目部收集、整理有关的施工、监理文件，为处理合同价款、费用索赔等提供依据。

3.3.2.3.8 监理项目部应建立工程量、工作量统计报表，对实际完成情况和计划完成情况进行比较、分析，制定调整措施，向建设单位提出调整建议。

3.3.2.3.9 监理项目部应及时督促承包单位按照承包合同的约定进行竣工结算，承包单位提供的竣工结算文件应符合承包合同的约定，否则不得进行竣工结算审核。

3.3.2.3.10 监理项目部应按下列程序进行竣工结算审核签认工作：

专业监理工程师审核承包单位报送的竣工结算报表；总监理工程师与建设单位、承包单位协商一致后，签署竣工结算文件和最终的工程款支付申请表，报建设单位。

3.3.2.4 职业健康安全与环境监理

3.3.2.4.1 监理规划中应包括职业健康安全与环境监理的范围、内容、工作程序，以及人员配备计划和职责。

3.3.2.4.2 对危险性较大的分部分项工程，应编制职业健康安全与环境监理实施细则，明确监理的方法、措施和控制要点。

3.3.2.4.3 监理项目部应审查承包单位提交的施工组织设计中的安全技术方案或下列危险性较大的分部分项工程专项施工方案是否符合工程建设强制性标准：

（1）基坑支护与降水、土方开挖与边坡防护、模板、起重吊装、脚手架、拆除等分部分项工程的专项施工方案。

（2）施工现场临时用电施工组织设计或安全用电技术措施和电气防火措施。

（3）冬季、雨季等特殊施工方案。

3.3.2.4.4 监理项目部应检查承包单位职业健康安全与环境管理体系、规章制度和监督机构的建立、健全及专职安全生产管理人员配备情况，督促承包单位对其分包单位进行检查。

3.3.2.4.5 监理项目部应核查特种作业人员的资格证书的有效性。

3.3.2.4.6 监理项目部应审核安全措施费用使用计划。

3.3.2.4.7 监理项目部应监督承包单位按照批准的施工组织设计中的安全技术措施或者专项施工方案组织施工，及时制止违规施工。

3.3.2.4.8 监理项目部应定期对施工现场安全生产情况进行巡视检查，对发现的各类安全事故隐患，应书面通知承包单位，并督促其立即整改；情况严重的，监理项目部应下达工程暂停令，要求承包单位停工整改，并同时报告建设单位。安全事故隐患消除后，应检查整改结果，签署复查或复工意见。承包单位拒不整改或不停止施工的，及时向工程所在地建设主管部门或工程项目的行业主管部门报告。以电话形式报告的，应当有记录，并及时补充书面报告。检查、整改、复查、报告等情况应记载在监理日志、监理月报中。

3.3.2.4.9 监理项目部应核查施工现场施工起重机械、模板等自升式架设设施和安全设施的验收手续。

3.3.2.4.10 监理项目部应检查施工现场各种安全标志和安全防护措施是否符合强制性标准，并检查安全生产费用的使用情况。

3.3.2.4.11 监理项目部应督促承包单位进行安全自查工作、应急救援预案演练，并对承包单位自查及演练情况进行抽查，参加建设单位组织的安全生产专项检查。

3.3.2.4.12　监理项目部应监督承包单位做好施工节能减排、水土保持等环境保护工作，主要内容：

（1）督促承包单位编制节能减排、水土保持等环境保护工作方案，经监理审核、建设单位批准后实施。

（2）监督承包单位按承包合同约定，做好施工界区之外的植物、动物和建筑物的保护工作。

（3）监督承包单位按承包合同约定，做好施工界区之内的施工环境保护工作。

（4）监督承包单位依法取得砍伐许可后进行砍伐。

（5）施工中发现文物时，监督承包单位依法保护文物现场，并报告建设单位或有关部门。

（6）监督承包单位按批准的取弃土方案施工，取弃土结束，要采取有效的排水措施和植被恢复措施。

（7）监督承包单位按照批准的总平面布置，布置施工区和生活区。

（8）监督承包单位有序放置进入现场的材料和设备，防止任意堆放，阻塞道路，污染环境。

（9）监督承包单位遵守有关环境保护法律法规，在施工现场采取措施，防止或者减少粉尘、废气、废水、废油、固体废物、噪声、振动和施工照明对人和环境的危害和污染。

（10）监督承包单位对因施工可能造成损害的毗邻建筑物、构筑物和地下管线等，采取专项防护措施。

（11）监督承包单位对城市市区内的施工现场实行封闭围挡。

（12）督促承包单位在工程竣工后，按承包合同约定或相关规定，拆除建设单位不需要保留的施工临时设施，清理场地，恢复植被。

3.3.2.5　工程协调

3.3.2.5.1　根据建设单位的授权建立监理协调制度，明确程序、方式、内容和责任。

3.3.2.5.2　运用工地例会、专题会议及现场协调方式及时解决施工中存在的问题。

3.3.2.5.3　定期主持召开工地例会，签发会议纪要。

3.3.2.5.4　工地例会应包括以下主要内容：

（1）检查上次例会议定事项的落实情况，分析未完事项原因。

（2）检查分析工程项目进度计划完成情况，提出下一阶段进度目标及其落实措施。

（3）检查分析工程项目质量情况、职业健康安全与环境状况，针对存在的问题提出改进措施。

（4）解决需要协调的其他事项。

3.3.3　竣工验收阶段监理工作内容

3.3.3.1　组织专业监理工程师，对承包单位报送的竣工验收资料进行审查，并对工程质量进行竣工监理初检；对存在问题及时要求承包单位整改。整改完毕后，总监理工程师签署工程竣工报验单，在此基础上提出工程质量评估报告，并及时向业主项目部提交竣工预验收申请。

3.3.3.2　参加建设单位组织的竣工验收，并提供相关监理资料。对验收中提出的整改问题，监理项目部应要求承包单位进行整改。工程质量符合要求后，由总监理工程师会同参加验收的各方签署竣工验收报告。

3.3.4　项目试运行阶段监理工作内容

3.3.4.1　参加工程启动验收委员会主持的启动验收工作，在启委会上汇报监理工作和预验收情况。

3.3.4.2　总监理工程师参加启动验收各方共同签署工程移交生产交接书，列出工程遗留问题处理清单，明确移交的工程范围、专用工具、备品备件和工程资料清单，完成工程移交。

3.3.4.3　配合建设单位做好试运行期间相关工作。

3.3.5　项目保修阶段监理工作内容

工程试运行消缺完成并且系统带电正常后，征得建设单位同意后监理项目部将解散，对于保修阶段监理合同规定的监理内容监理公司将派人员积极配合。

3.4　监理工作目标

3.4.1　监理服务目标

3.4.1.1　确保实现各项工程建设目标。

3.4.1.2　监理合同、服务承诺、监理大纲履行率 100%。

3.4.1.3　优质服务，让业主满意。

3.4.1.4　实现监理服务的零投诉。

3.4.2　监理工程目标

3.4.2.1　总体目标

争创国家电网公司输变电工程项目管理流动红旗，确保达标投产和国家电网公司输变电优质工程，争创中国电力优质工程奖及国家优质工程。

3.4.2.2　安全目标

争创国家电网公司输变电工程安全管理流动红旗，确保施工现场安全稳定。

不发生人身伤亡事故。

不发生因工程建设引起的电网及设备事故。

不发生一般施工机械设备损坏事故。

不发生火灾事故。

不发生环境污染事件。

不发负主要责任的重大交通事故。

不发生杆塔倾覆事故。

不发生跨越架垮塌倒事故。

监理项目部通过事前、事中、事后全过程监理安全控制，努力做到：

（1）安全技术措施审查合格率 100%。

（2）安全文件审查备案率 100%。

（3）重要设施安全检查签证率 100%。

（4）安全巡视、检查、旁站到位率 100%。

（5）违章查处、整改闭环率 100%。

3.4.2.3　质量目标

工程质量满足设计和验收规范要求：分项工程合格率 100%，分部工程优良率 100%，单位工程优良率 100%。争创国家电网公司输变电工程质量管理流动红旗；工程建设期间不发生一般及以上工程质量事故；工程投产后一年内不发生因施工、设计质量原因引发的电网事故、设备事故和一类障碍；30 项重点整治质量通病防治措施执行率 100%，标准工艺应用率 100%；确保工程零缺陷移交、达标投产；确保国家电网公司输变电优质工程。争创中国电力优质工程奖及国家优质工程。

为达到创优质工程的质量目标，监理项目部坚持以事前预控为主，进行主动控制，严格事中控制、辅以事后控制的原则，并将创优质工程的质量目标分解如下：

（1）单位工程、分部工程开工前，监理项目部从“人、机、料、法、环”等五个方面对工程质量进行事前主动控制，做到：

1）基础、组塔、架线等分部工程施工方案审查合格率100%。

2）分包单位、特殊工种人员资格审查合格率100%。

3）基础工程钢材、砂、石等原材料和架线工程导、地线液压试件监理见证送检率100%。

4）进场施工机械设备（搅拌机、发电机、牵张机、吊车等）监理检查合格率100%。

（2）对工程施工中的关键工序、重要部位和薄弱环节，监理项目部设置质量控制点（“W”点—见证点；“H”点—停工待检点；“S”点—旁站点）进行重点控制，做到：

1）基础工程混凝土浇筑和架线工程导、地线接头液压压接等关键工序监理旁站到位率100%。

2）基坑回填和防雷接地网敷设、回填等隐蔽工程监理见证率100%。

3）督促施工单位对施工质量进行“三级自检”，在此基础上对基础（接地）、铁塔、架线等分部工程质量进行监理初检，验收缺陷监理复检闭环率100%。

4）施工质量通病缺陷处理监理复检闭环率100%。

（3）经工程中间验收和竣工验收，工程质量总评优良，并满足：

1）工程设计合理、先进。

2）分项工程合格率100%。

3）分部工程优良率100%。

4）单位工程优良率100%。

5）工程档案资料规范、完整、准确，便于快捷检索。

通过对工程质量全过程的监理控制，积极开展对工程质量通病的整治，杜绝一般及以上质量事故和质量管理事故的发生，使工程质量满足国家及行业施工验收规范标准及质量检验评定标准优良级的要求。

3.4.2.4 进度目标

坚持以“工程进度服从安全、质量”为原则，积极采取相应措施，确保工程开、竣工时间和工程阶段性里程碑计划的按时完成。

（1）确保工程2011年2月19日开工。

（2）确保工程里程碑各节点计划的实现。

（3）确保工程2011年10月30日竣工。

（4）工程协调及时率100%，责任落实率100%，问题关闭率100%。

3.4.2.5 投资目标

工程造价不超过批准概算。

监理部根据工程实际情况，对造价控制目标分解如下：

（1）工程最终投资控制符合审批概算中的静态控制、动态管理的要求，力求优化设计、施工，节约工程投资。

（2）严格管理施工承包合同规定范围内的承包总费用，监理范围内的工程，工程总投资控制在批准的概算范围之内。

（3）在工程建设过程中本着主人翁意识和责任感，按照合同规定的程序和原则履行好投资控制职责，积极配合设计、施工单位进行技术优化工作，并及时主动反映、协调有可能对工程投资造成影响的任何事宜。

3.4.2.6 文明施工和环保、水保目标

文明施工目标：安全管理制度化、安全设施标准化、现场布置条理化、机料摆放定置化、作业行为规范化、环境影响最小化，营造安全文明施工的良好氛围，创造良好的安全施工环境和作业条件。

环保、水保目标：建设“环境友好型、资源节约型”的绿色和谐工程。保护生态环境，不超标排放，不发生环境污染事故，落实“四节一环保”，做到节能、节地、节水、节材和环境保护，节约资源，减少能源消耗，降低施工活动对环境造成的不利影响，提高施工人员的职业健康安全水平。现场排污减噪达到标准要求，施工固体废弃物回收和再利用率大于30%，减少施工场地和周边环境植被的破坏，减少水土流失；现场施工环境满足环保要求。

3.4.2.7 工程档案管理目标

开展工程档案同步管理。本工程统一编制工程档案管理归档目录，档案管理坚持前期策划、过程控制、同步归档。档案管理符合工程档案验收规范要求，一次通过省档案管理部门验收；资料过程管理网络化。

3.4.2.8 信息管理目标

建立计算机信息网络，实现信息资源共享，文件资料整理及时、真实、完整，分类有序，达到与工程建设同步进行，达到国家优质工程的标准。

3.4.2.9 协调目标

主动协调各参建单位的工作关系，实现各参建单位思想统一，行动一致，服从指挥，顾全大局，建设和谐项目。

3.5 监理工作依据

3.5.1 建设工程相关法律、法规

《中华人民共和国建筑法》（中华人民共和国主席令第91号）；

《中华人民共和国安全生产法》（中华人民共和国主席令第70号）；

《中华人民共和国招投标法》（中华人民共和国主席令第21号）；

《中华人民共和国消防法》（中华人民共和国主席令第6号）；

《中华人民共和国劳动法》（中华人民共和国主席令第28号）；

《中华人民共和国劳动合同法》（中华人民共和国主席令第65号）；

《中华人民共和国电力法》（中华人民共和国主席令第60号）；

《中华人民共和国环境保护法》（中华人民共和国主席令第22号）；

《中华人民共和国水土保持法》（1991年颁布）；

《生产安全事故报告和调查处理条例》（中华人民共和国国务院令第493号）；

《建设工程安全生产管理条例》（中华人民共和国国务院令第393号）；

《建设工程质量管理条例》（中华人民共和国国务院令第279号）；

《国家电监会电力建设安全生产监督管理办法》（电监安全2007年38号）；

《中华人民共和国工程建设标准强制性条文　电力工程部分》（建标〔2006〕102号）；

其他相关法律、法规。

3.5.2 有关的技术标准、规程、规范

《污水综合排放的要求》（GB 8978—1996）；

《建筑施工场界噪音限值》（GB 12532—90）；

《建设工程文件归档整理规范》（GB/T 50328—2001）；

《建设工程监理规范》（GB 50319—2000）；
《工程测量规范》（GB 50026—2007）；
《电气装置安全工程接地装置施工及验收规范》（GB 50169—2006）；
《建筑地基处理技术规范》（JGJ 79—2002）；
《普通混凝土力学性能试验方法标准》（GB/T 50081—2002）；
《建筑用砂》（GB/T 14684—2001）；
《建筑用卵石、碎石》（GB/T 14685—2001）；
《混凝土结构工程施工及验收规范》（GB 50204—2002）；
《通用硅酸盐水泥》（GB 175—2007）；
《混凝土用水标准》（JGJ 63—2006）；
《水泥取样方法》（GB/T 12573—2008）；
《钢筋混凝土用钢　第 1 部分：热轧光圆钢筋》（GB 1499.1—2008）；
《钢筋混凝土用钢　第 2 部分：热轧带肋钢筋》（GB 1499.2—2007）；
《钢筋焊接及验收规程》（JGJ 18—2003）；
《建筑工程冬期施工规程》（JGJ 104—1997）；
《混凝土强度检验评定标准》（GB/T 50107—2010）；
《灌注桩基础技术规程》（YSJ 212—1992）；
《建筑桩基检测技术规范》（JGJ 106—2003）；
《高压绝缘子瓷件技术条件》（GB/T 772—2005）；
《电力金具通用技术条件》（GB 2314—2008）；
《混凝土结构工程施工及验收规范》（GB 50204—2002）；
《铝绞线及钢芯铝绞线》（GB 1179—83）；
《110～500kV 架空送电线路设计技术规程》（DL/T 5092—1999P）；
《跨越电力线路架线施工规程》（DL 5106—99）；
《110kV 及以上送变电工程启动及竣工验收规程》（DL/T 782—2001）；
《110～500kV 架空电力线路工程施工质量及评定规程》（DL/T 5168—2002）；
《110～500kV 架空送电线路施工及验收规范》（GB 50233—2005）；
《建筑机械使用安全技术规程》（JGJ 33—2001）；
《电力建设安全工作规程　第 2 部分　架空电力线路部分》（DL 5009.2—2004）；
《施工现场临时用电安全技术规范》（JGJ 46—2005）；
《职业健康安全管理体系规范》（GB/T 28001—2001）；
《危险性较大的分部分项工程安全管理办法》（建质〔2009〕87 号）；
《输变电工程安全文明施工标准》（Q/GDW 250—2009）；
《电力工程建设监理规范》（DL/T 5434—2009）；
其他相关规程、规范。

3.5.3　国网公司的有关管理文件

《关于颁发〈电力建设工程施工技术管理导则〉的通知》（国家电网工〔2003〕153 号）；
《关于印发〈电力建设安全健康环境评价管理办法（试行）〉的通知》（国家电网工〔2004〕488 号）；
《电力建设工程质量监督检查典型大纲（送电线路部分）》（电建质监〔2005〕57 号）；
《国家电网公司输变电工程达标投产考核办法》（国家电网基建〔2005〕255 号）；
《国网公司十八项电网重大反事故措施（试行）》（国家电网生技〔2005〕400 号）；
《国家电网公司输变电工程施工安全措施补助费、文明施工措施费管理规定（试行）》（国家电网基建〔2005〕534 号）；
《国家电网公司工程建设质量管理规定》（国家电网基建〔2006〕699 号）；
《关于利用数码照片资料加强输变电工程安全质量过程控制的通知》（基建安全〔2007〕25 号）；
《关于印发〈国家电网公司输变电工程建设创优规划编制纲要〉等 7 个指导文件的通知》（基建质量〔2007〕89 号）；
《关于印发〈国家电网公司电力建设工程施工安全监理管理办法〉的通知》（国家电网基建〔2007〕302 号）；
《关于印发协调统一基建类和生产类标准差异条款（输电线路部分）的通知》（国家电网办基建〔2008〕1 号）；
《国家电网公司输变电优质工程评选办法（2008 年版）》（国家电网基建〔2008〕288 号）；
《关于印发〈国家电网公司电力建设起重机械安全监督管理办法〉的通知》（国家电网基建〔2008〕891 号）；
《国家电网公司输变电优质工程考核项目及评分标准库（2009 版）》（国家电网公司基建质量〔2009〕68 号）；
《输变电工程建设标准强制性条文实施管理规程》（国家电网科〔2009〕642 号）；
《国家电网公司电力安全工作规程（线路部分）》（国家电网安监〔2009〕664 号）；
《关于印发〈国家电网公司输变电工程质量通病防治工作要求及技术措施〉的通知》（国家电网基建质量〔2010〕19 号）；
《基建管理综合评价办法》（国家电网基建综合〔2010〕43 号）；
《国家电网公司业主项目部标准化手册》（330kV 及以上输变电工程分册）；
《国家电网公司监理项目部标准化手册》（330kV 及以上输电线路工程分册）；
《国家电网公司输变电工程施工工艺示范手册》（国家电网基建质量〔2006〕135 号）；
《国家电网公司输变电工程标准工艺示范光盘》（国家电网基建质量〔2009〕290 号）；
《国家电网公司输变电工程量计算与编制规范（试行）》（基建技术〔2010〕31 号）；
《关于应用〈国家电网公司输变电工程工艺标准库〉的通知》（国家电网公司基建质量〔2010〕100 号）；
《关于印发〈国家电网公司电力建设工程施工质量监理管理办法〉的通知》（国家电网基建〔2010〕166 号）；
《关于印发〈国家电网公司输变电工程安全质量管理流动红旗竞赛实施办法〉的通知》（国家电网基建〔2010〕167 号）；
《关于印发〈国家电网公司电网建设进度计划管理办法〉的通知》（国家电网基建〔2010〕170 号）；
《国家电网公司输变电工程结算管理办法》（基建〔2010〕173 号）；
《关于印发〈国家电网公司电网建设项目档案管理办法〉（试行）的通知》（国家电网办〔2010〕250 号）；
《关于印发〈国家电网公司电网建设项目档案管理办法（试行）释义〉的通知》（国家电网公司办文档〔2010〕72 号）；
《关于〈输变电工程施工现场安全通病防治工作〉的通知》（国家电网公司基建安全〔2010〕270 号）；

《关于强化输变电工程施工过程质量控制数码照片采集与管理与管理的工作要求》（国家电网基建质量〔2010〕322 号）；

《关于印发〈国家电网公司基建安全管理规定〉》（国家电网基建〔2010〕1020 号）；

《关于发布〈国家电网公司突发事件总体应急预案〉的通知》（国家电网安监〔2010〕1406 号）；

国网公司其他相关管理文件。

3.5.4 山东电力集团公司基建管理文件

《山东电力集团公司输变电工程建设质量及事故调查规定（试行）》（集团基工〔2007〕11 号）；

《关于印发〈山东电力集团公司输变电工程施工安全措施补助费及文明施工措施费使用管理规定（试行）〉的通知》（鲁电集团基建〔2008〕17 号）；

山东电力集团公司其他相关管理文件。

3.5.5 其他文件

（1）工程项目审批文件。

（2）工程项目设计文件。

（3）500kV 线路工程监理大纲。

（4）500kV 线路工程监理合同。

（5）工程参建单位与项目业主签订的其他合同文件。

（6）业主单位的《建设管理纲要》《创优规划》《安全文明施工总体策划》。

（7）监理公司“三标一体”管理文件及公司其他相关规定。

3.6 项目监理机构的组织形式

3.6.1 监理项目部机构设置及人员配备

500kV 线路工程监理项目部组织机构图如图 3-6-1 所示。

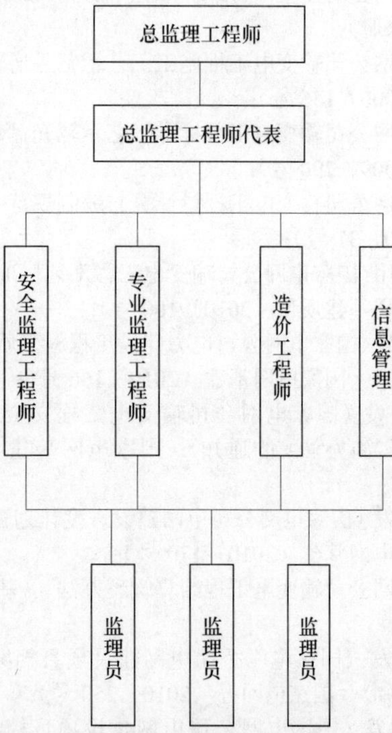

图 3-6-1 500kV 线路工程监理项目部组织机构图

3.6.2 监理项目部安全管理组织机构图

500kV 线路工程监理项目部安全管理组织机构图如图 3-6-2 所示。

3.6.3 监理项目部质量管理组织机构图

500kV 线路工程监理项目部质量管理组织机构图如图 3-6-3 所示。

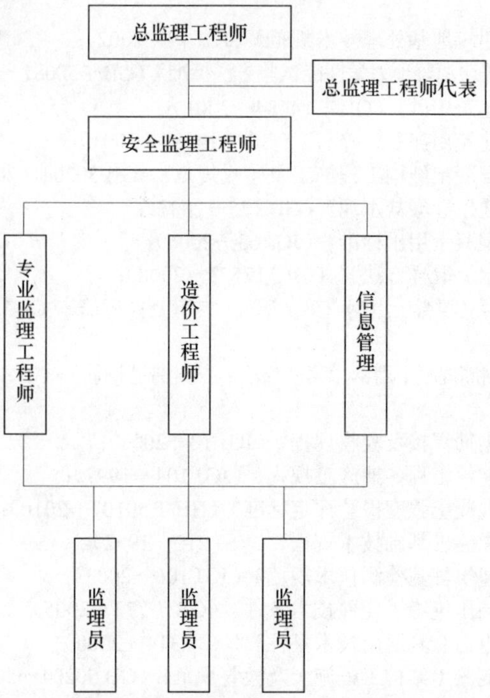

图 3-6-2 500kV 线路工程监理项目部安全管理组织机构图

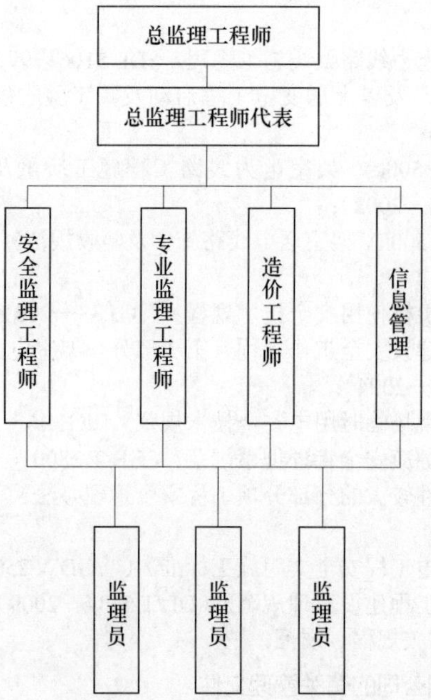

图 3-6-3 500kV 线路工程监理项目部质量管理组织机构图

3.7 项目监理机构的人员配备计划

根据本工程招标文件和合同要求，我公司在现场设监理项目部，项目总监根据公司法人的委托负责本工程的全部建设监理任务。为保证监理工作正常有序开展，我公司特派遣以下人员组建 500kV 线路工程监理项目部，并计划于 2 月 15 日之前全部到位。监理项目部人员配备表见表 3-7-1。

表 3-7-1　　　　监理项目部人员配备表

序号	姓名	职　务
1		总监理工程师
2		总监理工程师代表
3		总监理工程师代表（兼信息资料员）
4		安全监理工程师
5		专业监理工程师
6		造价工程师
7		监理员
8		监理员
9		监理员

3.8　项目监理机构的人员岗位职责

3.8.1　总监理工程师职责

（1）确定项目监理机构人员的分工和岗位职责，并负责管理项目监理机构的日常工作。

（2）主持编写项目监理规划、审批项目监理实施细则。

（3）审查分包项目及分包单位的资质，并提出审查意见。

（4）检查和监督监理人员的工作，根据工程项目的进展情况进行人员调配，对不称职的人员应调换其工作。

（5）主持监理工作会议，签发项目监理机构的文件和指令。

（6）审查承包单位提交的开工报告、施工组织设计、方案、计划。

（7）审核签署承包单位的申请和竣工结算。

（8）审查和处理工程变更。

（9）主持或参与工程质量、安全事故的调查。

（10）调解建设单位与承包单位的合同争议、处理索赔、审核工程延期。

（11）组织编写监理月报、监理工作阶段报告、专题报告和监理工作总结。

（12）审核签认分部工程和单位工程的质量检验评定资料，审查承包单位的竣工申请，组织监理人员对待验收的工程项目进行质量检查，参与工程项目的竣工验收。

（13）主持整理工程项目的监理资料。

3.8.2　总监理工程师代表职责

（1）负责总监理工程师指定或交办的监理工作。

（2）按总监理工程师的授权，行使总监理工程师的部分职责和权力。

总监理工程师不得将下列工作委托总监理工程师代表和副总监理工程师：

（1）主持编写监理规划、审批监理实施细则。

（2）签发工程开工报审表、工程复工申请表、工程暂停令、工程款支付申请表、工程竣工报验单。

（3）审核签认竣工结算。

（4）调解建设单位与承包单位的合同争议、处理索赔、审核工程延期。

（5）根据工程项目的进展情况进行监理人员的调配，调换不称职的监理人员。

（6）审查分包项目及分包单位的资质。

3.8.3　安全监理工程师岗位职责

在总监理工程师的领导下，负责工程建设项目安全监理的日常工作：

（1）做好风险管理的策划工作，编写监理规划中的安全监理管理内容和安全监理工作方案。

（2）参加施工组织设计中安全措施和施工过程中重大安全技术方案的审查。

（3）对危险性较大的工程安全施工方案或施工项目部提出的安全技术措施的实施进行监督检查。

（4）审查施工项目部、分包单位的安全资质和项目经理、专职安全管理人员、特殊作业人员的上岗资格，并在过程中检查其持证上岗情况。

（5）组织或参与安全例会和安全检查，参与重大施工的安全技术交底，对施工过程进行安全监督和检查，做好各类检查记录和监理日志。对不合格项或安全隐患提出整改要求，并督促整改闭环。

（6）审查施工单位安全管理组织机构、安全规章制度和专项安全措施。重点审查施工项目部危险源、环境因素辨识及其控制措施的适宜性、充分性、有效性，督促做好危险作业预控工作。

（7）组织安全学习。配合总监理工程师组织本项目监理人员的安全学习，督促施工单位开展三级安全教育等安全培训工作。

（8）深入现场掌握安全生产动态，收集安全管理信息。发现重大安全事故隐患及时制止并向总监理工程师报告。

（9）检查安全文明施工措施补助费的使用。协调不同施工单位之间的交叉作业和工序交接中的安全文明施工措施的落实。

（10）负责做好安全管理台账以及安全监理工作资料的收集和整理。

（11）配合或参与安全事故调查。

3.8.4　专业监理工程师职责

在总监理工程师的领导下负责工程建设项目相关专业的监理工作：

（1）负责编制本专业的监理实施细则。

（2）负责本专业监理工作的具体实施。

（3）组织、指导、检查和监督本专业监理员工作，当人员需要调整时，向总监理工程师提出建议。

（4）审查施工项目部提交的涉及本专业的计划、方案、申请、变更，并向总监理工程师提出报告。

（5）负责本专业分项工程验收及隐蔽工程验收。

（6）定期向总监理工程师提交本专业监理工作实施情况报告，对重大问题及时向总监理工程师汇报和请示。

（7）根据本专业监理工作实施情况做好监理日记。

（8）负责本专业监理资料的收集、汇总及整理，参与编写监理月报。

（9）参加见证取样工作，核查进场材料、设备、构配件的原始凭证、检测报告等质量证明文件及其质量情况，必要时对进场材料、设备、构配件进行平行检验，合格时予以签认。

（10）负责本专业的工程计量工作，审核工程计量的数据和原始凭证。

（11）检查本专业质量、安全、进度、节能减排、水土保持、强制性标准执行等情况，及时监督处理事故隐患，必要时报告。

3.8.5　监理员职责

主要从事现场检查、计量等工作：

（1）在专业监理工程师的指导下开展现场监理工作。

（2）检查承包商投入工程项目的人力、材料、主要设备及其使用、运行状况，并做好检查记录。

（3）复核或从施工现场直接获取工程计量的有关数据并签署原始凭证。

（4）按设计图及有关标准，对承包商的工艺过程或施工工序进行检查和记录，对加工制作及工序施工质量检查结果进行记录。

（5）担任旁站监理工作，核查特种作业人员的上岗证；检查、监督工程现场的施工质量、安全、节能减排、水土保持等状况及措施的落实情况，发现问题及时指出、予以纠正并向专业监理工程师报告。

（6）做好监理日记和有关的监理记录。

3.8.6 信息管理员职责

（1）负责对工程各类文件资料进行收发登记；分类整理，建立资料台账，并做好工程资料的储存保管工作。

（2）熟悉国家电网公司输变电工程建设标准化工作要求，负责基建工程管控模块的信息录入。

（3）负责工程文件资料在监理项目部内得到及时流转。

（4）对工程监理资料进行统一编号。

（5）负责对工程建设标准文本进行保管和借阅管理。

（6）协助总监理工程师对受控文件进行管理，保证使用该文件人员及时得到最新版本。

（7）负责工程监理资料的整理和归档工作。

3.9 监理工作程序

工作程序与1000kV线路工程相同。

3.10 监理工作方法及措施

3.10.1 监理工作方法

3.10.1.1 文件审查。监理项目部依据国家及行业有关法律、法规、规章、标准、规范和承包合同，对承包单位报审的工程文件进行审查，并签署监理意见。

3.10.1.2 巡视。监理人员对正在施工的部位或工序进行定期或不定期的监督检查。

3.10.1.3 见证取样。对规定的需取样送试验室检验的原材料和样品，经监理人员对取样进行见证、封样、签认。

3.10.1.4 旁站。监理人员按照委托监理合同约定对工程项目的关键部位、关键工序的施工质量、安全实施连续性的现场全过程监督检查。

3.10.1.5 平行检验。监理项目部利用一定的检查或检测手段，在施工单位三级自检的基础上，按照一定的比例独立进行检查或检测的活动。

3.10.1.6 签发文件和指令。监理项目部采用签发会议纪要和监理工作联系单、监理工程师通知单等形式进行施工过程的控制。

3.10.1.7 协调。监理项目部对施工过程中出现的问题和争议，通过一定的活动及方法，使各方协同一致，实现预定目标。

3.10.1.8 签证。监理项目部对工程的质量验评资料、变更、洽商、申请等进行审签。

3.10.2 监理控制措施

3.10.2.1 组织协调控制措施

3.10.2.1.1 在业主授权范围内代表业主执行合同，进行合同管理，协调有关方面的关系。

3.10.2.1.2 协调合同范围内各参建单位之间的关系，特别是协调好接口处的衔接，接受上一层次的协调并组织贯彻执行。

3.10.2.1.3 对设计、物资、施工承包商之间的关系进行全过程协调。

3.10.2.1.4 每月负责组织工程协调会等与工程相关的会议。

3.10.2.2 质量控制措施

3.10.2.2.1 参加施工图审查时，对施工图的完整性、正确性、设计深度以及能否满足材料加工，施工和运行维修方便等方面提出监理意见。

3.10.2.2.2 参与设备厂家检验、到货现场验收及核查质量保证文件（包括出厂检验报告、合格证及复试报告），确认材料的质量。

3.10.2.2.3 对新材料的应用，应事先对技术鉴定及有关试验和实际应用报告进行审查确认，并报有关单位批准。

3.10.2.2.4 审查施工组织设计及施工技术方案措施中有关保证施工质量的内容是否完整、合适，其要点如下：

（1）质量保证体系是否健全。

（2）施工管理、施工技术人员及主要技术工种人员配备及分工是否合理。

（3）施工技术方案、措施（包括作业指导书）是否具有针对性、可操作性。对施工中可能遇到的气候、地质等不利情况，有无对应方案和质量保证的措施。

（4）主要施工机具及计量、测量等工器具配备是否合适。

（5）准备应用的质量标准、施工技术及评级记录表及质量检查验收项目划分是否合适。

3.10.2.2.5 在线路基础、杆塔组立、架线、接地各分部工程施工时，按监理实施细则的要求，对主要的、关键的工序及隐蔽工程采取见证（包括文件及现场见证）、停工待检、旁站监理等方式跟踪进行质量检查，分项工程完工后采取登塔、走线、复测等检查方法进行中间检验。发现问题发书面整改通知，整改后进行复查、闭环，并报建设单位进行工程质量中间验评。

（1）基础工程质量控制要点：

1）混凝土浇筑前，必须检查钢材材质证明和复检资料、砂、石、水的外观质量和检验报告，检查水泥品种、标号、出厂时间及检验报告和混凝土配合比的试验报告。

2）按基础型式检查地脚螺栓（插入式角钢）及钢筋的规格、数量、间距、焊接、绑扎情况及保护层厚度。

3）复核基础根开、对角线、基础顶面相对高差、预偏、立柱断面尺寸、地脚螺栓露出高度及中心偏差、整基位移、扭转等。

4）混凝土施工必须采取机械搅拌、机械振捣，并随时检查配合比、坍落度，严格按要求进行搅拌、振捣并按规定做试块。

5）混凝土表面应覆盖遮盖物，按规范规定进行养护；按规定时间拆模。

6）按设计要求检查回填土夯实情况及防沉措施。

7）本工程基础混凝土进行冬期施工，施工承包商应编制“基础混凝土冬期施工专项措施”报监理部批准后执行，监理人员按批准的“专项措施”对现场混凝土的浇制、养护、拆模和回填进行严格把关，确保混凝土施工质量。

（2）铁塔工程质量控制要点：

1）组塔前，应复核基础顶面高差，复核基础根开尺寸与铁塔根开的配合。

2）组立铁塔前，应检查塔材的镀锌质量及塔材有无弯曲、变形、损坏；塔件组装有困难应查明原因，严禁强行组装。

3）铁塔组立后，铁塔的结构倾斜、转角塔的预倾斜应满足验评标准优良级要求。螺栓的扭紧力矩应符合规范和设计要求，螺栓紧固率组塔后不小于95%，架线后不小于97%。

4）接地网埋设前应检查接地网焊接质量、接地埋深及回填后实测电阻值是否满足设计要求。

（3）架线工程质量控制要点：

1）导线、光缆的展放，必须在铁塔分部工程通过中间验收合格后方可进行。

2）导线、光缆展放时，应防止外力损伤。牵张场地应尽量布置在直线段内。导线、光缆，若发生损伤，应按有关规定和要求进行处理。

3）压接管压接前，应检查压接试验报告，并核对其规格、型号、尺寸。

4）导线、光缆的压接管（直线管和耐张管）进行压接时，监理人员应旁站或跟踪检查，检验合格后予以签证。操作人员应在压接管上打上代号钢印。

5）导线、光缆观测弛度，应在导线、光缆牵引稳定后进行；观测档数量应符合“规范”要求。

6）绝缘子安装前，应仔细检查绝缘子外观质量（是否损伤、清洁状况等），不合格者不得使用。

7）附件安装时，应仔细检查绝缘子上的弹簧销是否齐全完好；金具应无锈蚀、损伤，所用销子的直径必须与孔径一致，螺栓应紧固，扭矩符合设计要求，穿向应统一；悬垂串、防振锤、间隔棒安装位置准确，符合“规范”要求。

8）引流线应呈近似悬链线状，满足电气间隙要求，引流板接触面应平整、光洁，涂导电脂，连接螺栓应拧紧，扭矩符合设计要求。

9）对重要交叉跨越与邻近线路的构筑物限距进行复核检查。

（4）光缆展放质量控制要点：

1）监理人员要检查光缆厂家的试验报告，并对现场的光缆外观进行抽查；光缆必须进行现场单盘测试验收，并填好测试报告，有关各方代表签字。

2）监理人员要检查牵张设备性能是否良好，能满足光缆架设的技术要求（具体要求应参照光缆厂家技术指导书及设计要求）。

3）根据工作内容和现场实际，进行技术交底，技术人员要介绍光缆的施工方法和施工中的注意事项，使施工人员心中有数。

4）要求施工单位进行光缆首个区段架设试点。

5）监理人员要巡视、抽查光缆的展放情况。

6）检查牵引绳、旋转连接器、光缆连接网套、光缆之间的连接是否牢固、可靠；张力车的张力、牵引的速度是否控制在规定范围内。

7）展放前施工人员必须测量展放区间的起止塔两边余留光缆长度的距离，两边尽量保持一致，确保光缆接续余缆长度。

8）余留光缆的临时收线的直径，不得小于厂家技术指导书及设计规定的直径，盘绕过程中，不得扭伤、折伤光缆。

9）用光缆头的原帽或胶带，封堵好光缆头，切勿进水受潮。

（5）光缆接续质量控制要点：

1）光纤的熔接，必须在光缆展放完毕后，进行首个接头试点。

2）监理人员要检查接续使用的仪器（表）是否有国家认可单位出具的检验合格证明材料。

3）熔接过程监理检查的内容：熔接现场的防尘措施是否完备；余留光缆的长度是否符合设计的要求；剥离光缆的长度是否符合设计的要求；熔接组，测试组要分工明确；每根光纤熔接后，测量组应立即进行双向测试，每根光纤的接头衰耗平均值应控制规定范围内；接线盒防潮封装应符合要求；余留光缆沿铁塔的固定工艺应美观、整齐；接线盒、余缆架的固定高度、位置和工艺应符合规定和要求。

4）所有接续完成后，测量全区段光纤的全程衰耗值。

3.10.2.2.6　严格控制设计修改及设计变更申请，根据其内容的重要程度及增加费用的多少，按业主授权进行审查或核批。

3.10.2.2.7　竣工验收前对施工资料需进行预审查，对整个工程（包括本体工程、辅助设施及通道障碍清理等）完成情况及质量进行全面检查，发现缺陷和问题督促承包商整改，待达到工程质量标准后，在承包商竣工验收申请单上签字，报业主进行正式竣工验收。

3.10.2.2.8　参加业主组织的竣工验收，对验收中发现的质量问题，继续督促承包商整改。最后参加工程质量评定及竣工交接。

3.10.2.2.9　工程保修期间发生的质量问题在分清责任后督促承包商及时处理。

3.10.2.3　进度控制措施

3.10.2.3.1　根据进度目标要求编制设计、材料供应及施工综合进度计划（采用横道图或网络图编制）。

3.10.2.3.2　对设计进度计划进行审查，检查实际交付进度，发现问题及时向建设单位汇报进行协调。

3.10.2.3.3　对材料供应计划（包括建设单位提供及承包商自行订货或采购）进行审查，当实际到货与供应计划不符时及时协调并督促有关单位采取调整措施。

3.10.2.3.4　审核承包商编制的总进度及分阶段（按年、季、月）进度计划，是否满足总工期要求，以及安排是否合理。

3.10.2.3.5　检查承包商的材料运输、施工机具及劳动力配备、通道清理、障碍物的拆除等工作能否满足施工进度需要。

3.10.2.3.6　经常深入现场检查工程的实际进度，如发现拖期及时分析原因，采取措施进行协调，以保证实现预定的工程进度目标。

3.10.2.4　投资控制措施

3.10.2.4.1　督促承包商编制用款计划，协助建设单位编制资金使用计划。

3.10.2.4.2　通过审核施工组织设计和施工方案，对承包商不合理的施工措施提出监理意见，避免不必要的加班加点。

3.10.2.4.3　施工过程中对投资实行跟踪、动态控制和分析预测，发现偏差采取纠偏措施。

3.10.2.4.4　对验收合格已完实物工程量进行复核签证，向建设单位提出付款（包括预付款、进度款、备料款及预付款的扣回，结算款等）建议。严格控制额外费用，规范额外工程量签证，凡发生额外工程量必须现场直接签证，否则不予认可。

3.10.2.4.5　严格控制设计变更和材料代用。对设计变更审查时应考虑工程费用是否增加，如超越授权范围应报建设单位审批。

3.10.2.4.6　协助建设单位处理索赔事宜，审核各项索赔依据与金额是否合理，并进行签证。

3.10.2.4.7　审查工程结算书及竣工决算书，对其真实性及计算依据进行确认签证，严格按合同条件规定审核确认追加合同费用。

3.10.2.5　安全控制措施

3.10.2.5.1　对施工合同中安全、文明生产条款及事宜进行检查、落实。

3.10.2.5.2　督促并检查承包商设专人负责安全、文明生产，并检查落实安全责任、安全教育培训及安全检查制度。

3.10.2.5.3　要求承包商对邻近带电、跨越 35kV 及以上电压等级的线路及地形复杂处施工，应事先制订特殊施工安全措施，报监理审查并监督执行。

3.10.2.5.4　结合线路施工特点不定期进行安全检查，发现问题督促承包商整改。

3.10.2.5.5　配合有关单位对安全事故进行调查处理。

3.10.2.5.6　检查并督促承包商文明施工。

3.10.2.6　环境保护和水土保持控制措施

3.10.2.6.1　按照本工程建设监理合同和工程承包合同，明确文明施工和环境保护目标，另外应依据《国家电网公司输变电工程安全文明施工标准化工作规定》的要求，对安全文明施工设施、安全标识标志、绿色施工等方面提出具体实施目标。落实环保方案及措施，保护生态环境，力争减少施工场地和周围环境植被的破坏，减少水土流失，垃圾处理和车辆、设备尾气排放符合规定；现场施工环境满足环保要求。

3.10.2.6.2　督促承包商制定环境保护方案，并在施工中实施。

3.10.2.6.3　对施工中环境保护方案的落实情况进行认真检查并逐项落实。

3.10.2.6.4　加大对环境保护工作的宣传力度，让所有参建人员增强环境保护的意识和自觉性。

3.10.2.6.5　施工过程中及竣工后，应及时修整和恢复在建设过程中受到破坏的生态环境，恢复地形地貌，并尽可能的采取绿化措施，达到对环境影响最小。

3.10.2.6.6　对施工道路的开挖拓宽应选择植被稀少的地方开拓，并尽可能的集中在一条路上操作，严禁运输材料时随意拖拉，破坏植被。

3.10.2.6.7　基坑开挖时，若塔基周围坡度较大，严禁将土随意抛弃，应将土用编织袋装起整齐的码于塔基下方，以防止弃土滑坡冲毁塔位下方自然地貌，破坏山体环境，危及塔基安全。

3.10.2.6.8　施工完成后，应清理施工现场的施工垃圾，做到工完、料净、场地清。

3.10.2.6.9　对现场办公区、生活区应采取绿化措施，改善生态环境，并采取措施保持施工环境和生活环境的卫生。

3.10.2.7　合同管理控制措施

3.10.2.7.1　合同管理是进行质量、进度、安全和投资四大控制目标的重要手段和确保实现监理控制目标的重要措施，在本工程建设监理过程中，监理应在业主的授权范围内，对合同的履行实施动态的全过程管理，保证同步实现工程建设目标和监理目标。

3.10.2.7.2　检查各项工程施工合同及监理合同执行情况和履约能力。

3.10.2.7.3　协助建设单位处理违约及索赔事宜。

3.10.2.8　信息管理控制措施

3.10.2.8.1　建立以建设单位（或建设单位授权的监理单位）为中心的信息网，集中控制和管理工程建设活动中的各种信息。

3.10.2.8.2　审查参建单位上报的信息并进行整理汇总，提出处理意见，向有关单位发布。

3.10.2.8.3　建立信息收发记录，其内容包括：信息名称、时间、信息提供者、接受者、接受形式、类型和处理意见。督促承包商对工程档案进行动态立卷建档，及时形成、收集、整理工程信息。

3.10.2.8.4　建立监理档案。按照工程达标投产有关工程档案管理的内容要求、监理合同中向建设单位提供监理资料的承诺及监理单位内部有关监理档案资料的具体要求，综合考虑后确定本工程的档案资料目录。在工程建设中随时积累、整理，竣工后集中整理经有关领导审批后移交建设单位或内部留存归档。

3.10.2.8.5　审查设计承包商、施工承包商的竣工资料，提出监理意见。

3.10.2.9　达标投产、创优措施

3.10.2.9.1　编制本工程达标投产、创优总体规划，督促施工承包商编制达标创优实施细则，做到目标明确，措施得力。

3.10.2.9.2　要求施工承包商编制质量、安全保证计划，建立健全安全质量保证体系，以加强对本工程的安全质量的控制。

3.10.2.9.3　认真组织审查施工组织设计，突出施工总平面的优化管理，确定最佳的施工方案，严格的质量保证措施。

3.10.2.9.4　加大协调力度，及时沟通信息，解决工程中存在的问题。

3.10.2.9.5　加强工程建设的过程控制和监督管理，确保工程施工整体的受控在控。

3.10.2.9.6　工程设计要按照“安全可靠、经济实用、符合国情”的电力建设方针进行设计，设计要吸收优秀的设计思想和方针，设计优秀工程。

3.10.2.9.7　工程施工要按照“技术精良、管理到位、严密组织、精心施工的原则，学习借鉴其他优质工程的先进经验，严格坚持按创优工艺标准组织施工。

3.10.2.9.8　组织全体参建人员认真学习达标创优实施细则。

3.10.2.9.9　工程监理应按照“守法、诚信、公正、科学”的原则，做好“事前、事中、事后”的控制，做到全过程监理到位，高标准严要求的做好监理工作，全力实现工程创优目标。

3.10.2.9.10　要求全体参建人员统一思想，强化优质精品意识，为实现工程创优质精品，精心设计、精心施工、精心管理，齐心协力打造优质精品工程。

3.11　监理工作制度

为了规范本工程的管理，监理项目部制定了如下管理制度。

3.11.1　项目管理

（1）监理项目部策划文件编制审批管理制度。
（2）监理项目部人员培训管理制度。
（3）项目管理实施规划（施工组织设计）、方案审查制度。
（4）工程开工、暂停及复工监理管理制度。
（5）监理工程师通知单签发及复验制度。
（6）分部工程动工条件审查制度。
（7）进度控制监理工作制度。
（8）工地例会及纪要签发制度。
（9）项目监理文件资料管理制度。
（10）工程监理档案管理实施细则。

3.11.2　安全管理

（1）工程分包审查管理制度。
（2）安全监理工作责任及考核奖惩制度。
（3）安全监理交底制度。
（4）安全工地例会制度。
（5）安全监理检查、签证制度。

（6）安全巡检及旁站监理制度。

（7）安全施工措施（方案）审查、备案制度。

（8）测量/计量设备，施工机械、安全用具审查监理工作制度。

（9）施工管理人员、特殊工种/特殊作业人员审查监理工作制度。

（10）安全健康环境管理自评价制度。

（11）安全/质量事故处理监理管理制度。

（12）交通安全管理制度。

3.11.3 质量管理

（1）施工单位质量保证体系检查制度。

（2）施工项目部选择的试验室资质认可制度。

（3）设备、材料、构配件质量检验监理工作制度。

（4）见证取样、平行检验监理工作制度。

（5）施工质量验收监理工作制度。

（6）重点部位旁站监理工作制度。

3.11.4 造价管理

（1）投资（造价）控制监理工作制度。

（2）工程结算审核监理工作制度。

3.11.5 技术管理

施工图会检监理工作制度详见《500kV线路工程管理制度汇编》。

3.12 监理设施

根据本工程招标文件和合同要求，我公司在现场设监理项目部，项目总监理工程师根据公司法人的委托负责本工程的全部建设监理任务。为保证监理工作正常有序开展，投入了大量监理设施，具体如下。

3.12.1 文件资料配置

依据本工程建设的实际需要，监理项目部配置管理、技术文件计划见监理项目部技术标准目录清单。

3.12.2 物资设备配置计划

依据本工程建设的实际需要，监理部主要计量、检测器具配置见表3-12-1。

表3-12-1 500kV送电工程监理项目部计量、检测器具表

序号	名称	型号	单位	数量
1	经纬仪	TDJ2	台	1
2	回弹仪	HT225	台	1
3	接地摇表	ZC-8	台	1
4	水准仪	DS32	台	1
5	钢卷尺	20M	个	1
6	钢卷尺	5M	个	8
7	游标卡尺	0～125mm	个	1
8	扭矩扳手	组合式	个	1
9	望远镜	131～1000m	台	1

3.12.3 办公设备资源配置计划

依据本工程建设的实际需要，监理部主要办公设备资源配置计划见表3-12-2。

表3-12-2 500kV送电工监理项目部办公设备资源表

序号	名称	单位	数量
1	文件柜	个	1
2	微机	台	2
3	打印机	台	2
4	照相机	部	5
5	传真电话	台	1
6	复印机	部	1
7	车辆	辆	2

第4章　莱州—光州500kV送电工程专业监理实施细则

4.1　基础分部工程

4.1.1　工程概况及特点

4.1.1.1　工程概况

4.1.1.1.1　工程建设规模

（1）本工程为500kV送电工程，新建线路全长50km，全线同塔双回路，全线均位于莱州市境内。

（2）全线海滨占1.6%；平地占52.4%；丘陵42%；山区占4%。平丘段交通情况良好，山区段交通条件一般。全线海拔高度不超过200m。

（3）全线新建双回路铁塔118基，其中耐张塔35基，直线塔83基。

（4）导线全线采用JL/LB20A-630/45型铝包钢芯铝绞线，每相4分裂，分裂间距500mm。全线两根地线均为OPGW光缆。

（5）本线路工程共使用双回路铁塔21型，分别为SZ611、SZ612、SZ613、SZK611、SZC613、SZ621、SZ622、SZ623、SZK621、SJ611、SJ612、SJ613、SJ613A、SJ614、SJK61、SJ621、SJ622、SJ623、SJ624、SDJ611、SDG622。

（6）本工程共采用6种基础型式，分别为斜柱板式基础、直柱板式基础、直柱台阶式基础、直柱掏挖式基础、岩石嵌固基础和灌注桩基础。

4.1.1.1.2　本工程参建单位

×××。

4.1.1.1.3　本监理标段施工段划分表

本工程不设监理标段。

4.1.1.1.4　工程量

一、基础型式一览表

本工程使用斜柱板式基础、直柱板式基础、直柱台阶式基础、直柱掏挖式基础、岩石嵌固基础和灌注桩基础等6种现浇基础型式。

全线采用斜柱板式基础66基，采用直柱板式基础33基，采用直柱板式和直柱台阶式组合基础1基，采用直柱掏挖式基础1基，岩石嵌固基础2基，灌注桩基础15基。

二、工程材料一览表

基础钢材：基础钢筋有HPB235和HRB335螺纹钢筋两种，其中#1及#2塔基础钢筋采用环氧涂层钢筋；插入角钢材质为Q420，地脚螺栓的材质为#35钢。

混凝土：#1及#2塔基础为45级，其他灌注桩基础为C30级，普通基础为C20级，保护帽及垫层为C10级。

水泥：#1及#2塔基础采用抗硫酸盐水泥，其他基础混凝土采用通用硅酸盐水泥。

焊条：焊条采用E55、E50、E43型焊条。

三、基础防腐

（1）斜柱板式基础的插入角钢露出部分及埋入主柱100mm范围内热镀锌防腐。

（2）本工程部分塔位基础及桩基础承台表面，需刷KH-559系列防腐剂。

（3）灌注桩按照水泥用量的3%掺SL-HZ钢筋混凝土阻锈剂和SL-HF复合防腐剂。

（4）#1及#2塔基础钢筋采用环氧涂层钢筋。

4.1.1.1.5　地形、地质、地貌概述

全线平地占52.4%，海滨占1.6%，丘陵占42%，山区占4%，平丘段交通情况良好，山区段交通条件一般。全线海拔高度部超过200m。

4.1.1.2　工程特点

略。

4.1.2　编制依据

本工程建设过程中用遵守的法律法规、管理条例、规程规范，包括以下方面：

4.1.2.1　本工程的建设有关批准文件。

4.1.2.2　工程建设相关法律、法规和规范标准。

4.1.2.2.1　建设工程相关法律、法规及管理条例，包括：

《中华人民共和国建筑法》（1998年3月1日第91号主席令）；

《中华人民共和国安全生产法》（2002年11月1日第70号主席令）；

《中华人民共和国消防法》（2008年10月28日第6号令主席令）；

《中华人民共和国劳动法》（1994年7月5日第28号主席令）；

《中华人民共和国劳动合同法》（2007年6月29日第65号主席令）；

《中华人民共和国电力法》（1996年4月1日第60号主席令）；

《中华人民共和国环境保护法》（1989年12月26日第22号主席令）；

《生产安全事故报告和调查处理条例》（国务院令第493号）；

《建设工程勘测设计管理条例》（2000年9月25日第293号令）；

《建设工程安全生产管理条例》（2004年2月1日第393号）；

《建设工程质量管理条例》（2000年1月30日第279号）；

其他相关规程、规范。

4.1.2.2.2　有关的技术标准、规程、规范包括：

《建设工程文件归档整理规范》（GB/T 50328—2001）；

《建设工程监理规范》（GB 50319—2000）；

《电力工程建设监理规范》（DL/T 5434—2009）；

《工程测量规范》（GB 50026—2007）；

《建筑工程施工质量验收统一标准》（GB 50300—2001）；

《建筑用砂》（GB/T 14684—2001）；

《建筑用卵石、碎石》（GB/T 14685—2001）；

《通用硅酸盐水泥》（GB 175—2007）；

《混凝土强度检验评定标准》（GB/T 50107—2010）；

《混凝土结构工程施工及验收规范》（GB 50204—2002）；

《混凝土质量控制标准》（GB 50164—92）；

《电气装置安全工程接地装置施工及验收规范》（GB 50169—2006）；

《110～500kV架空送电线路施工及验收规范》（GB 50233—2005）；

《电力工程地基处理技术规程》（DL/T 5024—2005）；
《110～500kV 架空送电线路设计技术规程》（DL/T 5092—1999）；
《110kV 及以上送变电工程启动及竣工验收规程》（DL/T 782—2001）；
《110kV～500kV 架空电力线路工程施工质量及评定规程》（DL/T 5168—2002）；
《电力建设安全工作规程　第 2 部分　架空电力线路部分》（DL 5009.2—2004）；
《建筑地基处理技术规范》（JGJ 79—2002）；
《建筑工程冬期施工规程》（JGJ 104—1997）；
《施工现场临时用电安全技术规范》（JGJ 46—2005）；
《回弹法检测混凝土强度技术规程》（JGJ/T 23—2001）；
《普通混凝土用砂、石质量及检验方法标准》（JGJ 52—2006）；
《混凝土用水标准》（JGJ 63—2006）；
《普通混凝土配合比设计规程》（JGJ 55—2000）；
《灌注桩基础技术规程》（YSJ 212—1992）；
其他相关规程、规范。

4.1.2.2.3　国网公司的有关管理文件：
《关于颁发〈电力建设工程施工技术管理导则〉的通知》（国家电网工〔2003〕153 号）；
《电力建设工程质量监督检查典型大纲（火电、送变电部分）》（电建质监〔2005〕57 号）；
《国家电网公司输变电工程达标投产考核办法（2005 年版）》（国家电网基建〔2005〕255 号）；
《关于应用〈国家电网公司输变电工程施工工艺示范手册〉的通知》（基建质量〔2006〕135 号）；
《关于印发〈国家电网公司工程建设质量责任考核办法（试行）〉的通知》（国家电网基建〔2006〕674 号）；
《关于印发〈国家电网公司工程建设质量管理规定（试行）〉的通知》（国家电网基建〔2006〕699 号）；
《关于利用数码照片资料加强输变电工程安全质量过程控制的通知》（基建安全〔2007〕25 号）；
《关于印发〈国家电网公司输变电工程建设创优规划编制纲要〉等 7 个指导文件的通知》（基建质量〔2007〕89 号）；
《关于印发〈国家电网公司电力建设工程施工安全监理管理办法〉的通知》（国家电网基建〔2007〕302 号）；
《关于印发〈国家电网公司输变电优质工程评选办法（2008 版）〉的通知》（国家电网基建〔2008〕288 号）；
《关于印发〈输变电工程安全文明施工标准〉的通知》（国家电网科〔2009〕211 号）；
《关于应用〈国家电网公司输变电工程施工工艺示范〉光盘的通知》（基建质量〔2009〕290 号）；
《关于印发〈输变电工程建设标准强制性条文实施管理规程〉的通知》（国家电网科〔2009〕642 号）；
《国家电网公司业主项目部标准化工作手册 330kV 及以上输变电工程分册（2010 年版）》；
《国家电网公司监理项目部标准化工作手册 330kV 及以上输电线路工程分册（2010 年版）》；
《国家电网公司施工项目部标准化工作手册 330kV 及以上输电线路工程分册（2010 年版）》；
《关于印发〈国家电网公司输变电工程质量通病防治工作要求及技术措施〉的通知》（国家电网基建质量〔2010〕19 号）；
《关于应用〈国家电网公司输变电工程工艺标准库〉的通知》（基建质量〔2010〕100 号）；
《关于印发〈国家电网公司输变电工程典型施工方法管理规定〉的通知》（国家电网基建〔2010〕165 号）；
《关于印发〈国家电网公司电力建设工程施工质量监理管理办法〉的通知》（国家电网基建〔2010〕166 号）；
《关于印发〈国家电网公司输变电工程安全质量管理流动红旗竞赛实施办法〉的通知》（国家电网基建〔2010〕167 号）；
《关于开展输电工程施工现场安全通病防治工作的通知》（基建安全〔2010〕270 号）；
《关于强化输变电工程施工过程质量控制数码照片采集与管理的工作要求》（国家电网基建质量〔2010〕322 号）；
《关于印发〈国家电网公司基建安全管理规定〉的通知》（国家电网基建〔2010〕1020 号）；
国网公司其他相关管理文件。

4.1.2.2.4　山东电力集团公司基建管理文件：
《山东电力集团公司输变电工程建设质量及事故调查规定（试行）》（集团基工〔2007〕11 号）；
《关于印发〈山东电力集团公司输变电工程建设项目档案管理办法〉的通知》（鲁电集团办档〔2008〕20 号）；
《关于印发〈山东电力集团公司输变电工程施工安全措施补助费及文明施工措施费使用管理规定（试行）〉的通知》（鲁电集团基建〔2008〕17 号）；
山东电力集团公司其他相关管理文件。

4.1.2.2.5　工程项目审批文件。

4.1.2.2.6　工程项目设计文件。

4.1.2.2.7　工程项目监理大纲。

4.1.2.2.8　500kV 送电工程建设监理合同。

4.1.2.2.9　工程参建单位与项目业主签订的其他合同文件。

4.1.2.2.10　业主单位的《建设管理纲要》《创优规划》。

4.1.2.2.11　监理公司“三标一体”管理文件及公司其他相关规定。

4.1.2.2.12　《500kV 送电工程建设监理规划》。

4.1.3　监理目标

争创国家电网公司输变电工程项目管理流动红旗，确保达标投产和国家电网公司输变电优质工程，争创中国电力优质工程奖及国家优质工程。

4.1.3.1　质量控制目标

争创国家电网公司输变电工程质量管理流动红旗；工程建设期间不发生一般及以上工程质量事故；工程投产后一年内不发生因施工、设计质量原因引发的电网事故、设备事故和一类障碍；30 项重点整治质量通病防治措施执行率 100%，标准工艺应用率 100%；确保工程达标投产和国家电网公司输变电优质工程，争创中国电力优质工程奖及国家优质工程。

4.1.3.1.1　单元工程质量达到优良级

（1）关键项目 100%达到规程的优良级标准。

（2）重要项目、一般项目和外观项目必须 100%地达到本规程的合格级标准；全部检查项目中有 80%及以上达到优良级标准。

4.1.3.1.2　分项工程优良级

该分项工程中单元工程 100% 达到合格级标准，且检查（检验）项目优良级数达到该分项工程中检查（检验）项目总数的 80%及以上。

4.1.3.1.3　分部工程优良级

分部工程中分项工程 100%合格，并有 80%及以上分项工程达到优良级，且分部工程中的检查（检验）项目优良数目达到该分部工程中检查（检验）项目总数的 80%及以上者。

4.1.3.2　进度控制目标

坚持以“工程进度服从安全、质量”为原则，积极采取相应措施，确保工程开、竣工时间和工程阶段性里程碑计划的按时完成。

（1）基础工程计划 2011 年 2 月 23 日开工。

（2）确保工程里程碑各节点计划的实现。

（3）计划基础工程 2011 年 7 月 10 日完工。

（4）工程协调及时率 100%，责任落实率 100%，问题关闭率 100%。

4.1.3.3　造价控制目标

严格管理施工承包合同规定范围内的承包总费用，监理范围内的工程，工程总投资控制在批准的概算范围之内。按照合同规定的程序和原则履行好投资控制工作，积极配合设计、施工单位进行技术优化工作，及时主动的反映、协调有可能对工程投资造成影响的任何事宜，并承担因此造成的投资浪费的相应责任。最终工程投资控制在批准概算以内，并符合工程静态投资，动态管理的要求，力求优化设计、精心施工、节约投资，工程造价合理。

4.1.4　监理工作流程及重点工作

4.1.4.1　质量控制的流程及重点工作

4.1.4.1.1　审查施工项目部编写的“施工质量验收项目划分表”明确 W、H、S 点，督促施工项目部按要求严格执行，并及时组织专业监理工程师及时进行质量验收。

4.1.4.1.2　编制旁站监理方案，明确旁站项目、旁站要求，组织专业监理人员严格按要求实施旁站监理。

4.1.4.1.3　对施工单位自购原材料进行见证取样并送检，确保自购原材料质量满足工程建设需要。

4.1.4.1.4　组织单位对厂家供货材料组织开箱检查验收，发现问题，及时处理，保证供货材料质量，避免不合格品进入施工现场。

4.1.4.1.5　对检查出不符合设计要求或质量不合格的材料，要求施工项目部填写《设备（材料/构配件）缺陷处理报验表》，报监理项目部备案。

4.1.4.1.6　发生质量事故，要求施工项目部按“四不放过”的原则及时处理。并检查施工项目部是否按批准的方案执行，否则令其停工。检查事故处理结果，签证处理记录。对施工项目部的工程材料质量问题处理措施进行跟踪监督，做到闭环控制。

4.1.4.1.7　审核进场材料是否满足连续施工需要。

4.1.4.1.8　定期召开质量分析会，分析工程施工质量管理体系的运转，通过对现场工程实体施工质量的检查实际情况的分析，确定下一步工程质量控制重点。

4.1.4.1.9　运用定期检查和监理旁站、巡视检查相结合的方式，加强质量强制性条文的执行监督、检查力度。

4.1.4.1.10　定期进行质量通病防治专项检查，结合监理旁站、巡视检查加强质量通病防治措施的检查力度。

4.1.4.1.11　理顺质量与进度之间的关系，当质量与进度发生矛盾时进度应服从质量的要求。

4.1.4.2　进度控制的重点工作

4.1.4.2.1　审核施工单位的施工计划与工程工期目标是否一致，保证施工进度计划与工期目标相一致。

4.1.4.2.2　定期召开工程协调会。

4.1.4.2.3　加大现场协调工作力度，当实际进度与计划进度不一致时，分析原因，提出下阶段的调整要求。当实际进度严重滞后于计划进度时，由总监理工程师报建设管理单位，协商采取进一步措施。

4.1.4.2.4　当工程受到干扰或影响而至工期延长时，根据建设管理单位的要求，应积极的采取措施，提出调整施工进度计划的建议，经建设管理单位批准后负责贯彻实施。

4.1.4.2.5　检查施工单位劳动力、机具的投入计划是否满足施工进度要求。对施工单位拟用于本工程的机械装备的性能与数量进行核对，发现不能满足施工进度需要时，书面通知施工单位进行调整。

4.1.4.2.6　对材料、构配件、设备采购过程实行动态管理，经常性、定期将实际采购情况与计划进行对比、分析，发现问题，及时进行调整，使材料、构配件、设备采购计划的实施始终处在动态循环、可控、能控状态。

4.1.4.2.7　监理工程师应在监理月报和月度协调会上及时向建设管理单位报告工程进度和所采取的进度控制措施以及执行情况，提出合理预防工期索赔的措施。

4.1.4.2.8　专业监理工程师应检查进度计划的实施，并记录实际进度及其相关情况，当发现实际进度滞后于计划进度时，应书面通知施工项目部采取纠偏措施，并监督实施。

4.1.4.2.9　根据现场施工进度情况，监督检查设计文件交付进度，督促设计单位定期提出设计文件交付进度报告，定期向建设管理单位报告进度情况和存在问题，使设计进度始终处于受控状态。

4.1.4.3　造价控制及合同管理

4.1.4.3.1　造价控制

4.1.4.3.1.1　组织投资控制监理工程师建立计量台账进行核对和管理，做好工程计量审核工作。对达到合同、规范标准的工程及时进行工程计量，确保工程量统计及时、完整、真实、有效，向建设管理单位真实准确的反映工程实际情况，为工程进度款的支付提供依据，加强工程造价控制。重点控制以下工程项目：隐蔽工程；护坡、挡土墙等工程；新材料、新技术、新工艺的应用、试验；通道清理费用（房屋拆迁、树木砍伐、青苗赔偿等）。

4.1.4.3.1.2　建立完善的工程计量程序，严格控制工程现场签证工作（特别是因现场地质与地质报告发生不符时所产生的签证），核查设计地形地质与工程实际情况是否相符，设计工程量与实际工程量是否相符，确保工期及费用签证得以有效控制。

4.1.4.3.1.3　做好工程竣工验收阶段的投资控制工作，及时搜集、整理与工程结算有关的施工和监理资料，并对资料进行统计、汇总，为处理费用索赔提供证据。

4.1.4.3.1.4　严格按照建设管理单位要求的竣工结算程序，审核竣工结算报告，编制详细的工程结算监理审核报告，载明每一项核减或核增的计算依据和结果，并出具监理意见，做到公平、公正。

4.1.4.3.2　合同管理

4.1.4.3.2.1　坚持以合同文件为依据，实行履约检查制度，以程序化、精细化管理作为核心，加强工程纵向、横向联系和接口协调。

4.1.4.3.2.2　依据《国家电网公司监理项目部标准化工作手册 330kV 及以上输电线路工程分册（2010 年版）》内相关内容，建立合同管理机构，配备专门人员负责合同的订立、履行和管理工作，建立完善的合同管理体系，在组织上为管理合同提供保证。

4.1.4.3.2.3　按照建设管理单位要求，积极参与相关合同评审、合同谈判、合同签订、合同执行过程中的履约检查、索赔处理。通过监理工程师进行纠正偏差、纠纷处理和多方协调的工作，保证工程有关各方对合同的履约，达到工程建设的预期目标。

4.1.4.3.2.4　依据国家有关的法律、法规和工程项目所在地的地方性标准、规范和定额、施工合同履行过程中与索赔事件有关的凭证，加强工程索赔管理。

4.1.5　监理工作内容、措施、方法

4.1.5.1　作业人员及资格的控制

4.1.5.1.1　审查施工项目部报审的项目管理人员资质，主要管理人员是否与投标文件一致，管理人员数量是否能满足工程施工需要，如需更换项目经理要得到建设管理单位的书面同意。

4.1.5.1.2　检查施工项目部作业人员质量、安全培训记录，特殊作业人员已经过专业技术交底。

4.1.5.1.3　检查特种作业人员的资格证是否有效，是否与报审资料一致，发现问题，及时要求施工单位纠正。

4.1.5.1.4　检查施工人员到位及状态情况，现场作业人员是否数量符合施工组织要求。

4.1.5.2　装置性材料的控制

4.1.5.2.1　钢筋检查。

4.1.5.2.1.1　检查钢筋规格和各部尺寸符合设计图纸要求。

4.1.5.2.1.2　审核钢筋生产厂家、材质证明、试验报告、加工合格证明等质量证明文件；钢筋进场后施工项目部应通知监理人员对各型号钢筋的取样送检进行见证，监理人员对钢筋的见证取样做记录并建立见证取样管理台账。

4.1.5.2.1.3　检查钢筋焊接质量，包括搭接长度、焊缝外观是否符合规范要求，并对钢筋焊接的抽样送检进行见证。

4.1.5.2.2　水泥检查。

4.1.5.2.2.1　水泥必须有生产厂家提供的产品合格证及质量检验资料，包括生产日期、批号、初终凝时间、商品标号等具体指标，并符合国家标准。水泥进场后施工项目部应通知监理人员对各标号水泥的取样送检进行见证，监理人员对水泥的见证取样做好记录并建立管理台账。

4.1.5.2.2.2　检查材料站、施工现场水泥存放、保管是否规范，水泥有无受潮、过期等现象。

4.1.5.2.2.3　水泥使用的基本原则：先到先用，但保管不善时，必须补做标号试验，并按试验后的实际标号使用。

4.1.5.2.3　用砂检查。

4.1.5.2.3.1　对运到桩位的砂子，对其进行粒径和含泥量检查，砂以中砂为宜，含泥量不大于5%，并做好记录。

4.1.5.2.3.2　砂子现场存放应铺垫隔离标志，并检查是否混有杂物、泥土等。

4.1.5.2.4　石子检查。

4.1.5.2.4.1　检查石料采购是否与见证取样时选用的石料厂一致。

4.1.5.2.4.2　运往桩号的石料应与经过检验合格的石粒相同，并做好相应的检查记录。

4.1.5.2.4.3　检查石料现场存放是否满足施工要求，是否混有杂物、泥土等。

4.1.5.2.5　混凝土用水检查。

4.1.5.2.5.1　现场浇制混凝土，宜使用可饮用的水，当无饮用水时，可采用清洁的河溪水或池塘水。

4.1.5.2.5.2　检查混凝土用水是是否受到污染、含有油脂，其上游有无有害化合物流入。

4.1.5.3　施工机具、检测、计量器具的控制

4.1.5.3.1　施工项目部在进行开工准备时，应将机械、工器具、安全用具报监理项目部，监理人员对工器具的清单及检验、试验报告、安全准用证等进行审核，经批准后方可进场使用。审核要点：

4.1.5.3.1.1　主要施工机械设备/工器具/安全用具的数量、规格、型号是否满足项目管理实施规划（施工组织设计）及本阶段工程施工需要。

4.1.5.3.1.2　机械设备定检报告是否合格，起重机械的安全准用证是否符合要求。

4.1.5.3.1.3　安全用具的试验报告是否合格。

4.1.5.3.2　施工项目部在大、中型机械设备进场或出场前应报审大中型施工机械进场/出场申报表，监理项目部审核合格后方可进场、出场。检查要点：

4.1.5.3.2.1　拟进场设备是否与投标承诺一致。

4.1.5.3.2.2　是否适合现阶段工程施工需要。

4.1.5.3.3　拟进场设备检验、试验报告/安全准用证等是否已经报审合格。监理项目部对出场申报的审查要点：

4.1.5.3.3.1　拟出场设备的工作是否已经完成。

4.1.5.3.3.2　后续施工是否不再需要使用该设备。

4.1.5.3.4　检查施工机具到位及状态情况；包括施工机具安全性能、维护保养、设备运转情况等。

4.1.5.3.5　测量仪器应进行校验并有相应的证明文件，且最小读数不得大于1′。

4.1.5.3.6　检查检测仪器、称重设备是否进行校验并有相应的证明文件。

4.1.5.4　作业方案（措施）的控制

4.1.5.4.1　施工项目部在分部工程动工前，应编制基础分部工程主要施工工序的施工方案（措施、作业指导书），并报监理项目部审查，文件的编、审、批人员应符合施工单位体系文件相关管理制度的规定。

专业监理工程师审查要点如下：

4.1.5.4.1.1　文件的内容是否完整。

4.1.5.4.1.2　该施工方案（措施、作业指导书）制定的施工工艺流程是否合理，施工方法是否得当，是否先进，是否有利于保证工程质量、安全、进度。

4.1.5.4.1.3　安全危险点分析或危险源辨识、环境因素识别是否准确、全面，应对措施是否有效。

4.1.5.4.1.4　质量保证措施是否有效，是否具有针对性，是否落实了工程创优措施。

4.1.5.4.2　检查安全、环保、文明施工措施执行情况，保证施工作业安全顺利进行。

4.1.5.4.3　《施工措施》或《作业指导书》，经监理审核通过后，是否对全体施工人员进行技术交底，并做好交底记录，否则不得开工。

4.1.5.4.4　检查施工单位是否执行隐蔽工程施工实行《隐蔽工程签证记录》申请制度。

4.1.5.5　作业过程的控制

4.1.5.5.1　线路复测分坑

4.1.5.5.1.1　开工前监理部组织监理人员参加设计交桩工作，做好交桩交接手续。

4.1.5.5.1.2　监理人员应参与施工单位的线路复测定位工作，监督检查施工线路复测工作，有必要时对施工复测结果可进行复核。重点检查以下施工复测定位工作：

（1）检查施工技术和测工的到位情况；测工持证上岗与实

际操作能力的符合性。

（2）检查施工单位检测工具设备（GPS、全站仪、经纬仪、标尺、花杆等）的校验标记和检验的有效日期，确保使用的检测工具符合精度要求，不合格者严禁使用。

（3）复核现场桩号是否与设计图纸相符；直线与转角度、交叉跨越位置和标高、风偏影响点、基础保护范围、丢失的杆位桩、施工用辅助方向桩。

（4）复测以耐张段为单位，线路方向桩、转角桩、杆塔中心桩挪动，容易造成桩位的错用，监理在进行复测复核时一定要至少延伸到相邻的 2 个桩位，3 点才能最终确定一条直线，确保桩位准确无误。杆（塔）位置应符合施工图的平、断面要求。复核重要跨越物间的安全距离，对新增加的跨越物应及时通知设计单位校核。

（5）线路方向桩、转角桩、杆塔中心桩应有可靠的保护措施，防止丢失和移动。

4.1.5.5.1.3 线路途经山区时，应校核边导线在风偏状态下对山体的距离。

4.1.5.5.1.4 检查施工单位复测记录，确认是否与设计资料相符；

4.1.5.5.1.5 线路复测允许误差标准见表 4-1-1《110～500kV 架空电力线路工程施工质量及评价》（DL/T 5168—2002）。

表 4-1-1　　线路路径复测质量要求及检查方法（线表）

序号	性质	检查（检验）项目	允许偏差	检查方法
1	关键	转角桩角度偏差	1′30″	经纬仪复测
2	关键	挡距偏差	≤1%L	经纬仪复测
3	关键	被跨越物高程偏差	0.5m	经纬仪复测
4	重要	（塔）位高程偏差	0.5m	经纬仪复测
5	重要	地形突出点高程偏差	0.5m	经纬仪复测
6	重要	直线桩横线路偏差	50mm	经纬仪定线、钢尺测量
7	重要	被跨越物及邻近（塔）位距离	≤1%L'	经纬仪塔尺复测
8	重要	地形突出点风偏点与邻近（塔）位距离	≤1%L'	经纬仪塔尺复测

注 1. L 为挡距，L'为被跨越物或地形凸起点、风偏危险点与邻近杆（塔）位的水平距离。
2. 地形凸起点是指地形变化较大，导线对地距离有可能不够的地形凸起点。

4.1.5.5.2 一般基面平整及基坑开挖

4.1.5.5.2.1 基面开挖时，应保留塔位中心桩或将中心桩引出，以便核实塔位中心桩至基础立柱中心面的高差和基础埋深；基础坑深允许偏差为＋100mm、－50mm。

4.1.5.5.2.2 对直线转角塔、转角塔及终端塔，其坑深应考虑受压腿基坑比受拉腿基坑高出Δh 的预偏参考值。

4.1.5.5.2.3 杆塔基础坑深与设计坑深偏差大于 100mm 时，其超挖部分应铺石灌浆。

4.1.5.5.2.4 普通基础分坑和开挖质量标准见表 4-1-2《110～500kV 架空电力线路工程施工质量及评定规程》（DL/T 5168—2002）。

表 4-1-2　　普通基础坑分坑和开挖质量要求及检查方法（线表）

序号	检查（检验）项目	检验标准（允许偏差）	检查方法
1	基础坑中心根开及对角线尺寸/%	±0.2	吊垂法确定中心，钢尺测量
2	基础坑深/mm	＋100 －50	经纬仪测量
3	基础坑底板尺寸/%	－1	吊垂法确定中心，钢尺测量

4.1.5.5.2.5 基坑开挖之前，应根据《塔位明细表》《塔基断面及接腿示图》《铁塔及基础明细表》及铁塔结构图，认真核对塔型、呼称高、转角度数、接腿腿长、型号、中心桩到基础立柱顶面的高、基础根开、插入角钢/地脚螺栓规格、基础型号等，发现不符合设计时，应及时通知设计单位，待设计单位同意后方可进行施工。

4.1.5.5.2.6 基坑分坑后，若发现基础基面出现凹形积水坑，可能造成塔腿埋入土中或无法自然排水的情况，必须立即通知设计，处理后方可进行基坑开挖。

4.1.5.5.2.7 对于开挖后临空面较大的边坡及基坑较深的坑壁，施工时应加强支挡，注意安全。

4.1.5.5.2.8 基础开挖后若发现塔位地质情况与《铁塔及基础明细表》中所述地质情况不符时，应及时通知设计处理后方可进行施工。凡是要求"验坑"的塔位必须经地质工代验坑，并作记录后方可施工。

4.1.5.5.2.9 基坑开挖成型后应及时浇制，不能及时浇制的，应尽量缩短基坑完成后与浇制基础之间的间隔时间，并采取有效隔水、支挡措施防止基底泥化、坑壁坍塌。

4.1.5.5.2.10 基坑开挖后若发现坑底有裂缝或架空现象，需经地质工代鉴定处理后方可进行施工。

4.1.5.5.2.11 处于水旱田、冻水田的塔位，部分地下水位较高，可能出现泥水坑或流砂坑，基坑开挖（包括基础浇制时），应采取有效的坑壁支护及排水措施，以保证施工安全及施工质量；若采用井点降水，降水井的反滤层应严格按照相关规范的要求施工，以避免降水过程中将砂粒随水大量带出，引起地面及基础发生沉降。

4.1.5.5.2.12 对于"强风化泥岩"上的塔位，基坑底脚开挖不能一次成型，应预留保护层，保护层厚度为 0.3m。需浇制基础时，挖去保护层及时浇制。

4.1.5.5.3 掏挖式基础控制

4.1.5.5.3.1 必须对掏挖基坑的形状尺寸进行严格控制，包括：基坑中心位置、掏挖深度、掏挖壁断面尺寸、扩底尺寸等。

4.1.5.5.3.2 掏挖过程中必须对掏挖部分的坑壁严格加以保护，采用与基础强度相同的混凝土进行护壁，上下使用竹梯。每天下班都必须用雨篷遮盖洞口。

4.1.5.5.3.3 掏挖过程中，基坑壁必须修饰平整，而且浇制时应对钢筋笼进行适当塞垫。以保证整个基坑内的钢筋笼的保护层厚度。

4.1.5.5.3.4 成孔后须及时浇灌砼，避免水和杂物浸入基坑。浇制之前应对基坑各项尺寸重新进行仔细测量，确认无误后方可置模。向坑内下料之前，应清理坑内一切杂物。

4.1.5.5.3.5 浇制砼时严禁掺入大块石，混凝土的捣固应用插入式振捣器进行分层振捣，并注意地脚螺栓几何尺寸的正确位置。一个孔的混凝土须一次连续灌注完成，中间不允许出现施工缝。掏挖基础的混凝土宜根据室外气温条件浇水养护。

4.1.5.5.3.6 立柱的出土部分外观要对称美观，支模时要用经纬仪进行测量，不允许随便置模进行浇制。

4.1.5.5.3.7 进入坑内进行挖掘、测量、扎筋、捣固等作业时，必须戴安全帽，必须以腰带与坑外进行连接。坑内作业上下必须使用竹梯。扩底施工时，人体尽可能在扩孔区域外。

4.1.5.5.3.8 掏挖式基础开挖时，必须每个基坑上有一个监督人员，严密监视开挖情况，确保洞底施工人员的安全。

4.1.5.5.3.9 出土提升时，坑内人员应停止作业。提升用的索具应有足够强度，吊钩应有闭锁装置。

4.1.5.5.3.10 严禁在坑内睡眠休息，坑内有人作业时，不允许向坑内抛掷工器具等物品，并防止坑口落物。捣固时应停止向坑内下料。

4.1.5.5.3.11 对于掏挖较深的基坑要采取通风措施，基础开挖要配置小型电动抽风机或者手动鼓风机通风，以保证井内通风。防止坑底施工人员窒息。

4.1.5.5.3.12 掏挖式基础开挖时，严禁向洞内丢东西，材料堆放必须距基坑口安全距离以外，洞口上山坡方向需设立挡板。

4.1.5.5.3.13 掏挖式基础开挖时，洞口上方设立挡雨棚，洞口周围开挖排水沟。

4.1.5.5.3.14 本工程基础施工大部分处于山区，地形起伏大，基础主要为掏挖式基础，余土尽量均匀堆放在平缓地方并平整夯实。

4.1.5.5.3.15 掏挖基础基坑检查质量标准。

掏挖基础坑分坑和开挖质量等级评定标准及检查方法见表 4-1-3。

表 4-1-3　　掏挖基础坑分坑和开挖质量等级评定标准及检查方法（线表）

序号	性质	检查（检验）项目	评级标准（允许偏差）		检查方法
			合格	优良	
1	关键	基础坑深/mm	＋100　－50	＋100　－30	经纬仪或钢尺测量
2	关键	基础坑中心根开及对角线尺寸/%	±1	±0.8	吊垂法确定中心。钢尺测量
3	重要	基础坑底板尺寸/%	t1	－0-8	吊垂法确定中心。钢尺测量
4	重要	基础立柱尺寸/%	－1	－0.8	吊垂法确定中心，钢尺测量

4.1.5.5.4 斜柱基础施工要求

4.1.5.5.4.1 插入式角钢安装

插入式角钢基础应先安装插入式角钢。将插入式角钢吊入坑内，用预制块支垫，精确调整好高度、方向和角度，固定牢固；安装完毕核实插入角钢上下根开、角钢外露、标高、倾角等数据。

4.1.5.5.4.2 钢筋绑扎

（1）在坑内进行钢筋绑扎，绑扎应由下至上，找正钢筋笼中心后均匀布置钢筋，底层钢筋网应垫预制混凝土垫块。

（2）在浇制现场要认真核对钢筋的规格与数量，混凝土骨料及钢筋绑扎要有验收制度，要严格按图施工。

（3）基础主钢筋有焊接头时，扎筋时尽量避免扎在同一个基础上，如果设置在同一基础上，有焊接接头的钢筋应互相错开布置。同一截面焊接接头数量不超过钢筋总数的50%。

（4）钢筋连接需采用双面搭接焊，焊接长度应严格按照钢筋焊接规程及设计要求进行施工。

（5）为确保立柱混凝土保护层厚度，主柱钢筋与模板间须加预制垫块。

（6）在浇制现场要认真核对钢筋的规格与数量，及钢筋绑扎要填验收记录，要严格按图施工。

（7）钢筋的弯钩应朝向基础结构的内部。箍筋弯钩叠合处应位于柱角主筋处，且沿主筋方向交错布置。

（8）为确保立柱混凝土保护层厚度，主柱钢筋与模板间须垫塞木，以确保混凝土保护层厚度满足设计要求。

4.1.5.5.4.3 地脚螺栓的安装、操平及找正

将地脚螺栓安装在小样板上，拧上地脚螺帽，保证地脚螺栓的外露高度符合施工图要求，将安装好地脚螺栓的小样板操平、找正后固定在立柱模板上；安装完毕后核实地脚螺栓根开、地脚螺栓外露、标高等数据。

4.1.5.5.5 灌注桩基础施工要求

灌注桩施工监理的控制要点：

钻孔灌注桩工序较多，技术要求较高，施工难度大，从单桩就位钻进至成桩有 20 余项大小工序，应针对易产生的缩颈、断桩、孔斜、沉渣超厚、水下浇制混凝土等质量通病，分别规定检查标准和实施的具体方法要求，关键抓住以下几个方面。

一、钻孔作业中的质量控制要点

（1）开工前抓测量，严格控制桩位偏差；检查桩位的保护情况，必须实行三检四复。三检：队检查、项目经理部检查、监理组检查。四复：埋护筒前复检、下钻前复检、放钢筋笼固定时复检、成桩后复检。

（2）钻进前就抓对中，整平。用预先设在护筒口的十字中心线核准对中，并用水准仪在机台钻盘抄平检查；陆地上护筒埋设时，可采用实测定位，为防止渗漏在护筒周围用黏土分层夯实，护筒平面允许偏差±5cm，竖直线倾斜度不大于 1%，护筒宜高出地面 0.5～1m；水中护筒埋设，可依靠导向架定位，护筒埋置深度应根据设计要求或桩位的水文地质情况确定，一般情况埋置深度为 1～2m，特殊情况应加深，护筒顶宜高出地下水位 1.5m 以上；测量护筒顶高程。

（3）钻进成孔抓好三保证（保证桩径、保证孔深、保证护壁）。钻机下钻前，对钻头直径进行测量，提钻时对钻头直径进行复测，要求钻头直径同设计桩径。钻进中配以一定量的制备泥浆，使泥浆相对密度控制在 1.2～1.6，保证护壁良好，孔壁稳定。

1）成孔深度：钻孔时，通过按设计孔深配置钻杆长度的方式来控制；成孔后，用测绳测量孔深来检查；消孔后，再次用测绳测量孔深和沉碴时检查孔深。

2）沉渣厚度：坚持使用反循环清孔，清孔时，检测泥浆比重、稠度、含砂率，应满足规范要求，清孔过程中，应控制水流量和速度，防止坍孔，不允许用超深代替清孔。本桩

基工程采用的是测绳测量。当检查结果沉渣厚度大于 50mm 时，应要求施工人员继续清孔，直到达到合格要求为止。清孔合格后，拆除钻杆及钻头，再次用测量绳测量孔深，复核钻孔底标高，并用孔规对成孔质量进行检查，没有异常，吊装第一节钢筋笼，吊装钢筋笼前应对钢筋进行检查，检查内容：钢筋直径、根数、钢筋间距、几何尺寸、钢筋笼长度、焊接缝、保护层垫层等要求。

3）桩径：开钻前检查直径，要求钻头直径大于桩径；终孔后用专用的孔径检查笼下沉检查、进行测量。

4）桩孔垂直度：开钻前在施工单位自检的基础上，监理人员复测检查，签字后开钻，在钻进中进行抽检。钻机口中心、对盘、天轮要三点一线，主动钻杆垂直度、机台水平度，如有偏差，立即纠正，待恢复到位后，再继续钻进。

二、钢筋笼制作

（1）控制钢筋质量，钢筋质保书（合格证）齐全，进场后及时抽检，检查使用焊条的牌号和性能。

（2）检查钢筋焊接质量，外观检查焊缝及抽取试样作拉伸实验。

（3）钢筋笼制成后，施工单位报验，监理检查钢筋笼尺寸、规格，包括主筋、箍筋间距、钢筋笼直径和长度应符合设计要求。钢筋的接头应严格按规范要求制作（注意受力钢筋接头应错开）。

4.1.5.5.6 基础混凝土浇制

4.1.5.5.6.1 钢筋绑扎

（1）底板钢筋绑扎。一般在坑内进行，纵横钢筋按要求排列整齐，弯钩朝向正确，交叉点用细铁丝绑扎牢固；多层钢筋网一般分层绑扎，然后用竖筋绑扎牢固。

（2）钢筋笼绑扎。柱角主筋按预定尺寸就位，与底板网绑扎牢固，主筋下方也应用预制块支垫牢固；其他主筋按间距要求排列，与底板网绑扎牢固；用箍筋将主筋绑扎成笼；箍筋间距符合要求，弯钩迭合处应沿主筋方向交错布置；调整钢筋笼与模板相对位置，并采取措施固定。

4.1.5.5.6.2 支模

（1）清除坑内浮土，校正基坑，检查坑深及坑底尺寸，符合设计要求后方可支模；掏挖式基坑须经监理工程师、项目质检工程师、施工队质检员共同验证确认合格后方可支模。

（2）支承台阶模板采用等强度预制混凝土块。

（3）模板与坑壁之间采用方木或圆木支撑固定，竖直方向的支撑钢管间距为 1m。

（4）立柱断面尺寸大于 1.2m 或立柱高大于 2.5m 的基础，为防止垮模或鼓肚，要采用架管及架管扣做成井字架加强模板抗压力。

（5）斜柱式基础立柱采取整体模板。

（6）对运达现场的木模板应检查尺寸是否符合设计要求，有无变形、裂缝等；合格后再行拼装。计算斜柱模板的长度，在地面上将每一个侧面的模板进行装配，以保证符合设计的基础尺寸。拼装连接必须牢固。

（7）在清查模板的同时应按设计图纸检查钢筋及地脚螺栓（插入角钢）的规格、数量和质量。

（8）模板拼装后，应在其内侧（接触混凝土的一面）涂刷脱模剂。

（9）施工现场应有可靠的能满足模板、钢筋安装和检查需用的测量控制点或控制桩立柱异形模板的检查与连接如下：

1）基础各部尺寸及相互位置必须正确；具有足够的强度、钢度和稳定性；拼接要紧密，不漏浆。

2）立柱采用钢模板（立柱外露部分必须是整块模板），所有模板应干净，并逐块抹脱模剂（新柴油）。模板安装前，施工人员应熟悉基础模板配置情况，并核对模板数量及规格，模板的安装应牢固、准确，以防在浇制过程中产生位移和漏浆。

3）为防止模板变形，模板定位后应及时加装腰箍和支撑模板与坑壁四周之间采用方木或圆木支撑固定，防止垮模或鼓肚，要采用架管及架管扣做成井字架加强模板抗压力。

4）根据设计图纸、项目部提供的资料及高差计算模板顶端及底端内角点及外角点至中心桩的半对角线线长。如果高差较大不使用水平线丈量时，还应计算半对角线对应的斜距。

5）在经纬仪监视下，设置对角水平线或斜距线，确保模板筒上下端的内角点和外角点对准水平线，对准水平线的方法是吊垂球。

4.1.5.5.6.3 基础浇制过程检查

一、混凝土搅拌

用磅秤称量每车砂、石重量，做好容积标注，每班日检查不少于 2 次；按配合比确定每袋水泥需用砂、石（车）、水数量；启动搅拌机待其转动正常后投料，投料顺序一般为先石子、水泥、砂，最后加水，搅拌时间不少于 2min。搅拌机上料斗升起过程中，禁止在斗下敲击斗身；若清理搅拌斗下的砂石，必须待送料斗提升清空，稳妥后才能操作。

定时作坍落度检查，每班日或每个基础腿应检查两次，坍落度符合实验报告要求。每基浇制必须挂好配合比标牌及量具，便于现场自我检查及领导检查。

二、混凝土出料运输

混凝土从搅拌机卸到运料小车后及时运送到位，倒料平台口设置挡车措施，倒料时严禁撒把；商品混凝土或集中搅拌远距离运输应有防止出现离析的措施，运到的混凝土应在初凝时间之内。

三、浇制

浇制应先从立柱中心开始，逐渐延深至四周；当混凝土自高处倾落的自由高度超过 2m 时，应采用溜槽下料。浇制时应随时注意钢筋与四面模板保持一定距离，确保保护层厚度。

四、捣固

混凝土分层浇制每层厚度一般为 200mm。采用插入式振捣器进行振捣，操作时应当快插慢拔，插点均匀，逐点移动，移动间距不大于作用半径的 1.5 倍；振捣时间一般以混凝土表面呈现水泥浆不再出现气泡，不再显著沉落为止，但要避免振捣过久出现离析。振捣上层混凝土时，应插到下层混凝土 30～50mm。振捣时要防止振捣器接触模板和钢筋笼。

五、混凝土试块制作

混凝土试块应在现场从浇制中的混凝土取样制作，其养护条件应与基础基本相同。试块制作数量应符合下列规定：

（1）转角、耐张、终端、换位塔及直线转角塔基础每基础应取一组。

（2）一般直线塔基础，同一施工队每 5 基或不满 5 基应取一组，单基或连续浇制混凝土量超过 100m^3 时应取一组。

（3）按大跨越设计的直线塔基础及拉线基础，每腿应取一组，但当基础混凝土量不超过同工程中大转角或终端塔基础时，应每基取一组。

（4）当原材料变化、配合比变更时应另外制作。

六、混凝土养护

基础浇制后应在 12h 内开始浇水养护，当天气炎热、干燥有风时应在 3h 内浇水养护，养护时应在基础模板外加遮盖物，浇水次数应能保持混凝土表面湿润。日平均温度低于 5℃时，不得浇水养护。

冬季施工中，应编制冬期施工方案，严格按照冬期施工方案的措施对基础混凝土进行养护。

七、基础拆模

经施工、监理人员检查鉴定达到一定强度后（拆模时的混凝土强度，应保证其表面及其棱角不损坏），即可将模板拆除，拆除模板应自上而下进行，拆下的模板应集中堆放，摆放整齐；木模板、撑木等外露的铁钉要及时拔掉或打弯。

拆模完后，应用黄油涂抹地脚螺栓露出部分，并用塑料布包好。拆模板后检查表面质量，验收合格后应立即回填，并应对基础外露部分加遮盖物，按规定期限继续浇水养护，养护时应使遮盖物及基础周围的土始终保持湿润。

4.1.5.5.6.4　基础浇制的旁站监理

检查施工技术措施的完整性、科学性、可行性和施工安全、技术交底记录。

（1）检查现场安全文明施工布置是否符合要求。

（2）检查浇制现场施工秩序是否规范，有无违章作业现象。

（3）检查施工人员（安全、质量、技术）到位情况，特殊工种人员持证上岗以及施工机械、检测器具、技术质量文件等准备情况是否满足工程质量需要。

（4）监督施工人员严格按照审批的“施工作业指导书”组织施工。

（5）督促检查施工人员是否严格要求配置和使用必备的安全防护用品。

（6）钢筋、砂、石、水泥、水等原材料进场检验，核查现场材料、构配件、设备等的质量出厂证明和复检报告。

（7）跟班监督关键部位、关键工序的施工中执行施工及方案工程建设强制性标准情况；及时发现和处理施工过程中出现的质量问题。

（8）旁站监理过程中，发现施工单位有违反工程建设强制性标准行为的，有权责令施工单位立即整改，发现其施工活动已经或者可能危及工程质量及工程安全问题或隐患时，应及时向专业监理工程师或总监理工程师报告。

（9）检查各类施工工器具、设备完好率，模板支撑、加固、保护层厚度检查。

（10）按基础型式检查地脚螺栓、插入角钢、钢筋的规格、数量、间距、绑扎情况及保护层厚度。

（11）复核基础根开、对角线、基础顶面相对高差、预偏、立柱断面尺寸、地脚螺栓、插入角钢露出高度及中心偏差、整基位移、扭转等。

（12）严格控制浇制过程混凝土的搅拌质量，做好原材料计量工作，随时抽检混凝土配合比，坍落度。

（13）严格控制要求控制混凝土的搅拌时间，保证混凝土的搅拌均匀，和易性良好。

（14）监督振捣人员规范振捣行为，严格控制振捣移动半径，确保不漏振及过振，保证振捣密实。

（15）督促及复查浇制过程中的模板、地脚螺栓的动态调整，确保浇制尺寸。

（16）见证混凝土试块的制作过程，跟踪检查试块的养护条件，并做好标识、记录。

（17）督促施工人员及时做好立柱收面工作，确保基础表面平整光滑美观。

（18）对照监理现场检查记录核查施工记录的准确性、真实性。

4.1.5.5.6.5　基础回填

拆模检验合格后应及时回填，分层夯实，每回填 300mm 厚夯实一次。坑口的地面上应筑防沉层，防沉层的上部宽度不得小于坑口边宽。

回填应注意事项：

（1）石坑回填应以石子与土按 3:1 掺合后回填夯实。

（2）泥水坑回填应先排除坑内积水然后回填夯实。

（3）斜柱式基础回填夯实时，应注意不得挤压立柱，防止基础立柱倾斜过度。

（4）基坑回填后，应尽量回复原来的自然地貌。

（5）位于不良地质条件（如软塑、流沙等）的大开挖基础，回填基础时要保证基础立柱周围土均匀回填。

4.1.5.5.7　冬期施工

4.1.5.5.7.1　钢筋焊接

冬期钢筋焊接，宜在室内进行，当必须在室外焊接时，其最低气温不宜低于－20℃，并应符合国家现行标准的规定。焊后的接头严禁立即碰触冰雪。

4.1.5.5.7.2　配制冬季施工的混凝土

施工项目部应编制冬季施工方案，报监理项目部审核，现场施工严格按照经批准的冬季施工方案进行。

冬季施工的混凝土应符合下列规定：

（1）冬季施工中，混凝土中加入防冻剂时，应设专人负责并做好记录，严格按剂量要求加入。

（2）混凝土冬季施工应优先选用硅酸盐水泥和普通硅酸盐水泥标号不应低于 42.5 号，最少水泥用量不应少于 300kg/m^3，水灰比不应大于 0.6。

4.1.5.5.7.3　冬期拌制混凝土

（1）水泥不应直接加热，宜在使用前运入暖棚内存放。混凝土拌和物的入模温度不得低于 5℃。

（2）拌制混凝土时，骨料中不得带有冰、雪及冻团。

（3）冬期施工不得在已冻结的基坑底面浇制混凝土，已开挖的基坑底面应有防冻措施。

（4）拌制混凝土的最短时间应符合相关规定，见表 4-1-4。

表 4-1-4　拌制混凝土的最短时间　单位：s

混凝土坍落度/cm	搅拌机机型	搅拌机容积/L		
		<250	250～650	>650
≤3	自落式	135	180	225
	强制式	90	135	180
>3	自落式	135	135	180
	强制式	90	90	135

4.1.5.5.7.4　冬期混凝土养护

冬期混凝土养护宜选用覆盖法、暖棚法、蒸汽法或负温养护法。当采用暖棚法养护混凝土时，混凝土养护温度不应低于 5℃，并应保持混凝土表面湿润。

4.1.5.5.7.5　掺用防冻剂混凝土养护的规定

（1）在负温条件下养护时，严禁浇水，外露表面必须覆盖。

（2）混凝土的初期养护温度，不得低于防冻剂的规定温度。

（3）模板和保温层在混凝土强度达到设计强度40%后，且温度冷却到5℃后方可拆除；当拆模后混凝土表面温度与环境温度之差大于15℃时，应对混凝土采用保温材料覆盖养护。

4.1.5.5.8 接地敷设

4.1.5.5.8.1 接地体焊接

接地体焊接完成后，监理人员应对接地体连接部位进行检查，接地圆钢的连接采用搭接方式，焊缝长度为100mm，双面焊缝，引下线及联板加工焊好后镀锌。

4.1.5.5.8.2 接地沟开挖

（1）接地沟开挖结束必须停工待检，监理人员应逐基对接地槽的开挖走向、开挖深度、长度、射线布置情况进行检查，检查开挖情况是否满足设计要求，接地槽未经监理人员检查合格，施工人员不得敷设接地体。

（2）接地槽开挖时要充分考虑敷设接地体时出现弯曲的情况，留出深度富余量。

4.1.5.5.8.3 接地体敷设

（1）现场检查施工人员、技术人员和质检人员到位情况；检查施工技术措施和施工技术交底记录。

（2）检查接地体的焊接质量、接地沟的埋设深度、走向及接地体敷设长度、回填土质量及接地电阻值是否满足设计要求。

（3）接地体敷设时要边压平边回填，保证埋深。接地圆钢及引下线布置好后，监理人员应对接地圆钢的规格、长度、焊接及防腐情况进行检查。监督接地引下线沿保护帽、基础顶面贴紧引入地下，保证引下线工艺。

（4）督促检查施工人员使用专用工具进行接地引下线的制作，严禁野蛮施工，砸伤立柱棱角，造成镀锌层的脱落。

（5）检查接地体的规格、长度和各孔接地体之间的连接，保证搭接缝的长度。

（6）表面式或深埋式接地体如要求防腐时，应按设计要求检查接地体的防腐质量。对照施工单位填写的《接地工程施工及评级记录》，核查记录的真实性。

（7）对隐蔽工程（基础接地线埋设）签证记录表检查、签认。

4.1.5.5.8.4 接地沟回填

（1）监督检查施工单位按照规范及设计要求进行接地槽的回填，重点检查回填土夯实质量。

（2）如需置换回填土，监督施工单位做好置换土的回填工作。

（3）杆塔引下线应竖直埋入土中，直至设计埋深。

4.1.5.5.8.5 接地电阻测量

（1）监理人员要与施工技术人员统一接地电阻测量仪器及测量方法，要求专人进行逐基测量。

（2）接地电阻测量时，接地体未脱离铁塔，造成测量误差。监理人员应注意对接地电阻测量的监督检查，规范测量。

（3）按施工图完成的接地装置的接地电阻值不能满足设计要求时应报总监理工程师，请设计院提出处理方案并监督施工。

4.1.5.5.9 排水沟的设置与要求

4.1.5.5.9.1 排水沟设置

（1）凡上山坡方向有较大的雨水流向基面时，都要求开挖排洪沟。

（2）排洪沟的长度，以保证上部来水冲刷不到基面为度，由施工单位根据地形而定。

4.1.5.5.9.2 排水沟施工要求

施工单位根据现场地形顺坡修建排水沟，排水口远离塔基范围，起到截水、排水的作用。排水沟均为浆砌块石排水沟。

材料要求：石料强度等级不低于MU20；水泥砂浆强度等级轻、中冰区为M7.5。

4.1.5.5.10 基础护坡

4.1.5.5.10.1 护坡设置要求

基础上山坡的削坡值大于表设计值时，应砌护坡；《基础配置表》中要求砌筑的挡土墙应在土石方开挖以前砌筑，根据可能开挖的土石方量确定挡土墙砌筑位置，以便能更好地防止水土流失。

4.1.5.5.10.2 护坡施工要求

（1）基础下坡侧有保坎的塔位宜修保坎，再进行开挖，确保塔基稳定。保坎砌筑高度每天不大于1m，第二天保坎内侧填土完成后再往上砌筑。

（2）护坡的砌体应上下错缝，内外搭接，砂浆饱满，严禁铺石灌浆。墙体砌筑与墙被填土交叉进行，以免墙身悬空断裂。

（3）护坡的长度大于10m时，应在其中部设置变形缝，变形缝宽度20～30mm，沿缝的三边填塞沥青麻筋。塞入深度不小于150mm。

（4）护坡施工时，必须保证嵌入部分地基的稳定性，滤水层及渗水孔严格按照设计要求施工。保坎的位置和形状应能保证塔腿基础上拔土体的稳定或保护边坡的作用。

（5）护坡的材料：石料应坚硬不宜风化，其最小厚度不小于300mm，最低强度等级不小于MU30。

4.1.5.5.11 对质量事故及不合格项的处理

4.1.5.5.11.1 质量事故发生或发现后，应及时向建设单位报告，并立即采取应急措施，防止事故扩大和引发安全事故。

4.1.5.5.11.2 督促施工单位提出详细的工程质量事故报告，并及时组织有关单位对事故进行分析，确定处理方案，立即实施，并做好文字记录整理归档备查。

4.1.5.5.11.3 对不符合项进行跟踪检查，按程序管理，按性质处理。

4.1.5.5.11.4 对需要返工处理或加固补强的质量事故，总监理工程师应责令施工项目部报送质量事故调查报告和经设计方等相关单位认可的处理方案，并对质量事故的处理过程和处理结果进行跟踪检查和验收。总监理工程师应及时向委托人及本监理人提交有关质量事故的书面报告，并应将完整的质量事故处理记录整理归档。

4.1.5.5.11.5 进行一般事故调查，审查并在授权范围内批准施工项目部的事故处理方案，监督事故处理过程，检查事故处理结果，签证处理记录。

4.1.5.5.11.6 在发生下列情况之一，且经监理工程师通知施工单位，整改无效时，总监理工程师可签发《工程暂停令》。

（1）不按经审查的设计图纸施工。

（2）特殊工种人员无证操作。

（3）发生重大质量、安全事故。

4.1.5.5.11.7 对令其停工的工程，需要复工时，施工单位应填报《工程复工申请表》，经监理复查认可，并经总监理工程师批准后方可复工。

4.1.5.6 作业环境的控制

4.1.5.6.1 检查场地是否符合施工条件

（1）大开挖基础坑开挖时坑壁应放坡。

（2）掏挖式基础施工时必须采用与基础强度相同的混凝土护壁，以保证施工安全，护壁的施工严格按照设计进行。每日开工前必须检查掏挖坑内的有毒、有害气体，并应有相应的安全检查防范措施；当桩孔开挖深度超过 10m 时，应有专门的送风设备，且风量不宜小于 25L/s。

（3）雨季来临出现雨水等特殊气象条件时，施工现场应采取一定的防水措施，（如搭雨棚、基坑周围高出部分修临时排水沟），防止基坑泡水后坍塌。

4.1.5.6.2 检查安全、环保、文明施工措施执行情况

4.1.5.6.2.1 施工现场主要通过施工总平面规划及规范工棚、彩旗、安全设施、标志、标识牌等的设置，以形成良好的安全文明施工氛围。

4.1.5.6.2.2 施工区域化管理：

（1）基础开挖场地实行封闭管理。采用插入式安全围栏（安全警戒绳、彩旗，配以红白相间色标的金属立杆）进行围护、隔离、封闭。

（2）施工区域应设置施工岗位责任牌、安全警示牌、主要机械设备操作规程牌等安全标志、标识。林区、农牧区作业还应配备一定数量的消防器材。施工现场宜配置急救箱（包）。

4.1.5.6.2.3 作业现场设备材料堆放：

（1）设备材料堆放场地应坚实、平整、地面无积水。

（2）施工机具、材料应分类放置整齐，并做到标识规范、铺垫隔离。

4.1.5.6.2.4 工棚：宜采用帆布活动式帐篷，或采用装配式工棚。

4.1.5.6.3 基础施工过程中应采取必要的环保措施

4.1.5.6.3.1 督促施工项目部制定环境保护方案，并在施工中实施。

4.1.5.6.3.2 对施工中环境保护方案的落实情况进行认真检查并逐项落实。

4.1.5.6.3.3 加大对环境保护工作的宣传力度，让所有参建人员增强环境保护的意识和自觉性。

4.1.5.6.3.4 施工过程中及竣工后，应及时修整和恢复在建设过程中受到破坏的生态环境，恢复地形地貌，并尽可能的采取绿化措施，达到对环境影响最小。

4.1.5.6.3.5 对施工道路的开挖拓宽应选择植被稀少的地方开拓，并尽可能的集中在一条路上操作，严禁运输材料时随意拖拉，破坏植被。

4.1.5.6.3.6 基坑开挖时，若塔基周围坡度较大，严禁将土随意抛弃，应将土用编制袋装起整齐的码于塔基下方，以防止弃土滑坡冲毁塔位下方自然地貌，危及塔基安全。

4.1.5.6.3.7 施工完成后，应清理施工现场的施工垃圾，做到工完、料净、场地清。弃土根据设计要求做到以下处理方式：

（1）平地的塔位弃土堆放于基础的塔基范围时，应堆放成龟背形（堆放土石方边缘按 1:1.5 放坡），防止积水。

（2）位于平坦水旱田的塔位，部分施工余土宜堆放于塔位中央，不影响农田耕作。

（3）位于梯田的塔位，如设置有保坎，应将弃土尽量堆放于保坎中，如不能就地堆放，应外运至坡度相对较缓的地方堆放。

（4）位于斜坡段的塔位，地形较缓时应将弃土在塔位范围及附近就地摊薄，地形较陡峭时应根据《铁塔及基础明细表》弃土处理要求执行。

4.1.6 质量防治专项措施通病

4.1.6.1 针对工程特点，制定质量通病的专项监控措施，审查、批准施工单位提交的相关工作文件，提出详细的监理要求。

4.1.6.2 认真做好隐蔽工程和工序质量的验收，上道工序不合格时，不允许进入下一道工序施工。

4.1.6.3 利用检测仪器加强对工程质量的平行检验，发现问题及时处理。

4.1.6.4 工程完工后，认真编写《质量通病防治工作评估报告》，以利工作的持续改进。

4.1.7 质量控制标准及验评

4.1.7.1 在施工过程中，施工项目部对已批准的施工组织设计、施工方案进行调整，补充或变动，应报专业监理工程师审核、总监理工程师签认；

4.1.7.2 监理项目部审查施工项目部编制的质量计划和工程质量验收及评定项目划分表，提出监理意见，报业主项目部批准后监督实施；

4.1.7.3 专业监理工程师应要求施工项目部报送的重点部位，关键工序的施工工艺方案和工程质量保证措施，审查同意后签认；

4.1.7.4 监理项目部审核施工项目部报送的主要工程材料、半成品、构配件生产厂商的资质，符合予以确认；

4.1.7.5 监理项目部应对施工项目部报送的拟进场工程材料、半成品和构配件的质量证明文件进行审核，并按有关规定进行抽检验收。对有复试要求的，经监理人员现场鉴证取样后送检，复试报告应送监理项目部查验；

4.1.7.6 监理项目部应参与主要设备开箱验收，对开箱验收中发现的设备质量缺陷，督促相关单位处理；

4.1.7.7 监理项目部应安排监理人员对施工过程进行巡视和检查，对基础施工的关键部位、关键工序的施工过程进行旁站监理；

4.1.7.8 对施工单位报送的隐蔽工程报验申请表和自检记录，专业监理工程师应进行现场检查，符合要求予以现场确认后，施工单位方可隐蔽并进行下一道工序施工；

4.1.7.9 未经监理人员验收或验收不合格的工序，监理人员应拒绝签认，并严禁施工单位进行下道工序施工；

4.1.7.10 对施工过程中出现的质量缺陷，专业监理工程师应及时下达书面通知，要求施工单位整改，并检查确认整改结果；

4.1.7.11 监理人员发现施工过程中存在的重大质量隐患，可能造成质量事故或已经造成质量事故时，应通知总监理工程师报告建设单位后下达工程暂停令，要求施工单位停工整改。整改完毕并经监理人员复查，符合要求后，总监理工程师确认，报建设单位批准复工；

4.1.7.12 专业监理工程师应根据消缺清单对施工单位的消缺方案进行审核，符合要求后予以签认，并根据施工单位报送的消缺报验申请表和自查记录进行检查验收；

4.1.7.13 监理项目部应组织工程竣工监理初检，对发现的缺陷督促施工单位进行整改，并复查；

4.1.7.14 监理项目部应接受并配合由工程质量监督机构组织的工程质量监督检查工作。

4.1.8 附件

质量管理总体流程图如图 4-1-1 所示。

W、H、S 点设置见表 4-1-5。

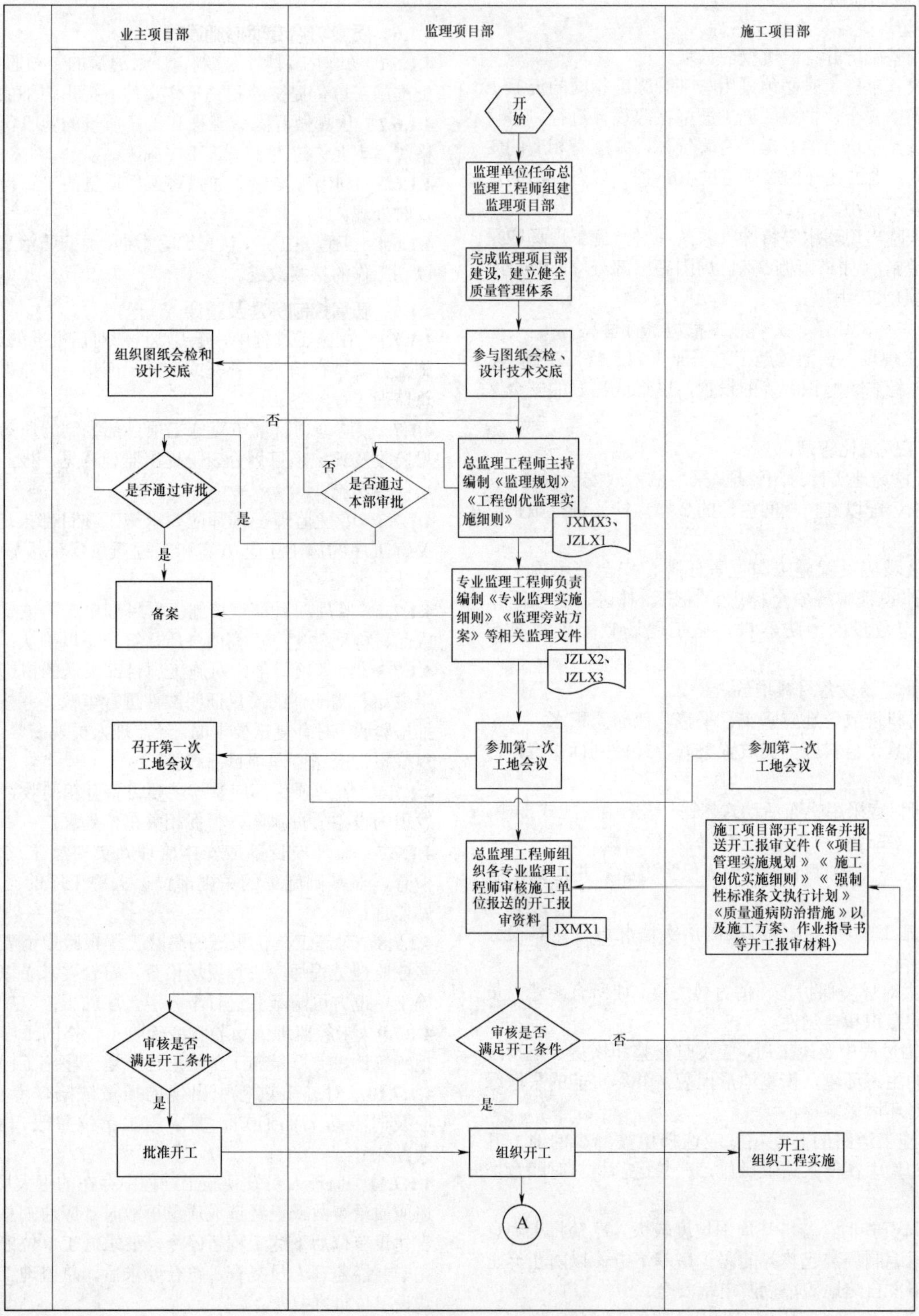

图 4-1-1 质量管理总体流程图

表 4-1-5 监理控制点（H、W、S）的设置表

分部工程	分项工程	施工质量检验项目	见证点（W）	停工待检点（H）	旁站点（S）
一、基础工程	线路复测	线路复测	√		
	基础分坑	1．基础坑深		√	
		2．普通坑中心根开及对角线尺寸	√		
		3．基础坑底板尺寸	√		

续表

分部工程	分项工程	施工质量检验项目	见证点（W）	停工待检点（H）	旁站点（S）
一、基础工程	基础浇制	1．钢筋绑扎	√		
		2．模板支立	√		
		3．混凝土配合比、搅拌、振捣			√
		4．基础养护	√		
		5．试块强度	√		
		6．底板断面尺寸		√	
		7．基础埋深		√	
		8．钢筋保护层厚度		√	
		9．混凝土表面质量		√	
		10．立柱断面尺寸		√	
		11．整基基础中心位移		√	
		12．整基基础扭转		√	
		13．基础根开及对角线尺寸		√	
		14．同组地脚螺栓中心对立柱中心偏移		√	
		15．基础顶面或主角钢操平印记间高差	√		
		16．基础回填		√	
二、接地工程	接地工程	接地槽开挖		√	
		接地体附设		√	
		接地槽回填	√		
		接地电阻测量	√		

4.2　铁塔分部工程

4.2.1　工程概况及特点

4.2.1.1　工程概况

4.2.1.1.1　工程建设规模

（1）本工程为500kV送电工程，新建线路全长50km，全线同塔双回路。

（2）全线海滨占1.6%；平地占52.4%；丘陵占42%；山区占4%。平丘段交通情况良好，山区段交通条件一般。全线海拔高度不超过200m。

（3）全线新建双回路铁塔118基，其中耐张塔35基，直线塔83基平均挡距385m。

（4）导线全线采用JL/LB20A-630/45型铝包钢芯铝绞线，每相4分裂，分裂间距500mm。全线两根地线均为OPGW光缆。

（5）本线路工程共使用双回路铁塔21型，分别为SZ611、SZ612、SZ613、SZK611、SZC613、SZ621、SZ622、SZ623、SZK621、SJ611、SJ612、SJ613、SJ613A、SJ614、SJK61、SJ621、SJ622、SJ623、SJ624、SDJ611、SDG622。

（6）本工程共采用6种基础型式，分别为斜柱板式基础、直柱板式基础、直柱台阶式基础、直柱掏挖式基础、岩石嵌固基础和灌注桩基础。

（7）莱州电厂～#24（J12）段设计基本风速31m/s（离地10m），10mm轻冰区，导线设计覆冰厚度取10mm，相应风速为10m/s地线覆冰厚度较导线增加5mm，按15mm设计。#24（J12）～500kV光州站段设计基本风速27m/s（离地10m），轻冰区。导线设计覆冰厚度10mm，相应风速为10m/s，地线设计覆冰厚度15mm。

（8）莱州电厂～#45和#91～#95段按e级污区配备绝缘，爬电比距3.4cm/kV，其余段按d级污区配备绝缘，爬电比距3.2cm/kV。

4.2.1.1.2　本工程参建单位

×××。

4.2.1.1.3　本监理标段施工段划分表

本工程不设监理标段。

4.2.1.1.4　工程量

工程材料一览表。

铁塔钢材：铁塔构件采用钢管、热轧等边角钢及钢板，材质有Q420B、Q345B及Q235B三种。

螺栓及脚钉：螺栓采用6.8级和8.8级；脚钉一般6.8级，兼做螺栓使用时同螺栓级别。

一、铁塔防腐

（1）全部铁塔构件、铁件一律热镀锌防腐。

（2）#1、#2塔螺栓紧固完毕后，自基础顶面至10m高度范围内在镀锌层外需刷KH-559铁塔重锈防胶粘剂，以抵抗海雾的腐蚀。

（3）保护帽施工完毕后，应将塔腿主材和靴板之间的缝隙嵌入环氧树脂封堵，然后在外侧喷锌，以免雨水顺该处缝隙渗入。

呼高小于或等于30m的铁塔，下横担以下全部采用防卸螺栓；呼高大于30m的杆塔，30m及以下全部采用防卸螺栓。

若在 30m 处遇有节点板或接头时，其上所有螺栓均使用防卸螺栓。

二、防松

（1）直线塔导地线挂线角钢两端（包括两端连接板）的连接螺栓均采用双帽，耐张塔导地线挂线板上的连接螺栓均采用双帽。

（2）铁塔上所有未使用防卸螺栓及双螺母螺栓的单螺母连接螺栓，在螺栓最终紧完后，统一加装热镀锌防腐的扣紧螺母防松。扣紧螺母型式和尺寸要与电力铁塔所用螺栓配套，有试验、鉴定证明和运行经验，热镀锌质量部低于螺栓和塔材的镀锌质量，硬度 HRC 部小于 30。

三、防舞

本工程处于舞动区的塔位，除采用双帽防卸措施的螺栓外，其余螺栓均采用双帽防松螺栓。螺母应采用镀后攻丝技术，减少螺栓和螺母间的配合间隙。施工时，铁塔螺栓应逐个紧固。

4.2.1.1.5 地形、地质、地貌概述

全线平地占 52.4%，海滨占 1.6%，丘陵占 42%，山区占 4%，平丘段交通情况良好，山区段交通条件一般。全线海拔高度部超过 200m。

4.2.1.1.6 交通道路概述

总体交通运输情况较为便利。

4.2.1.2 工程特点

略。

4.2.2 编制依据

本工程建设过程中用遵守的法律法规、管理条例、规程规范，包括以下方面。

4.2.2.1 本工程的建设有关批准文件。

4.2.2.2 工程建设相关法律、法规和规范标准。

4.2.2.2.1 建设工程相关法律、法规及管理条例包括：

《中华人民共和国建筑法》（1998 年 3 月 1 日第 91 号主席令）；

《中华人民共和国安全生产法》（2002 年 11 月 1 日第 70 号主席令）；

《中华人民共和国消防法》（2008 年 10 月 28 日第 6 号令主席令）；

《中华人民共和国劳动法》（1994 年 7 月 5 日第 28 号主席令）；

《中华人民共和国劳动合同法》（2007 年 6 月 29 日第 65 号主席令）；

《中华人民共和国电力法》（1996 年 4 月 1 日第 60 号主席令）；

《中华人民共和国环境保护法》（1989 年 12 月 26 日第 22 号主席令）；

《生产安全事故报告和调查处理条例》（国务院令第 493 号）；

《建设工程勘测设计管理条例》（2000 年 9 月 25 日第 293 号令）；

《建设工程安全生产管理条例》（2004 年 2 月 1 日第 393 号）；

《建设工程质量管理条例》（2000 年 1 月 30 日第 279 号）；

其他相关规程、规范。

4.2.2.2.2 有关的技术标准、规程、规范包括：

《建设工程文件归档整理规范》（GB/T 50328—2001）；

《建设工程监理规范》（GB 50319—2000）；

《工程测量规范》（GB 50026—2007）；

《建筑工程施工质量验收统一标准》（GB 50300—2001）；

《输电线路铁塔制造技术条件》（GB/T 2694—2010）；

《输电线路钢管塔构造设计规定》（Q/GDW 391—2009）；

《输变电工程建设标准强制性条文实施管理规程》（Q/GDW 248—2008）

《110～500kV 架空送电线路设计技术规程》（DL/T 5092—1999）；

《跨越电力线路架线施工规程》（DL 5106—1999）；

《输变电钢管杆结构制造技术条件》（DL/T 646—2006）

《架空送电线路杆塔结构设计技术规定》（DL/T 5154—2002）

《110kV 及以上送变电工程启动及竣工验收规程》（DL/T 782—2001）；

《110kV～500kV 架空电力线路工程施工质量及评定规程》（DL/T 5168—2002）；

《110～500kV 架空送电线路施工及验收规范》（GB 50233—2005）；

《电力建设安全工作规程　第 2 部分　架空电力线路部分》（DL 5009.2—2004）；

《施工现场临时用电安全技术规范》（JGJ 46—2005）；

其他相关规程、规范。

4.2.2.2.3 国网公司的有关管理文件：

《关于颁发〈电力建设工程施工技术管理导则〉的通知》（国家电网工〔2003〕153 号）；

《电力建设工程质量监督检查典型大纲（火电、送变电部分）》（电建质监〔2005〕57 号）；

《关于应用〈国家电网公司输变电工程施工工艺示范手册〉的通知》（基建质量〔2006〕135 号）；

《关于印发〈国家电网公司工程建设质量管理规定（试行）〉的通知》（国家电网基建〔2006〕699 号）；

《关于利用数码照片资料加强输变电工程安全质量过程控制的通知》（基建安全〔2007〕25 号）；

《关于印发〈国家电网公司输变电工程建设创优规划编制纲要〉等 7 个指导文件的通知》（基建质量〔2007〕89 号）；

《关于印发〈国家电网公司电力建设工程施工安全监理管理办法〉的通知》（国家电网基建〔2007〕302 号）；

《关于印发〈输变电工程安全文明施工标准〉的通知》（国家电网科〔2009〕211 号）；

《关于送电线路杆塔装设防坠落安全保护装置的有关规定》（基建技术〔2009〕276 号）；

《关于应用〈国家电网公司输变电工程施工工艺示范〉光盘的通知》（基建质量〔2009〕290 号）；

《关于印发〈输变电工程建设标准强制性条文实施管理规程〉的通知》（国家电网科〔2009〕642 号）；

《关于印发〈国家电网公司电力安全工作规程（变电部分）、（线路部分）〉的通知》（国家电网安监〔2009〕664 号）；

《电力工程建设监理规范》（DL/T 5434—2009）；

《国家电网公司业主项目部标准化工作手册 330kV 及以上输变电工程分册（2010 年版）》；

《国家电网公司监理项目部标准化工作手册 330kV 及以上输电线路工程分册（2010 年版）》；

《国家电网公司施工项目部标准化工作手册 330kV 及以上输电线路工程分册（2010 年版）》；

《关于印发〈国家电网公司输变电工程质量通病防治工作要求及技术措施〉的通知》（国家电网基建质量〔2010〕19 号）；

《关于应用〈国家电网公司输变电工程工艺标准库〉的通知》（基建质量〔2010〕100 号）；

《关于印发〈国家电网公司电力建设工程施工质量监理管理办法〉的通知》（国家电网基建〔2010〕166 号）；

《关于印发《国家电网公司电网建设项目档案管理办法（试行）的通知》（国家电网办〔2010〕250 号）》；

《关于开展输电工程施工现场安全通病防治工作的通知》（基建安全〔2010〕270 号）；

《关于强化输变电工程施工过程质量控制数码照片采集与管理与管理的工作要求》（国家电网基建质量〔2010〕322 号）；

《关于印发〈国家电网公司基建安全管理规定〉的通知》（国家电网基建〔2010〕1020 号）；

《关于应用〈国家电网公司输变电工程典型施工方法〉的通知》（基建质量〔2011〕78 号）；

《关于印发〈输变电工程建设现行主要质量管理制度、施工与验收质量标准目录〉的通知》（基建质量〔2011〕79 号）；

《关于印发〈国家电网公司输变电工程达标投产考核办法〉的通知》（国家电网基建〔2011〕146 号）；

《关于印发〈国家电网公司输变电工程项目管理流动红旗竞赛实施办法〉的通知》（国家电网基建〔2011〕147 号）；

《关于印发〈国家电网公司输变电优质工程评选办法〉的通知》（国家电网基建〔2011〕148 号）；

《关于印发“三强化三提升”质量提升年活动指导意见的通知》（基建质量〔2011〕226 号）；

国网公司其他相关管理文件。

4.2.2.2.4　山东电力集团公司基建管理文件：

《山东电力集团公司输变电工程项目监理资源典型配置（试行）》和《山东电力集团公司输变电工程监理工作表式应用指导意见（试行）》（集团基工〔2007〕8 号）；

《山东电力集团公司输变电工程建设质量及事故调查规定（试行）》（集团基工〔2007〕11 号）；

《关于印发〈山东电力集团公司输变电工程建设项目档案管理办法〉的通知》（鲁电集团办档〔2008〕20 号）；

《关于印发〈山东电力集团公司输变电工程施工安全措施补助费及文明施工措施费使用管理规定（试行）〉的通知》（鲁电集团基建〔2008〕17 号）；

山东电力集团公司其他相关管理文件。

4.2.2.2.5　工程项目审批文件。

4.2.2.2.6　工程项目设计文件。

4.2.2.2.7　工程项目监理大纲。

4.2.2.2.8　500kV 送电工程建设监理合同。

4.2.2.2.9　工程参建单位与项目业主签订的其他合同文件。

4.2.2.2.10　业主单位的《建设管理纲要》《创优规划》。

4.2.2.2.11　山东诚信监理公司“三标一体”管理文件及公司其他相关规定。

4.2.2.2.12　《500kV 送电工程建设监理规划》。

4.2.3　监理目标

争创国家电网公司输变电工程项目管理流动红旗，确保达标投产和国家电网公司输变电优质工程，争创中国电力优质工程奖及国家优质工程。

4.2.3.1　质量控制目标

争创国家电网公司输变电工程质量管理流动红旗；工程建设期间不发生一般及以上工程质量事故；工程投产后一年内不发生因施工、设计质量原因引发的电网事故、设备事故和一类障碍；30 项重点整治质量通病防治措施执行率100%，标准工艺应用率 100%；确保工程达标投产和国家电网公司输变电优质工程，争创中国电力优质工程奖及国家优质工程。

4.2.3.1.1　单元工程质量达到优良级

（1）关键项目 100%达到规程的优良级标准。

（2）重要项目、一般项目和外观项目必须 100%地达到本规程的合格级标准；全部检查项目中有 80%及以上达到优良级标准。

4.2.3.1.2　分项工程优良级

该分项工程中单元工程 100% 达到合格级标准，且检查（检验）项目优良级数达到该分项工程中检查（检验）项目总数的80%及以上者。

4.2.3.1.3　分部工程优良级

分部工程中分项工程 100%合格，并有 80%及以上分项工程达到优良级，且分部工程中的检查（检验）项目优良数目达到该分部工程中检查（检验）项目总数的 80%及以上者。

4.2.3.2　进度控制目标

坚持以“工程进度服从安全、质量”为原则，积极采取相应措施，确保工程开、竣工时间和工程阶段性里程碑计划的按时完成。

（1）铁塔组立计划 2011 年 7 月 20 日开工。

（2）计划铁塔组立 2011 年 9 月 30 日完工。

4.2.3.3　造价控制目标

严格管理施工承包合同规定范围内的承包总费用，监理范围内的工程，工程总投资控制在批准的概算范围之内。按照合同规定的程序和原则履行好投资控制工作，积极配合设计、施工单位进行技术优化工作，及时主动的反映、协调有可能对工程投资造成影响的任何事宜，并承担因此造成的投资浪费的相应责任。最终工程投资控制在批准概算以内，并符合工程静态投资，动态管理的要求，力求优化设计、精心施工、节约投资，工程造价合理。

4.2.4　监理工作流程及重点工作

4.2.4.1　质量控制的流程及重点工作

4.2.4.1.1　审查施工项目部编写的“施工质量验收项目划分表”明确 W、H、S 点，督促施工项目部按要求严格执行，并及时组织专业监理工程师及时进行质量验收。

4.2.4.1.2　编制旁站监理方案，明确旁站项目、旁站要求，组织专业监理人员严格按要求实施旁站监理。

4.2.4.1.3　组织单位对厂家供货材料组织开箱检查验收，发现问题，及时处理，保证供货材料质量，避免不合格品进入施工现场。

4.2.4.1.4　对检查出不符合设计要求或质量不合格的材料，要求施工项目部填写《设备（材料/构配件）缺陷处理报验表》，报监理项目部备案。

4.2.4.1.5　发生质量事故，要求施工项目部按“四不放过”的原则及时处理。并检查施工项目部是否按批准的方案执行，否则令其停工。检查事故处理结果，签证处理记录。对施工项目部的工程材料质量问题处理措施进行跟踪监督，做到闭环控制。

4.2.4.1.6　审核进场材料是否满足连续施工需要。

4.2.4.1.7　定期召开质量分析会，分析工程施工质量管理体系的运转，通过对现场工程实体施工质量的检查实际情况的分析，确定下一步工程质量控制重点。

4.2.4.1.8　运用定期检查和监理旁站、巡视检查相结合的方式，加强质量强制性条文的执行监督、检查力度。

4.2.4.1.9　定期进行质量通病防治专项检查，结合监理旁站、巡视检查加强质量通病防治措施的检查力度。

4.2.4.1.10 理顺质量与进度之间的关系，当质量与进度发生矛盾时进度应服从质量的要求。

4.2.4.2 进度控制的重点工作

4.2.4.2.1 审核施工单位的施工计划与工程工期目标是否一致，保证施工进度计划与工期目标相一致。

4.2.4.2.2 定期召开工程协调会。

4.2.4.2.3 加大现场协调工作力度，当实际进度与计划进度不一致时，分析原因，提出下阶段的调整要求。当实际进度严重滞后于计划进度时，由总监理工程师报建设管理单位，协商采取进一步措施。

4.2.4.2.4 当工程受到干扰或影响而至工期延长时，根据建设管理单位的要求，应积极的采取措施，提出调整施工进度计划的建议，经建设管理单位批准后负责贯彻实施。

4.2.4.2.5 检查施工单位劳动力、机具的投入计划是否满足施工进度要求。对施工单位拟用于本工程的机械装备的性能与数量进行核对，发现不能满足施工进度需要时，书面通知施工单位进行调整。

4.2.4.2.6 对材料、构配件、设备采购过程实行动态管理，经常性、定期将实际采购情况与计划进行对比、分析，发现问题，及时进行调整，使材料、构配件、设备采购计划的实施始终处在动态循环、可控、能控状态。

4.2.4.2.7 监理工程师应在监理月报和月度协调会上及时向建设管理单位报告工程进度和所采取的进度控制措施以及执行情况，提出合理预防工期索赔的措施。

4.2.4.2.8 专业监理工程师应检查进度计划的实施，并记录实际进度及其相关情况，当发现实际进度滞后于计划进度时，应书面通知施工项目部采取纠偏措施，并监督实施。

4.2.4.2.9 根据现场施工进度情况，监督检查设计文件交付进度，督促设计单位定期提出设计文件交付进度报告，定期向建设管理单位报告进度情况和存在问题，使设计进度始终处于受控状态。

4.2.4.3 造价控制及合同管理

4.2.4.3.1 造价控制

4.2.4.3.1.1 组织投资控制监理工程师建立计量台账进行核对和管理，做好工程计量审核工作。对达到合同、规范标准的工程及时进行工程计量，确保工程量统计及时、完整、真实、有效，向建设管理单位真实准确的反映工程实际情况，为工程进度款的支付提供依据，加强工程造价控制。重点控制以下工程项目：新材料、新技术、新工艺的应用、试验。

4.2.4.3.1.2 建立完善的工程计量程序，严格控制工程现场签证工作（特别是因现场地质与地质报告发生不符时所产生的签证），核查设计地形地质与工程实际情况是否相符，设计工程量与实际工程量是否相符，确保工期及费用签证得以有效控制。

4.2.4.3.1.3 做好工程竣工验收阶段的投资控制工作，及时搜集、整理与工程结算有关的施工和监理资料，并对资料进行统计、汇总，为处理费用索赔提供证据。

4.2.4.3.1.4 严格按照建设管理单位要求的竣工结算程序，审核竣工结算报告，编制详细的工程结算监理审核报告，载明每一项核减或核增的计算依据和结果，并出具监理意见，做到公平、公正。

4.2.4.3.2 合同管理

4.2.4.3.2.1 坚持以合同文件为依据，实行履约检查制度，以程序化、精细化管理作为核心，加强工程纵向、横向联系和接口协调。

4.2.4.3.2.2 依据《国家电网公司监理项目部标准化工作手册》内相关内容，建立合同管理机构，配备专门人员负责合同的订立、履行和管理工作，建立完善的合同管理体系，在组织上为管理合同提供保证。

4.2.4.3.2.3 按照建设管理单位要求，积极参与相关合同评审、合同谈判、合同签订、合同执行过程中的履约检查、索赔处理。通过监理工程师进行纠正偏差、纠纷处理和多方协调的工作，保证工程有关各方对合同的履约，达到工程建设的预期目标。

4.2.4.3.2.4 依据国家有关的法律、法规和工程项目所在地的地方性标准、规范和定额、施工合同履行过程中与索赔事件有关的凭证，加强工程索赔管理。

4.2.5 监理工作内容、措施、方法

4.2.5.1 作业人员及资格的控制

4.2.5.1.1 审查施工项目部报审的项目管理人员资质，主要管理人员是否与投标文件一致，管理人员数量是否能满足工程施工需要，如需更换项目经理要得到建设管理单位的书面同意。

4.2.5.1.2 检查施工单位作业人员质量、安全培训记录，特殊作业人员已经过专业技术交底。

4.2.5.1.3 检查特种作业人员的资格证是否有效，是否与报审资料一致，发现问题，及时要求施工单位纠正。

4.2.5.1.4 检查施工人员到位及状态情况，现场作业人员是否数量符合施工组织要求。

4.2.5.2 装置性材料的控制

4.2.5.2.1 对到货的塔材监理部组织各参建单位组织开箱验收，并及时填写验收记录，对不合格品坚决予以退场；

4.2.5.2.2 跟踪督促施工项目部按质量验收规范对塔材的质量和数量进行验收（包括品种、规格、型号、数量、外观、出厂合格证明等），检查施工项目部的验收记录；

4.2.5.2.3 对检查出不符合设计要求或质量不合格的塔材，要求施工项目部填写《设备（材料/构配件）缺陷处理报验表》，报监理项目部备案；

4.2.5.2.4 监理项目部对施工项目部的工程塔材质量问题处理措施进行跟踪监督，做到闭环控制；

4.1.5.2.5 施工项目部对工程塔材的进货、储存、保管与发放应当建立有效的管理制度；

4.2.5.2.6 该管理制度应当得到监理项目部的认可；

4.2.5.2.7 工程材料的进货、储存、保管与发放应当符合制度规定；工程材料的进货、储存、保管与发放应当记录，记录应按规定保存。

4.2.5.3 施工机具、检测、计量器具的控制

本章其余内容见光盘。

第10篇

±800kV 和 1000kV 输电线路工程施工监理范例

彭海涛　付拥军　高尚良　商　彬　胡启海
孙法栋　朱良晓　等　编著

第 1 章　哈密南—郑州±800kV 特高压直流输电线路工程监理规划

1.1　工程项目概况

1.1.1　工程概况

哈密南—郑州±800kV 特高压直流输电线路工程起于新疆维吾尔自治区哈密市境内哈密南换流站，途经新疆、甘肃、宁夏、陕西、山西、河南六省区，止于河南省郑州市中牟县大孟换流站，输电距离约 2210km，3 次跨越黄河（河南境内跨黄河按大跨越设计）。沿线海拔在 80～2300m 之间。采用±800kV 直流输电方案，额定输电功率 8000MW，额定直流电压 5000A。

监理八标段起于宁夏中卫市沙坡头区兴仁镇以南约 10km 花崖湾附近甘宁两省交界处，止于同心县张家垣乡东偏南约 16km 刘马套子附近宁甘两省交界。线路呈自西向东走线，途经中卫市沙坡头区、中卫市海原县、吴忠市同心县 3 个县级行政区，采用单回双极设计，全长 111.846km，曲折系数 1.017。沿线地形比例：平地 7.35%（8.221km），丘陵 13.09%（14.652km），山地 78.41%（87.687km），泥沼 1.15%（1.286km）。海拔在 1400～2000m 之间。

全线基础采用掏挖基础、斜柱板式基础、直柱板式基础、台阶式基础、灌注桩基础等型式，总混凝土量约 19544.3m^3。自立式角钢铁塔 198 基，其中直线塔 176 基，耐张塔 22 基，塔材总重约 12393.14t。导线在平丘地区采用钢芯铝绞线 6×JL/G3A-1000/45，山地地区采用 6×JL/G2A-1000/80 导线，地线采用 LBGJ-150-20AC 铝包钢绞线一根，全线架设 OPGW-150 复合光缆一根。全线悬垂串采用复合绝缘子、耐张串采用 550kN 盘式绝缘子。

1.1.2　参建单位

建设单位：宁夏电力公司。

设计单位：宁夏电力设计院。

监理单位：西北电力建设工程监理有限责任公司。

施工单位：宁夏送变电工程公司。

运行单位：宁夏电力公司检修公司。

1.2　监理工作范围

根据与国家电网公司签订的监理合同及服务承诺，对哈密南—郑州±800kV 特高压直流输电线路工程监理八标段的工程建设提供业主工程师兼建设监理全部服务。包括业主工程师服务、工程施工、隐蔽工程验收、竣工验收及启动投运、专项验收（如环保、水保、档案、安全、消防、劳动、职业卫生等）、资料整理归档、工程移交、达标投产、工程创优、质量保修、工程总结等全方位、全过程监理工作，包括质量控制、安全控制、进度控制、投资控制、合同管理、信息管理，协调工程建设施工、供货、设计等各有关单位间的工作关系，并将“四控制、两管理、一协调”的工作内容始终贯穿与工程建设的各阶段中。

工程试运行消缺完成并且系统带电正常后，征得建设管理单位同意后可离开现场，创优及工程后期各阶段活动时，根据有关通知进行配合工作，直至工程质保期和创优工作结束。

1.3　监理工作内容

提供工程建设监理的全部服务，服务范围包括但不限于：

1.3.1　工程前期

（1）协助办理为了工程开工需要由建设单位办理的一切手续，以及项目所在地与项目有关的所有外部环境的协调工作。

（2）制定工程施工和施工管理整体规划：

1）工程目标及目标分解。

2）工程一级网络计划。

3）工程里程碑工期。

4）工程资金使用计划。

5）质量控制、进度控制、投资控制、安全控制、合同管理、信息管理及组织协调模式。

1.3.2　设计方面

（1）督促设计按时提交设计图纸及资料。

（2）核查施工图完整性及质量，处理设计变更，协调解决施工中发生的设计问题。对设计变更认真审查，签注意见后交施工单位执行，对重大设计变更组织各方实地勘察，共同讨论，由设计出具修改方案，报建设单位批准后实施。

（3）参加或组织设计技术交底及施工图会审。

（4）协调设计与承包单位之间关系，使设计与施工进度紧密配合，督促设计及时派工代进驻现场，并做好现场服务。

（5）管理本标段设计资料（领取、发放、回收等）。

1.3.3　开工前监理准备工作

（1）调研收集。

（2）掌握设计进度及存在问题。

（3）进行现场调查。

（4）了解材料招标及供货情况。

（5）了解建设单位现场组织、管理模式、主要管理程序以及具体要求。

（6）组建现场监理部。

（7）制订准备工作计划并组织实施。

（8）制定工程监理实施细则，明确重要部位的见证点（W 点）、停工待检点（H 点）、旁站点（S 点）。

（9）组织项目部监理人员进行安规和其他规范规程培训学习，并进行考试。

1.3.4　施工准备阶段

（1）审查施工承包商提供的施工组织、施工管理和施工技术文件，主要包括施工组织设计、安全文明二次策划、工程施工创优实施细则、应急预案、各种管理体系文件、各工序的施工作业指导书等。

（2）审查施工承包商选择的试验单位资质并提出意见。

（3）审查施工承包商编制的“施工质量验收及工程类别划分表”。

（4）审查施工承包商自购材料选择和采样，试验及采购控制程序文件并认可，并按规定进行抽样复检。

（5）组织或参加工程材料的现场交接，负责监督、抽查以及现场准入。

（6）审查施工承包商选择的分包商（当允许时）及分包管理程序文件并认可。

（7）检查工作人员上岗前培训情况，检查专业人员和特殊工种持证上岗情况，对不符合要求者，有权提出更换。

（8）检查用于本工程的机具、仪器仪表的配备、检验报告和标识、数量、质量等是否满足施工需要。

（9）核查承包商（包括后续工序开工）开工条件（包括组织、物资、技术资料、设计交底、现场情况等），批准开工报告。

1.3.5 施工阶段

（1）检查施工单位现场项目部组织机构是否健全，管理人员是否到位，责任是否落实，各项技术管理措施是否认真执行，质量、安全体系运转是否正常，施工力量及工器具是否满足施工需要等，发现问题及时通知施工单位整改，重要问题及时向建设单位报告。

（2）参加分项、分部工程、关键工序和隐蔽工程的质量检查，组织分项、分部工程、单位工程监理初验收和参加由建设单位组织中间验收和竣工验收，参加工程相关方案和细则的编制，对隐蔽工程实行旁站监理并建立和执行旁站监理制度，确保工程质量目标。

（3）检查施工记录及质量自检验评记录。

（4）监督承包商编制、执行、调整、控制施工进度计划，掌握工程实际进度，采取必要措施保证工程按期竣工投运。

（5）协助编制财务计划及资金使用计划，协助建设单位编制固定资产清册。

（6）审查承包商工程报表，编制监理报表并报建设单位。

（7）审查承包商工程结算书，签署付款意见。

（8）进行一般事故调查，审查并在授权范围内批准承包商的事故处理方案，监督事故处理过程，检查事故处理结果。

（9）参加有关部门组织的重大事故调查，提出整改要求和处理意见。

（10）遇到威胁安全和质量的重大问题时，及时提出“暂停施工”通知，并在规定时间内报建设单位。

（11）协调监理合同范围内各承包商的关系，特别是安排好接口处的衔接，接受上一层次的协调，并组织贯彻落实。

（12）协助、督促承包商处理好施工过程中的地方关系及有关协议落实。

（13）参加或组织施工协调会以及与工程有关的其他会议。

（14）积极参与工程质量监督活动，以及其他相关的质量评定活动。

1.3.6 分部工程中间验收、竣工验收、移交及其他后期工作

（1）审查承包商提出的分部工程中间验收申请，并组织监理初验收，提出监理初验收报告及检查记录。监督检查承包商消缺、整改并复查。

（2）审查承包商提出的竣工验收报告，组织竣工初验收，根据初验收情况向建设单位提出监理意见。

（3）参加竣工验收、监督消缺并复检。

（4）审查承包商移交的工程竣工资料及竣工图。

（5）整理竣工资料，编写监理报告。

（6）参加启动运行。

（7）审查工程结算，参与工程决算。

（8）参加达标投产、创国家优质工程和精神文明建设等项活动，参与保修期内设计、施工、材料等缺陷的监督处理。

1.3.7 其他

（1）提供作为一个成熟监理单位应该了解的与上述服务范围相关而未详细列写的其他一切服务。

（2）在履行服务时严格遵守建设单位与承包商签订的施工合同中与监理工程师履行职责有关的各项条款。

在工程施工中，严格履行监理职责，依法监理、科学公正、信守合同、严格控制工程安全质量、严格控制工期、严格控制工程投资，做到全过程、全方位的服务。

1.4 监理工作目标

1.4.1 质量目标

保证贯彻和顺利实施工程设计技术原则，满足国家及行业施工验收规范及质量检验评定标准的要求。

1.4.1.1 质量总评为优良，分项工程合格率100%，分部工程优良率100%，单位工程优良率100%。

1.4.1.2 建成宁夏电力公司“最佳”单项管理工程。

1.4.1.3 不发生由于工艺差错、构件规格和加工问题，造成批量返工及以上质量事件，工程质量符合优质精品工程的要求。

1.4.1.4 标准工艺应用率达到100%；实现质量和工艺目标“两个领先（在国际上同行业中领先、在国内各行业中领先）”，创建“流动红旗竞赛”和“标准工艺”示范工地。

1.4.1.5 工程零缺陷移交，确保一次达标投产，达到国家电网公司优质工程要求；争创国家优质工程。

1.4.2 安全文明施工目标

认真贯彻落实国家电网公司及宁夏电力公司“两会”、安全生产会议、基建工作会议精神，以“安全年”活动为主线，进一步强化基建安全管理策划、强化安全基建、健全安全管理体系、落实基建安全责任、加强安全管理量化考核评价，进一步提升基建安全管理水平。

严格执行国家、行业、国家电网公司及宁夏电力公司有关工程建设安全管理的法律、法规和规章制度，确保工程建设中安全文明施工，并采取积极的安全措施，总体目标努力实现安全“零事故”。具体目标：不发生人员重伤及以上事故和造成较大影响的人员群体轻伤事件，轻伤负伤率≤5‰；不发生因工程建设引起的电网及设备事故；不发生一般机械设备损坏事故；不发生火灾事故，不发生森林火灾事故；不发生负主要责任的一般交通事故；不发生较大及以上环境污染事件；不发生较大及以上垮（坍）塌事故；不发生对公司造成影响的安全事件；不发生对社会造成影响的不稳定事件，创建安全文明施工示范工地。

1.4.3 进度目标

2012年5月正式开工，10月铁塔组立开始，2013年1月架线施工开始，2013年6月之前全线架通，8月底完成竣工验收，具备带电条件。

1.4.4 投资目标

贯彻“三通一标”有关要求，在满足安全质量的前提下，优化工程技术方案，严格规范建设过程中设计变更、现场签证，严格执行合同，做好工程项目结算工作，合理控制工程造价。工程建成后的最终投资不超过初步设计审批概算。

1.4.5 环保水保目标

从设计、设备、施工、建设管理等方面采取有效措施，全面落实环保水保和水土保持的要求，建设资源节约型、环境友好型的绿色和谐工程，在施工过程中保护生态环境，减少施工场地和周边环境植被的破坏和减少水土流失，施工废料集中分类存放，施工结束做到“工完、料尽、场地清”，加强能源资源节约和生态环保水保，增强可持续发展能力。落实“同时设计、同时施工、同时投产”的“三同时”方针，达到环保要求。工程通过环保、水保、劳动卫生的专项验收。

1.4.6 科技创新目标

深入开展关键技术研究，大力倡导技术革新，积极开发和应

用新技术、新工艺、新材料，完善特高压直流输电技术标准体系。

1.4.6.1 技术标准创新。积极参与开展相关科技研究，补充制定相关技术标准，完善特高压直流输电技术标准、质量验收标准，形成整套特高压技术体系。

1.4.6.2 组织管理创新。按照国家电网公司"大建设"体系，由国家电网公司直流建设部负责具体安排并直接指挥，充分发挥直流分公司的专业技术优势及宁夏电力公司的资源优势和建设管理职能，继续建立并发展国家电网公司集团化运作的扁平化工程建设管理模式。

1.4.6.3 现场信息管理创新。在施工现场建立统一信息平台，建设、监理、设计和施工单位共用信息平台，实现工程信息统一管理，便于国家电网公司总部及时掌握工程进展、即时协调工程关系，提高工程管理水平。

1.4.6.4 现场文明施工创新。全面落实国家电网公司《输变电工程安全文明施工标准》（Q/GDW 250—2009），树立现场文明施工的典范和国家电网工程品牌。

1.4.6.5 设计技术创新。总结以往工程设计经验和成果，借鉴典型设计经验，结合工程特点开展设计工作，优化塔头尺寸和塔身高度，达到布局合理、减少占地、缩小走廊、降低投资、绿色环保的目的。

1.4.6.6 制造技术的创新。优化应用大规格 Q420 高强角钢等，进一步提高线路建设的经济性和安全性。

1.4.6.7 施工技术创新。结合现场条件，在线路施工中探索新的施工工艺和方法，进一步完善特高压直流工程施工技术规范。

1.4.7 信息管理目标

利用现代信息技术为工程服务，积极开发运用输变电工程信息管理系统，建立统一的信息化管理平台，保证信息的及时收集、准确汇报、快速报送，充分发挥信息的指导作用。实现工程管理信息化、决策实时化，全面提高工程管理的效率和质量。

1.4.8 档案管理目标

严格按照国家、行业、国家电网公司和宁夏电力公司的有关档案管理规定进行档案管理，将档案管理纳入整个现场管理程序，坚持归档和工程同步进行。实现工作程序化、管理同步化、资料标准化、操作规范化、档案数字化，以更高的标准，更细致的要求，更规范的管理，确保实现档案归档率 100%、资料准确率 100%、案卷合格率 100%。保证档案资料的齐全、准确、系统；同时保证资料移交满足相关标准及"零缺陷"移交要求。通过档案管理专项验收。

1.4.9 工程目标关系

工程质量、进度、安全、投资和环保五个目标之间存在辩证统一的关系。一般来讲，缩短工程的建设工期就要增加投资；加快建设进度，缩短工期，提前建成工程，项目就可以提前获得投资效益。但不适当地加快进度，缩短工期，则可能会影响质量，使工程的安全目标可能会受到较大威胁。明确质量要求则会有利于工期和安全目标的实现，过高的质量要求，会使工程投资增加。因此，只有经过科学的目标规划，确定可行而又优化的工程项目目标系统和实现目标的计划，才能实现目标控制。

由于质量控制是施工监理的核心，在监理合同中就重点突出质量监理。质量控制与工程款支付挂钩，工程质量的好坏直接关系到承包商的经济效益。因此质量、进度、投资三项控制是相辅相成的整体控制措施，只强调或只要质量控制，必然削弱其他控制，达不到工程建设的总体预期效果。在总体上把握工程施工进度和投资控制是项目控制的主要目标，质量控制是达到投资、进度最佳控制的基础，安全目标是所有目标实现的保证，即"质量是核心、安全是保证、投资是根本、进度是准绳"。

1.4.10 工程目标分解

一、质量目标分解

加强过程控制，保证隐蔽工程验收、工程阶段验收时，分项工程合格率 100%，分部工程优良率 100%，单位工程优良率 100%。竣工验收工程质量符合有关施工验收规范的要求，符合设计要求，工程质量评定为优良。不发生由于工艺差错、构件规格和加工问题造成的批量返工及以上质量事件，工程质量符合优质精品工程的要求；标准工艺应用率达到 100%；实现质量和工艺目标"两个领先（在国际上同行业中领先、在国内各行业中领先）"，创建"流动红旗竞赛"和"标准工艺"示范工地；实现工程零缺陷移交，确保达到国家电网公司优质工程要求，争创国家优质工程。

二、安全文明施工目标分解

不发生人员重伤及以上事故和造成较大影响的人员群体轻伤事件，轻伤负伤率≤5‰；不发生因工程建设引起的电网及设备事故；不发生一般机械设备损坏事故；不发生火灾事故，不发生森林火灾事故；不发生负主要责任的一般交通事故；不发生较大及以上环境污染事件；不发生较大及以上垮（坍）塌事故；不发生对公司造成影响的安全事件；不发生对社会造成影响的不稳定事件，创建安全文明施工示范工地。

三、工期目标分解

督促施工单位依据合同工期和宁夏电力公司里程碑计划，合理组织施工。按施工进度计划，严格控制关键工序进程，确保工程阶段性里程碑进度计划的按时完成。即 2012 年 5 月正式开工，8 月铁塔组立开始，2013 年 1 月架线施工开始，2013 年 6 月之前全线架通，8 月底完成竣工验收，具备带电条件。主要里程碑节点计划见表 1-4-1。

表 1-4-1　主要里程碑节点计划

序号	工作内容	开始时间	完成时间
1	工程开工	2012-5-28	
2	基础施工	2012-5-28	2012-9-30
3	组塔施工	2012-8-30	2012-12-30
4	架线施工	2012-12-31	2013-5-31
5	竣工验收	2013-6-1	2013-8-30
6	投产运行	2013-8 完成竣工验收，具备带电条件	

四、投资目标分解

严格规范建设过程中设计变更、现场签证，加大工程协调力度，及早发现和解决由施工占地和拆迁引发的工程变更，工程建成后的最终投资不超过初步设计审批概算，力求节约工程投资。

五、环保水保目标分解

严格执行环保措施，全面落实环保和水保的要求，保护生态环境，站区绿化，施工现场环境满足环保要求，不发生环境污染事件，创建资源节约型、环境友好型的绿色和谐工程。确保工程通过环保、水保、劳动卫生的专项验收，树立企业良好的社会形象。

六、科技创新目标分解

积极参与开展相关科技研究，补充制定相关技术标准，完善特高压直流输电技术标准、质量验收标准，形成整套特高压技术体系。在施工现场实现工程信息统一管理，提高工程管理水平。全面落实国家电网公司《输变电工程安全文明施工标准》（Q/GDW 250—2009）的要求，树立现场文明施工的典范和国家电网工程品牌。达到布局合理、减少占地、缩小走廊、降低投资、绿色环保的目的。结合现场条件，在线路施工中探索新的施工工艺和方法，进一步完善特高压直流工程施工技术规范。

七、信息管理目标分解

充分利用统一的信息化管理平台，建立多渠道信息网络，保证信息的及时收集、准确汇报、快速报送，充分发挥信息的指导作用。实现工程管理信息化、决策实时化，将信息及早变成行动和成果，全面提高工程管理的效率和质量。

八、档案管理目标分解

坚持归档和工程同步进行，在过程中圆满完成工程资料，实现工作程序化、管理同步化、资料标准化、操作规范化、档案数字化，达到档案归档率 100%、资料准确率 100%、案卷合格率 100%。最终实现“零缺陷”移交，确保通过国家级档案管理专项验收。

1.5 监理工作依据

（1）《电力工程建设监理规范》（DL/T 5434—2009）。

（2）《国家重大建设项目文件归档要求与档案整理规范》（DA/T 28—2002）。

（3）《电力建设安全工作规程　第 2 部分　架空电力线路部分》（DL 5009.2—2004）。

（4）《±800kV 及以下直流输电工程启动及竣工验收规程》（DL/T 5234—2010）。

（5）《±800kV 架空送电线路施工质量检验及评定规程》（Q/GDW 226—2008）。

（6）《±800kV 架空送电线路施工及验收规范》（Q/GDW 225—2008）。

（7）《国家电网公司电力建设工程施工安全监理管理办法》（国家电网基建〔2007〕302 号）。

（8）《关于利用数码照片资料加强输变电工程安全质量过程控制的通知》（基建安全〔2007〕25 号）。

（9）《关于强化输变电工程施工过程质量控制数码照片采集与管理的工作要求》（基建质量〔2010〕322 号）。

（10）《国家电网公司电力安全工作规程（线路部分）》（国家电网安监〔2009〕664 号）。

（11）《国家电网公司输变电工程质量通病防治工作要求及技术措施》（基建质量〔2010〕19 号）。

（12）《国家电网公司电力建设工程施工质量监理管理办法》（国家电网基建〔2010〕166 号）。

（13）《国家电网公司基建安全管理规定》（国家电网基建〔2011〕1753 号）。

（14）《国家电网公司基建质量管理规定》（国家电网基建〔2011〕1759 号）。

（15）《国家电网公司电网建设项目档案管理办法（试行）》（国家电网办〔2010〕250 号）。

（16）《国家电网公司输变电工程达标投产考核办法》（国家电网基建〔2011〕146 号）。

（17）《国家电网公司输变电优质工程评选办法》（国家电网基建〔2011〕148 号）。

（18）《国家电网公司电网工程施工安全风险识别、评估及控制办法（试行）》（国家电网基建〔2011〕1758 号）。

（19）《国家电网公司安全事故调查规程》（国家电网安监〔2011〕2024 号）。

（20）《国家电网公司标准化建设成果（输变电工程通用设计、通用设备）应用目录》（国家电网基建〔2011〕374 号）。

（21）《关于深化“标准工艺”研究与应用工作的重点措施和关于加强工程创优工作的重点措施》（基建质量〔2012〕20 号）。

（22）《国家电网公司特高压直流线路工程管理制度汇编（试行）》。

（23）《国家电网公司监理项目部标准化工作手册》（2010 年版）。

（24）《国家电网公司施工项目部标准化工作手册》（2010 年版）。

（25）宁夏电力公司《哈密南—郑州±800kV 特高压直流输电线路工程现场建设管理工作大纲》。

（26）本监理标段中标通知书及监理合同。

（27）本工程项目法人与其他承包商、供货商（包括设计、施工、材料设备供应等）签订的工程建设合同。

（28）国家和地方政府有关工程建设方面的法律、法规及政策规定等。

（29）施工过程中设计承包商、项目法人及上级单位对本工程所发布的有关文件（包括设计修改通知单、施工图会审、交底纪要及项目法人和上级单位对工程提出的要求）。

（30）本工程初步设计及审批文件、施工阶段图纸文件、主要材料设计技术标准及制造工艺标准、制造厂商提供的产品说明书及安装作业指导书。

（31）西北电力建设工程监理有限责任公司质量安全管理体系文件。

1.6 项目监理机构的组织形式

为了能全面完成监理工作任务，保证本监理标段工程总体目标的实现，机构设置的原则是人力配置充足，职能健全，职责分明，决策迅速，应变能力强，便于集中统一领导的高效办事机构。

监理项目部组织机构如图 1-6-1 所示。

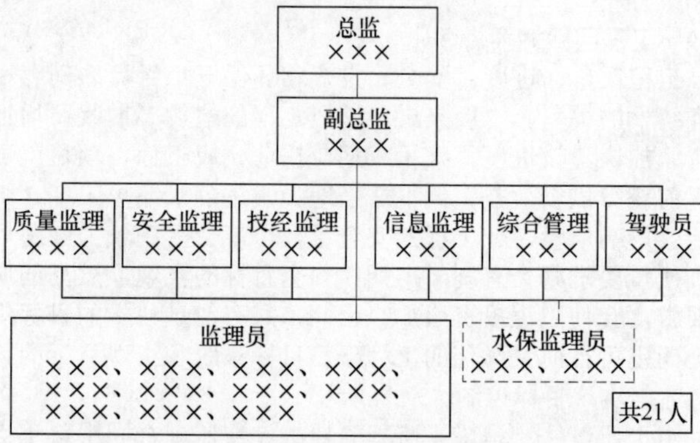

图 1-6-1　监理项目部组织机构

监理项目部安全监督体系如图 1-6-2 所示。

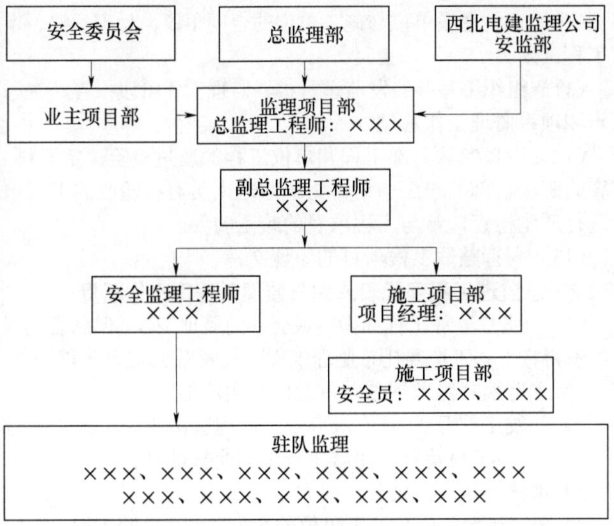

监理项目部质量监督体系

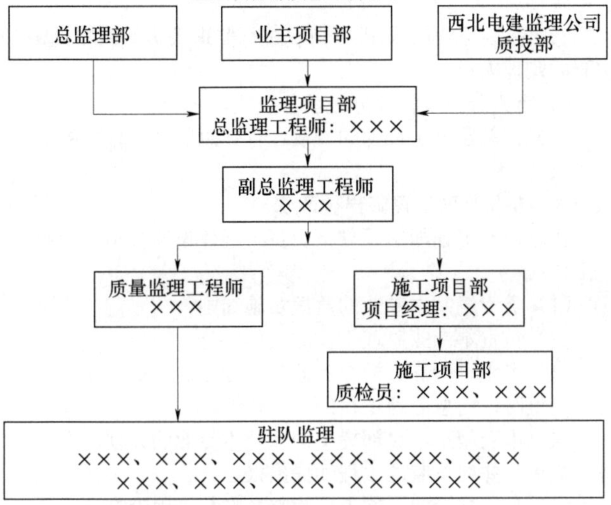

图1-6-2　监理项目部安全监督体系

1.7　项目监理机构的人员配备计划

哈密南—郑州±800kV特高压直流输电线路工程监理八标段监理项目部配备总监理工程师1名，副总监理工程师1名，专业监理工程师4名，安全监理工程师1名，技经监理工程师1名，信息管理1名，综合管理1名，驾驶员1名，监理员10名。

哈密南—郑州±800kV特高压直流输电线路工程监理八标段项目监理组织机构如下：

总监1名、副总监1名、质量监理工程师1名、安全监理工程师1名、技经监理工程师1名，监理工程师3名，信息管理1名、监理员11名、综合管理1名、驾驶员1名。人员配备表见表1-7-1。

表1-7-1　　人员配备表

姓名	出生年月	职务	资格证书号
×××	1972.07	总监	61002147
×××	1971.08	副总监	DLZJ080423-II　JLY2010080742
×××	1971.07	安全监理	电建培字（监理）09037115
×××	1951.06	质量监理	DLJL1148246
×××	1983.05	技经监理	DLJL080282

续表

姓名	出生年月	职务	资格证书号
×××	1988.12	信息员	DLJLY113588
×××	1980.02	监理组长	DLJL113224
×××	1966.01	监理员	DLJLY11354677
×××	1966.08	监理员	DLJLY11427211
×××	1963.03	监理组长	DLJL114573
×××	1975.12	监理组长	DLJL114225
×××	1969.03	监理员	DLJLY113565101
×××	1966.01	监理员	DLJLY11426512
×××	1957.12	监理员	DLJLY0706916
×××	1964.03	监理员	DLJLY0803054
×××	1962.08	监理员	DLJLY11357221
×××	1970.11	环保监理员	DLJLY1162927　SHJG201130523
×××	1980.07	水保监理	JLP2010070115
×××	1984.01	水保监理	JLP2010070114
×××	1962.10	综合管理	
×××	1971.09	驾驶员	

1.8　项目监理机构的人员岗位职责

1.8.1　监理项目部管理职责

（1）监理项目部严格履行委托监理合同赋予的职责、权利和义务，负责组织实施工程项目监理服务的具体工作，包括工程项目施工的安全监理工作和质量监理工作，履行监理合同中承诺的各项监理职责，促进工程各项目标的实现，最大限度地满足业主的期望。

（2）贯彻执行国家、行业工程建设的标准、规程和规范，落实国家电网公司、网省公司、建设单位各项管理规定。严格执行“三通一标”等标准化建设要求。按照监理企业质量/职业健康安全/环境管理体系的要求，结合工程项目的实际情况，组织编制项目监理的策划文件，报业主项目部审查或备案后实施。

（3）负责监理项目部成员的现场专项培训和教育，保证配备的安全防护用品和检测、计量设备的正确使用和日常维护，负责监理项目部的危险源和环境因素的辨识、评价与控制，并形成文件加以实施和记录；对于重要危险源制定控制措施，并落实相应的人员和物资准备。

（4）建立健全安全管理网络，落实安全责任制及岗位职责，负责工程项目施工的安全监理工作。在安委会领导下，开展现场安全各项活动，履行安全管理职能，做好安全预控措施。按规定程序上报安全事故，参加安全事故调查。

（5）建立健全质量管理网络，落实质量责任制及岗位职责，履行质量管理职能。按规定程序上报质量事故，参加质量事故调查。

（6）强化工程的投资控制，特别是工程变更的管理，确保工程变更程序规范、合理。

（7）加强工程量管理，参与设计工程量清单审核，审核工程进度款支付申请和用款计划，配合业主项目部进行竣工结算。

（8）按项目进度实施计划的要求，编制一级网络计划，督促、审查施工项目部编制工程的项目施工进度计划，分析进度滞后的原因，提出监理意见，督促施工项目部落实进度纠偏措施。

（9）审查施工项目部的各类报审材料，签署审查意见，并负责对各项措施的落实情况进行监督检查。

（10）在业主的委托范围内展开工程施工、设备材料供货的合同管理。负责组织进场设备和材料的检查验收，督促施工项目部严格按照合同要求履行义务。按索赔的管理程序，收集参建各方索赔的证据和资料。

（11）负责工程信息与档案监理资料的收集、整理、上报、移交工作，监理档案和监理控制工作同步形成，并保证档案资料的真实性、完整性。

（12）按委托监理合同赋予的职责，做好与业主项目部、施工项目部、设计单位、设备供应商的协调工作，负责组织进场设备和材料的检查验收，参加业主项目部组织召开的协调会、专题会议。

（13）对施工图进行预检，并汇总施工项目部的意见，形成预检意见；参加由业主项目部组织的施工图会检及设计交底会，并负责有关工作的落实。

（14）审查施工组织设计中的安全质量技术措施或者专项施工方案是否符合工程建设标准强制性条文，施工组织是否满足工程建设安全文明施工管理的需要。

（15）定期或不定期检查施工现场，发现存在事故隐患的，应要求施工项目部整改；情况严重的，应要求施工项目部暂停施工，并及时报告业主项目部。施工项目部拒不整改或不停止施工的，应即时向有关主管部门汇报。

（16）组织或参加各类检查，掌握现场动态，收集管理信息，并在会议上点评施工现场现状以及存在的薄弱环节，提出整改要求和具体措施，督促责任方落实。

（17）对工程关键部位、关键工序、特殊作业和危险作业进行旁站监理。

（18）参加工程质量、安全事故（事件）调查和处理工作。

（19）组织工程中间、竣工预验收的监理初检工作，参加业主项目部组织工程竣工预验收，参加竣工验收和启动试运行，参加工程移交。

（20）项目投运后，及时对本项目监理服务工作进行总结和综合评价。负责投产后质保期内监理服务工作，参加项目投产达标和创优工作。

1.8.2 人员岗位职责

1.8.2.1 总监理工程师岗位职责

总监理工程师代表监理单位全面负责监理项目部各项管理工作、组织与协调，是安全、质量管理的第一责任人。

（1）确定监理项目部人员的分工和岗位职责；检查和监督监理人员的工作，根据工程项目的进展情况进行监理人员调配，对不称职的监理人员进行调换。

（2）熟悉和掌握国家电网公司电力工程建设的标准和规定，组织监理项目部学习并贯彻执行。

（3）主持编写项目监理规划，明确安全监理目标、措施、计划，审批项目监理实施细则，并负责管理监理项目部的日常工作。

（4）审查分包单位的资质，并提出审查意见。

（5）主持监理工作会议，签发监理项目部的文件和指令，签发工程开工/复工报审表、工程暂停令、工程款支付证书、工程竣工报验单，签署工程中间交接证书。

（6）审查施工项目部提交的开工报告、项目管理实施规划、方案、计划。

（7）审核签署施工项目部的付款申请和竣工结算。

（8）审查和处理工程变更。

（9）参与工程安全、质量事故的调查。

（10）调解建设单位与施工单位的合同争议、处理索赔、审核工程延期。

（11）组织编写并签发监理月报、监理工作阶段报告、专题报告和项目监理工作总结。

（12）审核签认分部工程和单位工程的质量检验评定资料，审查施工项目部的竣工申请，组织监理人员对待验收的工程项目进行质量检查，参与工程项目的竣工验收。

（13）主持整理工程项目的监理文件。

1.8.2.2 总监理工程师代表或副总监理工程师岗位职责

（1）负责总监理工程师指定或交办的监理工作。但总监理工程师不得将下列工作委托总监理工程师代表/副总监理工程师：

1）主持编写监理规划、审批监理实施细则。

2）签发工程开工/复工报审表、工程暂停令、工程款支付证书、工程竣工报验单，签署工程中间交接证书。

3）审核签认竣工结算。

4）调解建设单位与施工单位的合同争议、处理索赔、审批工程延期。

5）根据工程项目的进展情况进行监理人员的调配，调换不称职的监理人员。

6）审查分包项目及分包单位资质。

（2）按总监理工程师的授权，行使总监理工程师的部分职责和权力。

1.8.2.3 专业监理工程师岗位职责

在总监理工程师的领导下负责工程建设项目相关专业的监理工作：

（1）负责编制本专业的监理实施细则。

（2）负责本专业监理工作的具体实施。

（3）组织、指导、检查和监督本专业监理员工作，当人员需要调整时，向总监理工程师提出建议。

（4）审查施工项目部提交的涉及本专业的计划、方案、申请、变更，并向总监理工程师提出报告。

（5）负责本专业分项工程验收及隐蔽工程验收。

（6）定期向总监理工程师提交本专业监理工作实施情况报告，对重大问题及时向总监理工程师汇报和请示。

（7）根据本专业监理工作实施情况做好监理日记。

（8）负责本专业监理资料的收集、汇总及整理，参与编写监理月报。

（9）参加见证取样工作，核查进场材料、设备、构配件的原始凭证、检测报告等质量证明文件及其质量情况，必要时对进场材料、设备、构配件进行平行检验，合格时予以签认。

（10）负责本专业的工程计量工作，审核工程计量的数据和原始凭证。

（11）检查本专业质量、安全、进度、节能减排、水土保持、强制性标准执行等情况，及时监督处理事故隐患，必要时报告。

1.8.2.4 安全监理工程师岗位职责

在总监理工程师的领导下，负责工程建设项目安全监理的日常工作：

（1）做好风险管理的策划工作，编写监理规划中的安全监理管理内容和安全监理工作方案，明确文件审查、安全检查签证、旁站和巡视等安全监理的工作范围、内容、程序和相关监理人员职责以及安全控制措施、要点和目标。

（2）审查项目管理实施规划（施工组织设计）中安全技术措施或专项施工方案是否符合工程建设强制性标准。

（3）审查项目施工过程中的风险、环境因素识别、评价及其控制措施是否满足适宜性、充分性、有效性的要求。对危险性较大的工程安全施工方案或施工项目部提出的安全技术措施的实施进行监督检查。

（4）审查施工分包队伍的安全资质文件，对施工分包进行全过程监督。

（5）审查施工项目经理、专职安全管理人员、特种作业人员的上岗资格，监督其持证上岗。

（6）审查施工项目部报审的安全文明施工实施细则、工程施工强制性条文执行计划等安全策划文件。

（7）组织或参与安全例会和各类安全检查，掌握现场安全动态，收集安全管理信息，并在安全会议上点评施工现场安全现状以及存在的薄弱环节，提出整改要求和具体措施，督促责任方落实。

（8）审查施工单位安全管理组织机构、安全规章制度和专项安全措施。重点审查施工项目部危险源、环境因素辨识及其控制措施的适宜性、充分性、有效性，督促做好危险作业预控工作。

（9）配合总监理工程师组织本项目监理人员的安全学习，督促施工项目部开展三级安全教育等安全培训工作。

（10）负责施工机械、工器具、安全防护用品（用具）的进场审查，检查现场施工人员及设备配置是否满足安全文明施工及工程承包合同的要求。

（11）检查安全文明施工措施补助费的安措费的使用情况。协调不同施工单位之间的交叉作业和工序交接中的安全文明施工措施的落实。

（12）负责安全监理工作资料的收集和整理，建立安全管理台账，并督促施工项目部及时整理安全管理资料。

（13）参与并配合项目安全事故的调查处理工作。

1.8.2.5　技经工程师岗位职责

（1）负责项目建设过程中的投资控制工作；严格执行国家、行业标准和企业标准，贯彻落实建设单位有关投资控制的要求。

（2）参加施工图会检和设计交底，参加建设单位组织阶段性的投资控制会议。

（3）协助项目总监理工程师处理工程变更，根据规定报上级单位批准。

（4）协助项目总监理工程师审核上报工程进度款支付申请和月度用款计划。

（5）参与建设单位组织的工程竣工结算审查工作会议。

（6）负责收集、整理投资控制的基础资料，并按要求归档。

1.8.2.6　监理员岗位职责

主要从事现场检查、计量等工作：

（1）在专业监理工程师的指导下开展现场监理工作。

（2）检查施工项目部投入工程项目的人力、材料、主要设备及其使用、运行状况，并做好检查记录。

（3）复核或从施工现场直接获取工程计量的有关数据并签署原始凭证。

（4）按设计图及有关标准，对施工项目部的工艺过程或施工工序进行检查和记录，对加工制作及工序施工质量检查结果进行记录。

（5）对工程关键部位、关键工序、特殊作业和危险作业进行旁站监理，核查特种作业人员的上岗证；检查、监督工程现场的施工质量、安全、节能减排、水土保持等状况及措施的落实情况，发现问题及时指出、予以纠正并向专业监理工程师报告。

（6）做好监理日记和有关的监理记录。

1.8.2.7　信息资料人员岗位职责

（1）负责对工程各类文件资料进行收发登记；分类整理，建立资料台账，并做好工程资料的储存保管工作。

（2）熟悉国家电网公司输变电工程建设标准化工作要求，负责基建工程管控模块的信息录入。

（3）负责工程文件资料在监理项目部内得到及时流转。

（4）对工程监理资料进行统一编号。

（5）负责对工程建设标准文本进行保管和借阅管理。

（6）协助总监理工程师对受控文件进行管理，保证使用该文件人员及时得到最新版本。

（7）负责工程监理资料的整理和归档工作。

1.9　监理工作程序

1.9.1　项目管理工作总体流程

如图 1-9-1 所示。

1.9.1.1　监理工作策划流程如图 1-9-2 所示。

1.9.1.2　开工条件审查流程如图 1-9-3 所示。

1.9.1.3　进度管理流程如图 1-9-4 所示。

1.9.1.4　合同执行管理流程如图 1-9-5 所示。

1.9.1.5　资信管理流程如图 1-9-6 所示。

1.9.1.6　信息与档案管理流程如图 1-9-7 所示。

1.9.2　安全管理工作总体流程

如图 1-9-8 所示。

1.9.2.1　安全管理评价流程如图 1-9-9 所示。

1.9.2.2　分包安全管理流程如图 1-9-10 所示。

1.9.2.3　安全检查管理流程如图 1-9-11 所示。

1.9.2.4　项目安全管理事故调查流程如图 1-9-12 所示。

1.9.3　质量管理工作总体流程

如图 1-9-13 所示。

1.9.3.1　质量缺陷处理流程如图 1-9-14 所示。

1.9.3.2　一般质量事故处理流程如图 1-9-15 所示。

1.9.3.3　重、特大质量事故处理流程如图 1-9-16 所示。

1.9.3.4　材料、构、配件质量管理流程如图 1-9-17 所示。

1.9.3.5　隐蔽工程质量控制流程如图 1-9-18 所示。

1.9.3.6　旁站监理工作流程如图 1-9-19 所示。

1.9.3.7　工程质量验评工作流程如图 1-9-20 所示。

1.9.3.8　监理初检工作流程如图 1-9-21 所示。

1.9.4　造价管理工作总体流程

如图 1-9-22 所示。

1.9.4.1　工程进度款审核工作流程如图 1-9-23 所示。

1.9.4.2　工程变更费用及计量工作流程如图 1-9-24 所示。

1.9.4.3　费用索赔审核工作流程如图 1-9-25 所示。

1.9.4.4　工程竣工结算审核工作流程如图 1-9-26 所示。

1.9.5　技术管理工作总体流程

如图 1-9-27 所示。

1.9.5.1　施工图会检及设计交底流程如图 1-9-28 所示。

1.9.5.2　项目管理规划（施工组织设计）、施工方案审查流程如图 1-9-29 所示。

1.9.5.3　工程变更管理流程如图 1-9-30 所示。

1.9.6　哈密南—郑州±800kV 特高压直流输电线路工程 W、H、S 点划分表

见表 1-9-1。

1.9.7　哈密南—郑州±800kV 特高压直流输电线路工程质量控制要点

见表 1-9-2。

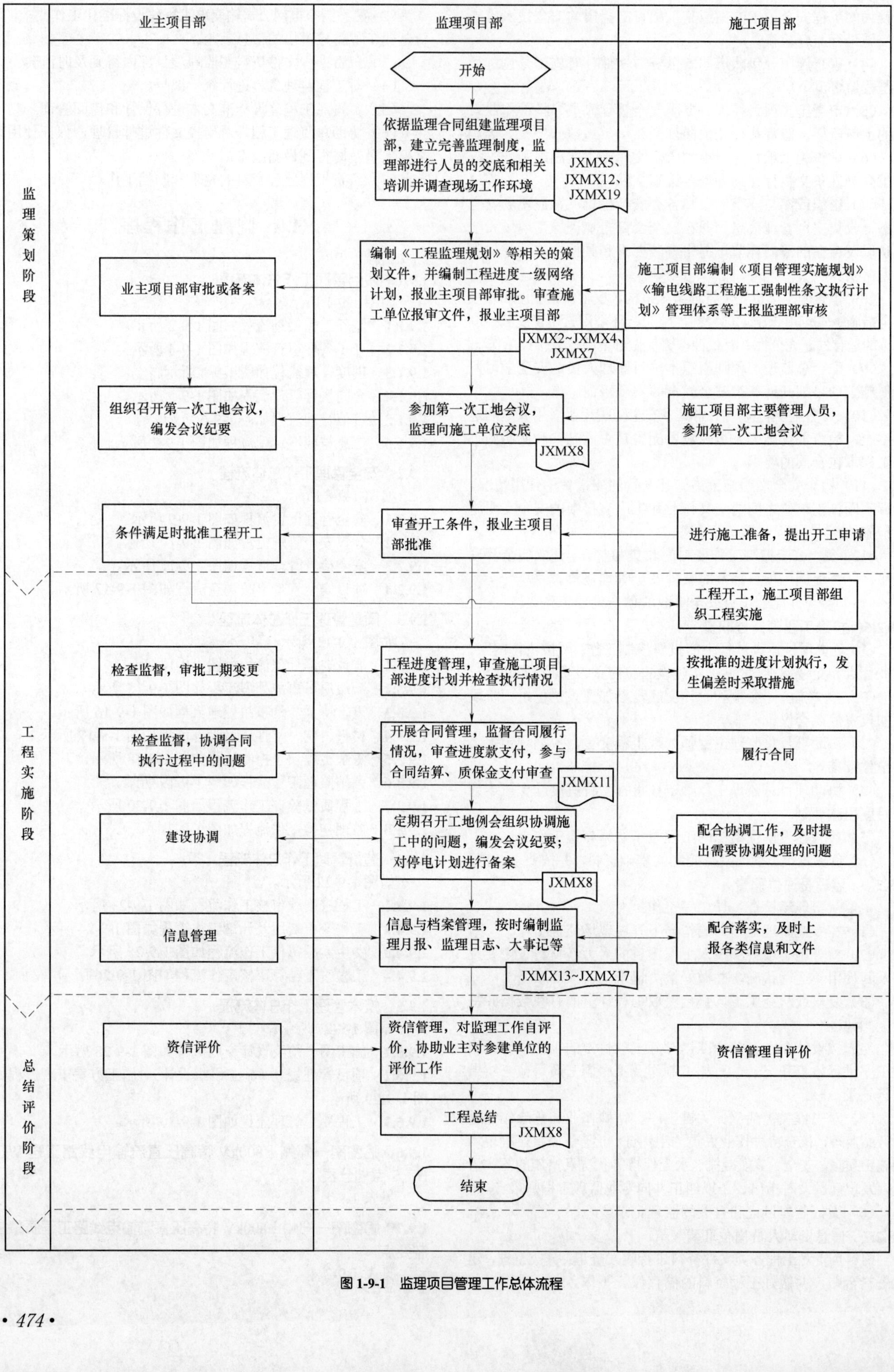

业主项目部
监理项目部
施工项目部
监理策划阶段
开始
依据监理合同组建监理项目部，建立完善监理制度，监理部进行人员的交底和相关培训并调查现场工作环境
JXMX5、JXMX12、JXMX19
业主项目部审批或备案
编制《工程监理规划》等相关的策划文件，并编制工程进度一级网络计划，报业主项目部审批。审查施工单位报审文件，报业主项目部
JXMX2~JXMX4、JXMX7
施工项目部编制《项目管理实施规划》《输电线路工程施工强制性条文执行计划》管理体系等上报监理部审核
组织召开第一次工地会议，编发会议纪要
参加第一次工地会议，监理向施工单位交底
JXMX8
施工项目部主要管理人员，参加第一次工地会议
条件满足时批准工程开工
审查开工条件，报业主项目部批准
进行施工准备，提出开工申请
工程实施阶段
工程开工，施工项目部组织工程实施
检查监督，审批工期变更
工程进度管理，审查施工项目部进度计划并检查执行情况
按批准的进度计划执行，发生偏差时采取措施
检查监督，协调合同执行过程中的问题
开展合同管理，监督合同履行情况，审查进度款支付，参与合同结算、质保金支付审查
JXMX11
履行合同
建设协调
定期召开工地例会组织协调施工中的问题，编发会议纪要；对停电计划进行备案
JXMX8
配合协调工作，及时提出需要协调处理的问题
信息管理
信息与档案管理，按时编制监理月报、监理日志、大事记等
JXMX13~JXMX17
配合落实，及时上报各类信息和文件
总结评价阶段
资信评价
资信管理，对监理工作自评价，协助业主对参建单位的评价工作
资信管理自评价
工程总结
JXMX8
结束

图 1-9-1　监理项目管理工作总体流程

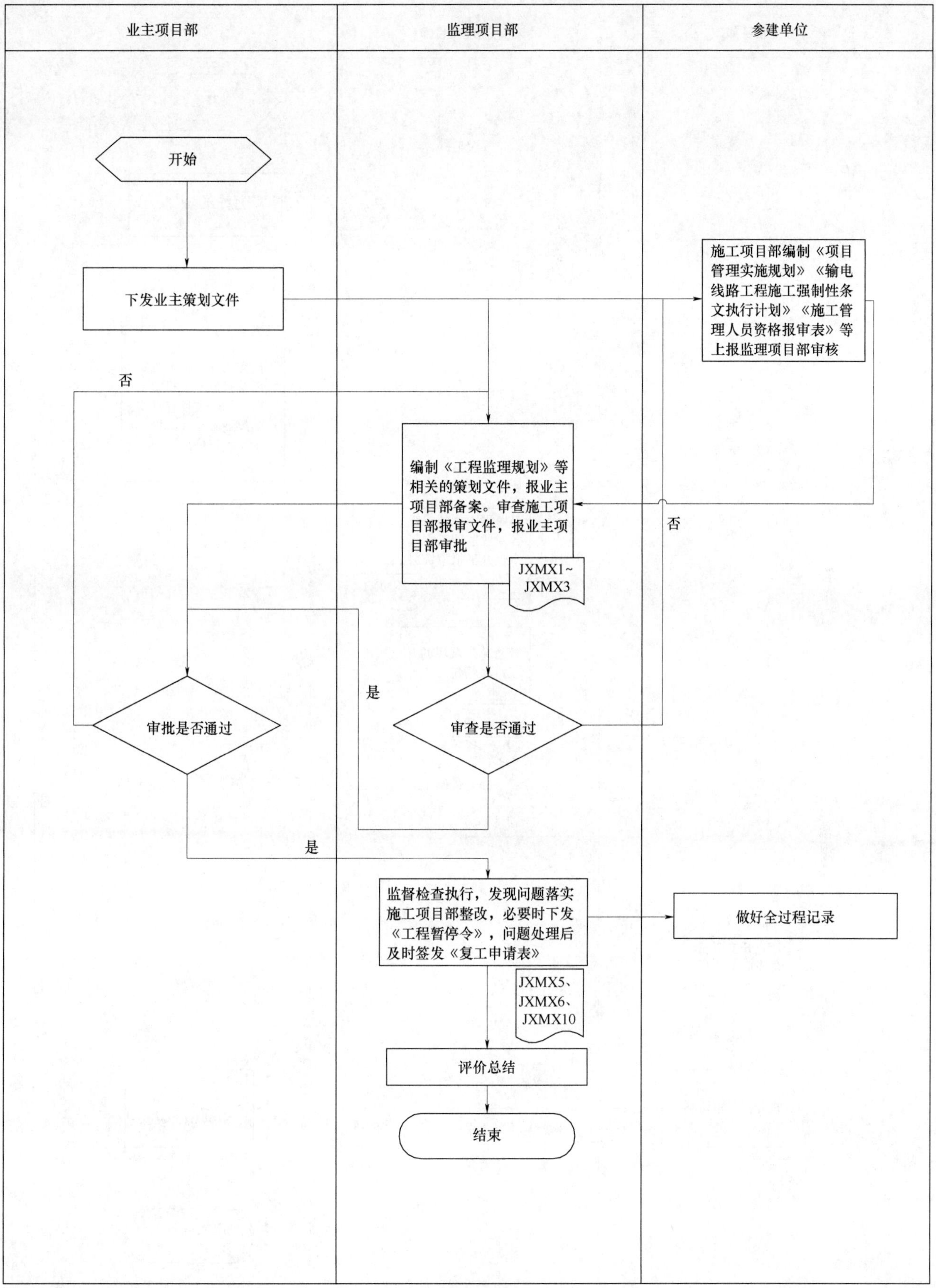

图 1-9-2　监理工作策划流程

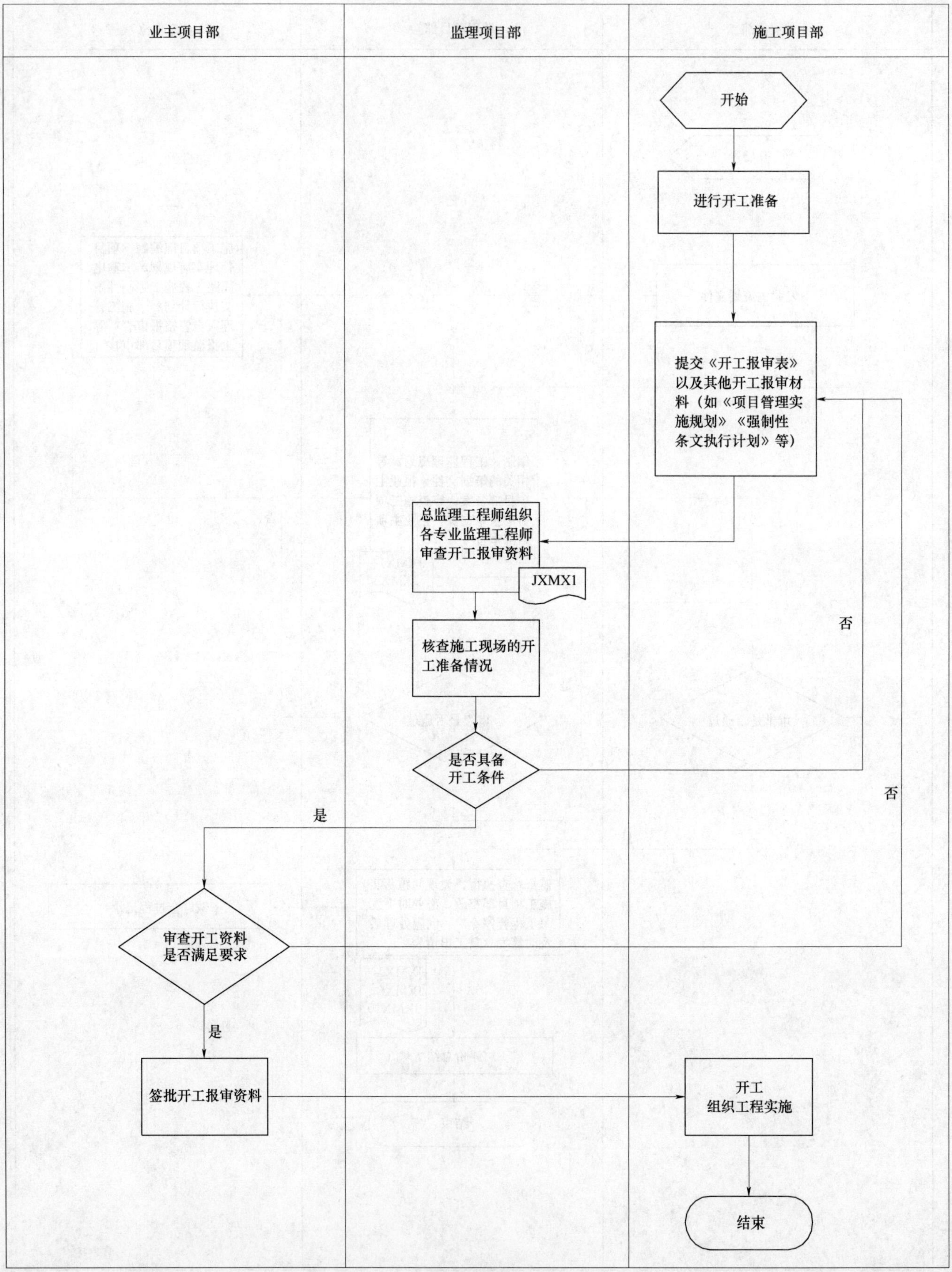

图 1-9-3　开工条件审查流程

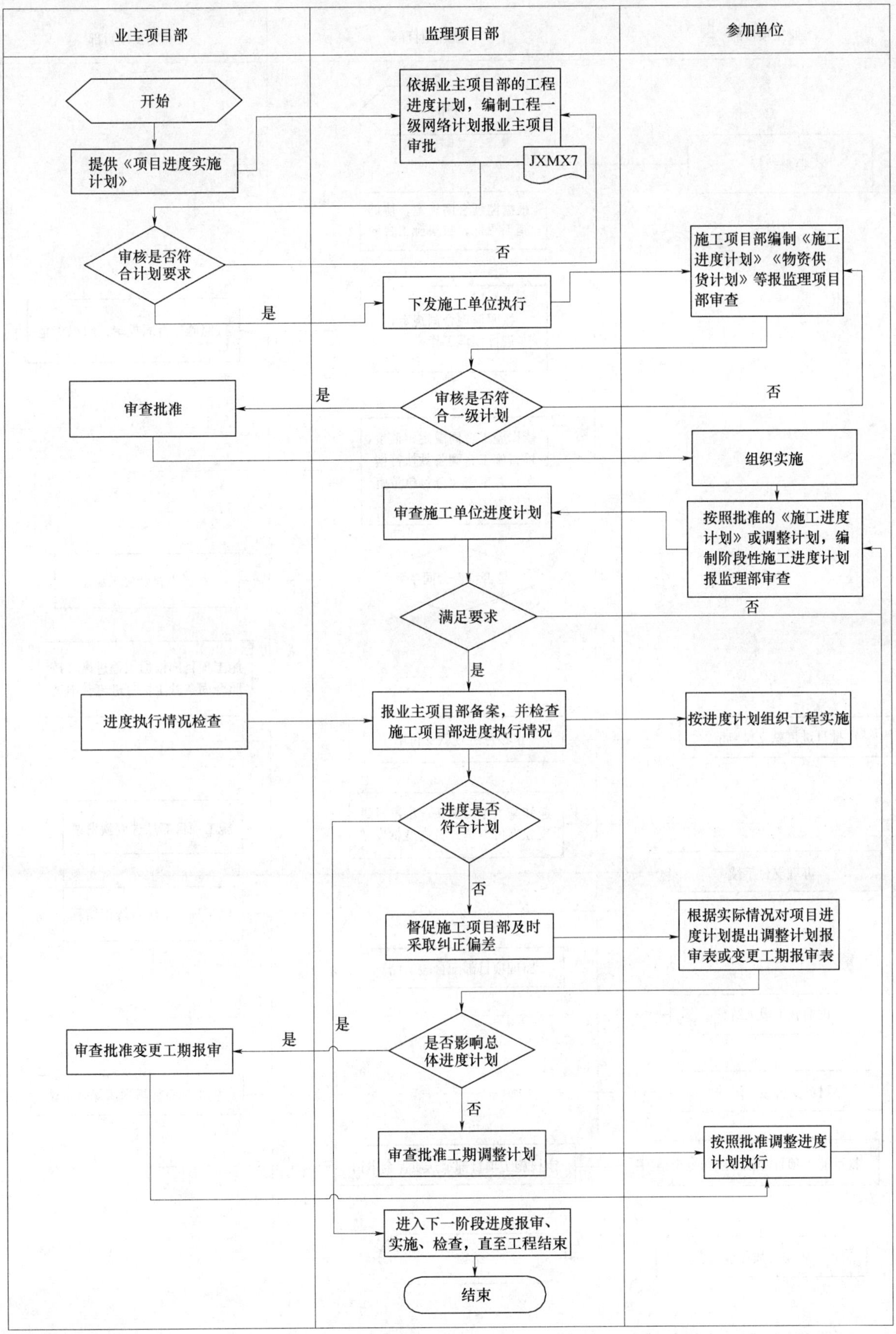
业主项目部
监理项目部
参加单位
开始
依据业主项目部的工程进度计划，编制工程一级网络计划报业主项目审批
JXMX7
提供《项目进度实施计划》
审核是否符合计划要求
否
是
下发施工单位执行
施工项目部编制《施工进度计划》《物资供货计划》等报监理项目部审查
审查批准
是
审核是否符合一级计划
否
组织实施
审查施工单位进度计划
按照批准的《施工进度计划》或调整计划，编制阶段性施工进度计划报监理部审查
满足要求
否
是
进度执行情况检查
报业主项目部备案，并检查施工项目部进度执行情况
按进度计划组织工程实施
进度是否符合计划
否
督促施工项目部及时采取纠正偏差
根据实际情况对项目进度计划提出调整计划报审表或变更工期报审表
是
审查批准变更工期报审
是
是否影响总体进度计划
否
审查批准工期调整计划
按照批准调整进度计划执行
进入下一阶段进度报审、实施、检查，直至工程结束
结束

图 1-9-4　进度管理流程

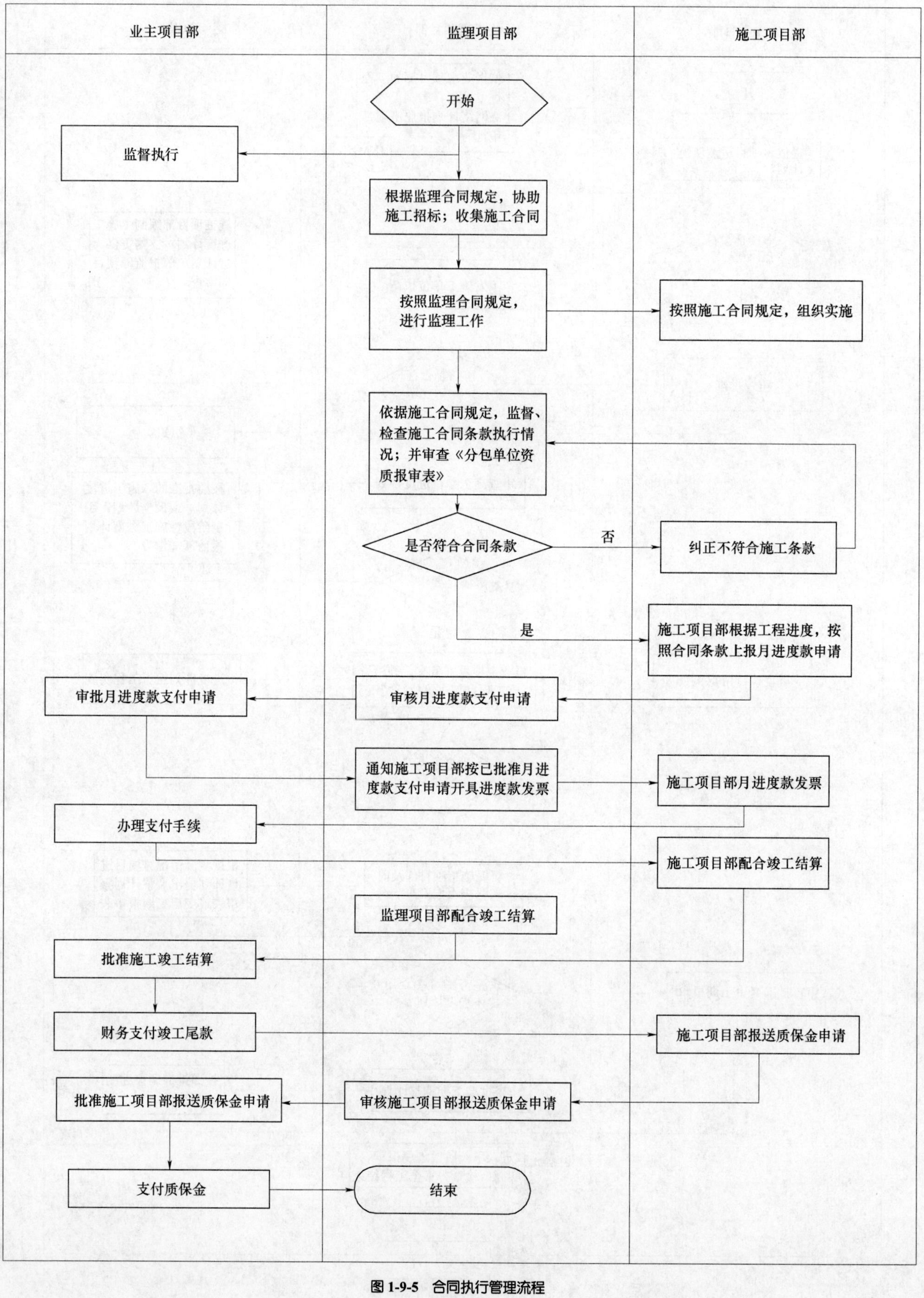
业主项目部
监理项目部
施工项目部
开始
监督执行
根据监理合同规定，协助施工招标；收集施工合同
按照监理合同规定，进行监理工作
按照施工合同规定，组织实施
依据施工合同规定，监督、检查施工合同条款执行情况；并审查《分包单位资质报审表》
是否符合合同条款
否
纠正不符合施工条款
是
施工项目部根据工程进度，按照合同条款上报月进度款申请
审批月进度款支付申请
审核月进度款支付申请
通知施工项目部按已批准月进度款支付申请开具进度款发票
施工项目部月进度款发票
办理支付手续
施工项目部配合竣工结算
监理项目部配合竣工结算
批准施工竣工结算
财务支付竣工尾款
施工项目部报送质保金申请
批准施工项目部报送质保金申请
审核施工项目部报送质保金申请
支付质保金
结束

图 1-9-5　合同执行管理流程

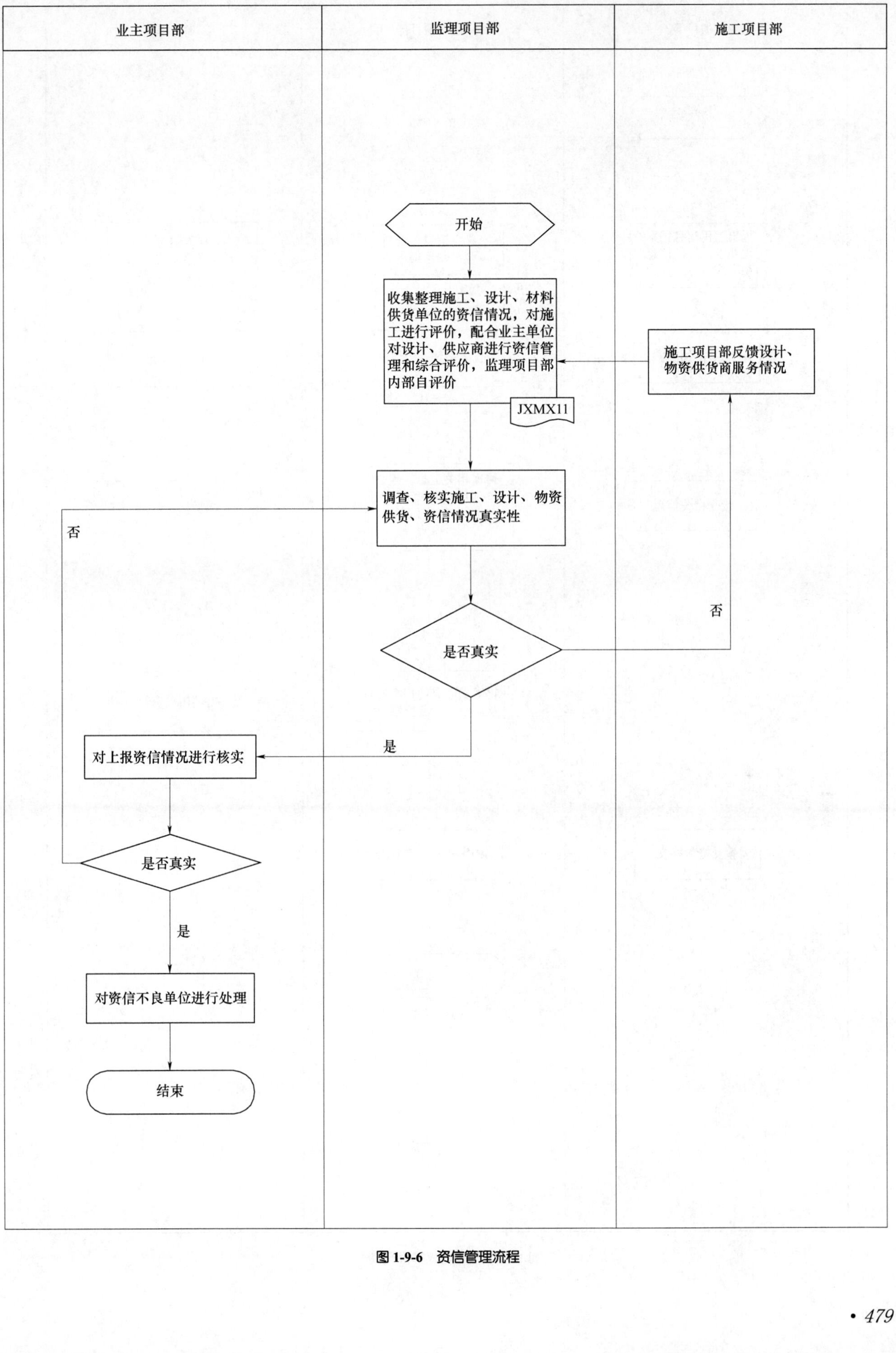
业主项目部
监理项目部
施工项目部
开始
收集整理施工、设计、材料供货单位的资信情况，对施工进行评价，配合业主单位对设计、供应商进行资信管理和综合评价，监理项目部内部自评价
JXMX11
施工项目部反馈设计、物资供货商服务情况
调查、核实施工、设计、物资供货、资信情况真实性
否
是否真实
否
是
对上报资信情况进行核实
是否真实
是
对资信不良单位进行处理
结束

图 1-9-6　资信管理流程

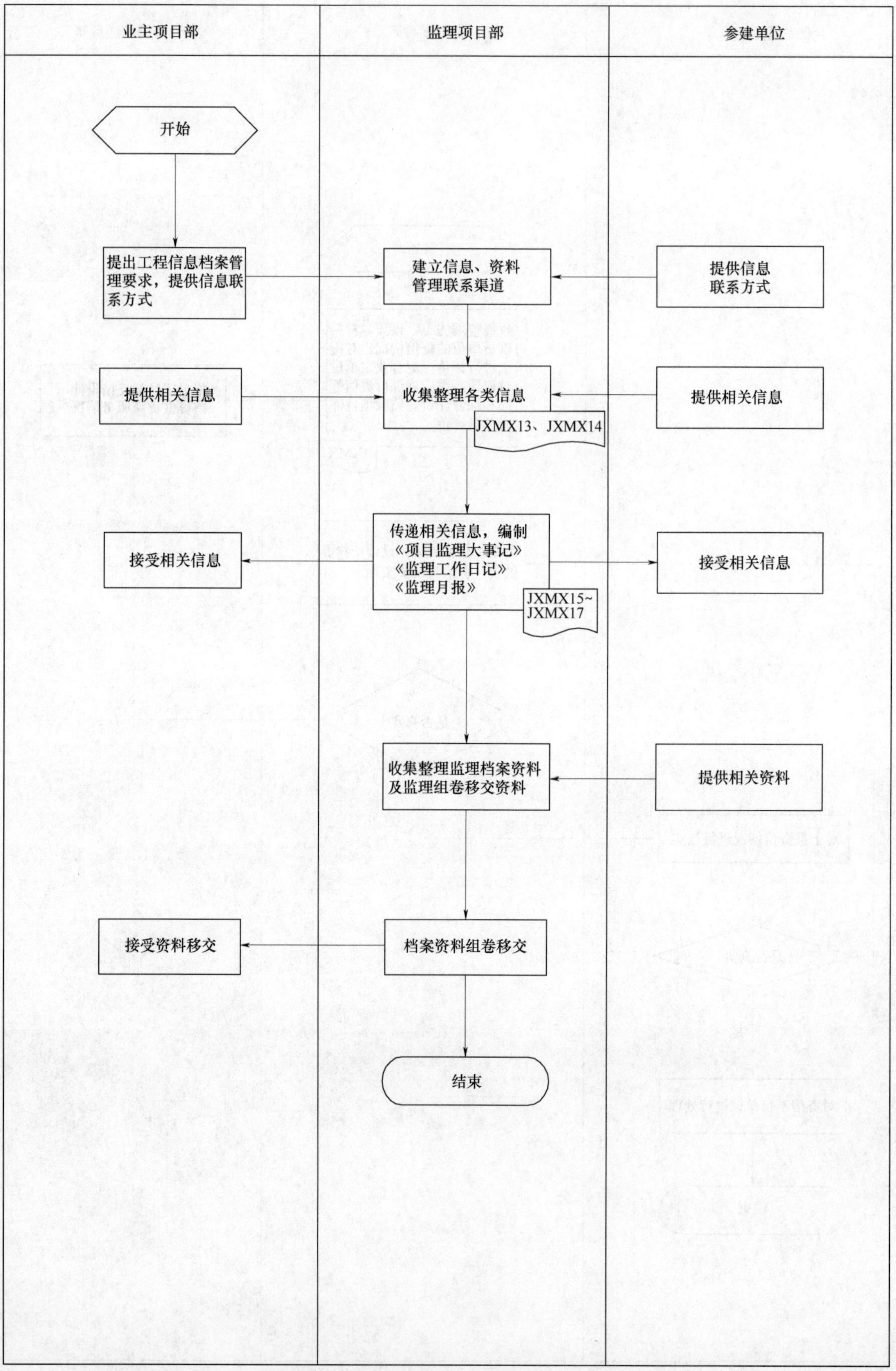

图 1-9-7 信息与档案管理流程

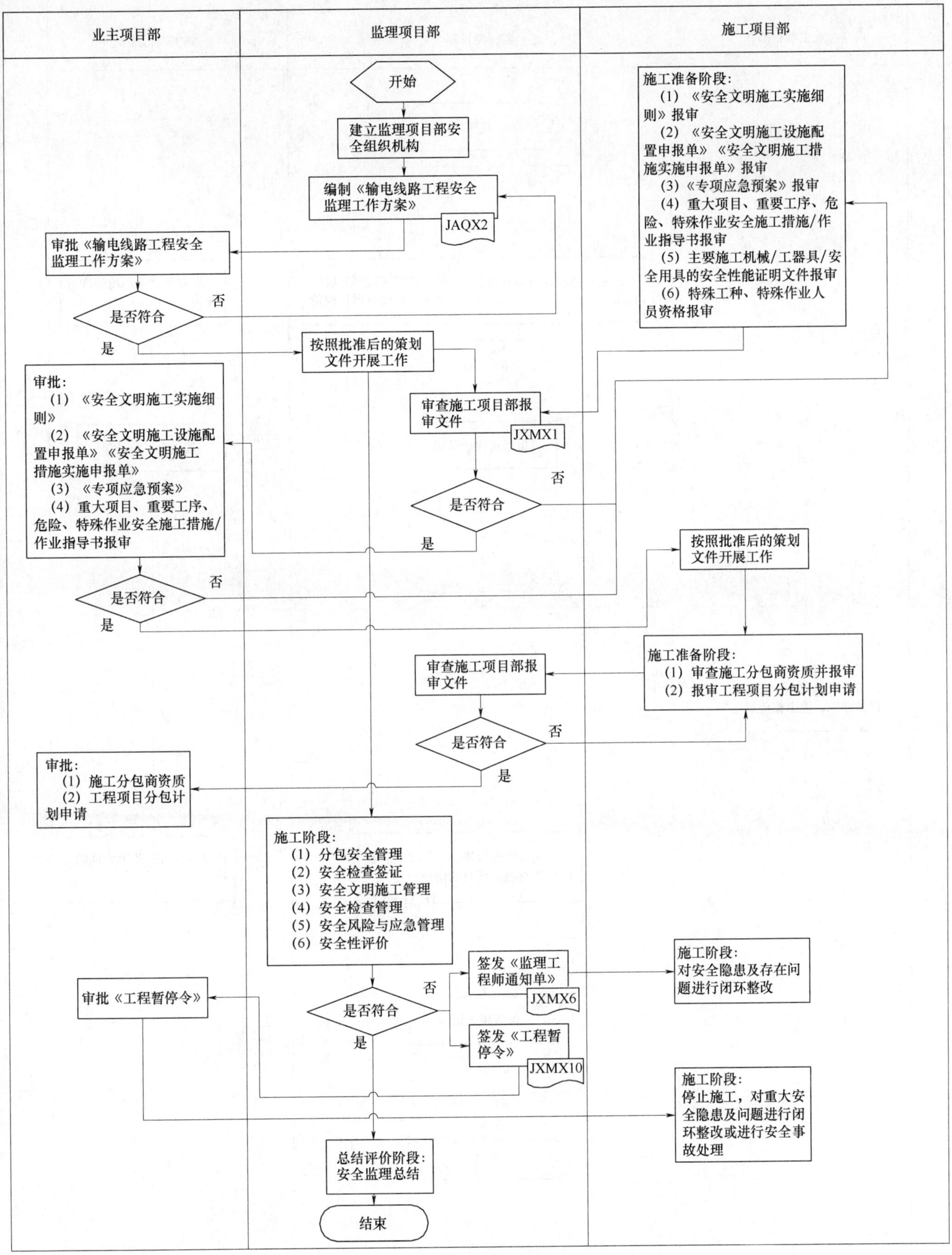

图 1-9-8　安全管理工作总体流程

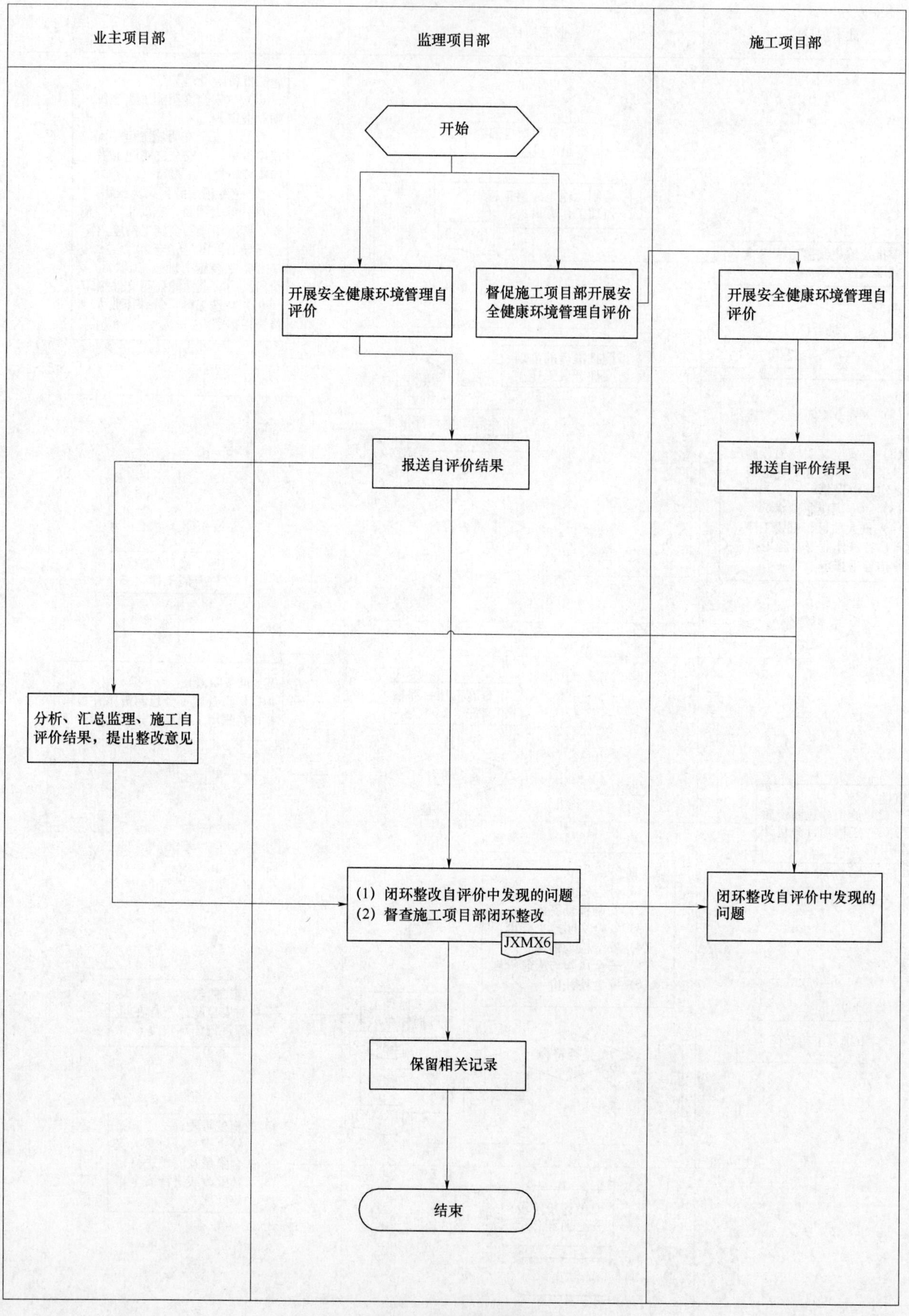

图 1-9-9 安全管理评价流程

本章其余内容见光盘。

第 2 章　哈密南—郑州±800kV 特高压直流输电线路工程施工阶段监理实施细则

2.1　基 础 工 程

2.1.1　工程概况及特点

2.1.1.1　工程概况

2.1.1.1.1　工程概况

哈密南—郑州±800kV 特高压直流输电线路工程起于新疆维吾尔自治区哈密市境内哈密南换流站，途经新疆、甘肃、宁夏、陕西、山西、河南六省区，止于河南省郑州市中牟县大孟换流站，输电距离约 2210 公里，3 次跨越黄河（河南境内跨黄河按大跨越设计）。沿线海拔在 80～2300m。采用±800kV 直流输电方案，额定输电功率 8000MW，额定直流电压 5000A。

监理八标段起于宁夏中卫市沙坡头区兴仁镇以南约 10km 花崖湾附近甘宁两省交界处，止于同心县张家垣乡东偏南约 16km 刘马套子附近宁甘两省交界。线路呈自西向东走线，途经中卫市沙坡头区、中卫市海原县、吴忠市同心县 3 个县级行政区，采用单回双极设计，全长 111.846km，曲折系数 1.017。沿线地形比例：平地 7.35%（8.221km），丘陵 13.09%（14.652km），山地 78.41%（87.687km），泥沼 1.15%（1.286km）。海拔在 1400～2000m。

全线基础采用掏挖基础、斜柱板式基础、直柱板式基础、台阶式基础、灌注桩基础等型式，总混凝土量约 19544.3m^3。自立式角钢铁塔 198 基，其中直线塔 176 基，耐张塔 22 基，塔材总重约 12393.14t。导线在平丘地区采用钢芯铝绞线 6×JL/G3A-1000/45，山地地区采用 6×JL/G2A-1000/80 导线，地线采用 LBGJ-150-20AC 铝包钢绞线一根，全线架设 OPGW-150 复合光缆一根。全线悬垂串采用复合绝缘子、耐张串采用 550kN 盘式绝缘子。

2.1.1.1.2　本工程参建单位

建设单位：宁夏电力公司。

设计单位：宁夏电力设计院。

监理单位：西北电力建设工程监理有限责任公司。

施工单位：宁夏送变电工程公司。

运行单位：宁夏电力公司检修公司。

2.1.1.2　工程特点

2.1.1.2.1　为了满足环保要求，保持水土，减少开方，本工程采用全方位长短腿配合使用高低主柱基础的设计原则，针对不同地形，地质情况采用不同的配置方案。对于地形平缓，不宜开方的塔位，柱顶标高不应低于原地面标高，以防止出现平地挖坑的情况；对于陡坡地形，为协调四条塔腿，柱顶标高可适当低于原地面标高，适量开方，并采用加大基础埋深来满足边坡问题；当基础位于台阶地形时，尽量不要将土坎挖破，如因特殊情况将土坎挖破，在基础浇筑完成后，施工单位应尽快恢复土坎原貌，必要时修筑挡土墙。

2.1.1.2.2　基坑开挖、混凝土浇制、基坑回填等必须严格执行《±800kV 及以下直流架空输电线路工程施工及验收规程》（DL/T 5235—2010）和《混凝土结构工程施工及验收规范》（GB 50204—2002）的有关规定，并按本说明及各施工图的要求执行。

（1）注意铁塔根开与基础根开的区别。施工时必须保证斜柱基础主柱的坡度同铁塔塔腿主材坡度相一致，并复核基础施工图中的控制尺寸。

（2）基础施工前，一定要结合《岩土工程勘察总报告》及各标段《地质条件一览表》、地形条件、设计接腿长、基础型式、原地面标高及柱顶标高对《铁塔及基础配置表》中的基础配置情况进行全面复核，如有出入或疑问，请及时通知设计单位或工地代表，以便及时地进行妥善处理。杆塔接腿编号规定如《基础施工说明》图一所示。

（3）为了保护环境，基础施工过程中应采取必要的环保措施：

1）施工过程中禁止大面积破坏植被；基础施工完毕后，应及时恢复原地形地貌，防止水土流失，塔基周边植被恢复程度需满足环评、水保的要求。

2）一般情况下，开挖基础基坑开挖时坑壁按规范放坡；掏挖基础应严格按照基础施工图操作。

3）施工中所有材料、设备等应优先选择放置在塔基附近植被稀少的地方，若塔基周围植被均较好，则应放置在能保护植被的隔离物上，不得随意开挖平台进行放置，防止破坏原始地面植被。

4)对于基坑开挖土方应针对每基塔位的具体情况制定相应的放置方案，优先选择堆放在塔基附近植被稀少的平坡或低洼处，若塔基周围坡度很大，确无合适的放置地点，可采用脚手架搭建平台放置，以备后用。严禁在基坑周围开挖豁口顺坡丢弃土石，破坏山体环境。

5）基坑回填时必须优先选用基坑开挖时所产生的土石方，严禁因基坑开挖时随意丢弃土方，而在基坑回填时无法有效利用开挖土方，进而随意开挖破坏基坑周围及塔腿间原始地貌的现象。

6）施工上山用路应优先选择在植被稀少的地方开辟，并尽可能集中在一条山路上操作，严禁运送材料时随意拖拉，破坏山体植被。

7）对于接地沟的开挖应根据具体塔位地形情况制定最优的走向，最大可能地避开原始植被；开挖接地沟时同样严禁顺山坡丢弃土石，而回填时又随意开挖取土的现象。

（4）对于土坎附近的基础，开挖基坑时，尽量保护土坎的完整性，必要时可适当采取支护措施保障施工安全，对必须挖穿的土坎，基础施工后，应修整土坎，使其稳定，美观。

（5）基坑开挖后如发现有溶洞或墓穴之类孔洞，应按地质报告所提要求追溯到底，并通知设计单位，制定处理方案，确保工程质量。如果基坑开挖现状与地质报告不符时，须及时向设计单位反映，以便设计方及时地进行复核或修改。

（6）掏挖时如遇到岩石地基，人工开挖较为困难，可配合钢钎类简易工具，分层剥离，以保证周围岩体的完整性。

（7）塔位基坑开挖时，应尽量缩短基坑暴露时间，一般应在基坑挖好之后随即进行基础浇制，验收合格后立即回填，防止坑内积水。回填时必须清理完基坑内的草团、木板片、冻土块、雪块、冰块等杂物，并应每回填 300mm 夯实一次，且夯实后的压实系数不小于 94%。回填土后地面找坡坡度不小于 5%。接地沟回填时同样需要夯实处理。

（8）当基坑开挖超过基础设计埋深＋100mm 时，所超过部分必须进行铺石灌浆处理。

（9）本工程所有浇制基础，在浇灌混凝土时，拌和混凝土用的水不得使用污水及含有任何腐蚀性的水，也不允许向混凝土中掺入毛石。

（10）基础底板保护层不得用铺垫卵石或灌沙浆的方法来施工。

（11）所有基础均浇筑保护帽，保护帽采用 C15 混凝土，柱顶散水坡为 5%。

（12）施工中地脚螺栓丝扣不能进入剪切面。

（13）基础施工中要严格遵循《铁塔及基础配置表》中“柱顶标高”的要求。如《铁塔及基础配置表》中标高与实际地形不符或出现“平地挖坑”现象，请及时通知设计单位进行妥善处理。

（14）《铁塔及基础配置表》中要求修筑挡水墙的塔位，必须按照《基础施工说明》中所示型式修筑挡水墙。在确定挡水墙位置时必须首先判断来水方向，使得挡水墙两个面的夹角朝向来水方向。

（15）塔位附近须做护坡时，必须按照《基础施工说明》中示意图及工程量进行制作。

（16）对于需要用灰土处理的塔位，应根据《铁塔及基础配置表》要求做 2∶8 灰土垫层或 2∶8 灰土防水层处理。具体处理型式参见《基础施工说明》所示。要求每 300mm 夯实一次，夯实后的压实系数不小于 94%，灰土的其他参数需满足《建筑地基处理技术规范》（JGJ 79—2002）的要求。

（17）基面须做散水坡，散水坡坡度不小于 5%，应高出地面 300mm，每个塔腿处散水坡的范围需超出基坑坑口 1.5m，并不得小于 5.0m，且需夯实。散水坡具体做法应以排水通畅、对原始地形破坏少、外表美观为原则，因地制宜、灵活应用，散水坡水流方向应避开冲沟、落水洞等不良地貌及塔腿中心。

2.1.2 编制依据

2.1.2.1 《哈密南—郑州±800kV 特高压直流输电线路工程监理规划》。

2.1.2.2 哈密南—郑州±800kV 特高压直流输电线路工程设计文件。

2.1.2.3 规程规范：

《混凝土强度检验评定标准》（GB/T 50107—2010）

《混凝土结构工程施工质量验收规范》（GB 50204—2011）

《抗硫酸盐、硅酸盐水泥》（GB 748—2005）

《建筑工程施工质量验收统一标准》（GB 50300—2001）

《普通混凝土用砂、石质量及检验方法标准》（JGJ 52—2006）

《普通混凝土力学性能试验方法标准》（GB 50081—2002）

《地基与基础施工及验收规范》（GB 50202—2002）

《预拌混凝土》（GB/T 14902—2003）

《混凝土质量控制标准》（GB 50164—2011）

《建筑工程冬期施工规程》（JGJ/T 104—2011）

《普通混凝土配合比设计规程》（JGJ 55—2011）

《混凝土外加剂应用技术规范》（GB 50119—2003）

《钢筋焊接及验收规范》（JGJ 18—2003）

《混凝土用水标准》（JGJ 63—2006）

《建筑施工模板安全技术规范》（JGJ 162—2008）

《电力工程建设监理规范》（DL/T 5434—2009）

《±800kV 及以下直流输电工程启动及竣工验收规程》（DL/T 5234—2010）

《±800kV 架空送电线路施工质量检验及评定规程》（Q/GDW 226—2008）

《±800kV 架空送电线路施工及验收规范》（Q/GDW 225—2008）》

《输变电工程建设强制性条文实施规程》（Q/GDW 248—2008）

《国家电网公司电力建设工程施工质量监理管理办法》（国家电网基建〔2010〕166 号）

《国家电网公司输变电工程施工工艺管理办法》（国家电网基建〔2011〕1752 号）

《国家电网公司基建质量管理规定》（国家电网基建〔2011〕1759 号）

《国家电网公司基建安全管理规定》（国家电网基建〔2011〕1753 号）

《国家电网公司输变电工程质量创优工作指导意见》（基建质量〔2006〕110 号）

《国家电网公司输变电工程质量通病防治工作要求及技术措施》（基建质量〔2010〕19 号）

《印发〈关于深化“标准工艺”的研究与应用工作的重点措施〉和〈关于加强工程创优工作的重点措施〉的通知》（基建质量〔2012〕20 号）

《国家电网公司直流线路工程安全文明施工与环境保护总体策划（试行）》

《国家电网公司直流线路工程强制性条文总体策划（试行）》

《国家电网公司直流输电工程建设管理制度汇编（试行）》

《国家电网公司监理项目部标准化工作手册》（2010 年版）

本监理标段监理大纲及服务承诺

本工程项目法人与其他承包商、供货商（包括设计、施工、材料设备供应等）签订的工程建设合同

国家和地方政府有关工程建设方面的法律、法规及政策规定等

2.1.2.4 业主项目部下发的以下文件：

《哈密南—郑州±800kV 特高压直流输电线路工程现场建设管理工作大纲》

《哈密南—郑州±800kV 特高压直流输电线路工程现场建设创优规划》

《哈密南—郑州±800kV 特高压直流输电线路工程安全文明施工总体策划》

《哈密南—郑州±800kV 特高压直流输电线路工程强制性条文实施计划》

2.1.2.5 本工程有关合同、文件及技术资料。

2.1.2.6 施工单位技术资料：

（1）项目管理策划。

（2）作业指导书、安全质量保证措施等。

2.1.3 监理目标

为了使哈密南—郑州±800kV 特高压直流输电线路工程监理八标段顺利达标投产，创国家电网公司优质工程，争创国家优质工程；在施工监理过程中，我们将以高起点、高标准、严要求为核心。实现以下目标：

2.1.3.1 质量控制目标

保证贯彻和顺利实施工程设计技术原则，满足国家和行业施工验收规范及质量检验评定标准的要求。

实现分项工程合格率 100%；分部工程优良率 100%；单位工程优良率 100%，争创国家电网公司项目管理流动红旗，工程零缺陷移交，确保一次达标投产，创建国家电网公司优质工程、国家优质工程，标准工艺应用率达到 100%，不发生由于工艺差错、构件规格和加工问题，造成批量返工及以上质量事件，满足铁塔、基础使用寿命 60 年和材料使用寿命 40 年的要求。

2.1.3.1.1 单元工程质量达到优良级

（1）关键项目 100%达到规程的优良级标准。

（2）重要项目、一般项目和外观项目必须 100%地达到本规程的合格级标准；全部检查项目中有 80%及以上达到优良级标准。

2.1.3.1.2 分项工程优良级

该分项工程中单元工程100% 达到合格级标准，且检查（检验）项目优良级数达到该分项工程中检查（检验）项目总数的80%及以上者。

2.1.3.1.3 分部工程优良级

分部工程中分项工程 100%合格，并有 80%及以上分项工程达到优良级，且分部工程中的检查（检验）项目优良数目达到该分部工程中检查（检验）项目总数的 80%及以上者。

2.1.3.2 进度控制目标

（1）2012 年 5 月正式开工。

（2）确保工程里程碑各节点计划的实现。

（3）2013 年 8 月完成竣工验收，具备带电条件。

2.1.3.3 造价控制目标

（1）严格管理施工承包合同规定范围内的承包总费用，监理范围内的工程，工程总投资控制在批准的概算范围之内。

（2）按照合同规定的程序和原则履行好投资控制职责，积极配合设计、施工单位进行技术优化工作，并及时主动反映、协调有可能对工程投资造成影响的任何事宜。

（3）确保竣工决算不超批复概算，不突破执行概算，力争比批复概算结余 5%。

2.1.3.4 科技创新目标

（1）标准工艺应用率达到 100%。

（2）深入开展关键技术研究，大力倡导技术革新，积极开发和应用新技术、新工艺、新材料，完善特高压直流输电技术标准体系。

2.1.4 监理工作流程及重点工作

2.1.4.1 质量控制的流程及重点工作

2.1.4.1.1 质量管理工作总体流程如图 2-1-1 所示。

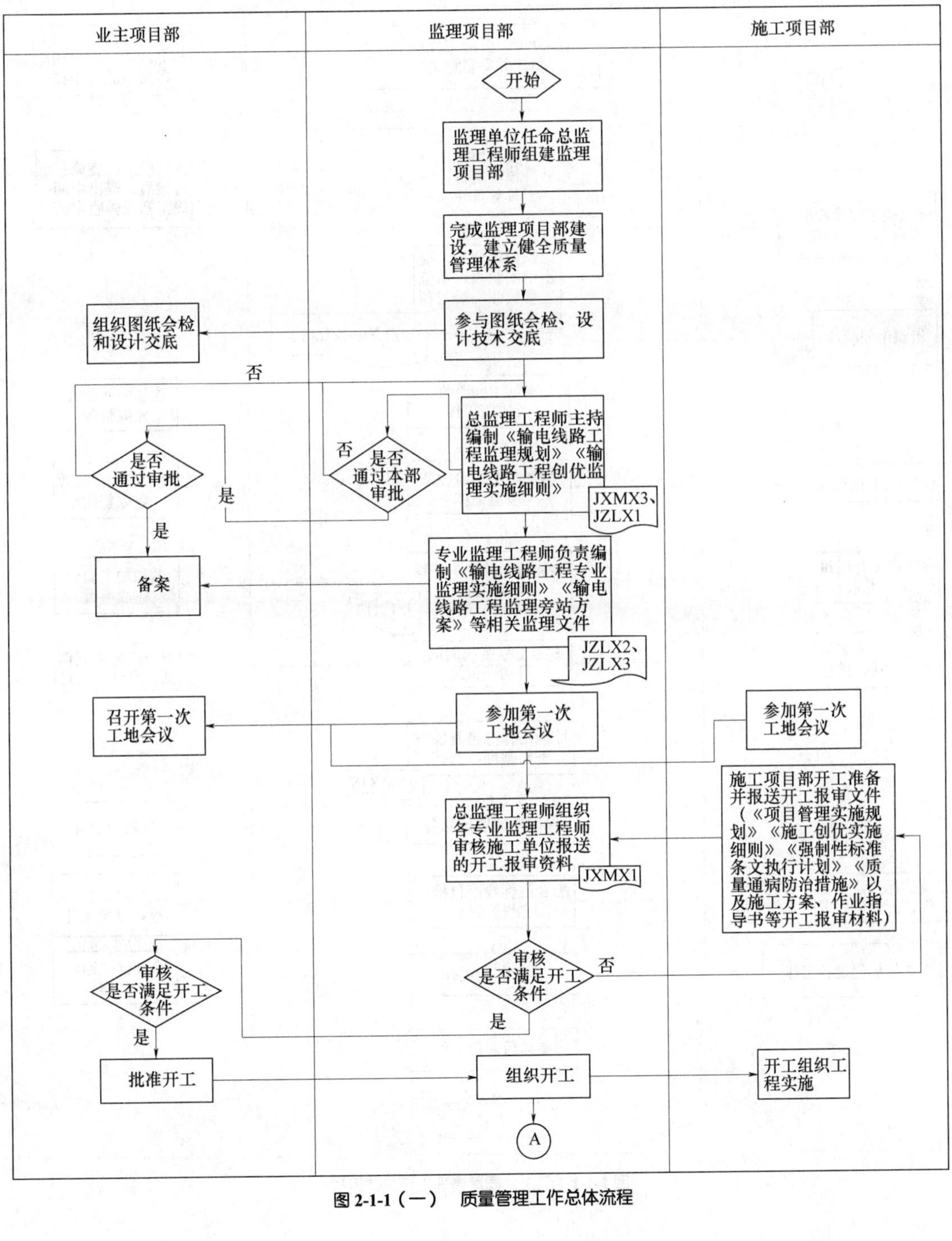

图 2-1-1（一） 质量管理工作总体流程

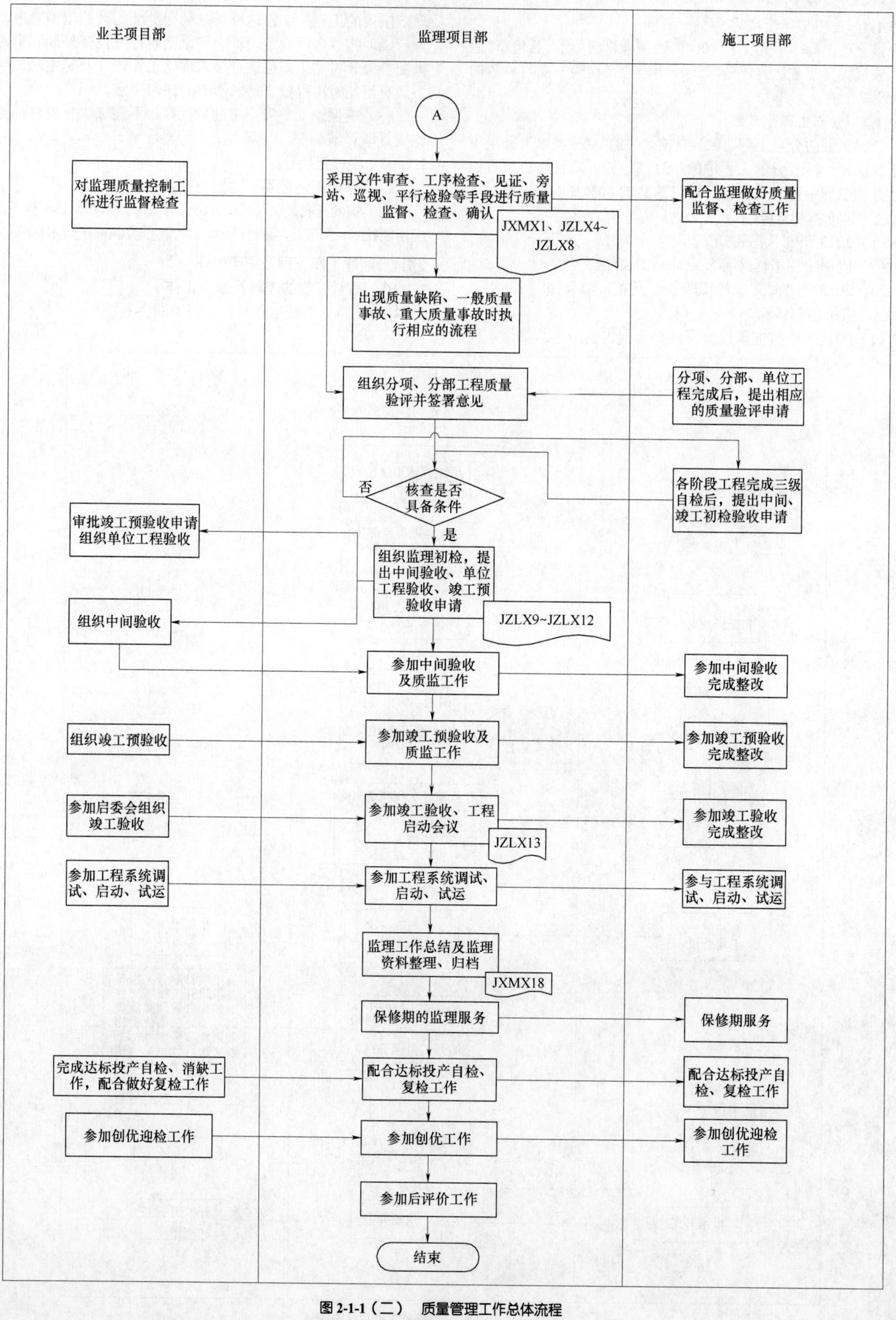

图 2-1-1（二） 质量管理工作总体流程

2.1.4.1.2　质量缺陷处理流程如图 2-1-2 所示。

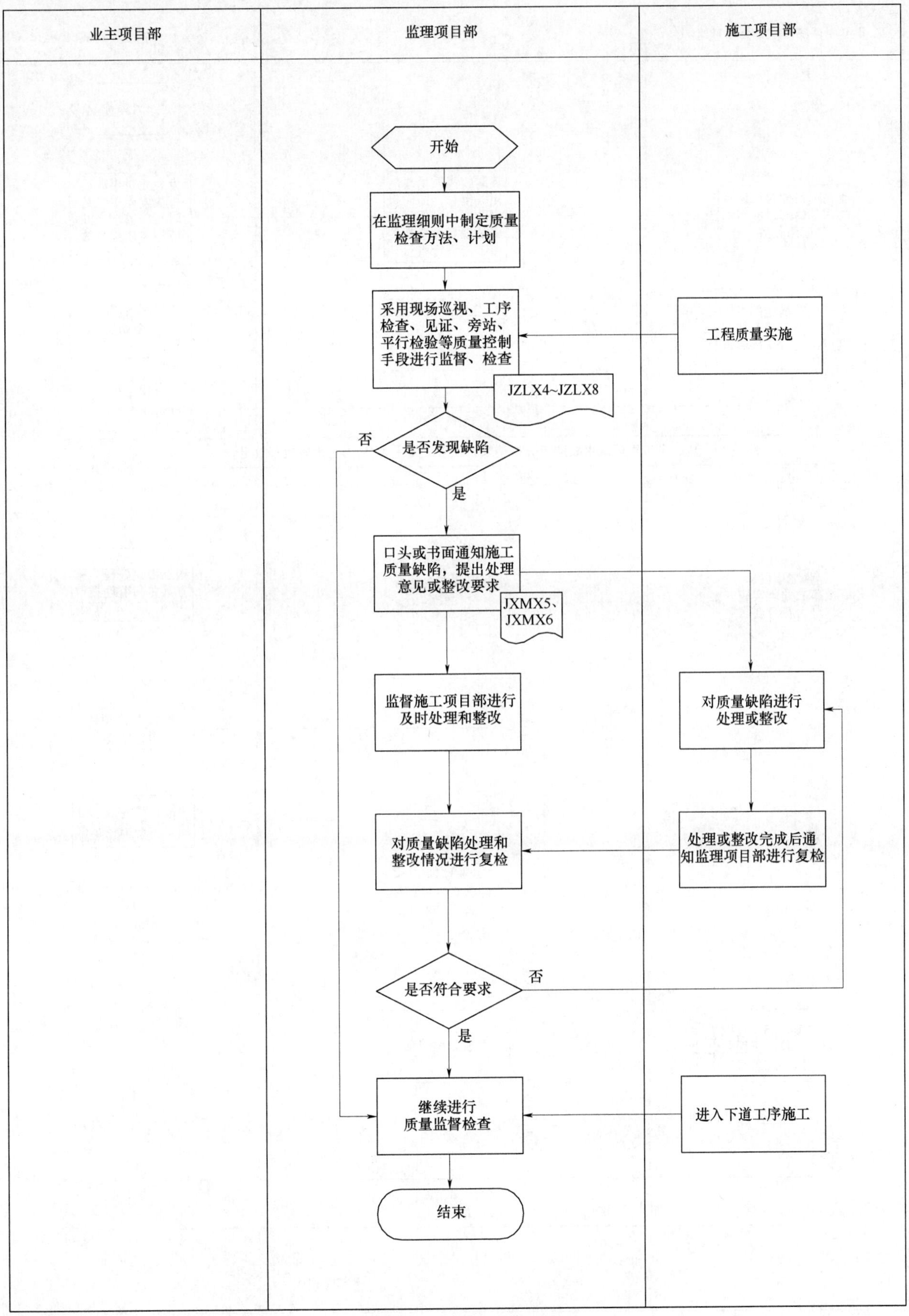

图 2-1-2　质量缺陷处理流程

2.1.4.1.3　一般质量事故处理流程如图 2-1-3 所示。

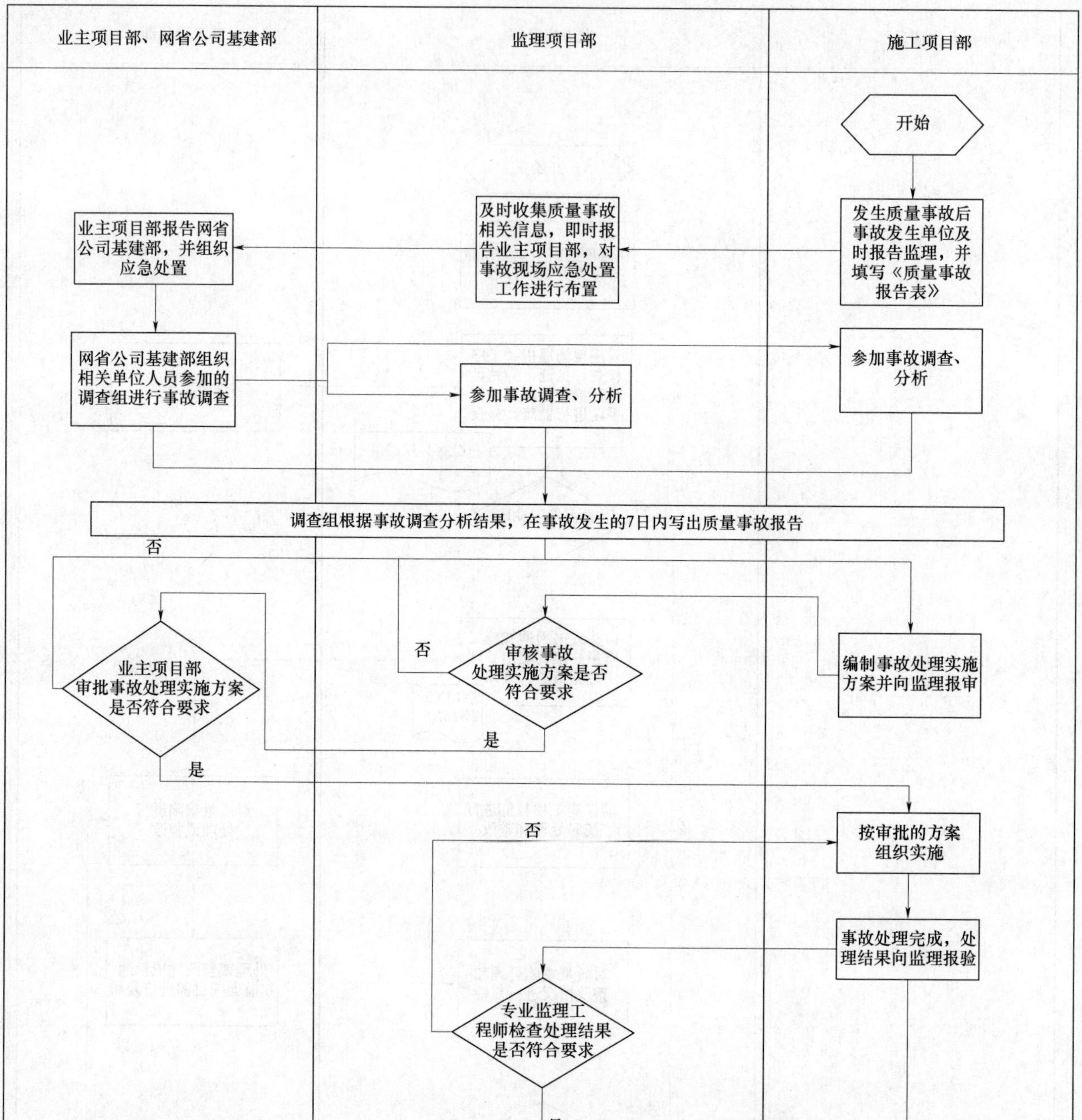

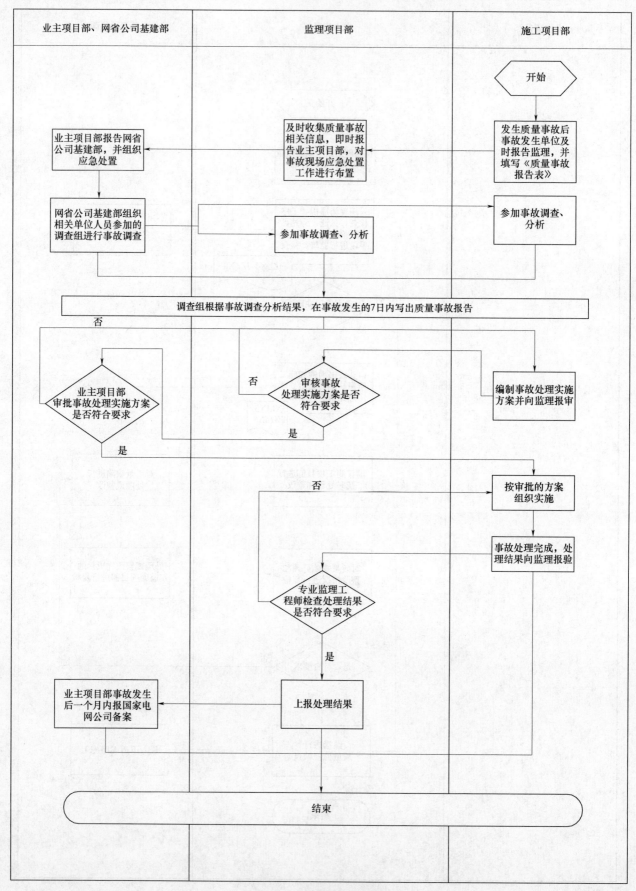

图 2-1-3　一般质量事故处理流程

2.1.4.1.4 重、特大质量事故处理流程如图 2-1-4 所示。

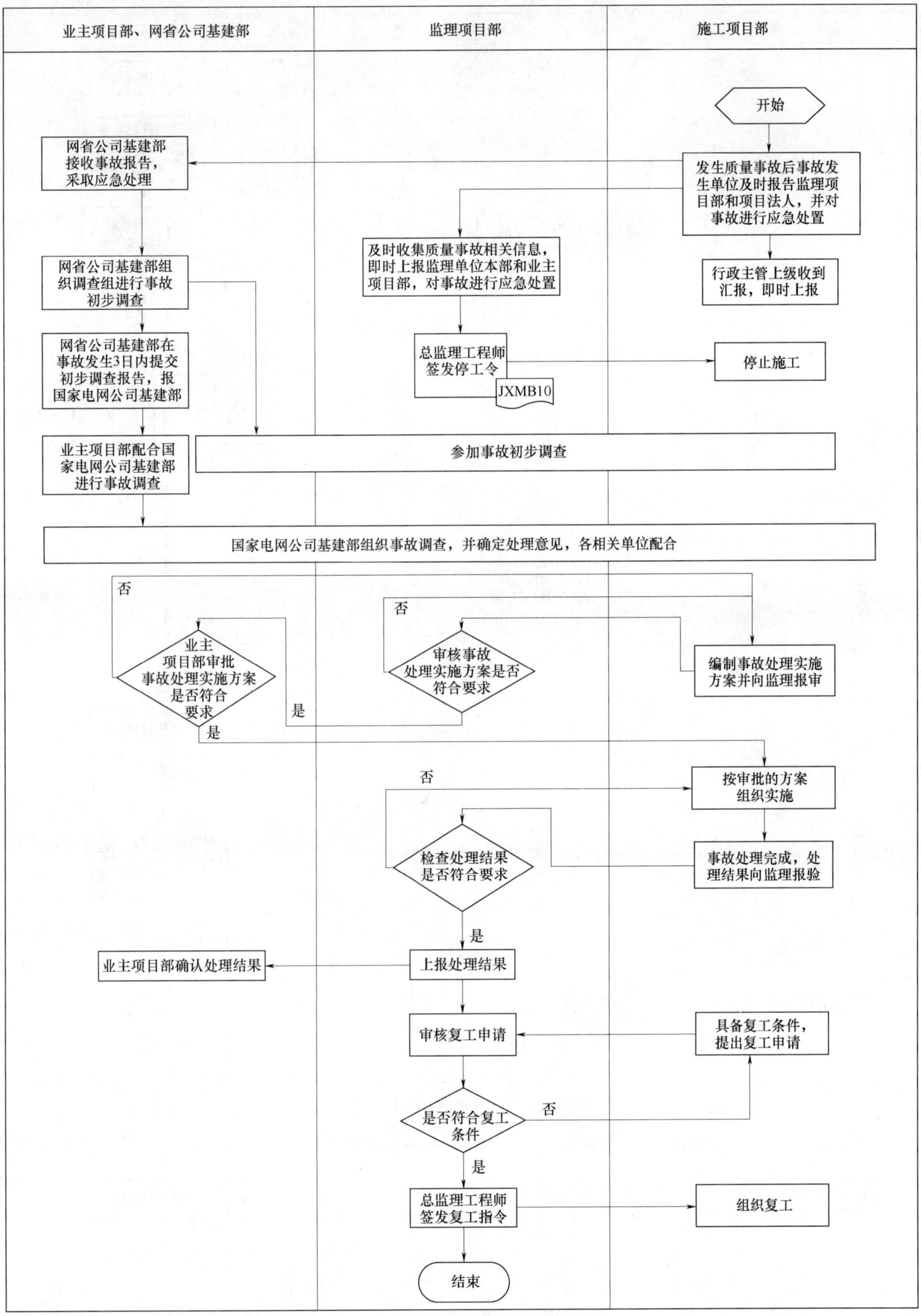

图 2-1-4 重、特大质量事故处理流程

2.1.4.1.5 材料、构、配件质量管理流程如图 2-1-5 所示。

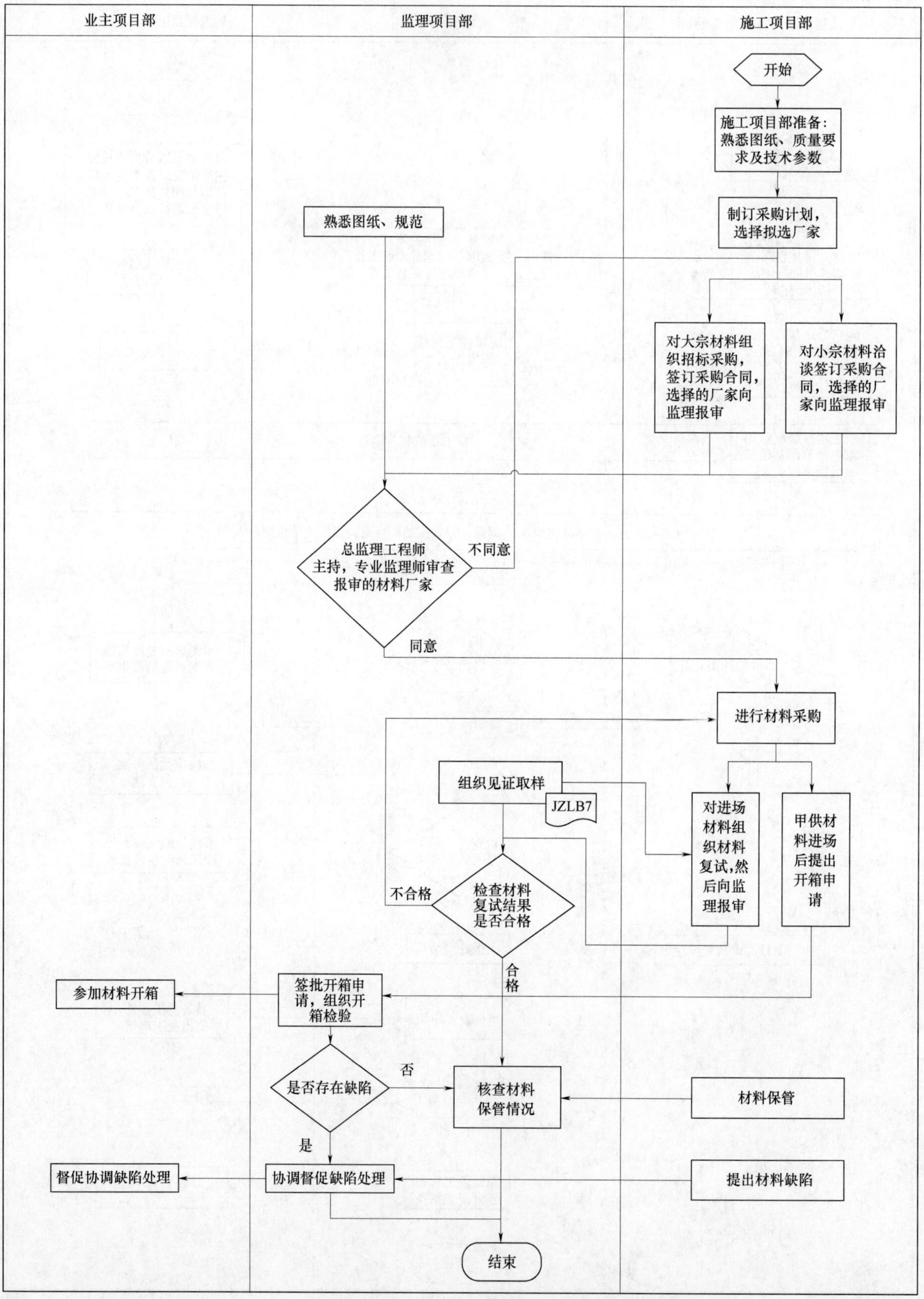

图 2-1-5 材料、构、配件质量管理流程

2.1.4.1.6　隐蔽工程质量控制流程如图 2-1-6 所示。

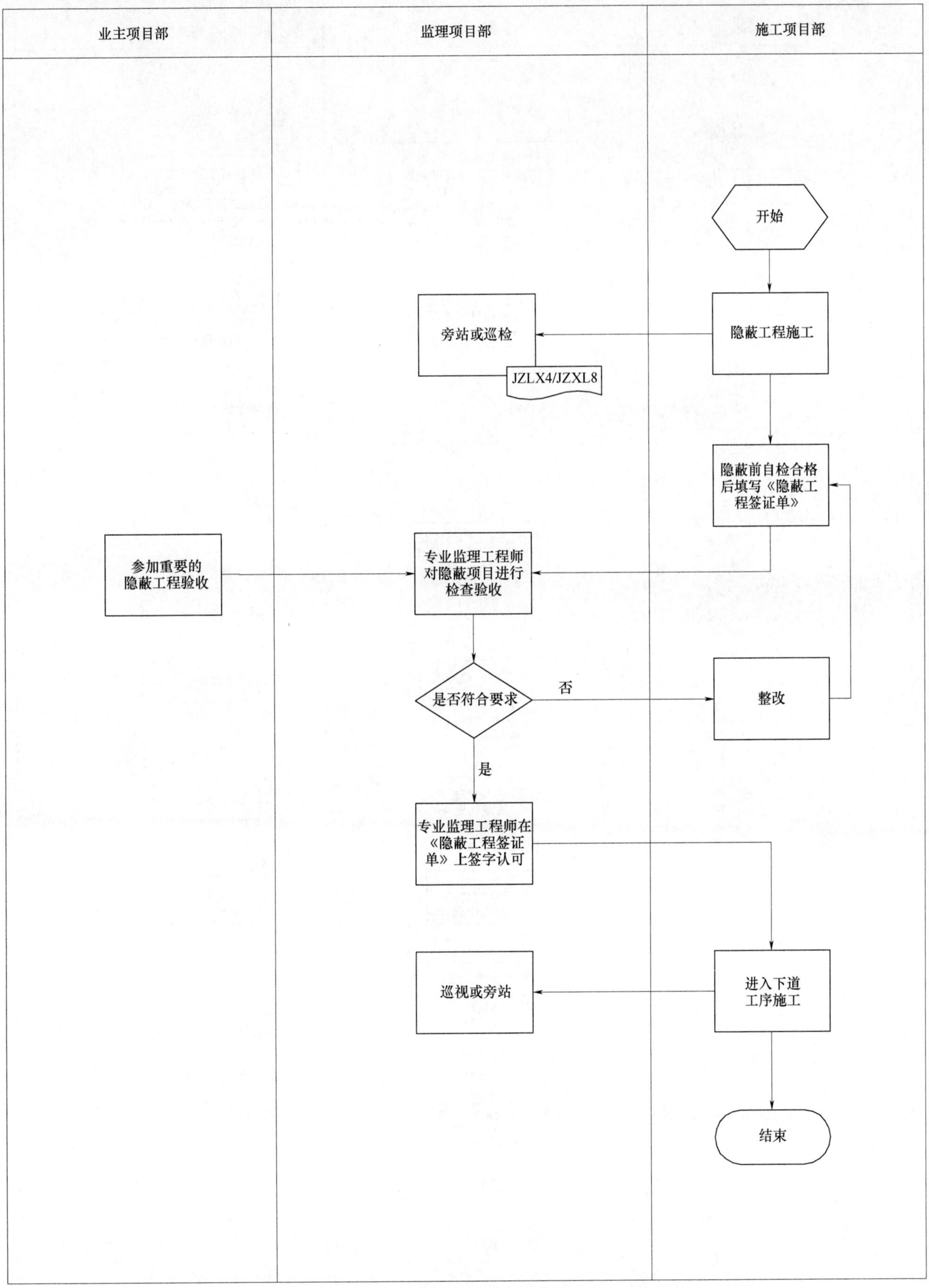

图 2-1-6　隐蔽工程质量控制流程

2.1.4.1.7 旁站监理工作流程如图 2-1-7 所示。

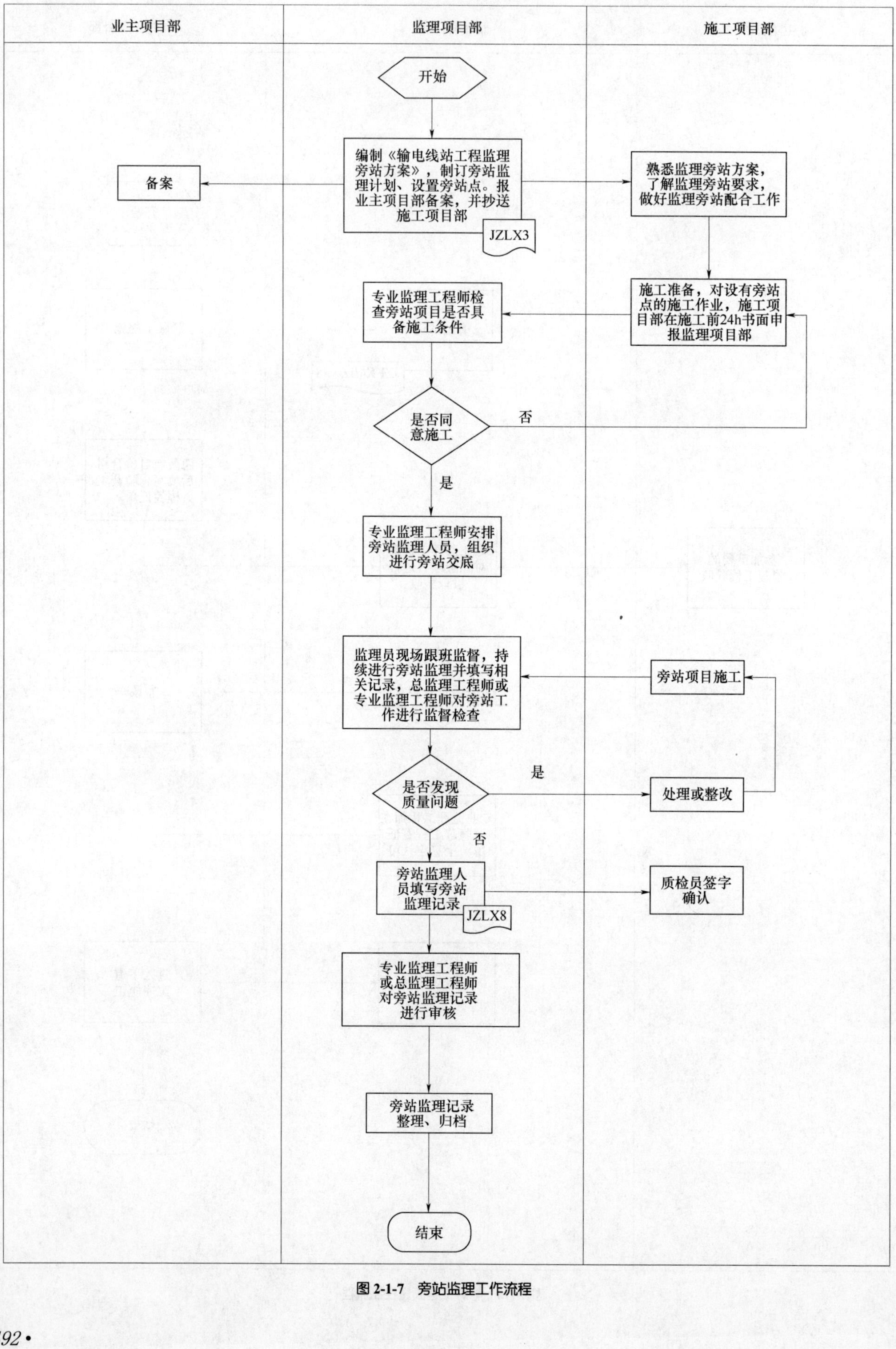

图 2-1-7 旁站监理工作流程

2.1.4.1.8　工程质量验评工作流程如图 2-1-8 所示。

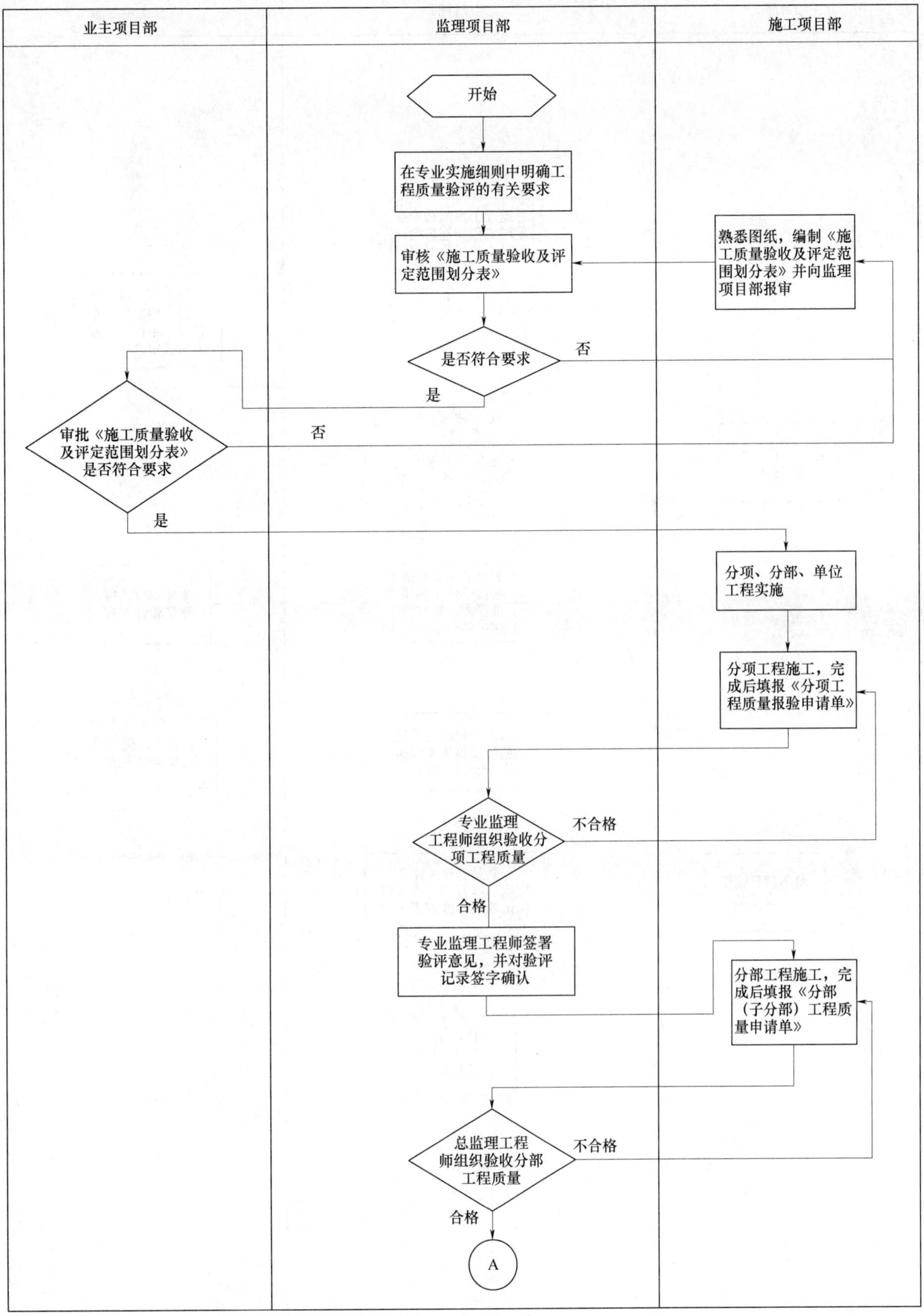

图 2-1-8（一）　工程质量验评工作流程

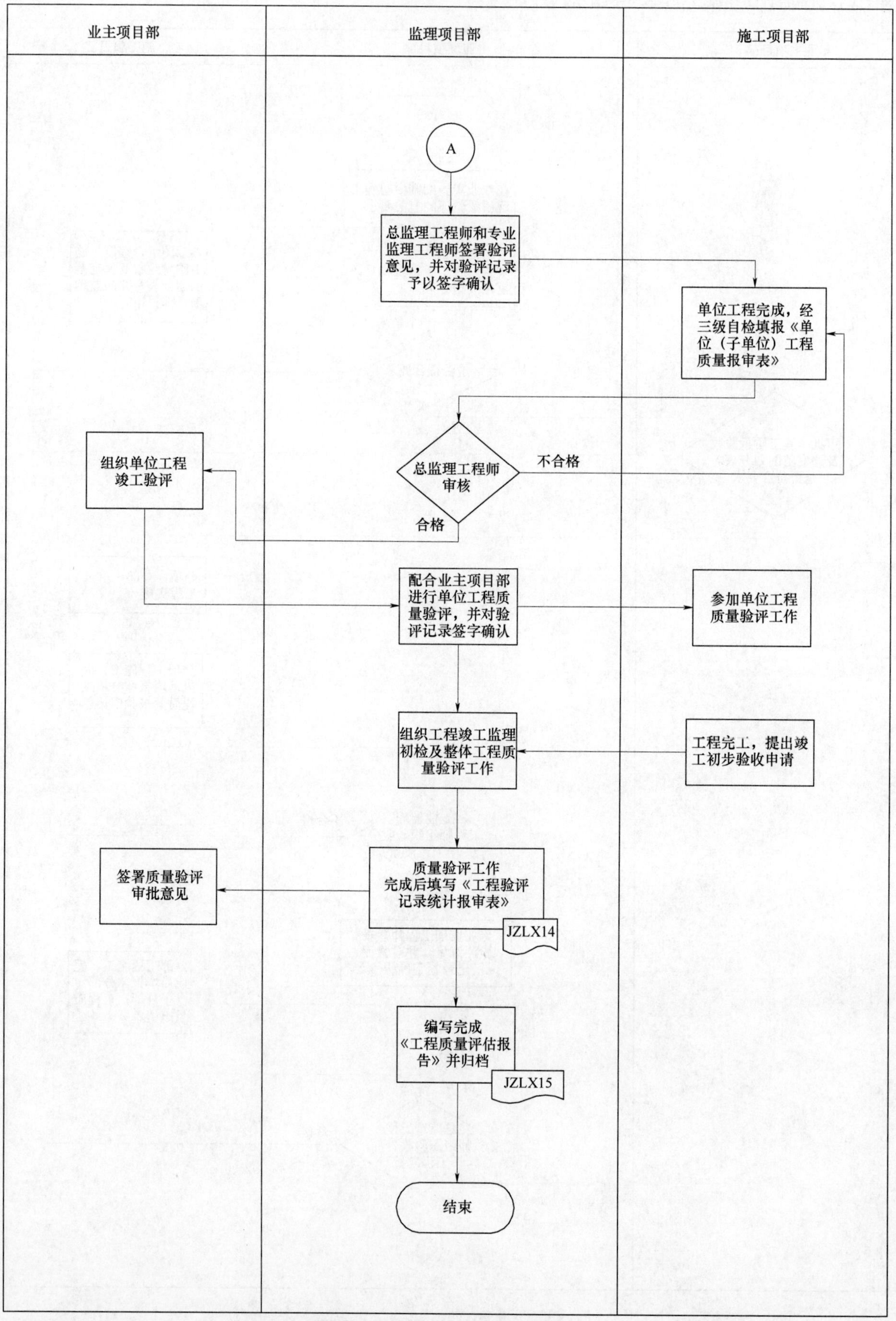

图 2-1-8（二） 工程质量验评工作流程

2.1.4.1.9　监理初检工作流程如图 2-1-9 所示。

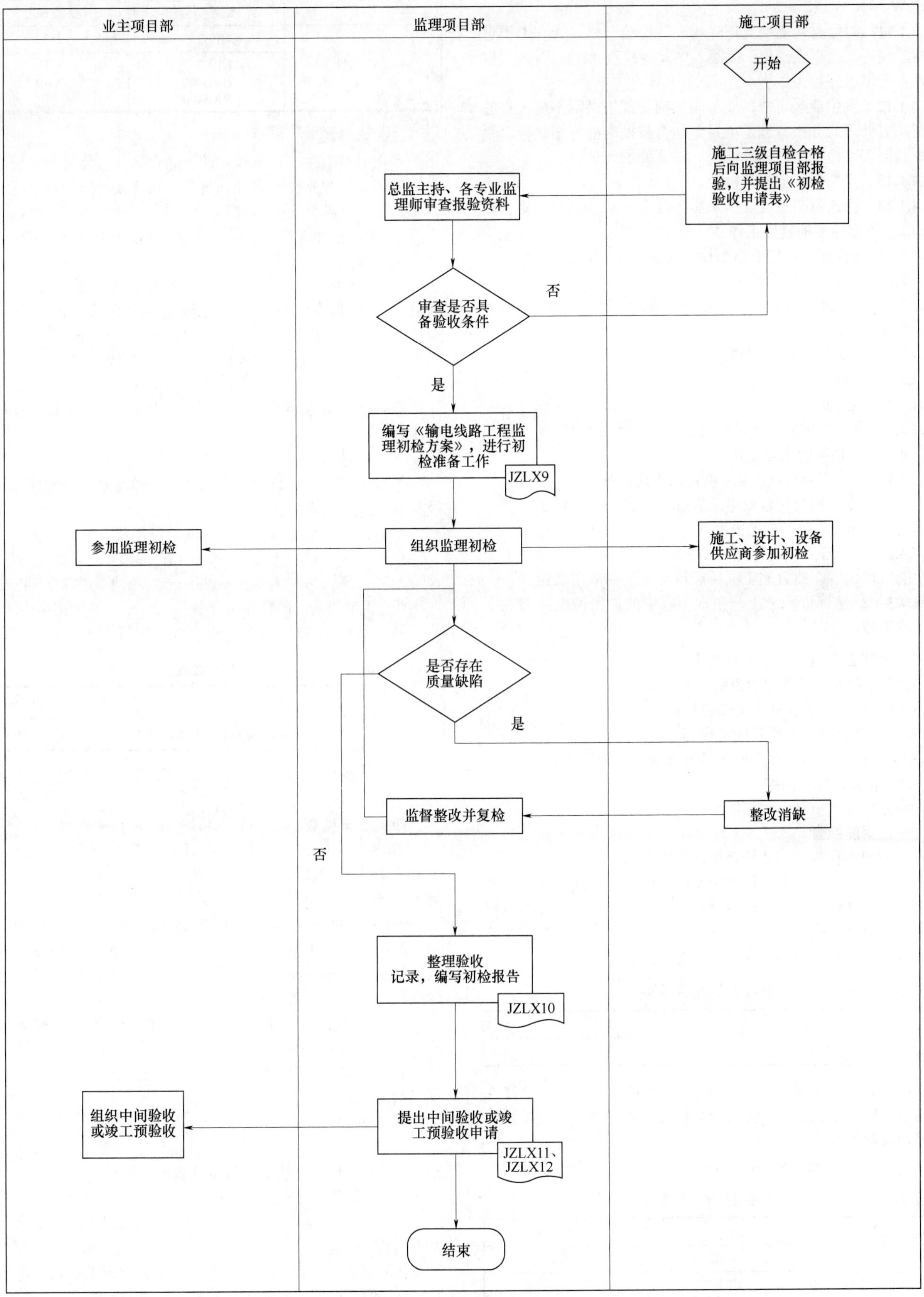

图 2-1-9　监理初检工作流程

2.1.4.1.10 审查施工项目部编写的"施工质量验收项目划分表"明确 W、H、S 点。

2.1.4.1.11 对原材料需经见证（W）并检验合格，否则不得进入施工现场。对重点部位、关键工序需经检查（H），否则不得进入下一道工序施工。

2.1.4.1.12 发生质量事故，要求施工项目部按"四不放过"的原则及时处理。并检查施工项目部是否按批准的方案执行，否则令其停工。检查事故处理结果，签证处理记录。

2.1.4.1.13 定期召开质量分析会。

2.1.4.1.14 当质量与进度发生矛盾时进度应服从质量的要求。

2.1.4.2 进度控制的重点工作

2.1.4.2.1 审核施工单位的施工计划与工程工期目标是否一致。

2.1.4.2.2 加大现场协调工作力度。

2.1.4.2.3 当实际进度与计划进度不一致时，分析原因，提出下阶段的调整要求。

2.1.4.3 造价控制及合同管理

2.1.4.3.1 材料供应及运输。

2.1.4.3.2 地质变化。

2.1.4.3.3 设计与护坡工程量与实际工程量是否相符。

2.1.4.4 科技创新的重点工作

2.1.4.4.1 与业主项目部、施工项目部沟通，确定在本工程中所应用的《国家电网公司输变电工程标准工艺（一）施工工艺示范手册》（2011 年版）相关内容。

2.1.4.4.2 对监理人员进行标准工艺培训，明确标准工艺在本工程中的应用内容，监督施工项目部标准工艺的应用实施。

2.1.4.4.3 总结评价标准工艺在本工程中的应用情况并向业主项目部汇报。

2.1.5 监理工作内容、措施及方法

2.1.5.1 作业人员及资格的控制

2.1.5.1.1 检查特种作业人员的资格证。

2.1.5.1.2 检查施工人员到位及状态情况。

2.1.5.1.3 检查现场作业人员数量符合施工组织要求。

2.1.5.2 装置性材料的控制

地方材料的质量，到位情况

一、钢筋检查

钢筋规格和各部尺寸符合设计图纸要求。

采用的钢筋必须符合现行国家标准的规定，并有生产厂家提供的产品合格证、材质试验报告及加工合格证明，证明材料应加盖公章（一式四份）。

钢筋制作的允许偏差应符合表 2-1-1 的规定。

表 2-1-1 钢筋制作的允许偏差

项 目	允许偏差/mm
受力钢筋长度方向全长净尺寸	±10

钢筋采用搭接焊接，焊缝宽不小于 $0.7d$，焊高不小于 $0.25d$，焊条采用符合规程要求，接头间的位置应相互错开，焊接好的钢筋应及时除焊渣。

搭接长度应满足表 2-1-2 的要求。

表 2-1-2 搭 接 长 度 要 求

焊接方式	钢筋型号	搭接长度
双面施焊	HPB235	≥$4d$
	HRB335 HRB400 RRB400	≥$5d$
单面施焊	HPB235	≥$8d$
	HRB335 HRB400 RRB400	≥$10d$

二、水泥检查

水泥必须有生产厂家提供的产品合格证、化验合格证及质量检验资料，包括生产日期、批号、初终凝时间、商品标号等具体指标，并符合下列标准：

《抗硫酸盐水泥》、《普通硅酸盐水泥》（GB 175—1999）。

水泥使用的基本原则：

先到先用：不同厂家、不同型号、不同品种的水泥不得在同一基础中混合使用，应按品种、批号、出厂日期等分别堆放，水泥出厂超过三个月，或虽未超过三个月，但因保管不善时，必须补做标号试验，并按试验后的实际标号使用。

监理要检查水泥生产厂家、出厂日期、品种、标号是否符合工程要求。

三、用砂检查

混凝土用砂应符合 JGJ 52—92《普通混凝土用砂质量标准及检验方法》的有关规定。

粗砂：平均粒径不小于 0.5mm，细度模数 3.7～3.1。

中砂：平均粒径为 0.35～0.5mm，细度模数 3.0～2.3。

细砂：平均粒径为 0.25～0.35mm，细度模数 2.2～1.6。

普通混凝土用砂的粒径应不小于 0.25mm，宜使用中砂较好。

混凝土用砂应颗粒清洁，其含泥量应符合表 2-1-3 的规定。

表 2-1-3 混凝土用砂含泥量要求

混凝土强度等级	≥C30	<C30
含泥量（按质量计）/%	≤3.0	≤5.0

对运到桩位的砂子，进行外观检查其粒径和含泥量并做好记录。

四、石子检查

混凝土基础工程使用的碎石或卵石应符合《普通混凝土碎石和卵石质量标准及检验方法》（JGJ 53—92）的有关规定。

按其粒径可分为：细石，粒径 5～20mm；中石，粒径 20～40mm。

混凝土用石子其最大粒径不得超过结构最小尺寸的 1/4，且不得超过钢筋最小净距的 3/4，本线路基础施工中，不允许向混凝土中掺入毛石。

石料检验选择有国家二级以上计量合格证的检验单位检验。

浇筑石料应与经过检验合格的石粒相同，并做好相应的检查记录。

五、水

本工程的浇制用水应经检验合格后方可使用。

2.1.5.3 施工机具、检测、计量器具的控制

2.1.5.3.1 检查施工机具到位及状态情况。

2.1.5.3.2 测量仪器应进行校验并有相应的证明文件，且最小读数不得大于 1′。

2.1.5.3.3 检测仪器应进行校验并有相应的证明文件。

2.1.5.4 作业方案（措施）的控制

2.1.5.4.1 审查施工技术方案（措施）。

2.1.5.4.2　检查安全、环保、文明施工措施执行情况。

2.1.5.4.3　《施工保证措施》或《作业指导书》，经监理审核通过后，对全体施工人员进行技术交底，并做好交底记录，否则不得开工。

2.1.5.4.4　隐蔽工程施工实行《隐蔽工程签证记录》申请制度。

2.1.5.5　作业过程的控制

2.1.5.5.1　线路复测分坑

2.1.5.5.1.1　线路复测使用的仪器应进行校验。仪器应有检验合格证且符合有效使用期。仪器精度应符合规范、设计的精度要求。

2.1.5.5.1.2　复测以耐张段为单位，同一耐张段内的测量操作，应由同一人负责，不得更换。如一个耐张段内由两个以上的施工队施工时，对交界处复测必须互相测过对方施工段的两基以上桩号，以保证中心桩在同一直线上。在一耐张段复测完毕后，方可对该段内的铁塔基础进行基面作业和基坑开挖。

2.1.5.5.1.3　检查复测记录是否齐全，有无超出设计及规范要求的内容，对丢失的塔位桩，施工用辅助方向桩是否补钉，现场桩位是否符合设计，转角度数、标高、风偏影响点、基础保护范围、交叉跨越位置等记录是否清楚。转角塔基础施工时应妥善保护好各延长线桩和角分线桩，以备检查时用。

2.1.5.5.1.4　线路复测允许误差见表 2-1-4。

表 2-1-4　　线路复测允许误差

序号	项　目　名　称	允许误差
1	横线路方向位移	50mm
2	相邻塔位间挡距	1%
3	实测转角度数与设计值的误差	1′30″
4	塔位高程	500mm
5	重点桩位（跨越点）地形凸起点及被跨越物的标高	500mm

2.1.5.5.2　一般基面平整及基坑开挖

2.1.5.5.2.1　基面开挖时，应保留塔位中心桩或将中心桩引出，以便核实塔位中心桩至基础立柱中心面的高差和基础埋深。

2.1.5.5.2.2　施工开挖时坑壁放坡应严格按照基础施工图操作。

2.1.5.5.2.3　基础坑底中心，相对于塔位中心桩的位置应符合设计要求，坑位应准确无偏差，相互几何尺寸应符合设计要求。

2.1.5.5.2.4　基础坑底应平整，同基基础坑深在允许偏差范围内按最深一坑操平，基础（不含掏挖基础）坑深允许偏差合格级为＋100、－50，优良为＋100、0。掏挖基础与岩石基坑开挖允许偏差为＋100、0（即必须达到优良级标准）。

2.1.5.5.2.5　为保证施工人员的安全，挖坑时应根据不同地质情况留有足够的安全坡度，坑下作业应有人监护，上下基坑应有梯子。

2.1.5.5.2.6　对直线转角塔、转角塔及终端塔，采用地脚螺栓的塔型预偏时，应将四个基础顶面抹成同向、同角度的斜面，以保证塔脚板与基础顶面接触紧密，具体预偏值可参考设计提供的数值或施工单位根据施工经验确定。

2.1.5.5.2.7　大开挖基础弃土必须运至坑口 1.5m 以外的安全地带，并应按设计要求用彩条布进行铺垫。掏挖基坑开挖时其坑口在底盘半径范围内严禁堆放弃土或其他杂物。在掏挖基坑过程中或基坑开挖已经完成，下班后应用塑料蒙盖以防晚上雨水流进入出现坑壁坍塌。坑筒采用混凝土护壁、护笼等安全设施，以防坑壁坍塌，确保坑下人员安全。

2.1.5.5.3　斜柱基础施工要求

2.1.5.5.3.1　斜柱基础地脚螺栓的固定。

2.1.5.5.3.2　斜柱基础的斜率。

2.1.5.5.3.3　斜柱基础底层台阶不得采用土模，全部采用模板。模板应干净，并逐块涂抹脱模剂。模板的安装应牢固、准确。以防在浇制过程中产生位移和漏浆。

2.1.5.5.3.4　支撑台阶模板采用等强度的预制混凝土块。

2.1.5.5.3.5　模板与坑壁之间应固牢靠定，应能够保证在浇制过程中不会产生垮模或胀模现象。

2.1.5.5.3.6　立柱高度大于 2.5m 的基础，为防止垮模或鼓肚，应采取相应措施加强模板抗压力。

2.1.5.5.4　基础混凝土浇筑

2.1.5.5.4.1　钢筋绑扎。

2.1.5.5.4.2　支模。

2.1.5.5.4.3　基础浇制过程中检查项目：

（1）配合比：每班日不少于 2 次，并做好检查记录。

（2）塌落度检查，每班日检查 3～4 次，并做好检查记录。

（3）混凝土检查：搅拌均匀、颜色一致。

（4）混凝土振捣。

（5）试块制作及其养护。

（6）下料。

（7）养护。

（8）拆模。

2.1.5.5.4.4　基础浇制的旁站监理：

（1）检查施工技术措施的完整性、科学性、可行性和施工安全、技术交底记录。

（2）检查现场：检查施工人员（安全、质量、技术）到位情况；检查浇制现场施工秩序。

（3）检查确认无误后填写基础检查记录表。

2.1.5.5.4.5　基础回填：

（1）斜柱基础回填。

（2）岩石坑回填土。

（3）水坑回填。

（4）流沙、淤泥坑回填。

（5）基础回填的夯实情况，并做好检查记录。

2.1.5.5.5　基础的保护层

《铁塔及基础配置表》中要求保护层厚度为 50mm。（参照《工业建筑防腐设计规范》（GB 50046—2008））。

2.1.5.5.6　冬期施工

2.1.5.5.6.1　当连续 5d 室外平均气温低于 5℃时，混凝土基础工程应采取冬期施工措施，并应及时采取气温突然下降的防冻措施。

2.1.5.5.6.2　配制冬期施工的混凝土，应优先选用硅酸盐水泥或普通硅酸盐水泥，水泥强度等级不应低于 42.5。

2.1.5.5.6.3　冬期拌制混凝土时，应优先采用加热水的方法，水及骨料的加热温度不得超过表 2-1-5 的规定。

表 2-1-5　　水及骨料的加热温度要求

项　　目	拌和水	骨料
强度等级小于 52.5 普通硅酸盐水泥	80	60
强度等级等于及大于硅酸盐水泥、普通硅酸盐水泥	60	40

注　当骨料不加热时，水可以加热到 100℃，但水泥不应与 80℃水接触，投料顺序为先投入骨料和已加热的水。

2.1.5.5.6.4 水泥不应直接加热，宜在使用前运入暖棚内存放。混凝土拌和物的入模温度不得低于5℃。

2.1.5.5.6.5 冬期施工不得在已冻结的基坑底面浇制混凝土，已开挖的基坑底面应有防冻措施。

2.1.5.5.6.6 当采用暖棚法养护混凝土时，混凝土养护温度不应低于10℃，并应保持混凝土表面湿润。施工单位要派专人测温、控温。5d后拆模回填，并继续覆盖保温。监理人员要对测温进行检查。

2.1.5.5.6.7 平均气温低于－5℃时，混凝土中应加入防冻剂。严禁在混凝土中加入氯盐。早强剂、防冻剂的加入量由施工设计确定并由专人负责。

2.1.5.5.7 接地埋设

2.1.5.5.7.1 接地体的规格、接地沟开挖的长度和深度应符合设计要求并不得有负偏差。沟底面应平整，并清除沟中影响接地体与土壤接触的杂物。

2.1.5.5.7.2 接地体连接必须可靠。当采用搭接焊接时，圆钢的搭接长度应为其直径的6倍并应双面施焊。接地装置地下部分连接均采用焊接连接，两面焊平。

2.1.5.5.7.3 本工程接地引下线按照设计要求进行，地埋接地体圆钢必须经检验合格。引下线入地部分及地面符合设计要求进行防腐处理。

2.1.5.5.7.4 接地装置必须按照设计给定的埋深进行施工，在旱地、丘陵地形、石山地形埋深不允许有负误差。

2.1.5.5.7.5 接地沟的回填应选取未掺有石块及其他杂物的泥土并应夯实，回填防沉层高为100～300mm。工程移交时，回填土不得低于地面。

2.1.5.5.8 排水沟的设置与要求

2.1.5.5.8.1 凡上山坡方向有较大的雨水流向基面时，都要求开挖排洪。

2.1.5.5.8.2 排洪沟的长度，以保证上部来水冲刷不到基面为度，由施工单位根据地形而定。

2.1.5.5.8.3 排洪沟采用水泥砂浆抹面。

2.1.5.5.8.4 《铁塔及基础配置表》中要求修筑挡水墙的塔位，必须按照《基础施工说明》中所示型式修筑挡水墙。在确定挡水墙位置时必须首先判断来水方向，使得挡水墙两个面的夹角朝向来水方向。

2.1.5.5.9 基础护坡与挡土墙

基础上山坡的削坡值大于表设计值时，应砌护坡；《基础配置表》中要求砌筑的挡土墙应在土石方开挖以前砌筑，根据可能开挖的土石方量确定挡土墙砌筑位置，以便能更好地防止水土流失。塔位附近须做浆砌石水渠时，塔位附近须做挡土墙时，塔位附近须做护坡时，必须按照《基础施工说明》中示意图及工程量进行施工。

2.1.5.5.10 对质量事故及不合格项的处理

2.1.5.5.10.1 发生质量事故后，督促施工单位提出详细的工程质量事故报告，并及时组织有关单位对事故进行分析，确定处理方案，立即实施，并做好文字记录整理归档备查。

2.1.5.5.10.2 在发生下列情况之一，且经监理工程师通知施工单位，整改无效时，总监理工程师可签发《工程暂停令》。

（1）不按经审查的设计图纸施工。

（2）特殊工种人员无证操作。

（3）发生重大质量、安全事故。

2.1.5.5.10.3 对令其停工的工程，需要复工时，施工单位应填报《工程复工申请表》，经监理复查认可，并经总监理工程师批准后方可复工。

2.1.5.6 作业环境的控制

2.1.5.6.1 进行线路复测施工时，不允许单人进山作业，线路复测时应不少于2人进山进行测量作业。

2.1.5.6.2 基础开挖的安全措施。

2.1.5.6.2.1 山坡上方不能有浮动土石，严禁上、下坡同时撬挖，土石滚落下方不得有人，并设专人警戒，如山下有房屋和道路，应设立安全遮拦。

2.1.5.6.2.2 坑内作业人员必须戴安全帽，开挖深度超过1.5m以上时必须配备爬梯，坑外设人监护，坑底面积超过2m^2，可由2人同时挖掘，但不得面对面作业。作业人员不得在坑内休息。

2.1.5.6.3 基础浇制过程的安全措施。

2.1.5.6.3.1 装模的用具、模板应用绳索和木杠滑入坑内，模板支撑应牢固高出坑口的加高主柱模板应用防止倾覆的措施。

2.1.5.6.3.2 机电设备使用前应全面检查，确认机电装置完整。绝缘良好，接地可靠，方可使用。

2.1.5.6.3.3 搅拌机应设置牢固可靠，并应由前后支架承力，不得以轮胎代替支架。

2.1.5.6.3.4 搅拌机运转时，严禁将工具伸入滚筒内扒料，加料斗升起时，料斗下方不得有人。

2.1.5.6.4 基础工程所使用的工器具的安全措施。

2.1.5.6.4.1 基础工程所有电气设备、工具必须由专业人员进行检查，确认良好，方可使用，移动式设备必须装置漏电保护器。

2.1.5.6.4.2 存放间设专人管理，并设置“严禁烟火”的标志。

2.1.5.6.5 文明施工的措施及要求。

2.1.5.6.5.1 凡进入施工现场，职工着装必须整洁统一，并佩戴胸卡。

2.1.5.6.5.2 施工现场布置合理，工机具堆放有序。

2.1.5.6.5.3 工机具库房清洁整齐，账、物、卡相符。

2.1.5.6.5.4 施工驻地干净、卫生、被子叠放整齐，衣服勤换勤洗。

2.1.5.6.5.5 要办好宣传栏，制定严明制度，精心组织、文明施工，提高施工质量，保证一次成优率。

2.1.5.6.6 加强施工管理、严格保护环境。

（1）土方开挖：减少破坏原状土，合理堆置余土，保持水土不流失。

（2）树木砍伐：避免乱砍滥伐，保证线路安全运行。

（3）机械设备：设备性能完好，力争减少直至杜绝油污染。

（4）机械施工：合理使用，降低噪声，降低设备尾气排放。

（5）场地清理：工完料尽场地清，彻底拆除临时建筑物。

2.1.5.6.7 环境保护的措施。

本章其余内容见光盘。

第3章　1000kV特高压交流输电示范工程一般线路工程监理规划

3.1　工程项目概况

3.1.1　工程概况

3.1.1.1　工程名称

特高压交流输电示范工程一般线路工程。

3.1.1.2　工程线路起止点

特高压交流输电示范工程一般线路工程浙北—沪西段起于湖州安吉县昆铜乡境内的江家边1000kV浙北变电站，止于上海市青浦区练塘镇沪西变电站。线路途经安吉县、长兴县、湖州市、德清县、吴兴区、南浔区、嘉兴市的桐乡、秀洲区、嘉善区、吴江的桃源、盛泽区、上海市青浦区、松江区。

3.1.1.3　工程建设规模

工程建设规模见表3-1-1。

表3-1-1　　工程建设规模

序号	项目	内　　容
1	电压等级	交流1000kV
2	线路长度	线路全长161.898km
3	基础型式	钻孔灌注桩基础、柔性平板基础、全掏挖基础、岩石嵌固基础
4	铁塔型式	直线塔：SZ321、SZ322、SZ323、SZC301、SZC302、SZC303、SZC304、SZC305、SZC306、SZC307、SK321、SK322共12种 耐张塔：SJ321、SJ322、SJ323、SJ324、SJ325、SJ326、SJ327、SJC301、SJC302、SJC303、SJC304、SJC305共12种 直线耐张：SZJ321，共1种 换位塔：FHJ1-1，共1种 终端塔：SDJ322P，共1种
5	导线型式	采用8×LGJ-630/45钢芯铝绞线
6	地线型式	一根为LBGJ-240-20AC铝包钢绞线 另一根OPGW-240光缆

本段工程线路长度161.898km，新建铁塔357基，其中灌注桩基础占基础工程总量的82.4%。铁塔总重量80129t，最大单基重量401t，平均高度109m，最高单基高度141m。全线采用同塔双回架设，导线采用8×LGJ-630/45型钢芯铝绞线，地线一根为LBGJ-240-20AC型铝包钢绞线，另一根为光缆OPGW-240。

3.1.1.4　地形、地貌及交通情况

本段工程沿线海拔在400m以下，地形以山地、丘陵及河网为主，地形分布情况为平原44.4%，河网、泥沼地40.5%，山地15.1%。地势西高东低，山地、丘陵段地形起伏大，河网段地形平坦，鱼塘、河汊纵横，水系发达，公路发达，交通便利。

3.1.1.5　工期要求

本工程计划2011年开工，确保2013年年底前建成投运。

3.1.1.6　工程项目特点

本工程为同塔双回架设输电线路，铁塔采用钢管塔，共计357基；钻孔灌注桩基础占基础总数的82.4%；线路跨越多条高等级线路、铁路、高速路。在基础型式、铁塔结构、铁塔运输、铁塔组立、导地线选取等方面提出了新的技术理念和挑战，特点如下：

（1）杆塔基础受力大，普通基础已经不适应本工程，鉴于不同地形、不同地质条件，本工程设计广泛使用了深挖基础，钻孔灌注桩基础就是其中的典型之一。针对本标段淤泥层比较厚，地基承载力低的地质情况，钻孔灌注桩以其适应性强、成本适中、后期质量稳定、承载力大等优点被采用。灌注桩基础施工工艺复杂，为此怎样进行基础施工控制是本工程监理工作的重点之一。

（2）同塔双回钢管塔，具有塔高、体重、铁塔构件重而长以及加工技术含量高的特点；同时在铁塔运输、铁塔组立方面需要应用新的施工方案，为此在做好塔材到货验收基础上对铁塔运输及组立方案的审核是监理工作中的又一个重点。

（3）导线采用8×LGJ-630/45，导线展放采用2×“一牵四”施工工艺同步进行展放，导线放线滑车每相采用两个五轮滑车。如何避免导线牵引时相邻滑车中导线因跳动发生鞭击受损，而采取的安全保护措施，以及两次导线展放时，对沿线各杆塔尤其是耐张塔处采取的特殊监护措施和处理方案的落实和监督，是放线阶段的重要监理任务。

（4）工程管理具有国网公司三级基建管理体系特点，即国网、国网交流分公司、省局公司同为工程建设管理单位，其中政策处理首次属地方管理，如何做各方的联系沟通是监理协调工作的一个关键点。

（5）跨越公路、铁路、河流、高压线路较多（跨越宣杭、规划乍嘉湖铁路共2次；跨越宁杭、申嘉湖、苏震桃、乍嘉苏高速公路4次；省道4次；穿越±800kV向上线；跨越500kV交流瓶窑、500kV窑武线、500kV王含、500kV含店线、葛南线等线路，跨越220kV线路12次），给施工带来一定的难度，为此前期协调及准备工作将显得比较重要。

（6）本标段河网所占比例较大，给基础施工、铁塔运输带来一定难度。

（7）本工程在进入浙江段后，规划为“四线”并行，在±800kV线路送电后，本监理标段铁塔组立不得不采取特殊措施，以保证施工安全。

3.1.2　工程建设目标

建设“安全可靠、自主创新、经济合理、环境友好、国际一流”的优质精品工程。

3.1.2.1　安全文明施工目标

不发生人身伤亡事故；不发生因基建导致的电网停电事故；不发生工程设备损坏事故；不发生一般施工机械设备损坏事故；不发生火灾事故；不发生环境污染事件；不发生负主要责任的重大交通事故。创建安全文明施工示范工地，争创安全管理流动红旗。

3.1.2.2　质量目标

工程质量符合施工及验收规范要求，符合设计要求，实现零缺陷移交。工程质量评定为优良，线路工程单位工程优良率100%、分部工程优良率100%。推进质量管理和施工工艺创新，争创质量管理流动红旗，确保达标投产，确保国家电网公司优质工程奖，确保中国电力优质工程奖，确保国家优质工程银质奖，力争国家优质工程金质奖。

3.1.2.3 进度目标

计划 24 个月完成。

通信工程、消防、环保、水保、安全设施等工程随本体工程同时设计、同时施工、同时完成竣工验收、同时投入使用。

3.1.2.4 投资目标

各单项工程投资不超过初步设计审批概算，工程总投资不超过工程初步设计审批概算。

3.1.2.5 科研工作目标

按计划完成全部科研任务，科研成果 100%转化为工程应用。

3.1.2.6 环境保护目标

完成环评报告批复中各项要求，确保通过建设项目竣工环境保护验收。

3.1.2.7 水土保持目标

全面落实水土保持批复方案中的各项要求，确保通过水土保持设施验收。

3.1.2.8 档案管理目标

做到工程档案与工程建设同步形成，保证工程档案齐全、完整、规范、真实，确保通过国家档案验收。

3.1.2.9 技术创新目标

全面应用“三通一标”、“两型一化”变电站和“两型三新”输电线路研究成果，积极推广“四新技术”应用，大胆开展技术革新。

3.1.2.10 成果目标

建一个国网优质品牌工程，出版一本科研成果专著，出版一本论文集，形成一套重大施工方案集，编辑一本标准施工工艺手册，编写一本高水平的工程总结，编辑一本工程建设管理画册，锻炼培养一批高素质的特高压工程建设管理队伍。

3.1.3 参建单位

略。

3.2 监理服务范围

根据监理合同规定，监理单位向项目法人提供业主工程师和建设监理的全方位服务。自工程前期准备开始至工程竣工投运后、保修期满为止的工程设计、施工投标、施工及调试、验收及移交、保修等各个阶段进行的进度、质量、投资、安全、环保、水保为主要控制内容和以合同、信息管理及组织协调为主要管理内容的全方位、全过程的工程管理和工程监理务。

3.3 监理工作内容

3.3.1 施工准备阶段的监理工作

3.3.1.1 总监理工程师组织监理人员熟悉设计文件，并参加建设单位组织的施工图纸会检工作，对图纸会检纪要进行签认，对发现的设计问题或提出的工程变更，督促办理设计变更手续。

3.3.1.2 参加建设单位组织的设计交底会。

3.3.1.3 工程项目开工前，总监理工程师组织审核承包单位现场施工项目部的质量管理体系、职业健康安全与环境管理体系，满足要求时予以确认。对质量管理体系、职业健康安全与环境管理体系应审核以下内容：

（1）质量管理体系：

1）组织机构。

2）质量管理、技术管理制度。

3）专职质量管理人员的资格证、上岗证。

（2）职业健康安全与环境管理体系：

1）组织机构。

2）职业健康安全与环境管理制度和程序。

3）项目负责人、专职安全生产管理人员、特种作业人员资格、上岗证。

4）危险源辨识、风险评价和应急预案及演练方案。

5）环境因素识别、环境因素评价、应急准备和相应措施及演练方案。

3.3.1.4 工程开工前，总监理工程师组织专业监理工程师审查承包单位报送的施工组织设计，提出审查意见，并经总监理工程师审核、签认后报建设单位。

3.3.1.5 监理项目部组织专业监理工程师审核承包单位报送的分包单位有关资质资料，符合规定，由总监理工程师签认，报建设单位批准后，分包工程予以开工。对电力建设工程分包单位资格应审核以下内容：

（1）分包单位的营业执照、企业资质等级证书、特殊行业施工许可证。

（2）法人代表证明书、法人代表授权委托书。

（3）拟分包工程的范围和内容。

（4）安全施工许可证，分包单位的业绩和近三年安全施工记录。

（5）职业健康安全与环境管理组织机构及其人员配备。

（6）施工管理人员、安全管理人员及特种作业人员的资格证、上岗证。

（7）保证安全施工的机械（含起重机械安全准用证）、工器具及安全防护设施、用具的配备。

（8）有关管理制度。

3.3.1.6 组织专业监理工程师参加设计交桩及施工项目部的线路复测工作。

3.3.1.7 工程项目开工前，监理项目部参加或主持第一次工地会议，起草第一次工地会议纪要，并经与会各方代表会签。第一次工地会议应包括以下主要内容：

（1）建设单位、监理单位、设计单位和承包单位分别介绍各自驻现场的组织机构、人员及其分工。

（2）建设单位根据委托监理合同宣布对总监理工程师的授权。

（3）建设单位介绍工程开工准备情况。

（4）设计单位介绍施工图纸交付计划及工程重点和难点。

（5）承包单位介绍施工准备情况。

（6）建设单位和总监理工程师对施工准备情况提出意见和要求。

（7）总监理工程师进行监理规划交底。

（8）研究确定各方在施工过程中参加工地例会的主要人员、召开工地例会周期、地点及主要议题。

3.3.1.8 监理项目部组织专业监理工程师对承包单位报送的工程开工报审资料进行审查，具备以下开工条件时，由总监理工程师签发，报建设单位：

（1）本单位组织的工程施工图会检已进行。

（2）本单位工程相关的作业指导书已制定并审查合格。

（3）施工技术交底已进行。

（4）本单位工程的施工人力和机械已进场，施工组织已落实到位。

（5）物资、材料准备能满足本单位工程连续施工的需要。

（6）本单位工程使用的计量器具、仪表经法定单位检验合格。

（7）本单位工程的特殊工种作业人员能满足施工需要。

（8）现场具备安全文明施工条件。

（9）上道工序已完工并验收合格。

3.3.2 施工实施阶段的监理工作

3.3.2.1 工程质量控制

3.3.2.1.1 在施工过程中，承包单位对已批准的施工组织设计、施工方案进行调整、补充或变动，应报专业监理工程师审核、总监理工程师签认。

3.3.2.1.2 监理项目部应审查承包单位编制的质量计划和施工质量验收及评定范围划分表，提出监理意见，报建设单位批准后监督实施。

3.3.2.1.3 监理项目部组织专业监理工程师审查承包单位报送的重点部位、关键工序的施工工艺方案和工程质量保证措施，审核同意后签认。

3.3.2.1.4 承包单位采用新材料、新工艺、新技术、新设备，应组织专题论证，并向监理项目部报送相应的施工工艺措施和证明材料，监理项目部审核同意后签认。

3.3.2.1.5 专业监理工程师应对现场试验室（含外委试验单位）进行以下方面的考查：

（1）试验室的资质等级及其试验范围。

（2）试验设备的检定或校准证书。

（3）试验人员的资格证书。

（4）试验室管理制度。

（5）本工程的试验项目及其要求。

3.3.2.1.6 审核承包单位报送的主要工程材料、半成品、构配件生产厂商的资质，符合后予以签认。

3.3.2.1.7 审查承包单位报送的拟进场工程材料、半成品和构配件的质量证明文件进行审核，并按有关规定进行抽样验收。对有复试要求的，经监理人员现场见证取样后送检，复试报告应报送监理项目部查验。未经监理项目部验收或验收不合格的工程材料、半成品和构配件，不得用于本工程，并书面通知承包单位限期撤出施工现场。

3.3.2.1.8 监理项目部组织参与主要设备开箱验收，对开箱验收中发现的设备质量缺陷，督促相关单位进行处理。

3.3.2.1.9 监理项目部组织监理人员对施工过程进行巡视和检查，对工程项目的关键部位、关键工序的施工过程进行旁站监理。

3.3.2.1.10 对承包单位报送的隐蔽工程报验申请表和自检记录，专业监理工程师应进行现场检查，符合要求予以签认后，承包单位方可隐蔽并进行下一道工序的施工。对未经监理人员验收或验收不合格的工序，监理人员应拒绝签认，并严禁承包单位进行下一道工序的施工。

3.3.2.1.11 专业监理工程师应对承包单位报送的分项工程质量报验资料进行审核，符合要求予以签认；总监理工程师应组织专业监理工程师对承包单位报送的分部工程和单位工程质量验评资料进行审核和现场检查，符合要求予以签认。

3.3.2.1.12 对施工过程中出现的质量缺陷，专业监理工程师及时下达书面通知，要求承包单位整改，并检查确认整改结果。

3.3.2.1.13 监理人员发现施工过程中存在重大质量隐患，可能造成质量事故或已经造成质量事故时，应通过总监理工程师报告建设单位后下达工程暂停令，要求承包单位停工整改。整改完毕报监理人员进行复查，符合要求后，经总监理工程师确认，报建设单位批准复工。

3.3.2.1.14 对需要返工处理或加固补强以及设备安装质量事故，总监理工程师应责令承包单位报送质量事故调查报告和经设计等相关单位认可的处理方案。监理项目部应对质量事故的处理过程和处理结果进行跟踪检查和验收。

3.3.2.1.15 总监理工程师应及时向建设单位和监理单位提交有关质量事故的书面报告，并将完整的质量事故处理记录整理归档。

3.3.2.1.16 专业监理工程师应根据消缺清单对承包单位的消缺方案进行审核，符合要求后予以签认，并根据承包单位报送的消缺报验申请表和自检记录进行检查验收。

3.3.2.1.17 组织工程阶段性和竣工监理初检，对发现的缺陷督促承包单位整改，并复查。

3.3.2.1.18 监理项目部配合由工程质量监督机构组织的工程质量监检工作。

3.3.2.2 工程进度控制

3.3.2.2.1 协助建设单位编制总体工程施工里程碑进度计划，并根据建设单位的里程碑进度计划，编制一级网络进度计划。

3.3.2.2.2 总监理工程师组织审查施工图交付计划、设备材料供应计划、施工进度计划。

3.3.2.2.3 专业监理工程师依据承包合同有关条款、设计文件及经过批准的施工组织设计制定施工进度控制方案，对进度目标进行风险分析，制定防范性对策。

3.3.2.2.4 对工程进度的实施情况进行跟踪检查和分析，当发现偏差时，应督促责任单位采取纠正措施。

3.3.2.2.5 专业监理工程师在进度控制过程中，发现实际进度严重滞后于计划进度，并涉及对合同工期控制目标的调整或合同商务条件的变化时，应及时报总监理工程师，由总监理工程师与建设单位、承包单位研究解决方案，制定相应措施，并经建设单位批准后执行。

3.3.2.2.6 当工程必须延长工期时，承包单位应报监理项目部。总监理工程师应依据承包合同约定，与建设单位共同签认，承包单位应重新调整施工进度计划。

3.3.2.3 工程造价控制

3.3.2.3.1 监理项目部依据承包合同有关条款、设计及施工文件，对工程项目造价目标进行风险分析，并向建设单位提出防范性对策和建议。

3.3.2.3.2 监理项目部依据承包合同约定进行工程预付款审核和签认。

3.3.2.3.3 监理项目部按下列程序进行工程计量和工程款支付的审核签认工作：

（1）承包单位按承包合同的约定填报经专业监理工程师验收质量合格的工程量清单和工程款支付申请表。

（2）专业监理工程师进行现场计量，按承包合同的约定审核工程量清单和工程款支付申请表，报总监理工程师。

（3）总监理工程师审核、签认，报建设单位。

3.3.2.3.4 未经监理项目部质量验收合格的工程量或不符合承包合同约定的工程量，监理项目部应拒绝计量和拒签该部分的工程款支付申请。

3.3.2.3.5 监理项目部从质量、安全、造价、项目的功能要求、和工期等方面审查工程变更方案，并宜在工程变更实施前与建设单位、承包单位协商确定工程变更的价款。

3.3.2.3.6 监理项目部依据授权和承包合同约定的条款处理工程变更等所引起的工程费用增减、合同费用索赔、合同价格调整事宜。

3.3.2.3.7 监理项目部收集、整理有关的施工、监理文件，为处理合同价款、费用索赔等提供依据。

3.3.2.3.8 监理项目部应建立工程量、工作量统计报表，对实际完成情况和计划完成情况进行比较、分析，制定调整措施，向建设单位提出调整建议。

3.3.2.3.9 监理项目部应及时督促承包单位按照承包合同的约定进行竣工结算，承包单位提供的竣工结算文件应符合承包合同的约定，否则不得进行竣工结算审核。

3.3.2.3.10 监理项目部应按下列程序进行竣工结算审核签认工作：专业监理工程师审核承包单位报送的竣工结算报表；总监理工程师与建设单位、承包单位协商一致后，签署竣工结算文件和最终的工程款支付申请表，报建设单位。

3.3.2.4 职业健康安全与环境监理

3.3.2.4.1 监理规划中应包括职业健康安全与环境监理的范围、内容、工作程序，以及人员配备计划和职责。

3.3.2.4.2 对危险性较大的分部分项工程，应编制职业健康安全与环境监理实施细则，明确监理的方法、措施和控制要点。

3.3.2.4.3 监理项目部应审查承包单位提交的施工组织设计中的安全技术方案或下列危险性较大的分部分项工程专项施工方案是否符合工程建设强制性标准：

（1）基坑支护与降水、土方开挖与边坡防护、模板、起重吊装、脚手架、拆除等分部分项工程的专项施工方案。

（2）施工现场临时用电施工组织设计或安全用电技术措施和电气防火措施。

（3）冬季、雨季等特殊施工方案。

3.3.2.4.4 监理项目部应检查承包单位职业健康安全与环境管理体系、规章制度和监督机构的建立、健全及专职安全生产管理人员配备情况，督促承包单位对其分包单位进行检查。

3.3.2.4.5 监理项目部应核查特种作业人员的资格证书的有效性。

3.3.2.4.6 监理项目部应审核安全措施费用使用计划。

3.3.2.4.7 监理项目部应监督承包单位按照批准的施工组织设计中的安全技术措施或者专项施工方案组织施工，及时制止违规施工。

3.3.2.4.8 监理项目部应定期对施工现场安全生产情况进行巡视检查，对发现的各类安全事故隐患，应书面通知承包单位，并督促其立即整改；情况严重的，监理项目部应下达工程暂停令，要求承包单位停工整改，并同时报告建设单位。安全事故隐患消除后，应检查整改结果，签署复查或复工意见。承包单位拒不整改或不停止施工的，及时向工程所在地建设主管部门或工程项目的行业主管部门报告。以电话形式报告的，应当有记录，并及时补充书面报告。检查、整改、复查、报告等情况应记载在监理日志、监理月报中。

3.3.2.4.9 监理项目部应核查施工现场施工起重机械、模板等自升式架设设施和安全设施的验收手续。

3.3.2.4.10 监理项目部应检查施工现场各种安全标志和安全防护措施是否符合强制性标准，并检查安全生产费用的使用情况。

3.3.2.4.11 监理项目部应督促承包单位进行安全自查工作、应急救援预案演练，并对承包单位自查及演练情况进行抽查，参加建设单位组织的安全生产专项检查。

3.3.2.4.12 监理项目部应监督承包单位做好施工节能减排、水土保持等环境保护工作，主要内容：

（1）督促承包单位编制节能减排、水土保持等环境保护工作方案，经监理审核、建设单位批准后实施。

（2）监督承包单位按承包合同约定，做好施工界区之外的植物、动物和建筑物的保护工作。

（3）监督承包单位按承包合同约定，做好施工界区之内的施工环境保护工作。

（4）监督承包单位依法取得砍伐许可后进行砍伐。

（5）施工中发现文物时，监督承包单位依法保护文物现场，并报告建设单位或有关部门。

（6）监督承包单位按批准的取弃土方案施工，取弃土结束，要采取有效的排水措施和植被恢复措施。

（7）监督承包单位按照批准的总平面布置，布置施工区和生活区。

（8）监督承包单位有序放置进入现场的材料和设备，防止任意堆放，阻塞道路，污染环境。

（9）监督承包单位遵守有关环境保护法律法规，在施工现场采取措施，防止或者减少粉尘、废气、废水、废油、固体废物、噪声、振动和施工照明对人和环境的危害和污染。

（10）监督承包单位对因施工可能造成损害的毗邻建筑物、构筑物和地下管线等，采取专项防护措施。

（11）监督承包单位对城市市区内的施工现场实行封闭围挡。

（12）督促承包单位在工程竣工后，按承包合同约定或相关规定，拆除建设单位不需要保留的施工临时设施，清理场地，恢复植被。

3.3.2.5 工程协调

3.3.2.5.1 根据建设单位的授权建立监理协调制度，明确程序、方式、内容和责任。

3.3.2.5.2 运用工地例会、专题会议及现场协调方式及时解决施工中存在的问题。

3.3.2.5.3 定期主持召开工地例会，签发会议纪要。

3.3.2.5.4 工地例会应包括以下主要内容：

（1）检查上次例会议定事项的落实情况，分析未完事项原因。

（2）检查分析工程项目进度计划完成情况，提出下一阶段进度目标及其落实措施。

（3）检查分析工程项目质量情况、职业健康安全与环境状况，针对存在的问题提出改进措施。

（4）解决需要协调的其他事项。

3.3.3 竣工验收阶段监理工作内容

3.3.3.1 组织专业监理工程师，对承包单位报送的竣工验收资料进行审查，并对工程质量进行竣工监理初检；对存在问题及时要求承包单位整改。整改完毕后，总监理工程师签署工程竣工报验单，在此基础上提出工程质量评估报告，并及时向业主项目部提交竣工预验收申请。

3.3.3.2 参加建设单位组织的竣工验收，并提供相关监理资料。对验收中提出的整改问题，监理项目部应要求承包单位进行整改。工程质量符合要求后，由总监理工程师会同参加验收的各方签署竣工验收报告。

3.3.4 项目试运行阶段监理工作内容

3.3.4.1 参加工程启动验收委员会主持的启动验收工作，在启委会上汇报监理工作和预验收情况。

3.3.4.2 总监理工程师参加启动验收各方共同签署工程移交生产交接书，列出工程遗留问题处理清单，明确移交的工程范围、专用工具、备品备件和工程资料清单，完成工程移交。

3.3.4.3 配合建设单位做好试运行期间相关工作。

3.3.5 项目保修阶段监理工作内容

工程试运行消缺完成并且系统带电正常后，征得建设单位同意后监理项目部将解散，对于保修阶段监理合同规定的监理内容监理公司将派人员积极配合。

3.4 监理工作目标

3.4.1 监理服务目标

3.4.1.1 确保实现各项工程建设目标。

3.4.1.2 监理合同、服务承诺、监理大纲履行率 100%。

3.4.1.3 优质服务，让业主满意。

3.4.1.4 实现监理服务的零投诉。

3.4.2 监理工作目标

建设“安全可靠、自主创新、经济合理、环境友好、国际一流”的优质精品工程。

3.4.2.1 安全文明施工目标

不发生人身伤亡事故；不发生因基建导致的电网停电事故；不发生工程设备损坏事故；不发生一般施工机械设备损坏事故；不发生火灾事故；不发生环境污染事件；不发生负主要责任的重大交通事故。创建安全文明施工示范工地，争创安全管理流动红旗。

3.4.2.2 质量目标

工程质量符合施工及验收规范要求，符合设计要求，实现零缺陷移交。工程质量评定为优良，线路工程单位工程优良率 100%、分部工程优良率 100%。推进质量管理和施工工艺创新，争创质量管理流动红旗，确保达标投产，确保国家电网公司优质工程奖，确保中国电力优质工程奖，确保国家优质工程银质奖，力争国家优质工程金质奖。

3.4.2.3 进度目标

24 个月完成。

通信工程、消防、环保、水保、安全设施等工程随本体工程同时设计、同时施工、同时完成竣工验收、同时投入使用。

3.4.2.4 投资目标

各单项工程投资不超过初步设计审批概算，工程总投资不超过工程初步设计审批概算。

3.4.2.5 科研工作目标

按计划完成全部科研任务，科研成果 100%转化为工程应用。

3.4.2.6 环境保护目标

完成环评报告批复中各项要求，确保通过建设项目竣工环境保护验收。

3.4.2.7 水土保持目标

全面落实水土保持批复方案中的各项要求，确保通过水土保持设施验收。

3.4.2.8 档案管理目标

做到工程档案与工程建设同步形成，保证工程档案齐全、完整、规范、真实。确保通过国家档案验收。

3.4.2.9 技术创新目标

全面应用“三通一标”“两型一化”变电站和“两型三新”输电线路研究成果，积极推广“四新技术”应用，大胆开展技术革新。

3.4.2.10 成果目标

建一个国网优质品牌工程，出版一本科研成果专著，出版一本论文集，形成一套重大施工方案集，编辑一本标准施工工艺手册，编写一本高水平的工程总结，编辑一本工程建设管理画册，锻炼培养一批高素质的特高压工程建设管理队伍。

3.5 监理工作依据

3.5.1 建设工程相关法律、法规

《中华人民共和国建筑法》（中华人民共和国主席令第 46 号 2011 年 4 月 22 日颁布、2011 年 7 月 1 日施行）；

《中华人民共和国安全生产法》（中华人民共和国主席令第 70 号 2002 年 6 月 29 日颁布、2002 年 11 月 1 日施行）；

《中华人民共和国招投标法》（中华人民共和国主席令第 21 号 1999 年 8 月 30 日颁布、2000 年 1 月 1 日施行）；

《中华人民共和国消防法》（中华人民共和国主席令第 6 号 2008 年 10 月 28 日颁布、2009 年 5 月 1 日起施行）；

《中华人民共和国劳动合同法》（中华人民共和国主席令第 65 号 2007 年 6 月 29 日颁布、2008 年 1 月 1 日起施行）；

《中华人民共和国合同法》（中华人民共和国主席令第 15 号 1999 年 3 月 15 日颁布、1999 年 10 月 1 日施行）；

《中华人民共和国电力法》（中华人民共和国主席令第 60 号 1995 年 12 月 28 日颁布、1996 年 4 月 1 日施行）；

《中华人民共和国环境保护法》（中华人民共和国主席令第 22 号 1989 年 12 月 26 日颁布施行）；

《中华人民共和国水土保持法》（中华人民共和国主席令第 39 号 2010 年 12 月 25 日颁布、2011 年 3 月 1 日起施行）；

《中华人民共和国建设工程安全生产管理条例》（中华人民共和国国务院令第 393 号 2003 年 11 月 24 日颁布、2004 年 2 月 1 日施行）；

《中华人民共和国建设工程质量管理条例》（中华人民共和国国务院令第 279 号 2000 年 1 月 30 日颁布施行）；

《电力建设安全生产监督管理办法》（电监安全〔2007〕38 号）；

《中华人民共和国工程建设标准强制性条文　电力工程部分》（2011 年版）；

其他相关法律、法规。

3.5.2 有关的技术标准、规程、规范及国网公司文件

《1000kV 架空送电线路施工及验收规范》（Q/GDW 153—2006）；

《1000kV 架空送电线路工程施工质量检验及评定规程》（Q/GDW 163—2007）；

《1000kV 交流架空输电线路设计暂行技术规定》（QGDW 178—2008）；

《架空送电线路基础设计技术规定》（DL/T 5219—2005）；

《1000kV 交流架空输电线路铁塔结构设计技术规定》（QGDW 297—2009）；

《1000kV 架空送电线路张力架线施工工艺导则》（Q/GDW 154—2006）；

《1000kV 架空送电线路铁塔组立施工工艺导则》（Q/GDW 155—2006）；

《架空输电线路钢管塔组立施工工艺导则》（Q/GDW 346—2009）；

《架空输电线路钢管塔运输施工工艺导则》（Q/GDW 351—2009）；

《建设工程文件归档整理规范》（GB/T 50328—2001）；

《建设工程项目管理规范》（GB/T 50326—2006）；

《建设工程监理规范》（GB 50319—2000）；

《电力建设工程监理规范》（DL/T 5434—2009）；

《工程测量规范》（GB 50026—2007）；

《建筑地基处理技术规范》（JGJ 79—2002）；

《普通混凝土力学性能试验方法标准》（GB/T 50081—2002）；

《建筑用砂》（GB/T 14684—2001）；

《建筑用卵石、碎石》（GB/T 14685—2001）；

《通用硅酸盐水泥》（GB 175—2007/XG 1—2009）；

《混凝土用水标准》（JGJ 63—2006）；

《水泥取样方法》(GB/T 12573—2008);

《钢筋混凝土用钢　第1部分：热轧光圆钢筋》(GB 1499.1—2008);

《钢筋混凝土用钢　第2部分：热轧带肋钢筋》(GB1499.2—2007/XG1—2009);

《钢筋焊接及验收规程》(JGJ 18—2003);

《电气装置安全工程接地装置施工及验收规范》(GB 50169—2006);

《建筑工程冬期施工规程》(JGJ 104—1997);

《混凝土强度检验评定标准》(GB/T 50107—2010);

《建筑桩基技术规范》(JGJ 94—2008);

《建筑桩基检测技术规范》(JGJ 106—2003);

《高压绝缘子瓷件技术条件》(GB/T 772—2005);

《电力金具通用技术条件》(GB/T 2314—2008);

《混凝土结构工程施工质量验收规范》(GB 50204－2002);

《圆线同心绞架空导线》(GB 1179－2008);

《建筑机械使用安全技术规程》(JGJ 33—2001);

《电力建设安全工作规程　第2部分　架空电力线路部分》(DL 5009.2—2004);

《施工现场临时用电安全技术规范》(JGJ 46—2005);

《危险性较大的分部分项工程安全管理办法》(建质(2009) 87号);

《基建管理综合评价办法》(基建综〔2010〕43号);

《国家电网公司基建安全管理规定》(国家电网基建〔2010〕1020号);

《国家电网公司建设工程施工分包安全管理规定》(国家电网基建〔2010〕174号);

《国家电网公司电力建设起重机械安全监督管理办法》(国家电网基建〔2008〕891号);

《国家电网公司输变电工程达标投产考核办法》(国家电网基建〔2011〕146号);

《国家电网公司输变电优质工程评选办法》(国家电网基建〔2011〕148号);

《国家电网公司工程建设质量管理规定(试行)》(国家电网基建〔2006〕699号);

《输变电工程建设标准强制性条文实施管理规程》(Q/GDW 248—2008);

《国家电网公司输变电工程质量通病防治工作要求及技术措施》(国家电网基建质量〔2010〕19号);

《关于应用〈国家电网公司输变电工程工艺标准库〉的通知》(国家电网公司基建质量〔2010〕100号);

《国家电网公司电力建设工程施工质量监理管理办法》(国家电网基建〔2010〕166号);

《国家电网公司输变电工程项目管理流动红旗竞赛实施办法》(国家电网基建〔2011〕147号);

《国家电网公司输变电工程安全文明施工标准化工作规定(试行)》(国家电网基建〔2005〕403号);

《输变电工程安全文明施工标准》(Q/GDW 250—2009);

《国家电网公司输变电工程安全文明施工标准化图册》;

《国家电网公司业主项目部标准化手册》(330kV及以上输变电工程分册);

《国家电网公司监理项目部标准化手册》(330kV及以上输电线路工程分册);

《国家电网公司施工项目部标准化手册》(330kV及以上输电线路工程分册);

《关于印发〈国家电网公司电网建设进度计划管理办法〉的通知》(国家电网基建〔2010〕170号);

《国家电网公司输变电工程结算管理办法》(基建〔2010〕173号);

《关于印发〈国家电网公司电网建设项目档案管理办法〉(试行)的通知》国家电网办〔2010〕250号;

《关于〈输变电工程施工现场安全通病防治工作〉的通知》(国家电网公司基建安全〔2010〕270号);

《关于强化输变电工程施工过程质量控制数码照片采集与管理与管理的工作要求》(国家电网基建质量〔2010〕322号);

《关于利用数码照片资料加强输输变电工程安全质量过程控制的通知》(国家电网基建质量〔2007〕25号);

《关于发布〈国家电网公司突发事件总体应急预案〉的通知》(国家电网安监〔2010〕1406号);

《国家重大建设项目文件归档要求与档案整理规范》(DA/T 28—2002);

《全国电力行业优质工程评选办法》(电力企协2011年修订发布);

《中国建筑工程鲁班奖(国家优质工程)评选办法》(中电建协〔2011〕8号);

《特高压交流示范工程线路监理包建设监理合同》;

《特高压交流示范工程线路监理包建设监理服务大纲》;

其他现行规程、规范及国网公司文件。

3.6　监理机构的组成形式

监理项目部机构设置及人员配备如图3-6-1～图3-6-3所示。

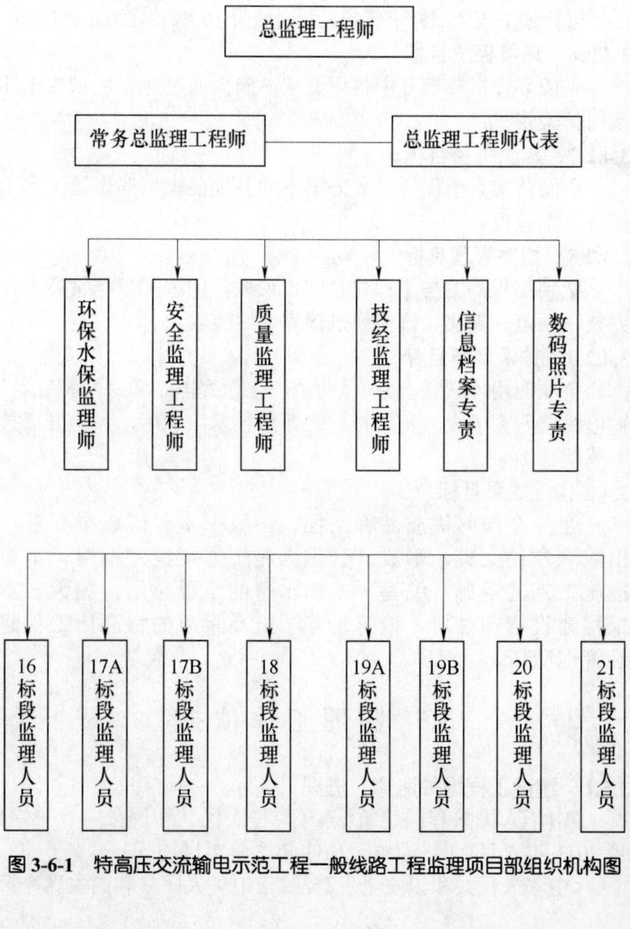

图3-6-1　特高压交流输电示范工程一般线路工程监理项目部组织机构图

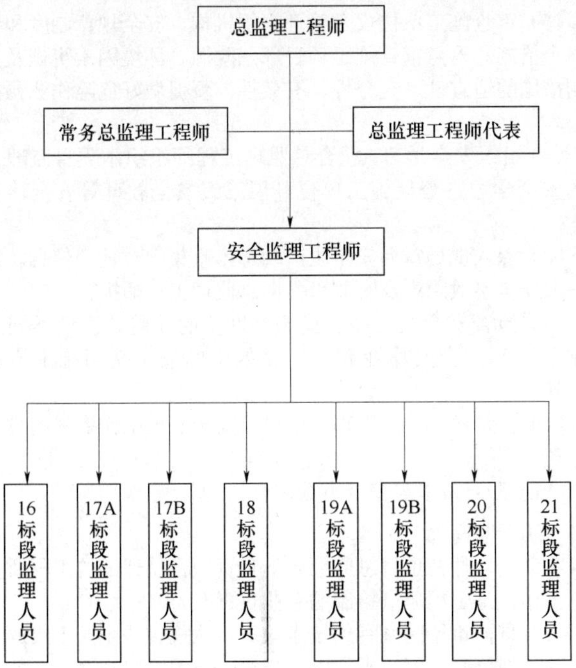

图 3-6-2　特高压交流输电示范工程
一般线路工程监理项目部安全管理组织机构图

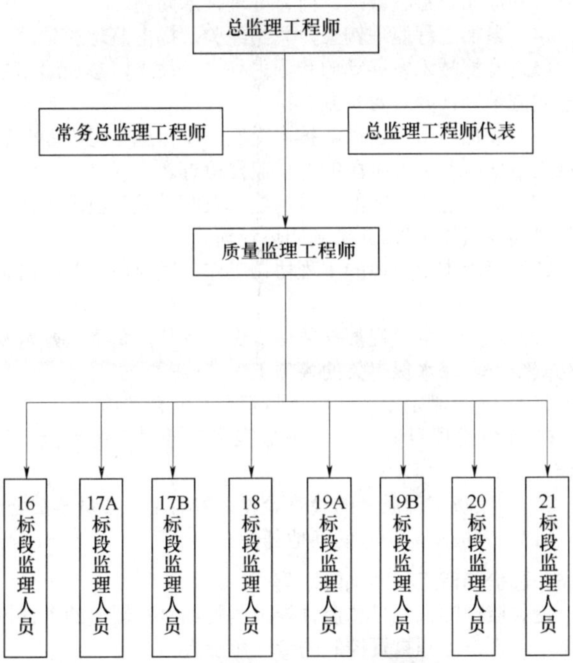

图 3-6-3　特高压交流输电示范工程
一般线路工程监理项目部质量管理组织机构图

3.7　项目监理机构的人员配备计划

根据本工程招标文件和合同要求，我公司在现场设监理项目部，项目总监根据公司法人的委托负责本工程的全部建设监理任务。为保证监理工作正常有序开展，我公司特派遣以下人员组建 1000kV 输电线路工程监理标段监理项目部，并计划于 10 月 30 日之前全部到位。监理项目部人员配备表见表 3-7-1。

表 3-7-1　　监理项目部人员配备表

序号	姓名	职务
1		总监理工程师
2		常务总监理工程师
3		总监理工程师代表
4		安全监理工程师
5		质量监理工程师
6		造价工程师
7		环保水保监理师
8		档案信息管理
9		数码照片管理
10		16 标段监理负责人
11		17A 标段监理负责人
12		17B 标段监理负责人
13		18 标段监理负责人
14		19A 标段监理负责人
15		19B 标段监理负责人
16		20 标段监理负责人（兼）
17		21 标段监理负责人

3.8　项目监理机构的人员岗位职责

3.8.1　总监理工程师职责

（1）确定项目监理机构人员的分工和岗位职责，并负责管理项目监理机构的日常工作。

（2）主持编写项目监理规划、审批项目监理实施细则。

（3）审查分包项目及分包单位的资质，并提出审查意见。

（4）检查和监督监理人员的工作，根据工程项目的进展情况进行人员调配，对不称职的人员应调换其工作。

（5）主持监理工作会议，签发项目监理机构的文件和指令。

（6）审查承包单位提交的开工报告、施工组织设计、方案、计划。

（7）审核签署承包单位的申请、和竣工结算。

（8）审查和处理工程变更。

（9）主持或参与工程质量、安全事故的调查。

（10）调解建设单位与承包单位的合同争议、处理索赔、审核工程延期。

（11）组织编写监理月报、监理工作阶段报告、专题报告和监理工作总结。

（12）审核签认分部工程和单位工程的质量检验评定资料，审查承包单位的竣工申请，组织监理人员对待验收的工程项目进行质量检查，参与工程项目的竣工验收。

（13）主持整理工程项目的监理资料。

3.8.2　常务总监理工程师职责

常务总监理工程师在总监理工程师的领导下进行工作，负责完成其分管的各项工作；在总监理工程师不在项目工地时，受其委托代行总监理工程师职责。

一、负责分管工作的职责

（1）协助总监理工程师主持编写项目监理规划，审核项目监理实施细则。

质量分管工作：对监理部编制的质量文件、施工单位报送的质量文件进行审查；参与组织质量大检查活动；对现场施工质量情况进行定期检查；参与工程质量事故的调查。

（2）技术分管工作：对监理部的技术文件进行指导和审查；组织审核施工单位报送的技术文件；审查和处理工程变更。

（3）安全分管工作：对监理部编制的安全文件、施工单位报送的安全文件进行审查；组织安全大检查活动；对现场安全文明施工情况进行定期检查；指导开展安全活动；参与工程安全事故的调查。

（4）信息分管工作：对监理部发出的资料文件进行审查；对收到的文件、通知等进行落实安排；指导信息管理员做好资料整理归档工作。

（5）负责总监理工程师指定或交办的其他监理工作。

二、授委托履行总监理工程师的部分职责

（1）审查分包单位的资质，并提出审查意见。

（2）主持监理工作会议，签发项目监理机构的文件和指令。

（3）组织编写并签发监理月报、监理工作阶段报告、专题报告和项目监理工作总结。

（4）审核分部工程和单位工程的质量检验评定资料，审查承包商的竣工申请，组织监理人员对验收的工程项目进行质量检查，参与工程项目的竣工验收。

（5）主持整理工程项目的监理资料。

3.8.3 总监理工程师代表职责

（1）负责总监理工程师指定或交办的监理工作。

（2）按总监理工程师的授权，行使总监理工程师的部分职责和权力。

总监理工程师不得将下列工作委托总监理工程师代表和副总监理工程师：

（1）主持编写监理规划、审批监理实施细则。

（2）签发工程开工报审表、工程复工申请表、工程暂停令、工程款支付申请表、工程竣工报验单。

（3）审核签认竣工结算。

（4）调解建设单位与承包单位的合同争议、处理索赔、审核工程延期。

（5）根据工程项目的进展情况进行监理人员的调配，调换不称职的监理人员。

（6）审查分包项目及分包单位的资质。

3.8.4 安全监理工程师岗位职责

在总监理工程师的领导下，负责工程建设项目安全监理的日常工作：

（1）做好风险管理的策划工作，编写监理规划中的安全监理管理内容和安全监理工作方案。

（2）参加施工组织设计中安全措施和施工过程中重大安全技术方案的审查。

（3）对危险性较大的工程安全施工方案或施工项目部提出的安全技术措施的实施进行监督检查。

（4）审查施工项目部、分包单位的安全资质和项目经理、专职安全管理人员、特殊作业人员的上岗资格，并在过程中检查其持证上岗情况。

（5）组织或参与安全例会和安全检查，参与重大施工的安全技术交底，对施工过程进行安全监督和检查，做好各类检查记录和监理日志。对不合格项或安全隐患提出整改要求，并督促整改闭环。

（6）审查施工单位安全管理组织机构、安全规章制度和专项安全措施。重点审查施工项目部危险源、环境因素辨识及其控制措施的适宜性、充分性、有效性，督促做好危险作业预控工作。

（7）组织安全学习。配合总监理工程师组织本项目监理人员的安全学习，督促施工单位开展三级安全教育等安全培训工作。

（8）深入现场掌握安全生产动态，收集安全管理信息。发现重大安全事故隐患及时制止并向总监理工程师报告。

（9）检查安全文明施工措施补助费的使用。协调不同施工单位之间的交叉作业和工序交接中的安全文明施工措施的落实。

（10）负责做好安全管理台账以及安全监理工作资料的收集和整理。

（11）配合或参与安全事故调查。

3.8.5 质量监理师

质量监理师在项目总监领导下负责项目监理部的工程质量控制工作，是工程质量控制的专业负责人。

（1）贯彻执行国家有关技术政策、法规、法令，上级颁发的标准、规范、规程、规定以及公司的技术管理制度。

（2）在总监理师的领导下开展监理工作，是总监理师的参谋和助手，围绕提高监理质量和水平，做好各项专业监理工作。

（3）在工程监理中，正确掌握监理标准、原则、方法。审查重要的原始资料、数据，监督处理技术问题。

（4）参加工程监理例会，总结经验，提出监理意见。

（5）掌握技术发展动向和国内外先进技术，参加编制专业监理实施细则，并负责实施。

（6）参加施工图会审、技术交底，审核施工组织专业设计和施工方案，参加各阶段的质量监督检查。

（7）对工程中存在的质量问题，及时下发“监理工作联系单”、“整改通知单”，并做到闭环管理。

（8）负责本专业内的工程协调工作，发现问题及时向总监汇报。

（9）配合安全工程师与环保水保工程师，负责做好本专业内与安全、环保水保有关的各项工作。

（10）负责制定本专业的质量记录并监督实施。

（11）负责项目监理部监理周报和监理月报的编制、上报工作。

（12）负责工程质量的检查验收，参与工程质量事故处理。

（13）完成总监交办的其他任务。

3.8.6 造价监理工程师岗位职责

造价监理师在项目总监领导下负责项目监理部的工程投资控制工作，是工程投资控制的专业负责人。

（1）认真学习贯彻执行国家和上级各部门颁发的有关定额、概预算、工程结算、工程造价咨询等方面的政策、法规、制度。

（2）按照电力工程的限额设计标准，以初设批准概算为最高限额，对施工图进行多层次的控制与管理。

（3）对施工图设计过程实施跟踪管理，发现偏差及时提出管理意见，并提出控制投资的指导意见。

（4）建立设计变更管理制度，对影响工程造价的重大设计变更，按照“先算账，后变更”的原则，早发现，早解决。

（5）对设备材料的选用和代用，必须严格按程序审批，防止出现接口遗留或不匹配现象，杜绝投资增加。

（6）积极参与施工招标工作，了解整个招标过程，核查招标工程量的准确性，严禁不合理报价的单位中标。

（7）根据合同制定系统、完善的工程前期及施工过程中的投资控制计划。

（8）审核承包商提交的施工资金运用计划，做好工程投资的统计工作，认真审核工程计量，严格控制工程款的支付。

（9）负责监理项目投资控制的纠纷协调工作，及时分析发现的问题，向顾客提交项目投资控制报告，完善投资控制措施，实现动态管理。

（10）协助信息管理员保存监理记录，各种往来文件、信函，特别注意施工实际发生的变更，为合理确定工程造价提供依据。

（11）负责工程竣工结算的审核工作并编写审核报告。

（12）完成总监交办的其他任务。

3.8.7　环保水保监理工程师

在总监理工程师的领导下负责项目监理部的工程环境保护和水土保持控制与管理工作，是环保、水保控制的专业负责人。

（1）依据有关法律法规和环评报告书的批复意见，现场核对设计单位对工程的环保、水保、文物保护设计措施到位、合理，发现问题，及时提出并敦促设计单位补充、修改和完善。

（2）按合同文件要求，根据施工图纸，监督承包人在施工过程中的施工废水、废渣、泥浆、粉尘、噪声以及各种工程生活垃圾的排放行为规范合理，施工现场及用地等方面的环保工作，耕地、植被的恢复工作落实到位。

（3）审查承包人的环保工作计划。

（4）检查承包人环保、水保、文物保护的管理机构和人员配置，相应的配套工程质量达标。

（5）检查临时工程的施工过程对环保的影响。

（6）汇总、整理环境监控数据，分析结果，及时向总监报告。

（7）编制环境监测月报。

（8）协助合同计量工程师审核环境项目的计量。

（9）填写环境监理日志。

（10）定期组织承包单位现场环保、水保、文明施工执行情况检查。

（11）完成总监交办的其他工作。

3.8.8　档案信息专责岗位职责

在总监理工程师领导下负责项目监理部的文件收发、归档工作，在质量监理工程师的指导下做好监理资料的整理工作，并做好项目监理部的日常事务。

（1）负责项目监理部的文件、资料的归档工作，保证其完整率、准确率、及时率，满足档案工作要求。

（2）负责项目监理部书报、信件的收发工作，公函、工程文件及公司下发各种文件的传阅工作，保证传阅的迅速性和全面性。

（3）负责项目监理部计算机、传真机、打印机等办公设施的操作和维护，满足工程的需要。

（4）及时做好项目监理部所需物品的资料统计，负责办公用品及其零星物品的领取发放工作。

（5）做好项目监理部人员的考勤工作，及时向公司上报监理人员考勤表，做到及时、准确。

（6）保管好项目监理部的办公用品、劳保用品、设备等，建立台账，并负责台账管理。

（7）做好项目监理部办公室、接待室的卫生工作，保持整洁、有序的工作环境；协助其他监理人员做好客人的接待工作。

（8）完成总监交办的其他任务。

3.8.9　标段监理站负责人职责

（1）直接受项目监理部的领导，全面负责施工段监理工作。

（2）组织监理人员贯彻执行与工程有关的规范、标准、文件和公司及项目监理部制定的制度、办法等。

（3）组织监理人员严格按照“监理实施细则”认真做好本段现场监理工作。

（4）初审标段项目部上报的开工、竣工“报审资料”提出初步审查意见，对施工方上报的工程进度审核签认。

（5）定期向监理总部汇报工程实施状况和监理工作情况。发现问题起草《监理工作联系单》和《监理工程师通知单》报总部。

（6）编制上报本段监理组的监理周报、监理月报等文件。

（7）主持本段监理组的监理工作会议，并编写会议纪要。

（8）负责项目监理总部、施工项目部、施工队、驻队监理人员之间的信息沟通工作。

（9）协调现场监理人员的关系，加强监理人员的配合和接口工作，使工程监理规范、有效。

（10）督促监理人员填写监理日志、监理记录等。

（11）负责本专业分项工程验收及隐蔽工程验收。

（12）参加分部工程质量中间验评，编写监理工作汇报文件。

（13）编写分部工程监理工作总结和工程监理工作总结。

（14）执行监理部临时安排的其他工作。

3.8.10　现场监理人员职责

（1）在专业监理工程师的指导下开展现场监理工作。

（2）检查承包商投入工程项目的人力、材料、主要设备及其使用、运行状况，并做好检查记录。

（3）复核或从施工现场直接获取工程计量的有关数据并签署有关凭证。

（4）按设计图及有关标准，对承包商的工艺过程或施工工序进行检查和记录，对加工制作及工序施工质量检查结果进行记录。

（5）担任旁站工作，发现问题及时指出并向本段监理组负责人汇报，遇有重大问题，必要时向项目监理部汇报。

（6）做好监理日记和有关的监理记录。

3.9　监理工作程序

3.9.1　工程监理工作程序

工程监理工作程序如图 3-9-1 所示。

3.9.2　安全管理工作总体流程

安全管理工作总体流程如图 3-9-2 所示。

3.9.3　质量管理工作总体流程

质量管理工作总体流程如图 3-9-3 所示。

3.9.4　监理造价管理工作总体流程

监理造价管理工作总体流程如图 3-9-4 所示。

3.9.5　技术管理工作总体流程

技术管理工作总体流程如图 3-9-5 所示。

3.9.6　监理工作策划流程

监理工作策划流程如图 3-9-6 所示。

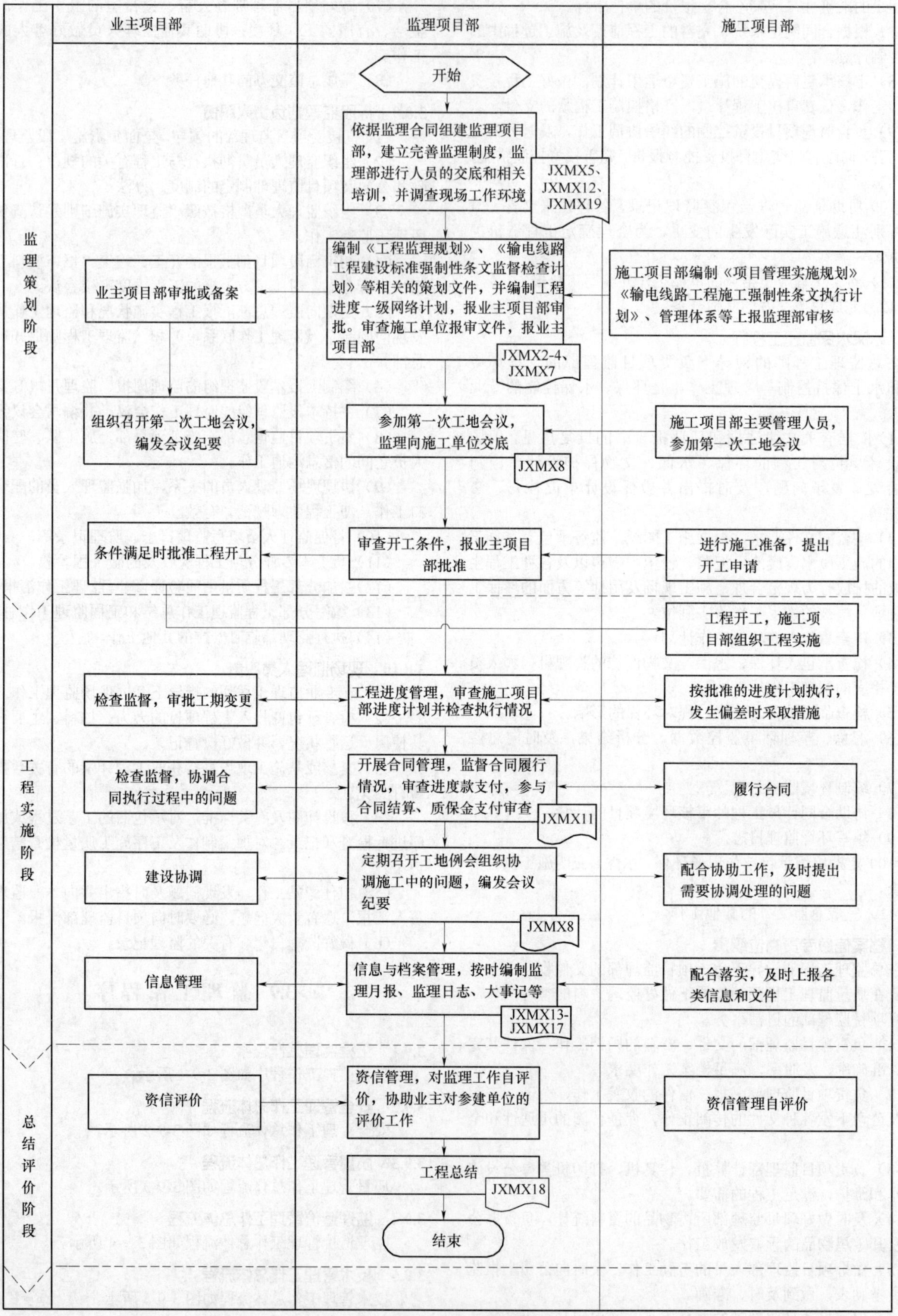
业主项目部
监理项目部
施工项目部
开始
依据监理合同组建监理项目部，建立完善监理制度，监理部进行人员的交底和相关培训，并调查现场工作环境
JXMX5、JXMX12、JXMX19
监理策划阶段
业主项目部审批或备案
编制《工程监理规划》、《输电线路工程建设标准强制性条文监督检查计划》等相关的策划文件，并编制工程进度一级网络计划，报业主项目部审批。审查施工单位报审文件，报业主项目部
JXMX2-4、JXMX7
施工项目部编制《项目管理实施规划》《输电线路工程施工强制性条文执行计划》、管理体系等上报监理部审核
组织召开第一次工地会议，编发会议纪要
参加第一次工地会议，监理向施工单位交底
JXMX8
施工项目部主要管理人员，参加第一次工地会议
条件满足时批准工程开工
审查开工条件，报业主项目部批准
进行施工准备，提出开工申请
工程开工，施工项目部组织工程实施
工程实施阶段
检查监督，审批工期变更
工程进度管理，审查施工项目部进度计划并检查执行情况
按批准的进度计划执行，发生偏差时采取措施
检查监督，协调合同执行过程中的问题
开展合同管理，监督合同履行情况，审查进度款支付，参与合同结算、质保金支付审查
JXMX11
履行合同
建设协调
定期召开工地例会组织协调施工中的问题，编发会议纪要
JXMX8
配合协助工作，及时提出需要协调处理的问题
信息管理
信息与档案管理，按时编制监理月报、监理日志、大事记等
JXMX13-JXMX17
配合落实，及时上报各类信息和文件
总结评价阶段
资信评价
资信管理，对监理工作自评价，协助业主对参建单位的评价工作
资信管理自评价
工程总结
JXMX18
结束

图 3-9-1　工程监理工作程序

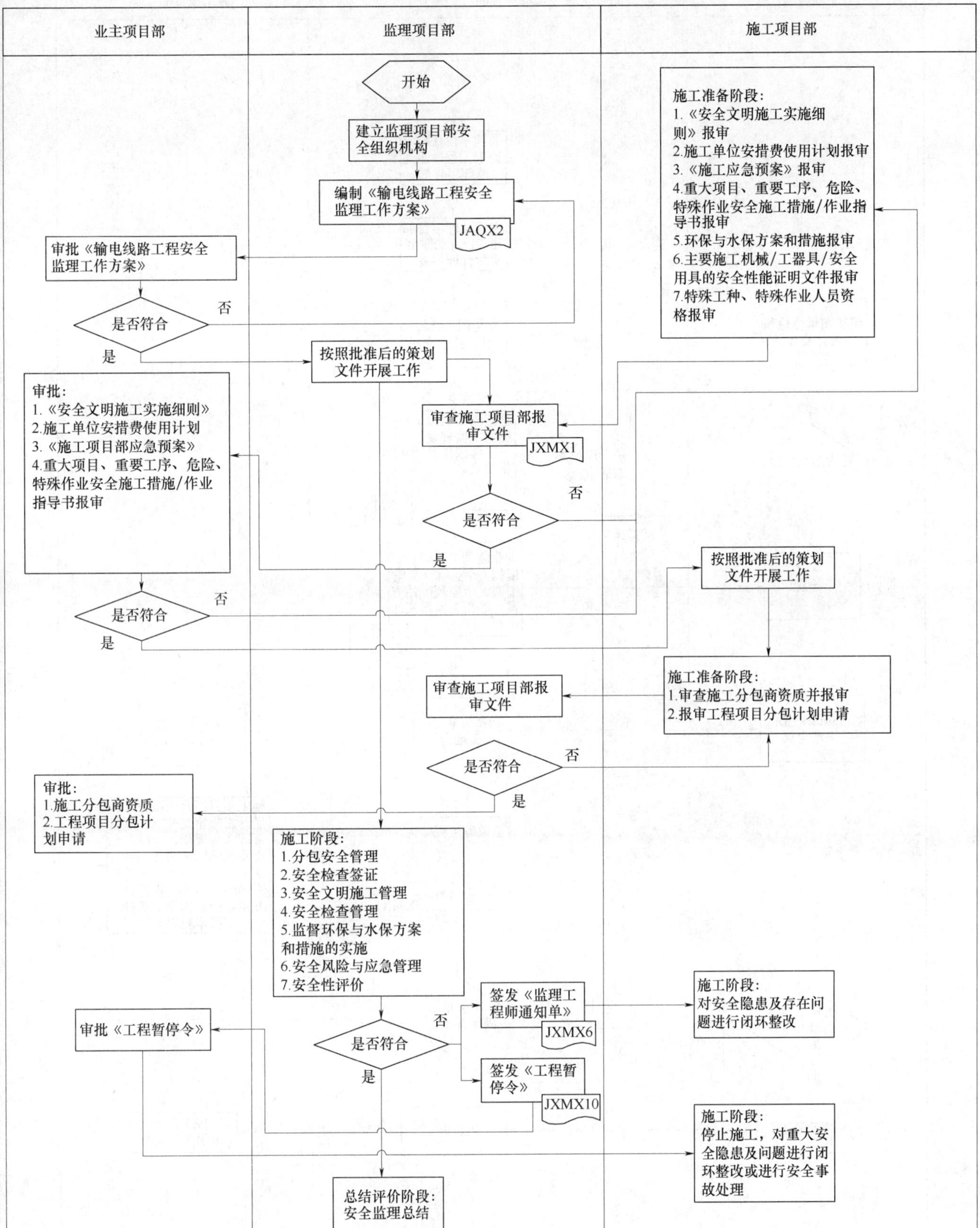

图 3-9-2　安全管理工作总体流程

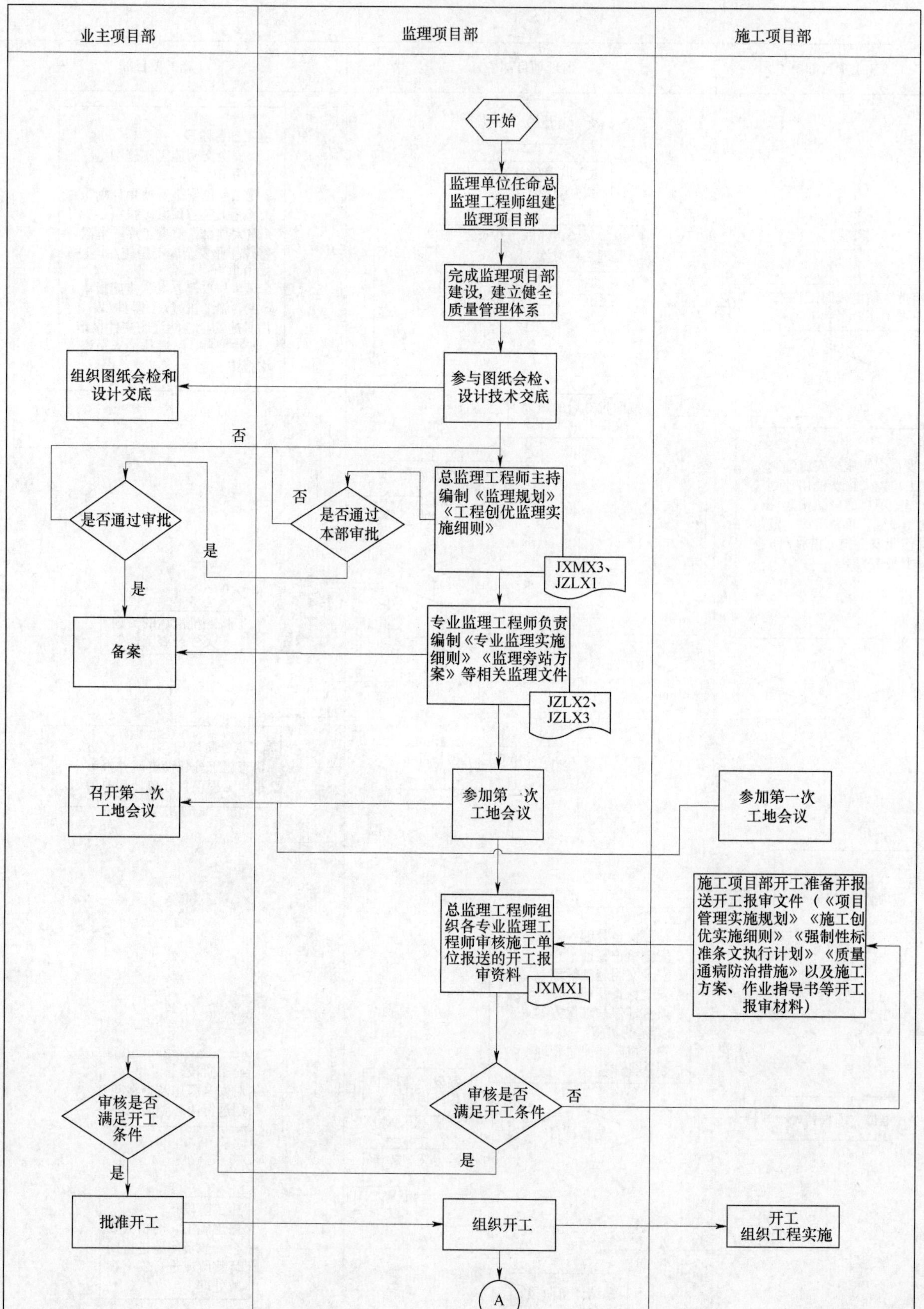

图 3-9-3（一） 质量管理工作总体流程

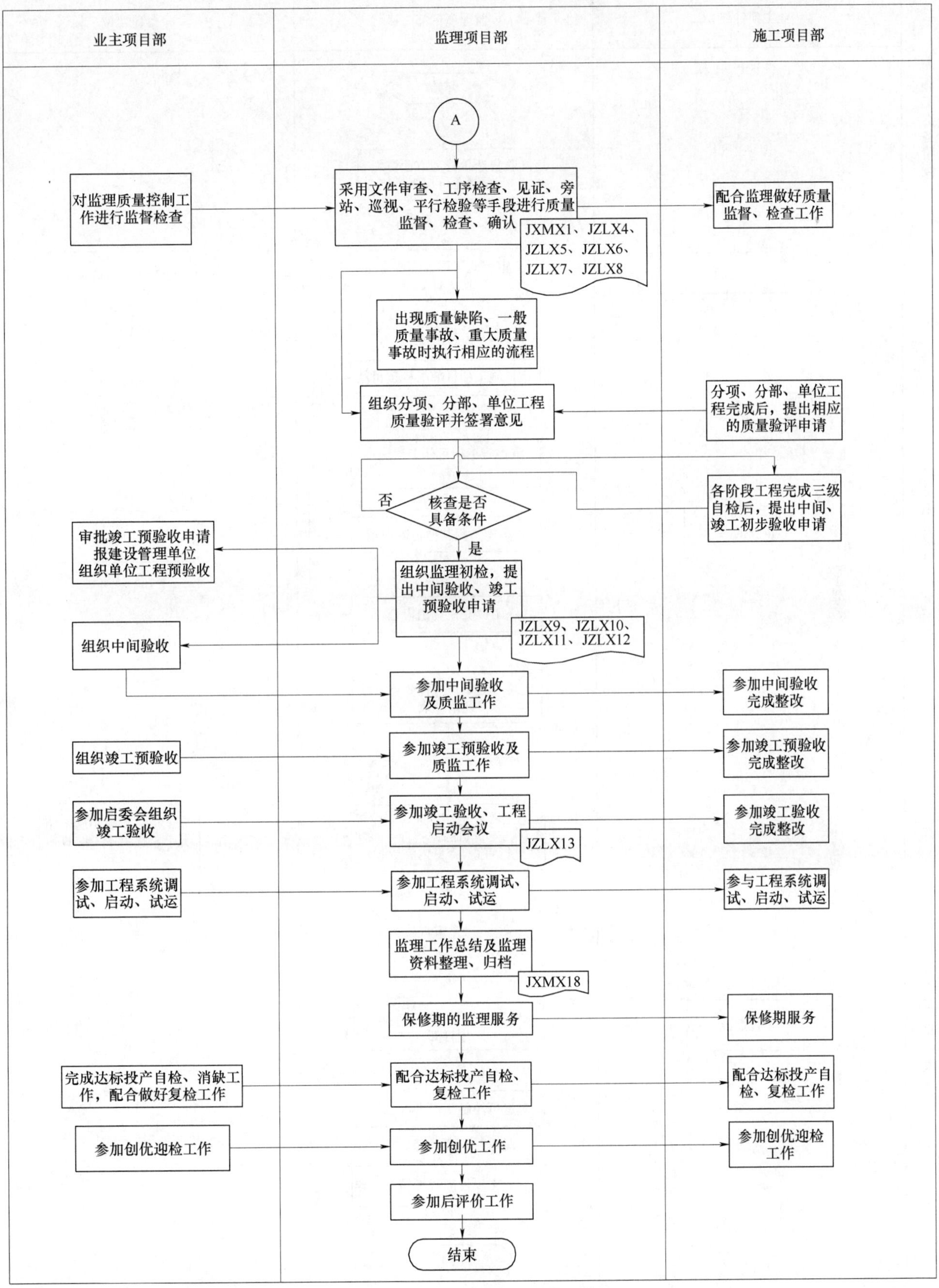

图 3-9-3（二）　质量管理工作总体流程

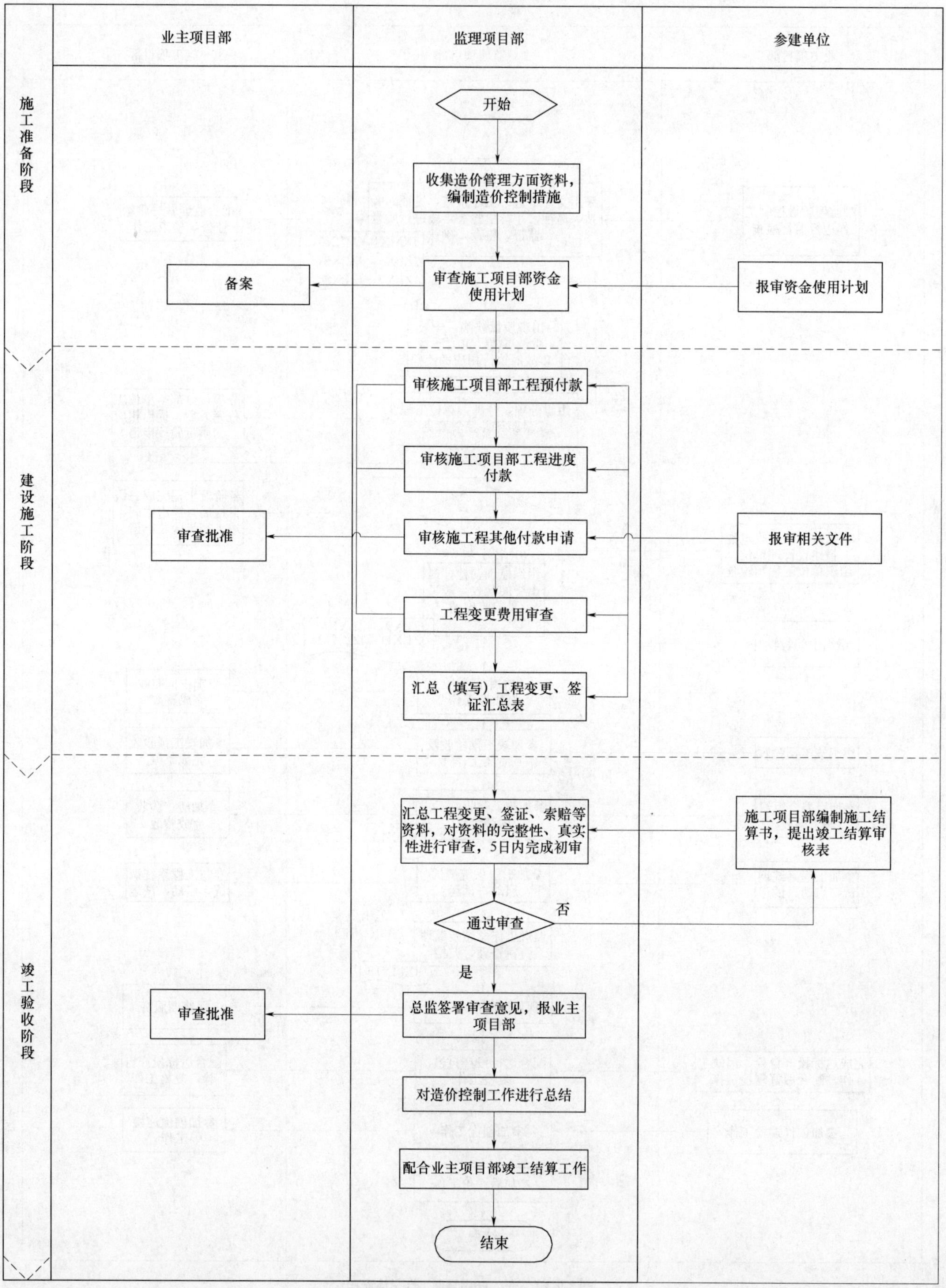

图 3-9-4　监理造价管理工作总体流程

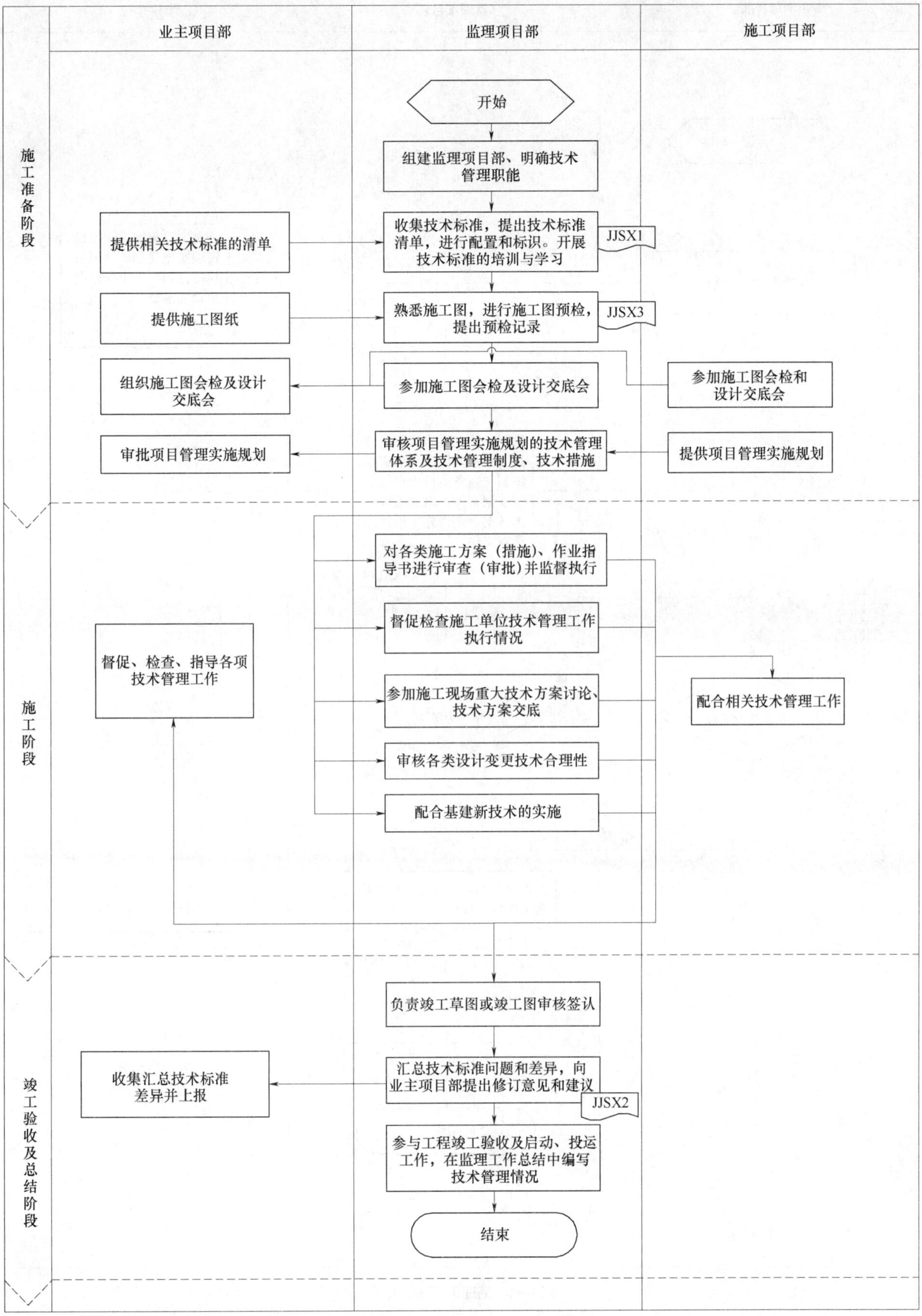

图 3-9-5 技术管理工作总体流程

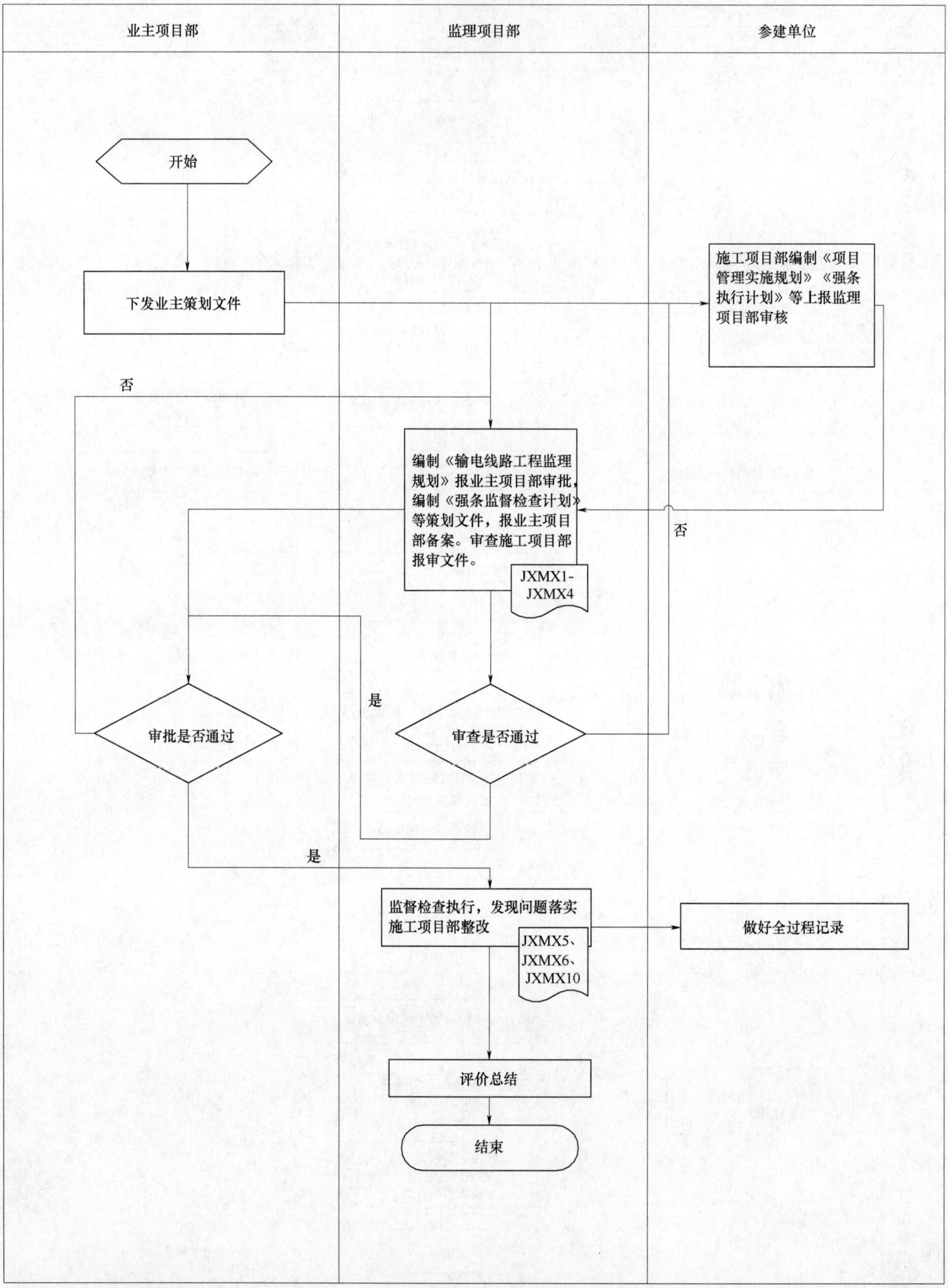

图 3-9-6　监理工作策划流程

3.9.7　开工条件审查流程

开工条件审查流程如图 3-9-7 所示。

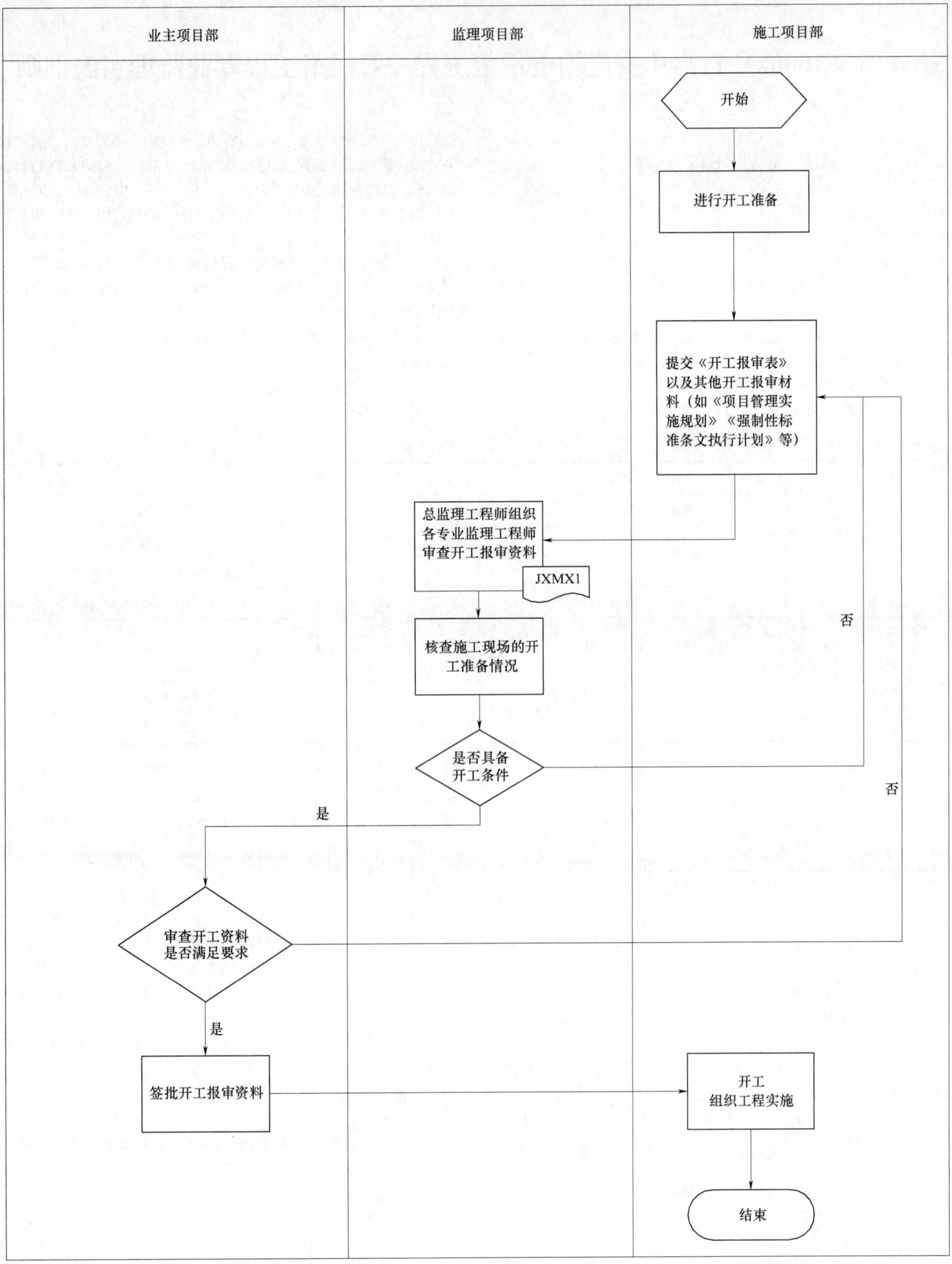

图 3-9-7　开工条件审查流程

3.9.8　进度管理流程

本章其余内容见光盘。

第 4 章 1000kV 特高压交流输电示范工程一般线路工程专业监理实施细则

4.1 基础分部工程

4.1.1 工程概况及特点

4.1.1.1 工程概况

4.1.1.1.1 工程概况简介

本段工程线路长度 161.898km，新建铁塔 357 基，其中灌注桩基础占基础工程总量的 82.4%。铁塔总重量 80129t，最大单基重量 401t，平均高度 109m，最高单基高度 141m。

本段工程基础型式为：灌注桩基础、掏挖式基础、岩石嵌固基础、柔性基础，其中灌注桩基础占基础工程总量的 82.4%。

铁塔塔型直线塔 12 种 SZ321、SZ322、SZ323、SZC301、SZC302、SZC303、SZC304、SZC305、SZC306、SZC307、SK321、SK322；耐张塔 12 种 SJ321、SJ322、SJ323、SJ324、SJ325、SJ326、SJ327、SJC301、SJC302、SJC303、SJC304、SJC305；直线耐张塔 1 种 SZJ321；终端塔 1 种 SDJ322P；换位塔 1 种 FHJ1-1。

全线采用同塔双回架设，导线采用 8×LGJ-630/45 型钢芯铝绞线，地线一根为 LBGJ-240-20AC 型铝包钢绞线，另一根为光缆 OPGW-240。

本段共分 8 个施工标段。

4.1.1.1.2 参建单位

4.1.1.1.3 本段施工段划分表

见表 4-1-1。

表 4-1-1 本段施工段划分表

序号	转角号（桩号）	线路实际长度/km	备注
16 标	浙北变架构～J52	26.647	不含 J52
17-1 标	J52～H17（K5）	15.479	含 J52 不含 H17（K5）
17-2 标	H17（K5）～H23（K28）	9.886	含 H17（K6）、不含 H23（K28）
18 标	H23（K28）～H42（K95）	28.333	含 H23（K28）、不含 H42（K95）
19-1 标	H42（K95）～H57（K154）	26.204	含 H42（K95）、不含 H57（K154）
19-2 标			
20 标	H57（K154）～HG77B（K215）	27.791	含 H57（K154）、不含 HG77B（K215）
21 标	HG77B（K215）～沪西变构架	27.53	含 HG77B（K215）、含 H84（K240）

4.1.1.1.4 工程量

4.1.1.1.4.1 基础型式一览表

见表 4-1-2。

表 4-1-2 基础型式一览表

基础型式	掏挖式基础	岩石嵌固基础	柔性板式基础	灌注桩基础	合计
基数	12	33	10	312	357

4.1.1.1.4.2 工程材料一览表

基础钢材：基础钢筋有 HPB235 光圆钢筋和 HRB335 螺纹钢筋两种；地脚螺栓的材质 M64 以下为#35 钢，M64 以上为 45#钢。

混凝土：板式基础混凝土均采用 C25 级，掏挖式、岩石嵌固基础及灌注桩基础为 C30 级，保护帽及垫层为 C15 级。

焊条：对于 20MnSi 钢筋必须经过焊接试验合格后方能使用。HPB235 钢筋焊条采用 E4303 型号，HRB335 钢筋焊条采用 E5003 型号。

4.1.1.1.5 地形、地质、地貌及交通情况

本段工程沿线海拔在 400m 以下，地形以山地、丘陵及河网为主，地形分布情况为平原 44.4%，河网、泥沼地 40.5%，山地 15.1%。地势西高东低，山地、丘陵段地形起伏大，河网段地形平坦，鱼塘、河沟纵横，水系发达，公路发达，交通便利。

4.1.1.2 工程特点

本工程为同塔双回架设输电线路，铁塔采用钢管塔，共计 357 基；钻孔灌注桩基础占基础总数的 82.4%；线路跨越多条高等级线路、铁路、高速路。在基础型式、铁塔结构、铁塔运输、铁塔组立、导地线选取等方面提出了新的技术理念和挑战，特点如下：

（1）杆塔基础受力大，普通基础已经不适应本工程，鉴于不同地形、不同地质条件，本工程设计广泛使用了深挖基础，钻孔灌注桩基础就是其中的典型之一。针对本标段淤泥层比较厚，地基承载力低的地质情况，钻孔灌注桩以其适应性强、成本适中、后期质量稳定、承载力大等优点被采用。灌注桩基础施工工艺复杂，为此怎样进行基础施工控制是本工程监理工作的重点之一。

（2）本标段河网所占比例较大，给基础施工及原材料运输带来一定难度。

4.1.2 编制依据

4.1.2.1 合同文件

项目法人提供的、与履行监理合同义务有关的本工程各参建方之间签订的各类合同，包括但不限于：

（1）建设监理合同。

（2）工程设计合同。

（3）施工承包合同。

（4）物资订货合同。

4.1.2.2 法律法规及管理条例

本工程建设中应遵守的法律法规及管理条例，包括但不限于：

（1）《中华人民共和国合同法》（中华人民共和国主席令第15号1999年3月15日颁布、1999年10月1日施行）。

（2）《中华人民共和国劳动法》（中华人民共和国主席令第28号1994年7月5日颁布、1995年1月1日施行）。

（3）《中华人民共和共劳动合同法》（中华人民共和国主席令第65号2007年6月29日颁布、2008年1月1日起施行）。

（4）《中华人民共和国安全生产法》（中华人民共和国主席令第70号2002年6月29日颁布、2002年11月1日施行）。

（5）《中华人民共和国建设工程安全生产管理条例》（中华人民共和国国务院令第393号2003年11月24日颁布、2004年2月1日施行）。

（6）《中华人民共和国建筑法》（中华人民共和国主席令第46号2011年4月22日颁布、2011年7月1日施行）。

（7）《中华人民共和国建设工程质量管理条例》（中华人民共和国国务院令第279号2000年1月30日颁布施行）。

（8）《中华人民共和国水土保持法》（中华人民共和国主席令第39号2010年12月25日颁布、2011年3月1日起施行）。

（9）《中华人民共和国电力法》（中华人民共和国主席令第60号1995年12月28日颁布、1996年4月1日施行）。

（10）《中华人民共和国环境保护法》（中华人民共和国主席令第22号1989年12月26日颁布施行）。

（11）《中华人民共和国消防法》（中华人民共和国主席令第6号2008年10月28日颁布、2009年5月1日起施行）。

4.1.2.3 工程管理文件

本工程有关工程管理文件应为其最新版本：

（1）《国家电网公司基建安全管理规定》（国家电网基建〔2010〕1020号）。

（2）《国家电网公司建设工程施工分包安全管理规定》（国家电网基建〔2010〕174号）。

（3）《国家电网公司电力建设起重机械安全监督管理办法》（国家电网基建〔2008〕891号）。

（4）《国家电网公司输变电工程达标投产考核办法》（国家电网基建〔2011〕146号）。

（5）《国家电网公司输变电优质工程评选办法》（国家电网基建〔2011〕148号）。

（6）《国家电网公司工程建设质量管理规定（试行）》（国家电网基建〔2006〕699号）。

（7）《输变电工程建设标准强制性条文实施管理规程》（Q/GDW 248—2008）。

（8）《国家电网公司输变电工程质量通病防治工作要求及技术措施》（国家电网基建质量〔2010〕19号）。

（9）《国家电网公司输变电工程标准工艺示范光盘》（国家电网基建质量〔2009〕290号）。

（10）《关于应用〈国家电网公司输变电工程工艺标准库〉的通知》（国家电网公司基建质量〔2010〕100号）。

（11）《国家电网公司输变电工程施工工艺示范手册》（国家电网公司基建质量〔2006〕135号）。

（12）《国家电网公司输变电工程典型施工方法》（国家电网公司基建质量〔2011〕78号）。

（13）《国家电网公司电力建设工程施工质量监理管理办法》（国家电网基建〔2010〕166号）。

（14）《国家电网公司输变电工程安全质量管理流动红旗竞赛实施办法》（国家电网基建〔2011〕147号）。

（15）《国家电网公司输变电工程安全文明施工标准化工作规定（试行）》（国家电网基建〔2005〕403号）。

（16）《输变电工程安全文明施工标准》（Q/GDW 250—2009）。

（17）《国家电网公司输变电工程安全文明施工标准化图册》。

（18）《国家电网公司业主项目部标准化手册》（330kV及以上输变电工程分册）。

（19）《国家电网公司监理项目部标准化手册》（330kV及以上输电线路工程分册）。

（20）《国家电网公司施工项目部标准化手册》（330kV及以上输电线路工程分册）。

（21）《关于印发〈国家电网公司电网建设进度计划管理办法〉的通知》（国家电网基建〔2010〕170号）。

（22）《国家电网公司输变电工程结算管理办法》（基建〔2010〕173号）。

（23）《关于印发〈国家电网公司电网建设项目档案管理办法〉（试行）的通知》国家电网办〔2010〕250号。

（24）《关于〈输变电工程施工现场安全通病防治工作〉的通知》（国家电网公司基建安全〔2010〕270号）。

（25）《关于强化输变电工程施工过程质量控制数码照片采集与管理与管理的工作要求》（国家电网基建质量〔2010〕322号）。

（26）《关于利用数码照片资料加强输输变电工程安全质量过程控制的通知》（国家电网基建质量〔2007〕25号）。

（27）《关于发布〈国家电网公司突发事件总体应急预案〉的通知》（国家电网安监〔2010〕1406号）。

（28）《国家重大建设项目文件归档要求与档案整理规范》（DA/T 28—2002）。

（29）《全国电力行业优质工程评选办法》（电力企协2011年修订发布）。

（30）其他国网公司下发文件。

4.1.2.4 标准、规程、规范

本工程主要采用的标准、规程、规范应为其最新版本：

（1）《工程测量规范》（GB 50026—2007）。

（2）《建筑工程施工质量验收统一标准》（GB 50300—2001）。

（3）《电力金具制造质量钢铁件热镀锌层》（DL/T 768.7—2002）。

（4）《土方与爆破工程施工操作规程》（YSJ 40—1989）。

（5）《建筑地基基础工程施工质量验收规范》（GB 50202—2002）。

（6）《混凝土强度检验评定标准》（GB/T 50107—2010）。

（7）《混凝土结构工程施工质量验收规范》（GB 50204—2002）（2011版）。

（8）《普通混凝土配合比设计规程》（JGJ 55—2000）。

（9）《钢筋焊接及验收规程》（JGJ 18—2003）。

（10）《钢筋机械连接技术规程》（JGJ 107—2010）。

（11）《钢结构工程施工质量验收规范》（GB 50205—2001）。

（12）《钢结构设计规范》（GB 50017—2003）。

（13）《输电线路施工机具设计、试验基本要求》（DL/T 875—2004）。

（14）《建筑桩基技术规范》（JGJ 94—2008）。

（15）《建筑用砂》（GB/T 14684—2001）。

（16）《建筑用卵石、碎石》（GB/T 14685—2001）。

（17）《建设工程监理规范》（GB 50319—2000）。

（18）《电力建设工程监理规范》（DL/T 5434—2009）。

（19）《建筑电气工程施工质量验收规范》（GB 50303—

2002)。

(20)《建筑工程文件归档整理规范》(GB/T 50328—2001)。

(21)《建筑工程冬期施工规程》(JGJ 104—97)。

(22)《混凝土质量控制标准》(GB 50164—92)。

(23)《建筑机械使用安全技术规程》(JGJ 33—2001)。

(24)《施工现场临时用电安全技术规范》(JGJ 46—2005)。

(25)《普通混凝土用砂、石质量及检验方法标准》(JGJ 52—2006)。

(26)《1000kV 架空送电线路施工及验收规范》(Q/GDW 153—2006)。

(27)《1000kV 架空送电线路工程施工质量检验及评定规程》(Q/GDW 163—2007)。

(28)《1000kV 交流架空输电线路设计暂行技术规定》(QGDW 178—2008)。

(29)《电力建设安全工作规程(架空送电线路部分)》(DL 5009.2—2004)。

(30)其他现行规程、规范。

4.1.3 监理目标

建设"安全可靠、自主创新、经济合理、环境友好、国际一流"的优质精品工程。

4.1.3.1 质量目标

工程质量符合施工及验收规范要求,符合设计要求,实现零缺陷移交。工程质量评定为优良,线路工程单位工程优良率100%、分部工程优良率100%。推进质量管理和施工工艺创新,争创质量管理流动红旗,确保达标投产,确保国家电网公司优质工程奖,确保中国电力优质工程奖,确保国家优质工程银质奖,力争国家优质工程金质奖。

4.1.3.1.1 单元工程质量达到优良级

(1)关键项目100%达到规程的优良级标准。

(2)重要项目、一般项目和外观项目必须100%地达到本规程的合格级标准;全部检查项目中有80%及以上达到优良级标准。

4.1.3.1.2 分项工程优良级

该分项工程中单元工程100%达到合格级标准,且检查(检验)项目优良级数达到该分项工程中检查(检验)项目总数的80%及以上者。

4.1.3.1.3 分部工程优良级

分部工程中分项工程100%合格,并有80%及以上分项工程达到优良级,且分部工程中的检查(检验)项目优良数目达到该分部工程中检查(检验)项目总数的80%及以上者。

4.1.3.2 进度目标

2011年10月开工,2013年12月投产。

通信工程、消防、环保、水保、安全设施等工程随本体工程同时设计、同时施工、同时完成竣工验收、同时投入使用。

(1)基础工程计划2011年10月30日开工。

(2)确保工程里程碑各节点计划的实现。

(3)计划基础工程2012年11月10日完工。

(4)工程协调及时率100%,责任落实率100%,问题关闭率100%。

4.1.3.3 投资目标

各单项工程投资不超过初步设计审批概算,工程总投资不超过工程初步设计审批概算。

严格管理施工承包合同规定范围内的承包总费用,监理范围内的工程,工程总投资控制在批准的概算范围之内。按照合同规定的程序和原则履行好投资控制工作,积极配合设计、施工单位进行技术优化工作,及时主动的反映、协调有可能对工程投资造成影响的任何事宜,并承担因此造成的投资浪费的相应责任。最终工程投资控制在批准概算以内,并符合工程静态投资,动态管理的要求,力求优化设计、精心施工、节约投资,工程造价合理。

4.1.4 监理工作流程及重点工作

4.1.4.1 质量控制的流程及重点工作

4.1.4.1.1 审查施工项目部编写的"施工质量验收项目划分表"明确W、H、S点,督促施工单位按要求严格执行,并及时组织专业监理工程师及时进行质量验收。

4.1.4.1.2 编制旁站监理方案,明确旁站项目、旁站要求,组织专业监理人员严格按要求实施旁站监理。

4.1.4.1.3 对施工单位自购原材料进行见证取样并送检,确保自购原材料质量满足工程建设需要。

4.1.4.1.3.1 对业主供货材料组织开箱检查验收,发现问题,及时处理,保证业主供货材料质量,避免不合格品进入施工现场。

4.1.4.1.3.2 对检查出不符合设计要求或质量不合格的材料,要求施工承包商填写《设备(材料/构配件)缺陷处理报验表》,报监理项目部备案。

4.1.4.1.3.3 监理项目部对施工承包商项目部的工程材料质量问题处理措施进行跟踪监督,做到闭环控制。

4.1.4.1.3.4 审核进场材料是否满足连续施工需要,保证工程材料供应及时。

4.1.4.1.4 定期召开质量分析会,分析工程施工质量管理体系的运转,通过对现场工程实体施工质量的检查实际情况的分析,确定下一步工程质量控制重点。

4.1.4.1.5 运用定期检查和监理旁站、巡视检查相结合的方式,加强质量强制性条文的执行监督、检查力度。

4.1.4.1.6 定期进行进行质量通病防治专项检查,结合监理旁站、巡视检查加强监督、检查力度。

4.1.4.1.7 理顺质量与进度之间的关系,当质量与进度发生矛盾时进度应服从质量的要求。

4.1.4.2 进度控制的重点工作

4.1.4.2.1 审核施工单位的施工计划与工程工期目标是否一致,保证施工进度计划与工期目标相一致

4.1.4.2.2 定期召开工程协调会,对设计进度进行检查和协调,对设计承包商提出的影响设计进度的问题,组织有关单位及时协调解决。

4.1.4.2.3 加大现场协调工作力度,当实际进度与计划进度不一致时,分析原因,提出下阶段的调整要求。当实际进度严重滞后于计划进度时,由总监理工程师报建设管理单位,协商采取进一步措施。

4.1.4.2.4 当工程受到干扰或影响而至工期延长时,根据建设管理单位的要求,应积极的采取措施,提出调整施工进度计划的建议,经建设管理单位批准后负责贯彻实施。

4.1.4.2.5 检查施工承包商劳动力、机具的投入计划是否满足施工进度要求。对施工承包商拟用于本工程的机械装备的性能与数量进行核对,发现不能满足施工进度需要时,书面通知施工承包商进行调整。

4.1.4.2.6 对材料、构配件、设备采购过程实行动态管理,经常性、定期将实际采购情况与计划进行对比、分析,发现问题,及时进行调整,使材料、构配件、设备采购计划的实施始终处在动态循环、可控、能控状态。

4.1.4.2.7 监理工程师应在监理月报和月度协调会上及时向建设管理单位报告工程进度和所采取的进度控制措施以及执行情

况，提出合理预防工期索赔的措施。

4.1.4.2.8 专业监理工程师应检查进度计划的实施，并记录实际进度及其相关情况，当发现实际进度滞后于计划进度时，应书面通知承包商采取纠偏措施，并监督实施。

4.1.4.2.9 根据现场施工进度情况，监督检查设计文件交付进度，督促设计承包商面定期提出设计文件交付进度报告，定期向建设管理单位报告进度情况和存在问题，使设计进度始终处于受控状态。

4.1.4.3 造价控制及合同管理

4.1.4.3.1 造价控制

4.1.4.3.1.1 组织投资控制监理工程师建立计量台账进行核对和管理，做好工程计量审核工作。对达到合同、规范标准的工程及时进行工程计量，确保工程量统计及时、完整、真实、有效，向建设管理单位真实准确的反映工程实际情况，为工程进度款的支付提供依据，加强工程造价控制。重点控制以下工程项目：隐蔽工程；护坡、挡土墙等工程；交叉跨越；新材料、新技术、新工艺的应用、试验；通道清理费用（房屋拆迁、树木砍伐、青苗赔偿等）。

4.1.4.3.1.2 建立完善的工程计量程序，严格控制工程现场签证工作（特别是因现场地质与地质报告发生不符时所产生的签证），核查设计地形地质与工程实际情况是否相符，设计工程量与实际工程量是否相符，确保工期及费用签证得以有效控制。

4.1.4.3.1.3 做好工程竣工验收阶段的投资控制工作，及时搜集、整理与工程结算有关的施工和监理资料，并对资料进行统计、汇总，为处理费用索赔提供证据。

4.1.4.3.1.4 严格按照建设管理单位要求的竣工结算程序，审核竣工结算报告，编制详细的工程结算监理审核报告，载明每一项核减或核增的计算依据和结果，并出具监理意见，做到公平、公正。

4.1.4.3.2 合同管理

4.1.4.3.2.1 坚持以合同文件为依据，实行履约检查制度，以程序化、精细化管理作为核心，加强工程纵向、横向联系和接口协调。

4.1.4.3.2.2 依据《国家电网公司监理项目部标准化工作手册》内相关内容，建立合同管理机构，配备专门人员负责合同的订立、履行和管理工作，建立完善的合同管理体系，在组织上为管理合同提供保证。

4.1.4.3.2.3 按照建设管理单位要求，积极参与相关合同评审、合同谈判、合同签订、合同执行过程中的履约检查、索赔处理。通过监理工程师进行纠正偏差、纠纷处理和多方协调的工作，保证工程有关各方对合同的履约，达到工程建设的预期目标。

4.1.4.3.2.4 依据国家有关的法律、法规和工程项目所在地的地方性标准、规范和定额、施工合同履行过程中与索赔事件有关的凭证，加强工程索赔管理。

4.1.5 监理工作内容、措施、方法

4.1.5.1 作业人员及资格的控制

4.1.5.1.1 审查施工单位报审的项目管理人员资格，主要管理人员是否与投标文件一致，管理人员数量是否能满足工程施工需要，如需更换项目经理要得到建设管理单位的书面同意。

4.1.5.1.2 检查施工单位作业人员质量、安全培训记录，特殊作业人员已经过专业技术交底。

4.1.5.1.3 检查特种作业人员的资格证是否有效，是否与报审资料一致，发现问题，及时要求施工单位纠正。

4.1.5.1.4 检查施工人员到位及状态情况，现场作业人员是否数量符合施工组织要求。

4.1.5.2 原材料的控制

4.1.5.2.1 钢筋检查

4.1.5.2.1.1 检查钢筋规格和各部尺寸符合设计图纸要求。

4.1.5.2.1.2 审核钢筋生产厂家资质、材质证明、试验报告等质量证明文件。钢筋进场后施工项目部应通知监理人员对各型号钢筋的取样送检进行见证，监理人员对钢筋的见证取样做记录并建立见证取样管理台账。

4.1.5.2.1.3 检查钢筋焊接质量，包括搭接长度、焊缝外观是否符合规范要求，并对钢筋焊接的抽样送检进行见证。

4.1.5.2.2 水泥检查

4.1.5.2.2.1 水泥必须有生产厂家提供的产品合格证及质量检验资料，包括生产日期、批号、初终凝时间、商品标号等具体指标，并符合国家标准。

4.1.5.2.2.2 水泥进场后施工承包商应通知监理人员对各标号水泥的取样送检进行见证，监理人员对水泥的见证取样做好记录并建立管理台账。

4.1.5.2.2.3 检查材料站、施工现场水泥存放、保管是否规范，水泥有无受潮、过期等现象。

4.1.5.2.2.4 水泥使用的基本原则：先到先用，但保管不善时，必须补做标号试验，并按试验后的实际标号使用。

4.1.5.2.3 用砂检查

4.1.5.2.3.1 对运到桩位的砂子，对其进行粒径和含泥量检查，砂以中砂为宜，含泥量不大于 5%，并做好记录。

4.1.5.2.3.2 砂子现场存放应铺垫隔离标志，并检查是否混有杂物、泥土等。

4.1.5.2.4 石子检查

4.1.5.2.4.1 检查石料采购是否与见证取样时选用的石料厂一致。

4.1.5.2.4.2 运往桩号的石料应与经过检验合格的石粒相同，并作好相应的检查记录。

4.1.5.2.4.3 检查石料现场存放是否满足施工要求，是否混有杂物、泥土等。

4.1.5.2.5 混凝土用水检查

4.1.5.2.5.1 现场浇筑混凝土，宜使用可饮用的水，当无饮用水时，可采用清洁的河溪水或池塘水。

4.1.5.2.5.2 检查混凝土用水是否受到污染、含有油脂，其上游有无有害化合物流入。

4.1.5.3 施工机具、检测、计量器具的控制

4.1.5.3.1 施工项目部在进行开工准备时，应将机械、工器具、安全用具报监理项目部，监理人员对工器具的清单及检验、试验报告、安全准用证等进行审核，经批准后方可进场使用。审核要点：

（1）主要施工机械设备/工器具/安全用具的数量、规格、型号是否满足项目管理实施规划（施工组织设计）及本阶段工程施工需要。

（2）机械设备定检报告是否合格，起重机械的安全准用证是否符合要求。

（3）安全用具的试验报告是否合格。

4.1.5.3.2 施工项目部在大、中型机械设备进场或出场前应报审大中型施工机械进场/出场申报表，监理项目部审核合格后方可进场、出场。检查要点：

（1）拟进场设备是否与投标承诺一致。

（2）是否适合现阶段工程施工需要。

（3）拟进场设备检验、试验报告/安全准用证等是否已经报审合格。

4.1.5.3.3 检查施工机具到位及状态情况；包括施工机具安全性能、维护保养、设备运转情况等。

4.1.5.3.4 测量仪器应进行校验，并有相应的检测证明文件，且最小读数不得大于1′。

4.1.5.3.5 检查检测仪器、称重设备是否进行校验并有相应的证明文件。

4.1.5.4 作业方案（措施）的控制

4.1.5.4.1 施工项目部在分部工程动工前，应编制基础分部工程主要施工工序的施工方案（措施、作业指导书），并报监理项目部审查，文件的编、审、批人员应符合施工单位体系文件相关管理制度的规定。

4.1.5.4.2 作业方案审查要点：

（1）文件的内容是否完整，编审批手续是否完备。

（2）施工方案（措施、作业指导书）制定的施工工艺流程是否合理，施工方法是否得当是否先进，是否有利于保证工程质量、安全、进度。

（3）安全危险点分析或危险源辨识、环境因素识别是否准确、全面，应对措施是否有效。

（4）质量保证措施是否有效，针对性是否强，是否落实了工程创优措施。

4.1.5.4.3 检查安全、环保、文明施工措施执行情况，保证施工作业安全顺利进行。

4.1.5.4.4 《施工措施》或《作业指导书》，经监理审核通过后，是否对全体施工人员进行技术交底，并做好交底记录，否则不得开工。

4.1.5.4.5 检查施工单位是否执行隐蔽工程施工实行《隐蔽工程签证记录》申请制度。

4.1.5.5 作业过程的控制

4.1.5.5.1 线路复测分坑

4.1.5.5.1.1 开工前监理部组织监理人员参加设计交桩工作，做好交桩交接手续。

4.1.5.5.1.2 监理人员应参与施工单位的线路复测定位工作，监督检查施工线路复测工作，有必要时对施工复测结果可进行复核。重点检查以下施工复测定位工作：

（1）检查施工技术和测工的到位情况；测工持证上岗与实际操作能力的符合性。

（2）检查施工单位检测工具设备（GPS、全站仪、经纬仪、塔尺、花杆等）的校验标记和检验的有效日期，确保使用的检测工具符合精度要求，不合格者严禁使用。

（3）复核现场桩号是否与设计图纸相符；直线与转角度、交叉跨越位置和标高、风偏影响点、基础保护范围、丢失的杆位桩、施工用辅助方向桩。

（4）复测以耐张段为单位，线路方向桩、转角桩、杆塔中心桩挪动，容易造成桩位的错用，监理在进行复测复核时一定要至少延伸到相邻的2个桩位，3点才能最终确定一条直线，确保桩位准确无误。

（5）杆（塔）位置应符合施工图的平、断面要求。复核重要跨越物间的安全距离，对新增加的跨越物应及时通知设计单位校核。

（6）线路方向桩、转角桩、杆塔中心桩应有可靠的保护措施，防止丢失和移动。

4.1.5.5.1.3 线路途经山区时，应校核边导线在风偏状态下对山体的距离。

4.1.5.5.1.4 检查施工单位复测记录，确认是否与设计资料相符。

4.1.5.5.1.5 线路复测允许误差标准［表4-1-3：《1000kV架空送电线路工程施工质量检验及评定规程》（Q/GDW 163—2007）］。

表4-1-3 线路路径复测质量要求及检查方法（线表）

序号	检查（检验）项目	检验标准（允许偏差）	检查方法
1	转角桩角度	1′30″	经纬仪复测
2	挡距/%L_a	1	经纬仪塔尺复测
3	被跨越物高程/m	0.5	经纬仪测量
4	杆（塔）位高程/m	0.5	经纬仪测量
5	地形凸起点高程/m	0.5	经纬仪测量
6	直线桩横线路/mm	50	经纬仪定线、钢尺测量
7	被跨越物与邻近杆（塔）位距离	1%	用经纬仪塔尺复测
8	地形凸起点、风偏危险点与邻近塔位距离	1%	用经纬仪塔尺复测

注　地形凸起点是指地形变化较大，导线对地距离有可能不够的地形凸起点。

4.1.5.5.1.6 线路复测完成后，施工项目部应将线路复测的测量结果向监理项目部报审，即《线路复测报审表》。专业监理工程师审查要点：测量结果是否符合设计及规范要求。

4.1.5.5.1.7 基础分坑时，必须逐基核实中心桩高程。不得擅自提高中心桩高程，以免造成基础埋深不够，影响线路运行安全。

4.1.5.5.2 一般基面平整及基坑开挖

4.1.5.5.2.1 基面开挖时，应保留塔位中心桩或将中心桩引出，以便核实塔位中心桩至基础立柱中心面的高差和基础埋深；基础坑深允许偏差为＋100mm、－50mm。

4.1.5.5.2.2 对直线转角塔、转角塔及终端塔，其坑深应考虑受压腿基坑比受拉腿基坑高出Δh的预偏参考值。

4.1.5.5.2.3 铁塔基础坑深与设计坑深偏差大于100mm时，其超挖部分应铺石灌浆。

4.1.5.5.2.4 普通基础分坑和开挖质量标准［表4-1-4：《1000kV架空送电线路工程施工质量检验及评定规程》（Q/GDW 163—2007）］。

表4-1-4 普通基础坑分坑和开挖质量要求及检查方法（线表）

序号	检查（检验）项目	检验标准（允许偏差）合格	检查方法
1	基础坑深/mm	＋100，－50	水准仪或经纬仪
2	基础坑中心根开及对角线尺寸/%	±0.2	吊锤法确定中心，钢尺测量

4.1.5.5.2.5 基坑开挖之前，应根据《杆塔明细表》《杆塔明细表结构部分》《杆塔及基础配置图》及铁塔结构图，认真核对塔型、呼称高、转角度数、腿别、腿长、腿的型号、中心桩到基础立柱顶面的高、基础根开、插入角钢规格、基础型号等，如有不符应及时通知设计工代处理后方可进行施工。

4.1.5.5.2.6 基坑分坑后，若发现基础基面出现凹形积水坑，可能造成塔腿埋入土中或无法自然排水的情况，必须立即通知设计，处理后方可进行基坑开挖。

4.1.5.5.2.7 对于开挖后临空面较大的边坡及基坑较深的坑壁，施工时应加强支挡，注意安全。

4.1.5.5.2.8 基础开挖后若发现塔位地质情况与《杆塔及基础配置图》、《杆塔明细表结构部分》中所述地质情况不符时，应及时通知设计处理后方可进行施工。平板柔性基础必须经地质工代验坑，并作记录后方可施工。

4.1.5.5.2.9 基坑开挖成型后应及时浇筑，不能及时浇筑的，应尽量缩短基坑完成后与浇筑基础之间的间隔时间，并采取有效隔水、支挡措施防止基底泥化、坑壁坍塌。

4.1.5.5.2.10 基坑开挖后若发现坑底有裂缝或空洞现象，需经地质工代鉴定处理后方可进行施工。

4.1.5.5.2.11 处于水旱田的塔位，部分地下水位较高，可能出现泥水坑或流砂坑，基坑开挖（包括基础浇筑时），应采取有效的坑壁支护及排水措施，以保证施工安全及施工质量；若采用井点降水，降水井的反滤层应严格按照相关规范的要求施工，以避免降水过程中将砂粒随水大量带出，引起地面及基础发生沉降。

4.1.5.5.2.12 对于“强风化泥岩”上的塔位，基坑底脚开挖不能一次成型，应预留保护层，保护层厚度为 0.3m。需浇筑基础时，挖去保护层及时浇筑。

4.1.5.5.3 岩石、掏挖式基础施工要求

4.1.5.5.3.1 必须对掏挖基坑的形状尺寸进行严格控制，包括：基坑中心位置、掏挖深度、掏挖壁断面尺寸、扩底尺寸等。

4.1.5.5.3.2 掏挖过程中必须对掏挖部分的坑壁严格加以保护，采用与基础强度相同的混凝土进行护壁，上下使用竹梯。每天下班都必须用雨篷遮盖洞口。

4.1.5.5.3.3 掏挖过程中，基坑壁必须修饰平整，而且浇制时应对钢筋笼进行适当塞垫。以保证整个基坑内的钢筋笼的保护层厚度。

4.1.5.5.3.4 成孔后须及时浇灌混凝土，避免水和杂物浸入基坑。浇制之前应对基坑各项尺寸重新进行仔细测量，确认无误后方可置模。向坑内下料之前，应清理坑内一切杂物。

4.1.5.5.3.5 浇制混凝土时严禁掺入大块石，混凝土的捣固应用插入式振捣器进行分层振捣，并注意地脚螺栓几何尺寸的正确位置。一个孔的混凝土须一次连续灌注完成，中间不允许出现施工缝。掏挖基础的混凝土宜根据室外气温条件浇水养护。

4.1.5.5.3.6 立柱的出土部分外观要对称美观，支模时要用经纬仪进行测量，不允许随便置模进行浇制。

4.1.5.5.3.7 进入坑内进行挖掘、测量、扎筋、捣固等作业时，必须戴安全帽，必须以腰带与坑外进行连接。坑内作业上下必须使用竹梯。扩底施工时，人体尽可能在扩孔区域外。

4.1.5.5.3.8 掏挖式基础开挖时，必须每个基坑上有一个监督人员，严密监视开挖情况，确保洞底施工人员的安全。

4.1.5.5.3.9 出土提升时，坑内人员应停止作业。提升用的索具应有足够强度，吊钩应有闭锁装置。

4.1.5.5.3.10 严禁在坑内睡眠休息，坑内有人作业时，不允许向坑内抛掷工器具等物品，并防止坑口落物。捣固时应停止向坑内下料。

4.1.5.5.3.11 对于掏挖较深的基坑要采取通风措施，基础开挖要配置小型电动抽风机或者手动鼓风机通风，以保证井内通风。防止坑底施工人员窒息。

4.1.5.5.3.12 掏挖式基础开挖时，严禁向洞内丢东西，材料堆放必须距基坑口安全距离以外，洞口上山坡方向需设立挡板。

4.1.5.5.3.13 掏挖式基础开挖时，洞口上方设立挡雨棚，洞口周围开挖排水沟。

4.1.5.5.3.14 本工程基础施工大部分处于山区，地形起伏大，基础主要为掏挖式基础，余土尽量均匀堆放在平缓地方并平整夯实。

4.1.5.5.3.15 掏挖基础基坑检查质量标准见表 4-1-5。

表 4-1-5　　岩石、掏挖基础坑分坑和开挖质量等级评定标准及检查方法（线表）

序号	性质	检查（检验）项目	评级标准（允许偏差）		检查方法
			合格	优良	
1	关键	基础坑深/mm	+100，−50	+100，−0	经纬仪或钢尺测量
2	关键	基础坑中心根开及对角线尺寸/%	±0.2	±0.16	吊垂法确定中心。钢尺测量
3	重要	基础坑底板尺寸/%	±1	−0.8	吊垂法确定中心。钢尺测量
4	重要	基础立柱尺寸/%	−1	−0.8	吊垂法确定中心，钢尺测量

4.1.5.5.4 灌注桩基础施工要求

灌注桩施工监理的控制要点。

钻孔灌注桩工序较多，技术要求较高，施工难度大，从单桩就位钻进至成桩有 20 余项大小工序，应针对易产生的缩颈、断桩、孔斜、沉碴超厚、水下浇筑混凝土等质量通病，分别规定检查标准和实施的具体方法要求，关键抓住以下几个方面：

一、钻孔作业中的质量控制要点

（1）开工前抓测量，严格控制桩位偏差；检查桩位的保护情况，必须实行三检四复。三检：队检查、施工项目部检查、监理组检查。四复：埋护筒前复检、下钻前复检、放钢筋笼固定时复检、成桩后复检。

（2）钻进前就位对中，整平。用预先设在护筒口的十字中心线核准对中，钻头中心对准护筒中心保证误差不大于 20mm，并用水准仪在机台钻盘抄平检查；陆地上护筒埋设时，可采用实测定位，其挖设直径比护筒外径大 0.2m 左右，挖设深度为 1.0m，护筒顶端高出地表不小于 0.2m，为防止渗漏在护筒周围用黏土分层夯实，护筒平面允许偏差±5cm，竖直线倾斜度不大于 1%；水中护筒埋设，可依靠导向架定位，护筒埋置深度应根据设计要求或桩位的水文地质情况确定，一般情况埋置入不透水层或密实的砂卵石层深度为 1～2m，特殊情况应加深，护筒顶宜高出水位 1.5m 以上；测量护筒顶高程。

（3）钻进成孔抓好三保证（保证桩径、保证孔深、保证护壁）。钻机下钻前，对钻头直径进行测量，提钻时对钻头直径进行复测，要求钻头直径同设计桩径。钻进中配以一定量的制备泥浆，使泥浆相对密度控制在 1.1～1.4，保证护壁良好，孔壁稳定。

（4）重点检查项目：

1）成孔深度：钻孔时，通过按设计孔深配置钻杆长度的方式来控制；成孔后，用测绳测量孔深来检查。

2）桩径：开钻前检查直径，要求钻头直径大于桩径；终孔后用专用的孔径检查笼下沉检查、进行测量。

3）桩孔垂直度：开钻前在施工单位自检的基础上，监理人员复测检查，签字后开钻，在钻进中进行抽检。钻机口中心、对盘、天轮要三点一线，主动钻杆垂直度、机台水平度，如有偏差，立即纠正，待恢复到位后，再继续钻进。

4）抽渣清孔：第一次清孔时，检测泥浆比重、稠度、含砂率，应满足规范要求，清孔过程中，应控制水流量和速度，防止

坍孔，不允许用超深代替清孔。本桩基工程采用的是测绳测量。当检查结果沉渣厚度大于100mm时，应要求施工人员继续清孔，直到达到合格要求为止。清孔合格后，拆除钻杆及钻头，再次用测量绳测量孔深，复核钻孔底标高，并用孔规对成孔质量进行检查。待清孔满足要求后，应立即安放钢筋笼，浇筑混凝土。

二、钢筋笼制作及下钢筋笼

（1）控制钢筋质量，钢筋质保书（合格证）齐全，进场后及时抽检，检查使用焊条的牌号和性能；

（2）检查钢筋焊接质量，外观检查焊缝及抽取试样作拉伸实验；

（3）钢筋笼制成后，施工单位报验，监理检查钢筋笼尺寸、规格，包括主筋、箍筋间距、钢筋笼直径和长度应符合设计要求。钢筋的接头应严格按规范要求制作（注意受力钢筋接头应错开）。

钢筋笼制作偏差见表4-1-6。

表4-1-6　　钢筋笼制作偏差

序号	项　目	允许偏差/mm
1	主筋间距	±10
2	箍筋间距或螺旋筋螺距	±20
3	钢筋笼直径	±10
4	钢筋笼长度	±50

（4）钢筋笼分段利用吊车将钢筋笼吊入桩孔内，吊装钢筋笼前应对钢筋进行检查，检查内容：钢筋直径、根数、钢筋间距、几何尺寸、钢筋笼长度、焊接缝、保护层垫层等要求。

三、二次清孔

应在安放钢筋笼和导管之后，浇注混凝土之前采用反循环工艺进行，控制好泥浆黏度、含砂率，泥浆比重控制在1.15～1.2。当沉渣厚度达到设计要求后，0.5h之内必须开始浇筑混凝土。

四、灌注桩混凝土浇筑

监理人员要严格把好混凝土浇筑关，混凝土配合比审核应符合规范的规定，混凝土浇筑采用导管水下混凝土作业，其要求：

（1）水泥宜使用不低于42.5的矿渣硅酸盐水泥或普通硅酸盐水泥，水下灌注混凝土最小用量不宜少于360kg/m³。

（2）保证骨料粒径<4cm，最好限制在2～3cm，砂率采用40%～50%以防堵管。

（3）混凝土的水灰比应保证混凝土有足够的流动性（坍落度在180～220mm）。

（4）混凝土供料能力应能保证水下混凝土作业连续进行，间断时间不得超过15min。

（5）必须配备足够的导管，导管接头应有橡胶密封圈，防止漏水，备有导管塞（或木球）以隔水；导管壁厚≥3mm使用前应试拼装，试水压力0.6～1.0MPa。

（6）导管安装时，导管底端离孔底高度一般控制在0.3～0.5m，并应备有容量足以保证第一次浇筑需要的盛料斗；严格要求并计算出第一次浇筑的混凝土量，应能保证导管底部埋入混凝土中0.8～1.2m。

（7）为提升导管需要，应有稳固的提升支架和提升设备。

（8）灌注过程中如遇堵管现象，应采取措施立即排除，严禁水倒流入导管内，防止产生断桩。

（9）浇筑过程中导管底部埋入混凝土始终保持在2m左右的要求，任何时候都不允许导管底端脱离混凝土表面；监理人员通过记录拆除导管的时间与混凝土的灌注高度进行对比来检查。

（10）混凝土浇筑过程中监理人员跟踪检查浇筑高度和混凝土浇筑量。

（11）灌注结束时，监理人员控制混凝土表面高于桩顶设计标高0.8m以上，以保证凿除浮浆后的桩顶标高符合设计要求。

（12）混凝土强度控制：监理人员每根桩均抽查坍落度2～3次，并留置试块，其养护条件应与基础基本相同。

4.1.5.5.5　基础混凝土浇筑

4.1.5.5.5.1　钢筋绑扎

（1）底板钢筋绑扎。一般在坑内进行，纵横钢筋按要求排列整齐，弯钩朝向正确，交叉点用细铁丝绑扎牢固；多层钢筋网一般分层绑扎，然后用竖筋绑扎牢固，底层钢筋网应垫预制混凝土垫块。

（2）钢筋笼绑扎。柱角主筋按预定尺寸就位，与底板网绑扎牢固，主筋下方也应用预制块支垫牢固；其他主筋按间距要求排列，与底板网绑扎牢固；用箍筋将主筋绑扎成笼；箍筋间距符合要求，弯钩迭合处应沿主筋方向交错布置；调整钢筋笼与模板相对位置，并采取措施固定。掏挖式基础在坑内进行钢筋绑扎，绑扎应由下至上，找正钢筋笼中心后均匀布置钢筋，底层钢筋应垫预制混凝土垫块。

（3）在浇制现场要认真核对钢筋的规格与数量，混凝土骨料及钢筋绑扎要有验收制度，要严格按图施工。

（4）基础主钢筋有焊接头时，扎筋时尽量避免扎在同一个基础上，如果设置在同一基础上，有焊接接头的钢筋应互相错开布置（钢筋接头应错开≥35d且不小于500mm）。同一截面焊接接头数量不超过钢筋总数的50%。

（5）钢筋连接宜采用双面电焊，焊接长度应严格按照钢筋焊接规程要求。

（6）为确保立柱混凝土保护层厚度，主柱钢筋与模板间须加预制垫块。

（7）钢筋的弯钩应朝向基础结构的内部。箍筋弯钩叠合处应位于柱角主筋处，且沿主筋方向交错布置。

（8）为确保立柱混凝土保护层厚度，主柱钢筋与模板间须垫塞木或混凝土垫块，以确保混凝土保护层厚度满足设计要求。

4.1.5.5.5.2　支模

（1）清除坑内浮土，校正基坑，检查坑深及坑底尺寸，符合设计要求后方可支模；掏挖式基坑须经监理工程师、项目质检工程师、施工队质检员共同验证确认合格后方可支模。

（2）支承台阶模板采用等强度预制混凝土块。

（3）模板与坑壁之间采用方木或圆木支撑固定，竖直方向的支撑木间距为1m。

（4）立柱断面尺寸大于1.2m或立柱高大于2.5m的基础，为防止垮模或鼓肚，要采用架管及架管扣做成井字架加强模板抗压力。

（5）对运达现场的模板应检查尺寸是否符合设计要求，有无变形、裂缝等；合格后再行拼装，拼装连接必须牢固。

（6）在清查模板的同时应按设计图纸检查钢筋及地脚螺栓的规格、数量和质量。

（7）模板拼装后，应在其内侧（接触混凝土的一面）涂刷脱模剂。

（8）施工现场应有可靠的能满足模板、钢筋安装和检查需用的测量控制点或控制桩。

（9）掏挖式基础的出土部分支模时要用经纬仪进行测量，不允许随便支模进行浇制。

4.1.5.5.5.3　地脚螺栓的安装、操平及找正

我标段全部塔型地脚螺栓全部为 16 根，地脚螺栓找正通过上部的固定环和下部的锚板同时进行。

（1）首先利用槽钢将固定环放置在找正好的基础立柱模板之上。

（2）先将四颗地脚螺栓固定在固定环上，并将其下部和同一分布半径的锚板组合安装到一起。调整固定环的位置使得地脚螺栓在基础半对角线上的尺寸满足设计要求，然后将剩余的 12 颗地脚螺栓全部依次安装好，并调整好顶部的标高，再次检查对角尺寸和扭转情况是否满足设计要求。地脚螺栓锚板下部应用钢筋、槽钢进行支撑，起到对地脚螺栓浇筑过程中不易下沉的作用。

（3）锚板底部的支撑需在立柱四个面分别布置，以确保地脚螺栓在混凝土浇筑过程中不下沉。

（4）待地脚螺栓全部找正完毕，标高、根开符合设计要求后即可开始进行接地线的连接和绑扎承台上底板筋及灌注桩顶部的网筋。

4.1.5.5.5.4　基础浇筑过程检查

4.1.5.5.5.4.1　混凝土搅拌、运输

（1）用磅秤称量每车砂、石重量，做好容积标注，每班日检查不少于两次；按配合比确定每袋水泥需用砂、石（车）、水数量；启动搅拌机待其转动正常后投料，投料顺序一般为先石子、水泥、砂，最后加水，搅拌时间不少于 2min。搅拌机上料斗升起过程中，禁止在斗下敲击斗身；若清理搅拌斗下的砂石，必须待送料斗提升清空，稳妥后才能操作。

（2）定时作坍落度检查，每班日或每个基础腿应检查两次，坍落度控制在 35～50mm。每基浇制必须挂好配合比标牌及量具，便于现场自我检查及领导检查。

（3）混凝土从搅拌机卸到运料小车后及时运送到位，倒料平台口设置挡车措施，倒料时严禁撒把；商品混凝土或集中搅拌远距离运输应有防止出现离析的措施，运到的混凝土应在初凝时间之内。

4.1.5.5.5.4.2　混凝土浇筑、振捣

（1）浇筑应先从立柱中心开始，逐渐延深至四周；当混凝土自高处倾落的自由高度超过 2m 时，应采用串筒、溜槽下料。

（2）浇筑时应随时注意钢筋与四面模板保持一定距离，确保保护层厚度。

（3）混凝土分层浇筑每层厚度一般为 200mm。采用插入式振捣器进行振捣，操作时应当快插慢拔，插点均匀，逐点移动，移动间距不大于作用半径的 1.5 倍；振捣时间一般以混凝土表面呈现水泥浆不再出现气泡，不再显著沉落为止，但要避免振捣过久出现离析。振捣上层混凝土时，应插到下层混凝土 30～50mm。振捣时要防止振捣器接触模板和钢筋笼。

4.1.5.5.5.4.3　混凝土试块制作

混凝土试块应在现场从浇筑中的混凝土取样制作，其养护条件应与基础基本相同。试块制作数量应符合下列规定：

（1）一般铁塔基础应每基取一组；单腿混凝土量超过 $100m^3$ 应每腿取一组。

（2）现浇桩基础，应每桩取一组。

（3）当采用承台及联梁时，承台及联梁每基取一组，单基超过 $200m^3$ 时，每增加 $200m^3$ 加取一组。

4.1.5.5.5.4.4　混凝土养护、拆模

（1）基础浇筑后应在 12h 内开始浇水养护，当天气炎热、干燥有风时应在 3h 内浇水养护，养护时应在基础模板外加遮盖物，浇水次数应能保持混凝土表面湿润。

（2）日平均温度低于 5℃时，不得浇水养护。冬期施工中，应编制冬期施工方案，严格按照冬期施工方案的措施对基础混凝土进行养护。

（3）经施工、监理人员检查鉴定达到一定强度后（拆模时的混凝土强度，应保证其表面及其棱角不损坏），即可将模板拆除，拆除模板应自上而下进行，拆下的模板应集中堆放，摆放整齐；木模板、撑木等外露的铁钉要及时拔掉或打弯。

（4）拆模后，地脚螺栓露出部分应做好保护措施，防止生锈，并用塑料布包好。

（5）拆模板后检查表面质量，验收合格后应立即回填，并应对基础外露部分加遮盖物，按规定期限继续浇水养护，养护时应使遮盖物及基础周围的土始终保持湿润。

4.1.5.5.5.5　基础浇筑的旁站监理

（1）检查施工技术措施的完整性、科学性、可行性和施工安全、技术交底记录。

（2）检查现场安全文明施工布置是否符合要求，检查浇制现场施工秩序是否规范，有无违章作业现象。

（3）检查施工人员（安全、质量、技术）到位情况，特殊工种人员持证上岗，以及施工机械、检测器具、技术质量文件等准备情况是否满足工程质量需要。

（4）监督施工人员严格按照审批的“施工作业指导书”组织施工。

（5）督促检查施工人员是否严格要求配置和使用必备的安全防护用品。

（6）钢筋、砂、石、水泥、水等原材料进场检验，核查现场材料、构配件、设备等的质量出厂证明和复检报告。

（7）跟班监督关键部位、关键工序的施工中执行施工及方案工程建设强制性标准情况；及时发现和处理施工过程中出现的质量问题。

（8）旁站监理过程中，发现施工企业有违反工程建设强制性标准行为的，有权责令施工单位立即整改，发现其施工活动已经或者可能危及工程质量及工程安全问题或隐患时，应及时向监理工程师或总监理工程师报告。

（9）检查各类施工工器具、设备完好率检查，模板支撑、加固、保护层厚度检查。

（10）按基础型式检查地脚螺栓、插入角钢、钢筋的规格、数量、间距、绑扎情况及保护层厚度。复核基础根开、对角线、基础顶面相对高差、预偏、立柱断面尺寸、地脚螺栓露出高度及中心偏差、整基位移、扭转等。

（11）严格控制浇筑过程混凝土的搅拌质量，做好原材料计量工作，随时抽检混凝土配合比，坍落度。严格控制要求控制混凝土的搅拌时间，保证混凝土的搅拌均匀，和易性良好。

（12）监督振捣人员规范振捣行为，严格控制振捣移动半径，确保不漏振及过振，保证振捣密实。督促及复查浇筑过程中的模板、地脚螺栓的动态调整，确保浇筑尺寸。

（13）见证混凝土试块的制作过程，跟踪检查试块的养护条件，并作好标识、记录。

（14）督促施工人员及时做好立柱收面工作，确保基础表面平整光滑美观。

（15）对照监理现场检查记录核查施工记录的准确性、真实性。

4.1.5.5.6　基础回填

（1）拆模检验合格后应及时回填，分层夯实，每回填 300mm

厚夯实一次。坑口的地面上应筑防沉层，防沉层的上部宽度不得小于坑口边宽。

（2）回填应先排除坑内积水，清除浮土和建筑垃圾，平地基础可用原土回填并夯实。

（3）位于不良地质条件（如软塑、流沙等）的大开挖基础，回填基础时要保证基础立柱周围土均匀回填。

4.1.5.5.7 冬期施工

4.1.5.5.7.1 钢筋焊接

冬期钢筋焊接，宜在室内进行，当必须在室外焊接时，其最低气温不宜低于－20℃，并应符合国家现行标准的规定。焊后的接头严禁立即碰触冰雪。

4.1.5.5.7.2 配制冬期施工的混凝土

4.1.5.5.7.2.1 承包商应编制冬期施工方案，报项目监理部审核，现场施工严格按照经批准的冬期施工方案进行。

4.1.5.5.7.2.2 冬期施工的混凝土应符合下列规定：

（1）冬期施工中，混凝土中加入防冻剂时，应设专人负责并做好记录，严格按剂量要求加入。

（2）混凝土冬期施工应优先选用硅酸盐水泥和普通硅酸盐水泥，水泥标号不应低于42.5号，最少水泥用量不应少于300kg/m³，水灰比不应大于0.6。

4.1.5.5.7.3 冬期拌制混凝土

（1）水泥不应直接加热，宜在使用前运入暖棚内存放。混凝土拌和物的入模温度不得低于5℃。

（2）拌制混凝土时，骨料中不得带有冰、雪及冻团。

（3）冬期施工不得在已冻结的基坑底面浇制混凝土，已开挖的基坑底面应有防冻措施。

（4）拌制混凝土的最短时间应符合相关规定，见表4-1-7。

表 4-1-7　　拌制混凝土的最短时间　　单位：s

混凝土坍落度/cm	搅拌机机型	搅拌机容积/L		
		＜250	250～650	＞650
≤3	自落式	135	180	225
	强制式	90	135	180
＞3	自落式	135	135	180
	强制式	90	90	135

4.1.5.5.7.4 冬期混凝土养护

冬期混凝土养护宜选用覆盖法、暖棚法、蒸汽法或负温养护法。当采用暖棚法养护混凝土时，混凝土养护温度不应低于5℃，并应保持混凝土表面湿润。

4.1.5.5.7.5 掺用防冻剂混凝土养护的规定

（1）在负温条件下养护时，严禁浇水，外露表面必须覆盖。

（2）混凝土的初期养护温度，不得低于防冻剂的规定温度。

（3）模板和保温层在混凝土强度达到设计强度40%后，且温度冷却到5℃后方可拆除；当拆模后混凝土表面温度与环境温度之差大于15℃时，应对混凝土采用保温材料覆盖养护。

4.1.5.5.8 接地敷设

4.1.5.5.8.1 接地体焊接

接地体焊接完成后，监理人员应对接地体连接部位进行检查，当采用搭接焊接时，搭接长度按设计要求执行；检查断开点连接方式。

4.1.5.5.8.2 接地沟开挖

（1）接地沟开挖结束必须停工待检，监理人员应逐基对接地槽的开挖走向、开挖深度、长度、射线布置情况进行检查，检查开挖情况是否满足设计要求，接地槽未经监理人员检查合格，施工人员不得敷设接地体。

（2）接地槽开挖时要充分考虑敷设接地体时出现弯曲的情况，留出深度富余量。

（3）接地沟开挖需要进行爆破作业的，应遵守当地公安部门规定。

4.1.5.5.8.3 接地体敷设

（1）现检查施工人员、技术和质检人员到位情况；检查施工技术措施和施工技术交底记录。

（2）检查接地体的焊接质量、接地沟的掏挖深度、走向及接地体敷设长度、回填土质量及接地电阻值是否满足设计要求。

（3）接地体敷设时要边压平边回填，保证埋深。接地圆钢及引下线布置好后，监理人员应对接地圆钢的规格、长度、焊接及防腐情况进行检查。监督接地引下线沿保护帽、基础顶面贴紧引入地下，保证引下线工艺。

（4）督促检查施工人员使用专用工具进行接地引下线的制作，严禁野蛮施工，砸伤立柱棱角，造成镀锌层的脱落。

（5）检查接地体的规格、长度和各孔接地体之间的连接，保证搭接缝的长度，对接时应保证接地体截面积。

（6）表面式或深埋式接地体如要求防腐时，应按设计要求检查接地体的防腐质量。对照施工单位填写的《接地工程施工及评级记录》，核查记录的真实性。

（7）对隐蔽工程（基础接地线埋设）签证记录表检查、签认。

4.1.5.5.8.4 接地沟回填

（1）监督检查施工单位按照规范及设计要求进行接地槽的回填，重点检查回填土夯实质量。

（2）如需置换回填土，监督施工单位做好置换土的回填工作。

（3）杆塔引下线应竖直埋入土中，直至设计埋深。

4.1.5.5.8.5 接地电阻测量

（1）监理人员要与施工技术人员统一接地电阻测量仪器及测量方法，要求专人进行逐基测量。

（2）接地电阻测量时，接地体未脱离铁塔，造成测量误差。监理人员应注意对接地电阻测量的监督检查，规范测量。

（3）按施工图完成的接地装置的接地电阻值不能满足设计要求时应报总监理师，请设计院提出处理方案并监督施工。

4.1.5.5.9 排水沟的设置与要求

4.1.5.5.9.1 排水沟设置

（1）凡上山坡方向有较大的雨水流向基面时，都要求开挖排洪。

（2）排洪沟的长度，以保证上部来水冲刷不到基面为度，由施工单位根据地形而定。

4.1.5.5.9.2 排水沟施工要求

（1）施工单位根据现场地形顺坡修建排水沟，排水口远离塔基范围，起到截水、排水的作用。

（2）材料要求：排水沟均为浆砌块石排水沟，其材料要求为：石料强度等级不低于MU20，水泥砂浆强度等级为M7.5。

4.1.5.5.10 基础护坡

4.1.5.5.10.1 护坡设置要求

基础上山坡的削坡值大于表设计值时，应砌护坡；《基础配置表》中要求砌筑的挡土墙应在土石方开挖以前砌筑，根据可能开挖的土石方量确定挡土墙砌筑位置，以便能更好地防止水土流失。

4.1.5.5.10.2 护坡施工要求

（1）基础下坡侧有保坎的塔位宜修保坎，再进行开挖，确保塔基稳定。保坎砌筑高度每天不大于 1m，第二天保坎内侧填土完成后再往上砌筑。

（2）护坡的砌体应上下错逢，内外搭接，砂浆饱满，严禁铺石灌浆。墙体砌筑与墙被填土交叉进行，以免墙身悬空断裂。

（3）护坡的长度大于 10m 时，应在其中部设置变形缝，变形缝宽度 20～30mm，沿缝的三边填塞沥青麻筋。塞入深度不小于 150mm。

（4）护坡施工时，必须保证嵌入部分地基的稳定性，滤水层及渗水孔严格按照设计要求施工。保坎的位置和形状应能保证塔腿基础上拔土体的稳定或保护边坡的作用。

（5）护坡的材料选择

1）石料应坚硬不宜风化，其最小厚度不小于 300mm，最低强度等级不小于 MU30。

2）水泥砂浆强度等级：轻、中冰区为 M7.5，重冰区为 M10。

4.1.5.5.11　对质量事故及不合格项的处理

4.1.5.5.11.1　质量事故发生或发现后，应及时向建设单位报告，并立即采取应急措施，防止事故扩大和引发安全事故。

4.1.5.5.11.2　督促施工单位提出详细的工程质量事故报告，并及时组织有关单位对事故进行分析，确定处理方案，立即实施，并做好文字记录整理归档备查。

4.1.5.5.11.3　对不符合项进行跟踪检查，按程序管理，按性质处理。

4.1.5.5.11.4　对需要返工处理或加固补强的质量事故，总监理工程师应责令承包商报送质量事故调查报告和经设计方等相关单位认可的处理方案，并对质量事故的处理过程和处理结果进行跟踪检查和验收。总监理工程师应及时向委托人及本监理人提交有关质量事故的书面报告，并应将完整的质量事故处理记录整理归档。

4.1.5.5.11.5　进行一般事故调查，审查并在授权范围内批准承包商的事故处理方案，监督事故处理过程，检查事故处理结果，签证处理记录。

4.1.5.5.11.6　在发生下列情况之一，且经监理工程师通知施工单位，整改无效时，总监理工程师可签发《工程暂停令》。

（1）不按经审查的设计图纸施工。

（2）特殊工种人员无证操作。

（3）发生重大质量、安全事故。

4.1.5.5.11.7　对令其停工的工程，需要复工时，施工单位应填报《工程复工申请表》，经监理复查认可，并经总监理工程师批准后方可复工。

4.1.5.6　作业环境的控制

4.1.5.6.1　检查场地是否符合施工条件

4.1.5.6.1.1　大开挖基础坑开挖时坑壁应放坡。

4.1.5.6.1.2　掏挖式基础施工时必须采用与基础强度相同的混凝土护壁，以保证施工安全，护壁的施工严格按照设计进行。

4.1.5.6.1.3　每日开工前必须检查掏挖坑内的有毒、有害气体，并应有相应的安全检查防范措施；当桩孔开挖深度超过 10m 时，应有专门的送风设备，且风量不宜小于 25L/s。

4.1.5.6.1.4　雨季来临出现雨水等特殊气象条件时，施工现场应采取一定的防水措施（如搭雨棚、基坑周围高出部分修临时排水沟），防止基坑泡水后坍塌。

4.1.5.6.2　检查安全、环保、文明施工措施执行情况

4.1.5.6.2.1　施工现场主要通过施工总平面规划及规范工棚、彩旗、安全设施、标志、标识牌等的设置，以形成良好的安全文明施工氛围。

4.1.5.6.2.2　施工区域化管理：

（1）基础开挖场地实行封闭管理。采用插入式安全围栏（安全警戒绳、彩旗，配以红白相间色标的金属立杆）进行围护、隔离、封闭。

（2）施工区域应设置施工岗位责任牌、安全警示牌、主要机械设备操作规程牌等安全标志、标识。林区、农牧区作业还应配备一定数量的消防器材。施工现场宜配置急救箱（包）。

4.1.5.6.2.3　作业现场设备材料堆放：

（1）设备材料堆放场地应坚实、平整、地面无积水。

（2）施工机具、材料应分类放置整齐，并做到标识规范、铺垫隔离。

4.1.5.6.2.4　工棚选用：宜采用帆布活动式帐篷，或采用装配式工棚。

4.1.5.6.3　基础施工过程中应采取必要的环保措施

4.1.5.6.3.1　督促承包商制定环境保护方案，并在施工中实施。

4.1.5.6.3.2　对施工中环境保护方案的落实情况进行认真检查并逐项落实。

4.1.5.6.3.3　加大对环境保护工作的宣传力度，让所有参建人员增强环境保护的意识和自觉性。

4.1.5.6.3.4　施工过程中及竣工后，应及时修整和恢复在建设过程中受到破坏的生态环境，恢复地形地貌，并尽可能的采取绿化措施，达到对环境影响最小。

4.1.5.6.3.5　对施工道路的开挖拓宽应选择植被稀少的地方开拓，并尽可能的集中在一条路上操作，严禁运输材料时随意拖拉，破坏植被。

4.1.5.6.3.6　基坑开挖时，若塔基周围坡度较大，严禁将土随意抛弃，应将土用编制袋装起整齐的码于塔基下方，以防止弃土滑坡冲毁塔位下方自然地貌，危及塔基安全。

4.1.5.6.3.7　施工完成后，应清理施工现场的施工垃圾，做到工完、料净、场地清。弃土根据设计要求做到以下处理方式：

（1）平地的塔位弃土堆放于基础的塔基范围时，应堆放成龟背型（堆放土石方边缘按 1:1.5 放坡），防止积水。

（2）位于平坦水旱田的塔位，部分施工余土宜堆放于塔位中央，不影响农田耕作。

（3）位于梯田的塔位，如设置有保坎，应将弃土尽量堆放于保坎中，如不能就地堆放，应外运至坡度相对较缓的地方堆放。

（4）位于斜坡段的塔位，地形较缓时应将弃土在塔位范围及附近就地摊薄，地形较陡峭时应根据弃土处理要求执行。

4.1.6　质量防治专项措施通病

（1）针对工程特点，制定质量通病的专项监控措施，审查、批准施工单位提交的相关工作文件，提出详细的监理要求。

（2）认真做好隐蔽工程和工序质量的验收，上道工序不合格时，不允许进入下一道工序施工。

（3）利用检测仪器加强对工程质量的平行检验，发现问题及时处理。

（4）工程完工后，认真编写《质量通病防治工作评估报告》，以利工作的持续改进。

（5）表 4-1-8 中的质量通病及灌注桩的质量故障将作为基础工程的控制重点。

4.1.7　质量控制标准及验评

4.1.7.1　土石方工程

4.1.7.1.1　线路路径复测应按表 4-1-9 的质量要求和检查方法逐基逐点进行全线检查。

表 4-1-8　　质量通病及灌注桩的质量故障及控制措施

序号	质量通病	控制措施
1	路径复测	1．杆（塔）位置应符合施工图的平、断面要求。复核重要跨越物间的安全距离，对新增加的跨越物应及时通知设计单位校核。 2．线路方向桩、转角桩、杆塔中心桩应有可靠的保护措施，防治丢失。 3．线路途经山区时，应校核边导线在风偏状态下对山体的距离
2	基础分坑、开挖	1．遇特殊地质条件（如：流沙、泥水、稻田、山地等）开挖前应将杆塔中心桩引出。辅助桩应采取可靠保护措施，基础浇筑完成后，必须恢复塔位中心桩。 2．基坑开挖应设专人检查基础坑深，及时测量，防止出现超深或欠挖现象。 3．陶挖基础如需放炮时，应采用多点放小炮的方式，严禁放大炮爆破，避免破坏原地质结构。 4．基坑开挖完成后要及时进行下道工序施工，当温度降至 0℃以下时应采取防冻措施，严禁坑底受冻。雨雪天气后，必须把坑内积水（积雪）和淤泥清理干净后方可进行后续施工
3	基础位移、扭转	1．基坑开挖前要对基础中心桩进行二次复核，并设置稳固的辅助桩位，确认桩位及各个基础腿的方位准确。 2．基坑支模后、浇筑前和浇筑中要多次核对基础模板、地角螺栓或插入角钢的方位，确保其准确性。 3．当基坑有积水时，回填前应先将水排完，然后四周均匀填土、夯实，并随时检查基础是否位移
4	混凝土质量	1．混凝土施工前应取得有资质的试验单位出具的设计配合比（附有试配强度报告）。进入冬期施工或更换添加剂时，应根据规范重新进行配合比设计。 2．基础试块养护条件应与基础养护条件基本相同。记录试块养护期的日平均温度，当等效养护龄期逐日温度累计达到要求时送检。 3．基础模板应有足够的刚度、强度、平整度，应对其支撑强度和稳定性进行计算。基础模板应能可靠地承担浇筑混凝土的重量和侧压力，防止出现基础立柱几何变形；模板接缝处应采取粘贴胶带等措施，防止出现跑浆、漏浆现象。 4．浇筑中设专人控制混凝土的搅拌和振捣，现场质检人员要随时检查混凝土的搅拌和振捣过程，防止出现振捣不均匀或振捣过度造成的离析。 5．混凝土垂直自由下落高度不得超过 2m，超过时应使用溜槽、串斗，防止混凝土离析。 6．基础浇制时，应多方位均匀下料，防止地脚螺栓受力不均与基础立柱不同心。 7．混凝土初凝前，采用多点控制的方法对基面高差进行测量，杜绝二次抹面
5	基础裂缝	加强混凝土养护，在拆模后立即采取表面保温措施，防止混凝土内外温差过大引起裂缝；混凝土表面先用塑料薄膜覆盖，再用草袋覆盖，24h 洒水养护，随时检查混凝土表面的干湿情况及温差，及时浇水保持混凝土湿润，养护时间不得少于 14d
6	基础二次饰面	浇筑前模板应采用刚性材料加固，表面应平整且接缝严密。接触混凝土的模板表面应涂抹脱模剂，以保证混凝土表面质量；浇筑完毕后，在混凝土终凝前使用原浆进行反复收光。混凝土表面水较大时，严禁使用干水泥进行吸水或撒干水泥收光；基础浇筑完毕后不得提早拆模，按照《规范》要求进行。严禁使用水泥掺加胶水，修饰基础缺陷，杜绝二次饰面
7	基础及保护帽破损、跑模	浇筑前模板应采用刚性材料加固，表面应平整且接缝严密；采用竹胶模板时，应在立柱收口部，使用刚性及方块木配合进行加固，确保基础棱角顺直；在基础完毕后，应及时进行回填，保护基础不受外力破坏
8	基础及保护帽外观质量差	1．浇筑基础及保护帽时，模板应拼装严密，支立牢固，夹固可靠，保证浇制中模板不变形，不漏浆；混凝土进场、浇筑中，按照规范检查混凝土坍落度，坍落度按照施工规范采用；施工单位应加强对施工人员技能培训，提高振捣人员操作水平；主柱顶面采取浇制完毕后一次提浆抹面，抹面要光滑平整。 2．混凝土表面应在浇制结束后需先收光 2 次，混凝土凝固前进行收光 3～4 次，2h 后再细收一次，拆模时要仔细检查是否有飞边情况，应及时处理；保护帽浇制后拆模时间不得小于 8h
9	基础尺寸不满足规范要求	验模时仔细核对各部分尺寸，立柱模板要支撑牢固，浇筑过程中及时查看模板支撑，防止由于支撑过度造成基础断面尺寸不满足规范要求
10	接地沟埋设深度不够 接地埋深不满足规范要求	1．接地网地沟开挖时要充分考虑敷设接地体时出现弯曲的情况，留出深度富余量。 2．接地体敷设时要边压平边回填，保证埋深。 3．杆塔引下线应竖直埋入土中，直至设计埋深。 4．接地体敷设时，应避开地埋电缆及其他设施，当附近有电力线路时，应了解原线路的接地体走向，避免两线路间的接地体相连，接地体铺设应平直；敷设水平接地体时，应沿等高线敷设，且两接地体间的平行距离不应小于 5m
11	接地体焊接不满足规范要求	接地体的规格、埋深不应小于设计规定；接地体应采用搭接施焊，圆钢搭接长度应不小于直径的 6 倍并双面施焊；扁钢搭接长度应不小于宽度的两倍并四面施焊。焊缝要平滑饱满；焊缝应饱满，焊接完成后去除焊渣，并自然冷却。构特性，在压接中会出现导线散股现象，采用定制防松夹具，能够有效解决此类问题的发生
12	基面整理不规范	1．回填时应在坑口地面上筑防沉层。防沉层应平整规范，其宽度不小于坑口宽度，其高度不应掩埋铁塔构件，按规定进行分层夯实。 2．基础施工完成后及时清理施工现场，做到工完料尽场地清。 3．清理现场时应恢复现场植被，防止水土流失及地质滑坡
13	基础防沉层设置不规范	1．基坑开挖前，现场地形及地质与设计不符及时联系设计工代。 2．严格按照设计数据进行基坑开挖，并经监理工程师和质检工程师确认符合设计后，方可施工，避免出现超深或不够深情况；回填土应留有 300～500mm 的防沉层，防沉层的上部边宽不得小于坑口边宽。 3．回填的土料，必须符合设计或施工规范，回填时应清除坑内杂物，并不得在边坡范围内取土，回填土要对称均匀回填

续表

序号	质量通病		控 制 措 施
14	灌注桩	坍孔	1. 护筒埋入原状土大于 1m，筒外围分层捣实。冲击钻进密度和黏度可适当放大，钢丝绳适当吊紧钻具不碰孔壁。 2. 使用优质泥浆保证护壁能力。 3. 保持孔内适当水防止塌孔。 4. 缩短清孔到下钢筋笼的时间。 5. 下钢筋笼时尽量减少对孔壁的扰动
15		扩径	遇流沙层加大泥浆密度和黏度，尽量减少钻具晃动
16		缩颈	1. 在缩颈地段进行扫孔。 2. 根据现场实际情况适当加大钻头。 3. 保持泥浆性能，减少泥浆失水量
17		孔底沉淤偏大	彻底清孔，含砂量＜4%，合理调整泥浆密度和黏度
18		钢筋笼上拱	孔底沉淤≤5cm，混凝土面至笼底时放慢灌注速度，导管居笼中心，顺时针转动导管，吊筋使笼固定，初凝时间需大于灌注时间二倍等
19		桩上部夹泥	1. 彻底清孔，沉淤≤5cm，导管埋深 2～6cm。 2. 导管安放前认真检查导管本身的质量和连接密封情况最后几节导管提拔时应慢速上下窜动，快速提升
20		桩混凝土局部离析	混凝土质量要好，导管要密封不漏水
21		导管堵塞	导管需圆直光涌不变形，混凝土搅拌和制作质量要好，进料时偏大石块水泥袋碎块需捡出，避免导管插入孔壁或孔底
22		导管被埋	导管埋深 2～6m，水泥中不能含无水石膏成分，水泥安定性要合格，不能把不同品种不同等级的水泥混用，预防导管和笼卡住等
23		断桩	1. 导管埋深 2～6m 严禁拔出混凝土面，一旦拔出需再次彻底清孔，二次灌注混凝土。 2. 保证导管密封性，以免泥浆混入导管使混凝土稀释离析，造成碎石堆积而堵管。 3. 保证混凝土的坍落度、和易性、流动性满足需要，不合格混凝土不得灌注。 4. 应保持混凝土灌注连续性

表 4-1-9　　**线路路径复测质量要求及检查方法（线表）**

序号	检查（检验）项目	检验标准（允许偏差）	检查方法
1	转角桩角度	1′30″	经纬仪复测
2	挡距/%L_a	1	经纬仪塔尺复测
3	被跨越物高程/m	0.5	经纬仪测量
4	杆（塔）位高程/m	0.5	经纬仪测量
5	地形凸起点高程/m	0.5	经纬仪测量
6	直线桩横线路/mm	50	经纬仪定线、钢尺测量
7	被跨越物与邻近杆（塔）位距离	1%	用经纬仪塔尺复测
8	地形凸起点、风偏危险点与邻近塔位距离	1%	用经纬仪塔尺复测

注　地形凸起点是指地形变化较大，导线对地距离有可能不够的地形凸起点。

4.1.7.1.2　普通基础坑分坑和开挖应按表 4-1-10 的质量要求及检查方法逐基进行检查。

表 4-1-10　　**普通基础坑分坑和开挖质量要求及检查方法（线表）**

序号	检查（检验）项目	检验标准（允许偏差）	检查方法
1	基础坑中心根开及对角线尺寸/%	±0.2	吊垂法确定中心，钢尺测量
2	基础坑深/mm	+100 −50	经纬仪测量

4.1.7.1.3　掏挖基础坑分坑和开挖质量应按表 4-1-11 逐基进行检查评定。

表 4-1-11　　**掏挖基础坑分坑和开挖质量等级评定标准及检查方法**

序号	性质	检查（检验）项目	评级标准（允许偏差）		检查方法
			合格	优良	
1	关键	基础坑深/mm	+100，−50	+100，−30	经纬仪或钢尺测量

续表

序号	性质	检查（检验）项目	评级标准（允许偏差）		检查方法
			合格	优良	
2	关键	基础坑中心根开及对角线尺寸/%	±1	±0.8	吊垂法确定中心，钢尺测量
3	重要	基础坑底板尺寸/%	±1	−0.8	吊垂法确定中心，钢尺测量
4	重要	基础立柱尺寸/%	−1	−0.8	吊垂法确定中心，钢尺测量

4.1.7.1.4 施工基面及电气开方质量应按表 4-1-12 逐基逐处进行检查评定。

表 4-1-12　施工基面及电气开方质量等级评定标准及检查方法

序号	性质	检查（检验）项目	评级标准（允许偏差）		检查方法
			合格	优良	
1	关键	施工基面高程/mm	+200，−100		经纬仪测量
2	关键	塔位边坡净距	不小于设计值		钢尺测量
3	关键	风偏及对地净距	不小于设计值		经纬仪测量

4.1.7.2 基础工程

本章其余内容见光盘。

第11篇

220kV变电站工程施工监理范例

戴荣中　赵晓军　等　编著

第 1 章　某 220kV 变电站工程监理规划

1.1　工程项目概况

1.1.1　工程概况

1.1.1.1　工程名称

×××220kV 输变电工程。

1.1.1.2　工程建设地点

×××220kV 变电站站址位于××市区北部和××县交界处，距××市中心约 15km。站址南距 220kV××线约 380m，用地全部位于××县×××乡下××村地界内。本工程征地面积为 1.09hm^2，站区内面积为 0.89hm^2。

1.1.1.3　工程建设规模

1.1.1.3.1　×××变电站

（1）主变压器：规划容量 3×240MVA，本期安装 2 台；电压等级前两台 220/110/10kV。

（2）出线规模：220kV 出线规划 3 回；110kV 出线规划 6 回；10 千伏出线规划 16 回，每台主变 10kV 侧装设 4 组 8Mvar 电容器。

（3）电气主接线：220kV 远期及本期均采用双母线接线，本期安装 6 台断路器；110kV 远期及本期均采用双母线接线，本期安装 9 台断路器；10kV 远期采用单母线分段＋单元制单母线接线，本期采用单母线分段接线，安装 29 面带断路器的开关柜。

（4）配电装置：220kV、110kV 均采用 GIS 组合电器。

新建 220kV 线路两侧出线隔离开关配置具有切合感应电流和感应电压能力的接地开关。

10kV 采用金属铠装移开式开关柜，配真空断路器。电容器采用框架式成套装置，限流电抗器采用干式空芯型。

（5）每台主变低压侧无功补偿按 4 组 8.0Mvar 配置。

（6）输变电工程是按照“两型一化”“两型三新”标准设计，按无人值班管理模式设计，采用基于 DL/T 860 规约的智能变电站自动化系统方案，实现变电站保护、控制、监测/计量、远动/通信、网络安全防护和高级功能应用。

（7）二次系统部分特点，本站二次设备集中布置在主控通信单层建筑的二次设备室，过程层、状态监测 IED 等设备下放布置于智能控制柜。10kV 保护测控多合一装置下放至开关柜。

一次设备采用“一次设备本体＋传感器＋智能组件”形式，对于保护测控双重化配置的间隔，智能终端冗余配置。

采用常规互感器加合并单元方案。对于保护双重化配置的间隔，合并单元冗余配置；220kV、110kV 电压切换和电压并列功能由合并单元完成。

配置设备状态监测系统和智能辅助控制系统。监测主变油中溶解气体，预留主变局放及测试接口；预留 220kVGIS 局放及测试接口；监测 220kV 金属氧化物避雷器泄漏电流、放电次数；实现图 像监控及安全警卫、火灾自动报警及消防、环境监测等子系统的智能联动控制。全站一次设备状态监测系统、智能辅助控制系统后台整合。

1.1.1.3.2　接入系统方案及规模

线路工程为两部分：其中××—××220kV 线路新建线路工程，路径长 26.8km，其中同塔双回路 24.4km，同塔三回路 2.4km；××—××Π 入北郊变 220kV 线路工程，新建架空线路路径长 2.75km，单回路架设。

1.1.1.3.3　投资估算及资金来源

×××220kV 输变电工程概算静态投资×××万元，动态投资×××万元。其中：变电工程静态投资×××万元，动态投资×××万元；线路工程静态投资×××万元，动态投资×××万元；光纤通信工程静态投资 306 万元，动态投资×××万元。

资金供应按下列比例安排：2012 年 40%，2013 年 60%。工程投资由省公司统筹解决。

1.1.1.3.4　工期安排

计划开工日期：×××。

计划竣工日期：×××。

1.1.2　工程建设目标

总体目标：安全生产零事故，环境污染零事故；创建华中分部输变电工程项目管理流动红旗；实现达标投产，创建国家电网公司优质工程。

（1）管理目标：坚决遵循标准化开工、标准化施工、标准化管理的科学理念，做好外部建设环境协调工作，科学组织工程施工。确保网络计划的主要节点和计划工期如期完成；确保工程竣工投产完成档案移交及环保验收；创建华中分部项目管理流动红旗。

（2）安全目标：坚决贯彻执行《国家电网公司基建安全管理规定》（国家电网基建［2011］1753 号），各参建方认真履行安全职责，确保做到：不发生人员及重伤及以上事故、造成较大影响的人员群体轻伤事件；不发生因工程建设引起的电网及设备事故；不发生一般施工机械设备损坏事故；不发生火灾事故；不发生环境污染事件；不发生负主要责任的一般交通事故，不发生对公司造成影响的安全事件。

（3）文明施工、环保目标：实现安全文明施工“六化”要求；加强过程控制，不发生环境污染和水土流失事故，建设资源节约型、环境友好型的绿色工程。

（4）质量目标：坚决贯彻执行《国家电网公司基建质量管理规定》（国家电网基建［2011］1759 号），实现工程“零缺陷”移交，达标投产；全面应用标准工艺，应用率力争达到 100%；不发生设备在安装、调试期间以及由于工艺构件加工问题造成的质量事件；争创华中分部质量管理流动红旗。

（5）造价目标：严格优化工程设计，降低造价；严格工程变更管理，确保工程决算不突破批准的静态概算。

（6）工期目标：按照省公司里程碑计划要求：　年　月开工，计划　年　月竣工。

（7）档案管理目标：开展工程档案同步管理。本工程统一编制工程档案管理归档目录，档案管理坚持前期策划、过程控制、同步归档、分阶段移交。确保实现档案归档率 100%、资料准确率 100%、案卷合格率 100%，一次通过档案管理部门验收。

1.1.3　参建单位

略

1.2　监理工作范围

根据×××监理有限公司和××××公司签订的《×××

220kV 输变电工程施工监理合同》的要求，本工程的监理范围为：×××220kV 输变电工程之 220kV 变电站土建、电气安装、通讯工程，××—××220kV 线路工程，××—××Π 入××变 220kV 线路工程。

1.3 监理工作内容

监理工作内容见表 1-3-1。

表 1-3-1　　监理工作内容

阶段			监理工作内容
施工阶段	施工准备阶段		（1）在设计交底前，总监理工程师组织监理人员熟悉设计文件并对图纸中存在的问题通过建设单位向设计单位提出书面意见和建议
			（2）项目监理人员参加由建设单位组织的设计技术交底会，总监理工程师对设计技术交底会议纪要进行签认
			（3）工程项目开工前，总监理工程师组织专业监理工程师审查承包单位报送的项目管理实施规划（施工组织设计）报审表提出审查意见，并经总监理工程师审核签认后报建设单位
			（4）工程项目开工前，总监理工程师审查承包单位现场项目管理机构的质量管理体系、技术管理体系和质量保证体系确能保证工程项目施工质量时，予以确认对质量管理体系、技术管理体系和质量保证体系审核以下内容： 1）质量管理技术管理和质量保证的组织机构 2）质量管理技术管理制度 3）专职管理人员和特种作业人员的资格证上岗证
			（5）分包工程开工前，专业监理工程师审查承包单位报送的分包单位资格报审表和分包单位有关资质资料，符合有关规定后由总监理工程师予以签认：
			（6）对分包单位资格审核以下内容： 1）分包单位的营业执照企业资质等级证书特殊行业施工许可证国外境外企业在国内承包工程许可证 2）分包单位的业绩 3）拟分包工程的内容和范围 4）专职管理人员和特种作业人员的资格证上岗证
			（7）专业监理工程师按以下要求对承包单位报送的测量放线控制成果及保护措施进行检查、符合要求时专业监理工程师对承包单位报送的施工测量成果报验申请表予以签认： 1）检查承包单位专职测量人员的岗位证书及测量设备检定证书 2）复核控制桩的校核成果、控制桩的保护措施以及平面控制网高程控制网和临时水准点的测量成果
			（8）专业监理工程师审查承包单位报送的工程开工报审表及相关资料具备以下开工条件时由总监理工程师签发并报建设单位： 1）施工许可证已获政府主管部门批准 2）征地拆迁工作能满足工程进度的需要 3）施工组织设计已获总监理工程师批准 4）承包单位现场管理人员已到位、机具、施工人员已进场、主要工程材料已落实 5）进场道路及水电通讯等已满足开工要求
			（9）工程项目开工前监理人员参加由建设单位主持召开的第一次工地会议
			（10）第一次工地会议应包括以下主要内容： 1）建设单位、承包单位和监理单位分别介绍各自驻现场的组织机构人员及其分工 2）建设单位根据委托监理合同宣布对总监理工程师的授权 3）建设单位介绍工程开工准备情况 4）承包单位介绍施工准备情况 5）建设单位和总监理工程师对施工准备情况提出意见和要求 6）总监理工程师介绍监理规划的主要内容 7）研究确定各方在施工过程中参加工地例会的主要人员、召开工地例会周期、地点及主要议题
			（11）第一次工地会议纪要应由项目监理机构负责起草并经与会各方代表会签
	工地例会		（1）在施工过程中，总监理工程师定期主持召开工地例会，会议纪要由项目监理机构负责起草并经与会各方代表会签
			（2）工地例会包括以下主要内容： 1）检查上次例会议定事项的落实情况分析未完事项原因 2）检查分析工程项目进度计划完成情况提出下一阶段进度目标及其落实措施 3）检查分析工程项目质量状况针对存在的质量问题提出改进措施 4）检查工程量核定及工程款支付情况 5）解决需要协调的有关事项 6）其他有关事宜
			（3）总监理工程师或专业监理工程师根据需要及时组织专题会议，解决施工过程中的各种专项问题
	工程质量控制工作		（1）在施工过程中，当承包单位对已批准的项目管理实施规划（施工组织设计）进行调整补充或变动时，经专业监理工程师审查并由总监理工程师签认
			（2）专业监理工程师应要求承包单位报送重点部位关键工序的施工工艺和确保工程质量的措施，审核同意后予以签认

续表

阶段			监理工作内容
施工阶段	工程质量控制工作		（3）当承包单位采用新材料新工艺新技术新设备时，专业监理工程师应要求承包单位报送相应的施工工艺措施和证明材料，组织专题论证经审定后予以签认
			（4）项目监理机构对承包单位在施工过程中报送的施工测量放线成果进行复验和确认
			（5）专业监理工程师从以下五个方面对承包单位的试验室进行考核： 1）试验室的资质等级及其试验范围 2）法定计量部门对试验设备出具的计量检定证明 3）试验室的管理制度 4）试验人员的资格证书 5）本工程的试验项目及其要求
			（6）专业监理工程师对承包单位报送的拟进场工程材料/构配件/设备报审表及其质量证明资料进行审核，并对进场的实物按照委托监理合同约定或有关工程质量管理文件规定的比例，采用平行检验或见证取样方式进行抽检 ； 对未经监理人员验收或验收不合格的工程材料/构配件/设备，监理人员拒绝签认并签发监理工程师通知单，书面通知承包单位限期将不合格的工程材料/构配件/设备撤出现场
			（7）项目监理机构定期检查承包单位的直接影响工程质量的计量设备的技术状况
			（8）总监理工程师安排监理人员对施工过程进行巡视和检查，对隐蔽工程的隐蔽过程、下道工序施工完成后难以检查的重点部位，专业监理工程师安排监理员进行旁站
			（9）专业监理工程师根据承包单位报送的隐蔽工程报验申请表和自检结果进行现场检查符合要求予以签认；对未经监理人员验收或验收不合格的工序监理人员拒绝签认并要求承包单位严禁进行下一道工序的施工
			（10）专业监理工程师对承包单位报送的分项工程质量验评资料进行审核，符合要求后予以签认。总监理工程师组织监理人员对承包单位报送的分部工程和单位工程质量验评资料进行审核和现场检查，符合要求后予以签认
			（11）对施工过程中出现的质量缺陷，专业监理工程师应及时下达监理工程师通知，要求承包单位整改并检查整改结果
			（12）监理人员发现施工存在重大质量隐患，可能造成质量事故或已经造成质量事故，应通过总监理工程师及时下达工程暂停令，要求承包单位停工整改，整改完毕并经监理人员复查符合规定要求后，总监理工程师及时签署工程复工报审表，总监理工程师下达工程暂停令和签署工程复工报审表，宜事先向建设单位报告
			（13）对需要返工处理或加固补强的质量事故，总监理工程师应责令承包单位报送质量事故调查报告和经设计单位等相关单位认可的处理方案，项目监理机构对质量事故的处理过程和处理结果进行跟踪检查和验收
	工程安全控制工作		（1）协助委托人根据国家电网公司有关安全管理规定，进行安全管理
			（2）监督检查承包商建立健全安全生产责任制和执行安全生产的有关规定与措施
			（3）监督检查承包商建立健全劳动安全生产教育培训制度，加强对职工安全生产的教育培训
			（4）参加由委托人组织的安全大检查，监督安全文明施工状况
			（5）遇到威胁安全的重大问题时，有权发出“暂停施工”的通知，并通报委托人
			（6）协助委托人制定施工现场安全文明施工管理目标并监督实施
			（7）检查现场施工单位员工中特殊工种和技术工人持证上岗情况，并监督实施
	工程造价控制工作		（1）项目监理机构按下列程序进行工程计量和工程款支付工作： 1）承包单位统计经专业监理工程师质量验收合格的工程量，按施工合同的约定填报工程量清单和工程款支付申请表 2）专业监理工程师进行现场计量，按施工合同的约定审核工程量清单和工程款支付申请表，并报总监理工程师审定 3）总监理工程师签署工程款支付证书，并报建设单位
			（2）项目监理机构按下列程序进行竣工结算： 1）承包单位按施工合同规定填报竣工结算报表 2）专业监理工程师审核承包单位报送的竣工结算报表 3）总监理工程师审定竣工结算报表，与建设单位、承包单位协商一致后，签发竣工结算文件和最终的工程款支付证书报建设单位
			（3）项目监理机构依据施工合同有关条款、施工图对工程项目造价目标进行风险分析并应制定防范性对策
			（4）总监理工程师应从造价项目的功能要求、质量和工期等方面审查工程变更的方案，并宜在工程变更实施前与建设单位、承包单位协商确定工程变更的价款
			（5）项目监理机构按施工合同约定的工程量计算规则和支付条款进行工程量计量和工程款支付
			（6）专业监理工程师及时建立月完成工程量和工作量统计表，对实际完成量与计划完成量进行比较分析，制定调整措施并在监理月报中向建设单位报告

续表

阶段			监理工作内容
施工阶段	工程造价控制工作		（7）专业监理工程师及时收集整理有关的施工和监理资料为处理费用索赔提供证据
			（8）项目监理机构及时按施工合同的有关规定进行竣工结算，并对竣工结算的价款总额与建设单位和承包单位进行协商
			（9）未经监理人员质量验收合格的工程量或不符合施工合同规定的工程量，监理人员拒绝计量和该部分的工程款支付申请
	工程进度控制工作		（1）项目监理机构按下列程序进行工程进度控制： 1）总监理工程师审批承包单位报送的施工总进度计划 2）总监理工程师审批承包单位编制的年、季、月度施工进度计划 3）专业监理工程师对进度计划实施情况检查分析 4）当实际进度符合计划进度时，要求承包单位编制下一期进度计划；当实际进度滞后于计划进度时，专业监理工程师书面通知承包单位采取纠偏措施并监督实施
			（2）专业监理工程师依据施工合同有关条款、施工图及经过批准的项目管理实施规划（施工组织设计）制定进度控制方案，对进度目标进行风险分析、制定防范性对策，经总监理工程师审定后报送建设单位
			（3）专业监理工程师检查进度计划的实施并记录实际进度及其相关情况，当发现实际进度滞后于计划进度时签发监理工程师通知单，指令承包单位采取调整措施；当实际进度严重滞后于计划进度时，及时报总监理工程师，由总监理工程师与建设单位商定采取进一步措施
			（4）总监理工程师在监理月报中向建设单位报告工程进度和所采取进度控制措施的执行情况，并提出合理预防由建设单位原因导致的工程延期及其相关费用索赔的建议 总监理工程师及时向建设单位及本监理单位提交有关质量事故的书面报告，并将完整的质量事故处理记录整理归档
	信息与档案管理		（1）协助建设管理单位按照国家有关工程档案管理的规定，编制工程档案资料整理手册，明确移交档案目录清单、责任单位，细化档案资料的质量要求
			（2）组织参建单位共同对工程拟形成的声像资料进行策划，按照国家电网公司《关于利用数码照片资料加强输变电工程安全质量过程控制的通知》，编制实施方案，根据工程特点，按照单位、分部、分项、单元工程划分情况，详细列出各部位声像资料清单和质量要求
			（3）监理部制订监理文件质量保证措施，对履行监理职责过程中形成的监理文件的质量提出具体要求，并定期自查验收： 1）监理部在保证监理档案的完整性、准确性、系统性上下功夫，消除以往监理档案中常见的问题，保证工程监理档案的质量 2）正确处理监理过程中发生的问题，《监理工作联系单》《监理工程师通知单》《停工通知单》内容准确，标识、签署齐全，提出的问题有反馈、复检、关闭
			（4）在规范化管理的基础上，监督施工单位与工程建设进度同步形成工程施工档案资料。监理部在进行各项审查和验收中，同时验收工程资料的质量，做好工程资料的动态立卷建档，使工程资料充分反映工程的过程和成果
			（5）组织参建单位及时进行工程总结，并按要求进行声像资料整理，充分展示工程的过程和成效
	施工合同管理的其他工作	工程暂停及复工	（1）总监理工程师在签发工程暂停令时，根据暂停工程的影响范围和影响程度，按照施工合同和委托监理合同的约定签发
			（2）在发生下列情况之一时总监理工程师可签发工程暂停令： 1）建设单位要求暂停施工且工程需要暂停施工 2）为了保证工程质量而需要进行停工处理 3）施工出现了安全隐患总监理工程师认为有必要停工以消除隐患 4）发生了必须暂时停止施工的紧急事件 5）承包单位未经许可擅自施工或拒绝项目监理机构管理
			（3）总监理工程师在签发工程暂停令时根据停工原因的影响范围和影响程度确定工程项目停工范围
			（4）由于非承包单位且非（2）条中 2.3.4.5 款原因时，总监理工程师在签发工程暂停令之前，应就有关工期和费用等事宜与承包单位进行协商
			（5）由于建设单位原因或其他非承包单位原因导致工程暂停时，项目监理机构应如实记录所发生的实际情况，总监理工程师在施工暂停原因消失具备复工条件时，及时签署工程复工报审表，指令承包单位继续施工
			（6）由于承包单位原因导致工程暂停在具备恢复施工条件时，项目监理机构审查承包单位报送的复工申请及有关材料，同意后由总监理工程师签署工程复工报审表，指令承包单位继续施工
			（7）总监理工程师在签发工程暂停令到签发工程复工报审表之间的时间内，宜会同有关各方按照施工合同的约定处理因工程暂停引起的与工期费用等有关的问题

续表

阶段			监理工作内容
施工阶段	施工合同管理的其他工作	工程变更的管理	（1）项目监理机构按下列程序处理工程变更： 1）设计单位对原设计存在的缺陷提出的工程变更应编制设计变更文件，建设单位或承包单位提出的工程变更应提交总监理工程师，由总监理工程师组织专业监理工程师审查，审查同意后由建设单位转交原设计单位编制设计变更；当工程变更涉及安全环保等内容时应按规定经有关部门审定 2）项目监理机构应了解实际情况和收集与工程变更有关的资料 3）总监理工程师必须根据实际情况、设计变更文件和其他有关资料，按照施工合同的有关条款，在指定专业监理工程师完成下列工作后对工程变更的费用和工期作出评估： ①确定工程变更项目与原工程项目之间的类似程度和难易程度 ②确定工程变更项目的工程量 ③确定工程变更的单价或总价 ④总监理工程师就工程变更费用及工期的评估情况与承包单位和建设单位进行协调 ⑤总监理工程师签发工程变更单。工程变更单包括工程变更要求、工程变更说明、工程变更费用和工期及必要的附件等内容，有设计变更文件的工程变更附设计变更文件 ⑥项目监理机构根据工程变更单监督承包单位实施
			（2）项目监理机构处理工程变更应符合下列要求： 1）项目监理机构在工程变更的质量费用和工期方面取得建设单位授权后，总监理工程师按施工合同规定与承包单位进行协商，经协商达成一致后，总监理工程师将协商结果向建设单位通报，并由建设单位与承包单位在变更文件上签字 2）在项目监理机构未能就工程变更的质量、费用和工期方面取得建设单位授权时，总监理工程师协助建设单位和承包单位进行协商并达成一致 3）在建设单位和承包单位未能就工程变更的费用等方面达成协议时，项目监理机构应提出一个暂定的价格作为临时支付工程进度款的依据，该项工程款最终结算时以建设单位和承包单位达成的协议为依据
			（3）在总监理工程师签发工程变更单之前承包单位不得实施工程变更
			（4）未经总监理工程师审查同意而实施的工程变更项目，监理机构不予以计量
		费用索赔的处理	（1）项目监理机构处理费用索赔依据下列内容： 1）国家有关的法律法规和工程项目所在地的地方法规 2）本工程的施工合同文件 3）国家部门和地方有关的标准规范和定额 4）施工合同履行过程中与索赔事件有关的凭证
			（2）当承包单位提出费用索赔的理由同时满足以下条件时项目监理机构应予以受理： 1）索赔事件造成了承包单位直接经济损失 2）索赔事件是由于非承包单位的责任发生的 3）承包单位已按照施工合同规定的期限和程序提出费用索赔申请表并附有索赔凭证材料
			（3）承包单位向建设单位提出费用索赔，项目监理机构按下列程序处理： 1）承包单位在施工合同规定的期限内向项目监理机构提交对建设单位的费用索赔意向通知书 2）总监理工程师指定专业监理工程师收集与索赔有关的资料 3）承包单位在承包合同规定的期限内向项目监理机构提交对建设单位的费用索赔申请表 4）总监理工程师初步审查费用索赔申请表符合本规范第（2）条所规定的条件时予以受理 5）总监理工程师进行费用索赔审查并在初步确定一个额度后与承包单位和建设单位进行协商 6）总监理工程师在施工合同规定的期限内签署费用索赔审批表或在施工合同规定的期限内发出要求承包单位提交有关索赔报告的进一步详细资料的通知，待收到承包单位提交的详细资料后按本条的第456款的程序进行
			（4）当承包单位的费用索赔要求与工程延期要求相关联时，总监理工程师在作出费用索赔的批准决定时，应与工程延期的批准联系起来综合作出费用索赔和工程延期的决定
			（5）由于承包单位的原因造成建设单位的额外损失，建设单位向承包单位提出费用索赔时，总监理工程师在审查索赔报告后应公正地与建设单位和承包单位进行协商并及时作出答复
		工程延期及工程延误的处理	（1）当承包单位提出工程延期要求符合施工合同文件的规定条件时，项目监理机构应予以受理
			（2）当影响工期事件具有持续性时，项目监理机构可在收到承包单位提交的阶段性工程延期申请表并经过审查后，先由总监理工程师签署工程临时延期审批表并通报建设单位，当承包单位提交最终的工程延期申请表后，项目监理机构复查工程延期及临时延期情况，并由总监理工程师签署工程最终延期审批表
			（3）项目监理机构在作出临时工程延期批准或最终的工程延期批准之前，均应与建设单位和承包单位进行协商
			（4）项目监理机构在审查工程延期时依下列情况确定批准工程延期的时间： 1）施工合同中有关工程延期的约定 2）工期拖延和影响工期事件的事实和程度 3）影响工期事件对工期影响的量化程度
			（5）工程延期造成承包单位提出费用索赔时，项目监理机构按《费用索赔的处理》的规定处理
			（6）当承包单位未能按照施工合同要求的工期竣工交付造成工期延误时，项目监理机构按施工合同规定从承包单位应得款项中扣除误期损害赔偿费

续表

阶段			监理工作内容
施工阶段	施工合同管理的其他工作	合同争议的调解	（1）项目监理机构接到合同争议的调解要求后进行以下工作： 1）及时了解合同争议的全部情况包括进行调查和取证 2）及时与合同争议的双方进行磋商 3）在项目监理机构提出调解方案后由总监理工程师进行争议调解 4）当调解未能达成一致时，总监理工程师在施工合同规定的期限内提出处理该合同争议的意见 5）在争议调解过程中，除已达到了施工合同规定的暂停履行合同的条件之外，项目监理机构应要求施工合同的双方继续履行施工合同 （2）在总监理工程师签发合同争议处理意见后，建设单位或承包单位在施工合同规定的期限内未对合同争议处理决定提出异议，在符合施工合同的前提下此意见成为最后的决定双方必须执行 （3）在合同争议的仲裁或诉讼过程中，项目监理机构接到仲裁机关或法院要求提供有关证据的通知后，应公正地向仲裁机关或法院提供与争议有关的证据
		合同的解除	（1）施工合同的解除必须符合法律程序 （2）当建设单位违约导致施工合同最终解除时，项目监理机构应就承包单位按施工合同规定应得到的款项与建设单位和承包单位进行协商，并按施工合同的规定从下列应得的款项中确定承包单位应得到的全部款项，并书面通知建设单位和承包单位： 1）承包单位已完成的工程量表中所列的各项工作所应得的款项 2）按批准的采购计划订购工程材料设备构配件的款项 3）承包单位撤离施工设备至原基地或其他目的地的合理费用 4）承包单位所有人员的合理遣返费用 5）合理的利润补偿 6）施工合同规定的建设单位应支付的违约金 （3）由于承包单位违约导致施工合同终止后，项目监理机构按下列程序清理承包单位的应得款项或偿还建设单位的相关款项，并书面通知建设单位和承包单位： 1）施工合同终止时清理承包单位已按施工合同规定实际完成的工作所应得的款项和已经得到支付的款项 2）施工现场余留的材料设备及临时工程的价值 3）对已完工程进行检查和验收移交工程资料，该部分工程的清理、质量缺陷修复等所需的费用 4）施工合同规定的承包单位应支付的违约金 5）总监理工程师按照施工合同的规定在与建设单位和承包单位协商后，书面提交承包单位应得款项或偿还建设单位款项的证明 （4）由于不可抗力或非建设单位、承包单位原因导致施工合同终止时，项目监理机构按施工合同规定处理合同解除后的有关事宜
	环保水保		（1）审查施工单位的环保与水保文字和措施，并监督执行
			（2）加强施工环保与水保的监督检查，采取有效措施减少临时占地，严格按照设计施工，避免大开挖，采取表土剥离单独堆放，工完料尽场地清，不发生环境二次污染
			（3）输变电基础开挖等，在有水土流失的地方施工时，督促施工单位按照"先防护后施工"的原则进行施工
			（4）协助业主项目部，配合环保与水保的专项验收
	组织协调		（1）参加业主项目部组织的第一次工地会议，总监理工程师介绍监理规划的内容并进行监理工作程序的交底，对施工准备情况提出意见和要求
			（2）参加业主项目部组织召开的月度协调会或专题会，提出监理意见和建议，对需要监理项目部落实处理的问题进行闭环管理
			（3）主持召开工地例会每月不少于一次，就工程安全、质量、进度、投资等工作进行协调，提出要求，并负责会议纪要的编制和分分，对会议纪要的执行情况进行监督检查
			（4）及时处理、传递施工项目部提出的需要协调的问题
	竣工验收		（1）总监理工程师组织专业监理工程师，依据有关法律、法规、工程建设强制性标准、设计文件及施工合同，对承包单位报送的竣工资料进行审查，并对工程质量进行竣工预验收，对存在的问题及时要求承包单位整改，整改完毕由总监理工程师签署工程竣工报验单，并在此基础上提出工程质量评估报告，工程质量评估报告经公司技术负责人签字批准
			（2）项目监理机构参加由建设单位组织的竣工验收并提供相关监理资料，对验收中提出的整改问题项目监理机构要求承包单位进行整改，工程质量符合要求由总监理工程师会同参加验收的各方签署竣工验收报告
	工程质量保修期的监理工作		（1）监理单位依据委托监理合同约定的工程质量保修期监理工作的时间范围和内容开展工作
			（2）承担质量保修期监理工作时，监理单位安排监理人员对建设单位提出的工程质量缺陷进行检查和记录，对承包单位进行修复的工程质量进行验收，合格后予以签认
			（3）监理人员对工程质量缺陷原因进行调查分析并确定责任归属，对非承包单位原因造成的工程质量缺陷，监理人员应核实修复工程的费用和签署工程款支付证书并报建设单位

1.4　监理工作目标

1.4.1　工程质量目标

（1）监理合同履约率 100%，顾客满意度达到 95%以上、逐年递增；监理到位率 100%，及时率＞80%（每拖后两小时及时率降 1%）。

（2）工程监理责任零事故。

（3）监理的工程项目。

1）土建部分：单位工程优良率为 100%，分部分项工程合格率 100%，观感得分率≥95%。

2）安装部分：单位工程优良率 100%，分部分项工程合格率 100%，验收合格率 100%。杜绝一般及以上质量事故发生。

（4）工程质量满足《国家电网公司输变电工程达标投产考核办法》及《国家电网公司输变电优质工程评选办法》的要求，确保安阳北郊 220kV 输变电工程达标投产，创国网公司优质工程。

1.4.2　工程进度目标

坚持“工程进度服从质量”为原则，保证按照工期安排开工、竣工，施工过程中保证根据需要适时调整施工进度，积极采取相应措施，按时完成工程阶段性里程碑进度计划和验收工作。

1.4.3　工程安全目标

不发生人员及重伤及以上事故、造成较大影响的人员群体轻伤事件；不发生因工程建设引起的电网及设备事故；不发生一般施工机械设备损坏事故；不发生火灾事故；不发生环境污染事件；不发生负主要责任的一般交通事故，不发生对公司造成影响的安全事件

1.4.4　工程环境目标

（1）工程监理环境责任零事故。

（2）控制固体废弃物达到 100%清理。

1.4.5　文明施工目标

努力做到“安全管理制度化、安全设施标准化、现场布置条理化、机料摆放定置化、作业行为规范化、环境协调和谐化”，创建×××省级文明工地。

1.4.6　工程造价目标

工程建成后的最终投资控制，符合审批概算中静态、动态投资控制管理的要求，力求优化设计、施工，节约工程投资。

1.5　监理工作依据

1.5.1　本工程《监理服务大纲》《建设工程监理合同》。

1.5.2　本工程建设单位与设计单位、施工单位、材料设备供应单位签订的工程建设合同。

1.5.3　本工程批准的设计文件及政府批准的本工程文件。

1.5.4　《建设工程质量管理条例》《建设工程安全管理条例》、《建设项目环境保护管理条例》《建设工程监理规范》。

1.5.5　国家电网公司管理制度：《国家电网公司监理项目部标准化工作手册（2010 年版）》《输变电工程达标投产考核评定办法（2011 版）》《输变电工程优质工程评选办法（2011 版）》《电力建设工程施工安全监理管理办法》《电力建设工程施工质量 监理管理办法》《关于强化输变电工程施工过程质量控制数码照片采集和管理的工作要求》（〔2010〕322 号）、《输变电工程质量通病防治工作要求及技术措施》《输变电工程安全文明施工标准》等。

1.5.6　省电力公司有关管理规定：《×××省电力公司输变电工程监理管理实施细则》《输变电工程安全文明施工标准化实施细则》等。

1.5.7　《中华人民共和国合同法》《中华人民共和国建筑法》《中华人民共和国招标投标法》。

1.5.8　现行施工验收规范、技术规程和质量验收标准等。

1.5.9　制造厂提供的产品说明书及安装工作指导书；施工过程中设计、承包商、建设单位及上级单位对本工程所发的有关文件、施工图会审、交底纪要及建设单位和上级单位对本工程提出的要求。

1.5.10　国家和地方政府其他有关建设方面的法律、法规及政策规定等。

1.6　项目监理机构人员配备

×××220kV 输变电工程监理项目部组织机构如图 1-6-1 所示。

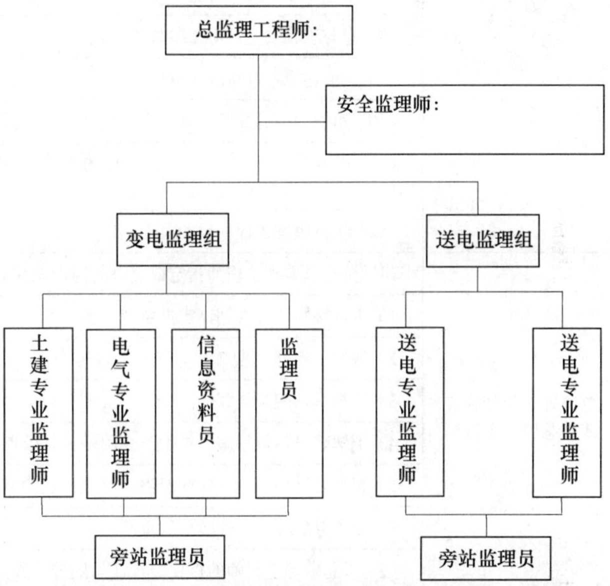

图 1-6-1　××× 220kV 输变电工程监理项目部组织机构

1.7　项目监理机构的人员配备计划

项目监理机构的人员配备计划见表 1-7-1。

表 1-7-1　项目监理机构的人员配备计划

职务	姓名	性别	年龄	技术职称	专业	资质证书
总监理工程师						
安全监理工程师						
土建监理工程师						
技经监理工程师						
电气监理工程师						
监理员						
信息资料员						

根据工程监理任务和工程进度安排，工程项目监理部自成

立之日起，总监理工程师、安全监理工程师、土建监理工程师、资料信息员提前进场，工程土建电气转序前组织图纸会审后电气监理工程师进站开始监理工作，根据工程进展情况安排相应数量监理员协助开展现场监理工作。

1.8 项目监理机构的人员岗位职责

项目监理机构的人员岗位职责见表 1-8-1。

表 1-8-1　项目监理机构的人员岗位职责

岗位	岗位职责
总监理工程师	总监理工程师代表监理单位全面负责监理项目部的各项管理工作、组织与协调，是安全、质量管理的第一责任人
	（1）确定监理项目部人员的分工和岗位职责；检查和监督监理人员的工作，根据工程项目的进展情况进行监理人员调配，对不称职的监理人员进行调换
	（2）熟悉和掌握国家电网公司电力工程建设和标准和规定，组织监理项目部学习并贯彻执行
	（3）主持编写项目监理规划、审批项目监理实施细则，并负责管理监理项目部的日常工作
	（4）审查分包单位的资质，并提出审查意见
	（5）主持监理工作会议，签发监理项目部的文件和指令
	（6）审核签署施工项目部的付款申请和竣工结算
	（7）审查和处理工程变更
	（8）参与工程安全、质量事故的调查
	（9）调解建设单位与施工单位的合同争议、处理索赔、审核工程延期
	（10）组织编写并签发监理月报、监理工作阶段报告、专题报告和项目监理工作总结
	（11）审核签认分部工程和单位工程的质量检验评定资料，审查施工项目部的竣工申请，组织监理人员对待验收的工程项目进行质量检查，参与工程项目的竣工验收
	（12）主持整理工程项目的监理文件
总监理工程师代表或副总监理工程师	（1）负责总监理工程师指定或交办的监理工作。但总监理工程师不得将下列工作委托给总监理工程师代表/副总监理工程师：
	1）主持编写监理规划、审批监理实施细则
	2）签发工程开工/复工报审表、工程暂停令、工程款支付申请表、工程竣工报验单
	3）审核签认竣工结算
	4）调解建设单位与施工单位的合同争议、处理索赔、审批工程延期
	5）根据工程项目的进展情况进行监理人员的调配，调换不称职的监理人员
	6）审查分包项目及分包单位资质
	（2）按总监理工程师的授权，行使总监理工程师的部分职责和权力
专业监理工程师	在总监理工程师的领导下负责工程建设项目相关专业的监理工作：
	（1）负责编制本专业的监理实施细则
	（2）负责本专业监理工作的具体实施
	（3）组织、指导、检查和监督本专业监理员的工作，当监理人员需要调整时，向总监理工程师提出建议
	（4）审查施工项目部提交的涉及本专业的计划、方案、申请、变更，并向总监理工程师提出报告
	（5）负责本专业分项工程验收及隐蔽工程验收
	（6）定期向总监理工程师提交本专业监理工作实施情况报告，对重大问题及时向总监理工程师汇报和请示
	（7）根据本专业监理工作实施情况做好监理日记
	（8）负责本专业监理资料的收集、汇总及整理，参与编写监理月报
	（9）参加见证取样工作，核查进场材料、设备、构配件的原始凭证、检测报告等质量证明文件及其质量情况，必要时对进场材料、设备、构配件进行平行检验，合格时予以签认
	（10）负责本专业的工程计量工作，审核工程计量的数据和原始凭证
	（11）检查本专业质量、安全、进度、节能减排、水土保持、强制性标准执行等情况，及时监督处理事故隐患，必要时报告
安全监理工程师	在总监理工程师的领导下，负责工程建设项目安全监理的日常工作
	（1）做好风险管理的策划工作，编写监理规划中的安全监理管理内容和安全监理工作方案
	（2）参加施工组织设计中安全措施和施工过程中重大安全技术方案的审查

续表

岗位	岗位职责
安全监理工程师	（3）对危险性较大的工程安全施工方案或施工项目部提出的安全技术措施的实施进行监督检查
	（4）审查施工项目部、分包单位的安全资质和项目经理、专职安全管理人员、特殊作业人员的上岗资格，并在过程中检查其持证上岗情况
	（5）组织或参与安全例会和安全检查，参与重大施工的安全技术交底，对施工过程进行安全监督和检查，做好各类检查记录和监理日志。对不合格项或安全隐患提出整改要求，并督促整改闭环
	（6）审查施工单位安全管理组织机构、安全规章制度和专项安全措施。重点审查施工项目部危险源、环境因素辨识及其控制措施的适宜性、充分性、有效性，督促做好危险作业预控工作
	（7）组织安全学习。配合总监理工程师组织本项目监理人员的安全学习，督促施工项目部开展三级安全教育等安全培训工作
	（8）深入现场掌握安全生产动态，收集安全管理信息。发现重大安全事故隐患及时制止并向总监理工程师报告
	（9）检查安全文明施工措施补助费的安措费的使用情况。协调不同单位之间的交叉作业和工序交接中的安全文明施工措施的落实
	（10）负责做好安全管理台账及安全监理工作资料的收集和整理
	（11）配合或参与安全事故调查
造价工程师	（1）负责项目建设过程中的投资控制工作；严格执行国家、行业标准和企业标准，贯彻落实建设单位有关投资控制的要求
	（2）参加施工图会检和设计交底，参加建设单位组织阶段性的投资控制会议
	（3）协助项目总监理工程师处理工程变更，根据规定报上级单位批准
	（4）协助项目总监理工程师审核上报工程进度款支付申请和月度用款计划
	（5）参与建设单位组织的工程竣工结算审查工作会议
	（6）负责收集、整理投资控制的基础资料，并按要求归档
监理员	主要从事现场检查、计量等工作：
	（1）在专业监理工程师的指导下开展现场监理工作
	（2）检查施工项目部投入工程项目的人力、材料、主要设备及其使用、运行状况，并做好检查记录
	（3）复核或从施工现场直接获取工程计量的有关数据并签署原始凭证
	（4）按设计图及有关标准，对施工项目部工艺过程或施工工序进行检查和记录，对加工制作及工序施工质量检查结果进行记录
	（5）担任旁站监理工作，核查特种作业人员的上岗证；检查、监督工程现场的施工质量、安全、节能减排、水土保持等状况及措施的落实情况，发现问题及时指出、予以纠正并向专业监理工程师报告
	（6）做好监理日记和有关的监理记录
信息资料人员	（1）负责对工程各类文件资料进行收发登记；分类整理，建立资料台账，并做好工程资料的储存、保管工作
	（2）熟悉国家电网公司输变电工程建设标准化工作要求，负责基建工程管控模块的信息录入
	（3）负责工程文件资料在监理项目部内得到及时流转
	（4）对工程监理资料进行统一编号
	（5）负责对工程建设标准文本进行保管和借阅管理
	（6）协助总监理工程师对受控文件进行管理，保证使用该文件人员及时得到最新版本
	（7）负责工程监理资料的整理和归档工作

1.9　监理工作程序

1.9.1　依据签订的监理合同，在规定的时间内组建监理项目部，配备能够满足工程需要的各项设施。任命总监理工程师、专业监理工程师、安全监理工程师报送业主项目部审核备案，建立完善监理工作制度，组织监理项目部人员进行工作分工及质量、技术、安全管理等交底和培训工作。

1.9.2　依据监理大纲、业主项目部《建设管理纲要》设计图纸等有关标准、文件要求，以及确定的工程目标，编制《输变电工程监理规划》，并在第一次工地会议前报业主项目部审批。

1.9.3　工程开工前，审查施工项目部《项目管理实施规划》《项目管理制度》《输变电工程施工强制性条文执行计划》、管理体系文件等，并报业主项目部审批；审批《施工管理人员资格报审表》，并上报业主项目部备案。

1.9.4　督促检查施工项目部策划文件的执行情况和管理体系的运行情况，对于现场发生的问题及时签发《监理工程师通知单》《监理工作联系单》要求施工项目部进行整改，并跟踪整改落实情况。

监理服务工作流程图如图 1-9-1～图 1-9-11 所示。

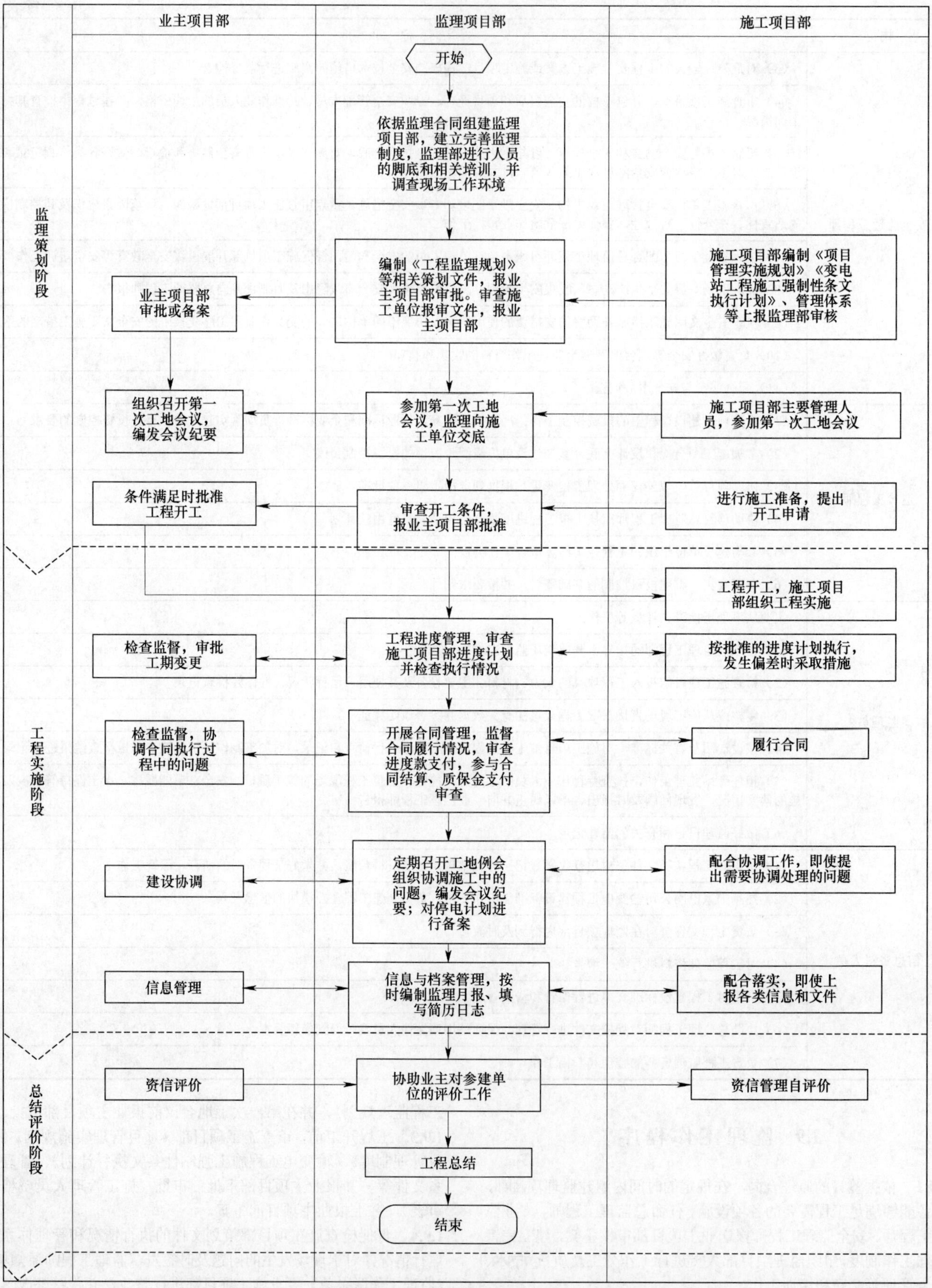
业主项目部
监理项目部
施工项目部
监理策划阶段
开始
依据监理合同组建监理项目部，建立完善监理制度，监理部进行人员的脚底和相关培训，并调查现场工作环境
业主项目部审批或备案
编制《工程监理规划》等相关策划文件，报业主项目部审批。审查施工单位报审文件，报业主项目部
施工项目部编制《项目管理实施规划》《变电站工程施工强制性条文执行计划》、管理体系等上报监理部审核
组织召开第一次工地会议，编发会议纪要
参加第一次工地会议，监理向施工单位交底
施工项目部主要管理人员，参加第一次工地会议
条件满足时批准工程开工
审查开工条件，报业主项目部批准
进行施工准备，提出开工申请
工程实施阶段
工程开工，施工项目部组织工程实施
检查监督，审批工期变更
工程进度管理，审查施工项目部进度计划并检查执行情况
按批准的进度计划执行，发生偏差时采取措施
检查监督，协调合同执行过程中的问题
开展合同管理，监督合同履行情况，审查进度款支付，参与合同结算、质保金支付审查
履行合同
建设协调
定期召开工地例会组织协调施工中的问题，编发会议纪要；对停电计划进行备案
配合协调工作，即使提出需要协调处理的问题
信息管理
信息与档案管理，按时编制监理月报、填写简历日志
配合落实，即使上报各类信息和文件
总结评价阶段
资信评价
协助业主对参建单位的评价工作
资信管理自评价
工程总结
结束

图 1-9-1　监理服务工作总流程

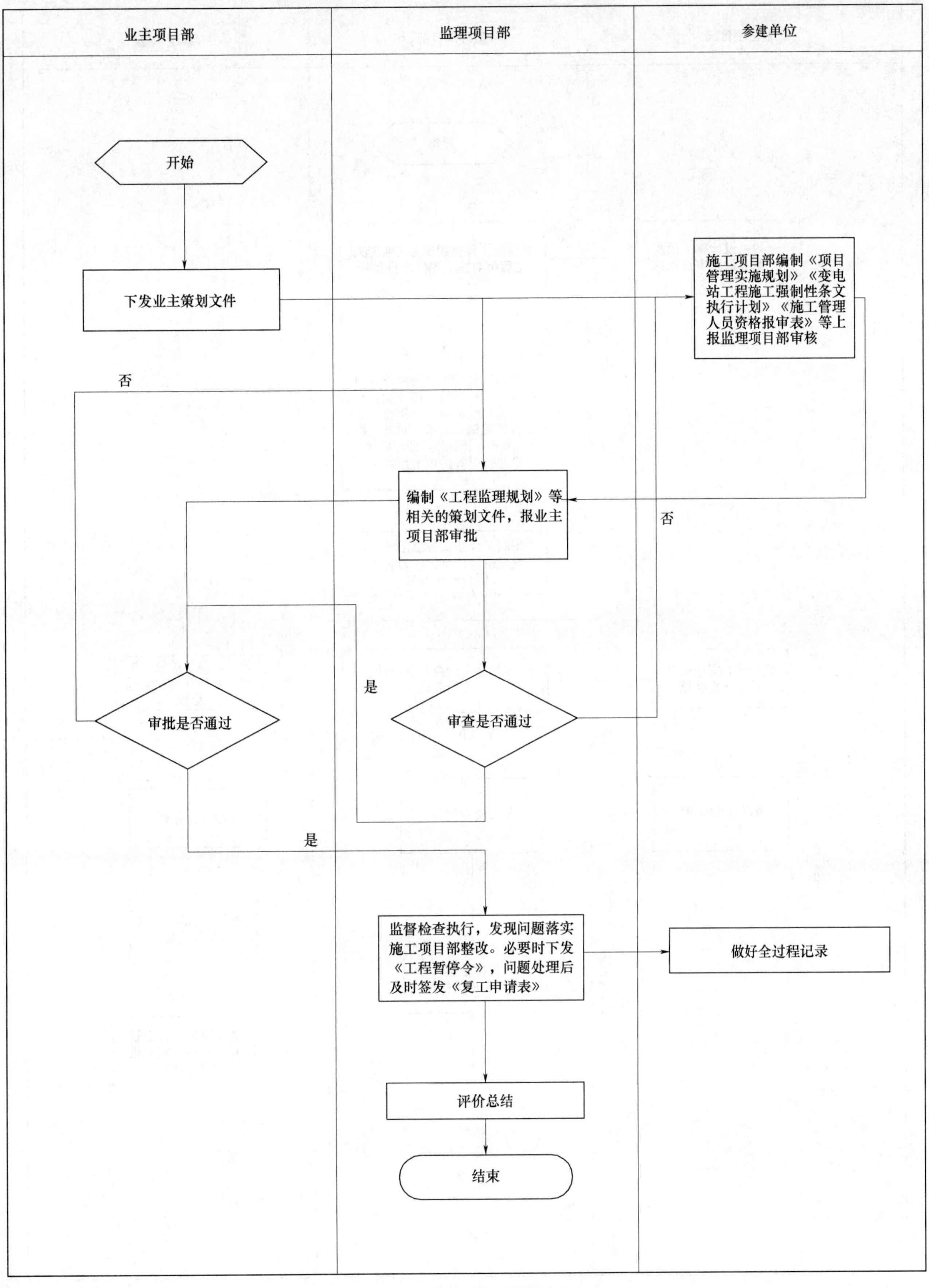

图 1-9-2　监理服务工作策划流程

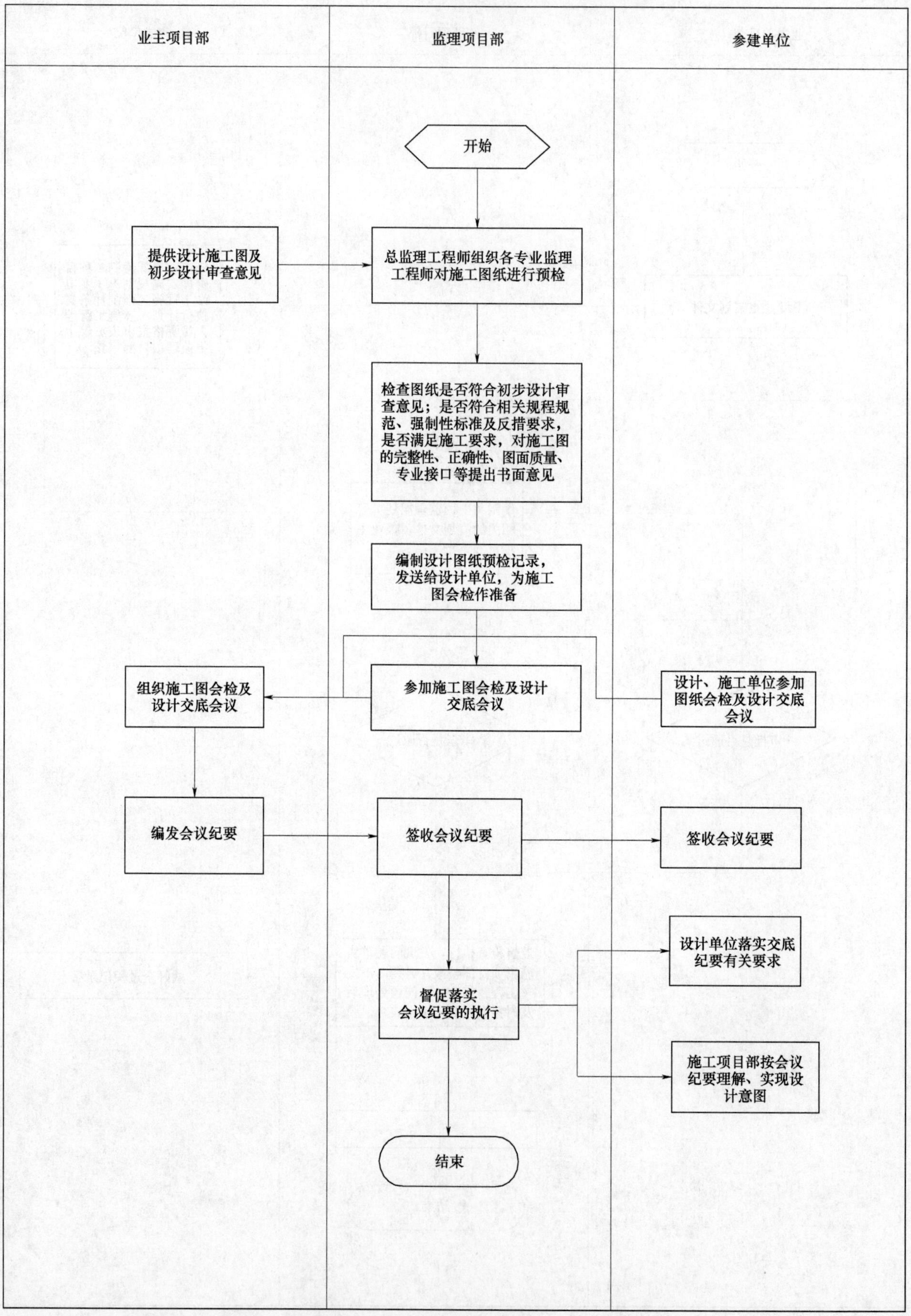

图 1-9-3　施工图会检及设计交底流程

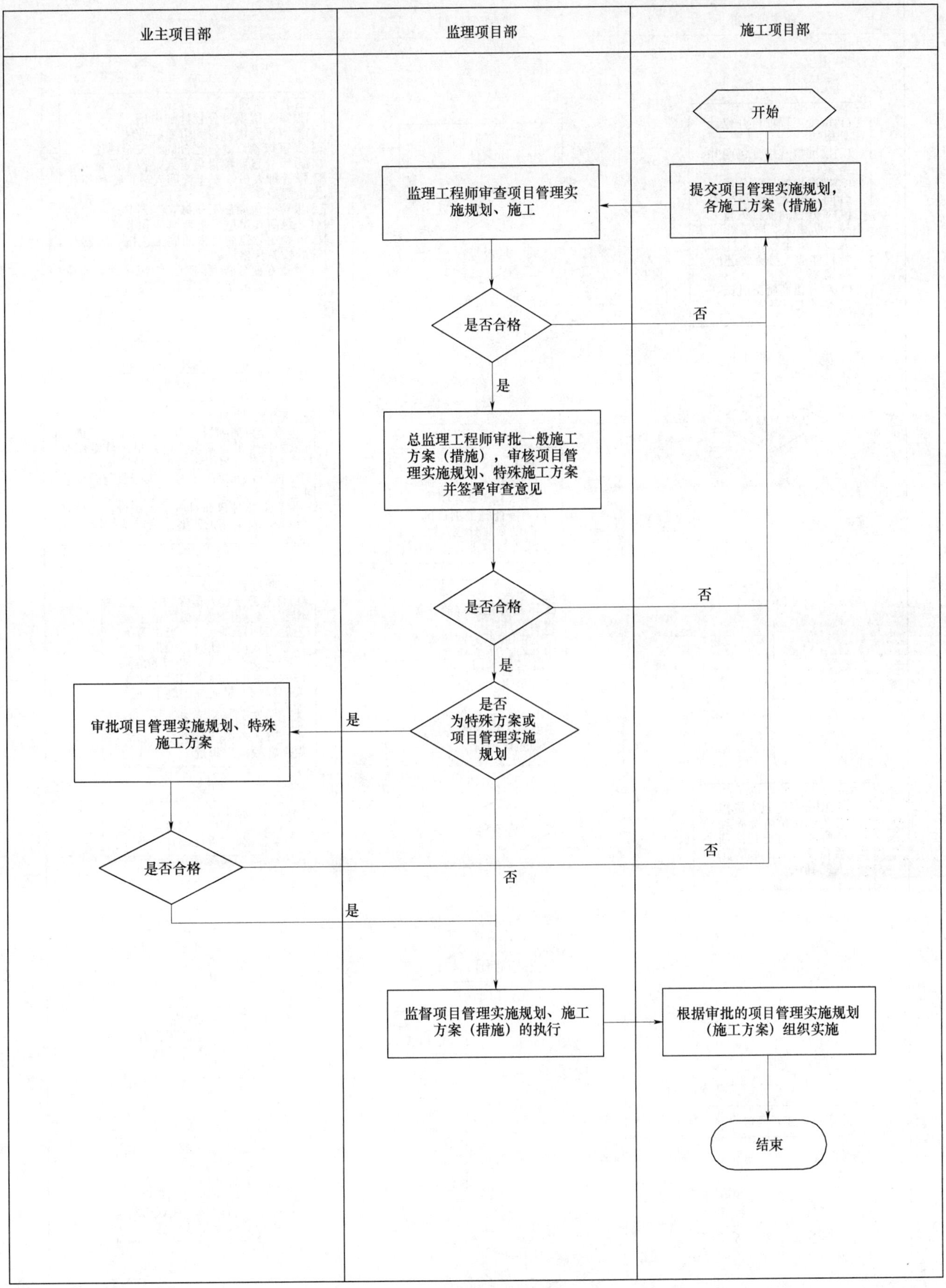

图 1-9-4　项目管理实施规划

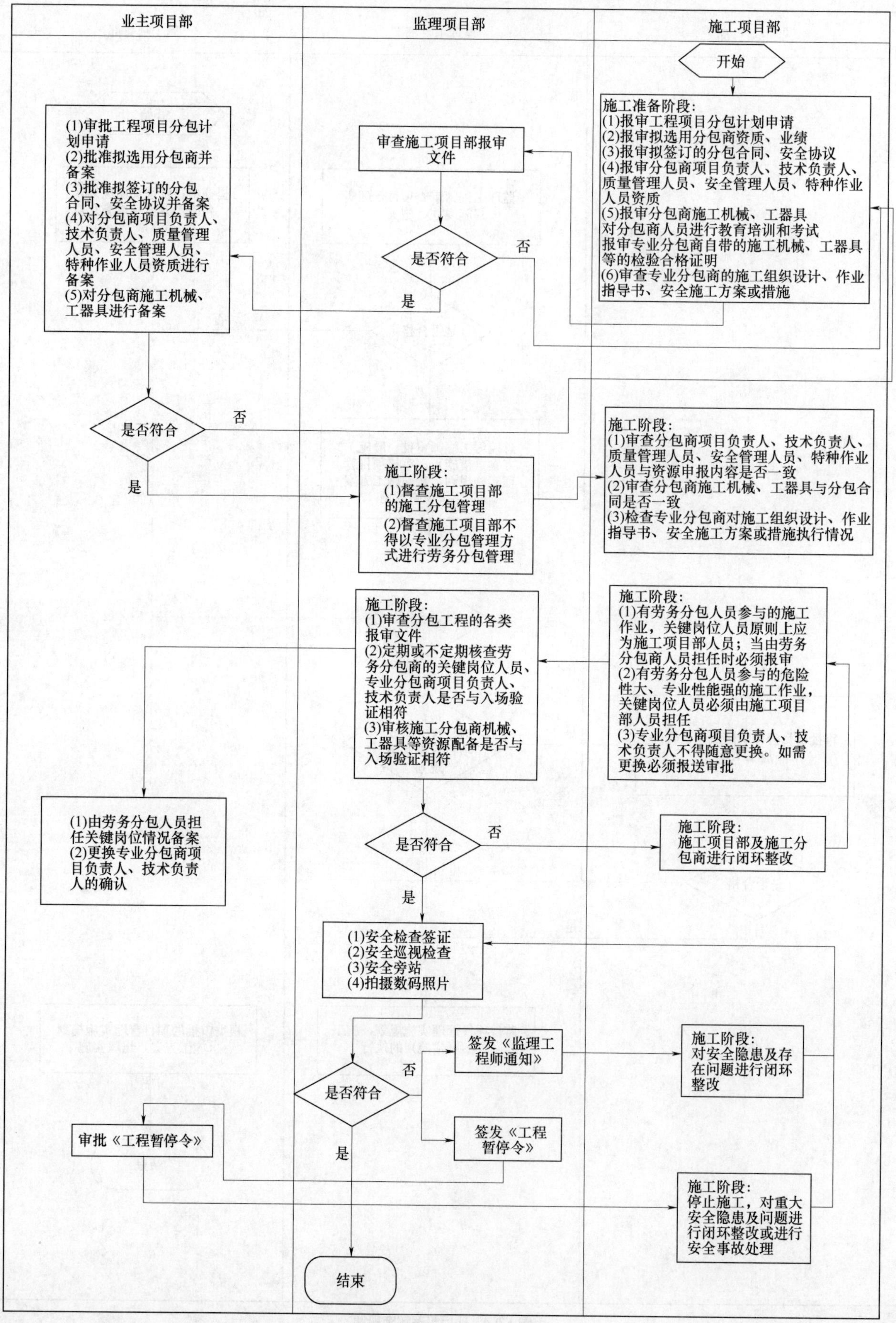

图 1-9-5　分包安全管理流程

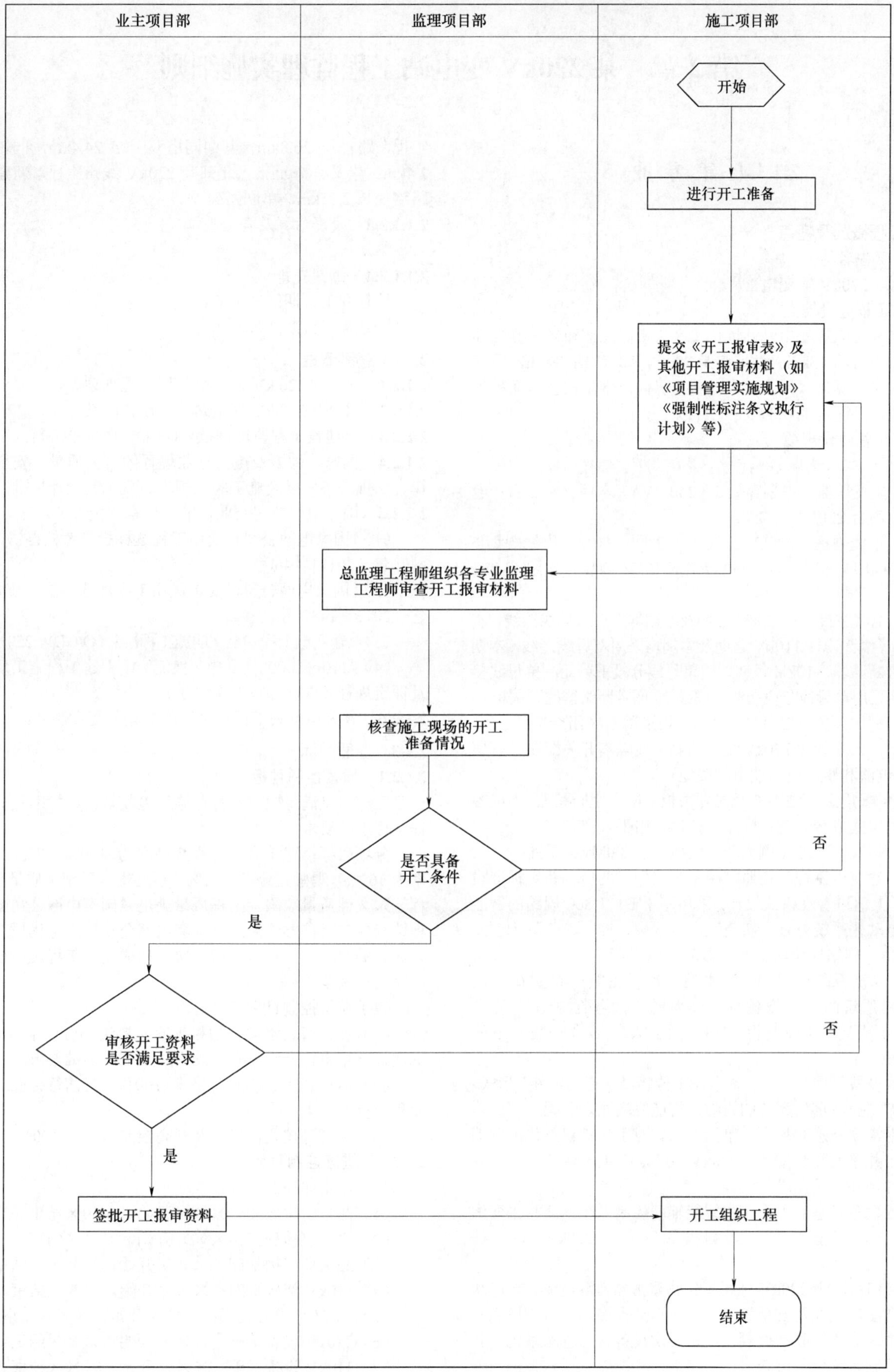

图 1-9-6　开工条件审查流程

本章其余内容见光盘。

第2章　某220kV变电站工程监理实施细则

2.1　土建专业

2.1.1　工程概况及特点

2.1.1.1　工程名称

×××220kV输变电工程。

2.1.1.2　工程建设地点

×××220kV变电站站址位于××市区北部和××县交界处，距市中心约15km。站址南距220kV××线约380m，用地全部位于××县×××乡下××村地界内。本工程征地面积为1.09公顷，站区内面积为0.89公顷。

2.1.1.3　工程建设规模

2.1.1.3.1　×××变电站

（1）主变压器：规划容量3×240MVA，本期安装2台；电压等级前两台220/110/10kV。

（2）出线规模：220kV出线规划3回；110kV出线规划6回；10kV出线规划16回，每台主变10kV侧装设4组8Mvar电容器。

（3）电气主接线：220kV远期及本期均采用双母线接线，本期安装6台断路器；110kV远期及本期均采用双母线接线，本期安装9台断路器；10kV远期采用单母线分段＋单元制单母线接线，本期采用单母线分段接线，安装29面带断路器的开关柜。

（4）配电装置：220kV、110kV均采用GIS组合电器。

××—××新建220kV线路两侧出线隔离开关配置具有切合感应 电流和感应电压能力的接地开关。

10kV采用金属铠装移开式开关柜，配真空断路器。 电容器采用框架式成套装置，限流电抗器采用干式空芯型。

（5）每台主变低压侧无功补偿按4组8.0Mvar配置。

（6）输变电工程是按照“两型一化”，“两型三新”标准设计，按无人值班管理模式设计，采用基于DL/T 860规约的智能变电站自动化系统方案，实现变电站保护、控制、监测/计量、远动/通信、网络安全防护和高级功能应用。

（7）二次系统部分特点，本站二次设备集中布置在主控通信单层建筑的二次设备室，过程层、状态监测IED等设备下放布置于智能控制柜。10kV保护测控多合一装置下放至开关柜。

一次设备采用“一次设备本体＋传感器＋智能组件”形式，对于保护测控双重化配置的间隔，智能终端冗余配置。

采用常规互感器加合并单元方案。对于保护双重化配置的间隔，合并单元冗余配置；220kV、110kV 电压切换和电压并列功能由合并单元完成。

配置设备状态监测系统和智能辅助控制系统。监测主变油中溶解气体，预留主变局放及测试接口；预留220kV GIS局放及测。

试接口；监测220kV金属氧化物避雷器泄漏电流、放电次数；实现图像监控及安全警卫、火灾自动报警及消防、环境监测等子系统的智能联动控制。全站一次设备状态监测系统、智能辅助控制系统后台整合。

2.1.1.3.2　接入系统方案及规模

线路工程为两部分：其中北郊—崇义220kV线路新建线路工程，路径长26.8km，其中同塔双回路24.4km，同塔三回路2.4km；崇义—梅元π入北郊变220kV线路工程，新建架空线路路径长2.75km，单回路架设。

2.1.1.3.3　投资估算及资金来源

略。

2.1.1.3.4　工期安排

计划开工日期：×××。

计划竣工日期：×××。

2.1.2　编制依据

2.1.2.1　×××220 kV输变电工程监理规划。

2.1.2.2　×××220 kV变电站工程设计图纸。

2.1.2.3　《建设工程监理规范》（GB 50319—2000）。

2.1.2.4　国家、地方及电力行业现行的有关质量、安全管理法律、法规、条例以及施工验收规程、规范、验评标准。

2.1.2.5　国家电网公司企业标准、规章规定部分。

（1）《国家电网公司输变电工程达标投产考核办法》国家电网基建〔2011〕146号。

（2）《国家电网公司输变电优质工程评选办法》国家电网基建〔2012〕1432号。

（3）《输变电工程安全文明施工标准》（Q/GDW 250—2009）。

（4）《110～1000kV变电（换流）站土建工程施工质量验收及评定规程》（Q/GDW 183—2008）。

2.1.2.6　省公司有关工程建设管理的相关规章制度。

2.1.3　监理目标

2.1.3.1　质量控制目标

工程质量满足国家及行业施工验收规范、标准及质量检验评定标准的要求。

分项目标：建筑分项工程合格率为100%，单位工程优良率为100%，观感得分率≥95%；不发生一般施工质量事故。工程无永久性质量缺陷。工程质量满足《国家电网公司输变电工程达标投产考核办法》及《国家电网公司输变电优质工程评选办法》的要求，工程带负荷一次启动成功，工程达标投产，创国网公司优质工程。

建筑质量控制目标：

（1）沙、石、水泥、钢材等原材料进场合格率100%，见证取样合格率符合国家有关规程、规范、标准要求。

（2）钢筋加工、绑扎合格率100%，工艺符合施工图纸、规程、标准要求。

（3）土方开挖几何尺寸及标高控制合格率100%。

2.1.3.2　进度控制目标

变电站土建控制目标：

（1）测量定位放线：×××开始，×××结束。

（2）主控制楼施工：×××开始，×××结束。

（3）220kV架构基础：×××开始，×××日结束。

（4）110kV架构基础：×××开始，×××结束。

（5）10kV配电间施工：×××开始，×××结束。

（6）220kV设备基础：×××开始，×××结束。

（7）110kV设备基础：×××开始，×××结束。

（8）主变基础及其构支架：×××开始，×××结束。

（9）防雷接地：×××开始，×××结束。

（10）电缆沟施工：×××开始，×××结束。

（11）道路施工：×××开始，×××结束。

（12）构支架吊装：×××开始，×××结束。

（13）土建交安：×××日。

2.1.3.3　造价控制目标

（1）严格管理施工承包合同规定范围内的承包总费用，监理范围内的工程，工程总投资控制在批准的概算范围之内。

（2）按照合同规定的程序和原则履行好投资控制职责，积极配合设计、施工单位进行技术优化工作，并及时主动反映、协调有可能对工程投资造成影响的任何事宜。

2.1.4　监理工作流程及重点工作

2.1.4.1　质量控制流程及重点工作

质量管理工作总体流程如图 2-1-1 所示。

2.1.4.2　进度控制重点工作

（1）审查承包单位的施工总进度计划与工程工期目标是否一致，同时审查其他单位的工作进度计划如设计出图计划、钢构架供货计划、供货计划等是否满足施工进度计划需求，会同建设单位进行协调。

（2）加大现场协调工作力度。如本工程的工地例会周期定为××天，电气安装队伍进场后，每周组织一次工地例会。工地例会中除协调工程质量、安全方面的问题外，还需重点协调各参建单位的进度计划、进度实施情况，满足工程整体协同推进的需要。

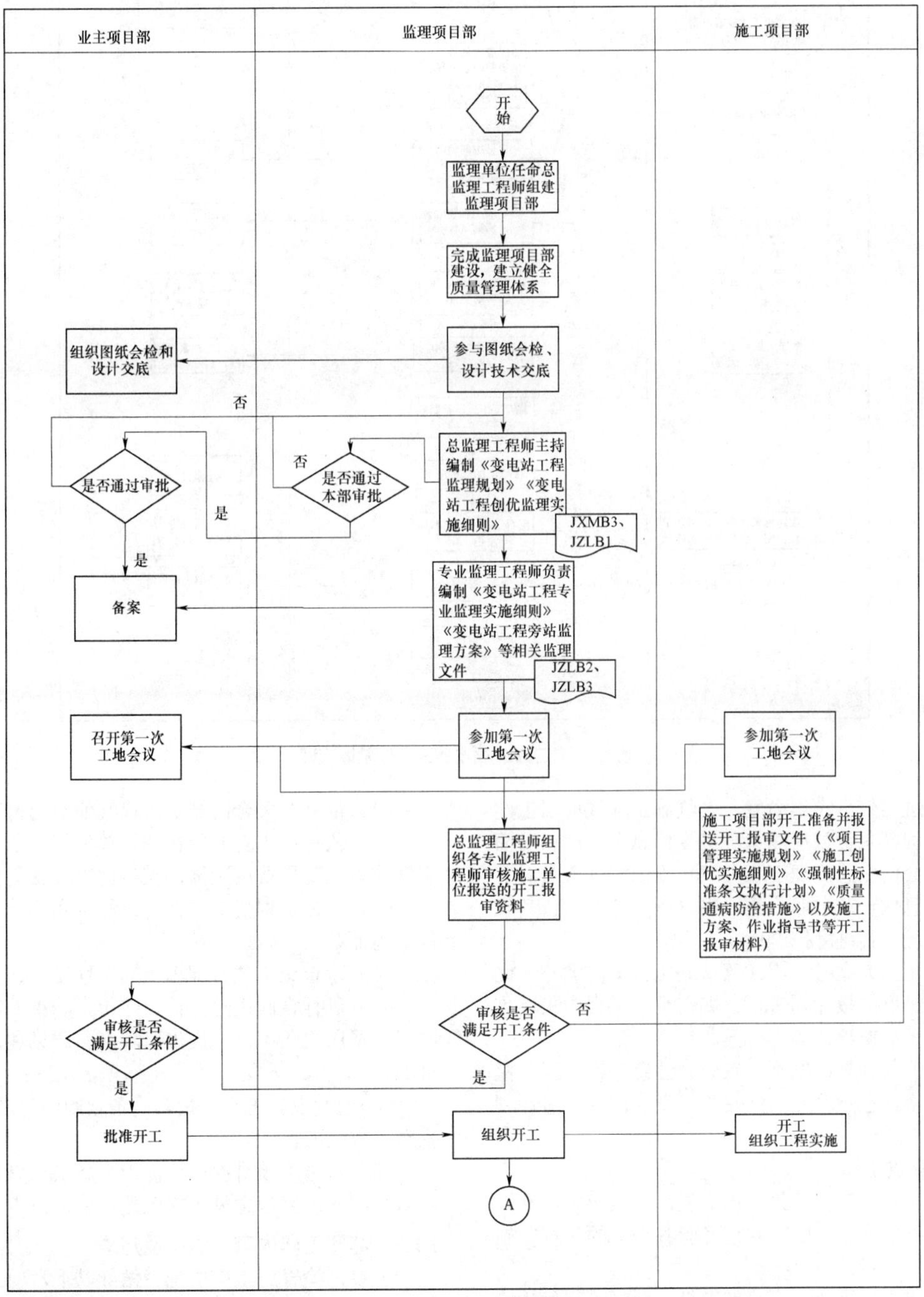

图 2-1-1（一）　质量管理工作总体流程

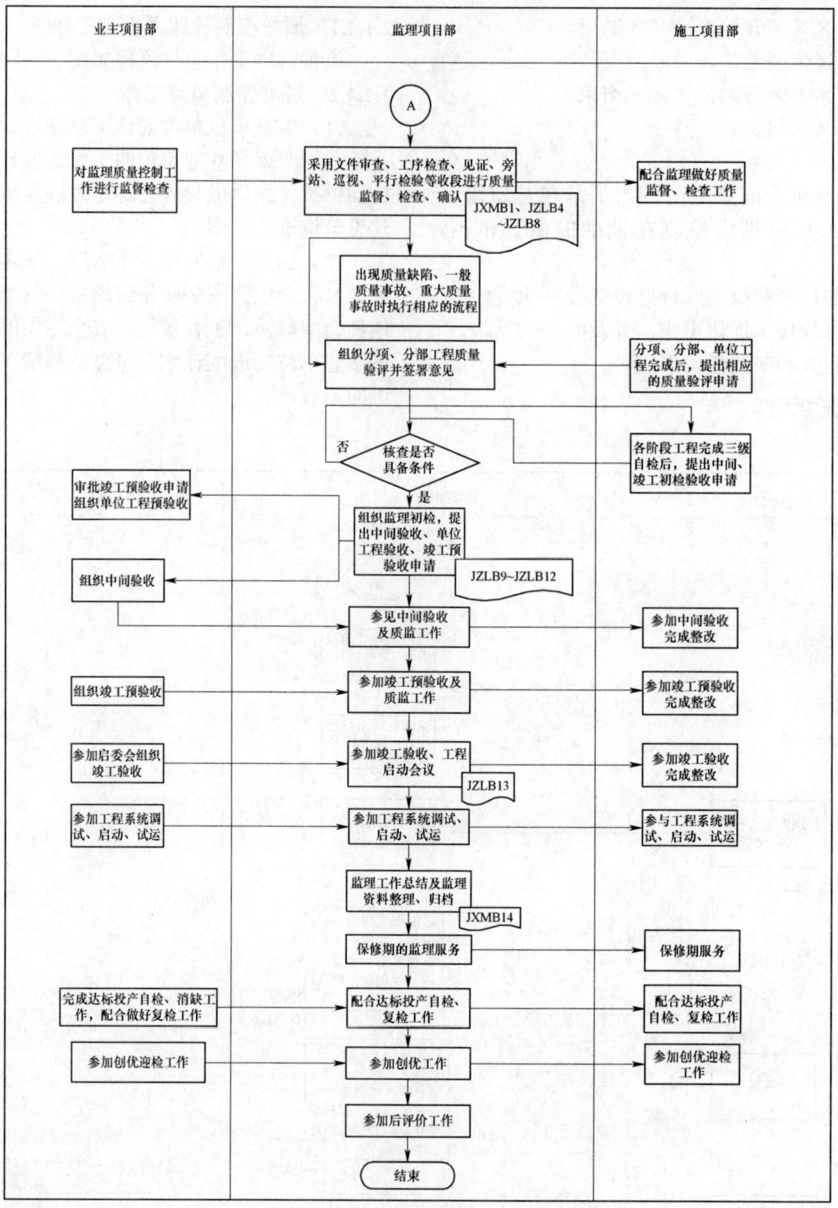

图 2-1-1（二） 质量管理工作总体流程

（3）加大现场进度信息收集力度，电气施工开展前，土建和道路专业监理工程师负责每周对工程进度信息做一次相对简单的收集，工地例会前由总监理工程师负责组织监理人员对各参建单位的进度信息做一次全面收集；电气施工开展后，其收集频率加倍，以满足工程进度控制所需。

（4）审查专项施工方案时，应注意从施工方案的调整、优化入手，保证工程进度的按计划进行。如在场平工程中采取重点场地先行，先场平后施工挡墙等方案。

（5）当实际进度与计划进度不一致时，注意分析原因，提出下阶段的调整要求，在不改变最终竣工日期的前提下对计划进行调整。

2.1.4.3 造价控制重点工作

（1）审核施工项目部工程预付款报审表，并报业主审批。

（2）依据清单报价和设计图纸对已经验收合格的工程实施工程计量；审核施工项目部。

工程进度款报审表，报业主项目部审批，并对工程付款情况进行汇总登记。

（3）依据有关合同规定审核其他费用付款申请。

（4）依据施工合同及在建设单位授权范围内，在工程变更实施前审查变更费用预算，支付前审查变更费用结算联系单。

（5）依据工程变更文件对工程量实施计量，并共同会签工程量签证单。

（6）审查施工项目部填报的工程变更、签证汇总表。

（7）进行合同风险分析，防止索赔事件发生；依据施工合同审核费用索赔申请，提出监理书面意见和建议，报送业主项目部。

（8）当发现施工方未按合同条款履约时及时提出监理意见，令施工方整改。

（9）对施工项目部可能提出索赔要求事件要迅速反应，查明事实，提出监理意见，并向建设单位报告。

2.1.5 监理工作内容、措施及方法

主要是检查施工单位是否做好以下六项工作：

（1）制定明确的质量目标和质量改进措施计划，并将具体的目标任务分解落实到有关部门和个人。

（2）按照质量管理工作的计划-实施-检查-处理（PDCA）循环，组织质量保证体系的全部活动。

（3）建立专职的质量检测和管理机构、配备必要的检测设备和专职人员。

（4）建立和健全各级人员的质量责任制和保证质量的各项管理制度

（5）组织质量管理小组围绕质量目标开展质量改进活动。

（6）做好质量管理的基础工作：包括质量教育、标准化、检测计量和质量信息等工作。

2.1.5.1　作业人员控制

对重要工序工种施工人员的资格进行审查，不够条件不能上岗。特殊工种必须持证上岗。例如：焊工必须有焊工合格证，起重工必须有培训合格证等，并填好特种作业人员统计表。

2.1.5.2　材料、设备控制

2.1.5.2.1　原材料、半成品及构配件在采购前，监理应参加对供货商的选择并填写《供货商资质报审表》。审查的重点：

（1）供货商的资质。

（2）供货商的生产规模、供货能力。

（3）原材料、半成品及构配件是否运输方便，是否能保证施工的连续性。

2.1.5.2.2　原材料、半成品及构配件进场，监理应按如下进行审查《材料报审表》。

（1）原材料是否按有关规范委托当地有资格的质量监督站的试验室进行检验。

（2）分部分项工程施工中是否确保原材料的可追溯性，是否清楚记录各分部分项工程所用原材料品种、出厂日期、进货日期、相对应的原材料试验报告等。

（3）半成品及构配件是否有出厂合格证，是否妥善保管。

2.1.5.2.3　设备、材料供应的管理。

（1）参加项目法人组织的主要设备、材料的招标、评标和合同谈判，提供监理意见、建议。

（2）考察施工单位承包采购的设备、材料的生产厂家，督促施工单位应选择经监理确认资信较好，质量、价格、交货期都合适的生产厂家。

（3）参加主要设备的开箱检查。

（4）主要设备材料到货后，督促施工单位根据施工进度确定开箱检查日期，填写《设备开箱申请表》报监理部，并发送给制造厂家，商检部门（如果需要的话）要求各方按时参加。

（5）开箱检查经外观检查正常后对照装箱单、运单、提单清点物品数量、规格、型号及图纸资料和合格证等都应齐全、完好、全新。绝缘油、电缆、软导线管母等装置性材料还必须有出厂检验、试验合格证。

（6）开箱检验如发现有器件残、损、缺、溢应分析原因、拍照备查。要办索赔的箱件应另行封存备查。暂不安装使用的物品应恢复原状、妥善保存。

（7）开箱检查时接受单位应填写《设备开箱检查记录表》，应记录详细检查结果，最后各方签字认可。

（8）督促制造厂家及时派遣现场服务人员，对所供设备的现场安装、调试负责技术指导，并负责设备缺陷的检查、处理。

2.1.5.3　施工机具、检测、计量器具的控制

（1）认真审核承包单位试验室资质。

（2）监督检查现场施工、调试使用的计量器具应都是在有效的使用期内并要求填写《主要测量、计量器具统计表》报监理备查。

（3）审查施工的仪器、机械设备等是否有有效的校验报告。

（4）审查施工的仪器、机械设备的台套是否能保证施工的正常进行。

（5）定期检查影响工程质量的计量设备的技术状况等。

2.1.5.4　作业方案（措施）的控制

审查施工单位报审的作业方案，对重要方案可组织专业质量会审；对专项方案实施的检查和落实；在方案落实中应采用的方法和措施及问题处理方法等。设置工作中必须报审的作业方案和重要、特殊方案的内容等。

（1）审核施工项目部报审的项目管理实施规划中的技术管理体系及技术管理制度、特殊施工技术方案（措施）（如临近带电体施工方案），并报业主项目部审批。审批一般施工（调试）方案、调试报告、技术措施等。

（2）督促施工项目部进行施工技术交底，并参与施工过程中重要（关键）环节的施工技术交底会，监督检查执行情况。

（3）收集了解设备技术协议书，组织设备的开箱验收工作。

2.1.5.5　作业过程的控制

2.1.5.5.1　工序质量控制

一、工序质量控制的原则

（1）工序控制应以管理措施为主。工序质量不稳定因素大部分是管理因素。因此，工序质量控制首先应从管理上采取措施，既为操作者控制工序质量创造条件，同时又能使操作作业处于受控状态。

（2）抓关键工序。关键工序是指对工程质量起决定作用的工序。抓关键工序，力求用最小的投入，取得最大的质量效果。

（3）搞好相关工序的协调工作。

（4）加强各相关部门对工序控制的协调。工序质量控制所涉及的技术、材料、机具、试验、检验等各个部门，应系统地协调行动。监理工程师应加强施工单位各相关部门对工序协调控制的检查。

二、制定工序质量控制的步骤有

（1）制定《土建施工质量验评范围划分表》。

（2）由监理部给出变电站施工质量检验评定范围划分原则；施工单位编制《土建施工质量验评范围划分表》交监理部，监理部结合具体情况明确施工单位的控制点和监理单位的监督点（见证点、停工待检点和旁站点，即 W 点、H 点和 S 点）。制定本工程的《土建工程质量控制监理作业明细表》。报有关部门批准后实施。

见证点（W 点）——在规定的关键工序控制点（W）施工前，施工单位应提前通知监理人员在约定的时间内到达现场进行见证和对其施工实施监督。如果监理人员未能在约定时间到达现场，施工单位有权进行 W 点的相应的工序操作。

停止点（H 点）——也称停工待检点，它通常指“特殊过程”或“特殊工序”而言。施工单位必须在规定的控制点（H）到来之前通知监理方派人员对控制点实施监控，如监理方未在约定的时间到现场监督、检查，施工单位应停止进入该 H 点相应的工序，并按合同规定等待监理方，未经监理认可不能越过该点继续活动。它的重要性高于见证点。

旁站点（S 点）——监理人员需要在施工现场持续进行旁站监控和检查的控制对象、关键部位、薄弱环节或隐蔽工程。

（3）确定关键工序。监理单位和施工单位共同确定关键工序，并要求施工单位在验评范围划分表上标明，作为施工单位和监理单位质量控制的重点。同时标明关键分部分项工程。

换流站土建工程中常见的关键工序有：打桩工程及地基处理工程，钢筋绑扎及焊接工程，混凝土工程，砖混结构中砌体与砂浆的黏结，钢屋架的焊接，构支架的吊装，屋面的防水层，外墙的防水层等。

2.1.5.5.2 隐蔽工程验收

（1）隐蔽工程的范围：地基处理；地基验槽；钢筋工程；地下混凝土结构工程；地下防水、防腐工程；屋面基层处理；预埋管线、铁件工程；接地网施工等。

（2）隐蔽工程验收一般属于H点。应按前述之H点的有关规定处理。

（3）隐蔽工程验收签字完毕，方可隐蔽。如施工单位未通知验收面自行隐蔽，将视具体情况决定是否开挖检查，费用由施工单位承担。

2.1.5.5.3 技术复核

（1）监理单位应不定期地检查施工单位技术交底记录。必要时参加施工单位公司（项目部）级技术交底。检查施工单位是否按施工前已审定的施工组织方案、施工技术措施和施工单位的作业指导书进行技术交底。

（2）监理师现场检查操作人员是否按技术交底内容进行操作。例如：复查测量放线记录；打桩工程中观测拔管速度、重锤落距、锤击数；接地网中的焊接质量及搭接长度；软母线液压后的几何尺寸等。需要对照检查时，施工单位应向监理师提供相应的质量体系程序文件和作业指导书。

2.1.5.5.4 施工设计变更管理

（1）施工图会审讨论确定的变更，设计单位填写《设计修改通知单报审表》报监理部经监理审核后，发送施工、调试单位实施。

（2）设计单位提出变更时，填写《设计修改通知单报审表》报监理部，经监理批准后（重大变更须再报项目法人批准），方可发施工、调试单位实施。

（3）施工、调试单位提出变更时，先填写《设计修改申报表》报监理部。监理同意后（重大变更须报项目法人批准）发送设计单位；设计单位作出变更方案，再填写《设计修改通知单报审表》报监理部。经监理批准后，方可发送施工、调试单位实施。

（4）监理提出变更时（重大变更须先报项目法人审批），填写《设计修改申报表》发送设计单位，设计作出变更方案后填写《设计修改通知单报审表》报监理部。经监理批准后，方可发送施工、调试单位实施。

（5）项目法人提出变更时，项目法人向监理提交书面变更内容要求，监理审核同意后填写《设计修改申报表》发送设计单位，设计作出变更方案，填写《设计修改通知单报审表》报监理部。经监理批准后，方可发送施工、调试单位实施。

2.1.5.5.5 工程质量事件处理

（1）监理检查发现施工、调试质量不合格，应填写《整改通知单》通知施工、调试单位整改。施工单位完成整改并经自检合格后，填写《整改报验单》报监理复查检验。

（2）监理人员检查施工、调试质量有严重不合格项或拒不执行监理下达的《整改通知单》时，经项目管理单位（项目法人）同意，必要时监理可直接向施工、调试单位下达《停工通知》，通知停工整改。施工单位完成停工整改并自检合格后，填写《复工申请表》报监理部，经监理复检认可，方可复工。

（3）工程出现质量事故时，首先应停止继续施工，施工单位应立即填写《工程质量事故报告单》报监理部，并在组织事故调查分析后续报《工程质量事故处理方案报审表》，经监理审核同意，并报项目法人批准后，由施工单位实施处理。处理完毕经自检合格，再填写《工程质量事故处理结果报验表》报监理复查确认。一定要坚持“三不放过”的原则。

2.1.5.5.6 单位、分部、分项工程分阶段的质量检验评定

（1）验评程序。

1）施工单位申报阶段验评项目。

申报验评的条件：该分部分项工程已经完工，无明显的缺陷；已经施工单位三级质检、评级；所属的资料已齐备。

2）监理单位拟定验评方案。

验评方案的主要内容：整个土建或电气安装、调试工程参加验评的单位、分部、分项工程数；参加验评的分项工程抽样个数；抽检内容；抽检办法；抽检的工机具；检测的分工与日程安排等。

3）验评的具体实施。

验评一般分为资料检查和现场实物检查。资料一般分为三大块：质保资料、技术记录资料和验评资料。施工单位应以资料清单形式明确列出。

质保资料：原材料、器材的出厂合格证、试验报告及到货检验报告，设备出厂资料及开箱检查记录，缺陷及其处理签证记录。包括：钢材出厂合格证、试验报告；焊条出厂合格证；水泥出厂合格证、试验报告；防水材料出厂合格证、试验报告；构件出厂合格证；混凝土试块试验报告；砂浆强度试压报告；砂、石试验报告；设备厂家说明书、合格证及试验报告等。

技术记录资料：包括：地基验槽、验筋记录；地基加固记录；隐蔽工程验收记录；结构吊装记录；蓄水构筑物灌水试验记录；排水系统灌水试验记录；给水、采暖及生活热水系统试压记录；土壤试验；打（试）压记录；钢筋混凝土压力管水压试验记录；空调调试记录；安装技术记录；继保、远动、通信自动化装置调试记录；施工图会审记录；设计修改通知单；施工联系单等。

验评资料：包括：部颁（90）标准表、分项工程验评表、分部工程验评表、单位工程验评表、主控制楼观感评分表以及工程自编的户外配电装置观感评分表等。

现场实物检测主要根据验评方案内容，利用仪器和工具，在现场对实物进行实地检测，其中三类项目验评率为30%以上。

（2）各单位、分部、分项工程阶段性评级的规定。

（3）施工单位三级质检组织负责分项、分部、单位工程质量等级的初评。

（4）监理单位负责对施工单位的质量等级初评意见进行核实审查。

2.1.5.5.7 施工完工后质量验收的管理

一、整体工程质量竣工验收

（1）施工单位全面自检，确认具备下列申报整体验收的基本条件。

1）所承担的分项、分部、单位工程项目都已按规范要求施工（调试）完毕，无明显遗留问题。

2）全部分项、分部、单位工程的施工（调试）质量，都已按标准要求进行，全面的三级自检合格和阶段性的四级验收合格，无明显缺陷。

3）应提的资料整理齐全、正确，符合档案管理要求。

4）已填写整体工程《工程质量报验单》报监理部。

（2）监理单位预验收。

1）三级自检，四级阶段性验收签证检查。要求验收记录表格规范符合工程实际。签证手续齐全，盖有标识图章。

2）工程资料检查。要求管理、设计、供应、施工、调试等所有资料全部完整、真实，满足规范和档案资料交接要求。

3）现场全面重点预验。

监理整体预验如发现有不合格项，按 6.4.1 条整改处理，预验合格时，写出书面预验报告，报项目管理单位（项目法人），建议组织工程竣工的初步验收。

（3）工程竣工的初步验收。

1）成立由项目管理、监理、设计、施工（调试）、运行等单位代表参加的初步验收组，监理负责书面提出初验方案。

2）初步验收组审核监理预验报告和初验方案，从工程资料检查和现场实际检查两方面，对工程情况进行全面的初步验收检查。

3）初步验收完毕后，应写出初步验收报告（内容包括初验结论意见和遗留问题清单），报启动委员会验收组，准备组织正式验收。

4）对初步验收发现的遗留问题和缺陷，亦按 6.4.1 条整改处理，并由施工单位书面写出消缺报告。

（4）工程竣工的正式验收。

1）启动委员会成立后由启动委员会成员参加的正式验收组。

2）审查初验报告和初验遗留问题（缺陷）处理报告。

3）结合工程资料复查和现场实际复查，写出正式验收结论意见。

4）办理系统联调和启动试运行签证。

二、整体工程质量等级评定

（1）施工单位三级质检组织负责分项、分部、单位工程质量等级的初评。

（2）监理单位负责对施工单位的质量等级初评意见进行核实审查。

（3）工程质量评定程序：

1）按《土建、电气工程质量控制监理作业明细表》规定的四级（施工班组、工区、项目经理部和监理部）验收项目，施工（调试）完毕后，施工单位组织三级自检。

2）施工单位三级自检确认申请四级验收项目确实全部施工（调试）完毕，无明显遗留问题；三级自检合格无明显缺陷；应提供的资料亦都齐全。填写申请四级验收的《工程质量报验单》报监理部。

3）监理组织四级验收项目的检查验收。查看施工（调试）记录和资料；检测或实际操作检查现场设备状况。如检查验收不合格，按 6.4.1 条整改处理。验收合格办理阶段性四级验收签证手续。

4）成立与初步验收组相同的工程质量验评工作组，审查《验评方案》和《工程质量评定表》，实施验评，负责对分部、分项工程质量等级进行核定。

5）质量监督站。负责核定单位工程质量等级，并对分部、分项工程质量作出结论意见。

6）工程质量验评结束后，形成书面验评报告，报项目管理单位（项目法人）和启动委员会，并分发给各有关单位。

7）启动委员会，对工程建设质量作总体评价。

三、竣工图的复核

施工完工后施工单位应配合设计单位提交竣工图。监理工程师应根据平时掌握的情况对竣工图进行复核，以确保竣工图与施工实物的一致性。

四、竣工资料审查

工程竣工后，建设单位代表或监理工程师应对施工单位移交的全部技术资料进行审查。审查资料是否齐全、正确、完整、真实。换流站工程竣工资料主要应包括但不限于：

（1）已签证的施工技术记录。

（2）变电土建、安装、调试施工质量检验及评级记录。

（3）原材料的化验单、试验报告、质保书和合格证。

（4）代用材料清单及签证。

（5）工程试验报告及试验记录。

（6）施工缺陷处理明细单及附图。

（7）工程遗留问题及永久性缺陷记录。

（8）隐蔽工程检查验收记录及签证、中间验收检查记录及签证。

（9）大型及特殊工程的施工方案。

（10）施工技术业务联系单。

（11）设计审查文件及设计修改通知单。

（12）竣工图。

2.1.5.6　作业环境的控制

（1）检查场地是否符合施工条件。

（2）检查安全、环保、文明施工措施执行情况。

（3）基础施工过程中应采取必要的环保措施。

（4）检查施工环境是否具备连续作业的条件。

2.1.6　质量通病防治措施

2.1.6.1　墙体裂缝防治的技术措施

（1）砌筑砂浆应采用中粗砂，严禁使用山砂和混合粉。

（2）蒸压灰砂砖、粉煤灰砖、加气混凝土砌块的出厂停放期宜为 45d（不应小于 28d），上墙含水率宜为 5%～8%。混凝土及轻骨料混凝土小型空心砌块的龄期不应小于 28d，并不得在饱和水状态下施工。

（3）填充墙砌至接近梁底、板底时，应留有一定的空隙，填充墙砌筑完并间隔 15d 以后，方可将其补砌挤紧；补砌时，双侧竖缝用高标号水泥砂浆嵌填密实。或采用微膨胀混凝土嵌填密实。

（4）砌体结构坡屋顶卧梁下口的砌体应砌成踏步形。

（5）砌体结构砌筑完成后宜 30d 后再抹灰。

（6）通长现浇钢筋混凝土板带应一次浇筑完成。

（7）框架柱间填充墙拉结筋应满足砖模数要求，不得借用膨胀螺栓，不得折弯压入砖缝。

（8）采用粉煤灰砖、轻骨料混凝土小型空心砌块等的填充墙与框架柱交接处，应用 15mm×15mm 木条预先留缝，粉刷前用 1:3 水泥砂浆嵌实。

2.1.6.2　钢筋混凝土现浇楼板裂缝防治的技术措施

（1）现浇板的混凝土应采用中粗砂。

（2）混凝土应采用减水率高、分散性能好、对混凝土收缩影响较小的外加剂，其减水率不应低于 8%。

（3）预拌混凝土的含砂率应控制在 40%以内，每立方米粗骨料的用量不少于 1000kg，粉煤灰的掺量不宜大于 15%。

（4）预拌混凝土进场时按检验批检查入模坍落度，坍落度值按施工规范采用。

（5）严格控制现浇板的厚度和现浇板中钢筋保护层的厚度。阳台、雨篷等悬挑现浇板的负弯矩钢筋下面，应设置间距不大于 300mm 的钢筋保护层垫块，在浇筑混凝土时保证钢筋不位移。

（6）现浇板中的线管必须布置在钢筋网片之上（双层双向配筋时，布置在下层钢筋之上），交叉布线处应采用线盒，线管的直径应小于 1/3 楼板厚度，沿预埋管线方向应增设 ϕ6@150、宽度不小于 450mm 的钢筋网带。严禁水管水平埋设在现浇板中。

（7）现浇板浇筑宜采用平板振动器振捣，在混凝土终凝前进行二次压抹。

（8）现浇板浇筑后，应在12h内进行覆盖和浇水养护，养护时间不得少于7d；对掺用缓凝型外加剂的混凝土，不得少于14d。

（9）现浇板养护期间，当混凝土强度小于1.2MPa时，不得进行后续施工。当混凝土强度小于10MPa时，不得在现浇板上吊运、堆放重物。吊运、堆放重物时应减轻对现浇板的冲击影响。

（10）现浇板的板底宜采用免粉刷措施。

（11）模板支撑的选用必须经过计算，除满足强度要求外，还必须有足够的刚度和稳定性，边支撑立杆与墙间距不得大于300mm，中间不宜大于800mm。根据工期要求，配备足够数量的模板，保证按规范要求拆模。

（12）施工缝的位置和处理、后浇带的位置和混凝土浇筑应严格按设计要求和施工技术方案执行。后浇带应设在对结构受力影响较小的部位，宽度为700～1000mm。后浇带的混凝土浇筑应在主体结构浇筑60d后进行，浇筑时宜采用微膨胀混凝土。

2.1.6.3 楼地面裂缝、渗漏防治的技术措施

（1）上下水管道套管及预留洞口坐标位置应正确。套管应高出建筑层50mm；洞口形状为上大下小。

（2）管道安装前，楼板板厚范围内上下水管的光滑外壁应先做毛化处理，再均匀涂一层401塑料胶，然后用筛洗的中粗砂喷洒均匀。

（3）现浇板预留洞口填塞前，应将洞口清洗干净、毛化处理、涂刷掺胶水泥浆作黏结层。洞口填塞分二次浇筑，先用掺入抗裂防渗剂的微膨胀细石混凝土浇筑至楼板厚度的2/3处，待混凝土凝固后进行4h蓄水试验；无渗漏后，用掺入抗裂防渗剂的水泥砂浆填塞。管道安装后，应在洞口处进行24h蓄水试验。

（4）防水层施工前应先将楼板四周清理干净，阴角处粉成小圆弧。防水层的泛水高度不得小于300mm。

（5）地面找平层向地漏放坡1%～1.5%，地漏口要比相邻地面低5mm。

（6）有防水要求的地面施工完毕后，应进行24h蓄水试验，蓄水高度为20～30mm。

（7）卫生间墙面防水砂浆应进行不少于2次的刮糙。

（8）混凝土预制楼板板间预留缝宽宜为35～45mm，并应按要求配置构造钢筋。板缝清理干净、用水湿润后，用C25强度等级的细石混凝土填充密实，板缝上下预留深度25～30mm的弧形凹槽，并按要求进行养护。

（9）室内外回填土必须分层夯实，并见证取样试验合格。

（10）工业厂房普通混凝土地面必须设置分格缝，并在混凝土终凝前原浆收光，严禁撒干水泥或刮水泥浆收光。

2.1.6.4 外墙渗漏防治的技术措施

（1）外墙粉刷应使用含泥量低于2%、细度模量不小于2.5的中粗砂。严禁使用石粉、混合粉。

（2）外墙涂料在使用前，应进行抽样检测。

（3）外墙施工应采用双排脚手架，不得留置多余洞眼。

（4）外墙粉刷基层应采用人工凿毛或界面剂抹砂浆进行毛化处理，并应进行喷水养护。基层平整度偏差超标时，应进行局部凿除（凿除时不得露出钢筋），再采用聚合物水泥砂浆进行修补。当抹灰层厚度大于25mm时，应按规定增加钢丝网片。

（5）粉刷前应清除墙面污物，并提前1d浇水湿润。

（6）两种不同基体交接处的处理应符合墙体防裂措施的要求。

（7）外墙抹灰必须分层进行，严禁一遍成活，施工时每层厚度宜控制在6～8mm。外墙粉刷各层接缝位置应错开，并设置在混凝土梁、柱中部。室外气温低于5℃时，不宜进行外墙粉刷。

（8）外墙涂料找平腻子的厚度不应大于1mm。

（9）外墙面砖嵌缝必须采用勾缝条抽压出浆至密实。

（10）窗台、窗眉、阳台、雨篷、腰线和挑檐等处粉刷的排水坡度不应小于30%。滴水线粉刷应密实、顺直，断面尺寸不得小于10mm×10mm，不得出现爬水和排水不畅的现象。

（11）粘贴面砖的外墙面用防水砂浆刮糙时，门窗洞口四周墙面两次刮糙层的接缝位置必须错开。

2.1.6.5 门窗渗漏防治的技术措施

（1）门窗安装前应进行三项性能的见证取样检测，安装完毕后应委托有资质的第三方检测机构进行现场检验。

（2）门窗框安装固定前应对预留墙洞尺寸进行复核，用防水砂浆刮糙处理，然后实施外框固定。固定后的外框与墙体应根据饰面材料确定间隙。

（3）门窗安装应采用镀锌铁片连接固定，镀锌铁片厚度不小于1.5mm，固定点间距：转角处180mm，框边处不大于500mm。严禁用长脚膨胀螺栓穿透型材固定门窗框。

（4）门窗洞口应干净干燥后施打发泡剂，发泡剂应连续施打、一次成型、充填饱满，溢出门窗框外的发泡剂应在结膜前塞入缝隙内，防止发泡剂外膜破损。

（5）门窗框外侧应留5mm宽的打胶槽口；外墙面层为粉刷层时，宜贴“⊥”形塑料条做槽口。外窗底框下沿与窗台间应留有10mm的槽口。

（6）打胶面应干净，干燥后施打密封胶，且应采用中性硅酮密封胶。严禁在涂料面层上打密封胶。

2.1.6.6 屋面渗漏防治的技术措施

（1）屋面工程必须由相应资质的队伍施工。施工前必须编制详细的施工方案，经监理审查确认后方可组织施工。

（2）卷材防水层收头宜在女儿墙凹槽内固定，收头处应用防腐木条加盖金属条固定，钉距不得大于450mm，并用密封材料将上下口封严。

（3）在屋面各道防水层或隔气层施工时应严格控制基层的含水率。伸出屋面的管道、人孔及高出屋面的结构处均应用柔性防水材料做泛水，其高度不小于250mm（管道泛水不小于300mm）；最后一道泛水材料应采用卷材，并用管箍或压条将卷材上口压紧，再用密封材料封口。

（4）刚性细石混凝土防水屋面施工除应符合相关规范要求外，还应满足以下要求：

（5）钢筋网片应采用焊接型网片。

（6）混凝土浇捣时，宜先铺三分之二厚度混凝土并摊平，再放置钢筋网片，后铺三分之一的混凝土，振捣并碾压密实，收水后分两次压光。

（7）分格缝应上下贯通，缝内不得有水泥砂浆黏结。在分格缝和周边缝隙干净干燥后，用与密封材料相匹配的基层处理剂粉刷，待其表面干燥后立即嵌填防水油膏，密封材料底层应填背衬泡沫棒，分格缝上粘贴不小于200mm宽的卷材保护层。

（8）保水养护不小于14d。

（9）屋面防水层施工完毕后，应进行蓄水试验或淋水试验。

2.1.7 质量控制标准及验评

质量控制标准及验评见表2-1-1～表2-1-9。

表 2-1-1　填充墙砌体一般尺寸容许偏差

项次	项　目		容许偏差/mm	检查方法
1	轴线位移		10	用尺检查
	垂直度	小于或等于 3m	5	用 2m 托线板或吊线、尺检查
		大于 3m	10	
2	表面平整度		8	用 2m 靠尺和楔形塞尺检查
3	门窗洞口高、宽（后塞口）		±5	用尺检查
4	外墙上、下窗口偏移		20	用经纬仪或吊线检查

表 2-1-2　填充墙砌体的砂浆饱满度及检验方法

砌体分类	灰缝	饱满度及要求	检验方法
加气混凝土砌体和轻骨料混凝土小砌块砌体	水平	≥80%	采用百格网检查块材底面砂浆的黏结痕迹面积
	垂直	填满砂浆、不得有透明缝、瞎缝、假缝	

表 2-1-3　土方开挖工程质量检验标准　　单位：mm

项	序	项目	允许偏差或允许值					检验方法
			桩基基坑基槽	挖方场地平整		管沟	地（路）面基层	
				人工	机械			
主控项目	1	标高	−50	±30	±50	−50	−50	水准仪
	2	长度、宽度（由设计中心线向两边量）	+200　−50	+300　−100	+150　−150	+100	−	经纬仪，用钢尺量
	3	边坡	设计要求					观察或用坡度尺检查
一般项目	1	表面平整度	20	20	50	20	20	用 2m 靠尺和楔形塞尺检查
	2	基底土性	设计要求					观察或土样分析

注　地（路）面基层的偏差只适用于直接在挖、填方上做地（路）面的基层。

表 2-1-4　填土工程质量检验标准　　单位：mm

项	序	检查项目	允许偏差或允许值					检查方法
			桩基基坑基槽	场地平整		管沟	地（路）面基础层	
				人工	机械			
主控项目	1	标高	−50	±30	±50	−50	−50	水准仪
	2	分层压实系数	设计要求					按规定方法
一般项目	1	回填土料	设计要求					取样检查或直观鉴别
	2	分层厚度及含水量	设计要求					水准仪及抽样检查
	3	表面平整度	20	20	30	20	20	用靠尺或水准仪

表 2-1-5　预埋件和预留孔洞的允许偏差

项　　目		允许偏差/mm
预埋钢板中心线位置		3
预埋管、预留孔中心线位置		3
插筋	中心线位置	5
	外露长度	+10，0
预埋螺栓	中心线位置	2
	外露长度	+10，0
预留洞	中心线位置	10
	尺寸	+10，0

注　检查中心线位置时，应沿纵、横两个方向量测，并取其中的较大值。

表 2-1-6　　　　现浇结构模板安装的允许偏差及检验方法

项　目		允 许 偏 差/mm	检 验 方 法
轴线位置		5	钢尺检查
底模上表面标高		±5	水准仪或拉线、钢尺检查
截面内部尺寸	基础	±10	钢尺检查
	柱、墙、梁	+4，−5	钢尺检查
层高垂直度	不大于 5m	6	经纬仪或吊线、钢尺检查
	大于 5m	8	经纬仪或吊线、钢尺检查
相邻两板表面高低差		2	钢尺检查
表面平整度		5	2m 靠尺和塞尺检查

注　检查轴线位置时，应沿纵、横两个方向量测，并取其中的较大值。

表 2-1-7　　　　钢筋安装位置和允许偏差和检验方法

项　目			允许偏差/mm	检 验 方 法
绑扎钢筋网	长、宽		±10	钢尺检查
	网眼尺寸		±20	钢尺量连续三档，取最大值
绑扎钢筋骨架	长		±10	钢尺检查
	宽、高		±5	钢尺检查
受力钢筋	间距		±10	钢尺量两端、中间各一点，取最大值
	排距		±5	
	保护层厚度	基础	±10	钢尺检查
		柱、梁	±5	钢尺检查
		板、墙、壳	±3	钢尺检查
绑扎箍筋、横向钢筋间距			±20	钢尺量连续三档，取最大值
钢筋弯起点位置			20	钢尺检查
预埋件	中心线位置		5	钢尺检查
	水平高差		+3，0	钢尺和塞尺检查

注　1．检查预埋件中心线位置时，应沿纵、横两个方向量测，并取其中的较大值。

2．表中梁类、板类构件上部纵向受力钢筋保护层厚度的合格点率应达到 90%及以上，且不得有超过表中数值 1.5 倍的尺寸偏差。

表 2-1-8　　　　现浇结构尺寸允许偏差和检验方法

项　目			允许偏差/mm	检 验 方 法
轴线位置	基础		15	钢尺检查
	独立基础		10	
	墙、柱、梁		8	
	剪刀墙		5	
垂直度	层高	≤5m	8	经纬仪或吊线、钢尺检查
		＞5m	10	经纬仪或吊线、钢尺检查
	全高（*H*）		*H*/1000 且≤30	经纬仪、钢尺检查
标高	层高		±10	水准仪或拉线、钢尺检查
	全高		±30	
截面尺寸			+8，−5	钢尺检查
电梯井	井筒长、宽对定位中心线		+25，0	钢尺检查
	井筒全高（*H*）垂直度		*H*/1000 且≤30	经纬仪、钢尺检查
表面平整度			8	2m 靠尺和塞尺检查
预埋设施中心线位置	预埋件		10	钢尺检查
	预埋螺栓		5	
	预埋管		3	
预留洞中心线位置			15	钢尺检查

注　检查轴线、中心线位置时，应沿纵、横两个方向量测，并取其中的较大值。

表 2-1-9　　　　混凝土设备基础尺寸允许偏差和检验方法

项　目	允许偏差/mm	检 验 方 法
坐标位置	20	钢尺检查

续表

项　　目		允许偏差/mm	检 验 方 法
不同平面的标高		0，−20	水准仪或拉线、钢尺检查
平面外形尺寸		±20	钢尺检查
凸台上平面外形尺寸		0，−20	钢尺检查
凹穴尺寸		+20，0	钢尺检查
平面水平度	每米	5	水平尺、塞尺检查
	全长	10	水准仪或拉线、钢尺检查
垂直度	每米	5	经纬仪或吊线、钢尺检查
	全高	10	
预埋地脚螺栓	标高（顶部）	+20，0	水准仪或拉线、钢尺检查
	中心距	±2	钢尺检查
预埋地脚螺栓孔	中心线位置	10	钢尺检查
	深度	+20，0	钢尺检查
	孔垂直度	10	吊线、钢尺检查
预埋活动地脚螺栓锚板	标高	+20，0	水准仪或拉线、钢尺检查
	中心线位置	5	钢尺检查
	带槽锚板平整度	5	钢尺、塞尺检查
	带螺纹孔锚板平整度	2	钢尺、塞尺检查

注　检查坐标、中心线位置时，应沿纵、横两个方向量测，并取其中的较大值。

2.2　电 气 专 业

2.2.1　工程概况及特点

2.2.1.1　工程名称

××× 220kV 输变电工程。

2.2.1.2　工程建设地点

×××220kV 变电站站址位于××市区北部和××县交界处，距市中心约 15km。站址南距 220kV××线约 380m，用地全部位于××县×××乡下××村地界内。本工程征地面积为 1.09 公顷，站区内面积为 0.89 公顷。

2.2.1.3　工程建设规模

2.2.1.3.1　×××变电站

（1）主变压器：规划容量 3×240MVA，本期安装 2 台；电压等级前两台 220/110/10kV。

（2）出线规模：220kV 出线规划 3 回（崇义 2 回、梅元 1 回）；110kV 出线规划 6 回；10kV 出线规划 16 回，每台主变 10kV 侧装设 4 组 8Mvar 电容器。

（3）电气主接线：220kV 远期及本期均采用双母线接线，本期安装 6 台断路器；110kV 远期及本期均采用双母线接线，本期安装 9 台断路器；10kV 远期采用单母线分段＋单元制单母线接线，本期采用单母线分段接线，安装 29 面带断路器的开关柜。

（4）配电装置：220kV、110kV 均采用 GIS 组合电器。

新建 220kV 线路两侧出线隔离开关配置具有切合感应电流和感应电压能力的接地开关。

10kV 采用金属铠装移开式开关柜，配真空断路器。电容器采用框架式成套装置，限流电抗器采用干式空芯型。

（5）每台主变低压侧无功补偿按 4 组 8.0Mvar 配置。

（6）输变电工程是按照“两型一化”，“两型三新”标准设计，按无人值班管理模式设计，采用基于 DL/T 860 规约的智能变电站自动化系统方案，实现变电站保护、控制、监测/计量、远动/通信、网络安全防护和高级功能应用。

（7）二次系统部分特点，本站二次设备集中布置在主控通信单层建筑的二次设备室，过程层、状态监测 IED 等设备下放布置于智能控制柜。10kV 保护测控多合一装置下放至开关柜。

一次设备采用“一次设备本体＋传感器＋智能组件”形式，对于保护测控双重化配置的间隔，智能终端冗余配置。

采用常规互感器加合并单元方案。对于保护双重化配置的间隔，合并单元冗余配置；220kV、110kV 电压切换和电压并列功能由合并单元完成。

配置设备状态监测系统和智能辅助控制系统。监测主变油中溶解气体，预留主变局放及测试接口；预留 220kV GIS 局放及测试接口；监测 220kV 金属氧化物避雷器泄漏电流、放电次数；实现图像监控及安全警卫、火灾自动报警及消防、环境监测等子系统的智能联动控制。全站一次设备状态监测系统、智能辅助控制系统后台整合。

2.2.1.3.2　接入系统方案及规模

线路工程为两部分：其中北郊—崇义 220kV 线路新建线路工程，路径长 26.8km，其中同塔双回路 24.4km，同塔三回路 2.4km；崇义—梅元 Π 入北郊变 220kV 线路工程，新建架空线路路径长 2.75km，单回路架设。

2.2.1.3.3　投资估算及资金来源

略。

2.2.1.4　工期安排

计划开工日期：×××。

计划竣工日期：×××。

2.2.2　工程监理的依据

2.2.2.1　本工程《监理规划》。

2.2.2.2　GB 50319—2000《建设工程监理规范》。

2.2.2.3　本工程批准的设计文件及政府批准的工程建设文件。

2.2.2.4　GB 50147—2010《电气装置安装工程高压电器施工及验收规范》。

2.2.2.5　GB 50148—2010《电气装置安装工程电力变压器、油浸电抗器、互感器施工及验收规范》。

2.2.2.6　GB 50149—2010《电气装置安装工程母线装置施工及验收规范》。

2.2.2.7　GB 50168—92《电气装置安装工程电缆线路施工及验

收规范》。

2.2.2.8 GB 50169—92《电气装置安装工程接地装置施工及验收规范》。

2.2.2.9 GB 50171—2012 电气装置安装工程盘、柜及二次回路施工及验收规范》。

2.2.2.10 GB 50172—2012《电气装置安装工程蓄电池施工及验收规范》。

2.2.2.11 GB 50259—96《电气装置安装工程电器照明装置施工及验收规范》。

2.2.2.12 GB 50150—91《电气装置安装工程电气设备交接试验标准》。

2.2.2.13 DL/T 5161.1～5161.17—2002《电气装置安装工程质量检验及评定规程》。

2.2.2.14 DL 5009.3—1997《电力建设安全工作规程》。

2.2.2.15 ××省电力公司输变电建设工程安全文明施工标准化管理实施细则。

2.2.2.16 ××电力建设监理有限公司企业标准《质量手册》。

2.2.2.17 制造厂提供的产品说明书及安装工作指导书。

2.2.2.18 施工过程中设计单位、项目法人及上级单位对本工程所发有关文件。

2.2.3 专业工程的特点

2.2.3.1 建设规模

2.2.3.1.1 主变压器：本期240MVA主变2台，电压等级220kV、110kV、10kV。

2.2.3.1.2 220kV配电装置：最终出线6回，本期出线3回。

2.2.3.1.3 110kV配电装置：最终出线12回，本期出线6回。

2.2.3.1.4 10kV配电装置：最终出线24回。本期出线16回。

2.2.3.1.5 无功补偿：本期上＃5～＃12电容器组，没组容量为8Mvar。

2.2.3.2 工程参建单位

略。

2.2.4 监理工作程序

2.2.4.1 工程建设项目施工监理服务程序（如图2-2-1所示）。

2.2.4.2 工程建设项目调试监理服务程序（如图2-2-2所示）。

2.2.4.3 安全控制监理工作程序（如图2-2-3所示）。

2.2.4.4 质量控制监理工作程序（如图2-2-4所示）。

2.2.4.5 进度控制监理工作程序（如图2-2-5所示）。

2.2.4.6 投资控制监理工作程序。

2.2.4.7 合同管理监理工作程序。

2.2.4.8 信息管理监理工作程序。

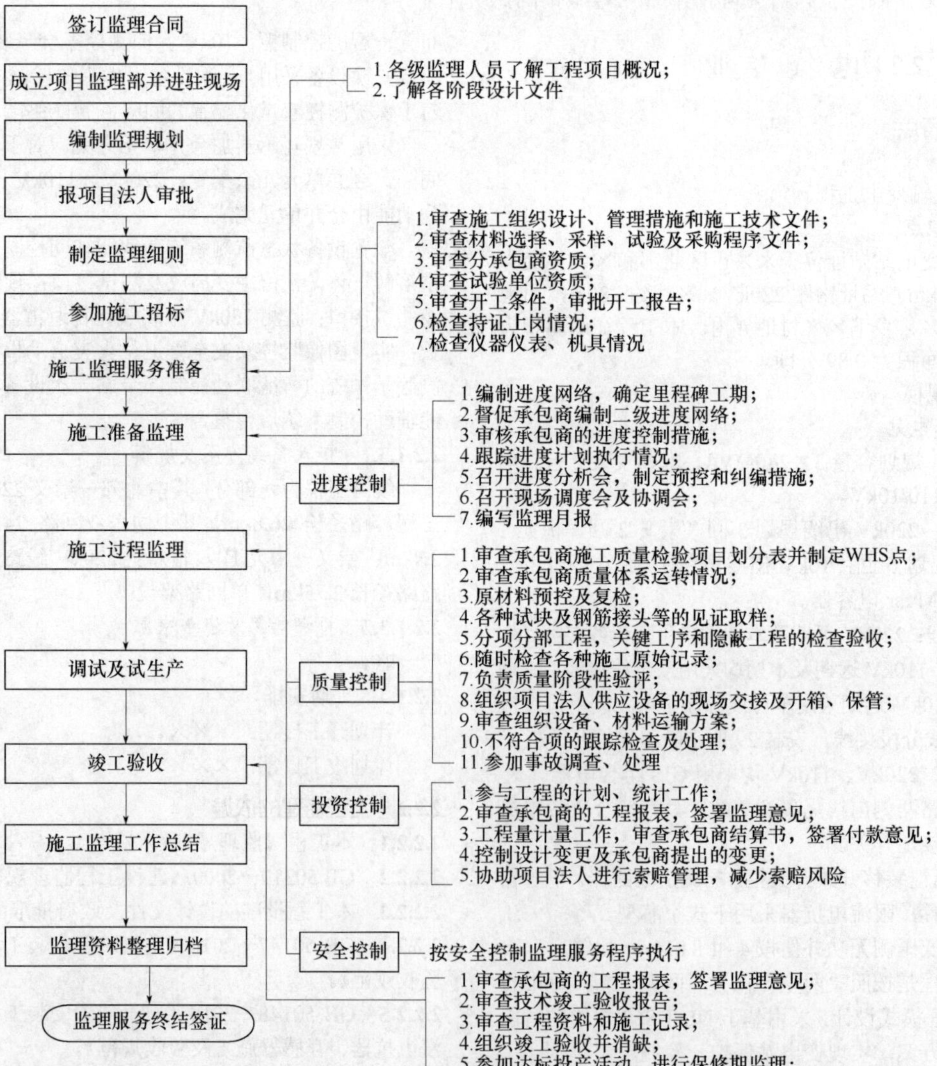
签订监理合同
成立项目监理部并进驻现场
1.各级监理人员了解工程项目概况；
2.了解各阶段设计文件
编制监理规划
报项目法人审批
制定监理细则
参加施工招标
施工监理服务准备
1.审查施工组织设计、管理措施和施工技术文件；
2.审查材料选择、采样、试验及采购程序文件；
3.审查分承包商资质；
4.审查试验单位资质；
5.审查开工条件，审批开工报告；
6.检查持证上岗情况；
7.检查仪器仪表、机具情况
施工准备监理
进度控制
1.编制进度网络，确定里程碑工期；
2.督促承包商编制二级进度网络；
3.审核承包商的进度控制措施；
4.跟踪进度计划执行情况；
5.召开进度分析会，制定预控和纠编措施；
6.召开现场调度会及协调会；
7.编写监理月报
施工过程监理
质量控制
1.审查承包商施工质量检验项目划分表并制定WHS点；
2.审查承包商质量体系运转情况；
3.原材料预控及复检；
4.各种试块及钢筋接头等的见证取样；
5.分项分部工程，关键工序和隐蔽工程的检查验收；
6.随时检查各种施工原始记录；
7.负责质量阶段性验评；
8.组织项目法人供应设备的现场交接及开箱、保管；
9.审查组织设备、材料运输方案；
10.不符合项的跟踪检查及处理；
11.参加事故调查、处理
调试及试生产
竣工验收
投资控制
1.参与工程的计划、统计工作；
2.审查承包商的工程报表，签署监理意见；
3.工程量计量工作，审查承包商结算书，签署付款意见；
4.控制设计变更及承包商提出的变更；
5.协助项目法人进行索赔管理，减少索赔风险
施工监理工作总结
安全控制
按安全控制监理服务程序执行
监理资料整理归档
1.审查承包商的工程报表，签署监理意见；
2.审查技术竣工验收报告；
3.审查工程资料和施工记录；
4.组织竣工验收并消缺；
5.参加达标投产活动，进行保修期监理；
6.编写监理工作总结，整理竣工资料并移交
监理服务终结签证

图2-2-1 工程建设项目施工监理服务程序

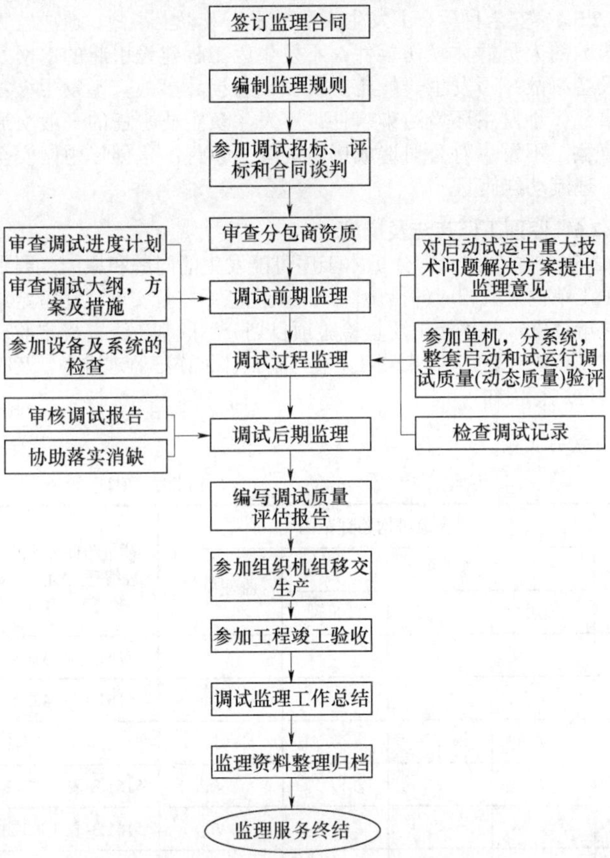

图 2-2-2　工程建设项目调试监理服务程序

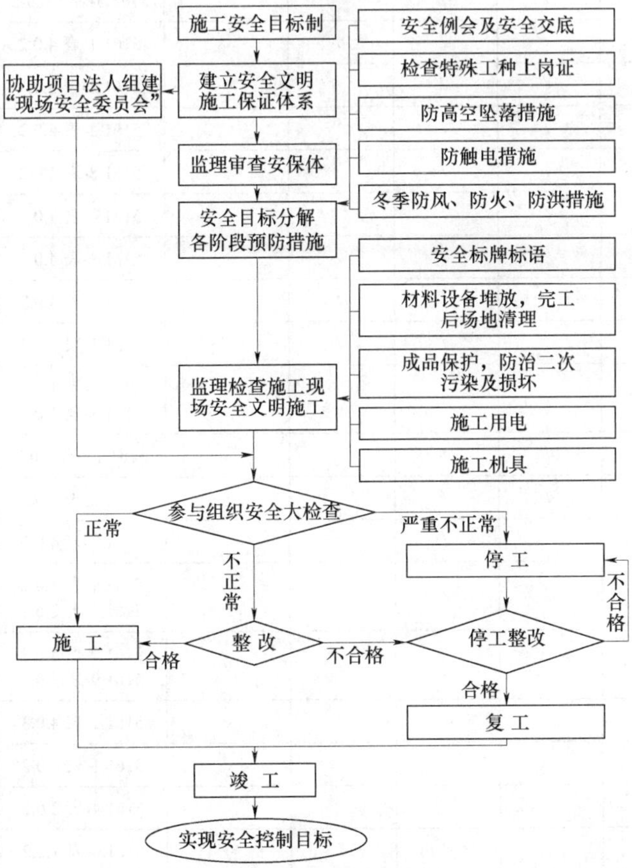

图 2-2-3　安全控制监理服务程序

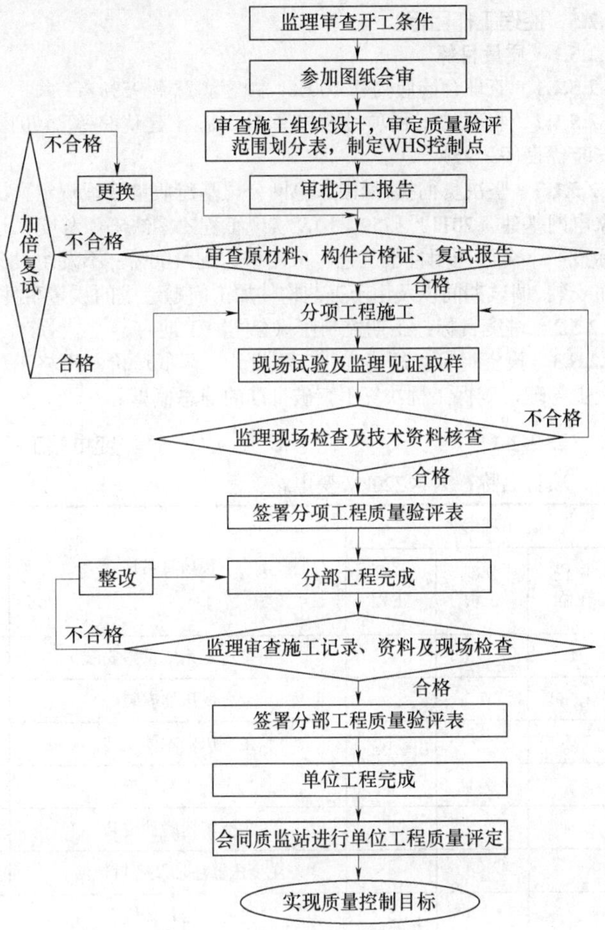

图 2-2-4　质量控制监理服务程序

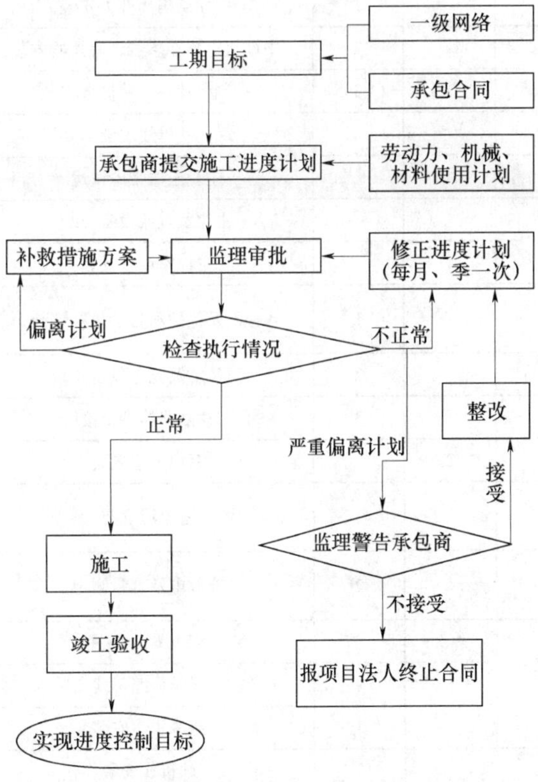

图 2-2-5　进度控制监理服务程序

2.2.5 监理工作目标

2.2.5.1 质量目标

2.2.5.1.1 监理合同履约率 100%，顾客满意率 95%。

2.2.5.1.2 监理的工程项目合格率 100%，土建优良率≥90%，安装优良率≥95%。

2.2.5.1.3 坚决贯彻执行《国家电网公司基建质量管理规定》（国家电网基建〔2011〕1759 号），实现工程“零缺陷”移交，达标投产；全面应用标准工艺，应用率达到 100%。不发生设备在安装、调试期间以及由于工艺构件加工问题造成的质量事件。

2.2.5.2 进度目标：工期控制在《合同》工期内。

2.2.5.3 投资目标：严格优化工程设计，降低造价；严格工程变更管理，确保工程决算不突破批准的静态概算。

2.2.5.4 安全目标：不发生人员及重伤及以上事故、造成较大影响的人员群体轻伤事件；不发生因工程建设引起的电网及设备事故；不发生一般施工机械设备损坏事故；不发生火灾事故；不发生环境污染事件；不发生负主要责任的一般交通事故，不发生对公司造成影响的安全事件；争创华中网安全管理流动红旗。

2.2.6 监理工作方法及措施

2.2.6.1 事前控制：分析本工序可能发生的问题和原因，要求施工单位采取相应的措施，经审查同意后监督实施。在审定承包单位报审的“施工质量检验项目划分”的基础上，确定监理控制点明细表，见表 2-2-1，根据施工计划作好监理准备，及时到位进行工作。

表 2-2-1　　变电站工程监理控制点明细表

项目名称：××220kV 变电站工程　　专业：电气　　日期：2012 年 6 月

工程编号			工程项目名称	性质	质检机构验评范围				质量验评及签证表编号（DL/T）
单位工程	分部工程	分项工程			施工单位			监理单位	
					班组	施工队	项目部		
1			主变压器系统设备安装			√	√	√	5161.1-表 4.0.3
	1		主变压器安装			√	√	√	5161.1-表 4.0.2
		1	主变压器本体安装		√	√	√	√	5161.3-表 1.0.3-1
		2	主变压器检查	主要	√	√	√	√	5161.3-表 1.0.3-2
		3	主变压器附件安装		√	√	√	√	5161.3-表 1.0.3-3
		4	主变压器注油及密封试验	主要	√	√	√	√	5161.3-表 1.0.3-4
		5	主变压器整体检查	主要	√	√	√	√	5161.3-表 1.0.3-5
	2		主变压器系统附属设备安装			√	√	√	5161.1-表 4.0.2
		1	中性点隔离开关安装		√	√			5161.2-表 5.0.1
		2	中性点电流互感器、避雷器安装		√	√			5161.2-表 6.0.2
		3	控制柜及端子箱检查安装		√	√			5161.8-表 4.0.2
		4	软母线安装		√	√			5161.4-表 7.0.2
	10		主变压器带电试运	主要		√	√	√	5161.3-表 4.0.9
2			主控及直流设备安装			√	√	√	5161.1-表 4.0.3
	1		主控室设备安装			√	√	√	5161.1-表 4.0.2
		1	控制及保护和自动化屏安装		√	√			5161.8-表 1.0.2 5161.8-表 5.0.2
		2	直流屏及充电设备安装		√	√			5161.13-表 2.0.2
		3	二次回路检查及接线		√	√			5161.8-表 7.0.2
	2		蓄电池组安装			√	√	√	5161.1-表 4.0.2
		1	蓄电池安装		√	√	√	√	5161.9-表 1.0.2 5161.9-表 2.0.2
		2	充放电及容量测定		√	√	√	√	5161.9-表 3.0.3 5161.9-表 3.0.4
3			×××kV 配电装置安装			√	√	√	5161.1-表 4.0.3
	1		主母线及旁路母线安装			√	√	√	5161.1-表 4.0.2
		1	绝缘子串安装		√	√			5161.4-表 2.0.2
		2	软母线安装		√	√	√	√	5161.4-表 7.0.2
		3	支柱绝缘子安装		√	√			5161.4-表 2.0.3

续表

工程编号			工程项目名称	性质	质检机构验评范围				质量验评及签证表编号（DL/T）
					施工单位			监理单位	
单位工程	分部工程	分项工程			班组	施工队	项目部		
		4	管形母线安装	主要	√	√	√	√	5161.4-表 6.0.2
		5	接地开关安装		√	√			5161.2-表 5.0.1
	2		电压互感器及避雷器安装			√	√	√	5161.1-表 4.0.2
		1	避雷器安装		√	√			5161.2-表 6.0.2
		2	电压互感器安装		√	√			5161.3-表 3.0.2
		3	隔离开关及接地开关安装		√	√	√	√	5161.2-表 5.0.1
		4	支柱绝缘子安装		√	√			5161.4-表 2.0.3
		5	引下线及跳线安装		√	√	√	√	5161.4-表 7.0.2
		6	箱柜安装		√	√			5161.8-表 1.0.2 5161.8-表 4.0.2
	3		进、出线（母联、分段及旁路）间隔安装			√	√	√	5161.1-表 4.0.2
		1	隔离开关安装		√	√	√	√	5161.2-表 5.0.1
		2	断路器安装	主要	√	√	√	√	5161.2-表 2.0.1 5161.2-表 2.0.2
		3	电流互感器安装		√	√			5161.3-表 3.0.2
		4	避雷器安装		√	√			5161.2-表 6.0.2
		5	穿墙套管安装		√	√			5161.4-表 2.0.4
		6	支柱绝缘子安装		√	√			5161.4-表 2.0.3
		7	引下线及跳线安装		√	√	√	√	5161.4-表 7.0.2
		8	就地控制设备安装		√	√			5161.8-表 1.0.2 5161.8-表 4.0.2
	5		铁构架及网门安装			√	√	√	5161.1-表 4.0.2
		1	铁构架及网门安装		√	√			5161.4-表 1.0.2 5161.4-表 1.0.3
	10		×××kV 配电装置带电试运	主要		√	√	√	5161.1-表 5.0.5-1
4			×××kV 封闭式组合电器安装			√	√	√	5161.1-表 4.0.3
	1		封闭式组合电器检查安装			√	√	√	5161.1-表 4.0.2
		1	基础检查及设备支架安装		√	√			5161.2-表 1.0.1
		2	封闭式组合电器本体检查安装	主要	√	√	√	√	5161.2-表 1.0.2
		3	电压互感器、避雷器安装	主要	√	√	√	√	5161.3-表 3.0.1 5161.2-表 6.0.2
	2		配套设备安装			√	√	√	5161.1-表 4.0.2
		1	电压（流）互感器安装		√	√			5161.3-表 3.0.1
		2	避雷器安装		√	√			5161.2-表 6.0.2
		3	软母线及引下线安装		√	√	√	√	5161.4-表 7.0.2
	3		就地控制设备安装			√	√	√	5161.1-表 4.0.2
		1	控制柜及就地箱安装		√	√			5161.8-表 1.0.2 5161.8-表 4.0.2
		2	二次回路检查及接线		√	√			5161.8-表 7.0.2
	10		×××kV 封闭式组合电器带电试运	主要		√	√	√	5161.2-表 8.0.8
5			××kV 及站用配电装置安装			√	√	√	5161.1-表 4.0.3
	1		工作变压器安装			√	√	√	5161.1-表 4.0.2

续表

工程编号			工程项目名称	性质	质检机构验评范围				质量验评及签证表编号（DL/T）
					施工单位			监理单位	
单位工程	分部工程	分项工程			班组	施工队	项目部		
		1	变压器本体安装		√	√			5161.3-表 1.0.3-1
		2	变压器检查	主要	√	√	√	√	5161.3-表 1.0.3-2
		3	变压器附件安装		√	√			5161.3-表 1.0.3-3
		4	变压器注油及密封试验	主要	√	√	√	√	5161.3-表 1.0.3-4
		5	控制及端子箱安装		√	√			5161.8-表 4.0.2
		6	变压器整体检查	主要	√	√	√	√	5161.3-表 1.0.3-5
	2		备用变压器安装			√	√	√	5161.1-表 4.0.2
		1	变压器本体安装		√	√			5161.3-表 1.0.3-1
		2	变压器检查	主要	√	√	√	√	5161.3-表 1.0.3-2
		3	变压器附件安装		√	√			5161.3-表 1.0.3-3
		4	变压器注油及密封试验	主要	√	√	√	√	5161.3-表 1.0.3-4
		5	控制及端子箱安装		√	√			5161.8-表 4.0.2
		6	变压器整体检查	主要	√	√	√	√	5161.3-表 1.0.3-5
	3		××kV 配电柜安装			√	√	√	5161.1-表 4.0.2
		1	基础型钢安装		√	√			5161.8-表 1.0.2
		2	配电盘安装		√	√			5161.8-表 2.0.1 5161.8-表 2.0.2
		3	母线安装	主要	√	√	√	√	5161.4-表 3.0.2
		4	断路器检查	主要	√	√	√	√	5161.2-表 3.0.2 5161.2-表 4.0.1
		5	二次回路检查接线		√	√			5161.8-表 7.0.2
	4		站用低压配电装置安装			√	√	√	5161.1-表 4.0.2
		1	低压变压器安装		√	√			5161.3-表 1.0.1 5161.3-表 1.0.2
		2	低压盘安装		√	√			5161.8-表 1.0.2 5161.8-表 3.0.2
		3	母线安装		√	√	√	√	5161.4-表 3.0.2
		4	二次回路检查接线		√	√			5161.8-表 7.0.2
	10		××kV 系统设备带电试运	主要		√	√	√	5161.1-表 5.0.5-2 5161.1-表 5.0.5-3
6			无功补偿装置安装			√	√	√	5161.1-表 4.0.3
	1		电抗器安装			√	√	√	5161.1-表 4.0.2
		1	电抗器安装	主要	√	√	√	√	5161.3-表 1.0.2
		2	引下线安装		√	√	√	√	5161.4-表 7.0.2
	2		电容器间隔安装			√	√	√	5161.1-表 4.0.2
		1	电容器安装		√	√	√	√	5161.2-表 7.0.3
		2	放电线圈安装		√	√	√	√	5161.2-表 7.0.4
		3	引下线安装		√	√	√	√	5161.4-表 7.0.2
	10		电容器组带电试运			√	√	√	5161.2-表 8.0.11
7			全站电缆施工			√	√	√	5161.1-表 4.0.3
	1		电缆管配制及敷设			√	√	√	5161.1-表 4.0.2
		1	电缆管配制及敷设		√	√			5161.5-表 1.0.2
	2		电缆架制作及安装			√	√	√	5161.1-表 4.0.2

续表

工程编号			工程项目名称	性质	质检机构验评范围				质量验评及签证表编号（DL/T）
					施工单位			监理单位	
单位工程	分部工程	分项工程			班组	施工队	项目部		
		1	电缆架安装		√	√			5161.5-表 1.0.3
	3		电缆敷设			√	√	√	5161.1-表 4.0.2
		1	屋内电缆敷设		√	√			5161.5-表 2.0.2
		2	屋外电缆敷设		√	√			5161.5-表 2.0.3
	4		电力电缆终端及中间接头制作			√	√	√	5161.1-表 4.0.2
		1	电力电缆终端制作及安装		√	√			5161.5-表 3.0.2
		2	电力电缆接头制作及安装		√	√			5161.5-表 3.0.4
	5		控制电缆终端制作及安装			√	√	√	5161.1-表 4.0.2
		1	控制电缆终端制作及安装		√	√			5161.5-表 3.0.3
	6		35kV 及以上电缆线路施工			√	√	√	5161.1-表 4.0.2
		1	35kV 及以上电缆线路	主要	√	√	√	√	5161.5-表 4.0.2
	7		电缆防火与阻燃			√	√	√	5161.1-表 4.0.2
		1	电缆防火与阻燃	主要	√	√	√	√	5161.5-表 5.0.2
8			全站防雷及接地装置安装			√	√	√	5161.1-表 4.0.3
	1		避雷针及引下线安装			√	√	√	5161.1-表 4.0.2
		1	避雷针及引下线安装	主要	√	√	√	√	5161.6-表 3.0.2
	2		接地装置安装			√	√	√	5161.1-表 4.0.2
		1	屋外接地装置安装	主要	√	√	√	√	5161.6-表 1.0.2
		2	屋内接地装置安装	主要	√	√	√	√	5161.6-表 2.0.2
9			全站电气照明装置安装			√	√	√	5161.1-表 4.0.3
	1		屋外开关站照明安装			√	√	√	5161.1-表 4.0.2
		1	管路敷设		√	√			5161.16-表 1.0.2
		2	管内配线及接线		√	√			5161.16-表 2.0.2
		3	照明配电箱（板）安装		√	√			5161.17-表 3.0.2
		4	照明灯具安装		√	√			5161.17-表 2.0.2
	10.1		屋外开关站照明回路通电检查	主要		√	√	√	5161.17-表 4.0.2
	2		屋外道路照明安装			√	√	√	5161.1-表 4.0.2
		1	电缆敷设接线		√	√			5161.5-表 2.0.4
		2	照明灯具安装		√	√			5161.17-表 2.0.2
	10.2		屋外道路照明回路通电检查	主要		√	√	√	5161.17-表 4.0.2
10			通信系统设备安装			√	√	√	5161.1-表 4.0.3
	1		通信系统一次设备安装			√	√	√	5161.1-表 4.0.2
		1	通信系统一次设备安装		√	√	√	√	5161.1-表 6.0.1
	2		微波通信设备安装			√	√	√	5161.1-表 4.0.2
		1	微波天线安装		√	√	√	√	5161.1-表 6.0.2
		2	微波馈线安装		√	√	√	√	5161.1-表 6.0.3
		3	微波机、光端及设备安装		√	√	√	√	5161.1-表 6.0.4
		4	程控交换机安装		√	√	√	√	5161.1-表 6.0.5
	3		通信蓄电池安装			√	√	√	5161.1-表 4.0.2
		1	免维护蓄电池安装		√	√	√	√	5161.1-表 6.0.6
		2	通信蓄电池充放电签证			√	√	√	5161.1-表 6.0.7
	4		通信系统接地			√	√	√	5161.1-表 4.0.2
		1	通信站防雷接地施工		√	√	√	√	5161.1-表 6.0.8

了解施工单位承担本细则所述工序或分项工程的作业组织和人员、使用的机械和工器具、施工技术措施、工艺流程以及安全条件等情况，审批施工单位提交的施工技术措施。

2.2.6.2 事中控制：即依据施工规范、工艺规程和事先批准的施工技术措施，对本工序或分项工程施工作业进行过程控制（巡视检查并填写旁站记录表），控制重点是对影响质量的因素，如操作工艺、使用材料及施工组织状况等，规定控制方式和检查频次，发现异常应立即通知施工单位纠正。

2.2.6.3 事后控制：工序或分项工程完成后，施工单位提出自检记录，交监理工程师审核认可并按质量评定标准评定。对不合格品应提出处理意见，通知施工单位处理。做好监理记录，对遗留问题落实补救措施，监督施工单位实施。

2.2.6.4 质量控制

2.2.6.4.1 检查施工现场原材料、构配件的质量和采购、入库、保管、领用等管理制度及其执行情况，并对原材料、构配件的供应商资质进行审核、确认。

2.2.6.4.2 参加主要设备的现场开箱验收并核查其产品合格证、材质证明书、试验报告、加工图纸和说明书等资料，检查设备保管办法，并监督实施。

2.2.6.4.3 参加施工图纸会审、设计交底，提出监理意见。

2.2.6.4.4 审核确认设计变更修改通知单，凡涉及单项工程设计原则改变的重大设计变更，由监理单位审核后报项目法人批准。

2.2.6.4.5 协调设计与施工单位之间的关系，使设计与施工进度更好的配合，督促设计工代进驻现场服务。

2.2.6.4.6 审查“施工质量检验项目划分表”并督促实施

2.2.6.4.7 检查现场施工人员中特殊工种持证上岗情况，并监督实施；

2.2.6.4.8 虚心听取建设单位、施工单位和有关方面提出的工作建议和意见。

2.2.6.4.9 对工程中使用的新材料、新工艺、新技术，均应具备完整的技术鉴定证明和实验报告，经设计单位同意，监理工程师认可后方可在工程中使用，必要时要对首件进行试验，合格后方可使用。

2.2.6.4.10 检查施工单位在工程中所使用的施工机具（如吊车、液压钳、真空滤油设备等）是否符合要求并满足工程的需要。

2.2.6.4.11 检查施工单位在工程中所使用的计量器具和试验用仪器、仪表的精度和计量检定证件是否正确

2.2.6.4.12 在工程施工时，对主要的、关键的工序及隐蔽工程采取见证（包括文件见证或现场见证）、停工待检、旁站监理等方式跟踪进行质量检查，分项工程完工后进行中间验收。发现问题当即口头指出并发书面整改通知，整改后进行复查、复验，然后签证，允许进行下一分项工程施工。

2.2.6.4.13 监督与协助施工单位完善工序质量控制，督促承包方对重要的和复杂的施工项目或工序要作为重点设立质量控制点，加强控制；及时检查与审核施工单位提交的检验批质量验收记录、分项工程质量验收记录。

2.2.6.4.14 参与对一般质量事故进行原因分析，研究制定处理措施并监督贯彻实。

2.2.6.4.15 对隐蔽工程、关键部位应在施工单位完工后先进行三级自检，填写施工记录和质量自评表格，施工单位的专业质检人员到现场查验，然后由监理进行检查验收。符合要求后签署确认意见。如果经监理检查发现质量未达到规定标准，责成施工单位进行整改修复，然后再申请监理复验。未经监理检查验收确认，施工单位不准进行下道工序施工，否则延误工期或造成损失由施工单位自负。

2.2.6.5 进度控制措施

2.2.6.5.1 根据合同要求的工期、里程碑控制进度和施工经验，核定承包单位编制的工程进度计划、二级网络计划是否满足总工期要求，以及安排是否合理，编制监理单位的工程进度计划、一级网络计划、P3 管理计划。

2.2.6.5.2 根据进度目标要求审核设计、材料供应及施工进度计划。

2.2.6.5.3 对设计进度计划进行审查，检查实际交付进度，发现问题及时进行协调。

2.2.6.5.4 对设备、材料供应计划（包括项目法人提供及施工承包商自行订货或采购）进行审查，当实际到货与供应计划不符时及时协调并督促有关单位采取措施。

2.2.6.5.5 检查施工单位的施工机具、劳动力配备能否满足施工进度需要。

2.2.6.5.6 经常深入现场检查工程的实际进度，如发现拖延工期，应及时分析原因，采取措施进行协调，以保证实现预定的工程进度目标。

2.2.6.5.7 根据计划检查主要工程项目的施工准备情况，审查施工单位的开工申请，及时签发开工申请报告。

2.2.6.5.8 根据管理计划，在现场协调会议中检查工程进度计划的执行情况，解决影响工程进度的有关问题，解决各施工单位之间协调、配合问题，编写会议纪要，发送各单位执行。

2.2.6.6 投资控制措施

2.2.6.6.1 审查设计文件是否严格控制工程建设材料，尽可能采用标准设计，以做到既能保证工程质量，又能减少工程投资。

2.2.6.6.2 在材料、器材选用和采购时，选用价格合理、质量好的产品和供货厂家。严格控制材料代用。

2.2.6.6.3 核查施工单位报送的月度实物工程量，核签月度工程付款凭证，防止过早、过量支付工程款。

2.2.6.6.4 严格控制设计变更。对设计变更审查时应考虑工程费用是否增加，如超越授权范围应报项目法人审批。

2.2.6.6.5 协助项目法人处理索赔事宜，审核各项索赔依据与金额是否合理，并进行签证。

2.2.6.6.6 审查工程结算及竣工决算书，对其真实性及计算依据进行确认签证。

2.2.6.7 安全文明控制措施

2.2.6.7.1 认真贯彻落实“安全第一、预防为主”的安全生产方针，严格执行国家现行的安全生产法律、法规，建设行政主管部门关于安全生产的规章和标准，认真执行“××省电力公司输变电建设工程安全文明施工标准化管理实施细则”。

2.2.6.7.2 明确本工程总监理师是监理部的第一安全责任人。

2.2.6.7.3 对施工组织设计、施工措施中的安全工作内容进行审查和监督执行。

2.2.6.7.4 督促施工单位落实安全生产的组织保证体系，明确项目经理是本工程施工单位的第一安全责任人，项目部设专职安全员一人，各施工队设兼职安全员一人。建立健全安全生产责任制；认真履行安全施工大检查（每月一次）制度。

2.2.6.7.5 督促施工单位对参建人员进行安全生产教育、考试及分部、分项工程的安全技术交底。

2.2.6.7.6 审查安全文明施工方案及安全技术措施。

2.2.6.7.7 检查并督促施工单位按照电力施工安全技术标准和规范要求，落实分部、分项工程或各工序、关键部位的安全措施。

2.2.6.7.8 监督检查施工现场的消防工作、冬季防寒、文明施工、卫生防疫等项工作。

2.2.6.7.9 加大现场安全巡察力度，发现违章冒险作业的要责令

其停止作业，发现隐患时要责令其停工整改。

2.2.6.7.10　把施工工器具试验、防止高空坠落、防止高空落物伤人、母线架设、乙炔焊接、设备吊装、重叠作业、耐压试验作为关键与特殊项目进行安全控制，以保证工程安全目标的实现。对特殊施工作业，要求施工单位事先制订特殊施工安全措施，报监理审查并监督执行。

2.2.6.7.11　结合工程施工特点不定期进行安全检查，并督促施工承包商整改。

2.2.6.7.12　配合有关单位对安全事故进行调查处理。

2.2.6.7.13　督促施工承包商做好文明施工和环境保护。经常检查、督促施工单位设置安全标志、安全围栏、围网。

2.2.6.7.14　在现场协调会议中检查安全、环保、文明施工状况。

2.2.6.8　合同管理

2.2.6.8.1　检查各项工程建设合同，进行跟踪管理，定期检查合同履约情况。

2.2.6.8.2　协助项目法人处理违约及索赔事宜。

2.2.6.9　信息管理

2.2.6.9.1　坚持做好监理日志，以便随时掌握工程情况，能及时处理好工程中出现的各类问题。

2.2.6.9.2　及时收集施工过程中产生的各类报表、报告、会议记录、监理作业卡、旁站监理记录、现场签证等资料，并通过整理归档形成工程信息网络。

2.2.6.9.3　应用计算机进行有关工程信息的传递、交流和处理，使监理工作程序化、标准化、系统化。

2.2.6.9.4　做好工程信息收集，整理归档工作，制定信息资料管理以及交流、传送、签发等工作制度。

2.2.7　编制依据更新文件

略。

第 12 篇

330kV 变电站工程施工监理范例

董平　等　编著

第 1 章　甘肃瓜州北大桥西 330kV 升压站施工监理规划

1.1　工 程 概 况

1.1.1　工程名称：甘肃瓜州北大桥西 330kV 升压站工程。

1.1.2　工程内容：甘肃瓜州北大桥西 330kV 升压站工程施工全过程监理。

1.1.3　建设地址：瓜州北大桥西 330kV 升压站工程位于甘肃省酒泉地区瓜州县城西北约 18km 处的戈壁滩，场址区的海拔高度约在 1300m 左右，场地开阔，地势平坦，距瓜州火车站约 12km，距 312 国道约 3km，距敦煌机场约 100km，距嘉峪关机场约 250km 对外交通便利。

1.1.4　前期工作进展及工程进展情况概述：2008 年 5 月 9 日，国家发展和改革委员会下发《国家发展改革委关于甘肃千万千瓦级风电基地“十一五”建设方案的批复》（发改能源〔2008〕1135 号），批准 2010 年在酒泉风电基地玉门市和瓜州县境内的昌马、北大桥、干河口和桥湾四个区域建设并投产装机容量为 3800MW 的风电场。该升压站是为北大桥地区风电场的送出而建。

根据目前工程设计进展情况，为实现该工程 2010 年 6 月 30 日升压站具备反送电的目标，需对 330kV 升压站建设进行全过程施工监理，确保目标工期的顺利实现。

1.2　监理工作范围和主要工作内容

1.2.1　监理范围

甘肃瓜州北大西 330kV 升压站施工全过程施工监理。

1.2.2　主要工作内容

1.2.2.1　开工前的准备阶段

编写监理工作的管理程序文件和规章制度。

建立计算机信息网络并与主网连接。

参与编制施工招标文件。

按业主单位要求参与编制工程量清单。

按业主单位要求参与对承包商的合同谈判工作。

协助业主单位与施工、安装中标单位商定承包合同条件及签订承包合同。

按业主单位的要求，参与设计单位对设计中的主要技术问题进行研究；督促设计单位按设计合同及现场实际要求提供设计图纸和文件。

配合施工图设计的勘测工作。

参与施工图审查。

1.2.2.2　施工阶段

协助项目单位编写开工报告。

审查承包商各项施工准备工作，下达开工通知书。

审查承包商质保体系和质保手册并监督实施。

参加施工图交底，组织施工图会审。

督促总体设计单位对各承包商图纸、接口配合确认工作。

对施工图交付进度进行核查、督促、协调。

审查工程参与各方提出的设计变更意见并提出监理意见，对修改的合理性及工程量和技术方案进行核对，有不同意见时负责联系和协调设计、施工和设备各单位提出的修改方案，由设计院提出变更通知交业主单位审核后执行。对工程的工期和费用有影响的修改，应事先与业主单位协商。

组织审查承包商提交的施工组织设计、施工技术方案、施工质量保证措施、安全文明施工措施等各类技术方案、措施，提出审查意见并督促其实施。

负责工程建设期间安全施工的日常管理。监督检查承包商建立健全安全生产责任制和执行安全生产、安全健康与环境管理的有关规定与措施。监督检查承包商建立健全劳动安全生产教育培训制度，并督促其加强对职工安全生产的教育培训。参加由业主单位组织的安全大检查，监督安全文明施工状况。遇到威胁安全的重大问题时，发出“暂停施工”的通知。

负责现场文明施工的管理，组织各施工单位按批准的施工总平面图实施布置、督促施工单位落实安全措施及安全隔离措施。

负责施工用电、用水和道路等的管理，督促承包单位办理用水、用电及其他相关手续。

根据业主单位制订的里程碑计划编制一级网络计划，审核承包商编制的施工二级网络计划，并监督实施。

审批承包商单位工程、分部工程开工申请报告。

审查承包商选择的专业承包单位、试验单位的资质。

检查现场施工人员中特殊工种持证上岗及重要、大型机械的准用证、计量器具的校验证等情况，并监督实施。

审查施工单位编制的“施工质量检验项目划分”、“质量计划”并督促实施。

负责工程质量的日常管理和控制，主持分项、分部工程、关键、重要工序、工艺和隐蔽工程的质量检查和验收并签证确认。

检查施工现场原材料、构件的采购、入库、保管、领用等管理制度及其执行情况。

督促承包商建立现场材料试验室，配备必要的人员与设施，并对实验过程、结果进行监督。

核查工程使用的原材料、半成品、成品、构配件、外加工件和设备的质量并提出核查报告，督促有关单位实施。

负责测量控制桩的复核与校对、监督施工单位做好控制桩的保护措施以及平面控制网、高程控制网和临时水准点的测量。

制定并实施重点部位的见证点（W 点）、停工待检点（H 点）、旁站点（S 点）的工程质量监理计划，监理人员要按作业程序即时跟班到位进行监督检查。停工待检点必须经监理工程师签字才能进入下一道工序。

监督承包单位严格按技术标准和设计文件施工，控制工程质量。重要项目要督促承包单位实施预控措施。

参加设备的现场开箱检查。对设备保管提出监理意见。

主持工程质量事故的分析提出处理意见。

分阶段进行进度控制，及时提出进度计划的调整意见。

采取网络计划方法，加强关键工序的作业能力，帮助施工单位优化作业组合，采用趋势分析手段对现场的安全、质量、工程管理等进行分析。

在报经业主单位同意后发布开工令、停工令和复工令。在紧急情况下未能事先报告时，则应在24h内向业主单位做出书面报告。遇到威胁安全的重大问题时，立即发出“暂停施工”的通知，及时制定整改措施同时通报业主单位。

按业主单位要求的时间和范围，向业主单位提供工程量清单及形象进度。

复核已完工程量，审查承包商工程结算书，签署工程付款证书，审核施工图预算和竣工结算，提出清单外项目的综合单价。

协助业主单位处理合同纠纷和索赔事宜。

监督施工合同的履行，维护业主单位和承包商的正当权益。

组织工程阶段验收、交工验收及竣工初验，并对工程施工质量提出评审意见。

组织现场每周工程调度协调及各种专题等会议。

1.2.2.3 调试、试运阶段

参与对调试单位的招标工作，并督促其合同的履行，维护业主单位及承包商的合法权益。

审查调试计划、调试方案、调试措施，并提出审查意见。

负责调试质量监督，严格执行分部试运验收制度；分部试运不合格不准进入整套启动试运。

协调工程的分系统试运行中各有关方面的工作。

参与工程整套试运行中各有关方面的协调工作。

主持审查调试报告并提出审查意见。

1.2.2.4 试运生产阶段

（1）负责组织提出工程遗留尾工及其处理意见，参与工程遗留尾工的处理， 参与、配合机组性能考核试验。

（2）负责组织机组交付后的不合格及潜在不合格的处理。

（3）参与机组竣工验收、建筑工程竣工验收和工程竣工验收，负责竣工验收中应提供的工程质量监督与监理文件。

1.2.2.5 监理资料的整理

编制、整理监理工作及有关会议的各种文件，主要包括：日志、大事记、通知、记录、纪要、检测资料等，合同完成或终止时移交业主单位。

工程项目在安全、质量、投资、进度、合同等方面实行网络化管理，在业主单位、设计、施工、调试等单位的配合下，收集、发送和反馈工程信息，形成计算机网络信息共享。

协助业主单位编制项目的年度工程计划，并监督检查实施情况的资料。

负责工程技术资料的收集、整理、核对、归档工作，并采用计算机系统对以上文件进行管理。

在工程建设监理实施过程中，由总监理工程师组织各专业监理工程师编制监理细则，总监理工程师和专业监理工程师必须记好监理日志，总监理工程师应定期向业主单位书面报告监理情况，工程完工后向业主单位提交监理报告。

审核各项工程报表，填写各项监理记录；摄制施工录像和照片；督促设计单位绘制与提交工程竣工图；督促承包单位提交竣工报告；撰写电站建设总结。

1.2.2.6 工程信息管理

负责工程信息管理。建立计算机信息网络，收集工程计划、进度、安全、质量、设备材料、会议纪要和日常文件等信息，建立完善的数据库，将工程基本建设管理中的各种管理信息分门别类，科学地归结，并将它们的内容、格式规范化、标准化，将管理信息集中存储、自动处理和深加工，使得信息便于查询、便于利用。

1.3 监理工作目标

1.3.1 安全目标

现场安全文明施工状况良好，实现人身死亡事故“零目标”，确保不发生以下事故：

人身死亡事故为零；重大施工机械和设备损坏事故为零；火灾、负主要责任的交通事故为零；垮塌事故为零；职业伤害和环境污染事故为零；杜绝恶性事故，实现“事故零目标”。

1.3.2 质量目标

工程满足国家、行业相关验收规范、标准及质量检验评定标准要求，实现高标准达标投产，达到国家优质标准，不发生质量事故，起到电力行业示范作用。

（1）不发生重大及以上质量事故，工程质量为优良等级，并符合达标投产要求。

（2）有效控制建设工程质量通病，观感质量及施工工艺达到国内先进水平。

（3）工程建设质量达到合同约定的质量标准，工程项目的分项工程质量检验合格率为100%，建筑工程优良品率≥90%，设备安装工程优良品率≥95%。

1.3.3 进度目标

根据业主要求：确保该工程2010年6月30日升压站具备反送电的目标。

1.3.4 投资目标

投资控制在批准初设概算静态投资之内。

1.3.5 文明施工目标

文明施工管理满足国家相关规范要求，现场管理实现总平面管理模块化；现场设施标准化；工程施工程序化；文明区域责任化；作业行为规范化；环境卫生一贯化；创全国电力行业安全文明施工示范工地。

1.3.6 合同目标管理目标

以合同管理为中心，实现合同履约率100%，将合同索赔事项控制在最低水平。

1.3.7 信息管理目标

工程信息传递、汇总及时、管理科学、集中存储、便于查询、便于应用。建立完善的信息体系，提供及时、可靠、准确、完整、公正、客观的工程和管理信息，为及时正确解决工程中出现的各种问题提供有效的帮助，做到“凡事有据可查”，形成完整的历史记录。

1.3.8 工作协调目标

及时协调处理工程参建单位之间存在的问题，创造和谐的工程建设环境，使工程参建单位之间密切配合，实现工程建设高速度、高质量，机组按期移交生产。

1.3.9 工程管理目标

做到“凡事有人负责，凡事有章可循，凡事有人监督，凡事有据可查”。通过强有力的管理措施确保实现“达标投产”，确保“全国电力行业优质工程”，争创“国家优质工程”的工程建设总目标。

1.3.10 环境保护管理目标

建立健全环境保护责任制，针对施工过程中或其他活动中产生的污染气体、污水、粉尘、放射性物质以及噪声、震动等可能对环境造成污染和危害的因素，做好污染源头控制和预防，

规范有毒有害废弃物处理，节能降耗，减少污染物的排放，实现排放符合国家和地方的环保标准。

1.4　监理工作依据及遵守的技术标准

1.4.1　监理工作依据

甘肃瓜州北大桥西 330kV 升压站工程施工监理合同和工程初步设计及施工图。

1.4.2　遵守的技术标准

编制监理规划我们将严格遵循国家或企业现行的相关法律、法规、标准、规范和条例等，并承诺如果在合同签署后，有关规范、标准或规定作了重大修改或颁布新的国家规范标准，则应遵守新的规定或完全遵循业主方意见。

《中华人民共和国招标投标法》及相关法律、法规和条例；

国务院令《建设工程质量管理条例》；

电力系统有关的工程建设管理规定、技术法规；

国家和行业施工及验收规范、标准、质量评定标准，概予算编制与管理规定；

《建设工程监理规范》（GB 50319—2000）；

国电火〔1999〕688 号文《关于颁发〈国家电力公司工程建设监理管理办法〉的通知》；

国电火〔1999〕677 号文《关于印发电力建设工程监理费和建设项目法人管理费调整办法的通知》；

《建设工程质量管理条例》《建设工程安全管理条例》；

项目法人与供货商签订的协议资料；

建设部第 81 号令《实施工程建设强制性标准监督规定》；

《电力工业标准汇编・火电卷》；

《火电施工质量检验评定标准》《电力建设施工及验收技术规范》；

与本工程有关的国家及部颁的技术规程、规范，设计和制造厂技术文件上的质量标准，原电力部及国家电力公司颁发的其他有关规定。

1.5　监理机构概况及人员岗位职责

1.5.1　组织机构概况

现场机构名称：甘肃瓜州北大桥西 330kV 升压站工程达华集团北京中达联项目监理部。

总监理工程师：刘伟。

投入监理工程师人数：10 人。

共投入监理人员数：12 人。

组织机构如图 1-5-1 所示。

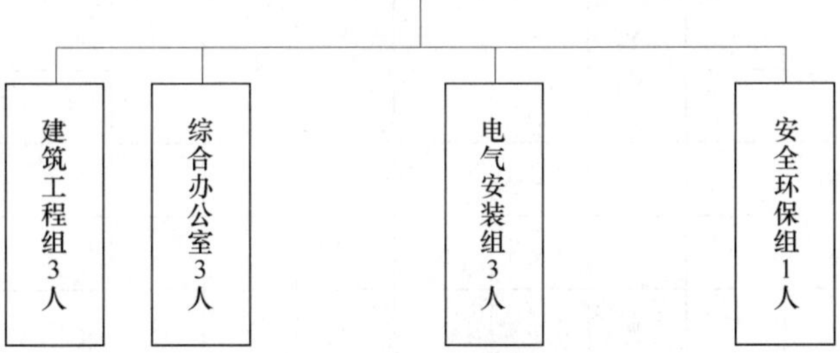

图 1-5-1　组织机构

1.5.2　监理部人员岗位职责

1.5.2.1　总监理工程师岗位职责

（1）确定项目监理机构人员的分工和岗位职责。

（2）主持编写项目监理规划、审批项目监理实施细则，并负责管理项目监理机构的日常工作。

（3）审查分包单位的自治，并提出审查意见。

（4）检查和监督监理人员的工作，根据工程项目的进展情况可进行人员调配，对不合格的人员应调换其工作。

（5）主持监理工作会议，签发项目监理机构的文件和指令。

（6）审定承包单位提交的开工报告、施工组织设计、技术方案、进度计划。

（7）审核签署承包单位的申请、支付凭证和竣工决算。

（8）审查和处理工程变更。

（9）主持或参与工程质量事故的调查。

（10）调解建设单位与承包单位的合同争议、处理索赔、审批工程延期。

（11）组织编写并签发监理月报、监理工作阶段报告，专题报告和项目监理工作总结。

（12）审核签认分部工程和单位工程的质量检验评定资料，审查承包单位的竣工申请，组织监理人员对待验收的工程项目进行质量检查，参与工程的竣工验收。

（13）主持整理工程项目的竣工验收。

1.5.2.2　副总监理工程师岗位职责

（1）负责总监理工程师指定或交办的监理工作。

（2）按总监理工程师的授权，行使总监理工程师的部分职责和权利。

1.5.2.3　专业监理工程师岗位职责

（1）负责编制本专业的监理实施细则。

（2）负责本专业监理工作的具体实施。

（3）组织、指导、检查和监督本专业监理员的工作，当人员需要调整时，向总监理工程师提出建议。

（4）审查承包单位提交的涉及本专业计划、方案、申请、变更。并向总监理工程师提出报告。

（5）负责本专业分项工程验收及隐蔽工程验收。

（6）定期向总监理工程师提交本专业监理工作实施情况报告，对重大问题及时向总监理工程师汇报和请示。

（7）根据本专业监理工作实施情况做好监理日记。

（8）负责本专业监理资料的收集、汇总及整理，参与编写监理月报。

（9）审查进场材料、设备、构配件的原始凭证、检测报告等质量证明文件及其质量情况，根据实际情况认为有必要时对进场材料、设备、构配件进行平行检验，合格时予以签认。

（10）负责本专业的工程计量工作，和工程计量的数据和原始凭证。

1.5.3　监理人员守则

监理人员都应遵循守法、诚信、公正、科学的准则，在监理单位的组织下从事工程建设监理工作。监理单位受项目法人委托，按监理合同规定的职责和授予的权力，代表项目法人对工程建设的施工与试运阶段进行监督和管理。严格完善地履行监理合同，要求监理人员应具备完成岗位职责和业务素质、工作作风、职业道德和服务精神。为此，特制定本守则以规范监理人员的行为。

（1）监理人员的工作依据是：国家法律、法规、政策、规范；行业标准、规定、制度、办法；监理合同、本公司的规章制度、工程项目监理规划、项目法人与有关单位签订的合同、协议等。

（2）掌握监理工作的理论知识及有关规章制度，并在实际工作中运用贯彻。

（3）不断学习，提高业务技术水平，满足本专业（本岗位）工作的需要和跟上学科领域日益发展的步伐。

（4）深入现场，深入实际，掌握关键，掌握第一手材料，避免由于自身的失误影响工程，造成损失，承担责任。

（5）实事求是，秉公办事，依法维护合同各方的正当权益。

（6）实际工作中出现分歧和不一致，在处理时要本着坚持真理、修正错误的态度，重科学、凭数据，以文字为依据，讲究方法，讲求效果，务求妥善解决。必要时向上级报告，确认后以书面通知有关各方，并说明理由和可能带来的后果。

（7）要重视管理工作，用现代化的管理知识、方法和手段管理本岗位的各项工作，用数据说话，用图文声像记载，实现科学化、现代化。要坚持写好监理日志、监理月报。

（8）严格按组织程序办事，不越级、越权处理问题。不超越职权直接对外单位做任何许诺，不参与或干扰其他单位内部事务。

（9）廉洁奉公，不得接受被监理单位支付的个人报酬和馈赠。

（10）不得参与被监理工程的设计、施工和物质供应的经营活动，不在这些单位兼任职务。

（11）在监理工作中，根据国家规定和委托单位的要求，需要保密的事项，要严守国家和委托单位的机密。

（12）加强内部团结协作，互助友爱，勇于克服困难，优质高效地完成本职（本岗位）监理工作。

（13）监理人员要热爱本职工作，不断总结经验，为完成本岗位工作和发展监理体制做贡献。

（14）对本守则执行情况的监督、检查及考核工作，实行分级负责制。

（15）工程现场工作人员的考核，由现场总监理工程师负责；总监理工程师的考核由公司总经理考核。

（16）对执行守则好者给予表扬和奖励；执行不好或不执行者，根据情节给予批评教育，直至处罚、处分。

1.6 监理机构的人员配备和上岗计划

1.6.1 监理人员名单及岗位

监理人员名单及岗位见表1-6-1。

表1-6-1 监理人员名单及岗位

岗位	姓名	专业	备注
总监	×××	电气	
副总监	×××	土建	
土建监理工程师	×××	土建	
土建监理工程师	×××	土建	
电气监理工程师	×××	电气	
电气监理工程师	×××	电气	
安装监理工程师	×××	热动	
安全监理工程师	×××	安全	
技经监理工程师	×××	概预算	
信息监理工程师	×××	档案	

1.6.2 监理人员上岗计划

监理人员上岗计划见表1-6-2。

表1-6-2 监理人员上岗计划

时间 人员	2009年9月	2009年10月	2009年11月	2009年12月	2010年1月	2010年2月	2010年3月	2010年4月	2010年5月	2010年6月	2010年7月	2010年8月	2010年9月	2010年10月	2010年11月	2010年12月
总监×××			√				√	√	√	√	√	√	√	√	√	√
总监代表×××	√	√	√				√	√	√	√	√	√	√	√	√	√
土建监理×××	√	√	√				√	√	√	√	√	√	√	√	√	√
土建监理×××							√	√	√	√	√	√	√			
土建监理员×××		√	√				√	√	√	√	√	√	√			
电气监理×××		√	√				√	√	√	√	√	√	√	√	√	√
电气监理×××							√	√	√	√	√	√	√	√	√	√
安装监理×××							√	√	√	√	√	√	√			
安全监理×××	√	√	√				√	√	√	√	√	√	√	√	√	√
技经监理×××		√	√				√	√	√	√	√	√	√	√	√	√
信息监理×××		√	√				√	√	√	√	√	√	√	√	√	√

1.7　监理主要工作程序

1.7.1　监理工作总程序

监理工作总程序如图 1-7-1 所示。

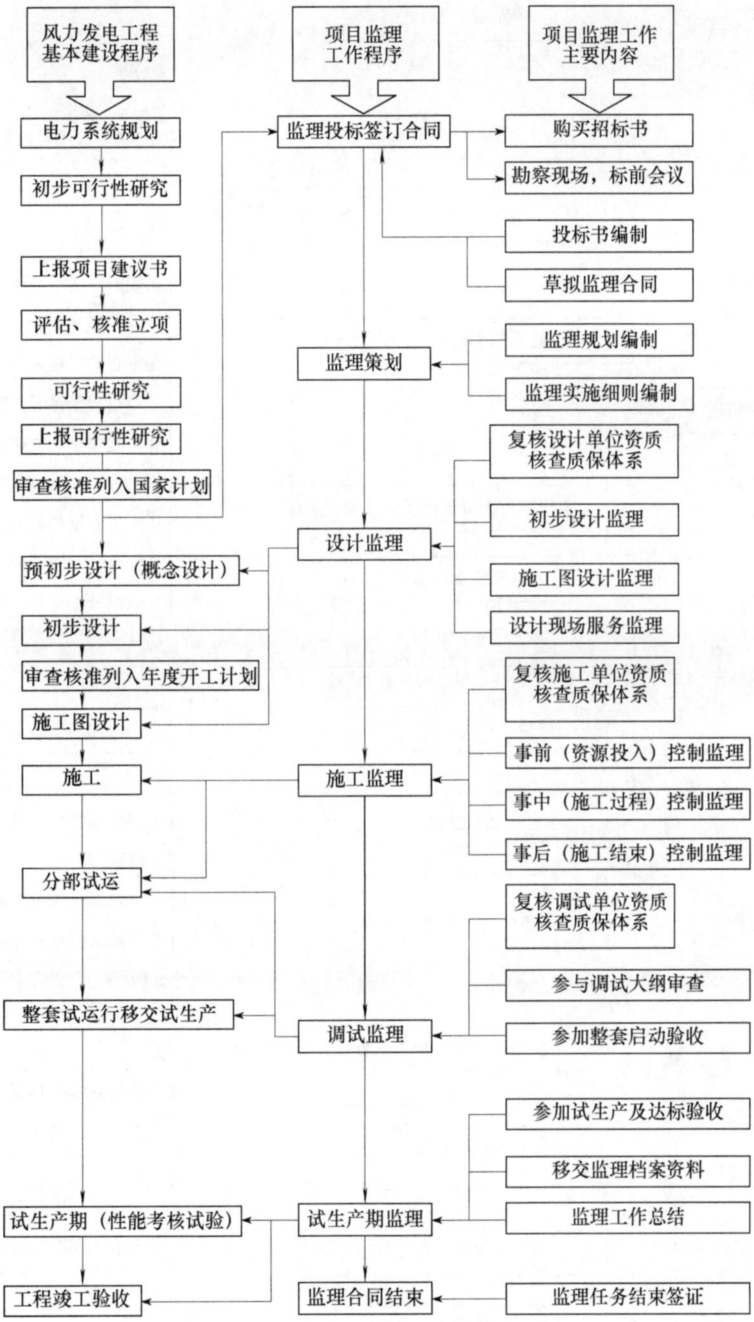

图 1-7-1　监理工作总程序

1.7.2　施工监理工作流程

施工监理工作流程如图 1-7-2 所示。

1.7.3　调试监理工作流程

调试监理工作流程如图 1-7-3 所示。

1.7.4　施工阶段各项控制与监理工作具体程序

1.7.4.1　质量控制各项监理工作程序（共 18 个）

（1）施工组织设计、主要方案审查与执行监督程序如图 1-7-4 所示。

（2）对承包商三个管理体系建立与运行监督程序如图 1-7-5 所示。

（3）对试验室资质审查与考核程序如图 1-7-6 所示。

（4）原材料构配件采购、订货控制程序如图 1-7-7 所示。

（5）原材料进场检验与跟踪监督程序如图 1-7-8 所示。

（6）设计交底与图纸会检监理程序如图 1-7-9 所示。

（7）工程测量监理工作流程如图 1-7-10 所示。

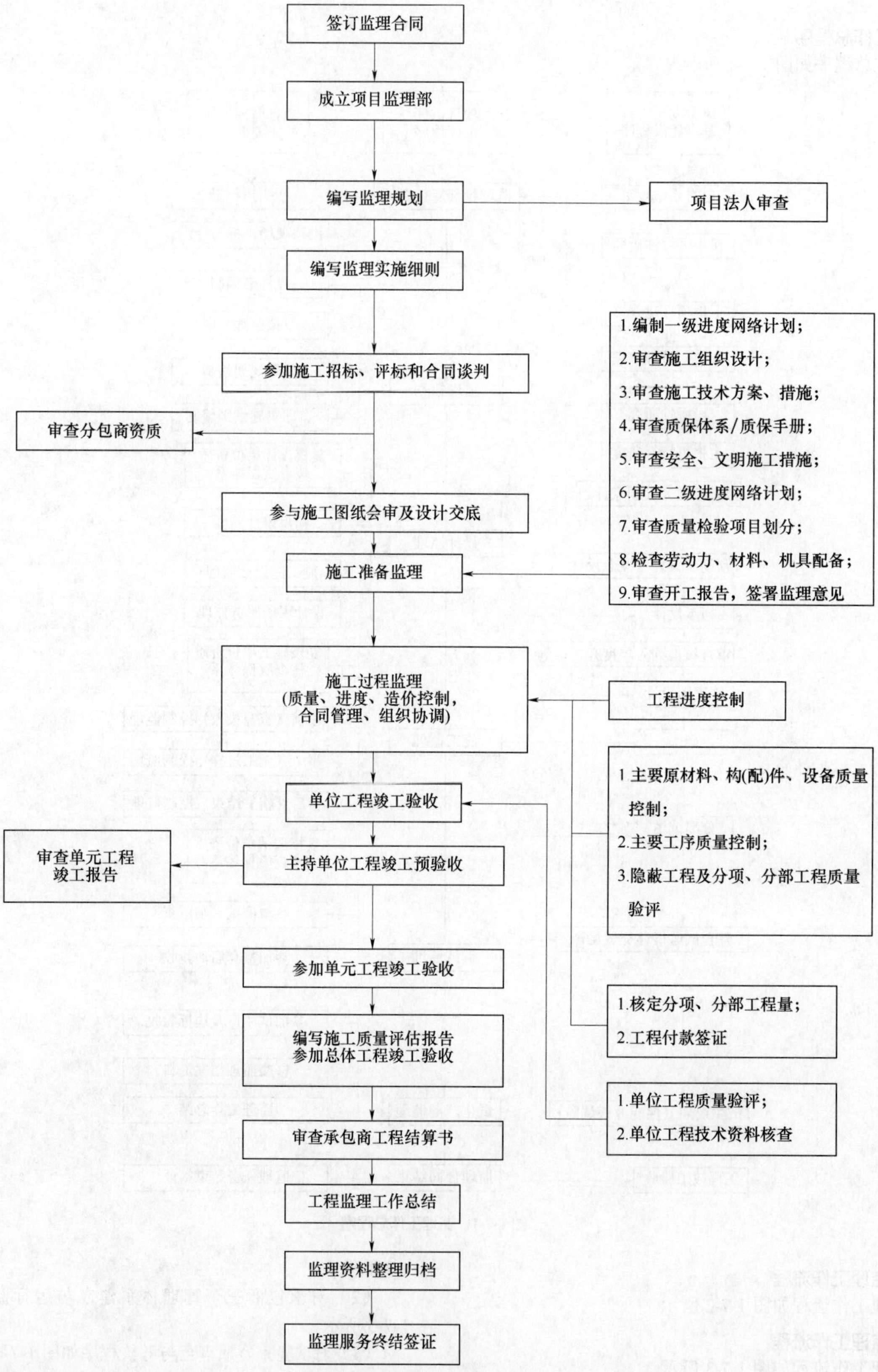

图 1-7-2　施工监理工作流程

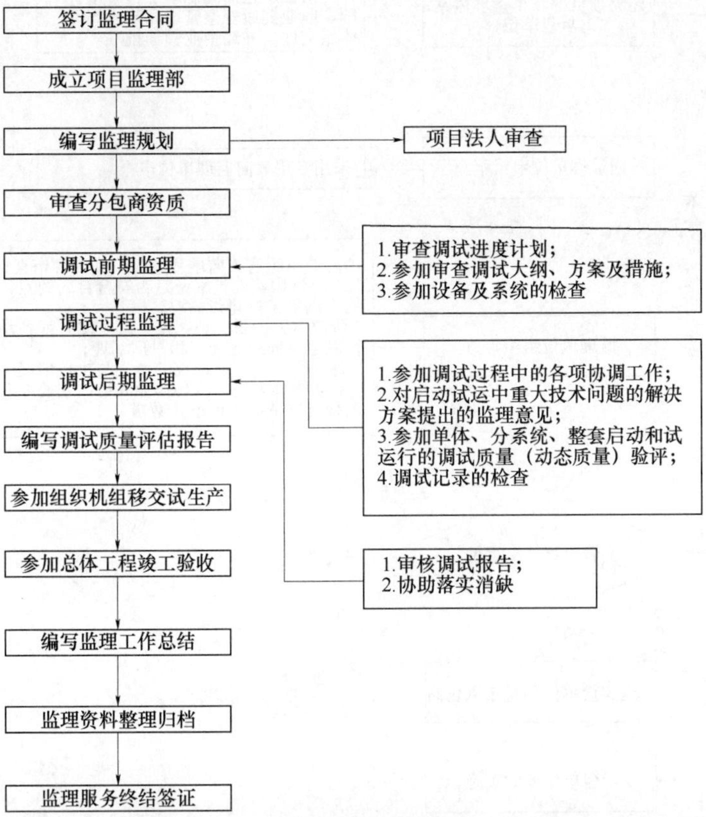

图 1-7-3　调试监理工作流程

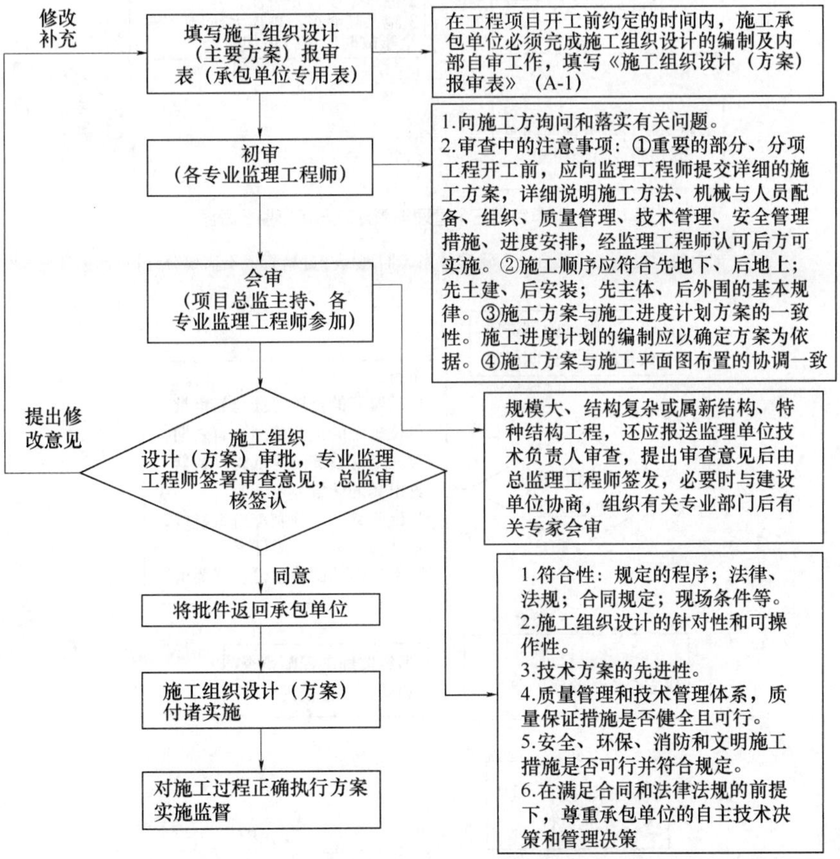

图 1-7-4　施工组织设计、主要方案审查与执行监督程序

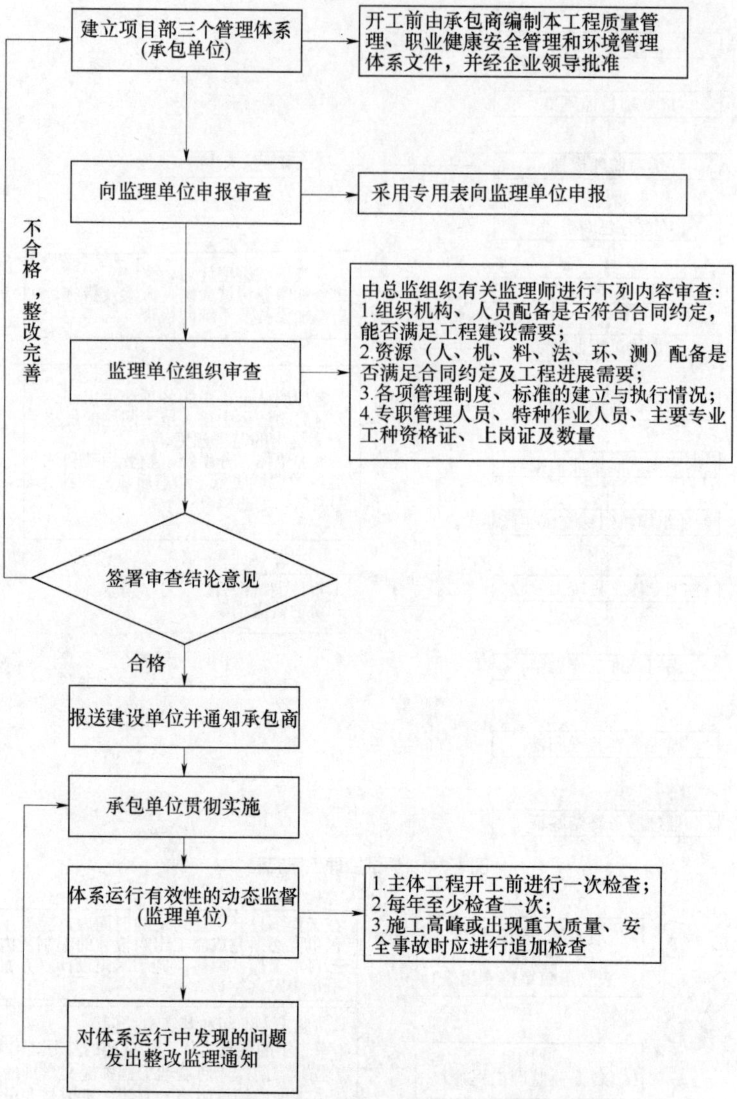

图 1-7-5　对承包商三个管理体系建立与运行监督程序

注　如承包商已建立“三合一”管理体系，监理可一并检查，不需要分开检查。

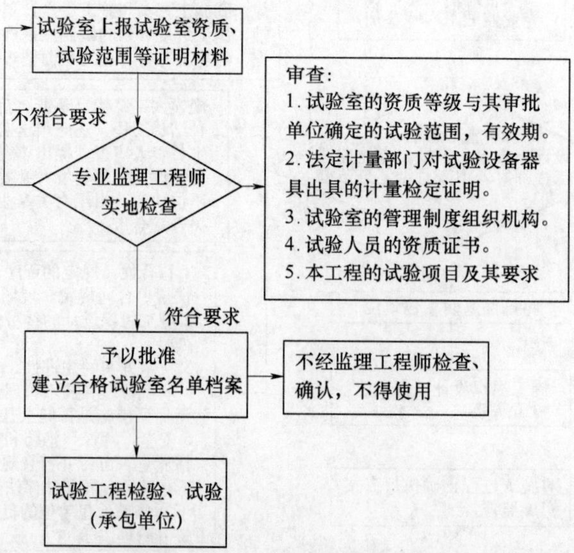

图 1-7-6　对试验室资质审查与考核程序

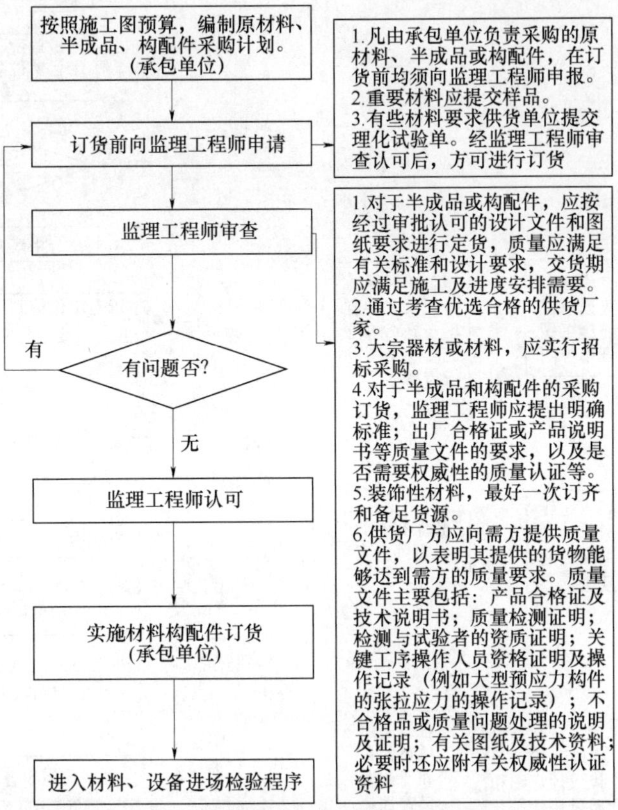

图 1-7-7　原材料构配件采购、订货控制程序

注　本控制程序适用于大宗及重要原材料，对工程质量有重大影响的采购与订货申请，未经监理审查同意，承包商自行采购进场，其风险与后果由承包商负责。

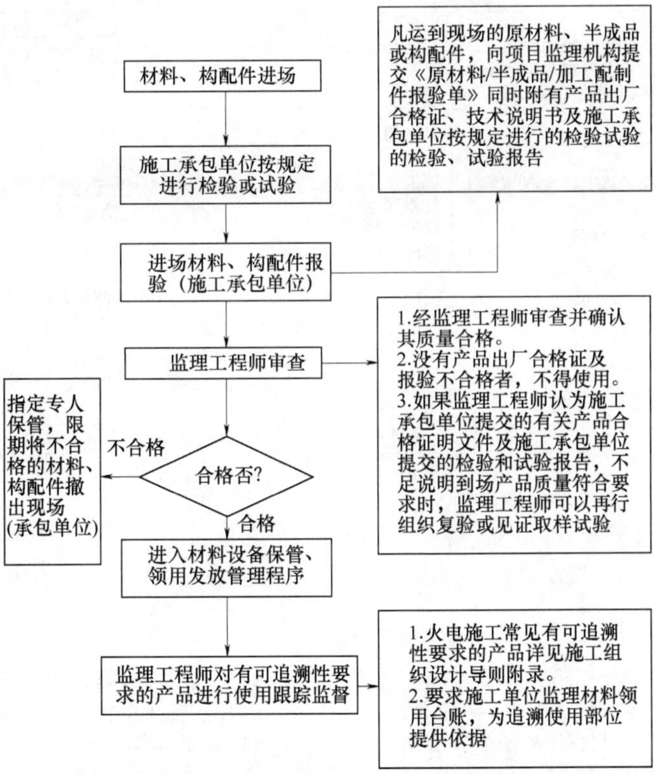

图 1-7-8　原材料进场检验与跟踪监督程序

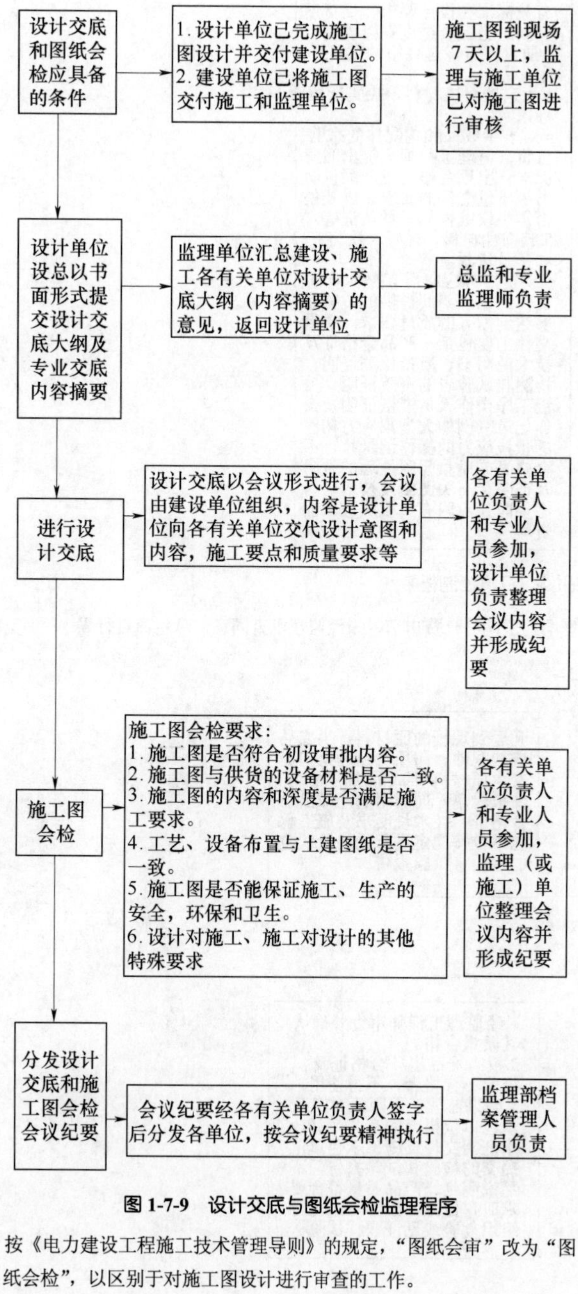

图 1-7-9　设计交底与图纸会检监理程序

说明：按《电力建设工程施工技术管理导则》的规定，“图纸会审”改为“图纸会检”，以区别于对施工图设计进行审查的工作。

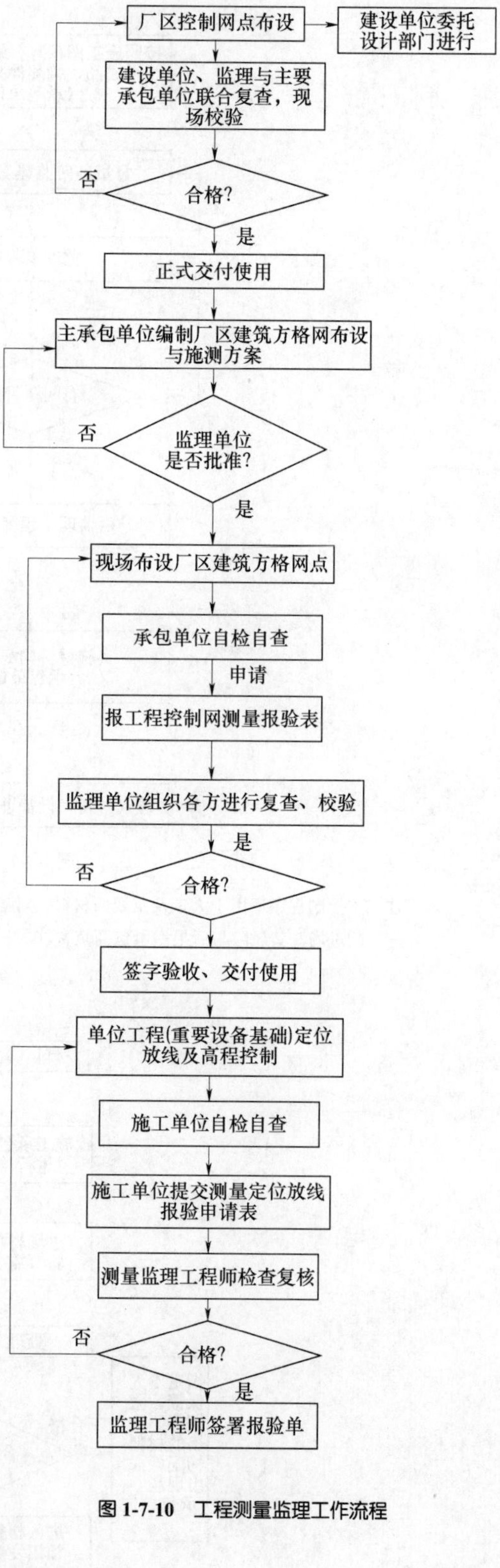

图 1-7-10　工程测量监理工作流程

（8）原材料见证取样检验工作程序如图 1-7-11 所示。
（9）工序（检验批）质量检查验收程序如图 1-7-12 所示。
（10）分项、分部工程质量检查验收程序如图 1-7-13 所示。
（11）单位工程质量检查验收程序如图 1-7-14 所示。
（12）设备开箱检验及缺陷处理程序如图 1-7-15 所示。
（13）计量监督程序如图 1-7-16 所示。
（14）竣工验收程序如图 1-7-17 所示。
（15）质量事故（问题）处理程序如图 1-7-18 所示。
（16）设计变更管理程序如图 1-7-19 所示。
（17）旁站监理工作程序如图 1-7-20 所示。

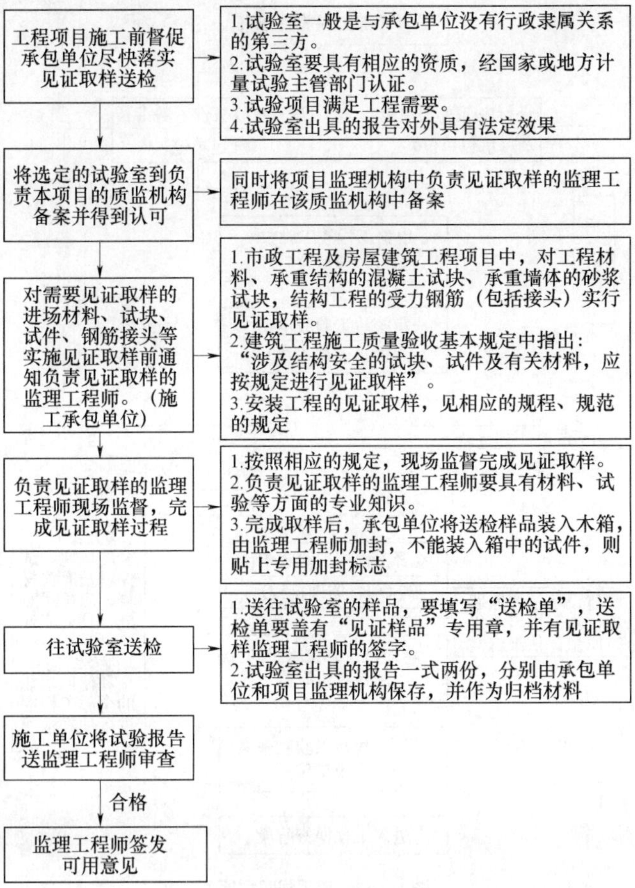

图 1-7-11　原材料见证取样检验工作程序

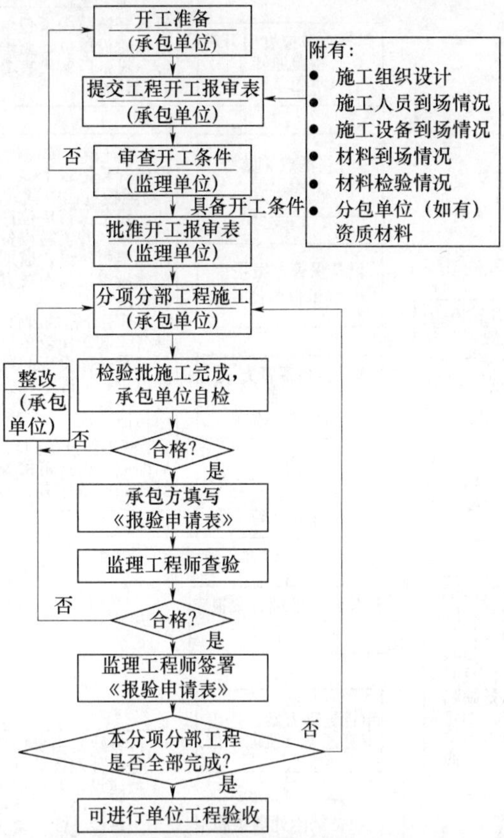

图 1-7-13　分项、分部工程质量检查验收程序

说明：重要分项、分部工程开工存在开工报审程序（手续），一般项目不需要办理分项与分部工程开工申请。

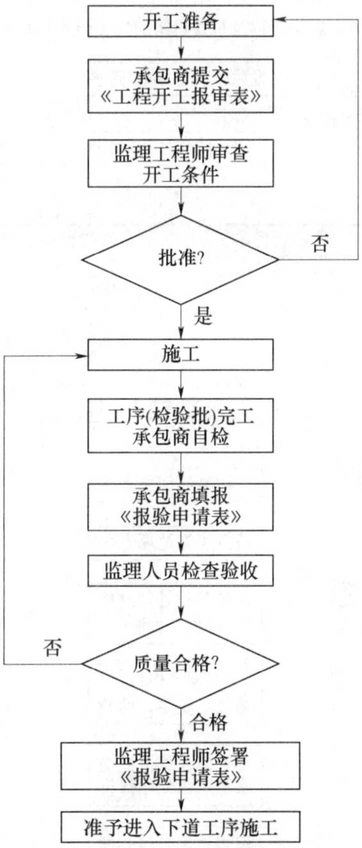

图 1-7-12　工序（检验批）质量检查验收程序

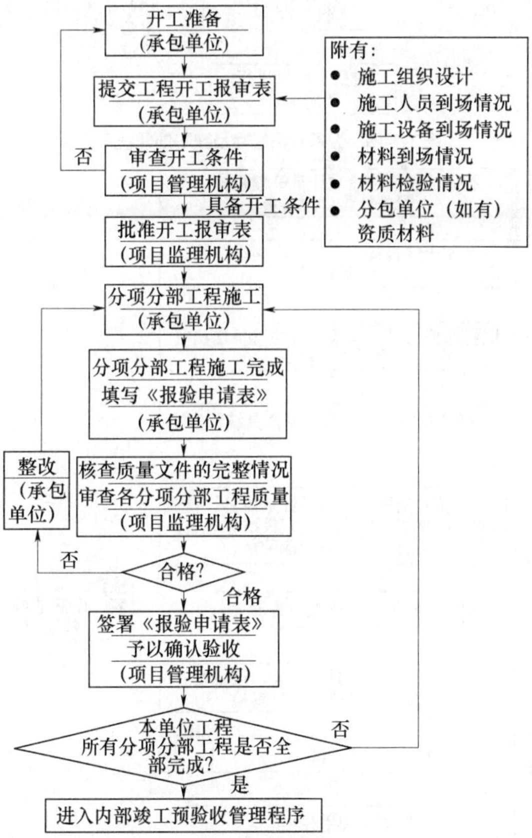

图 1-7-14　单位工程质量检查验收程序

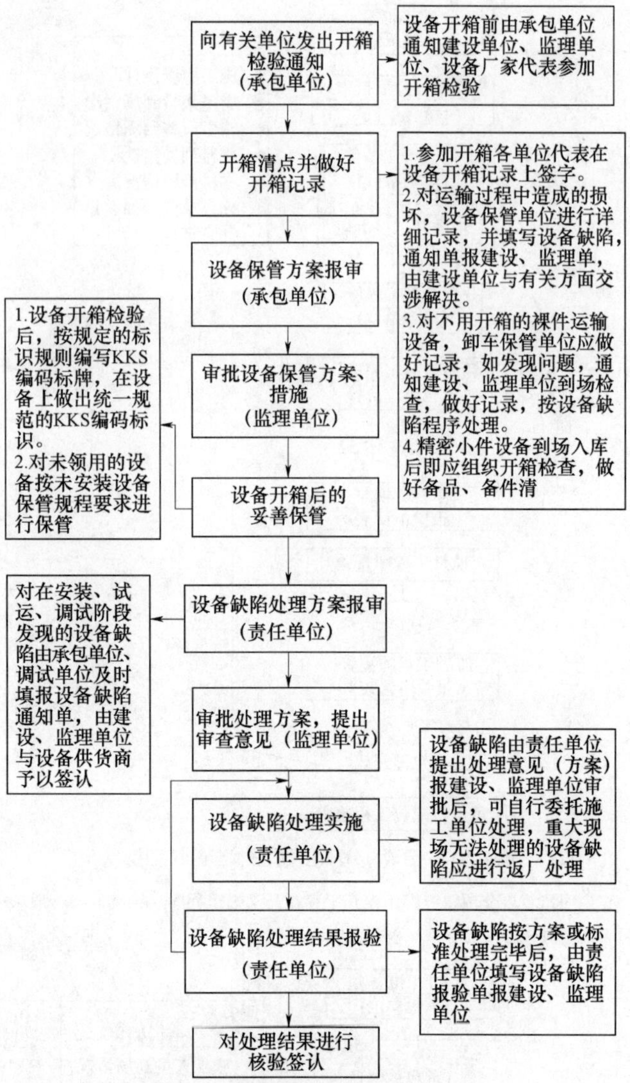

图 1-7-15　设备开箱检验及缺陷处理程序

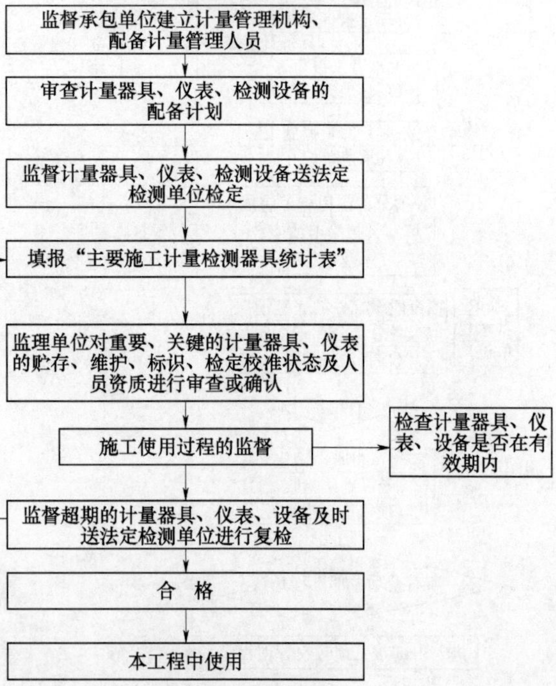

图 1-7-16　计量监督程序

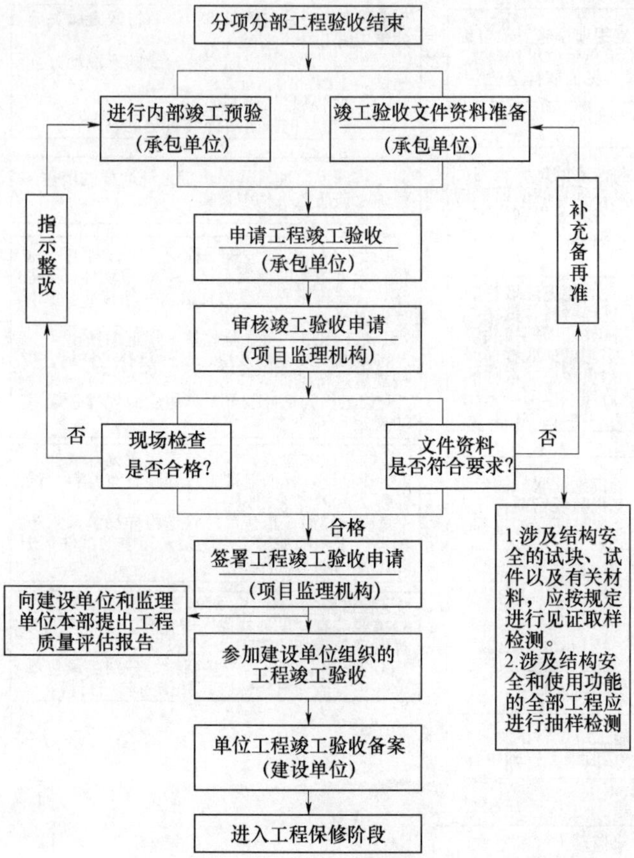

图 1-7-17　竣工验收程序

注明：本程序主要是指单项工程或需提前交付使用的建筑工程（单位工程）。整个工程及每台机组的竣工验收按新启规程序进行。

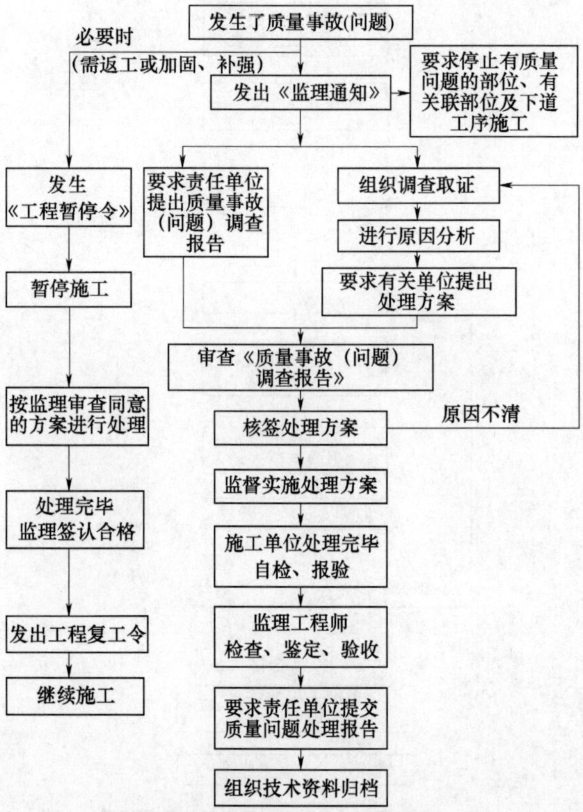

图 1-7-18　质量事故（问题）处理程序

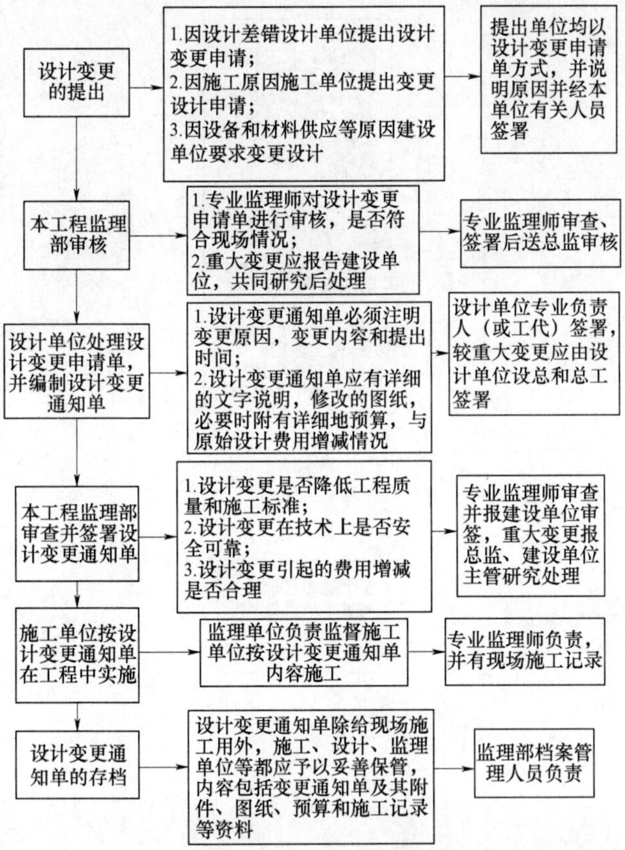

图 1-7-19　设计变更管理程序

注明：本程序为原则性意见，在各现场具体实施前，应与建设单位、设计单位协商一致，按业主与监理联合发布的设计变更管理制度执行。

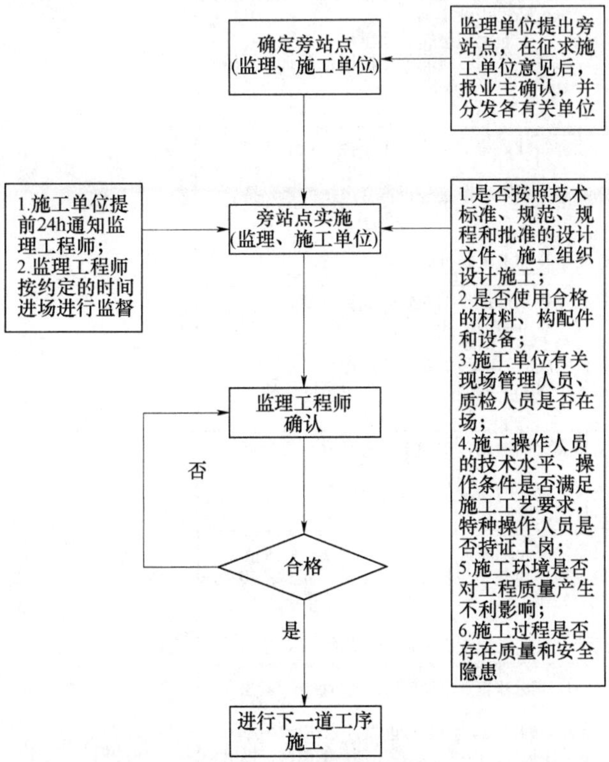

图 1-7-20　旁站监理工作程序

注明：本程序主要是为保证工程质量而进行的现场跟踪监督活动，安全旁站监理应参照执行。

（18）隐蔽工程监理工作程序如图 1-7-21 所示。

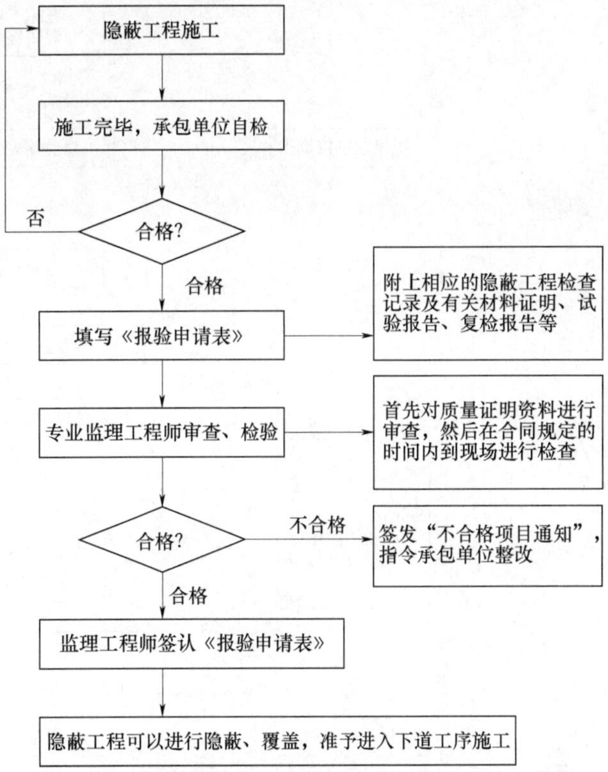

图 1-7-21　隐蔽工程监理工作程序

1.7.4.2　进度控制与施工组织协调程序（共 4 个）

（1）单位工程开工条件监理程序如图 1-7-22 所示。

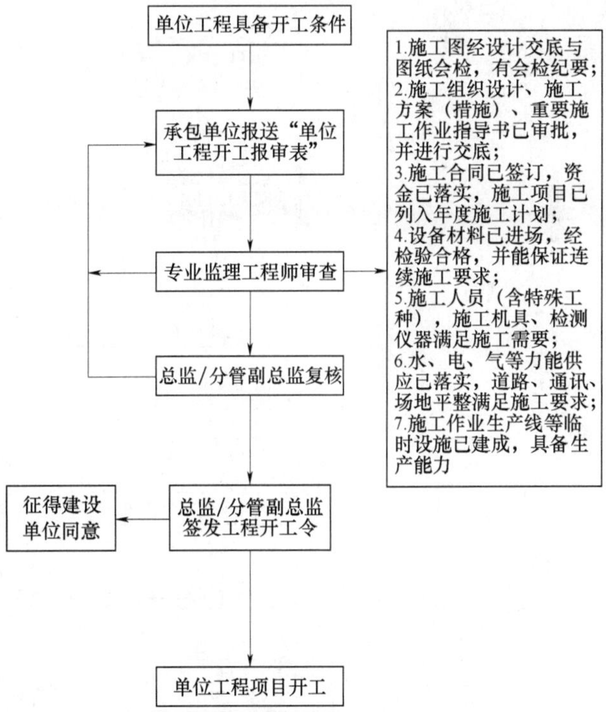

图 1-7-22　单位工程开工条件监理程序

（2）停、复工管理程序如图 1-7-23 所示。

（3）施工计划编审及调整管理程序如图 1-7-24 所示。

（4）调试及试运行管理程序如图 1-7-25 所示。

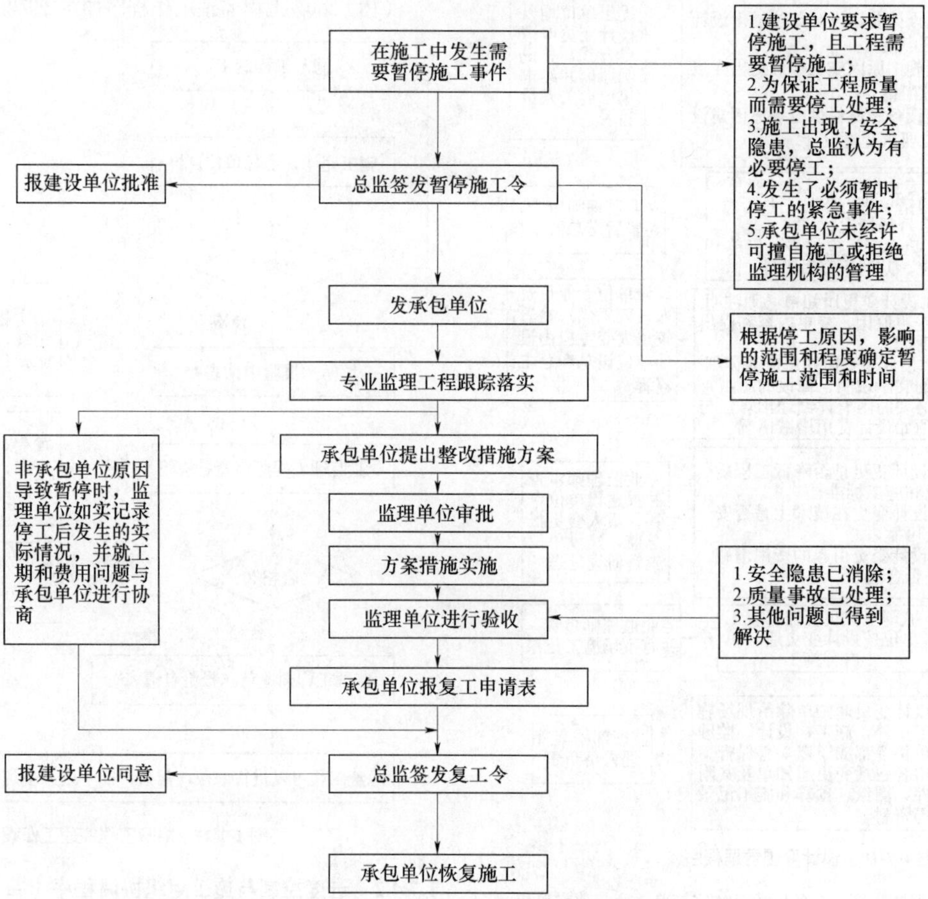

图 1-7-23　停、复工管理程序

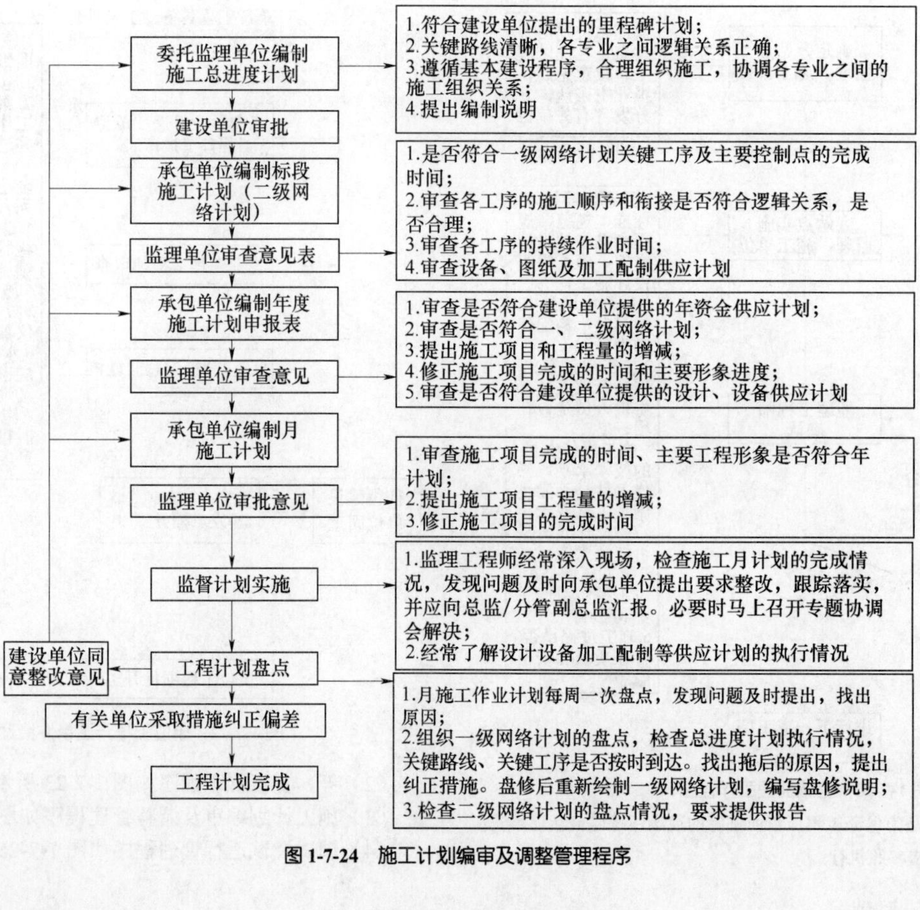

图 1-7-24　施工计划编审及调整管理程序

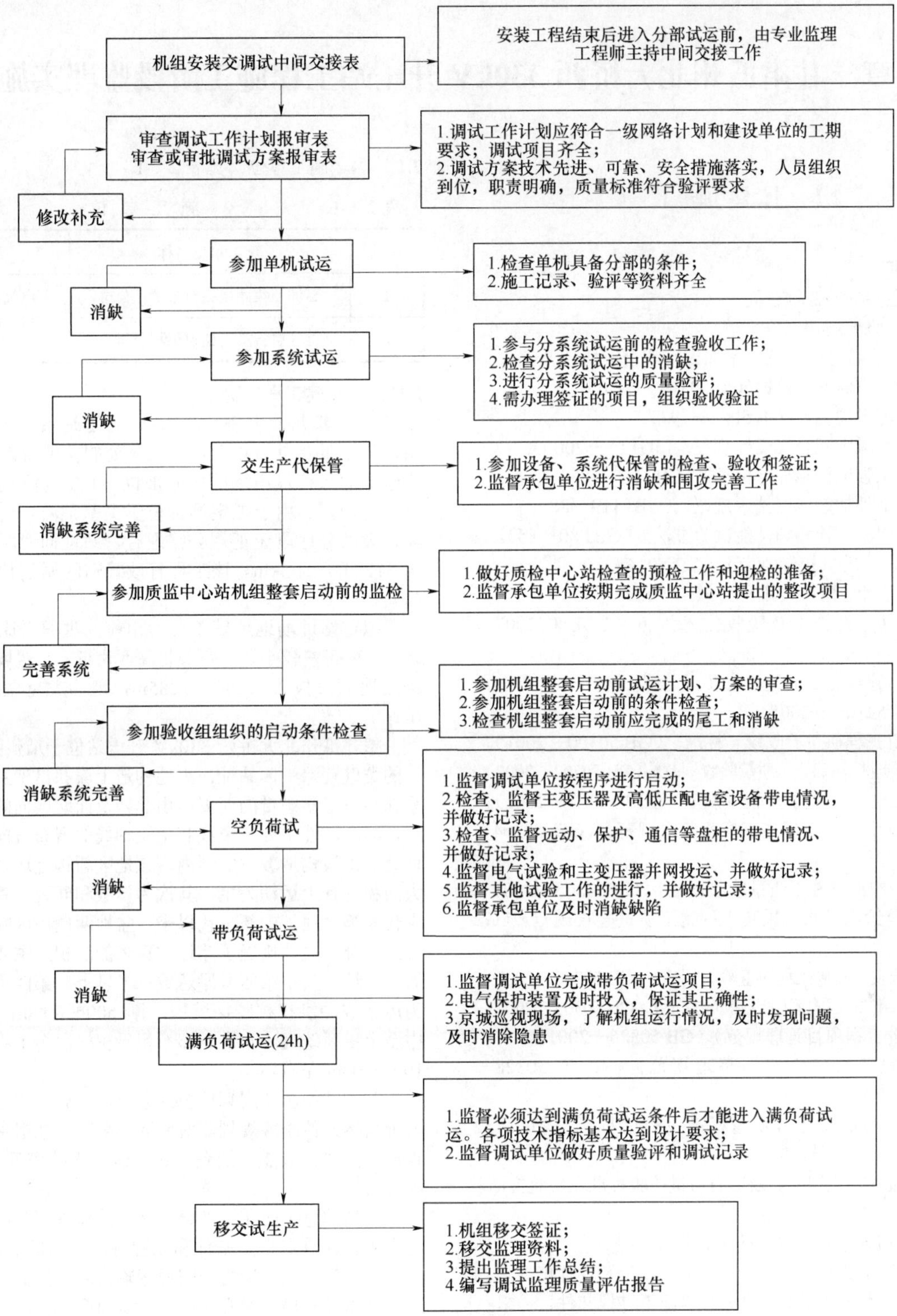

图 1-7-25　调试及试运行管理程序

1.7.4.3　投资控制与合同管理程序（共 7 个）

（1）投资控制监理工作程序如图 1-7-26 所示。

（2）分包单位资质审查监理工作程序如图 1-7-27 所示。

（3）工程款支付监理工作程序如图 1-7-28 所示。

（4）工期延期及工程延误处理监理工作程序如图 1-7-29 所示。

（5）合同争议处理监理工作程序如图 1-7-30 所示。

（6）施工索赔处理监理工作程序如图 1-7-31 所示。

（7）预算外签证监理工作程序如图 1-7-32 所示。

1.7.4.4　安全文明施工及环保监理程序（共 2 个）

（1）特种作业人员管理程序如图 1-7-33 所示。

（2）重大危险作业与专项安全方案监理程序如图 1-7-34 所示。

1.7.4.5　综合性管理工作程序（共 3 个）

（1）工程（作）联系单运行程序如图 1-7-35 所示。

（2）档案资料审查与管理程序如图 1-7-36 所示。

（3）不符合项管理程序如图 1-7-37 所示。

1.7.4.6　协调流程图（会议方式）。

本章其余内容见光盘。

第 2 章　甘肃瓜州北大桥西 330kV 升压站工程施工阶段监理实施细则

2.1　土 建 施 工

2.1.1　编制依据

2.1.1.1　与业主签订的监理合同。
2.1.1.2　本工程监理规划。
2.1.1.3　设计、设备修改签证、附加说明或会谈协议文件。
2.1.1.4　《建设工程监理规范》(GB 50319—2000)。
2.1.1.5　《工程测量规范》(GB 50026—93)。
2.1.1.6　《普通混凝土配合比设计规程》(JGJ 55—2000)。
2.1.1.7　《混凝土强度检验评定标准》(GBJ 107—87)。
2.1.1.8　《混凝土外加剂应用技术规范》(GBJ 119—88)。
2.1.1.9　《普通混凝土拌和物性能试验方法》(GBJ 80—85)。
2.1.1.10　《混凝土质量控制规范》(GB 50164—92)。
2.1.1.11　《建筑钢结构焊接规程》(GB 50205—95)
2.1.1.12　《电力建设施工及验收技术规范》(DL/T 5007—2004)。
2.1.1.13　《电力建设施工质量验收及评定规程》　第 1 部分：土建工程 DL/T 5210.1—2005。
2.1.1.14　《建筑工程质量验收统一标准》(GB 50300—2001)。
2.1.1.15　《建筑地基基础施工质量验收规范》(GB 50202—2002)。
2.1.1.16　《砌体工程施工质量验收规范》(GB 50203—2002)。
2.1.1.17　《混凝土结构工程施工质量验收规范》(GB 50204—2002)。
2.1.1.18　《钢结构工程施工质量验收规范》(GB 50205—2001)。
2.1.1.19　《建筑给水排水及采暖工程施工质量验收规范》(GB 50242—2002)。
2.1.1.20　《建筑装饰装修工程质量验收规范》(GB 50210—2001)。
2.1.1.21　《建筑电气工程施工质量验收规范》(GB 50303—2002)。
2.1.1.22　《建设工程项目管理规范》(GB 50326—2001)。
2.1.1.23　《建设工程文件归档整理规范》(GB/T 50328—2001)。
2.1.1.24　《普通混凝土用砂质量标准及检验标准》(JGJ 52—92)。
2.1.1.25　《普通混凝土用碎石及卵石质量检验标准及检验方法》(JGJ 53—92)。
2.1.1.26　业主与各承包商签订的工程建设合同。
2.1.1.27　已批准的工程初步设计、施工图设计及设计修改通知单等有关设计技术文件和工程协调会等施工过程文件。
2.1.1.28　政府批准的工程建设文件。
2.1.1.29　业主及上级单位对工程提出的要求。

2.1.2　工程概况

2.1.2.1　工程名称：甘肃瓜州北大桥西 330kV 升压站工程。
2.1.2.2　工程地点：甘肃省酒泉市瓜州县北大桥。
2.1.2.3　工程性质：新建。
2.1.2.4　本工程主要参建单位。
2.1.2.4.1　项目法人：中电国际酒泉发电有限责任公司。
2.1.2.4.2　监理单位：达华集团北京中达联咨询有限公司。
2.1.2.4.3　设计单位：甘肃省电力设计研究院。
2.1.2.4.4　施工单位：见表 2-1-1。

表 2-1-1　　施 工 单 位

序号	施工单位名称	工作范围
1	葛洲坝集团电力有限责任公司	电气设备安装调试
2	甘肃省第一建筑工程公司	土建施工

2.1.2.5　土建工程概况。
2.1.2.5.1　瓜州北大桥西 330kV 升压站系一新建工程，拟定站址位于瓜州县城以北约 20km 处的戈壁荒滩中，大致处于待建的北大桥风电场的中间部位，主要为解决该风电场的风电上网而建。由于拟定站址位于戈壁荒滩，交通条件相对较差，大部分地段无正规公路通行，站址向西距兰新公路（国道 312 线）约 3km。该工程行政管辖区属于甘肃省酒泉市瓜州县。

拟定站址场地地貌单元为山前冲洪积平原，地形平坦开阔，相对高差较小，地势东北高西南低，天然坡度约为 1.0%，场地地面海拔为 1200～1285m，现为戈壁荒滩，系新建升压站。

拟建瓜州北大桥西 330kV 升压站位于瓜州县城以北 20km 处的戈壁荒滩中，站址在大地构造上属祁吕贺兰山字形构造体系祁吕弧形褶皱带的西翼，由北西及西北西向的山脉和盆地组成，与区域性主要断裂线和褶皱轴线的展布方向一致。拟定站址处于次级构造敦安盆地内，该地区新构造运动强烈，主要以大面积处置上运动为主，其次为褶皱和断裂。敦安盆地系中新生代断陷盆地，中新生代以来，盆地两侧山区隆升，盆地相对强烈下降。盆地接受了厚达数百米的沉积，主要为一套红色碎屑岩建造，其中第四系厚达数百米以上。第四系下部下更新统为冰水或冲洪积相胶结沉积，厚 500～800m；上部全新统、中至上更新统为一套洪积卵石粗砾相松散至半胶结堆积，厚度 100～300m 左右。

升压站的总体规划根据工艺要求、施工和生活需要，结合所址自然条件统筹规划。对所区办公区及住宿生活区、给排水设施、防排洪设施、道路、进出线、终端塔等进行合理布局，统筹安排。

全站的总平面布置结合站区的总体规划及电气工艺要求进行布置。在满足自然条件和工程特点的前提下，考虑了安全、防火、卫生、运行检修、交通运输、环境保护等各方面因素。

从总体布局上看升压站分为东西两部分，其中西侧为生活和办公区，从大门进入后直接到达生活区，布置有中控综合楼、库房及车库、消防水池及消防水泵房等；东部为设备工区，布有高低压配电房、架构、配电装置等。

2.1.2.5.2　该地区历年平均气温 8.2℃，极端最高气温 34.1℃，极端最低气温－23.2℃，年平均降水 250mm。
2.1.2.5.3　升压站场地工程在大地构造上属于祁连山断褶带中祁连隆起的东端，场地褶皱短小宽缓且多为复式，该区域地壳处于基本稳定状态。场址内无断层通过，属抗震有利区段，故拟建站区的区域稳定性较好，适宜建升压站。
2.1.2.5.4　根据区域水文、地质资料及勘察结果，并结合拟建筑物具体情况，升压站内相应建、构筑物的基础形式及地基处理方案设计为：升压站内的建、构筑物均采用天然地基，站内地质黄土状粉土厚度较薄，地基处理中应清除全部湿陷性黄土层；基础埋深 2.5m 或以下，其中中控综合楼、车库房、库房及锅炉房、配电房、构架等建、构筑物的持力层为③层角砾，地基承载力特征值 f_{ak}=300kPa；土对混凝土腐蚀等级为中，对钢筋腐蚀等级为中。

综合楼结构采用全现浇钢筋混凝土框架结构，地上二层，局部三层。建筑高度为 9.45m，建筑面积为 1381.14m^2。抗震设防烈度为 7 度，建筑耐火等级为二级，设计合理使用年限为 50 年。

墙体：围墙采用混凝土砌块实体围墙，综合楼填充墙外墙采用 240 厚 KP1-2 型烧结黏土多孔砖，外贴 60 厚挤塑聚苯板外保温，内墙为 240 厚 KP1-2 型烧结黏土多孔砖，卫生间隔墙采用 120 厚烧结黏土多孔砖砌筑，墙体砌筑施工质量控制等级为 B 级。

门窗为塑钢窗。

屋面为 4 厚 SBS 聚酯胎卷材防水层，卫生间、水房等用水房间楼地面防水材料为 1.5 厚聚氨酯防水涂膜。

顶棚为铝扣板吊顶，轻钢龙骨石膏板吊顶，刷乳胶漆顶棚。

墙面为水泥砂浆乳胶漆墙面，锦砖墙面。

楼地面为水磨石楼地面，地板砖楼地面。

外墙为防水喷涂料墙面。

2.1.3　监理工作范围

2.1.3.1　监理服务范围

2.1.3.1.1　330kV 升压站区土建施工。

2.1.3.1.2　电气设备安装调试。

2.1.3.1.3　场内线路。

2.1.3.1.4　场内道路。

2.1.3.1.5　场区内其他土建、安装、调试工程。

2.1.3.2　主要建筑设备名称

2.1.3.2.1　330kV 室外配电装置。

2.1.3.2.2　主变压器。

2.1.3.2.3　35kV 室内配电室。

2.1.3.2.4　电容器。

2.1.3.2.5　主控楼。

2.1.3.2.6　附属用房。

2.1.3.2.7　消防蓄水池。

2.1.3.2.8　升压站区电器设备及安装。

2.1.3.2.9　独立避雷针。

2.1.3.3　工作内容

按监理合同要求，完成施工阶段的监理。包括从施工图会审起直至整个项目竣工验收为止全过程的进度控制、质量控制、投资控制、安全控制、合同管理、信息管理和协调工作。

2.1.4　监理工作目标

2.1.4.1　工程进度控制目标

2.1.4.1.1　参与审查施工单位编制的施工组织设计。对工程总体进度、安全质量保证措施等提出监理意见。

2.1.4.1.2　督促施工单位按工程综合进度控制网络图施工，随时检查工程计划实施情况，发现影响进度的问题及时向总监汇报。并协助业主研究协调解决影响施工进度的问题。

2.1.4.1.3　掌握材料、设备、构配件到货情况是否满足施工要求。

2.1.4.1.4　审核签署施工单位提交的开工报告，具备开工条件的项目方可开工。

在完成全部设计工程量的前提下，实现网络图要求的里程碑工期。

2.1.4.2　工程质量控制目标

2.1.4.2.1　贯彻质量第一的方针，所有验收项目合格率达到 100%，在主要项目中优良率达到 95%以上。

2.1.4.2.2　单位工程项目及关键施工工序，要求施工单位应事先编制施工方案和作业指导书，明确施工方法及质量标准。并在施工前对有关人员进行技术交底、技术培训，我监理会予以监督、检查。

2.1.4.2.3　工作中应和施工单位密切配合，充分依靠并发挥施工单位质量保证体系的作用形成以施工单位班组自检、工地复查、监理单位监督检查、上级抽检的质量管理网，以求达到质量管理目标。

2.1.4.2.4　检查督促施工单位严格贯彻质量三检制。

2.1.4.2.5　对隐蔽工程和关键工序进行全过程跟踪检查；现场巡回检查。

2.1.4.2.6　监督施工单位严格按工序施工，上道工序中未经验收合格不得进入下道工序。隐蔽工程未经监理检查认证不得覆盖和封闭；检验评定的项目应随工程同步进行，联合检验评定的项目不做事后补检，影响质量评定等后果施工单位自负。

2.1.4.2.7　审核施工单位使用的工具、仪器、仪表及设备应符合精度要求、定期检定，并具有检验合格证书。确保机组达标投产，达到合同要求的工程项目验评优良率。

2.1.4.3　投资控制目标

确保静态投资控制在概算限额以内。

2.1.4.4　安全控制目标

2.1.4.4.1　杜绝人身轻伤及以上事故；不发生机械设备事故；不发生负有责任的交通事故；不发生火灾事故；不发生环境污染事故。

2.1.4.4.2　审查承包单位施工组织措施中的安全措施是否完善。

2.1.4.4.3　现场巡视时，发现不安全现象立即提出警示。

2.1.4.4.4　参加承包单位组织的安全大检查。

2.1.4.4.5　对开工、试运条件中的安全措施进行重点检查。

2.1.4.5　合同管理

在合同实施阶段协助业主处理合同争议，监督合同执行。

2.1.5　监理工作主要内容

2.1.5.1　进度控制

2.1.5.1.1　审查承包单位进度计划是否满足总进度计划的要求。

2.1.5.1.2　审核承包单位提交的施工进度计划，包括各项施工准备工作的计划安排、人力资源计划、设备进场计划，是否满足进度计划的要求。

2.1.5.1.3　审核承包单位提交的施工组织设计和施工作业指导书，包括施工力量的投入情况。在监理日志中反映工程进度情况，记载每日形象部位及完成的实物工程量，影响工程进度的内、外、人为和自然因素。检查施工机械的数量和完好情况是否满足工程进度需要。

2.1.5.1.4　审核承包单位每周提交的工程进度报告，审核实际进度与计划进度的差异、形象进度、实物工程量与工作量指标完成情况的一致性。

2.1.5.1.5　分析进度滞后原因，并提出进度调整的措施方案。

2.1.5.1.6　参加现场协调会、施工调度会，研究解决与工程进度有关的问题。

2.1.5.1.7　制定保证工期不突破的技术措施、组织措施、经济措施及其他配套措施。

2.1.5.1.8　制定工期突破后的补救措施并督促其实施。

2.1.5.2 **质量控制**

2.1.5.2.1 审查承包单位的资质。对施工单位的施工设备及中心试验室、现场取样工具及工程测量仪器等是否符合规程、规范规定，是否进行了定期检定或校准并通过计量认证，现场重要操作人员是否持证上岗。

2.1.5.2.2 审查承包单位质量文件，质量保证体系，质量管理规章制度是否完善。

2.1.5.2.3 要求承包单位对进入现场的材料、设备进行质量检查。

2.1.5.2.4 审查承包单位提交作业指导书等技术文件。

2.1.5.2.5 加强现场的巡视和监督，保证工程质量要求。督促施工单位按施工组织方案和作业指导书等技术文件所规定的内容进行施工，专业监理工程应到作业现场进行检查，检查量测记录和取样是否正确、真实、可靠；检查设备、试验操作是否符合标准。

2.1.5.2.6 参加或组织专业质量协调会，并按会议纪要实施。

2.1.5.2.7 勘察阶段配合勘察单位落实勘察人员和设备进点条件，勘察单位应实行技术、劳务分离、确保作业现场工作质量；

2.1.5.2.8 复核施工单位的成品是否符合国家和行业的有关规程、规范的要求。

2.1.5.3 **安全控制**

2.1.5.3.1 审查承包单位施工组织措施中的安全措施是否完善。

2.1.5.3.2 现场巡视时，发现不安全现象立即提出警示。

2.1.5.3.3 参加承包单位组织的安全大检查。

2.1.5.4 **信息管理**

2.1.5.4.1 监理部设置专岗，负责设计信息管理。

2.1.5.4.2 信息员负责数据收集、汇总、整理加工、分类、传递、反馈和信息存储。

2.1.5.4.3 接收总监指令，向业主和设计单位收集指定的信息。

2.1.5.4.4 接收并加工汇总来的自各专业监理工程师的信息。

2.1.5.4.5 向总监和专业监理工程师提供信息，供监理决策使用。

2.1.5.4.6 对监理部文件施行闭环管理。

2.1.5.4.7 提供供编制监理工作报告用的信息。

2.1.6 监理工作控制内容及措施

2.1.6.1 **质量控制**

2.1.6.1.1 设计质量的控制

2.1.6.1.1.1 参加初步设计审查时，检查设计内容是否达到应有的深度。

2.1.6.1.1.2 审查工程初步设计是否符合已批准的可行性研究报告及有关设计批准文件。对设计条件的正确性进行复核，对各种设计方案检查是否经过认真优化，对采用的设计标准是否适当，是否符合设计规程、规范的要求等方面提出监理意见。

2.1.6.1.1.3 审查施工图，首先检查其完整性，图纸目录及其内容是否齐全，符合一般规定。对正确性的检查则先检查是否符合初步设计批准文件的要求，接着按照有关规程规范要求审核图纸的正确性。

2.1.6.1.2 施工阶段的质量控制

施工阶段的质量控制：包括从施工准备工作开始的资源投入，经过对施工过程的质量控制，到完成验收为止的全过程的控制，即事前、事中、事后三个控制阶段的有机结合。

2.1.6.1.2.1 施工阶段的事前控制。

（1）审核施工单位的施工组织设计、质量保证措施、施工技术措施、作业指导书等内容。

（2）检查水泥、砂、石、外加剂、钢材、焊条、加气混凝土块、砖质量及混凝土、砂浆配合比的试配报告等。

（3）检查钢材焊接、钢筋机械连接试验报告。

（4）检查搅拌、运输设备能否满足连续施工的要求。

（5）主持或参与施工图纸会审及设计交底。

2.1.6.1.2.2 施工过程的事中控制。

一、土方工程

（1）审核施工单位的施工技术措施，检查平面控制桩和水准点是否正确，复查平面布置、水平标高和边坡坡度是否符合设计要求。

（2）基坑、管沟的回填土必须按规定分层夯压密实达到设计标准。

（3）柱基、基坑、管沟基层的土质必须符合设计要求，土方施工严禁扰动。其位置、尺寸、标高、边坡必须符合设计要求和施工规范规定。

（4）经常检查场地排水情况，防止基坑雨水浸泡、塌方、滑坡等。

（5）土方工程质量控制见表 2-1-2。

钢筋混凝土灌注桩质量控制见表 2-1-3。施工完工后，按规范进行动测试验，达到设计规范要求后方可进入下道工序。

二、防水工程

（1）防水混凝土工程质量控制见表 2-1-4、表 2-1-5。

（2）水泥砂浆防水质量控制见表 2-1-6。

（3）卷材防水层质量控制见表 2-1-7、表 2-1-8。

三、模板工程

对模板及支撑系统应掌握下述原则：

（1）保证工程结构和构件名称部分形状尺寸和相应位置的正确性。

具有足够的承受能力，刚度和稳定性，能可靠地承受新浇混凝土的自重和侧压力，以及施工过程中产生的施工荷载。

（2）（构造简单装拆方便，便于钢筋的绑扎、安装和混凝土的浇筑、养护等要求。

（3）模板的接缝不漏浆。

（4）模板拆除应征得监理工程师同意，避免过早拆模造成质量事故。

模板工程质量控制见表 2-1-9。

四、钢筋工程

（1）把好原材料进场检验关。

1）钢筋的品种符合设计要求，进场的钢筋要有出厂证明书和试验报告单，钢筋表面或每捆（盘）钢筋均应有标志。

2）钢筋的性能要符合规范要求。进场的钢筋按炉罐（批）号及直径分批检验，检验内容包括对标志、外观的检查，并按有关标准的规定取试样，做物理力学试验，检验标准，取样频率及试验方法见表。

3）钢筋表面无严重锈蚀和油污。

（2）钢筋下料、加工应做好翻样技术交底，避免返工，发现问题及时纠正。

（3）钢筋的焊接，首先检查焊工的焊工考试合格证，检查焊条的型号、质量是否符合设计和规范要求。钢筋的接头应符合规范要求，并根据《钢筋焊接接头试验方法》（JGJ 27—86）的有关规定，抽取焊接接头试样进行检验。

（4）钢筋的绑扎严格对照设计图，检查所绑扎钢筋的规格、数量、间距、长度、锚固长度、位置、接头设置等，是否符合设计要求。此外重点检查某些构造措施：

1）箍筋加密区及梁上有荷载作用的附加吊筋，不得漏放。

2）具有双层配筋的厚板和墙板，应要求设置撑筋和拉钩。

3）控制钢筋保护层垫块强度、厚度、位置应符合规范要求。

4）预埋件、预留孔的位置应正确，固定可靠，孔洞周边钢筋加固，应符合设计要求。

5）钢筋不得任意代换，若需代换必须经设计单位同意，办理变更手续。

6）在浇筑混凝土时，施工单位应派专人负责整理钢筋。

7）钢筋工程质量控制见表2-1-10。

五、混凝土工程

1. 把好原材料进场检验关。

（1）有关水泥、砂、石、外加剂，混凝土配合比及拌制标准，检验方法，符合有关标准和规定，不得使用含有有害物质的骨料，避免发生碱集料反应。

（2）砂石要按品种、规格分别存放，避免混入异物。

（3）外加剂要按不同品种、规格及各自的要求存贮，防止渗混，同时注意过期外加剂的失效问题。

（4）拌制混凝土用水，应符合相应的标准。

2. 审查混凝土配合比

根据结构设计对强度、耐久性、抗渗性的要求，对选定并已进场的原材料取样，进行混凝土配合比试配，通过试配确定混凝土配合比。

3. 混凝土施工过程中的质量控制

（1）对混凝土拌制的检查，对混凝土的拌制过程要进行定期或不定期的抽查，抽查内容有：原材料称量及加水量控制准确；上料顺序及搅拌时间符合规范规定要求；测量坍落度；随机取样制作试块。

（2）混凝土运输。若是商品混凝土，用混凝土搅拌车运输，在运输过程中受时间和温度因素影响，混凝土和易性会降低，因此在混凝土浇捣地点要测量坍落度。在和易性降低后，要采取措施注意混凝土浇筑振捣工艺， 避免出现蜂窝，空洞等不密实问题。混凝土从搅拌机中卸出到浇筑完毕的延续时间不得超过规范的规定。

（3）混凝土的浇筑、接槎、振捣。混凝土的浇筑顺序和方法，事先应周密考虑。浇筑竖向结构， 要根据结构形式采取串筒、开门子洞等方法，保证混凝土浇筑过程中不发生离析，并保证各部分浇筑密实。对配筋密及预埋铁件多的地方， 要认真浇筑，把各处振捣密实，并避免碰动钢筋及预埋件。

（4）施工缝留设及处理：施工缝的留设位置应在混凝土浇筑之前确定，应符合规范要求。在施工缝处连续浇筑混凝土时，浇筑的混凝土抗压强度达到$1.2N/mm^2$以上，并检查施工缝处凿毛、清理、接浆情况。

（5）混凝土的养护：在自然环境中浇筑混凝土，混凝土在凝结过程中水分就不断散失，难以保持水泥的水化反应，应派专人对混凝土进行养护。 混凝土在浇筑后，要避免受冻及温度急剧变化的有害影响，同时还要防止在硬化过程中受到冲击振动及过早加载，具体地讲，在混凝土强度未达到$1.2N/mm^2$前不允许在其上作业。

4. 混凝土质量的检查和缺陷的整修

根据混凝土试块强度，判定浇筑的混凝土是否达到设计要求的强度值，对拆模后的混凝土结构，检查其偏差是否超过验评标准规定要求；当发现混凝土结构存在蜂窝、麻面、露筋甚至空洞时，施工单位不得自行修整，而要做好详细记录，经监理工程师检查，然后根据缺陷的严重程度，区别对待，进行修整。对于影响结构性能的缺陷， 必须会同设计单位及有关部门共同研究处理。

5. 混凝土工程质量控制汇总表

汇总表见表2-1-11。

六、砌体工程

（1）砌块要有出厂合格证，试验报告。砌体种类、强度符合设计要求。

（2）审查砂浆配合比。

（3）砌筑砂浆是砌体的胶凝材料，对砌体的质量影响很大，砂浆配合比、计量、拌和、使用时间以及试块制作、养护应特别注意。

1）砂浆试块的制作应及时检查、督促。

2）砂浆的使用：砂浆在运输过程中，要采取措施防止其离析。拌合好的砂浆及时使用，水泥砂浆和水泥混合砂浆必须在拌成后，分别在3h至4h内使用完毕，如气温超过30℃时相应缩短1h。

（4）砌体施工的质量监理。

1）检查基底的清理情况，砂浆、杂物等要清理干净。基底若为混凝土垫层或砖砌体，应事先浇水湿润。

2）砖在砌筑前一天就应浇水湿润，砖含水率控制在10%～15%，严禁干砖上墙。

3）检查承包人的施工方案时，应着重检查其对墙体垂直度、平整度、标高的控制措施。在施工现场检查，首先检查工人是否立皮数杆，用以控制砖的层数；是否拉线控制砖层的水平。不这样做一个层高的墙体，到顶面是不能交圈，窗台上下也不会平整。

4）督促承包人合理组织施工，外墙要同步砌筑尽量不留槎。当要留槎时，留槎的位置、形式，必须事先报监理工程师批准。接槎时，接槎处必须清理干净并浇水湿润。

5）检查工人砌墙的砌筑形式是否符合规范要求：内外墙砖应相互咬槎，不允许出现竖向通缝；若留槎，必须按规范放置拉结钢筋，并应检查拉结筋的长度、间距以及拉结筋部位砂浆的饱满程度。

6）检查砌体的水平灰缝宽度，灰缝一般宽度为10mm，不小于 8mm，也不应大于 12mm。 砖层水平灰缝砂浆饱满度不得低于 90%；竖向内砂浆应饱满，对外墙必须达到此要求，否则，雨水渗到墙内壁，将使墙饰面发霉。

7）砌体工程质量控制汇总表见表2-1-12。

七、装饰工程

1. 水泥砂浆楼地面工程

（1）面层材质、强度、配合比、密实度必须符合设计要求和施工规范规定。

（2）面层与基层的结合必须牢固，无空鼓。

（3）面层的表面密实干净，无裂缝、脱皮、麻面和起砂现象。

（4）水泥地面压光后，一般在12h后进行洒水养护，连续养护的时间不得小于7d。

（5）水泥砂浆楼地面工程监理汇总表见表2-1-13。

2. 板块楼地面工程

（1）面层所用板块的品种，质量必须符合设计要求。

（2）面层与基层的结合（黏结）必须牢固，无空鼓（脱胶）。

（3）表面洁净、图案清晰、色泽一致、接缝均匀、周边顺直、板块无裂缝、掉角和缺楞等现象。

3. 板块楼、地面面层的允许偏差和检验方法应符合楼、地面工程质量控制汇总表

汇总表见表2-1-14。

4. 木门窗制作工程质量控制汇总表

汇总表见表2-1-15。

5. 木门窗安装工程质量控制汇总表

汇总表见表2-1-16。

6. 铝合金门窗安装工程质量监理汇总表

汇总表见表 2-1-17。

7. 一般抹灰工程质量控制汇总表

汇总表见表 2-1-18。

8. 油漆工程工程质量控制汇总表

汇总表见表 2-1-19。

9. 刷浆（喷浆）工程质量控制汇总表

汇总表见表 2-1-20。

10. 玻璃工程质量控制汇总表

汇总表见表 2-1-21。

11. 饰面工程质量控制汇总表

汇总表见表 2-1-22。

八、屋面工程

（1）屋面防水工程的施工，施工企业应持有有效防水施工许可证，其成员应经过专业技术培训；应交验资质证明书及施工许可证的复印件。

（2）屋面找平层施工质量控制汇总表见表 2-1-23。

（3）屋面保温（隔热）层施工质量控制汇总表见表 2-1-24。

（4）屋面卷材防水层工程质量监理控制表见表 2-1-25。

（5）屋面防水工程的竣工验收。验收工作应在防水卷材铺贴完毕，应在允许上人和注水的情况下进行。竣工屋面应无漏水、积水现象。检查屋面防水效果可在雨天后观察屋面积水情况和室内渗漏情况。蓄水检查时，蓄水深度应使有坡度的屋面最高处浸没在水中，持续 24h 后检查渗漏水情况。检查时蓄水工作由承包人承担，检查工作由监理方、承包双方在场进行，发现渗漏水及屋面积水现象，由承包人承担返修处理工作，直至达到质量标准。经试水检验后，未出现渗漏水及屋面积水，监理工程师签署卷材屋面防水分项工程质量验收的书面意见，见表 2-1-26～表 2-1-30。

九、冬季施工

按照施工规范进入冬季施工时，施工单位提交“冬季施工技术措施”，经审定同意后进行冬季施工。

十、质量检验评定系统

执行《建筑工程施工质量验收统一标准》，单位工程质量综合评定表见表 2-1-31。

2.1.6.1.2.3 施工过程事后控制。

（1）协助顾客进行本专业单位工程的质量评定工作，并参与土建专业的总体评定。

（2）在限定的时间内督促并审查竣工资料和竣工图。

（3）工程结束后，整理有关工程资料，写出专业监理报告。

2.1.6.2 进度控制

2.1.6.2.1 对施工单位填报的《工程开工报审表》审查是否符合下列开工条件。

2.1.6.2.1.1 施工组织设计与技术方案措施已审批；

2.1.6.2.1.2 施工图纸已到并已会审；

2.1.6.2.1.3 劳动力安排就绪并已进场；

2.1.6.2.1.4 施工技术交底已进行；

2.1.6.2.1.5 开工所需的设备材料、机具已经进场；

2.1.6.2.1.6 资金已落实；

2.1.6.2.1.7 开工许可手续已办妥。要求施工承包商填写《工程开工报审表》（一式三份）交现场监理审核，并经总监理师签署顾客批准后方可开工。

2.1.6.2.2 根据业主工程里程碑进度计划安排的要求，编制“施工一级进度网络计划表”。

2.1.6.2.3 审核施工单位编制的“施工二级进度网络计划（分部工程进度横道图）”是否满足整个工程工期要求，要求施工承包商填写“施工进度计划报审表”和《工程施工月报表》，并报送监理单位审核签证。

2.1.6.2.4 在监理过程中，要做好施工进度记录，严格控制关键工序、分部、分项、单项工程的工期按计划实现。

2.1.6.2.5 以动态控制原则对计划进度与实际工程进度比较发现有提前或拖期的情况时，要及时分析原因，并根据情况会同施工单位研究措施制定工期调整方案，确保总工期不变。

2.1.6.3 投资控制

2.1.6.3.1 制定施工阶段投资控制计划。

（1）监理工程师应从投资控制方面进行投资跟踪、现场监督和控制，明确任务及责任，如发出工程变更通知，对已完工程的计量，支付款复核，处理索赔事宜，进行投资计划值与实际值比较，投资控制的分析与预测，报表的数据处理和资金使用计划的编制。

（2）编制工程投资控制的工作流程。

（3）协助业主编制工程资金使用计划，并严格执行。

（4）核查现场实物工程量的完成情况，审查施工单位上报的月工程量统计报表，对已完工程量进行签证，对未完工程量进行分析、预测。

（5）对工程款的拨付签署监理意见。

（6）加强设计交底和施工图会审工作，把问题解决在施工之前。

（7）严格控制设计变更，对设计变更进行技术经济分析和审查认可。

（8）对重大设计变更（根据业主授权确定）监理部应及时上报业主，并提出监理意见。

（9）进一步寻找通过设计、施工工艺、材料、设备、管理等多方面挖掘节约投资的可能，组织审核降低造价的技术措施。

（10）在工程实施过程中加强检查，参与一切与费用有关的技术、经济活动，并对影响费用的工程量变更进行审查、签证。

（11）定期向总监理师和业主报告现场工程量及投资情况以及必要的投资支出分析对比。

（12）施工过程中发生重大技经问题，及时专题报告业主。

（13）参与处理索赔与反索赔事宜，对索赔依据进行签证。

（14）参与合同的修改、补充工作，对影响工程投资的问题提出监理意见。

2.1.6.3.2 工程后期的投资控制。

（1）参与工程结算工作，对竣工结算依据进行签证、确认。

（2）协助顾客进行竣工决算工作。

2.1.6.4 合同管理

2.1.6.4.1 工期管理。

2.1.6.4.1.1 按施工合同规定的施工总进度计划要求，对施工单位在开工前提出对分段工程进度计划进行审查；

2.1.6.4.1.2 按照分段进度计划以及关键项目进度进行现场检查；

2.1.6.4.1.3 对影响进度计划的因素进行分析，属于业主原因应主动协助解决，属于施工单位的原因应督促其解决；

2.1.6.4.1.4 如施工单位修改进度计划时，应对施工单位的修改计划进行审查，提出监理意见。如需修改合同中的工期条款，则报请业主批准。

2.1.6.4.2 结算管理。

竣工结算，应按施工合同规定的结算程序办理工程价款结算拨付手续；

2.1.6.4.3 为防止合同执行过程中发生纠纷，为有关方面管理提供依据，监理单位应对以下有关方面的签证文件的单据加强管理和保存。

2.1.6.4.3.1　业主负责供应的设备、材料进场时间以及材料、设备的规格数量和质量情况的备忘录；

2.1.6.4.3.2　材料设备的代用签证；

2.1.6.4.3.3　材料及半成品的化验单；

2.1.6.4.3.4　已签证有效的设计变更通知单；

2.1.6.4.3.5　隐蔽工程检查、验收记录；

2.1.6.4.3.6　质量事故鉴定书及其采取的整改措施；

2.1.6.4.3.7　合理化建议、技术改进措施、节约分成协议；

2.1.6.4.3.8　中间验收及竣工验收的验收文件；

2.1.6.4.3.9　与工程质量、投资的工期等有关的资料和数据。

2.1.6.4.4　其他。

2.1.6.4.4.1　核查由于设计变更引起的工程费用增加及非施工单位原因引起的停工、窝工，对施工单位填报的《工程变更费用报审表》予以签证；

2.1.6.4.4.2　协助业主处理与本工程有关的索赔及合同纠纷事宜。

2.1.6.5　信息管理

2.1.6.5.1　工程信息流程结构图（如图2-1-1所示）。

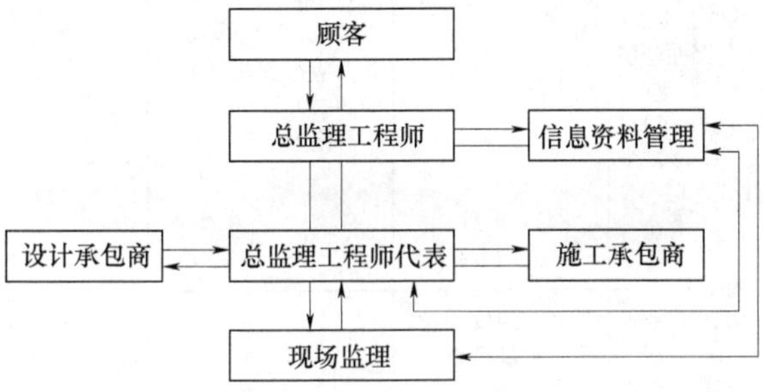

图2-1-1　工程信息流程结构图

2.1.6.5.2　应用计算机系统，建立信息档案。

为实现工程的动态管理，加快信息的传递，建立以业主（或业主授权的监理单位）为中心的计算机信息网，以便发挥工程管理与调控的职能，实现管理规范化。

2.1.6.5.3　工程开始后，各参建单位应遵循业主（或授权的监理单位）的要求配置计算机系统，并开展培训工作。

2.1.6.5.4　工程信息管理的具体内容：

（1）业主应将工程投资安排、工程进度、工程质量、资金使用情况和各参建单位的基本情况等非秘密材料进入服务器，以便不同权限级别的有关人员查阅，同时必须向各单位提供要求上报的有各种报表的样本，下达各项指令。

（2）监理单位开工前应将《监理大纲》、《监理规划》等资料及时输入计算机，并随着工程的进展将相应的信息资料（工程主要技术经济指标，主要工程量一览表，工程中间检查验评报告、工程质量事故分析报告、设计变更、物资管理、合同记录、合同执行情况等）输入计算机，并负责对整个工程信息进行监控。

（3）设计单位的信息输入内容包括：设计组织机构，设计图纸交付进度计划、设计变更文件、往来工程文件等。

（4）施工单位的信息输入内容包括：机构设置、质量体系、施工进度计划、施工组织设计、工程进度网络图、横道图、月度计划、形象进度、完成建安工作量、影响进度因素、设备材料的订货到货情况、施工图纸交付情况、设计修改通知单、施工记录、验评项目划分表、往来报告文件等。

2.1.6.5.5　为确保工程信息及时有效，监理单位应在工程开工前，向业主提供各类要求上报的各种报表的样本，同时公布上报时间及要求。

业主应在开工前，根据工程实际情况，及时在服务器上为此工程开辟相应的空间，分配账号地址，并将各类要求的样表放到相应的目录内，以便各参建单位正常使用。

2.1.6.5.6　为确保工程信息及时有效，设计、施工单位应在工程开工前5日，将要求上报的各种信息输入计算机，并严格执行工程定期报表制度，积极收集与工程建设有关的信息资料，按时编报，快速及时地输入计算机管理系统。

2.1.6.5.7　对于因各种原因过期不报，给工程管理造成失误的单位，应报送业主按合同有关条款进行处理。

2.1.6.5.8　各单位应严格遵守信息保密制度，信息管理由专人（信息管理员）进行，不得将有关保密内容泄露他人。

2.1.6.5.9　各单位应加强计算机的维护与管理，严格操作程序，确保计算机和信息的安全性。

2.1.7　监理工作的方法及措施

针对本工程的特点，项目监理机构将采用巡视、旁站、实测相结合，做到事前、事中、事后控制相贯穿的全过程监理。

2.1.7.1　事前控制方法

工程质量事前控制是"预防为主"的主动控制，关键是建立可以有效运行的质量保证体系及制定切实可行的监理措施和方法。

2.1.7.1.1　督促并参与施工单位进行法制、法规宣传和教育。

2.1.7.1.2　前道工序验收合格，方可进行下道工序施工。

2.1.7.1.3　督促施工单位作好施工前的各项准备工作(包括人员到位、机具性能检查的良好、动力正常等)。

2.1.7.1.4　对经施工单位上级部门审批的施工方案中有关的施工组织体系、技术措施、质量保证体系、管理制度等进行审查，并针对施工方案的可行情况提出书面意见。

2.1.7.1.5　督促施工单位班组交底，并把监理工作程序交底清楚。

2.1.7.1.6　督促施工单位组成安全管理小组、安全管理网络，从而加强安全的管理工作。

2.1.7.1.7　督促施工单位形成文明施工管理措施(文明施工是保证安全施工的重要措施)。

2.1.7.2　事中控制方法

2.1.7.2.1　对工程变更单审查并签发。

2.1.7.2.2　做好控制施工质量的旁站工作，发现问题及时处理(发文要求整改)并作好相应的记录。

2.1.7.2.3　做好分项工程验收工作，并做好相应签认工作。

2.1.7.2.4　做好日常的监理日记工作(如实、详细的反映工程实际进展情况)。

2.1.7.3　事后控制方法

2.1.7.3.1　凡经检查、复核不符要求的，通过监理联系单或监理工程师通知单，通知施工方进行整改。直至符合要求为止，必要时召开专题会议予以解决。

2.1.7.3.2　发现严重质量事故隐患，安全事故隐患应及时向总监理工程师反映，由总监理工程师责令停工并采取应急措施避免进一步损失和危害。

2.1.7.4　验收阶段控制方法

施工单位自检合格后，报监理隐蔽验收并做好相关资料签认手续。

2.1.7.5　质量控制措施

2.1.7.5.1　质量控制的组织措施

建立健全项目监理机构，落实质量控制的组织机构和人员，完善职责分工，制定有关质量监督制度，落实质量控制责任。

2.1.7.5.2 质量控制的技术措施

协助完善质量保证体系，严格事前、事中和事后的质量检查与监督；技术措施纠偏的关键，一是要能提出多个不同的技术方案，二是要对不同的技术方案进行技术经济分析。

2.1.7.5.3 质量控制的经济措施

经济措施是最易为人接受和采用的措施，需要从一些全局性、总体性的问题上加以考虑，严格质检和验收，不符合质量要求的拒付工程款。

2.1.7.5.4 质量控制的合同措施

由于投资控制、进度控制、质量控制均要以合同为依据，因此合同措施就显得尤为重要；除了拟订合同条款、参加合同谈判、处理合同执行过程中的问题、防止和处理索赔等措施之外，还要协助业主确定对质量控制有利的建设工程组织管理模式和合同结构，分析不同合同之间的相互联系和影响。

2.1.7.5.5 质量目标状态的动态分析

在工程施工过程中，通过对目标、过程和活动的跟踪，全面、及时、准确地掌握有关信息，将工程实际状况与质量目标和计划进行比较。如果偏离了质量目标和计划，就需要采取纠正措施，或改变投入，或修改计划，使工程能在新的计划状态下进行。

在建设工程监理中，常规的质量控制问题的控制周期按周或月计，而严重的工程质量问题和事故，则需要及时加以控制。

监理还应在预先分析各种风险及其导致质量目标偏离的可能性和程度的基础上，拟订和采取有针对性的预防措施，从而减少乃至避免质量目标偏离。

质量目标状态的动态控制中，应采取主动控制与被动控制应紧密结合，并力求加大主动控制在控制中的比例。

表 2-1-2 土方工程质量控制汇总表

项目	质量标准	允许偏差/mm		检验及认可			备注
				检验频率	检验方法	认可程序	
标高	如图纸所示	柱基、基坑、基槽、管沟	+0 −50	柱基按总数抽查10%，不少于5个，每个柱不少于2点；基坑第$20m^2$取1点，每坑不少于2点；基槽、管沟、排水沟、路面基层第20m取1点，但不少于5点，挖方、填方、地面基层第30～$50m^2$取1点，但不少于5点；场地平整每100～400m取1点，但不少于10点	水准仪测量	下一道工序施工前，应得到项目工程师的书面认可，否则不得施工	
		挖方、填方、场地平整	人工±50				
			机械±100				
		排水沟	+0 −50				
		地（路）面基层	+0 −50				
长度、宽度	如图纸所示	排水沟+100 −0		每20m取1点，每边不少于1点。	用经纬仪、拉线和尺量检查	同上	由设计中心线向两边量
		其他−0					
边坡坡度	边坡坡度应根据工程地质、边坡高度，结合当地同类土体的稳定坡度值确定，不能超过规范规定值	偏陡不允许		同上	观察或用坡度尺检查	同上	
表面平整度	用2m直尺检查，用楔形塞尺测应≤20mm	地（路）面基层20		每30～$50m^2$取1点	用2m靠尺和楔形塞尺	同上	适用于直接在挖、填土方上做地（路）面
回填土压实后土的干土质量密度	合格率不应小于90%	不合格土面干容重的最低值与设计值的差不应大于$80g/cm^3$，且不应集中		柱基抽查总数10%，不少于5个；基槽和管沟每层拉长度20～50m取样1组，不小于1组；基坑和室内每层按100～$500m^2$取样1组，不少于1组；场地平整填方每层接400～$900m^2$取样1组，不少于1组	环刀法取样，检查取样平面图及实验记录，观察检查	同上	

表 2-1-3 钢筋灌注桩工程质量控制汇总表

序	成孔类别	项　目	允许偏差/mm	检验方法	备注
1	人工挖孔	桩位（中心）轴线	50	吊线尺量检查	
2		桩垂直度	0.5%	吊中心线检查	
3		桩身直径	±50	尺量检查	
4		桩底标高	±10	水准仪引则	
5	长螺旋钻成孔	垂直于桩基中心线	$d/6$且不大于200	拉线和凡量检查	
6		沿桩高中心线	$d/4$且不大于300	拉线和尺量检查	

续表

序	成孔类别	项目	允许偏差/mm	检验方法	备注
7		垂直度	H/100	吊线和尺量检查	
8	钢筋笼制作	钢筋笼主筋间距	±10	尺量检查	
9		钢筋笼箍筋间距	±20		
10		钢筋笼长度	±100		
11		钢筋笼直径	±10		
12	安装钢筋笼	与孔中心偏差	应与中心一致	尺量检查	
		保护层厚度	允许偏差±100mm		
		主筋状况	不允许有变形、弯曲		
13	灌注	配合比	严格按试配规定	尺量检查	
		下料自由高度	不得大于2m		
		灌注时间	应连续灌注		
		振捣	应符合规定		
		每次灌注深度	不大于1.5m		

表2-1-4　　防水混凝土工程质量控制汇总表（一）

项目	质量标准	允许误差	检验及认可			备注
			检验频率	检验方法	认可程序	
施工组织设计或施工技术方案	设计要求和施工验收规范的规定审核		审核	查施工方法和确保工程质量的技术措施	监理工程师认可后，才能进行施工	
定位放线、轴线、标高	设计要求和建筑施工测量技术规范	符合规范有关规定	复查	尺量和仪器，查验收记录		
原材料、外加剂、配合比	设计要求和混凝土分项工程的有关质量标准，水泥标号不低于425号	符合设计要求	经常检查	观察、查材料出厂合格证和试验报告、配合比通知单		有怀疑时，进行抽检
钢筋、模板及预埋件安装	设计要求和钢筋、模板等分项工程的有关质量标准	参照钢筋、模板等分项工程有关规定	复查	对照图纸检查	得到监理工程师书面认可后，才能进行下道工序施工	
现浇混凝土质量	设计要求和现浇混凝土结构分项工程的有关质量标准	参照现浇混凝土结构分项工程有关规定	检查	参照现浇混凝土结构分项工程的有关规定	监理工程师认可后才能进行下道工序施工	
施工缝的设置和处理，后浇带的浇捣和处理	底板不得留施工缝，壁板的水平施工缝应为凸缝、阶形缝或金属止水片。施工缝和后浇带要进行处理，消除浮渣，凿毛冲洗干净，保持湿润，先铺同标号水泥砂浆		检查	观察检查，查配合比和试验报告		
混凝土抗压强度、抗渗标号	设计要求		检查	观察，查实验报告和非破损检测		
蓄水试验和外观检查	钢筋混凝土盛水构筑物浇完达到规定龄期后，进行蓄水试验，先充至1/3池高后，停24h进行沉降测量和渗漏观察，如果24h内下降10mm以内为合格，再充至2/3池高，停24h后进行检查和测沉降，合格后再充满至池高，停24h后再测沉降和渗漏观察。若充水过程中出现异常，应立即停止充水，进行处理；如有渗漏，24h内下降超过24mm，应放水修补，并再试水		检查	观察，用尺量或标尺检查，水准仪测沉降，查验收记录	在进行下一道工序施工前，应得到监理工程师的书面认可，否则不得施工	

表2-1-5　　防水混凝土工程质量控制汇总表（二）

项次	项目	允许偏差/mm		检验方法
		高层框架	高层大模	
1	轴线位移	5		尺量检查
2	楼层标高	±5	±10	用水准仪或尺量检查

续表

项次	项　目		允许偏差/mm		检验方法
			高层框架	高层大模	
3	截面尺寸		±5	+5　−2	尺量检查
4	墙垂直度	每层	5		用 2m 托线板检查 用经纬仪或吊线和尺量检查
		全高	*H*/1000		
5	表面平整		8	4	用 2m 靠尺和楔形尺检查
6	预埋钢板中心线位置偏移		10		天量检查
7	预埋管、螺栓中心线位置偏移		5		
8	电梯井筒全高垂直度		*H*/1000		用吊线和尺量检查
9	电梯井筒长宽对中心线		+25　0		尺量检查

表 2-1-6　　水泥砂浆防水工程质量控制汇总表

项目	质 量 标 准	允许误差	检验及认可			备注
			检验频率	检验方法	认可程序	
原材料、外加剂、配合比	设计要求。水泥采用标号不宜低于 325 号，外加剂宜采用经试验确定的外加剂		经常检查	观察、查材料出厂合格证和试验报告，配合比通知单	监理工程师认可后才能进行施工	有怀疑时，进行抽检
基层表面	表面光滑须凿毛，有缺陷须修整		跟踪检查	观察检查	同上	
各层之间结合	结合牢固，无空鼓		每 $100m^2$ 抽查 1 处，不应少于 3 处	观察检查和用小锤轻击检查	同上	
外观质量	表面平整、密实、无裂缝、起砂、麻面等缺陷，阴阳角处呈圆弧形或钝角，尺寸符合要求		同上	观察检查	同上	
施工缝	多层抹压法每层宜连续施工，各层紧密贴合不留施工缝。如必须留施工缝时，应留成阶梯坡槎		经常检查	观察检查和尺量检查	同上	
回填土前检查	设计要求和施工验收规范规定的外观质量，无空鼓现象		全部检查	观察检查	在进行下一道工序施工之前，应得到监理工程师的书面认可，否则不得施工	

表 2-1-7　　卷材防水层工程质量控制汇总表

项目	质 量 标 准	允许误差	检验及认可			备注
			检验频率	检验方法	认可程序	
防水材料及胶结材料	设计要求和屋面卷材防水分项工程的质量标准		经常检查	观察、查材料出厂合格证和试验报告，配合比通知单，现场取样试验记录	经工程师认可后，才能进行施工	有怀疑时，进行抽检
基层表面	牢固、无松动、表面平整、清洁干净，阴阳角应为圆弧形或钝角	表面平整±5	每 $100m^2$ 抽查 1 处，但不少于 3 处	观察检查，用 2m 靠尺和楔形塞尺检查	同上	
表面干燥程度	宜使表面干燥，确有困难时，卷材层数应比设计增加一层		检查	观察检查或在基层上放块塑料检查	同上	
铺贴质量	铺贴方法和搭接、收头必须符合施工规范规定。黏结牢固紧密，接缝封严，无损伤、空鼓等缺陷保证铺贴厚度	卷材搭接宽度−10	每 $100m^2$ 抽查 1 处，但不少于 3 处	尺量检查和观察检查，用针或取样检查厚度	在下一道工序施工之前，应得到监理工程师的书面认可，否则不得施工	
保护层	黏结牢固，结合紧密，厚度均匀一致		检查	观察检查	同上	

表 2-1-8　　聚氨酯涂腊防水层工程质量控制汇总表

项　目		具 体 内 容	备　注
质量标准	保证项目	1. 涂膜材料及无防布技术性能必须符合设计和有关标准规定。 2. 涂膜防水层及其变形缝，预埋管件等细部做法必须符合设计要求和施工规范规定，不得有渗漏现象	亦适用于屋面防水层

续表

项目		具体内容	备注
质量标准	基本项目	1. 涂膜防水层的基层应牢固，表面洁净、平整、阴阳角处呈圆形或钝角，冷底子油涂布均匀，无漏涂。 2. 涂刷聚氨酯底胶及附加层的涂刷方法搭接，收头应符合规定，应黏结牢固紧密，接缝封严，无损伤，空鼓等缺陷。 3. 聚氨酯涂膜防水层，应涂刷均匀，保护层与防水层黏结牢固，不得有损伤、厚度不匀等缺陷	亦适用于屋面防水层
应注意的质量问题	空鼓	1. 空鼓：防水层空鼓，发生在找平层与涂膜防水层之间以及接缝处，其原因是基层潮湿，找平层未干，含水率过大，使涂膜空鼓，形成鼓泡；施工时要控制基层含水率，接缝处应认真操作，使其黏结牢固。	
	渗漏	2. 渗漏：防水层渗漏，多发生在管根，变形缝等处；其他部位由于管根松动或黏结不牢，黏结不紧密；施工过程中应认真仔细操作，加强责任心	

表 2-1-9　　模板工程质量控制汇总表

项目		质量标准	允许误差	检验及认可			备注
				检验频率	检验方法	认可程序	
模板系统		模板及其支架必须具有足够的强度，刚度和稳定性，其支架的支撑部分有足够的支撑面积。如安装在基土上，基土必须坚实并有排水措施，对湿陷性黄土必须有防水措施，对冻胀性土，必须有防冻融措施			对照模板设计，现场观察或尺量检查	审查施工组织设计，现场检查，发现问题要求承包人整改	
接缝		宽度不大于2.5mm		按梁、柱和独立基础的件数各抽查10%，但均不应少于3件；带形基础、圈梁每30～50m抽查1处（每处3～5m），但均不应少于3处；墙和板按有代表性的自然间抽查10%，墙每4m左右高为一个检查层，每面为1处，板每间为1处，但均不应少于3处	观察或用楔形塞尺检查	承包人自检合格后，监理工程师检查，并签字认可	
表面清理及隔离措施	墙板、基础	每件（处）黏浆和漏涂隔离剂累计面积不大于2000cm²			观察和用尺量检查		
	梁、柱	每件（处）黏浆和漏涂隔离剂累计面积不大于800cm²					

项目			质量标准	允许误差/mm				检验及认可			备注
				单层、多层	高层框架	多层大模	高层大模	检验频率	检验方法	认可程序	
1	轴线位置	基础		5	5	5	5		尺量检查		
		柱、墙、梁		5	3	5	3				
2	标高			±5	+2　−5	±5	±5		用水准仪或拉线和尺量检查		
3	截面尺寸	基础		±10	±10	±10	±10		尺量检查		
		柱、墙、梁		+4　−5	+2　−5	±2	±2				
4	每层垂直度			3	3	3	3		用2m托线板检查		
5	相邻两板表面高低差			2	2	2	2		用直尺和尺量检查		
6	表面平整度			5	5	2	2		用2m靠尺或楔形塞尺检查		
7	预埋钢板中心线位移			3	3	3	3		拉线和尺量检查		
8	预埋管、预留孔中心线位移			3	3	3	3				

续表

项目			质量标准	允许误差/mm				检验及认可			备注
				单层、多层	高层框架	多层大模	高层大模	检验频率	检验方法	认可程序	
9	预埋螺栓	中心线位移		2	2	2	2		拉线和尺量检查		
		外露长度		+10 −0	+10 −0	+10 −0	+10 −0				
10	预留洞	中心线位移		10	10	10	10				
		截面内部尺寸		+10 −0	+10 −0	+10 −0	+10 −0				

表 2-1-10　　钢筋工程质量控制汇总表

项目	质量标准	允许误差/mm	检验及认可			备注
			检验频率	检验方法	认可程序	
热轧钢筋	《钢筋混凝土用钢筋》(GBJ 1499—84)		同一炉号，重量不大于60t，作为一批。任选二根	1．外观检查：用卡尺量 2．力学性能：每根取二个试样分别进行拉力和冷弯试验。如有一项结果不符合标准规定的数值，则另取双倍数量的试样重做	监理工程师到现场监督取样并根据试验结果批准钢材进场或拒收这批钢材	
冷拉钢筋	《冷拉钢筋》(GBJ 204—83)		同级别、同直径，重量不大于20t作为一批。每批任选两根	1．外观众检查：用卡尺量 2．力学性能：每根取二个试件分别进行拉力和冷弯试验。如有一项结果不合格，则另取双倍试件重做		
冷拔低碳钢丝	《冷拔低碳钢丝》(GBJ 204—83)		甲级：逐盘检查，从每盘任一端取二个试样做拉力和反复弯曲试验。 乙级：以同直径5t为一批，从中选取3盘，每盘取2根试样，分别做接力和反复弯曲试验	1．外观检查：用卡尺量 2．力学性能：在试验机上做拉力和冷弯试验		
钢筋的品种、质量	钢筋的品种和质量必须符合设计要求和有关标准的规定			检查出厂质量证明书和试验报告	检查承包人提供的质保书和试验报告，并结合现场检查	
冷拉冷拔钢筋的机械性能	冷拉冷拔钢筋的机械性能必须符合设计要求和施工规范的规定			检查出厂质量证明书、试验报告和冷拉记录		
钢筋外表	钢筋的表面应保持清洁，带有颗粒状或片状老锈经除锈后仍留有麻点的钢筋严禁按原规格使用			观察检查		
钢筋加工	钢筋的规格、形状、尺寸、数量、锚固长度和接头位置必须符合设计要求和施工规范的规定			观察或尺量检查		
焊条、焊剂	焊条、焊剂的牌号、性能以及接头中使用的钢板或型钢均必须符合设计要求和有关标准的规定			检查出厂质量证明书和试验报告		
焊接接头、焊拉制品	钢筋焊接接头、焊接制品的机械性能实验结果必须符合钢筋焊接及验收的专门规定			检查焊接试件试验报告		
钢筋绑扎	缺扣、松扣的数量不超过应绑扣数的10%，且不应集中		按梁、柱和独立基础的件数各抽查10%，但均不应小于3件；带形基础、圈梁每30～50m抽查1处（每处3～5m），但均不少于3处墙和板按有代表性的自然间抽查10%，墙每4m左右高为1个检查层，每面为1处，板每间为1处，但均不应少于3处	观察和手板检查		
钢筋弯钩、接头	搭接长度均不小于规定值的95%			观察和尺量检查		
用Ⅰ级钢筋或冷拔低碳钢丝制作的箍筋弯钩、接头	数量符合设计要求，弯钩角度和平直长度基本符合施工规范规定					
钢筋网和骨架焊接	骨架无漏焊、开焊。钢筋网片漏焊、开焊不超过焊点数的40%，且不应集中；板伸入支座范围内的焊点无漏焊、开焊		按梁、柱和独立基础的件数各抽查10%，但均不应小于3件；带形基础、圈梁每30～50m抽查1处（每处3～5m），但均不少于3处，墙和板按有代表性的自然间抽查10%，墙每4m左右高为1个检查层，每面为1处，板每间为1处，但均不少于3处	观察和手板检查		

续表

<table>
<tr><th rowspan="2">项目</th><th colspan="3" rowspan="2">质 量 标 准</th><th rowspan="2">允许误差/mm</th><th colspan="3">检验及认可</th><th rowspan="2">备注</th></tr>
<tr><th>检验频率</th><th>检验方法</th><th>认可程序</th></tr>
<tr><td>点焊焊点</td><td colspan="3">无裂纹、多孔性缺陷及明显烧伤。焊点压入深度符合钢筋焊接及验收的专门规定</td><td rowspan="5"></td><td rowspan="5">点焊网片、骨架按同一类型制品抽查5%，梁柱、桁架等重要制品抽查10%，但均不应少于3件；对焊接接头抽查10%，但不少于10个接头；电弧焊、电渣压力焊接头应逐个检查埋弧压力焊接头抽查10%，但不少于5件</td><td rowspan="5">用小锤、放大镜、钢板尺和焊接缝量规检查</td><td rowspan="5"></td><td rowspan="5"></td></tr>
<tr><td>对焊接头</td><td colspan="3">接头处弯折不大于4°钢筋曲线位移不大于0.1d，且不大于2mm。无横向裂纹。Ⅰ、Ⅱ、Ⅲ级钢筋无明显烧伤；Ⅳ级钢筋无烧伤。低温对焊时，Ⅱ、Ⅲ级钢筋均无烧伤</td></tr>
<tr><td>电弧焊接头</td><td colspan="3">绑条沿接头中心线纵向位移不大于0.5d；接头处弯折不大于4°；钢筋轴线位移不大于0.1d，且不大于3mm；焊接厚度不小于0.05d宽度不小于0.1d，长度不小于0.5d。无较大的凹陷、焊瘤。接头处无裂缝。咬边深度不大于0.5mm（低温焊接咬边深度不大于0.2mm）。帮条焊、搭接焊在长度2d的焊缝表面上；坡口焊、熔柄帮条焊在全部焊缝上气孔及夹渣均不多于2处，且每处面积不大于6mm²，预埋件和钢筋焊接处，直径大于1.5mm的气孔或夹渣，每件不超过3个</td></tr>
<tr><td>电渣压力焊接头</td><td colspan="3">接头处弯折不大于4°；钢筋轴线位移不大于0.1d，且不大于2mm。无裂纹及明显烧伤</td></tr>
<tr><td>埋弧压力焊接头</td><td colspan="3">钢筋无明显烧伤。咬边深度不超过0.5mm。钢板无焊穿、凹陷</td></tr>
<tr><td>1</td><td colspan="2">网的长度、宽度</td><td></td><td>±10</td><td rowspan="13">按梁、柱和独立基础的件数各抽查10%，但均不应少于3件；带形基础、圈梁每30～50m抽查1处（每处3～5m），但均不应少于3处，墙和板按有代表性的自然间抽查10%，墙每4m左右为一检查层，每面为1处，板每间为1处，但均不应少于3处</td><td>尺量检查</td><td rowspan="13"></td><td rowspan="13"></td></tr>
<tr><td>2</td><td colspan="2">网眼尺寸（绑扎）</td><td></td><td>±20</td><td>尺量连续三档取其最大值</td></tr>
<tr><td>3</td><td colspan="2">骨架的宽度、高度</td><td></td><td>±5</td><td rowspan="2">尺量检查</td></tr>
<tr><td>4</td><td colspan="2">骨架的长度</td><td></td><td>±10</td></tr>
<tr><td rowspan="2">5</td><td rowspan="2">受力钢筋</td><td>间距</td><td></td><td>±10</td><td rowspan="2">尺量两端中间各一点取其最大值</td></tr>
<tr><td>排距</td><td></td><td>±5</td></tr>
<tr><td>6</td><td colspan="2">箍筋、构造筋间距</td><td></td><td>±20</td><td>尺量连续三档取其最大值</td></tr>
<tr><td>7</td><td colspan="2">钢筋弯起点位移</td><td></td><td>20</td><td rowspan="6">尺量检查</td></tr>
<tr><td rowspan="2">8</td><td rowspan="2">焊接预埋件</td><td>中心线位移</td><td></td><td>5</td></tr>
<tr><td>水平高差</td><td></td><td>+3　−0</td></tr>
<tr><td rowspan="3">9</td><td rowspan="3">受力钢筋保护层</td><td>基础</td><td></td><td>±10</td></tr>
<tr><td>梁、柱</td><td></td><td>±5</td></tr>
<tr><td>墙板</td><td></td><td>±3</td></tr>
</table>

表 2-1-11　　**混凝土工程质量控制汇总表**

<table>
<tr><th rowspan="2">项目</th><th rowspan="2">质 量 标 准</th><th rowspan="2">允许误差</th><th colspan="3">检验及认可</th><th rowspan="2">备注</th></tr>
<tr><th>检验频率</th><th>检验方法</th><th>认可程序</th></tr>
<tr><td>原材料</td><td>混凝土使用的水泥、水、骨料、外加剂等必须符合施工规范和有关的规定</td><td></td><td></td><td>检查出厂合格或试验报告</td><td rowspan="4">监督承包人的取样，检查材料出厂合格证或试验报告，并结合现场要求。符合要求，监理工程师签字认可</td><td rowspan="4"></td></tr>
<tr><td>混凝土生产</td><td>混凝土的配合比、原材料计量、搅拌、养护和施工缝的处理必须符合施工规范的规定</td><td></td><td></td><td>观察检查和检查施工记录</td></tr>
<tr><td>强度</td><td>强度以必须符合《混凝土强度检验评定标准》（GBJ 107—87）</td><td></td><td></td><td>检查标准养护龄期28d试块强度的试验报告</td></tr>
<tr><td>裂缝</td><td>对设计不允许有裂缝的结构，严禁出现裂缝；设计允许出现裂缝的结构其裂缝宽度必须符合设计要求</td><td></td><td></td><td>观察和用刻度放大镜检查</td></tr>
</table>

续表

项目	质量标准	允许误差	检验及认可			备注
			检验频率	检验方法	认可程序	
蜂窝	梁、柱上一处不大于1000cm²，累计不大2000cm²，基础、墙、板上的一处不大于2000cm²，累计也不大于4000cm²（蜂窝系指混凝土表面无水泥浆；露出石子深度大于5mm，且小于保护层厚度的缺陷）		按梁、柱和独立基础的件数各抽查10%，但均不应少于3件；带形基础、圈梁每30～50m抽查1处（每处3～5m），但均不少于3处；墙和板按有代表性自然间抽查10%，墙每4m左右高为1个检查层，每面为1处，板每间为1处，但均不应少于3处	尺量外露石子面积及深度	承包人自检，填写自检表。监理工程师检查，评定质量等级	
孔洞	注、柱上的一处不大于40cm²，累计不大于80cm²；基础、墙、板上的一处不大于100cm²，累计不大于200cm²（孔洞系指深度超过保护层厚度，但不超过截面尺寸1/3的缺陷）			凿击孔洞周围松动石子，用尺量孔洞面积及深度		
主筋露筋	梁、柱上的露筋长度一处不大于10cm，累计不大于20cm；基础、墙、板上的露筋长度一处不大于20cm，累计不大于40cm（主筋露筋系指主筋没有被混凝土包裹而外露的缺陷，但梁端主筋锚固区内不允许有露筋）			尺量钢筋外露长度		
缝隙夹渣层	注、柱上的缝隙、夹渣层长度和深度均不大于5cm；基础、墙、板上的缝隙、夹渣层长度不大于20cm，深度不大于5cm（缝隙夹渣层系指施工缝处有缝隙或夹有杂物）			凿去夹杂层，尺量缝隙长度和深度		

表2-1-12　　　砌体工程质量控制汇总表

项目			质量标准	允许误差/mm				检验及认可			备注
								检验频率	检验方法	认可程序	
轴线位置偏移				10				外墙、按楼层（或4m高以内）每20m抽查1处，每处3延米，但不少于3处；内墙，按有代表性的自然间抽查10%，但不少于3间，每间不少于2处，柱不少于5根	用经纬仪或拉线和尺量检查	承包人自检合格后，监理工程师检查，签字认可	亦适用于加气混凝土砌体
基础和墙砌体顶面标高				±15					用水准仪和尺量检查		
垂直度	每层			5					用2m托线板检查		
	全高	≤10m		10					用经纬仪或吊线和尺量检查		
		＞10m		20							
表面平整度	清水墙、柱			5					用2m靠尺或楔性塞尺检查		
	混水墙			8							
水平灰缝平直度	清水墙			7					拉10m线和尺量检查		
	混水墙			10							
水平灰缝厚度（10皮砖累计数）				±8					与皮数杆比较尺量检查		
门窗洞口（后塞口）	宽度			±5					尺量检查		
	门口			+15 −5							
预留构造柱截面（宽度、深度）				±10							
外墙上下窗口偏移				20					用经纬仪或吊线检查以底窗口为准		
轴线位移	独立基础			10	10	10	10	按梁、柱和独立基础的件数各抽查10%，但均不应少于3件；带形基础、圈梁每30～50m抽查1处（每次3～5m），但均不应少于3处墙和板按有代表性的自然是抽查10%，墙每4m左右高为1个检查层，每面为1处，板每间为1处，但均不应少于3处	尺量检查	承包人自检合格后，监理工程师检查，签字认可	
	其他基础			15	15	15	15				
	柱、墙、梁			8	5	8	5				
标高	层高			±10	±5	±10	±10		用水准仪或尺量检查		
	全高			±30	±30	±30	±30				
截面尺寸	基础			+15 −10	+15 −10	+15 −10	+15 −0		尺量检查		
	柱、墙、梁			+8 −5	±5	5， 2	+5 −2		用2m托线板检查		

续表

项目		质量标准	允许误差/mm				检验及认可			备注
			单层、多层	高层框架	多层大模	高层大模	检验频率	检验方法	认可程序	
截面尺寸	每层		5	5	5	5	按梁、柱和独立基础的件数各抽查10%，但均不应少于3件；带形基础、圈梁每30～50m抽查1处（每次3～5m），但均不应少于3处；墙和板按有代表性地抽查10%，墙每4m左右高为1个检查层，每面为1处，板每间为1处，但均不应少于3处	用经纬仪或吊线和尺量检查		
	全高		H/1000 且＜20	H/1000 且＜30	H/1000 且＜20	H/1000 且＜30		尺量检查		
表面平整度			8	8	4	4				
预埋钢板中心线位置偏移			10	10	10	10				
预埋管、预留孔中心线位置偏移			5	5	5	5				
预埋螺栓中心线位置偏移			5	5	5	5				
预留洞中心线位置偏移			15	15	15	15				
电梯井	井筒长、宽对中心线		+25 −0	+25 −0	+25 −0	+25 −0				
	井筒全高垂直度		H/1000 且 30	H/1000 且 30	H/1000 且 30	H/1000 且 30		用经纬仪或吊线和尺量检查		

表 2-1-13　　**水泥砂浆楼、地面工程质量控制汇总表**

项目	质量标准		允许误差/mm	检验及认可			备注
				检验频率	检验方法	认可程序	
砖的品种、标号	砖的品种、标号必须符合设计要求				观察检查，检查出厂合格证或试验报告	承包人自检合格后，监理工程师检查，签字认可	
砂浆	砂浆品种符合设计要求，强度必须符合下列要求： 1．同品种、同标号砂浆各组试块的平均强度不小于f_{mk}（试块标准养护抗压强度）。 2．任意一组试块的强度不小于0.75f_{mk}				检查试块抗压强度试验报告		
砌体灰缝	砌体砂浆必须饱满，实心砖砌体水平灰缝的砂浆饱满度不小于80%			每步架抽查不小于3处	用百格网检查砖底面与砂浆的粘接痕迹面积，每处掀3块，取平均值		
留槎	外墙的转角处严禁留直槎，其他临时间断处，留槎的做法必须符合施工规范的规定				观察检查		
错缝	砖、柱垛无包心砌法；窗间墙及清水墙面无通缝；混水墙每间（处）4～6皮通缝不超过3处（上、下两皮砖搭接长度小于25mm或透亮的缺陷不超过10个）			外墙，按楼层（或4m高以内）每20m抽查1处，每处3延米，但不少于30处，内墙按有代表性的自然间抽查10%，但不少于3间	观察或尺量检查	承包人自检，填写自检表，监理工程师检查，评定等级	
接槎	接槎处灰浆密实，缝、砖平直，每处接槎部位水平灰缝厚度小于5mm或透亮的缺陷不超过5个						
拉结筋	数量、长度均符合设计要求和施工规范规定，留置间距偏差不超过3皮砖						
构造柱	留槎位置应正确，大马牙槎先退后进，残留砂浆清理干净				观察检查		
表面平整	同施工验收规范要求	细石混凝土、混凝土（原浆抹面）	水泥砂浆	用2m靠尺和楔形尺检查	各种面层应按有代表性的自然间抽查10%，其中过道按10m延长米	汇总整体楼、地面基层及面层所有施工资料、试验报告、配合比、材料合格证、实测资料进行审核。进行必要的抽检，审定该分部工程的质量等级，进行楼、地面工程分部工程的中间验收	
		5	4				
踢脚线上口平直	踢脚线高度根据施工图，质量标准根据施工验收规范要求	4	4	拉5m、不足5m拉通线和直尺检查			

表 2-1-14　　　　楼、地面工程质量控制汇总表

<table>
<tr><th rowspan="2">项目</th><th rowspan="2">质量标准</th><th colspan="6">允许误差/mm</th><th colspan="3">检验及认可</th><th rowspan="2">备注</th></tr>
<tr><th colspan="6"></th><th>检验频率</th><th>检验方法</th><th>认可程序</th></tr>
<tr><td rowspan="3">1. 表面平整度</td><td rowspan="3">同施工验收规范要求</td><td rowspan="2">细
石
混
凝
土</td><td rowspan="2">水泥
砂浆
地面</td><td colspan="2">水磨石地面</td><td rowspan="2">大花
理岗
石岩
地地
面面</td><td rowspan="2">缸砖
地面</td><td rowspan="3">用 2m 靠尺和楔形尺检查</td><td rowspan="7">面层按有代表性的自然间抽查10%，其中过道按10m延长米</td><td rowspan="7">汇总板块楼、地面基层及面层所有施工资料：试验报告、配合比、材料合格证、实测资料进行审核。进行必要的抽检，审定该分部工程的质量等级，进行楼、地面工程分部工程的中间验收</td><td rowspan="7"></td></tr>
<tr><td>普通</td><td>高级</td></tr>
<tr><td>5</td><td>4</td><td>3</td><td>2</td><td>1</td><td>4</td></tr>
<tr><td>2. 缝格平直</td><td>缝格根据施工图要求，质量标准符合施工验收规范</td><td>3</td><td>3</td><td>3</td><td>2</td><td>2</td><td>3</td><td>拉 5m 线，不足 5m 拉通线和尺量检查</td></tr>
<tr><td>3. 接缝高低差</td><td>符合施工验收规范</td><td></td><td></td><td></td><td></td><td>0.5</td><td>1.5</td><td>尺量和楔形塞尺检查</td></tr>
<tr><td>4. 踢脚板上口平直</td><td>符合施工验收规范</td><td></td><td>3</td><td>3</td><td>3</td><td>1</td><td>4</td><td>拉 5m，不足 5m 拉通线和尺量拉线</td></tr>
<tr><td>5. 板块间隙宽度不大于</td><td>符合施工验收规范</td><td></td><td></td><td></td><td></td><td>1</td><td>2</td><td>尺量检查</td></tr>
</table>

<table>
<tr><td colspan="2" rowspan="2">木门窗制作</td><td rowspan="2">1. 木门的树种、材质等级、含水率和防腐、防火处理必须符合设计要求和施工规范的规定。
2. 门窗框、扇的槽必须嵌合严密，以胶料胶接并用胶楔紧、胶料品种符合施工规范的规定。
3. 小短料胶合的门窗框、扇及胶合板（纤维板）门的面层必须胶接牢固。胶料品种符合施工规范的规定。
4. 木料的死节与虫眼处理必须符合检验评定标准的要求。
5. 门窗表面应平整，不应有刨痕，毛刺和锤印等，无缺棱掉角。
6. 门窗裁口、起线应顺直，割角准确，拼缝严密。
7. 压纱条应平直、光滑、规格一致，与裁口齐平，割角连续密实，钉压牢固密实，钉冒不突出。门窗纱绷紧，不露纱头</td><td colspan="3"></td><td rowspan="11">按不同规格的框、扇件数，各抽查 5%但均不少于 3 件</td><td rowspan="2">观察和检查测定记录。观察和用手推拉检查。观察和用小锤轻击检查。观察和用尺检查。观察和手摸检查。</td><td rowspan="11">由承包人填报质量验收通知单，经监理工程师抽样检查，签署书面意见</td><td rowspan="11"></td></tr>
<tr><td>Ⅰ级</td><td>Ⅱ级</td><td>Ⅲ级</td></tr>
<tr><td rowspan="2">翘曲</td><td>框</td><td rowspan="9"></td><td colspan="2">3</td><td>4</td><td rowspan="2">将框扇平卧在检查台上，用楔形塞尺检查</td></tr>
<tr><td>扇</td><td colspan="2">2</td><td>3</td></tr>
<tr><td colspan="2">对角线长度差（框、扇）</td><td colspan="2">2</td><td>3</td><td>尺量检查，框量裁口里角，扇量外角</td></tr>
<tr><td colspan="2">胶合板（纤维板）门扇在 $1m^2$ 内平整度</td><td colspan="2">2</td><td>3</td><td>用 1m 靠尺和楔形塞尺检查</td></tr>
<tr><td rowspan="2">宽、高</td><td>框</td><td colspan="2">+0
−1</td><td>+0
−2</td><td rowspan="2">尺量检查，框量内裁口，扇量外缘</td></tr>
<tr><td>扇</td><td colspan="2">+1
−0</td><td>+2
−0</td></tr>
<tr><td colspan="2">裁口线条和结合处高差（框、扇）</td><td colspan="2">0.5</td><td>1</td><td>用直尺和楔形塞尺检查</td></tr>
<tr><td colspan="2">扇的冒头或楔子对水平线</td><td colspan="2">—</td><td>±2</td><td>尺量检查</td></tr>
</table>

表 2-1-15　　**木门窗制作工程质量控制汇总表**

<table>
<tr><th colspan="2" rowspan="2">项目</th><th rowspan="2">质量标准</th><th colspan="3" rowspan="2">允许误差</th><th colspan="4">检验及认可</th></tr>
<tr><th>检验频率</th><th>检验方法</th><th>认可程序</th><th>备注</th></tr>
<tr><td colspan="2" rowspan="2">木门窗制作</td><td rowspan="2">1．木门的树种、材质等级、含水率和防腐、防火处理必须符合设计要求和施工规范的规定。
2．门窗框、扇的槽必须嵌合严密，以胶料胶接并用胶楔紧、胶料品种符合施工规范的规定。
3．小短料胶合的门窗框、扇及胶合板（纤维板）门的面层必须胶接牢固。胶料品种符合施工规范的规定。
4．木料的死节与虫眼处理必须符合检验评定标准的要求。
5．门窗表面应平整，不应有刨痕，毛刺和锤印等，无缺棱掉角。
6．门窗裁口、起线应顺直，割角准确，拼缝严密。
7．压纱条应平直、光滑、规格一致，与裁口齐平，割角连续密实，钉压牢固密实，钉冒不突出。门窗纱绷紧，不露纱头</td><td colspan="3"></td><td rowspan="6">按不同规格的框、扇件数，各抽查 5%，但均不少于 3 件</td><td rowspan="2">观察和检查测定记录。观察和用手推拉检查。观察和用小锤轻击检查。观察和用尺检查。观察和手摸检查</td><td rowspan="10">由承包人填报质量验收通知单，经监理工程师抽样检查，签署书面意见</td><td rowspan="10"></td></tr>
<tr><td>Ⅰ级</td><td>Ⅱ级</td><td>Ⅲ级</td></tr>
<tr><td rowspan="2">翘曲</td><td>框</td><td rowspan="8"></td><td colspan="2">3</td><td>4</td><td rowspan="2">将框扇平卧在检查台上，用楔形塞尺检查</td></tr>
<tr><td>扇</td><td colspan="2">2</td><td>3</td></tr>
<tr><td colspan="2">对角线长度差（框、扇）</td><td colspan="2">2</td><td>3</td><td>尺量检查，框量裁口里角，扇量外角</td></tr>
<tr><td colspan="2">胶合板（纤维板）门扇在 $1m^2$ 内平整度</td><td colspan="2">2</td><td>3</td><td>用 1m 靠尺和楔形塞尺检查</td></tr>
<tr><td rowspan="2">宽、高</td><td>框</td><td colspan="2">+0
−1</td><td>+0
−2</td><td rowspan="4"></td><td rowspan="2">尺量检查，框量内裁口，扇量外缘</td></tr>
<tr><td>扇</td><td colspan="2">+1
−0</td><td>+2
−0</td></tr>
<tr><td colspan="2">裁口线条和结合处高差（框、扇）</td><td colspan="2">0.5</td><td>1</td><td>用直尺和楔形塞尺检查</td></tr>
<tr><td colspan="2">扇的冒头或楔子对水平线</td><td colspan="2">—</td><td>±2</td><td>尺量检查</td></tr>
</table>

本章其余内容见光盘。

第13篇

500kV变电站工程施工监理范例

卢秀进　朱箫杨　高传杨　钟学成　等　编著

第 1 章　某 500kV 变电站工程监理规划

1.1　工程项目概况

1.1.1　工程概况

1.1.1.1　工程名称

500kV 输变电工程。

1.1.1.2　工程地点

×××。

1.1.1.3　工程规模

该项目总占地面积 45.3 亩，围墙内占地面积 38.85 亩，总建筑面积 1195m^2。

（1）主变压器。

远景规模：4×750MVA，无励磁调压自耦变压器。

本期规模：2×750MVA，无励磁调压自耦变压器。

（2）出线。

规划出线：500kV 6 回；220kV 16 回。

本期出线：500kV 2 回；220kV 10 回。

（3）无功补偿。

规划容量：低压电抗器 4×60Mvar、8×60Mvar 低压电容器。

本期容量：低压电抗器 2×60Mvar、4×60Mvar 低压电容器。

（4）电气主接线。

500kV 采用 1 个半断路器接线型式。远期 6 线 4 变，按 4 个完整串规划，1 号和 4 号主变接母线；本期 2 线 2 变，组成 1 个完整串和 2 个不完整串，安装 7 台断路器。

220kV 远期 16 回出线，按双母线双分段接线规划。本期 10 线 2 变，采用双母线双分段接线，安装 16 台断路器。备用回路只装设母线侧隔离开关。

（5）配电装置。

主变采用三相自耦无励磁调压变压器，500kV 采用 GIS，220kV 采用 GIS，35kV 断路器采用 SF6 瓷柱式，35kV 低压并联电抗器采用干式空心电抗器，35kV 低压并联电容器采用大电容器件箱式，全站采用计算机监控系统和微机型保护装置。

1.1.1.4　变电工程建设意义

500kV 变电站工程是山东 500kV 主网架的重要组成部分，是山东电网重要的变电站，同时该变电站为烟台地区枢纽变电站，对烟台电网安全可靠供电具有重要作用。

1.1.1.5　投资规模

变电工程静态投资为 3.54 亿元，工程动态投资 3.73 亿元。

1.1.1.6　工程特点

（1）土建部分的主要特点。

站区总平面布置是在满足工艺、功能要求的前提下充分考虑了防火、卫生、检修、生态环境以及与周围环境协调各方面的因素进行优化，总平面布置紧凑合理，尽量减少占地及建筑物面积，降低资源消耗。

变电站的布置采用三列式布局格式，即从南至北依次布置 500kV 配电装置、主变压器和 35kV 配电装置、220kV 配电装置。

地面排水顺地势单坡布置。场地自动向西排水，排水坡度 1.0%。站内道路呈环形布置，采用公路型道路，混凝土路面，道路两侧不舍路沿石，路面高度高于场地 100mm。路面两侧排水，排水坡度 2%，道路两侧设雨水井，通过地下管道将雨水排入集水池。运变压器的道路宽 5.5。断面总厚度 500mm。其他路宽 4m，转弯半径 9m，断面总厚度 500mm，毛石垫层。在道路与电缆沟相交处，将道路整体浇注跨过电缆沟，取消过道路时的电缆沟盖板。这样处理能使道路成一整体。避免了在沟盖板铺设不整齐时而形象行车。

变电站内主要建筑主控通讯楼为二层建筑，采用框架结构，基础采用钢筋混凝土独立基础。按照节能到求，设计为南、北朝向布置，主立面朝南。体型设计为规则形状，尽量减少表面积，采暖和使用空调的房间窗户面积减小并选用中空玻璃窗，附合节能要求。墙体外侧采用聚苯乙烯板+胶粉聚苯颗粒作为外墙的保温材料，以达到节能降耗的目的。

综合继电器室采用框架结构，屋面采用现浇钢筋混凝土屋面板，基础采用混凝土独立基础，为防止电磁干扰，为了安全可靠及使用周期达到 30 年，墙外侧及屋面板底、地面铺设屏蔽铝网。

（2）电气一次系统特点。

本工程变压器采用单项自耦变压器，不设备用相。自耦变压器在节省材料和降低损耗方面比多绕组变压器有优势，因此在满足系统运行及电网规划前下，本工程选用自耦变压器。

主变压器冷却方式选用自冷＋风冷（ONAN＋ONAF）方式，此种方式的优点在于，负荷在主变压器 70%额定容量以下散热器的风扇不启动，只有负荷大于 70%主变压器额定容量时才启动。主变压器容载比一般应在 1.6~1.8，即主变压器通常工作在 60%额定容量左右，故变压器大多数时间处在自冷方式，可有效节省站用电。

配电设备选用组合型设备，500kV 采用 GIS，220kV 采用 GIS，与常规的敞开式设备相比，可大量节省占地面积。

（3）二次系统部分特点。

500kV 电气主接线为一个半断路器接线，一个完整串和 2 个不完整串，共计 7 台断路器；220kV 电气主接线采用双母线双分段型式。

500kV 栖霞线、昆嵛线配备两套独立的、全线速动保护，主保护一采用分相电流差动保护，主保护二采用分相距离保护，两套主保护含有完整的阶段后备保护。

500kV 栖霞线、昆嵛线的两个保护通道均为光纤通道，分相电流差动保护采用直达 OPGW 通道，分相距离保护采用迂回光纤通道，采用光端机 2M 接口方式。

对于一个半断路器接线，重合闸按断路器配置，重合闸能在两台断路器中灵活地选择和确定“先重合断路器”和经较长延时在重合的“后重合断路器”。“先重合断路器”重合失败后，“后重合断路器”不再重合。先后重合的切换开关装设在重合闸装置面板上。若两条线路同时发生单相故障，应三相跳开连接断路器

500kV 主接线为一个半断路器接线，按断路器配置失灵保护，即每个断路器均配置一套断路器失灵保护。失灵保护不设电压闭锁回路，并且通过母线保护出口跳开母线侧断路器。

500kV 就地判别装置就地判据双重化配置，收信侧收到远眺命令，本侧就地判别保护动作才允许跳闸。即远方跳闸命令经通道 1（远跳命令 1）通道 2（远跳命令 2）分别传送后，接到就地判别装置回路，采用“一取一”加就地判据方式实现断路器跳闸。

500kV 主接线为一个半断路器接线，每组 500kV 母线配置两套独立的、快速的灵敏度母线差动保护。

500kV 故障录波器，根据本期工程规模，新上 500kV 线路故障录波器柜 2 面。

安全自动装置，考虑到在某些严重故障情况下，为确保电网的安全稳定运行，拟配置系统安全稳定控制装置，双重化配置。

1.1.2 工程建设目标

1.1.2.1 五项项目建设管理理念

工程管理理念：标准化开工、标准化施工、标准化管理。

安全管理理念：安全第一，预防为主，以人为本，综合治理。

质量管理理念：一次成优，自然成优。

文明管理理念：以人为本，和谐友好。

环境管理理念：绿色和谐，资源节约。

1.1.2.2 八项管理目标

1.1.2.2.1 综合管理目标：落实国家电网公司基建标准化管理要求，争创国家电网公司输变电工程项目综合管理流动红旗。

1.1.2.2.2 工程安全目标：不发生人身伤亡事故；不发生因工程建设引起的电网及设备事故；不发生一般施工机械设备损坏事故；不发生火灾事故；不发生环境污染事件；不发生负主要责任的重大交通事故；争创国家电网公司输变电工程安全管理流动红旗。

1.1.2.2.3 工程质量目标：变电工程质量满足国家及行业施工验收规范、标准及质量检验评定标准的优良级要求；工程建设期间不发生一般及以上工程质量事故；工程投产后一年内不发生因施工、设计质量原因引发的电网事故、设备事故和一类障碍；40 项重点整治质量通病防治措施执行率 100%；标准工艺应用率 100%；工程实现零缺陷移交，带负荷一次启动成功；争创国家电网公司质量管理流动红旗，确保达标投产和国家电网公司优质工程，争创中国电力优质工程及国家优质工程。

1.1.2.2.4 文明施工和环保目标：严格遵守“安全管理制度化、安全设施标准化、现场布置条理化、机料摆放定置化、作业行为规范化、环境影响最小化”要求，确保文明施工，创建绿色施工示范工程。积极采用“新技术、新材料、新设备、新工艺”，落实“四节一环保”，降低施工活动对环境造成的不利影响，提高施工人员的职业健康安全水平。

1.1.2.2.5 工期管理目标：2011 年 4 月 18 日开工，2011 年 12 月 25 日投产。

1.1.2.2.6 造价管理目标：开展“两型一化”变电站建设，寻求造价与优质的合理平衡点，实现造价控制与优质工程的协调统一，工程造价不超过批准概算。

1.1.2.2.7 信息管理目标：利用现代信息技术为工程服务，开发、运用输变电工程信息管理系统，建立统一的信息化管理平台，保证信息的及时收集，准确汇总，快速传递，充分发挥信息的指导作用。实现本工程管理信息化、决策实时化，全面提高工程管理的效率和质量。

1.1.2.2.8 工程档案管理目标：坚持前期策划、过程控制、网络化管理，工程档案真实、完整，与工程进度同步形成，一次通过省级档案管理部门验收。

1.1.3 参建单位

1.1.3.1 业主单位：×××。

1.1.3.2 建设管理单位：×××。

1.1.3.3 设计单位：×××。

1.1.3.4 监理单位：×××。

1.1.3.5 变电施工单位：×××。

1.1.3.6 线路施工单位：×××。

1.1.3.7 调试单位：×××。

1.1.3.8 运行单位：×××。

1.2 监理工作范围

1.2.1 服务期限

（1）变电站部分：从四通一平工程开工开始至保修期结束。

（2）线路部分：从基础施工至保修期结束。

1.2.2 服务范围

监理服务范围主要包括（但不限于）：

1.2.2.1 500kV 变电站工程土建和电气工程、站外排水、站用水源和电源工程、设备运输、消防、环保水保工程等。

1.2.2.2 500kV 变电站工程主要设备材料检查验收、工程协调、施工、安装、调试、竣工验收及启动投运、资料整理归档、工程移交、达标投产创优、质量保修、工程监理总结等全方位、全过程建设监理工作（包括工程质量控制、安全控制、进度控制、投资控制，工程建设合同管理、信息管理等）。

1.2.2.3 协调工程建设施工、供货、设计等各有关单位间的工作关系，并将“四控制、两管理、一协调”的工作内容始终贯穿与工程建设的各阶段中。工程试运行消缺完成并且系统带电正常后，征得建设管理单位同意可离开现场，达标投产、创优各阶段活动时，根据有关通知进行配合工作，直至质保期和创优工作结束。

1.3 监理工作内容

1.3.1 工程前期阶段

制定工程管理总体规划。

1.3.1.1 工程目标及目标分解。

1.3.1.2 工程一级网络计划。

1.3.1.3 工程项目管理软件 P3 及基建管控模块 ERP 信息收集与上报的实施规划。

1.3.1.4 工程创优监理实施细则。

1.3.1.5 质量控制、进度控制、成本控制、安全控制、合同管理、信息管理、组织协调监理模式。

1.3.1.6 参与设计交底与图纸审查，协助业主组织设计单位、施工单位施工图会审。

1.3.1.7 参加工程前期有关会议。

1.3.2 工程建设阶段

1.3.2.1 设计管理

（1）设计文件的催交、保管、分发、回收等。监理单位应督促设计单位提出设计文件交付计划，其计划应与一级网络计划相适应。

（2）主持施工图会审、设计交底和竣工草图审核，如果施工图会审发现：本工程站外（例如：网调、省调或对侧）需要增设装置或设备，监理有义务及时书面通报建设管理单位。

（3）督促设计单位对各施工承包商的图纸、接口的配合确认工作。

（4）严格按照建设管理单位关于设计变更文件要求核查设计变更，签署意见并发放执行（如遇重大设计变更，应取得建设管理单位确认）。督促设计单位安排设计工代进行现场服务。

（5）物资设备采购之后，监理单位负责与设备监造单位沟通，根据设备采购《技术协议》督促每一个设备厂家和设计单位之间按协议规定时间及时相互交接确认资料，以保证施工图顺利开展。

(6)当设计院完成电气主接线图和电气总平面布置图后(不必等整个卷册完成),监理协助建设管理单位对图纸进行分发和管理。

（7）核查竣工草图、竣工图、竣工资料。

1.3.2.2　质量控制

（1）严格执行建设管理单位《工程项目质量管理制度》，认真做好质量监理工作，确保实现合同协议书规定的质量管理目标。

（2）按照合同通用条件“监理单位的责任”及“监理单位的权利”有关约定进行施工质量控制；制定工程创优计划，确保实现合同协议书规定的质量目标。

（3）审查施工承包商开工报告，报项目法人/项目管理单位确认后批准开工报告。

（4）审查分包商资质，审查试验单位资质，审查施工承包商自行采购设备、材料厂家资质，并报项目法人/项目管理单位确认。

（5）审查施工承包商质量保证体系、安全与文明施工保证体系并监督其运转。

（6）审查施工承包商提交的施工组织设计，并报项目法人/项目管理单位确认；审查施工技术方案/设备调试方案；审查施工承包商提出的大件设备运输方案等；审查施工承包商编制的“施工质量检验项目划分”或类似文件。

（7）检查特殊工种作业人员持证上岗情况；检查施工承包商的培训计划及实施情况。

（8）检查设备、原材料、构配件的采购、验收、入库（进场）、保管和使用情况；参加主要设备的现场开箱检查，对设备保管提出意见，对设备现场消缺进行监督与复核。监督计量器具的有效性。

（9）施工（调试）过程的质量监督。重点加强对质量监控点（W、H、S 点）即重要工序、关键工序、隐蔽工程的质量检查、验收的力度；处理施工（调试）过程中出现的影响质量目标的项目（整改、停工、复工）。

（10）执行并监督施工承包商（项目部）执行建设管理单位《工程项目质量管理制度》，并对执行不力承担责任，对施工承包商（项目部）的执行不力承担连带管理责任。

（11）主持分项、分部工程、关键工序、隐蔽工程的质量检查和验收；组织工程质量验评；进行一般事故调查，在授权范围内批准处理方案；参加重大事故的调查。

（12）核查施工资料的真实性、完整性、规范性并负责监督整理移交。

1.3.2.3　进度控制

（1）严格执行建设管理单位《工程项目进度管理制度》，认真做好进度监理工作，确保实现合同协议书规定的进度管理目标。

（2）使用 P3 软件编制一级进度计划，认真管理和执行工程施工进度计划，确保工程施工的开、竣工时间和工程里程碑进度计划的按时完成。

（3）当工程受到干扰或影响使工期延长时，根据建设管理单位的要求，监理单位应积极采取措施，提出调整施工进度计划的建议，经建设管理单位批准后负责贯彻实施。

（4）当需要提前竣工时，监理单位应积极采取措施，提出调整施工进度计划的建议，批准后负责落实，使工程按要求提前竣工。工程进度必须服从质量、安全目标，工期控制在《合同》工期内。

（5）监督施工承包商编制、执行、调整、控制施工进度计划并提供服务，掌握工程进度，采取措施保证工程按期建成。

（6）执行并监督施工承包商（项目部）执行建设管理单位《工程项目进度管理制度》，对施工承包商（项目部）的执行不力承担连带管理责任。

1.3.2.4　投资控制

（1）严格执行建设管理单位《工程项目投资管理制度》，认真做好投资监理工作，确保实现合同协议书规定的投资管理目标。

（2）工程建成后最终投资控制符合审批概算中静态控制、动态管理的要求，力求优化设计、施工，节约工程投资。认真做好施工监理工作。

（3）严格管理施工承包合同规定范围内的承包总费用。监理范围内的工程，工程总投资控制在批准的概算范围之内。

（4）审核年度投资建议计划和季度投资计划并上报；根据年度投资实施计划下达执行计划。协助建设管理单位编制财务计划，控制资金使用。

（5）审查施工承包商的工程报表，编制监理报表并报建设管理单位。

（6）审查工程变更单，签署费用意见。

（7）审查施工承包商工程结算书，参加工程预结算，签署付款意见。

（8）协助处理工程索赔。

（9）协助编制固定资产清册。

1.3.2.5　安全控制

（1）严格执行建设管理单位《工程项目安全监理管理办法》和《工程项目环境保护管理办法》，认真做好安全监理工作，确保实现合同协议书规定的安全和环境管理目标，协助“项目安全委员会”开展工作。

（2）设立专职安全员兼环保与水保专责，负责施工安全监督检查和环境保护管理监督工作。

（3）建立以安全责任制为中心的安全监理制度及运行机制，总监为安全第一责任人，履行安全监理职责，对项目建设过程中的安全文明施工进行全面的控制和监督。配备安全监理工程师，负责现场安全工作的控制和监督。对现场发生的事故以及施工现场安全性评价未达标负主要连带管理责任。考虑到进一步强化安全监督管理责任，按工程监理费总价的 2.5%预留，作为监理安全保留金。

（4）在编制“监理规划”“监理实施细则（报建设管理单位备案）”时，明确安全监理目标、措施、计划和安全监理工作程序，并建立相关的程序文件。

（5）审查施工承包商的项目管理实施规划（施工组织设计）、安全文明施工二次策划方案、重大技术方案以及重大项目、重要工序、危险性作业、特殊作业的安全技术措施；按时检查施工机具、工具的安全性能和安全措施落实情况。

（6）执行并监督施工承包商（项目部）执行建设管理单位《工程项目安全管理制度》，并对执行不力承担责任，对施工承包商（项目部）的执行不力承担连带管理责任。

（7）组织定期或不定期安全检查，协助建设管理单位组织安全检查。并按“三定”（定人、定时间、定项目）要求督促落实整改措施。负责按规定建立安全管理台账。安全检查、巡查时有权按照建设管理单位的处罚标准对施工承包商进行考核处罚（监理建立处罚台账并实施处罚，在施工承包合同结算时提供核减处罚依据）。

（8）按照施工承包商编写的《500kV 变电站工程安全文明施工策划实施纲要》要求，督促施工承包商进行安全文明施工管理，对安全措施补助费的使用进行监督、审核。对所监理的项目安全文明施工二次策划不满足要求的，有权不予批准开工；对实施过程中达不到策划要求的，有权要求施工承包商停工整改。发现施工承包商未落实施工组织设计及专项施工方案中安全措施，或未按《国家电网公司变电站工程安全文明施工标准化工作规定（试行）》开展文明施工活动，或将施工安全措施补助费、安全文明施工费挪作他用的，要责令其立即整改；对施工承包商拒不整改或不及时整改的，监理单位应当及时向建设管理单位报告，并有权拒绝核签施工承包商相关费用的支付申请。

（9）参加或受委托组织安全事故调查，审查并在授权范围内批准施工承包商的事故处理方案，监督事故处理过程，检查事故处理结果，签证处理记录；并参加有关部门组织的重大安全事故调查，提出整改要求和处理意见。

（10）经常监督检查施工承包商的现场安全文明施工状况（安全体系的运作，人员、机械、安全措施、施工环境等），发现问题及时督促整改，遇到安全施工的重大问题或隐患时，及时提出“暂停施工”通知，对于施工承包商对重大安全隐患整改不力，有权发出停工令。对施工承包商（项目部）的各种违章行为负有连带管理责任。

1.3.2.6 物资管理

（1）严格执行建设管理单位《工程项目物资设备管理制度》，认真做好物资设备监理工作，确保合格的物资设备用于工程。

（2）大件设备到工地的验收、接货、装卸、运输、就位等全过程的协调、管理和监督；协助、督促施工承包商处理好运输过程中的地方关系及有关协议的落实。

（3）组织由项目法人采购的物资催交、现场交接；安排开箱检查；协助处理索赔。

（4）监督设备现场保管和消缺。

（5）安排供货厂商的现场服务。

1.3.2.7 合同管理

（1）参加由建设管理单位组织的施工招标工作及合同签订。

（2）参加主要设备、材料的招标与评标、合同谈判工作并提出监理意见。参与并监督施工合同、订货合同及其他合同的签订及履行。建设管理单位与设计、供货、施工、调试、监督（监造）等各施工承包商签订的承包合同中，属委托监理单位代行履约的部分，监理单位应认真履约。

（3）熟悉建设管理单位与各施工承包商签订的承包合同，监督承包合同的履行，协助解决合同纠纷和索赔等事项。协调监理合同范围内各施工承包商间的关系，特别是安排好接口处的衔接。接受上一层次的协调，并组织贯彻、落实。当发生索赔事宜时，监理应核定索赔的依据和索赔的费用，并提出监理意见。

1.3.2.8 信息管理

（1）采用 P3、ERP 基建管控模块管理软件，根据项目法人要求的数据、数据格式和规定的时间输入、更新数据，不得以任何方式拒绝。配合建设管理单位或其委托的单位开展相应的进度计划编制、分析工作。

（2）应保证现场信息反馈的畅通。总监必须配备手机，应 24h 开机。现场监理机构在场平开工后应保证电话、传真、Email 的 24h 畅通。现场应设置复印机，电话、传真、Email 和复印机不能与施工承包商公用。

（3）收集、保存、分析、处理、发布工程信息，编发《工程周报》《工程协调会纪要》《工程调度会纪要》《专题会议纪要》《监理月报》等信息文件。

（4）按照建设管理单位要求，采用变电站工程基建管控模块 ERP 系统，配备专职人员进行变电站工程建设管理系统管理，实行计算机联网管理，建立工程项目信息网络，采用高效和规范的监理手段提高工程监理服务质量。在各参建单位配合下，收集、发送和反馈工程信息，形成信息共享。

（5）建立完整的监理工作档案；组织工程档案资料的编制和出版，并移交监理数码图片电子文件。

（6）工程所有资料的知识产权在业主，在工程结束后需全部移交业主，监理不得自留及用于本工程外任何其他商业行为。

1.3.2.9 组织协调

（1）监理单位应在工程监理服务范围内，根据工程建设的需要主动协调各有关单位的工作关系。这些单位包括：建设管理单位、设计、施工、设备厂家、材料供应、当地政府部门、当地电力部门和与工程建设有关的单位。

（2）在工程前期，监理单位有责任和义务积极配合建设管理单位完成与地方有关部门的协调工作，包括征地、拆迁、赔偿等，并协助建设单位办理的工程开工所需的有关手续。

（3）在工程施工过程中，负责与地方有关部门的日常协调工作。对于重大问题，在参与地方有关部门协调的同时，应及时通报建设管理单位，并配合建设管理单位组织人员解决这些问题。

（4）组织或参与工程建设中的协调会、调度会、安全大检查、设计联络会、调试、调度、技术方案审查会、启委会及启动调试、工程总结等会议，编写和发送会议纪要；参与国际招标合同的现场工程会议纪要，由监理出英文纪要。

（5）设备合同签订后，监理负责通过设备监造单位协调、督促每个厂家与设计院交接确认资料。负责按各级调度的要求协调各厂家收集所需的试验报告、说明书及参数等资料，分别递交省中调、市调，同时将对方签收的目录清单传真给建设管理单位。递交图纸可以随着出图进度陆续分批向调度部门提资。

（6）载波通信设备合同签订后，监理立即负责协调设计院和相关设备厂家收集资料，用于向调度部门申请线路载波频率（如果线路不开载波，将没有此项工作）。

1.3.2.10 外事工作

（1）外方人员在现场的工作安排：通过承包方，提出外方人员工作计划，检查确认外方人员工作完成情况，外方人员现场考勤和计时，考核外方人员的工作、通报外方人员的工作失误，组织外方人员对中方进行培训和技术交底，组织外方人员参加开箱检查、处理设备问题，组织索赔资料，督促外方人员确认工作成果，督促外方人员出具系统调试签证，组织现场工作协调会议并签署纪要等。

（2）检查落实中方人员配合外方人员的工作情况，协调中方各有关单位人员与外方人员的工作关系。

（3）根据有关合同组织、检查、落实中方有关单位向外方人员提供办公条件和中方责任范围内的生活条件。

1.3.2.11　系统调试

（1）协助成立启动验收委员会。

（2）参加审查系统调试计划、调试方案、调试报告。

（3）参加审查启动、试运行方案和计划。

（4）组织工程参建单位配合系统调试、启动、试运行。

1.3.2.12　竣工验收和移交

（1）组织工程初检、参加质监检查、竣工预验收和竣工验收，及时验评，督促消缺并参加复检。

（2）审查施工承包商提出的申请竣工预验收报告、竣工验收报告。

（3）负责相关单位工程资料、声像资料（具体要求另行提供）的整理与监督检查及初审，负责整理竣工资料并负责牵头移交与签证。

（4）组织工程总结，参加工程评比，提出奖惩建议。

（5）参加达标投产、创优、环评验收等检查工作。

（6）工程保修期间的服务。

（7）在履行服务时遵守建设管理单位与施工承包商签订的施工合同中与监理工程师履行职责有关的各项条款，并提供作为一个成熟的监理单位应该了解的与上述服务范围相关而在此未予详细列写的其他一切服务。

1.4　监理工作目标

（1）确保实现各项工程建设目标。

（2）监理合同、服务承诺、监理大纲履行率 100%。

（3）优质服务，让业主满意。

（4）实现监理服务的零投诉。

（5）主要监理目标分解。

1）安全目标分解。

监理项目部通过事前、事中、事后全过程监理安全控制，努力做到：

a．安全技术措施审查合格率 100%。

b．安全文件审查备案率 100%。

c．重要设施安全检查签证率 100%。

d．安全巡视、检查、旁站到位率 100%。

e．违章查处、整改闭环率 100%。

2）质量目标分解。

为达到创优质工程的质量目标，监理项目部坚持以事前预控为主，进行主动控制，严格事中控制、辅以事后控制的原则，并将创优质工程的质量目标分解如下：

a．单位工程、分部工程开工前，监理项目部从“人、机、料、法、环”等五个方面对工程质量进行事前主动控制，做到：

a）地基与基础、主体、装饰等分部工程施工方案审查合格率 100%。

b）分包单位、特殊工种人员资格审查合格率 100%。

c）钢材、砂、石、水泥、混凝土试块、防水卷材、压接导线等原材料试件监理见证送检率 100%。

b．对工程施工中的关键工序、重要部位和薄弱环节，监理项目部设置质量控制点（“W”点—见证点；“H”点—停工待检点；“S”点—旁站点）进行重点控制，做到：

a）混凝土浇筑、防水施工、导线压接、主变压器安装等关键工序监理旁站到位率 100%。

b）基坑回填和防雷接地网敷设、回填、墙体抹灰等隐蔽工程监理见证率 100%。

c）督促施工单位对施工质量进行“三级自检”，在此基础上对工程质量进行监理初检，验收缺陷监理复检闭环率 100%。

d）施工质量通病缺陷处理监理复检闭环率 100%。

c．经工程中间验收和竣工验收，工程质量总评优良，并满足：

a）工程设计合理、先进。

b）分项工程合格率 100%。

c）分部工程合格率 100%。

d）单位工程优良率 100%。

e）工程档案资料规范、完整、准确，便于快捷检索。

3）进度目标分解。

坚持以“工程进度服从安全、质量”为原则，积极采取相应措施，确保工程开、竣工时间和工程阶段性里程碑计划的按时完成。

a．确保工程 2011 年 4 月 18 日开工。

b．确保工程里程碑各节点计划的实现。

c．确保工程 2011 年 12 月 25 日竣工。

d．工程协调及时率 100%，责任落实率 100%，问题关闭率 100%。

4）投资目标分解。

监理部根据工程实际情况，对造价控制目标分解如下：

a．工程最终投资控制符合审批概算中的静态控制、动态管理的要求，力求优化设计、施工，节约工程投资。

b．严格管理施工承包合同规定范围内的承包总费用，监理范围内的工程，工程总投资控制在批准的概算范围之内。

c．在工程建设过程中本着主人翁意识和责任感，按照合同规定的程序和原则履行好投资控制职责，积极配合设计、施工单位进行技术优化工作，并及时主动反映、协调有可能对工程投资造成影响的任何事宜。

5）文明施工和环保、水保目标分解。

文明施工目标：安全管理制度化、安全设施标准化、现场布置条理化、机料摆放定置化、作业行为规范化、环境影响最小化，营造安全文明施工的良好氛围，创造良好的安全施工环境和作业条件。

环保、水保目标：建设“环境友好型、资源节约型”的绿色和谐工程。保护生态环境，不超标排放，不发生环境污染事故，落实“四节一环保”，做到节能、节地、节水、节材和环境保护，节约资源，减少能源消耗，降低施工活动对环境造成的不利影响，提高施工人员的职业健康安全水平。现场排污减噪达到标准要求，施工固体废弃物回收和再利用率大于 30%，减少施工场地和周边环境植被的破坏，减少水土流失；现场施工环境满足环保要求。

1.5　监理工作依据

1.5.1　法律、法规

监理工作依据法律法规见表 1-5-1。

表 1-5-1　　监理工作依据法律法规

文件编号	文件名称	说　明
1989 年主席令第 22 号	中华人民共和国环境保护法	1989.12.26 施行
1997 年主席令第 91 号	中华人民共和国建筑法	1998.03.01 施行
主席令（九届第 15 号）	中华人民共和国合同法	1999.10.01 施行
1999 年主席令第 21 号	中华人民共和国招标投标法	2000.01.01 施行
1995 年主席令第 60 号	中华人民共和国电力法	1996.04.01 施行
2000 年主席令第 32 号	中华人民共和国大气污染防治法	2000.09.01 施行
2002 年主席令第 70 号	中华人民共和国安全生产法	2002.11.01 施行
2003 年主席令第 8 号	道路交通安全法	2004.05.01 施行
2007 年主席令第 65 号	中华人民共和国劳动合同法	2008.01.01 施行
2008 年主席令第 6 号	中华人民共和国消防法	2009.05.01 施行
2010 年主席令第 39 号	中华人民共和国水土保持法	2011.03.01 施行
2000 年国务院令第 279 号	建设工程质量管理条例	2000.01.30 施行
2000 年国务院令第 284 号	中华人民共和国水污染防治法实施细则	2000.03.20 施行
2003 年国务院令第 375 号	工伤保险条例	2004.01.01 施行
2003 年国务院令第 393 号	建设工程安全生产管理条例	2004.02.01 施行
2004 年国务院令第 405 号	中华人民共和国道路交通安全法实施条例	2004.05.01 施行
2007 年国务院令第 493 号	生产安全事故报告和调查处理条例	2007.06.01 施行
2009 年国务院令第 549 号	特种设备安全监察条例	2009.05.01 施行
2010 年国务院第 586 号	国务院关于修改《工伤保险条例》的决定	2011.01.01 施行
2001 年建设部令第 107 号	建筑工程施工发包与承包计价管理办法	2001.12.01 施行
1996 年劳动部令第 138 号	劳动防护用品管理规定	1996.06.01 施行
2005 年国家安全生产监督管理总局令第 1 号	劳动防护用品监督管理规定	2005.09.01 施行
工质字〔2010〕9 号	《国家优质工程审定办法（2010 年修订稿）》	替代《国家优质工程审定与管理办法（2007 年修订稿）》
中电建协〔2011〕8 号	《中国电力优质工程奖评选办法》（2011 版）	

1.5.2　国家和行业相关的设计、施工及验收和调试的技术规程、规范和质量检验、评定标准

1.5.2.1　建筑部分

建筑部分依据文件见表 1-5-2。

表 1-5-2　　建筑部分依据文件

文件编号	文件名称	说　明
GB 50300—2001	建筑工程施工质量验收统一标准	
GB 50303—2002	建筑电气工程施工质量验收规范	
GB 50202—2002	建筑地基基础工程施工质量验收规范	
GB 50310—2002	电梯工程施工质量验收规范	
GB 50203—2002	砌体工程施工质量验收规范	
GB 50210—2001	建筑装饰装修工程质量验收规范	
GB 50617—2010	建筑电气照明装置施工与验收规范	
GB 50212—2002	建筑防腐蚀工程施工及验收规范	
GB 50212—2002	建筑防腐蚀工程施工及验收规范（条文说明）	
GB 50224—2010	建筑防腐蚀工程质量验收规范	
GB 50209—2010	建筑地面工程施工质量验收规范	
GB 50141—2008	给水排水构筑物工程施工及验收规范	
GB 50242—2002	建筑给水排水及采暖工程施工质量验收规范	
GB 50268—2008	给水排水管道工程施工及验收规范	
GB 50207—2002	屋面工程质量验收规范	
GB 50209—2002	建筑地面工程施工质量验收规范	
GB 50208—2002	地下防水工程施工质量验收规范	
GB 50243—2002	通风空调工程施工质量验收规范	
GB 50164—92	混凝土质量控制标准	
GB 50107—2010	混凝土强度检验评定标准	
GB 50204—2002	混凝土结构工程施工质量验收规范	
GB 50601—2010	建筑物防雷工程施工与质量验收规范	
GB 50166—2007	火灾自动报警系统施工验收规范	
GB 50205—2001	钢结构工程施工质量验收规范	
GB 50496—2009	大体积混凝土施工规范	
GB 50330—2002	建筑边坡工程技术规范	
GB 50300—2001	建筑工程质量检验评定标准	
GBJ 141—90	给水排水构筑物施工及验收规范	
GBJ 141—90	给水排水构筑物施工及验收规范条文说明	
Q/GDW 183—2008	110～1000kV 变电（换流）站土建工程施工质量验收及评定规程	

1.5.2.2　电气部分

电气部分依据文件见表 1-5-3。

表 1-5-3　　电气部分依据文件

文件编号	文件名称	说　明
GB 50147—2010	电气装置安装工程 高压电器施工及验收规范	
GB 2314—2008	电力金具通用技术条件	
GB 50148—2010	电气装置安装工程 电力变压器、油浸电抗器、互感器施工及验收规范	

续表

文件编号	文件名称	说　明
GB 50150—2006	电气装置安装工程 电气设备交接试验标准	
GB 50168—2006	电气装置安装工程 电缆线路施工及验收规范	
GB 50169—2006	电气装置安装工程 接地装置施工及验收规范	
GB 50170—2006	电气装置安装工程 旋转电机施工及验收规范	
GB 50171—92	电气装置安装工程 盘、柜及二次回路接线施工及验收规范	
GB 50172—92	电气装置安装工程 蓄电池施工及验收规范	
GB 50173—92	电气装置安装工程 35kV 及以下架空电力线路施工及验收规范	
GB 50254—96	电气装置安装工程 低压电器施工及验收规范	
GB 50255—96	电气装置安装工程 电力变流设备施工及验收规范	
GB 50256—96	电气装置安装工程 起重机电气装置施工及验收规范	
GB 50257—96	电气装置安装工程 爆炸和火灾危险环境电气装置施工及验收规范	
GB 50259—96	电气装置安装工程 电气照明装置装置施工及验收规范	
GB 50233—2005	110～500kV 架空电力线路施工及验收规范	
DL/T5161.1—5161.17—2002	电气装置安装工程质量检验及评定规程	
DL/T 5168—2002	110～500kV 架空电力线路工程施工质量检验及评定规程	

1.5.2.3 安全部分

安全部分依据文件见表 1-5-4。

表 1-5-4　　安全部分依据文件

文件编号	文件名称	说　明
GB 50194—93	建设工程施工现场供用电安全规范	
GB 50278—98	起重设备安装工程施工及验收规范	
GB 6067—85	起重机械安全规程	
GB 2894—2008	安全标志及其使用导则	
GB 18218—2009	危险化学品重大危险源辨识	
GB/T28001—2001	职业健康安全管理体系规范	
DL 5009.2—2004	电力建设安全工作规程（第 2 部分）架空电力线路	
DL 5009.3—1997	电力建设安全工作规程 变电站部分	
DL 408—91	电业安全工作规程（发电厂和变电所电气部分）	
DL 560—95	电业安全工作规程（高压试验室部分）	

1.5.3 与工程建设有关的强制性条文

与工程建设有关的强制性条文见表 1-5-5。

表 1-5-5　与工程建设有关的强制性条文

2009 年版	工程建设标准强制性条文（房屋建筑部分）
建标〔2006〕102 号	工程建设标准强制性条文（电力工程部分）
建标〔2000〕40 号	工程建设标准强制性条文（工业建筑部分）
建设部令第 81 号	实施工程建设强制性生产标准监督规定
Q/GDW 248—2008	输变电工程建设强制性条文实施规程

1.5.4 国家电网公司有关管理制度和规定

国家电网公司有关管理制度和规定见表 1-5-6。

表 1-5-6　国家电网公司有关管理制度和规定

文件编号	文件名称	说　明
2010 版	国家电网公司监理项目部标准化工作手册（330kV 及以上变电工程分册）	
国家电网基建质量〔2007〕11 号	国家电网公司变电站工程建设监理工作表式（2007 版）	
国家电网基建质量〔2007〕11 号	国家电网公司输电线路工程建设监理工作表式（2007 版）	
国家电网基建〔2006〕699 号	国家电网公司工程建设质量管理规定（试行）	
国家电网基建〔2006〕674 号	国家电网公司工程建设质量责任考核办法（试行）	
基建质量〔2010〕19 号	国家电网公司输变电工程质量通病防治工作要求及技术措施	
基建质量〔2006〕135 号	关于应用《国家电网公司输变电工程施工工艺示范手册》的通知	
基建质量〔2007〕89 号	关于印发《国家电网公司输变电工程建设创优规划编制纲要》等 7 个指导文件的通知	
基建质量〔2009〕290 号	关于应用《国家电网公司输变电工程施工工艺示范》光盘的通知	
国家电网基建〔2010〕165 号	国家电网公司输变电工程典型施工方法管理规定	
基建质量〔2010〕322 号	输变电工程施工过程质量控制数码照片采集与管理工作要求	
国家电网基建〔2011〕146 号	关于印发《国家电网公司输变电工程达标投产考核办法》的通知	
国家电网基建〔2010〕166 号	国家电网公司电力建设工程施工质量监理管理办法	
基建质量〔2010〕100 号	国家电网公司输变电工程工艺标准库	
国家电网生技〔2005〕400 号	国家电网公司十八项电网重大反事故措施（试行）	
国家电网基建〔2007〕302 号	关于印发《国家电网公司电力建设工程施工安全监理管理办法》的通知	
国家电网基建安全〔2010〕270 号	国家电网公司输变电工程施工现场安全通病及防治措施	

续表

文件编号	文件名称	说明
国家电网基建〔2010〕1020 号	国家电网公司基建安全管理规定	
国家电网工〔2004〕264 号	国家电网公司电力建设工程重大安全生产事故预防与应急处理暂行规定	
国家电网基建安全〔2005〕50 号	国家电网公司输变电工程施工危险点辨识及预控措施	
国家电网基建〔2010〕174 号	国家电网公司建设工程施工分包安全管理规定	
国家电网安监〔2007〕98 号	国家电网公司应急预案编制规范	
国家电网安监〔2007〕206 号	国家电网公司安全风险管理体系实施指导意见	
国家电网安监〔2007〕669 号	国家电网公司关于印发反事故斗争二十五条重点措施及释义的通知	
国家电网安监〔2007〕110 号	国家电网公司应急管理工作规定	
国家电网安监〔2008〕891 号	国家电网公司电力建设起重机械安全监督管理办法	
国家电网安监〔2009〕998 号	国家电网公司加强建设工程分包安全监督若干重点要求	
国家电网科〔2010〕1256 号	国家电网公司环境保护管理办法	
基建安全〔2011〕35 号	关于印发《国家电网公司施工现场安全管理条文汇编（输变电工程类）》的通知	
国家电网安监〔2008〕841 号	关于印发《国家电网公司电力建设起重机械安全监督管理办法》的通知	
国家电网安监〔2008〕1057 号	关于印发《国家电网公司电力建设工程分包安全协议范本》的通知	
国家电网基建〔2008〕696 号	国家电网公司建设起重机械安全管理重点措施（试行）	
国家电网安监〔2009〕664 号	国家电网公司电力安全工作规程（变电部分）	
国家电网安监〔2009〕664 号	国家电网公司电力安全工作规程（线路部分）	
国家电网基建〔2005〕534 号	国家电网公司输变电工程施工安全措施补助费、文明施工措施费管理规定（试行）	
国家电网工〔2004〕488 号	《电力建设安全健康环境评价管理办法（试行）》	
国家电网基建〔2011〕148 号	关于印发《国家电网公司输变电优质工程评选办法》的通知	
国家电网基建〔2011〕147 号	关于印发《国家电网公司输变电工程项目管理流动红旗竞赛实施办法》的通知	

1.5.5 山东电力集团公司有关管理制度和规定

山东电力集团公司有关管理制度和规定见表 1-5-7。

表 1-5-7 山东电力集团公司有关管理制度和规定

文件编号	文件名称	说明
集团基工〔2007〕11 号	山东电力集团公司输变电工程建设质量事故调查规定（试行）	
鲁电特监〔2007〕21 号	关于下发山东电力特种设备和特种作业人员安全管理规定的通知	
鲁电集团安监〔2011〕36 号	山东电力集团公司 2011 年安全工作意见	

1.5.6 项目建设管理单位及上级单位对本工程项目的其他管理文件

1.5.6.1 《500kV 变电站工程建设管理纲要》。

1.5.6.2 本工程建设监理合同。

1.5.6.3 工程设计文件。

1.5.6.4 公司体系文件及相关规定。

1.5.7 其他监理工作依据

详见及时更新并经审批的《监理项目部技术标准清单》。

1.6 监理项目部组织结构

机构设置本着“机构简捷、层次分明、跨度合理、目标明确、职责到位、人尽其才、决策统一、控制有力”的原则组建。监理项目部设置总监理工程师一名，总监理工程师代表一名，安全副总监一名，作为监理项目部的领导层；安全监理工程师一名，专业监理工程师四名（土建三名、电气一名），技经监理工程师一名，信息档案管理员一名，线路监理工程师一名，电气监理员一名，登高监理员一名。监理项目部组织机构图如图 1-6-1 所示。

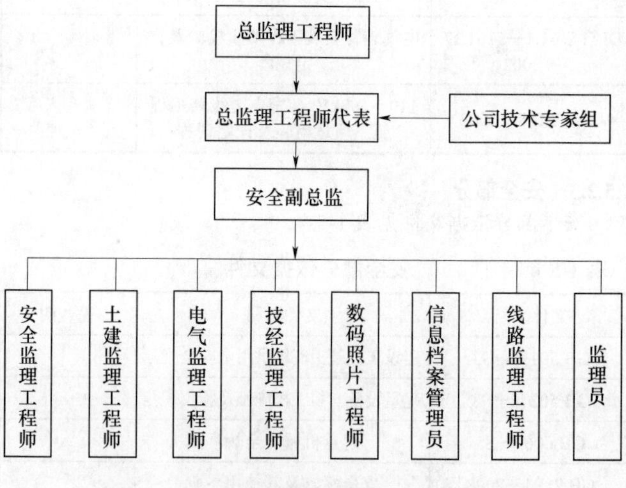

图 1-6-1 500kV 输变电工程监理项目部组织机构图

1.7 项目监理机构的人员岗位职位

1.7.1 总监理工程师职责

总监理工程师是公司派往受监理工程项目的全权负责人，全面负责和领导项目的监理工作。

1.7.1.1 确定项目监理机构人员的分工和岗位职责。

1.7.1.2 主持编写项目监理规划，审批项目监理实施细则，并负责管理项目监理机构的日常工作。

1.7.1.3　审查分包单位的资质，并提出审查意见。

1.7.1.4　检查和监督监理人员的工作，根据工程项目的进展情况可进行人员调配，对不称职的人员应调换其工作。

1.7.1.5　主持监理工作会议，签发项目监理机构的文件和指令。

1.7.1.6　审定承包商提交的开工报告、施工组织设计、技术方案、进度计划。

1.7.1.7　审核签署承包商的申请、支付证书和竣工结算。

1.7.1.8　审查和处理工程变更。

1.7.1.9　主持或参与工程质量事故的调查。

1.7.1.10　调解建设单位与承包商的合同争议、处理索赔、审批工程延期。

1.7.1.11　组织编写并签发监理月报、监理工作阶段报告、专题报告和项目监理工作总结。

1.7.1.12　审核签认分部工程和单位工程的质量检验评定资料，审查承包商的竣工申请，组织监理人员对验收的工程项目进行质量检查，参与工程项目的竣工验收。

1.7.1.13　主持整理工程项目的监理资料。

1.7.1.14　负责监理部人员的在岗学习和培训工作。

1.7.1.15　完成业主交办的其他工作。

1.7.2　总监理工程师代表职责

总监理工程师代表负责总监理工程师指定或交办的监理工作，但总监理工程师不得将下列工作委托给总监理工程师代表：

1.7.2.1　主持编写监理规划，审批监理实施细则。

1.7.2.2　签发工程开工/复工报审表、工程暂停令、工程款支付申请表、工程竣工报验单。

1.7.2.3　审核签认竣工结算。

1.7.2.4　调解建设和施工单位的合同争议、处理索赔、审批工程延期。

1.7.2.5　根据工程项目的进度情况进行监理人员的调配，调换不称职的监理人员。

1.7.2.6　审查分包项目及分包单位资质。

按总监工程师的授权，行使总监理工程师的部分职责和权力。

1.7.3　安全副总监的职责

安全副总监在总监理工程师代表的领导下进行工作，负责工程安全管理的各项工作。

1.7.4　专业监理工程师职责

在总监理工程师统一领导下，负责开展本专业的监理工作。

1.7.4.1　负责编制本专业监理实施细则。

1.7.4.2　负责本专业监理工作的具体实施。

1.7.4.3　组织、指导、检查和监督本专业监理员的工作，当人员需要调整时，向总监理工程师提出建议。

1.7.4.4　审查承包商提交的涉及本专业的计划、方案、申请、变更，并向总监理工程师提出报告。

1.7.4.5　负责本专业分项工程验收及隐蔽工程验收。

1.7.4.6　定期向总监理工程师提交本专业监理工作实施情况报告，对重大问题及时向总监理工程师汇报和请示。

1.7.4.7　根据本专业监理工作实施情况做好监理日记。

1.7.4.8　负责本专业监理资料的收集、汇总及整理，参与编写监理月报。

1.7.4.9　核查进场材料、设备、构配件的原始凭证、检测报告等质量证明文件及其质量情况，根据实际情况认为有必要时对进场材料、设备、构配件进行平行检验，合格时予以签认。

1.7.4.10　负责本专业的工程计量工作，审核计量的数据和原始凭证。

1.7.5　专业监理员职责

1.7.5.1　在专业监理工程师的指导下开展现场监理工作。

1.7.5.2　检查承包商投入工程项目的人力、材料、主要设备及其使用、运行状况，并做好检查记录。

1.7.5.3　复核或从施工现场直接获取工程计量的有关数据并签署有关凭证。

1.7.5.4　按设计图及有关标准，对承包商的工艺过程或施工工序进行检查和记录，对加工制作及工序施工质量检查结果进行记录。

1.7.5.5　担任旁站工作，发现问题及时指出并向专业监理工程师汇报。

1.7.5.6　做好监理日记和有关的监理记录。

1.7.6　安全监理工程师职责

1.7.6.1　程师的领导下，负责工程建设项目安全监理的日常工作。

1.7.6.2　责安全监理策划工作，编写监理规划中的安全监理内容和安全监理工作方案。

1.7.6.3　施工企业、分包单位的安全资质和项目经理、专职安全管理人员、特种作业人员的上岗资格，并在过程中检查其持证上岗情况。

1.7.6.4　总监理工程师组织本项目监理人员的安全学习，督促施工项目部开展安全教育等安全培训工作。

1.7.6.5　项目管理实施规划（施工组织设计）中安全技术措施和施工过程中重大安全技术方案的审查。

1.7.6.6　施工项目部风险因素识别、评价及其控制措施的适宜性、充分性、有效性，督促做好危险作业预控工作。

1.7.6.7　检查危险性较大的分部分项工程专项施工方案或其他安全技术措施的实施情况。

1.7.6.8　或参与安全例会和安全检查，参与重大施工的安全技术交底，对施工过程进行安全监督和检查，做好各类检查记录和监理日志。对不合格项或安全隐患提出整改要求，并督促整改闭环；发现重大安全事故隐患及时制止并向总监理工程师报告。

1.7.6.9　安全文明施工措施补助费的使用情况；协调交叉作业和工序交接中的安全文明施工措施的落实工作。

1.7.6.10　做好安全管理台账以及安全监理工作资料的收集和整理。

1.7.6.11　配合安全事故调查处理工作。

1.7.7　技经、合同管理监理工程师职责

1.7.7.1　按合同规定审查“工程预付款报审表”“工程季度付款报审表”等，并签署审核意见。

1.7.7.2　在工程施工过程中，以合同中标价为准，对工程项目的实际投资与计划投资（即投资控制目标）进行比较，对两者的偏差，采取切实有效的措施加以控制。

1.7.7.3　负责投资控制，应着重掌握工程施工合同中有关价款与支付、材料供应、设计变更、竣工与结算争议，违约和索赔等有关条款，找出工程费用最易突破的部分，明确投资控制点。

1.7.7.4　定期进行以下工作：对实际投资支出按分部工程，分项工程进行分析。预测可能出现的工程风险及可能发生的索赔诱因，制定出防范性的措施。通过比较，找出实

际支出额与投资控制目标的偏离数，并采取有效措施加以控制。

1.7.7.5 根据合同约定的报表周期，对承包商的计量申请进行审核。计量的根据是工程设计图及材料明细表中数量和法定的或合同中约定的计量方法。与设计图纸不符的工程量和施工承包商自身质量原因造成返工的工程量不予计量。

1.7.7.6 负责下列项目的报表、报审表的汇总（编制）、分析、审核工作，并签署专业意见后由总监理工程师签字报送建设管理单位：

（1）工程预付款报审表。

（2）工程进度款报审表。

（3）工程结算书（最终支付证书）。

（4）合同约定以及业主安排的其他报审表。

1.7.7.7 对建设管理单位与各承包商（施工、材料、设备等）签订的承包合同实施监督管理，并监督有关各方认真履约，并对各类承包合同的执行情况进行分析、跟踪管理。

1.7.7.8 负责工程各类变更以及索赔的管理工作，当发生变更以及索赔时，负责审核变更以及索赔是否符合合同规定，符合建设管理单位管理程序，并负责会同专业监理工程师审核后，签署意见报总监理工程师。

1.7.8 信息管理监理工程师（员）职责

1.7.8.1 负责本工程的信息监控。对工程设计、施工承包商的上报信息进行审核、汇总，并于每月月底向建设管理单位提供相应的工程信息。

1.7.8.2 信息监控的主要内容包括：

（1）各施工、设计、承包商的机构设置。

（2）工程主要技术经济指标。

（3）主要工程量一览表。

（4）施工进度（含：工程进度网络图、工程进度横道图、月度计划、形象进度、完成实物工程量、影响进度的因素等）。

（5）施工质量（含工程中间检查报告、验收报告、工程质量事故分析报告，竣工移交资料等）。

（6）合同记录、合同执行情况等。

（7）ERP 基建管控模块操作系统需要监理部上传或收集的所有信息。

1.7.8.3 建立信息档案。其中包括：信息名称、来源、时间、信息提供者、接受者、接受形式、信息类型和处理结论。

1.7.8.4 对有关工程的上级发文、各种会议纪要、汇报材料等及时收集整理，按照审阅权限流程进行流转、转发与上报。

1.7.8.5 为确保工程信息管理正常运行，信息管理员应定期对所用硬盘和优盘等存储介质查毒并采用移动硬盘备份，一旦发现计算机病毒应马上停止使用计算机，并向总监理师和总监理工程师代表报告。

1.7.8.6 负责及时收集业主安排的各类信息，并在业主要求的期限内完成。

1.7.8.7 严格遵守信息保密制度。不经业主批准不得将有关信息泄露于他人。

1.8 监 理 设 施

监理主要资源配置表见表 1-8-1。

表 1-8-1　　监理主要资源配置表

序号	类别	名称	规格或型号	单位	数量	备注
1	检测器具	经纬仪	TDJ6	台	1	
		水准仪	NAL132	台	1	
		DER2571A 接地电阻测量仪	ZC-8	台	1	
		混凝土、砖、砂浆回弹仪	HT-225	台	1	
		扭矩扳手	NB-180B	套	1	
		钢卷尺	50M	把	1	
		钢卷尺	5M	把	若干	
		望远镜	10 倍（十字）	部	1	
		游标卡尺	200mm	套	1	
		靠尺（检测尺）	2m	根	1	
		塔尺	5m	根	1	
		工程检测包	7 件套	套	1	
2	通讯设备	传真电话机	佳能 L250	台	1	
		电话		部	1	
		手机		部	每人	
3	办公设备	台式计算机	IBM	台	3	
		笔记本电脑	IBM	台	8	
		打印机	惠普	台	2	
		打复扫一体机	佳能	台	1	
		数码摄像机	奥林巴斯	台	1	
		数码照相机	佳能	台	3	
		移动硬盘		部	1	
		U 盘等	4G 或 8G	个	5	
4	交通	交通车		辆	2	
5	安全用具	安全帽		个	15	
		安全带		套	2	
		其他安全防护用具			一宗	

注　以上资源配置将根据工程实际需要及建设管理单位要求，及时动态调整，以满足现场监理工作需要。

1.9 监理工作程序清单（包括但不限于）

1.9.1 项目管理工作流程

1.9.1.1 监理项目管理工作总体流程

监理项目管理工作总体流程如图 1-9-1 所示。

1.9.1.2 监理工作策划流程

监理工作策划流程如图 1-9-2 所示。

1.9.1.3 开工条件审查流程

开工条件审查流程如图 1-9-3 所示。

1.9.1.4 进度管理流程

进度管理流程如图 1-9-4 所示。

1.9.1.5 合同执行管理流程

合同执行管理流程如图 1-9-5 所示。

1.9.1.6 资信管理流程

资信管理流程如图 1-9-6 所示。

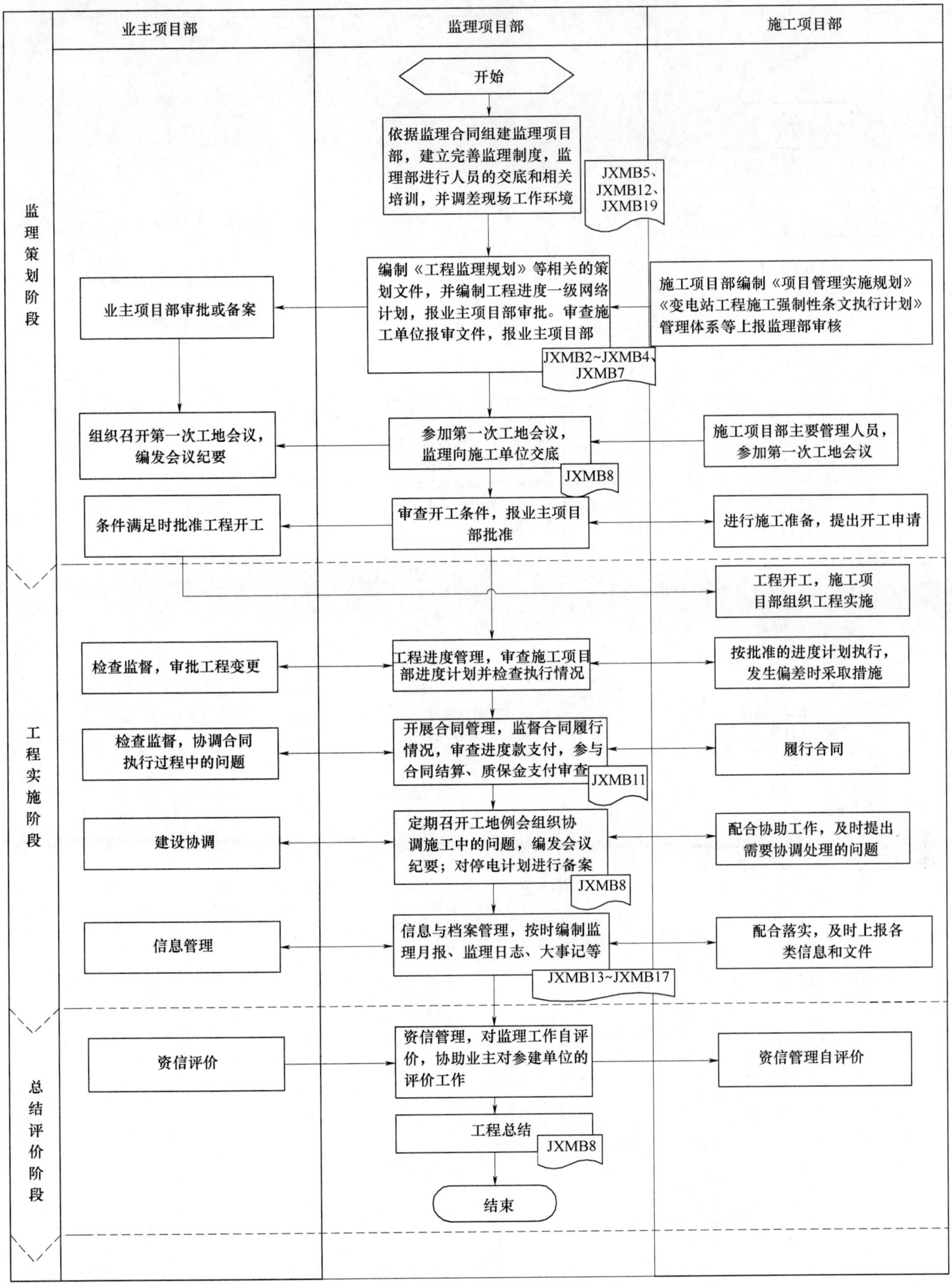
业主项目部
监理项目部
施工项目部
监理策划阶段
开始
依据监理合同组建监理项目部，建立完善监理制度，监理部进行人员的交底和相关培训，并调差现场工作环境
JXMB5、JXMB12、JXMB19
业主项目部审批或备案
编制《工程监理规划》等相关的策划文件，并编制工程进度一级网络计划，报业主项目部审批。审查施工单位报审文件，报业主项目部
JXMB2~JXMB4、JXMB7
施工项目部编制《项目管理实施规划》《变电站工程施工强制性条文执行计划》管理体系等上报监理部审核
组织召开第一次工地会议，编发会议纪要
参加第一次工地会议，监理向施工单位交底
JXMB8
施工项目部主要管理人员，参加第一次工地会议
条件满足时批准工程开工
审查开工条件，报业主项目部批准
进行施工准备，提出开工申请
工程开工，施工项目部组织工程实施
工程实施阶段
检查监督，审批工程变更
工程进度管理，审查施工项目部进度计划并检查执行情况
按批准的进度计划执行，发生偏差时采取措施
检查监督，协调合同执行过程中的问题
开展合同管理，监督合同履行情况，审查进度款支付，参与合同结算、质保金支付审查
JXMB11
履行合同
建设协调
定期召开工地例会组织协调施工中的问题，编发会议纪要；对停电计划进行备案
JXMB8
配合协助工作，及时提出需要协调处理的问题
信息管理
信息与档案管理，按时编制监理月报、监理日志、大事记等
JXMB13~JXMB17
配合落实，及时上报各类信息和文件
总结评价阶段
资信评价
资信管理，对监理工作自评价，协助业主对参建单位的评价工作
资信管理自评价
工程总结
JXMB8
结束

图 1-9-1　监理项目管理工作总体流程

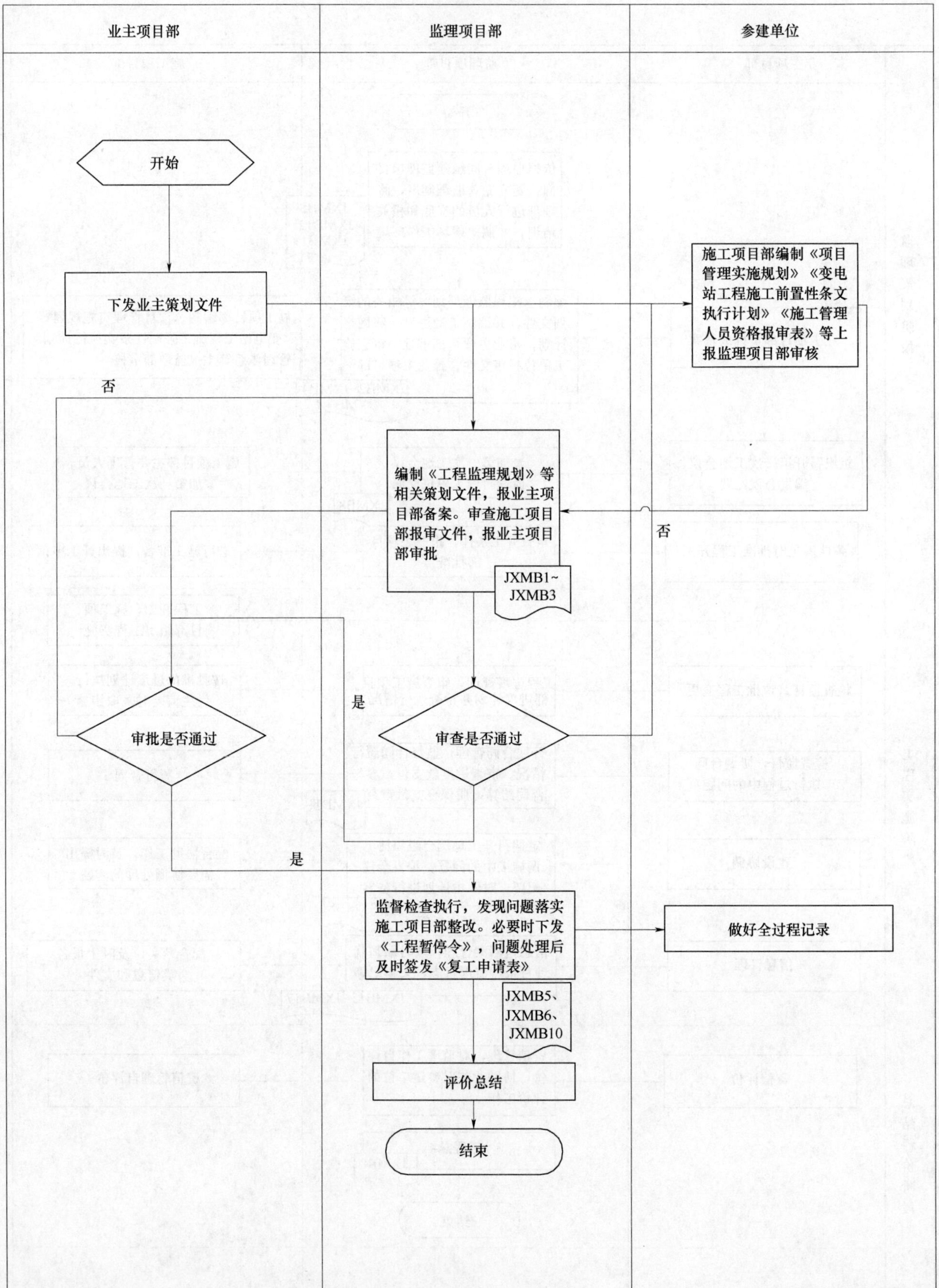

图 1-9-2　监理工作策划流程

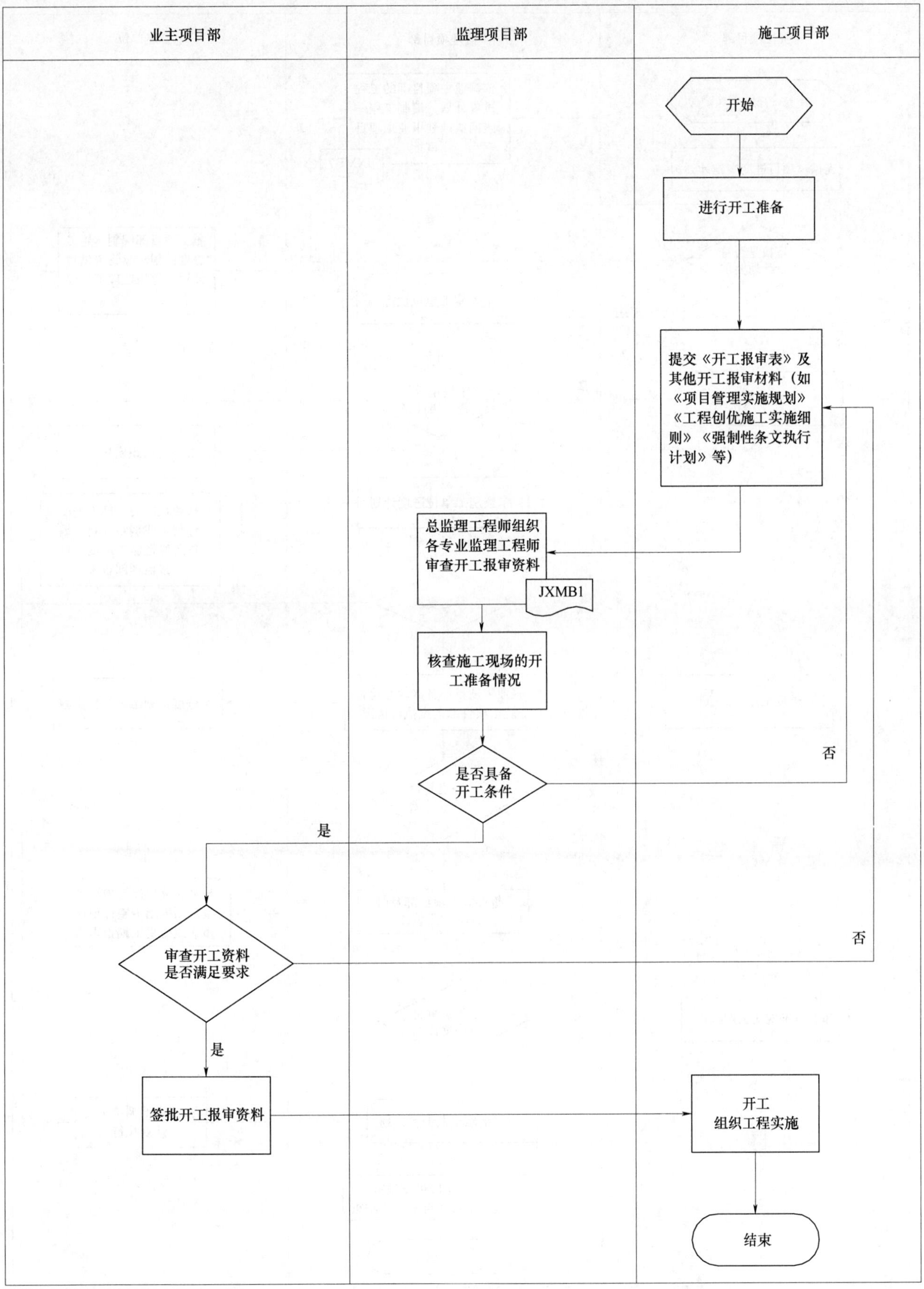

图 1-9-3　开工条件审查流程

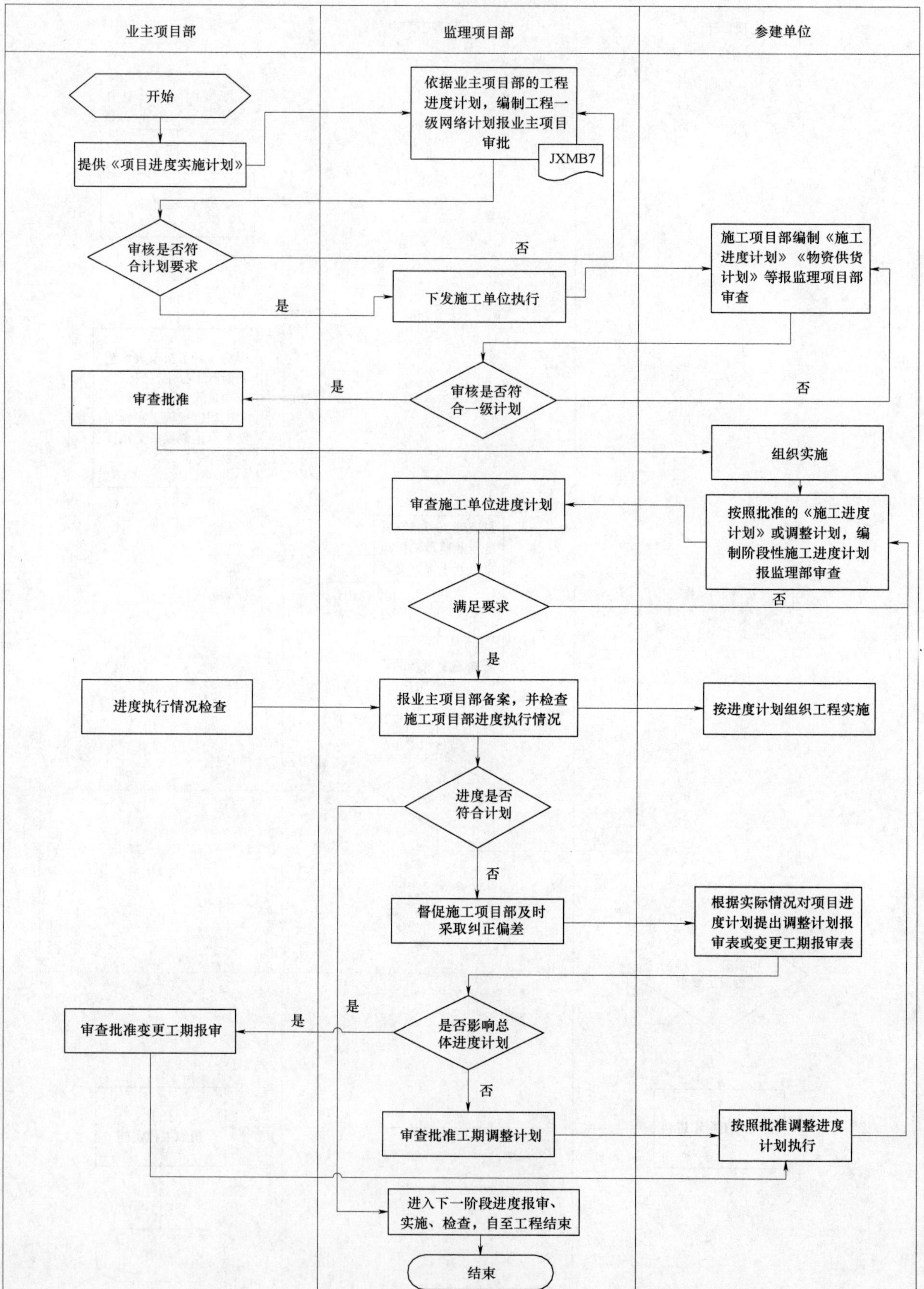

业主项目部
监理项目部
参建单位
开始
提供《项目进度实施计划》
依据业主项目部的工程进度计划，编制工程一级网络计划报业主项目审批
JXMB7
审核是否符合计划要求
否
是
下发施工单位执行
施工项目部编制《施工进度计划》《物资供货计划》等报监理项目部审查
是
审查批准
审核是否符合一级计划
否
组织实施
审查施工单位进度计划
按照批准的《施工进度计划》或调整计划，编制阶段性施工进度计划报监理部审查
满足要求
否
是
进度执行情况检查
报业主项目部备案，并检查施工项目部进度执行情况
按进度计划组织工程实施
进度是否符合计划
否
督促施工项目部及时采取纠正偏差
根据实际情况对项目进度计划提出调整计划报审表或变更工期报审表
是
是
审查批准变更工期报审
是否影响总体进度计划
否
审查批准工期调整计划
按照批准调整进度计划执行
进入下一阶段进度报审、实施、检查，自至工程结束
结束

图 1-9-4　进度管理流程

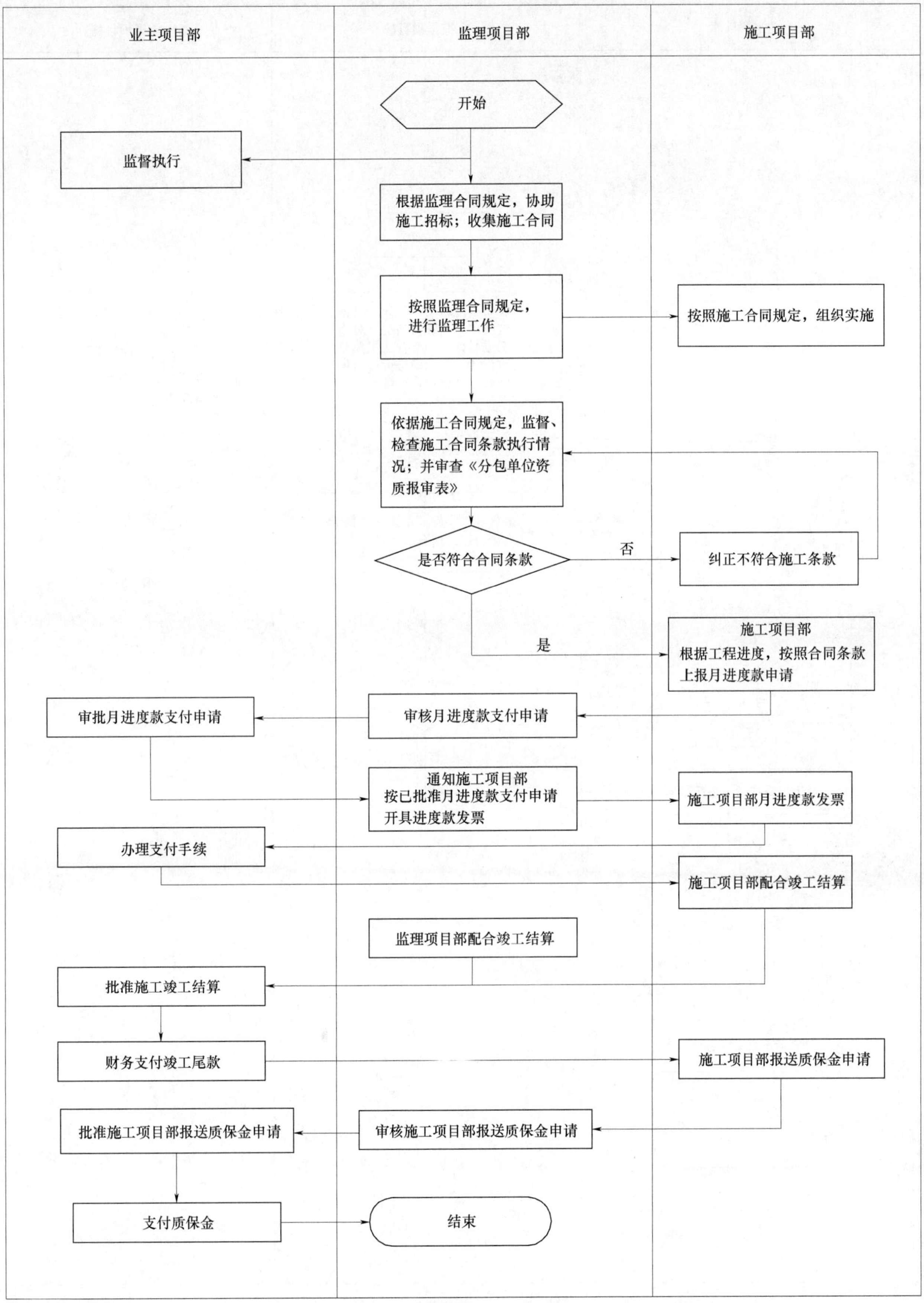

业主项目部
监理项目部
施工项目部
开始
监督执行
根据监理合同规定，协助施工招标；收集施工合同
按照监理合同规定，进行监理工作
按照施工合同规定，组织实施
依据施工合同规定，监督、检查施工合同条款执行情况；并审查《分包单位资质报审表》
是否符合合同条款
否
纠正不符合施工条款
是
施工项目部 根据工程进度，按照合同条款上报月进度款申请
审批月进度款支付申请
审核月进度款支付申请
通知施工项目部 按已批准月进度款支付申请开具进度款发票
施工项目部月进度款发票
办理支付手续
施工项目部配合竣工结算
监理项目部配合竣工结算
批准施工竣工结算
财务支付竣工尾款
施工项目部报送质保金申请
批准施工项目部报送质保金申请
审核施工项目部报送质保金申请
支付质保金
结束

图 1-9-5　合同执行管理流程

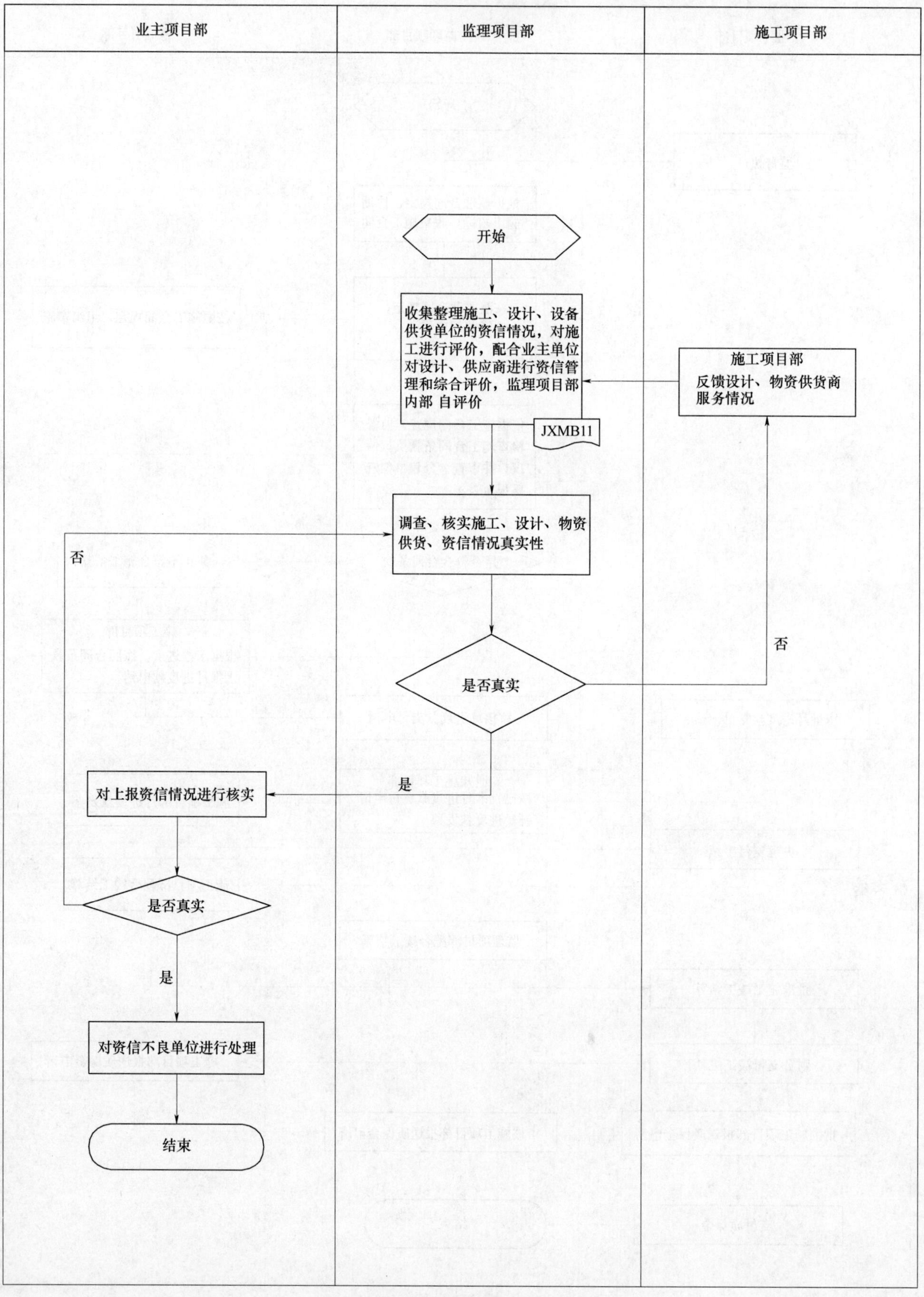

图 1-9-6　资信管理流程

本章其余内容见光盘。

第 2 章　某 500kV 变电站工程监理实施细则

2.1　土 建 专 业

2.1.1　工程概况及特点

2.1.1.1　工程概况

工程名称：500kV 变电站工程。

建设规模见表 2-1-1。

表 2-1-1　　500kV 变电站工程建设规模

序号	项目	最终	本期
1	主变压器	4×1750MW	2×750MW
2	220kV 出线	16 回	10 回
3	500kV 出线	6 回	2 回

本期工程站内建筑物及构筑物包括：主控通信楼、综合继电器室、水泵房、500kV 屋外配电装置构筑物、220kV 屋外配电装置构筑物、35kV 屋外配电装置构筑物。

结构设计：主控通信楼采用框架结构，楼面板采用现浇钢筋混凝土楼板，屋面采用现浇钢筋混凝土屋面板；基础采用钢筋混凝土条形基础。综合继电器室采用框架结构，屋面采用现浇钢筋混凝土屋面板，基础采用钢筋混凝土独立基础。

计划投资：静态投资 40670 万元。

计划工期：计划开工时间为 2011 年 04 月 18 日，计划竣工时间 2011 年 12 月 25 日。

2.1.1.2　工程特点

站址区地形整体东北高西南低，呈阶梯状分布。地面高程 107.72～125.65m。地貌成因类型为侵蚀山地丘陵，地貌类型为低丘。站址区地层岩性主要为元古界花岗岩，上覆第四系全新统坡积（Q4dl）形成的粉质黏土，站址区场地土类型为中软土至岩石，建筑场地类别为Ⅰ类。累年最大一日降雨量 303.5mm；累年平均风速 2.9m/s；累年全年主导风向 SSW、S，相应频率 12%；累年最大冻土深度 62cm；累年最大积雪厚度 15cm；50 年一遇、离地 10m 高 10min 平均最大风速为 24.16m/s，相应风压为 0.55kN/m ；根据《山东电力系统污区分布图》（2007 年版），站址处划定为 c 级污区，盐密值为：0.1～0.25mg/cm ；与配套线路设计一致，本站导线覆冰厚度采用 10mm；站址不受历史洪水影响，无内涝积水现象。

主控通信楼采用框架式结构，地基为强夯地基，应做好地基承载力检测工作。设备基础的预埋件较多，要求精度高。排水管道、电缆沟、道路、设备基础等交叉施工多，前后工序影响和成品保护有一定难度，应制定具体可行的施工方案，保证又好又快完成施工任务。

2.1.2　监理依据

2.1.2.1《500kV 变电站工程监理规划》。

2.1.2.2　500kV 变电站工程设计文件。

2.1.2.3　500kV 变电站工程业主项目部下发的文件。

2.1.2.4　500kV 变电站工程创优监理实施细则。

2.1.2.5　500kV 变电站工程建设监理合同及监理大纲。

2.1.2.6《国家优质工程审定办法（2010 年修订稿）》。

2.1.2.7《中国电力优质工程奖评选办法》（2011 年版）。

2.1.2.8《国家电网公司输变电优质工程评选办法》（国家电网基建〔2011〕148 号）。

2.1.2.9《建设工程项目管理规范》（GB 50326—2006）。

2.1.2.10《建设工程监理规范》（GB 50319—2000）。

2.1.2.11《国家电网公司工程建设质量管理规定》（国家电网基建〔2006〕699 号）。

2.1.2.12《国家电网公司工程建设质量责任考核办法（试行）》（国家电网基建〔2006〕674 号）。

2.1.2.13《国家电网公司输变电工程设计变更管理办法》（国家电网基建〔2007〕303 号）。

2.1.2.14《国家重大建设项目文件归档要求与档案整理规范》（DA/T28—2002）。

2.1.2.15《国家电网公司输变电工程质量通病防治工作要求及技术措施》（基建质〔2010〕19 号）。

2.1.2.16　输变电工程施工过程质量控制数码照片采集与管理工作要求（基建质量〔2010〕322 号）。

2.1.2.17　国家电网公司《输变电工程达标投产考核办法》（国家电网基建〔2011〕146 号）。

2.1.2.18《关于利用数码照片资料加强输变电工程安全质量过程控制的通知》（基建安全〔2007〕25 号）。

2.1.2.19《国家电网公司电力建设安全健康与环境管理工作规定》（国家电网工〔2004〕488 号）。

2.1.2.20《国家电网公司电力建设工程施工质量监理管理办法》（国家电网基建〔2010〕166 号）。

2.1.2.21《国家电网公司电力建设工程施工安全监理管理办法》（国家电网基建〔2007〕302 号）。

2.1.2.22《国家电网公司输变电工程施工工艺示范手册》（基建质量〔2006〕135 号）。

2.1.2.23《电力建设工程质量监督检查典型大纲》（2005 年版）。

2.1.2.24《工程建设标准强制性条文》（房屋建筑部分 2009 年版）。

2.1.2.25《输变电工程建设标准强制性条文实施管理规程》（Q/GDW 248—2008）。

2.1.2.26《110～1000kV 变电（换流）站土建工程施工质量验收及评定规程》（Q/GDW 183—2008）。

2.1.2.27《电力工程监理规范》（DL/T 5434—2009）。

2.1.2.28　本工程电气监理依据的主要技术标准、规程、规范包括（但不限于）表 2-1-2 的内容。

表 2-1-2　　电气监理依据的主要技术标准、规程、规范

序号	标准号	标 准 名 称
1	GB 50300—2001	建筑工程施工质量验收统一标准
2	GB 50303—2002	建筑电气工程施工质量验收规范
3	GB 50202—2002	建筑地基基础工程施工质量验收规范
4	GB 50310—2002	电梯工程施工质量验收规范
5	GB 50203—2002	砌体工程施工质量验收规范

续表

序号	标准号	标 准 名 称
6	GB 50210—2001	建筑装饰装修工程质量验收规范
7	GB 50617—2010	建筑电气照明装置施工与验收规范
8	GB 50574—2010	墙体材料应用统一技术规范
9	GB 50212—2002	建筑防腐蚀工程施工及验收规范
10	GB 50212—2002	建筑防腐蚀工程施工及验收规范（条文说明）
11	GB 50224—2010	建筑防腐蚀工程质量验收规范
12	GB 50209—2010	建筑地面工程施工质量验收规范
13	GB 50141—2008	给水排水构筑物工程施工及验收规范
14	GB 50242—2002	建筑给水排水及采暖工程施工质量验收规范
15	GB 50268—2008	给水排水管道工程施工及验收规范
16	GB 50207—2002	屋面工程质量验收规范
17	GB/T 25181—2010	预拌砂浆
18	GB/T14902—2003	预拌混凝土
19	GB 50086—2001	锚杆喷射混凝土支护技术规范
20	GB 50164—92	混凝土质量控制标准
21	GB 50107—2010	混凝土强度检验评定标准
22	GB 8076—2008	混凝土外加剂
23	GB 175—2007	通用硅酸盐水泥
24	GB/T 14685—2001	建筑用卵石、碎石
25	GB/T 14684—2001	建筑用砂
26	GB 50026—2007	工程测量规范
27	GB 50496—2009	大体积混凝土施工规范
28	GB 50330—2002	建筑边坡工程技术规范
29	GB 50007—2002	建筑地基基础设计规范
30	GB 50037—96	建筑地面设计规范
31	GB 50300—2001	建筑工程质量检验评定标准
32	JGJ 169—2009	清水混凝土应用技术规程
33	JGJ/T 29—2003	建筑涂饰工程施工及验收规程
34	JGJ 110—2008	建筑工程饰面砖粘贴强度检验标准
35	JGJ 104—97	建筑工程冬期施工规程
36	JGJ 120—99	建筑基坑支护技术规程
37	YSJ 209—92、YBJ 25—92	强夯地基技术规程
38	YSJ 209—92、YBJ 25—92	强夯地基技术规程条文说明
39	JGJ 144—2004	外墙外保温工程技术规程

2.1.3 监理目标

2.1.3.1 质量控制目标

（1）原材料、装置性材料合格率 100%，抽样送检、试验符合国家有关规范、标准要求。

（2）建筑物无不均匀沉降、裂缝、漏渗水。

（3）墙面、设备及构支架基础表面平整美观、无裂缝，棱角顺直方正、无缺损；地面、路面表面平整美观、无裂缝、无积水。

（4）架构、设备支架无变形、锈蚀、脱漆，吊装就位合格率 100%，轴向配合整齐划一、美观大方。

（5）站区排水顺畅无积水。

（6）混凝土试块强度检验合格、检测报告齐全完整。

（7）分项工程合格率 100%，分部工程合格率 100%，单位工程优良率 100%，观感得分率≥95%，确保零缺陷移交。

2.1.3.2 进度控制目标

以“工程进度服从质量的原则”确保开、竣工时间和工程阶段性里程碑进度计划的按时完成，2011 年 4 月 18 日开工建设，力争土建主要工程 2011 年 12 月 25 日竣工。

2.1.3.3 造价控制目标

工程建成后的最终投资控制符合审批概算的要求，力求优化设计、施工，节约工程投资。

严格管理施工承包合同规定范围内的承包总费用，监理范围内的工程，工程总投资控制在批准的概算范围之内。

在工程建设过程中本着主人翁意识和责任感，按照合同规定的程序和原则履行好投资控制职责，积极配合设计、施工单位进行技术优化工作，并及时主动反映、协调有可能对工程投资造成影响的任何事宜。

2.1.4 监理工作流程及重点工作

2.1.4.1 质量控制流程及重点工作

2.1.4.1.1 设计质量控制要点

（1）按照设计图纸交付计划对设计文件催交、分发和保管。

（2）参加或主持施工图会审，对施工图纸会审发现的问题及时督促设计单位补充修改。

（3）对各专业的接口包括设计和施工单位及时进行配合确认。

2.1.4.1.2 原材料质量控制要点

（1）水泥、钢筋等厂家资质及质量复检。

（2）构架及其他构配件厂家资质及质量证明。

（3）砂、石子、砖产地及进场质量检验。

（4）商品混凝土生产厂家的资质及混凝土质量检验。

（5）各种装饰材料的质量证明。

（6）防水材料 、防渗材料的质量检验。

（7）施工单位采购的各种电气配件、金具、导线、绝缘子。

（8）施工单位采购的各种电缆。

2.1.4.1.3 施工工序控制要点

（1）地基验槽。

（2）地基强夯处理，主要是石渣施工、土方回填。

（3）基础定位放线，标高及轴线控制。

（4）模板质量及支撑情况。

（5）混凝土浇筑，特别是基础、框架结构。

（6）墙面抹灰施工。

（7）屋面防水施工。

（8）装饰装修工程。

（9）室内给排水管道安装及通水试验。

（10）构架焊接、吊装。

（11）路面混凝土浇筑。

（12）土方开挖边坡锚喷支护。

2.1.4.1.4 质量体系控制要点

（1）质量管理人员的职责分工及到岗情况。

（2）管理制度的编制及执行情况。

（3）施工单位的特殊工种、试验室资质、分包单位资质情况的接口包括设计和施工单位及时进行配合确认。

2.1.4.2　进度控制重点工作

2.1.4.2.1　在开工审查时，应对施工进度计划进行仔细的审核，纠正偏差部分，合理进行调整，使施工进度计划与一级网络计划里程碑工期完全相符。

2.1.4.2.2　按月审核工程量完成情况，检查形象进度的偏离情况。把握关键工序的施工进度，保证不得延误。考察非关键工序的裕度是否超量。对影响进度的设计因素、采购因素、资金因素及地方因素适时进行专业协调，提出解决办法。

2.1.4.2.3　适时组织各阶段的质量验评工作和常规性的 H 点、W 点、S 点的见证、停工待检和旁站工作，以保证下道工序顺利进行。

2.1.4.2.4　坚持优质保工期的原则，督促施工每一道工序，力争一次做好，做好后应及时采取有效措施加以保护，对常见的施工失误应精心加以杜绝，避免返工的发生。

2.1.4.2.5　施工单位应定期、不定期（视情况定）地将每月劳力资源、机具使用及物质供应情况报监理部，对照施工进度计划及物资需用计划，找出偏差原因，制定措施予以纠正。

2.1.4.2.6　加强对施工单位人力和机具使用的监督，对工作不利的施工队伍、失控的施工进度及时加以制止。

2.1.4.3　造价控制重点工作

2.1.4.3.1　计量的内容根据施工图计算、施工质量达到合同要求的工程量，超出图纸范围及不合格的工程量、未经验收擅自隐蔽的工程量以及自身原因返工的工程量不予计量，并防止提前支付；

2.1.4.3.2　计量投资完成必须按构成合同价款相应项目的单价和费用；

2.1.4.3.3　加强隐蔽工程的计量。

2.1.4.3.4　严格控制在工程中擅自提高建设标准和扩大建设规模。

2.1.4.3.5　严格控制设计变更。设计单位的设计修改需进行计量计价（附修改工程量和修改预算），并经监理审查。

2.1.4.3.6　严格审核施工单位提出的有关费用增加，施工单位提出的设计变更未经监理许可不得施工。

2.1.4.3.7　督促各方面履约，避免或减少索赔发生。

2.1.5　监理工作内容、措施及方法

2.1.5.1　作业人员控制

2.1.5.1.1　监理部对施工单位的质量管理体系进行审查。控制施工单位工程组织机构健全、管理人员（包括行政、技术、质量、安全、计划、材料）到位情况。

2.1.5.1.2　对施工单位的机构设置、人员配置、职责分工的落实情况严格要求。各级管理和专业操作人员一律持证上岗，特殊工种（如电工、测工、焊工、起重工、压接工，但不限于此）必须持证上岗。

2.1.5.2　材料、设备控制

根据合同规定属于施工单位采购的原材料及器材，施工单位在签定采购合同前向项目监理部说明供货方的资质情况及货源情况，必须经项目监理部同意，才能具签合同。完成上述工作需要承包方填以下报表：

（1）《主要材料、构配件及供货商资质报审表》。

（2）《工程材料/构配件/设备进场报审表》。

（3）《主要设备开箱申请表》。

报项目监理部审查认可。

2.1.5.2.1　原材料及器材检验准则

（1）外委加工件的质量检验。对进场的外委加工件（半成品、成品）由项目监理部、供货单位、施工单位共同进行检验，有供货单位提供检验报告和出厂合格证；确认质量合格后方可使用。

（2）材料及器材交接检验。由项目监理部、供货单位、施工单位在交货地点进行检验。对供货单位提供的材料品种、规格、数量和有关技术资料施工单位应进行清点，对存在问题交接双方签认，凡交接检验中存在的问题由供货单位负责，移交后发生的丢失、损坏等由施工单位负责。

（3）项目监理部有权对上述所有环节进行抽样检查，当对质量有疑问时有权提出重新取样进行测试和检验，相应单位提供方便。

（4）对检查出的不合格材料和器材，责任方应进行明显标识，不准使用于工程，并应及时清出施工现场。

2.1.5.2.2　原材料及器材的检验项目

（1）砂：产地、规格、含泥量。

（2）石子：产地、规格、材质、含泥量。

（3）水：水质、污染程度。

（4）砖：抗压强度、外形尺寸及外观。

（5）水泥：生产厂家、品种、标号、存放时间、保管情况。

（6）钢材：生产厂家、规格、材质、锈蚀情况。

（7）铝材、铜材：生产厂家、规格、材质。

（8）外加工钢构件：材质、几何尺寸、焊接及防腐。

（9）喷镀钢管：材质、规格、锌层厚度，附着力（锤击、弯折、刀刻）及耐腐蚀性能（硫酸铜浸泡试验）。

2.1.5.2.3　检验（查）手段（方法）

通过检查施工图、产品合格证、厂家试验报告，现场抽检、试组装、测量及外观检查。

2.1.5.2.4　新材料控制

对工程中采用的新材料，必须审查其技术鉴定文件，在未确认其安全、可靠、合理前不得使用。

2.1.5.2.5　资料管理

所有原材料、器材及设备的出厂合格证、试验报告、安装使用说明书，供货单位应向施工单位提交一份原件。

2.1.5.3　施工机具、检测、计量器具的控制

项目监理部依据承包方报送的施工组织设计，检查其施工用具、工器具、测量、计量器具及试验设备的准备情况，承包方应主动向项目监理部出示相应台账，承包方应根据设计和施工要求，备齐施工所需要的规范和图集并备查。

测量、计量器具与试验设备应按规定进行周期检查并有定期检验标识。无检验标识或超过定检周期的一律不准使用，以保证所使用的测量、试验设备均在检验周期内，其物、账、卡应一致。

2.1.5.4　作业方案（措施）的控制

对报审的施工方案，检查其文件内容是否完整，编制的质量控制措施能否保证质量、安全、进度；制定的施工工艺流程是否合理，施工方法是否得当、可行；工艺水平，质量标准是否符合创优质精品工程的要求；质量保证措施是否有效，是否有针对性。

特殊施工方案由项目总工编制，公司技术部门负责人审查，公司主管领导批准，报项目监理部审查后，由建设管理单位审查批准。一般施工方案由专业施工负责人编制，项目总工审核，项目经理批准，报监理部由专业监理工程师审查，并提出审查意见，总监理工程师审查批准。

2.1.5.5　作业过程的控制

2.1.5.5.1　作业过程质量控制

一、质量控制的原则

（1）质量控制应以管理为主，工序质量不稳定大部分是管理因素。工序控制从管理上采取措施，既为操作者控制工序质量创造条件，又能使操作作业处于受控状态。

（2）抓关键工序。关键工序是指对质量起决定作用的工序。

（3）搞好工序协调。工序质量所涉及的技术、材料、机具、试验、检验各方面应协调行动。监理应加强对施工单位工序协调控制的检查。

二、项目监理部在工序质量控制中的责任

（1）适时向被监理单位发布监理关于 W、H、S 点的设置清单。

（2）进行 H 点的施工质量检查验收，对检查合格的进行监理签证放行；不能放行的，根据检查结果决定发布停工整改或返工令。

（3）对需旁站监理的工程施工进行旁站监理，检查现场施工方案、技术措施、安全措施与报审技术文件的一致性，检查施工质量，对不符合规范的行为提出指正，或采取必要措施，施工结束后对符合规范标准的工程进行监理签证。

（4）办理 W 点的见证手续。

（5）跟踪施工全过程的质量体系运行情况。

三、隐蔽工程验收

隐蔽工程属 H 点，应经施工单位三级自检合格，在隐蔽前 24h 将《工程质量报验单》报项目监理部，经监理验收合格签证后方可隐蔽。如施工单位未经监理验收而自行隐蔽，将视具体情况确定检查办法，由此引起的后果由施工单位承担。

四、检查技术交底

监理不定期地检查施工单位技术交底记录。必要时参加主要分部、分项工程技术交底。检查时施工单位应向监理提供技术交底记录、施工技术措施或作业指导书以及质量体系程序文件。

（1）检查是否按施工已审定的施工技术措施和施工方案进行了技术交底，交底人、接受人是否签字。

（2）检查操作人员是否按交底内容进行操作。

五、设备缺陷的处理

（1）施工过程中发现设备缺陷时，施工单位应填报《设备缺陷通知单》报项目监理部，由项目监理部协调处理。

（2）设备缺陷处理完毕，经检验/试验合格后，施工单位于填报《设备缺陷处理报验表》报项目监理部，项目监理部经检验后签署意见，确认合格后，方可用于工程。

六、关于整改、停工和复工及日常工作

（1）发生下列情况之一时，填写《监理工程师通知单》，由项目监理部监理工程师签发，责令施工单位整改：

1）不按经审查的图纸施工。

2）重大项目无施工技术措施和交底签证。

3）特殊工种无证操作。

4）发现使用不合格的材料、半成品、构配件或主要施工机具设备、仪器、量具有问题。

5）发现不符合项或质量缺陷。

6）擅自将工程转包或未经同意的分包单位进场作业。

7）隐蔽工程未经检验签证，施工单位擅自隐蔽。

8）没有可靠的质量保证措施，已出现质量下降征兆。

9）发现严重违反施工安全规程的施工行为。

（2）施工单位整改后填写《监理工程师通知回复单》报项目监理部进行检验，确认合格后签署意见予以认可，形成闭环。

发生下列情况之一时，由总监理师签署《工程暂停令》，视现场存在问题的严重程度采取全部或部分停工，并通报项目法人。

1）项目监理部已签发《监理工程师通知单》，施工单位整改不力或整改无效。

2）已发生重大质量、安全事故或如不停工将要导致重大质量、安全事故的发生。

3）施工条件发生较大变化而导致必须停工。

4）应项目法人的要求。

（3）令其停工或部分停工的工程需要复工时，由施工单位填写《工程复工申请表》，经项目监理部检查认可后下达复工令方可复工。

（4）项目监理部在日常工作中发现的问题及工作联系，由项目监理部填写《监理工作联系单》，施工单位针对提出的问题填写《工作联系单》予以回复，形成闭环。

2.1.5.5.2　作业过程进度控制

工程进度控制实行动态控制，每月考核工程形象进度是否满足项目法人里程碑工期要求。对于影响工期的诸因素，如设计、采购、施工等出现的问题，由监理项目部协调解决。

2.1.5.5.2.1　在开工审查时，应对施工进度计划进行仔细的审核，纠正偏差部分，合理进行调整，使施工进度计划与一级网络计划里程碑工期完全相符。

2.1.5.5.2.2　按月审核工程量完成情况，检查形象进度的偏离情况。

（1）把握关键工序的施工进度，保证不得延误。

（2）考察非关键工序的裕度是否超量。

（3）对影响进度的设计因素、采购因素、资金因素及地方因素适时进行专业协调，提出解决办法，签署协调会议纪要。

2.1.5.5.2.3　适时组织各阶段的质量验评工作和常规性的 H、W、S 点的见证、停工待检和旁站工作，以保证下道工序顺利进行。

2.1.5.5.2.4　坚持优质保工期的原则，督促施工每一道工序，力争一次做好，做好后应及时采取有效措施加以保护，对常见的施工失误应精心加以杜绝，避免返工的发生。

2.1.5.5.2.5　施工单位应定期、不定期（视情况定）地将每月劳力资源、机具使用及物质供应情况报监理部，对照施工进度计划及物资需用计划，找出偏差原因，制定措施予以纠正。

2.1.5.5.2.6　加强对施工单位人力和机具使用的监督，对工作不利的施工队伍、失控的施工进度及时加以制止。

2.1.5.5.2.7　适时组织工程的验收工作。

2.1.5.5.2.8　对验收中提出的问题组织有关部单位在启动之前全部处理完毕。

2.1.5.5.2.9　提前做好验收后移交的准备。主要内容包括：

（1）真实、正确、完整、规范的竣工资料。

（2）合同规定的备品备件准备。

（3）专用工具和仪器仪表准备。

（4）变电站工程竣工验收移交鉴定书。

2.1.5.5.3　作业过程造价控制

监理对本工程投资控制内容为施工费用控制。

2.1.5.5.3.1　根据合同规定的结算办法，审查施工单位月度完成的有效工程量和投资，办理付款签证。

2.1.5.5.3.2　付款签证程序：

（1）施工单位按合同约定的付款周期随统计报表送《工程进度款报审表》。

（2）监理复核已完成工程量和投资进行计量计价，在《工程进度款报审表》上签署意见报项目法人，作为付款依据。

2.1.5.5.3.3　办理计量支付注意事项：

（1）计量的内容根据施工图计算、施工质量达到合同要求的工程量，超出图纸范围及不合格的工程量、未经验收擅自隐蔽的工程量以及自身原因返工的工程量不予计量，并防止提前支付。

（2）计量投资完成必须按构成合同价款相应项目的单价和费用。

（3）加强隐蔽工程的计量。

2.1.5.5.3.4　严格控制在工程中擅自提高建设标准和扩大建设规模。

2.1.5.5.3.5　严格控制设计变更。设计单位的设计修改需进行计量计价（附修改工程量和修改预算），并经监理审查。

2.1.5.5.3.6　严格审核施工单位提出的有关费用增加，施工单位提出的设计变更未经监理许可不得施工。

2.1.5.5.3.7　督促各方面履约，避免或减少索赔发生。

2.1.5.6　作业环境的控制

力争做到车辆、设备尾气排放符合大气污染物的综合排放标准。施工现场布置应符合经逐级上报批准的施工组织设计中的施工现场平面布置图的规定。机具布置、材料及器材堆放满足安全文明施工需要，方可进入正式施工。要求施工单位做好以下工作：①道路、搅拌站地面硬化。②设置垃圾箱和废料箱，做到“工完料尽场地清”。③严禁施工人员流动吸烟。④减少对施工场地和周边环境植被的破坏，减少水土流失。⑤重大环境污染事故为零。

2.1.6　质量通病防治措施

根据《国家电网公司输变电工程质量通病防治工作要求及技术措施》（基建质量〔2010〕 19 号）的要求，监理人员按照监理部制定的检查巡视制度，进行现场巡视检查，收集工程质量信息，解决工程的质量问题。严格按照国家电网公司输变电工程质量通病防治工作要求及技术措施、设计文件、国家验收规范和强制性条文的要求，对关键部位和隐蔽工程实施并做好检查及记录，对所有的分部、分项工程采取巡视、平行检验等手段进行全过程跟踪监理检验，实施有效的控制。

2.1.6.1　质量通病防治理的监理预控

（1）针对工程特点，制定质量通病的专项监控措施，审查、批准施工单位提交的《电力建设工程质量通病防治方案和施工措施》，提出详细的监理要求。

（2）认真做好隐蔽工程和工序质量的验收，上道工序不合格时，不允许进入下一道工序施工。

（3）利用检测仪器加强对工程质量的平行检验，发现问题及时处理。

（4）工程完工后，认真编写《质量通病防治工作评估报告》，以利工作的持续改进。

（5）下列质量通病将作为本工程的控制重点，在相应的专业监理实施细则中制定特殊控制措施：

1）回填土不密实。

2）土方工程开挖、填方边坡塌陷。

3）地基不均匀下沉。

4）沉降观测点设置及观测不规范。

5）沉降缝设置不合理。

6）屋面渗漏。

7）楼地面渗漏。

8）外墙渗漏。

9）墙体、地基、墙面裂纹。

10）清水混凝土表面裂纹。

11）混凝土表面粗糙。

12）混凝土搅拌过程结块，冬季施工混凝土、墙体有结冰现象。

13）地面积水。

14）电缆沟盖板不平整。

15）排水管道堵塞。

（6）根据主要质量通病的原因分析，制定相应的防治措施，并对施工过程对照检查，具体措施详见监理部编制的《质量通病监理控制措施》。

2.1.6.2　质量通病的纠正和预防措施

监理人员在巡视检查过程中发现施工质量不稳定，与创优策划方案存在差距，或已经出现质量缺陷，应做好监理记录，并通知施工项目部负责人采取纠正和预防措施进行整改，监理部对整改结果进行闭环复查。监理人员巡视检查过程中发现施工质量问题，视严重程度，或通知整改，或组织相关人员召开现场质量分析会，剖析原因，从工程创优的角度，研究解决方案，令施工单位立即返工整改，监理部对整改结果进行闭环复查。出现下列之一的严重情况，且经监理工程师通知，施工单位整改无效时，总监理师在征得建设单位同意后，签发“停工通知单”。

（1）不按经审查的设计图纸施工。

（2）特殊工种无证操作。

（3）发现不合格材料、半成品、构配件或机具设备有问题。

（4）上道工序未经检验签证，便进入下道工序施工。

（5）隐蔽工程未经验收签证。

（6）发现不合格项及质量问题整改不力。

（7）发生质量、安全事故。

对停工的工程需要复工时，要求施工单位填写“复工申请表”，经监理检查认可后，方可复工。

2.1.6.3　工程质量通病检查专项措施

（1）严把工序质量检查验收关。监督施工单位切实履行三级自检制度，并控制其一次验收合格率，按创优标准进行监理检查验收。

（2）严格执行分部工程质量验收制度，总监理工程师组织并主持分部工程的质量检查和验收，验收合格，满足创优质工程要求后，再进入下一分部工程的施工。

（3）参加建设单位组织的单位（子单位）工程的质量验评工作。

（4）组织和主持工程质量中间验收，总结工程创优的成果，评价工程质量目标实施情况，发现存在问题，并制订改进对策。

（5）处置各种检查验收中发现的不符合项，实现闭环管理。

（6）工程竣工预验收前，组织工程竣工监理初检，邀请运行单位对工程完成情况及质量进行全面检查，对发现的质量缺陷及质量问题下发“整改通知单”，督促责任单位认真整改，在确认整改完成具备竣工预验收条件后，向建设管理单位申请竣工预验收。

（7）控制竣工预验收、验收和移交阶段的工程质量，监督责任单位整改消缺。

2.1.6.4　其他工程质量通病控制措施

（1）在建设管理单位组织的第一次工地例会上，就工程的监理质量控制策划中需共同遵守的制度、程序，与各参建单位交流，使参建单位达成共识，按制定的制度、程序进行创优质工程质量控制。

（2）组织或主持施工图会审及设计交底，对施工图的设计质量以及能否满足材料加工、施工和运行方面提出意见，并督促设计及时处理。

（3）督促各施工单位建立健全项目部的质量保证体系及施工技术组织，要求质量管理体系及施工技术组织各级人员到位，措施、方案齐全，报验及时，资料归档及时，准确、齐全、整洁。

（4）在工程开工前，对施工单位上报的“特殊工种人员统计报表“进行审查，审查要点为特殊工种人员的种类、数量、证件合格性等是否满足本工程施工及创优质工程质量控制需要。

（5）严格控制进场材料、设备的质量。

1）审查施工单位自购材料的供货商资质（营业执照、企业资质证书、有关许可证），对主要材料供应来源进行控制。

2）在各分部分项工程动工前，对施工单位报审的“工程材料/构配件/设备进场报审表”及材料出厂合格证等质量证明资料进行审查，并签署监理审查意见；对新材料的应用，应事先对其技术鉴定及有关试验和实际应用报告进行审查确认，并经有关单位批准。

3）组织有关单位及时进行设备和材料的现场验收，把好质量和数量关，按质量验收规范和计量检测规定对材料的质量和数量进行验收（包括品种、规格、型号、数量、外观、出厂合格证明等）。对检查出的不符合设计图纸规格要求或质量不合格的材料，要求施工单位立即清除现场。任何工程材料、设备必须得到监理工程师的认可后，方可在工程中使用。

4）对原材料、试块、试件的取样、送检进行全过程见证。明确见证项目、见证方法和程序。

（6）严格控制设计变更。各参建单位（包括设计、施工及建设管理单位）若提出设计修改、变更、材料代用等，均应填写“设计修改通知单，通过项目监理部及设计审查或签证同意，并经建设管理单位批准。

2.1.7 质量控制标准及验评

2.1.7.1 验评依据

2.1.7.1.1 合同文件

（1）监理合同。

（2）采购合同。

（3）施工承包合同。

2.1.7.1.2 设计文件

（1）初步设计文件。

（2）施工图设计文件。

（3）施工图会审纪要。

（4）设计变更文件。

2.1.7.1.3 主要技术规范

（1）《110～1000kV变电（换流）站土建工程施工质量验收及评定规程》（Q/GDW 183—2008）。

（2）《输变电工程建设标准强制性条文实施管理》（Q/GDW 248—2008）。

（3）《电力建设工程监理规范》（DL/T 5434—2009）。

（4）《工程测量规范》（GB 50026—2007）。

（5）《建筑地基基础工程施工质量验收规范》（GB 50202—2002）。

（6）《混凝土结构工程施工质量验收规范》（GB 50204—2002）。

（7）《混凝土质量控制标准》（GB 50164—92）。

（8）《钢结构工程施工质量验收规范》（GB 50205—2001）。

（9）《砌体工程施工质量验收规范》（GB 50203—2002）。

（10）《建筑地面工程施工质量验收规范》（GB 50209—2002）。

（11）《屋面工程质量验收规范》（GB 50207—2002）。

（12）《建筑装饰装修工程施工质量验收规范》（GB 50210—2001）。

（13）《建筑给水排水及采暖工程施工质量验收规范》（GB 50242—2002）。

（14）《普通混凝土配合比设计规程》（JGJ 55—2000）。

（15）《砌筑砂浆配合比设计规程》（JGJ 98—2000）。

（16）《建筑工程冬期施工规程》（JGJ 104—97）。

（17）《钢筋焊接及验收规范》（JGJ 18—2003）。

（18）《水泥混凝土路面施工及验收规范》（GBJ 97—87）。

（19）《电力建设施工质量验收及评定规程》（DL/T 5210.1—2005）。

（20）《建筑工程施工质量验收统一标准》（GB 50300—2001）。

（21）《电力工程地基处理技术规程》（DL/T 5024—2005）。

（22）《建筑地基处理技术规范》（JGJ 79—2002）。

（23）《锚杆喷射混凝土支护技术规范》（GB 50086—2001）。

（24）《建筑边坡工程技术规范》（GB 50330—2002）。

2.1.7.2 质量验评工作组

2.1.7.2.1 组成

质量验评工作组由项目法人单位、质量监督站、监理单位、施工单位、设计单位、运行单位等有关人员组成。

2.1.7.2.2 职责

（1）审查认可土建及电气安装施工单位提出的《施工质量检验项目划分报审表》。

（2）制定土建工程、电气安装工程项目质量阶段验评计划。

（3）审查阶段验评工程项目是否具备条件。

（4）审查验评资料。

（5）有关施工阶段验评、评级、观感评分、办理验收手续：即分项工程、分部工程及单位工程的评级与核定。

（6）对存在的质量缺陷进行分析及处理意见。

2.1.7.3 验评条件

（1）待验评的工程项目已经施工单位三级质检完。

（2）技术文件、施工记录、试验报告、三级质检记录资料齐全。

（3）施工单位已于7日前填写《工程质量报验单》报监理项目部。

2.1.7.4 监理预检

监理预检是施工项目阶段质量验评，工程验收前的监理活动，主要对以下几个阶段进行预检：

（1）强夯地基施工质量预检。

（2）四通一平预检。

（3）主要建（构）筑物基础基本完成工程质量验评预检。

（4）土建交付安装前验评预检。

（5）投运前质量验评预验。

施工单位书面向项目监理分部提出预验评申请，经项目监理部审查同意，由项目监理分部进行预检查，提出消缺意见；施工单位进行消缺处理并经监理复查通过后，监理提出书面意见，提交质量验评工作组。

2.1.7.5　验评准备

2.1.7.5.1　验评方案的准备

质量验评工作组提出《工程质量验评方案》，确定验评时间安排。验评方案主要内容为：

（1）验评的依据。

（2）验评的范围。

（3）验评的组织。

（4）验评的程序。

（5）验评的检查内容。一般包括资料检查和现场实地检查。

（6）现场检查的具体实施方法：

1）列出应检查的资料目录，提出检查的重点和要求。

2）列出现场检查的项目，检查数量、检查方法、检查器具和采用的标准。

3）验评检查结果的汇总。规定分项、分部、单位工程质量等级核定的方法和签字授权；规定当验评检查结果与施工单位自检、评级结果不一致时的处理方法。

2.1.7.5.2　质量等级的划分

分项工程、分部工程、单位工程的质量分为“合格”和“优良”两个等级。

2.1.7.5.3　质量等级评定方法

通过对分项工程所含检验实际结果来评定该分项工程的质量等级；分部工程的质量等级按其所含分项工程的质量等级来评定；单位工程的质量等级按其所含分部工程等级来评定。

2.1.7.6　实施验评步骤

2.1.7.6.1　召开验评前会议，主要内容为：

（1）施工单位提出自检报告和验评申请。

（2）监理提出预检意见。

（3）确认《工程质量验评方案》。

（4）确定实施验评工作的具体安排，包括组织、人员、器具等。

2.1.7.6.2　按照《工程质量验评方案》的内容进行验评工作：

（1）进行资料检查。

（2）进行现场实地检查。

2.1.7.6.3　召开验评总结会议。主要内容为：

（1）汇总检查结果。

（2）核定分项工程、分部工程、单位工程的质量等级，由验评组组长在相应的评级表上签字。

（3）形成书面的质量验评工作纪要，对工程质量做出评价。单位工程的质量评级由质监中心核定。

2.1.7.7　验评阶段的划分

（1）主控通信楼基础基本施工完、主体工程开工前。其他建筑物基础、构、支架、主变基础在条件成熟时可参加验评，也可分别进行。

（2）主控通信楼主体工程完工，装饰工程开工前。其他建筑主体工程、构、支架组立同时参加验评。

（3）装饰工程完成，变电所投运前。其他建筑物装饰工程、给排水工程、道路等同时参加验评。

2.1.8　附件

（1）附件 1：质量控制流程图。

（2）附件 2：W、H、S 点的设置。

W、H、S 点的设置见表 2-1-3。

表 2-1-3　W、H、S 点的设置

单位工程	分部工程	分项工程	监理检查		
			H 点	W 点	S 点
一、主变压器基础及架构	1．地基工程	1．定位及高程控制		√	√
		2．挖方		√	
		3．填方		√	√
		4．地基处理	√		√
	2．主变压器基础	1．垫层		√	
		2．模板		√	
		3．钢筋	√		
		4．混凝土		√	√
	3．架构基础	1．基础模板		√	
		2．基础钢筋	√		
		3．基础混凝土		√	√
		4．架构安装		√	√
	4．事故油坑、油池、排油管	1．油坑、池模板		√	
		2．油坑、池钢筋	√		
		3．油坑、池混凝土		√	√
		4．排油管安装		√	
	5．防火墙	1．模板		√	
		2．钢筋	√		
		3．混凝土		√	√
二、500kV、220kV、35kV 配电装置构筑物	1．地基工程	1．定位及高程控制		√	√
		2．挖方		√	
		3．填方		√	√
		4．地基处理		√	√
	2．设备基础及支架	1．基础模板		√	
		2．基础钢筋	√		
		3．基础混凝土		√	√
		4．支架吊装		√	
	3．架构	1．基础模板		√	
		2．基础钢筋	√		
		3．基础混凝土		√	√
		4．架构安装		√	√
	4．电缆沟	1．垫层		√	
		2．模板		√	
		3．钢筋	√		
		4．混凝土		√	√
		5．沟道砌筑		√	
		6．盖板制作、安装		√	
	5．配电装置区域工程	1．围栏基础		√	
		2．围栏制作、安装		√	
		3．金属结构油漆		√	
		4．场地平整		√	
		5．道路		√	

续表

单位工程	分部工程	分项工程	监理检查		
			H点	W点	S点
三、主控通信楼	1. 基础与基础工程	1. 定位与高程控制		√	√
		2. 挖方		√	
		3. 填方		√	√
		4. 地基处理	√		√
		5. 基础模板		√	
		6. 基础钢筋	√		
		7. 基础混凝土		√	√
	2. 主体工程	1. 模板		√	
		2. 钢筋	√		
		3. 现浇混凝土		√	√
		4. 砌砖		√	
		5. 砌块砌筑		√	
	3. 楼地面工程	1. 基层		√	√
		2. 整体面层		√	
	4. 门窗工程	1. 钢防火门门安装		√	
		2. 木门安装		√	
		3. 铝合金门窗安装		√	
	5. 装饰工程	1. 墙面勾缝		√	
		2. 装饰抹灰		√	
		3. 饰面板（砖）		√	
		4. 涂料		√	
		5. 刷（喷）装		√	
		6. 玻璃		√	
		7. 吊顶		√	
		8. 隔断		√	
		9. 细木制作		√	
	6. 屋面工程	1. 保温（隔热）层	√		
		2. 找平层	√		
		3. 防水层	√		
		4. 水落管			√
	7. 通风、空调工程	1. 风管及部件制作		√	
		2. 风管及部件安装		√	
		3. 通风机安装		√	
		4. 制冷管道安装		√	
		5. 空气处理设备和空气调节室部		√	
		6. 隔热		√	

续表

单位工程	分部工程	分项工程	监理检查		
			H点	W点	S点
三、主控通信楼	8. 建筑电气	1. 配线		√	
		2. 照明器具及配电箱（盘）安装		√	
		3. 通电检查		√	√
		4. 室内采暖管道安装		√	
		5. 散热器安装		√	
		6. 附属设备安装		√	
		7. 隔热和绝缘、防腐		√	
四、厂区给水、排水、供热管道及照明	1. 给水管道	1. 给水管道		√	
		2. 管道通水冲洗及水压试验		√	√
	2. 排水管道	1. 管道安装			
		2. 灌水、通水试验		√	√
	3. 厂区照明			√	

（3）附件 3：有关监理过程控制、检查、记录表。参照监理项目部标准化工作模板。

2.2 电 气 专 业

2.2.1 工程概况及特点

2.2.1.1 工程概况

500kV 变电站工程远景规划为 4 台主变压器，本期共安装 2 台，单台容量为 750MW。500kV 采用一个半断路器接线方式，出线 2 回。220kV 采用双母线双分段接线方式，出线 10 回。

2.2.1.1.1 主变压器：主变压器为三相自耦无载调压变压器，容量：750/750/240MVA，额定电压：525/230±2.5%/36kV，接线组别：YN00d11。

2.2.1.1.2 配电装置：500kV 远景按 6 线 4 变，安 4 个完整串，主变经断路器接母线规划。本期 2 线 2 变，按 1 个完整串和 2 个不完整串设计，共安装 7 台断路器。220kV 按双母线双分段接线规划，本期 10 线 2 变，采用双母线双分段接线，安装 16 台断路器。考虑扩建时减少停电时间，母线和备用间隔的母线隔离开关本期一次上齐。35kV 采用单母线接线，不设总回路断路器。500kV、220kV 配电设备采用 GIS 户外布置，35kV 采用瓷柱式 SF_6 断路器考虑。

2.2.1.1.3 无功补偿：每台主变装设 2 组 35kV 无功补偿装置。采用集合式电容器组，本期共装设 4 组，每组容量 60Mvar。

2.2.1.1.4 图像监视及安全防护系统： 每回线路各配置 1 套光纤分相电流差动保护盒一套分相距离保护，每套保护含有完整的后备保护功能，保护信号经点对点和迂回的 2Mb/s 光纤电路传输。远方跳闸保护的双重化配置，“一取一”加就地判据。500kV 断路器配置 1 套断路器失灵保护等辅助保护。本期每组 500kV 母线、220kV 母线各配置两套母线保护屏，220kV 母线保护含失灵保护功能。

2.2.1.1.5 站用电系统：根据站用电负荷统计，本站配 35kV 站用变两台，每台容量 800kVA，另配站外电源 35kV 箱变一台，容量 800kVA。中央站用电柜布置在综合继电器小室内，380/220

电源由电缆从室外引入。室内布置有8面GCS型低压抽屉式配电柜。主控通信楼放置2面380/220专用配电柜，布置于站用电柜及直流柜室内。两台主变配1只检修电源箱，本期按远景配齐2只500kV配电装置每串配置一只交流动力箱，本期配4只，每两串配置一只检修电源箱，本期配2只220kV配电装置共配置4只交流动力箱，4只检修电源箱35kV配电装置7只交流动力箱7只检修电源箱。

2.2.1.1.6 电缆及接地：站内电力电缆敷设长度为35km，控制电缆138km，接地扁钢20km。主变接地方式为中性点直接接地。系统短路入地电流资料经计算本站主接地网需降阻处理，需采取降阻措施将变电站接地电阻降至0.5Ω。处理后最大容许跨步电压满足要求，最大容许接触电压不满足规程要求，需在设备操作周围铺设电阻率不小于3500Ω·m的绝缘地平，全站接地可满足要求。

2.2.1.1.7 通信及远动系统：500kV线路主保护一、二均配置保护通讯楼接口装置，主保护一均采用直达OPGW通道，使用光纤通信2Mb/s口传输，主保护一、二均采用直达或迂回OPGW通道，使用光纤通信2Mb/s口传输，其主保护通道，远跳命令传输时间均应小于15ms。220kV系统本期设2面通信接口柜，远景4面，本期共需9路48V电源。

2.2.1.2　工程特点

本工程首次采用三相共体变压器，没有现成的经验可供借鉴，施工中需要对相关难点进行专题分析。本工程省内首次采用大电容器器件的箱式并联电容器组，安装工艺要求高。综合保护室1座，控制系统集中，造成二次电缆路径交叉，施工较为复杂。

2.2.2　编制依据

（1）《建设工程质量管理条例》（中华人民共和国国务院令第279号）。

（2）《国家优质工程审定与管理办法》（2010年修订版）。

（3）《中国电力优质工程评选办法》（2011年版）。

（4）《国家电网公司输变电优质工程评选办法》（国家电网基建〔2011〕148号）。

（5）《工程建设标准强制性条文 电力工程部分》（2006年版）（建标〔2006〕102号）。

（6）《建设工程监理规范》（GB 50319—2000）。

（7）《建设工程项目管理规范》（GB 50326－2006）。

（8）《国家电网公司工程建设质量管理规定》（国家电网基建〔2006〕699号）。

（9）《工程建设质量责任考核办法》（国家电网基建〔2006〕674号）。

（10）《国家重大建设项目文件归档要求与档案整理规范》（DA/T 28—2002）。

（11）《国家电网公司十八项电网重大反事故措施》（国家电网生技〔2005〕400号）。

（12）《国家电网公司输变电工程设计变更管理办法》（国家电网基建〔2007〕303号）。

（13）《国家电网公司输变电工程达标投产考核办法》（国家电网基建〔2011〕146号）。

（14）《国家电网公司输变电工程项目管理流动红旗竞赛实施办法》（国家电网基建〔2011〕147号）。

（15）《国家电网公司监理项目部330kV及以上变电工程标准化工作手册》。

（16）《国家电网公司电力建设工程施工质量监理管理办法》（国家电网基建〔2010〕166号）。

（17）《关于利用数码照片资料加强输变电工程安全质量过程控制的通知》（基建安全〔2007〕25号）。

（18）《输变电工程施工过程质量控制数码照片采集与管理工作要求》（基建质量〔2010〕322号）。

（19）《输变电工程建设现行主要质量管理制度、施工与验收质量标准目录》基建质量〔2011〕79号）。

（20）《输变电工程建设强制性条文实施规程》（Q/GDW 248—2008）。

（21）《国家电网公司输变电工程施工现场安全通病及防治措施》（国家电网基建安全〔2010〕270号）。

（22）《国家电网公司输变电工程质量通病防治工作要求及技术措施》（基建质量〔2010〕19号）。

（23）《国家电网公司输变电工程安全文明施工标准》（国家电网科〔2009〕211号）。

（24）《国家电网公司输变电工程施工工艺示范手册》。

（25）《国家电网公司输变电工程工艺标准库》（基建质量〔2010〕100号）。

（26）《工程质量监督导则》（建质〔2003〕162号）。

（27）《电力建设工程质量监督规定（暂行）》（电建质检〔2005〕52号）。

（28）《变电站工程投运前电气安装调试质量监督检查典型大纲》（电建质监〔2005〕57号）。

（29）《建设电子文件与电子档案管理规范》（CJJ/T 117—2007）。

（30）《建设工程文件归档整理规范》（GB/T 50328—2001）。

（31）《〈国家电网公司电网建设项目档案管理办法（试行）〉释义》（国家电网办公厅〔2010〕72号）。

（32）已批准的“500kV输变电工程监理规划”。

（32）已批准的“500kV变电站工程创优监理实施细则”。

（33）本工程电气监理依据的主要技术标准、规程、规范包括（但不限于）表2-2-1的内容。

表2-2-1　电气监理根据的主要技术标准、规程、规范

序号	标准号	标准名称
1	GB 50147—2010	电气装置安装工程 高压电器施工及验收规范
2	GB 2314—2008	电力金具通用技术条件
3	GB 50148—2010	电气装置安装工程 电力变压器、油浸电抗器、互感器施工及验收规范
4	GB 149—90	电气装置安装工程 母线装置施工及验收规范
5	GB 50150—2006	电气装置安装工程 电气设备交接试验标准
6	GB 50168—2006	电气装置安装工程 电缆线路施工及验收规范
7	GB 50169—2006	电气装置安装工程 接地装置施工及验收规范
8	GB 50170—2006	电气装置安装工程 旋转电机施工及验收规范
9	GB 50171—92	电气装置安装工程 盘、柜及二次回路接线施工及验收规范

续表

序号	标准号	标 准 名 称
10	GB 50172—92	电气装置安装工程 蓄电池施工及验收规范
11	GB 50173—92	电气装置安装工程 35kV 及以下架空电力线路施工及验收规范
12	GB 50254—96	电气装置安装工程 低压电器施工及验收规范
13	GB 50255—96	电气装置安装工程 电力变流设备施工及验收规范
14	GB 50256—96	电气装置安装工程 起重机电气装置施工及验收规范
15	GB 50257—96	电气装置安装工程 爆炸和火灾危险环境电气装置施工及验收规范
16	GB 50259—96	电气装置安装工程 电气照明装置装置施工及验收规范
17	GB/T 772—2005	高压绝缘子瓷件技术条件
18	GB/T 14285—2006	继电保护和安全自动装置技术规程
19	DL/T 621—1997	交流电气装置的接地
20	DL/T 5027—1993	电力设备典型消防规程
21	DL/T 377－2010	高压直流设备验收试验
22	DL/T 380－2010	接地降阻材料技术条件
23	DL/T 385－2010	变压器油带电倾向性检测方法
24	DL/T 5218—2005	220～500kV 变电所设计技术规程
25	DL/T 623—1997	电力系统继电保护及安全自动装置运行评价规程
26	DL/T 5408—2009	发电厂、变电站电子信息系统 220/380V 电源电涌保护配置、安装及验收规程
27	DL/T 995—2006	继电保护和电网安全自动装置检验规程
28	DL/T 663—1999	220～500kV 电力系统故障动态记录装置检测要求
29	DL/T 5025—2005	电力系统数字微波通信工程设计技术规程
30	DL/T 598—96	电力系统通信自动交换网技术规范
31	DL/T 860.3—2004	变电站通信网络和系统　第 3 部分：总体要求
32	DL/T 5225—2005	220～500kV 变电所通信设计技术规定
33	DL/T 596—1996	电力设备预防性试验规程
34	DL/T 596—1996	电力设备预防性试验规程（修订说明）
35	DLGJ 154—2000	电缆防火措施设计和施工验收标准

其他编制依据参照及时修订、更新的《500kV 输变电工程监理项目部技术标准清单》。

2.2.3 监理目标

2.2.3.1 质量控制目标

工程质量满足国家及行业施工验收规范、标准及质量检验评定标准的要求。

分项目标：安装工程：分项及分部工程合格率为 100%，单位工程优良率为 100%。建筑工程外观及电气安装工艺优良。不发生一般施工质量事故。工程无永久性质量缺陷。工程带负荷一次启动成功。

电气安装质量控制目标如下：

（1）原材料、装置性材料、设备合格率确保 100%，抽样送检、设备试验符合国家有关规范、标准要求。

（2）电气设备安装符合规程要求，设备动作正确可靠、接触良好、指示正确、闭锁可靠。

（3）母线弧垂符合设计，瓷件无损坏、裂纹。

（4）软导线、设备引下线无磨损，安装整齐划一，工艺美观。

（5）充油设备无渗漏、充气设备泄漏不超标。

（6）电缆排放整齐美观、固定牢靠。

（7）盘柜安装排列整齐、柜内接线整齐美观、标志清晰齐全。

（8）保护自动装置投入率 100%且动作正确，远动装置信息齐全正确，监测仪表投入率 100%且指示正确。

（9）全部电气设备实现无垫片安装。

（10）通信系统按设计方案投入且技术指标完好。

2.2.3.2 进度控制目标

进度控制目标：2011 年 8 月 16 日开工，2011 年 12 月 25 日投产。

电气安装控制目标如下：

（1）主变压器安装调试：2011 年 10 月 8 日开始，2011 年 11 月 20 日结束。

（2）配电装置安装调试：2011 年 8 月 16 日开始，2011 年 11 月 20 日结束。

2.2.3.3 造价控制目标

（1）造价控制目标：工程造价不超过批准概算。

（2）合理控制施工变更及设计变更，对招标漏项的单价进行严格审核。

2.2.4 监理工作流程及重点工作

2.2.4.1 质量控制流程及重点工作

一、质量控制流程

根据现场电气安装施工实际，严格按照标准化管理要求执行质量控制流程，具体质量控制流程见附表一。

二、质量控制重点工作

本工程质量监理主要考虑以下四个方面进行重点控制：设计质量、物资质量、施工质量、系统调试质量。

1. 设计质量目标

设计先进、合理、经济、可靠。图纸资料完整、正确、交付及时，满足施工和生产运行的要求。设计服务周到、及时，能较好满足生产、使用要求。

2. 物资质量目标

国内、国外供应的全部材料、设备的质量均应满足设计和有关标准、规范和合同要求。出厂合格证、试验报告，使用说明书、设备图纸等随机资料完整、正确、真实，备品配件齐全。

3. 施工质量目标

施工质量达到国家和部颁建设标准、规范及优质工程的要求。土建工程和电气安装工程中的分项工程合格率达到 100%、单位工程优良率达到 100%、工程质量达到优良。消灭任何质量事故，电气安装工艺优良。竣工资料完整、真实、准确、规范。

4. 系统调试质量目标

调试方案科学、完整；接线正确、仪器仪表精确、试验数据真实、判断结论准确；系统性能经调试均能满足试验大纲的要求。

三、质量控制措施

(一)设计质量控制

1. 施工图会审

(1)必备条件。

1)本次施工图会审需用的图纸已交付到有关单位。

2)业主对本次施工图会审的图纸范围、时间、地点要求采用文件形式下发有关单位。

3)设计单位对本次施工图会审的设计意图,工程特点施工要求等已做出书面汇报。

(2)会审议程。

1)施工图会审由项目法人组织、监理单位主持。

2)设计单位对每次图纸会审内容做一说明。包括:设计意图、工程特点、施工要求、技术措施和有关施工注意事项等。

3)对施工图会审中提出的问题按卷册经讨论统一意见后形成会审记录有各方签字。

4)形成图纸会审会议纪要。

(3)施工图纸会审要点。

1)各专业之间设计配合是否协调。

2)各专业施工图之间、总图与分图之间的尺寸有无差错和相互矛盾。

3)能否满足生产运行的安全经济的要求和运行维护及检修的合理需要。

4)与国家电力公司颁发的规定、反事故措施以及网局的特殊规定有无矛盾。

(4)施工图会审后的设计变更。

设计单位在会审纪要限定的期限内,根据会审意见按“设计修改”的规定提出设计修改通知单。

2. 设计变更

所有设计变更必须书面通知,设计变更通知单的编号应连续并附有修改预算。

(1)普通设计变更。项目法人、施工、运行、设计等单位提出的设计修改执行下列程序:

1)项目法人、施工、运行、设计单位提出设计修改意向,并填写《设计修改通知单报审表》,由设计单位审查同意后,提出设计修改通知单。

2)项目监理部审查同意后,即为有效的设计修改通知单。

3)项目监理部向施工单位发送设计修改通知单。

4)项目监理部将设计修改通知单的编号、接收日期、接收人填入《设计变更通知单汇总表》。

(2)重大设计变更。

1)凡属于以下设计变更,均属于重大设计变更:

a. 变更设计原则。

b. 变更系统方案和主要结构、布置、修改主要尺寸。

c. 主要原材料和设备代用项目。

d. 变更后单项费用增加5万元以上修改项目。

e. 对施工进度产生较大影响的变更项目。

2)重大设计变更程序:

a. 设计单位提出重大设计修改的原因和申请报告。

b. 提交《设计变更通知单报审表》。

c. 项目监理部审查同意后报项目法人。

d. 项目法人/原初步设计审查责任单位批准。

e. 项目监理部通知设计和施工单位,确认重大设计修改的有效性。

f. 项目监理部将设计修改通知单的编号、接收日期、接收人填入《设计变更通知单汇总表》。

3. 设计单位的现场服务

(1)按照施工图纸交付日期分阶段施工图纸会审并进行施工图交底。

(2)当施工图有必要进行修改时,应及时按程序进行设计修改。

(3)当施工图发生修改较多时,应重新提供正式图纸。

(4)参加必要的施工质量验评及验收。

(二)施工质量控制

1. 施工准备阶段质量控制

坚持四不准制度,即:

(1)人力、材料、机具设备不足不准开工。

(2)未经检查认可的材料不准使用。

(3)施工工艺未经批准,施工中不准采用。

(4)前道工序未经验收,后道工序不准进行。

(5)组织准备。

(6)施工人员技术素质和数量满足施工要求,并做到“三熟悉”:熟悉施工图纸、熟悉技术措施和操作程序、熟悉安全措施及注意事项。现场施工人员岗位责任分工明确。特殊工种(如电工、测工、焊工、起重工、压接工,但不限于此)必须持证上岗。

(7)分包控制。

(8)工程分包受施工承包合同约束。原则上承包商应自行完成承包施工任务。合同规定可以分包的部分,承包方需要分包时,应填报《分包单位资格报审表》报项目监理部审查。主要审查分包商的资质和分包范围。

(9)主体工程和关键分部工程不准许分包。

(10)项目监理部对分包工程在施工过程中出现的任何问题,都将依据合同规定追究承包商的合同责任。总承包商对分包商的施工进度、质量和安全负全责。

(11)技术准备。

(12)施工组织设计或施工方案(措施)已经项目监理部审查认可。施工单位对施工人员的技术交底已完成(监理人员参加重大项目技术交底工作)。

(13)机具、工器具、仪器、仪表、规范、图集准备。

(14)项目监理部依据承包方报送的施工组织设计,检查其施工用具、工器具、测量、计量器具及试验设备的准备情况,承包方应主动向项目监理部出示相应台账,承包方应根据设计和施工要求,备齐施工所需要的规范和图集并备查。

(15)测量、计量器具与试验设备应按规定进行周期检查并有定期检验标识。无检验标识或超过定检周期的一律不准使用,以保证所使用的测量、试验设备均在检验周期内,其物、账、卡应一致。

2. 原材料及器材的质量控制

根据合同规定属于施工单位采购的原材料及器材,施工单位在签定采购合同前向项目监理部说明供货方的资质情况及货源情况,必须经项目监理部同意,才能具签合同。完成上述工作需要承包方填以下报表:

1)《主要材料、构配件及供货商资质报审表》。

2)《工程材料/构配件/设备进场报审表》。

报项目监理部审查认可。

(1)原材料及器材检验。

1)原材料及器材检验准则。

a. 外委加工件的质量检验。对进场的外委加工件(半成品、成品)由项目监理部、供货单位、施工单位共同进行检验，有供货单位提供检验报告和出厂合格证；确认质量合格后方可使用。

b. 材料及器材交接检验。由项目监理部、供货单位、施工单位在交货地点进行检验。对供货单位提供的材料品种、规格、数量和有关技术资料施工单位应进行清点，对存在问题交接双方签认，凡交接检验中存在的问题由供货单位负责，移交后发生的丢失、损坏等由施工单位负责。

c. 项目监理部有权对上述所有环节进行抽样检查，当对质量有疑问时有权提出重新取样进行测试和检验，相应单位提供方便。

d. 对检查出的不合格材料和器材，责任方应进行明显标识，不准使用于工程，并应及时清出施工现场。

2）原材料及器材的检验项目。

a. 钢材：拉伸试验、弯曲试验。

b. 铝材、铜材：规格、材质。

c. 外加工钢构件：材质、几何尺寸、焊接及防腐。

d. 喷镀钢管：材质、规格、锌层厚度，附着力（锤击、弯折、刀刻）及耐腐蚀性能（硫酸铜浸泡试验）。

e. 钢芯铝绞线：型号、规格及结构、抗拉强度，抗弯曲，捻向及捻距，抗疲劳性能，包装质量。

f. 铝锰合金管、型号、规格及材质、内外表面质量、直径及附件。

g. 金具：型号、规格，机械强度，握着力，尺寸偏差，防晕金具的防晕性能，防震性能，外观质量，金具连接配合。

h. 悬式绝缘子：型号、规格，机电/机械强度，绝缘电阻，工频击穿电压，温差性能，爬电距离，外形尺寸，配件及与其他金具的配合。

3）检验（查）手段（方法）。

通过检查施工图、产品合格证、厂家试验报告，现场抽检、试组装、测量及外观检查。

4）新材料控制。

对工程中采用的新材料，必须审查其技术鉴定文件，在未确认其安全、可靠、合理前不得使用。

5）资料管理。

所有原材料、器材及设备的出厂合格证、试验报告、安装使用说明书，供货单位应向施工单位提交一份原件。

（三）设备质量控制

1. 设备开箱检查制度

施工单位填报《主要设备开箱申请表》报项目监理部，由项目法人、设备供货单位、设备制造厂、施工单位、项目监理部代表共同按订货合同和装箱清单进行清点、检查。

对随设备供应的绝缘油、SF_6 气体，应按规定取样化验。凡不合格者供货方在限定期限内予以更换。

施工单位提供开箱记录表式，对开箱中发现的问题和开箱资料、备品、备件、专用工具等。认真做好记录，各方签字认可。开箱检查记录应送达各方代表。

检查结束后，设备移交施工单位保管。移交后的丢失，损坏由施工单位负责。施工单位认真对设备和开箱中的技术资料、备品、备件及专用工具妥善进行保管。

2. 设备制造商的现场服务

设备制造商的现场服务范围由设备订货单位与制造商双方协商确定，并在订货合同中或合同附件中明确。其现场工作受项目监理部的监督。

对于重要设备，项目监理部应根据设备订货合同的规定，适时通知设备制造商及时参加设备到货开箱检查。

项目监理部监督设备供货商对施工单位进行现场培训、技术交底、指导安装调试、处理设备缺陷等工作。

3. 现场布置准备

施工现场布置应符合经逐级上报批准的施工组织设计中的施工现场平面布置图的规定，机具布置、材料及器材堆放等已就绪，且满足施工需要，方可进入正式施工。

（四）审查承包方呈报的开工报告

审查施工单位提交的《工程项目开工报审表》，并经项目监理部和项目法人批准。

1.《工程项目开工报审表》的内容

（1）《施工组织设计报审表》。

（2）《施工进度计划报审表》。

（3）《一般施工（调试）方案报审表》。

（4）《特殊施工技术方案（措施）报审表》。

（5）《主要材料、构配件及供货商资质报审表》。

（6）《工程材料/构配件/设备进场报审表》，包括但不限于：

1）钢材出厂合格证和试验报告。

2）电焊条出厂合格证。

（7）《特殊工种作业人员报审表》。

（8）《主要测量计量器具/试验设备检验报审表》。

（9）《施工质量验收及评定项目划分报审表》。

2. 对《工程项目开工报告报审》的审查要点

（1）施工单位工程组织机构健全、管理人员（包括行政、技术、质量、安全、计划、材料）到位。

（2）工程管理办法切实可行，各级管理人员的管理职责明确、全面，各项管理制度健全。

（3）施工进度计划满足项目法人里程碑工期要求。

（4）施工方案（措施）的可靠性和合理性，能保证施工质量和安全。

（5）主要材料的质量能满足工程质量要求，材料准备能满足连续施工要求。

（6）特殊工种的培训和持证上岗情况。

（7）主要测量、计量器具应经定检合格，具有定检合格证和检验文件，且在定检周期范围内；规范、图集已备齐。

（8）施工质量检验项目划分应涵盖承包工程的全部内容，不得遗漏和重复。分包工程亦应全部纳入。

（9）施工机具配置应满足连续施工和工期要求。

3. 开工报告的批准手续

开工报告由项目法人和项目监理部组织审查，也可由项目监理部进行预审。当满足正式开工条件、经项目法人最终审定并签署审查意见后，项目监理部发布允许开工令。

4. 审查承包商呈报的单位工程开工报告

审查施工单位提交的《单位（子单位）工程开工报审表》并经项目监理部审查，总监理工程师签字，业主、施工、监理各一份。单位工程中按照《施工质量检验及评定标准》建筑、电气篇所规定的范围，范围包括分部、分项工程。《单位（子单位）工程报审表》所规定的内容重点审查：

（1）施工技术措施（方案）已交底并签证。

（2）施工图已到并会审。

（3）工程进度计划已排定。

（4）主要劳力、材料、机具、设备满足计划。

（5）材料均经检验，设备已开箱检查。

（6）资金已到位。

（7）施工现场已满足开工条件。

（五）工序质量控制

1. 工序质量控制的原则

（1）工序控制应以管理为主，工序质量不稳定大部分是管理因素。工序控制从管理上采取措施，既为操作者控制工序质量创造条件，又能使操作作业处于受控状态。

（2）抓关键工序。关键工序是指对质量起决定作用的工序。

（3）搞好工序协调。工序质量所涉及的技术、材料、机具、试验、检验各方面应协调行动。监理应加强对施工单位工序协调控制的检查。

2. 项目监理部在工序质量控制中责任

（1）适时向被监理单位发布监理关于 W、H、S 点的设置清单。

（2）进行 H 点的施工质量检查验收，对检查合格的进行监理签证放行；不能放行的，根据检查结果决定发布停工整改或返工令。

（3）对需旁站监理的工程施工进行旁站监理，检查现场施工方案、技术措施、安全措施与报审技术文件的一致性，检查施工质量，对不符合规范的行为提出指正，或采取必要措施，施工结束后对符合规范标准的工程进行监理签证。

（4）办理 W 点的见证手续。

（5）跟踪施工全过程的质量体系运行情况。

3. 隐蔽工程验收

隐蔽工程属 H 点，应经施工单位三级自检合格，在隐蔽前 24 小时将《分项程质量报验申请单》或《分部、单位工程质量报审表》报项目监理部，经监理验收合格签证后方可隐蔽。如施工单位未经监理验收而自行隐蔽，将视具体情况确定检查办法，由此引起的后果由施工单位承担。

4. 检查技术交底

监理不定期地检查施工单位技术交底记录。必要时参加主要分部、分项工程技术交底。检查时施工单位应向监理提供技术交底记录、施工技术措施或作业指导书以及质量体系程序文件。

（1）检查是否按施工已审定的施工技术措施和施工方案进行了技术交底，交底人、接受人是否签字。

（2）检查操作人员是否按交底内容进行操作。

5. 设备缺陷的处理

（1）施工过程中发现设备缺陷时，施工单位应填报《设备缺陷通知单》报项目监理部，由项目监理部协调处理。

（2）设备缺陷处理完毕，经检验/试验合格后，施工单位填报《设备缺陷处理报验表》报项目监理部，项目监理部经检验后签署意见，确认合格后，方可用于工程。

6. 关于整改、停工和复工及日常工作

（1）发生下列情况之一时，填写《监理工程师通知单》并拍数码照片，由项目监理部监理工程师签发，责令施工单位整改：

1）不按经审查的图纸施工。

2）重大项目无施工技术措施和交底签证。

3）特殊工种无证操作。

4）发现使用不合格的材料、半成品、构配件或主要施工机具设备、仪器、量具有问题。

5）发现不符合项或质量缺陷。

6）擅自将工程转包或未经同意的分包单位进场作业。

7）隐蔽工程未经检验签证，施工单位擅自隐蔽。

8）没有可靠的质量保证措施，已出现质量下降征兆。

9）发现严重违反施工安全规程的施工行为。

（2）施工单位整改后填写《监理工程师通知回复单》报项目监理部进行检验，确认合格后签署意见予以认可，形成闭环。

发生下列情况之一时，由总监理师签署《停工通知单》，视现场存在问题的严重程度采取全部或部分停工，并通报项目法人。

1）项目监理部已签发《监理工程师通知单》，施工单位整改不力或整改无效。

2）已发生重大质量、安全事故或如不停工将要导致重大质量、安全事故的发生。

3）施工条件发生较大变化而导致必须停工。

4）应项目法人的要求。

（3）令其停工或部分停工的工程需要复工时，由施工单位填写《工程复工申请表》，经项目监理部检查认可后下达复工令方可复工。

（4）项目监理部在日常工作中发现的问题及工作联系，由项目监理部填写《监理工作联系单》，拍数码照片；施工单位针对提出的问题填写《工作联系单》予以回复，形成闭环。

（六）施工后的质量管理

1. 工序交接签认

（1）每道工序均应按工艺和技术要求进行施工，每道工序完成后，施工单位应进行三检（自检、互检、专检），并对查出的问题及时进行处理。

（2）工序交接坚持上道工序不经验收不准进行下道工序的原则。施工单位在三检合格后，填写《分项工程质量申请单》报项目监理部对已完工序进行检验，确认合格后在《分项工程质量申请单》签署审查意见予以确认。

2. 质量事故（问题）的处理

发生质量事故（问题）后，施工单位填报《工程安全/质量事故报告单》报项目监理部。项目监理部接到报告单后应立即以书面形式报送有关单位，并参与/组织有关单位对质量事故进行分析（附数码照片）。

（1）工程质量事故处理方案由施工单位提出，设计单位同意并签证；施工单位填报《工程安全/质量事故处理方案报审表》报项目监理部审查，并征得项目法人的认可。

（2）处理方案应满足使用功能、不留隐患、技术可行、经济合理、施工方便的要求。

（3）施工单位根据批准的处理方案制定可行的事故处理技术措施，报项目监理部审查。处理中严格按照批准的施工技术措施施工并加强自检和专检，认真做好原始记录。

（4）项目监理部严格按照处理方案和事故处理技术措施，监督施工单位实施并做好原始记录。

（5）处理完毕，施工单位填报《工程安全/质量事故处理结果报验表》报项目监理部，项目监理部应会同项目法人/设计单位组织验收并签署意见。

（6）事故分析会议记录、事故调查报告、事故处理方案、事故处理技术措施、施工单位和项目监理部的原始记录、验收记录和处理过程中形成的相关资料，项目监理部应整理归档。

2.2.4.2　进度控制重点工作

500kV 变电站电气工程于 2011 年 8 月 16 日开工，按业主要求，应于 2011 年 12 月 25 日竣工投产。考虑工程建设过程中的其他因素，工程的有效施工时间不到 3 个月，工期异常紧张，承包单位已对此做了相应的安排和相对充分的准备，故本工程在进度控制方面除按常规的进行控制外，还必须采取一些特殊措施。重点工作包括：

2.2.4.2.1　审查承包单位的施工总进度计划与工程工期目标是否一致，同时审查其他单位的工作进度计划如设计出图计划、钢构架供货计划、电气设备订货、供货计划等是否满足施工进度计划需求，会同建设单位进行协调。

2.2.4.2.2 加大现场协调工作力度。如本工程的工地例会周期定为7天，电气安装队伍进场后，每周组织一次工地例会。工地例会中除协调工程质量、安全方面的问题外，还需重点协调各参建单位的进度计划、进度实施情况，满足工程整体协同推进的需要。

2.2.4.2.3 加大现场进度信息收集力度，电气施工开展前，专业监理工程师负责每周对工程进度信息做一次相对简单的收集。工地例会前由总监理工程师负责组织监理人员对各参建单位的进度信息做一次全面收集。电气施工开展后，其收集频率加倍，以满足工程进度控制所需。

2.2.4.2.4 审查专项施工方案时，应注意从施工方案的调整、优化人手，保证工程进度的按计划进行。

2.2.4.2.5 当实际进度与计划进度不一致时，注意分析原因，提出下阶段的调整要求，在不改变最终竣工日期的前提下对计划进行调整。

2.2.4.3　造价控制重点工作

2.2.4.3.1 监理项目部依据承包合同有关条款、设计及施工文件，对工程项目造价目标进行风险分析，并向建设单位提出防范性对策和建议。

2.2.4.3.2 监理项目部依据承包合同约定进行工程预付款审核和签认。

2.2.4.3.3 监理项目部按实际工程量及承包合同约定进行工程计量和工程款支付的审核签认工作，未经监理项目部质量验收合格的工程量或不符合承包合同约定的工程量，监理项目部应拒绝计量和拒签该部分的工程款支付申请。

2.2.4.3.4 监理项目部从质量、安全、造价、项目的功能要求和工期等方面审查工程变更方案，并宜在工程变更实施前与建设单位、承包单位协商确定工程变更的价款。

2.2.4.3.5 依据授权和承包合同约定的条款处理工程变更等所引起的工程费用增减、合同费用索赔、合同价格调整事宜。

2.2.4.3.6 收集、整理有关的施工、调试和监理文件，为处理合同价款、费用索赔等提供依据。

2.2.4.3.7 监理项目部应建立工程量、工作量统计报表，对实际完成情况和计划完成情况进行比较、分析，制定调整措施，向建设单位提出调整建议。

2.2.4.3.8 及时督促承包单位按照承包合同的约定进行竣工结算。

2.2.5　监理工作内容、措施及方法

2.2.5.1　开工阶段监理工作内容

2.2.5.1.1 根据建设单位的授权建立监理协调制度，明确程序、方式、内容和责任。

2.2.5.1.2 召开专门会议，进行技术交底。提出整体要求。

2.2.5.1.3 对土建施工完成的设备基础进行验收。

2.2.5.2　施工阶段监理工作内容

2.2.5.2.1 运用现场巡视的办法，随时掌握施工动态情况，及时发现处理施工中出现的问题。

2.2.5.2.2 做好隐蔽工程等停工待检点的监理工作，针对接地施工等容易忽视薄弱环节，进行重点监测。

2.2.5.2.3 坚持对重点环节进行旁站监理。对主变就位、套管安装；GIS对接；软母线压接；高压试验；带电试运行等环节进行旁站监理。

2.2.5.2.4 做好平行检验。在施工中，对容易出现质量问题的环节和部位，坚持进行平行检验。

2.2.5.2.5 运用工地例会、专题会议及现场协调方式及时解决施工中存在的问题。

2.2.5.3　竣工验收阶段监理工作内容

2.2.5.3.1 对已完工程进行工程质量评估，并及时提供分部、单位工程质量评估报告及监理工作总结。

2.2.5.3.2 总监组织监理工程师根据规范和强制性标准条文对承包单位报送的完工工程的实物质量进行竣工监理初验收、对竣工资料进行审查，并对存在的问题整改的结果进行复验合格的基础上，向建设管理单位提出竣工验收的建议。协助建设管理单位组织竣工验收。

2.2.5.4　项目保修阶段的监理工作内容

工程质量保修期内监理单位根据监理合同约定，当建设管理单位在使用中对工程质量提出异议或本监理公司在回访中发现影响使用的质量缺陷时，将派专人进行现场查验。其结果在保修范围内，则通知并监督承包商进行保修。

组织措施如下：

（1）建立以总监理工程师负责制的质量控制体系，按要求配备监理人员，做到专业配套齐全、资质符合要求、年龄结构合理。

（2）执行建设管理单位《工程项目质量管理制度》，制定监理部工程质量控制制度，完善工程质量控制方法，明确工程质量控制职责，层层分解落实，做到人人有责、齐抓共管，确保实现质量管理目标。

（3）按监理合同的有关约定，制定项目管理规划，编写本项目工程专业监理实施细则、安全监理实施细则、监理创优细则、旁站监理工作方案、强制性条文实施计划等指导性文件并严格执行。

2.2.5.5　对施工承包商选用的分包单位的控制

2.2.5.5.1 审查施工承包商报送的分包单位资格报审表和分包单位有关资质资料，符合合同有关规定后，由总监理工程师予以签认。

2.2.5.5.2 审核内容包括：分包单位的营业执照、企业资质等级证书、特殊行业施工许可证、国外（境外）企业在国内承包工程许可证；分包单位的业绩；拟分包工程的内容和范围；专职管理人员和特种作业人员的资格证、上岗证。

2.2.5.5.3 未经监理进行资质审查确认的分包单位，不得进入施工现场。

2.2.5.5.4 加强对分包队伍的动态管理，对实际能力与申报的资质不符的，上报建设管理单位，并责令承建单位将其清除现场。

2.2.5.6　对材料、设备的控制

2.2.5.6.1 工程准备阶段根据工程特点制定切实可行的《材料、构配件、设备采购检查制度》《材料、构配件、设备现场检查验收制度》《原材料见证取样制度》，各专业监理工程师认真执行。

2.2.5.6.2 对承包商编制的材料、构配件、设备采购方案进行审查，审查主要内容包括：采购的类型、数量、质量要求，以及相应的备品配件表，包括名称、型号、规格、数量，主要技术性能，要求交货期，以及这些设备相应的图纸、数据表、技术规格、说明书、其他技术附件等。

2.2.5.6.3 合格供货厂商的评审：供货厂商的营业执照、生产许可证，经营范围是否涵盖了拟采购材料、构配件、设备，注册资金，设备供货能力。各种检验检测手段及试验室资质；企业的各项生产、质量、技术、管理制度的执行情况。

2.2.5.6.4 对复检和试验的控制：材料、构配件、设备供货商和

复检单位或性能考核单位的资质必须满足合同要求；所供材料、构配件、设备必须技术先进、成熟可靠；复检单位或性能考核单位试验仪器性能优良，数据可靠。

2.2.5.6.5　质量检验：到达现场的材料、构配件、设备必须符合合同要求和国家标准，对成套设备必须提供品质以及工艺试验、按国家标准规定和合同规定的标准试验的全部试验资料、质量证明资料、技术文件。满足供货合同所规定的标准和要求，现场保管条件符合要求。

2.2.5.6.6　在工程中推广使用的新材料、新工艺、新设备、新技术必须具备完整的试验报告和权威部门技术鉴定证明；经监理工程师审查确认后方可在工程中使用。

2.2.5.6.7　对材料、构配件、设备进行外观检查和依据相关规定进行检验。按照有关合同约定或国家有关工程质量管理文件的规定，按比例采用平行检验或见证取样的方式进行抽检。

2.2.5.6.8　设备运到现场后，共同根据装运单和装箱单对设备的包装、外观和件数进行清点；共同检验设备的数量、规格、质量和备品备件及随机文件，现场检验时，如发现设备由于供货方原因（包括运输）有任何损坏、缺陷、短少或不符合合同中规定的质量标准和规范时，发出《设备缺陷通知单》，并应做好记录，并由各方代表签字，各执 1 份，作为向供货方提出修理或更换索赔的依据。

2.2.5.6.9　对未经监理人员验收的材料、构配件、设备，拒绝签认，对验收不合格的材料、构配件签发监理通知单，书面通知承包商限期将不合格的材料、构配件撤出现场。对材料、构配件质量有所怀疑或者对材料、构配件送检、试验结果有所怀疑时，采取平行检验的方法进一步证实。

2.2.6　质量通病防治专项措施

根据《国家电网公司输变电工程质量通病防治工作要求及技术措施》（基建质量〔2010〕19 号）的要求，制定质量通病防治工作的监理预控和检查专项措施。

2.2.6.1　电气一次设备安装质量通病的控制

（1）充油（气）设备渗漏主要发生在法兰连接处。安装前应详细检查密封圈材质及法兰面平整度是否满足标准要求；螺栓紧固力矩应满足厂家说明书要求。主变压器充氮灭火装置连接管道安装完毕，必须进行压力试验（可以单独对该部分管路在连接部位密封后进行试验；也可以与主变压器同时进行试验。参考试验方法：主变压器注油后打开连接充氮灭火装置管道阀门，从储油柜内施加 0.03～0.05MPa 压力，24h 不应渗漏）。

（2）在设备支柱上配置隔离开关机构箱支架时，电（气）焊不得造成设备支柱及机构箱污染。为防止垂直拉杆脱扣，隔离开关垂直及水平拉杆连接处夹紧部位应可靠紧固。

（3）在槽钢或角钢上采用螺栓固定设备时，槽钢及角钢内侧应穿入与螺栓规格相同的楔形方平垫，不得使用圆平垫。

（4）结合滤波器到电压互感器（CVT）的连线应采用绝缘导线连接。

（5）充油设备套管使用硬导线连接时，套管端子不得受力。

（6）加强母线桥支架、槽钢、角钢、钢管等焊接项目验收，以保证几何尺寸的正确、焊缝工艺美观。

（7）对设备安装中的穿芯螺栓（如避雷器、主变散热器等），要保证两侧螺栓露出长度一致。

（8）电气设备连接部件间销针的开口角度不得小于 60°。

（9）母线施工质量通病的控制：

1）硬母线制作要求横平竖直，母线接头弯曲应满足规范要求，并尽量减少接头。

2）支持瓷瓶不得固定在弯曲处，固定点应在弯曲处两侧直线段 250mm 处。

3）相邻母线接头不应固定在同一瓷瓶间隔内，应错开间隔安装。

4）母线平置安装时，贯穿螺栓应由下往上穿；母线立置安装时，贯穿螺栓应由左向右、由里向外穿，连接螺栓长度宜露出螺母 2～3 扣。

5）直流均衡汇流母线及交流中性汇流母线刷漆应规范，规定相色为“不接地者用紫色，接地者为紫色带黑色条纹”。

6）硬母线接头加装绝缘套后，应在绝缘套下凹处打排水孔，防止绝缘套下凹处积水、冬季结冰冻裂。

7）户外软导线压接线夹口向上安装时，应在线夹底部打直径不超过 ϕ8mm 的泄水孔，以防冬季寒冷地区积水结冰冻裂线夹。

8）母线和导线安装时，应精确测量挡距，并考虑挂线金具的长度和允许偏差，以确保其各相导线的弧度一致。

9）短导线压接时，将导线插入线夹内距底部 10mm，用夹具在线夹入口处将导线夹紧，从管口处向线夹底部顺序压接，以避免出现导线隆起现象。

10）软母线线夹压接后，应检查线夹的弯曲程度，有明显弯曲时应校直，校直后不得有裂纹。

2.2.6.2　电气二次设备安装质量通病的控制

一、屏、柜安装质量通病的控制

（1）屏、柜安装要牢固可靠，主控制屏、继电保护屏和自动装置屏等应采用螺栓固定，不得与基础型钢焊死。安装后端子箱立面应保持在一条直线上。

（2）电缆较多的屏柜接地母线的长度及其接地螺孔宜适当增加，以保证一个接地螺栓上安装不超过 2 个接地线鼻的要求。

（3）配电、控制、保护用的屏（柜、箱）及操作台等的金属框架和底座应接地或接零。

二、电缆敷设、接线与防火封堵质量通病的控制

（1）电缆管切割后，管口必须进行钝化处理，以防损伤电缆，也可在管口上加装软塑料套。电缆管的焊接要保证焊缝观感工艺。二次电缆穿管敷设时电缆不应外露。

（2）敷设进入端子箱、汇控柜及机构箱电缆管时，应根据保护管实际尺寸进行开孔，不应开孔过大或拆除箱底板。

（3）进入机构箱的电缆管，其埋入地下水平段下方的回填土必须夯实，避免因地面下沉造成电缆管受力，带动机构箱下沉。

（4）固定电缆桥架连接板的螺栓应由里向外穿，以免划伤电缆。

（5）电缆沟十交叉字口及拐弯处电缆支架间距大于 800mm 时应增加电缆支架，防止电缆下坠。转角处应增加绑扎点，确保电缆平顺一致、美观、无交叉。电缆下部距离地面高度应在 100mm 以上。电缆绑扎带间距和带头长度要规范、统一。

（6）不同截面线芯不得插接在同一端子内，相同截面线芯压接在同一端子内的数量不应超过两芯。插入式接线线芯割剥不应过长或过短，防止紧固后铜导线外裸或紧固在绝缘层上造成接触不良。线芯握圈连接时，线圈内径应与固定螺栓外径匹配，握圈方向与螺栓拧紧方向一致；两芯接在同一端子上时，两芯中间必须加装平垫片。

（7）端子箱内二次接线电缆头应高出屏（箱）底部 100～150mm。

（8）电缆割剥时不得损伤电缆线芯绝缘层；屏蔽层与 $4mm^2$ 多股软铜线连接引出接地要牢固可靠，采用焊接时不得烫伤电缆线芯绝缘层。

（9）电流互感器的N接地点应单独、直接接地，防止不接地或在端子箱和保护屏处两点接地；防止差动保护多组CT的N串接后于一点接地。电流互感器二次绕组接地线应套端子头，标明绕组名称，不同绕组的接地线不得接在同一接地点。

（10）监控、通讯自动化及计量屏柜内的电缆、光缆安装，应与保护控制屏柜接线工艺一致，排列整齐有序，电缆编号挂牌整齐美观。

（11）控制台内部的电源线、网络连线、视频线、数据线等应使用电缆槽盒统一布放并规范整理，以保证工艺美观。

2.2.6.3　监理人员在治理质量通病中的责任

（1）按照分工负责的原则，严格控制质量。

（2）需要审查的资料是否符合国家强制性标准的规定，如施工方案“人员资质”要严格审查，不符合要求的必须修改补充。

（3）要根据施工进展情况对施工过程进行巡视、旁站，随时掌握质量情况，发现问题立即整改。

（4）要从设计入手，在施工质量和工艺水平上严格把关，施工过程中，要随时了解和掌握施工人员对防治质量通病的措施和国家强制性标准的执行情况，检查人员对质量通病措施的检查验收必须切实到位。

（5）施工项目完成后，认真组织检查验收，总结施工过程中质量控制的经验教训，对施工质量做出明确的评价。

（6）部分项目在施工中需要在施工单位认真研讨，了解施工单位对该项目的治理措施的到位程度，措施不到位的不可盲目施工。

（7）配合常规的便携式检测仪器，加强对工程质量的平行检验，发现问题及时处理。

（8）工程完工后，应认真填写《电力建设房屋工程质量通病防治工作评估报告》。（见附表1）

2.2.6.4　做好工程的隐蔽检查验收

按照施工单的报审的三级自检，每一分项工程的隐蔽工程都进行检查，做好隐蔽工程检查验收记录和工序的交接，对不合格的工序，不允许进入下道工序施工。

2.2.6.5　工程完工后工作

认真填写《500kV输变电工程质量通病防治工作评估报告》。

2.2.7　质量控制标准及验评应执行的满足要求的电气质量验评相关规范、标准

本章其余内容见光盘。

第 14 篇

1000kV 变电站工程施工监理范例

杨海勇　刘寅贵　叶　明　王　坤　唐明利　等　编著

第 1 章　某 1000kV 变电站工程监理规划

1.1　工 程 概 况

1.1.1　工程名称

1000kV 变电站。

1.1.2　工程地点

×××。

1.1.3　工程规模

一、远景规划

（1）主变容量：3×3×1000MVA，每组主变低压侧 8 组补偿装置。

（2）1000kV 出线 10 回，1000kV 高抗 6 组。

（3）500kV 出线 10 回。

二、本期规模

（1）主变 1×3×1000MVA，单相自耦变压器。

（2）1000kV 出线 1 回，双母线双断路器接线，GIS 设备。

（3）1000kV 高抗 1 组。

（4）500kV 出线 5 回，3/2 接线，HGIS 设备。

（5）110kV 单母线接线。

（6）110kV 装设电抗器 2×240Mvar、电容器 4×240Mvar。

（7）电气二次部分：

1）1000kV 线路保护：四套。

2）500kV 线路线路：二套。

3）1000kV 及 500kV 母线保护：各二套。

4）主变保护：五套。

5）高抗保护：三套。

6）安全自动装置：一套。

7）监控系统：一套。

8）防误闭锁装置：一套。

9）计量系统：一套。

10）系统通信：一套。

1.1.4　占地面积

本期站址总用地面积约 8.6574ha，站区围墙内用地面积约 7.9209ha，进所道路用地面积约 0.5107ha，所址保护用地面积约 0.2258ha。

1.1.5　工程建设有关单位

项目法人：国家电网公司。

现场建设管理单位：国网交流建设有限公司。

设计单位：×××。

监理单位：×××。

场平及土建工程施工单位：×××。

电气安装工程施工单位：×××。

设备供应单位：×××。

1.1.6　地形地质

1000kV 变电站站址场地位于盆地的边缘地带的丘陵前平原区，地貌类型单一，地形平坦开阔。现场地为西汉村耕地，海拔为 967～971m。

站址区为 I 级非自重湿陷场地，具湿陷性土厚度为 3.00～5.50m，第一层黄土状粉质黏土（Q4pl+dl）全部湿陷，第二层老黄土（Q2pl）顶部具有轻微湿陷性。

考虑到场地中第一层（层号①）黄土状粉质黏土均具有孔隙结构且全部湿陷，站中的主要建（构）筑物，宜采用第二层（层号②）老黄土作为持力层和下卧层。对分布在第二层（层号②）老黄土部分顶部具有湿陷性的建（构）筑物，宜视其重要程度，全部或部分消除该层湿陷性。对于基础底分布厚 1.5～2.5m 的湿陷土的地段，可采用换填或其他较适宜的地基处理方式。

1.1.7　气候环境

根据《建筑地基基础设计规范》（GB 50007—2002），站址区内土壤标准冻结深度为 0.6m。根据长子县气象站 1971—2000 年的观测资料，最大冻土深度为 0.66m。

污秽等级 3 级。

1.1.8　交通运输环境

1000kV 变电站工程紧临 236 省道，距 309 国道 30 公里左右，距太晋高速长治南出口约 25 公里，交通运输便利。

1.1.9　施工用电

由 110kV 变电站 10kV 出线，线路度长 6.5km，变压器容量为 630kVA。由新建 220 kV 大堡头变电站扩建 110kV 间隔，新建大堡头-特高压长治站 110kV 线路，作为站用电源。

1.1.10　施工用水

使用现场勘察井抽取地下水。

1.2　监理工作范围

建设监理服务范围主要包括（但不限于）：设计、主要设备材料采购、施工、安装、调试、竣工验收及启动投运、资料归档整理、工程移交、达标投产创优、质量保修、工程监理总结等全方位、全过程建设监理工作（包括工程质量控制、安全控制、进度控制、投资控制、工程建设合同管理、信息管理等），以及协调工程建设各有关单位间的工作关系，并将“四控制、两管理、一协调”的工作内容始终贯穿到工程建设的各阶段中。

1.3　监理工作内容

1.3.1　工程前期阶段

（1）制定工程管理总体规划（含创优计划），清楚说明但不限于：

1）工程目标及目标分解。

2）工程一级网络计划。

3）工程里程碑工期。

4）工程资金使用计划。

5）工程项目管理软件 P3 及合同管理软件 EXP 的实施规划。

6）创优质工程计划。

7）质量控制、进度控制、成本控制、安全控制、合同管理、信息管理、组织协调模式。

（2）参与初步设计审查；协助设计单位在施工图阶段贯彻、

执行初设审查意见，并对此监督检查。

（3）参加主要设备招标、评标和合同谈判。

（4）参加施工招标、评标和合同谈判。

1.3.2 工程建设阶段

一、设计管理

（1）设计文件的催交、保管、分发、回收等。

（2）主持施工图会审和设计交底，如果施工图会审发现：本工程站外（例如：网调、省调或对侧）需要增设装置或设备，监理有义务及时书面通报建设管理单。

（3）督促设计单位对各承包商的图纸、接口的配合确认工作。

（4）核查设计变更，签署意见并发放（如遇重大设计变更，应取得建设管理单位确认）。

（5）安排设计工代的现场服务。

（6）物资设备采购之后，监理单位负责根据设备采购《技术协议》督促每一个设备厂家和设计单位之间按协议规定时间及时相互交接确认资料，以保证施工图顺利开展。

（7）当设计院完成电气主接线图和电气总平面布置图后（不必等整个卷册完成），监理负责将图纸收集15套，分别递交国调/网调、省中调、市调各四套，建设管理单位一套，并要求将对方签收的目录清单传真给建设管理单位，此图纸用于申请调度编号。为不影响调度编号，此图应尽早提供。为场平施工单位提供图纸4套。

（8）核查竣工草图、竣工图、竣工资料。

二、质量控制

（1）按照合同通用条件“监理单位的责任”及“监理单位的权利”有关约定进行施工质量控制，确保实现合同协议书规定的质量目标。

（2）审查承包商开工报告，报项目法人/项目管理单位确认后批准开工报告。

（3）审查分包商资质，审查试验单位资质，审查承包商自行采购设备、材料厂家资质，并报项目法人/项目管理单位确认。

（4）审查承包商质量保证体系、安全与文明施工保证体系并监督其运转。

（5）审查承包商提交的项目管理实施规划，并报项目法人/项目管理单位确认；审查施工技术方案/设备调试方案；审查承包商提出的大件设备运输方案等；审查承包商编制的“施工质量检验项目划分”或类似文件。

（6）检查特殊工种作业人员持证上岗情况；检查承包商的培训计划及实施情况。

（7）检查设备、原材料、构配件的采购、验收、入库（进场）、保管和使用情况；参加主要设备的现场开箱检查，对设备保管提出意见，对设备现场消缺进行监督与复核。监督计量器具的有效性。

（8）施工（调试）过程的质量监督。重点加强对质量监控点（W、H、S点、C点）即重要工序、关键工序、隐蔽工程及质量巡视点的质量检查、验收的力度；处理施工（调试）过程中出现的影响质量目标的项目（整改、停工、复工）。

（9）主持分项、分部工程、关键工序、隐蔽工程的质量检查和验收；组织工程质量验评；进行一般事故调查，在授权范围内批准处理方案；参加重大事故的调查。

（10）核查施工资料的真实性、完整性、规范性并负责监督整理移交。

三、进度控制

（1）使用P3及EXP软件编制一级进度计划，认真管理和执行工程施工进度计划，确保工程施工的开、竣工时间和工程阶段性里程碑进度计划的按时完成。

（2）当工程受到干扰或影响施工期延长时，根据建设管理单位的要求，监理单位应积极采取措施，提出调整施工进度计划的建议，经建设管理单位批准后负责贯彻实施。

（3）监督承包商编制、执行、调整、控制施工进度计划并提供服务，掌握工程进度，采取措施保证工程按期完成。

四、投资控制

（1）工程建成后的最终投资控制符合审批概算中静态控制、动态管理的要求，力求优化设计、施工，节约工程投资。

（2）认真做好施工监理工作，严格管理施工承包合同规定范围内的承包总费用。监理范围内的工程，工程总投资控制在批准的概算范围之内。

（3）审核年度投资建议计划和季度投资计划并上报；根据年度投资实施计划下达执行计划。协助管理单位编制财务计划，控制资金使用。

（4）审查承包商的工程报表，编制监理报表并报建设管理单位。

（5）审查工程变更单，签署费用意见。

（6）审查承包商工程结算书，参加工程预结算，签署付款意见。

（7）协助处理工程索赔。

（8）协助编制固定资产清册。

五、安全控制

（1）确保实现合同协议书规定的安全和环境管理目标，协助组建“项目安全委员会”。

（2）建立以安全责任制为中心的安全监理制度及运行机制，总监为第一责任人，履行安全监理职责，对项目建设过程中的安全文明施工进行全面的控制和监督。配备安全监理工程师，负责现场安全工作的控制和监督。对现场发生的事故以及施工现场安全性评价未达标负主要连带管理责任。

（3）在编制“监理规划”、“监理实施细则”时，应明确安全监理目标、措施、计划和安全监理工作程序，并建立相关的程序文件。

（4）审查施工承包商的项目管理实施规划（项目管理实施规划）、安全、文明施工二次策划方案、重大技术方案以及重大项目、重要工序、危险性作业、特殊作业的安全技术措施；按时检查施工机具、工具的安全性能和安全措施落实情况。

（5）执行并监督施工承包商（项目部）执行国网建设有限公司《三峡及跨区联网输变电工程建设安全质量管理制度（试行）》，并对执行不力承担责任，对施工承包商（项目部）的执行不力承担连带管理责任。

（6）组织定期或不定期安全检查，协助建设管理单位组织安全检查。并按“三定”（定人、定时间、定项目）要求督促落实整改措施。负责按规定建立安全管理台账。安全检查、巡查时有权按照《国网建设有限公司输变电工程违章作业罚款实施细则》的处罚标准对施工项目部进行考核处罚（监理建立处罚台账，在施工承包合同结算时提供处罚依据）。

（7）按照承包商编写的《安全文明施工二次策划》要求，督促施工承包商进行安全文明施工管理，对安全措施补助费的使用进行监督。对所监理的项目安全文明施工二次策划不满足要求的，有权不予批准开工；对实施过程中达不到策划要求的，有权要求施工项目部停工整改。发现施工承包商未落实项目管理实施规划及专项施工方案中安全措施，或未按《国家电网公司输变电工程安全文明施工标准化工作规定（试行）》开展文明施工活动，或将施工安全措施补助费、安全文明施工费挪作他用的，要责令其立即整改；对施工承包商拒不整改或不及时整改的，监理单位应当及时向建设管理单位报告，并有权拒绝核签施工承包商相关费用的支付申请。

（8）参加一般安全事故调查，审查并在授权范围内批准承包商的事故处理方案，监督事故处理过程，检查事故处理结果，签证处理记录；并参加有关部门组织的重大安全事故调查，提出整改要求和处理意见。

（9）经常监督检查施工承包商的现场安全文明施工状况（安全体系的运作，人员、机械、安全措施、施工环境等），发现问题及时督促整改，遇到安全施工的重大问题或隐患时，及时提出“暂停施工”通知，提供服务，解决问题，争取早日恢复施工；对于施工承包商对重大安全隐患整改不力，有权发出停工令。对施工承包商（项目部）的各种违章行为负有连带管理责任。

六、物资管理

（1）大件设备由工程项目所在地卸货站、码头至工地的验收、接货、分发、装卸、运输、就位等全过程的协调、管理和监督；协助、督促承包商处理好运输过程中的地方关系及有关协议的落实。

（2）大件设备运到现场，协助做好现场卸货的有关配合工作，设备就位后，组织各单位进行交接验收。

（3）组织由项目法人采购的物资催交、现场交接；安排开箱检查；协助处理索赔。

（4）监督设备现场保管。

（5）安排供货厂的现场服务。

七、合同管理

（1）参加由建设管理单位组织的施工招标工作及合同签订。

（2）参加主要设备、材料的招标与评标、合同谈判工作并提出监理意见。参与并监督施工合同、订货合同及其他合同的签订及履行。

（3）熟悉建设管理单位与各承包商签订的承包合同，监督承包合同的履行，协助解决合同纠纷和索赔等事项。协调监理合同范围内各承包商间的关系，特别是安排好接口处的衔接。接受上一层次的协调，并组织贯彻、落实。当发生索赔事宜时，监理应核定索赔的依据和索赔的费用，并提出监理意见。

（4）在建设管理单位授权范围内（即本服务范围内）代表建设管理单位执行施工合同，进行合同管理。

八、信息管理

（1）采用 P3、EXPEDITION 工程管理和合同管理软件，并根据项目法人要求的数据、数据格式和规定的时间输入、更新数据，不得以任何方式拒绝。配合建设管理单位或其委托的单位开展相应的进度计划分析工作。

（2）应保证现场信息反馈的畅通。总监必须配备手机，24h 开机。现场监理部在场平开工后应保证电话、传真、Email 的 24h 畅通。现场应设置复印机，电话、传真、Email 和复印机不能与施工承包商公用。

（3）收集、保存、分析、处理、发布工程信息，编发《工程协调会纪要》《工程调度会纪要》《专题会议纪要》《监理月报》等信息文件。

（4）按照建设管理单位要求，实行计算机联网管理，建立工程项目信息网络，采用高效和规范的监理手段提高工程监理服务质量。在各参建单位配合下，收集、发送和反馈工程信息，形成信息共享。

（5）建立完整的监理工作档案；组织工程档案资料的编制和出版。

（6）指定专人维护管理国网公司信息管理平台，根据要求在平台上发布信息、维护管理等。

九、组织协调

（1）监理单位应在工程监理服务范围内，根据工程建设的需要主动协调各有关单位的工作关系。这些单位包括：建设管理单位、设计、施工、设备制造、材料供应、当地政府部门、当地电力部门和与工程建设有关的单位。

（2）在工程前期，监理单位有责任和义务积极配合建设管理单位完成与地方有关部门的协调工作，包括征地、拆迁、赔偿等，并协助建设单位办理的工程开工所需的有关手续。

（3）在工程施工过程中，负责与地方有关部门的日常协调工作。对于重大问题，在参与地方有关部门协调的同时，应及时通报建设管理单位，并配合建设管理单位组织人员解决这些问题。

（4）组织或参与工程建设中的协调会、调度会、安全大检查、设计联络会、调试、调度、技术方案审查会、启委会及启动调试、工程总结等会议，编写和发送会议纪要。

（5）设备合同签订后，监理负责协调、督促物资代表做好厂家与设计院交接确认资料工作。负责按各级调度的要求协调各厂家收集所需的试验报告、说明书及参数等资料，分别递交国调/网调、省中调、市调，同时将对方签收的目录清单传真给建设管理单位。递交图纸可以随着出图进度陆续分批向调度部门提资。

（6）载波通信设备合同签订后，监理立即负责协调设计院和相关设备厂家收集资料，用于向调度部门申请线路载波频率（如果线路不开载波，将没有此项工作）。

1.3.3　工程后期阶段

一、系统调试

（1）参加审查系统调试计划、调试方案、调试报告。

（2）参加审查启动、试运行方案和计划。

（3）组织工程参建单位配合系统调试、启动、试运行。

（4）在系统调试期间，根据调试安排，参加设备巡视检查，发现问题及时汇报。

（5）系统调试完成后，参加工程试运行及工程带电考核，协调处理有关问题。

二、竣工验收和移交

（1）组织工程初检、参加质监检查、竣工预验收和竣工验收，督促消缺并参加复检。

（2）审查施工承包商提出的申请竣工预验收报告、竣工验收报告。

（3）负责相关单位工程资料、声像资料（具体要求另行提供）的整理与监督检查及初审，负责整理竣工资料并负责牵头移交与签证。

（4）组织编写工程总结；参加工程评比，提出奖惩建议。

（5）参加达标投产、创优、环评验收等检查工作。

三、工程保修期间的服务

积极参与处理保修期中发生的设计、设备、施工等问题。

在履行服务时遵守建设管理单位与承包商签订的施工合同中与监理工程师履行职责有关的各项条款，并提供作为一个成熟的监理应该了解的与上述服务范围相关而在此未予详细列写的其他一切服务。

1.4 监理工作目标

1.4.1 工程目标

一、工程总体目标

全面掌握1000kV交流输电系统的关键技术，实现科研、规划、系统设计、工程设计、设备制造、施工调试和运行维护的自主创新，建设安全可靠、先进适用、经济合理、环境友好的国际一流工程。创建国家优质工程。荣获国家科学技术进步奖。

二、工程质量目标

工程质量总评为优良，并满足。

土建部分：分项工程合格率100%；单位工程优良率100%。

安装部分：分项工程合格率100%；单位工程优良率100%。

工程实现零缺陷移交。

三、安全文明施工目标

（1）不发生人身死亡事故。

（2）不发生重大机械设备损坏事故。

（3）不发生重大火灾事故。

（4）不发生负主要责任的重大交通事故。

（5）不发生环境污染事故和重大垮（坍）塌事故。

（6）不发生3人及以上重伤事故，轻伤负伤率≤6‰。

（7）不发生负主要责任的电网大面积停电事故。

（8）创建安全文明施工典范工程。

四、环境保护目标

从设计、设备、施工、建设管理等方面采取有效措施，全面落实环境保护和水土保持要求；建设资源节约型、环境友好型的绿色和和谐工程。

五、科技创新目标

关键技术研究取得一批拥有自主知识产权、国内领先、国际一流的技术成果；自主研制1000kV变压器等特高压设备；形成设计、制造、施工调试、运行维护、建设管理等系列标准规范；技术革新取得新成果。

六、进度目标

确保工程施工的开、竣工时间和工程阶段性里程碑进度计划的按时完成。

计划开工时间：2006年9月20日（指场平开工）。

计划竣工时间：2008年12月30日（投产时间），确保2009年建成投产。

变电站工程里程碑计划见表1-4-1。

表1-4-1　变电站工程里程碑计划

序号	工作内容	开始日期/（年-月-日）	完成日期/（年-月-日）
1	初步设计通过评审	2006-09-10	2006-09-13
2	场平工程施工	2006-09-20	2006-12-26
3	水源工程施工	2006-09-20	2006-12-26
4	站外电源工程施工	2007-12-20	2008-08-12
5	所用电系统完成	2007-12-20	2008-08-12
6	土建工程施工	2006-12-29	2008-11-2
7	电气安装工程开工（1000kV构架组立）	2007-10-30	2008-10-30
8	构支架组立施工	2007-10-30	2008-01-18
9	1000kV配电装置安装	2008-05-28	2008-07-28
10	1000kV主变压器、电抗器安装开始	2008-05-28	2008-09-30
11	二次系统设备安装	2008-05-01	2008-09-30
12	系统通信设备安装	2008-05-20	2008-07-30
13	OPGW架设、熔接、测试（变电站内部分）	2008-02-20	2008-07-30
14	系统通信调试	2008-08-01	2008-09-20
15	1000kV开关设备安装	2008-05-10	2008-09-30
16	工程竣工验收	2008-11-25	2008-11-27
17	系统调试和试运行	2008-12-08	2008-12-30
18	工程投运	2008-12-30	2009-01-06

七、投资控制目标

优化工程技术方案，合理控制制造价；初步设计审批概算不超过工程估算；工程建成后的最终投资不超过初设审批概算。

1.4.2 监理服务目标

一、质量目标

（1）确保实现各项工程建设目标。

（2）监理合同、监理大纲履行率100%。

（3）优质服务，项目法人单位和建设管理单位满意率95%。

（4）实现监理服务的零投诉。

二、职业健康安全目标

（1）零人身死亡事故。

（2）违章作业事故率为零。

（3）火灾事故率为零。

（4）负主要责任的一般及以上交通事故为零。

（5）交通车辆上道安全技术条件符合率100%。

（6）劳动保护用品发放及时率100%。

三、环境目标

（1）在活动、产品和服务中，合理利用能源，对环境、生态的影响符合法律法规要求。

（2）三废排放达标率100%。

（3）生产管理活动节能控制率100%。

（4）相关方无投诉事件发生。

1.5 监理工作依据

按合同约定和国家法律法规的规定，实施本工程监理的主要依据包括但不限于：

1.5.1 合同文件

（1）建设监理合同。

（2）工程设计合同。

（3）施工承包合同。

（4）物资订货合同（包括技术协议书）。

1.5.2 法律法规文件

（1）安全生产法。

（2）建设工程安全生产管理条例。

（3）建筑法。

（4）建设工程质量管理条例。
（5）中华人民共和国职业病防治法。
（6）中华人民共和国劳动法。
（7）中华人民共和国工会法。
（8）中华人民共和国电力法。
（9）电力设施保护条例。
（10）中华人民共和国道路交通管理条例。
（11）中华人民共和国环境保护法。
（12）建设项目环境保护管理条例。
（13）中华人民共和国水污染防治法。
（14）中华人民共和国固体废物污染环境防治法。
（15）中华人民共和国环境噪声污染防治法。
（16）中华人民共和国合同法。

1.5.3 工程管理文件

（1）《关于切实做好特高压交流试验示范工程建设若干重要工作的通知》（国家电网特〔2006〕961 号）。

（2）《国家电网公司输变电工程达标投产考核办法（2005 版）》（国家电网基建〔2005〕255 号）。

（3）《国家电网公司输变电优质工程评选办法（2005）》。

（4）《中国建筑工程鲁班奖（国家优质工程）评选办法（2000）》。

（5）《国家电网公司电力建设安全健康与环境管理工作规定》（国家电网工〔2003〕168 号）。

（6）《电力建设安全健康环境评价管理办法（试行）》（国家电网工〔2004〕488 号）。

（7）《国家电网公司输变电工程安全文明施工标准化工作规定（试行）》（国家电网基建〔2005〕4003 号）。

（8）《国家电网公司输变电工程安全文明施工标准化图册》。

（9）《国家电网公司环境保护监督规定（试行）》（国家电网安监〔2005〕450 号）。

（10）《国家电网公司电力建设工程分包、劳务分包及临时用工管理规定（试行）》（国家电网基建〔2005〕531 号）。

（11）《国家电网公司输变电工程施工危险点辨识几预控措施》（基建安〔2005〕50 号）。

（12）《国家电网公司电力建设工程重大安全生产事故预防与应急处理暂行规定》（国家电网工〔2004〕264 号）。

（13）《国家电网公司电力事故调查规程》（国家电网安监〔2005〕145 号）。

（14）国网建设有限公司质量、环境和职业健康管理体系文件。

（15）《国网建设有限公司变电（换流站）工程监理安全管理工作规定（试行）》。（国网建设内规〔2006〕5 号）。

（16）国家电网公司 1000kV 特高压工程《建设管理纲要》《现场建设管理纲要》。

（17）国家电网公司、国网建设有限公司其他有关制度、规定和企业标准。

1.5.4 工程设计文件

（1）可行性研究报告及工程初步设计审批文件。
（2）工程项目建设审批文件。
（3）工程施工设计图纸、技术资料。

1.5.5 标准、规程、规范

本工程监理依据的主要技术标准、规程、规范包括但不限于表 1-5-1 的内容。

表 1-5-1 本工程监理依据的主要技术标准、规程、规范

序号	标准号	标 准 名 称
一	设计标准	
1		1000kV 特高压变电所设计技术暂行规定
2	DL/T 5218—2005	220～500kV 变电所设计技术规程
3	GB 50060—92	3～110kV 高压配电装置设计规范
4	DL/T 5222—2005	导体和电器选择设计技术规定
5	DL/T 5143—2002	220～500kV 变电所所用电设计技术规程
6	DL/T 5136—2001	火力发电厂、变电所直流系统设计技术规程
7	DL/T 5136—2001	火力发电厂、变电所二次接线设计技术规程
8	DL/T 5149—2001	220～500kV 变电所计算机监控系统设计技术规程
9	DL/T 5225—2005	220～500kV 变电所通信设计技术规定
10	GB 50062—92	电力装置的继电保护和自动装置
11	DL/T 769—2001	电力系统微机继电保护技术导则
12	DL/T 713—2000	500kV 变电所保护和控制设备抗扰度要求
13	GB 50217—94	电力工程电缆设计规范
14	DLGJ 154—2000	电缆防火措施设计和施工验收标准
15	GB 50229—96	火力发电厂与变电所设计防火规范
16	NDGJ 96—1992	变电所建筑结构设计技术规定
17	GB 50260—96	电力设施抗震设计规范
18	GB 50057—94	建筑物防雷设计规范
19	DL/T 5143—2002	变电所给水排水设计规程
二	建筑工程施工质量验收规范	
1	GB 50500—2001	建筑工程施工质量验收统一标准
2	GB 50026—93	工程测量规范
3	GB 50026—93	工程测量规范（条文说明）
4	GB 50025—2004	湿陷性黄土地区建筑规范
5	GB 50202—2002	建筑地基基础工程施工质量验收规范
6	GB 50203—2002	砌体工程施工质量验收规范
7	GB 50204—2002	混凝土结构工程施工质量验收规范
8	GB 50205—2001	钢结构工程施工质量验收规范
9	GB 50207—2002	屋面工程质量验收规范
10	GB 50208—2002	地下防水工程质量验收规范
11	GB 50209—2002	建筑地面工程施工质量验收规范
12	GB 50210—2001	建筑装饰装修工程施工质量验收规范
13	GB 50242—2002	建筑给水排水及采暖工程施工质量验收规范
14	GB 50243—2002	通风与空调工程施工质量验收规范
15	GB 50303—2002	建筑电气工程施工质量验收规范
16	SDJ 69—87	电力建设施工及验收技术规范（建筑工程篇）
17	GB 175—1999	硅酸盐水泥、普通硅酸盐水泥
18	GB 12573—90	水泥取样方法

续表

序号	标准号	标 准 名 称
19	GB 13013-91	钢筋混凝土用热轧光圆钢筋
20	GB 1499—1998	钢筋混凝土用热轧带肋钢筋
21	JGJ 18—2003	钢筋焊接及验收规程
22	JGJ 55—2000	普通混凝土配合比设计规程
23	JGJ 98—2000	砌筑砂浆配合比设计规程
24	GB/T 14684—2001	建筑用砂
25	GB/T 14685—2001	建筑用卵石、碎石
26	GB 50119-—2003	混凝土外加剂应用技术规范
27	GBJ 107—87	混凝土强度检验评定标准
28	GB 50164—92	混凝土质量控制标准
29	JGJ 52—92	普通混凝土用砂质量标准及检验方法
30	JGJ 53—92	普通混凝土用碎石或卵石质量标准及检验方法
31		1000kV 特高压电气装置安装工程施工及验收规范（暂行）
32	GB 50254—96	电气装置安装工程低压电器施工及验收规范
33	GB 50255—96	电气装置安装工程电力变流设备施工及验收规范
34	GB 50256—96	电气装置安装工程起重机电气装置施工及验收规范
35	GB 50259—96	电气装置安装工程电气照明装置施工及验收规范
36	GBJ 147—90	电气装置安装工程高压电器施工及验收规范
37	GBJ 148—90	电气装置安装工程电力变压器、油浸电抗器、互感器施工及验收规范
38	GBJ 149—90	电气装置安装工程母线装置施工及验收规范
39	GB 50150—2006	电气装置安装工程电气设备交接试验标准
40	GB 50168—2006	电气装置安装工程电缆线路施工及验收规范
41	GB 50169—2006	电气装置安装工程接地装置施工及验收规范
42	GB 50171—92	电气装置安装工程盘、柜及二次回路接线施工及验收规范
43	GB 7674－1997	72.5kV 及以上气体绝缘金属封闭开关设备
44	GB 50172—92	电气装置安装工程蓄电池施工及验收规范
45	GB 50173—92	电气装置安装工程 35kV 及以下架空电力线路施工及验收规范
46	DLGJ 154—2000	电缆防火措施设计和施工验收标准
47	DL 417—2006	电力设备局部放电现场测量导则
48	DL 474.1~6—92	现场绝缘试验实施导则
49	GB 2314—1997	电力金具通用技术条件
50	GB 14285—93	继电保护和安全自动装置技术规程
51	DL/T 782—2001	110kV 及以上送变电工程启动及竣工验收规程
52	DL/T 5210.1—2005	电力建设施工质量验收及评定规程（第 1 部分：土建工程）
53	DL/T 5161.1～5161.17—2002	电气装置安装工程质量检验及评定规程

续表

序号	标准号	标 准 名 称
54	建设部建标〔2000〕85 号	关于发布《工程建设标准强制性条文》（房屋建筑部分）的通知
55	建设部建标〔2000〕241 号	关于发布《工程建设标准强制性条文》（电力工程部分）的通知 附件：第三篇电气、输电工程
三		安全规程
1	DL 408—91	电业安全工作规程（发电厂和变电所电气部分）
2	DL 5009.3—1997	电力建设安全工作规程（变电所部分）
3	JGJ 46—2005 J 405—2005	施工现场临时用电安全技术规范
4	JGJ 46—2005 J 405—2005	施工现场临时用电安全技术规范
5	JGJ 33—2001	建筑机械使用安全技术规程
6	JGJ 80—91	建筑施工高处作业安全技术规范
7	JGJ 130—2001	建筑施工扣件式钢管脚手架安全技术规范
8	JGJ 88—92	龙门架及井架物料提升机安全技术规范
9	GB 6067—85	起重机械安全规程
10	DL 5027—93	电力设备典型消防规程
11	GB 2811~2812—89	安全帽及其试验方法
12	GB 6095~6096—85	安全带
13		密目式安全立网
四		管理规范
1	GB/T 50326—2006	建设工程项目管理规范
2	GB 50319—2000	建设工程监理规范
3	电质监〔2002〕3 号	电力建设工程质量监督规定（2002 年版）
4	GB/T 50328—2001	建设工程文件归档整理规范

1.6 项目监理组织机构形式

按总监理工程师负责制的原则成立变电站工程建设项目监理部，采用直线式组织机构形式。

项目监理部机构设置如下：

（1）设总监理工程师一名，总监代表三名（土建、电气各一名、常务副总监一名），作为项目监理部的领导层。

（2）设安全监理工程师、土建专业组、电气安装专业组、电气二次专业组、物资管理组、技经信息监理组、设计管理组，作为项目监理部的执行层，各组设负责人一名。

（3）各专业组根据工作需要设各专业监理工程师和监理员，作为项目监理部的操作层。

作为公司对项目监理部的后方支持，公司组建特高压领导小组，由技术专家和高层领导组成。

1000kV 变电站工程项目监理部组织机构图如图 1-6-1 所示。

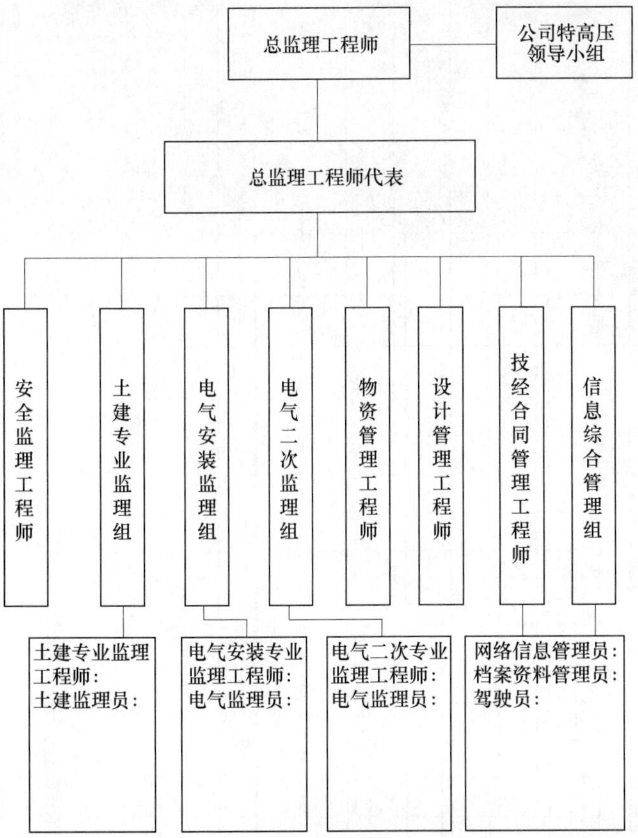

图 1-6-1　1000kV 变电站工程项目监理部组织机构图

1.7　人员配备计划

为了实现投标承诺，全面履行监理合同，满足工程监理需要，出色地完成监理任务，项目监理部配备人员见表 1-7-1。

表 1-7-1　项目监理部人员配备表

序号	岗位	姓名	性别	年龄	技术职称	专业
1	总监理工程师				高级工程师	电气
2	总监理工程师代表				高级工程师	电气
3	总监理工程师代表				高级工程师	电气
4	安全监理工程师				工程师	电气
5	土建监理副总监				高级工程师	土建
6	电气安装监理组负责人				高级工程师	电气
7	电气二次监理组负责人				高级技师	继电保护
8	电气一次监理工程师				工程师	电气
9	设计管理工程师				高级工程师	电气
10	设计管理工程师				高级工程师	土建
11	物资管理工程师				工程师	电气
12	进度投资及合同管理组负责人				工程师	工程管理
13	进度投资及合同管理工程师				工程师	工程管理
14	土建监理组组长				工程师	工民建
15	土建监理工程师				工程师	工民建
16	电气安装监理工程师				高级工程师	电气
17	电气安装监理工程师				助理工程师	电气
18	电气二次监理工程师				工程师	继电保护
19	土建监理工程师				工程师	建筑
20	土建监理工程师				工程师	土建
21	土建监理员				助理工程师	工民建
22	线路监理工程师				助理工程师	工民建
23	电气监理组组长				工程师	继电保护
24	网络信息资料管理员				助理工程师	计算机

项目监理部人员配备的说明如下：

（1）监理人员数量和能力配备充分考虑了本工程工程量大、新技术多、工程建设目标高的要求，并考虑了人员轮休。

（2）为响应国网公司开展“爱心活动”、实施“平安工程”的意见，专职安全监理师直接对总监负责，在总监直接领导下开展工程的安全、文明施工及环保监理工作，在工程建设期间协助总监组织实施“平安工程”和“爱心活动”。

（3）设物资管理工程师专人，负责协调工程物资、设备的供应、交接验收以及大件设备的运输监理工作。

（4）设设计管理工程师专人，负责与工程设计有关的各项工作，催交、发放设计文件，组织专业监理工程师熟悉设计文件，汇总监理意见，组织设计技术交底和图纸会审等。

（5）为确保工程创优，特殊说明如下：

1）配备一名熟悉建筑和装饰装修作业的监理工程师，加强对建筑物外观工艺方面的控制；

2）安排 2 名土建监理员、1 名电气安装监理员、2 名电气二次监理员，加强回填土碾压、混凝土浇筑质量、原材料准入、接地线安装、电气设备试验、电气二次接线和电缆敷设的旁站或见证，确保过程质量。

3）设网络信息资料管理员一名，负责建立、运行和维护工程项目信息管理网络系统，以及项目监理部的信息管理，档案资料管理。

（6）公司将根据工程实际需要和建设管理单位的要求，及时对监理人员做动态调整。

（7）公司将根据工程建设的实际情况，适时安排专家到现场检查指导工作，为现场提供技术支持。

晋东南 1000kV 变电站工程项目监理部监理人员派遣计划如图 1-7-1 所示。

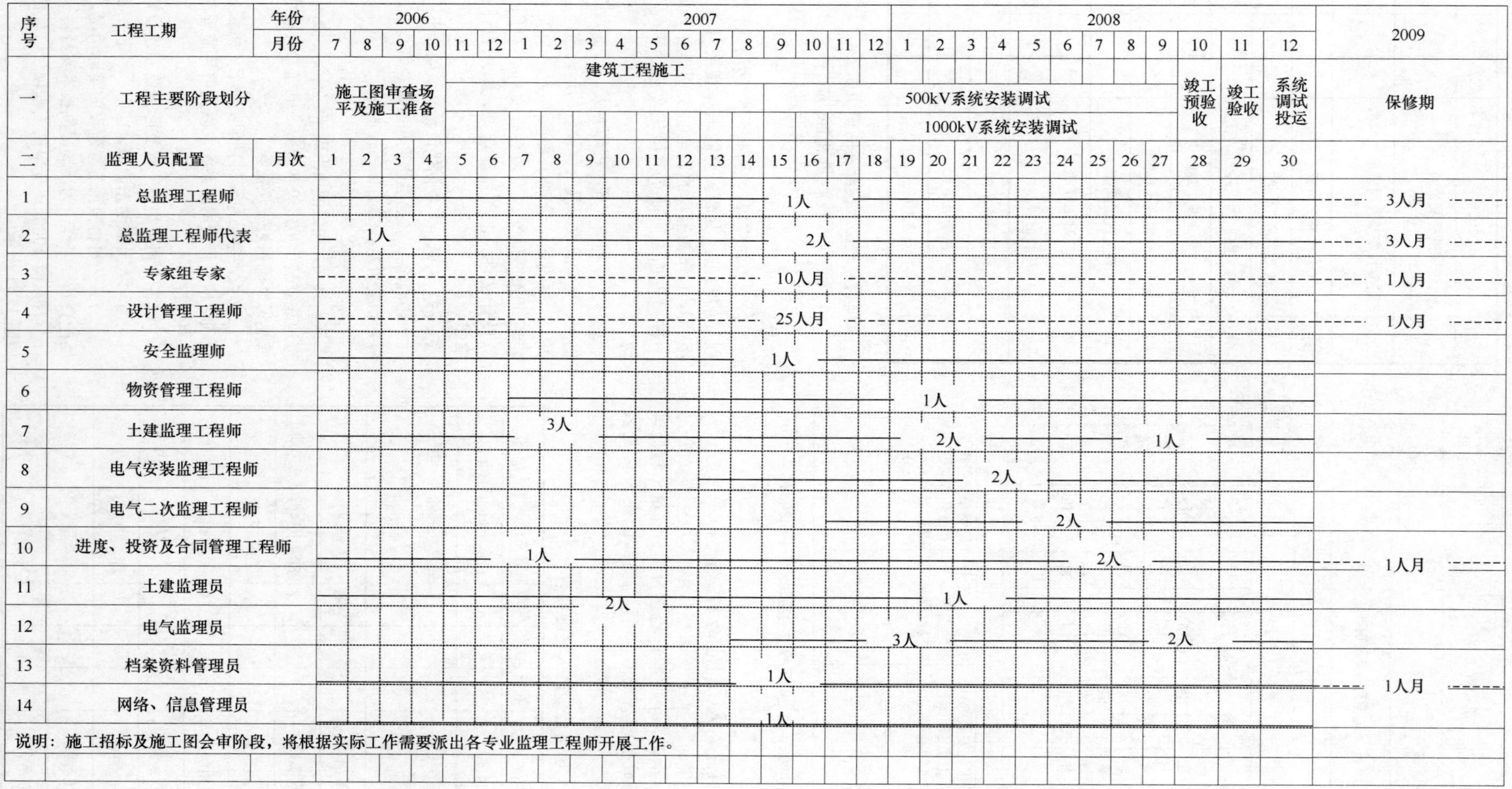
序号
工程工期
年份
月份
2006
7 8 9 10 11 12
2007
1 2 3 4 5 6 7 8 9 10 11 12
2008
1 2 3 4 5 6 7 8 9 10 11 12
2009
一
工程主要阶段划分
施工图审查场平及施工准备
建筑工程施工
500kV系统安装调试
1000kV系统安装调试
竣工预验收
竣工验收
系统调试投运
保修期
二
监理人员配置
月次
1 2 3 4 5 6 7 8 9 10 11 12 13 14 15 16 17 18 19 20 21 22 23 24 25 26 27 28 29 30
1 总监理工程师
1人
3人月
2 总监理工程师代表
1人
2人
3人月
3 专家组专家
10人月
1人月
4 设计管理工程师
25人月
1人月
5 安全监理师
1人
6 物资管理工程师
1人
7 土建监理工程师
3人
2人
1人
8 电气安装监理工程师
2人
9 电气二次监理工程师
2人
10 进度、投资及合同管理工程师
1人
2人
1人月
11 土建监理员
2人
1人
12 电气监理员
3人
2人
13 档案资料管理员
1人
1人月
14 网络、信息管理员
1人
说明：施工招标及施工图会审阶段，将根据实际工作需要派出各专业监理工程师开展工作。

图 1-7-1 晋东南 1000kV 变电站工程项目监理部监理人员派遣计划

1.8　项目监理部的人员岗位职责

1.8.1　总监理工程师职责

本工程的总监理工程师是本项目监理部的全权负责人，全面负责和领导项目的监理工作，主要工作职责为：

（1）确定项目监理机构人员的分工和岗位职责。

（2）主持编写项目监理规划，审批项目监理实施细则，并负责管理项目监理机构的日常工作。

（3）审查分包单位的资质，并提出审查意见。

（4）检查和监督监理人员的工作，根据工程项目的进展情况可进行人员调配，对不称职的人员应调换其工作。

（5）主持监理工作会议，签发项目监理机构的文件和指令。

（6）审定承包单位提交的开工报告、项目管理实施规划、技术方案、进度计划。

（7）审核签署承包单位的申请、支付证书和竣工结算。

（8）审查和处理工程变更。

（9）主持或参与工程质量事故的调查。

（10）调解建设管理单位与承包单位的合同争议、处理索赔、审批工程延期。

（11）组织编写并签发监理月报、监理工作阶段报告、专题报告和项目监理工作总结。

（12）审核签认分部工程和单位工程的质量检验评定资料，审查承包单位的竣工申请，组织监理人员对验收的工程项目进行质量检查，参与工程项目的竣工验收。

（13）主持整理工程项目的监理资料。

1.8.2　总监理工程师代表职责

总监代表在总监理工程师的领导下进行工作，负责组织完成其分管的各项工作；在总监理师不在项目工地时，受其委托代行以下职责：

（1）主持本专业的技术管理工作。

（2）主持分部工程质量验收工作。

（3）负责总监理工程师指定或交办的监理工作。

（4）按总监理工程师的授权，行使总监理工程师的部分职责和权力。但是，下列工作不得由总监理工程师代表负责：

（1）主持编写项目监理规划，审批项目监理实施细则。

（2）签发工程开工/复工报审表、工程暂停令、工程款支付证书、工程竣工报验单。

（3）审核签认竣工结算。

（4）调解建设单位与承包单位的合同争议、处理索赔、审批工程延期。

（5）根据工程项目的进展情况进行监理人员的调配，调换不称职的监理人员。

1.8.3　安全监理工程师职责

（1）在工程项目总监理工程师的领导下，对监理部安全生产和环境保护工作负直接管理责任。

（2）贯彻落实国家在相关法律、法规及上级有关安全生产、环境保护的指令、指示，制定安全监理和环境保护工作计划并组织实施。

（3）协助总监理工程师对建设单位提出的项目安全管理和环境保护目标及安全文明施工总体要求进行分解，并制定相应的控制措施。

（4）制定本工程监理安全和环境管理工作制度、工作程序。

（5）协助总监理工程师编制本工程项目安全文明施工总体策划方案。

（6）编制本工程的《安全和环保监理实施细则》，识别本工程的重要项目、重要工序、危险、特殊作业，识别工程主要危险点及其监理控制方法，确定安全监理的 W、H、S 点，制定重大危险源和重要环境因素的防范措施。

（7）审查施工承包商的安全资质，审查项目管理实施规划、施工方案中的安全文明施工和环境保护措施。

（8）审查施工承包商的安全文明施工二次策划方案。

（9）审查施工承包商建立的安全和环境管理体系、控制网络和工作制度，并动态检查其执行情况。

（10）审查施工承包商选用的分包单位的安全施工资质，监督检查施工承包商按国家和电力行业的相关规定对工程分包单位的安全文明施工和环境保护进行管理，严禁以“包”代管。

（11）审查承包方大、中型起重机械安全准用证、安装（拆除）资质证，特种作业人员（爆破、焊接、高处作业、起重指挥和操作、小型机械操作、液压机械操作、高压试验的人员，以及电工、架子工、机动车驾驶员）的操作证和建档工作。

（12）检查施工承包商开工前安全技术交底，安全培训、教育、考试和其他开工前安全施工准备情况。

（13）监督检查工地施工现场安全文明施工和环境保护情况，加强每日的巡视检查，采用 W、H、S 方式对重要部位、重大危险源、重要环境因素进行重点控制，协助总监理工程师定期组织监理部的工程安全大检查，对发现的事故隐患，立即通知整改。

（14）制止施工现场的违章作业和造成环境破坏的行为，在现场发现有重大安全隐患或危及工程安全或环境安全的紧急情况时，立即向施工方下达口头停工通知，并向总监汇报，共同签发整改通知单或停工令。

（15）协助业主开展施工现场的安全生产大检查和季度安全生产考评、年度考核。

（16）参加工地安全会议和施工协调会，协助总监（副总监）布置、检查、总结安全和环保工作。

（17）参加由业主组织的安全网络例会，针对存在问题提出整改意见、方案，并行使监理职权，监督施工单位整改，负责验收工作。

（18）组织监理部的内部安全学习和活动，做好会议记录。

（19）参加安全生产事故或环境破坏事故的调查、分析。

（20）编制月度安全和环保监理总结、专项安全和环保检查总结、工程安全和环保监理总结。

1.8.4　专业监理组负责人职责

（1）在总监理工程师的领导下，负责本专业组的监理工作。

（2）组织监理人员贯彻执行与专业监理有关的规范、标准、文件和公司、项目监理部制定的制度、办法等。

（3）参与编制本工程《项目监理规划》，组织本专业监理工程师编制《专业监理实施细则》。

（4）组织本专业监理人员严格按照“监理实施细则”，开展专业监理工作。

（5）组织本专业监理工程师审查施工承包商上报的开工、

竣工“报审资料”。

（6）负责组织本专业分项工程验收及隐蔽工程验收。

（7）参加分部工程质量中间验评，编写验评会议纪要等文件。

（8）组织本专业监理工程师统计合格工程量，审查施工承包商上报的进度工程量。

（9）主持本专业监理工作会议，并编写会议纪要。

（10）定期向总监理工程师提交本专业监理工作实施情况报告，对重大问题及时向总监理工程师汇报和请示。

（11）负责向总监理工程师提出人员调整建议。

（12）负责本专业监理资料的汇总及整理，组织编写本专业部分的监理周报、监理月报。

（13）督促本专业监理人员填写监理日志、监理记录等。

（14）编写本专业阶段监理工作总结，汇总、整理本专业监理工程师的监理工作总结，完成本专业工程的监理工作总结。

（15）完成总监理工程师交办的其他工作。

1.8.5 专业监理工程师职责

在总监理工程师和专业监理组负责人的领导下，负责开展分工范围内的监理工作。

（1）参与编制本专业监理实施细则。

（2）负责分工范围内的监理工作的具体实施。

（3）组织、指导、检查和监督分管监理员的工作，并定期向专业监理组负责人汇报监理员的工作情况，对不称职的人员提出调换建议。

（4）审查承包商提交的涉及分工范围内的计划、方案、申请、变更，并向总监理工程师提出报告。

（5）负责分工范围内分项工程的验收及隐蔽工程验收。

（6）定期向专业监理组负责人提交分工范围内监理工作实施情况报告，对重大问题及时向专业监理组负责人和总监理工程师请示、汇报。

（7）根据分工范围内的监理工作实施情况做好监理日记。

（8）负责分工范围内监理资料的收集、汇总及整理，参与编写监理月报。

（9）核查分工范围内的进场材料、设备、构配件的原始凭证、检测报告等质量证明文件及其质量情况，根据实际情况认为有必要时对进场材料、设备、构配件进行平行检验，合格时予以签认。

（10）负责分工范围内的工程计量工作，审核计量的数据和原始凭证。

1.8.6 进度投资及合同管理工程师职责

在总监理工程师的领导下，对工程进度、投资及合同管理负直接责任。

一、合同管理职责

（1）认真贯彻执行合同法及国家和上级部门颁发的有关文件和规定。

（2）参与编制工程《项目监理规划》，负责制定合同管理的监理措施。

（3）应用 EXP 软件，建立完善的合同管理体系，保证合同的可操作性和执行的严肃性。

（4）掌握合同条款，跟踪、管理合同的执行情况。

（5）以合同文件为依据，实行履约检查制度，以程序化管理作为合同管理运作的核心，加强工程纵向、横向联系以及接口协调，督促参建各方诚信履约。

（6）对合同执行过程中发现的问题进行协调并提出监理意见。

（7）充分了解工程现场的施工情况，预防索赔事件的发生。一旦发生索赔事件，应按合法性、时效性原则进行责任划分，及时提出处理意见，报总监理工程师。

（8）定期向总监理工程师汇报参建各方对工程合同的执行情况，协助总监理工程师处理合同执行过程中的重大问题。

（9）完成总监理工程师交办的其他工作。

二、投资管理职责

（1）贯彻执行国家和上级各部门颁发的有关工程定额、概预算、工程结算、工程造价咨询等方面的政策、法规、制度。

（2）参与编制工程《项目监理规划》，负责制定投资控制监理措施。

（3）监督设计单位严格执行初步设计审查意见和电力工程的限额设计标准，确保工程施工图预算不突破批准的工程概算。

（4）建立设计变更管理制度，复核重大设计变更的费用增减。

（5）建立设备材料的选用和代用控制程序，防止出现接口遗留或不匹配现象，杜绝投资增加。

（6）参与施工招标，了解招标过程，核查招标工程量的准确性，协助项目法人择优选择中标单位。

（7）编制系统、完善的工程投资控制计划。

（8）审核承包商提交的施工资金运用计划，做好工程投资的统计工作。

（9）审核工程计量，对工程款支付提出监理意见。

（10）协助总监理工程师协调工程参建各方在工程造价方面的纠纷。

（11）负责向顾客提交工程投资控制专题报告。

（12）协助信息管理员保存监理记录和各种往来文件、信函，特别注意施工过程中发生的变更，为合理确定工程造价提供依据。

（13）负责工程竣工结算的审核，并编写审核报告。

（14）完成总监交办的其他工作。

三、进度控制职责

（1）负责编制工程施工一级网络计划及其调整计划，并报总监理工程师。

（2）参与审查施工承包商制定的工程施工总进度计划、年度计划、月度计划以及调整计划，及其进度保证措施，复核施工承包商的资源投入，提出监理意见。

（3）参与审查设计、物资供货承包商提交的进度计划，提出监理意见。

（4）负责 P3 项目管理软件的应用与数据库的维护。

（5）检查进度计划的实施，并记录实际进度及其相关情况。发现实际进度滞后于计划进度时，提出监理意见。

（6）负责工程进度的统计工作，协助编制工程监理周报、月报。

（7）完成总监交办的其他工作。

1.8.7 设计管理工程师职责

（1）负责设计文件的催交、保管、分发、回收。

（2）参加施工图会审和设计交底，编写会议纪要。

（3）督促设计单位配合确认各承包商的图纸、接口。

（4）协调设备厂家与设计单位的关系。

（5）主持监控系统设计联络会，协调设计院、二次设备厂家、调度部门的工作关系。

（6）审核、发放设计变更，报经项目建设管理单位确认重大变更。

（7）安排设计工代的现场服务。

（8）核查竣工草图、竣工图、竣工资料。

（9）完成总监交办的其他工作。

1.8.8 物资管理工程师职责

（1）组织由项目法人/项目建设管理单位采购的物资在交货码头（车站）和现场交接。

（2）审查大件设备运输方案，参加大件设备由交货码头至工地现场仓库的转运。

（3）安排和主持设备开箱检查。

（4）协助处理有关设备问题的索赔。

（5）监督设备现场保管和消缺。

（6）安排供货厂的现场服务。

（7）完成总监交办的其他工作。

1.8.9 专业监理员职责

（1）在专业监理工程师的指导下开展现场监理工作。

（2）检查承包商投入工程项目的人力、材料、主要设备及其使用、运行状况，并做好检查记录。

（3）复核或从施工现场直接获取工程计量的有关数据并签署有关凭证。

（4）按设计图及有关标准，对承包商的工艺过程或施工工序进行检查和记录，对加工制作及工序施工质量检查结果进行记录。

（5）担任旁站工作，发现问题及时指出并向专业监理工程师汇报。

（6）做好监理日记和有关的监理记录。

（7）完成总监交办的其他工作。

1.8.10 网络信息管理员职责

（1）负责收集、保存、分析、处理、发布工程信息，参与编发《监理周报》、《监理月报》。

（2）负责项目监理部网络的建立和运行维护。

（3）负责本工程网站的运行、维护和信息发布、更新。

（4）负责项目监理部的文件收发。

（5）负责项目监理部传真机、复印机、扫描仪、投影仪等办公设施的操作和维护。

（6）负责项目监理部的技术文件、资料的管理，建立台账和借阅记录。

（7）负责项目监理部计量器具的管理，建立台账和使用记录。

（8）负责项目监理部办公设备、设施的管理，建立资产台账。

（9）负责项目监理部的办公用品及其零星物品的领取发放。

（10）负责项目监理部书报、信件的收发工作，公函、工程文件及公司文件的传阅工作，保证传阅的迅速性和全面性。

（11）负责项目监理部办公室、接待室的保洁工作，协助其他监理人员做好接待工作。

（12）完成总监交办的其他任务。

1.8.11 档案资料信息管理员职责

信息管理员在项目总监领导下负责项目监理部的文件收发、归档工作，在质量监理工程师的指导下做好监理资料的整理工作，并做好项目监理部的日常事务。

（1）负责项目监理部的文件、资料的归档工作，保证其完整率、准确率、及时率，满足档案工作要求。

（2）负责工程资料的日常检查和竣工资料的审查、收集及整理。

（3）审核施工单位的归档计划，制定中间检查计划，组织验评、初检、预验收、竣工验收时的资料检查。

（4）组织参建单位向项目法人和运行单位移交工程竣工文件及竣工图。

（5）根据施工单位归档质量填写质量反馈单。

（6）完成总监交办的其他工作。

1.9 监理工作程序

为了确保准确地履行监理工作职责，并保持工程良好的建设秩序，依据工程建设监理合同、施工合同、物资供货合同以及《特高压试验示范工程项目建设管理纲要》等相关规定，制定监理工作程序如下：

1.9.1 监理服务程序分层表

监理服务程序分层表见表1-9-1。

表1-9-1 监理服务程序分层表

层次	名称	备注
服务总程序	▲工程建设项目监理服务总程序 ▲工程建设项目施工监理服务总程序	图9-1-1、图9-1-2
阶段服务程序	▲工程建设项目施工招投标监理服务程序 ▲工程建设项目施工监理服务程序 ▲工程试验、整组及系统调试阶段监理服务程序	图9-2-1、图9-2-2、图9-2-3
四控制、两管理、一协调服务程序	▲施工阶段质量控制监理服务程序 ▲施工阶段安全控制监理服务程序 ▲施工阶段进度控制监理服务程序 ▲施工阶段投资控制监理服务程序 ▲合同控制监理服务程序 ▲信息控制监理服务程序 ▲代理业主管理监理服务程序	图9-3-1、图9-3-2、图9-3-3、图9-3-4、图9-3-5、图9-3-6、图9-3-7
单位工程服务程序及各专用服务程序	程序为单位工程服务程序及各专用服务程序（略）	
程序为各工序、工种服务程序和隐蔽工程等服务程序（略）		

1.9.2 主要监理服务程序

本章其余内容见光盘。

第2章　某1000kV变电站工程监理实施细则

2.1 土建专业

2.1.1 总则

为了规范1000kV特高压交流试验示范工程建设监理的工作行为，贯彻国网建设有限公司“建设电网、三抓一创；注重环保、安全健康；诚信守法、服务优良。”的管理方针，充分发挥监理在工程建设管理中的作用，特制定本“实施细则”。鉴于本工程四通一平施工项目基本完成，即将进入站内主体工程施工阶段。实施细则的基本目标是充分使用业主的授权，力求按照施工承包合同中甲、乙双方的约定目标，实行对工程项目的质量、安全、进度和投资全方位控制，保证本工程顺利实现预期的建设目标。

本“实施细则”适用于建设监理合同规定的整个施工阶段的土建项目，(合同规定的有效期)为了解本工程建设基本情况和后期土建、电气更好的配合施工，个别章节也有电气方面的内容。

2.1.2 编制依据

2.1.2.1 国网建设有限公司编制的《1000kV变电站工程现场建设管理纲要》和《变电工程监理大纲》。

2.1.2.2 已经批准的监理规划。

2.1.2.3 1000kV变电站建设监理合同。

2.1.2.4 1000kV变电站设计图纸、设计说明等。

2.1.2.5 电力建设施工质量验收及评定规程（土建工程）。

2.1.2.6 国家电网公司输变电工程达标投产考核办法（2005年版）。

2.1.2.7 1000kV变电站工程创优规划。

2.1.2.8 国家电网公司电力建设安全健康与环境管理工作规定。

2.1.2.9 国家和行业有关法律、法规、规范、规程。

2.1.2.10 已编制审查批准的施工组织设计。

2.1.3 工程的主要特点

2.1.3.1 工程规模

1000kV变电站，站区本期占地面积8.7公顷，围墙内占地7.9公顷。

本期主变 1×3×1000MVA（终期 3×3×1000MVA）；1000kV出线1回（终期10回），双母线双断路器接线（远期为3/2接线），采用GIS设备；500kV出线5回（终期10回），3/2接线，采用 HGIS 设备。变压器第三侧 110kV 单母线接线；1000kV高抗1×3×320MVA；110kV装设电抗器2×240MVA、电容器3×240MVA（远期每组主变预留8组240MVA无功补偿设备）。主变压器、高压电抗器各设备用相1台。

2.1.3.2 工程主要特点

2.1.3.2.1 总体布局

站区布局为正北向，平面呈L形，扩建端预留在北侧，扩建区符合当地城镇和工业区的规划，扩建条件良好。总体规划及工艺要求，在满足自然条件和工程特点的前提下，充分考虑了安全、防火、卫生运行检修、交通运输、环境保护等诸多方面的因素。站前区将主控通信楼和综合办公楼统一考虑，合理布置，使全站的建筑风格相互协调，美化站区前的空间环境，在使用功能上更加方便。保护小室就地设在各配电装置区，使电气设备控制系统和继电保护装置更加合理，同时节约了电缆布设。

2.1.3.2.2 土建项目的主要特点

（1）根据站区地质勘测成果显示，站址处在非自重湿陷性黄土区。

1）层黄土状粉质黏土全部为湿陷性土层。

2）层老黄土顶部具有湿陷性。拟建场地湿陷性低级为Ⅰ级非自重湿陷性场地。因此，站区主要建筑物及构支架基础全部采用换土地基，来消除其湿陷性。根据设计要求，主建筑物和构架基础地基为2:8灰土，灰土厚度主控楼和综合办公楼为1.5m，构架基础为1.0m。

（2）本期主要建筑物包括主控楼和综合办公楼建筑面积为$735m^2$、$2161m^2$，采用框架结构；四个保护小室建筑面积为$783m^2$。1000kV采用格构式构架，高45m，梁跨54m，基础采用整体式现浇钢筋混凝土结构。500kV区母线架与进出线架采用联合布置方式，钢梁采用三角形变截面格构式钢梁。HGIS基础采用整体现浇钢筋混凝土结构。主变采用现浇钢筋混凝土基础。主变防火墙长18m，高9.5m。防火间距22m。

（3）主体结构采用C30现浇混凝土，构架基础采用C25或C20现浇混凝土，主要受力钢筋为HRB335级，箍筋为HPB235级，钢材为Q235B、Q345B或者Q390B。钢筋直径小于或等于350mm采用热轧无缝钢管，大于350mm采用直焊缝钢管。

（4）1000kV GIS基础体积大，预埋件多，要求精度高，构架基础为螺栓固定，土建施工要求技术难度大。

（5）站区污水及雨水采用有组织排水，雨水通过雨水井进入站内地下管道，在站区西南角汇入集水池，使用污水泵排入站外地下管道，最后入申村水库。站外排水管经过四个村庄160余户村民承包地，施工过程中协调难度大，下游地下水位高，施工难度较大。

（6）建筑物消防设施，本工程建筑物内设手提干粉灭火器，在变压器和高抗附近配备推车式干粉灭火器。主变及高抗等设备设水雾消防，综合办公楼内设室内消防栓，总消防水量190升/秒。消防水泵流量及蓄水池容量必须满足消防用水要求，消防设备施工必须有消防资质的队伍承担。

（7）站内道路设计为城市型沥青混凝土路面厚7cm，下层为水泥碎石稳定层厚30cm，路面宽1000kV区为5.5m，高抗运输路为4.5m，500kV、1000kV设备环形路为3.5m，500kV配电装置相间路3.0m，路面宽度及转弯半径可满足设备运输安装、消防要求。为达到路面平整、美观，7cm厚沥青路面需到工程建设后期施工。

2.1.3.3 本工程施工的主要难点

2.1.3.3.1 土建项目

（1）站址全部为湿陷性黄土，地基处理工作量大，要求在施工中严格按湿陷性黄土地基处理方案做好换土工作。

（2）部分设备基础如GIS基础体积大，在施工中需按大体积混凝土基础施工，避免因温差前后浇筑等原因造成裂缝。

（3）设备基础预埋件多，要求精度高。

（4）排水管道、电缆沟、道路、设备基础等交叉施工多，前后工序影响和成品保护有一定难度。

（5）1000kV 构架重量达 50t，高 45m，吊装施工有一定难度。必须选择安全可靠设备和吊装方案。

（6）在建筑工程施工中，目前砌砖采用煤矸石烧结砖，在墙面抹灰施工中应注意防止空鼓开裂，采取必要措施。

2.1.3.3.2　电气安装项目

（1）主变及 1000kV 主要设备为国内自主开发研制，施工过程无经验可循，不确定因素较多，施工前应了解设备的基本情况，制定安全可靠的施工方案。

（2）包括主变在内的设备运输重量大，运输过程保护措施严格，在运输过程和进场后要严格控制和检查。

（3）1000kV GIS 设备为新研制的设备，其母线筒、母线等在安装过程中需注意环境的影响，包括：湿度、温度、空气浊度等，应事前了解设备的适应情况。

（4）现场电气试验对常规设备如 500kV、110kV 等有比较成熟的经验和试验仪器。但对新型设备特别是主变和 1000kV 设备，试验项目施工人员都比较生疏，应由制造厂家配合施工试验人员谨慎进行。

总之，本工程为国内首个 1000kV 变电站，它对解决大容量、远距离输电，对完善“全国联网、西电东送、南北互供”起决定性的作用。该工程占地面积小、设备紧凑，站内建筑布局合理、节约投资又方便运行管理。但是新设备多多，使用的新工艺多，技术上要求精度高、难度大，施工过程会遇到很多难题。这就要求监理单位和施工单位务必加强组织领导，加大投入，特别是技术投入，采取一切必要措施，实现工程的预期建设目标。

2.1.4　监理工作的控制要点

本工程监理工作的控制要点主要考虑以下方面：

2.1.4.1　设计质量控制要点

2.1.4.1.1　按照设计图纸交付计划对设计文件催交、分发和保管。

2.1.4.1.2　参加或主持施工图会审，对施工图纸会审发现的问题及时督促设计单位补充修改。

2.1.4.1.3　对各专业的接口包括设计和施工单位及时进行配合确认。

2.1.4.2　施工安全控制要点

2.1.4.2.1　施工机械的安全性能特别是吊装机械必须符合安规要求。

2.1.4.2.2　施工用电的安全情况特别是临时电源符合安全文明施工二次策划的要求。

2.1.4.2.3　塔吊、脚手架的搭设和拆除。

2.1.4.2.4　特殊工种作业的上岗证。

2.1.4.2.5　安全管理和监督体系的运行情况。

2.1.4.2.6　高空作业安全管理情况。

2.1.4.2.7　施工过程中交叉作业对安全的影响。

2.1.4.2.8　施工过程对环境的影响。

2.1.4.3　施工进度控制要点

2.1.4.3.1　技术、劳力、设备和进度计划的符合性。

2.1.4.3.2　原材料供应是否满足进度计划的要求。

2.1.4.4　原材料质量控制要点

2.1.4.4.1　水泥、钢筋等厂家资质及质量复检。

2.1.4.4.2　构架及其他构配件厂家资质及质量证明。

2.1.4.4.3　砂、石子、砖产地及进场质量检验。

2.1.4.4.4　商品混凝土生产厂家的资质及混凝土质量检验。

2.1.4.4.5　各种装饰材料的质量证明。

2.1.4.4.6　防水材料、防渗材料的质量检验。

2.1.4.4.7　施工单位采购的各种电气配件、金具、导线、绝缘子。

2.1.4.4.8　施工单位采购的各种电缆。

2.1.4.5　施工工序控制要点

2.1.4.5.1　地基验槽。

2.1.4.5.2　地基换土处理，主要是灰土施工、土方回填。

2.1.4.5.3　基础定位放线，标高及轴线控制。

2.1.4.5.4　模版质量及支撑情况。

2.1.4.5.5　混凝土浇筑，特别是基础、框架结构。

2.1.4.5.6　墙面抹灰施工。

2.1.4.5.7　屋面防水施工。

2.1.4.5.8　装饰装修工程。

2.1.4.5.9　室内给排水管道安装及通水试验。

2.1.4.5.10　消防管道安装及水压试验。

2.1.4.5.11　构架焊接、吊装。

2.1.4.5.12　路面混凝土浇筑。

2.1.4.6　质量体系控制要点

2.1.4.6.1　质量管理人员的职责分工及到岗情况。

2.1.4.6.2　管理制度的编制及执行情况。

2.1.4.6.3　施工单位的特殊工种、试验室资质、分包单位资质情况。

2.1.5　监理工作流程

2.1.5.1　监理工作目标

2.1.5.1.1　设计质量目标

设计文件完整、正确、在多方案进行比较后提出优化设计方案，并及时交付，满足施工和生产运行的要求。

2.1.5.1.2　施工质量目标

（1）工程质量符合国家、行业有关施工及验收规范（包括国家电网公司的企业标准）的要求，符合设计的要求，实现零缺陷移交。

零缺陷的定义：完成全部设计文件；设备材料符合现行国家或行业及以上制造标准和技术规范（包括合同条款）的要求；按照设计文件施工完毕，满足现行的施工及验收规范的要求，没有因施工造成不可修复的，降低使用功能或降低安全可靠性指标的缺陷；工程档案齐全、完整、准确，且通过了竣工验收。

（2）工程质量评定为优良，分项工程合格率为 100%，单位工程优良率 100%，观感得分率≥95%，建筑工程外观工艺优良。

2.1.5.1.3　安全文明施工目标

不发生人身死亡事故，不发生重大机械设备损坏事故；不发生重大火灾事故；不发生重大负主要责任的交通事故；不发生环境污染事故和重大跨（坍）塌事故；从设计、设备、施工、管理等方面采取有效措施，建设资源节约型、环境友好型工程，创建安全文明施工典范工程。

2.1.5.1.4　进度目标

以“工程进度服从质量的原则”确保开、竣工时间和工程阶段性里程碑进度计划的按时完成，土建主要工程 18 个月完成。

2.1.5.1.5　投资目标

工程建成后的最终投资不超过初步设计审批预算。力求通过优化设计等措施，合理控制工程造价，节约工程投资。

2.1.5.1.6　环境保护目标

从设计、设备、施工、建设管理等方面采取有效措施，全面落实环境保护和水土保持要求，建设资源节约型环境友好型的绿色和谐工程。

保护生态环境，不超标排放，不发生环境污染事故，落实环保措施，站区绿化，现场施工满足环保要求，杜绝因施工造成影响环保目标的实现。

2.1.5.1.7 信息管理目标

建立多种信息化管理平台，保证信息的及时收集，准确汇总，快速传递，充分发挥信息的指导作用，为工程建设提供服务。

2.1.5.1.8 档案管理目标

工作程序化，资料标准化，操作规范化，文件数字化。做到档案资料与工程建设同步，保证工程档案齐全，完整，规范，并实现电子档案数字化。

2.1.5.2 监理工作流程

2.1.5.2.1 总流程图

监理工作总流程图如图 2-1-1 所示。

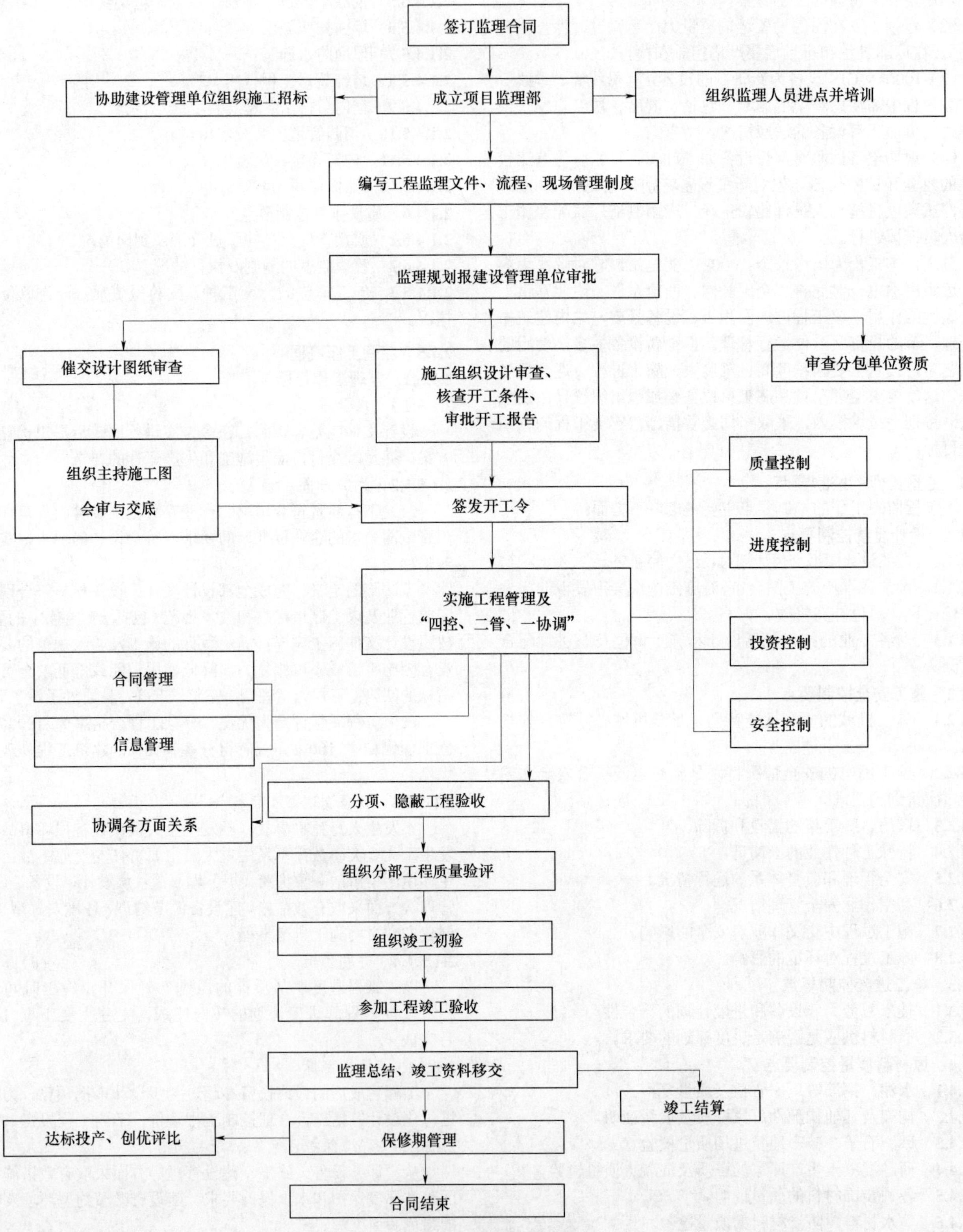

图 2-1-1 监理工作总流程图

2.1.5.2.2　土建工程专业的监理目标

（1）对进场原材料进行 100%见证取样送检，确保原材料 100%合格。

（2）随施工随隐蔽的项目进行 100%旁站，包括地基土方回填，混凝土浇筑，确保不留质量隐患。

（3）对施工承包合同内的项目，检验批进行 100%验收，确保分部分项工程合格率 100%。

（4）通过对施工单位质量管理体系运行情况检查，确保整个工程实现可控、在控、能控。

（5）对施工现场安全文明施工情况进行有效控制，做到施工过程零违章、零事故、实现本工程的安全管理目标。

2.1.5.2.3　土建专业质量检验项目划分及质量控制点。

2.1.5.2.4　本专业隐蔽工程关键工序、重要项目、旁站项目、停工待检和需要见证的项目如下：

（1）隐蔽工程项目：地基处理、地基验槽、土方回填、钢筋工程、灰土施工。

（2）关键工序：地基处理、灰土施工、大体积混凝土浇筑、设备预埋件、梁板柱钢筋、框架梁板柱施工、防水工程 、墙面抹灰。

（3）重要施工项目：控制网测量、地基处理、灰土施工、梁板柱支模及钢筋绑扎、梁板柱浇筑、大体积混凝土浇筑、构架吊装、消防系统施工、脚手架的安装及拆除、吊塔安装及拆除。

（4）监理旁站项目：地基处理、灰土或土方回填、主要混凝土浇筑施工、塔吊安装及拆除、构架吊装、混凝土的二次浇灌。

（5）停工待检的项目：地基验槽、土方或灰土施工每层夯实、基础验模、框架结构模板、基础钢筋、框架结构钢筋、预埋螺栓、预埋件、预埋混凝土管、集水池及事故油池的支模及钢筋绑扎、屏蔽网、屋面找平层及保温层、地下混凝土外观检查。

（6）需见证的项目：原材料进场取样送检、试件送检、原材料试验报告、混凝土及砂浆试件制作送检、回填土试件送检、站内给排水试压及通水试验、消防系统水压试验、混凝土拌和开盘计量、屋面渗水试验、管道及阀门密闭性试验、水池渗水试验、建筑物基础沉降观测、冬季及高温季节混凝土温度观测。

（7）变电站土建危险性较大的作业项目，已在安全监理实施细则中详细列出。

（8）对隐蔽工程验收应会同质检人员共同验收，验收合格后由施工单位隐蔽。对于关键工序和重大施工项目是对质量影响较大，有的有一定施工难度，项目监理人员除审查基础施工作业指导书是否可行和有针对性，还要加强施工现场的巡视，有的需要旁站。对旁站项目，除主要危险作业外，一般为施工过程出现的问题难以在事后检查发现，监理人员应及时到位旁站并做好记录。旁站记录必须由施工质检员签字认可，监理负责人审查签字。停工待检点的设置要通知施工单位，由施工单位及时通知监理人员到场检验，未经检验或检验不合格不得进行下道工序施工。

2.1.6　监理工作方法及措施

本章除创优实施细则和安全文明施工实施细则另外编写，将对工程开工前的各项准备到工程竣工后的达标投产创优活动结束，从质量、进度、投资控制、信息、合同管理和内外协调详细讲明其监理工作的工作方法及主要措施。

2.1.6.1　质量控制方法及措施

2.1.6.1.1　建立和完善监理质量控制体系

项目监理部严格贯彻“百年大计，质量第一”的方针 ，建立以总监理工程师为第一责任人，各专业组负责人为本专业责任人的质量管理网络，落实各级监理人员的岗位职责，制定各项质量管理工作制度。

1000kV 变电站工程监理质量管理体系如图 2-1-2 所示。

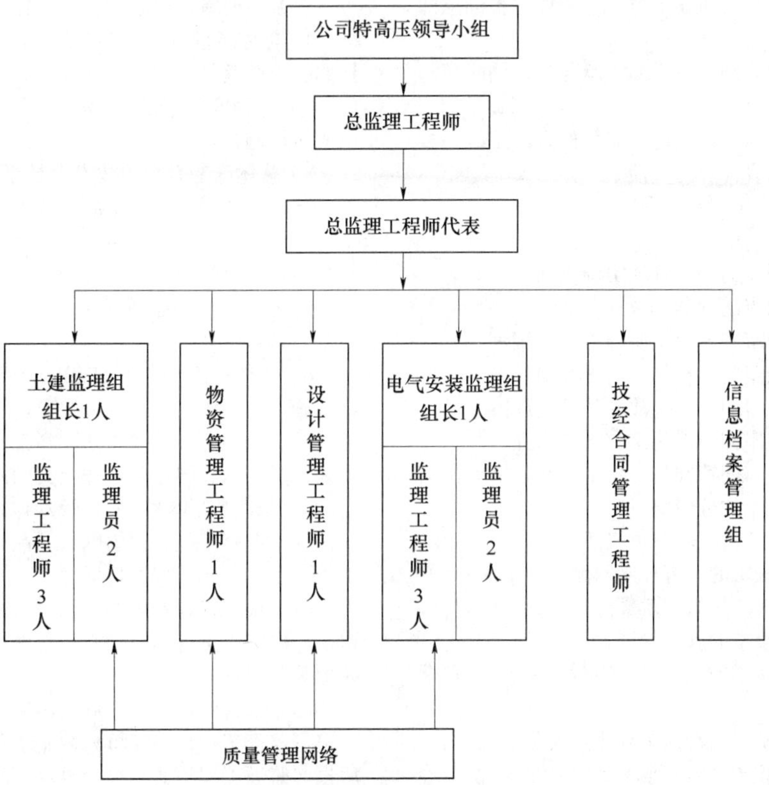

图 2-1-2　1000kV 变电站工程监理质量管理体系

总监理工程师及各专业监理工程师岗位职责已经在监理规划中明确，有关管理制度已经制定完善。

2.1.6.1.2 设计质量的控制

一、图纸会审

（1）施工图纸到位后做好图纸会审工作，图纸会审一般由建设管理单位主持，设计、监理、施工单位参加。会审前有关单位对图纸进行审查并提出意见，监理部汇总各方意见移交设计单位，使设计单位能在图纸会审时做好充分准备。设计单位对本次图纸的设计意图、工程特点、施工要求等做出书面汇报。

（2）经会审的图纸由监理部盖“已会审有效使用”章，未经会审及已被设计单位明确不能使用的图纸不得在现场使用，凡作废的图纸由监理部盖“图纸已作废”章。

（3）监理部将各方会审意见做好记录，对形成一致意见汇总，形成会议纪要并经各方签字。图纸会审资料要整理归档。

二、图纸会审应解决的问题

（1）能否满足施工要求。

（2）是否符合本工程创优质精品工程的要求。

（3）图纸标示有无矛盾和错漏处。

（4）是否符合国家和行业强制性标准的要求。

（5）是否能达到本工程治理常见质量通病的目的。

设计单位按会审纪要对需要修正、补充的内容出具设计修改通知单，经监理审核后转交相关单位。

三、设计变更的控制

所有设计变更必须书面通知，设计变更通知单的编号应连续并附有修改预算，施工承包商提出的设计修改执行下列程序：

（1）施工承包商提出设计修改意见，并填写《工程变更申请表》，经监理部审查同意后转建设单位（不涉及重大原则修改的可直接转设计单位）提出修改意见。

（2）设计单位将修改意见转监理单位，经监理审查同意即为有效的设计修改通知单。

（3）监理部将设计修改通知单发送施工承包商，同时填写《设计变更通知单汇总表》登记入档。

（4）监理部对设计变更执行情况进行监督检查，工程完成验收时，施工承包商要写出设计变更反馈单。

2.1.6.1.3 施工质量的控制

一、开工前的控制内容

（1）审查施工承包商报审的项目管理实施规划。

（2）审查施工承包商报审的管理体系。

（3）审查施工承包商报审的安全文明施工二次策划。

（4）审查施工承包商报审的工程创优实施细则。

（5）审查施工承包商报审的重大事故应急救援预案。

（6）审查施工承包商报审的一般施工方案（措施）。

（7）审查施工承包商报审的特殊施工技术方案（措施）。

（8）审查施工承包商报审的分包商资质。

（9）审查施工承包商报审的试验单位资质。

（10）审查施工承包商报审的工程控制网测量记录。

（11）审查施工承包商报审的施工质量检验项目划分表。

（12）审查施工承包商报审的施工管理人员资质。

（13）审查施工承包商报审的主要施工机械/工器具/安全用具。

（14）审查施工承包商报审的特殊工种作业人员上岗证。

（15）审查施工承包商报审的主要测量、计量器具/试验设备检验。

（16）审查施工承包商报审的主要材料及购配件供货商资质。

（17）审查施工承包商报审的主要原材料质量证明文件。

（18）审查施工承包商报审的施工进度计划。

二、施工过程中控制内容

（1）施工承包商质量管理体系的运行情况。

（2）项目管理实施规划的落实情况。

（3）工程创优实施方案的制定和落实情况。

（4）施工承包商（分包商）技术、工艺水平能否满足本工程要求。

（5）一般施工方案、技术交底实施情况能否满足本工程要求。

（6）主要测量、计量器具在使用过程中的偏差及较正情况。

（7）设计变更的执行情况。

（8）对施工承包商按规范要求制作的试件送检进行见证，并检查试验结果。

（9）对工序质量验收交接程序执行情况进行检查。

三、工程验收过程中的质量控制

（1）对施工完成的工序质量、分部、分项工程组织验收，并审查施工承包商的验收记录，经检验合格的予以签字。

（2）参与处理验收过程中出现的重大质量事故，对一般质量事故提出处理方案。

（3）对返工处理的质量重新组织验收。

（4）检查施工承包商能否做到三级自检，验收资料是否真实、完整、规范，确保零缺陷移交。

（5）按照设计和规程规范的要求、创优策划的要求检查施工质量。

（6）主持分项、分部工程、关键工序、隐蔽工程验收，组织工程质量验评。

（7）对竣工资料的完整性、数据的准确性进行检查。

2.1.6.1.4 对项目管理实施规划的审查

（1）主要审查内容。

1）总体质量目标、进度目标是否符合建设单位质量总体目标的要求并满足合同工期的要求。

2）总进度计划是否考虑了影响进度的各种风险因素并提出应对措施。

3）总体施工方案在技术上是否可行，经济上是否合理，施工工艺能否达到创优质精品工程的要求。

4）安全文明施工、环境保护等措施是否得当，能否达到国网公司对安全文明施工的各项要求。

5）技术、劳力配置能否满足工程创优和施工进度计划的要求。

6）机具配备、材料供应是否与进度计划相协调，能否满足连续施工的要求。

7）现场施工布置图包括安全设施、水电、进出场道路加工场区等能否达到国网公司安全文明施工的规范化要求。

8）质量管理体系、安全管理体系能否满足本工程创建安全文明施工典范工程和树国网公司品牌形象的要求，能否确保本工程实现创国优工程的目标。

（2）项目管理实施规划由项目总工编制，公司技术负责人审核，由公司主管领导批准，封面落款为承包单位公司名称，并加盖公司章。

（3）项目监理部审查后提出审查意见。对不符合要求的，下发《监理工程师通知单》由施工单位进行补充、修改，合格后报《监理工程师通知单回复单》和修改后的《项目管理实施规划》。对审查合格的《项目管理实施规划》由总监理工程师签署审查意见并报建设管理单位审批。

2.1.6.1.5　对施工承包商质量管理体系的审查

（1）主要审查内容。

1）质量管理组织机构必须健全，质检员必须有资格证书。

2）质量管理人员的岗位职责必须明确。

3）质量管理制度必须健全，具有可操作性，其中必须有分包商管理制度。

4）原材料采购及现场管理使用管理制度。

5）施工人员上岗培训考核管理制度。

6）技术交底管理制度。

7）测量、计量器具使用管理制度。

8）施工机械进场检验及使用管理制度（包括租赁机械）。

9）施工质量检查验收制度，奖罚制度。

10）原材料质量管理制度，进场设备检验及保管制度。

11）试验室管理制度。

12）质量事故处理，不合格材料及成品处理制度。

13）施工资料管理制度。

（2）质量管理体系由专业监理工程师审查，对存在的问题包括质量管理机构不健全，质量管理制度不完善等应下发监理工程师通知单，由施工承包商整改，整改后重新报审，由总监理工程师提出审查意见。

（3）质量管理体系必须做到动态控制，在运行过程中，监理人员应随时检查执行情况和有效性，确保质量管理体系能正常运行。

2.1.6.1.6　对施工方案的审查

（1）本工程土建项目特殊方案主要有如下几项：

1）冬季（雨季）施工方案。

2）脚手架搭设和拆除施工方案。

3）塔吊安装拆除施工方案。

4）大体积混凝土施工方案。

5）建筑工程质量通病防治施工方案。

6）1000kV 及 500kV 架构焊接吊装施工方案。

（2）本工程需要编制的一般施工方案如下：

1）主控通信楼基础及主体工程施工方案。

2）综合办公楼基础及主体工程施工方案。

3）站内道路施工方案。

4）500kV 架构基础施工方案。

5）1000kV 架构基础施工方案。

6）主变架构及主变基础施工方案。

7）1000kV GIS 基础施工方案。

8）500kV HGIS 基础施工方案。

9）屋外电缆沟施工方案。

10）保护小室施工方案。

11）雨水、污水池及泵房施工方案。

12）雨淋阀间及蓄水池泵房施工方案。

13）站内建筑工程室内外装饰装修施工方案。

（3）施工方案的审查内容。

1）文件内容是否完整，编制质量好坏，能否保证质量、安全、进度。

2）制定的施工工艺流程是否合理，施工方法是否得当、可行。

3）工艺水平，质量标准是否符合创优质精品工程的要求。

4）质量保证措施是否有效，针对性是否强。

5）对危险源辨识和危险点分析，环境因素识别是否准确、全面，应对措施是否有效。

（4）特殊施工方案由项目总工编制，公司技术部门负责人审查，公司主管领导批准，报项目监理部审查后，由建设管理单位审查批准。一般施工方案由专业施工负责人编制，项目总工审核，项目经理批准，报监理部由专业监理工程师审查，并提出审查意见，总监理工程师审查批准。

（5）经监理单位、建设管理单位、项目法人审查同意后的施工方案并不能免除施工承包商应承担的质量、安全和环境的相关责任。

2.1.6.1.7　分包商资质审查

（1）分包商资质审查内容：

1）分包商企业资质等级是否符合工程要求，以往施工业绩。

2）分包商特殊人员及管理人员上岗证。

3）施工人员素质和工艺水平能否满足本工程创优需要。

4）分包商营业执照。

5）总包单位和分包商的分包协议，拟分包内容是否符合国网公司和国家法律、法规和施工承包合同的约定。

（2）工程分包（包括劳务分包）商资质由施工承包商审查合格报监理部审查，未经监理部审查的分包商不得承包本工程项目。分包商配备的施工人员素质和工艺水平不满足本工程要求的不得承包本工程项目。

（3）总承包单位对分包单位的质量、安全文明施工等承担责任，对分包单位的职工违约行为和违法活动负责。对分包单位职工的安全健康应在协议中明确。分包协议或合同报监理部。

（4）本工程下述项目不得分包：

1）主控通信楼及综合办公楼基础及主体结构。

2）1000kV 架构基础及 GIS 基础。

3）主变架构及主变基础。

4）500kV 架构及 HGIS 基础。

5）110kV 架构及设备基础。

6）1000kV、500kV、主变及无功补偿保护室基础及主体结构。

7）架构吊装。

（5）督促施工承包商加强对分包单位的管理，制定相应的管理制度并报监理部审查。严禁以包代管。

2.1.6.1.8　施工承包商选定的试验室资质审查

（1）资质审查内容：

1）主管部门颁发的资质等级证书是否符合本工程要求。

2）质量技术监督部门颁发的计量认证证书。

3）质量技术监督部门出据的试验设备计量有效证件。

4）试验人员资格证书是否有效。

5）试验室的管理制度是否健全。

6）试验室承担的试验范围能否满足拟试验项目要求。

（2）监理部对试验室具体情况应做详细了解，必要时应到试验单位进行考察，或向质量技术监督部门进行咨询。

（3）经审查符合本工程要求的试验室资质由监理部填写审查意见，可以承担本工程的试验项目。

2.1.6.1.9　对施工承包商测量、计量器具的审查

施工承包商进场使用测量、计量器具精度必须符合本工程设计要求，器具主要包括全站仪、经纬仪、水准仪、钢尺、现场土工试验仪器、混凝土测温仪等。各种仪器必须在质量技术监督部门鉴定的有效使用期限内。经审查合格后，专业监理工程师应在施工承包商的报审表上签字，现场使用各种仪器必须和报审的仪器对应。

2.1.6.1.10　对施工承包商特殊工种作业人员的审查

（1）本工程特殊工种作业人员包括以下工种：

1）测量工。

2）电工、电焊工。

3）吊装工（包括塔吊、汽车吊操作手）。

4）机械操作工。

（2）对特殊作业人员审查主要是检查其通过培训学习取得的上岗证，主管部门颁发的资格证。从事消防工程施工要有公安消防部门颁发的资格证。

（3）特殊工种上岗前也必须参加施工承包商组织的安全技术培训，了解本工程各种质量要求。

2.1.6.1.11 对进场原材料构配件的审查

（1）本工程涉及的土建项目原材料构配件主要有：

1）水泥、钢筋、砖或煤矸石砖。

2）石子、砂子。

3）防冻剂、防水剂、膨胀剂。

4）红砖、面砖、矿棉板、铝合金吊顶、轻钢龙骨、防静电地板、木门、铝合金门、塑钢窗、防火门、不锈钢玻璃门、大理石板、花岗岩板。

5）灯具、空调、风机、散热器、电缆及各种配电器材。

6）涂料、油漆、结构性胶凝材料。

7）预应力混凝管、型管、钢管、PVC 管等。

8）消防系统使用的电机、水泵、闸阀、管道。

（2）原材料、构配件质量控制原则。

1）对涉及安全的结构性原材料，如水泥、钢筋、砖进场前检验其出厂合格证，砂、石等了解其产地，并取样品；进场后的材料要见证取样送检，经试验合格才能在工程中使用。施工承包商在材料进场前和使用前必须分别向监理部报审。

2）对混凝土的外加剂如防冻剂、防水剂等材料必须经配合比设计经试验合格后才能使用。

3）对装修装饰性材料，施工承包商必须先提供样品和合格证，经监理、建设管理单位审查同意才能按样品质量进货。其中需经建设管理单位指定品牌的产品按指定产品购货。

4）对进场的成品半成品，施工承包商要检查其完好程度，对有缺陷的产品，次品一律不能用于本工程。

5）站内消防系统用的产品、防火门等必须使用有消防资质的生产厂家产品。并有生产厂家资质证明文件。

（3）项目监理部固定专人对施工承包商报审的原材料进行审查，对主要原材料要建立原材料进场审查台账，包括水泥、钢筋、砖，加强现场原材料特别是水泥、钢筋等的管理。发现进场的不合格产品必须立即通知施工承包商清理出现场，所有原材料合格证或试验报告除必须满足安全使用性能外还必须满足环保要求。

2.1.6.1.12 对主要供货商资质的审查

（1）本工程主要材料拟用供货商：

1）水泥、钢筋、预应力混凝土管，煤矸石砖，预拌混凝土。

2）各种门窗、防火门、防静电地板。

3）其他。

（2）供货商资质审查内容：

1）主管部门颁发的企业资质。

2）工商管理部门核发的营业执照（经年检）。

3）主管部门核发的生产许可证或产品准用证。

4）产品质量检验资料。

5）企业生产经营情况介绍。

6）其他。

（3）对企业资质有疑问的应到供货商生产现场进行实地考察，考察的内容主要是现场管理、原材料质量控制、质量检测等。

（4）经审查符合本工程资质要求的供货商可以为本工程提供产品，监理人员在施工承包商报审的主要材料及构配件供货商资质报审表上签字，并转报建设管理单位批准。根据合同要求不需建设管理单位审批的，由总监理工程师填写"免签"。

（5）本工程在创新、创优过程中会使用部分新型材料，监理工程师对新型材料的生产商应认真考察其产品应有主管部门组织的鉴定证明文件。

2.1.6.1.13 对施工承包商施工质量检验项目划分表的审查

（1）施工承包商在开工前，应对本工程承包范围内的工程进行单位、分部、分项、检验批施工质量验收及评定范围项目划分，并将划分表报项目监理部审查。

（2）施工承包商应结合每个分项工程施工特点，自身施工的优势，流水作业的要求，明确检验批的划分原则。

（3）审查的主要内容：

1）施工质量验收及评定项目是否包含了全部施工项目。

2）单位、分部、分项工程的划分是否准确、全面。

3）检验批项目划分是否合理，是否有利于控制工程施工质量。

（4）根据初步设计和土建施工的承包范围，本工程单位工程如下：

1）主控通信楼。

2）保护小室（1000kV 保护室、500kV 保护室、主变及无功补偿保护室）。

3）综合办公楼。

4）站用电工程。

5）辅助性生产建筑。

6）主变及主变架基础、防火墙。

7）高抗基础及防火墙。

8）1000kV 构支架及 GIS 基础。

9）500kV 构支架及 HGIS 基础。

10）110kV 构支架基础。

11）站区性建筑物。

12）场区给排水系统。

13）消防系统。

2.1.6.1.14 对施工现场的平面布置审查

（1）施工现场主要考虑以下内容：

1）施工用水、电。

2）临建设施，包括加工场、材料场、混凝土搅拌场。

3）弃土堆放。

4）其他。

（2）站内场地使用必须经监理部审查同意，按照有利于方便施工和安全文明环境保护等综合考虑。站外设施由施工承包商安排。水、电设施要经各施工承包商共同协商安排。

（3）场内施工用水已经使用了地质勘探时打的试验井，经化验水质符合施工用水标准。施工用电采用由当地供电公司先期施工的两路 10kV 线路，配电室已经在站内施工完毕。场内由土建施工承包商负责一级盘施工，土建及电气安装施工分别在一级盘接入二级盘。

（4）所需施工设备、机械到位情况能否满足施工要求，场内弃土是否满足安全文明施工策划的要求。

2.1.6.1.15 施工过程控制

（1）施工质量的过程控制主要是监督检查施工承包商质量体系运行状况是否正常。

（2）项目管理实施规划各项施工方案（作业指导书）必须在施工中落实，制定的质量保证措施能否在质量控制时起到保证作用，是否需要新的补充措施，如果制定的质量保证措施未能起到应有的作用，监理人员应督促施工承包商重新修正补充应对措施。

（3）施工过程中检测仪器和偏差的控制。

1）土建开工后用的较多的是水准仪和经纬仪，测量器具的精度必须满足设计要求，否则应更换符合要求的仪器。仪器在使用过程中要经常进行校验，检查精度是否超过正常植，如现场无法校验应及时更换，不得继续使用，施工承包商要建立测量仪器管理使用台账。

2）定位放线时确定的控制桩、坐标偏差必须满足本工程创优质精品工程的要求，满足规范要求，控制桩数量、位置应能满足控制基础轴线的要求，基础轴线应能在控制桩直接观测，不得进行两次及以上转角或两次及以上拉测尺，以尽量减少过程偏差。

3）每个单位工程的控制桩要在开工前一次设置完成并经监理人员复测。

（4）技术交底和工艺质量的管理。

1）施工过程中，监理人员要了解全员参加技术交底情况，了解施工人员对施工过程技术掌握情况，对在关键岗位上技术不过关的施工人员要立即撤换，已经确定的创新项目，难点项目要聘用高技术专门人才，按技术要求一次做好。

2）对分包商特别是装修施工承包要特别注意施工队伍的技术素质，达不到创优质精品工程要求的不得承包。

（5）在施工过程中的原材料控制和试件见证送检。

1）同一种原材料必须与开工前经检验合格的原材料相符，数量较多的必须按规范要求抽样送检。

2）水泥、钢筋、外加剂等要建立管理使用台账，跟踪材料的进场情况（包括牌号、型号、批号、数量）使用情况（包括用于单位工程部位和数量）。

3）原材料的管理必须符合安全文明生产策划的要求，水泥必须建专门库房；钢筋要按规格、型号分类堆放和标识，露天堆放要有防雨措施。

4）施工过程中的试件取样，钢筋试件要从正在加工的钢筋中取，混凝土试件要在现场入模前的混凝土取，取样过程由监理人员见证。

（6）施工过程质量控制方法。

1）巡视检查，专业监理工程师根据施工内容在现场对施工过程巡视检查，检查内容主要为：使用材料与报审的材料是否一致；施工工艺操作方法是否符合作业指导书的规定和国家及行业的有关规定；是否存在质量和安全隐患。

2）停工待检，每道工序完成后经项目部检验合格，由项目部质检人员填写验收记录报项目监理部检查验收。

3）监理旁站，由监理部安排监理人员对部分施工项目旁站，旁站的内容主要为：是否按图纸要求组织施工；施工人员的技术水平是否满足本工程质量策划的要求；施工方法是否合理，是否符合规程规范的要求；施工承包商的质检人员和技术管理人员是否对施工过程进行控制，出现问题能否及时处理。旁站监理人员要做好记录并经项目部检查签认。

（7）关于整改停工和复工。

发生下列情况之一时，填写监理工程师通知单，由项目总监理工程师签发，责令施工单位整改。

1）不按经审查批准的图纸施工。

2）重大施工项目无施工技术措施和交底签证。

3）特殊工种无证操作。

4）使用不合格的材料、半成品、构配件或主要施工机具设备、仪器、量具有问题（不合格材料包括未按业主指定的材料采购）。

5）发现不符合项或质量缺陷。

6）擅自将工程转包或未经批准的分包单位进场作业。

7）隐蔽工程未经签证，施工单位擅自隐蔽。

8）没有可靠的质量保证措施，已出现质量下降征兆。

9）发现严重违反施工安全规程和污染行为。

施工承包商按监理工程师通知单整改完毕填写《监理工程师通知单回复单》报监理部，经监理检查确认合格后签署意见予以确认，形成闭环。

发生下列情况之一时，由总监理工程师签署《工程停工令》，视现场存在问题的严重程度采取全部或部分停工，并通报建设管理单位。

1）项目监理部已签发《监理工程师通知单》，施工单位整改无力或整改无效。

2）已经发生重大质量、安全事故或如不停工将导致重大质量事故和安全事故的发生。

3）施工条件发生变化而导致必须停工。

4）应项目法人的要求停工。

令其停工或部分停工的工程需要复工时，由施工承包商填写《工程复工申请表》，经项目监理部检查认可后下达复工令方可复工。项目监理部在日常工作中发现的问题及工作联系，由项目监理部填写《监理工作联系单》，施工承包商针对提出的问题填写《工程联系单》予以回复，形成闭环。

2.1.6.1.16　施工质量的检查验收

（1）每道工序均应按工艺和技术要求施工，每道工序完成后，施工承包商应进行三级验收，对查出的问题抓紧处理。工序交接坚持上道工序未经监理验收合格不准进行下道工序施工，监理人员的日常巡视检查和旁站监理不能代替工序质量验收。

（2）检验批的检查验收。每个检验批完成后，由项目部质检员填写验收记录，专业监理工程师组织项目部质检员和施工队质检人员进行验收，验收时，主控项目必须全部合格，一般项目抽样检查，除特殊要求外，每项均应有 80%以上检查点符合要求，其余的不应有严重缺陷。

（3）分项工程所含的检验批全部完成，施工承包商自检合格后，填写《分项工程质量报验申请表》，由专业监理工程师组织施工承包商项目技术负责人进行验收，并填写分项工程验收记录。

（4）分部工程所含分项工程完成，经施工承包商自检合格后向监理部报送《分部工程质量报审表》，由总（副总）监理工程师组织施工承包商项目负责人和技术质量负责人进行验收，地基与基础，主体结构分部应通知勘察设计单位的项目负责人参加验收，并填写分部工程验收记录。

（5）单位工程完成后，由施工承包商组织三级自检合格后向监理部提出验收申请，经监理部组织初验合格向建设管理单位提出验收申请，由建设管理单位项目负责人组织监理、设计和施工承包商负责人进行验收。同时对施工承包商的工程质量控制、资料核查记录、安全与功能性检验资料和主要功能抽查记录等进行检查验收。验收结论由监理单位填写，综合验收结论由建设管理单位根据参加验收各方意见商定后填写。

（6）隐蔽工程的验收。隐蔽工程属 H 点，应经施工承包商三级自检合格后，在隐蔽前 24 小时将《隐蔽工程验收记录》报监理部，经监理部验收合格签证后方可隐蔽。如施工承包商未经监理验收而自行隐蔽，将视具体情况确定检查方法，由此引起的后果由施工承包商承担。

（7）质量事故的处理。

1）在工程施工期间发生工程质量不符合规程、规范、标准不满足设计要求，需要返工、返修且造成经济损失或不可挽回的永久缺陷的均属于质量事故。

2）一般质量事故（损失在1.0万～10.0万元）发生后，事故责任单位应尽快进行调查分析，在5日内写出质量事故调查报告（事故经过、原因分析、处理意见、损失金额、责任单位和责任人），送监理部审查后报建设管理单位调查处理。

3）重大质量事故（损失超过10.0万元）发生后，直接责任单位应立即向上级单位报告，同时向监理、建设管理单位和项目法人报告，并由直接责任单位组织初调查，5日内提交初步调查报告。重大质量事故由项目法人组织有关部门成立事故调查组进行调查，分析评估事故损失，提出处理意见。质量事故发生后，监理人员应会同相关人员采取应急措施，防止事故扩大和引发安全事故。

4）质量事故执行责任追溯制度，相关责任人按职责对负责的工程质量负终身责任。

5）事故分析会议记录、事故调查报告、事故处理方案、事故处理技术措施、施工承包商和监理单位的原始记录、验收记录和处理过程中形成的相关资料，项目监理部应整理归档。

2.1.6.1.17 土建项目交付安装

一、土建交付安装的条件

（1）基础强度达到设计要求。

（2）尺寸、轴线、标高符合规范要求。

（3）预埋件标高达到无垫片要求。

（4）电缆沟已完成抹灰，沟底无积水。

（5）屋面不渗漏，墙面无空鼓，门窗达到密封要求。

二、交付程序

土建项目完成需要交付安装的项目主要是设备基础，构架基础，电缆沟等。交付前由土建施工承包商整理好验收记录向监理部报送土建交付安装验收申请表，由监理部通知接受单位组织查验，并做好查验记录后报监理部。达到交付安装条件后，由监理部签署意见允许组织设备安装。

2.1.6.1.18 质量验评

（1）质量验评分阶段进行，由监理单位组织、建设管理单位主持验评，施工承包商、设计单位参加。验评前由监理单位提出验评实施方案，经建设管理单位同意执行。

（2）验评阶段的划分，土建施工阶段分以下几个阶段：

1）主控通信楼和综合办公楼主体结构竣工后。

2）500kV架构基础竣工，架构安装前。

3）1000kV架构基础、1000kV GIS基础、主变构架基础竣工设备安装前。

4）其他。

（3）验评过程主要对现场实体质量和资料进行检查，并按创优质精品工程的要求提出评估报告。

（4）全部土建工程完成后配合电气安装工程进行总体检验，由施工承包商进行施工队、项目部和公司质检部门三级验收后提出竣工验收报告。总监理工程师根据施工承包商的申请组织初验，初验过程应由监理单位聘请部分专门人才参加，对已竣工项目逐项检查，对检查出的缺陷下达缺陷通知单限期消缺。验收并消缺完成后由总监理工程师组织写出质量评估报告，向建设单位写出预验收申请，由建设单位组织预验收。对消防、环保功能项目，由施工承包商向有关部门写出验收申请。

2.1.6.2　施工进度控制方法及措施

2.1.6.2.1 进度计划的制定

（1）使用P3软件编制一级网络图计划，工期控制为项目法人批准的里程碑计划，一级网络图计划报项目法人批准生效。

（2）施工承包商根据项目监理部编制的一级网络进度计划编制二级网络进度计划，二级网络计划必须充分考虑以下因素。

1）工期必须满足里程碑计划的工期要求，本工期还要综合考虑土建和电气安装的配合，为电气安装留有一定的时间余地，为此在计划中应遵照尽量超前的精神安排施工进度。

2）进度计划要充分考虑和利用施工单位自身的优势，发挥自己的特长，调动施工单位技术、劳力、设备等各种资源因素，投入特高压工程的建设。

二级网络计划编制完成后报监理部审查。

（3）对施工承包商进度计划审查的内容。

施工承包商除编制二级网络计划，还应根据工程进度和建设单位的要求编制年、季、月、周进度计划或调整计划，或单项工程进度计划，施工承包商应将计划报项目监理部审查，监理部审查时应注意以下几点。

1）施工进度计划是否符合工程施工进度一级网络计划的要求，特别在主要节点上应满足一级网络计划的要求；

2）施工进度安排是否合理，是否可行；

3）资源配置计划是否合理，能否保证进度计划的落实。

2.1.6.2.2 进度控制

（1）项目监理部按下列程序进行工程进度控制：

1）总监理工程师审批施工单位报送的施工总进度计划。

2）总监理工程师审批施工单位编制的年、季、月度施工计划。

3）专业监理工程师对进度计划实施情况检查分析。

4）当实际进度符合计划进度时，施工单位可以编制下一期进度计划。当实际进度滞后于计划进度时，专业监理工程师应书面通知施工承包商采取措施，并监督实施。

（2）在施工过程中对影响施工进度的因素进行分析。

专业监理工程师应依据合同有关条款、施工图纸和经过批准的施工组织设计制定控制目标，对进度目标进行风险分析，制定防范性对策。

根据本工程情况，影响施工进度的风险因素主要有以下几种：

1）设计进度，施工图到位滞后。

2）材料供应，数量、规格未能满足施工进度要求。

3）民事协调，周边对施工环境的影响。

4）冬、雨季遇到恶劣气候影响。

5）施工质量的影响。

2.1.6.2.3 施工过程中的设计进度控制

设计单位应根据项目法人的里程碑计划妥善安排设计进度。本工程充分发挥设计工代在现场的作用，专业监理工程师应将施工过程中涉及设计方面的问题及时反映给设计工代，由设计工代负责向有关设计人员联系解决，尽量在较短的时间内处理完，减少对施工进度的影响。

2.1.6.2.4 施工进度过程中的资金投放

（1）落实资金供应计划，是项目法人单位的责任。资金使用计划是网络计划的重要组成部分，项目监理部应努力做到资金使用计划严格符合合同的规定，发现问题及时与建设管理单位联系，协调有关各方采取有力措施，以求问题妥善解决，资金使用计划必须与工期综合进度要求（包括施工、采购）及其他（包括地方收费、质监收费等）费用的需求相协调。

（2）及时进行结算，按复核的工程量，签署的付款凭证及时向建设管理单位进行报批。

（3）对完成的项目及时组织验收，杜绝因验收延误施工进度。

（4）提高一次验收合格率，本工程一次验收合格率目标为95%，避免施工过程中的返工、窝工。对大部分施工项目应采取样板引入，验收合格后再大面积施工。对新工艺、新材料施工应对施工方案进行充分讨论，避免盲目施工。

（5）施工承包商在工序质量验收合格后应在 24 小时内通知监理部进行验收，涉及地基验槽，设计单位参加的验收项目，应同时参加验收。

（6）监理部在收到施工承包商验收通知及填写的验收记录后，应及时组织相应监理人员到场验收，涉及见证包括现场土工试验等项目的应尽量按施工承包商商定的时间参加见证。

（7）监理人员应增强服务意识，安排好本职工作，不得以各种理由推拖验收或见证时间，（达不到验收条件的除外）在接到验收通知后监理人员未说明任何原因而不能及时到场的，施工承包商可以认为监理部对该验收项目已经认可，由此引起的后果由监理人员承担。

（8）施工承包商在自检过程中应认真负责，项目部质检人员严把质量关，提高一次验收合格率，杜绝未经项目部验收就直接通知监理验收。

2.1.6.2.5　工期延误和变更

（1）施工承包商应严格按施工进度计划组织施工，按进度计划做好各种资源投入。认真分析各种影响进度的风险因素，减少其对施工进度的影响。

（2）工程项目推迟和变更。

1）工程项目按里程碑计划一旦拖期，使用赶工措施也难以赶上进度计划，必须推迟时应由施工承包商提出变更理由，报监理部，由总监理工程师提出审查意见后报建设单位批准；

2）工程项目按照既定的竣工日期施工，土建项目除建设单位责任引起的竣工日期延误，施工承包商无权变更。

2.1.6.3　投资控制措施

2.1.6.3.1　复核施工承包商的投标报价书

监理在本项目的投资控制主要是施工费用的控制。该项目完成后的投资控制应符合审批中静态控制、动态管理的要求。施工承包商的报价是施工承包商中标的主要依据，也是施工承包商在承包合同承诺的重要内容，监理人员应对投标报价书的工程量和造价进行复核。

（1）分析造价的构成和招标文件要求进行核对。

（2）分析和审核工程量及费用的变化，找出原因。

2.1.6.3.2　协助建设管理单位编制年度基建资金使用计划

合理编制年度基建资金使用计划，编制过程中要考虑建设管理单位对工程的总体安排及工期要求，以及施工交付、劳动力、施工机具、材料设备供应和现场条件落实情况。

2.1.6.3.3　做好工程计量

（1）监理部只计量通过监理人员质量验收合格的工程量，未验收合格及不符合施工合同规定的工程量，拒绝计量和该部分工程款的支付申请。本工程质量合格必须是符合设计和规程规范的要求，符合达标投产和创优的质量要求。本工程施工合同已明确不予计量的项目。

1）因质量达不到验收标准、返工、修补的工程量。

2）因工程创优而增加的工程量。

3）建设单位尚未批准增加的工程量。

（2）对达到合同、规范标准的工程部位并经验收合格的部位及时进行计量、统计，确保工程量统计及时、完整、真实、有效，为工程进度款的支付提供依据。计量中重点控制的项目有：

1）地基处理等隐蔽工程。

2）工程变更的部位。

3）新材料、新设备、新工艺的安装、试验。

4）其他。

（3）项目监理部建立计量台账，以避免重计或漏计工程量。对重点控制的项目及时做好计量、统计、资料整理等工作。

2.1.6.3.4　严格控制工程款支付条件

项目监理部按照施工合同约定的条款审核工程进度款支付申请。复核统计完成的工程量是否准确，是否经专业监理工程师质量验收合格，工程进度款计量是否与投标报价书一致，工程进度款支付条件是否全部具备。按合同支付条件，下列款项不属于支付范围。

（1）包括但不限于：窝工费（不包括因业主原因造成的窝工）、施工承包商自行赶工费、交叉施工降效费、天气原因造成的施工降效费，施工单位为达标投产创优提高标准而增加的费用。

（2）天气原因影响施工单位配合验收及整改消缺的费用，施工用水、电差价，安全文明施工措施费，站内外临时设施费，施工期间周边地方的干扰赔偿费，施工单位承担的防治非典、血吸虫、禽流感和其他流行性疾病费用，施工排水、混凝土水平、垂直运输增加的费用。

（3）施工承包商在投标报价时已明确考虑到的费用（包括风险因素），施工图纸预算中已要求考虑计取了包干费用。

2.1.6.3.5　控制设计变更和工程变更

一、严格控制设计变更（变更设计）程序

（1）以合同为依据，严格执行设计变更（变更设计）管理程序（补充变更程序）。

（2）对影响造价的设计变更，按照“先算账，后变更”的原则要求施工承包商在设计变更文件中明确变更引起的费用变化。

（3）及时审核设计变更的工程量增加和费用。

（4）针对本工程新设备、新材料、新工艺的情况，重点加强对属于提高设计标准，扩大设计规模，超出批准的初步设计范围，采用新工艺的新增内容及限额以上的重大设计变更的管理，及时提出监理意见，报建设管理单位审批。

（5）及时收集、整理与设计变更有关的资料文件，并编制目录，做到易查、易用，为索赔事件的处理提供依据。

二、合理处理工程变更

（1）对工程变更造成的质量、费用和工期的变化提出意见，并与施工承包商进行沟通协商，将沟通结果报建设管理单位。

（2）按合同条件确认工程变更的单价或费用。

（3）按合同规定对工程变更单价或费用进行调整。

（4）合同中未能包括适用于变更的单价或费用，合同中单价或费用只要合理可作为估价的基础。

（5）当以上情况不成立时，应与建设管理单位和施工承包商进行协商，确定一个合适的单价或费用，如协商不成，总监理工程师决定一个认为合适的单价或费用，通知施工承包商，并抄报建设管理单位，在单价或费用未能取得一致意见之前，总监理工程师提出的暂定价格可作为临时支付工程进度款的依据。

（6）加强对发生工程变更引起工程量和费用变化的记录，为合理确定变更单价或费用积累素材。

（7）未经总监理工程师签发的工程变更单，施工承包商不得实施变更，如擅自变更，监理部将不予计算完成的工程量。

（8）监理部将及时汇总工程变更对工程总体造价的影响，及时进行分析比较，动态控制费用支出。发现重大偏差时应及时向建设管理单位报告，对工程变更进行适当调整。

（9）及时掌握国内外经济变化的实时数据，主要是利用监理信息系统中的造价数据对新设备、新材料、新工艺等有关造价数据进行分析比较，以保证其准确性。

（10）在日常监理工作中，及时收集、整理有关与工程变更的资料，当发现施工承包商未按图纸施工，或未经审批的工程变更项目施工，按有关程序给予纠正。对未经报审擅自施工的项目特别是设计图纸以外的额外项目，其工程量监理部不予认可。未在工程项目实施前报审由监理部认可的工程，事后索赔签证监理部不予认可。

2.1.6.3.6 认真审核工程结算

（1）及时按照施工承包合同约定的结算办法、计价定额、取费标准、主材价格和优惠条件审核工程结算，并对竣工结算的价款与建设管理单位和承包商进行协商，重点审核：

1）工程量的计算是否正确。

2）引起费用调整的工程联系单是否与实际相符。

3）定额套用和取费是否正确。

4）索赔费用是否符合合同条件规定的可调整范围。

5）是否符合建设管理单位的其他规定。

（2）监理人员严格按照合同规定有关工程结算的事项和原则及时进行旁站、记录、检查、确认工程结算的事项，避免事后因各方证据不足而影响工程结算。

2.1.6.4 安全文明施工现场监理措施

（1）工程施工现场安全文明施工监理以《国家电网公司输变电工程安全文明施工标准化工作规定（试行）》《国家电网公司输变电工程安全文明施工标准化图册》《1000kV 输变电工程安全文明施工策划实施纲要》和《国网建设有限公司开展“爱心活动”实施“平安工程”启动仪式文件汇编》为基本工作依据。

（2）工程施工现场的安全文明施工监理以实施“六化”为核心，营造安全文明施工的良好氛围，保障从业人员的安全健康，树立新时期国家电网施工新形象。

（3）项目监理部要求施工项目部按时报送安全文明施工二次策划成果，项目监理部将组织严肃认真的审查，审查不合格时，则提出整改要求，请施工项目部进行整改后重新报送。

（4）项目监理部在工程开工前，各单位工程动工前，将施工现场安全文明施工二次策划及其实施情况作为工程动工的必要条件与工程动工其他报审资料一并审核，确保施工现场安全文明施工二次策划成果得到充分落实。

（5）组织定期或不定期安全检查，协助建设管理单位组织安全检查。并按“三定”（定人、定时间、定项目）要求督促落实整改措施。负责按规定建立安全管理台账。安全检查、巡查时有权按照《国网建设有限公司输变电工程违章作业罚款实施细则》的处罚标准对施工项目部进行考核处罚（监理建立处罚台账，在施工承包合同结算时提供处罚依据）。

2.1.6.4.1 经常化、制度化、程序化的日常安全管理。

项目监理部按照经常化、制度化、程序化的要求开展经常性的安全监理工作，实行人员、技术、物资、机具设备四跟踪制度，即要求施工承包商必须严格依据施工策划文件规定的施工人员、工艺技术、工程物资和施工用机具设备进行施工，如果因现场情况变化需要变更施工策划文件的规定，则必须重新向项目监理部报审。项目监理部对发现的问题及时要求施工承包商项目部进行整改，对整改结果实行闭环控制。

为了保证监理工作成效，项目监理部按规定建立安全管理台账。

项目监理部在其制定的监理规划和监理实施细则中将会结合工程实际情况对应当进行旁站监理和跟踪控制的项目列出明细表。

2.1.6.4.2 1000kV 变电站工程安全监理必须旁站监理的项目包括但不限于以下内容：

一、土建工程

（1）地基处理。

（2）高边坡开挖。

（3）大体积混凝土浇筑。

（4）大型构件吊装。

（5）特殊高处脚手架、金属升降架、大型起重机械拆装、移位及负荷试验。

二、起重机吊装作业

（1）起重机满负荷起吊，两台及以上起重机抬吊。

（2）移动式起重机在高压线下方及其附近作业。

（3）起吊危险品。

（4）临近高压带电体作业。

项目监理部在监理工作中坚决执行并监督施工承包商（项目部）执行国网建设有限公司《三峡及跨区联网输变电工程建设安全质量管理制度（试行）》和《1000kV 晋东南-南阳-荆门特高压交流试验示范变电站工程现场建设管理纲要》，并对执行不力承担责任，对施工承包商（项目部）的执行不力承担连带管理责任。

项目监理部在日常监理工作中认真执行《国网建设有限公司变电（换流站）工程监理安全管理工作规定（试行）（国网建设内规〔2006〕5 号），组织定期或不定期安全检查，协助建设管理单位组织安全检查。并按三定（定人、定时间、定项目）的要求督促实施整改措施。

项目监理部在安全检查、巡查时将按照《国网建设有限公司输变电工程违章作业罚款实施细则》的处罚标准对施工项目部进行考核处罚（监理建立处罚台账，在施工承包合同结算时提供处罚依据）。

项目监理部经常监督检查施工承包商的现场安全文明施工状况（安全体系的运作、人员、机械、安全措施、施工环境等）、发现问题及时督促整改，当施工承包商项目部拒不整改或整改不力时，项目监理部将视具体情况，依据《国网建设有限公司输变电工程违章作业罚款实施细则》开具罚单、报工程建设管理单位在施工结算时扣除。

项目监理部在遇到安全施工的重大问题或隐患时，将及时提出“暂停施工”通知、提供服务、解决问题、争取早日恢复施工；对于施工承包商对重大安全隐患整改不力的，项目监理部将及时汇报工程建设管理单位并适时发出停工令。

2.1.6.4.3 事故处理。

项目监理部按照工程建设管理单位的授权参加一般安全事故调查，审查并在授权范围内批准承包商的事故处理方案、监督事故处理过程、检查事故处理结果、签证处理记录。

2.1.6.5 合同管理措施

监理部设技经合同管理工程师一名，具体负责投资和合同的管理工作，确保合同准确执行和程序化管理。

2.1.6.5.1 施工招标阶段的监理措施

（1）协助建设管理单位编制招标文件。

（2）与建设管理单位商讨招标项目划分方案，明确各项目接口。

（3）参加施工招标工程量的审查工作。

（4）参加招标图纸的审核工作。

（5）参加投标单位资质预审，审核投标人填报的资料预审表。重点审查资质条件、人员能力、设备和技术能力、财务状况、工程建设经验、企业信誉等。

（6）协助建设管理单位开展招标活动。参加现场调查，标前会招标文件答疑和修订等，为建设管理单位提出合理化建议。

（7）参加施工评标，分析各项投标单位的报价，严格控制不合理报价单位中标，为建设管理单位选定优秀的施工承包商提供依据。分析有关技术、报价方面的建议和优惠条件，预测接受其建议的利弊可能导致的风险，根据技术建议和替代方案，进行技术经济分析。

（8）参加施工合同商务和技术谈判，整理、编制合同文件，监理工程师根据掌握的资料，进一步了解、审查施工承包商的施工规划和各项技术措施的合理性，对施工承包商的资质，经营作风及订立合同应当具备的相应条件进行深入了解，在此基础上，有理有据地协助建设管理单位与承包商对双方的责、权、利作出明确规定。

（9）协助整理、建立工程招标档案。

2.1.6.5.2　施工承包合同履行的管理措施

（1）在建设管理单位授权范围内（监理服务范围）代表建设管理单位执行施工承包合同，进行合同的管理。

（2）对合同的管理性条款和责任性条款进行重点分析，分清建设管理单位的责任和权利，承包商的责任和权利，监理工程师的职责。

（3）协助建设管理单位做好合同规定的开工前的准备工作。

（4）以合同为依据，规范承包商的施工行为，实现对工程质量、进度、投资安全的有效控制，最终实现工程总目标。

（5）按照施工承包合同约定的文件解释程序处理多义性和不一致性。

（6）对合同执行情况进行定时检查。针对项目实施过程中普遍存在和特别严重的问题加大检查频率和力度，并监督其限期整改。

（7）对合同检查情况出具监理检查分析报告。

2.1.6.5.3　材料、设备采购合同的管理措施

本工程土建项目属于建设管理单位采购的设备主要是供水设备、水处理设备和构支架，某些材料如装饰装修材料有建设管理单位指定产品质量、档次或生产商。

（1）监理单位监督材料、设备供货商按合同约定的时间交货。

（2）组织建设管理单位、设计单位、施工单位、材料、设备供货商等到合同约定地点验货，检查材料、设备、供货商对采购合同的履行情况。

（3）现场具备开箱条件后，组织有关各方对材料、设备进行开箱验收，进一步检查材料、设备供货商履行技术协议书的情况。

（4）检查材料、设备存在的缺陷，督促供货商及时处理。

（5）安排材料、设备厂家的现场服务，对现场的服务质量和时间进行控制，实行现场工作完成签证制度，未经总监理工程师签字，厂家代表不得离开施工现场。

2.1.6.5.4　工程索赔的处理

一、预防索赔事件的发生

项目监理部坚持“预防为主”的原则，分析工程实施中可能导致索赔的原因，制定相应的对策，以防止或减少索赔事件的出现，本工程重点预防：

（1）设计缺陷。

（2）新材料、新设备、新工艺发生的索赔。

（3）合同执行不利。

（4）民事问题造成的索赔风险。

（5）其他不可预见的原因。

二、处理索赔的依据

监理以国家有关的法律、法规和工程项目所在地的地方法规、工程的施工合同文件，国家部门和地方有关的标准、规范，施工合同履行过程中与索赔事件有关的凭证作为处理索赔的依据。

三、费用索赔的处理

（1）承包施工费用索赔应满足的条件。

1）索赔事件造成了承包单位的直接经济损失。

2）索赔事件是由于非承包单位的责任造成的。

3）承包单位已经按施工合同规定的期限和程序提出费用索赔申请表，并附有索赔凭证资料。

（2）监理部本着认真负责的态度，代表建设管理单位履行部分职责，当由于承包单位原因可能造成建设管理单位的额外损失时，及时向承包单位提出警告，并积累有关证据、资料、损失发生时间，协助建设管理单位提出费用索赔事宜。

四、工期索赔的管理

（1）必须同时符合以下三项条件，承包单位才可申请工期索赔：

1）造成工序延误的责任方不是承包单位。

2）被延误的工序在一级网络计划的关键路径上。

3）即使承包单位按承诺的投入资源也无法消除已发生的工期延误。

（2）监理部在做出临时工程延期批准或最终的工期批准之前，均应与建设管理单位和施工承包单位进行协商。

（3）在审查费用索赔和工程延期的相关联的索赔时，总监理工程师对费用的批准应与工程延期的批准相联系，综合做出费用索赔和工程延期的决定。

五、处理索赔的措施

（1）严格执行索赔程序，并加强与各方的沟通。

（2）组织各专业监理工程师对索赔进行会审，判断索赔要求是否合理、有据，是否符合合同条款或有关法规。坚持以事实为依据，以合同为准绳的原则公正处理索赔，对索赔事件提出合理化建议，化解矛盾。

（3）建立索赔台账，对索赔发生的原因、时间、索赔意向提交时间索赔结束时间，索赔申请工期和金额，监理工程师审核结果等内容进行统计。

（4）处理好各项索赔，尽可能避免出现综合索赔。

2.1.6.5.5　合同争议的管理措施

（1）对合同争议的双方进行磋商并提出调解方案，由总监理工程师进行争议调解，并提出调解方案。对调解不一致的情况应在施工合同规定的期限内提出该争议合理化的意见，在争议调解过程中，除已达到了合同规定的暂停履行合同条件之外，监理部应要求施工合同的双方继续履行施工合同；

（2）积极配合相关部门对合同争议仲裁或诉讼的处理，按要求提供证据；

（3）因建设管理单位违约导致施工合同最终解除时，监理部就施工承包单位按合同应得到的款项进行复核，应与建设管理单位和施工承包单位进行协商，提出监理意见，并书面通知

建设管理单位和施工承包单位；

（4）因施工承包单位违约而导致的施工合同终止，监理部将按合同规定程序计算承包商的违约额，清理施工承包单位应得的款项，或补偿建设管理单位的相关款项，并书面通知建设管理单位和施工承包单位；

（5）如果发生不可抗力，项目监理部将按施工承包合同规定处理有关事项。

2.1.6.6　信息档案管理措施

2.1.6.6.1　信息管理监理措施

（1）按照项目实施、项目组织、项目管理工作过程建立并运行项目管理信息系统流程，控制项目的信息流。

本工程信息网络及流程图如图 2-1-3 所示。

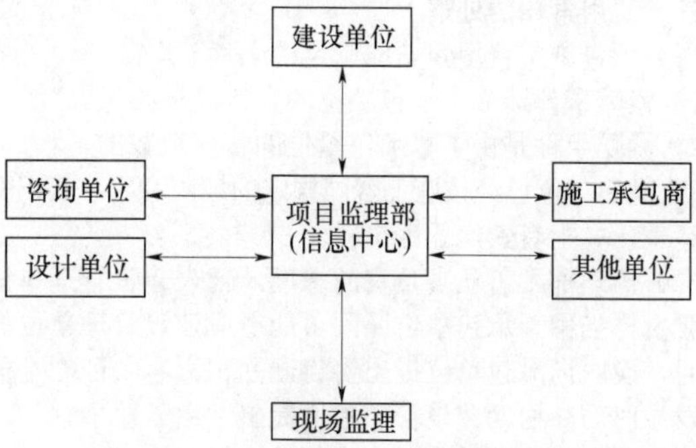

图 2-1-3　本工程信息网络及流程图

（2）保证信息沟通渠道的畅通，确保工程信息及时得到共享，力求工程参建各方保持充分的信息对称，从而使参建各方能够齐心协力，更好地为实现工程目标服务。本工程信息沟通的主要方式：

1）计算机网络。建立项目工地的局域网，并接入 internet 网，实现工程信息的网络共享。

2）项目监理部建立变电站网站，通过网站建立网络交流平台，并安排专人负责信息的实时更新。

工程项目网站的系统拓扑结构如图 2-1-4 所示。

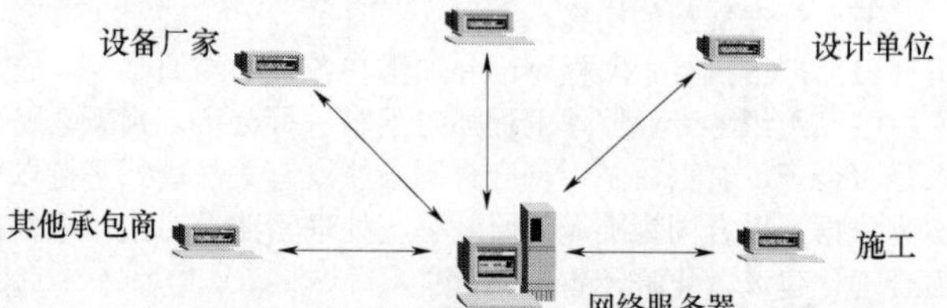

图 2-1-4　工程项目网站的系统拓扑结构

3）电话、传真。参建各方在公司本部和项目工地都配置电话、传真，主要参建人员配备手机，并保持开机，确保电信手段沟通渠道的畅通，参建单位和人员及时将工程相关信息互相沟通。

4）会议。通过举行工程协调会、专题讨论会、编发会议纪要，实现相关单位的信息共享。

5）文件传递。监理部通过下发、转发、审查、交换等文件传递方式，实现相关单位的信息共享。

（3）面对面交流。监理人员通过与其他工程参建人员进行面对面的交流，实现信息的共享。

（4）编发监理周报、监理月报、安全月报。监理部每周四编发监理周报、每月 24 日编制监理月报、安全月报等统计报表，报参建各方通报工程建设情况。

2.1.6.6.2　档案管理监理措施

（1）按建设管理单位的要求，总监理工程师牵头，成立由设计、施工单位总工、档案专业人员组成的本工程档案协作小组。

（2）组织监理部和施工项目部，贯彻执行建设管理单位制定的本工程档案管理办法，按档案管理要求及工程达标投产、创优需要形成的文件、档案，建立完整的工程监理档案；并督促施工单位建立完整的工程施工档案。

（3）按建设管理单位规定的格式、样式，形成档案资料，在工程开工前，加强与工程各方沟通，确立工程档案信息格式。审查施工单位拟形成的施工资料的格式、样式，并与监理拟形成的监理资料格式、样式一并报建设管理单位审查确定。

（4）通过规范化的工程管理确保形成规范化的工程档案资料。监理部适时履行监理职责，并督促施工承包商适时履行施工管理职责，同步形成工程管理文件和档案资料。

（5）工程档案资料动态立卷建档，确保与工程进度同步。

（6）注意工程声像资料的积累，在工程建设的各关键节点以及重要活动过程，监理部和施工项目部都要形成声像资料。工程建设的关键节点包括但不限于：

1）所有隐蔽工程隐蔽前（包括所有主要基础地基处理，混凝土基础施工等）。

2）综合控制楼主体工程完成后。

3）首件架构的吊装过程以及全部吊装作业完成后。

4）主要建筑物装修的重要过程及装修完成后。

5）全站土建工程交付安装工程前。

工程建设过程的重要活动如下：

1）国家电网公司和国网建设公司召开的重要会议。

2）各级领导现场检查工作和/或召开重要会议。

3）各次设计技术交底及图纸会审。

4）重要工程协调会、研讨会。

5）工程开工仪式。

6）重要工序验收。

7）重要隐蔽工程验收。

8）工程质量验评活动。

9）工程质量监督活动。

10）工程竣工初步验收、预验收、正式验收过程。

本工程声像资料由监理部统一收集整理，制成系列光盘，各施工单位应及时将有关资料报送监理部。

（7）按建设管理单位的要求和国家档案管理对文件的要求，形成规范的工程档案资料，避免签字、盖章不全，意见不准确，文件纸质、用笔错误等等通病。监理部在文件审查、材料验收、工程质量验收等过程监理中，一并对资料的档案管理符合性进行审查、把关。

（8）组织对工程档案资料进行中间检查。

监理部编制工程归档计划，并依照计划在场平、土建、安装的重要阶段进行档案资料形成的中间检查，督促检查施工单位施工资料按时收集、整理、归档。每次中间检查形成书面报告，上报建设单位档案室，同时对发现问题提出整改意见，并督促整改完成闭环。在每月的工程协调会，通报档案归档计划完成情况。

（9）在工程竣工初检、预验收、竣工验收时进行工程竣工资料审查、验收。

（10）工程竣工后，按建设单位档案管理的要求整理监理资料，督促施工承包商整理施工资料，并审查验收，向建设单位和运行单位移交。

（11）全面履行设计管理职责，及时进行设计文件的催交、接受、分发、保管，确保设计文件的完整性。工程竣工后，组织施工单位编制竣工草图并审核，交设计单位出版正式的工程竣工图，移交建设管理单位和运行单位，确保工程竣工图的准确性。

（12）利用互联网信息交流平台建立工程档案在线管理系统，使应当进入档案的工程资料与工程施工同步生成并在第一时间进入档案系统。

2.1.6.7　组织协调措施

2.1.6.7.1　建立组织协调体系

组织协调体系如图 2-1-5 所示。

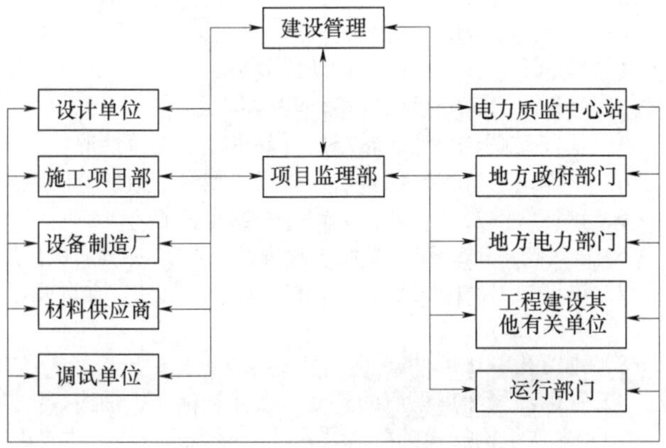

图 2-1-5　组织协调体系

2.1.6.7.2　明确组织协调内容

（1）工程前期，积极配合建设管理单位完成与地方有关部门的协调工作，包括征地、拆迁、赔偿等。并协助其办理工程开工的有关手续和准备工作。

（2）工程施工过程中，负责与地方有关部门的日常协调工作。对于重大问题，在参与地方有关部门协调工作的同时，及时通报建设管理单位，并配合其组织人员解决这些问题。

（3）在工程建设中，组织或参与协调会、调度会、安全大检查、设计联络会等会议，编写和发送会议纪要。

2.1.6.7.3　组织协调原则

在建设管理单位的直接领导下，按照轻重缓急、争取主动的整体思路开展协调工作。通过有原则、有目的地协调工作，保证各个参建单位服从管理、积极配合、通力协作、顾全大局，全面实现工程建设目标。

（1）坚持工程总体目标高于一切的原则。

（2）按照安全、质量、工期的先后顺序进行协调。

（3）按照主线工作优先的原则协调。

（4）按照先整体后局部的原则协调。

2.1.6.7.4　组织协调的主要措施

（1）组织协调工作是项目监理部的重要职能，由总监本人主管负责。监理部将配备足够的资源，确保组织协调工作正常进行。安排有经验人员专职负责外部协调工作，专业监理工程师负责本专业内的协调工作。

（2）抓好前期协调工作。前期协调工作的好坏，直接影响到工程能否按期开工和顺利进展，具有十分重要的意义，总监必须安排好有关工作，全力配合建设管理单位，并要积极献言献策。

1）积极配合建设管理单位完成与地方部门的协调工作，重点做好征地、拆迁、青苗赔偿等工作。

2）协助建设管理单位办理工程开工手续，为工程开工创造条件。

3）积极主动与工程所在地政府部门、电力部门、电力质监中心站及有关单位进行沟通，建立良好关系，为做好地方协调工作打下良好基础。

（3）设计方面的主要协调措施：

1）根据工程一级进度计划、预期设备供货情况和施工需求，提出施工图图纸交付计划建议，发挥好设计工作的龙头作用。

2）加强与设计单位的联系，及时掌握设计进度，协调解决设备资料接口问题，严格执行交图计划，控制设计文件如期交付。

3）保持与设计监理单位的密切联系，通力协作，处理好工作接口。

4）定期召开图纸交付协调会，掌握动态，协助建设管理单位研究解决图纸制约施工问题， 合理调整图纸交付计划，努力减少对工程进度的影响。

5）综合考虑图纸到位和施工进展情况，及时组织图纸会审，从设计角度为施工争取时间创造条件。

6）出现重大设计变更，立即组织设计、施工和有关单位分析研究，评估对工程的影响程度，及时汇报建设管理单位，严格审批程序，杜绝随意变更现象出现。

7）定期向建设管理单位汇报设计情况，重大问题的解决方案必须征得建设管理单位同意，为建设管理单位决策提供全面可靠的信息和建议。

（4）工程建设中的主要协调措施：

1）根据不同情况，综合采取表彰先进、批评落后、组织竞赛评比及经济、组织措施多种方式来调动参建单位的积极性，提高工作效率，体现整体协调作用。

2）对于工程中的紧急和重要工作，一定要高度关注，进行密切跟踪，以便随时发现问题，及时协调解决处理，降低工程风险。

3）用工程总体目标高于一切的原则统一各参建单位的思想，预防参建单位之间互相推诿扯皮，确保工程建设顺利进行。

4）通过运用加强日常交流沟通、组织会议等方式，把各个参建单位的思想认识统一到工程建设目标上来。

5）加大在土建与安装工作的交叉和交接的协调力度，确保关键路线施工计划工期的实现。

6）对于管理问题监理部将采取多角度、换方位的综合协调方法解决问题；对于技术性问题监理部采用集思广益，实事求是的分专业、分阶段的协调方法。

7）积极协助建设管理单位召开第一次工地会议，使各参建单位相互沟通，相互了解。建立信息网络，为组织协调奠定基础。

8）工程施工阶段，监理部通过定期召开协调会、周例会、专题会、设计联络会、审查会等手段，协调解决施工过程中存在的问题。实行会议纪要制度，跟踪催促各单位抓好落实，实现闭环管理。

（5）工程施工过程中，负责与地方部门的日常协调工作。对于重大问题，在参与协调的同时，还要及时通报建设管理单位，并配合建设管理单位组织人员解决处理。

（6）工程竣工验收阶段，督促土建施工单位积极配合电气安装单位做好整体工程初验，参加由建设管理单位组织的竣工预验收、竣工验收。

2.1.7 监理内部管理

2.1.7.1 内部管理制度

根据本工程实际，共制定管理制度23项。

2.1.7.2 施工质量检查验收

2.1.7.2.1 监理人员在质量检查验收中的职责

一、总监理工程师职责

（1）主持分部工程质量验收，参加建设管理单位组织的单位工程验收，主持施工资料的搜集、整理、归档工作。

（2）主持施工质量问题专题会议，处理一般质量问题。

（3）主持工程竣工初验，并提出验收评估报告。

二、专业监理工程师

（1）主持分项工程和检验批的质量验收，签发分项及检验批验收记录。

（2）对施工现场进行巡视检查、见证和旁站，及时纠正施工过程中不符合项目，遇到重大质量问题及时报告总监理工程师处理。

（3）每月汇总质量验收情况。

（4）核查本专业施工资料的真实性、完整性、规范性。

三、监理员

（1）在专业监理工程师的指导下对现场质量进行巡视、见证和旁站。

（2）及时向专业监理工程师或总监理工程师报告检查出现的问题。

（3）填写整改旁站记录。

2.1.7.2.2 监理现场巡视（R）

（1）现场巡视的主要内容：

1）进场材料质量外观符合设计要求。

2）施工现场有无安全隐患，是否符合安全文明施工要求。

3）操作人员能否执行操作规程及作业指导书。

4）机械设备、材料、劳力是否与进度协调一致。

5）特殊工程操作人员是否持证上岗。

6）交叉作业是否在互相干扰和存在安全隐患。

7）施工作业人员能否正确使用安全防护用品。

8）是否存在质量隐患或可能出现质量隐患。

9）现场施工管理人员能否有效地进行质量控制。

10）有无不按监理程序检验而擅自进入下道工序施工的。

（2）监理人员在巡视过程中发现的质量或安全问题应及时要求现场质量管理人员进行整改，如出现违犯监理程序或将要造成质量事故的应立即报告总监理工程师采取必需措施。

（3）如果问题在现场能及时得到解决，监理人员可只做巡视记录；如果不能及时解决，监理部应对出现的问题填写《监理工程师通知单》，督促施工单位限期整改，对拒不整改或整改不利的，由总监理工程师签发停工令，并通知建设管理单位。

2.1.7.2.3 监理现场见证（W）

（1）现场见证的主要内容：

1）进场原材料抽样送检。

2）现场试件制作和送检。

3）现场试验（主要是土工）的内容和结果。

4）现场设施功能性试验，包括屋面渗水、水池渗水、照明、空调、门窗严密性、水压试验等。

5）隐蔽工程，包括预埋管、预埋件及其他构筑物隐蔽。

6）设计变更（变更设计）的执行情况。

7）合同以外的建设管理单位委托的工程。

8）施工单位依据合同规定和设计要求增加的工程。

9）对商混凝土生产厂家、试验单位、设备生产厂家的资质考查。

（2）见证人要及时到场对需要见证的内容进行观察、记录，需要签字认可的，及时签字认可。

对需要见证的项目，监理部要及时向施工单位公布，施工单位要制定见证取样计划，实施前应告知监理人员，监理人员不得无故不到场。如在未及时通知监理人员的情况而完成或实施了该项作业，监理人员可以要求重新取样、试验或对隐蔽的项目重新检验。

（3）见证人员应经专业培训，并取得建设管理单位的认可，持证上岗。本工程见证人员应在省电力建设质监中心站备案。

2.1.7.2.4 停工待检

（1）停工待检的主要内容：

1）基础土方开挖前的定位防线复测。

2）基础土方开挖后的验槽。

3）基础支模、尺寸、轴线、标高偏差及支撑情况。

4）基础钢筋位置、保护层、规格、型号、数量、间距。

5）预埋件的规格、数量、尺寸和固定措施。

6）建筑物上部结构钢筋连接及规格、型号、数量、保护层。

7）建筑物上部结构模板的支撑、标高、尺寸、垂直度、平整度等。

8）预留孔、预埋件。

9）基础混凝土拆模后的外观、尺寸、标高、轴线。

10）主体结构拆模的外观、尺寸、标高、轴线、垂直度。

11）主体工程抹灰前的质量检查。

12）屋面防水工程施工前的保温层、找平层质量检查。

13）地面基层质量检查。

14）吊顶罩面安装前的龙骨、吊杆检查。

15）路面基层施工前的地基验槽。

16）泵池、水池等地基验槽。

17）泵池、水池模板、钢筋检查。

18）排水管道土方开挖后验槽。

19）排水管道安装后的质量检查。

20）供水管道安装后的质量检查。

（2）停工待检查项目，主要是施工过程的转序项目，包括所有隐蔽工程项目。停工待检点由施工单位至少提前12h通知监理部，监理人员按时到场检验。如不能及时到场检验且又未能向施工单位说明原因，出现的问题由该监理人员承担责任。

2.1.7.3 工程建设汇报制度

1000kV变电站监理部工作汇报有以下形式：监理月报、监理周报、专题汇报。

2.1.7.3.1 监理月报

（1）月报的主要内容。

（2）监理月报由总监理工程师组织编写并审查，各专业监理工程师收集、汇总本专业的施工情况和问题参与编写。

（3）监理月报每月24日上午12时前报出，发送单位：

1）国网交流工程建设有限公司特高压建设部。

2）电力质量监督中心站。

3）监理公司本部。

4）特高压建设有关领导。

2.1.7.3.2 监理周报

本章其余内容见光盘。